Fundamentos de Química Analítica

Dados Internacionais de Catalogação na Publicação (CIP)
(Câmara Brasileira do Livro, SP, Brasil)

Fundamentos de química analítica / Douglas A.
  Skoog...[et al.] ; tradução Robson Mendes Matos. -- 3. ed.
  -- São Paulo : Cengage Learning, 2023.

  Título original: Fundamentals of analytical chemistry
  Outros autores: Donald M. West, F. James Holler, Stanley
R. Crouch
  10. ed. norte-americana
  ISBN 978-65-5558-424-0

  1. Química analítica I. Skoog, Douglas A. II. West, Donald
M. III. Holler, F. James. IV. Crouch, Stanley R. V. Título.

23-148747   CDD-543

Índice para catálogo sistemático:
1. Química analítica 543
Eliane de Freitas Leite - Bibliotecária - CRB 8/8415

Fundamentos de Química Analítica

Tradução da 10ª edição norte-americana

Douglas A. Skoog
Stanford University

Donald M. West
San Jose State University

F. James Holler
University of Kentucky

Stanley R. Crouch
Michigan State University

Tradutor técnico dos trechos novos da 10ª edição e revisor técnico de toda a obra:
Robson Mendes Matos
Professor Associado 3 do Centro Multidisciplinar da Universidade Federal do Rio de Janeiro – Campus Macaé

Austrália • Brasil • Canadá • México • Cingapura • Reino Unido • Estados Unidos

Fundamentos de Química Analítica
Tradução da 10ª edição norte-americana
3ª edição brasileira

Douglas A. Skoog, Donald M. West, F. James Holler e Stanley R. Crouch

Gerente editorial: Noelma Brocanelli

Editora de desenvolvimento: Gisela Carnicelli

Supervisora de produção gráfica: Fabiana Alencar Albuquerque

Título original: *Fundamentals of Analytical Chemistry,* 10th ed. (ISBN 13: 978-0-357-45039-0)

Tradução técnica das atualizações da 9ª edição: Robson Mendes Matos

Tradução técnica dos trechos novos da 10ª edição e revisor técnico de toda a obra: Robson Mendes Matos

Cotejo e revisão: Priscilla Lopes, Diego Carrera, Fábio Gonçalves, Larissa Wostog Ono, Luicy Caetano de Oliveira, Bel Ribeiro, Silvia Campos e Sandra Scapin

Diagramação: PC Editorial Ltda.

Capa: Alberto Mateus/Crayon Editorial

Imagem da capa: Rawpixel.com/Shutterstock

Indexação: Priscilla Lopes

© 2022, 2014 Cengage, Inc.

© 2024 Cengage Learning Edições Ltda. Todos os direitos reservados.

Todos os direitos reservados. Nenhuma parte deste livro poderá ser reproduzida, sejam quais forem os meios empregados, sem a permissão, por escrito, da Editora. Aos infratores aplicam-se as sanções previstas nos artigos 102, 104, 106 e 107 da Lei nº 9.610, de 19 de fevereiro de 1998.

Esta editora empenhou-se em contatar os responsáveis pelos direitos autorais de todas as imagens e de outros materiais utilizados neste livro. Se porventura for constatada a omissão involuntária na identificação de algum deles, dispomo-nos a efetuar, futuramente, os possíveis acertos.

A Editora não se responsabiliza pelo funcionamento dos sites contidos neste livro que possam estar suspensos.

Para informações sobre nossos produtos, entre em contato pelo telefone **+55 11 3665-9900**

Para permissão de uso de material desta obra, envie seu pedido para
direitosautorais@cengage.com

ISBN-13: 978-65-5558-424-0
ISBN-10: 65-5558-424-6

Cengage
WeWork
Rua Cerro Corá, 2175 – Alto da Lapa
São Paulo – SP – 05061-450
Tel.: (11) +55 11 3665-9900

Para suas soluções de curso e aprendizado, visite
www.cengage.com.br

Impresso no Brasil.
Printed in Brazil.
1ª impressão – 2023

Sumário

Prefácio xi

Capítulo 1 A Natureza da Química Analítica 1
- 1A Papel da Química Analítica 2
- 1B Métodos Analíticos Quantitativos 3
- 1C Uma Análise Quantitativa Típica 4
- 1D Um Papel Integrado na Análise Química: Sistemas Controlados por Realimentação 8
  - **Destaque 1-1** Morte de Cervos: Um Estudo de Caso Ilustrando o Uso da Química Analítica na Solução de um Problema em Toxicologia 9

PARTE I QUALIDADE DAS MEDIDAS ANALÍTICAS 14

Capítulo 2 Cálculos Empregados na Química Analítica 15
- 2A Algumas Unidades Importantes 15
  - **Destaque 2-1** Unidades de Massa Atômica Unificada e o Mol 18
  - **Destaque 2-2** O Método da Análise Dimensional para o Exemplo 2.2 20
- 2B Soluções e suas Concentrações 20
- 2C Estequiometria Química 28
- 2D Cálculos usando Microsoft® Excel® 31

Capítulo 3 Precisão e Exatidão nas Análises Químicas 38
- 3A Alguns Termos Importantes 39
- 3B Erros Sistemáticos 43

Capítulo 4 Erros Aleatórios nas Análises Químicas 51
- 4A A Natureza dos Erros Aleatórios 51
  - **Destaque 4-1** Jogando Moedas: Uma Atividade de Estudo para Ilustrar uma Distribuição Normal 55
- 4B Tratamento Estatístico de Erros Aleatórios 56
  - **Destaque 4-2** Cálculo da Área sob uma Curva Gaussiana 59
  - **Destaque 4-3** O Significado do Número de Graus de Liberdade 61
  - **Destaque 4-4** Equação para Cálculo do Desvio Padrão Combinado 64
- 4C Desvio Padrão de Resultados Calculados 67
- 4D Apresentação de Resultados Calculados 72

Capítulo 5 Tratamento e Avaliação Estatística de Dados 81
- 5A Intervalos de Confiança 82
  - **Destaque 5-1** W. S. Gossett ("Student") 86
- 5B Ferramentas Estatísticas para o Teste de Hipóteses 87
- 5C Análise de Variância 98
- 5D Detecção de Erros Grosseiros 104

Capítulo 6 Amostragem, Padronização e Calibração 113
- 6A Amostras e Métodos Analíticos 114
- 6B Amostragem 116
- 6C Manuseio Automático de Amostras 126
  - **Destaque 6-1** Lab-on-a-Chip 129
- 6D Padronização e Calibração 130
  - **Destaque 6-2** Um Método Comparativo para Aflatoxinas 130
  - **Destaque 6-3** Calibração Multivariada 140
- 6E Figuras de Mérito para Métodos Analíticos 146

PARTE II EQUILÍBRIOS QUÍMICOS 159

Capítulo 7 Soluções Aquosas e Equilíbrios Químicos 160
- 7A Composição Química de Soluções Aquosas 160
- 7B Equilíbrio Químico 164
  - **Destaque 7-1** Constantes de Formação Parciais e Globais para Íons Complexos 168
  - **Destaque 7-2** Por que [H_2O] Não Aparece na Expressão da Constante de Equilíbrio para Soluções Aquosas 169
  - **Destaque 7-3** Forças Relativas de Pares Ácido-Base Conjugados 176
  - **Destaque 7-4** O Método das Aproximações Sucessivas 180
- 7C Soluções-tampão 182
  - **Destaque 7-5** A Equação de Henderson-Hasselbalch 184
  - **Destaque 7-6** Chuva Ácida e a Capacidade Tamponante de Lagos 190

Capítulo 8 O Efeito de Eletrólitos nos Equilíbrios Químicos 199
- 8A O Efeito dos Eletrólitos nos Equilíbrios Químicos 200
- 8B Coeficientes de Atividade 203
  - **Destaque 8-1** Coeficientes de Atividade Médios 206

Capítulo 9 Resolução de Problemas de Equilíbrio de Sistemas Complexos 213

9A Método Sistemático para Resolução de Problemas Utilizando Múltiplos Equilíbrios 214
9B Cálculo de Solubilidade pelo Método Sistemático 220
Destaque 9-1 Expressões Algébricas Necessárias para Calcular a Solubilidade do CaC_2O_4 em Água 225
9C Separação de Íons pelo Controle da Concentração do Agente Precipitante 231
Destaque 9-2 Imunoensaio: Equilíbrios na Determinação Específica de Drogas 234

PARTE III MÉTODOS CLÁSSICOS DE ANÁLISE 241

Capítulo 10 Métodos Gravimétricos de Análise 242

10A Gravimetria por Precipitação 243
Destaque 10-1 Área Superficial Específica de Coloides 250
10B Cálculo dos Resultados a Partir de Dados Gravimétricos 254
10C Aplicações dos Métodos Gravimétricos 257

Capítulo 11 Titulações em Química Analítica 266

11A Alguns Termos Usados em Titulometria Volumétrica 267
11B Soluções Padrão 269
11C Cálculos Volumétricos 270
Destaque 11-1 Outra Abordagem para o Exemplo 11-6(a) 275
Destaque 11-2 Arredondamento das Respostas do Exemplo 11-7 276
11D Titulometria Gravimétrica 278
11E Curvas de Titulação 279
Destaque 11-3 Volumes de NaOH Mostrados na Primeira Coluna da Tabela 11-1 281

Capítulo 12 Princípios das Titulações de Neutralização 287

12A Soluções e Indicadores para Titulações Ácido/Base 287
12B Titulações de Ácidos e Bases 291
Destaque 12-1 Uso da Equação de Balanço de Cargas para Construir as Curvas de Titulação 294
Destaque 12-2 Algarismos Significativos nos Cálculos das Curvas de Titulação 296
12C Curvas de Titulação para Ácidos Fracos 297
Destaque 12-3 Determinando a Constante de Dissociação para Ácidos e Bases Fracos 300
Destaque 12-4 Uma Abordagem de Equação-Mestra para Titulações de Ácido Fraco/Base Forte 302
12D Curvas de Titulações para Bases Fracas 303
Destaque 12-5 Determinação de Valores de pK para os Aminoácidos 304
12E A Composição das Soluções Durante as Titulações Ácido/Base 306
Destaque 12-6 Localizando os Pontos Finais de Titulação a Partir de Medidas de pH 306

Capítulo 13 Sistemas Ácido/Base Complexos 314

13A Misturas de Ácidos Fortes e Fracos ou Bases Fortes e Fracas 314
13B Ácidos e Bases Polifuncionais 318
13C Soluções Tampão Envolvendo Ácidos Polipróticos 320
13D Cálculos de pH de Soluções de NaHA 322
13E Curvas de Titulação para Ácidos Polifuncionais 325
Destaque 13-1 A Dissociação do Ácido Sulfúrico 333
13F Curvas de Titulação para as Bases Polifuncionais 334
13G Curvas de Titulação para Espécies Anfipróticas 335
Destaque 13-2 Comportamento Ácido-Base de Aminoácidos 336
13H Composição de Soluções de Ácido Poliprótico em Função do pH 337
Destaque 13-3 Uma Expressão Geral para os Valores Alfa 338
Destaque 13-4 Diagramas Logarítmicos de Concentração 339

Capítulo 14 Aplicações das Titulações de Neutralização 346

14A Reagentes para Titulações de Neutralização 347
14B Aplicações Típicas das Titulações de Neutralização 352
Destaque 14-1 Determinação de Proteína Total em Soro Sanguíneo 353
Destaque 14-2 Outros Métodos de Determinação de Nitrogênio Orgânico 353
Destaque 14-3 Equivalentes-grama de Ácidos e Bases 359

Capítulo 15 Reações e Titulações de Complexação e Precipitação 367

15A A Formação de Complexos 368
Destaque 15-1 Cálculo de Valores Alfa para Complexos de Metais 370
15B Titulações com Agentes Complexantes Inorgânicos 373
Destaque 15-2 Determinação de Cianeto de Hidrogênio em Efluentes de Fábricas de Acrilonitrila 374
15C Agentes Complexantes Orgânicos 380
15D Titulações com Ácidos Aminocarboxílicos 381
Destaque 15-3 Espécies Presentes em uma Solução de EDTA 382
Destaque 15-4 O EDTA como Conservante 385
Destaque 15-5 Curvas de Titulação com EDTA na Presença de um Agente Complexante 394
Destaque 15-6 Melhorando a Seletividade de Titulações de EDTA com Agentes Mascarantes e Desmascarantes 400
Destaque 15-7 Kits de Testes para Dureza da Água 402

PARTE IV MÉTODOS ELETROQUÍMICOS 408

Capítulo 16 Introdução à Eletroquímica 409

16A A Caracterização das Reações de Oxidação-Redução 409
  Destaque 16-1 Balanceamento de Equação Redox 410
16B Células Eletroquímicas 414
  Destaque 16-2 A Célula Gravitacional de Daniell 416
16C Potenciais de Eletrodo 419
  Destaque 16-3 Por que Não Podemos Medir os Potenciais Absolutos de Eletrodo 422
  Destaque 16-4 Convenções de Sinais na Literatura Antiga 429
  Destaque 16-5 Por Que Existem Dois Potenciais de Eletrodo para o Br_2 na Tabela 16-1? 432

Capítulo 17 Aplicações dos Potenciais Padrão de Eletrodo 439

17A Cálculos de Potenciais de Células Eletroquímicas 439
17B Determinação Experimental de Potenciais Padrão 446
  Destaque 17-1 Sistemas Redox Biológicos 447
17C Cálculos de Constantes de Equilíbrio Redox 448
  Destaque 17-2 Uma Expressão Geral para os Cálculos de Constantes de Equilíbrio a Partir de Potenciais Padrão 451
17D Construção de Curvas de Titulação Redox 453
  Destaque 17-3 Estratégia da Equação-Mestra Inversa para as Curvas de Titulação Redox 462
  Destaque 17-4 Velocidades de Reação e Potenciais de Eletrodo 465
17E Indicadores para Oxidação-Redução 466
17F Pontos Finais Potenciométricos 468

Capítulo 18 Aplicações das Titulações de Oxidação-Redução 474

18A Reagentes Oxidantes e Redutores Auxiliares 474
18B Aplicações de Agentes Redutores Padrão 476
18C Aplicações de Agentes Oxidantes Padrão 479
  Destaque 18-1 Determinação de Espécies de Cromo em Amostras de Água 482
  Destaque 18-2 Antioxidantes 486

Capítulo 19 Potenciometria 499

19A Princípios Gerais 500
19B Eletrodos de Referência 501
19C Potenciais de Junção Líquida 503
19D Eletrodos Indicadores 504
  Destaque 19-1 Um Eletrodo Seletivo de Íons de Membrana Líquida de Fácil Construção 514
  Destaque 19-2 A Estrutura e o Desempenho de Transistores de Efeito de Campo Seletivos de Íons 517
  Destaque 19-3 Teste de Beira de Leito: Gases e Eletrólitos Sanguíneos com Instrumentos Portáteis 520
19E Instrumentos para a Medida do Potencial de Célula 522
  Destaque 19-4 O Erro de Carga em Medidas Potenciométricas 522
  Destaque 19-5 Medidas de Voltagem com Amplificadores Operacionais 523
19F Potenciometria Direta 524
19G Titulações Potenciométricas 530
19H Determinação Potenciométrica de Constantes de Equilíbrio 534

Capítulo 20 Eletrólise Completa: Eletrogravimetria e Coulometria 540

20A O Efeito da Corrente no Potencial da Célula 541
  Destaque 20-1 Sobrevoltagem e Baterias de Chumbo-Ácido 547
20B A Seletividade dos Métodos Eletrolíticos 548
20C Métodos Eletrogravimétricos 549
20D Métodos Coulométricos 554
  Destaque 20-2 Titulação Coulométrica de Cloreto em Fluidos Biológicos 563

Capítulo 21 Voltametria 571

21A Sinais de Excitação na Voltametria 572
21B Instrumentação Voltamétrica 572
  Destaque 21-1 Instrumentos Voltamétricos Baseados em Amplificadores Operacionais 574
21C Voltametria Hidrodinâmica 579
21D Polarografia 593
21E Voltametria Cíclica 596
21F Voltametria de Pulso 599
21G Aplicações de Voltametria 601
21H Métodos de Redissolução 602
21I Voltametria com Microeletrodos 605

PARTE V ANÁLISE ESPECTROQUÍMICA 610

Capítulo 22 Introdução aos Métodos Espectroquímicos 611

22A Propriedades da Radiação Eletromagnética 612
22B Interação da Radiação com a Matéria 615
  Destaque 22-1 A Espectroscopia e a Descoberta dos Elementos 618
22C Absorção da Radiação 619
  Destaque 22-2 Dedução da Lei de Beer 621
  Destaque 22-3 Por que uma Solução Vermelha é Vermelha? 626
22D Emissão de Radiação Eletromagnética 634

Capítulo 23 Instrumentos para a Espectrometria Ótica 645

23A Componentes dos Instrumentos 645
  Destaque 23-1 Fontes de Laser: Uma Luz Fantástica 649
  Destaque 23-2 Origem da Equação 23-1 655
  Destaque 23-3 Produção de Ranhuras e Redes Holográficas 657
  Destaque 23-4 Fundamento da Equação 23-2 659

Destaque 23-5 Sinais, Ruído e Razão Sinal-Ruído 662

Destaque 23-6 Medidas de Fotocorrentes com Amplificadores Operacionais 668

23B Fotômetros e Espectrofotômetros Ultravioleta/Visível 670

23C Espectrofotômetros no Infravermelho 673

Destaque 23-7 Como Funciona um Espectrômetro com Transformada de Fourier? 675

Capítulo 24 Espectroscopia de Absorção Molecular 684

24A Espectroscopia de Absorção Molecular no Ultravioleta e Visível 684

24B Métodos Fotométricos e Espectrofotométricos Automatizados 705

24C Espectrofotometria de Absorção no Infravermelho 707

Destaque 24-1 Produzindo Espectros com um Espectrômetro FTIV 712

Capítulo 25 Espectroscopia de Fluorescência Molecular 722

25A A Teoria da Fluorescência Molecular 722

25B Efeito da Concentração na Intensidade de Fluorescência 726

25C Instrumentos para Fluorescência 727

25D Aplicações dos Métodos de Fluorescência 728

Destaque 25-1 Uso de Sondas de Fluorescência na Neurobiologia: Investigando a Mente Iluminada 729

25E Espectroscopia de Fosforescência Molecular 731

25F Métodos de Quimioluminescência 732

Capítulo 26 Espectroscopia Atômica 736

26A As Origens dos Espectros Atômicos 737

26B Produção de Átomos e Íons 740

26C Espectrometria de Emissão Atômica 749

26D Espectrometria de Absorção Atômica 753

Destaque 26-1 Determinação de Mercúrio por Espectroscopia de Absorção Atômica por Vapor a Frio 760

26E Espectrometria de Fluorescência Atômica 763

Capítulo 27 Espectrometria de Massas 767

27A Princípios da Espectrometria de Massas 767

27B Espectrômetros de Massas 769

27C Espectrometria de Massas Atômicas 773

27D Espectrometria de Massas Moleculares 776

PARTE VI CINÉTICA E SEPARAÇÕES 783

Capítulo 28 Métodos Cinéticos de Análise 784

28A Velocidades das Reações Químicas 785

Destaque 28-1 Enzimas 791

28B Determinação da Velocidade de Reação 797

Destaque 28-2 Reações Rápidas e Mistura Seguida por Interrupção de Fluxo 797

28C Aplicações dos Métodos Cinéticos 804

Destaque 28-3 Determinação Enzimática de Ureia 806

Capítulo 29 Introdução às Separações Analíticas 811

29A Separação por Precipitação 813

29B Separações de Espécies por Destilação 816

29C Separação por Extração 816

Destaque 29-1 Dedução da Equação 29-3 818

29D Separação de Íons por Troca Iônica 821

Destaque 29-2 Tratamento de Água de Uso Doméstico 823

29E Separações Cromatográficas 824

Destaque 29-3 Qual é a Origem dos Termos *Prato* e *Altura de Prato*? 833

Destaque 29-4 Dedução da Equação 29-24 834

Capítulo 30 Cromatografia de Gás 849

30A Instrumentos para a Cromatografia Gás-Líquido 850

30B Colunas de Cromatografia de Gás e Fases Estacionárias 858

30C Aplicações da Cromatografia Gás-Líquido 862

Destaque 30-1 Uso da CG-MS na Identificação de um Metabólito de um Medicamento no Sangue 864

30D Cromatografia Gás-Sólido 869

Capítulo 31 Cromatografia de Líquidos de Alta Eficiência 874

31A Instrumentação 875

Destaque 31-1 CL/MS e CL/MS/MS 882

31B Cromatografia por Partição 883

31C Cromatografia por Adsorção 886

31D Cromatografia por Troca Iônica 886

31E Cromatografia por Exclusão por Tamanho 888

Destaque 31-2 *Buckyballs*: A Separação Cromatográfica de Fulerenos 890

31F Cromatografia por Afinidade 892

31G Cromatografia Quiral 893

31H Comparação entre a Cromatografia de Líquido de Alta Eficiência e a Cromatografia de Gás 893

Capítulo 32 Outros Métodos de Separação 898

32A Separações de Fluído Supercrítico 898

32B Cromatografia Planar 903

32C Eletroforese Capilar 905

Destaque 32-1 Arranjo de Eletroforese Capilar para o Sequenciamento de DNA 911

32D Eletrocromatografia Capilar 911

32E Fracionamento por Campo e Fluxo 914

PARTE VII ASPECTOS PRÁTICOS DA QUÍMICA ANALÍTICA 921

Os seguintes capítulos estão disponíveis em arquivos PDF na página do livro no site da editora.

Capítulo 33 A Análise de Amostras Reais 922

33A Amostras Reais 922
33B A Escolha de um Método Analítico 924
33C Exatidão na Análise de Materiais Complexos 928

Capítulo 34 A Preparação de Amostras para Análise 931

34A A Preparação de Amostras de Laboratório 931
34B Umidade nas Amostras 933
34C Determinação de Água nas Amostras 936

Capítulo 35 Decomposição e Dissolução de Amostras 937

35A Fontes de Erro na Decomposição e Dissolução 938
35B Decompondo Amostras com Ácidos Inorgânicos em Frascos Abertos 938
35C Decomposições por Micro-Ondas 940
35D Métodos de Combustão para a Decomposição de Amostras Orgânicas 942
35E Decompondo Materiais Inorgânicos com Fluxos 944

Capítulo 36 Produtos Químicos, Equipamentos e Operações Unitárias na Química Analítica 946

36A Seleção e Manuseio de Reagentes e Produtos Químicos 947
36B Limpeza e Marcação de Materiais de Laboratório 948
36C Evaporação de Líquidos 948
36D Medida de Massa 949
36E Equipamentos e Manipulações Associados à Pesagem 955
36F Filtração e Ignição de Sólidos 957
36G Medida de Volume 963
36H Calibração de Vidraria Volumétrica 971
36I O Caderno de Laboratório 973
36J Segurança no Laboratório 974

Capítulo 37 Métodos de Análise Selecionados 977

37A Um Experimento Introdutório 978
37B Métodos Gravimétricos de Análise 986
37C Titulações de Neutralização 990
37D Titulações de Precipitação 997
37E Titulações com Formação de Complexos com EDTA 999
37F Titulações com Permanganato de Potássio 1002
37G Titulações com Iodo 1007
37H Titulações com Tiossulfato de Sódio 1009
37I Titulações com Bromato de Potássio 1012
37J Métodos Potenciométricos 1014
37K Métodos Eletrogravimétricos 1017
37L Titulações Coulométricas 1019
37M Voltametria 1020
37N Métodos Baseados na Absorção de Radiação 1022
37O Fluorescência Molecular 1026
37P Espectroscopia Atômica 1027
37Q Aplicação das Resinas de Troca Iônica 1029
37R Cromatografia Gás-Líquido 1031

GLOSSÁRIO G-1

APÊNDICE 1 A Literatura da Química Analítica A-1

APÊNDICE 2 Constantes dos Produtos de Solubilidade a 25°C A-5

APÊNDICE 3 Constantes de Dissociação de Ácidos a 25°C A-7

APÊNDICE 4 Constantes de Formação a 25°C A-9

APÊNDICE 5 Potenciais de Eletrodo Padrão e Formais A-11

APÊNDICE 6 Uso de Números Exponenciais e Logaritmos A-14

APÊNDICE 7 Cálculos Volumétricos Usando Normalidade e Equivalente-gama A-18

APÊNDICE 8 Compostos Recomendados para a Preparação de Soluções Padrão de Alguns Elementos Comuns A-25

APÊNDICE 9 Derivação das Equações de Propagação de Erros A-27

RESPOSTAS ÀS QUESTÕES E AOS PROBLEMAS SELECIONADOS A-32

ÍNDICE REMISSIVO A-48

MASSAS ATÔMICAS INTERNACIONAIS A-69

MASSAS MOLARES DE ALGUNS COMPOSTOS A-70

PRANCHAS COLORIDAS A-71

Prefácio

A tradução da 10ª edição de **Fundamentos de Química Analítica** é um livro-texto introdutório planejado basicamente para uma disciplina do curso de Química de um ou dois semestres. Desde a publicação da 9ª edição, o escopo de Química Analítica continuou a evoluir e incluímos nesta edição muitas aplicações em Biologia, Medicina, Ciência dos Materiais, Ecologia, Ciência Forense e outras áreas correlatas. Como na edição anterior, incorporamos muitas aplicações de planilha de cálculo, exemplos e exercícios. Revisamos alguns tratamentos antigos para incorporar instrumentação e técnicas modernas. Nosso suplemento associado, *Applications of Microsoft® Excel® in Analytical Chemistry*, Fourth Edition, fornece aos estudantes com um guia tutorial para usar planilhas em Química Analítica e introduz muitas operações de planilha adicionais. O suplemento faz parte do material de apoio on-line, que está disponível na página deste livro no site da Cengage (www.cengage.com.br).

Admitimos que as disciplinas em Química Analítica variam de instituição para instituição dependendo das facilidades e instrumentação, do tempo alocado para a Química Analítica no currículo de Química e das singulares filosofias de ensino dos professores. Consequentemente, planejamos esta edição de *Fundamentos de Química Analítica* de tal forma que eles possam adaptar o livro para satisfazer as suas necessidades e os estudantes possam aprender os conceitos de Química Analítica em vários níveis, como em descrições, por meio de imagens, nas ilustrações, em aspectos interessantes e relevantes e ao usar o aprendizado on-line.

Desde a produção da 8ª edição deste livro, os deveres e as responsabilidades no planejamento e escrita de uma nova edição decaíram sobre nós dois (FJH e SRC). Ao fazermos as muitas alterações e melhoramentos citados anteriormente e no restante do prefácio, mantivemos a filosofia básica e a organização das oito edições anteriores e nos empenhamos para manter os mesmos altos padrões que caracterizaram estes textos.

Objetivos

O objetivo principal deste livro é fornecer um fundamento completo nos princípios da Química que são particularmente importantes para a Química Analítica. Em segundo lugar, queremos que os estudantes desenvolvam um apreço pela difícil tarefa de julgar a exatidão e a precisão de dados experimentais e de mostrar como esses julgamentos podem ser aprimorados pela aplicação de métodos estatísticos aos dados analíticos. Em terceiro, objetivamos introduzir uma ampla gama de técnicas modernas e clássicas que sejam úteis na Química Analítica. Em quarto lugar, esperamos que, com o auxílio deste livro, os estudantes possam desenvolver as habilidades necessárias para resolver problemas analíticos quantitativos e, onde apropriado, usar as poderosas planilhas eletrônicas para resolver problemas, realizar cálculos e criar simulações de fenômenos químicos. Finalmente, pretendemos transmitir alguns conhecimentos laboratoriais que darão aos estudantes confiança em sua habilidade de obter dados analíticos de alta qualidade e que destacarão a importância de atenção aos detalhes na obtenção destes dados.

Abrangência e Organização

O material deste livro abrange tanto os aspectos fundamentais quanto os práticos da análise química. Organizamos os capítulos em partes que agrupam tópicos correlatos. Há sete partes principais que sucedem a breve introdução do Capítulo 1.

- A **Parte I** cobre a qualidade de medidas analíticas e compreende cinco capítulos. O Capítulo 2 revisa os cálculos básicos da Química Analítica, incluindo expressões de concentração e relações estequiométricas. Os Capítulos 3, 4 e 5 apresentam os tópicos em estatística e a análise de dados, que são importantes nessa disciplina e incorporam o uso extensivo de cálculos com planilhas eletrônicas. A análise de variância, ANOVA, está incluída no Capítulo 5 e o Capítulo 6 fornece detalhes sobre a obtenção de amostras, padronização e calibração.

- A **Parte II** abrange os princípios e aplicações de sistemas em equilíbrio químico na análise quantitativa. O Capítulo 7 trata dos fundamentos dos equilíbrios químicos. O Capítulo 8 discute os efeitos de eletrólitos em sistemas em equilíbrio. A abordagem sistemática para resolver problemas de equilíbrio em sistemas complexos é o assunto do Capítulo 9.

- A **Parte III** agrupa seis capítulos que tratam da Química Analítica gravimétrica e volumétrica clássica. A análise gravimétrica é descrita no Capítulo 10. Nos Capítulos 11 a 15, consideramos a teoria e a prática dos métodos titulométricos de análise, incluindo as titulações ácido/base, as titulações de precipitação e as titulações complexométricas. Tirarmos vantagem da abordagem sistemática no estudo do equilíbrio e do uso de planilhas eletrônicas nos cálculos é muito útil.

- A **Parte IV** é dedicada aos métodos eletroquímicos. Após uma introdução à eletroquímica, no Capítulo 16, o Capítulo 17 descreve os inúmeros empregos dos potenciais de eletrodo. As titulações de oxidação-redução são o tema do Capítulo 18, enquanto o 19 apresenta o uso de métodos potenciométricos para medir as concentrações de espécies moleculares e iônicas. O Capítulo 20 considera os métodos eletrolíticos quantitativos, como eletrogravimetria e coulometria, e o 21 discute os métodos voltamétricos, incluindo voltametria de varredura linear e voltametria cíclica, voltametria de redissolução anódica e polarografia.

- A **Parte V** apresenta os métodos espectroscópicos de análise. A natureza da luz e sua interação com a matéria são exploradas no Capítulo 22. Instrumentos espectroscópicos e seus componentes são descritos no Capítulo 23. As várias aplicações dos métodos espectrométricos de absorção molecular são mostradas com algum detalhe no Capítulo 24, enquanto o 25 é dedicado à espectroscopia de fluorescência molecular. O Capítulo 26 abarca os vários métodos espectrométricos atômicos, incluindo métodos de plasma e emissão de chama e espectroscopia de absorção atômica eletrotérmica e de chama. O Capítulo 27, sobre espectrometria de massas, fornece uma introdução às fontes de ionização, analisadores de massas e detectores de íons. A espectrometria de massas tanto atômicas quanto moleculares estão incluídas.

- A **Parte VI** inclui cinco capítulos que tratam de separações cinéticas e analíticas. Investigamos os métodos cinéticos de análises no Capítulo 28. O 29 introduz as separações analíticas, incluindo a troca iônica e os vários métodos cromatográficos. O Capítulo 30 discute a cromatografia de gás, enquanto a cromatografia de líquido de alta eficiência é apresentada no Capítulo 31. O capítulo final dessa parte, o 32, introduz alguns métodos variados de separação, incluindo a cromatografia em fluido supercrítico, eletroforese capilar e fracionamento por campo e fluxo.

- A **Parte VII**, final, consiste de quatro capítulos que tratam dos aspectos práticos da Química Analítica. Estes capítulos são publicados na página deste livro no site da Cengage. Consideramos amostras reais e as comparamos com amostras ideais no Capítulo 33. Os métodos de preparo de amostras são discutidos no Capítulo 34, enquanto as técnicas de decomposição e dissolução de amostras são abordadas no 35. O Capítulo 36 aborda os reagentes químicos e equipamentos usados nos laboratórios de Analítica e inclui muitas fotografias de operações analíticas. O livro termina com o Capítulo 37, que fornece procedimentos detalhados para experimentos de laboratório que abrangem muitos dos princípios e aplicações discutidos nos capítulos anteriores.

Flexibilidade

Como o livro é dividido em partes, há uma flexibilidade substancial na utilização do material. Muitas dessas partes podem ser consideradas de forma independente ou ainda abordadas em uma ordem diferente. Por exemplo, alguns professores podem querer trabalhar com os métodos espectroscópicos antes dos métodos eletroquímicos ou com os métodos de separação antes dos espectroscópicos.

Destaques

Esta edição incorpora muitos destaques e métodos que pretendem aumentar a experiência de aprendizagem do estudante e que fornecem uma ferramenta versátil para o professor.

Nível Matemático. Geralmente, os princípios da análise química desenvolvidos aqui são baseados em álgebra do ensino médio. Alguns dos conceitos apresentados requerem cálculo diferencial e integral básico.

Exemplos Trabalhados. Um grande número de exemplos serve de ajuda na compreensão dos conceitos em Química Analítica. Nesta edição, intitulamos os exemplos para uma identificação mais fácil. Como na nona edição, seguimos a prática de incluir unidades nos cálculos e usar o método de análise dimensional para verificar sua exatidão. Os exemplos também são modelos para a solução de problemas encontrados no final da maioria dos capítulos. Muitos deles utilizam cálculos com planilhas eletrônicas, como descrito a seguir. Onde apropriado, as soluções para os exemplos resolvidos estão claramente marcadas com a palavra **Resolução** para facilitar a identificação.

Cálculos com Planilhas Eletrônicas. Em todo o livro introduzimos planilhas para a resolução de problemas, análises gráficas e inúmeras outras aplicações. O Microsoft® Excel foi adotado como referência para esses cálculos, mas os professores podem facilmente adaptar os problemas para outros programas de planilha de cálculos e plataformas. Muitos outros exemplos detalhados são apresentados no nosso suplemento associado, *Applications of Microsoft® Excel® in Analytical Chemistry*, Fourth Edition. Tentamos documentar cada planilha autônoma com fórmulas de trabalho e entradas.

Exercícios no Excel. Referências ao nosso suplemento *Applications of Microsoft® Excel® in Analytical Chemistry*, Fourth Edition, são fornecidas no livro como Exercícios no Excel. Estes têm a intenção de levar os estudantes a exemplos, tutoriais e elaborações dos tópicos do livro.

Questões e Problemas. Um amplo conjunto de questões e problemas foi incluído ao final da maioria dos capítulos. As respostas para aproximadamente metade dos problemas são fornecidas no final do livro. Muitos dos problemas são solucionados com a utilização de planilhas eletrônicas. Estes são identificados pelo símbolo de planilha ▦ colocado na margem, próximo ao problema.

Problemas Desafiadores. A maior parte dos capítulos apresenta um problema desafiador ao final das questões e problemas habituais. Esses problemas têm a intenção de ser abertos, do tipo encontrado em pesquisas, sendo mais instigantes que o normal. Podem consistir em múltiplas etapas, dependentes de outro ou podem exigir pesquisa na literatura ou em sites para mais informações. Esperamos que esses problemas desafiadores estimulem discussões, estendendo os tópicos dos capítulos para novas áreas. Encorajamos os professores a utilizá-los de forma inovadora, como projetos em grupo, estudos dirigidos e discussões de estudo de casos. Uma vez que muitos problemas desafiadores são ilimitados e podem ter soluções múltiplas, não fornecemos as respostas ou explicações para eles.

Destaques. Uma série de Destaques presentes em quadros assinalados é encontrada em todo o livro. Esses textos contêm aplicações interessantes da Química Analítica no mundo moderno, deduções de equações, explicações sobre os aspectos teóricos mais difíceis ou ainda notas históricas. Os exemplos incluem "W. S. Gosset (Estudante)" (Capítulo 5), "Antioxidantes" (Capítulo 18), "Espectroscopia com Transformada de Fourier" (Capítulo 23), "CL/MS/MS" (Capítulo 31) e "Arranjo de Eletroforese Capilar para o Sequenciamento de DNA" (Capítulo 32).

Ilustrações e Fotos. Acreditamos que fotografias, desenhos, ilustrações e outros tipos de recursos visuais auxiliem enormemente o processo de aprendizagem. Assim sendo, incluímos um material visual novo e atualizado para auxiliar o estudante. Algumas fotos foram feitas exclusivamente para este livro pelo renomado fotógrafo químico Charles Winters, com o objetivo de ilustrar conceitos, equipamentos e procedimentos que são difíceis de ser representados por desenhos.

Legendas Ampliadas de Figuras. Quando conveniente, tentamos fazer as legendas das figuras bastante descritivas para que sua leitura represente um segundo nível de explanação para muitos dos conceitos. Em alguns casos, as figuras falam por si próprias, como aquelas publicadas na revista *Scientific American*.

Química Analítica On-line. Na maioria dos capítulos incluímos um breve artigo Química Analítica On-line ao final. Nestes artigos, pedimos ao estudante para procurar informações na internet, fazer buscas on-line, visitar sites de fabricantes de equipamentos ou resolver problemas analíticos. Estes artigos de Química Analítica On-line e os links fornecidos têm a intenção de estimular o interesse do estudante em explorar informações disponíveis na internet.

Glossário. No final do livro, encontra-se um glossário que define os termos, as frases, técnicas e operações mais importantes aqui utilizadas. O glossário tem por objetivo dar aos estudantes um meio mais rápido de definir um significado sem a necessidade de pesquisa no livro.

Apêndices, Pranchas Coloridas e Páginas Finais. Os Apêndices incluem: um guia atualizado para a literatura em Química Analítica, tabelas de constantes químicas, potenciais de eletrodo e compostos químicos recomendados para a preparação de materiais padrão; seções sobre uso de logaritmos e notação exponencial e sobre normalidade e equivalente (termos que não são empregados no livro); e a derivação de equações de propagação de erros. As últimas páginas deste livro contêm um suplemento com figuras coloridas, um quadro dos indicadores químicos, três tabelas, sendo uma periódica, outra da IUPAC (2019), de massas atômicas e uma de massas molares de compostos de especial interesse para a Química baseada nas massas atômicas de 2019.

Identificadores de Objetos Digitais (DOIs). Os DOIs têm sido adicionados em muitas referências para a literatura primária. Estes identificadores universais simplificam enormemente a tarefa de localizar artigos através de um link no site **www.doi.org**. Um DOI pode ser digitado em um formulário na página inicial do site e, quando o identificador é enviado, o navegador transfere diretamente para o artigo na página da publicação. Por exemplo, 10.1351/goldbook.C01222 pode ser digitado no formulário e o navegador é direcionado para o artigo da IUPAC sobre concentração. Alternativamente, os DOIs podem ser digitados diretamente na barra de endereço URL de qualquer navegador como http://dx.doi.org/10.1351/goldbook.C01222. Por favor, observe que estudantes ou professores devem ter acesso autorizado à publicação de interesse.

Novidades

Os leitores da edição anterior encontrarão inúmeras mudanças no conteúdo, bem como em seu estilo e formato.

Resumos dos Capítulos, Termos-Chave e Equações Importantes. Cada capítulo agora termina com um Resumo do Capítulo, Termos-Chave e Equações Importantes para ajudar os estudantes a focar melhor no que eles têm que aprender em cada capítulo.

Carreiras na Química. Químicos analíticos diversificados de uma variedade de carreiras são apresentados em muitos capítulos de tal forma que todos os estudantes podem ver quais tipos de carreiras eles podem querer seguir após estudar a Química Analítica.

Atualização. Todas as técnicas e instrumentação, incluindo fotografias, foram atualizadas nesta edição para preservar a atualidade do texto.

Acessibilidade. As figuras foram revisadas para dar mais acessibilidade.

Exercícios Revisados. Aproximadamente 40% dos exercícios de final de capítulo foram revisados com novos números e variáveis.

Conteúdo. Foram feitas várias modificações no conteúdo para reforçar o livro.

- O Capítulo 2 fornece uma introdução básica à construção e uso de planilhas. Muitos tutoriais detalhados foram incluídos no nosso suplemento, *Applications of Microsoft® Excel® in Analytical Chemistry*, Fourth Edition.
- Os capítulos sobre estatística (Capítulos 3-5) foram atualizados e colocados em conformidade com a terminologia da estatística moderna. A análise de variância (ANOVA) foi incluída no Capítulo 5. A ANOVA é fácil de ser executada com planilhas eletrônicas modernas, além de ser muito útil na resolução de problemas analíticos. Estes capítulos estão intimamente ligados ao nosso suplemento de Excel através de Exemplos, Artigos e Resumos.
- As referências à literatura de Química Analítica foram atualizadas e corrigidas conforme necessário.

Estilo. Continuamos fazendo mudanças no estilo e para tornar o livro mais prazeroso de ler e mais amigável ao estudante.

- Tentamos utilizar sentenças mais curtas, discurso mais direto e um estilo de redação mais coloquial em cada capítulo.
- As legendas mais descritivas de figuras são empregadas, sempre que apropriadas, para permitir ao estudante a compreensão da figura e de seu significado sem a necessidade de alternância entre o texto e a legenda.
- Os modelos moleculares são abundantemente utilizados na maioria dos capítulos para estimular o interesse pela beleza das estruturas moleculares e para reforçar os conceitos estruturais e a química descritiva apresentada na química geral e em disciplinas mais avançadas.
- Várias figuras novas substituíram figuras desatualizadas de edições passadas.

- As fotografias, tiradas especificamente para este livro, são utilizadas sempre que apropriadas, para ilustrar técnicas, aparelhos e operações importantes.
- As notas escritas nas margens são amplamente usadas para enfatizar os conceitos discutidos recentemente ou para reforçar as informações relevantes.

Este livro contém atividades para estudo disponíveis na plataforma on-line OWLv2.

OWL é uma plataforma on-line totalmente em **inglês** indicada para os cursos de **Química** e **Bioquímica**.

Personalizável, a plataforma permite que sejam atribuídas tarefas que avaliem o desempenho e progresso de seus alunos. O aluno terá acesso a recursos como vídeos, simulações de experiência de laboratório e ao ebook (em inglês) para apoiá-los na resolução das atividades além de ser a referência bibliográfica da disciplina.

Com *OWL*, o professor poderá organizar previamente um calendário de atividades para que os alunos realizem as tarefas de acordo com a programação de suas aulas.

A plataforma pode ser contratada por meio de uma assinatura institucional ou por licença individual/aluno.

O professor pode solicitar um projeto-piloto gratuito, de uma turma por instituição, para conhecer a plataforma. Entre em contato com nossa equipe de consultores em sac@cengage.com.

Material de apoio para professores e alunos

O material de apoio on-line está disponível na página deste livro no site da Cengage (www.cengage.com.br). Insira, no mecanismo de busca do site, o nome do livro: Fundamentos de química analítica. Procure a tradução da 10ª edição norte-americana. Clique no título do livro e, na página que se abre, você verá, abaixo das especificações do livro, o link Material de apoio. Em seguida, você visualizará dois links: Material de apoio para professores e Material de apoio para estudantes. Escolha um deles e clique. Entre com seu login de professor ou de estudante e faça o download do material.

Os materiais exclusivos para o professor incluem:

- um **Guia de Transição** da 9ª para a 10ª edição (em inglês)
- um **Guia do Educador** – OWLv2 (em inglês)
- slides de **PowerPoint®** (em português)
- um **Guia de Resoluções e Respostas** (antigo Manual de Resoluções do Professor) (em inglês).

Os materiais disponíveis para os professores e estudantes incluem:

- a **Parte VII: Aspectos Práticos da Análise Química** (Capítulos 33–37)
- o suplemento *Applications of Microsoft® Excel® in Analytical Chemistry*, Fourth Edition (em inglês)
- um **Manual de Resoluções do Estudante** (em inglês).

Agradecimentos

Gostaríamos de agradecer os comentários e sugestões de muitos colaboradores que criticaram a 9ª edição antes do nosso manuscrito ou que avaliaram esta obra em diversos estágios.

Revisores da desta edição

Carolyn J. Cassady,
University of Alabama

Michael R. Columbia,
Purdue University

Jason W. Coym,
University of South Alabama

Chester Dabalos,
University of Hawaii at Manoa

Darwin Dahl,
Western Kentucky University

Wujian Miao,
University of Southern Mississippi

Robert Richter,
Chicago State University

Maria A. Soria,
Fresno Pacific University

Tarek Trad,
Sam Houston State University

Trent P. Vorlicek,
Minnesota State University, Mankato

Darcey Wayment,
Nicholls State University

Justyna Widera-Kalinowska,
Adelphi University

Nossa equipe de redação contou com os serviços de uma bibliotecária eficiente, Srta. Jeanette Carver da University of Kentucky Science Library. Ela nos auxiliou de várias maneiras na produção deste livro, incluindo a verificação de referências, realizando buscas na literatura e organizando os empréstimos entre bibliotecas. Agradecemos sua competência, entusiasmo e bom humor.

Somos gratos a muitos funcionários da Cengage e Lumina Datamatics, bem como aos especialistas colaboradores independentes, que proporcionaram apoio sólido durante a produção deste livro e de seu material suplementar. A gerente de produto Helene Alfaro forneceu excelente liderança e encorajamento durante todo o curso deste projeto. Nossa editora de desenvolvimento de aprendizagem, Mona Zeftel, fez muitas sugestões úteis para a melhoria deste livro. A gerente sênior de conteúdo, Aileen Mason, manteve o projeto em andamento com lembretes frequentes, listas semanais do que ainda deveria ser feito e atualizações do cronograma enquanto coordenava todo o processo de produção. Somos profundamente gratos a Aileen e Mona pela dedicação, habilidade e atenção aos detalhes. A gerente editorial, Valarmathy Munuswamy, fez um eminente trabalho gerenciando o projeto na Lumina Datamatics. Agradecemos ao especialista no assunto Trent Vorlicek por suas muitas sugestões e correções, bem como às revisoras técnicas, Andrea Kelley e Jon Booze. Somos gratos à nossa revisora copidesque, Pooja Gaonkar, pela consistência e atenção aos detalhes. Seus olhos aguçados e excelentes habilidades editoriais contribuíram significativamente para a qualidade do livro. Agradecemos à revisora de provas Jananee Sekar, que buscou os erros antes do livro ir para a gráfica. A pesquisadora de foto Anjali Kambli lidou com muitas tarefas relacionadas à obtenção de novas fotos e garantindo os direitos de publicação para os gráficos, e Sheeba Baskar revisou e assegurou os direitos de publicação de textos.

Esta é a segunda edição de *Fundamentos de Química Analítica* escrita sem a habilidade, a orientação e o conselho de nossos coautores seniores Douglas A. Skoog e Donald M. West. Doug faleceu em 2008, e Don, em 2011. Doug foi mentor de Don enquanto ele era estudante de pós-graduação na Stanford University e eles começaram a escrever livros de Química Analítica em 1950. Produziram vinte edições de três livros *best-sellers* durante um período de 45 anos. O largo conhecimento de Don sobre Química Analítica e a consumada habilidade de escrever casada com a perícia organizacional e a atenção para detalhes de Don formaram uma equipe incrível. Ansiamos manter o alto padrão de excelência de Skoog e West à medida que continuamos a construir no legado deles. Em honra às suas contribuições manifestas para a filosofia, organização e escrita deste livro e muitos outros, decidimos manter seus nomes no título.

Finalmente, somos profundamente gratos às nossas esposas Vicki Holler e Nicky Crouch pelos seus conselhos, paciência e apoio durante os vários anos escrevendo este livro e preparando-o para a produção. Infelizmente, Nicky faleceu de um câncer no pâncreas em 2016.

F. James Holler

Stanley R. Crouch

Com a palavra, o tradutor técnico

Esta obra é um clássico mundial da química analítica. Sua primeira edição foi publicada em 1963 e, desde então, é adotada na maioria das escolas de química do mundo. A primeira edição em português só veio a ser publicada em 2006, foi tradução da 8ª edição norte-americana, e contou com algumas reimpressões. Desde então, o livro se tornou um sucesso nas universidades brasileiras. Esta é a 3ª edição traduzida no Brasil, que passou a ser conhecida como o "livro do Skoog". Embora o título seja *Fundamentos de Química Analítica*, faz uma abordagem aprofundada dos métodos analíticos mais importantes.

A química analítica pode ser dividida em qualitativa (quando precisamos descobrir qual é a composição de determinado material) e em quantitativa (quando temos interesse na quantidade dos componentes presentes em um material). Assim, esta parte da química tem aplicações nas mais diversas áreas da ciência. Ela é fundamental desde a produção de inúmeros bens de consumo, como alimentos, aço, tintas, cimento, medicamentos, até a exploração espacial para a análise de materiais recolhidos em outros planetas do sistema solar. A química analítica tem sido fundamental também na análise dos poluentes nas águas, no solo e no ar. Para que possamos melhorar a qualidade do ar que respiramos é imprescindível conhecermos os componentes tóxicos que têm sido despejados no ambiente ao longo dos séculos. Assim sendo, esta obra é essencial não apenas para estudantes dos cursos de química, farmácia e engenharias, mas também para os de outros cursos que queiram se aprofundar na análise qualitativa e quantitativa de materiais importantes em suas respectivas áreas. Pode ser essencial para aqueles que estudam física e queiram se aprofundar no estudo de novos materiais, como o grafeno, por exemplo; como para estudantes de medicina que desejam conhecer um pouco mais sobre a composição dos medicamentos que irão prescrever para os seus pacientes.

O "livro do Skoog" é muito bem organizado e começa com uma apresentação da química analítica, seguida de sete partes. Nas duas primeiras partes são abordados conceitos imprescindíveis para o estudo desta disciplina:

- Parte I – Qualidade das Medições Analíticas. É feita uma abordagem dos cálculos utilizados na química analítica e, para isso, são apresentadas as mais importantes unidades de medidas e as recentes modificações feitas no Sistema Internacional de Medidas. O tópico sobre estequiometria é mostrado de maneira didática, facilitando a sua compreensão. Os tópicos precisão, exatidão, erros aleatórios, tratamento estatístico de dados, amostragem, padronização e calibração, fundamentais nas análises químicas, são tratados de maneira muito clara, apresentam leitura fácil e agradável.
- Parte II – Equilíbrios Químicos. Grande parte das análises químicas exige o estado de equilíbrio, logo, é imprescindível que o estudante domine este tema. Nos capítulos desta parte há discussões sobre soluções aquosas, equilíbrios químicos, constantes de equilíbrio, forças relativas de pares ácido-base conjugados, pH e solução-tampão.
- Os conceitos apresentados nas partes I e II são fundamentais para as seguintes, que tratam dos diferentes tipos de análise química.
- Parte III – Métodos Clássicos de Análise. Aqui são abordados os métodos gravimétricos, o uso de titulações na química analítica, envolvendo as de neutralização, incluindo os sistemas ácido/base complexos e as titulações de complexação e neutralização.
- Parte IV – Métodos Eletroquímicos. Esta parte traz um capítulo com os conceitos básicos de eletroquímica; discute as aplicações dos potenciais padrão de eletrodo e das titulações de oxirredução; e, na sequência, os autores tratam de outros métodos eletroquímicos importantes, como potenciometria, eletrogravimetria e voltametria.
- Parte V – Análise Espectroquímica. São descritos, aqui, os métodos que têm como base o emprego da luz e de outras radiações eletromagnéticas; assim como, de maneira minuciosa e didática, as espectrometrias ótica, de absorção molecular e de massas, juntamente com as atômicas e de fluorescência molecular.
- Parte VI – Cinética e Separações. Os métodos cinéticos de análise envolvem as técnicas de cromatografia, que também são usadas para separações. Os métodos cromatográficos são amplamente utilizados não só na química

analítica, como na inorgânica e na orgânica, tanto como técnicas de análise qualitativa como quantitativa. Os métodos mais modernos de cromatografia de gases e de líquidos, e as técnicas da cromatografia acoplada à espectrometria de massas também são tratadas nesta parte.

- Parte VII – Aspectos Práticos da Química Analítica. Esta talvez seja a parte mais interessante do livro, por que, a partir deste ponto, há uma abordagem mais aprofundada sobre amostragem, preparação da amostra e definição das amostras em réplica por massa ou medida de volume; além de tratar de experimentos em amostras reais, o que facilita a compreensão dos tópicos estudados até aqui.

O texto, repleto de exemplos, leva a uma melhor contextualização e tratamento dos aspectos mais modernos da química analítica. Além de contribuir para a compreensão de uma disciplina, em geral mais complexa, facilita o trabalho do professor.

Esta obra pode ser adotada em várias disciplinas dos cursos de graduação e de pós-graduação em química, farmácia e engenharia.

Trabalhar nesta tradução foi muito gratificante. A Cengage, além de competente, facilita muito o nosso trabalho. Uma tradução, como gosto sempre de afirmar, envolve muito mais interpretação que uma simples troca de palavras da língua original para o português. Algumas adaptações foram necessárias, seja para se enquadrar na língua portuguesa, seja para seguir as recomendações da IUPAC, muito mais difundidas no Brasil que nos Estados Unidos. Tenho certeza de que esta leitura será tão engrandecedora para você quanto foi para mim durante a tradução.

Sobre o tradutor técnico

Robson Mendes Matos finalizou o Bacharelado em Química pela UFJF, em 1985, e, logo em seguida, ingressou no mestrado em Química Inorgânica na UFMG, concluindo-o em 1989. Em 1993, obteve o D. Phil., na mesma área, pela University of Sussex, Brighton, Inglaterra. Iniciou carreira como docente e pesquisador na UFMG, em 1993, inicialmente, como bolsista recém-doutor do CNPq. Em 1994, após aprovação em concurso público, tornou-se professor adjunto pela mesma universidade. Atualmente, é professor associado 3 da Universidade Federal do Rio de Janeiro – Campus Macaé desde setembro de 2010. Foi bolsista da Petroleum Research Fund/American Chemical Society (pesquisador visitante) na Iowa State University, Ames, Estados Unidos, durante o ano 2000. É consultor *ad hoc* da Fapesp e faz parte do corpo de *referees* da *The Scientific World Journal*, da *Journal of Heterocyclic Chemistry*, da *Journal of Coordination Chemistry* e da *Phosphorus Sulfur and Silicon and the Relates Elements*, sediadas nos Estados Unidos. Desenvolve, no momento, pesquisa na área de química de compostos organometálicos com ênfase principal em compostos de fósforo, buscando novos catalisadores e/ou novos fármacos. Publicou 20 artigos completos em periódicos indexados, 1 capítulo de livro na área de ressonância magnética nuclear e mais de 50 resumos em conferências nacionais e internacionais. Orientou duas dissertações de mestrado, 15 alunos de graduação, e coorientou duas dissertações de mestrado.

É um apaixonado pelo ensino e ministrou a disciplina Química Geral para os mais variados cursos superiores, assim como Química Inorgânica e Química dos Compostos Organometálicos. É tradutor e/ou revisor de livros acadêmicos nas áreas de Química Geral, Química Orgânica, Física e Engenharia de Controle e Automação.

A Natureza da Química Analítica

CAPÍTULO 1

A Química Analítica é uma ciência de medição consistindo de um conjunto de ideias e métodos poderosos que são úteis em todos os campos da ciência, engenharia e medicina. Alguns fatos excitantes do poder e relevância da química analítica ocorreram, estão ocorrendo e vão ocorrer nas explorações espaciais da NASA no planeta Marte. Em 4 de julho de 1997, a nave espacial *Pathfinder* liberou o jipe-robô *Sojourner* para a superfície marciana. Instrumentos analíticos fornecem informações sobre a composição química de pedras e do solo. As investigações feitas pela nave espacial e pelo jipe sugeriram que Marte já foi aquecido e úmido com água líquida na superfície e vapor de água na atmosfera. Em janeiro de 2004, os jipes-robôs espaciais *Spirit* e *Opportunity* chegaram a Marte para uma missão de três meses. Um resultado importante do espectrômetro de raios-X de partícula alfa (APXS) e do espectrômetro de Mössbauer foi encontrar depósitos concentrados de sílica e, em um local diferente, altas concentrações de carbonato. O *Spirit* continuou a explorar e transmitir dados até 2010, superando até as previsões mais otimistas. Mais impressionante ainda, o *Opportunity* continuou viajando pela superfície de Marte e, por volta de março de 2012, ele tinha coberto mais de 33 km explorando e transmitindo imagens de crateras e pequenas montanhas, entre outras.

No final de 2011, o Mars Science Laboratory foi lançado a bordo do jipe-robô *Curiosity*. Ele chegou em 6 de agosto de 2012 com instrumentos analíticos a bordo. O pacote químico e ótico inclui um espectrômetro de plasma induzido por laser (LIBS, veja o Capítulo 26) e um microgerador de imagens. O instrumento LIBS fornecerá a determinação de muitos elementos sem nenhuma preparação de amostra. Ele pode determinar a identificação e as quantidades de elementos majoritários, minoritários e de traços e pode detectar minerais hidratados. O pacote de análise de amostras contém um espectrômetro de massas quadrupolar

O Perseverance Rover usando uma perfuradora e um braço robótico para coletar amostras.

(Capítulo 27), um cromatógrafo em fase gasosa (Capítulo 30) e um espectrômetro a laser ajustável (Capítulo 23). Seus objetivos são pesquisar fontes de compostos de carbono, procurar por compostos orgânicos importantes para a vida, revelar como vários elementos se apresentam química e isotopicamente, determinar a composição da atmosfera de Marte e pesquisar por gases nobres e isótopos de elementos leves.[1]

No final de julho de 2020, a missão Mars 2020 Rover foi lançada. O Perseverance Rover, que é parte desta missão, focará nas questões relativas ao potencial de vida em Marte. Ele procurará sinais das condições em Marte no passado que indica a presença de vida. Amostras do núcleo removidas pela perfuradora do rover serão coletas e armazenadas para o possível retorno à Terra para análise no futuro. A missão vai obter também informações relevantes para uma futura exploração humana de Marte incluindo a possível habitação do planeta. Ela vai explorar a produção de oxigênio da atmosfera marciana, buscar água subsuperficial e fazer a caracterização do clima e das condições ambientais do planeta que poderiam influenciar lá viver e trabalhar. O Perseverance aterrizou com sucesso em Marte em 18 de fevereiro de 2021.

Esses exemplos demonstram que ambas as informações quantitativas e qualitativas são requeridas em uma análise. A **análise qualitativa** estabelece a identidade química das espécies presentes em uma amostra. A **análise quantitativa** determina as quantidades relativas das espécies, ou **analitos**, em termos numéricos. Os dados dos vários espectrômetros dos jipes-robôs contêm ambos os tipos de informação. Como é comum com vários instrumentos analíticos, a cromatografia de gás e o espectrômetro de massas incorporam uma etapa de separação como uma parte necessária do processo analítico. Com algumas ferramentas analíticas, exemplificadas aqui pelos experimentos APXS e LIBS, a separação química dos vários elementos contidos em rochas é desnecessária, uma vez que os métodos fornecem informações altamente seletivas. Este livro explora métodos de análise quantitativa, métodos de separação e os princípios por trás das operações deles. Uma análise quantitativa é frequentemente uma parte integral da etapa de separação e determinar a identidade dos analitos é um adjunto essencial para a análise quantitativa.

A **análise qualitativa** revela a *identidade* dos elementos e compostos de uma amostra.

A **análise quantitativa** indica a *quantidade* de cada substância presente em uma amostra.

Os **analitos** são os componentes de uma amostra a ser determinados.

1A Papel da Química Analítica

A Química Analítica é empregada na indústria, na medicina e em todas as outras ciências. Para ilustrar, considere alguns exemplos, as concentrações de oxigênio e de dióxido de carbono são determinadas em milhões de amostras de sangue diariamente e usadas para diagnosticar e tratar doenças. As quantidades de hidrocarbonetos, óxidos de nitrogênio e monóxido de carbono presentes nos gases de descargas veiculares são determinadas para se avaliar a eficiência dos dispositivos de controle de emissão de poluentes. As medidas quantitativas de cálcio iônico no soro sanguíneo ajudam no diagnóstico de doenças da paratireoide em seres humanos. A determinação quantitativa de nitrogênio em alimentos indica o seu valor proteico e, desta forma, o seu valor nutricional. A análise do aço durante sua produção permite o ajuste nas concentrações de elementos, como o carbono, níquel e cromo, para que se possa atingir a resistência física, a dureza, a resistência à corrosão e a flexibilidade desejadas. O teor de mercaptanas no gás de cozinha deve ser monitorado com frequência, para garantir que esse tenha um odor desagradável a fim de alertar a ocorrência de vazamentos. Os fazendeiros planejam a programação da fertilização e a irrigação para satisfazer as necessidades das plantas durante a estação de crescimento, que são avaliadas a partir de análises quantitativas nas plantas e nos solos nos quais elas crescem.

As medidas analíticas quantitativas também desempenham um papel fundamental em muitas áreas de pesquisa na Química, Bioquímica, Biologia, Geologia, Física e outras áreas da ciência. Por exemplo, determinações quantitativas dos íons potássio, cálcio e sódio em fluidos biológicos de animais permitem aos fisiologistas estudar o papel desses íons na condução de sinais nervosos, assim como na contração e no relaxamento muscular. Os químicos solucionam os mecanismos de reações químicas por meio de estudos da velocidade de reação. A velocidade de consumo de reagentes ou de formação

---

[1] Para detalhes sobre a missão do Mars Science Laboratory e o jipe-robô *Curiosity*, veja: http://www.nasa.gov.

de produtos, em uma reação química, pode ser calculada a partir de medidas quantitativas feitas em intervalos de tempo iguais. Os cientistas de materiais confiam muito nas análises quantitativas de germânio e silício cristalinos em seus estudos sobre dispositivos semicondutores cujas impurezas localizam-se na faixa de concentração de 1×10^{-6} a 1×10^{-9} por cento. Os arqueólogos identificam a fonte de vidros vulcânicos (obsidiana) pelas medidas de concentração de elementos minoritários em amostras de vários locais. Esse conhecimento torna possível rastrear as rotas de comércio pré-históricas de ferramentas e armas confeccionadas a partir da obsidiana.

Muitos químicos, bioquímicos e químicos medicinais despendem bastante tempo no laboratório reunindo informações quantitativas sobre sistemas que são importantes e interessantes para eles. O papel central da Química Analítica nessa área do conhecimento, assim como em outras, está ilustrado na **Figura 1-1**. Todos os ramos da Química baseiam-se nas ideias e nas técnicas da Química Analítica. Essa tem uma função similar em relação a muitas outras áreas do conhecimento listadas no diagrama. A Química é frequentemente denominada a *ciência central*; sua posição superior central e a posição central da Química Analítica na figura enfatizam essa importância. A natureza interdisciplinar da análise química a torna uma ferramenta vital em laboratórios médicos, industriais, governamentais e acadêmicos em todo o mundo.

1B Métodos Analíticos Quantitativos

Calculamos os resultados de uma análise quantitativa típica a partir de duas medidas. Uma delas é a massa ou o volume de uma amostra que está sendo analisada. A outra é a medida de alguma grandeza que é proporcional à quantidade do analito presente na amostra, como massa, volume, intensidade de luz ou carga elétrica. Geralmente, essa segunda medida completa

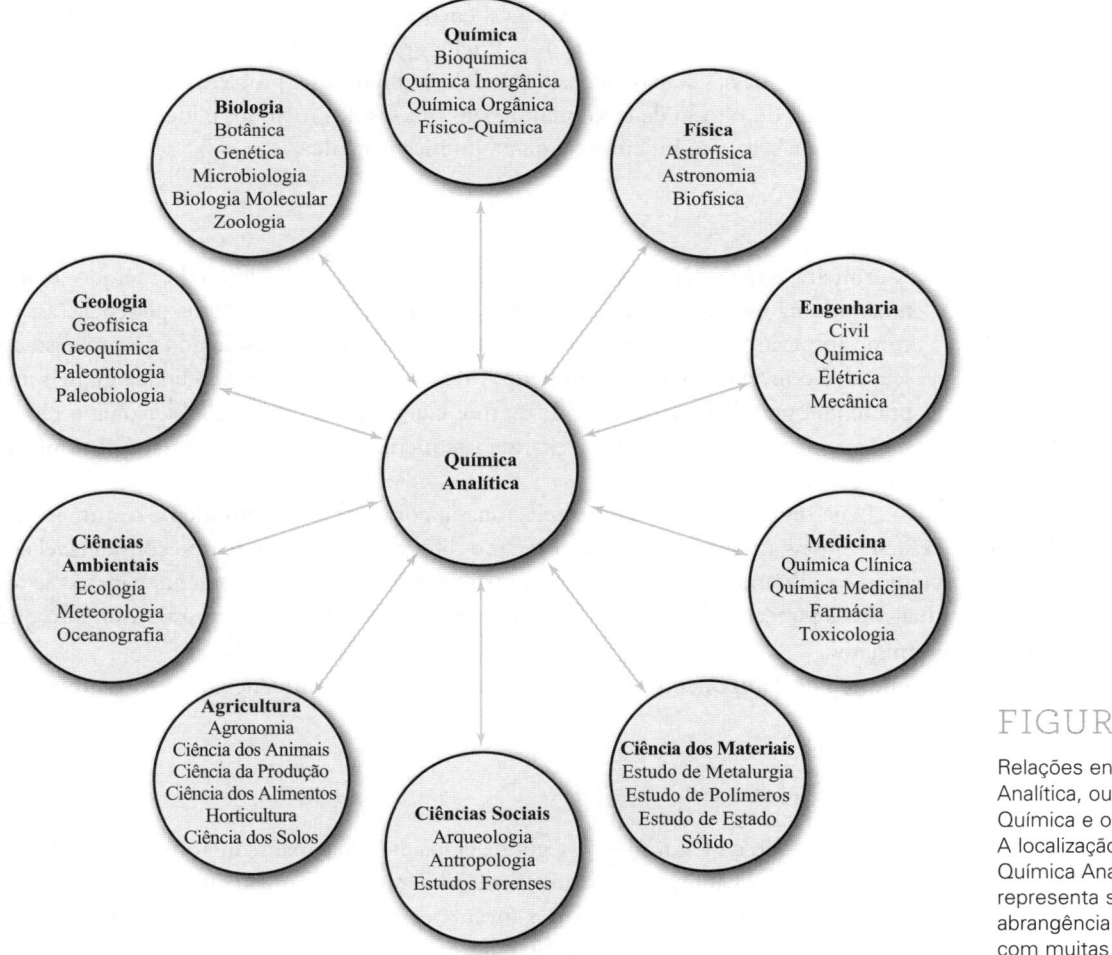

FIGURA 1-1

Relações entre a Química Analítica, outras áreas da Química e outras ciências. A localização central da Química Analítica no diagrama representa sua importância e a abrangência de sua interação com muitas outras disciplinas.

Dra. Ann Richard completou seu Doutorado na University of North Carolina, em Chapel Hill, especializando-se em físico-química. Usando seu conjunto de habilidades em química computacional, ela aceitou um cargo de pós-doutorado na U.S. Environmental Protective Agency (EPA), onde trabalha desde 1984. Atualmente é pesquisadora no Center for Computational Toxicology and Exposure da EPA, onde um de seus papéis é usar os modelos computacionais para prever a toxicidade de moléculas concernente a humanos e animais. Ela também combina química, ciência computacional e gerenciamento de dados na área conhecida como quimioinformática. Gerencia um grande banco de dados de toxicidade e supervisiona um sistema de testagem utilizando placas de testagem do tamanho de um iPhone. Este sistema utilizando placas de testagem pode analisar mais de 1.500 compostos químicos de uma única vez. A toxicologia computacional tem mudado os procedimentos de testagem, reduzindo testes em animais.

a análise e classificamos os métodos analíticos de acordo com a natureza dessa medida final. **Métodos gravimétricos** determinam a massa do analito ou de algum composto quimicamente a ele relacionado. Um **método volumétrico** mede o volume da solução contendo reagente em quantidade suficiente para reagir com todo o analito presente. **Métodos eletroanalíticos** medem as propriedades elétricas, como o potencial, a corrente, resistência e quantidade de carga elétrica. **Métodos espectroscópicos** exploram a interação entre a radiação eletromagnética e os átomos ou as moléculas ou ainda a emissão de radiação pelos analitos. Finalmente, em um grupo de métodos variados, medimos as grandezas, como razão massa-carga de íons por espectrometria de massas, velocidade de decaimento radioativo, calor de reação, condutividade térmica de amostras, atividade ótica e índice de refração.

1C Uma Análise Quantitativa Típica

Uma análise quantitativa típica envolve uma sequência de etapas, mostrada no fluxograma da **Figura 1-2**. Em alguns casos, uma ou mais dessas etapas podem ser omitidas. Por exemplo, se a amostra for líquida, podemos evitar a etapa de dissolução. Os capítulos 1 a 32 deste livro focalizam as três últimas etapas descritas na Figura 1-2. Na etapa de determinação, medimos uma das propriedades mencionadas na Seção 1B. Na etapa de cálculo, encontramos a quantidade relativa do analito presente nas amostras. Na etapa final, avaliamos a qualidade dos resultados e estimamos sua confiabilidade.

Nos parágrafos que seguem, você vai encontrar um panorama sobre cada uma das nove etapas mostradas na Figura 1-2. Então, apresentaremos um estudo de caso para ilustrar o uso dessas etapas na resolução de um importante problema analítico prático. Os detalhes do estudo de caso prenunciam muitos dos métodos e ideias que você vai explorar em seus estudos envolvendo a Química Analítica.

1C-1 Escolha do Método

A primeira etapa essencial de uma análise quantitativa é a seleção do método, como mostrado na Figura 1-2. Algumas vezes a escolha é difícil e requer experiência, assim como intuição. Uma das primeiras questões que deve ser considerada no processo de seleção é o nível de exatidão requerido. Infelizmente, a alta confiabilidade quase sempre requer grande investimento de tempo. Geralmente, o método selecionado representa um compromisso entre a exatidão requerida e o tempo e recursos disponíveis para a análise.

Uma segunda consideração relacionada com o fator econômico é o número de amostras que serão analisadas. Se existem muitas amostras, podemos nos dar o direito de gastar um tempo considerável em operações preliminares, como montando e calibrando instrumentos e equipamentos e preparando soluções padrão. Se temos apenas uma única amostra, ou algumas poucas amostras, pode ser mais apropriado selecionar um procedimento que dispense ou minimize as etapas preliminares.

Finalmente, a complexidade e o número de componentes presentes na amostra sempre influenciam, de certa forma, a escolha do método.

Um material é **heterogêneo** se suas partes constituintes podem ser distinguidas visualmente ou com o auxílio de um microscópio. O carvão, os tecidos animais e o solo são materiais heterogêneos.

1C-2 Obtenção da Amostra

Como ilustrado na Figura 1-2, a segunda etapa em uma análise quantitativa é a obtenção da amostra. Para gerar informações representativas, uma análise precisa ser realizada com uma amostra que tenha a mesma composição do material do qual ela foi tomada. Quando o material é amplo e **heterogêneo**, grande esforço é requerido para

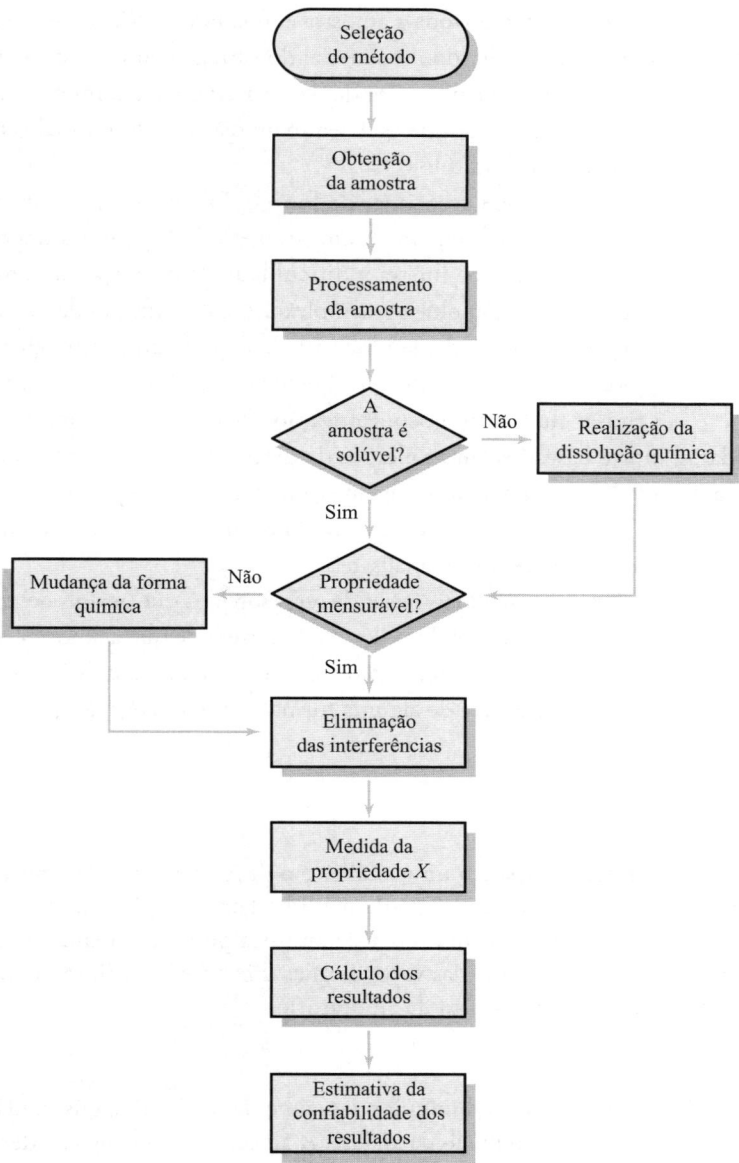

FIGURA 1-2

Fluxograma mostrando as etapas envolvidas em uma análise quantitativa. Existe grande número de caminhos possíveis para percorrer as etapas. No exemplo mais simples, representado pela sequência vertical central, selecionamos um método, adquirimos e processamos a amostra, dissolvemos a amostra em um solvente apropriado, medimos uma propriedade do analito e estimamos a confiabilidade dos resultados. Dependendo da complexidade da amostra e do método escolhido, várias outras etapas podem ser necessárias.

se obter uma amostra representativa. Considere, por exemplo, um vagão contendo 25 toneladas de minério de prata. O comprador e o vendedor do minério precisam concordar com o preço, que deverá ser baseado no teor de prata do carregamento. O minério, propriamente dito, é inerentemente heterogêneo, consistindo em muitos pedaços que variam em tamanho e igualmente no teor de prata. A **dosagem** desse carregamento será realizada em uma amostra que pesa cerca de 1 grama. Para que a análise seja significativa, a composição dessa pequena amostra deve ser representativa das 25 toneladas (ou 22.700.000 g) do minério contido no carregamento. O isolamento de 1 grama do material que represente de forma exata a composição média de

Uma **dosagem** é o processo de determinar quanto de uma dada amostra é o material indicado pela sua descrição. Por exemplo, uma liga de zinco é dosada para determinar seu teor de zinco e sua dosagem representa um valor numérico específico.

>> *Analisam-se* amostras e *determinam-se* substâncias. Por exemplo, uma amostra de sangue é analisada para determinar a concentração de várias substâncias, tais como gases sanguíneos e glicose. Portanto, falamos em determinação de gases sanguíneos ou glicose e *não* em análise de gases sanguíneos ou glicose.

23.000.000 g de toda a amostra é uma tarefa difícil, que exige manipulação cuidadosa e sistemática de todo o material do carregamento. A **amostragem** é o processo de coletar uma pequena massa de um material cuja composição represente exatamente o todo do material que está sendo amostrado. A amostragem será abordada em mais detalhes no Capítulo 6.

A coleta de espécimes de fontes biológicas representa um segundo tipo de problema de amostragem. A amostragem de sangue humano para a determinação de gases sanguíneos ilustra a dificuldade de obtenção de uma amostra representativa de um sistema biológico complexo. A concentração de oxigênio e dióxido de carbono no sangue depende de uma variedade de fatores fisiológicos e ambientais. Por exemplo, a aplicação de um torniquete de maneira incorreta ou movimento da mão pode causar flutuação na concentração de oxigênio no sangue. Uma vez que os médicos tomam suas decisões de vida ou morte baseados em resultados de determinações de análise de gases sanguíneos, procedimentos rigorosos têm sido desenvolvidos para a amostragem e o transporte de espécimes para os laboratórios clínicos. Esses procedimentos garantem que a amostra seja representativa do paciente no momento em que é coletada e que sua integridade seja preservada até que a amostra possa ser analisada.

Muitos problemas envolvendo amostragem são mais fáceis de ser resolvidos que os dois descritos. Não importando que a amostragem seja simples ou complexa, todavia, o analista deve ter a certeza de que a amostra de laboratório é representativa do todo antes de realizar a análise. Frequentemente, a amostragem é a etapa mais difícil em uma análise e a fonte dos maiores erros. O resultado analítico final nunca será de alguma forma mais confiável do que a confiabilidade da etapa de amostragem.

1C-3 O Processamento da Amostra

Como mostrado na Figura 1-2, a terceira etapa em uma análise é o processamento da amostra. Sob certas circunstâncias, nenhum processamento é necessário antes da etapa de medida. Por exemplo, uma vez que uma amostra de água é retirada de um córrego, um lago ou de um oceano, o pH da amostra pode ser medido diretamente. Na maior parte das vezes, porém, a amostra é processada em uma das várias formas diferentes. A primeira etapa no processamento da amostra é, frequentemente, a preparação da amostra de laboratório.

Preparação da Amostra de Laboratório

Uma amostra de laboratório sólida é triturada para diminuir o tamanho das partículas, misturada para garantir homogeneidade e armazenada por vários períodos antes do início da análise. A absorção ou a liberação de água pode ocorrer durante cada uma das etapas, dependendo da umidade do ambiente. Como qualquer perda ou ganho de água altera a composição química de sólidos, é uma boa ideia secar as amostras logo antes do início da análise. Alternativamente, a umidade de uma amostra pode ser determinada no momento da análise, em um procedimento analítico à parte.

As amostras líquidas apresentam um conjunto de problemas ligeiramente diferentes, mas ainda assim relacionados, durante a etapa de preparação. Se essas amostras forem deixadas em frascos abertos, os solventes podem evaporar e alterar a concentração do analito. Se o analito for um gás dissolvido em um líquido, como em nosso exemplo sobre gases sanguíneos, o frasco da amostra deve ser mantido dentro de um segundo recipiente selado, talvez durante todo o procedimento analítico, para prevenir a contaminação por gases atmosféricos. Medidas especiais, incluindo a manipulação da amostra e a medida em atmosfera inerte, podem ser exigidas para preservar a integridade da amostra.

Definição das Réplicas de Amostras

Réplicas de amostras são as porções de um material que possuem aproximadamente o mesmo tamanho e que são tratadas por um procedimento analítico ao mesmo tempo e da mesma forma.

A maioria das análises químicas é realizada em **réplicas de amostras** cujas massas ou volumes tenham sido determinados cuidadosamente por medições feitas com uma balança analítica ou com um dispositivo volumétrico preciso. As réplicas melhoram a qualidade dos resultados e fornecem uma medida da confiabilidade. As medidas quantitativas em réplicas são geralmente expressas em termos da média e vários testes estatísticos são executados para estabelecer a confiabilidade.

Preparo de Soluções: Alterações Físicas e Químicas

Uma vez que muitos métodos clássicos e as várias técnicas instrumentais usam amostras em solução, muitas das análises são realizadas com soluções da amostra preparadas em um solvente adequado. Idealmente, o solvente deve dissolver toda a amostra, incluindo o analito, de forma rápida e completa. As condições da dissolução devem ser suficientemente brandas, de maneira que perdas do analito não venham a ocorrer. Em nosso fluxograma da Figura 1-2, perguntamos se a amostra é solúvel no solvente escolhido. Infelizmente, vários materiais que precisam ser analisados são insolúveis em solventes comuns. Os exemplos incluem os minerais à base de silício, os polímeros de alta massa molecular e as amostras de tecido animal. Com tais substâncias o analista segue o fluxograma para a etapa à direita e realiza alguns tratamentos químicos drásticos. Converter analito em materiais dessa natureza em uma forma solúvel é, frequentemente, a tarefa mais difícil e demorada no processo analítico. A amostra pode necessitar de aquecimento em soluções aquosas de ácidos fortes, bases fortes, agentes oxidantes, agentes redutores ou alguma combinação desses reagentes. Pode ser necessária a ignição da amostra ao ar ou ao oxigênio para realizar sua **fusão**, sob elevadas temperaturas, na presença de vários **fundentes**. Uma vez que o analito esteja solubilizado, perguntamos se a amostra apresenta uma propriedade que seja proporcional à sua concentração e se é possível medi-la. Caso contrário, outras etapas químicas podem ser necessárias, como podemos observar na Figura 1-2, para converter o analito para uma forma que seja adequada para a etapa de medida. Por exemplo, na determinação de manganês em aço, o elemento deve ser oxidado para MnO_4^- antes da medida da absorbância da solução colorida (veja o Capítulo 24). Nesse momento da análise, pode-se prosseguir diretamente para a etapa de medida, porém, na maioria dos casos, devemos eliminar as interferências na amostra antes de realizar as medidas, como ilustrado no fluxograma.

» Um **fundente** é um material, normalmente um sal metálico alcalino, que é misturado com a amostra e aquecido para formar um sal fundido.

1C-4 Eliminação de Interferências

Uma vez que temos a amostra em solução e convertemos o analito a uma forma apropriada para a medida, a próxima etapa será eliminar substâncias presentes na amostra que possam interferir na medida (veja a Figura 1-2). Poucas propriedades químicas e físicas de importância na Química Analítica são exclusivas de uma única substância química. Ao contrário, as reações usadas e as propriedades medidas são características de um grupo de elementos ou compostos. As espécies além do analito, que afetam a medida final, são chamadas **interferências** ou **interferentes**. Um plano deve ser traçado para se isolar os analitos das interferências antes que a medida final seja feita. Não há regras claras e rápidas para a eliminação de interferências; de fato, a resolução desse problema certamente pode ser o aspecto mais crítico de uma análise. Os capítulos 29 a 32 descrevem os métodos de separação.

Interferência ou **interferente** é uma espécie que causa um erro na análise pelo aumento ou atenuação (diminuição) da quantidade que está sendo medida.

1C-5 Calibração e Medida da Concentração

Todos os resultados analíticos dependem de uma medida final X de uma propriedade física ou química do analito, como mostrado na Figura 1-2. Essa propriedade deve variar de uma forma conhecida e reprodutível com a concentração c_A do analito. Idealmente, a medida da propriedade é diretamente proporcional à concentração. Isto é,

$$c_A = kX$$

onde k é uma constante de proporcionalidade. Com poucas exceções, os métodos analíticos requerem a determinação empírica de k com padrões químicos para os quais c_A é conhecido.[2] O processo de determinação de k é então uma etapa importante na maioria das análises; essa etapa é chamada **calibração**. Os métodos de calibração serão abordados com algum detalhamento no Capítulo 6.

A **matriz**, ou **matriz da amostra**, é o conjunto de todos os componentes da amostra na qual o analito está contido.

Técnicas ou reações que funcionam para um único analito são denominadas **específicas**. Técnicas ou reações que se aplicam a poucos analitos são chamadas **seletivas**.

Calibração é o processo de determinar a proporcionalidade entre a concentração do analito e uma quantidade medida.

---

[2] Duas exceções são os métodos gravimétricos, discutidos no Capítulo 10, e os métodos coulométricos, considerados no Capítulo 20. Em ambos os métodos, k pode ser calculada a partir de constantes físicas conhecidas.

1C-6 Cálculo dos Resultados

O cálculo das concentrações dos analitos a partir de dados experimentais é, em geral, relativamente fácil, particularmente com computadores. Essa etapa é apresentada na penúltima etapa do fluxograma da Figura 1-2. Esses cálculos são baseados nos dados experimentais crus (na forma em que foram originalmente obtidos) coletados na etapa de medida, nas características dos instrumentos de medida e na estequiometria das reações químicas. Muitos exemplos desses cálculos aparecem ao longo deste livro.

1C-7 Avaliação dos Resultados pela Estimativa da Confiabilidade

Como a etapa final na Figura 1-2 mostra, os **resultados analíticos** somente estão completos quando a confiabilidade deles for estimada. O analista deve prover alguma medida das incertezas associadas aos resultados quando se espera que os dados tenham algum significado. Os capítulos 3 a 5 apresentam métodos detalhados para a realização dessa importante etapa final do processo analítico.

>> Um **resultado analítico** sem uma estimativa da confiabilidade não vale nada.

1D Um Papel Integrado na Análise Química: Sistemas Controlados por Realimentação

Geralmente, a Química Analítica não é um fim em si mesma, mas sim parte de um cenário maior, no qual podemos usar os resultados analíticos para ajudar na manutenção ou na melhora da saúde de um paciente, para controlar a quantidade de mercúrio em peixes, para regular a qualidade de um produto, para determinar a situação de uma síntese ou para saber se existe vida em Marte. A análise química é o elemento de medida em todos esses exemplos e em muitos outros casos. Considere o papel da análise quantitativa na determinação e controle da concentração de glicose no sangue. O fluxograma da **Figura 1-3** ilustra o processo. Os pacientes que sofrem de diabetes insulino-dependentes desenvolvem hiperglicemia, que se manifesta quando a concentração de glicose no sangue fica acima da faixa normal de concentração entre 65 e 100 mg dL^{-1}. Iniciamos nosso exemplo estabelecendo que o estado desejado é aquele no qual o nível sanguíneo de glicose seja menor que 100 mg dL^{-1}. Muitos pacientes precisam monitorar seu nível de glicose no sangue submetendo periodicamente amostras a um laboratório de análises clínicas ou por medidas feitas por eles mesmos, usando um medidor eletrônico portátil de glicose.

A primeira etapa no processo de monitoração consiste em determinar o estado real por meio da coleta de uma amostra de sangue do paciente e da medida do nível de glicose no sangue. Os resultados são mostrados e então o estado real é

FIGURA 1-3

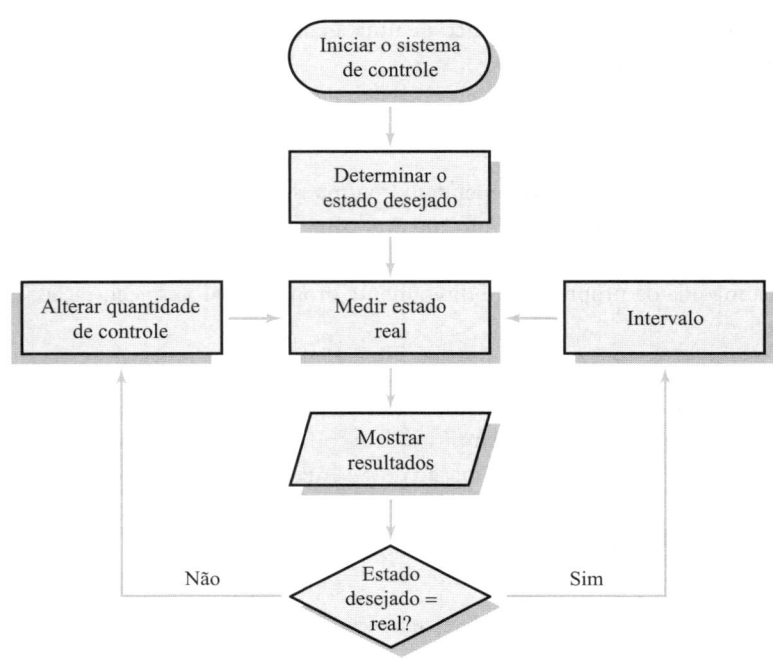

Fluxograma de um sistema controlado por realimentação. O estado desejado é determinado, o estado real do sistema é medido e os dois estados são comparados. A diferença entre os dois estados é utilizada para alterar uma quantidade controlável que resulta em uma mudança no estado do sistema. As medidas quantitativas são novamente realizadas pelo sistema e a comparação é repetida. A nova diferença entre o estado desejado e o estado real é outra vez empregada para alterar o estado do sistema, se necessário. O processo cuida para que haja monitoração e respostas contínuas para a manutenção da quantidade controlável e, portanto, o estado real em níveis adequados. O texto descreve a monitoração e o controle da concentração de glicose no sangue como um exemplo de um sistema controlado por realimentação.

comparado com o desejado (veja a Figura 1-3). Se o nível medido de glicose no sangue estiver acima de 100 mg dL^{-1}, o nível de insulina no paciente, que é a quantidade de controle, deve ser aumentado por injeção ou administração oral. Depois de algum tempo, para permitir que a insulina faça efeito, o nível de glicose é novamente medido para determinar se o estado desejado foi alcançado. Se o nível estiver abaixo do valor limite crítico, o nível de insulina foi mantido, então não há a necessidade de se aplicar mais insulina. Após um tempo apropriado, o nível de glicose no sangue é novamente medido e o ciclo, repetido. Dessa forma, o nível de insulina no sangue do paciente e, portanto, o nível de glicose é mantido no, ou abaixo do, valor limite crítico, mantendo o metabolismo do paciente sob controle.

O processo de medir e controlar continuamente é, com frequência, denominado **sistema controlado por realimentação**, e o ciclo envolvendo medida, comparação e controle é chamado **ciclo de realimentação**. Essas ideias encontram vasta aplicação em sistemas biológicos e bioquímicos e sistemas mecânicos e eletrônicos. Desde a medida e o controle da concentração de manganês em aço até a manutenção dos níveis adequados de cloro em uma piscina, a análise química desempenha um papel central em uma ampla gama de sistemas.

DESTAQUE 1-1

Morte De Cervos: Um Estudo de Caso Ilustrando o Uso da Química Analítica na Solução de um Problema em Toxicologia

A Química Analítica é uma ferramenta poderosa nas investigações ambientais. Neste destaque, descrevemos um estudo de caso no qual a análise quantitativa foi empregada para se determinar o agente que causava mortes em uma população de cervos-de-cauda-branca, habitantes de uma área em uma região selvagem em Kentucky. Vamos começar por uma descrição do problema e então mostrar como as etapas ilustradas na Figura 1-2 foram utilizadas para resolver o problema analítico. Este estudo de caso também mostra como a análise química é empregada em um contexto amplo, como parte essencial de um sistema de controle por realimentação, como descrito na Figura 1-3.

O Problema

O incidente começou quando um guarda florestal encontrou um cervo-de-cauda-branca morto, próximo a um lago no território da Lakes National Recreation Area, na região oeste de Kentucky. O guarda florestal solicitou a ajuda de um químico do laboratório estadual de diagnóstico veterinário para encontrar a causa da morte, visando tentar prevenir futuras mortes de cervos.

O guarda e o químico inspecionaram cuidadosamente o local onde a carcaça do cervo em estado avançado de decomposição havia sido encontrada. Em decorrência do estado adiantado de decomposição, não foi possível coletar qualquer amostra de tecido. Poucos dias após o início das investigações, o guarda encontrou mais dois cervos mortos no mesmo local. O químico foi chamado ao local das mortes, onde o guarda e ele colocaram os cervos em um caminhão para transportá-los ao laboratório de diagnóstico veterinário. Os investigadores, então, conduziram um exame cuidadoso da área vizinha em uma tentativa de encontrar pistas para estabelecer a causa das mortes.

A busca cobriu cerca de 2 acres ao redor do lago. Os investigadores notaram que a grama nos arredores dos postes da linha de transmissão de energia estava seca e descolorida. Eles especularam que um herbicida poderia ter sido usado na grama. Um ingrediente comumente encontrado em herbicidas é o arsênio em alguma de suas várias formas, incluindo trióxido de arsênio, arsenito de sódio, metanoarsenato monossódico e metanoarsenato dissódico. O último composto é o sal dissódico do ácido metanoarsênico, $CH_3AsO(OH)_2$, que é muito solúvel em água e, assim, é usado como ingrediente ativo em muitos herbicidas. A atividade do herbicida metanoarsenato dissódico deve-se à sua reatividade ante a grupos sulfidrilas (S—H) do aminoácido cisteína. Quando a cisteína das enzimas de plantas reage com compostos de arsênio, a função da enzima é inibida e a planta finalmente morre. Infelizmente, efeitos químicos similares acontecem também em animais. Portanto, os investigadores coletaram as amostras da grama morta descolorida para fazer alguns testes em conjunto com as amostras de órgãos do cervo. Eles planejavam analisar as amostras para confirmar a presença de arsênio e, se houvesse, determinar sua concentração nas amostras.

O cervo-de-cauda-branca proliferou em muitas partes dos EUA.

continua

Seleção do Método

Uma estratégia para a determinação de arsênio em amostras biológicas pode ser encontrada nos métodos publicados pela Association of Official Analytical Chemists (AOAC).[3] Nesse método, o arsênio é destilado como arsina, AsH_3, e depois determinado por medidas colorimétricas.

Processamento da Amostra: Obtendo Amostras Representativas

De volta ao laboratório, os cervos foram dissecados e seus rins, removidos para análise. Os rins foram escolhidos porque o patógeno suspeito (arsênio) é eliminado rapidamente do animal pelo trato urinário.

Processamento da Amostra: Preparação de uma Amostra de Laboratório

Cada rim foi cortado em pedaços, triturado e homogeneizado em um liquidificador de alta velocidade. Essa etapa serviu para reduzir o tamanho dos pedaços de tecido e para homogeneizar a amostra de laboratório resultante.

Processamento da Amostra: Definição das Réplicas de Amostras

Três amostras de 10 g do tecido homogeneizado de cada cervo foram colocadas em cadinhos de porcelana. Estas serviram como réplicas para a análise.

Fazendo Química: Dissolução das Amostras

Para se obter uma solução aquosa do analito para a análise, foi necessário converter sua matriz orgânica em dióxido de carbono e água pelo processo de **calcinação a seco**. Esse processo envolveu o aquecimento de cada cadinho e amostra cuidadosamente sobre uma chama até que a amostra parasse de produzir fumaça. O cadinho foi então colocado em uma mufla e aquecido a 555°C por duas horas. A calcinação a seco serviu para liberar o analito do material orgânico e convertê-lo a pentóxido de arsênio. O sólido seco presente em cada cadinho foi então dissolvido em HCl diluído, que converteu o As_2O_5 ao solúvel H_3AsO_4.

Eliminando Interferências

O arsênio pode ser separado de outras substâncias que podem interferir na análise pela sua conversão à arsina, AsH_3, um gás incolor tóxico que é evolvido quando a solução de H_3AsO_3 é tratada com zinco. As soluções resultantes das amostras de cervos e grama foram combinadas com Sn^{2+} e uma pequena quantidade de íon iodeto foi adicionada para catalisar a redução do H_3AsO_4 para H_3AsO_3 de acordo com a seguinte reação:

---
[3] *Official Methods of Analysis*. 18. ed. Método 973. 78. Washington, DC: Association of Official Analytical Chemists, 2005.

$$H_3AsO_4 + SnCl_2 + 2HCl \rightarrow H_3AsO_3 + SnCl_4 + H_2O$$

O H_3AsO_3 foi então convertido a AsH_3 pela adição de zinco metálico como segue:

$$H_3AsO_3 + 3Zn + 6HCl \rightarrow AsH_3(g) + 3ZnCl_2 + 3H_2O$$

Ao longo deste texto, vamos apresentar modelos de moléculas que são importantes na Química Analítica. Aqui mostramos a arsina, AsH_3. A arsina é um gás incolor, extremamente tóxico, com um odor muito forte de alho. Os métodos analíticos envolvendo a geração de arsina devem ser conduzidos com atenção e ventilação adequada.

Toda a reação foi realizada em frascos equipados com rolhas e tubos de recolhimento para que a arsina pudesse ser coletada na solução de absorção, como mostrado na **Figura 1D-1**. O arranjo garantiu que as interferências permanecessem no frasco de reação e que apenas a arsina fosse coletada pelo absorvente em frascos transparentes especiais denominados cubetas.

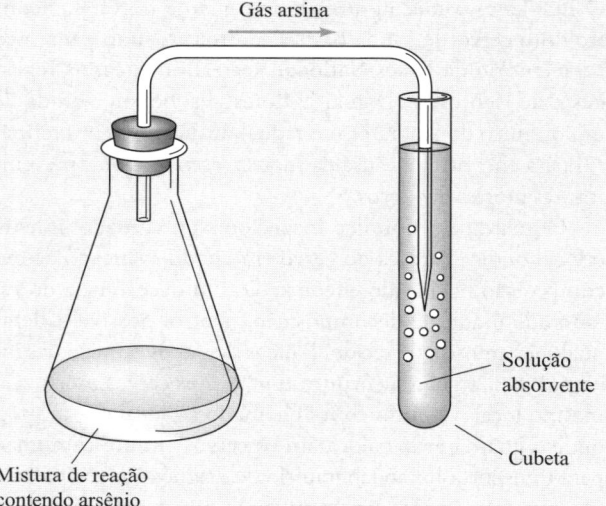

FIGURA 1D-1 Um aparato de fácil construção para a geração de arsina, AsH_3.

A arsina borbulhada na solução contida na cubeta reagiu com o dietilditiocarbamato de prata para formar um complexo colorido, de acordo com a Equação 1D-1:

Modelo molecular para o dietilditiocarbamato. Esse composto é um reagente analítico utilizado na determinação de arsênio.

Medida da Quantidade do Analito

A quantidade de arsênio presente em cada amostra foi determinada ao se medir a intensidade da cor vermelha formada nas cubetas com um instrumento chamado *espectrofotômetro*. Como será discutido no Capítulo 24, um espectrofotômetro fornece um número chamado **absorbância**, que é diretamente proporcional à concentração da espécie responsável pela cor. Para usar a absorbância com finalidade analítica, uma curva analítica deve ser gerada pela medida da absorbância de várias soluções contendo concentrações conhecidas do analito. A parte superior da **Figura 1D-2** mostra que a cor se torna mais intensa à medida que a concentração de arsênio nos padrões aumenta, de 0 até 25 partes por milhão (ppm).

Calculando as Concentrações

As absorbâncias das soluções padrão contendo concentrações conhecidas de arsênio são lançadas em um gráfico para produzir uma curva analítica, apresentada na parte inferior da Figura 1D-2. Cada linha vertical, mostrada entre as partes superior e inferior da Figura 1D-2, relaciona uma solução ao seu ponto correspondente no gráfico. A intensidade da cor de cada solução é representada pela sua absorbância, que é colocada no eixo vertical do gráfico da curva de calibração. Observe que as absorbâncias aumentam de 0 a 0,72 à medida que a concentração de arsênio aumenta de 0 até 25 partes por milhão. As concentrações de arsênio em cada solução padrão correspondem às linhas-guias verticais da curva analítica, como mostrado. Essa curva é então utilizada para determinar a concentração de duas das soluções desconhecidas mostradas à direita. Primeiro localizamos as absorbâncias das soluções desconhecidas no eixo das absorbâncias do gráfico e então lemos as concentrações correspondentes no eixo das concentrações. As linhas partindo das cubetas para a curva analítica mostram que as concentrações de arsênio nas amostras dos dois cervos eram de 16 ppm e 22 ppm, respectivamente.

O arsênio presente nos tecidos renais de um animal é tóxico em níveis superiores a cerca de 10 ppm, assim, é provável que os cervos tenham sido mortos pela ingestão de um composto contendo arsênio. Os testes também revelaram que as amostras de grama continham cerca de 600 ppm de arsênio. Esses níveis muito elevados de arsênio sugerem que a grama foi pulverizada com um herbicida à base de arsênio. Os investigadores concluíram que os cervos provavelmente morreram em decorrência da ingestão da grama contaminada.

Estimando a Confiabilidade dos Resultados

Os dados desses experimentos foram analisados empregando-se os métodos estatísticos que serão descritos nos Capítulos 3 ao 6. Para cada uma das soluções padrão de arsênio e das amostras dos cervos, a média de três medidas de absorbância foi calculada. A absorbância média das réplicas é uma medida mais confiável da concentração de arsênio que uma única medida. A análise de mínimos quadrados (veja a Seção 6D) foi utilizada para encontrar a melhor reta entre os pontos e para localizar as concentrações das amostras desconhecidas, juntamente com suas incertezas estatísticas e limites de confiança.

Conclusão

Nesta análise, a formação de um produto de reação altamente colorido serviu tanto para confirmar a provável presença de arsênio quanto para fornecer uma estimativa confiável da sua concentração nos cervos e na grama. Com base nesses resultados, os investigadores recomendaram que o uso de herbicidas contendo arsênio fosse suspenso na área de vida selvagem, para proteger os cervos e outros animais que podem comer as plantas no local.

$$AsH_3 + 6Ag^+ + 3 \begin{bmatrix} C_2H_5 \\ C_2H_5 \end{bmatrix} N-C \begin{matrix} S \\ S \end{matrix} \Bigg]_2 \longrightarrow As \begin{bmatrix} C_2H_5 \\ C_2H_5 \end{bmatrix} N-C \begin{matrix} S \\ S \end{matrix} \Bigg]_3 + 6Ag + 3H^+$$

continua

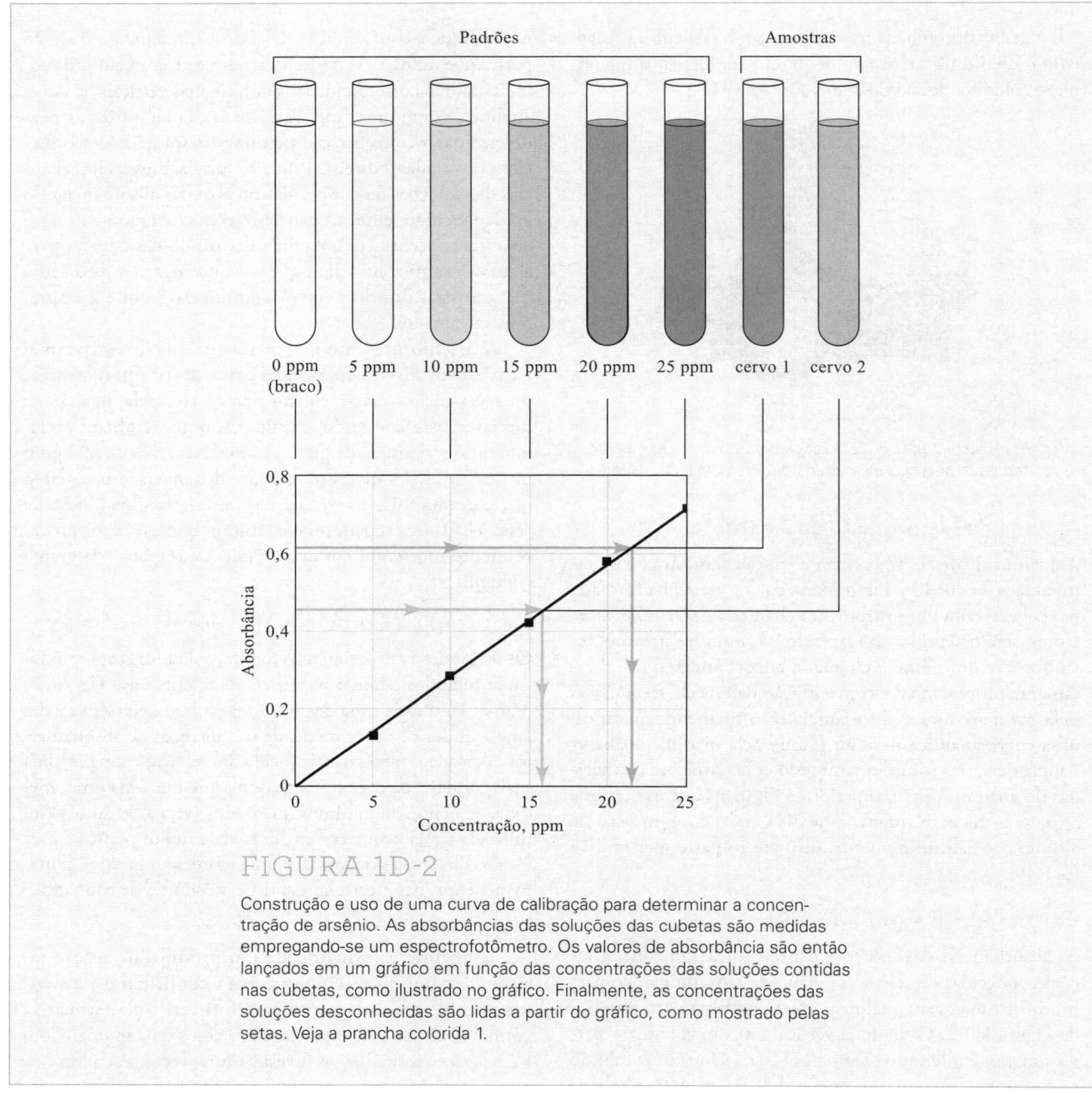

FIGURA 1D-2

Construção e uso de uma curva de calibração para determinar a concentração de arsênio. As absorbâncias das soluções das cubetas são medidas empregando-se um espectrofotômetro. Os valores de absorbância são então lançados em um gráfico em função das concentrações das soluções contidas nas cubetas, como ilustrado no gráfico. Finalmente, as concentrações das soluções desconhecidas são lidas a partir do gráfico, como mostrado pelas setas. Veja a prancha colorida 1.

O estudo de caso do Destaque 1-1 ilustra como a análise química é utilizada para identificar e determinar quantidade de produtos químicos perigosos no meio ambiente. Muitos dos métodos e instrumentos da Química Analítica são empregados rotineiramente para gerar informações vitais em estudos ambientais e toxicológicos desse tipo. O fluxograma da Figura 1-3 pode ser aplicado neste estudo de caso. O estado desejável é a concentração de arsênio abaixo do nível tóxico. A análise química é usada para determinar o estado real ou a concentração de arsênio no meio ambiente e esse valor é comparado com a concentração desejável. A diferença é então utilizada para determinar ações apropriadas (como a diminuição no uso de herbicidas à base de arsênio) de forma que garanta que os cervos não sejam envenenados por quantidades excessivas de arsênio no meio ambiente, que nesse exemplo é o sistema controlado. Muitos outros exemplos serão dados no texto e em destaques por todo o livro.

Resumo do Capítulo 1

- A natureza da química analítica
- Análise quantitativa e qualitativa
- Química analítica e outros ramos da ciência
- Métodos quantitativos
- Etapas em uma análise quantitativa típica
- Preparação de amostra
- Interferências em métodos quantitativos
- Calibração
- Cálculo de resultados finais
- Química analítica como uma etapa em um sistema de realimentação
- O estudo de caso da morte dos cervos

Termos-chave

Amostragem, 6
Analito, 2
Calcinação a seco, 10
Calibração, 7
Ciclo de realimentação, 9
Dosagem, 5

Fundente, 7
Fusão, 7
Interferente, 7
Matriz, 7
Método eletroanalítico, 4
Método espectroscópico, 4

Método gravimétrico, 4
Método volumétrico, 4
Réplicas de amostras, 6
Sistema controlado por realimentação, 9

Equações Importantes

$c_A = kX$

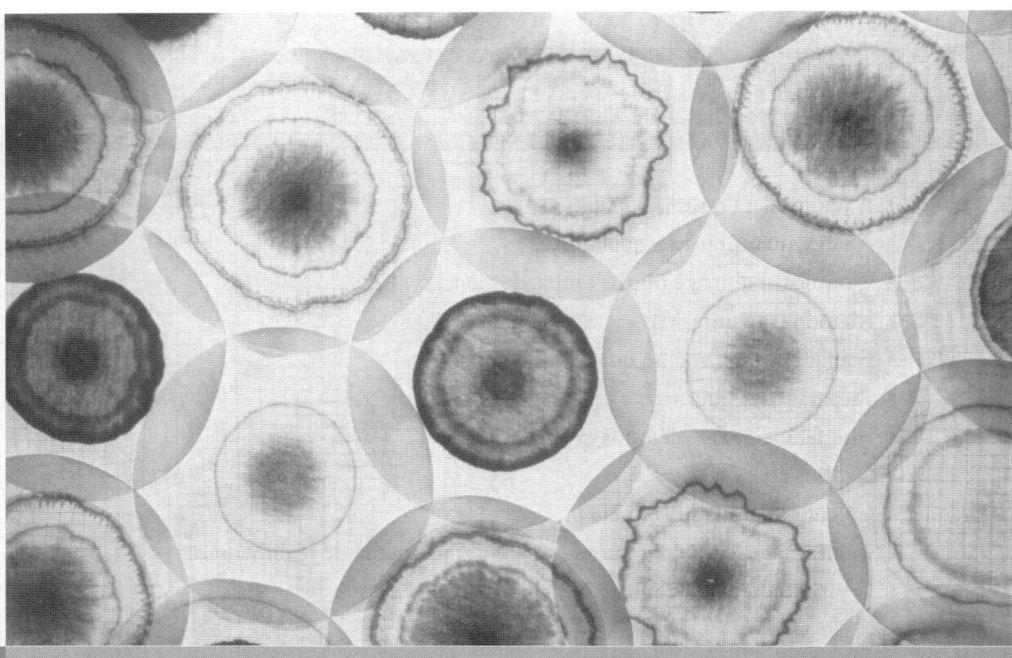

PARTE I
Qualidade das Medidas Analíticas

CAPÍTULO 2
Cálculos Empregados na Química Analítica

CAPÍTULO 3
Precisão e Exatidão nas Análises Químicas

CAPÍTULO 4
Erros Aleatórios nas Análises Químicas

CAPÍTULO 5
Tratamento e Avaliação Estatística de Dados

CAPÍTULO 6
Amostragem, Padronização e Calibração

Cálculos Empregados na Química Analítica

CAPÍTULO 2

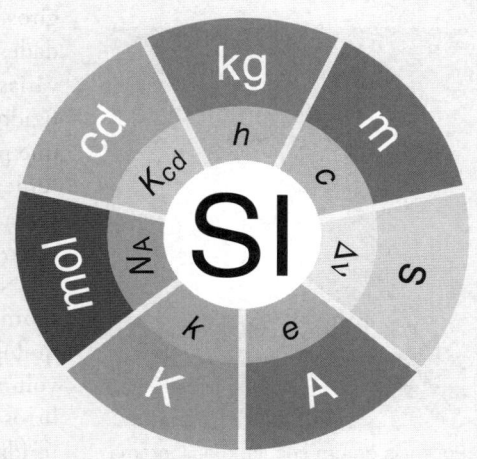

O Sistema Internacional de Unidades (SI) é baseado em sete unidades básicas mostradas aqui e definidas na **Tabela 2-1**. É a versão moderna do sistema métrico. Desde que o metro foi redefinido em relação à velocidade da luz em 1960, apenas o quilograma era definido como um artefato (massa de um cilindro de platina e irídio) armazenado em uma caixa forte francesa. Várias das unidades básicas do SI, incluindo o quilograma, foram redefinidas em 2019, como discutido neste capítulo.

O círculo externo mostra as unidades básicas (mol = mol, cd = candela, kg = quilograma, m = metro, s = segundo, A = ampere, K = kelvin). O círculo mais interno mostra as constantes básicas das quais as unidades são dependentes (N_A = constante de Avogadro, K_{cd} = eficiência luminosa, h = constante de Planck, c = velocidade da luz, Δ_v = frequência de transição do átomo de Cs-133, e = carga elétrica, k = constante de Boltzmann).

Neste capítulo, vamos descrever vários métodos empregados para calcular os resultados de uma análise quantitativa. Inicialmente apresentamos o sistema SI de unidades e a distinção entre massa e peso. Então, discutimos o mol, a medida da quantidade de uma substância química. Em seguida, consideraremos as várias formas pelas quais as concentrações de soluções são expressas. Finalmente, vamos tratar a estequiometria química. Provavelmente, você já estudou muito deste capítulo em disciplinas de Química Geral.

2A Algumas Unidades Importantes

2A-1 Unidades SI

Os cientistas ao redor do mundo adotam um sistema padronizado de medidas, conhecido como **Sistema Internacional de Unidades** (SI). Esse sistema está baseado nas sete unidades fundamentais apresentadas na **Tabela 2-1**. Inúmeras outras unidades úteis, como volt, hertz, coulomb e joule, têm sua origem a partir das unidades fundamentais.

>> SI é o acrônimo para a expressão em francês Système International d'Unités.

Em 2019, quatro das sete unidades básicas do SI, o quilograma, o ampere, o kelvin e o mol, foram redefinidas ajustando valores exatos para a constante de h, a carga elétrica elementar, e, a constante de Boltzmann, k, e a constante de Avogadro N_A, respectivamente. A correspondência entre as unidades e as constantes usadas para defini-las é mostrada nos anéis mais internos e mais externos do gráfico de pizza. As novas definições foram planejadas para melhorar o sistema SI, sem mudança significativa dos valores de quaisquer das unidades. Os valores numéricos imutáveis considerados constantes da

A *unidade angström*, Å, que não pertence ao Sistema Internacional, é uma unidade de comprimento amplamente utilizada para expressar o comprimento de onda de radiações muito curtas, como raios X (1 Å = 0,1 nm = 10^{-10} m). Assim, a radiação deste tipo situa-se na faixa de 0,1 a 10 Å.

TABELA 2-1

Unidades Fundamentais SI		
Quantidade Física	**Nome da Unidade**	**Abreviatura**
Massa	quilograma	kg
Comprimento	metro	m
Tempo	segundo	s
Temperatura	kelvin	K
Quantidade de substância	mol	mol
Corrente elétrica	ampere	A
Intensidade luminosa	candela	cd

natureza são a velocidade da luz, a frequência de transição hiperfina de um átomo de Cs-133 (frequência em Hz da transição atômica do Cs) e a eficiência luminosa (a razão do fluxo luminoso em lumens em relação à potência em watts) da luz verde monocromática.

Para expressar medidas de quantidades pequenas ou grandes, com poucos dígitos, são usados prefixos juntamente com as unidades fundamentais e outras unidades. Como mostrado na **Tabela 2-2**, esses prefixos multiplicam as unidades por várias potências de 10. Por exemplo, o comprimento de onda da radiação do amarelo usado na determinação de sódio por fotometria de chama é de cerca de $5,9 \times 10^{-7}$ m, que pode ser expresso de forma mais compacta como 590 nm (nanômetros); o volume de um líquido injetado em uma coluna cromatográfica é frequentemente de cerca de 50×10^{-6} L, ou 50 μL (microlitros); ou a quantidade de memória de um disco rígido de 20×10^9 bytes, ou 20 Gbytes (gigabytes).

Na Química Analítica, frequentemente determinamos a quantidade de espécies químicas a partir das medidas de massa. Para tais medidas, as unidades métricas de quilogramas (kg), gramas (g), miligramas (mg) ou microgramas (μg) são usadas. Os volumes de líquidos são medidos em unidades de litros (L), mililitros (mL), microlitros (μL) e algumas vezes nanolitros (nL). O litro, a unidade SI de volume, é uma unidade derivada e não uma unidade básica do SI. O litro é definido como exatamente 10^{-3} m³. O mililitro é definido como 10^{-6} m³ ou 1 cm³.

Por mais de um século, o quilograma foi definido como a massa de um padrão único de platina-irídio armazenado em um laboratório em Sèvres, França. Infelizmente, a massa deste quilograma "padrão" está sujeita a flutuações, erros de medida e outras incertezas. A redefinição de 2019 do quilograma, fixa-o em termos da massa equivalente (m) da energia do fóton ($h\nu$), dada sua frequência exata (ν) e a constante de Planck (h) a partir de

$$E = mc^2 \quad m = \frac{E}{c^2} = \frac{h\nu}{c^2}$$

Na redefinição de 2019, a constante de Planck, a velocidade da luz e a frequência da transição hiperfina do átomo de Cs-133 foram definidas como grandezas exatas, levando a uma definição estável do quilograma em termos das grandezas básicas. Embora essas mudanças solidifiquem a fundação das unidades SI de uma maneira sem precedentes, elas são tão pequenas que têm pouca influência nos resultados analíticos práticos.

TABELA 2-2

Prefixos para as Unidades		
Prefixo	**Abreviatura**	**Multiplicador**
yotta-	Y	10^{24}
zetta-	Z	10^{21}
exa-	E	10^{18}
peta-	P	10^{15}
tera-	T	10^{12}
giga-	G	10^{9}
mega-	M	10^{6}
kilo-	k	10^{3}
hecto-	h	10^{2}
deca-	da	10^{1}
deci-	d	10^{-1}
centi-	c	10^{-2}
milli-	m	10^{-3}
micro-	μ	10^{-6}
nano-	n	10^{-9}
pico-	p	10^{-12}
femto-	f	10^{-15}
atto-	a	10^{-18}
zepto-	z	10^{-21}
yocto-	y	10^{-24}

2A-2 A Distinção entre Massa e Peso

É importante entender a diferença entre massa e peso. **Massa** é uma medida *invariável* da quantidade de matéria contida em um objeto. **Peso** é a força da atração entre um objeto e sua vizinhança, principalmente a Terra. Uma vez que a atração gravitacional varia dependendo da localização, o peso de um objeto depende de onde ele é avaliado. Por exemplo, um cadinho *pesa* menos em Denver que em Atlantic City (ambas as cidades estão aproximadamente na mesma latitude) porque a força atrativa entre o cadinho e a Terra é menor na altitude elevada de Denver. De maneira similar, o cadinho *pesa* mais em Seattle que no Panamá (ambas as cidades estão no nível do mar), porquanto a Terra é um tanto achatada nos polos e a força de atração aumenta significativamente com a latitude. A *massa* do cadinho, entretanto, permanece constante a despeito de onde você a tenha medido.

O peso e a massa estão relacionados pela conhecida expressão

$$P = mg$$

onde P é peso de um objeto, m é a sua massa e g é a aceleração da gravidade.

Uma análise química sempre está baseada na massa. Assim, os resultados nunca dependerão da localidade. Uma balança é usada para comparar a massa de um objeto com a massa de um ou mais padrões. Como g afeta a ambos, igualmente, o objeto de massa desconhecida e os pesos padrão, a massa do objeto é idêntica à massa do padrão com a qual está sendo comparada.

A distinção entre massa e peso é frequentemente esquecida no uso comum e o processo de comparar as massas é normalmente chamado *pesagem*. Mais do que isso, os objetos com massa conhecida, assim como os resultados das pesagens, são frequentemente chamados *pesos*. Tenha sempre em mente, contudo, que dados analíticos são baseados na massa em vez do peso. Portanto, ao longo deste livro usaremos massa em lugar de peso para descrever as quantidades de substâncias ou objetos. Por outro lado, devido à ausência de uma palavra mais apropriada, usaremos *pesar* para o ato de determinar a massa de um objeto. Igualmente, com frequência utilizaremos *pesos* para expressar as massas padrão usadas na pesagem.

2A-3 O Mol

O **mol** é a unidade SI para a quantidade de matéria de substâncias químicas. Está sempre associado a entidades microscópicas específicas, tais como átomos, moléculas, íons, elétrons, outras partículas ou grupos específicos de tais partículas representadas por uma fórmula química. Um mol contém exatamente $6,02214076 \times 10^{23}$ entidades elementares (átomos, moléculas, íons, elétrons e assim por diante). O número fixo $6,02214076 \times 10^{23}$ é conhecido como constante de Avogadro. Quando expresso na unidade mol^{-1}, este número é chamado de número de Avogadro, o qual é normalmente arredondado para $6,022 \times 10^{23}$. A **massa molar** $\mathcal{M}$ de uma substância é a massa em gramas de 1 mol daquela substância. Calculamos as massas molares pela soma das massas atômicas de todos os átomos que aparecem em uma fórmula química. Por exemplo, a massa molar do formaldeído, CH_2O, é

$$\mathcal{M}_{CH_2O} = \frac{1 \text{ mol de C}}{\text{mol de } CH_2O} \times \frac{12,0 \text{ g}}{\text{mol de C}} + \frac{2 \text{ mol de H}}{\text{mol de } CH_2O} \times \frac{1,0 \text{ g}}{\text{mol de H}}$$

$$+ \frac{1 \text{ mol de O}}{\text{mol de } CH_2O} \times \frac{16,0 \text{ g}}{\text{mol de O}}$$

$$= 30,0 \text{ g mol}^{-1} CH_2O$$

A **massa**, m, é a medida invariável da quantidade de matéria. O **peso**, P, é a força de atração gravitacional entre a matéria e a Terra.

A foto de Edwin "Buzz" Aldrin tirada por Neil Armstrong em julho de 1969. O reflexo de Armstrong pode ser visto no visor de Aldrin. As roupas vestidas por Armstrong e Aldrin durante a missão da Apolo 11 em 1969 parecem ser pesadas. Mas devido à massa da Lua ser apenas 1/81 da massa da Terra e a aceleração da gravidade ser apenas 1/6 daquela da Terra, o peso das roupas na Lua era apenas 1/6 do peso delas na Terra. A massa das roupas, entretanto, eram idênticas em ambas as localizações.

Um **mol** de uma espécie química é $6,022 \times 10^{23}$ átomos, moléculas, íons, elétrons, pares iônicos ou partículas subatômicas.

e para a glicose, $C_6H_{12}O_6$, é

$$\mathcal{M}_{C_6H_{12}O_6} = \frac{6 \text{ mol de C}}{\text{mol de } C_6H_{12}O_6} \times \frac{12,0 \text{ g}}{\text{mol de C}} + \frac{12 \text{ mol de H}}{\text{mol de } C_6H_{12}O_6} \times \frac{1,0 \text{ g}}{\text{mol de H}}$$

$$+ \frac{6 \text{ mol de O}}{\text{mol de } C_6H_{12}O_6} \times \frac{16,0 \text{ g}}{\text{mol de O}} = 180,0 \text{ g mol}^{-1} \, C_6H_{12}O_6$$

Assim, 1 mol de formaldeído tem massa de 30,0 g e 1 mol de glicose tem massa de 180,0 g.

>> A quantidade de matéria n_X de uma espécie X de massa molar $\mathcal{M}_X$ é dado por

quantidade de X = $n_X = \dfrac{m_X}{\mathcal{M}_X}$

Trabalhando as unidades

$$\text{mol X} = \frac{\text{g X}}{\text{g X (mol X)}^{-1}}$$

$$= \text{g X} \times \frac{\text{mol X}}{\text{g X}}$$

A quantidade de matéria em milimols (mmol) é dada por:

$$\text{mmol X} = \frac{\text{g X}}{\text{g X (mmol X)}^{-1}}$$

$$= \text{g X} \times \frac{\text{mmol X}}{\text{g X}}$$

Na realização de cálculos deste tipo, você deve incluir todas as unidades, assim como fazemos em todo este capítulo. Essa prática frequentemente revela erros na montagem das equações.

DESTAQUE 2-1

Unidades de Massa Atômica Unificada e o Mol

As massas dos elementos listados na tabela ao final deste livro são *massas relativas* em termos de unidades de *massa atômica unificadas* (u) ou *daltons* (Da). O dalton é definido como 1/12 da massa de um átomo neutro de C 12. Com a redefinição das unidades básicas do SI em 2019, a definição do dalton permanece a mesma. Entretanto, a definição do mol e do quilograma mudaram de tal forma que a unidade de massa molar não é mais exatamente 1 g mol^{-1}. Em outras palavras, a massa em gramas de qualquer substância em 1 mol daquela substância não é mais exatamente igual ao número de daltons em sua massa molecular média. Atualmente, a massa molar de um composto é a massa do número de Avogadro de moléculas daquele composto. Para mais aplicações na Química Analítica, as mudanças são tão pequenas que têm pouca ou nenhuma influência nos resultados.

Aproximadamente 1 mol de cada um dos vários elementos diferentes. Da esquerda para a direita estão 64 g de pérolas de cobre, 18 g de água, 58 g de sal de cozinha, 342 g de sacarose (açúcar em cubos) e 27 g de folhas de alumínio amassadas.

2A-4 O Milimol

Algumas vezes é mais conveniente fazer os cálculos com milimols (mmol) do que com o mol; o milimol é 1/1.000 do mol. A massa em gramas de um milimol, a massa milimolar (m$\mathcal{M}$), também é 1/1.000 da massa molar.

>> 1 mmol = 10^{-3} mol e 10^3 mmol = 1 mol

2A-5 Cálculos da Quantidade de uma Substância em Mols ou Milimols

Os dois exemplos que seguem ilustram como a quantidade de matéria em mols e milimols de uma espécie pode ser determinada a partir da sua massa em gramas ou da massa de uma espécie quimicamente relacionada.

EXEMPLO 2-1

Encontre a quantidade de matéria de ácido benzoico ($\mathcal{M} = 122{,}1$ g mol^{-1}) que está contida em 2,00 g do ácido puro.

Resolução

Se usarmos HBz para simbolizar o ácido benzoico, podemos escrever que 1 mol de HBz tem uma massa de 122,1 g. Assim,

$$\text{quantidade de matéria de HBz} = n_{\text{HBz}} = 2{,}00 \text{ g HBz} \times \frac{1 \text{ mol HBz}}{122{,}1 \text{ g HBz}} \quad (2\text{-}1)$$

$$= 0{,}0164 \text{ mol HBz}$$

Para obtermos o número de milimols, dividimos pela massa milimolar (0,1221 g mmol^{-1}). Isto é,

$$\text{quantidade de matéria de HBz} = 2{,}00 \text{ g HBz} \times \frac{1 \text{ mmol HBz}}{0{,}1221 \text{ g HBz}} = 16{,}4 \text{ mmol HBz}$$

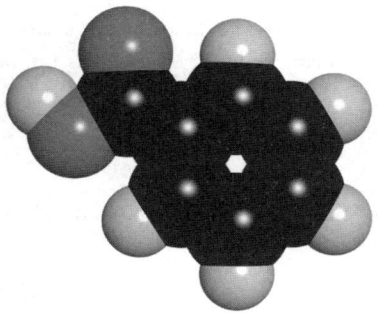

Modelo molecular do ácido benzoico, C$_6$H$_5$COOH. O ácido benzoico é encontrado largamente na natureza, particularmente em frutas vermelhas. É amplamente utilizado como conservante em alimentos, gorduras e sucos de frutas, como agente fixador no tingimento de tecidos e como padrão em calorimetria e análise ácido/base.

EXEMPLO 2-2

Qual é a massa em Na$^+$ (22,99 g mol^{-1}) em 25,0 g de Na$_2$SO$_4$ (142,0 g mol^{-1})?

Resolução

A fórmula química nos diz que 1 mol de Na$_2$SO$_4$ contém 2 mols de Na$^+$. Isto é,

$$\text{quantidade de matéria de Na}^+ = n_{\text{Na}^+} = \text{mol Na}_2\text{SO}_4 \times \frac{2 \text{ mol Na}^+}{\text{mol Na}_2\text{SO}_4}$$

Para obtermos a quantidade de matéria de Na$_2$SO$_4$, procedemos como no Exemplo 2-1:

$$\text{quantidade de matéria de Na}_2\text{SO}_4 = n_{\text{Na}_2\text{SO}_4} = 25{,}0 \text{ g Na}_2\text{SO}_4 \times \frac{1 \text{ mol Na}_2\text{SO}_4}{142{,}0 \text{ g Na}_2\text{SO}_4}$$

Combinando esta equação com a primeira, temos

$$\text{quant. de mat. de Na}^+ = n_{\text{Na}^+} = 25{,}0 \text{ g Na}_2\text{SO}_4 \times \frac{1 \text{ mol Na}_2\text{SO}_4}{142{,}0 \text{ g Na}_2\text{SO}_4} \times \frac{2 \text{ mol Na}^+}{\text{mol Na}_2\text{SO}_4}$$

Para encontrar a massa de sódio em 25,0 g de Na$_2$SO$_4$, multiplicamos a quantidade de matéria de átomos de Na$^+$ pela massa molar do Na$^+$, ou 22,99 g. Isto é,

$$\text{massa de Na}^+ = \text{mol Na}^+ \times \frac{22{,}99 \text{ g Na}^+}{\text{mol Na}^+}$$

Substituindo a equação anterior, temos a quantidade de massa em gramas de Na$^+$:

$$\text{massa de Na}^+ = 25{,}0 \text{ g Na}_2\text{SO}_4 \times \frac{1 \text{ mol Na}_2\text{SO}_4}{142{,}0 \text{ g Na}_2\text{SO}_4} \times \frac{2 \text{ mol Na}^+}{\text{mol Na}_2\text{SO}_4} \times \frac{22{,}99 \text{ g Na}^+}{\text{mol Na}^+}$$

$$= 8{,}10 \text{ g de Na}^+$$

20 Fundamentos de Química Analítica

DESTAQUE 2-2

O Método da Análise Dimensional para o Exemplo 2.2

Alguns estudantes e professores acham mais fácil escrever a solução do problema de forma que as unidades presentes no denominador de cada termo seguinte eliminem as unidades presentes no numerador do anterior, até que a resposta seja obtida. Esse método é denominado **método da análise dimensional**. Nesse caso, no Exemplo 2-2, a unidade da resposta é g Na^+ e a unidade dada é g Na_2SO_4. Assim, podemos escrever

$$25{,}0 \text{ g de } Na_2SO_4 \times \frac{\text{mol de } Na_2SO_4}{142{,}0 \text{ g de } Na_2SO_4}$$

Primeiro, elimina-se o mol do Na_2SO_4

$$25{,}0 \text{ g de } Na_2SO_4 \times \frac{\text{mol de } Na_2SO_4}{142{,}0 \text{ g de } Na_2SO_4} \times \frac{2 \text{ mol de } Na^+}{\text{mol de } Na_2SO_4}$$

e então elimina-se o mol do Na^+. Isto é,

$$25{,}0 \text{ g de } Na_2SO_4 \times \frac{1 \text{ mol de } Na_2SO_4}{142{,}0 \text{ g de } Na_2SO_4} \times \frac{2 \text{ mol de } Na^+}{\text{mol de } Na_2SO_4} \times \frac{22{,}99 \text{ g de } Na^+}{\text{mol de } Na^+} = 8{,}10 \text{ g de } Na^+$$

2B Soluções e suas Concentrações

Ao longo do curso da história, medidas e suas unidades correspondentes eram inventadas em nível local. Por necessidade de comunicação primitiva e tecnologia local, padrões eram quase inexistentes e conversões entre os muitos sistemas eram difíceis.[1] O resultado foi muitas maneiras distintas de expressar concentrações de soluções. Felizmente para nós, o advento da tecnologia das comunicações rápidas e o desenvolvimento de viagens mais rápidas forçou a globalização da ciência das medidas e, junto com ela, a definição de padrões globais de medidas. Nenhum campo tem gostado mais do benefício em relação a isto que a Química, em especial a Química Geral e Analítica. Mesmo assim, usamos vários métodos para expressar a concentração.

2B-1 Concentrações de Soluções

Há quatro maneiras fundamentais de expressar a concentração de solução: a concentração em quantidade de matéria, a concentração em porcentagem, a razão volumétrica diluente-solução e as funções p.

Concentração em Quantidade de Matéria

A **concentração em quantidade de matéria** (concentração molar) c_X de uma solução contendo a espécie química X é dada pela quantidade de matéria da espécie que está contida em 1 L de solução (*e não em 1 L do solvente*). Em termos de quantidade de matéria de soluto, n, e o volume de solução, V, escrevemos

$$c_X = \frac{n_X}{V} \tag{2-2}$$

$$\text{concentração em quantidade de matéria} = \frac{\text{quantidade de matéria do soluto}}{\text{volume em litros}}$$

---

[1] Em uma paródia bem-humorada (e talvez *geeky*) da proliferação local de unidades de medida, o amigo de Robinson Crusoé, Sexta-Feira, mediu quantidade de matéria em esquilos e volume em bexigas de cabra. Veja J. E. Bissey, *J. Chem. Educ.*, v. 46, n. 8, p. 497, 1969. DOI: 10.1021/ed046p497.

A unidade da concentração em quantidade de matéria é **mol** por litro, simbolizado por **mol L^{-1}**. Concentração em quantidade de matéria é também a quantidade de matéria em milimols por mililitro de solução.

$$1 \text{ M} = 1 \text{ mol L}^{-1} = 1 \frac{\text{mol}}{\text{L}} = 1 \text{ mmol mL}^{-1} = 1 \frac{\text{mmol}}{\text{mL}}$$

EXEMPLO 2-3

Calcule a concentração molar de etanol em uma solução aquosa que contém 2,30 g de C_2H_5OH (46,07 g mol^{-1}) em 3,50 L de solução.

Resolução

Para calcular a concentração em quantidade de matéria, devemos encontrar tanto a quantidade de matéria de etanol como o volume da solução. O volume é dado como 3,50 L, logo, tudo o que precisamos fazer é converter a massa de etanol para a quantidade de matéria correspondente.

$$\text{quant. de mat. de } C_2H_5OH = n_{C_2H_5OH} = 2{,}30 \text{ g de } C_2H_5OH$$

$$\times \frac{1 \text{ mol de } C_2H_5OH}{46{,}07 \text{ g de } C_2H_5OH} = 0{,}04992 \text{ mol de } C_2H_5OH$$

Para obtermos a concentração molar, $c_{C_2H_5OH}$, dividimos a quantidade de matéria pelo volume. Assim,

$$c_{C_2H_5OH} = \frac{2{,}30 \text{ g de } C_2H_5OH \times \dfrac{1 \text{ mol de } C_2H_5OH}{46{,}07 \text{ g de } C_2H_5OH}}{3{,}50 \text{ L}}$$

$$= 0{,}0143 \text{ mol de } C_2H_5OH \text{ L}^{-1} = 0{,}0143 \text{ mol L}^{-1}$$

Existem duas maneiras de expressar a concentração em quantidade de matéria: a concentração analítica em quantidade de matéria e a concentração de equilíbrio em quantidade de matéria. A distinção entre essas duas expressões está no fato de o soluto sofrer ou não alteração química no processo de solução.

Concentração Analítica em Quantidade de Matéria

A **concentração analítica em quantidade de matéria**, ou para o bem da simplificação, apenas **concentração analítica**, de uma solução fornece a quantidade de matéria *total* de um soluto em 1 L de solução (ou a quantidade de matéria total em milimols em 1 mL). Em outras palavras, a concentração analítica em quantidade de matéria especifica uma receita mediante a qual a solução pode ser preparada independentemente de o que pode acontecer com o soluto durante o processo de solução. Observe que, no Exemplo 2-3, a concentração em quantidade de matéria que calculamos é também a concentração analítica em quantidade de matéria $c_{C_2H_5OH} = 0{,}0143$ mol L^{-1} porque as moléculas do soluto etanol estão intactas após o processo de solução.

Concentração analítica em quantidade de matéria é a quantidade de matéria total de um soluto, independentemente do estado químico, em 1 L de solução. A concentração analítica em quantidade de matéria descreve como uma solução de uma determinada concentração pode ser preparada.

Em um outro exemplo, uma solução de ácido sulfúrico que tem uma concentração analítica de $c_{H_2SO_4} = 1{,}0$ mol L^{-1} pode ser preparada dissolvendo-se 1,0 mol, ou 98 g de H_2SO_4 em água e diluindo o ácido para exatamente 1,0 L. Existem diferenças importantes entre os exemplos do etanol e do ácido sulfúrico.

Concentração de Equilíbrio em Quantidade de Matéria

A **concentração de equilíbrio em quantidade de matéria** ou apenas **concentração de equilíbrio**, se refere à concentração em quantidade de matéria de uma *espécie em particular* em uma solução em equilíbrio. Para especificar a concentração de equilíbrio em quantidade de matéria de uma espécie é necessário conhecer como o soluto se comporta quando é dissolvido em um solvente. Por exemplo, concentração de equilíbrio

Concentração de equilíbrio em quantidade de matéria é a concentração em quantidade de matéria de uma espécie em particular em uma solução.

>> No nosso estudo da Química, descobriremos que a terminologia constantemente evolui à medida que refinamos nosso entendimento do processo que estudamos e nos esforçamos para descrever com mais precisão. **Concentração em quantidade de matéria**, cujo sinônimo é concentração molar, é um exemplo de um termo que está rapidamente saindo de moda. Embora você ainda possa encontrar em algumas ocasiões, neste livro, evitamos o emprego deste termo.

>> A IUPAC recomenda, em termos gerais de **concentração** para expressar a composição de uma solução em relação ao seu volume, com quatro subtermos: concentração em quantidade de matéria, concentração em massa, concentração em volume e concentração em número. Concentração em quantidade de matéria, concentração analítica e de quantidade de matéria e concentração de equilíbrio em quantidade de matéria se encaixam nesta definição.

>> Neste exemplo, a *concentração analítica em quantidade de matéria* do H_2SO_4 é dada por

$$c_{H_2SO_4} = [SO_4^{2-}] \text{ e } [HSO_4^-]$$

porque SO_4^{2-} e HSO_4^- são as únicas espécies que contêm sulfato na solução. As *concentrações de equilíbrio de quantidade de matéria* dos íons são $[SO_4^{2-}]$ e $[HSO_4^-]$.

em quantidade de matéria do H_2SO_4 em uma solução com uma concentração analítica de $c_{H_2SO_4} = 1,0$ mol L^{-1}, é 0,0 mol L^{-1} porque o ácido sulfúrico está totalmente dissociado em uma mistura dos íons H^+, HSO_4^- e SO_4^{2-}; essencialmente, nenhuma molécula de H_2SO_4 está presente na solução. As concentrações de equilíbrio desses três íons são 1,01, 0,99 e 0,01 mol L^{-1}, respectivamente.

As concentrações de equilíbrio são frequentemente simbolizadas colocando-se colchetes antes e depois da fórmula química da espécie. Assim, para a solução de H_2SO_4, com uma concentração analítica de $c_{H_2SO_4} = 1,0$ mol L^{-1}, escreva

$$[H_2SO_4] = 0,00 \text{ mol L}^{-1} \qquad [H^+] = 1,01 \text{ mol L}^{-1}$$

$$[HSO_4^-] = 0,99 \text{ mol L}^{-1} \qquad [SO_4^{2-}] = 0,01 \text{ mol L}^{-1}$$

EXEMPLO 2-4

Calcule as concentrações molares analítica e de equilíbrio para as espécies do soluto presentes em uma solução aquosa que contém 285 mg de ácido tricloroacético, Cl_3CCOOH (163,4 g mol^{-1}), em 10,0 mL (o ácido é 73% ionizável em água).

Resolução

Como no Exemplo 2-3, calculamos a quantidade de matéria de Cl_3CCOOH, o qual designamos como HA, e dividimos pelo volume da solução, 10,0 mL, ou 0,0100 L. Assim,

$$\text{quant. de HA} = n_{HA} = 285 \text{ mg de HA} \times \frac{1 \text{ g de HA}}{1.000 \text{ mg de HA}} \times \frac{1 \text{ mol de HA}}{163,4 \text{ g de HA}}$$

$$= 1,744 \times 10^{-3} \text{ mol de HA}$$

Então, a concentração analítica em quantidade de matéria, c_{HA} é

$$c_{HA} = \frac{1,744 \times 10^{-3} \text{ mol de HA}}{10,0 \text{ mL}} \times \frac{1.000 \text{ mL}}{1 \text{ L}} = 0,174 \frac{\text{mol de HA}}{\text{L}} = 0,174 \text{ mol L}^{-1}$$

Nessa solução, 73% do HA se dissocia, dando H^+ e A^-:

$$HA \rightleftharpoons H^+ + A^-$$

Então a concentração de equilíbrio HA é 27% de c_{HA}. Assim,

$$[HA] = c_{HA} \times (100 - 73)/100 = 0,174 \times 0,27 = 0,047 \text{ mol L}^{-1}$$

A concentração de equilíbrio A^- é igual a 73% da concentração analítica de HA. Isto é,

$$[A^-] = \frac{73 \text{ mol de A}^-}{100 \text{ mol de HA}} \times 0,174 \frac{\text{mol de HA}}{\text{L}} = 0,127 \text{ mol L}^{-1}$$

Como 1 mol de H^+ é formado para cada mol de A^-, também podemos escrever

$$[H^+] = [A^-] = 0,127 \text{ mol L}^{-1}$$

e

$$c_{HA} = [HA] + [A^-] = 0,047 + 0,127 = 0,174 \text{ mol L}^{-1}$$

EXEMPLO 2-5

Descreva a preparação de 2,00 L de $BaCl_2$ 0,108 mol L^{-1}, a partir do $BaCl_2 \cdot 2H_2O$ (244,3 g mol^{-1}).

Resolução

Para determinar o número de gramas do soluto a ser dissolvido e diluído para 2,00 L, observamos que 1 mol do diidratado gera 1 mol de $BaCl_2$. Portanto, para produzir essa solução vamos precisar de

$$2{,}00 \text{ L} \times \frac{0{,}108 \text{ mol de } BaCl_2 \cdot 2H_2O}{L} = 0{,}216 \text{ mol de } BaCl_2 \cdot 2H_2O$$

Então, a massa de $BaCl_2 \cdot 2H_2O$ é

$$0{,}216 \text{ mol de } BaCl_2 \cdot 2H_2O \times \frac{244{,}3 \text{ g de } BaCl_2 \cdot 2H_2O}{\text{mol de } BaCl_2 \cdot 2H_2O} = 52{,}8 \text{ g de } BaCl_2 \cdot 2H_2O$$

Dissolvem-se 52,8 g de $BaCl_2 \cdot 2H_2O$ em água e dilui-se para 2,00 L.

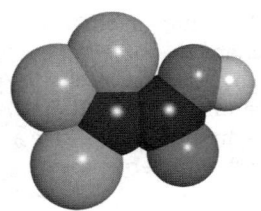

Modelo molecular do ácido tricloroacético, Cl_3CCOOH. A forte acidez do ácido tricloroacético é frequentemente atribuída ao efeito indutivo dos três átomos de cloro ligados ao final da molécula, em oposição ao próton ácido. A densidade eletrônica é removida para longe do grupo carboxilato, assim o ânion tricloroacetato, que é formado quando o ácido se dissocia, é estabilizado. O ácido é empregado na precipitação de proteínas e em preparações dermatológicas usadas na remoção de tecidos indesejados.

❮❮ A quantidade de matéria da espécie A em uma solução de A é dado por

quantidade de matéria de A =
$$n_A = c_A \times V_A$$

quantidade de matéria de A =
$$\frac{\text{mol}_A}{L} \times L$$

em que V_A é o volume da solução em litros.

EXEMPLO 2-6

Descreva a preparação de 500 mL de uma solução de Cl^- 0,0740 mol L^{-1}, preparada a partir de $BaCl_2 \cdot 2H_2O$ (244,3 g mol^{-1}) sólido.

Resolução

$$\text{massa de } BaCl_2 \cdot 2H_2O = \frac{0{,}0740 \text{ mol de } Cl^-}{L} \times 0{,}500 \text{ L} \times \frac{1 \text{ mol de } BaCl_2 \cdot 2H_2O}{2 \text{ mol de } Cl^-}$$

$$\times \frac{244{,}3 \text{ g de } BaCl_2 \cdot 2H_2O}{\text{mol de } BaCl_2 \cdot 2H_2O} = 4{,}52 \text{ g de } BaCl_2 \cdot 2H_2O$$

Dissolvem-se 4,52 g de $BaCl_2 \cdot 2H_2O$ em água e dilui-se para 0,500 L ou 500 mL.

Concentração Percentual

Com frequência, expressamos concentrações em termos de porcentagem (partes por cem). Infelizmente, essa prática pode ser uma fonte de ambiguidade, pois a composição percentual de uma solução pode ser expressa de várias maneiras. Três métodos comuns são:

$$\text{porcentagem (m/m)} = \frac{\text{massa do soluto}}{\text{massa da solução}} \times 100\%$$

$$\text{porcentagem em volume (v/v)} = \frac{\text{volume do soluto}}{\text{volume da solução}} \times 100\%$$

$$\text{porcentagem em massa/volume (m/v)} = \frac{\text{massa do soluto, g}}{\text{volume da solução, mL}} \times 100\%$$

Note que o denominador em cada uma das expressões refere-se à *solução* em vez de ao solvente. Observe também que as duas primeiras expressões não dependem das unidades empregadas (contanto, obviamente, que haja consistência entre o numerador e o denominador). Na terceira expressão, as unidades precisam ser definidas, uma vez que o numerador e o denominador

>> Porcentagem em peso deve ser chamada porcentagem em massa e abreviado como m/m. Na terminologia da IUPAC, porcentagem em massa é a concentração em massa.

têm diferentes unidades, que não podem ser canceladas. Das três expressões, apenas a porcentagem em massa tem a virtude de ser independente da temperatura.

A porcentagem em massa é frequentemente empregada para expressar a concentração de reagentes aquosos comerciais. Por exemplo, o ácido nítrico é vendido como uma solução 70% (m/m), o que significa que o reagente contém 70 g de HNO_3 por 100 g de solução (ver Exemplo 2-10).

A porcentagem em volume é comumente usada para especificar a concentração de um soluto preparado pela diluição de um composto líquido puro em outro líquido. Por exemplo, uma solução aquosa de metanol 5% (v/v) descreve *geralmente* uma solução preparada pela diluição de 5,0 mL de metanol puro em água suficiente para perfazer 100 mL.

>> Na terminologia da IUPAC, porcentagem em volume é concentração em volume.

A porcentagem em massa/volume é geralmente empregada para indicar a composição de soluções aquosas diluídas de reagentes sólidos. Por exemplo, o nitrato de prata aquoso 5% (m/v) *normalmente* refere-se a uma solução preparada pela dissolução de 5 g de nitrato de prata em água suficiente para perfazer 100 mL de solução.

>> Você sempre deve especificar o tipo de percentual quando relata a concentração desta forma.

Para evitar incertezas, sempre especifique explicitamente o tipo de composição percentual que está em discussão. Se essa informação estiver faltando, o usuário precisará decidir intuitivamente qual dos vários tipos está envolvido. O erro potencial resultante de uma escolha incorreta é considerável. Por exemplo, uma solução de hidróxido de sódio comercial 50% (m/m) contém 763 g do reagente por litro, o que corresponde a 76,3% (m/v) de hidróxido de sódio.

Partes por Milhão e Partes por Bilhão

>> Na terminologia da IUPAC, partes por bilhão, partes por milhão e partes por mil são concentrações em massa.

Para soluções muito diluídas, uma maneira conveniente de expressar a concentração é em **partes por milhão** (ppm):

$$c_{ppm} = \frac{\text{massa do soluto}}{\text{massa da solução}} \times 10^6 \text{ ppm}$$

onde c_{ppm} é a concentração em partes por milhão. As unidades da massa no numerador e no denominador precisam concordar para se cancelarem. Para soluções ainda mais diluídas, 10^9 ppb, em vez de 10^6 ppm, é empregada na equação anterior para fornecer o resultado em **partes por bilhão** (ppb). O termo **partes por mil** (ppmil) também é encontrado, especialmente em oceanografia.

>> Uma regra útil para o cálculo envolvendo partes por milhão consiste em lembrar que para soluções aquosas diluídas, cujas densidades são aproximadamente 1,00 g mL^{-1}, 1 ppm = 1,00 mg L^{-1}. Isto é,

$$c_{ppm} = \frac{\text{massa do soluto (g)}}{\text{massa da solução (g)}}$$
$$\times 10^6 \text{ ppm}$$

$$c_{ppm} = \frac{\text{massa do soluto (g)}}{\text{volume da solução (g)}}$$
$$\text{ppm} \qquad (2\text{-}3)$$

EXEMPLO 2-7

Qual é a concentração em quantidade de matéria do K^+ em uma solução que contém 63,3 ppm de $K_3Fe(CN)_6$ (329,3 g mol^{-1})?

Resolução

Uma vez que a solução é muita diluída, é razoável considerar que sua densidade é 1,00 g mL^{-1}. Portanto, de acordo com a Equação 2-2,

$$63,3 \text{ ppm de } K_3Fe(CN)_6 = 63,3 \text{ mg de } K_3Fe(CN)_6 \text{ por L}$$

$$\frac{\text{quant. de mat. de } K_3Fe(CN)_6}{L} = \frac{63,3 \text{ mg de } K_3Fe(CN)_6}{L} \times \frac{1 \text{ g de } K_3Fe(CN)_6}{1.000 \text{ mg de } K_3Fe(CN)_6}$$

$$\times \frac{1 \text{ mol de } K_3Fe(CN)_6}{329,3 \text{ g de } K_3Fe(CN)_6} = 1,922 \times 10^{-4} \frac{\text{mol}}{L}$$

$$= 1,922 \times 10^{-4} \text{ mol L}^{-1}$$

(continua)

$$[K^+] = \frac{1{,}922 \times 10^{-4} \text{ mol de } K_3Fe(CN)_6}{L} \times \frac{3 \text{ mol } K^+}{1 \text{ mol de } K_3Fe(CN)_6}$$

$$= 5{,}77 \times 10^{-4} \frac{\text{mol de } K^+}{L} = 5{,}77 \times 10^{-4} \text{ mol L}^{-1}$$

> **A análise das unidades mostra que**
>
> $$\frac{g}{g} = \frac{g}{g} \times \overbrace{\frac{g}{mL}}^{\text{Densidade da solução}} \times \overbrace{\frac{10^3 \text{ mg}}{1 \text{ g}}}^{\text{Fator de conversão}}$$
>
> $$\times \underbrace{\frac{10^3 \text{ mL}}{1 \text{ L}}}_{\text{Fator de conversão}} = 10^6 \frac{\text{mg}}{L}$$
>
> Em outras palavras, a concentração em massa expressa em g/g é um fator 10^6 vezes maior que a concentração em massa expressa em mg L^{-1}. A concentração em massa em ppm é equivalente aquela em mg L^{-1}.
> Se ela estiver expressa em g/g, devemos multiplicar a razão por 10^6 ppm.
> Para partes por bilhão
>
> $$c_{ppb} = \frac{\text{massa do soluto (g)}}{\text{massa da solução (g)}} \times 10^9 \text{ ppb}$$
>
> $$c_{ppb} = \frac{\text{massa do soluto } (\mu g)}{\text{volume da solução (g)}}$$
> ppb
>
> Para a concentração em massa em ppb, converta as unidades para μg L^{-1} e use ppb.

Razões de Volumes Solução-Diluente

A composição de uma solução diluída é especificada, algumas vezes, em termos do volume de uma solução mais concentrada e do volume do solvente usado na sua diluição. O volume do primeiro é separado daquele do último por dois pontos. Assim, uma solução de HCl 1:4 contém quatro volumes de água para cada volume de ácido clorídrico concentrado. Esse método de notação é frequentemente ambíguo, uma vez que a concentração da solução original não é sempre óbvia. Mais do que isso, sob certas circunstâncias, 1:4 significa diluir um volume com três volumes. Em função dessas incertezas, você deve evitar o uso das razões solução-diluente.

Funções p

Frequentemente os cientistas expressam a concentração de uma espécie em termos de **função p** ou **valor p**. O valor *p* é o logaritmo negativo (na base 10) da concentração em quantidade de matéria da espécie. Assim, para a espécie X,

$$pX = -\log [X]$$

Conforme mostrado nos exemplos que se seguem, valores p oferecem a vantagem de permitir que as concentrações, que variam de 10 ou mais ordens de grandeza, sejam expressas em termos de números pequenos positivos.

EXEMPLO 2-8

Calcule o p-valor para cada íon presente em uma solução que é $2{,}00 \times 10^{-3}$ mol L^{-1} em NaCl e $5{,}4 \times 10^{-4}$ mol L^{-1} em HCl.

Resolução

$$pH = -\log [H^+] = -\log (5{,}4 \times 10^{-4}) = 3{,}27$$

Para obtermos pNa, escrevemos

$$pNa = -\log[Na^+] = -\log (2{,}00 \times 10^{-3}) = -\log (2{,}00 \times 10^{-3}) = 2{,}699$$

A concentração total de Cl$^-$ é dada pela soma das concentrações dos dois solutos:

$$[Cl^-] = 2{,}00 \times 10^{-3} \text{ mol L}^{-1} + 5{,}4 \times 10^{-4} \text{ mol L}^{-1}$$

$$= 2{,}00 \times 10^{-3} \text{ mol L}^{-1} + 0{,}54 \times 10^{-3} \text{ mol L}^{-1} = 2{,}54 \times 10^{-3} \text{ mol L}^{-1}$$

$$pCl = -\log [Cl^-] = -\log 2{,}54 \times 10^{-3} = 2{,}595$$

> **A função *p* mais conhecida é pH, que é o negativo do logaritmo de [H$^+$]. Abordamos a natureza do H$^+$, sua natureza em solução aquosa e a representação alternativa H$_3$O$^+$ na Seção 7A-2.**

Modelo molecular do HCl. O cloreto de hidrogênio é um gás que consiste em moléculas diatômicas heteronucleares. O gás é extremamente solúvel em água; quando uma solução do gás é preparada, as moléculas se dissociam para formar o ácido clorídrico aquoso, o qual consiste em íons H$_3$O$^+$ e Cl$^-$. Veja Figura 7-1 e a discussão acompanhando a natureza do H$_3$O$^+$.

Observe que no Exemplo 2-8, e no seguinte, os resultados são arredondados de acordo com as regras listadas na página 74, Seção 4D-3.

EXEMPLO 2-9

Calcule a concentração molar de Ag^+ em uma solução com pAg de 6,372.

Resolução

$$pAg = -\log[Ag^+] = 6,372$$

$$\log[Ag^+] = -6,372$$

$$[Ag^+] = 4,246 \times 10^{-7} \approx 4,25 \times 10^{-7} \text{ mol L}^{-1}$$

2B-2 Densidade e Gravidade Específica de Soluções

Densidade é a massa de uma substância por unidade de volume. Em unidades SI, a densidade é expressa em unidades kg L^{-1} ou, alternativamente, em g mL^{-1}.

Gravidade específica é a razão da massa de uma substância pela massa de um volume igual de água.

Densidade e gravidade específica são termos relacionados muitas vezes encontrados na literatura analítica. A **densidade** de uma substância é a sua massa por unidade de volume e sua **gravidade específica** é a razão da sua massa e da massa de um volume igual de água a 4°C. A densidade apresenta unidades de quilogramas por litro ou gramas por mililitro no sistema métrico. A gravidade específica é adimensional e, portanto, não está vinculada a qualquer sistema específico de unidades. Por essa razão, a gravidade específica é largamente utilizada na descrição de itens comerciais (ver **Figura 2-1**). Uma vez que a densidade da água é aproximadamente 1,00 g mL^{-1} e como usamos o sistema métrico em todo este livro, a densidade e a gravidade específica são usadas de forma intercambiável. As gravidades específicas de alguns ácidos e bases concentrados são fornecidas na **Tabela 2-3**.

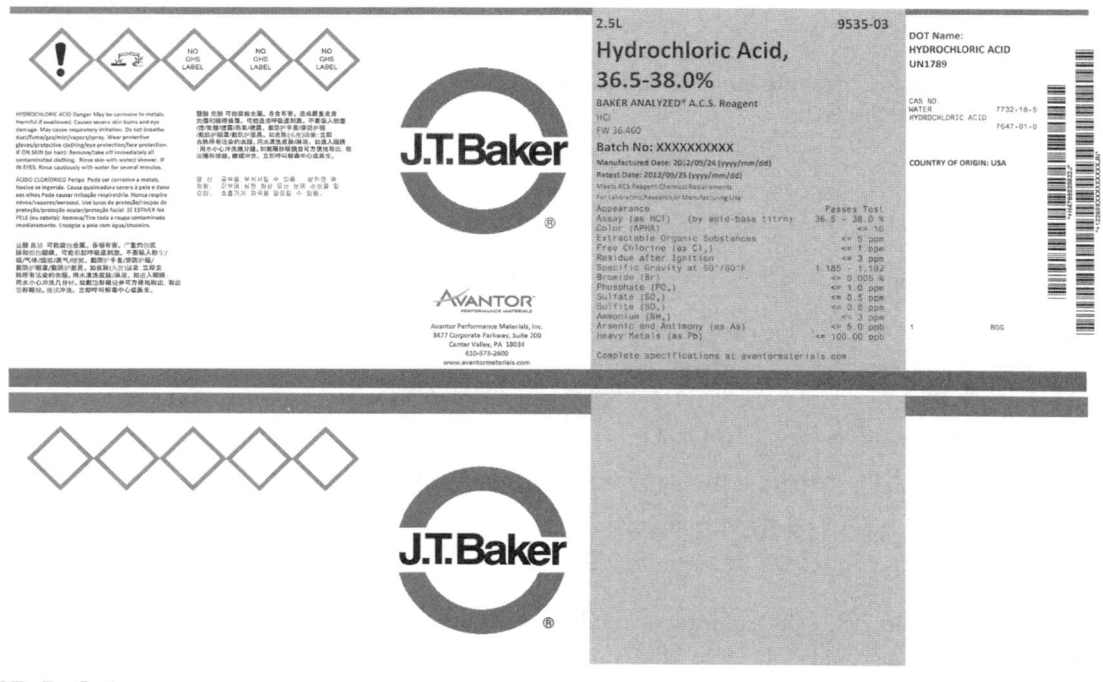

FIGURA 2-1

Rótulo de uma garrafa de ácido clorídrico grau de reagente. Observe que a gravidade específica do ácido sob a temperatura de 60° a 80 °F é especificada no rótulo. (Cortesia de Avantor Performance Materials, Radnor, PA.)

TABELA 2-3
Gravidades Específicas de Ácidos e Bases Comerciais Concentrados

Reagente	Concentração, % (m/m)	Gravidade Específica
Ácido acético	99,7	1,05
Amônia	29,0	0,90
Ácido clorídrico	37,2	1,19
Ácido fluorídrico	49,5	1,15
Ácido nítrico	70,5	1,42
Ácido perclórico	71,0	1,67
Ácido fosfórico	86,0	1,71
Ácido sulfúrico	96,5	1,84

EXEMPLO 2-10

Calcule a concentração molar de HNO_3 (63,0 g mol^{-1}) em uma solução com uma gravidade específica de 1,42 e 70,5% em HNO_3 (m/m).

Resolução

Vamos, primeiro, calcular a quantidade em gramas do ácido por litro da solução concentrada

$$\frac{g \text{ de } HNO_3}{L \text{ de reagente}} = \frac{1{,}42 \text{ kg de reagente}}{L \text{ de reagente}} \times \frac{10^3 \text{g de reagente}}{\text{kg de reagente}} \times \frac{70{,}5 \text{ g de } HNO_3}{100 \text{ g de reagente}} = \frac{1.001 \text{ g de } HNO_3}{L \text{ de reagente}}$$

Então,

$$c_{HNO_3} = \frac{1.001 \text{ g de } HNO_3}{L \text{ de reagente}} \times \frac{1 \text{ mol de } HNO_3}{63{,}0 \text{ g de } HNO_3} = \frac{15{,}9 \text{ mol de } HNO_3}{L \text{ de reagente}} \approx 16 \text{ mol L}^{-1}$$

EXEMPLO 2-11

Descreva a preparação de 100 mL de HCl 6,0 mol L^{-1} a partir da solução concentrada, com uma gravidade específica de 1,18 e 37% (m/m) em HCl (36,5 g mol^{-1}).

Resolução

Procedendo como no Exemplo 2-10, primeiro calculamos concentração em quantidade de matéria de uma solução concentrada. Então calculamos a quantidade de matéria do ácido que precisamos para a solução diluída. Finalmente, dividimos o segundo valor pelo primeiro para obter o volume de ácido concentrado requerido. Assim, para obter a concentração do reagente, escrevemos

$$c_{HCl} = \frac{1{,}18 \times 10^3 \text{ g de reagente}}{L \text{ de reagente}} \times \frac{37 \text{ g de HCl}}{100 \text{ g de reagente}} \times \frac{1 \text{ mol de HCl}}{36{,}5 \text{ g de HCl}} = 12{,}0 \text{ mol L}^{-1}$$

A quantidade da matéria de HCl requerida é dada por

$$\text{quant. de mat. HCl} = 100 \text{ mL} \times \frac{1 \text{ L}}{1.000 \text{ mL}} \times \frac{6{,}0 \text{ mol de HCl}}{L} = 0{,}600 \text{ mol de HCl}$$

Finalmente, para obter o volume do reagente concentrado, escrevemos

$$\text{vol. de reagente concentrado} = 0{,}600 \text{ mol de HCl} \times \frac{1 \text{ L de reagente}}{12{,}0 \text{ mol de HCl}} = 0{,}0500 \text{ L ou } 50{,}0 \text{ mL}$$

Assim, diluem-se 50 mL do reagente concentrado para 600 mL.

A resolução para o Exemplo 2-11 baseia-se na relação útil que se segue, a qual será utilizada muitas vezes:

> A Equação 2-4 pode ser usada com as unidades L e mol L^{-1} ou mL e mmol mL^{-1}. Assim,

$$L_{conc} \times \frac{mol_{conc}}{L_{conc}} = L_{dil} \times \frac{mol_{dil}}{L_{dil}}$$

$$mL_{conc} \times \frac{mmol_{conc}}{mL_{conc}} = mL_{dil} \times \frac{mmol_{dil}}{mL_{dil}}$$

$$V_{conc} \times c_{conc} = V_{dil} \times c_{dil} \qquad (2\text{-}4)$$

onde os dois termos à esquerda são o volume e a concentração molar do ácido concentrado que está sendo utilizado para preparar uma solução diluída de volume e concentração dados pelos termos correspondentes à direita. Essa equação baseia-se no fato de que a quantidade de matéria do soluto presente na solução diluída deve ser igual a quantidade de matéria no reagente concentrado. Observe que o volume pode ser expresso em mililitros ou litros, desde que as mesmas unidades sejam empregadas para ambas as soluções.

2C Estequiometria Química

A **estequiometria** de uma reação é a relação entre a quantidade de matéria de reagentes e produtos conforme representada por uma equação balanceada.

A **estequiometria** é a relação quantitativa existente entre as quantidades de espécies químicas que reagem entre si. Esta seção fornece uma breve revisão da estequiometria e suas aplicações em cálculos químicos.

2C-1 Fórmulas Empíricas e Fórmulas Moleculares

Uma **fórmula empírica** fornece a razão mais simples de números inteiros de átomos que fazem parte de um composto químico. Em contraste, a **fórmula molecular** especifica o número de átomos presentes em uma molécula. Duas ou mais substâncias podem ter a mesma fórmula empírica, mas fórmulas moleculares diferentes. Por exemplo, CH_2O representa tanto a fórmula empírica quanto a fórmula molecular do formaldeído; também é a fórmula empírica para diversas substâncias, como o ácido acético, $C_2H_4O_2$, gliceraldeído, $C_3H_6O_3$ e glicose, $C_6H_{12}O_6$, assim como para mais de 50 outras substâncias que contêm seis ou menos átomos de carbono. Podemos calcular a fórmula empírica de um composto a partir de sua composição percentual. Para determinar a fórmula molecular, temos que saber a massa molar do composto.

Uma **fórmula estrutural** fornece informações adicionais. Por exemplo, os produtos químicos etanol e dimetil éter têm a mesma fórmula molecular C_2H_6O, mas eles são quimicamente bastante diferentes. Suas fórmulas estruturais, C_2H_5OH e CH_3OCH_3, revelam diferenças estruturais entre estes compostos que não são mostradas em sua fórmula molecular usual.

2C-2 Cálculos Estequiométricos

Uma equação química balanceada fornece as razões de combinação ou estequiométricas – em unidades de quantidade de matéria – de reagentes e seus produtos. Consequentemente, a equação

$$2NaI(aq) + Pb(NO_3)_2(aq) \rightarrow PbI_2(s) + 2NaNO_3(aq)$$

> Normalmente o estado físico da substância, que aparece na equação, indicado pelas letras (g), (l), (s) e (aq), refere-se aos estados gasoso, líquido, sólido e solução aquosa, respectivamente.

indica que 2 mols de iodeto de sódio aquoso se combinam com 1 mol de nitrato de chumbo aquoso para produzir 1 mol de iodeto de chumbo sólido e 2 mols de nitrato de sódio aquoso.[2]

O Exemplo 2-12 demonstra como as massas em gramas, de reagentes e produtos, estão relacionadas em uma reação química. Da mesma maneira, como mostrado na **Figura 2-2**, os cálculos desse tipo constituem um processo de três etapas envolvendo (1) transformação da massa conhecida de uma substância, em gramas, para a correspondente quantidade de matéria, (2) multiplicação da quantidade de matéria por um fator que considera a estequiometria e (3) conversão da quantidade de matéria para a unidade métrica requerida para a resposta.

---

[2] Neste exemplo, é vantajoso mostrar a reação em termos dos compostos químicos. Se desejarmos focalizar nossa atenção sobre as espécies que efetivamente reagem, a reação iônica líquida seria preferível:

$$2I^-(aq) + Pb^{2+}(aq) \rightarrow PbI_2(s)$$

Cálculos Empregados na Química Analítica

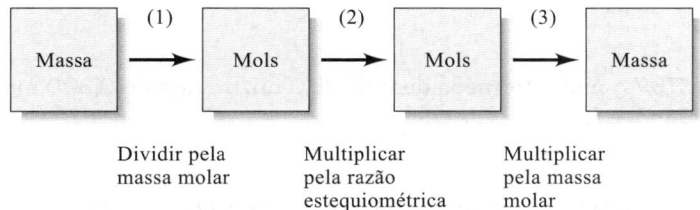

FIGURA 2-2

Fluxograma para a realização de cálculos estequiométricos. (1) Quando a massa de um reagente é dada, primeiramente, ela é convertida em quantidade de matéria, usando a massa molar. (2) Então, a razão estequiométrica fornecida pela equação química da reação é utilizada para encontrar o número de átomos do outro reagente que se combina com a substância original, ou com a quantidade de matéria em mols dos produtos que são formados. (3) Finalmente, a massa do outro reagente ou do produto é calculada a partir da sua massa molar.

EXEMPLO 2-12

(a) Qual a massa de $AgNO_3$ (169,9 g mol^{-1}) necessária para converter 2,33 g de Na_2CO_3 (106,0 g mol^{-1}) para Ag_2CO_3? (b) Qual a massa de Ag_2CO_3 (275,7 g mol^{-1}) que será formada?

Resolução

(a) $Na_2CO_3(aq) + 2AgNO_3(aq) \rightarrow Ag_2CO_3(s) + 2NaNO_3(aq)$

Etapa 1.

$$\text{quant. de matéria de } Na_2CO_3 = n_{Na_2CO_3} = 2{,}33 \text{ g de } Na_2CO_3 \times \frac{1 \text{ mol de } Na_2CO_3}{106{,}0 \text{ g de } Na_2CO_3}$$

$$= 0{,}02198 \text{ mol de } Na_2CO_3$$

Etapa 2. A equação balanceada mostra que

$$\text{quant. de mat. de } AgNO_3 = n_{AgNO_3} = 0{,}02198 \text{ mol de } Na_2CO_3 \times \frac{2 \text{ mol de } AgNO_3}{1 \text{ mol de } Na_2CO_3}$$

$$= 0{,}04396 \text{ mol de } AgNO_3$$

Nesta instância, a razão estequiométrica é (2 mol de $AgNO_3$) / (1 mol de Na_2CO_3).

Etapa 3.

$$\text{massa de } AgNO_3 = 0{,}04396 \text{ mol de } AgNO_3 \times \frac{169{,}9 \text{ g de } AgNO_3}{\text{mol de } AgNO_3} = 7{,}47 \text{ g de } AgNO_3$$

(b) quantidade de matéria de Ag_2CO_3 = quantidade de matéria Na_2CO_3 = 0,02198 mol

$$\text{massa de } Ag_2CO_3 = 0{,}02198 \text{ mol de } Ag_2CO_3 \times \frac{275{,}7 \text{ g de } Ag_2CO_3}{\text{mol de } Ag_2CO_3} = 6{,}06 \text{ g de } Ag_2CO_3$$

A **Dra. Renã A. S. Robinson** (ela/dela) é professora associada de química na Vanderbilt University. Ela obteve o seu bacharelado em química na University of Louisville e doutorado em Química Analítica na Indiana University. Durante seus estudos de doutorado, desenvolveu métodos de proteômica (estudo das proteínas) para estudar o envelhecimento na *drosófila* (mosca-das-frutas).
Dra. Robinson dirige um programa de pesquisa reconhecido internacionalmente e é líder no campo da proteômica por seu trabalho em envelhecimento, doença de Alzheimer, disparidades de saúde e aplicações relevantes à saúde humana. Ela e sua equipe desenvolvem técnicas de última geração de proteômica quantitativa que aumenta as capacidades complexas usando espectrometria de massas. O periódico *Chemical and Engineering News* agraciou-a com o prêmio Talented Twelve Award de 2016, caracterizando-a como uma das jovens mentes mais brilhantes do mundo no campo da química.

EXEMPLO 2-13

Qual a massa de Ag_2CO_3 (275,7 g mol^{-1}) formada quando 25,0 mL de $AgNO_3$ 0,200 mol L^{-1} são misturados com 50,0 mL de Na_2CO_3 0,0800 mol L^{-1}?

Resolução

A mistura dessas duas soluções resultará em um (e apenas um) dos três resultados possíveis:

(a) Um excesso de $AgNO_3$ permanecerá após a reação ter se completado.
(b) Um excesso de Na_2CO_3 permanecerá após a reação ter se completado.
(c) Não haverá excesso de nenhum reagente (isto é, a quantidade de matéria de Na_2CO_3 é exatamente igual a duas vezes a quantidade de matéria de $AgNO_3$).

Como primeiro passo, precisamos estabelecer qual das situações se aplica, calculando as quantidades de reagentes (em mols) disponíveis antes de as soluções serem misturadas.

As quantidades iniciais são

$$\text{quant. de mat. de AgNO}_3 = n_{AgNO_3} = 25{,}0 \text{ mL de AgNO}_3 \times \frac{1 \text{ L de AgNO}_3}{1.000 \text{ mL de AgNO}_3}$$

$$\times \frac{0{,}200 \text{ mol de AgNO}_3}{\text{L de AgNO}_3} = 5{,}00 \times 10^{-3} \text{ mol de AgNO}_3$$

$$\text{quant. de mat. de Na}_2\text{CO}_3 = n_{Na_2CO_3} = 50{,}0 \text{ mL de Na}_2\text{CO}_3 \text{ sol.} \times \frac{1 \text{ L de Na}_2\text{CO}_3}{1.000 \text{ mL de Na}_2\text{CO}_3}$$

$$\times \frac{0{,}0800 \text{ mol de Na}_2\text{CO}_3}{\text{L de Na}_2\text{CO}_3} = 4{,}00 \times 10^{-3} \text{ mol de Na}_2\text{CO}_3$$

Como cada íon CO_3^{2-} reage com dois íons de Ag^+, $2 \times 4{,}00 \times 10^{-3} = 8{,}00 \times 10^{-3}$ mol $AgNO_3$ é necessário para reagir com o Na_2CO_3. Uma vez que temos $AgNO_3$ em quantidade insuficiente, a situação (b) prevalece e a quantidade de matéria de Ag_2CO_3 produzida será limitada pela quantidade de $AgNO_3$ disponível. Assim,

$$\text{massa de Ag}_2\text{CO}_3 = 5{,}00 \times 10^{-3} \text{ mol de AgNO}_3 \times \frac{1 \text{ mol de Ag}_2\text{CO}_3}{2 \text{ mol de AgNO}_3}$$

$$\times \frac{275{,}7 \text{ g de Ag}_2\text{CO}_3}{\text{mol de Ag}_2\text{CO}_3} = 0{,}689 \text{ g de Ag}_2\text{CO}_3$$

EXEMPLO 2-14

Qual será a concentração analítica em quantidade de matéria de Na_2CO_3 na solução produzida quando 25,0 mL de $AgNO_3$ 0,200 mol L^{-1} são misturados com 50,0 mL de Na_2CO_3 0,0800 mol L^{-1}?

Resolução

No exemplo anterior, vimos que a formação de $5{,}00 \times 10^{-3}$ mol de $AgNO_3$ vai requerer $2{,}50 \times 10^{-3}$ mol de Na_2CO_3. A quantidade de matéria de Na_2CO_3 que não reage é dado por

$$n_{Na_2CO_3} = 4{,}00 \times 10^{-3} \text{ mol de Na}_2\text{CO}_3 - 5{,}00 \times 10^{-3} \text{ mol de AgNO}_3$$

$$\times \frac{1 \text{ mol de Na}_2\text{CO}_3}{2 \text{ mol de AgNO}_3} = 1{,}50 \times 10^{-3} \text{ mol de Na}_2\text{CO}_3$$

Por definição, a concentração em quantidade de matéria é a quantidade de matéria de Na_2CO_3/L. Assim,

$$c_{Na_2CO_3} = \frac{1{,}50 \times 10^{-3} \text{ mol de Na}_2\text{CO}_3}{(50{,}0 + 25{,}0) \text{ mL}} \times \frac{1.000 \text{ mL}}{1 \text{ L}} = 0{,}0200 \text{ mol L}^{-1} \text{ de Na}_2\text{CO}_3$$

2D Cálculos usando Microsoft® Excel®

Muitos cálculos químicos podem ser realizados em aplicações de planilhas como o Excel. Alguns exemplos são dados aqui, mas uma introdução detalhada ao Excel e seus fundamentos são encontrados no livro *Applications of Microsoft® Excel® in Analytical Chemistry*, 4. ed., Cengage Learning, 2022, disponível em inglês na página deste livro no site da Cengage.

O Exemplo 2-12 é o primeiro exemplo aqui. Existem muitas maneiras para ajustar o Excel às relativamente simples multiplicações e divisões necessárias no Exemplo 2-12. Entretanto, uma abordagem consistente é sábia. Um método que é útil é separar as grandezas conhecidas, os cálculos e a documentação. No item (a) do exemplo, a massa de Na_2CO_3, a massa molar do Na_2CO_3, a massa molar de Ag_2NO_3 e a estequiometria são grandezas conhecidas. No item (b), a massa molar do Ag_2CO_3 e a estequiometria são conhecidos. Os cálculos são mostrados na **Figura 2-2**. Uma vez que este cálculo é relativamente direto, as equações podem ser desenvolvidas facilmente a partir de uma abordagem estequiométrica ou de análise dimensional. Os resultados são mostrados na **Figura 2-3** junto com a documentação.

Uma maneira consistente para documentar, que evita redigitar as fórmulas colocadas nas células B14, B15, B16, B19 e B20, é copiá-las nas células de documentação. Essa abordagem evita cometer erros redigitando as fórmulas. Mostramos esse método com a documentação para a célula B14. Se você apenas copia o conteúdo da célula B14, a fórmula é copiada, mas as referências na fórmula mudam. Para evitar isso, clique na célula B14, realce o texto na barra de fórmula, copie o seu conteúdo (Ctrl-C ou clique no ícone copiar) e pressione a tecla escape para remover o realce do conteúdo da célula B14. O texto copiado, =B4/B5, ainda está na área de transferência. Agora selecione a célula A23, posicione o cursor na barra de fórmula, digite célula B14 e cole (Ctrl-V ou clique no ícone colar). Isso copia a fórmula como uma sequência de texto na célula A23. As outras fórmulas podem ser copiadas da mesma maneira. Embora seja mais fácil redigitar essas equações simples, para cálculos mais complexos, essa abordagem economiza tempo e evita muitos erros possíveis.

O Exemplo 2-15 é um exemplo mais complexo a partir de análise gravimétrica.

	A	B	C	D	E
1	Exemplo 2-12	Carbonato de sódio + nitrato de prata			
2					
3	**Grandezas fornecidas**				
4	Massa molar do R1 Na_2CO_3	2,33	g		
5	Massa molar do R1	106,0	g mol⁻¹		
6	Razão Estequiométrica	2			
7	R2 $AgNO_3$				
8	Massa molar do R2	169,9	g mol⁻¹		
9	P Ag_2CO_3				
10	Massa molar do P	275,7	g mol⁻¹		
11					
12	**Cálculos**				
13		(a)			
14	Quantidade de R1	0,02198	mol		
15	Quantidade de R2 necessária	0,04396	mol		
16	Massa de R2 necessária	7,47	g		
17					
18		(b)			
19	Quantidade de matéria de P formada	0,02198	mol		
20	Massa de P formada	6,06	g		
21					
22	**Documentação**				
23	Célula B14=B4/B5				
24	Célula B15=B14*B6				
25	Célula B16=B15*B8				
26	Célula B19=B14				
27	Célula B20=B19*B10				

FIGURA 2-3

Planilha para o cálculo da massa de reagente necessário e a quantidade de produto formada na reação de carbonato de sódio com nitrato de prata. Observe a separação nas grandezas fornecidas, cálculos e documentação.

EXEMPLO 2-15

Um minério de ferro é analisado dissolvendo-se uma amostra de 1,1324 g em HCl concentrado. A solução resultante é diluída com água e o ferro(III) é precipitado como o óxido hidratado $Fe_2O_3 \cdot xH_2O$ pela adição de NH_3. Após a filtração e lavagem, o resíduo é calcinado a uma alta temperatura para fornecer 0,5394 g de Fe_2O_3 puro (159,69 g mol^{-1}). Calcule a % de Fe (55,847 g mol^{-1}) na amostra.

Resolução

Inicialmente, coloque as quantidades conhecidas – a massa da amostra $m_{amostra}$, a massa do precipitado m_{ppt} e as massa molares do Fe, OFe_2O_3 e Fe_3O_4. A quantidade de matéria de Fe_2O_3 é encontrada a partir da massa de Fe_2O_3 e a massa molar.

$$\text{quantidade de matéria de } Fe_2O_3 = g\,Fe_2O_3 \times \frac{1\,mol\,Fe_2O_3}{g\,Fe_2O_3}$$

A quantidade de matéria de Fe é duas vezes a de Fe_2O_3, a qual permite calcular a massa de Fe.

$$\text{massa de Fe} = mol\,Fe_2O_3 \times \frac{2\,mol\,Fe}{mol\,Fe_2O_3} \times \frac{g\,Fe}{mol\,Fe}$$

Você pode encontrar a porcentagem de Fe a partir da massa de Fe dividida pela massa da amostra.

$$\text{quantidade de matéria de Fe} = \frac{g\,Fe}{g\,amostra} \times 100\%$$

Você também pode encontrar a porcentagem de Fe_3O_4 observando que 3 mol de Fe_2O_3 produz 2 mol de Fe_3O_4 de acordo com a seguinte equação.

$$3\,Fe_2O_3 \rightarrow 2\,Fe_3O_4 + \tfrac{1}{2}O_2$$

A planilha e a documentação são mostradas na **Figura 2-4**.

	A	B	C	D	E
1	**Exemplo de Análise Gravimétrica**				
2	**Quantidades Fornecidas**				
3	m_{ppt}	0,5394			
4	$m_{amostra}$	1,1324			
5	M_{Fe}	55,845			
6	M_O	15,999			
7	$M_{Fe_2O_3}$	159,687			
8	$M_{Fe_3O_4}$	231,531			
9					
10	**Cálculos**				
11	% de Fe	33,32			
12	% de Fe_3O_4	46,04			
13					
14	**Documentação**				
15	Célula B11=B3/B7*2*B5/B4*100				
16	Célula B12=B3/B7*2/3*B8/B4*100				
17					

FIGURA 2-4   Planilha para o exemplo de análise gravimétrica.

Neste capítulo, revisamos muitos dos conceitos básicos de química e as habilidades necessárias para o estudo eficiente da química analítica. Nos capítulos restantes deste livro, evoluiremos nesta fundação sólida à medida que exploramos os métodos de análise química.

Química Analítica On-line

Busque tantas definições quanto possível para o quilograma. Por que há tantas definições? Descreva o quilograma de platina-irídio que foi o padrão antes de 2019. Como a definição de 2019 melhorou em relação àquela do quilograma do protótipo? Por que a definição de 2019 é um valor mais estável? Um outro padrão proposto antes de 2019 foi o chamado quilograma de silício. Descreva este padrão proposto e compare-o com a definição de 2019 para o quilograma.

Resumo do Capítulo 2

- O sistema Internacional de Unidades (SI) é baseado em sete unidades básicas fundamentais – quilograma, metro, mol, ampere, segundo, kelvin e candela.
- As revisões foram feitas em 2019 para redefinir o quilograma, o ampere, o mol e o kelvin.
- Existe uma diferença entre massa e peso. Massa é uma medida da quantidade de material em uma substância, enquanto peso é a força de atração entre um objeto e sua vizinhança.
- Um mol de qualquer entidade (átomos, elementos, íons ou moléculas) contém o número de Avogadro dessas entidades.
- A constante de Avogadro é um número exato $6,02214076 \times 10^{23}$. O número de Avogadro é a constante de Avogadro por mol.
- A massa molar de uma substância é o número de gramas daquela substância em 1 mol daquela substância.
- As concentrações de solução podem ser expressas como concentrações molares, partes por milhão ou bilhão, funções p ou porcentagens.
- As concentrações em quantidade de matéria podem ser analíticas em quantidade de matéria ou concentrações de equilíbrio em quantidade de matéria.
- O Microsoft Excel pode calcular as concentrações e quantidades estequiométricas nas reações químicas.

Termos-chave

Concentração analítica em quantidade de matéria, 21
Concentração de equilíbrio em quantidade de matéria, 21
Densidade, 26
Estequiometria, 28
Função p, 25
Gravidade específica, 26
Massa, 17
Massa molar, 17
Mol, 17
Partes por milhão, 24
Peso, 17

Equações Importantes

Concentração em quantidade de matéria = $\dfrac{\text{quantidade de matéria do soluto}}{\text{volume da solução em L}}$

$$c_x = \dfrac{n_x}{V}$$

Concentração em partes por milhão

$$c_{ppm} = \dfrac{\text{massa de soluto}}{\text{massa da solução}} \times 10^6\,\text{ppm}$$

Funções p

$$pX = -\log[X]$$

Equação de diluição

$$V_{conc} \times c_{conc} = V_{dil} \times c_{dil}$$

Questões e Problemas*

2-1. Defina
 *(a) massa molar.
 (b) milimol.
 *(c) massa milimolar.
 (d) partes por bilhão.

2-2. Qual é a diferença entre concentração das espécies em quantidade de matéria e concentração analítica em quantidade de matéria?

*__2-3.__ Dê dois exemplos de unidades derivadas de unidades fundamentais SI.

2-4. Simplifique as seguintes quantidades usando uma unidade com o prefixo apropriado:
 *(a) $5{,}8 \times 10^8$ Hz.
 (b) $4{,}37 \times 10^{-7}$ g.
 *(c) $9{,}31 \times 10^7$ μmol.
 (d) $8{,}3 \times 10^{10}$ s.
 *(e) $3{,}96 \times 10^6$ nm.
 (f) 53.000 g.

*__2-5.__ Por que 1 g não é mais exatamente 1 mol de unidades de massa atômica unificada?

2-6. Como a definição do mol mudou com a redefinição das unidades básicas do SI de 2019?

*__2-7.__ Encontre o número de íon de Na^+ em 2,75 g de Na_3PO_4.

2-8. Encontre o número de íon de K^+ em 1,43 mol de K_2HPO_4.

*__2-9.__ Encontre a quantidade de matéria do elemento indicado (em mols) em
 (a) 5,32 g de B_2O_3.
 (b) 195,7 mg de $Na_2B_4O_7 \cdot 10H_2O$.
 (c) 4,96 g de Mn_3O_4.
 (d) 333 mg de CaC_2O_4.

2-10. Encontre a quantidade de matéria em milimols das espécies indicadas em
 (a) 12,92 g de $NaHCO_3$.
 (b) 57 mg de $MgNH_4PO_4$.
 (c) 850 mg de P_2O_5.
 (d) 40,0 g de CO_2.

*__2-11.__ Encontre a quantidade de matéria em milimols do soluto em
 (a) 2,00 L de $KMnO_4$ 0,0449 mol L^{-1}.
 (b) 750 mL de KSCN $5{,}35 \times 10^{-3}$ mol L^{-1}.
 (c) 3,50 L de uma solução que contém 6,23 ppm de $CuSO_4$.
 (d) 250 mL de KCl 0,414 mol L^{-1}.

2-12. Encontre a quantidade de matéria em milimols de soluto em
 (a) 386 mL de $HClO_4$ 0,210 mol L^{-1}.
 (b) 25,0 L de K_2CrO_4 $8{,}05 \times 10^{-3}$ mol L^{-1}.
 (c) 4,50 L de uma solução aquosa que contém 6,95 ppm de $AgNO_3$.
 (d) 537 mL de KOH 0,0200 mol L^{-1}.

*__2-13.__ Qual é a massa em miligramas de
 (a) 0,367 mol de HNO_3?
 (b) 245 mmol de MgO?
 (c) 12,5 mol de NH_4NO_3?
 (d) 4,95 mol de $(NH_4)_2Ce(NO_3)_6$ (548,23 g mol^{-1})?

*As respostas para as questões e problemas marcados com um asterisco são fornecidas no final deste livro.

2-14. Qual é a massa em gramas de
(a) 2,25 mol de KBr?
(b) 15,5 mmol de PbO?
(c) 5,04 mol de $CaSO_4$?
(d) 10,9 mmol de $Fe(NH_4)_2(SO_4)_2 \cdot 6H_2O$?

2-15. Qual é a massa em miligramas de soluto em
*(a) 16,0 mL de sacarose (342 g mol^{-1}) 0,350 mol L^{-1}?
*(b) 1,92 L de H_2O_2 3,76 × 10^{-3} mol L^{-1}?
(c) 356 mL de uma solução que contém 2,96 ppm de $Pb(NO_3)_2$?
(d) 5,75 mL de KNO_3 0,0819 mol L^{-1}?

2-16. Qual é a massa em gramas de soluto em
*(a) 250 mL de H_2O_2 0,264 mol L^{-1}?
*(b) 37,0 mL de ácido benzoico (122 g mol^{-1}) 5,75 × 10^{-4} mol L^{-1}?
(c) 2,50 L de uma solução que contém 37,2 ppm de $SnCl_2$?
(d) 11,7 mL de $KBrO_3$ 0,0225 mol L^{-1}?

2-17. Calcule o valor p para cada um dos seguintes íons listados:
*(a) Na^+, Cl^- e OH^- em uma solução que é 0,0635 mol L^{-1} em NaCl e 0,0403 mol L^{-1} em NaOH.
(b) Ba^{2+}, Mn^{2+} e Cl^- em uma solução que é 4,65 × 10^{-3} mol L^{-1} em $BaCl_2$ e 2,54 mol L^{-1} em $MnCl_2$.
*(c) H^+, Cl^- e Zn^{2+} em uma solução que é 0,400 mol L^{-1} em HCl e 0,100 mol L^{-1} em $ZnCl_2$.
(d) Cu^{2+}, Zn^{2+} e NO_3^- em uma solução que é 5,78 × 10^{-2} mol L^{-1} em $Cu(NO_3)_2$ e 0,204 mol L^{-1} em $Zn(NO_3)_2$.
*(e) K^+, OH^- e $Fe(CN)_6^{4-}$ em uma solução que é 1,62 × 10^{-7} mol L^{-1} em $K_4Fe(CN)_6$ e 5,12 × 10^{-7} mol L^{-1} em KOH.
(f) H^+, Ba^{2+} e ClO_4^- em uma solução que é 2,35 × 10^{-4} mol L^{-1} em $Ba(ClO_4)_2$ e 4,75 × 10^{-4} mol L^{-1} em $HClO_4$.

2-18. Calcule a concentração em quantidade de matéria iônica do H_3O^+ em uma solução que tem um pH de
*(a) 3,73.
(b) 3,28.
*(c) 0,59.
(d) 11,29.
*(e) 7,62.
(f) 5,19.
*(g) −0,76.
(h) −0,42.

2-19. Calcule as funções p para cada íon em uma solução que é
*(a) 0,0200 mol L^{-1} em NaBr.
(b) 0,0300 mol L^{-1} em $BaBr_2$.
*(c) 4,5 × 10^{-3} mol L^{-1} em $Ba(OH)_2$.
(d) 0,020 mol L^{-1} em HCl e 0,010 mol L^{-1} em NaCl.
*(e) 7,2 × 10^{-3} mol L^{-1} em $CaCl_2$ e 8,2 × 10^{-3} mol L^{-1} em $BaCl_2$.
(f) 2,8 × 10^{-8} mol L^{-1} em $Zn(NO_3)_2$ e 6,6 × 10^{-7} mol L^{-1} em $Cd(NO_3)_2$.

2-20. Converta as funções p dadas a seguir para concentrações em quantidades de matéria
*(a) pH = 1,102.   (b) pOH = 0,0057.
*(c) pBr = 7,77.   (d) pCa = −0,221.
*(e) pLi = 12,35.   (f) pNO_3 = 0,054.
*(g) pMn = 0,135.   (h) pCl = 8,92.

*2-21. A água do mar contém uma média de 1,08 × 10^3 ppm de Na^+ e 270 ppm de SO_4^{2-}. Calcule
(a) as concentrações em quantidades de matéria de Na^+ e SO_4^{2-}, uma vez que a densidade média da água do mar é de 1,02 g mL^{-1}.
(b) pNa e pSO_4 para a água do mar.

2-22. O soro sanguíneo humano contém 300 mmol de hemoglobina (Hb) por litro de plasma e 2,2 mmol por litro de sangue total. Calcule
(a) a concentração em quantidade de matéria em cada um desses meios.
(b) o pHb no plasma no soro sanguíneo humano.

*2-23. Uma solução foi preparada dissolvendo-se 5,76 g de $KCl \cdot MgCl_2 \cdot 6H_2O$ (277,85 g mol^{-1}) em água suficiente para perfazer 2,000 L. Calcule
(a) a concentração em quantidade de matéria analítica do $KCl \cdot MgCl_2$ nessa solução.
(b) a concentração em quantidade de matéria de Mg^{2+}.
(c) a concentração em quantidade de matéria de Cl^-.
(d) a porcentagem em massa/volume de $KCl \cdot MgCl_2 \cdot 6H_2O$.
(e) a quantidade de matéria em milimols de Cl^- em 25,0 mL dessa solução.
(f) ppm de K^+.
(g) pMg para a solução.
(h) pCl para a solução.

2-24. Uma solução foi preparada dissolvendo-se 875 mg de $K_3Fe(CN)_6$ (329,2 g mol^{-1}) em água suficiente para perfazer 750 mL. Calcule
(a) a concentração em quantidade de matéria analítica de $K_3Fe(CN)_6$.
(b) a concentração em quantidade de matéria de K^+.
(c) a concentração em quantidade de matéria de $Fe(CN)_6^{3-}$.
(d) a porcentagem em massa/volume de $K_3Fe(CN)_6$.
(e) a quantidade de matéria em milimols de K^+ em 50,0 mL dessa solução.
(f) A concentração de $Fe(CN)_6^{3-}$ em ppm.

(g) pK para a solução.
(h) pFe(CN)$_6$ para a solução.

*2-25. Uma solução de Fe(NO$_3$)$_3$ (241,86 g mol^{-1}) a 5,85% (m/m) tem uma densidade de 1,059 g mL^{-1}. Calcule
(a) a concentração em quantidade de matéria analítica de Fe(NO$_3$)$_3$ nessa solução.
(b) a concentração em quantidade de matéria de NO$_3^-$ nessa solução.
(c) a massa em gramas de Fe(NO$_3$)$_3$ contida em cada litro dessa solução.

2-26. Uma solução de NiCl$_2$ (129,61 g mol^{-1}) 11,4% (m/m) tem uma densidade de 1,149 g mL^{-1}. Calcule
(a) a concentração em quantidade de matéria de NiCl$_2$ nessa solução.
(b) a concentração em quantidade de matéria de Cl$^-$ nessa solução.
(c) a massa em gramas de NiCl$_2$ contida em cada litro dessa solução.

*2-27. Descreva a preparação de
(a) 500 mL de etanol aquoso (C$_2$H$_5$OH, 46,1 g mol^{-1}) a 5,25% (m/v).
(b) 500 g de etanol aquoso a 5,25% (m/m).
(c) 500 mL de etanol aquoso a 5,25% (v/v).

2-28. Descreva a preparação de
(a) 1,50 L de glicerol aquoso (C$_3$H$_8$O$_3$, 92,1 g mol^{-1}) a 21,0% (m/v).
(b) 1,50 kg de glicerol aquoso a 21,0% (m/m).
(c) 1,50 L de glicerol aquoso a 21,0% (v/v).

*2-29. Descreva a preparação de 500 mL de H$_3$PO$_4$ 3,00 mol L^{-1} a partir do reagente comercial com 86% (m/m) de H$_3$PO$_4$ e gravidade específica de 1,71.

2-30. Descreva a preparação de 750 mL de HNO$_3$ 3,00 mol L^{-1} a partir do reagente comercial com 70,5% (m/m) de HNO$_3$ e gravidade específica de 1,42.

*2-31. Descreva a preparação de
(a) 500 mL de AgNO$_3$ 0,1000 mol L^{-1} a partir do reagente sólido.
(b) 1,00 L de HCl 0,1000 mol L^{-1}, a partir de uma solução 6,00 mol L^{-1} do reagente.
(c) 250 mL de uma solução com 0,0810 mol L^{-1} em K$^+$, a partir do reagente sólido K$_4$Fe(CN)$_6$.
(d) 500 mL de BaCl$_2$ a 3,00% (m/v) a partir de uma solução de BaCl$_2$ 0,400 mol L^{-1}.
(e) 2,00 L de HClO$_4$ 0,120 mol L^{-1} a partir do reagente comercial [71,0% HClO$_4$ (m/m), gr esp 1,67].
(f) 1,00 L de uma solução com 60,0 ppm de Na$^+$, a partir do Na$_2$SO$_4$ sólido.

2-32. Descreva a preparação de
(a) 2,50 L de KMnO$_4$ 0,0250 mol L^{-1} a partir do reagente sólido.
(b) 4,00 L de HClO$_4$ 0,250 mol L^{-1}, a partir de uma solução 8,00 mol L^{-1} do reagente.
(c) 500 mL de uma solução com 0,0200 mol L^{-1} de I$^-$, a partir do reagente sólido MgI$_2$.
(d) 200 mL de CuSO$_4$ a 1,00% (m/v) a partir de uma solução de CuSO$_4$ 0,365 mol L^{-1}.
(e) 1,50 L de NaOH 0,300 mol L^{-1} a partir do reagente comercial [50% NaOH (m/m), gr esp 1,525].
(f) 1,50 L de uma solução com 15,0 ppm de K$^+$, a partir do K$_4$Fe(CN)$_6$ sólido.

*2-33. Que massa de La(IO$_3$)$_3$ (663,6 g mol^{-1}) sólido é formada quando 50,0 mL de La^{3+} 0,250 mol L^{-1} são misturados com 75,0 mL de IO$_3^-$ 0,302 mol L^{-1}

2-34. Que massa de PbCl$_2$ (278,10 g mol^{-1}) sólido é formada quando 200 mL de Pb^{2+} 0,125 mol L^{-1} são misturados com 400 mL de Cl$^-$ 0,175 mol L^{-1}?

*2-35. Exatamente 0,118 g de Na$_2$CO$_3$ puro são dissolvidos em 100,0 mL de HCl 0,0731 mol L^{-1}.
(a) Que massa em gramas de CO$_2$ é liberada?
(b) Qual é a concentração em quantidade de matéria do reagente em excesso (HCl ou Na$_2$CO$_3$)?

2-36. Exatamente 25,0 mL de uma solução de Na$_3$PO$_4$ 0,3757 mol L^{-1} são misturados com 100,00 mL de HgNO$_3$ 0,5151 mol L^{-1}.
(a) Que massa de Hg$_3$PO$_4$ sólido é formada?
(b) Qual é a concentração em quantidade de matéria da espécie que não reagiu (Na$_3$PO$_4$ ou HgNO$_3$) após a reação ter sido completada?

*2-37. Exatamente 75,00 mL de uma solução de Na$_2$SO$_3$ 0,3132 mol L^{-1} foram tratados com 150,0 mL de HClO$_4$ 0,4025 mol L^{-1} e fervidos para remover o SO$_2$ formado.
(a) Qual é a massa em gramas de SO$_2$ que é liberada?
(b) Qual a concentração da espécie que não reage (Na$_2$SO$_3$ ou HClO$_4$) após a reação ter sido completada?

2-38. Qual é a massa de MgNH$_4$PO$_4$ que precipita quando 200,0 mL de uma solução de MgCl$_2$ a 1,000% (m/v) é tratada com 40,0 mL de Na$_3$PO$_4$ 0,1753 mol L^{-1} e um excesso de NH$_4^+$? Qual é a concentração em quantidade de matéria do excesso de reagente (Na$_3$PO$_4$ ou MgCl$_2$) após a reação ter sido completada?

*2-39. Que volume de AgNO$_3$ 0,01000 mol L^{-1} é necessário para precipitar todo o I$^-$ presente em 150,0 mL de uma solução que contém 22,50 ppt de KI?

2-40. Exatamente 750,0 mL de uma solução que contém 500,0 ppm de Ba(NO$_3$)$_2$ foram misturados com

200,0 mL de uma solução que era 0,04100 mol L^{-1} em Al$_2$(SO$_4$)$_3$.
   (a) Que massa de BaSO$_4$ sólido é formada?
   (b) Qual é a concentração em quantidade de matéria da espécie que não reage [Al$_2$(SO$_4$)$_3$ ou Ba(NO$_3$)$_2$]?

2-41. **Exercício Desafiador:** Antes da definição de 2019 para o número de Avogadro como um valor exato, o número era calculado de várias maneiras a partir de medidas experimentais. De acordo com Kenny et al.,[3] o número de Avogadro N_A pode ser calculado com base na seguinte equação, usando medidas realizadas em uma esfera fabricada a partir de um monocristal ultrapuro de silício.

$$N_A = \frac{n\mathcal{M}_{Si}V}{ma^3}$$

onde

N_A = número de Avogadro
n = número de átomos por célula unitária no retículo cristalino do silício = 8
$\mathcal{M}_{Si}$ = massa molar do silício
V = volume da esfera de silício
m = a massa da esfera
a = parâmetro do retículo cristalino = $d(220)\sqrt{2^2 + 2^2 + 0^2}$

(a) Derive a equação para o número de Avogadro.
(b) A partir dos dados coletados por Andreas et al.[4] sobre a Esfera AVO28-S5 descritos na tabela a seguir, calcule a densidade do silício e sua incerteza. Você pode querer adiar o cálculo da incerteza até que tenha estudado o Capítulo 4.

Variável	Valor	Incerteza Relativa
Volume da esfera, cm^3	431,059059	23 × 10^{-9}
Massa da esfera, g	1000,087560	3 × 10^{-9}
Massa molar, g mol^{-1}	27,97697026	6 × 10^{-9}
Espaçamento de rede d(220), pm	543,099624	11 × 10^{-9}

(c) Calcule o número de Avogadro e sua incerteza.
(d) Apresentamos os dados para apenas duas esferas de silício usadas nestes estudos. Procure os dados para a Esfera AVO28-S8 citada na nota 3 e calcule um segundo valor para N_A. Após você ter estudado o Capítulo 5, compare seus dois valores para N_A e decida se a diferença entre esses dois números é significativa. Se a diferença entre os dois valores não for estatisticamente significativa, calcule um valor médio para o número de Avogadro determinado para as duas esferas e a incerteza da média.
(e) Qual das variáveis na tabela tem influência mais significativa no valor que você calculou? Por quê?
(f) Que métodos experimentais foram utilizados para fazer as medidas mostradas na tabela?
(g) Comente sobre as variáveis experimentais que podem contribuir para a incerteza em cada medida.
(h) Compare o valor exato de 2019 do número de Avogadro com os valores calculados. Discuta quaisquer diferenças e sugira as possíveis causas para as discrepâncias.

---

[3] M. J. Kenny et al. *IEEE Trans. Instrum. Meas.*, v. 50, p. 587, **2001**. DOI: 10.1109/19.918198.
[4] B. Andreas et al. *Phys. Rev. Lett.*, n. 106, 030801, **2011**. DOI: 10.1103/PhysRevLett.106.030801.

CAPÍTULO 3
Precisão e Exatidão nas Análises Químicas

Custom Life Science Images/Alamy Stock Photo

A humilde abelha melífera afeta a espécie humana em um grau muito além do que é sugerido pelo seu tamanho minúsculo. Além da dádiva de seu delicioso mel, muitas colheitas ao redor do mundo se beneficiam das habilidades das abelhas como polinizadoras. Estima-se que o impacto do trabalho delas na economia global vá de dezenas a milhões de dólares anualmente. Nas últimas duas décadas, as abelhas veem sendo ameaçadas de modo crescente pelo distúrbio do colapso das colônias (CCD – colony colapse disaster), cujos efeitos estão representados nas fotos de secções de duas colmeias diferentes. A secção superior mostra uma colmeia saudável e a secção inferior foi dizimada pela CCD. Várias causas têm sido sugeridas para a CCD, incluindo parasitas, inseticidas e herbicidas. Embora não tenha sido firmemente estabelecida uma conexão causal precisa entre esses fatores e o CCD, as investigações continuam para desenvolver um entendimento dos mecanismos do colapso das colônias. Crucial para qualquer estudo dos efeitos de pesticidas e herbicidas é a habilidade para analisar amostras no ambiente bem como nas abelhas para determinar, com precisão e exatidão, as concentrações dessas substâncias. Se os dados não forem de alta qualidade, os criadores de abelhas, cientistas e políticos podem não ser capazes de propor e aprovar leis e procedimentos para resolver esse problema global. Neste capítulo, começamos nossa abordagem da natureza das medidas químicas, seus erros, suas incertezas e métodos para estimar suas qualidades e significados.

As medidas sempre contêm erros e incertezas. Apenas alguns destes são oriundos de erros por parte do experimentador. Normalmente, os **erros** são causados por calibrações ou padronizações ruins ou por variações aleatórias e incertezas nos resultados. Calibrações, padronizações e análises frequentes de amostras conhecidas podem algumas vezes ser usadas para diminuir todos, com exceção dos erros aleatórios e das incertezas. Entretanto, os erros de medidas são uma parte inerente do mundo quantizado no qual vivemos. Por causa disso, é impossível realizar uma análise química que seja totalmente livre de erros ou incertezas. Esperamos apenas minimizar os erros e estimar o tamanho deles com exatidão aceitável.[1] Neste e nos próximos capítulos, exploraremos a natureza dos erros experimentais e seus efeitos nas análises químicas.

O termo **erro** tem dois significados ligeiramente diferentes. No primeiro, erro refere-se à diferença entre um valor medido e o valor "verdadeiro" ou "conhecido". No segundo, erro normalmente simboliza a incerteza estimada em uma medida ou experimento.

---

[1] Infelizmente, essas ideias não são largamente compreendidas. Em 1994, O. J. Simpson, um famoso ator e jogador de futebol americano do hall da fama foi perseguido, preso e julgado pelo assassinato de sua ex-mulher. Durante o julgamento, o advogado de defesa Robert Shapiro, perguntou à promotora Marcia Clark qual era o padrão de erro em um exame de sangue. Ela respondeu que os laboratórios estaduais de exames não tinham percentagem de erro porque "eles não tinham cometido nenhum erro" (*San Francisco Chronicle*, p. 4, jun. 1994).

FIGURA 3-1

Resultados de seis determinações em réplicas de ferro em amostras aquosas de uma solução padrão contendo 20,0 ppm de ferro (III). O valor médio de 19,78 foi arredondado para 19,8 ppm (veja o Exemplo 3-1).

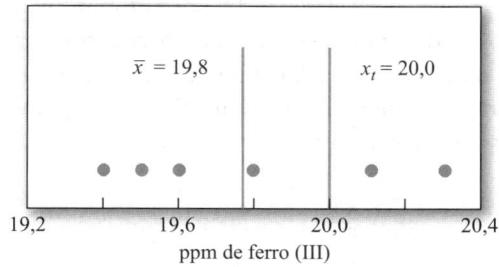

O efeito dos erros nos dados analíticos está ilustrado na **Figura 3-1**, a qual mostra resultados para a determinação quantitativa de ferro. Seis porções iguais de uma solução aquosa com uma concentração "conhecida" de 20,00 ppm de ferro (III) foram analisadas exatamente da mesma maneira.[2] Observe que os resultados variam de um valor baixo de 19,4 ppm até um valor alto de 20,3 ppm de ferro. A média, ou valor **médio**, $\bar{x}$, dos dados é 19,78 ppm, que foi arredondado para 19,8 ppm (veja a Seção 4D-1 para arredondamento de números e a convenção de algarismos significativos).

Cada medida é influenciada por muitas incertezas, que se combinam para produzir uma dispersão de resultados como aquela da Figura 3-1. Uma vez que as incertezas nas medidas não podem ser completamente eliminadas, *dados de medidas podem nos dar apenas uma estimativa do valor "verdadeiro"*. Entretanto, a grandeza provável do erro em uma medida pode frequentemente ser avaliada. É possível, então, definir os limites nos quais o valor verdadeiro de uma quantidade medida se encontra com um determinado nível de confiança.

Estimar a confiança de dados experimentais é extremamente importante sempre que coletamos resultados de laboratório, *porque dados de qualidade desconhecida são inúteis*. Por outro lado, os resultados que podem parecer especialmente exatos podem ser de valor considerável se os limites da incerteza forem conhecidos.

Infelizmente, não há um método simples e largamente aplicável para determinar a confiabilidade dos dados com certeza absoluta. Normalmente, a estimativa da qualidade dos resultados experimentais requer tanto esforço como coletar os dados. A confiabilidade pode ser estimada de várias maneiras. Os experimentos projetados para revelar a presença de erros podem ser realizados. Padrões de composição conhecida podem ser analisados e os resultados comparados com a composição conhecida. Alguns minutos de consulta na literatura podem revelar informações confiáveis úteis. Equipamento calibrado normalmente melhora a qualidade dos dados. Finalmente, testes estatísticos podem ser aplicados aos dados. Uma vez que nenhuma dessas opções é perfeita, devemos basicamente fazer um *julgamento* sobre a provável exatidão de nossos resultados. Esses julgamentos tendem a ficar mais rigorosos e menos otimistas com a experiência. A garantia de qualidade dos métodos analíticos e as maneiras de validar e relatar os resultados serão abordados mais adiante, na Seção 6E-3.

Uma das primeiras perguntas a serem respondidas antes de começar uma análise é "Qual erro máximo pode ser tolerado no resultado?". A resposta para essa pergunta geralmente determina o método escolhido e o tempo necessário para completar a análise. Por exemplo, experimentos para determinar se a concentração de mercúrio em uma amostra das águas de um rio excede um determinado valor podem, normalmente, ser feitos mais rapidamente que aqueles para determinar de maneira exata a concentração específica. Para aumentar a exatidão em um fator de 10, são necessárias muitas horas, dias ou até semanas de trabalhos adicionais. *Ninguém pode desperdiçar tempo gerando dados que são mais confiáveis que o necessário para o trabalho em mãos.*

> O símbolo *ppm* significa partes por milhão de ferro (III), isto é, 20,00 partes por milhão da solução. Para soluções aquosas, 20 ppm = 20 mg L^{-1}.

> ❮❮ Incertezas nas medidas fazem com que os resultados **replicados** variem.

> Uma **réplica** é uma amostra de aproximadamente mesmo tamanho que é submetida a uma análise *exatamente* da mesma maneira.

3A Alguns Termos Importantes

Para aumentar a confiança e obter informações sobre a variabilidade dos resultados, várias (normalmente de duas a cinco) parcelas (**réplicas**) de uma amostra são feitas por todo o processo analítico. Os resultados individuais de um conjunto de

---

[2] Embora as concentrações reais nunca possam ser "conhecidas" com exatidão, existem muitas situações nas quais estamos bem certos do valor, como, por exemplo, quando este é derivado de uma referência padrão altamente confiável.

medidas são raramente os mesmos (Figura 3-1); portanto, normalmente consideramos a "melhor" estimativa a de valor central para o conjunto. Justificamos o esforço extra necessário para analisar as réplicas porque a tendência central de um conjunto deve ser mais confiável que qualquer um dos resultados individuais. Normalmente, a média ou a mediana é usada como a tendência central para um conjunto de medidas em réplicas. Além disso, a análise da variação nos dados nos permite estimar a incerteza associada com a tendência central.

3A-1 A Média e a Mediana

A **média** de duas ou mais medidas é o valor médio delas.

A medida de valor central mais largamente utilizada é a **média** $\bar{x}$. A média, também chamada de **média aritmética** ou **média**, é obtida dividindo-se a soma das medidas em réplica pelo número de medidas no conjunto:

❯❯ O símbolo $\sum x_i$ significa a soma de todos os valores x_i para as réplicas.

$$\bar{x} = \frac{\sum_{i=1}^{N} x_i}{N} \tag{3-1}$$

A **mediana** é o valor do meio em um conjunto de dados que foi colocado em ordem numérica. A mediana é usada de maneira vantajosa quando um conjunto de dados contém um *valor atípico*, um resultado que difere significativamente dos outros valores no conjunto. Um valor atípico pode ter um efeito significativo na média do conjunto, mas não tem nenhum efeito na mediana.

onde x_i representa os valores individuais de x que compõem o conjunto de N medidas replicadas.

A **mediana** é o resultado do meio quando os dados das réplicas são colocados em ordem crescente ou decrescente. Existem números iguais de resultados que são maiores e menores que a mediana. Para um número ímpar de resultados, a mediana pode ser encontrada colocando os resultados em ordem e localizando o resultado do meio. Para um número par, o valor médio do par do meio é usado como mostrado no Exemplo 3-1.

Em casos ideais, a média e a mediana são idênticas. Entretanto, quando o número de medidas no conjunto é pequeno, os valores normalmente diferem como mostrado no Exemplo 3-1.

EXEMPLO 3-1

Calcule a média e a mediana para os dados mostrados na Figura 3-1.

Resolução

$$\text{média} = \bar{x} = \frac{19,4 + 19,5 + 19,6 + 19,8 + 20,1 + 20,3}{6} = 19,78 \approx 19,8 \text{ ppm Fe}$$

Uma vez o conjunto contém um número par de medidas, a mediana é a média do par central:

$$\text{mediana} = \frac{19,6 + 19,8}{2} = 19,7 \text{ ppm Fe}$$

3A-2 Precisão

Precisão é a proximidade dos resultados aos outros obtidos da mesma maneira.

A **precisão** descreve a reprodutibilidade das medidas, em outras palavras, a proximidade dos resultados que foram obtidos exatamente da mesma maneira. Geralmente, a precisão de uma medida é facilmente determinada apenas repetindo as medidas em amostras em réplica.

Três termos são largamente utilizados para descrever a precisão de um conjunto de dados em réplicas: **desvio padrão**, **variância** e **coeficiente de variação**. Essas três são funções de quanto um resultado x_i difere da média, chamada de **desvio da média** d_i.

$$di = |x_i - \bar{x}| \tag{3-2}$$

« Observe que os desvios da média são calculados sem levar em conta o sinal.

A relação entre o desvio da média e os três termos de precisão é fornecida na Seção 4B.

> **Exercícios no Excel** No Capítulo 2 de *Aplicações do Microsoft® Excel® em Química Analítica*, 4. ed., a média e os desvios da média são calculados com o Excel.

3A-3 Exatidão

A **exatidão** indica a proximidade da medida com o valor real ou aceitável e é expressa pelo *erro*. A **Figura 3-2** ilustra a diferença entre exatidão e precisão. Observe que a exatidão mede a concordância entre um resultado e o valor aceitável. A *precisão*, por outro lado, descreve a concordância entre os vários resultados obtidos da mesma maneira. Podemos determinar a precisão apenas medindo as amostras em réplica. A exatidão é normalmente mais difícil de determinar porque o valor verdadeiro é, em geral, desconhecido. Ao invés disso, um valor aceitável deve ser usado. A exatidão é expressa em termos de seus erros absolutos ou relativos.

A **exatidão** é a proximidade de um valor medido com o valor verdadeiro ou aceitável.

Erro Absoluto

O **erro absoluto** E na medida de uma quantidade x_i é dado pela equação

$$E = x_i - x_t \tag{3-3}$$

« O termo *absoluto* neste livro tem um significado diferente daquele da matemática. Um valor absoluto na matemática significa a grandeza de um número *ignorando o seu sinal*. Como usado aqui, o erro absoluto é a diferença entre um *resultado experimental e um valor aceitável, incluindo o seu sinal*.

onde x_t é o valor verdadeiro ou aceitável da quantidade. Retornando para os dados mostrados na Figura 3-1, o erro absoluto do resultado imediatamente à esquerda do valor verdadeiro de 20,0 ppm é –0,2 ppm de Fe; o resultado em 20,1 ppm está dentro do erro por +0,1 ppm de Fe. Observe que mantivemos o sinal ao apontar o erro.

O **erro absoluto** de uma medida é a diferença entre o valor medido e o valor real. O sinal do erro absoluto informa se o valor em questão é alto ou baixo. Se o resultado da medição for baixo, o sinal será negativo; se a medição do resultado for alta, o sinal será positivo.

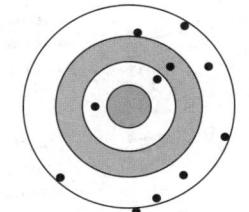
Baixa exatidão, baixa precisão

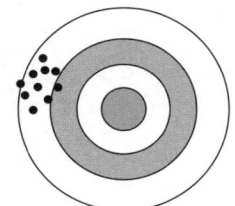
Baixa exatidão, alta precisão

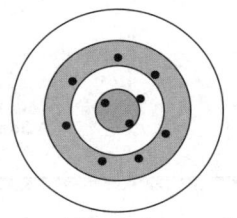
Alta exatidão, baixa precisão

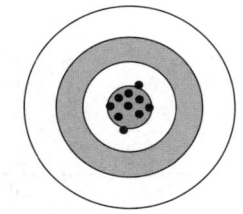
Alta exatidão, alta precisão

FIGURA 3-2

A ilustração de exatidão e precisão usando um padrão de dardos em alvo. Observe que podemos ter muita precisão (*direita superior*) com uma média que não é exata e uma média exata com pontos de dados que são imprecisos.

O sinal negativo no primeiro caso mostra que o resultado experimental é menor que o valor aceitável e o sinal positivo no segundo caso mostra que o resultado experimental é maior que o valor aceitável.

Erros relativos

> O **erro relativo** de uma medida é o erro absoluto dividido pelo valor verdadeiro. O erro relativo pode ser expresso em porcentagem, partes por trilhão ou partes por milhão, dependendo da grandeza do resultado. Como usado neste capítulo, o erro relativo refere-se ao erro absoluto relativo. Os erros aleatórios relativos (incertezas relativas) são abordados nas Seções 4B e 6B.

O **erro relativo** E_r é geralmente uma quantidade mais útil que o erro absoluto. A porcentagem relativa em relação à média dos dados é dada pela expressão

$$E_r = \frac{x_i - x_t}{x_t} \times 100\% \qquad (3\text{-}4)$$

O erro relativo é também expresso em partes por trilhão (ppt). Por exemplo, o erro relativo em relação à média dos dados na Figura 3-1 é

$$E_r = \frac{19{,}8 - 20{,}0}{20{,}0} \times 100\% = -1\% \text{ ou } -10 \text{ ppt}$$

3A-4 Tipos de Erros nos Dados Experimentais

A precisão de uma medida é facilmente determinada comparando-se cuidadosamente os dados a partir de experimentos em réplica. Infelizmente, uma estimativa da exatidão não é obtida com facilidade. Para determinar a exatidão, temos que saber o valor verdadeiro, que geralmente é o que estamos procurando.

Os resultados podem ser precisos sem serem exatos e exatos sem serem precisos. O perigo de assumir que os resultados precisos são também exatos é ilustrado na **Figura 3-3**, que resume os resultados da determinação de nitrogênio em dois compostos puros. Os pontos mostram os erros absolutos de resultados em réplica obtidos em quatro análises. Observe que o analista 1 obteve precisão relativamente alta e alta exatidão. O analista 2 teve uma precisão ruim, mas uma boa exatidão. Os resultados do analista 3 são surpreendentemente comuns. A precisão é excelente, mas existe erro significativo na média numérica para os dados. Tanto a precisão quanto a exatidão são ruins para os resultados do analista 4.

> Cloridrato de benzila isotioureia
>
> Ácido nicotínico
>
> Pequenas quantidades de ácido nicotínico, geralmente chamado de *niacina*, é encontrado em células vivas. A niacina é essencial na nutrição de mamíferos e é usada na prevenção e tratamento pelagra.

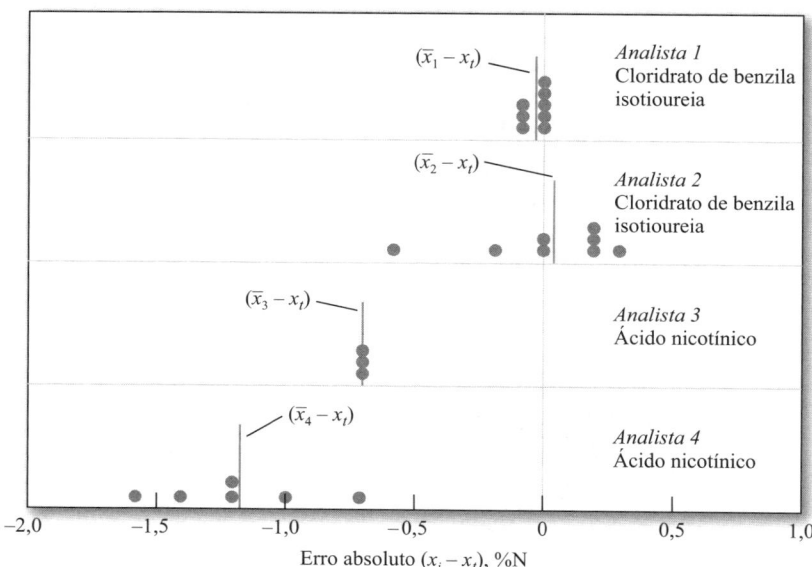

FIGURA 3-3

Erro absoluto na determinação micro-Kjeldahl de nitrogênio. Cada ponto representa o erro associado com uma única determinação. Cada linha vertical, rotulada $(\bar{x}_i - x_t)$ é o desvio da média absoluta do conjunto a partir do valor verdadeiro. (Dados de C. O. Willits; C. L. Ogg, *J. Assoc. Offic. Anal. Chem.* n. 32, p. 561, 1949.)

As Figuras 3-1 e 3-3 sugerem que as análises químicas são afetadas por, pelo menos, dois tipos de erros. Um tipo, chamado de **erro aleatório** (ou **indeterminado**), faz com que os dados fiquem mais dispersos ou menos simétricos em torno do valor médio. Volte à Figura 3-3 e observe que a dispersão dos dados, e consequentemente o erro aleatório, para os analistas 1 e 3 é significativamente menor que para os analistas 2 e 4. Em geral, então, o erro aleatório em uma medida é refletido pela sua precisão. Os erros aleatórios são abordados em detalhes no Capítulo 5.

Um segundo tipo de erro, o chamado **erro sistemático** (ou **determinado**), faz com que a média de um conjunto de dados difira do valor aceitável. Por exemplo, a média dos resultados na Figura 3-1 tem um erro sistemático de aproximadamente − 0,2 ppm de Fe. Os resultados dos analistas 1 e 2 na Figura 3-3 têm erros sistemáticos pequenos, mas os dados dos analistas 3 e 4 mostram erros sistemáticos por volta de − 0,7 e − 1,2% de nitrogênio. Em geral, um erro sistemático em uma série de medidas em réplica faz todos os resultados serem muito altos ou muito baixos. Um exemplo de um erro sistemático é a perda de um analito volátil durante o aquecimento de uma amostra.

Um terceiro tipo de erro é o **erro grosseiro**. Os erros grosseiros diferem dos erros indeterminados e determinados. Em geral, ocorrem apenas ocasionalmente, costumam ser grandes e podem fazer com que o resultado seja baixo ou alto. Eles são normalmente produto de erros humanos. Por exemplo, se parte de um precipitado é perdida antes da pesagem, os resultados analíticos serão mais baixos. Tocar um recipiente de pesagem com os dedos depois que sua massa foi determinada, faz com que a leitura da massa do sólido a ser utilizado seja maior em um recipiente contaminado. Os erros grosseiros levam a **valores atípicos**, resultados que parecem diferir notadamente de todos os outros dados no conjunto de medidas em réplica. Não há evidências de um erro grosseiro nas Figuras 3-1 e 3-3. Se um dos resultados mostrados na Figura 3-1 tivesse dado, por exemplo, 21,2 pp de Fe, ele poderia ser um valor atípico. Vários testes estatísticos podem ser realizados para determinar se um resultado é um valor atípico (veja a Seção 5D).

3B Erros Sistemáticos

Os erros sistemáticos têm um valor exato, uma causa determinável e têm a mesma grandeza para as medidas em réplica feitas da mesma maneira. Eles levam a **viés** nos resultados medidos. Observe que esse viés afeta todos os dados em um conjunto da mesma maneira e que ele contém um sinal.

3B-1 Fontes de Erros Sistemáticos

Existem três tipos de erros sistemáticos:

- **Erros instrumentais** são provocados por comportamentos instrumentais não ideais, calibração mal feita ou uso em condições inapropriadas.
- **Erros de método** surgem de comportamento químico ou físico não ideal de sistemas analíticos.
- **Erros pessoais** resultam da falta de cuidado, desatenção ou limitações pessoais do técnico.

Erros Instrumentais

Todos os aparelhos de medida são fontes em potencial de erros sistemáticos. Por exemplo, pipetas, buretas e balões volumétricos podem tomar ou mostrar volumes ligeiramente diferentes daqueles indicados por suas graduações. Essas diferenças surgem do uso de vidraria a uma temperatura que difere significativamente da temperatura de calibração, de distorções nas

---

Os **erros aleatórios**, ou **indeterminados** afetam a precisão da medida. Eles surgem de variáveis experimentais que não podem ser controladas ou determinadas. Os exemplos incluem flutuações aleatórias na frequência elétrica, inconsistências aleatórias nas leituras das medidas ou mudanças aleatórias na temperatura do laboratório.

Os **erros sistemáticos** ou **determinados** afetam a exatidão dos resultados. Esses erros geralmente ocorrem quando os instrumentos ou aparelhos de medida não estão calibrados ou estão calibrados de maneira insatisfatória. Eles provocam o mesmo efeito em todas as amostras. Os erros sistemáticos podem ser muito sutis e dificultar a detecção, mas encontrá-los e eliminá-los é uma parte integral do processo de medida.

❮❮ A substância sendo determinada é chamada de **analito**.

Os **erros grosseiros** ocorrem com pouca frequência e geralmente resultam de erros graves como leitura equivocada da escala ou a interpretação incorreta de um número. Se você ler equivocadamente um 9 como 4 ou um 3 como 8, você cometeu um erro grosseiro.

Um **valor atípico** é um resultado ocasional em medidas em réplica que difere significativamente dos outros resultados.

O **viés** mede o erro sistemático associado com uma análise. Ele terá um sinal negativo se fizer com que os resultados sejam baixos, caso contrário, terá um sinal positivo.

A **calibração** determina a relação entre uma quantidade medida e a concentração de analito. Ela é parte muito importante de qualquer procedimento analítico. A calibração é abordada detalhadamente no Capítulo 6.

O **Dr. Thilak Mudalige** é pesquisador em química no Office of Regulatory Affairs da Food and Drug Administration (FDA) dos Estados Unidos. Essa área do FDA é responsável por analisar os produtos de consumo para verificar a qualidade deles, bem como investigar as reclamações de consumidores sobre questões de saúde. O Dr. Mudalige utiliza sua expertise em química analítica, identificando e qualificando contaminantes potencialmente perigosos ou adulterantes que podem estar presentes. Ele desenvolveu métodos para analisar esses produtos frequentemente complexos, tais como protetores solares. Seu papel como pesquisador em química também lhe permite publicar e revisar artigos e apresentar seu trabalho em conferências internacionais e descobrir as tecnologias mais avançadas, mas mais importante de tudo, ele utiliza a química analítica para criar metodologias para melhorar a segurança.

❯❯ Dos três tipos de erros sistemáticos encontrados em uma análise química, os erros de método, normalmente, são os mais difíceis de identificar e corrigir.

paredes do recipiente devido ao calor durante a secagem, de erros na calibração original ou de contaminantes das superfícies internas dos recipientes. A **calibração** elimina a maioria dos erros sistemáticos desse tipo.

Instrumentos eletrônicos também estão sujeitos a erros sistemáticos. Esses podem surgir de várias fontes. Por exemplo, os erros podem emergir à medida que a voltagem de fontes que funcionam com bateria diminui com o uso. Os erros podem também aparecer se os instrumentos não são calibrados frequentemente ou se eles são calibrados de maneira incorreta. O técnico pode também usar um instrumento sob condições nas quais os erros são grandes. Por exemplo, um pHmetro usado em meio extremamente ácido está propenso a um erro ácido como será abordado no Capítulo 19. As mudanças de temperatura provocam variações em muitos componentes eletrônicos, que podem levar a flutuações e erros. Alguns instrumentos são suscetíveis a flutuações induzidas a partir das linhas de transmissão de corrente alternada (AC) e essas flutuações podem influenciar a precisão e exatidão. Em muitos casos, erros desses tipos são detectáveis e corrigíveis.

Erros de Método

O comportamento físico e químico não ideal dos reagentes e reações nas quais uma análise é baseada normalmente introduz erros sistemáticos de método. Tais fontes de não idealidade incluem a lentidão de algumas reações, a não finalização de outras, a instabilidade de algumas espécies, a falta de especificidade de muitos reagentes e a possível ocorrência de reações laterais que interferem com o processo de medida. Como um exemplo, um erro de método comum em resultados de análise volumétrica a partir de um excesso de reagente necessário para fazer com que o indicador mude de cor e o sinal do ponto de equivalência. A exatidão de tal análise é, portanto, limitada exatamente pelo fenômeno que torna a titulação possível.

Outro exemplo de erro de método é ilustrado pelos dados na Figura 3-3 na qual os resultados dos analistas 3 e 4 mostram um viés negativo que pode ser atribuído à natureza química da amostra, o ácido nicotínico. O método analítico usado envolve a decomposição das amostras orgânicas em ácido sulfúrico concentrado quente, que converte o nitrogênio nas amostras e sulfato de amônio. Normalmente, um catalisador, como o óxido mercúrico ou um sal de selênio ou cobre, é adicionado para acelerar a decomposição. A quantidade de amônia no sulfato de amônio é então determinada na etapa de medidas. Os experimentos têm mostrado que os compostos que contêm um anel de piridina, como o ácido nicotínico (veja a fórmula estrutural na página 42), não são decompostos completamente pelo ácido sulfúrico. Com tais compostos, o sulfato de potássio é usado para aumentar a temperatura de ebulição. Amostras contendo ligações N—O ou N—N devem ser preaquecidas ou submetidas a condições redutoras.[3] Sem essas precauções, resultados mais baixos são obtidos. É altamente provável que os erros negativos $(\bar{x}_3 - x_t)$ e $(\bar{x}_4 - x_t)$ na Figura 3-3 sejam erros sistemáticos resultantes da decomposição incompleta das amostras.

Os erros inerentes em um método são, normalmente, difíceis de detectar e são, portanto, os mais sérios dos três tipos de erros sistemáticos. Entretanto, se os erros de método podem ser descobertos, o método pode ser adaptado para reduzi-los ou eliminá-los.

Erros Pessoais

Muitas medidas exigem julgamentos pessoais. Os exemplos incluem estimar a posição de uma ponteira entre duas escalas de divisões, a cor de uma solução no ponto final de uma titulação ou o nível de um líquido em relação à graduação em uma pipeta ou

---

[3] J. A. Dean, *Analytical Chemistry Handbook*. New York: McGraw-Hill, 1995. Section 17, p. 17.4.

bureta (veja a Figura 4-5, página 72). Os julgamentos desse tipo estão frequentemente sujeitos a erros unidirecionais sistemáticos. Por exemplo, uma pessoa pode ler uma ponteira consistentemente mais alta, enquanto outra pode ler ligeiramente mais abaixo ao ativar um cronômetro. Já, uma terceira pessoa pode ser menos sensível a mudanças de cor, com um analista que é insensível a mudanças de cor tendendo a usar um excesso de reagente em uma análise volumétrica. Os procedimentos analíticos devem sempre ser ajustados de tal forma que quaisquer limitações físicas conhecidas do analista provoquem pequenos erros desprezíveis. A automação de procedimentos analíticos pode eliminar muitos erros desse tipo.

Uma fonte universal de erro pessoal é a *inclinação*, ou *viés*. Muitos de nós, por mais honestos que sejamos, temos uma tendência subconsciente de considerar a leitura da escala no sentido de melhorar a precisão em um conjunto de resultados. Alternativamente, podemos ter uma noção preconcebida do valor verdadeiro para a medida. Então, subconscientemente fazemos com que o resultado fique próximo deste valor. O viés de cognição numérica é outra fonte de erro pessoal que varia consideravelmente de pessoa para pessoa. O viés de cognição numérica mais frequentemente encontrado em estimar a posição da ponteira em uma escala envolve a preferência pelos dígitos 0 e 5. É também comum uma inclinação por pequenos números sobre números maiores e por números pares sobre ímpares. De novo, instrumentos automatizados e computadorizados podem eliminar essa forma de viés.

3B-2 O Efeito dos Erros Sistemáticos nos Resultados Analíticos

Os erros sistemáticos podem ser **constantes** ou **proporcionais**. A grandeza de um erro constante fica basicamente do mesmo tamanho que a quantidade medida varia. Com os erros constantes, o erro absoluto é constante com o tamanho da amostra, mas o erro relativo varia quando o tamanho da amostra muda. Os erros proporcionais aumentam ou diminuem de acordo com o tamanho da amostra que estiver sendo analisada. Com os erros proporcionais, o erro absoluto varia com o tamanho da amostra, mas o erro relativo permanece constante quando o tamanho da amostra muda.

> ❮❮ O daltonismo é um bom exemplo de uma limitação que poderia causar um erro pessoal em uma análise volumétrica. Um famoso químico analítico daltônico pediu a sua esposa para ir ao laboratório para ajudá-lo a detectar as mudanças de cor nos pontos finais das titulações.

> ❮❮ Telas computadorizadas e digitais em pHmetros, balanças e outros instrumentos eletrônicos eliminam o viés de cognição numérica porque nenhum julgamento está envolvido ao fazer a leitura. Entretanto, muitos desses dispositivos produzem resultados com mais algarismos que são significativos. O arredondamento dos números também pode produzir um viés (veja a Seção 4D-1).

> Os **erros constantes** são independentes do tamanho da amostra que está sendo analisada. Os **erros proporcionais** diminuem ou aumentam na proporção do tamanho da amostra.

Erros Constantes

O efeito de um erro constante torna-se mais sério à medida que a quantidade medida diminui. O efeito da solubilidade prejudica os resultados de uma análise gravimétrica, mostrado no Exemplo 3-2, que ilustra esse comportamento.

EXEMPLO 3-2

Suponha que se perca 0,50 mg de um precipitado em função de ser lavado com 200 mL de um líquido de lavagem.

(a) Se o precipitado tem uma massa de 500 mg, qual é o erro relativo devido a perda por solubilidade?

Resolução

$$\% \text{ erro relativo} = \frac{0{,}50 \text{ mg}}{500 \text{ mg}} \times 100\% = 0{,}1\%$$

(b) Se foi perdido 0,50 mg de 50 mg de precipitado, qual é o erro relativo?

Resolução

$$\% \text{ erro relativo} = \frac{0{,}50 \text{ mg}}{50 \text{ mg}} \times 100\% = 1\%$$

Veja a **Figura 3-4**, que mostra os resultados da determinação de cálcio em uma amostra sólida que é solúvel em água. O método analítico é a titulação complexométrica com EDTA, como abordado no Capítulo 15. Nesta análise, para uma determinada amostra, dissolvemos uma massa da amostra em 250 mL de água. Infelizmente, a água está contaminada com uma pequena quantidade de cálcio de concentração desconhecida e a quantidade de cálcio dessa concentração é *constante*, independentemente do tamanho da amostra que usamos.

Então, realizamos uma série de experimentos nos quais variamos o tamanho da amostra sólida e fazemos titulações para determinar a quantidade de cálcio em cada uma das amostras. O erro relativo nas determinações é colocado em um gráfico na Figura 3-4 como uma curva sólida *A*. A curva revela que, à medida que o tamanho, ou a massa, da amostra aumenta, o erro relativo na determinação de cálcio diminui. Em outras palavras, a quantidade de cálcio da amostra torna-se tão maior que a quantidade de cálcio na água que o erro relativo pode ser reduzido a um nível aceitável. Por exemplo, como mostrado, uma amostra de 0,13 g está com um erro de 4,8%, e uma amostra de 1,0 g produz um erro relativo de 0,6%.

O excesso de reagente necessário para provocar uma mudança de cor durante a titulação é outro exemplo de erro constante. Esse volume, normalmente pequeno, permanece o mesmo independentemente do volume total de reagente necessário para a titulação. De novo, o erro relativo dessa fonte torna-se mais sério à medida que que o volume total diminui. Uma maneira de reduzir o efeito do erro é aumentar o tamanho da amostra até que o erro seja aceitável.

>> Para minimizar os efeitos de *erros constantes*, mantenha o tamanho da amostra tão grande quanto possível.

Erros proporcionais

Por exemplo, na determinação de cálcio que acabamos de discutir, o magnésio interfere na análise reagindo com parte do titulante EDTA, que dá resultados muito altos. Se tentarmos resolver esse problema aumentando o tamanho da amostra, descobriremos que o erro relativo nos resultados é constante, como mostrado pela curva *B* (pontilhada) na Figura 3-4. Por quê? Porque na amostra original, a *fração* de magnésio é a mesma, independentemente de quão grande a amostra é. Se dobrarmos o tamanho da amostra, a massa de cálcio dobra, a massa de magnésio contaminante também dobra, mas a razão do cálcio em relação ao magnésio permanece a mesma, e então é produzido o mesmo erro relativo para qualquer massa de amostra. Neste exemplo, a amostra estava contaminada com 1% de magnésio, que produziu um erro relativo de 1% em todas as titulações. Observe que supomos ter sido capazes de encontrar água sem contaminação por cálcio para os nossos experimentos.

>> O termo *resposta* refere-se à quantidade medida por um instrumento. A resposta de um termômetro é a temperatura. A resposta de um barômetro é a pressão atmosférica. A resposta de um pHmetro é o número na frente do medidor que representa o pH.

3B-3 Detecção de Erros Sistemáticos de Instrumentos e Pessoais

Alguns erros sistemáticos de instrumento podem ser encontrados e corrigidos pela calibração. A calibração periódica do equipamento é sempre desejável porque a resposta de muitos instrumentos varia com o tempo em razão do envelhecimento dos componentes, corrosão ou mal uso. Muitos erros sistemáticos de instrumento envolvem interferência onde uma espécie presente na amostra afeta a resposta do analito. A calibração

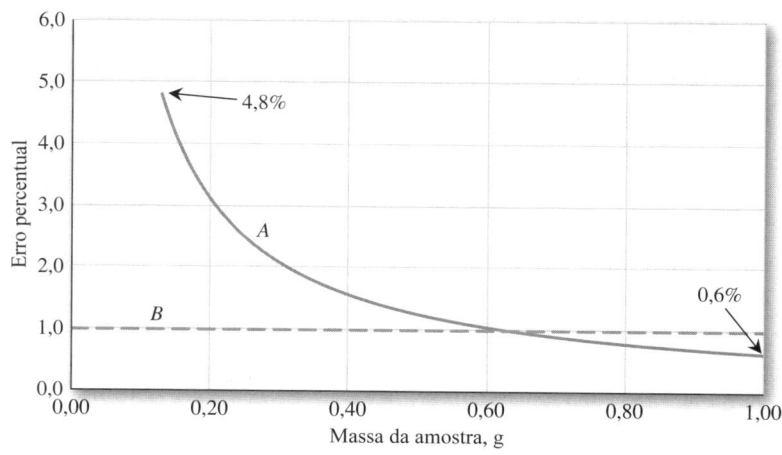

FIGURA 3-4
O erro relativo na titulação de amostras sólidas contendo cálcio. A curva *A* (sólida) mostra o erro relativo para várias amostras quando o solvente contém cálcio como contaminante de concentração fixa na mistura reacional. A curva *B* (pontilhada) ilustra um erro proporcional em jogo em um experimento similar onde há contaminação nas amostras, magnésio nesse caso.

simples não compensa esses efeitos. Ao contrário, os métodos descritos na Seção 6D-3 podem ser empregados quando existem tais efeitos de interferência.

Muitos erros pessoais podem ser minimizados pelo trabalho cuidadoso e disciplinado no laboratório. É um bom hábito conferir sistematicamente as leituras dos instrumentos, dados lançados no caderno de laboratório e cálculos. Os erros devido a limitações do técnico podem geralmente serem evitados escolhendo-se cuidadosamente o método analítico ou usando um procedimento automatizado.

❬❬ Depois de lançar a leitura no caderno de laboratório, muitos cientistas habitualmente fazem uma segunda leitura e então conferem esta com a que foi lançada para ter certeza da correção do lançamento.

3B-4 Detecção de Erros Sistemáticos de Método

O viés em um método analítico é particularmente difícil de detectar. Uma ou mais das seguintes etapas podem ser acolhidas para se reconhecer e ajustar um erro sistemático em um método analítico.

Análise das Amostras Padrão

A melhor maneira de avaliar o viés de um método analítico é analisando-se os **materiais de referência padrão (MRP)**, materiais que contêm um ou mais analitos em níveis de concentração conhecidos. Os MRP são obtidos de várias maneiras.

Os **materiais de referência padrão (MRP)** são substâncias vendidas pelo National Institute of Standards and Technology (NIST) e certificadas como contendo concentrações especificadas de um ou mais analitos.

Os padrões podem algumas vezes ser preparados por síntese. Nesse processo, quantidades medidas cuidadosamente dos componentes puros de um material são medidas e misturadas de tal forma para produzir uma amostra homogênea cuja composição é conhecida a partir das quantidades tomadas. A composição média de um material padrão sintético deve ser rigorosamente próximo à composição das amostras a serem analisadas. Deve-se tomar grande cuidado para garantir que a concentração de analito seja conhecida de maneira exata. Infelizmente, um padrão sintético pode não revelar interferências inesperadas, de tal forma que a exatidão das determinações pode não ser conhecida. Consequentemente, essa abordagem, com frequência, não é prática.

Os padrões podem ser comprados de uma variedade de fontes governamentais e industriais. Por exemplo, o National Institute of Standards and Technology (NIST) (antigo National Bureau of Standards) oferece mais de 1.300 padrões, incluindo rochas e minerais, misturas gasosas, vidros, misturas de hidrocarbonetos, polímeros, poeiras urbanas, águas de chuva, materiais biológicos e sedimentos de rio.[4] A concentração de um ou mais dos componentes nesses materiais foi determinada de três maneiras diferentes: (1) por análise com um método de referência validado previamente, (2) por análise de dois ou mais métodos de medida confiáveis e independentes ou (3) por análise por meio de uma rede de laboratórios colaboradores que são tecnicamente competentes e inteiramente reconhecidos em testar materiais. Várias lojas se suprimento também oferecem materiais analisados para testar métodos.[5]

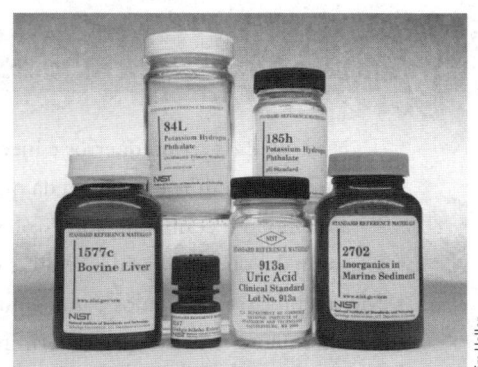

Padrões do NIST

Frequentemente, a análise dos padrões fornece resultados que diferem de valores aceitáveis. A questão torna-se, então, estabelecer se tal diferença é devido a erro de viés ou aleatório. Na Seção 5B-1, demonstraremos um teste estatístico que pode ajudar a responder essa pergunta.

Análise Independente

Se amostras padrão não estiverem disponíveis, um segundo método analítico independente e confiável pode ser usado em paralelo ao método que estiver sendo avaliado. O método independente deve diferir tanto quanto possível daquele em estudo. Esta prática minimiza a possibilidade de algum fator comum na amostra ter o mesmo efeito em ambos os métodos. De novo, um teste estatístico deve ser usado para determinar se alguma diferença é resultante de erros aleatórios nos dois métodos devido ao viés no método sob estudo (veja a Seção 5B-2).

❬❬ Ao usar padrões, geralmente é difícil separar o erro aleatório ordinário do viés.

---

[4] Veja o Catálogo on-line do U.S. Department of Commerce, NIST Standard Reference Materials em: https://www.nist.gov/srm.
[5] Por exemplo, na área de ciências clínicas e biológicas, veja Sigma-Aldrich Chemical Corp., atualmente MilliporeSigma, 3050 Spruce St., St. Louis, MO 63103, ou Bio-Rad Laboratories, 1000 Alfred Nobel Dr., Hercules, CA 94547.

Determinações do Branco

Um **branco** contém os reagentes e solventes usados em uma determinação, mas sem o analito. Geralmente, muitos constituintes da amostra são adicionados para simular o ambiente do analito, que é chamado de amostra **matriz**. Em uma determinação do branco, todas as etapas da análise são realizadas no branco. Os resultados são então aplicados como uma correção nas medidas da amostra. As determinações do branco revelam erros devido à interferência de contaminantes dos reagentes e recipientes empregados na análise. Os brancos são usados também para corrigir os dados de titulação para o volume de reagente necessário para provocar a viragem de cor do indicador.

> Uma solução de **branco** contém todos os reagentes em uma análise. Sempre que viável, os brancos devem também conter constituintes adicionados para simular a amostra matriz.
>
> O termo **matriz** refere-se ao conjunto de todos os constituintes na amostra.

Variação no Tamanho da Amostra

O Exemplo 3-2, na página 45, demonstra que, à medida que o tamanho de uma medida aumenta, o efeito de um erro constante diminui. Portanto, os erros constantes podem, geralmente, serem detectados variando-se o tamanho da amostra.

Química Analítica On-line

Use um mecanismo de busca para encontrar sites que discutem erros nos testes de COVID-19. Encontre sites que discutam especificamente testes de anticorpos. Os testes de anticorpos podem dar resultados falsos positivos ou falsos negativos. Os resultados falsos positivos indicam que uma pessoa tem anticorpos, mas na realidade não tem. O resultado falso positivo seria um erro sistemático ou um erro aleatório? Repetições do teste reduziriam a taxa de falsos positivos? Encontre o site do National Public Radio (NPR) que discute testes de anticorpos. Por que um teste de anticorpos é mais provável de estar no erro se o grupo testado tem menos exposição à COVID-19? Por que um teste de anticorpos é menos provável de estar no erro se o grupo testado tem uma exposição maior à COVID-19? Testar a população inteira ajudaria na redução dos efeitos dos falsos positivos?

Resumo do Capítulo 3

- Todas as medidas contêm erros e incertezas.
- Sempre forneça uma estimativa da qualidade e confiabilidade dos dados coletados.
- Para melhorar a confiabilidade dos resultados, prepare de duas a cinco amostras em réplica.
- Use a média ou mediana das réplicas como medida do valor central dos dados.
- Meça a precisão dos dados para demonstrar sua reprodutibilidade, como descrito no Capítulo 4.
- Normalmente é mais difícil determinar a exatidão dos resultados do que a precisão, uma vez que o valor verdadeiro é raramente conhecido.
- Não suponha que, uma vez que as medidas sejam precisas, que elas sejam exatas. Veja a ilustração na Figura 3-3.
- Erros aleatórios, ou indeterminados, surgem de variáveis experimentais que não podem ser controlados ou determinados. Tais erros afetam a precisão.
- Erros sistemáticos, ou determinados, podem acontecer quando os instrumentos ou aparelhos de medidas não estão calibrados ou estão impropriamente calibrados. Eles têm o mesmo efeito em todas as amostras.
- Os erros instrumentais são causados por comportamento não ideal do instrumento, por calibrações inadequadas ou por uso de aparelhos em condições inadequadas.

- Os erros de método surgem de comportamento químico ou físico não ideal do sistema analítico.
- Os erros pessoais resultam de o técnico ser descuidado, sem atenção ou ter limitações pessoais.
- Os erros constantes independem do tamanho da amostra que estiver sendo analisada.
- Os erros proporcionais diminuem ou aumentam com o tamanho da amostra.
- A maioria dos erros pessoais é minimizada pelo trabalho laboratorial cuidadoso e por uma escolha cuidadosa dos métodos e instrumentos.
- A melhor maneira de se avaliar o viés de um método analítico é pela análise de materiais de referência padrão (MRP).
- Uma solução de branco contém o solvente e todos os reagentes em uma análise. Sempre que plausível, os brancos devem também conter os constituintes adicionados para simular a matriz da amostra.
- O termo matriz refere-se ao conjunto de todos os constituintes da amostra.

Termos-chave

Branco, 48
Calibração, 44
Erro, 38
Erro absoluto, 41
Erro aleatório, 43
Erro grosseiro, 43
Erro relativo, 42
Erro sistemático, 43

Erros constantes, 45
Erros de método, 43
Erros instrumentais, 43
Erros pessoais, 43
Erros proporcionais, 45
Exatidão, 41
Materiais de referência padrão, 47
Matriz, 48

Média, 40
Mediana, 40
Precisão, 40
Réplica, 39
Valor atípico, 43
Viés, 43

Equações Importantes

Média

$$\bar{x} = \frac{\sum_{i=1}^{N} x_i}{N}$$

Erro absoluto

$$E = x_i - x_t$$

Desvio da média

$$di = |x_i - \bar{x}|$$

Erro relativo

$$E_r = \frac{x_i - x_t}{x_t} \times 100\%$$

Questões e Problemas*

3-1. Explique a diferença entre
  *(a) erro aleatório e erro sistemático.
  (b) erro constante e erro proporcional.
  *(c) erro absoluto e erro relativo.
  (d) média e mediana.

*3-2. Sugira duas fontes de erro sistemático e duas fontes de erro aleatório ao medir o comprimento de uma mesa de 3 m utilizando uma régua de metal de 1 m.

3-3. Nomeie três tipos de erros sistemáticos.

*3-4. Descreva no mínimo três erros sistemáticos que podem ocorrer enquanto se pesa um sólido em uma balança analítica.

*3-5. Descreva no mínimo três maneiras pelas quais um erro sistemático pode ocorrer ao usar uma pipeta para transferir um volume conhecido de líquido.

3-6. Descreva como os erros sistemáticos de método podem ser detectados.

*3-7. Quais tipos de erros sistemáticos são detectados variando-se o tamanho da amostra.

3-8. Um método de análise produz massas de ouro 0,4 mg mais baixas. Calcule o erro relativo percentual provocado por esse resultado se a massa de ouro na amostra for

*As respostas para as questões e problemas marcados com um asterisco são fornecidas no final deste livro.

*(a) 500 mg
(b) 250 mg
*(c) 125 mg
(d) 60 mg

3-9. O método descrito no Problema 3-8 deve ser usado para a análise de minérios que contenham aproximadamente 1,2% de ouro. Qual deve ser a massa mínima da amostra a ser tomada se o erro relativo resultante de uma perda de 0,4 mg não for além de
*(a) − 0,1%?
(b) − 0,4%?
*(c) − 0,8%?
(d) − 1,1%?

3-10. A mudança de cor de um indicador químico requer uma titulação com um excesso de 0,03 mL. Calcule o erro percentual relativo se o volume total de titulante for
*(a) 50,00 mL
*(b) 10,00 mL
*(c) 25,00 mL
(d) 30,00 mL

3-11. Ocorre uma perda de 0,4 mg de Zn durante o curso de uma análise para este elemento. Calcule o erro percentual relativo devido a essa perda se a massa de Zn na amostra for
*(a) 30 mg
(b) 100 mg
*(c) 300 mg
(d) 500 mg

3-12. Encontre a média e a mediana de cada um dos conjuntos de dados. Determine o desvio da média para cada ponto de dados dentro dos conjuntos e encontre o desvio médio para cada conjunto. Use uma planilha se for conveniente.[6]
*(a) 0,0110   0,0104   0,0105
(b) 24,53   24,68   24,77   24,81   24,73
*(c) 188   190   194   187
(d) $4,52 \times 10^{-3}$ $4,47 \times 10^{-3}$
   $4,63 \times 10^{-3}$ $4,48 \times 10^{-3}$
   $4,53 \times 10^{-3}$ $4,58 \times 10^{-3}$
*(e) 39,83   39,61   39,25   39,68
(f) 850   862   849   869   865

3-13. **Problema Desafio**: Richards e Willard determinaram a massa molar do lítio e coletaram os seguintes dados.[7]

Experimento	Massa molar, g mol^{-1}
1	6,9391
2	6,9407
3	6,9409
4	6,9399
5	6,9407
6	6,9391
7	6,9406

(a) Descubra a massa molar média determinada por esses autores.
(b) Encontre a massa molar mediana.
(c) Suponha que o valor atualmente aceitável para a massa molar do lítio seja o valor verdadeiro, calcule o erro absoluto e o erro relativo percentual do valor médio determinado por Richards e Willard.
(d) Procure na literatura química pelo menos três valores para a massa molar do lítio determinados desde 1910 e organize-os cronologicamente em uma tabela ou planilha junto com os valores desde 1817 dado na tabela da página 10 do artigo do Richards e Willard. Construa um gráfico de massa molar *versus* o ano para ilustrar como a massa molar do lítio variou durante os últimos dois séculos. Sugira possível(eis) motivo(s) do porquê o valor mudar abruptamente em 1830.
(e) Os experimentos incrivelmente detalhados descritos por Richards e Willard sugerem que é improvável que ocorreram grandes mudanças na massa molar do lítio. Discuta essa afirmativa à luz de seus cálculos no item (c).
(f) Quais fatores levaram a mudanças na massa molar do lítio desde 1910?
(g) Como você determinaria a exatidão de uma massa molar?

---

[6] Veja o Capítulo 2 of *Applications of Microsoft® Excel® in Analytical Chemistry*. 4. ed., para informações sobre cálculos estatísticos no Excel incluindo as funções estatísticas inclusas no Excel.

[7] T. W. Richards; H. H. Willard, *J. Am. Chem. Soc.* v. 32, n. 4, 1910, DOI: 10.1021/ja01919a002.

Erros Aleatórios nas Análises Químicas

CAPÍTULO 4

As distribuições probabilísticas a serem discutidas neste capítulo são fundamentais para o uso da estatística no julgamento da confiabilidade de dados e para o teste de várias hipóteses. O quincunce na parte de cima da foto é um dispositivo mecânico que produz uma distribuição normal de probabilidade. A cada dez minutos, 30 mil bolas caem do centro superior da máquina, que tem um conjunto regular de pinos com os quais as bolas colidem aleatoriamente. Cada vez que uma bola bate em um pino, ela tem 50% de chance de cair para a esquerda ou para a direita. Após cada bola passar pelo arranjo de pinos, ela cai em um dos compartimentos verticais da caixa transparente. A altura da coluna de bolas em cada um é proporcional à probabilidade de cada bola cair em um dado compartimento. A curva suave mostrada na metade inferior da foto traça a distribuição de probabilidades.

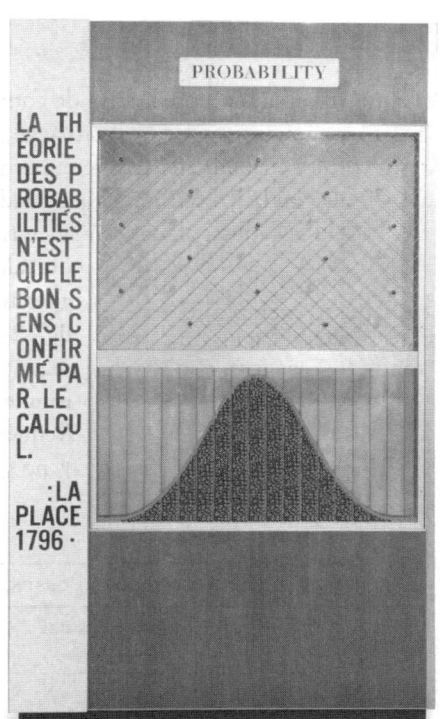

Os erros aleatórios estão presentes em várias medidas independentemente de quão cuidadoso o analista é. Neste capítulo, vamos considerar as fontes de erros aleatórios, a determinação de sua grandeza e seus efeitos nos resultados calculados de uma análise química. Também vamos introduzir a convenção dos algarismos significativos e ilustrar seu uso na expressão de resultados analíticos.

4A A Natureza dos Erros Aleatórios

Os erros aleatórios, ou indeterminados, nunca podem ser totalmente eliminados e, em geral, são a principal fonte de incerteza em uma determinação. Os erros aleatórios são provocados por muitas variáveis incontroláveis que acompanham qualquer medida. A maioria dos fatores contribuintes do erro aleatório não pode ser claramente identificada. Mesmo que possamos identificar as fontes de erros aleatórios, costuma ser impossível medi-las, porque a maioria delas é tão pequena que não pode ser detectada individualmente. O efeito cumulativo das incertezas individuais, entretanto, faz com que os resultados de réplicas flutuem aleatoriamente em torno da média do conjunto de dados. Por exemplo, o espalhamento dos dados das figuras 3-1 e 3-3 é resultado direto do acúmulo de pequenas incertezas aleatórias. Representamos novamente os dados para nitrogênio Kjeldahl contidos na Figura 3-3 na forma de um gráfico de três dimensões mostrado na **Figura 4-1** para melhor visualizar a precisão e a exatidão de cada analista. Note que o erro aleatório nos resultados dos analistas 2 e 4 é muito maior que aqueles apresentados nos resultados dos analistas 1 e 3. Os resultados do analista 3 indicam uma precisão excepcional, mas uma baixa exatidão. Os resultados do analista 1 apontam uma excelente precisão e uma boa exatidão.

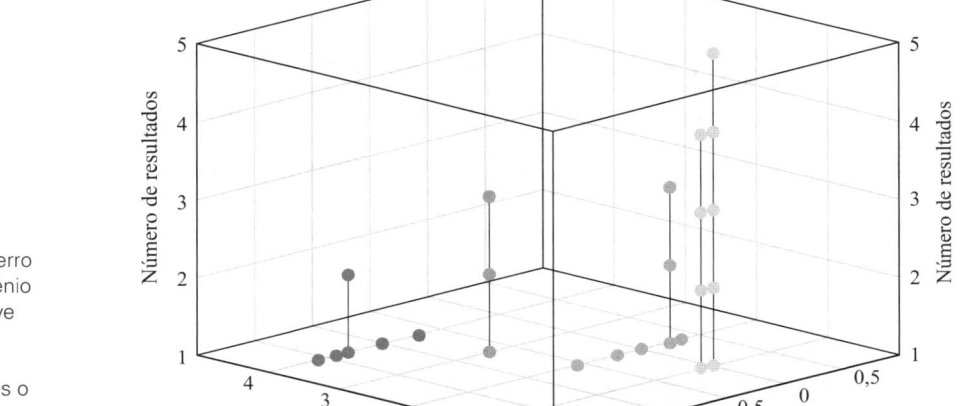

FIGURA 4-1

Gráfico tridimensional mostrando o erro absoluto na determinação de nitrogênio Kjeldahl por quatro analistas. Observe que os resultados do analista 1 são ambos precisos e exatos. Os resultados do analista 3 são precisos, mas o erro absoluto é grande. Os resultados dos analistas 2 e 4 são, ambos, imprecisos e inexatos.

4A-1 Fontes de Erros Aleatórios

Podemos ter uma ideia qualitativa de como pequenas incertezas não detectáveis produzem um erro aleatório detectável da seguinte maneira: imagine uma situação na qual apenas quatro erros aleatórios se combinem para gerar um erro global. Vamos considerar que cada erro tenha uma probabilidade igual de ocorrer e que cada um possa fazer com que o resultado final seja alto ou baixo por uma quantidade fixa $\pm U$.

A **Tabela 4-1** mostra todas as maneiras possíveis pelas quais os quatro erros podem se combinar para fornecer os desvios do valor médio como indicado na coluna Magnitude do Erro Aleatório. Observe que apenas uma combinação leva a um desvio de $+4\,U$, quatro combinações dão um desvio de $+2\,U$ e seis fornecem um desvio de $0\,U$. Os erros negativos apresentam a mesma relação. Esta razão de 1:4:6:4:1 é a medida da probabilidade de um desvio de cada magnitude. Se fizermos um número suficientemente alto de medidas, podemos esperar uma frequência de distribuição como aquela apresentada na **Figura 4-2a**. Observe que o eixo y, no gráfico, é a frequência relativa da ocorrência das cinco combinações possíveis.

>> Em nosso exemplo, todas as incertezas têm a mesma magnitude. Essa restrição não é necessária para derivar a equação para uma curva gaussiana.

TABELA 4-1

Combinações Possíveis de Quatro Incertezas de Mesma Dimensão (U)			
Combinações das Incertezas	**Magnitude do Erro Aleatório**	**Número de Combinações**	**Frequência Relativa**
$+U_1 + U_2 + U_3 + U_4$	$+4U$	1	$1/16 = 0{,}0625$
$-U_1 + U_2 + U_3 + U_4$ $+U_1 - U_2 + U_3 + U_4$ $+U_1 + U_2 - U_3 + U_4$ $+U_1 + U_2 + U_3 - U_4$	$+2U$	4	$4/16 = 0{,}250$
$-U_1 - U_2 + U_3 + U_4$ $+U_1 + U_2 - U_3 - U_4$ $+U_1 - U_2 + U_3 - U_4$ $-U_1 + U_2 - U_3 + U_4$ $-U_1 + U_2 + U_3 - U_4$ $+U_1 - U_2 - U_3 + U_4$	0	6	$6/16 = 0{,}375$
$+U_1 - U_2 - U_3 - U_4$ $-U_1 + U_2 - U_3 - U_4$ $-U_1 - U_2 + U_3 - U_4$ $-U_1 - U_2 - U_3 + U_4$	$-2U$	4	$4/16 = 0{,}250$
$-U_1 - U_2 - U_3 - U_4$	$-4U$	1	$1/16 = 0{,}0625$

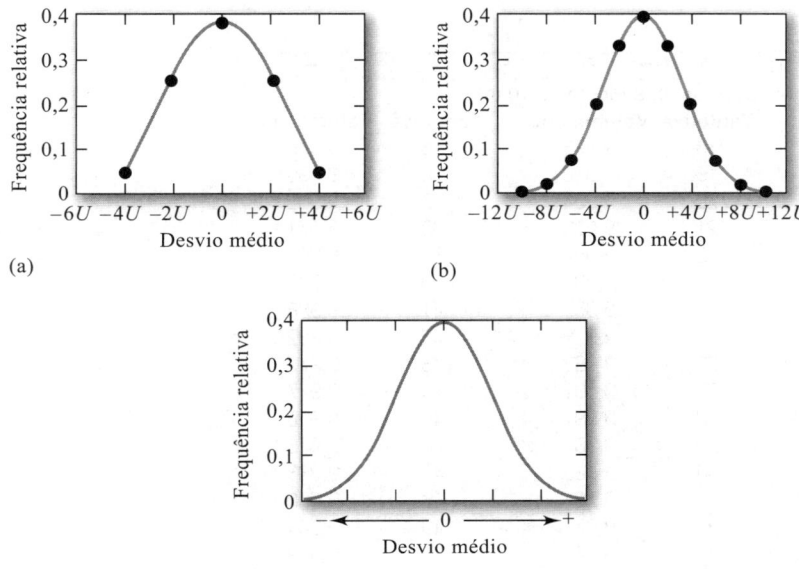

FIGURA 4-2

Frequência de distribuição para as medidas contendo (a) quatro incertezas aleatórias; (b) dez incertezas aleatórias; (c) um número muito alto de incertezas aleatórias.

A **Figura 4-2b** exibe a distribuição teórica para dez incertezas com a mesma dimensão. Novamente, vemos que a ocorrência de maior frequência é de um desvio zero em relação à média. No outro extremo, um desvio máximo de 10 U ocorre apenas cerca de uma vez em 500 resultados.

Quando o mesmo procedimento é aplicado a um número muito grande de erros individuais, isso resulta uma curva com forma de sino, como a mostrada na **Figura 4-2c**. Esse gráfico é chamado **curva gaussiana** ou **curva normal de erro**.

4A-2 Distribuição de Resultados Experimentais

A partir da experiência envolvendo um grande número de determinações, observamos que a distribuição de réplicas de dados da maioria dos experimentos analíticos quantitativos se aproxima da curva gaussiana mostrada na Figura 4-2c. Como exemplo, considere os dados contidos na planilha de cálculos da **Tabela 4-2**, para a calibração de uma pipeta de 10 mL.[1] Nesse experimento, um pequeno frasco e sua tampa foram pesados. Dez mililitros de água foram então transferidos para o frasco com a pipeta e este foi fechado. O frasco, a tampa e a água foram pesados novamente. A temperatura da água também foi medida para se determinar sua densidade. A massa de água foi então calculada, tomando-se a diferença entre as duas massas. A massa de água, dividida pela sua densidade, representa o volume dispensado pela pipeta. O experimento foi repetido 50 vezes.

Os dados da Tabela 4-2 são aqueles típicos, obtidos por um analista experiente a partir da pesagem até o miligrama mais próximo (que corresponde a 0,001 mL) em uma balança de prato superior, sendo cuidadoso no sentido de evitar erros sistemáticos. Mesmo assim, os resultados variaram entre 9,969 mL e 9,994 mL. Esse espalhamento dos dados em uma **faixa** de 0,025 mL resulta diretamente do acúmulo de todas as incertezas aleatórias envolvidas no experimento.

A **faixa** de um conjunto de réplicas de medidas é a diferença entre o resultado mais alto e o mais baixo.

A informação contida na Tabela 4-2 é mais facilmente visualizada se os dados forem rearranjados em grupos de distribuição de frequência, como na **Tabela 4-3**. Nesse caso, contamos e agrupamos o número de dados que se encontram em séries de faixas adjacentes de 0,003 mL e calculamos o percentual de medidas contidas em cada faixa. Observe que 26% dos resultados ocorrem na faixa de volume entre 9,981 e 9,983 mL. Este é o grupo que contém os valores médio e mediano de 9,982 mL. Observe também que mais da metade dos resultados estão na faixa de ±0,004 mL dessa média.

---

[1] Veja a Seção 37A-4 sobre um experimento de calibração de uma pipeta.

TABELA 4-2*

	A	B	C	D	E	F	G	H
1	Réplicas de Dados de Calibração de uma Pipeta de 10 mL*							
2	Tentativa	Volume, mL		Tentativa	Volume, mL		Tentativa	Volume, mL
3	1	9,988		18	9,975		35	9,976
4	2	9,973		19	9,980		36	9,990
5	3	9,986		20	9,994		37	9,988
6	4	9,980		21	9,992		38	9,971
7	5	9,975		22	9,984		39	9,986
8	6	9,982		23	9,981		40	9,978
9	7	9,986		24	9,987		41	9,986
10	8	9,982		25	9,978		42	9,982
11	9	9,981		26	9,983		43	9,977
12	10	9,990		27	9,982		44	9,977
13	11	9,980		28	9,991		45	9,986
14	12	9,989		29	9,981		46	9,978
15	13	9,978		30	9,969		47	9,983
16	14	9,971		31	9,985		48	9,980
17	15	9,982		32	9,977		49	9,984
18	16	9,983		33	9,976		50	9,979
19	17	9,988		34	9,983			
20	*Dados listados na ordem da obtenção							
21	Média	9,982		Máximo	9,994			
22	Mediana	9,982		Mínimo	9,969			
23	Desvio padrão	0,0056		Faixa	0,025			

*Para cálculos das grandezas estatísticas relacionadas no final da Tabela 4-2 no Excel, veja S. R. Crouch; F. J. Holler. *Applications of Microsoft® Excel in Analytical Chemistry*. 4. ed. Boston, MA: Cengage Learning, 2022. cap. 2.

TABELA 4-3
Distribuição de Frequência dos Dados da Tabela 4-2

Faixa de Volume, mL	Números na Faixa	% na Faixa
9,969 – 9,971	3	6
9,972 – 9,974	1	2
9,975 – 9,977	7	14
9,978 – 9,980	9	18
9,981 – 9,983	13	26
9,984 – 9,986	7	14
9,987 – 9,989	5	10
9,990 – 9,992	4	8
9,993 – 9,995	1	2
	Total = 50	Total = 100%

> Um **histograma** é um gráfico de barras, como o que está representado no gráfico *A* na Figura 4-3.

> Uma **curva gaussiana** ou **curva de erro normal** é uma curva que mostra a distribuição simétrica de dados ao redor da média de um conjunto infinito de dados, como aqueles na Figura 4-2c.

Os dados da distribuição de frequência da Tabela 4-3 estão representados como um gráfico de barras, ou **histograma** (rotulado como *A* na **Figura 4-3**). Podemos imaginar, com o aumento do número de medidas, que o histograma se aproxima do formato de uma curva contínua, apontada como a curva *B* na Figura 4-3. Este gráfico mostra uma curva gaussiana, ou curva de erro normal, que se aplica a um conjunto infinitamente grande de dados. A curva gaussiana tem a mesma média (9,982 mL), a mesma precisão e a mesma área sob a curva que o histograma.

As variações em medidas de réplicas, como aquelas indicadas na Tabela 4-2, resultam de numerosos erros aleatórios pequenos e individualmente indetectáveis que são provocados por variáveis incontroláveis associadas ao experimento. Esses pequenos erros normalmente tendem a cancelar uns aos outros, tendo assim um efeito mínimo

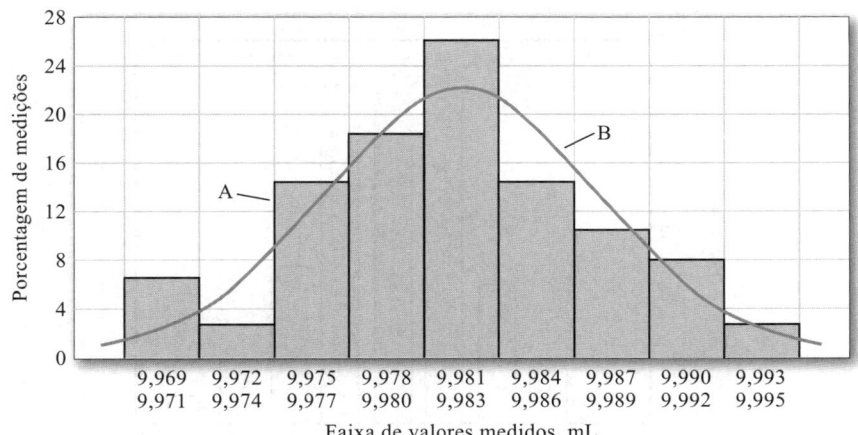

FIGURA 4-3 Histograma (A) mostrando a distribuição de 50 resultados contidos na Tabela 4-3 e uma curva gaussiana (B) para os dados, tendo a mesma média e desvio padrão que os dados do histograma.

sobre o valor médio. Ocasionalmente, entretanto, ocorrem na mesma direção, para produzir um grande erro líquido positivo ou negativo.

As fontes de incertezas aleatórias na calibração de uma pipeta incluem (1) julgamentos visuais, tais como o nível de água em relação à marca na pipeta e ao nível de mercúrio no termômetro; (2) variações no tempo de escoamento e no ângulo da pipeta, durante seu escoamento; (3) flutuações na temperatura, que afetam o volume da pipeta, a viscosidade do líquido e o desempenho da balança; e (4) vibrações e correntes de ar que causam pequenas variações nas leituras da balança. Indubitavelmente, existem muitas outras fontes de incertezas aleatórias nesse processo de calibração que não listamos aqui. Mesmo o processo simples de calibração de uma pipeta é afetado por muitas variáveis pequenas e incontroláveis. A influência cumulativa dessas variáveis é responsável pela distribuição dos resultados em torno da média.

A distribuição normal dos dados que resulta de um grande número de experimentos está ilustrada no Destaque 4-1.

DESTAQUE 4-1

Jogando Moedas: Uma Atividade de Estudo para Ilustrar uma Distribuição Normal

Se você jogar uma moeda dez vezes, quantas vezes vai tirar cara? Tente e registre seus resultados. Repita o experimento. Seus resultados são os mesmos? Peça a um amigo ou colega de sua classe que faça o mesmo experimento e organize os resultados. A tabela a seguir contém os resultados obtidos por várias turmas de estudantes de Química Analítica durante um período de mais de 18 anos.

Número de caras	0	1	2	3	4	5	6	7	8	9	10
Frequência	1	1	22	42	102	104	92	48	22	7	1

Some seus resultados àqueles contidos na tabela e construa um histograma similar ao mostrado na **Figura 4D-1**. Encontre a média e o desvio padrão (veja a Seção 4B-3) para seus resultados e compare-os com os valores indicados no gráfico. A curva contínua na figura é aquela de erro normal para um número infinito de tentativas, com a mesma média e desvio padrão daqueles do conjunto de dados. Observe que a média de 5,06 é muito próxima do valor 5 que você iria prever com base nas leis da probabilidade. À medida que o número de tentativas aumenta, o formato do histograma se aproxima daquele da curva contínua e a média se aproxima de 5.

(continua)

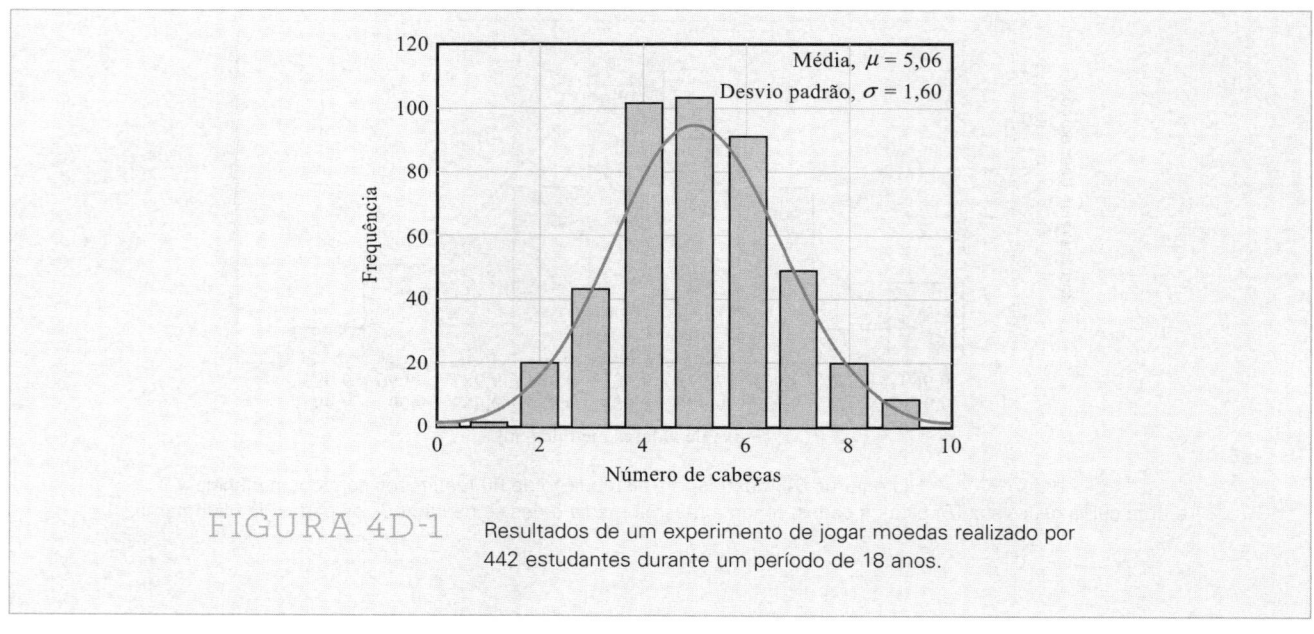

FIGURA 4D-1 Resultados de um experimento de jogar moedas realizado por 442 estudantes durante um período de 18 anos.

4B Tratamento Estatístico de Erros Aleatórios

>> A análise estatística revela apenas a informação que já está presente em um conjunto de dados. *Nenhuma nova informação é criada* com a utilização de tratamentos estatísticos. Os métodos estatísticos permitem, contudo, categorizar e caracterizar os dados de diferentes maneiras e tomar decisões inteligentes e objetivas acerca da qualidade e interpretação dos dados.

Os experimentos nos quais o resultado é correto ou errado são experimentos binominais que seguem a **distribuição binominal**. Uma **distribuição de Poisson** ocorre para uma série de eventos discretos onde o tempo médio entre os eventos é conhecido, mas o ritmo exato é aleatório.

Uma **população** é a coleção de todas as medidas de interesse para o analista, enquanto uma **amostra** é um subconjunto de medidas selecionadas a partir da população.

Podemos utilizar métodos estatísticos para avaliar os erros aleatórios discutidos na seção anterior. Geralmente, baseamos as análises estatísticas na premissa de que os erros aleatórios contidos em resultados analíticos seguem uma distribuição gaussiana, ou normal, como aquela ilustrada pela Figura 4-2c, pela curva *B* da Figura 4-3, ou pela curva suave na Figura 4D-1. Os dados analíticos podem obedecer a outras distribuições que não a distribuição gaussiana. Por exemplo, os experimentos que produzem somente um resultado correto, ou um errado, fornecem dados que obedecem a uma **distribuição binominal**. Os experimentos envolvendo radioatividade ou contagem de fótons produzem resultados que seguem a **distribuição de Poisson**. Contudo, frequentemente utilizamos a distribuição gaussiana para representar de forma aproximada essas distribuições. A aproximação se torna melhor no limite de um grande número de experimentos. Como uma regra do polegar, se você tem mais que 30 resultados e os dados não estão altamente distorcidos, podemos seguramente usar a distribuição gaussiana. Assim, baseamos essa discussão inteiramente em erros aleatórios normalmente distribuídos.

4B-1 Amostras e Populações

Tipicamente, em um estudo científico, inferimos informações sobre uma **população** ou **universo** a partir de observações feitas em um subconjunto, ou **amostra**. A população é a coleção de medidas de interesse e precisa ser cuidadosamente definida pelo analista. Em alguns casos, a população é finita e real, enquanto em outros é hipotética ou conceitual em sua natureza.

Como um exemplo de uma população real, considere uma unidade de produção de comprimidos de multivitaminas que gera centenas de milhares de comprimidos. Embora a população seja finita, nós não teríamos, normalmente, o tempo e os recursos necessários para testar todos os comprimidos objetivando o controle de qualidade. Assim sendo, selecionamos uma amostra de comprimidos para análise de acordo com princípios de amostragem estatísticos (veja a Seção 6B). Então, inferimos as características da população a partir daquelas da amostra.

Em muitos dos casos encontrados na química analítica, a população é conceitual. Considere, por exemplo, a determinação de cálcio em um reservatório de água de uma cidade para medida da dureza da água. Neste exemplo, a população é o número de medidas muito grande, quase infinito, que poderia ser feito se analisássemos todo o reservatório de água. Similarmente, na determinação da glicose no sangue de um paciente diabético, hipoteticamente poderíamos fazer um número extremamente grande de medidas se usássemos todo o sangue. O subconjunto da população analisada em ambos os casos é a amostra. Novamente, inferimos características da população a partir daquelas obtidas com a amostra. Consequentemente, é importante definir a população que está sendo caracterizada.

As leis da estatística têm sido desenvolvidas para as populações, mas elas podem ser usadas para amostras após modificações adequadas. Tais modificações são necessárias para pequenas amostras, uma vez que poucos dados não representam a população inteira. Na discussão a seguir, primeiro descrevemos a estatística gaussiana das populações. Então, mostramos como essas relações podem ser modificadas e aplicadas para amostras pequenas de dados.

4B-2 Propriedades das Curvas Gaussianas

A **Figura 4-4a** apresenta duas curvas gaussianas com as quais construímos um gráfico da frequência relativa y de vários desvios da média *versus* o desvio em relação à média. Como mostrado na margem, curvas como estas podem ser descritas por uma equação que contém apenas dois parâmetros, a **média da população** μ e o **desvio padrão da população** σ. O termo **parâmetro** refere-se a quantidades, como μ e σ, que definem uma população ou a distribuição. Valores de dados tal qual x são **variáveis**. O termo **estatística** refere-se à estimativa de um parâmetro que é feita a partir de uma amostra de dados, como discutido a seguir. A média da amostra e o seu desvio padrão são exemplos de estatísticas que estimam os parâmetros μ e σ, respectivamente.

≪ Não confunda **amostra estatística** com **amostra analítica**. Considere quatro amostras de água tiradas da mesma fonte e analisadas para cálcio no laboratório. As quatro amostras analíticas resultam quatro medidas selecionadas da população. Eles são, portanto, uma amostra estatística única. Essa é uma duplicação infeliz do termo amostra.

≪ A equação de uma curva gaussiana normalizada tem a forma

$$y = \frac{e^{-(x-\mu)^2/2\sigma^2}}{\sigma\sqrt{2\pi}}$$

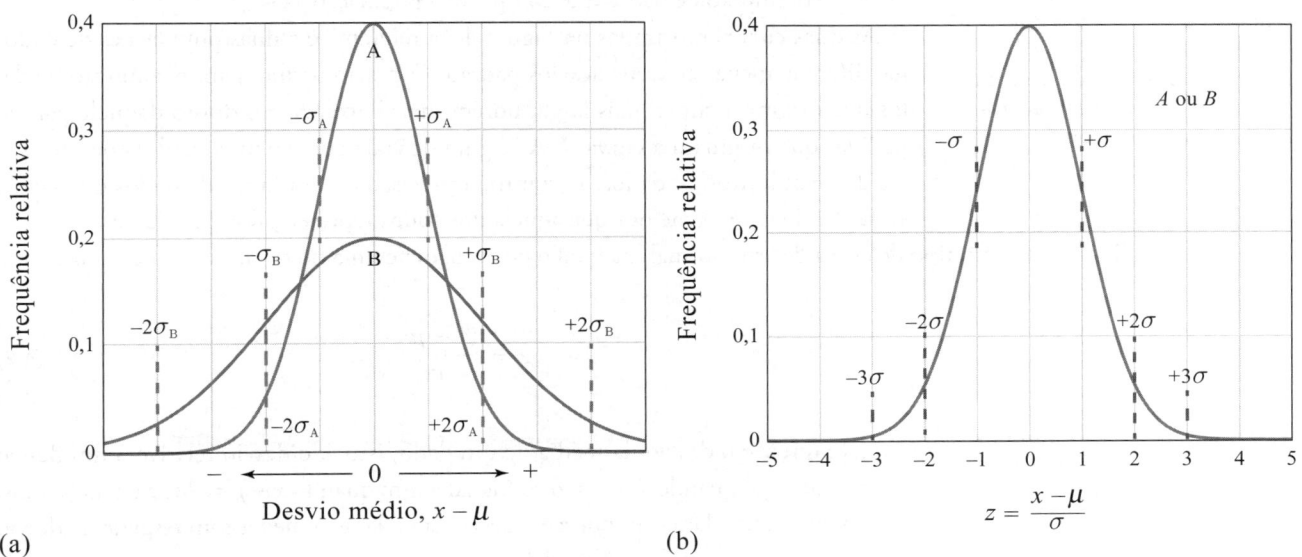

FIGURA 4-4 Curvas normais de erro. O desvio padrão para a curva B é duas vezes o da curva A; isto é, $\sigma_B = 2\sigma_A$. Em (a), a abscissa é o desvio padrão em relação à média, em unidades de medida $(x - \mu)$. Em (b), a abscissa é o desvio em relação à média em unidades de σ. Em (b) eixo horizontal é o desvio da média em unidades de σ, que é calculado da equação no eixo horizontal. Para este gráfico, as duas curvas A e B aqui são idênticas.

A Média da População μ e a Média da Amostra $\bar{x}$

Os estatísticos consideram útil saber diferenciar entre a **média da amostra** e a **média da população**. A média da amostra $\bar{x}$ é a média aritmética de uma amostra limitada retirada de uma população de dados. A média da amostra é definida como a soma dos valores medidos dividida pelo número de medidas, como dado na Equação 3-1. Naquela equação, N representa o número de medidas do conjunto da amostra. A média da população μ, em contraste, é a verdadeira média para a população. Também é definida pela Equação 3-1, com o adendo de que N representa o número total de medidas da população. *Na ausência de erros sistemáticos, a média da população também é o valor verdadeiro para a quantidade medida.* Para enfatizar a diferença entre as duas médias, a média da amostra é simbolizada por $\bar{x}$ e a média da população por μ. De maneira mais frequente, principalmente quando N é pequeno, $\bar{x}$ difere de μ porque uma pequena amostra de dados pode não representar exatamente sua população. Na maioria dos casos não conhecemos μ e precisamos inferir seu valor a partir de $\bar{x}$. A diferença provável entre $\bar{x}$ e μ decresce rapidamente à medida que o número de medidas que perfazem a amostra aumenta; usualmente, uma vez que N atinge 20 a 30, essa diferença é desprezível. Observe que a média da amostra $\bar{x}$ é uma função estatística que estima o parâmetro da população μ.

>> A média da amostra $\bar{x}$ é obtida a partir de

$$\bar{x} = \frac{\sum_{i=1}^{N} x_i}{N}$$

onde N é o número de medidas para o conjunto da amostra. A mesma equação é usada para calcular a média da população μ

$$\mu = \frac{\sum_{i=1}^{N} x_i}{N}$$

na qual N, agora, é o número total de medidas para a população.

O Desvio Padrão da População σ

O **desvio padrão da população** σ, que é uma medida da *precisão* de uma população de dados, é fornecido pela equação somando os quadrados dos desvios da média, dividindo pelo número de medições N e tirando a raiz quadrada do resultado:

$$\sigma = \sqrt{\frac{\sum_{i=1}^{N}(x_i - \mu)^2}{N}} \qquad (4\text{-}1)$$

>> Na ausência de erros sistemáticos, a média da população μ é o valor verdadeiro da quantidade medida.

onde N é o número de dados que compõem a população.

As duas curvas mostradas na Figura 4-4a referem-se a duas populações de dados que diferem apenas em seus desvios padrão. O desvio padrão para o conjunto de dados que origina a curva mais larga, porém mais baixa, B, é o dobro daquele para as medidas que originam a curva A. A largura de cada curva é uma medida da precisão dos dois conjuntos de dados. Portanto, a precisão do conjunto de dados que gera a curva A é duas vezes melhor que aquela dos dados representados pela curva B.

>> A quantidade $(x_i - \mu)$ na Equação 4-1 é o desvio dos dados x_i em relação à média μ da população; compare com a Equação 4-4, que serve para uma amostra de dados.

A **Figura 4-4b** mostra outro tipo de curva de erro normal, na qual o eixo x agora é uma nova variável z, definida como

$$z = \frac{(x - \mu)}{\sigma} \qquad (4\text{-}2)$$

>> A quantidade z representa o desvio de um resultado da média da população em relação ao desvio padrão (em unidades de desvio padrão). É comumente dado como uma variável em tabelas estatísticas, uma vez que é uma quantidade adimensional.

Observe que z é o desvio da média de um dado, isto é, o desvio relativo a um desvio padrão. Ou seja, quando $x - \mu = \sigma$, z é igual a um; quando $x - \mu = 2\sigma$, z é igual a dois; e assim por diante. Uma vez que z é o desvio em relação à média com respeito ao desvio padrão, um gráfico de frequência relativa *versus* z gera uma única curva gaussiana que descreve qualquer população de dados, não importando o seu desvio padrão. Dessa forma, a Figura 4-4b é a curva de erro normal para ambos os dados usados para representar em gráfico as curvas A e B mostradas na Figura 4-4a.

A equação para a curva de erro gaussiana é

$$y = \frac{e^{-(x-\mu)^2/2\sigma^2}}{\sigma\sqrt{2\pi}} = \frac{e^{-z^2/2}}{\sigma\sqrt{2\pi}} \qquad (4\text{-}3)$$

O quadrado do desvio padrão σ^2 também é importante devido ao fato de que essa grandeza toma parte na expressão matemática da curva gaussiana de erro. Essa quantidade é chamada **variância** (veja a Seção 4B-5).

Uma curva de erro normal tem várias propriedades: (a) a média ocorre no ponto central de frequência máxima, (b) existe uma distribuição simétrica de desvios positivos e negativos em torno do máximo e (c) existe um decaimento exponencial na frequência à medida que a magnitude do desvio aumenta. Dessa forma, pequenas incertezas são observadas muito mais frequentemente que as maiores.

Áreas sob uma Curva Gaussiana

O Destaque 4-2 mostra que, não obstante sua largura, 68,3% da área sob uma curva gaussiana para uma população estão contidos em um desvio padrão ($\pm1\sigma$) em relação à média μ. Assim sendo, aproximadamente 68,3% dos resultados que constituem a população situam-se entre esses limites. Além disso, aproximadamente 95,4% de todos os dados estão dentro do intervalo de $\pm2\sigma$ em relação à média e 99,7% estão dentro do intervalo $\pm3\sigma$. As linhas tracejadas verticais encontradas na Figura 4-4 revelaram as áreas limitadas pelos intervalos $\pm1\sigma$, $\pm2\sigma$ e $\pm3\sigma$.

Por conta das relações de áreas como essas, o desvio padrão para uma população de dados torna-se uma ferramenta útil de previsão. Por exemplo, podemos afirmar que existem 68,3% de chances de que a incerteza aleatória de qualquer medida não seja superior a $\pm1\sigma$. De maneira similar, existem 95,4% de chances de que o erro seja menor que $\pm2\sigma$ e assim por diante. O cálculo da área sob uma curva gaussiana é descrito no Destaque 4-2.

DESTAQUE 4-2

Cálculo da Área sob uma Curva Gaussiana

A área sob a curva entre um par de limites fornece a probabilidade de um valor medido ocorrer entre aqueles limites. Por exemplo, na curva a seguir, a área em cinza representa todos os resultados que estão dentro de um desvio padrão da média. A área é 0,683 ou 68,3% da área total abaixo da curva. Estas áreas podem ser encontradas pela integração da equação Gaussiana ou numericamente.

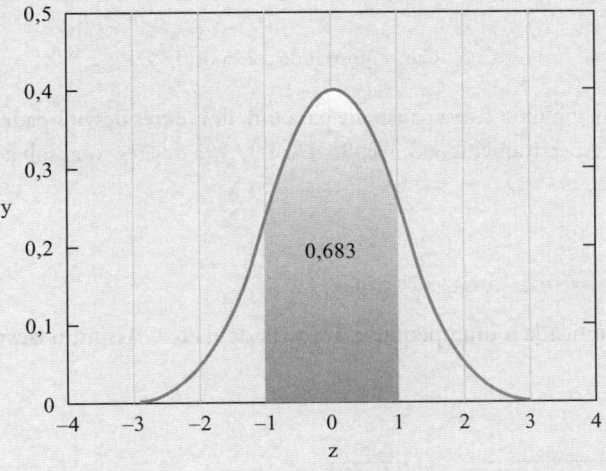

Curva mostrando a área de 0,683.

Patti Labbe trabalha no Programa de Materiais Clínicos de Vacina do Frederick National Laboratory desde 2006 e atualmente é diretora de controle de qualidade. Graduou-se em química na Frostburg State University e, em seguida, fez mestrado em ciência biomédica no Hood College. Tendo trabalhado durante toda a sua carreira na área de controle de qualidade, ela se sente completa em testar candidatos a vacina tanto para doenças que surgem, tais como Ebola e Zika, quanto para doenças mais comuns, como a gripe. Com sua equipe, Labbe testa produtos clínicos desde matérias-primas, amostras em processamento até medicamentos finais, antes de serem usados em humanos. Todos os testes giram em torno de cinco considerações principais: qualidade, identidade, resistência, pureza e segurança.

(continua)

De modo semelhante, a área sob a curva circundada por dois desvios padrão da média é 0,954 ou 95,4%.

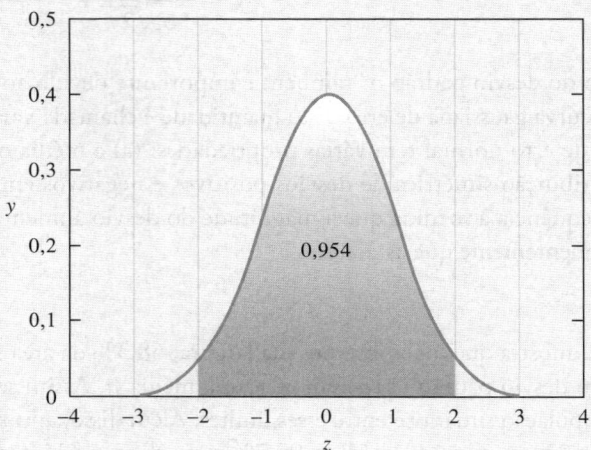

Curva mostrando a área de 0,954.

Para ±3σ, a área é 0,997 ou 99,7%.

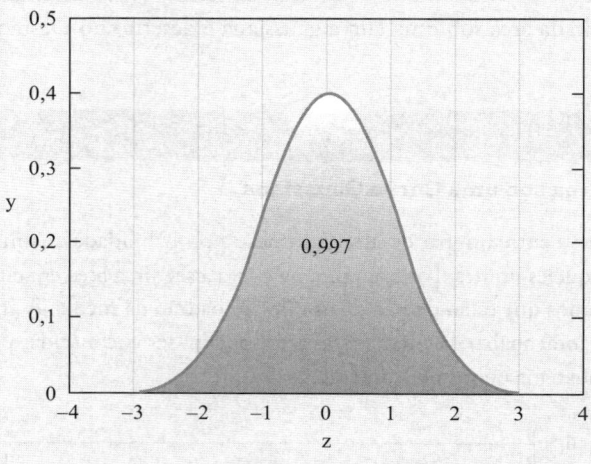

Curva mostrando a área de 0,997.

Assim, as áreas sob uma curva gaussiana para um, dois e três desvios padrão em relação à média são, respectivamente, 68,3%, 95,4% e 99,7% da área total sob a curva.

4B-3 O Desvio Padrão da Amostra: Uma Medida da Precisão

A Equação 4-1 precisa ser modificada quando for aplicada a uma pequena amostra de dados. Assim, o **desvio padrão da amostra** s é dado pela equação

$$s = \sqrt{\frac{\sum_{i=1}^{N}(x_i - \bar{x})^2}{N-1}} = \sqrt{\frac{\sum_{i=1}^{N}d_i^2}{N-1}} \tag{4-4}$$

onde a quantidade $(x_i - \bar{x})$ representa o desvio d_i do valor x_i em relação à média $\bar{x}$. Observe que a Equação 4-4 difere da Equação 4-1 de duas maneiras. Primeiro, a média da amostra, $\bar{x}$, aparece no lugar da média da população, μ, no numerador. Segundo, N, que está na Equação 4-1, é substituído pelo **número de graus de liberdade** ($N-1$). Quando $N-1$ é usado no lugar de N, s representa uma estimativa imparcial do desvio padrão da população σ. Se essa substituição não for feita, o valor de s calculado será menor, em termos percentuais, que o verdadeiro desvio padrão σ; isto é, s apresentará uma tendência de ser menor (veja o Destaque 4-3).

A **variância da amostra** s^2 também é importante em cálculos estatísticos. É uma estimativa da variância da população σ^2, como será discutido na Seção 4B-5.

> A Equação 4-4 é aplicada para pequenos conjuntos de dados. Ela diz: "Encontre os desvios em relação à média d_i, eleve-os ao quadrado, some-os, divida a soma por $N-1$ e extraia a raiz quadrada". A quantidade $N-1$ é chamada **número de graus de liberdade**. Geralmente, as calculadoras científicas trazem a função desvio padrão embutida. Muitas podem calcular tanto o desvio padrão σ da população s, quanto o desvio padrão da amostra s. Para qualquer conjunto pequeno de dados, você deve empregar o desvio padrão da amostra, s.

DESTAQUE 4-3

O Significado do Número de Graus de Liberdade

O número de graus de liberdade indica o número de resultados *independentes* que fazem parte do cálculo do desvio padrão. Quando μ for desconhecido, duas quantidades precisam ser extraídas de um conjunto de réplicas de resultados: $\bar{x}$ e s. Um grau de liberdade é utilizado para estabelecer $\bar{x}$, porque, mantidos os sinais, a soma dos desvios individuais precisa ser igual a zero. Dessa forma, quando $N-1$ desvios tiverem sido calculados, o último deles será conhecido. Consequentemente, só $N-1$ desvios fornecem uma medida independente da precisão do conjunto. A não utilização de $N-1$ no cálculo do desvio padrão s, para uma amostra pequena, resulta, em média, em valores de s menores que os desvios padrão σ verdadeiros.

Uma Expressão Alternativa para o Desvio Padrão de Amostras

Para encontrar s em uma calculadora que não tenha a tecla de desvio padrão, a seguinte forma rearranjada é mais fácil de ser empregada, em vez da aplicação direta da Equação 4-4:

$$s = \sqrt{\frac{\sum_{i=1}^{N} x_i^2 - \frac{\left(\sum_{i=1}^{N} x_i\right)^2}{N}}{N-1}} \tag{4-5}$$

O Exemplo 4-1 ilustra o uso da Equação 4-5 para calcular s.

EXEMPLO 4-1

Os seguintes resultados foram obtidos para réplicas da determinação de chumbo em uma amostra de sangue: 0,752; 0,756; 0,752; 0,751 e 0,760 ppm de Pb. Calcule a média e o desvio padrão para esse conjunto de dados.

Resolução

Para utilizar a Equação 4-5, calculamos $\sum x_i^2$ e $\left(\sum x_i\right)^2/N$.

(continua)

Amostra	x_i	x_i^2
1	0,752	0,565504
2	0,756	0,571536
3	0,752	0,565504
4	0,751	0,564001
5	0,760	0,577600
	$\sum x_i = 3,771$	$\sum x_i^2 = 2,844145$

$$\bar{x} = \frac{\sum x_i}{N} = \frac{3,771}{5} = 0,7542 \approx 0,754 \text{ ppm Pb}$$

$$\frac{(\sum x_i)^2}{N} = \frac{(3,771)^2}{5} = \frac{14,220441}{5} = 2,8440882$$

Substituindo os valores na Equação 4-5, chega-se a

$$s = \sqrt{\frac{2,844145 - 2,8440882}{5-1}} = \sqrt{\frac{0,0000568}{4}} = 0,00377 \approx 0,004 \text{ ppm Pb}$$

>> Toda vez que você subtrai dois números grandes, aproximadamente iguais, a diferença geralmente terá uma incerteza alta. Consequentemente, você nunca deve arredondar um cálculo de desvio padrão antes do final.

>> À medida que $N \to \infty$, $\bar{x} \to \mu$ e $s \to \sigma$.

Observe no Exemplo 4-1 que a diferença entre $\sum x_i^2$ e $(\sum x_i)^2/N$ é muito pequena. Se tivéssemos arredondado esses números antes da subtração, um erro sério poderia ter ocorrido no cálculo do valor de s. Para evitar esse tipo de erro, *nunca arredonde um cálculo de desvio padrão antes de chegar ao final*. Além disso, e pela mesma razão, nunca use a Equação 4-5 para calcular o desvio padrão de números contendo cinco dígitos ou mais. Em vez disso, use a Equação 4-4.[2] Muitas calculadoras e computadores com a função desvio padrão empregam uma versão interna da Equação 4-5 nos cálculos. Você deve estar sempre alerta para erros de arredondamento nos cálculos de desvio padrão de valores que tenham cinco ou mais algarismos significativos.

Quando você realizar cálculos estatísticos, lembre-se de que, por causa da incerteza existente em $\bar{x}$, o desvio padrão da amostra pode diferir significativamente do desvio padrão da população. À medida que N se torna maior, $\bar{x}$ e s tornam-se estimativas melhores para μ e σ.

Erro Padrão da Média

Os valores de probabilidade para uma distribuição gaussiana calculados como áreas no Destaque 4-2 referem-se aos erros prováveis para uma *única* medida. Assim, existe uma probabilidade de 95,4% de que um único resultado de uma população estará contido no intervalo $\pm 2\sigma$ da média μ. Se uma série de réplicas de resultados, cada uma contendo N medidas, é tomada aleatoriamente a partir de uma população de resultados, a média de cada conjunto mostrará um menor espalhamento à medida que N aumenta. O desvio padrão de cada média é conhecido como **erro padrão da média** e é dado pelo símbolo s_m. O erro padrão é inversamente proporcional à raiz quadrada do número de dados N empregado para calcular a média, como dado pela Equação 4-6.

>> O **erro padrão da média**, s_m, é o desvio padrão de um conjunto de dados dividido pela raiz quadrada do número de dados do conjunto.

$$s_m = \frac{s}{\sqrt{N}} \tag{4-6}$$

---

[2] Na maioria dos casos, os dois ou três primeiros dígitos de um conjunto de dados são idênticos uns aos outros. Como uma alternativa, então, para a utilização da Equação 4-4, esses dígitos idênticos podem ser deixados de lado e os dígitos remanescentes podem ser usados na Equação 4-5. Por exemplo, o desvio padrão para os dados contidos no Exemplo 4-1 pode ser baseado em 0,052; 0,056; 0,052 e assim por diante (ou mesmo 52; 56; 52 etc.).

A Equação 4-6 nos diz que a média de quatro medidas é mais precisa por $\sqrt{4} = 2$ do que medidas individuais do conjunto de dados. Por essa razão, o cálculo da média dos resultados é frequentemente utilizado para melhorar a precisão. Entretanto, a melhoria alcançada a partir do cálculo da média é limitada, de certa forma, devido à dependência da raiz quadrada de N mostrada na Equação 4-6. Por exemplo, para melhorar a precisão por um fator de 10 são necessárias pelo menos 100 vezes mais medidas. É melhor, se possível, diminuir s em vez de se calcular a média de mais resultados, uma vez que s_m é diretamente proporcional a s, mas apenas inversamente proporcional à *raiz quadrada de N*. Algumas vezes o desvio padrão pode ser diminuído, sendo mais preciso em operações individuais, pela mudança do procedimento e pelo uso de ferramentas de medida mais precisas.

> **Exercícios no Excel** No Capítulo 2 de *Applications of Microsoft® Excel® in Analytical Chemistry*, 4. ed., são mostradas duas maneiras diferentes de calcular o desvio padrão da amostra com o Excel.

4B-4 Confiabilidade de *s* como uma Medida da Precisão

No Capítulo 5 vamos descrever vários testes estatísticos que são usados para testar hipóteses, a fim de produzir intervalos de confiança para resultados e para rejeitar dados anômalos. A maioria desses testes baseia-se no desvio padrão da amostra. A probabilidade de que esses testes estatísticos forneçam resultados corretos aumenta à medida que a confiabilidade de *s* se torna maior. À medida que N contido na Equação 4-4 aumenta, para valores maiores que 20, *s* se torna uma estimativa melhor do desvio padrão da população, σ, e essas quantidades podem ser consideradas idênticas para a maioria dos propósitos. Por exemplo, se as 50 medidas presentes na Tabela 4-2 são divididas em 10 subgrupos de cinco, o valor de *s* varia muito de um grupo para outro (0,0023 – 0,0079 mL), embora a média dos valores de *s* calculados seja aquela do conjunto inteiro (0,0056 mL). Em contraste, os valores de *s* calculados para dois subconjuntos com 25 dados cada um são quase idênticos (0,0054 e 0,0058 mL).

$$s = \sqrt{\frac{\sum_{i=1}^{N}(x_i - \overline{x})^2}{N-1}} = \sqrt{\frac{\sum_{i=1}^{N}d_i^2}{N-1}}$$

« **DESAFIO:** Construa uma planilha usando os dados da Tabela 4-2 e mostre que *s* é uma estimativa melhor de σ à medida que N se torna maior. Mostre também que *s* é aproximadamente igual a σ para $N > 20$.

O aprimoramento rápido da confiabilidade de *s*, com o aumento de N, torna viável a obtenção de uma boa aproximação de σ, quando o método de medida não demanda muito tempo e quando uma quantidade suficiente de amostra está disponível. Por exemplo, se o pH de um grande número de soluções deve ser medido durante uma investigação, é útil avaliar *s* em uma série de experimentos preliminares. Essa medida é simples, requerendo apenas que um par de eletrodos lavados e secos seja imerso na solução teste e que o pH seja medido. Para determinar *s*, 20 a 30 porções de uma solução-tampão de pH fixo podem ser medidas com todas as etapas do procedimento sendo seguidas exatamente. Em geral, é válido considerar que os erros aleatórios nesse teste sejam os mesmos que aqueles das medidas subsequentes. O valor de *s* calculado a partir da Equação 4-4 é uma boa estimativa do valor para a população, σ.

> **Exercícios no Excel** O Capítulo 2 de *Applications of Microsoft® Excel® in Analytical Chemistry*, 4. ed., introduz o uso do Pacote de Ferramentas de Análise para calcular a média, o desvio padrão e outras grandezas. Na opção Estatística encontra-se o erro padrão da média, a mediana, o intervalo de faixa, os valores máximos e mínimos e os parâmetros que refletem a simetria do conjunto de dados.

Combinação de Dados para Melhorar a Confiabilidade de s

Se dispomos de vários subconjuntos de dados, é possível obter uma estimativa melhor do desvio padrão da população pela combinação dos dados do que usando apenas um conjunto de dados. Novamente, precisamos supor as mesmas fontes de erros aleatórios para todas as medidas. Essa consideração é geralmente válida se as amostras possuírem composição similar e tiverem sido analisadas exatamente da mesma forma. Também precisamos considerar que as amostras sejam aleatoriamente retiradas da mesma população e tenham assim um mesmo valor para σ.

A estimativa combinada de s, a qual chamamos s_{comb}, é uma média ponderada das estimativas individuais. Para calcular s_{comb}, os desvios em relação à média de cada um dos subconjuntos são elevados ao quadrado; os quadrados dos desvios de todos os subconjuntos são então somados e divididos pelo número de graus de liberdade apropriados. O s combinado é obtido pela extração da raiz quadrada do número resultante. Um grau de liberdade é perdido para cada um dos subconjuntos. Assim, o número de graus de liberdade para o s combinado é igual ao número total de medidas menos o número de subconjuntos. A Equação 4-7, no Destaque 4-4, fornece a equação completa para a obtenção de s_{comb} para t conjuntos de dados. O Exemplo 4-2 ilustra a aplicação desse tipo de cálculo.

DESTAQUE 4-4

Equação para Cálculo do Desvio Padrão Combinado

A equação para calcular o desvio padrão combinado a partir de vários conjuntos de dados tem a forma

$$s_{comb} = \sqrt{\frac{\sum_{i=1}^{N_1}(x_i - \overline{x}_1)^2 + \sum_{j=1}^{N_2}(x_j - \overline{x}_2)^2 + \sum_{k=1}^{N_3}(x_k - \overline{x}_3)^2 + \cdots}{N_1 + N_2 + N_3 + \cdots - N_t}} \qquad (4\text{-}7)$$

em que N_1 é o número de resultados contidos no conjunto 1, N_2 é aquele do conjunto 2 e assim por diante. O termo N_t é o número total de conjuntos de dados que estão sendo combinados.

EXEMPLO 4-2

Os níveis de glicose são monitorados rotineiramente em pacientes que sofrem de diabetes. As concentrações de glicose em um paciente com níveis levemente elevados de glicose foram determinadas em meses diferentes por meio de um método analítico espectrofotométrico. O paciente foi submetido a uma dieta com baixos teores de açúcar para reduzir os níveis de glicose. Os seguintes resultados foram obtidos durante um estudo para determinar a eficiência da dieta. Calcule a estimativa do desvio padrão combinado para o método.

Tempo	Concentração de Glicose, mg L^{-1}	Glicose Média, mg L^{-1}	Soma dos Quadrados dos Desvios da Média	Desvio Padrão
Mês 1	1.108, 1.122, 1.075, 1.099, 1.115, 1.083, 1.100	1.100,3	1.678,43	16,8
Mês 2	992, 975, 1.022, 1.001, 991	996,2	1.182,80	17,2
Mês 3	788, 805, 779, 822, 800	798,8	1.086,80	16,5
Mês 4	799, 745, 750, 774, 777, 800, 758	771,9	2.950,86	22,2

Número total das medidas = 24   Soma total dos quadrados = 6.907,89

Resolução

Para o primeiro mês, a soma dos quadrados mostrada na penúltima coluna foi calculada como segue:

Soma dos quadrados = $(1.108 - 1.100,3)^2 + (1.122 - 1.100,3)^2$
$+ (1.075 - 1.100,3)^2 + (1.099 - 1.100,3)^2 + (1.115 - 1.100,3)^2$
$+ (1.083 - 1.100,3)^2 + (1.100 - 1.100,3)^2 = 1.687,43$

As outras somas dos quadrados foram obtidas de maneira similar. Então, o desvio padrão combinado é

$$s_{comb} = \sqrt{\frac{6.907,89}{24 - 4}} = 18,58 \approx 19 \text{ mg L}^{-1}$$

(continua)

Observe que o valor combinado é uma estimativa melhor de σ do que qualquer valor individual de s mostrado na última coluna. Observe também que um grau de liberdade é perdido para cada um dos quatro conjuntos. Uma vez que permanecem 20 graus de liberdade, o valor calculado de s pode ser considerado como uma boa estimativa de σ.

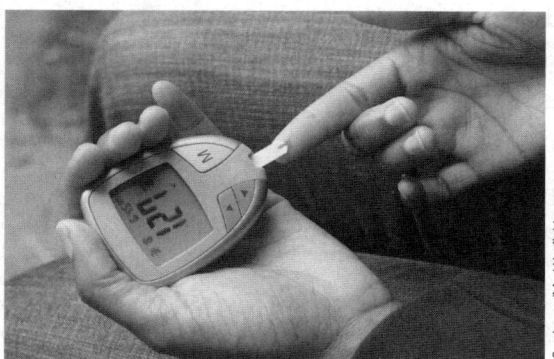

Um aparelho medidor de nível de glicose.

Exercícios no Excel O Capítulo 2 de *Applications of Microsoft® Excel® in Analytical Chemistry*, 4. ed., desenvolve uma planilha para calcular o desvio padrão combinado para o conjunto de dados do Exemplo 4-2. A função DEVSQ() do Excel é introduzida para encontrar a soma dos quadrados dos desvios. Como extensões do exercício, você pode usar a planilha para resolver alguns problemas de desvio padrão combinado do final deste capítulo. Também pode expandir a planilha para acomodar mais pontos de dados dentro dos conjuntos de dados e maiores números de conjuntos.

4B-5 Variância e Outras Medidas da Precisão

Embora os desvio padrão da amostra sejam normalmente usados para relatar a precisão de dados analíticos, frequentemente encontramos três outros termos.

Variância (σ^2)

A variância é o quadrado do desvio padrão. A **variância da amostra** s^2 é uma estimativa da variância da população σ^2 e é dada por

> A **variância** σ^2 é igual ao quadrado do desvio padrão da amostra.

$$s^2 = \frac{\sum_{i=1}^{N}(x_i - \bar{x})^2}{N-1} = \frac{\sum_{i=1}^{N}(d_i)^2}{N-1} \tag{4-8}$$

Observe que o desvio padrão possui as mesmas unidades dos dados, enquanto a variância tem as unidades dos dados elevada ao quadrado. Cientistas tendem a empregar o desvio padrão, em vez da variância, porque é mais fácil relacionar medidas e suas precisões se ambos têm as mesmas unidades. A vantagem de usar a variância é que variâncias são aditivas em muitas situações, como abordaremos mais para a frente neste capítulo.

>> A União Internacional de Química Pura e Aplicada (IUPAC) recomenda que o símbolo s_r seja usado para expressar o desvio padrão relativo de amostras e σ_r para o desvio padrão relativo de populações. Em equações nas quais é complicado usar o DPR, vamos utilizar o s_r e σ_r.

Desvio Padrão Relativo (DPR) e Coeficiente de Variação (CV)

Frequentemente, os cientistas representam o desvio padrão em termos relativos em vez de absolutos. Calculamos o desvio padrão relativo pela divisão do desvio padrão pelo valor da média do conjunto de dados. O desvio padrão relativo, DPR, é algumas vezes dado pelo símbolo s_r.

$$\text{DPR} = s_r = \frac{s}{\bar{x}}$$

Por vezes, o resultado é expresso em partes por mil (ppmil) ou em termos percentuais, multiplicando essa razão por 1.000 ppmil ou por 100%. Por exemplo,

$$\text{DPR em ppmil} = \frac{s}{\bar{x}} \times 1.000 \text{ ppmil}$$

O **coeficiente de variação**, CV, é o desvio padrão relativo em termos percentuais.

O desvio padrão relativo multiplicado por 100% é chamado **coeficiente de variação** (CV).

$$\text{CV} = \text{DPR em porcentagem} = \frac{s}{\bar{x}} \times 100\% \tag{4-9}$$

Desvios padrão relativos fornecem, muitas vezes, uma imagem mais clara da qualidade dos dados que os desvios padrão absolutos. Como exemplo, suponha que uma determinação de cobre tenha um desvio padrão de 2 mg. Se a amostra tiver um valor médio de 50 mg de cobre, o CV para essa amostra será de $4\% \left(\frac{2}{50} \times 100\%\right)$. Para uma amostra contendo apenas 10 mg, o CV será de 20%.

Espalhamento ou Faixa (w)

O **espalhamento** ou **faixa** w, é outro termo que algumas vezes é utilizado para descrever a precisão de um conjunto de réplicas de resultados. É a diferença entre o valor mais elevado e o valor mais baixo do conjunto. Dessa forma, a faixa dos dados na Figura 3-1 é $(20,3 - 19,4) = 0,9$ ppm de Fe. A faixa dos resultados relativos ao mês 1, no Exemplo 4-2, é $1.122 - 1.075 = 47$ mg L^{-1} de glicose.

EXEMPLO 4-3

Para o conjunto de dados contido no Exemplo 4-1, calcule (a) a variância, (b) o desvio padrão relativo em partes por mil, (c) o coeficiente de variação e (d) a faixa.

Resolução

No Exemplo 4-1, encontramos

$$\bar{x} = 0,754 \text{ ppm de Pb} \quad \text{e} \quad s = 0,0038 \text{ ppm de Pb}$$

(a) $s^2 = (0,0038)^2 = 1,4 \times 10^{-5}$

(b) $\text{DPR} = \dfrac{0,0038}{0,754} \times 1.000 \text{ ppt} = 5,0 \text{ ppmil}$

(c) $\text{CV} = \dfrac{0,0038}{0,754} \times 100\% = 0,50\%$

(d) $w = 0,760 - 0,751 = 0,009$ ppm de Pb

Erros Aleatórios nas Análises Químicas 67

4C Desvio Padrão de Resultados Calculados

Muitas vezes precisamos estimar o desvio padrão de um resultado que tenha sido calculado a partir de dois ou mais dados experimentais, cada qual com um desvio padrão da amostra conhecido. Como apontado na **Tabela 4-4**, a maneira pela qual essas estimativas são feitas depende do tipo de cálculo envolvido. As relações apresentadas nessa tabela estão desenvolvidas no Apêndice 9.

TABELA 4-4

Propagação de Erros em Cálculos Aritméticos

Tipo de Cálculo	Exemplo*	Desvio padrão de y†	
Adição ou subtração	$y = a + b - c$	$s_y = \sqrt{s_a^2 + s_b^2 + s_c^2}$	(1)
Multiplicação ou divisão	$y = a \times b/c$	$\dfrac{s_y}{y} = \sqrt{\left(\dfrac{s_a}{a}\right)^2 + \left(\dfrac{s_b}{b}\right)^2 + \left(\dfrac{s_c}{c}\right)^2}$	(2)
Exponenciação	$y = a^x$	$\dfrac{s_y}{y} = x\left(\dfrac{s_a}{a}\right)$	(3)
Logaritmo	$y = \log_{10} a$	$s_y = 0{,}434 \dfrac{s_a}{a}$	(4)
Antilogaritmo	$y = \text{antilog}_{10} a$	$\dfrac{s_y}{y} = 2{,}303\, s_a$	(5)

*a, b e c são variáveis experimentais com desvios padrão de s_a, s_b e s_c, respectivamente.
†Essas relações são deduzidas no Apêndice 9. Os valores para s_y/y são valores absolutos se y for um número negativo.

4C-1 Desvio Padrão de uma Soma ou Diferença

Considere a soma

$$\begin{array}{rl} +\,0{,}50 & (\pm 0{,}02) \\ +\,4{,}10 & (\pm 0{,}03) \\ -\,1{,}97 & (\pm 0{,}05) \\ \hline 2{,}63 & \end{array}$$

onde os números entre parênteses representam os desvios padrão absolutos. Se os três desvios padrão individuais tivessem coincidentemente o mesmo sinal, o desvio padrão da soma seria tão grande quanto +0,02 + 0,03 + 0,05 = +0,10 ou −0,02 − 0,03 − 0,05 = −0,10. Por outro lado, é possível que os três desvios padrão pudessem se combinar para dar um valor acumulado igual a zero: −0,02 − 0,03 + 0,05 = 0 ou +0,02 + 0,03 − 0,05 = 0. Provavelmente, entretanto, o desvio padrão da soma estará contido entre esses dois extremos. A variância de uma soma ou diferença é igual à soma das variâncias individuais.[3] O valor mais provável para o desvio padrão de uma soma ou diferença pode ser encontrado extraindo-se a raiz quadrada da soma dos quadrados dos desvios padrão absolutos individuais. Assim, para o cálculo

≪ A variância de uma soma ou diferença é igual à *soma* das variâncias dos números constituindo a soma ou diferença.

$$y = a(\pm s_a) + b(\pm s_b) - c(\pm s_c)$$

---
[3] Veja P. R. Bevington; D. K. Robinson. *Data Reduction and Error Analysis for the Physical Sciences*. 3. ed. Nova York: McGraw-Hill, 2002. cap. 3.

a variância de y, s_y^2 é dada por

$$s_y^2 = s_a^2 + s_b^2 + s_c^2$$

Para uma soma ou uma diferença, o *desvio padrão absoluto da resposta* é a raiz quadrada da soma dos quadrados dos desvios padrão absolutos dos números utilizados no cálculo.

Assim, o desvio padrão s_y do resultado é

$$s_y = \sqrt{s_a^2 + s_b^2 + s_c^2} \qquad (4\text{-}10)$$

onde s_a, s_b e s_c são os desvios padrão dos três termos que compõem o resultado. Substituindo os desvios padrão do exemplo, temos

$$s_y = \sqrt{(\pm 0{,}02)^2 + (\pm 0{,}03)^2 + (\pm 0{,}05)^2} = \pm 0{,}06$$

e a soma deve ser igual a 2,63 (±0,06).

▶▶ Daqui para adiante, neste capítulo, destacamos o dígito incerto, mostrando-o em negrito cinza.

4C-2 Desvio Padrão de um Produto ou Quociente

Considere o seguinte cálculo, onde os números entre parênteses são, novamente, desvios padrão absolutos:

$$\frac{4{,}10(\pm 0{,}02) \times 0{,}0050(\pm 0{,}0001)}{1{,}97(\pm 0{,}04)} = 0{,}010406(\pm?)$$

Nessa situação, o desvio padrão de dois dos números presentes nos cálculos é maior que o próprio resultado. Evidentemente, necessitamos de uma abordagem diferente para a multiplicação e a divisão. Como mostrado na Tabela 4-4, o *desvio padrão relativo* de um produto ou quociente é determinado pelos *desvios padrão relativos* dos números que compõem o resultado calculado. Por exemplo, no caso de

$$y = \frac{a \times b}{c} \qquad (4\text{-}11)$$

obtemos o desvio padrão relativo s_y/y do resultado pela soma dos quadrados dos desvios padrão relativos de a, b e c e extraindo a raiz quadrada da soma:

$$\frac{s_y}{y} = \sqrt{\left(\frac{s_a}{a}\right)^2 + \left(\frac{s_b}{b}\right)^2 + \left(\frac{s_c}{c}\right)^2} \qquad (4\text{-}12)$$

Para multiplicações ou divisões, o *desvio padrão relativo (DPR) da resposta* é a raiz quadrada da soma dos quadrados dos *desvios padrão* relativos dos números que são multiplicados ou divididos.

Aplicando essa equação ao exemplo numérico, temos

$$\frac{s_y}{y} = \sqrt{\left(\frac{\pm 0{,}02}{4{,}10}\right)^2 + \left(\frac{\pm 0{,}0001}{0{,}0050}\right)^2 + \left(\frac{\pm 0{,}04}{1{,}97}\right)^2}$$

$$= \sqrt{(0{,}0049)^2 + (0{,}0200)^2 + (0{,}0203)^2} = \pm 0{,}0289$$

▶▶ Para encontrar o desvio padrão absoluto em um produto ou um quociente, inicialmente encontramos o desvio padrão relativo no resultado e, então, o multiplicamos pelo resultado.

Para completar o cálculo, precisamos encontrar o desvio padrão do resultado,

$$s_y = y \times (\pm 0{,}0289) = 0{,}0104 \times (\pm 0{,}0289) = \pm 0{,}000301$$

e podemos escrever a resposta e sua incerteza como 0,0104 (±0,0003). Observe que se y é um número negativo, devemos tratar s_y/y como um valor absoluto.

O Exemplo 4-4 demonstra o cálculo do desvio padrão do resultado para um cálculo mais complexo.

EXEMPLO 4-4

Calcule o desvio padrão do resultado de

$$\frac{[14,3(\pm 0,2) - 11,6(\pm 0,2)] \times 0,050(\pm 0,001)}{[820(\pm 10) + 1.030(\pm 5)] \times 42,3(\pm 0,4)} = 1,725(\pm?) \times 10^{-6}$$

Resolução

Primeiro, precisamos calcular o desvio padrão da soma e da diferença. Para a diferença, no numerador,

$$s_a = \sqrt{(\pm 0,2)^2 + (\pm 0,2)^2} = \pm 0,283$$

e para a soma, no denominador,

$$s_b = \sqrt{(\pm 10)^2 + (\pm 5)^2} = 11,2$$

Então, podemos reescrever a equação como

$$\frac{2,7(\pm 0,283) \times 0,050(\pm 0,001)}{1.850(\pm 11,2) \times 42,3(\pm 0,4)} = 1,725 \times 10^{-6}$$

Agora a equação contém apenas produtos e cocientes, e aplica-se à Equação 4-12. Assim,

$$\frac{s_y}{y} = \sqrt{\left(\pm\frac{0,283}{2,7}\right)^2 + \left(\pm\frac{0,001}{0,050}\right)^2 + \left(\pm\frac{11,2}{1.850}\right)^2 + \left(\pm\frac{0,4}{42,3}\right)^2} = 0,107$$

Para se obter o desvio padrão absoluto, escrevemos

$$s_y = y \times 0,107 = 1,725 \times 10^{-6} \times (\pm 0,107) = \pm 0,185 \times 10^{-6}$$

e arredondamos a resposta para $1,7(\pm 0,2) \times 10^{-6}$.

4C-3 Desvio Padrão em Cálculos Envolvendo Exponenciais

Considere a relação

$$y = a^x$$

onde o expoente x pode ser considerado livre de incertezas. Como mostrado na Tabela 4-4 e no Apêndice 9, o desvio padrão relativo em y é resultante de uma incerteza em a e é dado por

$$\frac{s_y}{y} = x\left(\frac{s_a}{a}\right) \tag{4-13}$$

Portanto, o desvio padrão relativo do quadrado de um número é duas vezes o desvio padrão relativo do número, o desvio padrão relativo da raiz cúbica de um número é um terço daquele do número e assim por diante. O Exemplo 4-5 ilustra esse cálculo.

EXEMPLO 4-5

O produto de solubilidade (veja o Capítulo 8 para informações sobre os produtos de solubilidade) K_{ps} para o sal de prata AgX é 4,0 ($\pm$0,4) $\times 10^{-8}$. A solubilidade molar é

$$\text{solubilidade} = (K_{ps})^{1/2} = (4,0 \times 10^{-8})^{1/2} = 2,0 \times 10^{-4} \text{ mol L}^{-1}$$

Qual é a incerteza na solubilidade calculada do AgX?

Resolução

Substituindo y = solubilidade, $a = K_{ps}$, e x = ½ na Equação 4-13, teremos

$$\frac{s_a}{a} = \frac{0,4 \times 10^{-8}}{4,0 \times 10^{-8}}$$

$$\frac{s_y}{y} = \frac{1}{2} \times \frac{0,4}{4,0} = 0,05$$

$$s_y = 2,0 \times 10^{-4} \times 0,05 = 0,1 \times 10^{-4}$$

$$\text{solubilidade} = 2,0(\pm 0,1) \times 10^{-4} \text{ mol L}^{-1}$$

É importante observar que a propagação de erros, quando se eleva um número a uma potência, é diferente da propagação de um erro na multiplicação. Por exemplo, considere a incerteza no quadrado de 4,0 ($\pm$0,2). O erro relativo no resultado (16,0) é dado pela Equação 4-13:

$$\frac{s_y}{y} = 2\left(\frac{0,2}{4}\right) = 0,1 \text{ ou } 10\%$$

O resultado então é y = 16 ($\pm$2).

Considere agora a situação na qual y é o produto de dois números *medidos independentemente* que por acaso têm valores idênticos de $a_1 = 4,0$ ($\pm$0,2) e $a_2 = 4,0$ ($\pm$0,2). Aqui, o erro relativo do produto $a_1 a_2 = 16,0$ é dado pela Equação 4-12:

$$\frac{s_y}{y} = \sqrt{\left(\frac{0,2}{4}\right)^2 + \left(\frac{0,2}{4}\right)^2} = 0,07 \text{ ou } 7\%$$

>> O desvio padrão relativo para $y = a^3$ **não** é o mesmo que o desvio padrão relativo para produto de três medidas independentes $y = abc$, em que $a = b = c$.

O resultado agora é y = 16 ($\pm$1). A razão para a diferença entre esse resultado e o anterior é que, para as medidas que são independentes umas das outras, o sinal associado ao erro pode ser o mesmo ou diferente daquele do outro erro. Se forem os mesmos, o erro será idêntico àquele encontrado no primeiro caso, no qual o sinal *deve* ser o mesmo. Por outro lado, se um sinal for positivo e o outro, negativo, o erro relativo tende a ser cancelado. Assim, o erro provável para o caso de medidas independentes está contido em algum lugar entre o máximo (10%) e zero.

4C-4 Desvio Padrão de Logaritmos e Antilogaritmos

Os dois últimos registros contidos na Tabela 4-4 mostram que para $y = \log a$

$$s_y = 0,434 \frac{s_a}{a} \qquad (4\text{-}14)$$

e para $y = \text{antilog } a$

$$\frac{s_y}{y} = 2{,}303 s_a \qquad (4\text{-}15)$$

Como mostrado, o desvio padrão *absoluto* de um logaritmo de um número é determinado pelo desvio padrão *relativo* do número; de modo oposto, o desvio padrão *relativo* do antilogaritmo de um número é determinado pelo desvio padrão *absoluto* do número. O Exemplo 4-6 ilustra esses cálculos.

EXEMPLO 4-6

Calcule os desvios padrão absolutos para os resultados dos seguintes cálculos. O desvio padrão absoluto para cada quantidade é dado entre parênteses.

(a) $y = \log[2{,}00(\pm 0{,}02) \times 10^{-4}] = -3{,}6990 \pm ?$
(b) $y = \text{antilog}[1{,}200(\pm 0{,}003)] = 15{,}849 \pm ?$
(c) $y = \text{antilog}[45{,}4(\pm 0{,}3)] = 2{,}5119 \times 10^{45} \pm ?$

Resolução

(a) Tomando como base a Equação 4-14, vemos que precisamos multiplicar o desvio padrão *relativo* por 0,434:

$$s_y = \pm 0{,}434 \times \frac{0{,}02 \times 10^{-4}}{2{,}00 \times 10^{-4}} = \pm 0{,}004$$

Assim,

$$y = \log[2{,}00(\pm 0{,}02) \times 10^{-4}] = -3{,}699\ (\pm 0{,}004)$$

(b) Aplicando a Equação 4-15, temos

$$\frac{s_y}{y} = 2{,}303 \times (0{,}003) = 0{,}0069$$

$$s_y = 0{,}0069 y = 0{,}0069 \times 15{,}849 = 0{,}11$$

Então,

$$y = \text{antilog}[1{,}200(\pm 0{,}003)] = 15{,}8 \pm 0{,}1$$

(c) $\dfrac{s_y}{y} = 2{,}303 \times (0{,}3) = 0{,}69$

$$s_y = 0{,}69 y = 0{,}69 \times 2{,}5119 \times 10^{45} = 1{,}7 \times 10^{45}$$

Assim,

$$y = \text{antilog}[45{,}4(\pm 0{,}3)] = 2{,}5(\pm 1{,}7) \times 10^{45} = 3(\pm 2) \times 10^{45}$$

O Exemplo 4-4c demonstra que um erro absoluto grande está associado com o antilogaritmo de um número com poucos dígitos além da vírgula. Essa incerteza elevada se deve ao fato de os números à esquerda da vírgula servirem apenas para localizar a casa decimal (a *característica*). O erro grande no antilogaritmo resulta da incerteza relativamente elevada na *mantissa* do número (isto é, $0{,}4 \pm 0{,}3$).

4D Apresentação de Resultados Calculados

Um resultado numérico não tem nenhuma utilidade para os usuários dos dados, a menos que eles saibam alguma coisa sobre sua qualidade. Portanto, é sempre essencial indicar a melhor estimativa da confiabilidade de seus dados. Uma das melhores maneiras de indicar a confiabilidade é fornecendo o intervalo de confiança em um nível de 90% ou 95%, como descreveremos na Seção 5A-2. Outro método consiste em relatar o desvio padrão absoluto ou o coeficiente de variação dos dados. Se um destes for relatado, é uma boa ideia indicar o número de dados que foram utilizados para se obter o desvio padrão, para que o usuário tenha alguma noção da confiabilidade de *s*. Um indicador menos satisfatório, porém mais comum, da qualidade dos dados é a **convenção do algarismo significativo**.

4D-1 Algarismos Significativos

Os **algarismos significativos** em um número são todos os dígitos certos mais o primeiro dígito incerto.

Muitas vezes indicamos a provável incerteza associada a uma medida experimental pelo arredondamento do resultado para que ele contenha apenas **algarismos significativos**. Por convenção, os algarismos significativos em um número são todos os dígitos conhecidos como certos *mais o primeiro dígito incerto*. Por exemplo, quando se lê a escala de uma bureta de 50 mL, cuja seção está mostrada na **Figura 4-5**, você pode facilmente dizer que o nível de líquido é maior que 31,0 mL e menor que 30,9 mL. Você também pode estimar a posição do líquido entre as graduações de cerca de 0,02 mL. Então, usando a convenção do algarismo significativo, você deve descrever o volume dispensado como 30,96 mL, que tem quatro algarismos significativos. Observe que os primeiros três dígitos são certos e o último dígito (6) é o incerto.

O zero pode ou não ser significativo, dependendo da sua posição em um número. Um zero cercado por outros dígitos é sempre significativo (tal como em 30,96 mL) porque é lido diretamente e com certeza a partir de uma escala ou mostrador de um instrumento. Por outro lado, zeros que apenas localizam a casa decimal, para nós não são significativos. Se escrevermos 30,96 mL como 0,03096 L, o número de algarismos significativos é o mesmo. A única função do zero antes do 3 é localizar as casas decimais, assim ele não é significativo. Zeros terminais ou finais podem ser ou não significativos. Por exemplo, se o volume de um béquer é expresso como 2,0 L, a presença do zero nos diz que o volume é conhecido até alguns décimos de um litro, então tanto o 2 quanto o zero são algarismos significativos. Se esse mesmo volume for expresso como 2.000 mL, a situação torna-se confusa. Os dois últimos zeros não são significativos porque a incerteza ainda é de alguns décimos de um litro, ou algumas centenas de mililitros. Para seguir a convenção dos algarismos significativos em um caso como este, use a notação científica e expresse o volume como $2,0 \times 10^3$ mL.

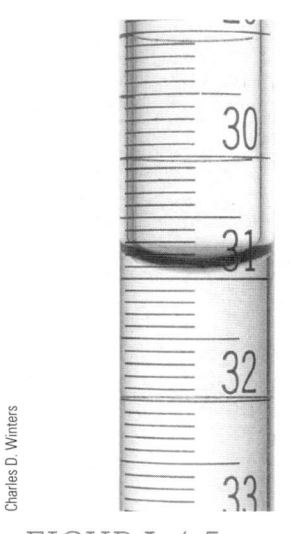

FIGURA 4-5

Seção de uma bureta mostrando o nível do líquido e o menisco.

4D-2 Algarismos Significativos em Cálculos Numéricos

Determinar o número de algarismos significativos apropriados em um resultado de uma combinação aritmética de dois ou mais números requer cuidado.[4]

Somas e Diferenças

Para a adição e a subtração, o número de algarismos significativos pode ser encontrado por meio da inspeção visual. Por exemplo, na expressão

$$3,4 + 0,020 + 7,31 = 10,730$$
$$= 10,7 \text{ (arredondado)}$$

» Regras para determinar o número de algarismos significativos:
1. Desconsidere todos os zeros iniciais.
2. Desconsidere todos os zeros iniciais, *a menos que eles sigam um ponto decimal*.
3. Todos os dígitos restantes, incluindo zeros entre dígitos diferentes, são significativos.

---

[4] Para uma discussão extensiva da propagação de algarismos significativos, veja L. M. Schwartz. *J. Chem. Educ.*, v. 62, p. 693. 1985. DOI: 10.1021/ed062p693.

a segunda e a terceira casas decimais na resposta não podem ser significativas, porque em 3,4 a incerteza se encontra na primeira casa decimal. Dessa forma, o resultado deve ser arredondado para 10,7. Podemos generalizar e dizer que, para a adição e a subtração, o resultado deve ter o mesmo número de casas decimais que o número com o *menor* número de casas decimais. Observe que o resultado contém três algarismos significativos, embora dois dos números envolvidos tenham apenas dois algarismos significativos.

Produtos e Quocientes

Uma regra prática que às vezes é sugerida para a multiplicação e a divisão consiste em arredondar a resposta para que contenha o mesmo número de algarismos significativos que o número original com o menor número de algarismos significativos. Infelizmente, algumas vezes esse procedimento gera arredondamentos incorretos. Por exemplo, considere os dois cálculos

$$\frac{24 \times 4{,}52}{100{,}0} = 1{,}08 \quad \text{e} \quad \frac{24 \times 4{,}02}{100{,}0} = 0{,}965$$

Se seguirmos a sugestão, a primeira resposta deveria ser arredondada para 1,1 e a segunda para 0,96. Um procedimento melhor é admitir a incerteza unitária no último dígito de cada número presente; por exemplo, no primeiro quociente, as incertezas relativas associadas a cada um desses números são 1/24, 1/452 e 1/1.000. Como a primeira incerteza relativa é muito maior que as outras duas, a incerteza relativa no resultado também é 1/24, e a incerteza absoluta então se torna

$$1{,}08 \times \frac{1}{24} = 0{,}045 \approx 0{,}04$$

Pelo mesmo argumento, a incerteza absoluta da segunda resposta é dada por

$$0{,}965 \times \frac{1}{24} = 0{,}040 \approx 0{,}04$$

Portanto, o primeiro resultado deve ser arredondado para três algarismos significativos, ou 1,08, mas o segundo deve ser arredondado para dois, isto é, 0,96.

Logaritmo e Antilogaritmo

Seja especialmente cuidadoso no arredondamento de resultados de cálculos envolvendo logaritmos. As seguintes regras se aplicam para a maioria das situações ilustradas no Exemplo 4-7:

1. Em um logaritmo de um número, mantenha tantos dígitos nas casas decimais, à direita, quanto existam no número original.
2. Em um antilogaritmo de um número, mantenha tantos dígitos quanto existam nas casas decimais no número original.[5]

❰❰ Expresse os dados em notação científica para evitar confusão quanto aos zeros terminais serem ou não significativos.

❰❰ Como expressa a regra prática ou empírica, para a adição e a subtração, o resultado deve conter o mesmo número de casas decimais do número com o *menor* número de casas decimais.

❰❰ Quando estiver somando e subtraindo números descritos em notação científica, expresse os números na mesma potência de 10. Por exemplo,

$2{,}432 \times 10^6 = 2{,}432 \times 10^6$
$+6{,}512 \times 10^4 = +0{,}06512 \times 10^6$
$-1{,}227 \times 10^5 = -0{,}1227 \times 10^6$
$\phantom{-1{,}227 \times 10^5 =} \overline{2{,}37442 \times 10^6}$
$= 2{,}374 \times 10^6$ (arredondado)

❰❰ O elo fraco na multiplicação e na divisão é o número de *algarismos significativos* no número com o menor número de algarismos significativos. Utilize essa regra prática com cautela.

❰❰ O número de algarismos significativos na *mantissa*, ou os dígitos à direita da vírgula de um logaritmo, é o mesmo número de algarismos significativos no número original. Assim, log $(9{,}57 \times 10^4) = 4{,}981$. Como 9,57 tem três algarismos significativos, existem três dígitos à direita da vírgula no resultado.

---
[5] D. E. Jones. *J. Chem. Educ.*, v. 49, p. 753, 1971. DOI: 10.1021/ed049p753.

EXEMPLO 4-7

Arredonde as seguintes respostas para que apenas dígitos significativos sejam mantidos: (a) log $4,000 \times 10^{-5}$ = −4,3979400, e (b) antilog 12,5 = $3,162277 \times 10^{12}$.

Resolução

(a) Seguindo a regra número 1, mantemos quatro dígitos à direita da vírgula:

$$\log 4,000 \times 10^{-5} = -4,3979$$

(b) Seguindo a regra número 2, podemos manter apenas um dígito:

$$\text{antilog } 12,5 = 3 \times 10^{12}$$

4D-3 Arredondamento de Dados

Sempre arredonde de forma apropriada os resultados calculados a partir de uma análise química. Por exemplo, considere as seguintes réplicas de resultados: 41,60; 41,46; 41,55 e 41,61. A média para esse conjunto de dados é 41,555 e o desvio padrão é 0,069. Quando arredondamos a média, o resultado deve ser 41,55 ou 41,56? Uma boa regra a ser seguida quando se arredonda um número 5 é sempre arredondar para o número par mais próximo. Dessa forma eliminamos a tendência de arredondar em uma direção fixa. Em outras palavras, existe a mesma chance de que o número par mais próximo seja o mais alto ou o menor a cada ocasião em que se efetua o arredondamento. Assim, podemos expressar o resultado como 41,56 ± 0,07. Caso haja qualquer razão para duvidar da confiabilidade da estimativa do desvio padrão, podemos expressar o resultado como 41,6 ± 0,1.

>> No arredondamento de um número terminado em 5, sempre arredonde de forma que o resultado termine com um número par. Assim, 0,635 é arredondado para 0,64 e 0,625 para 0,62.

>> Sempre tenha em mente que raramente é justificável manter mais de um dígito no desvio padrão, especialmente quando N for 5 ou menor.

Devemos observar que *raramente é justificável manter mais que um algarismo significativo no desvio padrão*, uma vez que o desvio padrão também contém erros. Para certos propósitos específicos, tais como o relato de incertezas de constantes físicas em artigos de pesquisa, pode ser útil manter dois algarismos significativos, e certamente não há nada de errado em incluir um segundo dígito no desvio padrão. Contudo, é importante reconhecer que a incerteza geralmente está contida no primeiro dígito.

4D-4 Expressão de Resultados de Cálculos Químicos

São encontrados dois casos quando se relatam resultados de cálculos químicos. Se os desvios padrão do valor que compõe o cálculo final são conhecidos, então aplicamos os métodos de propagação de erros contidos na Seção 4C e arredondamos os resultados para conter algarismos significativos. Entretanto, muitas vezes somos solicitados a realizar cálculos nos quais a precisão é indicada apenas pela convenção dos algarismos significativos. Considerações baseadas no bom senso precisam ser feitas quanto à incerteza de cada número. A partir dessas considerações, a incerteza no resultado final então é estimada usando os métodos apresentados na Seção 4C. Finalmente, o resultado é arredondado para que contenha apenas os algarismos significativos.

É especialmente importante postergar o arredondamento até que o cálculo seja completado. Pelo menos um dígito extra depois dos algarismos significativos deve ser mantido durante todos os cálculos de maneira que se evitem os *erros no arredondamento*. Algumas vezes esse dígito extra é chamado dígito "guarda". As calculadoras modernas geralmente mantêm vários dígitos extras que não são significativos e o usuário precisa ser cuidadoso no arredondamento apropriado de resultados finais para que apenas os algarismos significativos sejam incluídos. O Exemplo 4-8 ilustra esse procedimento.

EXEMPLO 4-8

Uma amostra de 3,4842 g de uma mistura sólida contendo o ácido benzóico, C_6H_5COOH (122,123 g mol^{-1}), foi dissolvida e titulada com base até o ponto de viragem da fenolftaleína (veja o Capítulo 12 para os procedimentos da titulação). O ácido consumiu 41,36 mL de NaOH 0,2328 g mol^{-1} NaOH. Calcule a porcentagem de ácido benzóico (HBz) na amostra.

Resolução

Como será mostrado na Seção 11C-3, o cálculo toma a seguinte forma:

$$\%HBz = \frac{41,36 \text{ mL NaOH} \times 0,2328 \frac{\text{mmol de NaOH}}{\text{mL}} \times \frac{1 \text{ mmol de HBz}}{\text{mmol de NaOH}} \times \frac{122,123 \text{ g de HBz}}{1.000 \text{ mmol de HBz}}}{3,842 \text{ g de amostra}}$$

$$\times 100\%$$

$$= 30,606\%$$

Dado que todas as operações são de multiplicação ou divisão, a incerteza relativa da resposta é determinada pelas incertezas relativas dos dados experimentais. Vamos estimar quais são essas incertezas.

1. A posição do nível de líquido na bureta pode ser estimada como ±0,02 mL (Figura 4-5). Ao ler a bureta, devem ser feitas duas leituras (inicial e final), de tal forma que o desvio padrão dos volumes s_V seja

$$s_V = \sqrt{(0,02)^2 + (0,02)^2} = 0,028 \text{ mL}$$

A incerteza relativa no volume s_V/V então fica

$$\frac{s_V}{V} = \frac{0,028}{41,36} \times 1.000 \text{ ppmil} = 0,68 \text{ ppmil}$$

2. Geralmente a incerteza absoluta para uma massa obtida em uma balança analítica será da ordem de ±0,0001 g. Dessa forma, a incerteza relativa do denominador s_D/D é

$$\frac{0,0001}{3,4842} \times 1.000 \text{ ppmil} = 0,029 \text{ ppmil}$$

3. Normalmente, podemos considerar que a incerteza absoluta associada com a concentração de uma solução de um reagente é ±0,0001 g mol L^{-1} e assim a incerteza relativa na concentração do NaOH, s_c/c, é

$$\frac{s_c}{c} = \frac{0,0001}{0,2328} \times 1.000 \text{ ppmil} = 0,43 \text{ ppmil}$$

4. A incerteza relativa na massa molar do HBz é várias ordens de grandeza menor que qualquer incerteza associada com os três valores experimentais e não será significativo. Observe, contudo, que devemos manter dígitos suficientes no cálculo para que a massa molar seja dada, pelo menos, com um dígito a mais (o dígito guarda) que qualquer um dos dados experimentais. Assim, usamos 122,123 no cálculo da massa molar (aqui estamos mantendo dois dígitos extras).

5. Nenhuma incerteza está associada com 100% e o 1.000 mmol de HBz, uma vez que esses números são exatos.
   Substituindo as três incertezas relativas na Equação 4-12, obtemos

$$\frac{s_y}{y} = \sqrt{\left(\frac{0,028}{41,36}\right)^2 + \left(\frac{0,0001}{3,4842}\right)^2 + \left(\frac{0,0001}{0,2328}\right)^2}$$

$$= \sqrt{(0,00068)^2 + (0,000029)^2 + (0,00043)^2} = 8,02 \times 10^{-4}$$

$$s_y = 8,02 \times 10^{-4} \times y = 8,02 \times 10^{-4} \times 30,606 = 0,025$$

Portanto, a incerteza no resultado calculado é 0,03% de HBz e devemos relatar o resultado como 30,61% de HBz, ou melhor, 30,61 (± 0,03)% de HBz.

>> Não há relação entre o número de dígitos mostrados em uma tela de computador ou calculadora e o verdadeiro número de algarismos significativos.

Devemos enfatizar que as decisões sobre o arredondamento são uma parte importante de *todo cálculo*. Tais decisões *não podem* ser baseadas no número de dígitos exibidos em uma leitura na tela de um computador ou no mostrador de uma calculadora.

Química Analítica On-line

O National Institute of Standards and Technology mantêm páginas na internet de dados estatísticos para testar programas de computador. Vá para o link http://dx.doi.org/10.18434/T43G6C; lá você encontrará o site de conjuntos de dados de Referência Estatística do NIST. Navegue pelo site para ver quais tipos de dados estão disponíveis no Statistical Reference Datasets site. Procure o site para testagem. Use dois dos conjuntos de dados do NIST nos Problemas 4-22 e 4-23 do final deste capítulo. Sob Databases, Scientific, escolha Standard Reference Data. Encontre a bases de dados de Química Analítica. Entre no site NIST Chemistry WebBook. Encontre os dados de índice de retenção cromatográfica de fase gasosa do clorobenzeno. Encontre quatro valores para os índices (I) de clorobenzeno em uma coluna de capilaridade SE-30 a uma temperatura de 160 °C. Determine o índice de retenção médio nesta temperatura.

Resumo do Capítulo 4

- Características e fontes de erro aleatório
- Distribuição de dados incluindo a curva de erro normal
- Populações e amostras
- Média e desvio padrão de populações e amostras
- Áreas sob curvas gaussiana
- Erro padrão da média
- Desvio padrão combinado
- Variância
- Propagação do erro nos cálculos aritméticos
- A cumulatividade de variâncias em algumas situações
- Algarismos significativos e arredondamento

Termos-chave

Arredondamento de dados, 74
Coeficiente de variação, 66
Convenção de algarismo significativo, 72
Curva de erro normal (gaussiana), 54
Desvio padrão da amostra, 60
Desvio padrão da população, 57
Desvio padrão relativo, 66
Distribuição binomial, 56
Distribuição de Poisson, 56
Erro padrão da média, 62
Espalhamento ou faixa, 66
Graus de liberdade, 61
Histograma, 54
Média da amostra, 58
Média da população, 57
Parâmetro e estatística, 57
População e amostra, 56
Variância, 59

Equações Importantes

Desvio padrão de população, σ

$$\sigma = \sqrt{\frac{\sum_{i=1}^{N}(x_i - \mu)^2}{N}}$$

Desvio padrão da amostra, s

$$s = \sqrt{\frac{\sum_{i=1}^{N}(x_i - \bar{x})^2}{N-1}} = \sqrt{\frac{\sum_{i=1}^{N}d_i^2}{N-1}}$$

Erro padrão da média, s_m

$$s_m = \frac{s}{\sqrt{N}}$$

Desvio padrão combinado, s_{comb}

$$s_{comb} = \sqrt{\frac{\sum_{i=1}^{N_1}(x_i - \bar{x}_1)^2 + \sum_{j=1}^{N_2}(x_j - \bar{x}_2)^2 + \sum_{k=1}^{N_3}(x_k - \bar{x}_3)^2 + \cdots}{N_1 + N_2 + N_3 + \cdots - N_t}}$$

Desvio padrão relativo, DPR

$$DPR = s_r = \frac{s}{\bar{x}}$$

Coeficiente de variação, CV

$$CV = DPR \text{ em porcentagem} = \frac{s}{\bar{x}} \times 100\%$$

Questões e Problemas*

4-1. Defina
  *(a) erro padrão da média.
  (b) coeficiente de variação.
  *(c) variância.
  (d) algarismos significativos.

4-2. Dê a diferença entre
  *(a) parâmetro e estatística.
  (b) média da população e média da amostra.
  *(c) erro sistemático e erro aleatório.
  (d) exatidão e precisão.

4-3. Faça a distinção entre
  *(a) o desvio padrão da amostra e o desvio padrão de população.
  (b) o significado da palavra "amostra" como é usado no sentido químico e no sentido estatístico.

4-4. O que é o erro padrão de uma média? Por que o desvio padrão da média é menor que o desvio padrão dos dados em um conjunto?

*__4-5.__ A partir de uma curva (normal) de erro gaussiana, qual a probabilidade de um resultado de uma população estar contido entre 0 e $+1\sigma$ em relação à média? Qual é a probabilidade de o resultado ocorrer entre $+1\sigma$ e $+2\sigma$ em relação à média?

4-6. A partir de uma curva de erro normal, encontre a probabilidade de um resultado estar fora dos limites de $\pm 2\sigma$ em relação à média. Qual é a probabilidade de um resultado ter um desvio mais negativo que -2σ em relação à média?

4-7. Considere os seguintes conjuntos de réplicas de medidas:

*A	B	*C	D	*E	F
9,5	55,35	0,612	5,7	20,63	0,972
8,5	55,32	0,592	4,2	20,65	0,943
9,1	55,20	0,694	5,6	20,64	0,986
9,3		0,700	4,8	20,51	0,937
9,1			5,0		0,954

Para cada conjunto de dados, calcule (a) a média; (b) a mediana; (c) a faixa; (d) o desvio padrão e (e) o coeficiente de variação.

4-8. Os valores aceitos como verdadeiros para os conjuntos dados do Problema 4-7 são os seguintes: *conjunto A, 9,0; conjunto B, 55,33; *conjunto C, 0,630; conjunto D, 5,4; *conjunto E, 20,58; e conjunto F, 0,965. Para a média de cada conjunto, calcule (a) o erro absoluto e (b) o erro relativo em partes por mil.

4-9. Estime o desvio padrão absoluto e o coeficiente de variação dos resultados dos seguintes cálculos. Arredonde cada resultado de maneira que contenham apenas algarismos significativos. Os números entre parênteses representam os desvios padrão absolutos.
  *(a) $y = 3,95(\pm 0,03) + 0,993(\pm 0,001) - 7,025(\pm 0,001) = -2,082$
  (b) $y = 15,57(\pm 0,04) + 0,0037(\pm 0,0001) + 3,59(\pm 0,08) = 19,1637$
  *(c) $y = 29,2(\pm 0,3) \times 2,03(\pm 0,02) \times 10^{-17} = 5,93928 \times 10^{-16}$

---

*As respostas para as questões e problemas marcados com um asterisco são fornecidas no final deste livro.

(d) $y = 326(\pm1) \times \dfrac{740(\pm2)}{1,964(\pm0,006)}$

$= 122.830,9572$

*(e) $y = \dfrac{187(\pm6) - 89(\pm3)}{1.240(\pm1) + 57(\pm8)} = 7,5559 \times 10^{-2}$

(f) $y = \dfrac{3,56(\pm0,01)}{522(\pm3)} = 6,81992 \times 10^{-3}$

4-10. Estime o desvio padrão absoluto e o coeficiente de variação para os resultados dos seguintes cálculos. Arredonde cada resultado de maneira a incluir apenas os algarismos significativos. Os números entre parênteses expressam os desvios padrão absolutos.

*(a) $y = 1,02(\pm0,02) \times 10^{-8} - 3,54(\pm0,2) \times 10^{-9}$

(b) $y = 90,31(\pm0,08) - 89,32(\pm0,06) + 0,200(\pm0,004)$

*(c) $y = 0,0040(\pm0,0005) \times 10,28(\pm0,02) \times 347(\pm1)$

(d) $y = \dfrac{223(\pm0,03) \times 10^{-14}}{1,47(\pm0,04) \times 10^{-16}}$

*(e) $y = \dfrac{100(\pm1)}{2(\pm1)}$

(f) $y = \dfrac{1,49(\pm0,02) \times 10^{-2} - 4,97(\pm0,06) \times 10^{-3}}{27,1(\pm0,7) + 8,99(\pm0,08)}$

4-11. Calcule o desvio padrão absoluto e o coeficiente de variação para os resultados dos seguintes cálculos. Arredonde cada resultado de maneira que se incluam apenas os algarismos significativos. Os números entre parênteses expressam os desvios padrão absolutos.

*(a) $y = \log[2,00(\pm0,03) \times 10^{-4}]$

(b) $y = \log[4,42(\pm0,01) \times 10^{37}]$

*(c) $y = \text{antilog}[1,200(\pm0,003)]$

(d) $y = \text{antilog}[49,54(\pm0,04)]$

4-12. Calcule o desvio padrão absoluto e o coeficiente de variação para os resultados dos seguintes cálculos. Arredonde cada resultado de maneira que se incluam apenas os algarismos significativos. Os números entre parênteses expressam os desvios padrão absolutos.

*(a) $y = [4,17(\pm0,03) \times 10^{-4}]^3$

(b) $y = [2,936(\pm0,002)]^{1/4}$

4-13. O desvio padrão na medida do diâmetro d de uma esfera é $\pm0,02$ cm. Qual é o desvio padrão no volume V calculado para a esfera se $d = 2,35$ cm?

4-14. O diâmetro interno de um tanque na forma de um cilindro aberto foi medido. Os resultados para quatro réplicas de medidas foram 5,2; 5,7; 5,3 e 5,5 m. As medidas da altura do tanque geraram os resultados 7,9; 7,8 e 7,6 m. Calcule o volume do tanque em litros e o desvio padrão para o resultado.

4-15. Em uma determinação volumétrica de um analito A, os dados obtidos e seus desvios padrão são os seguintes:

Leitura inicial da bureta	0,19 mL	0,02 mL
Leitura final da bureta	9,26 mL	0,03 mL
Massa da amostra	45,0 mg	0,2 mg

A partir desses dados, encontre o coeficiente de variação para o resultado final para a % de A que pode ser obtida usando-se a equação a seguir e suponha que não exista nenhuma incerteza na massa equivalente

% A = volume do titulante × equivalente grama × 100%/massa da amostra

4-16. No Capítulo 26, vamos discutir sobre a espectrometria de emissão atômica em plasma acoplado indutivamente (ICP). Nesse método, o número de átomos excitados a um nível específico de energia é uma função da temperatura. Para um elemento com energia de excitação E em joules (J), o sinal de emissão S medido no ICP pode ser escrito como

$$S = k'e^{-E/kT}$$

onde k' é a constante praticamente independente da temperatura, T é a temperatura absoluta em Kelvin (K) e k é a constante de Boltzmann ($1,3807 \times 10^{-23}$ J K^{-1}). Para um ICP de temperatura média de 7.000 K e para o cobre (Cu) com energia de excitação de $6,12 \times 10^{-19}$ J, com qual precisão deve-se controlar a temperatura para que o coeficiente de variação no sinal de emissão seja 1% ou menos?

4-17. No Capítulo 22 vamos mostrar que a espectrometria de absorção molecular quantitativa se baseia na lei de Beer, que pode ser escrita como

$$-\log T = \varepsilon b c_X$$

onde T é a transmitância de uma solução contendo o analito X, b é a espessura da solução absorvente, c_X é a concentração molar de X e ε é uma constante determinada experimentalmente. Por meio da medida de uma série de soluções padrão de X, εb teve seu valor determinado como $3.312(\pm12)$ mol L^{-1}, no qual o número entre parênteses representa o desvio padrão absoluto.

Uma solução de X de concentração desconhecida foi medida em uma célula idêntica àquela usada para determinar εb. As réplicas dos resultados foram $T = 0,213$, $0,216$, $0,208$ e $0,214$. Calcule (a) a concentração molar do analito c_X; (b) o desvio padrão absoluto para c_X; e (c) o coeficiente de variação para c_X.

4-18. As análises de várias preparações alimentares envolvendo a determinação de potássio geraram os seguintes dados:

Amostra	Porcentagem K⁺
1	6,02, 6,04, 5,88, 6,06, 5,82
2	7,48, 7,47, 7,29
3	3,90, 3,96, 4,16, 3,96
4	4,48, 4,65, 4,68, 4,42
5	5,29, 5,13, 5,14, 5,28, 5,20

As preparações foram aleatoriamente extraídas da mesma população.
(a) Encontre a média e o desvio padrão s para cada amostra.
(b) Obtenha o valor combinado s_{comb}.
(c) Por que s_{comb} é a melhor estimativa de σ que o desvio padrão de qualquer amostra?

*4-19. Seis garrafas de vinho da mesma variedade foram analisadas para se determinar o conteúdo de açúcar residual, gerando os seguintes resultados:

Garrafa	Porcetagem(m/v) Açucar Residual
1	1,02, 0,84, 0,99,
2	1,13, 1,02, 1,17, 1,02
3	1,12, 1,32, 1,13, 1,20, 1,25
4	0,77, 0,58, 0,61, 0,72
5	0,73, 0,92, 0,90
6	0,73, 0,88, 0,72, 0,70

(a) Avalie o desvio padrão s para cada conjunto de dados.
(b) Combine os dados para obter um desvio padrão absoluto para o método.

4-20. Nove amostras de preparações ilícitas de heroína foram analisadas em duplicata por um método baseado em cromatografia de gás. Pode-se supor que as amostras tenham sido retiradas aleatoriamente da mesma população. Combine os dados a seguir para estabelecer uma estimativa de σ para o procedimento.

Amostra	Heroína, %	Amostra	Heroína, %
1	2,24, 2,27	6	1,07, 1,02
2	8,4, 8,7	7	14,4, 14,8
3	7,6, 7,5	8	21,9, 21,1
4	11,9, 12,6	9	8,8, 8,4
5	4,3, 4,2		

*4-21. Calcule uma estimativa combinada de σ a partir da seguinte análise espectrofotométrica de NTA (ácido nitrilotriacético) em águas do Rio Ohio:

Amostra	NTA, ppb
1	13, 19, 12, 7
2	42, 40, 39
3	29, 25, 26, 23, 30

4-22. Vá para o site **http://dx.doi.org/10.18434/T43G6C**, onde você encontrá um link para o site do Conjunto de Dados de Referências Estatísticas do NIST. Encontre o link Dataset Archives, localize a seção link Univariate Summary Statistics e selecione o conjunto de dados Mavro. Este conjunto de dados vigente é o resultado de um estudo feito pelo químico Radu Mavrodineaunu, do NIST. O estudo feito por ele foi para determinar um valor de transmitância certificado para um filtro ótico. Clique no arquivo de dados com formato ASCII. O conjunto de dados no fim da página contém 50 valores de transmitância coletados por Mavrodineaunu. Assim que você tiver os dados na sua tela, use o seu "mouse" para marcar apenas os 50 valores de de transmitância e clique em Editar/Copiar (ou use Ctrl-C) para colocar os dados na área de transferência. Então, abra o Excel com uma planilha em branco e clique em Editar/Colar (Ctrl-V) para inserir os dados na coluna B. Agora, encontre a média e o desvio padrão e compare seus valores com aqueles apresentados quando você clicou nos em Certified Values na página do NIST. Certifique--se de aumentar o número de dígitos mostrados na sua planilha de tal forma que você possa comparar todos os dígitos. Comente sobre quaisquer diferenças entre os seus resultados e os valores certificados. Sugira possíveis fontes para as diferenças.

4-23. **Problema Desafio:** Vá para o site **http://dx.doi.org/10.18434/T43G6C**, lá você encontrará um link para o site do Conjunto de Dados de Referências Estatísticas do NIST. Encontre o link Dataset Archives. Clique em Analysis of Variance, e encontre o conjunto de dados AtmWtAg. Encontre o link para Data File in Two-Column Format. A página da internet contém a massa atômica da prata, como apresentado por L. J. Powell; T. J. Murphy; J. W. Gramlich, The Absolute Isotopic Abundance & Atomic Weight of a Reference Sample of Silver, *NBS Journal of Research*, n. 87, p. 9-19, 1982. A página que você vê contém 48 valores para a massa atômica da prata, 24 determinadas por um instrumento e 24 determinadas por outro instrumento.
(a) Primeiramente, importaremos os dados. Clique com o botão direito do mouse na página, e escolha "Salvar como...", e aparecerá "AtmWtAg.dat.txt" na lacuna "Nome do arquivo". Clique em "Salvar". Então abra o Excel, clique em "Arquivo/Abrir" e certifique-se de que esteja selecionado "Todos os arquivos (*.*)" na lacuna "Tipos de arquivo". Encontre "AtmWtAg.dat", marque o nome do arquivo e clique em "Abrir." Então aparecerá o "Assistente de Importação de Texto", marque

"Delimitado" e depois "Avançar". Na próxima janela, certifique-se que apenas a caixa "Espaço" esteja marcada e role até o fim do arquivo para garantir que o Excel desenhou linhas verticais para separar as duas colunas de dados de massa atômica; então clique em "Concluir". Os dados devem aparecer na planilha. Os dados nas 60 primeiras linhas parecerão um pouco desorganizados, mas a partir da linha 61, os dados de massa atômica devem aparecer em duas colunas da planilha. Talvez você tenha que alterar as etiquetas do número do instrumento para que correspondam às duas colunas.

(b) Agora, encontre a média e o desvio padrão dos dois conjuntos de dados. Determine, também, o coeficiente de variação para cada conjunto.

(c) Em seguida, encontre o desvio padrão combinado dos dois conjuntos de dados e compare o seu valor com aquele para o desvio padrão residual certificado apresentado quando você clicou em Certified Values na página do NIST. Certifique-se de aumentar o número de dígitos mostrados na sua planilha de tal forma que você possa comparar todos os dígitos.

(d) Compare sua soma dos quadrados dos desvios das duas médias com o valor MIST para a soma dos quadrados certificada (com instrumentos). Comente sobre quaisquer diferenças entre seus resultados e os valores certificados e sugira possíveis razões para as diferenças.

(e) Compare os valores da média para os dois conjuntos de dados com a massa atômica da prata atualmente aceitável. Supondo que o valor aceitável atualmente seja o valor verdadeiro, determine o erro absoluto e o erro relativo em porcentagem.

Tratamento e Avaliação Estatística de Dados

CAPÍTULO 5

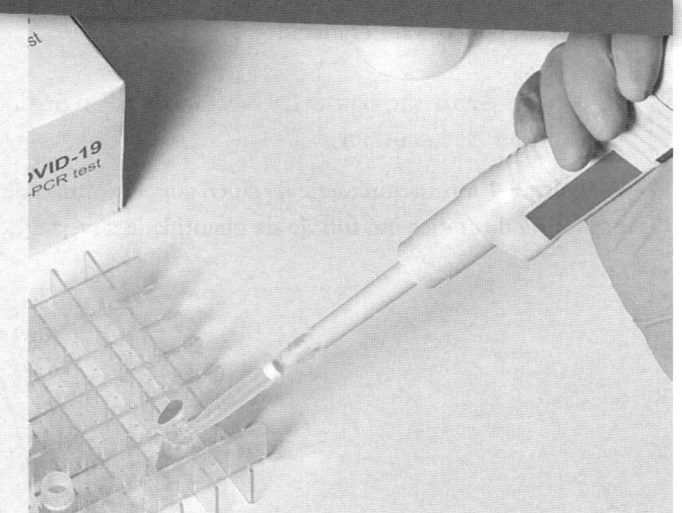

Os erros em testes estatísticos normalmente têm consequências importantes em muitas áreas, incluindo procedimentos judiciais, ciência ambiental, ciência forense e teste de drogas. Os erros em procedimentos judiciais podem resultar na condenação de uma pessoa inocente ou na libertação de uma pessoa culpada. Da mesma forma, existem consequências de erros estatísticos nas análises químicas. A figura mostra um técnico realizando um teste PCR (reação em cadeia da polimerase) para COVID-19. Um erro do tipo I, ou falso positivo, pode ocorrer se a hipótese de que o teste não mostrou vírus for rejeitada, mesmo se não houver vírus presente. Um erro do tipo II, falso negativo, ocorreria se a hipótese de que não havia vírus fosse aceita, mesmo que houvesse vírus. Neste caso, um erro do tipo II seria mais significativo. Em outras palavras, um erro do tipo I tem piores consequências. A aceitação de uma determinada taxa de erro é uma parte importante da hipótese de testagem. As características destes erros em testes estatísticos e as maneiras pelas quais podemos minimizá-los estão entre os assuntos deste capítulo.

Fonte: Johns Hopkins Medicine

Os cientistas usam a análise estatística dos dados para avaliar a qualidade de medidas experimentais, para testar várias hipóteses e para desenvolver modelos para descrever resultados experimentais. As técnicas usadas para construir modelos matemáticos para calibração e outros propósitos serão abordados no Capítulo 6. Neste capítulo, consideramos várias das aplicações mais comuns do tratamento estatístico de dados. Essas aplicações incluem:

1. Definir um intervalo numérico em torno da média de um conjunto de resultados replicados, dentro do qual se pode esperar que a média da população esteja contida com uma certa probabilidade. Esse intervalo – chamado intervalo de confiança (IC) – relaciona-se ao desvio padrão da média.
2. Determinar o número de réplicas de medidas necessário para assegurar que uma média experimental esteja contida em uma certa faixa com um dado nível de probabilidade.
3. Estimar a probabilidade de (a) uma média experimental e um valor verdadeiro ou (b) duas médias experimentais serem diferentes; isto é, se a diferença é real ou simplesmente o resultado de um erro aleatório. Esse teste é particularmente importante para se detectar a presença de erros sistemáticos em um método e para determinar se duas amostras são provenientes da mesma fonte.
4. Determinar, dentro de um dado nível de probabilidade, se a precisão de dois conjuntos de resultados é diferente.
5. Comparar as médias de mais de duas amostras para determinar se as diferenças nas médias são reais ou resultado de erros aleatórios. Esse processo é conhecido como análise de variância.
6. Decidir se deve rejeitar ou reter um resultado que parece ser um *outlier* em um conjunto de réplicas de medidas.

5A Intervalos de Confiança

Na maioria das análises químicas quantitativas, o valor verdadeiro da média μ não pode ser determinado, porque seria necessário um número imenso de medidas (aproximadamente infinito). Com a Estatística, entretanto, podemos estabelecer um intervalo ao redor da média $\bar{x}$ determinada experimentalmente, no qual se espera que a média da população μ esteja contida com um certo grau de probabilidade. Esse intervalo é conhecido como o **intervalo de confiança**. Algumas vezes, os limites do intervalo são chamados **limites de confiança**. Por exemplo, podemos dizer que é 99% provável que a média verdadeira da população de um conjunto de medidas da concentração de potássio esteja contida no intervalo 7,25% ± 0,15% de K. Assim, a probabilidade de que a média se localize no intervalo de 7,10% a 7,40% de K é de 99%.

> O **intervalo de confiança** para a média é a faixa de valores entre os quais se espera que a média da população μ esteja contida com uma certa probabilidade.

A amplitude do intervalo de confiança, que é calculado a partir do desvio padrão da amostra, depende de quão bem o desvio padrão s da amostra estima o desvio padrão σ da população. Se s for uma boa estimativa de σ, o intervalo de confiança pode ser significativamente mais estreito do que se a estimativa de σ for baseada apenas em poucos valores medidos.

5A-1 Determinação do Intervalo de Confiança quando σ É Conhecido ou s É uma Boa Estimativa de σ

A **Figura 5-1** mostra uma série de cinco curvas normais de erro. Em cada uma delas, a frequência relativa está representada em forma de gráfico em função da quantidade z (veja a Equação 4-2), que é o desvio da média *dividido pelo desvio padrão*

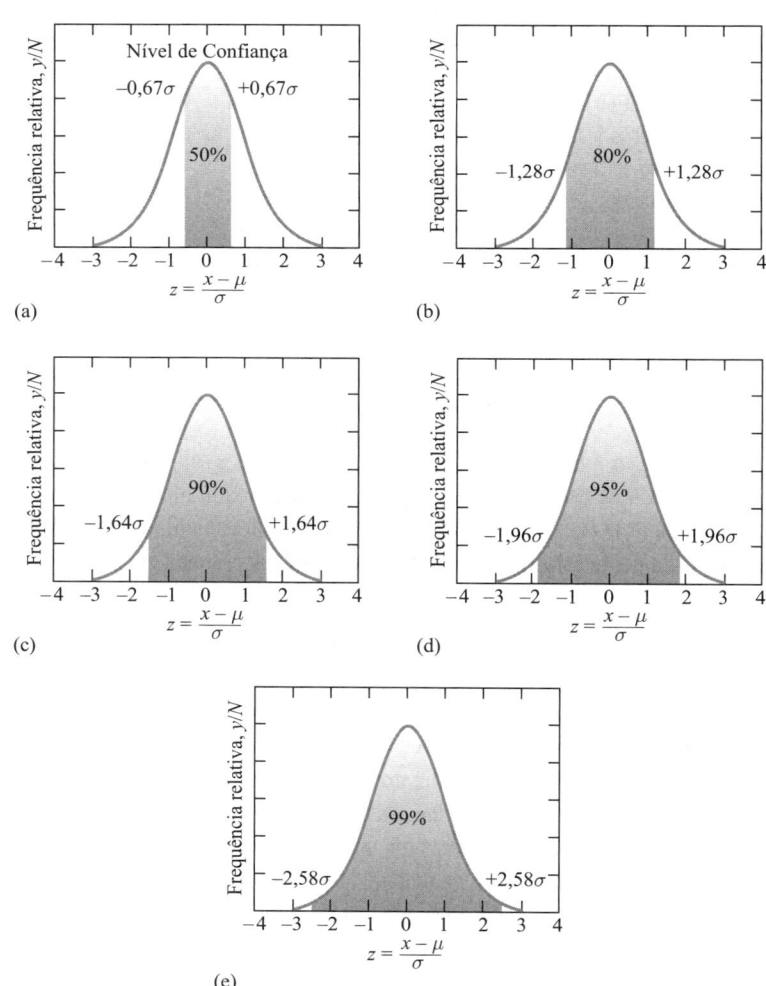

FIGURA 5-1
Áreas sob uma curva gaussiana para vários valores de ±z.

da população. As áreas sombreadas mostradas em cada gráfico estão contidas entre os valores de $-z$ e $+z$, que são indicados à esquerda e à direita das curvas. Os números contidos nas áreas sombreadas representam o percentual da área total sob a curva, que está incluída entre os valores de z. Por exemplo, como mostrado na curva (a), 50% da área da curva gaussiana estão localizados entre $-0{,}67\sigma$ e $+0{,}67\sigma$. Prosseguindo para as curvas (b) e (c), vemos que 80% da área total estão contidos entre $-1{,}28\sigma$ e $+1{,}28\sigma$ e 90% estão localizados entre $-1{,}64\sigma$ e $+1{,}64\sigma$.

> O **nível de confiança** é a probabilidade de que a verdadeira média esteja dentro de um determinado intervalo e é frequentemente expresso como uma porcentagem.

Essas relações são úteis para definir uma faixa de valores ao redor de um resultado de medição dentro da qual é provável que o valor verdadeiro esteja inserido com uma certa probabilidade, *desde que tenhamos uma estimativa razoável de σ*. Por exemplo, se temos um resultado x a partir de um conjunto de dados, com um desvio padrão de σ, podemos considerar que, em 90 de 100 vezes, a média verdadeira μ estará contida no intervalo $x \pm 1{,}64\sigma$ (veja a Figura 5-1c). A probabilidade é chamada **nível de confiança** (NC). Nesse exemplo da Figura 5-1c, o nível de confiança é de 90% e o intervalo de confiança varia de $-1{,}64\sigma$ a $+1{,}64\sigma$. A probabilidade de um resultado estar *fora* do intervalo de confiança é, muitas vezes, denominada **nível de significância**.

Se fizermos uma única medida x a partir de uma distribuição com σ conhecido, podemos dizer que a média verdadeira deve estar inserida no intervalo $x \pm z\sigma$, com uma probabilidade dependente de z. Essa probabilidade é de 90% para $z = 1{,}64$; 95% para $z = 1{,}96$ e 99% para $z = 2{,}58$, como mostrado nas Figuras 5-1c, d e e. Encontramos uma expressão geral para o intervalo de confiança (IC) para a média verdadeira que está baseada na medida de um valor único de x por meio do rearranjo da Equação 4-2. (Lembre-se de que z pode ter valores positivos ou negativos.) Assim,

$$\text{IC para } \mu = x \pm z\sigma \tag{5-1}$$

Raramente, entretanto, estimamos a média verdadeira a partir de uma única medida. Em vez disso, usamos a média experimental $\bar{x}$ de N medidas como uma estimativa melhor de μ. Nesse caso, substituímos x na Equação 5-1 por $\bar{x}$ e σ pelo erro padrão da média, $\sigma\sqrt{N}$. Isto é,

$$\text{IC para } \mu = \bar{x} \pm \frac{z\sigma}{\sqrt{N}} \tag{5-2}$$

Os valores para z em vários níveis de confiança são encontrados na **Tabela 5-1** e a largura relativa do intervalo de confiança como função de N é mostrada na **Tabela 5-2**. Os exemplos de cálculos de limites de intervalos de confiança são fornecidos no Exemplo 5-1. O número de medidas necessário para atingir um determinado intervalo de confiança é calculado no Exemplo 5-2.

TABELA 5-1

Níveis de Confiança para Vários Valores de z

Nível de confiança, %	z
50	0,67
68	1,00
80	1,28
90	1,64
95	1,96
95,4	2,00
99	2,58
99,7	3,00
99,9	3,29

TABELA 5-2

Largura do Intervalo de Confiança como uma Função do Número Médio de Medidas

Número Médio de Medidas	Largura Relativa do Intervalo de Confiança
1	1,00
2	0,71
3	0,58
4	0,50
5	0,45
6	0,41
10	0,32

EXEMPLO 5-1

Determine os intervalos de confiança de 80% e 95% para (a) o primeiro registro no Exemplo 4-2 (1.108 mg L^{-1} de glicose) e (b) o valor médio (1.100,3 mg L^{-1}) para o mês 1, no mesmo exemplo. Considere $s = 19$ uma boa estimativa de σ.

Resolução

(a) Da Tabela 5-1, podemos ver que $z = 1,28$ e $1,96$ para os níveis de confiança de 80% e 95%, respectivamente. Substituindo na Equação 5-1, temos

$$80\% \text{ IC} = 1.108 \pm 1,28 \times 19 = 1.108 \pm 24,3 \text{ mg L}^{-1}$$

$$95\% \text{ IC} = 1.108 \pm 1,96 \times 19 = 1.108 \pm 37,2 \text{ mg L}^{-1}$$

Para esses cálculos, concluímos que é 80% provável que μ, a média da população (e, *na ausência de erros determinados*, o valor verdadeiro), esteja inserida no intervalo 1.083,7 a 1.132,3 mg L^{-1} de glicose. Além disso, é 95% provável que μ esteja localizado no intervalo entre 1.070,8 e 1.145,2 mg L^{-1}.

(b) Para as sete medidas,

$$80\% \text{ IC} = 1.100,3 \pm \frac{1,28 \times 19}{\sqrt{7}} = 1.100,3 \pm 9,2 \text{ mg L}^{-1}$$

$$95\% \text{ IC} = 1.100,3 \pm \frac{1,96 \times 19}{\sqrt{7}} = 1.100,3 \pm 14,1 \text{ mg L}^{-1}$$

Consequentemente, a partir da média experimental ($\bar{x} = 1.100,3$ mg L^{-1}), concluímos que existe uma possibilidade de 80% de que μ esteja localizado entre 1.091,1 e 1.109,5 mg L^{-1}) de glicose e 95% de possibilidade de que ele esteja localizado entre 1.086,2 e 1.114,4 mg L^{-1} de glicose. Observe que os intervalos são consideravelmente menores quando usamos médias experimentais em vez de um único valor.

Como pesquisador do Centro Nacional de Toxicologia Computacional da Environmental Protection Agency's (EPA), **Dr. Richard Judson** usa a química e a modelagem computacional para avaliar reagentes químicos com potencial toxicidade. Essa abordagem química computacional foi desenvolvida porque muitos dos milhares de reagentes químicos existentes não são testados quanto à toxicidade pelos métodos tradicionais. O conhecimento do Dr. Judson em química teórica e diagnóstico genético é útil em projetos como a avaliação do impacto de reagentes químicos em embriões de peixe-zebra e a comparação com efeitos similares em células humanas. Essas informações são críticas para coletar dados para melhorar os modelos para efeitos potencialmente tóxicos de exposição a reagentes químicos.

EXEMPLO 5-2

Quantas réplicas de medidas realizadas no mês 1, no Exemplo 4-2, são necessárias para decrescer o intervalo de confiança de 95% para 1.100,3 $\pm$ 10,0 mg L^{-1} de glicose?

Resolução

Queremos que o termo $\pm \dfrac{z\sigma}{\sqrt{N}}$ seja igual a ± 10.0 mg L^{-1} de glicose.

$$\frac{z\sigma}{\sqrt{N}} = \frac{1,96 \times 19}{\sqrt{N}} = 10,0$$

$$\sqrt{N} = \frac{1,96 \times 19}{10,0} = 3,724$$

$$N = (3,724)^2 = 13,9$$

Assim, concluímos que são necessárias 14 medidas para fornecer uma chance ligeiramente superior a 95% para que a média da população esteja inserida entre ± 10 mg L^{-1} da média de glicose experimental

A Equação 5-2 nos diz que o intervalo de confiança para uma análise pode ser dividido por dois calculando-se quatro medidas. Dezesseis medidas vão estreitar o intervalo por um fator de 4 e assim por diante. Dessa forma, atingimos rapidamente um ponto a partir do qual a aquisição de dados adicionais não compensa o ganho no estreitamento do intervalo de confiança. Normalmente, aproveitamos o ganho relativamente grande obtido pela média de duas a quatro medidas, mas raramente podemos arcar com o tempo ou a quantidade de amostras necessárias para se obter intervalos de confiança mais estreitos por meio de réplicas de medidas.

É essencial ter sempre em mente que intervalos de confiança baseados na Equação 5-2 aplicam-se somente *na ausência de erros sistemáticos e apenas se pudermos considerar que s é uma boa aproximação de* σ. Indicamos que s é uma boa estimativa de σ pelo uso do símbolo $s \rightarrow \sigma$ (s aproxima-se de σ).

> **Exercícios no Excel** O Capítulo 2 do *Applications of Microsoft® Excel® in Analytical Chemistry*, 4. ed., explora o uso da função INT.CONFIANÇA() para obter os intervalos de confiança quando σ é conhecido. Os intervalos de confiança 80% e 95% são obtidos para os dados no Exemplo 5-1.

5A-2 Determinação do Intervalo de Confiança quando σ não for Conhecido

Muitas vezes, as limitações no tempo ou na quantidade de amostra disponível nos impedem de fazer medidas suficientes para considerar s como uma boa estimativa de σ. Em tal caso, um conjunto único de réplicas de medidas precisa fornecer não apenas a média, como também uma estimativa da precisão. Como indicado anteriormente, o valor de s calculado a partir de um pequeno conjunto de dados pode ser bastante incerto. Assim, intervalos de confiança são necessariamente mais amplos quando precisamos utilizar um valor de s calculado com um pequeno número de medidas, como nossa estimativa de σ.

» A estatística t é muitas vezes chamada ***t* de Student**. Student foi o nome usado por W. S. Gossett, quando escreveu o artigo clássico sobre o t, que apareceu no periódico *Biometrika*, em 1908 (veja Destaque 5-1).

Para considerar a variabilidade de s, usamos o importante parâmetro estatístico t, que é definido exatamente da mesma forma que z (veja a Equação 4-2), exceto que s substitui σ. Para uma única medida com resultado x, podemos definir t como

$$t = \frac{x - \mu}{s} \tag{5-3}$$

Para a média de N medidas,

$$t = \frac{\bar{x} - \mu}{s/\sqrt{N}} \tag{5-4}$$

Assim como z na Equação 5-1, t depende do nível de confiança desejado. Mas t também depende do número de graus de liberdade presente no cálculo de s. A **Tabela 5-3** fornece valores de t para alguns graus de liberdade. Tabelas mais completas são encontradas em vários *manuais* de Matemática e Estatística. Observe que t se aproxima de z à medida que o número de graus de liberdade se torna maior.

O intervalo de confiança para a média $\bar{x}$ de N réplicas de medidas pode ser calculado a partir de t pela Equação 5-5, que é similar à Equação 5-2 usando z:

$$\text{IC para } \mu = \bar{x} \pm \frac{ts}{\sqrt{N}} \tag{5-5}$$

O uso da Estatística t para intervalos de confiança é ilustrado no Exemplo 5-3.

TABELA 5-3
Valores de t para Vários Níveis de Probabilidade

Graus de Liberdade	80%	90%	95%	99%	99,9%
1	3,08	6,31	12,7	63,7	637
2	1,89	2,92	4,30	9,92	31,6
3	1,64	2,35	3,18	5,84	12,9
4	1,53	2,13	2,78	4,60	8,61
5	1,48	2,02	2,57	4,03	6,87
6	1,44	1,94	2,45	3,71	5,96
7	1,42	1,90	2,36	3,50	5,41
8	1,40	1,86	2,31	3,36	5,04
9	1,38	1,83	2,26	3,25	4,78
10	1,37	1,81	2,23	3,17	4,59
15	1,34	1,75	2,13	2,95	4,07
20	1,32	1,73	2,09	2,84	3,85
40	1,30	1,68	2,02	2,70	3,55
60	1,30	1,67	2,00	2,62	3,46
∞	1,28	1,64	1,96	2,58	3,29

DESTAQUE 5-1

W. S. Gossett ("Student")

William Gossett nasceu na Inglaterra em 1876. Ele frequentou o New College Oxford, onde obteve diplomas de primeira classe tanto em Química quanto em Matemática. Após sua graduação em 1899, Gossett garantiu um lugar na cervejaria Guinness em Dublin, Irlanda. Em 1906, ele passou um tempo na University College, em Londres, estudando com o estatístico Karl Pearson, que foi famoso pelo seu trabalho no coeficiente de correlação. Enquanto estava na University College, Gossett estudou os limites das distribuições de Poisson e binominais, a distribuição amostral da média e do desvio padrão e vários outros tópicos. Quando retornou para a cervejaria, começou seus estudos clássicos em estatística de pequenas amostras de dados enquanto trabalhava no controle de qualidade. Uma vez que a Guinness não permitia que seus empregados publicassem seus trabalhos, Gossett começou a publicar seus resultados com o pseudônimo de "Student". Seu mais importante trabalho no teste t foi desenvolvido para determinar quão perto o conteúdo de levedura e álcool de vários lotes de Guinness se aproximavam das quantidades padrão estabelecidas pela cervejaria. Ele descobriu a distribuição t através de estudos matemáticos e empíricos com números aleatórios. O artigo clássico sobre o teste t foi publicado sob o pseudônimo Student na *Biometrika*, v. 6, n. 1, **1908**. A estatística t é agora frequentemente chamada de t de Student. O trabalho de Gossett é um testemunho da interação entre ciência prática (controle de qualidade de cerveja) e a pesquisa teórica (estatística de pequenas amostras).

W. S. Gossett ("Student")

EXEMPLO 5-3

Um químico clínico obteve os seguintes dados para o teor alcoólico de uma amostra de sangue: % de C_2H_5OH: 0,084; 0,089 e 0,079. Calcule o intervalo de confiança a 95% para a média considerando (a) que os três resultados obtidos são a única indicação da precisão do método e (b) que, a partir da experiência prévia com centenas de amostras, sabemos que o desvio padrão do método $s = 0,005\%$ de C_2H_5OH é uma boa estimativa de σ.

(continua)

Resolução

(a) $\sum x_i = 0,084 + 0,089 + 0,079 = 0,252$

$\sum x_i^2 = 0,007056 + 0,007921 + 0,006241 = 0,021218$

$$s = \sqrt{\frac{0,021218 - (0,252)^2/3}{3-1}} = 0,0050\% \; C_2H_5OH$$

Neste caso, $\bar{x} = 0,252/3 = 0,084$. A Tabela 5-3 indica que $t = 4,30$ para dois graus de liberdade em um limite de confiança de 95%. Assim, usando a Equação 5-5,

$$95\%\,IC = \bar{x} \pm \frac{ts}{\sqrt{N}} = 0,084 \pm \frac{4,30 \times 0,0050}{\sqrt{3}}$$

$$= 0,084 \pm 0,012\% \; C_2H_5OH$$

(b) Uma vez que $s = 0,0050\%$ é uma boa estimativa de σ, podemos usar z e a Equação 5-2:

$$95\%\,IC = \bar{x} \pm \frac{z\sigma}{\sqrt{N}} = 0,084 \pm \frac{1,96 \times 0,0050}{\sqrt{3}}$$

$$= 0,084 \pm 0,006\% \; C_2H_5OH$$

Observe que um conhecimento exato de σ diminui o intervalo de confiança de modo significativo, mesmo se s e σ forem idênticos.

5B Ferramentas Estatísticas para o Teste de Hipóteses

O teste de hipóteses serve de base para muitas decisões tomadas em trabalhos científicos e de engenharia. Para explicar uma observação, um modelo hipotético é proposto e testado experimentalmente para se avaliar sua validade. Os testes de hipóteses que descrevemos são usados para determinar se os resultados desses experimentos sustentam o modelo. Se eles não sustentarem nosso modelo, rejeitamos a hipótese e procuramos uma nova. Se houver concordância, o modelo hipotético serve de base para experimentos posteriores. Quando a hipótese é suportada por dados experimentais suficientes, ela se torna reconhecida como uma teoria útil até que novos dados possam contestá-la.

Os resultados experimentais raramente concordam *exatamente* com aqueles previstos por um modelo teórico. Como resultado, cientistas e engenheiros precisam julgar frequentemente se as diferenças numéricas são um resultado de uma diferença real (um erro sistemático) ou são uma consequência de erros aleatórios inevitáveis em todas as medidas. Testes estatísticos são úteis no aprimoramento desses julgamentos.

Testes deste tipo lançam mão da **hipótese nula**, a qual considera que as quantidades numéricas que estão sendo comparadas são, de fato, iguais. Então, utilizamos a distribuição de probabilidade para calcular a probabilidade de que as diferenças observadas sejam um resultado de erros aleatórios. Normalmente, se a diferença observada for maior ou igual à diferença que ocorreria 5 vezes em 100 devido a fatores aleatórios (um nível de significância de 0,05), a hipótese nula é considerada questionável e a diferença, é considerada significativa. Outros níveis de significância, como 0,01 (1%) ou 0,001 (0,1%), também podem ser adotados, dependendo da exatidão desejada no julgamento. Quando expresso como uma fração, ao nível de significância é frequentemente atribuído o símbolo α. O nível de confiança (NC) está relacionado com α por $NC = (1 - \alpha) \times 100\%$.

> Em estatística, uma **hipótese nula** postula que duas ou mais quantidades observadas são iguais.

Os exemplos específicos de testes de hipóteses que os químicos usam com frequência incluem a comparação (1) da média de um conjunto de dados experimentais com aquilo que se acredita ser o valor verdadeiro; (2) da média com um valor previsto ou de corte (limite); (3) das médias ou dos desvios padrão de dois ou mais conjuntos de dados. As seções a seguir consideram alguns dos métodos usados para realizar tais comparações. A Seção 5C trata as comparações entre mais de duas médias (análise de variância).

5B-1 Comparação de uma Média Experimental com um Valor Conhecido

Existem muitos casos nos quais um cientista ou um engenheiro precisa comparar a média de um conjunto de dados com um valor conhecido. Em alguns casos, o valor conhecido representa o valor verdadeiro ou aceito, que se baseia em conhecimento ou experiência prévia. Um exemplo é a comparação de valores de medidas de colesterol com o valor certificado pelo National Institute of Standards and Technology (NIST) em uma amostra padrão de soro sanguíneo. Em outras situações, o valor conhecido pode ser um valor atribuído pela teoria ou pode ser um valor limite que usamos para tomar decisões sobre a presença ou ausência de algum constituinte. Um exemplo de um valor para tomada de decisão seria na comparação do nível de mercúrio em uma amostra de atum com o nível de toxicidade limite. Em todos os casos, utilizamos um **teste de hipótese** estatístico para tirar conclusões sobre a média da população μ e sua proximidade do valor conhecido, o qual denominamos μ_0.

Existem dois resultados contraditórios que consideramos em qualquer teste de hipótese. O primeiro, a hipótese nula H_0, afirma que $\mu = \mu_0$. O segundo, a hipótese alternativa H_a, pode ser descrita de diversas maneiras. Podemos rejeitar a hipótese nula em favor de H_a se μ for diferente de μ_0 ($\mu \neq \mu_0$). Este é chamado de **teste bicaudal**, porque não importa se a média é maior ou menor que o valor conhecido. Outras hipóteses alternativas são $\mu > \mu_0$ ou $\mu < \mu_0$. Estas últimas alternativas resultam em **testes unicaudal**, porque a direção da diferença importa. Como um primeiro exemplo, suponha que estejamos interessados em determinar se a concentração de chumbo em uma descarga de água residual industrial excede à concentração máxima permitida de 0,05 ppm. Nosso teste de hipótese poderia ser representado como segue:

$$H_0: \mu = 0{,}05 \text{ ppm}$$
$$H_a: \mu > 0{,}05 \text{ ppm}$$

Como um exemplo diferente, suponha agora que experimentos realizados ao longo de um período de vários anos tenham determinado que a média de chumbo seja de 0,02 ppm. Recentemente, foram realizadas alterações no processo industrial e suspeitamos que os níveis médios de chumbo sejam atualmente diferentes de 0,02 ppm. Nesse caso, não nos preocupamos se é maior ou menor que 0,02 ppm. Nosso teste de hipótese poderia ser resumido:

$$H_0: \mu = 0{,}02 \text{ ppm}$$
$$H_a: \mu \neq 0{,}02 \text{ ppm}$$

Para aplicar o teste estatístico, um procedimento precisa ser implementado. Os elementos cruciais de um procedimento de teste são a formação de uma estatística de teste apropriada e o cálculo de um valor de probabilidade – valor p. Alternativamente, se assumimos um determinado nível de significância, podemos calcular uma região de rejeição. A estatística do teste é formulada a partir dos dados nos quais baseamos a decisão de aceitar ou rejeitar H_0. Considere duas abordagens diferentes para atingir uma conclusão sobre as hipóteses. Na abordagem do valor p, as conclusões são baseadas na probabilidade. Calcule um valor p, que é a probabilidade de se obter um valor de teste no mínimo tão extremo como o valor calculado a partir do teste supondo que H_0 seja verdadeiro. Em um método ligeiramente diferente, a aceitação ou rejeição de H_0 é feita calculando-se uma região de rejeição, uma faixa de valores de teste para os quais o H_0 pode ser rejeitado em um determinado nível de significância, α. A abordagem da região de rejeição caiu em desuso porque a região se mantém apenas para o nível de significância escolhido. A abordagem do valor de p não presume um nível de significância, mas calcula uma probabilidade assumindo que H_0 é verdadeiro e permite que você escolha um nível de significância apropriado para atingir a conclusão. Se o valor p a partir dos dados for muito pequeno, H_0 deve ser rejeitado uma vez que os resultados assumindo que a hipótese nula é verdadeira são muito improváveis. Quanto menor o valor p, mais forte a evidência contra H_0. Contrariamente, se o valor p for grande, existe boa evidência de que H_0 seja verdadeiro e, consequentemente, ele deve ser aceito. Na realidade, tanto a abordagem do valor p quanto a abordagem da região de rejeição fornecem resultados equivalentes. Com computadores, os valores p são facilmente calculados. A abordagem de região de rejeição, entretanto, é mais fácil de visualizar. Discutimos ambas as abordagens nos exemplos a seguir. Para testes que levam em conta duas médias, a estatística de teste deve ser a estatística z se tivermos um número grande de medidas ou se conhecermos σ. Entretanto, com bastante frequência usamos a estatística t para um número pequeno de medidas com σ desconhecido. Na dúvida, a estatística t deve ser usada. Para a abordagem do valor p, primeiro calculamos a estatística do teste e então calculamos a probabilidade. Se a probabilidade p de obter z (ou t) for muito pequena ao assumir que H_0 é verdadeiro, rejeite H_0. Alternativamente, usando a abordagem da região de rejeição, se z (ou t) localiza-se dentro da região de rejeição, rejeite H_0.

Teste z para Grandes Amostras

Se um grande número de resultados se encontra disponível, então s é uma boa estimativa de σ e o **teste z** é adequado. O procedimento que é usado é resumido a seguir:

1. Apresentar a hipótese nula: $H_0: \mu = \mu_0$

2. Formular o teste estatístico: $z = \dfrac{\bar{x} - \mu_0}{\sigma/\sqrt{N}}$

3. Especifique a hipótese alternativa H_a e determine o valor p ou a região de rejeição:

Para a abordagem de valor p, calcule z e a probabilidade de z assumindo que H_0 seja verdadeiro. Então escolha um nível de significância α. A escolha do nível de significância é importante na consideração dos erros que podem ocorrer na conclusão, como discutido detalhadamente na Seção 5B-3. Mais frequentemente, valores α de 0,05 e 0,01 são considerados em suas aplicações. Programas de pacotes estatísticos, incluindo o Microsoft Excel, podem calcular os valores z e p para você. A probabilidade de z é a área sob a distribuição z em uma ou ambas as caldas (veja **Figura 5-2**).

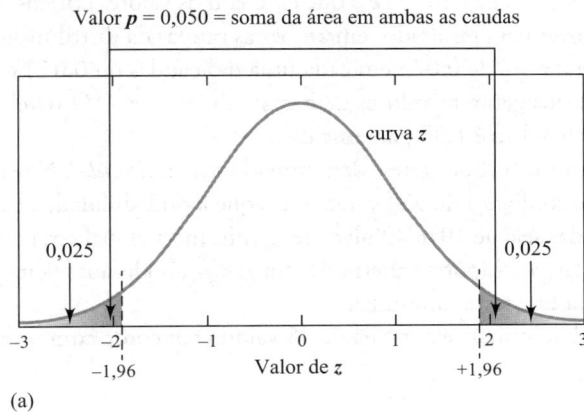

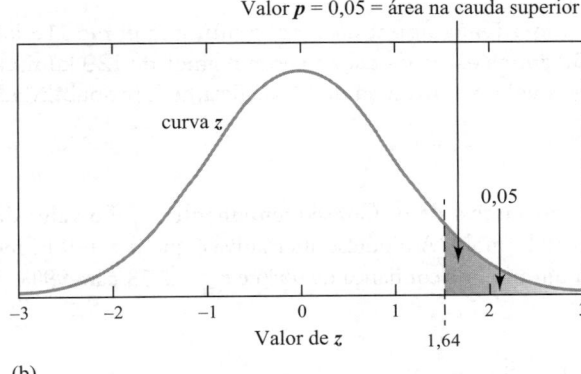

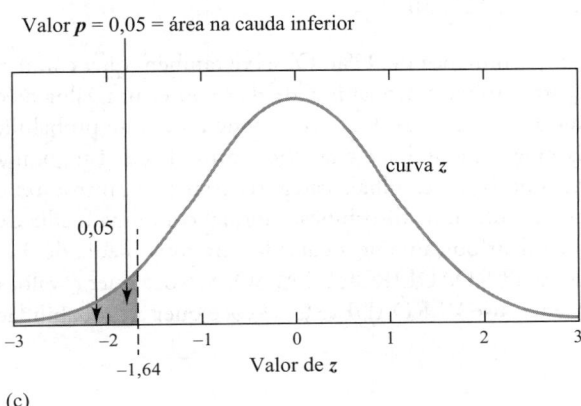

FIGURA 5-2

Regiões de rejeição para o nível de confiança de 95%. (a) Teste bicaudal para $H_a: \mu \neq \mu_0$. Observe que o valor crítico de z é 1,96, como na Figura 5-1. (b) Teste unicaudal para $H_a: \mu > \mu_0$. O valor crítico de z é igual a 1,64, assim 95% da área está à esquerda de z_{crit} e 5% da área está à direita desse valor. (c) Teste unicaudal para $H_a: \mu < \mu_0$. O valor crítico é, novamente, 1,64, dessa forma 5% da área está contida à esquerda de $-z_{crit}$. Se você estiver tomando a decisão apenas com base no valor p, qualquer $p \leq 0,05$ deve resultar na rejeição de H^0.

Conclusões sobre p

Para $H_a: \mu \neq \mu_0$, rejeite H_0 em favor de H_a se $p \leq \alpha$. Para $p > \alpha$, H_0 ainda é considerado plausível. Para um teste unicaudal, os valores p para uma amostra regularmente distribuída são metade daqueles de um teste bicaudal. De novo, rejeite H_0 em favor de H_a se $p \leq \alpha$.

Para a abordagem de região de rejeição, encontre os valores críticos de z baseados em H_a e α como descrito na Figura 5-2. Estes são os limites da região de rejeição.

Conclusões sobre a Região de Rejeição

Para $H_a: \mu \neq \mu_0$, rejeitar H_0 se $z \geq z_{crít}$ ou se $z \leq z_{crít}$ (teste bicaudal)

Para $H_a: \mu > \mu_0$, rejeitar H_0 se $z \geq z_{crít}$ (teste unicaudal)

Para $H_a: \mu < \mu_0$, rejeitar H_0 se $z \leq -z_{crít}$ (teste unicaudal)

As regiões de rejeição estão ilustradas na Figura 5-2 para um nível de confiança de 95%. Observe que, para $H_a: \mu \neq \mu_0$, podemos rejeitar tanto valores positivos de z quanto valores negativos de z que excedam os valores críticos. Esse teste é chamado *teste bicaudal*, uma vez que a rejeição pode ocorrer para resultados em ambas as caudas da distribuição. Para um nível de confiança de 95%, a probabilidade de que z exceda $z_{crít}$ é de 0,025 em cada uma das caudas ou 0,05 no total. Portanto, existem apenas 5% de probabilidade de erros aleatórios gerarem valores de $z \geq z_{crít}$ ou $z \leq -z_{crít}$. O nível de significância global é $\alpha = 0,05$. A partir da Tabela 5-1, o valor crítico de z é 1,96 para esse caso.

Se, em vez disso, nossa hipótese alternativa for $H_a: \mu > \mu_0$, o teste é denominado *teste unicaudal*. Nesse caso, podemos rejeitar apenas quando $z \geq z_{crít}$. Agora, para o nível de confiança de 95%, queremos que a probabilidade de que z exceda $z_{crít}$ seja de 5% ou a probabilidade total em ambas as caudas seja de 10%. O nível de significância global seria $\alpha = 0,10$ e o valor crítico a partir da Tabela 5-1 é 1,64. De maneira similar, se a hipótese alternativa for $\mu < \mu_0$, podemos rejeitar apenas quando $z \leq -z_{crít}$. O valor crítico de z é, novamente, 1,64 para esse teste unicaudal.

O Exemplo 5-4 ilustra o uso do teste z para se determinar se a média de 35 valores concorda com o valor teórico.

EXEMPLO 5-4

Uma classe de 30 alunos determinou a energia de ativação de uma reação química como 116 kJ mol^{-1} (valor médio), com um desvio padrão de 22 kJ mol^{-1}. Os dados estão de acordo com o valor de 129 kJ mol^{-1} descrito na literatura em (a) nível de confiança de 95% e (b) nível de confiança de 99%? Estime a probabilidade de se obter uma média com valor igual àquele da literatura.

Resolução

Temos dados suficientes, assim s deve ser uma boa estimativa de σ. Consequentemente, μ_0 é o valor da literatura de 129 kJ mol^{-1} de tal forma que a hipótese nula é $\mu = 129$ kJ mol^{-1}. A hipótese alternativa é que $\mu \neq 129$ kJ mol^{-1}. Este é um teste bicaudal. A partir da Tabela 5-1, $z_{crít} = 1,96$ para um nível de confiança de 95% e $z_{crít} = 2,58$ para 99%. A estatística do teste é calculada como segue:

$$z = \frac{\overline{x} - \mu_0}{\sigma/\sqrt{N}} = \frac{116 - 129}{22/\sqrt{30}} = -3,24$$

Como $z \leq -1,96$, rejeitamos a hipótese nula ao nível de confiança de 95%. Observe também que, como $z \leq -2,58$, também rejeitamos H_0 ao nível de confiança de 99%. Para estimar a probabilidade de se obter um valor médio $\mu = 116$ kJ mol^{-1}, precisamos encontrar a probabilidade de obter o valor de z de 3,24. Você pode obter esta probabilidade de tabelas de distribuição de z, similar à Tabela 5-1, ou de programas de planilha e estatísticas como Excel. Para usar as funções estatísticas incluídas no Excel, clique no botão de inserir função fx e escolha a categoria estatística. Introduza o valor de z em uma célula, digamos A5. Uma vez que se presume que z tenha uma distribuição normal com uma média de 0 e um desvio padrão de 1, use a função do DIST.S.NORM() para a distribuição z normalizada para uma média de 0 e um desvio padrão de 1. Os argumentos são o valor de z e uma lógica VERDADEIRO ou FALSO. Se você quer o valor de p deste z ou maior, como aqui, use a lógica FALSO. Contrariamente, use VERDADEIRO se você quer a probabilidade de um valor

(continua)

de z menor. Então entre DIST.S.NORM(A5, FALSO) em uma célula, digamos B5. Isto devolve a probabilidade como 0,002096. A probabilidade de obter um resultado grande assim por causa de um erro aleatório é aproximadamente 0,2%. Uma vez que 0,002 < 0,05 e também < 0,01, você chegou à mesma conclusão quando usou a abordagem da região de rejeição, para rejeitar H_0 em níveis de confiança tanto de 95% quanto de 99%. Você pode concluir que a média do estudante é muito provavelmente diferente do valor da literatura, não apenas o resultado do erro aleatório. Para mais informação sobre testes de estatísticas com o Excel, veja *Applications of Microsoft® Excel® in Analytical Chemistry*, Capítulo 3.

Teste t para Uma Amostra Pequena

Para um número pequeno de resultados, usamos um procedimento similar ao teste z, exceto que a estatística do teste é a do **teste t**. De novo, testamos a hipótese nula H_0: $\mu = \mu_0$, onde μ_0 é um valor específico de μ, como um valor aceito, um valor teórico ou um valor de referência. O procedimento é:

1. Apresentar a hipótese nula: H_0: $\mu = \mu_0$

2. Formular a estatística do teste: $t = \dfrac{\bar{x} - \mu_0}{s/\sqrt{N}}$

3. Especificar a hipótese alternativa H_a e determinar a probabilidade de t ou a região de rejeição

A probabilidade de um determinado valor t pode ser determinada a partir de tabelas ou de programas como o Excel. No Excel, a probabilidade é determinada pela área da distribuição de t sob uma ou duas caudas da curva de distribuição. Assim, para H_a: $\mu \neq \mu_0$, encontre a probabilidade em ambas as caudas da distribuição, o teste bicaudal. No Excel, esta probabilidade é dada pela função estatística DIST.T2C(). Para H_a: $\mu > \mu_0$, encontre a área à direita do valor t. No Excel, a função é DIST.T.DIR. For $\mu < \mu_0$, encontre a área à esquerda do valor de t, DIST.T().

Similarmente às conclusões para a estatística de z, rejeite H_0 em favor de H_a se $p \leq \alpha$.

Pela abordagem de região de rejeição, encontre os valores críticos de t com base em H_a e α a partir das tabelas ou de programa.

Para H_a: $\mu \neq \mu_0$, rejeite H_0 se $t \geq t_{crít}$ ou se $t \leq -t_{crít}$ (teste bicaudal)

Para H_a: $\mu > \mu_0$, rejeite H_0 se $t \geq t_{crít}$ (teste unicaudal)

Para H_a: $\mu < \mu_0$, rejeite H_0 se $t \leq -t_{crít}$ (teste unicaudal)

Como exemplo, considere o teste para verificar os erros sistemáticos em um método analítico de composição conhecida. Neste caso, uma amostra tal como um material de referência padrão é analisada. A determinação do analito no material fornece uma média experimental que é uma estimativa da média da população. Se o método analítico não apresenta os erros sistemáticos ou viés, os erros aleatórios deveriam produzir a distribuição de frequência mostrada na curva A na **Figura 5-3**. O método B tem algum erro sistemático, de forma que $\bar{x}_B$, que é uma estimativa de μ_B, difere do valor aceito μ_0. O viés é dado por

《 Como a distribuição z mostrada na Figura 5-2, a distribuição t é simétrica em torno do zero. O valor $-t$ captura a área da cauda mais baixa, enquanto o valor $+t$ captura a área da cauda superior.

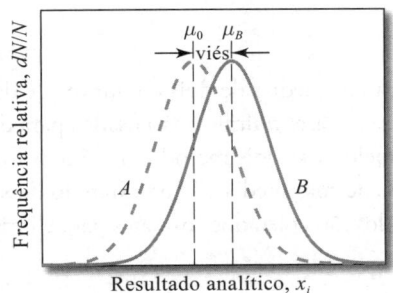

FIGURA 5-3

Ilustração de um erro sistemático em um método analítico. A curva *A* é a frequência de distribuição para o valor aceito, obtida por um método sem viés. A curva *B* ilustra a frequência de distribuição dos resultados por um método que pode ter um viés significativo devido a um erro sistemático.

$$\text{Viés} = \mu_B - \mu_0 \qquad (5\text{-}6)$$

No teste para viés, não sabemos inicialmente se a diferença entre a média experimental e o valor aceito é devido a erros aleatórios ou a um erro sistemático real. O teste t é usado para determinar a significância da diferença. O Exemplo 5-5 ilustra o uso do teste t para determinar se existe um viés no método.

EXEMPLO 5-5

Um novo procedimento para a determinação rápida de enxofre em querosene foi testado em uma amostra cujo teor de S era de 0,123% (μ_0 = 0,123% de S), determinado pela forma da sua preparação. Os resultados para % de S foram 0,112, 0,118, 0,115 e 0,119. Os dados indicam a existência de um viés no método em um nível de confiança de 95%?

Resolução

A hipótese nula é H_0: μ = 0,123% de S e a hipótese alternativa é H_a: $\mu \neq$ 0,123% de S.

$$\sum x_i = 0{,}112 + 0{,}118 + 0{,}115 = 0{,}119 = 0{,}464$$

$$\bar{x} = 0{,}464/4 = 0{,}116\%\ S$$

$$\sum x_i^2 = 0{,}012544 + 0{,}013924 + 0{,}013225 + 0{,}014161 = 0{,}53854$$

$$s = \sqrt{\frac{0{,}053854 - (0{,}464)^2/4}{4-1}} = \sqrt{\frac{0{,}000030}{3}} = 0{,}0032\%\ S$$

O teste estatístico agora pode ser calculado como

$$t = \frac{\bar{x} - \mu_0}{s/\sqrt{N}} = \frac{0{,}116 - 0{,}123}{0{,}0032/\sqrt{4}} = -4{,}375$$

No Excel, use DIST.T2C (t, df) onde t = 4,375 e df = 3 para encontrar a probabilidade p = 0,0221. Uma vez que p < 0,05, rejeite H_0 no nível de confiança 95%. Entretanto, uma vez que p > 0,01, aceite H_0 no nível de confiança de 99%.

Para a abordagem de região de rejeição, a Tabela 5-3 indica que o valor crítico de t para 3 graus de liberdade e nível de confiança de 95% é de 3,18. Dado que $t \leq -3{,}18$, concluímos que existe uma diferença significativa em um nível de confiança de 95% e que existe um viés no método. Observe que se fizermos o teste para um nível de confiança de 99%, $t_{\text{crít}}$ = 5,84 (veja a Tabela 5-3). Uma vez que t = −4,375 é maior que −5,84, poderíamos aceitar a hipótese nula em um nível de confiança de 99% e concluir que não há diferença significativa entre os valores experimental e aceito. Note que nesse caso a resposta depende do nível de confiança que está sendo usado. A escolha do nível de confiança depende de nosso desejo em aceitar um erro na resposta. O nível de significância (0,05 ou 0,01) representa a probabilidade de se ter um erro pela rejeição da hipótese nula (veja a Seção 5B-3).

>> A probabilidade de uma diferença tão grande ocorre porque apenas erros aleatórios podem ser obtidos na função do Excel DIST.QUI (x; graus_liberdade) [DISTT(x; graus_liberdade;caudas) no Excel 2007], onde x é o valor de teste de $t(4;375)$, graus_liberdade é 3 para o nosso caso e caudas = 2 (Excel 2007). O resultado é DIST.QUI(4;375;3) = 0,022. Consequentemente, é apenas 2,2% provável de se obter um valor tão grande por causa dos erros aleatórios. O valor crítico de t para um determinado nível de confiança pode ser obtido no Excel a partir de INV.QUI(probabilidade;graus_liberdade). No nosso caso, INV.QUI(0;053;3) = 3,1825.

Se fosse confirmado, por experimentos posteriores, que o método sempre fornece resultados baixos, poderíamos dizer que o método apresenta um **viés negativo**.

5B-2 Comparação de Duas Médias Experimentais

Frequentemente, cientistas precisam avaliar se uma diferença nas médias de dois conjuntos de dados é verdadeira ou se é o resultado de erros aleatórios. Em alguns casos, os resultados de análises químicas são usados para determinar se dois materiais são idênticos. Em outros, os resultados são usados para estabelecer se dois métodos analíticos fornecem os mesmos valores ou se dois analistas que utilizam o mesmo método obtêm as mesmas médias. Uma extensão desses procedimentos pode ser empregada para analisar dados pareados. Muitas vezes, os dados são coletados aos pares para eliminar uma fonte de variabilidade, observando-se as diferenças existentes em cada par.

O Teste t para Diferenças nas Médias

Podemos testar para diferenças nas médias com o teste z, modificado para levar em conta uma comparação de dois conjuntos de dados, se temos números grandes de medidas em ambos os conjuntos de dados. Mais frequentemente, ambos os conjuntos contêm apenas poucos resultados e precisamos empregar o teste t. Para ilustrar, vamos considerar que N_1 réplicas de análises desenvolvidas pelo analista 1 forneceram um valor médio $\bar{x}_1$ e que N_2 análises feitas pelo analista 2 pelo mesmo método forneceram o valor médio $\bar{x}_2$. A hipótese nula declara que as duas médias são idênticas e que qualquer diferença é resultado de erros aleatórios. Assim, podemos escrever $H_0: \mu_1 = \mu_2$. Com mais frequência, quando se testam as diferenças entre médias de resultados, a hipótese alternativa é $H_a: \mu_1 \neq \mu_2$, e o teste é bicaudal. Entretanto, em algumas situações, poderíamos testar $H_a: \mu_1 > \mu_2$ ou $H_a: \mu_1 < \mu_2$ e usar um teste do tipo unicaudal. Nesse caso, vamos considerar que o teste bicaudal seja empregado.

Se os dados foram coletados da mesma maneira e os analistas foram ambos cuidadosos, seria seguro na maioria das vezes considerar que os desvios padrão de ambos os conjuntos são similares. Assim, ambos os s_1 e s_2 são estimativas do desvio padrão σ da população. Para se ter uma estimativa melhor de σ que aquela dada por s_1 e s_2 sozinhos, usamos o desvio padrão combinado (veja a Seção 4B-4). Da Equação 4-6, o desvio padrão da média do analista 1 é dado por $s_{m1} = \dfrac{s_1}{\sqrt{N_1}}$. A variância da média para o analista 1 é

$$s_{m1}^2 = \frac{s_1^2}{N_1}$$

Da mesma forma, a variância da média para o analista 2 é

$$s_{m2}^2 = \frac{s_2^2}{N_2}$$

No teste t, estamos interessados na diferença entre as médias, ou seja, $\bar{x}_1 - \bar{x}_2$. A variância da diferença s_d^2 entre as médias é dada por

$$s_d^2 = s_{m1}^2 + s_{m2}^2$$

O desvio padrão da diferença entre as médias pode ser encontrado extraindo-se a raiz quadrada, após a substituição dos valores de s_{m1}^2 e s_{m2}^2 anteriores.

$$\frac{s_d}{\sqrt{N}} = \sqrt{\frac{s_1^2}{N_1} = \frac{s_2^2}{N_2}}$$

Agora, se fizermos uma consideração posterior de que o desvio padrão combinado s_{comb} é uma estimativa melhor de σ que s_1 ou s_2, podemos escrever

$$\frac{s_d}{\sqrt{N}} = \sqrt{\frac{s_{comb}^2}{N_1} = \frac{s_{comb}^2}{N_2}} = s_{comb}\sqrt{\frac{N_1 + N_2}{N_1 N_2}}$$

A estatística de teste t, então, é determinada por

$$t = \frac{\bar{x}_1 - \bar{x}_2}{s_{comb}\sqrt{\dfrac{N_1 + N_2}{N_1 N_2}}} \tag{5-7}$$

Em seguida, encontre a probabilidade de t ou use a abordagem de região de rejeição, compare nosso valor de t com o valor crítico de t obtido a partir da tabela, para o nível de confiança específico desejado. O número de graus de liberdade para se encontrar o valor crítico de t na Tabela 5-3 é $N_1 + N_2 - 2$. Se o valor absoluto da estatística de teste for menor que o valor crítico, a hipótese nula é aceita e não há diferença significativa entre as médias. Um valor de *t* maior que o valor crítico indica a existência de uma diferença significativa entre as médias. O Exemplo 5-6 ilustra o uso do teste *t* para determinar se dois barris de vinho são oriundos de diferentes fontes.

EXEMPLO 5-6

Em uma investigação forense, uma taça contendo vinho tinto e uma garrafa aberta foram analisadas para o conteúdo de álcool para determinar se o vinho na taça veio da garrafa. Com base em seis análises, o teor médio do vinho da taça foi estabelecido como 12,61% de etanol. Quatro análises do vinho da garrafa forneceram uma média de 12,53% de álcool. As dez análises geraram um desvio padrão combinado s_{comb} = 0,070%. Os dados indicam uma diferença entre os vinhos?

Resolução

A hipótese nula é $H_0: \mu_1 = \mu_2$ e a hipótese alternativa $H_a: \mu_1 \neq \mu_2$. Usamos a Equação 5-7 para calcular o teste estatístico *t*.

$$t = \frac{\bar{x}_1 - \bar{x}_2}{s_{comb}\sqrt{\frac{N_1 + N_2}{N_1 N_2}}} = \frac{12{,}61 - 12{,}53}{0{,}07\sqrt{\frac{6+4}{6 \times 4}}} = 1{,}771$$

O valor crítico de *t* para 10 − 2 = 8 graus de liberdade, em um nível de confiança de 95%, é 2,31. Como 1,771 < 2,31, aceitamos a hipótese nula em um nível de confiança de 95% e concluímos que não há diferença no teor de álcool dos vinhos. A probabilidade de se ter um valor de *t* de 1,771 pode ser calculada usando a função do Excel DIST.QUI (1,771;8) = 0,11. Dessa forma, existem mais de 10% de chance de que poderíamos ter um erro dessa dimensão devido a um erro aleatório.

No Exemplo 5-6, nenhuma diferença significativa no teor de álcool dos dois vinhos foi detectada ao nível de probabilidade de 95%. Essa afirmativa equivale a dizer que μ_1 é igual a μ_2 com um certo grau de confiança. Entretanto, os testes não provam que os vinhos são provenientes da mesma fonte. Mais do que isso, é concebível que um vinho seja um merlot e o outro um cabernet sauvignon. Estabelecer com uma probabilidade razoável que os dois vinhos são idênticos requer testes extensivos de outras características, tais como sabor, odor, cor e índice de refração, assim como o teor de ácido tartárico, açúcar e o teor de elementos-traço. Se as diferenças significativas não forem reveladas por todos esses testes e outros mais, então pode ser possível julgar o vinho da taça como originário da garrafa aberta. Em contraste, a obtenção de *uma* diferença significativa em qualquer dos testes poderia mostrar indiscutivelmente que os vinhos são diferentes. Assim, a determinação de uma diferença significativa por um único teste é muito mais reveladora que verificar que não existe diferença significativa em uma única característica.

Se existem boas razões para se acreditar que os desvios padrão de dois conjuntos de dados diferem, o **teste *t* para duas amostras** precisa ser usado.[1] Entretanto, o nível de significância para esse teste *t* é apenas aproximado e o número de graus de liberdade é mais difícil de ser calculado.

Exercícios no Excel No primeiro exercício no Capítulo 3 do *Applications of Microsoft® Excel® in Analytical Chemistry*, 4. ed., usamos o Excel para realizar o teste *t* para comparar as duas médias supondo variâncias iguais dos dois conjuntos de dados. Primeiro, calculamos manualmente o valor de *t* e o comparamos ao valor crítico obtido a partir da função INV.T.2C(). Obtemos a probabilidade a partir da função DIST.T.2T() do Excel. Então, usamos a função incluída no Excel TESTE.T() para o mesmo teste. Por fim, usamos o Analysis ToolPak no Excel para automatizar o teste *t* com variâncias iguais.

---

[1] J. L. Devore. *Probability and Statistics for Engineering and the Sciences*. 9. ed. Boston: Cengage Learning, 2016, pp. 374-378.

Dados Pareados

Cientistas engenheiros, muitas vezes, fazem uso de pares de medidas da mesma amostra para minimizar fontes de variabilidade que não são de interesse. Por exemplo, dois métodos de determinação de glicose em soro sanguíneo serão comparados. O Método A pode ser utilizado em amostras escolhidas aleatoriamente a partir de cinco pacientes, e o Método B, em amostras de cinco outros pacientes. Poderia haver, no entanto, alguma variabilidade em razão dos diferentes níveis de glicose de cada paciente. Uma maneira mais adequada de se comparar os métodos seria pelo uso de ambos nas mesmas amostras e, então, focalizar nas diferenças.

Os testes t pareados usam o mesmo tipo de procedimento do teste t normal, exceto que analisamos pares de dados e computamos as diferenças, d_i. O desvio padrão agora é o desvio padrão da diferença nas médias. Nossa hipótese nula é $H_0: \mu_d = \Delta_0$, onde Δ_0 é um valor específico da diferença a ser testado, frequentemente zero. O valor da estatística de teste é

$$t = \frac{\bar{d} - \Delta_0}{s_d/\sqrt{N}}$$

onde $\bar{d}$ é a diferença média $= \Sigma d_i/N$. A hipótese alternativa poderia ser $\mu_d \neq \Delta_0$, $\mu_d > \Delta_0$ ou $\mu_d < \Delta_0$. Uma ilustração é dada no Exemplo 5-7.

EXEMPLO 5-7

Um novo procedimento automatizado para a determinação de glicose em soro sanguíneo (Método A) será comparado ao método estabelecido (Método B). Ambos os métodos são realizados em amostras de sangue dos mesmos pacientes para eliminar variabilidades entre os pacientes. Os resultados que seguem confirmam uma diferença entre os dois métodos em um nível de confiança de 95%?

	Paciente 1	Paciente 2	Paciente 3	Paciente 4	Paciente 5	Paciente 6
Glicose pelo método A, mg L^{-1}	1.044	720	845	800	957	650
Glicose pelo método B, mg L^{-1}	1.028	711	820	795	935	639
Diferença, mg L^{-1}	16	9	5	5	22	11

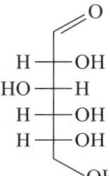

Fórmula estrutural de glicose, $C_6H_{12}O_6$.

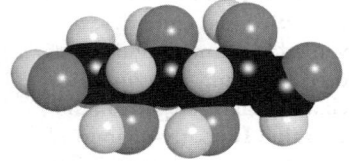

Modelo molecular da glicose.

Resolução

Agora vamos testar as hipóteses apropriadas. Se μ_d é a diferença média verdadeira entre os métodos, queremos testar a hipótese nula $H_0: \mu_d = 0$ e a hipótese alternativa, $H_a: \mu_d \neq 0$. O teste estatístico é

$$t = \frac{\bar{d} - \Delta_0}{s_d/\sqrt{N}}$$

Da tabela, $N = 6$, $\Sigma d_i = 16 + 9 + 25 + 5 + 22 + 11 = 88$, e $\Sigma d_i^2 = 1.592$ e $\bar{d} = 88/6 = 14{,}67$. O desvio padrão da diferença s_d é dado pela Equação 4-5

$$s_d = \sqrt{\frac{1.592 - \frac{(88)^2}{6}}{6-1}} = 7{,}76$$

e o teste estatístico t é

$$t = \frac{14{,}97}{7{,}76/\sqrt{6}} = 4{,}628$$

(continua)

A partir da Tabela 5-3, o valor crítico de t é 2,57 para o nível de confiança de 95% e 5 graus de liberdade. Uma vez que $t > t_{crít}$, rejeitamos a hipótese nula e concluímos que os dois métodos fornecem resultados diferentes. Similarmente, o valor p é 0,0057. Rejeite a hipótese nula no nível de significância 0,05.

Observe que, se calculássemos apenas a média dos resultados do Método A ($\bar{x}_A = 836{,}0$ mg L^{-1}) e a média dos resultados do Método B ($\bar{x}_B = 821{,}3$ mg L^{-1}), a grande variação nos níveis de glicose existente entre os pacientes nos daria um valor grande de s_A (146,5) e s_B (142,7). Uma comparação entre as médias nos daria um valor de t de 0,176 e poderíamos aceitar a hipótese nula. Portanto, a grande variabilidade dos resultados entre os pacientes mascara as diferenças de interesse entre os métodos. O pareamento dos dados nos permite focalizar nas diferenças.

Exercícios no Excel No Capítulo 3 de *Applications of Microsoft® Excel® in Analytical Chemistry*, 4. ed., usamos o Analysis ToolPak do Excel para realizar o teste t pareado nos dados do Exemplo 5-7. Comparamos os resultados obtidos com aqueles encontrados sem o pareamento.

5B-3 Erros nos Testes de Hipóteses

A escolha de uma região de rejeição para a hipótese nula é feita de maneira que podemos entender prontamente os erros envolvidos. Em um nível de confiança de 95%, por exemplo, existem 5% de chances de rejeitarmos a hipótese nula, embora possa ser verdadeira. Isso pode acontecer se houver a ocorrência de um resultado pouco usual que coloque nossa estatística de teste t ou z na região de rejeição. O erro que resulta da rejeição de H_0 quando esta é verdadeira é chamado **erro tipo I**. O nível de significância α dá a frequência de rejeição de H_0 quando ela é verdadeira.

O outro tipo de erro consiste em aceitar H_0 quando ela é falsa. Esse erro é denominado **erro tipo II**. A probabilidade de ocorrência de um erro tipo II é dada pelo símbolo β. Nenhum teste pode garantir que não vamos cometer um erro ou o outro. As probabilidades de ocorrência dos erros são o resultado do uso de uma amostra de dados que provoca interferência sobre a população. Em um primeiro momento, tornar α menor (0,01 em vez de 0,05) poderia parecer sensato para minimizar a ocorrência dos erros tipo I. Entretanto, a diminuição dos valores de erros tipo I aumenta a ocorrência de erros tipo II, uma vez que eles são inversamente relacionados entre si.

Quando se pensa nos erros dos testes de hipóteses, é importante considerar as consequências de se cometer erros tipo I ou tipo II. Se for muito mais provável que um erro tipo I tenha consequências mais sérias que um erro tipo II, é razoável escolher um valor pequeno de α. Por outro lado, em algumas situações os erros tipo II são sérios e, portanto, um valor grande de α é usado para que os valores de erros tipo II sejam mantidos sob controle. Como regra geral, deve-se usar o maior valor de α que seja tolerável para a situação. Isso assegura o menor erro tipo II possível, enquanto mantém o erro tipo I dentro de limites aceitáveis. Para muitos casos em Química Analítica, um valor de α de 0,05 (nível de confidência de 95%) fornece um compromisso aceitável.

> Um **erro tipo I** ocorre quando H_0 é rejeitada, embora seja verdadeira. Em algumas áreas da ciência, um erro tipo I é chamado **falso negativo**. Um **erro tipo II** ocorre quando H_0 é aceita e, na realidade, é falsa. Algumas vezes essa situação é denominada **falso positivo**.

> ❯❯ As consequências de se cometer erros nos testes de hipóteses são frequentemente comparadas com erros cometidos durante procedimentos judiciais. Dessa forma, condenar uma pessoa inocente é geralmente considerado um erro mais sério que deixar em liberdade uma pessoa culpada. Se tornamos menos provável que uma pessoa inocente seja condenada, tornamos mais provável que uma pessoa culpada seja considerada inocente.

5B-4 Comparação de Variâncias

Muitas vezes, torna-se necessário comparar as variâncias (ou desvios padrão) de dois conjuntos de dados. Por exemplo, o teste t normal demanda que os desvios padrão dos conjuntos de dados que estão sendo comparados sejam iguais. Um teste estatístico simples, chamado **teste F**, pode ser utilizado para avaliar essa consideração sob a condição

TABELA 5-4
Valores Críticos de F em um Nível de Probabilidade de 5% (Nível de Confiança de 95%)

Graus de Liberdade (Denominador)	Graus de Liberdade (Numerador)								
	2	3	4	5	6	10	12	20	∞
2	19,00	19,16	19,25	19,30	19,33	19,40	19,41	19,45	19,50
3	9,55	9,28	9,12	9,01	8,94	8,79	8,74	8,66	8,53
4	6,94	6,59	6,39	6,26	6,16	5,96	5,91	5,80	5,63
5	5,79	5,41	5,19	5,05	4,95	4,74	4,68	4,56	4,36
6	5,14	4,76	4,53	4,39	4,28	4,06	4,00	3,87	3,67
10	4,10	3,71	3,48	3,33	3,22	2,98	2,91	2,77	2,54
12	3,89	3,49	3,26	3,11	3,00	2,75	2,69	2,54	2,30
20	3,49	3,10	2,87	2,71	2,60	2,35	2,28	2,12	1,84
∞	3,00	2,60	2,37	2,21	2,10	1,83	1,75	1,57	1,00

de que as populações sigam uma distribuição normal (gaussiana). O teste F também é empregado na comparação de mais de duas médias (veja a Seção 5C) e na análise de regressão linear (veja a Seção 6D-2).

O teste F está baseado na hipótese nula de que as variâncias das duas populações consideradas sejam iguais, $H_0: \sigma_1^2 = \sigma_2^2$. A estatística de teste F, que é definida como a razão entre as duas variâncias das amostras ($F = s_1^2/s_2^2$), é calculada e comparada com o valor crítico de F em um determinado nível de confiança. A hipótese nula é rejeitada se a estatística de teste diferir muito de uma unidade.

Os valores críticos de F em um nível de significância de 0,05 são apresentados na **Tabela 5-4**. Observe que são fornecidos dois graus de liberdade, um associado ao numerador e outro associado ao denominador. A maioria dos manuais matemáticos apresenta tabelas mais extensas de valores F, em vários níveis de significância.

O teste F pode ser empregado tanto no modo unicaudal quanto no bicaudal. Para um teste do tipo unicaudal, verificamos a hipótese alternativa, na qual uma variância é maior que a outra. Portanto, a variância de um procedimento supostamente mais preciso é colocada no denominador e a variância do procedimento menos preciso é colocada no numerador. A hipótese alternativa é $H_a: \sigma_1^2 > \sigma_2^2$. Para um teste bicaudal, determinaremos se as variâncias são diferentes, $H_a: \sigma_1^2 \neq \sigma_2^2$. Para essa aplicação, a maior variância sempre aparece no numerador. Essa colocação arbitrária da maior variância torna a resposta do teste mais incerta; assim, o nível de incerteza do valor de F presente na Tabela 5-4 se duplica de 5% para 10%. A probabilidade de um determinado valor F pode ser calculada a partir da função DIST.F.DIR() para o teste F unicaudal. O Exemplo 5-8 ilustra o uso do teste F na comparação da precisão de medidas.

EXEMPLO 5-8

Um método padrão usado na determinação dos níveis de monóxido de carbono (CO) em misturas gasosas apresenta, a partir de centenas de medidas, um desvio padrão de 0,21 ppm de CO. Uma modificação do método gera um valor de s de 0,15 ppm de CO para um conjunto de dados combinados, com 12 graus de liberdade. Uma segunda modificação, também baseada em 12 graus de liberdade, tem um desvio padrão de 0,12 ppm de CO. Ambas as modificações são significativamente mais precisas que o método original?

Resolução

Aqui testamos a hipótese nula $H_0: \sigma_{padrão}^2 = \sigma_1^2$, onde $\sigma_{padrão}^2$ é a variância do método padrão e σ_1^2 é variância do método modificado. A hipótese alternativa, do tipo unicaudal, é $H_a: \sigma_1^2 < \sigma_{padrão}^2$. Como uma melhoria do método está sendo reivindicada, as variâncias das modificações são colocadas no denominador. Para a primeira modificação

(continua)

$$F_1 = \frac{s_{\text{padrão}}^2}{s_1^2} = \frac{(0,21)^2}{(0,15)^2} = 1,96$$

e para a segunda

$$F_2 = \frac{(0,21)^2}{(0,12)^2} = 3,06$$

Para o procedimento padrão, $s_{\text{padrão}}$ é uma boa estimativa de σ e o número de graus de liberdade do numerador pode ser tomado como infinito. Da Tabela 5-4, o valor crítico de F em um nível de confiança de 95% é $F_{\text{crít}} = 2,30$. A probabilidade é $p = 0,09$.

Como F_1 é menor que 2,30 e $p > 0,5$, não podemos rejeitar a hipótese nula para a primeira modificação. Concluímos que não há melhoria na precisão. Para a segunda modificação, entretanto, $F_2 > 2,30$ e $p = 0,015 > 0,05$. Assim, rejeitamos a hipótese nula e concluímos que a segunda modificação parece oferecer melhor precisão ao nível de significância de 0,05.

É interessante observar que se perguntássemos se a precisão da segunda modificação é significativamente melhor que a da primeira, o teste F nos diria que devemos aceitar a hipótese nula. Isto é,

$$F = \frac{s_1^2}{s_2^2} \frac{(0,15)^2}{(0,12)^2} = 1,56$$

Nesse caso, $F_{\text{crít}} = 2,69$. Como $F < 2,69$, precisamos aceitar H_0 e concluir que os dois métodos fornecem precisões equivalentes.

Exercícios no Excel O Capítulo 3 do *Applications of Microsoft® Excel® in Analytical Chemistry*, 4. ed., usa duas funções do Excel para realizar o teste F. Primeiro, usamos a função interna TESTE.F(), que retorna a probabilidade de que as variâncias em duas redes de dados não sejam significativamente diferentes. Depois, usamos o Analysis ToolPak para a mesma comparação de variâncias.

5C Análise de Variância

Na Seção 5B, introduzimos métodos para comparar duas médias de amostras ou uma média de uma amostra e um valor conhecido. Nesta seção, vamos estender esses princípios para permitir a comparação entre mais de duas médias de populações. Os métodos usados para múltiplas comparações estão contidos na categoria geral da **análise de variância**, muitas vezes conhecida pelo acrônimo **ANOVA**. Esses métodos usam um teste único para determinar se há ou não diferenças entre as médias de populações em vez de comparações pareadas, como é feito com o teste t. Após a ANOVA indicar uma diferença potencial, procedimentos de **comparação múltipla** podem ser empregados para identificar quais médias específicas de populações diferem das outras. Os **métodos de planejamento experimental** tiram vantagem da ANOVA no planejamento e na realização de experimentos.

> **A análise de variância (ANOVA)** refere-se a um conjunto de procedimentos em que mais de duas populações ou dados de mais de dois tratamentos experimentais podem ser comparados.

5C-1 Conceitos da ANOVA

Em procedimentos envolvendo a ANOVA, detectamos diferenças em diversas médias de populações pela comparação das *variâncias*. Para comparar I médias de populações, $\mu_1, \mu_2, \mu_3, \cdots, \mu_I$, a hipótese nula H_0 assume a forma

$$H_0: \mu_1 = \mu_2 = \mu_3 = \cdots = \mu_I$$

e a hipótese alternativa H_a é

H_a: pelo menos dois dos μ_i são diferentes.

Os exemplos a seguir são típicos da aplicação da ANOVA:

1. Existe uma diferença nos resultados de cinco análises para determinar cálcio por meio de um método volumétrico?
2. Quatro solventes com composições diferentes terão influência no rendimento de uma síntese química?
3. Os resultados da determinação de manganês realizada por três métodos analíticos distintos são diferentes?
4. Há alguma diferença na fluorescência de um íon complexo em seis valores diferentes de pH?

Em cada uma dessas situações, as populações têm diferentes valores para uma característica comum denominada **fator** ou, algumas vezes, **tratamento**. No caso de determinação de cálcio por um método volumétrico, o fator de interesse é o analista. Os valores diferentes do fator de interesse são chamados **níveis**. Para o exemplo do cálcio, existem cinco níveis correspondentes ao analista 1, analista 2, analista 3, analista 4 e analista 5. A comparação entre as várias populações é feita pela medida da **resposta** para cada item amostrado. No caso das determinações de cálcio, a resposta é a quantidade de Ca (em milimol) que cada analista estabeleceu. Para os quatro exemplos dados anteriormente, os fatores, os níveis e as respostas são os seguintes:

> As características comuns em uma comparação são os **fatores**. Os valores dos fatores são os **níveis**. Os resultados experimentais são as **respostas**.

Fator	Níveis	Resposta
Analista	Analista 1, analista 2, analista 3, analista 4, analista 5	mmol de Ca
Solvente	Composição 1, composição 2, composição 3, composição 4	Rendimento da síntese, %
Métodos analíticos	Método 1, método 2, método 3	Concentração de Mn, ppm
pH	pH 1, pH 2, pH 3, pH 4, pH 5, pH 6	Intensidade de fluorescência

O fator pode ser considerado a variável independente, enquanto a resposta é a variável dependente. A Figura 5-4 ilustra como visualizar dados da ANOVA para os cinco analistas que determinam Ca em triplicata.

O tipo de ANOVA mostrado na **Figura 5-4** é conhecido como de fator único ou de uma direção. Muitas vezes, vários fatores podem estar envolvidos, tais como em um experimento para determinar se o pH e a temperatura influenciam a velocidade de uma reação química. Nesse caso, esse tipo de ANOVA é conhecido como de dois fatores. Os procedimentos para lidar com múltiplos fatores são encontrados em livros de Estatística.[2] Aqui, consideramos apenas a ANOVA de um único fator.

Considere que os resultados em triplicata de cada analista, mostrados na Figura 5-4, foram obtidos para amostras aleatórias. Na ANOVA, os níveis dos fatores são muitas vezes chamados grupos. O princípio básico da ANOVA consiste em comparar as variações que ocorrem nos grupos. No nosso caso específico, os grupos (níveis dos fatores) são os diferentes analistas e esta é uma comparação da variação entre os analistas e a variação para cada analista. A **Figura 5-5** ilustra essa comparação. Quando H_0 é verdadeira, a variação entre as médias dos grupos encontra-se próxima da variação nos grupos. Quando H_0 é falsa, a variação entre as médias dos grupos é grande, se comparada com a variação dentro dos grupos.

> « O princípio básico da ANOVA é comparar as variações entre os níveis de fatores (grupos) diferentes para aqueles dentro dos níveis de fatores.

A estatística de teste básica usada pela ANOVA é o F, descrita na Seção 5B-4. Aqui, um valor grande de F, comparado com o valor crítico descrito nas tabelas, pode nos fornecer a razão para rejeitar H_0 em favor da hipótese alternativa. Alternativamente, um pequeno valor de p fornece a mesma informação.

---

[2] Veja, por exemplo, J. L. Devore. *Probability and Statistics for Engineering and the Sciences*. 9. ed. Boston: Cengage Learning, 2016, cap. 11.

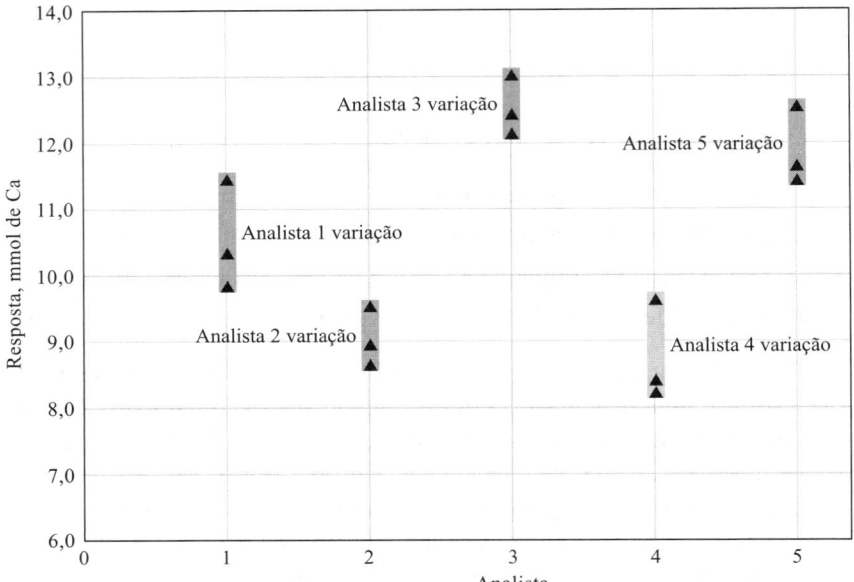

FIGURA 5-4
Representação gráfica dos resultados obtidos a partir da ANOVA da determinação de cálcio por cinco analistas. Cada analista fez a determinação em triplicata. O analista é considerado um fator, e o analista 1, o analista 2, o analista 3, o analista 4 e o analista 5 são níveis do fator.

5C-2 ANOVA de Fator Único

Várias grandezas são importantes no teste da hipótese nula $H_0: \mu_1 = \mu_2 = \mu_3 = \ldots = \mu_I$. As médias das amostras das I populações são $\bar{x}_1, \bar{x}_2, \bar{x}_3, \ldots, \bar{x}_I$ e as variâncias das amostras são $s_1^2, s_2^2, s_3^2, \ldots, s_I^2$. Estas são estimativas dos valores das populações correspondentes. Além disso, podemos calcular a média global $\bar{\bar{x}}$, que é a média de todos os dados. A média global pode ser calculada como a média ponderada das médias dos grupos individuais, como mostrado na Equação 5-8:

$$\bar{\bar{x}} = \left(\frac{N_1}{N}\right)\bar{x}_1 + \left(\frac{N_2}{N}\right)\bar{x}_2 + \left(\frac{N_3}{N}\right)\bar{x}_3 + \cdots + \left(\frac{N_I}{N}\right)\bar{x}_I \tag{5-8}$$

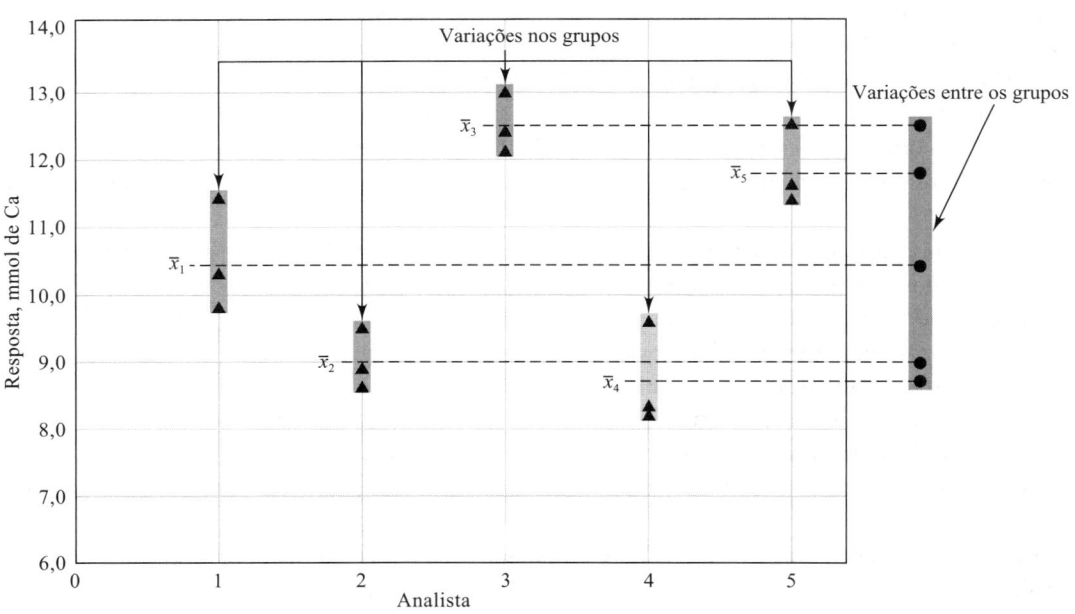

FIGURA 5-5
Representação gráfica do princípio da ANOVA. Os resultados de cada analista são considerados um grupo. Os triângulos (▲) representam resultados individuais e os círculos (●) representam as médias. Aqui a variação entre as médias dos grupos é comparada com aquelas dos grupos.

onde N_1 é o número de medidas do grupo 1, N_2, o número correspondente ao grupo 2, e assim por diante. A média global também pode ser determinada pela soma de todos os dados e posterior divisão pelo número total de medidas N.

Para calcular a razão das variâncias necessária no teste F, é preciso obter várias outras grandezas denominadas somas dos quadrados:

1. A soma dos quadrados devido ao fator (SQF) é:

$$\text{SQF} = N_1(\overline{x}_1 - \overline{\overline{x}})^2 + N_2(\overline{x}_2 - \overline{\overline{x}})^2 + N_3(\overline{x}_2 - \overline{\overline{x}})^2 + \cdots + N_I(\overline{x}_I - \overline{\overline{x}})^2 \qquad (5\text{-}9)$$

2. A soma dos quadrados devido ao erro (SQE) é:

$$\text{SQE} = \sum_{j=1}^{N_1}(x_{1j} - \overline{x}_1)^2 + \sum_{j=1}^{N_2}(x_{2j} - \overline{x}_2)^2 + \sum_{j=1}^{N_3}(x_{3j} - \overline{x}_3)^2 + \cdots + \sum_{j=1}^{N_I}(x_{ij} - \overline{x}_I)^2 \qquad (5\text{-}10)$$

Essas duas somas de quadrados são usadas para se obter a variação entre os grupos e dentro dos grupos. A soma dos quadrados dos erros está relacionada com as variâncias dos grupos individuais por

$$\text{SQE} = (N_1 - 1)s_1^2 + (N_2 - 1)s_2^2 + (N_3 - 1)s_3^2 + \cdots + (N_I - 1)s_I^2 \qquad (5\text{-}11)$$

3. A soma total dos quadrados (STQ) é obtida como o resultado da soma de SQF e SQE:

$$\text{STQ} = \text{SQF} + \text{SQE} \qquad (5\text{-}12)$$

A soma total dos quadrados também pode ser obtida a partir de $(N-1)s^2$, onde s^2 é a variância da amostra para todos os dados.

Para aplicar os métodos da ANOVA precisamos fazer algumas considerações relacionadas com a população em estudo. Primeiro, os métodos da ANOVA usuais baseiam-se na consideração de que as variâncias são iguais. Isto é, as variâncias das I populações são consideradas idênticas. Essa consideração é testada algumas vezes (teste de Hartley) pela comparação das variâncias máxima e mínima do conjunto com um teste F (veja a Seção 5B-4). Contudo, o teste de Hartley é bastante suscetível a desvios da distribuição normal. Como regra prática robusta, o maior valor de s não pode ser mais que duas vezes superior ao menor valor de s para que as variâncias possam ser consideradas iguais.[3] A transformação dos dados pelo uso de uma nova variável como $\sqrt{x}$ ou $\log x$ também pode ser empregada para fornecer populações com variâncias mais semelhantes. Segundo, considera-se que cada uma das I populações obedece a uma distribuição gaussiana. Para os casos nos quais essa última consideração não seja verdadeira, existem procedimentos de ANOVA independentes de distribuição que podem ser aplicados.

4. O número de graus de liberdade para cada uma das somas dos quadrados precisa ser obtido. A soma total dos quadrados STQ tem $N-1$ graus de liberdade. Assim como STQ é a soma de SQF e SQE, o número total de graus de liberdade $N-1$ pode ser decomposto em graus de liberdade associados com SQF e SQE. Dado que I grupos estão sendo comparados, SQF tem $I-1$ graus de liberdade. Isso deixa $N-I$ graus de liberdade para SQE. Ou,

$$\text{STQ} = \text{SQF} + \text{SQE}$$

$$(N-1) = (I-1) + (N-I)$$

5. Dividindo-se as somas dos quadrados pelos seus graus de liberdade correspondentes, obtemos quantidades que são estimativas das variações entre grupos e dentro dos grupos. Essas quantidades são denominadas **valores dos quadrados médios** e definidas como

> Os **valores dos quadrados médios** são as somas dos quadrados divididas pelo grau de liberdade.

$$\text{Valor médio quadrado devido aos níveis do fator} = \text{MQF} = \frac{\text{SQF}}{I-1} \qquad (5\text{-}13)$$

---

[3] J. L. Devore. *Probability and Statistics for Engineering and the Sciences*. 9. ed. Boston: Cengage Learning, 2016, p. 413.

$$\text{Valor médio quadrado do erro} = \text{MQE} = \frac{\text{SQE}}{N - I} \tag{5-14}$$

A quantidade MQE é uma estimativa da variância devida ao erro (σ_E^2), enquanto MQF é uma estimativa da variância do erro mais a variância entre os grupos ($\sigma_E^2 + \sigma_F^2$). Se o fator tem um efeito pequeno, a variância entre os grupos deve ser pequena comparada com a variância do erro. Assim, os dois quadrados médios devem ser praticamente idênticos sob tais circunstâncias. Se o efeito do fator for significativo, MQF é maior que MQE. A estatística de teste é o valor F, calculado como

$$F = \frac{\text{MQF}}{\text{MQE}} \tag{5-15}$$

Para completar o teste de hipótese, comparamos o valor de F calculado a partir da Equação 5-15 com o valor crítico contido na tabela em um nível de significância de α. Rejeitamos H_0 se o valor de F exceder o valor crítico. Uma prática comum consiste em resumir os resultados do teste de ANOVA em uma **tabela ANOVA**, da maneira como segue:

Fonte da Variação	Soma dos Quadrados (SQ)	Graus de Liberdade (gl)	Quadrado Médio (QM)	Estimativa dos Quadrados Médios	F
Entre os grupos (efeito do fator)	SQF	$I - 1$	$\text{MQF} = \dfrac{\text{SQF}}{I - 1}$	$\sigma^2 E + \sigma^2 E$	$\dfrac{\text{MQF}}{\text{MQE}}$
Nos grupos (erro)	SQE	$N - I$	$\text{MQE} = \dfrac{\text{SQE}}{N - 1}$	$\sigma^2 E$	
Total	STQ	$N - 1$			

O Exemplo 5-9 ilustra uma aplicação da ANOVA para a determinação de cálcio por cinco analistas. Os dados são aqueles utilizados para gerar as Figuras 5-4 e 5-5.

EXEMPLO 5-9

Cinco analistas determinaram cálcio por um método volumétrico e obtiveram as quantidades (em mmol de Ca) mostradas na tabela a seguir. As médias diferem significativamente em um nível de confiança de 95%?

Réplica nº	Analista 1	Analista 2	Analista 3	Analista 4	Analista 5
1	10,3	9,5	12,1	9,6	11,6
2	9,8	8,6	13,0	8,3	12,5
3	11,4	8,9	12,4	8,2	11,4

Resolução

Primeiro, podemos obter as médias e os desvios padrão para cada analista. A média para o analista 1 é $\bar{x}_1 = (10,3 + 9,8 + 11,4)/3 = 10,5$ mmol de Ca. As outras médias são obtidas da mesma maneira: $\bar{x}_2 = 9,0$ mmol de Ca, $\bar{x}_3 = 12,5$ mmol de Ca, $\bar{x}_4 = 8,7$ mmol de Ca e $\bar{x}_5 = 11,833$ mmol de Ca. Os desvios padrão são obtidos de acordo com o procedimento que está descrito na Seção 4B-3. Esses resultados podem ser resumidos da seguinte maneira:

	Analista 1	Analista 2	Analista 3	Analista 4	Analista 5
Média	10,5	9,0	12,5	8,7	11,833
Desvio padrão	0,818535	0,458258	0,458258	0,781025	0,585947

A média global é encontrada a partir da Equação 5-8, onde $N_1 = N_2 = N_3 = N_4 = N_5 = 3$ e $N = 15$:

$$\bar{\bar{x}} = \frac{3}{15}(\bar{x}_1 + \bar{x}_2 + \bar{x}_3 + \bar{x}_4 + \bar{x}_5) = 10,50666 \text{ mmol Ca}$$

(continua)

A soma dos quadrados entre os grupos é dada pela Equação 5-9:

$$SQF = 3(10,5 - 10,507)^2 + 3(9,0 - 10,507)^2 + 3(12,5 - 10,507)^2$$
$$+ 3(8,7 - 10,507)^2 + 3(11,833 - 10,507)^2$$
$$= 33,80267$$

Observe que o SQF está associado com $(5 - 1) = 4$ graus de liberdade.

A soma dos quadrados dos erros é mais fácil de ser encontrada a partir dos desvios padrão da Equação 5-11:

$$SQE = 2(0,818535)^2 + 2(0,458258)^2 + 2(0,458258)^2 +$$
$$2(0,781025)^2 + 2(0,585947)^2$$
$$= 4,086667$$

A soma dos quadrados dos erros tem $(15 - 5) = 10$ graus de liberdade.

Agora podemos calcular os valores dos quadrados médios, MQF e MQE, a partir das Equações 5-13 e 5-14.

$$MQF = \frac{33,80267}{4} = 8,450667$$

$$MQE = \frac{4,086667}{10} = 0,408667$$

O valor de F obtido a partir da Equação 5-15 é:

$$F = \frac{8,450667}{0,408667} = 20,68$$

A partir da Tabela 5-4 que contém valores de F, o valor crítico de F em um nível de confiança de 95% para 4 e 10 graus de liberdade é 3,48. Uma vez que F é maior que 3,48 e a probabilidade é muito menos que 0,05, rejeitamos H_0 em um nível de confiança de 95% e concluímos que existe diferença significativa entre os analistas. A tabela ANOVA é:

Fonte de Variação	Soma dos Quadrados (SQ)	Graus de Liberdade (gl)	Quadrado Médio (QM)	F
Entre os grupos	33,80267	4	8,450667	20,68
Dentro dos grupos	4,086667	10	0,408667	
Total	37,88933	14		

> **Exercícios no Excel** O Capítulo 3 do *Applications of Microsoft® Excel® in Analytical Chemistry*, 4. ed., descreve o uso do Excel para realizar procedimentos do ANOVA. Existem várias maneiras para fazer o ANOVA com Excel. Primeiramente, as equações desta seção são colocadas manualmente em uma planilha e o Excel é utilizado para fazer os cálculos. Em segundo lugar, o Analysis ToolPak é usado para realizar todo o procedimento ANOVA automaticamente. Os resultados dos cinco analistas do Exemplo 5-9 são analisados por ambos os métodos.

5C-3 Determinação de Quais Resultados São Diferentes

Se diferenças significativas são indicadas pelo teste de ANOVA, muitas vezes estamos interessados na causa dessas diferenças. Uma média é diferente das outras? Todas as médias são diferentes? Existem diversos métodos para se determinar quais médias são significativamente diferentes. Um dos mais simples é o método denominado **diferença menos significativa**.

Nesse método, calcula-se uma diferença que é avaliada como a menor diferença significativa. A diferença entre cada par de médias é então comparada com a diferença menos significativa para se determinar quais médias são diferentes.

Para um número igual de réplicas N_g em cada grupo, a diferença menos significativa é calculada da maneira como segue:

$$\text{DMS} = t\sqrt{\frac{2 \times \text{MQE}}{N_g}} \tag{5-16}$$

onde MQE é o quadrado da média para o erro e o valor de t deve ter $N - 1$ graus de liberdade. O Exemplo 5-10 ilustra o procedimento.

EXEMPLO 5-10

Para os resultados do Exemplo 5-9, determine quais analistas diferem dos outros em um nível de confiança de 95%.

Resolução

Primeiro, vamos organizar as médias em ordem crescente: 8,7; 9,0; 10,5; 11,833 e 12,5. Cada analista realizou três repetições, então podemos usar a Equação 5-16. A partir da Tabela 5-3, nós obtemos um valor de t de 2,23 para um nível de confiança de 95% e 10 graus de liberdade. A aplicação da Equação 5-16 nos fornece

$$\text{DMS} = 2,23\sqrt{\frac{2 \times 0,408667}{3}} = 1,16$$

Agora calculamos as diferenças nas médias e as comparamos com 1,16. Para os vários pares:

$\bar{x}_{\text{maior}} - \bar{x}_{\text{menor}} = 12,5 - 8,7 = 3,8$ (uma diferença significativa).

$\bar{x}_{\text{2ªmaior}} - \bar{x}_{\text{menor}} = 11,833 - 8,7 = 3,133$ (significativa).

$\bar{x}_{\text{3ªmaior}} - \bar{x}_{\text{menor}} = 10,5 - 8,7 = 1,8$ (significativa).

$\bar{x}_{\text{4ªmaior}} - \bar{x}_{\text{menor}} = 9,0 - 8,7 = 0,3$ (diferença não significativa).

Então continuamos testando cada par para determinar quais são diferentes. A partir destes cálculos, concluímos que os analistas 3, 5 e 1 diferem do analista 4, bem como do analista 2, que os analistas 3 e 5 diferem do analista 1 e que o analista 3 difere do analista 5.

5D Detecção de Erros Grosseiros

Existem situações em que um conjunto de dados contém um resultado anômalo que parece estar fora da faixa definida pelos erros aleatórios associada ao procedimento. Em geral, é considerado inadequado e, em alguns casos, não ético descartar dados sem que haja uma razão. No entanto, o resultado questionável, chamado de ***outlier***, pode ser o resultado de um erro grosseiro não detectado. Portanto, é importante desenvolver um critério para decidir se mantemos ou rejeitamos o dado com valor anômalo. A escolha do critério para a rejeição de um resultado suspeito tem seus riscos. Se, o nosso padrão for muito rigoroso, de modo que seja bastante difícil rejeitar um resultado questionável, corremos o risco de manter um valor falso que tem um efeito exagerado sobre a média. Se definirmos um limite tolerante e, portanto, rejeitarmos um resultado facilmente, podemos estar descartando um valor que pertence verdadeiramente ao conjunto, introduzindo assim um viés nos resultados. Embora não exista uma regra universal para definir a questão da rejeição ou manutenção, o teste Q é geralmente reconhecido como um método adequado para a tomada de decisões.[4]

> Um ***outlier*** é um resultado bem diferente dos outros no conjunto de dados e pode ser devido a um erro grosseiro.

---

[4] J. Mandel, em *Treatise on Analytical Chemistry*. 2. ed. I. M. Kolthoff; P. J. Elving, eds. Nova York: Wiley, 1978, pt. I, v. 1, pp. 282-289.

5D-1 O Teste Q

O teste Q é um teste estatístico simples, amplamente utilizado para decidir se um resultado suspeito deve ser mantido ou rejeitado.[5] Nesse teste, o valor absoluto da diferença entre o resultado questionável x_q e seu vizinho mais próximo x_p é dividido pela faixa f do conjunto inteiro para dar a grandeza Q:

$$Q = \frac{|x_q - x_p|}{w} \quad (5\text{-}17)$$

Essa razão é então comparada com o valor crítico $Q_{crít}$, encontrado na **Tabela 5-5**. Se Q for maior que $Q_{crít}$, o resultado questionável pode ser rejeitado, com o grau de confiança indicado (**Figura 5-6**).

TABELA 5-5
Valores Críticos para o Quociente de Rejeição, Q*

Número de Observações	$Q_{crít}$ (Rejeitar se $Q > Q_{crít}$)		
	90% de Confiança	95% de Confiança	99% de Confiança
3	0,941	0,970	0,994
4	0,765	0,829	0,926
5	0,642	0,710	0,821
6	0,560	0,625	0,740
7	0,507	0,568	0,680
8	0,468	0,526	0,634
9	0,437	0,493	0,598
10	0,412	0,466	0,568

*Reimpresso (adaptado) com permissão de D. B. Rorabacher. *Anal. Chem.*, v. 63, p. 139, **1991**, DOI: 10.1021/ac00002a010. Copyright 1991 American Chemical Society.

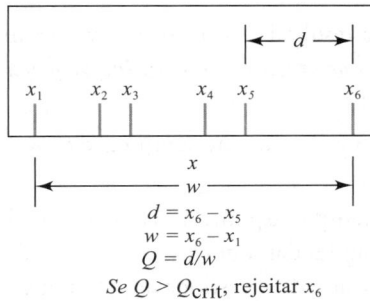

FIGURA 5-6
O teste Q para *outliers*.

EXEMPLO 5-11

A análise da água potável de uma cidade para arsênio produziu valores de 5,60; 5,64; 5,70; 5,69 e 5,81 ppm. O último valor parece anômalo; deve ser mantido ou rejeitado em um nível de confiança de 95%?

Resolução

A diferença entre 5,81 e 5,70 é 0,11%. A faixa (5,81 − 5,60) é 0,21%. Assim,

(continua)

---

[5] R. B. Dean; W. J. Dixon. *Anal. Chem.*, v. 23, p. 636, 1951, DOI: 10.1021/ac60052a025.

$$Q = \frac{0,11}{0,21} = 0,52$$

Para cinco medidas, $Q_{crít}$ é 0,71 a um nível de confiança de 95%. Como 0,52 < 0,71, devemos manter o *outlier* em um nível de confiança de 95%.

5D-2 Outros Testes Estatísticos

Vários outros testes estatísticos têm sido desenvolvidos para fornecer critérios para a rejeição ou a manutenção de *outliers*. Esses testes, como o teste Q, consideram que a distribuição dos dados da população seja normal ou gaussiana. Infelizmente, essa condição não pode ser provada ou refutada para amostras que tenham menos de 50 resultados. Consequentemente, as regras estatísticas que são perfeitamente confiáveis para distribuições normais de dados devem ser *usadas com extrema cautela* quando aplicadas a amostras que contenham poucos dados. Discutindo o tratamento de pequenos conjuntos de dados, J. Mandel escreve: "Aqueles que acreditam que podem descartar observações com respaldo estatístico por meio do uso de regras estatísticas para a rejeição de valores anômalos estão simplesmente se iludindo".[6] Assim sendo, os testes estatísticos para pequenas amostras para a rejeição de resultados devem ser usados como auxílio ao bom senso.

>> Seja extremamente cauteloso quando descartar dados por qualquer razão.

A aplicação às cegas de testes estatísticos para manter ou rejeitar uma medida suspeita presente em um pequeno conjunto de dados não parece ser mais segura que uma decisão arbitrária. A aplicação de uma boa avaliação baseada em ampla experiência com um método analítico é geralmente uma abordagem mais segura. No final, a única razão válida para rejeitar um resultado a partir de um pequeno conjunto de dados é o conhecimento seguro de que foi cometido um erro no processo de medida. Sem esse conhecimento, *é prudente uma abordagem cuidadosa para a rejeição de um* outlier.

5D-3 Recomendações para o Tratamento de *Outliers*

Há inúmeras recomendações para o tratamento de pequenos conjuntos de resultados que contenham um valor suspeito:

1. Reexamine cuidadosamente todos os dados relacionados com o resultado suspeito para ver se um erro grosseiro pode ter afetado seu valor. Essa recomendação demanda *um caderno de laboratório, mantido de forma adequada, contendo anotações cuidadosas sobre todas as observações* (veja a Seção 3B-1).
2. Se possível, estime a precisão que pode ser esperada a partir do procedimento empregado, para ter certeza de que o resultado suspeito é verdadeiramente questionável.
3. Repita a análise se houver quantidade suficiente de amostra e tempo disponíveis. A existência de concordância entre o dado obtido recentemente e aqueles do conjunto original pode validar a noção de que o resultado suspeito deve ser rejeitado. Além disso, se a manutenção ainda for indicada, o resultado questionável terá pouco efeito sobre a média em um conjunto mais amplo de dados.
4. Se mais dados não puderem ser obtidos, aplique o teste Q no conjunto existente para ver se o resultado duvidoso deve ser mantido ou rejeitado com base na estatística.
5. Se o teste Q indicar manutenção, considere a possibilidade de empregar a mediana do conjunto, em vez da média. A mediana tem a grande virtude de permitir a inclusão de todos os dados de um conjunto sem a influência indevida de um valor suspeito. Além disso, a mediana de um conjunto com distribuição normal de dados que contenha três medidas fornece uma estimativa melhor que a média do conjunto, calculada após a rejeição de um resultado.

---

[6] J. Mandel, em *Treatise on Analytical Chemistry*. 2. ed. I. M. Kolthoff; P. J. Elving, eds. Nova York: Wiley, 1978, pt. I, v. 1, p. 282.

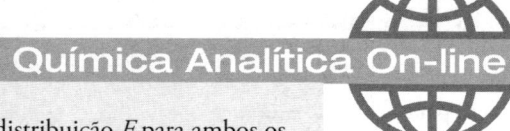

Química Analítica On-line

Vá em https://tinyurl.com/u4f9hwj. No Excel, preencha uma tabela de distribuição F para ambos os graus de liberdade $df_1 = df_2 = 10$ similar àquelas descritas no site da internet. Escolha valores de F a partir de DIST.F.DIR (F, df_1, df_2). Faça gráficos de dispersão de probabilidade *versus* valor de F. Troque df_1 e df_2 e observe que quando ambos se tornam grandes (>50), a curva começa a se parecer com uma curva gaussiana. Determine a probabilidade para um valor de F de 1,8 com ambos os graus de liberdade igual a 10. Determine o valor de F para aquele que daria uma probabilidade de 0,05 com ambos os graus de liberdade igual a 10.

Resumo do Capítulo 5

- O intervalo de confiança para uma média é o intervalo no qual se espera que a média de população esteja dentro de uma determinada probabilidade.
- Podemos comparar uma média experimental com um valor ou um nível aceitável por um teste de hipótese, o teste z, se o desvio padrão da população for conhecido.
- A *hipótese* nula H_0 afirma que a média é igual ao valor aceito.
- Amostras pequenas exigem o teste t para comparar com uma média a um valor aceito ou para comparar com duas médias.
- Um teste t calcula a estatística t e a probabilidade de t assumindo que H_0 é verdadeiro. Se p é pequeno em comparação ao nível de significância, α, H_0 é rejeitado. Alternativamente, uma região de rejeição é calculada a partir de valores críticos de t.
- Um teste t pareado pode ser usado para minimizar fontes de variabilidade que influenciam ambos os membros de um par de medidas.
- Os erros na testagem de hipótese pode ser do tipo I, que rejeita H_0 quando ele é verdadeiro, ou do tipo II, que aceita H_0 quando ele é falso.
- Duas variâncias experimentais podem ser comparadas pelo teste F.
- A análise de variância (ANOVA) é usada para comparar mais de duas médias para determinar se quaisquer diferenças são reais ou o resultado de erros aleatórios.
- O teste Q é usado para determinar se um resultado considerado *outlier* deve ser mantido ou rejeitado.

Termos-chave

ANOVA, 98
Erro do tipo I, 96
Erro do tipo II, 96
Intervalo de confiança, 82
Hipótese nula, 87
Nível de confiança, 83
Nível de significância, 83
Outlier, 104
Teste bicaudal, 88
Teste F, 97
Teste t, 91
Teste unicaudal, 88
Teste z, 88
Valores médios quadrados, 101

Equações Importantes

$$\text{IC para } \mu = \bar{x} \pm \frac{z\sigma}{\sqrt{N}}$$

$$t = \frac{\bar{x} - \mu_0}{s/\sqrt{N}}$$

$$t = \frac{\bar{x} - \mu}{s/\sqrt{N}}$$

$$t = \frac{\bar{x}_1 - \bar{x}_2}{s_{\text{comb}}\sqrt{\frac{N_1 + N_2}{N_1 N_2}}}$$

$$\text{IC para } \mu = \bar{x} \pm \frac{ts}{\sqrt{N}}$$

$$F = s_1^2/s_2^2$$

$$H_0: \mu = \mu_0$$

$$H_0: \mu_1 = \mu_2 = \mu_3 = \cdots = \mu_I$$

$$\bar{\bar{x}} = \left(\frac{N_1}{N}\right)\bar{x}_1 + \left(\frac{N_2}{N}\right)\bar{x}_2 + \left(\frac{N_3}{N}\right)\bar{x}_3 + \cdots + \left(\frac{N_I}{N}\right)\bar{x}_I$$

$$\text{SQF} = N_1(\bar{x}_1 - \bar{\bar{x}})^2 + N_2(\bar{x}_2 - \bar{\bar{x}})^2 + N_3(\bar{x}_3 - \bar{\bar{x}})^2 + \cdots + N_I(\bar{x}_I - \bar{\bar{x}})^2$$

$$\text{SQE} = \sum_{j=1}^{N_1}(x_{1j} - \bar{x}_1)^2 + \sum_{j=1}^{N_2}(x_{2j} - \bar{x}_2)^2 + \sum_{j=1}^{N_3}(x_{3j} - \bar{x}_3)^2 + \cdots + \sum_{j=1}^{N_I}(x_{ij} - \bar{x}_I)^2$$

$$\text{STQ} = \text{SQF} + \text{SQE}$$

$$F = \frac{\text{MQF}}{\text{MQE}}$$

$$Q = \frac{|x_q - x_p|}{w}$$

Questões e Problemas*

*5-1. Descreva com suas próprias palavras por que o intervalo de confiança em relação à média de cinco medidas é menor que aquele para um único resultado.

5-2. Considerando um grande número de medidas de forma que s seja uma boa estimativa de σ, determine que nível de confiança foi usado para cada um dos intervalos de confiança.

(a) $\bar{x} \pm \frac{2{,}58s}{\sqrt{N}}$ (b) $\bar{x} \pm \frac{1{,}96s}{\sqrt{N}}$

(c) $\bar{x} \pm \frac{3{,}29s}{\sqrt{N}}$ (d) $\bar{x} \pm \frac{s}{\sqrt{N}}$

5-3. Discuta como o tamanho do intervalo de confiança da média é influenciada pelos seguintes aspectos (todos os outros fatores são constantes):
(a) O desvio padrão σ.
(b) O tamanho N da amostra.
(c) O nível de confiança.

5-4. Considere os seguintes conjuntos de réplicas de medidas:

*A	B	*C	D	*E	F
0,514	2,7	70,24	3,5	0,812	70,65
0,503	3,0	70,22	3,1	0,792	70,63
0,486	2,6	70,10	3,1	0,794	70,64
0,497	2,8		3,3	0,900	70,21
0,472	3,2		2,5		

Calcule a média e o desvio padrão para cada um dos seis conjuntos de dados. Calcule o intervalo de confiança de 95% para cada conjunto de dados. Qual o significado desse intervalo?

*As respostas para as questões e problemas marcados com um asterisco são fornecidas no final deste livro.

5-5. Calcule o intervalo de confiança de 95% para cada conjunto de dados do Problema 5-4 se s for uma boa estimativa de σ e tiver um valor de: *conjunto A, 0,015; conjunto B, 0,30; *conjunto C, 0,070; conjunto D, 0,20; *conjunto E, 0,0090 e conjunto F, 0,15.

5-6. O último resultado de cada conjunto de dados do Problema 5-4 pode ser um *outlier*. Aplique o teste Q (nível de confiança de 95%) para determinar se há ou não base estatística para a rejeição.

*5-7. Um método baseado em absorção atômica, desenvolvido para a determinação de ferro presente em óleo usado de motores a jato, apresentou um desvio padrão $s = 2,9$ μg de Fe/mL, a partir de 30 análises realizadas em triplicata. Se s for uma boa estimativa de σ, calcule os intervalos de confiança de 95% e 99% para o resultado 17,2 μg de Fe/mL, se estiver baseado (a) em uma única análise, (b) na média de duas análises e (c) na média de quatro análises.

5-8. Um método baseado em absorção atômica, desenvolvido para a determinação de cobre em combustíveis, gerou um desvio padrão combinado $s_{comb} = 0,19$ μg de Cu/mL ($s \rightarrow \sigma$). A análise do óleo do motor de uma aeronave mostrou um teor de cobre de 6,87 μg de Cu/mL. Calcule os intervalos de confiança de 95% e 99% para o resultado se estiver baseado (a) em uma única análise, (b) na média de quatro análises e (c) na média de 16 análises.

*5-9. Quantas réplicas de medidas são necessárias para diminuir os limites de confiança de 95% e 99% para a análise descrita no Problema 5-7 para $\pm 1,9$ μg de Fe/mL?

5-10. Quantas réplicas de medidas são necessárias para diminuir os limites de confiança de 95% e 99% para a análise descrita no Problema 5-8 para $\pm 0,15$ μg de Cu/mL?

*5-11. Uma análise volumétrica de cálcio em amostras triplicadas do soro sanguíneo de um paciente que se acreditava estar sofrendo de hiperparatireoidismo produziu os seguintes dados: mmol Ca/L = 3,15; 3,25 e 3,26. Qual o limite de confiança, a 95%, para a média dos dados, considerando:
  (a) a ausência de informação prévia sobre a precisão da análise?
  (b) $s \rightarrow \sigma$ 0,056 mmol Ca/L?

5-12. Um químico obteve os seguintes dados para o percentual de lindano na análise triplicada de uma preparação de um inseticida: 7,23; 6,95 e 7,53. Calcule o intervalo de confiança, a 90%, da média para os três resultados, considerando que:
  (a) a única informação sobre a precisão do método é a precisão para os três dados fornecidos.
  (b) com base em uma longa experiência com o método, acredita-se que $s \rightarrow \sigma$ 0,28% de lindano.

5-13. Um método padrão usado na determinação de glicose em soro sanguíneo apresenta um desvio padrão de 0,36 mg dL^{-1}. Se $s = 0,36$ mg dL^{-1} for uma boa estimativa de σ, quantas réplicas de determinações deveriam ser feitas para que a média da análise de uma amostra esteja contida
  *(a) 0,3 mg dL^{-1} da média verdadeira 99% das vezes?
  (b) 0,3 mg dL^{-1} da média verdadeira 95% das vezes?
  (c) 0,2 mg dL^{-1} da média verdadeira 90% das vezes?

5-14. Para testar a qualidade do trabalho de um laboratório comercial, foram solicitadas análises em duplicata de uma amostra de ácido benzoico purificado (68,8% de C, 4,953% de H). Considera-se que o desvio padrão relativo do método seja $s_r \rightarrow \sigma = 4$ ppm para o carbono e 6 ppm para o hidrogênio. As médias dos resultados fornecidos são 68,5% de C e 4,882% de H. Existe alguma indicação de ocorrência de erros sistemáticos em qualquer uma das análises a um nível de confiança de 95%?

*5-15. Um promotor de um caso criminal apresentou como prova principal pequenos fragmentos de vidro encontrados fixados no casaco do acusado. Ele indicou que os fragmentos eram de composição idêntica a um vidro colorido raro belga quebrado durante o crime. As médias das análises em triplicata de cinco elementos presentes no vidro são mostradas na tabela. O réu tem base para clamar a existência de dúvida razoável sobre a acusação, levando em consideração os dados obtidos? Use o nível de confiança de 99% como critério para a dúvida.

Elemento	Concentração, ppm Da Roupa	Da Janela	Desvio Padrão $s \rightarrow \sigma$
As	129	119	9,5
Co	0,53	0,60	0,025
La	3,92	3,52	0,20
Sb	2,75	2,71	0,25
Th	0,61	0,73	0,043

5-16. O esgoto e os poluentes industriais lançados em um corpo de água podem reduzir a concentração de oxigênio dissolvido e afetar negativamente espécies aquáticas. Em um estudo, foram feitas leituras semanais no mesmo local em um rio durante um período de dois meses.

Semana	O_2 dissolvido, ppm
1	4,9
2	5,1
3	5,6
4	4,3
5	4,7
6	4,9
7	4,5
8	5,1

Alguns cientistas consideram que 5,0 ppm é um nível de O_2 dissolvido que é limítrofe para a sobrevivência de peixes. Realize um teste estatístico para determinar se a média da concentração de O_2 dissolvido é menor que 5,0 ppm em um nível de confiança de 95%. Defina claramente as hipóteses nula e alternativa.

*5-17. No Problema 5-16, a medida realizada na terceira semana é suspeita de ser um outlier. Utilize o teste Q para determinar se o valor pode ser rejeitado em um nível de confiança de 95%.

5-18. Antes de concordar com a compra de uma grande quantidade de solvente, uma companhia quer ter evidências conclusivas de que o valor médio para a concentração de uma determinada impureza é menor que 1 ppb. Que hipóteses devem ser testadas? Quais são os erros tipo I e II nessa situação?

*5-19. Os níveis de um poluente presente em um rio localizado próximo a uma indústria química têm sido monitorados regularmente. O nível normal do poluente tem sido estabelecido com base em análises químicas realizadas em um período de vários anos. Recentemente, a companhia fez diversas alterações em sua planta que parecem estar aumentando o nível do poluente. A Agência de Proteção Ambiental (Environmental Protection Agency – EPA) quer provas conclusivas de que o nível de concentração do poluente não aumentou. Defina as hipóteses nula e alternativa e descreva os erros tipo I e II que podem ocorrer nessa situação.

5-20. Defina quantitativamente as hipóteses nula H_0 e alternativa H_a para as situações dadas a seguir e descreva os erros tipo I e II. Se essas hipóteses forem testadas estatisticamente, comente se um teste unicaudal ou bicaudal deveria estar envolvido em cada caso.

*(a) Os valores médios para determinações de Ca pelo método de eletrodo de íon seletivo e por uma titulação com EDTA diferem substancialmente.

(b) Dado que essa amostra forneceu uma concentração menor que os 6,39 ppm certificados pelo NIST, um erro sistemático deve ter ocorrido.

*(c) Os resultados mostram que variações nos teores de impurezas observadas entre lotes de acetonitrila da marca X são menores que as da acetonitrila da marca Y.

(d) Os resultados de determinações obtidas por absorção atômica para Cd são menos precisos que os resultados obtidos eletroquimicamente.

*5-21. A homogeneidade dos níveis de cloreto presente em uma amostra de água de um lago foi testada por meio de análises de porções retiradas do topo e do fundo da coluna de água, tendo apresentado os seguintes resultados, em ppm de Cl^-:

Topo	Fundo
26,30	26,22
26,43	26,32
26,28	26,20
26,19	26,11
26,49	26,42

(a) Aplique o teste t em um nível de confiança de 95% para determinar se o nível do cloreto do topo do lago é diferente do cloreto do fundo.

(b) Se cada linha da tabela for amostras analisadas em pares de cima para baixo, use o teste t pareado e determine se há diferença significativa entre os valores para o topo e fundo em um nível de confiança de 95%.

(c) Por que se chega a diferentes conclusões quando se usa o teste t pareado e quando apenas se combinam os dados e se usa o teste t normal para diferenças nas médias?

5-22. Dois métodos analíticos diferentes foram usados para determinar cloro residual em efluentes de esgoto. Ambos os métodos foram usados nas mesmas amostras, mas cada amostra foi coletada de vários locais, com tempos de contato diferentes com o efluente. Dois métodos foram usados para determinar a concentração de Cl em mg L^{-1}, e os resultados são mostrados na tabela a seguir:

Amostra	Método A	Método B
1	0,39	0,36
2	0,84	1,35
3	1,76	2,56
4	3,35	3,92
5	4,69	5,35
6	7,70	8,33
7	10,52	10,70
8	10,92	10,91

(a) Que tipo de teste t deve ser usado para comparar os dois métodos? Por quê?
(b) Os dois métodos fornecem resultados diferentes? Defina e teste as hipóteses apropriadas.
(c) A conclusão depende dos níveis de confiança de 90%, 95% ou 99% que forem empregados?

*5-23. Sir William Ramsey, Lord Rayleigh, preparou amostras de nitrogênio por vários métodos diferentes. A densidade de cada amostra foi medida como a massa de gás necessária para encher um determinado frasco, sob uma certa temperatura e pressão. As massas de amostras de nitrogênio preparadas pela decomposição de vários compostos de nitrogênio foram 2,29280 g; 2,29940 g; 2,29849 g e 2,30054 g. As massas de "nitrogênio" preparadas pela remoção de oxigênio do ar de várias formas foram 2,31001 g; 2,31163 g e 2,31028 g. A densidade do nitrogênio preparado a partir de compostos de nitrogênio é significativamente diferente daquelas preparadas a partir do ar? Quais as chances de as conclusões estarem erradas? (O estudo dessa diferença levou à descoberta dos gases nobres por Lord Rayleigh.)

5-24. O teor de fósforo foi medido em três solos de diferentes locais. Cinco réplicas de medidas foram feitas para cada amostra de solo. Uma tabela ANOVA parcial é mostrada a seguir:

Fonte de Variação	SQ	gl	QM	F
Entre os solos	—	—	—	—
Nos solos	—	—	0,0081	
Total	0,374	—		

(a) Preencha os campos vazios na tabela ANOVA.
(b) Defina as hipóteses nula e alternativa.
(c) Os três solos diferem nos teores de fósforo em um nível de confiança de 95%?

*5-25. A concentração de ácido ascórbico em sucos de laranja de cinco marcas diferentes foi medida. Seis réplicas de amostras de cada marca foram analisadas. A seguinte tabela ANOVA parcial foi obtida.

Variação na Fonte	SQ	gl	QM	F
Entre os sucos	—	—	—	8,45
Nos sucos	—	—	0,913	
Total	—	—		

(a) Preencha os campos vazios na tabela ANOVA.
(b) Defina as hipóteses nula e alternativa.
(c) Existe diferença na concentração de ácido ascórbico nos cinco sucos em um nível de confiança de 95%?

5-26. Cinco laboratórios diferentes participaram de um estudo interlaboratorial envolvendo determinações dos níveis de Fe em amostras de água. Os seguintes resultados são réplicas de determinações de ppm de Fe para os laboratórios A a E.

Resultado nº	Lab A	Lab B	Lab C	Lab D	Lab E
1	10,3	9,5	10,1	8,6	10,6
2	11,4	9,9	10,0	9,3	10,5
3	9,8	9,6	10,4	9,2	11,1

(a) Defina as hipóteses apropriadas.
(b) Os laboratórios diferem em um nível de confiança de 95%? E a um nível de confiança de 99% ($F_{crit} = 5,99$)? E ao nível de confiança de 99,9% ($F_{crit} = 11,28$)
(c) Quais laboratórios são diferentes dos outros em um nível de confiança de 95%?

*5-27. Quatro analistas realizaram conjuntos de réplicas de determinações de Hg nas mesmas amostras analíticas. Os resultados, expressos em ppb de Hg, são mostrados na seguinte tabela:

Determinação	Analista 1	Analista 2	Analista 3	Analista 4
1	10,19	10,19	10,14	10,24
2	10,15	10,11	10,12	10,26
3	10,16	10,15	10,04	10,29
4	10,10	10,12	10,07	10,23

(a) Defina as hipóteses apropriadas.
(b) Os analistas diferem a um nível de confiança de 95%? E ao nível de confiança de 99% ($F_{crit} = 5,95$)? E ao nível de confiança de 99,9% ($F_{crit} = 10,80$)?
(c) Quais analistas diferem dos outros a um nível de confiança de 95%?

5-28. Quatro projetos de células de fluorescência em fluxo distintos foram comparados para ver se eles eram significativamente diferentes. Os seguintes resultados representaram as intensidades relativas de fluorescência obtidas para quatro réplicas de medidas.

Medida nº	Projeto 1	Projeto 2	Projeto 3	Projeto 4
1	72	93	96	100
2	93	88	95	84
3	76	97	79	91
4	90	74	82	94

(a) Defina as hipóteses apropriadas.
(b) Os projetos das células em fluxo diferem a um nível de confiança de 95%?
(c) Se forem detectadas diferenças no item (b), quais projetos diferem dos outros a um nível de confiança de 95%?

*5-29. Três métodos analíticos diferentes são comparados em relação à determinação de Ca em uma amostra biológica. O laboratório está interessado em saber se os métodos diferem. Os resultados mostrados a seguir representam os resultados de Ca em ppm determinados por método de um eletrodo de íon seletivo (EIS). Por titulação de EDTA e por espectrometria de absorção atômica:

Repetição nº	EIS	Titulação com EDTA	Absorção Atômica
1	39,2	29,9	44,0
2	32,8	28,7	49,2
3	41,8	21,7	35,1
4	35,3	34,0	39,7
5	33,5	39,2	45,9

(a) Defina as hipóteses nula e alternativa.
(b) Determine se existem diferenças significativas entre os três métodos a níveis de confiança de 95%.
(c) Se foi detectada a diferença a um nível de confiança de 95%, determine quais métodos diferem dos outros.

5-30. Aplique o teste Q aos conjuntos de dados que seguem para determinar se resultados anômalos devem ser mantidos ou rejeitados a um nível de confiança de 95%.
(a) 51,27; 51,61; 51,84; 51,70
(b) 7,295; 7,284; 7,388; 7,292

*5-31 Aplique o teste Q aos conjuntos de dados que seguem para determinar se resultados anômalos devem ser mantidos ou rejeitados a um nível de confiança de 95%.
(a) 95,10; 94,62; 94,70
(b) 95,10; 94,62; 94,65; 94,70

5-32. A determinação de fósforo no soro sanguíneo forneceu resultados de 4,40; 4,42; 4,60; 4,48 e 4,50 ppm de P. Determine se o resultado 4,60 ppm é um *outlier* ou se deve ser mantido a um nível de confiança de 95%.

5-33. **Problema Desafiador.** As informações a seguir representam três conjuntos de dados para a massa atômica do antimônio, obtidos a partir do trabalho de Willard e McAlpine:[7]

Conjunto 1	Conjunto 2	Conjunto 3
121,771	121,784	121,752
121,787	121,758	121,784
121,803	121,765	121,765
121,781	121,794	

(a) Determine a média e o desvio padrão para cada conjunto de dados.
(b) Estabeleça os intervalos de confiança para 95% para cada conjunto de dados.
(c) Determine se o valor 121,803 presente no primeiro conjunto é um *outlier* para aquele conjunto em um nível de confiança de 95%.
(d) Use o teste t para determinar se a média dos dados do conjunto 3 é idêntica àquela do conjunto 1 em um nível de confiança de 95%.
(e) As médias de todos os três conjuntos de dados devem ser comparadas por ANOVA. Defina a hipótese nula. Determine se as médias diferem a um nível de confiança de 95%.
(f) Combine os dados e determine uma média global e o desvio padrão combinado.
(g) Compare a média global dos 11 dados com o valor aceito atualmente. Relate o erro absoluto e o erro relativo percentual considerando que o valor aceito atualmente é o valor verdadeiro.

---
[7] H. H. Willard; R. K. McAlpine. *J. Am. Chem. Soc.*, *43*, 797, 1921, DOI: 10.1021/ja01437a010.

Amostragem, Padronização e Calibração

CAPÍTULO 6

Uma vez que uma análise química usa apenas uma pequena fração da amostra disponível, o processo de amostragem é uma importante operação. As frações de solos arenosos e argilosos que são coletadas para análises devem ser representativas de todo o material. Conhecer quanto da amostra deve ser coletado e como subdividi-la, posteriormente, para se obter a amostra de laboratório, são vitais no processo analítico. A amostragem, a padronização e a calibração são os pontos deste capítulo. Métodos estatísticos são uma parte integral dessas três operações.

Bob Rowan/Corbis Documentary/Getty Images

No Capítulo 1, descrevemos um procedimento analítico típico do mundo real consistindo de várias etapas importantes. Em qualquer procedimento deste tipo, o método analítico específico selecionado depende de quanto de amostra está disponível e quanto de analito está presente. Aqui discutiremos uma classificação geral dos tipos de determinação baseados nesses fatores. Após a seleção do método específico a ser empregado, uma amostra representativa precisa ser coletada. No processo de amostragem, fazemos todos os esforços para selecionar uma pequena quantidade de material que represente de maneira exata todo o material que está sendo analisado. Usamos métodos analíticos para ajudar na seleção de uma amostra representativa. Uma vez que a amostra analítica foi obtida, ela deve ser processada de maneira segura para que mantenha a integridade sem perda de amostra ou a introdução de contaminantes. Muitos laboratórios usam métodos de manuseio automático da amostra, abordados aqui porque eles são confiáveis e de baixo custo. Uma vez que os métodos analíticos não são absolutos, os resultados devem ser comparados com aqueles obtidos em materiais padrão de composição exatamente conhecida. Alguns métodos exigem a comparação direta com **padrões**, enquanto outros necessitam de um procedimento de calibração indireto. Muita da nossa discussão foca em detalhes de padronização e calibração incluindo o uso de procedimentos estatísticos para construir modelos de calibração. Concluímos este capítulo com uma discussão dos procedimentos utilizados para comparar os métodos analíticos pelo uso de vários critérios de eficiência denominados *figuras de mérito*.

6A Amostras e Métodos Analíticos

Muitos fatores estão envolvidos na escolha de um método analítico específico, como discutido na Seção 1C-1. Entre os fatores mais importantes estão a quantidade de amostra e a concentração do analito.

6A-1 Tipos de Amostras e Métodos

Às vezes, distinguimos um método de identificação de espécies, uma **análise qualitativa**, de um método que determina a quantidade de um constituinte, uma **análise quantitativa**. Os métodos quantitativos, como discutidos na Seção 1B, são classificados tradicionalmente como métodos gravimétricos, métodos volumétricos ou métodos instrumentais. Outra maneira de se distinguir os métodos baseia-se na dimensão da amostra e nos níveis dos constituintes.

Amostra

Como mostrado na **Figura 6-1**, o termo **macroanálise** é empregado para amostras cujas massas são maiores que 0,1 g. Uma **semimicroanálise** é realizada em uma amostra na faixa de 0,01 a 0,1 g, e as amostras para uma **microanálise** estão na faixa entre 10^{-4} e 10^{-2} g. Para amostras cuja massa é menor que 10^{-4} g, algumas vezes o termo **ultramicroanálise** é empregado.

Dimensão da Amostra	Tipo de Análise
> 0,1 g	Macro
0,01 a 0,1 g	Semimicro
0,0001 a 0,01 g	Micro
< 10^{-4} g	Ultramicro

A partir da classificação contida na Figura 6-1, vemos que a análise de uma amostra de 1 g de solo utilizada para a determinação de um possível poluente poderia ser chamada *macroanálise*, e a análise de 5 mg de um pó suspeito de ser uma droga ilegal poderia ser uma *microanálise*. Um laboratório analítico típico processa amostras que variam da dimensão macro para a micro e até mesmo para a dimensão ultramicro. As técnicas empregadas para manusear amostras muito pequenas são bastante diferentes daquelas usadas para tratar macroamostras.

Tipos de Constituintes

Os constituintes determinados em um procedimento analítico podem abranger uma enorme faixa de concentração. Em alguns casos, os métodos analíticos são usados para determinar **constituintes majoritários**, os quais são aqueles presentes na faixa de 1% a 100% em massa. Muitos dos procedimentos gravimétricos e alguns volumétricos, que serão discutidos na Parte III, constituem exemplos de determinações de constituintes majoritários. Como mostrado na **Figura 6-2**, as espécies existentes na faixa de 0,01% a 1% são geralmente denominadas **constituintes minoritários**, enquanto aquelas presentes em quantidades entre 100 ppm (0,01%) e 1 ppb são chamadas **constituintes de traço**. Os componentes existentes em quantidades menores que 1 ppb são normalmente considerados **constituintes de ultratraço**.

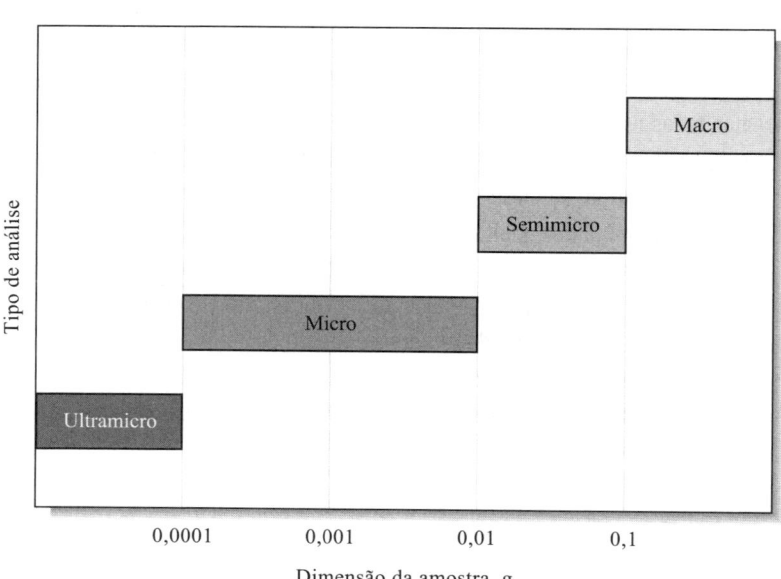

FIGURA 6-1
Classificação dos analitos pela dimensão da amostra.

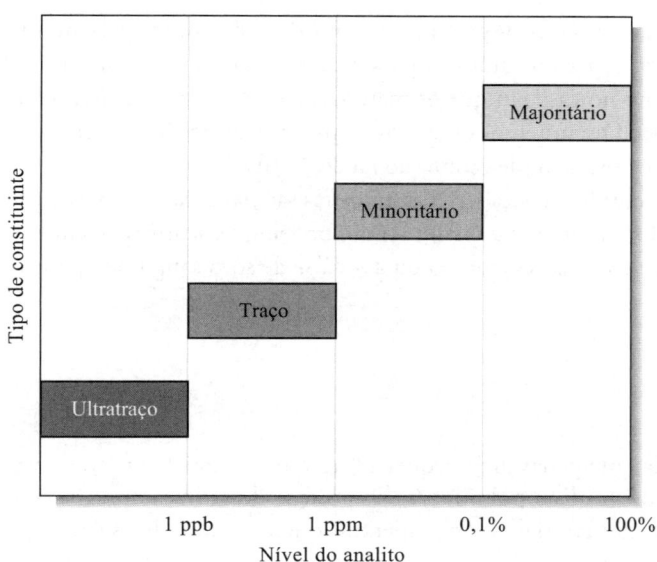

FIGURA 6-2
Classificação dos tipos de constituintes pelo nível do analito.

As determinações de mercúrio na faixa de ppb a ppm em amostras de 1 μL ($\approx$ 1 mg) de água de rio podem ser consideradas uma microanálise de um constituinte de traço. As determinações de constituintes de traço e de ultratraço são particularmente complexas devido à presença de interferentes e contaminações potenciais. Em casos extremos, as determinações devem ser conduzidas em salas especiais, que são mantidas meticulosamente limpas e livres de poeira e outros contaminantes. Um problema geral em procedimentos envolvendo constituintes de traço é que a confiabilidade dos resultados geralmente decresce drasticamente com a diminuição do nível do analito. A **Figura 6-3** mostra como o desvio padrão entre laboratórios aumenta à medida que o nível do analito diminui. No nível de ultratraços de 1 ppb, o erro entre laboratório (%DPA) é aproximadamente 50%. Em níveis menores o erro aproxima-se de 100%.

Nível do Analito	Tipo de Constituinte
1 a 100%	Majoritário
0,01 (100 ppm) a 1%	Minoritário
1 ppb a 100 ppm	Traço
< 1 ppb	Ultratraço

6A-2 Amostras Reais

A análise de amostras reais é complicada por causa do efeito da matriz da amostra. A matriz pode conter espécies com propriedades químicas similares às do analito, as quais podem reagir com os mesmos reagentes, tal como o analito, ou podem provocar uma **resposta de um instrumento** que não se distingue facilmente daquela do analito. Esses efeitos interferem na determinação do analito. Se tais interferências são provocadas por espécies estranhas contidas na matriz, então,

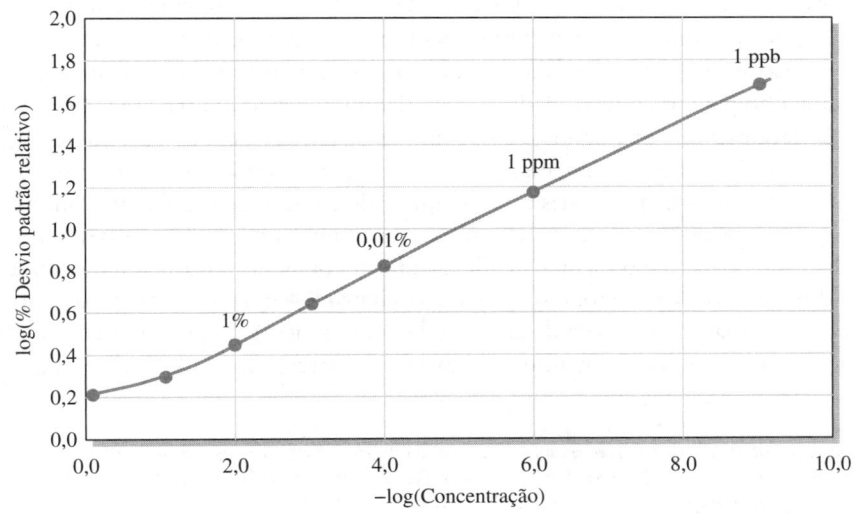

FIGURA 6-3
Erros interlaboratoriais como uma função do logaritmo negativo da concentração do analito. Observe que o logaritmo do desvio padrão relativo percentual aumenta dramaticamente à medida que a concentração do analito diminui. Na faixa de ultratraço, o desvio padrão relativo aproxima-se de 100% à medida que seu logaritmo se aproxima de 2. (Adaptado de W. Horowitz. *Anal. Chem.*, v. 54, pp. 67A-76A, **1982**. **DOI**: 10.1021/ac00238a002.)

frequentemente, são chamadas **efeitos de matriz**. Esses efeitos podem ser induzidos não apenas pela amostra, como também pelos reagentes e solventes empregados no preparo da amostra para a determinação. A composição da matriz que contém o analito pode variar com o tempo, como no caso em que os materiais perdem água por desidratação ou sofrem reações fotoquímicas durante seu armazenamento. Discutiremos os efeitos da matriz e outras interferências no contexto da padronização e métodos de calibração na Seção 6D-3.

>> Amostras são analisadas, mas os constituintes ou as concentrações são determinados.

Como discutido na Seção 1C, as amostras são *analisadas*, mas as espécies ou as concentrações são *determinadas*. Assim sendo, podemos discutir corretamente a *determinação* de glicose em soro sanguíneo ou a *análise* de soro sanguíneo para a determinação de glicose.

6B Amostragem

Uma análise química é frequentemente realizada em apenas uma pequena fração do material cuja composição seja de interesse; por exemplo, alguns mililitros de água de um lago poluído. A composição dessa fração precisa refletir tão proximamente quanto possível a composição total do material, se for esperado que os resultados sejam significativos. O processo pelo qual uma fração *representativa* é coletada é denominado **amostragem**. Muitas vezes, a amostragem é a etapa mais difícil de todo o processo analítico e a que limita a exatidão do procedimento. Essa afirmação é especialmente verdadeira quando o material a ser analisado for constituído por um grande volume de um líquido não homogêneo, assim como um lago, ou um sólido não homogêneo, como um minério, um solo ou um pedaço de um tecido animal.

A **amostragem** é, muitas vezes, o aspecto mais difícil de uma análise.

A amostragem para uma análise química exige, necessariamente, o uso de estatística, uma vez que serão tiradas conclusões acerca de uma quantidade muito maior do material a partir de uma análise que envolve uma pequena amostra de laboratório. Esse é o mesmo processo que discutimos nos capítulos 4 e 5, examinando um número finito de itens retirados de uma população. A partir da observação da amostra, usamos ferramentas estatísticas, como a média e o desvio padrão, para tirar conclusões sobre a população. A literatura sobre a amostragem é extensiva;[1] forneceremos apenas uma breve introdução nesta seção.

6B-1 Obtenção de uma Amostra Representativa

O processo de amostragem precisa assegurar que os itens escolhidos sejam representativos de todo o material ou população. Os itens escolhidos para análise são muitas vezes chamados **unidades de amostragem** ou **incrementos de amostragem**. Por exemplo, nossa população pode ser de 100 moedas e podemos desejar conhecer a concentração média de chumbo na coleção de moedas. Nossa amostra deve ser composta por cinco moedas. Cada moeda é uma unidade de amostragem ou um incremento. No contexto estatístico, a amostra corresponde a várias pequenas partes tiradas de partes diferentes de todo o material. Para evitar confusão, geralmente os químicos chamam a coleção de unidades de amostragem ou incrementos de **amostra bruta**.

>> As composições da **amostra bruta** e da **amostra de laboratório** precisam ser semelhantes à composição média de toda a massa de material a ser analisada.

Para as análises realizadas no laboratório, a amostra bruta é normalmente reduzida em tamanho para uma quantidade de material homogeneizado para se criar uma **amostra de laboratório**. Em alguns casos, como os de amostragem de pós, líquidos e gases, não temos itens obviamente discretos. Esses materiais podem não ser homogêneos e ser constituídos de partículas microscópicas de composições diferentes ou, no caso de líquidos, zonas em que as concentrações do analito diferem. Com esses materiais, podemos preparar a representatividade da amostra obtendo nossos incrementos a partir de diferentes regiões de todo o material. A **Figura 6-4** ilustra as três etapas normalmente envolvidas na obtenção da amostra de laboratório. A Etapa 1 é direta, com a população sendo tão diversa quanto uma cartela de frascos contendo comprimidos

>> Na *amostragem*, uma amostra da população é reduzida em tamanho para uma quantidade de material homogêneo que possa ser convenientemente manuseado no laboratório e cuja composição seja representativa da população.

---

[1] Veja, por exemplo, J. L. Devore; N. R. Farnum; J. A. Doi. *Applied Statistics for Engineers and Scientists*. 3. ed. Boston, MA: Cengage Learning, 2014, cap. 4; J. C. Miller; J. N. Miller; R. D. Miller. *Statistics and Chemometrics for Analytical Chemistry*. 7. ed. Nova York: Pearson, 2017; B. W. Woodget; D. Cooper. *Samples and Standards*. Londres: Wiley, 1987; F. F. Pitard. *Pierre Gy's Sampling Theory and Sampling Practice*. 2. ed. Boca Raton, FL: CRC Press, 1993.

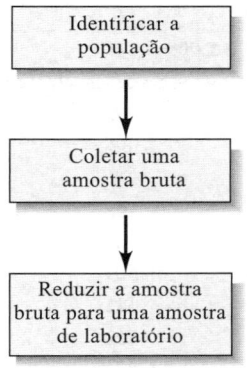

FIGURA 6-4 Etapas envolvidas na obtenção de uma amostra de laboratório. A amostra de laboratório consiste em alguns gramas até, no máximo, algumas centenas de gramas. Pode ser constituída de tão pouco quanto 1 parte em 10^7 ou 10^8 partes de todo o material.

de vitaminas, um campo de trigo, o cérebro de um rato ou a lama do leito de um rio. As etapas números 2 e 3 raramente são simples e podem demandar um esforço enorme.

Lembre-se de que, no exemplo da "Morte de Cervos", no Capítulo 1, os guardas florestais suspeitaram de que um herbicida contendo arsênio havia matado vários cervos. O processo de amostragem começou dissecando e removendo seus rins como uma amostra bruta. Os rins foram escolhidos porque é sabido que o arsênio fica armazenado neles. Os rins de cada um dos dois cervos foram cortados em pedaços e homogeneizados em um liquidificador para fornecer duas amostras de laboratório. Três amostras de 10 gramas foram tiradas aleatoriamente do material bruto dos rins de cada cervo e foi realizada uma determinação analítica em cada uma das seis amostras. A análise dos dados para uma amostra de cada cervo é mostrada na Figura 1D-2. Neste exemplo, a redução da amostra bruta a uma amostra de laboratório foi realizada simplesmente pela trituração dos rins. Em outras situações, esta etapa poderia ser bastante complexa.

Considere, por exemplo, amostragem de carvão de vagões, barcaças, caminhões ou armazenados para a determinação de elementos como enxofre, mercúrio ou outras substâncias tóxicas. O número e as localizações dos incrementos de amostragem deve ser determinado de maneira sistemática, de tal forma que a amostra bruta seja representativa do contêiner todo. As considerações a seguir estão em jogo ao fazer a amostragem do carvão a partir dessas fontes:

- Qual o tamanho de cada incremento de amostra?
- Quantos incrementos de amostra serão necessários?
- Os incrementos de amostra serão coletados apenas da superfície de um monte de carvão ou serão coletados de várias profundidades?
- Como serão selecionadas as posições dos incrementos de amostra?
- Todos os contêineres em um carregamento completo serão amostrados?

Estatisticamente, os objetivos do processo de amostragem são:

1. Obter uma concentração média de analito que seja uma estimativa sem tendências da média da população. Esse objetivo pode ser atingido apenas se todos os membros da população tiverem uma probabilidade igual de estarem incluídos na amostra.
2. Obter uma variância, na concentração de analito medida, que seja uma estimativa sem vieses da variância da população, para que os limites de confiança válidos para a média possam ser encontrados e vários testes de

Sabrina Farias (ela/dela) é Diretora de Laboratório no Delta9 Labs, LLC, um laboratório de testagem analítica de cannabis para a Oklahoma Medical Marijuana Authority. Ela implementa os procedimentos de controle de qualidade, desenvolve os métodos para novas matrizes de cannabis, calibra os instrumentos, faz cumprir as regras da OSHA, cGMP, ISO e FDA e treina a equipe. Farias é graduada em química pela Oklahoma State University. Como estudante de graduação, trabalhou como pesquisadora assistente e como tutora para o departamento de química onde ela pesquisa em analítica usando técnicas de química (bio)eletroanalítica.

Ela usa matemática, microbiologia e todas as formas de química analítica para calcular regressão linear, concentração, fatores de diluição, diluições em série, porcentagem de repetibilidade, desvio padrão e resultados de amostra com base na sua massa e na densidade dos solventes.

O Delta9 Labs está classificado como um laboratório de produção por causa de seu sucesso alcançado na rapidez de progressos rápidos, bem como na produção de dados exatos e confiáveis. A capacidade de analisar rapidamente uma situação e fornecer uma solução ou previsão lógica é primordial para o sucesso do laboratório. O conselho dela para os estudantes de exatas é, "Pergunte, mesmo que possa ser embaraçoso perguntar (acredite, muitos ao redor de você têm a mesma pergunta!). Os momentos na sua carreira acadêmica e profissional que são desconfortáveis vão alavancar seu crescimento. Permita-se tornar-se desconfortável para o bem de conquistas e crescimento futuros. Curse disciplinas extras desafiadoras, aceite um projeto desafiador no trabalho, mergulhe fundo por cinco minutos para entender verdadeiramente o material que se encontra à sua frente, seja curioso! Você agradecerá a si próprio mais tarde, prometo".

FIGURA 6-5 Geração de 10 números aleatórios de 1 a 1.000 por meio de uma planilha. A função número aleatório do Excel [=**ALEATÓRIO**()] gera números aleatórios entre 0 e 1. O multiplicador mostrado na documentação garante que os números gerados na coluna B estejam entre 1 e 1.000. Para obter números inteiros, clique com o botão direito nas células selecionadas e escolha o comando Formatar/Células no menu que aparece. Então escolha Número e, em seguida, 0 casas decimais. Para que os números não mudem a cada recálculo, copie e cole, os números aleatórios na coluna B como valores na coluna C usando o comando Colar Especial na Fita Página Inicial. Na coluna C, os números são classificados em ordem crescente usando o comando do Excel Classificar Dados na fita Dados.

	A	B	C
1	Planilha para gerar números aleatórios entre 1 e 1.000		
2		Números aleatórios ou randômicos	Números em ordem crescente
3		97	16
4		382	33
5		507	97
6		33	268
7		511	382
8		16	507
9		268	511
10		810	810
11		934	821
12		821	934
13			
14	**Documentação da planilha**		
15	Célula B3=ALEATÓRIO*(1.000-1)+1		

hipóteses possam ser aplicados. Esse objetivo pode ser alcançado apenas se toda amostra possível puder ser igualmente coletada.

Ambos os objetivos requerem a obtenção de uma **amostra aleatória**. Aqui, o termo *aleatório* não sugere que as amostras sejam escolhidas de maneira casual. Em vez disso, um procedimento randômico é aplicado na obtenção dessa amostra. Por exemplo, considere que nossa amostra consista em 10 comprimidos farmacêuticos a serem tirados de 1.000 comprimidos de uma linha de produção. Uma maneira de garantir uma amostra aleatória é escolher os comprimidos a serem testados a partir de uma tabela com números aleatórios. Isso pode ser convenientemente gerado a partir de uma tabela de números aleatórios ou a partir de uma planilha de cálculo, como mostrado na **Figura 6-5**. Aqui, designaríamos um número de 1 a 1.000 para cada comprimido e usaríamos os números escolhidos aleatoriamente exibidos na coluna C da planilha, retirando para análise os comprimidos 16, 33, 97, e assim por diante.

6B-2 Incertezas na Amostragem

No Capítulo 3, concluímos que tanto os erros sistemáticos quanto os erros aleatórios contidos em dados analíticos podem ser decorrentes de causas instrumentais, do método e pessoais. A maioria dos erros sistemáticos pode ser eliminada de forma cuidadosa por meio da calibração e pelo uso apropriado de padrões, de controles e de materiais de referência. Os erros aleatórios, que estão representados na precisão dos dados, geralmente podem ser mantidos em níveis aceitáveis por intermédio do controle rigoroso das variáveis que influenciam as medidas. Os erros decorrentes de amostragens inválidas são únicos no sentido de que não são controláveis pelo uso de brancos e padrões ou pelo controle rigoroso das variáveis experimentais. Por essa razão, os erros de amostragem são ordinariamente tratados separadamente das outras incertezas associadas a uma análise.

Para as incertezas aleatórias e independentes, o desvio padrão global s_g para uma medida analítica está relacionado com o desvio padrão do processo de amostragem s_a e com o desvio padrão do método s_m pela relação

$$s_g^2 = s_a^2 + s_m^2 \tag{6-1}$$

>> Quando $s_m \leq s_a/3$, não há razão para melhorar a precisão da medida. A Equação 6-1 mostra que s_o será predominantemente determinado pela incerteza da amostragem sob essas condições.

Em muitos casos, a variância do método será conhecida a partir de réplicas de medidas realizadas em uma única amostra de laboratório. Destas circunstâncias, s_a pode ser calculado a partir de medidas de s_g para uma série de amostras de laboratório, cada uma delas obtida de várias amostras brutas. Uma análise de variância (veja a Seção 5C) pode revelar se as variações entre as amostras (variâncias da amostragem mais medidas) são significativamente maiores que as variações nas amostras (variâncias das medidas).

Youden mostrou que, uma vez que a incerteza da medida tenha sido reduzida a um terço ou menos da **incerteza da amostragem** (isto é, $s_m \leq s_a/3$), melhorias adicionais na incerteza associada à medida são infrutíferas.[2] Como consequência, se a incerteza da amostragem for muito elevada e não puder ser melhorada, muitas vezes é interessante mudar para um método de análise menos preciso, porém mais rápido, assim mais amostras poderão ser analisadas em um dado intervalo de tempo. Uma vez que o desvio padrão em relação à média é menor, por um fator de $\sqrt{N}$, a aquisição de mais amostras pode melhorar a precisão.

6B-3 A Amostra Bruta

Idealmente, a amostra bruta é uma réplica em miniatura da massa inteira do material a ser analisado. Deve corresponder ao todo do material em sua composição química e na distribuição do tamanho de partícula, caso a amostra seja composta de partículas.

> ❮❮ A amostra bruta é a coleção de unidades individuais de amostragem. Precisa ser representativa do todo em composição e na distribuição do tamanho das partículas.

Dimensão da Amostra Bruta

Por conveniência e economia, a amostra bruta não deve ser maior que o necessário. Basicamente, o tamanho da amostra bruta é determinado (1) pela incerteza que pode ser tolerada entre a composição da amostra bruta e a do todo, (2) pelo grau de heterogeneidade do todo e (3) pelo nível do tamanho de partícula em que a heterogeneidade se inicia.[3]

O último ponto necessita ser detalhado. Uma solução homogênea bem misturada de um gás ou líquido é heterogênea apenas em uma escala molecular e a massa das moléculas governa o peso mínimo da amostra bruta. Um sólido particulado, como um minério ou um solo, representa uma situação oposta. Nesses materiais, os pedaços individuais do sólido diferem uns dos outros em composição. Aqui, a heterogeneidade desenvolve-se em partículas que podem ter dimensões da ordem de um centímetro ou mais, e que podem pesar vários gramas em massa. Entre esses extremos situam-se os **materiais coloidais** e os metais solidificados. Nos primeiros, a heterogeneidade é inicialmente encontrada na faixa de 10^{-5} ou menos. Em uma liga, a heterogeneidade ocorre primeiramente nos grãos dos cristais.

> Um **coloide** é um estado intermediário entre uma suspensão e uma solução. Exemplos incluem nevoeiro denso, fumaça, chantilly, gelatina, maionese e leite de magnésia. Essas são substâncias dispersas, mas não dissolvidas na outra. O leite é uma dispersão coloidal de glóbulos de gordura minúsculos no líquido.

Para obter uma amostra bruta verdadeiramente representativa, um certo número N de partículas precisa ser tomado. A magnitude desse número depende da incerteza que pode ser tolerada (ponto 1 acima) e de quão heterogêneo o material é (ponto 2 acima). O número pode variar de algumas poucas partículas até 10^{12} partículas. A necessidade de um grande número de partículas não é de grande preocupação para gases e líquidos homogêneo, uma vez que a heterogeneidade entre as partículas ocorre em um primeiro momento no nível molecular. Assim, mesmo uma quantidade muito pequena da amostra deverá conter mais que o número de partículas requerido. As partículas individuais de um sólido particulado podem pesar um grama ou mais; contudo, podem levar, algumas vezes, a amostras brutas que podem ter massa de várias toneladas. A amostragem de tais materiais é, no mínimo, um procedimento oneroso e que consome bastante tempo. Para minimizar custos é importante determinar as menores quantidades de material necessário para gerar a informação desejada.

> ❮❮ O número de partículas necessário para compor uma amostra bruta varia entre algumas poucas partículas a 10^{12} partículas.

As leis da probabilidade governam a composição de uma amostra bruta removida aleatoriamente de um material como um todo. Em função disso, é possível prever quanto uma fração selecionada de um todo é similar a esse todo. Como um exemplo idealizado, vamos presumir que uma mistura farmacêutica contenha apenas dois tipos de partículas: partículas do tipo A, contendo o ingrediente ativo, e partículas do tipo B, contendo apenas um material de enchimento não ativo. Todas as partículas são do mesmo tamanho. Desejamos coletar uma amostra bruta que permitirá determinarmos a porcentagem de partículas contendo o ingrediente ativo no material como um todo.

Suponha que a probabilidade de retirar aleatoriamente as partículas do tipo A seja p e de retirar aleatoriamente partículas do tipo B seja $(1 - p)$. Se N partículas da mistura forem retiradas, o valor mais provável para o número de partículas do tipo A será pN, enquanto o número mais provável de partículas do tipo B será $(1 - p)N$. Para essas populações binárias, a equação de Bernoulli[4] pode ser utilizada para calcular o desvio padrão do número de partículas do tipo A retiradas, σ_A.

---

[2] W. J. Youden; *J. Assoc. Off. Anal. Chem.*, v. 50, p. 1007, 1981.
[3] Para leitura de um artigo sobre peso em função do tamanho de partícula, veja G. H. Fricke; P. G. Mischler; F. P. Staffieri; C. L. Housmyer. *Anal. Chem.*, v. 59, p. 1213, 1987. DOI: 10.1021/ac00135a030.
[4] A. A. Benedetti-Pichler, em *Physical Methods in Chemical Analysis*. W. G. Berl, ed. Nova York: Academic Press, 1956, v. 3, pp. 183-194; A. A. Benedetti-Pichler. *Essentials of Quantitative Analysis*. Nova York: Ronald Press, 1956, cap. 19.

$$\sigma_A = \sqrt{Np(1-p)} \qquad (6\text{-}2)$$

O desvio padrão relativo σ_r de retirar partículas[5] do tipo A é σ_A/Np

$$\sigma_r = \frac{\sigma_A}{Np} = \sqrt{\frac{1-p}{Np}} \qquad (6\text{-}3)$$

A partir da Equação 6-3, calcule o número de partículas necessário para alcançar um determinado desvio padrão, como mostrado na Equação 6-4.

$$N = \frac{1-p}{p\sigma_r^2} \qquad (6\text{-}4)$$

>> Usamos o símbolo σ_r para indicar o desvio padrão relativo, de acordo com as recomendações da International Union of Pure and Applied Chemistry (IUPAC), veja a nota 5. Embora tenhamos mencionado essa terminologia no Capítulo 4, geralmente usamos o termo mais comum DPR. Usamos o símbolo IUPAC para DPR nesta discussão porque ele torna a álgebra menos enfadonha. Por favor, tenha em mente que σ_r é uma razão.

Portanto, se, por exemplo, 80% das partículas são do tipo A ($p = 0,8$) e o desvio padrão relativo é 1% ($\sigma_r = 0,01$), o número de partículas que perfazem a amostra bruta deve ser

$$N = \frac{1-0,8}{0,8(0,01)^2} = 2.500$$

Neste exemplo, uma amostra aleatória contendo 2.500 partículas deve ser coletada. Um desvio padrão relativo de 0,1% necessitaria 250 mil partículas. Certamente, um número de partículas tão grande deve ser determinado medindo a massa das partículas, não por contagem.

Tornemos o problema mais realístico e consideremos que ambos os componentes presentes na mistura contenham o ingrediente ativo (analito), mas em diferentes porcentagens. As partículas do tipo A contêm uma porcentagem mais alta do analito, P_A, e as partículas do tipo B, uma menor quantidade, P_B. Além disso, a densidade média d das partículas difere das densidades d_A e d_B desses componentes. Devemos agora decidir qual é o número de partículas e, portanto, qual é a massa que devemos tomar para garantir que temos uma amostra com a porcentagem média global do ingrediente ativo P, com um desvio padrão relativo da amostragem de σ_r. A Equação 6-4 pode ser estendida para incluir estas condições:

$$N = p(1-p)\left(\frac{d_A d_B}{d^2}\right)^2 \left(\frac{P_A - P_B}{\sigma_r P}\right)^2 \qquad (6\text{-}5)$$

A partir dessa equação, vemos que as demandas de precisão são onerosas, em termos da dimensão requerida da amostra, por causa da relação quadrada inversa entre o desvio padrão relativo permissível e o número de partículas tomadas. Podemos ver também que um grande número de partículas precisa ser tomado à medida que a porcentagem média P do ingrediente ativo se torna menor.

O grau de heterogeneidade, medido por $P_A - P_B$, tem uma grande influência no número de partículas necessário uma vez que N aumenta com o quadrado da diferença da composição dos dois componentes da mistura.

Podemos rearranjar a Equação 6-5 para calcular o desvio padrão relativo da amostragem, σ_r.

$$\sigma_r = \frac{|P_A - P_B|}{P} \times \frac{d_A d_B}{d^2} \sqrt{\frac{p(1-p)}{N}} \qquad (6\text{-}6)$$

---

[5] *Compendium of Analytical Nomenclature: Definitive Rules*, 1997, Internacional Union of Pure and Applied Chemistry, preparado por J. Inczedy; T. Lengyel; A. M. Ure, Malden, MA: Blackwell Science, 1998, pp. 2-8.

Se considerarmos que a massa m da amostra seja proporcional ao número de partículas e que as outras quantidades na Equação 6-6 sejam constantes, o produto de m e σ_r deve ser uma constante. Essa constante K_a é chamada *constante de amostragem de Ingamells*.[6] Portanto,

>> O desvio padrão relativo percentual é normalmente representado como %DPR ao invés de $\sigma_r \times 100\%$.

$$K_a = m \times (\sigma_r \times 100)^2 \qquad (6\text{-}7)$$

onde o termo $\sigma_r \times 100\%$ é o desvio padrão relativo em porcentagem. Além disso, quando $\sigma_r = 0{,}01$, $\sigma_r \times 100\% = 1\%$ e K_a é igual a m. Por conseguinte, podemos interpretar a constante de amostragem K_a como a massa mínima de amostra necessária para reduzir a incerteza associada à amostragem a 1%.

O problema de se decidir sobre a massa da amostra bruta para uma substância sólida é normalmente ainda mais difícil do que esse exemplo, porque a maioria dos materiais não apenas contém mais que um componente, mas também apresenta uma faixa de tamanhos de partículas. Na maioria dos casos, o problema de componentes múltiplos pode ser solucionado dividindo-se a amostra em sistemas imaginários de dois componentes. Assim, com uma mistura real de substâncias, um componente selecionado pode ser todas as várias partículas contendo o analito e o outro pode ser todos os componentes residuais que contêm pouco ou nenhum analito. Após serem definidas as densidades médias e os percentuais do analito para cada parte, o sistema é tratado como se tivesse apenas dois componentes.

>> Para simplificar o problema de definir a massa de uma amostra bruta de uma mistura com vários componentes, considere que a amostra seja uma mistura hipotética que contenha dois componentes.

O problema do tamanho de partícula variável pode ser manejado calculando-se o número de partículas que seria necessário se a amostra consistisse em partículas de um único tamanho. Então, a massa da amostra bruta seria determinada levando-se em consideração a distribuição do tamanho das partículas. Uma estratégia consiste em calcular a massa necessária considerando-se que todas as partículas sejam do tamanho da maior delas. Contudo, infelizmente, este procedimento não é muito eficiente, e para isso geralmente se pede a retirada de uma massa maior de material que o necessário. Benedetti-Pichler fornece métodos alternativos para calcular a massa de uma amostra bruta a ser utilizada.[7]

Uma conclusão interessante a partir da Equação 6-5 é que o número de partículas contido em uma amostra bruta é independente do tamanho das partículas. A massa da amostra, certamente, aumenta diretamente com o volume (ou com o cubo do diâmetro da partícula), então a redução no tamanho da partícula de um dado material tem um grande efeito sobre a massa necessária da amostra bruta.

Uma grande quantidade de informações sobre uma substância precisa ser conhecida para se fazer uso da Equação 6-5. Felizmente, podem ser feitas estimativas razoáveis dos vários parâmetros da equação. Essas estimativas podem ser baseadas na análise qualitativa de uma substância, inspeção visual e informações da literatura sobre substâncias de origem similar. As medidas grosseiras das densidades de vários componentes também podem ser necessárias.

EXEMPLO 6-1

Um material de empacotamento de colunas cromatográficas consiste em uma mistura de dois tipos de partículas. Considere que a partícula média do material que está sendo amostrado seja aproximadamente esférica, com um raio de 0,5 mm. Grosseiramente, 20% das partículas parecem ser de cor rosa e são conhecidas por terem cerca de 30% em massa formada por uma fase estacionária polimérica ligada (o analito). As partículas rosas têm uma densidade de 0,48 g cm^{-3}. As partículas remanescentes possuem uma densidade de cerca de 0,24 g cm^{-3} e contêm pouco ou nenhuma fase estacionária polimérica. Que massa do material deve conter a amostra bruta se a incerteza da amostragem deve ser mantida abaixo de 0,5%, em termos relativos?

(continua)

---

[6] C. O. Ingamells; P. Switzer. *Talanta*, v. 20, pp. 547-568, 1973. DOI: 10.1016/0039-9140(73)80135-3.
[7] A. A. Benedetti-Pichler, em *Physical Methods in Chemical Analysis*. W. G. Berl. ed. Nova York: Academic Press, 1956, v. 3, p. 192.

Resolução

Começamos organizando os dados.

	Componente A (rosa)	Componente B (não rosa)	Média
Porcentagem de partículas	$P_A = 20\% = 0{,}20$	$P_B = 100\% - 20\% = 80\% = 0{,}80$	
Densidade	$d_A = 0{,}48$ g cm^3	$d_B = 0{,}24$ g cm^3	$d = 0{,}288$ g cm^3
Porcentagem em massa de analito	$30\% = 0{,}30$	0%	
Raio de partículas			$r = 0{,}5$ mm $= 0{,}05$ cm
Incerteza relativa de amostragem			$\sigma_r = 0{,}5\% = 0{,}005$

Inicialmente, calculamos a densidade média:

$$D = (20\% \times 0{,}48 \text{ g cm}^{-3}) + (80\% \times 0{,}24 \text{ g cm}^{-3}) = 0{,}288 \text{ g cm}^{-3}$$

Então, calculamos a porcentagem de analito (polímero):

$$P = \frac{(0{,}20 \times 0{,}48 \text{g cm}^{-3} \times 0{,}30 \text{g analito g})}{0{,}288 \text{g amostra cm}^{-3}} \times 100\% = 10\%$$

Então, substituímos esses valores na Equação 6-5 para encontrar N, o número de partículas necessárias.

$$N = p(1-p)\left(\frac{d_A d_B}{d^2}\right)^2 \left(\frac{P_A - P_B}{\sigma_r P}\right)^2$$

$$= 0{,}20(1 - 0{,}20)\left(\frac{0{,}48 \text{g cm}^{-3} \times 0{,}24 \text{g cm}^{-3}}{(0{,}288 \text{g cm}^{-3})^2}\right)^2 \left(\frac{30\% - 0\%}{0{,}005 \times 10\%}\right)^2$$

$$= 1{,}11 \times 10^5 \text{ partículas necessárias}$$

Finalmente, calculamos a massa da amostra a partir do número de partículas, o volume médio de uma partícula esférica e a densidade média.

$$\text{massa da amostra} = m = N \times \frac{4}{3}\pi r^3 \times d$$

$$= 1{,}11 \times 10^5 \text{ partículas} \times \frac{4}{3}\pi (0{,}05)^3 \frac{\text{cm}^3}{\text{partícula}} \times \frac{0{,}288 \text{ g}}{\text{cm}^3}$$

$$= 16{,}7 \text{ g}$$

Amostragem de Soluções Homogêneas de Líquidos e Gases

>> Soluções bem misturadas de líquidos e gases requerem apenas uma amostra muito pequena, porque são homogêneas até seu nível molecular.

Para soluções de líquidos ou gases, a amostra bruta pode ser relativamente pequena, porque elas são homogêneas até o nível molecular. Consequentemente, mesmo pequenos volumes de amostra vão conter mais partículas que o número calculado a partir da Equação 6-5. Quando possível, o líquido ou gás a ser analisado deve ser agitado imediatamente antes da amostragem para assegurar que a amostra bruta seja homogênea. Com grandes volumes de soluções, essa mistura pode ser impossível; então é melhor amostrar várias porções do recipiente com um "coletor de amostras", um frasco que pode ser aberto e preenchido em qualquer local desejado da solução. Esse tipo de amostragem é importante, por exemplo, na determinação de constituintes de líquidos expostos à atmosfera. Por exemplo, o teor de oxigênio da água de um lago pode variar por um fator de 1.000 vezes ou mais em uma diferença de profundidade de poucos metros.

Com o advento de sensores portáteis, em anos recentes, tem-se tornado comum levar o laboratório à amostra em vez de levar a amostra para o laboratório. A maioria dos sensores, entretanto, mede apenas concentrações locais e não determina a média ou é sensível a concentrações remotas.

No controle de processo e outras aplicações, as amostras de líquidos são coletadas das correntes em fluxo. É necessário ter cuidado para que a amostra coletada represente uma fração constante do fluxo total e que todas as porções da corrente sejam amostradas.

Os gases podem ser amostrados por vários métodos. Em alguns casos, um saco de amostragem é simplesmente aberto e preenchido com o gás. Alternativamente, pode-se usar uma seringa de estanque a gás ou uma cânula de aço inoxidável. Em outras palavras, os gases podem ser *aprisionados* em um líquido ou adsorvidos na superfície de um sólido.

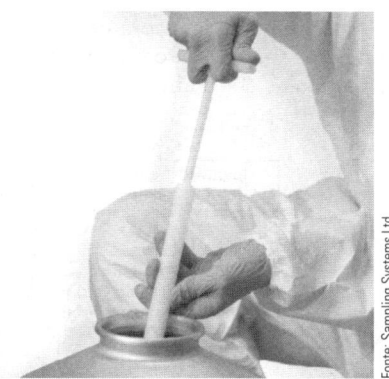
Coletor de amostras.

O movimento ambiental da última metade do século trouxe uma nova conscientização sobre os perigos da poluição química de fontes industriais, agrícolas e governamentais. O gás radônio e o vapor de mercúrio são exemplos elementares de substâncias perigosas na fase gasosa. Os compostos orgânicos voláteis (COV) como o tricloroetileno, benzeno, bifenilas policlorinadas (PCB) e pesticidas podem ser encontrados em solo contaminado e, no final das contas, no lençol freático. Estes compostos são muitas vezes tão suficientemente voláteis que seus vapores migrarão para cima e para dentro de casas, escolas e outros prédios e apresentam sérios perigos à saúde (veja a **Figura 6-6**). Pode ser fundamental para a saúde pública pegar amostras de vários espaços nessas estruturas e determinar a identidade e concentrações dos gases intrusos e mitigar essas substâncias. Os esquemas de amostragem podem ser projetados para localizar as fontes de intrusão e distribuição dessas substâncias através da estrutura.

Amostragem de Sólidos Particulados

Muitas vezes é difícil obter uma amostra aleatória a partir de um material particulado. A amostragem aleatória pode ser mais bem realizada enquanto o material está sendo transferido. Os dispositivos mecânicos têm sido desenvolvidos especialmente para o manuseio de muitos tipos de materiais particulados e estão disponíveis em fornecedores de materiais científicos especializados. Os detalhes sobre a amostragem desses materiais estão além do escopo deste livro.

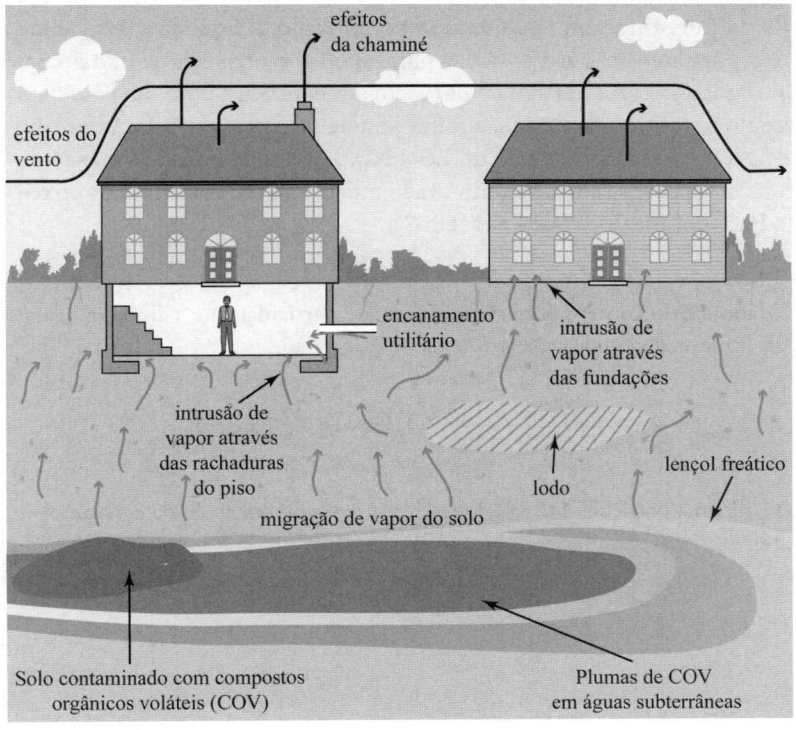

FIGURA 6-6

Migração do vapor para o ar interno. Esta figura mostra a migração do vapor do solo e da água subterrânea contaminados para dentro dos prédios. O vapor entra nos prédios através das rachaduras nas fundações e aberturas nos encanamentos utilitários. As condições atmosféricas e a ventilação do prédio influenciam a intrusão de gás do solo.

>> A amostra de laboratório deveria ter o mesmo número de partículas que a amostra bruta.

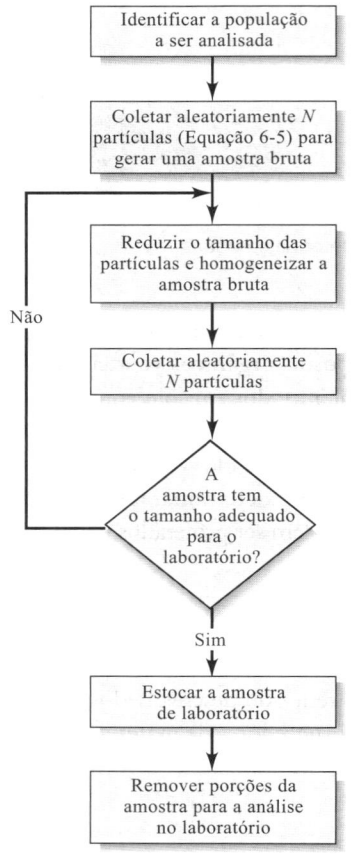

FIGURA 6-7

Etapas envolvidas na amostragem de um sólido particulado.

Grande pedaço de galena.

Um trem puxando vagões de minério.

Amostragem de Metais e Ligas

As amostras de metais e ligas são obtidas por meio de limalhas, moagem ou perfuração. Em geral, não é seguro considerar que pedaços de um metal removido da superfície sejam representativos do todo, então os materiais sólidos do interior também precisam ser amostrados. No caso de alguns materiais, uma amostra representativa pode ser obtida serrando-se o material em intervalos aleatórios e coletando o pó residual como amostra. Alternativamente, o material pode ser perfurado, novamente a distâncias espaçadas aleatoriamente, com o material removido pela perfuração sendo coletado como amostra; a broca deve perfurar totalmente o bloco ou metade da espessura em cada um dos lados opostos. O material pode ser quebrado e misturado ou ainda fundido conjuntamente em um cadinho especial. Muitas vezes, pode-se obter uma amostra granular vertendo-se o fundido em água destilada.

6B-4 Preparação de uma Amostra de Laboratório

Para os sólidos heterogêneos, a massa da amostra bruta pode variar na faixa de centenas de gramas até quilogramas, ou mais; portanto, torna-se necessária a redução da amostra bruta para uma amostra de laboratório finamente moída e homogênea, pesando no máximo algumas centenas de gramas. Como apresentado na **Figura 6-7**, esse processo envolve um ciclo de operações que inclui esmagar e moer, peneirar, misturar e dividir a amostra (normalmente em metades) para reduzir sua massa. Durante cada divisão, retém-se a massa da amostra que contém o número de partículas determinado a partir da Equação 6-5.

EXEMPLO 6-2

Um vagão de minério de chumbo contendo galena ($\approx 70\%$ de Pb) e outras partículas com pouco ou nenhum chumbo está para ser amostrado. A partir das densidades (galena 7,6 g cm^{-3}, outras partículas 3,5 g cm^{-3}, densidade média 3,7 g cm^{-3}) e da porcentagem aproximada do chumbo, a Equação 6-5 indica que $8,45 \times 10^5$ partículas são necessárias para manter o erro relativo da amostragem menor que 0,5%. As partículas parecem ser esféricas, com um raio de 5 mm. Um cálculo requerido da massa, similar àquele do Exemplo 6-1, indica que a amostra bruta da massa é de cerca de $1,6 \times 10^6$ g (1,8 toneladas). A massa de amostra bruta precisa ser reduzida para uma amostra de laboratório de aproximadamente 100 g. Como isto pode ser feito?

Resolução

A amostra de laboratório contém o mesmo número de partículas que a amostra bruta, ou $8,45 \times 10^5$. A massa média de cada partícula, $m_{méd}$, é então,

$$m_{méd} = \frac{100\text{ g}}{8,45 \times 10^5 \text{ partículas}} = 1,18 \times 10^{-4} \text{ g/partícula}$$

A massa média de uma partícula está relacionada com seu raio por meio da equação

$$m_{méd} = \frac{4}{3}\pi r^3 \times \frac{3,7\text{ g}}{\text{cm}^3}$$

(continua)

Uma vez que $m_{méd} = 1{,}18 \times 10^{-4}$ g partícula, podemos achar o raio médio da partícula r:

$$r = \left(1{,}18 \times 10^{-4}\ g \times \frac{3}{4\pi} \times \frac{cm^3}{3{,}7\ g}\right)^{1/3} = 1{,}97 \times 10^{-2}\ cm\ ou\ 0{,}2\ mm$$

Portanto, a amostra deve ser repetidamente moída, misturada e dividida até que as partículas tenham cerca de 0,2 mm de diâmetro.

As informações adicionais sobre os detalhes na preparação de amostras de laboratório podem ser encontradas no Capítulo 33 e na literatura.[8]

6B-5 Número de Amostras de Laboratório

Uma vez que a amostra de laboratório esteja preparada, a questão que permanece é quantas amostras devem ser tomadas para a análise. Se tivermos reduzido a incerteza da medida para menos que um terço da incerteza da amostragem, esta se limitará à precisão da análise. Certamente, o número depende do intervalo de confiança que desejamos utilizar para descrever o valor médio e o desvio padrão do método. Se o desvio padrão da amostragem σ_a for conhecido a partir da experiência prévia, podemos usar os valores de z contidos na tabelas (ver Seção 5A-1).

$$IC\ para\ \mu = \bar{x} \pm \frac{z\sigma_a}{\sqrt{N}}$$

Normalmente, usamos uma estimativa de σ_a, e assim precisamos usar as tabelas contendo t em vez de z (Seção 5A-2).

$$IC\ para\ \mu = \bar{x} \pm \frac{ts_a}{\sqrt{N}}$$

O último termo dessa equação representa a incerteza absoluta que podemos tolerar a um nível de confiança específico. Se dividirmos esse termo pelo valor médio, $\bar{x}$, podemos calcular a incerteza relativa σ_r que é tolerada em um dado intervalo de confiança.

$$\sigma_r = \frac{ts_a}{\bar{x}\sqrt{N}} \tag{6-8}$$

Se resolvermos a Equação 6-8 para o número de amostras N, obtemos

$$N = \frac{t^2 s_a^2}{\bar{x}^2 \sigma_r^2} \tag{6-9}$$

Usando t, o emprego de t em vez de z na Equação 6-9 leva a uma complicação, já que o próprio t depende de N. Geralmente, contudo, podemos resolver a equação por iteração, como mostrado no Exemplo 6-3, e obter o número desejado de amostras.

EXEMPLO 6-3

A determinação de cobre em uma amostra de água do mar fornece um valor médio de 77,81 μg L^{-1} e um desvio padrão s_a de 1,74 μg L^{-1}. (Observação: Aqui os algarismos significativos foram mantidos, porque esses resultados serão utilizados mais tarde em um cálculo.) Quantas amostras precisam ser analisadas para se obter um desvio padrão relativo de 1,7% no resultado, a um nível de confiança de 95%?

(continua)

---

[8] *Standard Methods of Chemical Analysis*, F. J. Welcher, ed. Princenton, NJ: Van Nostrand, v. 2, parte A, pp. 21-55, 1963. Uma bibliografia extensa de informações específicas foi compilada por C. A. Bicking, em *Treatise on Analytica Chemistry*. 2. ed. I. M. Kothoff; P. J. Elving, eds. Nova York: Wiley, 1978, v. 1, p. 299.

> **Resolução**
>
> Começamos considerando que um número infinito de amostras corresponde a um valor de t de 1,96 em um nível de confiança de 95%. Dado que $\sigma_r = 0{,}017$, $s_a = 1{,}74$ e $\bar{x} = 77{,}81$, a Equação 6-9 gera
>
> $$N = \frac{(1{,}96)^2 \times (1{,}74)^2}{(0{,}017)^2 \times (77{,}81)^2} = 6{,}65$$
>
> Arredondamos esse resultado para sete amostras, encontramos o valor de t de 2,45 para 6 graus de liberdade. Usando este valor de t, calculamos um segundo valor para N, que é 10,38. Agora, se usarmos 9 graus de liberdade e $t = 2{,}26$, o próximo valor será $N = 8{,}84$. A interação converge com um valor de N de aproximadamente 9. Observe que poderia ser uma boa estratégia reduzir a incerteza da amostragem; assim, menos amostras seriam necessárias.

6C Manuseio Automático de Amostras

Uma vez que a amostragem tenha sido completada e que o número de amostras e réplicas tenha sido escolhido, inicia-se o processamento da amostra (lembre-se da Figura 1-2). Muitos laboratórios estão usando métodos de manuseio automático de amostra porque eles são confiáveis e de baixo custo. Em alguns casos, o manuseio automático de amostras é utilizado apenas para algumas operações específicas, como dissolução de amostras e remoção de interferências; em outros, todas as etapas remanescentes no procedimento analítico são automatizadas. Descrevemos dois métodos diferentes para o manuseio automatizado de amostras: a abordagem em **batelada**, ou **discreta**, e a abordagem que emprega **fluxo contínuo**.

>> O manuseio automático de amostras pode permitir maior velocidade analítica (mais análises por unidade de tempo), maior confiabilidade e menores custos que o manuseio manual de amostras.

Métodos Discretos

Os instrumentos automatizados que processam amostras de uma maneira discreta muitas vezes imitam as operações que seriam realizadas manualmente. Os robôs de laboratório são empregados para processar amostras nos casos em que pode ser perigoso para o homem estar envolvido ou em que um grande número de etapas de rotina é necessário. Pequenos robôs de laboratório adequados para estes propósitos têm sido comercializados desde a metade da década de 1980.[9] O sistema robótico é controlado por um computador que foi programado pelo usuário. Robôs podem ser usados para diluir, filtrar, separar, moer, centrifugar, homogeneizar, extrair e tratar amostras com reagentes. Eles também podem ser programados para aquecer e agitar amostras, dispensar volumes medidos de líquidos, injetar amostras em colunas cromatográficas, pesar amostras e transportá-las para a medida em instrumentos apropriados.

>> Os métodos discretos imitam as etapas em uma determinação que seria feita por um analista humano.

Alguns processadores discretos de amostras automatizam apenas a etapa de medida de todo o procedimento ou poucas etapas químicas e a etapa de medida. Os analisadores discretos têm sido usados na química clínica e, atualmente, uma grande variedade destes analisadores está disponível. Alguns deles são de uso geral e são capazes de realizar várias determinações diferentes, geralmente em uma base de aproximação aleatória. Outros são destinados para uma aplicação ou para poucos métodos específicos, tais como determinação de glicose ou de eletrólitos no sangue.[10]

>> Aqui está um excelente vídeo, que explica as vantagens da robótica no laboratório: https://youtu.be/T4K-YrqtwZA.

Métodos em Fluxo Contínuo

Nos métodos em fluxo contínuo, a amostra é inserida em um fluido transportador, no qual inúmeras operações podem ser desenvolvidas antes de transportá-las para o detector em fluxo. Assim sendo, esses sistemas funcionam como analisadores

---

[9] Para uma descrição de robôs de laboratório, veja G. J. Kost, ed. *Handbook of Clinical Automation, Robotics and Optimization*. Nova York: Wiley, 1996. J. R. Strimaitis. *J. Chem. Educ.*, v. 66, p. A8, 1989, DOI: 10.1021/ed066pA8, e 67, p. A20, 1990, DOI: 10.1021/ed067pA20; W. J. Hurst; J. W. Mortimer. *Laboratory Robotics*. Nova York: VCH Publishers, 1987.

[10] Para uma discussão mais extensa de analisadores clínicos discretos, veja D. A. Skoog; F. J. Holler; S. R. Crouch. *Principles of Instrumental Analysis*. 7. ed. Boston, MA: Cengage Learning, 2018, pp. 865-867.

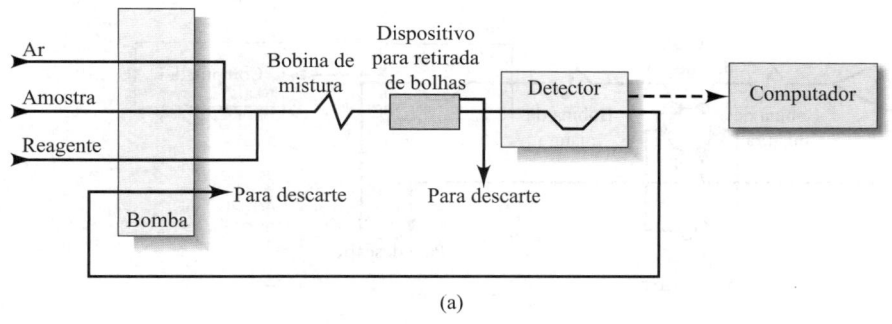

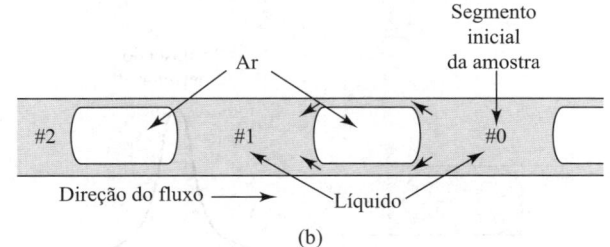

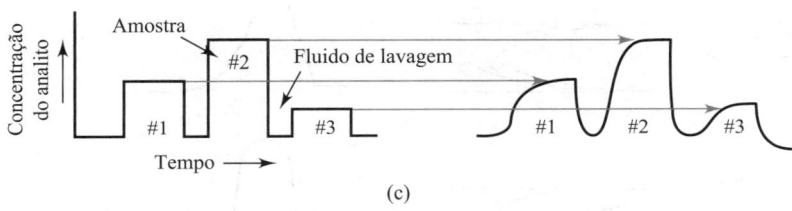

FIGURA 6-8

Analisador em fluxo contínuo segmentado. (a) As amostras são aspiradas a partir de frascos pelo amostrador e bombeadas para dentro do dispositivo, no qual são misturadas com um ou mais reagentes. O ar também é introduzido para segmentar as amostras com bolhas. Geralmente, as bolhas são removidas por um dispositivo antes que o fluxo alcance o detector. A amostra segmentada é exibida mais detalhadamente em (b). As bolhas minimizam a dispersão da amostra, que pode causar alargamento das zonas e contaminação entre as diferentes amostras. Os perfis de concentração do analito no amostrador e no detector são apresentados em (c). Normalmente, a altura de um pico de amostra está relacionada com a concentração do analito, mas, sob certas circunstâncias, áreas de pico têm sido usadas.

automáticos que podem realizar não apenas operações de processamento da amostra, mas também a etapa final de medida. Tais operações de processamento de amostra, como adição de reagentes, diluição, incubação, mistura, diálise, extração e muitas outras, podem ser implementadas entre o ponto de introdução da amostra e a detecção. Existem dois tipos diferentes de sistemas em fluxo contínuo: analisadores em fluxo segmentado e analisadores por injeção em fluxo.

O **analisador em fluxo segmentado** divide a amostra em segmentos discretos separados por bolhas de gás, e pode ser visto na **Figura 6-8a**. Como apresentado na **Figura 6-8b**, as bolhas geram barreiras para prevenir que a amostra se espalhe ao longo do tubo, devido aos processos de dispersão. Portanto, as bolhas confinam a amostra e minimizam a contaminação entre diferentes amostras. Elas também aumentam a mistura entre as amostras e os reagentes. Os perfis de concentração do analito são exibidos na **Figura 6-8c**. As amostras são introduzidas no amostrador como pequenas zonas de composição uniforme (plugues, à esquerda). Um alargamento devido à dispersão ocorre até o momento em que a amostra alcança o detector. Além disso, os sinais mostrados à direita da figura são usados normalmente para obter informações quantitativas sobre o analito. As amostras podem ser analisadas a uma velocidade de 30 a 120 amostras por hora.

O sistema denominado **análise por injeção em fluxo** (do inglês *Flow Injection Analysis* – FIA) é um desenvolvimento mais recente.[11] Nesse processo, as amostras são injetadas a partir de uma alça de injeção em um fluido transportador contendo um ou mais reagentes, como mostrado na **Figura 6-9a**. A amostra dispersa-se de uma forma controlada antes de alcançar o detector, como ilustrado na **Figura 6-9b**. A injeção da amostra em uma corrente de reagente gera o tipo de

❮❮ Os dois tipos de analisadores em fluxo contínuo são o analisador em fluxo segmentado e o analisador por injeção em fluxo.

A **dispersão** é um alargamento de banda ou um fenômeno de mistura, que é o resultado do acoplamento do escoamento do fluido com a difusão molecular. A **difusão** é o transporte de massa decorrente de um gradiente de concentração.

---

[11] Para mais informações sobre FIA veja J. Ruzicka; E. H. Hansen. *Flow Injection Analysis*. 2. ed. Nova York: Wiley, 1988; M. Valcarcel; D. M. Luque de Castro, *Flow Injection Analysis: Principles and Applications*. Chichester, Inglaterra: Ellis Horwood, 1987; B. Karlberg; G. E. Pacey. *Flow Injection Analysis: A Practical Guide*. Nova York: Elsevier, 1989; M. Trojanowicz. *Flow Injection Analysis: Instrumentation and Applications*. River Edge, NJ: World Scientific Publication, 2000; E. A. G. Zagatto; C. C. Olivera; A. Townshend; P. J. Worsfold. *Flow Analysis with Spectrophotometric and Luminometric Detection*. Waltham MA: Elsevier, 2012.

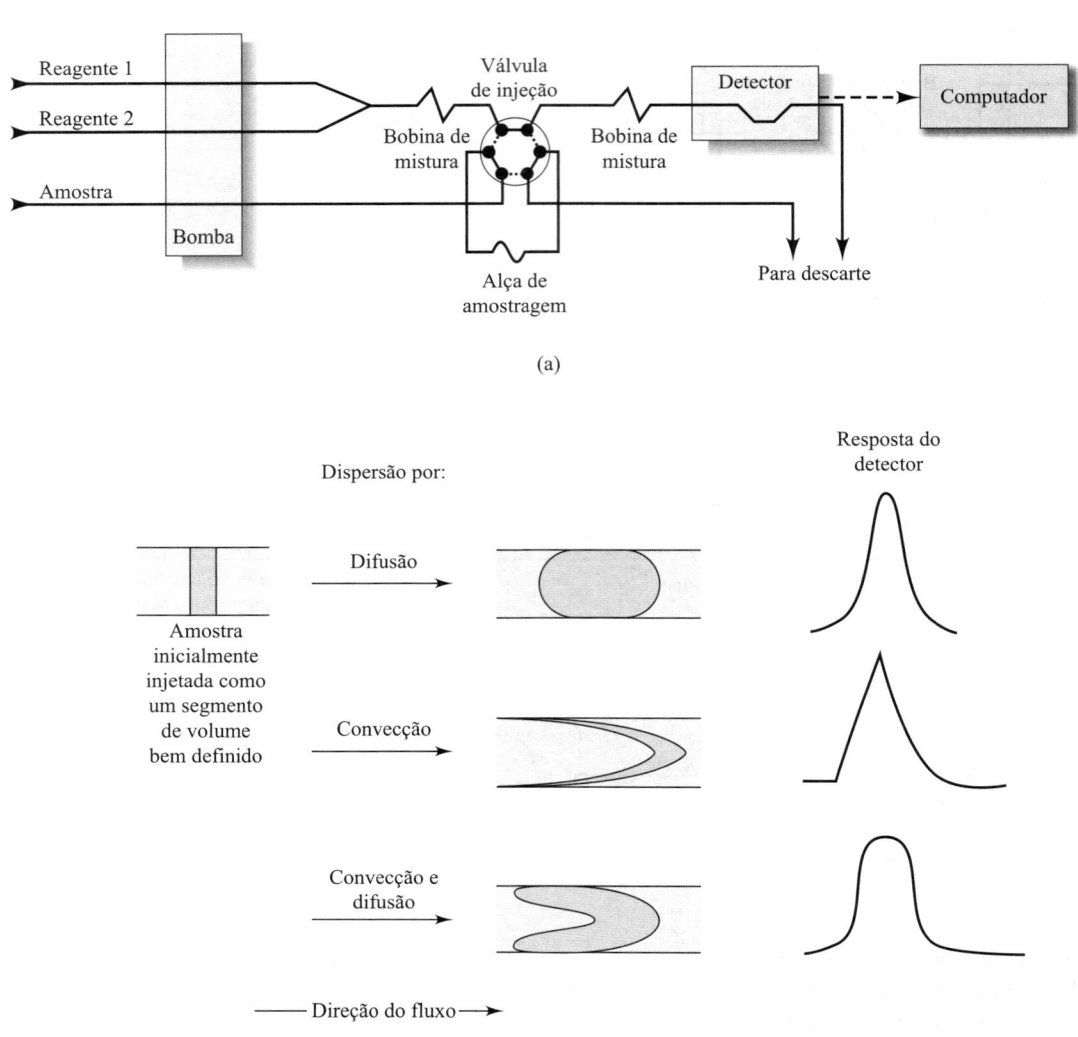

FIGURA 6-9 Analisador por injeção em fluxo. Em (a), a amostra é carregada a partir de um amostrador para uma alça de amostragem em uma válvula de amostragem. A válvula, mostrada na posição de carregamento da amostra, apresenta também uma segunda posição de injeção, identificada por linhas pontilhadas. Quando posicionada para injeção, a corrente líquida contendo o reagente flui através da alça de amostragem. A amostra e o reagente misturam-se e reagem na bobina de mistura antes de alcançar o detector. Nesse caso, a zona da amostra dispersa-se antes de atingir o detector. (b) O perfil de concentração resultante (resposta do detector) depende do grau de dispersão.

resposta descrito à direita da figura. Nos sistemas FIA de zonas coalescentes, a amostra e o reagente, são injetados em fluxos transportadores e misturados em um misturador em forma de T. Tanto nos sistemas FIA normal quanto no de zonas coalescentes, a dispersão da amostra é controlada pela dimensão da amostra, a vazão do fluido transportador e o comprimento e o diâmetro do tubo. Também é possível parar o fluxo quando a amostra alcança o detector, para permitir que perfis de concentração em função do tempo sejam medidos em métodos cinéticos (veja o Capítulo 28).

Os sistemas por injeção em fluxo também podem incorporar várias unidades de processamento de amostras, como módulos de extração com solventes, módulos de aquecimento e outros. Em sistemas FIA, as amostras podem ser processadas a taxas que variam entre 60 e 300 amostras por hora. Desde a introdução da FIA, em meados dos anos 1970, apareceram diversas variações da FIA normal. Estas incluem FIA reversa, análise por injeção sequencial e tecnologia de *lab-on-a-valve*.[12] Também têm sido relatados sistemas de FIA em miniatura, usando microfluídicos, normalmente chamados tecnologia de *lab-on-a-chip* (veja o Destaque 6-1).

---

[12] Para mais informações de FIA, veja D. A. Skoog; F. J. Holler; S. R. Crouch. *Prinicples of Instrumental Analysis*. 7. ed. Boston, MA: Cengage Learning, 2018, pp. 861-864.

DESTAQUE 6-1

Lab-on-a-Chip

O desenvolvimento de sistemas microfluídicos, nos quais as operações são miniaturizadas à escala de um circuito integrado, tem possibilitado a fabricação de um **lab-on-a-chip** ou **um sistema de análise total micro** (μ TAS).[13] A miniaturização das operações de laboratório para a escala de um chip promete reduzir os custos analíticos pela diminuição do consumo de reagentes e produção de rejeitos pela automatização dos procedimentos e pelo aumento no número de análises por dia. Existem várias estratégias para implementar o conceito *lab-on-a-chip*. A de maior sucesso usa a mesma tecnologia da fotolitografia, como é usada para preparar circuitos eletrônicos integrados. Essa tecnologia é usada para produzir as válvulas, os sistemas de propulsão e as câmaras de reação necessários para realizar as análises químicas. O desenvolvimento de dispositivos microfluídicos é uma área de pesquisa ativa que envolve cientistas e engenheiros de laboratórios acadêmicos e industriais.[14]

Primeiramente, canais de fluxo microfluídico e misturadores são acoplados com os sistemas e válvulas de propulsão de fluido de macroescala. A diminuição do tamanho dos canais de fluxo fluido mostrou grande promessa, mas as vantagens do baixo consumo de reagente e a automotização completa não foram constatadas. Entretanto, em desenvolvimentos mais recentes, sistemas monolíticos têm sido usados, nos quais os sistemas de propulsão, misturadores, canais de fluxo e válvulas estão integrados em uma única estrutura.[15]

Vários sistemas de propulsão de fluidos têm sido investigados por sistemas microfluídicos, incluindo eletrosmose (veja o Capítulo 32), bombas mecânicas microfabricadas e hidrogels que imitam músculos humanos. Tanto as técnicas de injeção em fluxo, quanto os métodos de separação como a cromatografia de líquido (veja o Capítulo 31), eletroforese capilar e cromatografia capilar eletrocinética (veja o Capítulo 32), têm sido implementados. A **Figura 6D-1** mostra o esquema de uma microestrutura usada em FIA. A unidade monolítica é feita de duas camadas de siloxano de polidimetila (PDMS) que estão permanentemente unidas. Os canais fluídicos têm 100 μm de largura e 10 μm de altura. Todo o dispositivo tem apenas 2,0 cm por 2,0 cm. Uma cobertura de vidro permite uma visualização ótica dos canais por fluorescência excitada com um laser iônico de Ar.

Várias empresas de instrumentos têm agora disponível analisadores de *lab-on-a-chip*. Um analisador comercial permite a análise de DNA, RNA, proteínas e células. Um outro dispositivo de microfluídicos comercial é usado para cromatografia de líquidos de nanofluxo e fornece uma interface para um detector de espectrometria de massas de eletrospray (veja o Capítulo 27). Os analisadores de laboratório em um chip são previstos para triagem de drogas, para sequenciamento de DNA e para detecção de formas de vida na Terra, em Marte e em outros planetas. Esses dispositivos podem se tornar importantes à medida que a tecnologia amadurece.

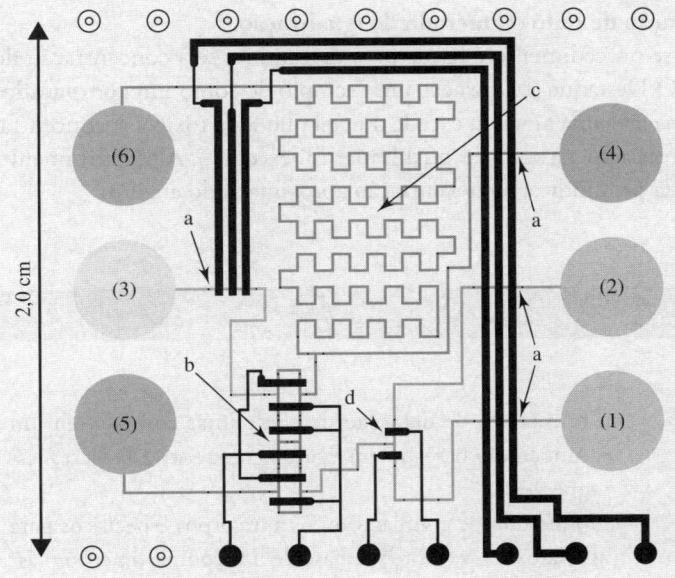

FIGURA 6D-1

Esboço de uma estrutura microfabricada para FIA. Os canais microfluídicos são mostrados em cinza, enquanto os canais de controle (bombas e válvulas) são mostrados em preto. Os componentes são (a) bomba peristáltica, (b) válvula de injeção, (c) câmara de mistura/reação e (d) seletor de amostra. Os círculos cinzas representam os reservatórios de fluidos. Os números (1) e (2) são amostras, (3) é o transportador, (4) o reagente e (5) e (6) são reservatórios de rejeitos. Toda a estrutura tem 2,0 cm por 2,0 cm. (Adaptado com permissão de A. M. Leach; A. R. Wheeler e R. N. Zare, *Anal. Chem.*, v. 75, p. 967, 2003.)

---

[13] Para revisões desses sistemas, veja C. T. Culbertson; T. G. Mickleburgh; S. A. Stewart-James; K. A. Sellens; M. Pressnall. *Anal. Chem.*, v. 86, p. 95, 2014, DOI: 10.1021/ac403688g; A. Arora; G. Simone; G. B. Salieb-Beugelaar; J. T. Kim; A. Manz. *Anal. Chem.*, v. 82, p. 4830, 2010. DOI: 10.1021/ac100969k; J. West; M. Becker; S. Tombrink; A. Manz. *Anal. Chem.*, v. 80, p. 4403, 2008. DOI: 10.1021/ac800680j; P. S. Dittrich; K. Tachikawa; A. Manz. *Anal. Chem.*, v. 78, p. 3887, 2006. DOI: 10.1021/ac0605602; T. Vilkner; D. Janasek; A. Manz. *Anal. Chem.*, v. 76, p. 3373, 2004.
[14] Veja N. A. Polson; M. A. Hayes. *Anal. Chem.*, v. 73, p. 313A, 2001. DOI: 10.1021/ac0124585.
[15] A. M. Leach; A. R. Wheeler; R. N. Zare. *Anal. Chem.*, v. 75, p. 967, 2003. DOI: 10.1021/ac026112l.

6D Padronização e Calibração

Uma parte muito importante de todos os procedimentos analíticos é o processo de calibração e padronização. A **calibração** determina a relação entre a resposta analítica e a concentração do analito. Esta relação é normalmente determinada pelo uso de **padrões químicos**. Os padrões usados podem ser preparados a partir de reagentes purificados, se disponíveis, ou padronizados por métodos quantitativos clássicos (veja os Capítulos 10 a 15). Mais comumente, os padrões usados são preparados externamente para as soluções de analitos (métodos de padrão externo). No estudo de caso das mortes dos cervos do Destaque 1-1, a concentração de arsênio foi determinada pela calibração da escala de absorbância de um espectrofotômetro com soluções padrão externas com concentrações conhecidas de arsênio. Em alguns casos, é feita uma tentativa para reduzir as interferências de outros constituintes na matriz da amostra, chamadas de **concomitantes**, usando padrões adicionados à solução de analito (métodos de padrão interno ou métodos de adição de padrão) ou pela combinação ou modificação de matriz. Quase todos os métodos analíticos requerem algum tipo de calibração com padrões químicos. Os métodos gravimétricos (Capítulo 10) e alguns métodos coulométricos (Capítulo 20) estão entre os poucos métodos **absolutos**, que não dependem da calibração com padrões químicos. Os tipos mais comuns de procedimentos de calibração são descritos nesta seção.

> Os constituintes de uma amostra, que não o analito, são chamados de **concomitantes**.

> ❯❯ É sempre possível que um concomitante possa interferir com a determinação do analito. Os concomitantes que interferem com a determinação de um analito podem ser chamados de **interferentes** ou **interferências**.

6D-1 Comparação com Padrões

Descrevemos agora dois tipos de métodos de comparação: a técnica de comparação direta e o procedimento de titulação.

Comparação Direta

Alguns procedimentos analíticos comparam uma propriedade do analito (ou o produto de uma reação com o analito) com um padrão, de maneira que a propriedade que estiver sendo avaliada se iguale com aquela do padrão. Por exemplo, nos primeiros colorímetros, a cor produzida como resultado de uma reação química do analito era comparada com aquela produzida pelo uso de padrões no lugar do analito na mesma reação. Se a concentração do padrão variava devido à diluição, era possível, por exemplo, combinar cores de forma razoavelmente precisa. A concentração do analito era, então, igual ao padrão diluído. Esse procedimento é chamado de **comparação de nulo** ou **método de igualização**.[16]

Em alguns instrumentos modernos, uma variação desse procedimento é usada para determinar se a concentração do analito excede ou é menor que algum nível de referência. O Destaque 6-2 fornece um exemplo de como um **comparador** pode ser empregado para determinar se o nível de aflatoxina em uma amostra excede o nível que seria tóxico. A concentração exata de aflatoxina não é necessária. O comparador precisa apenas indicar qual limiar foi excedido. Alternativamente, uma comparação simples com vários padrões pode ser usada para indicar a concentração aproximada do analito.

DESTAQUE 6-2

Um Método Comparativo para Aflatoxinas[17]

As aflatoxinas são potenciais carcinogênicos produzidos por certos fungos que podem ser encontrados no milho, no amendoim e em outros alimentos. Eles não têm cor, odor nem sabor. A toxicidade das aflatoxinas foi revelada em consequência de uma "mortandade de perus" envolvendo mais de cem mil pássaros ocorrida na Inglaterra em 1960.

Um método de detecção de aflatoxinas consiste em um imunoensaio baseado em ligação competitiva (veja o Destaque 9-2).
No método de comparação, os anticorpos específicos para as aflatoxinas recobrem a base de um compartimento plástico ou cavidade microtituladora, em um arranjo, como

(continua)

---

[16] Veja H. V. Malmstadt; J. D. Winefordner. *Anal. Chim. Acta*, v. 20, p. 283, 1960. DOI: 10.1016/0003-2670(59)80066-0; L. Ramaley; C. G. Enke. *Anal. Chem.*, v. 37, p. 1073, 1965. DOI: 10.1021/ac60227a041.
[17] P. R. Kraus; A. P. Wade; S. R. Crouch; J. F. Holland; B. M. Miller. *Anal. Chem.*, v. 60, p. 1387, 1988. DOI: 10.1021/ac00165a007.

mostrado na **Figura 6D-2**. A aflatoxina comporta-se como o antígeno. Durante a análise, uma reação enzimática leva à formação de um produto azul. À medida que a concentração de aflatoxina na amostra aumenta, a cor azul diminui de intensidade. O instrumento de medida da cor é o comparador de fibra ótica básico exibido na **Figura 6D-3**. No módulo mostrado, o instrumento compara a intensidade da cor da amostra com aquela da solução de referência e indica se o nível de aflatoxina excede o nível limite. Em outro modo, uma série de padrões com concentrações crescentes é colocada no compartimento da referência. A concentração de aflatoxina na amostra é aquela entre os dois padrões com concentrações ligeiramente mais altas e ligeiramente mais baixas que a do analito, como mostrado pelos indicadores verde e vermelho dos diodos emissores de luz (LEDs).

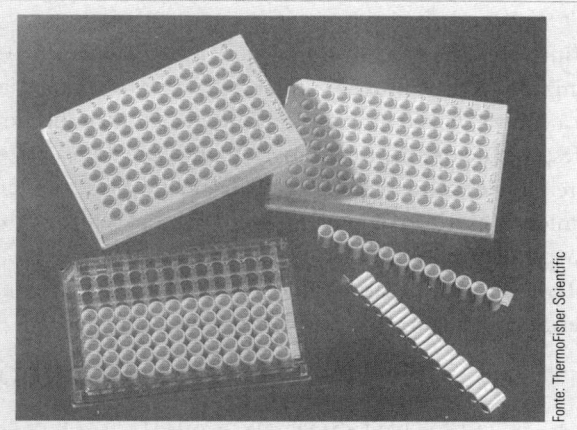

FIGURA 6D-2 Placas de microtituladores. Vários tamanhos diferentes estão comercialmente disponíveis. Muitas são redes de 24 a 96 recipientes. Algumas podem ser cortadas em fita.

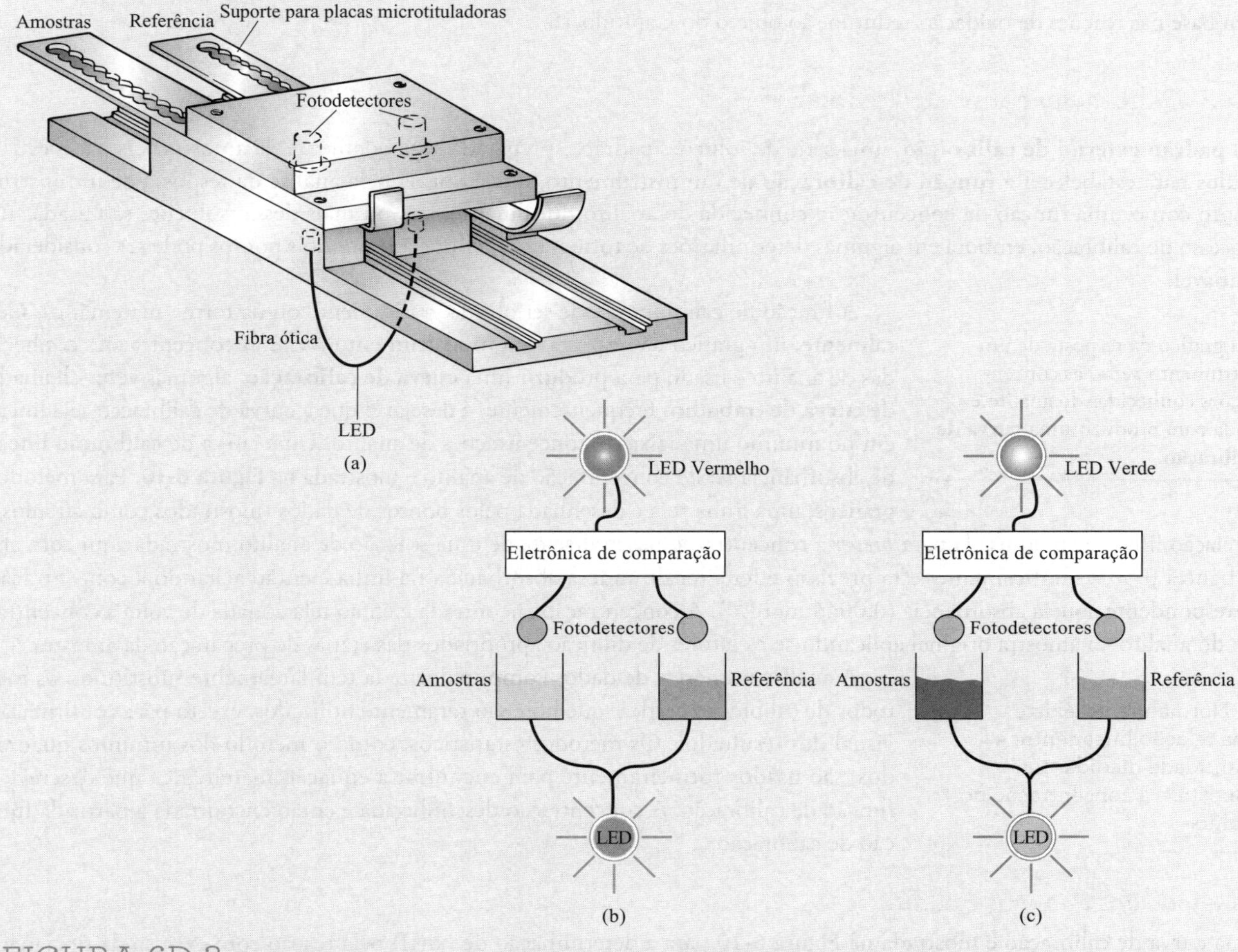

FIGURA 6D-3 Comparador ótico. (a) Uma fibra ótica que se divide em dois segmentos carrega a luz do diodo emissor de luz (LED) até as cavidades que contêm a amostra e a referência em um suporte para placa microtituladora. As amostras contendo quantidades desconhecidas do analito são colocadas no suporte de cavidades microtituladoras. Se a amostra contiver mais aflatoxina que o padrão (b), a cavidade da amostra absorverá menos luz que a do padrão a 650 nm. Um circuito eletrônico acenderá um LED vermelho para indicar uma quantidade perigosa de aflatoxina. Se a amostra tiver menos aflatoxina que o padrão (c), um LED verde se acenderá (lembre-se de que mais aflatoxina significa uma cor menos intensa).

Titulações

As titulações estão entre os procedimentos analíticos mais exatos. Em uma titulação, o analito reage com um reagente padronizado (o titulante) em uma reação de estequiometria conhecida. Geralmente, a quantidade de titulante é variada até que a equivalência química seja alcançada, como indicado pela mudança de cor de um indicador químico ou pela mudança na resposta de um instrumento. A quantidade do reagente padronizado necessária para atingir a equivalência química pode ser relacionada com a quantidade de analito presente por meios da estequiometria. A titulação é um tipo de comparação química. A exatidão de uma titulação manual e automatizada resulta da habilidade em medir os volumes e os pontos finais com exatidão e precisão.

Por exemplo, na titulação do ácido forte HCl com a base forte NaOH, uma solução padrão de NaOH é usada para determinar a quantidade de HCl existente. A reação é

$$HCl + NaOH \rightarrow NaCl + H_2O$$

A solução padrão de NaOH é adicionada de uma bureta até que um indicador como a fenolftaleína mude de cor. Nesse ponto, chamado **ponto final**, a quantidade de matéria de NaOH adicionado é aproximadamente igual ao número de mols de HCl inicialmente presente.

O procedimento de titulação é bastante geral e pode ser empregado para uma variedade de determinações. Os capítulos 11 a 15 tratam os detalhes das titulações ácido/base, titulações de complexação e titulações de precipitação. As titulações com base nas reações de oxidação/redução são objeto do Capítulo 18.

6D-2 Calibração com Padrão Externo

No **padrão externo de calibração**, uma série de soluções padrão é preparada separadamente da amostra. Os padrões são usados para estabelecer a **função de calibração** de um instrumento, que é obtida pela análise da resposta de um instrumento como uma função da concentração conhecida do analito. Idealmente, três ou mais dessas soluções são usadas no processo de calibração, embora em algumas determinações de rotina, uma calibração com dois pontos pode ser considerada confiável.

> Um gráfico da resposta de um instrumento *versus* as concentrações conhecidas do analito é usada para produzir uma **curva de calibração**.

A função de calibração pode ser obtida graficamente ou na forma matemática. Geralmente, um gráfico da resposta de um instrumento *versus* as concentrações conhecidas de analito é usado para produzir uma **curva de calibração**, algumas vezes chamada de **curva de trabalho**. Frequentemente, é desejável que a curva de calibração seja linear em no mínimo uma faixa de concentrações de analito. Uma **curva de calibração linear** de absorbância *versus* concentração de analito é mostrada na **Figura 6-10**. Para métodos gráficos, uma linha reta é desenhada pelos pontos de dados (mostrados como círculos). A relação linear é então usada para *prever* a concentração desconhecida de uma solução de analito mostrada aqui com absorbância 0,505. Graficamente, esta previsão é feita localizando a absorbância na linha e então achando a concentração correspondente àquela absorbância (0,0044 mol L^{-1}). A concentração encontrada é então relacionada de volta à concentração do analito na amostra original aplicando-se os fatores de diluição apropriados das etapas de preparação da amostra.

>> Normalmente, existe uma relação linear entre a quantidade medida, ou a resposta, e a concentração do analito.

A análise numérica de dados computadorizada tem largamente substituído os métodos de calibração gráfica, que hoje são raramente utilizados, exceto para confirmação visual dos resultados. Os métodos estatísticos, como o método dos mínimos quadrados, são usados rotineiramente para encontrar a equação matemática que descreve a função de calibração. A concentração desconhecida é então encontrada a partir da função de calibração.

O Método dos Mínimos Quadrados

Uma curva de calibração é mostrada na Figura 6-10 para a determinação de Ni(II) pela reação com excesso de tiocianato para formar um íon complexo interessante [Ni(SCN)$^+$]. A ordenada é o eixo da variável dependente, absorbância, enquanto a abscissa é a variável independente, concentração de Ni(II). Como é típico e normalmente desejável, o gráfico se aproxima de uma linha reta. Observe, contudo, que, em razão de erros indeterminados envolvidos no processo de medida, nem todos os dados caem exatamente na linha reta. Portanto, o analista precisa tentar traçar "a melhor" linha reta entre os pontos. A **análise de regressão** fornece um meio para a obtenção de forma objetiva dessa linha e também para especificar

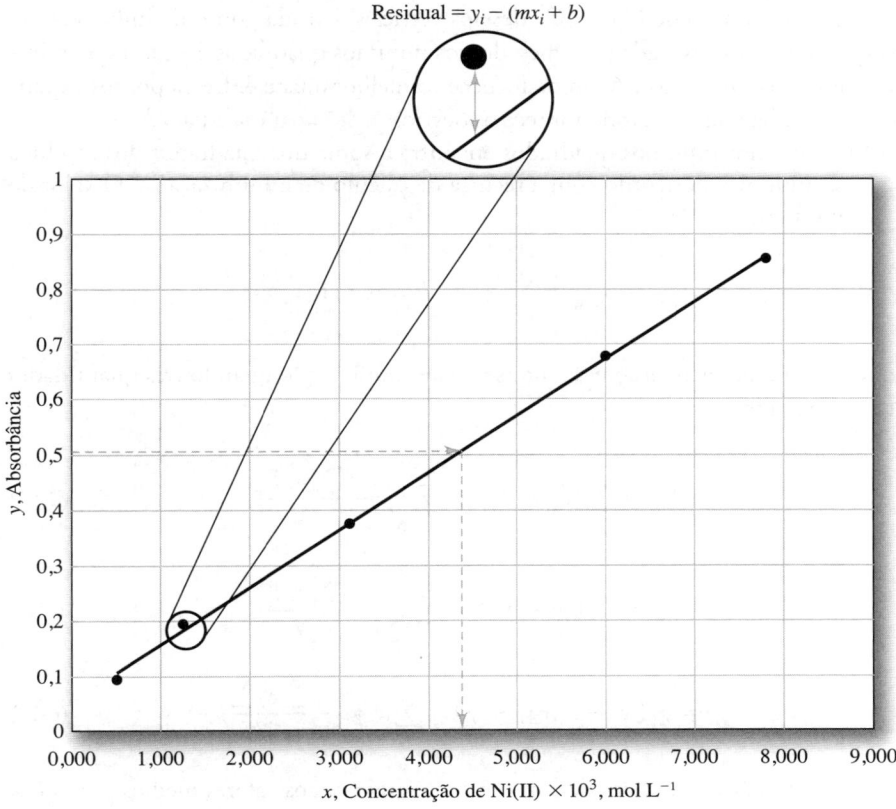

FIGURA 6-10

A curva de calibração de absorbância *versus* concentração de analito para uma série de padrões. Os dados para os padrões conhecidos são mostrados como círculos sólidos. A curva de calibração é usada de uma maneira inversa para obter a concentração desconhecida de uma solução com uma absorbância de 0,505. A absorbância é localizada na reta e, então, a concentração correspondente àquela absorbância é obtida extrapolando para o eixo x (linhas pontilhadas). Residuais são as distâncias no eixo y entre os pontos de dados e a linha prevista, como mostrado na expansão.

as incertezas associadas com o seu uso subsequente. Consideramos aqui apenas o **método dos mínimos quadrados** para dados bidimensionais.

Considerações sobre o Método dos Mínimos Quadrados Duas considerações são feitas no uso do método dos mínimos quadrados. A primeira é que existe uma relação linear entre a resposta medida y (absorbância na Figura 6-10) e a concentração analítica do padrão x. A relação matemática que descreve essa consideração é denominada **modelo de regressão**, que pode ser representada como

$$y = mx + b$$

onde b é a **intersecção** (o valor de y quando x for zero) e m, a **inclinação** da linha (veja a **Figura 6-11**). Também consideramos que qualquer desvio de pontos individuais da linha reta é decorrente de erros na *medida*. Isto é, consideramos que não há erro nos valores de x dos pontos (concentrações). Ambas as considerações são apropriadas para muitos métodos analíticos, mas tenha em mente o seguinte, sempre que existir uma incerteza significativa nos dados contidos em x, a análise linear dos mínimos quadrados pode não fornecer a melhor linha reta. Nesse caso, uma **análise de correlação** mais complexa pode ser necessária. Além disso, a análise dos mínimos quadrados simples pode não ser apropriada quando as incertezas nos valores de y variam significativamente em relação a x. Dessa forma, pode ser necessário aplicar diferentes pesos aos fatores e realizar uma **análise de mínimos quadrados ponderada**.

Obtenção da Linha dos Mínimos Quadrados O procedimento de mínimos quadrados pode ser ilustrado com a ajuda da curva de calibração para a determinação de Ni(II) mostrada na Figura 6-10. O tiocianato foi adicionado aos padrões de Ni(II) e as

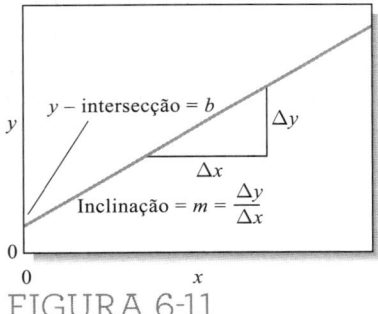

FIGURA 6-11

A inclinação e a intersecção de uma linha reta.

❮❮ O método linear dos mínimos quadrados supõe uma relação linear real entre a resposta y e a variável independente x. Além disso, ele supõe que não haja erros nos valores de x.

❮❮ Quando existe incerteza nos valores de x a análise dos quadrados mínimos pode não fornecer a melhor reta. Ao invés disso, uma análise de correlação deve ser usada.

absorbâncias medidas como uma função da concentração de Ni(II). Os desvios verticais de cada ponto da linha reta são chamados **resíduos** como mostrado na expansão. A linha gerada pelo método dos mínimos quadrados é aquela que minimiza a soma dos quadrados dos resíduos para todos os pontos. Além de fornecer o melhor ajuste entre os pontos experimentais e a linha reta, o método fornece os desvios padrão para m e para b.

>> O termo *quadrados mínimos* refere-se à minimização da soma dos quadrados dos resíduos, SS_{resid}.

O método dos mínimos quadrados encontra a soma dos quadrados dos resíduos SS_{resid} e os minimiza de acordo com a técnica de cálculo de minimização.[18] O valor de SS_{resid} é obtido de

$$SS_{resid} = \sum_{i=1}^{N}\left[y_i - (b = mx_i)\right]^2$$

onde N é o número de pontos utilizado. O cálculo da inclinação e da intersecção é simplificado quando três quantidades são definidas, SS_{xx}, SS_{yy} e SS_{xy}, da maneira como segue:

>> As equações para S_{xx} e S_{yy} são os numeradores nas equações para a variância em x e para a variância em y. Da mesma forma, S_{xy} é o numerador na covariância de x e y.

$$S_{xx} = \sum(x_i - \overline{x})^2 = \sum x_i^2 - \frac{(\sum x_i)^2}{N} \qquad (6\text{-}10)$$

$$S_{yy} = \sum(y_i - \overline{y})^2 = \sum y_i^2 - \frac{(\sum y_i)^2}{N} \qquad (6\text{-}11)$$

$$S_{xy} = \sum(x_i - \overline{x})(y_i - \overline{y}) = \sum x_i y_i - \frac{\sum x_i \sum y_i}{N} \qquad (6\text{-}12)$$

onde x_i e y_i são pares individuais de dados para x e y; N é o número de pares; $\overline{x}$ e $\overline{y}$ referem-se aos valores médios para x e y; isto é $\overline{x} = \dfrac{\sum x_i}{N}$ e $\overline{y} = \dfrac{\sum y_i}{N}$.

Observe que S_{xx} e S_{yy} são a soma dos quadrados dos desvios em relação à média para valores individuais de x e y. As expressões apresentadas à extrema direita nas Equações 6-10 a 6-12 são mais convenientes quando uma calculadora sem uma função embutida de regressão está sendo usada.

Seis quantidades úteis podem ser derivadas a partir de S_{xx}, S_{yy} e S_{xy}, como segue:

1. A inclinação da reta, m:

$$m = \frac{S_{xy}}{S_{xx}} \qquad (6\text{-}13)$$

2. A intersecção, b:

$$b = \overline{y} - m\overline{x} \qquad (6\text{-}14)$$

3. O desvio padrão da regressão, s_r:

$$s_r = \sqrt{\frac{S_{yy} - m^2 S_{xx}}{N - 2}} \qquad (6\text{-}15)$$

4. O desvio padrão da inclinação, s_m:

$$s_m = \sqrt{\frac{s_r^2}{S_{xx}}} \qquad (6\text{-}16)$$

---

[18] O procedimento envolve a diferenciação de SS_{resid} em relação ao primeiro m e então b igualando as derivadas a zero. Isso gera duas equações, chamadas *equações normais*, nos dois m e b desconhecidos. Então, essas equações são resolvidas para fornecer a melhor estimativa dos mínimos quadrados para estes parâmetros.

5. O desvio padrão da intersecção, s_b:

$$s_b = s_r \sqrt{\frac{\sum x_i^2}{N\sum x_i^2 - (\sum x_i)^2}} = s_r \sqrt{\frac{1}{N - (\sum x_i)^2/\sum x_i^2}} \tag{6-17}$$

6. O desvio padrão dos resultados obtidos a partir da curva de calibração, s_c:

$$s_c = \frac{s_r}{m}\sqrt{\frac{1}{M} + \frac{1}{N} + \frac{(\bar{y}_c - \bar{y})^2}{m^2 S_{xx}}} \tag{6-18}$$

A Equação 6-18 fornece uma maneira de calcular o desvio padrão em relação à média $\bar{y}_c$ de um conjunto M de réplicas de análises de amostras desconhecidas, quando uma curva analítica que contém N pontos é empregada; lembre-se de que $\bar{y}$ é o valor médio de y para os N pontos da calibração. Essa equação é apenas uma aproximação e considera que a inclinação e a intersecção sejam parâmetros independentes, o que não é rigorosamente verdadeiro.

O desvio padrão para a regressão s_r (veja a Equação 6-15) é o desvio padrão para y quando os desvios são medidos não em relação à média de y (como no caso comum), mas a partir da linha reta que resulta da previsão dos mínimos quadrados. O valor de s_r está relacionado a SS_{resid} por

$$s_r = \sqrt{\frac{\sum_{i=1}^{N}[y_i - (b + mx_i)]^2}{N-2}} = \sqrt{\frac{SS_{\text{resid}}}{N-2}}$$

Nessa equação, o número de graus de liberdade é $N - 2$, uma vez que um grau de liberdade é perdido no cálculo de m e o outro na determinação de b. O **desvio padrão da regressão** é muitas vezes chamado **erro padrão da estimativa**. E corresponde, grosseiramente, à grandeza do desvio típico de uma curva de regressão linear estimada. Os Exemplos 6-4 e 6-5 ilustram como essas quantidades são calculadas e utilizadas. Com computadores, os cálculos são normalmente feitos usando um programa de planilhas de cálculo, como o Microsoft® Excel.[19]

> O **desvio padrão da regressão**, também denominado **erro padrão da estimativa**, é uma medida grosseira da magnitude do desvio típico de uma linha de regressão.

EXEMPLO 6-4

Desenvolva uma análise de mínimos quadrados dos dados de calibração para a determinação de isoctano em uma mistura de hidrocarbonetos fornecidos pelas duas primeiras colunas da **Tabela 6-1**.

Resolução

TABELA 6-1

Dados da Calibração para a Determinação Cromatográfica de Isoctano em uma Mistura de Hidrocarboneto

Porcentagem Molar de Isoctano, x_i	Área do Pico, y_i	x_i^2	y_i^2	$x_i y_i$
0,352	1,09	0,12390	1,1881	0,38368
0,803	1,78	0,64481	3,1684	1,42934
1,08	2,60	1,16640	6,7600	2,80800
1,38	3,03	1,90440	9,1809	4,18140
1,75	4,01	3,06250	16,0801	7,01750
5,365	12,51	6,90201	36,3775	15,81992

(continua)

---

[19] Veja S. R. Crouch; F. J. Holler. *Aplications of Microsoft® Excel in Analytical Chemistry*. 4. ed. Boston, MA: Cengage Learning, 2022, cap. 4.

>> *Não* faça arredondamentos até que os cálculos estejam completos.

As colunas 3, 4 e 5 da tabela contêm valores calculados de x_i^2, y_i^2, e $x_i y_i$, com suas somas aparecendo como a última entrada em cada coluna. Observe que o número de dígitos mantidos nos valores calculados deve ser o *máximo permitido pela calculadora ou pelo computador; isto é, o arredondamento não deve ser realizado até que os cálculos estejam terminados.*

Resolução

Agora substituímos os valores nas Equações 6-10, 6-11 e 6-12 e obtemos

$$S_{xx} = \sum x_i^2 - \frac{(\sum x_i)^2}{N} = 6,9021 - \frac{(5,365)^2}{5} = 1,14537$$

$$S_{yy} = \sum y_i^2 - \frac{(\sum y_i)^2}{N} = 36,3775 - \frac{(12,51)^2}{5} = 5,07748$$

$$S_{xy} = \sum x_i y_i - \frac{\sum x_i \sum y_i}{N} = 15,81992 - \frac{5,365 \times 12,51}{5} = 2,39669$$

A substituição destas quantidades nas Equações 6-13 e 6-14 gera

$$m = \frac{2,39669}{1,14537} = 2,0925 \approx 2,09$$

$$b = \frac{12,51}{5} - 2,0925 \times \frac{5,365}{5} = 0,2567 \approx 0,26$$

Portanto, a equação para a linha dos mínimos quadrados é

$$y = 2,09x + 0,26$$

A substituição na Equação 6-15 fornece o desvio padrão da regressão

$$s_r = \sqrt{\frac{S_{yy} - m^2 S_{xx}}{N-2}} = \sqrt{\frac{5,07748 - (2,0925)^2 \times 1,14537}{5-2}} = 0,1442 \approx 0,14$$

e a substituição na Equação 6-16 fornece o desvio padrão da inclinação,

$$s_m = \sqrt{\frac{s_r^2}{S_{xx}}} = \sqrt{\frac{(0,1442)^2}{1,14537}} = 0,13$$

Finalmente, encontramos o desvio padrão da intersecção a partir da Equação 6-17:

$$s_b = 0,1442 \sqrt{\frac{1}{5 - (5,365)^2/6,9021}} = 0,16$$

EXEMPLO 6-5

A curva analítica encontrada no Exemplo 6-4 foi utilizada para a determinação de isoctano em uma mistura de hidrocarbonetos. Uma área de pico de 2,65 foi obtida. Calcule a porcentagem molar de isoctano na mistura e o desvio padrão se a área foi (a) o resultado de uma única medida e (b) a média de quatro medidas.

(continua)

> Resolução
>
> Em cada caso, a concentração desconhecida é encontrada a partir do rearranjo da equação dos mínimos quadrados para a linha, que fornece
>
> $$x = \frac{y-b}{m} = \frac{y-0,2567}{2,0925} = \frac{2,65-0,2567}{2,0925} = 1,144 \text{ mol \%}$$
>
> (a) Substituindo na Equação 6-18, obtemos:
>
> $$s_c = \frac{0,1442}{2,0925}\sqrt{\frac{1}{1}+\frac{1}{5}+\frac{(2,65-12,51/5)^2}{(2,0925)^2 \times 1,145}} = 0,076 \text{ mol \%}$$
>
> (b) Para a média de quatro medidas:
>
> $$s_c = \frac{0,1442}{2,0925}\sqrt{\frac{1}{4}+\frac{1}{5}+\frac{(2,65-12,51/5)^2}{(2,0925)^2 \times 1,145}} = 0,046 \text{ mol \%}$$
>
> Observe que estes resultados podem ser expressos como
>
> 1,144 ± 0,076 mol % ou 1,14 ± 0,08 mol % (a) e
>
> 1,144 ± 0,046 mol % ou 1,14 ± 0,05 mol % (a).
>
> A escolha do número de algarismos significativos nos resultados depende do que será feito com eles. Se forem necessários cálculos adicionais, deve-se manter dois algarismos significativos na incerteza, mas se apresentarmos o resultado final, é raramente justificável manter mais de um dígito na incerteza.

Interpretação dos Resultados dos Mínimos Quadrados Quanto mais próximos os pontos estiverem da linha prevista pela análise dos mínimos quadrados, menores serão os resíduos. A soma dos quadrados dos resíduos, SS_{resid}, é a medida da variação nos valores observados das variáveis dependentes (valores de y), que não são explicados pela relação linear prevista entre x e y.

$$SS_{resid} = \sum_{i=1}^{N}[y_i - (b + mx_i)]^2 \tag{6-19}$$

Também podemos definir a soma total dos quadrados, SS_{tot}, como

$$SS_{tot} = S_{yy} = \sum(y_i - \overline{y})^2 = \sum y_i^2 - \frac{(\sum y_i)^2}{N} \tag{6-20}$$

A soma total dos quadrados é a medida da variação total nos valores de y observados uma vez que os desvios são medidos a partir do valor médio de y.

Uma quantidade importante, chamada **coeficiente de correlação** (R^2), mede a fração da variação observada em y que é explicada pela relação linear e é fornecida por

$$R^2 = 1 - \frac{SS_{resid}}{SS_{tot}} \tag{6-21}$$

Quanto mais próximo R^2 estiver da unidade, melhor o modelo linear explicará as variações de y, como mostrado no Exemplo 6-6. A diferença entre SS_{tot} e SS_{resid} é a soma dos quadrados devido à regressão, SS_{regr}. Em contraste com SS_{resid}, SS_{regr} é uma medida da variação explicada. Podemos escrever,

$$SS_{regr} = SS_{tot} - SS_{resid} \quad \text{e} \quad R^2 = \frac{SS_{regr}}{SS_{tot}}$$

>> Uma regressão significativa é aquela em que a variação nos valores de y decorrente da relação linear prevista é maior se comparada àqueles erros (resíduos). Quando a regressão é significativa, ocorre um valor grande de F.

Dividindo-se a soma dos quadrados pelo número de graus de liberdade apropriado podemos obter os valores médios para regressão e para os resíduos (erros) ao quadrado e, então, o valor de F. O valor de F fornece uma indicação da significância da regressão. É usado para testar a hipótese nula de que a variância total em y é igual à variância decorrente do erro. Um valor de F menor que o contido nas tabelas, a um dado nível de confiança, indica que a hipótese nula deve ser aceita e que a regressão não é significativa. Um valor grande de F indica que a hipótese nula deve ser rejeitada e que a regressão é significativa.

EXEMPLO 6-6

Encontre o coeficiente de correlação para os dados cromatográficos do Exemplo 6-4.

Resolução

Para cada valor de x_i, podemos encontrar um valor previsto de y_i a partir da relação linear. Vamos denominar os valores previstos de y_i e $\hat{y}_i$. Podemos escrever $\hat{y}_i = b + mx_i$ e construir uma tabela com os valores de y_i observados, os valores $\hat{y}_i$ previstos, os resíduos $y_i - \hat{y}_i$ e os quadrados dos resíduos $(y_i - \hat{y}_i)^2$. Somando os últimos valores obtemos SS_{resid}, como mostrado na **Tabela 6-2**.

TABELA 6-2

Obtenção da Soma dos Quadrados dos Resíduos

x_i	y_i	$\hat{y}_i$	$y_i - \hat{y}_i$	$(y_i - \hat{y}_i)^2$
0,352	1,09	0,99326	0,09674	0,00936
0,803	1,78	1,93698	−0,15698	0,02464
1,08	2,60	2,51660	0,08340	0,00696
1,38	3,03	3,14435	−0,11435	0,01308
1,75	4,01	3,91857	0,09143	0,00836
Somas 5,365	12,51			0,06240

Do Exemplo 6-4, o valor de $S_{yy} = 5,07748$. Assim,

$$R^2 = 1 - \frac{SS_{resid}}{SS_{tot}} = 1 - \frac{0,0624}{5,07748} = 0,9877$$

Isso mostra que quase 99% da variação nas áreas dos picos podem ser explicados pelo modelo linear. Também podemos calcular SS_{regr} como

$$SS_{regr} = SS_{tot} - SS_{resid} = 5,07748 - 0,06240 = 5,01508$$

Vamos agora calcular o valor de F. Existem cinco pares xy usados para a análise. A soma total dos quadrados tem quatro graus de liberdade associados a ela, uma vez que um deles é perdido no cálculo da média dos valores de y. A soma dos quadrados devido aos resíduos possui três graus de liberdade, porque dois parâmetros m e b são estimados. Além disso, SS_{regr} tem apenas um grau de liberdade, pois corresponde à diferença entre SS_{tot} e SS_{resid}. Em nosso caso, podemos encontrar F de

$$F = \frac{SS_{regr}/1}{SS_{resid}/3} = \frac{5,01508/1}{0,0624/3} = 241,11$$

Esse valor de F bastante elevado tem uma pequena chance de ocorrer de forma aleatória; consequentemente, concluímos que esta é uma regressão significativa.

Variáveis Transformadas Algumas vezes uma alternativa ao modelo linear simples é sugerida por uma relação teórica ou por meio do exame dos resíduos de uma regressão linear. Em alguns casos, a análise linear dos mínimos quadrados pode ser usada após uma das transformações simples mostradas na **Tabela 6-3**.

TABELA 6-3
Transformações para Linearizar Funções

Função	Transformação para Linearização	Equação Resultante
Exponencial: $y = be^{mx}$	$y' = \ln(y)$	$y' = \ln(b) + mx$
Potência: $y = bx^m$	$y' = \log(y), x' = \log(x)$	$y' = \log(b) + mx'$
Recíproca: $y = b + m\left(\dfrac{1}{x}\right)$	$x' = \dfrac{1}{x}$	$y = b + mx'$

Embora a transformação de variáveis seja bastante comum, cuidado com as armadilhas inerentes a este processo. Mínimos quadrados lineares fornecem melhores estimativas das variáveis transformadas, mas estas podem não levar a bons resultados quando transformadas de volta para obter as estimativas dos parâmetros originais. Para os parâmetros originais, os **métodos de regressão não lineares**[20] podem fornecer melhores estimativas. Algumas vezes, a relação entre a resposta analítica e a concentração é inerentemente não linear. Em outros casos, as não linearidades surgem porque soluções não se comportam de maneira ideal. A transformação de variáveis não gera boas estimativas se os erros não forem distribuídos de maneira normal. A estatística produzida pela ANOVA após a transformação sempre se refere às variáveis transformadas.

> **Exercícios no Excel** O Capítulo 4 de *Aplicações do Microsoft® Excel® em Química Analítica*, 4. ed., introduz várias maneiras de realizar a análise dos quadrados mínimos. As funções embutidas INCLINAÇÃO e INTERCEPÇÃO do Excel são usadas com os dados do Exemplo 6-4. Então, a função PROJ.LIN é usada com os mesmos dados. A ferramenta Analysis ToolPak Regression tem a vantagem de produzir uma tabela ANOVA completa para os resultados. Pode ser produzido um gráfico dos encaixes e dos resíduos diretamente da janela de Regressão. Uma concentração desconhecida é encontrada com a curva de calibração e uma análise estatística é usada para encontrar o desvio padrão da concentração.

Erros na Calibração com Padrão Externo

Quando os padrões externos são usados, considera-se que quando a mesma concentração do analito estiver presente na amostra e no padrão, a mesma resposta será obtida. Assim, a relação funcional da calibração entre a resposta e a concentração do analito também deve-se aplicar à amostra. Normalmente, em uma determinação, a resposta original do instrumento não é utilizada. Em vez disso, a resposta analítica é corrigida por meio da medida de um **controle** (**branco**) (veja a Seção 3B-4). O **branco ideal** é idêntico à amostra, mas sem o analito. Na prática, com amostras complexas, é muito dispendioso ou impossível preparar um branco ideal e um ajuste deve ser feito. Muito frequentemente, um branco real é tanto um **branco do solvente**, contendo o mesmo solvente no qual a amostra foi dissolvida, como um **branco do reagente**, contendo o solvente mais os reagentes usados no preparo da amostra.

> Normalmente, um **branco** contém o solvente ou o solvente mais todos os reagentes usados para preparar as amostras.

Mesmo com correções para o branco, vários fatores podem causar falhas nas considerações básicas do método do padrão externo. Os efeitos de matriz decorrentes da existência de espécies estranhas na amostra, que não estão presentes nos padrões ou no branco, podem fazer que os analitos e os padrões de igual concentração forneçam respostas diferentes. As diferenças em variáveis experimentais no momento da **medida do branco**, da amostra e dos padrões também podem invalidar uma calibração estabelecida. Mesmo quando a consideração básica é válida, os erros podem ocorrer em razão da contaminação durante a amostragem ou nas etapas de preparação da amostra.

---

[20] Veja D. M. Bates; D. G. Wates. *Non-linear Regression Analysis and Its Applications*. Nova York: Wiley, 1988.

>> Para evitar os erros sistemáticos na calibração, os padrões precisam ser preparados de forma exata e seu estado químico precisa ser idêntico àquele do analito na amostra. Os padrões devem ser estáveis com relação à sua concentração, pelo menos durante o processo de calibração.

Os erros sistemáticos também podem ocorrer durante o processo de calibração. Por exemplo, se os padrões forem preparados incorretamente, um erro vai acontecer. A exatidão com a qual os padrões são preparados depende da exatidão das técnicas gravimétricas e volumétricas, assim como do equipamento utilizado. A forma química dos padrões precisa ser idêntica àquela do analito na amostra; o estado de oxidação, a isomeria ou a complexação do analito podem alterar a resposta. Uma vez preparadas, as concentrações dos padrões podem variar em decorrência da decomposição, da volatilização ou da adsorção às paredes de recipientes. A contaminação dos padrões também pode resultar em concentrações mais elevadas que o esperado para o analito. Um erro sistemático pode ocorrer se existir alguma tendência no modelo de calibração. Por exemplo, os erros podem ocorrer se a função de calibração for obtida sem o uso de padrões suficientes para se obter boas estimativas estatísticas dos parâmetros.

A exatidão de uma determinação pode, algumas vezes, ser conferida analisando-se as amostras reais de uma matriz similar, mas com concentrações conhecidas de analito. O National Institute of Standards and Technology (NIST) e outras organizações fornecem amostras biológicas, geológicas, forenses e outros tipos com concentrações certificadas de várias espécies (veja Seção 3B-4 e 33B-4).

Os erros aleatórios também podem influenciar a exatidão dos resultados obtidos a partir de curvas analíticas. Da Equação 6-18, pode-se observar que o desvio padrão na concentração s_c do analito, obtido de uma curva analítica, é mínimo quando a resposta $\bar{y}_c$ se aproxima do valor médio $\bar{y}$. O ponto $\bar{x}, \bar{y}$ representa o centro da reta de regressão. Os pontos próximos desse valor são determinados com mais certeza que aqueles mais distantes da região central. A **Figura 6-12** mostra uma curva analítica com limites de confiança. Considere a seta de cabeça dupla em A e B (o centroide). O comprimento de A é maior que o comprimento de B e qualquer seta similar desenhada em qualquer posição diferente do centroide será mais longa que a seta no centroide. Isto significa que as medidas feitas próximas ao centro da curva fornecerão menos incertezas na concentração do analito que aquelas feitas nos extremos.

DESTAQUE 6-3

Calibração Multivariada

O procedimento dos mínimos quadrados descrito é um exemplo de um procedimento de calibração univariado porque apenas uma resposta é usada por amostra. O processo de relacionar respostas de um instrumento múltiplas com um analito ou mistura de

FIGURA 6-12

Efeito da incerteza da curva analítica. As linhas pontilhadas mostram os limites de confiança para as concentrações determinadas pela reta de regressão. Observe que as incertezas aumentam nas extremidades do gráfico. Normalmente, estimamos a incerteza na concentração do analito apenas por meio do desvio padrão da resposta. A incerteza na curva analítica aumenta a incerteza na concentração do analito de s_c até s_c', como mostrado.

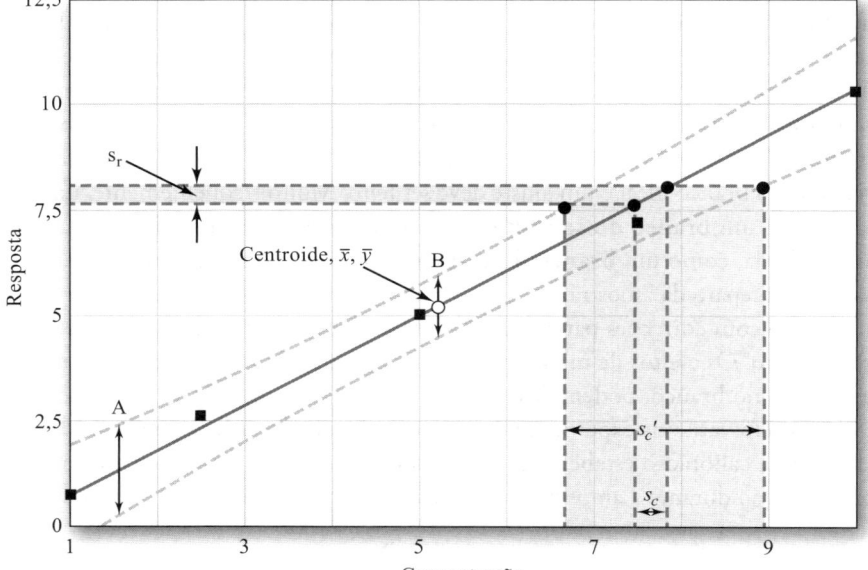

analitos é conhecido como **calibração multivariada**. Os métodos de calibração multivariada[21] têm-se tornado bastante populares nos anos recentes à medida que novos instrumentos que produzem respostas multidimensionais agora estão disponíveis (absorbâncias de várias amostras em múltiplos comprimentos de onda, espectros de massa de componentes separados cromatograficamente e assim por diante). Esses métodos são bastante poderosos. Podem ser utilizados para determinar simultaneamente múltiplos componentes presentes em misturas e fornecer redundância em medidas para melhorar a precisão. Lembre-se de que a repetição de uma medida N vezes fornece uma melhora em $\sqrt{N}$ da precisão do valor médio. Esses métodos também podem ser usados para detectar a presença de interferências que não seriam identificadas em uma calibração univariada.

As técnicas multivariadas são **métodos inversos de calibração**. Nos métodos dos mínimos quadrados, muitas vezes chamados **métodos dos mínimos quadrados clássicos**, a resposta do sistema é modelada como uma função da concentração do analito. Nos métodos inversos, as concentrações são tratadas como funções das respostas. A última abordagem pode levar a vantagens de forma que as concentrações podem ser exatamente previstas, mesmo na presença de fontes de interferência química e física. Nos métodos clássicos, todos os componentes do sistema precisam ser considerados no modelo matemático produzido (equação da regressão).

Os métodos de calibração multivariada comuns são a **regressão linear múltipla**, a **regressão de mínimos quadrados parciais** e a **regressão de componentes principais**. Estas diferem exatamente na maneira pela qual as variações nos dados (respostas) são usadas para prever a concentração. Estão disponíveis no mercado programas de computador de várias empresas que realizam calibração multivariada. O uso de métodos estatísticos multivariados para a análise quantitativa é parte de uma disciplina da química chamada **quimiometria**.

A determinação multicomponente de Ni(II) e Ga(III) em misturas é um exemplo do uso da calibração multivariada.[22] Ambos os metais reagem com 4-(2-piridilazo)-resorcinol (PAR) para formar produtos coloridos. Os espectros de absorção dos produtos são ligeiramente diferentes e se formam em velocidades ligeiramente diferentes. Pode-se tirar vantagem dessas pequenas diferenças para realizar determinações simultâneas dos metais em misturas. No estudo citado, 16 misturas de padrões contendo os dois metais foram empregadas para determinar o modelo de calibração. Um espectrofotômetro de multicanal (múltiplos comprimentos de onda) com arranjo de diodos de onda (Seção 23B-3) coletou dados para 26 intervalos de tempo e 26 comprimentos de onda. As concentrações dos metais na faixa de μmol L^{-1} foram determinadas em misturas conhecidas em pH 8,5 através dos mínimos quadrados parciais e regressão de componentes principais com erros relativos menores que 10%.

Fórmula estrutural do 4-(2-piridilazo)-resorcinol.

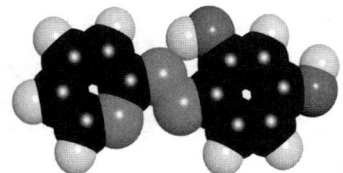

Modelo molecular do PAR.

---

[21] Para uma discussão mais extensa, veja K. R. Beebe; R. J. Pell; M. B. Seasholtz. *Chemometrics: A Pratical Guide*. Nova York: Wiley, 1998, cap. 5; H. Martens; T. Naes. *Multivariate Calibration*. Nova York: Wiley, 1989; P. Gemperline. ed. *Practical Guide to Chemometrics*. Boca Raton, FL: CRC Press, 2006; K. Varmuza; P. Filzmoser. *Introduction to Multivariate Statistical Analysis in Chemometrics*. Boca Raton, FL: CRC Press, 2009.

[22] T. F. Cullen; S. R. Crouch. *Anal. Chem. Acta*, v. 407, p. 135, 2000, DOI: 10.1016/S0003-2670(99)00836-3.

6D-3 Minimização de Erros em Procedimentos Analíticos

Existem diversas etapas que podem ser efetuadas para assegurar a exatidão em procedimentos analíticos.[23] A maioria delas depende da minimização ou da correção de erros que podem ocorrer na etapa da medida. Devemos observar, entretanto, que a exatidão e a precisão globais de uma análise podem não estar limitadas pela etapa de medida, mas estar limitada por fatores como amostragem, preparo da amostra e calibração, como discutido anteriormente neste capítulo.

Separações

O tratamento da amostra realizado por métodos de separação é uma maneira importante de minimizar os erros decorrentes de possíveis interferências na matriz da amostra. Técnicas como filtração, precipitação, diálise, extração com solvente, volatilização, troca iônica e cromatografia são todas úteis para tornar a amostra livre de potenciais constituintes interferentes. A maioria dos métodos de separação é, entretanto, lenta e pode aumentar as chances de que parte do analito seja perdida ou que a amostra seja contaminada. Em muitos casos, contudo, as separações são a única forma de eliminar espécies interferentes. Alguns instrumentos modernos incluem um sistema de pré-tratamento automático que contém uma etapa de separação (injeção em fluxo ou cromatografia).

Saturação, Modificação de Matriz e Mascaramento

O **método da saturação** envolve a adição da espécie interferente nas amostras, padrões e brancos para que o efeito da interferência se torne independente da concentração original da espécie interferente na amostra. Isso pode, entretanto, degradar a sensibilidade e a detectabilidade do analito.

Um **modificador de matriz** é uma espécie, não uma espécie interferente, adicionada às amostras, padrões e brancos em quantidades suficientes para provocar uma resposta analítica independente da concentração da espécie interferente. Por exemplo, uma solução-tampão pode ser adicionada para manter o pH dentro de limites, a despeito do pH da amostra. Algumas vezes, um **agente mascarante** é adicionado de forma que reaja seletivamente com as espécies interferentes para formar um complexo que não interfere. Em ambos os métodos é preciso tomar cuidado para que os reagentes adicionados não contenham quantidades significativas do analito ou de outras espécies interferentes.

Diluição e Equiparação de Matriz

Algumas vezes, o **método da diluição** pode ser útil se a espécie interferente não produzir um efeito significativo abaixo de um certo nível de concentração. Com esse método, o efeito da interferência é minimizado simplesmente pela diluição da amostra. A diluição pode influenciar nossa habilidade de detectar o analito ou de medir sua resposta com exatidão e precisão, assim sendo, deve-se tomar cuidado no uso desse método.

>> Erros em procedimentos podem ser minimizados por meio da saturação com espécies interferentes pela adição de modificadores de matriz ou agentes mascarantes, pela diluição da amostra ou pela equiparação à matriz da amostra

O **método de equiparação de matriz** tenta duplicar a matriz da amostra pela adição dos constituintes majoritários da matriz aos padrões e ao branco. Por exemplo, na análise de amostras de água do mar para a determinação de metais traço, os padrões podem ser preparados em uma água do mar sintética contendo Na^+, K^+, Cl^-, Ca^{2+}, Mg^{2+} e outros componentes. As concentrações dessas espécies são bem conhecidas na água do mar e são praticamente constantes. Em alguns casos, o analito pode ser removido da matriz original da amostra e os componentes remanescentes podem ser usados para preparar padrões e brancos. De novo, precisamos ser cuidadosos para que os reagentes adicionados não contenham o analito ou provoquem efeitos de interferência adicionais.

Método do Padrão Interno

Um **padrão interno** é uma espécie de referência, química ou fisicamente similar ao analito, que é adicionada a amostras, padrões e brancos. A razão entre as respostas do analito e a do padrão interno é representada em um gráfico *versus* a concentração do analito.

No **método do padrão interno**, uma quantidade conhecida da espécie que atua como referência é adicionada a todas as amostras, padrões e brancos. Então o sinal de resposta não é aquele do próprio analito, mas sim da *razão* entre o sinal do analito e o da espécie de referência. É preparada, como de maneira usual, uma curva analítica na qual o eixo y é a razão entre as respostas e o eixo x, a concentração do analito nos padrões. A **Figura 6-13** ilustra o uso do método do padrão interno para respostas na forma de pico.

---

[23] Para uma discussão mais extensa sobre a minimização de erros, veja J. D. Ingle Jr.; S. R. Crouch. *Spectrochemical Analysis*. Upper Saddle River, NJ: Prentice-Hall, 1988, pp. 176-183.

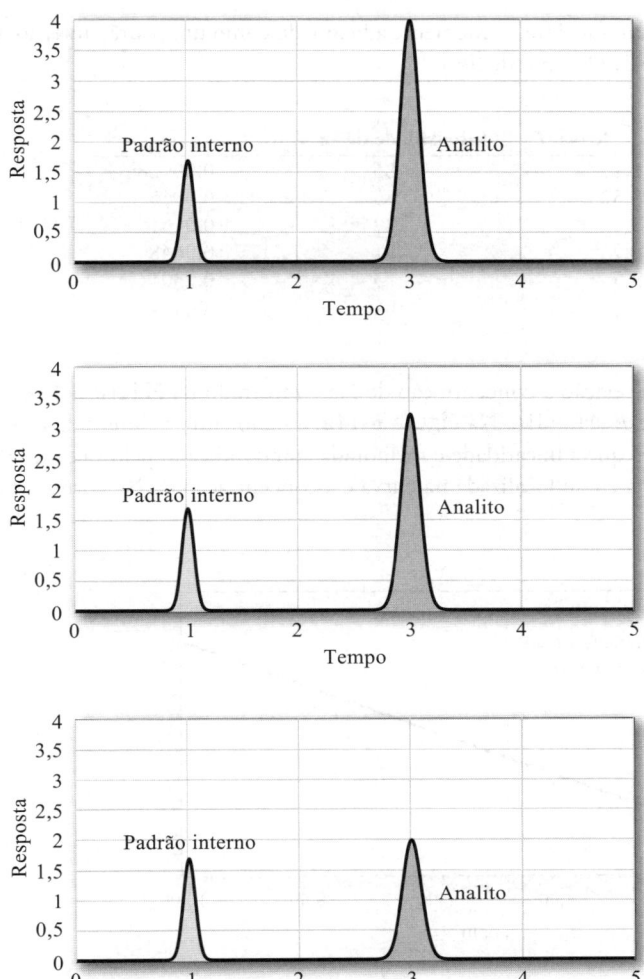

FIGURA 6-13

Ilustração do método do padrão interno. Uma quantidade fixa da espécie contida no padrão interno é adicionada a amostras, padrões e brancos. Os gráficos da curva analítica contêm a razão entre o sinal do analito e o do padrão interno contra a concentração do analito.

O método do padrão interno pode compensar certos tipos de erros se estes influenciarem tanto o analito como a espécie de referência na mesma proporção. Por exemplo, se a temperatura influencia ambos, o analito e a espécie de referência, com a mesma intensidade, o uso da razão pode compensar as variações na temperatura. Para a compensação ocorrer, deve-se escolher uma espécie de referência que tenha propriedades químicas e físicas similares àquelas do analito. O uso de um padrão interno em espectrometria de chama é ilustrado no Exemplo 6-7.

EXEMPLO 6-7

As intensidades das linhas de emissão em chama podem ser influenciadas por uma variedade de fatores instrumentais, incluindo a temperatura da chama, a vazão da solução e a eficiência do nebulizador. Podemos compensar as variações desses fatores pelo uso do método do padrão interno. Portanto, adicionamos a mesma quantidade do padrão interno a misturas contendo quantidades conhecidas do analito e de amostras com concentrações desconhecidas do analito. Então, tomamos a razão entre as intensidades da linha do analito e aquela do padrão interno. O padrão interno deve estar ausente na amostra a ser analisada.

《《 Discutimos os detalhes da espectrometria de emissão em chama na Seção 26C. Este exemplo foca na análise dos dados.

(continua)

Na determinação de sódio por emissão em chama, o lítio é frequentemente adicionado como um padrão interno. Os seguintes dados foram obtidos para soluções contendo Na e 1.000 ppm de lítio.

c_{Na}	Intensidade de Na, I_{Na}	Intensidade de Li, I_{Li}	I_{Na}/I_{Li}
0,10	0,11	86	0,00128
0,50	0,52	80	0,0065
1,00	1,8	128	0,0141
5,00	5,9	91	0,0648
10,00	9,5	73	0,1301
Amostra	4,4	95	0,0463

Um gráfico da intensidade de emissão de Na em relação a concentração de Na é mostrado na **Figura 6-14a**. Observe que existe alguma dispersão nos dados e que o valor de R^2 é 0,9816. Na **Figura 6-14b**, a razão entre as intensidades de emissão de Na e Li está contra a concentração de Na. Observe que a linearidade é melhorada como indicado pelo valor de R^2 de 0,9999. A razão de intensidade desconhecida (0,0463) está então localizada na curva e a concentração de Na correspondendo a esta razão é encontrada como 3,55 ± 0,05 ppm.

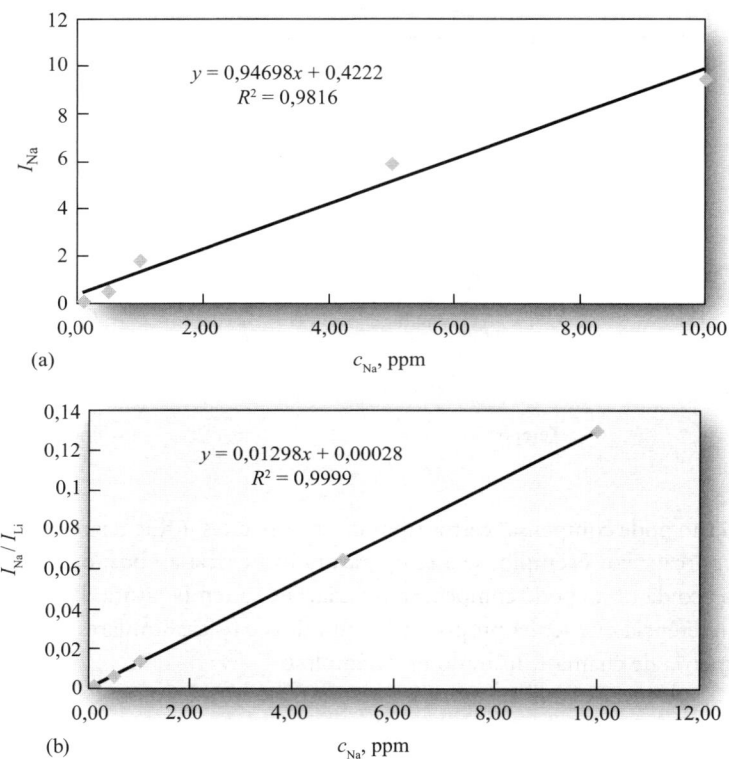

FIGURA 6-14 Em (a) a intensidade da emissão de chama é colocada no gráfico *versus* a concentração de Na em ppm. A curva de calibração de padrão interno é mostrada em (b), onde a razão das intensidades de Na em relação à de Li é colocada no gráfico contra a concentração de Na.

 Exercícios no Excel O Capítulo 4 de *Aplicações do Microsoft® Excel® em Química Analítica*, 4. ed., os dados do Exemplo 6-7 são usados para construir uma planilha e um gráfico dos resultados. A concentração desconhecida é determinada e são apresentadas as estatísticas.

Uma espécie de referência apropriada deve estar disponível para o método de padrão interno para compensar os erros. A espécie de referência não deve ter interferências únicas diferentes do analito. Não deve haver contaminação do analito nos materiais usados para preparar o padrão interno. Além disso, ambas as espécies devem estar presentes em concentrações que estejam nas partes lineares de suas curvas de calibração. Por causa da dificuldade em encontrar espécies de padrão interno apropriadas, o método do padrão interno não é comumente usado como os outros métodos de compensação de erros.

Método das Adições de Padrão

Usamos o **método das adições de padrão** quando for difícil ou impossível fazer uma cópia da matriz da amostra. Em geral, a amostra é "contaminada" com uma quantidade ou quantidades conhecidas padrão contendo o analito. No método das adições de padrão de um único ponto, duas porções da amostra são tomadas. Uma porção é medida como de costume, mas uma quantidade conhecida da *solução padrão* é adicionada à segunda porção. As respostas para as duas porções são então empregadas para calcular a concentração desconhecida, assumindo-se uma relação linear entre a resposta e a concentração do analito (ver Exemplo 6-8). No **método das adições múltiplas** são feitas as adições de quantidades conhecidas da solução padrão do analito a várias porções da amostra e uma curva analítica com as múltiplas adições é obtida. O método das adições múltiplas permite verificar se existe uma relação linear entre a resposta e a concentração do analito. Posteriormente discutiremos o método das adições múltiplas no Capítulo 24, onde ele será utilizado em conjunto com a espectroscopia de absorção molecular (Figura 24-8).

> No **método das adições de padrão**, uma quantidade conhecida da solução padrão contendo o analito é adicionada a uma porção da amostra. As respostas antes e depois da adição são medidas e posteriormente usadas para obter a concentração do analito. Alternativamente, as múltiplas adições são feitas a diversas porções da amostra. O método da adição de padrões assume uma resposta linear. A linearidade deve ser sempre confirmada ou o **método das adições múltiplas** deve ser empregado para se verificar a linearidade.

O método das adições de padrão é bastante poderoso quando utilizado adequadamente. Primeiro, precisamos ter uma boa medida do branco para que espécies estranhas não contribuam para a resposta analítica. Segundo, a curva analítica para o analito precisa ser linear na matriz da amostra. O método das múltiplas adições permite uma verificação dessa consideração. Uma desvantagem significativa do método das adições múltiplas é o tempo extra requerido para se fazer as adições e medidas. O principal benefício é a potencial compensação de efeitos de interferências complexas que podem ser desconhecidas para o usuário. Observe, também, que o método de adições de padrões pode ser usado como uma conferência em outros métodos de calibração.

EXEMPLO 6-8

O método das adições de padrão de ponto único foi empregado na determinação de fosfato pelo método do azul de molibdênio. Uma amostra de 2,00 mL de urina foi tratada com os reagentes de azul de molibdênio para produzir uma espécie que absorve a 820 nm; após isso, a amostra foi diluída para 100,00 mL. Uma **alíquota** de 25,00 mL proporcionou uma leitura no instrumento (absorbância) de 0,428 (solução 1). A adição de 1,00 mL de uma solução contendo 0,0500 mg de fosfato a uma segunda alíquota de 25,00 mL forneceu uma absorbância de 0,517 (solução 2). Utilize esses dados para calcular a concentração de fosfato em miligramas por litro na amostra. Suponha que exista uma relação linear entre a absorbância e a concentração de fosfato e a realização de uma medida para o branco.

> Uma **alíquota** é uma fração medida do volume de um líquido.

> « Abordaremos os detalhes da espectrometria de absorção molecular no Capítulo 24. Aqui, lidamos apenas com os dados.

> « A relação linear entre a absorbância e a concentração do analito é a lei de Beer (Seção 22C).

Modelo molecular para o íon fosfato (PO_4^{3-}).

(continua)

Resolução

A absorbância da primeira solução é dada por

$$A_1 = kc_d$$

onde c_d é a concentração desconhecida de fosfato na primeira solução e k, a constante de proporcionalidade. A absorbância da segunda solução é dada por

$$A_2 = \frac{kV_d c_d}{V_t} + \frac{kV_p c_p}{V_t}$$

onde V_d é o volume da solução de fosfato de concentração desconhecida (25,00 mL), V_p é o volume da solução padrão de fosfato adicionada (1,00 mL), V_t é o volume total após a adição (26,00 mL) e c_p, a concentração da solução padrão (0,0500 mg mL^{-1}). Se resolvermos a primeira equação para k, substituirmos o resultado na segunda equação e resolvermos para c_d, obtemos

$$c_d = \frac{A_1 c_p V_p}{A_2 V_t - A_1 V_d} =$$

$$= \frac{0,428 \times 0,0500 \text{ mg mL}^{-1} \times 1,00 \text{ mL}}{0,517 \times 26,00 \text{ mL} - 0,428 \times 25,00 \text{ mL}} = 0,0780 \text{ mg mL}^{-1}$$

Esta é a concentração da amostra diluída. Para obter a concentração na amostra de urina original, teremos de multiplicar por 100,00/2,00. Portanto,

$$\text{concentração de fosfato} = 0,00780 \text{ mg mL}^{-1} \times 100,00 \text{ mL}/2,00 \text{ mL}$$

$$= 0,390 \text{ mg mL}^{-1}$$

Exercícios no Excel No Capítulo 4 de *Aplicações do Microsoft® Excel® em Química Analítica*, 4. ed., um procedimento de adições múltiplas de padrão é ilustrado. A determinação de estrôncio na água do mar por espectrometria de emissão atômica com plasma acoplado indutivamente é usada como um exemplo. A planilha é preparada e é feito um gráfico das adições de padrão. A regressão linear múltipla e a regressão polinomial são também discutidas.

6E Figuras de Mérito para Métodos Analíticos

Os procedimentos analíticos são caracterizados por inúmeras **figuras de mérito**, como exatidão, precisão, sensibilidade, limite de detecção e faixa dinâmica. No Capítulo 3, discutimos os conceitos gerais de exatidão e precisão. Aqui, descrevemos aquelas figuras adicionais de mérito comumente utilizadas e discutimos a validação e a forma de relatar os resultados analíticos.

>> O termo **figuras de mérito** é um termo geral que se aplica a muitos campos, inclusive à química analítica. É uma expressão numérica que representa o desempenho ou a eficiência de um determinado dispositivo, material, método ou procedimento.

6E-1 Sensibilidade e Limite de Detecção

Muitas vezes, o termo **sensibilidade** é usado na descrição de um método analítico. Infelizmente, é ocasionalmente empregado de maneira indiscriminada e incorreta. A definição mais frequentemente utilizada de sensibilidade é a **sensibilidade da calibração**, ou a variação no sinal de resposta pela variação da unidade de concentração do analito. A sensibilidade da calibração é, portanto, a inclinação da curva analítica, como mostrada na **Figura 6-15**. Se a curva analítica for linear, a sensibilidade será constante e

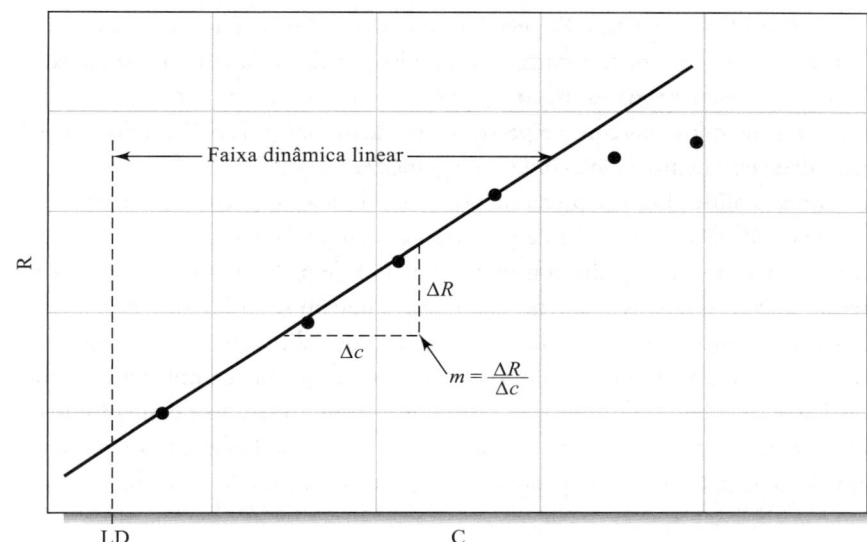

FIGURA 6-15

Curva analítica da resposta, R, versus a concentração, c. A inclinação da curva analítica é chamada *sensibilidade da calibração*, m. O limite de detecção, LD, representa a menor concentração que pode ser medida em um nível de confiança determinado.

independente da concentração. Se a curva analítica não for linear, a sensibilidade variará com a concentração e não terá um valor único.

A sensibilidade da calibração não indica quais as diferenças de concentração podem ser detectadas. O **ruído** presente nos sinais de resposta precisa ser considerado a fim de que se possa expressar quantitativamente as diferenças passíveis de serem detectadas. Por essa razão, algumas vezes o termo **sensibilidade analítica** é utilizado. A sensibilidade analítica é a razão entre a inclinação da curva analítica e o desvio padrão do sinal analítico a uma dada concentração do analito. A sensibilidade analítica é, em geral, fortemente dependente da concentração.

O **limite de detecção** (LD) é a menor concentração que pode ser distinguida com um certo nível de confiança. Toda técnica analítica tem um limite de detecção. Para os métodos que empregam uma curva analítica, o limite de detecção é definido em uma percepção prática pela Equação 6-22. É a concentração de analito que produz uma resposta igual a k vezes o desvio padrão do branco s_b:

> O **limite de detecção**, LD, é a menor concentração que pode ser relatada com um determinado nível de confiança.

$$LD = \frac{ks_b}{m}$$

(6-22)

onde k é chamado de fator de confiança e m é a sensibilidade de calibração. O fator k normalmente é escolhido como sendo 2 ou 3. Um valor de k igual a 2 corresponde a um nível de confiança de 92,1%, enquanto um valor de k igual a 3 corresponde a um nível de confiança de 98,3%.[24]

Os limites de detecção relatados por pesquisadores ou por fabricantes de instrumentos podem não ser aplicáveis a amostras reais. Os valores descritos são geralmente obtidos a partir do uso de padrões ideais em instrumentos otimizados. No entanto, esses limites são úteis, na comparação de métodos ou instrumentos. Em geral, à medida que a sensibilidade de calibração aumenta, o limite de detecção diminui.

> ❮❮ Observe que o limite de detecção é inversamente proporcional à sensibilidade da calibração. Em outras palavras, quanto maior a sensibilidade, menor o LD.

6E-2 Faixa Dinâmica Linear

Muitas vezes, a **faixa dinâmica linear** de um método analítico refere-se à faixa de concentração que pode ser determinada usando uma curva de calibração linear (veja a Figura 6-15). Em geral, o limite inferior da faixa dinâmica é considerado o limite de detecção. O limite superior da faixa é normalmente tomado como a concentração na qual o sinal analítico ou a

---
[24] Veja J. D. Ingle Jr.; S. R. Crouch. *Spectrochemical Analysis*. Upper Saddle River, NJ: Prentice Hall, 1988, p. 174.

inclinação da curva analítica se desvia por uma quantidade específica. Em geral, um desvio de 5% da linearidade é considerado o limite superior. Os desvios da linearidade são comuns em concentrações elevadas por causa da resposta não ideal de detectores ou em razão de efeitos químicos. Algumas técnicas analíticas, como a absorção espectrofotométrica, são lineares apenas em uma a duas ordens de grandeza. Outros métodos, tais como espectrometria de massas (veja o Capítulo 27), exibem linearidade em quatro a cinco ordens de grandeza.

>> As condições que maximizam a inclinação de uma curva de calibração aumentam a sensibilidade de calibração.

Uma curva analítica linear é preferida por causa da sua simplicidade matemática e porque torna mais fácil a detecção de uma resposta anômala. Com uma curva analítica linear, podem ser empregados um número menor de padrões e um procedimento de regressão linear. As curvas analíticas não lineares podem ser utilizadas, porém mais padrões são necessários para se estabelecer a função de calibração do que com casos lineares. Uma faixa dinâmica linear ampla é desejável, porque uma ampla faixa de concentração pode ser determinada sem a necessidade de diluição de amostras, que consome muito tempo e é uma fonte em potencial de erro. Em algumas determinações, é necessária apenas uma pequena faixa dinâmica. Por exemplo, na determinação de sódio no soro sanguíneo, é necessária apenas uma faixa pequena, porque as variações do nível de sódio nos humanos é bastante limitada.

6E-3 Garantia de Qualidade de Resultados Analíticos

Quando os métodos analíticos são aplicados a problemas do mundo real, a qualidade dos resultados, assim como a qualidade do desempenho das ferramentas e dos instrumentos usados, precisa ser constantemente avaliada. As maiores atividades envolvidas são o controle de qualidade, a validação dos resultados e a apresentação de resultados.[25] Aqui descrevemos brevemente cada uma delas.

Gráficos de Controle

Um **gráfico de controle** consiste em um gráfico sequencial de alguma característica que é utilizada como critério de qualidade.

Um **gráfico de controle** é um gráfico sequencial de alguma característica que seja importante na garantia de qualidade. O gráfico também mostra os limites estatísticos da variação que são permissíveis para a característica que estiver sendo medida.

Como exemplo, considere o monitoramento do desempenho de uma balança analítica. Ambas, a exatidão e a precisão da balança, podem ser monitoradas pela determinação periódica da massa de um padrão. Podemos determinar se as medidas em dias consecutivos estão dentro de certos limites da massa do padrão. Esses limites são chamados **limite superior de controle** (LSC) e **limite inferior de controle** (LIC), e são definidos como

$$LSC = \mu + \frac{3\sigma}{\sqrt{N}}$$

$$LIC = \mu - \frac{3\sigma}{\sqrt{N}}$$

onde μ é a média da população para as medidas da massa; σ, o desvio padrão da população para as medidas; e N, o número de réplicas que são obtidas para cada amostra. A média da população e o desvio padrão para a massa padrão precisam ser estimados a partir de estudos preliminares. Observe que o LSC e o LIC representam três desvios padrão para cada lado da média da população e formam uma faixa na qual se espera que a massa medida esteja contida em 99,7% das vezes.

A **Figura 6-16** corresponde a um gráfico de controle típico para uma balança analítica. Os dados de massas foram coletados durante 24 dias consecutivos para uma massa padrão de 20,000 g certificada pelo NIST. A cada dia, cinco réplicas de determinações eram realizadas. A partir de experimentos independentes foram encontrados os valores da média da população e do desvio padrão, $\mu = 20,000$ g e $\sigma = 0,00012$ g, respectivamente. Para a média de cinco medidas, $3 \times \frac{0,00012}{\sqrt{5}} = 0,00016$.

---

[25] Para mais informações, veja J. K. Taylor. *Quality Assurance of Chemical Measurements*. Chelsea, MI: Lewis Publishers, 1987.

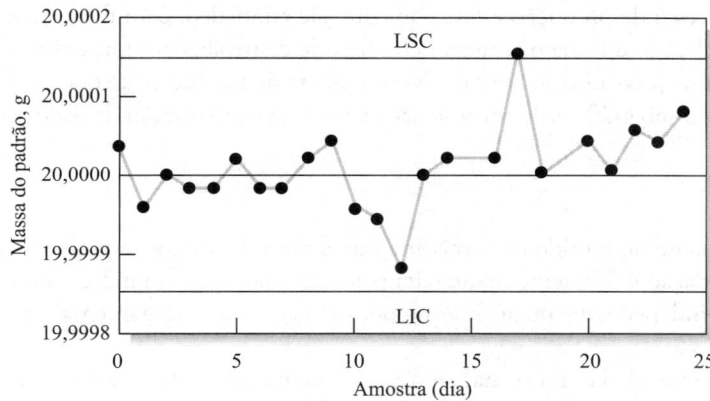

FIGURA 6-16

Gráfico de controle para uma balança analítica moderna. Os resultados parecem flutuar normalmente ao redor da média, exceto aquele obtido no 17º dia. Após investigações, concluiu-se que o valor questionável foi resultado do fato de o prato da balança não estar limpo. LSC = limite superior de controle; LIC = limite inferior de controle.

Assim, o valor do LSC é igual a 20,00016 g e o valor do LIC é igual a 19,99984 g. Com esses valores e as médias das massas para cada dia, o gráfico de controle exibido na Figura 6-16 pôde ser construído. Enquanto o valor de média permanecer entre o LSC e o LIC, diz-se que a balança está sob **controle estatístico**. No 17º dia, a balança ficou fora desse controle e foi iniciada uma investigação para descobrir esta condição. Nesse exemplo, a balança não foi limpa de forma adequada naquele dia, havendo poeira em seu prato. Desvios sistemáticos em relação à média são relativamente fáceis de observar em um gráfico de controle.

Em outro exemplo, um gráfico de controle foi usado para monitorar a produção de medicamentos contendo peróxido de benzoíla, que é usado no tratamento de acne. O peróxido de benzoíla é um bactericida que é efetivo quando aplicado à pele como um creme ou gel contendo 10% do ingrediente ativo. Essas substâncias são reguladas pela agência governamental denominada Food and Drug Administration (FDA). As concentrações de peróxido de benzoíla precisam, portanto, ser monitoradas e mantidas sob controle estatístico. O peróxido de benzoíla é um agente oxidante que pode ser combinado com um excesso de iodeto para produzir iodo, que é titulado com uma solução padrão de tiossulfato de sódio para fornecer uma medida da concentração de peróxido de benzoíla na amostra.

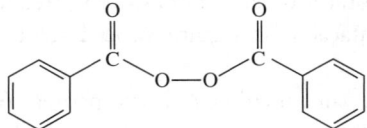

Fórmula estrutural do peróxido de benzoíla.

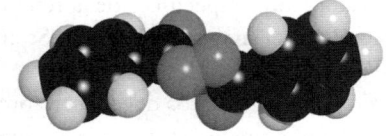

Modelo molecular do peróxido de benzoíla

O gráfico de controle da **Figura 6-17** mostra os resultados para 89 determinações da produção de um creme contendo uma concentração nominal de 10% em peróxido de benzoíla, medidos em dias consecutivos. Cada amostra é representada por um percentual médio de peróxido de benzoíla determinado a partir dos resultados de cinco titulações de diferentes amostras analíticas do creme.

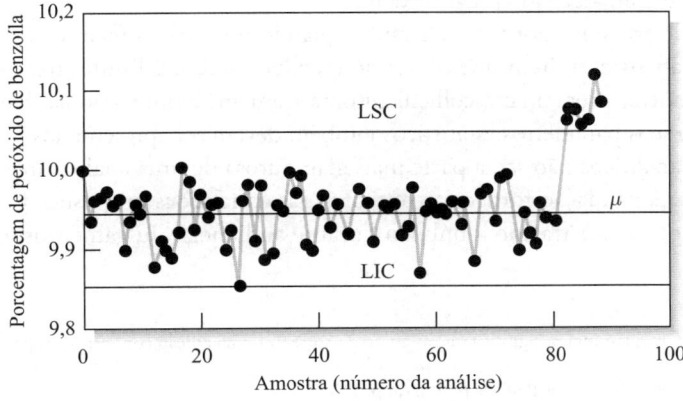

FIGURA 6-17

Um gráfico de controle para monitorar a concentração de peróxido de benzoíla presente em uma preparação comercial para a acne. O processo de produção ficou fora de controle estatístico a partir da 83ª amostra e exibiu uma variação sistemática no valor médio da concentração.

O gráfico mostra que, até o 83º dia, o processo de produção estava sob controle estatístico, com flutuações aleatórias normais na quantidade de peróxido de benzoíla. No 83º dia o sistema ficou fora de controle, com um drástico aumento sistemático no LIC. Esse aumento provocou uma preocupação considerável na planta de produção até que sua fonte fosse descoberta e corrigida. Esses exemplos revelam como gráficos de controle são efetivos na apresentação de dados de controle de qualidade em uma variedade de situações.

Validação

A validação determina a adequação de uma análise no sentido de fornecer a busca por informações e pode ser aplicada às amostras, às metodologias e aos dados. A validação é frequentemente feita pelo analista, mas ela também pode ser realizada pelo supervisor, por um serviço analítico independente ou até mesmo por uma agência governamental, como o FDA ou o NIST.

Frequentemente, a validação de amostras é empregada para aceitar amostras como membros de uma população que está sob estudo; para admitir amostras para medidas; para estabelecer a autenticidade de amostras; e para permitir uma nova amostragem, se necessário. No processo de validação, as amostras podem ser rejeitadas devido a questões relacionadas com a sua identidade, com a manipulação das amostras ou com o conhecimento de que o método de coleta das amostras não era apropriado ou inspirava dúvidas. Por exemplo, a contaminação de amostras de sangue a ser usada como prova em um exame forense durante a coleta seria uma razão para a rejeição das amostras.

Existem várias maneiras diferentes de validar os métodos analíticos. Algumas delas foram discutidas na Seção 3B-4. Os métodos mais comuns incluem a análise de materiais padrão de referência, quando disponíveis, a análise por um método analítico diferente, a análise de amostras fortificadas[26] e a análise de amostras sintéticas que têm composição química próxima da amostra real. Muitas vezes, analistas individuais e de laboratórios precisam demonstrar a validade dos métodos e técnicas empregados.

A validação de dados é a última etapa antes da liberação dos resultados. Esse processo tem início com a validação das amostras e dos métodos utilizados. Então, os dados são apresentados com limites de incerteza válidos, após uma verificação global ter sido realizada, com o intuito de eliminar erros na amostragem e no manuseio de amostras, na realização das análises, na identificação das amostras e nos cálculos empregados.

Apresentação de Resultados Analíticos

Os formatos e procedimentos específicos de apresentação variam de laboratório para laboratório. Entretanto, poucas recomendações gerais podem ser mencionadas aqui. Se apropriado, a apresentação deve seguir o procedimento de boas práticas de laboratório (BPL).[27]

Em geral, os resultados analíticos devem ser apresentados como um valor médio e o desvio padrão. Algumas vezes, o desvio padrão em relação à média é fornecido no lugar do desvio em relação ao conjunto de dados. Ambos são aceitáveis, desde que esteja claro qual está sendo apresentado. Um intervalo de confiança para a média também deve ser informado. Normalmente, o limite de confiança de 95% representa um compromisso aceitável entre ser muito restritivo e muito permissivo. De novo, o intervalo e seu nível de confiança devem ser explicitamente mencionados. Os resultados de vários testes estatísticos realizados com os dados também devem ser incluídos, quando apropriado, assim como deve ser reportada a rejeição de qualquer valor, com o respectivo critério empregado na rejeição.

O algarismos significativos são importantes na apresentação dos resultados. Devem ser baseados na avaliação estatística dos dados. A convenção do número de algarismos significativos apresentada na Seção 4D-1 deve ser seguida, quando possível, e o arredondamento de dados deve ser feito com atenção às regras gerais.

A apresentação gráfica deve incluir barras de erros nos pontos, indicando, quando possível, as incertezas. Alguns programas computacionais para a produção de gráficos permitem que o usuário escolha diferentes limites para as barras de erro, de $\pm 1s$, $\pm 2s$, e assim por diante, enquanto outros programas escolhem automaticamente a dimensão das barras de erro. Quando apropriados, a **equação de regressão** e seus parâmetros estatísticos também devem ser apresentados.

A validação e a apresentação de resultados analíticos não são a parte mais glamourosa de uma análise, mas podem ser consideradas uma das partes mais importantes. A validação fornece a confiança nas conclusões propostas. O relatório é, muitas vezes, a parte "visível" do procedimento, por ser trazido a público durante audiências, julgamentos, depósito de patentes e outros eventos.

---

[26] NT: O termo amostras fortificadas, utilizado no lugar de *spiked*, em inglês, significa que as amostras sofreram uma adição conhecida proposital do analito, de tal forma que a recuperação do método analítico pode ser verificada.
[27] J. K. Taylor. *Quality Assurance in Chemical Measurements*. Chelsea, MI: Lewis Publishers, 1987, pp. 113-114.

Química Analítica On-line

Utilize um site de busca para encontrar o *método de adições de padrão*. Localize cinco técnicas instrumentais diferentes (por exemplo, espectrometria de absorção e cromatografia no estado gasoso) que usem o método de adições padrão e forneça referências para um site na web ou um periódico para cada técnica. Descreva um método em detalhes. Inclua a técnica instrumental, o analito, a matriz da amostra e quaisquer procedimentos de tratamento de dados (adições únicas ou múltiplas).

Resumo do Capítulo 6

- As análises são classificadas pelo tamanho da amostra como macro, semimicro ou ultramicro.
- As análises são classificadas pelo nível do analito como majoritário, minoritário, traço e ultratraço.
- As amostras são analisadas, mas constituintes ou concentrações são determinados.
- O processo de obtenção de uma fração representativa para análise é chamado de amostragem.
- Os itens escolhidos para análise são frequentemente chamados de unidades de amostragem ou incrementos de amostragem.
- A coleção de unidades ou incrementos de amostragem ou incrementos é chamada de amostra bruta.
- Um processo de randomização é necessário para coletar uma amostra aleatória.
- A amostra bruta é a coleção de unidades de amostragem individuais.
- A amostra de laboratório deve ter o mesmo número de partículas que a amostra bruta.
- O manuseio automático de amostra pode levar a um rendimento mais alto (mais análises por unidade de tempo), maior confiabilidade e custos mais baixos que o manuseio manual de amostras.
- Os métodos discretos imitam as etapas em uma determinação que seria realizada por um analista humano. Esses métodos são frequentemente realizados por robôs ou analisadores automáticos.
- Em métodos de fluxo contínuo, a amostra é inserida em um fluxo de vapor onde um número de operações pode ser realizado antes de transportá-lo para um detector em fluxo.
- Os dois tipos de analisadores em fluxo são o analisador em fluxo segmentado e o analisador por injeção em fluxo.
- A difusão é o transporte de massa devido a um gradiente de concentração.
- A calibração determina a relação entre a resposta analítica e a concentração do analito.
- Os constituintes de uma amostra diferente do analito são chamados de concomitantes.
- Os concomitantes que interferem na determinação de um analito podem ser chamados de interferentes ou interferências.
- Um gráfico da resposta do instrumento *versus* as concentrações conhecidas de analito é usado para produzir uma curva de calibração.
- A análise de regressão é um método de determinar de forma objetiva a equação linear para a melhor linha reta dentre um conjunto de pontos x-y.
- O método dos quadrados mínimos é um método matemático para realizar a análise de regressão.
- Não faça o arredondamento até que os cálculos estejam completos.
- O coeficiente de correlação (R^2) mede a fração da variação observada em y, que é explicada pela relação linear.
- Normalmente, um branco contém o solvente ou o solvente mais todos os reagentes usados para preparar as amostras.

- As medidas feitas próximas ao centroide de uma curva de calibração terão menos incertezas que aquelas feitas bem longe do centroide.
- Um padrão interno é uma espécie de referência, química ou fisicamente similar ao analito, que é adicionada a amostras, padrões e brancos. A razão entre as respostas do analito e a do padrão interno é representada em um gráfico *versus* a concentração do analito.
- O método de adições de padrão interno é usado quando é difícil ou impossível duplicar a amostra matriz.
- Os procedimentos analíticos são caracterizados por figuras de mérito como exatidão, precisão, sensibilidade de calibração, limite de detecção e faixa dinâmica.
- As principais garantias de qualidade são controle de qualidade, validação dos resultados e apresentação dos resultados.
- Um gráfico de controle é um gráfico sequencial de alguma característica que seja um critério de qualidade. Tais gráficos são caracterizados por limites de controle superior e inferior.

Termos-chave

Amostra aleatória, 118
Amostra bruta, 116
Amostragem, 116
Analisadores em fluxo segmentado, 127
Branco, 139
Calibração multivariada, 141
Coloide, 119
Concomitante, 130
Curva de calibração, 132
Curva de calibração linear, 132
Equação de regressão, 150
Erro padrão da estimativa, 135
FIA (análise por injeção em fluxo), 127
Figuras de mérito, 146
Gráfico de controle, 148
Incerteza da amostragem, 118
Inclinação, 133
Intersecção, 133
Limite de detecção, 147
Limite inferior de controle (LIC), 148
Limite superior de controle (LSC), 148
Medida do branco, 139
Método dos mínimos quadrados, 133
Método das adições de padrão, 145
Método das adições múltiplas, 145
Padrão externo de calibração, 132
Padrão interno, 142
Padrões, 113
Resíduos, 134
Resposta de um instrumento, 115
Sensibilidade analítica, 147
Sensibilidade de calibração, 146
Solução padrão, 145

Equações Importantes

O número de partículas necessárias para atingir um determinado σ_r:

$$N = \frac{1-p}{p\sigma_r^2}$$

O número de partículas de uma mistura de dois componentes necessário para atingir um determinado σ_r:

$$N = p(1-p)\left(\frac{d_A d_B}{d^2}\right)^2 \left(\frac{P_A - P_B}{\sigma_r P}\right)^2$$

A constante de amostragem de Ingamells:

$$K_a = m \times (\sigma_r \times 100\%)^2$$

O número de amostras para se atingir uma determinada confiança:

$$N = \frac{t^2 s_a^2}{\bar{x}^2 \sigma_r}$$

O desvio padrão para resultados obtidos a partir de uma curva de calibração:

$$s_c = \frac{s_r}{m}\sqrt{\frac{1}{M} + \frac{1}{N} + \frac{(\overline{y}_c - \overline{y})^2}{m^2 S_{xx}}}$$

O desvio padrão para a regressão:

$$s_r = \sqrt{\frac{\sum_{i=1}^{N}[y_i - (b + mx_i)]^2}{N - 2}}$$

Questões e Problemas*

*6-1. Uma amostra de rocha de 0,005 g deve ser analisada e deve-se determinar o ferro no nível de ppm. Determine o tipo de análise e o tipo de constituinte.

6-2. Qual é a função da etapa de amostragem em uma análise?

*6-3. Descreva as etapas envolvidas na operação de amostragem.

6-4. Que fatores determinam a massa de uma amostra bruta?

*6-5. Os resultados a seguir foram obtidos para a determinação de cálcio em uma amostra de calcário do NIST: %CaO = 51,33; 51,22; 51,36; 51,21 e 51,44. Cinco amostras brutas foram então obtidas de um carregamento de calcário. A porcentagem média de CaO para as amostras brutas foram 48,53; 50,75; 48,60; 48,87 e 50,29. Calcule o desvio padrão relativo associado com as etapas de amostragem.

6-6. Um recobrimento que pese pelo menos 2,00 mg é necessário para assegurar um tempo de prateleira adequado para um comprimido farmacêutico. Uma amostragem aleatória de 200 comprimidos revelou que 16 falharam no cumprimento do requisito.
(a) Use essa informação para estimar o desvio padrão relativo da medida.
(b) Qual é o intervalo de confiança, a 95%, para o número de comprimidos não satisfatórios?
(c) Considerando que a fração de rejeições permaneça imutável, quantos comprimidos devem ser tomados para assegurar um desvio relativo de 5% na medida?

*6-7. As alterações no método empregado para embalar comprimidos no Problema 6-6 diminuíram a porcentagem de rejeição de 8,0% para 3,0%. Quantos comprimidos devem ser tomados para a inspeção se o desvio padrão relativo permitido para a medida for de

(a) 15%? (b) 10%? (c) 5%? (d) 2%?

6-8. A manipulação errada de uma carga de navio carregado com 850 caixas de vinho provocou a quebra de algumas garrafas. A seguradora propôs um reembolso de 20,8% do valor do carregamento, baseado em uma amostra de 250 garrafas, na qual 52 estavam trincadas ou quebradas. Calcule:
(a) O desvio padrão relativo da avaliação da seguradora.
(b) O desvio padrão absoluto para as 850 caixas (12 garrafas por caixa).
(c) O intervalo de confiança, a 90%, para o número total de garrafas.
(d) A dimensão da amostragem aleatória necessária para se obter um desvio padrão relativo de 5,0%, considerando-se uma taxa de quebra de cerca de 21%.

*6-9. Acredita-se que aproximadamente 15% das partículas contidas em um carregamento de um minério de prata são de argentinita, Ag_2S ($d = 7,3$ g cm^{-3}, 87% em Ag); o restante é silício ($d = 2,6$ g cm^{-3}) e essencialmente não contém prata.
(a) Calcule o número de partículas que deve ser tomado para a amostra bruta se for esperado que o desvio relativo devido à amostragem seja de 2% ou menos.
(b) Estime a massa da amostra bruta considerando que as partículas sejam esféricas e tenham um diâmetro médio de 3,5 mm.
(c) A amostra tomada para a análise deve pesar 0,500 g e deve conter o mesmo número de partículas que a amostra bruta. Que diâmetro as partículas devem ter para satisfazer esses critérios?

6-10. Na determinação de chumbo em uma amostra de pintura, sabe-se que a variância da amostra é

*As respostas para as questões e problemas marcados com um asterisco são fornecidas no final deste livro.

de 10 ppm e a da medida é de 4 ppm. Dois esquemas de amostragem estão sendo considerados:

Esquema a: Tome cinco incrementos da amostra e misture-os. Realize uma análise em duplicata da amostra composta.

Esquema b: Tome três incrementos da amostra e realize uma análise em duplicata de cada um deles.

Que esquema de amostragem, se existir algum, deve ter a menor variância em relação à média?

*6-11. Os dados na tabela a seguir representam a concentração de glicose no soro sanguíneo de um paciente adulto. Em quatro dias consecutivos, uma amostra de sangue foi coletada do paciente e analisada em triplicata. A variância para uma dada amostra é uma estimativa da variância da medida, enquanto a variância dia a dia reflete as variâncias da medida e da amostragem.

Dia	Concentração de Glicose, mg/100 mL		
1	62	60	63
2	58	57	57
3	51	47	48
4	54	59	57

(a) Desenvolva uma análise de variância e veja se as concentrações médias variam significativamente de um dia para o outro.
(b) Estime a variância da amostragem.
(c) Qual é a melhor maneira de diminuir a variância total?

6-12. O vendedor de uma lavra de mineração tomou uma amostra do minério que pesava 5,0 libras e que tinha um diâmetro médio de partícula de 5,0 mm. Uma inspeção revelou que cerca de 1% da amostra era de argentinita (ver Problema 6-9) e o restante tinha uma densidade de cerca de 2,6 g cm^{-3} e não continha prata. O potencial comprador insistiu em saber o conteúdo em prata da lavra com um erro relativo não superior a 5%. Determine se o vendedor forneceu uma amostra suficientemente grande para permitir tal avaliação. Dê os detalhes de sua análise.

*6-13. Um método para a determinação do corticóide acetato de metilpredinisolona em solução, obtido de uma preparação farmacêutica, gerou um valor médio de 3,7 mg mL^{-1} com um desvio padrão de 0,3 mg mL^{-1}. Para finalidades de controle de qualidade, a incerteza relativa na concentração não deve ser maior que 3%. Quantas amostras de cada batelada devem ser analisadas para assegurar que o desvio padrão relativo não exceda a 7% em um nível de confiança de 95%?

6-14. A concentração do íon sulfato em águas naturais pode ser determinada pela medida da turbidez que resulta quando um excesso de $BaCl_2$ é adicionado a uma quantidade medida da amostra. Um turbidímetro, instrumento usado para essa análise, foi calibrado com uma série de padrões de soluções padrão de Na_2SO_4. Os seguintes dados foram obtidos na calibração, C_x:

c_x, mg SO_4^{2-}/L	Leitura do Turbidímetro, R
0,00	0,06
5,00	1,48
10,00	2,28
15,0	3,98
20,0	4,61

Considere que existe uma relação linear entre as leituras no instrumento e as concentrações.
(a) Construa um gráfico e trace visualmente uma linha reta entre os pontos.
(b) Calcule a inclinação e a intersecção da melhor linha reta pelo método dos mínimos quadrados.
(c) Compare a linha reta da relação determinada em (b) com aquela determinada em (a).
(d) Use a ANOVA para encontrar o valor de R^2, o valor ajustado de R^2 e a significância da regressão. Comente sobre a interpretação desses valores.
(e) Compute a concentração de sulfato em uma amostra que gerou uma leitura de 2,84 no turbidímetro. Encontre o desvio padrão absoluto e o coeficiente de variação.
(f) Repita os cálculos para (e), considerando que 2,84 foi o valor médio de seis leituras no turbidímetro.

6-15. Os dados a seguir foram obtidos em uma calibração de um eletrodo íon-seletivo sensível a cálcio empregado para a determinação de pCa. Sabe-se que existe uma relação linear entre potencial e pCa.

pCa = $-\log [Ca^{2+}]$	E, mV
5,00	−53,8
4,00	−27,7
3,00	+2,7
2,00	+31,9
1,00	+65,1

(a) Construa um gráfico com os dados e trace visualmente uma linha através dos pontos.
*(b) Encontre a expressão dos mínimos quadrados para a melhor linha reta existente entre os pontos. Faça um gráfico com essa linha.
(c) Execute a ANOVA e apresente os parâmetros estatísticos dados pela tabela ANOVA. Comente sobre o significado da ANOVA.

*(d) Calcule pCa de uma solução de soro na qual o potencial medido do eletrodo foi de 15,3 mV. Encontre os desvios padrão absoluto e relativo para pCa se o resultado tiver sido gerado a partir de uma única medida do potencial.

(e) Encontre os desvios padrão absoluto e relativo para pCa se a leitura em milivolts no item (d) tiver sido a média de duas réplicas de medidas. Repita os cálculos baseando-se em uma média de oito medidas.

6-16. Os dados a seguir representam áreas relativas de picos obtidas para cromatogramas de soluções padrão de metilvinilcetona (MVC).

Concentração de MVC, mmol L^{-1}	Área Relativa de Pico
0,500	3,76
1,50	9,16
2,50	15,03
3,50	20,42
4,50	25,33
5,50	31,97

(a) Determine os coeficientes da melhor linha reta obtida pelo método dos mínimos quadrados.
(b) Faça uma tabela ANOVA.
(c) Construa um gráfico que contenha a linha dos mínimos quadrados e também os dados experimentais.
(d) Uma amostra contendo MVC gerou uma área relativa de pico de 12,9. Calcule a concentração de MVC nessa solução.
(e) Considere que o resultado obtido para o item (d) represente uma única medida ou a média de quatro medidas. Calcule os respectivos desvios padrão absoluto e relativo.
(f) Repita os cálculos dos itens (d) e (e) para uma amostra cuja área de pico é 21,3.

*6-17. Os dados na tabela seguinte foram obtidos durante uma determinação colorimétrica de glicose em soro sanguíneo.

Concentração de Glicose, mmol L^{-1}	Absorbância, A
0,0	0,002
2,0	0,150
4,0	0,294
6,0	0,434
8,0	0,570
10,0	0,704

(a) Considerando que existe uma relação linear entre as variáveis, encontre os mínimos quadrados estimados para a inclinação e para a intersecção com base nos mínimos quadrados.

(b) Quais são os desvios padrão para a inclinação e para a intersecção? Qual é o erro padrão para a estimativa?
(c) Determine os intervalos de confiança, a 95%, para a inclinação e para o intersecção.
(d) Uma amostra de soro forneceu uma absorbância de 0,413. Encontre o intervalo de confiança para a glicose na amostra a 95%.

6-18. Os dados na tabela a seguir representam o potencial de eletro E versus a concentração c.

E, mV	c, mol L^{-1}	E, mV	c, mol L^{-1}
106	0,20000	174	0,00794
115	0,07940	182	0,00631
121	0,06310	187	0,00398
139	0,03160	211	0,00200
153	0,02000	220	0,00126
158	0,01260	226	0,00100

(a) Transforme os dados em valores de E versus $-\log c$.
(b) Construa um gráfico de E versus $-\log c$ e encontre a estimativa dos mínimos quadrados para a inclinação e para a intersecção. Escreva a equação dos mínimos quadrados.
(c) Encontre os limites de confiança para a inclinação e para a intersecção a 95%.
(d) Use o teste F para comentar sobre a significância da regressão.
(e) Encontre o erro padrão para a estimativa, o coeficiente de correlação e o coeficiente de correlação múltiplo.

6-19. Foi realizado um estudo para determinar a energia de ativação E_A para uma reação química. A constante de velocidade k foi determinada em função da temperatura T e foram obtidos os dados contidos na seguinte tabela:

T, K	k, s^{-1}
599	0,00054
629	0,0025
647	0,0052
666	0,014
683	0,025
700	0,064

Os dados devem estar de acordo com um modelo linear de forma $\log k = \log A - E_A/(2,303RT)$, onde A é um fator pré-exponencial e R é a constante universal dos gases.

(a) Ajuste os dados por meio de uma função linear, de forma que $\log k = a - 1.000 b/T$.
*(b) Encontre a inclinação, a intersecção e o erro padrão da estimativa.

*(c) Considerando que $E_A = -b \times 2{,}303R \times 1.000$, encontre a energia de ativação e seu desvio padrão. (Use $R = 1{,}987$ cal mol^{-1}K^{-1})

*(d) Uma previsão teórica forneceu $E_A = 41{,}00$ kcal mol^{-1}K^{-1}. Teste a hipótese nula onde E_A seja igual a esse valor em um nível de confiança de 95%.

6-20. A água pode ser determinada em amostras sólidas por espectroscopia no infravermelho. O conteúdo de água do sulfato de cálcio hidratado deve ser medido empregando-se carbonato de cálcio como padrão interno para compensar alguns erros sistemáticos do procedimento. Uma série de soluções padrão contendo sulfato de cálcio di-hidratado e uma quantidade constante conhecida do padrão interno é preparada. A solução com conteúdo desconhecido de água também é preparada, contendo a mesma quantidade do padrão interno. A absorbância do composto di-hidratado é medida em um comprimento de onda ($A_{amostra}$) juntamente com aquela do padrão interno em outro comprimento de onda ($A_{padrão}$). Os seguintes resultados foram obtidos.

$A_{amostra}$	$A_{padrão}$	% de água
0,15	0,75	4,0
0,23	0,60	8,0
0,19	0,31	12,0
0,57	0,70	16,0
0,43	0,45	20,0
0,37	0,47	Desconhecida

(a) Construa um gráfico da absorbância da amostra ($A_{amostra}$) versus % de água e determine se o gráfico é linear a partir da regressão estatística.

(b) Faça um gráfico da razão $A_{amostra}/A_{padrão}$ versus % de água e comente se o uso do padrão interno melhora a linearidade obtida no item (a). Se houver melhoria na linearidade, explique por quê.

(c) Calcule a porcentagem de água na amostra desconhecida usando os dados do padrão interno.

6-21. O potássio pode ser determinado por espectrometria de emissão em chama (fotometria de chama) usando um padrão interno de lítio. Os seguintes dados foram obtidos para soluções padrão de KCl e uma solução desconhecida contendo uma quantidade constante de LiCl como padrão interno. Todas as intensidades foram corrigidas pela subtração da intensidade de emissão do branco.

c_K, ppm	Intensidade de Emissão de K	Intensidade de Emissão de Li
1,0	10,0	10,0
2,0	15,3	7,5
5,0	34,7	6,8
7,5	65,2	8,5
10,0	95,8	10,0
20,0	110,2	5,8
Amostra	47,3	9,1

(a) Construa um gráfico da intensidade de emissão de K versus a concentração de K e determine a linearidade a partir da regressão estatística.

(b) Faça um gráfico da razão da intensidade de K e da intensidade de Li versus a concentração de K e compare a linearidade resultante com aquela do item (a). Por que o padrão interno melhora a linearidade?

*(c) Calcule a concentração de K na amostra.

6-22. O cobre foi determinado em uma amostra de água de rio por espectrometria de absorção atômica e pelo método das adições de padrão. Para a adição, 100,0 µL de uma solução de 1.000,0 µg mL^{-1} de um padrão de cobre foram adicionados a 100,0 mL de solução. Os seguintes dados foram obtidos:
Absorbância do branco do reagente = 0,020
Absorbância da amostra = 0,520
Absorbância da amostra mais adição − branco = 1,020

(a) Calcule a concentração de cobre na amostra.

(b) Estudos posteriores mostraram que o branco do reagente usado para obter esses dados foi inadequado e que a real absorbância do branco era de 0,100. Encontre a concentração de cobre utilizando o branco apropriado e determine o erro provocado pelo uso de um branco inadequado.

*6-23. O método das adições de padrão foi empregado para determinar o nitrito em uma amostra de solo. Uma alíquota de 1,00 mL da amostra foi misturada com 24,00 mL de um reagente colorimétrico e o nitrito foi convertido para um produto colorido com uma absorbância corrigida pelo branco de 0,300. Para 50,00 mL da amostra original, 1,00 mL da solução padrão de $1{,}00 \times 10^{-3}$ mol L^{-1} de nitrito foi adicionada. O mesmo procedimento de formação do composto colorido foi seguido e a nova absorbância foi de 0,530. Qual a concentração de nitrito na amostra original?

6-24. Os seguintes resultados de absorção atômica foram obtidos para a determinação de Zn em um comprimido multivitamínico. Todos os valores de absorbância foram corrigidos por um branco apropriado

(c_{Zn} = 0,0 ng mL^{-1}). O valor médio para o branco foi 0,0000 com um desvio padrão de 0,0047 unidades de absorção.

c_{Zn}, ng/mL	A
5,0	0,0519
5,0	0,0463
5,0	0,0485
10,0	0,0980
10,0	0,1033
10,0	0,0925
Amostra de comprimido	0,0672
Amostra de comprimido	0,0614
Amostra de comprimido	0,0661

(a) Encontre o valor médio de absorbância para os padrões de 5,0 e 10,0 ng mL^{-1} e para amostras de comprimidos. Determine os desvios padrão desses valores.

(b) Determine a melhor linha dos mínimos quadrados para os pontos de c_{Zn} = 0,0; 5,0 e 10,0 ng mL^{-1}. Encontre a sensibilidade da calibração e a sensibilidade analítica.

(c) Encontre o limite de detecção para um valor de k de 3. A que nível de confiança isso corresponde?

(d) Determine a concentração de Zn na amostra de comprimido e o desvio padrão da concentração.

6-25. Medidas de emissão atômica foram feitas para se determinar o sódio em uma amostra de soro sanguíneo. Os seguintes dados de intensidade de emissão foram obtidos para os padrões de 5,0 e 10,0 ng mL^{-1} e para a amostra de soro. Todas as intensidades de emissão foram corrigidas para qualquer emissão do branco, e o valor médio para a intensidade do branco (c_{Na} = 0,0) foi 0,000 com um desvio padrão de 0,0071 (unidades arbitrárias).

c_{Na}, ng/mL	Intensidade de Emissão
5,0	0,51
5,0	0,49
5,0	0,48
10,0	1,02
10,0	1,00
10,0	0,99
Soro	0,71
Soro	0,77
Soro	0,78

(a) Determine os valores da intensidade de emissão média para os padrões de 5,0 e 10,0 ng mL^{-1} e para a amostra de soro sanguíneo. Encontre os desvios padrão desses valores.

(b) Encontre a melhor linha dos mínimos quadrados para os pontos de c_{Na} = 0,0, 5,0 e 10,0 ng mL^{-1}. Encontre a sensibilidade da calibração e a sensibilidade analítica.

*(c) Encontre o limite de detecção para um valor de k de 2 e 3. A que nível de confiança isso corresponde?

(d) Determine a concentração de Na na amostra de soro sanguíneo e o desvio padrão na concentração.

6-26. Os seguintes dados representam as medidas feitas em um processo por 30 dias. Foi feita uma medida a cada dia. Considerando que 30 medidas são suficientes para que $\bar{x} \to \mu$ e $s \to \sigma$, encontre a média dos valores, o desvio padrão e os limites de controle superior e inferior. Construa um gráfico com os pontos, juntamente com as quantidades estatísticas, e determine se o processo esteve sempre sob controle estatístico.

Dia	Valor	Dia	Valor	Dia	Valor
1	49,8	11	49,5	21	58,8
2	48,4	12	50,5	22	51,3
3	49,8	13	48,9	23	50,6
4	50,8	14	49,7	24	48,8
5	49,6	15	48,9	25	52,6
6	50,2	16	48,8	26	54,2
7	51,7	17	48,6	27	49,3
8	50,5	18	48,1	28	47,9
9	47,7	19	53,8	29	51,3
10	50,3	20	49,6	30	49,3

*6-27. A tabela a seguir fornece as médias das amostras e desvios padrão para seis medidas da pureza de um polímero em um processo realizadas a cada dia. A pureza foi monitorada por 24 dias. Determine a média e o desvio padrão globais das medidas e construa um gráfico de controle com os limites de controle superior e inferior. Alguma das médias indica uma perda de controle estatístico?

Dia	Média	DP	Dia	Média	DP
1	96,50	0,80	13	96,64	1,59
2	97,38	0,88	14	96,87	1,52
3	96,85	1,43	15	95,52	1,27
4	96,64	1,59	16	96,08	1,16
5	96,87	1,52	17	96,48	0,79
6	95,52	1,27	18	96,63	1,48
7	96,08	1,16	19	95,47	1,30
8	96,48	0,79	20	96,43	0,75
9	96,63	1,48	21	97,06	1,34
10	95,47	1,30	22	98,34	1,60
11	97,38	0,88	23	96,42	1,22
12	96,85	1,43	24	95,99	1,18

6-28. **Problema Desafiador.** Zwanziger e Sârbu[28] conduziram um estudo para validar métodos analíticos e instrumentos. Os dados a seguir são os resultados obtidos na determinação de mercúrio em resíduos sólidos por espectroscopia de absorção atômica usando dois métodos de preparação diferentes: um método de digestão por micro-ondas e um método tradicional de digestão.

x, Concentração de Mercúrio, ppm (tradicional)	y, Concentração de Mercúrio, ppm (micro-ondas)
7,32	5,48
15,80	13,00
4,60	3,29
9,04	6,84
7,16	6,00
6,80	5,84
9,90	14,30
28,70	18,80

(a) Efetue uma análise de mínimos quadrados com os dados da tabela, considerando que o método tradicional (x) é a variável independente. Determine a inclinação, a intersecção, o valor de R^2, o erro padrão e qualquer outro parâmetro estatístico relevante.

(b) Construa um gráfico com os resultados obtidos no item (a) e forneça a equação para a reta de regressão.

(c) Agora, considere que o método de digestão por micro-ondas (y) é a variável independente; novamente, desenvolva uma análise de regressão e determine os parâmetros estatísticos relevantes.

(d) Faça um gráfico com os dados do item (c) e determine a equação da regressão.

(e) Compare a equação da regressão obtida em (b) com a equação obtida em (d). Por que essas equações são diferentes?

(f) Há algum conflito entre o procedimento que você acabou de desenvolver e as considerações do método dos mínimos quadrados? Que tipo de análise estatística seria mais apropriado que o dos mínimos quadrados para lidar com dados como estes?

(g) Consulte o artigo citado na nota de rodapé 28 e compare seus resultados com aqueles apresentados para o Exemplo 4 na Tabela 2. Você notará que seus resultados para o item (d) diferem dos resultados dos autores. Qual é a explicação mais provável para essa discrepância?

(h) Faça o download dos dados de teste encontrados na Tabela 1 do artigo citado na nota de rodapé 28 (veja Fontes da Internet para este livro). Realize o mesmo tipo de análise para o Exemplo 1 e o Exemplo 3. Compare seus resultados com aqueles na Tabela 2 do artigo. Observe que, no Exemplo 3, você deve incluir todos os 37 pares de dados.

(i) Que outras técnicas para lidar com dados de comparação de métodos são sugeridas no artigo?

(j) O que está implícito quando comparamos dois métodos por regressão linear e a inclinação não é igual à unidade? O que está implícito quando a intersecção não é igual a zero?

---

[28] H. W. Zwanziger; C. Sârbu. *Anal. Chem.*, v. 70, p. 1277, 1998. DOI: 10.1021/ac970926y.

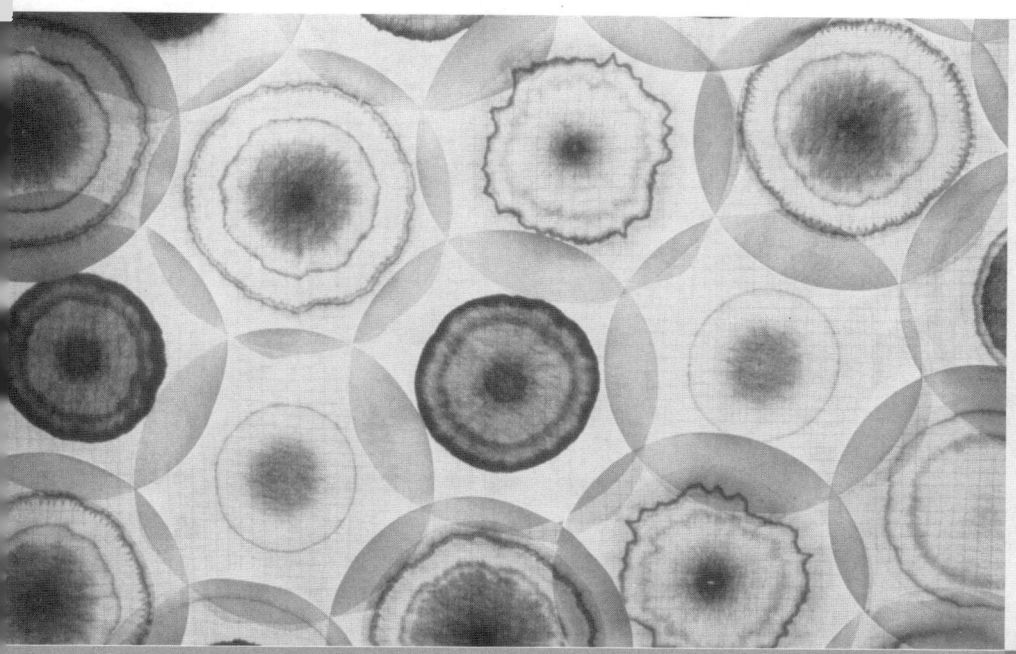

Equilíbrios Químicos

PARTE II

CAPÍTULO 7
Soluções Aquosas e Equilíbrios Químicos

CAPÍTULO 8
O Efeito de Eletrólito nos Equilíbrios Químicos

CAPÍTULO 9
Resolução de Problemas de Equilíbrio de Sistemas Complexos

CAPÍTULO 7
Soluções Aquosas e Equilíbrios Químicos

A maioria das técnicas analíticas requer o estado de equilíbrio químico. No equilíbrio, as velocidades das reações direta e inversa são iguais. A foto à direita mostra a bela formação natural chamada "Niagara Congelada" no Parque Nacional Mammoth Cave, em Kentucky, Estados Unidos. À medida que a água infiltra lentamente sobre a superfície calcária da caverna, o carbonato de cálcio se dissolve, de acordo com o equilíbrio químico

$$CaCO_3(s) + Ca_2(g) + H_2O(l) \rightleftharpoons Ca^{2+}(aq) + 2HCO_3^-(aq)$$

Essa água torna-se saturada em carbonato de cálcio; conforme o dióxido de carbono é removido, a reação inversa torna-se favorecida e o calcário é depositado em formações cujas formas são governadas pelo caminho percorrido pela água corrente. As estalactites e estalagmites são exemplos de formações similares encontradas onde a água saturada em carbonato de cálcio goteja do teto para o chão de cavernas durante longos períodos de tempo.

Pictures Now/Alamy Stock Photo

Este capítulo fornece uma abordagem fundamental para o equilíbrio químico, incluindo cálculos de composições químicas e de concentrações de equilíbrio para sistemas ácido/base monopróticos. Abordamos também soluções-tampão, que são extremamente importantes em muitas áreas da ciência, e descrevemos as propriedades destas soluções.

7A Composição Química de Soluções Aquosas

A água é o solvente mais disponível na Terra; é facilmente purificada e não é tóxica. Portanto, é amplamente utilizada como meio para a realização de análises químicas.

7A-1 Classificação de Soluções de Eletrólitos

A maioria dos solutos que discutiremos são **eletrólitos**, os quais formam íons quando dissolvidos em água (ou em alguns outros solventes) e assim produzem soluções que conduzem eletricidade. Essencialmente, os **eletrólitos fortes** ionizam-se completamente em um solvente, enquanto os **eletrólitos fracos** ionizam-se apenas parcialmente. Essas características significam que uma solução de um eletrólito fraco não conduzirá eletricidade tão bem quanto uma solução contendo uma

TABELA 7-1

Classificação de Eletrólitos	
Fortes	**Fracos**
1. Ácidos inorgânicos como HNO_3, $HClO_4$, H_2SO_4*, HCl, HI, HBr, $HClO_3$, $HBrO_3$	1. Muitos ácidos inorgânicos, incluindo H_2CO_3, H_3BO_3, H_3PO_4, H_2S, H_2SO_3
2. Hidróxidos alcalinos e alcalino-terrosos	2. A maioria dos ácidos orgânicos
3. A maioria dos sais	3. Amônia e a maioria das bases orgânicas
	4. Haletos, cianetos e tiocianatos de Hg, Zn e Cd

*H_2SO_4 é completamente dissociado para formar os íons HSO_4^- e H_3O^+ e, por essa razão, é considerado um eletrólito forte. Observe, entretanto, que o íon HSO_4^- é um eletrólito fraco, e está parcialmente dissociado para formar SO_4^{2-} e H_3O^+.

concentração igual de um eletrólito forte. A **Tabela 7-1** apresenta vários solutos que agem como eletrólitos fortes e fracos em água. Entre os eletrólitos fortes listados encontram-se ácidos, bases e **sais**.

> Um **sal** é produzido na reação de um ácido com uma base. Exemplos incluem NaCl, Na_2SO_4, e $NaOOCCH_3$ (acetato de sódio).

7A-2 Ácidos e Bases

Em 1923, J. N. Brønsted, na Dinamarca, e J. M. Lowry, na Inglaterra, propuseram, de modo independente, uma teoria sobre o comportamento ácido-base que é especialmente útil na química analítica. De acordo com a teoria de Brønsted-Lowry, um **ácido** é um doador de próton e uma **base** é um receptor de próton. Para uma molécula se comportar como um ácido, ela necessita da presença de um receptor de próton (ou base). Da mesma forma, uma molécula que pode receber um próton comporta-se como uma base se estiver diante de um ácido.

> Um **ácido** doa prótons; uma **base** aceita prótons.

> ❮❮ Um ácido doa prótons apenas na presença de um receptor de próton (uma base). Da mesma forma, uma base recebe prótons somente diante de um doador de próton (um ácido).

Ácidos e Bases Conjugados

Um aspecto importante do conceito de Brønsted-Lowry é a ideia de que o produto formado quando um ácido fornece um próton é um potencial receptor de próton e é chamado de **base conjugada** do ácido original. Por exemplo, quando a espécie ácido$_1$ cede um próton, a espécie base$_1$ é formada, como mostrado pela reação.

$$\text{ácido}_1 \rightleftharpoons \text{base}_1 + \text{próton}$$

Aqui, o ácido$_1$ e a base$_1$ formam um par **ácido-base conjugado**, ou apenas **par conjugado**.

Similarmente, toda base recebe um próton para produzir um **ácido conjugado**. Isto é,

$$\text{base}_2 + \text{próton} \rightleftharpoons \text{ácido}_2$$

Quando esses dois processos são combinados, o resultado é uma reação ácido-base, ou de **neutralização**:

$$\text{ácido}_1 + \text{base}_2 \rightleftharpoons \text{base}_1 + \text{ácido}_2$$

Esta reação ocorre até uma extensão que depende das tendências relativas das duas bases de receber um próton (ou dos dois ácidos de doar um próton). Os exemplos de relações ácido-base conjugados são apresentados nas Equações 7-1 a 7-4.

Muitos solventes são doadores de prótons ou receptores de prótons e assim podem induzir a comportamentos básicos ou ácidos em solutos dissolvidos neles. Por exemplo, em uma solução aquosa de amônia, a água pode doar um próton, agindo assim como um ácido em relação ao soluto NH_3:

> Uma **base conjugada** é formada quando um ácido cede um próton. Por exemplo, o íon acetato é a base conjugada do ácido acético; similarmente, o íon amônio é o ácido conjugado da base amônia.

> Um **ácido conjugado** é formado quando uma base recebe um próton.

> ❮❮ Uma substância age como um ácido apenas na presença de uma base e vice-versa.

$$\underset{\text{base}_1}{NH_3} + \underset{\text{ácido}_2}{H_2O} \rightleftharpoons \underset{\substack{\text{ácido}_1 \\ \text{conjugado}}}{NH_4^+} + \underset{\substack{\text{base}_2 \\ \text{conjugada}}}{OH^-} \qquad (7\text{-}1)$$

Nessa reação, a amônia (base$_1$) reage com a água, que é denominada ácido$_2$, para formar o ácido conjugado (ácido$_1$), que é o íon amônio, e o íon hidróxido, que é a base conjugada (base$_2$) da água, que, por sua vez, atua como ácido.

Por outro lado, a água age como um receptor de próton, ou base, em uma solução aquosa de ácido nitroso:

$$\underset{\text{ácido}_2}{H_2O} + \underset{\text{ácido}_1}{HNO_2} \rightleftharpoons \underset{\substack{\text{ácido}_1 \\ \text{conjugado}}}{H_3O^+} + \underset{\substack{\text{base}_2 \\ \text{conjugada}}}{NO_2^-} \tag{7-2}$$

O **íon hidrônio** é o próton hidratado, formado quando a água reage com um ácido. Geralmente é representado como H_3O^+, embora existam vários hidratos superiores possíveis, como mostrado na Figura 7-1.

A base conjugada do ácido HNO_2 é o íon nitrito. O ácido conjugado da água é o próton hidratado representado por H_3O^+. Essa espécie é chamada **íon hidrônio** e consiste em um próton ligado covalentemente a uma única molécula de água. Os hidratos superiores como $H_5O_2^+$, $H_9O_4^+$ e a estrutura em gaiola dodecaédrica mostrada na **Figura 7-1** também podem existir em uma solução aquosa de prótons. Por conveniência, entretanto, os químicos geralmente usam a notação H_3O^+ ou, mais simplesmente, H^+ quando escrevem equações químicas contendo o próton hidratado.

Um ácido que tenha doado um próton torna-se uma base conjugada capaz de aceitar um próton para regenerar o ácido original. Similarmente, uma base que recebeu um próton torna-se um ácido conjugado que pode doar um próton para formar a base original. Assim, o íon nitrito, a espécie produzida pela perda de um próton do ácido nitroso, é um potencial receptor de um próton de um doador adequado. É essa reação que faz com que uma solução de nitrito de sódio seja levemente alcalina:

$$\underset{\text{base}_1}{NO_2^-} + \underset{\text{ácido}_2}{H_2O} \rightleftharpoons \underset{\substack{\text{ácido}_1 \\ \text{conjugado}}}{HNO_2} + \underset{\substack{\text{base}_2 \\ \text{conjugada}}}{OH^-}$$

7A-3 Espécies Anfipróticas

As espécies que possuem ambas as propriedades ácidas e básicas são chamadas **anfipróticas**. Um exemplo é o íon di-hidrogeno fosfato, $H_2PO_4^-$, que se comporta como uma base na presença de um doador de próton como o H_3O^+.

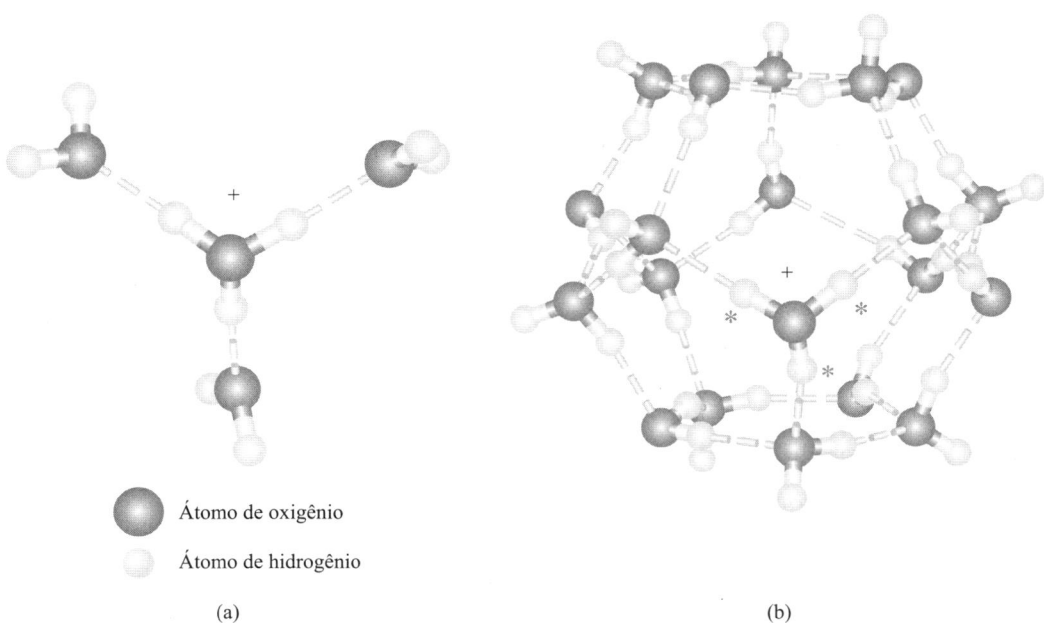

FIGURA 7-1 Estruturas possíveis para o íon hidrônio. (a) A espécie $H_9O_4^+$ foi observada no estado sólido e pode ser uma espécie importante em soluções aquosas. (b) A espécie $(H_2O)_{20}H^+$ exibe uma estrutura dodecaédrica. O próton extra na estrutura, que pode ser qualquer um dos três marcados com asterisco, está livre para se mover ao redor da superfície do dodecaedro por meio da transferência para uma molécula de água adjacente.

$$\underset{\text{base}_1}{H_2PO_4^-} + \underset{\text{ácido}_2}{H_3O^+} \rightleftharpoons \underset{\text{ácido}_1}{H_3PO_4} + \underset{\text{base}_2}{H_2O}$$

Nesse caso, o H_3PO_4 é o ácido conjugado da base original. Na presença de um receptor de próton, como o íon hidróxido, entretanto, o $H_2PO_4^-$ comporta-se como um ácido e doa um próton para formar a base conjugada HPO_4^{2-}.

$$\underset{\text{ácido}_1}{H_2PO_4^-} + \underset{\text{base}_2}{OH^-} \rightleftharpoons \underset{\text{base}_1}{HPO_4^{2-}} + \underset{\text{ácido}_2}{H_2O}$$

Os aminoácidos simples são uma classe importante de compostos anfipróticos que contêm tanto grupos funcionais de um ácido fraco quanto de uma base fraca. Quando dissolvido em água, um aminoácido como a glicina sofre uma reação interna do tipo ácido-base para produzir um **zwitterion** – uma espécie que possui tanto uma carga positiva quanto uma carga negativa. Assim,

$$\underset{\text{glicina}}{NH_2CH_2COOH} \rightleftharpoons \underset{\text{zwitterion}}{NH_3^+CH_2COO^-}$$

Essa reação é análoga à reação ácido-base que ocorre entre um ácido carboxílico e uma amina:

$$\underset{\text{ácido}_1}{R'COOH} + \underset{\text{base}_2}{R''NH_2} \rightleftharpoons \underset{\text{base}_1}{R'COO^-} + \underset{\text{ácido}_2}{R''NH_3^+}$$

A água é o exemplo clássico de um **solvente anfiprótico**, isto é, um solvente que pode tanto agir como um ácido (Equação 7-1) quanto como uma base (Equação 7-2), dependendo do soluto. Outros solventes anfipróticos comuns são o metanol, o etanol e o ácido acético anidro. No metanol, por exemplo, os equilíbrios análogos àqueles mostrados nas Equações 7-1 e 7-2 são

$$\underset{\text{base}_1}{NH_3} + \underset{\text{acid}_2}{CH_3OH} \rightleftharpoons \underset{\substack{\text{ácido}_1 \\ \text{conjugado}}}{NH_4^+} + \underset{\text{base}_2}{CH_3O^-} \tag{7-3}$$

$$\underset{\text{base}_1}{CH_3OH} + \underset{\text{ácido}_2}{HNO_2} \rightleftharpoons \underset{\substack{\text{ácido}_1 \\ \text{conjugado}}}{CH_3OH_2^+} + \underset{\substack{\text{base}_2 \\ \text{conjugada}}}{NO_2^-} \tag{7-4}$$

7A-4 Autoprotólise

Os solventes anfipróticos sofrem autoionização, ou **autoprotólise**, para formar um par de espécies iônicas. A autoprotólise é outro exemplo de comportamento ácido-base, como ilustrado pelas seguintes equações.

base$_1$	+	ácido$_2$	$\rightleftharpoons$	ácido$_1$	+	base$_2$
H_2O	+	H_2O	$\rightleftharpoons$	H_3O^+	+	OH^-
CH_3OH	+	CH_3OH	$\rightleftharpoons$	$CH_3OH_2^+$	+	CH_3O^-
$HCOOH$	+	$HCOOH$	$\rightleftharpoons$	$HCOOH_2^+$	+	$HCOO^-$
NH_3	+	NH_3	$\rightleftharpoons$	NH_4^+	+	NH_2^-

A extensão na qual a água sofre autoprotólise é pequena à temperatura ambiente. Assim, as concentrações dos íons hidrônio e hidróxido em água pura são apenas de cerca de 10^{-7} mol L^{-1}. Não obstante os pequenos valores dessas concentrações, essa reação de dissociação é de suma importância para a compreensão do comportamento das soluções aquosas.

Svante Arrhenius (1859-1927), químico sueco, formulou muitas das ideias iniciais sobre a dissociação iônica em solução. Suas ideias não foram prontamente aceitas; de fato, ele foi aprovado com a nota mínima na sua defesa de doutorado em 1884. Em 1903, Arrhenius ganhou o Prêmio Nobel de química por suas ideias revolucionárias. Foi um dos primeiros cientistas a sugerir a relação entre a quantidade de dióxido de carbono na atmosfera e a temperatura global, um fenômeno que ficou conhecido como **efeito estufa**. Você pode desejar ler o artigo original de Arrhenius, intitulado "On the Influence of Carbonic Acid in the Air upon the Temperature of the Ground", *London Edinburgh Dublin Philos. Mag. J. Sci.*, v. 41, pp. 237-276, 1896.

Um **zwitterion** é um íon que tem simultaneamente tanto uma carga positiva quanto uma carga negativa.

❮❮ A água pode agir tanto como um ácido quanto como uma base.

Solventes anfipróticos comportam-se como ácidos na presença de solutos básicos e como bases diante de solutos ácidos.

A **autoprotólise** (também chamada autoionização) é a reação espontânea de moléculas de uma substância para formar um par de íons.

›› Neste livro, vamos usar o símbolo H_3O^+ nos capítulos que lidam com equilíbrios ácido-base e cálculos envolvendo equilíbrios ácido/base. Nos capítulos remanescentes, simplificaremos para a representação mais conveniente H^+, com a compreensão de que esse símbolo representa o próton hidratado.

›› As bases fortes comuns incluem NaOH, KOH, $Ba(OH)_2$ e o hidróxido de amônio quaternário R_4NOH, onde R é um grupo alquila como o CH_3 ou o C_2H_5.

›› Os ácidos fortes comuns incluem HCl, HBr, HI, $HClO_4$, HNO_3, o primeiro próton do H_2SO_4 e o ácido sulfônico orgânico RSO_3H.

Em um **solvente diferenciador**, vários ácidos se dissociam em níveis diferentes e têm forças diferentes. Em um **solvente nivelador**, vários ácidos dissociam-se completamente e exibem a mesma força.

›› De todos os ácidos listados na nota da margem desta página e na Figura 7-2, apenas o ácido perclórico é um ácido forte em metanol e etanol. Esses dois álcoois também são, portanto, solventes diferenciadores.

7A-5 Forças de Ácidos e Bases

A **Figura 7-2** mostra as reações de dissociação de alguns ácidos comuns em água. Os dois primeiros são **ácidos fortes**, porque a reação com o solvente é suficientemente completa para que não restem moléculas do soluto não dissociadas na solução aquosa. Os outros são **ácidos fracos**, que reagem de forma incompleta com a água para gerar soluções que contêm quantidades significativas tanto do ácido original quanto da base conjugada. Observe que os ácidos podem ser catiônicos, aniônicos ou eletricamente neutros. O mesmo acontece com as bases.

Os ácidos apresentados na Figura 7-2 tornam-se progressivamente mais fracos de cima para baixo. Os ácidos perclórico e clorídrico dissociam-se completamente, mas apenas 1% do ácido acético ($HC_2H_3O_2$) sofre dissociação. O íon amônio é um ácido ainda mais fraco, sendo que apenas cerca de 0,01% desse íon se dissocia para formar íons hidrônio e moléculas de amônia. Outra generalidade ilustrada na Figura 7-2 é que os ácidos mais fracos formam as bases conjugadas mais fortes, isto é, a amônia tem uma afinidade muito maior por prótons que qualquer base acima dela. Os íons perclorato e cloreto não têm afinidade por prótons.

A tendência de um solvente de aceitar ou doar prótons determina a força do soluto ácido ou básico dissolvido nele. Por exemplo, os ácidos perclórico e clorídrico são ácidos fortes em água. Se o ácido acético anidro, um receptor de prótons mais fraco, substituir a água *como solvente*, nenhum desses ácidos sofrerá uma dissociação total. Ao contrário, equilíbrios como os apresentados a seguir serão estabelecidos:

$$\underset{base_1}{CH_3COOH} + \underset{ácido_2}{HClO_2} \rightleftharpoons \underset{ácido_1}{CH_3COOH_2^+} + \underset{base_2}{ClO_4^-}$$

O ácido perclórico é, entretanto, consideravelmente mais forte que o ácido clorídrico nesse solvente. Portanto, o ácido acético age como um **solvente diferenciador** perante os dois ácidos, revelando as diferenças em suas acidezes. A água, por outro lado, é um **solvente nivelador** para os ácidos perclórico, clorídrico e nítrico, porque todos os três se dissociam completamente nesse solvente e não exibem diferenças em suas forças. Existem solventes diferenciadores e niveladores também para bases.

7B Equilíbrio Químico

Muitas reações usadas na química analítica nunca resultam na completa conversão de reagentes em produtos. Ao contrário, elas procedem para um estado de **equilíbrio químico** no qual a razão das concentrações de reagentes e produtos é constante. As **expressões das constantes de equilíbrio** são equações *algébricas* que descrevem as relações de concentrações existentes entre reagentes e produtos no equilíbrio. Entre outras coisas, as expressões de constantes de equilíbrio permitem realizar o cálculo do erro em uma análise resultante da quantidade de analito que não reagiu e que resta quando o equilíbrio foi atingido.

FIGURA 7-2

Reações de dissociação e forças relativas de alguns ácidos comuns e suas bases conjugadas. Observe que o HCl e o $HClO_4$ se dissociam completamente em água.

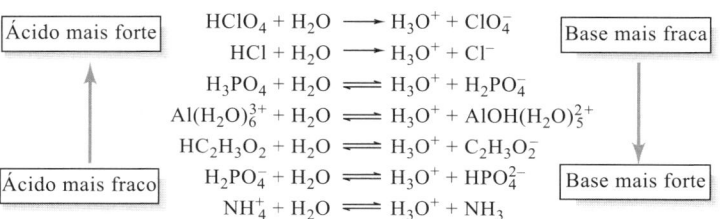

Na discussão a seguir, cobrimos o uso de expressões de constante de equilíbrio para obter informações sobre os sistemas analíticos nos quais não mais que um ou dois equilíbrios estão presentes. O Capítulo 9 estende esses métodos para os sistemas que contêm vários equilíbrios simultâneos. Esses sistemas complexos são frequentemente encontrados na química analítica.

7B-1 O Estado de Equilíbrio

Considere a reação química

$$H_3AsO_4 + 3I^- + 2H^+ \rightleftharpoons H_3AsO_3 + I_3^- + H_2O \tag{7-5}$$

Podemos seguir a velocidade dessa reação e até que ponto ela prossegue monitorando a intensidade da cor vermelho-alaranjada do íon tri-iodeto I_3^-, que aparece na **Figura 7-3** nos béqueres 1, 3 e 4 (neste livro, o béquer 1 aparece em preto e os béqueres 3 e 4, em tons de cinza) Todos os outros participantes da reação são incolores. Por exemplo, se 1 mmol de ácido arsênico, H_3AsO_4, do béquer 6, for adicionado a uma solução do béquer 5 contendo 3 mmol de iodeto de potássio, a cor fraca vermelho-alaranjado do íon tri-iodeto vai aparecer quase imediatamente no béquer 4. Em poucos segundos, a intensidade da cor irá se tornar constante e bem fraca, mostrando que a concentração de tri-iodeto se tornou constante e bastante baixa.

Uma solução de intensidade de cor idêntica (e, portanto, com a mesma concentração de tri-iodeto) também pode ser produzida adicionando-se 1 mmol de íon tri-iodeto do béquer 1 a 1 mmol de ácido arenoso, H_3AsO_3, do béquer 2. Na solução combinada no béquer 3 a intensidade da cor é inicialmente maior que na solução no béquer 4 mas decresce rapidamente como resultado da reação

$$H_3AsO_4 + I_3^- + H_2O \rightleftharpoons H_3AsO_3 + 3I^- + 2H^+$$

Por fim, a cor das soluções no béquer 3 e béquer 4 são idênticas, o que implica que ambas as reações atingiram o mesmo estado de equilíbrio. Muitas outras combinações dos quatro reagentes podem ser combinadas para produzir soluções que são indistinguíveis das duas que acabamos de descrever. A **Figura 7-4** mostra apenas uma de inúmeras possibilidades.

A **Figura 7-5** mostra a reação do iodo com ferrocianeto. Os resultados dos experimentos mostrados nas Figuras 7-3 a 7-5 ilustram que a relação da concentração no equilíbrio químico (isto é, a *posição do equilíbrio*) é independente da rota do estado de equilíbrio. Entretanto, essa relação é alterada aplicando-se uma perturbação ao sistema. Tais perturbações incluem variações na temperatura, na pressão (se um dos reagentes ou produto for um gás), ou na concentração total de um reagente ou produto. Esses efeitos podem ser previstos qualitativamente a partir do **princípio de Le Châtelier**.

❮❮ A posição final de um equilíbrio químico é independente do caminho para o estado de equilíbrio.

O **princípio de Le Châtelier** diz que a posição de um equilíbrio sempre é deslocada na direção que alivia a perturbação que é aplicada a um sistema.

FIGURA 7-3 Equilíbrio químico 1: Reação entre o iodo e arsênio(III) em pH 1. (a) Um mmol de I_3^- adicionado a 1 mmol de H_3AsO_3. (b) Três mmol de I^- adicionado a 1 mmol de H_3AsO_4. Ambas as combinações produzem o mesmo estado de equilíbrio final. Veja a prancha colorida 2.

FIGURA 7-4 Equilíbrio químico 2: A mesma reação, como na Figura 7-3, realizada em um pH 7 produzindo um estado de equilíbrio diferente daquele da Figura 7-3, e, embora similar àquela situação na Figura 7-3, o mesmo estado é produzido a partir da reação no sentido direto (a) ou inverso (b) (Seção 7B-1, página 165). Veja a prancha colorida 3.

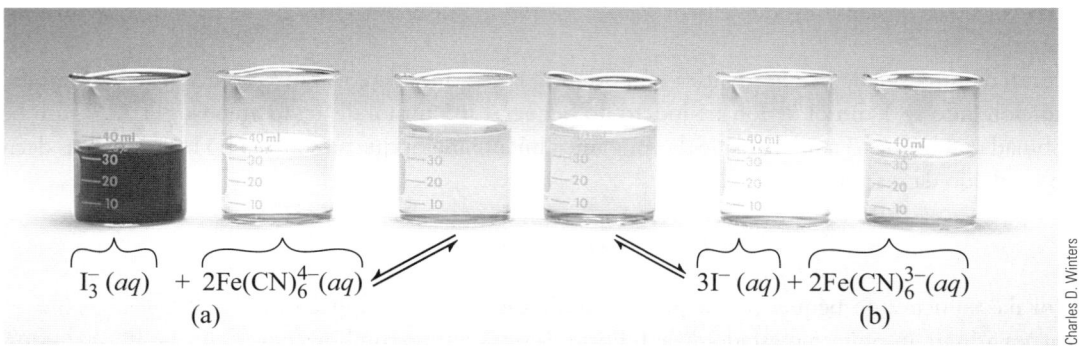

FIGURA 7-5 Equilíbrio químico 3: Reação entre o iodo e o ferrocianeto. (a) Um mmol de I_3^- adicionado a 2 mmol de $Fe(CN)_6^{4-}$. (b) Três mmol de I^- adicionado a 2 mmol de $Fe(CN)_6^{3-}$ produz o mesmo estado de equilíbrio (Seção 7B-1, página 165). Veja a prancha colorida 4.

O **efeito da ação das massas** representa um deslocamento na posição do equilíbrio provocada pela adição de um dos reagentes ou produtos a um sistema.

〉〉 O equilíbrio é um processo dinâmico. Embora as reações químicas aparentem parar no equilíbrio, na realidade, as quantidades de reagentes e produtos são constantes porque as velocidades das reações direta e inversa são exatamente as mesmas.

Termodinâmica química é um ramo da química que trata do fluxo de calor e energia nas reações químicas. A posição de um equilíbrio químico está relacionada a essas variações de energia.

Este princípio define que a posição do equilíbrio químico sempre se altera na direção que tende a minimizar o efeito da perturbação aplicada. Por exemplo, uma elevação na temperatura de um sistema altera a relação de concentração na direção que tende a absorver calor e um aumento na pressão favorece aqueles participantes que ocupam um volume total menor.

Em uma análise, o efeito de introduzir uma quantidade adicional de um reagente ou produto na mistura reacional é particularmente importante. Aqui, a perturbação resultante é minimizada por um deslocamento no equilíbrio na direção que tende a consumir a substância adicionada. Assim, para o equilíbrio que temos considerado (Equação 7-5), a adição de ácido arsênico (H_3AsO_4) ou de íons hidrogênio provoca um aumento da cor à medida que mais íons tri-iodeto e ácido arsenioso são formados. A adição de ácido arsenioso tem o efeito inverso. Um deslocamento do equilíbrio decorrente da variação na quantidade de um dos reagentes ou produtos participantes é chamado **efeito da ação das massas**.

Os estudos teóricos e experimentais envolvendo os sistemas com reações que ocorrem em nível molecular mostram que as reações entre as espécies participantes continuam mesmo após o equilíbrio ter sido alcançado. A razão entre as concentrações de reagentes e produtos é constante porque as velocidades das reações direta e inversa são precisamente iguais. Em outras palavras, o equilíbrio químico é um estado dinâmico no qual as velocidades das reações direta e inversa são idênticas.

7B-2 Expressões da Constante de Equilíbrio

A influência da concentração ou da pressão (se os participantes forem gases) na posição de um equilíbrio químico é convenientemente descrita em termos quantitativos por uma expressão da constante de equilíbrio. Essas expressões têm origem na termodinâmica. Elas são muito importantes, porque permitem que os químicos possam prever a direção e a extensão de reações químicas. Entretanto, uma expressão da constante de equilíbrio não fornece informações relacionadas à velocidade de reação. Na verdade, algumas vezes descobrimos reações que têm constantes de equilíbrio altamente favoráveis, mas que são de pouca utilidade analítica, porque suas velocidades são muito lentas. Essa limitação pode, muitas vezes, ser superada pelo uso de catalisadores, que aumentam a aproximação da reação na direção do equilíbrio sem alterar sua posição.

Considere uma equação geral para um equilíbrio químico

$$wW + xX \rightleftharpoons yY + zZ \tag{7-6}$$

onde as letras maiúsculas representam as fórmulas de reagentes e produtos participantes e as letras minúsculas em itálico representam os números inteiros pequenos necessários para balancear a equação. Portanto, a equação diz que w mols de W reagem com x mols de X para formar y mols de Y e z mols de Z. A expressão da constante de equilíbrio para essa reação é

$$K = \frac{[Y]^y [Z]^z}{[W]^w [X]^x} \tag{7-7}$$

na qual os termos entre colchetes são:

1. Concentração molar, se eles representarem um soluto dissolvido.
2. Pressão parcial em atmosferas, se eles forem reagentes ou produtos na fase gasosa. Neste caso, muitas vezes substituímos os colchetes (digamos [Z] no caso da Equação 7-7) pelo símbolo p_z, que representa a pressão parcial do gás Z em atmosferas.

Se um reagente ou produto na Equação 7-7 for um líquido puro, um sólido puro ou um solvente presente em excesso, o termo referente a essa espécie não aparecerá na expressão da constante de equilíbrio. Por exemplo, se a espécie Z apresentada na Equação 7-6 for o solvente H_2O, a expressão da constante de equilíbrio será simplificada para

$$K = \frac{[Y]^y}{[W]^w [X]^x}$$

Discutiremos a base para essa simplificação nas seções seguintes.

Na Equação 7-7, a constante K é uma grandeza numérica dependente da temperatura denominada *constante de equilíbrio*. Por convenção, as concentrações dos produtos, *na forma como a equação química está escrita*, são sempre colocadas no numerador e as concentrações dos reagentes estão sempre no denominador.

A Equação 7-7 é apenas uma forma aproximada de uma expressão da constante de equilíbrio termodinâmica. A forma exata é dada pela Equação 7-8 (mostrada à margem). Geralmente usamos a forma aproximada dessa equação porque ela pode ser calculada mais facilmente. Na Seção 8B mostramos quando o uso da Equação 7-7 pode levar a erros sérios em cálculos de equilíbrio e como a Equação 7-8 pode ser modificada, nesses casos.

>> As expressões da constante de equilíbrio *não* fornecem informações sobre se uma reação é rápida o suficiente para ser útil em um procedimento analítico.

Cato Guldberg (1836-1902) e Peter Waage (1833-1900) foram químicos noruegueses cujos principais interesses se encontravam na área da termodinâmica. Em 1864, esses cientistas foram os primeiros a propor a lei de ação das massas, que está representada na Equação 7-7.

>> Na Equação 7-7, $[Z]^z$ é substituído por p_z em atmosferas se Z for um gás. Z não será incluído na equação se essa espécie for um sólido puro, um líquido puro ou o solvente em uma solução diluída.

>> Lembre-se: a Equação 7-7 é apenas uma forma aproximada de uma expressão da constante de equilíbrio. A expressão exata tem a forma

$$K = \frac{a_Y^y a_Z^z}{a_W^w a_X^x} \tag{7-8}$$

onde a_Y, a_Z, a_W e a_X são as *atividades* das espécies Y, Z, W e X (veja a Seção 8B).

TABELA 7-2
Equilíbrios e Constantes de Equilíbrios Importantes na Química Analítica

Tipo de Equilíbrio	Nome e Símbolo da Expressão da Constante	Exemplo Típico	Constante de Equilíbrio
Dissociação da água	Constante do produto iônico, K_w	$2H_2O \rightleftharpoons H_3O^+ + OH^-$	$K_w = [H_3O^+][OH^-]$
Equilíbrios heterogêneos entre uma substância pouco solúvel e seus íons em uma solução saturada	Produto de solubilidade, K_{ps}	$BaSO_4(s) \rightleftharpoons Ba^{2+} + SO_4^{2-}$	$K_{ps} = [Ba^{2+}][SO_4^{2-}]$
Dissociação de um ácido ou base fraca	Constante de dissociação, K_a ou K_b	$CH_3COOH + H_2O \rightleftharpoons H_3O^+ + CH_3COO^-$	$K_a = \dfrac{[H_3O^+][CH_3COO^-]}{[CH_3COOH]}$
		$CH_3COO^- + H_2O \rightleftharpoons OH^- + CH_3COOH$	$K_b = \dfrac{[OH^-][CH_3COOH]}{[CH_3COO^-]}$
Formação de um íon complexo	Constante de formação, β_n	$Ni^{2+} + 4CN^- \rightleftharpoons Ni(CN)_4^{2-}$	$\beta_4 = \dfrac{[Ni(CN)_4^{2-}]}{[Ni^{2+}][CN^-]^4}$
Equilíbrio de oxidação-redução	K_{redox}	$MnO_4^- + 5Fe^{2+} + 8H^+ \rightleftharpoons Mn^{2+} + 5Fe^{3+} + 4H_2O$	$K_{redox} = \dfrac{[Mn^{2+}][Fe^{3+}]^5}{[MnO_4^-][Fe^{2+}]^5[H^+]^8}$
Equilíbrio de partição para um soluto entre solventes imiscíveis	K_d	$I_2(aq) \rightleftharpoons I_2(org)$	$K_d = \dfrac{[I_2]_{org}}{[I_2]_{aq}}$

7B-3 Tipos de Constantes de Equilíbrio em Química Analítica

A **Tabela 7-2** resume os tipos de equilíbrios químicos e as constantes de equilíbrio que são importantes na química analítica. As aplicações simples de algumas dessas constantes são ilustradas nas três seções a seguir.

DESTAQUE 7-1

Constantes de Formação Parciais e Globais para Íons Complexos

A formação do $Ni(CN)_4^{2-}$ (Tabela 7-2) é típica no sentido de que ocorre em etapas, como mostrado. Observe que as **constantes de formação parciais** são representadas por K_1, K_2 e assim por diante.

$$Ni^{2+} + CN^- \rightleftharpoons Ni(CN)^+ \qquad K_1 = \frac{[Ni(CN)^+]}{[Ni^{2+}][CN^-]}$$

$$Ni(CN)^+ + CN^- \rightleftharpoons Ni(CN)_2 \qquad K_2 = \frac{[Ni(CN)_2]}{[Ni(CN)^+][CN^-]}$$

$$Ni(CN)_2 + CN^- \rightleftharpoons Ni(CN)_3^- \qquad K_3 = \frac{[Ni(CN)_3^-]}{[Ni(CN)_2][CN^-]}$$

$$Ni(CN)_3^- + CN^- \rightleftharpoons Ni(CN)_4^{2-} \qquad K_4 = \frac{[Ni(CN)_4^{2-}]}{[Ni(CN)_3^-][CN^-]}$$

(continua)

Constantes globais são representadas pelo símbolo β_n. Assim,

$$Ni^{2+} + 2CN^- \rightleftharpoons Ni(CN)_2 \quad \beta_2 = K_1K_2 = \frac{[Ni(CN)_2]}{[Ni^{2+}][CN^-]^2}$$

$$Ni^{2+} + 3CN^- \rightleftharpoons Ni(CN)_3^- \quad \beta_3 = K_1K_2K_3 = \frac{[Ni(CN)_3^-]}{[Ni^{2+}][CN^-]^3}$$

$$Ni^{2+} + 4CN^- \rightleftharpoons Ni(CN)_4^{2-} \quad \beta_4 = K_1K_2K_3K_4 = \frac{[Ni(CN)_4^{2-}]}{[Ni^{2+}][CN^-]^4}$$

7B-4 Aplicações da Constante do Produto Iônico da Água

A água pura contém pequenas concentrações de íons hidrônio e hidróxido como consequência do resultado de dissociação

$$2H_2O \rightleftharpoons H_3O^+ + OH^- \tag{7-9}$$

Uma constante de equilíbrio para essa reação pode ser escrita como mostrado na Equação 7-7:

$$K = \frac{[H_3O^+][OH^-]}{[H_2O]^2} \tag{7-10}$$

A concentração da água em soluções aquosas diluídas é enorme, especialmente quando comparada com as concentrações dos íon hidrônio e íon hidróxido. Como resultado, o termo $[H_2O]^2$ que está presente na Equação 7-10 pode ser considerado como constante, e então escrevemos

$$K[H_2O]^2 = K_w = [H_3O^+][OH^-] \tag{7-11}$$

onde a nova constante K_w recebe um nome especial, o **produto iônico da água**.

❮❮ Se pegarmos o logaritmo negativo da Equação 7-11, descobriremos uma relação muito útil.
$-\log K_w = -\log[H_3O^+] - \log[OH^-]$
Pela definição da função p (veja a Seção 2B-1)

$$pK_w = pH + pOH \tag{7-12}$$

A 25°C, $pK_w = 14,00$.

DESTAQUE 7-2

Por que [H$_2$O] Não Aparece na Expressão da Constante de Equilíbrio para Soluções Aquosas

Em uma solução diluída, a concentração molar da água é

$$[H_2O] = \frac{1.000\ g\ H_2O}{L\ H_2O} \times \frac{1\ mol\ H_2O}{18,0\ g\ H_2O} = 55,6\ mol\ L^{-1}$$

Considere que temos 0,1 mol de HCl em 1 L de água. A presença desse ácido deverá alterar o equilíbrio mostrado na Equação 7-9 para a esquerda. Originalmente, entretanto, havia apenas 10^{-7} mol L^{-1} OH$^-$ para consumir os prótons adicionados. Assim, mesmo que todos os íons OH$^-$ sejam convertidos em H$_2$O, a concentração da água vai aumentar apenas para

$$[H_2O] = 55,6\ \frac{mol\ de\ H_2O}{L\ de\ H_2O} + 1 \times 10^{-7}\ \frac{mol\ de\ OH^-}{L\ de\ H_2O} \times \frac{1\ mol\ de\ H_2O}{mol\ de\ OH^-} \approx 55,6\ mol\ L^{-1}$$

(continua)

A variação na concentração da água em termos percentuais é

$$\frac{10^{-7} \text{ M}}{55,6 \text{ M}} \times 100\% = 2 \times 10^{-7}\%$$

o que é insignificante. Assim, o termo $K[H_2O]^2$ nas Equações 7-10 e 7-11, do ponto de vista prático, é uma constante, isto é,

$$K(55,6)^2 = K_w = 1,00 \times 10^{-14} \text{ a } 25°C$$

TABELA 7-3
Variação de K_w com a Temperatura

Temperatura,°C	K_w
0	$0,114 \times 10^{-14}$
25	$1,01 \times 10^{-14}$
50	$5,47 \times 10^{-14}$
75	$19,9 \times 10^{-14}$
100	49×10^{-14}

A 25°C, a constante do produto iônico da água é $1,008 \times 10^{-14}$. Por conveniência, usamos a aproximação de que à temperatura ambiente $K_w = 1,00 \times 10^{-14}$. A **Tabela 7-3** mostra como K_w depende da temperatura. A constante do produto iônico da água permite encontrar facilmente as concentrações dos íons hidrônio e hidróxido em soluções aquosas.

EXEMPLO 7-1

Calcule as concentrações dos íons hidrônio e hidróxido na água pura a 25°C e a 100°C.

Resolução

Como OH^- e H_3O^+ são formados apenas a partir da dissociação da água, suas concentrações devem ser iguais.

$$[H_3O^+]^2 = [OH^-]$$

Substituímos esta igualdade na Equação 7-11 para obter

$$[H_3O^+]^2 = [OH^-]^2 = K_w$$
$$[H_3O^+] = [OH^-] = \sqrt{K_w}$$

A 25°C,

$$[H_3O^+] = [OH^-] = \sqrt{1,00 \times 10^{-14}} = 1,00 \times 10^{-7} \text{ mol L}^{-1}$$

A 100°C, a partir da Tabela 7-3, temos,

$$[H_3O^+] = [OH^-] = \sqrt{49 \times 10^{-14}} = 7,0 \times 10^{-7} \text{ mol L}^{-1}$$

EXEMPLO 7-2

Calcule as concentrações dos íons hidrônio e hidróxido e o pH e o pOH de uma solução aquosa de NaOH 0,200 mol L^{-1}, a 25°C.

Resolução

O hidróxido de sódio é um eletrólito forte e sua contribuição para a concentração de íons hidróxido nessa solução é 0,200 mol L^{-1}. Assim como no Exemplo 7-1, os íons hidróxido e os íons hidrônio são formados em quantidades iguais a partir da dissociação da água. Portanto, escrevemos

$$[OH^-] = 0,200 + [H_3O^+]$$

(continua)

onde [H_3O^+] é igual à concentração de íon hidróxido da dissociação da água. Contudo, a concentração de OH^- proveniente da água é insignificante quando comparada com 0,200; assim, podemos escrever

$$[OH^-] \approx 0,200$$

$$pOH = -\log 0,200 = 0,699$$

Então, a Equação 7-11 é empregada para calcular a concentração de íons hidrônio:

$$[H_3O^+] = \frac{K_w}{[OH^-]} = \frac{1,00 \times 10^{-14}}{0,200} = 5,00 \times 10^{-14} \text{ mol L}^{-1}$$

$$pH = -\log 5,00 \times 10^{-14} = 13,301$$

Observe que a aproximação

$$[OH^-] = 0,200 + 5,00 \times 10^{-14} \approx 0,200 \text{ mol L}^{-1}$$

não resulta um erro significativo na resposta.

7B-5 Aplicações das Constantes do Produto de Solubilidade

Quase todos os sais pouco solúveis encontram-se essencial e totalmente dissociados em soluções aquosas saturadas. Por exemplo, quando um excesso de iodato de bário está em equilíbrio com a água, o processo de dissociação é descrito de forma adequada pela equação

$$Ba(IO_3)_2(s) \rightleftharpoons Ba^{2+}(aq) + 2IO_3^-(aq)$$

Usando a Equação 7-7, escrevemos

$$K = \frac{[Ba^{2+}][IO_3^-]^2}{[Ba(IO_3)_2(s)]}$$

O denominador representa a concentração molar de $Ba(IO_3)_2$ *no sólido*, que é a fase que está separada mas em contato com a solução saturada. A concentração de um composto em seu estado sólido é, contudo, constante. Em outras palavras, a quantidade de matéria de $Ba(IO_3)_2$ dividida pelo *volume* do $Ba(IO_3)_2$ sólido é constante, independentemente do excesso de sólido presente. Portanto, a equação anterior pode ser reescrita na forma

$$K[Ba(IO_3)_2(s)] = K_{sp} = [Ba^{2+}][IO_3^-]^2 \tag{7-13}$$

onde a nova constante é chamada **constante do produto de solubilidade** ou **produto de solubilidade**. É importante notar que a Equação 7-13 mostra que a posição do equilíbrio é independente da *quantidade* de $Ba(IO_3)_2$ enquanto o sólido estiver presente. Em outras palavras, não importa se a quantidade for alguns miligramas ou vários gramas.

Uma tabela de constantes de produtos de solubilidade para inúmeros sais inorgânicos pode ser encontrada no Apêndice 2. Os exemplos a seguir demonstram alguns usos típicos de expressões dos produtos de solubilidade. Outras aplicações serão consideradas em capítulos posteriores.

❮❮ Quando dizemos que um sal pouco solúvel está completamente dissociado, *não significa* que todo o sal se dissolve. O que queremos dizer é que a pequena quantidade que realmente se solubiliza dissocia-se totalmente.

❮❮ O que significa dizer que "um excesso de iodato de bário está equilibrado com a água"? Significa que mais iodato de bário sólido é adicionado em uma porção de água do que dissolveria à temperatura do experimento. Algum $Ba(IO_3)_2$ sólido está em contato com a solução saturada.

❮❮ Para a Equação 7-13 ser válida, é necessário que apenas *algum sólido esteja presente*. Você deve ter sempre em mente que na ausência de $Ba(IO_3)_2(s)$, a Equação 7-13 não se aplica.

A Solubilidade de um Precipitado em Água Pura

Com a expressão do produto de solubilidade podemos calcular a solubilidade de substâncias pouco solúveis que se ionizam completamente em água.

EXEMPLO 7-3

Qual massa (em gramas) de $Ba(IO_3)_2$ (487 g mol^{-1}) pode ser dissolvida em 500 mL de água a 25°C?

Resolução

A constante do produto de solubilidade para o $Ba(IO_3)_2$ é $1,57 \times 10^{-9}$ (veja o Apêndice 2). O equilíbrio entre o sólido e seus íons presentes na solução é descrito pela equação

$$Ba(IO_3)_2 \, (s) \rightleftharpoons Ba^{2+} + 2IO_3^-$$

e assim

$$K_{ps} = [Ba^{2+}][IO_3^-]^2 = 1,57 \times 10^{-9}$$

A equação que descreve o equilíbrio revela que 1 mol de Ba^{2+} é formado para cada mol do $Ba(IO_3)_2$ que se dissolve. Portanto,

$$\text{solubilidade molar do } Ba(IO_3)_2 = [Ba^{2+}]$$

Como dois mols de iodato são produzidos para cada mol de íons bário, a concentração de iodato é o dobro da concentração de íons bário:

$$[IO_3^-] = 2[Ba^{2+}]$$

>> Observe que a solubilidade molar é igual a $[Ba^{2+}]$ ou a $½[IO_3^-]$.

A substituição dessa última equação na expressão da constante de equilíbrio fornece

$$[Ba^{2+}](2[Ba^{2+}])^2 = 4[Ba^{2+}]^3 = 1,57 \times 10^{-9}$$

$$[Ba^{2+}] = \left(\frac{1,57 \times 10^{-9}}{4}\right)^{1/3} = 7,32 \times 10^{-4} \text{ mol L}^{-1}$$

Dado que 1 mol de Ba^{2+} é produzido para cada mol do $Ba(IO_3)_2$,

$$\text{solubilidade} = 7,32 \times 10^{-4} \text{ mol L}^{-1}$$

Para contabilizar o número de milimols de $Ba(IO_3)_2$ dissolvidos em 500 mL de solução, escrevemos

$$\text{quant. de mat. em mmol de } Ba(IO_3)_2 = 7,32 \times 10^{-4} \, \frac{\text{mmol Ba de } (IO_3)_2}{\text{mL}} \times 500 \text{ mL}$$

A massa de $Ba(IO_3)_2$ presente em 500 mL é dada por

massa de $Ba(IO_3)_2 =$

$$(7,32 \times 10^{-4} \times 500) \text{ mmol de } Ba(IO_3)_2 \times 0,487 \, \frac{\text{g } Ba(IO_3)_2}{\text{mmol de } Ba(IO_3)_2}$$

$$= 0,178 \text{ g}$$

O Efeito de um Íon Comum na Solubilidade de um Precipitado

O **efeito do íon comum** é um efeito da ação das massas previsto a partir do princípio de Le Châtelier e é demonstrado pelos exemplos que se seguem.

EXEMPLO 7-4

Calcule a solubilidade molar do $Ba(IO_3)_2$ em uma solução de $Ba(NO_3)_2$ 0,0200 mol L^{-1}.

Resolução

A solubilidade não é igual a [Ba^{2+}] neste caso, dado que o $Ba(NO_3)_2$ também é uma fonte de íons bário. Entretanto, sabemos que a solubilidade está relacionada com [IO_3^-]:

$$\text{solubilidade molar de } Ba(IO_3)_2 = \tfrac{1}{2}[IO_3^-]$$

Existem duas fontes de íons bário: $Ba(NO_3)_2$ e $Ba(IO_3)_2$. A contribuição do primeiro é 0,0200 mol L^{-1}, enquanto a do iodato é igual à solubilidade molar, ou $\tfrac{1}{2}[IO_3^-]$. Assim,

$$[Ba^{2+}] = 0{,}0200 + \tfrac{1}{2}[IO_3^-]$$

Substituindo essas quantidades na expressão do produto de solubilidade, temos

$$\left(0{,}0200 + \tfrac{1}{2}[IO_3^-]\right)[IO_3^-]^2 = 1{,}57 \times 10^{-9}$$

Dado que esta é uma equação cúbica, gostaríamos de fazer uma suposição que simplificaria a álgebra necessária para achar [IO_3^-]. O valor numérico pequeno de K_{ps} sugere que a solubilidade do $Ba(IO_3)_2$ é bem pequena e essa descoberta é confirmada pelo resultado obtido no Exemplo 7-3. Além disso, os íons bário do $Ba(NO_3)_2$ vão diminuir a solubilidade do $Ba(IO_3)_2$. Dessa forma, parece razoável supor que 0,0200 é grande em relação a $\tfrac{1}{2}[IO_3^-]$ para encontrar uma resposta provisória para o problema. Isto é, assumimos que $\tfrac{1}{2}[IO_3^-] \ll 0{,}0200$, assim

$$[Ba^{2+}] = 0{,}0200 + \tfrac{1}{2}[IO_3^-] \approx 0{,}0200 \text{ mol L}^{-1}$$

A equação original na forma simplificada será

$$0{,}0200[IO_3^-]^2 = 1{,}57 \times 10^{-9}$$

$$[IO_3^-] = \sqrt{1{,}57 \times 10^{-9}/0{,}0200} = \sqrt{7{,}85 \times 10^{-8}} = 2{,}80 \times 10^{-4} \text{ mol L}^{-1}$$

A condição de que $(0{,}0200 + \tfrac{1}{2} \times 2{,}80 \times 10^{-4}) \approx 0{,}0200$ provoca erro mínimo, uma vez que o segundo termo, que representa a quantidade de Ba^{2+}, a qual é proveniente da dissociação do $Ba(IO_3)_2$, é apenas cerca de 0,7% de 0,0200. Normalmente, consideramos uma aproximação desse tipo satisfatória se a discrepância for menor que 10%.[1] Finalmente, então,

$$\text{solubilidade do } Ba(IO_3)_2 = \tfrac{1}{2}[IO_3^-] = \tfrac{1}{2} \times 2{,}80 \times 10^{-4} = 1{,}40 \times 10^{-4} \text{ mol L}^{-1}$$

Se compararmos esse resultado com a solubilidade do iodato de bário em água pura (Exemplo 7-3), veremos que a presença de uma pequena concentração do íon comum diminui a solubilidade molar do $Ba(IO_3)_2$ por um fator de cerca de cinco vezes.

A solubilidade de um precipitado iônico diminui quando um composto solúvel contendo um dos íons é adicionado à solução (veja a **Figura 7-6**). Este comportamento é chamado **efeito do íon comum**. Veja a prancha colorida 5.

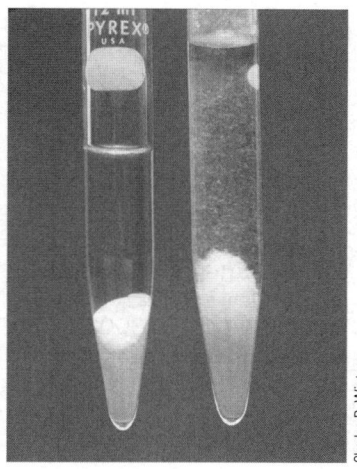

FIGURA 7-6

O efeito do íon comum. O tubo de ensaio à esquerda contém uma solução saturada de acetato de prata, AgOAc. O seguinte equilíbrio é estabelecido no tubo de ensaio:

$$AgOAc(s) \rightleftharpoons Ag^+(aq) + OAc^-(aq)$$

Quando o $AgNO_3$ é adicionado ao tubo de ensaio, o equilíbrio se desloca para a esquerda para formar mais AgOAc, como mostrado no tubo de ensaio à direita.

---

[1] Um erro de 10% representa um valor arbitrário, mas, uma vez que não estamos considerando os coeficientes de atividade em nossos cálculos, o que frequentemente gera erros de pelo menos 10%, nossa escolha é razoável. Muitos livros sobre química geral e química analítica sugerem que um erro de 5% seja apropriado, mas essas decisões devem ser baseadas nos objetivos dos cálculos. Se você necessita de uma resposta exata, o método das aproximações sucessivas apresentado no Destaque 7-4 pode ser empregado. Uma solução usando planilha eletrônica pode ser adequada para casos complexos.

> A incerteza em [IO_3^-] é de 0,1 parte em 6,0 ou 1 parte em 60. Dessa forma, 0,0200 (1/60) = 0,0003 e podemos arredondar para 0,0200 mol L^{-1}.

> Um excesso de 0,02 mol L^{-1} de Ba^{2+} diminui a solubilidade do $Ba(IO_3)_2$ por um fator de cerca de cinco vezes; esse mesmo excesso de IO_3^- diminui a solubilidade por um fator de cerca de 200 vezes.

EXEMPLO 7-5

Calcule a solubilidade do $Ba(IO_3)_2$ em uma solução preparada pela mistura de 200 mL de $Ba(NO_3)_2$ 0,0100 mol L^{-1} com 100 mL de $NaIO_3$ 0,100 mol L^{-1}.

Resolução

Primeiramente, deve ser determinado qual reagente estará presente em excesso no equilíbrio. As quantidades tomadas são

quant. de mat. em mmol de Ba^{2+} = 200 mL × 0,0100 mmol mL^{-1} = 2,00

quant. de mat. em mmol IO_3^- = 100 mL × 0,0100 mmol mL^{-1} = 10,00

Se a formação do $Ba(IO_3)_2$ for completa,

quantidade de matéria do excesso de $NaIO_3$ = 10,0 − 2 × 2,00 = 6,0

Assim,

$$[IO_3^-] = \frac{6,0 \text{ mmol}}{200 \text{ mL} + 100 \text{ mL}} = \frac{6,0 \text{ mmol}}{300 \text{ mL}} = 0,0200 \text{ mmol mL}^{-1}$$

Como no Exemplo 7-3,

solubilidade molar do $Ba(IO_3)_2$ = [Ba^{2+}]

Neste caso, entretanto,

$$[IO_3^-] = 0,0200 + 2[Ba^{2+}]$$

onde 2[Ba^{2+}] representa a contribuição do iodato do sal pouco solúvel $Ba(IO_3)_2$. Podemos obter uma resposta aproximada após considerarmos que [IO_3^-] ≈ 0,0200. Assim,

$$\text{solubilidade do } Ba(IO_3)_2 = [Ba^{2+}] = \frac{K_{ps}}{[IO_3^-]^2} = \frac{1,57 \times 10^{-9}}{(0,0200)^2} = 3,93 \times 10^{-6} \text{ mol L}^{-1}$$

Uma vez que a resposta aproximada é cerca de quatro ordens de grandeza menor que 0,0200 mol L^{-1}, nossa estimativa é justificada.

Observe que os resultados dos dois últimos exemplos demonstram que um excesso de íons iodato é mais eficiente na diminuição da solubilidade do $Ba(IO_3)_2$ do que o mesmo excesso de íons bário.

7B-6 Aplicação das Constantes de Dissociação Ácido/Base

Quando um ácido fraco ou uma base fraca se dissolve em água, ocorre uma dissociação parcial. Portanto, para o ácido nitroso, podemos escrever

$$HNO_2 + H_2O \rightleftharpoons H_3O^+ + NO_2^- \qquad K_a = \frac{[H_3O^+][NO_2^-]}{[HNO_2]}$$

onde K_a é a **constante de dissociação do ácido** para o ácido nitroso. De maneira análoga, a **constante de dissociação da base** para a amônia é

$$NH_3 + H_2O \rightleftharpoons NH_4^+ + OH^- \qquad K_b = \frac{[NH_4^+][OH^-]}{[NH_3]}$$

Observe que [H$_2$O] não aparece no denominador nas duas equações porque a concentração da água é tão grande em relação à concentração do ácido fraco ou da base fraca, que a dissociação não altera [H$_2$O] de maneira significativa (veja o Destaque 7-2). Assim como na obtenção da expressão do produto iônico da água, [H$_2$O] é incorporada às constantes de equilíbrio K_a e K_b. Constantes de dissociação para ácidos fracos podem ser encontradas no Apêndice 3.

Constantes de Dissociação para Pares Ácido-Base Conjugados

Considere a expressão da constante de dissociação da base para a amônia e a expressão da constante de dissociação para o seu ácido conjugado, o íon amônio:

$$NH_3 + H_2O \rightleftharpoons NH_4^+ + OH^- \qquad K_b = \frac{[NH_4^+][OH^-]}{[NH_3]}$$

$$NH_4^+ + H_2O \rightleftharpoons NH_3 + H_3O^+ \qquad K_a = \frac{[NH_3][H_3O^+]}{[NH_4^+]}$$

Multiplicando-se uma expressão da constante de equilíbrio pela outra, temos

$$K_a K_b = \frac{[\cancel{NH_3}][H_3O^+]}{[\cancel{NH_4^+}]} \times \frac{[\cancel{NH_4^+}][OH^-]}{[\cancel{NH_3}]} = [H_3O^+][OH^-]$$

mas

$$K_w = [H_3O^+][OH^-]$$

e, portanto,

$$K_w = K_a K_b \qquad (7\text{-}14)$$

Essa relação é geral para todos os pares ácido-base conjugados. Inúmeras compilações de dados de constantes de equilíbrio listam apenas as constantes de dissociação ácidas, porque é muito fácil calcular as constantes de dissociação das bases empregando a Equação 7-14. Por exemplo, no Apêndice 3, não encontramos dados para a constante de dissociação da amônia (nem de qualquer outra base). Em vez disso, encontramos constantes de dissociação para o seu ácido conjugado, o íon amônio. Isto é,

$$NH_4^+ + H_2O \rightleftharpoons H_3O^+ + NH_3 \qquad K_a = \frac{[H_3O^+][NH_3]}{[NH_4^+]} = 5{,}70 \times 10^{-10}$$

e assim podemos escrever

$$NH_3 + H_2O \rightleftharpoons NH_4^+ + OH^-$$

$$K_b = \frac{[NH_4^+][OH^-]}{[NH_3]} = \frac{K_w}{K_a} = \frac{1{,}00 \times 10^{-14}}{5{,}70 \times 10^{-10}} = 1{,}75 \times 10^{-5}$$

❮❮ Para encontrar uma constante de dissociação para uma base a 25°C em água, tomamos a constante de dissociação para seu ácido conjugado e dividimos $1{,}00 = 10^{-14}$ pelo valor de K_a.

DESTAQUE 7-3

Forças Relativas de Pares Ácido-Base Conjugados

A Equação 7-14 confirma a observação contida na Figura 7-2 de que, à medida que o ácido de um par ácido-base conjugado se torna mais fraco, sua base conjugada se torna mais forte e vice-versa. Portanto, a base conjugada de um ácido com uma constante de dissociação de 10^{-2} terá uma constante de dissociação de 10^{-12}, e um ácido com uma constante de dissociação de 10^{-9} terá uma base conjugada com uma constante de dissociação de 10^{-5}.

EXEMPLO 7-6

Qual é o valor de K_b para o equilíbrio

$$CN^- + H_2O \rightleftharpoons HCN + OH^-$$

Resolução

O Apêndice 3 lista um valor de K_a de $6,2 \times 10^{-10}$ para o HCN. Portanto,

$$K_b = \frac{K_w}{K_a} = \frac{[HCN][OH^-]}{[CN^-]}$$

$$K_b = \frac{1,00 \times 10^{-14}}{6,2 \times 10^{-10}} = 1,61 \times 10^{-5}$$

Concentração do Íon Hidrônio em Soluções de Ácidos Fracos

Quando o ácido fraco HA é dissolvido em água, dois equilíbrios produzem íons hidrônio:

$$HA + H_2O \rightleftharpoons H_3O^+ + A^- \quad K_a = \frac{[H_3O^+][A^-]}{[HA]}$$

$$2H_2O \rightleftharpoons H_3O^+ + OH^- \quad K_w = [H_3O^+][OH^-]$$

Normalmente, os íons hidrônio gerados a partir da primeira reação suprimem a dissociação da água em tal extensão que a contribuição do segundo equilíbrio para a geração de íons hidrônio é desprezível. Sob essas condições, um íon H_3O^+ é formado para cada íon A^-, e assim escrevemos

$$[A^-] \approx [H_3O^+] \tag{7-15}$$

Além disso, a soma das concentrações molares do ácido fraco e de sua base conjugada precisa ser igual à concentração analítica do ácido c_{HA} uma vez que a solução não tem outra fonte de íons A^-. Portanto,

>> No Capítulo 9, aprenderemos que a Equação 7-16 é chamada de uma **equação de balanço de massas**.

$$c_{HA}[A^-] + [HA] \tag{7-16}$$

A substituição de $[H_3O^+]$ por $[A^-]$ (veja a Equação 7-15) na Equação 7-16 fornece

$$c_{HA}[H_3O^+] + [HA]$$

que pode ser rearranjada para

$$[HA] = c_{HA} - [H_3O^+] \tag{7-17}$$

Quando [A⁻] e [HA] são substituídos por seus termos equivalentes a partir das Equações 7-15 e 7-17, a expressão da constante de equilíbrio torna-se

$$K_a = \frac{[H_3O^+]^2}{c_{HA} - [H_3O^+]} \tag{7-18}$$

a qual pode ser rearranjada para

$$[H_3O^+]^2 + K_a[H_3O^+] - K_a c_{HA} = 0 \tag{7-19}$$

A solução positiva para esta equação quadrática é

$$[H_3O^+] = \frac{-K_a + \sqrt{K_a^2 - 4(-K_a c_{HA})}}{2} = \frac{-K_a + \sqrt{K_a^2 + 4 K_a c_{HA}}}{2} \tag{7-20}$$

Como uma alternativa ao uso da Equação 7-20, a Equação 7-19 pode ser resolvida pelo método das aproximações sucessivas, como mostrado no Destaque 7-4.

A Equação 7-17 pode ser frequentemente simplificada, considerando-se que a dissociação não diminui de modo significativo a concentração de HA. Portanto, se $[H_3O^+] \ll c_{HA}$, $c_{HA} - [H_3O^+] \approx c_{HA}$, a Equação 7-18 fica reduzida a

$$K_a = \frac{[H_3O^+]^2}{c_{HA}} \tag{7-21}$$

e

$$[H_3O^+] = \sqrt{K_a c_{HA}} \tag{7-22}$$

A **Tabela 7-4** mostra que o erro introduzido pela consideração de que $[H_3O^+] \ll c_{HA}$ aumenta à medida que a concentração molar do ácido se torna menor e sua constante de dissociação se torna maior. Observe que o erro introduzido em decorrência dessa consideração é de cerca de 0,5% quando a razão c_{HA}/K_a é 10^4. O erro aumenta para um valor próximo de 1,6% quando a razão é igual a 10^3, para 5% quando ela é 10^2 e para cerca de 17% quando a razão é 10. A **Figura 7-7** ilustra o efeito em forma de gráfico. Observe também que a concentração do íon hidrônio calculada a partir da aproximação se torna igual ou maior que a concentração molar do ácido quando a razão é menor ou igual a 1, o que não é significativo.

TABELA 7-4
Erro Introduzido pela Aproximação que Considera que a Concentração de H_3O^+ é Pequena quando Comparada com c_{HA} na Equação 7-16

K_a	c_{HA}	$[H_3O^+]$ Empregando a Aproximação	c_{HA}/K_a	$[H_3O^+]$ Usando a Equação Mais Exata	Erro Percentual
$1,00 \times 10^{-2}$	$1,00 \times 10^{-3}$	$3,16 \times 10^{-3}$	10^{-1}	$0,92 \times 10^{-3}$	244
	$1,00 \times 10^{-2}$	$1,00 \times 10^{-2}$	10^0	$0,62 \times 10^{-2}$	61
	$1,00 \times 10^{-1}$	$3,16 \times 10^{-2}$	10^1	$2,70 \times 10^{-2}$	17
$1,00 \times 10^{-4}$	$1,00 \times 10^{-4}$	$1,00 \times 10^{-4}$	10^0	$0,62 \times 10^{-4}$	61
	$1,00 \times 10^{-3}$	$3,16 \times 10^{-4}$	10^1	$2,70 \times 10^{-4}$	17
	$1,00 \times 10^{-2}$	$1,00 \times 10^{-3}$	10^2	$0,95 \times 10^{-3}$	5,3
	$1,00 \times 10^{-1}$	$3,16 \times 10^{-3}$	10^3	$3,11 \times 10^{-3}$	1,6
$1,00 \times 10^{-6}$	$1,00 \times 10^{-5}$	$3,16 \times 10^{-6}$	10^1	$2,70 \times 10^{-6}$	17
	$1,00 \times 10^{-4}$	$1,00 \times 10^{-5}$	10^2	$0,95 \times 10^{-5}$	5,3
	$1,00 \times 10^{-3}$	$3,16 \times 10^{-5}$	10^3	$3,11 \times 10^{-5}$	1,6
	$1,00 \times 10^{-2}$	$1,00 \times 10^{-5}$	10^4	$9,95 \times 10^{-5}$	0,5
	$1,00 \times 10^{-1}$	$3,16 \times 10^{-4}$	10^5	$3,16 \times 10^{-4}$	0,0

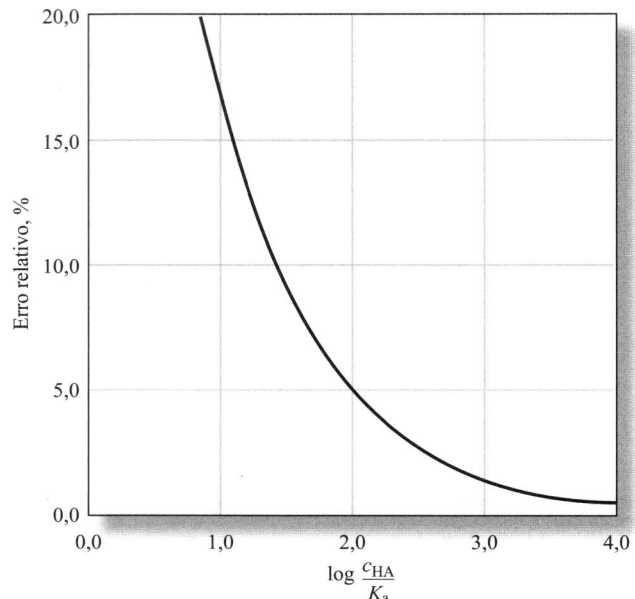

FIGURA 7-7
Erro relativo resultante da aproximação que considera $[H_3O^+] \ll c_{HA}$ na Equação 7-18.

Em geral, é uma boa prática fazer as aproximações e calcular um valor estimado de $[H_3O^+]$ que possa ser comparado com c_{HA} a partir da Equação 7-17. Se o valor estimado altera [HA] por uma quantidade menor que o erro permitido para o cálculo, consideramos a solução satisfatória. Caso contrário, a equação quadrática precisa ser resolvida para se encontrar um valor mais apropriado para $[H_3O^+]$. Alternativamente, o método das aproximações sucessivas (veja o Destaque 7-4) pode ser utilizado.

EXEMPLO 7-7

Calcule a concentração de íon hidrônio presente em uma solução de ácido nitroso 0,120 mol L^{-1}.

Resolução

O equilíbrio principal é

$$HNO_2 + H_2O \rightleftharpoons H_3O^+ + NO_2^-$$

para o qual (veja o Apêndice 3)

$$K_a = 7{,}1 \times 10^{-4} = \frac{[H_3O^+][NO_2^-]}{[HNO_2]}$$

A substituição nas Equações 7-15 e 7-17 fornece

$$[NO_2^-] = [H_3O^+]$$
$$[HNO_2] = 0{,}120 - [H_3O^+]$$

Quando essas relações são introduzidas na expressão para K_a, obtemos

$$K_a = \frac{[H_3O^+]^2}{0{,}120 - [H_3O^+]} = 7{,}1 \times 10^{-4}$$

(continua)

Se agora considerarmos que $[H_3O^+] \ll 0{,}120$, encontramos

$$\frac{[H_3O^+]^2}{0{,}120} = 7{,}1 \times 10^{-4}$$

$$[H_3O^+] = \sqrt{0{,}120 \times 7{,}1 \times 10^{-4}} = 9{,}2 \times 10^{-3} \text{ mol L}^{-1}$$

Agora examinamos a aproximação $0{,}120 - 0{,}0092 \approx 0{,}120$ e vemos que o erro é de cerca de 8%. O erro relativo em termos da $[H_3O^+]$ é realmente menor que esse valor; contudo, como podemos ver calculando $(c_{HA}/K_a) = 2{,}2$, que, a partir da Figura 7-7, sugere um erro de cerca de 4%. Se um valor mais exato for necessário, a equação quadrática fornece uma resposta de $8{,}9 \times 10^{-3}$ mol L^{-1} para a concentração do íon hidrônio.

EXEMPLO 7-8

Calcule a concentração do íon hidrônio em uma solução de cloreto de anilina, $C_6H_5NH_3Cl$, $2{,}0 \times 10^{-4}$ mol L^{-1}.

Resolução

Em solução aquosa, a dissociação do sal para formar Cl^- e $C_6H_5NH_3^+$ é completa. O ácido fraco $C_6H_5NH_3^+$ se dissocia de acordo com o seguinte:

$$C_6H_5NH_3^+ + H_2O \rightleftharpoons C_6H_5NH_2 + H_3O^+ \quad K_a = \frac{[H_3O^+][C_6H_5NH_2]}{[C_6H_5NH_3^+]}$$

Se procurarmos no Apêndice 3, descobriremos que o K_a para o $C_6H_5NH_3^+$ é $2{,}51 \times 10^{-5}$. Prosseguindo como no Exemplo 7-7, temos

$$[H_3O^+] = [C_6H_5NH_2]$$
$$[C_6H_5NH_3^+] = 2{,}0 \times 10^{-4} - [H_3O^+]$$

Considerando que $[H_3O^+] \ll 2{,}0 \times 10^{-4}$ e substituindo o valor estimado para $[C_6H_5NH_3^+]$ na expressão para a constante de dissociação, obtemos (veja a Equação 7-21)

$$\frac{[H_3O^+]^2}{2{,}0 \times 10^{-4}} = 2{,}51 \times 10^{-5}$$

$$[H_3O^+] = \sqrt{5{,}02 \times 10^{-9}} = 7{,}09 \times 10^{-5} \text{ mol L}^{-1}$$

Se compararmos $7{,}09 \times 10^{-5}$ com $2{,}0 \times 10^{-4}$, veremos que um erro significativo pode ser introduzido pela aproximação que considera $[H_3O^+] \ll c_{C_6H_5NH_3^+}$. (A Figura 7-7 indica que esse erro é de cerca de 20%.) Portanto, a menos que seja necessário apenas um valor bastante aproximado para $[H_3O^+]$, é preciso utilizar uma expressão mais exata (Equação 7-19)

$$\frac{[H_3O^+]^2}{2{,}0 \times 10^{-4} - [H_3O^+]} = 2{,}51 \times 10^{-5}$$

que se rearranja para

$$[H_3O^+]^2 + 2{,}51 \times 10^{-5}[H_3O^+] - 5{,}02 \times 10^{-9} = 0$$

$$[H_3O^+] = \frac{-2{,}51 \times 10^{-5} + \sqrt{(2{,}51 \times 10^{-5})^2 + 4 \times 5{,}02 \times 10^{-9}}}{2}$$

$$= 5{,}94 \times 10^{-5} \text{ M}$$

A equação quadrática também pode ser resolvida pelo método iterativo mostrado no Destaque 7-4.

> **DESTAQUE 7-4**
>
> **O Método das Aproximações Sucessivas**
>
> Por conveniência, vamos escrever a equação quadrática do Exemplo 7-8 na forma
>
> $$x^2 + 2{,}51 \times 10^{-5}x - 5{,}02 \times 10^{-9} = 0$$
>
> onde $x = [H_3O^+]$.
>
> Como um primeiro passo, rearranje a equação para a forma
>
> $$x = \sqrt{5{,}02 \times 10^{-9} - 2{,}51 \times 10^{-5}x}$$
>
> Então consideramos que x localizado ao lado direito da equação seja zero e calculamos uma solução provisória, x_1.
>
> $$x_1 = \sqrt{5{,}02 \times 10^{-9} - 2{,}51 \times 10^{-5} \times 0} = 7{,}09 \times 10^{-5}$$
>
> Nesse caso, substituímos esse valor na equação original e calculamos um segundo valor, x_2. Isto é,
>
> $$x_2 = \sqrt{5{,}02 \times 10^{-9} - 2{,}51 \times 10^{-5} \times 7{,}09 \times 10^{-5}} = 5{,}69 \times 10^{-5}$$
>
> A repetição desse cálculo fornece
>
> $$x_3 = \sqrt{5{,}02 \times 10^{-9} - 2{,}51 \times 10^{-5} \times 5{,}69 \times 10^{-5}} = 5{,}99 \times 10^{-5}$$
>
> Continuando da mesma maneira, encontramos
>
> $$x_4 = 5{,}93 \times 10^{-5}$$
> $$x_5 = 5{,}94 \times 10^{-5}$$
> $$x_6 = 5{,}94 \times 10^{-5}$$
>
> Observe que após três iterações, x_3 é $5{,}99 \times 10^{-5}$, que difere de cerca de 0,8% do valor final $5{,}94 \times 10^{-5}$ mol L^{-1}.
>
> O método das aproximações sucessivas é particularmente útil quando equações cúbicas ou com potências superiores precisam ser resolvidas.
>
> Como mostrado no Capítulo 5 do *Applications of Microsoft® Excel® in Analytical Chemistry*, 4. ed., as soluções iterativas podem ser prontamente obtidas com o uso de uma planilha de cálculo.

Concentração do Íon Hidróxido em Soluções de Bases Fracas

Podemos adaptar as técnicas discutidas nas seções anteriores para calcular a concentração do íon hidróxido, ou do íon hidrônio, em soluções de bases fracas.

A amônia aquosa é alcalina como um resultado da seguinte reação:

$$NH_3 + H_2O \rightleftharpoons NH_4^+ + OH^-$$

A espécie predominante nesse equilíbrio é certamente NH_3. Apesar disso, as soluções de amônia ainda são chamadas, ocasionalmente, hidróxido de amônio, porque há algum tempo os químicos acreditavam que o NH_4OH era a espécie não dissociada que formava a base, em vez de NH_3. Escrevemos a constante de equilíbrio para a reação como

$$K_a = \frac{[NH_4^+][OH^-]}{[NH_3]}$$

EXEMPLO 7-9

Calcule a concentração de íons hidróxido presentes em uma solução de NH_3 0,0750 mol L^{-1}.

Resolução

O equilíbrio predominante é

$$NH_3 + H_2O \rightleftharpoons NH_4^+ + OH^-$$

Como mostrado na página 174,

$$K_b = \frac{[NH_4^+][OH^-]}{[NH_3]} = \frac{1,00 \times 10^{-14}}{5,70 \times 10^{-10}} = 1,75 \times 10^{-5}$$

A equação química revela que

$$[NH_4^+] = [OH^-]$$

Ambos, NH_4^+ e NH_3, são provenientes da solução de concentração 0,0750 mol L^{-1}. Portanto,

$$[NH_4^+] + [NH_3] = c_{NH_3} = 0,0750 \text{ mol } L^{-1}$$

Se substituirmos $[OH^-]$ por $[NH_4^+]$ na segunda equação e a rearranjarmos, teremos

$$[NH_3] = 0,0750 - [OH^-]$$

Substituindo essas quantidades na expressão da constante de dissociação, temos

$$\frac{[OH^-]^2}{7,50 \times 10^{-2} - [OH^-]} = 1,75 \times 10^{-5}$$

a qual é análoga à Equação 7-18 para ácidos fracos. Se supusermos que $[OH^-] \ll 7,50 \times 10^{-2}$, essa equação pode ser simplificada para

$$[OH^-]^2 \approx 7,50 \times 10^{-2} \times 1,75 \times 10^{-5}$$

$$[OH^-] = 1,15 \times 10^{-3} \text{ mol } L^{-1}$$

Comparando o valor calculado para $[OH^-]$ com $7,50 \times 10^{-2}$, vemos que o erro no valor de $[OH^-]$ é menor que 2%. Se necessário, um valor mais exato para $[OH^-]$ pode ser obtido por meio da resolução da equação quadrática.

EXEMPLO 7-10

Calcule a concentração de íons hidróxido presentes em uma solução de hipoclorito de sódio 0,0100 mol L^{-1}.

Resolução

O equilíbrio entre OCl^- e a água é

$$OCl^- + H_2O \rightleftharpoons HOCl + OH^-$$

para a qual

$$K_b = \frac{[HOCl][OH^-]}{[OCl^-]}$$

(continua)

A constante de dissociação ácida para o HOCl, Apêndice 3, é $3,0 \times 10^{-8}$. Portanto, rearranjamos a Equação 7-14 e escrevemos

$$K_b = \frac{K_w}{K_a} = \frac{1,00 \times 10^{-14}}{3,0 \times 10^{-8}} = 3,33 \times 10^{-7}$$

Procedendo como no Exemplo 7-9, temos

$$[OH^-] = [HOCl]$$

$$[OCl^-] + [HOCl] = 0,0100$$

$$[OCl^-] = 0,0100 - [OH^-] \approx 0,0100$$

Nesse caso, consideramos que $[OH^-] \ll 0,0100$. Substituímos esse valor na expressão da constante de equilíbrio e calculamos

$$\frac{[OH^-]^2}{0,0100} = 3,33 \times 10^{-7}$$

$$[OH^-] = 5,8 \times 10^{-5} \text{ mol L}^{-1}$$

Verifique você mesmo que o erro resultante da aproximação é pequeno.

Exercícios no Excel Nos três primeiros exercícios no Capítulo 5 do *Applications of Microsoft® Excel® in Analytical Chemistry*, 4. ed., exploramos as soluções para os tipos de equações encontradas nos equilíbrios químicos. Um solucionador de equação quadrática de propósito comum é desenvolvido e usado para problemas de equilíbrio. Então, o Excel é usado para encontrar soluções repetidas por aproximações sucessivas. O solucionador do Excel é empregado em seguida para resolver equações quadráticas, cúbicas e quárticas do tipo encontrado nos cálculos de equilíbrio.

7C Soluções-tampão

>> Tampões são usados em todos os tipos de aplicações químicas sempre que for importante manter o pH de uma solução em um nível constante e predeterminado.

Uma **solução-tampão** resiste a variações no pH quando ela é diluída ou quando ácidos ou bases são adicionados a ela. Geralmente, as soluções-tampão são preparadas a partir de um par ácido-base conjugado, como ácido acético/acetato de sódio ou cloreto de amônio/amônia. Cientistas e tecnologistas em muitas áreas da ciência e em muitas indústrias empregam as soluções-tampão para manter o pH de soluções sob níveis predeterminados relativamente constantes. Você encontrará muitas referências aos tampões por todo este livro.

7C-1 Cálculos do pH de Soluções-tampão

Uma solução contendo um ácido fraco, HA, e sua base conjugada, A⁻, pode ser ácida, neutra ou básica, dependendo da posição dos dois equilíbrios envolvidos:

$$HA + H_2O \rightleftharpoons H_3O^+ + A^- \qquad K_a = \frac{[H_3O^+][A^-]}{[HA]} \tag{7-23}$$

$$A^- + H_2O \rightleftharpoons OH^- + HA \quad K_b = \frac{[OH^-][HA]}{[A^-]} = \frac{K_w}{K_a} \quad (7\text{-}24)$$

Se o primeiro equilíbrio estiver mais deslocado para a direita que o segundo, a solução é ácida. Se o segundo equilíbrio for mais favorecido, a solução é alcalina. Essas duas expressões das constantes de equilíbrio mostram que as concentrações relativas dos íons hidrônio e hidróxido dependem não apenas das grandezas de K_a e K_b, como também da razão entre a concentração do ácido e de sua base conjugada.

Para encontrar o pH de uma solução contendo tanto um ácido, HA, quanto sua base conjugada, NaA, precisamos expressar as concentrações de equilíbrio de HA e NaA em termos de suas concentrações analíticas, c_{HA} e c_{NaA}. Se olharmos mais de perto nos dois equilíbrios, descobriremos que a primeira reação decresce a concentração de HA por uma quantidade igual a $[H_3O^+]$, enquanto a segunda aumenta a concentração de HA por uma quantidade igual a $[OH^-]$. Assim, a concentração da espécie HA está relacionada à sua concentração analítica pela equação

$$[HA] = c_{HA} - [H_3O^+] + [OH^-] \quad (7\text{-}25)$$

De maneira similar, o primeiro equilíbrio vai aumentar a concentração de A^- por uma quantidade igual a $[H_3O^+]$ e o segundo vai diminuir sua concentração pela quantidade $[OH^-]$. Assim, a concentração no equilíbrio é dada por uma segunda equação similar à Equação 7-25.

$$[A^-] = c_{NaA} = [H_3O^+] - [OH^-] \quad (7\text{-}26)$$

Por causa da relação inversa entre $[H_3O^+]$ e $[OH^-]$, *sempre* é possível eliminar um ou outro das Equações 7-25 e 7-26. Adicionalmente, a *diferença* de concentração entre $[H_3O^+]$ e $[OH^-]$ é geralmente tão pequena em relação às concentrações molares do ácido e da base conjugada que as Equações 7-25 e 7-26 podem ser simplificadas para

$$[HA] \approx c_{HA} \quad (7\text{-}27)$$

$$[A^-] \approx c_{NaA} \quad (7\text{-}28)$$

Se, então, substituirmos as Equações 7-27 e 7-28 na expressão da constante de dissociação e rearranjarmos o resultado, teremos

$$[H_3O^+] = K_a \frac{c_{HA}}{c_{NaA}} \quad (7\text{-}29)$$

>> A aspirina tamponada contém um tampão para prevenir a irritação estomacal devido à acidez do grupo ácido carboxílico nela presente.

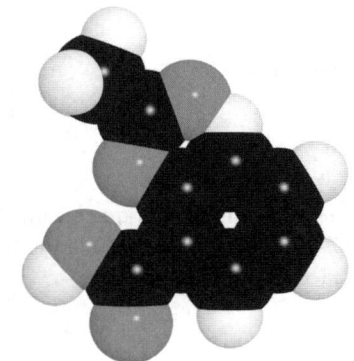

Modelo molecular e estrutura da aspirina. Acredita-se que a ação analgésica ocorra porque a aspirina interfere na síntese de prostaglandinas, que são hormônios envolvidos na transmissão dos sinais da dor.

Algumas vezes a suposição que leva às Equações 7-27 e 7-28 não funciona para ácidos ou bases que têm constantes de dissociação maiores que 10^{-3} ou quando a concentração molar tanto do ácido quanto da sua base conjugada (ou de ambas) é muito pequena. Sob essas circunstâncias, tanto $[OH^-]$ quanto $[H_3O^+]$ precisam ser mantidos nas Equações 7-25 e 7-26, dependendo de a solução ser ácida ou básica. Em qualquer desses casos, as Equações 7-27 e 7-28 sempre devem ser utilizadas inicialmente. Valores provisórios para $[H_3O^+]$ e $[OH^-]$ podem então ser empregados para testar as hipóteses.

Dentro dos limites impostos pelas hipóteses feitas em derivação, a Equação 7-29 diz que a concentração de íons hidrônio em uma solução contendo um ácido fraco e sua base conjugada depende *apenas da razão* entre as concentrações molares dos dois solutos. Além disso, essa razão é *independente da diluição*, uma vez que a concentração de cada componente varia proporcionalmente quando o volume se altera.

DESTAQUE 7-5

A Equação de Henderson-Hasselbalch

A equação de Henderson-Hasselbalch, que é empregada para calcular o pH de soluções-tampão, é frequentemente encontrada na literatura biológica e em textos de bioquímica. Ela é obtida representando-se cada termo presente na Equação 7-29 na forma de seu logaritmo negativo e invertendo a razão das concentrações para manter todos os sinais positivos:

$$-\log[H_3O^+] = -\log K_a + \log \frac{c_{NaA}}{c_{HA}}$$

Portanto,

$$pH = pK_a + \log \frac{c_{NaA}}{c_{HA}} \tag{9-30}$$

Se as considerações que levam à Equação 7-28 não forem válidas, os valores de [HA] e [A⁻] serão dados pelas Equações 7-24 e 7-25, respectivamente. Se tomarmos os logaritmos negativos dessas expressões, derivamos equações estendidas de Henderson-Hasselbalch.

EXEMPLO 7-11

Qual o pH de uma solução que é 0,400 mol L⁻¹ em ácido fórmico e 1,00 mol L⁻¹ em formiato de sódio?

Resolução

O pH dessa solução é afetado pelo K_w do ácido fórmico e pelo K_b do íon formiato.

$$HCOOH + H_2O \rightleftharpoons H_3O^+ + HCOO^- \quad K_a = 1,80 \times 10^{-4}$$

$$HCOO^- + H_2O \rightleftharpoons HCOOH + OH^- \quad K_b = \frac{K_w}{K_a} = 5,56 \times 10^{-11}$$

Uma vez que K_a para o ácido fórmico é várias ordens de grandeza maior que K_b para o formiato, a solução é ácida e K_a vai determinar a concentração de H_3O^+. Assim, podemos escrever

$$K_a = \frac{[H_3O^+][HCOO^-]}{[HCOOH]} = 1,80 \times 10^{-4}$$

$$[HCOO^-] \approx c_{HCOO^-} = 1,00 \text{ mol L}^{-1}$$

$$[HCOOH] \approx c_{HCOOH} = 0,400 \text{ mol L}^{-1}$$

Substituindo essas expressões na Equação 7-29 e rearranjando, temos

$$[H_3O^+] = 1,80 \times 10^{-4} \times \frac{0,400}{1,00} = 7,20 \times 10^{-5} \text{ mol L}^{-1}$$

Observe que nossas suposições de que $[H_3O^+] \ll c_{HCOOH}$ e que $[H_3O^+] \ll c_{HCOO^-}$ são válidas. Consequentemente,

$$pH = -\log(7,20 \times 10^{-5}) = 4,14$$

Como mostrado no Exemplo 7-12, as Equações 7-25 e 7-26 também se aplicam a sistemas tampão que consistem em uma base fraca e seu ácido conjugado. Além disso, na maioria dos casos é possível simplificar essas equações para que a Equação 7-29 possa ser utilizada.

> **EXEMPLO 7-12**
>
> Calcule o pH de uma solução 0,200 mol L^{-1} em NH$_3$ e 0,300 mol L^{-1} em NH$_4$Cl.
>
> *Resolução*
>
> Do Apêndice 3, obtemos que a constante de dissociação ácida K_a para NH$_4^+$ é 5,70 × 10^{-10}.
>
> Os equilíbrios que precisamos considerar são
>
> $$NH_4^+ + H_2O \rightleftharpoons NH_3 + H_3O^+ \quad K_a = 5{,}70 \times 10^{-10}$$
>
> $$NH_3 + H_2O \rightleftharpoons NH_4^+ + OH^- \quad K_b = \frac{K_w}{K_a} = \frac{1{,}00 \times 10^{-14}}{5{,}70 \times 10^{-10}} = 1{,}75 \times 10^{-5}$$
>
> Utilizando as considerações que levaram às Equações 7-25 e 7-26, obtemos
>
> $$[NH_4^+] = c_{NH_4Cl} + [OH^-] - [H_3O^+] \approx c_{NH_4Cl} + [OH^-]$$
>
> $$[NH_3] = c_{NH_3} + [H_3O^+] - [OH^-] \approx c_{NH_3} - [OH^-]$$
>
> Como K_b é várias ordens de grandeza maior que K_a, podemos considerar que a solução seja alcalina e que [OH$^-$] seja muito maior que [H$_3$O$^+$]. Portanto, desprezamos a concentração de H$_3$O$^+$ nessas aproximações.
>
> Também supomos que [OH$^-$] seja muito menor que c_{NH_4Cl} e c_{NH_3} de forma que
>
> $$[NH_4^+] \approx c_{NH_4Cl} = 0{,}300 \text{ mol L}^{-1}$$
>
> $$[NH_3] \approx c_{NH_3} = 0{,}200 \text{ mol L}^{-1}$$
>
> Substituindo NH$_4^+$ na equação da constante de dissociação, obtemos uma relação similar à da Equação 7-29. Isto é,
>
> $$[H_3O^+] = \frac{K_a \times [NH_4^+]}{[NH_3]} = \frac{5{,}70 \times 10^{-10} \times c_{NH_4Cl}}{c_{NH_3}}$$
>
> $$= \frac{5{,}70 \times 10^{-10} \times 0{,}300}{0{,}200} = 8{,}55 \times 10^{-10} \text{ mol L}^{-1}$$
>
> Para verificar a validade das aproximações, calculamos [OH$^-$]. Assim
>
> $$[OH^-] = \frac{1{,}00 \times 10^{-14}}{8{,}55 \times 10^{-10}} = 1{,}17 \times 10^{-5} \text{ mol L}^{-1}$$
>
> que, certamente, é muito menor que c_{NH_4Cl} ou c_{NH_3}. Dessa forma, escrevemos
>
> $$pH = -\log(8{,}55 \times 10^{-10}) = 9{,}07$$

7C-2 Propriedades das Soluções-tampão

Nesta seção, demonstramos a resistência de tampões a variações de pH produzidas pela diluição ou adição de ácidos ou bases fortes.

O Efeito da Diluição

O pH de uma solução-tampão permanece essencialmente independente da diluição até que as concentrações das espécies que ela contém sejam diminuídas a um ponto no qual as aproximações utilizadas para desenvolver as Equações 7-27 e 7-28 se tornem inválidas. A **Figura 7-8** evidencia o contraste dos comportamentos de soluções tamponadas e não tamponadas em função da diluição. Para cada uma delas, a concentração inicial do soluto é 1,00 mol L^{-1}. A resistência da solução--tampão a variações no pH durante a diluição é claramente mostrada.

FIGURA 7-8

O efeito da diluição sobre o pH de soluções tamponadas e não tamponadas. A constante de dissociação para HA é $1,00 \times 10^{-4}$. A concentração inicial dos solutos é $1,00$ mol L^{-1}.

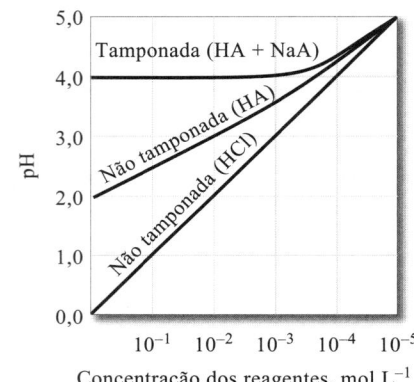

O Efeito da Adição de Ácidos e Bases

O Exemplo 7-13 ilustra uma segunda propriedade das soluções-tampão, sua resistência a variações no pH após a adição de pequenas quantidades de ácidos ou bases fortes.

>> Tampões não mantêm o pH a um valor absolutamente constante, mas as variações no pH são relativamente pequenas quando quantidades reduzidas de ácidos ou bases são adicionadas a eles.

EXEMPLO 7-13

Calcule a variação no pH que ocorre quando uma porção de 100 mL de (a) NaOH 0,0500 mol L^{-1} e (b) HCl 0,0500 mol L^{-1} é adicionada a 400 mL da solução-tampão que foi descrita no Exemplo 7-12.

Resolução

(a) A adição de NaOH converte parte do NH_4^+ do tampão em NH_3:

$$NH_4^+ + OH^- \rightleftharpoons NH_3 + H_2O$$

Então, as molalidades analíticas de NH_3 e NH_4Cl tornam-se

$$c_{NH_3} = \frac{400 \times 0,200 + 100 \times 0,0500}{500} = \frac{85,0}{500} = 0,170 \text{ mol } L^{-1}$$

$$c_{NH_4Cl} = \frac{400 \times 0,300 - 100 \times 0,0500}{500} = \frac{115}{500} = 0,230 \text{ mol } L^{-1}$$

Quando são inseridos na expressão da constante de dissociação do NH_4^+, esses valores geram

$$[H_3O^+] = 5,70 \times 10^{-10} \times \frac{0,230}{0,170} = 7,71 \times 10^{-10} \text{ mol } L^{-1}$$

$$pH = -\log 7,71 \times 10^{-10} = 9,11$$

e a variação no pH é

$$\Delta pH = 9,11 - 9,07 = 0,04$$

(b) A adição de HCl converte parte de NH_3 em NH_4^+. Logo,

$$NH_3 + H_3O^+ \rightleftharpoons NH_4^+ = H_2O$$

$$c_{NH_3} = \frac{400 \times 0,200 - 100 \times 0,0500}{500} = \frac{75}{500} = 0,150 \text{ mol } L^{-1}$$

(continua)

$$c_{NH_4^+} = \frac{400 \times 0,300 + 100 \times 0,0500}{500} = \frac{125}{500} = 0,250 \text{ mol L}^{-1}$$

$$[H_3O^+] = 5,70 \times 10^{-10} \times \frac{0,250}{0,150} = 9,50 \times 10^{-10} \text{ mol L}^{-1}$$

$$pH = -\log 9,50 \times 10^{-10} = 9,02$$

$$\Delta pH = 9,02 - 9,07 = -0,05$$

É interessante comparar o comportamento de uma solução não tamponada com um pH igual a 9,07 com aquele do tampão citado no Exemplo 7-13. Podemos demonstrar que a adição de pequena quantidade de base à solução não tamponada aumentaria o pH para 12,00 – uma variação de pH de 2,93 unidades. A adição de ácido diminuiria o pH por aproximadamente 7 unidades.

A Composição de Soluções-tampão em Função do pH: Coeficientes Alfa

A composição de soluções-tampão pode ser visualizada colocando-se no gráfico as concentrações *relativas* no equilíbrio dos dois componentes de um par ácido-base conjugado como uma função do pH da solução. Essas concentrações relativas são chamadas de **coeficientes alfa**. Por exemplo, se considerarmos c_T a soma das molalidades analíticas de ácido acético e acetato de sódio em uma solução-tampão típica, podemos escrever

$$c_T = c_{HOAc} + c_{NaOAc} \tag{7-31}$$

Então, definimos α_0, a fração da concentração total do ácido que permanece não dissociada, como

$$\alpha_0 = \frac{[HOAc]}{c_T} \tag{7-32}$$

e α_1, a fração dissociada, como

$$\alpha_1 = \frac{[OAc^-]}{c_T} \tag{7-33}$$

Os coeficientes alfa são razões adimensionais, cujas somas devem ser iguais à unidade. Isto é,

$$\alpha_0 + \alpha_1 = 1$$

Os coeficientes alfa dependem *apenas* de $[H_3O^+]$ e K_a e são independentes de c_T. Para derivar as expressões para α_0, rearranjamos a expressão da constante de dissociação para

≪ Coeficientes alfa não dependem de c_T.

$$[OAc^-] = \frac{K_a[HOAc]}{[H_3O^+]} \tag{7-34}$$

A concentração total de ácido acético, c_T, se encontra na forma de HOAc ou OAc⁻. Assim,

$$c_T = [HOAc] + [OAc^-] \tag{7-35}$$

Substituindo a Equação 7-34 na Equação 7-35, temos

$$c_T = [HOAc] + \frac{K_a[HOAc]}{[H_3O^+]} = [HOAc]\left(\frac{[H_3O^+] + K_a}{[H_3O^+]}\right)$$

Quando rearranjamos, essa equação transforma-se em

$$\frac{[\text{HOAc}]}{c_T} = \frac{[\text{H}_3\text{O}^+]}{[\text{H}_3\text{O}^+] + K_a}$$

Mas, de acordo com a Equação 7-32, $[\text{HOAc}]/c_T = \alpha_0$, logo

$$\alpha_0 = \frac{[\text{HOAc}]}{c_T} = \frac{[\text{H}_3\text{O}^+]}{[\text{H}_3\text{O}^+] + K_a} \tag{7-36}$$

Para derivar uma expressão similar para α_1, rearranjamos a expressão da constante de dissociação para

$$[\text{HOAc}] = \frac{[\text{H}_3\text{O}^+][\text{OAc}^-]}{K_a}$$

e substituímos na Equação 7-36

$$c_T = \frac{[\text{H}_3\text{O}^+][\text{OAc}^-]}{K_a} + [\text{OAc}^-] = [\text{OAc}^-]\left(\frac{[\text{H}_3\text{O}^+] + K_a}{K_a}\right)$$

O rearranjo dessa expressão fornece α_1, como definido pela Equação 7-33

$$\alpha_1 = \frac{[\text{OAc}^-]}{c_T} = \frac{K_a}{[\text{H}_3\text{O}^+] + K_a} \tag{7-37}$$

Note que o denominador é o mesmo nas Equações 7-36 e 7-37.

A **Figura 7-9** ilustra como α_0 e α_1 variam em função do pH. Os dados para esses gráficos foram calculados a partir das Equações 7-36 e 7-37.

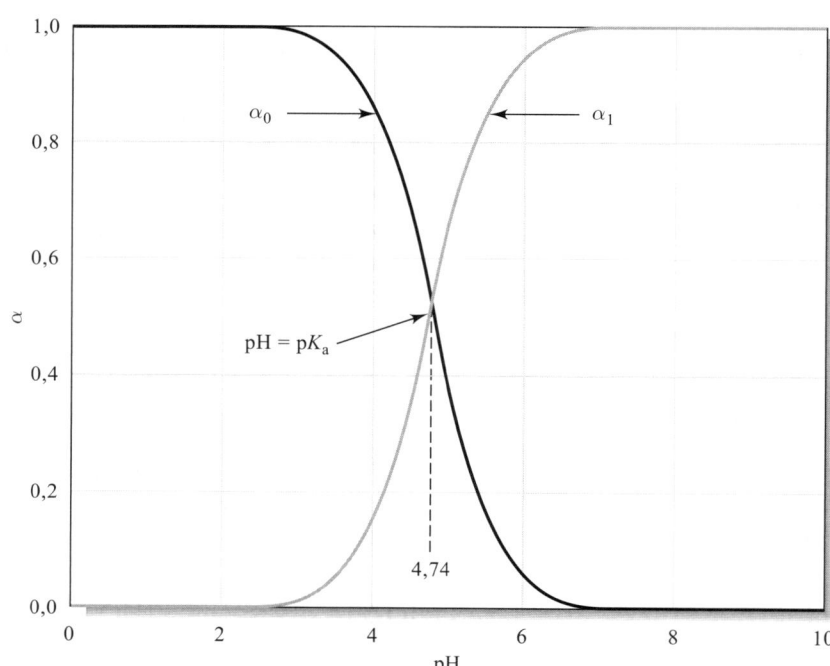

FIGURA 7-9

Variação de α com o pH. Observe que a maior parte da transição entre α_0 e α_1 ocorre entre ±1 unidade de pH do ponto de intersecção das duas curvas. O ponto de intersecção onde $\alpha_0 = \alpha_1 = 0{,}5$ ocorre quando o $pK_{\text{HOAc}} = 4{,}74$.

Podemos ver que as duas curvas se cruzam no ponto onde pH = pK_{HOAc} = 4,74. Nesse ponto, as concentrações do ácido acético e do íon acetato são iguais e ambas as frações da concentração analítica total do ácido são iguais a meio.

Capacidade Tamponante

A Figura 7-8 e o Exemplo 7-13 demonstram que uma solução contendo um par ácido-base conjugado é impressionantemente resistente a variações do pH. Por exemplo, o pH de uma porção contendo 400 mL de um tampão formado pela diluição da solução descrita no Exemplo 7-13 por um fator de dez vezes variaria cerca de 0,4 a 0,5 unidades quando tratada com 100 mL de hidróxido de sódio 0,0500 mol L^{-1} ou ácido clorídrico 0,0500 mol L^{-1}. Mostramos no Exemplo 7-13 que a variação é de apenas 0,04 a 0,05 unidades para o tampão mais concentrado.

A **capacidade tamponante**, β, de uma solução é definida como a quantidade de matéria de um ácido forte, ou de uma base forte, que provoca uma variação de 1,00 unidade no pH em 1,00 L de um tampão. Matematicamente, a capacidade tamponante é dada por

$$\beta = \frac{dc_b}{d\text{pH}} = \frac{dc_a}{d\text{pH}}$$

> A **capacidade tamponante** de um tampão é a quantidade de matéria do ácido forte ou da base forte, que 1 L do tampão puder absorver sem variar o pH em mais de 1 unidade.

onde dc_b é a quantidade de matéria por litro da base forte e dc_a é a quantidade de matéria por litro do ácido forte adicionado ao tampão. Dado que a adição do ácido forte a um tampão provoca uma diminuição no pH, $dc_a/d\text{pH}$ é negativo e a *capacidade tamponante é sempre positiva*.

A capacidade tamponante não depende apenas da concentração total dos dois componentes do tampão, mas também da razão entre suas concentrações. Como a **Figura 7-10** mostra, a capacidade tamponante diminui rapidamente à medida que a razão entre as concentrações do ácido e da base conjugada se torna maior ou menor que 1 (o logaritmo da razão aumenta acima ou diminui abaixo de zero). Por essa razão, o pK_a do ácido escolhido para uma dada aplicação deve estar entre ±1 unidade do pH desejado para que o tampão tenha uma capacidade razoável.

Preparação de Tampões

A princípio, uma solução-tampão de qualquer pH desejado pode ser preparada pela combinação de quantidades calculadas de um par ácido-base conjugado adequado. Na prática, porém, os valores de pH de tampões preparados a partir de receitas calculadas da teoria diferem dos valores previstos por conta das incertezas nos valores numéricos de muitas constantes de dissociação e das simplificações utilizadas nos cálculos. Em virtude dessas incertezas, preparamos tampões gerando uma solução cujo pH seja aproximadamente aquele desejado (veja o Exemplo 7-14) e então o ajustamos pela adição de um ácido forte ou de uma base forte até que o pH requerido seja indicado por um pHmetro. Alternativamente, as receitas para a preparação de soluções-tampão de pH conhecido geradas empiricamente estão disponíveis em manuais de laboratório e publicações de referência.[2]

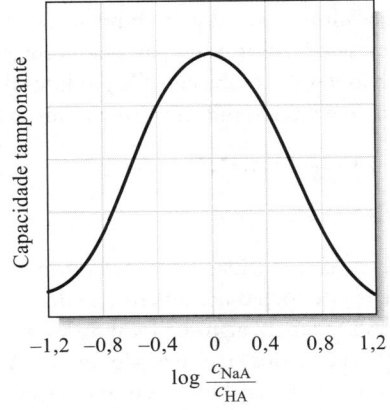

FIGURA 7-10

Capacidade tamponante como uma função do logaritmo da razão c_{NaA}/c_{HA}. A capacidade tamponante máxima ocorre quando as concentrações do ácido e da base conjugada são iguais; isto é, quando $\alpha_0 = \alpha_1 = 0,5$.

---

[2] Veja, por exemplo, J. A. Dean. *Analytical Chemistry Handbook*. Nova York: McGraw-Hill, 1995, pp. 14-29 a 14-34.

EXEMPLO 7-14

Descreva como você poderia preparar aproximadamente 500,0 mL de uma solução-tampão com pH 4,5 a partir de ácido acético (HOAc) e acetato de sódio (NaOAc) 1,0 mol L^{-1}.

Resolução

É razoável considerar que ocorre uma variação desprezível de volume se adicionarmos acetato de sódio sólido à solução de ácido acético. Então, podemos calcular a massa de NaOAc a ser adicionada a 500,0 mL de HOAc 1,0 mol L^{-1}. A concentração de H$_3$O$^+$ deve ser

$$H_3O^+ = 10^{-4,5} = 3,16 \times 10^{-5} \text{ mol L}^{-1}$$

$$K_a = \frac{[H_3O^+][OAc^-]}{[HOAc]} = 1,75 \times 10^{-5}$$

$$\frac{[OAc^-]}{[HOAc]} = \frac{1,75 \times 10^{-5}}{[H_3O^+]} = \frac{1,75 \times 10^{-5}}{3,16 \times 10^{-5}} = 0,5534$$

A concentração de acetato deve ser

$$[OAc^-] = 0,5534 \times 1,0 \text{ mol L}^{-1} = 0,5534 \text{ mol L}^{-1}$$

Então, a massa de NaOAc necessária é

$$\text{massa de NaOAc} = \frac{0,5534 \text{ mol NaOAc}}{L} \times 0,500 \, L \times \frac{82,034 \text{ g NaOAc}}{\text{mol NaOAc}}$$

$$= 22,7 \text{ g NaOAc}$$

Após dissolver essa quantidade de NaOAc na solução de ácido acético, devemos verificar o pH com um pHmetro e, se necessário, ajustá-lo ligeiramente pela adição de uma pequena quantidade de ácido ou de base.

Os tampões são de suma importância em estudos biológicos e bioquímicos nos quais uma concentração baixa, mas constante, de íons hidrônio (10^{-6} a 10^{-10} mol L^{-1}) precisa ser mantida durante a realização dos experimentos. Os fornecedores de produtos químicos e biológicos oferecem grande variedade desses tampões.

DESTAQUE 7-6

Chuva Ácida e a Capacidade Tamponante de Lagos

A chuva ácida tem sido objeto de considerável controvérsia nas últimas décadas. A chuva ácida é formada quando óxidos gasosos de nitrogênio e enxofre se dissolvem em gotas de água presentes no ar. Esses gases são formados a altas temperaturas em usinas termelétricas de geração de energia, automóveis e outras fontes de combustão. Os produtos da combustão passam para a atmosfera, na qual reagem com a água para formar o ácido nítrico e o ácido sulfúrico, como mostrado pelas equações

$$4NO_2(g) + 2H_2O(l) + O_2(g) \rightarrow 4HNO_3(aq)$$

$$SO_3(g) + H_2O(l) \rightarrow H_2SO_4(aq)$$

Finalmente, as gotas combinam-se com outras para formar a chuva ácida. Os efeitos profundos da chuva ácida têm sido largamente divulgados. As construções e os monumentos feitos de rochas literalmente se dissolvem à medida que a chuva ácida lava suas superfícies. As florestas têm sido lentamente devastadas em algumas localidades. Para ilustrar os efeitos sobre a vida aquática, considere as variações no pH que têm ocorrido na área dos lagos das Montanhas Adirondack, em Nova York, expostas no gráfico de barras da **Figura 7D-1**. Os gráficos mostram a distribuição do pH nesses lagos, que foram primeira-

(continua)

mente estudados nos anos 1930 e novamente em 1975.[3] A variação no pH dos lagos ao longo de 40 anos é drástica. O pH médio dos lagos mudou de 6,4 para cerca de 5,1, o que representa uma variação de 20 vezes na concentração de íons hidrônio.

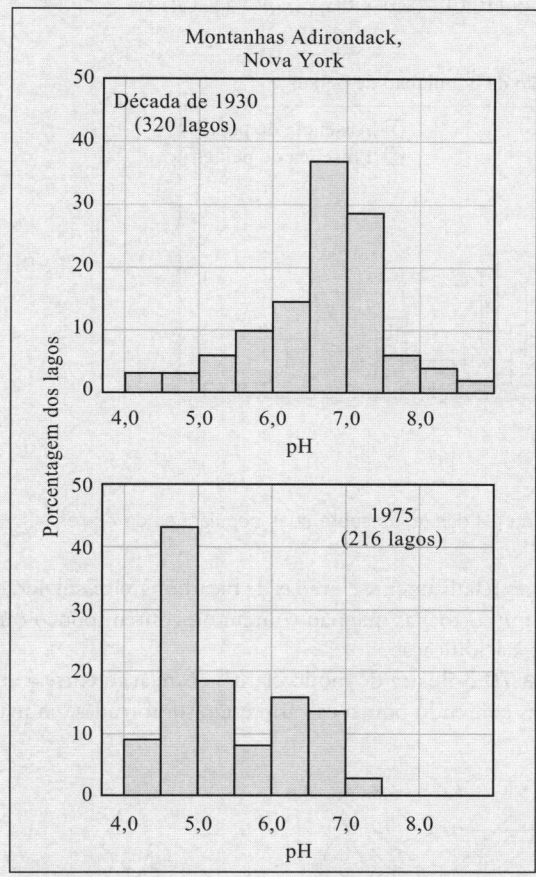

Após um bacharelado em química e biologia, **Dr. Tim Shafer** obteve doutorado em farmacologia e toxicologia ambiental na Michigan State University. Dr. Shafer trabalha na U.S. Environmental Protection Agency como cientista pesquisador. Investiga a toxicidade de reagentes químicos na função cerebral. Sua especialidade é "toxicologia de alto rendimento", que é um método de rastreamento químico automatizado e rápido para avaliar os efeitos potencialmente tóxicos de reagentes químicos em sistemas biológicos, como células do sistema nervoso.

FIGURA 7D-1 Variações no pH de lagos entre 1930 e 1975.

Essas variações do pH têm um profundo efeito sobre a vida aquática, como apontado por um estudo sobre a população de peixes de lagos da mesma área.[4] No gráfico da **Figura 7D-2**, o número de lagos está representado em forma de gráfico em função do pH. As barras mais escuras representam os lagos que contêm peixes; aqueles que não contêm peixes têm coloração mais fraca. Existe uma correlação clara entre as variações no pH dos lagos e a diminuição na população de peixes.

Muitos aspectos contribuem para as variações no pH de águas subterrâneas e de lagos em uma dada área geográfica. Esses aspectos incluem os padrões de vento e clima prevalecentes, tipos de solos, fontes de água, natureza do terreno, características das plantas, atividades humanas e características geológicas. A suscetibilidade de águas naturais à acidificação é fortemente determinada pela sua capacidade tamponante e o principal tampão de águas naturais é uma mistura contendo o íon bicarbonato e o ácido carbônico. Lembre-se de que a capacidade tamponante de uma solução é proporcional

(continua)

---

[3] R. F. Wright; E. T. Gjessing. *Ambio*, v. 5, p. 219, 1976.
[4] C. L. Schofield. *Ambio.*, v. 5, p. 228, 1976.

à concentração do agente tamponante. Assim, quanto maior a concentração de bicarbonato dissolvido, maior é a capacidade de a água neutralizar os ácidos presentes na chuva ácida. A fonte mais importante de íons bicarbonato em águas naturais é o calcário, ou carbonato de cálcio, que reage com o íon hidrônio, como mostrado na seguinte equação:

$$CaCO_3(s) + H_3O^+ (aq) \rightarrow HCO_3^- (aq) + Ca^{2+} (aq) + H2O(l)$$

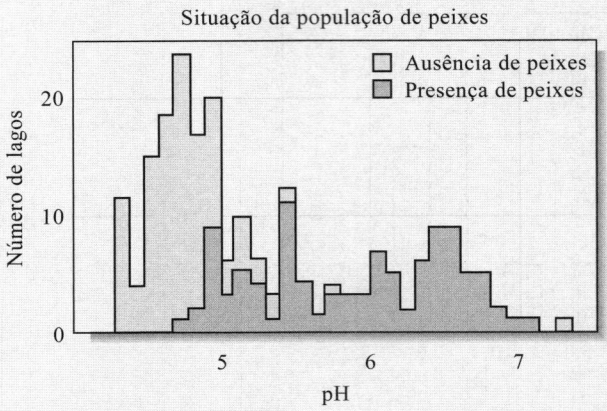

FIGURA 7D-2   Efeito do pH dos lagos sobre suas populações de peixes.

As áreas ricas em calcário têm lagos com concentrações relativamente elevadas de bicarbonato dissolvido e, portanto, baixa suscetibilidade à acidificação. Granito, arenito, argila e outras rochas que não contêm ou contêm pouco carbonato de cálcio estão associadas a lagos que possuem alta suscetibilidade à acidificação.

O mapa dos Estados Unidos apresentado na **Figura 7D-3** ilustra de modo claro a correlação entre a ausência de rochas calcárias e a acidificação de águas subterrâneas.[5] As áreas contendo pouco calcário estão sombreadas, enquanto as áreas ricas

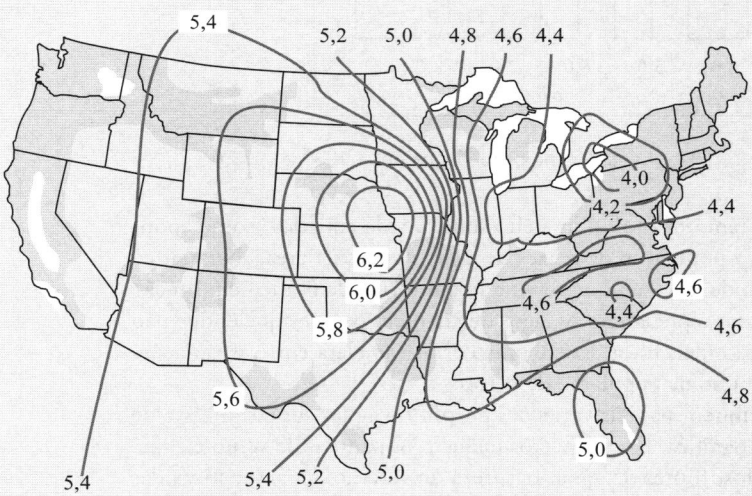

FIGURA 7D-3   Efeito da presença de calcário sobre o pH de lagos localizados nos Estados Unidos. As áreas sombreadas contêm pouco calcário.

(continua)

---

[5] J. Root et al., citado em *The Effects of Air Pollution and Acid Rain on Fish, Wildlife, and Their Habitats – Introduction*. U.S. Fish and Wildlife Service, Biological Services Program, Eastern Energy and Land Use Team, U. S. Government Publication FWS/OBS-80/40.3, 1982, M. A. Peterson, ed., p. 63.

em calcário são brancas. As linhas de contorno isopletas de pHs iguais para águas subterrâneas durante o período de 1978 a 1979 estão superpostas no mapa. A área das Montanhas Adirondack, localizadas no nordeste do estado de Nova York, contém pouco calcário e exibe pHs na faixa de 4,2 a 4,4. A baixa capacidade tamponante dos lagos dessa região, combinada com o baixo pH da precipitação, parece ter provocado o declínio na população de peixes. Correlações similares entre a chuva ácida, capacidade tamponante dos lagos e o declínio na vida selvagem ocorrem por todo o mundo industrializado.

Embora as fontes naturais como vulcões produzam o trióxido de enxofre e os relâmpagos gerem o dióxido de nitrogênio, grandes quantidades desses compostos são produzidas a partir da queima de carvão contendo altos teores de enxofre e das emissões automotivas. Para minimizar as emissões desses poluentes, alguns estados têm promulgado leis impondo padrões restritivos aos automóveis vendidos e utilizados em seus limites territoriais. Alguns estados norte-americanos têm exigido a instalação de filtros para remover os óxidos de enxofre das emissões de usinas termelétricas movidas a carvão. Para minimizar os efeitos da chuva ácida sobre os lagos, calcário em pó tem sido aplicado em suas águas para aumentar sua capacidade tamponante. As soluções para esses problemas requerem investimentos que envolvem tempo, recursos financeiros e energia. Algumas vezes tomamos decisões onerosas, em termos econômicos, para preservar a qualidade do meio ambiente e para reverter tendências que têm sido observadas por muitas décadas.

Nos Estados Unidos, as Emendas da Lei do Ar Limpo (Clean Air Act) de 1990, forneceram uma nova maneira de regulamentar o dióxido de enxofre. O Congresso norte-americano estabeleceu limites de emissão específicos para as usinas termelétricas, como mostrado na **Figura 7D-4**, mas não foram propostos os métodos específicos para se atingir esses padrões. Além disso, estabeleceu um sistema de bônus pelo qual as usinas de geração de energia compram, vendem e negociam direitos para poluir. Embora uma análise científica e econômica detalhada dos efeitos dessas medidas políticas ainda esteja sendo realizada, está claro, a partir dos resultados obtidos até o presente momento, que as emendas do Clean Air Act têm provocado um profundo efeito positivo nas causas e efeitos da chuva ácida.[6]

A Figura 7D-4 mostra que as emissões de dióxido de enxofre têm diminuído drasticamente desde 1990 e que estão bem abaixo dos níveis recomendados pela EPA (Agência de Proteção Ambiental norte-americana) e dentro dos limites estabelecidos pelo Congresso. Os efeitos dessas medidas sobre a chuva ácida são apresentados no mapa da **Figura 7D-5**, que mostra mudanças percentuais na acidez de várias regiões do leste dos Estados Unidos de 1983 até 1994.

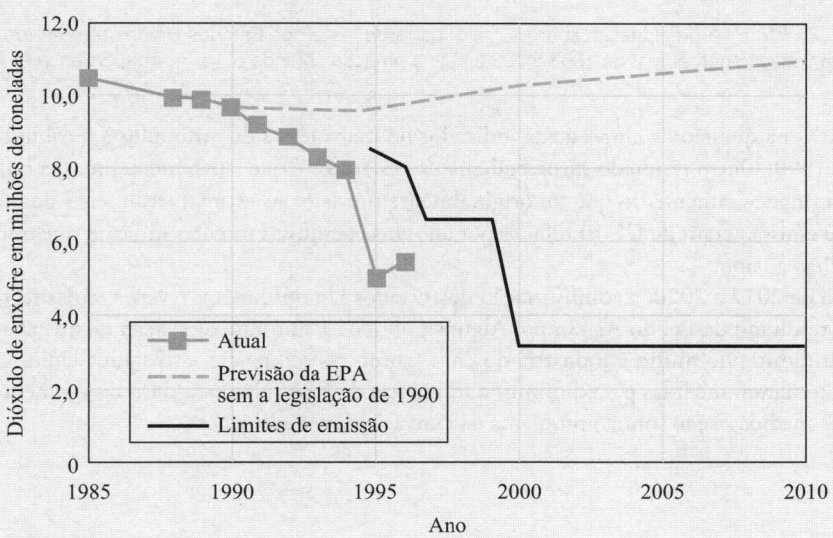

FIGURA 7D-4 As emissões de dióxido de enxofre de usinas selecionadas dos Estados Unidos têm diminuído para níveis abaixo daqueles requeridos pela legislação. R. A. Kerr, *Science*, v. 282, p. 1024, 1998.

(continua)

---

[6] R. A. Kerr. *Science*, v. 282, n. 5391, p. 1024, 1998, DOI: 10.1126/science.282.5391.1024.

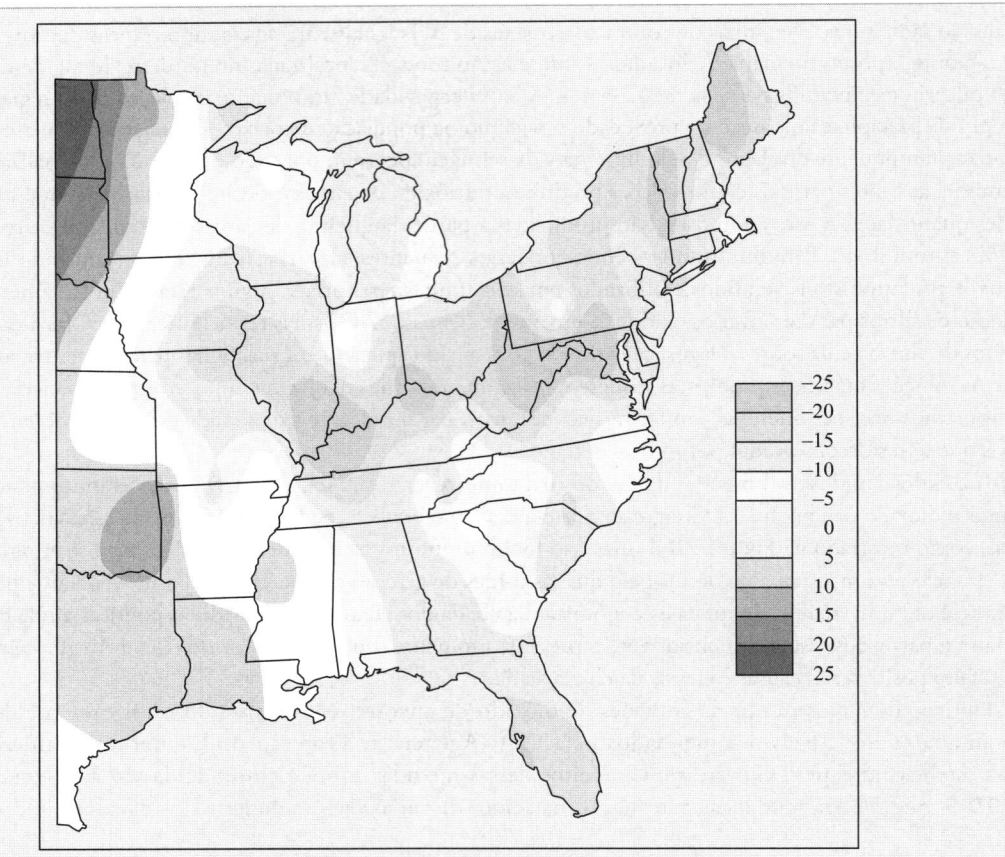

FIGURA 7D-5 A precipitação sobre a maior parte do leste dos Estados Unidos tem se tornado menos ácida, como mostrado pela variação percentual de 1983 a 1994. Veja a prancha colorida 6. (R. A. Kerr, *Science*, v. 282, p. 1024, 1998.)

Os avanços significativos na questão da chuva ácida indicados no mapa têm sido atribuídos à flexibilidade dos estatutos normativos impostos em 1990. Outro resultado surpreendente dos estatutos é que, aparentemente, sua implementação tem sido muito menos onerosa financeiramente do que foi originalmente previsto. As estimativas iniciais dos custos necessários para alcançar os padrões de emissão eram de U$ 10 bilhões por ano, mas pesquisas recentes indicam que os custos reais podem ser da ordem de U$ 1 bilhão ao ano.[7]

Durante o período de 2017 a 2020, a administração dos Estados Unidos buscou reverter várias regulamentações ambientais instituídas como resultado da Lei do Ar Limpo. Alguns políticos assumiram a posição de que as regulações tinham ido muito longe e estavam limitando muito a indústria do país. Como consequência, os Estados Unidos saíram do Acordo de Paris sobre o Clima e tomaram medidas para diminuir a influência da EPA. Não está claro no momento que escrevemos este livro quais efeitos essas medidas terão sobre o problema da chuva ácida e o ambiente.

---

[7] C. C. Park. *Acid Rain*. Nova York: Methuen, 1987.

Química Analítica On-line

Busque na internet o site da EPA dos Estados Unidos. Procure o artigo sobre "What Is Acid Rain?" ("O que é Chuva Ácida?"). Quais são as duas formas de deposição ácida? Quais dessas normalmente associamos com a chuva ácida? Quais dessas duas formas é mais difícil para medir e quantificar? O que é CASTNET? Quais medidas são tomadas pela CASTNET?

Navegue pelo site da *Scientific American* (www.sciam.com) e faça uma busca usando as palavras-chave "*acid rain*" (chuva ácida). Um dos resultados deve ser um artigo curto de 2010 intitulado "*Sour Showers*" (Chuveiros Ácidos). O artigo sugere que a chuva ácida pode estar retornando. Qual é a causa deste retorno? Quais medidas são sugeridas para reduzir este novo aumento da chuva ácida?

Resumo do Capítulo 7

- Classificação de eletrólitos
- Efeito do íon comum
- Constantes de equilíbrio
- Ácidos e bases
- Produto iônico da água
- Dissociação ácido/base
- Pares ácido-base conjugados
- Capacidade tampão
- Soluções-tampão
- Anfiprotismo
- Autoprotólise
- Produto de solubilidade

Termos-chave

Ácido, 161
Ácido conjugado, 161
Aproximações sucessivas, 180
Autoprotólise, 163
Base, 161
Base conjugada, 161
Capacidade tamponante, 189
Chuva ácida, 190
Coeficiente alfa, 187
Constantes de formação parciais, 168

Efeito da ação das massas, 166
Efeito do íon comum, 173
Equação de Henderson-Hasselbalch, 184
Estado de equilíbrio, 165
Expressões das constantes de equilíbrio, 164
Forças de ácidos e bases, 164
Íon hidrônio, 162
pH de solução-tampão, 182
Princípio de Le Châtelier, 165

Sal, 161
Solvente anfiprótico, 163
Solvente diferenciador, 164
Solvente nivelador, 164
Zwitterion, 163

Equações Importantes

Para $w\text{W} + x\text{X} \rightleftharpoons y\text{Y} + z\text{Z}$ $\qquad K = \dfrac{[\text{Y}]^y [\text{Z}]^z}{[\text{W}]^w [\text{X}]^x}$

$2\text{H}_2\text{O} \rightleftharpoons \text{H}_3\text{O}^+ + \text{OH}^-$ $\qquad K_w = [\text{H}_3\text{O}^+][\text{OH}^-]$

Ácido fraco HA

$\text{HA} + \text{H}_2\text{O} \rightleftharpoons \text{H}_3\text{O}^+ + \text{A}^-$ $\qquad K_a = \dfrac{[\text{H}_3\text{O}^+][\text{A}^-]}{[\text{HA}]}$

$[\text{H}_3\text{O}^+] \approx \sqrt{K_a c_{\text{HA}}}$

Equação de Henderson-Hasselbalch

$\text{pH} = pK_a + \log \dfrac{c_{\text{NaA}}}{c_{\text{HA}}}$

Questões e Problemas*

7-1. Descreva ou defina brevemente e dê um exemplo de:
*(a) um eletrólito forte.
(b) um ácido de Brønsted-Lowry.
*(c) o ácido conjugado de uma base de Brønsted-Lowry.
(d) neutralização, em termos do conceito de Brønsted-Lowry.
*(e) um soluto anfiprótico.
(f) um zwitterion.
*(g) autoprotólise.
(h) um ácido fraco.
*(i) o princípio de Le Châtelier.
(j) o efeito do íon comum.

7-2. Descreva ou defina brevemente e dê um exemplo de
*(a) um solvente anfiprótico.
(b) um solvente diferenciador.
*(c) um solvente nivelador.
(d) um efeito da ação das massas.

*7-3. Explique brevemente por que não há um termo para a água ou para um sólido puro em uma expressão da constante de equilíbrio, embora um (ou ambos) apareçam na equação líquida balanceada do equilíbrio.

7-4. Identifique o ácido do lado esquerdo e sua base conjugada do lado direito nas seguintes equações:
*(a) $\text{PO}_4^{3-} + \text{H}_2\text{PO}_4^- \rightleftharpoons 2\text{HPO}_4^{2-}$
*(b) $\text{NH}_4^+ + \text{H}_2\text{O} \rightleftharpoons \text{NH}_3 + \text{H}_3\text{O}^+$
(c) $\text{HONH}_2 + \text{H}_2\text{O} \rightleftharpoons \text{HONH}_3^+ + \text{OH}^-$
(d) $2\text{HCO}_3^- \rightleftharpoons \text{H}_2\text{CO}_3 + \text{CO}_3^{2-}$
*(e) $\text{HOCl} + \text{H}_2\text{O} \rightleftharpoons \text{H}_3\text{O}^+ + \text{OCl}^-$

7-5. Identifique a base do lado esquerdo e seu ácido conjugado do lado direito nas equações do Problema 7-4.

7-6. Escreva as expressões para a autoprotólise de:
*(a) H_2O.
(b) HCOOH.
*(c) CH_3NH_2.
(d) NH_3.

7-7. Escreva as expressões das constantes de equilíbrio e obtenha os valores numéricos para cada constante para
*(a) a dissociação básica da anilina, $\text{C}_6\text{H}_5\text{NH}_2$.
(b) a dissociação ácida do ácido hipocloroso, HClO.
*(c) a dissociação ácida do cloridrato de metilamônio $\text{CH}_3\text{NH}_3\text{Cl}$.
(d) a dissociação básica do NaNO_2.
*(e) a dissociação do H_3AsO_4 em H_3O^+ e AsO_4^{3-}.
(f) a reação do $\text{C}_2\text{O}_4^{2-}$ em água para formar $\text{H}_2\text{C}_2\text{O}_4$ e OH^-.

7-8. Gere a expressão do produto de solubilidade para
*(a) CuBr.
*(b) MgCO_3.
*(c) PbCl_2.
(d) CaSO_4.
(e) Ag_3AsO_4.

7-9. Expresse a constante do produto de solubilidade para cada substância do Problema 7-8 em termos de sua solubilidade molar S.

---

*As respostas para as questões e problemas marcados com um asterisco são fornecidas no final deste livro.

7-10. Calcule a constante do produto de solubilidade para cada uma das seguintes substâncias, dadas as concentrações molares de suas soluções saturadas:
(a) AgSeCN ($2,0 \times 10^{-8}$ mol L^{-1}; os produtos são Ag$^+$ e SeCN$^-$).
*(b) RaSO$_4$ ($6,6 \times 10^{-6}$ mol L^{-1}).
(c) Pb(BrO$_3$)$_2$ ($1,7 \times 10^{-1}$ mol L^{-1}).
*(d) Ce(IO$_3$)$_3$ ($1,9 \times 10^{-3}$ mol L^{-1}).

7-11. Calcule a solubilidade dos solutos do Problema 7-10 para soluções nas quais a concentração do cátion seja 0,030 mol L^{-1}.

7-12. Calcule a solubilidade dos solutos do Problema 7-10 para soluções nas quais a concentração do ânion seja 0,030 mol L^{-1}.

*7-13. Que concentração de CrO$_4^{2-}$ é necessária para
(a) iniciar a precipitação do Ag$_2$CrO$_4$ a partir de uma solução de Ag$^+$ $5,24 \times 10^{-3}$ mol L^{-1}?
(b) diminuir a concentração de Ag$^+$ em uma solução para $7,82 \times 10^{-7}$ mol L^{-1}?

7-14. Que concentração de hidróxido é necessária para
(a) iniciar a precipitação do Al^{3+} a partir de uma solução de Al$_2$(SO$_4$)$_3$ $3,89 \times 10^{-2}$ mol L^{-1}?
(b) diminuir a concentração de Al^{3+} em uma solução para $4,75 \times 10^{-7}$ mol L^{-1}?

*7-15. A constante do produto de solubilidade do Ce(IO$_3$)$_3$ é $3,2 \times 10^{-10}$. Qual é a concentração de Ce^{3+} em uma solução preparada pela mistura de 50,0 mL de Ce^{3+} 0,0500 mol L^{-1} com 50 mL de
(a) água?
(b) IO$_3^-$ 0,0500 mol L^{-1}?
(c) IO$_3^-$ 0,250 mol L^{-1}?
(d) IO$_3^-$ 0,0450 mol L^{-1}?

7-16. A constante do produto de solubilidade do K$_2$PdCl$_6$ é $6,0 \times 10^{-6}$ (K$_2$PdCl$_6 \rightleftharpoons$ 2K$^+$ + PdCl$_6^{2-}$). Qual é a concentração de K$^+$ de uma solução preparada pela mistura de 50,0 mL de uma solução de KCl 0,200 mol L^{-1} com
(a) PdCl$_6^{2-}$ 0,0800 mol L^{-1}?
(b) PdCl$_6^{2-}$ 0,160 mol L^{-1}?
(c) PdCl$_6^{2-}$ 0,240 mol L^{-1}?

*7-17. Os produtos de solubilidade de uma série de iodetos são

CuI $K_{ps} = 1 \times 10^{-12}$
AgI $K_{ps} = 8,3 \times 10^{-17}$
PbI$_2$ $K_{ps} = 7,1 \times 10^{-9}$
BiI$_3$ $K_{ps} = 8,1 \times 10^{-19}$

Liste esses quatro compostos em ordem decrescente de sua solubilidade molar em
(a) água.
(b) NaI 0,20 mol L^{-1}.
(c) solução 0,020 mol L^{-1} do cátion do soluto.

7-18. Os produtos de solubilidade de uma série de hidróxidos são
BiOOH $K_{ps} = 4,0 \times 10^{-10} =$ [BiO$^+$][OH$^-$]
Be(OH)$_2$ $K_{ps} = 7,0 \times 10^{-22}$
Tm(OH)$_3$ $K_{ps} = 3,0 \times 10^{-24}$
Hf(OH)$_4$ $K_{ps} = 4,0 \times 10^{-26}$

Que hidróxido possui
(a) a menor solubilidade molar em H$_2$O?
(b) a menor solubilidade em uma solução de NaOH 0,35 mol L^{-1}?

7-19. Calcule o pH da água a 25°C e 50°C. Os valores para pK_w nestas temperaturas são 13,99 e 13,26, respectivamente.[8]

7-20. Quais as concentrações molares do H$_3$O$^+$ e do OH$^-$ a 25°C em
*(a) HCOOH 0,0300 mol L^{-1}?
(b) NH$_3$ 0,600 mol L^{-1}?
*(c) etilamina 0,200 mol L^{-1}?
(d) trimetilamina 0,100 mol L^{-1}?
*(e) C$_6$H$_5$COONa (benzoato de sódio) 0,250 mol L^{-1}?
(f) CH$_3$CH$_2$COONa 0,0750 mol L^{-1}?
*(g) cloridrato de hidroxilamina 0,250 mol L^{-1}?
(h) cloridrato de etilamônio 0,0250 mol L^{-1}?

7-21. Qual é a concentração de íons hidrônio a 25°C em
*(a) ácido cloroacético 0,100 mol L^{-1}?
*(b) cloroacetato de sódio 0,100 mol L^{-1}?
(c) metilamina 0,0300 mol L^{-1}?
(d) cloridrato de metilamina 0,0300 mol L^{-1}?
*(e) cloridrato de anilina $1,50 \times 10^{-3}$ mol L^{-1}?
(f) HIO$_3$ 0,200 mol L^{-1}?

7-22. O que é uma solução-tampão e quais são suas propriedades?

*7-23. Defina capacidade tamponante.

7-24. Qual solução tem capacidade tamponante mais elevada:
(a) uma mistura contendo 0,100 mol de NH$_3$ e 0,200 mol de NH$_4$Cl ou
(b) uma mistura contendo 0,0500 mol de NH$_3$ e 0,100 mol de NH$_4$Cl?

*7-25. Considere as soluções preparadas pela
(a) dissolução de 8,00 mmol de NaOAc em 200 mL de HOAc 0,100 mol L^{-1}.
(b) adição de 100 mL de NaOH 0,0500 mol L^{-1} a 100 mL de HOAc 0,175 mol L^{-1}.
(c) adição de 40,0 mL de HCl 0,1200 mol L^{-1} a 160,0 mL de NaOAc 0,0420 mol L^{-1}.

Em quais aspectos cada uma dessas soluções se relaciona com as outras? Como elas se diferem?

7-26. Consulte o Apêndice 3 e escolha um par ácido-base adequado para preparar um tampão com um pH igual a
*(a) 10,3. (b) 6,1. *(c) 4,5. (d) 8,1.

---

[8] A. V. Bandura; S. N. Lvov. J. Phys. Chem. Ref. Data, v. 35, p. 15, 2006. DOI: 10.1063/1.1928231.

*7-27. Qual massa de formiato de sódio precisa ser adicionada a 500,0 mL de ácido fórmico 1,00 mol L^{-1} para produzir uma solução-tampão que tenha um pH de 3,75?

7-28. Que massa de glicolato de sódio deve ser adicionada a 400,0 mL de ácido glicólico 1,00 mol L^{-1} para produzir uma solução-tampão que tenha um pH de 4,25?

*7-29. Que volume de HCl 0,200 mol L^{-1} precisa ser adicionado a 500,0 mL de mandelato de sódio 0,300 mol L^{-1} para produzir uma solução-tampão que tenha um pH de 3,25?

7-30. Que volume de NaOH 2,00 mol L^{-1} precisa ser adicionado a 200,0 mL de ácido glicólico 1,00 mol L^{-1} para produzir uma solução-tampão que tenha um pH de 4,15?

7-31. A seguinte afirmativa é verdadeira, falsa ou ambas? Defina sua resposta com equações, exemplos ou gráficos. "Um tampão mantém o pH de uma solução constante."

7-32. **Problema Desafiador**: Pode ser demonstrado[9] que a capacidade tamponante é

$$\beta = 2{,}303\left(\frac{K_w}{[H_3O^+]} + [H_3O^+] + \frac{c_T K_a [H_3O^+]}{(K_a [H_3O^+])^2}\right)$$

onde c_T é a concentração analítica molar do tampão.

(a) Mostre que
$\beta = 2{,}303([OH^-] + [H_3O^+] + c_T \alpha_0 \alpha_1)$

(b) Use a equação em (a) para explicar a forma da Figura 7-10.

(c) Diferencie a primeira equação apresentada no início do problema e mostre que a capacidade tamponante é máxima quando $\alpha_0 = \alpha_1 = 0{,}5$.

(d) Descreva as condições sob as quais essas relações se aplicam.

(e) A capacidade tamponante é algumas vezes chamada de *inclinação inversa*. Explique a origem deste termo.

---

[9] J. N. Butler. Ionic Equilibrium: Solubility and pH Calculation. Nova York: Wiley-Interscience, 1998. p. 134.

O Efeito de Eletrólitos nos Equilíbrios Químicos

CAPÍTULO 8

A imagem ao lado é do Merton College, em Oxford, no Reino Unido, por volta de 1843. Originalmente, era um calótipo em preto e branco e então foi pintado para criar uma imagem colorida. O calótipo, uma forma anterior de fotografia, foi inventado por William Henry Fox Talbot. Na sua forma mais antiga, foi criado um papel fotossensível revestido com uma solução de cloreto de sódio e, após a secagem, aplicava-se um segundo revestimento de nitrato de prata, o qual produzia um filme de cloreto de prata, de acordo com a reação

$$Ag^+ + Cl^- \rightleftharpoons AgCl(s)$$

Mais tarde foi usado o iodeto de prata em vez do cloreto de prata. Uma mistura de nitrato de prata, ácido acético e ácido gálico era aplicada à superfície do papel, depois exposto à cena em uma câmera especial. O processo de calotipia produzia uma imagem negativa a partir da qual os positivos podiam ser feitos pela impressão de contato. Embora as imagens de calotipia fossem essencialmente em tons de cinza, elas, com frequência, eram tingidas ou pintadas para produzir imagens coloridas. Os equilíbrios nesse processo fotográfico são produzidos pelas atividades de reagentes e produtos, como descrito neste capítulo.

Hans P. Kraus Jr., New York

Neste capítulo, exploraremos em detalhe os efeitos de eletrólitos nos equilíbrios químicos. As constantes de equilíbrio para as reações químicas devem ser estritamente escritas em termos das atividades das espécies participantes. A **atividade** de uma espécie está relacionada à sua concentração por um parâmetro chamado **coeficiente de atividade**. Em alguns casos, a atividade de um reagente é essencialmente igual à sua concentração e podemos escrever a constante de equilíbrio em termos das concentrações das espécies participantes. No caso de equilíbrios iônicos, entretanto, as atividades e as concentrações podem ser substancialmente diferentes. Esses equilíbrios também são afetados pelas concentrações de eletrólitos presentes nas soluções, que podem não participar diretamente da reação.

As constantes de equilíbrio baseadas na concentração, como aquelas representadas pela Equação 7-7, fornecem uma estimativa razoável, mas não atingem a exatidão das medidas laboratoriais reais. Neste capítulo, mostramos como as constantes de equilíbrio baseadas na concentração normalmente levam a erros significativos. Exploramos as diferenças entre a atividade de um soluto e sua concentração, calculamos os coeficientes de atividade e os empregamos para modificar as expressões baseadas em concentrações para calcular as concentrações das espécies que representam mais fielmente os sistemas reais encontrados nos laboratórios e que se encontram em equilíbrio químico.

8A O Efeito dos Eletrólitos nos Equilíbrios Químicos

Experimentalmente, observamos que a posição da maioria dos equilíbrios químicos depende da concentração do eletrólito no meio, mesmo quando o eletrólito adicionado não contém um íon comum em relação àqueles envolvidos no equilíbrio. Por exemplo, considere novamente a oxidação do íon iodeto pelo ácido arsênico que descrevemos na Seção 7B-1:

$$H_3AsO_4 + 3I^- + 2H^+ \rightleftharpoons H_3AsO_3 + I_3^- + H_2O$$

Se um eletrólito, como, por exemplo nitrato de bário, sulfato de potássio ou perclorato de sódio for adicionado a essa solução, a cor do tri-iodeto se torna menos intensa. Essa diminuição da intensidade da cor indica que a concentração de I_3^- diminuiu e que o equilíbrio se deslocou para a esquerda em decorrência da adição do eletrólito.

A **Figura 8-1** ilustra mais detalhadamente o efeito de eletrólitos. A curva A é um gráfico do produto das *concentrações* molares dos íons hidrônio e hidróxido ($\times 10^{14}$) em função da concentração de cloreto de sódio. Esse produto iônico baseado na *concentração* é denominado K'_w. A baixas concentrações de cloreto de sódio, K'_w torna-se independente da concentração do eletrólito e é igual a $1{,}00 \times 10^{-14}$, que é a constante *termodinâmica* do produto iônico da água, K_w (curva A, linha pontilhada). A relação que se aproxima de um valor constante à medida que algum parâmetro (neste caso, a concentração do eletrólito) se aproxima de zero é chamada de **lei limite**. O valor numérico constante observado nesse limite é denominado **valor limite**.

>> As constantes de equilíbrio baseadas na concentração são frequentemente indicadas pela adição de apóstrofe, por exemplo, K'_w, K'_{ps}, K'_a.

>> À medida que a concentração do eletrólito se torna muito baixa, as constantes de equilíbrio baseadas na concentração se aproximam de seus valores termodinâmicos: K_w, K_{ps}, K_a.

O eixo vertical para a curva B, mostrado na Figura 8-1, é o produto da concentração molar dos íons bário e sulfato ($\times 10^{10}$) em soluções saturadas de sulfato de bário. Esse produto de solubilidade baseado na concentração é representado por K'_{ps}. A concentrações baixas de eletrólitos, K'_{ps} tem um valor limite de $1{,}1 \times 10^{-10}$, que é o valor termodinamicamente aceito para o K_{ps} do sulfato de bário.

A curva C é um gráfico de K'_a ($\times 10^5$), o quociente da concentração para a constante de equilíbrio baseada na concentração para a dissociação do ácido acético, em função da concentração do eletrólito. Vemos novamente que a função na ordenada se aproxima do valor limite $K_a = 1{,}75 \times 10^{-5}$, que é a constante de dissociação ácida termodinâmica para o ácido acético.

As linhas tracejadas exibidas na Figura 8-1 representam o comportamento ideal dos solutos. Observe que os desvios da idealidade podem ser significativos. Por exemplo, o produto das concentrações molares do hidrogênio e do íon hidróxido

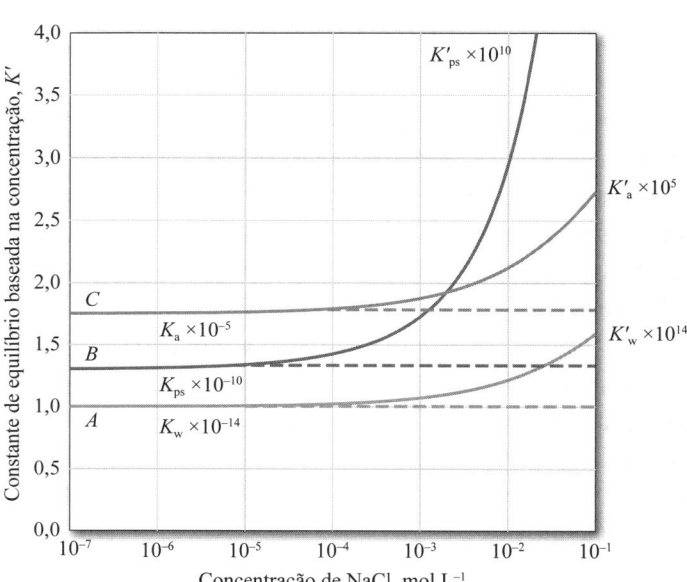

FIGURA 8-1

O efeito da concentração do eletrólito nas constantes de equilíbrio baseadas na concentração.

aumenta de $1,0 \times 10^{-14}$, em água pura, para $1,7 \times 10^{-14}$ em uma solução de cloreto de sódio 0,1 mol L^{-1}, ou seja, um aumento de 70%. O efeito é ainda mais pronunciado com o sulfato de bário. No cloreto de sódio 0,1 mol L^{-1}, o K'_{ps} é mais que o dobro do seu valor limite.

O efeito do eletrólito apontado na Figura 8-1 não é específico para o cloreto de sódio. Na realidade, poderíamos obter curvas idênticas se nitrato de potássio ou perclorato de sódio substituíssem o cloreto de sódio. Em cada caso, a origem do efeito é a atração eletrostática que ocorre entre os íons do eletrólito e os da espécie reagente de carga oposta. Uma vez que as forças eletrostáticas associadas a todos os íons de carga simples são aproximadamente iguais, os três sais exibem, essencialmente, efeitos idênticos sobre os equilíbrios.

A seguir, veremos como levar o efeito do eletrólito em consideração quando pretendemos fazer cálculos de equilíbrio mais exatos do que aqueles que você pode ter feito em seu trabalho anterior.

8A-1 O Efeito de Cargas Iônicas nos Equilíbrios

Estudos extensivos têm revelado que a grandeza do efeito de eletrólitos é altamente dependente das cargas dos participantes de um equilíbrio. Quando apenas as espécies neutras estão envolvidas, a posição do equilíbrio é essencialmente independente da concentração do eletrólito. No caso de participantes iônicos, a grandeza do efeito do eletrólito aumenta com a carga. Geralmente isso é demonstrado pelas três curvas de solubilidade mostradas na **Figura 8-2**. Observe, por exemplo, que em uma solução de nitrato de potássio 0,02 mol L^{-1}, a solubilidade do sulfato de bário com seus pares de íons duplamente carregados é maior que em água pura por um fator de 2. Essa mesma alteração aumenta a solubilidade do iodato de bário por um fator de apenas 1,25 e a do cloreto de prata por 1,2. O efeito mais pronunciado devido aos íons com dupla carga também se reflete na maior inclinação da curva B na Figura 8-1.

8A-2 O Efeito da Força Iônica

Estudos sistemáticos têm mostrado que o efeito da adição de eletrólitos sobre os equilíbrios é *independente* da natureza química do eletrólito, mas que depende de uma propriedade da solução denominada **força iônica**. Essa grandeza é definida como

$$\text{força iônica} = \frac{1}{2}([A]Z_A^2 + [B]Z_B^2 + [C]Z_C^2 + \cdots) \quad (8\text{-}1)$$

onde [A], [B], [C], ... representam as concentrações molares de espécie dos íons A, B, C, ... e Z_A, Z_B, Z_C, ... correspondem às suas cargas.

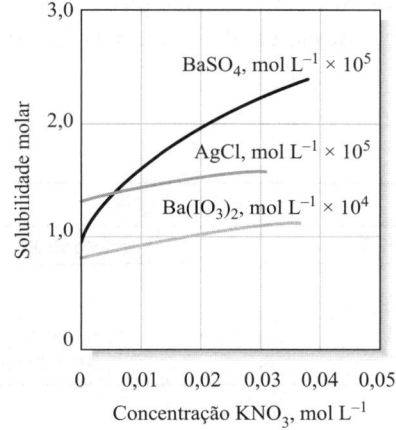

FIGURA 8-2

O efeito da concentração do eletrólito sobre a solubilidade de alguns sais para compostos contendo íons de cargas diferentes.

EXEMPLO 8-1

Calcule a força iônica de (a) uma solução de KNO$_3$ 0,1 mol L^{-1} e (b) uma solução de Na$_2$SO$_4$ 0,1 mol L^{-1}.

Resolução

(a) Para a solução de KNO$_3$, [K$^+$] e [NO$_3^-$] são 0,1 mol L^{-1} e

$$\mu = \frac{1}{2}(0,1 \text{ mol L}^{-1} \times 1^2 + 0,1 \text{ mol L}^{-1} \times 1^2) = 0,1 \text{ mol L}^{-1}$$

(b) Para a solução de Na$_2$SO$_4$, [Na$^+$] = 0,2 mol L^{-1} e [SO$_4^{2-}$] 0,1 mol L^{-1}. Portanto,

$$\mu = \frac{1}{2}(0,2 \text{ mol L}^{-1} \times 1^2 + 0,1 \text{ mol L}^{-1} \times 2^2) = 0,3 \text{ mol L}^{-1}$$

EXEMPLO 8-2

Qual é a força iônica de uma solução 0,05 mol L^{-1} em KNO$_3$ e 0,1 mol L^{-1} em Na$_2$SO$_4$?

Resolução

$$\mu = \frac{1}{2}(0,05 \text{ mol L}^{-1} \times 1^2 + 0,05 \text{ mol L}^{-1} \times 1^2 + 0,2 \text{ mol L}^{-1} \times 1^2 + 0,1 \text{ mol L}^{-1} \times 2^2) = 0,35 \text{ mol L}^{-1}$$

Estes exemplos mostram que a força iônica de uma solução de um eletrólito forte constituído apenas de íons de cargas simples é idêntica à sua concentração molar total. Todavia, a força iônica será maior que a concentração molar se a solução contiver íons com múltiplas cargas (**Tabela 8-1**).

Para as soluções com forças iônicas iguais ou menores que 0,1 mol L^{-1}, o efeito do eletrólito é *independente dos tipos de íons* e *dependente apenas da força iônica*. Assim, a solubilidade do sulfato de bário é a mesma em iodeto de sódio, nitrato de potássio ou cloreto de alumínio aquosos, contanto que as concentrações dessas espécies sejam tais que as forças iônicas sejam idênticas. Observe que essa não dependência em relação ao tipo de eletrólito desaparece em forças iônicas elevadas.

8A-3 O Efeito Salino

>> Apesar de ilustrarmos o efeito salino com exemplos de solubilidade, os efeitos do eletrólito nos equilíbrios estão presentes em qualquer caso em que as espécies iônicas sejam reagentes ou produtos.

O efeito do eletrólito (também chamado **efeito salino**), que acabamos de descrever, resulta das forças atrativas e repulsivas que existem entre os íons de um eletrólito e os íons envolvidos em um equilíbrio. Essas forças fazem com que cada íon do reagente dissociado esteja rodeado por uma solução que contém um leve excesso de íons de eletrólitos de carga oposta. Por exemplo, quando o precipitado de sulfato de bário está em equilíbrio com uma solução de cloreto de sódio, cada íon bário tende a atrair o Cl$^-$ e

TABELA 8-1

Efeito da Carga na Força Iônica		
Tipo de Eletrólito	Exemplo	Força Iônica*
1:1	NaCl	c
1:2	Ba(NO$_3$)$_2$, Na$_2$SO$_4$	$3c$
1:3	Al(NO$_3$)$_3$, Na$_3$PO$_4$	$6c$
2:2	MgSO$_4$	$4c$

*c = concentração molar do sal.

repelir o Na$^+$, consequentemente criando uma atmosfera iônica ligeiramente negativa ao redor do íon de bário. De maneira similar, cada íon sulfato está rodeado por um ambiente iônico que tende a ser levemente positivo. Essas camadas carregadas fazem com que os íons bário aparentem ser menos positivos e os íons sulfato, menos negativos que na ausência do cloreto de sódio. O resultado desse efeito de blindagem é uma diminuição na atração global que ocorre entre os íons bário e sulfato e um aumento correspondente na solubilidade do $BaSO_4$. A solubilidade se torna mais elevada à medida que o número de íons do eletrólito presentes na solução se torna maior. Em outras palavras, as *concentrações efetivas* de íons bário e sulfato tornam-se menores conforme a força iônica do meio se torna maior.

8B Coeficientes de Atividade

Os químicos empregam um termo denominado *atividade*, a, para contabilizar os efeitos de eletrólitos sobre os equilíbrios químicos. A atividade, ou concentração efetiva, de uma espécie X depende da força iônica do meio e é definida por

$$a_X = [X]\gamma_X \qquad (8\text{-}2)$$

onde a_X é a atividade da espécie X, [X], a sua concentração molar e γ_X é uma grandeza adimensional, chamada **coeficiente de atividade**. O coeficiente de atividade e, portanto, a atividade de X, varia com a força iônica de forma que a substituição de [X] por a_X em qualquer expressão da constante de equilíbrio torna a constante de equilíbrio independente da força iônica. Para ilustrar este ponto, se X_mY_n for um sal ligeiramente solúvel que se dissolve, como mostrado na equação $X_mY_n(s) \rightleftharpoons {}_mX + {}_nY$, a expressão do produto de solubilidade termodinâmico será definida pela equação

$$K_{ps} = a_X^m \cdot a_Y^n \qquad (8\text{-}3)$$

A aplicação da Equação 8-2 fornece

$$K_{ps} = [X]^m[Y]^n \cdot \gamma_X^m \gamma_Y^n = K'_{ps} \cdot \gamma_X^m \gamma_Y^n \qquad (8\text{-}4)$$

> ❮❮ A atividade de uma espécie é uma medida de sua concentração efetiva da forma como determinada por propriedades coligativas (como o aumento do ponto de ebulição ou a diminuição do ponto de congelamento da água), por condutividade elétrica e pelo efeito da ação das massas.

Nesta equação, K'_{ps} é a **constante do produto de solubilidade baseada em concentrações** e K_{ps} é a constante de equilíbrio termodinâmica.[1] Os coeficientes de atividade γ_X e γ_Y variam com a força iônica de maneira que o valor de K_{ps} se mantém numericamente constante e independente da força iônica (em contraste com a constante baseada na concentração K'_{ps}).

8B-1 Propriedades dos Coeficientes de Atividade

Os coeficientes de atividade apresentam as seguintes propriedades:

1. O coeficiente de atividade de uma espécie representa a medida da efetividade com que uma espécie influencia um equilíbrio no qual ela é participante. Em soluções muito diluídas, nas quais a força iônica é mínima, essa efetividade torna-se constante e o coeficiente de atividade é igual à unidade. Sob essas condições, a atividade e a concentração molar são idênticas (assim como também são a constante de equilíbrio termodinâmica e aquela baseada na concentração). À medida que a força iônica aumenta, contudo, um íon perde um pouco de sua efetividade e seu coeficiente de atividade diminui. Podemos resumir esse comportamento em termos das Equações 8-2 e 8-3. Sob forças iônicas moderadas, $\gamma_X < 1$. Conforme a solução se aproxima da diluição infinita, entretanto, $\gamma_X \rightarrow 1$ e assim $a_X \rightarrow [X]$ e $K'_{ps} \rightarrow K_{ps}$. Sob forças iônicas elevadas ($\mu > 0,1$ mol L^{-1}), muitas vezes os coeficientes de atividade aumentam e podem inclusive tornar-se maiores que a unidade. Como a interpretação do comportamento de soluções nessa região é difícil, manteremos

> ❮❮ Embora usemos apenas concentrações molares, atividades também podem ser baseadas em molalidade, fração em mol, e assim por diante. Os coeficientes de atividade serão diferentes, dependendo da escala de concentração utilizada.

> ❮❮ À medida que $\mu \rightarrow 0$, $\gamma_X \rightarrow 1$, $a_X \rightarrow [X]$ e $K'_{ps} \rightarrow K_{ps}$.

---

[1] Nos capítulos seguintes, usaremos a notação com apóstrofe apenas quando for necessário distinguir entre as constantes de equilíbrio termodinâmica e de concentração.

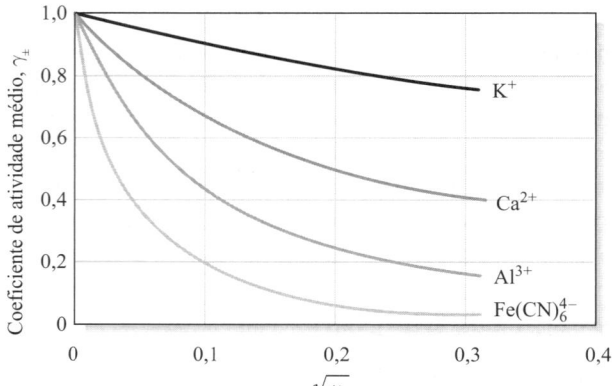

FIGURA 8-3

O efeito da força iônica sobre os coeficientes de atividade.

Peter Debye (1884-1996). Nascido e educado na Europa, tornou-se professor de Química na Cornell University (Estados Unidos) em 1940. É reconhecido por seu trabalho em áreas distintas da química, incluindo soluções de eletrólitos, difração de raios X e propriedades de moléculas polares. Debye recebeu o Prêmio Nobel de Química em 1936.

nossa discussão nas regiões de forças iônicas moderadas ou baixas (isto é, onde $\mu \leq 0,1$ mol L^{-1}). As variações típicas de coeficientes de atividade em função da força iônica são mostradas na **Figura 8-3**.

2. Em soluções que não são muito concentradas, o coeficiente de atividade para uma dada espécie é independente da natureza do eletrólito e dependente apenas da força iônica.

3. Para uma determinada força iônica, o coeficiente de atividade de um íon diminui mais drasticamente à medida que a carga da espécie aumenta. Esse efeito é mostrado na Figura 8-3.

4. O coeficiente de atividade de uma molécula não carregada é aproximadamente igual à unidade, não importando qual seja o nível da força iônica.

5. A uma certa força iônica, os coeficientes de atividade de íons de mesma carga são aproximadamente iguais. Pequenas variações dentre os íons de mesma carga podem ser correlacionadas com os diâmetros efetivos dos íons hidratados.

6. O coeficiente de atividade de um determinado íon descreve seu comportamento efetivo em todos os equilíbrios nos quais ele participa. Por exemplo, a uma dada força iônica, um único coeficiente de atividade para o íon cianeto descreve sua influência em qualquer um dos seguintes equilíbrios:

$$HCN + H_2O \rightleftharpoons H_3O^+ + CN^-$$

$$Ag^+ + CN^- \rightleftharpoons AgCN(s)$$

$$Ni^{2+} + 4CN^- \rightleftharpoons Ni(CN)_4^{2-}$$

8B-2 A Equação de Debye-Hückel

Em 1923, P. Debye e E. Hückel empregaram o modelo do ambiente iônico, descrito na Seção 8A-3, para desenvolver uma equação que permitisse o cálculo dos coeficientes de atividade dos íons a partir de suas cargas e de seu tamanho médio.[2] Essa equação, que se tornou conhecida como **equação de Debye-Hückel**, tem a forma

$$-\log \gamma_X = \frac{0,51 Z_X^2 \sqrt{\mu}}{1 + 3,3 \alpha_X \sqrt{\mu}} \tag{8-5}$$

---

[2] P. Debye; E. Hückel. *Physik. Z.*, v. 24, p. 185, 1923. (Veja *Química Analítica On-line*.)

onde

γ_X = coeficiente de atividade da espécie X
Z_X = carga da espécie X
μ = força iônica da solução
α_X = diâmetro efetivo do íon hidratado X em nanômetros (10^{-9} m)

As constantes 0,51 e 3,3 aplicam-se para soluções aquosas a 25 °C; outros valores precisam ser usados em outras temperaturas. Infelizmente, existem incertezas consideráveis em relação à grandeza de α_X na Equação 8-5. Seu valor parece ser aproximadamente 0,3 nm para a maioria dos íons monovalentes; para essas espécies, então, o denominador da equação de Debye-Hückel pode ser simplificado para $1 + \sqrt{\mu}$. Para íons com maior carga, α_X pode tornar-se tão grande quanto 1,0 nm. Esse aumento do tamanho com a elevação da carga faz sentido do ponto de vista químico. Quanto maior a carga do íon, maior o número de moléculas polares de água que serão mantidas na camada de solvatação ao redor do íon. O segundo termo do denominador é pequeno em relação ao primeiro, quando a força iônica é menor que 0,01 mol L^{-1}. Sob essas forças iônicas, as incertezas em α_X têm pouco efeito no cálculo dos coeficientes de atividade.

Kielland[3] estimou os valores de α_X para inúmeros íons a partir de uma variedade de dados experimentais. Seus melhores valores para os diâmetros efetivos são fornecidos na **Tabela 8-2**. Também são apresentados os coeficientes de atividade calculados a partir da Equação 8-5, usando esses valores para o parâmetro tamanho. Infelizmente é, impossível determinar experimentalmente os coeficientes de atividade para íons simples, como os mostrados na Tabela 8-2, porque os métodos experimentais fornecem apenas coeficientes de atividade médios para os íons positiva e negativamente carregados presentes em soluções. Em outras palavras, é impossível medir as

《 Quando μ é menor que 0,01 mol L^{-1}, $1 + \sqrt{\mu} \approx 1$ e a Equação 8-5 torna-se

$$-\log \gamma_X = 0{,}51\, Z_X^2\, \sqrt{\mu}$$

Essa equação é conhecida como **Lei Limite de Debye-Hückel (LLDH)**. Assim, em soluções com força iônica muito baixa ($\mu < 0{,}01$ mol L^{-1}), a LLDH pode ser utilizada para calcular os coeficientes de atividade aproximados.

TABELA 8-2
Coeficientes de Atividade para Íons a 25 °C

Íon	α_X, nm	Coeficiente de Atividade a Forças Iônicas Indicadas				
		0,001	0,005	0,01	0,05	0,1
H_3O^+	0,9	0,967	0,934	0,913	0,85	0,83
Li^+, $C_6H_5COO^-$	0,6	0,966	0,930	0,907	0,83	0,80
Na^+, IO_3^-, HSO_3^-, HCO_3^-, $H_2PO_4^-$, $H_2AsO_4^-$, OAc^-	0,4–0,45	0,965	0,927	0,902	0,82	0,77
OH^-, F^-, SCN^-, HS^-, ClO_3^-, ClO_4^-, BrO_3^-, IO_4^-, MnO_4^-	0,35	0,965	0,926	0,900	0,81	0,76
K^+, Cl^-, Br^-, I^-, CN^-, NO_2^-, NO_3^-, $HCOO^-$	0,3	0,965	0,925	0,899	0,81	0,75
Rb^+, Cs^+, Tl^+, Ag^+, NH_4^+	0,25	0,965	0,925	0,897	0,80	0,75
Mg^{2+}, Be^{2+}	0,8	0,872	0,756	0,690	0,52	0,44
Ca^{2+}, Cu^{2+}, Zn^{2+}, Sn^{2+}, Mn^{2+}, Fe^{2+}, Ni^{2+}, Co^{2+}, Ftalato^{2-}	0,6	0,870	0,748	0,676	0,48	0,40
Sr^{2+}, Ba^{2+}, Cd^{2+}, Hg^{2+}, S^{2-}	0,5	0,869	0,743	0,668	0,46	0,38
Pb^{2+}, CO_3^{2-}, SO_3^{2-}, $C_2O_4^{2-}$	0,45	0,868	0,741	0,665	0,45	0,36
Hg_2^{2+}, SO_4^{2-}, $S_2O_3^{2-}$, $Cr_2O_4^{2-}$, HPO_4^{2-}	0,40	0,867	0,738	0,661	0,44	0,35
Al^{3+}, Fe^{3+}, Cr^{3+}, La^{3+}, Ce^{3+}	0,9	0,737	0,540	0,443	0,24	0,18
PO_4^{3-}, $Fe(CN)_6^{3-}$	0,4	0,726	0,505	0,394	0,16	0,095
Th^{4+}, Zr^{4+}, Ce^{4+}, Sn^{4+}	1,1	0,587	0,348	0,252	0,10	0,063
$Fe(CN)_6^{4-}$	0,5	0,569	0,305	0,200	0,047	0,020

Fonte: Adaptado de J. Kielland. *J. Am. Chem. Soc.*, v. 59, p. 1675, 1937. DOI: 10.1021/ja01288a032.

---

[3] J. Kielland. *J. Amer. Chem. Soc.*, v. 59, p. 1675, 1937. DOI: 10.1021/ja01288a032.

propriedades de íons individuais na presença de contraíons de cargas opostas e de moléculas do solvente. Devemos ressaltar, contudo, que os coeficientes de atividade médios calculados a partir dos dados da Tabela 8-2 concordam satisfatoriamente com valores experimentais.

DESTAQUE 8-1

Coeficientes de Atividade Médios

O coeficiente de atividade médio do eletrólito $A_m B_n$ é definido como

$$\gamma_\pm = \text{coeficiente de atividade médio} = (\gamma_A^m \gamma_B^n)^{1/(m+n)}$$

O coeficiente de atividade médio pode ser medido de várias formas, mas é experimentalmente impossível desmembrar esse termo nos coeficientes de atividade individuais γ_A e γ_B. Por exemplo, se

$$K_{ps} = [A]^m [B]^n \cdot \gamma_A^m \gamma_B^n = [A]^m [B]^n \gamma_\pm^{(m+n)}$$

podemos obter K_{ps} medindo a solubilidade de $A_m B_n$ em uma solução na qual a concentração do eletrólito se aproxime de zero (isto é, ambos γ_A e $\gamma_B \to 1$). Uma segunda medida da solubilidade a uma certa força iônica μ_1 fornece valores para [A] e [B]. Esses dados permitem, então, o cálculo de $\gamma_A^m \gamma_B^n = \gamma_\pm^{(m+n)}$ para a força iônica μ_1. É importante entender que esse procedimento não fornece dados experimentais suficientes para permitir o cálculo dos valores *individuais* γ_A e γ_B e que não parece haver informação experimental adicional que permita avaliar essas grandezas. Essa situação é geral e a determinação *experimental* de um coeficiente de atividade individual é impossível.

>> Os valores para coeficientes de atividade a forças iônicas não mostradas na Tabela 8-2 podem ser obtidos por interpolação, como exposto no Exemplo 8-3(b).

EXEMPLO 8-3

(a) Use a Equação 8-5 para calcular o coeficiente de atividade do Hg^{2+} em uma solução que tem uma força iônica de 0,085 mol L^{-1}. Use 0,5 nm para o diâmetro efetivo do íon. (b) Compare o valor obtido em (a) com o coeficiente de atividade obtido pela interpolação linear dos dados contidos na Tabela 8-2 para coeficientes de atividade do íon sob forças iônicas de 0,1 e 0,05 mol L^{-1}.

Resolução

(a)
$$-\log \gamma_{Hg^{2+}} = \frac{(0,51)(2)^2 \sqrt{0,085}}{1 + (3,3)(0,5)\sqrt{0,085}} \approx 0,4016$$

$$\gamma_{Hg^{2+}} = 10^{-0,4016} = 0,397 \approx 0,40$$

(b) A partir da Tabela 8-2

μ	$\gamma_{Hg^{2+}}$
0,1 mol L^{-1}	0,38
0,05 mol L^{-1}	0,46

Assim, quando $\Delta\mu = (0{,}10 \text{ mol L}^{-1} - 0{,}05 \text{ mol L}^{-1}) = 0{,}05 \text{ mol L}^{-1}$, $\Delta\gamma_{Hg^{2+}} = 0{,}46 - 0{,}38 = 0{,}08$. Em uma força iônica de 0,085 mol L^{-1},

$$\Delta\mu = (0{,}100 \text{ mol L}^{-1} - 0{,}085 \text{ mol L}^{-1}) = 0{,}015 \text{ mol L}^{-1}$$

(continua)

e

$$\Delta\gamma_{Hg^{2+}} = \frac{0,015}{0,05} \times 0,08 = 0,024$$

Assim,

$$\Delta\gamma_{Hg^{2+}} = 0,38 + 0,024 = 0,404 \approx 0,40$$

Considerando a concordância entre os valores calculados e experimentais de coeficientes de atividade iônicos médios, podemos inferir que a relação de Debye-Hückel e os dados contidos na Tabela 8-2 fornecem coeficientes de atividade satisfatórios para forças iônicas de até 0,1 mol L⁻¹. A partir desse valor a equação falha e precisamos determinar os coeficientes de atividade experimentalmente.

» A lei limite de Debye-Hückel normalmente é aceita como sendo exata em valores de μ de até aproximadamente 0,01 mol $^{L-1}$ para íons com carga única.

8B-3 Cálculos de Equilíbrio Usando Coeficientes de Atividade

Os cálculos de equilíbrio com atividades geram resultados que concordam com os dados experimentais de maneira mais próxima que aqueles obtidos com as concentrações molares. A menos que estejam especificadas, as constantes de equilíbrio encontradas em tabelas são geralmente baseadas em atividades e, portanto, são termodinâmicas. Os exemplos que seguem ilustram como os coeficientes de atividade apresentados na Tabela 8-2 são aplicados a esses dados.

EXEMPLO 8-4

Encontre o erro relativo introduzido quando se negligenciam as atividades no cálculo da solubilidade do $Ba(IO_3)_2$ em uma solução de $Mg(IO_3)_2$ 0,033 mol L⁻¹. O produto de solubilidade termodinâmico para o $Ba(IO_3)_2$ é $1,57 \times 10^{-9}$ (veja o Apêndice 2).

Resolução

Primeiramente, escrevemos a expressão do produto de solubilidade em termos das atividades

$$K_{ps} = a_{Ba^{2+}} \cdot a_{IO_3^-}^2 = 1,57 \times 10^{-9}$$

onde $a_{Ba^{2+}}$ e $a_{IO_3^-}$ são as atividades dos íons bário e iodato. Nessa equação, a substituição de atividades por coeficientes de atividade e concentrações a partir da Equação 8-2 fornece

$$K_{ps} = \gamma_{Ba^{2+}}[Ba^{2+}] \cdot \gamma_{IO_3^-}^2 [IO_3^-]^2 \qquad (8\text{-}6)$$

onde $\gamma_{Ba^{2+}}$ e $\gamma_{IO_3^-}$ são os coeficientes de atividade para os dois íons. O rearranjo dessa expressão gera

$$K'_{ps} = \frac{K_{ps}}{\gamma_{Ba^{2+}} \gamma_{IO_3^-}^2} = [Ba^{2+}][IO_3^-]^2$$

onde K'_{ps} é o *produto de solubilidade baseado em concentrações*.

(continua)

A **Dra. Gwen Gross** obteve seu doutorado em química analítica na University of Washington. Ao trabalhar com o consórcio Center for Process Analytical Chemistry como estudante de pós-graduação, ela conheceu gerentes do setor e foi contratada pela Boeing ao terminar o doutorado. Atualmente ela é engenheira física de material e processo. Servindo como elo entre fornecedores da Boeing, engenheiros e lojas de manufatura, Dra. Gross utiliza as suas habilidades de comunicação para traduzir as peças críticas de química analítica para uma audiência basicamente de engenheiros. Usando técnicas como infravermelho de Reflectância Total Atenuada (ATR) para reunir dados, sua perspectiva única como química analítica garante consistência e qualidade nos produtos de materiais que são produzidos.

A força iônica da solução é obtida pela substituição dos valores na Equação 8-1:

$$\mu = \frac{1}{2}([Mg^{2+}] \times 2^2 + [IO_3^-] \times 1^2)$$

$$= \frac{1}{2}(0,033 \text{ mol L}^{-1} \times 4 + 0,066 \text{ mol L}^{-1} \times 1) = 0,099 \text{ mol L}^{-1} \approx 0,1 \text{ mol L}^{-1}$$

No cálculo de μ, consideramos que os íons Ba^{2+} e IO_3^- provenientes do precipitado não afetam significativamente a força iônica da solução. Essa simplificação parece justificável considerando-se a baixa solubilidade do iodato de bário e a concentração relativamente elevada do $Mg(IO_3)_2$. Em situações nas quais não é possível tecer tal consideração, as concentrações dos dois íons podem ser aproximadas por meio de cálculos de solubilidade, nos quais as atividades e as concentrações são consideradas idênticas (como nos Exemplos 7-3, 7-4 e 7-5). Essas concentrações podem ser utilizadas para fornecer um valor mais exato para μ (veja Exercícios no Excel).

Voltando para a Tabela 8-2, descobrimos que a uma força iônica de 0,1 mol L^{-1},

$$\gamma_{Ba^{2+}} = 0,38 \qquad \gamma_{IO_3^-} = 0,77$$

Se a força iônica calculada não for igual àquela das colunas da tabela, $\gamma_{BA^{2+}}$ e $\gamma_{IO_3^-}$ podem ser calculados a partir da Equação 8-5.

A substituição na expressão termodinâmica do produto de solubilidade fornece

$$K'_{ps} = \frac{1,57 \times 10^{-9}}{(0,38)(0,77)^2} = 6,97 \times 10^{-9}$$

$$[Ba^{2+}][IO_3^-]^2 = 6,97 \times 10^{-9}$$

Procedendo agora como em cálculos de solubilidade anteriores,

$$\text{solubilidade} = [Ba^{2+}]$$

$$[IO_3^-] = 2 \times 0,033 \text{ mol L}^{-1} + 2[Ba^{2+}] \approx 0,066 \text{ mol L}^{-1}$$

$$[Ba^{2+}](0,066)^2 = 6,97 \times 10^{-9}$$

$$[Ba^{2+}] = \text{solubilidade} = 1,60 \times 10^{-6} \text{ mol L}^{-1}$$

Se negligenciarmos as atividades, encontraremos a solubilidade como a seguir:

$$[Ba^{2+}](0,066)^2 = 1,57 \times 10^{-9}$$

$$[Ba^{2+}] = \text{solubilidade} = 3,60 \times 10^{-7} \text{ mol L}^{-1}$$

$$\text{erro relativo} = \frac{3,60 \times 10^{-7} - 1,60 \times 10^{-6}}{1,60 \times 10^{-6}} \times 100\% = -77\%$$

EXEMPLO 8-5

Use as atividades para calcular a concentração de íons hidroxônio em uma solução de HNO_2 0,120 mol L^{-1} que também tem NaCl 0,050 mol L^{-1}. Qual é o erro percentual relativo provocado por se desconsiderar as correções de atividades?

Resolução

A força iônica dessa solução é

$$\mu = \frac{1}{2}(0,0500 \text{ mol L}^{-1} \times 1^2 + 0,0500 \text{ mol L}^{-1} \times 1^2) = 0,0500 \text{ mol L}^{-1}$$

(continua)

Na Tabela 8-2, a uma força iônica de 0,050 mol L⁻¹, descobrimos

$$\gamma_{H_3O^+} = 0{,}85 \qquad \gamma_{NO_2^-} = 0{,}81$$

De forma semelhante, a partir da regra 4 (p. 204) podemos escrever

$$\gamma_{HNO_2} = 1{,}0$$

Esses três valores para γ permitem o cálculo de uma constante de dissociação baseada na concentração a partir da constante termodinâmica $7{,}1 \times 10^{-4}$ (veja o Apêndice 3):

$$K_a' = \frac{[H_3O^+][NO_2^-]}{[HNO_2]} = \frac{K_a \cdot \gamma_{HNO_2}}{\gamma_{H_3O^+}\gamma_{NO_2^-}} = \frac{7{,}1 \times 10^{-4} \times 1{,}0}{0{,}85 \times 0{,}81} = 1{,}03 \times 10^{-3}$$

Procedendo como no Exemplo 7-7, escrevemos

$$[H_3O^+] = \sqrt{K_a \times c_a} = \sqrt{1{,}03 \times 10^{-3} \times 0{,}120} = 1{,}11 \times 10^{-2} \text{ mol L}^{-1}$$

Observe que, se considerarmos coeficientes de atividade unitários, teremos $[H_3O^+] = 9{,}2 \times 10^{-3}$ mol L⁻¹.

$$\text{Erro relativo} = \frac{9{,}2 \times 10^{-3} - 1{,}11 \times 10^{-2}}{1{,}11 \times 10^{-2}} \times 100\% = -17\%$$

Nesse exemplo, consideramos que a contribuição da dissociação do ácido para a força iônica foi desprezível. Além disso, empregamos uma solução aproximada para o cálculo da concentração dos íons hidroxônio. Veja o Problema 8-19 para uma discussão dessas aproximações.

8B-4 A Omissão dos Coeficientes de Atividade nos Cálculos de Equilíbrio

Normalmente, negligenciamos os coeficientes de atividade e simplesmente empregamos as concentrações molares em aplicações da lei do equilíbrio. Essa aproximação simplifica os cálculos e diminui enormemente a quantidade de dados necessários. Para a maioria dos propósitos, o erro introduzido por considerar-se os coeficientes de atividade iguais à unidade não é grande o suficiente para levar a conclusões falsas. Fica evidente, todavia, a partir dos exemplos anteriores, que a desconsideração dos coeficientes de atividade pode introduzir erros numéricos significativos nos cálculos desse tipo. Observe, por exemplo, que a desconsideração das atividades no Exemplo 8-4 resultou em um erro de cerca de −77%. Esteja alerta a situações nas quais a substituição da atividade pela concentração pode levar a erros significativos. Discrepâncias significativas ocorrem quando a força iônica é alta (0,01 mol L⁻¹ ou maior) ou quando os íons envolvidos têm múltiplas cargas (ver Tabela 8-2). Com soluções diluídas ($\mu < 0{,}01$ mol L⁻¹) de não eletrólitos e de íons de carga simples, os cálculos da lei das massas usando concentrações são, com frequência, razoavelmente exatos. Quando, como ocorre muitas vezes, as soluções têm forças iônicas superiores a 0,01 mol L⁻¹, as correções pelas atividades precisam ser feitas. Os aplicativos computacionais como o Excel reduzem grandemente o tempo e o esforço requeridos para realizar esses cálculos. Também é importante observar que a diminuição da solubilidade resultante da presença de um íon comum ao precipitado (o efeito do íon comum) é, pelo menos em parte, compensada pela grande concentração eletrolítica do sal que contém o íon comum.

Exercícios no Excel   O Capítulo 5 de *Applications of Microsoft® Excel® in Analytical Chemistry*, 4. ed., discute a solubilidade de um sal na presença de um eletrólito que modifica a força iônica da solução. A solubilidade também altera a força iônica, sendo encontrada inicialmente uma solução iterativa, onde é determinada supondo-se que os coeficientes de atividade sejam unitários. A força iônica é então calculada e usada para encontrar os coeficientes de atividade que, por sua vez, são usados para obter um novo valor para a solubilidade. O processo de iteração continua até os resultados atingirem um valor constante. O Excel's Solver é usado para encontrar a solubilidade diretamente a partir de uma equação contendo todas as variáveis.

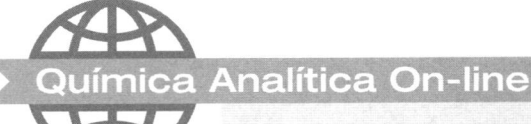

É normalmente interessante e instrutivo ler artigos originais que descrevem as importantes descobertas na sua área de interesse. Dois sites da internet, Selected Classic Papers from the History of Chemistry e Classic Papers from the History of Chemistry (e alguns de física, também), apresentam muitos artigos originais (ou suas traduções) para aqueles que desejam explorar o trabalho pioneiro na química. Um destes links é https://www.chemteam.info/Chem-History/Debye-Strong-Electrolyte.html. Encontre e clique no link para o famoso artigo de 1923 de Debye e Hückel sobre a teoria de soluções de eletrólitos. Leia a tradução do artigo e compare a notação no artigo com a notação neste capítulo. Qual símbolo os autores usaram para o coeficiente de atividade? O que eles dizem sobre a atmosfera ao redor de um íon e sua espessura? Quais fenômenos importantes os autores relacionam à teoria deles? Observe que os detalhes matemáticos não aprecem na tradução do artigo.

Resumo do Capítulo 8

- Descrever a atividade de uma espécie.
- Relacionar o coeficiente de atividade com a concentração da espécie.
- Definir o coeficiente de atividade de uma espécie.
- Descrever a influência da carga iônica.
- Calcular a força iônica de soluções.
- Explorar o efeito salino.
- Explicar e usar a equação de Debye-Hückel.
- Calcular os coeficientes de atividade iônica média.
- Usar as atividades nos equilíbrios químicos.
- Calcular os erros que resultam do uso de concentrações em vez de atividades.

O Efeito de Eletrólitos nos Equilíbrios Químicos

Termos-chave

Atividade, 199
Atividade para íons, 205
Coeficiente de atividade, 199
Efeito salino, 202
Equação de Debye-Hückel, 204
Força iônica, 201
Lei limite de Debye-Hückel, p. 205

Equações Importantes

Força iônica

$$\mu = \frac{1}{2}([A]Z_A^2 + [B]Z_B^2 + [C]Z_C^2 + \cdots)$$

Atividade

$$a_X = [X]\gamma_X$$

Para $X_m Y_n(s) \rightleftharpoons mX + nY$

$$K_{ps} = a_X^m a_Y^n = [X]^m[Y]^n \cdot \gamma_X^m \gamma_Y^n = K'_{ps} \cdot \gamma_X^m \gamma_Y^n$$

Equação de Debye-Hückel

$$-\log \gamma_X = \frac{0{,}51 Z_X^2 \sqrt{\mu}}{1 + 3{,}3\alpha_X \sqrt{\mu}}$$

Lei limite de Debye-Hückel

$$-\log \gamma_X = 0{,}51 Z_X^2 \sqrt{\mu}$$

Coeficiente de Atividade Médio

$\gamma_\pm$ = coeficiente de atividade médio = $(\gamma_A^m \gamma_B^n)^{1/(m+n)}$

Questões e Problemas*

*8-1. Faça uma distinção entre
(a) atividade e coeficiente de atividade.
(b) constantes de equilíbrio termodinâmico com base em concentrações.

8-2. Liste as propriedades gerais dos coeficientes de atividade.

*8-3. Desconsiderando qualquer efeito provocado por variações de volume, você esperaria que a força iônica (1) aumentasse, (2) diminuísse ou (3) permanecesse essencialmente constante pela adição de NaOH a uma solução diluída de
(a) cloreto de magnésio forma-se [$Mg(OH)_2(s)$]?
(b) ácido clorídrico?
(c) ácido acético?

8-4. Desconsiderando qualquer efeito provocado por variações de volume, você esperaria que a força iônica (1) aumentasse, (2) diminuísse ou (3) permanecesse essencialmente constante pela adição de cloreto de ferro(III) a
(a) HCl?
(b) NaOH?
(c) $AgNO_3$?

*8-5. Explique por que o coeficiente de atividade para íons dissolvidos em água é normalmente menor que aquele para a água em si.

8-6. Explique por que o coeficiente de atividade para uma molécula neutra normalmente é 1.

*8-7. Explique por que a inclinação inicial para Ca^{2+} na Figura 8-3 é mais abrupta do que para o K^+.

8-8. Qual é o valor numérico do coeficiente de atividade de amônia aquosa (NH_3) em uma força iônica de 0,2?

8-9. Calcule a força iônica de uma solução
*(a) 0,025 mol L^{-1} em $FeSO_4$.
(b) 0,25 mol L^{-1} em $(NH_4)_2CrO_4$.
*(c) 0,25 mol L^{-1} em $FeCl_3$ e 0,15 mol L^{-1} em $FeCl_2$.
(d) 0,025 mol L^{-1} em $La(NO_3)_3$ e 0,050 mol L^{-1} em $Fe(NO_3)_2$.

8-10. Use a Equação 8-5 para calcular o coeficiente de atividade de
*(a) Fe^{3+} a $\mu = 0{,}057$.
(b) Pb^{2+} a $\mu = 0{,}026$.
*(c) Ce^{4+} a $\mu = 0{,}065$.
(d) Sn^{4+} a $\mu = 0{,}040$.

8-11. Calcule os coeficientes de atividade para as espécies no Problema 8-10 pela interpolação dos dados da Tabela 8-2.

8-12. Para uma solução na qual $\mu = 6{,}5 \times 10^{-2}$, calcule o K'_{ps} para
*(a) AgSCN.
(b) PbI_2.
*(c) $La(IO_3)_3$.
(d) $MgNH_4PO_4$.

*8-13. Use as atividades para calcular a solubilidade molar do $Zn(OH)_2$ em
(a) KCl 0,0150 mol L^{-1}.
(b) K_2SO_4 0,0250 mol L^{-1}.

---

*As respostas para as questões e problemas marcados com um asterisco são fornecidas no final deste livro.

(c) a solução resultante da mistura de 40,0 mL de KOH 0,250 mol L^{-1} com 60,0 mL de ZnCl$_2$ 0,0250 mol L^{-1}.

(d) a solução resultante da mistura de 20,0 mL de KOH 0,100 mol L^{-1} com 80,0 mL de ZnCl$_2$ 0,0250 mol L^{-1}.

*8-14. Calcule as solubilidades dos seguintes compostos em uma solução de Mg(ClO$_4$)$_2$ 0,0275 mol L^{-1} usando (1) as atividades e (2) as concentrações molares:

(a) AgSCN.
(b) PbI$_2$.
(c) BaSO$_4$.
(d) Cd$_2$Fe(CN)$_6$.
$$Cd_2Fe(CN)_6(s) \rightleftharpoons 2Cd^{2+} + Fe(CN)_6^{4-}$$
$$K_{ps} = 3,2 \times 10^{-17}$$

*8-15. Calcule as solubilidades dos seguintes compostos em uma solução de Ba(NO$_3$)$_2$ 0,0167 mol L^{-1} usando (1) as atividades e (2) as concentrações molares:

(a) AgIO$_3$.
(b) Mg(OH)$_2$.
(c) BaSO$_4$.
(d) La(IO$_3$)$_3$.

8-16. Calcule o erro percentual relativo na solubilidade devido ao uso de concentrações em vez de atividades para os seguintes compostos presentes em KNO$_3$ 0,0350 mol L^{-1} utilizando os produtos de solubilidade termodinâmicos listados no Apêndice 2.

*(a) CuCl (α_{Cu^+} = 0,3 nm)
(b) Fe(OH)$_2$
*(c) Fe(OH)$_3$
(d) La(IO$_3$)$_3$
*(e) Ag$_3$AsO$_4$ ($\alpha_{AsO_4^{3-}}$ = 0,4 nm)

8-17. Calcule o erro percentual relativo na concentração do íon hidroxônio devido ao uso de concentrações em vez de atividades no cálculo do pH da solução das seguintes soluções tampão utilizando as constantes termodinâmicas listadas no Apêndice 3.

*(a) HOAc 0,175 mol L^{-1} e NaOAc 0,275 mol L^{-1}
(b) NH$_3$ 0,0500 mol L^{-1} e NH$_4$Cl 0,100 mol L^{-1}
(c) ClCH$_2$COOH 0,0200 mol L^{-1} e ClCH$_2$COONa 0,0500 mol L^{-1}
($a_{ClCH_2COO^-}$ = 0,35)

8-18. Planeje e construa uma planilha para calcular coeficientes de atividade em um formato similar ao da Tabela 8-2. Insira valores de a_X nas células A3, A4 e A5 e assim por diante e introduza cargas iônicas nas células B3, B4, B5 e assim por diante. Nas células C2:G2 insira os mesmos conjuntos de valores para as forças iônicas listadas na Tabela 8-2. Inclua a fórmula para os coeficientes de atividade nas células C3:G3. Assegure-se de utilizar células de referência absolutas para a força iônica em suas fórmulas para os coeficientes de atividade. Por fim, copie as fórmulas para os coeficientes de atividade nas linhas abaixo da linha C, destacando C3:G3 e arrastando o autopreenchimento. Compare os coeficientes de atividade que você calculou com aqueles contidos na Tabela 8-2. Você encontra discrepâncias? Em caso afirmativo, explique como elas surgem.

8-19. **Problema Desafiador**: No Exemplo 8-5, negligenciamos a contribuição do ácido nitroso para a força iônica. Também usamos a solução simplificada para a concentração de íons hidroxônio,

$$[H_3O^+] = \sqrt{K_a c_a}$$

(a) Desenvolva uma solução iterativa para o problema na qual você calcule realmente a força iônica, primeiro sem levar em consideração a dissociação do ácido. Avalie então os coeficientes de atividade correspondentes para os íons usando a equação de Debye-Hückel, calcule um novo K_a e encontre um novo valor para [H$_3$O$^+$]. Repita o processo, mas utilize as concentrações de H$_3$O$^+$ e NO$_2^-$ juntamente com o NaCl 0,05 mol L^{-1} para calcular uma nova força iônica; uma vez mais, encontre os coeficientes de atividades, K_a, e o novo valor para [H$_3$O$^+$]. Iterar até obter dois valores consecutivos para [H$_3$O$^+$] que sejam iguais dentro de 0,1%. Quantas iterações você precisou realizar? Qual o erro relativo entre o seu valor final e o valor obtido no Exemplo 8-5 sem a correção para as atividades? Qual o erro relativo entre o primeiro valor que você calculou e o último? Talvez seja necessário utilizar uma planilha eletrônica para auxiliá-lo nesses cálculos.

(b) Agora, realize os mesmos cálculos, porém, dessa vez, determine a concentração de íons hidroxônio usando a equação quadrática ou o método das aproximações sucessivas a cada vez que você avaliar uma nova força iônica. Que melhoria você observou em relação aos resultados que obteve em (a)?

(c) Quando as correções para as atividades, como as que você fez em (a), são necessárias? Que variáveis precisam ser consideradas para se decidir se é necessário fazer tais correções?

(d) Quando as correções, como as que você fez em (b), são necessárias? Que critérios você empregou para decidir se essas correções deveriam ser feitas?

(e) Suponha que você esteja tentando determinar as concentrações de íons presentes em uma matriz complexa, como, por exemplo, soro sanguíneo ou urina. É possível fazer correções para as atividades em sistemas como estes? Explique sua resposta.

Resolução de Problemas de Equilíbrio de Sistemas Complexos

CAPÍTULO 9

Equilíbrios em sistemas complexos são muito importantes em diversas áreas da ciência. Esses equilíbrios desempenham um papel relevante no meio ambiente. Rios e lagos estão sujeitos a muitas fontes de poluição que podem tornar a água inadequada para consumo humano, natação ou pescaria. Um dos problemas mais comuns com os lagos está na sobrecarga de nutrientes causada pela lixiviação de nutrientes empregados na agricultura, como fosfatos e nitratos, provenientes de estações de tratamento de esgoto, de fertilizantes, detergentes, dejetos de animais e erosão do solo. Esses nutrientes estão envolvidos em equilíbrios complexos que fazem com que as plantas aquáticas, como os jacintos d'água (foto) e as algas, experimentem uma explosão populacional. Quando as plantas morrem e descem para o fundo do lago, as bactérias que as decompõem eliminam o oxigênio dissolvido das camadas inferiores do lago, o que pode levar os peixes a morrerem por falta de oxigênio. Os cálculos envolvidos em equilíbrios complexos são o objeto principal deste capítulo, assim como será descrita a abordagem sistemática para resolver os problemas envolvendo múltiplos equilíbrios. Os cálculos de solubilidade quando o equilíbrio é influenciado pelo pH e pela formação de complexos também são discutidos.

kittiwat chaitoep/Shutterstock.com

As soluções aquosas encontradas no laboratório costumam conter muitas espécies que interagem entre si e com a água para produzir dois ou mais equilíbrios simultâneos. Por exemplo, quando dissolvemos um sal escassamente solúvel em água, existem vários equilíbrios, como mostrado pelos três equilíbrios fornecidos:

$$BaSO_4(s) \rightleftharpoons Ba^{2+} + SO_4^{2-} \quad (9\text{-}1)$$

$$SO_4^{2-} + H_3O^+ \rightleftharpoons HSO_4^- + H_2O \quad (9\text{-}2)$$

$$2H_2O \rightleftharpoons H_3O^+ + OH^- \quad (9\text{-}3)$$

‹‹ A introdução de um novo sistema em equilíbrio em uma solução não altera as constantes de equilíbrio de nenhum dos equilíbrios ali existentes.

Se íons hidrônio forem adicionados a esse sistema, o segundo equilíbrio será deslocado para a direita em razão do efeito do íon comum. O decréscimo resultante na concentração de sulfato faz com que o primeiro equilíbrio também se desloque para a direita, o que aumenta a solubilidade do sulfato de bário.

A solubilidade do sulfato de bário também é aumentada quando íons acetato são adicionados a uma suspensão aquosa desse sal porque os íons acetato tendem a formar um complexo solúvel com os íons bário, como mostrado pela reação

$$Ba^{2+} + OAc^- \rightleftharpoons BaOAc^+ \tag{9-4}$$

O efeito do íon comum novamente faz com que tanto esse equilíbrio quanto o equilíbrio de solubilidade da Equação 9-1 se desloquem para a direita. Então, a solubilidade do sulfato de bário aumenta.

Se desejarmos calcular a solubilidade do sulfato de bário em um sistema contendo íons hidrônio e acetato, devemos levar em conta não somente o equilíbrio de solubilidade, como também os outros equilíbrios. Descobrimos, contudo, que o uso de quatro expressões da constante de equilíbrio para calcular a solubilidade é muito mais difícil e complexo que o procedimento simples ilustrado nos Exemplos 7-3 a 7-5. Para resolver esse tipo de problema, a abordagem sistemática é essencial. Utilizamos essa abordagem para ilustrar o efeito do pH e a formação de complexos sobre a solubilidade de precipitados analíticos típicos. Em capítulos posteriores, utilizamos o mesmo método sistemático para resolver problemas com equilíbrios múltiplos de diversos tipos.

9A Método Sistemático para Resolução de Problemas Utilizando Múltiplos Equilíbrios

Para resolver um problema de equilíbrio múltiplo, devemos escrever tantas equações independentes quantas forem as espécies químicas presentes no sistema estudado. Por exemplo, se nossa tarefa é calcular a solubilidade do sulfato de bário em uma solução de um ácido, precisamos calcular a concentração de todas as espécies presentes na solução. Há cinco espécies neste exemplo: $[Ba^{2+}]$, $[SO_4^{2-}]$, $[HSO_4^-]$, $[H_3O^+]$ e $[OH^-]$. Para calcular rigorosamente a solubilidade do sulfato de bário nessa solução, torna-se necessário criar cinco equações algébricas independentes que possam ser resolvidas simultaneamente para fornecer as cinco concentrações.

Três tipos de equações algébricas são utilizados para a resolução de problemas envolvendo equilíbrios múltiplos: (1) expressões das constantes de equilíbrio, (2) equações de *balanço de massas* e (3) uma única equação de *balanço de cargas*. Mostramos na Seção 7B como as expressões das constantes de equilíbrio são escritas; agora vamos nos concentrar nos outros dois tipos de equações.

9A-1 Equações de Balanço de Massa

>> O termo *equação de balanço de massas*, embora largamente utilizado, é algo enganoso porque, na verdade, essas equações são realmente baseadas no balanço de *concentrações* em vez de *massas*. Uma vez que as espécies do soluto estão no mesmo volume de solução, o balanço de concentração e o balanço de massa são equivalentes.

As **equações de balanço de massas** relacionam as concentrações de *equilíbrio* de várias espécies em uma solução umas com as outras e com a concentração *analítica* de vários solutos. Para ilustrar, suponha que queiramos preparar uma solução aquosa de um sal NaA, onde A^- seja a base conjugada de um ácido fraco HA. Para cada mol de NaA que se dissolve, no equilíbrio, a solução deve conter um mol de A em todas as suas formas. Parte de A^- vem da dissociação do sal, que abstrairá prótons da água para se transformar em HA e o restante permanecerá em solução como A^-. No entanto, independentemente de qualquer química que ocorra à medida que a solução é formada, devemos ter a mesma quantidade de matéria de A (e assim a mesma massa de A) antes de dissolver o soluto que encontramos após a solução ter atingido o equilíbrio. Uma vez que todos os solutos estão contidos no mesmo volume de solução, a concentração de A antes de dissolver o sal é igual à concentração total de todas as formas de A na solução em equilíbrio. Em suma, as equações de balanço de massas são um resultado direto da conservação das massas, dos mols e, nesta aplicação, da concentração. Para escrever a(s) expressão(ões) de balanço de massas, devemos saber as propriedades e as quantidades de todos os solutos na solução, como a solução foi preparada e os equilíbrios na solução.

Como nosso primeiro exemplo de balanço de massas, vamos explorar os detalhes do que acontece quando um ácido fraco HA é dissolvido em água com uma concentração molar analítica de c_{HA}. Nosso objetivo é escrever a(s) expressão(ões) de balanço de massas para este sistema. Nosso primeiro tipo de expressão de balanço de massas é baseado no conhecimento preciso do valor de c_{HA} a partir da descrição da solução.

Existem dois equilíbrios em jogo nesta solução:

$$HA + H_2O \rightleftharpoons H_3O^+ + A^-$$

$$2H_2O \rightleftharpoons H_3O^+ + OH^-$$

A única fonte das duas espécies que contém A, HA e A⁻ é o soluto original, HA, cuja concentração *analítica* é c_{HA}. Uma vez que todo o A⁻ e o HA na solução vem da quantidade medida de soluto HA, podemos escrever nossa primeira equação de balanço de massas.

$$c_{HA} = [HA] + [A^-]$$

O segundo tipo de expressão de balanço de massas conta com o nosso conhecimento detalhado dos equilíbrios na solução. Os íons hidrônio na solução vêm de duas fontes: a dissociação de HA e a dissociação da água. A concentração global de H_3O^+ é então a soma das duas concentrações destas fontes, ou

$$[H_3O^+] = [H_3O^+]_{HA} + [H_3O^+]_{H_2O}$$

Mas, para os equilíbrios acima, a concentração de hidrônio da dissociação do ácido $[H_3O^+]_{HA}$ é igual a $[A^-]$ e a concentração de hidrônio da água $[H_3O^+]_{H_2O}$ é igual a $[OH^-]$. Portanto, temos

$$[H_3O^+] = [A^-] + [OH^-]$$

Este tipo de expressão de balanço de massas é frequentemente chamado de **equação de balanço de prótons**, porque ela considera todas as fontes de prótons. Como veremos, esta última equação é muito interessante e útil, porque demonstra a conservação de outra quantidade: a carga.

Nos Exemplos 9-1 e 9-2, consideramos as expressões de balanço de massas para dois sais praticamente insolúveis na presença de outros solutos que afetam a solubilidade dos sais.

>> Escrever as equações de balanço de massas pode ser tão direto quanto o caso de um ácido fraco abordado aqui. Em soluções complexas contendo muitos solutos participantes em numerosos equilíbrios, a tarefa pode ser bem difícil.

EXEMPLO 9-1

Escreva as expressões de balanço de massas para uma solução de HCl 0,0100 mol L⁻¹ que está em equilíbrio com excesso de $BaSO_4$ sólido.

Resolução

Como mostrado por intermédio das Equações 9-1 a 9-3, existem três equilíbrios que estão presentes nessa solução.

$$BaSO_4(s) \rightleftharpoons Ba^{2+} + SO_4^{2-}$$
$$SO_4^{2-} + H_3O^+ \rightleftharpoons HSO_4^- + H_2O$$
$$2H_2O \rightleftharpoons H_3O^+ + OH^-$$

Como discutido na Seção 7A-2, o H_2SO_4 é um ácido forte e está totalmente dissociado.

Uma vez que a única fonte das duas espécies de sulfato é o $BaSO_4$ dissolvido, a concentração do íon bário deve ser igual à concentração total das espécies contendo sulfato. Logo, podemos escrever nossa primeira equação de balanço de massas.

$$[Ba^{2+}] = [SO_4^{2-}] + [HSO_4^-]$$

De acordo com a segunda reação anterior, os íons hidrônio na solução estão livres como H_3O^+ ou eles reagem com o SO_4^{2-} para formar HSO_4^-. Podemos expressar isto como

$$[H_3O^+]_{tot} = [H_3O^+] + [HSO_4^-]$$

onde $[H_3O^+]_{tot}$ é a concentração de hidrônio de todas as fontes e $[H_3O^+]$, a concentração no equilíbrio de hidrônio livre. Os prótons que contribuem para $[H_3O^+]_{tot}$ têm duas fontes: HCl aquoso e a dissociação da água. Neste exemplo, nos referimos à concentração de íon hidrônio da dissociação completa de HCl como $[H_3O^+]_{HCl}$ e a concentração da autoprotólise da água como $[H_3O^+]_{H_2O}$. A concentração total de íon hidrônio é então

>> Para um sal pouco solúvel com estequiometria 1:1, a concentração de equilíbrio do cátion é igual à concentração de equilíbrio do ânion. Essa igualdade é a expressão do balanço de massas. Para os ânions que podem ser protonados, a concentração de equilíbrio do cátion é igual à soma das concentrações das várias formas do ânion.

(continua)

$$[H_3O^+]_{tot} = [H_3O^+]_{HCl} + [H_3O^+]_{H_2O}$$

E a partir da equação precedente,

$$[H_3O^+]_{tot} = [H_3O^+] + [HSO_4^-] = [H_3O^+]_{HCl} + [H_3O^+]_{H_2O}$$

Mas $[H_3O^+]_{HCl} = c_{HCl}$, e desde que a única fonte de hidróxido seja a dissociação da água, podemos escrever que $[H_3O^+]_{H_2O} = [OH^-]$. Substituindo estas duas quantidades na equação anterior,

$$[H_3O^+]_{tot} = [H_3O^+] + [HSO_4^-] = c_{HCl} + [OH^-]$$

e a equação do balanço de massas é então

$$[H_3O^+] + [HSO_4^-] = 0,0100 + [OH^-]$$

>> Para os sais pouco solúveis com estequiometrias diferentes de 1:1, a expressão de balanço de massas é obtida pela multiplicação da concentração de um dos íons pela razão estequiométrica. Por exemplo, em uma solução saturada com PbI_2, a concentração de íon iodeto é duas vezes maior que a de Pb^{2+}. Isto é,

$$[I^-] = 2[Pb^{2+}]$$

Este resultado parece contraintuitivo para a maioria das pessoas, porque dois íons iodeto aparecem na solução para cada íon de chumbo (II) que aparece. Lembre-se de que é exatamente por essa razão que devemos multiplicar a $[Pb^{2+}]$ por dois para acertar a igualdade.

EXEMPLO 9-2

Escreva expressões de balanço de massas para o sistema formado quando uma solução de NH_3 0,010 mol L^{-1} é saturada com o ligeiramente solúvel AgBr. Os íons prata, Ag^+, podem formar os complexos $Ag(NH_3)^+$ e $Ag(NH_3)_2^+$ com a amônia.

Resolução

Neste exemplo, as equações para os equilíbrios pertinentes em solução são

$$AgBr(s) \rightleftharpoons Ag^+ + Br^-$$
$$Ag^+ + NH_3 \rightleftharpoons Ag(NH_3)^+$$
$$Ag(NH_3)^+ + NH_3 \rightleftharpoons Ag(NH_3)_2^+$$
$$NH_3 + H_2O \rightleftharpoons NH_4^+ + OH^-$$
$$2H_2O \rightleftharpoons H_3O^+ + OH^-$$

Nesta solução, AgBr é a única fonte de Br^-, Ag^+, $Ag(NH_3)^+$ e $Ag(NH_3)_2^+$. À medida que o AgBr se dissolve, os íons prata e brometo aparecem na razão 1:1. Enquanto o Ag^+ reage com a amônia para formar $Ag(NH_3)^+$ e $Ag(NH_3)_2^+$, o brometo aparece apenas como Br^-, logo, nossa primeira equação de balanço de massas é

$$[Ag^+] + [Ag(NH_3)^+] + [Ag(NH_3)_2^+] = [Br^-]$$

onde os termos entre colchetes são as concentrações molares das espécies.
Sabemos também que a única fonte das espécies que contém amônia é a solução de NH_3 0,010 mol L^{-1}. Portanto,

$$c_{NH_3} = [NH_3] + [NH_4^+] + [Ag(NH_3)^+] + 2[Ag(NH_3)_2^+] = 0,010 \text{ mol } L^{-1}$$

O coeficiente 2 nesta equação surge porque $Ag(NH_3)_2^+$ contém duas moléculas de amônia. Dos dois últimos equilíbrios, vemos que um íon hidróxido é formado para cada NH_4^+ e para cada íon hidrônio. Dessa forma,

$$[OH^-] = [NH_4^+] + [H_3O^+]$$

9A-2 Equação de Balanço de Cargas

As soluções eletrolíticas são eletricamente neutras mesmo que possam conter milhões de íons carregados. As soluções são neutras porque a *concentração molar de cargas positivas* em uma solução de um eletrólito sempre se iguala à *concentração molar de cargas negativas*. Em outras palavras, para qualquer solução que contenha eletrólitos, podemos escrever quantidade de matéria L⁻¹ de carga positiva = quantidade de matéria L⁻¹ de carga negativa

Essa equação representa a condição de balanço de cargas e é denominada **equação de balanço de cargas**. Para poder ser útil aos cálculos e equilíbrio, a igualdade deve ser expressa em termos das concentrações molares das espécies que apresentam carga na solução.

Com quanto de carga contribui 1 mol de Na^+ em uma solução? E 1 mol de Mg^{2+} ou 1 mol de PO_4^{3-}? A concentração de cargas com a qual um íon em uma solução contribui é igual à sua concentração molar multiplicada pela sua carga. Dessa forma, a concentração molar de cargas positivas em uma solução em razão da presença de íons sódio é a concentração molar de íons sódio:

$$\frac{\text{mol de carga positiva}}{L} = \frac{1 \text{ mol de carga positiva}}{\text{mol Na}^+} \times \frac{\text{mol Na}^+}{L}$$

$$= 1 \times [Na^+]$$

A concentração de cargas positivas decorrente de íons magnésio é

$$\frac{\text{mol de carga positiva}}{L} = \frac{2 \text{ mols de carga positiva}}{\text{mol Mg}^{2+}} \times \frac{\text{mol Mg}^{2+}}{L}$$

$$= 2 \times [Mg^{2+}]$$

≪ Lembre-se sempre de que o balanço de carga de uma equação é baseado nas *concentrações de cargas molares* e que para obter a concentração e carga de um íon, você deve multiplicar a concentração molar do íon por sua carga.

uma vez que um mol de íon magnésio contribui com 2 mols de cargas positivas para a solução. De forma similar, escrevemos para o íon fosfato

$$\frac{\text{mol de carga negativa}}{L} = \frac{3 \text{ mols de carga positiva}}{\text{mol de PO}_4^{3-}} \times \frac{\text{mol de PO}_4^{3-}}{L}$$

$$= 3 \times [PO_4^{3-}]$$

≪ Em alguns sistemas, uma equação útil de balanço de cargas não pode ser escrita por causa da falta de informação sobre o sistema ou porque a equação de balanço de carga é idêntica a uma das equações de balanço de massas.

Agora, considere como devemos escrever a equação de balanço de cargas para uma solução de cloreto de sódio 0,100 mol L⁻¹. As cargas positivas nessa solução são supridas pelo Na^+ e pelo H_3O^+ (da dissociação da água). As cargas negativas vêm do Cl^- e do OH^-. As concentrações das cargas positivas e negativas são

$$\text{mol L}^{-1} \text{ de cargas positivas} = [Na^+] + [H_3O^+] = 0{,}100 + 1 \times 10^{-7}$$

$$\text{mol L}^{-1} \text{ de cargas negativas} = [Cl^-] + [OH^-] = 0{,}100 + 1 \times 10^{-7}$$

Escrevemos a equação do balanço de cargas igualando as concentrações das cargas positivas e negativas. Isto é,

$$[Na^+] + [H_3O^+] = [Cl^-] + [OH^-] = 0{,}100 + [OH^-]$$

≪ As concentrações no equilíbrio de $[OH^-]$ e $[H_3O^+]$ são próximas de 1×10^{-7} mol L⁻¹ nestes exemplos, mas estas concentrações podem variar se outros equilíbrios entrarem em jogo.

Agora, consideramos uma solução que apresenta uma concentração analítica de cloreto de magnésio de 0,100 mol L⁻¹. Nestes exemplos, as concentrações das cargas positivas e negativas são dadas por

$$\text{mol L}^{-1} \text{ de cargas positivas} = 2[Mg^{2+}] + [H_3O^+] = 2 \times 0{,}100 + [H_3O^+]$$

$$\text{mol L}^{-1} \text{ de cargas negativas} = [Cl^-] + [OH^-] = 2 \times 0{,}100 + [OH^-]$$

Na primeira equação, a concentração molar do íon magnésio é multiplicada por dois (2 × 0,100), porque 1 mol desse íon contribui com 2 mols de cargas positivas para a solução. Na segunda equação, a concentração molar de íons cloreto corresponde a duas vezes a do cloreto de magnésio, ou 2 × 0,100. Para obter a equação de balanço de cargas, igualamos as concentrações de cargas positivas com a concentração de cargas negativas

$$2[Mg^{2+}] + [H_3O^+] = [Cl^-] + [OH^-] = 0,200 + [OH^-]$$

Para uma solução de pH neutro, $[H_3O^+]$ e $[OH^-]$ são muito pequenas ($\approx 1 \times 10^{-7}$ mol L^{-1}) e iguais, dessa forma, podemos, normalmente, simplificar a equação de balanço de cargas para

$$2[Mg^{2+}] + [Cl^-] \approx 0,200 \text{ mol L}^{-1}$$

EXEMPLO 9-3

Escreva a equação do balanço de cargas para o sistema do Exemplo 9-2.

Resolução

$$[Ag^+] + [Ag(NH_3)^+] + [Ag(NH_3)_2^+] + [H_3O^+] + [NH_4^+] = [OH^-] + [Br^-]$$

EXEMPLO 9-4

Escreva a equação de balanço de cargas para uma solução aquosa que contém NaCl, Ba(ClO$_4$)$_2$ e Al$_2$(SO$_4$)$_3$.

Resolução

$$[Na^+] + [H_3O^+] + 2[Ba^{2+}] + 3[Al^{3+}] = [ClO_4^-] + [Cl^-] + 2[SO_4^{2-}] + [HSO_4^-] + [OH^-]$$

9A-3 Etapas da Resolução de Problemas Envolvendo Vários Equilíbrios

Etapa 1. Escreva um conjunto de equações químicas balanceadas para todos os equilíbrios pertinentes.

Etapa 2. Identifique a quantidade que está sendo desejada em termos de concentrações de equilíbrio.

Etapa 3. Escreva as expressões das constantes de equilíbrio para todos os equilíbrios descritos na Etapa 1 e encontre os valores numéricos para as constantes nas tabelas de constantes de equilíbrio.

Etapa 4. Escreva expressões de balanço de massas para o sistema.

Etapa 5. Se possível, escreva a expressão do balanço de cargas para o sistema.

Etapa 6. Conte o número de concentrações desconhecidas (incógnitas) nas equações desenvolvidas nas Etapas 3 a 5 e compare esse número com o de equações independentes. A Etapa 6 é crítica, pois mostra se uma solução exata para o problema é possível. Se o número de incógnitas for idêntico ao número de equações, o problema será reduzido a somente um problema de *álgebra*. Isto é, as respostas poderão ser obtidas com suficiente perseverança. Por outro lado, se não existir um número suficiente de equações mesmo após a realização das aproximações, o problema deverá ser abandonado. Se um número suficiente de equações tiver sido desenvolvido, proceda à Etapa 7a ou à Etapa 7b. Não perca tempo iniciando a álgebra nos cálculos de equilíbrio até que esteja absolutamente seguro de que você tem o número suficiente de equações independentes para tornar possível a solução.

Etapa 7a. Faça aproximações adequadas para reduzir o número de concentrações de equilíbrio desconhecidas e, assim, o número de equações necessárias para fornecer a solução, como definido na Etapa 2. Proceda às Etapas 8 e 9.

Etapa 7b. Determine exatamente o conjunto de equações simultâneas para as concentrações requeridas pela Etapa 2 com o uso de um programa computacional.

Etapa 8. Resolva manualmente as equações algébricas simplificadas de maneira que forneça concentrações provisórias para as espécies em solução.

Etapa 9. Verifique a validade das aproximações.

Essas etapas são ilustradas na **Figura 9-1**.

9A-4 Uso de Aproximações para Resolver Cálculos de Equilíbrio

Quando a Etapa 6 do método sistemático for completada, teremos um problema *matemático* para a resolução de várias equações não lineares simultâneas. Essa tarefa exige que um programa de computador adequado esteja disponível ou que sejam feitas aproximações que diminuam o número de incógnitas e equações. Nesta seção, consideramos em termos gerais como as equações que descrevem as relações de equilíbrio podem ser simplificadas pelas aproximações adequadas.

Lembre-se de que *apenas* as equações de balanço de massas e de cargas podem ser simplificadas, pois somente nessas equações os termos de concentração aparecem como somas ou diferenças em vez de produtos e quocientes. Sempre é possível presumir que um (ou mais) termo em uma soma ou diferença seja tão menor que os outros que estes possam ser ignorados sem que isso afete de forma significativa a igualdade. A consideração de que um termo de concentração seja zero em uma expressão de uma constante de equilíbrio torna a expressão sem nenhum significado.

A hipótese de que um dado termo em uma equação de balanço de massas ou de cargas seja suficientemente pequeno para que possa ser ignorado é baseada geralmente no conhecimento da química do sistema. Por exemplo, em uma solução contendo uma concentração razoável de ácido, a concentração de hidróxido será irrelevante com respeito às outras espécies em solução; consequentemente, o termo para a concentração de hidróxido pode ser normalmente desprezado em uma expressão de balanço de massas ou de cargas sem que se introduza um erro significativo nesse cálculo.

Não se preocupe com o fato de que as aproximações inválidas na Etapa 7 a possam levar a erros sérios nos resultados obtidos. Cientistas experientes enganam-se tanto quanto os iniciantes quando fazem aproximações para simplificar um cálculo de equilíbrio. Contudo, eles realizam essas aproximações sem medo, porque sabem que os efeitos de uma hipótese inválida será revelada quando o cálculo chegar ao seu final (veja o Exemplo 9-6). A tentativa de uso de suposições questionáveis logo no início da resolução de um problema é uma boa ideia. Se a hipótese levar a um erro intolerável (o que é, em geral, facilmente reconhecido), recalcule o resultado sem usar a aproximação indevida que levou à tentativa de resposta. Em geral, é mais eficiente tentar uma suposição questionável no início do problema do que realizar um cálculo mais trabalhoso e demorado sem a hipótese.

>> Nunca tema fazer uma suposição quando estiver tentando resolver um problema de equilíbrio. Se a suposição não for válida, você perceberá isso logo que obtiver a resposta aproximada.

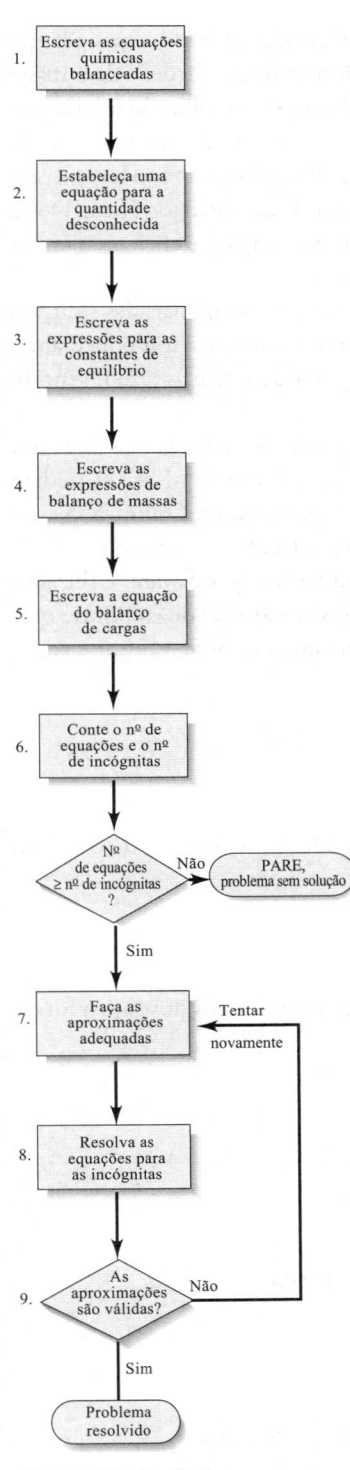

FIGURA 9-1 Método sistemático para a resolução de problemas de multiequilíbrios.

9A-5 Utilização de Programas Computacionais para Resolução de Problemas de Multiequilíbrios

Até o momento, aprendemos que, se conhecermos os equilíbrios químicos envolvidos em um sistema, poderemos escrever um sistema de equações correspondentes que nos permita resolver as concentrações de todas as espécies no sistema. Embora o método sistemático nos dê os meios de solucionar os problemas de equilíbrio de grande complexidade, esse método muitas vezes pode ser tedioso e demorado, particularmente quando o sistema tiver de ser resolvido para diversos conjuntos de condições experimentais. Por exemplo, se desejarmos encontrar a solubilidade do cloreto de prata em função da concentração de cloreto adicionada, o sistema de cinco equações e cinco incógnitas deve ser resolvido repetitivamente para cada concentração diferente de cloreto (veja o Exemplo 9-9).

Inúmeros softwares aplicativos poderosos e de uso geral estão disponíveis para resolver essas equações. Os assim chamados **solucionadores** incluem o Mathcad, Microsoft Math Solver, Mathematica, MATLAB, TK Solver e Excel, dentre

>> Muitos pacotes de software estão disponíveis para resolver rigorosamente várias equações simultâneas não lineares. Três desses programas são o Mathcad, o Mathematica e o Excel.

muitos outros. Uma vez que o sistema de equações tenha sido definido, esses programas podem resolvê-lo repetitivamente para muitos conjuntos de condições. Além disso, a exatidão das soluções das equações pode ser controlada pela escolha de tolerâncias apropriadas dentro do programa. As características de resolução de equações desses aplicativos somam-se com suas capacidades gráficas, habilitando-os a resolver os sistemas de equações complexos e apresentando os resultados na forma gráfica. Desse modo, você pode explorar muitos tipos diferentes de sistemas rápida e eficientemente e desenvolver sua intuição química com base nos resultados.

Uma palavra de cautela, no entanto, é necessária. Os solucionadores costumam exigir estimativas iniciais das soluções para resolverem os sistemas de equações. Para fornecer essas estimativas, você deve pensar sobre a química um pouco antes de começar a resolução das equações e deve verificar as soluções encontradas para se assegurar de que elas fazem sentido químico.

Além disso, os computadores *não conhecem Química*. Obedientemente, eles encontram soluções para as equações que você escreve com base nas estimativas iniciais que lhe fornece. Se você erra nas equações, os softwares aplicativos podem detectar, algumas vezes, erros baseados em certas restrições matemáticas, porém não os encontrarão na Química. Se um programa não encontra a solução para um conjunto de equações, isso ocorre com frequência devido a estimativas iniciais inadequadas. Seja sempre cético com relação aos resultados computacionais e respeite as limitações do software. Utilizados de forma adequada, os aplicativos computacionais podem prestar uma ajuda inestimável nos seus estudos de equilíbrio químico. Para exemplos do uso do Excel na resolução de sistemas de equações como aquelas encontradas neste capítulo, veja o Capítulo 6 do *Applications of Microsoft® Excel® in Analytical Chemistry*, 4. ed.

9B Cálculo de Solubilidade pelo Método Sistemático

Nestas seções, ilustramos o método sistemático com exemplos de solubilidade de precipitado sob várias condições. Nos capítulos posteriores, aplicamos esse método a outros tipos de equilíbrios.

9B-1 Solubilidade de Hidróxidos Metálicos

Os Exemplos 9-5 e 9-6 envolvem o cálculo das solubilidades de dois hidróxidos metálicos. Esses exemplos ilustram a forma de se fazer aproximações e de verificar sua validade.

EXEMPLO 9-5

Calcule a solubilidade molar do $Mg(OH)_2$ em água.

Resolução

Etapa 1 **Escreva as Equações para os Equilíbrios Envolvidos** Dois equilíbrios precisam ser considerados:

$$Mg(OH)_2(s) \rightleftharpoons Mg^{2+} + 2OH^-$$

$$2H_2O \rightleftharpoons H_3O^+ + OH^-$$

Etapa 2 **Defina a Incógnita** Uma vez que 1 mol de Mg^{2+} é formado para cada mol de $Mg(OH)_2$ dissolvido,

$$\text{solubilidades } Mg(OH)_2 = [Mg^{2+}]$$

Etapa 3 **Escreva Todas as Expressões das Constantes de Equilíbrio**

$$K_{ps} = [Mg^{2+}][OH^-]^2 = 7{,}1 \times 10^{-12} \tag{9-5}$$

$$K_w = [H_3O^+][OH^-] = 1{,}00 \times 10^{-14} \tag{9-6}$$

(continua)

Etapa 4 **Escreva as Expressões de Balanço de Massas** Como mostrado pelas duas equações de equilíbrio, há duas fontes de íons hidróxido: $Mg(OH)_2$ e H_2O. A concentração de íon hidróxido resultante da dissociação do $Mg(OH)_2$ é igual a duas vezes a concentração de íons magnésio e a concentração de íons hidróxido da dissociação da água é igual à concentração de íons hidrônio. Assim,

$$[OH^-] = 2[Mg^{2+}] + [H_3O^+] \tag{9-7}$$

Etapa 5 **Escreva a Expressão de Balanço de Cargas**

$$[OH^-] = 2[Mg^{2+}] + [H_3O^+] \tag{9-8}$$

Observe que essa equação é idêntica à Equação 9-7. Frequentemente, uma equação de balanço de massas para um sistema é idêntica à equação de balanço de cargas.

Etapa 6 **Conte o Número de Equações Independentes e de Incógnitas** Desenvolvemos três equações algébricas independentes (Equações 9-5 a 9-7) e temos três incógnitas ($[Mg^{2+}]$, $[OH^-]$ e $[H_3O^+]$). Portanto, o problema é rigorosamente solucionável.

Etapa 7a **Faça as Aproximações** Podemos fazer as aproximações somente na Equação 9-7. Uma vez que a constante do produto de solubilidade para o $Mg(OH)_2$ é relativamente grande, a solução será algo alcalina. Dessa forma, é razoável pressupor que $[H_3O^+] \ll [OH^-]$. A Equação 9-7 simplifica-se para

$$2[Mg^{2+}] \approx [OH^-]$$

Etapa 8 **Resolva as Equações** A substituição da Equação 9-8 na Equação 9-5 fornece

$$[Mg^{2+}](2[Mg^{2+}])^2 = 7{,}1 \times 10^{-12}$$

$$[Mg^{2+}]^3 = \frac{7{,}1 \times 10^{-12}}{4} = 1{,}78 \times 10^{-12}$$

$$[Mg^{2+}] = \text{solubilidade} = (1{,}78 \times 10^{-12})^{1/3} = 1{,}21 \times 10^{-4} \text{ ou } 1{,}2 \times 10^{-4} \text{ mol L}^{-1}$$

Etapa 9 **Verifique as hipóteses** A substituição na Equação 9-8 gera

$$[OH^-] = 2 \times 1{,}21 \times 10^{-4} = 2{,}42 \times 10^{-4} \text{ mol L}^{-1}$$

e da Equação 9-6,

$$[H_3O^+] = \frac{1{,}00 \times 10^{-14}}{2{,}42 \times 10^{-4}} = 4{,}1 \times 10^{-11} \text{ mol L}^{-1}$$

Assim, a consideração de que $[H_3O^+] \ll [OH^-]$ é certamente válida.

» Para chegar à Equação 9-7, raciocinamos que se $[OH^-]_{H_2O}$ e $[OH^-]_{Mg(OH)_2}$ são as concentrações de OH^- produzidas por H_2O e $Mg(OH)_2$, respectivamente, então

$$[OH^-]_{H_2O} = [H_3O^+]$$
$$[OH^-]_{Mg(OH)_2} = 2[Mg^{2+}]$$
$$[OH^-]_{total} =$$
$$= [OH^-]_{H_2O} + [OH^-]_{Mg(OH)_2}$$
$$= [H_3O^+] + 2[Mg^{2+}]$$

EXEMPLO 9-6

Calcule a solubilidade do $Fe(OH)_3$ em água.

Resolução

Prosseguindo a abordagem sistemática usada no Exemplo 9-5, escreva.

Etapa 1 **Escreva as Equações para os Equilíbrios Envolvidos**

$$Fe(OH)_3(s) \rightleftharpoons Fe^{3+} + 3OH^-$$
$$2H_2O \rightleftharpoons H_3O^+ + OH^-$$

(continua)

Dr. Francis Kwofie (ele/dele) é bacharel em química pela University of Cape Coast, Gana. Após obter seu mestrado em química analítica na East Tennessee State University, doutorou-se em química analítica na Oklahoma State University.

Dr. Kwofie é cientista sênior na Merck & Co., onde trabalha e como químico analítico e cientista de Tecnologia Analítica de Processo, desenvolvendo métodos e aplicando ferramentas de química analítica, especificamente espectroscopia vibracional e quimiométricas para o monitoramento em tempo real de parâmetros de processos críticos e atributos de qualidade de produto em vacinas e outros espaços de moléculas grandes. Isso garante o controle do processo e basicamente a qualidade do produto final.

Etapa 2 **Defina a Incógnita**

$$\text{solubilidade} = [Fe^{3+}]$$

Etapa 3 **Escreva Todas as Expressões das Constantes de Equilíbrio**

$$K_{ps} = [Fe^{3+}][OH^-]^3 = 2 \times 10^{-39}$$

$$K_w = [H_3O^+][OH^-] = 1{,}00 \times 10^{-14}$$

Etapa 4 e 5 **Escreva as Equações de Balanço de Massas e de Cargas** Como no Exemplo 9-5, a equação de balanço de massas e a de balanço de cargas são idênticas. Isto é,

$$[OH^-] = 3[Fe^{3+}] + [H_3O^+]$$

Etapa 6 **Conte o Número de Equações Independentes e de Incógnitas** Podemos ver que temos equações suficientes para calcularmos as três incógnitas.

Etapa 7a **Faça as Aproximações** Como no Exemplo 9-5, pressuponha que $[H_3O^+]$ seja muito pequena, de forma que $[H_3O^+] \ll 3[Fe^{3+}]$ e

$$3[Fe^{3+}] \approx [OH^-]$$

Etapa 8 **Resolva as Equações** Substituindo $[OH^-] = 3[Fe^{3+}]$ na expressão do produto de solubilidade, tem-se

$$[Fe^{3+}](3[Fe^{3+}])^3 = 2 \times 10^{-39}$$

$$[Fe^{3+}] = \left(\frac{2 \times 10^{-39}}{27}\right)^{1/4} = 9 \times 10^{-11}$$

$$\text{solubilidade} = [Fe^{3+}] = 9 \times 10^{-11} \text{ mol L}^{-1}$$

Etapa 9 **Verifique as Hipóteses** Da consideração feita na Etapa 7, podemos calcular um valor provisório de $[OH^-]$:

$$[OH^-] \approx 3[Fe^{3+}] = 3 \times 9 \times 10^{-11} = 3 \times 10^{-10} \text{ mol L}^{-1}$$

Usando esse valor de $[OH^-]$ para calcular um valor *provisório* de $[H_3O^+]$, temos:

$$[H_3O^+] = \frac{1{,}00 \times 10^{-14}}{3 \times 10^{-10}} = 3 \times 10^{-5} \text{ mol L}^{-1}$$

Mas o valor calculado 3×10^{-5} não é muito menor que três vezes o nosso valor provisório de $[Fe^{3+}]$. Essa discrepância significa que nossa consideração foi inválida e que os valores provisórios para $[Fe^{3+}]$, $[OH^-]$ e $[H_3O^+]$ apresentam todos um erro significativo. Portanto, volte à Etapa 7a e pressuponha que

$$3[Fe^{3+}] \ll [H_3O^+]$$

Agora, a expressão para o balanço de massas torna-se

$$[H_3O^+] = [OH^-]$$

Substituindo essa igualdade na expressão de K_w, obtém-se

$$[H_3O^+] = [OH^-] = 1{,}00 \times 10^{-7} \text{ mol L}^{-1}$$

(continua)

Substituindo esse número na expressão do produto de solubilidade desenvolvida na Etapa 3, obtém-se

$$[Fe^{3+}] = \frac{2 \times 10^{-39}}{(1,00 \times 10^{-7})^3} = 2 \times 10^{-18} \text{ mol L}^{-1}$$

Uma vez que $[H_3O^+] = [OH^-]$, nossa suposição é que $3[Fe^{3+}] \ll [OH^-]$ ou $3 \times 2 \times 10^{-18} \ll 10^{-7}$. Assim, nossa hipótese é válida e podemos escrever

$$\text{solubilidade} = 2 \times 10^{-18} \text{ mol L}^{-1}$$

Observe o grande erro (~ 8 ordens de grandeza!) introduzido pela suposição inválida.

9B-2 O Efeito do pH na Solubilidade

A solubilidade dos precipitados que contêm um ânion com propriedades básicas, um cátion com propriedades ácidas ou ambos depende do pH.

Cálculos de Solubilidade Quando o pH é Constante

As precipitações analíticas são realizadas geralmente em soluções tamponadas nas quais o pH é fixado a um valor conhecido predeterminado. O cálculo da solubilidade sob essas circunstâncias é ilustrado pelo exemplo seguinte.

>> Todos os precipitados que contenham um ânion que seja uma base conjugada de um ácido fraco são mais solúveis em pH mais baixo que em pH mais alto.

EXEMPLO 9-7

Calcule a solubilidade molar do oxalato de cálcio em uma solução que foi tamponada, de forma que seu pH seja constante e igual a 4,00.

Resolução

Etapa 1 Escreva os Equilíbrios Envolvidos

$$CaC_2O_4(s) \rightleftharpoons Ca^{2+} + C_2O_4^{2-} \quad (9\text{-}9)$$

Os íons oxalato reagem com a água para formar $HC_2O_4^-$ e $H_2C_2O_4$. Assim, existem três equilíbrios presentes nessa solução:

$$H_2C_2O_4 + H_2O \rightleftharpoons H_3O^+ + HC_2O_4^- \quad (9\text{-}10)$$

$$HC_2O_4^- + H_2O \rightleftharpoons H_3O^+ + C_2O_4^{2-} \quad (9\text{-}11)$$

$$H_2O \rightleftharpoons H_3O^+ + OH^-$$

Etapa 2 Defina a Incógnita O oxalato de cálcio é um eletrólito forte. Dessa forma, sua concentração molar analítica é igual à concentração de equilíbrio do íon cálcio. Isto é,

$$\text{solubilidade} = [Ca^{2+}] \quad (9\text{-}12)$$

Etapa 3 Escreva Todas as Expressões das Constantes de Equilíbrio

$$[Ca^{2+}][C_2O_4^{2-}] = K_{ps} = 1,7 \times 10^{-9} \quad (9\text{-}13)$$

$$\frac{[H_3O^+][HC_2O_4^-]}{[H_2C_2O_4]} = K_1 = 5,60 \times 10^{-2} \quad (9\text{-}14)$$

(continua)

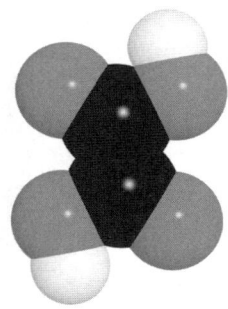

Estrutura molecular do ácido oxálico. O ácido oxálico ocorre naturalmente em muitas plantas como um sal de potássio ou sódio e o mofo produz ácido oxálico na forma de sal de cálcio. O sal de sódio é utilizado como padrão primário em titulometria (veja o Capítulo 18). O ácido é amplamente empregado na indústria de corantes como agente de limpeza em várias aplicações, incluindo a limpeza e restauração de superfícies de madeira; na indústria cerâmica; na metalurgia; na indústria de papel e em fotografia. É tóxico se ingerido e pode causar danos agudos aos rins e gastrenterites. Pode ser preparado borbulhando-se monóxido de carbono em hidróxido de sódio concentrado.

$$\frac{[H_3O^+][C_2O_4^{2-}]}{[HC_2O_4^-]} = K_2 = 5,42 \times 10^{-5} \qquad (9\text{-}15)$$

$$[H_3O^+][OH^-] = K_w = 1,0 \times 10^{-14}$$

Etapa 4 **Expressões de Balanço de Massas** Uma vez que o CaC_2O_4 é a única fonte de Ca^{2+} e das três espécies de oxalato,

$$[Ca^{2+}] = [C_2O_4^{2-}] + [HC_2O_4^-] + [H_2C_2O_4] = \text{solubilidade} \qquad (9\text{-}16)$$

Uma vez que o problema estabelece que o pH é 4,00, podemos também escrever que

$$[H_3O^+] = 1,00 \times 10^{-4} \text{ mol L}^{-1} \text{ e } [OH^-] = K_w/[H_3O^+] = 1,00 \times 10^{-10} \text{ mol L}^{-1}$$

Etapa 5 **Escreva a Expressão do Balanço de Cargas** Requer-se um **tampão** para manter o pH igual a 4,00. O tampão, muito provavelmente, consiste em algum ácido fraco HA e sua base conjugada A^-. Contudo, a natureza das duas espécies e suas concentrações não foram especificadas e devemos concluir que não temos informações suficientes para escrever a equação de balanço de cargas.

Etapa 6 **Conte o Número de Equações Independentes e de Incógnitas** Temos quatro incógnitas ($[Ca^{2+}]$, $[C_2O_4^{2-}]$, $[HC_2O_4^-]$ e $[H_2C_2O_4]$), assim como quatro relações algébricas independentes (Equações 9-13, 9-14, 9-15 e 9-16). Portanto, uma solução exata pode ser obtida e o problema torna-se um problema algébrico.

Etapa 7a **Faça as Aproximações** É relativamente fácil resolver o sistema de equações exatamente neste caso, logo, não vamos nos preocupar com as aproximações.

Etapa 8 **Resolva as Equações** Uma forma conveniente de resolver o problema é substituir as Equações 9-14 e 9-15 em 9-16, de forma que se desenvolva uma relação entre $[Ca^{2+}]$, $[C_2O_4^{2-}]$ e $[H_3O^+]$. Assim, rearranjamos a Equação 9-15 para obter

$$[HC_2O_4^-] = \frac{[H_3O^+][C_2O_4^{2-}]}{K_2}$$

Substituindo os valores numéricos para $[H_3O^+]$ e K_2, obtemos

$$[HC_2O_4^-] = \frac{1,00 \times 10^{-4} [C_2O_4^{2-}]}{5,42 \times 10^{-5}} = 1,85[C_2O_4^{2-}]$$

Substituindo essa relação na Equação 9-14 e rearranjando-a, temos

$$[H_2C_2O_4] = \frac{[H_3O^+][C_2O_4^{2-}] \times 1,85}{K_1}$$

Substituindo os valores numéricos para $[H_3O^+]$ e K_1, temos

$$[H_2C_2O_4] = \frac{1,85 \times 10^{-4}[C_2O_4^{2-}]}{5,60 \times 10^{-2}} = 3,30 \times 10^{-3}[C_2O_4^{2-}]$$

Substituindo esta expressão para $[HC_2O_4^-]$ e $[H_2C_2O_4]$ na Equação 9-16, temos

$$[Ca^{2+}] = [C_2O_4^{2-}] + 1,85[C_2O_4^{2-}] = 3,30 \times 10^{-3}[C_2O_4^{2-}]$$
$$= 2,85[C_2O_4^{2-}]$$

ou $\quad [C_2O_4^{2-}] = [Ca^{2+}]/2,85$

> Um **tampão** mantém o pH de uma solução aproximadamente constante (veja o Capítulo 7).

(continua)

Substituindo na Equação 9-13, temos

$$\frac{[Ca^{2+}][Ca^{2+}]}{2,85} = 1,7 \times 10^{-9}$$

$$[Ca^{2+}] = \text{solubilidade} = \sqrt{2,85 \times 1,7 \times 10^{-9}} = 7,0 \times 10^{-5} \text{ mol L}^{-1}$$

Cálculos de Solubilidade Quando o pH é Variável

O cálculo da solubilidade de um precipitado como o oxalato de cálcio em uma solução na qual o pH não é fixo nem conhecido é consideravelmente mais complicado que no exemplo que acabamos de mostrar. Assim, para determinar a solubilidade do CaC_2O_4 em água pura, devemos levar em conta a alteração de OH^- e H_3O^+ que acompanha o processo de dissolução. Nesse exemplo, há quatro equilíbrios a serem considerados.

$$CaC_2O_4(s) \rightleftharpoons Ca^{2+} + C_2O_4^{2-}$$

$$C_2O_4^{2-} + H_2O \rightleftharpoons HC_2O_4^- + OH^-$$

$$HC_2O_4^- + H_2O \rightleftharpoons H_2C_2O_4 + OH^-$$

$$2H_2O \rightleftharpoons H_3O^+ + OH^-$$

Em contraste com o Exemplo 9-7, a concentração do íon hidróxido torna-se agora uma incógnita e uma equação algébrica adicional deve, portanto, ser desenvolvida para calcular a solubilidade do oxalato de cálcio.

Não é difícil escrever as seis equações algébricas necessárias para calcular a solubilidade do oxalato de cálcio (veja o Destaque 9-1). No entanto, resolver as seis equações manualmente é algo cansativo e demorado.

DESTAQUE 9-1

Expressões Algébricas Necessárias para Calcular a Solubilidade do CaC_2O_4 em Água

Como no Exemplo 9-7, a solubilidade é igual à concentração do cátion $[Ca^{2+}]$.

$$\text{solubilidade} = [Ca^{2+}] = [C_2O_4^{2-}] + [HC_2O_4^-] + [H_2C_2O_4]$$

Contudo, neste caso, devemos levar em conta mais um equilíbrio: a dissociação da água. As expressões das constantes de equilíbrio para os quatro equilíbrios são então

$$K_{ps} = [Ca^{2+}][C_2O_4^{2-}] = 1,7 \times 10^{-9} \tag{9-17}$$

$$K_2 = \frac{[H_3O^+][C_2O_4^{2-}]}{[HC_2O_4^-]} = 5,42 \times 10^{-5} \tag{9-18}$$

$$K_1 = \frac{[H_3O^+][HC_2O_4^-]}{[H_2C_2O_4]} = 5,60 \times 10^{-2} \tag{9-19}$$

$$K_w = [H_3O^+][OH^-] = 1,00 \times 10^{-14} \tag{9-20}$$

A equação de balanço de massas é

$$[Ca^{2+}] = [C_2O_4^{2-}] + [HC_2O_4^-] + [H_2C_2O_4] \tag{9-21}$$

(continua)

A equação de balanço de cargas é

$$2[Ca^{2+}] + [H_3O^+] = 2[C_2O_4^{2-}] + [HC_2O_4^-] + [OH^-] \qquad (9\text{-}22)$$

Temos agora seis incógnitas ($[Ca^{2+}]$, $[C_2O_4^{2-}]$, $[HC_2O_4^-]$, $[H_2C_2O_4]$, $[H_3O^+]$ e $[OH^-]$) e seis equações (9-17 a 9-22). Dessa forma, em princípio, esse problema pode ser resolvido exatamente. A resolução simultânea de equações lineares pode ser feita pelo método de determinantes ou usando operações de matriz. Planilhas como o Excel fornecem maneiras para implementar essas aproximações.

9B-3 O Efeito de Solutos Não Dissociados sobre os Cálculos de Precipitação

Até agora, temos considerado somente os solutos que se dissociam completamente quando dissolvidos em meio aquoso. Contudo, há algumas substâncias inorgânicas, como o sulfato de cálcio e os haletos de prata, que agem como eletrólitos fracos, dissociando-se apenas parcialmente em água. Por exemplo, uma solução saturada de cloreto de prata contém quantidades significativas de moléculas de cloreto de prata não dissociadas, bem como íons cloreto e prata. Nesse caso, dois equilíbrios são requeridos para descrever o sistema:

$$AgCl(s) \rightleftharpoons AgCl(aq) \qquad (9\text{-}23)$$

$$AgCl(aq) \rightleftharpoons Ag^+ + Cl^- \qquad (9\text{-}24)$$

A constante de equilíbrio para a primeira reação toma a forma

$$\frac{[AgCl(aq)]}{[AgCl(s)]} = K$$

onde o numerador é a concentração da espécie não dissociada *na solução* e o denominador é a concentração de cloreto de prata na *fase sólida*. Não obstante, o último termo é uma constante e a equação pode, portanto, ser escrita como

$$AgCl(aq) = K[AgCl(s)] = K_s = 3{,}6 \times 10^{-7} \qquad (9\text{-}25)$$

onde K é a constante para o equilíbrio mostrado na Equação 9-23. É evidente que, a partir dessa equação e a uma dada temperatura, a concentração do cloreto de prata não dissociado é constante e *independente* das concentrações dos íons cloreto e prata.

A constante de equilíbrio K_d para a reação de dissociação (Equação 9-24) é

$$\frac{[Ag^+][Cl^-]}{[AgCl(aq)]} = K_d = 5{,}0 \times 10^{-4} \qquad (9\text{-}26)$$

O produto dessas duas constantes é igual ao produto de solubilidade:

$$[Ag^+][Cl^-] = K_d K_s = K_{ps}$$

Como mostrado pelo Exemplo 9-8, ambas as Equações 9-23 e 9-24 contribuem para a solubilidade do cloreto de prata em água.

EXEMPLO 9-8

Calcule a solubilidade do AgCl em água destilada.

Resolução

$$\text{Solubilidade} = S = [\text{AgCl}(aq)] + [\text{Ag}^+]$$

$$[\text{Ag}^+] = [\text{Cl}^-]$$

$$[\text{Ag}^+][\text{Cl}^-] = K_{ps} = 1{,}82 \times 10^{-10}$$

$$[\text{Ag}^+] = \sqrt{1{,}82 \times 10^{-10}} = 1{,}35 \times 10^{-5}$$

Substituindo esse valor e K_s da Equação 9-25, obtém-se

$$S = 1{,}35 \times 10^{-5} + 3{,}6 \times 10^{-7} = 1{,}38 \times 10^{-5} \text{ mol L}^{-1}$$

Note que ao desprezar [AgCl(aq)] obtém-se um erro de 2% neste exemplo.

9B-4 Solubilidade de Precipitados na Presença de Agentes Complexantes

A solubilidade de um precipitado pode aumentar drasticamente na presença de reagentes que formam complexos com o ânion ou cátion do precipitado. Por exemplo, os íons fluoreto previnem a precipitação quantitativa do hidróxido de alumínio, embora o produto de solubilidade desse precipitado seja notavelmente pequeno (2×10^{-32}). A causa do aumento de solubilidade é mostrada pelas equações

>> A solubilidade de um precipitado sempre aumenta na presença de um agente complexante que reaja com o cátion do precipitado.

$$\text{Al(OH)}_3(s) \rightleftharpoons \text{Al}^{3+} + 3\text{OH}^-$$
$$+$$
$$6\text{F}^-$$
$$\updownarrow$$
$$\text{AlF}_6^{3-}$$

O complexo com fluoreto é estável o suficiente para permitir aos íons fluoreto competir com os íons hidróxido pelos íons alumínio de forma bem-sucedida.

Muitos precipitados reagem com excessos de reagente precipitante para formar complexos solúveis. Em análises gravimétricas, essa tendência pode resultar no efeito indesejável de reduzir a recuperação dos analitos se um excesso muito grande de reagente for utilizado. Por exemplo, a prata é frequentemente determinada pela precipitação do íon prata pela adição em excesso de solução de cloreto de potássio. O efeito do excesso de reagente não é simples, como revelado pelas seguintes equações que descrevem o sistema:

$$\text{AgCl}(s) \rightleftharpoons \text{AgCl}(aq) \tag{9-27}$$

$$\text{AgCl}(aq) \rightleftharpoons \text{Ag}^+ + \text{Cl}^- \tag{9-28}$$

$$\text{AgCl}(s) + \text{Cl}^- \rightleftharpoons \text{AgCl}_2^- \tag{9-29}$$

$$\text{AgCl}_2^- + \text{Cl}^- \rightleftharpoons \text{AgCl}_3^{2-} \tag{9-30}$$

Observe que os equilíbrios tanto da Equação 9-28, quanto da Equação 9-27 se deslocam para a esquerda com a adição de íons cloreto, enquanto o equilíbrio nas equações 9-29 e 9-30 se deslocam para a direita sob as mesmas circunstâncias. A consequência desses efeitos opostos faz com que um gráfico da solubilidade do cloreto de prata em função da concentração de cloreto adicionada exiba um ponto de mínimo. O Exemplo 9-9 ilustra como esse comportamento pode ser descrito em termos quantitativos.

EXEMPLO 9-9

Obtenha a equação que descreve o efeito da concentração analítica de KCl sobre a solubilidade do AgCl em solução aquosa. Calcule a concentração de KCl onde a solubilidade seja mínima.

Resolução

Etapa 1 **Equilíbrios Envolvidos** As Equações 9-27 a 9-30 descrevem os equilíbrios envolvidos.

Etapa 2 **Definição da Incógnita** A solubilidade molar S do AgCl é igual à soma das concentrações de espécies que contêm prata:

$$\text{solubilidade} = S = [\text{AgCl}(aq)] + [\text{Ag}^+] + [\text{AgCl}_2^-] + [\text{AgCl}_3^{2-}] \tag{9-31}$$

Etapa 3 **Expressões das Constantes de Equilíbrio** As constantes de equilíbrio disponíveis na literatura incluem

$$[\text{Ag}^+][\text{Cl}^-] = K_{ps} = 1{,}82 \times 10^{-10} \tag{9-32}$$

$$\frac{[\text{Ag}^+][\text{Cl}^-]}{[\text{AgCl}(aq)]} = K_d = 3{,}9 \times 10^{-4} \tag{9-33}$$

$$\frac{[\text{AgCl}_2^-]}{[\text{AgCl}(aq)][\text{Cl}^-]} = K_2 = 7{,}6 \times 10^1 \tag{9-34}$$

$$\frac{[\text{AgCl}_3^{2-}]}{[\text{AgCl}_2^-][\text{Cl}^-]} = K_3 = 1 \tag{9-35}$$

Etapa 4 **Equação de Balanço de Massas**

$$[\text{Cl}^-] = c_{\text{KCl}} + [\text{Ag}^+] - [\text{AgCl}_2^-] - 2[\text{AgCl}_3^{2-}] \tag{9-36}$$

O segundo termo do lado direito dessa equação fornece a concentração de íons cloreto produzida pela dissolução do precipitado e os outros dois termos seguintes correspondem à *redução* da concentração de íons cloreto resultante da formação de dois complexos de cloro a partir do AgCl.

Etapa 5 **Equação de Balanço de Cargas** Assim como em exemplos anteriores, a equação do balanço de cargas é idêntica à de balanço de massas. Começamos com a equação de balanço de cargas básicas,

$$[\text{K}^+] + [\text{Ag}^+] = [\text{Cl}^-] + [\text{AgCl}_2^-] + 2[\text{AgCl}_3^{2-}]$$

Se substituirmos $c_{\text{KCl}} = [\text{K}^+]$ nesta equação, encontramos que

$$c_{\text{KCl}} + [\text{Ag}^+] = [\text{Cl}^-] + [\text{AgCl}_2^-] + 2[\text{AgCl}_3^{2-}]$$

e

$$[\text{Cl}^-] = c_{\text{KCl}} + [\text{Ag}^+] - [\text{AgCl}_2^-] - 2[\text{AgCl}_3^{2-}]$$

Esta última expressão é idêntica à expressão de balanço de massas na Etapa 4.

Etapa 6 **Número de Equações e de Incógnitas** Temos cinco equações (9-32 a 9-36) e cinco incógnitas ($[\text{Ag}^+]$, $[\text{AgCl}(aq)]$, $[\text{AgCl}_2^-]$, $[\text{AgCl}_3^{2-}]$ e $[\text{Cl}^-]$).

Etapa 7a **Hipóteses** Presumimos que, sobre uma faixa considerável de concentrações de cloreto, a solubilidade do AgCl seja tão pequena que a Equação 9-36 possa ser bastante simplificada, de forma que

$$[\text{Ag}^+] - [\text{AgCl}_2^-] - 2[\text{AgCl}_3^{2-}] \ll c_{\text{KCl}}$$

(continua)

Não é certeza de que esta seja uma hipótese válida, porém, vale a pena tentar, porque ela simplifica muito o problema. Com essa consideração, então, a Equação 9-36 reduz-se a

$$[\text{Cl}^-] = c_{\text{KCl}} \qquad (9\text{-}37)$$

Etapa 8 Resolução das Equações Por conveniência, multiplicamos as Equações 9-34 e 9-35 para produzir

$$\frac{[\text{AgCl}_3^{2-}]}{[\text{AgCl}(aq)][\text{Cl}^-]^2} = K_2 K_3 = 76 \times 1 = 76 \qquad (9\text{-}38)$$

Para calcular [AgCl(aq)], dividimos a Equação 9-32 pela Equação 9-33 e rearranjamos:

$$[\text{AgCl}(aq)] = \frac{K_{\text{ps}}}{K_\text{d}} = \frac{1{,}82 \times 10^{-10}}{3{,}9 \times 10^{-4}} = 4{,}7 \times 10^{-7} \qquad (9\text{-}39)$$

Observe que a concentração dessa espécie é *constante e independente da concentração de cloreto*.

A substituição das Equações 9-39, 9-32, 9-33 e 9-38 na Equação 9-31 nos permite expressar a solubilidade em termos da concentração de cloreto e de várias constantes.

$$S = \frac{K_{\text{ps}}}{K_\text{d}} + \frac{K_{\text{ps}}}{[\text{Cl}^-]} + \frac{K_{\text{ps}}}{K_\text{d}} K_2 [\text{Cl}^-] + \frac{K_{\text{ps}}}{K_\text{d}} K_2 K_3 [\text{Cl}^-]^2 \qquad (9\text{-}40)$$

Substituindo-se a Equação 9-37 na Equação 9-40, encontramos a relação desejada entre a solubilidade e a concentração analítica de KCl:

$$S = \frac{K_{\text{ps}}}{K_\text{d}} + \frac{K_{\text{ps}}}{c_{\text{KCl}}} + \frac{K_{\text{ps}}}{K_\text{d}} K_2 c_{\text{KCl}} + \frac{K_{\text{ps}}}{K_\text{d}} K_2 K_3 c_{\text{KCl}}^2 \qquad (9\text{-}41)$$

Para encontrar o ponto de mínimo para S, fazemos a derivada de S em relação à c_{KCl} igual a zero:

$$\boxed{\frac{dS}{dc_{\text{KCl}}} = 0 - \frac{K_{\text{ps}}}{c_{\text{KCl}}^2} + \frac{K_{\text{ps}} K_2}{K_\text{d}} + 2\frac{K_{\text{ps}}}{K_\text{d}} K_2 K_3 c_{\text{KCl}} = 0}$$

Se você multiplicar ambos os lados por c_{KCl}^2 e rearranjar, você encontrará que

$$2\frac{K_{\text{ps}}}{K_\text{d}} K_2 K_3 c_{\text{KCl}}^3 + \frac{K_{\text{ps}} K_2}{K_\text{d}} c_{\text{KCl}}^2 - K_{\text{ps}} = 0$$

$$2\frac{K_{\text{ps}}}{K_\text{d}} K_2 K_3 c_{\text{KCl}}^3 + \frac{K_{\text{ps}} K_2}{K_\text{d}} c_{\text{KCl}}^2 + c_{\text{KCl}}^2 - K_{\text{ps}} = 0$$

Substituindo-se pelos valores numéricos, temos

$$(7{,}1 \times 10^{-5}) c_{\text{KCl}}^3 + (3{,}5 \times 10^{-5}) c_{\text{KCl}}^2 - 1{,}82 \times 10^{-10} = 0$$

Seguindo o procedimento mostrado no Destaque 7-4, podemos resolver essa equação pelo método das aproximações sucessivas para obter

$$c_{\text{KCl}} = 0{,}0023 = [\text{Cl}^-]$$

Etapa 9 Teste da Hipótese
Para verificar a consideração feita anteriormente, calculamos as concentrações de várias espécies. Substituições nas Equações 9-32, 9-34 e 9-36 fornecem

$$[\text{Ag}^+] = K_{\text{ps}}/[\text{Cl}^-] = 1{,}82 \times 10^{-10}/0{,}0023 = 7{,}9 \times 10^{-8}$$

$$[\text{AgCl}_2^-] = K_2/[\text{AgCl}(aq)][\text{Cl}^-] = 76 \times 4{,}7 \times 10^{-7} \times 0{,}0023 = 8{,}2 \times 10^{-8}$$

$$[\text{AgCl}_3^{2-}] = K_3 [\text{AgCl}_2^-][\text{Cl}^-] = 1 \times 8{,}2 \times 10^{-8} \times 0{,}0023 = 1{,}9 \times 10^{-10}$$

(continua)

Dessa forma, nossa hipótese de que c_{KCl} é muito maior que as concentrações dos íons do precipitado é válida. A solubilidade mínima é obtida pela substituição dessas concentrações e [AgCl(aq)] na Equação 9-31:

$$S = 4{,}7 \times 10^{-7} + 7{,}9 \times 10^{-8} + 8{,}2 \times 10^{-8} + 1{,}9 \times 10^{-10}$$
$$= 6{,}3 \times 10^{-7} \text{ mol L}^{-1}$$

A curva preta e contínua na **Figura 9-2**, ilustra o efeito da concentração de íons cloreto sobre a solubilidade do cloreto de prata; os dados da curva foram obtidos pela substituição de várias concentrações de cloreto na Equação 9-41. Observe que para altas concentrações do íon comum, a solubilidade torna-se maior que em água pura. As linhas tracejadas representam as concentrações de equilíbrio das diversas espécies que contêm prata em função de c_{KCl}. Note que, no mínimo de solubilidade, a forma não dissociada de cloreto de prata, AgCl(aq), é a espécie contendo prata predominante na solução, representando cerca de 80% do total de prata dissolvida. Sua concentração não varia, como foi demonstrado.

Infelizmente, existem poucos dados de equilíbrio confiáveis para espécies não dissociadas, como o AgCl(aq), e para as espécies complexas, como o $AgCl_2^-$. Por causa dessa falta de dados, os cálculos de solubilidade são com frequência, e por necessidade, baseados apenas no equilíbrio do produto de solubilidade. O Exemplo 9-9 mostra que, sob certas circunstâncias, a desconsideração de outros equilíbrios pode levar a erros significativos. Em adição, nas soluções contendo altas concentrações de íons diversos e, portanto, alta força iônica, pode ser necessário aplicar as correções de atividade, como discutido no Capítulo 8.

Exercícios no Excel O primeiro exercício no Capítulo 6 do *Applications of Microsoft® Excel® in Analytical Chemistry*, 4. ed., aborda o uso do solucionador do Excel para encontrar as concentrações de Mg^{2+}, OH^- e H_3O^+ no sistema do $Mg(OH)_2$ do Exemplo 9-5. O solucionador encontra as concentrações a partir da expressão de balanço de massa, do produto de solubilidade do $Mg(OH)_2$ e do produto iônico da água. Então a ferramenta nativa do Excel Goal Seek é usada para resolver uma equação cúbica para o mesmo sistema. O exercício final no Capítulo 6 usa o solucionador para encontrar a solubilidade do oxalato de cálcio em um pH conhecido (veja o Exemplo 9-7) e quando o pH é desconhecido (veja o Destaque 9-1).

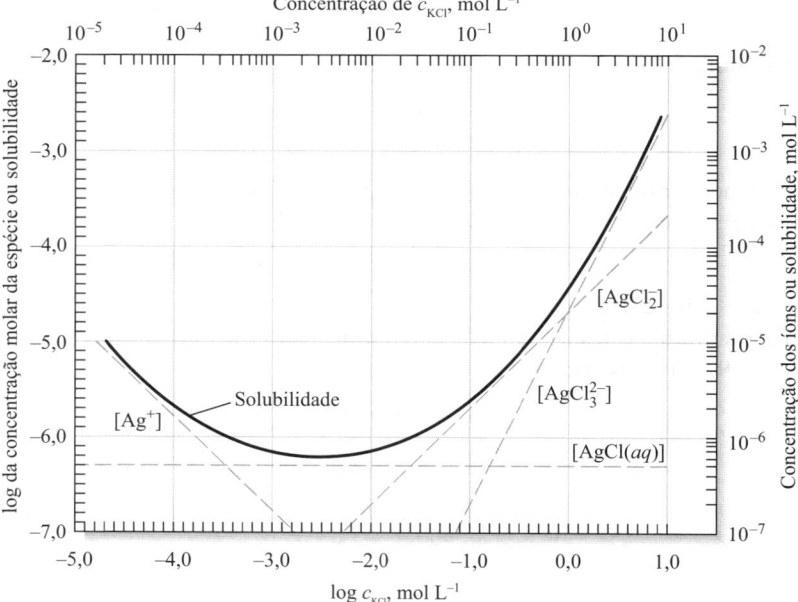

FIGURA 9-2 O efeito da concentração de íons cloreto na solubilidade do AgCl. A linha contínua indica a concentração total de AgCl dissolvido. As linhas tracejadas indicam as concentrações das várias espécies contendo prata.

9C Separação de Íons pelo Controle da Concentração do Agente Precipitante

Diversos agentes precipitantes permitem a separação de íons baseada em diferenças de solubilidade. Essas separações requerem um controle rigoroso da concentração do agente ativo em um nível adequado e predeterminado. Na maioria das vezes, esse controle é feito por meio do controle do pH da solução com o uso de tampões adequados. Essa técnica é aplicada a reagentes aniônicos, nos quais o ânion é a base conjugada de um ácido fraco. Os exemplos incluem o íon sulfeto (a base conjugada do sulfeto de hidrogênio), o íon hidróxido (base conjugada da água) e os ânions de diversos ácidos orgânicos fracos.

9C-1 Cálculos da Viabilidade de Separações

O exemplo a seguir ilustra como os cálculos de produto de solubilidade são utilizados para determinar a viabilidade de separações com base em diferenças de solubilidade.

EXEMPLO 9-10

O Fe^{3+} e o Mg^{2+} podem ser separados quantitativamente como hidróxidos a partir de uma solução 0,10 mol L^{-1} de cada cátion? Se a separação for possível, que faixa de concentração de OH^- será permitida?

Resolução

As constantes dos produtos de solubilidade para os dois precipitados são

$$K_{ps} = [Fe^{3+}][OH^-]^3 = 2 \times 10^{-39}$$

$$K_{ps} = [Mg^{2+}][OH^-]^2 = 7,1 \times 10^{-12}$$

O K_{ps} para o $Fe(OH)_3$ é muito menor que aquele para o $Mg(OH)_2$, o que leva a crer que seja provável que ele seja precipitado primeiro a uma concentração baixa de OH^-. Podemos responder às questões propostas por esse problema (1) calculando a concentração de OH^- necessária para a precipitação quantitativa do Fe^{3+} e (2) calculando a concentração de OH^- onde o $Mg(OH)_2$ inicia a sua precipitação. Se (1) for menor que (2), em princípio, a separação é viável e a faixa de concentração de OH^- permitida é definida pelos dois valores.

Para determinar (1), devemos primeiramente especificar o que significa uma remoção quantitativa de Fe^{3+} da solução. A decisão nesse caso é arbitrária e depende do objetivo da separação. Neste exemplo e no próximo, vamos considerar a precipitação como quantitativa quando todo ferro menos 1 parte em 1.000 do íon tenha sido removido da solução, ou seja, quando $[Fe^{3+}] < 1 \times 10^{-4}$ mol L^{-1}.

Podemos calcular prontamente a concentração de OH^- em equilíbrio com 1×10^{-4} mol L^{-1} de Fe^{3+} substituindo diretamente na expressão do produto de solubilidade:

$$K_{ps} = (1,0 \times 10^{-4})[OH^-]^3 = 2 \times 10^{-39}$$

$$[OH^-] = [(2 \times 10^{-39})/(1,0 \times 10^{-4})]^{1/3} = 3 \times 10^{-12} \text{ mol } L^{-1}$$

Dessa forma, se mantivermos a concentração de OH^- ao redor de 3×10^{-12} mol L^{-1}, a concentração de Fe^{3+} será reduzida a 1×10^{-4} mol L^{-1}. Observe que a precipitação quantitativa do $Fe(OH)_3$ é obtida em um meio bastante ácido (pH ≈ 2,5).

Para determinar qual é a concentração máxima de OH^- que pode existir em uma solução sem levar à formação de $Mg(OH)_2$, observamos que a precipitação não pode ocorrer até que o produto $[Mg^{2+}][OH^-]^2$ exceda o produto de solubilidade $7,1 \times 10^{-12}$. A substituição do valor 0,1 (a concentração molar de Mg^{2+} da solução) na expressão do produto de solubilidade permite o cálculo da concentração máxima de OH^- que pode ser tolerada:

$$K_{ps} = 0,10[OH^-]^2 = 7,1 \times 10^{-12}$$

$$[OH^-] = 8,4 \times 10^{-6} \text{ mol } L^{-1}$$

Quando a concentração de OH^- exceder esse nível, a solução estará supersaturada com respeito ao $Mg(OH)_2$ e a precipitação vai se iniciar.

(continua)

A partir desses cálculos, concluímos que a separação quantitativa de $Fe(OH)_3$ pode ser feita se a concentração de OH^- for maior que 3×10^{-12} mol L^{-1} e que o $Mg(OH)_2$ não vai se precipitar até que uma concentração de OH^- igual a $8,4 \times 10^{-6}$ mol L^{-1} seja atingida. Portanto, é possível, em princípio, separar Fe^{3+} de Mg^{2+} mantendo-se a concentração de OH^- entre esses níveis. Na prática, a concentração de OH^- é mantida tão baixa quanto possível – frequentemente, em cerca de 10^{-10} mol L^{-1}. Observe que estes cálculos desprezam os efeitos de atividade.

9C-2 Separações de Sulfetos

O íon sulfeto forma precipitados com os cátions metálicos pesados que apresentam produtos de solubilidade que variam de 10^{-10} a 10^{-90} ou menor. Além disso, a concentração de S^{2-} pode ser variada em uma faixa entre $0,1$ mol L^{-1} a 10^{-22} mol L^{-1} controlando-se o pH de uma solução saturada de sulfeto de hidrogênio. Essas duas propriedades tornam possíveis inúmeras separações úteis. Para ilustrar o uso do sulfeto de hidrogênio na separação de cátions com base no controle do pH, considere a precipitação de um cátion bivalente M^{2+} a partir de uma solução mantida saturada com sulfeto de hidrogênio pelo borbulhamento contínuo desse gás na solução. Os equilíbrios importantes nessa solução são:

$$MS(s) \rightleftharpoons M^{2+} + S^{2-} \qquad K_{ps} = [M^{2+}][S^{2-}]$$

$$H_2S + H_2O \rightleftharpoons H_3O^+ + HS^- \qquad K_1 = \frac{[H_3O^+][HS^-]}{[H_2S]} = 9,6 \times 10^{-8}$$

$$HS^- + H_2O \rightleftharpoons H_3O^+ + S^{2-} \qquad K_2 = \frac{[H_3O^+][S^{2-}]}{[HS^-]} = 1,3 \times 10^{-14}$$

Podemos também escrever

$$\text{solubilidade} = [M^{2+}]$$

A concentração de sulfeto de hidrogênio em uma solução saturada do gás é aproximadamente $0,1$ mol L^{-1}. Dessa forma, podemos escrever a equação de balanço de massas

$$[S^{2-}] + [HS^-] + [H_2S] = 0,1$$

Uma vez que conhecemos a concentração do íon hidrônio, temos quatro incógnitas, as concentrações do íon metálico e das três espécies de sulfeto.

Podemos simplificar bastante os cálculos supondo que $([S^{2-}] + [HS^-]) \ll [H_2S]$, de forma que

$$[H_2S] \approx 0,10 \text{ mol } L^{-1}$$

As duas expressões das constantes de dissociação do sulfeto de hidrogênio podem ser multiplicadas para gerar uma expressão para a dissociação global do sulfeto de hidrogênio em íons sulfeto:

$$H_2S + 2H_2O \rightleftharpoons 2H_3O^+ + S^{2-} \qquad K_1K_2 = \frac{[H_3O^+]^2[S^{2-}]}{[H_2S]} = 1,2 \times 10^{-21}$$

A constante para essa reação global é simplesmente o produto de K_1 e K_2.

Substituindo o valor numérico para $[H_2S]$ nessa equação, obtém-se

$$\frac{[H_3O^+]^2[S^{2-}]}{0,10 \text{ mol } L^{-1}} = 1,2 \times 10^{-21}$$

Rearranjando essa equação, obtemos

$$[S^{2-}] = \frac{1,2 \times 10^{-22}}{[H_3O^+]^2} \qquad (9\text{-}42)$$

Dessa forma, vemos que a concentração de sulfeto em uma solução saturada de sulfeto de hidrogênio varia de forma inversamente proporcional ao quadrado da concentração de íons hidrogênio. A **Figura 9-3**, obtida com essa equação, revela que a concentração do íon sulfeto de uma solução aquosa pode ser variada por mais de 20 ordens de magnitude alterando-se o pH de 1 a 11.

Substituindo a Equação 9-42 na expressão do produto de solubilidade, tem-se

$$K_{ps} = \frac{[M^{2+}] \times 1,2 \times 10^{-22}}{[H_3O^+]^2}$$

$$[M^{2+}] = \text{solubilidade} = \frac{[H_3O^+]^2 \, K_{ps}}{1,2 \times 10^{-22}}$$

Assim, a solubilidade de um íon metálico bivalente aumenta com o quadrado da concentração de íons hidrônio.

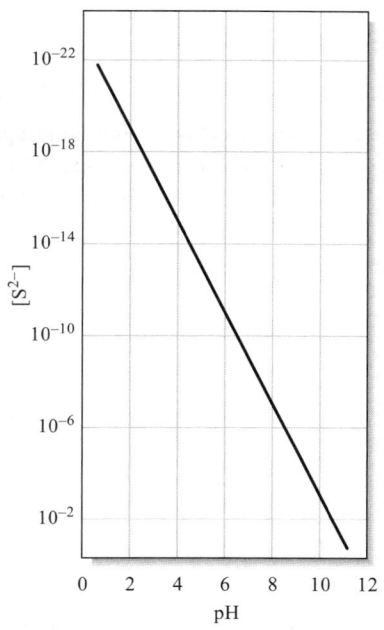

FIGURA 9-3 Concentração de íon sulfeto em função do pH em uma solução saturada de H_2S.

EXEMPLO 9-11

O sulfeto de cádmio é menos solúvel que o sulfeto de tálio(I). Encontre as condições sob as quais Cd^{2+} e Tl^+ podem, em teoria, ser separados quantitativamente com H_2S em uma solução 0,1 mol L^{-1} de cada íon.

Resolução

As constantes para os dois equilíbrios de solubilidade são:

$$CdS(s) \rightleftharpoons Cd^{2+} + S^{2-} \qquad K_{ps} = [Cd^{2+}][S^{2-}] = 1 \times 10^{-27}$$

$$Tl_2S(s) \rightleftharpoons 2Tl^+ + S^{2-} \qquad K_{ps} = [Tl^{2+}][S^{2-}] = 6 \times 10^{-22}$$

Uma vez que o CdS se precipita a uma $[S^{2-}]$ menor que o Tl_2S, primeiro calculamos a concentração de sulfeto necessária para a remoção quantitativa do Cd^{2+} da solução. Como no Exemplo 9-10, arbitrariamente especificamos que a separação é quantitativa quando todo o Cd^{2+}, exceto 1 parte em 1.000, tiver sido removida; isto é, quando a concentração do cátion for reduzida a $1,00 \times 10^{-4}$ mol L^{-1}. Substituindo-se esse valor na expressão do produto de solubilidade gera-se

$$K_{ps} = 10^{-4}[S^{2-}] = 1 \times 10^{-27}$$

$$[S^{2-}] = 1 \times 10^{-23} \text{ mol } L^{-1}$$

Dessa forma, se mantivermos a concentração de sulfeto nesse nível ou maior, podemos presumir que ocorreu uma remoção quantitativa do cádmio. Depois, calculamos a $[S^{2-}]$ necessária para iniciar a precipitação do Tl_2S a partir de uma solução 0,1 mol L^{-1}. A precipitação se iniciará quando o produto de solubilidade for excedido. Uma vez que a solução é 0,1 mol L^{-1} em Tl^+,

(continua)

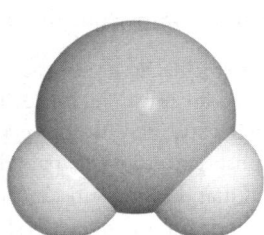

O sulfeto de hidrogênio é um gás incolor, inflamável, com importantes propriedades químicas e toxicológicas. É produzido por inúmeros processos naturais, inclusive pela decomposição de materiais que contêm enxofre. Seu odor repugnante de ovo podre permite a sua detecção em níveis extremamente baixos (0,02 ppm). No entanto, em razão de o sentido do olfato ficar entorpecido pela sua ação, as concentrações mais altas podem ser toleradas e a concentração letal de 100 ppm pode eventualmente ser excedida. As soluções aquosas do gás foram tradicionalmente utilizadas como fonte de sulfeto para a precipitação de metais, porém, em decorrência da toxicidade do H_2S, seu papel foi substituído por outros compostos contendo enxofre, como a tioacetamida.

$$(0,1)^2[S^{2-}] = 6 \times 10^{-22}$$

$$[S^{2-}] = 6 \times 10^{-20} \text{ mol L}^{-1}$$

Esses dois cálculos mostram que a precipitação de Cd^{2+} ocorre se $[S^{2-}]$ for maior que 1×10^{-23} mol L^{-1}. Contudo, a precipitação do Tl^+ não ocorre até que $[S^{2-}]$ se torne maior que 6×10^{-20} mol L^{-1}.

A substituição desses dois valores para $[S^{2-}]$ na Equação 9-42 nos permite calcular a faixa de $[H_3O^+]$ necessária para a separação.

$$[H_3O^+]^2 = \frac{1,2 \times 10^{-22}}{1 \times 10^{-23}} = 12$$

$$[H_3O^+] = 3,5 \text{ mol L}^{-1}$$

e

$$[H_3O^+]^2 = \frac{1,2 \times 10^{-22}}{6 \times 10^{-20}} = 2,0 \times 10^{-3}$$

$$[H_3O^+] = 0,045 \text{ mol L}^{-1}$$

Mantendo-se $[H_3O^+]$ entre aproximadamente 0,045 e 3,5 mol L^{-1}, devemos ser capazes de separar quantitativamente Cd^{2+} de Tl^+. Por causa da alta força iônica de tais soluções ácidas, pode ser necessário corrigi-las para efeitos de atividade.

DESTAQUE 9-2

Imunoensaio: Equilíbrios na Determinação Específica de Drogas

A determinação de drogas no corpo humano é um problema de grande relevância na terapia por drogas e na detecção e prevenção do abuso de drogas ilícitas. A diversidade das drogas e seus níveis de concentração baixos nos fluidos corporais tornam difícil a sua identificação e a medida da sua concentração. Felizmente, é possível valer-se dos próprios mecanismos naturais, a resposta imunológica, para determinar quantitativamente diversas drogas terapêuticas e ilícitas.

Quando uma substância estranha, ou antígeno (Ag), apresentada esquematicamente na **Figura 9D-1a**, é introduzida no corpo de um mamífero, o sistema imunológico sintetiza as moléculas proteicas (**Figura 9D-1b**) denominadas anticorpos (Ac), as quais se ligam especificamente às moléculas do antígeno pelas interações eletrostáticas, pontes de hidrogênio e outras forças não covalentes de curta distância. Essas moléculas pesadas (massa molar $\approx$150.000) formam um complexo com os antígenos, como exposto na seguinte reação e na **Figura 9D-1c**.

$$\text{Ag} + \text{Ab} \rightleftharpoons \text{AgAb} \quad K = \frac{[\text{AgAb}]}{[\text{Ag}][\text{Ab}]}$$

O sistema imunológico não reconhece moléculas relativamente pequenas. Dessa forma, devemos usar um truque para preparar os anticorpos com sítios de ligação específicos para uma droga em particular. Como mostrado na **Figura 9D-1d**, ligamos a droga covalentemente a uma molécula antigênica transportadora como a albumina de soro bovino (ASB), que é uma proteína obtida do sangue de gado.

$$\text{D} + \text{Ag} \rightarrow \text{D} - \text{Ag}$$

Quando o conjugado resultante droga-antígeno (D-Ag) é injetado na corrente sanguínea de um coelho, o sistema imunológico dele sintetiza os anticorpos com locais específicos para a droga, como ilustrado na **Figura 9D-1e**. Aproximadamente três semanas depois da injeção do antígeno, o sangue é retirado do coelho, o soro é isolado do sangue e os anticorpos de interesse são separados do soro e de outros anticorpos, geralmente empregando-se métodos cromatográficos (veja os capítulos 30 e 31). É importante observar que, uma vez que o anticorpo específico para a droga tenha sido sintetizado pelo sistema imunológico do coelho, a droga pode se ligar diretamente ao anticorpo sem a ajuda da molécula de transporte, como mostrado na **Figura 9D-1f**. Essa interação direta entre a droga e o anticorpo constitui a base para a determinação específica da droga.

(continua)

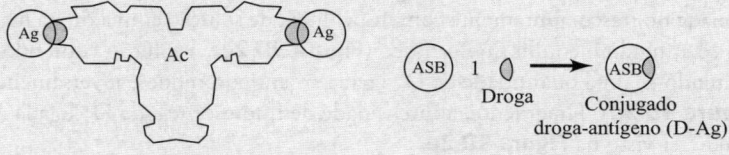

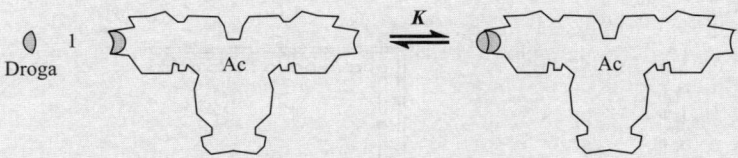

(f) Formação do complexo droga-anticorpo

FIGURA 9D-1
Interação antígeno-anticorpo.

A etapa de medida do imunoensaio é realizada pela mistura de uma amostra contendo a droga com uma quantidade medida do anticorpo específico para ela. Nesse ponto, a quantidade de Ac-D deve ser determinada pela adição de uma amostra padrão da droga que foi quimicamente alterada, de forma que apresenta um marcador detectável. Os marcadores típicos são enzimas, moléculas fluorescentes ou quimiluminescentes ou átomos radioativos. Para nosso exemplo, vamos pressupor que uma molécula fluorescente tenha sido ligada à droga para produzir a droga marcada D*.[1] Se a quantidade de anticorpos for algo menor que a soma das quantidades de D e D*, então D e D* competem pelos anticorpos, como exibido nos seguintes equilíbrios.

$$D^* + Ab \rightleftharpoons Ab - D^* \quad K^* = \frac{[Ab - D^*]}{[D^*][Ab]}$$

$$D + Ab \rightleftharpoons Ab - D \quad K = \frac{[Ab - D]}{[D][Ab]}$$

(continua)

---

[1] Para uma discussão sobre fluorescência molecular, veja o Capítulo 25.

É importante que se selecione um marcador que não altere significativamente a afinidade da droga pelo anticorpo, de maneira que a droga marcada e a não marcada se liguem igualmente bem com o anticorpo. Se as afinidades de ligação forem iguais, então $K = K^*$. Os valores típicos para as constantes de equilíbrio desse tipo, denominadas **constantes de ligação**, estão na faixa de 10^7 a 10^{12}. Quanto maior for a concentração da amostra desconhecida, a droga não marcada, menor será a concentração de Ac-D*, e vice-versa. Essa relação inversa entre D e Ac-D* constitui a base para a determinação quantitativa da droga. Podemos calcular a quantidade de D se determinarmos cada Ac-D* ou D*.

Para diferenciar entre a droga marcada ligada e a droga marcada não ligada é necessário separá-las antes da medida. A quantidade de Ac-D* pode então ser estabelecida utilizando-se um detector de fluorescência para medir a intensidade de fluorescência resultante do Ac-D*. Uma determinação desse tipo que emprega uma droga fluorescente e detecção de radiação é chamada **imunoensaio por fluorescência**. As determinações desse tipo são muito sensíveis e seletivas.

Uma forma conveniente de separar D* e Ag-D* é preparar frascos de poliestireno recobertos internamente com moléculas do anticorpo, como ilustrado na **Figura 9D-2a**. Uma amostra de soro sanguíneo, urina ou outro fluido corporal contendo uma quantidade desconhecida de D é adicionada no frasco, juntamente com um volume de solução com a droga marcada D*, como mostrado na **Figura 9D-2b**. Após ter-se atingido o equilíbrio no frasco (**Figura 9D-2c**), a solução contendo D ou D* residual é decantada e o frasco, lavado, mantendo-se uma quantidade de D* ligada ao anticorpo que é inversamente proporcional à concentração de D na amostra (**Figura 9D-2d**). Finalmente, a intensidade de fluorescência de D* ligada é determinada utilizando-se um fluorímetro, como pode ser visto na **Figura 9D-2e**.

Esse procedimento é repetido para diversas soluções padrão de D para se produzir uma curva analítica não linear intitulada **curva de resposta de dose**, similar à curva apresentada na **Figura 9D-3**. A intensidade de fluorescência de uma solução de concentração desconhecida de D é localizada na curva analítica e a concentração é lida a partir do eixo das concentrações.

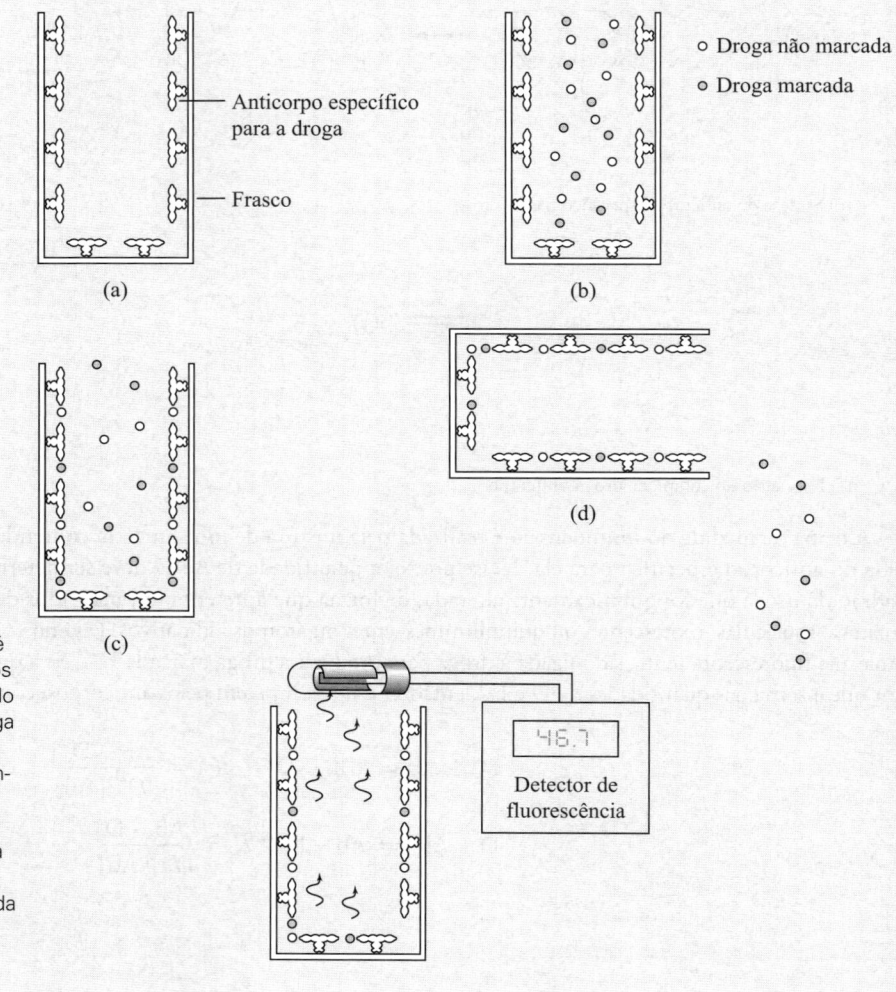

FIGURA 9D-2
Procedimento para a determinação de drogas por imunoensaios com marcador fluorescente. (a) O frasco é preparado com anticorpos específicos para a droga; (b) o frasco é preenchido com a solução contendo tanto a droga marcada como a não marcada; (c) as drogas marcada e não marcada ligam-se aos anticorpos; (d) a solução é descartada, deixando a droga que se ligou no frasco; (e) a fluorescência da droga marcada ligada é medida. A concentração da droga é encontrada utilizando-se a curva de resposta de dose da Figura 9D-3.

(continua)

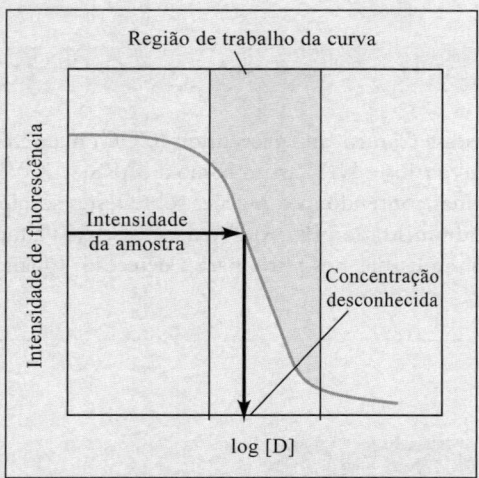

FIGURA 9D-3 Curva de resposta de dose para determinar drogas por imunoensaio baseado em fluorescência.

O imunoensaio é uma ferramenta poderosa nos laboratórios clínicos e é uma das técnicas analíticas mais amplamente utilizadas. Os *kits* de reagentes para diversos imunoensaios estão disponíveis comercialmente, assim como instrumentos automáticos para processar imunoensaios fluorescentes ou de outro tipo. Além de concentrações de drogas, vitaminas, proteínas, hormônios de crescimento, alérgenos, hormônios de gravidez, câncer e outros indicadores de doenças e resíduos de pesticidas em águas naturais e alimentos são determinados por meio de imunoensaios. A estrutura de um complexo antígeno-anticorpo é representada na **Figura 9D-4**.

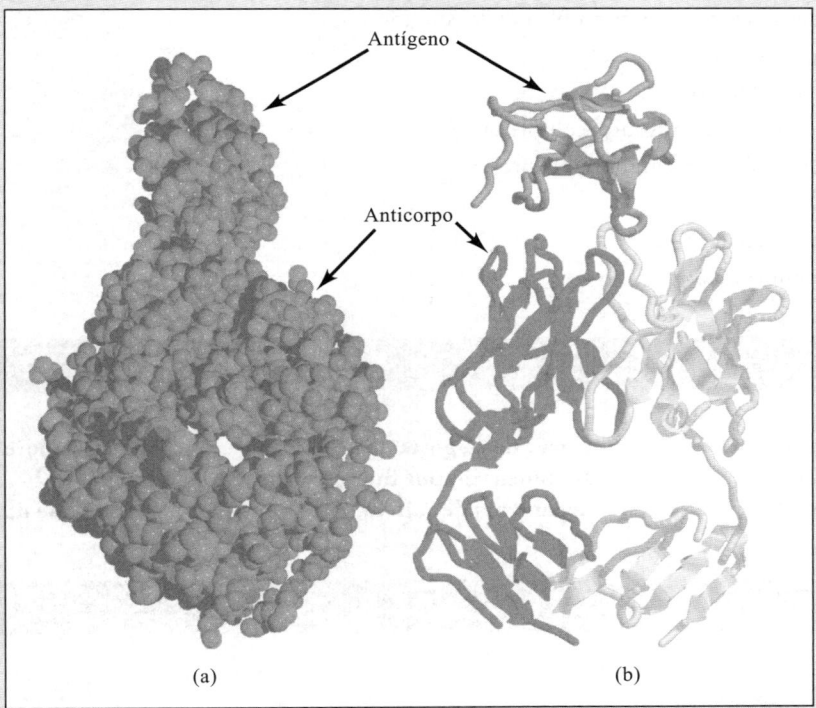

FIGURA 9D-4 Estrutura molecular de um complexo antígeno-anticorpo. São mostradas duas representações do complexo formado entre um fragmento de digestão do anticorpo intacto A6 de rato e uma cadeia gama-interferon receptora alfa humana produzida por engenharia genética. (a) O modelo espacial compacto da estrutura molecular do complexo. (b) O diagrama de fitas apontando as cadeias de proteínas no complexo. Veja a prancha colorida 7. (The Protein Data Bank, Rutgers University, Structure 1JRH, S. Sogabe; F. Stuart; C. Henke; A. Bridges; G. Williams; A. Birch; F. K. Winkler; J. A. Robinson, 1997; http://www.rcsb.org).

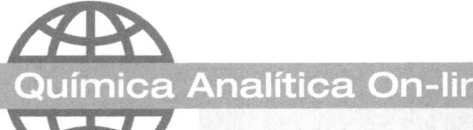

Química Analítica On-line

O Centers for Disease Control and Prevention (CDC) mantém um site na web para fornecer informações em relação à Aids e HIV, assim como à SARS e COVID-19. Localize este site na internet e busque por páginas contendo informações sobre testes sorológico de COVID-19 aprovados pelo Food and Drug Administration (FDA). Qual é a base para a maioria dos testes? Quais propriedades físicas e químicas são usadas nos testes para a detecção? Quais são os princípios químicos por trás desses métodos?

Resumo do Capítulo 9

- Método sistemático para equilíbrios complexos.
- Escrevendo as expressões de balanço de massa.
- A equação do balanço de próton.
- A equação do balanço de carga.
- As etapas para problemas com vários equilíbrios.
- Usando computadores para resolver vários problemas de equilíbrio.
- Fazendo aproximações para resolver problemas de equilíbrio.
- Calculando as solubilidades.
- O efeito do pH na solubilidade.
- A solubilidade na presença de agentes complexantes.
- Separações por controle de agente precipitante.
- Separações de sulfeto.
- Separações por controle de pH.
- Equilíbrios de imunoensaio.

Termos-chave

Balanço de cargas, 216
Balanço de massa, 214
Balanço de prótons, 215
Curva de resposta de dose, 236
Imunoensaio por fluorescência, 236
Separações de sulfeto, 232
Solucionadores, 219
Tampão, 224
Viabilidade das separações, 231

Equações Importantes

Balanço de massa para

$HA + H_2O \rightleftharpoons H_3O^+ + A^-$ $c_{HA} = [HA] + [A^-]$

Balanço de carga

quantidade de matéria/L^{-1} de carga positiva = quantidade de matéria/L^{-1} de carga negativa

Balanço de massa para solução saturada de H$_2$S

$[S^{2-}] + [HS^-] + [H_2S] = 0,1$

Questões e Problemas*

9-1. Demonstre como a concentração de íons sulfeto relaciona-se com a concentração de íons hidrônio de uma solução mantida saturada com sulfeto de hidrogênio.

*9-2. Por que as aproximações são restritas às relações que envolvem soma e diferenças?

9-3. Na nota de margem na página 214, sugerimos que o termo "*equação de balanço de massas*" pode ser um termo errôneo. Usando um sistema químico específico, discuta o balanço de massas e mostre que balanço de massas e balanço de concentração são equivalentes.

*9-4. Por que as concentrações molares de algumas espécies aparecem como múltiplos nas equações de balanço de cargas?

9-5. Escreva expressões de balanço de massas para uma solução que é
*(a) 0,2 mol L^{-1} de HF.
(b) 0,25 mol L^{-1} de NH_3.
*(c) 0,10 mol L^{-1} de H_3PO_4.
(d) 0,15 mol L^{-1} de Na_2HPO_4.
*(e) 0,0500 mol L^{-1} de $HClO_2$ e 0,100 mol L^{-1} de $NaClO_2$.
(f) 0,12 mol L^{-1} de NaF e saturada com CaF_2.
*(g) 0,100 mol L^{-1} de NaOH e saturada com $Zn(OH)_2$, que sofre a reação $Zn(OH)_2 + 2OH^- \rightleftharpoons Zn(OH)_4^{2-}$.
(h) saturada com $Ag_2C_2O_4$.
*(i) saturada com PbF_2.

9-6. Escreva as equações de balanço de cargas para as soluções do Problema 9-5.

9-7. Calcule a solubilidade molar do ZnC_2O_4 em uma solução cuja concentração fixa de H_3O^+ é
*(a) $1,0 \times 10^{-6}$ mol L^{-1}.
(b) $1,0 \times 10^{-7}$ mol L^{-1}.
*(c) $1,0 \times 10^{-9}$ mol L^{-1}.
(d) $1,0 \times 10^{-11}$ mol L^{-1}.

9-8. Calcule a solubilidade molar do $BaSO_4$ em uma solução onde $[H_3O^+]$ seja
*(a) 3,5 mol L^{-1}.
(b) 0,75 mol L^{-1}.
*(c) 0,080 mol L^{-1}.
(d) 0,100 mol L^{-1}.

*9-9. Calcule a solubilidade molar do PbS em uma solução onde a $[H_3O^+]$ é mantida constante a
(a) $3,0 \times 10^{-1}$ mol L^{-1} e (b) $3,0 \times 10^{-4}$ mol L^{-1}.

9-10. Calcule a concentração de CuS em uma solução onde a $[H_3O^+]$ é mantida constante a
(a) $2,0 \times 10^{-1}$ mol L^{-1} e (b) $2,0 \times 10^{-4}$ mol L^{-1}.

9-11. Calcule a solubilidade molar do MnS (cinza) em uma solução com uma $[H_3O^+]$ constante e igual a
*(a) $3,00 \times 10^{-5}$ mol L^{-1} e (b) $2,50 \times 10^{-7}$ mol L^{-1}.

*9-12. Calcule a solubilidade molar do $ZnCO_3$ em uma solução tamponada a pH 7,00.

9-13. Calcule a solubilidade molar do $ZnCO_3$ em uma solução tamponada a pH 7,50.

*9-14. Uma solução diluída de NaOH é introduzida em uma solução de Cu^{2+} 0,050 mol L^{-1} e 0,040 mol L^{-1} em Mn^{2+}.
(a) Qual hidróxido precipita primeiro?
(b) Qual é a concentração de OH^- necessária para iniciar a precipitação do primeiro hidróxido?
(c) Qual é a concentração do cátion que forma o hidróxido mais insolúvel quando o hidróxido mais solúvel começa a precipitar?

9-15. Uma solução apresenta concentração 0,030 mol L^{-1} em Na_2SO_4 e 0,040 mol L^{-1} em $NaIO_3$. A essa solução é adicionada uma solução contendo Ba^{2+}. Presumindo que não haja HSO_4^- presente na solução original,
(a) Qual sal de bário vai precipitar primeiro?
(b) Qual é a concentração de Ba^{2+} quando o primeiro precipitado se forma?
(c) Qual é a concentração do ânion que forma o sal de bário menos solúvel quando o precipitado mais solúvel começa a se formar?

*9-16. O íon prata está sendo considerado um reagente para separar I^- de SCN^- em uma solução de KI 0,040 mol L^{-1} e 0,080 mol L^{-1} em NaSCN.
(a) Qual concentração de Ag^+ é necessária para reduzir a concentração de íons I^- a $1,0 \times 10^{-6}$ mol L^{-1}?
(b) Qual é a concentração de Ag^+ na solução quando o AgSCN começa a precipitar?
(c) Qual é a razão das concentrações de SCN^- e I^- quando o AgSCN começa a precipitar?
(d) Qual é a razão entre as concentrações de SCN^- e I^- quando a concentração de Ag^+ for de $1,0 \times 10^{-3}$ mol L^{-1}?

9-17. Utilizando a concentração de $1,0 \times 10^{-6}$ mol L^{-1} como critério para a remoção quantitativa, determine se é viável utilizar
(a) SO_4^{2-} para separar Ba^{2+} e Sr^{2+} em uma solução inicialmente 0,030 mol L^{-1} em Sr^{2+} e 0,15 mol L^{-1} em Ba^{2+}.
(b) SO_4^{2-} para separar Ba^{2+} e Ag^+ em uma solução inicialmente 0,040 mol L^{-1} em cada íon. Para o Ag_2SO_4, $K_{ps} = 1,6 \times 10^{-5}$.

*As respostas para as questões e problemas marcados com um asterisco são fornecidas no final deste livro.

(c) OH^- para separar Be^{2+} e Hf^{4+} em uma solução inicialmente 0,030 mol L^{-1} em Be^{2+} e 0,020 mol L^{-1} em Hf^{4+}. Para o $Be(OH)_2$, $K_{ps} = 7,0 \times 10^{-22}$ e para o $Hf(OH)_4$, $K_{ps} = 4,0 \times 10^{-26}$.

(d) IO_3^- para separar In^{3+} e Tl^+ em uma solução inicialmente 0,20 mol L^{-1} em In^{3+} e 0,07 mol L^{-1} em Tl^+. Para o $In(IO_3)_3$, $K_{ps} = 3,3 \times 10^{-11}$; para o $TlIO_3$, $K_{ps} = 3,1 \times 10^{-6}$.

*9-18. Qual é a massa de AgBr que se dissolve em 200 mL de uma solução de NaCN 0,200 mol L^{-1}?

$$Ag^+ + 2CN^- \rightleftharpoons Ag(CN)_2^- \qquad \beta_2 = 1,3 \times 10^{21}$$

9-19. A constante de equilíbrio para a formação do $CuCl_2^-$ é dada por

$$Cu + 2Cl^- \rightleftharpoons CuCl_2^-$$

$$\beta = \frac{[CuCl_2^-]}{[Cu^+][Cl^-]^2} = 7,9 \times 10^4$$

Qual é a solubilidade do CuCl em uma solução apresentando as seguintes concentrações de NaCl:

(a) 5,0 mol L^{-1}?
(b) $5,0 \times 10^{-1}$ mol L^{-1}?
(c) $5,0 \times 10^{-2}$ mol L^{-1}?
(d) $5,0 \times 10^{-3}$ mol L^{-1}?
(e) $5,0 \times 10^{-4}$ mol L^{-1}?

*9-20. Em contraste com muitos sais, o sulfato de cálcio dissocia-se apenas parcialmente em solução aquosa:

$$CaSO_4(aq) \rightleftharpoons Ca^{2+} + SO_4^{2-}$$

$$K_d = 5,2 \times 10^{-3}$$

A constante do produto de solubilidade para $CaSO_4$ é $2,6 \times 10^{-5}$. Calcule a solubilidade do $CaSO_4$ em (a) água e (b) 0,0100 mol L^{-1} de Na_2SO_4. Além disso, calcule a porcentagem de $CaSO_4$ não dissociada em cada solução.

9-21. Calcule a solubilidade molar do Tl_2S em função do pH na faixa de 10 a 1. Encontre os valores para cada 0,5 unidade de pH e utilize a ferramenta gráfica do Excel para representar a solubilidade em função do pH.

9-22. **Problema Desafiador**:

(a) A solubilidade do CdS é normalmente muito baixa, porém pode ser aumentada abaixando-se o pH da solução. Calcule a solubilidade molar do CdS em função do pH na faixa de pH entre 11 e 1. Encontre os valores a cada 0,5 unidade de pH e faça um gráfico da solubilidade em função do pH.

(b) Uma solução contém 1×10^{-4} mol L^{-1} de Fe^{2+} e de Cd^{2+}. Íons sulfeto são lentamente adicionados a essa solução para precipitar o FeS ou CdS. Determine qual íon vai precipitar primeiro e a faixa de concentração de S^{2-} que permite uma separação dos dois íons.

(c) A concentração analítica de H_2S em uma solução saturada com $H_2S(g)$ é 0,10 mol L^{-1}. Qual é a faixa de pH necessária para a separação descrita no item (b)?

(d) Se não houver nenhum controle do pH por meio de um tampão, qual é o pH de uma solução saturada de H_2S?

(e) Faça um gráfico dos valores de α_0 e α_1 para o H_2S em uma faixa de pH de 10 a 1.

(f) Uma solução contém H_2S e NH_3. Quatro complexos de Cd^{2+} com a amônia podem ser formados por etapas gerando: $Cd(NH_3)^{2+}$, $Cd(NH_3)_2^{2+}$, $Cd(NH_3)_3^{2+}$ e $Cd(NH_3)_4^{2+}$. Determine a solubilidade molar do CdS em uma solução de NH_3 0,1 mol L^{-1}.

(g) Para os mesmos componentes da solução do item (f), tampões foram preparados com a concentração total de $NH_3 + NH_4Cl = 0,10$ mol L^{-1}. Os valores de pH foram 8,0; 8,5; 9,0; 9,5; 10,0; 10,5 e 11,0. Encontre a solubilidade molar do CdS nessas soluções.

(h) Para as soluções do item (g), como poderíamos determinar se o aumento da solubilidade que ocorre com o pH é decorrente da formação de complexos ou de um efeito de atividade?

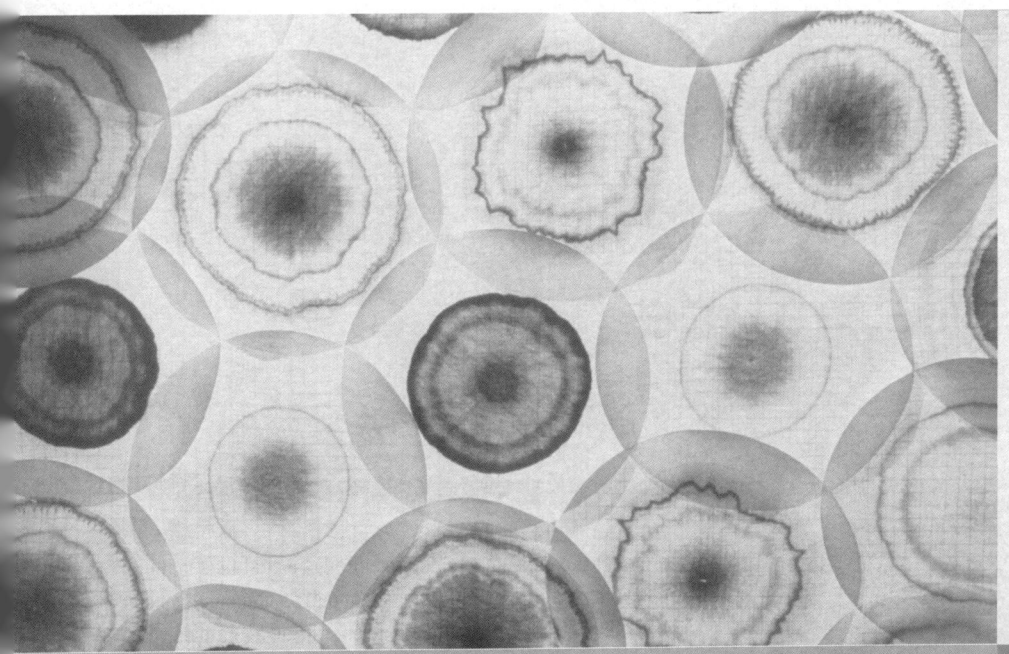

Métodos Clássicos de Análise

PARTE III

CAPÍTULO 10
Métodos Gravimétricos de Análise

CAPÍTULO 11
Titulações em Química Analítica

CAPÍTULO 12
Princípios das Titulações de Neutralização

CAPÍTULO 13
Sistemas Ácido/Base Complexos

CAPÍTULO 14
Aplicações das Titulações de Neutralização

CAPÍTULO 15
Reações e Titulações de Complexação e Precipitação

CAPÍTULO 10
Métodos Gravimétricos de Análise

A formação e o crescimento de precipitados e cristais são muito importantes na química analítica e em outras áreas da ciência. Na foto, é mostrado o crescimento de cristais de acetato de sódio a partir de uma solução supersaturada. Como a supersaturação leva à formação de partículas pequenas, difíceis de serem filtradas, na análise gravimétrica é desejável minimizar a supersaturação e, assim, aumentar o tamanho das partículas do sólido que é formado. As propriedades dos precipitados empregadas na análise química são descritas aqui. As técnicas de obtenção de precipitados facilmente filtráveis, que são livres de contaminantes, são tópicos importantes deste capítulo. Esses precipitados não são usados apenas na análise gravimétrica, mas também na separação de interferentes em outros procedimentos analíticos.

Charles D. Winters

Os **métodos gravimétricos** são quantitativos e se baseiam na determinação da massa de um composto puro ao qual o analito está quimicamente relacionado.

❯❯ Os **métodos gravimétricos** de análise baseiam-se em medidas de massa feitas com uma balança analítica, um instrumento que fornece dados altamente exatos e precisos. De fato, se você realizar uma determinação gravimétrica no laboratório, poderá estar fazendo uma das medidas mais exatas e precisas de sua vida.

Vários métodos analíticos baseiam-se em medidas de massa. Na **gravimetria por precipitação**, o analito é separado de uma solução da amostra como um precipitado e é convertido a uma espécie de composição conhecida que pode ser pesada. Na **gravimetria de volatilização**, o analito é isolado dos outros constituintes da amostra pela conversão a um gás de composição química conhecida; aí, a massa desse gás serve como uma medida da concentração do analito. Esses dois tipos de gravimetria são considerados neste capítulo.[1] Na **eletrogravimetria**, o analito é separado pela deposição em um eletrodo por meio do uso de uma corrente elétrica; então, massa desse produto fornece uma medida da concentração do analito. A eletrogravimetria é descrita na Seção 20C.

Dois outros tipos de métodos analíticos baseiam-se em medidas de massa. Na **titulação gravimétrica**, descrita na Seção 11D, a massa do reagente com concentração conhecida, requerida para reagir completamente com o analito, fornece a informação necessária para determinar a sua concentração. A **espectrometria de massas atômicas** emprega um espectrômetro de massas para separar os íons gasosos formados a partir dos elementos que compõem uma

---

[1] Para um tratamento extensivo sobre os métodos gravimétricos, veja C. L. Rufs, in *Treatise on Analytical Chemistry*. I. M. Kolthoff; P. J. Elving, eds. Nova York: Wiley, 1975, pt. I, v. 11, cap. 13.

amostra da matéria. A concentração dos íons resultantes é então determinada pela medida da corrente elétrica produzida quando esses íons atingem a superfície de um detector iônico. Essa técnica é descrita brevemente no Capítulo 27.

10A Gravimetria por Precipitação

Na gravimetria por precipitação, o analito é convertido a um precipitado pouco solúvel. Em seguida, esse precipitado é filtrado, lavado para a remoção de impurezas, convertido a um produto de composição conhecida por meio de um tratamento térmico adequado e pesado. Por exemplo, um método de precipitação para a determinação de cálcio em águas é um dos métodos oficiais da Association of Official Analytical Chemists.[2] Nessa técnica, um excesso de ácido oxálico, $H_2C_2O_4$, é adicionado a uma solução aquosa contendo a amostra. Daí, adiciona-se amônia, o que neturaliza o ácido e provoca essencialmente a precipitação completa do cálcio presente na amostra na forma do oxalato de cálcio. As reações são

$$2NH_3 + H_2C_2O_4 \rightarrow 2NH_4^+ + C_2O_4^{2-}$$

$$Ca^{2+}(aq) + C_2O_4^{2-}(aq) \rightarrow CaC_2O_4(s)$$

O CaC_2O_4 precipitado é filtrado, utilizando-se um cadinho de filtração previamente pesado, e depois é seco e calcinado. Esse processo converte completamente o precipitado a óxido de cálcio. A reação é

$$CaC_2O_4(s) \xrightarrow{\Delta} CaO(s) + CO(g) + CO_2(g)$$

Após o resfriamento, o cadinho e o precipitado são pesados e a massa de óxido de cálcio é determinada pela subtração da massa conhecida do cadinho. Daí, o conteúdo em cálcio da amostra é calculado como mostrado no Exemplo 10-1, na Seção 10B.

❮❮ Secagem ou queima para uma massa constante é um processo no qual um sólido é aquecido mediante etapas em ciclo de alta temperatura, resfriamento e pesagem até que sua massa se torne constante dentro da faixa de 0,2 a 0,3 mg.

10A-1 Propriedades de Precipitados e Reagentes Precipitantes

Idealmente, um agente precipitante gravimétrico deve reagir *especificamente*, ou pelo menos *seletivamente*, com o analito. Os reagentes específicos, que são raros, reagem apenas com uma única espécie química. Já os reagentes seletivos, que são mais comuns, reagem com um número limitado de espécies. Além da especificidade e da seletividade, o reagente precipitante ideal deve provocar uma reação com o analito para formar um produto que seja:

❮❮ Um exemplo de um reagente seletivo é o $AgNO_3$. Os únicos íons comuns que ele precipita em meio ácido são Cl^-, Br^-, I^- e SCN^-. A dimetilglioxima, que é discutida na Seção 10C-3, é um reagente específico que precipita apenas Ni^{2+} em soluções alcalinas.

1. facilmente filtrado e lavado para a remoção de contaminantes;
2. de solubilidade suficientemente baixa para que não haja perda significativa do analito durante a filtração e a lavagem;
3. não reativo com os constituintes da atmosfera;
4. de composição química conhecida após sua secagem ou, se necessário, calcinação (Seção 10-A7).

Poucos reagentes, se houver algum, produzem precipitados que apresentam todas essas propriedades desejáveis.

As variáveis que influenciam a solubilidade (a segunda propriedade na lista anterior) são discutidas na Seção 9B. Na seção a seguir, estamos interessados nos métodos utilizados que nos permitam obter sólidos puros e facilmente filtráveis de composição conhecida.[3]

---

[2] W. Horwitz; G. Latimer, eds. *Official Methods of Anlysis*. 18. ed. Official Method 920.199, Gaithersberg, MD: Association of Official Anlytical Chemists International, 2005.
[3] Para um tratamento mais detalhado sobre precipitados, veja H. A. Laitinen; W. E. Harris. *Chemical Analysis*. 2. ed. Nova York: McGraw-Hill, 1975, cap. 8 e 9. A. E. Nielsen, in *Treatise on Analytical Chemistry*. 2. ed. I. M. Kolthoff; P. J. Elving, eds. Nova York: Wiley, 1983, pt. I, v. 3, cap. 27.

10A-2 Propriedades Desejadas dos Precipitados

Os precipitados constituídos por partículas grandes costumam ser desejáveis nos procedimentos gravimétricos, porque essas partículas são fáceis de filtrar e de lavar visando à remoção de impurezas. Além disso, os precipitados desse tipo são geralmente mais puros que aqueles formados por partículas pequenas.

Fatores que Determinam o Tamanho das Partículas de Precipitados

O tamanho das partículas de sólidos formados por precipitação varia enormemente. Em um extremo estão as **suspensões coloidais**, cujas minúsculas partículas são invisíveis a olho nu (10^{-7} a 10^{-4} cm de diâmetro). Partículas coloidais não apresentam tendência de decantar a partir de soluções e são difíceis de filtrar. Uma vez que as partículas de dimensões coloidais dispersam a radiação visível, o caminho do feixe através da solução pode ser visto a olho nu. Este fenômeno é chamado de *efeito Tyndall* (veja **Figura 10-1**). No outro extremo estão as partículas com as dimensões da ordem de décimos de milímetros ou maiores. A suspensão temporária dessas partículas na fase líquida é chamada **suspensão cristalina**. As partículas de uma suspensão cristalina tendem a decantar espontaneamente e são facilmente filtradas. A formação e o crescimento dos cristais de acetato de sódio são mostrados na **Figura 10-2**.

A formação de precipitados foi estudada há muitos anos, mas o mecanismo desse processo ainda não é totalmente compreendido. O que é certo, entretanto, é que o tamanho da partícula do precipitado é influenciado pela solubilidade do precipitado, pela temperatura, pelas concentrações dos reagentes e pela velocidade com que os reagentes são misturados. O efeito líquido dessas variáveis pode ser estimado, pelo menos qualitativamente, considerando que o tamanho da partícula esteja relacionado a uma única propriedade do sistema denominada **supersaturação relativa**, onde

$$\text{supersaturação relativa} = \frac{Q - S}{S} \tag{10-1}$$

Nessa equação, Q é a concentração do soluto em qualquer instante e S, a sua solubilidade no equilíbrio.

Em geral, as reações de precipitação são lentas e, mesmo quando um reagente precipitante é adicionado gota a gota a uma solução contendo um analito, alguma supersaturação sempre ocorre. As evidências experimentais indicam que o tamanho das partículas de um precipitado varia inversamente com a supersaturação relativa média

---

> Um **coloide** consiste em partículas sólidas com diâmetros menores que 10^{-4} cm.
>
> Sob luz difusa, as **suspensões coloidais** podem ser perfeitamente límpidas e parecem não conter sólidos. A presença da segunda fase pode ser detectada, contudo, direcionando-se um feixe de luz diretamente para a solução.

>> É muito difícil filtrar as partículas de uma suspensão coloidal. Para reter essas partículas, o poro do meio filtrante precisa ser tão pequeno que a filtração demora um longo tempo. Com o tratamento adequado, entretanto, as partículas coloidais individuais podem ser agrupadas, ou coagulam para produzir partículas grandes que são fáceis de filtrar.

>> A Equação 10-1 é conhecida como a equação de Von Weimarn, em reconhecimento ao cientista que a propôs, em 1925.

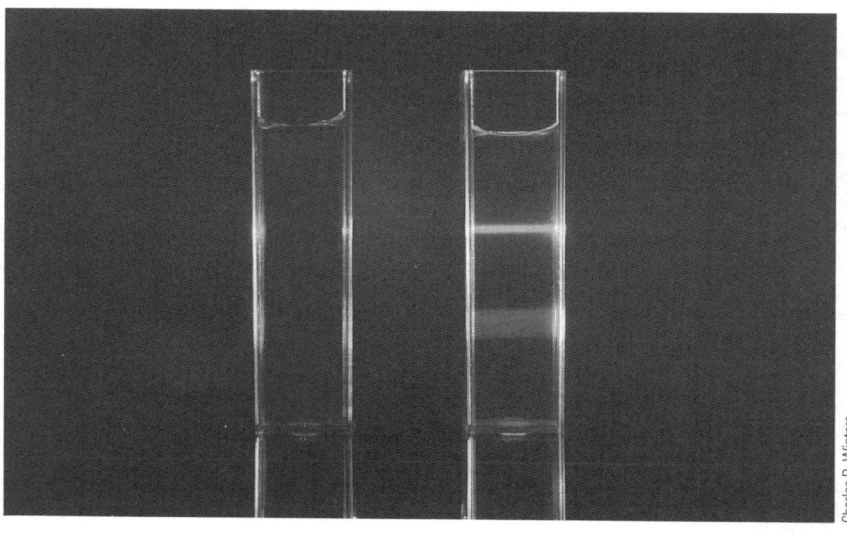

FIGURA 10-1

O efeito Tyndall. A foto mostra duas cubetas: a da esquerda contém apenas água e a da direita contém uma solução de amido. À medida que feixes de laser vermelho e verde passam através da água na cubeta da esquerda, eles são invisíveis. As partículas coloidais na solução de amido na cubeta da direita dispersam a luz dos dois lasers e assim os feixes tornam-se visíveis. Veja a prancha colorida 8.

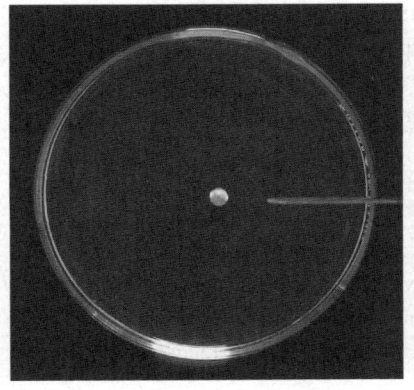
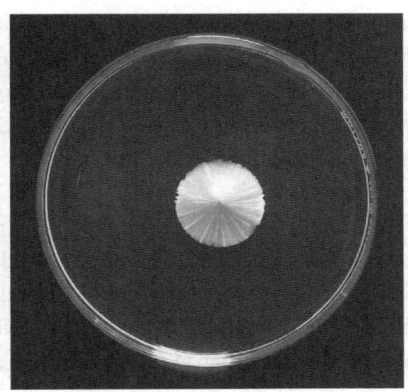

FIGURA 10-2   Cristalização do acetato de sódio a partir de uma solução supersaturada (Seção 10A-1). Um minúsculo cristal "semeador" é colocado no centro de uma placa de petri contendo uma solução supersaturada do composto. A sequência de tempo das fotos tiradas em aproximadamente uma por segundo mostra o crescimento dos lindos cristais de acetato de sódio. Veja a prancha colorida 10.

durante o tempo em que o reagente estiver sendo introduzido. Assim, quando $(Q - S)/S$ é grande, o precipitado tende a ser coloidal; quando $(Q - S)/S$ é pequeno, a formação de um sólido cristalino é mais provável.

Mecanismo de Formação do Precipitado

O efeito de supersaturação relativa no tamanho da partícula pode ser explicado se considerarmos que os precipitados são formados por dois processos: por **nucleação** e por **crescimento da partícula**. O tamanho da partícula de um precipitado recém-formado é determinado pelo mecanismo predominante.

Na nucleação, alguns íons, átomos ou moléculas (talvez tão poucos quanto quatro ou cinco) juntam-se para formar um sólido estável. Muitas vezes, esses núcleos são formados na superfície de contaminantes sólidos em suspensão, como, por exemplo, a poeira. A precipitação posterior então envolve uma competição entre a nucleação adicional e o crescimento dos núcleos existentes (crescimento da partícula). Se a nucleação predominar, o resultado será um precipitando contendo um grande número de pequenas partículas; se o crescimento predominar, um número pequeno de partículas grandes será produzido.

Acredita-se que a velocidade da nucleação aumente enormemente com a elevação da supersaturação relativa. Em contraste, a velocidade de crescimento melhora apenas moderadamente a uma supersaturação relativa elevada. Em consequência, quando um precipitado é formado sob uma supersaturação relativa elevada, a nucleação constitui o

Uma **solução supersaturada** é uma solução instável que contém uma concentração do soluto mais elevada que uma solução saturada. Como o excesso de soluto precipita com o tempo, a supersaturação diminui para zero (veja Figura 10-1).

《 Para aumentar o tamanho das partículas de um precipitado, minimize a supersaturação relativa durante a formação dele.

Nucleação é um processo que envolve um número mínimo de átomos, íons ou moléculas que se juntam para formar um sólido estável.

> > Precipitados são formados por nucleação e por crescimento de partículas. Se a nucleação predomina, um grande número de partículas é produzido. Se o crescimento das partículas predomina, um número menor de partículas de tamanho maior é obtido.

mecanismo de precipitação majoritário e um grande número de pequenas partículas é formado. Sob uma supersaturação relativa baixa, por outro lado, a velocidade de crescimento das partículas tende a predominar e ocorre a deposição do sólido em partículas existentes, em detrimento de nucleação adicional. A baixa supersaturação relativa produz suspensões cristalinas.

Controle Experimental do Tamanho das Partículas

As variáveis experimentais que minimizam a supersaturação e, portanto, produzem os precipitados cristalinos incluem temperaturas elevadas para aumentar a solubilidade do precipitado (S na Equação 10-1), soluções diluídas (para minimizar Q) e a adição lenta do agente precipitante sob agitação eficiente. As duas últimas medidas também minimizam a concentração do soluto (Q) a qualquer instante.

Se a solubilidade do precipitado depende do pH, partículas maiores também podem ser produzidas controlando-se o pH. Por exemplo, os cristais grandes, facilmente filtráveis, de oxalato de cálcio são obtidos pela formação do precipitado em uma solução levemente ácida na qual o sal é moderadamente solúvel. A precipitação então se completa pela adição lenta de amônia aquosa até que a acidez seja suficientemente baixa para a remoção de todo o oxalato de cálcio. O precipitado adicional produzido durante essa etapa se deposita nas partículas sólidas formadas na primeira etapa.

> > Os precipitados que possuem solubilidades muito baixas, como muitos sulfetos e óxidos hidratados, geralmente são coloidais.

Infelizmente, muitos precipitados não podem ser formados como cristais sob condições normais de laboratório. Um sólido coloidal é geralmente formado quando um precipitado apresenta uma solubilidade tão baixa que S, na Equação 10-1, se mantém negligenciável em relação a Q. Dessa forma, a supersaturação relativa permanece elevada durante a formação do precipitado, resultando uma suspensão coloidal. Por exemplo, sob condições viáveis para uma análise, os óxidos hidratados de ferro(III), alumínio e cromo(III) e os sulfetos da maioria dos íons de metais pesados formam-se apenas como coloides em razão de suas baixas solubilidades.[4]

10A-3 Precipitados Coloidais

As partículas coloidais individuais são tão pequenas que não podem ser retidas por filtros comuns. Além disso, o movimento browniano previne sua decantação em razão da ação gravitacional. Felizmente, entretanto, podemos coagular, ou aglomerar, as partículas individuais da maioria dos coloides para gerar uma massa amorfa filtrável que irá decantar.

Coagulação de Coloides

A coagulação pode ser obtida por aquecimento, por agitação e pela adição de um eletrólito ao meio. Para entender a efetividade dessas medidas, precisamos saber por que as suspensões coloidais são estáveis e não se coagulam espontaneamente.

As suspensões coloidais são estáveis porque todas as partículas de um coloide são carregadas positivamente ou negativamente e, por isso, se repelem. A carga é resultante dos cátions ou ânions que estão ligados à superfície das partículas. Podemos mostrar facilmente que as partículas coloidais são carregadas colocando-as entre placas carregadas onde algumas partículas migram em direção a um eletrodo e outras se movem na direção do eletrodo de carga oposta. O processo pelo qual os íons são retidos *na superfície de um sólido* é conhecido como **adsorção**.

A **adsorção** é um processo no qual uma substância (gás, líquido ou sólido) fica presa *à superfície* de um sólido. Em contraste, a **absorção** envolve a retenção de uma substância *dentro dos poros* de um sólido.

A adsorção de íons em um sólido iônico possui origem nas forças normais de ligação que são responsáveis pelo crescimento de cristais. Por exemplo, um íon prata localizado na superfície de uma partícula de cloreto de prata tem a capacidade de ligação por um ânion não satisfeita parcialmente por causa de sua localização na superfície. Os íons negativos são atraídos para este sítio pelas mesmas forças que mantêm os íons cloreto na estrutura do cloreto de prata. De maneira análoga, os íons cloreto localizados na superfície do sólido exercem uma atração alta por cátions dissolvidos no solvente.

Os tipos de íons que são retidos na superfície de uma partícula coloidal e o seu número dependem, de uma forma complexa, de inúmeras variáveis. Contudo, para a suspensão produzida durante uma análise gravimétrica a espécie

---

[4] O cloreto de prata ilustra como o conceito da supersaturação é imperfeito. De modo geral, esse composto se forma como um coloide, e sua solubilidade molar não é diferente daquela de outros compostos, como o $BaSO_4$, que geralmente forma cristais.

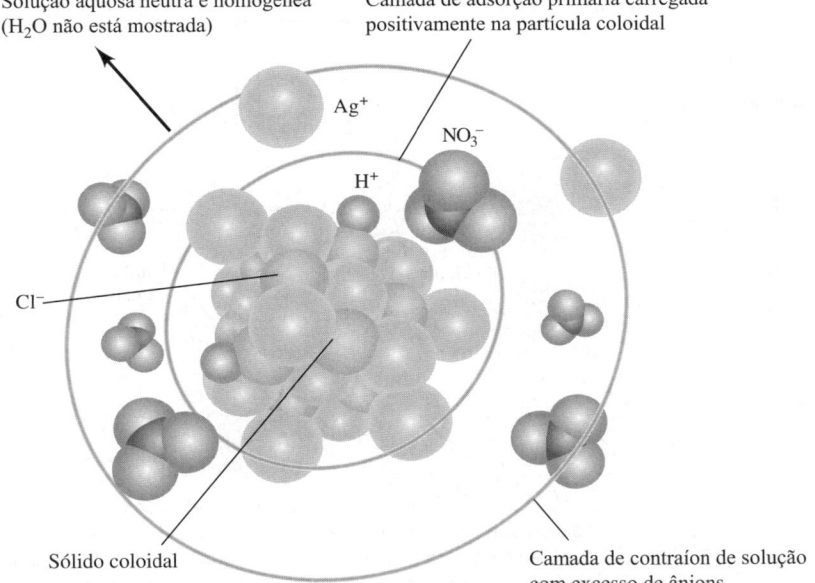

FIGURA 10-3
Uma partícula coloidal em suspensão de cloreto de prata presente em uma solução de nitrato de prata. Veja a prancha colorida 32.

adsorvida e, portanto, a carga das partículas pode ser facilmente prevista, uma vez que, em geral, os íons presentes na estrutura são mais fortemente ligados que os outros. Por exemplo, quando nitrato de prata é adicionado pela primeira vez a uma solução contendo íons cloreto, as partículas coloidais do precipitado estão negativamente carregadas como resultado da adsorção de parte do excesso de íons cloreto. Essa carga, entretanto, torna-se positiva quando o nitrato de prata for adicionado em quantidade suficiente para produzir um excesso de íons prata. A carga superficial é mínima quando não existe excesso de nenhum dos íons no líquido sobrenadante.

>> A carga de uma partícula coloidal produzida em uma análise gravimétrica é determinada pela carga do íon de estrutura que está em excesso quando a precipitação estiver completa.

A extensão da adsorção e, portanto, a carga de uma dada partícula, aumenta rapidamente com a elevação da concentração do íon comum. Ao final, no entanto, a superfície das partículas se torna coberta pelos íons adsorvidos e a carga se torna constante e independente da concentração.

A **Figura 10-3** apresenta uma partícula coloidal de cloreto de prata em uma solução que contém um excesso de nitrato de prata. Ligada diretamente à superfície do sólido encontra-se a **camada de adsorção primária**, que consiste principalmente em íons prata. Ao redor da partícula carregada encontra-se uma camada de solução, chamada **camada do contraíon**, que contém excesso suficiente de íons negativos (principalmente o nitrato) para balancear a carga da superfície da partícula. Os íons prata adsorvidos em primeiro lugar e a camada do contraíon constituem a **dupla camada elétrica**, que é responsável pela estabilidade da suspensão coloidal. À medida que as partículas coloidais se aproximam umas das outras, essa dupla camada exerce uma força eletrostática repulsiva, prevenindo que as partículas venham a colidir e a aderir.

A **Figura 10-4a** mostra a carga efetiva em duas partículas de cloreto de prata. A curva superior representa uma partícula em solução que contém excesso razoável de nitrato de prata, enquanto a curva inferior exibe uma partícula que está presente em uma solução que apresenta concentração muito menor de nitrato de prata. A carga efetiva pode ser interpretada como uma força repulsiva que a partícula exerce em outras partículas iguais na solução. Note que a carga efetiva decresce rapidamente à medida que a distância da superfície aumenta e se aproxima de zero nos pontos d_1 e d_2. Essas diminuições na carga efetiva (positiva, em ambos os casos) são provocadas pela carga negativa do excesso de contraíons presentes na dupla camada ao redor de cada partícula. Nos pontos d_1 e d_2, o número de contraíons na camada é aproximadamente igual ao número de íons primeiramente adsorvidos às superfícies das partículas; portanto, a carga efetiva das partículas aproxima-se de zero neste ponto.

A porção superior da **Figura 10-5** apresenta duas partículas de cloreto de prata e suas camadas de contraíons conforme elas se aproximam uma da outra, na mesma solução concentrada de nitrato de prata. Observe que a carga efetiva das partículas previne que elas se aproximem uma da outra a uma distância menor que cerca de $2d_1$ – uma distância que é muito

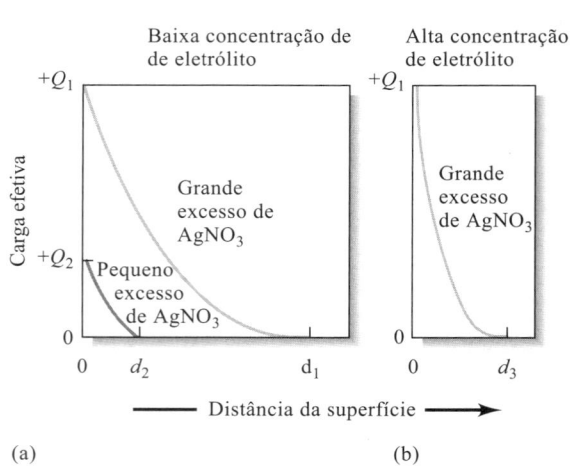

FIGURA 10-4 O efeito do AgNO$_3$ e da concentração do eletrólito na espessura da dupla camada elétrica que recobre uma partícula coloidal de AgCl, presente em uma solução contendo excesso de AgNO$_3$.

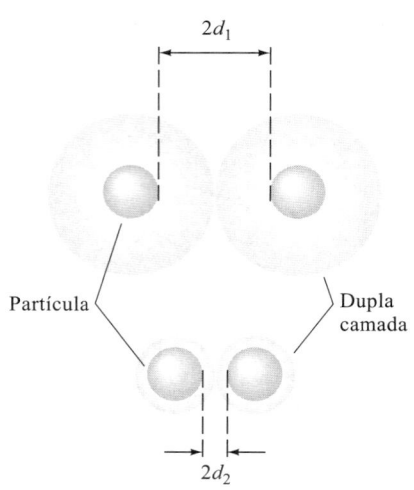

FIGURA 10-5 A dupla camada elétrica de um coloide consiste em uma camada de carga adsorvida na superfície da partícula (a primeira camada de adsorção) e uma camada de carga oposta (a camada do contraíon) da solução que está ao redor da partícula. A elevação da concentração do eletrólito tem o efeito de diminuir o volume da camada do contraíon, aumentando, portanto, as chances da coagulação.

grande para ocorrer a coagulação. Como mostrado na parte inferior da Figura 10-5, na solução mais diluída de nitrato de prata, as duas partículas podem se aproximar uma da outra dentro da distância $2d_2$. Em última instância, à medida que a concentração de nitrato de prata decresce ainda mais, a distância entre as partículas torna-se pequena o suficiente para que as forças de aglomeração sejam efetivas e um precipitado coagulado apareça.

Muitas vezes, a coagulação de uma suspensão coloidal pode ser alcançada por um curto período de aquecimento, particularmente se acompanhado de agitação. O aquecimento diminui o número de íons adsorvidos e, consequentemente, a espessura, d_p, da dupla camada. As partículas também podem adquirir energia cinética suficiente a altas temperaturas para superar a barreira da proximidade imposta pela dupla camada.

Um modo ainda mais efetivo de coagular um coloide consiste em aumentar a concentração de eletrólito em solução. Se adicionarmos um composto iônico adequado a uma suspensão coloidal, a concentração do contraíon aumenta na vizinhança de cada partícula. Como resultado, o volume da solução que contém contraíons em quantidade suficiente para balancear a carga da camada de adsorção primária diminui. O efeito líquido da adição de um eletrólito é, por conseguinte, uma redução do tamanho da camada do contraíon, como mostrado na **Figura 10-4b**. As partículas podem então se aproximar mais umas das outras e sofrer aglomeração.

>> Suspensões coloidais podem, muitas vezes, sofrer coagulação em razão do aquecimento, da agitação ou da adição de eletrólitos.

Peptização de Coloides

A **peptização** é um processo no qual um coloide coagulado retorna ao seu estado disperso.

A **peptização** é o processo pelo qual um coloide coagulado é revertido ao seu estado disperso original. Quando um coloide coagulado é lavado, parte do eletrólito responsável por sua coagulação é lixiviada a partir do líquido interno que se encontra em contato com as partículas sólidas. A remoção desse eletrólito tem o efeito de aumentar o volume da camada do contraíon. As forças de repulsão responsáveis pelo estado original do coloide são restabelecidas e as partículas se desprendem umas das outras a partir da massa coagulada. As lavagens tornam-se turvas à medida que as partículas que se dispersam passam através do filtro.

Deparamo-nos com um dilema ao trabalhar com os coloides coagulados. Por um lado, a lavagem é necessária para minimizar a contaminação, mas há riscos de perdas resultantes da peptização se água pura for utilizada. O problema é normalmente resolvido pela lavagem do precipitado com uma solução contendo um eletrólito que se volatiliza quando o precipitado é seco ou calcinado. Por exemplo, o cloreto de prata é normalmente lavado com uma solução diluída de ácido nítrico. Embora o precipitado fique, sem dúvida, contaminado pelo ácido, nenhum problema ocorre, uma vez que o ácido nítrico é perdido durante a etapa de secagem.

Tratamento Prático de Precipitados Coloidais

Os coloides são mais bem precipitados a partir de soluções aquecidas e agitadas contendo eletrólito suficiente para garantir a coagulação. Em geral, a filtrabilidade de um coloide coagulado melhora se este for deixado em repouso por uma hora ou mais em contato com a solução a partir da qual foi formado. Durante esse processo, conhecido como **digestão**, moléculas de água fracamente ligadas parecem se desligar do precipitado. O resultado é uma massa mais densa que é mais fácil de filtrar.

> A **digestão** é um processo no qual um precipitado é aquecido por uma hora ou mais na solução em que foi formado (a **solução mãe**) e deixado em repouso, em contato com a solução.

10A-4 Precipitados Cristalinos

Os **precipitados cristalinos** costumam ser mais facilmente filtrados e purificados que os coloides coagulados. Além disso, o tamanho de partículas cristalinas individuais e, portanto, sua filtrabilidade podem ser controlados em uma certa extensão.

> A **solução mãe** é aquela a partir da qual um precipitado foi formado.

Métodos para Melhorar o Tamanho da Partícula e a Filtrabilidade

O tamanho da partícula de um sólido cristalino muitas vezes pode ser melhorado significativamente pela minimização de Q ou por maximização de S, ou ambos, na Equação 10-1. O valor de Q pode frequentemente ser minimizado pelo uso de soluções diluídas e adição lenta e sob agitação do agente precipitante. Muitas vezes, aumenta-se S pela precipitação a partir de uma solução a quente ou pelo ajuste do pH do meio que contém o precipitado.

A digestão de precipitados cristalinos (sem agitação) por algum tempo após a sua formação, costuma gerar um produto mais puro e de filtração mais fácil. A melhoria na filtrabilidade resulta, sem dúvida, da dissolução e da cristalização que ocorrem continuamente e em maior velocidade a temperaturas elevadas. A recristalização resulta, aparentemente, na ligação de partículas adjacentes, um processo que gera agregados cristalinos maiores e mais fáceis de serem filtrados. Essa hipótese é embasada na observação de que ocorre apenas uma pequena melhoria nas características de filtração se a mistura for agitada durante a digestão.

> ❮❮ A digestão melhora a pureza e a filtrabilidade tanto dos precipitados coloidais quanto dos cristalinos.

10A-5 Coprecipitação

Quando compostos *por outro lado solúveis* são removidos da solução durante a formação de precipitado, nos referimos ao processo como **coprecipitação**. A contaminação de um precipitado por uma segunda substância cujo produto de solubilidade foi excedido *não é coprecipitação*.

> A **coprecipitação** é um processo no qual os compostos *normalmente solúveis* são removidos da solução por um precipitado.

Existem quatro tipos de coprecipitação: **adsorção superficial**, **formação de cristal misto**, **oclusão** e **aprisionamento mecânico**.[5] A adsorção superficial e a formação de cristal misto são processos baseados em equilíbrio, enquanto a oclusão e o aprisionamento mecânico têm origem na cinética de crescimento do cristal.

Adsorção Superficial

A adsorção é uma fonte comum de coprecipitação e é uma causa provável de contaminação significativa de precipitados com áreas de superfície específicas grandes, isto é, os coloides coagulados (veja o Destaque 10-1 para a definição de área superficial). Embora a adsorção ocorra em sólidos cristalinos, seus efeitos na pureza não são normalmente detectáveis em razão da área superficial relativamente baixa desses sólidos.

> ❮❮ Muitas vezes a adsorção é a principal fonte de contaminação em coloides coagulados, mas não é significativa em precipitados cristalinos.

---

[5] Seguimos o sistema simples de classificação de fenômenos de coprecipitação proposto por A. E. Nielsen, in *Treatise on Analytical Chemistry*. 2. ed. I. M. Kolthoff; P. J. Elving, eds. Nova York: Wiley, 1983, pt. I, v. 3, p. 333.

DESTAQUE 10-1

Área Superficial Específica de Coloides

A **área superficial específica** é definida como a área superficial por unidade de massa do sólido e normalmente tem as unidades em centímetros quadrados por grama. Para uma dada massa de sólido, a área superficial específica aumenta drasticamente com a diminuição do tamanho da partícula e torna-se enorme para os coloides. Por exemplo, o cubo sólido exposto na **Figura 10D-1**, que tem dimensões de 1 cm de aresta, possui uma área superficial de 6 cm². Se esse cubo pesa 2 g, sua área superficial específica é 6 cm²/2 g = 3 cm² g^{-1}. Agora, divida o cubo em 1.000 cubos, cada um tendo um comprimento de aresta de 0,1 cm. Então, a área superficial de cada face desses cubos será de 0,1 cm × 0,1 cm = 0,01 cm², e a área total para as seis faces do cubo será de 0,06 cm². Como existem 1.000 desses cubos, a área superficial total para os 2 g de sólido nesse momento será 60 cm² e a área superficial específica será 30 cm² g^{-1}. Continuando dessa forma, descobrimos que a área superficial específica se tornará 300 cm² g^{-1} quando tivermos 10^6 cubos que possuam 0,01 cm de aresta cada um. O tamanho de partícula de uma suspensão cristalina encontra-se entre 0,01 e 0,1 cm; assim, um precipitado cristalino típico contém uma área superficial específica entre 30 cm² g^{-1} e 300 cm² g^{-1}. Compare esses números com aqueles para 2 g de um coloide composto por 10^{18} partículas, cada uma tendo uma aresta de 10^{-6} cm. Neste caso, a área específica é de 3×10^6 cm² g^{-1}, que é 3.000 pés g^{-1}. Com base nesses cálculos, 1 g de uma suspensão coloidal tem uma área superficial equivalente à área de uma casa de tamanho razoável.

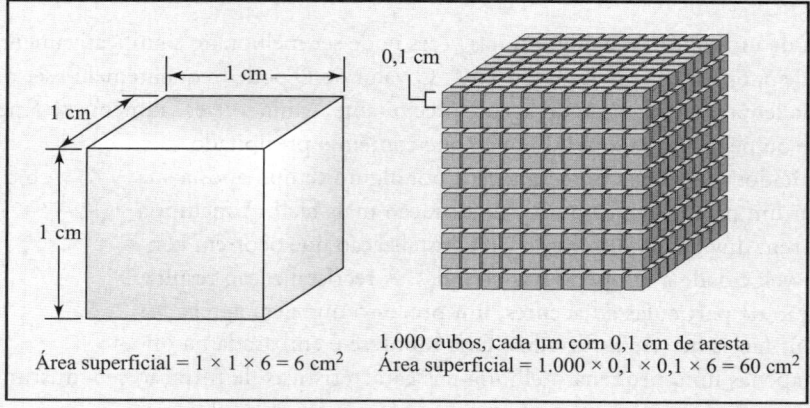

FIGURA 10D-1 Aumento na área superficial por unidade de massa com a diminuição do tamanho da partícula.

>> Na adsorção, um composto normalmente solúvel é removido da solução sobre a superfície de um coloide coagulado. Esse composto consiste em um íon primariamente adsorvido e em um íon de carga oposta, oriundo da camada de contraíon.

A coagulação de um coloide não diminui significativamente a quantidade da adsorção porque o sólido coagulado ainda contém uma área superficial interna grande, que permanece exposta ao solvente (**Figura 10-6**). O contaminante coprecipitado na superfície do coloide coagulado consiste em um íon do retículo cristalino originalmente adsorvido na superfície antes da coagulação mais o contraíon de carga oposta mantido no filme da solução imediatamente adjacente à partícula. *O efeito líquido da adsorção superficial é, portanto, o arraste de um composto normalmente solúvel na forma de um contaminante superficial.* Por exemplo, o cloreto de prata coagulado formado na determinação gravimétrica de íons cloreto está contaminado com íons prata primariamente adsorvidos e com o nitrato ou outro ânion na camada do contraíon. O resultado é que o nitrato de prata, um composto normalmente solúvel, é coprecipitado com o cloreto de prata.

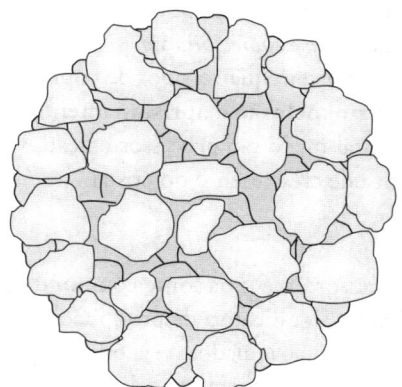

FIGURA 10-6 Um coloide coagulado. Essa figura sugere que um coloide coagulado continua a expor uma grande área superficial para a solução a partir da qual foi formado.

Minimização das Impurezas Adsorvidas em Coloides A pureza de muitos coloides coagulados pode ser melhorada pela digestão. Durante esse processo, a água é expelida do sólido para gerar uma massa mais densa que tem uma área superficial específica menor para a adsorção.

A lavagem de um coloide coagulado com uma solução contendo um eletrólito volátil também pode ser útil, porque qualquer eletrólito não volátil adicionado anteriormente para provocar a coagulação é deslocado pela espécie volátil. Geralmente, a lavagem não remove muito dos íons primariamente adsorvidos em decorrência da atração entre esses íons e a superfície do sólido, que é muito forte. A troca ocorre, contudo, entre os *contraíons* existentes e os íons presentes no líquido de lavagem. Por exemplo, na determinação de prata pela precipitação com íons cloreto, a espécie primariamente adsorvida é o cloreto. A lavagem com uma solução ácida converte efetivamente a camada do contraíon a íons hidrogênio, de forma que ambos, íons cloreto e hidrogênio, sejam retidos pelo sólido. Então, o HCl se volatiliza quando o precipitado é seco.

Não obstante o método de tratamento, um coloide coagulado sempre está contaminado em uma certa extensão, mesmo após uma lavagem extensiva. O erro introduzido na análise a partir dessa fonte pode ser tão pequeno quanto 1 a 2 ppt, como na coprecipitação do nitrato de prata no cloreto de prata. Em contraste, a coprecipitação de hidróxidos de metais pesados sobre óxidos hidratados de ferro trivalente ou de alumínio pode resultar em erros de até algumas dezenas de partes por cento, os quais são intoleráveis.

Reprecipitação Uma maneira drástica, porém efetiva, de minimizar os efeitos da adsorção é a **reprecipitação**. Nesse processo, o sólido filtrado é redissolvido e reprecipitado. Normalmente, o primeiro precipitado arrasta apenas a fração do contaminante presente no solvente original. Assim, a solução contendo o precipitado redissolvido tem uma concentração significativamente inferior do contaminante que a original e ainda menos adsorção ocorre durante a segunda precipitação. A reprecipitação representa um tempo adicional considerável à análise. Entretanto, muitas vezes é necessária para precipitados como os óxidos hidratados de ferro(III) e de alumínio, que têm uma tendência extraordinária de adsorver os hidróxidos de cátions de metais pesados, como zinco, cádmio e manganês.

Formação de Cristal Misto

Na formação de cristal misto, um dos íons do retículo cristalino de um sólido é substituído por um íon de outro elemento. Para que essa troca ocorra, é necessário que os dois íons tenham a mesma carga e que seus tamanhos não sejam diferentes em mais de 5%. Além disso, os dois sais precisam pertencer à mesma classe cristalina. Por exemplo, o sulfato de bário formado pela adição de cloreto de bário a uma solução que contém íons sulfato, chumbo e acetato mostra-se severamente contaminado por sulfato de chumbo. Esta contaminação ocorre ainda que os íons acetato previnam a precipitação do sulfato de chumbo, complexando-se ao chumbo. Neste caso, os íons de chumbo substituem parte dos íons de bário nos cristais de sulfato de bário. Outros exemplos de coprecipitação de cristal misto incluem $MgKPO_4$ em $MgNH_4PO_4$, $SrSO_4$ em $BaSO_4$ e MnS em CdS.

A **formação de cristal misto** é um tipo de coprecipitação na qual um íon contaminante substitui um íon no retículo de um cristal.

A extensão da contaminação do cristal misto é governada pela lei de ação das massas e aumenta à medida que a razão entre o contaminante e o analito se eleva. A formação do cristal misto é um tipo particular de problema de coprecipitação porque pouco pode ser feito a respeito quando certa combinação de íons está presente na matriz da amostra. Esse problema é encontrado tanto em suspensões coloidais quanto em precipitados cristalinos. Quando ocorre a formação de cristal misto, o íon interferente pode ter de ser separado antes da etapa final de precipitação. Alternativamente, um reagente precipitante diferente, que não provoque a formação de cristais mistos, pode ser empregado.

Oclusão e Aprisionamento Mecânico

Quando um cristal está crescendo rapidamente durante a formação do precipitado, os íons estranhos presentes na camada do contraíon podem ser aprisionados, ou *ocluídos*, dentro do cristal em crescimento. Como a supersaturação e a velocidade de crescimento diminuem à medida que a precipitação progride, a quantidade de material ocluído é maior na parte dos cristais que se forma primeiro.

A **oclusão** é um tipo de coprecipitação em que um composto é aprisionado durante o crescimento rápido de um cristal.

O aprisionamento mecânico ocorre quando os cristais se encontram próximos durante o crescimento. Vários cristais crescem juntos e, assim sendo, aprisionam uma porção da solução em um pequeno invólucro.

> A formação de cristal misto pode ocorrer tanto em precipitados coloidais quanto em cristalinos, mas a oclusão e o aprisionamento mecânico são restritos a precipitados cristalinos.

> A coprecipitação pode causar tanto erros positivos quanto negativos.

Tanto a oclusão quanto o aprisionamento mecânico são mínimos quando a velocidade de formação do precipitado é baixa, isto é, sob condições de baixa supersaturação. Além disso, a digestão reduz os efeitos desses tipos de coprecipitação. Sem dúvida, a rápida dissolução e a reprecipitação que ocorrem sob as temperaturas elevadas de digestão abrem os invólucros e permitem que as impurezas escapem para a solução.

Erros Devidos à Coprecipitação

As impurezas coprecipitadas podem provocar tanto erros negativos quanto positivos em uma análise. Se o contaminante não for o composto do íon que estiver sendo determinado, sempre resultará um erro positivo. Consequentemente, um erro positivo é observado quando o cloreto de prata coloidal absorve o nitrato de prata durante a análise de cloreto. Em contraste, quando o contaminante contém o íon que está sendo determinado, tanto erros positivos quanto negativos podem ocorrer. Por exemplo, na determinação de bário pela precipitação como sulfato de bário, ocorre a oclusão de outros sais de bário. Se o contaminante ocluído for o nitrato de bário, um erro positivo poderá ser observado, porque esse composto tem massa molar maior que a do sulfato de bário que deveria ser formado se a coprecipitação não tivesse ocorrido. Se cloreto de bário for o contaminante, o erro será negativo, porque sua massa molar é menor que a do sal sulfato.

10A-6 Precipitação a Partir de uma Solução Homogênea

A **precipitação a partir de uma solução homogênea** é um processo no qual um precipitado é formado pela geração lenta de um reagente precipitante de forma homogênea em toda a solução.

> Os sólidos formados por precipitação a partir de uma solução homogênea são geralmente mais puros e mais fáceis de ser filtrados que os precipitados gerados pela adição direta do reagente à solução do analito.

A precipitação a partir de uma solução homogênea é uma técnica na qual um agente precipitante é gerado em uma solução contendo o analito por intermédio de uma reação química lenta.[6] Os excessos localizados do reagente não ocorrem porque o agente precipitante é gerado gradativa e homogeneamente na solução e reage imediatamente com o analito. Como resultado, a supersaturação relativa é mantida baixa durante toda a precipitação. Em geral, os precipitados formados homogeneamente, tanto coloidais quanto cristalinos, são mais adequados para análises que os sólidos formados pela adição direta de um reagente precipitante.

Muitas vezes a ureia é empregada na geração homogênea de íons hidróxido. A reação pode ser representada pela equação

$$(H_2N)_2CO + 3H_2O \rightarrow CO_2 + 2NH_4^+ + 2OH^-$$

Essa hidrólise se processa lentamente a temperaturas um pouco inferiores a 100°C, e são necessárias entre uma e duas horas para se completar uma precipitação típica. A ureia é particularmente valiosa na precipitação de óxidos hidratados a partir de seus sais básicos. Por exemplo, os óxidos hidratados de ferro(III) e de alumínio, formados pela adição direta da base, são massas gelatinosas e volumosas que são fortemente contaminadas e difíceis de serem filtradas. Por outro lado, quando esses mesmos produtos são formados por meio da geração homogênea do íon hidróxido, são densos e, facilmente filtráveis e têm uma pureza consideravelmente superior. A **Figura 10-7** apresenta os precipitados de óxidos hidratados de alumínio formados pela adição direta da base e precipitado homogeneamente com ureia. A **precipitação homogênea** de precipitados cristalinos também resulta em um aumento significativo do tamanho do cristal e igualmente em melhoria na sua pureza.

Métodos representativos baseados na precipitação por reagentes gerados homogeneamente são fornecidos na **Tabela 10-1**.

10A-7 Secagem e Calcinação de Precipitados

Após a filtração, um precipitado gravimétrico é aquecido até que sua massa se torne constante. O aquecimento remove o solvente e qualquer espécie volátil arrastada com o

FIGURA 10-7
Hidróxido de alumínio formado pela adição direta de amônia (esquerda) e pela produção homogênea do hidróxido (direita).

---
[6] Para uma referência geral sobre essa técnica, veja L. Gordon; M. L. Salutsky; H. H. Willard, *Precipitation from Homogeneous Solution*. Nova York: Wiley, 1959.

TABELA 10-1
Métodos para Geração Homogênea de Agentes Precipitantes

Agente Precipitante	Reagente	Reação de Geração	Elementos Precipitados
OH^-	Ureia	$(NH_2)_2CO + 3H_2O \rightarrow CO_2 + 2NH_4^+ + 2OH^-$	Al, Ga, Th, Bi, Fe, Sn
PO_4^{3-}	Fosfato de trimetila	$(CH_3O)_3PO + 3H_2O \rightarrow 3CH_3OH + H_3PO_4$	Zr, Hf
$C_2O_4^{2-}$	Oxalato de etila	$(C_2H_5)_2C_2O_4 + 2H_2O \rightarrow 2C_2H_5OH + H_2C_2O_4$	Mg, Zn, Ca
SO_4^{2-}	Sulfato de dimetila	$(CH_3O)_2SO_2 + 4H_2O \rightarrow 2CH_3OH + SO_4^{2-} + 2H_3O^+$	Ba, Ca, Sr, Pb
CO_3^{2-}	Ácido tricloroacético	$Cl_3CCOOH + 2OH^- \rightarrow CHCl_3 + CO_3^{2-} + H_2O$	La, Ba, Ra
H_2S	Tioacetamida*	$CH_3CSNH_2 + H_2O \rightarrow CH_3CONH_2 + H_2S$	Sb, Mo, Cu, Cd
DMG†	Biacetil + hidroxilamina	$CH_3COCOCH_3 + 2H_2NOH \rightarrow DMG + 2H_2O$	Ni
HOQ‡	8-Acetoxiquinolina§	$CH_3COOQ + H_2O \rightarrow CH_3COOH + HOQ$	Al, U, Mg, Zn

*$CH_3-\underset{\|}{\overset{S}{C}}-NH_2$

‡HOQ = 8-Hidroxiquinalina

§$CH_3-\underset{\|}{\overset{O}{C}}-O-$ (8-acetoxiquinolina)

†DMG = Dimetilglioxina = $CH_3-\underset{\|}{\overset{N-OH}{C}}-\underset{\|}{\overset{N-OH}{C}}-CH_3$

precipitado. Alguns precipitados também são calcinados para decompor o sólido e para formar um composto de composição conhecida. Muitas vezes, esse novo composto é chamado *forma de pesagem*.

A temperatura requerida para produzir as formas de pesagem adequadas varia de precipitado para precipitado. A **Figura 10-8** mostra a perda de massa em função da temperatura para vários precipitados analíticos comuns. Esses dados foram obtidos com uma termobalança automática,[7] um instrumento que registra a massa de uma substância continuamente à medida que sua temperatura é elevada a uma velocidade constante (**Figura 10-9**). O aquecimento de três precipitados – cloreto de prata, sulfato de bário e óxido de alumínio – simplesmente provoca

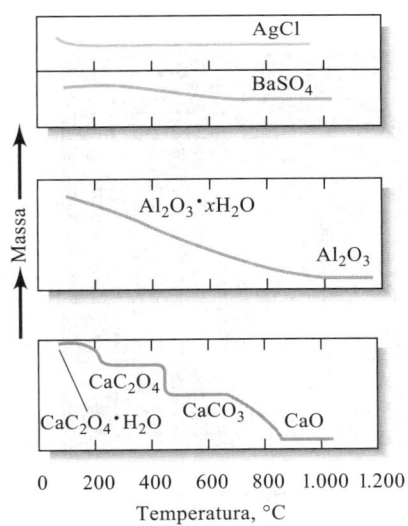

FIGURA 10-8
O efeito da temperatura na massa de precipitados.

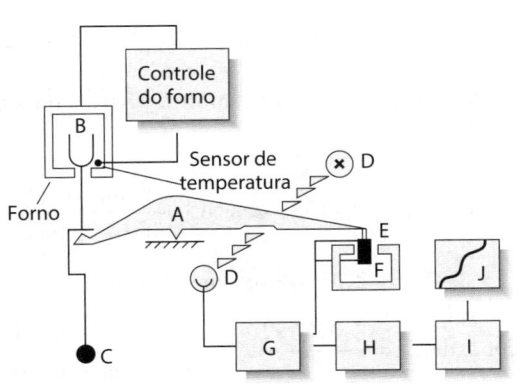

FIGURA 10-9 Representação esquemática de uma termobalança: *A*: braço; *B*: compartimento da amostra e suporte; *C*: contrapeso; *D*: lâmpada e fotodiodos; *E*: bobina; *F*: magneto; *G*: amplificador de controle; *H*: calculadora de tara; *I*: amplificador e *J*: registrador. (Reimpresso com a permissão de Mettler Toledo, Inc., Columbus, OH.)

---
[7] Para as descrições de termobalanças, veja D. A. Skoog; F. J., Holler; S. R. Crouch. *Principles of Instrumental Analysis*. 7. ed. Boston, MA: Cengage Learning, 2018, cap. 31; P. Gabbot, ed. *Principles and Applications of Themal Analysis*. Ames, IA: Blackwell, 2008, cap. 3.; W. W. Wendlandt. *Thermal Methods of Analysis*, 3. ed. Nova York: Wiley, 1985; A. J. Paszto, in *Handbook of Instrumental Techniques for Analytical Chemistry*. F. Settle, ed. Upper Saddle River, NJ: Prentice-Hall, 1997, cap. 50.

>> A temperatura necessária para desidratar completamente um precipitado pode ser tão baixa quanto 100°C ou tão alta quanto 1.000°C.

O processo de registro de curvas de decomposição térmica é denominado **análise termogravimétrica** e a curva da massa *versus* temperatura é chamada **termograma**.

a remoção de água e talvez de eletrólitos voláteis. Observe que temperaturas significativamente diferentes são requeridas para produzir um precipitado anidro de massa constante. A umidade é completamente removida do cloreto de prata a temperaturas superiores a 110°C, mas a desidratação do óxido de alumínio não se completa até que uma temperatura superior a 1.000°C seja alcançada. O óxido de alumínio obtido homogeneamente com a ureia pode ser completamente desidratado a cerca de 650°C.

A curva térmica para o oxalato de cálcio é consideravelmente mais complexa que as outras apresentadas na Figura 10-8. Abaixo de cerca de 135°C, a água não ligada é eliminada, para formar a espécie mono-hidratada $CaC_2O_4 \cdot H_2O$. Então, esse composto é convertido ao oxalato anidro CaC_2O_4 a 225°C. A mudança abrupta na massa que ocorre a cerca de 450°C assinala a decomposição do oxalato para carbonato de cálcio e monóxido de carbono. A etapa final na curva representa a conversão do carbonato a óxido de cálcio e dióxido de carbono. Como pode ser visto, o composto finalmente pesado na determinação gravimétrica de cálcio baseada na precipitação do seu oxalato é altamente dependente da temperatura de calcinação.

10B Cálculo dos Resultados a Partir de Dados Gravimétricos

Os resultados de uma análise gravimétrica costumam ser calculados a partir de medidas experimentais: a massa da amostra e a massa de um produto de composição conhecida. Os exemplos que a seguir ilustram como esses cálculos são realizados.

Mary Elliot Hill graduou-se como bacharel em química em 1929 e começou a ensinar química tanto no ensino médio quanto em college. Em 1941, ela concluiu o mestrado na University of Pennsylvania, tendo sido a primeira mulher afro-americana a receber o grau de mestre em química. Ao longo de sua carreira, tornou-se chefe do departamento de química da Tennessee State University e mais tarde ensinou química no Kentucky State College. Como química analítica, ela desenvolveu métodos espectroscópicos, incluindo espectrometria no ultravioleta, usando reagentes de Grignard para formar compostos cetenos. A polimerização de cetenos é usada na formação de plásticos.

EXEMPLO 10-1

O cálcio presente em uma amostra de 200,0 mL de uma água natural foi determinado pela precipitação do cátion como CaC_2O_4. O precipitado foi filtrado, lavado e calcinado em um cadinho com uma massa de 26,6002 g quando vazio. A massa do cadinho mais CaO (56,077 g mol^{-1}) foi de 26,7134 g. Calcule a concentração de Ca (40,078 g mol^{-1}) em água em unidades de gramas por 100 mL de água.

Resolução

A massa de CaO é

$$26,7134 \text{ g} - 26,6002 = 0,1132 \text{ g}$$

A quantidade de matéria de Ca na amostra é igual à quantidade de matéria de CaO ou quantidade de Ca

$$\text{quant. de mat. de Ca} = 0,1132 \text{ g de CaO} \times \frac{1 \text{ mol de CaO}}{56,077 \text{ g de CaO}} \times \frac{1 \text{ mol de Ca}}{\text{mol de CaO}}$$

$$= 2,0186 \times 10^{-3} \text{ mol de Ca}$$

$$\text{conc. de Ca} = \frac{2,0186 \times 10^{-3} \text{ mol de Ca} \times 40,078 \text{ g Ca/mol Ca}}{200 \text{ mL de amostra}} \times \frac{200 \text{ mL}}{2 \times 100 \text{ mL}}$$

$$= 0,04045 \text{ g/100 mL de amostra}$$

Observe que o último fator na equação para a concentração de Ca converte a amostra de 200 mL para 100 mL de tal forma que os resultados são em unidade de g por 100 mL. O fator 2 surge porque existem duas porções de 100 mL em uma amostra de 200 mL.

EXEMPLO 10-2

Um minério de ferro foi analisado pela dissolução de uma amostra de 1,1324 g em HCl concentrado. A solução resultante foi diluída em água e o ferro(III) foi precipitado na forma do óxido de ferro hidratado $Fe_2O_3 \cdot xH_2O$ pela adição de NH_3. Após a filtração e a lavagem, o resíduo foi calcinado a alta temperatura para gerar 0,5394 g de Fe_2O_3 (159,69 g mol^{-1}). Calcule (a) a % de Fe (55,847 g mol^{-1}) e (b) a % de Fe_3O_4 (231,54 g mol^{-1}) presentes na amostra.

Resolução

Para ambas as partes desse problema, precisamos calcular a quantidade de matéria de Fe_2O_3. Assim,

$$\text{quant. de matéria de } Fe_2O_3 = 0{,}5394 \text{ g de } Fe_2O_3 \times \frac{1 \text{ mol de } Fe_2O_3}{159{,}69 \text{ g de } Fe_2O_3}$$

$$= 3{,}3778 \times 10^{-3} \text{ mol de } Fe_2O_3$$

(a) A quantidade de matéria de Fe é duas vezes a quantidade de matéria de Fe_2O_3, e

$$\text{massa de Fe} = 3{,}3778 \times 10^{-3} \text{ mol de } Fe_2O_3 \times \frac{2 \text{ mol de Fe}}{\text{mol de } Fe_2O_3} \times \frac{55{,}847 \text{ g de Fe}}{\text{mol de Fe}}$$

$$= 0{,}37728 \text{ g de Fe}$$

$$\% \text{ Fe} = \frac{0{,}37728 \text{ g de Fe}}{1{,}1325 \text{ g de amostra}} \times 100\% = 33{,}32\%$$

(b) Como mostrado pela seguinte equação balanceada, 3 mols de Fe_2O_3 são quimicamente equivalentes a 2 mols de Fe_3O_4. Isto é,

$$3 Fe_2O_3 \rightarrow 2 Fe_3O_4 + \frac{1}{2} O_2$$

$$\text{massa de } Fe_3O_4 = 3{,}3778 \times 10^{-3} \text{ mol de } Fe_2O_3 \times \frac{2 \text{ mol de } Fe_3O_4}{3 \text{ mol de } Fe_2O_3} \times \frac{231{,}54 \text{ g de } Fe_3O_4}{\text{mol de } Fe_3O_4}$$

$$= 0{,}52140 \text{ g de } Fe_3O_4$$

$$\% \ Fe_3O_4 = \frac{0{,}52140 \text{ g de } Fe_3O_4}{1{,}1324 \text{ g de amostra}} \times 100\% = 46{,}04\%$$

Observe que todos os fatores constantes em cada item deste exemplo, tais como as massas molares e as razões estequiométricas, podem ser combinados em um único fator chamado **fator gravimétrico**. Para o item (a), temos

$$\text{fator gravimétrico} = \frac{1 \text{ mol de } Fe_2O_3}{159{,}69 \text{ g de } Fe_2O_3} \times \frac{2 \text{ mol de Fe}}{\text{mol de } Fe_2O_3} \times \frac{55{,}847 \text{ g de Fe}}{\text{mol de Fe}}$$

$$= 0{,}69944 \frac{\text{g de Fe}}{\text{g de } Fe_2O_3}$$

> Os fatores constantes combinados em um cálculo gravimétrico são chamados de **fator gravimétrico**. Quando o fator gravimétrico é multiplicado pela massa da substância pesada, o resultado é a massa procurada da substância.

(continua)

Para o item (b), o fator gravimétrico é

$$\text{fator gravimétrico} = \frac{1 \text{ mol de Fe}_2\text{O}_3}{159{,}69 \text{ g de Fe}_2\text{O}_3} \times \frac{2 \text{ mol de Fe}_3\text{O}_4}{3 \text{ mol de Fe}_2\text{O}_3} \times \frac{231{,}54 \text{ g de Fe}_3\text{O}_4}{\text{mol de Fe}_3\text{O}_4}$$

$$= 0{,}96662 \, \frac{\text{g de Fe}_3\text{O}_4}{\text{g de Fe}_2\text{O}_3}$$

EXEMPLO 10-3

Uma amostra de 0,2356 g contendo *apenas* NaCl (58,44 g mol^{-1}) e BaCl$_2$ (208,23 g mol^{-1}) gerou 0,4637 g de AgCl seco (143,32 g mol^{-1}). Calcule o percentual de cada composto de halogênio presente na amostra.

Resolução

Se considerarmos x a massa de NaCl em gramas e y a massa de BaCl$_2$ em gramas, podemos escrever como uma primeira equação

$$x + y = 0{,}2356 \text{ g de amostra}$$

Para obter a massa de AgCl a partir do NaCl, escrevemos uma expressão para a quantidade de matéria de AgCl formada a partir do NaCl. Isto é,

$$\text{quant. de mat. de AgCl do NaCl} = x \text{ g de NaCl} \times \frac{1 \text{ mol de NaCl}}{58{,}44 \text{ g de NaCl}} \times \frac{1 \text{ mol de AgCl}}{\text{mol de NaCl}}$$

$$= 0{,}017112\, x \text{ mol de AgCl}$$

A massa de AgCl dessa fonte é

$$\text{massa de AgCl do NaCl} = 0{,}017111\, x \text{ mol de AgCl} \times 143{,}32 \, \frac{\text{g de AgCl}}{\text{mol de AgCl}}$$

$$= 2{,}4524\, x \text{ g AgCl}$$

Procedendo da mesma maneira, a quantidade de matéria de AgCl do BaCl$_2$ é dada por

$$\text{quant. de mat. de AgCl do BaCl}_2 = y \text{ g de BaCl}_2 \times \frac{1 \text{ mol de BaCl}_2}{208{,}23 \text{ g de BaCl}_2} \times \frac{2 \text{ mol de AgCl}}{\text{mol de BaCl}_2}$$

$$= 9{,}605 \times 10^{-3}\, y \text{ mol de AgCl}$$

$$\text{massa de AgCl do BaCl}_2 = 9{,}605 \times 10^{-3}\, y \text{ mol de AgCl} \times 143{,}32 \, \frac{\text{g de AgCl}}{\text{mol de AgCl}}$$

$$= 1{,}3766\, y \text{ g de AgCl}$$

Como 0,4637 g de AgCl origina-se dos dois compostos, podemos escrever

$$2{,}4524\, x \text{ g de AgCl} + 1{,}3766\, y \text{ g de AgCl} = 0{,}4637 \text{ g de AgCl, ou, para simplificar,}$$

$$2{,}4524\, x + 1{,}3766\, y = 0{,}4637$$

Nossa primeira equação pode ser reescrita como

$$y = 0{,}2356 - x$$

(continua)

Substituindo na equação anterior, temos

$$2,4524x + 1,3766(0,2356 - x) = 0,4637$$

que se rearranja para

$$1,0758x = 0,13937$$

$$x = \text{massa de NaCl} = 0,12955 \text{ g de NaCl}$$

$$\%\text{NaCl} = \frac{0,12955 \text{ g de NaCl}}{0,2356 \text{ g de amostra}} \times 100\% = 54,99\%$$

$$\%\text{BaCl}_2 = 100,00\% - 55,01\% = 45,01\%$$

> **Exercícios no Excel** Em alguns problemas de química, duas ou mais equações simultâneas devem ser resolvidas para se obter o resultado desejado. O Exemplo 10-3 é um problema deste tipo. No Capítulo 6 de *Applications of Microsoft® Excel® in Analytical Chemistry*, 4. ed., o método de determinantes e o método de inversão de matriz são explorados para resolver tais equações. O método de matriz é estendido para resolver um sistema de quatro equações com quatro incógnitas. O método de matriz é usado para confirmar os resultados do Exemplo 10-3.

10C Aplicações dos Métodos Gravimétricos

Métodos gravimétricos têm sido desenvolvidos para a maioria dos cátions e ânions inorgânicos, como também para as espécies neutras, como água, dióxido de enxofre, dióxido de carbono e iodo. Uma grande variedade de substâncias orgânicas também pode ser facilmente determinada gravimetricamente. Os exemplos incluem a lactose em derivados de leite, salicilatos em preparações farmacêuticas, fenolftaleína em laxantes, nicotina em pesticidas, colesterol em cereais e benzaldeído em extratos de amêndoas. Na verdade, os métodos gravimétricos estão entre os mais amplamente aplicados de todos os métodos analíticos.

> ❮❮ Os métodos gravimétricos não exigem uma etapa de calibração ou padronização (como todos os outros procedimentos analíticos exigem, exceto a colorimetria) porque os resultados são calculados diretamente a partir dos dados experimentais e massas atômicas. Portanto, quando apenas uma ou duas amostras estão para ser analisadas, um procedimento gravimétrico pode ser o método de escolha porque ele exige menos tempo e esforço que um procedimento que requer a preparação de padrões e calibração.

10C-1 Agentes Precipitantes Inorgânicos

A **Tabela 10-2** lista alguns agentes precipitantes inorgânicos comuns. Esses reagentes normalmente formam sais pouco solúveis, ou óxidos hidratados, com o analito. Como você pode ver a partir das várias entradas para cada reagente, poucos reagentes inorgânicos são seletivos.

10C-2 Agentes Redutores

A **Tabela 10-3** lista vários reagentes que convertem um analito à sua forma elementar para pesagem.

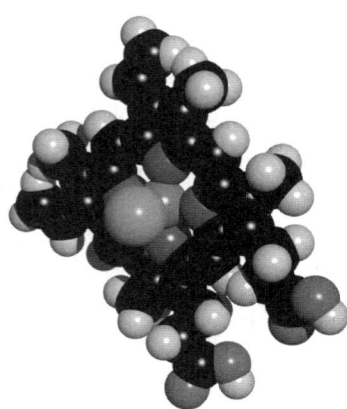

Quelatos são compostos organometálicos cíclicos nos quais o metal é parte de um ou mais anéis com cinco ou seis membros. O quelato mostrado aqui é o heme, que é uma parte da hemoglobina, a molécula transportadora do oxigênio no sangue humano. Observe os quatro anéis de seis membros que são formados com o Fe^{2+}.

TABELA 10-2
Alguns Agentes Precipitantes Inorgânicos

Agente Precipitante	Elemento Precipitado*
$NH_3(aq)$	**Be** (BeO), **Al** (Al_2O_3), **Sc** (Sc_2O_3), Cr (Cr_2O_3)†, **Fe** (Fe_2O_3), Ga (Ga_2O_3), Zr (ZrO_2), **In** (In_2O_3), Sn (SnO_2), U (U_3O_8)
H_2S	Cu (CuO)†, **Zn** (ZnO ou $ZnSO_4$), **Ge** (GeO_2), As (As_2O_3 ou As_2O_5), Mo (MoO_3), Sn (SnO_2)†, Sb ($\underline{Sb_2O_3}$ ou Sb_2O_5), Bi ($\underline{Bi_2S_3}$)
$(NH_4)_2S$	Hg ($\underline{HgS}$), Co (Co_3O_4)
$(NH_4)_2HPO_4$	**Mg** ($Mg_2P_2O_7$), Al ($AlPO_4$), Mn ($Mn_2P_2O_7$), Zn ($Zn_2P_2O_7$), Zr ($Zr_2P_2O_7$), Cd ($Cd_2P_2O_7$), Bi ($BiPO_4$)
H_2SO_4	Li, Mn, **Sr**, **Cd**, **Pb**, **Ba** (todos como sulfatos)
H_2PtCl_6	K (K_2PtCl_6 ou Pt), Rb ($\underline{Rb_2PtCl_6}$), Cs ($\underline{Cs_2PtCl_6}$)
$H_2C_2O_4$	Ca (CaO), Sr (SrO), **Th** ($\underline{ThO_2}$)
$(NH_4)_2MoO_4$	Cd ($CdMoO_4$)†, Pb ($\underline{PbMoO_4}$)
HCl	**Ag** (AgCl), Hg (Hg_2Cl_2), Na (como NaCl do álcool butílico), Si (SiO_2)
$AgNO_3$	**Cl** (AgCl), Br ($\underline{AgBr}$), I ($\underline{AgI}$)
$(NH_4)_2CO_3$	**Bi** (Bi_2O_3)
NH_4SCN	Cu [$Cu_2(SCN)_2$]
$NaHCO_3$	Ru, Os, Ir (precipitados como óxidos hidratados, reduzidos com H_2 ao estado metálico)
HNO_3	Sn (SnO_2)
H_5IO_6	Hg [$Hg_5(IO_6)_2$]
NaCl, $Pb(NO_3)_2$	F ($PbClF$)
$BaCl_2$	SO_4^{2-} ($BaSO_4$)
$MgCl_2$, NH_4Cl	PO_4^{3-} ($Mg_2P_2O_7$)

*O negrito indica que a análise gravimétrica é o método preferido para o elemento ou íon. A forma pesada está indicada entre parênteses.
†A adaga mostra que o método gravimétrico raramente é usado. O sublinhado aponta o método gravimétrico mais confiável.
Fonte: De W. F. Hillebrand; G. E. F. Lundell; H. A. Bright; J. I. Hoffman. *Applied Inorganic Analysis*. Nova York: Wiley, 1953. Reimpresso com a declaração de permissão do autor Lundell.

TABELA 10-3
Alguns Agentes Redutores Usados em Métodos Gravimétricos

Agente redutor	Analito
SO_2	Se, Au
$SO_2 + H_2NOH$	Te
H_2NOH	Se
$H_2C_2O_4$	Au
H_2	Re, Ir
HCOOH	Pt
$NaNO_2$	Au
$SnCl_2$	Hg
Redução eletrolítica	Co, Ni, Cu, Zn, Ag, In, Sn, Sb, Cd, Re, Bi

Cengage Learning

10C-3 Agentes Precipitantes Orgânicos

Numerosos reagentes orgânicos têm sido desenvolvidos para a determinação gravimétrica de espécies inorgânicas. Alguns desses reagentes são significativamente mais seletivos em suas reações que a maioria dos reagentes inorgânicos listados na Tabela 10-2. Existem dois tipos de reagentes orgânicos: um que forma produtos não iônicos pouco solúveis, chamados **compostos de coordenação**; e outros que formam produtos nos quais a ligação entre a espécie inorgânica e o reagente é fortemente iônica.

Os reagentes orgânicos que geram os compostos de coordenação muito pouco solúveis costumam conter pelo menos dois grupos funcionais. Cada um desses grupos é capaz de se ligar a um cátion doando um par de elétrons. Os grupos funcionais estão localizados na molécula, de tal forma que, da reação, resulte um anel com cinco ou seis membros. Os reagentes que formam compostos deste tipo são denominados **agentes quelantes**, e seus produtos são chamados **quelatos** (veja Capítulo 15).

Os quelatos metálicos são relativamente apolares e, como consequência, têm solubilidades baixas em água, mas elevadas em líquidos orgânicos. Em geral, esses compostos possuem baixa densidade e muitas vezes são intensamente coloridos. Por não serem umedecidos pela água, os compostos de coordenação são facilmente desidratáveis a baixas temperaturas. Dois reagentes quelantes largamente utilizados são descritos nos parágrafos que seguem.

8-Hidroxiquinolina (oxina)

Aproximadamente duas dúzias de cátions formam quelatos pouco solúveis com a 8-hidroxiquinolina. A estrutura do 8-hidroxiquinolato de magnésio é típica desses quelatos.

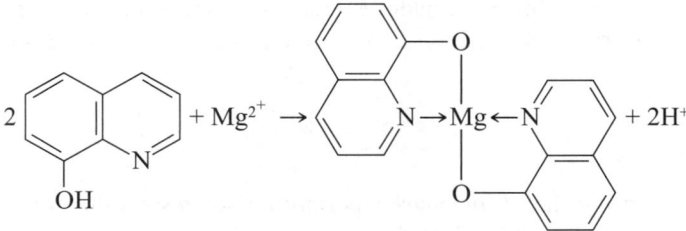

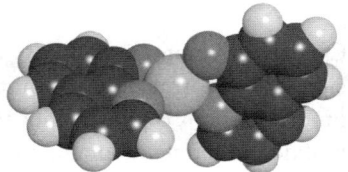

Complexo de magnésio com a 8-hidroxiquinolina.

A solubilidade dos 8-hidroxiquinolatos metálicos varia largamente de cátion para cátion e é dependente do pH, porque a 8-hidroxiquinolina sempre está desprotonada durante as reações de quelação. Portanto, podemos conseguir um elevado grau de seletividade no uso da 8-hidroxiquinolina por meio do controle do pH.

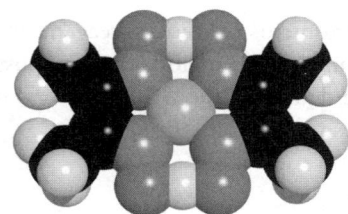

Modelo molecular para o dimetilglioximato de níquel.

Dimetilglioxima

A dimetilglioxima é um agente precipitante inorgânico de especificidade sem paralelo. Apenas o níquel(II) é precipitado a partir de uma solução fracamente alcalina. A reação é

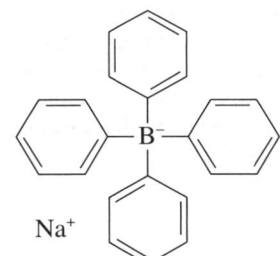

Tetrafenilborato de sódio.

A dimetilglioxima de níquel é espetacular em aparência. A solução da dimetilglioxima de níquel está mostrada na **Figura 10-10**.

Esse precipitado é tão volumoso, que somente pequenas quantidades de níquel podem ser manipuladas de maneira conveniente. Também apresenta uma tendência enorme de aderir às paredes do frasco à medida que é filtrado e lavado. O sólido é convenientemente seco a 110 °C e tem a composição $C_8H_{14}N_4NiO_4$.

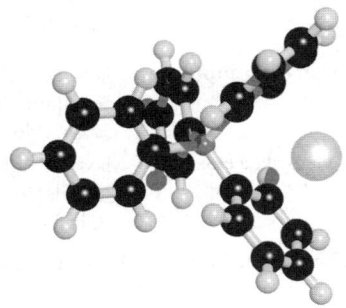

Modelo molecular para o tetrafenilborato de sódio.

FIGURA 10-10 Quando a dimetilglioxima é adicionada a uma solução levemente básica de $Ni^{2+}(aq)$ mostrada à esquerda, forma-se um precipitado vermelho brilhante de $Ni(C_4H_7N_2O_2)_2$. A cor verde do $Ni^{2+}(aq)$ desaparece à medida que ele é complexado pela dimetilglioxima. Veja a prancha colorida 9.

Tetrafenilborato de Sódio

O tetrafenilborato de sódio, $(C_6H_5)_4B^-Na^+$, é um importante exemplo de um agente precipitante orgânico que forma precipitados na forma de sais. Em soluções resfriadas de ácidos minerais, é um precipitante quase específico para os íons amônio e potássio. Os precipitados têm composições estequiométricas e contêm um mol de íon potássio ou amônio para cada mol do íon tetrafenilborato; estes compostos iônicos são facilmente filtrados e podem ser levados a uma massa constante a temperaturas entre 105°C e 120°C. Apenas mercúrio(II), rubídio e césio interferem e precisam ser removidos por meio de um tratamento prévio.

10C-4 Análises de Grupos Funcionais Orgânicos

Inúmeros compostos reagem seletivamente com certos grupos funcionais e, portanto, podem ser utilizados para a determinação da maioria dos compostos que contêm esses grupos. Uma lista de regentes gravimétricos para grupos funcionais é dada na **Tabela 10-4**. Muitas das reações mostradas também podem ser utilizadas para determinações volumétricas e espectrofotométricas.

10C-5 Gravimetria de Volatilização

Os dois métodos gravimétricos mais comuns baseados na volatilização são aqueles para determinação de água e dióxido de carbono. A água é quantitativamente destilada a partir de muitos materiais por aquecimento. Na determinação direta, o vapor de água é coletado em qualquer um dos vários sólidos dessecantes e sua massa é estipulada a partir da massa adquirida pelo dessecante. O método indireto, no qual a quantidade de água é estabelecida pela perda de massa da amostra durante o aquecimento, é menos satisfatório, porque precisa ser considerado que a água seja o único componente volatilizado. No entanto, esta consideração pode apresentar problemas se qualquer componente deste precipitado for volátil. Apesar disso, o método indireto é largamente utilizado para determinar a água em itens comerciais. Por exemplo, pode-se adquirir um instrumento semiautomático de determinação de umidade em grãos de cereais. Esse instrumento consiste em uma balança de plataforma na qual uma amostra de 10 g é aquecida com uma lâmpada de infravermelho. A umidade percentual é diretamente medida.

>> Os instrumentos automáticos para a determinação rotineira de água em vários produtos agrícolas e comerciais são vendidos por inúmeros fabricantes de equipamentos.

TABELA 10-4

Métodos Gravimétricos para Grupos Funcionais Orgânicos

Grupo Funcional	Base do Método	Reação e Produto Pesado*
Carbonila	Massa do precipitado com 2,4-dinitrofenil-hidrazina	$RCHO + H_2NNHC_6H_3(NO_2)_2 \rightarrow$ $\underline{R-CH=NNHC_6H_3(NO_2)_2}(s) + H_2O$ (RCOR' reage similarmente)
Carbonila aromática	Massa de CO_2 formada a 230°C em quinolina; CO_2 destilado, adsorvido e pesado	$ArCHO \xrightarrow[CuCO_3]{230°C} Ar + \underline{CO_2}(g)$
Metoxila e etoxila	Massa de AgI formada após a destilação e decomposição do CH_3I ou C_2H_5I	$ROCH_3 + HI \rightarrow ROH + CH_3I$ $RCOOH_3 + HI \rightarrow RCOOH + CH_3I$ $ROC_2H_5 + HI \rightarrow ROH + C_2H_5I$ $CH_3I + Ag^+ + H_2O \rightarrow \underline{AgI}(s) + CH_3OH$
Nitro aromática	Perda de massa de Sn	$RNO_2 + \frac{3}{2}Sn(s) + 6H^+ \rightarrow RNH_2 + \frac{3}{2}Sn^{4+} + 2H_2O$
Azo	Perda de massa de Cu	$RN=NR' + 2Cu(s) + 4H^+ \rightarrow RNH_2 + R'NH_2 + 2Cu^{2+}$
Fosfato	Massa do sal de Ba	$\begin{matrix}O\\\parallel\end{matrix} \qquad \begin{matrix}O\\\parallel\end{matrix}$ $ROP(OH)_2 + Ba^{2+} \rightarrow \underline{ROPO_2Ba}(s) + 2H^+$
Ácido sulfâmico	Massa de $BaSO_4$ após a oxidação com HNO_2	$RNHSO_3H + HNO_2 + Ba^{2+} \rightarrow ROH + \underline{BaSO_4}(s) + N_2 + 2H^+$
Ácido sulfínico	Massa de Fe_2O_3 após a calcinação do sulfinato de ferro(III)	$3ROSOH + Fe^{3+} \rightarrow (ROSO)_3Fe(s) + 3H^+$ $(ROSO)_3Fe \xrightarrow{O_2} CO_2 + H_2O + SO_2 + \underline{Fe_2O_3}(s)$

*A substância pesada está sublinhada.

Um exemplo de procedimento gravimétrico envolvendo a volatilização de dióxido de carbono é a determinação da quantidade de bicarbonato de sódio presente em comprimidos antiácidos. Uma massa de amostra de comprimidos finamente triturados é tratada com ácido sulfúrico diluído para converter o bicarbonato de sódio em dióxido de carbono:

$$NaHCO_3(aq) + H_2SO_4(aq) \rightarrow CO_2(g) + H_2O(l) + NaHSO_4(aq)$$

Como mostrado na **Figura 10-11**, essa reação é realizada em um frasco conectado, primeiro, a um tubo contendo $CaSO_4$ que remove vapor de água do fluxo de reação inicial para produzir um fluxo de CO_2 puro em nitrogênio. Estes gases, então, passam através de um tubo de absorção pesado contendo o absorvente Ascarite II,[8] que consiste em hidróxido de sódio absorvido em silicato não fibroso. Esse material retém o dióxido de carbono por meio da reação

$$2NaOH + CO_2 \rightarrow Na_2CO_3 + H_2O$$

O tubo de absorção também precisa ser precedido por um dessecante como o $CaSO_4$ para reter o vapor d'água produzido por esta reação.

Os sulfetos e os sulfitos também podem ser determinados por volatilização. O sulfeto de hidrogênio ou dióxido de enxofre evolvido da amostra após o tratamento com o ácido é coletado em um absorvente adequado.

Finalmente, o método clássico de determinação de carbono e hidrogênio em compostos orgânicos é o procedimento de volatilização gravimétrica no qual os produtos da combustão (H_2O e CO_2) são coletados seletivamente em absorventes previamente pesados. O aumento da massa serve como variável analítica.

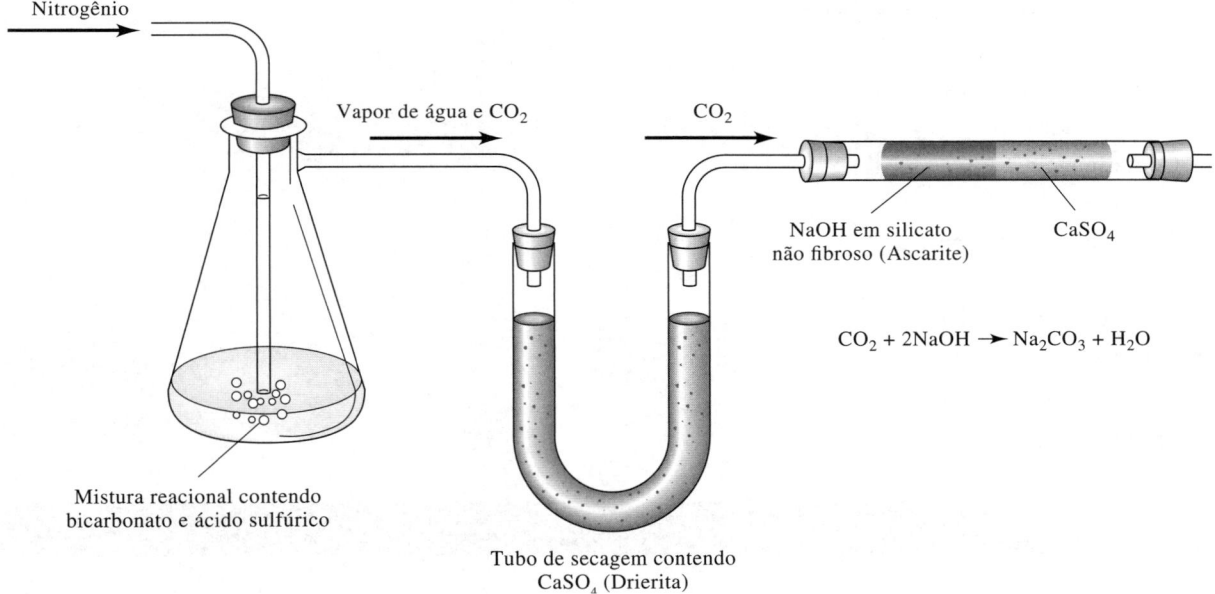

FIGURA 10-11 Aparato para a determinação da quantidade de bicarbonato de sódio em comprimidos de antiácidos por um procedimento de volatilização gravimétrica.

---

[8] Thomas Scientific, Swedesboro, NJ.

Química Analítica On-line

Se você tem acesso aos periódicos da American Chemical Society por intermédio das bibliotecas da sua universidade, localize um dos artigos sobre análise clássica de C. M. Beck.[9] Você pode localizar esses artigos usando os identificadores de objetos digitais (DOI) no website da DOI: http://www.doi.org/. Beck faz uma forte defesa em nome do renascimento da análise clássica. Qual é a definição de Beck de análise clássica? Por que Beck sustenta que a análise clássica deveria ser cultivada nessa época de instrumentação automatizada e computadorizada? Que solução ele propõe para o problema da redução do número de analistas clássicos qualificados? Liste três razões pelas quais, na opinião de Beck, se deve manter um contingente de analistas clássicos.

Resumo do Capítulo 10

- Gravimetria de precipitação
- Gravimetria de volatização
- Tamanho da partícula do precipitado
- Suspensões coloidais
- Precipitados cristalinos
- Supersaturação
- Coprecipitação
- Adsorção
- Formação de cristais mistos
- Oclusão
- Precipitação homogênea
- Calculando os resultados
- Aplicações de gravimetria
- Agentes precipitantes

Termos-chave

Adsorção, 246
Agente quelante, 258
Área superficial específica, 250
Camada do contraíon, 247
Coprecipitação, 249
Crescimento da partícula, 245
Digestão, 249

Dupla camada elétrica, 247
Fator gravimétrico, 255
Formação de cristal misto, 249
Métodos gravimétricos, 242
Nucleação, 245
Oclusão, 249
Peptização, 248

Precipitação homogênea, 252
Precipitado cristalino, 249
Reprecipitação, 251
Solução mãe, 249
Supersaturação relativa, 244
Suspensão coloidal, 244

---

[9] C. M. Beck. *Anal. Chem.*, v. 66, n. 4, p. 224A-239A, 1994. DOI: 10.1021/ac0007a001; C. M. Beck. *Anal. Chem.* v. 63, n. 20, p. 993A-1003A, 1991. DOI: 10.1021/ac00020a002; C. M. Beck. *Metrologia*. v. 34, n. 1, p. 19-30, 1997. DOI: 10.1088/0026-1394/34/14.

Equações Importantes

Supersaturação relativa

$$\frac{Q-S}{S}$$

Questões e Problemas*

10-1. Defina:
*(a) digestão.
(b) adsorção.
*(c) reprecipitação.
(d) precipitação a partir de uma solução homogênea.
*(e) camada do contraíon.
(f) solução-mãe.
*(g) supersaturação.

10-2. Explique a diferença entre:
*(a) um precipitado coloidal e um cristalino.
(b) um método de precipitação gravimétrico e um método de volatilização gravimétrico.
*(c) precipitação e coprecipitação.
(d) peptização e coagulação de um coloide.
*(e) oclusão e formação de cristal misto.
(f) nucleação e crescimento de partícula.

*10-3. Defina o que constitui um agente quelante.

10-4. Como a supersaturação relativa pode variar durante a formação do precipitado?

*10-5. Uma solução aquosa contém $NaNO_3$ e KBr. Os íons brometo são precipitados como AgBr pela adição de $AgNO_3$. Após a adição de um excesso do reagente precipitante,
(a) qual é a carga na superfície das partículas coaguladas do coloide?
(b) qual é a fonte da carga?
(c) que íon compõe a camada do contraíon?

10-6. Sugira um método de precipitação pelo qual Pb^{2+} pode ser precipitado homogeneamente como PbS.

*10-7. O que é peptização e como ela pode ser evitada?

10-8. Sugira um método de precipitação para a separação de K^+ de Na^+ e Li^+.

10-9. Escreva uma equação mostrando como a massa de uma substância desejada pode ser convertida em uma massa da substância pesada à direita na tabela.

Forma Desejada	Forma Pesada	Forma Desejada	Forma Pesada
*(a) SO_2	$BaSO_4$	(f) $MnCl_2$	Mn_3O_4
(b) Mg	$Mg_2P_2O_7$	(g) Pb_3O_4	PbO_2
*(c) In	In_2O_3	(h) $U_2P_2O_{11}$	P_2O_5
(d) K	K_2PtCl_6	*(i) $Na_2B_4O_7 \cdot 10H_2O$	B_2O_3
*(e) CuO	$Cu_2(SCN)_2$	(j) Na_2O	†

†$NaZn(UO_2)_3(C_2H_3O_2)_9 \cdot 6H_2O$

*10-10. O tratamento de uma amostra de 0,3500 g de cloreto de potássio impuro com um excesso de $AgNO_3$ resultou na formação de 0,3846 g de AgCl. Calcule a porcentagem de KCl na amostra.

10-11. O alumínio presente em uma amostra com 2,200 g de sulfato de alumínio e amônio impuro foi precipitado com amônia aquosa como $Al_2O_3 \cdot xH_2O$. O precipitado foi filtrado e calcinado a 1.000°C para formar o Al_2O_3 anidro, que pesou 0,3006 g. Expresse o resultado dessa análise em termos de
(a) %$NH_4Al(SO_4)_2$.
(b) %Al_2O_3.
(c) %Al.

*10-12. Que massa de $Cu(IO_3)_2$ pode ser formada a partir de 0,475 g de $CuSO_4 \cdot 5H_2O$?

10-13. Que massa de KIO_3 é necessária para converter o cobre presente em 0,1570 g de $CuSO_4 \cdot 5H_2O$ em $Cu(IO_3)_2$?

*10-14. Que massa de AgI pode ser produzida a partir de uma amostra com 0,512 g que foi dosada em 20,1% de AlI_3?

10-15. Os precipitados empregados na determinação gravimétrica de urânio incluem $Na_2U_2O_7$ (634,0 g mol^{-1}), $(UO_2)_2P_2O_7$ (714,0 g mol^{-1}) e $V_2O_5 \cdot 2UO_3$ (753,9 g mol^{-1}). Qual dessas formas de pesagem fornece a maior massa de precipitado a partir de uma dada quantidade de urânio?

10-16. Uma amostra de 0,7812 g de $Al_2(CO_3)_3$ impuro foi decomposta com HCl; o CO_2 liberado foi coletado

---

*As respostas para as questões e problemas marcados com um asterisco são fornecidas no final deste livro.

em óxido de cálcio e pesou 0,04380 g. Calcule a porcentagem de alumínio presente na amostra.

10-17. O sulfeto de hidrogênio presente em uma amostra de 40,0 g de petróleo cru foi removido por destilação e coletado em uma solução de $CdCl_2$. Então, o CdS precipitado foi filtrado, lavado e calcinado a $CdSO_4$. Calcule a porcentagem de H_2S na amostra se 0,079 g de $CdSO_4$ foi recuperado.

*10-18. Uma amostra de 0,2121 g de um composto orgânico foi queimada em um fluxo de oxigênio e o CO_2 produzido foi coletado em uma solução de hidróxido de bário. Calcule a porcentagem de carbono na amostra se 0,6006 g de $BaCO_3$ foi formado.

10-19. Uma amostra de 5,500 g de um pesticida foi decomposta com sódio metálico em álcool e os íons cloreto liberados foram precipitados como AgCl. Expresse o resultado dessa análise em termos da porcentagem de DDT ($C_{14}H_9Cl_5$) com base na obtenção de 0,1873 g de AgCl.

*10-20. O mercúrio presente em uma amostra de 1,0451 g foi precipitado com um excesso de ácido paraperiódico, H_5IO_6:

$$5Hg^{2+} + 2H_5IO_6 \rightarrow Hg_5(IO_6)_2 + 10H^+$$

O precipitado foi filtrado, lavado até ficar livre do agente precipitante, seco e pesado, e foi recuperado 0,5718 g. Calcule a porcentagem de Hg_2Cl_2 na amostra.

10-21. O iodo presente em uma amostra que também continha cloreto foi convertido a iodato por tratamento com um excesso de bromo:

$$3H_2O + 3Br_2 + I^- \rightarrow 6Br^- + IO_3^- + 6H^+$$

O bromo restante foi removido por ebulição; um excesso de íons bário então foi adicionado para precipitar o iodato:

$$Ba^{2+} + 2IO_3^- \rightarrow Ba(IO_3)_2$$

Na análise de uma amostra de 1,59 g, 0,0538 g de iodato de bário foi recuperado. Expresse os resultados dessa análise como porcentagem de iodeto de potássio.

*10-22. O nitrogênio amoniacal pode ser determinado pelo tratamento da amostra com ácido cloroplatínico; o produto é o cloroplatinato de amônio muito pouco solúvel:

$$H_2PtCl_6 + 2NH_4^+ \rightarrow (NH_4)PtCl_6 + 2H^+$$

O precipitado se decompõe sob calcinação, gerando platina metálica e produtos gasosos:

$$(NH_4)_2PtCl_6 \rightarrow Pt(s) + 2Cl_2(g) + 2NH_3(g) + 2HCl(g)$$

Calcule a porcentagem de amônia na amostra se 0,1195 g originou 0,2329 g de platina.

10-23. Uma porção de 0,6447 g de dióxido de manganês foi adicionada a uma solução na qual 1,1402 g de uma amostra contendo cloreto foi dissolvida. A evolução de cloro ocorreu como consequência da seguinte reação:

$$MnO_2(s) + 2Cl^- + 4H^+ \rightarrow Mn^{2+} + Cl_2(g) + 2H_2O$$

Após a reação ter se completado, o excesso de MnO_2 foi coletado por filtração, lavado e pesado, e 0,3521 g foi recuperado. Expresse os resultados em termos da porcentagem de cloreto de alumínio.

*10-24. Uma série de amostras de sulfato está para ser analisada por meio de precipitação como $BaSO_4$. Sabendo-se que o teor de sulfato nessas amostras varia entre 20% e 55%, qual massa mínima de amostra deveria ser tomada para garantir que a massa de precipitado produzida não seja menor que 0,200 g? Qual é a massa máxima de precipitado se essa quantidade de amostra for tomada?

10-25. A adição de dimetilglioxima, $H_2C_4H_6O_2N_2$, a uma solução contendo íons níquel(II) forma o precipitado:

$$Ni^{2+} + 2H_2C_4H_6O_2N_2 \rightarrow 2H^+ + Ni(HC_4H_6O_2N_2)_2$$

O complexo de níquel com dimetilglioxima é um precipitado volumoso, muito difícil de ser manipulado em quantidades maiores que 175 mg. A quantidade de níquel em um tipo de liga magnética permanente varia entre 24% e 35%. Calcule a massa da amostra que não deve ser excedida quando se analisam essas ligas.

*10-26. A eficiência de um certo catalisador é altamente dependente do seu teor em zircônio. O material de partida usado na sua preparação é recebido em bateladas que são dosadas entre 68% e 84% em $ZrCl_4$. A análise de rotina baseada na precipitação de AgCl é viável, desde que se tenha conhecimento de que não há outra fonte de cloreto que não seja o $ZrCl_4$ presente na amostra.

(a) Que massa de amostra deve ser tomada para garantir que qualquer quantidade de precipitado pese pelo menos 0,350 g?

(b) Se essa massa da amostra for empregada, qual peso máximo de AgCl deverá ser esperado nessa análise?

(c) Para simplificar os cálculos, que massa da amostra deverá ser tomada para que a porcentagem de $ZrCl_4$ exceda a massa de AgCl produzida por um fator de 100?

10-27. Uma amostra de 0,7891 g de uma mistura que consiste apenas em brometo de sódio e brometo de potássio gera 1,2895 g de brometo de prata. Quais são as porcentagens dos dois sais na amostra?

*10-28. Uma amostra de 0,6407 g contendo os íons cloreto e iodeto gerou um precipitado de haleto de prata que pesou 0,4430 g. Esse precipitado foi então fortemente aquecido em um fluxo de gás Cl_2 para converter o AgI a AgCl; após completada essa etapa, o precipitado pesou 0,3181 g. Calcule a porcentagem de cloreto e iodeto na amostra.

10-29. O fósforo presente em uma amostra de 0,3019 g foi precipitado na forma de $(NH_4)_3PO_4 \cdot 12MoO_3$. Esse precipitado foi filtrado, lavado e então redissolvido em ácido. O tratamento da solução resultante com um excesso de Pb^{2+} deu origem à formação de 0,3192 g de $PbMoO_4$. Expresse os resultados dessa análise em termos da porcentagem de P_2O_5.

*10-30. Qual é a massa em gramas de CO_2 liberada na decomposição completa de uma amostra de 2,300 g que tem 38,0% em massa de $MgCO_3$ e 42,0% em massa de K_2CO_3?

10-31. Uma amostra de 6,881 g contendo cloreto de magnésio e cloreto de sódio foi dissolvida em água suficiente para dar 500 mL de solução. A análise do teor de cloreto de uma alíquota de 50,0 mL resultou na formação de 0,5923 g de AgCl. O magnésio presente em uma segunda alíquota de 50,0 mL foi precipitado na forma de $MgNH_4PO_4$; sob calcinação, 0,1796 g de $Mg_2P_2O_7$ foi encontrado. Calcule as porcentagens de $MgCl_2 \cdot 6H_2O$ e de NaCl presentes na amostra.

*10-32. Uma porção de 50,0 mL de uma solução contendo 0,200 g de $BaCl_2 \cdot 2H_2O$ é misturada com 50,0 mL de uma solução com 0,300 g de $NaIO_3$. Considere que a solubilidade do $Ba(IO_3)_2$ em água seja desprezível e calcule:
(a) a massa do precipitado de $Ba(IO_3)_2$.
(b) a massa de composto que não reagiu e que permanece em solução.

10-33. Quando uma porção de 100,0 mL de uma solução contendo 0,500 g de $AgNO_3$ é misturada com 100,0 mL de uma solução com 0,300 g de K_2CrO_4, um precipitado vermelho-brilhante de Ag_2CrO_4 é formado.
(a) Considerando que a solubilidade do Ag_2CrO_4 seja desprezível, calcule a massa do precipitado.
(b) Calcule a massa do composto que não reagiu e permaneceu em solução.

10-34. **Problema Desafiador.** Os cálculos formam-se no trato urinário quando certos compostos químicos se tornam muito concentrados na urina. De longe, os cálculos renais mais comuns são aqueles formados por oxalato de cálcio. O magnésio é conhecido por inibir a formação de cálculos renais.
(a) A solubilidade do oxalato de cálcio (CaC_2O_4) na urina é 9×10^{-5} mol L^{-1}. Qual é o produto de solubilidade, K_{ps}, do CaC_2O_4 na urina?
(b) A solubilidade do oxalato de magnésio (MgC_2O_4) na urina é 0,0093 mol L^{-1}. Qual é o produto de solubilidade, K_{ps}, do MgC_2O_4 na urina?
(c) A concentração de cálcio na urina é de aproximadamente 5 mmol L^{-1}. Qual a concentração máxima de oxalato que pode ser tolerada de forma que não precipite o CaC_2O_4?
(d) O pH da urina de um indivíduo A é 5,9. Que fração total do oxalato, c_T, está presente como o íon oxalato, $C_2O_4^{2-}$, a pH 5,9? Os valores de K_a para o ácido oxálico na urina são os mesmos que em água. *Dica*: Encontre a razão $[C_2O_4^{2-}]/c_T$ a pH 5,9.
(e) Se a concentração total do oxalato na urina do indivíduo A for de 15,0 mmol L^{-1}, haverá formação do precipitado de oxalato de cálcio?
(f) Na verdade, o indivíduo A não mostra a presença de cristais de oxalato de cálcio na urina. Dê uma explicação plausível para esse fato.
(g) Por que o magnésio deve inibir a formação de cristais de CaC_2O_4?
(h) Por que os pacientes com cálculos renais de CaC_2O_4 são frequentemente aconselhados a beber grandes quantidades de água?
(i) O cálcio e o magnésio presentes em uma amostra de urina foram precipitados como oxalato, resultando um precipitado misto de CaC_2O_4 e MgC_2O_4 que foi analisado por um procedimento termogravimétrico. A mistura de precipitados foi aquecida para gerar $CaCO_3$ e MgO. Essa segunda mistura pesou 0,0433 g. Após a calcinação que formou CaO e MgO, o sólido resultante pesou 0,0285 g. Qual é a massa de Ca na amostra original?

CAPÍTULO 11

Titulações em Química Analítica

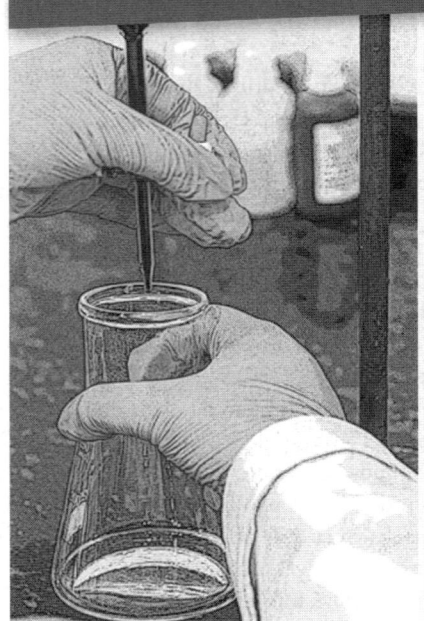
ThiagoSantos/Shutterstock.com

As titulações são amplamente utilizadas em química analítica para determinar ácidos, bases, oxidantes, redutores, íons metálicos, proteínas e muitas outras espécies. As titulações são baseadas em uma reação entre o analito e um reagente padrão conhecido como titulante. A reação é de estequiometria conhecida e reprodutível. O volume, ou a massa, do titulante necessário para reagir essencial e completamente com o analito é determinado e usado para calcular a quantidade do analito. Uma titulação baseada em volume é mostrada nessa figura, na qual a solução padrão é adicionada de uma bureta e a reação ocorre em um frasco Erlenmeyer. Em algumas titulações, conhecidas como titulações coulométricas, é obtida a quantidade de cargas necessária para consumir completamente o analito. Em qualquer titulação, o ponto de equivalência química, chamado de *ponto final* quando determinado experimentalmente, é assinalado pela variação da cor de um indicador ou da resposta de um instrumento. Este capítulo introduz o princípio da titulação e dos cálculos que determinam a quantidade de amostra desconhecida. Também são introduzidas as curvas de titulação, que mostram o progresso da titulação. Tais curvas serão usadas em vários dos próximos capítulos.

Métodos de titulação são baseados na determinação da quantidade de um reagente de concentração conhecida que é requerida para reagir completamente com o analito. O reagente pode ser uma solução padrão de uma substância química ou uma corrente elétrica de grandeza conhecida.

Nas **titulações volumétricas** o volume de um reagente padrão é a quantidade medida.

Nas **titulações coulométricas**, a quantidade de carga necessária para completar a reação com o analito é a quantidade medida.

Os métodos de titulação, frequentemente chamados métodos titulométricos, incluem um amplo e poderoso grupo de procedimentos quantitativos baseados na medida da quantidade de um reagente de concentração conhecida que é consumida pelo analito em uma reação química ou eletroquímica. **Titulações volumétricas** envolvem a medida de volume de uma solução de concentração conhecida necessária para reagir essencial e completamente com o analito. Nas **titulações gravimétricas**, a massa do reagente é medida em vez do seu volume. Nas **titulações coulométricas**, o "reagente" é uma corrente elétrica direta constante de grandeza conhecida que consome o analito. Para esta titulação, o tempo requerido (e assim a carga total) para completar a reação eletroquímica é medido (veja Seção 20D-5).

Este capítulo fornece material introdutório que se aplica a todos os diferentes tipos de métodos de titulações. Os capítulos 12 a 14 são dedicados a vários tipos de titulações de neutralização, nas quais o analito e os titulantes são submetidos a reações ácido-base. O Capítulo 15 fornece informações a respeito de titulações em que as reações analíticas envolvem formação de complexos ou formações de um precipitado. Esses métodos são particularmente importantes para determinar uma variedade de cátions. Finalmente, os capítulos 16 e 17 são dedicados a métodos volumétricos, nos quais as reações analíticas envolvem transferência de elétrons. Esses métodos são frequentemente chamados **titulações redox**. Alguns outros métodos titulométricos são explorados em capítulos posteriores. Esses métodos incluem as **titulações amperométricas**, na Seção 23B-4, e as **titulações espectrofotométricas**, na Seção 24A-4.

11A Alguns Termos Usados em Titulometria Volumétrica[1]

Uma **solução padrão** (ou um **titulante padrão**) refere-se a um reagente de concentração conhecida que é usado para se fazer uma análise volumétrica. A **titulação** é realizada pela lenta adição de uma solução padrão de uma bureta, ou outro aparelho dosador de líquidos, a uma solução de analito até que a reação entre os dois seja julgada completa. O volume, ou massa, de reagente necessário para completar a titulação é determinado pela diferença entre as leituras inicial e final. Uma titulação volumétrica é descrita na **Figura 11-1**.

Às vezes é necessário adicionar um excesso de titulante padrão e então determinar a quantidade excedente por **retrotitulação** com um segundo titulante padrão. Por exemplo, a quantidade de fosfato na amostra pode ser determinada pela adição de excesso medido de nitrato de prata padrão a uma solução da amostra, a qual leva à formação de um fosfato de prata insolúvel:

$$3Ag^+ + PO_4^{3-} \rightarrow Ag_3PO_4(s)$$

O excesso de nitrato de prata é então retrotitulado com uma solução padrão de tiocianato de potássio:

$$Ag^+ + SCN^- \rightarrow AgSCN(s)$$

A quantidade de nitrato de prata é quimicamente equivalente à quantidade de fosfato mais a quantidade de tiocianato usada para a retrotitulação. A quantidade de fosfato é, então, a diferença entre a quantidade de nitrato de prata e a quantidade de tiocianato.

> Uma **solução padrão** compreende um reagente de concentração conhecida. Soluções padrão são usadas em titulações e em muitas outras análises químicas.

> A **retrotitulação** é um processo no qual o excesso de uma solução padrão usado para consumir o analito é determinado por uma segunda solução padrão. As retrotitulações são frequentemente requeridas quando a velocidade de reação entre o analito e o reagente é lenta ou quando falta estabilidade à solução padrão.

11A-1 Pontos de Equivalência e Pontos Finais

O **ponto de equivalência** em uma titulação é um ponto teórico alcançado quando a quantidade adicionada de titulante é quimicamente equivalente à quantidade de analito na amostra. Por exemplo, o ponto de equivalência na titulação de cloreto de sódio com nitrato de prata ocorre exatamente depois da adição de 1 mol de íons prata para cada mol de íon cloreto na amostra. O ponto de equivalência na titulação do ácido sulfúrico com hidróxido de sódio é alcançado após a introdução de 2 mols de base para cada mol de ácido.

Não podemos determinar o ponto de equivalência de uma titulação experimentalmente. Em vez disso, podemos apenas estimar sua posição pela observação de algumas variações físicas associadas com a condição de equivalência. A posição dessa alteração é chamada **ponto final** da titulação. Tentamos ao máximo assegurar que qualquer diferença de massa ou volume entre o ponto de equivalência e o ponto final seja pequena. Entretanto, essas diferenças existem como resultado da inadequação das alterações físicas e da nossa habilidade em observá-las. A diferença no volume ou massa entre o ponto de equivalência e o ponto final é o **erro de titulação**.

> O **ponto de equivalência** corresponde a um ponto na titulação quando a quantidade de reagente padrão adicionada é equivalente à quantidade de analito.

> O **ponto final** é um ponto na titulação quando ocorre uma alteração física associada à condição de equivalência química.

> Nos métodos volumétricos, o **erro de titulação** E_t é dado por
> $$E_t = V_{pf} - V_{pe}$$
> onde V_{pf} é o volume real de reagente requerido para alcançar o ponto final e V_{pe} o volume teórico necessário para alcançar o ponto de equivalência.

---

[1] Para uma discussão detalhada dos métodos volumétricos, veja J. I. Watters, in *Treatise in Analytical Chemistry*; I. M. Kolthoff e P. J. Elving, eds., Nova York: Wiley, 1975, pt. 1, v. 11, cap. 114.

268 Fundamentos de Química Analítica

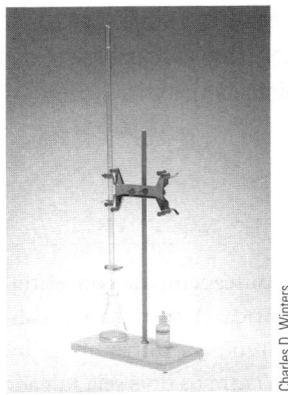

Arranjo típico para a realização de uma titulação. O aparelho consiste em uma bureta, um suporte de bureta com base de porcelana branca para fornecer um fundo apropriado para ver as alterações do indicador, e um frasco Erlenmeyer de boca larga contendo um volume precisamente conhecido da solução a ser titulada. A solução é normalmente transferida para o frasco utilizando-se uma pipeta.

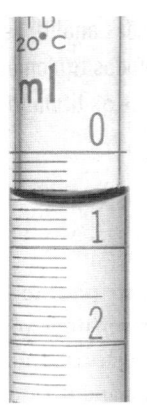

Detalhe da graduação de uma bureta. Normalmente a bureta é preenchida com uma solução titulante dentro de 1 ou 2 mL da posição zero do topo. O volume inicial da bureta pode ser visualizado com o valor mais próximo dentro de ±0,01 mL.

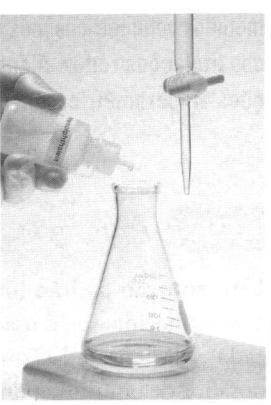

Antes do começo da titulação. A solução a ser titulada, um ácido neste exemplo, é colocada no frasco e o indicador é adicionado, como pode ser visto na foto. O indicador nesse caso é a fenolftaleína, que se converte na cor rosa em soluções básicas.

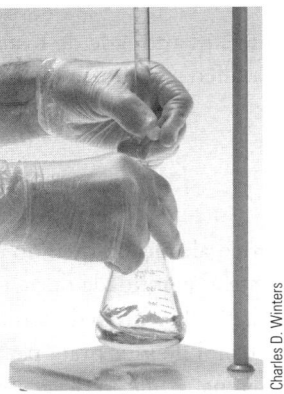

Durante a titulação. O titulante é adicionado ao frasco com a agitação até que a cor do indicador se torne persistente. No início da titulação, o titulante pode ser adicionado um pouco mais rapidamente, mas, quando se aproxima do ponto final, são acrescentadas porções cada vez menores; no ponto final, menos da metade de uma gota de titulante pode causar uma alteração da cor.

Ponto final da titulação. O ponto final da titulação pode ser alcançado quando persistir uma cor perceptível levemente rósea da fenolftaleína. O frasco da esquerda revela uma titulação com menos da metade de uma gota antes do ponto final; o frasco do meio indica o ponto final. A leitura final da bureta é feita nesse ponto, e o volume da base transferida na titulação é calculado a partir da diferença entre as leituras inicial e final na bureta. O frasco da direita mostra o que acontece quando um leve excesso de base é adicionado à mistura de titulação. A solução se torna mais escura, e o ponto final foi excedido. Veja a prancha colorida 11.

FIGURA 11-1 O processo da titulação.

Os **indicadores** são frequentemente adicionados à solução de analito para produzir uma alteração física visível (sinalizando o ponto final) próximo ao ponto de equivalência. As grandes alterações na concentração relativa ao analito ou ao titulante ocorrem na região do ponto de equivalência. Essas alterações nas concentrações causam uma alteração na aparência do indicador. As alterações típicas do indicador incluem o aparecimento ou o desaparecimento de uma cor, uma alteração na cor ou o aparecimento e o desaparecimento de turbidez. Como exemplo, o indicador usado na titulação de neutralização do ácido clorídrico com hidróxido de sódio é fenoftaleína, que faz com que a solução mude de incolor para uma cor rosa assim que um excesso da solução de hidróxido de sódio é adicionado.

Frequentemente usamos instrumentos para detectar os pontos finais. Esses instrumentos respondem a propriedades da solução que variam em um modo característico durante a titulação. Entre esses instrumentos estão colorímetros, turbidímetros, espectrofotômetros, monitores de temperatura, refratômetros, voltímetros, medidores de correntes e medidores de condutividade.

11A-2 Padrões Primários

Um **padrão primário** é um composto altamente purificado que serve como material de referência em titulações e em outros métodos analíticos. A precisão de um método depende criticamente das propriedades do padrão primário. Os seguintes requisitos são importantes para um padrão primário:

> Um **padrão primário** é um composto ultrapuro que serve como material de referência para a titulação ou para um outro tipo de análise quantitativa.

1. Alta pureza. Os métodos estabelecidos para confirmar a pureza devem estar disponíveis.
2. Estabilidade à atmosfera.
3. Ausência de água de hidratação, para que a composição do sólido não se altere com as variações na umidade.
4. Custo baixo.
5. Solubilidade razoável no meio de titulação.
6. Massa molar razoavelmente grande, para que o erro relativo associado com a pesagem do padrão seja minimizado.

Poucos compostos preenchem ou mesmo aproximam-se desses critérios, e somente um número limitado de substâncias padrão primário está disponível comercialmente. Como consequência, os compostos menos puros são, às vezes, utilizados no lugar de um padrão primário. A pureza desses **padrões secundários** deve ser estabelecida por análise cuidadosa.

> Um **padrão secundário** é um composto cuja pureza foi determinada por análise química. O padrão secundário serve como material padrão de trabalho para titulações e para muitas outras análises.

11B Soluções Padrão

As soluções padrão desempenham um papel central nas titulações. Portanto, devemos considerar as propriedades desejáveis para tais soluções, a forma como são preparadas e como suas concentrações são expressas. A solução padrão *ideal* para um método titulométrico deve:

1. ser suficientemente estável para que seja necessário determinar sua concentração apenas uma vez;
2. reagir rapidamente com o analito, para que o tempo requerido entre as adições de titulante seja mínimo;
3. reagir de forma mais ou menos completa com o analito, para que o ponto final possa ser obtido satisfatoriamente; e
4. sofrer uma reação seletiva com o analito que possa ser descrita por uma reação balanceada.

Poucos reagentes apresentam-se de forma perfeitamente ideal.

A exatidão de uma titulação não pode ser melhor que aquela da concentração da solução padrão utilizada. Dois métodos básicos são empregados para estabelecer a concentração dessas soluções. O primeiro é o **método direto**, no qual uma massa cuidadosamente determinada de padrão primário é dissolvida em um solvente adequado e diluída em um volume conhecido em um balão volumétrico. O segundo é por **padronização**, no qual o titulante a ser padronizado é usado para titular (1) uma massa conhecida de padrão primário, (2) uma massa conhecida de um padrão secundário ou (3)

> Em uma **padronização**, a concentração de uma solução volumétrica é determinada pela sua titulação contra uma quantidade cuidadosamente medida de um padrão primário ou secundário ou um volume exatamente conhecido de outra solução padrão.

um volume medido de outra solução de padrão primário. Um titulante que é padronizado contra um padrão secundário ou outra solução padrão é, algumas vezes, chamado de **solução de padrão secundário**. A concentração de uma solução de padrão secundário está sujeita a incertezas maiores que a da solução de padrão primário. Então, se houver escolha, as soluções serão mais bem preparadas por meio do método direto. Entretanto, muitos reagentes não possuem as propriedades requeridas para um padrão primário e, dessa forma, requerem a padronização.

11C Cálculos Volumétricos

Como indicamos na Seção 2B-1, podemos expressar a concentração das soluções de vários modos. Para as soluções padrão usadas em muitas titulações, geralmente é usada a **concentração molar**, c, ou a **concentração normal**, c_N.[2] A concentração molar é a quantidade de matéria de reagente contida em um litro de solução, e a concentração normal é o número de **equivalentes-grama** do reagente no mesmo volume.

Ao longo deste texto, baseamos os cálculos volumétricos exclusivamente na concentração molar e massas molares. Também incluímos no Apêndice 7 uma discussão de como os cálculos volumétricos são realizados com base em concentração normal e massas equivalentes-grama, porque você pode encontrar esses termos e seus usos na literatura industrial e da ciência da saúde.

11C-1 Algumas Relações Algébricas Úteis

❯❯ $n_A = \dfrac{m_A}{\mathcal{M}_A}$

onde n_A é a quantidade de matéria A, m_A é a massa de A, e $\mathcal{M}_A$ é a massa molar de A.

A maioria dos cálculos volumétricos é baseada em dois pares de equações simples que são derivadas das definições de mol, de massa molar e concentração molar. Para a espécie química A,

$$\text{quant. de mat. de A (mol)} = \frac{\text{massa de A (g)}}{\text{massa molar de A (g mol}^{-1})} \tag{11-1}$$

❯❯ $c_A = \dfrac{n_A}{V}$ ou $n_A = V \times c_A$

$$\text{quant. de mat. de A (mmol)} = \frac{\text{massa de A (g)}}{\text{massa milimolar de A (g mmol}^{-1})} \tag{11-2}$$

O segundo par de equações é derivado da definição da concentração molar. Isto é,

$$\text{quant. de mat. de A (mol)} = V(\text{L}) \times c_A \left(\frac{\text{mol de A}}{\text{L}}\right) \tag{11-3}$$

❯❯ Qualquer combinação de gramas, mols e litros pode ser expressa em miligramas, milimols e mililitros. Por exemplo, uma solução 0,1 mol L⁻¹ contém 0,1 mol de uma espécie por litro ou 0,1 milimol por mililitro. Similarmente, a quantidade de matéria de um composto é igual à massa em grama desse composto dividida pela sua massa molar em gramas ou à massa em miligramas dividida pela sua massa milimolar em miligramas.

$$\text{quant. de mat. de A (mmol)} = V(\text{mL}) \times c_A \left(\frac{\text{mmol de A}}{\text{L}}\right) \tag{11-4}$$

onde V é o volume da solução.

As Equações 11-1 e 11-3 são usadas quando os volumes forem medidos em litros, e as Equações 11-2 e 11-4, quando as unidades se referirem a mililitros.

11C-2 Cálculo da Concentração Molar de Soluções Padrão

Os três exemplos seguintes ilustram como as concentrações dos reagentes volumétricos são calculadas.

---

[2] N.T.: A IUPAC recomenda que a concentração normal seja abandonada. Assim sendo, este termo não é mais utilizado na maioria das escolas brasileiras.

EXEMPLO 11-1

Descreva a preparação de 2,000 L de AgNO$_3$ 0,0500 mol L^{-1} (169,87 g mol^{-1}) a partir de um sólido de grau padrão primário.

Resolução

$$\text{quantidade de matéria de AgNO}_3 = V_{sol}(L) \times c_{AgNO_3}(\text{mol L}^{-1})$$

$$= 2{,}000 \; \cancel{L} \times \frac{0{,}0500 \text{ mol de Ag NO}_3}{\cancel{L}} = 0{,}100 \text{ mol de Ag NO}_3$$

Para obter a massa de AgNO$_3$, rearranjamos a Equação 11-2 para dar

$$\text{massa de AgNO}_3 = 0{,}1000 \; \cancel{\text{mol de AgNO}_3} \times \frac{169{,}87 \text{ g de AgNO}_3}{\cancel{\text{mol de AgNO}_3}}$$

$$= 16{,}987 \text{ g de Ag NO}_3$$

Então, a solução deve ser preparada pela dissolução de 16,987 g de AgNO$_3$ em água e diluição até a marca em um balão volumétrico de 2,000 L.

≪ Os balões volumétricos existem em diferentes tamanhos, desde 1 mL a 5 L. Os tamanhos padrão incluem 10 mL, 50 mL, 100 mL, 250 mL, 500 mL e 1 L. Veja a Seção 36G para mais informações sobre vidraria volumétrica.

EXEMPLO 11-2

Uma solução padrão de Na$^+$ 0,0100 mol L^{-1} é requerida a fim de calibrar um método de eletrodo de íon seletivo para determinar esse sódio. Descreva como 500 mL dessa solução podem ser preparados com um padrão primário de Na$_2$CO$_3$ (105,99 g mL^{-1}).

Resolução

Desejamos calcular a massa do reagente necessária para produzir uma concentração molar igual a 0,0100 mol L^{-1}. Neste caso, usaremos milimols, uma vez que o volume está em mililitros. Visto que o Na$_2$CO$_3$ se dissocia para fornecer íons Na$^+$, podemos escrever que a quantidade de matéria em milimols de Na$_2$CO$_3$ necessária é

$$\text{quant. de mat. de Na}_2\text{CO}_3 = 500 \; \cancel{\text{mL}} \times \frac{0{,}0100 \; \cancel{\text{mmol de Na}^+}}{\cancel{\text{mL}}} \times \frac{1 \text{ mmol de Na}_2\text{CO}_3}{2 \; \cancel{\text{mmol de Na}^+}}$$

$$= 2{,}50 \text{ mmol}$$

Da definição de milimol, obtém-se

$$\text{massa de Na}_2\text{CO}_3 = 2{,}5 \; \cancel{\text{mmol de Na}_2\text{CO}_3} \times 105{,}99 \; \frac{\text{mgNa}_2\text{CO}_3}{\text{mmol Na}_2\text{CO}_3}$$

$$= 265 \text{ mg de Na}_2\text{CO}_3$$

Uma vez que existem 1.000 mg g^{-1}, ou 0,001 g mg^{-1}, a solução deve ser preparada dissolvendo-se 0,265 g de Na$_2$CO$_3$ em água e diluindo-se para 500 mL.

≪ Embora o Na$_2$CO$_3$ anidro seja um padrão primário, ele é higroscópico e pode absorver água. Deve-se secá-lo antes da pesagem.

O **Dr. Weida Tong** é químico e diretor da Divisão de Bioinformática e Bioestatísca no National Center for Toxicological Research (NCTR), tendo obtido seu doutorado em química na Fudan University. O NCTR é a divisão da U.S. Food and Drug Administration (FDA) que está focada na pesquisa regulatória. O Dr. Tong dirige a pesquisa química que leva ao desenvolvimento de regulações para a proteção da saúde pública. Ele começou no NCTR inicialmente como um químico computacional e agora, como diretor do departamento de computação, supervisiona outros cientistas de várias disciplinas para preencher a missão da FDA.

EXEMPLO 11-3

Como você prepararia porções de 50,0 mL de soluções padrão que sejam 0,00500 mol L^{-1}, 0,00200 mol L^{-1} e 0,00100 mol L^{-1} em Na$^+$ a partir da solução do Exemplo 11-2?

Resolução

A quantidade de matéria em milimols de Na$^+$ tomada a partir da solução concentrada deve ser igual à quantidade de matéria em milimols na solução diluída. Assim,

quantidade de Na$^+$ da solução concentrada = quantidade de Na$^+$ na solução diluída

Lembre-se de que a quantidade de matéria em milimols é igual à quantidade de matéria em milimols por mililitro vezes a quantidade de matéria em mililitros. Isto é,

$$V_{\text{concentrada}} \times c_{\text{concentrada}} = V_{\text{diluída}} \times c_{\text{diluída}}$$

onde $V_{\text{concentrada}}$ e $V_{\text{diluída}}$ são os volumes em mililitros das soluções concentrada e diluída, respectivamente; e $c_{\text{concentrada}}$ e $c_{\text{diluída}}$ referem-se às concentrações molares de Na$^+$. Para as soluções 0,00500 mol L^{-1}, essa reação se rearranja para

$$V_{\text{conc}} = \frac{V_{\text{dil}} \times c_{\text{dil}}}{c_{\text{conc}}} = \frac{50,0 \text{ mL} \times 0,00500 \text{ mmol mL}^{-1} \text{ de Na}^+}{0,0100 \text{ mmol mL}^{-1} \text{ de Na}^+} = 25,0 \text{ mL}$$

Assim, para se produzir 50,0 mL de Na$^+$ 0,00500 mol L^{-1}, 25,0 mL da solução concentrada devem ser diluídos exatamente a 50,0 mL.

Repita os cálculos para as demais concentrações molares, a fim de confirmar que, por meio da diluição de 10,0 e 5,00 mL da solução concentrada a 50,0 mL, produzem-se as soluções desejadas.

11C-3 Trabalhando Dados de Titulação

São abordados aqui dois tipos de cálculos volumétricos. No primeiro, calculamos as concentrações de soluções que devem ser padronizadas contra uma solução de padrão primário ou secundário. No segundo, calculamos a quantidade de analito na amostra a partir dos dados da titulação. Ambos os tipos são baseados em três relações algébricas. Duas destas são as Equações 11-2 e 11-4, baseadas em milimols e mililitros. A terceira relação é a proporção estequiométrica entre a quantidade de matéria em milimols do analito e a quantidade de matéria em milimols do titulante.

Calculando Concentrações Molares a Partir dos Dados da Padronização

Os Exemplos 11-4 e 11-5 ilustram como os dados da padronização são tratados.

EXEMPLO 11-4

Uma porção de 50,00 mL de solução de HCl requereu 29,71 mL de Ba(OH)$_2$ 0,01963 mol L^{-1} para alcançar o ponto final usando o verde de bromocresol como indicador. Calcule a concentração molar do HCl.

Resolução

Na titulação, 1 mmol de Ba(OH)$_2$ reage com 2 mmols de HCl:

$$Ba(OH)_2 + 2HCl \rightarrow BaCl_2 + 2H_2O$$

(continua)

Assim, a proporção estequiométrica é

$$\text{proporção estequiométrica} = \frac{2 \text{ mmol de HCl}}{1 \text{ mmol de Ba(OH)}_2}$$

A quantidade de matéria em milimols do padrão é calculada pela substituição na Equação 11-4:

$$\text{quant. de mat. de Ba(OH)}_2 = 29{,}71 \text{ mL de Ba(OH)}_2 \times 0{,}01963 \frac{\text{mmol de Ba(OH)}_2}{\text{mL de Ba(OH)}_2}$$

Para encontrar a quantidade de matéria em milimols de HCl, multiplicamos esse resultado pela proporção estequiométrica determinada pela reação de titulação:

$$\text{quantidade de HCl} = (29{,}71 \times 0{,}01963) \text{ mmol de Ba(OH)}_2 \times \frac{2 \text{ mmol de HCl}}{1 \text{ mmol de Ba(OH)}_2}$$

Para conseguir a quantidade de matéria em milimols de HCl por mL, dividimos pelo volume do ácido. Consequentemente,

$$c_{\text{HCl}} = \frac{(29{,}71 \times 0{,}01963 \times 2) \text{ mmol de HCl}}{50{,}0 \text{ mL HCl}}$$

$$= 0{,}023328 \frac{\text{mmol de HCl}}{\text{mL de HCl}} = 0{,}02333 \text{ M}$$

≪ Na determinação do número de algarismos significativos a ser mantido em cálculos volumétricos, pressupõe-se que a proporção estequiométrica seja conhecida exatamente, sem incertezas.

EXEMPLO 11-5

A titulação de 0,2121 g de $Na_2C_2O_4$ puro (134,00 g mol^{-1}) requereu 43,31 mL de $KMnO_4$. Qual é a concentração molar da solução de $KMnO_4$? A reação química é

$$2MnO_4^- + 5C_2O_4^{2-} + 16H^+ \rightarrow 2Mn^{2+} + 10CO_2 + 8H_2O$$

Resolução

Dessa equação, vemos que

$$\text{proporção estequiométrica} = \frac{2 \text{ mmol de KMnO}_4}{5 \text{ mmol de Na}_2\text{C}_2\text{O}_4}$$

A quantidade de matéria de $Na_2C_2O_4$ é dada pela Equação 11-2:

$$\text{quant. de mat. de Na}_2\text{C}_2\text{O}_4 = 0{,}2121 \text{ g Na}_2\text{C}_2\text{O}_4 \times \frac{1 \text{ mmol Na}_2\text{C}_2\text{O}_4}{0{,}13400 \text{ g Na}_2\text{C}_2\text{O}_4}$$

Para obter a quantidade de matéria em milimols de $KMnO_4$, multiplicamos esse resultado pela proporção estequiométrica:

$$\text{quant. de mat. de KMnO}_4 = \frac{0{,}2121}{0{,}1340} \text{ mmol de Na}_2\text{C}_2\text{O}_4 \times \frac{2 \text{ mmol KMnO}_4}{5 \text{ mmol de Na}_2\text{C}_2\text{O}_4}$$

A concentração de $KMnO_4$ é então obtida dividindo-se o resultado pelo volume consumido.

$$c_{\text{KMnO}_4} = \frac{\left(\dfrac{0{,}2121}{0{,}13400} \times \dfrac{2}{5}\right) \text{mmol de KMnO}_4}{43{,}31 \text{ mL de KMnO}_4} = 0{,}01462 \text{ mol L}^{-1}$$

Observe que as unidades são transportadas em todos os cálculos, permitindo uma verificação da correção das relações utilizadas nos Exemplos 11-4 e 11-5.

Cálculo da Quantidade de Analito a Partir dos Dados da Titulação

Como pode ser visto pelos exemplos a seguir, a mesma aproximação sistemática, há pouco descrita, é também utilizada para calcular a concentração do analito a partir dos dados da titulação.

EXEMPLO 11-6

Uma amostra de 0,8040 g de uma liga de ferro é dissolvida em ácido. O ferro é então reduzido a Fe^{2+} e titulado com 47,22 mL de uma solução de $KMnO_4$ 0,02242 mol L^{-1}. Calcule o resultado dessa análise em termos de (a) % de Fe (55,847 g mol^{-1}) e (b) % de Fe_3O_4 (231,54 g mol^{-1}).

Resolução

A reação do analito com o reagente é descrita pela equação

$$MnO_4^- + 5Fe^{2+} + 8H^+ \rightarrow Mn^{2+} + 5Fe^{3+} + 4H_2O$$

(a)
$$\text{proporção estequiométrica} = \frac{5 \text{ mmol de } Fe^{2+}}{1 \text{ mmol de } KMnO_4}$$

$$\text{quantidade de matéria de } KMnO_4 = 47,22 \text{ mL de } KMnO_4 \times \frac{0,02242 \text{ mmol de } KMnO_4}{\text{mL de } KMnO_4}$$

$$\text{quantidade de matéria de } Fe^{2+} = (47,22 \times 0,2242) \text{ mmol de } KMnO_4 \times \frac{5 \text{ mmol de } Fe^{2+}}{1 \text{ mmol de } KMnO_4}$$

A massa de Fe^{2+} é então dada por

$$\text{massa de } Fe^{2+} = (47,22 \times 0,2242 \times 5) \text{ mmol de } Fe^{2+} \times 0,055847 \frac{g \text{ de } Fe^{2+}}{\text{mmol de } Fe^{2+}}$$

A porcentagem de Fe^{2+} é

$$\%Fe^{2+} = \frac{(47,22 \times 0,2242 \times 0,055847) g \text{ de } Fe^{2+}}{0,8040 \text{ g de amostra}} \times 100\% = 36,77\%$$

(b) Para se determinar a proporção estequiométrica correta, notamos que

$$5Fe^{2+} \equiv 1 \text{ } MnO_4^-$$

Então,

$$5Fe_3O_4 \equiv 15 \text{ } Fe^{2+} \equiv 3 \text{ } MnO_4^-$$

e

$$\text{proporção estequiométrica} = \frac{5 \text{ mmol de } Fe_3O_4}{3 \text{ mmol } KMnO_4}$$

Como no item (a),

$$\text{quantidade de matéria de } KMnO_4 = \frac{47,22 \text{ mL } KMnO_4 \times 0,02242 \text{ mmol } KMnO_4}{\text{mL } KMnO_4}$$

$$\text{quantidade de matéria de Fe}_3\text{O}_4 = (47,22 \times 0,02242) \text{ mmol KMnO}_4 \times \frac{5 \text{ mmol Fe}_3\text{O}_4}{3 \text{ mmol KMnO}_4}$$

$$\text{massa de Fe}_3\text{O}_4 = \left(47,22 \times 0,02242 \times \frac{5}{3}\right) \text{mmol de Fe}_3\text{O}_4 \times 0,23154 \frac{\text{g de Fe}_3\text{O}_4}{\text{mmol de Fe}_3\text{O}_4}$$

$$\% \text{ Fe}_3\text{O}_4 = \frac{\left(47,22 \times 0,02242 \times \frac{5}{3}\right) \times 0,23154 \text{ g de Fe}_3\text{O}_4}{0,8040 \text{ g de amostra}} \times 100\% = 50,81\%$$

DESTAQUE 11-1

Outra Abordagem para o Exemplo 11-6(a)

Algumas pessoas acham mais fácil escrever a solução para um problema de modo que as unidades no denominador de cada termo sucessivo eliminem as unidades no numerador do precedente até que as unidades da resposta sejam obtidas.[3] Por exemplo, a solução do item (a) do Exemplo 11-6 pode ser escrita

$$47,22 \text{ mL de KMnO}_4 \times \frac{0,02242 \text{ mmol de KMnO}_4}{\text{mL de KMnO}_4} \times \frac{5 \text{ mmol de Fe}}{1 \text{ mmol de KMnO}_4} \times \frac{0,055847 \text{ g de Fe}}{\text{mmol de Fe}}$$

$$\times \frac{1}{0,8040 \text{ g de amostra}} \times 100\% = 36,77\% \text{ Fe}$$

EXEMPLO 11-7

Uma amostra de 100,0 mL de água salobra foi alcalinizada com amoníaco, e o sulfeto nela contido foi titulado com 16,47 mL de AgNO$_3$ 0,02310 mol L^{-1}. A reação analítica é

$$2\text{Ag}^+ + \text{S}^{2-} \rightarrow \text{Ag}_2\text{S}(s)$$

Calcule a concentração de H$_2$S na água em partes por milhão, c_{ppm}.

Resolução

No ponto final

$$\text{proporção estequiométrica} = \frac{1 \text{ mmol de H}_2\text{S}}{2 \text{ mmol de AgNO}_3}$$

$$\text{quantidade de matéria de AgNO}_3 = 16,47 \text{ mL de AgNO}_3 \times 0,02310 \frac{\text{mmol de AgNO}_3}{\text{mL de AgNO}_3}$$

$$\text{quantidade de matéria de H}_2\text{S} = (16,47 \times 0,02310) \text{ mmol de AgNO}_3 \times \frac{1 \text{ mmol de H}_2\text{S}}{2 \text{ mmol de AgNO}_3}$$

(continua)

---

[3] Este processo é frequentemente chamado método de rotular o fator. Ele é algumas vezes chamado equivocamente de análise dimensional. Para a explicação sobre análise dimensional, faça uma busca na web.

$$\text{massa de H}_2\text{S} = \left(16,47 \times 0,02310 \times \frac{1}{2}\right) \text{mmol de H}_2\text{S} \times 0,034081 \frac{\text{g de H}_2\text{S}}{\text{mmol de H}_2\text{S}}$$

$$= 6,483 \times 10^{-3} \text{ g de H}_2\text{S}$$

$$c_{ppm} = \frac{6,483 \times 10^{-3} \text{ g de H}_2\text{S}}{100,0 \text{ mL de amostra} \times 1,00 \text{ g mL}^{-1} \text{ de amostra}} \times 10^6 \text{ ppm}$$

$$= 64,8 \text{ ppm}$$

DESTAQUE 11-2

Arredondamento das Respostas do Exemplo 11-7

Observe que todos os dados de entrada para o Exemplo 11-7 contêm quatro ou mais algarismos significativos, mas as respostas foram arredondadas para três. Por quê?

Podemos decidir o arredondamento por um par de cálculos grosseiros feitos de cabeça. Pressuponha que os dados de entrada tenham uma incerteza de 1 parte no último algarismo significativo. Então, o maior erro *relativo* estará associado com o tamanho da amostra. No Exemplo 11-7, a incerteza relativa é 0,1/100,0. Assim, a incerteza é de cerca de 1 parte em 1.000 (comparado com 1 parte em 1.647 para o volume de AgNO$_3$ e 1 parte em 2.300 para a concentração de reagente). Então, presumimos que o resultado calculado seja incerto aproximadamente na mesma quantidade que a medida menos precisa, ou 1 parte em 1.000. A incerteza absoluta do resultado final é então 64,8 ppm × 1/1.000 = 0,065, ou cerca de 0,01 ppm, e arredondamos o primeiro o algarismo à direita do ponto decimal. Assim, relatamos 64,8 ppm.

Pratique como tomar esse tipo de decisão de arredondamento sempre que você realizar cálculos.

>> Em uma retrotitulação, é adicionado um excesso de titulante padrão para reagir com o analito. A quantidade em excesso é determinada pela titulação com um segundo titulante padrão.

EXEMPLO 11-8

O fósforo em 4,258 g de uma amostra de um alimento vegetal foi convertido a PO$_4^{3-}$ e precipitado como Ag$_3$PO$_4$ pela adição de 50,00 mL de AgNO$_3$ 0,0820 mol L^{-1}. O excesso de AgNO$_3$ foi retrotitulado com 4,06 mL de KSCN 0,0625 mol L^{-1}. Expresse o resultado dessa análise em termos de % de P$_2$O$_5$.

Resolução

As reações químicas são

$$P_2O_5 + 9H_2O \rightarrow 2PO_4^{3-} + 6H_3O^+$$

$$2PO_4^{3-} + \underset{\text{excesso}}{6Ag^+} \rightarrow 2Ag_3PO_4(s)$$

$$Ag^+ + SCN^- \rightarrow AgSCN(s)$$

Assim, as proporções estequiométricas são

$$\frac{1 \text{ mmol de P}_2\text{O}_5}{6 \text{ mmol de AgNO}_3} \text{ e } \frac{1 \text{ mmol de KSCN}}{1 \text{ mmol de AgNO}_3}$$

$$\text{quantidade de matéria total de AgNO}_3 = 50,00 \text{ mL} \times 0,0820 \frac{\text{mmol de AgNO}_3}{\text{mL}}$$

$$= 4,100 \text{ mmol}$$

(continua)

quantidade de matéria de AgNO$_3$ consumida pelo KSCN = 4,06 $\cancel{\text{mL}}$ × 0,0625 $\dfrac{\cancel{\text{mmol de KNSC}}}{\cancel{\text{mL}}}$

$$\times \dfrac{1 \text{ mmol de AgNO}_3}{\cancel{\text{mmol de KNSC}}}$$

$$= 0,2538 \text{ mmol}$$

quantidade de P$_2$O$_5$ = (4,100 − 0,254) $\cancel{\text{mmol de AgNO}_3}$ × $\dfrac{1 \text{ mmol de P}_2\text{O}_5}{6 \cancel{\text{ mmol de AgNO}_3}}$

$$= 0,6410 \text{ mmol de P}_2\text{O}_5$$

$$\% \text{ P}_2\text{O}_5 = \dfrac{0,6410 \cancel{\text{mmol}} \times \dfrac{0,1419 \text{ g de P}_2\text{O}_5}{\cancel{\text{mmol}}}}{4,258 \text{ g de amostra}} \times 100\% = 2,14\%$$

EXEMPLO 11-9

O CO em uma amostra de 20,3 L de gás foi convertido para CO$_2$ pela passagem do gás por pentóxido de iodo aquecido a 150°C:

$$I_2O_5(s) + 5CO(g) \rightarrow 5CO_2(g) + I_2(g)$$

O iodo foi destilado nessa temperatura e coletado em um absorvente que contém 8,25 mL de Na$_2$S$_2$O$_3$ 0,01101 mol L^{-1}.

$$I_2(g) + 2S_2O_3^{2-}(aq) \rightarrow 2I^-(aq) + S_4O_6^{2-}(aq)$$

O excesso de Na$_2$S$_2$O$_3$ foi retrotitulado com 2,16 mL de solução de I$_2$ 0,00947 mol L^{-1}. Calcule a concentração em miligramas de CO (28,01 g mol^{-1}) por litro de amostra.

Resolução

Com base nas duas reações, as proporções estequiométricas são

$$\dfrac{5 \text{ mmol de CO}}{1 \text{ mmol I}_2} \quad \text{e} \quad \dfrac{2 \text{ mmol de Na}_2\text{S}_2\text{O}_3}{1 \text{ mmol I}_2}$$

Dividimos a primeira razão pela segunda para obter uma terceira proporção útil:

$$\dfrac{5 \text{ mmol de CO}}{2 \text{ mmol de Na}_2\text{S}_2\text{O}_3}$$

Essa relação revela que 5 mmols de CO são responsáveis pelo consumo de 2 mmols de Na$_2$S$_2$O$_3$. A quantidade total de Na$_2$S$_2$O$_3$ é

quantidade de matéria de Na$_2$S$_2$O$_3$ = 8,25 $\cancel{\text{mL de Na}_2\text{S}_2\text{O}_3}$ × 0,01101 $\dfrac{\text{mmol de Na}_2\text{S}_2\text{O}_3}{\cancel{\text{mL de Na}_2\text{S}_2\text{O}_3}}$

$$= 0,09083 \text{ mmol de Na}_2\text{S}_2\text{O}_3$$

(continua)

A quantidade de $Na_2S_2O_3$ consumida na retrotitulação é

$$\text{quantidade de } Na_2S_2O_3 = 2{,}16 \; \cancel{mL\, I_2} \times 0{,}00947 \frac{\cancel{mmol\, I_2}}{\cancel{mL\, I_2}} \times \frac{2 \text{ mmol de } Na_2S_2O_3}{\cancel{mmol\, I_2}}$$

$$= 0{,}04091 \text{ mmol de } Na_2S_2O_3$$

A quantidade de matéria de milimols de CO pode então ser calculada usando-se a terceira proporção estequiométrica:

$$\text{quantidade de matéria de CO} = (0{,}09083 - 0{,}04091) \cancel{\text{mmol de } Na_2S_2O_3} \times \frac{5 \text{ mmol CO}}{\cancel{\text{mmol de } Na_2S_2O_3}}$$

$$= 0{,}1248 \text{ mmol CO}$$

$$\text{massa de CO} = 0{,}1248 \; \cancel{\text{mmol CO}} \times \frac{28{,}01 \text{ mg de CO}}{\cancel{\text{mmol CO}}} = 3{,}4956 \text{ mg}$$

$$\frac{\text{massa de CO}}{\text{volume de amostra}} = \frac{3{,}4956 \text{ mg de CO}}{20{,}3 \text{ L de amostra}} = 0{,}172 \frac{\text{mg de CO}}{\text{L de amostra}}$$

11D Titulometria Gravimétrica

As **titulações gravimétricas** ou **de massa (peso)** diferem das suas correlatas volumétricas pelo fato de que a *massa* de um titulante é medida em vez do volume. Assim, na titulação de massa, a bureta e suas marcações são substituídas por uma balança e um dosador de massa. Titulações gravimétricas antecedem historicamente as titulações volumétricas por mais de 50 anos. Com o advento de buretas mais confiáveis, entretanto, as titulações de massa foram suplantadas pelos métodos volumétricos porque requeria equipamento relativamente complexo, era tediosa e consumia um tempo longo. A disponibilidade de balanças analíticas digitais de pesagem de topo e de prato único, sensíveis e de baixo custo, e de dosadores de plástico convenientes mudaram essa situação completamente, e a titulação de massa pode agora ser realizada tão fácil e rapidamente quanto as titulações volumétricas.

>> Lembre-se de que, por razões históricas, frequentemente nos referimos a *peso*, mas na realidade queremos dizer *massa*.

>> A concentração em massa dada em mol de soluto por kg de solução é similar à molalidade da solução, a qual é mol de soluto por kg de solução. Em solução diluída, estas são idênticas, mas em solução mais concentrada, 1 kg de solução pode não ser igual a 1 kg de solvente.

11D-1 Cálculos Associados com Titulações de Massa

A maneira mais comum de expressar a concentração para titulações de massa é a **concentração em massa**, c_w, em unidades de concentração molar em massa, mol kg^{-1}, que é a quantidade de matéria de um reagente em 1 kg de solução ou a quantidade de matéria em milimols em um grama de solução. Assim, o NaCl aquoso 0,1 mol kg^{-1} contém 0,1 mol do sal em 1 kg de solução ou 0,1 mmol em 1 g de solução.

A concentração molar em massa $c_w(A)$ de uma solução de um soluto A é calculada usando qualquer uma das duas equações análogas à Equação 2-2:

$$\text{concentração molar em massa} = \frac{\text{quantidade de matéria de A}}{\text{massa da solução (kg)}} = \frac{\text{quantidade de matéria de A (mmol)}}{\text{massa da solução (g)}} \qquad (11\text{-}5)$$

$$c_w(A) = \frac{n_A}{m_{sol}}$$

onde n_A é a quantidade de matéria da espécie A e $m_{solução}$ é a massa da solução. Os dados das titulações gravimétricas podem então ser tratados usando-se os métodos ilustrados nas Seções 11C-2 e 11C-3 após a substituição da concentração molar por concentração molar em massa e mililitros e litros por gramas e quilogramas.

11D-2 Vantagens das Titulações Gravimétricas

Além da maior rapidez e conveniência, a titulação gravimétrica oferece outras vantagens sobre a correlata volumétrica:

1. São eliminadas as calibrações e a cansativa limpeza das vidrarias para assegurar a drenagem apropriada.
2. São desnecessárias as correções de temperatura, porque a concentração molar em massa (peso) não se altera com a temperatura, em contraste com a concentração molar em volume. Essa vantagem é particularmente importante em titulações não aquosas em virtude do alto coeficiente de expansão da maioria dos líquidos orgânicos (cerca de dez vezes maior que o da água).
3. As medidas de massa podem ser feitas com precisão e exatidão consideravelmente maiores que com as medidas de volumes. Por exemplo, 50 g ou 100 g de uma solução aquosa podem ser rapidamente medidos com precisão de ±1 mg, o que corresponde a ±0,001 mL. Essa sensibilidade maior permite escolher tamanhos de amostra que levam a um consumo significativamente menor de reagentes padrão.
4. As titulações gravimétricas são mais facilmente automatizadas que as titulações volumétricas.

11E Curvas de Titulação

Como visto na Seção 11A-1, um ponto final é sinalizado por uma alteração física visível que ocorre próximo ao ponto de equivalência de uma titulação. Os dois sinais finais mais amplamente utilizados envolvem (1) a alteração na cor devido ao reagente (titulante), ao analito ou a um indicador e (2) uma alteração no potencial de um eletrodo que responde à concentração do titulante ou à concentração do analito.

Para entender as bases teóricas das determinações do ponto final e as fontes de erros das titulações, calculamos os pontos necessários para construir uma **curva de titulação** para os sistemas sob consideração. Uma curva de titulação é construída por meio de um gráfico de alguma função da concentração do analito ou concentração do titulante no eixo *y versus* o volume de titulante no eixo *x*.

> As **curvas de titulação** são representadas por gráficos de uma variável *versus* volume de titulante.

11E-1 Tipos de Curvas de Titulação

Dois tipos gerais de curvas de titulação (e, portanto, dois tipos de pontos finais) ocorrem nos métodos titulométricos. No primeiro tipo, chamado *curva sigmoide*, as observações importantes são confinadas a uma pequena região (tipicamente de ±0,1 a ±0,5 mL) ao redor do ponto de equivalência. Uma **curva sigmoide**, na qual a função *p* do analito (ou às vezes do titulante) é representada na forma de um gráfico como uma função do volume do titulante, é mostrada na **Figura 11-2a**.

> ❝ O eixo vertical em uma curva de titulação sigmoide é uma função *p* do analito ou titulante ou de um eletrodo sensível ao titulante ou ao analito.

Em um segundo tipo de curva, denominada **curva com segmentos lineares**, as medidas são feitas nos dois lados, mas distante do ponto de equivalência. As medidas perto do ponto de equivalência são evitadas. Nesse tipo de curva, o eixo vertical representa uma leitura instrumental que é diretamente proporcional à concentração do analito ou do titulante. Uma curva típica com segmentos lineares pode ser encontrada na **Figura 11-2b**.

> ❝ O eixo vertical de uma curva com segmentos lineares é sinal de um instrumento que é proporcional à concentração do analito ou do titulante.

A curva do tipo sigmoide oferece a vantagem da velocidade e conveniência. A curva com segmentos lineares é vantajosa para as reações que se completam apenas na presença de considerável excesso de reagente ou analito.

Neste capítulo, e em vários que se seguem, trataremos exclusivamente da curva de titulação do tipo sigmoide. Exploraremos as curvas com segmentos lineares nos capítulos 21 e 24.

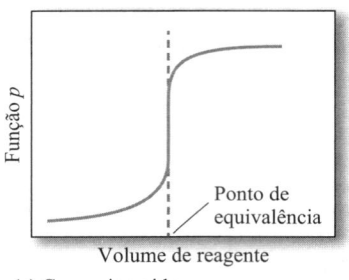
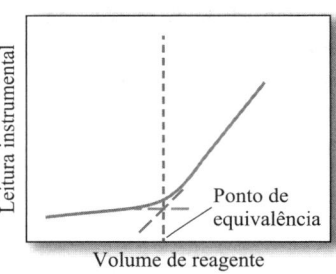

FIGURA 11-2
Dois tipos de curvas de titulação. (a) Curva sigmoide (b) Curva de segmento linear

11E-2 Alterações de Concentração Durante a Titulação

O ponto de equivalência em uma titulação é caracterizado por alterações significativas na concentração *relativa* do reagente e do analito. A **Tabela 11-1** ilustra esse fenômeno. Os dados na segunda coluna da tabela mostram as variações na concentração do íon hidrônio em uma alíquota de 50,00 mL de solução 0,1000 mol L^{-1} de ácido clorídrico, à medida que este é titulado com uma solução de hidróxido de sódio 0,1000 mol L^{-1}. A reação de neutralização é descrita pela equação

$$H_3O^+ + OH^- \rightarrow 2H_2O \tag{11-6}$$

Para enfatizar as alterações nas concentrações *relativas* que ocorrem na região do ponto de equivalência, foram calculados os incrementos de volume necessários para causar uma diminuição de dez vezes na concentração de H$_3$O$^+$ (ou um aumento de dez vezes na concentração de íon de hidróxido). Assim, vemos na terceira coluna que uma adição de 40,91 mL de base é necessária para diminuir a concentração de H$_3$O$^+$ em uma ordem de grandeza, de 0,100 mol L^{-1} para 0,0100 mol L^{-1}. Uma adição de apenas 8,11 mL é requerida para diminuir a concentração por um outro fator de 10, para 0,00100 mol L^{-1}; 0,89 mL causam ainda outra diminuição de dez vezes. Simultaneamente, ocorre um aumento correspondente na concentração de OH$^-$. Dessa forma, a detecção do ponto final depende dessa grande diferença nas concentrações *relativas* do analito (ou reagente) que ocorre próximo ao ponto de equivalência para cada tipo de titulação. O Destaque 11-3 descreve como os volumes na primeira coluna da Tabela 11-1 são calculados

As grandes variações nas concentrações relativas que ocorrem na região de equivalência química são mostradas pelo gráfico do logaritmo negativo da concentração do analito ou do titulante (função *p*) contra o volume do reagente, como visto na **Figura 11-3**. Os dados desses gráficos podem ser encontrados na quarta e quinta colunas da Tabela 11-1. As curvas de titulação para as reações envolvendo a formação de complexo, precipitação e oxidação-redução exibem o mesmo aumento ou diminuição acentuada na função *p* na região do ponto de equivalência, como aqueles mostrados na Figura 11-3. As curvas de titulação definem as propriedades requeridas para um indicador ou instrumento e permitem-nos estimar o erro associado com os métodos de titulação.

TABELA 11-1

Alterações nas Concentrações Durante a Titulação de 50,00 mL de HCl 0,1000 mol^{-1}				
Volume de NaOH 0,1000 mol L^{-1}, ml	[H$_3$O$^+$], mol L^{-1}	Volume de 0,1000 mol L^{-1} de NaOH para Provocar uma Diminuição na [H$_3$O$^+$], mL	pH	pOH
0,00	0,1000		1,00	13,00
40,91	0,0100	40,91	2,00	12,00
49,01	1,000 × 10^{-3}	8,11	3,00	11,00
49,90	1,000 × 10^{-4}	0,89	4,00	10,00
49,99	1,000 × 10^{-5}	0,09	5,00	9,00
49,999	1,000 × 10^{-6}	0,009	6,00	8,00
50,00	1,000 × 10^{-7}	0,001	7,00	7,00
50,001	1,000 × 10^{-8}	0,001	8,00	6,00
50,01	1,000 × 10^{-9}	0,009	9,00	5,00
50,10	1,000 × 10^{-10}	0,09	10,00	4,00
51,10	1,000 × 10^{-11}	0,91	11,00	3,00
61,11	1,000 × 10^{-12}	10,10	12,00	2,00

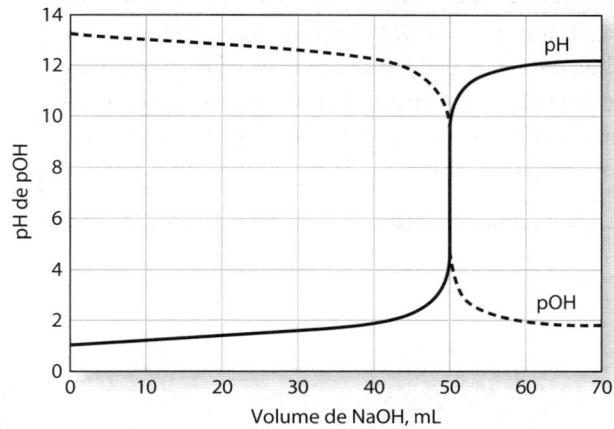

FIGURA 11-3

As curvas de titulação de pH e pOH *versus* o volume de base para a titulação 50 mL de HCl 0,1000 mol L⁻¹ com NaOH 0,1000 mol L⁻¹.

DESTAQUE 11-3

Volumes de NaOH Mostrados na Primeira Coluna da Tabela 11-1

Antes do ponto de equivalência, a $[H_3O^+]$ se iguala à concentração de HCl que não reagiu (c_{HCl}). A concentração de HCl é igual à quantidade de matéria em milimols de HCl (50,00 ml × 0,1000 mol L⁻¹) menos a quantidade de matéria de milimols NaOH adicionado (V_{NaOH} × 0,1000 mol L⁻¹) dividido pelo volume total da solução:

$$c_{HCl} = [H_3O^+] = \frac{50,00 \times 0,1000 - V_{NaOH} \times 0,1000}{50,00 + V_{NaOH}}$$

onde V_{NaOH} é o volume adicionado de NaOH 0,1000 mol L⁻¹. Esta equação se reduz a

$$50,00[H_3O^+] + V_{NaOH}[H_3O^+] = 5,000 - 0,1000 V_{NaOH}$$

Colocando os termos V_{NaOH} em evidência, temos

$$V_{NaOH}(0,1000 + [H_3O^+]) = 5,000 - 50,00[H_3O^+]$$

ou

$$V_{NaOH} = \frac{5,000 - 50,00[H_3O^+]}{0,1000 + [H_3O^+]}$$

Portanto, para obter a $[H_3O^+] = 0,100$ mol⁻¹, encontramos

$$V_{NaOH} = \frac{5,000 - 50,00 \times 0,0100}{0,1000 + 0,0100} = 40,91 \text{ mL}$$

Desafio: Use o mesmo raciocínio para mostrar que, depois do ponto de equivalência,

$$V_{NaOH} = \frac{50,000[OH^-] + 5,000}{0,1000 - [OH^-]}$$

Exercícios no Excel O Capítulo 7 de *Aplicações do Microsoft® Excel® em Química Analítica*, 4. ed., lida com curvas de titulação colocadas em gráficos. Vários tipos de titulação são apresentados e curvas de titulação normais são colocadas em gráficos juntamente com os gráficos derivados e gráficos de Gran. É usada a abordagem estequiométrica desenvolvida neste capítulo e é explorada uma uma equação-mestra.

Química Analítica On-line

Procure por *titulação* em alguma enciclopédia on-line. Dê a definição de titulação encontrada lá. É necessário que ocorra uma reação química para um procedimento quantitativo ser chamado de titulação? Titulação deriva de qual palavra do latim? Quem desenvolveu a primeira bureta e em qual ano? Relacione cinco métodos diferentes para determinar o ponto final de uma titulação. Defina o termo número ácido, também chamado de *valor ácido*. Como as titulações são aplicadas aos combustíveis biodiesel?

Resumo do Capítulo 11

- Determinação do analito por titulações volumétricas.
- Vantagens e desvantagens das titulações gravimétricas.
- Preparação de solução padrão.
- Padronização de reagentes.
- Definição e uso de retrotitulações.
- Definição e diminuição dos erros de titulação.
- Diferença entre o ponto final e o ponto de equivalência em uma titulação.
- Uso de indicadores químicos nas titulações.
- Definição e uso de padrões primários e secundários.
- Cálculos de titulações volumétricas.
- Construção de curvas de titulação sigmoide e linear.

Termos-chave

Curvas de titulação, 279
Erro de titulação, 267
Padrão primário, 269
Padrão secundário, 269
Padronização, 269

Ponto de equivalência, 267
Ponto final, 267
Retrotitulação, 267
Solução padrão, 267
Titulação gravimétrica, 266

Titulações coulométricas, 266
Titulações volumétricas, 266
Titulante padrão, 267

Equações Importantes

Erro de titulação

$E_t = V_{pf} - V_{pe}$

$$\text{quant. de mat. de A (mol)} = \frac{\text{massa de A (g)}}{\text{massa molar de A (g mol}^{-1})}$$

$$\text{quant. de mat. de A (mmol)} = V(\text{mL}) \times c_A \left(\frac{\text{mmol de A}}{\text{L}}\right)$$

Concentração molar em massa

$$c_w(A) = \frac{\text{quantidade de matéria de A}}{\text{massa da solução (kg)}} = \frac{\text{quantidade de matéria de A (mmol)}}{\text{massa da solução (g)}}$$

$$c_w(A) = \frac{n_A}{m_{sol}}$$

Questões e Problemas*

11-1. Defina.
  *(a) milimol.
  (b) titulação.
  *(c) proporção estequiométrica.
  (d) erro de titulação.

11-2. Escreva duas equações que – juntamente com o fator estequiométrico – constituam a base para os cálculos de titulações volumétricas.

11-3. Distingua entre
  *(a) o ponto de equivalência e o ponto final de uma titulação.
  (b) um padrão primário e um padrão secundário.

11-4. Explique brevemente por que as unidades de concentração de miligramas de soluto por litro e partes por milhão podem ser usadas de maneira permutável para uma solução aquosa diluída.

11-5. Os cálculos em análise volumétrica geralmente consistem em transformar a quantidade de titulante utilizada (em unidades químicas) em quantidades quimicamente equivalentes do analito (também em unidades químicas) por meio do uso de um fator estequiométrico. Use as fórmulas químicas (NENHUM CÁLCULO É EXIGIDO) para expressar essa relação para o cálculo da porcentagem de
  *(a) Hidrazina em combustível de foguetes por meio de titulação com iodeto padrão. Reação:

  $H_2NNH_2 + 2I_2 \rightarrow N_2(g) + 4I^- + 4H^+$

  (b) peróxido de hidrogênio em uma preparação cosmética pela titulação com permanganato padrão. Reação:

  $5H_2O_2 + 2MnO_4^- + 6H^+ \rightarrow$
  $2Mn^{2+} + 5O_2(g) + 8H_2O$

  *(c) boro em uma amostra de bórax, $Na_2B_4O_7 \cdot 10H_2O$, por titulação com ácido padrão. Reação:

  $B_4O_7^{2-} + 2H^+ + 5H_2O \rightarrow 4H_3BO_3$

  (d) o enxofre em uma aspersão agrícola que foi convertido em tiocianato com um excesso não medido de cianeto. Reação:

  $S(s) + CN^- \rightarrow SCN^-$

  Após a remoção do excesso de cianeto, o tiocianato foi titulado com uma solução padrão de iodato de potássio em HCl concentrado. Reação:

  $2SCN^- + 3IO_3^- + 2H^+ + 6Cl^- \rightarrow$
  $2SO_4^{2-} + 2CN^- + 3ICl_2^- + H_2O$

11-6. Qual é a quantidade de matéria de soluto em milimols contida em
  (a) 2,00 L de $KMnO_4$ $2,76 \times 10^{-3}$ mol L^{-1}?
  (b) 250,0 mL de KSCN 0,0423 mol L^{-1}?
  (c) 500,0 mL de uma solução contendo 2,97 ppm de $CuSO_4$?
  (d) 2,50 L de KCl 0,352 mol L^{-1}?

*As respostas para as questões e problemas marcados com um asterisco são fornecidas no final deste livro.

*11-7. Qual é a quantidade de matéria soluto em milimols contida em
(a) 2,95 mL de KH_2PO_4 0,0789 mol L^{-1}?
(b) 0,2011 L de $HgCl_2$ 0,0564 mol L^{-1}?
(c) 2,56 L de uma solução contendo 47,5 ppm de $Mg(NO_3)_2$?
(d) 79,8 mL de NH_4VO_3 (116,98 g mol^{-1}) 0,1379 mol L^{-1}?

11-8. Qual é a massa de soluto em miligramas contida em
(a) 26,0 mL de sacarose (342 g mol^{-1}) 0,250 mol L^{-1}?
(b) 2,92 L de H_2O_2 $5,23 \times 10^{-4}$ mol L^{-1}?
(c) 673 mL de uma solução contendo 5,76 ppm de $Pb(NO_3)_2$ (331,20 g mol^{-1})?
(d) 6,75 mL de KNO_3 0,0426 mol L^{-1}?

*11-9. Qual é a massa de soluto em gramas contida em
(a) 450,0 mL de H_2O_2 0,0986 mol L^{-1}?
(b) 26,4 mL de ácido benzoico (122,1 g mol^{-1}) $9,36 \times 10^{-4}$ mol L^{-1}?
(c) 2,50 L de uma solução contendo 23,4 ppm de $SnCl_2$?
(d) 21,7 mL de $KBrO_3$ 0,0214 mol L^{-1}?

11-10. Calcule a concentração molar de uma solução 50% (m/m) de NaOH e que tem uma gravidade específica de 1,52.

*11-11. Calcule a concentração molar de uma solução 20% (m/m) de KCl que tem uma densidade específica de 1,13.

11-12. Descrever a preparação de
(a) 500 mL de $AgNO_3$ 0,0750 mol L^{-1} a partir do reagente sólido.
(b) 2,00 L de HCl 0,325 mol L^{-1}, começando com uma solução do reagente 6,00 mol L^{-1}.
(c) 750 mL de uma solução que contém 0,0900 mol L^{-1} de K^+, começando com o $K_4Fe(CN)_6$ sólido.
(d) 600 mL de $BaCl_2$ aquoso 2,00% (m/v) a partir de uma solução 0,500 mol L^{-1} de $BaCl_2$.
(e) 2,00 L de $HClO_4$ 0,120 mol L^{-1} a partir do reagente comercial [$HClO_4$ 60% (m/m), densidade específica de 1,60].
(f) 9,00 L de uma solução que contém 60,0 ppm de Na^+, começando com o sólido Na_2SO_4.

*11-13. Descreva a preparação de
(a) 1,00 L de $KMnO_4$ 0,150 mol L^{-1} a partir do reagente sólido.
(b) 2,50 L de $HClO_4$ 0,500 mol L^{-1}, a partir de uma solução 9,00 mol L^{-1} do reagente.
(c) 400 mL de uma solução que contém 0,0500 mol L^{-1} de I^- a partir de MgI_2.
(d) 200 mL de solução aquosa de $CuSO_4$ 1,00% (m/v) a partir de uma solução de $CuSO_4$ 0,218 mol L^{-1}.
(e) 1,50 L de NaOH 0,215 mol L^{-1} a partir de reagente comercial concentrado (50% NaOH (m/m), gravidade específica 1,525).
(f) 1,50 L de solução que contém 12,0 ppm de K^+, a partir do sólido $K_4Fe(CN)_6$.

11-14. Uma solução de $HClO_4$ foi padronizada pela dissolução de 0,4008 de HgO grau padrão mínimo em uma solução de KBr:

$$HgO(s) + 4Br^- + H_2O \rightarrow HgBr_4^{2-} + 2OH^-$$

O OH^- liberado consumiu 43,75 mL de ácido. Calcule a concentração molar do $HClO_4$.

*11-15. Uma amostra com 0,4723 g de Na_2CO_3 com grau padrão primário requereu 34,78 mL de uma solução de H_2SO_4 para alcançar o ponto final da reação:

$$CO_3^{2-} + 2H^+ \rightarrow H_2O + CO_2(g)$$

Qual é a concentração molar do H_2SO_4?

11-16. Uma amostra com 0,5002 g de Na_2SO_4 de pureza igual a 96,4% requereu 48,63 mL de uma solução de cloreto de bário. Reação:

$$Ba^{2+} + SO_4^{2-} \rightarrow BaSO_4(s)$$

Calcule a concentração analítica molar do $BaCl_2$ na solução.

*11-17. Uma amostra com 0,4126 g de Na_2CO_3 padrão primário foi tratada com 40,00 mL de ácido perclórico diluído. A solução foi fervida para remover CO_2 e, a seguir, o excesso de $HClO_4$ foi retrotitulado com 9,20 mL de NaOH diluído. Em um experimento separado, foi estabelecido que 26,93 mL do $HClO_4$ neutralizou um alíquota de 25,00 mL de NaOH. Calcule a concentração molar do $HClO_4$ e do NaOH.

11-18. A titulação de 50,00 mL de $Na_2C_2O_4$ 0,04715 mol L^{-1} requereu 39,25 mL de uma solução de potássio.

$$2MnO_4^- + 5H_2C_2O_4 + 6H^+ \rightarrow 2Mn^{2+} + 10CO_2(g) + 8H_2O$$

Calcule a concentração molar da solução de $KMnO_4$.

*11-19. A a titulação do I_2 produzido de 0,1142 de padrão primário KIO_3 requereu 27,95 mL de tiossulfato de sódio.

$$IO_3^- + 5I^- + 6H^+ \rightarrow 3I_2 + 3H_2O$$
$$I_2 + 2S_2O_3^{2-} \rightarrow 2I^- + S_4O_6^{2-}$$

Calcule a concentração molar de $Na_2S_2O_3$.

11-20. Uma amostra de 4,912 g de um produto de petróleo foi queimada em um forno de tubo e o SO_2 produzido foi coletado em H_2O_2 3%. Reação:

$$SO_2(g) + H_2O_2 \rightarrow H_2SO_4$$

Uma porção de 25,00 mL de NaOH 0,00873 mol L^{-1} foi introduzida na solução de H$_2$SO$_4$, em seguida o excesso de base foi titulado de volta com 15,17 mL de HCl 0,01102 mol L^{-1}. Calcule a concentração molar de enxofre na amostra em partes por milhão.

*11-21. Uma amostra de água mineral foi tratada para converter quaisquer ferro presentes em Fe^{2+}. A adição de 25,00 mL de K$_2$Cr$_2$O$_7$ 0,002517 mol L^{-1} resultou na reação

$$6Fe^{2+} + Cr_2O_7^{2-} + 14H^+ \rightarrow 6Fe^{3+} + 2Cr^{3+} + 7H_2O$$

O excesso de K$_2$Cr$_2$O$_7$ foi retrotitulado com 8,53 mL de solução de Fe^{2+} 0,00949 mol L^{-1}. Calcule a concentração de ferro na amostra em partes por milhão.

11-22. O arsênio em 1,203 g de amostra de pesticida foi convertido a H$_3$AsO$_4$ por tratamento adequado. O ácido foi então neutralizado, e exatamente 40,00 mL de AgNO$_3$ 0,05871 mol L^{-1} foram adicionados para precipitar quantitativamente o arsênio como Ag$_3$AsO$_4$. O excesso de Ag$^+$ no filtrado e nas lavagens do precipitado foi titulado com 9,63 mL de KSCN 0,1000 mol L^{-1}, e a reação foi

$$Ag^+ + SCN^- \rightarrow AgSCN(s)$$

Encontre a porcentagem de As$_2$O$_3$ na amostra.

*11-23. A tioureia em uma amostra de 1,455 g de material orgânico foi extraída com uma solução diluída de H$_2$SO$_4$ titulada com 37,31 ml de Hg 0,009372 mol L^{-1} Hg^{2+} através da reação

$$4(NH_2)_2CFS + Hg^{2+} \rightarrow [(NH_2)_2CFS]_4Hg^{2+}$$

Encontre a porcentagem de (NH)$_2$CFS (76,12 g mol^{-1}) na amostra.

11-24. Uma solução de Ba(OH)$_2$ foi padronizada contra 0,1215 g de ácido benzoico de grau de padrão primário, C$_6$H$_5$COOH (122,12 g mol^{-1}). Um ponto final foi observado após a adição de 43,25 mL de base.
(a) Calcule a concentração molar da base.
(b) Calcule o desvio padrão da concentração molar se o desvio padrão para a medida da massa foi ±0,3 mg e aquele para a medida de volume foi ±0,02 mL.
(c) Supondo um erro de −0,3 mg na medida da massa, calcule o erro sistemático absoluto e relativo na concentração molar.

*11-25. Determinou-se a concentração de acetato de etila em uma solução alcoólica diluindo-se uma amostra de 10,00 mL para 100,00 mL. Uma porção de 20,00 mL da solução diluída foi refluxada com 40,00 mL de KOH 0,04672 mol L^{-1}:

$$CH_3COOC_2H_5 + OH^- \rightarrow CH_3COO^- + C_2H_5OH$$

Após o resfriamento, o excesso de OH$^-$ foi retrotitulado com 3,41 mL de H$_2$SO$_4$ 0,05042 mol L^{-1}. Calcule a quantidade de acetato de etila (88,11 g mol^{-1}) na amostra original em gramas.

11-26. Uma solução de Ba(OH)$_2$ 0,1475 mol L^{-1} foi titulada com ácido acético (60,05 g mol^{-1}) em uma solução aquosa diluída. Os seguintes resultados foram obtidos.

Amostra	Volume da amostra, mL	Volume de Ba(OH)$_2$, mL
1	50,00	43,17
2	49,50	42,68
3	25,00	21,47
4	50,00	43,33

(a) Calcule a média da porcentagem m/v do ácido acético na amostra.
(b) Calcule o desvio padrão para os resultados.
(c) Calcule o intervalo de 90% de confiança para a média.
(d) No nível de 90% de confiança, algum resultado pode ser descartado?

*11-27. (a) Uma amostra de 0,3417 g de Na$_2$C$_2$O$_4$ de grau de padrão primário foi dissolvida em H$_2$SO$_4$ e titulada com 31,67 mL de KMnO$_4$ diluído:

$$2MnO_4^- + 5C_2O_4^{2-} + 16H^+ \rightarrow 2Mn^{2+} + 10CO_2(g) + 8H_2O$$

Calcule a concentração molar da solução de KMnO$_4$:
(b) O ferro em uma amostra de minério de 0,6656 g foi reduzido quantitativamente para o estado +2 e então titulado com 26,75 mL da solução de KMnO$_4$ do item (a). Calcule a porcentagem de Fe$_2$O$_3$ na amostra.

11-28. (a) Uma amostra de 0,1527 g de AgNO$_3$ foi dissolvida em 502,3 g de água destilada. Calcule a concentração molar em massa de Ag$^+$ nesta solução.
(b) A solução padrão descrita no item (a) foi usada para titular uma amostra de 25,171 g de uma solução de KSCN. Foi obtido um ponto final após a adição de 24,615 g de solução de AgNO$_3$. Calcule a concentração molar em massa da solução de KSCN.
(c) As soluções descritas nos itens (a) e (b) foram usadas para determinar o BaCl$_2$·2H$_2$O

em uma amostra de 0,7120. Uma amostra de 20,102 g de $AgNO_3$ foi adicionada a uma solução da amostra e o excesso de $AgNO_3$ foi retrotitulado com 7,543 g de uma solução de KSCN. Calcule a porcentagem de $BaCl_2 \cdot 2H_2O$ na amostra.

*11-29. Uma solução foi preparada dissolvendo-se 7,48 de $KCl \cdot MgCl_2 \cdot 6H_2O$ (277,85 g mol^{-1}) em água suficiente para 2,000 L. Calcular:
 (a) a concentração molar analítica de $KCl \cdot MgCl_2$ nessa solução.
 (b) a concentração molar de Mg^{2+}.
 (c) a concentração molar de Cl^-.
 (d) a porcentagem massa/volume de $KCl \cdot MgCl_2 \cdot 6H_2O$.
 (e) a quantidade de matéria em milimols de Cl^- em 25,0 mL dessa solução.
 (f) a concentração em ppm de K^+.

11-30. Uma solução foi preparada dissolvendo-se 367 mg de $K_3Fe(CN)_6$ (329,2 g mol^{-1}) em água suficiente para fornecer um volume de 750,0 mL. Calcule
 (a) a concentração molar analítica de $K_3Fe(CN)_6$.
 (b) a concentração molar de K^+.
 (c) a concentração molar de $Fe(CN)_6^{3-}$.
 (d) a porcentagem massa/volume de $K_3Fe(CN)_6$.
 (e) a quantidade de matéria de K^+ em milimols em 50,0 mL desta solução.
 (f) a concentração em ppm de $Fe(CN)_6^{3-}$.

11-31. **Problema Desafiador:** Para cada uma das seguintes titulações ácido/base, calcule as concentrações de H_3O^+ e OH^- na equivalência e os volumes de titulante correspondendo a ±20,00 mL, ±10,00 mL e ±1,00 mL de equivalência. Construa uma curva de titulação a partir dos dados, colocando no gráfico função p versus volume de titulante.
 (a) 25,00 mL de HCl 0,05000 mol L^{-1} com NaOH 0,02500 mol L^{-1}.
 (b) 20,00 ml de HCl 0,06000 mol L^{-1} com NaOH 0,03000 mol L^{-1}.
 (c) 30,00 mL de H_2SO_4 0,07500 mol L^{-1} com NaOH 0,1000 mol L^{-1}.
 (d) 40,00 mL de NaOH 0,02500 mol L^{-1} com HCl 0,05000 mol L^{-1}.
 (e) 35,00 mL de Na_2CO_3 0,2000 mol L^{-1} com HCl 0,2000 mol L^{-1}.

Princípios das Titulações de Neutralização

CAPÍTULO 12

As titulações de neutralização são largamente empregadas para determinar as quantidades de ácidos e bases. Além disso, titulações de neutralização podem ser utilizadas para monitorar o progresso das reações que produzem ou consomem íons hidrogênio. Na química clínica, por exemplo, a pancreatite pode ser diagnosticada pela medida da atividade da lipase sérica. As lipases hidrolisam as cadeias longas dos triglicerídeos. A reação libera dois mols de ácido graxo e um mol de β-monoglicerídeo para cada mol de triglicerídeo presente:

$$\text{triglicerídeo} \xrightarrow{\text{lipase}} \text{monoglicerídeo} + 2 \text{ ácido graxo}$$

Deixa-se a reação ocorrer por certo tempo, e então o ácido graxo liberado é titulado com o NaOH empregando-se fenolftaleína como indicador ou um pHmetro. A quantidade de ácido graxo produzido em um tempo fixo está relacionada com a atividade da lipase (veja o Capítulo 28). Todo o processo pode ser automatizado utilizando-se um titulador automático.

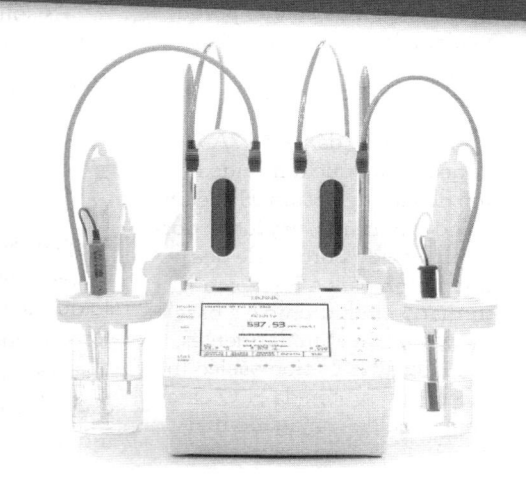

Fonte: Hanna Instruments

Os equilíbrios ácidos/bases são onipresentes na química e na ciência em geral. Por exemplo, você notará que o material deste capítulo e do Capítulo 13 é de relevância direta para as reações ácido-base que são tão importantes na bioquímica e nas outras ciências biológicas.

As soluções padrão de ácidos fortes e bases fortes são utilizadas extensivamente na determinação de analitos, por si mesmos ácidos ou bases ou analitos que podem ser convertidos nessas espécies. Este capítulo explora os princípios de titulações ácido/base. Além disso, investigamos as curvas de titulação, que são gráficos de pH *versus* volume de titulante, e apresentamos vários exemplos de cálculos de pH.

12A Soluções e Indicadores para Titulações Ácido/Base

Como todas as outras, as titulações de neutralização dependem da reação química do analito com um reagente padrão. Existem vários tipos diferentes de **titulações ácido/base**. Uma das mais comuns é a titulação de um ácido forte, como o ácido clorídrico ou ácido sulfúrico, com uma base forte, como hidróxido de sódio. Um outro tipo comum é a titulação de um ácido fraco, como o ácido acético ou ácido lático, com uma base forte. Bases fracas, como o cianeto de sódio ou salicilato de sódio, também podem ser tituladas com ácidos fortes.

Em todas as titulações, devemos ter um método de determinar o ponto de equivalência química. Normalmente, é usado um indicador químico ou um método instrumental para localizar o ponto final, o qual esperamos que seja muito próximo ao ponto de equivalência. Nossa abordagem foca nos tipos de soluções padrão e indicadores químicos que são usados para as titulações de neutralização.

12A-1 Soluções Padrão

As soluções padrão utilizadas nas titulações de neutralização são ácidos ou bases fortes porque essas substâncias reagem de forma mais completa com o analito do que os ácidos e bases fracos, e como resultado, eles produzem pontos finais mais nítidos. As soluções padrão de ácidos são preparadas por diluição de ácido clorídrico, perclórico ou sulfúrico concentrados. O ácido nítrico é raramente utilizado em virtude de suas propriedades oxidantes que o potencializam a promover reações laterais indesejáveis. *O ácido perclórico e o ácido sulfúrico concentrados a quente são potentes agentes oxidantes e muito perigosos.* Felizmente, as soluções diluídas e frias desses reagentes são seguras para serem usadas no laboratório analítico sem qualquer precaução especial, a não ser a proteção dos olhos.

As soluções padrão de bases são normalmente preparadas a partir dos sólidos de sódio de hidróxidos de potássio e, ocasionalmente, de bário. Novamente, sempre use proteção para os olhos quando manipular soluções diluídas desses reagentes.

>> Os reagentes padrão utilizados nas titulações ácido-base são sempre ácidos ou bases fortes, mais comumente HCl, $HClO_4$, H_2SO_4, NaOH e KOH. Os ácidos e bases fracos nunca são empregados como reagentes padrão porque reagem de forma incompleta com os analitos.

>> Lembre-se da Seção 7A-2, onde foi dito que um ácido é um doador de próton. HIn é um ácido e, portanto, um indicador do tipo ácido porque ele doa um próton para a H_2O para formar o íon hidrônio e a base conjugada In^-. Similarmente, um indicador do tipo básico In recebe um próton da H_2O para gerar o ácido conjugado InH^+ e OH^-.

12A-2 Indicadores Ácido/Base

Muitos compostos naturais e sintéticos exibem cores que dependem do pH da solução na qual estão dissolvidas. Algumas dessas substâncias, que têm sido utilizadas por séculos para indicar a acidez ou alcalinidade da água, ainda são empregadas em titulações ácido/base. As fotografias na **Figura 12-1** mostram as cores e as faixas de transição de 12 indicadores comuns.

Um indicador ácido/base é um ácido ou base orgânicos fracos cuja forma não dissociada difere da cor de sua base ou ácido conjugados. Por exemplo, o comportamento de um indicador do tipo ácido, HIn, é descrito pelo equilíbrio

$$\underset{\text{cor ácida}}{HIn} + H_2O \rightleftharpoons \underset{\text{cor básica}}{In^-} + H_3O^+$$

Nesta reação, alterações estruturais internas acompanham a dissociação e causam mudança de cor (por exemplo, veja a **Figura 12-2**). O equilíbrio para um indicador do tipo básico, In, é

$$\underset{\text{cor básica}}{In} + H_2O \rightleftharpoons \underset{\text{cor ácida}}{InH^+} + OH^-$$

Nos parágrafos seguintes, destacamos o comportamento dos indicadores do tipo ácido. Os princípios, entretanto, podem ser facilmente estendidos também para os indicadores do tipo básico.

A expressão da constante de equilíbrio para a dissociação de um indicador do tipo ácido tem a forma

$$K_a = \frac{[H_3O^+][In^-]}{[HIn]} \tag{12-1}$$

Rearranjando-a, chega-se a

$$[H_3O^+] = K_a \frac{[HIn]}{[In^-]} \tag{12-2}$$

Vemos, então, que a concentração do íon hidrônio é proporcional à razão entre a forma ácida e a concentração da forma conjugada básica do indicador, que, por sua vez, controla a cor da solução.

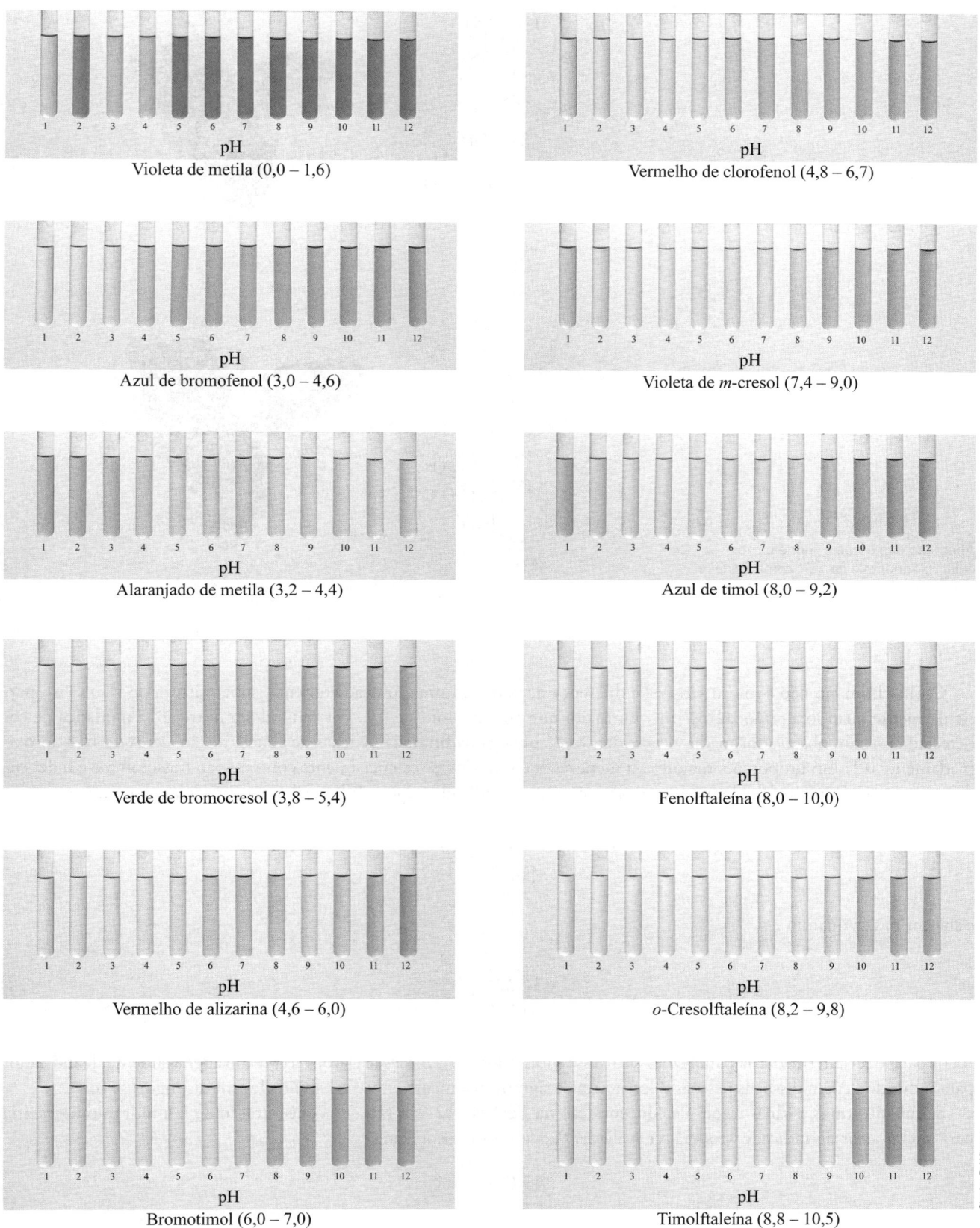

FIGURA 12-1 Indicadores ácido/base e suas faixas de transição de pH. Veja a prancha colorida 12.

290 Fundamentos de Química Analítica

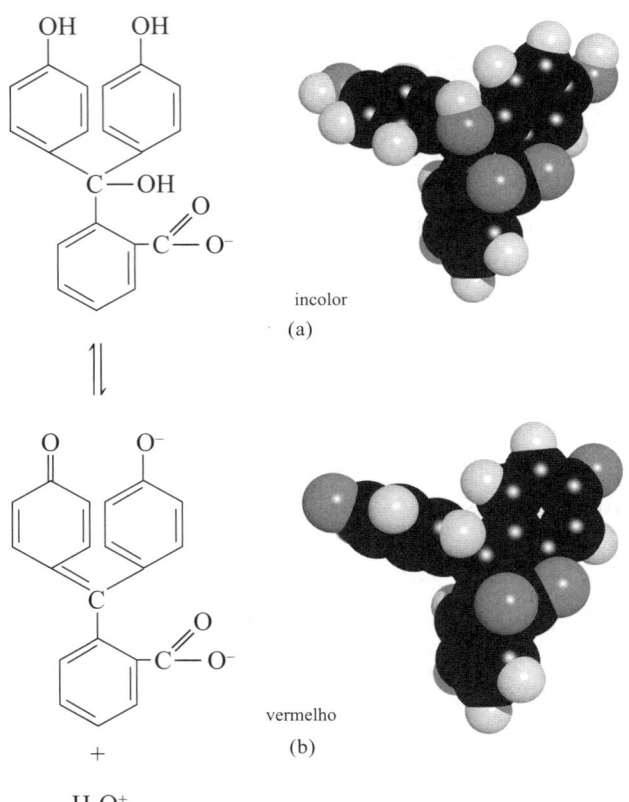

FIGURA 12-2
Alteração das cores e modelo molecular da fenolftaleína. (a) Forma ácida depois da hidrólise da forma lactona. (b) Forma básica.

O olho humano não é muito sensível à diferença de cores em uma solução contendo uma mistura de HIn e In⁻, particularmente quando a razão [HIn]/[In⁻] for maior que 10 e menor que 0,1. Por causa dessa restrição, a mudança de cor detectada por um observador médio ocorre dentro de uma gama limitada de taxas de concentração, cerca de 10 a aproximadamente 0,1. Em proporções maiores ou menores, a cor mostra-se essencialmente constante ao nosso olho e é independente da razão. Como resultado, podemos escrever que um indicador típico, HIn, exibe sua cor ácida pura quando

$$\frac{[\text{HIn}]}{[\text{In}^-]} \geq \frac{10}{1}$$

e sua cor básica quando

$$\frac{[\text{HIn}]}{[\text{In}^-]} \leq \frac{1}{10}$$

A cor parece ser intermediária para razões entre esses dois valores. As razões, é claro, variam consideravelmente de indicador para indicador. Além disso, as pessoas diferenciam-se significativamente em suas habilidades em distinguir as cores.

Se substituirmos as duas razões de concentração na Equação 12-2, a faixa de concentração de íon hidrônio necessária para alterar a cor do indicador poderá ser avaliada. Para observar a cor ácida,

$$[\text{H}_3\text{O}^+] = 10 K_a$$

e para a observação da cor básica,

$$[\text{H}_3\text{O}^+] = 0{,}1\, K_a$$

Para obter a faixa de pH do indicador, tomamos o logaritmo negativo das duas expressões:

$$\text{pH(cor ácida)} = -\log(10 K_a) = pK_a + 1$$

$$\text{pH(cor básica)} = -\log(0{,}1 K_a) = pK_a - 1$$

$$\text{faixa de pH do indicador} = pK_a \pm 1 \qquad (12\text{-}3)$$

>> A faixa de transição de pH da maioria dos indicadores tipo ácido é de aproximadamente $pK_a \pm 1$.

Essa expressão mostra que um indicador com uma constante de dissociação ácida de 1×10^{-5} ($pK_a = 5$) tipicamente revela uma alteração de cor quando o pH da solução na qual estiver dissolvido mudar de 4 para 6 (veja a **Figura 12-3**). Podemos derivar uma relação semelhante para um indicador tipo básico.

Erros de Titulação com Indicadores Ácido/Base

Podemos encontrar dois tipos de erros em titulações ácido/base. O primeiro é o erro determinado, que ocorre quando o pH no qual o indicador muda de cor difere do pH do ponto de equivalência. Em geral, esse tipo de erro pode ser minimizado pela escolha cuidadosa do indicador ou fazendo uma correção com um branco.

O segundo tipo corresponde a um erro indeterminado, que é originado da habilidade limitada do olho humano em distinguir reprodutivelmente a cor intermediária do indicador. A grandeza desse erro depende da variação do pH por mililitro de reagente no ponto de equivalência, da concentração do indicador e da sensibilidade da visão do analista para as duas cores do indicador. Na média, a incerteza visual para um indicador ácido/base situa-se na faixa de $\pm 0{,}5$ a ± 1 unidade de pH. Quase sempre essa incerteza pode frequentemente ser reduzida para o mínimo de $\pm 0{,}1$ unidade de pH pela comparação da cor da solução que estiver sendo titulada com um padrão de referência que contenha quantidades similares de indicador em pH apropriado. Essas incertezas são aproximações que variam consideravelmente de indicador para indicador, como também de pessoa para pessoa.

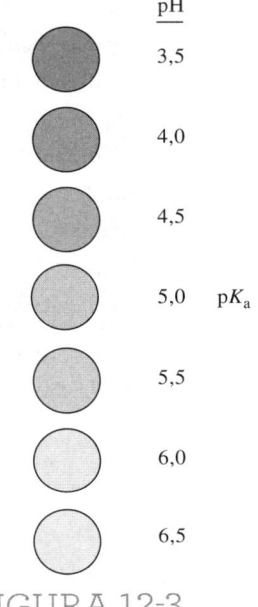

FIGURA 12-3

Cores de um indicador em função do pH ($pK_a = 5{,}0$).

Variáveis que Influenciam o Comportamento dos Indicadores

O intervalo de pH sobre o qual um dado indicador exibe a variação de cor é influenciado pela temperatura, pela força iônica e pela presença de solventes orgânicos e partículas coloidais. Alguns desses efeitos, particularmente os dois últimos, podem causar o deslocamento da faixa de transição em uma ou mais unidades de pH.[1]

Os Indicadores Ácido/Base Comuns

A lista de indicadores ácido/base é grande e inclui um número significativo de compostos orgânicos. Estão disponíveis indicadores para quase todas as faixas de pH. Na **Tabela 12-1** são listados alguns indicadores comuns e suas propriedades. Observe que a faixa de transição varia de 1,1 a 2,2 com uma média de 1,6 unidades. Esses indicadores e muitos outros são mostrados juntamente com suas faixas de transição na figura colorida, no encarte ao final deste livro.

12B Titulações de Ácidos e Bases

Os íons hidrônio em uma solução aquosa de um ácido forte originam-se a partir de duas fontes: (1) a reação do ácido com a água e (2) a dissociação da própria água. Entretanto, em todas as soluções, exceto nas mais diluídas, a contribuição do ácido forte excede de longe a do solvente. Assim, para uma solução de HCl com uma concentração maior que 10^{-6} mol L^{-1}, podemos escrever

---

[1] Para uma discussão desses efeitos, veja H. A. Latinen; W. E. Harris. *Chemical Analysis*. 2. ed. Nova York: McGraw-Hill, 1975. p. 48-51.

TABELA 12-1

Alguns Indicadores Ácido/Base Importantes

Nome Comum	Faixa de Transição de pH	pK_a*	Mudança de Cor†	Tipo de Indicador‡
Azul de timol	1,2 – 2,8	1,65§	V – A	1
	8,0 – 9,6	8,96§	A – Az	
Amarelo de metila	2,9 – 4,0		V – A	2
Alaranjado de metila	3,1 – 4,4	3,46§	V – L	2
Verde de bromocresol	3,8 – 5,4	4,66§	A – Az	1
Vermelho de metila	4,2 – 6,3	5,00§	V – A	2
Violeta de bromocresol	5,2 – 6,8	6,12§	A – P	1
Azul de bromotimol	6,2 – 7,6	7,10§	A – Az	1
Vermelho fenol	6,8 – 8,4	7,81§	A – V	1
Púrpura de cresol	7,6 – 9,2		A – P	1
Fenolftaleína	8,3 – 10,0		I – V	1
Timolftaleína	9,3 – 10,5		I – Az	1
Amarelo de alizarina GG	10 – 12		I – A	2

*Em força iônica de 0,1.
†Az = azul; I = incolor; L = laranja; P = púrpura; V = vermelho; A = amarelo.
‡(1) Tipo ácido: HIn + H_2O ⇌ H_3O^+ + In^-; (2) Tipo básico: In + H_2O ⇌ InH^+ + OH^-.
§Para a reação InH^+ + H_2O ⇌ H_3O^+ + In.

$$[H_3O^+]_{tot} = c_{HCl} + [H_3O^+]_{H_2O} = c_{HCl} + [OH^-]_{H_2O} \approx c_{HCl}$$

>> Nas soluções de ácidos fortes que são mais concentradas do que aproximadamente 1×10^{-6} mol L^{-1}, podemos presumir que a concentração de equilíbrio de H_3O^+ seja igual à concentração analítica do ácido. O mesmo é verdadeiro para [OH^-] em soluções de bases fortes.

onde [H_3O^+]$_{H_2O}$ e [OH^-]$_{H_2O}$ são as concentrações de íon hidrônio e íon hidróxido oriundos da dissociação da água, que são iguais e insignificantemente pequenos. Uma relação análoga é aplicada para a solução de uma base forte, como o hidróxido de sódio. Isto é,

$$[OH^-]_{tot} = c_{NaOH} + [OH^-]_{H_2O} = c_{NaOH} + [H_3O^+]_{H_2O} \approx c_{NaOH}$$

12B-1 Titulação de um Ácido Forte com uma Base Forte

>> Antes do ponto de equivalência, calculamos o pH da concentração molar do ácido que não reagiu.

Estamos interessados, neste e nos próximos capítulos, no cálculo *hipotético* de curvas de titulação do pH *versus* volume de titulante. Devemos fazer uma clara distinção entre as curvas construídas por meio do cálculo dos valores de pH e as curvas de titulação *experimentais* obtidas no laboratório. Três tipos de cálculos devem ser feitos para construir a curva hipotética para a titulação de um ácido forte com uma base forte. Cada um deles corresponde a um estágio distinto da titulação: (1) pré-equivalência; (2) equivalência e (3) pós-equivalência. No estágio da pré-equivalência, computamos a concentração do ácido de sua concentração inicial e a quantidade da base adicionada. No ponto de equivalência, os íons hidrônio e hidróxido estão presentes em concentração igual, e a concentração de íons hidrônio pode ser calculada diretamente da constante do produto iônico da água, K_w. No estágio da pós-equivalência, a concentração analítica do excesso de base é calculada, e supõe-se que a concentração do íon hidróxido seja igual ou um múltiplo de sua concentração analítica.

>> No ponto de equivalência a solução é neutra e pH = pOH. Tanto o pH quanto o pOH = 7,00 a 25°C.

Um modo conveniente de converter as concentrações de hidróxido a valores de pH pode ser desenvolvido tomando-se o logaritmo negativo de ambos os lados da expressão da constante do produto iônico da água. Assim,

$$K_w = [H_3O^+][OH^-]$$
$$-\log K_w = -\log[H_3O^+][OH^-] = -\log [H_3O^+] -\log [OH^-]$$

$$pK_w = pH + pOH$$

E, a 25°C,

$$-\log 10^{-14} = 14,00 = pH + pOH$$

≪ Após o ponto de equivalência, primeiro calculamos pOH e então o pH. Lembre-se de que $pH = pK_w - pOH$. A 25°C, $pH = 14,00 - pOH$.

EXEMPLO 12-1

Gere a curva de titulação hipotética para a titulação de 50,00 mL de HCl 0,0500 mol L⁻¹ com o NaOH 0,1000 mol L⁻¹ a 25°C.

Ponto Inicial

Antes de adicionarmos qualquer quantidade de base, a solução contém 0,0500 mol L⁻¹ de H_3O^+ e

$$pH = -\log[H_3O^+] = -\log 0,0500 = 1,30$$

Após a Adição de 10,00 mL de Reagente

A concentração do íon hidrônio diminuiu como resultado da reação com a base e da diluição. Logo, a concentração de HCl remanescente, c_{HCl}, é

$$c_{HCl} = \frac{\text{quant. de matéria de HCl restante após adição de NaOH}}{\text{volume total da solução}}$$

$$= \frac{\text{quant. de matéria original HCl} - \text{quant. de matéria de NaOH adicionada}}{\text{volume total da solução}}$$

$$= \frac{(50,00 \text{ mL} \times 0,0500 \text{ mol L}^{-1}) - (10,00 \text{ mL} \times 0,1000 \text{ mol L}^{-1})}{50,00 \text{ mL} + 10,00 \text{ mL}}$$

$$= \frac{(2,500 \text{ mmol} - 1,00 \text{ mmol})}{60,00 \text{ mL}} = 2,50 \times 10^{-2} \text{ mol L}^{-1}$$

$$[H_3O^+] = 2,50 \times 10^{-2} \text{ mol L}^{-1}$$

$$pH = -\log[H_3O^+] = -\log(2,50 \times 10^{-2}) = 1,602 \approx 1,60$$

Observe que normalmente computamos o pH com duas casas decimais nos cálculos da curva de titulação. Calculamos os pontos adicionais definindo a curva na região antes do ponto de equivalência da mesma maneira. Os resultados destes cálculos estão mostrados na segunda coluna da **Tabela 12-2**.

≪ Outra boa razão para considerar apenas duas casas decimais nos cálculos de pH é prática. A incerteza de uma leitura de um pHmetro é ±0,05 unidades de pH.

TABELA 12-2

Variações no pH durante a Titulação de Ácido Forte com uma Base Forte

	pH	
Volume de NaOH, mL	50,00 mL de 0,0500 mol L⁻¹ HCl com o NaOH 0,100 mol L⁻¹	50,00 mL de 0,000500 mol L⁻¹ HCl com o NaOH 0,00100 mol L⁻¹
0,00	1,30	3,30
10,00	1,60	3,60
20,00	2,15	4,15
24,00	2,87	4,87
24,90	3,87	5,87
25,00	7,00	7,00
25,10	10,12	8,12
26,00	11,12	9,12
30,00	11,80	9,80

(continua)

Dra. Tanja Grkovic completou o seu Doutorado na University of Auckland, na Nova Zelândia. Atualmente, trabalha como uma cientista sênior no Frederick National Laboratory for Cancer Research. Como gerente de laboratório de química, Dra. Grkovic planeja o trabalho e gerencia os cientistas que estão desenvolvendo um Repositório de Produtos Naturais para a pesquisa. O grupo dela usa as técnicas de química analítica para isolar e pré-fracionar organismos, vegetais e micróbios marinhos para triagem em um milhão de frações para pesquisa e testagem.

Após a Adição de 25,00 mL do Reagente: O Ponto de Equivalência

No ponto de equivalência, nem o HCl nem o NaOH estão em excesso e, assim, a concentração dos íons hidrônio e hidróxido devem ser iguais. Substituindo-se essa igualdade na constante do produto iônico da água, temos

$$[H_3O^+] = [OH^-] = \sqrt{K_w} = \sqrt{1,00 \times 10^{-14}} = 1,00 \times 10^{-7} \text{ mol L}^{-1}$$

$$pH = -\log[H_3O^+] = -\log(1,00 \times 10^{-7}) = 7,00$$

Após a adição de 25,10 mL de Reagente

A solução agora contém um excesso de NaOH, e podemos escrever

$$c_{NaOH} = \frac{\text{quant. de matéria NaOH adic.} - \text{quant. de matéria original de HCl}}{\text{volume total da solução}}$$

$$= \frac{25,10 \times 0,1000 - 50,00 \times 0,0500}{75,10} = 1,33 \times 10^{-4} \text{ mol L}^{-1}$$

A concentração de equilíbrio do íon hidróxido é

$$[OH^-] = c_{NaOH} = 1,33 \times 10^{-4} \text{ mol L}^{-1}$$
$$pOH = -\log[OH^-] = -\log(1,33 \times 10^{-4}) = 3,88$$
$$pH = 14,00 - pOH = 14,00 - 3,88 = 10,12$$

Os valores adicionais além do ponto de equivalência são calculados da mesma maneira. Os resultados destes cálculos são mostrados nas últimas três linhas da Tabela 12-2.

DESTAQUE 12-1

Uso da Equação de Balanço de Cargas para Construir as Curvas de Titulação

No Exemplo 12-1, geramos uma curva de titulação ácido/base a partir da estequiometria da reação. Podemos mostrar que todos os pontos também podem ser calculados partindo-se da equação de balanço de cargas.

Para o sistema tratado no Exemplo 12-1, a equação de balanço de cargas é dada por

$$[H_3O^+] + [Na^+] = [OH^-] + [Cl^-]$$

onde as concentrações dos íons sódio e cloreto são determinadas por

$$[Na^+] = \frac{c^0_{NaOH} V_{NaOH}}{V_{NaOH} + V_{HCl}}$$

$$[Cl^-] = \frac{c^0_{HCl} V_{HCl}}{V_{NaOH} + V_{HCl}}$$

onde c^0_{NaOH} e c^0_{HCl} são as concentrações iniciais de base e ácido, respectivamente. Podemos reescrever a primeira equação na forma

$$[H_3O^+] = [OH^-] + [Cl^-] - [Na^+]$$

Para os volumes de NaOH antes do ponto de equivalência, $[OH^-] \ll [Cl^-]$, assim

$$[H_3O^+] \approx [Cl^-] - [Na^+] \approx c_{HCl}$$

(continua)

e

$$[H_3O^+] = \frac{c_{HCl}^0 V_{HCl}}{V_{HCl} + V_{NaOH}} - \frac{c_{NaOH}^0 V_{NaOH}}{V_{HCl} + V_{NaOH}} = \frac{c_{HCl}^0 V_{HCl} - c_{NaOH}^0 V_{NaOH}}{V_{HCl} + V_{NaOH}}$$

No ponto de equivalência, $[Na^+] = [Cl^-]$ e

$$[H_3O^+] = [OH^-]$$

$$[H_3O^+] = \sqrt{K_w}$$

Após o ponto de equivalência, $[H_3O^+] \ll [Na^+]$ e a equação original é rearranjada para

$$[OH^-] \approx [Na^+] - [Cl^-] \approx c_{NaOH}$$

$$= \frac{c_{NaOH}^0 V_{NaOH}}{V_{NaOH} + V_{HCl}} - \frac{c_{HCl}^0 V_{HCl}}{V_{NaOH} + V_{HCl}} = \frac{c_{NaOH}^0 V_{NaOH} - c_{HCl}^0 V_{HCl}}{V_{NaOH} + V_{HCl}}$$

O Efeito da Concentração

Os efeitos das concentrações do reagente e do analito nas curvas de titulação de neutralização para os ácidos fortes são mostrados por dois conjuntos de dados na **Tabela 12-2** e pelos gráficos na **Figura 12-4**. Observe que com o titulante NaOH 0,1 mol L^{-1}, a variação do pH na região do ponto de equivalência é grande. Com o NaOH 0,001 mol L^{-1}, a variação é muito menor, mas ainda pronunciada.

Escolha do Indicador

A Figura 12-4 mostra que a escolha de um indicador não é crítica quando a concentração do reagente é de aproximadamente 0,1 mol L^{-1}. Nesse caso, as diferenças de volumes na titulação com os três indicadores expostos são da mesma grandeza das incertezas associadas com a leitura da bureta e, assim, são negligenciáveis. Note, entretanto, que o verde de bromocresol é inadequado para a titulação envolvendo o reagente 0,001 mol L^{-1} porque a variação de cor ocorre dentro de uma faixa de 5 mL, bem antes do ponto de equivalência. O uso da fenolftaleína está sujeito a objeções similares. Dos três indicadores, então, somente o azul de bromotimol fornece um ponto final satisfatório com um erro sistemático mínimo em titulações de NaOH 0,001 mol L^{-1}.

12B-2 Titulação de uma Base Forte com um Ácido Forte

As curvas de titulação de bases fortes são derivadas de uma maneira similar àquela usada para os ácidos fortes. Antes do ponto de equivalência, a solução é alcalina, e a concentração de íons hidróxido é numericamente relacionada com a concentração analítica da base. A solução é neutra no ponto de equivalência, e torna-se ácida na região após o ponto de

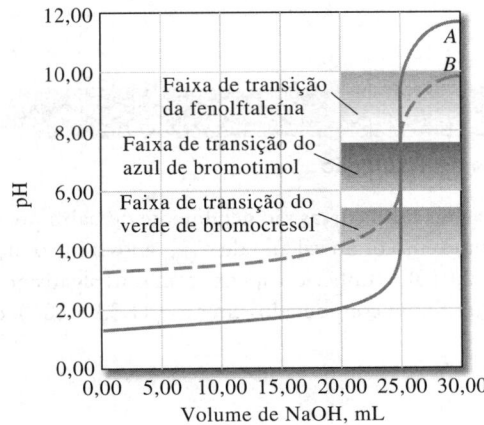

FIGURA 12-4

Curvas de titulação de HCl com NaOH. Curva *A*: 50,00 mL de HCl 0,0500 mol L^{-1} com NaOH 0,1000 mol L^{-1}. Curva *B*: 50,00 mL de HCl 0,000500 mol L^{-1} com NaOH 0,00100 mol L^{-1}.

equivalência. Após o ponto de equivalência, a concentração do íon hidrônio é igual à concentração analítica do excesso de ácido forte.

EXEMPLO 12-2

Calcule o pH durante a titulação de 50,00 mL de NaOH 0,0500 mol L^{-1} com HCl 0,1000 mol L^{-1} a 25°C, após a adição dos seguintes volumes de reagente: (a) 24,50 mL; (b) 25,00 mL; e (c) 25,50 mL.

Resolução

(a) Com a adição de 24,50 mL, [H$_3$O$^+$] é muito pequena e não pode ser calculada com base em considerações estequiométricas, mas pode ser obtida a partir da [OH$^-$]:

$$[OH^-] = c_{NaOH} = \frac{\text{quant. de mat. orig. de NaOH} - \text{quant. de mat. de HCl adic.}}{\text{volume total da solução}}$$

$$= \frac{50,00 \times 0,0500 - 24,50 \times 0,1000}{50,00 + 24,50} = 6,71 \times 10^{-4} \text{ mol L}^{-1}$$

$$[H_3O^+] = K_w / (6,71 \times 10^{-4}) = 1,00 \times 10^{-14} / (6,71 \times 10^{-4})$$

$$= 1,49 \times 10^{-11} \text{ mol L}^{-1}$$

$$pH = -\log(1,49 \times 10^{-11}) = 10,83$$

(b) 25,00 mL adicionados é o ponto de equivalência, no qual [H$_3$O$^+$] = [OH$^-$]:

$$[H_3O^+] = \sqrt{K_w} = \sqrt{1,00 \times 10^{-14}} = 1,00 \times 10^{-7} \text{ mol L}^{-1}$$

$$pH = -\log(1,00 \times 10^{-7}) = 7,00$$

(c) Com a adição de 25,50 mL,

$$[H_3O^+] = c_{HCl} = \frac{25,50 \times 0,1000 - 50,00 \times 0,0500}{75,50}$$

$$= 6,62 \times 10^{-4} \text{ mol L}^{-1}$$

$$pH = -\log(6,62 \times 10^{-4}) = 3,18$$

As curvas de titulação de NaOH 0,0500 mol L^{-1} e 0,00500 mol L^{-1} com HCl 0,1000 mol L^{-1} e 0,0100 mol L^{-1} são mostradas na **Figura 12-5**. Usamos o mesmo critério descrito para a titulação de um ácido forte com uma base forte para selecionar um indicador.

DESTAQUE 12-2

Algarismos Significativos nos Cálculos das Curvas de Titulação

As concentrações calculadas na região do ponto de equivalência das curvas são geralmente de baixa precisão porque são baseadas em pequenas diferenças entre números grandes. Por exemplo, no cálculo de c_{NaOH} após a introdução de 25,10 mL de NaOH no Exemplo 12-1, o numerador (2,510 − 2,500 = 0,010) é conhecido apenas com dois algarismos significativos. Para minimizar o erro de arredondamento, entretanto, três dígitos foram considerados em c_{NaOH} (1,33 × 10^{-4}), e o arredondamento foi adiado até que o pH e o pOH sejam calculados.

(continua)

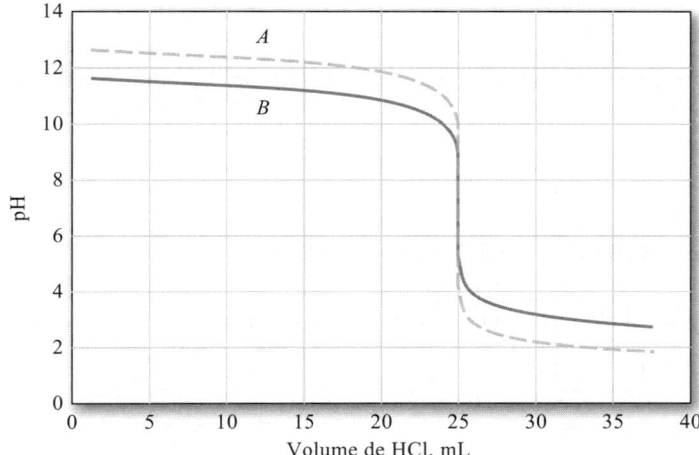

FIGURA 12-5
Curvas de titulação para NaOH com HCl. Curva A: 50,00 mL de NaOH 0,0500 mol L^{-1} com HCl 0,1000 mol L^{-1}. Curva B: 50,00 mL de NaOH 0,00500 mol L^{-1} com HCl 0,0100 mol L^{-1}.

Para arredondar os valores calculados para a função *p*, você deve lembrar-se (veja a Seção 4D-2) de que é *a mantissa de um logaritmo* (isto é, o número à direita do ponto decimal) *que deve ser arredondado de forma que inclua apenas os algarismos significativos*, porque a característica (o número à esquerda do ponto decimal) serve meramente para localizar o ponto decimal. Felizmente, as grandes variações características da função *p* da maioria dos pontos de equivalência não são ocultadas pela precisão limitada dos dados calculados. Geralmente, em dados calculados para curvas de titulação, arredondamos as funções p até duas casas à direita do ponto decimal, independentemente do fato de o arredondamento ser ou não necessário.

Exercícios no Excel No Capítulo 7 de *Applications of Microsoft® Excel® in Analytical Chemistry*, 4. ed., são consideradas inicialmente as titulações de ácido forte/base forte. A abordagem estequiométrica e a abordagem de balanceamento de carga são usadas para calcular o pH em vários pontos nestas titulações. As funções de gráficos do Excel são então usadas para preparar curvas para estes sistemas.

12C Curvas de Titulação para Ácidos Fracos

Quatro tipos marcadamente diferentes de cálculos são necessários para computar valores de uma curva de titulação de um ácido fraco (ou uma base fraca):

1. No início, a solução contém somente um ácido fraco ou uma base fraca, e o pH é calculado a partir da concentração do soluto e sua constante de dissociação.
2. Após a adição de vários incrementos de titulante (até, mas não incluindo, o ponto de equivalência), a solução consiste em uma série de tampões. O pH de cada tampão pode ser calculado da concentração analítica da base ou do ácido conjugados e a concentração residual do ácido ou da base que permanece.
3. No ponto de equivalência, a solução possui apenas o conjugado do ácido ou da base fracos que estão sendo titulados (isto é, um sal), e o pH é calculado a partir da concentração desse produto.
4. Após o ponto de equivalência, o excesso de titulante ácido ou básico forte reprime o caráter ácido ou alcalino do produto da reação em tal extensão que o pH é controlado em grande parte pela concentração do excesso do titulante.

❮❮ As curvas de titulação para os ácidos fracos e fortes tornam-se idênticas logo após o ponto de equivalência. O mesmo ocorre com as bases fortes e fracas.

EXEMPLO 12-3

Gere uma curva para a titulação de 50,00 mL de ácido acético (HOAc) 0,1000 mol L^{-1} com hidróxido de sódio 0,1000 mol L^{-1} a 25°C.

Resolução

pH Inicial

Primeiro devemos calcular o pH de uma solução 0,1000 mol L^{-1} de HOAc usando a Equação 7-22.

$$[H_3O^+] = \sqrt{K_a c_{HOAc}} = \sqrt{1,75 \times 10^{-5} \times 0,1000} = 1,32 \times 10^{-3} \text{ mol L}^{-1}$$

$$pH = -\log(1,32 \times 10^{-3}) = 2,88$$

pH Após a Adição de 10,00 mL de Reagente

Foi produzida, agora, uma solução-tampão que consiste em NaOAc e HOAc. As concentrações analíticas dos dois constituintes são

$$c_{HOAc} = \frac{50,00 \text{ mL} \times 0,1000 \text{ mol L}^{-1} - 10,00 \text{ mL} \times 0,1000 \text{ mol L}^{-1}}{60,00 \text{ mL}} = \frac{4,000}{60,00} \text{ mol L}^{-1}$$

$$c_{NaOAc} = \frac{10,00 \text{ mL} \times 0,1000 \text{ mol L}^{-1}}{60,00 \text{ mL}} = \frac{1,000}{60,00} \text{ mol L}^{-1}$$

Agora, para o volume de 10,00 mL, substituímos a concentração de HOAc e OAc$^-$ na expressão da constante de dissociação para o ácido acético e obtemos

$$K_a = \frac{[H_3O^+](1,000/60,00)}{4,00/60,00} = 1,75 \times 10^{-5}$$

$$[H_3O^+] = 7,00 \times 10^{-5}$$

$$pH = 4,15$$

Observe que o volume total da solução está presente no numerador e no denominador e, assim, é cancelado na expressão para a [H$_3$O$^+$]. Observe que, uma vez que a quantidade da forma ácida, HOAc, é maior que a quantidade da forma básica, NaOAc, a solução é ácida com um pH abaixo de 7. Os cálculos similares a esse fornecem os pontos da curva ao longo da região tamponada. Os resultados desses cálculos são mostrados na coluna 2 da **Tabela 12-3**.

TABELA 12-3

Variações no pH Durante a Titulação de um Ácido Fraco com uma Base Forte

	pH	
Volume de NaOH, mL	**50,00 mL de HOAc 0,1000 mol L^{-1} NaOH 0,1000 mol L^{-1}**	**50,00 mL de HOAc 0,001000 mol L^{-1} com NaOH 0,001000 mol L^{-1}**
0,00	2,88	3,91
10,00	4,15	4,30
25,00	4,76	4,80
40,00	5,36	5,38
49,00	6,45	6,46
49,90	7,46	7,47
50,00	8,73	7,73
50,10	10,00	8,09
51,00	11,00	9,00
60,00	11,96	9,96
70,00	12,22	10,25

(continua)

pH Após a Adição de 25,00 mL de Reagente

Como no cálculo anterior, as concentrações analíticas dos dois constituintes são

$$c_{HOAc} = \frac{50,00 \text{ mL} \times 0,1000 \text{ mol L}^{-1} - 25,00 \text{ mL} \times 0,1000 \text{ mol L}^{-1}}{75,00 \text{ mL}} = \frac{2,500}{75,00} \text{ mol L}^{-1}$$

$$c_{NaOAc} = \frac{25,00 \text{ mL} \times 0,1000 \text{ mol L}^{-1}}{75,00 \text{ mL}} = \frac{2,500}{75,00} \text{ mol L}^{-1}$$

Agora, para um volume de 25,00 mL, substituímos as concentrações de HOAc e OAc⁻ na expressão da constante de dissociação do ácido acético e obtemos

$$K_a = \frac{[H_3O^+](\cancel{2,500/75,00})}{\cancel{2,500/75,00}} = 1,75 \times 10^{-5}$$

$$pH = pK_a = -\log(1,75 \times 10^{-5}) = 4,76$$

Nesse ponto da meia titulação, as concentrações do ácido e da base conjugados, bem como o volume total da solução, são cancelados na expressão para [H₃O⁺].

pH no Ponto de Equivalência

No ponto de equivalência, todo o ácido acético foi convertido em acetato de sódio. Portanto, a solução é similar àquela formada pela dissolução do NaOAc em água e o cálculo de pH é idêntico ao mostrado no Exemplo 7-10 para uma base fraca. No presente exemplo, a concentração de NaAOc é

$$c_{NaOAc} = \frac{50,00 \text{ mL} \times 0,1000 \text{ mol L}^{-1}}{100,00 \text{ mL}} = 0,0500 \text{ mol L}^{-1}$$

Logo

$$OAc^- + H_2O \rightleftharpoons HOAc + OH^-$$

$$[OH^-] = [HOAc]$$

$$[OAc^-] = 0,0500 - [OH^-] \approx 0,0500$$

Substituindo essas quantidades na expressão da constante de dissociação da base para OAc⁻, temos

$$\frac{[OH^-]^2}{0,0500} = \frac{K_w}{K_a} = \frac{1,00 \times 10^{-14}}{1,75 \times 10^{-5}} = 5,71 \times 10^{-10}$$

$$[OH^-] = \sqrt{0,0500 \times 5,71 \times 10^{-10}} = 5,34 \times 10^{-6} \text{ mol L}^{-1}$$

$$pH = 14,00 - [-\log(5,34 \times 10^{-6})] = 8,73$$

≪ Note que o pH no ponto de equivalência dessa titulação é maior que 7. A solução é básica. Uma solução de um sal de um ácido fraco sempre é básica.

pH Após a Adição de 50,10 mL de Base

Após a adição de 50,10 mL de NaOH, o excesso de base e o íon acetato são fontes de íons hidróxido. Entretanto, a contribuição do íon acetato é pequena, porque o excesso de base forte elimina a reação do acetato com a água. Esse fato torna-se evidente quando consideramos que a concentração do íon hidróxido é apenas $5,34 \times 10^{-6}$ mol L⁻¹ no ponto de equivalência; assim que um leve excesso da base forte for adicionado, a contribuição da reação do acetato será ainda menor. Temos então

(continua)

$$[OH^-] = c_{NaOH} = \frac{50{,}10 \text{ mL} \times 0{,}1000 \text{ mol L}^{-1} - 50{,}00 \text{ mL} \times 0{,}1000 \text{ mol L}^{-1}}{100{,}10 \text{ mL}}$$

$$= 9{,}99 \times 10^{-5} \text{ mol L}^{-1}$$

$$pH = 14{,}00 - [-\log(9{,}99 \times 10^{-5})] = 10{,}00$$

Note que a curva de titulação de um ácido fraco por uma base forte é idêntica à de um ácido forte com uma base forte na região logo após o ponto de equivalência.

A Tabela 12-3 e a **Figura 12-6** comparam os valores de pH calculados nesse exemplo com uma titulação de uma solução mais diluída. Em uma solução diluída, algumas suposições feitas neste exemplo não se mantêm. O efeito da concentração é mais discutido na Seção 12C-1.

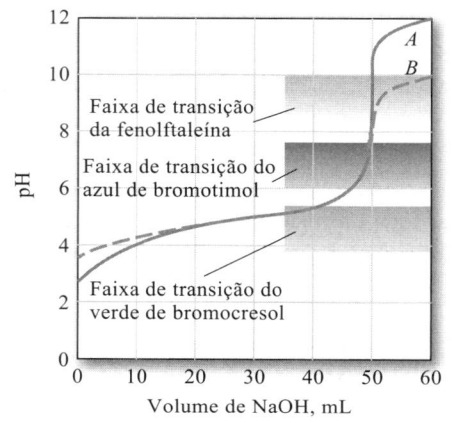

FIGURA 12-6

Curva para a titulação de ácido acético com hidróxido de sódio. Curva A: ácido 0,1000 mol L^{-1} com uma base 0,1000 mol L^{-1}. Curva B: ácido 0,001000 mol L^{-1} com uma base forte 0,001000 mol L^{-1}. Veja a prancha colorida 16.

>> No ponto de meia-titulação de uma titulação de um ácido fraco, [H$_3$O$^+$] = K_a e pH = pK_a.

>> No ponto de meia-titulação de uma titulação de uma base fraca, [OH$^-$] = K_b e pOH = pK_b (lembre-se de que $K_b = K_w/K_a$).

Observe, no Exemplo 12-3, que as concentrações analíticas do ácido e da base conjugados são idênticas quando um ácido é neutralizado à metade (após a adição de exatamente 25,00 mL da base, nesse caso). Assim, esses termos são cancelados na expressão da constante de equilíbrio, e o íon hidrônio é numericamente igual à constante de dissociação. Da mesma forma, na titulação de uma base fraca, a concentração do íon hidróxido é numericamente igual à constante de dissociação da base no ponto médio da curva de titulação. Além disso, neste ponto, as capacidades tampão de cada uma das soluções estão no máximo. Esses pontos, frequentemente chamados **pontos de meia-titulação**, são usados para determinar as constantes de dissociação, como abordado no Destaque 12-3.

DESTAQUE 12-3

Determinando a Constante de Dissociação para Ácidos e Bases Fracos

As constantes de dissociação de ácidos e bases fracos são frequentemente determinadas pelo monitoramento do pH de uma solução enquanto o ácido ou a base estiver sendo titulado. Um pHmetro com um eletrodo de vidro para a medida de pH (veja a Seção 19D-3) é utilizado. A titulação é gravada do pH inicial até depois do ponto final. O pH na metade do volume do ponto final é então obtido e usado para obter a constante de dissociação. Para um ácido, o pH medido quando este é neutralizado à metade é numericamente igual ao pK_a. Para uma base fraca, o pH na metade da titulação precisa ser convertido a pOH, que, então, é igual ao pK_b.

12C-1 O Efeito da Concentração

A segunda e a terceira colunas da Tabela 12-3 contêm dados de pH para a titulação de ácido acético 0,1000 mol L^{-1} e 0,001000 mol L^{-1} com uma solução de hidróxido de sódio com as mesmas duas concentrações. Nos cálculos dos valores para as soluções ácidas mais diluídas, nenhuma das aproximações mostradas no Exemplo 12-3 é válida, sendo necessária a resolução de uma equação quadrática para cada ponto na curva até ultrapassar o ponto de equivalência. Na região posterior ao ponto de equivalência, predomina o excesso de OH$^-$ e um cálculo simples funciona perfeitamente.

❮❮ DESAFIO: Mostre que os valores de pH da terceira coluna da Tabela 12-3 estão corretos.

A Figura 12-6 é uma representação do gráfico dos dados contidos na Tabela 12-3. Note que os valores de pH iniciais são maiores e o pH do ponto de equivalência é menor para as soluções mais diluídas (curva B). Para os volumes intermediários de titulante, entretanto, os valores de pH diferem apenas ligeiramente em virtude da ação tamponante do sistema ácido acético/acetato de sódio que está presente nessa região. A Figura 12-6 confirma em forma de gráfico que o pH dos tampões é altamente independente da diluição. Observe que a alteração em [OH$^-$] na vizinhança do ponto de equivalência torna-se menor com menores concentrações de analito e reagente. Esse efeito é análogo ao observado na titulação de um ácido forte com uma base forte (veja a Figura 12-4).

12C-2 O Efeito da Extensão da Reação

As curvas de titulação para as soluções de ácidos 0,1000 mol L^{-1} com diferentes constantes de dissociação são exibidas na **Figura 12-7**. Note que a variação do pH na região do ponto de equivalência torna-se menor quanto mais fraco for o ácido – isto é, à medida que a reação entre o ácido e a base se torna menos completa.

12C-3 Escolha do Indicador: Viabilidade da Titulação

As Figuras 12-6 e 12-7 mostram que a escolha do indicador é mais limitada para a titulação de um ácido fraco que para a titulação de um ácido forte. Por exemplo, a Figura 12-6 revela que o verde de bromocresol é totalmente inadequado para a titulação de ácido acético 0,1000 mol L^{-1}. O azul de bromotimol também não funciona, porque sua mudança de cor ocorre em uma faixa de volume da base titulante 0,1000 mol L^{-1} que se estende de aproximadamente 47 mL até 50 mL. Por outro lado, um indicador que exiba uma alteração de cor na região básica, como a fenolftaleína, entretanto, deve fornecer um ponto final nítido, com um erro mínimo de titulação.

A variação do pH do ponto final associada com a titulação de ácido acético 0,001000 mol L^{-1} (curva B, Figura 12-6) é tão pequena que provavelmente será um erro de titulação significativo, não importando o indicador. Entretanto, o uso de um indicador com uma faixa de transição entre a da fenolftaleína e a do azul de bromotimol, em conjunto com um padrão de comparação de cor adequado, torna possível estabelecer o ponto final com precisão decente (um desvio padrão relativo de poucas partes por cento).

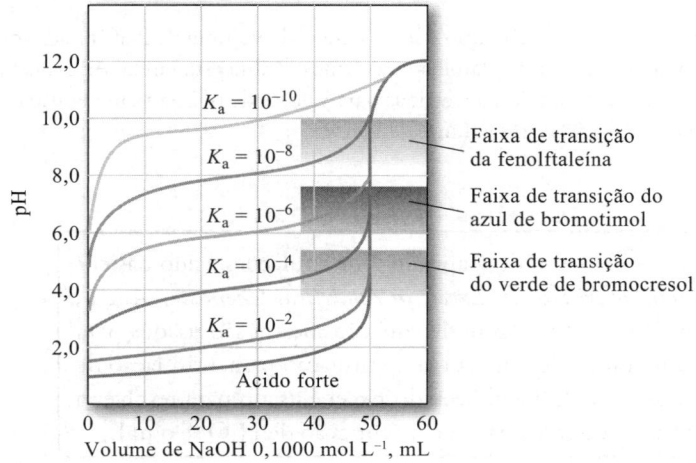

FIGURA 12-7

O efeito da força do ácido (constante de dissociação) nas curvas de titulação. Cada curva representa a titulação de 50,00 mL de ácido fraco 0,1000 mol L^{-1} com uma base forte 0,1000 mol L^{-1}. Veja a prancha colorida 17.

A Figura 12-7 ilustra que problemas semelhantes ocorrem quando a força do ácido a ser titulado diminui. Uma precisão da ordem de ±2 ppmil pode ser alcançada na titulação de uma solução de um ácido 0,1000 mol L^{-1} com uma constante de dissociação de 10^{-8}, se um padrão de comparação de cores adequado estiver disponível. Em soluções mais concentradas, os ácidos um pouco mais fracos podem ser titulados com precisão razoável.

DESTAQUE 12-4

Uma Abordagem de Equação-Mestra para Titulações de Ácido Fraco/Base Forte

Com titulações de um ácido e uma base forte, uma única equação-mestra é usada para encontrar a concentração de H$_3$O$^+$ por toda a titulação. Como um exemplo, vamos pegar a titulação de um ácido fraco hipotético, HA (constante de dissociação K_a), com uma base forte, NaOH. Considere V_{HA} mL de HA c^0_{HA} sendo titulado com NaOH c^0_{NaOH} mol L^{-1}. Em qualquer ponto na titulação, podemos escrever a equação de balanço de cargas como

$$[Na^+] + [H_3O^+] = [A^-] + [OH^-]$$

Agora substituímos para obter uma equação para H$_3$O$^+$ como uma função de volume de NaOH necessário, V_{NaOH}. Podemos expressar a concentração de íon sódio como a quantidade de matéria em milimols de NaOH adicionado dividida pelo volume de solução. Ou

$$[Na^+] = \frac{c^0_{NaOH} V_{NaOH}}{V_{NaOH} + V_{HA}}$$

O balanço de massas fornece a concentração total das espécies contendo A, c_T, como

$$c_T = [HA] + [A^-] = \frac{[A^-][H_3O^+]}{K_a} + [A^-]$$

Resolvendo para [A$^-$] temos

$$[A^-] = \left(\frac{K_a}{[H_3O^+] + K_a}\right) c_T$$

Se substituirmos estas duas últimas equações na equação de balanço de cargas, obtemos

$$[Na^+] + [H_3O^+] = \frac{c_T K_a}{[H_3O^+] + K_a} + \frac{K_w}{[H_3O^+]}$$

Rearranjando esta equação, obtemos a equação-mestra de sistema para toda a titulação:

$$[H_3O^+]^3 + (K_a + [Na^+])[H_3O^+]^2 + (K_a[Na^+] - c_T K_a - K_w)[H_3O^+] - K_w K_a = 0$$

Devemos resolver esta equação cúbica para cada volume de NaOH adicionado. Um programa matemático ou de planilha de cálculos facilita esta tarefa. As concentrações de H$_3$O$^+$ encontradas são então convertidas para valores de pH da maneira usual para gerar uma curva de titulação *versus* volume de NaOH.

> ❱❱ Observe que a equação-mestra também pode ser gerada pelo cálculo de [Na$^+$] para a faixa de valores de pH desejados. A [Na$^+$] está diretamente relacionada com o volume adicionado pela segunda equação deste destaque.

 Exercícios no Excel Na seção do Capítulo 7 de titulações ácido básico/base forte de *Applications of Microsoft® Excel® in Analytical Chemistry*, 4. ed., o método estequiométrico e a abordagem de equação-mestra são usados para realizar os cálculos e um gráfico de uma curva de titulação para a titulação de um ácido fraco com base forte. O Goal Seek do Excel é usado para resolver a expressão de balanceamento de carga para a concentração de H$_3$O$^+$ e o pH.

12D Curvas de Titulações para Bases Fracas

Os cálculos necessários para gerar a curva de titulação de uma base fraca são análogos àqueles para o ácido fraco, como mostrado no Exemplo 12-4.

EXEMPLO 12-4

Uma alíquota de 50,00 mL de NaCN 0,0500 mol L^{-1} (K_a para HCN = $6,2 \times 10^{-10}$) é titulada com o HCl 0,1000 mol L^{-1}. A reação é

$$CN^- + H_3O^+ \rightleftharpoons HCN + H_2O$$

Calcule o pH após a adição de (a) 0,00; (b) 10,00; (c) 25,00; e (d) 26,00 mL de ácido.

Resolução

(a) 0,00 mL de Reagente

O pH de uma solução de NaCN pode ser derivado pelo método mostrado no Exemplo 7-10:

$$CN^- + H_2O \rightleftharpoons HCN + OH^-$$

$$K_b = \frac{[OH^-][HCN]}{[CN^-]} = \frac{K_w}{K_a} = \frac{1,00 \times 10^{-14}}{6,2 \times 10^{-10}} = 1,61 \times 10^{-5}$$

$$[OH^-] = [HCN]$$

$$[CN^-] = c_{NaCN} - [OH^-] \approx c_{NaCN} = 0,0500 \text{ mol L}^{-1}$$

Substituindo na expressão da constante de dissociação temos, após rearranjo,

$$[OH^-] = \sqrt{K_b c_{NaCN}} = \sqrt{1,61 \times 10^{-5} \times 0,0500} = 8,97 \times 10^{-4} \text{ mol L}^{-1}$$

$$pH = 14,00 - [-\log(8,97 \times 10^{-4})] = 10,95$$

≪ Observe que, para os propósitos de cálculo, as constantes de equilíbrio são consideradas exatas, logo o número de algarismos significativos na constante de equilíbrio não afeta o número de algarismos significativos no resultado.

(b) 10,00 mL de Reagente

A adição de ácido produz um tampão com uma composição dada por

$$c_{NaCN} = \frac{50,00 \times 0,0500 - 10,00 \times 0,1000}{60,00} = \frac{1,500}{60,00} \text{ mol L}^{-1}$$

$$c_{HCN} = \frac{10,00 \times 0,1000}{60,00} = \frac{1,000}{60,00} \text{ mol L}^{-1}$$

Esses valores são então substituídos na expressão da constante de dissociação do HCN para produzir $[H_3O^+]$ diretamente (veja a nota de margem):

$$[H_3O^+] = \frac{6,2 \times 10^{-10} \times (1,000/60,00)}{1,500/60,00} = 4,13 \times 10^{-10} \text{ mol L}^{-1}$$

$$pH = -\log(4,13 \times 10^{-10}) = 9,38$$

≪ DESAFIO: Mostre que o pH do tampão pode ser calculado como K_a do HCN, como foi feito aqui, ou com o K_b. Usamos K_a porque fornece diretamente a $[H_3O^+]$; K_b fornece $[OH^-]$.

(c) 25,00 mL de Reagente

Esse volume corresponde ao ponto de equivalência, no qual a espécie principal de soluto é o ácido fraco HCN. Assim,

$$c_{HCN} = \frac{25,00 \times 0,1000}{75,00} = 0,03333 \text{ mol L}^{-1}$$

≪ Observe que todos os pontos antes do ponto de equivalência, o H_3O^+ e, consequentemente, o pH é controlado inteiramente pela razão da concentração do ácido em relação à concentração de sua base conjugada. A única exceção é o ponto inicial antes de qualquer titulante ser adicionado.

(continua)

>> Uma vez que a espécie principal de soluto no ponto de equivalência é o HCN, o pH é ácido.

Aplicando a Equação 7-22, temos

$$[H_3O^+] = \sqrt{K_a c_{HCN}} = \sqrt{6,2 \times 10^{-10} \times 0,03333} = 4,55 \times 10^{-6} \text{ mol L}^{-1}$$

$$pH = -\log(4,55 \times 10^{-6}) = 5,34$$

(d) 26,00 mL de Reagente

O excesso de ácido forte presente reprime a dissociação do HCN a ponto de sua contribuição ao pH ser desprezível. Assim,

$$[H_3O^+] = c_{HCl} = \frac{26,00 \times 0,1000 - 50,00 \times 0,0500}{76,00} = 1,32 \times 10^{-3} \text{ mol L}^{-1}$$

$$pH = -\log(1,32 \times 10^{-3}) = 2,88$$

A **Figura 12-8** mostra as curvas de titulação hipotéticas para uma série de bases fracas de forças diferentes. As curvas mostram que o indicador com uma faixa de transição *ácida* deve ser usado para as bases fracas.

>> Quando você titular uma base fraca, utilize um indicador com uma faixa de transição mais ácida. Quando titular um ácido fraco, use um indicador com faixa de transição mais básica.

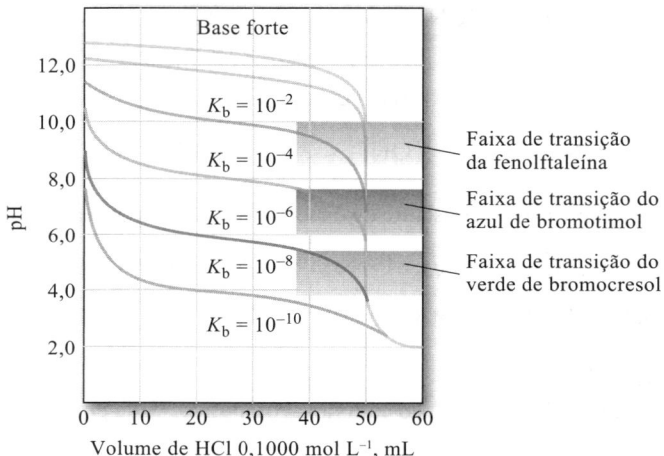

FIGURA 12-8

O efeito da força da base (K_b) em curvas de titulação. Cada curva representa a titulação de 50,00 mL de base 0,1000 mol L^{-1} com HCl 0,1000 mol L^{-1}. Veja a prancha colorida 18.

DESTAQUE 12-5

Determinação de Valores de pK para os Aminoácidos

Os aminoácidos contêm um grupo ácido e um grupo básico. Por exemplo, a estrutura da alanina é representada pela **Figura 12D-1**.

O grupo amina se comporta como uma base, e, ao mesmo tempo, o grupo carboxílico atua como um ácido. Em solução aquosa, o aminoácido é uma molécula internamente ionizada, ou *zwitterion*, na qual o grupo amina adquire um próton e se torna positivamente carregado, ao passo que o grupo carboxílico, tendo perdido um próton, torna-se negativamente carregado.

Os valores de pK para os aminoácidos podem ser determinados convenientemente empregando-se o procedimento geral descrito no Destaque 12-3. Uma vez que um *zwitterion* tem um caráter ácido e básico, dois pK_s podem ser estipulados. O pK para a desprotonação do grupo amina protonado pode ser determinado pela adição de base, enquanto o pK para a protonação do grupo carboxílico pode ser estabelecido pela adição de um ácido. Na prática, a solução é preparada contendo uma

(continua)

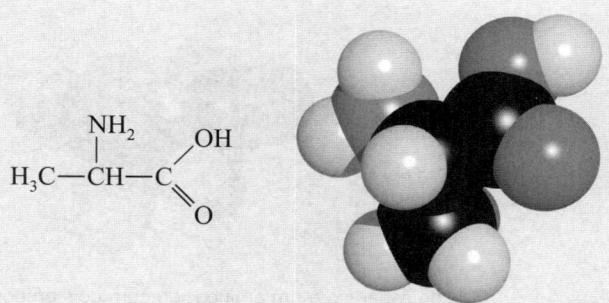

FIGURA 12D-1 Estrutura e modelo molecular da alanina, um aminoácido. Esse aminoácido pode existir em duas formas como imagens especulares: a forma levógira (L) e a forma destrógira (D). Todos os aminoácidos que ocorrem naturalmente são levógiros.

concentração conhecida de aminoácido. Consequentemente, o investigador conhece a quantidade da base ou do ácido adicionado para alcançar a metade do caminho ao ponto de equivalência. Uma curva de pH *versus* volume de ácido ou base adicionado é mostrada na **Figura 12D-2**. Neste tipo de experimento, a titulação se inicia no meio do gráfico (0,00 mL adicionado) e, para determinar valores de pK, é apenas levada até a metade do volume requerido para a equivalência. Observe no exemplo para a alanina que são necessários 20,00 mL de HCl para a protonação completa do grupo carboxílico. A curva à esquerda de volume 0,00 é obtida pela adição do ácido ao *zwitterion*. No volume de 10,00 mL de HCl, o pH é igual ao pK_a para o grupo carboxila, 2,35.

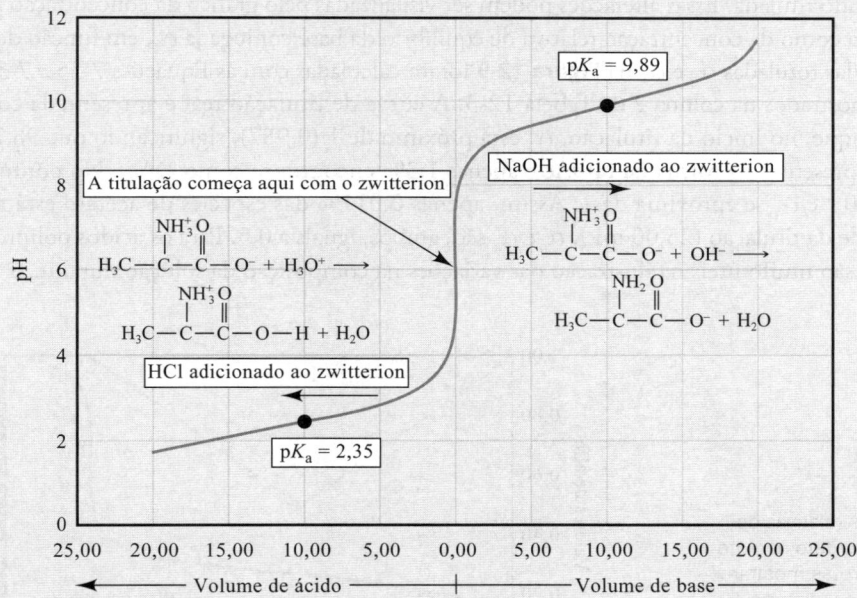

FIGURA 12D-2 Curvas de titulação de 20,00 mL de alanina 0,1000 mol L⁻¹ com NaOH 0,1000 mol L⁻¹ e HCl 0,1000 mol L⁻¹. Note que o "zwitterion" está presente antes que qualquer ácido ou base tenha sido adicionado. A adição de ácido protona o grupo carboxilato com um pK_a igual a 2,35. A base adicionada provoca desprotonação do grupo amínico com um pK_a igual a 9,89.

Pela adição de NaOH ao *zwitterion*, o pK de desprotonação do grupo NH$_3^+$ pode ser determinado. Agora 20,00 mL de base são necessários para a completa desprotonação. Na adição de 10,00 mL de NaOH, o pH é igual ao pK_a para o grupo amina, ou seja, 9,89. Os valores de pK_a para outros aminoácidos e biomoléculas mais complexas como os peptídeos e as proteínas podem com frequência ser obtidos de maneira similar. Alguns aminoácidos têm mais de um grupo carboxílico ou amina. O ácido aspártico é um exemplo (veja a **Figura 12D-3**).

(continua)

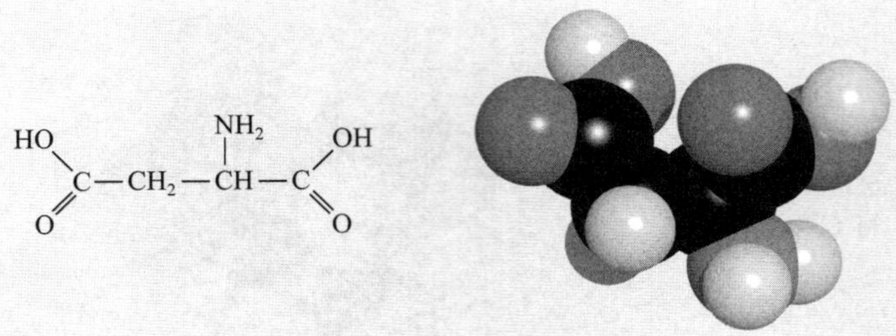

FIGURA 12D-3 O ácido aspártico é um aminoácido com dois grupos carboxílicos. Esse aminoácido pode ser combinado com a fenilalanina para produzir o adoçante artificial aspartame, que é mais doce e menos calórico que o açúcar comum (sacarose).

É importante observar que, em geral, os aminoácidos não podem ser quantitativamente determinados pela titulação direta, porque o ponto final para a completa protonação ou desprotonação do *zwitterion* é frequentemente difícil de ser observado. Os aminoácidos são normalmente determinados por cromatografia de líquido de alta eficiência (ver Capítulo 31) ou métodos espectroscópicos (veja a Parte V).

12E A Composição das Soluções Durante as Titulações Ácido/Base

Estamos frequentemente interessados nas alterações na composição que ocorrem enquanto uma solução de um ácido ou de uma base fraca está sendo titulada. Essas alterações podem ser visualizadas pelo gráfico da concentração *relativa* de equilíbrio α_0 do ácido fraco, bem como da concentração relativa de equilíbrio da base conjugada α_1, em função do pH da solução.

As linhas retas sólidas rotuladas α_0 e α_1 na **Figura 12-9** foram calculadas com as Equações 7-35 e 7-36 empregando-se os valores para [H_3O^+] mostrados na coluna 2 da Tabela 12-3. A curva de titulação real é apresentada como a linha curvada na Figura 12-9. Note que, no início da titulação, α_0 está próximo de 1 (0,987), significando que 98,7% das espécies que contêm acetato estão presentes na forma de HOAc e apenas 1,3% encontra-se como OAc^-. No ponto de equivalência, α_0 diminui para $1,1 \times 10^{-4}$ e α_1 se aproxima de 1. Assim, apenas 0,011% das espécies de acetato está na forma de HOAc. Observe que na metade da titulação (25,00 mL), α_0 e α_1 são, ambos, iguais a 0,5. Para os ácidos polipróticos (veja Capítulo 13), os valores de alfa são muito úteis na ilustração das variações na composição da solução durante as titulações.

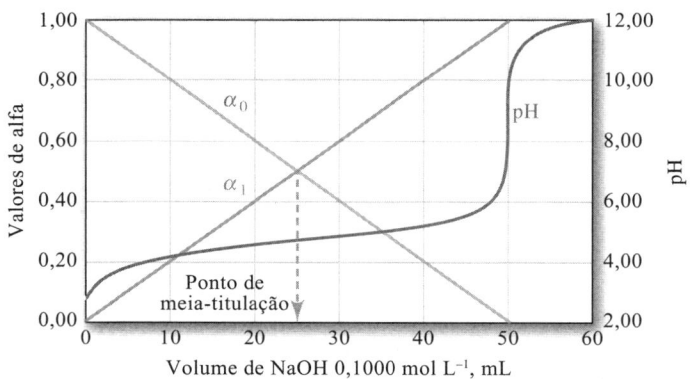

FIGURA 12-9

Gráficos das quantidades relativas de ácido acético e de íons acetato durante uma titulação. As linhas retas mostram a variação das quantidades relativas de HOAc (α_0) e OAc^- (α_1) durante uma titulação de 50,00 mL de ácido acético 0,1000 mol L^{-1}. A linha curvada representa a titulação para o sistema.

DESTAQUE 12-6

Localizando os Pontos Finais de Titulação a Partir de Medidas de pH

Embora os indicadores ainda sejam utilizados nas titulações ácido/base, o eletrodo de vidro para pH e o pHmetro permitem medidas diretas do pH em função do volume do titulante. O eletrodo de vidro para pH é discutido em detalhes no Capítulo 19.

(continua)

A curva de titulação para a titulação de 50,00 mL de um ácido fraco 0,1000 mol L⁻¹ ($K_a = 1,0 \times 10^{-5}$) com NaOH 0,1000 mol L⁻¹ é exposta na **Figura 12D-4a**. O ponto final pode ser localizado de várias maneiras a partir dos dados de pH *versus* volume.

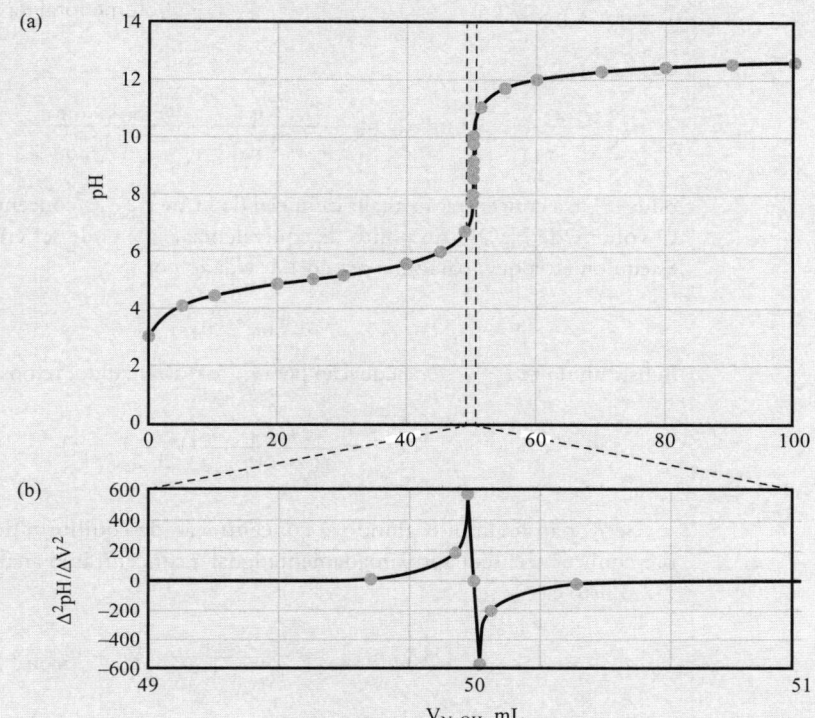

FIGURA 12D-4 Em (a), a curva de titulação de 50,00 mL de um ácido fraco com NaOH 0,1000 mol L⁻¹ é exibida da forma como obtida com o uso de um pHmetro. Em (b), a segunda derivada é mostrada em escala expandida. Note que a segunda derivada cruza o zero no ponto final. Esse fato pode ser utilizado para localizar com muita precisão o ponto final.

O ponto final pode ser tomado como o **ponto de inflexão** da curva de titulação. Em uma curva de titulação sigmoide, o ponto de inflexão é a parte de variação mais acentuada da curva de titulação, na qual a sua alteração com o volume é máxima. Isso pode ser estimado visualmente a partir do gráfico ou utilizando-se cálculos para encontrar a primeira e a segunda derivadas da curva de titulação. A primeira derivada, que é aproximadamente $\Delta pH/\Delta V$, nos dá a inclinação da curva de titulação. Ela parte de próximo de zero antes do ponto final até atingir o máximo no ponto final, voltando a quase zero após o ponto final.

Podemos derivar a curva uma segunda vez para localizar o máximo da primeira derivada, uma vez que a inclinação da primeira derivada varia dramaticamente de um valor positivo grande para um grande valor negativo à medida que passamos pelo máximo na curva da primeira derivada. Isso constitui a base para a localização do ponto final pelo cálculo da segunda derivada. A segunda derivada estimada, $\Delta^2 pH/\Delta V^2$, é zero no ponto final, como mostrado na **Figura 12D-4b**. Observe que a escala foi expandida para facilitar a localização do cruzamento pelo zero da segunda derivada. Os detalhes dos cálculos de derivadas são dados na Seção 19G. A abordagem de planilha para obter essas derivadas e construir os gráficos é desenvolvida no Capítulo 7 de *Applications of Microsoft® Excel® in Analytical Chemistry*, 4. ed.

O gráfico de Gran é um método alternativo para a localização do ponto final em uma titulação. Nesse método, produz-se um gráfico linear que pode revelar a constante de dissociação do ácido e o volume de base requerido para alcançar o ponto final. Ao contrário da curva de titulação normal e das curvas derivadas, que encontram o ponto final somente a partir de dados localizados na região do ponto final, o gráfico de Gran utiliza os dados distantes do ponto final. Esse método pode diminuir o trabalho de ter de tomar muitas medidas após a adição de volumes muito pequenos de titulante na região do ponto final.

Antes do ponto de equivalência da titulação de um ácido fraco com uma base forte, a concentração do ácido restante, c_{HA}, é dada por

(continua)

$$c_{HA} = \frac{\text{quant. de matéria em mmol de HA inicial}}{\text{volume total da solução}}$$

$$- \frac{\text{quant. de matéria em mmols de NaOH adic.}}{\text{volume total da solução}}$$

ou

$$c_{HA} = \frac{c_{HA}^0 V_{HA}}{V_{HA} + V_{NaOH}} - \frac{c_{NaOH}^0 V_{NaOH}}{V_{HA} + V_{NaOH}}$$

onde c_{HA}^0 é a concentração analítica inicial de HA e c_{NaOH}^0 a concentração inicial de base. O volume de NaOH no ponto de equivalência, V_{eq}, pode ser encontrado a partir da estequiometria que, para uma reação 1:1, é dado por

$$c_{HA}^0 V_{HA} = c_{NaOH}^0 V_{eq}$$

Substituindo-se $c_{HA}^0 V_{HA}$ na equação para c_{HA} e rearranjando, temos

$$c_{HA} = \frac{c_{NaOH}^0}{V_{HA} + V_{NaOH}} (V_{eq} - V_{NaOH})$$

Se K_a não for muito grande, a concentração de equilíbrio do ácido na região de pré-equivalência será aproximadamente igual à concentração analítica (veja a Equação 7-27). Isto é,

$$[HA] \approx c_{HA} \approx \frac{c_{NaOH}^0}{V_{HA} + V_{NaOH}} (V_{eq} - V_{NaOH})$$

Com uma dissociação moderada do ácido, a concentração de equilíbrio de A^- em qualquer ponto é aproximadamente a quantidade de matéria em milimols de base adicionada dividida pelo volume total da solução.

$$[A^-] \approx \frac{c_{NaOH}^0 V_{NaOH}}{V_{HA} + V_{NaOH}}$$

A concentração de H_3O^+ pode ser encontrada pela constante de equilíbrio como

$$[H_3O^+] = \frac{K_a [HA]}{[A^-]} = \frac{K_a (V_{eq} - V_{NaOH})}{V_{NaOH}}$$

Multiplicando-se ambos os lados por V_{NaOH}, obtemos

$$[H_3O^+] V_{NaOH} = K_a V_{eq} - K_a V_{NaOH}$$

Um gráfico do lado esquerdo dessa equação *versus* o volume de titulante V_{NaOH} deve produzir uma linha reta com uma inclinação de $-K_a$ e uma intersecção em $K_a V_{eq}$. Na **Figura 12D-5**, um gráfico de Gran da titulação de 50,00 mL de ácido fraco ($K_a = 1,0 \times 10^{-5}$) 0,1000 mol L^{-1} com o NaOH 0,1000 mol L^{-1} é mostrado juntamente com a equação obtida por quadrados mínimos. Do valor da intersecção 0,0005, calculamos o volume do ponto final de 50,00 mL dividindo-o pelo valor de K_a. Geralmente, pontos nos estágios intermediários da titulação são representados em forma de gráfico e utilizados para obter os valores da inclinação e da intersecção. O gráfico de Gran pode exibir uma curvatura nos estágios iniciais se o K_a for muito grande, e pode curvar nas proximidades do ponto de equivalência. Os gráficos de Gran podem ser especialmente úteis ao titular ácidos ou bases muito fracos ou muito diluídos. As curvas sigmoides tornam-se muito planas sob estas circunstâncias e os pontos finais não são facilmente detectados.

>> Quando rearranjamos ligeiramente esta equação, temos a intersecção e a inclinação de uma reta.

$$\underbrace{[H_3O^+] V_{NaOH}}_{y} = \underbrace{-K_a}_{m} \underbrace{V_{NaOH}}_{x} + \underbrace{K_a V_{eq}}_{b}$$

ou

$$y = mx + b$$

Onde

$y = [H_3O^+] V_{NaOH}$,
$m = $ inclinação $= -K_a$,
$x = V_{NaOH}$, e
$b = $ intercepto $= K_a V_{eq}$

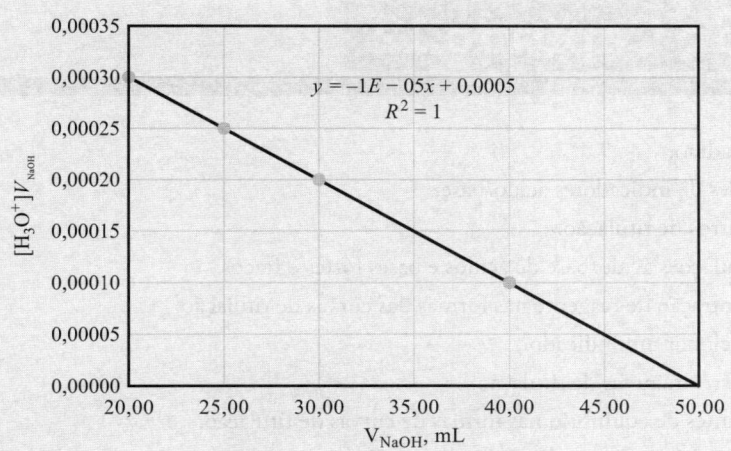

FIGURA 12D-5 Gráfico de Gran para a titulação de 50,00 mL de ácido fraco 0,1000 mol L⁻¹ ($K_a = 1{,}00 \times 10^{-5}$) com NaOH 0,1000 mol L⁻¹. A equação obtida por quadrados mínimos para a reta é dada na figura.

Exercícios no Excel Os exercícios no Capítulo 7 de *Applications of Microsoft® Excel® in Analytical Chemistry*, 4. ed., inicialmente usam o Excel para construir um gráfico de uma distribuição simples de diagramas de espécies (α gráfico) para um ácido fraco. Então, as derivadas primeira e segunda da curva de titulação são colocadas em um gráfico para melhor localizar o ponto final da titulação. É produzido um gráfico combinado que mostra simultaneamente o pH *versus* a curva de volume e a curva da segunda derivada. Finalmente, um gráfico de Gran é explorado para localizar o ponto final por um procedimento de regressão linear.

Química Analítica On-line

Pesquise por um documento na internet, "The Fall of the Proton: Why Acids React with Bases" de autoria de Stephen Lower. Este documento explica o comportamento ácido-base em termos do conceito de energia do próton livre. Como é descrita uma titulação ácido/base nesta visão? Em uma titulação de um ácido forte com uma base forte, qual é o poço de energia livre? Em uma mistura complexa de sistemas de ácido/base fracos, como o soro sanguíneo, o que acontece com os prótons?

Resumo do Capítulo 12

- Uso de soluções padrão.
- Usos e propriedades de indicadores ácido/base.
- Minimizando os erros de titulação.
- Vários tipos de titulações ácido/base de ácidos e bases fortes e fracos.
- O efeito da concentração de reagente nas formas das curvas de titulação.
- Métodos para selecionar um indicador.
- Métodos para construir curvas de titulação.
- O efeito de constantes de equilíbrio nas formas de curvas de titulação.
- Método para construir uma curva de titulação usando uma equação-mestra.
- Variações na composição da solução à medida que a titulação progride.
- Uso de derivada e gráficos de Gran para determinar os pontos de equivalência.

Termos-chave

Curvas de titulação, 297
Erros de titulação, 291
Faixa de transição, 291
Gráfico de Gran, 307

Indicadores ácido/base, 288
Soluções padrão de ácidos e bases, 288
Titulações ácido/base, 287

Titulações ácido forte/base forte, 292

Equações Importantes

Faixa de indicador de pH
$pK_a \pm 1$

pK_w
$pH + pOH$

Questões e Problemas*

*12-1. Por que os indicadores ácido/base exibem sua alteração de cor em uma faixa de 2 unidades de pH?

12-2. Que fatores afetam a nitidez do ponto final em uma titulação ácido/base?

*12-3. Considere as curvas de titulação de NaOH 0,10 mol L^{-1} e NH_3 0,010 mol L^{-1} com HCl 0,10 mol L^{-1}.
  (a) Aponte sucintamente as diferenças entre as curvas para as duas titulações.
  (b) Sob que aspecto as duas curvas serão indistinguíveis?

12-4. Por que os reagentes padrão utilizados nas titulações de neutralização são geralmente ácidos ou bases fortes em vez de ácidos ou bases fracas?

*12-5. Quais variáveis podem causar o deslocamento da faixa de pH de um indicador?

12-6. Qual soluto pode fornecer um ponto final mais nítido na titulação com o HCl 0,10 mol L^{-1}:

*(a) o NaOCl 0,10 mol L^{-1} ou a hidroxilamina 0,10 mol L^{-1}?
(b) hidrazina 0,10 mol L^{-1} ou NaCN 0,10 mol L^{-1}?
*(c) a metilamina 0,10 mol L^{-1} ou a hidroxilamina 0,10 mol L^{-1}?
(d) NH_3 0,10 mol L^{-1} ou fenolato de sódio 0,10 mol L^{-1}?

12-7. Qual soluto pode fornecer um ponto final mais nítido na titulação com o NaOH 0,10 mol L^{-1}:
*(a) o ácido nitroso 0,10 mol L^{-1} ou o ácido iódico 0,10 mol L^{-1}?
(b) ácido salicílico 0,10 mol L^{-1} ou ácido acético 0,10 mol L^{-1}?
*(c) o ácido hipocloroso 0,10 mol L^{-1} ou o ácido pirúvico 0,10 mol L^{-1}?
(d) cloridrato de anilínio 0,10 mol L^{-1} ($C_6H_5NH_3Cl$) ou ácido benzoico 0,10 mol L^{-1}?

*As respostas para as questões e problemas marcados com um asterisco são fornecidas no final deste livro.

12-8. Antes de os eletrodos de vidro e o pHmetro tornarem-se tão amplamente utilizados, o pH costumava ser determinado colorimetricamente pela medida de concentração das formas ácida e básica de um indicador (veja o Capítulo 24 para detalhes). Se o azul de bromotimol for introduzido em uma solução e a razão da concentração das formas ácida e básica for igual a 1,45, qual será o pH da solução?

*12-9. O procedimento descrito no Problema 12-8 foi utilizado para determinar o pH com o alaranjado de metila como indicador. A razão de concentração das formas ácida e básica do indicador era de 1,84. Calcule o pH da solução.

12-10. Os valores para K_w a 0, 50 e 100°C são $1,14 \times 10^{-15}$; $5,47 \times 10^{-14}$ e $4,9 \times 10^{-13}$, respectivamente. Calcule o pH para uma solução neutra em cada uma dessas temperaturas.

12-11. Usando os dados do Problema 12-10, calcule pK_w a:
(a) 0°C.
*(b) 50°C.
(c) 100°C.

12-12. Utilizando os dados do Problema 12-10, calcule o pH de uma solução de NaOH $1,50 \times 10^{-2}$ mol L^{-1} a:
(a) 0°C.
*(b) 50°C.
(c) 100°C.

*12-13. Qual é o pH de uma solução aquosa de HCl 3,00% em massa e que tem uma densidade de 1,015 g mL^{-1}?

12-14. Calcule o pH de uma solução de NaOH 2,50% (m/m) e cuja densidade é de 1,015 g mL^{-1}.

*12-15. Qual é o pH de uma solução de NaOH $2,00 \times 10^{-8}$ mol L^{-1}? (Sugestão: em uma solução diluída, você deve considerar a contribuição da água na concentração do íon hidróxido.)

12-16. Qual é o pH de uma solução de HCl $2,15 \times 10^{-8}$ mol L^{-1} (veja dica do Problema 12-15)?

*12-17. Qual é o pH resultante da solução quando 0,093 g de Mg(OH)$_2$ é misturado com
(a) 75,0 mL de HCl 0,0500 mol L^{-1}?
(b) 100,0 mL de HCl 0,0500 mol L^{-1}?
(c) 15,00 mL de HCl 0,0500 mol L^{-1}?
(d) 30,00 mL de MgCl$_2$ 0,0500 mol L^{-1}?

12-18. Calcule o pH resultante da solução quando 15,0 mL de HCl 0,2500 mol L^{-1} é misturado com 25,0 mL de
(a) água destilada.
(b) AgNO$_3$ 0,132 mol L^{-1}.
(c) NaOH 0,132 mol L^{-1}.
(d) NH$_3$ 0,132 mol L^{-1}.
(e) NaOH 0,232 mol L^{-1}.

*12-19. Calcule a concentração de íon hidrônio e o pH de uma solução de HCl 0,0500 mol L^{-1}
(a) desprezando as correções pela atividade.
(b) usando os coeficientes de atividade (veja Capítulo 8).

12-20. Calcule a concentração do íon hidróxido e o pH a 0,0150 mol L^{-1} de uma solução de Ba(OH)$_2$
(a) desprezando as atividades.
(b) usando os coeficientes de atividade (veja Capítulo 8).

*12-21. Calcule o pH de uma solução aquosa de
(a) HOCl $1,00 \times 10^{-1}$ mol L^{-1}.
(b) HOCl $1,00 \times 10^{-2}$ mol L^{-1}.
(c) HOCl $1,00 \times 10^{-4}$ mol L^{-1}.

12-22. Calcule o pH de uma solução de
(a) NaOCl $1,50 \times 10^{-1}$ mol L^{-1}.
(b) NaOCl $1,50 \times 10^{-2}$ mol L^{-1}.
(c) NaOCl $1,50 \times 10^{-4}$ mol L^{-1}.

*12-23. Calcule o pH de uma solução de amônia
(a) NH$_3$ $1,00 \times 10^{-1}$ mol L^{-1}.
(b) NH$_3$ $1,00 \times 10^{-2}$ mol L^{-1}.
(c) NH$_3$ $1,00 \times 10^{-4}$ mol L^{-1}.

12-24. Calcule o pH de uma solução
(a) NH$_4$Cl $1,50 \times 10^{-1}$ mol L^{-1}.
(b) NH$_4$Cl $1,50 \times 10^{-2}$ mol L^{-1}.
(c) NH$_4$Cl $1,50 \times 10^{-4}$ mol L^{-1}.

*12-25. Calcule o pH de uma solução na qual a concentração de piperidina é
(a) $1,00 \times 10^{-1}$ mol L^{-1}.
(b) $1,00 \times 10^{-2}$ mol L^{-1}.
(c) $1,00 \times 10^{-4}$ mol L^{-1}.

12-26. Calcule o pH de uma solução de
(a) ácido sulfâmico $1,50 \times 10^{-1}$ mol L^{-1}.
(b) ácido sulfâmico $1,50 \times 10^{-2}$ mol L^{-1}.
(c) ácido sulfâmico $1,50 \times 10^{-4}$ mol L^{-1}.

*12-27. Calcule o pH de uma solução preparada
(a) dissolvendo-se 36,5 g de ácido lático em água e diluindo-se para 500 mL.
(b) diluindo-se 25,0 mL da solução em (a) para 250 mL.
(c) diluindo-se 10,0 mL da solução em (b) para 1,00 L.

12-28. Calcule o pH de uma solução preparada
(a) dissolvendo-se 1,87 g de ácido pícrico (NO$_2$)$_3$C$_6$H$_2$OH (229,11 g mol^{-1}), em 100 mL de água.
(b) diluindo-se 10,0 mL da solução em (a) para 100 mL.
(c) diluindo-se 10,0 mL da solução em (b) para 1 L.

*12-29. Calcule o pH de uma solução que resulta quando 20,0 mL de ácido fórmico 0,1750 mol L^{-1} são
(a) diluídos a 45,0 mL com água destilada.
(b) misturados com 25,0 mL de solução de NaOH 0,140 mol L^{-1}.
(c) misturados com 25,0 mL de solução de NaOH 0,200 mol L^{-1}.

(d) misturados com 25,0 mL de solução de formiato de sódio 0,200 mol L^{-1}.

12-30. Calcule o pH da solução que resulta quando 20,0 mL de NH$_3$ 0,2500 mol L^{-1} são
  (a) diluídos a 20,0 mL com água destilada.
  (b) misturados com 20,0 mL de solução de HCl 0,250 mol L^{-1}.
  (c) misturados com 20,0 mL de solução de HCl 0,300 mol L^{-1}.
  (d) misturados com 20,0 mL de solução NH$_4$Cl 0,200 mol L^{-1}.
  (e) misturados com 20,0 mL de solução HCl 0,100 mol L^{-1}.

*12-31. Uma solução contém NH$_4$Cl 0,0500 mol L^{-1} e NH$_3$ 0,0300 mol L^{-1}. Calcule a concentração de OH$^-$ e o seu pH
  (a) desprezando as correções pela atividade.
  (b) considerando os coeficientes de atividade.

12-32. Qual é o pH de uma solução que
  (a) foi preparada pela dissolução de 6,75 g de ácido lático (90,08 g mol^{-1}) e 5,19 g de lactato de sódio (112,06 g mol^{-1}) em água destilada e diluindo-se a 1,00 L?
  (b) contém ácido acético 0,0430 mol L^{-1} e acetato de sódio 0,0175 mol L^{-1}?
  (c) foi preparada pela dissolução de 3,00 g de ácido salicílico C$_6$H$_4$(OH)COOH (138,12 g mol^{-1}) em 50,0 mL de NaOH 0,1130 mol L^{-1} e diluída a 500,0 mL?
  (d) contém ácido pícrico 0,150 mol L^{-1} e picrato de sódio 0,0150 mol L^{-1}?

*12-33. Qual é o pH de uma solução que
  (a) foi preparada pela dissolução de 3,30 g de (NH$_4$)$_2$SO$_4$ em água, adicionando-se 125,0 mL de NaOH 0,1011 mol L^{-1} e diluindo-se a 500,0 mL?
  (b) contém piperidina 0,120 mol L^{-1} e seu cloreto 0,010 mol L^{-1}?
  (c) contém etilamina 0,050 mol L^{-1} e seu cloreto 0,167 mol L^{-1}?
  (d) foi preparada pela dissolução de 2,32 g de anilina (93,13 g mol^{-1}) em 100,0 mL de HCl 0,0200 mol L^{-1} e diluído a 250,0 mL?

12-34. Calcule a variação no pH que ocorre em cada uma das soluções listadas a seguir como resultado de uma diluição de dez vezes com água. Arredonde os valores de pH calculados para três algarismos significativos.
  *(a) H$_2$O.
  (b) HCl 0,0500 mol L^{-1}.
  *(c) NaOH 0,0500 mol L^{-1}.
  (d) CH$_3$COOH 0,0500 mol L^{-1}.
  *(e) CH$_3$COONa 0,0500 mol L^{-1}.
  (f) CH$_3$COOH 0,0500 mol L^{-1} + CH$_3$COONa 0,0500 mol L^{-1}.
  *(g) CH$_3$COOH 0,500 mol L^{-1} + CH$_3$COONa 0,500 mol L^{-1}.

*12-35. Calcule a variação no pH que ocorre quando 1,00 mmol de ácido forte é adicionado em 100 mL das soluções listadas no Problema 12-34.

12-36. Calcule a variação no pH que ocorre quando 1,50 mmol de base forte é adicionado em 100 mL das soluções listadas no Problema 12-34. Calcule os valores com três casas decimais.

12-37. Calcule a variação de pH, com três casas decimais, que ocorre quando 0,50 mmol de ácido forte é adicionado a 100 mL de
  (a) ácido lático 0,0100 mol L^{-1} + lactato de sódio 0,0800 mol L^{-1}.
  *(b) ácido lático 0,0800 mol L^{-1} + lactato de sódio 0,0200 mol L^{-1}.
  (c) ácido lático 0,0500 mol L^{-1} + lactato de sódio 0,0500 mol L^{-1}.

12-38. Uma alíquota de 50,00 mL de NaOH 0,1000 mol L^{-1} foi titulada com o HCl 0,1000 mol L^{-1}. Calcule o pH da solução após a adição de 0,00; 10,00; 25,00; 40,00; 45,00; 49,00; 50,00; 51,00; 55,00 e 60,00 mL de ácido e elabore uma curva de titulação a partir desses dados.

*12-39. Em uma titulação de 50,00 mL de ácido fórmico 0,05000 mol L^{-1} com KOH 0,1000 mol L^{-1}, o erro de titulação deve ser menor que 0,05 mL. Que indicador pode ser selecionado para atingir essa meta?

12-40. Em uma titulação de 50,00 mL de etilamina 0,1000 mol L^{-1} com HClO$_4$ 0,1000 mol L^{-1}, o erro de titulação deve ser menor que 0,05 mL. Que indicador pode ser escolhido para se atingir essa meta?

12-41. Calcule o pH após a adição de 0,00; 5,00; 15,00; 25,00; 40,00; 45,00; 49,00; 50,00; 51,00; 55,00 e 60,00 mL de NaOH 0,1000 mol L^{-1} na titulação de 50,00 mL de:
  *(a) HNO$_2$ 0,1000 mol L^{-1}.
  (b) cloreto de piridínio 0,1000 mol L^{-1}.
  *(c) ácido lático 0,1000 mol L^{-1}.

12-42. Calcule o pH após a adição de 0,00; 5,00; 15,00; 25,00; 40,00; 45,00; 49,00; 50,00; 51,00; 55,00 e 60,00 mL de HCl 0,1000 mol L^{-1} na titulação de 50,00 mL de:
  (a) amônia 0,1500 mol L^{-1}.
  (b) hidrazina 0,1500 mol L^{-1}.
  (c) cianeto de sódio 0,1500 mol L^{-1}.

12-43.. Calcule o pH após a adição de 0,00; 5,00; 15,00; 25,00; 40,00; 49,00; 50,00; 51,00; 55,00 e 60,00 mL de reagente na titulação de 50,00 mL de:

*(a) ácido cloroacético 0,01000 mol L⁻¹ com NaOH 0,01000 mol L⁻¹.
(b) cloreto de anilina 0,1000 mol L⁻¹ com NaOH 0,1000 mol L⁻¹.
*(c) ácido hipocloroso 0,1000 mol L⁻¹ com NaOH 0,1000 mol L⁻¹.
(d) hidroxilamina 0,1000 mol L⁻¹ com HCl 0,1000 mol L⁻¹.
Construa as curvas de titulação com os dados.

12-44. Calcule α_0 e α_1 para
*(a) ácido acético em uma solução com um pH igual a 5,320.
(b) ácido pícrico em uma solução com um pH igual a 1,750.
*(c) ácido hipocloroso em uma solução com um pH igual a 7,00.
(d) hidroxilamina em uma solução com pH igual a 5,54.
*(e) piperidina em uma solução com pH igual a 10,08.

*12-45. Calcule a concentração de equilíbrio de metilamônia em uma solução de CH_3NH_2 com uma concentração analítica de 0,120 mol L⁻¹ e com um pH de 11,471.

12-46. Calcule a concentração de equilíbrio de HCOOH não dissociado em uma solução de ácido fórmico com uma concentração analítica de 0,0750 mol L⁻¹ e com um pH de 3,500.

12-47. Complete com os dados que faltam na tabela a seguir.

Ácido	Concentração Molar Analítica, c_T ($c_T = c_{HA} + c_{A^-}$)	pH	[HA]	[A⁻]	α_0	α_1
*Lático	0,120	—	—	—	0,640	—
Iódico	0,200	—	—	—	—	0,765
*Butanoico	—	5,00	0,644	—	—	—
Hipocloroso	0,280	7,00	—	—	—	—
Nitroso	—	—	—	0,105	0,413	0,587
Cianeto de hidrogênio	—	—	0,145	0,221	—	—
*Sulfâmico	0,250	1,20	—	—	—	—

12-48. **Problema desafiador.** Esta foto mostra uma bureta que apresenta pelo menos dois defeitos na escala que foram originados durante a sua fabricação.

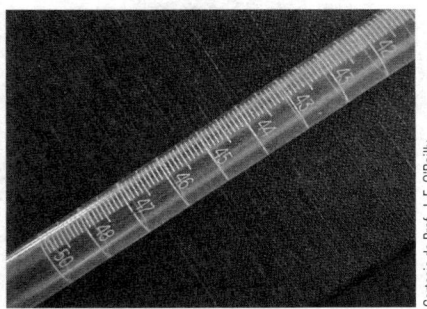

Uma bureta erroneamente rotulada.

Responda às seguintes perguntas a respeito da bureta, sua origem e seu uso.
(a) Sob quais condições a bureta pode ser utilizada?
(b) Pressupondo-se que o usuário não note o defeito na bureta, que tipo de erro poderá ocorrer se o nível do líquido estiver entre a segunda marca de 43 mL e a marca de 48 mL?
(c) Supondo que a leitura inicial na titulação seja 0,00 mL (muito improvavelmente), calcule o erro relativo no volume se a leitura final for 43,00 mL (marca superior). Qual é o erro relativo se a mesma leitura for feita na marca inferior? Realize o mesmo cálculo para uma leitura final realizada na marca de 48,00 mL. O que esses cálculos mostram com relação ao tipo de erro causado pelo defeito na bureta?
(d) Especule sobre a época em que essa bureta foi construída. Como você suspeitaria que as marcas foram feitas na bureta? É provável que o mesmo tipo de defeito apareça nas buretas fabricadas atualmente? Explique sua resposta.
(e) Presume-se que os instrumentos químicos eletrônicos modernos, como pHmetros, balanças, tituladores e espectrofotômetros, estejam livres de defeitos análogos aos mostrados na foto. Comente sobre a sabedoria de se fazer tal suposição.
(f) As buretas nos tituladores automáticos contêm um motor conectado a um pistão tipo parafuso que libera o titulante do mesmo modo que as seringas hipodérmicas liberam os líquidos. A distância deslocada pelo pistão é proporcional ao volume de líquido liberado. Que tipo de defeitos de fabricação pode conduzir a uma inexatidão ou imprecisão no volume de líquido liberado por esses aparelhos?
(g) Que providências você deve tomar para evitar erros de medida ao utilizar instrumentos químicos modernos?

CAPÍTULO 13

Sistemas Ácido/Base Complexos

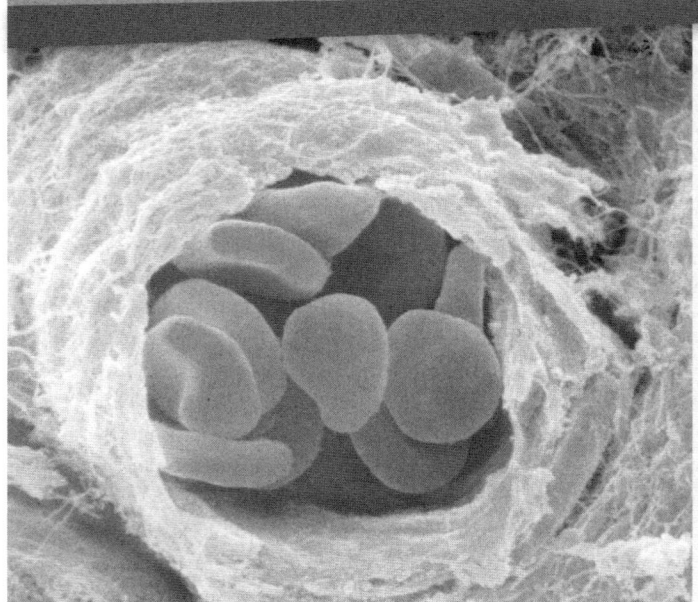

Ácidos e bases polifuncionais desempenham um papel importante em muitos sistemas químicos e biológicos. O corpo humano contém um sistema complexo de tampões no interior das células e nos fluidos corporais, como o sangue. A foto mostra uma micrografia eletrônica de varredura de glóbulos vermelhos movimentando-se por uma artéria. O pH do sangue humano está dentro da faixa de 7,35 a 7,45, principalmente devido ao sistema tampão ácido carbônico/bicarbonato.

$$CO_2(g) + H_2O(l) \rightleftharpoons H_2CO_3(aq)$$
$$H_2CO_3(aq) + H_2O(l) \rightleftharpoons H_3O^+(aq) + HCO_3^-(aq)$$

Este capítulo descreve os sistemas ácido/base polifuncionais, incluindo as soluções-tampão. Cálculos de pH e curvas de titulação também são descritos.

Professores Pietro M. Motta & Silvia Correr/Science Source

Neste capítulo, descrevemos o tratamento de sistemas ácido/base complexos, incluindo o cálculo das curvas de titulação. Definimos sistemas complexos como soluções constituídas de (1) dois ácidos ou duas bases de forças diferentes, (2) um ácido ou uma base que tenha dois ou mais grupos funcionais ácidos ou básicos, ou (3) uma substância anfiprótica, a qual é capaz de agir como um ácido ou como uma base. Para mais de um equilíbrio, reações químicas e equações algébricas são requeridas para se descrever as características de qualquer um desses sistemas.

13A Misturas de Ácidos Fortes e Fracos ou Bases Fortes e Fracas

Cada um dos componentes de uma mistura contendo um ácido forte e um fraco (ou uma base forte e uma fraca) pode ser determinado desde que as concentrações dos dois sejam da mesma ordem de grandeza e que a constante de dissociação do ácido fraco ou da base seja algo menor que 10^{-4}. Para demonstrar que essa afirmação é verdadeira, o Exemplo 13-1 mostra como uma curva de titulação pode ser construída para uma solução que contenha concentrações aproximadamente iguais de HCl e HA, onde HA seja um ácido fraco com uma constante de dissociação de 10^{-4}.

EXEMPLO 13-1

Calcule o pH de uma mistura de ácido clorídrico 0,1200 mol L^{-1} com o ácido fraco HA 0,0800 mol L^{-1} ($K_a \times 1,00 \times 10^{-4}$) durante sua titulação com KOH 0,1000 mol L^{-1}. Calcule os resultados para a adição dos seguintes volumes de base: (a) 0,00 mL e (b) 5,00 mL a 25,00 mL da mistura.

Resolução

(a) **Adição de 0,00 mL de KOH**

A concentração molar do íon hidrônio nessa mistura é igual à concentração do HCl mais a concentração do íon hidrônio que resulta da dissociação de HA e H$_2$O. Na presença dos dois ácidos, porém, podemos ter certeza de que a concentração do íon hidrônio proveniente da dissociação da água é muito pequena. Devemos, portanto, levar em consideração somente as duas outras fontes dos prótons. Assim, podemos escrever

$$[H_3O^+] = c^0_{HCl} + [A^-] = 0,1200 + [A^-]$$

Observe que [A$^-$] é igual à concentração dos íons hidrônio da dissociação do HA.

Agora, supomos que a presença de ácido forte reprima tanto a dissociação de HA que [A$^-$] $\ll$ 0,1200 mol L^{-1}; então

$$[H_3O^+] \approx 0,1200 \text{ mol L}^{-1}, \text{ e o pH é } 0,92$$

Para conferir essa suposição, o valor provisório para [H$_3$O$^+$] é substituído na expressão da constante de dissociação para HA. Quando esta expressão é rearranjada, obtemos

$$\frac{[A^-]}{[HA]} = \frac{K_a}{[H_3O^+]} = \frac{1,00 \times 10^{-4}}{0,1200} = 8,33 \times 10^{-4}$$

Essa expressão pode ser rearranjada para

$$[HA] = [A^-]/(8,33 \times 10^{-4})$$

Da concentração do ácido fraco, podemos escrever a expressão de balanço de massa

$$c^0_{HA} = [HA] + [A^-] = 0,0800 \text{ mol L}^{-1}$$

Substituindo-se o valor de [HA] da equação anterior, temos

$$[A^-]/(8,33 \times 10^{-4}) + [A^-] \approx (1,20 \times 10^3)[A^-] = 0,0800 \text{ mol L}^{-1}$$

$$[A^-] = 6,7 \times 10^{-5} \text{ mol L}^{-1}$$

Vemos que [A$^-$] é, de fato, como foi pressuposto, muito menor que 0,1200 mol L^{-1}.

(b) **5,00 mL de KOH**

$$c_{HCl} = \frac{25,00 \times 0,1200 - 5,00 \times 0,100}{25,00 + 5,00} = 0,0833 \text{ mol L}^{-1}$$

e podemos escrever

$$[H_3O^+] = 0,0833 + [A^-] \approx 0,0833 \text{ mol L}^{-1}$$

$$pH = 1,08$$

Para determinar se nossa suposição é ainda válida, calculamos [A$^-$] como fizemos no item (a), sabemos que a concentração de HA é agora $0,0800 \times 25,00/30,00 \times 0,0667$, e encontramos

$$[A^-] = 8,0 \times 10^{-5} \text{ mol L}^{-1}$$

que ainda é muito menor que 0,0833 mol L^{-1}.

O **Dr. Bryant C. Nelson** obteve seu bacharelado em química na University of Texas, Austin, e o doutorado em química analítica na University of Massachusetts, Amherst. Ele é pesquisador em química no National Institute of Standards and Technology (NIST), onde lidera o desenvolvimento e a aplicação de técnicas baseadas na espectrometria de massas para a avaliação de danos e reparos no DNA induzidos oxidativamente em humanos, vegetais e nematódeos. Ele coordena vários projetos de pesquisa focados basicamente na caracterização dos efeitos toxicológicos e biológicos de nanomateriais modificados em humanos e no ambiente. Sua prioridade imediata e foco de pesquisa é a área de nanomedicina e, especificamente, a caracterização e o desenvolvimento de vesículas extracelulares, como exossomos, como a próxima geração de vetores de entrega de medicamentos para terapêutica de gens e proteína.

Uma vez que seu trabalho no MIST se concentra na validação e padronização de métodos de testagem, ele incorpora os princípios centrais do desenvolvimento de método de química analítica, bem como a aplicação dos procedimentos de análise estatística para garantir que os métodos sejam adequados e analiticamente robustos.

O Exemplo 13-1 demonstra que o ácido clorídrico reprime a dissociação do ácido fraco nos estágios iniciais da titulação em tal extensão que podemos presumir que $[A^-] \ll c_{HCl}$ e $[H_3O^+] = c_{HCl}$. Em outras palavras, a concentração do íon hidrônio é simplesmente a concentração molar do ácido forte.

As aproximações empregadas no Exemplo 13-1 podem ser aplicadas até que a maior parte do ácido clorídrico tenha sido neutralizada pelo titulante. Então, a curva nos estágios iniciais da titulação é *idêntica àquela curva de titulação para uma solução 0,1200 mol L^{-1} contendo somente um ácido forte*. Como mostrado no Exemplo 13-2, a presença de HA deve ser considerada à medida que nos aproximamos do primeiro ponto final da titulação.

EXEMPLO 13-2

Calcule o pH da solução resultante após a adição de 29,00 mL de NaOH 0,1000 mol L^{-1} a 25,00 mL da solução descrita no Exemplo 13-1.

Resolução

Nesse caso,

$$c_{HCl} = \frac{25,00 \times 0,1200 - 29,00 \times 0,1000}{25,00 + 29,00} = 1,85 \times 10^{-3} \text{ mol L}^{-1}$$

$$c_{HA} = \frac{25,00 \times 0,0800}{54,00} = 3,70 \times 10^{-2} \text{ mol L}^{-1}$$

Como no exemplo anterior, um resultado provisório baseado na suposição de que $[H_3O^+] = 1,85 \times 10^{-3}$ mol L^{-1} produz um valor de $1,90 \times 10^{-3}$ para $[A^-]$. Vemos que $[A^-]$ não é mais muito menor do que $[H_3O^+]$, e devemos escrever

$$[H_3O^+] = c_{HCl} + [A^-] = 1,85 \times 10^{-3} + [A^-] \quad (13\text{-}1)$$

Além disso, por considerações de balanço de massa, sabemos que

$$[HA] + [A^-] = c_{HA} = 3,70 \times 10^{-2} \quad (13\text{-}2)$$

Rearranjamos a expressão da constante de dissociação do ácido HA para obtermos

$$[HA] = \frac{[H_3O^+][A^-]}{1,00 \times 10^{-4}}$$

A substituição dessa expressão na Equação 13-2 produz

$$\frac{[H_3O^+][A^-]}{1,00 \times 10^{-4}} + [A^-] = 3,70 \times 10^{-2}$$

$$[A^-] = \frac{3,70 \times 10^{-6}}{[H_3O^+] + 1,00 \times 10^{-4}}$$

Substituindo $[A^-]$ e c_{HCl} na Equação 13-1, temos

$$[H_3O^+] = 1,85 \times 10^{-3} + \frac{3,70 \times 10^{-6}}{[H_3O^+] + 1,00 \times 10^{-4}}$$

(continua)

Multiplicando para eliminar o denominador e agrupando os termos, temos

$$[H_3O^+]^2 - (1{,}75 \times 10^{-3})[H_3O^+] - 3{,}885 \times 10^{-6} = 0$$

Resolvendo a equação quadrática, obtemos

$$[H_3O^+] = 3{,}03 \times 10^{-3} \text{ mol L}^{-1}$$

$$pH = 2{,}52$$

Observe que as contribuições do HCl ($1{,}85 \times 10^{-3}$ mol L^{-1}) e do HA ($3{,}03 \times 10^{-3}$ mol L^{-1} − $1{,}85 \times 10^{-3}$ mol L^{-1}) para a concentração do íon hidrônio são comparáveis. Consequentemente, não podemos fazer a suposição que fizemos no Exemplo 13-1.

Quando a quantidade de base adicionada é equivalente à quantidade de ácido clorídrico originalmente presente, a solução é idêntica em todos os aspectos àquela preparada pela dissolução de quantidades apropriadas de ácido fraco e de cloreto de sódio em um volume de água adequado. No entanto, o cloreto de sódio não afeta o pH (desprezando-se o aumento da força iônica); assim, o restante da curva de titulação é idêntico àquela de uma solução diluída de HA.

A forma da curva para a mistura de ácido fraco e forte, e consequentemente as informações que podem derivar, depende em larga escala da força do ácido fraco. A **Figura 13-1** ilustra as variações de pH que ocorrem durante a titulação de misturas de ácido clorídrico com vários ácidos fracos com diferentes constantes de dissociação. Note que o aumento do pH no primeiro ponto de equivalência é pequeno ou essencialmente inexistente quando o ácido fraco tem uma constante de dissociação relativamente grande (curvas A e B). Para titulações como essas, apenas a quantidade de matéria total em milimols dos ácidos fraco e forte pode ser determinada precisamente. Por outro lado, quando o ácido fraco possui uma constante de dissociação muito pequena, apenas o teor do ácido forte pode ser determinado. Para os ácidos fracos de força intermediária (K_a algo menor que 10^{-4}, porém maior que 10^{-8}), normalmente se observam dois pontos finais úteis.

Também é possível determinar a quantidade de cada componente em uma mistura de bases forte e fraca sujeita aos obstáculos já descritos para o sistema ácido forte/ácido fraco. As construções de curvas de titulação para misturas de bases são análogas para mistura de ácidos.

❮❮ A composição de uma mistura de um ácido forte com um ácido fraco pode ser determinada por meio de titulação com indicadores adequados se o ácido fraco tiver uma constante de dissociação entre 10^{-4} e 10^{-8} e a concentração dos dois ácidos forem da mesma ordem de grandeza.

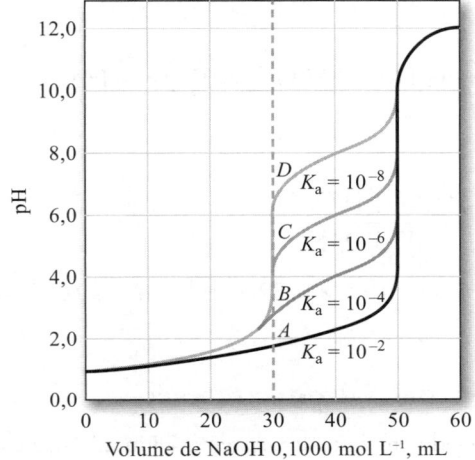

FIGURA 13-1

Curvas para a titulação de misturas de ácidos fracos/fortes com NaOH 0,1000 mol L^{-1}. Cada curva de titulação é para 25,00 mL de uma solução de HCl 0,1200 mol L^{-1} de ácido fraco HA 0,0800 mol L^{-1}.

13B Ácidos e Bases Polifuncionais

Existem várias espécies de interesse com dois ou mais grupos funcionais ácidos ou básicos que são encontradas na química analítica. Diz-se que essas espécies exibem comportamento ácido ou básico polifuncional. Geralmente, com um ácido polifuncional como o ácido fosfórico (H_3PO_4), as espécies protonadas (H_3PO_4, $H_2PO_4^-$, HPO_4^{2-}) diferem bastante nas suas constantes de dissociação, já que elas exibem pontos finais múltiplos em uma titulação de neutralização.

> Ao longo do restante deste capítulo, empregamos K_{a1} e K_{a2} para representar a primeira e a segunda constantes de dissociação do ácido e K_{b1} e K_{b2} para as constantes sucessivas da base.

> Geralmente, $K_{a1} > K_{a2}$ difere por um fator de 10^4 a 10^5 em virtude de forças eletrostáticas. Isto é, a primeira dissociação envolve a separação de um hidrônio com uma única carga positiva de um ânion também com uma única carga. Na segunda etapa, o íon hidrônio é separado de um ânion duplamente carregado, um processo que requer consideravelmente mais energia.

> Uma segunda razão do porquê de $K_{a1} > K_{a2}$ é estatística. Na primeira etapa, um próton pode ser removido de mais posições que na segunda e terceira etapas.

13B-1 O Sistema Ácido Fosfórico

O ácido fosfórico é um ácido polifuncional típico. Em solução aquosa, sofre as três reações de dissociação a seguir:

$$H_3PO_4 + H_2O \rightleftharpoons H_2PO_4^- + H_3O^+ \qquad K_{a1} = \frac{[H_3O^+][H_2PO_4^-]}{[H_3PO_4]}$$

$$= 7,11 \times 10^{-3}$$

$$H_2PO_4^- + H_2O \rightleftharpoons HPO_4^{2-} + H_3O^+ \qquad K_{a2} = \frac{[H_3O^+][HPO_4^{2-}]}{[H_2PO_4^-]}$$

$$= 6,32 \times 10^{-8}$$

$$HPO_4^{2-} + H_2O \rightleftharpoons PO_4^{3-} + H_3O^+ \qquad K_{a3} = \frac{[H_3O^+][PO_4^{3-}]}{[HPO_4^{2-}]}$$

$$= 4,5 \times 10^{-13}$$

Quando adicionamos dois equilíbrios sequenciais, multiplicamos as duas constantes de equilíbrio para obter a constante de equilíbrio para a reação global resultante. Assim, para os dois primeiros equilíbrios de dissociação para H_3PO_4, escrevemos

$$H_3PO_4 + 2H_2O \rightleftharpoons HPO_4^{2-} + 2H_3O^+ \qquad K_{a1}K_{a2} = \frac{[H_3O^+]^2[HPO_4^{2-}]}{[H_3PO_4]}$$

$$= 7,11 \times 10^{-3} \times 6,32 \times 10^{-8} = 4,49 \times 10^{-10}$$

Similarmente, para a reação

$$H_3PO_4 + 3H_2O \rightleftharpoons 3H_3O^+ + PO_4^{3-}$$

podemos escrever

$$K_{a1}K_{a2}K_{a3} = \frac{[H_3O^+]^3[PO_4^{3-}]}{[H_3PO_4]}$$

$$= 7,11 \times 10^{-3} \times 6,32 \times 10^{-8} \times 4,5 \times 10^{-13} = 2,0 \times 10^{-22}$$

13B-2 O Sistema Dióxido de Carbono/Ácido Carbônico

Quando o dióxido de carbono está dissolvido em água, um sistema ácido dibásico é formado pelas seguintes reações:

$$CO_2(aq) + H_2O \rightleftharpoons H_2CO_3 \qquad K_{hid} = \frac{[H_2CO_3]}{[CO_2(aq)]} = 2,8 \times 10^{-3} \qquad (13\text{-}3)$$

$$H_2CO_3 + H_2O \rightleftharpoons H_3O^+ + HCO_3^-$$

$$K_1 = \frac{[H_3O^+][HCO_3^-]}{[H_2CO_3]} = 1,5 \times 10^{-4} \tag{13-4}$$

$$H_2CO_3^- + H_2O \rightleftharpoons H_3O^+ + CO_3^{2-}$$

$$K_2 = \frac{[H_3O^+][CO_3^{2-}]}{[HCO_3^-]} = 4,69 \times 10^{-11} \tag{13-5}$$

As primeiras reações descrevem a hidratação do CO_2 aquoso para formar o ácido carbônico. Observe que a grandeza de K_{hid} indica que a concentração de CO_2 (aq) é muito maior que a concentração de H_2CO_3 (isto é, [H_2CO_3] é apenas 0,3% da concentração de $CO_2(aq)$). Assim, um modo mais útil de se discutir a acidez de soluções de dióxido de carbono consiste em combinar as Equações 13-3 e 13-4 para fornecer

$$CO_2(aq) + 2H_2O \rightleftharpoons H_3O^+ + HCO_3^- \quad K_{a1} = \frac{[H_3O^+][HCO_3^-]}{[CO_2(aq)]} \tag{13-6}$$

$$= 2,8 \times 10^{-3} \times 1,5 \times 10^{-4}$$

$$= 4,2 \times 10^{-7}$$

$$HCO_3^- + H_2O \rightleftharpoons H_3O^+ + CO_3^{2-} \quad K_{a2} = 4,69 \times 10^{-11} \tag{13-7}$$

EXEMPLO 13-3

Calcule o pH de uma solução de CO_2 0,02500 mol L⁻¹.

Resolução

A expressão do balanço de massas para espécies contendo CO_2 é

$$c^0_{CO_2} = 0,02500 = [CO_2(aq)] + [H_2CO_3] + [HCO_3^-] + [CO_3^{2-}]$$

A pequena grandeza de K_{hid}, K_1 e K_2 (veja as Equações 13-3, 13-4 e 13-5) sugere que

$$([H_2CO_3] + [HCO_3^-] + [CO_3^{2-}]) \ll [CO_2(aq)]$$

e podemos escrever

$$[CO_2(aq)] \approx c^0_{CO_2} = 0,02500 \text{ mol L}^{-1}$$

A equação do balanço de cargas, é

$$[H_3O^+] = [HCO_3^-] + 2[CO_3^{2-}] + [OH^-]$$

Então, pressupomos que

$$2[CO_3^{2-}] + [OH^-] \ll [HCO_3^-]$$

Consequentemente,

$$[H_3O^+] \approx [HCO_3^-]$$

(continua)

Substituindo-se essas aproximações na Equação 13-6, temos

$$\frac{[H_3O^+]^2}{0,02500} = K_{a1} = 4,2 \times 10^{-7}$$

$$[H_3O^+] = \sqrt{0,02500 \times 4,2 \times 10^{-7}} = 1,02 \times 10^{-4} \text{ mol L}^{-1}$$

$$pH = -\log(1,02 \times 10^{-4}) = 3,99$$

Calculando valores para $[H_2CO_3]$, $[CO_3^{2-}]$ e $[OH^-]$ indicam que as suposições são válidas.

>> DESAFIO: Escreva um número suficiente de equações para tornar possível o cálculo de todas as espécies em uma solução de concentrações analíticas de Na_2CO_3 e $NaHCO_3$ conhecidas.

O pH de sistemas polifuncionais, como o ácido fosfórico ou carbonato de sódio, pode ser calculado rigorosamente pelo uso da abordagem sistemática de problemas de multiequilíbrios descrita no Capítulo 9. Resolver manualmente a solução de várias equações simultâneas que estão envolvidas pode ser difícil e consome muito tempo, mas um computador pode simplificar o trabalho radicalmente.[1] Em muitos casos, suposições de simplificação podem ser feitas quando as constantes de equilíbrio sucessivas para o ácido (ou base) diferem por um fator de cerca de 10^3 ou mais. Estas suposições tornam possível o cálculo dos dados de pH para as curvas de titulação por meio das técnicas que foram discutidas nos capítulos anteriores.

13C Soluções-Tampão Envolvendo Ácidos Polipróticos

>> Um ácido dibásico, também conhecido como um ácido diprótico, tem dois hidrogênios ácidos como o H_2SO_4.

Dois sistemas tampão podem ser preparados a partir de um ácido fraco dibásico e seu sal. O primeiro consiste no ácido livre H_2A e na sua base conjugada NaHA, e o segundo faz uso do ácido NaHA e da sua base conjugada Na_2A. O pH do sistema $NaHA/Na_2A$ é maior que o sistema $H_2A/NaHa$ porque a constante de dissociação para HA^- é sempre menor que para H_2A.

Podemos escrever muitas equações independentes para permitir um cálculo rigoroso da concentração do íon hidrônio nesses sistemas. Ordinariamente, entretanto, é possível introduzir-se a simplificação de que apenas um dos equilíbrios é importante na determinação da concentração do íon hidrônio da solução. Assim, para um tampão preparado a partir de H_2A e NaHA, a dissociação de HA^- para produzir A^{2-} pode normalmente ser desprezada de tal forma que o cálculo é baseado apenas na primeira dissociação. Com essa simplificação, a concentração do íon hidrônio é calculada por meio do método descrito na Seção 7C-1 para uma solução-tampão simples. Como mostrado no Exemplo 13-4, a validade das suposições pode ser conferida calculando-se uma concentração aproximada de A^{2-} e comparando-se esse valor com a concentração de H_2A e HA^-.

EXEMPLO 13-4

Calcule a concentração do íon hidrônio em uma solução-tampão de ácido fosfórico 2,00 mol L^{-1} e di-hidrogenofosfato de potássio 1,50 mol L^{-1}.

Resolução

O equilíbrio principal nessa solução é a dissociação do H_3PO_4.

$$H_3PO_4 + H_2O \rightleftharpoons H_3O^+ + H_2PO_4^- \qquad K_{a1} = \frac{[H_3O^+][H_2PO_4^-]}{[H_3PO_4]} = 7,11 \times 10^{-3}$$

(continua)

---

[1] Veja S. R. Crouch e F. J. Holler, *Applications of Microsoft Excel® in Analytical Chemistry*, 4. ed., Boston, MA: Cengage Learning, 2017, cap. 6.

Presumimos que a dissociação de $H_2PO_4^-$ seja desprezível, isto é, $[H_2PO_4^-]$ e $[PO_4^{3-}] \ll [H_2PO_4^-]$ e $[H_3PO_4]$. Então,

$$[H_3PO_4] \approx c^0_{H_3PO_4} = 2{,}00 \text{ mol L}^{-1}$$

$$[H_3PO_4^-] \approx c^0_{KH_3PO_4} = 1{,}50 \text{ mol L}^{-1}$$

$$[H_3O^+] = \frac{7{,}11 \times 10^{-3} \times 2{,}00}{1{,}50} = 9{,}48 \times 10^{-3} \text{ mol L}^{-1}$$

Agora, usamos a expressão da constante de equilíbrio K_{a2} para ver se nossa suposição foi válida.

$$K_{a2} = 6{,}32 \times 10^{-8} = \frac{[H_3O^+][HPO_4^{2-}]}{[H_2PO_4^-]} = \frac{9{,}48 \times 10^{-3}[HPO_4^{2-}]}{1{,}50}$$

Resolvendo esta equação obtemos

$$[HPO_4^-] = 1{,}00 \times 10^{-5} \text{ mol L}^{-1}$$

Uma vez que esta concentração é muito menor que as concentrações das espécies principais, H_3PO_4 e $H_2PO_4^-$, nossa suposição é válida. Observe que a $[PO_4^{3-}]$ é ainda muito menor que a $[HPO_4^{2-}]$.

Para um tampão preparado a partir de NaHA e Na_2A, a segunda dissociação, normalmente, predomina e o equilíbrio

$$HA^- + H_2O \rightleftharpoons H_2A + OH^-$$

pode ser desprezado. A concentração do H_2A é desprezível quando comparada com a de HA^- ou A^{2-}. O íon hidrônio pode então ser calculado a partir da segunda constante de dissociação pelas técnicas para uma solução-tampão convencional. Para testar a suposição, comparamos uma concentração estimada de H_2A com as concentrações de HA^- e A^{2-}, como no Exemplo 13-5.

EXEMPLO 13-5

Calcule a concentração do íon hidrônio em um tampão de ftalato ácido de potássio (KHFt) 0,0500 mol L^{-1} e ftalato de potássio 0,150 mol L^{-1} (K_2Ft).

$$HP^- + H_2O \rightleftharpoons H_3O^+ + P^{2-} \quad K_{a2} = \frac{[H_3O^+][P^{2-}]}{[HP^-]} = 3{,}91 \times 10^{-6}$$

Resolução

Faremos a suposição de que a concentração de H_2Ft é desprezível nesta solução. Consequentemente,

$$[HP^-] \approx c^0_{KHP} = 0{,}0500 \text{ mol L}^{-1}$$

$$[P^{2-}] \approx c^0_{K_2P} = 0{,}150 \text{ mol L}^{-1}$$

$$[H_3O^+] = \frac{3{,}91 \times 10^{-6} \times 0{,}0500}{0{,}150} = 1{,}30 \times 10^{-6} \text{ mol L}^{-1}$$

Para verificar a primeira suposição, um valor aproximado para $[H_2Ft]$ é calculado pela substituição dos valores numéricos para $[H_3O^+]$ e $[HFt^-]$ na expressão para K_{a1}:

(continua)

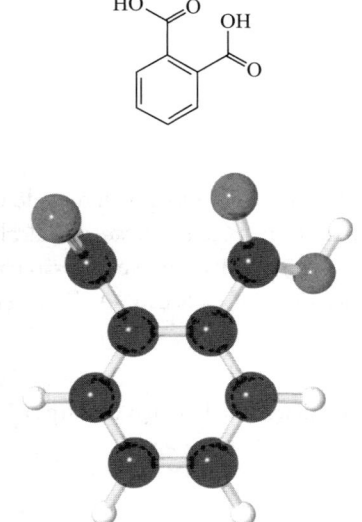

Ácido ftálico

$$K_{a2} = \frac{[H_3O^+][HP^{2-}]}{[H_2P^-]} = 1{,}12 \times 10^{-3} = \frac{(1{,}30 \times 10^{-6}) \times (0{,}0500)}{[H_2P]}$$

$$[H_2P] = 6 \times 10^{-5} \text{ mol L}^{-1}$$

Uma vez que a $[H_2Ft] \ll [HFt^-]$ e $[Ft^{2-}]$, nossa suposição de que a reação do HFt^- para formar OH^- seja desprezível é justificada.

Em todas, menos em algumas poucas ocasiões, a suposição de um equilíbrio principal simples, como nos Exemplos 13-4 e 13-5, fornece uma estimativa satisfatória do pH de misturas tampão derivadas de ácidos polibásicos. Entretanto, erros apreciáveis ocorrem quando a concentração do ácido ou do seu sal é muito baixa ou quando as duas constantes de dissociação são numericamente próximas. Nestes casos, um cálculo mais rigoroso é necessário.

13D Cálculos de pH de Soluções de NaHA

Não consideramos ainda como calcular o pH das soluções de sais que têm as duas propriedades ácida e básica, isto é, os sais que são anfipróticos. Esses sais são formados durante as titulações de neutralização de ácidos polifuncionais ácidos e básicos. Por exemplo, quando 1 mol de NaOH é adicionado a uma solução que contém 1 mol de ácido H_2A, forma-se 1 mol de NaHA. O pH dessa solução é determinado por dois equilíbrios estabelecidos entre HA^- e a água:

$$HA^- + H_2O \rightleftharpoons A^{2-} + H_3O^+$$

e

$$HA^- + H_2O \rightleftharpoons H_2A + OH^-$$

Se a primeira reação predominar, a solução será ácida. Caso a segunda reação predomine, a solução será básica. As ordens de grandeza relativas das constantes de equilíbrio para estes processos determinam se uma solução de NaAH é ácida ou básica.

$$K_{a2} = \frac{[H_3O^+][A^{2-}]}{[HA^-]} \tag{13-8}$$

$$K_{b2} = \frac{K_w}{K_{a1}} = \frac{[H_2A][OH^-]}{[HA^-]} \tag{13-9}$$

onde K_{a1} e K_{a2} são constantes de dissociação do ácido H_2A e K_{b2} é a constante de dissociação básica para HA^-. Se K_{b2} for maior que K_{a2}, a solução será alcalina. Ela será ácida se K_{a2} exceder K_{b2}.

Para derivar uma expressão para a concentração do íon hidrônio de uma solução de HA^-, usamos a abordagem sistemática descrita na Seção 9A. Escrevemos primeiro a equação de balanço de massas.

$$c_{NaHA} = [HA^-] + [H_2A] + [A^{2-}] \tag{13-10}$$

A equação de balanço de cargas é:

$$[Na^+] + [H_3O^+] = [HA^-] + 2[A^{2-}] + [OH^-]$$

Uma vez que a concentração de íons sódio é igual à concentração molar analítica do NaHA, a última equação pode ser reescrita como

$$c_{NaHA} + [H_3O^+] = [HA^-] + 2[A^{2-}] + [OH^-] \tag{13-11}$$

Agora temos quatro equações algébricas (Equações 13-10 e 13-11 e as duas expressões das constantes de dissociação para H_2A) e necessitamos de uma expressão adicional para resolver as cinco incógnitas. A constante de produto iônico da água serve ao propósito:

$$K_w = [H_3O^+][OH^-]$$

A solução rigorosa dessas cinco equações para as cinco incógnitas é um pouco difícil, mas métodos computacionais têm tornado a tarefa menos terrível que anteriormente.[2] Uma aproximação razoável, aplicável à maioria das soluções de sais ácidos, pode ser usada, entretanto, para simplificar o problema. Primeiro subtraímos a equação de balanço de massas da equação de balanço de cargas.

$$c_{NaHA} + [H_3O^+] = [HA^-] + 2[A^{2-}] + [OH^-] \quad \textbf{balanço de cargas}$$

$$c_{NaHA} = [H_2A] + [HA^-] + [A^{2-}] \quad \textbf{balanço de massas}$$

$$[H_3O^+] = [A^{2-}] + [OH^-] - [H_2A] \tag{13-12}$$

Então, rearranjamos a expressão da constante de dissociação do ácido do H_2A e HA^- para fornecer

$$[H_2A] = \frac{[H_3O^+][HA^-]}{K_{a1}}$$

$$[A^{2-}] = \frac{K_{a2}[HA^-]}{[H_3O^+]}$$

Substituindo-se essas expressões e aquela para K_w na Equação 13-12, temos

$$[H_3O^+] = \frac{K_{a2}[HA^-]}{[H_3O^+]} + \frac{K_w}{[H_3O^+]} - \frac{[H_3O^+][HA^-]}{K_{a1}}$$

Multiplicando por $[H_3O^+]$, resulta

$$[H_3O^+]^2 = K_{a2}[HA^-] + K_w - \frac{[H_3O^+]^2[HA^-]}{K_{a1}}$$

Combinamos as condições para obter

$$[H_3O^+]^2 \left(\frac{[HA^-]}{K_{a1}} + 1 \right) = K_{a2}[HA^-] + K_w$$

Essa equação é rearranjada para

$$[H_3O^+] = \sqrt{\frac{K_{a2}[HA^-] + K_w}{1 + [HA^-]/K_{a1}}} \tag{13-13}$$

Sob muitas circunstâncias, podemos realizar a aproximação que

$$[HA^-] \approx c_{NaHA} \tag{13-14}$$

Substituindo essa relação na Equação 13-13, temos

$$[H_3O^+] = \sqrt{\frac{K_{a2}c_{NaHA} + K_w}{1 + c_{NaHA}/K_{a1}}} \tag{13-15}$$

---

[2] Veja S. R. Cruoch e F. J. Holler, *Applications of Microsoft Excel® in Analytical Chemistry*, 4. ed., Boston, MA: Cengage Learning, 2017, cap. 6.

A aproximação mostra como a Equação 13-14 requer que [HA⁻] seja muito maior que qualquer outra concentração de equilíbrio nas Equações 13-10 e 13-11. Essa suposição não é válida para as soluções muito diluídas de NaHA ou em situações onde K_{a2} ou K_w/K_{a1} seja relativamente grande.

Frequentemente, a razão c_{NaHA}/K_{a1} é muito maior que a unidade no denominador da Equação 13-15, e $K_{a2}c_{NaHA}$ é consideravelmente maior que K_w no numerador. Neste caso, a Equação 13-15 pode ser escrita como

$$[H_3O^+] = \sqrt{K_{a1}K_{a2}} \tag{13-16}$$

>> Sempre conferir as suposições que são inerentes à Equação 13-16.

Observe que a Equação 13-16 não contém c_{NaHA}, implicando que o pH das soluções desse tipo permanece constante em uma faixa considerável de concentrações de soluções em que as suposições são válidas.

EXEMPLO 13-6

Calcule a concentração de íons hidrônio de uma solução de Na_2HPO_4 $1,00 \times 10^{-3}$ mol L⁻¹.

Resolução

As constantes de dissociação pertinentes são K_{a2} e K_{a3}, as quais contêm [HPO₄²⁻]. Seus valores são $K_{a2} = 6,32 \times 10^{-8}$ e $K_{a3} = 4,5 \times 10^{-13}$. No caso de uma solução Na_2HPO_4 a Equação 13-15 pode ser escrita como

$$[H_3O^+] = \sqrt{\frac{K_{a3}c_{NaHA} + K_w}{1 + c_{NaHA}/K_{a2}}}$$

Observe que usamos K_{a3} no lugar de K_{a2} na Equação 13-15 e K_{a2} no lugar de K_{a1}, uma vez que estas são as constantes de dissociação apropriadas onde Na_2HPO_4 é o sal.

Se considerarmos de novo as suposições que levam à Equação 13-16, descobriremos que o termo $c_{NaHA}/K_{a2} = (1,0 \times 10^{-3})/(6,32 \times 10^{-8})$ é muito maior que 1, logo, o denominador pode ser simplificado. No numerador, entretanto, $K_{a3}c_{NaHA} = 4,5 \times 10^{-13} \times 1,00 \times 10^{-3}$ é comparável ao K_w de tal forma que nenhuma simplificação pode ser feita. Usamos, consequentemente, uma versão parcialmente simplificada da Equação 13-15:

$$[H_3O^+] = \sqrt{\frac{K_{a3}c_{NaHA} + K_w}{1 + c_{NaHA}/K_{a2}}}$$

$$= \sqrt{\frac{(4,5 \times 10^{-13})(1,00 \times 10^{-3}) + 1,00 \times 10^{-14}}{(1,00 \times 10^{-3})/(6,32 \times 10^{-8})}} = 8,1 \times 10^{-10} \text{ mol L}^{-1}$$

A Equação 13-16 simplificada forneceu $1,7 \times 10^{-10}$ mol L⁻¹, que é um erro por uma grande quantidade.

EXEMPLO 13-7

Encontre a concentração do íon hidrônio em uma solução de NaH_2PO_4 0,0100 mol L⁻¹.

Resolução

As duas constantes de dissociação de importância (aquelas que contêm ([H₂PO₄²⁻]) são $K_{a1} = 7,11 \times 10^{-3}$ e $K_{a2} = 6,32 \times 10^{-8}$). Um teste mostra que o denominador da Equação 13-15 não pode ser simplificado, mas podemos reduzir o numerador para $K_{a2}c_{NaH_2PO_4}$. Assim, a Equação 13-15 se torna

$$[H_3O^+] = \sqrt{\frac{(6,32 \times 10^{-8})(1,00 \times 10^{-2})}{[1 + (1,00 \times 10^{-3})/(7,11 \times 10^{-3})]}} = 1,62 \times 10^{-5} \text{ mol L}^{-1}$$

EXEMPLO 13-8

Calcule a concentração do íon hidrônio de uma solução de $NaHCO_3$ 0,100 mol L^{-1}.

Resolução

Presumimos que, como anteriormente, que $[H_2CO_3] \ll [CO_2(aq)]$ e, assim, o seguinte equilíbrio descreve o sistema:

$$CO_2(aq) + 2H_2O \rightleftharpoons H_3O^+ + HCO_3^- \qquad K_{a1} = \frac{[H_3O^+][HCO_3^-]}{[CO_2(aq)]}$$

$$= 4,2 \times 10^{-7}$$

$$HCO_3^- + H_2O \rightleftharpoons H_3O^+ + CO_3^{2-} \qquad K_{a2} = \frac{[H_3O^+][CO_3^{2-}]}{[HCO_3^-]}$$

$$= 4,69 \times 10^{-11}$$

Observamos que $c_{NaHA}/K_{a1} \gg 1$ de tal forma que o denominador da Equação 13-15 pode ser simplificado. Além disso, $K_{a2}c_{NaHA}$ tem um valor de $4,69 \times 10^{-12}$, que é substancialmente maior que K_w. Assim, a Equação 13-16 se aplica, e

$$[H_3O^+] = \sqrt{4,2 \times 10^{-7} \times 4,69 \times 10^{-11}} = 4,4 \times 10^{-9} \text{ mol L}^{-1}$$

13E Curvas de Titulação para Ácidos Polifuncionais

Os compostos com dois ou mais grupos funcionais ácidos produzem múltiplos pontos finais em uma titulação contanto que os grupos funcionais difiram suficientemente em suas forças como ácidos. As técnicas computacionais descritas no Capítulo 12 permitem construir curvas de titulação teóricas com razoável precisão para os ácidos polipróticos se a razão K_{a1}/K_{a2} for algo maior que 10^3. Se essa razão for menor, os erros se tornam significativos, particularmente na região do primeiro ponto de equivalência e um tratamento mais rigoroso das relações de equilíbrio é requerido.

A **Figura 13-2** mostra a curva de titulação para um ácido diprótico H_2A com uma constante de dissociação $K_{a1} = 1,00 \times 10^{-3}$ e $K_{a2} = 1,00 \times 10^{-7}$. Uma vez que a razão K_{a1}/K_{a2} é significativamente maior que 10^3, podemos calcular essa curva (exceto para o primeiro ponto de equivalência) usando as técnicas desenvolvidas no Capítulo 12 para os ácidos monopróticos simples. Assim, para obtermos o pH inicial (ponto A), tratamos o sistema como se contivesse um único ácido fraco monoprótico com uma constante de dissociação de $K_{a1} = 1,00 \times 10^{-3}$. Na região B, temos o equivalente a um tampão simples consistindo em um ácido fraco H_2A e sua base conjugada $NaHA$. Isto é, pressupomos que a concentração de A^{2-} seja desprezível quando comparada com as de outras espécies que contêm A e empregamos a Equação 7-29 para encontrar $[H_3O^+]$. No primeiro ponto de equivalência (ponto C), temos uma solução de um sal ácido e usamos a Equação 13-15 ou uma de suas simplificações para calcular a concentração dos íons hidrônio. Na região D, obtemos um segundo tampão que consiste em um ácido fraco HA^- e sua base conjugada Na_2A, e calculamos o pH usando a segunda constante de dissociação, $K_{a2} = 1,00 \times 10^{-7}$. No ponto E, a solução contém a base conjugada de um ácido fraco com uma constante de dissociação de $1,00 \times 10^{-7}$. Isto é, presumimos que a concentração do hidróxido da solução seja determinada somente pela reação do A^{2-} com a água para formar HA^- e OH^-. Finalmente, na região F, temos $NaOH$ em excesso e computamos a concentração de hidróxido a partir da concentração molar do $NaOH$. O pH é então encontrado a partir desta quantidade e do produto iônico da água.

O Exemplo 13-9 ilustra uma amostra de cálculo um pouco mais complicado, aquele da titulação do ácido maleico diprótico (H_2M) com $NaOH$. Apesar da razão K_{a1}/K_{a2} ser grande o suficiente para usar as técnicas que acabamos de descrever, o valor de K_{a1} é tão grande que algumas das simplificações feitas nas abordagens anteriores não se aplicam, particularmente nas regiões logo antes e logo depois dos pontos de equivalência.

FIGURA 13-2

Titulação de 20,00 mL de H_2A 0,1000 mol L^{-1} com NaOH 0,1000 mol L^{-1}. Para H_2A, $K_{a1} = 1,00 \times 10^{-3}$ e $K_{a2} = 1,00 \times 10^{-7}$. O método de cálculo do pH é mostrado para vários pontos e regiões da curva de titulação.

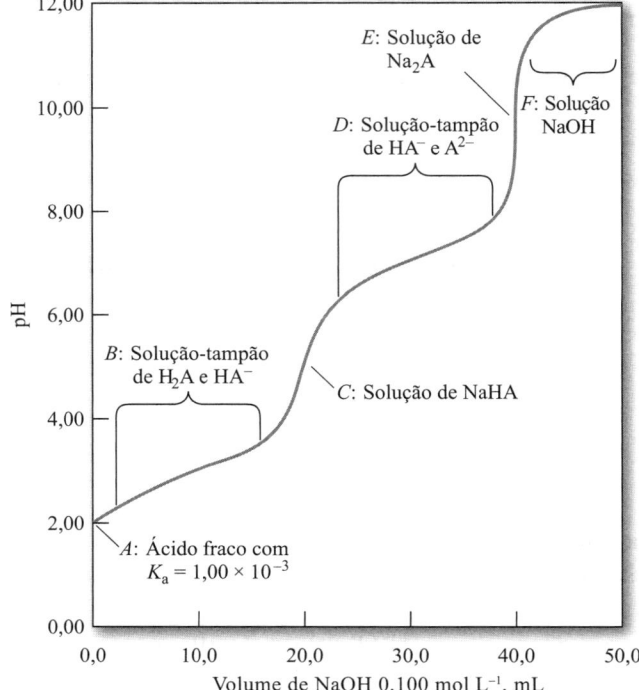

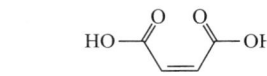

Fórmula estrutural do ácido maleico.

EXEMPLO 13-9

Construa uma curva de titulação de 25,00 mL de ácido maleico, HOOC—CH=CH—COOH com NaOH 0,1000 mol L^{-1}.
Podemos escrever os dois equilíbrios de dissociação como

$$H_2M + H_2O \rightleftharpoons H_3O^+ + HM^- \quad K_{a1} = 1,3 \times 10^{-2}$$

$$HM^- + H_2O \rightleftharpoons H_3O^+ + M^{2-} \quad K_{a2} = 5,9 \times 10^{-7}$$

Em virtude de a razão K_{a1}/K_{a2} ser muito grande (2×10^{-4}), podemos proceder usando as técnicas descritas anteriormente. Observe que os dois pontos de equivalência devem ocorrer em 25,00 mL e 50,00 mL de NaOH.

Resolução

pH inicial

Inicialmente, a solução de H_2M é 0,1000 mol L^{-1}. Neste ponto, apenas a primeira dissociação efetua uma contribuição apreciável para a $[H_3O^+]$; assim,

$$[H_3O^+] \approx [HM^-]$$

O balanço de massas requer que

$$c^0_{H_2M} = [H_2M] + [HM^-] + [M^{2-}] = 0,1000 \text{ mol L}^{-1}$$

Uma vez que a segunda dissociação é desprezível, a $[M^{-2}]$ é muito pequena de tal forma que

$$c^0_{H_2M} \approx [H_2M] + [HM^-] = 0,1000 \text{ mol L}^{-1}$$

(continua)

ou

$$[H_2M] = 0,1000 - [HM^-] = 0,1000 - [H_3O^+]$$

Substituindo-se essas relações nas expressões de K_{a1}, temos

$$K_{a1} = 1,3 \times 10^{-2} = \frac{[H_3O^+][HM^-]}{[H_2M]} = \frac{[H_3O^+]^2}{0,1000 - [H_3O^+]}$$

O rearranjo produz

$$[H_3O^+]^2 + 1,3 \times 10^{-2} [H_3O^+] - 1,3 \times 10^{-3} = 0$$

Como K_{a1} do ácido maleico é relativamente grande, precisamos resolver a equação quadrática ou achar $[H_3O^+]$ por meio de aproximações sucessivas. Quando assim o fazemos, obtemos

$$[H_3O^+] = 3,01 \times 10^{-2} \text{ mol L}^{-1}$$
$$pH = -\log(3,01 \times 10^{-2}) = 2 - \log 3,01 = 1,52$$

Primeira Região Tamponada

A adição de base, por exemplo 5,00 mL, resulta na formação de um tampão do ácido fraco H_2M e sua base conjugada HM^-. Dentro da suposição de que a dissociação de HM^- para formar M^{2-} seja desprezível, a solução pode ser tratada como um sistema tampão simples. Assim, aplicando-se as Equações 7-27 e 7-28, temos

$$c_{NaHM} \approx [HM^-] = \frac{5,00 \times 0,1000}{30,00} = 1,67 \times 10^{-2} \text{ mol L}^{-1}$$

$$c_{NaHM} \approx [H_2M] = \frac{25,00 \times 0,1000 - 5,00 \times 0,1000}{30,00} = 6,67 \times 10^{-2} \text{ mol L}^{-1}$$

A substituição desses valores na expressão da constante de equilíbrio para K_{a1} produz um valor estimado de $5,2 \times 10^{-2}$ mol L^{-1} para $[H_3O^-]$. É claro, entretanto, que a aproximação $[H_3O^+] \ll c_{H_2M}$ ou c_{HM^-} não é válida, portanto, as Equações 7-25 e 7-26 devem ser utilizadas, e

$$[HM^-] = 1,67 \times 10^{-2} + [H_3O^-] - [OH^-]$$
$$[H_2M] = 6,67 \times 10^{-2} + [H_3O^+] - [OH^-]$$

Como a solução é bastante ácida, a aproximação de que $[OH^-]$ é muito pequena é seguramente justificada. A substituição dessas expressões nas relações das constantes de dissociação nos fornece

$$K_{a1} = \frac{[H_3O^+](1,67 \times 10^{-2} + [H_3O^+])}{6,67 \times 10^{-2} - [H_3O^+]} = 1,3 \times 10^{-2}$$

$$[H_3O^+]^2 + (2,97 \times 10^{-2})[H_3O^+] - 8,67 \times 10^{-4} = 0$$

$$[H_3O^+] = 1,81 \times 10^{-2} \text{ mol L}^{-1}$$

$$pH = -\log(1,81 \times 10^{-2}) = 1,74$$

Os pontos adicionais na primeira região tamponada podem ser calculados de maneira similar até logo antes do primeiro ponto de equivalência.

(continua)

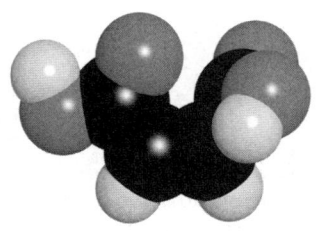
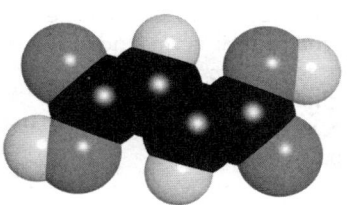

O modelo molecular do ácido maleico, ou ácido (Z)-butenodióico (modelo acima), e ácido fumárico, ou ácido (E)-butenodióico (modelo abaixo). Esses isômeros geométricos exibem notáveis diferenças em suas propriedades físicas e químicas. Como o isômero *cis* (ácido maleico) tem dois grupos carboxílicos de um mesmo lado da molécula, o composto elimina água para formar o anidrido maleico cíclico, que é uma matéria-prima muito reativa utilizada em plásticos, corantes, fármacos e agroquímicos. O ácido fumárico, que é essencial à respiração animal e vegetal, é usado industrialmente como antioxidante, na síntese de resinas e para fixar cores em tingimento. É interessante comparar os valores de pKa para os dois ácidos; para o ácido fumárico, pK_{a1} = 3,05 e pK_{a2} = 4,49; para o ácido maleico, pK_{a1} = 1,89 e pK_{a2} = 6,23. DESAFIO: Explique as diferenças nos valores de pK_a com base nas diferenças das estruturas moleculares.

> O ácido maleico é o isômero *cis* do ácido butanoico. O isômero *trans* é o ácido fumárico. O ácido maleico é uma matéria-prima industrial usada na produção de ácido glioxílico. Ele pode ser convertido em anidrido maleico pela desidratação.

Logo Antes do Primeiro Ponto de Equivalência

Logo antes do primeiro ponto de equivalência, a concentração de H_2M é tão pequena que se torna comparável à concentração de M^{2-} e o segundo equilíbrio precisa também ser considerado. Dentro de aproximadamente 0,1 mL do primeiro ponto de equivalência, temos primariamente uma solução de HM^- com uma pequena quantidade de H_2M restante e uma pequena quantidade de M^{2-} formado. Por exemplo, com 24,90 mL de NaOH adicionados,

$$[HM^-] \approx c_{NaHM} = \frac{24,90 \times 0,1000}{49,90} = 4,99 \times 10^{-2} \text{ mol L}^{-1}$$

$$c_{H_2M} = \frac{25,00 \times 0,1000}{49,90} - \frac{24,90 \times 0,1000}{49,90} = 2,00 \times 10^{-4} \text{ mol L}^{-1}$$

O balanço de massas nos dá

$$c_{H_2M} + c_{NaHM} = [H_2M] + [HM^-] + [M^{2-}]$$

O balanço de cargas nos dá

$$[H_3O^+] + [Na^+] = [HM^-] + 2[M^{2-}] + [OH^-]$$

Uma vez que a solução consiste primariamente no ácido HM^- no primeiro ponto de equivalência, podemos desprezar $[OH^-]$ na equação anterior e substituir $[Na^+]$ por c_{NaHM}. Após o rearranjo, obtemos

$$c_{NaHM} = [HM^-] + 2[M^{2-}] - [H_3O^+]$$

Substituindo essa equação na expressão de balanço de massas e isolando $[H_3O^+]$, temos

$$[H_3O^+] = c_{H_2M} + [M^{2-}] - [H_2M]$$

Se expressarmos $[M^{2-}]$ e $[H_2M]$ em termos de $[HM^-]$ e $[H_3O^+]$, o resultado será

$$[H_3O^+] = c_{H_2M} + \frac{K_{a2}[HM^-]}{[H_3O^+]} - \frac{[H_3O^+][HM^-]}{K_{a1}}$$

Multiplicando-se por $[H_3O^+]$, temos, após o rearranjo

$$[H_3O^+]^2 \left(1 + \frac{[HM^-]}{K_{a1}}\right) - c_{H_2M}[H_3O^+] - K_{a2}[HM^-] = 0$$

Substituindo-se $[HM^-] = 4,99 \times 10^{-2}$, $c_{H_2M} = 2,00 \times 10^{-4}$ e os valores de K_{a1} e K_{a2}, levamos a

$$4,838 [H_3O^+]^2 - 2,00 \times 10^{-4} [H_3O^+] - 2,94 \times 10^{-8} = 0$$

A solução para essa equação é

$$[H_3O^+] = 1,014 \times 10^{-4} \text{ mol L}^{-1}$$

$$pH = 3,99$$

O mesmo raciocínio foi aplicado para 24,99 mL de titulante, no qual encontramos

$$[H_3O^+] = 8,01 \times 10^{-5} \text{ mol L}^{-1}$$

$$pH = 4,10$$

(continua)

Primeiro Ponto de Equivalência

No primeiro ponto de equivalência,

$$[HM^-] \approx c_{NaHM} = \frac{25{,}00 \times 0{,}1000}{50{,}00} = 5{,}00 \times 10^{-2} \text{ mol L}^{-1}$$

Nossa simplificação do numerador na Equação 13-15 é facilmente justificada. Por outro lado, o segundo termo no denominador não é $\ll 1$. Consequentemente,

$$[H_3O^+] = \sqrt{\frac{K_{a2} c_{NaHM}}{1 + c_{NaHM}/K_{a1}}} = \sqrt{\frac{5{,}9 \times 10^{-7} \times 5{,}00 \times 10^{-2}}{1 + (5{,}00 \times 10^{-2})/(1{,}3 \times 10^{-2})}}$$

$$= 7{,}8 \times 10^{-5} \text{ mol L}^{-1}$$

$$pH = -\log(7{,}80 \times 10^{-5} \text{ mol L}^{-1}) = 4{,}11$$

Logo Após o Primeiro Ponto de Equivalência

Antes do segundo ponto de equivalência, podemos obter as concentrações analíticas de NaOH e Na$_2$M da estequiometria da titulação. A 25,01 mL, por exemplo, os valores são calculados como

$$c_{NaHM} = \frac{\text{quant. de mat. de NaHM form.} - (\text{quant. de mat. de NaOH adic.} - \text{quant. de mat. de NaHM form.})}{\text{volume total da solução}}$$

$$= \frac{25{,}00 \times 0{,}1000 - (25{,}01 - 25{,}00) \times 0{,}1000}{50{,}01} = 0{,}4997 \text{ mol L}^{-1}$$

$$c_{Na_2M} = \frac{(\text{quant. de mat. de NaOH adic.} - \text{quant. de mat. de NaHM form.})}{\text{volume total da solução}} = 1{,}996 \times 10^{-5} \text{ mol L}^-$$

Na região referente a poucos décimos de mililitros, além do primeiro ponto de equivalência, a solução é constituída primariamente por HM$^-$ com algum M^{2-} formado como resultado da titulação. O balanço de massas em 25,01 mL adicionado é

$$c_{Na_2M} + c_{NaHM} = [H_2M] + [HM^-] + [M^{2-}] = 0{,}04997 + 1{,}9996 \times 10^{-5}$$

$$= 0{,}04999 \text{ mol L}^{-1}$$

O balanço de cargas é

$$[H_3O^+] + [Na^+] = [HM^-] + 2[M^{2-}] + [OH^-]$$

Novamente, a solução deve ser ácida e assim podemos desprezar o [OH$^-$] desconsiderando-o como espécie importante. A concentração de Na$^+$ se iguala aos milimols de NaOH adicionados, divididos pelo volume total, ou

$$[Na^+] = \frac{25{,}01 \times 0{,}1000}{50{,}01} = 0{,}05001 \text{ mol L}^{-1}$$

Subtraindo-se o balanço de massas do balanço de cargas e isolando [H$_3$O$^+$], temos

$$[H_3O^+] = [M^{2-}] - [H_2M] + (c_{Na_2M} + c_{NaHM}) - [Na^+]$$

Expressando-se as concentrações [M^{2-}] e [H$_2$M] em termos da espécie predominante HM$^-$ temos

$$[H_3O^+] = \frac{K_{a2}[HM^-]}{[H_3O^+]} - \frac{[H_3O^+][HM^-]}{K_{a1}} + (c_{Na_2M} + c_{NaHM}) - [Na^+]$$

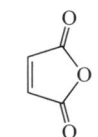

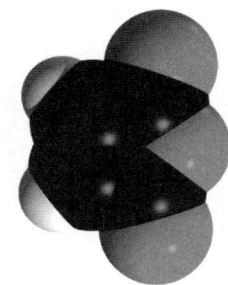

O anidrido maleico tem muitas aplicações em revestimentos e polímeros. Ele é largamente produzido industrialmente.

(continua)

Uma vez que $[HM^-] \approx c_{NaHM} = 0,04997$. Consequentemente, se substituirmos este valor e os valores numéricos para $c_{Na_2M} + c_{NaHM}$ e $[Na^+]$ na equação anterior, teremos, após rearranjar, a seguinte equação quadrática:

$$[H_3O^+] = \frac{K_{a2}(0,04997)}{[H_3O^+]} - \frac{[H_3O^+](0,04997)}{K_{a1}} - 1,9996 \times 10^{-5}$$

$$K_{a1}[H_3O^+]^2 = 0,04997\, K_{a1}K_{a2} - 0,04997[H_3O^+]^2 - 1,9996 \times 10^{-5}\, K_{a1}[H_3O^+]$$

$$(K_{a1} + 0,04997)[H_3O^+]^2 + 1,9996 \times 10^{-5}\, K_{a1}[H_3O^+] - 0,04997\, K_{a1}K_{a2} = 0$$

Esta equação pode, então, ser resolvida para $[H_3O^+]$.

$$[H_3O^+] = 7,60 \times 10^{-5} \text{ mol L}^{-1}$$

$$pH = 4,12$$

Segunda Região Tamponada

As adições posteriores de base à solução criam um novo sistema tampão que consiste em HM^- e M^{2-}. Quando uma quantidade de base suficiente for adicionada de forma que a reação de HM^- com água para formar OH^- possa ser desconsiderada (a poucos décimos de mililitro do primeiro ponto de equivalência), o pH da mistura pode ser calculado a partir de K_{a2}. Com a introdução de 25,50 mL de NaOH, por exemplo,

$$[M^{2-}] \approx c_{Na_2M} = \frac{(25,50 - 25,00)(0,1000)}{50,50} = \frac{0,050}{50,50} \text{ mol L}^{-1}$$

e a concentração molar de NaHM é

$$[HM^-] \approx c_{NaHM} = \frac{(25,00 \times 0,1000) - (25,50 - 25,00)(0,1000)}{50,50} = \frac{2,45}{50,50} \text{ mol L}^{-1}$$

Substituindo esses valores na expressão de K_{a2} nos dá

$$K_{a2} = \frac{[H_3O^+][M^{2-}]}{[HM^-]} = \frac{[H_3O^+](0,050/50,50)}{2,45/50,50} = 5,9 \times 10^{-7}$$

$$[H_3O^+] = 2,89 \times 10^{-5} \text{ mol L}^{-1}$$

A suposição de que $[H_3O^+]$ é pequena em relação a c_{HM^-} e $c_{M^{2-}}$ é válida e o pH é igual a 4,54. Os outros valores na segunda região de tampão são calculados de maneira similar.

Pouco Antes do Segundo Ponto de Equivalência

Pouco antes do segundo ponto de equivalência (49,90 mL e mais), a razão $[M^{2-}]/[HM^-]$ torna-se grande, e a equação para os tampões simples não mais se aplica. A 49,90 mL, $c_{HM^-} = 1,335 \times 10^{-4}$ mol L^{-1} e $c_{M^{2-}} = 0,03324$. O equilíbrio dominante agora é

$$M^{2-} + H_2O \rightleftharpoons HM^- + OH^-$$

Podemos escrever a constante de equilíbrio como

$$K_{b1} = \frac{K_w}{K_{a2}} = \frac{[OH^-][HM^-]}{[M^{2-}]} = \frac{[OH^-](1,335 \times 10^{-4} + [OH^-])}{(0,03324 - [OH^-])}$$

$$= \frac{1,00 \times 10^{-14}}{5,9 \times 10^{-7}} = 1,69 \times 10^{-8}$$

(continua)

>> Para ácidos dibásicos, como o ácido fumárico, onde K_{a1} e K_{a2} são próximos um do outro ($K_{a1} = 8,85 \times 10^{-4}$, $K_{a2} = 3,21 \times 10^{-5}$), apenas um ponto de equivalência pode ser visto na titulação. Também, a região onde o pH é relativamente constante, a região de tampão, pode ser estendida, fazendo tais sistemas apropriados para tampões de faixa larga.

Neste caso, é mais fácil resolver para [OH⁻] que para [H₃O⁺]. Resolvendo a equação quadrática resultante, obtemos

$$[OH^-] = 4{,}10 \times 10^{-6} \text{ mol L}^{-1}$$

$$pOH = 5{,}39$$

$$pH = 14{,}00 - pOH = 8{,}61$$

O mesmo raciocínio para 49,99 mL leva a [OH⁻] = 1,80 × 10⁻⁵ mol L⁻¹ e pH = 9,26.

Segundo Ponto de Equivalência

Após a adição de 50,00 mL de solução de hidróxido 0,1000 mol L⁻¹, a solução é 0,0333 mol L⁻¹ em Na₂M (2,5 mmol/75,00 mL). A reação da base M²⁻ com a água é o equilíbrio predominante no sistema e o único que precisamos levar em consideração. Assim,

$$M^{2-} + H_2O \rightleftharpoons OH^- + HM^-$$

$$K_{b1} = \frac{K_w}{K_{a2}} = \frac{[OH^-][HM^-]}{[M^{2-}]} = 1{,}69 \times 10^{-8}$$

$$[OH^-] \cong [HM^-]$$

$$[M^{2-}] = 0{,}033 - [OH^-] \cong 0{,}0333$$

$$\frac{[OH^-]^2}{0{,}0333} = 1{,}69 \times 10^{-8}$$

$$[OH^-] = 2{,}37 \times 10^{-5} \text{ mol L}^{-1}, \text{ e } pOH = -\log(2{,}37 \times 10^{-5}) = 4{,}62$$

$$pH - 14{,}00 - pOH = 9{,}38$$

pH Logo Após o Segundo Ponto de Equivalência

Na região logo após o segundo ponto de equivalência (50,01 mL, por exemplo), ainda necessitamos levar em consideração a reação de M²⁻ com a água para fornecer OH⁻, uma vez que não foi adicionado suficiente OH⁻ em excesso para suprimir esta reação. A concentração analítica de M²⁻ é a quantidade de matéria em mmols de M²⁻ produzida dividida pelo volume total da solução.

$$c_{M^{2-}} = \frac{25{,}00 \times 0{,}1000}{75{,}01} = 0{,}03333 \text{ mol L}^{-1}$$

A [OH⁻] agora vem da reação de M²⁻ com a água e do excesso de OH⁻ adicionado como titulante. A quantidade de matéria em mmols do excesso de OH⁻ é então a quantidade de matéria em mmols de NaOH adicionada menos a quantidade de matéria necessária para atingir o segundo ponto de equivalência. A concentração deste excesso é a quantidade de matéria em milimols excesso do OH⁻ dividido pelo volume total de solução, ou

$$[OH^-]_{excesso} = \frac{(50{,}01 - 50{,}00) \times 0{,}1000}{75{,}01} = 1{,}333 \times 10^{-5} \text{ mol L}^{-1}$$

A concentração de HM⁻ agora pode ser encontrada a partir de K_{b1}.

$$[M^{2-}] = c_{M^{2-}} - [HM^-] = 0{,}03333 - [HM^-]$$

$$[OH^-] = 1{,}3333 \times 10^{-5} + [HM^-]$$

$$K_{b1} = \frac{[HM^-][OH^-]}{[M^{2-}]} = \frac{[HM^-](1{,}3333 \times 10^{-5} + [HM^-])}{0{,}03333 - [HM^-]} = 1{,}69 \times 10^{-8}$$

(continua)

Resolvendo a equação quadrática para [HM$^-$] obtemos

$$[HM^-] = 1{,}807 \times 10^{-5} \text{ mol L}^{-1}$$

e

$$[OH^-] = 1{,}3333 \times 10^{-5} + [HM^-] = 1{,}33 \times 10^{-5} + 1{,}807 \times 10^{-5} = 3{,}14 \times 10^{-5} \text{ mol L}^{-1}$$

$$pOH = 4{,}50 \text{ e } pH = 14{,}00 - pOH = 9{,}50$$

O mesmo raciocínio é aplicado para 50,10 mL, onde os cálculos dão pH = 10,14.

pH Após o Segundo Ponto de Equivalência

A adição de mais que alguns décimos de mililitro de NaOH além do segundo ponto de equivalência fornece um excesso de OH$^-$ suficiente para reprimir a dissociação de M^{2-}. O pH é então calculado da concentração de NaOH adicionado em excesso do necessário para a completa neutralização do H$_2$M. Assim, quando 51,00 mL de NaOH forem adicionados, teremos 1,00 mL do excesso de NaOH 0,1000 mol L^{-1} e

$$[OH^-] = \frac{1{,}00 \times 0{,}100}{76{,}00} = 1{,}32 \times 10^{-3} \text{ mol L}^{-1}$$

$$pOH = -\log(1{,}32 \times 10^{-3}) = 2{,}88$$

$$pH = 14{,}00 - pOH = 11{,}12$$

A **Figura 13-3** apresenta a curva de titulação do ácido maleico 0,1000 mol L^{-1} gerada como mostrado no Exemplo 13-9. Dois pontos finais são aparentes; qualquer um deles poderia, em princípio, ser utilizado como uma medida da concentração do ácido. O segundo ponto final é o mais satisfatório, porque a variação de pH é mais pronunciada que no primeiro.

A **Figura 13-4** mostra as curvas de titulação para três outros ácidos polipróticos. Essas curvas ilustram que um ponto final bem definido, correspondente ao primeiro ponto de equivalência, é observado apenas quando o grau de dissociação dos dois ácidos é suficientemente diferente. A razão entre K_{a1} e K_{a2} do ácido oxálico (curva *B*) é de aproximadamente 1.000. A curva para essa titulação aponta uma inflexão correspondente ao primeiro ponto de equivalência. A grandeza da alteração do pH é muito pequena para

>> Na titulação de um ácido poliprótico ou base, dois pontos finais úteis obtidos aparecerão se a razão das constantes de dissociação for maior do que 10^4 e se o ácido ou base mais fraco tiver uma constante de dissociação maior do que 10^{-8}.

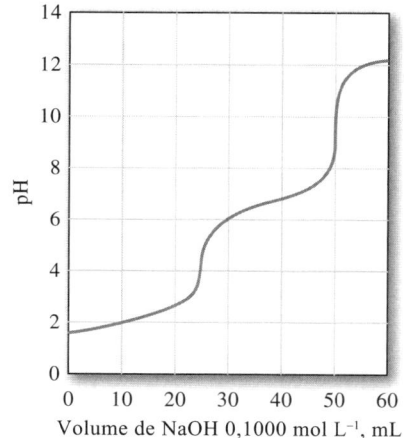

FIGURA 13-3

Curva de titulação para 25,00 mL de ácido maleico 0,1000 mol L^{-1}, H$_2$M, com NaOH 0,1000 mol L^{-1}.

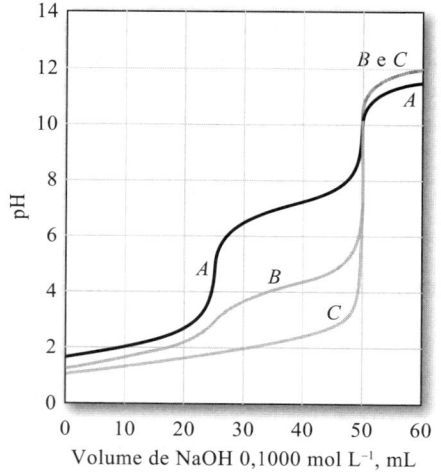

FIGURA 13-4 Curvas de titulações de ácidos polipróticos. Uma solução de NaOH 0,1000 mol L^{-1} foi empregada para titular 25,00 mL de H$_3$PO$_4$ 0,1000 mol L^{-1} (curva A), ácido oxálico 0,1000 mol L^{-1} (curva B) e H$_2$SO$_4$ 0,1000 mol L^{-1} (curva C).

permitir uma localização precisa do ponto final com um indicador. O segundo ponto final, entretanto, pode ser usado para determinar com exatidão o ácido oxálico.

A curva A na Figura 13-4 representa a titulação teórica para o ácido fosfórico triprótico. Para este ácido, a razão K_{a1}/K_{a2} é aproximadamente igual a 10^5, assim como K_{a2}/K_{a3}. Essas razões resultam em dois pontos finais bem definidos, qualquer um deles sendo satisfatório para as finalidades analíticas. Um indicador de viragem em faixa ácida proverá uma alteração de cor quando 1 mol de base for introduzido para cada mol de ácido, e um indicador de faixa básica exigirá 2 moles de base por mol de ácido. O terceiro hidrogênio do ácido fosfórico é tão pouco dissociado ($K_{a3} = 4,5 \times 10^{-13}$), que nenhum ponto final prático pode ser associado com sua neutralização. No entanto, o efeito tamponante da terceira dissociação é notável e faz que o pH da curva A esteja mais abaixo que o das outras curvas na região além do segundo ponto de equivalência.

A curva C é aquela de titulação para o ácido sulfúrico, uma substância que tem um próton completamente dissociado e um que se dissocia em extensão relativamente grande ($K_{a2} = 1,02 \times 10^{-2}$). Em razão da similaridade na força dos dois ácidos, somente um único ponto final, correspondendo à titulação dos dois prótons, é observado. O cálculo do pH em soluções de ácido sulfúrico é ilustrado no Destaque 13-1.

❮❮ DESAFIO: Construa a curva para a titulação de 50,00 mL de H_2SO_4 0,0500 mol L^{-1} com NaOH 0,1000 mol L^{-1}.

Em geral, a titulação de ácidos e bases que apresentam dois grupos reativos produzem pontos finais individuais que são de valor prático apenas quando a razão entre as duas constantes de dissociação é de pelo menos 10^4. Se a razão for muito menor que este 10^4, a variação do pH no primeiro ponto de equivalência vai se mostrar menos satisfatória em uma análise.

DESTAQUE 13-1

A Disssociação do Ácido Sulfúrico

O ácido sulfúrico é incomum sob o aspecto em que um dos prótons se comporta como um ácido forte em água e o outro como um ácido fraco ($K_{a2} = 1,02 \times 10^{-2}$). Vamos considerar como a concentração do íon hidrônio das soluções de ácido sulfúrico é calculada usando uma solução 0,0400 mol L^{-1} como exemplo.

Primeiro, presumimos que a dissociação de H_2SO_4 seja desprezível em razão do grande excesso de H_3O^+ resultante da completa dissociação do H_2SO_4; portanto,

$$[H_3O^+] \approx [HSO_4^-] \approx 0,0400 \text{ mol L}^{-1}$$

Uma estimativa de $[SO_4^{2-}]$ baseada nessa aproximação e a expressão para K_{a2} revelam que

$$\frac{0,0400[SO_4^{2-}]}{0,0400} = 1,02 \times 10^{-2}$$

Vemos que, $[SO_4^{2-}]$ *não* é menor em relação a $[HSO_4^-]$, e uma resolução mais rigorosa é requerida.

Das considerações estequiométricas, é necessário que

$$[H_3O^+] = 0,0400 + [SO_4^{2-}]$$

O primeiro termo à direita é a concentração de H_3O^+ resultante da proveniente dissociação do H_2SO_4 a HSO_4^-. O segundo termo é a contribuição da dissociação do HSO_4^-. O rearranjo produz

$$[SO_4^{2-}] = [H_3O^+] - 0,0400$$

As considerações do balanço de massas requerem que

$$c_{H_2SO_4} = 0,0400 = [HSO_4^-] + [SO_4^{2-}]$$

Combinando as duas últimas equações e rearranjando, temos

$$[HSO_4^-] = 0,0800 - [H_3O^+]$$

(continua)

Introduzindo essas equações para $[SO_4^{2-}]$ e HSO_4^- na expressão de K_{a2} encontramos que

$$\frac{[H_3O^+]([H_3O^+] - 0,0400)}{0,0800 - [H_3O^+]} = 1,02 \times 10^{-2}$$

Resolvendo a equação quadrática para $[H_3O^+]$, obtemos

$$[H_3O^+] = 0,0471 \text{ mol L}^{-1} \text{ e pH} = 1,33$$

Exercícios no Excel No Capítulo 8 do *Applications of Microsoft® Excel® in Analytical Chemistry*, 4. ed., estendemos o tratamento de curvas de titulação de neutralização para ácidos polifuncionais. Tanto a abordagem estequiométrica quanto a abordagem de uma equação-mestra são usadas para a titulação do ácido maleico com hidróxido de sódio.

13F Curvas de Titulação para as Bases Polifuncionais

Os mesmos princípios que acabamos de descrever para a construção de curvas de titulação para ácidos polifuncionais podem ser aplicados para curvas de titulação para bases polifuncionais. Para ilustrar, consideremos a titulação de carbonato de sódio com ácido clorídrico padrão. As constantes de equilíbrio importantes são

$$CO_3^{2-} + H_2O \rightleftharpoons OH^- + HCO_3^- \quad K_{b1} = \frac{K_w}{K_{a2}} = \frac{1,00 \times 10^{-14}}{4,69 \times 10^{-11}} = 2,13 \times 10^{-4}$$

$$HCO_3^- + H_2O \rightleftharpoons OH^- + CO_2(aq) \quad K_{b2} = \frac{K_w}{K_{a1}} = \frac{1,00 \times 10^{-14}}{4,2 \times 10^{-7}} = 2,4 \times 10^{-8}$$

>> DESAFIO: Mostrar que tanto K_{b2} como K_{a1} podem ser utilizadas para calcular o pH de um tampão de Na_2CO_3 0,100 mol L^{-1} e $NaHCO_3$ 0,100 mol L^{-1}.

A reação do íon carbonato com a água governa o pH inicial da solução, que pode ser calculado pelo método para o segundo ponto de equivalência, mostrado no Exemplo 13-9. Com as primeiras adições de ácido, é estabelecido um sistema tampão carbonato/hidrogenocarbonato. Nessa região, o pH pode ser determinado pela concentração do íon hidróxido estipulado por K_{b1} ou pela concentração do íon hidrônio determinada de K_{a2}. Como estamos interessados geralmente no cálculo de $[H_3O^+]$ e do pH, a expressão para K_{a2} é mais fácil de se usar.

O hidrogenocarbonato de sódio é a principal espécie de soluto no primeiro ponto de equivalência e a Equação 13-16 é utilizada para calcular a concentração do íon hidrônio (veja o Exemplo 13-8). Com a adição de mais ácido, forma-se um novo tampão consistindo em hidrogenocarbonato de sódio e ácido carbônico (a partir do $CO_2(aq)$ como mostrado na Equação 13-3). O pH desse tampão é prontamente obtido tanto de K_{b2} como de K_{a1}.

No segundo ponto de equivalência, a solução consiste em $CO_2(aq)$ (ácido carbônico) e cloreto de sódio. O $CO_2(aq)$ pode ser tratado como um ácido fraco simples com uma constante de dissociação K_{a1}. Por fim, após ter sido adicionado um excesso de ácido clorídrico, a dissociação do ácido fraco é reprimida até um ponto em que a concentração molar do íon hidrônio é essencialmente a concentração molar do ácido forte.

A **Figura 13-5** mostra que dois pontos finais aparecem na titulação de carbonato de sódio, sendo o segundo apreciavelmente mais nítido que o primeiro. Isso sugere que os componentes individuais em misturas de carbonato de sódio e hidrogenocarbonato de sódio podem ser determinados pelo método de neutralização.

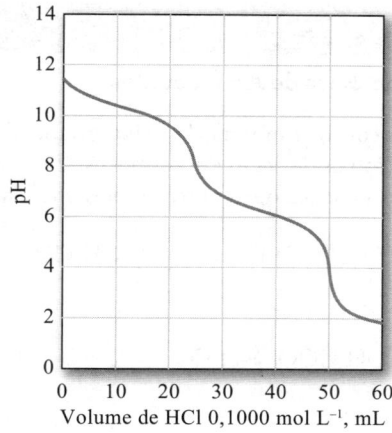

FIGURA 13-5

Curva de titulação de 25,00 mL de Na$_2$CO$_3$ 0,1000 mol L^{-1} com HCl 0,1000 mol L^{-1}.

> **Exercícios no Excel** A curva de titulação para uma base bifuncional sendo titulada com um ácido forte é desenvolvida no Capítulo 8 do *Applications of Microsoft® Excel® in Analytical Chemistry*, 4. ed. No exemplo estudado, o etilenodiamanina é titulado com ácido clorídrico. Uma abordagem de equação-mestra é explorada e a planilha é usada para fazer um gráfico do pH *versus* a fração titulada.

13G Curvas de Titulação para Espécies Anfipróticas

Uma substância anfiprótica, quando dissolvida em um solvente adequado, comporta-se tanto como um ácido fraco quanto como uma base fraca. Se suas características ácidas ou básicas predominam suficientemente, a titulação da substância com uma base forte ou um ácido forte pode ser realizada. Por exemplo, na solução de di-hidrogenofosfato de sódio, os principais equilíbrios são

$$H_2PO_4^- + H_2O \rightleftharpoons H_3O^+ + HPO_4^{2-} \qquad K_{a2} = 6{,}32 \times 10^{-8}$$

$$H_2PO_4^- + H_2O \rightleftharpoons OH^- + H_3PO_4 \quad K_{b3} = \frac{K_w}{K_{a1}} = \frac{1{,}00 \times 10^{-14}}{7{,}11 \times 10^{-3}}$$

$$= 1{,}41 \times 10^{-12}$$

Observe que K_{b3} é muito pequena para permitir a titulação de H$_2$PO$_4^-$ com um ácido, mas K_{a2} é grande o suficiente para possibilitar uma titulação com sucesso do di-hidrogenofosfato com uma solução padrão de base.

Uma situação diferente prevalece em soluções contendo hidrogenofosfato dissódico, na qual os equilíbrios análogos são:

$$HPO_4^{2-} + H_2O \rightleftharpoons H_3O^+ + PO_4^{3-} \qquad K_{a3} = 4{,}5 \times 10^{-13}$$

$$HPO_4^{2-} + H_2O \rightleftharpoons OH^- + H_2PO_4^- \quad K_{b2} = \frac{K_w}{K_{a2}} = \frac{1{,}00 \times 10^{-14}}{6{,}32 \times 10^{-8}}$$

$$= 1{,}58 \times 10^{-7}$$

A grandeza das constantes indica que o HPO$_4^{2-}$ pode ser titulado com ácido padrão, mas não com base padrão.

> Os aminoácidos são anfipróticos.

> Um ***zwitterion*** é uma espécie iônica que possui uma carga positiva e uma negativa.

> O **ponto isoelétrico** é o pH no qual nenhuma migração de uma espécie líquida de aminoácidos ocorre em um campo elétrico.

DESTAQUE 13-2

Comportamento Ácido-Base de Aminoácidos

Os aminoácidos simples constituem uma classe importante de compostos anfipróticos que contêm grupos funcionais de ácido e bases fracos. Em uma solução aquosa de um aminoácido típico, como a glicina, operam três importantes equilíbrios:

$$NH_2CH_2COOH \rightleftharpoons NH_3^+CH_2COO^- \qquad (13\text{-}17)$$

$$NH_3^+CH_2COO^- + H_2O \rightleftharpoons$$
$$NH_2CH_2COO^- + H_3O^+ \qquad K_a = 2 \times 10^{-10} \qquad (13\text{-}18)$$

$$NH_3^+CH_2COO^- + H_2O \rightleftharpoons$$
$$NH_3^+CH_2COOH + OH^- \qquad K_b = 2 \times 10^{-12} \qquad (13\text{-}19)$$

O primeiro equilíbrio constitui um tipo de reação ácido-base interna e é análogo à reação que se observa entre um ácido carboxílico e uma amina:

$$R_1NH_2 + R_2COOH \rightleftharpoons R_1NH_3^+ + R_2COO^- \qquad (13\text{-}20)$$

Uma amina alifática típica possui uma constante de dissociação básica de 10^{-4} a 10^{-5} (veja o Apêndice 3), enquanto muitos ácidos carboxílicos têm uma constante de dissociação ácida aproximadamente da mesma grandeza. Como resultado, ambas as Reações 13-18 e 13-19 avançam muito para a direita, com o produto ou os produtos sendo as espécies predominantes na solução.

A espécie de aminoácido na Equação 13-17, que apresenta carga positiva e negativa, é chamada ***zwitterion***. Como mostrado pelas Equações 13-18 e 13-19, o *zwitterion* da glicina é mais forte como um ácido do que como uma base. Assim, uma solução aquosa de glicina é levemente ácida.

O *zwitterion* de um aminoácido, que contém uma carga positiva e uma negativa, não tem tendência a migrar em um campo elétrico, embora as espécies puramente catiônicas ou aniônicas sejam atraídas para os eletrodos de cargas opostas. Nenhuma migração *líquida* de um aminoácido ocorre em um campo elétrico quando o pH do solvente é tal que as concentrações das formas aniônicas e catiônicas sejam idênticas. O pH no qual nenhuma migração líquida ocorre é denominado **ponto isoelétrico** e é uma importante constante física para a caracterização dos aminoácidos. O ponto isoelétrico está diretamente relacionado com a constante de dissociação das espécies. Assim, para a glicina,

$$K_a = \frac{[NH_2CH_2COO^-][H_3O^+]}{[NH_3^+CH_2COO^-]}$$

$$K_b = \frac{[NH_3^+CH_2COOH][OH^-]}{[NH_3^+CH_2COO^-]}$$

No ponto isoelétrico,

$$[NH_2CH_2COO^-] = [NH_3^+CH_2COOH]$$

Consequentemente, se dividirmos K_a por K_b e substituirmos essa relação, obteremos para o ponto isoelétrico

$$\frac{K_a}{K_b} = \frac{[H_3O^+][NH_2CH_2COO^-]}{[OH^-][NH_3^+CH_2COOH]} = \frac{[H_3O^+]}{[OH^-]}$$

(continua)

Se substituirmos de $K_w/[H_3O^+]$ por $[OH^-]$ e rearranjarmos, obteremos

$$[H_3O^+] = \sqrt{\frac{K_a K_w}{K_b}}$$

O ponto isoelétrico para a glicina ocorre em pH 6,0; isto é,

$$[H_3O^+] = \sqrt{\frac{(2 \times 10^{-12})(1 \times 10^{-14})}{2 \times 10^{-12}}} = 1 \times 10^{-14} \text{ mol L}^{-1}$$

Para os aminoácidos simples, K_a e K_b geralmente são tão pequenos que sua determinação por meio de neutralização direta é impossível. Contudo, a adição de aldeído fórmico remove o grupo funcional amina e deixa o ácido carboxílico disponível para ser titulado com uma base padrão. Por exemplo, com a glicina,

$$NH_3^+CH_2COO^- + CH_2O \rightarrow CH_2\!=\!NCH_2COOH + H_2O$$

A curva de titulação para o produto é típica de um ácido carboxílico.

A estrutura molecular do zwitterion glicina, $NH_3^+CH_2COO^-$. A glicina é um dos aminoácidos denominados não essenciais; esse aminoácido não é essencial no sentido de que é sintetizado pelos mamíferos e, portanto, geralmente não é importante na alimentação. Por causa de sua estrutura compacta, a glicina atua como um bloco versátil na síntese protéica e na biossíntese da hemoglobina. Uma fração significante do colágeno – ou proteínas fibrosas constituintes do osso, da cartilagem, do tendão e de outros tecidos conectivos no corpo humano – é formada por glicina. A glicina também é um neurotransmissor inibitório e, por isso, tem sido sugerida como possível agente terapêutico para doenças do sistema nervoso central, como a esclerose múltipla e a epilepsia. A glicina também é usada no tratamento da esquizofrenia, infarto e hiperplasia benigna da próstata.

Exercícios no Excel O exercício final no Capítulo 8 do *Applications of Microsoft® Excel® in Analytical Chemistry*, 4. ed., considera a titulação de uma espécie anfiprótica, fenilamina. Uma planilha é desenvolvida para fazer um gráfico da curva de titulação deste aminoácido e o pH isoelétrico é calculado.

13H Composição de Soluções de Ácido Poliprótico em Função do pH

Na Seção 12E, mostramos como os **valores alfa** são úteis na visualização das variações da concentração de diversas espécies que ocorrem em uma titulação de um ácido fraco monoprótico. Os valores alfa fornecem uma excelente maneira de pensar sobre as propriedades de ácidos e de bases polifuncionais. Por exemplo, se deixarmos c_T ser a soma das concentrações molares de espécies contendo o maleato na solução ao longo da titulação descrita no Exemplo 13-9, o valor alfa para o ácido livre α_0 seria definido como

$$\alpha_0 = \frac{[H_2M]}{c_T}$$

onde

$$c_T = [H_2M] + [HM^-] + [M^{2-}] \tag{13-21}$$

Os valores alfa para HM^- e M^{2-} são dados por equações similares:

$$\alpha_1 = \frac{[HM^-]}{c_T}$$

$$\alpha_2 = \frac{[HM^{2-}]}{c_T}$$

Como se observou na Seção 7C-2, a soma dos valores alfa para o sistema deve ser igual a um:

$$\alpha_0 + \alpha_1 + \alpha_2 = 1$$

Podemos expressar os valores alfa para o sistema ácido maleico muito claramente em termos de $[H_3O^+]$, K_{a1} e K_{a2}. Para achar as expressões apropriadas, seguimos o método usado para derivar as Equações 7-35 e 7-36 na Seção 7C-2 e obter as seguintes equações:

>> DESAFIO: Deduza as Equações 13-22, 13-23 e 13-24. Para uma dica para uma abordagem a essas derivações, veja a Seção 7C-2.

$$\alpha_0 = \frac{[H_3O^+]^2}{[H_3O^+]^2 + K_{a1}[H_3O^+] + K_{a1}K_{a2}} \quad (13\text{-}22)$$

$$\alpha_1 = \frac{K_{a1}[H_3O^+]}{[H_3O^+]^2 + K_{a1}[H_3O^+] + K_{a1}K_{a2}} \quad (13\text{-}23)$$

$$\alpha_2 = \frac{K_{a1}K_{a2}}{[H_3O^+]^2 + K_{a1}[H_3O^+] + K_{a1}K_{a2}} \quad (13\text{-}24)$$

Observe que o denominador é o mesmo para cada expressão. Um resultado um pouco surpreendente é que a fração de cada espécie é fixa para um determinado pH e é *absolutamente independente* da concentração total, c_T. Uma expressão geral para os valores alfa é fornecida no Destaque 13-3.

DESTAQUE 13-3

Uma Expressão Geral para os Valores Alfa

Para o ácido fraco H_nA, o denominador D em todas as expressões de valores alfa toma a forma de:

$$D = [H_3O^+]^n + K_{a1}[H_3O^+]^{(n-1)} + K_{a1}K_{a2}[H_3O^+]^{(n-2)} + \cdots K_{a1}K_{a2}\cdots K_{an}$$

O numerador para α_0 é o primeiro termo no denominador, e α_1 é o segundo termo, e assim por diante. Dessa forma, $\alpha_0 = [H_3O^+]^n/D$ e $\alpha_1 = K_{a1}[H_3O^+]^{(n-1)}/D$.

Os valores alfa para as bases polifuncionais são gerados de um modo análogo, com a equação sendo escrita em termos da constante de dissociação da base e $[OH^-]$.

As três curvas na **Figura 13-6** apresentam os valores alfa para cada espécie de maleato em função do pH. As curvas sólidas na **Figura 13-7** descrevem o mesmo valor alfa, mas agora representado por gráfico em função do volume de hidróxido de sódio à medida que o ácido é titulado. A curva de titulação é também mostrada por meio da linha tracejada na Figura 13-7. Estas curvas dão uma imagem compreensiva de todas as alterações de concentrações que ocorrem durante a titulação. Por exemplo, a Figura 13-7 revela que, antes da adição de qualquer base, α_0 para H_2M é mais ou menos 0,7, e α_1 para HM^- é aproximadamente 0,3. Para todos os propósitos práticos, α_2 é zero. Assim, inicialmente, cerca de 70% do ácido maleico existe como H_2M e 30%, como HM^-. Com a adição da base, o pH aumenta, como o faz a fração de HM^-. No primeiro ponto de equivalência (pH = 4,11), essencialmente todo maleato está presente como ($\alpha_1 \rightarrow 1$). Quando adicionamos mais base, além do primeiro ponto de equivalência, HM^- diminui e M^{2-} aumenta. No segundo ponto de equivalência (pH = 9,38) e, mais além, fundamentalmente todo o maleato está na forma M^{2-}.

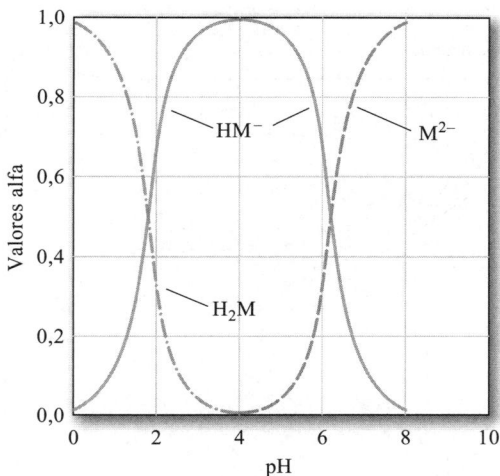

FIGURA 13-6 Composição de soluções de H_2M em função do pH.

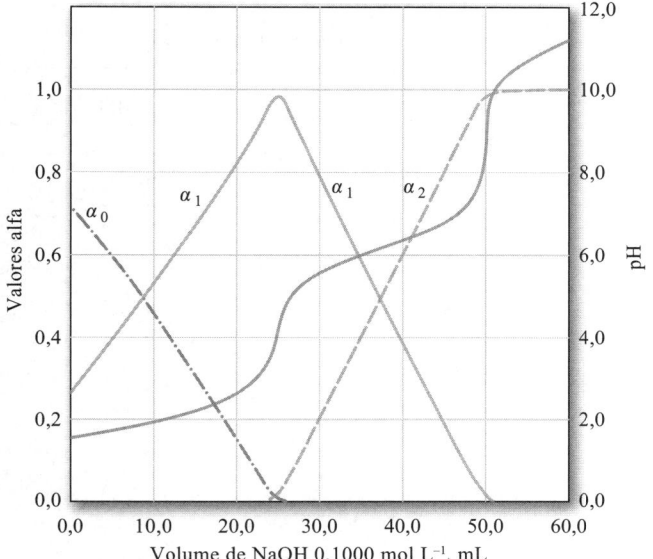

FIGURA 13-7 Titulação de 25,00 mL de ácido maleico 0,1000 mol L^{-1} com NaOH 0,1000 mol L^{-1}. As curvas contínuas correspondem aos valores alfa em função do volume de titulante. A curva tracejada é uma curva de titulação de pH como uma função do volume.

Outra maneira de visualizar os sistemas ácidos e bases polifuncionais é utlizando diagramas de concentração logarítmica, conforme ilustrado no Destaque 13-4.

DESTAQUE 13-4

Diagramas Logarítmicos de Concentração

Um diagrama logarítmico de concentração é um gráfico do log da concentração *versus* uma variável principal como o pH. Esses diagramas são úteis porque expressam a concentração de todas as espécies em uma solução de ácido poliprótico em função do pH. Esse tipo de diagrama permite observar facilmente as espécies que são importantes a um determinado pH. A escala logarítmica é usada, uma vez que as concentrações podem variar de muitas ordens de grandeza.

Os diagramas logarítmicos de concentração se aplicam apenas a um ácido específico e a uma concentração inicial particular do ácido. Podemos calcular os resultados para construir os diagramas logarítmicos de concentração de distribuição discutidos anteriormente. Os detalhes da construção de diagramas logarítmico de concentração são fornecidos no Capítulo 8 do *Applications of Microsoft® Excel® in Analytical Chemistry*, 4. ed.

Os diagramas logarítmicos de concentração podem ser computados a partir da concentração do ácido e das constantes de dissociação. Usamos como exemplo o sistema do ácido maleico discutido anteriormente. O diagrama mostrado na **Figura 13D-1** é um diagrama logarítmico de concentração para uma concentração de ácido maleico de 0,10 mol L^{-1} (c_T = 0,10 mol L^{-1} de ácido maleico). O diagrama expressa a concentração de todas as formas de ácido maleico H_2M, HM^- e M^{2-}, em função do pH. Geralmente incluímos também as concentrações de H_3O^+ e OH^-. O diagrama está baseado na condição de balanço de massas e nas constantes de dissociação do ácido. As variações nas inclinações nos diagramas para as espécies do ácido maleico ocorrem próximo aos denominados **pontos de sistema**. Estes são definidos pela concentração total do ácido, 0,10 mol L^{-1} no nosso caso e dos valores de pK_a. Para o ácido maleico, o primeiro ponto de sistema ocorre em log c_T = −1 e pH = pK_{a1} = −log (1,30 × 10^{-2}) = 1,89, enquanto o segundo ponto de sistema está no pH = pK_{a2} = −log (5,90 × 10^{-7}) = 6,23 e log c_T = −1. Observe que quando pH = pK_{a1}, as concentrações de H_2M e HM^- são iguais, como mostrado pelo cruzamento das linhas que indicam essas concentrações. Note, também, que nesse primeiro ponto de sistema, $[M^{2-}] \ll [HM^-]$ e $[M^{2-}] \ll [H_2M]$. Próximo a esse primeiro ponto de sistema, podemos, portanto, desprezar os íons maleato não protonados e expressar o balanço de massas como $c_T \approx [H_2M] + [HM^-]$.

(continua)

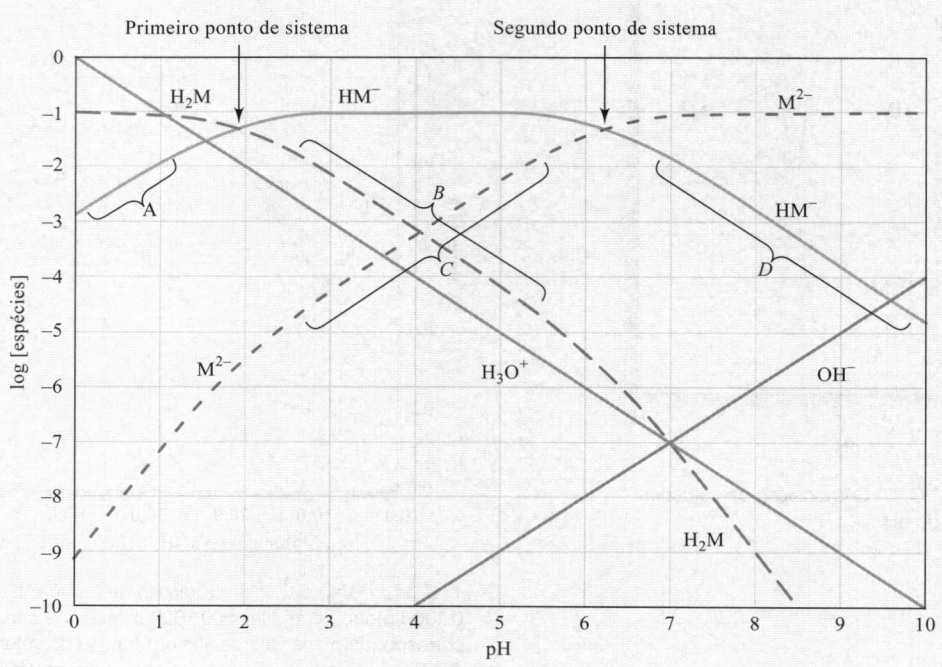

FIGURA 13D-1 Diagrama logarítmico de concentração para o ácido maleico 0,100 mol L^{-1}.

À esquerda desse primeiro ponto de sistema, [H$_2$M] $\gg$ [HM$^-$] e assim $c_T \approx$ [H$_2$M]. Isso é indicado no diagrama pela inclinação igual a 0 para a linha H$_2$M entre os valores de pH = 0 até aproximadamente 1. Nessa região, a concentração de HM$^-$ eleva-se abruptamente com o aumento do pH, uma vez que os prótons são removidos de H$_2$M à medida que o pH aumenta. Da expressão para K_{a1}, podemos escrever

$$[\text{HM}^-] = \frac{[\text{H}_2\text{M}]K_{a1}}{[\text{H}_3\text{O}^+]} \approx \frac{c_T K_{a1}}{[\text{H}_3\text{O}^+]}$$

Tomando o logaritmo dos dois lados dessa equação, obtém-se

$$\log[\text{HM}^-] = \log c_T + \log K_{a1} - \log[\text{H}_3\text{O}^+]$$
$$= \log c_T + \log K_{a1} + \text{pH}$$

Portanto, à esquerda do primeiro ponto de sistema (região A), o gráfico de log [HM$^-$] *versus* pH é constituído por uma linha reta de inclinação +1.

Usando argumentos semelhantes, concluímos que, à direita do primeiro ponto de sistema, $c_T \approx$ [HM$^-$], e

$$[\text{H}_2\text{M}] \approx \frac{c_T [\text{H}_3\text{O}^+]}{K_{a1}}$$

Tomando-se o logaritmo dos dois lados dessa equação revela-se que o gráfico de log [H$_2$M] *versus* pH (região B) deve ser linear com uma inclinação de -1. Essa relação se mantém dessa forma até próximo do segundo ponto de sistema, que ocorre em pH = pK_{a2} = $-\log$ (5,90 $\times$ 10^{-7}) = 6,23 e log $c_T = -1$.

No segundo ponto de sistema, as concentrações de HM$^-$ e M^{2-} são iguais. Observe que, à esquerda do segundo ponto de sistema, [HM$^-$] $\approx c_T$ e log [M^{2-}] se elevam com o aumento do pH com uma inclinação de +1 (região C). À direita do segundo ponto de sistema, [M^{2-}] $\approx c_T$ e log [HM$^-$] diminuem com o aumento do pH com uma inclinação de -1 (região D). A linha do H$_3$O$^+$ e a do OH$^-$ são fáceis de se desenhar, pois

$$\log[\text{H}_3\text{O}^+] = -\text{pH} \text{ e } \log[\text{OH}^-] = \text{pH} - 14$$

Podemos desenhar o diagrama logarítmico de concentração facilmente, observando as relações há pouco determinadas. Um método mais fácil consiste em modificar o diagrama de distribuição de maneira que produza o diagrama logarítmico de concentração. Este é o método ilustrado em *Applications of Microsoft® Excel® in Analytical Chemistry*, 4. ed., Capítulo 8. Note que o gráfico é específico para uma concentração analítica total de 0,10 mol L^{-1} e para o ácido maleico, uma vez que as constantes de dissociação do ácido estão incluídas.

Estimativa das Concentrações a um Determinado Valor de pH

O diagrama do log da concentração pode ser muito útil para a realização de cálculos mais exatos e determinar quais espécies são importantes a um dado pH. Por exemplo, se estivermos

(continua)

interessados em calcular as concentrações no pH 5,7, podemos usar o diagrama na Figura 13D-1 para nos mostrar quais espécies incluir no cálculo. Em pH 5,7, as concentrações das espécies de maleato são $[H_2M] \approx 10^{-5}$ mol L^{-1}, $[HM^-] \approx 0,07$ mol L^{-1} e $[M^{2-}] \approx 0,02$ mol L^{-1}. Então, as únicas espécies de maleato de importância nesse pH são HM$^-$ e M^{2-}. Uma vez que $[OH^-]$ é quatro ordens de grandeza menor que $[H_3O^+]$, podemos realizar um cálculo mais preciso que a estimativa prévia, considerando-se apenas essas três espécies. Se assim o fizermos, acharemos as seguintes concentrações: $[H_2M] \approx 1,18 \times 10^{-5}$ mol L^{-1}, $[HM^-] \approx 0,077$ mol L^{-1} e $[M^{2-}] = 0,023$ mol L^{-1}.

Determinação de Valores de pH

Se não conhecemos o pH, o diagrama logarítmico de concentração também pode ser usado para fornecer um valor de pH aproximado. Por exemplo, encontre o pH de uma solução de ácido maleico 0,10 mol L^{-1}. Já que o diagrama do log da concentração expressa o balanço de massas e as constantes de equilíbrio, necessitamos apenas de uma equação adicional, como o balanço de cargas, para resolver o problema exatamente. A equação do balanço de cargas para esse sistema é

$$[H_3O^+] = [HM^-] + 2[M^{2-}] + [OH^-]$$

O pH é encontrado sobrepondo-se, em forma de gráfico, a equação de balanço de cargas no diagrama do log da concentração. Iniciando com um pH de 0, mova da esquerda para a direita ao longo da linha de concentração de H$_3$O$^+$ até que ela intercepte uma linha que representa uma das espécies do lado direito da equação de balanço de cargas. Vemos que a linha de H$_3$O$^+$ primeiro intercepta a linha do HM$^-$ em um pH aproximadamente igual a 1,5. Nesse ponto $[H_3O^+] = [HM^-]$. Vemos também que a concentração de outras espécies negativamente carregadas, M^{2-} e OH$^-$, são desprezíveis se comparadas com a concentração de HM$^-$. Portanto, o pH de uma solução de ácido maleico 0,1 mol L^{-1} é de aproximadamente 1,5. Um cálculo mais preciso, utilizando a equação quadrática, fornece um pH = 1,52.

Podemos fazer uma outra pergunta: "Qual é o pH de uma solução 0,10 mol L^{-1} de NaHM?" Nesse caso, a equação de balanço de cargas é

$$[H_3O^+] + [Na^+] = [HM^-] + 2[M^{2-}] + [OH^-]$$

A concentração de Na$^+$ é a concentração total das espécies de maleato:

$$[Na^+] = c_T = [H_2M] + [HM^-] + [M^{2-}]$$

Substituindo-se essa última equação naquela de balanço de cargas, temos

$$[H_3O^+] + [H_2M] = [M^{2-}] + [OH^-]$$

Agora, sobrepomos essa equação no diagrama de log da concentração. Se, novamente, começarmos à esquerda em pH = 0 e movermos ao longo da linha do H$_3$O$^+$ ou da linha do H$_2$M, veremos que, para os valores de pH maiores que 2, a concentração de H$_2$M excede a concentração de H$_3$O$^+$ em cerca de uma ordem de grandeza. Portanto, nos movemos ao longo da linha H$_2$M até que ela cruze a linha M^{2-} ou a linha OH$^-$. Vemos que ela cruza primeiro a linha M^{2-} em pH $\approx$ 4,1. Assim, $[H_2M] \approx [M^{2-}]$ e as concentrações de $[H_3O^+]$ e de $[OH^-]$ são relativamente pequenas se comparadas com H$_2$M e M^{2-}. Consequentemente, concluímos que o pH de uma solução de NaHM 0,10 mol L^{-1} é de aproximadamente 4,1. Um cálculo mais exato, utilizando uma equação quadrática, revela que o pH dessa solução é 4,08.

Finalmente, encontre o pH de uma solução de Na$_2$M 0,10 mol L^{-1}. A equação de balanço de cargas é a mesma anterior:

$$[H_3O^+] + [Na^+] = [HM^-] + 2[M^{2-}] + [OH^-]$$

Agora, entretanto, a concentração de Na$^+$ é dada por

$$[Na^+] = 2c_T = 2[H_2M] + 2[HM^-] + 2[M^{2-}]$$

Substituindo-se essa equação na equação de balanço de cargas, temos

$$[H_3O^+] + 2[H_2M] + [HM^-] = [OH^-]$$

Nesse caso, é mais fácil achar a concentração de OH$^-$. Desta vez, nos movemos na linha do OH$^-$, da direita para a esquerda, até que ela cruze a linha HM$^-$ em um pH aproximado de 9,7. Uma vez que $[H_3O^+]$ e $[H_2M]$ são pequenos e podem ser desprezados nessa intersecção, $[HM^-] \approx [OH^-]$ e concluímos que 9,7 é o pH aproximado de uma solução de Na$_2$M 0,10 mol L^{-1}. Um cálculo mais exato, usando a equação quadrática, fornece um valor de pH igual a 9,61.

> **Exercícios no Excel** No primeiro exercício no Capítulo 8 do *Applications of Microsoft® Excel® in Analytical Chemistry*, 4. ed., investigamos o cálculo dos diagramas de distribuição para ácidos e bases polifuncionais. Os valores alfa são colocados no gráfico como uma função do pH. Os gráficos são usados para encontrar a concentração em um determinado pH e inferir quais espécies podem ser desprezadas em cálculos mais extensivos. Um diagrama logarítmico de concentração é construído. O diagrama é usado para estimar as concentrações em um determinado pH e encontrar o pH para várias condições de partida com um sistema de ácido fraco.

Química Analítica On-line

Busque um tutorial do Excel sobre curvas de titulação de ácidos polipróticos. Aprenda a construir curvas derivadas de primeira e de segunda ordens e coloque-as em um gráfico no mesmo eixo, como uma curva de titulação de pH. Um possível site na internet é https://www.youtube.com/watch?v=l2Z8gK4adqk. Encontre um site diferente que discuta os diagramas de distribuição de ácidos polipróticos. Descreva como os valores de pK_a podem ser obtidos a partir dos diagramas de distribuição.

Resumo do Capítulo 13

- Encontrar o pH de misturas de ácidos fortes e fracos e bases fortes e fracas.
- Construir curvas de titulação de misturas com NaOH.
- Calcular o pH em soluções de ácidos e bases polifuncionais, como o ácido fosfórico e o ácido carbônico.
- Calcular o pH de soluções-tampão feitas a partir de ácidos polifuncionais.
- Determinar o pH de sais anfipróticos.
- Construir curvas de titulação de ácidos e bases polifuncionais.
- Encontrar o pH de soluções de ácido sulfúrico.
- Fazer curvas de titulação para espécies anfipróticas, como os aminoácidos.
- Calcular os valores alfa para soluções de ácidos polipróticos.
- Construir e usar diagramas logarítmicos de concentrações.

Termos-chave

Ácidos polifuncionais, 325
Bases polifuncionais, 318
Diagramas logarítmico de concentração, 339
Dissociação do ácido sulfúrico, 333

Espécies anfipróticas, 335
Ponto isoelétrico, 336
Titulações de ácidos polifuncionais, 325
Titulações de aminoácidos, 336

Valores alfa, 337
Zwitterion, 336

Equações Importantes

Para $H_3PO_4 + H_2O \rightleftharpoons H_2PO_4^- + H_3O^+$ $K_{a1} = \dfrac{[H_3O^+][H_2PO_4^-]}{[H_3PO_4]} = 7{,}11 \times 10^{-3}$

Para $H_2PO_4^- + H_2O \rightleftharpoons HPO_4^{2-} + H_3O^+$ $K_{a2} = \dfrac{[H_3O^+][H_2PO_4^{2-}]}{[H_2PO_4^-]} = 6{,}32 \times 10^{-8}$

Para $HPO_4^{2-} + H_2O \rightleftharpoons PO_4^{3-} + H_3O^+$ $K_{a3} = \dfrac{[H_3O^+][PO_4^{3-}]}{[HPO_4^{2-}]} = 4{,}5 \times 10^{-1}$

$$[H_3O^+] = \sqrt{\frac{K_{a2}[HA^-] + K_w}{1 + [HA^-]/K_{a1}}}$$

$$[H_3O^+] \approx \sqrt{\frac{K_{a2}c_{NaHA} + K_w}{1 + c_{NaHA}/K_{a1}}}$$

$$\alpha_0 = \frac{[H_2M]}{c_T} \qquad \alpha_1 = \frac{[HM^-]}{c_T} \qquad \alpha_2 = \frac{[M^{2-}]}{c_T}$$

Valores alfa: $\alpha_0 = [H_3O^+]^n/D$, $\alpha_1 = K_{a1}[H_3O^+]^{(n-1)}/D$ e assim por diante, onde

$$D = [H_3O^+]^n + K_{a1}[H_3O^+]^{(n-1)} + K_{a1}K_{a2}[H_3O^+]^{(n-2)} + \cdots K_{a1}K_{a2}\cdots K_{an}$$

Questões e Problemas*

*13-1 Como seu nome sugere, NaHA é um "sal ácido" porque ele tem um próton disponível para ser doado a uma base. Explique brevemente por que um cálculo de pH para uma solução de NaHA difere daquele para um ácido fraco do tipo HA.

13-2 Explique a origem e o significado de cada um dos termos do lado direito da Equação 13-12. A equação faz sentido intuitivo? Sim ou não? Por quê?

13-3 Explique brevemente por que a Equação 13-15 pode ser usada apenas para calcular a concentração de íon hidrônio de soluções nas quais o NaHA é o único soluto que determina o pH.

*13-4. Por que é impossível titular todos os três prótons do ácido fosfórico em solução aquosa?

13-5. Indique se uma solução aquosa dos seguintes compostos é ácida, neutra ou básica. Explique sua resposta:
* (a) NaH_2PO_4
* (b) Na_3PO_4
* (c) $NaNO_3$
* (d) $NaHC_2O_4$
* (e) $Na_2C_2O_4$
* (f) Na_2HPO_4
* (g) NH_4OAc
* (h) $NaNO_2$

*13-6. Sugira um indicador que poderia ser utilizado para determinar o ponto final para a titulação do primeiro próton no H_3AsO_4.

13-7. Proponha um indicador que possa ser utilizado para determinar o ponto final para a titulação dos primeiros dois prótons no H_3AsO_4.

*13-8. Forneça um indicador que possa ser usado para determinar as quantidades de H_3PO_4 e NaH_2PO_4 em uma solução aquosa.

13-9. Proporcione um indicador adequado para as titulações baseadas em cada uma das reações a seguir. Use 0,05 mol L^{-1} se for necessária a concentração no ponto de equivalência.
* (a) $H_2CO_3 + NaOH \rightarrow NaHCO_3 + H_2O$
* (b) $H_2P + 2NaOH \rightarrow Na_2P + 2H_2O$ (H_2P = ácido o-oftálico)
* (c) $H_2T + 2NaOH \rightarrow Na_2T + 2H_2O$ (H_2T = ácido tartárico)
* (d) $NH_2C_2H_4NH_2 + HCl \rightarrow NH_2C_2H_4NH_3Cl$
* (e) $NH_2C_2H_4NH_2 + 2HCl \rightarrow ClNH_3C_2H_4NH_3Cl$
* (f) $H_2SO_3 + NaOH \rightarrow NaHSO_3 + H_2O$
* (g) $H_2SO_3 + 2NaOH \rightarrow Na_2SO_3 + 2H_2O$

13-10. Calcule o pH de uma solução 0,0400 mol L^{-1} de
* (a) H_3PO_4.
* (b) $H_2C_2O_4$.
* (c) H_3PO_3.
* (d) H_2SO_3.
* (e) H_2S.
* (f) $H_2NC_2H_4NH_2$.

13-11. Calcule o pH de uma solução 0,0400 mol L^{-1} de
* (a) NaH_2PO_4.
* (b) $NaHC_2O_4$.
* (c) NaH_2PO_3.
* (d) $NaHSO_3$.
* (e) $NaHS$.
* (f) $H_2NC_2H_4NH_3^+Cl^-$.

13-12. Calcule o pH de uma solução 0,0400 mol L^{-1} de
* (a) Na_3PO_4.
* (b) $Na_2C_2O_4$.
* (c) Na_2HPO_3.
* (d) Na_2SO_3.
* (e) Na_2S.
* (f) $C_2H_4(NH_3^+Cl^-)_2$.

*As respostas para as questões e problemas marcados com um asterisco são fornecidas no final deste livro.

13-13. Calcule o pH de uma solução que é preparada para conter as seguintes concentrações analíticas
  (a) 0,0200 mol L^{-1} em H$_3$PO$_4$ e 0,0500 mol L^{-1} em NaH$_2$PO$_4$.
  (b) 0,0300 mol L^{-1} em NaH$_2$AsO$_4$ e 0,0500 mol L^{-1} em Na$_2$HAsO$_4$.
  (c) 0.0400 mol L^{-1} em Na$_2$CO$_3$ e 0,0500 mol L^{-1} em NaHCO$_3$.
  (d) 0,0400 mol L^{-1} em H$_3$PO$_4$ e 0,0200 mol L^{-1} em Na$_2$HPO$_4$.
  (e) 0.0500 mol L^{-1} de NaHSO$_4$ e 0.0400 mol L^{-1} de Na$_2$SO$_4$.

*13-14. Calcule o pH de uma solução que contém as seguintes concentrações analíticas:
  (a) 0,225 mol L^{-1} em H$_3$PO$_4$ e 0,414 mol L^{-1} em NaH$_2$PO$_4$.
  (b) 0,0670 mol L^{-1} em Na$_2$SO$_3$ e 0,0315 mol L^{-1} em NaHSO$_3$.
  (c) 0,640 mol L^{-1} em HOC$_2$H$_4$NH$_2$ e 0,750 mol L^{-1} em HOC$_2$H$_4$NH$_3$Cl.
  (d) 0,0240 em H$_2$C$_2$O$_4$ (ácido oxálico) e 0,0360 mol L^{-1} em Na$_2$C$_2$O$_4$.
  (e) 0,0100 mol L^{-1} em Na$_2$C$_2$O$_4$ e 0,0400 mol L^{-1} em NaHC$_2$O$_4$.

13-15. Calcule o pH de uma solução que é
  (a) 0,0100 mol L^{-1} em HCl e 0,0200 mol L^{-1} em ácido pícrico.
  (b) 0,0100 mol L^{-1} em HCl e 0,0320 mol L^{-1} em ácido benzoico.
  (c) 0,0100 mol L^{-1} em NaOH e 0,075 mol L^{-1} em Na$_2$CO$_3$.
  (d) 0,0100 mol L^{-1} em NaOH e 0,090 mol L^{-1} em NH$_3$.

*13-16. Calcule o pH de uma solução que é
  (a) 0,0100 mol L^{-1} em HClO$_4$ e 0,0300 mol L^{-1} em ácido monoacético.
  (b) 0,0100 mol L^{-1} em HCl e 0,0150 mol L^{-1} em H$_2$SO$_4$.
  (c) 0,0100 mol L^{-1} em NaOH e 0,0300 mol L^{-1} em Na$_2$S.
  (d) 0,0100 mol L^{-1} em NaOH e 0,0300 mol L^{-1} em acetato de sódio.

13-17. Identifique o par ácido-base conjugado principal e calcule a razão entre eles em uma solução que é tamponada em pH 6,00 e que contém
  (a) H$_2$SO$_3$.
  (b) ácido cítrico.
  (c) ácido malônico.
  (d) ácido tartárico.

*13-18. Identifique o par ácido-base conjugado principal e calcule a razão entre eles em uma solução que é tamponada em pH 9,00 e que contém
  (a) H$_2$S.
  (b) Dicloridrato de etilenodiamina.
  (c) H$_3$AsO$_4$.
  (d) H$_2$CO$_3$.

13-19. Qual é a massa (g) de Na$_2$HPO$_4$ · 2H$_2$O que precisa ser adicionada a 750 mL de H$_3$PO$_4$ 0,160 mol L^{-1} para se preparar um tampão a pH 7,30?

*13-20. Qual é a massa (g) de ftalato dipotássico que precisa ser adicionada a 750 mL de ácido ftálico 0,0500 mol L^{-1} para se preparar um tampão a pH 5,75?

13-21. Qual é o pH de um tampão formado pela mistura de 50,0 mL de NaH$_2$PO$_4$ 0,200 mol L^{-1} com
  (a) 50,0 mL de HCl 0,100 mol L^{-1}?
  (b) 50,0 ml de NaOH 0,100 mol L^{-1}?

*13-22. Qual é o pH de um tampão formado pela mistura de 100 mL de ftalato ácido de potássio 0,150 mol L^{-1} com
  (a) 100 mL de NaOH 0,0800 mol L^{-1}?
  (b) 100 mL de HCl 0,0800 mol L^{-1}?

13-23. Como você prepararia 1,00 L de um tampão com um pH 9,45 a partir de Na$_2$CO$_3$ 0,300 mol L^{-1} e HCl 0,200 mol L^{-1}?

*13-24. Como você prepararia 1,00 L de um tampão com um pH 7,00 a partir de H$_3$PO$_4$ 0,200 mol L^{-1} e NaOH 0,160 mol L^{-1}?

13-25. Como você prepararia 1,00 L de um tampão com um pH 6,00 a partir de Na$_3$AsO$_4$ 0,500 mol L^{-1} e HCl 0,400 mol L^{-1}?

13-26. Identifique pela letra a curva (veja a figura na página seguinte) que você esperaria na titulação de uma solução que contenha
  (a) maleato dissódico, Na$_2$M, com ácido padrão.
  (b) ácido pirúvico, HP, com base padrão.
  (c) carbonato de sódio, Na$_2$CO$_3$, com ácido padrão.

13-27. Descreva a composição de uma solução que produziria uma curva de titulação que se assemelharia à (veja Problema 13-26):
  (a) curva B.
  (b) curva A.
  (c) curva E.

*13-28. Explique resumidamente por que a curva B não pode descrever a titulação de uma mistura de H$_3$PO$_4$ e de NaH$_2$PO$_4$.

13-29. Construa uma curva para a titulação de 50,00 mL de uma solução 0,1000 mol L^{-1} de um composto A com uma solução 0,2000 mol L^{-1} de um composto B na tabela a seguir. Para cada titulação, calcule o pH após a adição de 0,00; 12,50; 20,00; 24,00; 25,00; 26,00; 37,50; 45,00; 49,00; 50,00; 51,00 e 60,00 mL do composto B.

A	B
(a) H$_2$SO$_3$	NaOH
(b) etilenodiamina	HCl
(c) H$_2$SO$_4$	NaOH

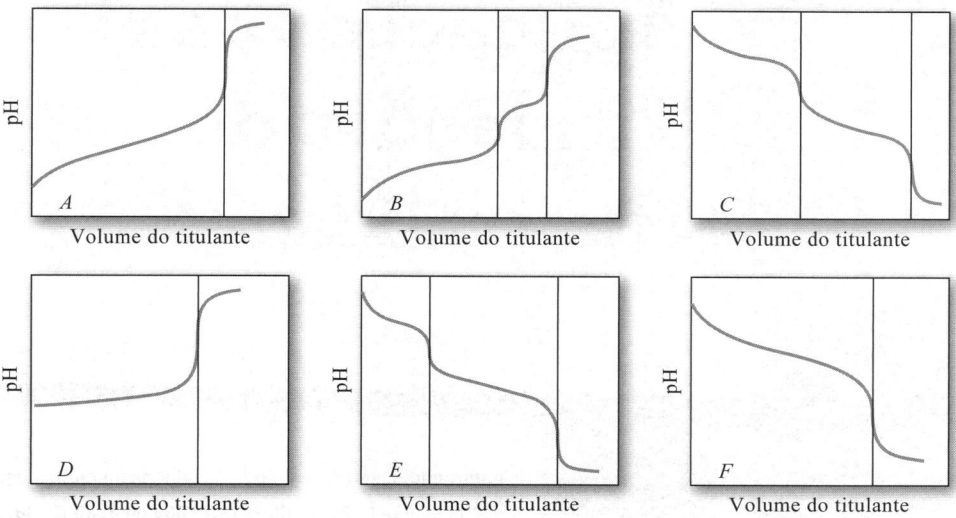

Curvas de Titulação para o Problema 13-26.

13-30. Gere uma curva para a titulação de 50,00 mL de uma solução na qual a concentração de NaOH é 0,1000 mol L^{-1} e a de hidrazina é 0,0800 mol L^{-1}. Calcular o pH após a adição de 0,00; 10,00; 20,00; 24,00; 25,00; 26,00; 35,00; 44,00; 45,00; 46,00; 50,00 mL de HClO$_4$ 0,2000 mol L^{-1}.

13-31. Gere uma curva para a titulação de 50,00 mL de uma solução na qual a concentração de HClO$_4$ é 0,1000 mol L^{-1} e a do ácido fórmico é 0,0800 mol L^{-1}. Calcular o pH após a adição de 0,00; 10,00; 20,00; 24,00; 25,00; 26,00; 35,00; 44,00; 45,00; 46,00; 50,00 mL de KOH 0,2000 mol L^{-1}.

*__13-32.__ Formule as constantes de equilíbrio para os equilíbrios a seguir, fornecendo os valores numéricos para as constantes:
(a) $2H_2AsO_4^- \rightleftharpoons H_3AsO_4 + HAsO_4^{2-}$
(b) $2HAsO_4^{2-} \rightleftharpoons AsO_4^{3-} + H_2AsO_4^-$

13-33. Calcule o valor numérico das constantes de equilíbrio para a reação:
$$NH_4^+ + OAc^- \rightleftharpoons NH_3 + HOAc$$

13-34. Para os valores de pH de 2,00, 6,00 e 10,00, calcule os valores alfa para cada espécie em uma solução aquosa de
*(a) ácido ftálico.
(b) ácido tartárico.
*(c) ácido cítrico.
(d) ácido arsênico.
*(e) ácido fosforoso.
(f) ácido malônico.

13-35. Derive equações que definam α_0, α_1, α_2, e α_3 para o ácido H$_3$AsO$_4$.

13-36. Calcule os valores alfa para os seguintes ácidos dipróticos a cada 0,5 unidades de pH, de pH 0,0 a pH 10,0. Coloque em gráfico o diagrama de distribuição para cada um dos ácidos e rotule a curva para cada uma das espécies.
(a) ácido ftálico.
(b) ácido succínico.
(c) ácido tartárico.

13-37. Calcule os valores alfa para os seguintes ácidos tripróticos a cada 0,5 unidades de pH, de pH 0,0 a pH 14,0. Coloque em gráfico o diagrama de distribuição para cada um dos ácidos e rotule a curva para cada uma das espécies.
(a) ácido cítrico.
(b) ácido arsênico.

13-38. Problema Desafiador:
(a) Represente graficamente diagramas logarítmicos de concentração para as soluções 0,1000 mol L^{-1} de cada um dos ácidos no problema 13-36.
(b) Para o ácido ftálico, encontre a concentração de todas as espécies no pH 4,8.
(c) Para o ácido tartárico, encontre as concentrações de todas as espécies no pH 4,3.
(d) A partir do diagrama logarítmico de concentração, encontre o pH de uma solução 0,100 mol L^{-1} de ácido ftálico, H$_2$P. Encontre o pH de uma solução 0,100 mol L^{-1} de HP$^-$.
(e) Discuta como você poderia modificar o diagrama logarítmico de concentração para o ácido ftálico, de tal modo que ele mostre o pH em termos de atividade do íon hidrogênio a_{H^+}, em vez de concentração de íon hidrogênio (pH = $-\log a_{H^+}$, em vez de pH = $-\log c_{H^+}$). Seja específico em sua discussão e mostre quais poderão ser as dificuldades.

CAPÍTULO 14
Aplicações das Titulações de Neutralização

Andre Seale/Alamy Stock Photo

Aproximadamente 1 milhão de toneladas de dióxido de carbono são liberadas na atmosfera da Terra a cada hora, aproximadamente 25% dos quais é absorvido pelo oceano, onde ele forma o ácido carbônico, H_2CO_3. O resultado é que o pH da superfície do oceano diminui em aproximadamente 0,002 unidade de pH por ano.[1] Essa variação aparentemente pequena tem efeitos dramáticos em determinados organismos aquáticos: alguns bons e outros ruins. Muitos crustáceos são sensíveis às diminuições no pH, incluindo as ostras e os mexilhões.[2] A redução em suas abundâncias em áreas susceptíveis à acidificação diminui sua capacidade de realizar serviços ecossistêmicos como filtração e produção de nutrientes e afeta o atrativo deles como alimentos do mar. Os recifes de coral também são sensíveis à **acidificação dos oceanos.** Os esqueletos de coral são feitos de carbonato de cálcio, que tende a se dissolver em águas acidificadas, como mostrado na foto das tartarugas marinhas próximas a Heron Island, Grande Barreira de Corais, Austrália. Além da dissolução dos recifes, o coral não pode calcificar rápido o suficiente para acompanhar a erosão do recife. O estudo dos equilíbrios ácido/base e os métodos de titulação usados para validar e padronizar vários outros métodos são centrais para o estudo desses sistemas aquáticos.[3]

As titulações de neutralização são largamente utilizadas para determinar a concentração de analitos ácidos ou básicos que podem ser convertidos em ácidos ou bases por tratamento apropriado.[4] A água é o solvente usual para as titulações de neutralização, porque ela é conveniente, barata e não tóxica. Uma vantagem adicional é o coeficiente de expansão de baixa temperatura da água. Entretanto, alguns analitos não podem ser titulados em meio aquoso por causa das baixas solubilidades ou porque suas forças ácidas ou básicas não são fortes o suficiente para fornecer pontos finais satisfatórios. Tais substâncias podem, geralmente, ser tituladas por solventes não aquosos.[5] Restringiremos nossas discussões a sistemas aquosos.

---

[1] IPCC, *Climate Change 2013 – The Physical Science Basis: Working Group I Contribution to the Fifth Assessment Report of the IPCC*, p. 1535, Cambridge, Reino Unido, Nova York, EUA: Cambridge University Press, 2013, Report No.: 0521880092.
[2] J. M. Hall-Spencer; B. P. Harvey. *Emerging Topics in Life Sciences*, 2019, *3*, 197. DOI: 10.1042/ ETLS20180117.
[3] D. I. Kline et al. *Nature Ecology & Evolution*, 2019, *3*, 1438. DOI: 10.1038/s41559-019-0988-x.
[4] Para uma revisão sobre as aplicações de titulações de neutralização, veja J. A. Dean. *Analytical Chemistry Handbook*. Nova York: McGraw-Hill, 1995, Seção 3.2, p. 3.28; D. Rosenthal; P. Zuman, in *Treatise on Analytical Chemistry*. 2. ed.; I. M. Kolthoff; P. J. Elving, eds. Nova York: Wiley, 1979, pt. 1, v. 2, cap. 48.
[5] Para uma revisão de titulometria ácido/base não aquosa, veja J. A. Dean. *Analytical Chemistry Handbook*. Nova York: McGraw-Hill, 1995, Seção 3.3, p. 3.48; I. M. Kolthoff; P. J. Elving, eds.*Treatise on Analytical Chemistry*. 2. ed. Nova York: Wiley, 1979, pt. 1, v. 2, caps. 19A-19E.

Aplicações das Titulações de Neutralização 347

14A Reagentes para Titulações de Neutralização

No Capítulo 12, notamos que os ácidos e as bases fortes produzem a maior variação no pH no ponto de equivalência. Por essa razão, as soluções padrão para as titulações de neutralização são sempre preparadas com esses reagentes.

14A-1 Preparação de Soluções Padrão de Ácidos

As soluções de ácido clorídrico são amplamente usadas como soluções padrão para titular bases. As soluções diluídas de HCl são indefinidamente estáveis e muitos sais de cloreto são solúveis em solução aquosa. As soluções de HCl 0,1 mol L^{-1} podem ser fervidas por aproximadamente uma hora sem a perda do ácido, desde que a água perdida por evaporação seja periodicamente recolocada; as soluções 0,5 mol L^{-1} podem ser fervidas por pelo menos dez minutos sem perdas significativas.

As soluções de ácido perclórico e ácido sulfúrico são também estáveis e são úteis para as titulações em que o íon cloreto interfere em decorrência da formação de precipitados. As soluções padrão de ácido nítrico são raramente utilizadas em razão de suas propriedades oxidantes.

» As soluções de HCl, HClO$_4$ e H$_2$SO$_4$ são estáveis indefinidamente. Não é necessária uma repadronização, a menos que ocorra evaporação.

Para obter a maioria das soluções ácidas padrão, uma solução de uma concentração apropriada é inicialmente preparada pela diluição do reagente concentrado. A solução ácida diluída é então padronizada contra uma base de **padrão primário**. Ocasionalmente, a composição do ácido concentrado é obtida por meio de uma medida cuidadosa da densidade. Uma quantidade pesada é então diluída a um volume conhecido. Muitos manuais de química e engenheira química relacionam a densidade de reagentes com a composição. Uma solução estoque com uma concentração conhecida de ácido clorídrico também pode ser preparada diluindo-se uma quantidade de reagente concentrado com um volume igual de água e destilando-se depois essa solução. Sob condições controladas, o quarto final do destilado, conhecido como HCl de **ebulição constante**, tem uma constante e uma composição conhecidas. O teor ácido do HCl de ebulição constante depende apenas da pressão atmosférica. Para a pressão P entre 670 e 780 torr, a massa do ar do destilado que contém exatamente um mol de H$_3$O$^+$ é[6]

$$\frac{\text{massa de HCl de ebulição constante em g}}{\text{mol de H}_3\text{O}^+} = 164{,}673 + 0{,}02039\,P \tag{14-1}$$

As soluções padrão são preparadas pela diluição de massas desse ácido a volumes exatamente conhecidos.

14A-2 Padronização de Ácidos

O carbonato de sódio é o reagente mais utilizado para purificar ácidos. Muitos outros reagentes também são utilizados.

Carbonato de Sódio

O **carbonato de sódio de grau padrão primário** está disponível comercialmente ou pode ser preparado por meio do aquecimento do hidrogenocarbonato de sódio purificado entre 270 °C e 300 °C por 1 hora:

$$2\text{NaHCO}_3(s) \rightarrow \text{Na}_2\text{CO}_3 + \text{H}_2\text{O} + \text{CO}_2(g)$$

Uma massa determinada com exatidão do material de padrão primário é, então, tomada para padronizar o ácido.

Como mostrado na **Figura 14-1**, existem dois pontos finais na titulação do carbonato de sódio. O primeiro corresponde à conversão do carbonato para hidrogenocarbonato, que ocorre aproximadamente em um pH 8,3; o segundo, envolvendo a formação de ácido carbônico e dióxido de carbono, aparece aproximadamente a um pH 3,8.

» O carbonato de sódio ocorre naturalmente em grandes *depósitos de soda*, Na$_2$CO$_3$ · 10H$_2$O, e como *trona*, Na$_2$CO$_3$ · NaHCO$_3$ · 2H$_2$O. Esses minerais encontram largo uso tanto na indústria de vidros como em muitas outras. O carbonato de sódio de grau padrão primário é manufaturado pela purificação extensiva destes minerais.

---

[6] Veja *Official Methods of Analysis of the AOAC*, 18 ed. on-line (é necessária uma assinatura), Appendix A, 1.06, Official Method 936,15. Washington, D.C.: Association of Official Analytical Chemists, 2005.

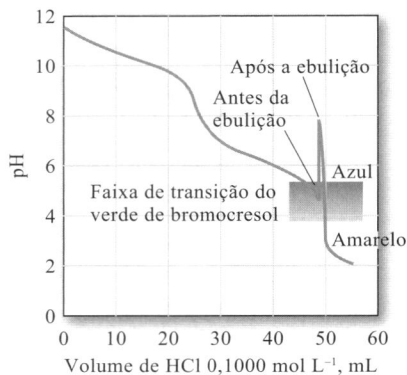

FIGURA 14-1

Titulação de 25,00 mL de Na_2CO_3 0,1000 mol L^{-1} com HCl 0,1000 mol L^{-1}. Após a adição de cerca de 49 mL de HCl, a solução é aquecida, causando um aumento do pH como mostrado. A variação do pH quando mais HCl é adicionado é muito maior após a ebulição.

Sempre se utiliza o segundo ponto final para a padronização, porque a alteração no pH é maior que a que ocorre no primeiro. Um ponto final mais nítido pode ser obtido por uma breve ebulição da solução para eliminar os produtos da reação, ácido carbônico e dióxido de carbono. A amostra é titulada até o aparecimento da cor ácida do indicador (como o verde de bromocresol ou o alaranjado de metila). No ponto final, a solução contém uma grande quantidade de dióxido de carbono dissolvida e pequenas quantidades de ácido carbônico e hidrogenocarbonato não reativo. A ebulição destrói efetivamente esse tampão pela eliminação do ácido carbônico:

$$H_2CO_3(aq) \rightarrow CO_2(g) + H_2O(l)$$

A solução, então, se torna alcalina novamente em razão do íon hidrogenocarbonato residual. A titulação é finalizada após o resfriamento da solução, resultando em uma diminuição substancialmente maior no pH durante as soluções finais do ácido. O resultado é uma variação mais abrupta de cor (veja a Figura 14-1).

Alternativamente, uma quantidade de ácido em um ligeiro excesso acima daquela necessária para converter o carbonato de sódio em ácido carbônico pode ser introduzida. A solução é fervida como antes, para remover o dióxido de carbono, e resfriada. O excesso do ácido é então retrotitulado com uma solução padrão de base. Pode ser utilizado qualquer indicador disponível para a titulação de ácidos e de bases fortes. Uma titulação independente é usada para estabelecer a razão de volume de ácido em relação à base.

>> Uma alta massa por próton consumido é desejável para um padrão primário, porque uma massa maior de reagente pode ser utilizada, diminuindo assim o erro relativo de pesagem.

Outros Padrões Primários para Ácidos

O **tris(hidroximetil)aminometano**, $(HOCH_2)_3CNH_2$, também conhecido como **TRIS** ou **THAM**, está disponível, com pureza de padrão primário, a partir de fontes comerciais. A principal vantagem do TRIS é sua massa muito maior por mol de prótons consumido (121,1 g mol^{-1}) que o carbonato de sódio (53,0 g mol^{-1}). O Exemplo 14-1 ilustra esta vantagem. A reação do TRIS com o ácido é

$$(HOCH_2)_3CNH_2 + H_3O^+ \rightarrow (HOCH_2)_3CNH_3^+ + H_2O$$

O tetraborato de sódio deca-hidratado e o óxido de mercúrio(II) também têm sido recomendados como padrão primário. A reação de um ácido com o tetraborato é

$$B_4O_7^- + 2H_3O^+ + 3H_2O \rightarrow 4H_3BO_3$$

>> O bórax, $Na_2B_4O_7 \cdot 10H_2O$, é um mineral extraído no deserto e é largamente utilizado em preparados de limpeza. Uma forma altamente purificada de bórax é empregada como um padrão primário para bases.

EXEMPLO 14-1

Use uma planilha de cálculo para comparar as massas de (a) TRIS (121 g mol^{-1}), (b) Na_2CO_3 (106 g mol^{-1}) e (c) $Na_2B_4O_7 \cdot 10H_2O$ (381 g mol^{-1}) necessárias para padronizar uma solução de aproximadamente 0,020 mol L^{-1} de HCl para os seguintes volumes de HCl: 20,00 mL, 30,00 mL, 40,00 mL e 50,00 mL. Suponha que o desvio padrão da massa de cada uma das bases de padrão primário seja de 0,1 mg e utilize a planilha para calcular o desvio padrão relativo percentual que essa incerteza introduziria em cada uma das concentrações molares calculadas.

Resolução

A planilha é mostrada na **Figura 14-2**. A concentração molar de HCl é colocada na célula B2 e as massas molares dos três padrões primários, nas células B3, B4 e B5. Os volumes de HCl para os quais os cálculos são desejados são inseridos nas células de A8 a A11. Faremos aqui um exemplo de um cálculo para o volume de 20,00 mL de HCl e mostraremos o lançamento na planilha de cálculo. Neste caso, a quantidade de matéria de HCl em mmols é calculada a partir de

(continua)

	A	B	C	D	E	F	G
1	**Planilha de cálculo para a comparação das massas requeridas para várias bases na padronização de HCl 0,020 mol L⁻¹**						
2	M HCl	0,020					
3	Massa molar do TRIS	121	g mol	Nota: Todas as medidas de massa têm um desvio padrão de 0,1 mg			
4	Massa molar do Na$_2$CO$_3$	106	g mol				
5	Massa molar do Na$_2$B$_4$O$_7$.H$_2$O	381	g mol				
6							
7	mL HCl	g TRIS	%DPR TRIS	g Na$_2$CO$_3$	% DPR Na$_2$CO$_3$	gNa$_2$B$_4$O$_7$.10H$_2$	%DPR Na$_2$B$_4$O$_7$.H$_2$O
8	20,00	0,048	0,21	0,021	0,47	0,08	0,13
9	30,00	0,073	0,14	0,032	0,31	0,11	0,09
10	40,00	0,097	0,10	0,042	0,24	0,15	0,07
11	50,00	0,121	0,08	0,053	0,19	0,19	0,05
12							
13	**Documentação**						
14	Célula B8=$B$2*A8*1*$B$3/1000						
15	Célula C8=(0.0001/B8)*100						
16	Célula D8=$B$2*A8*1/2*$B$4/1000						
17	Célula E8=(0.0001/D8)*100						
18	Célula F8=$B$2*A8*1/2*$B$5/1000						
19	Célula G8=(0.0001/F8)*100						

FIGURA 14-2 Planilha de cálculo para a comparação das massas e erros relativos associados com o uso de diferentes padrões primários para padronização de soluções HCl.

$$\text{mmol de HCl} = \cancel{\text{mL de HCl}} \times 0{,}020 \frac{\text{mmol de HCl}}{\cancel{\text{mL de HCl}}}$$

(a) **TRIS**

$$\text{massa TRIS} = \cancel{\text{mmol de HCl}} \times \frac{1\ \cancel{\text{mmol de TRIS}}}{\cancel{\text{mmol de HCl}}} \times \frac{121\ \text{g de TRIS}/\cancel{\text{mol}}}{1.000\ \cancel{\text{mmol de TRIS}/\text{mol}}}$$

A fórmula apropriada para esta equação é colocada na célula B8 e então copiada para as células de B9 até B11. A incerteza relativa na concentração molar devida à medida das massas é igual à incerteza relativa no processo de medida da massa. Para a primeira quantidade de TRIS (0,048 g na célula B8), o desvio padrão relativo percentual (DPR%) é igual a (0,0001 g/B8) × 100%, como mostrado na documentação da Figura 14-2. Essa fórmula da célula C8 é então copiada para as células C9 a C11.

(b) **Na$_2$CO$_3$**

$$\text{massa de Na}_2\text{CO}_3 =$$

$$\cancel{\text{mmol de HCl}} \times \frac{1\ \text{mmol de Na}_2\text{CO}_3}{2\ \cancel{\text{mmol de HCl}}} \times \frac{106\ \text{g de Na}_2\text{CO}_3/\cancel{\text{mol}}}{1.000\ \cancel{\text{mmol de Na}_2\text{CO}_3/\text{mol}}}$$

Essa fórmula é então colocada na célula D8 e copiada para as células D9 a D11. O desvio padrão relativo na célula E8 é calculado como (0,0001/D8) × 100%.

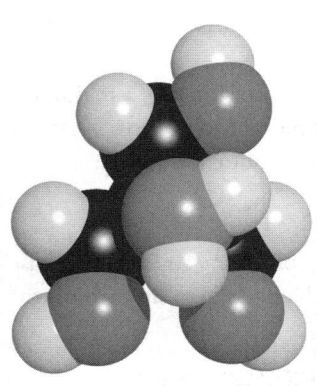

$$\begin{array}{c} \text{CH}_2\text{OH} \\ | \\ \text{H}_2\text{N}-\text{C}-\text{CH}_2\text{OH} \\ | \\ \text{CH}_2\text{OH} \end{array}$$

Modelo molecular e estrutura do TRIS.

(continua)

(c) **Na₂B₄O₇ · 10H₂O**

A mesma fórmula que aquela para o Na_2CO_3 é usada, exceto que a massa molecular do bórax (381 g mol⁻¹) é substituída pela do Na_2CO_3. As outras fórmulas são mostradas na documentação na Figura 14-2.

Observe na Figura 14-2 que o desvio padrão na concentração usando TRIS é de 0,10% ou menos se o volume de HCl tomado for maior que 40,00 mL. Para o Na_2CO_3, mais de 50,00 mL de HCl seriam requeridos para esse mesmo nível de incerteza. Para o bórax, qualquer volume acima de aproximadamente 26,00 mL deve ser suficiente.

14A-3 Preparação de Soluções Padrão de Bases

O hidróxido de sódio é a base mais utilizada no preparo de soluções padrão, embora os hidróxidos de potássio e de bário também sejam usados. Estas bases não podem ser obtidas em pureza de padrão primário e, assim, todas devem ser padronizadas após serem preparadas.

O Efeito do Dióxido de Carbono nas Soluções Padrão de Base

Na solução, assim como no estado sólido, os hidróxidos de sódio, de potássio e de bário reagem rapidamente com o dióxido de carbono atmosférico para produzir o carbonato correspondente:

$$CO_2(g) + 2OH^- \rightarrow CO_3^{2-} + H_2O$$

>> A absorção do dióxido de carbono pela solução padrão de hidróxido de sódio ou potássio leva a um erro sistemático negativo na análise em que um indicador com faixa de transição básica é utilizado; não existe erro sistemático quando um indicador com uma faixa ácida é usado.

Embora a produção de cada íon carbonato consuma dois íons hidróxidos, a absorção do dióxido de carbono pela solução da base não altera, necessariamente, sua capacidade de combinação com íons hidrônio. Assim, no ponto final de uma titulação, que requer um indicador de faixa ácida (como o **verde de bromocresol**), cada íon carbonato produzido a partir do hidróxido de sódio ou potássio terá reagido com dois íons hidrônio do ácido (veja a Figura 14-1):

$$CO_3^{2-} + 2H_3O^+ \rightarrow H_2CO_3 + 2H_2O$$

Pelo fato de a quantidade de íon hidrônio consumida por essa reação ser idêntica à quantidade de hidróxido perdida durante a formação do íon carbonato, não resulta erro da reação do hidróxido com o CO_2.

Infelizmente, a maioria das aplicações de bases padrão requer um indicador com faixa de transição básica (**fenolftaleína**, por exemplo). Nesse caso, cada íon carbonato reage somente com um íon hidrônio quando a mudança da cor do indicador é observada:

$$CO_3^{2-} + H_3O^+ \rightarrow HCO_3^- + H_2O$$

A concentração efetiva da base é assim diminuída pela absorção do dióxido de carbono, resultando em um erro sistemático (chamado **erro de carbonato**), como ilustrado no Exemplo 14-2.

EXEMPLO 14-2

A concentração de hidróxido em uma **solução de NaOH livre de carbonato** foi determinada imediatamente após a sua preparação como 0,05118 mol L⁻¹. Se exatamente 1,000 L desta solução for exposta ao ar por algum tempo e absorver 0,1962 g de CO_2, calcule o erro de carbonato relativo que surgirá na determinação de ácido acético com a solução contaminada se for utilizada a fenolftaleína como indicador.

Resolução

$$2NaOH + CO_2 \rightarrow Na_2CO_3 + H_2O$$

$$c_{Na_2CO_3} = \frac{0{,}1962 \text{ g de } CO_2}{1{,}000 \text{ L}} \times \frac{1 \text{ mol de } CO_2}{44{,}01 \text{ g de } CO_2} \times \frac{1 \text{ mol de } Na_2CO_3}{\text{mol de } CO_2} = 4{,}458 \times 10^{-3} \text{ mol L}^{-1}$$

(continua)

A concentração efetiva do NaOH, c_{NaOH}, para o ácido acético é

$$c_{NaOH} = \frac{0,05118 \text{ mol de NaOH}}{L} - \left(\frac{4,458 \times 10^{-3} \text{ mol de Na}_2\text{CO}_3}{L} \times \frac{1 \text{ mol de HOAc}}{\text{mol de Na}_2\text{CO}_3} \times \frac{1 \text{ mol de NaOH}}{\text{mol de HOAc}}\right)$$

$$= 0,04672 \text{ mol L}^{-1}$$

$$\text{erro relativo} = \frac{0,04672 - 0,05118}{0,05118} \times 100\% = -8,7\%$$

Os reagentes sólidos utilizados para preparar as soluções padrão de bases estão sempre contaminados com quantidades significativas de íon carbonato. A presença deste contaminante não provoca um erro de carbonato desde que o mesmo indicador seja usado tanto para a padronização quanto para a análise. O carbonato, entretanto, diminui a veemência dos pontos finais. Por esta razão, o íon carbonato normalmente é removido antes da padronização da solução de uma base.

O melhor método de preparação de soluções de hidróxido de sódio livre de carbonato tira proveito da solubilidade muito baixa do carbonato de sódio em soluções concentradas de base. Uma solução aquosa de aproximadamente 50% de hidróxido de sódio é preparada ou comprada de fontes comerciais. O carbonato de sódio sólido é deixado descansar para fornecer um líquido claro, que é decantado e diluído a uma concentração desejada. Alternativamente, o sólido pode ser removido por filtração a vácuo.

A água utilizada para preparar soluções de base livre de carbonato também deve ser livre de dióxido de carbono. A água destilada, que está às vezes supersaturada com o dióxido de carbono, deve ser fervida brevemente para eliminar o CO_2. A água é deixada esfriar até a temperatura ambiente antes de a base ser introduzida, porque as soluções alcalinas quentes absorvem rapidamente o dióxido de carbono. A água deionizada normalmente não contém quantidades significantes de dióxido de carbono.

Um pote de polietileno de baixa densidade firmemente fechado normalmente fornece a curto prazo uma proteção adequada contra a absorção de dióxido de carbono atmosférico. Antes de ser tampado, o frasco é comprimido para minimizar o espaço de ar no interior. Cuidados também devem ser tomados para manter o frasco fechado, exceto durante os curtos períodos quando os conteúdos estiverem sendo transferidos para uma bureta. Com o tempo, as soluções de hidróxido de sódio farão com que os frascos de polietileno se tornem quebradiços.

A concentração de uma solução de hidróxido de sódio diminuirá lentamente (0,1% a 0,3% por semana) se a base for estocada em garrafas de vidro. A perda da força é causada pela reação da base com o vidro para formar silicatos de sódio. Por essa razão, as soluções padrão de base não devem ser estocadas por extensos períodos (mais longos que uma ou duas semanas) em frascos de vidro. Além disso, as bases não devem ser guardadas em frascos com tampas de vidro, porque a reação entre a base e o vidro pode "colar" rapidamente a tampa no frasco. Finalmente, para evitar o mesmo tipo de problema, as buretas com torneiras de vidro devem ser prontamente esvaziadas e enxaguadas vigorosamente com água após o uso com soluções padrão de bases. Muitas buretas modernas são equipadas com torneiras de Teflon e assim não apresentam este problema.

❮❮ O íon carbonato em soluções padrão de base diminuem a veemência dos pontos finais e normalmente é removido antes da padronização.

❮❮ **ATENÇÃO**: As soluções concentradas de NaOH (e KOH) são extremamente corrosivas para a pele. Um protetor de face, luvas de borracha e roupas protetoras *devem ser usadas todo o tempo* ao trabalhar com estas soluções.

❮❮ A água que está em equilíbrio com constituintes atmosféricos contém somente cerca de $1,5 \times 10^{-5}$ mol L^{-1} de CO_2/L, uma quantidade que tem um efeito desprezível na força da maioria das bases padrão. Como alternativa da fervura para a remoção do CO_2 de soluções supersaturadas, o excesso de gás pode ser removido borbulhando-se ar na água por várias horas. Este processo é chamado de **purga** e produz uma solução que contém a concentração de equilíbrio de CO_2.

A **purga** (*sparging*) é o processo de remoção de um gás de uma solução borbulhando-se um gás inerte pela solução.

>> As soluções de bases devem ser estocadas em frascos de polietileno em vez de vidro por causa da reação entre as bases e o vidro. Essas soluções não devem ser estocadas em frascos com tampa de vidro; após certo período, muitas vezes é impossível remover a tampa.

>> Soluções padrão de bases fortes não devem ser preparadas diretamente por meio de pesagem e devem ser sempre padronizadas contra um ácido de padrão primário.

>> Em contraste a todos os outros padrões primários para bases, o $KH(IO_3)_2$ tem a vantagem de ser um ácido forte, o que torna fácil a escolha de um indicador.

14A-4 Padronização de Bases

Muitos padrões primários excelentes estão disponíveis para a padronização de bases. A maioria é constituída por ácidos orgânicos fracos, que requerem o uso de um indicador com uma faixa de transição básica.

Ftalato Ácido de Potássio

O ftalato ácido de potássio, $KHC_8H_4O_4$, é quase um padrão primário ideal. Trata-se de um sólido não higroscópico cristalino com uma massa molar relativamente grande (204,2 g mol^{-1}). O sal de grau analítico comercial pode ser usado sem purificação adicional para a maioria dos propósitos. Para trabalhos mais exatos, dispõe-se do ftalato ácido de potássio de pureza certificada pelo Instituto Nacional de Padrões e Tecnologia (National Institute of Standards and Technology – NIST).

Outros Padrões Primários para Bases

O ácido benzoico é obtido com pureza de padrão primário e pode ser utilizado para a padronização de bases. O ácido benzoico tem solubilidade limitada na água, portanto ele é normalmente dissolvido em etanol antes da diluição com a água e da titulação. Deve-se obter simultaneamente um branco na padronização, pois, algumas vezes, o álcool comercial é levemente ácido.

O hidrogenoiodato de potássio, $KH(IO_3)_2$, é um excelente padrão primário com uma alta massa molar por mol de prótons. Também é um ácido forte, que pode ser titulado utilizando-se virtualmente qualquer indicador com uma faixa de transição de pH entre 4 e 10.

14B Aplicações Típicas das Titulações de Neutralização

As titulações de neutralização são utilizadas para determinar inumeráveis espécies inorgânicas, orgânicas e biológicas que possuam propriedades ácidas ou básicas. Entretanto, além disso, existe aproximadamente a mesma quantidade de aplicações nas quais o analito é convertido em um ácido ou em uma base por meio de tratamento químico adequado, seguido pela titulação com um padrão de ácido ou base forte.

Há dois tipos principais de pontos finais que são largamente utilizados nas titulações de neutralização. O primeiro é um ponto final visual, baseado em indicadores como aqueles apresentados na Seção 12A. O segundo é o ponto final *potenciométrico*, no qual o potencial de um sistema de eletrodo de vidro/calomelano é determinado com um pHmetro ou com outro dispositivo de medir voltagem. A voltagem medida é diretamente proporcional ao pH. Descrevemos os pontos finais potenciométricos na Seção 19G.

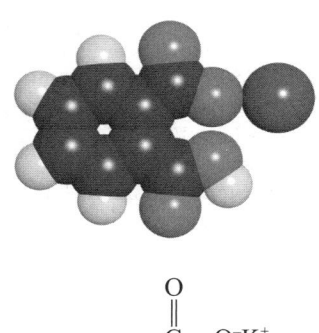
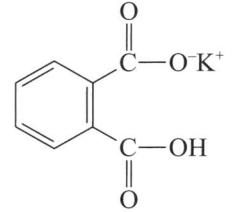

Modelo molecular e estrutura do hidrogenoftalato de potássio.

>> As titulações de neutralização ainda estão entre os métodos analíticos mais largamente utilizados.

14B-1 Análise Elementar

Vários elementos importantes que ocorrem em sistemas orgânicos e biológicos são convenientemente determinados por métodos que envolvem uma titulação ácido/base como etapa final. Geralmente, os elementos suscetíveis a esse tipo de análise são não metais como o carbono, o nitrogênio, o cloro, o bromo e o flúor, além de algumas outras espécies menos comuns. Os pré-tratamentos convertem o elemento em um ácido ou uma base inorgânicos que, então, são titulados. Alguns poucos exemplos são mostrados a seguir.

Nitrogênio

O nitrogênio é encontrado em uma variedade de substâncias de interesse nas ciências da vida, na indústria e na agricultura. Os exemplos incluem aminoácidos, proteínas, drogas sintéticas, fertilizantes, explosivos, solos, suprimento de água potável e corantes. Assim, os métodos analíticos para a determinação de nitrogênio, particularmente em substratos orgânicos, são de extrema importância.

O método mais comum para a determinação de nitrogênio orgânico é o **método de Kjeldahl**, que é baseado em uma titulação de neutralização (veja o Destaque 14-1). O procedimento é direto, não requer equipamentos especiais e é facilmente adaptado para a rotina de análises de um grande número de amostras. O método Kjeldahl, ou uma de suas modificações, é o processo padrão para a determinação de proteínas contidas em grãos, carnes e materiais biológicos (veja o Destaque 14-2 para outros métodos). Uma vez que a maioria das proteínas contém aproximadamente a mesma porcentagem de nitrogênio, a multiplicação dessa porcentagem por um fator adequado (6,25 para carnes, 6,38 para laticínios e 5,70 para cereais) fornece a porcentagem de proteína na amostra.

❮❮ Kjeldahl, pronuncia-se *Kieldal*. Centenas de milhares de determinações de nitrogênio Kjeldahl são realizadas a cada ano para fornecer uma medida do teor de proteínas de carnes, grãos e rações animais.

DESTAQUE 14-1

Determinação de Proteína Total em Soro Sanguíneo

A determinação de proteína total no soro é uma medida clínica importante, utilizada no diagnóstico da disfunção hepática. Embora o método Kjeldahl seja capaz de alta precisão e exatidão, ele é muito lento e trabalhoso para ser utilizado rotineiramente na determinação de proteína total no soro. O procedimento Kjeldahl, entretanto, tem sido historicamente o *método de referência* em relação ao qual os outros métodos são comparados. Os métodos comumente empregados incluem **o método do biureto** e o **método de Lowry**.[7] No método do biureto, um reagente contendo íons cobre(II) é utilizado para promover a formação de um complexo de cor violeta entre os íons Cu^{2+} e as ligações peptídicas. O aumento na absorção da radiação visível é usado para medir as proteínas no soro. Esse método é facilmente automatizado. No procedimento de Lowry, a amostra de soro é pré-tratada com uma solução alcalina de cobre, seguida por um reagente fenólico. Uma cor é desenvolvida em decorrência da redução dos ácidos fosfotúngstico e fosfomolíbdico em azul de molibdênio. Tanto o método de biureto como o de Lowry usam a espectrofotometria (veja Capítulo 24) para as medidas quantitativas.

O método de Kjeldahl foi desenvolvido pelo químico dinamarquês Johan Kjeldahl (J. Kjeldahl. *Z. Anal. Chem.*, v. 22, p. 366, 1883). Trabalhando no Carlsberg Laboratory, Kjeldahl desenvolveu o método para determinar o conteúdo de proteína de vários grãos para serem usados na cerveja fermentada.

DESTAQUE 14-2

Outros Métodos de Determinação de Nitrogênio Orgânico

Vários outros métodos são usados para determinar o teor de nitrogênio de materiais orgânicos. No **método Dumas**, a amostra é misturada com um óxido de cobre(II), pulverizada e queimada em um tubo de combustão para produzir dióxido de carbono, água, nitrogênio e pequenas quantidades de óxidos de nitrogênio. Um fluxo de dióxido de carbono arrasta esses produtos por um cartucho que contém cobre aquecido, o qual reduz qualquer óxido de nitrogênio a nitrogênio elementar. A mistura então é passada por uma bureta de gás preenchida com o hidróxido de potássio concentrado. O único componente não absorvido pela base é o nitrogênio e seu volume é medido diretamente.

Um método relativamente recente para a determinação de nitrogênio se inicia com a combustão da amostra a 1.100°C por alguns minutos para converter o nitrogênio em

(continua)

❮❮ Jean-Baptiste Dumas foi um dos pais fundadores da química. Dentre muitas de suas realizações estavam o desenvolvimento do método de densidade de vapor para determinar as massas molares, a determinação das massas atômicas de 30 elementos e, obviamente, o método de Dumas para a determinação de nitrogênio nos compostos orgânicos.

---
[7] O. H. Lowry et al., *J. Biol. Chem.* v. 193, p. 265, 1951.

> óxido nítrico, NO. O ozônio é então introduzido na mistura gasosa, oxidando o óxido nítrico para dióxido de nitrogênio. Essa reação emite radiação visível (*quimiluminescência*). A intensidade da quimiluminescência é medida e é proporcional ao teor de nitrogênio da amostra. Instrumentos comerciais estão disponíveis para este procedimento. A quimiluminescência será discutida posteriormente, no Capítulo 25.

No método Kjeldahl, a amostra é decomposta em meio de ácido sulfúrico concentrado a quente para converter o nitrogênio das ligações em íons amônio. A solução resultante é então resfriada, diluída e tornada básica, um processo que converte os íons amônio em amônia. A amônia é destilada, coletada em uma solução ácida e determinada por titulação de neutralização.

»
—NO₂ —N=N— —N⁺=N—
                    |
                    O⁻
grupo nitro grupo azo grupo azoxi

O passo crítico do método de Kjeldahl é a decomposição com ácido sulfúrico que oxida o carbono e o hidrogênio da amostra para dióxido de carbono e água. O destino do nitrogênio, entretanto, depende do seu estado de combinação na amostra original. Os nitrogênios nas aminas e amidas são convertidos quantitativamente em íons amônia. Ao contrário, os grupos nitro, azo, azoxi provavelmente produzem o elemento ou seus vários óxidos, que são todos perdidos no meio ácido aquecido. Essa perda pode ser evitada pelo pré-tratamento da amostra com um agente redutor que leve à formação das aminas e amidas. Em um desses esquemas pré-redutores, o ácido salicílico e o tiossulfato de sódio são adicionados à solução de ácido sulfúrico concentrado que contém a amostra. Após um breve período, a digestão é realizada do modo usual.

A piridina, derivados de piridina e alguns outros compostos heterocíclicos são especialmente resistentes à completa decomposição pelo ácido sulfúrico. Como consequência, esses compostos produzem resultados baixos (veja a Figura 3-3), a menos que se tomem precauções especiais.

A decomposição é o aspecto que frequentemente consome mais tempo na determinação de Kjeldahl. Algumas amostras podem requerer períodos de aquecimento de mais de uma hora. Numerosas modificações do procedimento original foram propostas com o objetivo de reduzir o tempo de digestão. Na modificação mais utilizada, um sal neutro, como o sulfato de potássio, é adicionado para aumentar o ponto de ebulição da solução de ácido sulfúrico e, assim, a temperatura na qual a decomposição ocorre. Em outra modificação, uma solução de peróxido de hidrogênio é adicionada à mistura após a digestão ter decomposto a maior parte da matriz orgânica.

Muitas substâncias catalisam a decomposição de compostos orgânicos pelo ácido sulfúrico. O mercúrio, o cobre e o selênio, combinados ou no estado elementar, são efetivos. O mercúrio(II), se presente, pode ser precipitado com o sulfeto de hidrogênio antes da destilação para prevenir a retenção da amônia na forma de um complexo amino de mercúrio(II).

O Exemplo 14-3 ilustra os cálculos usados no método de Kjeldahl.

Corissa Rodgers (ela/dela) graduou-se em biologia com especializações em química e justiça criminal. Fez mestrado na Boston University School of Medicine em Ciências Forense Biomédica, combinando biologia, química e forense. Ela, no início da carreira, trabalhou como técnica em um laboratório de toxicologia que testava amostras de pacientes sob assistência médica para verificar a presença de drogas prescritas e ilícitas no intuito de garantir que os pacientes estivessem cumprindo com os planos de tratamento de seus médicos.

Trabalhou também na testagem de garantia de qualidade em uma indústria de manufatura, onde a equipe usava técnicas instrumentais similares, garantindo que os produtos químicos resultantes fossem fabricados de acordo com a especificação.

Sra. Rodgers é atualmente Supervisora de Toxicologia em um laboratório de ciência forense que oferece serviços para a polícia. Eles usam a química analítica e técnicas instrumentais para realizar testes em espécimes biológicas para detectar e quantificar álcool e drogas no sangue e na urina. Ela usa métodos de extração para isolar os analitos, análises instrumentais para identificar os analitos e, então, quantifica as quantidades de cada um deles. Esta informação pode ser usada para entender como uma droga pode afetar a habilidade da pessoa para operar com segurança veículos automotores.

EXEMPLO 14-3

Uma amostra de 0,7121 g de farinha de trigo foi analisada pelo método Kjeldahl. A amônia formada pela adição de uma base concentrada após a digestão com H_2SO_4 foi destilada em 25,00 mL de HCl 0,04977 mol L^{-1}. O excesso de HCl foi retrotitulado com 3,97 mL de NaOH 0,04012 mol L^{-1}. Calcule a porcentagem de proteína na farinha, usando o fator 5,70 para o cereal.

Resolução

$$\text{quant. de mat. de HCl} = 25{,}00 \text{ mL de HCl} \times 0{,}04977 \frac{\text{mmol}}{\text{mL de HCl}} = 1{,}2443 \text{ mmol}$$

$$\text{quant. de mat. de NaOH} = 3{,}97 \text{ mL de NaOH} \times 0{,}04012 \frac{\text{mmol}}{\text{mL de NaOH}} = 0{,}1593 \text{ mmol}$$

$$\text{quant. de mat. de N} = \text{quant. de mat. de HCl} - \text{quant. de mat. de NaOH} = 1{,}2443 \text{ mmol}$$
$$-0{,}1593 \text{ mmol} = 1{,}0850 \text{ mmol}$$

$$\%N = \frac{1{,}0850 \text{ mmol de N} \times \frac{0{,}014007 \text{ g de N}}{\text{mmol de N}}}{0{,}7121 \text{ g de amostra}} \times 100\% = 2{,}1342$$

$$\%\text{proteína} = 2{,}1342\% \text{ de N} \times \frac{5{,}70\% \text{ de proteína}}{\%N} = 12{,}16$$

Enxofre

O enxofre, em materiais orgânicos e biológicos, é determinado convenientemente pela queima da amostra em um fluxo de oxigênio. O dióxido de enxofre (bem como o trióxido de enxofre) formado durante a oxidação é coletado por destilação em uma solução diluída de peróxido de hidrogênio:

$$SO_2(g) + H_2O_2 \rightarrow H_2SO_4$$

O ácido sulfúrico é então titulado com uma base padrão.

Outros Elementos

A **Tabela 14-1** lista outros elementos que podem ser determinados pelos métodos de neutralização.

≪ O dióxido de enxofre na atmosfera é com frequência determinado passando-se a amostra através de uma solução de peróxido de hidrogênio e então titulando-se o ácido sulfúrico que é produzido.

TABELA 14-1

Análises Elementares Baseadas em Titulações de Neutralização			
Elemento	Convertido para	Produtos de Adsoção ou Precipitação	Titulação
N	NH_3	$NH_3(g) + H_3O^+ \rightarrow NH_4^+ + H_2O$	Excesso de HCl com NaOH
S	SO_2	$SO_2(g) + H_2O_2 \rightarrow H_2SO_4$	NaOH
C	CO_2	$CO_2(g) + Ba(OH)_2 \rightarrow BaCO_3(s) + H_2O$	Excesso de $Ba(OH)_2$ com HCl
Cl(Br)	HCl	$HCl(g) + H_2O \rightarrow Cl^- + H_3O^+$	NaOH
F	SiF_4	$3SiF_4(g) + 2H_2O \rightarrow 2H_2SiF_6 + SiO_2$	NaOH
P	H_3PO_4	$12H_2MoO_4 + 3NH_4^+ + H_3PO_4 \rightarrow$ $(NH_4)_3PO_4 \cdot 12MoO_3(s) + 12H_2O + 3H^+$ $(NH_4)_3PO_4 \cdot 12MoO_3(s) + 26OH^- \rightarrow$ $HPO_4^{2-} + 12MoO_4^{2-} + 14H_2O + 3NH_3(g)$	Excesso de NaOH com HCl

14B-2 Determinação de Substâncias Inorgânicas

>> Acredita-se que a reação mostrada tenha um papel na produção de ácido sulfúrico como discutido no Destaque 7-6 sobre chuva ácida.

Várias espécies inorgânicas podem ser determinadas por titulação com ácidos ou bases fortes. A seguir são mostrados alguns exemplos.

Sais de Amônio

Os sais de amônio são convenientemente determinados pela conversão à amônia com uma base forte seguida por destilação. A amônia é coletada e titulada como no método de Kjeldahl.

Nitratos e Nitritos

O método anteriormente descrito para os sais de amônio pode ser estendido para a determinação de nitrato ou nitrito inorgânicos. Esses íons são primeiramente reduzidos a íon amônio pela liga de reação com uma liga de 50% de Cu, 45% de Al e 5% de Zn (liga de Devarda). Os grânulos da liga são introduzidos em uma solução fortemente alcalina da amostra contida em um frasco Kjeldahl. A amônia é destilada depois do término da reação. Uma liga de 60% de Cu e 40% de Mg (liga de Arnd) também tem sido usada como um agente redutor.

Carbonato e Misturas de Carbonatos

A determinação qualitativa e quantitativa dos constituintes em uma solução contendo carbonato de sódio, hidrogenocarbonato de sódio e hidróxido de sódio, sozinhos ou como várias misturas, fornece exemplos interessantes de como as titulações de neutralização podem ser aplicadas para analisar misturas. Não mais que dois desses três constituintes podem existir em quantidade apreciável em qualquer solução, porque uma reação elimina o terceiro. Por exemplo, a mistura de hidróxido de sódio com hidrogenocarbonato de sódio resulta na formação de carbonato de sódio até que um ou outro (ou ambos) dos reagentes originais seja consumido. Se o hidróxido de sódio for consumido, a solução conterá carbonato de sódio e hidrogenocarbonato de sódio; se o hidrogenocarbonato de sódio for consumido, o carbonato de sódio e o hidróxido de sódio vão permanecer; se quantidades equimolares de hidrogenocarbonato de sódio e hidróxido de sódio forem misturadas, a espécie principal de soluto será o carbonato de sódio.

A análise de tais misturas exige duas titulações com um ácido forte: uma usando um indicador com uma faixa de transição alcalina, como a fenolftaleína, e outra com uma faixa de transição ácida, como o verde de bromocresol. A composição da solução pode ser deduzida do volume relativo de ácido necessário para titular volumes iguais de amostra (veja a **Tabela 14-2** e a **Figura 14-3**). Uma vez que a composição da solução tenha sido estabelecida, os dados de volume podem ser utilizados para determinar a concentração de cada componente na amostra. O Exemplo 14-4 ilustra os cálculos necessários para analisar uma mistura de carbonato.

O método descrito no Exemplo 14-4 não é inteiramente satisfatório, porque a alteração de pH correspondente ao ponto de equivalência do hidrogenocarbonato não é suficiente para causar uma variação de cor nítida com um indicador químico (veja Figura 13-5). Por causa desta falta de nitidez, são comuns erros relativos de 1% ou mais.

A exatidão dos métodos para analisar soluções contendo misturas de íons carbonato e hidrogenocarbonato ou íons carbonato e hidróxido pode ser melhorada, tirando-se partido da solubilidade limitada do carbonato de bário em soluções

TABELA 14-2

Relações de Volumes na Análise de Misturas Contendo Íons Hidróxido, Carbonato e Hidrogenocarbonato

Constituintes na Amostra	Relação entre V_{fen} e V_{vbc} na Titulação de um Volume Igual de Amostra*
NaOH	$V_{fen} = V_{vbc}$
Na_2CO_3	$V_{fen} = \frac{1}{2} V_{vbc}$
$NaHCO_3$	$V_{fen} = 0; V_{vbc} > 0$
NaOH, Na_2CO_3	$V_{fen} > \frac{1}{2} V_{vbc}$
Na_2CO_3, $NaHCO_3$	$V_{fen} < \frac{1}{2} V_{vbc}$

*V_{fen} = volume de ácido necessário para o ponto final com a fenolftaleína; V_{vbc} = volume de ácido necessário para o ponto final com o verde de bromocresol.

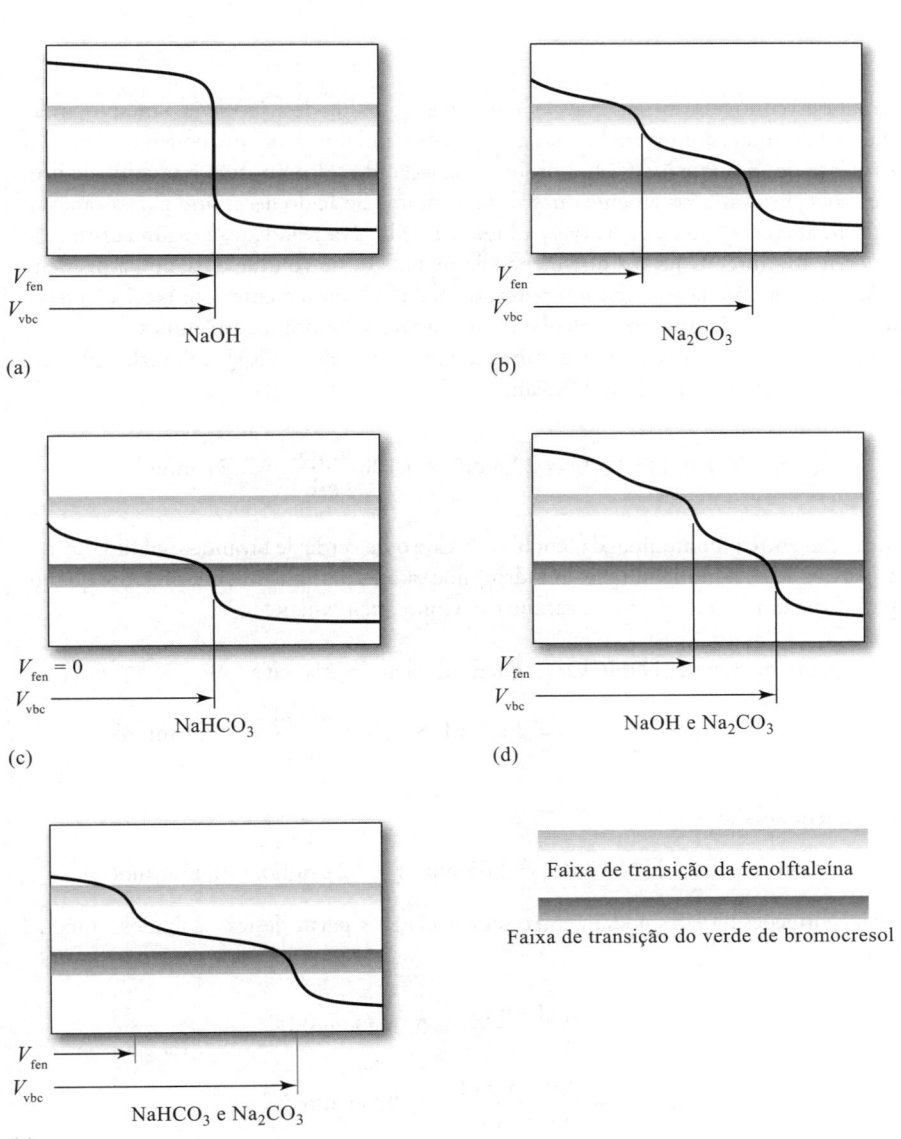

FIGURA 14-3

Curvas de titulação e faixas de transição dos indicadores para a análise de misturas contendo íons hidróxido, carbonato e hidrogenocarbonato usando um ácido forte como titulante. Observe que estas titulações são possíveis porque os pK_a são suficientemente diferentes para que os dois pontos finais possam ser observados. Se eles estiverem muito próximos, os dois pontos finais não poderão ser determinados de maneira satisfatória.

neutras e básicas. Por exemplo, no **método Winkler** para a análise de misturas carbonato/hidróxido, ambos os componentes são titulados com um padrão ácido, empregando-se um indicador de transição ácida para o ponto final, como o verde de bromocresol (o ponto final sendo estabelecido após a solução ser fervida para remover o dióxido de carbono). Um excesso não medido de cloreto de bário neutro é então adicionado a uma segunda alíquota da solução da amostra para precipitar o íon carbonato, após o que o íon hidróxido é titulado até um ponto final de fenoftaleína. A presença do carbonato de bário parcialmente solúvel não interfere, contanto que a concentração de íons de bário seja maior que 0,1 mol L^{-1}.

EXEMPLO 14-4

Uma solução contém NaHCO$_3$, Na$_2$CO$_3$ e NaOH, isoladamente ou em uma combinação admissível. A titulação de uma alíquota de 50,00 mL requer, empregando-se a fenolftaleína como indicador de ponto final, 22,1 mL de HCl 0,100 mol L^{-1}. Uma segunda alíquota de 50,0 mL necessita de 48,4 mL de HCl quando titulada com indicador verde de bromocresol. Determine a composição e as concentrações molares de soluto da solução original.

❮❮ Misturas compatíveis contendo duas das seguintes espécies podem ser analisadas de maneira similar: HCl, H$_3$PO$_4$, NaH$_2$PO$_4$, Na$_2$HPO$_4$, Na$_3$PO$_4$ e NaOH.

(continua)

❯❯ Como você poderia analisar uma mistura de HCl e H_3PO_4? Uma mistura de Na_3PO_4 e Na_2HPO_4? Veja a curva A da Figura 13-4.

ReResolução

Se a solução contivesse apenas NaOH, o volume requerido de ácido seria o mesmo, independente do indicador utilizado (veja a Figura 14-3a). Similarmente, podemos descartar a presença de somente Na_2CO_3, porque a titulação desse composto com verde de bromocresol consumiria justamente duas vezes o volume de ácido necessário para alcançar o ponto final com a fenolftaleína (veja a Figura 14-3b). Na realidade, a segunda titulação requereu 48,4 mL. Uma vez que menos da metade desse volume é usado na primeira titulação, a solução deve conter um pouco de $NaHCO_3$ juntamente com Na_2CO_3 (veja a Figura 14-3e). Podemos agora calcular a concentração dos dois constituintes.

Quando o ponto final com a fenolftaleína for alcançado, o CO_3^{2-} originalmente presente será convertido em HCO_3^-. Assim,

$$\text{quant. de mat. } Na_2CO_3 = 22,1 \text{ mL} \times 0,100 \frac{\text{mmol}}{\text{mL}} = 2,21 \text{ mmol}$$

A titulação entre o ponto final da fenolftaleína até o de verde de bromocresol (48,4 mL − 22,1 mL = 26,3 mL) inclui tanto o hidrogenocarbonato originalmente presente quanto aquele formado pela titulação do carbonato. Consequentemente,

$$\text{quant. de mat. de } NaHCO_3 + \text{quant. de mat. de } Na_2CO_3$$
$$= 26,3 \text{ mL} \times 0,100 \frac{\text{mmol}}{\text{mL}} = 2,63 \text{ mmol}$$

Consequentemente,

$$\text{quant. de mat. de } NaHCO_3 = 2,63 \text{ mmol} - 2,21 \text{ mmol} = 0,42 \text{ mmol}$$

As concentrações molares podem então ser calculadas a partir destes resultados, como se segue:

$$c_{Na_2CO_3} = \frac{2,21 \text{ mmol}}{50,0 \text{ mL}} = 0,0442 \text{ mol L}^{-1}$$

$$c_{NaHCO_3} = \frac{0,42 \text{ mmol}}{50,0 \text{ mL}} = 0,0084 \text{ mol L}^{-1}$$

Os íons carbonato e hidrogenocarbonato podem ser exatamente determinados em misturas, titulando-se ambos os íons na primeira titulação com um padrão ácido e um indicador de transição ácida (com aquecimento para eliminar o dióxido de carbono). O hidrogenocarbonato na segunda alíquota é convertido em carbonato pela adição de um excesso conhecido de base padrão. Após a introdução de um grande excesso de cloreto de bário, o excesso de base é titulado com um padrão ácido e fenolftaleína como indicador. A presença de carbonato de bário sólido não impede a detecção do ponto final em qualquer um desses dois métodos.

14B-3 Determinação de Grupos Orgânicos Funcionais

As titulações de neutralização fornecem métodos convenientes para a determinação direta e indireta de vários grupos funcionais orgânicos. A seguir, breves descrições de métodos para os grupos mais comuns são apresentadas.

Grupos Ácidos Carboxílico e Sulfônico

Os ácidos carboxílicos e sulfônicos são ácidos orgânicos muito comuns. A maioria dos ácidos carboxílicos tem uma constante de dissociação que varia entre 10^{-4} e 10^{-6} e, assim, esses compostos são prontamente titulados. Requer-se o uso de um indicador que tenha sua transição de cor em uma faixa básica, como, por exemplo, a fenolftaleína.

Muitos ácidos carboxílicos não são suficientemente solúveis em água para permitir uma titulação direta em solução aquosa. Quando existe esse problema, o ácido pode ser dissolvido em etanol e titulado com base aquosa. Alternativamente, o ácido pode ser dissolvido em um excesso de padrão básico e retrotitulado a seguir com um padrão ácido.

Os ácidos sulfônicos são geralmente ácidos fortes e se dissolvem facilmente em água. A titulação com base padrão pode ser usada para a determinação.

As titulações de neutralização são frequentemente usadas para determinar o equivalente-grama de ácidos orgânicos purificados (veja o Destaque 14-3). O equivalente-grama serve como identificação qualitativa de ácidos orgânicos.

❮❮ O **equivalente-grama** de um ácido ou base é a massa de composto que reage com ou contém um mol de prótons. Assim, o equivalente-grama de KOH (56,11 g mol^{-1}) é igual à sua massa molar.

$$56{,}11 \frac{g}{\text{mol de KOH}}$$
$$\times \frac{1 \text{ mol de KOH}}{\text{mol de prótons que reagiu}}$$
$$= 56{,}11 \frac{g}{\text{mol de prótons que reagiu}}$$

Para o Ba(OH)$_2$, é a massa molar dividida por 2.

$$171{,}3 \frac{g}{\text{mol de Ba(OH)}_2}$$
$$\times \frac{1 \text{ mol de Ba(OH)}_2}{2 \text{ mol de prótons que reagiram}}$$
$$= 85{,}6 \frac{g}{\text{mol de prótons que reagiu}}$$

DESTAQUE 14-3

Equivalentes-grama de Ácidos e Bases

O equivalente-grama (chamado nas literaturas mais antigas de *peso equivalente*) de um participante em uma reação de neutralização é a massa que reage ou fornece um mol de prótons em uma *reação específica*. Por exemplo, o equivalente-grama do H$_2$SO$_4$ é a metade da sua fórmula grama. O equivalente-grama de Na$_2$CO$_3$ é normalmente a metade da sua massa molar, porque na maioria das aplicações sua reação é

$$Na_2CO_3 + 2H_3O^+ \rightarrow 3H_2O + CO_2 + 2Na^+$$

Quando titulado com alguns indicadores, entretanto, o Na$_2$CO$_3$ consome apenas um único próton:

$$Na_2CO_3 + H_3O^+ \rightarrow NaHCO_3 + Na^+$$

Neste caso, o equivalente-grama e a massa molar de Na$_2$CO$_3$ são iguais. Essas observações mostram que o equivalente-grama de um composto não pode ser definido sem que se tenha uma reação específica em mente (veja Apêndice 7).

Grupos Amina

As aminas alifáticas geralmente têm uma constante de dissociação básica da ordem de 10^{-5} e podem assim ser tituladas diretamente com uma solução de ácido forte. As aminas aromáticas, como a anilina e seus derivados, entretanto, normalmente são muito fracas para titulação em soluções ($K_b \approx 10^{-10}$). Similarmente, as aminas cíclicas com caráter aromático, como a piridina e seus derivados, são muito fracas para titulação em soluções aquosas. Muitas aminas cíclicas saturadas, tal como a piperidina, tendem a se assemelhar a aminas alifáticas em seu comportamento ácido-base e assim podem ser tituladas em meio aquoso. Muitas aminas que são muito fracas para serem tituladas como bases em água são facilmente tituladas em solventes não aquosos, como ácido acético anidro, que aumenta sua basicidade.

Grupos Éster

Os ésteres comumente são determinados por **saponificação** com uma quantidade medida de padrão básico:

$$R_1COOR_2 + OH^- \rightarrow R_1COO^- + HOR_2$$

O excesso de base é então titulado com padrão ácido.

As velocidades de saponificação de diferentes ésteres variam grandemente. Alguns precisam de várias horas de aquecimento com uma base para completar o processo, enquanto poucos reagem tão rapidamente que a titulação direta com base padrão é

A **saponificação** é o processo pelo qual um éster é hidrolisado em solução alcalina para formar um álcool e uma base conjugada. Por exemplo,

$$CH_3\overset{\overset{O}{\|}}{C}OCH_3 + OH^- \rightarrow$$

$$CH_3\overset{\overset{O}{\|}}{C}-O^- + CH_3OH$$

praticável. Tipicamente, o éster é colocado em refluxo com um padrão de KOH 0,5 mol L^{-1} por uma a duas horas. Após o resfriamento, o excesso de base é titulado com ácido padrão.

Grupos Hidroxila

Em compostos orgânicos, o grupo hidroxila pode ser determinado pela esterificação com vários ácidos carboxílicos anidros ou cloretos. Os dois reagentes mais comuns são o anidrido acético e o anidrido ftálico. Com o anidrido acético, a reação é

$$(CH_3CO)_2O + ROH \rightarrow CH_3COOR + CH_3COOH$$

Normalmente, a amostra é misturada com um volume cuidadosamente medido de anidrido acético em piridina. Após aquecimento, a água é adicionada para hidrolisar o anidrido que não reagiu de acordo com:

$$(CH_3CO)_2O + H_2O \rightarrow 2CH_3COOH$$

O ácido acético é então titulado com uma solução padrão alcoólica de hidróxido de sódio ou potássio. Um branco é realizado com a análise para determinar a quantidade original de anidrido.

As aminas, se presentes, são convertidas quantitativamente em amidas pelo anidrido acético.

$$(CH_3CO)_2O + 2R\text{-}NH_2 \rightarrow CH_3CONHR + CH_3CO_2^- + RNH_3^+$$

Uma correção para esta interferência em potencial é frequentemente feita pela titulação direta de outra alíquota da amostra com um padrão ácido.

Grupos Carbonila

Muitos aldeídos e cetonas podem ser determinados com uma solução de cloridrato de hidroxilamina. A reação, que produz uma oxima, é

$$\begin{array}{c} R_1 \\ \diagdown \\ C=O + NH_2OH \cdot HCl \longrightarrow \\ \diagup \\ R_2 \end{array} \begin{array}{c} R_1 \\ \diagdown \\ C=NOH + HCl + H_2O \\ \diagup \\ R_2 \end{array}$$

onde R_2 pode ser hidrogênio. O HCl liberado é titulado com uma base. Aqui, novamente, as condições necessárias para uma reação quantitativa variam. Tipicamente, 30 minutos são suficientes para os aldeídos, enquanto muitas cetonas requerem refluxo com os reagentes por uma hora ou mais.

14B-4 A Determinação de Sais

O teor total de sal pode ser determinado com exatidão por uma titulação ácido/base. O sal é convertido em uma quantidade equivalente de um ácido ou base passando uma solução contendo o sal através de uma coluna empacotada com uma resina de troca iônica. (Essa aplicação é considerada mais detalhadamente na Seção 29D.)

As soluções padrão de um ácido ou de uma base também podem ser preparadas com resinas de trocas iônicas. Uma solução contendo uma massa conhecida de um composto puro, como o cloreto de sódio, por exemplo, é passada através de uma coluna que contém a resina e diluída a um volume conhecido. O sal libera uma quantidade equivalente do ácido ou da base da resina. A concentração do ácido ou da base pode então ser calculada a partir da massa conhecida do sal original.

Química Analítica On-line

Acesse a página deste livro no site da Cengage e faça o download de "Strategic_Plan_for_Lake_Champlain_Fisheries.pdf", vá para a página 4 e leia o resumo executivo do Lake Champlain Basin Agricultural Watersheds Project. Você pode também fazer o download do relatório final "Lake_Champlain_Basin_Wetland_Restoration_ Plan.pdf". O relatório e o resumo descrevem um projeto para melhorar a qualidade da água no Lago Champlain em Vermont e Nova York. Informações adicionais sobre técnicas analíticas podem ser encontradas no documento "Lake_Champlain_Basin.pdf" também na página do livro. Com base na leitura destes documentos, o que parece ser a causa primária geral da eutrofização do Lago Champlain? Quais tipos de indústria são as fontes da poluição? Quais medidas têm sido tomadas para reduzir a poluição? Descreva brevemente o projeto experimental usado para determinar se estas medidas têm sido eficazes. Uma das quantidades medidas no estudo foi o nitrogênio Kjeldahl total (TKN). Nomeie três outras quantidades medidas. Explique como as medidas de TKN se relacionam com a poluição no lago. Com base nas medidas de TKN e outros dados no relatório, as medidas para diminuir a poluição têm sido eficazes? Quais são as recomendações finais do relatório?

Resumo do Capítulo 14

- Preparação de ácidos e bases padrão.
- Padronização de ácidos e bases.
- Aplicações de titulações de neutralização.
- Análise elementar.
- Determinação de grupos funcionais orgânicos.
- Determinação de nitrogênio orgânico.

Termos-chave

Acidificação (oceanos), 346
Carbonato de sódio padrão primário, 347
Equivalente-grama, 359
Erro de carbonato, 350

Fenolftaleína, 350
Método de Kjeldahl, 353
Padrões primários, 347
Solução de NaOH livre de carbonato, 350

TRIS (Tris-[hidroximetil]aminometano), 348
Verde de bromocresol, 350

Questões e Problemas*

*14-1. Por que o ácido nítrico raramente é utilizado para preparar uma solução padrão ácida?

14-2. Descreva como o Na_2CO_3 de grau padrão primário pode ser preparado a partir de $NaHCO_3$ padrão primário.

*14-3. Os pontos de ebulição do HCl e do CO_2 são aproximadamente os mesmos (−85°C e −78°C). Explique por que o CO_2 pode ser removido de uma solução aquosa por uma breve ebulição, ao passo que, essencialmente, nada se perde de HCl, mesmo após fervura por uma hora ou mais.

*As respostas para as questões e problemas marcados com um asterisco são fornecidas no final deste livro.

14-4. Por que é prática comum, na padronização de Na_2CO_3 com um ácido, aquecer a solução até a ebulição nas proximidades do ponto de equivalência?

*14-5. Dê duas razões pelas quais o $KH(IO_3)_2$ é preferido em detrimento do ácido benzoico como padrão primário para uma solução de NaOH 0,010 mol L^{-1}.

14-6. Que tipos de compostos orgânicos que contêm nitrogênio tendem a produzir baixos resultados com os métodos Kjeldahl, a menos que precauções especiais sejam tomadas?

*14-7. Descreva brevemente a circunstância na qual a concentração molar da solução de hidróxido de sódio não será aparentemente afetada pela absorção do dióxido de carbono.

14-8. Como você prepararia 500,0 mL de:
(a) H_2SO_4 0,100 mol L^{-1} a partir de um reagente de densidade 1,1539 g mL^{-1} e que contém 21,8% de H_2SO_4 (m/m)?
(b) NaOH 0,200 mol L^{-1} do sólido?
(c) Na_2CO_3 0,08000 mol L^{-1} a partir do sólido puro?

*14-9. Como você prepararia 2,00 L de:
(a) KOH 0,10 mol L^{-1} a partir do sólido?
(b) 0,010 mol L^{-1} $Ba(OH)_2 \cdot 8H_2O$ a partir do sólido?
(c) HCl 0,150 mol L^{-1} a partir de um reagente cuja densidade é 1,0579 g mL^{-1} e que contém 11,50% de HCl (m/m)?

14-10. A padronização de uma solução de hidróxido de sódio contra ftalato ácido de potássio (FAP) produziu os seguintes resultados:

Massa FAP, g	0,7083	0,7418	0,7187	0,7129
Volume NaOH, mL	38,29	39,96	38,51	38,29

Calcule
(a) a concentração molar média da base.
(b) o desvio padrão e o coeficiente de variação para os dados.
(c) a faixa dos dados.

*14-11. A concentração molar de uma solução de ácido perclórico foi estabelecida por titulação contra carbonato de sódio padrão primário (produto: CO_2); foram obtidos os seguintes dados:

Massa Na_2CO_3 g	0,2068	0,1997	0,2245	0,2137
Volume $HClO_4$, mL	36,31	35,11	39,00	37,54

(a) Calcule a concentração molar média do ácido.
(b) Calcule o desvio padrão dos dados e o coeficiente de variação para os dados.
(c) Use a estatística para decidir se o dado estranho deve permanecer ou ser rejeitado.

14-12. Se 1,000 L de NaOH 0,2000 mol L^{-1} não for protegido do ar após a padronização e absorver 14,2 mmol de CO_2, qual será sua nova concentração molar após sua padronização contra uma solução de HCl padrão primário ao utilizar:
(a) fenolftaleína?
(b) verde de bromocresol?

*14-13. Uma solução de NaOH apresentava uma concentração molar igual a 0,1019 mol L^{-1} imediatamente após a padronização. Uma alíquota de exatamente 500,0 mL do reagente ficou exposta ao ar por vários dias e absorveu 0,652 g de CO_2. Calcule o erro de carbonato relativo na determinação de ácido acético com essa solução, se as titulações forem realizadas com fenolftaleína.

14-14. Calcule a concentração molar de uma solução diluída de HCl se
(a) uma alíquota de 50,00 mL produziu 0,6027 g de AgCl.
(b) a titulação de 25,00 mL de $Ba(OH)_2$ 0,04096 mol L^{-1} precisou de 17,93 mL do ácido.
(c) a titulação de 0,2407 g de Na_2CO_3 de padrão primário exigiu 35,49 mL do ácido (produtos: CO_2 e H_2O).

*14-15. Calcule a concentração molar de uma solução diluída de $Ba(OH)_2$ se
(a) 50,00 mL produzirem 0,1791 g de $BaSO_4$.
(b) a titulação de 0,4512 g de ftalato ácido de potássio (FAP) padrão primário requerer 26,46 mL da base.
(c) a adição de 50,00 mL da base a 0,3912 g de ácido benzoico requerer 4,67 mL na retrotitulação com HCl 0,05317 mol L^{-1}.

14-16. Sugira uma faixa de massa de amostras para o padrão primário indicado caso se deseje utilizar entre 35 e 45 mL do titulante:
(a) $HClO_4$ 0,180 mol L^{-1} titulado contra Na_2CO_3 (produto CO_2).
(b) HCl 0,102 mol L^{-1} titulado contra $Na_2C_2O_4$.

$$Na_2C_2O_4 \rightarrow Na_2CO_3 + CO$$
$$CO_3^{2-} + 2H^+ \rightarrow H_2O + CO_2$$

(c) NaOH 0,180 mol L^{-1} titulado contra ácido benzoico.
(d) $Ba(OH)_2$ 0,090 mol L^{-1} titulado contra $KH(IO_3)_2$.
(e) $HClO_4$ 0,065 mol L^{-1} titulado contra TRIS.
(f) H_2SO_4 0,060 mol L^{-1} titulado contra $Na_2B_4O_7 \cdot 10H_2O$. Reação:

$$B_4O_7^{2-} + 2H_3O^+ + 3H_2O \rightarrow 4H_3BO_3$$

*14-17. Calcule o desvio padrão relativo na concentração molar computada de HCl 0,0200 mol L^{-1}, se o ácido tiver sido padronizado contra as massas encontradas no Exemplo 14-1 para: (a) TRIS; (b) Na_2CO_3 e (c) $Na_2B_4O_7 \cdot 10H_2O$. Suponha que o desvio padrão absoluto na medida de massa seja

*As respostas são fornecidas no final do livro para perguntas e problemas marcados com um asterisco.

0,0001 g e que essa medida limite a precisão da concentração computada.

14-18. (a) Compare as massas de ftalato ácido de potássio (204,22 g mol^{-1}); iodato ácido de potássio (389,91 g mol^{-1}) e ácido benzoico (122,12 g mol^{-1}) necessárias para padronizar 50,00 mL de uma solução de NaOH 0,0600 mol L^{-1}.

(b) Qual será o desvio padrão relativo na concentração molar da base, se o desvio padrão na medida da massa em (a) for 0,0004 g e essa incerteza limitar a precisão do cálculo?

*14-19. Uma amostra de 50,00 mL de um vinho de mesa branco requer 24,57 mL de uma solução de NaOH 0,03291 mol L^{-1} para alcançar o ponto final com fenolftaleína. Expresse a acidez do vinho em gramas de ácido tartárico ($H_2C_4H_4O_6$, 150,09 g mol^{-1}) por 100 mL. (Suponha que os dois hidrogênios de cada ácido sejam titulados.) O ácido tartárico não é encontrado em muitas frutas ou vegetais, mas é o ácido primário nas uvas para vinho.

14-20. Uma alíquota de 25,00 mL de vinagre foi diluída para 250,00 mL em um balão volumétrico. A titulação de várias alíquotas de 50,00 mL da solução diluída requereu a média de 25,23 mL de solução de NaOH 0,09041 mol L^{-1}. Expresse a acidez do vinagre em termos de porcentagem (m/v) de ácido acético.

*14-21. A titulação de uma amostra de 0,7513 g de $Na_2B_4O_7$ impuro requer 30,79 mL de uma solução de HCl 0,1129 mol L^{-1} (veja a reação no Problema 14-16f). Expresse o resultado dessa análise em termos de porcentagem de

(a) $Na_2B_4O_7$.
(b) $Na_2B_4O_7 \cdot 10H_2O$.
(c) B_2O_3.
(d) B.

14-22. Uma amostra de 0,7041 g de óxido de mercúrio(II) impuro foi dissolvida em um excesso não medido de iodeto de potássio. Reação:

$$HgO(s) + 4I^- + H_2O \rightarrow HgI_4^{2-} + 2OH^-$$

Calcule a porcentagem de HgO na amostra se a titulação do hidróxido liberado requereu 40,67 mL de HCl 0,1064 mol L^{-1}.

*14-23. O teor de formaldeído da preparação de um pesticida foi determinado pela pesagem de 0,2985 g de uma amostra líquida em um frasco contendo 50,0 mL de NaOH 0,0959 mol L^{-1} e 50,00 mL de H_2O_2 a 3%. No aquecimento, ocorreu a seguinte reação:

$$OH^- + HCHO + H_2O_2 \rightarrow HCOO^- + 2H_2O$$

Após esfriar, o excesso de base foi titulado com 22,71 mL de H_2SO_4 0,053700 mol L^{-1}. Calcule a porcentagem de HCHO (30,026 g mol^{-1}) na amostra.

14-24. O ácido benzoico extraído de 86,7 g de molho de tomate requer uma titulação com 15,61 mL de solução de NaOH 0,0654 mol L^{-1}. Expresse os resultados dessa análise em termos de porcentagem de benzoato de sódio (144,10 g mol^{-1}).

*14-25. O ingrediente ativo na Antabuse, uma droga usada no tratamento de alcoolismo crônico, é o dissulfeto de tetrametilurama

$$\begin{matrix} S & S \\ \| & \| \\ (C_2H_5)_2NCSSCN(C_2H_5)_2 \end{matrix}$$

(296,54 g mol^{-1}). O enxofre em 0,4169 g de amostra em uma preparação de Antabuse foi oxidado a SO_2, o qual foi absorvido em H_2O_2 para gerar H_2SO_4. O ácido foi titulado com 19,25 mL de base 0,04216 mol L^{-1}. Calcule a porcentagem do ingrediente ativo na preparação.

14-26. Uma amostra de 25,00 mL de uma solução de limpeza doméstica foi diluída a 250,0 mL em um balão volumétrico. Uma alíquota de 50,00 mL dessa solução requer 43,04 mL de HCl 0,1776 mol L^{-1} para alcançar o ponto final, usando o verde de bromocresol como indicador. Calcule a porcentagem massa/volume de NH_3 na amostra. (Suponha que toda a alcalinidade resulte da amônia.)

*14-27. Uma massa de 0,1401 g de uma amostra de carbonato purificado foi dissolvida em 50,00 mL de HCl 0,1140 mol L^{-1} e aquecida para eliminar o CO_2. Uma retrotitulação do excesso de HCl requer 24,21 mL de NaOH 0,09802 mol L^{-1}. Identifique o carbonato.

14-28. Uma solução diluída de um ácido fraco desconhecido necessita de uma titulação com 28,94 mL de NaOH 0,1062 mol L^{-1} para alcançar o ponto final com o indicador fenolftaleína. A solução titulada foi evaporada até a secura. Calcule a massa equivalente do ácido, se for encontrada uma massa para o sal de sódio de 0,2110 g.

*14-29. Uma amostra de 3,00 L de ar de um ambiente urbano foi borbulhada em uma solução contendo 50,0 mL de $Ba(OH)_2$ 0,0116 mol L^{-1} que precipitou o CO_2 na amostra como $BaCO_3$. O excesso de base foi retrotitulado até o ponto final da fenolftaleína com 23,6 mL de HCl 0,0108 mol L^{-1}. Calcule a concentração do CO_2 no ar em partes por milhão (isto é, mL $CO_2/10^6$ mL de ar); use 1,98 g L^{-1} para a densidade de CO_2.

14-30. Foi borbulhado ar à velocidade de 30,0 L min^{-1} por uma solução que contém 75 mL de uma solução a 1% de H_2O_2 ($H_2O_2 + SO_2 \rightarrow H_2SO_4$). Após dez minutos o H_2SO_4 foi titulado com 10,95 mL de

NaOH 0,00242 mol L^{-1}. Calcule a concentração de SO$_2$ em ppm (isto é, mL SO$_2$/10^6 mL de ar), se a densidade do SO$_2$ for de 0,00285 g mL^{-1}.

*14-31. A digestão de 0,1417 g da amostra de um composto que contém fósforo em uma mistura de HNO$_3$ e H$_2$SO$_4$ resulta na formação de CO$_2$, H$_2$O e H$_3$PO$_4$. A adição de molibdato de amônio produziu um sólido cuja composição é (NH$_4$)$_3$PO$_4$ · 12MoO$_3$ (1.876,3 g mol^{-1}). Este precipitado foi filtrado, lavado e dissolvido em 50,00 mL de NaOH 0,2000 mol L^{-1}:

$$(NH_4)_3PO_4 \cdot 12MoO_3(s) + 26OH^- \rightarrow HPO_4^{2-} + 12MoO_4^{2-} + 14H_2O + 3NH_3(g)$$

Depois, a solução foi aquecida para remover o NH$_3$, o excesso de NaOH foi titulado com 14,17 mL de HCl 0,1741 mol L^{-1} usando fenolftaleína como indicador. Calcule a porcentagem de fósforo na amostra.

14-32. Uma massa de 0,9826 g de uma amostra de um composto que contém dimetilftalato, C$_6$H$_4$(COOCH$_3$)$_2$, (194,19 g mol^{-1}) e espécies não reativas é colocada em refluxo com 50,00 mL de NaOH 0,1104 mol L^{-1} para hidrolisar os grupos éster (esse processo é chamado *saponificação*).

$$C_6H_4(COOCH_3)_2 + 2OH^- \rightarrow C_6H_4(COO)_2^{2-} + 2CH_3OH$$

Após completar a reação, o excesso de NaOH foi retrotitulado com 23,33 mL de HCl 0,1597 mol L^{-1}. Calcule a porcentagem de dimetilftalato na amostra.

*14-33. A neohetramina, C$_{16}$H$_{22}$ON$_4$ (286,37 g mol^{-1}), é um anti-histamínico comum. Uma amostra de 0,1247 g contendo esse composto foi analisada pelo método Kjeldahl. A amônia produzida foi coletada em H$_3$BO$_3$; o H$_2$BO$_3^-$ resultante foi titulado com 26,13 mL de HCl 0,01477 mol L^{-1}. Calcule a porcentagem de neohetramina na amostra.

14-34. O *Merck Index* indica que 10 mg de guanidina, CH$_5$N$_3$, pode ser administrada para cada quilograma de massa do corpo no tratamento da miastenia grave. O nitrogênio em uma amostra de quatro tabletes, que tem uma massa total de 7,66 g, foi convertido em amônia pela assimilação de Kjeldahl, seguida por destilação em 100,0 mL de HCl 0,1822 mol L^{-1}. A análise foi completada titulando-se o excesso de ácido com 11,56 mL de NaOH 0,1104 mol L^{-1}. Quantos desses tabletes representam uma dose apropriada para pacientes que pesam (a) 45 kg, (b) 68 kg (c) 124 kg?

*14-35. Uma amostra de atum enlatado, com massa igual a 0,917 g, foi analisada pelo método Kjeldahl. Um volume de 20,59 mL de HCl 0,1249 mol L^{-1} foi necessário para titular a amônia liberada. Calcule a porcentagem de nitrogênio na amostra.

14-36. Calcule a massa em gramas de proteínas em uma lata de atum com 5,00 oz (1 oz = 28,35 g), do Problema 14-35.

*14-37. O teor de N de 0,5843 g de uma amostra da preparação de um fertilizante foi analisada pelo método Kjeldahl, sendo o NH$_3$ liberado coletado em 50,00 mL de HCl 0,1062 mol L^{-1}. O excesso de ácido foi retrotitulado e requereu 11,89 mL de NaOH 0,0925 mol L^{-1}. Expresse o resultado dessa análise em termos de porcentagem de
 (a) N. (c) (NH$_4$)$_2$SO$_4$.
 (b) ureia, H$_2$NCONH$_2$. (d) (NH$_4$)$_3$PO$_4$.

14-38. Uma amostra com 0,8835 g de farinha de trigo foi analisada pelo método Kjeldahl. A amônia formada foi destilada e coletada em 50,00 mL de HCl 0,05078 mol L^{-1} e a retrotitulação requereu 8,04 mL de NaOH 0,04829 mol L^{-1}. Calcule a porcentagem de proteína na farinha.

*14-39. Uma amostra com 1,219 g contendo (NH$_4$)$_2$SO$_4$, NH$_4$NO$_3$ e substâncias não reativas foi diluída a 200 mL em um balão volumétrico. Uma alíquota de 50,00 mL foi alcalinizada com uma base forte, e a NH$_3$ liberada foi destilada e coletada em 30,00 mL de HCl 0,08421 mol L^{-1}. O excesso de HCl requereu 10,17 mL de NaOH 0,08802 mol L^{-1}. Uma alíquota de 25,00 mL da amostra foi alcalinizada após a adição de liga de Devarda, e o NO$_3^-$ foi reduzido a NH$_3$. O NH$_3$ do NH$_4^+$ e do NO$_3^-$ foi então destilado e coletado em 30,00 mL do ácido padrão e retrotitulado com 14,16 mL da base. Calcule as porcentagens de (NH$_4$)$_2$SO$_4$ e NH$_4$NO$_3$ na amostra.

14-40. Uma amostra com 1,421 g de KOH comercial contaminado por K$_2$CO$_3$ foi dissolvida em água e a solução resultante foi diluída a 500,00 mL. Uma alíquota de 50,00 mL dessa solução foi tratada com 40,00 mL de HCl 0,05567 mol L^{-1} e aquecida para remover o CO$_2$. O excesso de ácido foi consumido por 5,43 mL de NaOH 0,04983 mol L^{-1} (indicador fenolftaleína). Um excesso de BaCl$_2$ neutro foi adicionado em outra alíquota de 50,00 mL para precipitar o carbonato como BaCO$_3$. A solução foi então titulada com 29,04 mL de ácido até o ponto final com o indicador fenolftaleína. Calcule a porcentagem de KOH, K$_2$CO$_3$ e H$_2$O na amostra, presumindo que sejam estes os únicos compostos presentes.

*14-41. Uma amostra com 0,5000 g contendo NaHCO$_3$, Na$_2$CO$_3$ e H$_2$O foi dissolvida e diluída a 250,00 mL. Uma alíquota de 25,00 mL foi então aquecida com 50,00 mL de HCl 0,01255 mol L^{-1}. Após o resfriamento, o excesso de ácido na solução requereu 2,34 mL de NaOH 0,01063 mol L^{-1} quando titulado com o indicador fenolftaleína. Uma segunda alíquota de 25,00 mL foi então tratada com um excesso de $BaCl_2$ e 25,00 mL da base. Todo o carbonato precipitado e 7,63 mL de HCl foram requeridos para titular o excesso de base. Determine a composição da mistura.

14-42. Calcule o volume de HCl 0,06452 mol L^{-1} necessário para titular:
  (a) 20,00 mL de Na_3PO_4 0,05522 mol L^{-1} com timolftaleína como indicador de ponto final.
  (b) 25,00 mL de Na_3PO_4 0,05522 mol L^{-1} com verde de bromocresol como indicador de ponto final.
  (c) 40,00 mL de uma solução que é 0,02199 mol L^{-1} em Na_3PO_4 e 0,01714 mol L^{-1} em Na_2HPO_4 com verde de bromocresol como indicador de ponto final.
  (d) 20,00 mL de uma solução que é 0,02199 mol L^{-1} em Na_3PO_4 e 0,01714 mol L^{-1} em NaOH com timolftaleína como indicador de ponto final.

*14-43. Calcule o volume de NaOH 0,07731 mol L^{-1} necessário para titular:
  (a) 25,00 mL de uma solução que é 0,03000 mol L^{-1} em HCl e 0,01000 mol L^{-1} em H_3PO_4 com verde de bromocresol como indicador de ponto final.
  (b) a solução em (a) com timolftaleína como indicador de ponto final.
  (c) 30,00 mL de NaH_2PO_4 0,06407 mol L^{-1} com timolftaleína como indicador de ponto final.
  (d) 25,00 mL de solução que é 0,02000 mol L^{-1} em H_3PO_4 e 0,03000 mol L^{-1} em NaH_2PO_4 com timolftaleína como indicador de ponto final.

14-44. Uma série de soluções contendo NaOH, Na_3AsO_4 e Na_2HAsO_4, isoladamente ou em combinação compatível, foi titulada com HCl 0,08601 mol L^{-1}. Na tabela a seguir estão os volumes de ácido necessários para titular uma alíquota de 25,00 mL de cada solução com os indicadores: (1) fenolftaleína e (2) verde de bromocresol. Use essa informação para deduzir a composição das soluções. Calcule a massa em miligramas de cada soluto por mililitro de solução.

	(1)	(2)
(a)	0,00	18,15
(b)	21,00	28,15
(c)	19,80	39,61
(d)	18,04	18,03
(e)	16,00	37,37

*14-45. Uma série de soluções contendo NaOH, Na_2CO_3 e $NaHCO_3$, isoladamente ou em combinação compatível, foi titulada com HCl 0,1202 mol L^{-1}. Na tabela a seguir estão os volumes de ácido necessários para titular uma alíquota de 25,00 mL de cada solução com os indicadores: (1) fenolftaleína e (2) verde de bromocresol. Use essa informação para deduzir a composição das soluções. Além disso, calcule a concentração de cada soluto em miligramas por mililitro de solução.

	(1)	(2)
(a)	22,42	22,44
(b)	15,67	42,13
(c)	29,64	36,42
(d)	16,12	32,23
(e)	0,00	33,333

14-46. Defina o equivalente-grama de (a) um ácido e (b) uma base.

*14-47. Calcule o equivalente-grama do ácido oxálico desidratado ($H_2C_2O_4 \cdot 2H_2O$, 126,066 g mol^{-1}), quando é titulado com (a) indicador verde de bromocresol e (b) indicador fenolftaleína.

14-48. Uma amostra de 10,00 mL de vinagre (ácido acético, CH_3COOH) foi pipetada para um frasco, ao qual foram adicionadas duas gotas de fenolftaleína, e o ácido foi titulado com NaOH 0,1008 mol L^{-1}.
  (a) Se 45,62 mL da base foram requeridos para a titulação, qual é a concentração molar do ácido acético na amostra?
  (b) Se a densidade da solução de ácido acético pipetado é de 1,004 g mL^{-1}, qual é a porcentagem de ácido acético na amostra?

14-49. **Problema Desafiador:**
  (a) Por que os indicadores somente são utilizados na forma de soluções diluídas?
  (b) Suponha que 0,1% de vermelho de metila (massa molar de 269 g mol^{-1}) foi utilizado como indicador em uma titulação para determinar a capacidade de neutralização de um lago em Ohio. Cinco gotas (0,25 mL) de solução vermelho de metila são adicionadas a 100 mL de amostra de água, que requereu 4,74 mL de HCl 0,01072 mol L^{-1} para levar o indicador até o meio de sua faixa de transição. Presumindo que não haja erro de indicador, qual é a capacidade de neutralização do lago expressa como miligrama de bicarbonato de cálcio por litro de amostra?
  (c) Se o indicador estava inicialmente em sua forma ácida, qual é o erro do indicador expresso como porcentagem da capacidade de neutralização de ácido?

(d) Qual é o valor correto da capacidade de neutralização de ácido?
(e) Liste quatro outras espécies diferentes de carbonato ou bicarbonato que podem contribuir para a capacidade de neutralização de ácido.
(f) É normalmente pressuposto que outras espécies além do carbonato ou do bicarbonato não contribuem apreciavelmente para a capacidade de neutralização de ácido. Sugira as circunstâncias sob as quais essa afirmação pode não ser válida.
(g) A matéria particulada pode trazer uma contribuição significativa para a capacidade de neutralização de ácido. Explique como você trataria esse problema.
(h) Explique como você determinaria separadamente a contribuição para a capacidade de neutralização de ácido vinda do material particulado e a contribuição vinda das espécies solúveis.

Reações e Titulações de Complexação e Precipitação

CAPÍTULO 15

As reações de precipitação e complexação são importantes em muitas áreas da ciência e no nosso dia a dia, como abordado neste capítulo. A fotografia em preto e branco é uma de tais áreas. Embora a fotografia digital tenha vindo para dominar as áreas de consumo, a fotografia em filme ainda é importante em muitas aplicações. São mostradas aqui as fotomicrografias de uma coluna cromatográfica capilar com uma ampliação de 1.300 × (acima) e 4.900 × (abaixo). Um filme preto e branco consiste em uma emulsão de AgBr finamente pulverizado que recobre uma fita de um polímero. A exposição à luz do microscópio de varredura de elétrons causa a redução de alguns íons Ag^+ para átomos de Ag e a correspondente oxidação de íons Br^- para átomos de bromo. Esses átomos continuam na rede cristalina do AgBr como defeitos invisíveis ou como a assim denominada imagem latente. No processo de revelação, reduzem-se muitos mais íons Ag^+ a átomos de Ag nos grânulos de AgBr que contêm átomos de prata da imagem latente original. A revelação produz uma imagem negativa visível, na qual as regiões escuras de átomos de Ag representam as áreas onde o filme foi exposto à luz. A etapa de fixação remove o AgBr não exposto à luz pela formação de um complexo altamente estável de tiossulfato de prata $[Ag(S_2O_3)_2]^{2-}$. A prata metálica negra permanece no negativo.

$$AgBr(s) + 2S_2O_3^{2-}(aq) \rightarrow [Ag(S_2O_3)_2]^{3-}(aq) + Br^-(aq)$$

Após o negativo ter sido fixado, uma imagem positiva é produzida projetando-se luz através do negativo sobre um papel fotográfico. (M. T. Dulay; R. P. Kulkarni; R. N. Zare, *Anal. Chem.*, v. 70, p. 5103, 1998, DOI: 10.1021/ac9806456. ©American Chemical Society. Cortesia de R. N. Zare, Stanford University, Departamento de Química)

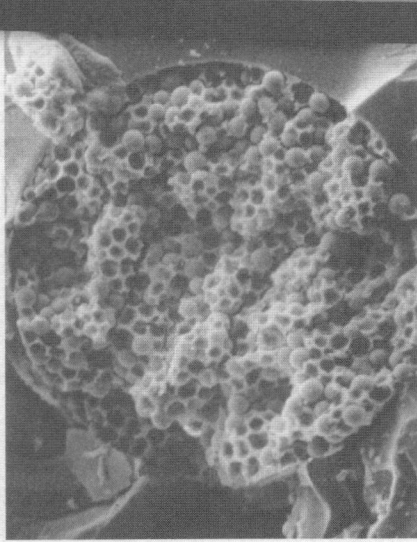
© American Chemical Society. Cortesia de R. N. Zare, Stanford University, Chemistry Dept.

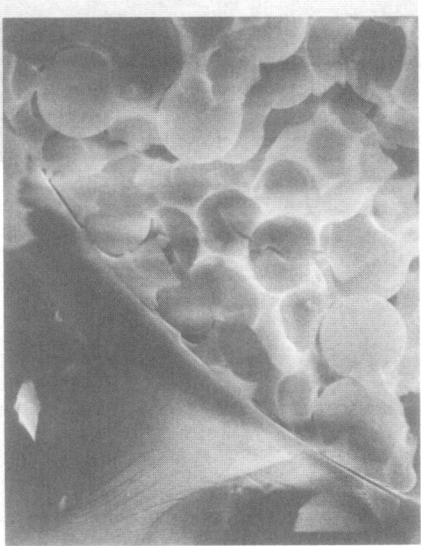
© American Chemical Society. Cortesia de R. N. Zare, Stanford University, Chemistry Dept.

As reações de complexação são largamente utilizadas na química analítica. Um dos primeiros usos dessas reações foi para titular cátions, um tópico importante deste capítulo. Além disso, muitos complexos são coloridos ou absorvem radiação ultravioleta; a formação desses complexos constitui com frequência a base para determinações espectrofotométricas (veja o Capítulo 24). Alguns complexos são pouco solúveis e podem ser empregados em análise gravimétrica (veja o Capítulo 10) ou em titulações de precipitação, como abordado neste capítulo. Os complexos são também largamente utilizados para extrair os cátions de um solvente para um outro e para dissolver precipitados insolúveis. Os reagentes formadores de complexos mais úteis são os compostos orgânicos que contêm vários grupos doadores de elétrons que formam múltiplas ligações covalentes com íons metálicos. Os agentes complexantes inorgânicos são utilizados também para controlar a solubilidade e para formar espécies coloridas ou precipitados.

15A A Formação de Complexos

A maioria dos íons metálicos reage com doadores de pares de elétrons para formar compostos de coordenação ou complexos. As espécies doadoras, ou **ligantes**, devem ter pelo menos um par de elétrons desemparelhados disponível para a formação da ligação. A água, a amônia e os íons haleto são ligantes inorgânicos comuns. De fato, a maioria dos íons metálicos em solução aquosa existe, na verdade, como um aquocomplexo. O cobre(II) em solução aquosa, por exemplo, é imediatamente complexado por moléculas de água para formar espécies como $Cu(H_2O)_4^{2+}$. Frequentemente simplificamos complexos nas equações químicas escrevendo o íon metálico como se fosse o Cu^{2+} não complexado. Devemos lembrar, entretanto, que muitos íons metálicos são na verdade aquocomplexos em soluções aquosas.

> Um **ligante** é um íon ou uma molécula que forma uma ligação covalente com um cátion ou átomo metálico neutro por meio da doação de um par de elétrons, que é então compartilhado por ambos.

O número de ligações covalentes que o cátion tende a formar com os doadores de elétrons é seu **número de coordenação**. Os valores típicos para os números de coordenação são 2, 4 e 6. As espécies formadas como resultado da coordenação podem ser eletricamente positivas, neutras ou negativas. Por exemplo, o cobre(II), cujo número de coordenação é 4, forma um complexo amínico catiônico, $Cu(NH_3)_4^{2+}$, um complexo neutro com a glicina, $Cu(NH_2CH_2COO)_2$, e um complexo aniônico com o íon cloreto, $CuCl_4^{2-}$.

Titulações baseadas na formação de complexos, algumas vezes denominadas **titulações de complexometria**, têm sido utilizadas há mais de um século. O crescimento verdadeiramente notável na sua aplicação analítica, baseado em uma classe particular de compostos de coordenação chamados **quelatos**, iniciou-se nos anos 1940. Um quelato é produzido quando um íon metálico se coordena com dois ou mais grupos doadores de um único ligante para formar anéis heterocíclicos de cinco ou seis membros. O complexo de cobre com a glicina mencionado no parágrafo anterior é um exemplo. Neste complexo, o cobre se liga tanto ao oxigênio do grupo carboxílico quanto ao nitrogênio do grupo amina:

> O termo **quelato** é derivado de uma palavra grega que significa garra.

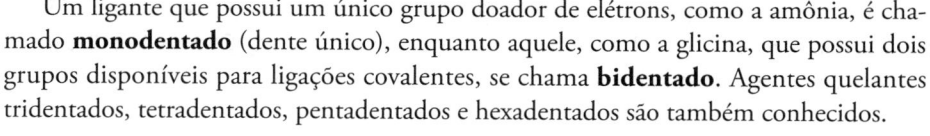

Um ligante que possui um único grupo doador de elétrons, como a amônia, é chamado **monodentado** (dente único), enquanto aquele, como a glicina, que possui dois grupos disponíveis para ligações covalentes, se chama **bidentado**. Agentes quelantes tridentados, tetradentados, pentadentados e hexadentados são também conhecidos.

> **Dentado** (do latim *dentatus*) significa ter projeções semelhantes a dentes.

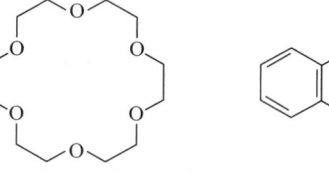

Éteres de coroa e criptandos

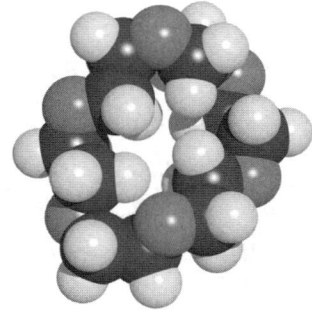

Modelo molecular do 18-coroa-6. Esse éter de coroa pode formar complexos fortes com íons de metais alcalinos. As constantes de formação dos complexos de Na⁺, K⁺ e Rb⁺ com 18-coroa-6 estão na faixa de 10^5 a 10^6.

Outro tipo importante de complexos é formado entre íons metálicos e compostos orgânicos cíclicos, conhecidos como **macrociclos**. Essas moléculas contêm nove ou mais átomos no anel e incluem pelo menos três heteroátomos, geralmente oxigênio, nitrogênio ou enxofre. Os éteres de coroa como 18-coroa-6 e dibenzo-18-coroa-6 são exemplos de macrociclos orgânicos. Alguns **compostos macrociclos** formam cavidades tridimensionais que podem acomodar apropriadamente apenas íons metálicos com um determinado tamanho. Os exemplos são os ligantes conhecidos como **criptandos**. A seletividade ocorre principalmente em razão do tamanho e a forma do anel ou da cavidade em relação ao tamanho do metal, muito embora a natureza dos heteroátomos e suas densidades eletrônicas, a compatibilidade do átomo doador com o metal e esse éter de coroa e vários outros fatores também desempenhem um papel importante.

15A-1 Equilíbrio de Complexação

As reações de complexação envolvem um íon metálico M reagindo com um ligante L para formar o complexo ML, como mostrado na Equação 15-1:

$$M + L \rightleftharpoons ML \quad (15\text{-}1)$$

onde omitimos as cargas nos íons para que ela seja geral. As reações de complexação ocorrem em etapas e a reação anterior é normalmente seguida por reações adicionais:

$$ML + L \rightleftharpoons ML_2 \quad (15\text{-}2)$$

$$ML_2 + L \rightleftharpoons ML_3 \quad (15\text{-}3)$$

$$\vdots$$

$$ML_{n-1} + L \rightleftharpoons ML_n \quad (15\text{-}4)$$

>> **A seletividade de um ligante** em relação a um íon metálico sobre outros se refere à estabilidade dos complexos formados. Quanto maior for a constante de formação do complexo metal-ligante, melhor a seletividade do ligante para o metal quando comparada aos complexos semelhantes formados com outros metais.

Os ligantes monodentados são adicionados invariavelmente em uma série de etapas, como mostrado. Com os ligantes multidentados, o número de coordenação máximo do cátion pode ser satisfeito com apenas um ligante ou pela adição de poucos ligantes. Por exemplo, o Cu(II), com um número de coordenação máximo igual a 4, pode formar complexos com a amônia, que têm as fórmulas $Cu(NH_3)^{2+}$, $Cu(NH_3)_2^{2+}$, $Cu(NH_3)_3^{2+}$ e $Cu(NH_3)_4^{2+}$. Com o **ligante bidentado**, glicina (gli), os únicos complexos formados são $Cu(gli)^{2+}$ e $Cu(gli)_2$.

As constantes de equilíbrio para as reações de formação de complexos são geralmente escritas como constante de formação, como discutido no Capítulo 7. Assim, cada uma das Reações 15-1 a 15-4 é associada a uma constante de formação progressiva, K_1 a K_4. Por exemplo, $K_1 = [ML]/[M][L]$, $K_2 = [ML_2]/[ML][L]$ e assim por diante. Podemos escrever também o equilíbrio como a soma das etapas individuais, as quais têm as constantes de formação globais designadas pelo símbolo β_n. Assim,

$$M + L \rightleftharpoons ML \qquad \beta_1 = \frac{[ML]}{[M][L]} = K_1 \quad (15\text{-}5)$$

$$M + 2L \rightleftharpoons ML_2 \qquad \beta_2 = \frac{[ML_2]}{[M][L]^2} = K_1 K_2 \quad (15\text{-}6)$$

$$M + 3L \rightleftharpoons ML_3 \qquad \beta_3 = \frac{[ML_3]}{[M][L]^3} = K_1 K_2 K_3 \quad (15\text{-}7)$$

$$\vdots$$

$$M + nL \rightleftharpoons ML_n \qquad \beta_n = \frac{[ML_n]}{[M][L]^n} = K_1 K_2 \cdots K_n \quad (15\text{-}8)$$

Exceto para a primeira etapa, as constantes de formação globais são os produtos das constantes de formação progressivas para as etapas individuais que levam à formação do complexo.

Para uma determinada espécie como um metal livre M, podemos calcular um valor alfa, que é a fração da concentração total do metal que existe naquela forma. Portanto, α_M é a fração do metal total presente no equilíbrio na forma de metal livre, α_{ML} é a fração na forma ML, e assim por diante. Como deduzido no Destaque 15-1, os valores α podem ser fornecidos por

$$\alpha_M = \frac{1}{1 + \beta_1[L] + \beta_2[L]^2 + \beta_3[L]^3 + \cdots + \beta_n[L]^n} \tag{15-9}$$

$$\alpha_{ML} = \frac{\beta_1[L]}{1 + \beta_1[L] + \beta_2[L]^2 + \beta_3[L]^3 + \cdots + \beta_n[L]^n} \tag{15-10}$$

$$\alpha_{ML_2} = \frac{\beta_2[L]^2}{1 + \beta_1[L] + \beta_2[L]^2 + \beta_3[L]^3 + \cdots + \beta_n[L]^n} \tag{15-11}$$

$$\alpha_{ML_n} = \frac{\beta_n[L]^n}{1 + \beta_1[L] + \beta_2[L]^2 + \beta_3[L]^3 + \cdots + \beta_n[L]^n} \tag{15-12}$$

DESTAQUE 15-1

Cálculo de Valores Alfa para Complexos de Metais

Os valores alfa para complexos metal-ligante podem ser derivados do mesmo modo como fizemos para os ácidos polifuncionais na Seção 13H. Os valores alfa são definidos como

$$\alpha_M = \frac{[M]}{c_M}; \quad \alpha_{ML} = \frac{[ML]}{c_M};$$

$$\alpha_{ML_2} = \frac{[ML_2]}{c_M}; \quad \alpha_{ML_n} = \frac{[ML_n]}{c_M}$$

A concentração total do metal c_M pode ser escrita como

$$c_M = [M] + [ML] + [ML_2] + \cdots + [ML_n]$$

Da constante de formação global (veja as Equações 15-5 a 15-8), as concentrações desses complexos podem ser expressas em termos da concentração de metal livre [M] para fornecer

$$c_M = [M] + \beta_1[M][L] + \beta_2[M][L]^2 + \cdots + \beta_n[M][L]^n$$
$$= [M]\{1 + \beta_1[L] + \beta_2[L]^2 + \cdots + \beta_n[L]^n\}$$

Agora, α_M pode ser encontrado por

$$\alpha_M = \frac{[M]}{c_M} = \frac{[M]}{[M] + \beta_1[M][L] + \beta_2[M][L]^2 + \cdots + \beta_n[M][L]^n}$$
$$= \frac{1}{1 + \beta_1[L] + \beta_2[L]^2 + \beta_3[L]^3 + \cdots + \beta_n[L]^n}$$

Observe que a forma à direita é a Equação 15-9. Podemos encontrar α_{ML} a partir de

$$\alpha_{ML} = \frac{[ML]}{c_M} = \frac{\beta_1[M][L]}{[M] + \beta_1[M][L] + \beta_2[M][L]^2 + \cdots + \beta_n[M][L]^n}$$
$$= \frac{\beta_1[L]}{1 + \beta_1[L] + \beta_2[L]^2 + \beta_3[L]^3 + \cdots + \beta_n[L]^n}$$

A forma mais à direita desta equação é idêntica à Equação 15-10. Os outros valores alfa nas Equações 15-11 e 15-12 podem ser encontrados de maneira semelhante.

Observe que essas expressões são análogas às expressões para alfa que escrevemos para os ácidos e bases polifuncionais, exceto que aqui as reações são escritas em termos dos equilíbrios de formação, enquanto aquelas para os ácidos e bases são escritas em termos de equilíbrios de dissociação. Também, a variável principal é a concentração de ligante [L] em vez da concentração do íon hidrônio. Os denominadores são os mesmos para cada valor α. Os gráficos dos valores α *versus* p[L] são conhecidos como **diagramas de distribuição**.

> **Exercícios no Excel** No primeiro exercício no Capítulo 9 do *Applications of Microsoft® Excel® in Analytical Chemistry*, 4. ed., os valores α para os complexos Cu(II)/NH$_3$ são calculados e usados para fazer um gráfico de diagramas de distribuição. Os valores para o sistema Cd(II)/Cl$^-$ também são calculados.

15A-2 A Formação de Espécies Insolúveis

Nos casos discutidos na seção anterior, os complexos formados são solúveis. A adição de ligantes ao íon metálico, entretanto, pode resultar na formação de espécies insolúveis, como o familiar precipitado de dimetilglioximato de níquel. Em muitos casos, um complexo não carregado intermediário no esquema de formação por etapas pode vir a ser pouco solúvel, ao passo que a adição de mais moléculas de ligantes pode resultar em espécies solúveis. Por exemplo, adicionando Cl$^-$ ao Ag$^+$ tem-se como resultado o precipitado insolúvel de AgCl. A adição de grande excesso de Cl$^-$ produz as espécies solúveis AgCl$_2^-$, AgCl$_3^{2-}$ e AgCl$_4^{3-}$.

Em contraste com os equilíbrios de complexação, os quais são mais frequentemente tratados como reações de formação, os equilíbrios de solubilidade são considerados reações de dissociação, como discutido no Capítulo 7. Em geral, para um sal pouco solúvel M$_x$A$_y$ em uma solução saturada, podemos escrever

$$M_xA_y(s) \rightleftharpoons xM^{y+}(aq) + yA^{x-}(aq) \qquad K_{ps} = [M^{y+}]^x[A^{x-}]^y \tag{15-13}$$

onde K_{ps} é o produto de solubilidade. Consequentemente, para o BiI$_3$, o produto de solubilidade é escrito como $K_{ps}=[Bi^{3+}][I^-]^3$.

A formação de complexos solúveis pode ser usada para controlar a concentração de íons metálicos livres na solução e assim controlar a reatividade deles. Por exemplo, podemos prevenir que um íon metálico se precipite ou tome parte em outra reação formando um complexo estável que diminua a concentração de íon metálico livre. O controle da solubilidade pela formação de complexo é também usado para atingir a separação de um íon metálico de outro. Se o ligante é capaz de protonação, como discutiremos na próxima seção, até mais controle pode ser atingido por uma combinação de complexação e ajuste de pH.

15A-3 Ligantes que Podem Ser Protonados

O equilíbrio de complexação pode se tornar complicado por reações laterais ou paralelas que envolvam o metal ou o ligante. Essas reações laterais podem permitir que seja exercido um controle adicional sobre os complexos que se formam. Os metais podem formar complexos com outros ligantes em vez daquele de interesse. Os ligantes também podem sofrer reações laterais. Uma das reações laterais mais comuns é a de um ligante que pode ser protonado, isto é, o ligante é um ácido fraco ou uma base conjugada de um ácido fraco.

Complexação com Ligantes que Podem Ser Protonados

Considere o caso da formação de complexos solúveis entre o metal M e o ligante L, em que o ligante L é a base conjugada de um ácido poliprótico e que forma HL, H$_2$L, ... H$_n$L, para os quais, de novo, as cargas foram omitidas para generalizar o tratamento. A adição de ácido à solução contendo M e L reduz a concentração de L livre disponível para complexar com M e, assim, diminui a efetividade de L como agente complexante (princípio de Le Chatelier). Por exemplo, os íons férrico (Fe^{3+}) formam complexos com oxalato (C$_2$O$_4^{2-}$, que abreviamos como ox^{2-}) com fórmulas [Fe(ox)]$^+$, [Fe(ox)$_2$]$^-$ e [Fe(ox)$_3$]$^{3-}$. O oxalato pode receber prótons para formar Hox$^-$ e H$_2$ox. Em uma solução básica, na qual a maior parte do oxalato está presente como ox²⁻ antes da complexação com o Fe³⁺, os complexos férricos/oxalato são muito estáveis. A adição de ácido, entretanto, protona os íons oxalato, o que volta a causar a dissociação dos complexos férricos.

Para ácidos dipróticos, como o ácido oxálico, a fração do total das espécies que contêm oxalato em qualquer forma ox^{2-}, Hox^- e H_2ox é dada por um valor alfa (recorde-se da Seção 13H). Uma vez que

$$c_T = [H_2ox] + [Hox^-] + [ox^{2-}] \tag{15-14}$$

podemos escrever os valores alfa α_0, α_1 e α_2 como

$$\alpha_0 = \frac{[H_2ox]}{c_T} = \frac{[H^+]^2}{[H^+]^2 + K_{a1}[H^+] + K_{a1}K_{a2}} \tag{15-15}$$

$$\alpha_1 = \frac{[Hox^-]}{c_T} = \frac{K_{a1}[H^+]}{[H^+]^2 + K_{a1}[H^+] + K_{a1}K_{a2}} \tag{15-16}$$

$$\alpha_2 = \frac{[ox^{2-}]}{c_T} = \frac{K_{a1}K_{a2}}{[H^+]^2 + K_{a1}[H^+] + K_{a1}K_{a2}} \tag{15-17}$$

Uma vez que estamos interessados nas concentrações de oxalato livre, levaremos em consideração o valor de α mais alto, nesse caso o α_2. Da Equação 15-17, podemos escrever

$$[ox^{2-}] = c_T\alpha_2 \tag{15-18}$$

Observe que, conforme a solução se torna mais ácida, os dois primeiros termos no denominador da Equação 15-17 passam a ser dominantes e α_2 e a concentração de oxalato livre decrescem. Quando a solução é muito básica, o último termo domina, α_2 torna-se muito próximo da unidade e $[ox^{2-}] \approx c_T$, indicando que aproximadamente todo o oxalato está na forma ox^{2-} em solução alcalina.

Constantes de Formação Condicional

Para levar em consideração o efeito do pH na concentração do ligante livre em uma reação de complexação, é útil introduzir uma **constante de formação condicional**, ou **de formação efetiva**. Estas são constantes de equilíbrio dependentes do pH e que se aplicam a um único valor de pH. Para a reação do Fe^{3+} com oxalato, por exemplo, podemos escrever a constante de formação K_1 para o primeiro complexo como

$$K_1 = \frac{[Fe(ox)^+]}{[Fe^{3+}][ox^{2-}]} = \frac{[Fe(ox)^+]}{[Fe^{3+}]\alpha_2 c_T} \tag{15-19}$$

A um valor particular de pH, α_2 é constante, e podemos combinar K_1 e α_2 para produzir uma nova constante condicional, K_1':

$$K_1' = \alpha_2 K_1 = \frac{[Fe(ox)^+]}{[Fe^{3+}]c_T} \tag{15-20}$$

O uso da constante condicional simplifica bastante os cálculos, porque c_T é frequentemente conhecida ou é facilmente computada, mas a concentração do ligante livre não é tão fácil de ser determinada. As constantes de formação globais, valores β, para os complexos mais pesados $[Fe(ox)_2]^-$ e $[Fe(ox)_3]^{3-}$, também podem ser escritas como constantes condicionais.

 Exercícios no Excel Os ligantes que protonam são tratados no Capítulo 9 do *Applications of Microsoft® Excel® in Analytical Chemistry*, 4. ed. Os valores alfa e as constantes condicionais de formação são calculados.

15B Titulações com Agentes Complexantes Inorgânicos

As reações de formação de complexos apresentam diversas utilidades na química analítica. Um dos primeiros usos, que ainda é muito difundido, é nas **titulações complexométricas**. Nessas titulações, um íon metálico reage com um ligante adequado para formar um complexo, e o ponto de equivalência é determinado por um indicador ou por um método instrumental apropriado. A formação de complexos inorgânicos solúveis não é muito utilizada em titulações, porém a formação de precipitados, particularmente com o nitrato de prata como titulante, é a base para muitas determinações importantes como discutido na Seção 15B-2.

15B-1 Titulações de Complexação

As curvas de titulação complexiométrica são normalmente um gráfico de pM = –log [M] em função do volume de titulante adicionado. Em geral, nas titulações complexiométricas, ocasionalmente, o ligante é o titulante e o íon metálico é o analito, embora os papéis sejam invertidos. Como veremos mais tarde, muitas titulações de precipitação utilizam o íon metálico como titulante. Os ligantes inorgânicos mais simples são monodentados, e eles podem formar complexos de baixa estabilidade e gerar pontos finais de titulação difíceis de serem observados. Como titulantes, os ligantes multidentados, sobretudo aqueles que têm quatro ou seis grupos doadores, apresentam duas vantagens sobre seus correlatos monodentados: primeiro, reagem mais completamente com cátions e assim produzem pontos finais mais nítidos; segundo, em geral reagem com os íons metálicos em uma única etapa, enquanto a formação de complexos com os ligantes monodentados normalmente envolve duas ou mais espécies intermediárias (recorde-se das Equações 15-1 a 15-4).

» Os ligantes tetradentados ou hexadentados são titulantes mais satisfatórios que os ligantes com menos grupos doadores, pois suas reações com os cátions são mais completas e tendem a formar complexos do tipo 1:1.

A vantagem de uma reação de etapa única é ilustrada pelas curvas de titulação mostradas na **Figura 15-1**. Cada uma das titulações mostradas envolve uma reação que tem uma constante de equilíbrio global de 10^{20}. A Curva A é derivada para uma reação na qual o íon metálico M, que possui um número de coordenação igual a 4, reage com um ligante tetradentado D para formar o complexo MD (por conveniência omitimos novamente as cargas nos dois reagentes). A Curva B é para a reação de M com um ligante bidentado hipotético B para produzir MB_2 em duas etapas. A constante de formação da primeira etapa é 10^{12} e para a segunda, 10^8. A Curva C envolve um ligante monodentado A que forma MA_4 em quatro etapas com as constantes sucessivas de 10^8, 10^6, 10^4 e 10^2. Essas curvas demonstram que um ponto final muito mais nítido é obtido com a reação que ocorre em uma única etapa. Por essa razão, os ligantes multidentados são normalmente preferidos em titulações complexométricas.

A titulação complexométrica mais amplamente utilizada com ligante monodentado é a titulação de cianeto com nitrato de prata, um método introduzido por Liebig nos anos 1850. Esse método envolve a formação do $Ag(CN)_2^-$ solúvel, como discutido no Destaque 15-2. Outros agentes complexantes inorgânicos comuns e suas aplicações são listados na **Tabela 15-1**.

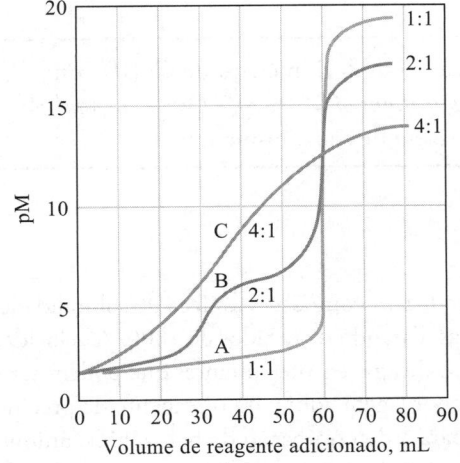

FIGURA 15-1

Curvas de titulação para titulações complexométricas. A titulação de 60,0 mL de uma solução que contém 0,020 mol L^{-1} do metal M com (A) uma solução 0,020 mol L^{-1} de ligante tetradentado D para formar MD como produto; (B) uma solução 0,040 mol L^{-1} de ligante bidentado B para formar MB_2; e (C) uma solução 0,080 mol L^{-1} de um ligante monodentado A para formar MA_4. A constante de formação global para cada produto é 10^{20}.

TABELA 15-1
Titulações Típicas de Formação de Complexos Inorgânicos

Titulantes	Analitos	Observações
$Hg(NO_3)_2$	Br^-, Cl^-, SCN^-, CN^-, tioureia	Os produtos são complexos de Hg(II) neutros; diversos indicadores são utilizados
$AgNO_3$	CN^-	O produto é $Ag(CN)_2^-$; indicador I^-; titula-se até a primeira turbidez causada pelo AgI
$NiSO_4$	CN^-	O produto é $Ni(CN)_4^{2-}$; indicador AgI; titula-se até a primeira turbidez causada pelo AgI
KCN	Cu^{2+}, Hg^{2+}, Ni^{2+}	O produto é $Cu(CN)_4^{2-}$, $Hg(CN)_2$ e $Ni(CN)_4^{2-}$; diversos indicadores são utilizados

O **Dr. Ron Goldsberry** obteve o seu doutorado em química na Michigan State University e então ensinou química e trabalhou com pesquisa. Ele foi adiante para obter um MBA na Stanford University. Por toda a sua carreira, o Dr. Goldsberry manteve cargos de executivo em várias empresas da Fortune 500. Em 1983, o Dr. Goldsberry tornou-se presidente e diretor de operações da Parker Chemical Company, como o único CEO afro-americano de uma companhia química norte-americana nos anos 1980. Na Ford, tornou-se vice-presidente global de atendimento ao cliente. Ele finalizou a sua carreira como consultor independente.

DESTAQUE 15-2

Determinação de Cianeto de Hidrogênio em Efluentes de Fábricas de Acrilonitrila

A acrilonitrila, $CH_2{=}CH{-}C\,N$, é uma substância química muito importante na produção de poliacrilonitrila. Esse termoplástico foi esticado em fios finos e empregado em tecidos sintéticos, como o Orlon, o Acrilan e o Creslan. Embora as fibras acrílicas não sejam mais produzidas nos Estados Unidos, elas ainda são fabricadas em vários países. O ácido cianídrico constitui uma impureza nos efluentes das fábricas que contêm acrilonitrila aquosa. O cianeto é normalmente determinado pela titulação com o $AgNO_3$. A reação de titulação é

$$Ag^+ + 2CN^- \rightarrow Ag(CN)_2^-$$

Para determinar o ponto final da titulação, a amostra aquosa é misturada a uma solução básica de iodeto de potássio antes da titulação. Antes do ponto de equivalência, o cianeto está em excesso e todos os íons Ag^+ são complexados. Imediatamente após a reação de todo cianeto, o primeiro excesso de Ag^+ causa uma turbidez permanente na solução em virtude da precipitação do AgI, de acordo com

$$Ag^+ + I^- \rightarrow AgI(s)$$

 Exercícios no Excel A titulação complexiométrica de Cd(II) com Cl_2 é considerada no Capítulo 9 do *Applications of Microsoft® Excel® in Analytical Chemistry*, 4. ed. É usada uma abordagem de equação-mestra.

15B-2 Titulações de Precipitação

As **titulações de precipitação** são baseadas em reações que produzem compostos iônicos de solubilidade limitada. A titrimetria de precipitação é uma das mais antigas técnicas analíticas, datando de meados de 1800. A velocidade lenta na qual a maioria dos precipitados se forma, entretanto, limita o número de agentes precipitantes que podem ser usados nas titulações e eles podem ser contados nos dedos. Limitamos nossa abordagem aqui para o reagente de precipitação mais largamente usado e importante, o nitrato de prata, que é usado para a determinação de halogênios, ânions semelhantes aos halogênios, mercaptanas, ácidos graxos e vários ânions inorgânicos divalentes. As titulações com nitrato de prata são algumas vezes chamadas de **titulações argentométricas**.

As Formas das Curvas de Titulação

As curvas de titulação para reações de precipitação são calculadas de uma maneira completamente análoga aos métodos descritos na Seção 12B para titulações envolvendo ácidos fortes e bases fortes. A única diferença é que o produto de solubilidade do precipitado é substituído pela constante de produto iônico da água. Muitos indicadores para titulações argentométricas respondem a variações nas concentrações de íons prata. Por causa desta resposta, as curvas de titulação para reações de precipitação normalmente consistem em um gráfico de pAg versus volume do reagente de prata (em geral $AgNO_3$). O Exemplo 15-1 ilustra como as funções p são obtidas para a região do ponto de pré-equivalência, a região do ponto de pós-equivalência e o ponto de equivalência para uma titulação de precipitação típica.

≪ O nitrato de prata sólido, embora não seja tão sensível à luz quanto os haletos de prata (veja a abertura do capítulo), deve, no entanto, ser armazenado em locais escuros, secos ou em garrafas marrons para minimizar a chance de decomposição. Similarmente, as soluções padrão de nitrato de prata devem ser armazenadas no escuro ou em garrafas âmbar.

EXEMPLO 15-1

Calcule a concentração de íon prata em termos de pAg durante a titulação de 50,0 mL de NaCl 0,05000 mol L^{-1} com $AgNO_3$ 0,1000 mol L^{-1} após a adição dos seguintes volumes de reagente: (a) na região do ponto de pré-equivalência em 10,00 mL, (b) no ponto de equivalência (25,00 mL) (c) após o ponto de equivalência em 26,00 mL. Para o AgCl, $K_{ps} = 1,82 \times 10^{-10}$.

Resolução

(a) Dados do Ponto de Pré-equivalência

Em 10,00 mL, [Ag$^+$] é muito pequena e não pode ser computada a partir de considerações estequiométricas, mas a concentração molar de cloreto, c_{NaCl}, pode ser obtida facilmente. A concentração de equilíbrio de cloreto é basicamente igual à c_{NaCl}.

$$[Cl^-] \approx c_{NaCl} = \frac{\text{quant. de matéria em mol } Cl^- - \text{quant. de matéria de } AgNO_3 \text{ adic.}}{\text{volume total da solução}}$$

$$= \frac{(50,00 \times 0,05000 - 10,00 \times 0,1000)}{50,00 + 10,00} = 0,02500 \text{ mol L}^{-1}$$

$$[Ag^+] = \frac{K_{ps}}{[Cl^-]} = \frac{1,82 \times 10^{-10}}{0,02500} = 7,28 \times 10^{-9} \text{ mol L}^{-1}$$

$$pAg = -\log(7,28 \times 10^{-9}) = 8,14$$

Os pontos adicionais na região de pré-equivalência podem ser obtidos da mesma maneira. Os resultados de cálculos deste tipo estão mostrados na segunda coluna da **Tabela 15-2**.

TABELA 15-2

Variações no pAg na Titulação de Cl$^-$ com $AgNO_3$ Padrão

	pAg	
Volume de $AgNO_3$ mL	50,00 mL de NaCl 0,0500 mol L^{-1} com $AgNO_3$ 0,1000 mol L^{-1}	50,00 mL de NaCl 0,00500 mol L^{-1} com $AgNO_3$ 0,0100 mol L^{-1}
10,00	8,14	7,14
20,00	7,59	6,59
24,00	6,87	5,87
25,00	4,87	4,87
26,00	2,88	3,88
30,00	2,20	3,20
40,00	1,78	2,78

(continua)

(b) pAg do Ponto de Equivalência

No ponto de equivalência, $[Ag^+] = [Cl^-]$, e $[Ag^+][Cl^-] = K_{ps} = 1{,}82 \times 10^{-10} = [Ag^+]^2$

$$[Ag^+] = \sqrt{K_{ps}} = \sqrt{1{,}82 \times 10^{-10}} = 1{,}35 \times 10^{-5} \text{ mol L}^{-1}$$

$$pAg = -\log(1{,}35 \times 10^{-5}) = 4{,}87$$

(c) Região do ponto de pós-equivalência

Em 26,00 mL de $AgNO_3$, o Ag^+ está em excesso, logo

$$[Ag^+] = c_{AgNO_3} = \frac{(26{,}00 \times 0{,}1000 - 50{,}00 \times 0{,}05000)}{76{,}00} = 1{,}32 \times 10^{-3} \text{ mol L}^{-1}$$

$$pAg = -\log(1{,}32 \times 10^{-3}) = 2{,}88$$

Os resultados adicionais na região do ponto de pós-equivalência são obtidos da mesma maneira e estão mostrados na Tabela 15-2. A curva de titulação também pode ser derivada da equação de balanço de cargas como mostrado para uma titulação ácido/base no Destaque 12-1.

O Efeito da Concentração nas Curvas de Titulação

O efeito da concentração de reagente e analito nas curvas de titulação pode ser visto nos dados da Tabela 15-2 e as duas curvas mostradas na **Figura 15-2**. Com $AgNO_3$ 0,1000 mol L^{-1} (Curva *A*), a variação no pAg na região do ponto de equivalência é maior, aproximadamente 2 unidades de pAg. Com o reagente 0,01000 mol L^{-1}, a variação é de aproximadamente 1 unidade de pAg, mas ainda pronunciada. Um indicador que produz um sinal na região de pAg de 4,0 a 6,0 deve

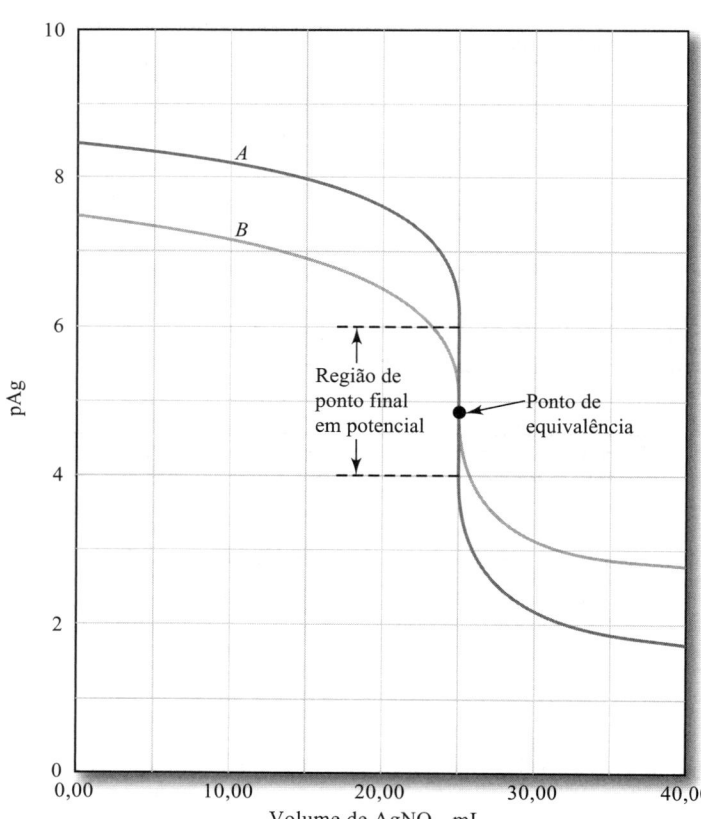

FIGURA 15-2

Curva de titulação (*A*) para 50,00 mL de NaCl 0,05000 mol L^{-1} titulado com $AgNO_3$ 0,1000 mol L^{-1} e (*B*), 50,00 mL de NaCl 0,00500 mol L^{-1} titulado com $AgNO_3$ 0,01000 mol L^{-1}. Observe o aumento da nitidez da quebra no ponto final com a solução mais concentrada.

fornecer um erro mínimo para solução mais forte. Para a solução de cloreto mais diluída (Curva B), a variação no pAg na região do ponto de equivalência seria alongado sobre um volume razoavelmente maior de reagente (~3 mL, como mostrado pelas linhas pontilhadas na figura), de tal forma que seria impossível determinar o ponto final com exatidão. O efeito aqui é análogo àquele ilustrado para titulações ácido/base na Figura 12-4.

O Efeito da Integridade de Reação nas Curvas de Titulação

A **Figura 15-3** ilustra o efeito do produto de solubilidade na nitidez do ponto final para titulações com nitrato de prata 0,1 mol L^{-1}. Observe que a variação no pAg no ponto de equivalência se torna maior à medida que os produtos de solubilidade se torna menores, isto é, à medida que a reação entre o analito e o nitrato de prata se torna mais completa. Ao escolher um indicador que muda de cor na região de pAg de 4 a 6, a titulação dos íons cloreto deve ser possível com um erro de titulação mínimo. Observe que os íons que formam precipitados com produtos de solubilidade muito maiores que aproximadamente 10^{-10} não produzem pontos finais satisfatórios.

>> Uma relação útil pode ser derivada tomando-se o negativo do logaritmo de ambos os lados de uma expressão de produto de solubilidade. Assim, para o cloreto de prata,

$$-\log K_{ps} = -\log ([Ag^+][Cl^-])$$
$$= -\log [Ag^+] - \log [Cl^-]$$

$$pK_{ps} = pAg + pCl$$

Esta expressão é similar à expressão ácido-base para pK_w

$$pK_w = pH + pOH$$

Curvas de Titulação para Misturas de Ânions

Os métodos desenvolvidos no Exemplo 15-1 para construir curvas de titulação de precipitação podem ser estendidos para misturas que formam precipitados de solubilidades diferentes. Para ilustrar, considere 50,00 mL de uma solução 0,0500 mol L^{-1} de íon iodeto e 0,0800 mol L^{-1} de íon cloreto titulada com nitrato de prata 0,1000 mol L^{-1}. A curva para os estágios iniciais desta titulação é idêntica à curva mostrada para o iodeto na Figura 15-3, porque o cloreto de prata, com seu produto de solubilidade muito maior, não começa a precipitar até estar bem dentro da titulação.

É interessante determinar quanto de iodeto é precipitado antes que quantidades apreciáveis de cloreto de prata se formem. Com a aparição das menores quantidades de cloreto de prata sólido, as expressões de produto de solubilidade para ambos os precipitados se aplicam e a divisão de um pelo outro fornece uma relação útil.

$$\frac{K_{ps}(AgI)}{K_{ps}(AgCl)} = \frac{[\cancel{Ag^+}][I^-]}{[\cancel{Ag^+}][Cl^-]} = \frac{8,3 \times 10^{-17}}{1,82 \times 10^{-10}} = 4,56 \times 10^{-7}$$

$$[I^-] = (4,56 \times 10^{-7})[Cl^-]$$

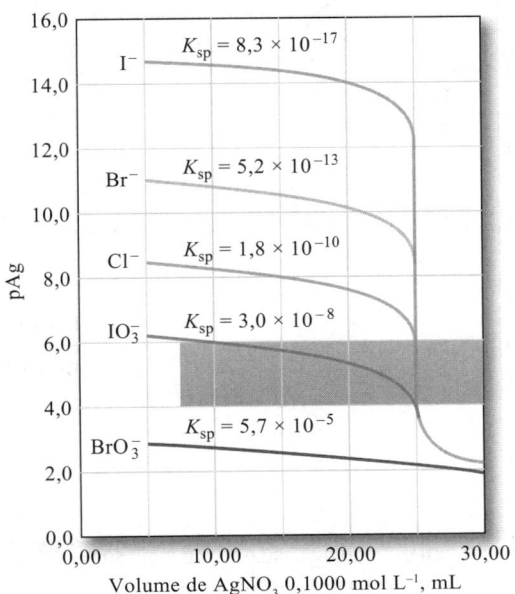

FIGURA 15-3

O efeito da integridade de uma reação nas curvas de titulação de precipitação. Para cada curva, 50,00 mL de uma solução 0,0500 mol L^{-1} do ânion foi titulada com AgNO$_3$ 0,1000 mol L^{-1}. Observe que valores menores de K_{ps} fornecem quebras muito mais nítidas no ponto final. Veja a prancha colorida 19.

A partir desta relação, vemos que a concentração de iodeto diminui a uma fração minúscula da concentração do íon cloreto antes de o cloreto de prata começar a precipitar. Portanto, para todos os propósitos práticos, o cloreto de prata se forma apenas após 25,00 mL de titulante terem sido adicionados. Neste ponto, a concentração de íon cloreto é aproximadamente

$$c_{Cl^-} \approx [Cl^-] = \frac{50,00 \times 0,0800}{50,00 + 25,00} = 0,0533 \text{ mol L}^{-1}$$

Substituindo na equação anterior, obtemos

$$[I^-] = 4,56 \times 10^{-7}[Cl^-] = 4,56 \times 10^{-7} \times 0,0533 = 2,43 \times 10^{-8} \text{ mol L}^{-1}$$

A porcentagem de iodeto não precipitado neste ponto pode ser calculada como a seguir:

$$\text{quant. de mat. de } I^- \text{ não precipitado} = (75,00 \text{ mL})(2,43 \times 10^{-8} \text{ mmol de } I^{-1}/\text{mL}^{-1}) = 1,82 \times 10^{-6} \text{ mmol}$$

$$\text{quant. de mat. original de } I^- = (50,00 \text{ mL})(0,500 \text{ mmol/mL}) = 2,50 \text{ mmol}$$

$$\text{porcentagem de } I^- \text{ não precipitado} = \frac{1,82 \times 10^{-6}}{2,50} \times 100\% = 7,3 \times 10^{-5}\%$$

Logo, até aproximadamente $7,3 \times 10^{-5}$ % do ponto de equivalência para o iodeto, não se forma cloreto de prata. Até este ponto, a curva de titulação é indistinguível daquela só para o iodeto, como mostrado na **Figura 15-4**. Os pontos de dados para a primeira parte da curva de titulação, mostrados pela linha sólida, foram computados nesta base.

À medida que o íon cloreto começa a precipitar, entretanto, a diminuição rápida no pAg termina abruptamente em um nível que pode ser calculado a partir do produto de solubilidade para o cloreto de prata e da concentração de cloreto computada (0,0533 mol L^{-1}):

$$[Ag^+] = \frac{K_{sp}(AgCl)}{[Cl^-]} = \frac{1,82 \times 10^{-10}}{0,0533} = 3,41 \times 10^{-9} \text{ mol L}^{-1}$$

$$pAg = -\log(3,41 \times 10^{-9}) = 8,47$$

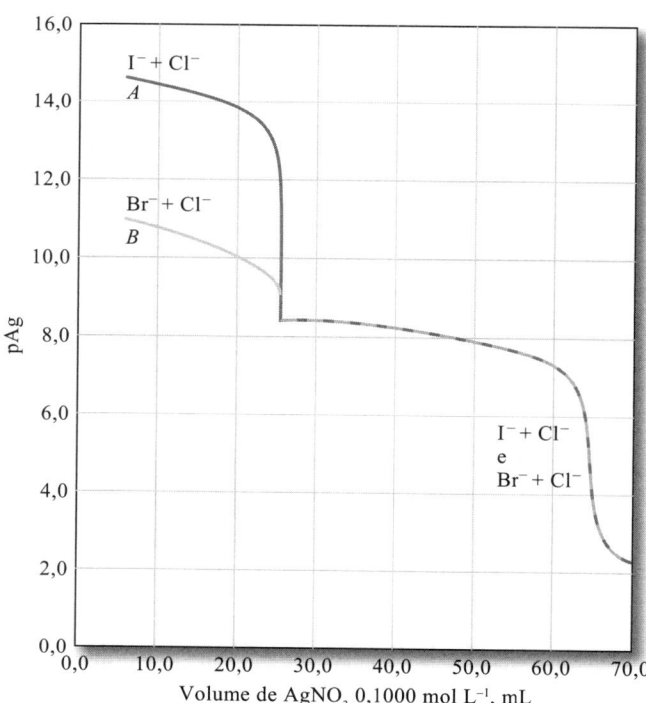

FIGURA 15-4

As curvas de titulação para 50,00 mL de uma solução 0,0800 mol L^{-1} em Cl$^-$ e 0,0500 mol L^{-1} em I$^-$ ou Br$^-$.

O término súbito para a diminuição veemente na [Ag⁺] pode ser claramente visto na Figura 15-4 em pAg = 8,47. Mais adições de nitrato de prata diminuem a concentração de íon cloreto e a curva, então, torna-se aquela para a titulação do próprio cloreto.

Por exemplo, depois de serem adicionados 30,00 mL de titulante (3 mmol), 2,5 mmol de I⁻ e 0,5 mmol de Cl⁻ reagiram deixando 3,5 mmol de Cl⁻ nos 80,00 mL de solução ou 3,5/80,00 = 0,0438 mol L⁻¹.

Consequentemente,

$$[Ag^+] = \frac{1,82 \times 10^{-10}}{0,0438} = 4,16 \times 10^{-9} \text{ mol L}^{-1}$$

$$pAg = 8,38$$

Os pontos de dados restantes para esta curva podem ser computados da mesma maneira como na curva do próprio cloreto.

A Curva A na Figura 15-4, que é a curva para a mistura cloreto/iodeto que acabamos de considerar, é uma combinação das curvas individuais para as duas espécies aniônicas. Dois pontos de equivalência estão evidentes. A Curva B é a curva de titulação para a mistura de íons brometo e cloreto. Observe que as variações associadas com o primeiro ponto de equivalência se tornam menos distintas à medida que as solubilidades dos dois precipitados se aproximam entre si. Na titulação brometo/cloreto, os valores iniciais de pAg são menores do que eles são na titulação iodeto/cloreto, porque a solubilidade do brometo de prata excede aquela do iodeto de prata. Depois do primeiro ponto de equivalência, entretanto, onde o íon cloreto está sendo titulado, as duas curvas de titulação são idênticas.

Curvas de titulação similares àquelas da Figura 15-4 podem ser obtidas experimentalmente, medindo-se o potencial de um eletrodo de prata imerso na solução de analito (veja a Seção 19C). Estas curvas, então podem ser usadas para determinar a concentração de cada um dos íons nas misturas de dois íons haleto.

Pontos Finais para Titulações Argentométricas

Os pontos finais químicos, potenciométricos e amperométricos são usados nas titulações com nitrato de prata. Nesta seção, descrevemos um dos métodos de indicador químico. Nas titulações potenciométricas, a diferença de potencial entre um eletrodo de prata e um eletrodo de referência é medida como uma função do volume de titulante. São obtidas curvas de titulação similares àquelas nas Figuras 15-2 a 15-4. As titulações potenciométricas são abordadas na Seção 19C. Nas titulações amperométricas, a corrente gerada entre um par de eletrodos de prata é medida e colocada em um gráfico como uma função do volume titulante. Os métodos amperométricos são considerados na Seção 21B-4.

Os indicadores químicos produzem uma mudança de cor ou, ocasionalmente, o aparecimento ou o desaparecimento de turbidez na solução sendo titulada. As exigências para um indicador para uma titulação de precipitação são: (1) a mudança de cor deve ocorrer em uma faixa limitada na função p do titulante ou do analito e (2) a mudança de cor deve ocorrer dentro de uma porção de degrau da curva de titulação para o analito. Por exemplo, na Figura 15-3, vemos que a titulação de iodeto com um indicador fornecendo um sinal na faixa de pAg de aproximadamente 4,0 a 12,0 deve dar um ponto final satisfatório. Observe que, em contraste, o sinal de ponto final para a titulação de cloreto estaria limitada a um pAg de aproximadamente 4,0 a 6,0.

O Método de Volhard O método de Volhard é um dos métodos mais comuns de argentometria. Neste método, os íons prata são titulados com uma solução padrão de íon tiocinato:

$$Ag^+ + SCN^- \rightleftharpoons AgSCN(s)$$

O ferro(III) serve como o indicador. A solução torna-se vermelha com o primeiro excesso mínimo de íon tiocianato devido à formação de Fe(SCN)²⁺.

A aplicação mais importante do método de Volhard é a determinação indireta de íons haleto. Um excesso medido de solução padrão de nitrato de prata é adicionado à amostra e o excesso de prata é determinado pela retrotitulação com uma solução padrão de tiocianato. O ambiente fortemente ácido da titulação de Volhard é uma vantagem distinta sobre outras titulações de íons haleto, porque íons como carbonato, oxalato e arsenato não interferem. Os sais de prata destes íons são solúveis em meio ácido, mas apenas ligeiramente solúvel em meio neutro.

O cloreto de prata é mais solúvel que o tiocianato de prata. Como um resultado, nas determinações de cloreto usando o método de Volhard, a reação

$$AgCl(s) + SCN^- \rightleftharpoons AgSCN(s) + Cl^-$$

ocorre até uma extensão significativa próximo ao ponto final da retrotitulação. Esta reação faz com que o ponto final enfraqueça, resultando em consumo excessivo de íon tiocianato. Os baixos resultados originados para cloreto podem ser superados filtrando-se o cloreto de prata antes de fazer a retrotitulação. A filtração não é necessária para outros haletos, porque eles formam sais de prata que são menos solúveis que o tiocianato de prata.

❯❯ Os indicadores de adsorção foram descritos primeiramente por K. Fajans, um químico polonês, em 1926. As titulações envolvendo indicadores de adsorção são rápidas, exatas e confiáveis, mas a aplicação delas é limitada a algumas titulações de precipitação que formam precipitados coloidais rapidamente.

Outros Métodos Argentométricos No **método de Mohr**, o cromato de sódio serve como o indicador para a titulação argentométrica de íons cloreto, brometo e cianeto. Os íons prata reagem com o cromato para formar o precipitado vermelho tijolo de cromato de prata (Ag_2CrO_4) na região do ponto de equivalência. O método de Mohr é raramente utilizado na atualidade porque o Cr(VI) é carcinogênico.

O **método de Fajans** usa um **indicador de adsorção**, um composto orgânico que adsorve na ou dessorve da superfície do sólido em uma titulação de precipitação. Idealmente, a adsorção ou dessorção ocorre próximo ao ponto de equivalência e resulta não apenas em uma mudança de cor, mas também na transferência de cor da solução para o sólido ou vice-versa.

Exercícios no Excel No Capítulo 9 do *Applications of Microsoft® Excel® in Analytical Chemistry*, 4. ed., fazemos uma uma curva para a titulação do NaCl com $AgNO_3$. Uma abordagem estequiométrica é usada primeiro e então uma abordagem de equação-mestra é explorada. Finalmente, o problema é invertido e o volume necessário para atingir um determinado valor de pAg é calculado.

15C Agentes Complexantes Orgânicos

Vários agentes complexantes orgânicos diferentes têm se tornado importantes na química analítica por causa de sua sensibilidade inerente e seletividade potencial ao reagir com íons metálicos. Os reagentes orgânicos são especialmente úteis na precipitação de metais, ao se ligarem aos metais a fim de prevenir interferências, na extração de metais de um solvente para outro e na formação de complexos que absorvem luz em determinações espectrofotométricas. Os reagentes orgânicos mais úteis formam complexos tipo quelato com íons metálicos.

Muitos reagentes orgânicos são utilizados para converter íons metálicos em formas que podem ser rapidamente extraídas da água para uma fase orgânica imiscível. As extrações são largamente utilizadas para separar metais de interesse dos potenciais íons interferentes e para atingir o efeito concentrante através da transferência do metal para uma fase de menor volume. As extrações são aplicáveis para quantidades muito menores de metais que as precipitações e elas evitam problemas associados com a coprecipitação. As separações por extração são consideradas na Seção 29C.

Diversos agentes complexantes orgânicos dentre os mais utilizados para realizar extrações estão listados na **Tabela 15-3**. Alguns desses reagentes normalmente formam, com os íons metálicos, espécies insolúveis em solução aquosa. Nas aplicações

TABELA 15-3

Reagentes Orgânicos para a Extração de Metais

Reagentes	Íons Metálicos Extraídos	Solventes
8-hidroxiquinolina	Zn^{2+}, Cu^{2+}, Ni^{2+}, Al^{3+} e muitos outros	Água → Clorofórmio ($CHCl_3$)
Difeniltiocarbazona (ditizona)	Cd^{2+}, Co^{2+}, Cu^{2+}, Pb^{2+} e muitos outros	Água → $CHCl_3$ ou CCl_4
Acetilacetona	Fe^{3+}, Cu^{2+}, Zn^{2+}, U(VI) e muitos outros	Água → $CHCl_3$, CCl_4, ou C_6H_6
Ditiocarbamato de pirrolidina e amônio	Metais de transição	Água → Metilisobutilcetona
Tenoiltrifluoracetona	Ca^{2+}, Sr^{2+}, La^{3+}, Pr^{3+} e outras terras raras	Água → Benzeno
Dibenzo-18-coroa-6	Metais alcalinos e alguns alcalinos terrosos	Água → Benzeno

das extrações, entretanto, a solubilidade do quelato metálico na fase orgânica impede que o complexo precipite na fase aquosa. Em muitos casos, o pH da fase aquosa é usado para exercer algum controle sobre o processo de extração, uma vez que a maioria das reações é dependente do pH, como mostrado na Equação 15-21.

$$n\text{HX}(org) + \text{M}^{n+}(aq) \rightleftharpoons \text{MX}_n(org) + n\text{H}^+(aq) \tag{15-21}$$

Outra aplicação importante dos agentes complexantes orgânicos está na formação de complexos estáveis com um metal, os quais previnem sua interferência em uma determinação. Esses agentes são chamados **agentes mascarantes** e são discutidos na Seção 15D-8. Agentes complexantes orgânicos são também largamente utilizados em determinações espectrofotométricas de íons metálicos (veja o Capítulo 24). Nessas determinações, o complexo metal-ligante é colorido ou absorve radiação ultravioleta. Os agentes complexantes orgânicos também são comumente usados nas determinações eletroquímicas e na espectrometria de fluorescência molecular.

15D Titulações com Ácidos Aminocarboxílicos

As aminas terciárias que também contêm grupos ácidos carboxílicos formam quelatos notavelmente estáveis com muitos íons metálicos.[1] Gerold Schwarzenbach, um químico suíço, foi o primeiro a identificar o potencial delas como reagentes analíticos em 1945. Desde esse trabalho pioneiro, os pesquisadores por todo o mundo descreveram aplicações desses compostos em determinações volumétricas para a maioria dos metais da tabela periódica.

15D-1 O Ácido Etilenodiaminotetracético (EDTA)

O ácido etilenodiaminotetracético – também chamado ácido (etileno-dinitrilo) tetracético –, comumente abreviado como EDTA (do inglês *Ethilene Diamine Tetraacetic Acid*), é o titulante complexométrico mais largamente utilizado. O EDTA apresenta a seguinte fórmula estrutural:

$$\begin{array}{c}\text{HOOC}-\text{H}_2\text{C}\\ \text{HOOC}-\text{H}_2\text{C}\end{array}\!\!\!\!\!\text{N}-\text{CH}_2-\text{CH}_2-\text{N}\!\!\!\!\!\begin{array}{c}\text{CH}_2-\text{COOH}\\ \text{CH}_2-\text{COOH}\end{array}$$

Fórmula estrutural do EDTA

A molécula de EDTA tem seis sítios potenciais para a ligação de íons metálicos: quatro grupos carboxílicos e dois grupos amino, cada um dos últimos com um par de elétrons desemparelhados. Assim, o EDTA é um ligante hexadentado.

>> O EDTA, um ligante hexadentado, está entre os reagentes mais importantes e mais largamente utilizados em titulometria.

Propriedades Ácidas do EDTA

As constantes de dissociação para os grupos ácidos do EDTA são $K_1 = 1{,}02 \times 10^{-2}$, $K_2 = 2{,}14 \times 10^{-3}$, $K_3 = 6{,}92 \times 10^{-7}$ e $K_4 = 5{,}50 \times 10^{-11}$. Observe que as primeiras duas constantes são da mesma ordem de grandeza. Essa similaridade sugere que os dois prótons envolvidos se dissociam a partir de extremidades opostas da molécula, que é bastante longa. Uma vez que os prótons estão separados por vários átomos, a carga negativa resultante da primeira dissociação não influencia enormemente a remoção do segundo próton. Entretanto, observe que as constantes de dissociação dos outros dois prótons são muito menores e diferentes entre si. Estes prótons estão mais próximos aos íons carboxilatos carregados negativamente resultantes da dissociação dos dois primeiros prótons e são mais difíceis de ser removidos do íon por causa da atração eletrostática.

As várias espécies de EDTA são frequentemente abreviadas por H_4Y, H_3Y^-, H_2Y^{2-}, HY^{3-} e Y^{4-}. O Destaque 15-3 descreve a espécies EDTA e mostra as fórmulas estruturais delas. A **Figura 15-5** ilustra como as quantidades relativas destas cinco espécies variam em função do pH. Observe que a espécie H_2Y^{2-} predomina de pH 3 até 6.

---

[1] Veja, por exemplo, R. Pribil, *Applied Complexometry*. Nova York: Pergamon, 1982; A. Ringbom e E. Wanninen, em *Treatise on Analytical Chemistry*, 2. ed., I. M. Kolthoff e P. J. Elving, eds., Nova York: Wiley, 1979, pt. I, v. 2, cap. 11.

FIGURA 15-5

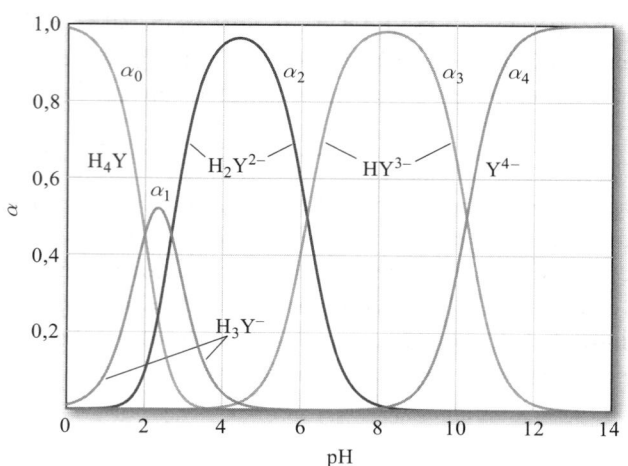

Composição das soluções de EDTA em função do pH, gráfico alfa. Note que a forma totalmente protonada H_4Y predomina somente em soluções muito ácidas (pH < 3). Ao longo da faixa de pH, de 3 a 10, as espécies H_2Y^{2-} e HY^{3-} são predominantes. A forma Y^{4-} completamente desprotonada é um componente significativo somente em soluções muito básicas (pH > 10).

>> Soluções padrão de EDTA podem ser preparadas pela dissolução de quantidades pesadas de $Na_2H_2Y \cdot 2H_2O$ e diluídas em balão volumétrico até a marca.

>> O ácido nitrilotriacético (NTA) é o segundo **ácido aminocarboxílico** mais comum utilizado em titulações. Ele é um agente quelante tetradentado e tem a estrutura:

```
                H2
COOH—CH2       C—COOH
         \   /
          N
         /   \
            CH2—COOH
```

Fórmula estrutural do NTA.

Reagentes para Titulações com EDTA

O ácido livre H_4Y e a forma di-hidratada do sal de sódio, $Na_2H_2Y \cdot 2H_2O$, estão disponíveis comercialmente na qualidade de reagente. O ácido livre pode servir como padrão após secagem por duas horas entre 130°C a 145°C. No entanto, o ácido livre não é muito solúvel em água e deve ser dissolvido em uma quantidade mínima de base, que é necessária para sua completa dissolução.

Mais comumente, o sal di-hidratado, $Na_2H_2Y \cdot 2H_2O$, é usado para preparar soluções padrão. Sob condições atmosféricas normais, o di-hidratado possui 0,3% de umidade em excesso da água estequiométrica de hidratação. Esse excesso é suficientemente reprodutível para permitir o uso de uma massa corrigida do sal na preparação direta de uma solução padrão. Se necessário, o sal puro di-hidratado pode ser preparado pela secagem a 80°C por vários dias em uma atmosfera com umidade relativa de 50%. Alternativamente, uma concentração aproximada pode ser preparada e então padronizada contra um padrão primário de $CaCO_3$.

Vários compostos que estão quimicamente relacionados com o EDTA também têm sido investigados. Uma vez que estes não parecem oferecer vantagens significativas, limitaremos nossa discussão aqui para as propriedades e as aplicações do EDTA.

DESTAQUE 15-3

Espécies Presentes em Uma Solução de EDTA

Quando dissolvido em água, o EDTA se comporta como um aminoácido, como a glicina (ver Destaques 12-5 e 13-2). Com o EDTA, entretanto, forma-se um *zwitterion* duplo, que tem sua estrutura mostrada na **Figura 15D-1a**. Observe que a carga líquida nesta espécie é zero e que ela contém quatro prótons ácidos: dois associados com os dois grupos carboxílicos e os outros dois com os dois grupos amina. Para simplificar, geralmente abreviamos o *zwitterion* duplo como H_4Y, onde Y^{4-} é a forma completamente desprotonada da **Figura 15D-1e**. A primeira e a segunda etapas no processo de dissociação envolvem sucessivas perdas de prótons dos dois grupos ácidos carboxílicos; a terceira e a quarta etapas envolvem a dissociação dos grupos amínicos protonados. As fórmulas estruturais do H_3Y^-, H_2Y^{2-} e HY^{3-} são mostradas na **Figura 15D-1b, c e d**.

(continua)

Modelo molecular do *zwitterion* H$_4$Y.

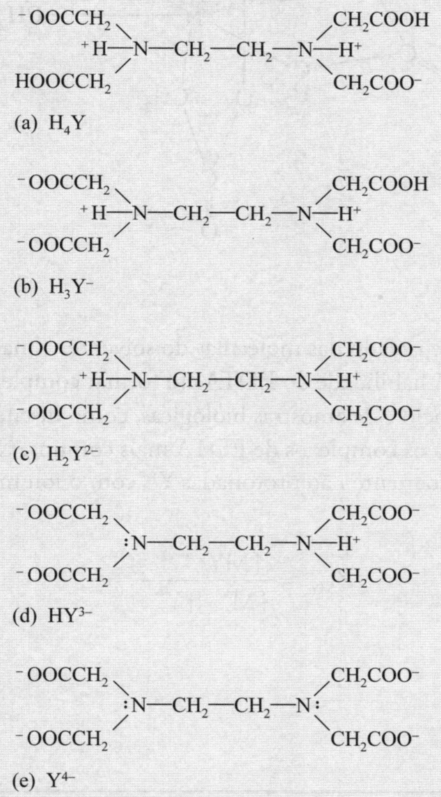

$^-$OOCCH$_2$ \ CH$_2$COOH
\ \ \ \ \ \ \ \ \ \ $^+$H—N—CH$_2$—CH$_2$—N—H$^+$
HOOCCH$_2$ \ CH$_2$COO$^-$

(a) H$_4$Y

$^-$OOCCH$_2$ \ CH$_2$COOH
\ \ \ \ \ \ \ \ \ \ $^+$H—N—CH$_2$—CH$_2$—N—H$^+$
$^-$OOCCH$_2$ \ CH$_2$COO$^-$

(b) H$_3$Y$^-$

$^-$OOCCH$_2$ \ CH$_2$COO$^-$
\ \ \ \ \ \ \ \ \ \ $^+$H—N—CH$_2$—CH$_2$—N—H$^+$
$^-$OOCCH$_2$ \ CH$_2$COO$^-$

(c) H$_2$Y^{2-}

$^-$OOCCH$_2$ \ CH$_2$COO$^-$
\ \ \ \ \ \ \ \ \ \ :N—CH$_2$—CH$_2$—N—H$^+$
$^-$OOCCH$_2$ \ CH$_2$COO$^-$

(d) HY^{3-}

$^-$OOCCH$_2$ \ CH$_2$COO$^-$
\ \ \ \ \ \ \ \ \ \ :N—CH$_2$—CH$_2$—N:
$^-$OOCCH$_2$ \ CH$_2$COO$^-$

(e) Y^{4-}

FIGURA 15D-1 Estrutura do H$_4$Y e seus produtos de dissociação. Observe que as espécies H$_4$Y totalmente protonadas existem como um zwitterion duplo com os nitrogênios das aminas e dois grupos ácidos carboxílicos protonados. Os primeiros dois prótons dissociam-se dos grupos carboxílicos, enquanto os dois últimos provêm dos grupos amínicos.

15D-2 Complexos do EDTA com Íons Metálicos

As soluções de EDTA são particularmente úteis como titulantes porque o EDTA *combina com íons metálicos na proporção de 1:1, não importando a carga do cátion*. Por exemplo, os complexos de prata e alumínio são formados pelas reações:

$$Ag^+ + Y^{4-} \rightleftharpoons AgY^{3-}$$

$$Al^{3+} + Y^{4-} \rightleftharpoons AlY^-$$

O EDTA é um reagente notável, não somente porque forma quelatos com todos os cátions, mas também porque a maioria desses quelatos é suficientemente estável para ser empregada em titulações. Essa alta estabilidade resulta, indubitavelmente, dos vários sítios complexantes da molécula que dão origem a uma estrutura semelhante

❯❯ Em geral, podemos escrever a reação do ânion EDTA com um íon metálico M^{n+} como
M^{n+} + Y^{4-} $\rightleftharpoons$ MY$^{(n-4)+}$.

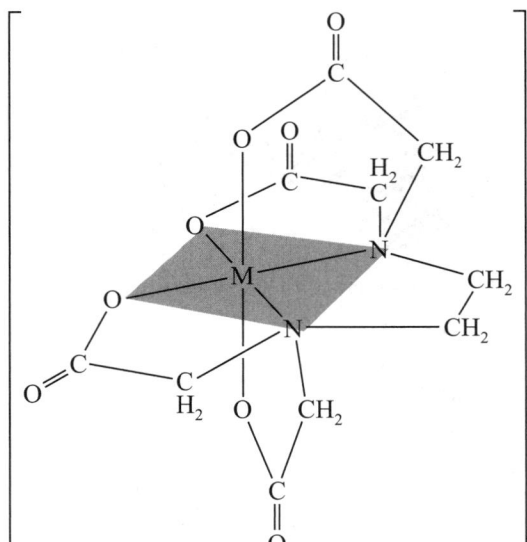

FIGURA 15-6
Estrutura de um complexo metal/EDTA. Note que o EDTA se comporta como um ligante hexadentado, onde seis átomos doadores estão envolvidos nas ligações com o cátion metálico bivalente.

a uma gaiola, pela qual o cátion é efetivamente envolvido e isolado das moléculas do solvente. Uma das estruturas comuns para complexos metal/EDTA é mostrada na **Figura 15-6**. A habilidade do EDTA em formar complexos metálicos é responsável por seu uso difundido como um conservante alimentício e de amostras biológicas, como discutido no Destaque 15-4.

A **Tabela 15-4** lista as constantes de formação K_{MY} para os complexos de EDTA mais comuns. Observe que as constantes se referem ao equilíbrio que envolve as espécies completamente não protonadas Y^{4-} com o íon metálico:

$$M^{n+} + Y^{4-} \rightleftharpoons MY^{(n-4)+} \qquad K_{MY} = \frac{[MY^{(n-4)+}]}{[M^{n+}][Y^{4-}]} \tag{15-22}$$

TABELA 15-4
Constantes de Formação dos Complexos de EDTA

Cátion	K_{MY}*	log K_{MY}	Cátion	K_{MY}	log K_{MY}
Ag^+	$2,1 \times 10^7$	7,32	Cu^{2+}	$6,3 \times 10^{18}$	18,80
Mg^{2+}	$4,9 \times 10^8$	8,69	Zn^{2+}	$3,2 \times 10^{16}$	16,50
Ca^{2+}	$5,0 \times 10^{10}$	10,70	Cd^{2+}	$2,9 \times 10^{16}$	16,46
Sr^{2+}	$4,3 \times 10^8$	8,63	Hg^{2+}	$6,3 \times 10^{21}$	21,80
Ba^{2+}	$5,8 \times 10^7$	7,76	Pb^{2+}	$1,1 \times 10^{18}$	18,04
Mn^{2+}	$6,2 \times 10^{13}$	13,79	Al^{3+}	$1,3 \times 10^{16}$	16,13
Fe^{2+}	$2,1 \times 10^{14}$	14,33	Fe^{3+}	$1,3 \times 10^{25}$	25,1
Co^{2+}	$2,0 \times 10^{16}$	16,31	V^{3+}	$7,9 \times 10^{25}$	25,9
Ni^{2+}	$4,2 \times 10^{18}$	18,62	Th^{4+}	$1,6 \times 10^{23}$	23,2

*As constantes são válidas a 20°C e em força iônica de 0,1.
Fonte: Dados de G. Schwarzenbach, *Titulações Complexométricas*, Londres: Chapman and Hall, 1957, p. 8.

15D-3 Cálculos de Equilíbrio Envolvendo o EDTA

Uma curva de titulação para a reação de um cátion M^{n+} com o EDTA consiste em um gráfico de pM (pM = $-\log[M^{n+}]$) *versus* o volume de reagente. No estágio inicial de uma titulação, os valores para pM são computados supondo-se que a concentração de equilíbrio de M^{n+} seja igual à sua concentração analítica, que é encontrada a partir dos dados estequiométricos.

Reações e Titulações de Complexação e Precipitação 385

> **DESTAQUE 15-4**
>
> **O EDTA como Conservante**
>
> As quantidades em traço de íons metálicos podem catalisar efetivamente a oxidação pelo ar de muitos componentes presentes em alimentos e amostras biológicas (por exemplo, as proteínas no sangue). Para prevenir essas reações de oxidação, é importante desativar ou mesmo remover as quantidades em traço desses íons metálicos. Alimentos processados podem facilmente pegar quantidades de traços de íons metálicos enquanto estão em contato com vários recipientes metálicos (tachos e tonéis) durante os estágios de processamento. O EDTA é um excelente conservante de alimentos e um ingrediente comum de produtos alimentícios comerciais como maionese, molho de saladas e óleos. Quando é adicionado aos alimentos, o EDTA se liga tão firmemente à maioria dos íons metálicos que estes são incapazes de catalisar a reação de oxidação pelo ar. O EDTA e outros agentes quelantes semelhantes são frequentemente chamados **agentes sequestrantes** em virtude de sua habilidade em remover ou desativar íons metálicos. Além do EDTA, alguns outros agentes sequestrantes comuns são os sais de ácido cítrico e fosfórico. Esses agentes podem proteger as cadeias insaturadas dos triglicerídeos e outros componentes contra a oxidação pelo ar. Essas reações de oxidação são responsáveis por tornar óleos e gorduras rançosos. Os agentes sequestrantes também são adicionados para prevenir a oxidação de compostos facilmente oxidáveis, como o ácido ascórbico.
>
> É importante adicionar EDTA para preservar as amostras biológicas que serão estocadas por longos períodos. Como nos alimentos, o EDTA forma complexos muito estáveis com íons metálicos e previne-os de catalisar as reações de oxidação pelo ar que podem levar à decomposição de proteínas e outros compostos. Durante o julgamento por assassinato da celebridade e ex-jogador de futebol americano O. J. Simpson, o uso de EDTA como um preservante tornou-se um ponto de evidência importante. A equipe de promotores argumentou que, se a evidência de sangue tivesse sido plantada na cerca de trás da casa de sua ex-mulher, o EDTA deveria estar presente, mas se o sangue fosse do assassino, nenhum preservante deveria ser visto. As evidências analíticas obtidas pelo uso de um sistema instrumental sofisticado (cromatografia de líquidos combinada com a espectrometria de massas tandem) acusou a presença de traços de EDTA, mas a quantidade era muito pequena e sujeita a diferentes interpretações.[2]
>
> ---
> [2] D. Margolick, FBI Disputes Simpson Defense on Tainted Blood, *New York Times*, 26 jul., 1995, p. A12.

O cálculo de $[M^{n+}]$, além do ponto de equivalência, requer o uso da Equação 15-22. Nesta região da curva de titulação, é difícil e consome tempo aplicar a Equação 15-22, se o pH for desconhecido e variável, porque ambos, $[MY^{(n-4)+}]$ e $[M^{n+}]$, são dependentes do pH. Felizmente, as titulações com EDTA são sempre realizadas em soluções tamponadas a um pH conhecido para evitar interferências por outros cátions ou assegurar um comportamento satisfatório do indicador. O cálculo de $[M^{n+}]$ em uma solução tamponada contendo EDTA é um procedimento relativamente fácil, contanto que o pH seja conhecido. Nesses cálculos, usamos o valor alfa para H_4Y, α_4 (veja Seção 13H).

$$\alpha_4 = \frac{[Y^{4-}]}{c_T} \tag{15-23}$$

onde c_T é a concentração molar total de EDTA *não complexado*.

$$c_T = [Y^{4-}] + [HY^{3-}] + [H_2Y^{2-}] + [H_3Y^{3-}] + [H_4Y]$$

Observe que, em um determinado pH, α_4, a fração total de EDTA na forma não protonada é constante.

Constantes de Formação Condicional

Para obter a constante de formação condicional para o equilíbrio mostrado na Equação 15-22, substituímos $\alpha_4 c_T$ da Equação 15-23 para $[Y^{4-}]$ na expressão da constante de formação (lado direito da Equação 15-22):

$$M^{n+} + Y^{4-} \rightleftharpoons MY^{(n-4)+} \qquad K_{MY} = \frac{[MY^{(n-4)+}]}{[M^{n+}]\alpha_4 c_T} \tag{15-24}$$

Combinando-se as duas constantes α_4 e K_{MY}, temos a constante de formação condicional K'_{MY}

$$K'_{MY} = \alpha_4 K_{MY} = \frac{[MY^{(n-4)+}]}{[M^{n+}]c_T} \tag{15-25}$$

>> As constantes de formação condicionais são dependentes do pH.

onde K'_{MY} é a constante *somente para o pH no qual α_4 é aplicável*.

As constantes condicionais são facilmente computadas, uma vez que o pH é conhecido. Elas podem ser usadas para calcular a concentração de equilíbrio do íon metálico e do complexo no ponto de equivalência e onde houver excesso de reagente. Note que a substituição de $[Y^{4-}]$ por c_T na expressão da constante de equilíbrio simplifica muito os cálculos, porque c_T é facilmente determinado da estequiometria da reação, enquanto $[Y^{4-}]$ não é.

>> Os valores alfa para as outras espécies de EDTA são calculados de maneira similar e são

$\alpha_0 = [H^+]^4/D$
$\alpha_1 = K_1[H^+]^3/D$
$\alpha_2 = K_1K_2[H^+]^2/D$
$\alpha_3 = K_1K_2K_3[H^+]/D$

Apenas α_4 é necessário no cálculo de curvas de titulação.

Cálculo de Valores de α_4 para Soluções de EDTA

Uma expressão para calcular α_4 em uma determinada concentração de íon hidrogênio é obtida pelo método dado na Seção 13-H (veja o Destaque 13-3). Assim, α_4 para o EDTA é dado por

$$\alpha_4 = \frac{K_1K_2K_3K_4}{[H^+]^4 + K_1[H^+]^3 + K_1K_2[H^+]^2 + K_1K_2K_3[H^+] + K_1K_2K_3K_4} \tag{15-26}$$

$$\alpha_4 = \frac{K_1K_2K_3K_4}{D} \tag{15-27}$$

onde K_1, K_2, K_3 e K_4 são as quatro constantes de dissociação para o H_4Y e D é o denominador da Equação 15-26.

A **Figura 15-7** mostra uma planilha para calcular α_4 para o EDTA a valores de pH selecionados de acordo com as Equações 15-26 e 15-27. Observe a larga variação de α_4 com o pH. Esta variação permite que a efetiva habilidade de

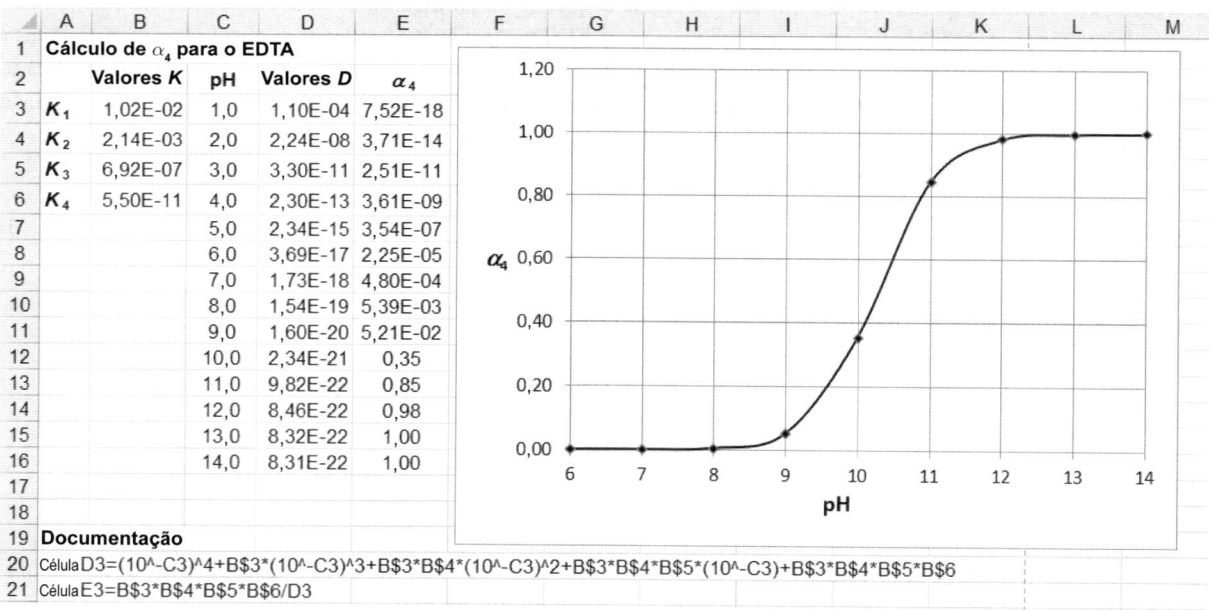

FIGURA 15-7 Planilha para calcular valores de α_4 para o EDTA a valores selecionados de pH. Note que as constantes de dissociação do EDTA são inseridas na coluna B (identificadores na coluna A). Depois, os valores de pH para os quais os cálculos são feitos são registrados na coluna C. A fórmula para calcular o denominador D nas Equações 15-26 e 15-27 é colocada na célula D3 e copiada de D4 até D16. A coluna E final contém a equação para o cálculo dos valores α_4 como fornecido pela Equação 15-27. O gráfico mostra uma curva de α_4 versus pH na faixa de pH de 6 a 14.

complexação do EDTA seja dramaticamente mudada pela variação de pH. O Exemplo 15-2 ilustra como a concentração de Y^{4-} é calculada para uma solução de pH conhecido.

EXEMPLO 15-2

Calcule a concentração molar de Y^{4-} em uma solução 0,0200 mol L^{-1} de EDTA tamponada em pH 10,00.

Resolução

Em pH 10,00 α_4 é 0,35 (veja a Figura 15-4). Assim,

$$[Y^{4-}] = \alpha_4 c_T = 0,35 \times 0,0200 \text{ mol L}^{-1} = 7,00 \times 10^{-3} \text{ mol L}^{-1}$$

Calculando a Concentração de Cátion nas Soluções de EDTA

Em uma titulação com EDTA, estamos interessados em encontrar a concentração do cátion em função da quantidade de titulante (EDTA) adicionado. Antes do ponto de equivalência, o cátion está em excesso. Nas regiões e máximas após o ponto de equivalência, porém, as constantes de formação condicional do complexo devem ser utilizadas para calcular a concentração do cátion. O Exemplo 15-3 demonstra como a concentração do cátion pode ser encontrada em um complexo de EDTA. O Exemplo 15-4 ilustra esse cálculo quando um excesso de EDTA está presente.

EXEMPLO 15-3

Calcule a concentração de equilíbrio de Ni^{2+} em solução com uma concentração analítica de NiY^{2-} igual a 0,0150 mol L^{-1} em pH (a) 3,0 e (b) 8,0.

Resolução

Da Tabela 15-4,

$$Ni^{2+} + Y^{4-} \rightleftharpoons NiY^{2-} \qquad K_{NiY} = \frac{[NiY^{2-}]}{[Ni^{2+}][Y^{4-}]} = 4,2 \times 10^{18}$$

A concentração de equilíbrio de NiY^{2-} é igual à concentração analítica do complexo menos a concentração perdida na dissociação. A concentração perdida pela dissociação é igual à concentração de equilíbrio do Ni^{2+}. Assim,

$$[NiY^{2-}] = 0,0150 - [Ni^{2+}]$$

Se presumirmos que $[Ni^{2+}] \ll 0,0150$ mol L^{-1}, uma suposição provavelmente válida à luz da alta constante de formação do complexo, podemos simplificar essa equação para

$$[NiY^{2-}] \cong 0,0150 \text{ mol L}^{-1}$$

Uma vez que o complexo é a única fonte de ambos, Ni^{2+} e das espécies que contêm EDTA,

$$[Ni^{2+}] = [Y^{4-}] + [HY^{3-}] + [H_2Y^{2-}] + [H_3Y^-] + [H_4Y] = c_T$$

Substituindo-se essa igualdade na Equação 15-25, temos

$$K'_{NiY} = \frac{[NiY^{2-}]}{[Ni^{2+}]c_T} = \frac{[NiY^{2-}]}{[Ni^{2+}]^2} = \alpha_4 K_{NiY}$$

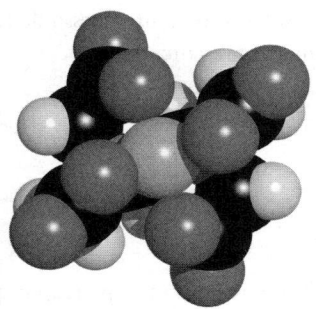

Modelo molecular de NiY^{2-}. Este complexo é típico de complexos fortes que o EDTA forma com íons metálicos. A constante Ni^{2+} de formação do complexo de $4,2 \times 10^{18}$.

(continua)

(a) A planilha eletrônica na Figura 15-7 indica que α_4 é $2{,}51 \times 10^{-11}$ em pH 3,0. Se substituirmos esse valor e a concentração de NiY^{2-} na equação para K'_{MY}, teremos

$$\frac{0{,}0150}{[Ni^{2+}]^2} = 2{,}51 \times 10^{-11} \times 4{,}2 \times 10^{18} = 1{,}05 \times 10^{8}$$

$$[Ni^{2+}] = \sqrt{1{,}43 \times 10^{-10}} = 1{,}2 \times 10^{-5} \text{ mol L}^{-1}$$

(b) em pH 8,0, α_4, e assim a constante condicional é muito maior. Consequentemente,

$$K'_{NiY} = 5{,}39 \times 10^{-3} \times 4{,}2 \times 10^{18} = 2{,}27 \times 10^{16}$$

e, após a substituição na equação para K'_{NiY}, observe que

$$[Ni^{2+}] = \sqrt{\frac{0{,}0150}{2{,}27 \times 10^{16}}} = 8{,}1 \times 10^{-10} \text{ mol L}^{-1}$$

❯❯ Note que, em pH 3,0 e 8,0 nossa suposição que $[Ni^{2+}] \ll 0{,}0150$ mol L^{-1} é válida.

EXEMPLO 15-4

Calcule a concentração de Ni^{2+} em uma solução que foi preparada pela mistura de 50,0 mL de Ni^{2+} 0,0300 mol L^{-1} com 50,00 mL de EDTA 0,0500 mol L^{-1}. A mistura foi tamponada a pH 3,0.

Resolução

A solução tem um excesso de EDTA, e a concentração analítica do complexo é determinada pela quantidade de Ni^{2+} originalmente presente. Assim,

$$c_{NiY^{2-}} = 50{,}00 \text{ mL} \times \frac{0{,}0300 \text{ mol L}^{-1}}{100 \text{ mL}} = 0{,}0150 \text{ mol L}^{-1}$$

$$c_{EDTA} = \frac{(50{,}00 \times 0{,}0500) \text{mmol} - (50{,}0 \times 0{,}0300) \text{mmol}}{100 \text{ mL}} = 0{,}0100 \text{ mol L}^{-1}$$

Novamente, vamos pressupor que $[Ni^{2+}] \ll [NiY^{2-}]$, de forma que

$$[NiY^{2-}] = 0{,}0150 - [Ni^{2+}] \approx 0{,}0150 \text{ mol L}^{-1}$$

Nesse ponto, a concentração total de EDTA não complexado é determinada pela sua concentração, c_{EDTA}:

$$c_T = c_{EDTA} = 0{,}0100 \text{ mol L}^{-1}$$

Se substituirmos este valor na Equação 15-25, teremos

$$K'_{NiY} = \frac{0{,}0150}{[Ni^{2+}] \times 0{,}0100} = \alpha_4 K_{NiY}$$

Usando o valor de α_4 no pH 3,0 da Figura 15-7, obtemos

$$[Ni^{2+}] = \frac{0{,}0150}{0{,}0100 \times 2{,}51 \times 10^{-11} \times 4{,}2 \times 10^{18}} = 1{,}4 \times 10^{-8} \text{ mol L}^{-1}$$

Note novamente que a nossa suposição de que $[Ni^{2+}] \ll [NiY^{2-}]$ é válida.

15D-4 Curvas de Titulação com EDTA

Os princípios ilustrados nos Exemplos 15-3 e 15-4 podem ser utilizados para gerar a curva de titulação de um íon metálico com EDTA em uma solução com pH fixo. O Exemplo 15-5 demonstra como uma planilha de cálculo pode ser usada para construir a curva de titulação.

EXEMPLO 15-5

Use uma planilha eletrônica para construir a curva de titulação de pCa *versus* volume de EDTA para 50,0 mL L^{-1} de Ca^{2+} 0,00500 mol L^{-1} titulado com EDTA 0,0100 mol L^{-1} em uma solução tamponada de pH igual a 10,0.

Resolução

Inicialização

A planilha é mostrada na **Figura 15-8**. Entramos com o volume inicial de Ca^{2+} na célula B3 e com a concentração inicial de Ca^{2+} na E2. A concentração de EDTA é inserida na célula E3. Os volumes para os quais devem ser calculados os pCa são lançados nas células A5 a A19. Também precisamos da constante de formação condicional para o complexo CaY. Esta constante é obtida a partir da constante de formação do complexo (Tabela 15-4) e do valor de α_4 para o EDTA em pH 10 (veja a Figura 15-7). Se substituirmos na Equação 15-25, obteremos

$$K'_{CaY} = \frac{[CaY^{2-}]}{[Ca^{2+}]c_T} = \alpha_4 K_{CaY}$$

$$= 0,35 \times 5,0 \times 10^{10} = 1,75 \times 10^{10}$$

Esse valor é inserido na célula B2. Uma vez que a constante condicional deve ser usada em cálculos adicionais, não a arredondamos para manter apenas algarismos significativos neste ponto.

(continua)

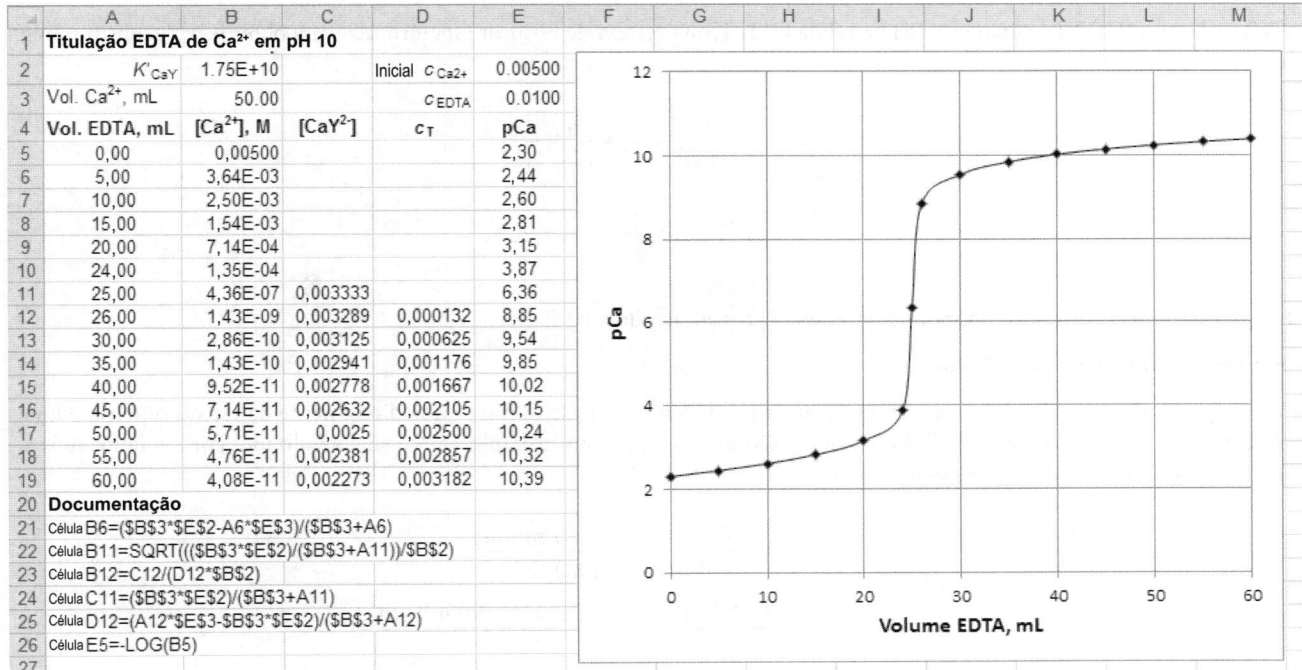

	A	B	C	D	E
1	Titulação EDTA de Ca^{2+} em pH 10				
2	K'_{CaY}	1,75E+10		Inicial c_{Ca2+}	0,00500
3	Vol. Ca^{2+}, mL	50,00		c_{EDTA}	0,0100
4	Vol. EDTA, mL	[Ca^{2+}], M	[CaY^{2-}]	c_T	pCa
5	0,00	0,00500			2,30
6	5,00	3,64E-03			2,44
7	10,00	2,50E-03			2,60
8	15,00	1,54E-03			2,81
9	20,00	7,14E-04			3,15
10	24,00	1,35E-04			3,87
11	25,00	4,36E-07	0,003333		6,36
12	26,00	1,43E-09	0,003289	0,000132	8,85
13	30,00	2,86E-10	0,003125	0,000625	9,54
14	35,00	1,43E-10	0,002941	0,001176	9,85
15	40,00	9,52E-11	0,002778	0,001667	10,02
16	45,00	7,14E-11	0,002632	0,002105	10,15
17	50,00	5,71E-11	0,0025	0,002500	10,24
18	55,00	4,76E-11	0,002381	0,002857	10,32
19	60,00	4,08E-11	0,002273	0,003182	10,39
20	**Documentação**				
21	Célula B6=($B$3*$E$2-A6*$E$3)/($B$3+A6)				
22	Célula B11=SQRT((($B$3*$E$2)/($B$3+A11))/$B$2)				
23	Célula B12=C12/(D12*$B$2)				
24	Célula C11=($B$3*$E$2)/($B$3+A11)				
25	Célula D12=(A12*$E$3-$B$3*$E$2)/($B$3+A12)				
26	Célula E5=-LOG(B5)				
27					

FIGURA 15-8 Planilha eletrônica para a titulação de 50,00 mL de Ca^{2+} 0,00500 mol L^{-1} com EDTA 0,0100 mol L^{-1} em uma solução tamponada a pH 10,0.

Valores de pCa Antes do Ponto de Equivalência

A concentração [Ca^{2+}] inicial a 0,00 mL de titulante é justamente o valor na célula E2. Consequentemente, **=E2** é inserido na célula B5. O pCa inicial é calculado a partir da [Ca^{2+}] inicial tomando-se o seu logaritmo negativo, como mostra a documentação para a célula E5. Essa fórmula é copiada nas células E6 a E19. Para as outras inserções antes do ponto de equivalência, a concentração de equilíbrio de Ca^{2+} é igual ao excesso não titulado do cátion mais qualquer quantidade vinda da dissociação do complexo. A última concentração é igual a c_T. Geralmente, c_T é pequeno em relação à concentração analítica do íon cálcio não complexado. Assim, por exemplo, após a adição de 5,00 mL,

$$[Ca^{2+}] = \frac{50,00 \text{ mL} \times 0,00500 - 5,00 \text{ mL} \times 0,0100 \text{ mol L}^{-1}}{(50,00 + 5,00 \text{ mL})} + c_T$$

$$\approx \frac{50,00 \text{ mL} \times 0,00500 \text{ mol L}^{-1} - 5,00 \text{ mL} \times 0,0100 \text{ mol L}^{-1}}{55,00 \text{ mL}}$$

Então inserimos na célula B6 a fórmula mostrada na seção de documentação da planilha eletrônica. O leitor deve verificar que a fórmula da planilha é equivalente à expressão para [Ca^{2+}] fornecida antes. O volume de titulante (A6) é o único valor que se altera nessa região de pré-equivalência. Os outros valores do ponto de pré-equivalência de pCa são calculados copiando-se a fórmula da célula B6 nas células B7 a B10.

O pCa no Ponto de Equivalência

No ponto de equivalência (25,00 mL de EDTA), seguimos o método mostrado no Exemplo 15-3 e primeiro calculamos a concentração analítica de CaY^{2-}:

$$c_{CaY^{2-}} = \frac{(50,00 \times 0,00500) \text{ mmol}}{(50,00 + 25,0) \text{ mL}}$$

A única fonte de íons Ca^{2+} é a dissociação do complexo. Logo, a concentração de Ca^{2+} deve ser igual à soma da concentração do EDTA não complexado, c_T. Consequentemente,

$$[Ca^{2+}] = c_T \text{ e } [CaY^{2-}] = c_{CaY^{2-}} - [Ca^{2+}] \approx c_{CaY^{2-}}$$

A fórmula para [CaY^{2-}] é então inserida na célula C11. Tenha certeza de verificar esta fórmula. Para obter [Ca^{2+}], substituímos na expressão para K'_{CaY},

$$K'_{CaY} = \frac{[CaY^{2-}]}{[Ca^{2+}]c_T} \cong \frac{c_{CaY^{2-}}}{[Ca^{2+}]^2}$$

$$[Ca^{2+}] = \sqrt{\frac{c_{CaY^{2-}}}{K'_{CaY}}}$$

Então, inserimos a fórmula correspondente a essa expressão na célula B11.

pCa Após o Ponto de Equivalência

Após o ponto de equivalência, a concentração analítica do CaY^{2-} e do EDTA é obtida diretamente da estequiometria. Uma vez que existe agora um excesso de EDTA, um cálculo similar àquele no Exemplo 15-4 é então realizado. Por exemplo, após a adição de 26,0 mL de EDTA, podemos escrever

$$c_{CaY^{2-}} = \frac{(50,00 \times 0,00500) \text{ mmol}}{(50,00 \times 26,00) \text{ mL}}$$

$$c_{EDTA} = \frac{(26,00 \times 0,0100) \text{ mL} - (50,00 \times 0,00500) \text{ mL}}{76,00 \text{ mL}}$$

(continua)

Aproximando,

$$[CaY^{2-}] = c_{CaY^{2-}} - [Ca^{2+}] \approx c_{CaY^{2-}} \approx \frac{(50{,}00 \times 0{,}00500) \text{ mmol}}{(50{,}00 \times 26{,}00) \text{ mL}}$$

Observamos que esta expressão é a mesma que colocamos anteriormente na célula C11. Consequentemente, copiamos essa equação na célula C12. Notamos também que $[CaY^{2-}]$ será dada por essa mesma expressão (com o volume variado) ao longo do restante da titulação. Consequentemente, a fórmula na célula C12 é copiada nas células C13 a C19. Também aproximamos

$$c_T = c_{EDTA} + [Ca^{2+}] \approx c_{EDTA} = \frac{(26{,}00 \times 0{,}0100) \text{ mL} - (50{,}00 \times 0{,}00500) \text{ mL}}{76{,}00 \text{ mL}}$$

Inserimos essa fórmula na célula D12 e copiamos nas células D13 a D16.

Para calcular a $[Ca^{2+}]$, então substituímos esta aproximação por c_T na expressão da constante de formação condicional, e obtemos

$$K'_{CaY} = \frac{[CaY^{2-}]}{[Ca^{2+}] \times c_T} \cong \frac{c_{CaY^{2-}}}{[Ca^{2+}] \times c_{EDTA}}$$

$$[Ca^{2+}] = \frac{c_{CaY^{2-}}}{c_{EDTA} \times K'_{CaY}}$$

Consequentemente, a $[Ca^{2+}]$ na célula B12 é calculada a partir dos valores nas células C12 e D12. Copiamos essa fórmula nas células B13 a B19 e fazemos o gráfico da curva de titulação mostrada na Figura 15-8.

> **Exercícios no Excel** Os valores alfa para o EDTA são calculados e usados para construir um gráfico de um diagrama de distribuição no Capítulo 9 do *Applications of Microsoft® Excel® in Analytical Chemistry*, 4. ed. A titulação do ácido tetraprótico EDTA com base é também considerada.

A Curva *A* na **Figura 15-9** é um gráfico dos dados para a titulação do Exemplo 15-5. A Curva *B* é aquela de titulação para uma solução de íons magnésio sob condições idênticas. A constante de formação do complexo de magnésio com EDTA é menor que aquela para o complexo de cálcio e esta produz uma variação menor na função *p* na região do ponto de equivalência.

A **Figura 15-10** mostra as curvas de titulação para os íons cálcio em soluções tamponadas a vários valores de pH. Lembre-se de que α_4 e, consequentemente, K'_{CaY} se tornam menores à medida que o pH diminui. Como a constante de formação condicional torna-se menos favorável, existe menor variação do pCa na região do ponto de equivalência. A Figura 15-10 mostra que um ponto final adequado na titulação do cálcio exige que o pH seja maior que aproximadamente 8,0. Como mostra a **Figura 15-11**, entretanto, os cátions com constantes de formação maiores fornecem pontos finais mais nítidos até em meio ácido. Se supusermos que a constante condicional deve ser no mínimo 10^6 para obter um ponto final satisfatório com uma solução 0,01 mol L^{-1} de íon metálico, podemos calcular o pH mínimo necessário.[3] A **Figura 15-12** mostra este pH mínimo para um ponto final satisfatório na titulação de vários íons metálicos na ausência de agentes complexantes. Note que um ambiente moderadamente ácido é satisfatório para muitos cátions de metais pesados bivalentes e que um meio fortemente ácido pode ser tolerado na titulação de íons como o ferro(III) e o índio(III).

---

[3] C. N. Reilley e R. W. Schmid, *Anal. Chem.*, v. 30, p. 947, 1958, DOI: 10.1021/ac60137a022.

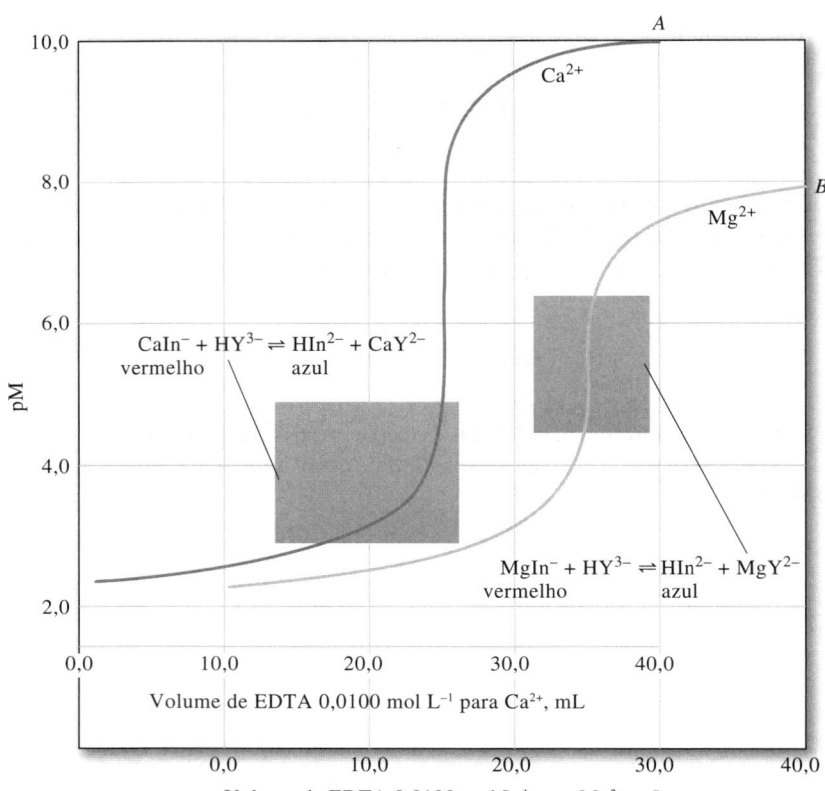

FIGURA 15-9

Curvas de titulação de 50,0 mL de Ca^{2+} 0,00500 mol L^{-1} ($K'_{CaY} = 1,75 \times 10^{10}$) e Mg^{2+} ($K'_{MgY} = 1,72 \times 10^8$) com EDTA em pH 10,0. Note que, em virtude da alta constante de formação, a reação do íon com EDTA é mais completa e uma grande variação ocorre na região do ponto de equivalência. As áreas sombreadas mostram as faixas de transição para o indicador Negro de Eriocromo T. Observe que as curvas do Ca^{2+} e do Mg^{2+} são colocadas no gráfico em eixos horizontais diferentes. Veja a prancha colorida 20.

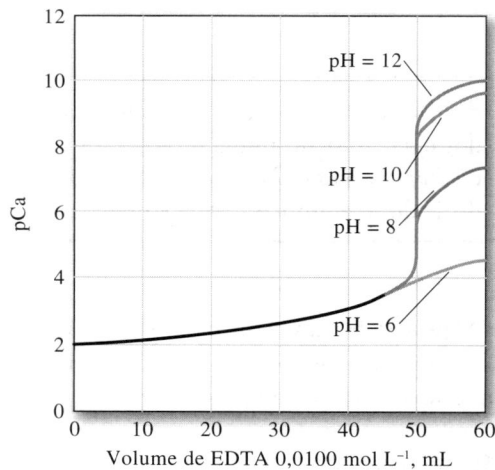

FIGURA 15-10

Influência do pH na titulação de Ca^{2+} 0,0100 mol L^{-1} com EDTA 0,0100 mol L^{-1}. Observe que o ponto final se torna menos nítido quando o pH diminui, porque a reação de formação do complexo é menos completa sob essas circunstâncias.

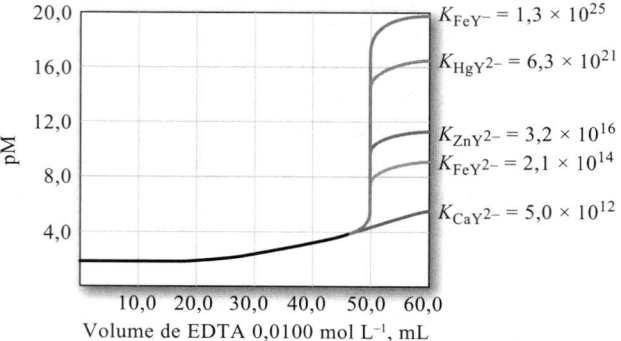

FIGURA 15-11

Curvas de titulação para 50,0 mL de soluções 0,0100 mol L^{-1} de diversos cátions em pH 6,0.

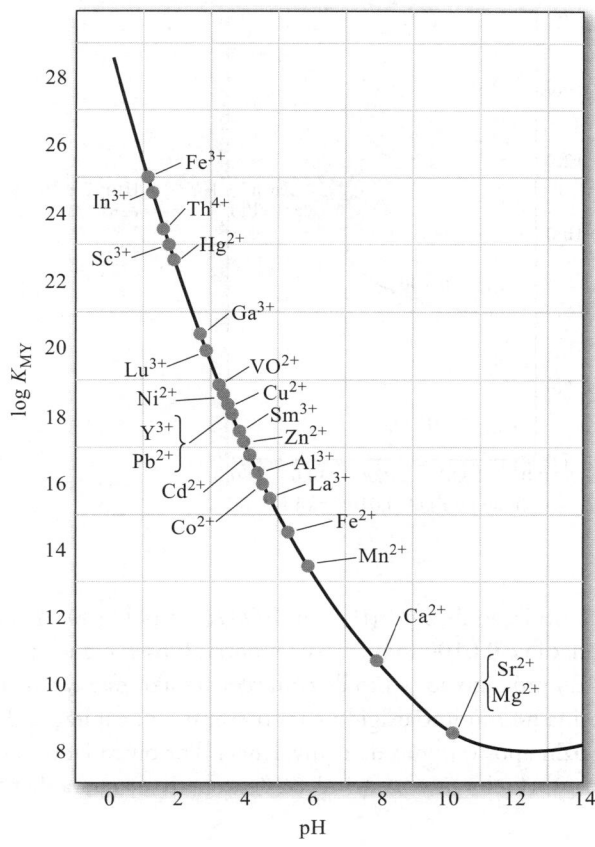

FIGURA 15-12

pH mínimo necessário para a titulação de vários cátions com EDTA. (Adaptado de C. N. Reilley e R. W. Schmid, *Anal. Chem.*, 1958, *30*, 947, DOI: 10.1021/ac60137a022.)

> **Exercícios no Excel** Construímos a curva de titulação para o Ca^{2+} com EDTA tanto pela abordagem estequiométrica quanto pela abordagem de equação-mestra no Capítulo 9 *Applications of Microsoft® Excel® in Analytical Chemistry*, 4. ed. O efeito do pH na forma e no ponto final da curva de titulação é examinado.

15D-5 O Efeito de Outros Agentes Complexantes nas Curvas de Titulação com EDTA

Muitos cátions formam precipitados de óxidos hidratados (hidróxidos, óxidos ou oxi-hidróxidos) quando o pH é aumentado a níveis requeridos para sua titulação satisfatória com EDTA. Quando encontramos este problema, é necessário um agente complexante auxiliar para manter o cátion em solução. Por exemplo, o zinco(II) é geralmente titulado em um meio que tem concentrações bastante altas de amônia e cloreto de amônio. Essas espécies tamponam a solução em um pH que assegura a completa reação entre o cátion e o titulante. Além disso, a amônia forma complexos amínicos com o zinco(II) que previnem a formação de hidróxido de zinco pouco solúvel, particularmente nos estágios iniciais da titulação. Uma descrição um pouco mais realista da reação é então

$$Zn(NH_3)_3^{2+} + HY^{3-} \rightarrow ZnY^{2-} + 3NH_3 + NH_4^+$$

A solução também possui outras espécies como $Zn(NH_3)_3^{2+}$, $Zn(NH_3)_2^{2+}$ e $Zn(NH_3)^{2+}$. Os cálculos de pZn em uma solução que contenha amônia devem levar essas espécies em consideração, como mostra a Figura 15-5. Qualitativamente, a complexação de um cátion por um agente complexante auxiliar leva a maiores valores de pM na região de pré-equivalência, em comparação com uma solução sem esse reagente.

>> Frequentemente, agentes complexantes auxiliares devem ser usados nas titulações com EDTA para prevenir precipitações do analito, como óxido hidratado. Esses reagentes levam os pontos finais a se tornar menos nítidos.

FIGURA 15-13

Influência da concentração da amônia no ponto final para as titulações de 50,00 mL de Zn^{2+} 0,0050 mol L^{-1}. As soluções foram tamponadas em pH 9,00. A região sombreada mostra a faixa de transição do Negro de Eriocromo T. Note que a amônia diminui a variação de pZn na região de ponto de equivalência. Veja a prancha colorida 21.

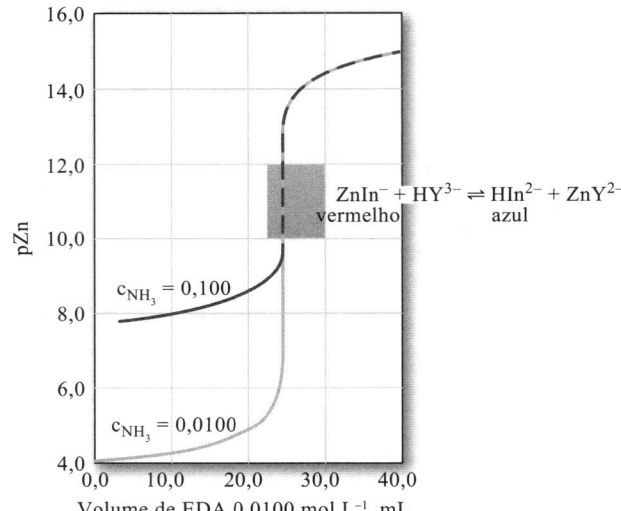

A **Figura 15-13** mostra duas curvas teóricas para a titulação de zinco(II) com EDTA em pH 9,00. A concentração de equilíbrio da amônia é de 0,100 mol L^{-1} para uma titulação e 0,0100 mol L^{-1} para a outra. Observe que, quando a concentração de amônia é mais alta, diminui a variação de pZn próximo ao ponto de equivalência. Por essa razão, a concentração do agente complexante auxiliar deve sempre ser mantida no mínimo exigido para prevenir a precipitação do analito. Observe que o agente complexante auxiliar não afeta o pZn após o ponto de equivalência. Por outro lado, tenha em mente que o α_4, e por conseguinte o pH, desempenham um papel relevante na definição dessa parte da curva de titulação (veja a Figura 15-10).

DESTAQUE 15-5

Curvas de Titulação com EDTA na Presença de Um Agente Complexante

Podemos descrever os efeitos de um reagente complexante auxiliar por um procedimento semelhante ao utilizado para determinar a influência do pH em curvas de titulações com EDTA. Nesse caso, definimos a grandeza α_M, que é análoga a α_4.

$$\alpha_M = \frac{[M^{n+}]}{c_M} \tag{15-28}$$

onde c_M é a soma das concentrações de todas as espécies contendo o íon metálico que *não* está combinado com EDTA. Para soluções contendo zinco(II) e amônia, então

$$c_M = [Zn^{2+}] + [Zn(NH_3)^{2+}] + [Zn(NH_3)_2^{2+}]$$
$$+ [Zn(NH_3)_3^{2+}] + [Zn(NH_3)_4^{2+}] \tag{15-29}$$

O valor de α_M pode ser expresso facilmente em termos da concentração de amônia e da constante de formação dos vários complexos amínicos, como descrevemos para uma reação metal-ligante geral no Destaque 15-1. O resultado é uma equação análoga à Equação 15-9:

$$\alpha_M = \frac{1}{1 + \beta_1[NH_3] + \beta_2[NH_3]^2 + \beta_3[NH_3]^3 + \beta_4[NH_3]^4} \tag{15-30}$$

(continua)

Por fim, obtemos uma constante condicional para o equilíbrio entre EDTA e zinco(II) em um tampão amônia/cloreto de amônio pela substituição da Equação 15-28 na Equação 15-25 e rearranjando-se

$$K''_{ZnY} = \alpha_4 \alpha_M K_{ZnY} = \frac{[ZnY^{2-}]}{c_M c_T} \tag{15-31}$$

A nova constante condicional K''_{ZnY} se aplica a uma concentração única de amônia, bem como a um único pH.

Para mostrar como as Equações 15-28 a 15-31 podem ser usadas para construir uma curva de titulação, podemos calcular o pZn de soluções preparadas pela adição de 20,0; 25,0; e 30,0 mL de EDTA 0,0100 mol L^{-1} a 50,0 mL de Zn^{2+} 0,00500 mol L^{-1}. Pressuponha que as soluções de Zn^{2+} e EDTA estejam em NH$_3$ 0,100 mol L^{-1} e NH$_4$Cl 0,175 mol L^{-1} para fornecer um pH constante igual a 9,0.

No Apêndice 4, descobrimos que os logaritmos das constantes de formação progressivas para os quatro complexos de zinco com a amônia são 2,21; 2,29; 2,36 e 2,03. Assim,

$$\beta_1 = \text{antilog } 2{,}21 = 1{,}62 \times 10^2$$
$$\beta_2 = \text{antilog } (2{,}21 + 2{,}29) = 3{,}16 \times 10^4$$
$$\beta_3 = \text{antilog } (2{,}21 + 2{,}29 + 2{,}36) = 7{,}24 \times 10^6$$
$$\beta_4 = \text{antilog } (2{,}21 + 2{,}29 + 2{,}36 + 2{,}03) = 7{,}76 \times 10^8$$

Calculando uma Constante Condicional

Um valor de α_M pode ser calculado a partir da Equação 15-30 presumindo-se que as concentrações molar e analítica da amônia sejam essencialmente as mesmas; assim para $[NH_3] \approx c_{NH_3} = 0{,}100$ mol L^{-1}

$$\alpha_M = \frac{1}{1 + 162 \times 0{,}100 + 3{,}16 \times 10^4 \times (0{,}100)^2 + 7{,}24 \times 10^6 \times (0{,}100)^3 + 7{,}76 \times 10^8 \times (0{,}100)^4}$$
$$= 1{,}17 \times 10^{-5}$$

O valor para K_{ZnY} é encontrado na Tabela 15-4 e α_4 para pH 9,0 é dado na Figura 15-7. Substituindo na Equação 15-31, encontramos

$$K''_{ZnY} = 5{,}21 \times 10^{-2} \times 1{,}17 \times 10^{-5} \times 3{,}12 \times 10^{16} = 1{,}9 \times 10^{10}$$

Cálculo de pZn Após a Adição de 20,0 mL de EDTA

Nesse ponto, apenas uma parte do zinco foi complexada pelo EDTA. O restante está presente como Zn^{2+} e como seus quatro complexos amínicos. Por definição, a soma das concentrações dessas cinco espécies é c_M. Portanto,

$$c_M = \frac{50{,}00 \text{ mL} \times 0{,}00500 \text{ mol L}^{-1} - 20{,}0 \text{ mL} \times 0{,}0100 \text{ mol L}^{-1}}{70{,}00 \text{ mL}} = 7{,}14 \times 10^{-4} \text{ mol L}^{-1}$$

Com a substituição desse valor na Equação 15-28, temos

$$[Zn^{2+}] = c_M \alpha_M = (7{,}14 \times 10^{-4})(1{,}17 \times 10^{-5}) = 8{,}35 \times 10^{-9} \text{ mol L}^{-1}$$
$$pZn = 8{,}08$$

Cálculo de pZn Após a Adição de 25,0 mL de EDTA

Vinte e cinco mililitros é o ponto de equivalência, e a concentração analítica para ZnY^{2-} é

$$c_{ZnY^{2-}} = \frac{50{,}00 \times 0{,}00500}{50{,}0 + 25{,}0} = 3{,}33 \times 10^{-3} \text{ mol L}^{-1}$$

(continua)

A soma das concentrações das várias espécies de zinco não combinadas com EDTA é igual à soma das concentrações das espécies de EDTA não complexadas:

$$c_M = c_T$$

e

$$[ZnY^{2-}] = 3,33 \times 10^{-3} - c_M \approx 3,33 \times 10^{-3} \text{ mol L}^{-1}$$

Substituindo este valor na Equação 15-31, temos

$$K''_{ZnY} = \frac{3,33 \times 10^{-3}}{(c_M)^2} = 1,9 \times 10^{10}$$

$$c_M = 4,19 \times 10^{-7} \text{ mol L}^{-1}$$

Com a Equação 15-28, encontramos que

$$[Zn^{2+}] = c_M \alpha_M = (4,19 \times 10^{-7})(1,17 \times 10^{-5}) = 4,90 \times 10^{-12} \text{ mol L}^{-1}$$

$$pZn = 11,31$$

Calculando pZn Após a Adição de 30,0 mL de EDTA

Uma vez que a solução agora contém excesso de EDTA,

$$c_{EDTA} = c_T = \frac{30,0 \times 0,0100 - 50,0 \times 0,00500}{80,0} = 6,25 \times 10^{-4} \text{ mol L}^{-1}$$

e desde que, essencialmente, todo Zn^{2+} original esteja agora complexado,

$$c_{ZnY^{2-}} = [ZnY^{2-}] = \frac{50,0 \times 0,00500}{80,0} = 3,12 \times 10^{-3} \text{ mol L}^{-1}$$

Com o rearranjo da Equação 15-31, temos

$$c_M = \frac{[ZnY^{2-}]}{c_T K''_{ZnY}} = \frac{3,12 \times 10^{-3}}{(6,25 \times 10^{-4})(1,9 \times 10^{10})} = 2,63 \times 10^{-10} \text{ mol L}^{-1}$$

e, da Equação 15-28,

$$[Zn^{2+}] = c_M \alpha_M = (2,63 \times 10^{-10})(1,17 \times 10^{-5}) = 3,08 \times 10^{-15} \text{ mol L}^{-1}$$

$$pZn = 14,51$$

15D-6 Indicadores para Titulações com EDTA

Perto de 200 compostos orgânicos têm sido investigados como indicadores para íons metálicos nas titulações com EDTA. Os indicadores mais comuns são descritos por Dean.[4] Em geral, esses indicadores são corantes orgânicos que formam quelatos coloridos com os íons metálicos em uma faixa de pM característica de um cátion em particular e do corante. Os complexos são com frequência intensamente coloridos e podemos detectar visualmente em concentrações entre 10^{-6} e 10^{-7} mol L^{-1}, que é baixo o suficiente para não interferir na titulação de EDTA.

---

[4] J. A. Dean, *Analytical Chemistry Handbook*. Nova York: McGraw-Hill, 1995, p. 3.95.

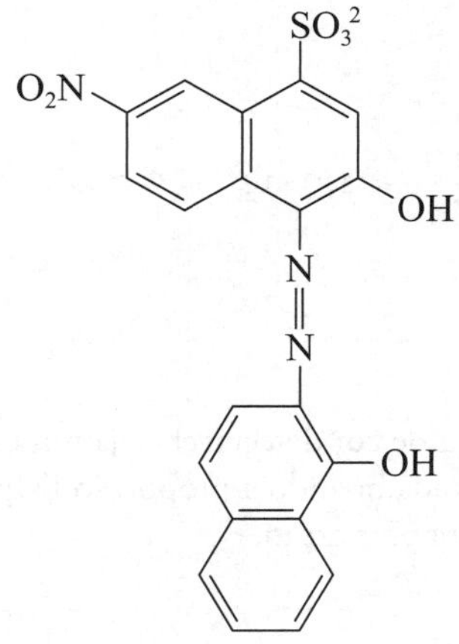

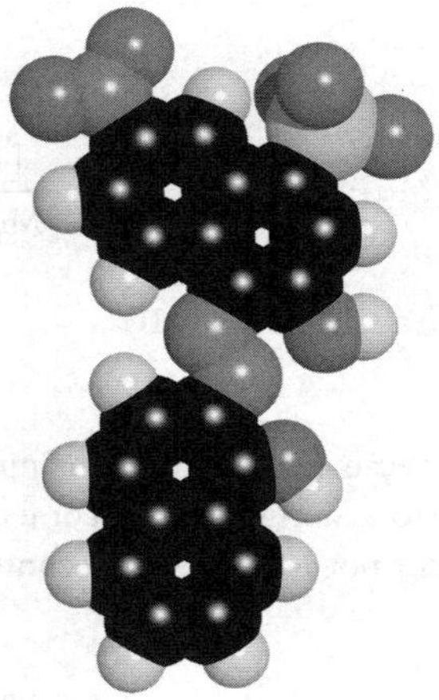

FIGURA 15-14

Estrutura e modelo molecular do Negro de Eriocromo T. O composto contém um grupo sulfônico ácido que se dissocia completamente em água e dois grupos fenólicos que se dissociam apenas parcialmente.

O Negro de Eriocromo T é um indicador típico de íons metálicos que é utilizado na titulação de diversos cátions comuns. A sua fórmula estrutural é mostrada na **Figura 15-14**. Seu comportamento como ácido fraco é descrito pelas equações

$$H_2O + \underset{\text{vermelho}}{H_2In^-} \rightleftharpoons \underset{\text{azul}}{HIn^{2-}} + H_3O^+ \qquad K_1 = 5 \times 10^{-7}$$

$$H_2O + \underset{\text{azul}}{HIn^{2-}} \rightleftharpoons \underset{\text{laranja}}{In^{3-}} + H_3O^+ \qquad K_2 = 2,8 \times 10^{-12}$$

Observe que os ácidos e suas bases conjugadas têm cores diferentes. Assim, o Negro de Eriocromo T se comporta como um indicador ácido/base, bem como um indicador de íons metálicos.

Os complexos metálicos do Negro de Eriocromo T são em geral vermelhos, assim como o H_2In^-. Dessa forma, na detecção dos íons metálicos, é necessário ajustar o pH para 7 ou acima para que a forma azul da espécie, H_2In^-, predomine na ausência de um íon metálico. Até o ponto de equivalência na titulação, o indicador complexa o excesso do íon metálico e, desse modo, a solução é vermelha. Com o primeiro ligeiro excesso de EDTA, a solução torna-se azul como um resultado da reação

$$\underset{\text{vermelho}}{MIn^-} + HY^{3-} \rightleftharpoons \underset{\text{azul}}{HIn^{2-}} + MY^{2-}$$

O Negro de Eriocromo T forma complexos vermelhos com mais de uma dúzia de íons metálicos, mas a constante de formação de somente alguns íons é apropriada para a detecção de um ponto final. Como mostrado no Exemplo 15-6, a aplicabilidade de um dado indicador para uma titulação com EDTA pode ser determinada a partir da alteração de pM na região do ponto de equivalência, assegurando-se que a constante de formação do complexo indicador/metal seja conhecida.[5]

EXEMPLO 15-6

Determine a faixa de transição para o Negro de Eriocromo T na titulação de Mg^{2+} e Ca^{2+} em pH 10,0, dado que (a) a segunda constante de dissociação do ácido para o indicador é

$$HIn^{2-} + H_2O \rightleftharpoons In^{3-} + H_3O^+ \qquad K_2 = \frac{[H_3O^+][In^{3-}]}{[HIn^{2-}]} 2,8 \times 10^{-12}$$

(continua)

---

[5] C. N. Reilley e R. W. Schmid, *Anal. Chem.*, v. 31, p. 887, 1959, DOI: 10.1021/ac60137a022.

(b) que a constante de formação para $MgIn^-$ é

$$Mg^{2+} + In^{3-} \rightleftharpoons In^{3-} + MgIn^- \qquad K_f = \frac{[MgIn^-]}{[Mg^{2+}][In^{3-}]} = 1,0 \times 10^7$$

e (c) que a constante de formação análoga para Ca^{2+} é $2,5 \times 10^5$.

Resolução

Presumimos, como fizemos anteriormente (veja a Seção 12A-1), que uma mudança de cor detectável exija um excesso de dez vezes mais de uma ou de outra espécie colorida, isto é, a mudança de cor é observada quando a proporção $[MgIn^-]/[HIn^{2-}]$ varia de 10 para 0,10. O produto de K_2 do indicador por K_f para $MgIn^-$ contém esta proporção:

$$\frac{[MgIn^-][H_3O^+]}{[HIn^{2-}][Mg^{2+}]} = 2,8 \times 10^{-12} \times 1,0 \times 10^7 = 2,8 \times 10^{-5}$$

A substituição de $1,0 \times 10^{-10}$ para $[H_3O^+]$ e 10 e 0,10 para as proporções fornece a faixa de $[Mg^{2+}]$ sobre a qual ocorre a alteração de cor:

$$[Mg^{2+}] = 3,6 \times 10^{-5} \quad \text{para} \quad 3,6 \times 10^{-7} \text{ mol L}^{-1}$$

$$pMg = 5,4 \pm 1,0$$

Procedendo-se do mesmo modo, descobrimos que a faixa para pCa é igual a $3,8 \pm 1,0$.

As faixas de transição para o magnésio e o cálcio são indicadas nas curvas de titulação na Figura 15-9. As curvas mostram que o Negro de Ericromo T é ideal para a titulação do magnésio, mas totalmente insatisfatório para o cálcio. Observe que a constante de formação para o $CaIn^-$ é apenas cerca de 1/40 daquela para o $MgIn^-$. Por causa da menor constante de formação, ocorre uma conversão significativa de $CaIn^-$ para HIn^{2-} bem antes do ponto de equivalência. Um cálculo similar mostra que o Negro de Eriocromo T é também adequado para a titulação do zinco com EDTA (veja a Figura 15-13).

Uma limitação do Negro de Eriocromo T é que suas soluções se decompõem lentamente quando armazenadas. As soluções de calmagita (veja a **Figura 15-15**), um indicador que para todos os propósitos práticos apresenta comportamento idêntico ao do Negro de Eriocromo T, não parecem sofrer essa desvantagem. Muitos outros indicadores metálicos têm sido desenvolvidos para titulações com o EDTA.[6] Ao contrário do Negro de Eriocromo T, alguns desses indicadores podem ser usados em titulações em meios fortemente ácidos.

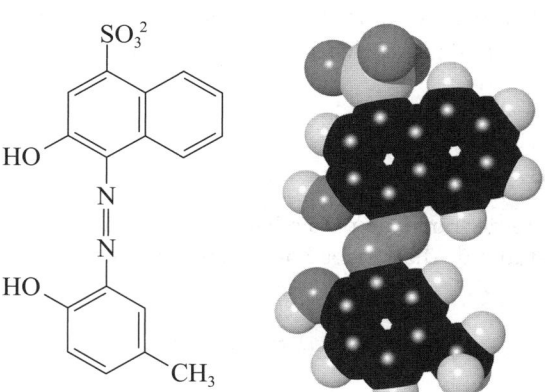

FIGURA 15-15
Fórmula estrutural e modelo molecular da calmagita. Note a semelhança com o Negro de Eriocromo T (veja a Figura 15-14).

---

[6] Veja, por exemplo, J. A. Dean, *Analytical Chemistry Handbook*, Nova York: McGraw-Hill, 1995, p. **3.**94-**3.**96.

15D-7 Métodos Titulométricos Empregando-se EDTA

Em seguida, descrevemos vários tipos diferentes de métodos de titulação que podem ser usados com o EDTA.

Titulação Direta

Muitos dos metais da tabela periódica podem ser determinados pela titulação com uma solução padrão de EDTA. Alguns métodos são baseados em indicadores que respondem ao próprio analito, enquanto outros se baseiam na adição de um íon metálico.

> ❯❯ Os procedimentos de titulação direta com um indicador de íon metálico que responde ao analito são os mais fáceis e de uso mais conveniente. Os métodos que incorporam um íon metálico adicional também são usados.

Métodos Baseados em Indicadores para o Analito Dean[7] lista cerca de 40 íons metálicos que podem ser determinados pela titulação direta com EDTA usando indicadores de íons metálicos. Os indicadores que respondem ao metal diretamente não podem ser empregados em todos os casos, porque um indicador com uma faixa de transição não está disponível, seja porque a reação entre o íon metálico e o EDTA é tão lenta que torna a titulação impraticável.

Métodos Baseados em Indicadores para um Íon Metálico Adicionado Nos casos em que não se dispuser de um bom indicador direto para o analito, pode ser adicionada uma pequena quantidade de um íon metálico para o qual se dispõe de bom indicador. O íon metálico deve formar um complexo que seja menos estável que o complexo do analito. Por exemplo, indicadores para o íon cálcio são geralmente menos satisfatórios que aqueles que descrevemos para o íon magnésio. Consequentemente, uma pequena quantidade de cloreto de magnésio é, com frequência, adicionada a uma solução de EDTA que será utilizada para a titulação de cálcio. Nesse caso, o Negro de Eriocromo T pode ser usado na titulação. Nos estágios iniciais da titulação, os íons magnésio são deslocados do seu complexo com EDTA pelos íons cálcio e ficam livres para combinar com o Negro de Eriocromo T, atribuindo assim uma coloração vermelha à solução. Entretanto, quando todos os íons cálcio tiverem sido complexados, os íons magnésio liberados novamente se combinam com o EDTA até que o ponto final seja observado. Este procedimento requer a padronização da solução de EDTA contra um padrão primário de carbonato de cálcio.

Métodos Potenciométricos As medidas de potencial podem ser utilizadas para a detecção do ponto final em titulações de íons metálicos com EDTA para os quais se dispõe de eletrodos seletivos de íons. Os eletrodos desse tipo são descritos na Seção 19D-1.

Métodos Espectrofotométricos As medidas de absorção no UV/visível podem também ser utilizadas para determinar o ponto final das titulações (veja a Seção 24A-4). Nesses casos, um espectrofotômetro responde à alteração de cor na titulação, em vez de se empregar a determinação visual do ponto final.

Métodos de Retrotitulação[8]

As retrotitulações são úteis para a determinação de cátions que formam complexos estáveis com o EDTA e para os quais não se dispõe de um indicador satisfatório. O método é também útil para cátions como o Cr(III) e o Co(III), que reagem apenas lentamente com EDTA. Um excesso medido de solução padrão de EDTA é adicionado à solução do analito. Após a reação se completar, o excesso de EDTA é retrotitulado com uma solução padrão de íons magnésio ou zinco, usando o Negro de Eriocromo T ou a calmagita como indicador de ponto final.[9] Para esse procedimento ser bem-sucedido, é necessário que os íons magnésio ou zinco formem um complexo com EDTA menos estável do que o complexo correspondente com o analito.

> ❯❯ Procedimentos de retrotitulação são utilizados quando não se dispõe de um indicador adequado, quando a reação entre o analito e o EDTA é lenta ou quando o analito forma precipitados no pH requerido para sua titulação.

A retrotitulação é também útil para analisar amostras que contenham ânions que possam formar precipitados pouco solúveis com o analito sob as condições analíticas. O excesso de EDTA complexa o analito e previne a formação de precipitado.

---

[7] J. A. Dean, ibid., p. 3.104-3.109.
[8] NT: As retrotitulações também são conhecidas como *titulações de retorno*.
[9] Para uma discussão sobre o procedimento de retrotitulação, veja C. Macca e M. Fiorana, *J. Chem. Educ.*, v. 63, p. 121, 1986., DOI: 10.1021/ed063p121.

Métodos de Deslocamento

Nas titulações por deslocamento, um excesso não medido de uma solução contendo o complexo de EDTA com íons magnésio ou zinco é introduzido em uma solução do analito. Se o analito formar um complexo mais estável que aquele de magnésio ou zinco, ocorre o seguinte deslocamento:

$$MgY^{2-} + M^{2+} \rightarrow MY^{2-} + Mg^{2+}$$

onde M^{2+} representa o cátion do analito. O Mg^{2+} liberado ou, em alguns casos o Zn^{2+}, é então titulado com uma solução padrão de EDTA.

15D-8 O Escopo das Titulações com EDTA

As titulações complexométricas com EDTA têm sido aplicadas na determinação de, virtualmente, todos os cátions metálicos, com exceção dos íons dos metais alcalinos. Como o EDTA complexa a maioria dos cátions, o reagente parece, à primeira vista, ser totalmente isento de seletividade. Entretanto, na verdade, um razoável controle sobre as interferências pode ser realizado regulando-se o pH. Por exemplo, em geral, os cátions trivalentes podem ser titulados sem interferência de espécies bivalentes mantendo-se o pH da solução próximo de 1 (veja a Figura 15-12). Nesse pH, os quelatos bivalentes menos estáveis não se formam em extensão significativa, mas os íons trivalentes são quantitativamente complexados.

Similarmente, os íons como os de cádmio e de zinco, que formam quelatos mais estáveis com EDTA que o magnésio, podem ser determinados na presença de magnésio pelo tamponamento da mistura para pH 7 antes da titulação. O Negro de Eriocromo T serve como indicador para o ponto final do cádmio e do zinco sem interferência do íon magnésio, porque o quelato do indicador com o magnésio não é formado nesse pH.

>> Um **agente mascarante** é aquele complexante que reage seletivamente com um componente da solução para impedir que este interfira na determinação.

Finalmente, a interferência de um determinado cátion pode, às vezes, ser eliminada pela adição de um **agente mascarante** adequado, um ligante auxiliar, que preferencialmente forma complexos altamente estáveis com o íon potencialmente interferente.[10] Assim, o íon cianeto costuma ser usado como agente mascarante para permitir a titulação de íons magnésio e cálcio na presença de íons como os de cádmio, cobalto, cobre, níquel, zinco e paládio. Todos esses íons formam complexos de cianeto perfeitamente estáveis, impedindo sua reação com o EDTA. O Destaque 15-6 ilustra como os reagentes mascarantes e demascarantes são utilizados para melhorar a seletividade das reações com o EDTA.

DESTAQUE 15-6

Melhorando a Seletividade de Titulações de EDTA com Agentes Mascarantes e Desmascarantes

Chumbo, magnésio e zinco podem ser determinados em uma única amostra por meio de duas titulações com EDTA padrão e uma titulação com Mg^{2+} padrão. Primeiro, a amostra é tratada com um excesso de NaCN, que mascara o Zn^{2+} e previne sua reação com EDTA:

$$Zn^{2+} + 4CN^- \rightleftharpoons Zn(CN)_4^{2-}$$

O Pb^{2+} e o Mg^{2+} são então titulados com EDTA padrão. Após o ponto de equivalência ter sido alcançado, uma solução do agente complexante BAL (2-3 dimercapto-1-propanol, $CH_2SHCHSHCH_2OH$), que escreveremos como $R(SH)_2$, é adicionada à solução. Esse ligante bidentado reage seletivamente para formar um complexo com Pb^{2+} que é muito mais estável que PbY^{2-}:

$$PbY^{2-} + 2R(SH)_2 \rightarrow Pb(RS)_2 + 2H^+ + Y^{4-}$$

O Y^{4-} liberado é então titulado com uma solução de Mg^{2+}. Finalmente o zinco é desmascarado pela adição de formaldeído:

$$Zn(CN)_4^{2-} + 4HCHO + 4H_2O \rightarrow Zn^{2+} + 4HOCH_2CN + 4OH^-$$

(continua)

---

[10] Para informações adicionais, veja D. D. Perrin, *Masking and Demasking of Chemical Reactions*, Nova York: Wiley-Interscience, 1970; J. A. Dean, *Analytical Chemistry Handbook*, Nova York: McGraw-Hill, 1995, p. 3.92-3.111.

O Zn^{2+} liberado é então titulado com a solução de EDTA padrão.

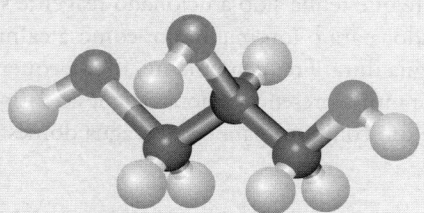

Modelo molecular de BAL (2,3-dimercapto-1-propanol, $CH_2SHCHSHCH_2OH$)

Suponha que a titulação inicial de Mg^{2+} e Pb^{2+} tenha requerido 42,22 mL de EDTA 0,02064 mol L^{-1}. A titulação do Y^{4-} liberado pelo BAL consumiu 19,35 mL de uma solução de Mg^{2+} 0,007657 mol L^{-1}. Após a adição de formaldeído, o Zn^{2+} liberado foi titulado com 28,63 mL da solução de EDTA. Calcule a porcentagem dos três elementos se foi utilizada uma massa de 0,4085 g de amostra.

quant. de matéria de (Pb^{2+} + Mg^{2+}) em mmol = 42,22 × 0,02064 = 0,87142

A segunda titulação fornece o número de milimols do Pb^{2+}. Assim,

quant. de matéria de Pb^{2+} em mmol = 19,35 × 0,007657 = 0,14816

quant. de matéria de Mg^{2+} em mmol = 0,87142 − 0,14816 = 0,72326

Finalmente, da terceira titulação, obtemos

quant. de matéria de Zn^{2+} em mmol = 28,63 × 0,02064 = 0,59092

Para obter as porcentagens, escrevemos

$$\frac{0,14816 \text{ mmol de Pb} \times 0,2072 \text{ g de Pb/ mmol de Pb}}{0,4085 \text{ g de amostra}} \times 100\% = 7,515\% \text{ de Pb}$$

$$\frac{0,72326 \text{ mmol de Mg} \times 0,024305 \text{ g de Mg/ mmol de Mg}}{0,4085 \text{ g de amostra}} \times 100\% = 4,303\% \text{ de Mg}$$

$$\frac{0,59095 \text{ mmol de Zn} \times 0,06538 \text{ g Zn/ mmol de Zn}}{0,4085 \text{ g de amostra}} \times 100\% = 9,458\% \text{ de Zn}$$

15D-9 Determinação da Dureza da Água

Historicamente, a "dureza" de uma água foi definida em termos da capacidade dos cátions na água em deslocar os íons sódio ou potássio em sabões e formar produtos poucos solúveis, que produzem uma espécie de resíduo que adere às pias e banheiras. A maioria dos cátions com cargas múltiplas compartilha dessa propriedade indesejável. Em águas naturais, entretanto, a concentração de íons cálcio e magnésio geralmente excede muito a de qualquer outro íon metálico. Consequentemente, a dureza é expressa atualmente em termos da concentração de carbonato de cálcio, que é equivalente à concentração total de todos os cátions multivalentes presentes na amostra.

A determinação da dureza é um teste analítico útil que fornece uma medida da qualidade da água para uso doméstico e industrial. O teste é importante para a indústria porque a água dura, ao ser aquecida, precipita carbonato de cálcio, que obstrui as caldeiras e tubulações.

>> A água dura contém cálcio, magnésio e íons de metais pesados que formam precipitados com sabões (mas não com detergentes).

A água dura é geralmente determinada por meio de uma titulação com EDTA após a amostra ter sido tamponada a pH 10. O magnésio, que forma o complexo menos estável com EDTA, dentre todos os cátions multivalentes comuns nas amostras típicas de água, não é titulado até que tenha sido adicionado reagente suficiente para complexar todos os outros cátions na amostra. Portanto, um indicador para o íon magnésio, como a calmagita ou o Negro de Eriocromo T, pode servir como indicador nas titulações de água dura. Frequentemente, uma pequena concentração do quelato de magnésio-EDTA é incorporada no titulante para garantir a presença de íons magnésio suficiente para a satisfatória ação de indicação. O Destaque 15-7 fornece um exemplo de um conjunto para testar a água doméstica para dureza.

DESTAQUE 15-7

Kits de Testes para Dureza da Água

Os kits de testes para a determinação da dureza da água doméstica estão disponíveis em lojas que vendem amolecedores de água potável e materiais de encanamento. Em geral, eles consistem em um frasco calibrado para conter um volume conhecido de água, um pacote com uma quantidade apropriada de uma mistura tampão sólida, uma solução indicadora e uma garrafa de solução padrão de EDTA, equipada com um conta-gotas. Um kit típico é mostrado na **Figura 15D-2**. O número de gotas do reagente padrão necessário para provocar a mudança de cor é contado. A solução de EDTA normalmente é preparada com uma concentração tal que uma gota corresponda a um "grain" (cerca de 0,065 g) de carbonato de cálcio por litro de água. Os amolecedores domésticos de água, que usam o processo de troca iônica para remover a dureza, são discutidos em Destaque 29-2.

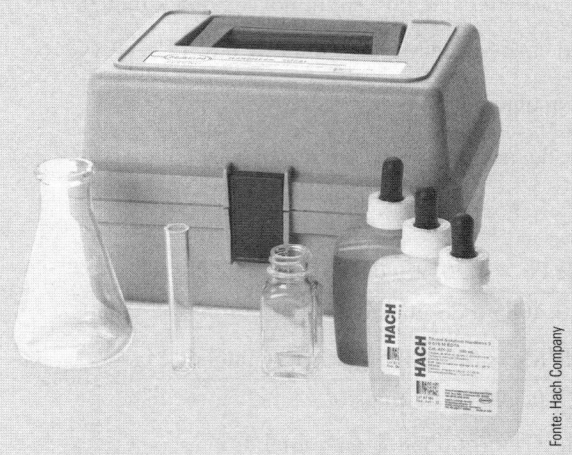

FIGURA 15D-2 Conjunto típico para testar a água doméstica para dureza.

Química Analítica On-line

O sal dissódico de EDTA ($Na_2H_2Y \cdot 2H_2O$) é largamente usado para preparar soluções padrão de EDTA. O ácido livre também é usado, mas ele não é muito solúvel em água. Busque na internet os dados de Segurança (Materials Safety Data Sheets) para estes reagentes. Quais são as solubilidades dos dois reagentes em água em g/100 mL? Quais são, se houver, os efeitos desses reagentes na saúde? Qual é a classificação J. T. Baker SAF-T-DATA™ para o sal dissódico. Quais precauções são recomendadas ao trabalhar com estes reagentes no laboratório? Como os reagentes ou soluções contendo estes reagentes devem ser descartadas?

Reações e Titulações de Complexação e Precipitação 403

Resumo do Capítulo 15

- Formação em etapas de complexos.
- Equilíbrios de complexação.
- Cálculo dos valores alfa para complexos.
- Lidando com a protonação de ligante.
- Tipos de titulações complexométricas.
- Titulações argentométricas.
- Método de Volhard para haletos.
- Método de Fajans com indicadores de absorção.
- Titulações de ácidos aminocarboxílicos.
- Espécies nas soluções de EDTA.
- Estrutura dos complexos de EDTA.
- Determinar as constantes condicionais de formação.
- Aplicar as titulações de EDTA.
- Indicadores para titulações de EDTA.
- Uso de agentes mascarantes para titulações de EDTA.
- Determinar a dureza da água.

Termos-chave

Ácido aminocarboxílico, 382
Agente mascarante, 400
Compostos macrociclos, 368
Constantes de formação condicional, 372
Dureza da água, 401
Indicador de adsorção, 380
Ligante multidentado, 369
Número de coordenação, 368
Protonação de ligante, 371
Quelato, 368
Retrotitulações de EDTA, 399
Seletividade de ligante, 369
Titulação argentométricas, 375
Titulação complexométricas, 373
Titulação de precipitação, 374

Equações Importantes

Constante global

$$M + nL \rightleftharpoons ML_n \quad \beta_n = \frac{[ML_n]}{[M][L]^n} = K_1 K_2 \cdots K_n$$

Valores alfa

$$\alpha_M = \frac{[M]}{c_M} = \frac{[M]}{[M] + \beta_1[M][L] + \beta_2[M][L]^2 + \cdots + \beta_n[M][L]^n} = \frac{1}{1 + \beta_1[L] + \beta_2[L]^2 + \beta_3[L]^3 + \cdots + \beta_n[L]^n}$$

$$\alpha_{ML} = \frac{[ML]}{c_M} = \frac{\beta_1[M][L]}{[M] + \beta_1[M][L] + \beta_2[M][L]^2 + \cdots + \beta_n[M][L]^n} = \frac{\beta_1[L]}{1 + \beta_1[L] + \beta_2[L]^2 + \beta_3[L]^3 + \cdots + \beta_n[L]^n}$$

Constantes condicionais de formação

$$K'_{MY} = \alpha_4 K_{MY} = \frac{[MY^{(n-4)+}]}{[M^{n+}]c_T}$$

Zn/EDTA em tampão de NH_3

$$K''_{ZnY} = \alpha_4 \alpha_M K_{ZnY} = \frac{[ZnY^{2-}]}{c_M c_T}$$

Questões e Problemas*

15-1. Defina.
*(a) ligante.
(b) quelato.
*(c) agente quelante tetradentado.
(d) indicador de adsorção.
(e) titulação argentométrica
(f) constante de formação condicional
*(g) titulação de deslocamento com EDTA.
(h) água dura.

15-2. Por que os ligantes multidentados são preferidos a ligantes monodentados em titulações complexométricas?

*15-3. Descreva três métodos gerais para a realização de titulações com EDTA. Quais as vantagens de cada um?

15-4. Escreva as equações químicas e as expressões das constantes de equilíbrio para a formação progressiva de
*(a) $Ag(S_2O_3)_2^{3-}$.
(b) $Cd(SCN)_3^-$.
(c) $Ni(CN)_4^{2-}$.

*15-5. Explique como as constantes progressivas e globais estão relacionadas.

15-6 Escreva as fórmulas químicas para os seguintes íons complexos:
(a) hexaminzinco(II).
(b) dicloroargentato.
(c) dissulfatocuprato(II).
(d) trioxalatoferrato(III).
(e) hexacianoferrato(II).

*15-7. Em que aspecto o método de Fajans é superior ao método de Volhard para a titulação de íon cloreto?

15-8. Explique de forma sucinta por que um produto ligeiramente solúvel deve ser removido por filtração antes de você retrotitular o excesso de íon prata na determinação de Volhard de
(a) íon cloreto.
(b) íon cianeto.
(c) íon carbonato.

*15-9. Por que a carga na superfície das partículas de precipitado mudam o sinal do ponto de equivalência de uma titulação?

15-10. Esboce um método para a determinação de K^+ com base na argentometria. Escreva equações balanceadas para as reações químicas.

*15-11. Escreva as equações em termos de constantes de dissociação de ácidos e $[H^+]$ para os valores mais altos de alfa para cada um dos seguintes ácidos fracos ligantes:
(a) acetato (α_1).
(b) tartarato (α_2).
(c) fosfato (α_3).

15-12. Escreva as constantes de formação condicional total para os complexos 1:1 de Al(III) com cada um dos ligantes no problema 15-11. Expresse essas constantes em termos do valor α e a constante de formação em termos de concentração, como na Equação 15-20.

*15-13. Escreva a constante de formação total condicional para $[Fe(ox)_3]^{3-}$ em termos de α_2 para o ácido oxálico e o valor de β para o complexo. Também expresse a constante condicional em termos de concentrações como na Equação 15-20.

15-14. Proponha um método complexométrico para a determinação dos componentes individuais em uma solução contendo In^{3+}, Zn^{2+} e Mg^{2+}.

*15-15. Dada uma reação de formação de complexo global de $M + nL \rightleftharpoons ML_n$, com uma constante de formação global de β_n, mostre que a seguinte relação é válida:

$$\log \beta_n = pM + npL - pML_n$$

15-16. Por que uma pequena quantidade de MgY^{2-} é frequentemente adicionada a uma amostra de água a ser titulada para a determinação da sua dureza?

*15-17. Uma solução de EDTA foi preparada pela dissolução de 3,426 g de $Na_2H_2Y_2 \cdot 2H_2O$ purificado e seco em água suficiente para 1,000 L. Calcule a concentração molar, sabendo que o soluto contém 0,3% de excesso de umidade (veja a Seção 15D-1).

15-18. Uma solução foi preparada pela dissolução de cerca de 3,0 g de $NaH_2Y_2 \cdot 2H_2O$ em aproximadamente 1 L de água e padronizada contra alíquotas de 50,00 mL de Mg^{2+} 0,00397 mol L^{-1}. Foi requerido um volume médio de 30,27 mL nas titulações. Calcule a concentração molar do EDTA.

*15-19. Uma solução contém 1,569 mg de $CoSO_4$ (155,0 g/mol) por mililitro. Calcule:
(a) o volume de EDTA 0,007840 mol L^{-1} necessário para titular uma alíquota de 25,00 mL dessa solução.
(b) o volume de Zn^{2+} 0,009275 mol L^{-1} necessário para titular o excesso de reagente após a adição de 50,00 mL de EDTA 0,007840 mol L^{-1} a uma alíquota de 25,00 mL dessa solução.
(c) o volume de EDTA 0,007840 mol L^{-1} necessário para titular Zn^{2+} deslocado por Co^{2+}

---

*As respostas para as questões e problemas marcados com um asterisco são fornecidas no final deste livro.

após a adição de um excesso não medido de ZnY^{2-} a uma alíquota de 25,00 mL da solução de CoSO$_4$. A reação é

$$Co^{2+} + ZnY^{2-} \rightarrow CoY^{2-} + Zn^{2+}$$

15-20. Calcule o volume de EDTA 0,0500 mol L^{-1} necessário para titular:
*(a) 29,13 mL de Mg(NO$_3$)$_2$ 0,0598 mol L^{-1}.
(b) o Ca em 0,1753 g de CaCO$_3$.
*(c) o Ca em 0,4861 g de uma espécie mineral que é 81,4% de brushita CaHPO$_4$ · 2H$_2$O (172,9 g mol^{-1}).
(d) o Mg em uma amostra de 0,1795 g do mineral hidromagnesita, 3MgCO$_3$ · Mg(OH)$_2$ · 3H$_2$O (365,3 g mol^{-1}).
*(e) o Ca e o Mg em 0,1612 g de uma amostra que é 92,5% dolomita, CaCO$_3$ · MgCO$_3$ (184,4 g mol^{-1}).

*15-21. O Zn em 0,7457 g de talco para os pés foi titulado com 22,57 mL de EDTA 0,01639 mol L^{-1}. Calcule a porcentagem de Zn presente nessa amostra.

15-22. O Cr em uma superfície cromada que mede 3,00 × 4,00 cm foi dissolvido em HCl. O pH foi adequadamente ajustado e, em seguida, foram adicionados 15,00 mL de EDTA 0,01768 mol L^{-1}. O reagente em excesso requereu um volume de 4,30 mL na retrotitulação com Cu^{2+} 0,008120 mol L^{-1}. Calcule a massa média de Cr em cada centímetro quadrado da superfície.

15-23. Uma solução de nitrato de prata contém 14,77 g de AgNO$_3$ de padrão primário em 1,00 L. Qual volume desta solução será necessário para reagir com
*(a) 0,2631 g de NaCl?
(b) 0,1722 g de Na$_2$CrO$_4$?
*(c) 64,13 mg de Na$_3$AsO$_4$?
(d) 292,1 mg de BaCl$_2$ · 2H$_2$O?
*(e) 25,00 mL de Na$_3$PO$_4$ 0,05361 mol L^{-1}?
(f) 50,00 mL de H$_2$S 0,01503 mol L^{-1}?

15-24. Qual é a concentração molar analítica de uma solução de nitrato de prata se uma alíquota de 25,00 mL reage com cada uma das quantidades de soluto relacionadas no Problema 15-23?

15-25. Qual volume mínimo de AgNO$_3$ 0,09621 mol L^{-1} será necessário para garantir um excesso de íon prata na titulação de
*(a) uma amostra impura de NaCl com massa de 0,2513 g?
(b) uma amostra de 0,3462 g de ZnCl$_2$ 74,52% (m/m)?
*(c) 25,00 mL de AlCl$_3$ 0,01907 mol L^{-1}?

15-26. Uma titulação de Farjans de uma amostra de 0,7908 g requer 29,32 mL de AgNO$_3$ 0,1620 mol L^{-1}. Expresse os resultados desta análise em termos de porcentagem de
(a) Cl$^-$.
(b) BaCl$_2$ · H$_2$O.
(c) ZnCl$_2$ · 2NH$_4$Cl (243,28 g mol^{-1}).

*15-27. O Tl em uma amostra de 9,57 g de raticida foi oxidado a um estado trivalente e tratado com excesso não medido de solução Mg/EDTA. A reação é

$$Tl^{3+} + MgY^{2-} \rightarrow TlY^- + Mg^{2+}$$

A titulação do Mg^{2+} liberado requereu 12,77 mL de EDTA 0,03610 mol L^{-1}. Calcular a porcentagem de Tl$_2$SO$_4$ (504,8 g mol^{-1}) na amostra.

15-28. Uma solução de EDTA foi preparada pela dissolução de aproximadamente 4 g de sal dissódico em aproximadamente 1 L de água. Uma média de 37,99 mL dessa solução foi requerida para titular uma alíquota de 50,00 mL de padrão contendo 0,6891 g de MgCO$_3$ por litro. A titulação de uma amostra de 25,00 mL de água mineral a pH 10 requereu 18,81 mL da solução de EDTA. Uma alíquota de 50,00 mL da água mineral foi fortemente alcalinizada para precipitar o magnésio como Mg(OH)$_2$. A titulação, com um indicador específico para cálcio, requereu 31,54 mL da solução de EDTA. Calcule:
(a) a concentração molar da solução de EDTA.
(b) a concentração de CaCO$_3$ na água mineral (ppm).
(c) a concentração de MgCO$_3$ na água mineral (ppm).

*15-29. Uma alíquota de 50,00 mL de uma solução contendo ferro(II) e ferro(III) requereu 10,98 mL de EDTA 0,01500 mol L^{-1} quando titulada em pH 2,0 e 23,70 mL quando titulada em pH 6,0. Expresse a concentração da solução em termos de partes por milhão da cada soluto.

15-30. Uma amostra de urina coletada por 24 horas foi diluída a 2,000 L. Após a solução ter sido tamponada a pH 10, uma alíquota de 10,00 mL foi titulada com 23,57 mL de EDTA 0,004590 mol L^{-1}. O cálcio em uma segunda alíquota de 10,00 mL foi isolado como CaC$_2$O$_4$(s), redissolvido em ácido e titulado com 10,53 mL da solução de EDTA. Presumindo que as quantidades normais se situem entre 15 e 300 mg de magnésio e 50 e 400 mg de cálcio por dia, essa amostra cai dentro dessa faixa?

*15-31. Uma amostra de massa de 1,509 g de uma liga Pb/Cd foi dissolvida em ácido e diluída a exatamente 250,0 mL em um balão volumétrico. Uma alíquota de 50,00 mL da solução diluída foi levada a pH 10,0 com um tampão NH$_4^+$/NH$_3$; a subsequente titulação envolveu os dois cátions e requereu 28,89 mL de EDTA 0,06950 mol L^{-1}. Uma segunda alíquota de 50,00 mL foi levada a pH 10,0 com um tampão HCN/NaCN, que também serviu para mascarar o Cd^{2+}; foram necessários 11,56 mL de solução de EDTA para titular o Pb^{2+}. Calcule as porcentagens de Pb e Cd na amostra.

15-32. Uma amostra de 0,6004 g de Ni/Cu de uma tubulação de um condensador foi dissolvida em ácido e diluída a 100,0 mL em um balão volumétrico. A titulação dos cátions em uma alíquota de 25,0 mL dessa solução requereu 45,81 mL de EDTA 0,05285 mol L^{-1}. O ácido mercaptoacético e NH_3 foram então adicionados; a produção do complexo de Cu com esse ácido resultou na liberação de quantidade equivalente de EDTA, que requereu uma titulação com 22,85 mL de Mg^{2+} 0,07238 mol L^{-1}. Calcule a porcentagem de Cu e Ni na liga.

*15-33. A calamina, que é utilizada para aliviar as irritações na pele, é uma mistura de óxidos de zinco e de ferro. Uma amostra de massa igual a 1,056 g de calamina seca foi dissolvida em ácido e diluída a 250,0 mL. Adicionou-se fluoreto de potássio a uma alíquota de 10,00 mL da solução diluída para mascarar o ferro; após o ajuste adequado do pH, o Zn^{2+} consumiu 38,37 mL de EDTA 0,01133 mol L^{-1}. Uma segunda alíquota 50,00 mL foi adequadamente tamponada e titulada com 2,30 mL de solução de ZnY^{2-} 0,002647 mol L^{-1}:

$$Fe^{3+} + ZnY^{2-} \rightarrow FeY^- + Zn^{2+}$$

Calcule as porcentagens de ZnO e Fe_2O_3 na amostra.

*15-34. Uma amostra com 3,650 g contendo bromato e brometo foi dissolvida em água o suficiente para completar 250,0 mL. Após acidificação, foi adicionado nitrato de prata em uma alíquota de 25,00 mL para precipitar AgBr, que foi filtrado, lavado e então redissolvido em solução amoniacal de tetracianoniquelato(II) de potássio:

$$Ni(CN)_4^{2-} + 2AgBr(s) \rightarrow 2Ag(CN)_2^- + Ni^{2+} + 2Br^-$$

O íon níquel liberado requereu 26,73 mL de EDTA 0,02089 mol L^{-1}. O bromato em uma alíquota de 10,00 mL foi reduzido a brometo com arsênio(III) antes da adição de nitrato de prata. O mesmo procedimento foi seguido e o níquel liberado foi titulado com 21,94 mL da solução de EDTA. Calcule a porcentagem de NaBr e $NaBrO_3$ na amostra.

15-35. O íon potássio em 250,0 mL de uma amostra de água mineral foi precipitado com tetrafenilborato de sódio:

$$K^+ + B(C_6H_5)_4^- \rightarrow KB(C_6H_5)(s)$$

O precipitado foi filtrado, lavado e redissolvido em um solvente orgânico. Um excesso de quelato EDTA/mercúrio(II) foi adicionado:

$$4HgY^{2-} + B(C_6H_4)_4^- + 4H_2O \rightarrow$$
$$H_3BO_3 + 4C_6H_5Hg^+ + 4HY^{3-} + OH^-$$

O EDTA liberado foi titulado com 34,374 mL de Mg^{2+} 0,04813 mol L^{-1}. Calcule a concentração do íon potássio em partes por milhão.

*15-36. O cromel é uma liga composta de níquel, ferro e cromo. Uma amostra com 0,6553 g foi dissolvida e diluída até completar 250,0 mL. Quando uma alíquota de 50,00 mL de EDTA 0,05173 mol L^{-1} foi misturada com um volume igual da solução diluída, todos os três íons foram complexados e uma retrotitulação requereu 5,34 mL de cobre(II) 0,06139 mol L^{-1}. O cromo, em uma segunda alíquota de 50,0 mL, foi mascarado com a adição de hexametilenotetramina; a titulação de Fe e Ni requereu 36,98 mL de EDTA 0,05173 mol L^{-1}. O ferro e o cromo foram mascarados com pirofosfato em uma terceira alíquota de 50,0 mL e o níquel foi titulado como 24,53 mL da solução de EDTA. Calcule a porcentagem de níquel, cromo e ferro na liga.

15-37. Uma amostra com 0,3304 g de latão (contendo chumbo, zinco, cobre e estanho) foi dissolvida em ácido nítrico. O $SnO_2 \cdot 4H_2O$ pouco solúvel foi removido por filtração, lavado e as águas de filtragem e lavagem foram combinadas e diluídas a 500,0 mL. Uma alíquota de 10,0 mL foi adequadamente tamponada e a titulação do chumbo, níquel e cobre dessa alíquota requereu 34,78 mL de EDTA 0,002700 mol L^{-1}. O cobre de uma alíquota de 25,00 mL foi mascarado com tiossulfato; o chumbo e o zinco foram então titulados com 25,62 mL da solução de EDTA. O íon cianeto foi utilizado para mascarar o cobre e o zinco em uma alíquota de 100 mL e foram necessários 10,00 mL da solução de EDTA para titular o íon chumbo. Determine a composição da amostra de latão; avalie a porcentagem do estanho por diferença.

*15-38. Calcule as constantes condicionais para a formação do complexo de Fe^{2+} com EDTA em pH (a) 6,0; (b) 8,0; (c) 10,0.

15-39. Calcule as constantes condicionais para a formação do complexo de Ba^{2+} com EDTA em pH (a) 5,0; (b) 7,0; (c) 9,0 e 11,0.

15-40. Construa a curva de titulação para 50,00 mL de Sr^{2+} 0,01000 mol L^{-1} com EDTA 0,02000 mol L^{-1} em uma solução tamponada em pH 11,0. Calcule os valores de pSr após a adição de 0,00; 10,00;

24,00; 24,90; 25,00; 25,10; 26,00 e 30,00 mL de titulante.

15-41. Construa a curva de titulação para 50,00 mL de Fe^{2+} 0,0150 mol L^{-1} com EDTA 0,0300 mol L^{-1} em uma solução tamponada em pH 7,0. Calcule os valores de pFe após a adição de 0,00; 10,00; 24,00; 24,90; 25,00; 25,10; 26,00 e 30,00 mL de titulante.

*****15-42.** A titulação de Ca^{2+} e Mg^{2+} em uma amostra de 50,00 mL de água dura requereu 23,65 mL de EDTA 0,01205 mol L^{-1} Mg^{2+}. Uma segunda alíquota de 50,00 mL foi fortemente alcalinizada com NaOH para precipitar o Mg^{2+} na forma de $Mg(OH)_2(s)$. O líquido sobrenadante foi titulado com 14,53 mL da solução de EDTA. Calcule:
  (a) a dureza total da amostra de água expressa em ppm de $CaCO_3$.
  (b) a concentração, em ppm, de $CaCO_3$ na amostra.
  (c) a concentração, em ppm, de $MgCO_3$ na amostra.

15-43. Problema Desafiador. O sulfeto de zinco, ZnS, é pouco solúvel na maioria das situações. Com a amônia o Zn^{2+} forma quatro complexos, $Zn(NH_3)^{2+}$, $Zn(NH_3)_2^{2+}$, $Zn(NH_3)_3^{2+}$ e $Zn(NH_3)_4^{2+}$. A amônia, é claro, é uma base e o S^{2-} é o ânion do ácido diprótico fraco H_2S. Determine a solubilidade molar do sulfeto de zinco em:
  (a) água a pH 7,0.
  (b) uma solução contendo NH_3 0,100 mol L^{-1}.
  (c) Um tampão pH 9,00 de amônia/íon amônio com uma concentração total de NH_3/NH_4^+ de 0,100 mol L^{-1}.
  (d) A mesma solução do item (c), exceto que esta contém também EDTA 0,100 mol L^{-1}.
  (e) Use um programa de busca na internet e localize a *Materials Safety Data Sheet* (MSDS) (Lista de Segurança dos Materiais) para o ZnS. Determine quais são os perigos para a saúde apresentados pelo ZnS.
  (f) Verifique se existe um pigmento fosforescente contendo ZnS. O que ativa o pigmento de forma que esse possa "brilhar no escuro"?
  (g) Verifique qual é o uso que se faz do ZnS na fabricação de componentes óticos. Por que o ZnS é útil para estes componentes?

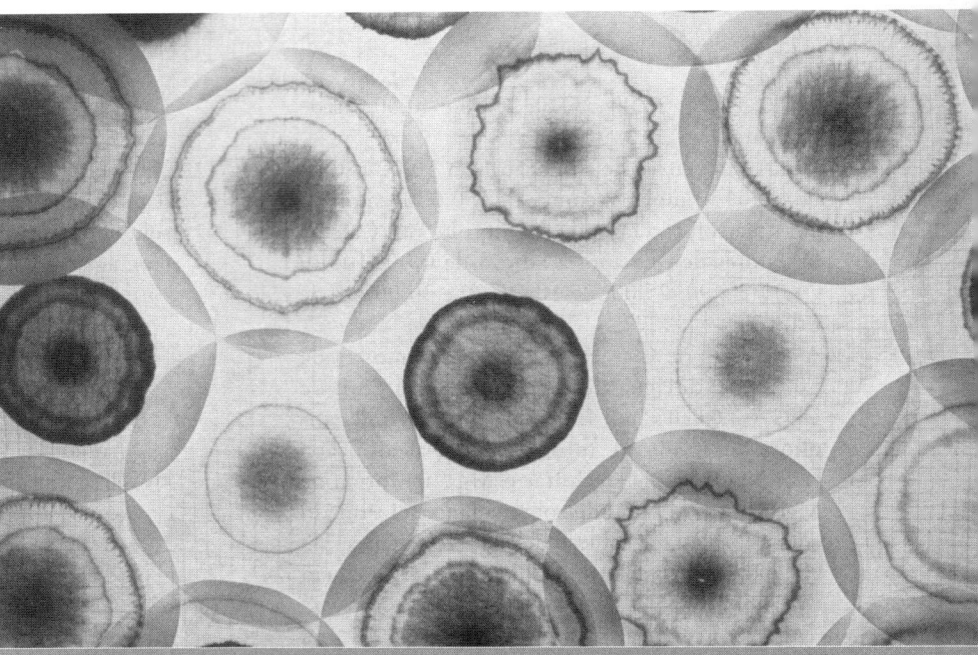

PARTE IV — Métodos Eletroquímicos

CAPÍTULO 16
Introdução à Eletroquímica

CAPÍTULO 17
Aplicações dos Potenciais Padrão de Eletrodo

CAPÍTULO 18
Aplicações das Titulações de Oxidação-Redução

CAPÍTULO 19
Potenciometria

CAPÍTULO 20
Eletrólise Completa: Eletrogravimetria e Coulometria

CAPÍTULO 21
Voltametria

Introdução à Eletroquímica

CAPÍTULO 16

Desde os primórdios das ciências experimentais, pesquisadores como Galvani, Volta e Cavendish perceberam que a eletricidade interage de maneira interessante e importante com os tecidos animais. As cargas elétricas provocam a contração muscular, por exemplo. Talvez o mais surpreendente seja que alguns animais, como o torpedo (mostrado na foto), produzem cargas por meios fisiológicos. Mais de 50 bilhões de terminais nervosos localizados nas "asas" achatadas do torpedo em seus lados esquerdo e direito produzem acetilcolina rapidamente na parte inferior das membranas existentes nessas asas. Acetilcolina faz com que os íons sódio se movam através das membranas, produzindo uma rápida separação de cargas e uma diferença de potencial correspondente ou voltagem, ao longo da membrana.[1] A diferença de potencial então gera uma corrente elétrica de vários ampères na água do mar circundante, que pode ser empregada para afastar ou matar predadores, repelir inimigos ou navegar. Os dispositivos naturais que separam cargas e criam diferenças de potencial elétrico são relativamente raros, mas os humanos aprenderam a separar cargas de maneira mecânica, metalúrgica e química para criar células, baterias e outros dispositivos úteis de armazenamento de carga.

Cigdem Sean Cooper/Shutterstock.com

Agora dedicaremos nossa atenção a vários métodos analíticos que se baseiam em reações de oxidação-redução. Esses métodos, que são descritos nos capítulos 16 a 21, incluem a titulometria de oxidação-redução, a potenciometria, a coulometria, a eletrogravimetria e a voltametria. Neste capítulo, apresentamos os fundamentos de eletroquímica que são necessários para a compreensão dos princípios desses procedimentos.

16A A Caracterização das Reações de Oxidação-Redução

Em uma **reação de oxidação-redução**, os elétrons são transferidos de um reagente para outro. Um exemplo é a oxidação de íons ferro(II) por íons cério(IV). A reação é descrita pela equação

$$Ce^{4+} + Fe^{2+} \rightleftharpoons Ce^{3+} + Fe^{3+} \qquad (16\text{-}1)$$

> Às vezes, as **reações de oxidação-redução** são chamadas reações **redox**.

---

[1] Y. Dunant; M. Israel. *Sci. Am.*, v. 252, p. 58, 1985. DOI: 10.1038/scientificamerican0485-58.

Um **agente redutor** é um doador de elétrons. Um **agente oxidante** é um receptor de elétrons.

Nessa reação, um elétron é transferido do Fe^{2+} para o Ce^{4+} para formar íons Ce^{3+} e Fe^{3+}. Uma substância que tem uma grande afinidade por elétrons, tal como o Ce^{4+}, é chamada **agente oxidante** ou **oxidante**. Um **agente redutor**, ou **redutor**, é uma espécie, tal como o Fe^{2+}, que doa um elétron para outra espécie. Para descrever o comportamento representado pela Equação 16-1, dizemos que o Fe^{2+} é oxidado pelo Ce^{4+}; de forma similar, Ce^{4+} é reduzido por Fe^{2+}.

Podemos dividir qualquer reação de oxidação-redução em duas semiequações que mostram qual espécie ganha elétrons e qual os perde. Por exemplo, a Equação 16-1 é a soma de duas semirreações:

$$Ce^{4+} + e^- \rightleftharpoons Ce^{3+} \quad \text{(redução de } Ce^{4+}\text{)}$$

$$Fe^{2+} \rightleftharpoons Fe^{3+} + e^- \quad \text{(oxidação de } Fe^{2+}\text{)}$$

>> É importante entender que, enquanto podemos escrever uma equação para uma semirreação na qual os elétrons são consumidos ou produzidos, não podemos observar uma semirreação isoladamente, porque é sempre necessário existir uma segunda semirreação que sirva como uma fonte de elétrons ou um recipiente de elétrons. Em outras palavras, uma semirreação individual é um conceito teórico.

As regras para o balanceamento de semirreações (veja o Destaque 16-1) são as mesmas que aquelas para outros tipos de reações; isto é, o número de átomos de cada elemento, assim como a carga líquida de cada lado da equação, precisa ser o mesmo. Portanto, para a oxidação do Fe^{2+} por MnO_4^-, as semirreações são

$$MnO_4^- + 5e^- + 8H^+ \rightleftharpoons Mn^{2+} + 4H_2O$$

$$5Fe^{2+} \rightleftharpoons 5Fe^{3+} + 5e^-$$

Na primeira semirreação, a carga líquida do lado esquerdo é $(-1 - 5 + 8) = +2$, que é a mesma carga do lado direito da reação. Observe também que multiplicamos a segunda semirreação por 5 para que o número de elétrons perdido pelo Fe^{2+} seja igual ao número de elétrons ganho pelo MnO_4^-. Então, podemos escrever a equação iônica líquida balanceada para a reação global somando as duas semirreações.

$$MnO_4^- + 5Fe^{2+} + 8H^+ \rightleftharpoons Mn^{2+} + 5Fe^{3+} + 4H_2O$$

16A-1 Comparação das Reações Redox com as Reações Ácido-base

As reações de oxidação-redução podem ser vistas de uma maneira análoga ao conceito de Brønsted-Lowry para as reações ácido-base (veja a Seção 7A-2). Em ambas, uma ou mais partículas carregadas são transmitidas de um doador para um receptor — as partículas são elétrons nas reações de oxidação-redução e prótons na neutralização. Quando um ácido doa um próton, ele se torna a base conjugada que é capaz de aceitar um próton. Por analogia, quando um agente redutor doa um elétron, ele se torna um agente oxidante que então pode aceitar um elétron. Esse produto poderia ser chamado oxidante conjugado, mas essa terminologia raramente é utilizada. Com essa ideia em mente, podemos escrever uma equação geral para uma reação redox na forma

>> Lembre-se de que, segundo o conceito de Brønsted-Lowry, uma reação ácido-base é descrita pela equação

$ácido_1 + base_2 \rightleftharpoons base_1 + ácido_2$

$$A_{red} + B_{ox} \rightleftharpoons A_{ox} + B_{red} \tag{16-2}$$

DESTAQUE 16-1

Balanceamento de Equação Redox

Saber como balancear as reações de oxidação-redução é essencial para a compreensão de todos os conceitos tratados neste capítulo. Embora você provavelmente se lembre dessa técnica da disciplina de Química Geral, aqui apresentamos uma revisão rápida para

(continua)

lembrá-lo de como o processo funciona. Para praticar, complete e balanceie a seguinte equação após adicionar H^+, OH^- ou H_2O conforme necessário.

$$MnO_4^- + NO_2^- \rightleftharpoons Mn^{2+} + NO_3^-$$

Primeiro, escrevemos e balanceamos as duas semirreações envolvidas. Para o MnO_4^-, escrevemos

$$MnO_4^- \rightleftharpoons Mn^{2+}$$

Levando em consideração os quatro átomos de oxigênio presentes no lado esquerdo da equação, adicionamos $4H_2O$ do lado direito da equação. Então, para balancear os átomos de hidrogênio, temos que adicionar $8H^+$ do lado esquerdo:

$$MnO_4^- + 8H^+ \rightleftharpoons Mn^{2+} + 4H_2O$$

Para balancear as cargas, precisamos adicionar cinco elétrons do lado esquerdo da equação. Assim

$$MnO_4^- + 8H^+ + 5e^- \rightleftharpoons Mn^{2+} + 4H_2O$$

Para a outra semirreação,

$$NO_2^- \rightleftharpoons NO_3^-$$

adicionamos uma H_2O do lado esquerdo da equação para suprir o oxigênio necessário e $2H^+$ do lado direito para balancear o hidrogênio:

$$NO_2^- + H_2O \rightleftharpoons NO_3^- + 2H^+$$

Então, adicionamos dois elétrons no lado direito para balancear as cargas:

$$NO_2^- + H_2O \rightleftharpoons NO_3^- + 2H^+ + 2e^-$$

Antes de combinar as duas equações, precisamos multiplicar a primeira por 2 e a segunda por 5, assim o número de elétrons perdidos será igual ao número de elétrons ganhos. Então, combinamos as duas semirreações para obter

$$2MnO_4^- + 16H^+ + 10e^- + 5NO_2^- + 5H_2O \rightleftharpoons$$
$$2Mn^{2+} + 8H_2O + 5NO_3^- + 10H^+ + 10e^-$$

Esta equação rearranja-se para a equação balanceada

$$2MnO_4^- + 6H^+ + 5NO_2^- \rightleftharpoons 2Mn^{2+} + 5NO_3^- + 3H_2O$$

O **Dr. Sadagopan Krishnan** (ele/dele) obteve seu bacharelado em química na M.S. University, bem como um mestrado no ANJA College, ambos em Tamil Nadu, Índia. Ele obteve o seu doutorado em Química Bioanalítica na University of Connecticut, Storrs. O dr. Krishnan é professor associado de Química na Oklahoma State University, Stillwater.

O grupo de pesquisa do dr. Krishnan está atualmente focado na resolução de problemas biomédicos emergentes por meio de novas metodologias analíticas com foco específico em doenças virais infecciosas, produtores biológicos precoces de diabetes e complicações associadas e ensaios farmacêuticos microssomais do fígado.

A disciplina central de sua pesquisa é a ciência analítica em interface com a biologia, bioengenharia, biomédica e ciência dos materiais, representando uma abordagem de equipe multidisciplinar e altamente colaborativa. Sensores colorimétricos, eletroquímicos e óticos contribuem para uma área de suas pesquisas. O outro foco principal é a biocatálise eletroquimicamente orientada para ensaios de desenvolvimento de drogas farmacêuticas e energia limpa. Ele afirma que a ciência analítica é um núcleo para todas as disciplinas de pesquisa, tecnologia e materiais e que eles têm orgulho de ser químicos analíticos.

Nesta equação, B_{ox}, a forma oxidada da espécie B, recebe elétrons de A_{red} para formar o novo redutor, B_{red}. Ao mesmo tempo, o redutor A_{red}, tendo liberado os elétrons, torna-se um agente oxidante, A_{ox}. Se soubermos, a partir de evidências químicas, que o equilíbrio na Equação 16-2 tende para a direita, podemos afirmar que B_{ox} é um receptor de elétrons mais eficiente (oxidante mais forte) que A_{ox}. De maneira análoga, A_{red} é um doador de elétrons mais efetivo (melhor redutor) que B_{red}.

EXEMPLO 16-1

As seguintes reações são espontâneas e, portanto, procedem para a direita, como escrito

$$2H^+ + Cd(s) \rightleftharpoons H_2 + Cd^{2+}$$
$$2Ag^+ + H_2(g) \rightleftharpoons 2Ag(s) + 2H^+$$
$$Cd^{2+} + Zn(s) \rightleftharpoons Cd(s) + Zn^{2+}$$

O que podemos deduzir com relação às forças de H^+, Ag^+, Cd^{2+} e Zn^{2+}, como receptores de elétrons (ou agentes oxidantes)?

Resolução

A segunda reação evidencia que o Ag^+ é um receptor de elétrons mais efetivo que H^+; a primeira reação demonstra que o H^+ é mais efetivo que Cd^{2+}. Finalmente, a terceira equação mostra que o Cd^{2+} é mais eficiente que o Zn^{2+}. Logo, a ordem de força de oxidação é $Ag^+ > H^+ > Cd^{2+} > Zn^{2+}$.

FIGURA 16-1
Fotografia de uma "árvore de prata" criada pela imersão de uma espiral de fio de cobre em uma solução de nitrato de prata. Veja a prancha colorida 13.

>> As pontes salinas são amplamente utilizadas em eletroquímica para prevenir a mistura dos constituintes das duas soluções eletrolíticas que formam células eletroquímicas. Normalmente, as duas extremidades da ponte contêm discos de vidro sinterizado ou outros materiais porosos para prevenir a sifonação de líquido de um compartimento da célula para o outro, mas para permitir a migração de íons para manter a neutralidade elétrica.

16A-2 Reações de Oxidação-Redução em Células Eletroquímicas

Muitas reações de oxidação-redução podem ser realizadas de duas formas que são fisicamente muito diferentes. Em uma delas, a reação é desenvolvida colocando-se o oxidante e o redutor em contato direto, em um recipiente adequado. Na segunda forma, a reação é realizada em uma célula eletroquímica, na qual os reagentes não estão em contato direto uns com os outros. Um exemplo espetacular do contato direto consiste no famoso experimento chamado "árvore de prata", no qual um pedaço de cobre é imerso em uma solução contendo nitrato de prata (**Figura 16-1**). Os íons prata migram para o metal e são reduzidos:

$$Ag^+ + e^- \rightleftharpoons Ag(s)$$

Ao mesmo tempo, uma quantidade equivalente de cobre é oxidada:

$$Cu(s) \rightleftharpoons Cu^{2+} + 2e^-$$

Multiplicando a semirreação da prata por dois e somando as reações, obtemos a equação iônica líquida para o processo global:

$$2Ag^+ + Cu(s) \rightleftharpoons 2Ag(s) + Cu^{2+} \tag{16-3}$$

Um aspecto singular das reações redox é que a transferência de elétrons – e, portanto, uma reação líquida idêntica – pode muitas vezes ser conduzida em uma **célula eletroquímica**, na qual o agente oxidante e o agente redutor estão fisicamente separados um do outro. A **Figura 16-2a** exibe um arranjo desse tipo. Observe que uma **ponte salina** isola os reagentes, mas mantém o contato elétrico entre as duas metades da célula. Quando um voltímetro de resistência interna elevada é conectado, como mostrado, ou quando os eletrodos não estão conectados externamente, diz-se que a célula está em **circuito aberto** e desenvolve todo o seu potencial. Quando o circuito está aberto, não há ocorrência de reação líquida na célula, embora ainda mostremos que esta tem **potencial** para realizar trabalho. O voltímetro mede a diferença de potencial, ou **voltagem**, entre os dois eletrodos a qualquer instante. Essa voltagem é uma medida da tendência da reação da célula de prosseguir em direção ao equilíbrio. Quando as soluções de $CuSO_4$ e de $AgNO_3$ têm concentração de 0,0200 mol L^{-1}, a célula tem um potencial de 0,412 V, como mostrado na Figura 16-2a.

Na **Figura 16-2b**, a célula está conectada de forma que os elétrons podem passar através de um circuito externo de baixa resistência. Agora, a energia potencial da célula

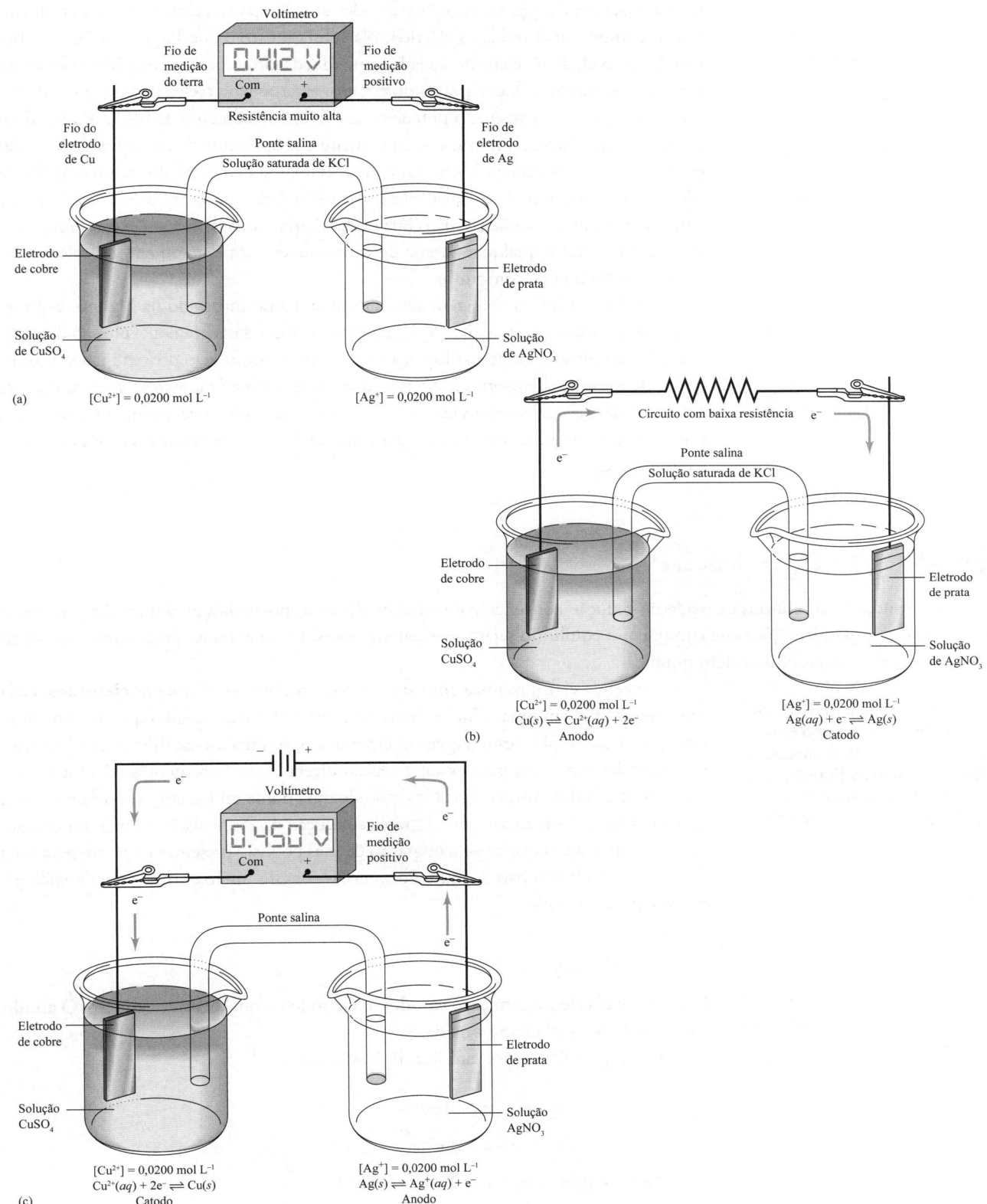

FIGURA 16-2 (a) Célula galvânica em circuito aberto; (b) célula galvânica realizando trabalho; (c) célula eletrolítica.

>> A expressão da constante de equilíbrio para a reação mostrada na Equação 16-3 é

$$K_{eq} = \frac{[Cu^{2+}]}{[Ag^+]^2} = 4{,}1 \times 10^{15} \quad (16\text{-}4)$$

Essa expressão se aplica se a reação ocorrer diretamente entre os reagentes ou em uma célula eletroquímica.

>> No equilíbrio, as duas semirreações da célula continuam ocorrendo, porém suas velocidades são iguais.

é convertida em energia elétrica para acender uma lâmpada, acionar um motor ou realizar qualquer outro trabalho elétrico. Na célula mostrada na Figura 16-2b, o cobre metálico é oxidado no eletrodo do lado esquerdo, os íons prata são reduzidos no mesmo eletrodo e os elétrons fluem através do circuito externo para o eletrodo de prata. À medida que a reação prossegue, o potencial da célula, inicialmente de 0,412 V quando o circuito estava aberto, diminui continuamente e se aproxima de zero quando a reação global se aproxima do equilíbrio. Quando a célula está em equilíbrio, a reação direta (da esquerda para a direita) ocorre na mesma velocidade que a reação reversa (da direita para a esquerda), e a voltagem da célula é zero. Uma célula com voltagem zero não realiza trabalho, como qualquer bateria descarregada em um *flash* ou em um microcomputador portátil pode comprovar.

Quando se atinge a voltagem zero na célula, como mostrado na Figura 16-2b, as concentrações dos íons Cu(II) e Ag(I) terão valores que satisfazem a expressão da constante de equilíbrio presente na Equação 16-4. Nesse ponto, não ocorrerá mais fluxo líquido de elétrons. *É importante observar que a reação global e a posição de equilíbrio são totalmente independentes da forma como a reação se desenvolve,* seja por uma reação direta que tem lugar em uma solução, seja por uma reação indireta conduzida em uma célula eletroquímica.

16B Células Eletroquímicas

Podemos estudar os equilíbrios de oxidação-redução convencionalmente, medindo os potenciais de células eletroquímicas nas quais as duas semirreações que compõem o equilíbrio sejam seus participantes. Por essa razão, precisamos considerar certas características das células eletroquímicas.

Em algumas células, os eletrodos compartilham um mesmo eletrólito; essas células são denominadas **células sem junção líquida**. Para um exemplo desse tipo de célula, veja Figura 17-2 e Exemplo 17-7.

Uma célula eletroquímica consiste em dois condutores chamados **eletrodos**, cada um deles imerso em uma solução eletrolítica. Na maioria das células que serão de interesse para nós, as soluções nas quais os eletrodos estão imersos são diferentes e precisam ser mantidas separadas para evitar a reação direta entre os reagentes. O modo mais comum de evitar a mistura é pela inserção de uma ponte salina, como aquela mostrada na Figura 16-2, entre as soluções. Então a condução de eletricidade de uma solução eletrolítica para a outra ocorre pela migração de íons potássio presentes na ponte para uma direção e íons cloreto para a outra. Portanto, o contato direto entre o cobre metálico e os íons prata é evitado.

16B-1 Catodos e Anodos

Um **catodo** é um eletrodo no qual ocorre a redução. Um **anodo** é um eletrodo onde ocorre a oxidação.

Em uma célula eletroquímica, o **catodo** é o eletrodo no qual ocorre a redução. O **anodo** é o eletrodo no qual ocorre a oxidação.

Os exemplos de reações catódicas típicas incluem

$$Ag^+ + e^- \rightleftharpoons Ag(s)$$

$$Fe^{3+} + e^- \rightleftharpoons Fe^{2+}$$

$$NO_3^- + 10H^+ + 8e^- \rightleftharpoons NH_4^+ + 3H_2O$$

>> A reação $2H^+ + 2e^- \rightleftharpoons H_2(g)$ ocorre no catodo quando uma solução aquosa não contém outras espécies que são mais facilmente reduzidas que o H^+.

Podemos forçar uma determinada reação a ocorrer por meio da aplicação de um potencial adequado a um eletrodo construído com um material inerte, por exemplo, a platina. Observe que a redução do NO_3^- mostrada na terceira reação revela que os ânions podem migrar para o catodo e ser reduzidos.

Reações anódicas típicas abrangem

$$Cu(s) \rightleftharpoons Cu^{2+} + 2e^-$$
$$2Cl^- \rightleftharpoons Cl_2(g) + 2e^-$$
$$Fe^{2+} \rightleftharpoons Fe^{3+} + e^-$$

A primeira reação requer um anodo de cobre, mas as outras duas podem ser conduzidas na superfície de um eletrodo inerte de platina. A platina é usada quando um eletrodo não pode ser construído a partir de um dos participantes na reação da célula.

> ❮❮ A semirreação envolvendo Fe^{2+}/Fe^{3+} pode parecer pouco usual dado que um cátion, ao contrário de um ânion, migra para o anodo e libera um elétron. A oxidação de um cátion na superfície de um anodo ou a redução de um anion na superfície de um catodo é um processo relativamente comum.

16B-2 Tipos de Células Eletroquímicas

As células eletroquímicas podem ser galvânicas ou eletrolíticas. Elas também podem ser classificadas como reversíveis ou irreversíveis.

As **células galvânicas** ou **voltaicas** armazenam energia elétrica. Em geral, as **baterias** são geralmente feitas de várias dessas células conectadas em série para produzir voltagens mais elevadas que aquelas produzidas por uma única célula. As reações nos dois eletrodos em tais células tendem a ocorrer espontaneamente e produzir um fluxo de elétrons do anodo para o catodo através de um condutor externo. A célula mostrada na Figura 16-2a é uma célula galvânica que desenvolve um potencial de 0,412 V quando não há demanda de corrente. O eletrodo de prata é positivo em relação ao eletrodo de cobre, nessa célula. O eletrodo de cobre, que é negativo em relação ao eletrodo de prata, é uma fonte potencial de elétrons para o circuito externo quando a célula está descarregada. A célula apresentada na Figura 16-2b é a mesma célula galvânica, mas agora está sob descarga, de maneira que os elétrons se movem através do circuito externo do eletrodo de cobre para o eletrodo de prata. Enquanto está sendo descarregada, o eletrodo de prata é o *catodo*, uma vez que aqui acontece a redução de Ag^+. O eletrodo de cobre é o *anodo*, dado que a oxidação do $Cu(s)$ ocorre nesse eletrodo. As células galvânicas operam espontaneamente e a reação líquida que ocorre durante a descarga é chamada **reação espontânea da célula**. Para a célula exposta na Figura 16-2b, a sua reação espontânea é dada pela Equação 16-3, isto é, $2Ag^+ + Cu(s) \rightleftharpoons 2Ag(s) + Cu^{2+}$.

Uma **célula eletrolítica**, em contraste com uma célula voltaica, requer uma fonte externa de energia elétrica para sua operação. A célula na Figura 16-2 pode ser operada como uma célula eletrolítica conectando-se o polo positivo de uma fonte externa de voltagem, que tenha um potencial superior a 0,412 V ao eletrodo de prata e o polo negativo da fonte ao eletrodo de cobre, como mostrado na **Figura 16-2c**. Uma vez que o polo negativo da fonte externa de voltagem é rico em elétrons, estes vão fluir desse polo para o eletrodo de cobre, no qual a redução de Cu^{2+} para $Cu(s)$ ocorre. A corrente é sustentada pela oxidação de $Ag(s)$ para Ag^+ que ocorre no eletrodo localizado do lado direito, produzindo elétrons que fluem para o polo positivo da fonte de voltagem. Note que, na célula eletrolítica, a direção da corrente é inversa àquela da célula galvânica mostrada na Figura 16-2b e que as reações nos eletrodos também são invertidas. O potencial aplicado deve ser algo maior que 0,412 V para superar o potencial da célula galvânica, resistências internas e outras fontes de potencial, tais como os potenciais de junção líquida. Na célula eletrolítica, o eletrodo de prata é forçado a se tornar o *anodo*, ao passo que o eletrodo de cobre é forçado a se tornar o *catodo*. A reação líquida que ocorre quando uma voltagem maior que aquela da célula galvânica é aplicada é oposta à reação espontânea da célula galvânica. Isto é,

$$2Ag(s) + Cu^{2+} \rightleftharpoons 2Ag^+ + Cu(s)$$

A célula da Figura 16-2 é um exemplo de uma célula reversível, na qual a direção da reação eletroquímica é invertida quando se altera a direção do fluxo de elétrons. Em uma célula irreversível, a mudança da direção da corrente provoca a ocorrência de uma semirreação totalmente diferente em um ou ambos os eletrodos. A bateria de chumbo-ácido

> **Células galvânicas** estocam energia elétrica; **células eletrolíticas** consomem energia elétrica.

> ❮❮ A reação $2H_2O \rightleftharpoons O_2(g) + 4H^+ + 4e^-$ ocorre em um anodo quando uma solução aquosa não contém outras espécies que são mais facilmente oxidadas que a H_2O.

> ❮❮ Para ambas as células, galvânicas e eletrolíticas, lembre-se de que (1) a redução sempre ocorre no catodo e (2) a oxidação sempre acontece no anodo. Porém, o catodo, em uma célula galvânica, torna-se o anodo quando a célula é operada como uma célula eletrolítica.

> ❮❮ Em uma **célula reversível**, a inversão da corrente reverte a reação da célula. Em uma **célula irreversível**, a inversão da corrente provoca a ocorrência de uma semirreação diferente em um ou em ambos os eletrodos.

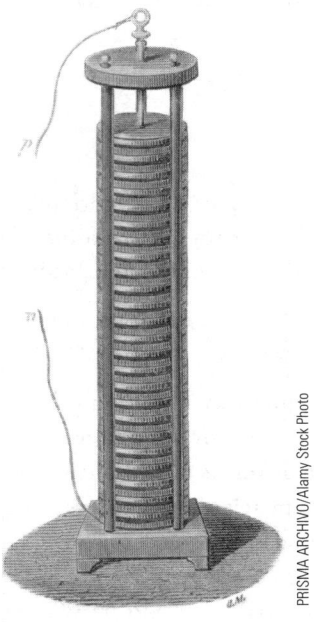

Alessandro Volta (1745-1827), físico italiano, foi o inventor da primeira bateria, a chamada pilha voltaica (mostrada à direita). Ela consistia de discos alternados de cobre e zinco separados por papelão embebido em solução salina. Em homenagem às suas muitas contribuições para a ciência da eletricidade, a unidade da diferença de potencial, o volt, deriva-se do nome Volta. Na realidade, no uso moderno, frequentemente chamamos a grandeza de voltagem em vez de diferença de potencial.

presente nos automóveis é um exemplo comum de uma série de células reversíveis. Quando um carregador externo ou o gerador carrega a bateria, sua célula é eletrolítica. Quando ela é empregada para fazer funcionar os faróis, o rádio ou a ignição, sua célula é galvânica. Similarmente, a bateria de lítio em um telefone celular é eletrolítica enquanto está recebendo carga e galvânica enquanto o telefone está em uso.

DESTAQUE 16-2

A Célula Gravitacional de Daniell

A célula gravitacional de Daniell foi uma das primeiras células galvânicas a encontrar ampla aplicação prática. Foi utilizada na metade do século XIX para fornecer energia para os sistemas de comunicação telegráficos. Como mostrado na **Figura 16D-1**, o catodo era uma peça de cobre mergulhada em uma solução saturada em sulfato de cobre. Uma solução muito menos densa de sulfato de zinco diluído era colocada no topo da solução de sulfato de cobre e um eletrodo massivo de zinco ficava posicionado nessa solução. A reação do eletrodo era

$$Zn(s) \rightleftharpoons Zn^{2+} + 2e^-$$
$$Cu^{2+} + 2e^- \rightleftharpoons Cu(s)$$

Essa célula desenvolve uma voltagem inicial de 1,18 V, que gradualmente diminui à medida que a célula se descarrega. Uma versão moderna da célula de Daniell é mostrada na **Figura 16D-2**. Nela, os reagentes estão em béqueres separados com uma ponte salina conectando-os.

(continua)

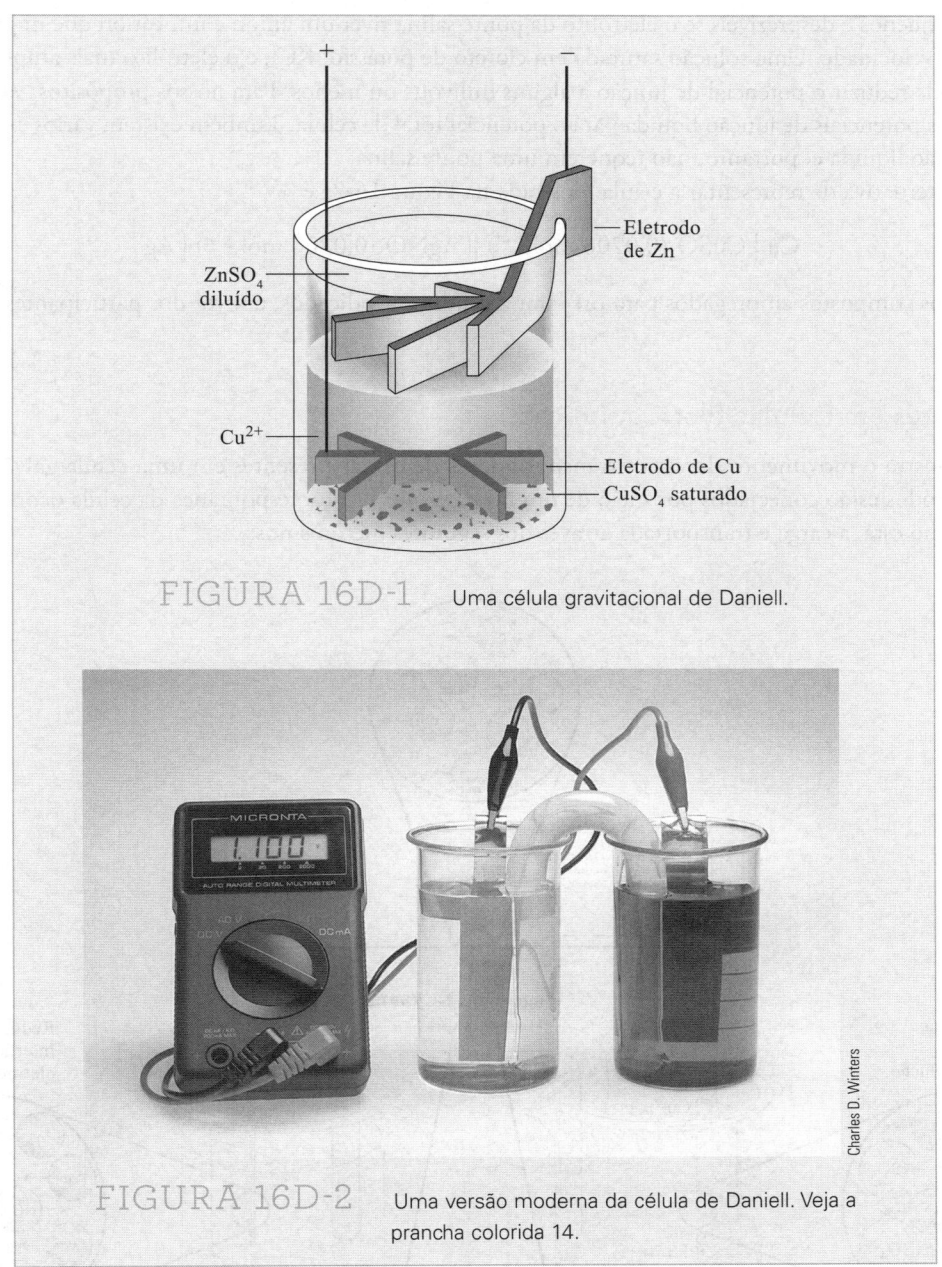

FIGURA 16D-1 Uma célula gravitacional de Daniell.

FIGURA 16D-2 Uma versão moderna da célula de Daniell. Veja a prancha colorida 14.

16B-3 Representação Esquemática das Células

Frequentemente, os químicos utilizam uma notação simplificada para descrever as células eletroquímicas. A célula exposta na Figura 16-2a, por exemplo, é descrita por

$$Cu\,|\,Cu^{2+}(0{,}0200\text{ mol L}^{-1})\,\|\,Ag^{+}(0{,}0200\text{ mol L}^{-1})\,|\,Ag \tag{16-5}$$

Por convenção, uma linha vertical simples indica um limite entre fases, ou interface, na qual o potencial se desenvolve. Por exemplo, a primeira linha vertical mostrada no esquema indica que o potencial se desenvolve no limite de fase entre o eletrodo de cobre e a solução de sulfato de cobre. A linha vertical dupla representa dois limites, um em cada extremidade da ponte salina. Há um **potencial de junção líquida** em cada uma dessas interfaces. O potencial de junção resulta de diferenças nas velocidades nas quais os íons presentes nos compartimentos das células e na ponte salina migram através das interfaces. Existe um potencial de junção líquida que pode alcançar valores tão elevados quanto várias centenas de volt, mas eles podem ser pequenos e desprezíveis se o eletrólito da ponte salina tiver um ânion e um cátion que migrem aproximadamente na mesma velocidade. Uma solução saturada em cloreto de potássio, KCl, é o eletrólito mais amplamente utilizado. Este eletrólito pode reduzir o potencial de junção a alguns milivolts ou menos. Para nossos propósitos, vamos negligenciar a contribuição dos potenciais de junção líquida para o potencial total da célula. Também existem vários exemplos de células que não têm junção líquida e, portanto, não requerem uma ponte salina.

Uma forma alternativa de representar a célula mostrada na Figura 16-2a é

$$\text{Cu} \mid \text{CuSO}_4(0{,}0200 \text{ mol L}^{-1}) \parallel \text{AgNO}_3(0{,}0200 \text{ mol L}^{-1}) \mid \text{Ag}$$

Nesta descrição, os compostos empregados para preparar a célula são indicados, em vez dos participantes ativos das semirreações da célula.

16B-4 Correntes em Células Eletroquímicas

A **Figura 16-3** mostra o movimento de vários transportadores de cargas presentes em uma célula galvânica durante sua descarga. Os eletrodos estão conectados por meio de um fio para que a reação espontânea da célula ocorra. Em uma célula eletroquímica como esta, a carga é transportada através dos seguintes mecanismos:

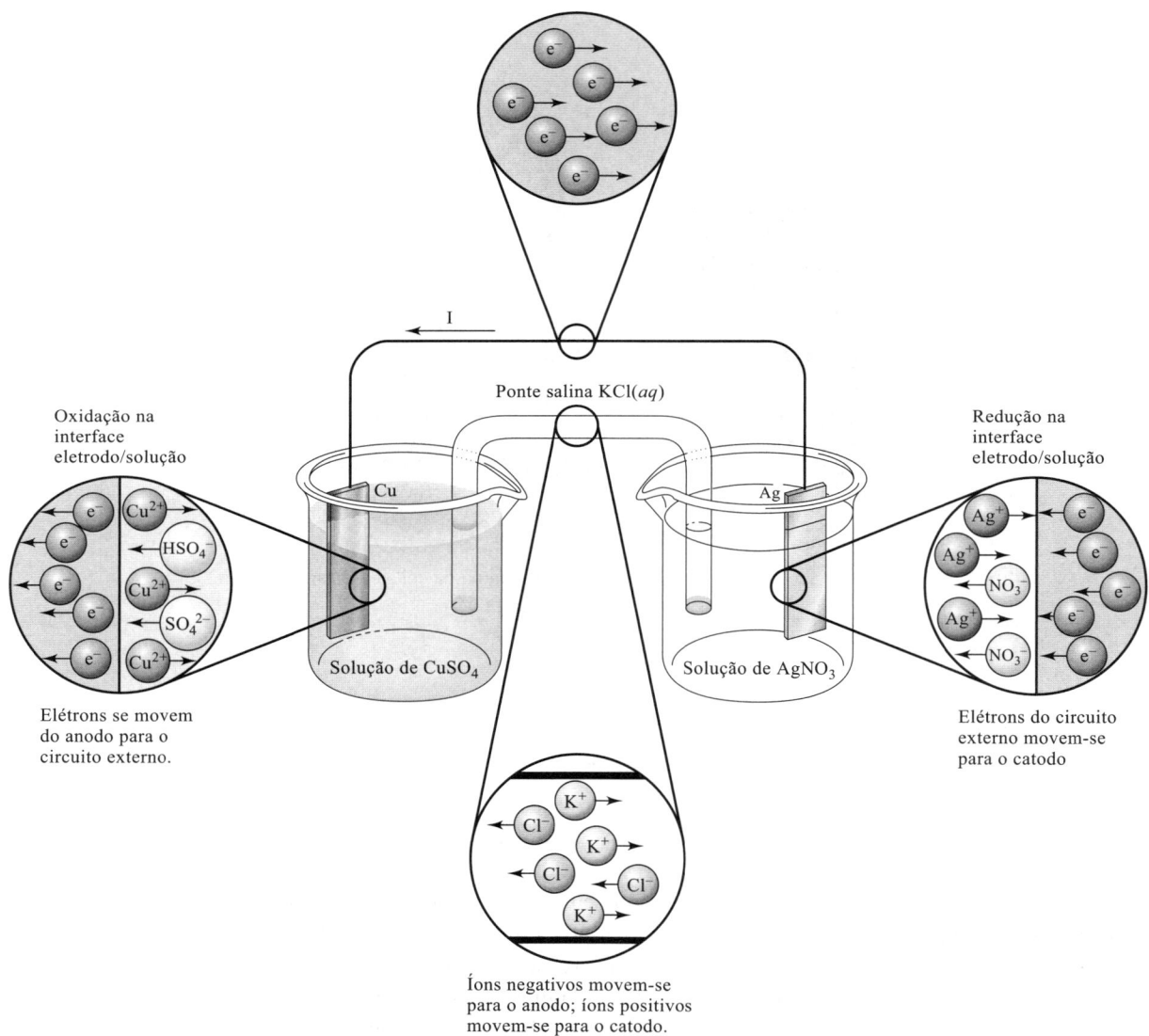

FIGURA 16-3 Movimento de carga em uma célula galvânica.

1. Elétrons transportam a carga tanto nos eletrodos quanto nos condutores externos. Observe que, por convenção, a corrente, que normalmente é indicada pelo símbolo I, tem um fluxo oposto ao da direção dos elétrons.
2. Os ânions e os cátions são os transportadores de cargas na célula. No eletrodo da esquerda, o cobre é oxidado a íons cobre, fornecendo elétrons para o eletrodo. Como mostrado na Figura 16-3, os íons cobre formados movem-se para longe do eletrodo de cobre, para o corpo da solução, enquanto os ânions como os íons sulfato e hidrogenossulfato migram em direção ao anodo de cobre. Na ponte salina, os íons cloreto migram para o compartimento do cobre e os íons potássio se movem na direção oposta. No compartimento da direita, os íons prata se movem em direção ao eletrodo de prata, no qual são reduzidos a prata metálica, e os íons nitrato se movem para longe do eletrodo, na direção do corpo da solução.
3. A condução iônica da solução é acoplada à condução eletrônica nos eletrodos pela reação de redução no catodo e pela reação de oxidação no anodo.

❮❮ Em uma célula, a eletricidade é transportada pelo movimento dos íons. Ambos, cátions e ânions, contribuem.

O limite de fase entre um eletrodo e sua solução é chamado **interface**.

16C Potenciais de Eletrodo

A diferença de potencial que se desenvolve entre os eletrodos da célula da **Figura 16-4a** é uma medida da tendência da reação

$$2Ag(s) + Cu^{2+} \rightleftharpoons 2Ag^+ + Cu(s)$$

para prosseguir a partir de um estado de não equilíbrio para a condição de equilíbrio. O potencial da célula $E_{célula}$ está relacionado à energia livre da reação ΔG por

$$\Delta G = -nFE_{célula} \tag{16-6}$$

Se os reagentes e os produtos estão em seus **estados padrão**, o potencial da célula resultante é chamado **potencial padrão da célula**. Essa última grandeza está relacionada à variação da energia livre padrão para a reação e, portanto, com a constante de equilíbrio por

$$\Delta G^0 = -nFE^0_{célula} = -RT \ln K_{eq} \tag{16-7}$$

onde R é a constante dos gases e T, a temperatura termodinâmica.

16C-1 Convenção de Sinais para Potenciais de Célula

Quando consideramos uma reação química normal, falamos de reações que ocorrem a partir dos reagentes à esquerda da seta no sentido dos produtos do lado direito. Pela convenção de sinais da International Union of Pure and Applied Chemistry (IUPAC), quando consideramos uma célula eletroquímica e seu potencial resultante, também consideramos que a reação ocorre em uma certa direção. A convenção para as células é chamada *plus right rule* (**regra do positivo à direita**). Esta regra implica que sempre medimos o potencial da célula conectando o polo positivo do voltímetro ao eletrodo da direita no esquema da célula (eletrodo de Ag na Figura 16-4) e o polo negativo, ou terra, do voltímetro ao eletrodo localizado do lado esquerdo da representação da célula (eletrodo de Cu na Figura 16-4). Se sempre seguirmos essa convenção, o valor do $E_{célula}$ será uma medida da tendência de a reação da célula ocorrer espontaneamente na direção escrita da esquerda para a direita.

$$Cu\,|\,Cu^{2+}(0{,}0200\ mol\ L^{-1})\ ||\ Ag^+(0{,}0200\ mol\ L^{-1})\,|\,Ag$$

O **estado padrão** de uma substância é uma condição de referência que nos permite obter os valores relativos de grandezas termodinâmicas, como energia livre, atividade, entalpia e entropia. A todas as substâncias é atribuída a atividade unitária em seus estados padrão. Para os gases, o estado padrão tem as propriedades de um gás ideal, mas sob uma atmosfera de pressão. Diz-se, portanto, que se trata de um estado *hipotético*. Para os líquidos puros e solventes, os estados padrão são os *verdadeiros* e correspondem às substâncias puras sob temperatura e pressão definidas. Para os solutos presentes em soluções diluídas, o estado padrão é um estado hipotético que tem as propriedades de uma solução infinitamente diluída, mas com concentração unitária (concentração molar ou molalidade ou fração em mol). O estado padrão de um sólido é um estado verdadeiro e representa o sólido puro em sua forma cristalina mais estável.

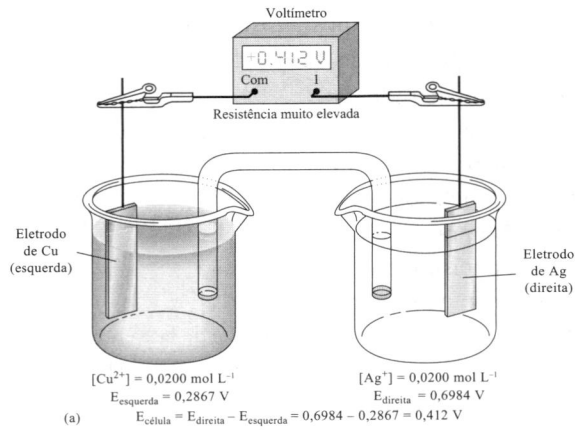
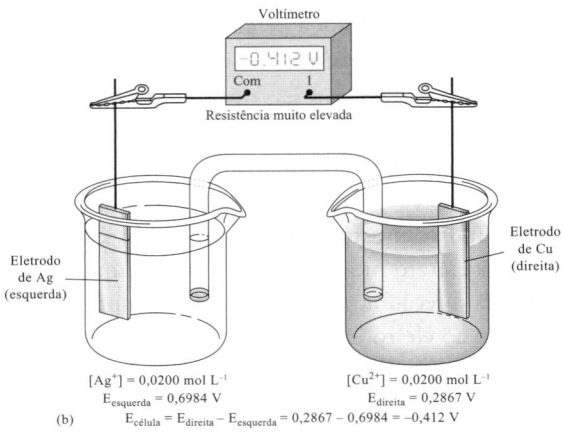
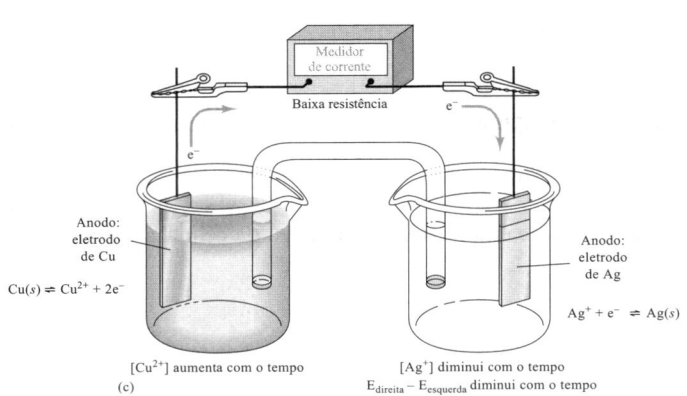
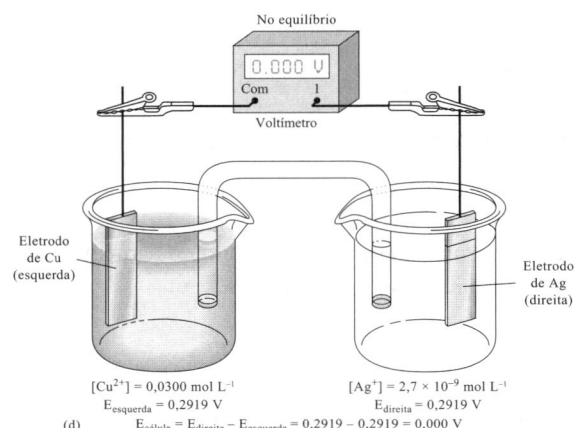

FIGURA 16-4 Variação no potencial da célula após a passagem de corrente até o alcance do equilíbrio. Em (a) o voltímetro de alta resistência inibe qualquer fluxo significativo de elétrons e o potencial da célula de circuito totalmente aberto é medido. Para as concentrações apresentadas, o potencial é +0,412 V. Em (b), as semicélulas são idênticas àquela em (a), mas as posições delas são invertidas, o que desenvolve um potencial de mesma grandeza, mas o sinal do potencial é então negativo. A célula em (a) é consistente com a *plus right rule* (regra do positivo à direita), mas em (b) não é. Em (c) o voltímetro é substituído por um medidor de corrente de baixa resistência e a célula descarrega com o tempo até que o equilíbrio seja eventualmente atingido. Em (d), após o equilíbrio ser atingido, o potencial da célula é de novo medido com um voltímetro e encontra-se 0,000 V. As concentrações na célula são agora aquelas no equilíbrio, como mostrado.

Isto é, a direção do processo global tem Cu metálico sendo oxidado a Cu^{2+} no compartimento da esquerda, e Ag^+ sendo reduzido a Ag metálico no compartimento do lado direito. Em outras palavras, a reação que está sendo considerada é

$$Cu(s) + 2Ag^+ \rightleftharpoons Cu^{2+} + 2Ag(s)$$

Implicações da Convenção da IUPAC

Existem várias implicações da convenção de sinais que não são óbvias. Primeiro, se o valor medido de $E_{célula}$ for positivo, o eletrodo do lado direito será positivo em relação ao eletrodo da esquerda e a variação de energia livre para a reação na direção que está sendo considerada é negativa, de acordo com a Equação 16-6. Assim, a reação a ser considerada deve ocorrer espontaneamente se a célula estiver em curto-circuito ou conectada a algum dispositivo capaz de realizar trabalho (por exemplo, acender uma lâmpada, ligar um rádio, dar partida em um carro). Por outro lado, se o $E_{célula}$ for negativo, o eletrodo da direita será negativo em relação ao eletrodo da esquerda, a

>> Os polos de um voltímetro têm um código de cores. O polo positivo é vermelho e o polo negativo, ou terra, preto.

variação da energia livre será positiva e a reação na direção que estiver sendo considerada (oxidação à esquerda, redução à direita) *não* será a reação espontânea da célula. Para a nossa célula da Figura 16-4a, $E_{célula} = +0,412$ V, e a oxidação de Cu e a redução de Ag^+ ocorrem espontaneamente quando a célula está conectada a um dispositivo.

A convenção da IUPAC está consistente com os sinais que os eletrodos realmente desenvolvem em uma célula galvânica. Isto é, na célula Cu/Ag mostrada na Figura 16-4, o eletrodo de Cu torna-se rico em elétrons (negativo) por causa da tendência do Cu de ser oxidado a Cu^{2+}, enquanto o eletrodo de Ag torna-se deficiente em elétrons (positivo) por causa da tendência do Ag^+ de ser reduzido a Ag. À medida que a célula galvânica descarrega espontaneamente, o eletrodo de prata é o catodo, ao passo que o eletrodo de cobre é o anodo. Note que para a mesma célula escrita na direção oposta

$$Ag\,|\,AgNO_3\,(0,0200\text{ mol L}^{-1})\,\|\,CuSO_4\,(0,0200\text{ mol L}^{-1})\,|\,Cu$$

o potencial medido da célula seria $E_{célula} = -0,412$ V e a reação considerada é

$$2Ag(s) + Cu^{2+} \rightleftharpoons 2Ag^+ + Cu(s)$$

Essa reação *não* é a reação espontânea da célula, dado que $E_{célula}$ é negativo e ΔG, portanto, positivo. Para a célula, não importa qual eletrodo está escrito na representação esquemática do lado direito e qual está escrito do lado esquerdo. A reação da célula espontânea é *sempre*

$$Cu(s) + 2Ag^+ \rightleftharpoons Cu^{2+} + 2Ag(s)$$

Por convenção, apenas medimos a célula de uma maneira padrão e consideramos a reação da célula em uma direção padrão. Finalmente, precisamos enfatizar que, a despeito da forma pela qual escrevemos a representação esquemática ou de como montamos a célula no laboratório, se conectarmos um fio ou um circuito com baixa resistência à célula, *a reação espontânea da célula ocorrerá*. A única maneira de se realizar a reação inversa é conectando uma fonte externa de voltagem e forçando a ocorrência da reação eletrolítica $2Ag(s) + Cu^{2+} \rightleftharpoons 2Ag^+ + Cu(s)$.

Potenciais de Semicélula

O potencial de uma célula como aquela mostrada na Figura 16-4a é a diferença entre dois potenciais de semicélula ou de um eletrodo, um associado com a semirreação do eletrodo da direita ($E_{direita}$), o outro associado com a semirreação do eletrodo da esquerda ($E_{esquerda}$). De acordo com a convenção de sinais da IUPAC, enquanto o potencial de junção líquida for desprezível ou não houver junção líquida, podemos escrever o potencial da célula $E_{célula}$ como

$$E_{célula} = E_{direita} - E_{esquerda} \tag{16-8}$$

Embora não possamos determinar os potenciais absolutos para eletrodos como estes (veja a Figura 16-3), podemos determinar facilmente os potenciais relativos de eletrodo. Por exemplo, se substituirmos o eletrodo de cobre na célula da Figura 16-2 por um eletrodo de cádmio imerso em uma solução de sulfato de cádmio, o voltímetro lerá cerca de 0,7 V a mais que a célula original. Dado que o eletrodo da direita permanece inalterado, concluímos que o potencial de semicélula para o cádmio é cerca de 0,7 V menor que o do cobre (isto é, o cádmio é um redutor mais forte que o cobre). A substituição por outros eletrodos, mantendo um dos eletrodos inalterados, permite-nos construir uma tabela de potenciais de eletrodo relativos, como discutido na Seção 16-C3.

Descarga de uma Célula Galvânica

A célula galvânica da Figura 16-4a não está em um estado de equilíbrio, porque a elevada resistência do voltímetro previne que a célula se descarregue de forma significativa. Assim, quando medimos o potencial da célula, não há ocorrência de reação, e o que medimos é a tendência de a reação ocorrer *se* permitirmos que isso aconteça. Para a célula de Cu/Ag, com as reações mostradas, o potencial medido sob condições de circuito aberto é +0,412 V, como observado anteriormente. Se agora permitirmos que a célula descarregue, substituindo o voltímetro por um medidor de corrente de baixa resistência, como ilustrado na **Figura 16-4c**, a reação espontânea da célula ocorrerá. A corrente, inicialmente elevada, diminui exponencialmente com o tempo (**Figura 16-5**). Como exposto na **Figura 16-4d**, quando o equilíbrio é alcançado, não há corrente líquida na célula e o seu potencial é 0,000 V. A concentração de íons cobre no equilíbrio então é 0,0300 mol L^{-1}, enquanto a concentração de íons prata diminui para $2,7 \times 10^{-9}$ mol L^{-1}.

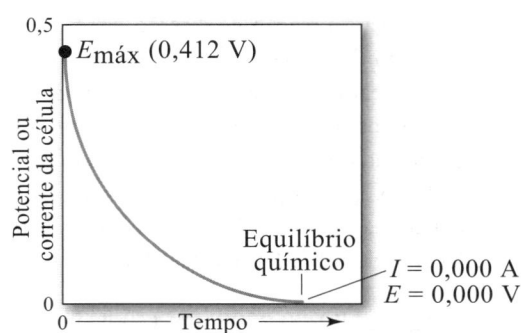

FIGURA 16-5
Potencial da célula na célula galvânica da Figura 16-4c em função do tempo. A corrente da célula, que está diretamente relacionada ao potencial da célula, também diminui com o tempo com o mesmo comportamento.

DESTAQUE 16-3

Por que Não Podemos Medir os Potenciais Absolutos de Eletrodo

Embora não seja difícil medir os potenciais *relativos* de semicélulas, é impossível determinar os potenciais absolutos de semicélulas porque todos os dispositivos de medida de voltagem medem apenas as *diferenças* de potencial. Para medir o potencial de um eletrodo, um dos contatos de um voltímetro é conectado ao eletrodo em questão. Então, o outro contato do medidor precisa se conectar com a solução do compartimento do eletrodo por meio de outro condutor. Esse segundo contato, entretanto, cria inevitavelmente uma interface sólido-solução que age como uma segunda semicélula quando o potencial é medido. Dessa forma, um potencial absoluto de semicélula não é obtido. O que obteríamos seria a diferença entre o potencial da célula de interesse e um potencial de célula constituída pelo segundo contato e a solução.

Nossa inabilidade em medir os potenciais absolutos de semicélulas não representa nenhum obstáculo efetivo, porque os potenciais relativos das semicélulas são efetivamente úteis, desde que todos sejam medidos contra a mesma semicélula de referência. Os potenciais relativos podem ser combinados para gerar os potenciais de célula. Também podemos empregá-los para calcular as constantes de equilíbrio e para gerar curvas de titulação.

> O eletrodo padrão de hidrogênio é chamado, algumas vezes, de **eletrodo normal de hidrogênio (ENH)**.

> ❯❯ EPH é a abreviatura para eletrodo padrão de hidrogênio.

> ❯❯ Negro de platina é uma camada de platina finamente dividida que é formada na superfície de um eletrodo de platina liso pela deposição eletrolítica do metal a partir de uma solução de ácido cloroplatínico, H_2PtCl_6. O negro de platina gera uma grande área superficial específica de platina, na qual a reação H^+/H_2 pode ocorrer. O negro de platina catalisa a reação mostrada na Equação 16-9. Lembre-se de que os catalisadores não alteram a posição do equilíbrio, mas apenas reduzem o tempo necessário para alcançá-lo.

16C-2 O Eletrodo Padrão de Hidrogênio como Referência

Para que os dados de potencial relativo de eletrodo sejam amplamente aplicáveis e úteis, precisamos ter uma semicélula de referência contra a qual todas as outras possam ser comparadas. Esse eletrodo precisa ser de fácil construção, reversível e ter um comportamento altamente reprodutível. O **eletrodo padrão de hidrogênio (EPH)** encontra essas especificações e tem sido empregado em todo o mundo por muitos anos como o eletrodo de referência universal. É um **eletrodo gasoso** típico.

A **Figura 16-6** mostra o arranjo físico de um eletrodo de hidrogênio. O metal condutor é um pedaço de platina que tenha sido recoberto, ou **platinizado**, com platina finamente dividida (negro de platina) para aumentar sua área superficial específica. Esse eletrodo é imerso em uma solução aquosa ácida contendo íons hidrogênio com atividade constante e conhecida. A solução é mantida saturada em hidrogênio borbulhando-se o gás sobre a superfície do eletrodo a uma pressão constante. A platina não toma parte da reação eletroquímica e serve apenas como local onde os elétrons são transferidos. A semirreação responsável pelo potencial que se desenvolve nesse eletrodo é

$$2H^+(aq) + 2e^- \rightleftharpoons H_2(g) \tag{16-9}$$

O eletrodo de hidrogênio exibido na Figura 16-6 pode ser representado esquematicamente como

$$Pt, H_2(p = 1,00 \text{ atm}) \mid (H^+ = x \text{ mol L}^{-1}) \parallel$$

Na Figura 16-6, o hidrogênio é especificado como tendo uma pressão parcial de uma atmosfera e a concentração de íons hidrogênio em solução é x mol L^{-1}. O eletrodo de hidrogênio é reversível.

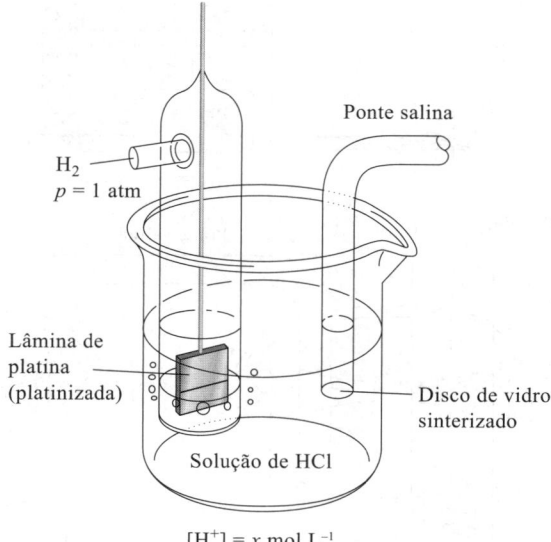

FIGURA 16-6
O eletrodo de hidrogênio gasoso.

O potencial de um eletrodo de hidrogênio depende da temperatura e das atividades do íon hidrogênio e do hidrogênio molecular na solução. O último, na verdade, é proporcional à pressão do gás que é usado para manter a solução saturada em hidrogênio. Para o EPH, a atividade dos íons hidrogênio é especificada como igual à unidade e a pressão parcial do gás é estabelecida como uma atmosfera. *Por convenção, o potencial do eletrodo padrão de hidrogênio é definido como tendo um valor de 0,000 V sob todas as temperaturas.* Como consequência dessa definição, qualquer potencial desenvolvido em uma célula galvânica consistindo em um eletrodo padrão de hidrogênio e algum outro eletrodo é atribuído inteiramente ao outro eletrodo.

Vários outros eletrodos de referência, que são mais convenientes para as medidas de rotina, têm sido desenvolvidos. Alguns desses são descritos na Seção 19B.

16C-3 Potencial de Eletrodo e Potencial Padrão de Eletrodo

Um **potencial de eletrodo** é definido como o potencial de uma célula na qual o eletrodo em questão é aquele do lado direito e o eletrodo padrão de hidrogênio é o do lado esquerdo. Assim, se quisermos obter o potencial de um eletrodo de prata em contato com uma solução de Ag^+, construímos uma célula como a mostrada na **Figura 16-7**. Nessa célula, a semicélula da direita consiste em uma lâmina de prata pura em contato com uma solução contendo íons prata; o eletrodo do lado esquerdo é o eletrodo padrão de hidrogênio. O potencial da célula é definido como na Equação 16-8. Como o eletrodo do lado esquerdo é o eletrodo padrão de hidrogênio, que tem um potencial definido como 0,000 V, podemos escrever

$$E_{célula} = E_{direita} - E_{esquerda} = E_{Ag} - E_{EPH} = E_{Ag} - 0,000 = E_{Ag}$$

>> A reação apresentada na Equação 16-9 combina dois equilíbrios:
>
> $2H^+ + 2e^- \rightleftharpoons H_2(aq)$
> $H_2(aq) \rightleftharpoons H_2(g)$
>
> O fluxo contínuo de gás a uma pressão constante fornece uma concentração constante de hidrogênio para a solução.

>> A $p_{H_2} = 1,00$ e $a_{H^+} = 1,00$, o potencial do eletrodo de hidrogênio é definido como tendo um valor de exatamente 0,000 V a todas as temperaturas.

>> Um potencial de eletrodo é aquele de uma célula que tenha um eletrodo padrão de hidrogênio como o eletrodo da esquerda (referência).

onde E_{Ag} é o potencial do eletrodo de prata. A despeito de seu nome, um potencial de eletrodo é de fato o potencial de uma célula eletroquímica envolvendo um eletrodo de referência cuidadosamente definido. Frequentemente, o potencial de um eletrodo, como, por exemplo, o apresentado na Figura 16-7, é referido como E_{Ag} versus EPH para enfatizar que é o potencial de uma célula completa medida contra o eletrodo padrão de hidrogênio como referência.

O **potencial padrão de eletrodo**, E^0, de uma semirreação é definido como seu potencial de eletrodo quando as atividades dos reagentes e produtos forem todas iguais à unidade. Para a célula da Figura 16-7, o valor de E^0 para a semirreação

$$Ag^+ + e^- \rightleftharpoons Ag(s)$$

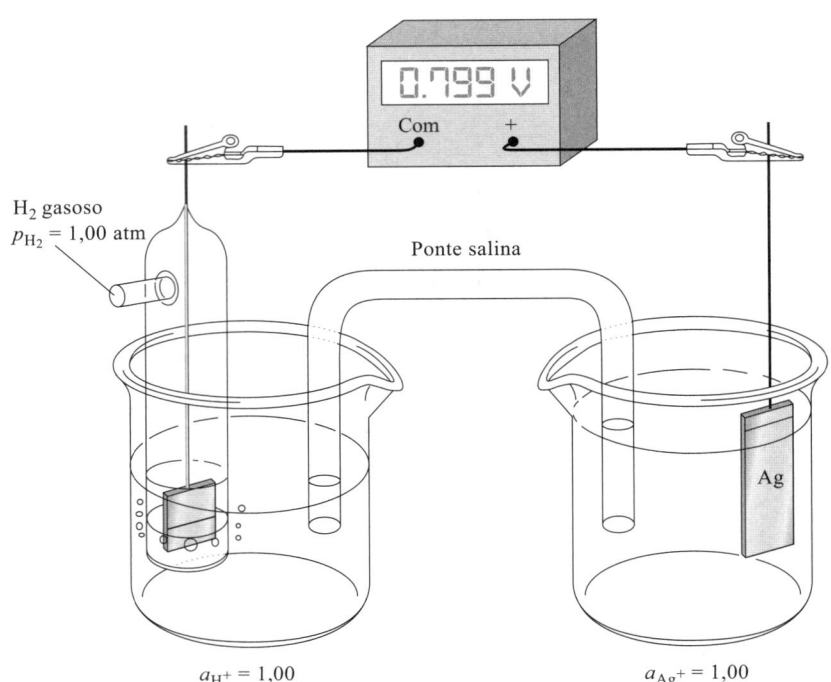

FIGURA 16-7
Medida do potencial de eletrodo para um eletrodo de Ag. Se a atividade dos íons prata localizados no compartimento do lado direito é 1,00, o potencial da célula é o potencial padrão do eletrodo da semirreação Ag⁺/Ag.

pode ser obtido medindo-se $E_{célula}$ com a atividade de Ag⁺ igual a 1,00. Nesse caso, a célula mostrada na Figura 16-7 pode ser representada esquematicamente como

$$\text{Pt, H}_2(p = 1{,}00 \text{ atm}) \mid \text{H}^+(a_{\text{H}^+} = 1{,}00) \parallel \text{Ag}^+(a_{\text{Ag}^+} = 1{,}00) \mid \text{Ag}$$

ou, alternativamente, como

$$\text{EPH} \parallel \text{Ag}^+(a_{\text{Ag}^+} = 1{,}00) \mid \text{Ag}$$

Essa célula galvânica desenvolve um potencial de +0,799 V com o eletrodo de prata à direita; isto é, a reação espontânea da célula é a oxidação no compartimento do lado esquerdo e a redução no compartimento da direita:

$$2\text{Ag}^+ + \text{H}_2(g) \rightleftharpoons 2\text{Ag}(s) + 2\text{H}^+$$

> Às vezes, uma semicélula íon/metal é chamada de um **par**.

Como o eletrodo de prata está à direita e os reagentes e produtos estão em seus estados padrão, o potencial medido é, por definição, o potencial padrão de eletrodo para a semirreação da prata, ou do **par da prata**. Observe que o eletrodo de prata é positivo em relação ao eletrodo padrão de hidrogênio. Portanto, ao potencial padrão de eletrodo é dado um sinal positivo, então escrevemos

$$\text{Ag}^+ + e^- \rightleftharpoons \text{Ag}(s) \qquad E^0_{\text{Ag}^+/\text{Ag}} = +0{,}799\text{V}$$

A **Figura 16-8** ilustra uma célula empregada para medir o potencial padrão de eletrodo para a semirreação

$$\text{Cd}^{2+} + 2e^- \rightleftharpoons \text{Cd}(s)$$

Em contraste com o eletrodo de prata, o eletrodo de cádmio é negativo em relação ao eletrodo padrão de hidrogênio. Consequentemente, ao potencial padrão de eletrodo do par Cd/Cd²⁺ é, *por convenção*, atribuído um sinal negativo e $E^0_{\text{Cd}^{2+}/\text{Cd}} = -0{,}403\text{V}$. Como o potencial da célula é negativo, a reação espontânea da célula não é aquela da reação escrita (isto é, a oxidação à esquerda e a redução à direita). Ao contrário, a reação espontânea é a da direção oposta.

$$\text{Cd}(s) + 2\text{H}^+ \rightleftharpoons \text{Cd}^{2+} + \text{H}_2(g)$$

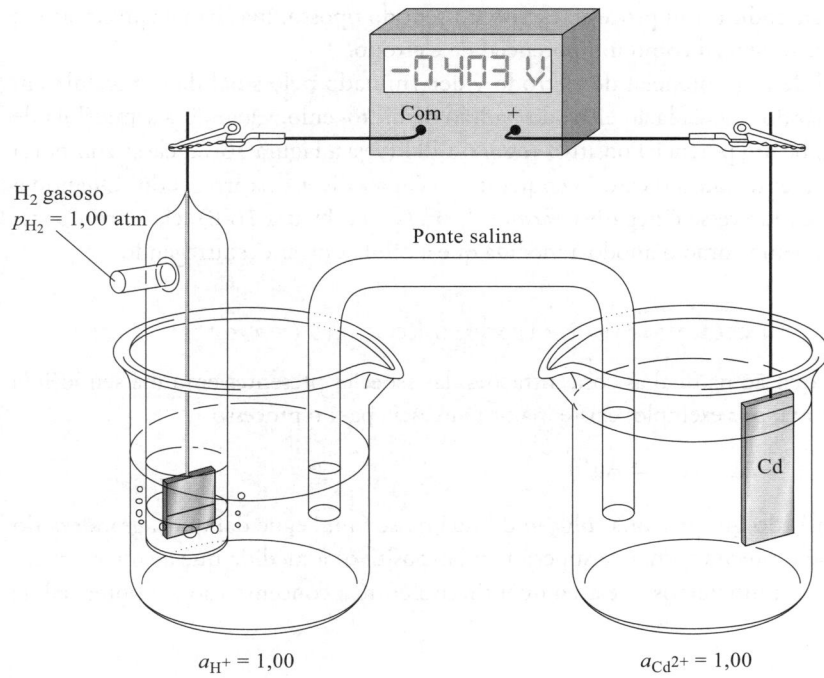

FIGURA 16-8
Medida do potencial padrão de eletrodo para $Cd^{2+} + 2e^- \rightleftharpoons Cd(s)$.

Um eletrodo de zinco imerso em uma solução que tem a atividade dos íons zinco igual a unidade desenvolve um potencial de −0,763 V quando é o eletrodo da direita, formando par com o eletrodo padrão de hidrogênio, à esquerda. Portanto, podemos escrever $E^0_{Zn^{2+}/Zn} = -0,763$ V.

Os potenciais padrão de eletrodo para as quatro semicélulas descritas anteriormente podem ser organizados na seguinte ordem:

Semirreação	Potencial Padrão de Eletrodo, V
$Ag^+ + e^- \rightleftharpoons Ag(s)$	+0,799
$2H^+ + 2e^- \rightleftharpoons H_2(g)$	0,000
$Cd^{2+} + 2e^- \rightleftharpoons Cd(s)$	−0,403
$Zn^{2+} + 2e^- \rightleftharpoons Zn(s)$	−0,763

As grandezas dos potenciais desses eletrodos indicam a força relativa das quatro espécies iônicas como receptores de elétrons (agentes oxidantes); isto é, na ordem decrescente, $Ag^+ > H^+ > Cd^{2+} > Zn^{2+}$.

16C-4 Implicações Adicionais da Convenção de Sinais da IUPAC

A convenção de sinais descrita na seção anterior foi adotada no encontro da IUPAC realizado em Estocolmo, em 1953, e agora é aceita internacionalmente. Antes desse acordo, os químicos nem sempre empregavam a mesma convenção e esta inconsistência é causa de controvérsia e confusão no desenvolvimento e na utilização rotineira da eletroquímica.

Qualquer convenção de sinais precisa ser baseada na expressão dos processos de semicélulas de uma única maneira – isto é, como oxidação ou como redução. De acordo com a convenção da IUPAC, o termo *potencial de eletrodo* (ou, mais exatamente, *potencial relativo de eletrodo*) está reservado exclusivamente para descrever semirreações escritas como reduções. Não há objeção ao uso do termo *potencial de*

Um **potencial de eletrodo** é, por definição, um potencial de redução. Um potencial de oxidação é o mesmo para a semirreação escrita na direção oposta. O sinal de um potencial de oxidação é, portanto, oposto àquele para um potencial de redução, mas a sua grandeza é a mesma.

>> A convenção de sinais da IUPAC baseia-se no sinal verdadeiro da semicélula de interesse quando ela faz parte de uma célula que contém o eletrodo padrão de hidrogênio como a outra semicélula.

oxidação para indicar um processo escrito no sentido oposto, mas não é apropriado se referir a esse potencial como um potencial de eletrodo.

O sinal de um potencial de eletrodo é determinado pelo sinal da semicélula em questão quando associada ao eletrodo padrão de hidrogênio. Quando a semicélula de interesse exibe um potencial positivo *versus* o EPH (veja a Figura 16-7), ela se comporta espontaneamente como o catodo enquanto a célula estiver descarregando. Quando a semicélula de interesse é negativa *versus* o EPH (veja a Figura 16-8), ela se comporta espontaneamente como o anodo à medida que a célula estiver descarregando.

16C-5 Efeito da Concentração sobre os Potenciais de Eletrodo: a Equação de Nernst

Um potencial de eletrodo é uma medida da extensão na qual as concentrações das espécies presentes em uma semicélula diferem de seus valores no equilíbrio. Dessa forma, por exemplo, existe maior tendência para o processo

$$Ag^+ + e^- \rightleftharpoons Ag(s)$$

ocorrer em uma solução concentrada de prata(I) do que em uma solução diluída desse íon. Segue daí que a grandeza do potencial do eletrodo para esse processo também precisa tornar-se superior (mais positivo) à medida que a concentração de íons prata de uma solução aumenta. Agora, examinaremos a relação quantitativa entre a concentração e o potencial de eletrodo.

Considere a semirreação reversível

$$aA + bB + \cdots + ne^- \rightleftharpoons cC + dD + \cdots \quad (16\text{-}10)$$

>> Os significados para os termos entre colchetes, nas Equações 16-11 e 16-12, são:
para um soluto A[A] = concentração em mol por litro;
para um gás B[B] = p_B = pressão parcial em atmosferas.
Se uma ou mais espécies que aparecem na Equação 16-11 for um líquido puro, um sólido puro ou o solvente presente em excesso, essa espécie não está representada pelo termo entre colchetes aparecerá no quociente, porque as atividades dessas espécies são iguais a unidade.

onde as letras maiúsculas representam as fórmulas das espécies participantes (átomos, moléculas ou íons), e^- representa os elétrons e as letras minúsculas em itálico indicam a quantidade de matéria de cada espécie que aparece na semirreação, da maneira como ela está escrita. O potencial de eletrodo para esse processo é dado pela equação

$$E = E^0 - \frac{RT}{nF} \ln \frac{[C]^c [D]^d \cdots}{[A]^a [B]^b \cdots} \quad (16\text{-}11)$$

onde

E^0 = o *potencial padrão de eletrodo*, que é característico para cada semirreação
R = a constante do gás ideal, 8,314 J K^{-1} mol^{-1}
T = temperatura, K
n = a quantidade de matéria de elétrons que aparecem na semirreação para o processo de eletrodo, da maneira como escrito
F = o faraday = 96.485 C (Coulomb) por mol de elétrons
ln = logaritmo natural 2,303 log

Se substituirmos as constantes pelos valores numéricos, convertermos para o logaritmo na base 10 e especificarmos a temperatura de 25°C, teremos

$$E = E^0 - \frac{0,0592}{n} \log \frac{[C]^c [D]^d \cdots}{[A]^a [B]^b \cdots} \quad (16\text{-}12)$$

Estritamente falando, as letras entre os colchetes representam as atividades, mas seguiremos a prática usual de substituir as atividades pelas concentrações molares na maioria dos cálculos. Dessa forma, se a espécie participante A for um soluto, [A] será a concentração de A em mol por litro. Se A for um gás, [A] na Equação 16-12 será substituído por p_A, a pressão parcial de A em atmosferas. Se A for um líquido puro, um sólido puro ou o solvente, sua atividade será unitária, e não estará incluído termo para A na equação. As razões para essas considerações são as mesmas daquelas descritas na Seção 7B-2, que lida com as expressões das constantes de equilíbrio.

A Equação 16-12 é conhecida como a equação de Nernst, em homenagem ao químico alemão Walther Nernst, que foi o responsável pelo seu desenvolvimento.

Walther Nernst (1864-1941) recebeu o Prêmio Nobel em Química em 1920 por suas inúmeras contribuições no campo da química termodinâmica.

EXEMPLO 16-2

Típicas semirreações e suas correspondentes expressões de Nernst são apresentadas a seguir.

(1) $Zn^{2+} + 2e^- \rightleftharpoons Zn(s) \quad E = E^0 - \dfrac{0,0592}{2} \log \dfrac{1}{[Zn^{2+}]}$

Não há termo para o zinco elementar incluído no termo logarítmico, porque se trata de uma segunda fase pura (sólido). Assim, o potencial de eletrodo varia linearmente com o logaritmo do recíproco da concentração de íons zinco.

(2) $Fe^{3+} + e^- \rightleftharpoons Fe^{2+}(s) \quad E = E^0 - \dfrac{0,0592}{1} \log \dfrac{[Fe^{2+}]}{[Fe^{3+}]}$

O potencial para esse par pode ser medido com um eletrodo metálico imerso em uma solução contendo ambas as espécies de ferro. O potencial depende do logaritmo da razão entre as concentrações molares desses íons.

(3) $2H^+ + 2e^- \rightleftharpoons H_2(g) \quad E = E^0 - \dfrac{0,0592}{2} \log \dfrac{p_{H_2}}{[H^+]^2}$

Nesse exemplo, p_{H_2} é a pressão parcial do hidrogênio (em atmosferas) na superfície do eletrodo. Normalmente, seu valor será o mesmo da pressão atmosférica.

(4) $MnO_4^- + 5e^- + 8H^+ \rightleftharpoons Mn^{2+} + 4H_2O$

$$E = E^0 - \dfrac{0,0592}{5} \log \dfrac{[Mn^{2+}]}{[MnO_4^-][H^+]^8}$$

Nessa situação, o potencial depende não apenas da concentração das espécies de manganês, como também do pH da solução.

(5) $AgCl(s) + e^- \rightleftharpoons Ag(s) + Cl^- \quad E = E^0 - \dfrac{0,0592}{1} \log[Cl^-]$

Essa semirreação descreve o comportamento de um eletrodo de prata imerso em uma solução de cloreto *saturada* em AgCl. Para assegurar essa condição, um excesso de AgCl sólido precisa estar sempre presente. Observe que essa reação de eletrodo é a soma das duas reações que seguem:

$$AgCl(s) \rightleftharpoons Ag^+ + Cl^-$$

$$Ag^+ + e^- \rightleftharpoons Ag(s)$$

Note igualmente que o potencial de eletrodo é independente da quantidade de AgCl presente, contanto que exista quantidade suficiente dele para manter a solução saturada.

❮❮ A expressão de Nernst no item (5) do Exemplo 16-2 requer um excesso de AgCl sólido, de modo que a solução seja saturada como o composto todo o tempo.

16C-6 O Potencial Padrão de Eletrodo, E^0

> O **potencial padrão de eletrodo** para uma semirreação, E^0, é definido como o potencial de eletrodo quando todos os reagentes e produtos de uma semirreação têm atividades unitárias.

Quando observamos atentamente as Equações 16-11 e 16-12, percebemos que a constante E^0 corresponde ao potencial de eletrodo quando o quociente das concentrações (na verdade, o quociente das atividades) tem um valor igual a 1. Por definição, essa constante representa o potencial padrão de eletrodo para a semirreação. Note que o quociente é sempre igual a 1 quando as atividades dos reagentes e dos produtos de uma semirreação são unitárias.

O potencial padrão de eletrodo é uma constante física importante, que fornece informações quantitativas relacionadas ao desenvolvimento da reação de uma semicélula.[2] As características mais importantes dessas constantes são as seguintes:

1. O potencial padrão de eletrodo é uma grandeza relativa no sentido de que é o potencial de uma célula eletroquímica na qual o eletrodo de referência (eletrodo da esquerda) é o eletrodo padrão de hidrogênio, a cujo potencial foi atribuído o valor de 0,000 V.
2. O potencial padrão de eletrodo para uma semirreação refere-se exclusivamente à reação de redução; ou seja, é relativo ao potencial de redução.
3. O potencial padrão de eletrodo mede a força relativa da tendência de guiar uma semirreação de um estado no qual os reagentes e produtos têm atividade igual a um para um estado no qual os reagentes e produtos estão com suas atividades de equilíbrio em relação ao eletrodo padrão de hidrogênio.
4. O potencial padrão de eletrodo é independente das quantidades de matéria de reagentes e produtos mostrados na semirreação balanceada. Portanto, o potencial de eletrodo padrão para a semirreação

$$Fe^{3+} + e^- \rightleftharpoons Fe^{2+} \qquad E^0 = +0{,}771 \text{ V}$$

não varia se preferirmos representar a reação como

$$5Fe^{3+} + 5e^- \rightleftharpoons 5Fe^{2+} \qquad E^0 = +0{,}771 \text{ V}$$

Observe, entretanto, que a equação de Nernst precisa ser consistente com a semirreação da forma como ela está escrita. Para o primeiro caso, será

$$E = 0{,}771 - \frac{0{,}0592}{1} \log \frac{[Fe^{2+}]}{[Fe^{3+}]}$$

e para o segundo

$$E = 0{,}771 - \frac{0{,}0592}{5} \log \frac{[Fe^{2+}]^5}{[Fe^{3+}]^5} = 0{,}771 - \frac{0{,}0592}{5} \log \left(\frac{[Fe^{2+}]}{[Fe^{3+}]}\right)^5$$

$$= 0{,}771 - \frac{\cancel{5} \times 0{,}0592}{\cancel{5}} \log \frac{[Fe^{2+}]}{[Fe^{3+}]}$$

> ❯❯ Recorde-se de que a $\log x = \log a^x$, note que os dois termos logarítmicos têm valores idênticos, isto é,
>
> $$\frac{0{,}0592}{1}\log\frac{[Fe^{2+}]}{[Fe^{3+}]}$$
> $$= \frac{0{,}0592}{5}\log\frac{[Fe^{2+}]^5}{[Fe^{3+}]^5}$$
> $$= \frac{0{,}0592}{\cancel{5}}\log\left(\frac{[Fe^{2+}]}{[Fe^{3+}]}\right)^{\cancel{5}}$$

5. Um potencial de eletrodo positivo indica que a semirreação em questão é espontânea em relação à semirreação do eletrodo padrão de hidrogênio. Em outras palavras, na semirreação o oxidante é mais forte que o íon hidrogênio. Um sinal negativo indica exatamente o contrário.
6. O potencial padrão de eletrodo para uma semirreação é dependente da temperatura.

---

[2] Para leituras adicionais sobre os potenciais padrão de eletrodos, veja R. G. Bates, in *Treatise on Analytical Chemistry*. 2. ed. I. M. Kolthoff; P. J. Elving, eds., Nova York: Wiley, 1978, pt. I, v. 1, cap. 13.

TABELA 16-1

Potenciais Padrão de Eletrodo*

Reação	E^0 a 25°C, V
$Cl_2(g) + 2e^- \rightleftharpoons 2Cl^-$	+1,359
$O_2(g) + 4H^+ + 4e^- \rightleftharpoons 2H_2O$	+1,229
$Br_2(aq) + 2e^- \rightleftharpoons 2Br^-$	+1,087
$Br_2(l) + 2e^- \rightleftharpoons 2Br^-$	+1,065
$Ag^+ + e^- \rightleftharpoons Ag(s)$	+0,799
$Fe^{3+} + e^- \rightleftharpoons Fe^{2+}$	+0,771
$I_3^- + 2e^- \rightleftharpoons 3I^-$	+0,536
$Cu^{2+} + 2e^- \rightleftharpoons Cu(s)$	+0,337
$UO_2^{2+} + 4H^+ + 2e^- \rightleftharpoons U^{4+} + 2H_2O$	+0,334
$Hg_2Cl_2(s) + 2e^- \rightleftharpoons 2Hg(l) + 2Cl^-$	+0,268
$AgCl(s) + e^- \rightleftharpoons Ag(s) + Cl^-$	+0,222
$Ag(S_2O_3)_2^{3-} + e^- \rightleftharpoons Ag(s) + 2S_2O_3^{2-}$	+0,017
$\mathbf{2H^+ + 2e^- \rightleftharpoons H_2(g)}$	**0,000**
$AgI(s) + e^- \rightleftharpoons Ag(s) + I^-$	−0,151
$PbSO_4 + 2e^- \rightleftharpoons Pb(s) + SO_4^{2-}$	−0,350
$Cd^{2+} + 2e^- \rightleftharpoons Cd(s)$	−0,403
$Zn^{2+} + 2e^- \rightleftharpoons Zn(s)$	−0,763

*Veja o Apêndice 5 para uma lista mais extensa.

❮❮ Baseado nos valores de E^0 na Tabela 16-1 para o Fe^{3+} e I_3^-, quais espécies você esperaria que predominassem em uma solução produzida pela mistura de ferro(III) e íons iodeto? Veja abaixo.

$2Fe^{3+} + 3I^- \rightleftharpoons 2Fe^{2+} + 3I_3^-$

A reação entre o ferro (III) e o iodo. A espécie em cada béquer é indicada pela cor da solução. O ferro (III), à esquerda, é amarelo-claro (aqui, cinza-claro), o iodo, ao centro, é incolor e o triiodeto, à direita, é laranja-avermelhado forte (aqui, preto). Veja a prancha colorida 15.

Os dados de potenciais padrão de eletrodo estão disponíveis para um número enorme de semirreações. Muitos deles foram determinados diretamente a partir de medidas eletroquímicas. Outros têm sido calculados a partir de estudos de equilíbrio de sistemas redox e a partir de dados termodinâmicos associados a tais reações. A **Tabela 16-1** contém dados de potenciais padrão de eletrodos para diversas semirreações que serão consideradas nas páginas seguintes. Uma lista mais extensa pode ser encontrada no Apêndice 5.[3]

A Tabela 16-1 e o Apêndice 5 ilustram as duas formas comuns de tabular os dados de potenciais padrão. Na Tabela 16-1, os potenciais são listados em ordem numérica decrescente. Como consequência, as espécies mostradas na parte superior esquerda são os receptores de elétrons mais efetivos, como evidenciado por seus altos valores positivos. Portanto, eles são os agentes oxidantes mais fortes. À medida que prosseguimos para baixo, cada espécie mostrada à esquerda das semirreações é menos efetiva como receptora de elétrons que aquela que está acima dela. As semirreações de célula na parte inferior da tabela têm pouca ou nenhuma tendência de ocorrer, da maneira como estão escritas. Por outro lado, elas tendem a ocorrer no sentido inverso. Os agentes redutores mais efetivos, então, são aquelas espécies que aparecem na parte inferior da tabela e à direita na semirreação.

DESTAQUE 16-4

Convenções de Sinais na Literatura Antiga

Os trabalhos de referência, especialmente aqueles publicados antes de 1953, geralmente contêm tabelas de potenciais de eletrodos que não estão de acordo com as recomendações da IUPAC. Por exemplo, em uma fonte clássica de dados de potenciais padrão compilada por Latimer,[4] encontramos

(continua)

---

[3] Fontes completas para os potenciais padrão de eletrodos incluem: A. J. Bard; R. Parsons; J. Jordan, eds. *Standard Potentials in Aqueous Solution*. Nova York: Dekker, 1985; G. Milazzo; S. Caroli; V. K. Sharma. *Tables of Standard Electrode Potentials*. Nova York: Wiley-Interscience, 1978; M. S. Antelman; F. J. Harris. *Chemical Electrode Potentials*. Nova York: Plenum Press, 1982. Algumas compilações estão organizadas alfabeticamente por elemento; outras estão tabuladas de acordo com o valor numérico de E^0.

[4] W. M. Latimer. *The Oxidation States of the Elements and Their Potentials in Aqueous Solutions*. 2. ed. Englewood Cliffs, NJ: Prentice-Hall, 1952.

> $$Zn(s) \rightleftharpoons Zn^{2+} + 2e^- \qquad E = +0,76 \text{ V}$$
> $$Cu(s) \rightleftharpoons Cu^{2+} + 2e^- \qquad E = +0,34 \text{ V}$$
>
> Para converter esses potenciais de oxidação em potenciais de eletrodo como definido pela convenção da IUPAC, é preciso expressar mentalmente (1) as semirreações como redução e (2) mudar os sinais dos potenciais.
>
> A convenção de sinais empregada em uma tabela contendo potenciais de eletrodos pode não estar explicitamente definida. Essa informação pode ser deduzida, contudo, observando-se a direção e o sinal do potencial para uma semirreação. Se o sinal estiver de acordo com a convenção da IUPAC, a tabela poderá ser usada como está. Se não, os sinais de todos os dados terão de ser invertidos. Por exemplo, a reação
>
> $$O_2(g) + 4H^+ + 4e^- \rightleftharpoons 2H_2O \qquad E = +1,229 \text{ V}$$
>
> ocorre espontaneamente em relação ao eletrodo padrão de hidrogênio e, portanto, carrega um sinal positivo. Se o potencial para essa semirreação for negativo na tabela, ele e todos os outros potenciais deverão ser multiplicados por −1.

As compilações de dados de potenciais de eletrodos, como aqueles expostos na Tabela 16-1, fornecem aos químicos informações qualitativas quanto à extensão e direção das reações envolvendo a transferência de elétrons. Por exemplo, o potencial padrão para a prata(I) (+0,799 V) é mais positivo que aquele para o cobre(II) (+0,337 V). Portanto, concluímos que um pedaço de cobre imerso em uma solução de prata(I) vai provocar a redução desse íon e a oxidação do cobre. Por outro lado, podemos esperar que não haja reação se colocarmos um pedaço de prata em uma solução contendo cobre(II).

Em contraste com os dados da Tabela 16-1, os potenciais padrão do Apêndice 5 são organizados alfabeticamente por elemento para tornar mais fácil a localização de dados para uma dada reação de eletrodo.

Sistemas Envolvendo Precipitados e Íons Complexos

Na Tabela 16-1 encontramos vários dados envolvendo Ag(I), incluindo

$$Ag^+ + e^- \rightleftharpoons Ag(s) \qquad\qquad E^0_{Ag^+/Ag} = +0,799 \text{ V}$$

$$AgCl(s) + e^- \rightleftharpoons Ag(s) + Cl^- \qquad\qquad E^0_{AgCl/Ag} = +0,222 \text{ V}$$

$$Ag(S_2O_3)_2^{3-} + e^- \rightleftharpoons Ag(s) + 2S_2O_3^{2-} \qquad\qquad E^0_{Ag(S_2O_3)_2^{3-}/Ag} = +0,017 \text{ V}$$

Cada uma dessas equações fornece o potencial de um eletrodo de prata em um ambiente diferente. Vejamos como os três potenciais estão relacionados.

A expressão de Nernst para a primeira semirreação é

$$E = E^0_{Ag^+/Ag} - \frac{0,0592}{1} \log \frac{1}{[Ag^+]}$$

Se substituirmos $[Ag^+]$ por $K_{ps}/[Cl^-]$, obtemos

$$E = E^0_{Ag^+/Ag} - \frac{0,0592}{1} \log \frac{[Cl^-]}{K_{ps}} = E^0_{Ag^+/Ag} + 0,0592 \log K_{ps} - 0,0592 \log[Cl^-]$$

Por definição, o potencial padrão para a segunda semirreação é aquele onde $[Cl^-] = 1,00$. Isto é, quando $[Cl^-] = 1,00$, $E = E^0_{AgCl/Ag}$. Substituindo esses valores, temos

$$E^0_{AgCl/Ag} = E^0_{Ag^+/Ag} - 0,0592 \log 1,82 \times 10^{-10} - 0,0592 \log (1,00)$$
$$= 0,799 + (-0,577) - 0,000 = 0,222 \text{ V}$$

A **Figura 16-9** mostra as medidas do potencial padrão para o eletrodo de Ag/AgCl.

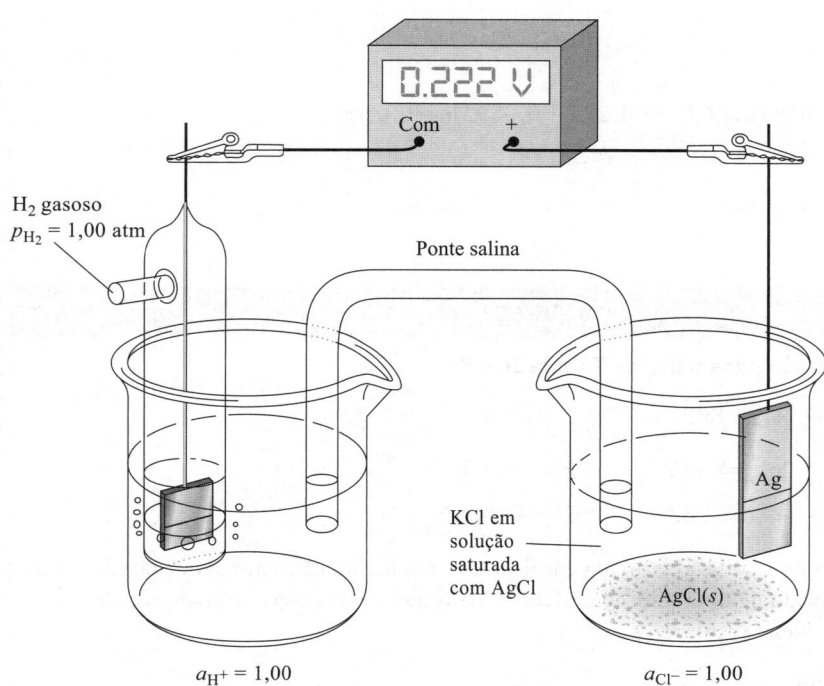

FIGURA 16-9
Medida do potencial padrão de eletrodo para um eletrodo de Ag/AgCl.

Se procedermos da mesma forma, podemos obter uma expressão para o potencial de eletrodo padrão para a redução do complexo de tiossulfato com íons prata descrito no terceiro equilíbrio mostrado no início desta seção. Nesse caso, o potencial é dado por

$$E^0_{Ag(S_2O_3)_2^{3-}/Ag} = E^0_{Ag^+/Ag} - 0{,}0592 \log \beta_2 \qquad (16\text{-}13)$$

≪ DESAFIO: Deduza a Equação 16-13.

onde β_2 é a constante de formação para o complexo. Isto é,

$$\beta_2 = \frac{[Ag(S_2O_3)_2^{3-}]}{[Ag^+][S_2O_3^{2-}]^2}$$

EXEMPLO 16-3

Calcule o potencial de eletrodo para um eletrodo de prata imerso em uma solução 0,0500 mol L^{-1} de NaCl utilizando (a) $E^0_{Ag^+/Ag} = 0{,}799$ V e (b) $E^0_{AgCl/Ag} = 0{,}222$ V.

Resolução

(a) $Ag^+ + e^- \rightleftharpoons Ag(s) \qquad E^0_{Ag^+/Ag} = +0{,}799$ V

A concentração de Ag$^+$ nessa solução é dada por

$$[Ag^+] = \frac{K_{ps}}{[Cl^-]} = \frac{1{,}82 \times 10^{-10}}{0{,}0500} = 3{,}64 \times 10^{-9} \text{ mol L}^{-1}$$

Substituindo-se esses valores na expressão de Nernst, temos

$$E = 0{,}799 - 0{,}0592 \log \frac{1}{3{,}64 \times 10^{-9}} = 0{,}299 \text{ V}$$

(continua)

(b) Podemos escrever esta última equação como

$$E = 0,222 - 0,0592 \log[\text{Cl}^-] = 0,222 - 0,0592 \log 0,0500$$
$$= 0,299$$

DESTAQUE 16-5

Por Que Existem Dois Potenciais de Eletrodo para o Br_2 na Tabela 16-1?

Na Tabela 16-1, encontramos os seguintes dados para o Br_2:

$$Br_2(aq) + 2e^- \rightleftharpoons 2Br^- \quad E^0 = +1,087 \text{ V}$$
$$Br_2(l) + 2e^- \rightleftharpoons 2Br^- \quad E^0 = +1,065 \text{ V}$$

O segundo potencial padrão se aplica apenas a uma solução saturada em Br_2 e não a soluções não saturadas. Você deve utilizar 1,065 V para calcular o potencial de eletrodo de uma solução de KBr 0,0100 mol L^{-1} que seja saturada em Br_2 e que esteja em contato com um excesso do líquido. Nesse caso,

$$E = 1,065 - \frac{0,0592}{2} \log[Br^-]^2 = 1,065 - \frac{0,0592}{2} \log (0,0100)^2$$
$$= 1,065 - \frac{0,0592}{2} \times (-4,00) = 1,183 \text{ V}$$

Neste cálculo, não aparece um termo para Br_2 no termo logarítmico porque ele é um líquido puro presente em excesso (atividade unitária). O potencial padrão de eletrodo mostrado no primeiro caso para $Br_2(aq)$ é hipotético, pois a solubilidade do Br_2 a 25°C é só de cerca de 0,18 mol L^{-1}. Portanto, o valor de 1,087 V é baseado em um sistema que – em termos da nossa definição de E^0 – não pode ser obtido experimentalmente. Não obstante, o potencial hipotético nos permite calcular os potenciais de eletrodo para soluções que não estão saturadas em Br_2. Por exemplo, se desejarmos calcular o potencial de eletrodo para uma solução que seja 0,0100 mol L^{-1} em KBr e 0,00100 mol L^{-1} em Br_2, podemos escrever

$$E = 1,087 - \frac{0,0592}{2} \log \frac{[Br^-]^2}{[Br_2(aq)]} = 1,087 - \frac{0,0592}{2} \log \frac{(0,0100)^2}{0,00100}$$
$$= 1,087 - \frac{0,0592}{2} \log 0,100 = 1,117 \text{ V}$$

16C-7 Limitações ao Uso dos Potenciais Padrão de Eletrodo

Usaremos potenciais padrão de eletrodo ao longo de todo este texto para calcular os potenciais de célula e as constantes de equilíbrio para as reações redox tanto quanto para calcular os dados para as curvas de titulação redox. Você deve estar atento ao fato de que algumas vezes esses cálculos podem gerar resultados significativamente diferentes daqueles que seriam obtidos no laboratório. Existem duas fontes principais para essas diferenças: (1) a necessidade de utilizar as concentrações em vez de atividades na equação de Nernst e (2) falhas ao não considerar adequadamente outros equilíbrios, como dissociação, associação, formação de complexos e solvólise. A presença de potenciais de junção líquida também pode contribuir para erros se eles não são minimizados. Contudo, as medidas de potenciais de eletrodo podem permitir-nos investigar esses equilíbrios e determinar suas constantes de equilíbrio.

Emprego de Concentrações em vez de Atividades

A maioria das reações redox é desenvolvida em soluções que têm forças iônicas tão elevadas que os coeficientes de atividade não podem ser obtidos por meio da equação de Debye-Hückel (veja a Equação 8-5, na Seção 8B-2). Portanto, erros significativos podem resultar se as concentrações forem utilizadas na equação de Nernst no lugar das atividades. Por exemplo, o potencial padrão para a semirreação

$$Fe^{3+} + e^- \rightleftharpoons Fe^{2+} \quad E^0 = +0,771 \text{ V}$$

é +0,771 V. Quando o potencial de um eletrodo de platina imerso em uma solução 10^{-4} mol L^{-1} em íons ferro(III), íons ferro(II) e ácido perclórico é medido contra o eletrodo padrão de hidrogênio, uma leitura de cerca de +0,77 V é obtida, assim como previsto pela teoria. Entretanto, se o ácido perclórico for adicionado a uma mistura até uma concentração de 0,1 mol L^{-1}, o potencial diminuirá para cerca de +0,75 V. Essa diferença é atribuída ao fato de o coeficiente de atividade do ferro(III) ser consideravelmente menor que aquele do ferro(II) (0,4 *versus* 0,18) na força iônica elevada de 0,1 mol L^{-1} em ácido perclórico (veja a Tabela 8-2). Como consequência, a razão das atividades das duas espécies ([Fe^{2+}]/[Fe^{3+}]) na equação de Nernst é maior que a unidade, condição que leva a um decréscimo no potencial de eletrodo. Em HClO$_4$ 1 mol L^{-1}, o potencial de eletrodo é ainda menor ($\approx$ 0,73 V).

O Efeito de Outros Equilíbrios

Os seguintes efeitos complicam mais a aplicação de dados de potencial padrão de eletrodo para muitos sistemas de interesse na Química Analítica: associação, dissociação, formação de complexos e solvólise envolvendo as espécies que aparecem na equação de Nernst. Esses fenômenos podem ser levados em consideração apenas se sua existência for conhecida e as constantes de equilíbrio apropriadas estiverem disponíveis. Na maioria das vezes, muitos desses requisitos não são atendidos e surgem discrepâncias significativas. Por exemplo, a presença de ácido clorídrico 1 mol L^{-1} na mistura ferro(II)/ferro(III), que discutimos anteriormente, leva a potenciais medidos de + 0,70 V, enquanto em ácido sulfúrico 1 mol L^{-1}, um potencial de +0,68 V é observado; em ácido fosfórico 2 mol L^{-1}, o potencial é de +0,46 V. Em cada um desses casos, a razão das atividades de ferro(II)/ferro(III) é maior em virtude de os complexos de ferro(III) com os íons cloreto, sulfato e fosfato serem mais estáveis que aqueles de ferro(II). Nestes casos, a razão das concentrações das espécies [Fe^{2+}]/[Fe^{3+}] na equação de Nernst é maior que a unidade e o potencial medido é menor que o potencial padrão. Se as constantes de formação para esses complexos estivessem acessíveis, seria possível fazer as correções apropriadas. Infelizmente, em geral esses dados não estão disponíveis, ou, se estão, eles não são muito confiáveis.

Potenciais Formais

Os **potenciais formais** são aqueles deduzidos empiricamente que compensam para os efeitos de atividades e dos equilíbrios competitivos que acabaram de ser descritos. O potencial formal $E^{0\prime}$ de um sistema é o potencial da semicélula com relação ao eletrodo padrão de hidrogênio medido sob condições tais que a razão das concentrações analíticas dos reagentes e produtos, como elas aparecem na equação de Nernst, seja exatamente a unidade, e as concentrações das outras espécies do sistema sejam todas cuidadosamente especificadas. Por exemplo, o potencial formal para a semirreação

$$Ag^+ + e^- \rightleftharpoons Ag(s) \quad E^{0\prime} = 0,792 \text{ V em 1 mol L}^{-1} \text{ de HClO}_4$$

Um **potencial formal** é o potencial de eletrodo quando a razão das **concentrações analíticas** dos reagentes e produtos de uma semirreação for exatamente 1,00 e as concentrações molares de quaisquer outros solutos forem especificadas. Para distinguir o potencial formal do potencial padrão de eletrodo, um símbolo de "linha" é adicionado ao E^0.

poderia ser obtido medindo-se o potencial da célula mostrada na **Figura 16-10**. Aqui, o eletrodo do lado direito é um eletrodo de prata mergulhado em uma solução de AgNO$_3$ 1,00 mol L^{-1} e HClO$_4$ 1,00 mol L^{-1}. O eletrodo de referência do lado esquerdo é o eletrodo padrão de hidrogênio. Essa célula desenvolve um potencial de +0,792 V, que é o potencial formal para o par Ag$^+$/Ag em HClO$_4$ 1,00 mol L^{-1}. Observe que o potencial padrão para esse par é +0,799 V.

Os potenciais formais para muitas semirreações são listados no Apêndice 5. Observe que existem grandes diferenças entre os potenciais formal e padrão para algumas semirreações. Por exemplo, o potencial formal para

$$Fe(CN)_6^{3-} + e^- \rightleftharpoons Fe(CN)_6^{4-} \quad E^{0\prime} = +0,36 \text{ V}$$

é 0,72 V em ácido perclórico ou sulfúrico 1 mol L^{-1}, o qual é 0,36 V superior ao potencial padrão de eletrodo para a semirreação. A razão para essa diferença é que, na presença de elevadas concentrações de íons hidrogênio, os íons hexacianoferrato(II) (Fe(CN)$_6^{4-}$) e hexacianoferrato(III) (Fe(CN)$_6^{3-}$) combinam-se com um ou mais prótons para formar as espécies ácidas hidrogenohexacianoferrato(II) e hidrogeno-hexacianoferrato(III). Como o H$_4$Fe(CN)$_6$ é um ácido mais fraco que o

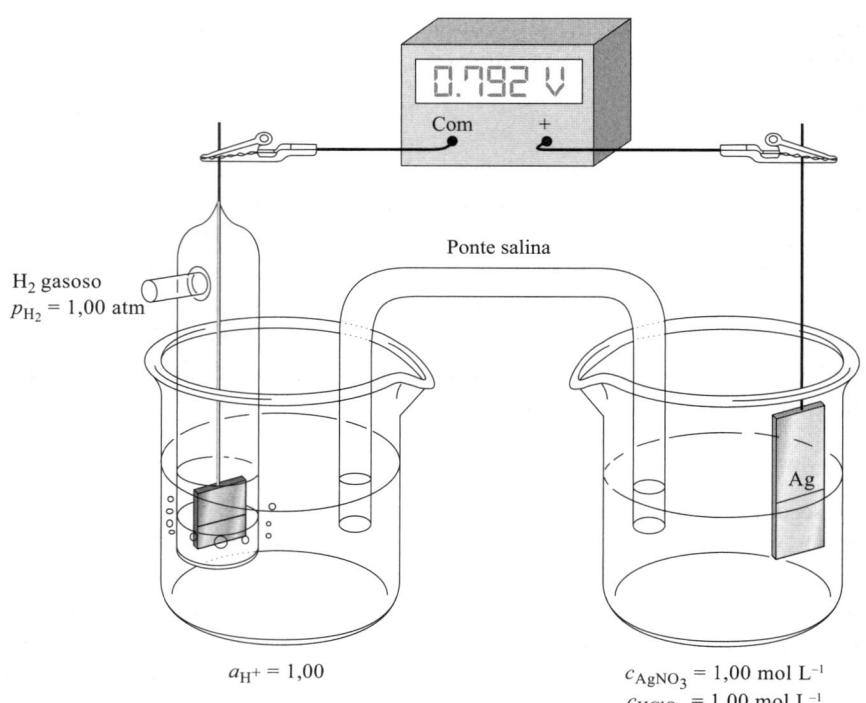

FIGURA 16-10
Medida do potencial a H⁺ formal para o par Ag⁺/Ag em HClO$_4$ 1 mol L^{-1}.

$H_3Fe(CN)_6$, a razão das concentrações das espécies, $[(Fe(CN)_6^{4-}]/[Fe(CN)_6^{3-}]$, na equação de Nernst é menor que 1 e, portanto, os potenciais observados são maiores.

A substituição dos potenciais padrão de eletrodo por potenciais formais na equação de Nernst gera maior concordância entre os resultados calculados e experimentais – desde que, certamente, a concentração de eletrólito da solução se aproxime daquela na qual o potencial formal seja aplicável. Não surpreendentemente, tentativas de aplicar os potenciais formais a sistemas que diferem substancialmente no tipo e na concentração do eletrólito podem resultar em erros que são maiores que aqueles associados com o emprego dos potenciais padrão de eletrodos. Neste texto, utilizaremos aquele que for mais adequado.

> **Exercícios no Excel** No primeiro exercício no Capítulo 10 do *Applications of Microsoft® Excel® in Analytical Chemistry*, 4. ed., é desenvolvida uma planilha para calcular os potenciais de eletrodo como uma função da razão da concentração do redutor para o oxidante ([R]/[O]) para o caso de duas espécies solúveis. Os gráficos de *E versus* [R]/[O] e *E versus* log([R]/[O]) são construídos e são determinadas as inclinações e intersecções. A planilha é modificada para sistemas de íons metálicos/metálicos.

Química Analítica On-line

As células de combustível têm sido usadas para fornecer energia elétrica para aeronaves desde a década em 1960. Em anos recentes, a tecnologia da célula de combustível começou a amadurecer e as baterias constituídas de células de combustível estão ou estarão disponíveis para a geração de energia em pequena escala e para automóveis elétricos. Pesquise na internet por um artigo do Departamento de Energia dos Estados Unidos sobre células de combustível. Localize a seção do artigo que discute as células de combustível reversíveis e a célula de combustível de hidrogênio. Descreva os vários tipos de tecnologias de células de combustível disponíveis ou em estudo. Discuta as vantagens da célula de combustível de hidrogênio sobre outros dispositivos de armazenamento de energia, tais como as baterias de chumbo-ácido, baterias de lítio-hidreto e assim por diante. Quais são as desvantagens? Quais são algumas das razões pelas quais esta tecnologia não substitui rapidamente as tecnologias de energia de corrente?

Resumo do Capítulo 16

- Reações de oxidação-redução.
- Equilibrando reações redox
- Tipos de células eletroquímicas.
- Células galvânicas e eletrolíticas.
- Potenciais de eletrodo.
- Potencial padrão de célula.
- Eletrodo padrão de hidrogênio.
- Potencial padrão de eletrodo.
- Convenção de sinais da IUPAC.
- Equação de Nernst.
- *Plus right rule* (regra do sinal à direita).
- Representação esquemática de célula.

Termos-chave

Agente oxidante, 410
Agente redutor, 410
Anodo, 414
Catodo, 414
Célula eletrolítica, 415
Célula galvânica, 415
Eletrodo, 414
Eletrodo de referência, 422
Equação de Nernst, 426
Estado padrão, 419
Par da prata, 424
Platinizado, 422
Ponte salina, 412
Potencial de eletrodo, 423
Potencial de semicélula, 421
Potencial formal, 433
Potencial padrão de célula, 419
Potencial padrão de eletrodo, 423
Reação de oxidação-redução, 409
Reação espontânea da célula, 415

Equações Importantes

Energia livre

$$\Delta G^0 = -nFE^0_{célula} = -RT\ln K_{eq}$$

Potencial de célula

$$E_{célula} = E_{direita} - E_{esquerda}$$

Equação de Nernst

Para $aA + bB + \cdots + ne^- \rightleftharpoons cC + dD + \cdots$

$$E = E^0 - \frac{RT}{nF}\ln\frac{[C]^c[D]^d\cdots}{[A]^a[B]^b\cdots}$$

Questões e Problemas*

Observação: Os dados numéricos representam as concentrações analíticas em mol por litro sempre que a fórmula completa de uma espécie é fornecida. As concentrações de equilíbrio em mol por litro são fornecidas para espécies apresentadas na forma de íons.

16-1. Descreva ou defina resumidamente:
   *(a) oxidação.
   (b) junção líquida.
   *(c) ponte salina.
   (d) redutor.
   *(e) equação de Nernst.

16-2. Descreva ou defina brevemente:
   *(a) potencial de eletrodo.
   (b) potencial formal.
   *(c) potencial padrão de eletrodo.
   (d) potencial de junção líquida.
   (e) potencial de oxidação.

16-3. Apresente uma distinção clara entre:
   *(a) oxidação e agente oxidante.
   (b) uma célula eletrolítica e uma célula galvânica.
   *(c) o catodo de uma célula eletroquímica e o eletrodo do lado direito.
   (d) uma célula eletroquímica reversível e uma célula eletroquímica irreversível.
   *(e) potencial padrão de eletrodo e potencial formal.

*16-4. Os seguintes dados são encontrados em uma tabela de potenciais padrão de eletrodos:

$$I_2(s) + 2e^- \rightleftharpoons 2I^- \quad E^0 = 0,53355 \text{ V}$$

$$I_2(aq) + 2e^- \rightleftharpoons 2I^- \quad E^0 = 0,615 \text{ V}$$

Qual é o significado da diferença entre esses dois potenciais padrão?

*16-5. Por que é necessário borbulhar hidrogênio na solução do eletrólito em um eletrodo de hidrogênio?

16-6. O potencial padrão de eletrodo para a redução do Ni^{2+} a Ni é $-0,25$ V. O potencial de um eletrodo de níquel imerso em uma solução 1,00 mol L^{-1} em NaOH saturada em $Ni(OH)_2$ seria mais ou menos negativo que $E^0_{Ni^{2+}/Ni}$? Explique.

16-7. Escreva as equações líquidas balanceadas para as seguintes reações. Acrescente H$^+$ e/ou H$_2$O necessários para obter o balanceamento.
   *(a) $Fe^{3+} + Sn^{2+} \rightarrow Fe^{2+} + Sn^{4+}$
   (b) $Cr(s) + Ag^+ \rightarrow Cr^{3+} + Ag(s)$
   *(c) $NO_3^- + Cu(s) \rightarrow NO_2(g) + Cu^{2+}$
   (d) $MnO_4^- + H_2SO_3 \rightarrow Mn^{2+} + SO_4^{2-}$
   *(e) $Ti^{3+} + Fe(CN)_6^{3-} \rightarrow TiO^{2+} + Fe(CN)_6^{4-}$
   (f) $H_2O_2 + Fe^{3+} \rightarrow O_2(g) + Fe^{2+}$
   *(g) $Ag(s) + I^- + Sn^{4+} \rightarrow AgI(s) + Sn^{2+}$
   (h) $UO_2^{2+} + Cu(s) \rightarrow U^{4+} + Cu^{2+}$
   *(i) $HNO_2 + MnO_4^- \rightarrow NO_3^- + Mn^{2+}$
   (j) $HN_2NNH_2 + IO_3^- + Cl^- \rightarrow N_2(g) + ICl_2^-$

*16-8. Identifique o agente oxidante e o agente redutor do lado esquerdo da equação para cada semirreação do Problema 16-7; escreva uma equação balanceada para cada semirreação.

16-9. Escreva as equações líquidas balanceadas para as seguintes reações. Acrescente H$^+$ e/ou H$_2$O quando necessário para obter o balanceamento.
   *(a) $MnO_4^- + VO^{2+} \rightarrow Mn^{2+} + V(OH)_4^+$
   (b) $I_3^- + H_2S(g) \rightarrow I^- + S(s)$
   *(c) $Cr_2O_7^{2-} + U^{4+} \rightarrow Cr^{3+} + UO_2^{2+}$
   (d) $Cl^- + MnO_4^- \rightarrow Cl_2(g) + Mn^{2+}$
   *(e) $IO_3^- + I^- \rightarrow I_2(aq)$
   (f) $IO_3^- + I^- + Cl^- \rightarrow ICl_2^-$
   *(g) $HPO_3^{2-} + MnO_4^- + OH^- \rightarrow PO_4^{3-} + MnO_4^{2-}$
   (h) $SCN^- + BrO_3^- \rightarrow Br^- + SO_4^{2-} + HCN$
   *(i) $V^{2+} + V(OH)_4^+ \rightarrow VO^{2+}$
   (j) $MnO_4^- + Mn^{2+} + OH^- \rightarrow MnO_2(s)$

16-10. Identifique o agente oxidante e o agente redutor do lado esquerdo de cada equação no Problema 16-9; escreva uma equação balanceada para cada semirreação.

*16-11. Considere as seguintes reações de oxidação-redução:

$$AgBr(s) + V^{2+} \rightarrow Ag(s) + V^{3+} + Br^-$$
$$Tl^{3+} + 2Fe(CN)_6^{4-} \rightarrow Tl^+ + 2Fe(CN)_6^{3-}$$
$$2V^{3+} + Zn(s) \rightarrow 2V^{2+} + Zn^{2+}$$
$$Fe(CN)_6^{3-} + Ag(s) + Br^- \rightarrow Fe(CN)_6^{4-} + AgBr(s)$$
$$S_2O_8^{2-} + Tl^+ \rightarrow 2SO_4^{2-} + Tl^{3+}$$

   (a) Escreva cada processo líquido em termos das duas semirreações balanceadas.
   (b) Expresse cada semirreação como uma redução.
   (c) Organize as semirreações do item (b) em ordem decrescente de eficiência como receptores de elétrons.

16-12. Considere as seguintes reações de oxidação-redução:

$$2H^+ + Sn(s) \rightarrow H_2(g) + Sn^{2+}$$
$$Ag^+ + Fe^{2+} \rightarrow Ag(s) + Fe^{3+}$$
$$Sn^{4+} + H_2(g) \rightarrow Sn^{2+} + 2H^+$$
$$2Fe^{3+} + Sn^{2+} \rightarrow 2Fe^{2+} + Sn^{4+}$$
$$Sn^{2+} + Co(s) \rightarrow Sn(s) + Co^{2+}$$

   (a) Escreva cada processo líquido em termos das duas semirreações balanceadas.
   (b) Expresse cada semirreação como uma redução.
   (c) Organize as semirreações do item (b) em ordem decrescente de eficiência como receptores de elétrons.

*As respostas para as questões e problemas marcados com um asterisco são fornecidas no final deste livro.

*16-13. Calcule o potencial de um eletrodo de cobre imerso em:
(a) $Cu(NO_3)_2$ 0,0380 mol L^{-1}.
(b) NaCl 0,0650 mol L^{-1} saturada em CuCl.
(c) NaOH 0,0350 mol L^{-1} saturada em $Cu(OH)_2$.
(d) $Cu(NH_3)_4^{2+}$ 0,0375 mol L^{-1} e NH_3 0,108 mol L^{-1}. (β_4 para o $Cu(NH_3)_4^{2+}$ é $5,62 \times 10^{11}$.)
(e) uma solução na qual a concentração analítica do $Cu(NO_3)_2$ seja $3,90 \times 10^{-3}$ mol L^{-1}, que para H_2Y^{2-} seja $3,90 \times 10^{-2}$ mol L^{-1} (Y = EDTA) e o pH esteja fixo em 4,00.

16-14. Calcule o potencial de um eletrodo de zinco imerso em:
(a) $Zn(NO_3)_2$ 0,0700 mol L^{-1}.
(b) NaOH 0,02750 mol L^{-1} saturada em $Zn(OH)_2$.
(c) $Zn(NH_3)_4^{2+}$ 0,0350 mol L^{-1} e NH_3 – β_4 0,450 mol L^{-1} para o $Zn(NH_3)_4^{2+}$ é $7,76 \times 10^8$.
(d) uma solução na qual a concentração analítica do $Zn(NO_3)_2$ seja $4,00 \times 10^{-3}$ mol L^{-1}, que para H_2Y^{2-} seja 0,0550 mol L^{-1} e o pH esteja fixo em 9,00.

16-15. Utilize as atividades para calcular o potencial de um eletrodo de hidrogênio no qual o eletrólito é HCl 0,0200 mol L^{-1} e a atividade do H_2 seja 1,00 atm.

*16-16. Calcule o potencial de um eletrodo de platina imerso em uma solução que seja:
(a) 0,0160 mol L^{-1} em K_2PtCl_4 e 0,2450 mol L^{-1} em KCl.
(b) 0,0650 mol L^{-1} em $Sn(SO_4)_2$ e $3,5 \times 10^{-3}$ mol L^{-1} em $SnSO_4$.
(c) tamponada a um pH 6,50 e saturada em $H_2(g)$ a 1,00 atm.
(d) 0,0255 mol L^{-1} em $VOSO_4$, 0,0686 mol L^{-1} em $V_2(SO_4)_3$ e 0,100 mol L^{-1} em $HClO_4$.
(e) preparada pela mistura de 25,00 mL de $SnCl_2$ 0,0918 mol L^{-1} com o mesmo volume de $FeCl_3$ 0,1568 mol L^{-1}.
(f) preparada pela mistura de 25,00 mL de $V(OH)_4^+$ 0,0832 mol L^{-1} com 50,00 mL de $V_2(SO_4)_3$ 0,01087 mol L^{-1} que tenha pH de 1,00.

16-17. Calcule o potencial de um eletrodo de platina imerso em uma solução que seja:
(a) 0,0513 mol L^{-1} em $K_4Fe(CN)_6$ e 0,00589 mol L^{-1} em $K_3Fe(CN)_6$.
(b) 0,0300 mol L^{-1} em $FeSO_4$ e 0,00825 mol L^{-1} em $Fe_2(SO_4)_3$.
(c) tamponada a um pH 4,85 e saturada em H_2 a 1,00 atm.
(d) 0,1455 mol L^{-1} em $V(OH)_4^+$, 0,0802 mol L^{-1} em VO^{2+} e 0,0800 mol L^{-1} em $HClO_4$.
(e) preparada pela mistura de 50,00 mL de $Ce(SO_4)_2$ 0,0507 mol L^{-1} com o mesmo volume de $FeCl_2$ 0,100 mol L^{-1} (suponha que as soluções eram H_2SO_4 1,00 mol L^{-1} e use potenciais formais).
(f) preparada pela mistura de 25,00 mL de $V_2(SO_4)_3$ 0,0832 mol L^{-1} com 50,00 mL de $V(OH)_4^+$ 0,00628 mol L^{-1} que tenha pH de 1,00.
(g) Desenhe um diagrama esquemático para cada uma das semicélulas descritas nos itens (a) a (f).

*16-18. Se as seguintes semicélulas forem o eletrodo do lado direito de uma célula galvânica, com o eletrodo padrão de hidrogênio à esquerda, calcule o potencial da célula. Se a célula fosse colocada em curto-circuito, indique se os eletrodos mostrados se comportariam como anodo ou catodo.
(a) Ni|Ni^{2+}(0,0883 mol L^{-1}).
(b) Ag|AgI(saturado), KI(0,0898 mol L^{-1}).
(c) Pt |O_2(780 torr), HCl($2,50 \times 10^{-4}$ mol L^{-1}).
(d) Pt|Sn^{2+}(0,0893 mol L^{-1}), Sn^{4+}(0,215 mol L^{-1}).
(e) Ag|Ag$(S_2O_3)_2^{3-}$ (0,00891 mol L^{-1}), $Na_2S_2O_3$ (0,1035 mol L^{-1}).

16-19. As semicélulas a seguir estão do lado esquerdo e associadas com o eletrodo padrão de hidrogênio, localizado à direita, formando uma célula galvânica. Calcule o potencial da célula. Indique qual eletrodo seria o catodo se a célula estivesse em curto-circuito.
(a) Cu|Cu^{2+}(0,0505 mol L^{-1}).
(b) Cu|CuI (saturada), KI(0,0893 mol L^{-1}).
(c) Pt|H_2(0,855 atm) | HCl($1,00 \times 10^{-4}$ mol L^{-1}).
(d) Pt|Fe^3(0,0792 mol L^{-1}), Fe^{2+}(0,1240 mol L^{-1}).
(e) Ag | Ag(CN)$_2^-$ (0,0678 mol L^{-1}), KCN (0,0552 mol L^{-1}).

*16-20. A constante do produto de solubilidade para o Ag_2SO_3 é $1,5 \times 10^{-14}$. Calcule E^0 para o processo
$$Ag_2SO_3(s) + 2e^- \rightleftharpoons 2Ag + SO_3^{2-}$$

16-21. A constante do produto de solubilidade para o $Ni_2P_2O_7$ é $1,7 \times 10^{-13}$. Calcule E^0 para o processo
$$Ni_2P_2O_7(s) + 4e^- \rightleftharpoons 2Ni(s) + P_2O_7^{4-}$$

*16-22. A constante do produto de solubilidade para o Tl_2S é 6×10^{-22}. Calcule E^0 para a reação
$$Tl_2S(s) + 2e^- \rightleftharpoons 2Tl(s) + S^{2-}$$

16-23. A constante do produto de solubilidade para o $Pb_3(AsO_4)_2$ é $4,1 \times 10^{-36}$. Calcule E^0 para a reação
$$Pb_2(AsO_4)_2(s) + 6e^- \rightleftharpoons 3Pb(s) + 2AsO_4^{2-}$$

*16-24. Calcule E^0 para o processo
$$ZnY^{2-} + 2e^- \rightleftharpoons Zn(s) + Y^{4-}$$

onde Y^{4-} é o ânion completamente desprotonado do EDTA. A constante de formação para o ZnY^{2-} é $3,2 \times 10^{16}$.

*16-25. Dadas as constantes de formação

$$Fe^{3+} + Y^{4-} \rightleftharpoons FeY^{-} \quad K_f = 1,3 \times 10^{25}$$

$$Fe^{2+} + Y^{4-} \rightleftharpoons FeY^{2-} \quad K_f = 2,1 \times 10^{14}$$

calcule E^0 para o processo

$$FeY^{-} + e^{-} \rightleftharpoons FeY^{2-}$$

16-26. Calcule E^0 para o processo

$$Cu(NH_3)_4^{2+} + e^{-} \rightleftharpoons Cu(NH_3)_2^{+} + 2NH_3$$

sabendo que

$$Cu^{+} + 2NH_3 \rightleftharpoons Cu(NH_3)_2^{+} \quad \beta_2 = 7,2 \times 10^{10}$$

$$Cu^{2+} + 4NH_3 \rightleftharpoons Cu(NH_3)_4^{2+} \quad \beta_4 = 5,62 \times 10^{11}$$

16-27. Para uma semicélula $Pt|Fe^{3+}, Fe^{2+}$, encontre o potencial para as seguintes razões de $[Fe^{3+}]/[Fe^{2+}]$: 0,001; 0,0025; 0,005; 0,0075; 0,010; 0,025; 0,050; 0,075; 0,100; 0,250; 0,500; 0,750; 1,00; 1,250; 1,50; 1,75; 2,50; 5,00; 10,00; 25,00; 75,00; 100,00.

16-28. Para uma semicélula $Pt|Ce^{4+}, Ce^{3+}$, encontre o potencial para as mesmas razões de $[Ce^{4+}]/[Ce^{3+}]$, como dado no Problema 16-27, para $[Fe^{3+}]/[Fe^{2+}]$.

16-29. Construa um gráfico de potencial de semicélula *versus* a razão das concentrações para as semicélulas dos Problemas 16-27 e 16-28. Como seria o gráfico se os valores de potencial fossem empregados para produzir um gráfico contra o log (razão das concentrações)?

16-30. **Problema Desafiador**. Tempos atrás, o eletrodo padrão de hidrogênio foi empregado para medidas de pH.

(a) Esquematize um diagrama de uma célula eletroquímica que poderia ser utilizada para medir o pH e identifique todas as partes do diagrama. Utilize o EPH para ambas as semicélulas.

(b) Deduza uma equação que forneça o potencial de célula em termos da concentração do íon hidrônio $[H_3O^+]$ em ambas as semicélulas.

(c) Uma semicélula deveria conter uma solução com concentração conhecida do íon hidrônio e a outra, a solução desconhecida. Resolva a equação em (b) para o pH da solução na semicélula desconhecida.

(d) Modifique a equação resultante para levar em consideração os coeficientes de atividade e expresse o resultado em termos de $pa_H = -\log a_H$, o logaritmo negativo da atividade do íon hidrônio.

(e) Descreva as circunstâncias sob as quais você esperaria que a célula fornecesse as medidas exatas para pa_H.

(f) Sua célula poderia ser utilizada para fazer as medidas práticas absolutas de pa_H ou você teria de calibrar sua célula com soluções de pa_H conhecidas? Explique sua resposta detalhadamente.

(g) Como (ou onde) você poderia obter as soluções com pa_H conhecidas?

(h) Discuta os problemas práticos que você poderia encontrar com o uso da sua célula para fazer as medidas de pH.

(i) Klopsteg[5] discute como fazer medidas com o eletrodo de hidrogênio. Na Figura 2 desse artigo, ele sugere o uso de uma régua cujo segmento é mostrado aqui para converter as concentrações do íon hidrônio para pH e vice-versa.

Explique os princípios de operação dessa régua e descreva como ela funciona. Que leitura você obteria com o uso da régua para uma concentração do íon hidrônio de $3,56 \times 10^{-4}$ mol L^{-1}? Quantos algarismos significativos existem no pH resultante? Qual a concentração de íons hidrônio em uma solução com pH 9,85?

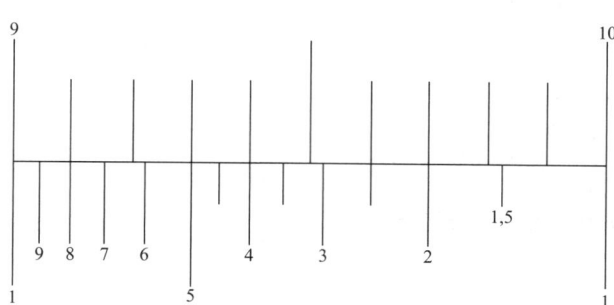

Regra da régua para pH.

---

[5] P. E. Klopsteg. *Ind. Eng. Chem.*, v. 14, n. 5, p. 399, 1922. DOI: 10.1021/ie50149a011.

Aplicações dos Potenciais Padrão de Eletrodo

CAPÍTULO 17

Em anos recentes, à medida que o mundo tem tentado se afastar dos combustíveis fósseis, os pesquisadores têm trabalho intensamente para desenvolver novas fontes de energia não poluentes e renováveis e dispositivos de armazenamento para ligar nossa infinidade de dispositivos elétricos. O resultado de tal esforço está mostrado na foto. As seis caixas vermelhas são células eletroquímicas, cada uma das quais produz aproximadamente 2,4 volts e, quando conectadas em série, formam uma bateria de 14,4 volts (veja a prancha colorida 22). No ciclo de carregamento das células, um composto orgânico X é oxidado para formar X^+ no anodo e reduzido a X^- no catodo. No ciclo de descarga, os papéis dos eletrodos são invertidos, o X^+ é reduzido de volta a X, e o X^- é oxidado a X, que produz a corrente elétrica desejada de 2,4 volts. O uso criativo dos potenciais redox como este está levando a novas fontes de energia e a dispositivos de armazenamento para o século XXI e além.

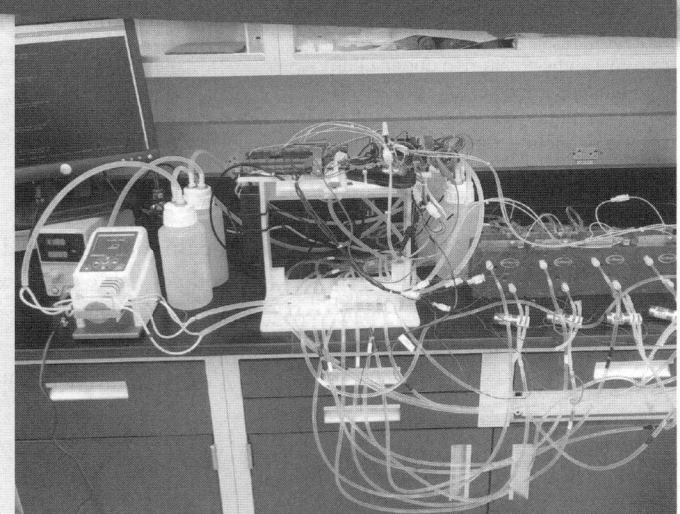

Foto cortesia de dr. Thomas Guarr, Michigan State University Bioeconomy Institute.

Neste capítulo, mostramos como os potenciais padrão de eletrodo podem ser utilizados para (1) calcular os potenciais termodinâmicos de célula, (2) calcular as constantes de equilíbrio para as reações redox e (3) construir curvas de titulações redox.

17A Cálculos de Potenciais de Células Eletroquímicas

Podemos utilizar os potenciais de eletrodo e a equação de Nernst para calcular o potencial obtido a partir de uma célula galvânica ou o potencial necessário para operar uma célula eletrolítica. Os potenciais calculados (algumas vezes denominados potenciais termodinâmicos) são teóricos na medida em que se referem a células nas quais não há nenhuma corrente. Como mostraremos no Capítulo 20, fatores adicionais devem ser considerados se uma corrente estiver envolvida.

O potencial termodinâmico de uma célula eletroquímica é a diferença entre o potencial do eletrodo da direita e o potencial do eletrodo da esquerda. Isto é,

$$E_{célula} = E_{direita} - E_{esquerda} \quad (17-1)$$

onde $E_{direita}$ e $E_{esquerda}$ são os potenciais dos eletrodos da direita e da esquerda, respectivamente. A Equação 17-1 é válida quando o potencial de junção líquido está ausente ou é mínimo. Em todo este capítulo, vamos supor que os potenciais de junção líquidos são desprezíveis.

« É importante observar que $E_{direita}$ e $E_{esquerda}$ são, em ambos os casos, *potenciais de eletrodo*, como definido no início da Seção 16C-3.

Gustav Robert Kirchhoff (1824-1877) foi um físico alemão que fez contribuições importantes para a física e para a química. Além de seu trabalho na espectroscopia, ele é conhecido pelas leis de Kirchhoff de corrente e voltagem nos circuitos elétricos. Estas leis podem ser resumidas pelas seguintes equações: $\Sigma I = 0$ e $\Sigma E = 0$. Estas equações afirmam que a soma das correntes em qualquer ponto do circuito (nó) é zero e a soma das diferenças de potencial em torno de qualquer circuito de loop é zero.

EXEMPLO 17-1

Calcule o potencial termodinâmico da célula a seguir e a variação de energia livre associada à reação da célula.

$$\text{Cu} \,|\, \text{Cu}^{2+}(0{,}0200 \text{ mol L}^{-1}) \,\|\, \text{Ag}^+(0{,}0200 \text{ mol L}^{-1}) \,|\, \text{Ag}$$

Note que se trata da célula galvânica mostrada na Figura 16-2a.

Resolução

As duas semirreações e os potenciais padrão são

$$\text{Ag}^+ + e^- \rightleftharpoons \text{Ag}(s) \qquad E^0 = 0{,}799 \text{ V} \qquad (17\text{-}2)$$

$$\text{Cu}^{2+} + 2e^- \rightleftharpoons \text{Cu}(s) \qquad E^0 = 0{,}337 \text{ V} \qquad (17\text{-}3)$$

Os potenciais de eletrodo são

$$E_{\text{Ag}^+/\text{Ag}} = 0{,}799 - 0{,}0592 \log \frac{1}{0{,}0200} = 0{,}6984 \text{ V}$$

$$E_{\text{Cu}^{2+}/\text{Cu}} = 0{,}337 - \frac{0{,}0592}{2} \log \frac{1}{0{,}0200} = 0{,}2867 \text{ V}$$

A partir do diagrama da célula, vemos que o eletrodo de prata é o da direita e que o eletrodo de cobre é o da esquerda. Portanto, a aplicação da Equação 17-1 fornece

$$E_{\text{célula}} = E_{\text{direita}} - E_{\text{esquerda}} = E_{\text{Ag}^+/\text{Ag}} - E_{\text{Cu}^{2+}/\text{Cu}} = 0{,}6984 - 0{,}2867 = +0{,}412 \text{ V}$$

A variação de energia livre ΔG para a reação $\text{Cu}(s) + 2\text{Ag}^+ \rightleftharpoons \text{Cu}^{2+} + \text{Ag}(s)$ é obtida de

$$\Delta G = -nFE_{\text{célula}} = -2 \times 96{,}485 \text{ C} \times 0{,}412 \text{ V} = -79{,}503 \text{ J} \, (18{,}99 \text{ kcal})$$

EXEMPLO 17-2

Calcule o potencial para a célula

$$\text{Ag} \,|\, \text{Ag}^+(0{,}0200 \text{ mol L}^{-1}) \,\|\, \text{Cu}^{2+}(0{,}0200 \text{ mol L}^{-1}) \,|\, \text{Cu}$$

Resolução

Os potenciais de eletrodo para as duas semirreações são idênticos aos potenciais de eletrodo calculados no Exemplo 17-1. Isto é,

$$E_{\text{Ag}^+/\text{Ag}} = 0{,}6984 \text{ V} \qquad \text{e} \qquad E_{\text{Cu}^{2+}/\text{Cu}} = 0{,}2867 \text{ V}$$

Em contraste com o exemplo anterior, entretanto, o eletrodo de prata está do lado esquerdo e o eletrodo de cobre está do lado direito. Substituindo os potenciais de eletrodo na Equação 17-1, temos

$$E_{\text{célula}} = E_{\text{direita}} - E_{\text{esquerda}} = E_{\text{Cu}^{2+}/\text{Cu}} - E_{\text{Ag}^+/\text{Ag}} = 0{,}2867 - 0{,}6984 = -0{,}412 \text{ V}$$

Os Exemplos 17-1 e 17-2 ilustram um fato importante. O valor da diferença de potencial entre os dois eletrodos é 0,412 V, independentemente de qual eletrodo seja considerado à esquerda ou de referência. Se o eletrodo de Ag for o da esquerda, tal como no Exemplo 17-2, o potencial da célula terá um sinal negativo, mas se o eletrodo de Cu for aquele de referência, como no Exemplo 17-2, o potencial da célula terá um sinal positivo. Entretanto, não importa como a célula seja arranjada, a reação espontânea da célula é a oxidação do Cu e a redução de Ag^+ e a variação de energia livre é 79.503 J. Os exemplos 17-3 e 17-4 ilustram outros tipos de reações de eletrodos.

EXEMPLO 17-3

Calcule o potencial da seguinte célula e indique a reação que ocorreria espontaneamente se a célula estivesse em curto-circuito (**Figura 17-1**).

$$Pt\,|\,U^{4+}(0,200\text{ mol L}^{-1}), UO_2^{2+}(0,0150\text{ mol L}^{-1}), H^+(0,0300\text{ mol L}^{-1})\,||$$
$$Fe^{2+}(0,0100\text{ mol L}^{-1}), Fe^{3+}(0,0250\text{ mol L}^{-1})\,|\,Pt$$

Resolução

As duas semirreações são

$$Fe^{3+} + e^- \rightleftharpoons Fe^{2+} \qquad E^0 = +0,771\text{ V}$$

$$UO_2^{2+} + 4H^+ + 2e^- \rightleftharpoons U^{4+} + 2H_2O \qquad E^0 = +0,334\text{ V}$$

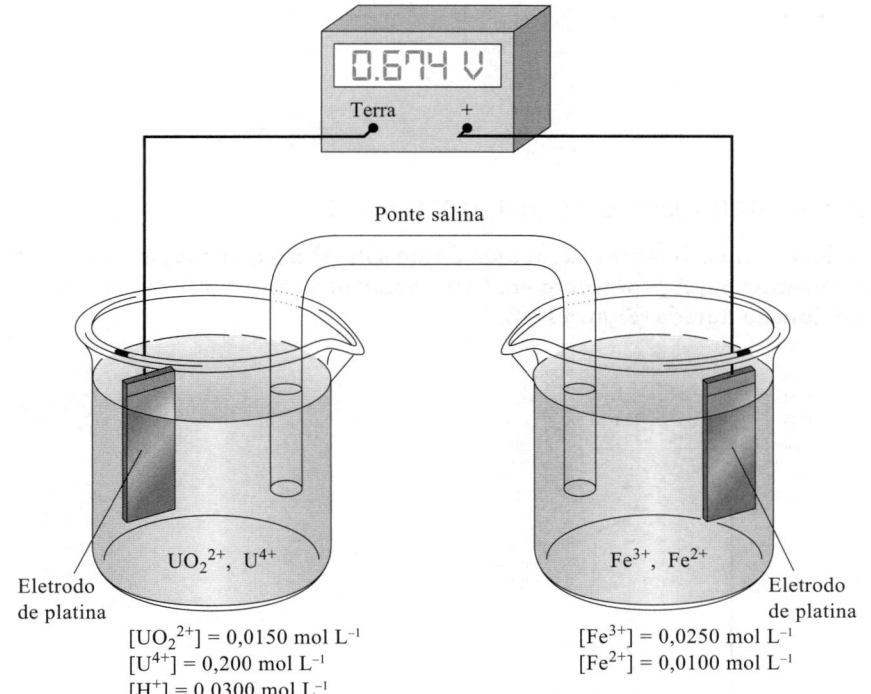

FIGURA 17-1 Célula do Exemplo 17-3.

O potencial de eletrodo para o eletrodo da direita é

$$E_{\text{direita}} = 0,771 - 0,0592 \log \frac{[Fe^{2+}]}{[Fe^{3+}]}$$

$$= 0,771 - 0,0592 \log \frac{0,0100}{0,0250} = 0,771 - (-0,0236)$$

$$= 0,7946\text{ V}$$

(continua)

>> Um curto-circuito, ou um curto, ocorre quando duas metades de uma célula estão conectadas diretamente com um fio ou outro condutor de tal forma que os elétrons podem passar livremente entre as duas. Você já deve ter ouvido este termo no contexto da fiação doméstica, quando duas metades de um circuito são conectadas acidentalmente, em geral com resultados surpreendentes: um fusível ou um disjuntor acompanhado por um clarão de luz e calor, e se houver materiais inflamáveis por perto, um incêndio pode ocorrer. Quando um incêndio é relatado como incêndio elétrico, a causa normalmente é um curto-circuito.

O potencial de eletrodo para o eletrodo da esquerda é

$$E_{esquerda} = 0{,}334 - \frac{0{,}0592}{2} \log \frac{[U^{4+}]}{[UO_2^{2+}][H^+]^4}$$

$$= 0{,}334 - \frac{0{,}0592}{2} \log \frac{0{,}200}{(0{,}0150)(0{,}0300)^4}$$

$$= 0{,}334 - 0{,}2136 = 0{,}1204 \text{ V}$$

e

$$E_{célula} = E_{direita} - E_{esquerda} = 0{,}7946 - 0{,}1204 = 0{,}6742 \text{ V}$$

O sinal positivo significa que a reação espontânea é a oxidação do U^{4+} do lado esquerdo e a redução do Fe^{3+} do lado direito, ou

$$U^{4+} + 2Fe^{3+} + 2H_2O \rightarrow UO_2^{2+} + 2Fe^{2+} + 4H^+$$

EXEMPLO 17-4

Calcule o potencial da célula para

$$Ag\,|\,AgCl(sat), HCl(0{,}0200 \text{ mol L}^{-1})\,|\,H_2(0{,}800 \text{ atm}), Pt$$

Observe que essa célula não requer dois compartimentos (nem uma ponte salina) porque o H_2 molecular tem uma baixa tendência de reagir diretamente com Ag^+ presente em baixa concentração na solução eletrolítica. Este é um exemplo de uma **célula sem junção líquida** (**Figura 17-2**).

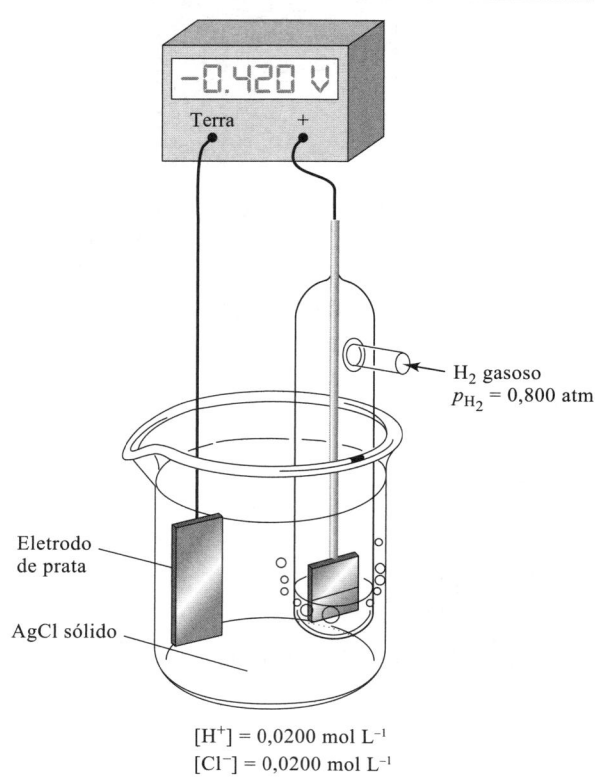

FIGURA 17-2 Célula sem junção líquida para o Exemplo 17-4.

(continua)

Resolução

As duas semirreações e seus correspondentes potenciais padrão de eletrodo são (veja a Tabela 16-1)

$$2H^+ + 2e^- \rightleftharpoons H_2(g) \qquad E^0_{H^+/H_2} = 0,000 \text{ V}$$

$$AgCl(s) + e^- \rightleftharpoons Ag(s) + Cl^- \qquad E^0_{AgCl/Ag} = 0,222 \text{ V}$$

Os dois potenciais de eletrodo são

$$E_{direita} = 0,000 - \frac{0,0592}{2} \log \frac{p_{H_2}}{[H^+]^2} = -\frac{0,0592}{2} \log \frac{0,800}{(0,0200)^2}$$

$$= -0,0977 \text{ V}$$

$$E_{esquerda} = 0,222 - 0,0592 \log[Cl^-] = 0,222 - 0,0592 \log 0,0200$$

$$= 0,3226 \text{ V}$$

Portanto, o potencial da célula é

$$E_{célula} = E_{direita} - E_{esquerda} = -0,0977 - 0,3226 = -0,420 \text{ V}$$

O sinal negativo indica que a reação da célula em questão

$$2H^+ + 2Ag(s) \rightarrow H_2(g) + 2AgCl(s)$$

não é espontânea. Para que essa reação ocorra, devemos aplicar uma voltagem externa e construir uma célula eletrolítica. Uma vez que a célula é não espontânea, a implicação é que um eletrodo de prata não se dissolve em uma solução ácida.

EXEMPLO 17-5

Calcule o potencial para a seguinte célula, empregando (a) concentrações e (b) atividades:

$$Zn\,|\,ZnSO_4(x \text{ mol L}^{-1}), PbSO_4(sat)\,|\,Pb$$

onde $x = 5,00 \times 10^{-4}, 2,00 \times 10^{-3}, 1,00 \times 10^{-2}$ e $5,00 \times 10^{-2}$.

Resolução

(a) Em uma solução neutra, forma-se pouco HSO_4^- e podemos considerar que

$$[SO_4^{2-}] = c_{ZnSO_4} = x = 5,00 \times 10^{-4} \text{ mol L}^{-1}$$

A semirreação e os potenciais padrão de eletrodo são (veja a Tabela 16-1)

$$PbSO_4(s) + 2e^- \rightleftharpoons Pb(s) + SO_4^{2-} \qquad E^0_{PbSO_4/Pb} = -0,350 \text{ V}$$

$$Zn^{2+} + 2e^- \rightleftharpoons Zn(s) \qquad E^0_{Zn^{2+}/Zn} = -0,763 \text{ V}$$

O potencial do eletrodo de chumbo é

$$E_{PbSO_4/Pb} = E^0_{PbSO_4/Pb} - \frac{0,0592}{2} \log[SO_4^{2-}]$$

$$= -0,350 - \frac{0,0592}{2} \log(5,00 \times 10^{-4}) = -0,252 \text{ V}$$

(continua)

A **Dra. Gloria Thomas** (ela/dela) obteve o bacharelado em química na Southern University e A&M College. Após várias residências, trabalhou na indústria química antes de obter o doutorado em química na Louisiana State University. A Dra. Thomas possui um certificado de pós-graduação em liderança acadêmica da Chicago School of Professional Psychology. Para o treinamento de pós-doutorado, Thomas foi bolsista do National Research Council no National Institute of Standards and Technology (NIST) e professora assistente na Mississippi State University e na Xavier University of Louisiana. Seguindo sua paixão pelo desenvolvimento do estudante, diversidade, inclusão e tecnologia educacional, ela retornou para a LSU como Diretora Executiva de Pesquisa, Educação e Programas de Treinamento antes de assumir o papel de Diretora do Center for Academic Success, focando seus esforços em Engajamento e Realização. Durante todo o seu trabalho, a Dra. Thomas tem alavancado seu treinamento em analítica, conforto com medidas quantitativas, conjuntos de dados normalizados, medidas estatísticas e outras ferramentas de ciências de dados e práticas para uma vantagem na avaliação, análises de dados de retenção, visualização de dados e identificar relações e correlações relacionados ao sucesso dos estudantes. Além disso, o conhecimento em áreas como processamento de sinais, aquisição de dados, automação e sistemas conectados com programas de computador obtidos pelo desenvolvimento de instrumentação analítica a tem capacitado para navegar rapidamente entre áreas associadas à tecnologia educacional.

O potencial do eletrodo de zinco é

$$E_{Zn^{2+}/Zn} = E^0_{Zn^{2+}/Zn} - \frac{0,0592}{2} \log \frac{1}{[Zn^{2+}]}$$

$$= -0,763 - \frac{0,0592}{2} \log \frac{1}{5,00 \times 10^{-4}} = -0,861\,V$$

Portanto, o potencial da célula é

$$E_{célula} = E_{direita} - E_{esquerda} = E_{PbSO_4/Pb} - E_{Zn^{2+}/Zn} = -0,252 - (-0,861) = 0,609\,V$$

Os potenciais de célula para as outras concentrações podem ser obtidos da mesma forma. Seus valores são fornecidos na **Tabela 17-1**.

(b) Para calcular os coeficientes de atividade para o Zn^{2+} e $[SO_4^{2-}]$, precisamos primeiramente determinar a força iônica da solução, empregando a Equação 8-1:

$$\mu = \frac{1}{2}[5,00 \times 10^{-4} \times (2)^2 + 5,00 \times 10^{-4} \times (2)^2] = 2,00 \times 10^{-3}$$

Na Tabela 8-2 encontramos $\alpha_{SO_4^{2-}} = 0,4$ nm e $\alpha_{Zn^{2+}} = 0,6$ nm. Se substituirmos esses valores na Equação 8-5, temos

$$-\log \gamma_{SO_4^{2-}} = \frac{0,51 \times (2)^2 \sqrt{2,00 \times 10^{-3}}}{1 + 3,3 \times 0,4\sqrt{2,00 \times 10^{-3}}} = 8,61 \times 10^{-2}$$

$$\gamma_{SO_4^{2-}} = 0,820$$

Repetindo os cálculos para Zn^{2+}, obtemos

$$\gamma_{Zn^{2+}} = 0,825$$

A equação de Nernst para o eletrodo de chumbo agora é

$$E_{PbSO_4/Pb} = E^0_{PbSO_4/Pb} - \frac{0,0592}{2} \log \gamma_{SO_4^{2-}} c_{SO_4^{2-}}$$

$$= -0,350 - \frac{0,0592}{2} \log(0,820 \times 5,00 \times 10^{-4}) = -0,250\,V$$

e para o eletrodo de zinco, teremos

$$E_{Zn^{2+}/Zn} = E^0_{Zn^{2+}/Zn} - \frac{0,0592}{2} \log \frac{1}{\gamma_{Zn^{2+}} c_{Zn^{2+}}}$$

$$= -0,763 - \frac{0,0592}{2} \log \frac{1}{0,825 \times 5,00 \times 10^{-4}} = -0,863\,V$$

Finalmente, encontramos o potencial da célula a partir de

$$E_{célula} = E_{direita} - E_{esquerda} = E_{PbSO_4/Pb} - E_{Zn^{2+}/Zn} = -0,250 - (-0,863) = 0,613\,V$$

Os valores para outras concentrações e para os potenciais determinados experimentalmente para as células são encontrados na Tabela 17-1.

A Tabela 17-1 mostra que os potenciais calculados sem os coeficientes de atividade exibem um erro significativo. Também torna-se claro, a partir dos dados da

TABELA 17-1
O Efeito da Força Iônica Sobre o Potencial de Uma Célula Galvânica*

Concentração de $ZnSO_4$, mol L^{-1}	Força Iônica, μ	(a) E, Baseados em Concentrações	(b) E, Baseados em Atividades	E, Valores Experimentais[†]
$5,00 \times 10^{-4}$	$2,00 \times 10^{-3}$	0,608	0,613	0,611
$2,00 \times 10^{-3}$	$8,00 \times 10^{-3}$	0,573	0,582	0,583
$1,00 \times 10^{-2}$	$4,00 \times 10^{-2}$	0,531	0,550	0,553
$2,00 \times 10^{-2}$	$8,00 \times 10^{-2}$	0,513	0,537	0,542
$5,00 \times 10^{-2}$	$2,00 \times 10^{-1}$	0,490	0,521	0,529

*Célula descrita no Exemplo 17-5. Todos os potenciais E estão em volts.
[†]Dados experimentais de I. A. Cowperthwaite; V. K. LaMer. *J. Amer. Chem. Soc.*, v. 53, p. 4333, 1931. DOI: 10.1021/ja01363a010.

quinta coluna da tabela, que os potenciais calculados com as atividades concordam razoavelmente bem com os valores experimentais.

EXEMPLO 17-6

Calcule o potencial requerido para iniciar a deposição de cobre a partir de uma solução que é 0,010 mol L^{-1} em $CuSO_4$ e que contém H_2SO_4 suficiente para produzir um pH de 4,00.

Resolução

A deposição de cobre ocorre, necessariamente, no catodo que está de acordo com a convenção do eletrodo à direita. Dado que não existe uma espécie mais facilmente oxidável que a água no sistema, O_2 será liberado no anodo. As duas semirreações e seus correspondentes potenciais padrão de eletrodo são (Tabela 16-1)

$$Cu^{2+} + 2e^- \rightleftharpoons Cu(s) \qquad E^0_{AgCl/Ag} = +0,337 \text{ V (direita)}$$

$$O_2(g) + 4H^+ + 4e^- \rightleftharpoons 2H_2O \qquad E^0_{O_2/H_2O} = +1,229 \text{ V (esquerda)}$$

O potencial de eletrodo para o eletrodo de cobre é

$$E_{Cu^{2+}/Cu} = +0,337 - \frac{0,0592}{2} \log \frac{1}{0,010} = +0,278 \text{ V}$$

Se O_2 é liberado à pressão atmosférica, ou seja, 1,00 atm, que é provavelmente próxima à pressão barométrica na maioria dos laboratórios, o potencial do eletrodo para o eletrodo de oxigênio é

$$E_{O_2/H_2O} = +1,229 - \frac{0,0592}{4} \log \frac{1}{p_{O_2}[H^+]^4}$$

$$= +1,229 - \frac{0,0592}{4} \log \frac{1}{(1 \text{ atm})(1,00 \times 10^{-4})^4} = +0,992 \text{ V}$$

e, portanto, o potencial da célula é

$$E_{célula} = E_{direita} - E_{esquerda} = E_{Cu^{2+}/Cu} - E_{O_2/H_2O} = +0,278 - 0,992 = -0,714 \text{ V}$$

O sinal negativo indica que a reação da célula

$$2Cu^{2+} + 2H_2O \rightarrow O_2(g) + 4H^+ + 2Cu(s)$$

não é espontânea e que, para provocar a deposição do cobre de acordo com a reação a seguir, devemos aplicar um potencial negativo ligeiramente maior que −0,714 V.

Exercícios no Excel No primeiro exercício no Capítulo 10 do *Applications of Microsoft® Excel® in Analytical Chemistry*, 4. ed., é desenvolvida uma planilha para calcular os potenciais de eletrodo para semirreações simples. Os gráficos são construídos do potencial *versus* a razão das espécies oxidadas em relação às espécies reduzidas e do potencial *versus* o logaritmo desta razão.

17B Determinação Experimental de Potenciais Padrão

Embora seja fácil encontrar os potenciais padrão de eletrodo para centenas de semirreações em compilações de dados eletroquímicos, é importante observar que nenhum desses potenciais, incluindo o potencial do eletrodo padrão de hidrogênio, pode ser medido diretamente no laboratório. O EPH é um eletrodo hipotético, como é qualquer sistema de eletrodo no qual os reagentes e os produtos estejam presentes com atividades ou pressões unitárias. Tal eletrodo não pode ser preparado no laboratório, porque não há como preparar soluções contendo íons cujas atividades sejam exatamente 1. Em outras palavras, não existe teoria disponível que permita o cálculo da concentração de um soluto que deve ser dissolvido para produzir uma solução com atividade exatamente igual a um. Em altas forças iônicas, as relações de Debye-Hückel (veja Seção 8B-2), bem como outras formas estendidas da equação, fazem um trabalho ruim no cálculo dos coeficientes de atividade e não existe um método experimental independente para a determinação dos coeficientes de atividades em tais soluções. Assim, por exemplo, é impossível calcular a concentração de HCl ou outros ácidos que produzirão uma solução na qual $a_{H^+} = 1$ e é impossível determinar a atividade experimentalmente. A despeito dessa dificuldade, os dados coletados em soluções de baixa força iônica podem ser extrapolados para fornecer estimativas de potenciais padrão de eletrodo definidos teoricamente. O exemplo a seguir mostra como esses potenciais de eletrodo hipotéticos podem ser determinados experimentalmente.

EXEMPLO 17-7

D. A. MacInnes[1] observou que uma célula similar àquela mostrada na Figura 17-2 apresentava um potencial de 0,52053 V. A célula é descrita pela seguinte representação

$$\text{Pt, H}_2(1,00 \text{ atm}) | \text{HCl}(3,215 \times 10^{-3} \text{ mol L}^{-1}), \text{AgCl(saturado)} | \text{Ag}$$

Calcule o potencial padrão de eletrodo para a semirreação

$$\text{AgCl}(s) + e^- \rightleftharpoons \text{Ag}(s) + \text{Cl}^-$$

Resolução

Neste exemplo, o potencial de eletrodo para o eletrodo da direita é

$$E_{\text{direita}} = E^0_{\text{AgCl}} - 0,0592 \log (\gamma_{\text{Cl}^-})(c_{\text{HCl}})$$

onde γ_{Cl^-} é o coeficiente de atividade do Cl^-. A segunda semirreação da célula é

$$\text{H}^+ + e^- \rightleftharpoons \frac{1}{2} \text{H}_2(g)$$

e

$$E_{\text{esquerda}} = E^0_{\text{H}^+/\text{H}_2} - \frac{0,0592}{1} \log \frac{p_{\text{H}_2}^{1/2}}{(\gamma_{\text{H}^+})(c_{\text{HCl}})}$$

(continua)

---

[1] D. A. MacInnes. *The Principles of Electrochemistry*. Nova York: Reinhold, 1939. p. 187.

Então o potencial é a diferença entre estes dois potenciais

$$E_{\text{célula}} = E_{\text{direita}} - E_{\text{esquerda}}$$

$$= [E^0_{\text{AgCl}} - 0{,}0592 \log(\gamma_{\text{Cl}^-})(c_{\text{HCl}})] - \left[E^0_{\text{H}^+/\text{H}_2} - 0{,}0592 \log \frac{p_{\text{H}_2}^{1/2}}{(\gamma_{\text{H}^+})(c_{\text{HCl}})}\right]$$

$$= E^0_{\text{AgCl}} - 0{,}0592 \log(\gamma_{\text{Cl}^-})(c_{\text{HCl}}) - 0{,}000 - 0{,}0592 \log \frac{(\gamma_{\text{H}^+})(c_{\text{HCl}})}{p_{\text{H}_2}^{1/2}}$$

Observe que invertemos os termos no segundo termo logarítmico. Agora combinamos os dois termos logarítmicos para obter

$$E_{\text{célula}} = 0{,}52053 = E^0_{\text{AgCl}} - 0{,}0592 \log \frac{(\gamma_{\text{H}^+})(\gamma_{\text{Cl}^-})(c_{\text{HCl}})^2}{p_{\text{H}_2}^{1/2}}$$

Os coeficientes de atividade para o H^+ e Cl^- podem ser calculados a partir da Equação 8-5, utilizando $3{,}215 \times 10^{-3}$ mol L^{-1} para a força iônica μ. Esses valores são 0,945 e 0,939, respectivamente. Se substituirmos estes valores dos coeficientes de atividade e os dados experimentais na equação acima e rearranjarmos a equação, obteremos

$$E^0_{\text{AgCl}} = 0{,}52053 + 0{,}0592 \log \frac{(0{,}945)(0{,}939)(3{,}215 \times 10^{-3})^2}{1{,}00^{1/2}}$$

$$= 0{,}2223 \approx 0{,}222 \text{ V}$$

MacInnes descobriu que a média para esta e medidas similares em outras concentrações era de 0,222 V.

DESTAQUE 17-1

Sistemas Redox Biológicos

Existem inúmeros sistemas redox de importância biológica e bioquímica. Os citocromos são excelentes exemplos desses sistemas. Os citocromos são proteínas ferro-heme nas quais um anel de porfirina é coordenado por meio de átomos de nitrogênio a um átomo de ferro. Eles participam de reações redox de um elétron. As funções fisiológicas dos citocromos são para facilitar o transporte de elétron. Na cadeia respiratória, os citocromos são participantes íntimos na formação de água a partir do H_2. Os nucleotídeos contendo piridinas reduzidas liberam hidrogênio para flavoproteínas. As flavoproteínas reduzidas são reoxidadas pelo Fe^{3+} para formar os citocromos *b* ou *c*. O resultado é a formação de H^+ e o transporte de elétrons. A cadeia é completada quando a enzima citocromo oxidase transfere elétrons para o oxigênio. O íon óxido resultante (O^{2-}) é instável e sequestra imediatamente dois íons H^+ para produzir H_2O. O esquema está ilustrado na **Figura 17D-1**.

A maioria dos sistemas redox biológicos é dependente do pH. Tornou-se uma prática padrão listar potenciais de eletrodo desses sistemas a pH 7,0 para realizar as comparações do poder de oxidação ou de redução. Os valores listados são, tipicamente, potenciais formais a pH 7,0 e algumas vezes são representados por $E^{0\prime}_7$.

Outros sistemas redox de importância na bioquímica incluem o sistema NADH/NAD, as flavinas, o sistema piruvato/lactato, o sistema oxalacetato/maleato e o sistema quinona/hidroquinona.

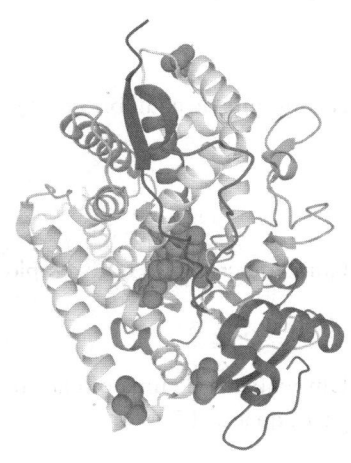

Modelo molecular do citocromo *c*.

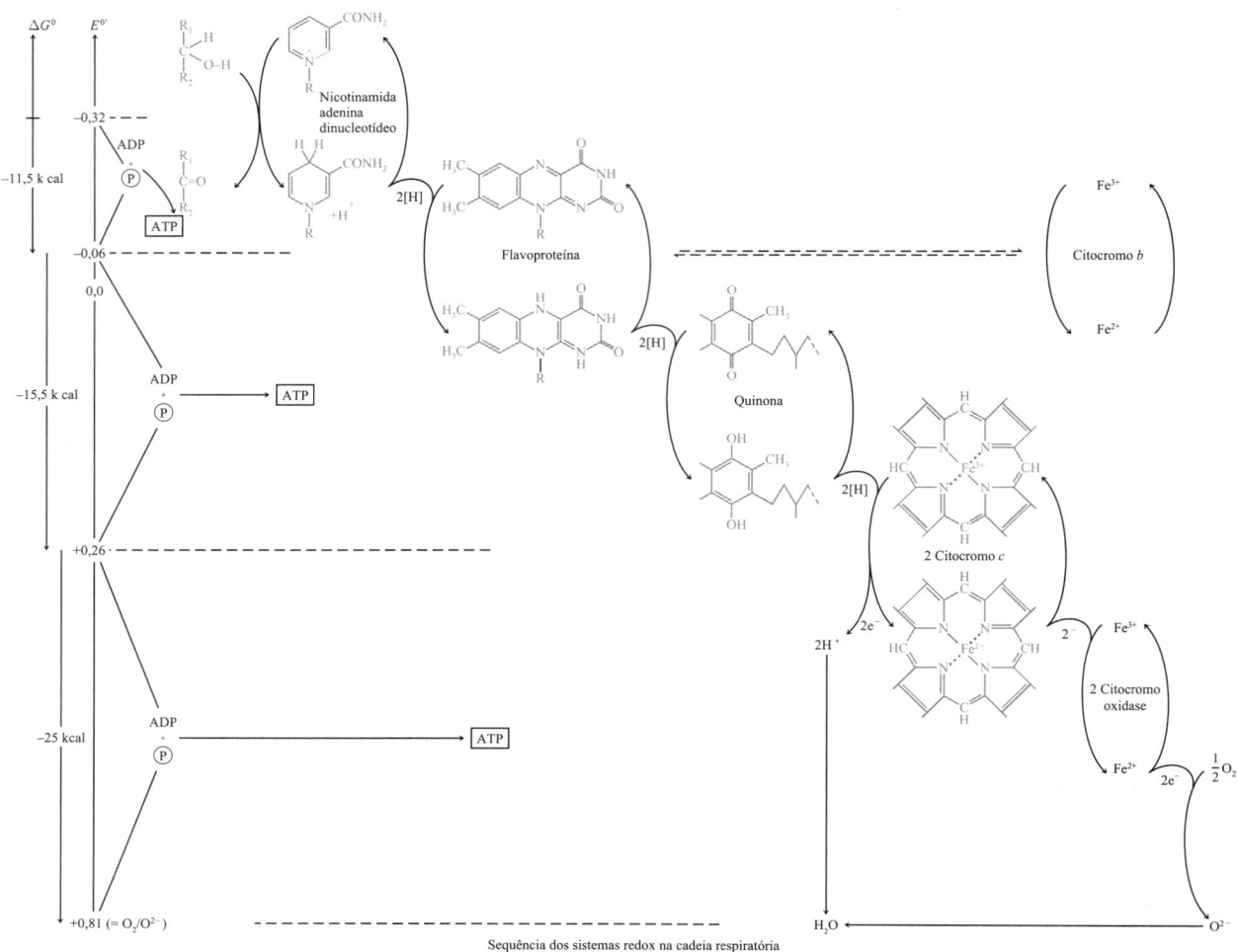

FIGURA 17D-1 Sistemas redox na cadeia respiratória. P = íon fosfato. (De P. Karlson. *Introduction to Modern Biochemistry*. Nova York: Academic Press, 1963.)

17C Cálculos de Constantes de Equilíbrio Redox

Vamos considerar novamente o equilíbrio que é estabelecido quando um pedaço de cobre é imerso em uma solução contendo nitrato de prata diluído:

$$Cu(s) + 2Ag^+ \rightleftharpoons Cu^{2+} + 2Ag(s) \tag{17-4}$$

A constante de equilíbrio para essa reação é

$$K_{eq} = \frac{[Cu^{2+}]}{[Ag^+]^2} \tag{17-5}$$

Como descrevemos no Exemplo 17-1, essa reação pode ser desenvolvida na célula galvânica

$$Cu \,|\, Cu^{2+}(x \text{ mol L}^{-1}) \,\|\, Ag^+(y \text{ mol L}^{-1}) \,|\, Ag$$

Um esquema de uma célula similar a esta é mostrado na Figura 16-2a. Seu potencial de célula a qualquer instante é dado pela Equação 17-1:

$$E_{célula} = E_{direita} - E_{esquerda} = E_{Ag^+/Ag} - E_{Cu^{2+}/Cu}$$

À medida que a reação prossegue, a concentração de íons Cu(II) aumenta e a concentração de íons Ag(I) diminui. Essas alterações tornam o potencial do eletrodo de cobre mais positivo e o do eletrodo de prata, menos positivo. Assim como mostrado na Figura 16-5, o efeito líquido dessas variações é uma diminuição do potencial da célula, uma vez que ela se descarrega. Em última instância, as concentrações de Cu(II) e Ag(I) mantêm seus valores de equilíbrio, como determinado pela Equação 17-5, e a corrente para de fluir. Sob essas condições, *o potencial da célula torna-se zero*. Portanto, *no equilíbrio químico*, podemos escrever que

$$E_{célula} = 0 = E_{direita} - E_{esquerda} = E_{Ag} - E_{Cu}$$

ou

$$E_{direita} = E_{esquerda} = E_{Ag} = E_{Cu} \tag{17-6}$$

Podemos generalizar a Equação 17-6 afirmando que, no *equilíbrio, os potenciais de eletrodo para todas as semirreações em um sistema de oxidação-redução são iguais*. Essa generalização se aplica independentemente do número de semirreações presente no sistema, porque as interações entre todas elas precisam ocorrer até que os potenciais de eletrodo sejam idênticos. Por exemplo, se temos quatro sistemas redox em uma solução, as interações entre todos os quatro ocorrem até que os potenciais de todos os quatro pares redox sejam iguais.

Retornando à reação mostrada na Equação 17-4, vamos substituir as expressões de Nernst para os dois potenciais de eletrodo na Equação 17-6, obtendo

>> Lembre-se de que *quando os sistemas redox estão no equilíbrio, os potenciais de eletrodo de todos os pares redox que estão presentes no sistema são idênticos*. Essa generalização se aplica quer as reações ocorram diretamente em solução quer ocorram indiretamente em uma célula galvânica.

$$E^0_{Ag} - \frac{0,0592}{2} \log \frac{1}{[Ag^+]^2} = E^0_{Cu} - \frac{0,0592}{2} \log \frac{1}{[Cu^{2+}]} \tag{17-7}$$

Observe que aplicamos a equação de Nernst para a semirreação da prata, como aparece na equação balanceada (Equação 17-4):

$$2Ag^+ + 2e^- \rightleftharpoons 2Ag(s) \qquad E^0 = 0,799 \text{ V}$$

Rearranjando a Equação 17-7, temos

$$E^0_{Ag} - E^0_{Cu} = \frac{0,0592}{2} \log \frac{1}{[Ag^+]^2} - \frac{0,0592}{2} \log \frac{1}{[Cu^{2+}]}$$

Se invertermos a razão no segundo termo logarítmico, teremos de inverter o sinal do termo. Esta inversão fornece

$$E^0_{Ag} - E^0_{Cu} = \frac{0,0592}{2} \log \frac{1}{[Ag^+]^2} + \frac{0,0592}{2} \log \frac{[Cu^{2+}]}{1}$$

Por fim, combinando os termos logarítmicos e rearranjando, temos

$$\frac{2(E^0_{Ag} - E^0_{Cu})}{0,0592} = \log \frac{[Cu^{2+}]}{[Ag^+]^2} = \log K_{eq} \tag{17-8}$$

Os termos de concentração na Equação 17-8 são *concentrações de equilíbrio*, e a razão $[Cu^{2+}]/[Ag^+]^2$ no termo logarítmico é, consequentemente, *a constante de equilíbrio para a reação*. Observe que o termo entre parênteses na Equação 17-8 é o potencial padrão de célula $E^0_{célula}$, que, em geral, é dado por

$$E^0_{célula} = E^0_{direita} - E^0_{esquerda}$$

Também podemos obter a Equação 17-8 a partir da variação da energia livre da reação, como mostrado na Equação 16-7. O rearranjo dessa equação gera

$$\ln K_{eq} = -\frac{\Delta G^0}{RT} = \frac{nFE^0_{célula}}{RT} \qquad (17\text{-}9)$$

A 25°C, após a conversão para logaritmo na base 10, podemos escrever

$$\log K_{eq} = -\frac{nE^0_{célula}}{0,0592} = \frac{n(E^0_{direita} - E^0_{esquerda})}{0,0592}$$

Para a reação dada na Equação 17-4, a substituição de E^0_{Ag} por $E^0_{direita}$ e E^0_{Cu} por $E^0_{esquerda}$ gera a Equação 17-8.

>> Ao fazer cálculos do tipo mostrado no Exemplo 17-8, você deve seguir a regra de arredondamento para antilogs.

EXEMPLO 17-8

Calcule a constante de equilíbrio para a reação apresentada na Equação 17-4.

Resolução

A substituição dos valores numéricos na Equação 17-8 gera

$$\log K_{eq} = \log \frac{[Cu^{2+}]}{[Ag^+]^2} = \frac{2(0,799 - 0,337)}{0,0592} = 15,61$$

$$K_{eq} = \text{antilog } 15,61 = 4,1 \times 10^{15}$$

EXEMPLO 17-9

Calcule a constante de equilíbrio para a reação

$$2Fe^{3+} + 3I^- \rightleftharpoons 2Fe^{2+} + I_3^-$$

Resolução

No Apêndice 5, encontramos

$$2Fe^{3+} + 2e^- \rightleftharpoons 2Fe^{2+} \qquad E^0 = 0,771 \text{ V}$$

$$I_3^- + 2e^- \rightleftharpoons 3I^- \qquad E^0 = 0,536 \text{ V}$$

Multiplicamos a primeira semirreação por 2, assim a quantidade de matéria de Fe^{3+} e Fe^{2+} será a mesma da equação geral balanceada. Escrevemos a equação de Nernst para Fe^{3+} baseada na semirreação para a transferência de dois elétrons. Isto é,

$$E_{Fe^{3+}/Fe^{2+}} = E^0_{Fe^{3+}/Fe^{2+}} - \frac{0,0592}{2} \log \frac{[Fe^{2+}]^2}{[Fe^{3+}]^2}$$

e

$$E_{I_3^-/I^-} = E^0_{I_3^-/I^-} - \frac{0,0592}{2} \log \frac{[I^-]^3}{[I_3^-]}$$

(continua)

No equilíbrio, os potenciais dos eletrodos são iguais e

$$E_{Fe^{3+}/Fe^{2+}} = E_{I_3^-/I^-}$$

$$E^0_{Fe^{3+}/Fe^{2+}} - \frac{0,0592}{2} \log \frac{[Fe^{2+}]^2}{[Fe^{3+}]^2} = E^0_{I_3^-/I^-} - \frac{0,0592}{2} \log \frac{[I^-]^3}{[I_3^-]}$$

Essa reação pode ser rearranjada para

$$\frac{2(E^0_{Fe^{3+}/Fe^{2+}} - E^0_{I_3^-/I^-})}{0,0592} = \log \frac{[Fe^{2+}]^2}{[Fe^{3+}]^2} - \log \frac{[I^-]^3}{[I_3^-]}$$

$$= \log \frac{[Fe^{2+}]^2}{[Fe^{3+}]^2} + \log \frac{[I_3^-]}{[I^-]^3}$$

$$= \log \frac{[Fe^{2+}]^2 [I_3^-]}{[Fe^{3+}]^2 [I^-]^3}$$

Observe que alteramos o sinal do segundo termo logarítmico pela inversão da fração. Posteriores rearranjos fornecem

$$\log \frac{[Fe^{2+}]^2 [I_3^-]}{[Fe^{3+}]^2 [I^-]^3} = \frac{2(E^0_{Fe^{3+}/Fe^{2+}} - E^0_{I_3^-/I^-})}{0,0592}$$

Entretanto, lembre-se de que neste caso os termos de concentração são *concentrações de equilíbrio*, e

$$\log K_{eq} = \frac{2(E^0_{Fe^{3+}/Fe^{2+}} - E^0_{I_3^-/I^-})}{0,0592} = \frac{2(0,771 - 0,536)}{0,0592} = 7,94$$

$$K_{eq} = \text{antilog } 7,94 = 8,7 \times 10^7$$

Arredondamos o resultado para ter dois algarismos significativos, uma vez que o log K_{eq} contém apenas dois algarismos (os dois à direita da vírgula).

DESTAQUE 17-2

Uma Expressão Geral para os Cálculos de Constantes de Equilíbrio a Partir de Potenciais Padrão

Para obtermos uma relação geral para calcular as constantes de equilíbrio a partir de dados de potencial padrão, vamos considerar uma reação onde a espécie A_{red} reage com a espécie B_{ox} para formar A_{ox} e B_{red}. As duas reações de eletrodo são

$$A_{ox} + ae^- \rightleftharpoons A_{red}$$
$$B_{ox} + be^- \rightleftharpoons B_{red}$$

Obtemos uma equação balanceada para a reação desejada pela multiplicação da primeira equação por b e da segunda equação por a para obter

$$bA_{ox} + bae^- \rightleftharpoons bA_{red}$$
$$aB_{ox} + bae^- \rightleftharpoons aB_{red}$$

(continua)

> Note que o produto ab é o número total de elétrons ganhos na redução (e perdido na oxidação), representado pela reação redox balanceada. Portanto, se $a = b$, não é necessário multiplicar as semirreações por a e b.
> Se $a = b = n$, a constante de equilíbrio é determinada a partir de
>
> $$\log K_{eq} = \frac{n(E^0_B - E^0_A)}{0{,}0592}$$

Então, subtraímos a primeira equação da segunda para obter uma equação balanceada para a reação redox

$$b\text{A}_{red} + a\text{B}_{ox} \rightleftharpoons b\text{A}_{ox} + a\text{B}_{red}$$

Quando esse sistema se encontra no equilíbrio, os dois potenciais de eletrodo E_A e E_B são iguais; isto é,

$$E_A = E_B$$

Se substituirmos esses termos pelas suas respectivas equações de Nernst, descobriremos que, *no equilíbrio*

$$E^0_A - \frac{0{,}0592}{ab} \log \frac{[\text{A}_{red}]^b}{[\text{A}_{ox}]^b} = E^0_B - \frac{0{,}0592}{ab} \log \frac{[\text{B}_{red}]^a}{[\text{B}_{ox}]^a}$$

que pode ser rearranjada para

$$E^0_B - E^0_A = \frac{0{,}0592}{ab} \log \frac{[\text{A}_{ox}]^b [\text{B}_{red}]^a}{[\text{A}_{red}]^b [\text{B}_{ox}]^a} = \frac{0{,}0592}{ab} \log K_{eq}$$

Finalmente, então,

$$\log K_{eq} = \frac{ab(E^0_B - E^0_A)}{0{,}0592} \qquad (17\text{-}10)$$

EXEMPLO 17-10

Calcule a constante de equilíbrio para a reação

$$2\text{MnO}_4^- + 3\text{Mn}^{2+} + 2\text{H}_2\text{O} \rightleftharpoons 5\text{MnO}_2(s) + 4\text{H}^+$$

Resolução

No Apêndice 5, encontramos

$$2\text{MnO}_4^- + 8\text{H}^+ + 6e^- \rightleftharpoons 2\text{MnO}_2(s) + 4\text{H}_2\text{O} \qquad E^0 = +1{,}695 \text{ V}$$

$$3\text{MnO}_2(s) + 12\text{H}^+ + 6e^- \rightleftharpoons 3\text{Mn}^{2+} + 6\text{H}_2\text{O} \qquad E^0 = +1{,}23 \text{ V}$$

Novamente, multiplicamos as duas equações para que o número de elétrons permaneça igual. Quando esse sistema atinge o equilíbrio

$$E^0_{\text{MnO}_4^-/\text{MnO}_2} = E^0_{\text{MnO}_2/\text{Mn}^{2+}}$$

$$1{,}695 - \frac{0{,}0592}{6} \log \frac{1}{[\text{MnO}_4^-]^2 [\text{H}^+]^8} = 1{,}23 - \frac{0{,}0592}{6} \log \frac{[\text{Mn}^{2+}]^3}{[\text{H}^+]^{12}}$$

Se invertemos os termos de log à direita e rearranjarmos, obteremos

$$\frac{6(1{,}695 - 1{,}23)}{0{,}0592} = \log \frac{1}{[\text{MnO}_4^-]^2 [\text{H}^+]^8} + \log \frac{[\text{H}^+]^{12}}{[\text{Mn}^{2+}]^3}$$

(continua)

Somando os dois termos de log, obtemos

$$\frac{6(1,695 - 1,23)}{0,0592} = \log \frac{[H^+]^{12}}{[MnO_4^-]^2 [Mn^{2+}]^3 [H^+]^8}$$

$$47,1 = \log \frac{[H^+]^4}{[MnO_4^-]^2 [Mn^{2+}]^3} = \log K_{eq}$$

$$K_{eq} = \text{antilog } 47,1 = 1 \times 10^{47}$$

Note que o resultado final tem apenas um algarismo significativo.

> **Exercícios no Excel** No segundo exercício no Capítulo 10 do *Applications of Microsoft® Excel® in Analytical Chemistry*, 4. ed., são calculados os potenciais da célula e as constantes de equilíbrio. Desenvolve-se uma planilha para reações simples para calcular potenciais de célula completa e constantes de equilíbrio. A planilha calcula E_{esq}, E_{dir}, $E_{célula}$, $E^0_{célula}$, $\log K_{eq}$ e K_{eq}.

17D Construção de Curvas de Titulação Redox

Como a maioria dos indicadores redox responde a variações do potencial de eletrodo, geralmente o eixo vertical das curvas de titulação redox é o potencial do eletrodo, em vez da função logarítmica *p* que utilizamos para as curvas de titulação de formação de complexos e de neutralização. Vimos no Capítulo 16 que existe uma relação logarítmica entre o potencial do eletrodo e a concentração do analito ou do titulante. Por causa desta relação, as curvas de titulação de redox são similares na aparência àquelas para outros tipos de titulações, onde a função *p* é colocada como ordenada.

17D-1 Potenciais de Eletrodo durante as Titulações Redox

Considere a titulação redox do ferro(II) com uma solução padrão de cério(IV). Essa reação é amplamente utilizada na determinação de ferro em vários tipos de amostras. A reação da titulação é

$$Fe^{2+} + Ce^{4+} \rightleftharpoons Fe^{3+} + Ce^{3+}$$

Essa reação é rápida e reversível, assim o sistema está em equilíbrio durante todo o curso da titulação. Consequentemente, os potenciais de eletrodo para as duas semirreações são sempre idênticos (veja a Equação 17-6), isto é,

$$E_{Ce^{4+}/Ce^{3+}} = E_{Fe^{3+}/Fe^{2+}} = E_{sistema}$$

onde denominamos $E_{sistema}$ é **o potencial do sistema**. Se um indicador redox tiver sido adicionado a essa solução, a razão entre as concentrações de suas formas oxidada e reduzida precisará estar ajustada; dessa forma, o potencial de eletrodo para o indicador, E_{In}, também será igual ao potencial do sistema. Consequentemente, empregando a Equação 17-6, podemos escrever

$$E_{In} = E_{Ce^{4+}/Ce^{3+}} = E_{Fe^{3+}/Fe^{2+}} = E_{sistema}$$

≪ Lembre-se de que, quando os sistemas redox estiverem em equilíbrio, *os potenciais de eletrodo de todas as semirreações serão idênticos*. Essa generalização se aplica se as reações ocorrerem diretamente em solução ou indiretamente em uma célula galvânica.

Podemos calcular o potencial de eletrodo de um sistema a partir dos dados de potencial padrão. Portanto, para a reação que está sendo considerada, a mistura de titulação é tratada como se fosse parte de uma célula hipotética

$$EPH \| Ce^{4+}, Ce^{3+}, Fe^{3+}, Fe^{2+} | Pt$$

onde EPH simboliza o eletrodo padrão de hidrogênio. O potencial do eletrodo de platina, em relação ao eletrodo padrão de hidrogênio, é determinado pelas tendências do ferro(III) e do cério(IV) de aceitarem elétrons, isto é, pelas tendências de as seguintes semirreações ocorrerem:

$$Fe^{3+} + e^- \rightleftharpoons Fe^{2+}$$

$$Ce^{4+} + e^- \rightleftharpoons Ce^{3+}$$

> » A maioria dos pontos finais em titulações de oxidação-redução baseia-se em variações bruscas do $E_{sistema}$ que ocorrem próximo ou no ponto de equivalência químico.

No equilíbrio, as razões entre as concentrações das formas oxidadas e reduzidas das duas espécies são tais que sua atração por elétrons (e, portanto, seus potenciais de eletrodo) são idênticas. Observe que essas razões entre as concentrações variam continuamente durante a titulação, bem como o $E_{sistema}$. Os pontos finais são determinados a partir das variações características no $E_{sistema}$ que ocorrem durante a titulação.

Como $E_{Ce^{4+}/Ce^{3+}} = E_{Fe^{3+}/Fe^{2+}} = E_{sistema}$, os dados para a curva de titulação podem ser obtidos pela aplicação da equação de Nernst *tanto* para a semirreação do cério(IV) *quanto* para a semirreação do ferro(III). Ocorre, entretanto, que uma ou outra será mais conveniente, dependendo do estágio da titulação. Antes do ponto de equivalência, as concentrações analíticas de Fe(II), Fe(III) e Ce(III) estão prontamente disponíveis a partir dos dados volumétricos e da estequiometria da reação, enquanto a baixa concentração de Ce(IV) pode ser obtida apenas pelos cálculos baseados na constante de equilíbrio. Após o ponto de equivalência, predomina uma situação diferente. Nesta região, podemos avaliar as concentrações de Ce(III), Ce(IV) e Fe(III) diretamente a partir de dados volumétricos, enquanto a concentração de Fe(II) é pequena e mais difícil de ser calculada. Então, nessa região, a equação de Nernst para o par cério torna-se mais conveniente de ser utilizada. No ponto de equivalência, podemos avaliar as concentrações de Fe(III) e Ce(III) a partir da estequiometria, mas as concentrações de Fe(II) e Ce(IV) serão necessariamente muito baixas. Na próxima seção é apresentado um método para o cálculo do potencial no ponto de equivalência.

> » Antes do ponto de equivalência, os cálculos do $E_{sistema}$ são mais fáceis de serem realizados empregando-se a equação de Nernst para o analito. Após o ponto de equivalência, é utilizada a equação de Nernst para o titulante.

Potenciais no Ponto de Equivalência

No ponto de equivalência, as concentrações de cério(IV) e de ferro(II) são diminutas e não podem ser obtidas a partir da estequiometria da reação. Felizmente, os potenciais no ponto de equivalência podem ser facilmente obtidos sabendo-se que as duas espécies reagentes e os dois produtos têm razões de concentrações conhecidas nesse ponto.

No ponto de equivalência da titulação do ferro(II) com o cério(IV), o potencial do sistema é dado por

$$E_{eq} = E^0_{Ce^{4+}/Ce^{3+}} - \frac{0,0592}{1} \log \frac{[Ce^{3+}]}{[Ce^{4+}]}$$

e

$$E_{eq} = E^0_{Fe^{3+}/Fe^{2+}} - \frac{0,0592}{1} \log \frac{[Fe^{2+}]}{[Fe^{3+}]}$$

> » O quociente das concentrações, $\frac{[Ce^{3+}][Fe^{2+}]}{[Ce^{4+}][Fe^{3+}]}$, na Equação 17-11 *não* é a razão usual entre as concentrações de produtos e reagentes que aparece na expressão da constante de equilíbrio.

A soma dessas duas expressões gera

$$2E_{eq} = E^0_{Fe^{3+}/Fe^{2+}} + E^0_{Ce^{4+}/Ce^{3+}} - \frac{0,0592}{1} \log \frac{[Ce^{3+}][Fe^{2+}]}{[Ce^{4+}][Fe^{3+}]} \qquad (17\text{-}11)$$

A definição de ponto de equivalência requer que

$$[Fe^{3+}] = [Ce^{3+}]$$

$$[Fe^{2+}] = [Ce^{4+}]$$

A substituição dessas igualdades na Equação 17-11 resulta que o quociente entre as concentrações torna-se a unidade e o termo logarítmico torna-se zero:

$$2E_{eq} = E^0_{Fe^{3+}/Fe^{2+}} + E^0_{Ce^{4+}/Ce^{3+}} - \frac{0,0592}{1}\log\frac{\cancel{[Ce^{3+}][Ce^{4+}]}}{\cancel{[Ce^{4+}][Ce^{3+}]}} = E^0_{Fe^{3+}/Fe^{2+}} + E^0_{Ce^{4+}/Ce^{3+}}$$

$$E_{eq} = \frac{E^0_{Fe^{3+}/Fe^{2+}} + E^0_{Ce^{4+}/Ce^{3+}}}{2} \quad (17\text{-}12)$$

O Exemplo 17-11 ilustra como o potencial no ponto de equivalência pode ser obtido para reações mais complexas.

EXEMPLO 17-11

Obtenha uma expressão para o potencial no ponto de equivalência na titulação de U^{4+} 0,0500 mol L^{-1} com Ce^{4+} 0,1000 mol L^{-1}. Considere que ambas as soluções estão em um meio com H_2SO_4 1,0 mol L^{-1}.

$$U^{4+} + 2Ce^{4+} + 2H_2O \rightleftharpoons UO_2^{2+} + 2Ce^{3+} + 4H^+$$

Resolução

No Apêndice 5, encontramos

$$UO_2^{2+} + 4H^+ + 2e^- \rightleftharpoons U^{4+} + 2H_2O \qquad E^0 = 0,334\ V$$

$$Ce^{4+} + e^- \rightleftharpoons Ce^{3+} \qquad E^{0\prime} = 1,44\ V$$

Utilizamos agora o potencial formal para o Ce^{4+} em H_2SO_4 1,0 mol L^{-1}.

Procedendo como no cálculo do ponto de equivalência para cério(IV)/ferro(II), escrevemos

$$E_{eq} = E^0_{UO_2^{2+}/U^{4+}} - \frac{0,0592}{2}\log\frac{[U^{4+}]}{[UO_2^{2+}][H^+]^4}$$

$$E_{eq} = E^{0\prime}_{Ce^{4+}/Ce^{3}} - \frac{0,0592}{1}\log\frac{[Ce^{3+}]}{[Ce^{4+}]}$$

Para combinar os termos de log, devemos multiplicar a primeira equação por 2 para ter

$$2E_{eq} = 2E^0_{UO_2^{2+}/U^{4+}} - 0,0592\log\frac{[U^{4+}]}{[UO_2^{2+}][H^+]^4}$$

A soma dessa equação com a anterior leva a

$$3E_{eq} = 2E^0_{UO_2^{2+}/U^{4+}} + E^{0\prime}_{Ce^{4+}/Ce^{3+}} - 0,0592\log\frac{[U^{4+}][Ce^{3+}]}{[UO_2^{2+}][Ce^{4+}][H^+]^4}$$

Mas, no ponto de equivalência,

$$[U^{4+}] = [Ce^{4+}]/2$$

e

$$[UO_2^{2+}] = [Ce^{3+}]/2$$

(continua)

A substituição dessas equações gera, após rearranjo,

$$E_{eq} = \frac{2E^0_{UO_2^{2+}/U^{4+}} + E^{0\prime}_{Ce^{4+}/Ce^{3+}}}{3} - \frac{0{,}0592}{3} \log \frac{2[\cancel{Ce^{4+}}][\cancel{Ce^{3+}}]}{2[\cancel{Ce^{3+}}][\cancel{Ce^{4+}}][H^+]^4}$$

$$= \frac{2E^0_{UO_2^{2+}/U^{4+}} + E^{0\prime}_{Ce^{4+}/Ce^{3+}}}{3} - \frac{0{,}0592}{3} \log \frac{1}{[H^+]^4}$$

Vemos que, nesta titulação, o potencial no ponto de equivalência depende do pH.

17D-2 A Curva de Titulação

Vamos considerar a titulação de 50,00 mL de Fe^{2+} 0,0500 mol L^{-1} com Ce^{4+} 0,1000 mol L^{-1} em um meio com H_2SO_4 1,0 mol L^{-1} constante durante toda a titulação. Os dados de potenciais formais para ambos os processos das semicélulas estão disponíveis no Apêndice 5 e são empregados nesses cálculos. Assim,

$$Ce^{4+} + e^- \rightleftharpoons Ce^{3+} \qquad E^{0\prime} = 1{,}44 \text{ V (1 mol L}^{-1}\text{ H}_2\text{SO}_4\text{)}$$

$$Fe^{3+} + e^- \rightleftharpoons Fe^{2+} \qquad E^{0\prime} = 0{,}68 \text{ V (1 mol L}^{-1}\text{ H}_2\text{SO}_4\text{)}$$

Potencial Inicial

A solução não contém espécies de cério antes de adicionarmos o titulante. É provável que exista uma quantidade pequena, porém desconhecida, de Fe^{3+} presente em virtude da oxidação do Fe^{2+} provocada pelo ar. Em todo caso, não temos informações suficientes para calcular um potencial inicial.

Potencial após a Adição de 5,00 mL de Cério(IV)

>> Lembre que a equação para essa reação é

$$Fe^{2+} + Ce^{4+} \rightleftharpoons Fe^{3+} + Ce^{3+}$$

Quando o oxidante é adicionado, Ce^{3+} e Fe^{3+} são formados e a solução contém concentrações apreciáveis e facilmente calculáveis de três dos participantes, enquanto a concentração do quarto participante, Ce^{4+}, é infinitamente pequena. Portanto, é mais conveniente empregar as concentrações das duas espécies de ferro para calcular o potencial de eletrodo do sistema.

A concentração de Fe(III) no equilíbrio é igual à sua concentração molar analítica menos a concentração molar de equilíbrio do Ce(IV) que não reagiu:

$$[Fe^{3+}] = \frac{5{,}00\,\text{mL} \times 0{,}1000\,\text{mol L}^{-1}}{50{,}00\,\text{mL} + 5{,}00\,\text{mL}} - [Ce^{4+}] = \frac{0{,}500\,\text{mmol}}{55{,}00\,\text{mL}} - [Ce^{4+}]$$

$$= \left(\frac{0{,}500}{55{,}00}\right) \text{mol L}^{-1} - [Ce^{4+}]$$

De modo similar, a concentração de Fe^{2+} é dada pela sua concentração molar analítica mais a concentração molar de equilíbrio de $[Ce^{4+}]$ que não reagiu:

$$[Fe^{2+}] = \frac{50{,}00\,\text{mL} \times 0{,}0500\,\text{mol L}^{-1} - 5{,}00\,\text{mL} \times 0{,}1000\,\text{mol L}^{-1}}{55{,}00\,\text{mL}} + [Ce^{4+}]$$

$$= \left(\frac{2{,}00}{55{,}00}\right) \text{mol L}^{-1} + [Ce^{4+}]$$

Em geral, as reações redox utilizadas na titulometria são suficientemente completas para que a concentração no equilíbrio de uma das espécies (nesse caso [Ce^{4+}]) seja minúscula em relação a outra espécie presente em solução. Assim, as duas equações anteriores podem ser simplificadas para

$$[Fe^{3+}] = \frac{0,500}{55,00}\ mol\ L^{-1} \quad e \quad [Fe^{2+}] = \frac{2,00}{55,00}\ mol\ L^{-1}$$

A substituição do [Fe^{2+}] e [Fe^{3+}] na equação de Nernst gera

$$E_{sistema} = +0,68 - \frac{0,0592}{1}\log\frac{2,00/55,00}{0,05/55,00} = 0,64\ V$$

Observe que os volumes no numerador e no denominador se cancelam, indicando que o potencial é independente da diluição. Essa independência persiste até que a solução se torne tão diluída a ponto de as duas considerações feitas nos cálculos se tornarem inválidas.

Vale a pena enfatizar novamente que o emprego da equação de Nernst para o sistema Ce(IV)/Ce(III) deveria gerar o mesmo valor para o $E_{sistema}$, mas, para tanto, seria necessário calcular [Ce^{4+}] por meio da constante de equilíbrio para a reação.

Os potenciais adicionais necessários para definir a curva de titulação até próximo do ponto de equivalência podem ser obtidos de maneira similar. Esses dados são fornecidos na **Tabela 17-2**. Você pode querer confirmar um ou dois desses valores.

> « Estritamente falando, as concentrações de Fe^{2+} e de Fe^{3+} deveriam ser corrigidas em razão da concentração de Ce^{4+} que não reagiu. Essa correção deveria aumentar [Fe^{2+}] e diminuir [Fe^{3+}]. A quantidade de Ce^{4+} que não reagiu é geralmente tão pequena que podemos desprezar a correção em ambos os casos.

Potencial no Ponto de Equivalência

A substituição dos dois potenciais formais na Equação 17-12 gera

$$E_{eq} = \frac{E^{0'}_{Ce^{4+}/Ce^{3+}} + E^{0'}_{Fe^{3+}/Fe^{2+}}}{2} = \frac{1,44 + 0,68}{2} = 1,06\ V$$

TABELA 17-2

Potencial de Eletrodo em relação ao EPH em Titulações com Ce^{4+} 0,100 mol L^{-1}

	Potencial, V em relação ao EPH*		
Volume de Reagente, mL	50,00 mL de Fe^{2+} 0,0500 mol L^{-1}		50,00 mL de U^{4+} 0,02500 mol L^{-1}
5,00	0,64		0,316
15,00	0,69		0,339
20,00	0,72		0,352
24,00	0,76		0,375
24,90	0,82		0,405
25,00	1,06	← Ponto de equivalência →	0,703
25,10	1,30		1,30
26,00	1,36		1,36
30,00	1,40		1,40

* A concentração de H_2SO_4 é tal que [H^+] = 1,0 em ambas as titulações.

Potencial Após Adição de 25,10 mL de Cério(IV)

As concentrações molares de Ce(III), Ce(IV) e Fe(III) são facilmente calculadas neste ponto, mas a do Fe(II) não é. Portanto, os cálculos do $E_{sistema}$ serão mais convenientes se realizados a partir da semirreação do cério. As concentrações das duas espécies de cério são

$$[Ce^{3+}] = \frac{25,00 \times 0,1000}{75,10} - [Fe^{2+}] \approx \frac{2,500}{75,10} \text{ mol L}^{-1}$$

$$[Ce^{4+}] = \frac{25,00 \times 0,1000 - 50,00 \times 0,0500}{75,10} + [Fe^{2+}] \approx \frac{0,010}{75,10} \text{ mol L}^{-1}$$

>> Em contraste com outras curvas de titulação que vimos, as curvas de oxidação-redução são *independentes* da concentração do reagente, exceto para soluções muito diluídas.

Nas equações para a espécie do íon cério, suponha que a concentração de ferro(II) seja desprezível em relação às concentrações analíticas. A substituição na equação de Nernst para o par das espécies de cério fornece

$$E = +1,44 - \frac{0,0592}{1} \log \frac{[Ce^{3+}]}{[Ce^{4+}]} = +1,44 - \frac{0,0592}{1} \log \frac{2,500 / \cancel{75,10}}{0,010 / \cancel{75,10}}$$

$$= +1,30 \text{ V}$$

Os potenciais de pós-equivalência adicionais na Tabela 17-2 foram calculados de uma maneira similar.

A curva de titulação do Fe(II) com Ce(IV) é semelhante à curva *A* na **Figura 17-3**. Esse gráfico é bastante parecido com as curvas obtidas nas titulações de neutralização, precipitação e formação de complexos, com o ponto de equivalência sendo evidenciado por uma mudança brusca na variável no eixo vertical. Uma titulação envolvendo ferro(II) 0,00500 mol L^{-1} e Ce(IV) 0,01000 mol L^{-1} gera uma curva idêntica àquela que computamos, uma vez que o potencial de eletrodo do sistema é independente da diluição. Uma planilha eletrônica empregada para calcular $E_{sistema}$ em função do volume de Ce(IV) adicionado é apresentada na **Figura 17-4**.

>> Por que é impossível calcular o potencial do sistema antes da adição do titulante?

Os dados da terceira coluna da Tabela 17-2 são representados na forma da curva *B* na Figura 17-3 para permitir a comparação das duas titulações. As duas curvas são

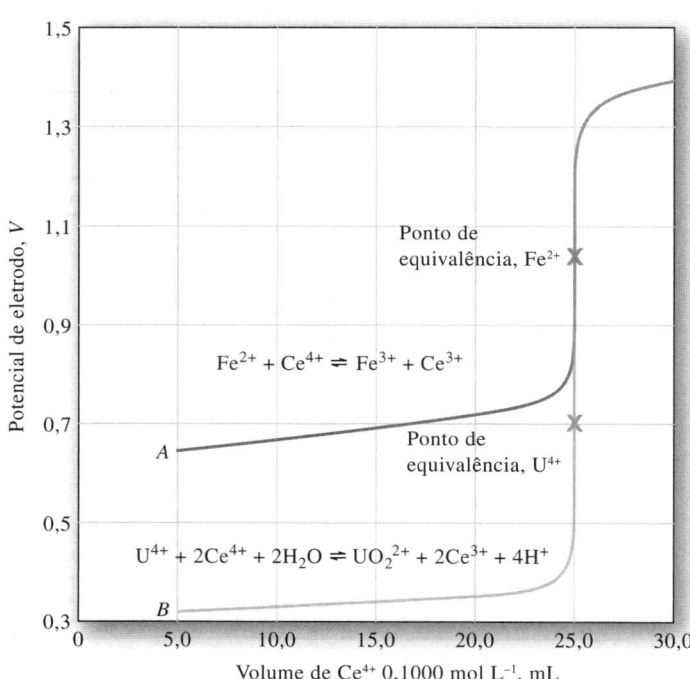

FIGURA 17-3
Curvas para a titulação empregando Ce^{4+} 0,1000 mol L^{-1}. *A*: Titulação de 50,00 mL de Fe^{2+} 0,05000 mol L^{-1}. *B*: Titulação de 50,00 mL de U^{4+} 0,02500 mol L^{-1}.

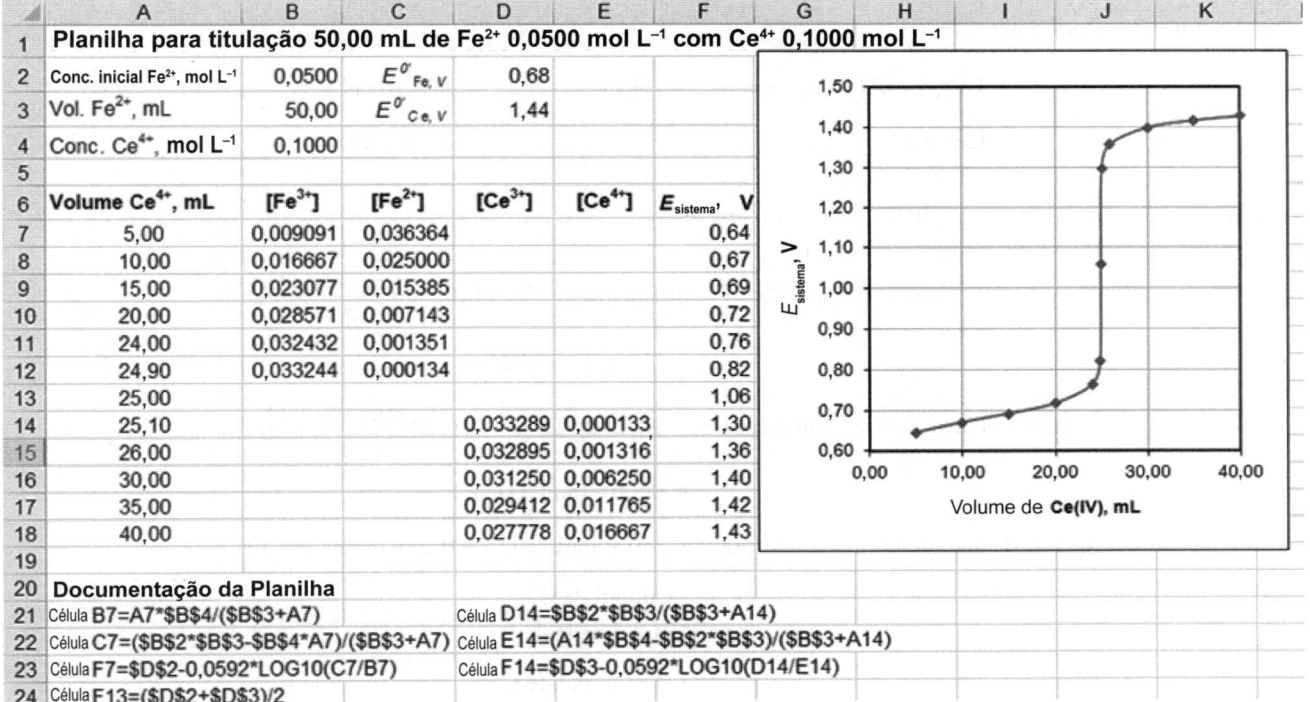

	A	B	C	D	E	F
1	**Planilha para titulação 50,00 mL de Fe^{2+} 0,0500 mol L^{-1} com Ce^{4+} 0,1000 mol L^{-1}**					
2	Conc. inicial Fe^{2+}, mol L^{-1}	0,0500	$E°_{Fe, V}$	0,68		
3	Vol. Fe^{2+}, mL	50,00	$E°_{Ce, V}$	1,44		
4	Conc. Ce^{4+}, mol L^{-1}	0,1000				
5						
6	Volume Ce^{4+}, mL	$[Fe^{3+}]$	$[Fe^{2+}]$	$[Ce^{3+}]$	$[Ce^{4+}]$	$E_{sistema}$, V
7	5,00	0,009091	0,036364			0,64
8	10,00	0,016667	0,025000			0,67
9	15,00	0,023077	0,015385			0,69
10	20,00	0,028571	0,007143			0,72
11	24,00	0,032432	0,001351			0,76
12	24,90	0,033244	0,000134			0,82
13	25,00					1,06
14	25,10			0,033289	0,000133	1,30
15	26,00			0,032895	0,001316	1,36
16	30,00			0,031250	0,006250	1,40
17	35,00			0,029412	0,011765	1,42
18	40,00			0,027778	0,016667	1,43
19						
20	**Documentação da Planilha**					
21	Célula B7=A7*$B$4/($B$3+A7)			Célula D14=$B$2*$B$3/($B$3+A14)		
22	Célula C7=($B$2*$B$3-$B$4*A7)/($B$3+A7)			Célula E14=(A14*$B$4-$B$2*$B$3)/($B$3+A14)		
23	Célula F7=$D$2-0,0592*LOG10(C7/B7)			Célula F14=$D$3-0,0592*LOG10(D14/E14)		
24	Célula F13=($D$2+$D$3)/2					

FIGURA 17-4 Planilha eletrônica para a titulação de 50,00 mL de Fe^{2+} 0,0500 mol L^{-1} com Ce^{4+} 0,1000 mol L^{-1}. Antes do ponto de equivalência, o potencial do sistema é calculado a partir das concentrações de Fe^{3+} e Fe^{2+}. Após o ponto de equivalência, as concentrações de Ce^{4+} e Ce^{3+} são empregadas na equação de Nernst. Na célula B7 a concentração de Fe^{3+} é calculada a partir de quantidade de matéria em milimols de Ce^{4+} adicionada, dividida pelo volume total da solução. A fórmula utilizada para o primeiro volume é apontada na célula de documentação A21. Na célula C7, $[Fe^{2+}]$ é calculada como a quantidade de matéria (em milimols) inicial de Fe^{2+} presente menos a quantidade de matéria (em milimols) de Fe^{3+} formado e dividido pelo volume total de solução. A célula de documentação A22 fornece a fórmula para o volume de 5,00 mL. O potencial do sistema antes do ponto de equivalência é calculado nas células F7:F12 por meio do uso da equação de Nernst, representada para o primeiro volume pela fórmula mostrada na célula de documentação A23. Na célula F13, o potencial no ponto de equivalência é encontrado a partir da média dos dois potenciais formais, como pode ser visto na célula de documentação A24. Após o ponto de equivalência, a concentração de Ce(III) (célula D14) é encontrada a partir da quantidade de matéria em milimols de Fe^{2+} inicialmente presente, dividida pelo volume total da solução, como mostrado para o volume de 25,10 mL pela fórmula da célula de documentação D21. A concentração de Ce(IV) (E14) é obtida da quantidade de matéria em milimols de Ce(IV) adicionada, menos a quantidade de matéria em milimols de Fe^{2+} inicialmente presente, e dividida pelo volume total de solução, como mostrado na célula de documentação D22. O potencial do sistema na célula F14 é encontrado a partir da equação de Nernst, como mostrado na célula de documentação D23. O gráfico mostra a curva de titulação resultante.

idênticas para os volumes maiores que 25,10 mL, porque as concentrações das espécies de cério são idênticas nessa região. Também é interessante observar que a curva para o ferro(II) é simétrica ao redor do ponto de equivalência, mas que a curva para o urânio(IV) não é simétrica. Em geral, curvas de titulações redox são simétricas quando o analito e o titulante reagem em uma razão molar 1:1.

>> As curvas de titulação redox são simétricas quando os reagentes se combinam em uma reação 1:1. Caso contrário elas são assimétricas.

EXEMPLO 17-12

Calcule os dados e construa uma curva de titulação para a reação de 50,00 mL de U^{4+} 0,02500 mol L^{-1} com Ce^{4+} 0,1000 mol L^{-1}. A solução é 1,0 mol L^{-1} em H_2SO_4 durante toda a titulação (para fins de simplificação, considere que $[H^+]$ para essa solução também é cerca de 1,0 mol L^{-1}.)

Resolução

A reação analítica é

$$U^{4+} + 2Ce^{4+} + 2H_2O \rightleftharpoons UO_2^{2+} + 2Ce^{3+} + 4H^+$$

(continua)

No Apêndice 5, encontramos

$$UO_2^{2+} + 4H^+ + 2e^- \rightleftharpoons U^{4+} + 2H_2O \qquad E^0 = 0{,}334 \text{ V}$$

$$Ce^{4+} + e^- \rightleftharpoons Ce^{3+} \qquad E^{0\prime} = 1{,}44 \text{ V}$$

Cálculo do Potencial Após a Adição de 5,0 mL de Ce^{4+}

$$\text{quant. de mat. original de } U^{4+} = 50{,}00 \text{ mL de } U^{4+} \times 0{,}02500 \frac{\text{mmol de } U^{4+}}{\text{mL de } U^{4+}}$$

$$= 1{,}250 \text{ mmol de } U^{4+}$$

$$\text{quant. de mat. de } Ce^{4+} \text{ adicionada} = 5{,}00 \text{ mL de } Ce^{4+} \times 0{,}1000 \frac{\text{mmol de } Ce^{4+}}{\text{mL de } Ce^{4+}}$$

$$= 0{,}5000 \text{ mmol de } Ce^{4+}$$

$$\text{quant. de mat. de } U^{4+} \text{ remanescente} = 1{,}250 \text{ mmol de } U^{4+} - 0{,}250 \text{ mmol de } UO_2^{2+}$$

$$\times \frac{1 \text{ mmol de } U^{4+}}{1 \text{ mmol de } UO_2^{2+}}$$

$$= 1{,}000 \text{ mmol de } U^{4+}$$

$$\text{volume total da solução} = (50{,}00 + 5{,}00)\text{mL} = 55{,}00 \text{ mL}$$

$$\text{concentração do } U^{4+} \text{ remanescente} = \frac{1{,}000 \text{ mmol de } U^{4+}}{55{,}00 \text{ mL}}$$

$$\text{concentração de } UO_2^{2+} \text{ formado} = \frac{0{,}5000 \text{ mmol de } Ce^{4+} \times \dfrac{1 \text{ mmol de } UO_2^{2+}}{2 \text{ mmol de } Ce^{4+}}}{55{,}00 \text{ mL}}$$

$$= \frac{0{,}2500 \text{ mmol de } UO_2^{2+}}{55{,}00 \text{ mL}}$$

Aplicando-se a equação de Nernst para o UO_2^{2+}, obtemos

$$E = 0{,}334 - \frac{0{,}0592}{2} \log \frac{[U^{4+}]}{[UO_2^{2+}][H^+]^4}$$

$$= 0{,}334 - \frac{0{,}0592}{2} \log \frac{[U^{4+}]}{[UO_2^{2+}](1{,}00)^4}$$

A substituição das concentrações das duas espécies de urânio gera

$$E = 0{,}334 - \frac{0{,}0592}{2} \log \frac{1{,}000 \text{ mmol de } U^{4+}/55{,}00 \text{ mL}}{0{,}2500 \text{ mmol de } UO_2^{2+}/55{,}00 \text{ mL}}$$

$$= 0{,}316 \text{ V}$$

Outros dados anteriores ao ponto de equivalência, calculados da mesma forma, são fornecidos na terceira coluna da Tabela 17-2.

(continua)

Potencial no Ponto de Equivalência

Seguindo o procedimento mostrado no Exemplo 17-11, obtemos

$$E_{eq} = \frac{(2E^0_{UO_2^{2+}/U^{4+}} + E^{0'}_{Ce^{4+}/Ce^{3+}})}{3} - \frac{0{,}0592}{3} \log \frac{1}{[H^+]^4}$$

A substituição na equação fornece

$$E_{eq} = \frac{2 \times 0{,}334 + 1{,}44}{3} - \frac{0{,}0592}{3} \log \frac{1}{(1{,}00)^4}$$

$$= \frac{2 \times 0{,}334 + 1{,}44}{3} = 0{,}703 \text{ V}$$

Potencial após a Adição de 25,10 mL de Ce^{4+}

$$\text{volume total da solução} = 75{,}10 \text{ mL}$$

$$\text{quant. de mat. original de } U^{4+} = 50{,}00 \text{ mL de } U^{4+} \times 0{,}02500 \frac{\text{mmol de } U^{4+}}{\text{mL de } U^{4+}}$$

$$= 1{,}250 \text{ mmol de } U^{4+}$$

$$\text{quant. de mat. de } Ce^{4+} \text{ adicionada} = 25{,}10 \text{ mL de } Ce^{4+} \times 0{,}1000 \frac{\text{mmol de } Ce^{4+}}{\text{mL de } Ce^{4+}}$$

$$= 2{,}510 \text{ mmol de } Ce^{4+}$$

$$\text{concentração de } Ce^{3+} \text{ formado} = \frac{1{,}250 \text{ mmol de } U^{4+} \times \frac{2 \text{ mmol de } Ce^{3+}}{\text{mmol de } U^{4+}}}{75{,}10 \text{ mL}}$$

concentração de Ce^{4+} remanescente

$$= \frac{2{,}510 \text{ mmol de } Ce^{4+} - 2{,}500 \text{ mmol de } Ce^{3+} \times \frac{1 \text{ mmol de } Ce^{4+}}{\text{mmol de } Ce^{3+}}}{75{,}10 \text{ mL}}$$

A substituição na expressão do potencial formal gera

$$E = 1{,}44 - 0{,}0592 \log \frac{2{,}500/75{,}10}{0{,}010/75{,}10} = 1{,}30 \text{ V}$$

A Tabela 17-2 contém outros dados de pontos posteriores ao ponto de equivalência obtidos de maneira similar.

DESTAQUE 17-3

Estratégia da Equação-Mestra Inversa para as Curvas de Titulação Redox

Valores de α para Espécies Redox

Os valores de α que utilizamos para os equilíbrios ácido/base e de complexação também são úteis em equilíbrios redox. Para calcular os valores de α para sistemas redox, precisamos resolver a equação de Nernst para a razão entre as concentrações das espécies reduzidas e espécies oxidadas. Empregamos uma abordagem similar àquela de Levie.[2] Uma vez que

$$E = E^0 - \frac{2{,}303\,RT}{nF} \log \frac{[R]}{[O]}$$

podemos escrever

$$\frac{[R]}{[O]} = 10^{-\frac{nF(E-E^0)}{2{,}303\,RT}} = 10^{-nf(E-E^0)}$$

onde, a 25°C,

$$f = \frac{F}{2{,}303\,RT} = \frac{1}{0{,}0592}$$

Agora, podemos encontrar as frações de α do $[R] + [O]$ total, como segue:

$$\alpha_R = \frac{[R]}{[R]+[O]} = \frac{[R]/[O]}{[R]/[O]+1} = \frac{10^{-nf(E-E^0)}}{10^{-nf(E-E^0)}+1}$$

Como um exercício, você pode mostrar que

$$\alpha_R = \frac{1}{10^{-nf(E^0-E)}+1}$$

e que

$$\alpha_O = 1 - \alpha_R = \frac{1}{10^{-nf(E-E^0)}+1}$$

Além disso, você pode rearranjar as equações da seguinte forma:

$$\alpha_R = \frac{10^{-nfE}}{10^{-nfE}+10^{-nfE^0}} \qquad \alpha_O = \frac{10^{-nfE^0}}{10^{-nfE}+10^{-nfE^0}}$$

Expressamos os valores α desta maneira para que eles estejam de uma forma similar aos valores α para um ácido monoprótico fraco apresentado no Capítulo 12.

$$\alpha_0 = \frac{[H_3O^+]}{[H_3O^+]+K_a} \qquad \alpha_1 = \frac{K_a}{[H_3O^+]+K_a}$$

ou, alternativamente,

$$\alpha_0 = \frac{10^{-pH}}{10^{-pH}+10^{-pK_a}} \qquad \alpha_1 = \frac{10^{-pK_a}}{10^{-pH}+10^{-pK_a}}$$

(continua)

---

[2] R. de Levie. *J. Electroanal. Chem.*, v. 323, p. 347-355, 1992. DOI: 10.1016/0022-0728(92)80022-V.

Observe as formas muito similares dos valores de α para as espécies redox e para os ácidos monopróticos fracos. O termo 10^{-nfE} na expressão redox é análogo a 10^{-pH} no caso ácido-base, e o termo 10^{-nfE^0} é análogo a 10^{-pK_a}. Essas analogias se tornarão mais aparentes quando representarmos por gráficos α_O e α_R em função de E da mesma forma que para α_0 e α_1 em função do pH. É importante reconhecer que obtemos essas expressões de maneira direta para os alfas redox apenas para aquelas semirreações redox que apresentam estequiometria 1:1. Para outras estequiometrias, as quais não consideraremos neste destaque, as expressões tornam-se consideravelmente mais complexas. Para os casos simples, essas equações nos fornecem uma maneira elegante de visualizar a química redox e para calcular os dados para as curvas de titulação. Se tivermos os dados de potenciais formais em um meio com força iônica constante, poderemos empregar os valores de $E^{0'}$ no lugar dos valores de E^0 nas expressões de α.

Agora, vamos examinar graficamente a dependência dos valores de α em relação ao potencial E. Vamos determinar essa dependência para ambos os pares Fe^{3+}/Fe^{2+} e Ce^{4+}/Ce^{3+} em H_2SO_4 1 mol L^{-1}, onde os potenciais formais são conhecidos. Para esses dois pares, as expressões de α são dadas por

$$\alpha_{Fe^{2+}} = \frac{10^{-fE}}{10^{-fE} + 10^{-fE_{Fe}^{0'}}} \quad \alpha_{Fe^{3+}} = \frac{10^{-fE_{Fe}^{0'}}}{10^{-fE} + 10^{-fE_{Fe}^{0'}}}$$

$$\alpha_{Ce^{3+}} = \frac{10^{-fE}}{10^{-fE} + 10^{-fE_{Ce}^{0'}}} \quad \alpha_{Ce^{4+}} = \frac{10^{-fE_{Ce}^{0'}}}{10^{-fE} + 10^{-fE_{Ce}^{0'}}}$$

Note que a *única* diferença nas expressões para os dois conjuntos de valores de α são os dois potenciais formais diferentes, $E_{Fe}^{0'} = 0,68$ V e $E_{Ce}^{0'} = 1,44$ V em H_2SO_4 1 mol L^{-1}. O efeito dessa diferença será aparente nos gráficos de α. Dado que $n = 1$ para ambos os pares, ele não aparece nessas equações para α.

O gráfico dos valores de α é mostrado na **Figura 17D-2**. Podemos calcular os valores de α a cada 0,05 V de 0,50 V até 1,75 V. As formas dos gráficos de α são idênticas àquelas dos sistemas ácido/base (tratados nos Capítulos 12 e 13), como você poderia esperar a partir das formas análogas das expressões que foram mencionadas anteriormente.

Vale a pena mencionar que normalmente consideramos o cálculo do potencial de um eletrodo para um sistema redox em termos da concentração, em vez do oposto. Assim como o pH é a variável independente em nossos cálculos de α para os sistemas ácido/base, o potencial é a variável independente em cálculos redox. É bem mais fácil calcular α para uma série de potenciais que resolver as expressões para os potenciais, fornecendo vários valores de α.

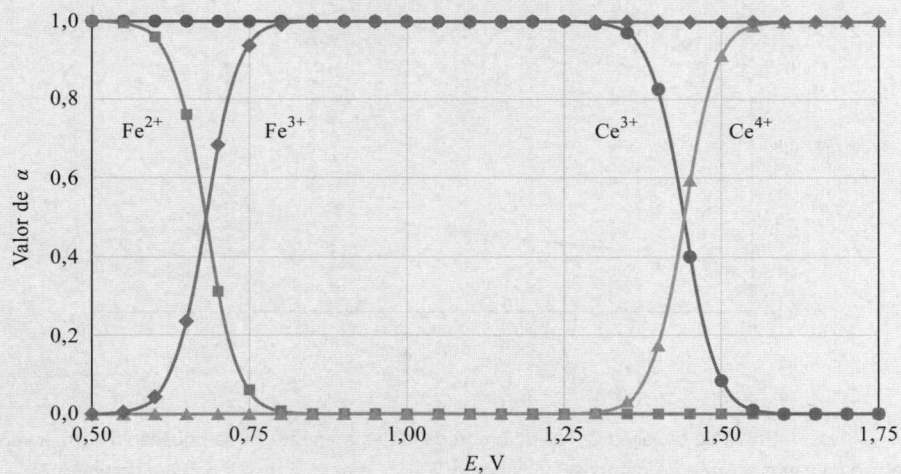

FIGURA 17D-2 Gráfico de α para o sistema Fe^{2+}/Ce^{4+}.

Estratégia da Equação-Mestra Inversa

Em todos os pontos durante a titulação, as concentrações de Fe^{3+} e Ce^{3+} são iguais a partir da estequiometria. Ou

$$[Fe^{3+}] = [Ce^{3+}]$$

(continua)

A partir dos valores de α e das concentrações e volumes dos reagentes, podemos escrever

$$\alpha_{Fe^{3+}}\left(\frac{V_{Fe}c_{Fe}}{V_{Fe}+V_{Ce}}\right) = \alpha_{Ce^{3+}}\left(\frac{V_{Ce}c_{Ce}}{V_{Fe}+V_{Ce}}\right)$$

onde V_{Fe} e c_{Fe} são o volume e a concentração inicial de Fe^{2+} presente e V_{Ce} e c_{Ce} são o volume e a concentração do titulante. Multiplicando-se ambos os lados da equação por $V_{Fe} + V_{Ce}$ e dividindo ambos os lados por $V_{Fe}c_{Fe}\,\alpha_{Ce^{3+}}$, encontramos

$$\alpha_{Fe^{3+}}\left(\frac{V_{Fe}\cancel{c_{Fe}}}{\cancel{V_{Fe}+V_{Ce}}}\right)\left(\frac{\cancel{V_{Fe}+V_{Ce}}}{V_{Fe}\cancel{c_{Fe}}\,\alpha_{Ce^{3+}}}\right) = \cancel{\alpha_{Ce^{3+}}}\left(\frac{V_{Ce}c_{Ce}}{\cancel{V_{Fe}+V_{Ce}}}\right)\left(\frac{\cancel{V_{Fe}+V_{Ce}}}{V_{Fe}c_{Fe}\,\cancel{\alpha_{Ce^{3+}}}}\right)$$

e

$$\phi = \frac{V_{Ce}c_{Ce}}{V_{Fe}c_{Fe}} = \frac{\alpha_{Fe^{3+}}}{\alpha_{Ce^{3+}}}$$

onde ϕ é a extensão da titulação (fração titulada). Então substituímos as expressões previamente obtidas para os valores α e obtemos

$$\phi = \frac{\alpha_{Fe^{3+}}}{\alpha_{Ce^{3+}}} = \frac{1 + 10^{-f(E^{0'}_{Ce}-E)}}{1 + 10^{-f(E-E^{0'}_{Fe})}}$$

onde, E, agora, é o potencial do sistema. Então substituímos os valores de E em incrementos de 0,5 V de 0,5 a 1,40 V nessa equação para calcular ϕ e representamos por gráficos os dados resultantes, como mostrado na **Figura 17D-3**. Um ponto adicional a 1,42 V foi colocado, dado que 1,45 V forneceu um valor ϕ maior que 2. Compare esse gráfico com a Figura 17-4, a qual pode ser gerada empregando-se a estratégia estequiométrica tradicional.

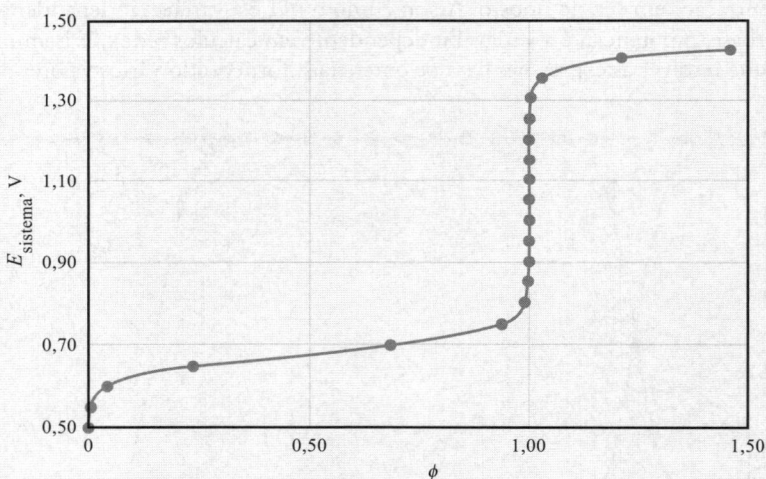

FIGURA 17D-3 Curva de titulação calculada empregando-se a estratégia da equação-mestra inversa. A extensão da titulação ϕ é calculada para vários valores do potencial do sistema, $E_{sistema}$, mas o gráfico é construído como $E_{sistema}$ em função de ϕ.

Nesse ponto, devemos mencionar que algumas expressões para as titulações redox são mais complexas que aquelas apresentadas aqui para uma situação simples 1:1. Se você estiver interessado em explorar a estratégia da equação-mestra para uma titulação redox dependente do pH ou para outras situações, consulte o artigo publicado por de Levie.[3] Você pode encontrar os detalhes dos cálculos para os dois gráficos neste destaque, no Capítulo 10 do *Applications of Microsoft® Excel® in Analytical Chemistry*, 4. ed.

[3] R. de Levie. *J. Electroanal. Chem.*, v. 323, p. 347-355, 1992. DOI: 10.1016/0022-0728(92)80022-V.

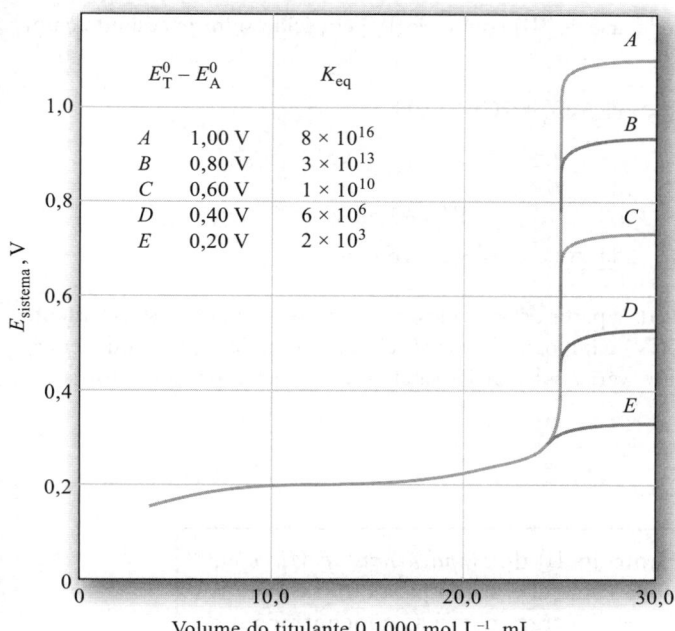

FIGURA 17-5

O efeito do potencial de eletrodo do titulante na extensão da reação. O potencial de eletrodo para o analito (E_A^0) é 0,200 V; iniciando com a curva A, os potenciais de eletrodo para o titulante (E_T^0) são 1,20; 1,00; 0,80; 0,60 e 0,40 V, respectivamente. Ambos, analito e titulante, sofrem uma variação de um elétron.

17D-3 O Efeito das Variáveis em Curvas de Titulação Redox

Em capítulos anteriores, consideramos os efeitos da concentração de reagentes e da extensão da reação nas curvas de titulação. Em seguida, descrevemos os efeitos dessas variáveis em curvas de titulação de oxidação-redução.

Concentração do Reagente

Como acabamos de ver, para uma titulação redox, geralmente o $E_{sistema}$ é independente da diluição. Consequentemente, as curvas de titulação para as reações redox são, em geral, independentes das concentrações do analito e do reagente. Essa característica contrasta com o que é observado em outros tipos de curvas de titulação que temos tratado.

Extensão da Reação

A variação do potencial na região do ponto de equivalência de uma titulação redox torna-se maior à medida que a reação se torna mais completa. Esse efeito é demonstrado pelas duas curvas contidas na Figura 17-3. A constante de equilíbrio para a reação do cério(IV) com ferro(II) é 7×10^{12}, enquanto para U(IV) é 2×10^{37}. O efeito da extensão da reação também é demonstrado na **Figura 17-5**. Esta figura mostra as curvas para a titulação de um reagente hipotético que tem um potencial padrão de eletrodo de 0,20 V com vários oxidantes hipotéticos, com potenciais padrão variando de 0,40 a 1,20 V. As constantes de equilíbrio que correspondem a cada uma das curvas se localizam entre aproximadamente 2×10^3 e 8×10^{16}. A curva A mostra que a maior variação no potencial do sistema está associada com a reação que está mais completa e a curva E ilustra o extremo oposto. Nesse aspecto, as curvas de titulação redox são similares àquelas envolvendo outros tipos de reações.

DESTAQUE 17-4

Velocidades de Reação e Potenciais de Eletrodo

Os potenciais padrão revelam se uma reação processa-se suficientemente ou não até um ponto em que pode ser considerada completa para ser útil em um problema analítico específico, mas eles não fornecem informações sobre a rapidez com a qual o equilíbrio é atingido. Consequentemente, uma reação que parece ser extremamente favorável termodinamicamente pode ser

(continua)

totalmente inaceitável do ponto de vista cinético. A oxidação do arsênio(III) com cério(IV) em ácido sulfúrico diluído é um exemplo típico. A reação é

$$H_3AsO_3 + 2Ce^{4+} + H_2O \rightleftharpoons H_3AsO_4 + 2Ce^{3+} + 2H^+$$

Os potenciais formais $E^{0\prime}$ desses dois sistemas são

$$Ce^{4+} + e^- \rightleftharpoons Ce^{3+} \qquad E^{0\prime} = +1,44 \text{ V}$$

$$H_3AsO_4 + 2H^+ + 2e^- \rightleftharpoons H_3AsO_3 + H_2O \qquad E^{0\prime} = +0,577 \text{ V}$$

E uma constante de equilíbrio de cerca de 10^{29} pode ser calculada a partir desses dados. Embora esse equilíbrio esteja bastante deslocado para a direita, a titulação do arsênio(III) com cério(IV) é impossível na ausência de um catalisador, porque seriam necessárias várias horas para se atingir o equilíbrio. Felizmente, várias substâncias catalisam a reação e, portanto, tornam a titulação viável.

Exercícios no Excel No Capítulo 10 do *Applications of Microsoft® Excel® in Analytical Chemistry*, 4. ed., o Excel é usado para obter os valores α para espécies redox. Estes valores mostram como as concentrações de equilíbrio mudam durante toda a titulação redox. As curvas de titulação redox são construídas tanto pela abordagem estequiométrica quanto pela abordagem de **equação-mestra**. A abordagem estequiométrica também é usada para um sistema que é dependente do pH.

17E Indicadores para Oxidação-Redução

Dois tipos de indicadores químicos são empregados para a obtenção dos pontos finais para titulações de oxidação-redução: indicadores redox gerais e indicadores específicos.

17E-1 Indicadores Redox Gerais

>> As mudanças de cor de indicadores redox gerais ou verdadeiros dependem unicamente do potencial do sistema.

Os indicadores redox gerais são substâncias que mudam de cor quando são oxidadas ou reduzidas. Em contraste com os indicadores específicos, as mudanças de cor de indicadores redox verdadeiros são amplamente independentes da natureza química do analito e do titulante e dependem, ao contrário, de variações do potencial de eletrodo do sistema que ocorrem durante a titulação.

A semirreação responsável pela mudança de cor de um indicador redox geral pode ser escrita como

$$In_{ox} + ne^- \rightleftharpoons In_{red}$$

Se a reação do indicador é reversível, podemos escrever

$$E = E^0_{In_{ox}/In_{red}} - \frac{0,0592}{1} \log \frac{[In_{red}]}{[In_{ox}]} \qquad (17\text{-}13)$$

Tipicamente, uma mudança de cor da forma oxidada para a cor da forma reduzida requer uma variação de cerca de 100 na razão das concentrações dos reagentes; isto é, uma mudança de cor é observada quando

$$\frac{[In_{red}]}{[In_{ox}]} \leq \frac{1}{10}$$

se altera para

$$\frac{[\text{In}_{red}]}{[\text{In}_{ox}]} \geq 10$$

A variação do potencial requerida para produzir uma mudança total na cor de um indicador geral típico pode ser encontrada substituindo-se esses dois valores na Equação 17-13, que fornece

$$E = E_{\text{In}}^0 \pm \frac{0{,}0592}{n}$$

Essa equação mostra que um indicador geral típico exibe uma mudança de cor detectável quando um titulante faz com que o potencial do sistema varie de $E_{\text{In}}^0 + 0{,}0592/n$ para $E_{\text{In}}^0 - 0{,}0592/n$, ou cerca de $(0{,}118/n)$ V. Para muitos indicadores, $n = 2$, portanto uma variação de 0,059 V é suficiente.

A **Tabela 17-3** lista os potenciais de transição para vários indicadores redox. Observe que estão disponíveis indicadores que funcionam em qualquer faixa de potencial até +1,25 V. As estruturas de alguns indicadores listados na tabela, e suas reações, são consideradas nos parágrafos que seguem.

Complexos de Ferro(II) das Ortofenantrolinas

Uma classe de compostos orgânicos conhecida como 1,10-fenantrolinas, ou ortofenantrolinas, forma complexos estáveis com íons ferro(II) e alguns outros íons. O composto

>> Os prótons participam na redução de muitos indicadores. Portanto, a variação do potencial sobre a qual ocorre uma mudança de cor (o *potencial de transição*) é geralmente dependente do pH.

O composto 1,10-fenantrolina é excelente agente complexante perante o ferro(II).

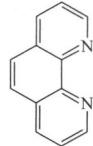

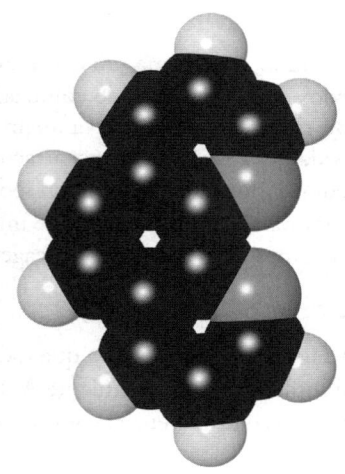

ferroína (phen)$_3$Fe^{2+}

5-nitro-1,10-fenantrolina   5-methyl-1,10-fenantrolina

TABELA 17-3

Indicadores de Oxidação-redução Selecionados*

Indicador	Cor Oxidado	Cor Reduzido	Potencial de Transição, V	Condições
Complexo ferro(II) 5-nitro-1,10-fenantrolina	Azul-claro	Vermelho-violeta	+1,25	H_2SO_4 1 mol L^{-1}
Ácido 2,3'-difenilamina dicarboxílico	Azul-violeta	Incolor	+1,12	H_2SO_4 7-10 mol L^{-1}
Complexo ferro(II) 1,10-fenantrolina	Azul-claro	Vermelho	+1,11	H_2SO_4 1 mol L^{-1}
Complexo ferro(II) 5-metil-1,10-fenantrolina	Azul-claro	Vermelho	+1,02	H_2SO_4 1 mol L^{-1}
Erioglaucina A	Azul-violeta	Amarelo-verde	+0,98	H_2SO_4 0,5 mol L^{-1}
Ácido difenilaminos sulfônico	Vermelho-violeta	Incolor	+0,85	Ácido diluído
Difenilamina	Violeta	Incolor	+0,76	Ácido diluído
p-Etoxicrisoidina	Amarelo	Vermelho	+0,76	Ácido diluído
Azul de metileno	Azul	Incolor	+0,53	Ácido 1 mol L^{-1}
Índigo tetrassulfonato	Azul	Incolor	+0,36	Ácido 1 mol L^{-1}
Fenosafranina	Vermelho	Incolor	+0,28	Ácido 1 mol L^{-1}

*Dados de I. M. Kolthoff; V. A. Stenger. *Volumetric Analysis*. 2. ed. Nova York: Interscience, 1942. v. 1, p. 140.

original tem um par de átomos de nitrogênio localizado em posições tais que cada um pode formar uma ligação covalente com o íon ferro(II).

Três moléculas de ortofenantrolina combinam-se com cada íon ferro para formar um complexo com a estrutura mostrada na margem. Esse complexo, que algumas vezes é chamado "ferroína", é convenientemente formulado como $(phen)_3Fe^{2+}$. O ferro complexado na ferroína sofre uma reação reversível de oxidação-redução que pode ser escrita como

$$\underset{\text{azul-claro}}{(phen)_3Fe^{3+}} + e^- \rightleftharpoons \underset{\text{vermelho}}{(phen)_3Fe^{2+}}$$

Na prática, a cor da forma oxidada é tão clara que é difícil de ser detectada e a mudança de cor associada com a redução é, portanto, do incolor para o vermelho. Em razão da diferença na intensidade da cor, o ponto final geralmente é detectado quando apenas cerca de 10% do indicador está na forma do ferro(II). Assim sendo, o potencial de transição é aproximadamente +1,11 V em ácido sulfúrico 1 mol L^{-1}.

De todos os indicadores redox, a ferroína é aquela que mais se aproxima da substância ideal. Ela reage rápida e reversivelmente, sua mudança de cor é pronunciada e suas soluções são estáveis e facilmente preparadas. Em contraste com muitos indicadores, a forma oxidada da ferroína é bastante inerte ante agentes oxidantes fortes. A ferroína se decompõe sob temperaturas superiores a 60ºC.

Inúmeras fenantrolinas substituídas têm sido investigadas quanto às suas propriedades como indicadores, e algumas comprovaram ser tão úteis quanto o composto original. Entre elas, vale salientar os derivados 5-nitro e 5-metil, com potenciais de transição de +1,25 V e +1,02 V, respectivamente.

Soluções de Amido-Iodo

O amido, que forma um complexo azul com o íon tri-iodeto, é um indicador específico amplamente utilizado em reações redox envolvendo o iodo como agente oxidante ou o iodeto como redutor. Uma solução de amido contendo um pouco do íon tri-iodeto ou iodeto também pode funcionar como um indicador redox geral. Na presença de um excesso de agente oxidante, a razão das concentrações de iodo e iodeto é elevada, fornecendo uma cor azul para a solução. Com o excesso de redutor, por outro lado, o íon iodeto predomina e a cor azul se faz ausente. Assim sendo, o sistema indicador muda de incolor para azul na titulação de muitos agentes redutores com vários oxidantes. Essa mudança de coloração é independente da composição química dos reagentes, dependendo somente do potencial do sistema no ponto de equivalência.

A Escolha do Indicador Redox

A Figura 17-5 demonstra que todos os indicadores contidos na Tabela 17-3, exceto pelo primeiro e pelo último, poderiam ser utilizados com o titulante A. Em contraste, com o titulante D, apenas o índigo tetrassulfonato poderia ser empregado. A variação do potencial com o titulante E é muito pequena para ser satisfatoriamente detectada por um indicador.

17E-2 Indicadores Específicos

Talvez o indicador específico mais bem conhecido seja o amido, que forma um complexo azul-escuro com o íon tri-iodeto. Esse complexo sinaliza o ponto final em titulações nas quais o iodo é produzido ou consumido.

Outro indicador específico é o tiocianato de potássio, que pode ser utilizado, por exemplo, na titulação de ferro(III) com soluções de sulfato de titânio(III). O ponto final ocorre quando a cor vermelha do complexo de ferro(III)/tiocianato desaparece como um resultado da significativa diminuição na concentração de ferro(III) no ponto de equivalência.

17F Pontos Finais Potenciométricos

Podemos observar os pontos finais para muitas titulações redox fazendo com que a solução contendo o analito seja parte da célula

eletrodo de referência || solução do analito | Pt

Medindo-se o potencial dessa célula durante a titulação, podem ser gerados os dados para curvas análogas àquelas mostradas nas Figuras 17-3 e 17-5. Os pontos finais podem ser facilmente estimados a partir dessas curvas. Os pontos finais potenciométricos são abordados em detalhes no Capítulo 19.

Aplicações dos Potenciais Padrão de Eletrodo   469

Química Analítica On-line

Muitas profissões têm organizações associadas, como a American Chemical Society, cujos objetivos para sociedades científicas vão desde a promulgação de informação científica até programas sociais que fornecem alimentação aos membros da profissão. Subdisciplinas como a eletroquímica também promovem organizações similares. Vá ao site na web da Eletrochemical Society (ECS) em **http://www.eletrchem.org/**. Explore o site e determine os objetivos da ECS. Quais publicações são produzidas sob os auspícios desta sociedade? Descreva brevemente a natureza de cada publicação. Usando o mecanismo de busca da página inicial da ECS, pesquise por "Practical Challenges Hindering the Development of Solid State Li Ion Batteries". O artigo deve aparecer no seus resultados de busca. Em que publicação este artigo apareceu? O que a abreviatura SSE significa? A que se refere o termo *comportamento cíclico*? Como este termo aplica-se a seu dispositivo eletrônico como smartphone ou tablet? Por que este tópico é importante, de acordo com os autores?

Agora, use um mecanismo de busca para localizar o site na web de uma segunda organização chamada Society for Eletrochemical Chemistry (SEAC) e realize uma análise similar da informação que você encontra. Compare e contraste as missões da ECS e da SEAC.

Resumo do Capítulo 17

- Calcular potenciais de células termodinâmicas.
- Calcular constantes de equilíbrio para reações redox.
- Construir curvas de titulação redox.

Termos-chave

1,10-Fenantrolina, 467
Curto-circuito, 441

Equação-mestra inversa, 462

Indicadores de oxidação-redução, 466

Equações Importantes

$E_{célula} = E_{direita} - E_{esquerda}$

$E_{célula} = 0 = E_{direita} - E_{esquerda}$ no equilíbrio

$\ln K_{eq} = -\dfrac{\Delta G^0}{RT} = \dfrac{nFE^0_{célula}}{RT}$

$\log K_{eq} = -\dfrac{nE^0_{célula}}{0,0592} = \dfrac{n(E^0_{direita} - E^0_{esquerda})}{0,0592}$

Para:

$A_{ox} + ae^- \rightleftharpoons A_{red}$
$B_{ox} + be^- \rightleftharpoons B_{red}$
$bA_{red} + aB_{ox} \rightleftharpoons bA_{ox} + aB_{red}$

$\log K_{eq} = \dfrac{ab(E^0_B - E^0_A)}{0,0592}$

$E = E^0_{In} \pm \dfrac{0,0592}{n}$

Questões e Problemas*

*17-1. Defina brevemente o potencial de eletrodo de um sistema que contenha dois ou mais pares redox.

17-2. Para uma reação de oxidação-redução, diferencie brevemente entre:
   *(a) equilíbrio e equivalência.
   (b) um indicador redox verdadeiro e um indicador específico.

17-3. O que a condição de equilíbrio em uma reação de oxidação-redução apresenta como característica específica?

*17-4. Como uma curva de titulação redox é gerada por meio do uso de potenciais padrão de eletrodo para as espécies do analito e do titulante volumétrico?

17-5. Como o cálculo do potencial de eletrodo do sistema no ponto de equivalência se difere daquele de qualquer outro ponto da titulação redox?

*17-6. Sob quais circunstâncias uma curva de titulação redox é assimétrica ao redor do ponto de equivalência?

17-7. Calcule os potenciais das seguintes células. Indique se a reação se processará espontaneamente na direção considerada (oxidação à esquerda, redução à direita) ou se uma fonte de voltagem externa é necessária para forçar a reação a ocorrer.
   (a) $Pb\,|\,Pb^{2+}(0{,}100\ mol\ L^{-1})\,\|\,Cd^{2+}$ $(0{,}0400\ mol\ L^{-1})\,|\,Cd$
   (b) $Zn\,|\,Zn^{2+}(0{,}0440\ mol\ L^{-1})\,\|\,Tl^{3+}(6{,}06\times 10^{-2}\ mol\ L^{-1})$, $Tl^{+}(0{,}0400\ mol\ L^{-1})\,|\,Pt$
   (c) $Pt,\ H_2(757\ torr)\,|\,HCl(3{,}00\times 10^{-4}\ mol\ L^{-1})\,\|$ $Ni^{2+}(0{,}0500\ mol\ L^{-1})\,|\,Ni$
   (d) $Pb\,|\,PbI_2(sat),\ I^{-}\ (0{,}0330\ mol\ L^{-1})\,\|\,Hg^{2+}$ $(2{,}80\times 10^{-3}\ mol\ L^{-1})\,|\,Hg$
   (e) $Pt,\ H_2(1{,}00\ atm)\,|\,NH_3(0{,}400\ mol\ L^{-1})$, $NH_4^{+}(0{,}300\ mol\ L^{-1})\,\|\,EPH$
   (f) $Pt\,|\,TiO^{2+}(0{,}0550\ mol\ L^{-1}),\ Ti^{3+}$ $(0{,}00320\ mol\ L^{-1}),\ H^{+}(3{,}00\times 10^{-2}\ mol\ L^{-1})\,\|\,VO^{2+}(0{,}1600\ mol\ L^{-1})$, $V^{3+}(0{,}0800\ mol\ L^{-1}),\ H^{+}(0{,}0100\ mol\ L^{-1})\,|\,Pt$

*17-8. Calcule o potencial teórico de célula das seguintes células. Se a célula estiver em curto-circuito, indique a direção da reação espontânea da célula.
   (a) $Zn\,|\,Zn^{2+}(0{,}1000\ mol\ L^{-1})\,\|\,Co^{2+}(5{,}87\times 10^{-4}\ mol\ L^{-1})\,|\,Co$
   (b) $Pt\,|\,Fe^{3+}(0{,}1600\ mol\ L^{-1}),\ Fe^{2+}$ $(0{,}0700\ mol\ L^{-1})\,\|\,Hg^{2+}(0{,}0350\ mol\ L^{-1})\,|\,Hg$
   (c) $Ag\,|\,Ag^{+}(0{,}0575\ mol\ L^{-1})\,|$ $H^{+}(0{,}0333\ mol\ L^{-1})\,|\,O_2(1{,}12\ atm),\ Pt$
   (d) $Cu\,|\,Cu^{2+}(0{,}0420\ mol\ L^{-1})\,\|\,I^{-}(0{,}1220\ mol\ L^{-1})$, $AgI(saturada)\,|\,Ag$
   (e) $EPH\,\|\,HCOOH(0{,}1400\ mol\ L^{-1}),\ HCOO^{-}$ $(0{,}0700\ mol\ L^{-1})\,|\,H_2(1{,}00\ atm),\ Pt$
   (f) $Pt\,|\,UO_2^{2+}(8{,}00\times 10^{-3}\ mol\ L^{-1}),\ U^{4+}$ $(4{,}00\times 10^{-2}\ mol\ L^{-1})$, $H^{+}(1{,}00\times 10^{-3}\ mol\ L^{-1})\,\|\,Fe^{3+}(0{,}003876\ mol\ L^{-1})$, $Fe^{2+}(0{,}1134\ mol\ L^{-1})\,|\,Pt$

17-9. Calcule o potencial das seguintes semicélulas que estão conectadas por uma ponte salina:
   *(a) uma célula galvânica que consiste em um eletrodo de chumbo imerso em Pb^{2+} 0,0250 mol L^{-1} à esquerda e um eletrodo de zinco em contato com Zn^{2+} 0,1000 mol L^{-1} à direita.
   (b) uma célula galvânica com dois eletrodos de platina, o da esquerda imerso em uma solução de Fe^{3+} 0,0335 mol L^{-1} e Fe^{2+} 0,0670 mol L^{-1}, e o da direita em uma solução de $Fe(CN)_6^{4-}$ 0,00300 mol L^{-1} e $Fe(CN)_6^{3-}$ 0,1564 mol L^{-1}.
   *(c) uma célula galvânica que consiste em um eletrodo padrão de hidrogênio à esquerda e um eletrodo de platina imerso em uma solução de TiO^{2+} $4{,}50\times 10^{-3}$ mol L^{-1}, Ti^{3+} 0,09000 mol L^{-1} e tamponada em pH 3,00, à direita.

17-10. Empregue a notação simplificada para descrever as células do Problema 17-9. Cada célula é composta de uma ponte salina para prover o contato elétrico entre as soluções nos seus dois compartimentos.

17-11. Gere as expressões das constantes de equilíbrio para as seguintes reações. Calcule os valores numéricos para K_{eq}.
   *(a) $Fe^{3+} + V^{2+} \rightleftharpoons Fe^{2+} + V^{3+}$
   (b) $Fe(CN)_6^{3-} + Cr^{2+} \rightleftharpoons Fe(CN)_6^{4-} + Cr^{3+}$
   *(c) $2V(OH)_4 + U^{4+} \rightleftharpoons 2VO^{2+} + UO_2^{2+} + 4H_2O$
   (d) $Tl^{3+} + 2Fe^{2+} \rightleftharpoons Tl^{+} + 2Fe^{3+}$
   *(e) $2Ce^{4+} + H_3AsO_3 + H_2O \rightleftharpoons 2Ce^{3+} + H_3AsO_4 + 2H^{+}$ (1 mol L^{-1} $HClO_4$)
   (f) $2V(OH)_4 + H_2SO_3 \rightleftharpoons SO_4^{2-} + 2VO^{2+} + 5H_2O$
   *(g) $VO^{2+} + V^{2+} + 2H^{+} \rightleftharpoons 2V^{3+} + H_2O$
   (h) $TiO^{2+} + Ti^{2+} + 2H^{+} \rightleftharpoons 2Ti^{3+} + H_2O$

17-12. Calcule os potenciais de eletrodo do sistema no ponto de equivalência para cada reação do Problema 17-11. Empregue 0,100 mol L^{-1} onde um valor para $[H^{+}]$ for necessário.

17-13. Se você tiver soluções 0,1000 mol L^{-1} e a primeira espécie mencionada for o titulante, qual será a concentração de cada reagente e produto no ponto de equivalência das titulações (a), (c), (f) e (g) no Problema 17-11? Considere que não há variação de $[H^{+}]$ durante a titulação.

---

*As respostas para as questões e problemas marcados com um asterisco são fornecidas no final deste livro.

*17-14. A partir da Tabela 17-3, selecione um indicador que seja adequado para cada titulação do Problema 17-11. Escreva NENHUM se não houver um indicador adequado na Tabela 17-3.

17-15. Utilize uma planilha eletrônica e construa as curvas para as seguintes titulações. Calcule os potenciais após a adição de 10,00; 25,00; 49,00; 49,90; 50,00; 50,10; 51,00 e 60,00 mL do reagente. Onde necessário, considere que [H⁺] = 1,00 mol L⁻¹ durante toda a titulação.
  (a) 50,00 mL de V^{2+} 0,1000 mol L⁻¹ com Sn^{4+} 0,05000 mol L⁻¹.
  (b) 50,00 mL de $Fe(CN)_6^{3-}$ 0,1000 mol L⁻¹ com Cr^{2+} 0,1000 mol L⁻¹.
  (c) 50,00 mL de $Fe(CN)_6^{4-}$ 0,1000 mol L⁻¹ com Tl^{3+} 0,05000 mol L⁻¹.
  (d) 50,00 mL de Fe^{3+} 0,1000 mol L⁻¹ com Sn^{2+} 0,05000 mol L⁻¹.
  (e) 50,00 mL de U^{4+} 0,05000 mol L⁻¹ com MnO_4^- 0,02000 mol L⁻¹.

17-16. **Problema Desafiador:** Como parte de um estudo da medida da constante de dissociação do ácido acético, Harned e Ehlers[4] precisavam medir E^0 para a seguinte célula.

Pt, H_2(1 atm) | HCl(mol kg⁻¹), AgCl(saturada) | Ag

  (a) Escreva uma expressão para o potencial da célula.
  (b) Mostre que a expressão pode ser escrita como

  $$E = E^0 - \frac{RT}{F}\ln(\gamma_{H_3O^+})(\gamma_{Cl^-})m_{H_3O^+}m_{Cl^-}$$

  em que $\gamma_{H_3O^+}$ e γ_{Cl^-} são os coeficientes de atividade do íon hidrônio e do íon cloreto, respectivamente, e $m_{H_3O^+}$ e m_{Cl^-} são as suas respectivas concentrações em mol kg⁻¹.
  (c) Sob quais circunstâncias essa expressão é válida?
  (d) Mostre que a expressão em (b) pode ser escrita como $E + 2k \log m = E^0 - 2k \log \gamma$, onde $k = \ln 10 RT/F$. Quais são m e γ?
  (e) Uma versão consideravelmente mais simplificada da expressão de Debye-Hückel que é válida para soluções muito diluídas é $\log \gamma = -0,5\sqrt{m} + bm$, em que b é uma constante. Mostre que a expressão para o potencial da célula apresentada em (d) pode ser escrita como $E + 2k \log m - k\sqrt{m} = E^0 - 2kcm$.
  (f) A expressão anterior é uma "lei limite" que se torna linear à medida que a concentração do eletrólito se aproxima de zero. A equação assume a forma $y = ax + b$, onde $y = E + 2k \log m - k\sqrt{m}$, $x = m$, a inclinação $a = -2kc$ e a intersecção y $b = E^0$. Harned e Ehlers mediram de forma muito exata o potencial da célula apresentada no início do problema, sem junção líquida, em

Medidas de Potencial da Célula Pt,H_2(1 atm) / HCl(mol kg⁻¹), AgCl(saturada) / Ag sem Junção Líquida como uma Função da Molalidade (mol kg⁻¹) e Temperatura (°C)

	E_T, volts							
m, 1 mol kg⁻¹	E_0	E_5	E_{10}	E_{15}	E_{20}	E_{25}	E_{30}	E_{35}
0,005	0,48916	0,49138	0,49338	0,49521	0,44690	0,49844	0,49983	0,50109
0,006	0,48089	0,48295	0,48480	0,48647	0,48800	0,48940	0,49065	0,49176
0,007	0,4739	0,47584	0,47756	0,47910	0,48050	0,48178	0,48289	0,48389
0,008	0,46785	0,46968	0,47128	0,47270	0,47399	0,47518	0,47617	0,47704
0,009	0,46254	0,46426	0,46576	0,46708	0,46828	0,46937	0,47026	0,47103
0,01	0,4578	0,45943	0,46084	0,46207	0,46319	0,46419	0,46499	0,46565
0,02	0,42669	0,42776	0,42802	0,42925	0,42978	0,43022	0,43049	0,43058
0,03	0,40859	0,40931	0,40993	0,41021	0,41041	0,41056	0,41050	0,41028
0,04	0,39577	0,39624	0,39668	0,39673	0,39673	0,39666	0,39638	0,39595
0,05	0,38586	0,38616	0,38641	0,38631	0,38614	0,38589	0,38543	0,38484
0,06	0,37777	0,37793	0,37802	0,37780	0,37749	0,37709	0,37648	0,37578
0,07	0,37093	0,37098	0,37092	0,37061	0,37017	0,36965	0,36890	0,36808
0,08	0,36497	0,36495	0,36479	0,36438	0,36382	0,36320	0,36285	0,36143
0,09	0,35976	0,35963	0,35937	0,35888	0,35823	0,35751	0,35658	0,35556
0,1	0,35507	0,35487	0,33451	0,35394	0,35321	0,35240	0,35140	0,35031
E^0	0,23627	0,23386	0,23126	0,22847	0,22550	0,22239	0,21918	0,21591

[4] H. S. Harned; R. W. Ehlers. *J. Am. Chem. Soc.*, v. 54, n. 4, p. 1.350-1.357. DOI.1932, 10.1021/ja01343a013.

função da molalidade (mol kg^{-1}) de HCl e da temperatura e obtiveram os dados contidos na tabela da página anterior. Por exemplo, eles mediram o potencial da célula a 25°C em concentração de HCl de 0,01 mol kg^{-1} e obtiveram um valor de 0,46419 volts.

Construa um gráfico de $E + 2k \log m - k\sqrt{m}$ em função de m e observe que o gráfico é bastante linear em concentrações baixas. Extrapole a linha reta até a intersecção com o eixo y e estime um valor para E^0. Compare seu valor com o valor de Harned e Ehlers e explique qualquer diferença. Compare também o valor com aquele mostrado na Tabela 16-1. O modo mais simples de resolver esse exercício é colocar os dados em uma planilha e empregar a função INTERCEPÇÃO (val_conhecidos_y:val_conhecidos_x) para determinar o valor extrapolado para E^0. Utilize apenas os dados de 0,005 a 0,01 mol kg^{-1} para encontrar a intersecção.

(g) Se você usou uma planilha para realizar a análise de dados em (f), insira os dados para todas as temperaturas na planilha e determine os valores para E^0 em todas as temperaturas de 5°C a 35°C.

(h) Existem dois tipos de erros tipográficos na tabela anterior que apareceram na publicação original. Encontre os erros e corrija-os. Como você justificaria essas correções? Que critérios estatísticos você poderia aplicar para justificar sua ação? De acordo com seu julgamento, esses erros tinham sido detectados previamente? Explique sua resposta.

(i) Por que você acredita que esses pesquisadores utilizaram a concentração em mol kg^{-1} em seu estudo em vez da concentração em mol L^{-1}? Explique se o emprego da unidade de concentração importa nesse caso.

17-17. **Problema Desafiador**: Como vimos no Problema 17-16, como um experimento preliminar em seu trabalho para medir a constante de dissociação do ácido acético, Herned e Ehlers[5] mediram E^0 para a célula mostrada sem junção líquida. Para completar o estudo e determinar a constante de dissociação, esses pesquisadores também mediram o potencial da seguinte célula.

Pt, H$_2$(1 atm) | HOAc(m_1), NaOAc(m_2), NaCl(m_3), AgCl(sat) | Ag

(a) Mostre que o potencial dessa célula é dado por

$$E = E^0 - \frac{RT}{F} \ln(\gamma_{H_3O^+})(\gamma_{Cl^-}) m_{H_3O^+} m_{Cl^-}$$

onde $\gamma_{H_3O^+}$ e γ_{Cl^-} são os coeficientes de atividade do íon hidrônio e do íon cloreto, respectivamente, e $m_{H_3O^+}$ e m_{Cl^-} e são suas respectivas concentrações em (mol kg^{-1}).

(b) A constante de dissociação para o ácido acético é dada por

$$K = \frac{(\gamma_{H_3O^+})(\gamma_{OAc^-})}{\gamma_{HOAc}} \frac{m_{H_3O^+} m_{OAc^-}}{m_{HOAc}}$$

onde γ_{OAc^-} e γ_{HOAc} são os coeficientes de atividade do íon acetato e do ácido acético, respectivamente, e m_{OAc^-} e m_{HOAc} são suas respectivas concentrações em (mol kg^{-1}). Mostre que o potencial da célula do item (a) é dado por

$$E = E^0 + \frac{RT}{F} \ln \frac{m_{HOAc} m_{Cl^-}}{m_{OAc^-}}$$
$$= -\frac{RT}{F} \ln \frac{(\gamma_{H_3O^+})(\gamma_{Cl^-})(\gamma_{HOAc})}{(\gamma_{H_3O^+})(\gamma_{OAc^-})} - \frac{RT}{F} \ln K$$

(c) À medida que a força iônica da solução se aproxima de zero, o que acontece com o lado direito dessa equação em (b)?

(d) Como resultado da resposta para o item (c) podemos escrever o termo do lado direito da equação como $-(RT/F)\ln K'$. Mostre que

$$K' = \exp\left[-\frac{(E - E_0)F}{RT} \ln\left(\frac{m_{HOAc} m_{Cl^-}}{m_{OAc^-}}\right)\right]$$

(e) A força iônica da solução contida na célula sem junção líquida calculada por Harned e Ehlers é

$$\mu = m_2 + m_3 + m_{H^+}$$

Mostre que essa expressão está correta.

(f) Esses pesquisadores prepararam soluções de várias concentrações analíticas de ácido acético, acetato de sódio e cloreto de sódio e mediram o potencial da célula apresentada no início deste problema. Os seus resultados são mostrados na tabela a seguir. A notação para molalidade neste ponto de nossa discussão do artigo de Harned e Ehlers tem sido em termos das variáveis m_x, em que x é a espécie de interesse. Estes símbolos representam molalidades

---

[5] H. S. Harned; R. W. Ehlers. *J. Am. Chem. Soc.*, v. 54, n. 4, p. 1.350-1.357, 1932. DOI: 10.1021/ja01343a013.

Medidas de Potencial da Célula Pt,H$_2$(1 atm) | HOAc$_{(cHOAc)}$, NaOAc$_{(cNaOAc)}$, NaCl$_{(cNaCl)}$, AgCl(saturada) | Ag sem Junção Líquida como uma Função da Força Iônica (em mol kg^{-1}) e da Temperatura (°C)

c_{HOAc}, m	c_{NaOAc}, m	c_{NaCl}, m	E_0	E_5	E_{10}	E_{15}	E_{20}	E_{25}	E_{30}	E_{35}
0,004779	0,004599	0,004896	0,61995	0,62392	0,62789	0,63183	0,63580	0,63959	0,64335	0,64722
0,012035	0,011582	0,012326	0,59826	0,60183	0,60538	0,60890	0,61241	0,61583	0,61922	0,62264
0,021006	0,020216	0,021516	0,58528	0,58855	0,59186	0,59508	0,59840	0,60154	0,60470	0,60792
0,04922	0,04737	0,05042	0,56546	0,56833	0,57128	0,57413	0,57699	0,57977	0,58257	0,58529
0,08101	0,07796	0,08297	0,55388	0,55667	0,55928	0,56189	0,56456	0,56712	0,56964	0,57213
0,09056	0,08716	0,09276	0,55128	0,55397	0,55661	0,55912	0,56171	0,56423	0,56672	0,56917

analíticas, molalidades de equilíbrio ou ambas? Explique. Note que os símbolos para concentração na tabela estão de acordo com a convenção que temos empregado ao longo deste livro, não com a notação empregada por Harned e Ehlers.

(g) Calcule a força iônica de cada uma das soluções usando a expressão para o K_a do ácido acético para calcular [H$_3$O$^+$], [OAc$^-$] e [HOAc] com as aproximações usuais adequadas e um valor provisório de $K_a = 1,8 \times 10^{-5}$. Empregue os potenciais contidos na tabela para 25°C para calcular os valores para K' com a expressão contida no item (d). Construa um gráfico de K' em função de μ e extrapole o gráfico para a diluição infinita ($\mu = 0$) para encontrar um valor para K_a a 25°C. Compare o valor extrapolado com o valor provisório utilizado para calcular μ. Que efeito o valor provisório de K_a tem no valor extrapolado de K_a? Você pode realizar estes cálculos facilmente usando uma planilha eletrônica.

(h) Se você fez estes cálculos empregando uma planilha eletrônica, determine a constante de dissociação do ácido acético em todas as outras temperaturas para as quais os dados estão disponíveis. Como o K_a varia com a temperatura? Em qual temperatura ocorre o valor máximo de K_a.

CAPÍTULO 18

Aplicações das Titulações de Oxidação-Redução

Roger Ressmeyer/Corbis/Bettmann/Getty Images

Linus Pauling (1901-1994) foi um dos químicos mais influentes e famosos do século 20. Seu trabalho sobre ligações químicas, cristalografia de raios X e áreas correlatas teve grande impacto na química, física e biologia durante oito décadas e ganhou praticamente todos os prêmios oferecidos para os químicos. É a única pessoa a ter recebido sozinho dois Prêmios Nobel: o de química (1954) e, em razão de seus esforços pelo banimento das armas nucleares, o prêmio pela paz (1962). Nos últimos anos, Pauling devotou seu imenso intelecto e energia ao estudo de várias doenças e suas curas. Tornou-se convicto de que a vitamina C, ou ácido ascórbico, era uma panaceia. Seus inúmeros livros e artigos sobre o tema impulsionaram a popularidade das terapias alternativas e especialmente o amplo uso da vitamina C na manutenção preventiva da saúde. Esta foto de Pauling jogando uma laranja para cima enquanto segura um modelo da hélice alfa é simbólica desse trabalho. As titulações redox são amplamente usadas para determinar ácido ascórbico em todos os níveis em frutas, vegetais e preparações vitamínicas comerciais.

Neste capítulo, descrevemos a preparação de soluções padrão de oxidantes e redutores e suas aplicações na Química Analítica. Além disso, os reagentes auxiliares que convertem um analito a um único estado de oxidação são discutidos.[1]

18A Reagentes Oxidantes e Redutores Auxiliares

Em uma titulação redox, o analito precisa estar em um único estado de oxidação. Geralmente, entretanto, as etapas que precedem a titulação, como a dissolução da amostra e a separação de interferências, convertem o analito a uma mistura de estados de oxidação. Por exemplo, quando uma amostra contendo ferro é dissolvida, normalmente a solução resultante contém uma mistura de íons Fe(II) e Fe(III). Se utilizarmos um oxidante padrão para determinar o ferro, primeiro precisaremos tratar a solução contendo a amostra com um agente redutor auxiliar para converter todo o ferro para Fe(II). Contudo, se planejarmos titular com um redutor padrão, o pré-tratamento com um reagente oxidante auxiliar será necessário.[2]

---

[1] Para leituras adicionais sobre a titulometria redox, veja J. A. Dean. *Analytical Chemistry Handbook*. Nova York: McGraw-Hill, 1995, seção 3, p. 3.65-3.75.
[2] Para um breve resumo sobre os reagentes auxiliares, veja J. A. Goldman; V. A. Stenger, in *Treatise on Analytical Chemistry*. I. M. Kolthoff; P. J. Elving, eds. Nova York: Wiley, 1975, pt. I, v. 11, p. 7204-7206.

Para ser útil como um pré-oxidante ou como um pré-redutor, um reagente precisa reagir quantitativamente com o analito. Além disso, qualquer excesso do reagente tem de ser facilmente removível, porque, em geral, o excesso de reagente interfere na titulação em razão de sua reação com a solução padrão.

18A-1 Reagentes Redutores Auxiliares

Vários metais são bons agentes redutores e têm sido utilizados na pré-redução de analitos. Entre eles, incluem-se zinco, alumínio, cádmio, chumbo, níquel, cobre e prata (na presença do íon cloreto). Pequenas barras ou aparas do metal podem ser imersas diretamente na solução contendo o analito. Após a redução se completar, o sólido é removido manualmente e lavado. A solução do analito precisa ser filtrada para remover os resíduos de pequenos grãos ou de pó do metal. Uma alternativa à filtração consiste no emprego de uma **coluna redutora**, como mostrado na **Figura 18-1**.[3] O metal finamente dividido é mantido em um tubo de vidro vertical através do qual a solução passa sob leve vácuo. O metal em um redutor costuma ser suficiente para centenas de reduções.

Uma coluna com **redutor de Jones** típica tem diâmetro de cerca de 2 cm e é empacotada até uma altura de 40 a 50 cm com zinco amalgamado. A amalgamação é realizada permitindo que os grãos de zinco permaneçam brevemente em contato com uma solução de cloreto de mercúrio(II), onde a seguinte reação ocorre:

$$2Zn(s) + Hg^{2+} \rightarrow Zn^{2+} + Zn(Hg)(s)$$

O amálgama de zinco é tão eficiente quanto o próprio metal nas reduções e tem a importante virtude de inibir a redução de íons hidrogênio pelo zinco. Essa reação lateral consome desnecessariamente o agente redutor e também contamina a amostra com grande quantidade de íons Zn(II). Mesmo as soluções que são bastante ácidas podem ser passadas pelo redutor de Jones sem formação significativa de hidrogênio.

A **Tabela 18-1** lista as principais aplicações do redutor de Jones. Nessa tabela, também estão listadas as reduções que podem ser obtidas com um **redutor de Walden**, no qual o redutor é a prata metálica granulada mantida em uma coluna de

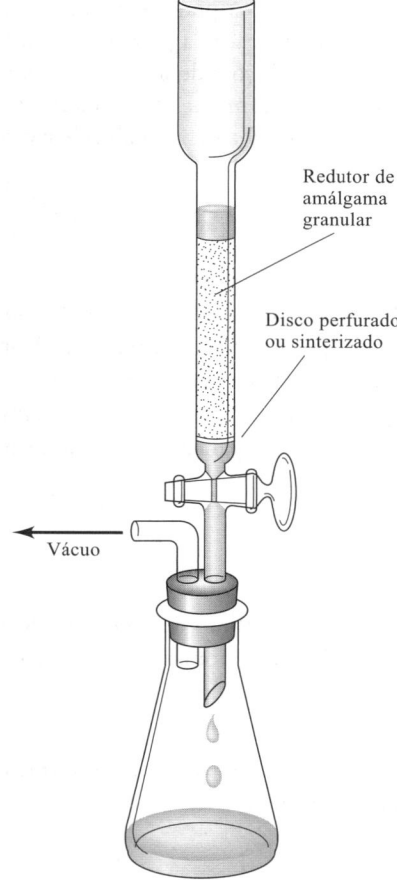

FIGURA 18-1
Redutor de Jones.

TABELA 18-1

Utilização do Redutor de Walden e do Redutor de Jones*	
Walden $Ag(s) + Cl^- \rightarrow AgCl(s) + e^-$	**Jones** $Zn(Hg)(s) \rightarrow Zn^{2+} + Hg + 2e^-$
$Fe^{3+} + e^- \rightarrow Fe^{2+}$	$Fe^{3+} + e^- \rightleftharpoons Fe^{2+}$
$Cu^{2+} + e^- \rightarrow Cu^+$	$Cu^{2+} + 2e^- \rightleftharpoons Cu(s)$
$H_2MoO_4 + 2H^+ + e^- \rightarrow MoO_2^+ + 2H_2O$	$H_2MoO_4 + 6H^+ + 3e^- \rightleftharpoons Mo^{3+} + 3H_2O$
$UO_2^{2+} + 4H^+ + 2e^- \rightarrow U^{4+} + 2H_2O$	$UO_2^{2+} + 4H^+ + 2e^- \rightleftharpoons U^{4+} + 2H_2O$
	$UO_2^{2+} + 4H^+ + 3e^- \rightleftharpoons U^{3+} + 2H_2O$ †
$V(OH)_4^+ + 2H^+ + e^- \rightarrow VO^{2+} + 3H_2O$	$V(OH)_4^+ + 4H^+ + 3e^- \rightleftharpoons V^{2+} + 4H_2O$
TiO^{2+} não reduzido	$TiO^{2+} + 2H^+ + e^- \rightleftharpoons Ti^{3+} + H_2O$
Cr^{3+} não reduzido	$Cr^{3+} + e^- \rightleftharpoons Cr^{2+}$

* De I. M. Kolthoff; R. Belcher. *Volumetric Analysis*. Nova York: Interscience, 1957. v. 3, p. 12. John Wiley & Sons, Inc.
† Uma mistura de estados de oxidação é obtida. Entretanto, o redutor de Jones ainda pode ser empregado na determinação de urânio, uma vez que o U^{2+} formado pode ser convertido a U^{4+} pela agitação da solução por alguns minutos na presença de ar.

---

[3] Para uma discussão sobre redutores, veja F. Hecht, in *Treatise on Analytical Chemistry*. I. M. Kolthoff; P. J. Elving, eds. Nova York: Wiley, 1975, pt. I, v. 11, p. 6703-6707.

vidro estreita. A prata não é um agente redutor muito bom, a menos que cloreto ou algum outro íon que forme um sal pouco solúvel com a prata esteja presente. Por essa razão, a pré-redução com o redutor de Walden é geralmente realizada a partir de soluções do analito contendo ácido clorídrico. O recobrimento de cloreto de prata produzido no metal é removido periodicamente mergulhando-se um bastão de zinco na solução que cobre o material sólido. A Tabela 18-1 sugere que o redutor de Walden é mais seletivo na sua ação que o redutor de Jones.

18A-2 Reagentes Oxidantes Auxiliares

Bismutato de Sódio

O bismutato de sódio é um poderoso agente oxidante, capaz, por exemplo, de converter quantitativamente o manganês(II) a íons permanganato. Esse sal de bismuto é um sólido pouco solúvel com uma fórmula que normalmente é escrita como $NaBiO_3$, embora sua composição exata seja incerta. As oxidações são realizadas suspendendo-se o bismutato na solução que contém o analito e fervendo a mistura por um breve período. O reagente não utilizado é então removido por filtração. A semirreação para a redução do bismutato de sódio é representada por

$$NaBiO_3(s) + 4H^+ + 2e^- \rightleftharpoons BiO^+ + Na^+ + 2H_2O \qquad E^0 = +1,59\ V$$

Peroxidissulfato de Amônio

O peroxidissulfato de amônio, $(NH_4)_2S_2O_8$, também é um poderoso agente oxidante. Em soluções ácidas, converte o cromo(III) a dicromato, o cério(III) a cério(IV) e o manganês(II) a permanganato. A semirreação é

$$S_2O_8^{2-} + 2e^- \rightleftharpoons 2SO_4^{2-}$$

As oxidações são catalisadas por traços de íons prata. O excesso de reagente é facilmente decomposto após ebulição por um breve período:

$$2S_2O_8^{2-} + 2H_2O \rightarrow 4SO_4^{2-} + O_2(g) + 4H^+$$

Peróxidos de Sódio e de Hidrogênio

O peróxido é um agente oxidante conveniente tanto na forma do sal de sódio sólido quanto como uma solução diluída do ácido. A semirreação para o peróxido de hidrogênio em meio ácido é

$$H_2O_2 + 2H^+ + 2e^- \rightleftharpoons 2H_2O \qquad E^0 = 1,78\ V$$

Após a oxidação ter-se completado, a presença de excesso de reagente é eliminada por ebulição:

$$2H_2O_2 \rightarrow 2H_2O + O_2(g)$$

18B Aplicações de Agentes Redutores Padrão

As soluções padrão da maioria dos redutores tendem a reagir com o oxigênio atmosférico. Por essa razão, os redutores raramente são utilizados na titulação de analitos oxidantes; ao contrário, métodos indiretos são empregados. Os dois redutores mais comuns, íons de ferro(II) e tiossulfato, são discutidos nos parágrafos que se seguem.

18B-1 Soluções de Fe(II)

As soluções de ferro(II) são facilmente preparadas a partir do sulfato de ferro(II) e amônio, $Fe(NH_4)_2(SO_4)_2 \cdot 6H_2O$ (sal de Mohr), ou a partir do sulfato de ferro(II) e etilenodiamina, $FeC_2H_4(NH_3)_2(SO_4)_2 \cdot 4H_2O$ (sal de Oesper). A oxidação do ferro(II) pelo ar ocorre rapidamente em soluções neutras, mas é inibida na presença de ácidos, com a preparação mais estável sendo feita em H_2SO_4 0,5 mol L^{-1}. Essas soluções são estáveis por não mais de um dia, se tanto. Inúmeros agentes oxidantes são convenientemente determinados pelo tratamento da solução contendo o analito com um excesso conhecido do padrão de ferro(II), seguido pela imediata titulação desse excesso com uma solução padrão de dicromato de potássio ou cério(IV) (veja as Seções 18C-1 e 18C-2). Logo antes ou logo após a titulação do analito, a razão volumétrica entre o oxidante padrão e solução de ferro(II) é estabelecida titulando-se duas ou três alíquotas de ferro(II) com o oxidante. Esse procedimento tem sido aplicado a determinações de peróxidos orgânicos; hidroxilamina; cromo(VI); cério(IV); molibdênio(VI); íons nitrato, clorato e perclorato e inúmeros outros agentes oxidantes (veja, por exemplo, os Problemas 18-20 e 18-21).

18B-2 Tiossulfato de Sódio

O íon tiossulfato ($S_2O_3^{2-}$) é um agente redutor moderadamente forte, que tem sido amplamente utilizado na determinação de agentes oxidantes por meio de um procedimento indireto que envolve o iodo como intermediário. Na presença de iodo, o íon tiossulfato é quantitativamente oxidado para formar o íon tetrationato ($S_4O_6^{2-}$), de acordo com a seguinte semirreação

$$2S_2O_3^{2-} \rightleftharpoons S_4O_6^{2-} + 2e^-$$

❮❮ Nessa reação com o iodo, cada íon tiossulfato perde um elétron.

A reação quantitativa com o iodo é única. Outros oxidantes podem oxidar o íon tetrationato ao íon sulfato.

O procedimento empregado na determinação de agentes oxidantes envolve a adição de um excesso de iodeto de potássio a uma solução levemente ácida do analito. A redução do analito produz uma quantidade estequiometricamente equivalente de iodo. Então, o iodo liberado é titulado com uma solução padrão de tiossulfato de sódio, $Na_2S_2O_3$, um dos poucos agentes redutores que é estável perante a oxidação pelo ar. Um exemplo desse procedimento é a determinação de hipoclorito de sódio em alvejantes. As reações são

❮❮ O tiossulfato de sódio é um dos poucos agentes redutores que não são oxidados pelo ar.

$$OCl^- + 2I^- + 2H^+ \rightarrow Cl^- + I_2 + H_2O \quad \text{(excesso não medido de KI)}$$

$$I_2 + 2S_2O_3^{2-} \rightarrow 2I^- + S_4O_6^{2-} \quad (18\text{-}1)$$

A conversão quantitativa do íon tiossulfato ao íon tetrationato, mostrada na Equação 18-1, requer um meio com pH menor que 7. Se soluções fortemente ácidas necessitam ser tituladas, a oxidação do excesso de iodeto pelo ar precisa ser evitada pelo uso de uma atmosfera inerte, como dióxido de carbono ou nitrogênio.

Detecção de Pontos Finais em Titulações com Iodo/Tiossulfato

Uma solução de I_2 de concentração cerca de 5×10^{-6} mol L^{-1} tem uma coloração detectável e corresponde a menos de uma gota de uma solução de iodo 0,05 mol L^{-1} em 100 mL. Portanto, uma vez que a solução do analito seja incolor, o desaparecimento da cor do iodo pode servir como indicador em titulações com tiossulfato de sódio.

Com muita frequência, as titulações de iodo são realizadas com uma **suspensão de amido** como um indicador. A cor azul intensa que se desenvolve na presença de iodo é creditada à absorção do iodo pela cadeia helicoidal da β-amilose (veja a **Figura 18-2**), um constituinte macromolecular da maioria dos amidos. A α-amilose, bastante similar, forma um aduto de cor vermelha com o iodo. Essa reação não é facilmente reversível e, assim, não é desejável. No *amido solúvel*, comercialmente disponível, a fração α é removida deixando-se principalmente a β-amilose; as soluções indicadoras são facilmente preparadas a partir desse produto.

As suspensões aquosas de amido se decompõem em poucos dias, principalmente por causa da ação bacteriana. Os produtos de decomposição tendem a interferir nas propriedades do indicador da preparação e também podem ser oxidados pelo iodo. A velocidade de decomposição pode ser inibida pela preparação e estocagem do produto sob condições estéreis e pela adição de iodeto de mercúrio(II) ou de clorofórmio, como bactericidas. Talvez a alternativa mais simples seja preparar uma solução nova do indicador, o que requer apenas alguns poucos minutos, no dia em que ela será utilizada.

Modelo molecular do íon tiossulfato. O tiossulfato de sódio, denominado anteriormente hipossulfito de sódio, é usado para "fixar" imagens fotográficas e extrair a prata do minério e também é usado como um antídoto para envenenamento por cianeto, agente de fixação na indústria de corantes, alvejante em uma variedade de aplicações, soluto na solução supersaturada de bolsas térmicas e, obviamente, um agente redutor analítico. A ação do tiossulfato como fixador fotográfico baseia-se em sua capacidade de formar complexos com a prata e, portanto, de dissolver o brometo de prata presente na superfície do filme e do papel fotográfico. Frequentemente, o tiossulfato é utilizado como agente de decomposição do cloro para tornar a água de aquários adequada para peixes e outros organismos aquáticos.

›› O amido sofre decomposição em soluções com altas concentrações de I_2. Em titulações do excesso de I_2 com $Na_2S_2O_3$, a adição do indicador precisa ser protelada até que a maior parte do I_2 tenha sido reduzida.

›› Quando o tiossulfato de sódio é adicionado a um meio fortemente ácido, uma turbidez se desenvolve quase imediatamente como consequência da precipitação do enxofre elementar. Mesmo em soluções neutras, essa reação ocorre a uma velocidade tal, que a solução de tiossulfato tem de ser periodicamente padronizada.

O amido se decompõe irreversivelmente em soluções contendo concentrações elevadas de iodo. Portanto, na titulação de soluções de iodo com íons tiossulfato, como na determinação indireta de oxidantes, a adição do indicador é adiada até que a cor da solução mude de vermelho-marrom para amarelo; nesse ponto, a titulação estará quase completa. O indicador pode ser adicionado ao sistema desde o início quando soluções de tiossulfato estiverem sendo tituladas diretamente com iodo.

Estabilidade de Soluções de Tiossulfato de Sódio

Embora as soluções de tiossulfato de sódio sejam resistentes à oxidação pelo ar, elas, de fato, tendem a se decompor para formar o enxofre e o íon hidrogenossulfito:

$$S_2O_3^{2-} + H^+ \rightleftharpoons HSO_3^- + S(s)$$

As variáveis que influenciam a velocidade dessa reação incluem o pH, a presença de microrganismos, a concentração da solução, a presença de íons cobre(II) e a exposição à luz. Essas variáveis podem provocar alterações na concentração da solução de tiossulfato de vários pontos porcentuais em um período de poucas semanas. A devida atenção a certos detalhes pode gerar soluções que necessitem de padronização apenas ocasionalmente. A velocidade da reação de decomposição aumenta significativamente à medida que a solução se torna ácida.

A causa mais importante da instabilidade de soluções neutras ou levemente alcalinas de tiossulfato são as bactérias que metabolizam o íon tiossulfato para formar os íons sulfito e sulfato, assim como enxofre elementar. Para minimizar esse problema, as soluções padrão do reagente são preparadas em condições praticamente estéreis. A atividade bacteriana parece ser mínima em pH entre 9 e 10, o que contribui, pelo menos parcialmente, para a maior estabilidade do reagente em soluções levemente alcalinas. A presença de um bactericida, como o clorofórmio, o benzoato de sódio ou o iodeto de mercúrio(II), também diminui a decomposição.

Padronização de Soluções de Tiossulfato

O iodato de potássio é um excelente padrão primário para soluções de tiossulfato. Nessa aplicação, quantidades conhecidas do reagente de grau padrão primário são dissolvidas em água contendo um excesso de iodeto de potássio. Quando essa mistura é acidificada com um ácido forte, a reação ocorre instantaneamente.

$$IO_3^- + 5I^- + 6H^+ \rightleftharpoons 3I_2 + 3H_2O$$

Então, o iodo liberado é titulado com a solução de tiossulfato. A estequiometria da reação é

$$1 \text{ mol } IO_3^- = 3 \text{ mol } I_2 = 6 \text{ mol } S_2O_3^{2-}$$

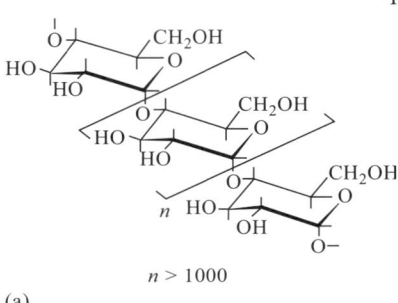

(a) $n > 1000$

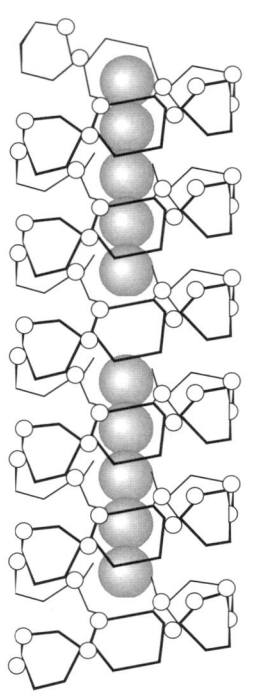

(b)

FIGURA 18-2

Milhares de moléculas de glicose polimerizam-se para formar moléculas imensas de β-amilose, como mostrado esquematicamente em (a). Moléculas de β-amilose tendem a assumir uma estrutura helicoidal. A espécie de iodo I_5^-, como ilustrado em (b), é incorporada à hélice de amilose. (Adaptado com a permissão de R. C. Teitelbaum; S. L. Ruby; T. J. Marks. *J. Amer. Chem. Soc.* n. 102, p. 3322, 1980. DOI: 10.1021/ja00478a045.)

EXEMPLO 18-1

Uma solução de tiossulfato de sódio foi padronizada por meio da dissolução de 0,1210 g de KIO_3 (214,00 g mol^{-1}) em água, da adição de um grande excesso de KI e da acidificação com HCl. O iodo liberado consumiu 41,64 mL da solução de tiossulfato para descolorir o complexo azul de amido-iodo. Calcule a concentração molar do $Na_2S_2O_3$.

Resolução

$$\text{quant. de mat. de } Na_2S_2O_3 = 0{,}1210 \text{ g de } KIO_3 \times \frac{1 \text{ mmol de } KIO_3}{0{,}21400 \text{ g de } KIO_3} \times \frac{6 \text{ mmol } Na_2S_2O_3}{\text{mmol de } KIO_3}$$

$$= 3{,}3925 \text{ mmol } Na_2S_2O_3$$

$$c_{Na_2S_2O_3} = \frac{3{,}3925 \text{ mmol } Na_2S_2O_3}{41{,}64 \text{ mL } Na_2S_2O_3} = 0{,}08147 \text{ mol L}^{-1}$$

Outros padrões primários para o tiossulfato de sódio são o dicromato de potássio, o bromato de potássio, o hidrogenoiodato de potássio, o hexacianoferrato(III) de potássio e o cobre metálico. Todos esses compostos liberam quantidades estequiométricas de iodo quando tratados com excesso de iodeto de potássio.

Aplicações das Soluções de Tiossulfato de Sódio

Inúmeras substâncias podem ser determinadas pelo método indireto envolvendo a titulação com tiossulfato de sódio; aplicações típicas estão resumidas na **Tabela 18-2**.

TABELA 18-2
Algumas Aplicações do Tiossulfato de Sódio como Redutor

Analito	Semirreação	Condições Especiais
IO_4^-	$IO_4^- + 8H^+ + 7e^- \rightleftharpoons \frac{1}{2}I_2 + 4H_2O$	Soluções ácidas
	$IO_4^- + 2H^+ + 2e^- \rightleftharpoons IO_3^- + H_2O$	Soluções neutras
IO_3^-	$IO_3^- + 6H^+ + 5e^- \rightleftharpoons \frac{1}{2}I_2 + 3H_2O$	Ácido forte
BrO_3^-, ClO_3^-	$XO_3^- + 6H^+ + 6e^- \rightleftharpoons X^- + 3H_2O$	Ácido forte
Br_2, Cl_2	$X_2 + 2I^- \rightleftharpoons I_2 + 2X^-$	
NO_2^-	$HNO_2 + H^+ + e^- \rightleftharpoons NO(g) + H_2O$	
Cu^{2+}	$Cu^{2+} + I^- + e^- \rightleftharpoons CuI(s)$	
O_2	$O_2 + 4Mn(OH)_2(s) + 2H_2O \rightleftharpoons 4Mn(OH)_3(s)$	Solução alcalina
	$Mn(OH)_3(s) + 3H^+ + e^- \rightleftharpoons Mn^{2+} + 3H_2O$	Solução ácida
O_3	$O_3(g) + 2H^+ + 2e^- \rightleftharpoons O_2(g) + H_2O$	
Peróxido orgânico	$ROOH + 2H^+ + 2e^- \rightleftharpoons ROH + H_2O$	

18C Aplicações de Agentes Oxidantes Padrão

A **Tabela 18-3** resume as propriedades de cinco dos reagentes oxidantes mais amplamente utilizados. Note que os potenciais padrão para esses reagentes variam de 0,5 a 1,5 V. A escolha entre eles depende da força do analito como agente redutor, da velocidade da reação entre o oxidante e o analito, da estabilidade das soluções padrão dos oxidantes, do custo e da disponibilidade de um indicador adequado.

TABELA 18-3

Alguns Oxidantes Comuns Empregados como Soluções Padrão

Reagente e Fórmula	Produto da Redução	Potencial Padrão, V	Padronizado com	Indicador*	Estabilidade†
Permanganato de potássio, $KMnO_4$	Mn^{2+}	1,51‡	$Na_2C_2O_4$, Fe, As_2O_3	MnO_4^-	(b)
Bromato de potássio, $KBrO_3$	Br^-	1,44‡	$KBrO_3$	(1)	(a)
Cério(IV), Ce^{4+}	Ce^{3+}	1,44‡	$Na_2C_2O_4$, Fe, As_2O_3	(2)	(a)
Dicromato de potássio, $K_2Cr_2O_7$	Cr^{3+}	1,33‡	$K_2Cr_2O_7$, Fe	(3)	(a)
Iodo, I_2	I^-	0,536‡	$BaS_2O_3 \cdot H_2O$, $Na_2S_2O_3$	amido	(c)

*(1) α-naftoflavona; (2) complexo ferro(II) 1,10-fenantrolina (ferroína); e (3) ácido difenilamino sulfônico.
†(a) Estável indefinidamente; (b) moderadamente estável, requer padronização periódica; e (c) relativamente instável, requer padronização frequente.
‡$E^{0\prime}$ em H_2SO_4 1 mol L^{-1}.

Modelo molecular do íon permanganato, MnO_4^-. Além do seu emprego como reagente analítico, geralmente na forma do sal de potássio, o permanganato é muito útil como um agente oxidante na Química Orgânica sintética. Ele é empregado como um agente de branqueamento de gorduras, óleos, algodão, seda e outras fibras. Também tem sido usado como um antisséptico e anti-infectante e como um componente em kits de sobrevivência e também para destruir matéria orgânica em tanques de peixes, na fabricação de circuitos impressos, na neutralização dos efeitos do pesticida rotenona, e para a remoção de gases poluentes na determinação de mercúrio. O permanganato de potássio sólido reage violentamente com a matéria orgânica e esse efeito é frequentemente utilizado em demonstrações em disciplinas de química geral. Para explorar mais estes e outros usos do permanganato, use um navegador e procure por *usos do permanganato*.

18C-1 Oxidantes Fortes: Permanganato de Potássio e Cério(IV)

As soluções do íon permanganato e do íon cério(IV) são reagentes oxidantes fortes, cujas aplicações são muito parecidas. As semirreações para os dois são

$$MnO_4^- + 8H^+ + 5e^- \rightleftharpoons Mn^{2+} + 4H_2O \qquad E^0 = 1,51 \text{ V}$$

$$Ce^{4+} + e^- \rightleftharpoons Ce^{3+} \qquad E^{0\prime} = 1,44 \text{ V}(H_2SO_4\ 1\ mol^{-1})$$

O potencial formal mostrado para a redução do cério(IV) é para soluções em ácido sulfúrico 1 mol L^{-1}. Em ácido perclórico 1 mol L^{-1} e ácido nítrico 1 mol L^{-1}, os potenciais são 1,70 V e 1,61 V, respectivamente. As soluções de cério(IV) nos dois últimos ácidos não são muito estáveis e, assim, têm aplicações limitadas.

A semirreação mostrada para os íons permanganato ocorre somente em soluções de ácidos fortes de concentração 0,1 mol L^{-1} ou maior. Em meio menos ácido, o produto pode ser Mn(III), Mn(IV) ou Mn(VI), dependendo das condições.

Comparação dos Dois Reagentes

Para todos os propósitos práticos, as forças de oxidação das soluções de permanganato e de cério(IV) são comparáveis. Entretanto, as soluções de cério(IV) em ácido sulfúrico são estáveis indefinidamente, ao passo que as soluções de permanganato decompõem-se lentamente, requerendo, portanto, padronizações ocasionais. Mais do que isso, as soluções de cério(IV) em ácido sulfúrico não oxidam os íons cloreto e podem ser empregadas para titular soluções de analitos contendo ácido clorídrico; em contraste, o íon permanganato não pode ser utilizado em soluções de ácido clorídrico, a menos que precauções sejam tomadas para prevenir a lenta oxidação do íon cloreto, que gera um consumo adicional do reagente padrão. Uma vantagem adicional do cério(IV) é que o sal do reagente de grau padrão primário se encontra disponível, tornando possível, dessa forma, a preparação direta de soluções padrão.

Não obstante as vantagens das soluções de cério sobre as de permanganato, as últimas são as mais amplamente utilizadas. Uma razão é a cor das soluções de permanganato, que é intensa o suficiente para servir como indicador nas titulações. Uma segunda razão para a popularidade das soluções de permanganato é o seu baixo custo. O custo de 1 L de uma solução de $KMnO_4$ 0,02 mol L^{-1} é aproximadamente um décimo do custo de 1 L de uma solução de força comparável de Ce(IV) (1/100× se é usado reagente de Ce(IV) de grau padrão primário). Outra desvantagem das soluções de cério(IV) é a tendência de formar precipitados de sais básicos em soluções que têm concentração menor que 0,1 mol L^{-1} de um ácido forte.

Detecção de Pontos Finais

Uma propriedade útil de uma solução de permanganato de potássio é sua cor púrpura intensa, que é suficiente para servir de indicador para a maioria das titulações. Se você adicionar apenas entre 0,01 e 0,02 mL de uma solução 0,02 mol L^{-1} de permanganato a 100 mL de água, poderá perceber a cor púrpura da solução resultante. Se a solução for muito diluída, o ácido difenilamino-sulfônico ou o complexo de ferro(II) com 1,10-fenantrolina (veja a Tabela 17-3) podem fornecer um ponto final satisfatório.

O ponto final do permanganato não é permanente, porque o excesso de íons permanganato reage lentamente com os íons manganês(II) presentes em concentração relativamente elevada no ponto final, de acordo com a reação

$$2MnO_4^- + 3Mn^{2+} + 2H_2O \rightleftharpoons 5MnO_2(s) + 4H^+$$

A constante de equilíbrio para essa reação é cerca de 10^{47}, indicando que a concentração do íon permanganato no equilíbrio é inacreditavelmente pequena, mesmo em meio fortemente ácido. Felizmente, a velocidade na qual esse equilíbrio é alcançado é tão baixa, que a cor que identifica o ponto final desaparece apenas ligeiramente durante um período, digamos, de cerca de 30 segundos.

As soluções de cério(IV) têm coloração amarelo-laranja, mas sua cor não é suficientemente intensa para atuar como um indicador em titulações. Diversos indicadores redox estão disponíveis para as titulações com soluções padrão de cério(IV). Entre eles, o mais amplamente utilizado é o complexo de ferro(II) com a 1,10-fenantrolina ou, ainda, um dos seus derivados substituídos (veja a Tabela 17-3).

Preparação e Estabilidade das Soluções Padrão

As soluções aquosas de permanganato não são totalmente estáveis em virtude da oxidação da água:

$$4MnO_4^- + 2H_2O \rightarrow 4MnO_2(s) + 3O_2(g) + 4OH^-$$

Embora a constante de equilíbrio para essa reação indique que os produtos são favorecidos, as soluções de permanganato, quando adequadamente preparadas, são razoavelmente estáveis, porque a reação de decomposição é lenta. Ela é catalisada pela luz, calor, ácidos, bases, manganês(II) e dióxido de manganês.

Soluções moderadamente estáveis do íon permanganato podem ser preparadas se os efeitos desses catalisadores, particularmente o dióxido de manganês, forem minimizados. O dióxido de manganês é um contaminante presente até mesmo no permanganato de potássio sólido de melhor qualidade. Além disso, esse composto é formado em soluções do reagente recentemente preparadas, como consequência da reação do íon permanganato com a matéria orgânica e poeira presentes na água utilizada para preparar a solução. A remoção do dióxido de manganês por filtração, antes da padronização, aumenta significativamente a estabilidade das soluções padrão de permanganato. Antes da filtração, a solução do reagente fica em repouso por cerca de 24 horas ou é aquecida por um período curto para acelerar a oxidação da matéria orgânica geralmente presente em pequenas quantidades em água destilada e deionizada. O papel não pode ser empregado na filtração, porque o permanganato reage com ele para formar mais dióxido de manganês.

❮❮ As soluções de permanganato são moderadamente estáveis desde que estejam livres de dióxido de manganês e sejam armazenadas em um frasco escuro.

As soluções padronizadas de permanganato devem ser armazenadas no escuro. A filtração e a repadronização são requeridas se a presença de sólido for detectada na solução ou nas paredes do frasco de armazenagem. Em qualquer um desses casos, a repadronização a cada uma ou duas semanas é uma boa medida preventiva.

As soluções contendo excesso de permanganato jamais devem ser aquecidas, pois elas se decompõem em decorrência da oxidação da água. Essa decomposição não pode ser compensada pelo uso de um branco. Entretanto, é possível titular soluções ácidas aquecidas de redutores com permanganato sem qualquer erro se o reagente for adicionado de forma suficientemente lenta para que um grande excesso de permanganato não se acumule.

DESTAQUE 18-1

Determinação de Espécies de Cromo em Amostras de Água

O cromo é um metal importante de ser monitorado em amostras de interesse ambiental. Não apenas a concentração total de cromo é de interesse, como também o estado de oxidação no qual o cromo é encontrado é bastante importante. Em água, o cromo pode existir na forma da espécie Cr(III) ou como Cr(VI). O cromo(III) é um nutriente essencial e não tóxico. O cromo(VI), entretanto, é um carcinógeno conhecido. Assim sendo, a determinação da concentração de cromo em cada um desses estados de oxidação é muitas vezes mais relevante que a concentração total de cromo. Existem diversos métodos disponíveis para a determinação de Cr(VI) seletivamente. Um dos mais populares envolve a oxidação do reagente 1,5-difenilcarbohidrazida (difenilcarbazida) pelo Cr(VI) em solução ácida. A reação produz um quelato vermelho-púrpura do Cr(III) e a difenilcarbazida que pode ser monitorada colorimetricamente. A reação direta do Cr(III) com o reagente é tão lenta que, essencialmente, apenas o Cr(VI) é medido. Para determinar o Cr(III), a amostra é oxidada com um excesso de permanganato em solução alcalina para converter todo o Cr(III) a Cr(VI). O excesso de oxidante é destruído com azida sódica. Uma nova medida colorimétrica é feita e então o cromo total é determinado [o Cr(VI) original mais aquele formado pela oxidação do Cr(III)]. Então, a concentração de Cr(III) é obtida subtraindo-se a concentração de Cr(VI) obtida na medida original da concentração total de cromo determinada após a oxidação com permanganato. Observe que, neste caso, o permanganato está sendo usado como um agente oxidante auxiliar.

1,5-difenilcarbohidrazida
(difenilcarbazida)

O cromo há muito é premiado pela sua beleza como revestimento polido em metais (veja a foto) e por suas propriedades anticorrosivas em aço inoxidável e outras ligas. Em quantidades de traços, o cromo(III) é um nutriente essencial. O cromo(VI), na forma do dicromato de sódio, é largamente utilizado em solução aquosa como um inibidor de corrosão em processos industriais de larga escala. Veja a observação na margem da página 487 para mais detalhes sobre o cromo.

EXEMPLO 18-2

Descreva como você prepararia 2,0 L de uma solução aproximadamente 0,010 mol L^{-1} de KMnO$_4$ (158,03 g mol^{-1}).

Resolução

$$\text{massa de KMnO}_4 \text{ necessária} = 2,0 \text{ L} \times 0,010 \frac{\text{mol de KMnO}_4}{\text{L}} \times 158,03 \frac{\text{g de KMnO}_4}{\text{mol de KMnO}_4}$$

$$= 3,16 \text{ g de KMnO}_4$$

Dissolva cerca de 3,2 g de KMnO$_4$ em um pouco de água. Após a dissolução se completar, adicione água para atingir o volume até quase 2,0 L. Aqueça a solução até a ebulição por um breve período e deixe em repouso até seu resfriamento. Filtre em um cadinho de placa porosa e armazene em um frasco escuro limpo.

TABELA 18-4
Compostos Analiticamente Úteis de Cério (IV)

Nome	Fórmula	Massa Molar
Nitrato de amônio e cério(IV)	$Ce(NO_3)_4 \cdot 2NH_4NO_3$	548,2
Sulfato de amônio e cério(IV)	$Ce(SO_4)_2 \cdot 2(NH_4)_2SO_4 \cdot 2H_2O$	632,6
Hidróxido de cério(IV)	$Ce(OH)_4$	208,1
Hidrogenosulfato de cério(IV)	$Ce(HSO_4)_4$	528,4

Os compostos mais amplamente utilizados na preparação de soluções de cério(IV) estão listados na **Tabela 18-4**. O nitrato de amônio e cério de grau padrão primário está disponível comercialmente e pode ser usado para preparar soluções padrão do cátion diretamente pela massa. Mais comumente, o nitrato de amônio e cério(IV) de grau reagente ou o hidróxido cérico são empregados para preparar soluções que são subsequentemente padronizadas. Em qualquer um dos casos, o reagente é dissolvido em uma solução de pelo menos 0,1 mol L^{-1} em ácido sulfúrico para prevenir a precipitação de sais básicos. As soluções de cério(IV) de ácido sulfúrico são notavelmente estáveis e podem ser armazenadas por meses ou aquecidas a 100°C por períodos prolongados sem alterações na concentração.

Padronização de Soluções de Permanganato e Cério(IV)

O oxalato de sódio é largamente utilizado como padrão primário. Em soluções ácidas, o íon oxalato é convertido ao ácido não dissociado. Portanto, sua reação com o permanganato pode ser descrita por

$$2MnO_4^- + 5H_2C_2O_4 + 6H^+ \rightarrow 2Mn^{2+} + 10CO_2(g) + 8H_2O$$

A reação entre o íon permanganato e o ácido oxálico é complexa e se processa lentamente, mesmo sob temperaturas elevadas, a menos que o manganês(II) esteja presente como um catalisador. Consequentemente, quando os primeiros poucos mililitros do permanganato padrão são adicionados a uma solução a quente de ácido oxálico, vários segundos são necessários antes do desaparecimento da cor do permanganato. À medida que a concentração do manganês(II) aumenta, entretanto, a reação se processa mais e mais rapidamente como resultado da **autocatálise**.

> A **autocatálise** é um tipo de catálise na qual o produto de uma reação catalisa a própria reação. Esse fenômeno provoca um aumento na velocidade da reação à medida que se desenvolve.

Tem sido observado que, quando as soluções de oxalato de sódio são tituladas entre 60°C e 90°C, o consumo de permanganato é entre 0,1% e 0,4% menor que o teórico, provavelmente devido à oxidação pelo ar de uma fração do ácido oxálico. Esse pequeno erro pode ser evitado pela adição de 90% a 95% do permanganato de potássio necessários à solução a frio do oxalato. Após o permanganato de potássio adicionado ter sido totalmente consumido (conforme indicado pelo desaparecimento da cor), a solução é aquecida até cerca de 60°C e titulada até o aparecimento da cor violeta, que persiste por aproximadamente 30 segundos. A desvantagem desse procedimento é que ele requer o conhecimento prévio da concentração aproximada da solução de permanganato, assim um volume inicial adequado pode ser adicionado: na maioria das vezes, a titulação direta da solução a quente de ácido oxálico é adequada (geralmente, os resultados são entre 0,2% e 0,3% maiores). Se maior exatidão for necessária, a titulação direta da solução a quente de uma alíquota do padrão primário pode ser substituída por titulações de duas ou três alíquotas adicionais nas quais as soluções não sejam aquecidas antes do final.

O oxalato de sódio também é largamente utilizado para padronizar as soluções de Ce(IV). A reação entre Ce^{4+} e H$_2$C$_2$O$_4$

$$2Ce^{4+} + H_2C_2O_4 \rightarrow 2Ce^{3+} + 2CO_2(g) + 2H^+$$

❮❮ As soluções de KMnO$_4$ e Ce^{4+} também podem ser padronizadas com fio de ferro eletrolítico ou iodeto de potássio.

Normalmente, as padronizações do Ce(IV) com o oxalato de sódio são realizadas a 50°C em uma solução de ácido clorídrico contendo monocloreto de iodo como catalisador.

EXEMPLO 18-3

Você deseja padronizar a solução do Exemplo 18-2 usando o padrão $Na_2C_2O_4$ (134,00 g mol^{-1}). Se quiser empregar entre 30 e 45 mL do reagente na padronização, que faixa de massas do padrão primário você deve pesar?

Resolução

Para uma titulação com 30 mL:

$$\text{quant. de mat. de } KMnO_4 = 30 \text{ mL de } KMnO_4 \times 0,010 \frac{\text{mmol de } KMnO_4}{\text{mL de } KMnO_4}$$

$$= 0,30 \text{ mmol de } KMnO_4$$

$$\text{massa de } Na_2C_2O_4 = 0,30 \text{ mmol de } KMnO_4 \times \frac{5 \text{ mmol } Na_2C_2O_3}{2 \text{ mmol de } KMnO_4}$$

$$\times 0,134 \frac{\text{g de } Na_2C_2O_4}{\text{mmol } Na_2C_2O_4}$$

$$= 0,101 \text{ g de } Na_2C_2O_4$$

Procedendo da mesma maneira, para uma titulação com 45 mL, encontramos:

$$\text{massa de } Na_2C_2O_4 = 45 \times 0,010 \times \frac{5}{2} \times 0,134 = 0,151 \text{ g de } Na_2C_2O_4$$

Assim, devemos pesar amostras entre 0,10 e 0,15 g do padrão primário.

EXEMPLO 18-4

Uma amostra de 0,1278 g do padrão primário $Na_2C_2O_4$ precisou exatamente de 33,31 mL da solução de permanganato do Exemplo 18-2 para alcançar o ponto final. Qual é a concentração molar do reagente $KMnO_4$?

Resolução

$$\text{quant. de mat. de } Na_2C_2O_4 = 0,1278 \text{ g de } Na_2C_2O_4 \times \frac{1 \text{ mmol de } Na_2C_2O_4}{0,13400 \text{ g de } Na_2C_2O_4}$$

$$= 0,95373 \text{ mmol de } Na_2C_2O_4$$

$$c_{KMnO_4} = 0,95373 \text{ mmol de } Na_2C_2O_4 \times \frac{2 \text{ mmol de } KMnO_4}{5 \text{ mmol de } Na_2C_2O_4} \times \frac{1}{33,31 \text{ mL } KMnO_4}$$

$$= 0,01145 \text{ mol L}^{-1}$$

Uso das Soluções de Permanganato de Potássio e Cério(IV)

A **Tabela 18-5** lista algumas das muitas aplicações de soluções de permanganato e de cério(IV) na determinação volumétrica de espécies inorgânicas. Ambos os reagentes também têm sido aplicados a determinações de compostos orgânicos que contêm grupos funcionais oxidáveis.

TABELA 18-5
Algumas Aplicações de Soluções de Permanganato de Potássio e Cério(IV)

Substância Desejada	Semirreação	Condições
Sn	$Sn^{2+} \rightleftharpoons Sn^{4+} + 2e^-$	Pré-redução com Zn
H_2O_2	$H_2O_2 \rightleftharpoons O_2(g) + 2H^+ + 2e^-$	
Fe	$Fe^{2+} \rightleftharpoons Fe^{3+} + e^-$	Pré-redução com $SnCl_2$ ou com os redutores de Jones ou de Walden
$Fe(CN)_6^{4-}$	$Fe(CN)_6^{4-} \rightleftharpoons Fe(CN)_6^{3-} + e^-$	
V	$VO^{2+} + 3H_2O \rightleftharpoons V(OH)_4^+ + 2H^+ + e^-$	Pré-redução com amálgama de Bi ou SO_2
Mo	$Mo^{3+} + 4H_2O \rightleftharpoons MoO_4^{2-} + 8H^+ + 3e^-$	Pré-redução com o redutor de Jones
W	$W^{3+} + 4H_2O \rightleftharpoons WO_4^{2-} + 8H^+ + 3e^-$	Pré-redução com Zn ou Cd
U	$U^{4+} + 2H_2O \rightleftharpoons UO_2^{2+} + 4H^+ + 2e^-$	Pré-redução com o redutor de Jones
Ti	$Ti^{3+} + H_2O \rightleftharpoons TiO^{2+} + 2H^+ + e^-$	Pré-redução com o redutor de Jones
$H_2C_2O_4$	$H_2C_2O_4 \rightleftharpoons 2CO_2 + 2H^+ + 2e^-$	
Mg, Ca, Zn, Co, Pb, Ag	$H_2C_2O_4 \rightleftharpoons 2CO_2 + 2H^+ + 2e^-$	Oxalatos metálicos pouco solúveis filtrados, lavados e dissolvidos em ácido; o ácido oxálico liberado é titulado
HNO_2	$HNO_2 + H_2O \rightleftharpoons NO_3^- + 3H^+ + 2e^-$	Tempo de reação de 15 min; o excesso de $KMnO_4$ é retrotitulado
K	$K_2NaCo(NO_2)_6 + 6H_2O \rightleftharpoons Co^{2+} + 6NO_3^- + 12H^+ + 2K^+ + Na^+ + 11e^-$	Precipitado como $K_2NaCo(NO_2)_6$; filtrado e dissolvido em $KMnO_4$; o excesso de $KMnO_4$ é retrotitulado
Na	$U^{4+} + 2H_2O \rightleftharpoons UO_2^{2+} + 4H^+ + 2e^-$	Precipitado como $NaZn(UO_2)_3(OAc)_9$; filtrado, lavado e dissolvido; U é determinado como descrito anteriormente

EXEMPLO 18-5

As soluções aquosas contendo aproximadamente 3% (m/m) de H_2O_2 são vendidas em farmácias como desinfetante. Proponha um método para a determinação da quantidade de peróxido dessas preparações empregando a solução padrão descrita nos Exemplos 18-3 e 18-4. Considere que você deseja utilizar entre 35 e 45 mL do reagente na titulação. A reação é

$$5H_2O_2 + 2MnO_4^- + 6H^+ \rightarrow 5O_2 + 2Mn^{2+} + 8H_2O$$

Resolução

A quantidade de matéria de $KMnO_4$ em 35 a 45 mL do reagente está entre

$$\text{quant. de mat. de } KMnO_4 = 35 \text{ mL de } KMnO_4 \times 0{,}01145 \frac{\text{mmol de } KMnO_4}{\text{mL de } KMnO_4}$$

$$= 0{,}401 \text{ mmol de } KMnO_4$$

e

$$\text{quantidade de matéria de } KMnO_4 = 45 \times 0{,}01145 = 0{,}515 \text{ mmol de } KMnO_4$$

A quantidade de matéria de H_2O_2 consumida por 0,401 mmol de $KMnO_4$ é

$$\text{quant. de mat. de } H_2O_2 = 0{,}401 \text{ mmol de } KMnO_4 \times \frac{5 \text{ mmol de } H_2O_2}{2 \text{ mmol de } KMnO_4} = 1{,}00 \text{ mmol de } H_2O_2$$

e

$$\text{quant. de mat. de } H_2O_2 = 0{,}515 \times \frac{5}{2} = 1{,}29 \text{ mmol de } H_2O_2$$

(continua)

Portanto, precisamos ter amostras que contenham de 1,00 a 1,29 mmol de H_2O_2.

$$\text{massa de amostra} = 1,00 \text{ mmol } H_2O_2 \times 0,03401 \frac{g\, H_2O_2}{\text{mmol } H_2O_2} \times \frac{100 \text{ g de amostra}}{3 \text{ g } H_2O_2}$$

$$= 1,1 \text{ g de amostra}$$

para

$$\text{massa de amostra} = 1,29 \times 0,03401 \times \frac{100}{3} = 1,5 \text{ g de amostra}$$

Dessa forma, nossas amostras devem pesar entre 1,1 e 1,5 g. Devem ser diluídas para talvez 75 a 100 mL com água e levemente acidificadas com H_2SO_4 diluído antes da titulação.

DESTAQUE 18-2

Antioxidantes[4]

A oxidação pode ter efeitos deletérios nas células e tecidos do corpo humano. Há um número considerável de evidências de que o oxigênio reativo e as espécies de nitrogênio, como o íon superóxido O_2^-, radical hidroxila OH·, radicais peroxila RO_2·, radicais alcoxila RO·, óxido nítrico NO· e dióxido de nitrogênio NO_2·, danificam as células e outros componentes do corpo. Um grupo de compostos conhecido como antioxidantes pode ajudar a minimizar a influência do oxigênio reativo e de espécies de nitrogênio. Os antioxidantes são agentes redutores tão facilmente oxidáveis, que podem proteger da oxidação outros compostos presentes no corpo. Os antioxidantes típicos incluem as vitaminas A, C e E, os minerais, como o selênio, e as ervas, tais como ginko biloba, alecrim e milk thistle (Silimarina).

Vários mecanismos de ação antioxidante têm sido propostos. A presença de antioxidantes pode resultar na diminuição da formação do oxigênio reativo e de espécies de nitrogênio em um primeiro momento. Os antioxidantes também podem sequestrar as espécies reativas ou seus precursores. A vitamina E é um exemplo desse último comportamento em sua inibição da oxidação de lipídios pela reação com os radicais intermediários gerados a partir de ácidos graxos poli-insaturados. Alguns antioxidantes podem se ligar aos íons metálicos necessários para catalisar a formação dos oxidantes reativos. Outros oxidantes podem reparar o dano oxidativo a biomoléculas ou podem influenciar as enzimas que catalisam os mecanismos de reparação.

Acredita-se que a vitamina E, ou α-tocoferol, possa deter a arteriosclerose, acelerar a cicatrização de feridas e proteger os tecidos pulmonares de poluentes inalados. Também pode reduzir o risco de doenças do coração e prevenir o envelhecimento prematuro da pele. Os pesquisadores suspeitam de que a vitamina E possa ter vários outros efeitos benéficos, desde aliviar a artrite reumática até prevenir a catarata. Muitos de nós obtemos vitamina E suficiente por meio da alimentação e não de suplementos. Os vegetais de folhas verde-escuras, castanhas, óleos vegetais, frutos do mar, ovos e abacates são alimentos ricos em vitamina E.

O selênio tem efeitos antioxidantes que complementam aqueles da vitamina E. O selênio é um constituinte essencial de várias enzimas que removem os oxidantes reativos.

(continua)

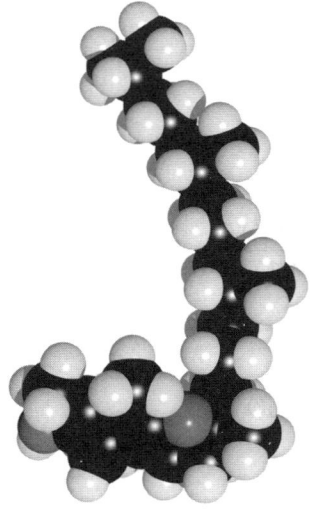

Modelo molecular da vitamina E.

---
[4] Ver B. Halliwell. *Nutr. Rev.*, v. 55, n. 1, p. S44, 1997. DOI: 10.1111/j.1753-4887.1997.tb06100.x.

O metal pode dar suporte à função imunológica e pode neutralizar alguns venenos à base de metais pesados. Também pode ajudar a deter doenças do coração e alguns tipos de câncer. Boas fontes de selênio na dieta são os grãos integrais, aspargo, alho, ovos, cogumelos, carnes magras e frutos do mar. Normalmente, apenas a dieta normal fornece selênio suficiente para a boa saúde. Os suplementos devem ser tomados apenas se prescritos por um médico, porque doses elevadas podem ser tóxicas.

Modelo molecular do íon dicromato. Por muitos anos, os sais de dicromato de amônio, potássio ou sódio foram empregados em praticamente todas as áreas da Química como um poderoso agente oxidante. Além do seu emprego como um padrão primário na Química Analítica, o dicromato tem sido utilizado como: agente oxidante na Química Orgânica sintética; pigmento na indústria de tintas, corantes e fotografia; agente alvejante e inibidor de corrosão. A solução de ácido crômico, preparada a partir do dicromato de potássio em ácido sulfúrico, era utilizada na limpeza pesada de vidraria. O dicromato foi empregado como reagente analítico para álcool nos bafômetros, mas, recentemente, esses dispositivos têm sido substituídos por analisadores baseados na absorção de radiação no infravermelho. As fotografias coloridas mais antigas usavam as cores produzidas por compostos de cromo no processo conhecido como goma bicromada, mas este processo foi substituído pelos processos baseados em brometo de prata. O emprego dos compostos de cromo, em geral, e o do dicromato, em particular, têm diminuído ao longo das últimas décadas em virtude da descoberta de que os compostos de cromo são carcinogênicos. A despeito desse perigo, muitos milhões de quilos de compostos de cromo são produzidos e consumidos pela indústria a cada ano. Antes de usar o dicromato no trabalho de laboratório, leia o Material Safety Data Sheet (MSDS) para o dicromato de potássio (veja a seção Química Analítica On-line deste capítulo) ou verifique suas propriedades químicas, toxicológicas e carcinogênicas. Observe todas as precauções no manuseio desse produto químico útil, porém potencialmente perigoso, tanto na forma sólida quanto em solução.

18C-2 Dicromato de Potássio

Em suas aplicações analíticas, o íon dicromato é reduzido ao íon verde cromo(III):

$$Cr_2O_7^{2-} + 14H^+ + 6e^- \rightleftharpoons 2Cr^{3+} + 7H_2O \qquad E^0 = 1,33 \text{ V}$$

Geralmente, as titulações empregando o dicromato são realizadas em soluções preparadas em ácido clorídrico ou ácido sulfúrico 1 mol L^{-1}. Nesses meios, o potencial formal para a semirreação varia entre 1,0 e 1,1 V.

As soluções de dicromato de potássio são estáveis indefinidamente, podem ser fervidas sem decomposição e não reagem com o ácido clorídrico. Além disso, o reagente padrão primário está disponível comercialmente e a um preço acessível. As desvantagens do dicromato de potássio, quando comparado ao cério(IV) e ao íon permanganato, são o baixo potencial de eletrodo e a lentidão de sua reação com certos agentes redutores.

Preparação de Soluções de Dicromato

Para a maioria das aplicações, o dicromato de potássio de grau reagente é suficientemente puro para permitir a preparação direta das soluções; simplesmente, o sal é seco entre 150 e 200°C antes de ser pesado.

A cor laranja de uma solução de dicromato não é intensa o suficiente para seu uso na detecção do ponto final. Entretanto, o ácido difenilaminossulfônico (veja a Tabela 17-3) é um excelente indicador para titulações com este reagente. A forma oxidada do indicador é violeta e sua forma reduzida é essencialmente incolor; portanto, a mudança de cor observada em uma titulação direta é de verde, do cromo(III), para violeta.

Aplicação das Soluções de Dicromato de Potássio

O principal uso do dicromato é titulação volumétrica de ferro(II) baseada nesta reação

$$Cr_2O_7^{2-} + 6Fe^{2+} + 14H^+ \rightarrow 2Cr^{3+} + 6Fe^{3+} + 7H_2O$$

Frequentemente, essa titulação é realizada na presença de concentrações moderadas de ácido clorídrico.

A reação do dicromato com o ferro(II) tem sido amplamente utilizada na determinação indireta de uma variedade de agentes oxidantes. Nessas aplicações, um excesso medido de uma solução de ferro(II) é adicionado a uma solução ácida contendo o analito. Então, o excesso de ferro(II) é titulado com dicromato de potássio padrão (veja a Seção 18B-1). A padronização da solução de ferro(II) por meio de titulação com dicromato é realizada concomitantemente, porque as soluções de ferro(II) tendem a oxidar pela ação do ar. Esse método tem sido aplicado na determinação de íons nitrato, clorato, permanganato e dicromato, assim como para os peróxidos orgânicos e diversos outros agentes oxidantes.

❮❮ As soluções padrão de $K_2Cr_2O_7$ têm a grande vantagem de ser indefinidamente estáveis e não oxidar o HCl. Mais do que isso, o reagente de grau padrão primário é barato e está facilmente disponível comercialmente.

> **EXEMPLO 18-6**
>
> Uma amostra de 5,00 mL de conhaque foi diluída para 1,000 L em um balão volumétrico. O etanol (C_2H_5OH) contido em uma alíquota de 25,00 mL da solução diluída foi destilado e recolhido em 50,00 mL de $K_2Cr_2O_7$ 0,02000 mol L^{-1} sendo oxidado a ácido acético com aquecimento. A reação é
>
> $$3C_2H_5OH + 2Cr_2O_7^{2-} + 16H^+ \rightarrow 4Cr^{3+} + 3CH_3COOH + 11H_2O$$
>
> Após o resfriamento, 20,00 mL de uma solução de Fe^{2+} 0,1253 mol L^{-1} foi pipetada no frasco. Então o excesso de Fe^{2+} foi titulado com 7,46 mL de $K_2Cr_2O_7$ padrão até a indicação do ponto final pelo ácido difenilaminossulfônico. Calcule a porcentagem (m/v) de C_2H_5OH (46,07 g mol^{-1}) no conhaque.

Resolução

quantidade de matéria total de $K_2Cr_2O_7$

$$= (50,00 + 7,46)\text{ mL de } K_2Cr_2O_7 \times 0,02000 \frac{\text{mmol de } K_2Cr_2O_7}{\text{mL de } K_2Cr_2O_7}$$

$$= 1,1492 \text{ mmol de } K_2Cr_2O_7$$

quantidade de matéria de $K_2Cr_2O_7$ consumida pelo Fe^{2+}

$$= 20,00 \text{ mL de } Fe^{2+} \times 0,1253 \frac{\text{mmol de } Fe^{2+}}{\text{mL de } Fe^{2+}} \times \frac{1 \text{ mmol de } K_2Cr_2O_7}{6 \text{ mmol de } Fe^{2+}}$$

$$= 0,41767 \text{ mmol de } K_2Cr_2O_7$$

quantidade de matéria de $K_2Cr_2O_7$ consumida pelo C_2H_5OH

$$= (1,1492 - 0,41767) \text{ mmol de } K_2Cr_2O_7 = 0,73153 \text{ mmol de } K_2Cr_2O_7$$

massa de C_2H_5OH

$$0,73153 \text{ mmol de } K_2Cr_2O_7 \times \frac{3 \text{ mmol de } C_2H_5OH}{2 \text{ mmol de } K_2Cr_2O_7} \times 0,04607 \frac{\text{g de } C_2H_5OH}{\text{mmol de } C_2H_5OH}$$

$$0,050552 \text{ g de } C_2H_5OH$$

$$\text{porcentagem de } C_2H_5OH = \frac{0,050552 \text{ g de } C_2H_5OH}{5,00 \text{ mL de amostra} \times 25,00 \text{ mL}/1.000 \text{ mL}} \times 100\%$$

$$= 40,4\% \ C_2H_5OH$$

>> Uma maneira alternativa de encontrar a massa de etanol em uma amostra de 5,00 mL é conceber que uma alíquota de 25,00 mL representa apenas 1/40 da massa de etanol na amostra diluída para 1,000 L. Consequentemente, a massa encontrada deve ser multiplicada por 40 para fornecer a massa total na amostra original de 5,00 mL.

18C-3 Iodo

O iodo é um agente oxidante fraco, empregado primariamente na determinação de redutores fortes. A descrição mais precisa da semirreação do iodo nessas aplicações é

$$I_3^- + 2e^- \rightleftharpoons 3I^- \qquad E^0 = 0,536 \text{ V}$$

onde I_3^- é o íon tri-iodeto.

As soluções padrão de iodo têm aplicações relativamente limitadas em comparação com outros oxidantes descritos aqui por causa de seu potencial de eletrodo significativamente inferior. Ocasionalmente, entretanto, esse baixo potencial é vantajoso, porque confere um grau de seletividade que torna possível a determinação de agentes redutores fortes na presença de redutores fracos. Uma vantagem importante do iodo é a disponibilidade de um indicador sensível e reversível para as titulações. Entretanto, as soluções de iodo necessitam de estabilidade e devem ser padronizadas regularmente.

Propriedades das Soluções de Iodo

O iodo não é muito solúvel em água (0,001 mol L^{-1}). Para obter soluções de concentrações analíticas úteis do elemento, o iodo é comumente dissolvido em soluções moderadamente concentradas de iodeto de potássio. Nesse meio, o iodo é razoavelmente solúvel, em consequência da reação

$$I_2(s) + I^- \rightleftharpoons I_3^- \qquad K = 7,1 \times 10^2$$

O iodo se dissolve lentamente em soluções de iodeto de potássio, particularmente se a concentração de iodeto for baixa. Para garantir a completa dissolução, o iodo sempre é dissolvido em um pequeno volume de uma solução concentrada de iodeto de potássio, tomando-se o cuidado de evitar a diluição da solução concentrada até que o último traço de iodo sólido tenha desaparecido. Caso contrário, a concentração da solução diluída aumenta gradativamente com o tempo. Esse problema pode ser evitado filtrando-se a solução em um cadinho de vidro sinterizado antes da padronização.

❮❮ As soluções preparadas pela dissolução de iodo em uma solução de iodeto de potássio concentrada são apropriadamente chamadas **soluções de triiodeto**. Na prática, entretanto, elas são frequentemente chamadas de *soluções de iodo*, porque esta terminologia explica o comportamento estequiométrico destas soluções ($I_2 + 2e^- \rightarrow 2I^-$).

As soluções de iodo não têm estabilidade por inúmeras razões; uma delas é a volatilidade do soluto. As perdas de iodo a partir de um frasco aberto ocorrem em um período relativamente curto, mesmo na presença de um excesso de íons iodeto. Além disso, o iodo ataca a maioria dos materiais orgânicos vagarosamente. Consequentemente, rolhas ou tampas de borracha nunca são empregadas para fechar os frascos do reagente e precisam ser tomadas precauções para proteger as soluções padrão do contato com poeira e vapores orgânicos.

A oxidação do íon iodeto pelo ar também provoca alterações na concentração de uma solução de iodo:

$$4I^- + O_2(g) + 4H^+ \rightarrow 2I_2 + 2H_2O$$

Em contraste com outros efeitos, essa reação provoca um aumento na concentração de iodo. A oxidação pelo ar é intensificada por ácidos, calor e luz.

Padronização e Aplicação das Soluções de Iodo

As soluções de iodo podem ser padronizadas com o tiossulfato de sódio anidro ou o tiossulfato de bário monoidratado, ambos disponíveis comercialmente. A reação entre o iodo e o tiossulfato de sódio é discutida em detalhes na Seção 18B-2. Geralmente, as soluções de iodo são padronizadas com soluções de tiossulfato de sódio que, por sua vez, tenham sido padronizadas com soluções de iodato de potássio ou dicromato de potássio (veja a Seção 18B-2). A **Tabela 18-6** resume os métodos que empregam o iodo como um agente oxidante.

TABELA 18-6

Algumas Aplicações das Soluções de Iodo	
Substância Determinada	**Semirreação**
As	$H_3AsO_3 + H_2O \rightleftharpoons H_3AsO_4 + 2H^+ + 2e^-$
Sb	$H_3SbO_3 + H_2O \rightleftharpoons H_3SbO_4 + 2H^+ + 2e^-$
Sn	$Sn^{2+} \rightleftharpoons Sn^{4+} + 2e^-$
H_2S	$H_2S \rightleftharpoons S(s) + 2H^+ + 2e^-$
SO_2	$SO_3^{2-} + H_2O \rightleftharpoons SO_4^{2-} + 2H^+ + 2e^-$
$S_2O_3^{2-}$	$2S_2O_3^{2-} \rightleftharpoons S_4O_6^{2-} + 2e^-$
N_2H_4	$N_2H_4 \rightleftharpoons N_2(g) + 4H^+ + 4e^-$
Ácido ascórbico	$C_6H_8O_6 \rightleftharpoons C_6H_6O_6 + 2H^+ + 2e^-$

18C-4 Bromato de Potássio como uma Fonte de Bromo

O bromato de potássio de grau padrão primário está disponível comercialmente e pode ser empregado diretamente para preparar soluções padrão que são indefinidamente estáveis. As titulações diretas com soluções de bromato de potássio são poucas. Por outro lado, o reagente é amplamente empregado como uma fonte conveniente e estável de bromo.[5] Nessa aplicação, um excesso de brometo de potássio é adicionado a uma solução ácida do analito. Quando um volume medido de solução padrão de bromato de potássio é introduzido, uma quantidade estequiométrica de bromo é produzida.

>> 1 mol $KBrO_3$ = 3 mol Br_2

$$BrO_3^- + 5Br^- + 6H^+ \rightarrow 3Br_2 + 3H_2O$$
(solução padrão)   (excesso)

Essa geração indireta contorna os problemas associados com o emprego de soluções padrão de bromo que não apresentam estabilidade.

O principal uso do bromato de potássio padrão é a determinação de compostos orgânicos que reagem com o bromo. Poucas dessas reações são suficientemente rápidas para tornar a titulação direta viável. Em vez disso, um excesso conhecido do padrão de bromato é adicionado à solução que contém a amostra e um excesso de brometo de potássio. Após a acidificação, a mistura permanece em repouso em um frasco de vidro tampado até que a reação do bromo com o analito esteja completa. Para determinar o excesso de bromo, um excesso de iodeto de potássio é introduzido de forma que a seguinte reação ocorra:

$$2I^- + Br_2 \rightarrow I_2 + 2Br^-$$

Então o iodo liberado é titulado com o padrão de tiossulfato de sódio (veja a Equação 18-1).

Reações de Substituição

O bromo é incorporado a uma molécula orgânica tanto por substituição quanto por adição. Na substituição de halogênio, um hidrogênio em um anel aromático é substituído por um halogênio. Os métodos de substituição têm sido aplicados com sucesso na determinação de compostos aromáticos que contêm grupos direcionadores *orto* ou *para*, particularmente aminas e fenóis.

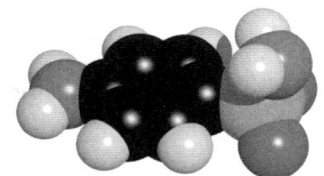

Modelo molecular da sulfanilamida. Na década de 1930, descobriu-se que a sulfanilamida era um agente bactericida efetivo. Com a intenção de prover uma solução da droga que poderia ser convenientemente administrada aos pacientes, as companhias farmacêuticas distribuíram um elixir que continha uma alta concentração de etilenoglicol, que é tóxico para os rins. Infelizmente, mais de uma centena de pessoas morreram pelos efeitos do solvente. Esse evento acelerou a aprovação, nos EUA, da Federal Food, Drug and Cosmetic Act, de 1938, que passou a requerer testes de toxicidade antes da comercialização e a lista dos ingredientes ativos nos rótulos dos produtos. Para mais informações sobre a história das leis de medicamentos, veja a página na internet do U.S. Food and Drug Administration.

EXEMPLO 18-7

Uma amostra de 0,2981 g de um antibiótico em pó contendo sulfanilamida foi dissolvida em HCl e a solução foi diluída a 100,0 mL. Uma alíquota de 20,00 mL foi transferida para um frasco, seguida pela adição de 25,00 mL de $KBrO_3$ 0,01767 mol L^{-1}. Um excesso de KBr foi adicionado para formar Br_2 e o frasco foi fechado. Após dez minutos, durante os quais o Br_2 reagiu com a sulfanilamida, um excesso de KI foi acrescentado. O iodo liberado foi titulado com 12,92 mL de tiossulfato de sódio 0,1215 mol L^{-1}. As reações são

$$BrO_3^- + 5Br^- + 6H^+ \rightarrow 3Br_2 + 3H_2O$$

sulfanilamida ($C_6H_4(NH_2)SO_2NH_2$) + 2Br_2 → (dibromo-sulfanilamida) + 2H^+ + 2Br^-

(continua)

---
[5] Para uma discussão sobre as soluções de bromato e suas aplicações, veja M. R. F. Ashworth. *Titrimetric Organic Analysis*. Nova York: Interscience, 1964, pt. I, p. 118-130.

$$Br_2 + 2I^- \rightarrow 2Br^- + I_2 \quad \text{(excesso de KI)}$$
$$I_2 + 2S_2O_3^{2-} \rightarrow 2S_4O_6^{2-} + 2I^-$$

Calcule o percentual de sulfanilamida ($NH_2C_6H_4SO_2NH_2$, 172,21 g mol^{-1}) presente no pó.

Resolução

$$\text{quant. de mat. total de } Br_2 = 25,00 \text{ mL de } KBrO_3 \times 0,01767 \frac{\text{mmol de } KBrO_3}{\text{mL de } KBrO_3} \times \frac{3 \text{ mmol de } Br_2}{\text{mmol de } KBrO_3}$$

$$= 1,32525 \text{ mmol de } Br_2$$

A seguir, calculamos quanto de Br_2 estava em excesso em relação ao necessário para realizar a bromação do analito:

quantidade de matéria em excesso de Br_2 = quantidade de matéria de I_2

$$= 12,92 \text{ mL } Na_2S_2O_3 \times 0,1215 \frac{\text{mmol } Na_2S_2O_3}{\text{mL } Na_2S_2O_3} \times \frac{1 \text{ mmol } I_2}{2 \text{ mmol } Na_2S_2O_3}$$

$$= 0,78489 \text{ mmol } Br_2$$

A quantidade de matéria de Br_2 consumida pela amostra é dada por

quantidade de matéria de Br_2 = 1,32525 − 0,78489 = 0,54036 mmol de Br_2

$$\text{massa de analito} = 0,54036 \text{ mmol de } Br_2 \times \frac{1 \text{ mmol de analito}}{2 \text{ mmol de } Br_2} \times 0,17221 \frac{\text{g de analito}}{\text{mmol de analito}}$$

$$= 0,046528 \text{ g de analito}$$

$$\text{porcentagem do analito} = \frac{0,046528 \text{ g de analito}}{0,2891 \text{ g de amostra} \times 20,00 \text{ mL}/100 \text{ mL}} \times 100\%$$

$$= 80,47\% \text{ de sulfanilamida}$$

Um exemplo importante do uso da reação de substituição por bromo é a determinação da 8-hidroxiquinolina:

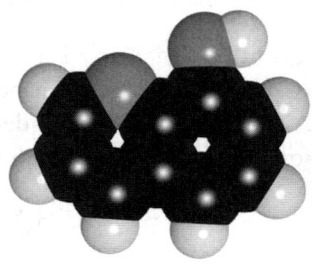

Modelo molecular da 8-hidroxiquinolina.

Em contraste com a maioria das substituições por bromo, essa reação ocorre de forma rápida o suficiente em solução de ácido clorídrico para tornar a titulação direta viável. A titulação da 8-hidroxiquinolina com o bromo tem um significado especial, porque o primeiro é um excelente reagente precipitante para cátions (veja a Seção 10C-3). Por exemplo, o alumínio pode ser determinado de acordo com essa sequência

$$Al^{3+} + 3HOC_9H_6N \xrightarrow{pH\,4-9} Al(OC_9H_6N)_3\,(s) + 3H^+$$

$$Al(OC_9H_6N)_3\,(s) \xrightarrow[\text{a quente}]{HCl\,4\,mol\,L^{-1}} 3HOC_9H_6N + Al^{3+}$$

$$3HOC_9H_6N + 6Br_2 \longrightarrow 3HOC_9H_4NBr_2 + 6HBr$$

Nesse caso, as relações estequiométricas são

$$1\text{ mol de }Al^{3+} = 3\text{ mol de }HOC_9H_6N = 6\text{ mol de }Br_2 = 2\text{ mol de }KBrO_3$$

Reações de Adição

Nas reações de adição, as ligações duplas são rompidas. Por exemplo, 1 mol de etileno reage com 1 mol de bromo na reação

$$\underset{H}{\overset{H}{H-C}}=\underset{H}{\overset{H}{C-H}} + Br_2 \longrightarrow \underset{Br}{\overset{H}{H-C}}-\underset{Br}{\overset{H}{C-H}}$$

A literatura contém numerosas referências relacionadas ao uso do bromo na estimativa de insaturação olefínica em gorduras, óleos e produtos de petróleo. Um método para a determinação de ácido ascórbico em comprimidos de vitamina C é dado na Seção 37I-3.

18C-5 Determinação de Água com o Reagente de Karl Fischer

Um dos métodos analíticos mais amplamente utilizados na indústria e no comércio é o procedimento de titulação de Karl Fischer, empregado na determinação de água em inúmeros sólidos e líquidos orgânicos. Esse importante método titulométrico baseia-se em uma reação de oxirredução que é relativamente específica para a água.[6]

Descrição da Estequiometria da Reação

A reação de Karl Fischer baseia-se na oxidação do dióxido de enxofre pelo iodo. Em um solvente que não é ácido nem básico – um solvente aprótico – a reação pode ser resumida por

$$I_2 + SO_2 + 2H_2O \rightarrow 2HI + H_2SO_4$$

Nessa reação, dois mols de água são consumidos para cada mol de iodo. A estequiometria, contudo, pode variar de 2:1 a 1:1, dependendo da presença de ácidos e bases na solução.

Química Clássica. Para estabilizar a estequiometria e deslocar o equilíbrio para a direita, Fischer adicionou piridina (C_5H_5N) e empregou metanol anidro como solvente. Um grande excesso de piridina foi utilizado para complexar I_2 e SO_2. A reação clássica tem sido descrita em duas etapas. Na primeira etapa, I_2 e SO_2 reagem na presença de piridina e água para formar o sulfito de piridínio e o iodeto de piridínio.

$$C_5H_5N \cdot I_2 + C_5H_5N \cdot SO_2 + C_5H_5N + H_2O \rightarrow$$
$$2C_5H_5N \cdot HI + C_5H_5N \cdot SO_3 \qquad (18\text{-}2)$$

$$C_5H_5N^+ \cdot SO_3^- + CH_3OH \rightarrow C_5H_5N(H)SO_4CH_3 \qquad (18\text{-}3)$$

onde I_2, SO_2 e SO_3 são mostrados como complexados pela piridina. Essa segunda etapa é importante, porque o sulfito de piridínio também pode consumir água.

$$C_5H_5N^+ \cdot SO_3^- + H_2O \rightarrow C_5H_5NH^+SO_4H^- \qquad (18\text{-}4)$$

---

[6] Para uma revisão da composição e do emprego do reagente de Karl Fischer, veja S. K. MacLeod. *Anal. Chem.*, v. 63, p. 557a, 1991. DOI: 10.1021/ac0001a720; J. D. Mitchell, Jr.; D. M. Smith. *Aquametry*. 2. ed. Nova York: Wiley, 1977. v. 3.

Essa última reação é indesejável, pois não é específica perante a água. Ela pode ser completamente prevenida pela presença de um grande excesso de metanol. Note que a estequiometria é um mol de I_2 por mol de H_2O presente.

Em análises volumétricas, o reagente de Karl Fischer clássico consiste em I_2, SO_2, piridina e metanol anidro ou outro solvente adequado. O reagente se decompõe com o tempo e deve ser padronizado frequentemente. Reagentes estáveis de Karl Fischer estão disponíveis comercialmente. Para as cetonas e os aldeídos, reagentes especialmente formulados estão disponíveis comercialmente. Para os métodos coulométricos (veja o Capítulo 20), o reagente de Karl Fischer contém KI em vez de I_2, uma vez que, como veremos, o I_2 é gerado eletroquimicamente.

Química Livre de Piridina. Em anos mais recentes, a piridina e seu odor desagradável têm sido substituídos por outras aminas no reagente de Karl Fischer, particularmente pelo imidazol abaixo. Esses reagentes livres de piridina estão disponíveis comercialmente para procedimentos volumétricos e coulométricos de Karl Fischer. Estudos mais detalhados da reação têm sido relatados.[7] Nos dias atuais, acredita-se que a reação ocorra como segue:

1. Solvólise $2ROH + SO_2 \rightleftharpoons RSO_3^- + ROH_2^+$
2. Tamponamento $B + RSO_3^- + ROH_2^+ \rightleftharpoons BH^+SO_3R^- + ROH$
3. Redox $B \cdot I_2 + BH^+SO_3R^- + B + H_2O \rightleftharpoons BH^+SO_4R^- + 2BH^+I^-$

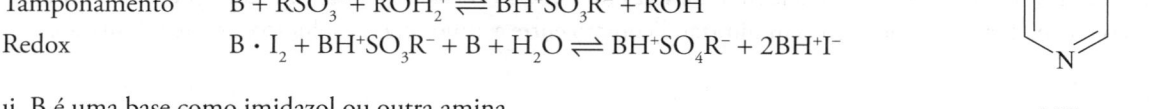

piridina   imidazol

Aqui, B é uma base como imidazol ou outra amina.

Note que, novamente, a estequiometria é de 1 mol de I_2 consumido para cada mol de H_2O presente na amostra.

Reações Interferentes. Existem várias reações que podem ocorrer e que provocam interferências na titulação de Karl Fischer. Essas reações indesejáveis podem fazer com que os resultados sejam muito altos, muito baixos ou simplesmente imprecisos. A oxidação do iodeto no reagente coulométrico por agentes oxidantes como Cu(II), Fe(III), nitrito, Br_2, Cl_2 ou quinonas produz I_2, que pode reagir com a H_2O e provocar baixos resultados, uma vez que não é gerado tanto I_2 quanto necessário. Em aldeídos e cetonas, os grupos carbonila podem reagir com SO_2 e H_2O formando complexos de bissulfito. Dado que essa reação consome água, os resultados da titulação novamente são muito altos. A substituição da piridina por uma base mais fraca, como o imidazol, pode minimizar o problema.

O iodo gerado coulometricamente, ou presente no reagente, pode ser reduzido por espécies oxidáveis, como ácido ascórbico, amônia, tióis, Tl^+, Sn^{2+}, In^+, hidroxilaminas e tiossulfito. Esta redução resulta no consumo de I_2 e determinações de água com resultados muito altos. Os derivados fenólicos e bicarbonatos também provocam a redução do I_2.

Alguns compostos interferentes reagem para produzir água, o que pode resultar em valores muito altos. Os ácidos carboxílicos podem reagir com os álcoois para produzir um éster e água. Para minimizar esse problema, o álcool pode ser eliminado no reagente ou pode-se empregar um álcool que reaja mais lentamente que o metanol. O pH do reagente pode ser aumentado, porque a formação de ésteres geralmente é catalisada por ácidos. As cetonas e os aldeídos podem reagir com solventes alcoólicos para formar cetais e acetais, com a produção de água ocorrendo de acordo com:

$$R_2C=O + 2CH_3OH \rightarrow R_2C(OCH_3)_2 + H_2O$$

As cetonas aromáticas são menos reativas que as cetonas alifáticas. Os aldeídos são muito mais reativos que as cetonas. Algumas preparações comerciais têm sido formuladas para minimizar esse problema por meio do uso de álcoois que reagem lentamente e um pH mais elevado.

Os silanóis e os siloxanos cíclicos também podem reagir com os álcoois para produzir éteres e água. Alguns óxidos, hidróxidos e carbonatos metálicos podem reagir com HI para produzir água. Todos esses aumentam a quantidade de I_2 consumida e produzem resultados que são muito altos.

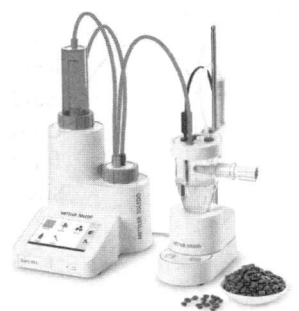

FIGURA 18-3

Titulador Karl Fischer. (Cortesia da Mettler-Toledo.) Aqui está um link para um vídeo mostrando o titulador sendo usado: https://www.youtube.com/watch?v=vzTyjQcsVR4.

---

[7] E. Scholz. *Karl Fischer Titration*. Berlim: Springer-Verlag, 1984.

Detecção do Ponto Final

Na titulação de Karl Fischer, um ponto final baseado na cor marrom do reagente em excesso pode ser observado visualmente. Mais comumente, entretanto, os pontos finais são obtidos pelas medidas eletroanalíticas. Diversos fabricantes de instrumentos oferecem equipamentos automáticos ou semiautomáticos para a realização das titulações de Karl Fischer (veja **Figura 18-3**). Todos estes instrumentos são baseados na detecção do ponto final eletrométrico.

Propriedades do Reagente

O reagente de Karl Fischer se decompõe com o tempo. Como a decomposição é particularmente rápida imediatamente após sua preparação, uma prática comum consiste em preparar o reagente um dia ou dois antes do seu uso. Normalmente, sua força deve ser estabelecida pelo menos diariamente contra uma solução padrão de água em metanol. Um reagente de Karl Fischer, cujo fabricante alega requerer apenas padronizações ocasionais encontra-se atualmente disponível comercialmente.

É óbvio que um grande cuidado deve ser tomado para manter o reagente de Karl Fischer e a amostra livres da umidade atmosférica. Toda a vidraria precisa ser cuidadosamente seca antes de ser utilizada e a solução padrão precisa ser armazenada sem contato com o ar. Também é necessário minimizar o contato entre a atmosfera e a solução durante a titulação.

Aplicações

O reagente de Karl Fischer tem sido aplicado a determinações de água em inúmeros tipos de amostras. Existem diversas variações da técnica básica, dependendo da solubilidade do material, do estado no qual a água é mantida e do estado físico da amostra. Se a amostra puder ser totalmente dissolvida em metanol, uma titulação rápida e direta é geralmente viável. Esse método tem sido aplicado a determinações de água em muitos ácidos orgânicos, álcoois, ésteres, éteres, anidridos e haletos. Os sais hidratados da maioria dos ácidos orgânicos, assim como dos hidratos de vários sais inorgânicos que são solúveis em metanol, também podem ser determinados por meio de titulação direta.

A titulação direta de amostras que são apenas parcialmente solúveis no reagente leva, normalmente, à recuperação incompleta da água. Os resultados satisfatórios com esse tipo de amostra são, em geral, obtidos, contudo, pela adição de um excesso de reagente e retrotitulação com uma solução padrão de água em metanol após um tempo adequado de reação. Uma alternativa efetiva consiste em extrair a água da amostra por meio de refluxo com metanol anidro ou outros solventes orgânicos. Então, a solução resultante é diretamente titulada com a solução de Karl Fischer.

Química Analítica On-line

Use um mecanismo de busca para localizar um dos muitos sites na web da MSDS. Encontre e leia o MSDS para o dicromato de potássio e explore suas propriedades químicas, toxicológicas e carcinogênicas. Localize um segundo site na web de MSDS e, de novo, explore as propriedades do dicromato de potássio. Quais diferenças você encontrou nos dois documentos? Qual site forneceu a informação mais detalhada, particularmente em relação aos efeitos na saúde? Um dos sites enfatizou determinadas propriedades sobre outras? O que você conclui deste exercício?

Resumo do Capítulo 18

- Reagentes redox.
- Redutores auxiliares.
- Tiossulfato de sódio.
- Indicador de amido.

- Oxidações por permanganato de potássio.
- Oxidações por Ce(IV).
- Reações de dicromato de potássio.
- Titulações de iodo.
- Reações de bromato de potássio.
- Titulações de Karl Fischer.

Termos-chave

Antioxidantes, 486
Autocatálise, 483
Determinação de água, 492
Reagentes de Karl Fischer, 492
Redutor auxiliar, 474
Redutor de Jones, 475
Redutor de Walden, 475
Soluções de triiodeto, 489
Suspensão de amido, 477

Equações Importantes

$$MnO_4^- + 8H^+ + 5e^- \rightleftharpoons Mn^{2+} + 4H_2O$$

$$I_2(s) + I^- \rightleftharpoons I_3^-$$

$$BrO_3^- + 5Br^- + 6H^+ \rightleftharpoons 3Br_2 + 3H_2O$$

Questões e Problemas*

18-1. Escreva as equações iônicas líquidas balanceadas que descrevem:
   *(a) a oxidação do Mn^{2+} a MnO_4^- pelo peroxidissulfato de amônio.
   (b) a oxidação do Ce^{3+} a Ce^{4+} pelo bismutato de sódio.
   *(c) a oxidação do U^{4+} a UO_2^{2+} por H_2O_2.
   (d) a reação do $V(OH)_4^+$ com o redutor de Walden.
   *(e) a titulação de H_2O_2 com o $KMnO_4$.
   (f) a reação entre KI e ClO_3^- em solução ácida.

*18-2. Por que o redutor de Walden sempre é utilizado com as soluções que contêm concentrações apreciáveis de HCl?

18-3. Escreva uma equação iônica líquida balanceada para a redução do UO_2^{2+} em um redutor de Walden.

*18-4. Por que as soluções padrão de redutores são utilizadas menos frequentemente em titulações que as soluções padrão de oxidantes?

18-5. Por que as soluções de Ce^{4+} nunca são empregadas nas titulações de redutores em soluções alcalinas?

*18-6. Por que as soluções de $KMnO_4$ são filtradas antes de serem padronizadas?

18-7. Por que as soluções de $KMnO_4$ e $Na_2S_2O_3$ geralmente são armazenadas em frascos escuros?

*18-8. Qual é o principal uso das soluções padrão de $K_2Cr_2O_7$?

18-9. Uma solução padrão de I_2 aumentou a concentração com repouso. Escreva uma equação iônica líquida balanceada que explique esse aumento.

*18-10. Sugira uma maneira por meio da qual uma solução de KIO_3 poderia ser empregada como fonte de quantidades conhecidas de I_2.

18-11. Escreva equações balanceadas mostrando como o $K_2Cr_2O_7$ poderia ser empregado como padrão primário para o $Na_2S_2O_3$.

*18-12. Na titulação de soluções de I_2 com $Na_2S_2O_3$, o indicador de amido nunca é adicionado até um pouco antes do ponto de equivalência. Por quê?

18-13. Uma solução preparada pela dissolução de uma amostra de 0,2541 g de um fio de ferro eletrolítico em ácido foi passada pelo redutor de Jones. A titulação do ferro(II) da solução resultante necessitou de 36,76 mL. Calcule a concentração em mol por litro do oxidante se o titulante empregado for:
   *(a) Ce^{4+} (produto: Ce^{3+}).
   (b) $Cr_2O_7^{2-}$ (produto: Cr^{3+}).

*As respostas para as questões e problemas marcados com um asterisco são fornecidas no final deste livro.

*(c) MnO_4^- (produto: Mn^{2+}).
(d) BrO_3^- (produto: $Br_2(l)$).
*(e) IO_3^- (produto: ICl_2^-).

*18-14. Como você prepararia 1,000 L de $KBrO_3$ 0,05000 mol L^{-1}?

18-15. Como você prepararia 2,0 L de solução de I_3^- aproximadamente 0,04 mol L^{-1}? Calcule a concentração molar de $KMnO_4$ nesta solução.

*18-16. Uma amostra de 0,2219 g de um fio de ferro puro foi dissolvida em ácido, reduzida para o estado +2 e titulada com 34,65 mL de cério(IV). Calcule a concentração em mol por litro da solução de Ce^{4+}.

18-17. Uma amostra de 0,1853 g de $KBrO_3$ foi dissolvida em HCl diluído e foi tratada com um excesso de KI. O iodo liberado necessitou de 44,36 mL de uma solução de tiossulfato de sódio. Calcule a concentração em mol por litro de $Na_2S_2O_3$.

*18-18. Calcule a porcentagem de MnO_2 presente em um mineral se o I_2 liberado por uma amostra de 0,1267 g na reação líquida

$$MnO_2(s) + 4H^+ + 2I^- \rightarrow Mn^{2+} + I_2 + 2H_2O$$

necessitou de 29,62 mL de $Na_2S_2O_3$ 0,08041 mol L^{-1} para sua titulação.

18-19. Uma espécie de 0,5690 g de um minério de ferro foi dissolvida e passada por um redutor de Jones. A titulação do Fe(II) produzido necessitou de 38,79 mL de $KMnO_4$ 0,01926 mol L^{-1}. Expresse os resultados dessa análise em termos de (a) percentual de Fe e (b) percentual de Fe_2O_3.

*18-20. O tratamento da hidroxilamina (H_2NOH) com um excesso de Fe(III) resulta na formação de N_2O e uma quantidade equivalente de Fe(II):

$$2H_2NOH + 4Fe^{3+} \rightarrow N_2O(g) + 4Fe^{2+} + 4H^+ + H_2O$$

Calcule a concentração em mol por litro de uma solução de H_2NOH se o Fe(II) produzido pelo tratamento de uma alíquota de 25,00 mL consumiu 14,48 mL de $K_2Cr_2O_7$ 0,01528 mol L^{-1}.

18-21. O $KClO_3$ existente em uma amostra de 0,1791 g de um explosivo foi determinado pela reação com 50,00 mL de Fe^{2+} 0,0873 mol L^{-1}:

$$ClO_3^- + 6Fe^{2+} + 6H^+ \rightarrow Cl^- + 3H_2O + 6Fe^{3+}$$

Quando a reação se completou, o excesso de Fe^{2+} foi retrotitulado com 14,95 mL de Ce^{4+} 0,06970 mol L^{-1}. Calcule a porcentagem de $KClO_3$ presente na amostra.

*18-22. Uma amostra de 8,13 g de um formicida foi decomposta por meio de uma digestão com H_2SO_4 e HNO_3. O As presente no resíduo foi reduzido ao estado trivalente com hidrazina. Após a remoção do excesso do agente redutor, o As(III) consumiu 31,46 mL na titulação com I_2 0,03142 mol L^{-1} em um meio fracamente alcalino. Expresse os resultados em termos da porcentagem de As_2O_3 existente na amostra original.

18-23. A concentração de mercaptana de etila em uma mistura foi determinada pela agitação de uma amostra de 1,795 g com 50,0 mL de I_2 0,01204 mol L^{-1} em um frasco hermeticamente fechado:

$$2C_2H_5SH + I_2 \rightarrow C_2H_5SSC_2H_5 + 2I^- + 2H^+$$

O excesso de I_2 foi retrotitulado com 15,21 mL de $Na_2S_2O_3$ 0,01437 mol L^{-1}. Calcule a porcentagem de C_2H_5SH (62,13 g mol^{-1}) na amostra.

*18-24. Um método sensível a I^- na presença de Cl^- e Br^- demanda a oxidação do I^- a IO_3^- com Br_2. Então, o excesso de Br_2 é removido por fervura ou pela redução com o íon formiato. O IO_3^- produzido é determinado pela adição de um excesso de I^- e titulação do I_2 resultante. Uma amostra de uma mistura de haletos de 1,307 g foi dissolvida e analisada por meio do procedimento descrito anteriormente. Um volume de 19,72 mL de tiossulfato 0,04926 mol L^{-1} foi requerido na titulação. Calcule a porcentagem de KI na amostra.

18-25. Uma amostra de 2,552 g contendo Fe e V foi dissolvida sob condições que permitiram a conversão dos elementos a Fe(III) e V(V). A solução foi diluída a 500,0 mL e uma alíquota de 50,0 mL foi passada através de um redutor de Walden e, posteriormente, titulada com 17,79 mL de Ce^{4+} 0,1000 mol L^{-1}. Uma segunda alíquota de 50,00 mL foi passada por um redutor de Jones e titulada, tendo consumido 44,34 mL da mesma solução de Ce^{4+} para atingir o ponto final. Calcule as porcentagens de Fe_2O_3 e V_2O_5 na amostra.

*18-26. Uma mistura gasosa foi passada através de uma solução de hidróxido de sódio a uma vazão de 2,50 L min^{-1} por um total de 59,00 min. O SO_2 presente na mistura foi retido como íon sulfito

$$SO_2(g) + 2OH^- \rightarrow SO_3^{2-} + H_2O$$

Após a acidificação com HCl, o sulfito foi titulado com 5,15 mL de KIO_3 0,002997 mol L^{-1}:

$$IO_3^- + 2H_2SO_3 + 2Cl^- \rightarrow ICl_2^- + 2SO_4^{2-} + 2H^+ + H_2O$$

Utilize 1,20 g L^{-1} para a densidade da mistura e calcule a concentração de SO_2 em ppm.

18-27. Uma amostra contendo 30,00 L de ar foi passada por uma torre de adsorção contendo uma solução de Cd^{2+}, na qual o gás H_2S foi retido na forma de CdS. A mistura foi acidificada e tratada com 10,00 mL de I_2 0,0100 mol L^{-1}. Após a reação

$$S^{2-} + I_2 \rightarrow S(s) + 2I^-$$

ter-se completado, o excesso de iodo foi titulado com 13,32 mL de uma solução de tiossulfato 0,01358 mol L^{-1}. Calcule a concentração de H$_2$S em ppm; utilize 1,20 g L^{-1} para a densidade da corrente de gás.

*18-28. O método de Winkler, empregado na determinação de oxigênio dissolvido em água, baseia-se na oxidação rápida do Mn(OH)$_2$ sólido a Mn(OH)$_3$ em meio alcalino. Quando acidificado, o Mn(III) libera rapidamente iodo a partir do iodeto. Uma amostra de água de 250 mL, mantida em um frasco fechado, foi tratada com 1,00 mL de uma solução concentrada de NaI e NaOH e 1,00 mL de uma solução de Mn(II). A oxidação do Mn(OH)$_2$ se completou em cerca de 1 min. Então os precipitados foram dissolvidos pela adição de 2,00 mL de H$_2$SO$_4$ concentrado e consequentemente uma quantidade de iodo equivalente à de Mn(OH)$_3$ (e portanto de O$_2$) foi liberada. Uma alíquota de 25,0 mL (da solução de 254 mL) foi titulada com 14,6 mL de uma solução de tiossulfato 0,00897 mol L^{-1}. Calcule a massa, em miligramas, de O$_2$ presente em cada mililitro da amostra. Considere que os reagentes concentrados estão em uma forma livre de O$_2$ e leve em consideração as diluições da amostra.

18-29. Utilize uma planilha eletrônica para fazer os cálculos e construa o gráfico das curvas para as seguintes titulações. Calcule os potenciais após a adição do titulante correspondendo a 10%, 20%, 30%, 40%, 50%, 60%, 70%, 80%, 90%, 95%, 99%, 99,9%, 100%, 101%, 105%, 110% e 120% do volume do ponto de equivalência.
   (a) 20,00 mL de SnCl$_2$ 0,0500 mol L^{-1} com FeCl$_3$ 0,100 mol L^{-1}.
   (b) 25,00 mL de Na$_2$S$_2$O$_3$ 0,08467 mol L^{-1} com I$_2$ 0,10235 mol L^{-1}.
   (c) 0,1250 g do padrão primário Na$_2$C$_2$O$_4$ com KMnO$_4$ 0,01035 mol L^{-1}. Suponha que [H$^+$] = 1,00 mol L^{-1} e p_{CO_2} = 1 atm.
   (d) 20,00 mL de Fe^{2+} 0,1034 mol L^{-1} com K$_2$Cr$_2$O$_7$ 0,01500 mol L^{-1}. Suponha que [H$^+$] = 1,00 mol L^{-1}.

18-30. **Problema Desafiador**: Verdini e Lagier[8] desenvolveram um procedimento baseado na titulação iodométrica para a determinação de ácido ascórbico em vegetais e frutas. Eles compararam os resultados de suas titulações com aqueles similares obtidos por um método baseado em CLAE (veja o Capítulo 31). Os resultados de suas comparações são mostrados na seguinte tabela.

Comparação de Métodos*

Amostra	CLAE, mg/100 g	Voltametria, mg/100 g
1	138,6	140,0
2	126,6	120,6
3	138,3	140,9
4	126,2	123,7

*Teor de ácido ascórbico determinado em amostras de kiwi por CLAE, com detecção por UV e por meio de titulação voltamétrica.

(a) Encontre a média e o desvio padrão para cada conjunto de dados.
(b) Determine se existe uma diferença nas variâncias dos dois conjuntos de dados em um nível de 95%.
(c) Determine se a diferença entre as médias é significativa em um nível de 95%.

Esses pesquisadores também realizaram um teste de recuperação no qual determinaram o ácido ascórbico presente originalmente em algumas amostras, então adicionaram ácido ascórbico a elas e determinaram novamente a massa do analito. Seus resultados são mostrados na tabela a seguir.

Teste de Recuperação

Amostra	1	2	3	4
	Kiwi			
Quantidades				
Inicial, mg	9,32	7,29	7,66	7,00
Adicionada, mg	6,88	7,78	8,56	6,68
Encontrada, mg	15,66	14,77	15,84	13,79
	Espinafre			
Inicial, mg	6,45	7,72	5,58	5,21
Adicionada, mg	4,07	4,32	4,28	4,40
Encontrada, mg	10,20	11,96	9,54	9,36

(d) Calcule a porcentagem de recuperação para o ácido ascórbico total em cada amostra.
(e) Encontre a média e o desvio padrão do percentual recuperado, primeiro para o kiwi e depois para o espinafre.
(f) Determine se as variâncias dos percentuais recuperados entre o kiwi e o espinafre são diferentes em um nível de confiança de 95%.
(g) Determine se a diferença entre os percentuais de recuperação do ácido ascórbico é significativa em um nível de confiança de 95%.
(h) Discuta como você aplicaria o método iodométrico para a determinação de ácido ascórbico a várias amostras de frutas e vegetais. Em

---
[8] R. A. Verdini; C. M. Lagier. *J. Agric. Food Chem.*, v. 48, p. 2812, 2000. DOI: 10.1021/jf99087s.

particular, comente como você aplicaria os resultados da sua análise dos dados nas análises de novas amostras.

(i) Estão listadas as referências para vários artigos[9-15] na determinação de ácido ascórbico usando diferentes técnicas analíticas. Se os artigos estiverem disponíveis em sua biblioteca, examine-os e descreva brevemente os métodos utilizados em cada um deles.

(j) Comente como cada um dos métodos mencionados no item (i) poderia ser utilizado e sob quais circunstâncias poderiam ser escolhidos no lugar da iodometria. Para cada método, incluindo a iodometria, compare fatores tais como velocidade, conveniência, custo da análise e qualidade dos dados resultantes.

---

[9] A. Campiglio. *Analyst*, v. 118, p. 545, 1993, DOI: 10.1039/AN9931800545.
[10] L. Cassella; M. Gulloti; A. Marchesini; M. Petrarulo. *J. Food Sci.*, v. 54, p. 374, 1989. DOI: 10.1111/j.1365-2621.1989.tb03084.x.
[11] Z. Gao; A. Ivaska; T. Zha; G. Wang; P. Li; Z. Zhao. *Talanta*, v. 40, p. 399, 1993. DOI: 10.1016/0039-9140(93)80251-L.
[12] O. W. Lau; K. K. Shiu; S. T. Chang. *J. Sci. Food Agric.*, v. 36, p. 733, 1985. DOI: 10.1002/jsfa.2740360814.
[13] A. Marchesini; F. Montuori; D. Muffato; D. Maestri. *J. Food Sci.*, v. 39, p. 568, 1974. DOI: 10.1111/j.1365-2621.1974.tb02950.x.
[14] T. Moeslinger; M. Brunner; I. Volf; P. G. Spieckermann. *Clin. Chem.*, 1995, v. 41, p. 1177.
[15] L. A. Pachla; P. T. Kissinger. *Anal. Chem.*, v. 48, p. 364, 1976. DOI: 10.1021/ac60366a045.

Potenciometria

CAPÍTULO 19

O navio de pesquisa *Meteor*, mostrado na foto, pertence à República Federal da Alemanha, por intermédio do Ministério da Pesquisa e Tecnologia, e é operado pela Fundação Alemã de Pesquisa. Normalmente, é utilizado por um grupo multidisciplinar de oceanógrafos químicos para coleta de dados, em um esforço para entender as alterações químicas que ocorrem na atmosfera e nos oceanos. Por exemplo, durante abril de 2012, um grupo do Uni Bjerknes Centre e do Bjerknes Centre for Climate Research em Bergen, na Noruega, estava a bordo do *Meteor* no norte do Oceano Atlântico a oeste da Noruega, realizando medidas relacionadas ao ciclo oceânico de carbono, bem como medidas para estimar o fluxo de oxigênio diretamente envolvido na atividade biológica. Uma importante observação nesses experimentos é a alcalinidade total da água do mar, que é determinada por titulação potenciométrica, um método abordado neste capítulo.

MARUM – Center for Marine Environmental Sciences, University of Bremen; T. Klein (CC-BY 4.0)

Os **métodos potenciométricos** de análises baseiam-se na medida do potencial de células eletroquímicas sem o consumo apreciável de corrente. Há cerca de um século, as técnicas potenciométricas têm sido utilizadas para localizar o ponto final em titulações. Em métodos mais recentes, as concentrações de espécies iônicas são medidas diretamente a partir do potencial de eletrodos de membranas seletivas de íons. Esses eletrodos são relativamente livres de interferência e representam uma forma rápida, conveniente e não destrutiva de determinar quantitativamente inúmeros cátions e ânions importantes.[1]

Os analistas realizam mais medidas potenciométricas do que, talvez, qualquer outro tipo de medida química instrumental. O número de medidas potenciométricas feitas diariamente é surpreendente. Os fabricantes medem o pH de muitos produtos comerciais; os laboratórios clínicos determinam gases sanguíneos como importantes indicadores no diagnóstico de doenças; os efluentes industriais e municipais são continuamente monitorados para determinar o pH e a concentração de poluentes; os oceanógrafos determinam dióxido de carbono e outras propriedades relacionadas na água do mar. Medidas potenciométricas também são empregadas em estudos fundamentais para determinar constantes de equilíbrio termodinâmicas, tais como K_a, K_b e K_{ps}. Esses exemplos são apenas alguns poucos das milhares de aplicações das medidas potenciométricas.

O equipamento empregado nos métodos potenciométricos é simples e barato e inclui um eletrodo de referência, um eletrodo indicador e um dispositivo de medida do potencial. Os princípios de operação e a variedade de cada um desses componentes são descritos nas seções iniciais deste capítulo. Após essas discussões, investigamos as aplicações analíticas das medidas potenciométricas.

---

[1] R. S. Hutchins; L. G. Bachas, in *Handbook of Instrumental Techniques for Analytical Chemistry*, F. A. Settle, ed., Upper Saddle River, NJ: Prentice-Hall, 1997, cap. 38, p. 727-748.

19A Princípios Gerais

No Destaque 16-3, mostramos que os valores absolutos de potenciais de semicélula não podem ser determinados no laboratório. Isto é, apenas os potenciais de célula relativos podem ser medidos experimentalmente. A **Figura 19-1** exibe uma célula típica para análise potenciométrica. Essa célula pode ser representada por

$$\underbrace{\text{eletrodo de referência}}_{E_{ref}} | \underbrace{\text{ponte salina}}_{E_j} | \text{solução do analito} | \underbrace{\text{eletrodo indicador}}_{E_{ind}}$$

Um **eletrodo de referência** é uma semicélula com um potencial de eletrodo conhecido que permanece constante sob temperatura constante, e é independente da composição da solução do analito.

Um **eletrodo indicador** tem potencial que varia de uma forma conhecida com alterações na concentração de um analito.

❯❯ Como mostrado na Figura 19-1, os eletrodos de referência são sempre tratados como o eletrodo da esquerda. Esta prática, que adotamos ao longo deste livro, é consistente com a convenção da International Union of Pure and Applied Chemistry (IUPAC) para potenciais de eletrodo, abordada na Seção 16C-4, onde a referência é o eletrodo padrão de hidrogênio e é o eletrodo à esquerda em um diagrama de uma célula.

Neste diagrama, o **eletrodo de referência** é uma semicélula com um potencial de eletrodo exatamente conhecido, E_{ref}, que é independente da concentração do analito ou de outro íon presente na solução em estudo. Pode ser um eletrodo padrão de hidrogênio, mas raramente é, porque o eletrodo padrão de hidrogênio é de uso e manutenção problemáticos. Por convenção, o eletrodo de referência sempre é tratado como o da esquerda em medidas potenciométricas. O **eletrodo indicador**, imerso na solução contendo o analito, desenvolve um potencial, E_{ind}, que depende da atividade do analito. A maioria dos eletrodos indicadores empregados na potenciometria é seletiva em sua resposta. O terceiro componente de uma célula potenciométrica é uma ponte salina que previne os componentes da solução do analito de misturar com aqueles do eletrodo de referência. Como pôde ser visto no Capítulo 16, um potencial se desenvolve por meio das junções líquidas em cada extremidade da ponte salina. Esses dois potenciais tendem a se cancelar se as mobilidades do cátion e do ânion na solução da ponte salina forem aproximadamente iguais. O cloreto de potássio é um eletrólito praticamente ideal para a ponte salina porque as mobilidades do íon K^+ e do íon Cl^- são quase idênticas. Portanto, o potencial líquido desenvolvido através da ponte salina, E_j, é reduzido a alguns milivolts ou menos. Na maioria dos métodos eletroanalíticos, o potencial de junção líquida é suficientemente pequeno para ser negligenciado. Nos métodos potenciométricos discutidos neste capítulo, entretanto, o potencial de junção e suas incertezas podem ser fatores que limitam a exatidão e a precisão da medida.

O potencial de uma célula, como a que consideramos anteriormente, é dado pela equação

$$E_{célula} = E_{ind} - E_{ref} + E_j \tag{19-1}$$

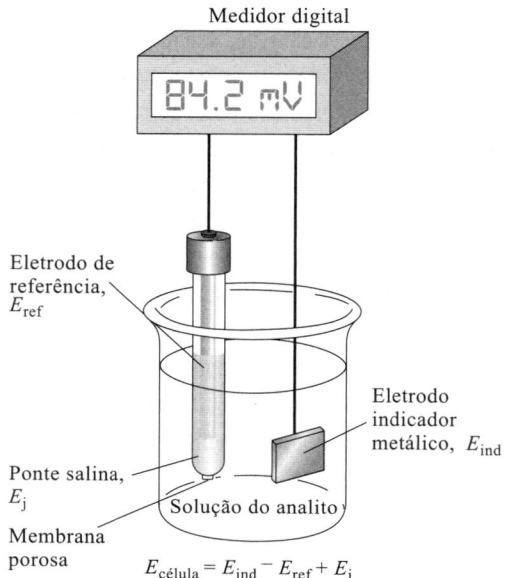

FIGURA 19-1
Uma célula para determinações potenciométricas.

O primeiro termo nessa equação, E_{ind}, contém a informação que estamos procurando: a concentração do analito. Para fazer uma determinação potenciométrica de um analito, então, devemos medir um potencial de célula, corrigi-lo em virtude dos potenciais de referência e de junção líquida e calcular a concentração do analito a partir do potencial do eletrodo indicador. Estritamente, o potencial de uma célula galvânica está relacionado à atividade do analito. Somente por meio de calibração adequada podemos determinar a concentração da espécie de interesse.

Na seção que segue discutimos a natureza e a origem dos três potenciais mostrados do lado direito da Equação 19-1.

❮❮ Um eletrodo de hidrogênio raramente é utilizado como referência em medidas potenciométricas no dia a dia, porque seu emprego e manutenção são inconvenientes e também por causa do perigo de incêndio.

19B Eletrodos de Referência

O eletrodo de referência ideal tem um potencial exatamente conhecido, constante e completamente insensível à composição da solução do analito. Além disso, esse eletrodo deve ser robusto, fácil de construir e manter um potencial constante mesmo com a passagem de pequenas correntes.

19B-1 Eletrodos de Referência de Calomelano

Os eletrodos de referência de calomelano consistem em mercúrio em contato com uma solução que é saturada com cloreto de mercúrio(I) (calomelano) e que também contém uma concentração conhecida de cloreto de potássio. As semicélulas de calomelano podem ser representadas como:

$$Hg \mid Hg_2Cl_2(\text{saturado}), KCl(x \text{ mol L}^{-1}) \parallel$$

onde x representa a concentração em quantidade de matéria do cloreto de potássio na solução. O potencial de eletrodo para essa semicélula é determinado pela reação

$$Hg_2Cl_2(s) + 2e^- \rightleftharpoons 2Hg(l) + 2Cl^-(aq)$$

e depende da concentração de cloreto. Portanto, a concentração de KCl deve ser especificada ao descrever o eletrodo. A célula a seguir é um eletrodo de calomelano saturado (ECS). A concentração de KCl é constante a uma temperatura constante e é determinada pela solubilidade do KCl na temperatura do ECS.

A **Tabela 19-1** lista as composições e os potenciais formais de eletrodo para os três eletrodos de calomelano mais comuns. Observe que cada solução é saturada com cloreto

❮❮ O termo "saturado" no eletrodo de calomelano saturado refere-se à concentração de KCl e não à concentração do calomelano. Todos os eletrodos de calomelano são saturados em Hg_2Cl_2 (calomelano).

❮❮ Uma ponte salina é facilmente construída pelo preenchimento de um tubo em forma de U com um gel condutor preparado pelo aquecimento de cerca de 5 g de ágar em 100 mL de uma solução aquosa, contendo cerca de 35 g de cloreto de potássio. Quando o fluido resfria, forma-se um gel que é um bom condutor, mas previne que as duas soluções nas extremidades dos tubos se misturem. Se ambos os íons do cloreto de potássio interferem com o processo de medida, o nitrato de amônio pode ser empregado como o eletrólito na ponte salina.

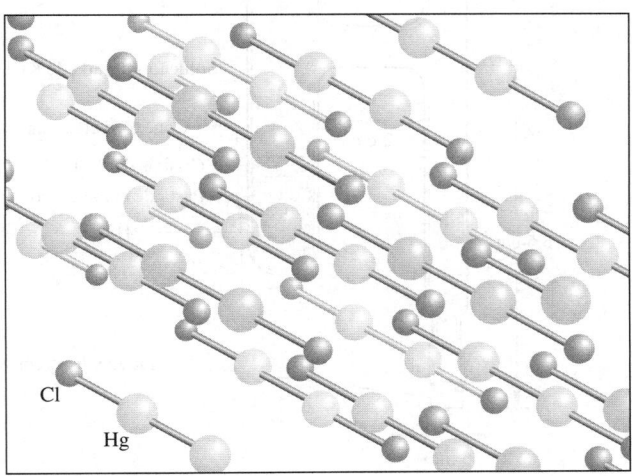

A estrutura do cristal de calomelano, Hg_2Cl_2, que tem solubilidade limitada em água ($K_{ps} = 1,8 \times 10^{-18}$ a 25°C). Observe a ligação Hg—Hg na estrutura. Existem consideráveis evidências de que um tipo de ligação similar ocorre em soluções aquosas e então o mercúrio(I) é representado como Hg_2^{2+}.

TABELA 19-1

Potenciais Formais de Eletrodo para Eletrodos de Referência em Função da Composição e Temperatura

	Potential *versus* SHE, V				
Temperatura, °C	0,1 mol L^{-1} Calomelano*	3,5 mol L^{-1} Calomelano†	Calomelano Saturado*	3,5 mol L^{-1} Ag/AgCl†	Ag/AgCl† Saturado
15	0,3362	0,254	0,2511	0,212	0,209
20	0,3359	0,252	0,2479	0,208	0,204
25	0,3356	0,250	0,2444	0,205	0,199
30	0,3351	0,248	0,2411	0,201	0,194
35	0,3344	0,246	0,2376	0,197	0,189

*De R. G. Bates, em *Treatise on Analytical Chemistry*, 2. ed., I. M. Kolthoff; P. J. Elving, eds., Nova York: Wiley, 1978, pt. I, v. 1, p. 793.
†De D. T. Sawyer; A. Sobkowiak; J. L. Roberts, Jr., *Electrochemistry for Chemists*, Nova York: Wiley, 1995, p. 192.

de mercúrio(I) (calomelano) e que as células diferem apenas em relação à concentração de cloreto de potássio. Vários eletrodos de calomelano convenientes, tal qual aquele mostrado na **Figura 19-2**, estão disponíveis comercialmente. O corpo do eletrodo com a forma em H é feito de vidro nas dimensões mostradas no diagrama. O braço direito do eletrodo contém um contato elétrico de platina, uma pequena quantidade de uma pasta de mercúrio/cloreto de mercúrio(I) em cloreto de potássio saturado e alguns cristais de KCl. O tubo é cheio com KCl saturado para agir como uma ponte salina (veja Seção 16B-2) através de um pedaço de Vycor poroso ("vidro sedento") selado na extremidade do braço esquerdo. Esse tipo de junção tem resistência relativamente alta (2.000 a 3.000 Ω) e capacidade limitada de carregar corrente, mas a contaminação do analito devida ao vazamento de cloreto de potássio é mínima. Outras configurações de ESC estão disponíveis com resistência muito menor e melhores contatos elétricos, mas tendem a vazar pequenas quantidades de cloreto de potássio saturado para a amostra. Devido às preocupações com a contaminação por mercúrio, os ESC são menos comuns do que foram um dia, mas, para algumas aplicações, são superiores aos eletrodos de referência Ag-AgCl, que são descritos em seguida.

> **Ágar**, disponível na forma de flocos translúcidos, é um heteropolissacarídeo extraído de certas algas do leste da Índia. As soluções de ágar preparadas em água quente formam um gel quando são resfriadas.

19B-2 Eletrodos de Referência de Prata/Cloreto de Prata

O sistema de eletrodo mais amplamente comercializado consiste em um eletrodo de prata mergulhado em uma solução de cloreto de potássio que foi saturada com cloreto de prata:

Ag | AgCl(saturado), KCl(saturado)

O potencial do eletrodo é determinado pela semirreação

$$AgCl(s) + e^- \rightleftharpoons Ag(s) + Cl^-$$

Normalmente esse eletrodo é preparado com uma solução saturada ou com uma solução de cloreto de potássio 3,5 mol L^{-1}; os potenciais para esses eletrodos são fornecidos na Tabela 19-1. A **Figura 19-3** mostra um modelo

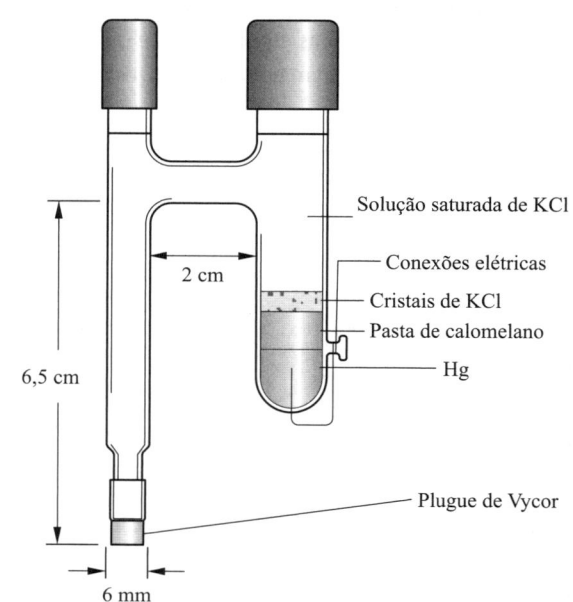

FIGURA 19-2
Diagrama de um eletrodo de calomelano saturado típico. (Adaptado de Bioanalitical Systems, W. Lafayette.)

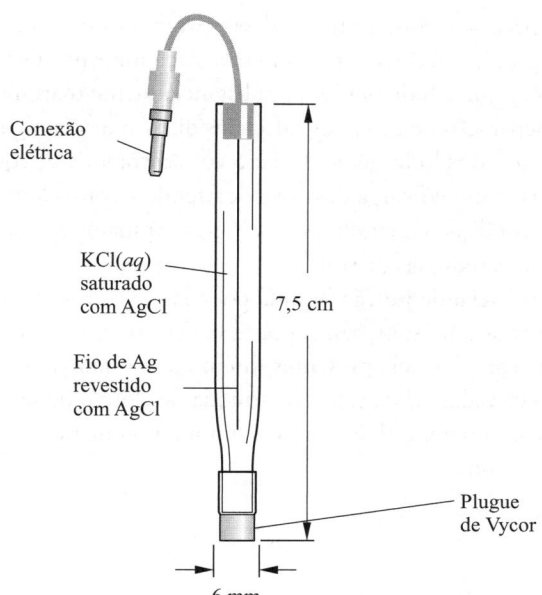

FIGURA 19-3
Diagrama de um eletrodo de prata/cloreto de prata mostrando as partes do eletrodo que produzem o potencial de eletrodo de referência, E_{ref}, e o potencial de junção, E_j. (Adaptado de Bioanalytical Systems, W. Lafayette.)

comercial desse eletrodo, que é pouco mais que um pedaço de tubo de vidro com abertura estreita na base conectada a um plugue de Vycor para fazer contato com a solução de analito. O tubo contém um fio de prata revestido com uma camada de cloreto de prata que está imerso em uma solução saturada de cloreto de potássio com cloreto de prata.

Os eletrodos de prata-cloreto de prata têm a vantagem de poder ser usados a temperaturas maiores que 60°C, enquanto os eletrodos de calomelano não podem. Por outro lado, os íons mercúrio(II) reagem com menos componentes de amostra que os íons prata (que pode, por exemplo, reagir com proteínas). Tais reações podem levar à obstrução da junção entre o eletrodo e a solução de analito.

19C Potenciais de Junção Líquida

Quando duas soluções de eletrólitos de diferentes composições estão em contato entre si, existe uma diferença de potencial através da interface. Esse potencial de junção é o resultado de uma distribuição desigual de cátions e ânions pela vizinhança devido às diferenças nas taxas em que estas espécies se difundem. A **Figura 19-4** mostra uma junção líquida muito simples consistindo em uma solução de ácido clorídrico 1 mol L^{-1} que está em contato com uma solução que é 0,01 mol L^{-1} deste ácido. Uma barreira porosa inerte, como uma placa de vidro sinterizado, previne a mistura das duas soluções. A junção líquida pode ser representada como

$$HCl(1 \text{ mol L}^{-1}) | HCl(0,01 \text{ mol L}^{-1})$$

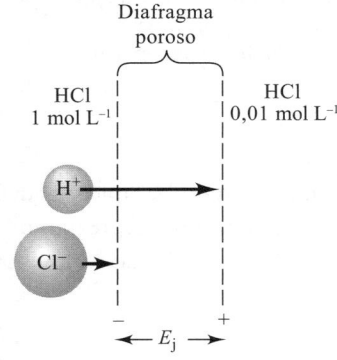

FIGURA 19-4
Representação esquemática de uma junção líquida, mostrando a fonte do potencial de junção, E_j. Os comprimentos das setas correspondem às mobilidades relativas dos íons.

Tanto o íon de hidrogênio quanto os íons cloreto tendem a se difundir através dessa vizinhança da solução mais concentrada para a solução mais diluída, isto é, da esquerda para a direita. A força diretora para cada íon é proporcional à diferença de atividade entre as duas soluções. No presente exemplo, os íons hidrogênio são substancialmente mais móveis que os íons cloreto e, como mostrado na Figura 21-4, produz uma separação de carga. O lado mais diluído da vizinhança torna-se carregado positivamente por causa da difusão mais rápida dos íons hidrogênio. O lado concentrado, consequentemente, adquire uma carga negativa do excesso de íons cloreto mais lentos. A carga desenvolvida tende a contra-atracar as diferenças nas taxas de difusão dos dois íons de tal forma que uma condição de equilíbrio é atingida rapidamente. A diferença de potencial resultante desta separação de carga pode ser de várias centenas de volt.

A grandeza do potencial de junção líquida pode ser minimizada pela colocação de uma ponte salina entre as duas soluções. A ponte salina é mais efetiva se as mobilidades dos íons positivos e negativos nela presentes forem aproximadamente iguais e se suas concentrações forem elevadas. Uma solução saturada de cloreto de potássio é adequada em ambos os aspectos. O potencial de junção, com uma ponte salina como esta, é tipicamente de alguns milivolts.

>> O potencial de junção gerado através de uma ponte salina de KCl típica é igual a poucos milivolts.

19D Eletrodos Indicadores

>> Os resultados das determinações potenciométricas são as atividades dos analitos, em contraste com a maioria dos métodos analíticos, que fornecem a concentração dos analitos. Lembre-se de que a atividade de uma espécie a_X está relacionada à concentração de X pela Equação 8-2

$$a_X = \gamma_X [X]$$

onde γ_X é o coeficiente de atividade de X, um parâmetro que varia com a força iônica da solução. Como os dados potenciométricos são dependentes da atividade, na maioria dos casos, neste capítulo, não faremos a aproximação usual em que $a_X \approx [X]$.

Um eletrodo indicador ideal responde de forma rápida e reprodutível a variações na concentração de um analito (ou grupo de analitos iônicos). Embora nenhum eletrodo indicador seja absolutamente específico em sua resposta, alguns disponíveis nos dias atuais são extraordinariamente seletivos. Os eletrodos indicadores são de três tipos: metálicos, de membrana e baseados em transistores de efeito de campo seletivos de íons.

19D-1 Eletrodos Indicadores Metálicos

É conveniente classificar os eletrodos indicadores metálicos como **eletrodos do primeiro tipo**, **eletrodos do segundo tipo** ou **eletrodos redox inertes**.

Eletrodos do Primeiro Tipo

Um eletrodo do primeiro tipo é aquele de um metal puro que está em equilíbrio direto com seu cátion em solução. Uma única reação está envolvida. Por exemplo, o equilíbrio entre um metal X e seu cátion Cu^{2+} é

$$Cu^{2+}(aq) + 2e^- \rightleftharpoons Cu(s)$$

para o qual

$$E_{ind} = E^0_{Cu} - \frac{0,0592}{2} \log \frac{1}{a_{Cu^{2+}}} = E^0_{Cu} + \frac{0,0592}{2} \log a_{Cu^{2+}} \qquad (19\text{-}2)$$

onde E_{ind} é o potencial de eletrodo do eletrodo metálico e $a_{Cu^{2+}}$, a atividade do íon (ou, em soluções diluídas, aproximadamente sua concentração em mol L^{-1}, [Cu^{2+}]).

Normalmente, expressamos o potencial de eletrodo do eletrodo indicador em termos da função p do cátion (pX = $-\log a_{Cu^{2+}}$). Portanto, a substituição dessa definição de pCu na Equação 19-2 fornece

$$E_{ind} = E^0_{Cu} + \frac{0,0592}{2} \log a_{Cu^{2+}} = E^0_{Cu} - \frac{0,0592}{2} pCu$$

Uma expressão geral para qualquer metal e seu cátion é

$$E_{ind} = E^0_{X^{n+}/X} + \frac{0,0592}{n} \log a_{X^{n+}} = E^0_{X^{n+}/X} - \frac{0,0592}{n} pX \qquad (19\text{-}3)$$

Essa função é exibida no gráfico da **Figura 19-5**.

Os sistemas de eletrodos do primeiro tipo não são amplamente utilizados em determinações potenciométricas por diversas razões. Primeiro, porque os eletrodos indicadores metálicos não são muito seletivos e respondem não apenas aos próprios cátions, mas também a outros cátions mais facilmente redutíveis. Por exemplo, um eletrodo de cobre não pode ser empregado em determinações de íons cobre(II) na presença de íons prata(I), pois o potencial do eletrodo também é uma função da concentração de Ag^+. Segundo, muitos eletrodos metálicos, como o de zinco e o de cádmio podem ser empregados apenas em soluções neutras ou alcalinas porque se dissolvem na presença de ácidos. Terceiro, porque certos metais são tão facilmente oxidáveis que podem ser utilizados apenas quando as soluções do analito são desaeradas para remover o oxigênio. Finalmente, certos metais mais duros, como ferro, cromo, cobalto e níquel, não fornecem potenciais reprodutíveis. Para esses eletrodos, os gráficos de E_{ind} versus pX geram inclinações que diferem significativamente e de maneira irregular do valor teórico ($-0,0592/n$). Por essas razões, os únicos sistemas de eletrodo de primeiro tipo que podem ser utilizados na potenciometria são Ag/Ag^+ e Hg/Hg^{2+} em soluções neutras e Cu/Cu^{2+}, Zn/Zn^{2+}, Cd/Cd^{2+}, Bi/Bi^{3+}, Tl/Tl^+ e Pb/Pb^{2+} em soluções desaeradas.

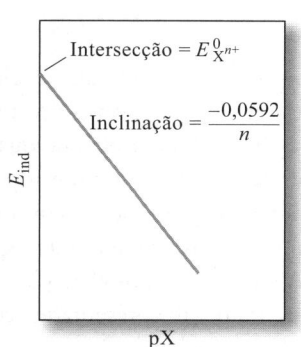

FIGURA 19-5
Um gráfico da Equação 19-3 para um eletrodo de primeiro tipo.

Eletrodos do Segundo Tipo

Metais não servem apenas como eletrodos indicadores para seus próprios cátions, mas também respondem a atividades de ânions que foram precipitados pouco solúveis ou complexos estáveis com tais cátions. O potencial de um eletrodo de prata, por exemplo, se relaciona de forma reprodutível com a atividade do íon cloreto em uma solução saturada de cloreto de prata. Nesta situação, a reação do eletrodo pode ser escrita como

$$AgCl(s) + e^- \rightleftharpoons Ag(s) + Cl^-(aq) \qquad E^0_{AgCl/Ag} = 0,222 \text{ V}$$

A equação de Nernst para esse processo, a 25°C, é

$$E_{ind} = E^0_{AgCl/Ag} - 0,0592 \log a_{Cl^-} = E^0_{AgCl/Ag} + 0,0592 \text{ pCl} \qquad (19\text{-}4)$$

A Equação 19-4 mostra que o potencial de um eletrodo de prata é proporcional a pCl, o logaritmo negativo da atividade do íon cloreto. Portanto, em uma solução saturada com cloreto de prata, um eletrodo de prata pode servir como um eletrodo indicador de segundo tipo para o íon cloreto. Observe que o sinal do termo logarítmico para um eletrodo desse tipo é oposto àquele para um eletrodo de primeiro tipo (veja a Equação 19-3). Um gráfico do potencial do eletrodo de prata versus pCl pode ser visto na **Figura 19-6**.

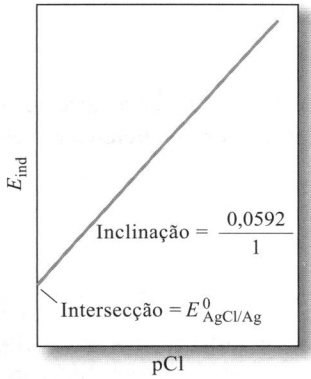

FIGURA 19-6
Um gráfico da Equação 19-4 para um eletrodo do segundo tipo para Cl^-.

Eletrodos Metálicos Inertes para Sistemas Redox

Como observado no Capítulo 16, vários condutores inertes respondem a sistemas redox. Materiais como platina, ouro, paládio e carbono podem ser empregados para monitorar sistemas redox. Por exemplo, o potencial de um eletrodo de platina imerso em uma solução contendo cério(III) e cério(IV) é

$$E_{ind} = E^0_{Ce^{4+}/Ce^{3+}} - 0,0592 \log \frac{a_{Ce^{3+}}}{a_{Ce^{4+}}}$$

Um eletrodo de platina é um indicador conveniente para as titulações envolvendo soluções padrão de cério(IV).

19D-2 Eletrodos Indicadores de Membrana[2]

Por aproximadamente um século, o método mais conveniente para determinar o pH tem envolvido medidas do potencial que se desenvolve através de uma fina membrana de vidro que separa duas soluções com diferentes concentrações do íon hidrogênio. O fenômeno no qual a medida é baseada foi relatado pela primeira vez em 1906 e e até agora tem sido extensivamente estudado por muitos pesquisadores. Como resultado, a sensibilidade e a seletividade das membranas de vidro ante os íons hidrogênio são razoavelmente bem compreendidas. Além disso, essa compreensão tem levado ao desenvolvimento de outros tipos de membranas que respondem seletivamente a muitos outros íons.

Algumas vezes os eletrodos de membrana são chamados **eletrodos p-íon** porque os dados obtidos a partir deles são frequentemente apresentados como funções p como pH, pCa ou pNO_3. Nesta seção, consideraremos diversos tipos de membranas p-íon.

É importante observar no início desta discussão que os eletrodos de membrana são fundamentalmente diferentes dos eletrodos metálicos, tanto em desenho quanto em princípio. Utilizaremos o eletrodo de vidro empregado em medidas de pH para ilustrar essas diferenças.

19D-3 O Eletrodo de Vidro para a Medida de pH

A **Figura 19-7a** mostra uma *célula* típica para a medida do pH. A célula consiste em um eletrodo indicador de vidro e um eletrodo de referência de calomelano saturado imersos em uma solução com pH desconhecido. O eletrodo indicador é composto por uma fina membrana de vidro sensível ao pH selada na ponta de um tubo de vidro ou de plástico. Um pequeno volume de ácido clorídrico diluído saturado com cloreto de prata está contido dentro do tubo. (Em alguns eletrodos a solução interna é um tampão contendo o íon cloreto.) Nessa solução, um fio de prata forma um eletrodo de referência de prata/cloreto de prata, que está conectado a um dos terminais do dispositivo de medida de potencial. O eletrodo de calomelano está conectado ao outro terminal.

>> A membrana de um eletrodo de vidro típico (com espessura de 0,03 a 0,1 mm) tem uma resistência elétrica de 50 a 500 MΩ.

A Figura 19-7a e a representação dessa célula na **Figura 19-8** mostram que um sistema de um eletrodo de vidro contém dois eletrodos de referência: o eletrodo externo de calomelano e o eletrodo interno de prata/cloreto de prata. O eletrodo

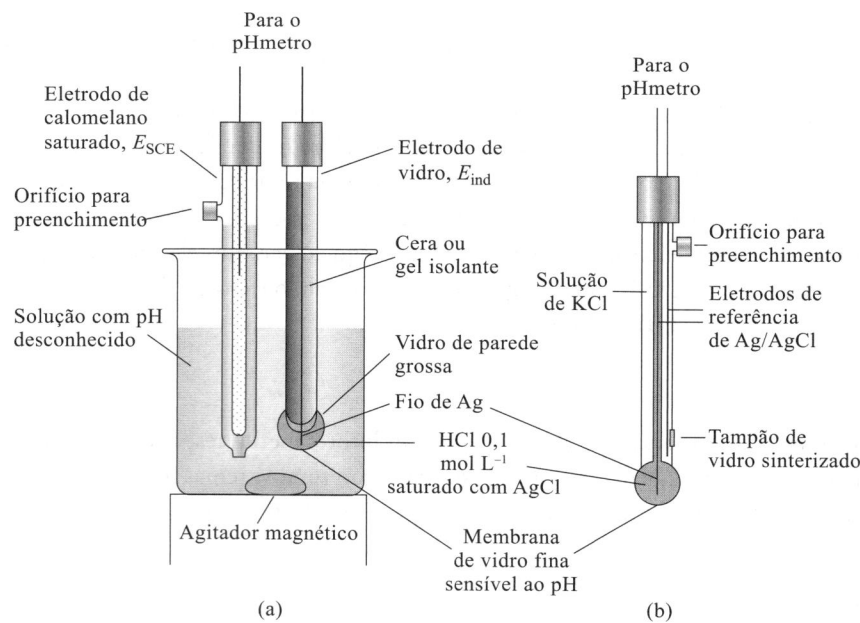

FIGURA 19-7
Sistema de eletrodo típico para medida de pH. (a) Eletrodo de vidro (indicador) e EPC (referência) imersos em uma solução de pH desconhecido. (b) Sonda combinada, consistindo tanto em eletrodo indicador de vidro quanto em eletrodo de referência de prata/cloreto de prata. Um segundo eletrodo de prata/cloreto de prata serve de referência interna para o eletrodo de vidro. Os dois eletrodos são montados concentricamente com a referência interna localizada no centro e a referência externa do lado de fora. A referência faz contato com a solução do analito através do vidro sinterizado ou outro meio poroso adequado. Sondas combinadas representam a configuração mais comum de eletrodos de vidro para a medida de pH.

---

[2] Algumas fontes sugeridas para informações adicionais a este tópico são: R. S. Hutchins e L. G. Bachas, em *Handbook of Instrumental Techniques for Analytical Chemistry*, F. A. Settle, ed., Upper Saddle River, NJ: Prentice-Hall, 1997; A. Evans, *Potentiometry and Ion-Selective Electrodes*, Nova York: Wiley, 1987; J. Koryta, *Ions, Electrodes, and Membranes*, 2. ed., Nova York: Wiley, 1991.

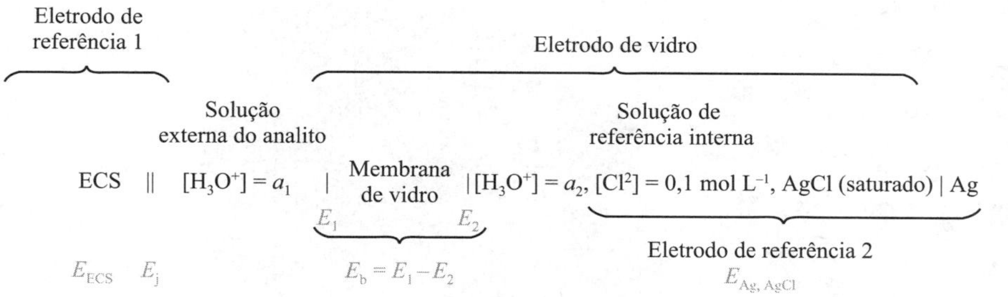

FIGURA 19-8

Diagrama de uma célula de vidro/calomelano para a medida do pH. E_{esc} é o potencial do eletrodo de referência; E_j, o potencial de junção; a_1, a atividade dos íons hidrônio presentes na solução do analito; E_1 e E_2 representam os potenciais dos dois lados da membrana de vidro; E_i refere-se ao potencial da interface; e a_2 corresponde à atividade dos íons hidrônio na solução de referência interna.

Eletrodo de referência 1 | Solução externa do analito | Eletrodo de vidro | Solução de referência interna

ECS ‖ $[H_3O^+] = a_1$ | Membrana de vidro | $[H_3O^+] = a_2$, $[Cl^-] = 0{,}1$ mol L^{-1}, AgCl (saturado) | Ag

E_{ECS} E_j E_1 E_2 $E_b = E_1 - E_2$ Eletrodo de referência 2 $E_{Ag,AgCl}$

---

interno de referência é parte do eletrodo de vidro, porém não é o elemento sensível ao pH. *É a membrana fina do bulbo de vidro na ponta do eletrodo que responde ao pH.* Em um primeiro momento, pode parecer pouco usual que um isolante como o vidro possa ser empregado para detectar íons, mas tenha em mente que, se existe uma diferença de carga através de qualquer material, há uma diferença de potencial elétrico através do material. No caso do eletrodo de vidro, a concentração de prótons (e atividade) do lado de dentro da membrana é constante. A concentração do lado de fora é determinada pela concentração, ou atividade, dos prótons presentes na solução. Essa diferença de concentração produz a diferença de potencial que medimos com um pHmetro. Observe que os eletrodos de referência interno e externo representam apenas uma forma de contato com os dois lados da membrana de vidro e seus potenciais são essencialmente constantes, exceto pelo potencial de junção, que depende, em uma pequena extensão, da composição da solução do analito. Os potenciais dos dois eletrodos de referência dependem das características eletroquímicas dos seus respectivos pares redox, porém o potencial gerado através da membrana do eletrodo depende das características do vidro e de sua resposta às concentrações iônicas de ambos os lados da membrana. Para entender como o eletrodo de vidro funciona, devemos explorar o mecanismo de criação da diferença de carga gerada através da membrana que produz o potencial. Nas próximas seções, investigaremos esse mecanismo e as características importantes dessas membranas.

Na **Figura 19-7b**, vemos a configuração mais comum para a medida de pH com um eletrodo de vidro. Nesse arranjo, o eletrodo de vidro e seu eletrodo de referência interno de Ag/AgCl são posicionados no centro de uma sonda cilíndrica. Ao redor do eletrodo de vidro fica o eletrodo de referência externo, que mais frequentemente é do tipo Ag/AgCl. A presença do eletrodo de referência externo não é tão óbvia como no arranjo com duas sondas da Figura 19-7a, mas esse tipo de sonda única, ou combinação, é muito mais conveniente e pode ser construído com um tamanho muito menor que o do sistema duplo. A membrana de vidro sensível ao pH é colocada na ponta da sonda. Esses eletrodos de vidro de pH são fabricados em inúmeras formas físicas e tamanhos diferentes (5 cm a 5 μm) para servir a uma ampla faixa de aplicações laboratoriais e industriais.

A Composição e a Estrutura das Membranas de Vidro

Muita pesquisa tem sido dedicada aos efeitos da composição do vidro sobre a sensibilidade de membranas a prótons e outros cátions e um número significativo de formulações é empregado atualmente na fabricação de eletrodos. O vidro Corning 015, que tem sido amplamente utilizado em membranas, consiste em aproximadamente 22% de Na_2O, 6% de CaO e 72% de SiO_2. As membranas feitas desse vidro mostram uma excelente especificidade perante os íons hidrogênio até um pH de cerca de 9. Sob valores mais elevados de pH, entretanto, o vidro se torna de alguma forma sensível ao sódio, assim como a outros cátions monovalentes. Vidros com outras formulações estão em uso atualmente e, nesses casos, o sódio e o cálcio têm sido substituídos, em várias proporções, por íons de bário e lítio. Essas membranas apresentam especificidade e durabilidade superiores.

Como mostrado na **Figura 19-9**, um vidro de silicato empregado em membranas é composto por uma rede tridimensional infinita de grupos, nos quais cada átomo de silício está ligado a quatro de oxigênio e cada átomo de oxigênio é compartilhado por dois de silício. Nos espaços vazios (interstícios) dentro dessa estrutura existem cátions suficientes para balancear a carga negativa dos grupos de silicatos. Os cátions monovalentes, como sódio e lítio, podem se mover pelo retículo e são responsáveis pela condução elétrica na membrana.

As duas superfícies da membrana de vidro precisam ser hidratadas antes de funcionar como um eletrodo de pH. Os vidros não higroscópicos não mostram sensibilidade

Os vidros que absorvem água são chamados **higroscópicos**.

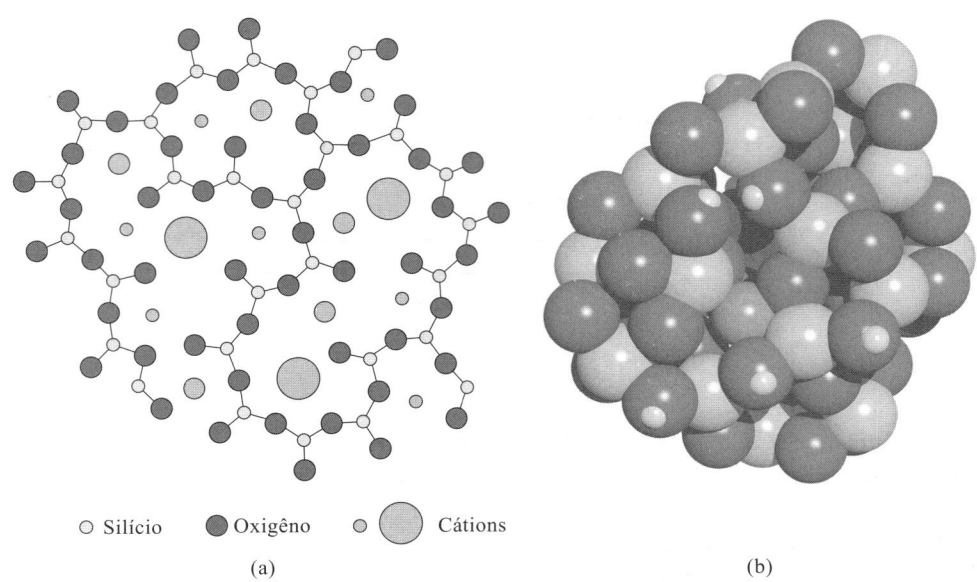

○ Silício ● Oxigênio ○ ◯ Cátions
(a)   (b)

FIGURA 19-9 (a) Vista longitudinal da estrutura de um vidro de silicato. Além das ligações Si–O mostradas, cada átomo de silício está ligado a um átomo de oxigênio adicional, acima ou abaixo do plano do papel. (Adaptado de G. A. Perley, *Anal. Chem.*, v. 21, p. 395, 1949, DOI: 10.1021/ac60027a013.) (b) Modelo exibindo a estrutura tridimensional da sílica amorfa com íons Na (cinza-claro) e vários íons H^+ (cinza mais escuro) incorporados. Observe que o íon Na^+ está circundado por uma gaiola de átomos de oxigênio e que cada próton na matriz amorfa está ligado a um oxigênio. As cavidades na estrutura, o pequeno tamanho e a elevada mobilidade do próton garantem que os prótons possam migrar profundamente na superfície da sílica. Outros cátions e moléculas de água também podem ser incorporados nos interstícios da estrutura.

ao pH. Mesmo vidros higroscópicos perdem sua sensibilidade ao pH após a desidratação pelo armazenamento em um dessecador. Entretanto, o efeito é reversível e a resposta de um eletrodo de vidro pode ser restaurada quando mergulhado em água.

A hidratação de uma membrana sensível ao pH envolve uma reação de troca iônica entre os cátions monovalentes presentes na interface da matriz de vidro e íons hidrogênio da solução. O processo envolve exclusivamente cátions 1, porque cátions 2 e 3 estão muito fortemente ligados à estrutura do silicato para serem trocados com íons da solução. A reação de troca iônica pode ser escrita como

$$H^+ + Na^+Vidro^- \rightleftharpoons Na^+ + H^+Vidro^- \qquad (19\text{-}5)$$
$$\text{solução} \quad \text{vidro} \quad \text{solução} \quad \text{vidro}$$

Átomos de oxigênio ligados apenas a um átomo de silício são os sítios $Vidro^-$ negativamente carregados, mostrados na Equação 19-6. A constante de equilíbrio para esse processo é tão elevada, que as superfícies hidratadas de uma membrana de vidro consistem normalmente em ácido silícico (H^+Vidro^-). Existe uma exceção a essa situação em meios altamente alcalinos, onde a concentração do íon hidrogênio é extremamente pequena e a concentração do íon sódio é elevada. Sob essa condição, uma fração significativa dos sítios está ocupada por íons sódio.

Potenciais de Membrana

A parte inferior da Figura 19-8 apresenta quatro potenciais que se desenvolvem na célula quando o pH está sendo determinado com um eletrodo de vidro. Dois destes potenciais, $E_{Ag,AgCl}$ e E_{ESC}, são do eletrodo de referência e constantes. Existe um terceiro potencial, o de junção, E_j, que se desenvolve na ponte salina que separa o eletrodo de calomelano da solução do analito. Essa junção e seu potencial associado são encontrados em todas as células usadas para fazer medidas potenciométricas de concentração de íon. O quarto e mais importante potencial exposto na Figura 19-8 é o **potencial de interface**, E_i, *que varia com o pH da solução do analito*. Os dois eletrodos de referência simplesmente provêm os contatos elétricos com as soluções para que as variações do potencial de interface possam ser medidas.

O Potencial de Interface

A Figura 19-8 mostra que o potencial de interface é determinado por dois potenciais, E_1 e E_2, que aparecem nas duas *superfícies* da membrana de vidro. A fonte desses dois potenciais é a carga que se acumula como consequência das reações

$$\underset{\text{vidro}_1}{\text{H}^+\text{Vidro}^-(s)} \rightleftharpoons \underset{\text{solução}_1}{\text{H}^+(aq)} + \underset{\text{vidro}_1}{\text{Vidro}^-(s)} \tag{19-6}$$

$$\underset{\text{vidro}_2}{\text{H}^+\text{Vidro}^-(s)} \rightleftharpoons \underset{\text{solução}_2}{\text{H}^+(aq)} + \underset{\text{vidro}_2}{\text{Vidro}^-(s)} \tag{19-7}$$

onde o índice inferior 1 se refere à interface entre o exterior do vidro e a solução do analito e o índice inferior 2 corresponde à interface entre a solução interna e o interior do vidro. Essas duas reações fazem com que as duas superfícies de vidro se tornem negativamente carregadas em relação à solução com a qual estão em contato. Essas cargas negativas na superfície produzem os dois potenciais E_1 e E_2 expostos na Figura 19-8. As concentrações dos íons hidrogênio nas soluções dos dois lados da membrana controlam as posições dos equilíbrios mostrados nas Equações 19-7 e 19-8, que, por seu lado, determinam E_1 e E_2. Quando as posições dos dois equilíbrios diferem, a superfície onde a maior dissociação ocorre é negativa com relação à outra. A diferença de potencial resultante existente entre as duas superfícies do vidro é o potencial de interface, o qual está relacionado às atividades dos íons hidrogênio em cada uma das soluções pela equação similar à equação de Nernst

$$E_b = E_1 - E_2 = 0,0592 \log \frac{a_1}{a_2} \tag{19-8}$$

onde a_1 é a atividade da solução externa e a_2, a da solução interna. Para um eletrodo de vidro de pH, a atividade do íon hidrogênio da solução interna, a_2, é mantida constante, assim a Equação 19-8 simplifica-se

$$E_i = L' + 0,0592 \log a_1 = L' - 0,0592 \text{ pH} \tag{19-9}$$

onde

$$L' = -0,0592 \log a_2$$

Então, o potencial de interface é uma medida da atividade do íon hidrogênio (pH) na solução externa.

O significado dos potenciais e das diferenças de potencial apresentados na Equação 19-8 é ilustrado pelos perfis de potencial exibidos na **Figura 19-10**. Os perfis são graficamente traçados através da membrana, a partir da solução do analito, do lado esquerdo, ao longo da membrana, até a solução interna, do lado direito. O que é importante mencionar sobre esses perfis é que, a despeito do potencial absoluto no interior das camadas higroscópicas do vidro, o potencial de interface é determinado pela *diferença* nos potenciais em ambos os lados da membrana de vidro, os quais, por sua vez, são estabelecidos pela atividade do próton em cada lado da membrana.

O Potencial de Assimetria

Quando soluções e eletrodos de referência idênticos são colocados nos dois lados de uma membrana de vidro, em princípio o potencial na interface deveria ser igual a zero. Frequentemente, porém, encontramos um pequeno potencial de assimetria que varia gradualmente com o tempo.

As fontes do potencial de assimetria são obscuras e incluem, indubitavelmente, as causas como diferenças de tensão nas duas superfícies da membrana criada durante a sua fabricação, abrasão mecânica da superfície externa devida ao uso e desgaste químico. Para eliminar os erros sistemáticos provocados pelo potencial de assimetria, todas as membranas de eletrodos precisam ser calibradas contra uma ou mais soluções padrão. Essas calibrações devem ser realizadas pelo menos diariamente e, mais frequentemente, quando os eletrodos são utilizados em rotina.

O Potencial do Eletrodo de Vidro

O potencial de um eletrodo indicador de vidro, E_{ind}, tem três componentes: (1) o potencial de interface, dado pela Equação 19-8; (2) o potencial do eletrodo de referência interna de Ag/AgCl; (3) um pequeno potencial de assimetria, E_{ass}, que varia lentamente com o tempo. Podemos escrever, na forma de uma equação

$$E_{ind} = E_i + E_{Ag/AgCl} + E_{ass}$$

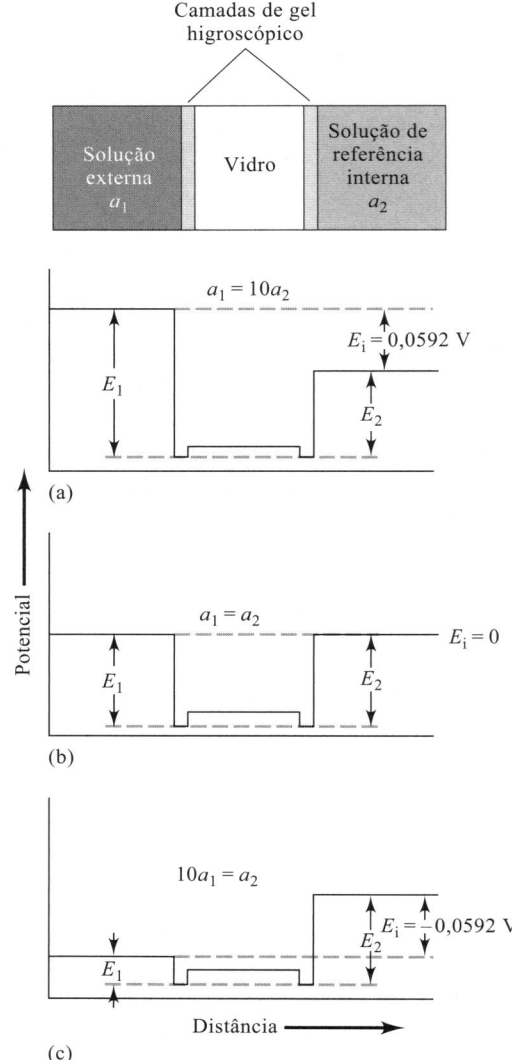

FIGURA 19-10
Perfil do potencial, através de uma membrana de vidro, a partir de uma solução externa até a solução de referência interna. Os potenciais do eletrodo de referência não são mostrados.

A substituição do termo E_i na Equação 19-10 resulta em

$$E_{ind} = L' + 0{,}0592 \log a_1 = + E_{Ag/AgCl} + E_{ass}$$

ou

$$E_{ind} = L + 0{,}0592 \log a_1 = L - 0{,}0592\,pH \tag{19-10}$$

onde L é uma combinação dos três termos constantes. Compare as Equações 19-10 e 19-3. Embora essas duas equações sejam similares na forma e ambos os potenciais sejam produzidos pela separação de cargas, lembre-se de que os *mecanismos de separação de cargas que resultam nessas expressões são consideravelmente diferentes*.

O Erro Alcalino

Em soluções alcalinas, os eletrodos de vidro respondem a concentrações tanto do íon hidrogênio quanto de íons de metais alcalinos. A grandeza do erro alcalino resultante para quatro membranas de vidro diferentes é mostrada na **Figura 19-11** (curvas C a F). Essas curvas referem-se a soluções nas quais a concentração do íon sódio foi mantida constante em 1 mol L^{-1}

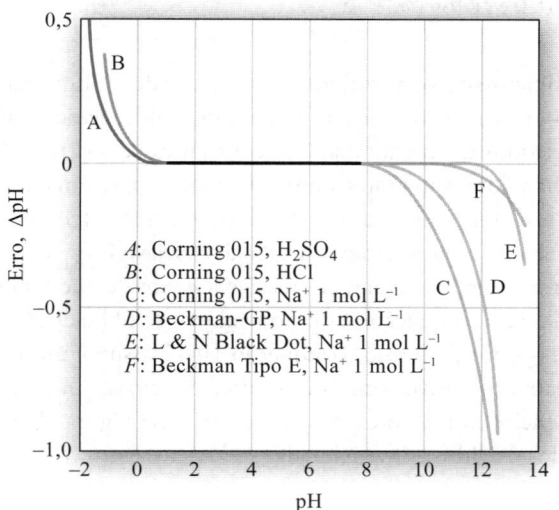

FIGURA 19-11
Erros ácido e alcalino para os eletrodos de vidro selecionados a 25°C. (R. G. Bates, *Determination of pH*, 2. ed., p. 365. Nova York: Wiley, 1973.

enquanto variou-se o pH. Note que o erro ($pH_{lido} - pH_{real}$) é negativo (isto é, os valores de pH medidos são menores que os valores verdadeiros), sugerindo que os eletrodos respondem tanto a íons sódio quanto ao próton. Essa observação é confirmada por dados obtidos para soluções contendo concentrações diferentes de íons sódio. Portanto, a pH 12, o eletrodo com uma membrana Corning 015 (curva C na Figura 19-11) registrou um pH de 11,3 quando imerso em uma solução contendo íons sódio em uma concentração de 1 mol L^{-1}, mas 11,7 em uma solução 0,1 mol L^{-1} desses íons. Todos os cátions monovalentes induzem ao erro alcalino, cuja grandeza depende tanto do cátion em questão quanto da composição da membrana de vidro.

O erro alcalino pode ser explicado de forma satisfatória considerando-se uma alteração no equilíbrio entre os íons hidrogênio presentes na superfície da membrana de vidro e os cátions presentes na solução. Esse processo é simplesmente o inverso daquele mostrado na Equação 19-5:

$$H^+Vidro^- + B^+ \rightleftharpoons B^+Vidro^- + H^+$$
$$\text{vidro} \quad \text{solução} \quad \text{vidro} \quad \text{solução}$$

onde B$^+$ representa alguns cátions monovalentes, como o íon sódio.

A constante de equilíbrio para essa reação é

$$K_{tr} = \frac{a_1 b_1'}{a_1' b_1} \tag{19-11}$$

❮❮ Na Equação 19-11, b_1 representa a atividade de alguns cátions monovalentes, como Na$^+$ ou K$^+$.

onde a_1 e b_1 representam as atividades de H$^+$ e B$^+$ na solução, e a_1' e b_1' são as atividades desses íons na superfície do vidro. A Equação 19-11 pode ser rearranjada para fornecer a razão das atividades entre B$^+$ e H$^+$ na superfície do vidro:

$$\frac{b_1'}{a_1'} = K_{tr} \frac{b_1}{a_1}$$

Para os vidros empregados em eletrodos de pH, K_{tr} é normalmente tão pequeno que a razão das atividades b_1'/a_1' é minúscula. A situação difere em meio fortemente alcalino, contudo. Por exemplo, b_1'/a_1' para um eletrodo imerso em uma solução pH 11, que tem concentração 1 mol L^{-1} de íons sódio (veja a Figura 19-11), é $10^{11} \times K_{tr}$. Sob essas condições, a atividade dos íons sódio em relação àquela dos íons hidrogênio torna-se tão grande que o eletrodo responde a ambas as espécies.

Descrição da Seletividade

O efeito de um íon de metal alcalino no potencial gerado na membrana pode ser quantificado pela inclusão de um termo adicional na Equação 19-9, para dar

$$E_i = L' + 0{,}0592 \log(a_1 + k_{H,B} b_1) \tag{19-12}$$

O coeficiente de seletividade mede a resposta de um eletrodo seletivo a determinado íon em relação a outros íons.

onde $k_{H,B}$ é o **coeficiente de seletividade** para o eletrodo. A Equação 19-12 se aplica não apenas a eletrodos de vidro indicadores para íons hidrogênio, como também para outros tipos de eletrodos de membrana. Os coeficientes de seletividade variam de zero (sem interferência) a valores superiores à unidade. Portanto, se um eletrodo para o íon A responde 20 vezes mais fortemente ao íon B que ao íon A, $k_{A,B}$ tem um valor de 20. Se a resposta do eletrodo ao íon C é 0,001 da sua resposta para A (uma situação muito mais desejável), $k_{A,C}$ é 0,001.[3]

O produto $k_{H,B} b_1$ para um eletrodo de vidro é normalmente pequeno em relação a a_1, desde que o pH seja menor que 9; sob essas condições, a Equação 19-12 é simplificada para a Equação 19-9. Sob valores de pH elevados e concentrações elevadas de um íon monovalente positivo, entretanto, o segundo termo na Equação 19-12 assume um papel mais importante na determinação de E_i, e resulta em um erro alcalino negativo como mostrado pelas curvas C, D, E e F. Para os eletrodos especificamente projetados para o trabalho em meios fortemente alcalinos (curva E na Figura 19-11), a grandeza de $k_{H,B} b_1$ é apreciavelmente menor que aquela dos eletrodos de vidro convencionais.

O Erro Ácido

Como mostrado na Figura 19-11, o eletrodo de vidro típico exibe um erro contrário em sinal ao erro alcalino, em uma solução de pH menor que 0,5. O erro positivo ($pH_{lido} - pH_{real}$) indica que as leituras de pH tendem a ser muito altas nesta região. A grandeza do erro depende de uma variedade de fatores e geralmente não é muito reprodutível. As causas do erro ácido não são bem compreendidas, mas uma fonte é o efeito de saturação que ocorre quando todos os sítios da superfície do vidro são ocupados com os íons H⁺. Sob essas condições, o eletrodo não responde mais a incrementos adicionais na concentração de H⁺ e as leituras de pH são muito altas.

19D-4 Eletrodos de Vidro para Outros Cátions

O erro alcalino nos primeiros eletrodos de vidro levou a investigações relacionadas aos efeitos da composição do vidro na grandeza desse erro. Uma consequência tem sido o desenvolvimento de vidros para os quais o erro alcalino é negligenciável abaixo de pH 12 (veja as curvas E e F na Figura 19-11). Outros estudos têm descoberto composições de vidros que permitem a determinação de outros cátions, além do hidrogênio. A incorporação de Al_2O_3 ou B_2O_3 ao vidro produz os efeitos desejados. Têm sido desenvolvidos eletrodos de vidro que permitem medidas potenciométricas diretas de espécies monovalentes, como Na^+, K^+, NH_4^+, Rb^+, Cs^+, Li^+ e Ag^+. Alguns desses vidros são razoavelmente seletivos perante cátions monovalentes. Os eletrodos de vidro para Na^+, Li^+, NH_4^+ e concentrações totais de cátions monovalentes estão disponíveis comercialmente.

19D-5 Eletrodos de Membrana Líquida

O potencial de eletrodos de membrana líquida se desenvolve através da interface entre a solução contendo o analito e um trocador iônico que se liga seletivamente ao íon de interesse. Esses eletrodos têm sido desenvolvidos para as medidas potenciométricas diretas de inúmeros cátions polivalentes, assim como para certos ânions.

A **Figura 19-12** é uma representação esquemática de um eletrodo de membrana líquida para cálcio. Consiste em uma membrana condutora que se liga seletivamente a íons cálcio, uma solução interna com uma concentração fixa de cloreto de cálcio e um eletrodo de prata que é recoberto com cloreto de prata para formar um eletrodo de referência interno. Observe as similaridades entre o eletrodo de membrana líquida e o eletrodo de vidro, como exibido na **Figura 19-13**. O ingrediente ativo da membrana é um trocador iônico que consiste em um fosfato de dialquil-cálcio, que é praticamente insolúvel em água. No eletrodo exposto nas Figuras 19-12 e 19-13, o trocador iônico é dissolvido em um líquido orgânico imiscível que é forçado por gravidade nos poros de um disco poroso hidrofóbico. Esse disco serve de membrana que separa a solução interna da solução do analito. Em um desenho mais recente, o trocador iônico é imobilizado em um gel de cloreto de polivinila rígido que é ligado à extremidade de um tubo que retém

Hidrofobia significa medo de água. O disco hidrofóbico é poroso em relação a líquidos orgânicos, mas repele a água.

---

[3] Para as tabelas de coeficientes de seletividade para uma variedade de membranas e espécies iônicas, veja Y. Umezawa, CRC *Handbook of Ion Selective Electrodes: Selectivity Coefficients*, Boca Raton, FL: CRC Press, 1990.

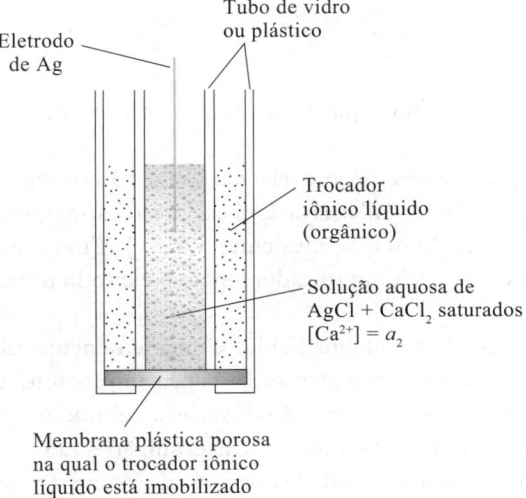

FIGURA 19-12
Diagrama de um eletrodo de membrana líquida para Ca²⁺.

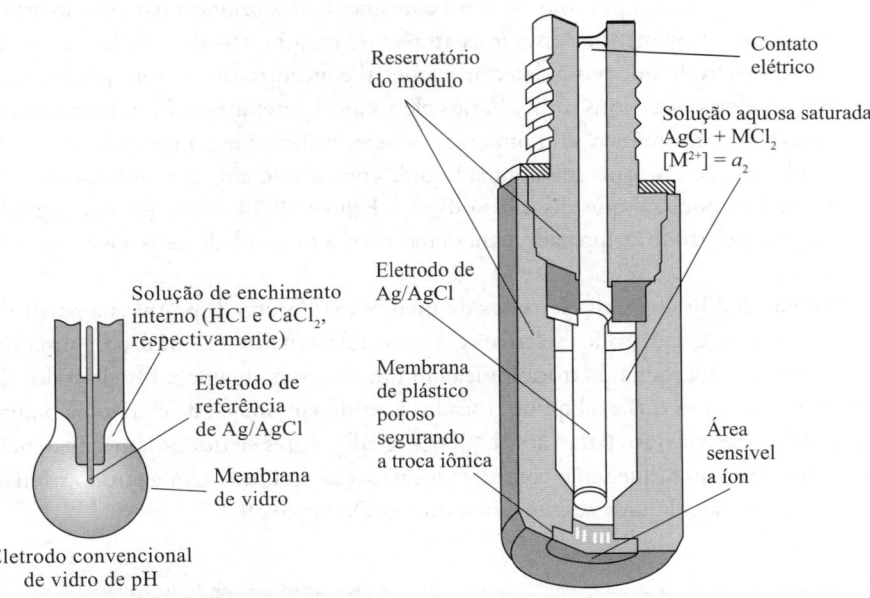

FIGURA 19-13
Comparação de um eletrodo de íon cálcio de membrana líquida com um eletrodo de vidro de pH. (Thermo Orion, Beverly, MA.)

a solução interna e o eletrodo de referência (veja Figura 19-13). Em ambos os desenhos, um equilíbrio de dissociação se desenvolve em cada interface da membrana, sendo análogos às Equações 19-6 e 19-7:

$$[(RO)_2POO]_2Ca \rightleftharpoons 2(RO)_2POO^- + Ca^{2+}$$
$$\text{orgânico} \qquad \text{orgânico} \qquad \text{aquoso}$$

onde R é um grupo alifático de alta massa molar. Assim como no eletrodo de vidro, um potencial se desenvolve através da membrana quando a extensão da dissociação do trocador iônico em uma superfície difere daquela da outra superfície. Esse potencial é o resultado das diferenças nas atividades dos íons cálcio das soluções internas e externas. A relação entre o potencial da membrana e a atividade dos íons cálcio é dada pela equação que é similar à Equação 19-8:

$$E_i = E_1 - E_2 = \frac{0,0592}{2} \log \frac{a_1}{a_2} \qquad (19\text{-}13)$$

onde a_1 e a_2 são as atividades dos íons cálcio na solução externa do analito e da solução padrão interna, respectivamente. Uma vez que a atividade dos íons cálcio da solução interna é constante,

$$E_i = E_1 - E_2 = \frac{0{,}0592}{2} \log \frac{a_1}{a_2} \tag{19-14}$$

onde N é uma constante (compare as Equações 19-14 e 19-9). Note que, uma vez que o cálcio é divalente, o valor de n no denominador do coeficiente do termo logarítmico é 2.

A sensibilidade do eletrodo de membrana líquida para os íons cálcio é relatada como 50 vezes maior que para os íons magnésio e 1.000 vezes maior que para os íons sódio e potássio. Atividades de íons cálcio tão baixas quanto 5×10^{-7} mol L^{-1} podem ser medidas. O desempenho do eletrodo independe do pH na faixa entre 5,5 e 11. Em baixos valores de pH, os íons hidrogênio substituem inevitavelmente alguns dos íons cálcio no trocador; então o eletrodo torna-se sensível ao pH, além de pCa.

>> Microeletrodos seletivos de íons podem fazer medidas de atividades iônicas em organismos vivos.

O eletrodo de cálcio de membrana líquida é uma ferramenta valiosa para investigações fisiológicas, porque esse íon desempenha papéis importantes em processos como condução do estímulo nervoso, formação dos ossos, contração muscular, expansão e contração cardíacas, função tubular renal e, talvez, hipertensão. A maioria desses processos é mais influenciada pela atividade dos íons cálcio, em vez de sua concentração; a atividade, certamente, é o parâmetro medido pelo eletrodo de membrana. Consequentemente, o eletrodo de cálcio, bem como o eletrodo de íon potássio e outros são ferramentas importantes no estudo de processos fisiológicos.

Um eletrodo de membrana líquida específico para os íons potássio também é de grande importância para fisiologistas, pois o transporte de sinais neurais parece envolver o movimento desses íons através de membranas das células nervosas. As investigações sobre esse processo requerem um eletrodo que possa detectar pequenas concentrações de íons potássio em meios que contenham concentrações muito mais elevadas de íons sódio. Vários eletrodos de membrana líquida mostram-se promissores nesse sentido. Um deles é baseado no antibiótico valinomicina, um éter cíclico que tem grande afinidade pelos íons potássio. De igual importância é a observação que uma membrana líquida consistindo em valinomicina em éter difenílico é cerca de 10^4 vezes mais sensível aos íons potássio que aos íons sódio.[4] A **Figura 19-14** é uma fotomicrografia de um pequeno eletrodo empregado para determinar a quantidade de potássio em um única célula.

A **Tabela 19-2** lista alguns eletrodos de membrana líquida disponíveis a partir de fontes comerciais. Os eletrodos seletivos a ânions relacionados fazem uso de uma solução contendo uma resina de troca iônica em um solvente orgânico. Os eletrodos de membrana líquida nos quais o líquido trocador é retido em um gel de cloreto de polivinila têm sido desenvolvidos para Ca^{2+}, K^+, NO_3^- e BF_4^-. Esses eletrodos têm a aparência de eletrodos cristalinos, que serão considerados na seção seguinte. Um eletrodo seletivo de íons de membrana líquida caseiro é descrito no Destaque 19-1.

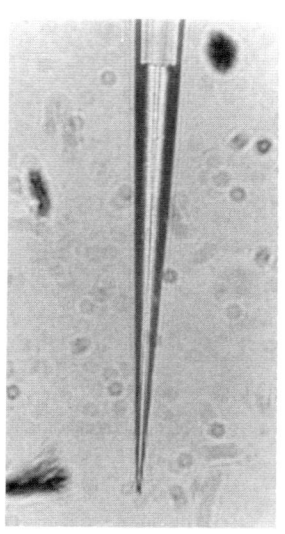

FIGURA 19-14
Fotografia de um microeletrodo de trocador iônico líquido de potássio com 125 μm de trocador iônico dentro da ponta. A ampliação é de 400 vezes. (Reimpresso com permissão de J. L. Walker, Jr., *Anal. Chem.*, v. 43, n. 3, p. 89A-93A, mar. 1971. Copyright 1971 da American Chemical Society.)

DESTAQUE 19-1

Um Eletrodo Seletivo de Íons de Membrana Líquida de Fácil Construção

Você pode construir um eletrodo seletivo de íons de membrana líquida com vidraria e produtos químicos disponíveis na maioria dos laboratórios.[5] Tudo o que você precisa é de um pHmetro, um par de eletrodos de referência, um tubo ou cadinho de vidro poroso, trimetilclorossilano e um trocador iônico líquido.

Primeiro, corte o cadinho de filtração (ou, alternativamente, um tubo com placa de vidro sinterizado) como mostrado na **Figura 19D-1**. Cuidadosamente, limpe e seque o cadinho e então coloque uma pequena quantidade de trimetilclorossilano na placa sinterizada. Esse recobrimento torna o vidro da placa hidrofóbico. Enxague a placa com água, seque-a e aplique um trocador iônico comercial a ela. Após um minuto, remova o excesso de trocador. Adicione alguns mililitros de uma solução 10^{-2} mol L^{-1} do íon de

(continua)

---
[4] M. S. Frant e J. W. Ross, Jr., *Science*, v. 167, p. 987, 1970, DOI: 10.1126.science.167.3920.987.
[5] Veja T. K. Christopoulus e E. P. Diamandis, *J. Chem. Educ.*, v. 65, p. 648, 1988, DOI: 10.1021/ed065p648.

Potenciometria

TABELA 19-2

Características de Eletrodos de Membrana Líquida*

Íon Analito	Faixa de Concentração, mol L⁻¹†	Interferências Principais‡
NH_4^+	10^0 a 5×10^{-7}	<1 H^+, 5×10^{-1} Li^+, 8×10^{-2}, Na^+, 6×10^{-4} K^+, 5×10^{-2} Cs^+, >1 Mg^{2+}, >1 Ca^{2+}, >1 Sr^{2+}, >0,5 Sr^{2+}, 1×10^{-2} Zn^{2+}
Cd^{2+}	10^0 a 5×10^{-7}	Hg^{2+} e Ag^+ (eletrodo de envenenamentos > 10^{-7} mol L⁻¹), Fe^{3+} (a >0,1[Cd^{2+}I), Pb^{2+} (a >[Cd^{2+}]), Cu^{2+} (possível)
Ca^{2+}	10^0 a 5×10^{-7}	10^{-5} Pb^{2+}; 4×10^{-3} Hg^{2+}, H^+, 6×10^{-3} Sr^{2+}; 2×10^{-2} Fe^{2+}; 4×10^{-2} Cu^{2+}; 5×10^{-2} Ni^{2+}; 0,2 NH_3; 0,2 N^{a+}; 0,3 $Tris^+$; 0,3 Li^+; 0,4 K^+; 0,7 Ba^{2+}; 1,0 Zn^{2+}; 1,0 Mg^{2+}
Cl^-	10^0 a 5×10^{-6}	Taxa máxima permitida de interferência para [Cl^-]: OH^- 80, Br^- 3×10^{-3}; I^- 5×10^{-7}, S^{2-} 10^{-6}, CN^- 2×10^{-7}, NH_3 0,12, $S_2O_3^{2-}$ 0,01
BF_4^-	10^0 a 7×10^{-6}	5×10^{-7} ClO_4^-; 5×10^{-6} I^-; 5×10^{-5} ClO_3^-; 5×10^{-4} CN^-; 10^{-3} Br^-; 10^{-3} NO_2^-; 5×10^{-3} NO_3^-; 3×10^{-3} HCO_3^-, 5×10^{-2} Cl^-; 8×10^{-2} $H_2PO_4^-$, HPO_4^{2-}, PO_4^{3-}; 0,2 OAc^-; 0,6 F^-; 1,0 SO_4^{2-}
NO_3^-	10^0 a 7×10^{-6}	10^{-7} ClO_4^-; 5×10^{-6}; I^-; 5×10^{-5} ClO_3^-; 10^{-4} CN^-; 7×10^{-4} Br^-; 10^{-3} HS^-; 10^{-2} HCO_3^-, 2×10^{-2} CO_3^{2-}; 3×10^{-2} Cl^-; 5×10^{-2} $H_2PO_4^-$, HPO_4^{2-}, PO_4^{3-}; 0,2 OAc^-; 0,6 F^-; 1,0 SO_4^{2-}
NO_2^-	$1,4 \times 10^{-6}$ a $3,6 \times 10^{-6}$	7×10^{-1} salicilato, 2×10^{-3} I^-, 10^{-1} Br^-, 3×10^{-1} ClO_3^-, 2×10^{-1} de acetato, 2×10^{-1} HCO_3^-, 2×10^{-1} NO_3^-, 2×10^{-1} SO_4^{2-}, 1×10^{-1} Cl^-, 1×10^{-1} ClO_4^-, 1×10^{-1} F^-
ClO_4^-	10^0 a 7×10^{-6}	2×10^{-3} I^-; 2×10^{-2} ClO_3^-; 4×10^{-2} CN^-, Br^-; 5×10^{-2} NO_2^-, NO_3^-; 2 HCO_3^-, CO_3^{2-}; Cl^-, $H_2PO_4^-$, HPO_4^{2-}, PO_4^{3-}, OAc^-, F^-, SO_4^{2-}
K^+	10^0 a 1×10^{-6}	3×10^{-4} Cs^+; 6×10^{-3} NH_4^+, Tl^+; 10^{-2} H^+; 1,0 Ag^+, $Tris^+$; 2,0 Li^+, Na^+
Dureza da água (Ca^{2+} + Mg^{2+})	10^{-3} a 6×10^{-6}	3×10^{-5} Cu^{2+}, Zn^{2+}; 10^{-4} Ni^{2+}; 4×10^{-4} Sr^{2+}; 6×10^{-5} Fe^{2+}; 6×10^{-4} Ba^{2+}; 3×10^{-2} Na^+; 0,1 K^+

*Os eletrodos são do tipo de membrana de plástico. Os valores são coeficientes de seletividade a menos que indicado de outra forma.
†Do catálogo de produto, Boston, MA: Thermo Orion, 2006.
‡Dos manuais de instrução dos produtos: Thermo Orion, 2003.

interesse ao cadinho, insira um eletrodo de referência na solução e, pronto: você tem um eletrodo seletivo de íons muito bom. Os detalhes exatos sobre a lavagem, secagem e preparação do eletrodo são fornecidos no artigo original.

Conecte o eletrodo seletivo de íons e um segundo eletrodo de referência ao pHmetro como exposto na Figura 19D-1. Prepare uma série de soluções padrão do íon de interesse, meça o potencial da célula para cada concentração, faça um gráfico de $E_{célula}$ versus log c e faça uma análise de mínimos quadrados dos dados (veja o Capítulo 6). Compare a inclinação da linha com a inclinação teórica de (0,0592 V)/n. Meça o potencial para uma solução de concentração desconhecida do íon e calcule a concentração a partir dos parâmetros dos mínimos quadrados.

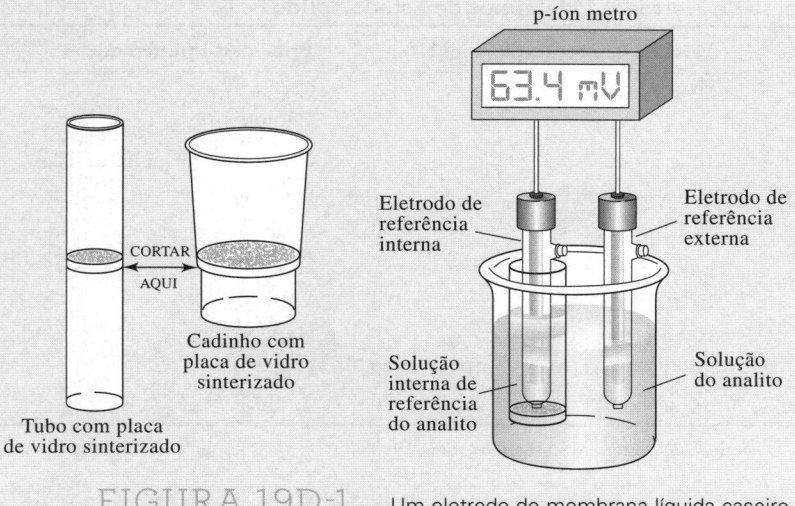

FIGURA 19D-1 Um eletrodo de membrana líquida caseiro.

19D-6 Eletrodos de Membrana Cristalina

Um trabalho considerável tem sido devotado ao desenvolvimento de membranas sólidas que são seletivas para ânions da mesma maneira que alguns vidros respondem a cátions. Temos visto que os sítios aniônicos na superfície do vidro são responsáveis pela sensibilidade de uma membrana perante certos cátions. Por analogia, pode-se esperar que uma membrana com sítios catiônicos responda seletivamente a ânions.

As membranas preparadas a partir de pequenas pastilhas moldadas de haletos de prata têm sido empregadas com sucesso em eletrodos para a determinação seletiva dos íons cloreto, brometo e iodeto. Além disso, um eletrodo baseado em uma membrana policristalina de Ag_2S para a determinação de íons sulfeto é oferecido por um fabricante comercial. Em ambos os tipos de membrana, os íons prata são suficientemente móveis para conduzir eletricidade através do meio sólido. As misturas de PbS, CdS e CuS com Ag_2S fornecem membranas que são sensíveis a Pb^{2+}, Cd^{2+} e Cu^{2+}, respectivamente. O íon prata precisa estar presente nessas membranas para conduzir eletricidade, porque íons divalentes não se movem em cristais. O potencial que se desenvolve nos eletrodos de estado sólido cristalinos é descrito por uma relação similar àquela da Equação 19-9.

Um eletrodo cristalino para íons fluoreto está disponível a partir de fontes comerciais. A membrana consiste em uma fatia de um cristal de fluoreto de lantânio que foi dopada com fluoreto de európio(II) para aumentar a condutividade. A membrana, suportada entre uma solução de referência e a solução a ser medida, mostra uma resposta teórica a variações na atividade dos íons fluoreto de 10^0 a 10^{-6} mol L^{-1}. O eletrodo é mais seletivo de íons fluoreto que a outros ânions comuns por várias ordens de grandeza; apenas os íons hidróxido parecem causar interferência séria.

Alguns eletrodos de estado sólido disponíveis no mercado são listados na **Tabela 19-3**.

19D-7 Transistores de Efeito de Campo Íons-Seletivos

O **transistor de efeito de campo**, ou o **transistor de efeito de campo tipo metal-óxido** (**MOSFET**, do inglês *metal oxide field effect transistor*), é um pequeno dispositivo semicondutor de estado sólido amplamente empregado em computadores e outros circuitos eletrônicos como chave para controlar correntes nesses circuitos. Um dos problemas associados ao uso desse tipo de dispositivo em circuitos eletrônicos tem sido sua pronunciada sensibilidade a impurezas iônicas superficiais; uma quantidade grande de recursos financeiros e de esforços tem sido despendida pela indústria eletrônica para minimizar ou eliminar essa sensibilidade no intuito de produzir transistores estáveis.

Os cientistas têm explorado a sensibilidade dos MOSFETs a impurezas iônicas superficiais na determinação potenciométrica seletiva de vários íons. Esses estudos têm levado ao desenvolvimento de uma variedade de **transistores de efeito de campo seletivos de íons**, denominados **ISFETs**. A teoria de sua sensibilidade seletiva a íons é bem compreendida e é descrita no Destaque 19-2.[6]

> ISFET é a abreviatura do termo inglês: *ion-eletive field effect transistor*.

TABELA 19-3

Características de Eletrodos Cristalinos de Estado Sólido*		
Íon do Analito	**Faixa de Concentração, mol L^{-1}**	**Principais Interferentes**
Br^-	10^0 a 5×10^{-6}	CN^-, I^-, S^{2-}
Cd^{2+}	10^{-1} a 1×10^{-7}	Fe^{2+}, Pb^{2+}, Hg^{2+}, Ag^+, Cu^{2+}
Cl^-	10^0 a 5×10^{-5}	CN^-, I^-, Br^-, S^{2-}, OH^-, NH_3
Cu^{2+}	10^{-1} a 1×10^{-8}	Hg^{2+}, Ag^+, Cd^{2+}
CN^-	10^{-2} a 1×10^{-6}	S^{2-}, I^-
F^-	Saturado a 1×10^{-6}	OH^-
I^-	10^0 a 5×10^{-8}	CN^-
Pb^{2+}	10^{-1} a 1×10^{-6}	Hg^{2+}, Ag^+, Cu^{2+}
Ag^+/S^{2-}	Ag^+: 10^0 a 1×10^{-7} / S^{2-}: 10^0 a 1×10^{-7}	Hg^{2+}
SCN^-	10^0 a 5×10^{-6}	I^-, Br^-, CN^-, S^{2-}

*De *Orion Guide to Ion Analysis*, Boston, MA: Thermo Orion, 1992.

---

[6] Para uma explicação detalhada da teoria dos ISFETs, veja J. Janata, *Principles of Chemical Sensors*, 2. ed., Nova York: Plenum, 2009, p. 156-167.

DESTAQUE 19-2

A Estrutura e o Desempenho de Transistores de Efeito de Campo Seletivos de Íons

O transistor de efeito de campo tipo metal-óxido (MOSFET) é um semicondutor de estado sólido amplamente utilizado para trocar sinais em computadores e inúmeros outros tipos de circuitos eletrônicos. A **Figura 19D-2** mostra um diagrama com um corte transversal (a) e o símbolo empregado em desenhos de circuitos (b) para um MOSFET de canal tipo n de modo intensificado. Técnicas modernas de fabricação de semicondutores são empregadas para construir MOSFETs na superfície de uma peça de semicondutor do tipo p chamada *substrato*. Para uma discussão das características de semicondutores do tipo p e n, leia os parágrafos sobre fotodiodos de silício na Seção 23A-4. Conforme mostrado na Figura 19D-2a, duas ilhas de semicondutores do tipo n são formadas na superfície do substrato do tipo p e então a superfície é recoberta por SiO_2 isolante. A última etapa no processo de fabricação é a deposição de condutores metálicos que são utilizados para conectar o MOSFET a circuitos externos. Há um total de quatro conexões desse tipo, para o dreno, para a porta, para a fonte e para o substrato, como pode ser visto na figura.

A área na superfície do material tipo p entre o dreno e a fonte é denominada *canal* (veja a área sombreada escura na **Figura 19D-2a**). Observe que o canal é separado da conexão da porta por uma camada isolante de SiO_2. Quando um potencial elétrico é aplicado entre a porta e a fonte, a condutividade elétrica do canal é intensificada por um fator que está relacionado à grandeza do potencial aplicado.

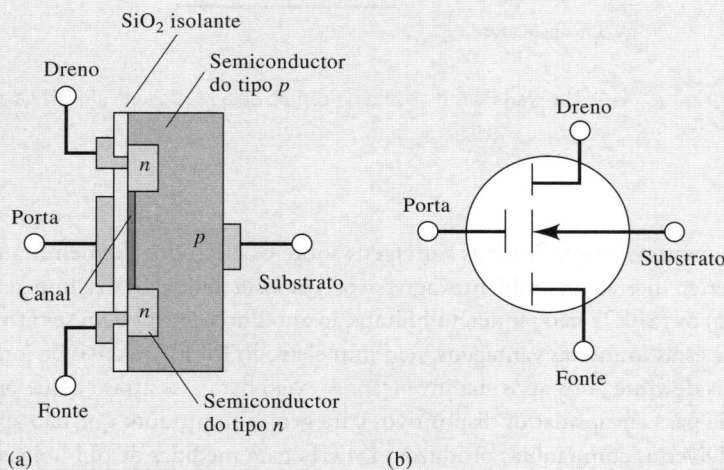

FIGURA 19D-2 Um transistor de efeito de campo tipo metal-óxido (MOSFET). (a) Diagrama do corte transversal; (b) símbolo empregado em desenhos de circuitos.

O **transistor de efeito de campo seletivo de íons**, ou **ISFET**, é muito similar em construção e funcionamento ao MOSFET de canal n de modo intensificado. O ISFET difere apenas pelo fato de que variações na concentração dos íons de interesse fornecerem a voltagem variável na porta para controlar a condutividade do canal. Como mostrado na **Figura 19D-3**, em vez do contato metálico usual, a face do ISFET é recoberta com uma camada isolante de nitreto de silício. A solução analítica, contendo íons hidrônio nesse exemplo, está em contato com essa camada isolante e com o eletrodo de referência. A superfície da porta isolante funciona de forma muito semelhante à superfície de um eletrodo de vidro. Os prótons dos íons hidrônio presentes na solução teste são absorvidos pelos sítios microscópicos disponíveis no nitreto de silício. Qualquer variação na concentração (ou atividade) dos íons hidrônio na solução resulta em uma variação na concentração dos prótons absorvidos. Então a variação na concentração dos prótons absorvidos dá origem a uma modificação no potencial eletroquímico entre a porta e a fonte, que altera a condutividade do canal do ISFET. A condutividade do canal pode ser monitorada eletronicamente para gerar um sinal que é proporcional ao logaritmo da atividade dos íons hidrônio na solução. Note que todo o ISFET, exceto a porta isolante, é recoberto com um encapsulante polimérico para isolar todas as conexões elétricas da solução do analito.

A superfície seletiva de íons do ISFET é naturalmente sensível a variações no pH, mas o dispositivo pode ser modificado para tornar-se sensível a outras espécies pelo recobrimento da porta isolante de nitreto de silício com um polímero contendo moléculas que tendem a formar complexos com outras espécies que não os íons hidrônio. Dessa forma, vários ISFETs podem

(continua)

ser fabricados no mesmo substrato, permitindo a realização de múltiplas medidas simultaneamente. Todos os ISFETs podem detectar as mesmas espécies para aumentar a exatidão e a confiabilidade ou, ainda, cada ISFET pode ser recoberto com um polímero diferente, possibilitando a medida de várias espécies diferentes. Seu pequeno tamanho (cerca de 1 a 2 mm^2), resposta rápida em relação aos eletrodos de vidro e robustez sugerem que os ISFETs podem se tornar os detectores iônicos do futuro para inúmeras aplicações.

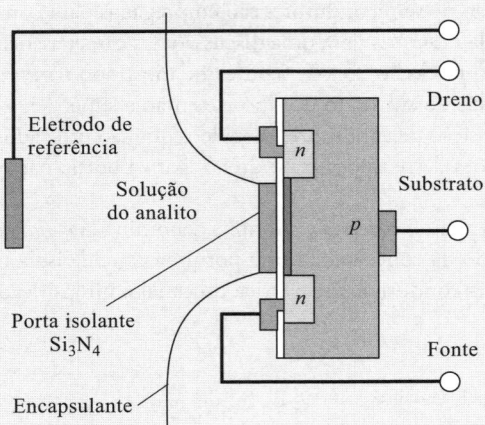

FIGURA 19D-3 Um transistor de efeito de campo seletivo de íons (ISFET) para medida de pH.

Os ISFETs oferecem numerosas e significativas vantagens sobre os eletrodos de membrana, incluindo robustez, pequeno tamanho, o fato de serem inertes em ambientes agressivos, resposta rápida e baixa impedância elétrica. Em contraste com eletrodos de membrana, os ISFETs não requerem hidratação antes do uso e podem ser armazenados indefinidamente na forma seca. Não obstante essas inúmeras vantagens, nenhum eletrodo ISFET seletivo de íons apareceu no mercado até o início dos anos 1990, mais de vinte anos após sua invenção. A razão para esse atraso é que os fabricantes não conseguiram desenvolver a tecnologia para encapsular os dispositivos para gerar um produto que não apresentasse instabilidade ou flutuações na sua resposta. Diversas companhias produzem ISFETs para medidas de pH hoje em dia, mas até o momento da escrita deste livro, esses eletrodos certamente não eram usados tão rotineiramente quanto os eletrodos de vidro de pH.

19D-8 Sondas Sensíveis a Gases

> Uma **sonda sensível a gás** é uma *célula* galvânica cujo potencial está relacionado à concentração da espécie gasosa em solução. Nos folhetos de instrumentos, esses dispositivos são chamados *eletrodos sensíveis a gás*, que é um termo errôneo, como será abordado mais adiante nesta seção.

A **Figura 19-15** ilustra os detalhes essenciais de uma **sonda potenciométrica sensível a gás**, que consiste em um tubo contendo um eletrodo de referência, um eletrodo seletivo de íons e uma solução de um eletrólito. Uma membrana fina, substituível, permeável a gases, encaixada na extremidade de um tubo, serve de barreira entre as soluções interna e do analito. Como pode ser visto na Figura 19-15, esse dispositivo é uma célula eletroquímica completa, sendo mais apropriadamente denominado sonda que eletrodo, um termo frequentemente encontrado em propagandas dos fabricantes de instrumentos. Sondas sensíveis a gases são amplamente usadas para a determinação de gases dissolvidos em água e outros solventes.

Composição da Membrana

Uma *membrana microporosa* é fabricada com um polímero hidrofóbico. Como o nome sugere, a membrana é altamente porosa (o tamanho médio dos poros é menor que 1 μm) e permite a livre passagem de gases; ao mesmo tempo, o polímero previne que a água e os íons do soluto penetrem nos poros. A espessura da membrana é cerca de 0,1 mm.

O Mecanismo de Resposta

Empregando o dióxido de carbono como exemplo, podemos representar a transferência do gás para a solução interna na Figura 19-15 pela seguinte sequência de equações:

$$CO_2(aq) \rightleftharpoons CO_2(g)$$
$$\text{solução do analito} \quad \text{poros da membrana}$$

$$CO_2(g) \rightleftharpoons CO_2(aq)$$
$$\text{poros da membrana} \quad \text{solução do analito}$$

$$CO_2(aq) + 2H_2O \rightleftharpoons HCO_3^- + H_3O^+$$
$$\text{solução interna} \quad \text{solução interna}$$

O último equilíbrio provoca uma mudança no pH da solução interna. Então essa variação é detectada pelo sistema do eletrodo de vidro/calomelano interno. Uma descrição do processo global é obtida pela adição das três equações referentes aos três equilíbrios para dar

$$CO_2(aq) + 2H_2O \rightleftharpoons HCO_3^- + H_3O^+$$
$$\text{solução do analito} \quad \text{solução interna}$$

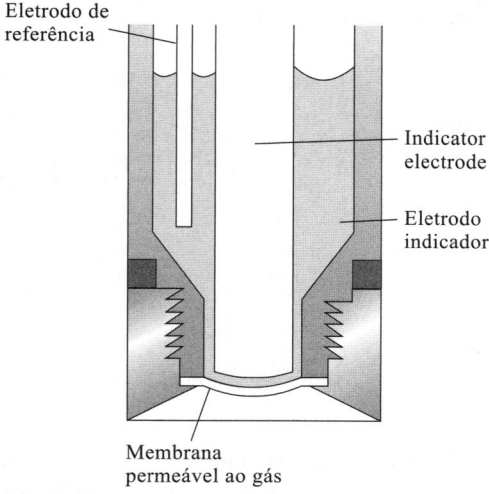

FIGURA 19-15
Diagrama de uma sonda sensível a gás.

A constante de equilíbrio termodinâmico K para a reação global é

$$K = \frac{(a_{H_3O^+})_{int}\,(a_{HCO_3^-})_{int}}{(a_{CO_2})_{ext}}$$

Para uma espécie neutra como o CO_2, $a_{CO_2} = [CO_2(aq)]$, então

$$K = \frac{(a_{H_3O^+})_{int}\,(a_{HCO_3^-})_{int}}{[CO_2(aq)]_{ext}}$$

onde $[CO_2(aq)]_{ext}$ é a concentração em mol por litro do gás na solução do analito. Para que o potencial de célula medido varie linearmente com o logaritmo da concentração do dióxido de carbono da solução externa, a atividade do hidrogenocarbonato da solução interna precisa ser suficientemente elevada para que não seja alterada de maneira significativa pelo dióxido de carbono proveniente da solução externa. Considerando então que $(a_{HCO_3^-})_{int}$ seja constante, podemos rearranjar a equação anterior para

$$\frac{(a_{H_3O^+})_{int}}{[CO_2(aq)]_{ext}} = \frac{K}{(a_{HCO_3^-})_{int}} = K_g$$

Se levarmos em conta que a_1 é a atividade dos íons hidrogênio na solução interna, rearranjamos essa equação para obter

$$(a_{H_3O^+})_{int} = a_1 = K_g[CO_2(aq)]_{ext} \tag{19-15}$$

Substituindo a Equação 19-15 na Equação 19-10, temos

$$E_{ind} = L + 0{,}0592 \log a_1 = L + 0{,}0592 \log K_g [CO_2(aq)]_{ext}$$
$$= L + 0{,}0592 \log K_g + 0{,}0592 \log [CO_2(aq)]_{ext}$$

Combinando-se os dois termos constantes para dar uma nova constante L' temos

$$E_{ind} = L' + 0{,}0592 \log [CO_2(aq)]_{ext} \tag{19-16}$$

Finalmente, uma vez que

$$E_{célula} = E_{ind} - E_{ref}$$

então

$$E_{célula} = L' + 0,0592 \log [CO_2(aq)]_{ext} - E_{ref} \quad (19\text{-}17)$$

ou

$$E_{célula} = L'' + 0,0592 \log [CO_2(aq)]_{ext}$$

onde

$$L'' = L + 0,0592 \log K_g - E_{ref}$$

>> Embora vendidos como eletrodos sensíveis a gás, esses dispositivos são células eletroquímicas completas e deveriam ser chamados sondas sensíveis a gás.

Portanto, o potencial entre o eletrodo de vidro e o eletrodo de referência na solução interna é determinado pela concentração de CO_2 na solução externa. Observe que nenhum eletrodo entra em contato direto com a que contém o analito. Assim sendo, esses dispositivos são células sensíveis a gases, ou sondas, em vez de eletrodos sensíveis a gases. Apesar disso, continuam a ser chamados eletrodos em algumas publicações e em muitos folhetos de propaganda.

As únicas espécies que interferem são os outros gases dissolvidos que permeiam a membrana e então afetam o pH da solução interna. A especificidade dos sensores para gases depende apenas da permeabilidade do gás pela membrana. Sensores sensíveis a gás para CO_2, NO_2, H_2S, SO_2, HF, HCN e NH_3 estão disponíveis no comércio.

DESTAQUE 19-3

Teste de Beira de Leito: Gases e Eletrólitos Sanguíneos com Instrumentos Portáteis

A medicina moderna apoia-se fortemente em medidas analíticas para o diagnóstico e tratamento em salas de emergência, de cirurgia e em unidades de tratamento intensivo. A pronta informação sobre teores de gases sanguíneos, as concentrações de eletrólitos no sangue, assim como outras variáveis, são especialmente importantes para os médicos nessas áreas. Em situações críticas entre a vida e a morte, raramente há tempo suficiente para transportar as amostras de sangue a laboratórios clínicos, realizar as análises requeridas e transmitir os resultados de volta para a beira do leito. Neste destaque, descrevemos um monitor de gases e eletrólitos sanguíneos automático, especificamente projetado para analisar amostras de sangue à beira do leito.[7] O Analisador Clínico Portátil i-STAT é um dispositivo portátil, mostrado na **Figura 19D-4**, que pode medir uma variedade de analitos clínicos importantes, como potássio, sódio, pH, pCO_2, pO_2 e o hematócrito (veja a nota na margem). Além disso, o analisador com base em cálculos computacionais estima os teores de bicarbonato, dióxido de carbono total, excesso de base, saturação de O_2 e hemoglobina no sangue. Em uma avaliação do desempenho do i-STAT em uma unidade de terapia intensiva para neonatais e pediatria, foram obtidos os resultados exibidos na tabela seguinte.[8] Os resultados foram avaliados e considerados suficientemente confiáveis e baratos para substituir as medidas similares realizadas em um laboratório clínico remoto convencional.

>> Hematócrito (Hct) é a razão entre o volume de glóbulos vermelhos e o volume total de uma amostra de sangue expresso em termos percentuais.

(continua)

---

[7] Abbott Point of Care, Inc., Princeton, NJ 085408.
[8] J. N. Murthy; J. M. Hicks; S. J. Soldin, *Clin. Biochem.*, v. 30, p. 385, 1997.

Analito	Faixa	Precisão, DPR%	Resolução
pO_2	5 a 800 mm Hg	3,5	1 mm Hg
pCO_2	5 a 130 mm Hg	1,5	0,1 mm Hg
Na^+	100 a 180 mmol L^{-1}	0,4	1 mmol L^{-1}
K^+	2,0 a 9,0 mmol L^{-1}	1,2	0,1 mmol L^{-1}
Ca^{2+}	0,25 a 2,50 mmol L^{-1}	1,1	0,01 mmol L^{-1}
pH	6,5 a 8,0	0,07	0,001

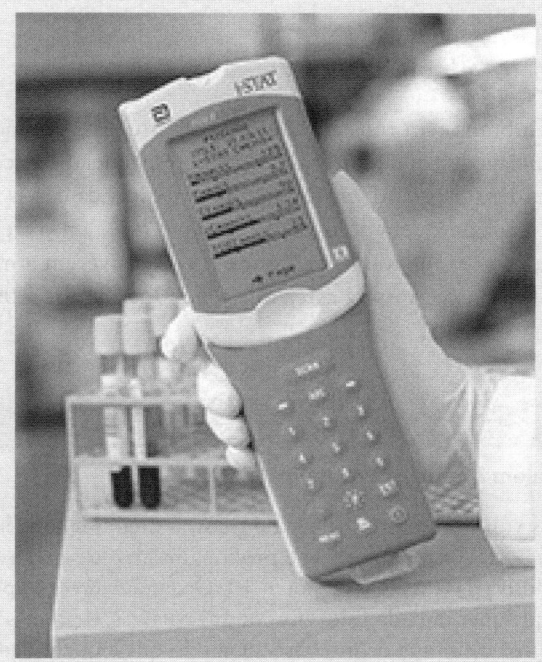

FIGURA 19D-4 Fotografia de iSTAT analisador clínico portátil. (Abbott Point of Care, Inc., Princeton, NJ. Reimpresso mediante permissão.)

A maioria dos analitos (pCO_2, Na^+, K^+, Ca^{2+} e pH) é determinada por meio de medidas potenciométricas empregando a tecnologia dos eletrodos seletivos de íons. O hematócrito é medido por detecção de condutividade eletrolítica e o pO_2 é determinado com um sensor voltamétrico de Clark (veja a Seção 21C-4). Outros resultados são calculados a partir desses dados.

O componente central do monitor é o arranjo de sensores eletroquímicos i-STAT descartável, exibido na **Figura 19D-5**. Os eletrodos sensores individuais microfabricados estão localizados em *chips* dispostos ao longo de um canal estreito de fluxo, como mostrado na figura. Cada novo arranjo de sensores é automaticamente calibrado antes da etapa de medidas. Uma amostra de sangue retirada do paciente é depositada no orifício de introdução da amostra e o cartucho é inserido no analisador i-STAT. O reservatório de calibração, que contém uma solução padrão tamponada dos analitos, é perfurado pelo analisador i-STAT e é comprimido para forçar os fluidos de calibração a se deslocar no canal de fluxo ao longo da superfície do arranjo de sensores. Quando a etapa de calibração é finalizada, o analisador comprime uma bolsa de ar, que força o sangue a se deslocar ao longo do canal de fluxo, expele a solução de calibração para o descarte e traz

(continua)

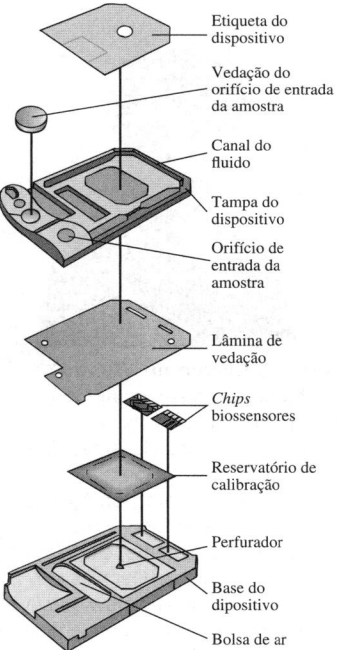

FIGURA 19D-5
Imagem ampliada do arranjo de sensores do i-STAT.

o sangue ao contato com o arranjo de sensores. Então, as medidas eletroquímicas são realizadas, os resultados são calculados e os dados, apresentados no mostrador de cristal líquido do analisador. Os resultados são armazenados na memória do analisador e podem ser transmitidos para o sistema de gerenciamento de dados do laboratório do hospital para armazenamento permanente.

Esse destaque mostra como a tecnologia moderna de eletrodos seletivos de íons, associada ao controle computadorizado dos processos de medida e apresentação de dados, pode ser empregada para fornecer medidas rápidas e essenciais das concentrações de analitos em amostras de sangue à beira do leito de um paciente.

19E Instrumentos para a Medida do Potencial de Célula

A maioria das células que contêm um eletrodo de membrana tem resistência elétrica muito elevada (tão altas quanto ou maiores que 10^8 ohms). No intuito de medir os potenciais desses circuitos de elevada resistência, é necessário que o voltímetro tenha uma resistência elétrica que seja várias ordens de grandeza superior à resistência da célula que estiver sendo medida. Se a resistência do medidor for muito baixa, a corrente será drenada da célula, o que tem o efeito de diminuir o potencial de saída, criando assim um *erro de carga* negativo. Quando o medidor e a célula tiverem a mesma resistência, resultará um erro relativo de −50%. Quando a razão for 10, o erro será cerca de −9%. Quando for 1.000, o erro será de menos de 0,1%.

A **Dra. Omowunmi "Wunmi" Sadik** obteve o seu doutorado em química na University of Wollongong, Austrália, antes de se tornar uma pesquisadora na U.S. Environmental Protection Agency. Foi professora na Binghamton University. Atualmente, chefia o Departamento de Química e Ciência Ambiental no New Jersey Institute of Technology, onde pesquisa química de superfície, sensores, energia e novas abordagens de medidas e o ambiente. Possui cinco patentes nos Estados Unidos e tem sido reconhecida por sua inovação na pesquisa em biossensores e nanotecnologia sustentável. A Dra. Sadik é a cofundadora e presidente inaugural da Sustainable Nanotechnology Organization.

DESTAQUE 19-4

O Erro de Carga em Medidas Potenciométricas

Quando medimos voltagens em circuitos elétricos, o medidor se torna uma parte do circuito, perturba o processo de medida e produz um **erro de carga** na medida. Essa situação não é exclusiva das medidas de potencial. De fato, é um exemplo básico de uma limitação geral a qualquer medida física. Em outras palavras, o processo de medida inevitavelmente perturba o sistema de interesse, de modo que a quantidade realmente medida difere do valor anterior à medida. Esse tipo de erro jamais pode ser completamente eliminado, mas frequentemente pode ser reduzido em um nível insignificante.

A grandeza do erro de carga nas medidas de potencial depende da razão entre a resistência interna do medidor e a resistência do circuito que estiver sendo estudado. O erro de carga percentual relativo E_r associado com o potencial medido V_M na **Figura 19D-6** é dado por

$$E_r = \frac{V_M - V_x}{V_x} \times 100\%$$

onde V_x é a voltagem verdadeira da fonte de tensão. A queda de voltagem ao longo da resistência do medidor é dada por

$$V_M = V_x \frac{R_M}{R_M + R_s}$$

Substituindo essa equação na equação prévia e rearranjando, temos

$$E_r = \frac{-R_s}{R_M + R_s} \times 100\%$$

(continua)

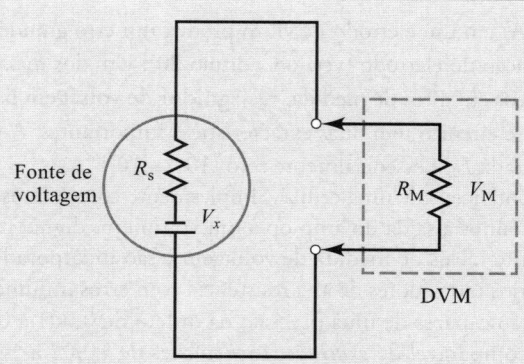

FIGURA 19D-6 Medida de V_x na saída de uma fonte de potencial com um voltímetro digital.

Note que, nessa equação, o erro de carga relativo se torna menor à medida que a resistência do medidor R_M se torna maior em relação à resistência da fonte, R_f. A **Tabela 19D-1** ilustra esse efeito. Os voltímetros digitais oferecem a grande vantagem de ter resistências internas bastante elevadas (10^{11} a 10^{12} ohms), evitando assim os erros de carga, exceto em circuitos que tenham resistências de carga maiores que 10^9 ohms.

TABELA 19D-1

Efeito da Resistência do Medidor na Exatidão das Medidas de Potencial			
Resistência do Medidor R_M, Ω	Resistência da Fonte R_s, Ω	R_M/R_f	Erro Relativo, %
10	20	0,50	−67
50	20	2,5	−29
500	20	25	−3,8
$1,0 \times 10^3$	20	50	−2,0
$1,0 \times 10^4$	20	500	−0,2

Inúmeros voltímetros digitais de alta resistência e leitura direta com resistências internas $> 10^{11}$ ohms estão agora no mercado. Esses medidores são comumente chamados **pHmetros**, mas poderiam ser mais apropriadamente denominados **p-íon metros** ou **íon-metros**, uma vez que são iguais e frequentemente utilizados em medidas de concentrações de outros íons. Uma fotografia de um pHmetro típico é exposta na **Figura 19-16**.[9]

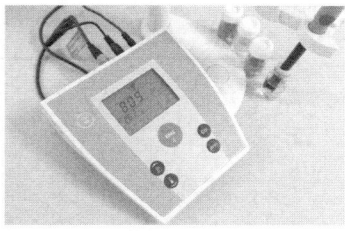

FIGURA 19-16
Fotografia de um pHmetro de bancada típico.
(korakot khayankarnnavee/Alamy Stock Photo)

DESTAQUE 19-5

Medidas de Voltagem com Amplificadores Operacionais

Um dos mais importantes desenvolvimentos na instrumentação química ocorrido nas últimas três décadas foi o advento de circuitos integrados amplificadores (amp op) compactos, baratos e versáteis.[9] Esses dispositivos permitem realizar medidas de potencial em células de alta resistência, como aquelas que contêm um eletrodo de vidro, sem que seja drenada uma corrente

(continua)

---

[9] Para uma descrição detalhada dos circuitos amp op, veja H. V. Malmstadt; C. G. Enke; S. R. Crouch, *Microcomputers and Electronic Instrumentation: Making the Right Connections*, Washington, DC: American Chemical Society, 1994, cap. 5.

apreciável. Mesmo uma pequena corrente (10^{-7} a 10^{-10} A) em um eletrodo de vidro produz um erro grande na voltagem medida em razão da carga (veja o Destaque 19-4) e polarização do eletrodo (veja o Capítulo 20). Um dos mais importantes usos dos amp op é o isolamento das fontes de voltagem dos seus circuitos de medida. O **seguidor de voltagem** básico, que permite esse tipo de medida, é mostrado na **Figura 19D-7a**. Esse circuito tem duas características importantes. A voltagem de saída E_{ext} é igual à voltagem de entrada E_{int} e a corrente de entrada I_{int} é essencialmente zero ($10^{-7} - 10^{-10}$ A).

Uma aplicação prática desse circuito é a medida de potenciais de uma célula. Simplesmente conectamos a célula à entrada do amp op, como ilustrado na **Figura 19D-7b**, e conectamos a saída do amp op a um voltímetro digital para medir a voltagem. Os amp op modernos são dispositivos praticamente ideais de medida de voltagem e são incorporados na maioria dos medidores de íons e pHmetros para monitorar os eletrodos indicadores de alta resistência com erros mínimos.

Medidores de íons modernos são digitais e alguns são capazes de uma precisão na ordem de 0,001 a 0,005 unidades de pH. Raramente é possível medir o pH com um grau comparável de *exatidão*. Incorreções de ±0,02 a ±0,03 em unidades de pH são normais.

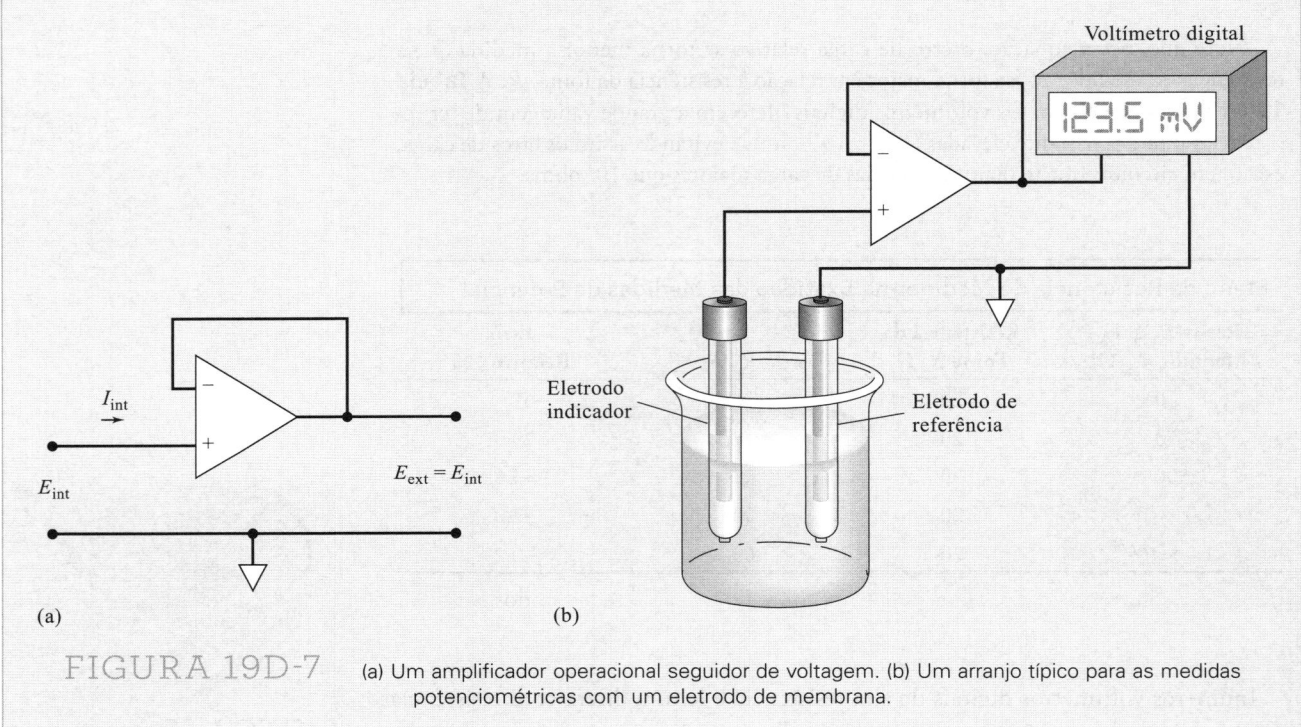

FIGURA 19D-7 (a) Um amplificador operacional seguidor de voltagem. (b) Um arranjo típico para as medidas potenciométricas com um eletrodo de membrana.

19F Potenciometria Direta

Medidas potenciométricas diretas fornecem um método rápido e conveniente para determinar a atividade de uma variedade de cátions e ânions. A técnica requer apenas uma comparação do potencial desenvolvido na célula quando o eletrodo indicador é imerso na solução do analito com seu potencial quando imerso em uma ou mais soluções padrão de concentrações conhecidas do analito. Se a resposta do eletrodo for específica para o analito, como geralmente é, nenhuma etapa prévia de separação será necessária. As medidas potenciométricas diretas também são prontamente adaptadas para as aplicações que requerem o registro contínuo e automático de dados analíticos.

19F-1 Equações Relevantes para a Potenciometria Direta

A convenção de sinais na potenciometria é consistente com a convenção descrita no Capítulo 16 para potencial de eletrodo padrão. Nessa convenção, o eletrodo indicador sempre é tratado como o da direita e o eletrodo de referência, como o da esquerda. Para as medidas potenciométricas diretas, o potencial de uma célula pode ser expresso em termos dos potenciais desenvolvidos pelo eletrodo indicador, eletrodo de referência e um potencial de junção, como descrito na Seção 19A:

$$E_{célula} = E_{ind} - E_{ref} + E_j \tag{19-18}$$

Na Seção 19D, descrevemos a resposta de vários tipos de eletrodos indicadores perante atividades de analitos. Para o cátion X^{n+} a 25°C, a resposta do eletrodo toma a forma *Nernstiana* geral

$$E_{ind} = L - \frac{0{,}0592}{n} pX = L + \frac{0{,}0592}{n} \log a_X \tag{19-19}$$

onde L é uma constante e a_X é a atividade do cátion. Para os eletrodos indicadores metálicos, normalmente L é o potencial padrão do eletrodo; para eletrodos de membrana, L é a soma de várias constantes, incluindo o potencial de assimetria, que é dependente do tempo e de valor incerto.

A substituição da Equação 19-19 pela Equação 19-18 gera, com rearranjos,

$$pX = -\log a_X = -\left[\frac{E_{célula} - (E_j - E_{ref} + L)}{0{,}0592/n}\right] \tag{19-20}$$

Os termos constantes entre parênteses podem ser combinados para gerar uma nova constante K.

$$pX = -\log a_X = -\frac{(E_{célula} - C)}{0{,}0592/n} = -\frac{n(E_{célula} - C)}{0{,}0592} \tag{19-21}$$

Para o ânion A^{n-} o sinal da Equação 19-21 se inverte:

$$pA = \frac{(E_{célula} - C)}{0{,}0592/n} = \frac{n(E_{célula} - C)}{0{,}0592} \tag{19-22}$$

Os métodos potenciométricos diretos baseiam-se na Equação 19-21 ou 19-22. A diferença de sinal nas duas equações tem uma consequência sutil, mas importante na maneira como os eletrodos seletivos de íons são conectados a pHmetros e p-íon-metros. Quando as duas equações são resolvidas para $E_{célula}$, temos, para os cátions,

$$E_{célula} = C - \frac{0{,}0592}{n} pX \tag{19-23}$$

e para os ânions

$$E_{célula} = C + \frac{0{,}0592}{n} pA \tag{19-24}$$

A Equação 19-23 mostra que, para um eletrodo seletivo de cátions, um aumento em pX resulta em uma *diminuição* de $E_{célula}$. Assim, quando um voltímetro de alta resistência é conectado à célula da forma usual, com o eletrodo indicador ligado ao terminal positivo, a leitura no medidor diminui à medida que pX aumenta. Outra maneira de colocar é que, à medida que a concentração (ou atividade) do cátion aumenta, pX = −log [X] diminui e $E_{célula}$ aumenta. Note que o sentido dessas variações é exatamente o oposto do que esperaríamos que ocorresse com a leitura do pHmetro em razão do aumento da concentração dos íons hidrônio. Para eliminar essa inversão de nossa noção sobre a variação da escala de pH, os fabricantes de instrumentos geralmente invertem os contatos, de forma que os eletrodos seletivos de cátions como os eletrodos de vidro sejam conectados ao terminal negativo do dispositivo de medida de voltagem. Dessa forma, as leituras no medidor aumentam com a elevação de pX e, como resultado, diminuem com o aumento da concentração do cátion.

Por outro lado, os eletrodos seletivos de ânions são conectados ao terminal positivo do medidor para que um aumento em pA também gere leituras maiores. Esse truque de inversão de sinal normalmente causa confusão, assim sempre é uma boa ideia olhar cuidadosamente as consequências das Equações 19-23 e 19-24 para entender o comportamento do sinal de saída do instrumento com as variações nas concentrações das espécies catiônicas ou aniônicas de interesse e as correspondentes variações em pX ou pA.

19F-2 O Método de Calibração de Eletrodos

>> O método de calibração de eletrodos também é chamado *método dos padrões externos*, descrito com mais detalhes na Seção 6D-2.

Como vimos em nossas discussões na Seção 19D, a constante K nas Equações 19-21 e 19-22 é uma composição de várias constantes, das quais, pelo menos uma, a do potencial de junção, não pode ser medida diretamente ou, ainda, calculada teoricamente sem certas considerações. Assim, antes de utilizarem as equações para a determinação de pX ou pA, K precisa ser avaliada experimentalmente com uma solução padrão do analito.

No método de calibração de eletrodo, K presente nas Equações 19-21 e 19-22 é determinada pela medida de $E_{célula}$ para uma ou mais soluções padrão de pX ou pA conhecidos. Considera-se então que K não varia quando o padrão é substituído pela solução do analito. A calibração é realizada geralmente no momento em que pX ou pA para a amostra desconhecida é determinado. Com eletrodos de membrana, a recalibração pode ser necessária se as medidas prosseguirem por várias horas em decorrência de variações lentas no potencial de assimetria.

O método de calibração de eletrodo oferece as vantagens associadas a simplicidade, velocidade e aplicabilidade no monitoramento contínuo de pX ou pA. Ele sofre, contudo, de uma exatidão limitada por causa das incertezas nos potenciais de junção.

Erro Inerente no Procedimento de Calibração de Eletrodos

Uma desvantagem séria do método de calibração de eletrodos é o erro inerente que resulta da consideração de que K nas Equações 19-21 e 19-22 permanece constante após a calibração. Essa premissa raras vezes pode ser considerada verdadeiramente exata, porque a composição eletrolítica da solução desconhecida difere de modo quase inevitável daquela da solução de calibração. O termo referente ao potencial de junção contido em K varia ligeiramente como consequência desse fato, mesmo quando uma ponte salina é utilizada. Esse erro costuma ser da ordem de 1 mV ou mais. Infelizmente, em decorrência da natureza da relação potencial/atividade, essa incerteza tem um efeito amplificado na exatidão da análise.

A grandeza do erro na concentração do analito pode ser estimada diferenciando-se a Equação 19-21 enquanto se considera $E_{célula}$ como constante.

$$-\log_{10} e \frac{da_x}{a_x} = -0,434 \frac{da_x}{a_x} = -\frac{dC}{0,0592/n}$$

$$\frac{da_x}{a_x} = \frac{ndC}{0,0257} = 38,9 \, ndC$$

Quando substituímos da_x e dK por incrementos finitos e multiplicamos ambos os lados da equação por 100%, obtemos

$$\text{erro percentual relativo} = \frac{\Delta a_x}{a_x} \times 100\% = 38,9 \, n\Delta K \times 100\%$$

$$= 3,89 \times 10^3 \, n\Delta K \% \approx 4,000 \, n\Delta K \%$$

A quantidade $\Delta a_x/a_x$ é o erro relativo em a_x associado à incerteza absoluta ΔK em K. Se, por exemplo, ΔK é ±0,001 V, um erro relativo na atividade em cerca de ±4n% pode ser esperado. *É importante verificar que esse erro é característico de todas as medidas envolvendo células que contenham uma ponte salina e que esse erro não pode ser eliminado nem mesmo por meio da mais cuidadosa medida do potencial da célula ou do uso de dispositivos mais sensíveis e precisos.*

Atividade versus Concentração

A resposta do eletrodo está relacionada à atividade do analito em vez de à sua concentração. Apesar disso, geralmente estamos interessados na concentração, e a determinação dessa grandeza a partir de medidas potenciométricas requer dados de

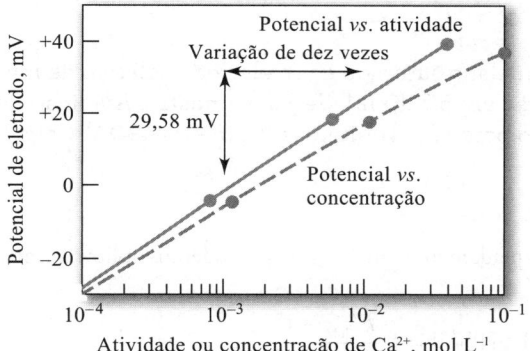

FIGURA 19-17

Resposta de um eletrodo de membrana líquida a variações na concentração e atividade dos íons cálcio. (Thermo Electron Corp., Beverly, MA.)

coeficientes de atividade. Os coeficientes de atividade raramente estão disponíveis, porque a força iônica da solução tanto pode ser desconhecida quanto pode ser tão elevada que a equação de Debye-Hückel não pode ser aplicada.

A diferença entre atividade e concentração é ilustrada na **Figura 19-17**, na qual a resposta de um eletrodo de cálcio é representada na forma de gráfico contra a função logarítmica da concentração de cloreto de cálcio. A não linearidade é consequência do aumento da força iônica – e a consequente diminuição na atividade do íon cálcio – com o aumento da concentração de eletrólito. A curva superior é obtida quando essas concentrações são convertidas em atividades. Essa linha reta tem uma inclinação teórica de 0,0296 (0,0592/2).

Os coeficientes de atividade de espécies monovalentes são menos afetados por variações na força iônica que os coeficientes de atividade de íons com múltiplas cargas. Assim, o efeito mostrado na Figura 19-17 é menos pronunciado para os eletrodos que respondem a H^+, Na^+ e outros íons monovalentes.

Em medidas potenciométricas de pH, o pH da solução-tampão empregada na calibração baseia-se geralmente na atividade dos íons hidrogênio. Consequentemente, os resultados também são dados na escala de atividade. Se a amostra desconhecida tiver uma força iônica elevada, a *concentração* dos íons hidrogênio irá diferir apreciavelmente da atividade medida.

❰❰ Muitas reações químicas de importância fisiológica dependem da atividade dos íons do metal em vez de sua concentração.

Uma maneira óbvia de converter medidas potenciométricas envolvendo atividade para concentração consiste em fazer uso de uma curva analítica empírica, como a curva inferior indicada na Figura 19-17. Para que essa abordagem tenha sucesso, é necessário fazer que a composição iônica dos padrões seja essencialmente a mesma da solução que contém o analito. Igualar as forças iônicas dos padrões às das amostras costuma ser difícil, particularmente para aquelas que são quimicamente complexas.

Quando as concentrações eletrolíticas não são muito elevadas, muitas vezes é útil enriquecer tanto as amostras quanto os padrões com um excesso conhecido de um eletrólito inerte. O efeito eletrolítico da matriz da amostra torna-se negligenciável sob essas circunstâncias e a curva analítica empírica gera resultados em termos da concentração. Essa estratégia tem sido empregada, por exemplo, em determinações de íons fluoreto em amostras de água potável. Tanto as amostras quanto os padrões são diluídos com uma solução contendo cloreto de sódio, um tampão acetato e um tampão citrato; o diluente é suficientemente concentrado para que amostras e padrões tenham essencialmente forças iônicas idênticas. Esse método representa uma maneira rápida para medir concentrações de fluoreto na faixa de partes por milhão com uma exatidão relativa de cerca de 5%.

Um **tampão de ajuste total da força iônica** (TISAB, do inglês) é empregado para controlar a força iônica e o pH de amostras e padrões em medidas com eletrodos seletivos de íons.

19F-3 O Método da Adição de Padrão

O método da adição de padrão (veja Seção 6D-3) envolve a determinação do potencial do sistema de eletrodos antes e depois da adição de um volume medido de um padrão a um volume conhecido da solução contendo o analito. Adições múltiplas também podem ser feitas. Normalmente, um excesso de um eletrólito é incorporado à solução do analito logo no início para prevenir qualquer variação significativa na força iônica que possa acompanhar a adição do padrão. Também é necessário considerar que o potencial de junção permanece constante durante a realização da medida.

EXEMPLO 19-1

Uma célula que consiste em um eletrodo de calomelano saturado e um eletrodo seletivo de íons chumbo desenvolveu um potencial de −0,4706 V quando imersa em 50,00 mL de uma amostra. A adição de 5,00 mL de um padrão de chumbo 0,02000 mol L⁻¹ fez com que o potencial se alterasse para −0,4490 V. Calcule a concentração em mol por litro de chumbo na amostra.

Solução

Podemos considerar que a atividade do Pb^{2+} seja aproximadamente igual a $[Pb^{2+}]$ e podemos aplicar a Equação 19-21. Assim,

$$pPb = -\log[Pb^{2+}] = -\frac{E'_{\text{célula}} - C}{0,0592/2}$$

onde $E'_{\text{célula}}$ é o potencial medido inicialmente (−0,4706 V).

Após a adição da solução padrão, o potencial torna-se $E''_{\text{célula}}$ (−0,4490 V), e

$$-\log\frac{50,00 \times [Pb^{2+}] + 5,00 \times 0,0200}{50,00 + 5,00} = -\frac{E''_{\text{célula}} - C}{0,0592/2}$$

$$-\log(0,9091[Pb^{2+}] + 1,818 \times 10^{-3}) = -\frac{E''_{\text{célula}} - C}{0,0592/2}$$

Subtraindo essa equação da primeira, temos

$$-\log\frac{[Pb^{2+}]}{0,09091[Pb^{2+}] + 1,818 \times 10^{-3}} = -\frac{2(E''_{\text{célula}} - E'_{\text{célula}})}{0,0592}$$

$$= \frac{2[-0,4490 - (-0,4706)]}{0,0592}$$

$$= 0,7297$$

$$\frac{[Pb^{2+}]}{0,09091[Pb^{2+}] + 1,818 \times 10^{-3}} = \text{antilog}(-0,7297) = 0,1863$$

$$[Pb^{2+}] = 3,45 \times 10^{-4} \text{ mol L}^{-1}$$

19F-4 Medidas Potenciométricas do pH com o Eletrodo de Vidro[10]

O eletrodo de vidro é, inquestionavelmente, o eletrodo indicador mais importante para os íons hidrogênio. É conveniente de usar e sujeito a poucas das interferências que afetam outros eletrodos sensíveis ao pH.

>> Recentemente, o eletrodo de junção dupla prata/cloreto de prata tem tomado o lugar do eletrodo de calomelano em muitas sondas de pH. A junção dupla diminui a inevitável deterioração das sondas resultante do vazamento lento do eletrólito que pode corroer a conexão do medidor externo.

O sistema de eletrodos vidro/calomelano é uma ferramenta reconhecidamente versátil para a medida do pH sob muitas condições. Pode ser utilizado sem interferência em soluções contendo oxidantes fortes, redutores fortes, proteínas e gases; o pH de fluidos viscosos ou mesmo de semissólidos pode ser determinado. Eletrodos para aplicações especiais também estão disponíveis. Entre esses eletrodos estão aqueles pequenos eletrodos para a medida do pH em uma gota (ou menos) de solução, em cavidades dentárias, ou no suor do corpo; microeletrodos que permitem a medida do pH dentro de uma célula viva; eletrodos robustos para inserção em correntes de líquidos para monitorar continuamente o pH; e pequenos eletrodos que possam ser engolidos, para as medidas da acidez do conteúdo estomacal. (O eletrodo de calomelano é retido na boca.)

---
[10] Para uma discussão detalhada sobre as medidas potenciométricas de pH, veja R. G. Bates, *Determination of pH*, 2. ed., Nova York: Wiley, 1973.

Erros que Afetam as Medidas de pH

A ubiquidade do pHmetro e a aplicabilidade geral do eletrodo de vidro tendem a iludir o químico e a levá-lo a crer que qualquer medida obtida com esse equipamento seja sempre correta. O leitor precisa estar alerta ao fato de que existem limitações referentes ao eletrodo, algumas das quais foram discutidas em seções anteriores:

1. *O erro alcalino.* O eletrodo de vidro comum torna-se de alguma forma sensível a íons de metais alcalinos e fornece leituras mais baixas em valores de pH superiores a 9.
2. *O erro ácido.* Valores registrados pelo eletrodo de vidro tendem a ser mais elevados quando o pH é menor que 0,5.
3. *Desidratação.* A desidratação pode provocar o desempenho errático do eletrodo.
4. *Erros em soluções com baixa força iônica.* Tem sido observado que erros significativos (da ordem de uma ou duas unidades de pH) podem ocorrer quando o pH de amostras de baixa força iônica, como de lagos ou de riachos, é medido com um sistema de eletrodos vidro/calomelano.[11] A principal fonte desses problemas tem mostrado ser a falta de reprodutibilidade dos potenciais de junção, que aparentemente resultam do entupimento do contato ou fibra porosa que é empregado para restringir o fluxo de líquido da ponte salina para a solução do analito. Para superar esse problema, têm sido desenvolvidas junções livres de difusão de vários tipos e uma delas está sendo produzida comercialmente.

   ❰❰ Um cuidado especial precisa ser tomado na medida do pH de soluções próximas da neutralidade e não tamponadas, como amostras de lagos e riachos.

5. *Variações no potencial de junção.* Uma fonte fundamental de incerteza para a qual uma correção não pode ser aplicada é a variação do potencial de junção que resulta de diferenças na composição de padrões e de soluções das amostras.
6. *Erro no pH da solução padrão do tampão.* Qualquer inexatidão na preparação do tampão utilizado para a calibração ou qualquer variação em sua composição durante o armazenamento provocam erros nas medidas de pH subsequentes. A ação de bactérias sobre os componentes orgânicos do tampão é uma causa comum de deterioração.

A Definição Operacional do pH

A utilidade do pH como uma medida da acidez e alcalinidade de meios aquosos, a ampla disponibilidade comercial dos eletrodos de vidro e a proliferação relativamente recente de pHmetros com eletrônica de estado sólido de baixo preço talvez tenham feito das medidas potenciométricas de pH a técnica analítica mais comum em toda a ciência. Portanto, é extremamente importante o pH ser definido de uma maneira que seja facilmente reproduzida em vários momentos e em vários laboratórios ao redor do mundo. Para satisfazer esses requisitos, é necessário definir o pH em termos operacionais – isto é, pela forma como a medida é realizada. Apenas então o pH medido por um analista será o mesmo que aquele medido por outro.

❰❰ Talvez a técnica analítica instrumental mais comum seja a medida do pH.

A definição operacional do pH é endossada pelo National Institute of Standards and Technology (NIST), organizações similares em outros países e pela IUPAC. É baseada na calibração direta do medidor com soluções padrão cuidadosamente prescritas, seguida pela determinação potenciométrica do pH de soluções desconhecidas.

Considere, por exemplo, um dos pares de eletrodos de vidro/referência da Figura 19-7. Quando esses eletrodos são imersos em um tampão padrão, a Equação 19-21 se aplica e podemos escrever

❰❰ Por definição, o pH é o que você mede com um eletrodo de vidro e um pHmetro. É aproximadamente igual à definição teórica do pH = $-\log a_{H^+}$.

$$pH_S = \frac{E_T - K}{0,0592}$$

onde E_T é o potencial da célula quando os eletrodos estão mergulhados no tampão. Similarmente, se o potencial da célula é E_D quando os eletrodos estão imersos em uma solução de pH desconhecido, temos

$$pH_D = \frac{E_D - K}{0,0592}$$

---

[11] Veja W. Davison e C. Woof, *Anal. Chem.*, v. 57, p. 2567, 1985. DOI: 10.1021/1c00290a031; T. R. Harbinson e W. Davison, *Anal. Chem.*, v. 59, p. 2450, 1987. DOI: 10.1021/ac00147a002.

Subtraindo-se a primeira equação da segunda e resolvendo a equação em termos de pH_D, obtemos

$$pH_D = pH_T - \frac{(E_D - E_T)}{0,0592}$$

(19-25)

>> Uma definição operacional de uma grandeza define essa grandeza em termos de como ela é medida.

A Equação 19-25 tem sido adotada em todo o mundo como a *definição operacional do pH*.

Os técnicos do NIST e de outros locais têm empregado células sem junções líquidas para estudar extensivamente os tampões utilizados como padrões primários. Algumas das propriedades desses tampões são discutidas em outros trabalhos.[12] Observe que os tampões do NIST são descritos pelas suas concentrações em mol de soluto por quilograma do solvente para melhorar a exatidão e a precisão da sua preparação. Para uso geral, os tampões podem ser preparados a partir de reagentes de laboratório relativamente baratos; para um trabalho cuidadoso, contudo, os tampões certificados devem ser adquiridos do NIST.

Deve ser enfatizado que a abrangência da definição operacional do pH é aquela que fornece uma escala coerente para a determinação da acidez ou alcalinidade. Entretanto, não se pode esperar que os valores de pH medidos possam gerar uma visão detalhada da composição de uma solução que seja totalmente consistente com a teoria das soluções. Essa incerteza é fruto de nossa falta de habilidade fundamental de medir as atividades de íons monovalentes. Isto é, a definição operacional do pH não fornece o pH exato como definido pela equação

$$pH = -\log \gamma_{H^+}[H^+]$$

19G Titulações Potenciométricas

Em uma **titulação potenciométrica** medimos o potencial de um eletrodo indicador adequado em função do volume do titulante. A informação fornecida por uma titulação potenciométrica é diferente dos dados obtidos em uma medida potenciométrica direta. Por exemplo, a medida direta de soluções 0,100 mol L⁻¹ de ácido clorídrico e ácido acético produz duas concentrações de íons hidrogênio substancialmente diferentes, porque o ácido fraco se dissocia apenas parcialmente. Em contraste, a titulação potenciométrica de volumes iguais dos dois ácidos requer a mesma quantidade da base padrão, porque ambos os solutos têm o mesmo número de prótons tituláveis.

As titulações potenciométricas fornecem dados que são mais confiáveis que aqueles gerados por titulações que empregam indicadores químicos e são particularmente úteis com soluções coloridas ou turvas e na detecção da presença de espécies insuspeitas. As titulações potenciométricas têm sido automatizadas em uma variedade de diferentes maneiras e tituladores comerciais estão disponíveis no mercado. As titulações potenciométricas manuais, entretanto, sofrem da desvantagem de consumirem mais tempo que aquelas envolvendo indicadores.

>> Os *tituladores* automáticos para a realização de titulações potenciométricas estão disponíveis a partir de diversos fabricantes. O operador do aparelho simplesmente adiciona a amostra ao frasco de titulação e aperta um botão para iniciar a titulação. O instrumento adiciona o titulante, registra o potencial *versus* o volume e analisa os dados para determinar a concentração da solução desconhecida. Uma foto do dispositivo pode ser vista na abertura do Capítulo 12.

As titulações potenciométricas oferecem vantagens adicionais sobre a potenciometria direta. Como a medida é baseada no volume de titulante que provoca uma *variação* rápida no potencial próximo do ponto de equivalência, as titulações potenciométricas não são dependentes da medida de valores absolutos de $E_{célula}$. Essa característica torna a titulação relativamente livre das incertezas do potencial de junção, pois este permanece relativamente constante durante a titulação. Por outro lado, os resultados dependem muito do uso de um titulante com uma concentração exatamente conhecida. O instrumento potenciométrico sinaliza meramente o ponto final e comporta-se, portanto, de modo idêntico a um indicador químico. Os problemas com o recobrimento da superfície do eletrodo ou com a produção de respostas não nernstianas não são tão sérios quando o sistema de eletrodos é empregado para monitorar uma titulação. Da mesma forma, o potencial do eletrodo de referência não precisa ser exatamente conhecido e estável nas titulações potenciométricas. Outra vantagem da titulação é que o resultado

---
[12] R. G. Bates, *Determination of pH*, 2. ed., Nova York: Wiley, 1973, cap. 4.

é a concentração do analito, embora o eletrodo responda à atividade. Por essa razão, os efeitos da força iônica não são importantes em procedimentos titulométricos.

A **Figura 19-18** ilustra um aparato típico para a realização de titulações potenciométricas manuais. O operador mede e registra o potencial da célula (em unidades de milivolts ou pH, conforme for apropriado) após cada adição do reagente. O titulante é adicionado em incrementos grandes que são reduzidos à medida que se aproxima do ponto final (indicado por grandes variações na resposta por unidade de volume).

19G-1 Detecção do Ponto Final

Diversos métodos podem ser utilizados para determinar o ponto final de uma titulação potenciométrica. Na abordagem mais direta, é feito um gráfico ou outro registro de potencial de célula em função do volume de reagente. Na **Figura 19-19a**, fizemos um gráfico dos dados da **Tabela 19-4**, estimamos visualmente o ponto de inflexão na porção mais vertical da curva e o tomamos como o ponto final.

Uma segunda abordagem para a detecção do ponto final consiste em calcular a variação do potencial por unidade de titulante ($\Delta E/\Delta V$); ou seja, estimamos a primeira derivada numérica da curva de titulação. Um gráfico dos dados da primeira derivada (veja a Tabela 19-4, coluna 3), em função do volume médio V, produz uma curva com um máximo que corresponde ao ponto de inflexão, como mostrado na **Figura 19-19b**. Alternativamente, essa razão pode ser avaliada

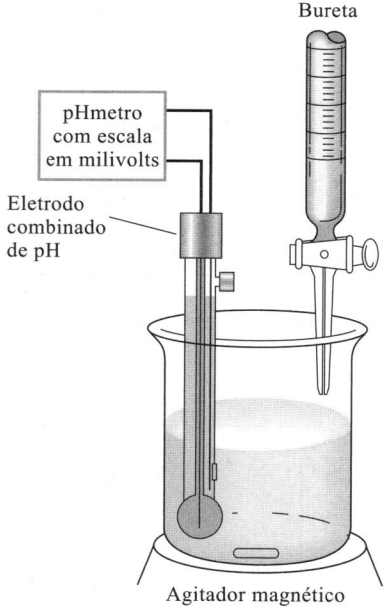

FIGURA 19-18

Aparato para uma titulação potenciométrica.

TABELA 19-4

Dados de Titulação Potenciométrica de 2,433 mmol de Cloreto com Nitrato de Prata 0,1000 mol L⁻¹

Volume AgNO₃, mL	E vs. ESC, V	$\Delta E/\Delta V$, V mL⁻¹	$\Delta^2 E/\Delta V^2$, V² mL⁻²
5,00	0,062		
15,00	0,085	0,002	
20,00	0,107	0,004	
22,00	0,123	0,008	
23,00	0,138	0,015	
23,50	0,146	0,016	
23,80	0,161	0,050	
24,00	0,174	0,065	
24,10	0,183	0,09	
24,20	0,194	0,11	2,8
24,30	0,233	0,39	4,4
24,40	0,316	0,83	−5,9
24,50	0,340	0,24	−1,3
24,60	0,351	0,11	−0,4
24,70	0,358	0,07	
25,00	0,373	0,050	
25,50	0,385	0,024	
26,00	0,396	0,022	
28,00	0,426	0,015	

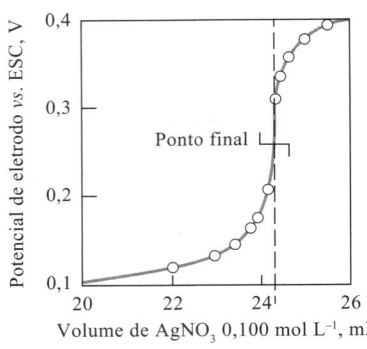

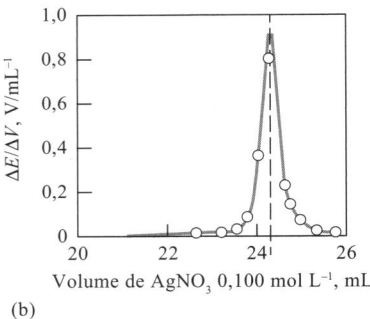

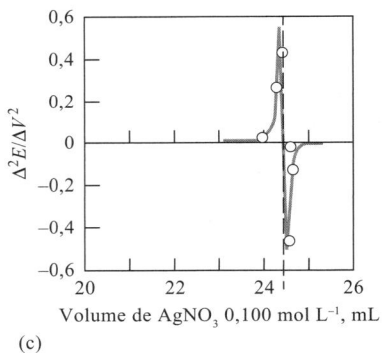

FIGURA 19-19

Titulação de 2,433 mmol de íons cloreto com nitrato de prata 0,1000 mol L⁻¹. (a) Curva de titulação. (b) Curva da primeira derivada. (c) Curva da segunda derivada.

durante a titulação e registrada, em vez do potencial. A partir desse gráfico, pode ser visto que o máximo ocorre no volume de titulante de cerca de 24,30 mL. Se a curva de titulação for simétrica, o ponto de máxima inclinação coincidirá com o ponto de equivalência. Para as curvas de titulação assimétricas, que são observadas quando as semirreações do titulante e do analito envolvem números diferentes de elétrons, um pequeno erro de titulação ocorre se o ponto de inclinação máxima for empregado.

A **Figura 19-19c** mostra que a segunda derivada dos dados altera o sinal no ponto de inflexão. Essa mudança é empregada como sinal analítico em alguns tituladores automáticos. O ponto no qual a segunda derivada passa pelo zero é o ponto de inflexão, que é tomado como ponto final da titulação, e este pode ser localizado de maneira bastante precisa.

Todos os métodos de detecção do ponto final discutidos nos parágrafos anteriores baseiam-se na consideração de que a curva de titulação seja simétrica nas proximidades do ponto de equivalência e que a inflexão da curva corresponda a esse ponto. Essa consideração é válida se o analito e o titulante reagirem em uma proporção de 1:1 e se a reação de eletrodo for reversível. Muitas reações redox, tais como a reação do ferro(II) com permanganato, não ocorrem de acordo com essa relação equimolar. Mesmo assim, essas curvas de titulação normalmente são tão inclinadas no ponto final, que um erro muito pequeno é introduzido quando se considera que as curvas sejam simétricas.

19G-2 Titulações de Neutralização

As curvas de titulação de neutralização experimentais se aproximam bastante das curvas teóricas descritas nos Capítulos 12 e 13. Normalmente, as curvas experimentais são, de alguma forma, deslocadas em relação às curvas teóricas ao longo do eixo do pH, porque concentrações, ao invés de atividades, são utilizadas em sua obtenção. Esse deslocamento tem pouco efeito na determinação dos pontos finais e assim as titulações potenciométricas de neutralização são muito úteis na análise de misturas de ácidos ou de ácidos polipróticos. O mesmo é verdadeiro para as bases.

Determinação de Constantes de Dissociação

Um valor numérico aproximado para a constante de dissociação de ácidos ou bases fracos pode ser estimado a partir de curvas de titulação potenciométricas. Essa grandeza pode ser calculada a partir do pH em qualquer ponto ao longo da curva, porém um ponto muito conveniente é o ponto de meia titulação. Nesse ponto na curva,

$$[HA] \approx [A^-]$$

Portanto,

$$K_a = \frac{[H_3O^+]\cancel{[A^-]}}{\cancel{[HA]}} = [H_3O^+]$$

$$pK_a = pH$$

É importante observar que o uso da concentração em vez da atividade pode fazer com que o valor de K_a seja diferente do valor encontrado nos livros por um fator de 2 ou mais. Uma forma mais correta para expressar a constante de dissociação para HA é

$$K_a = \frac{a_{H_3O^+} a_{A^-}}{a_{HA}} = \frac{a_{H_3O^+} \gamma_{A^-} [A^-]}{\gamma_{HA} [HA]} \qquad (19\text{-}26)$$

$$K_a = \frac{a_{H_3O^+} \gamma_{A^-}}{\gamma_{HA}}$$

Dado que o eletrodo de vidro fornece uma boa aproximação para $a_{H_3O^+}$, o valor medido de K_a difere do valor termodinâmico pela razão dos dois coeficientes de atividade. O coeficiente de atividade no denominador da Equação 19-26 não se altera significativamente à medida que a força iônica aumenta, porque HA é uma espécie neutra. O coeficiente de atividade para A$^-$, por outro lado, diminui conforme a concentração do eletrólito aumenta. Essa diminuição significa que a atividade dos íons hidrogênio observada deve ser numericamente maior que a constante de dissociação termodinâmica.

EXEMPLO 19-2

No intuito de determinar K_1 e K_2 para o H_3PO_4 a partir de dados de titulação, medidas cuidadosas do pH precisam ser feitas após a adição de 0,5 e 1,5 mol de base para cada mol de ácido. Considera-se que as atividades dos íons hidrogênio calculadas a partir desses dados sejam idênticas às constantes de dissociação desejadas. Calcule o erro relativo introduzido pela consideração de que a força iônica seja igual a 0,1 no momento da medida. (Do Apêndice 3, K_1 e K_2 para o H_3PO_4 são $7{,}11 \times 10^{-3}$ e $6{,}34 \times 10^{-8}$, respectivamente.)

Solução

Se rearranjarmos a Equação 19-26, descobriremos que

$$K_a(\exp) = a_{H_3O^+} = K\left(\frac{\gamma_{HA}}{\gamma_{A^-}}\right)$$

O coeficiente de atividade para o H_3PO_4 é aproximadamente igual a 1, uma vez que o ácido não dissociado não tem carga. Na Tabela 8-2 temos que o coeficiente de atividade para o $H_2PO_4^-$ é 0,77 e que para o HPO_4^{2-} é 0,35. Quando substituímos esses valores nas equações para K_1 e K_2, encontramos que

$$K_1(\exp) = 7{,}11 \times 10^{-3} \left(\frac{1{,}00}{0{,}77}\right) = 9{,}23 \times 10^{-3}$$

$$\text{erro} = \frac{9{,}23 \times 10^{-3} - 7{,}11 \times 10^{-3}}{7{,}11 \times 10^{-3}} \times 100\% = 30\%$$

$$K_2(\exp) = 6{,}34 \times 10^{-8} \left(\frac{0{,}77}{0{,}35}\right) = 1{,}395 \times 10^{-7}$$

$$\text{erro} = \frac{1{,}395 \times 10^{-7} - 6{,}34 \times 10^{-8}}{6{,}34 \times 10^{-8}} \times 100\% = 120\%$$

É possível identificar um ácido puro desconhecido realizando-se uma única titulação para determinar sua massa equivalente (massa molar se o ácido for monoprótico) e sua constante de dissociação.

19G-3 Titulações de Oxidação-Redução

Um eletrodo indicador inerte construído de platina é normalmente utilizado para detectar pontos finais em titulações de oxidação-redução. Ocasionalmente, outros metais inertes, como prata, paládio, ouro e mercúrio, podem ser utilizados. Em geral são obtidas curvas de titulação similares àquelas construídas na Seção 17D, embora elas possam se deslocar ao longo do eixo dos potenciais (eixo vertical) como consequência de forças iônicas mais elevadas. Os pontos finais são determinados pelos métodos descritos anteriormente neste Capítulo.

19H | Determinação Potenciométrica de Constantes de Equilíbrio

Os valores numéricos para as constantes do produto de solubilidade, de dissociação e de formação são avaliadas de maneira conveniente por meio de medidas de potenciais de células. Uma virtude importante dessa técnica é que a medida pode ser realizada sem afetar apreciavelmente qualquer equilíbrio que possa estar presente na solução. Por exemplo, o potencial de um eletrodo de prata em uma solução contendo íons prata, íons cianeto e o complexo formado entre ambos depende das atividades das três espécies. É possível medir esse potencial com uma corrente desprezível. Dado que as atividades dos participantes não se alteram durante a medida, a posição do equilíbrio

$$Ag^+ + 2CN^- \rightleftharpoons Ag(CN)_2^-$$

não deverá ser perturbada.

EXEMPLO 19-3

Calcule a constante de formação K_f para o $Ag(CN)_2^-$

$$Ag^+ + 2CN^- \rightleftharpoons Ag(CN)_2^-$$

se a célula

$$SCE \| Ag(CN)_2^- (7{,}50 \times 10^{-3}\,mol\,L^{-1}),\ CN^- (0{,}0250\,mol\,L^{-1}) | Ag$$

desenvolve um potencial de −0,625 V.

Solução

Procedendo como nos exemplos anteriores, temos

$$Ag^+ + e^- \rightleftharpoons Ag(s) \qquad E^0 = +0{,}799\,V$$

$$-0{,}625 = E_{direita} - E_{esquerda} = E_{Ag^+} - 0{,}244$$

$$E_{Ag^+} = -0{,}625 + 0{,}244 = -0{,}381\,V$$

Então aplicamos a equação de Nernst para o eletrodo de prata para encontrar que

$$-0{,}381 = 0{,}799 - \frac{0{,}0592}{1} \log \frac{1}{[Ag^+]}$$

$$\log[Ag^+] = \frac{-0{,}381 - 0{,}799}{0{,}0592} = -19{,}93$$

$$[Ag^+] = 1{,}2 \times 10^{-20}$$

$$K_f = \frac{[Ag(CN)_2^-]}{[Ag^+][CN^-]^2} = \frac{7{,}50 \times 10^{-3}}{(1{,}2 \times 10^{-20})(2{,}5 \times 10^{-2})^2}$$

$$= 1{,}0 \times 10^{21} \approx 1 \times 10^{21}$$

Em teoria, qualquer sistema de eletrodo no qual participam os íons hidrogênio pode ser utilizado para avaliar as constantes de dissociação de ácidos e bases.

EXEMPLO 19-4

Calcule a constante de dissociação K_{HP} para o ácido fraco HP se a célula

$$SCE \| HP(0{,}010 \text{ mol L}^{-1}), \text{NaP}(0{,}040 \text{ mol L}^{-1}) | Pt, H_2 (1{,}00 \text{ atm})$$

desenvolve um potencial de $-0{,}591$ V.

Solução

O diagrama dessa célula indica que o eletrodo saturado de calomelano é o da esquerda. Portanto,

$$E_{célula} = E_{direita} - E_{esquerda} = E_{direita} - 0{,}244 = -0{,}591 \text{V}$$
$$E_{direita} = -0{,}591 + 0{,}244 = -0{,}347 \text{V}$$

Então aplicamos a equação de Nernst para o eletrodo de hidrogênio para descobrir que

$$-0{,}347 = 0{,}000 - \frac{0{,}0592}{2} \log \frac{1{,}00}{[H_3O^+]^2}$$

$$= 0{,}000 + \frac{2 \times 0{,}0592}{2} \log[H_3O^+]$$

$$\log[H_3O^+] = \frac{-0{,}347 - 0{,}000}{0{,}0592} = -5{,}86$$

$$[H_3O^+] = 1{,}38 \times 10^{-6}$$

Substituindo esse valor da concentração dos íons hidrônio, bem como as concentrações do ácido fraco e de sua base conjugada na expressão da constante de dissociação, obtemos

$$K_{HP} = \frac{[H_3O^+][P^-]}{HP} = \frac{(1{,}38 \times 10^{-6})(0{,}040)}{0{,}010} = 5{,}5 \times 10^{-6}$$

Química Analítica On-line

Busque sites que lidem com tituladores potenciométricos. Essa busca deve revelar empresas como Spectralab, Analyticon, Fox Scientific, Metrohm, Mettler-Toledo e Thermo Orion. Acesse um ou dois sites e explore os tipos de tituladores que estão comercialmente disponíveis. Nos sites de dois fabricantes diferentes, encontre notas ou boletins para a determinação de dois analitos por titulação potenciométrica. Para cada um deles, liste o analito, o instrumento e os reagentes que são necessários para a determinação e as exatidões e precisões esperadas para os resultados. Descreva detalhadamente os aspectos relacionados com a química por trás de cada determinação, assim como o procedimento experimental.

Resumo do Capítulo 19

- Células para determinações potenciométricas.
- Medida de potenciais de célula.
- Determinação do pH com o eletrodo de vidro.
- Determinação de íons com eletrodos de membrana.
- Calibração de eletrodo e os erros associados.
- O método de adições de padrão nas determinações potenciométricas.
- Determinação de constantes de equilíbrio pelos métodos potenciométricos.

Termos-chave

Coeficiente de seletividade, 512
Eletrodo de vidro, 506
Eletrodos de membrana cristalina, 516
Eletrodos de membrana líquida, 512
Eletrodos de íons, 513
Eletrodos de referência, 501
Eletrodos do primeiro tipo, 504
Eletrodos do segundo tipo, 504
Eletrodos indicadores de membrana, 506
Eletrodos metálicos inertes, 505
Eletrodos P-íon, 506
Eletrodos sensíveis a gás, 518
Erro ácido, 512
Erro alcalino, 510
Erro de carga, 522
Membrana de vidro, 506
Potencial de assimetria, 509
Potencial de interface, 508
Potenciais de junção líquida, 503
Potenciais de membrana, 508
Sondas sensíveis a gás, 518
Titulação potenciométrica, 530
Transistores de efeito de campo seletivos a íon (ISFET), 516

Equações Importantes

$$E_{célula} = E_{ind} - E_j$$

$$E_{ind} = E^0_{X^{n+}/X} + \frac{0,0592}{n} \log a_{X^{n+}} = E^0_{X^{n+}/X} - \frac{0,0592}{n} pX$$

$$E_i = L + 0,0592 \log a_1 = L - 0,0592\, pH$$

$$E_i = L' + 0,0592 \log(a_1 + k_{H,B} b_1)$$

$$pX = -\log a_X = -\frac{(E_{célula} - C)}{0,0592/n} = -\frac{n(E_{célula} - C)}{0,0592}$$

$$pA = \frac{(E_{célula} - C)}{0,0592/n} = \frac{n(E_{célula} - C)}{0,0592}$$

$$\text{erro percentual relativo} = \frac{\Delta a_1}{a_1} \times 100\% = 38,9\, n\Delta K \times 100\%$$

$$= 3,89 \times 10^3\, n\Delta K\,\% \approx 4,000\, n\Delta K\,\%$$

$$pH_D = pH_T - \frac{(E_D - E_T)}{0,0592}$$

Questões e Problemas*

19-1. Descreva ou defina brevemente
*(a) eletrodo indicador.
(b) eletrodo de referência.
*(c) eletrodo do primeiro tipo.
(d) eletrodo do segundo tipo.

19-2. Descreva ou defina brevemente
*(a) potencial de junção líquida.
(b) potencial de interface.
*(c) potencial de assimetria.
(d) eletrodo de combinação.

*19-3. Você precisa escolher entre determinar um analito por meio da medida de um potencial de eletrodo ou realizando uma titulação. Explique qual seria sua escolha se você precisasse saber
(a) a quantidade absoluta do analito para algumas partes por milhão
(b) a atividade do analito.

19-4. Qual o significado do termo comportamento Nernstiano para um eletrodo indicador?

*19-5. Descreva as fontes de dependência do pH de um eletrodo de membrana de vidro.

19-6. Por que é necessário que a membrana de vidro de um eletrodo sensível ao pH seja bastante higroscópica?

*19-7. Liste várias fontes de incertezas em medidas de pH feitas com um sistema de eletrodos vidro/calomelano.

19-8. Que fatores experimentais limitam o número de algarismos significativos na resposta de um eletrodo de membrana?

*19-9. Descreva o erro alcalino na medida do pH. Sob quais circunstâncias esse erro é significativo? Como as medidas de pH são afetadas pelo erro alcalino?

19-10. Como as sondas sensíveis a gás diferem de outros eletrodos de membrana?

19-11. Quais são as fontes do
(a) potencial de assimetria em um eletrodo de membrana?
*(b) potencial de interface em um eletrodo de membrana?
(c) potencial de junção em um sistema de eletrodos vidro/calomelano?
*(d) potencial de um eletrodo de membrana cristalina empregado para determinar a concentração de F^-?

*19-12. Como a informação fornecida por uma medida potenciométrica direta do pH difere daquela obtida por uma titulação potenciométrica ácido/base?

19-13. Apresente as vantagens de uma titulação potenciométrica sobre uma medida potenciométrica direta.

19-14. Qual a "definição operacional do pH"? Por que é utilizada?

*19-15. (a) Calcule E^0 para o processo

$$AgIO_3(s) + e^- \rightleftharpoons Ag(s) + IO_3^-$$

(b) Utilize a notação simplificada para descrever uma célula, que consiste em um eletrodo de referência de calomelano saturado e um eletrodo indicador de prata que poderia ser empregado para medir pIO_3.
(c) Desenvolva uma equação que relacione o potencial da célula descrita em (b) a pIO_3.
(d) Calcule pIO_3 se a célula do item (b) apresentasse um potencial de 0,306 V.

19-16. (a) Calcule E^0 para o processo

$$PbCl_2(s) + e^- \rightleftharpoons Pb(s) + 2Cl^-$$

(b) Use a notação simplificada para descrever uma célula que consiste em um eletrodo de referência de calomelano saturado e um eletrodo indicador de chumbo que poderia ser empregada para medir pCl.
(c) Gere uma equação que relacione o potencial dessa célula a pCl.
(d) Calcule pI se essa célula apresentasse um potencial de −0,402 V.

19-17. Utilize a notação simplificada para descrever uma célula composta por um eletrodo de referência de calomelano saturado e um eletrodo indicador de prata para a medida de
*(a) pI.
(b) pCl.
*(c) pPO_4.
(d) pCN

19-18. Gere uma equação que relacione pÂnion a $E_{célula}$ para cada uma das células do Problema 19-17.

19-19. Calcule
*(a) pI se a célula no Problema 19-17(a) tiver um potencial de −196 mV.
(b) pCl se a célula no Problema 19-17(b) tiver um potencial de 0,137 V.
(c) pPO_4 se a célula no Problema 19-17(c) tiver um potencial de 0,211 V.
(d) pCN se a célula no Problema 19-17(d) tiver um potencial de −9,95 mV.

*19-20. A célula

$$SCE \| Ag_2CrO_4(saturado), (x\ mol\ L^{-1}) | Ag$$

é empregada na determinação de $pCrO_4$. Calcule $pCrO_4$ quando o potencial da célula for 0,389 V.

*As respostas para as questões e problemas marcados com um asterisco são fornecidas no final deste livro.

*19-21. A célula

$$\text{SCE} \parallel \text{H}^+(a = x) \mid \text{eletrodo de vidro}$$

tem um potencial de 0,2106 V quando a solução no compartimento do lado direito é um tampão de pH 4,006. Os seguintes potenciais são obtidos quando o tampão é substituído por soluções desconhecidas: (a) −0,2902 V e (b) +0,1241 V. Calcule o pH e a atividade dos íons hidrogênio para cada uma das soluções desconhecidas. (c) Considerando-se uma incerteza de 0,002 V no potencial de junção, qual a faixa de atividade dos íons hidrogênio na qual se espera que esteja inserido o valor verdadeiro?

*19-22. Uma amostra de 0,4021 g de um ácido orgânico purificado foi dissolvida em água e titulada potenciometricamente. Um gráfico dos dados revelou um único ponto final alcançado após a introdução de 18,62 mL de NaOH 0,1243 mol L^{-1}. Calcule a massa molar do ácido.

19-23. Calcule o potencial de um eletrodo indicador de prata *versus* um eletrodo de calomelano saturado, após a adição de 5,00; 15,00; 25,00; 30,00; 35,00; 39,00; 39,50; 36,60; 39,70; 39,80; 39,90; 39,95; 39,99; 40,00; 40,01; 40,05; 40,10; 40,20; 40,30; 40,40; 40,50; 41,00; 45,00; 50,00; 55,00 e 70,00 mL de AgNO$_3$ 0,1000 mol L^{-1} a 50,00 mL de KSeCN 0,0800 mol L^{-1}. Construa uma curva de titulação e um gráfico com a primeira e a segunda derivadas desses dados. (K_{ps} para o AgSeCN = 4,20 × 10^{-16}.)

19-24. Uma alíquota de 40,00 mL de HNO$_2$ 0,05000 mol L^{-1} é diluída a 75,00 mL e titulada com Ce^{4+} 0,0800 mol L^{-1}. O pH da solução é mantido em 1,00 durante a titulação; o potencial formal do sistema cério é 1,44 V.

  (a) Calcule o potencial do eletrodo indicador, em relação ao eletrodo de referência de calomelano saturado após a adição de 5,00; 10,00; 15,00; 25,00; 40,00; 49,00; 49,50; 49,60; 49,70; 49,80; 49,90; 49,95; 49,99; 50,00; 50,01; 50,05; 50,10; 50,20; 50,30; 50,40; 50,50; 51,00; 60,00; 75,00 e 90,00 mL de cério(IV).

  (b) Construa uma curva de titulação para esses dados.

  (c) Gere curvas da primeira e da segunda derivadas para os dados. O volume no qual a segunda derivada passa pelo zero corresponde ao ponto de equivalência teórico? Sim ou não, por quê?

19-25. A titulação de Fe(II) com permanganato gera uma curva de titulação particularmente assimétrica por causa dos diferentes números de elétrons envolvidos nas semirreações. Considere a titulação de 25,00 mL de Fe(II) 0,1 mol L^{-1} com MnO$_4^-$ 0,1 mol L^{-1}. A concentração de H$^+$ é mantida em 1,0 mol L^{-1} durante a titulação. Utilize uma planilha eletrônica de cálculo para gerar uma curva de titulação teórica e gráficos da primeira e segunda derivadas. Os pontos de inflexão obtidos pelo ponto máximo da primeira derivada ou pelo ponto que passa pelo zero na segunda derivada correspondem ao ponto de equivalência? Explique.

*19-26. A concentração de Na$^+$ de uma solução foi determinada por medidas realizadas com um eletrodo seletivo de íon sódio. O sistema de eletrodos desenvolveu um potencial de −0,2462 V quando imerso em 10,00 mL da solução de concentração desconhecida. Após a adição de 1,00 mL de NaCl 2,00 × 10^{-2} mol L^{-1}, o potencial variou para −0,1994 V. Calcule a concentração de Na$^+$ na solução original.

19-27. A concentração de F$^-$ de uma solução foi determinada por medidas realizadas com um eletrodo de membrana líquida. O sistema de eletrodos desenvolveu um potencial de 0,5021 V quando imerso em 25,00 mL da solução da amostra e 0,4213 V após a adição de 2,00 mL de NaF 5,45 × 10^{-2} mol L^{-1}. Calcule pF para a amostra.

19-28. Um eletrodo seletivo de íons para lítio forneceu os potenciais a seguir para as seguintes soluções padrão de LiCl e para duas amostras de concentrações desconhecidas:

Solução (a_{Li^+})	Potencial *vs.* SCE, mV
0,100 mol L^{-1}	+1,0
0,050 mol L^{-1}	−30,0
0,010 mol L^{-1}	−60,0
0,001 mol L^{-1}	−138,0
Amostra 1	−48,5
Amostra 2	−75,3

  (a) Construa uma curva de calibração com o potencial do eletrodo *versus* log a_{Li^+} e determine se o eletrodo obedece à equação de Nernst.

  (b) Utilize um procedimento de linearização baseado em mínimos quadrados para determinar as concentrações das duas amostras.

19-29. Um eletrodo para fluoreto foi empregado para determinar a quantidade de fluoreto em amostras de água potável. Os resultados exibidos na tabela foram obtidos para quatro padrões e duas amostras. A força iônica e o pH foram mantidos constantes.

Solução Contendo F$^-$	Potencial *vs.* ESC, mV
5,00 × 10^{-4} mol L^{-1}	0,02
1,00 × 10^{-4} mol L^{-1}	41,4
5,00 × 10^{-5} mol L^{-1}	61,5
1,00 × 10^{-5} mol L^{-1}	100,2
Amostra 1	38,9
Amostra 2	55,3

(a) Construa um gráfico da curva de calibração do potencial *versus* log[F⁻]. Estabeleça se o sistema de eletrodos apresenta uma resposta nernstiana.

(b) Determine as concentrações desconhecidas de F⁻ nas duas amostras por meio de um procedimento de linearização por mínimos quadrados.

19-30. **Problema Desafiador**: Ceresa, Pretsch e Bakker[13] investigaram três eletrodos seletivos de íons para a determinação da concentração de cálcio. Os três eletrodos empregaram a mesma membrana, porém diferiram na composição da solução interna. O eletrodo 1 era um ESI com uma solução de $CaCl_2$ $1,00 \times 10^{-3}$ mol L⁻¹ e NaCl 0,10 mol L⁻¹. O eletrodo 2 (baixa atividade de Ca^{2+}) tinha uma solução interna contendo a mesma concentração analítica de $CaCl_2$, mas com EDTA $5,0 \times 10^{-2}$ mol L⁻¹ com pH ajustado para 9,0 com NaOH $6,0 \times 10^{-2}$ mol L⁻¹. O eletrodo 3 (alta atividade de Ca^{2+}) tinha uma solução interna de $Ca(NO_3)_2$ 1,00 mol L⁻¹.

(a) Determine a concentração de Ca^{2+} na solução interna do eletrodo 2.

(b) Estabeleça a força iônica da solução do eletrodo 2.

(c) Utilize a equação de Debye-Hückel e determine a atividade do Ca^{2+} no eletrodo 2. Empregue 0,6 nm para o valor de α_X para o Ca^{2+}.

(d) O eletrodo 1 foi utilizado em uma célula com um eletrodo de calomelano saturado para medir soluções padrão de cálcio com atividades variando de 0,001 mol L⁻¹ a $1,00 \times 10^{-9}$ mol L⁻¹. Os seguintes dados foram obtidos:

Atividade de Ca^{2+}, mol L⁻¹	Potencial da Célula, mV mol L⁻¹
$1,0 \times 10^{-3}$	93
$1,0 \times 10^{-4}$	73
$1,0 \times 10^{-5}$	37
$1,0 \times 10^{-6}$	2
$1,0 \times 10^{-7}$	−23
$1,0 \times 10^{-8}$	−51
$1,0 \times 10^{-9}$	−55

Construa um gráfico do potencial da célula *versus* pCa e determine o valor de pCa onde o gráfico desvia significativamente da linearidade. Para a porção linear, estipule a inclinação e a intersecção do gráfico. O gráfico obedece à Equação 19-23, como esperado?

(e) Para o eletrodo 2, os seguintes resultados foram obtidos.

Atividade de Ca^{2+}	Potencial mol L⁻¹ da Célula, V
$1,0 \times 10^{-3}$	228
$1,0 \times 10^{-4}$	190
$1,0 \times 10^{-5}$	165
$1,0 \times 10^{-6}$	139
$5,6 \times 10^{-7}$	105
$3,2 \times 10^{-7}$	63
$1,8 \times 10^{-7}$	36
$1,0 \times 10^{-7}$	23
$1,0 \times 10^{-8}$	18
$1,0 \times 10^{-9}$	17

Novamente, construa um gráfico do potencial da célula *versus* pCa e estabeleça a faixa de linearidade para o eletrodo 2. Determine a inclinação e a intersecção para a porção linear. Esse eletrodo obedece à Equação 19-23 para atividades mais elevadas de Ca^{2+}?

(f) Diz-se que o eletrodo 2 é supernernstiano para as concentrações entre 10^{-7} mol L⁻¹ e 10^{-6} mol L⁻¹. Por que esse termo é empregado? Diz-se que esse eletrodo incorpora Ca^{2+}. O que isso significa e como pode explicar sua resposta?

(g) O eletrodo 3 forneceu os seguintes resultados.

Atividade de Ca^{2+}, mol L⁻¹	Potencial mol L⁻¹ da Célula, V
$1,0 \times 10^{-3}$	175
$1,0 \times 10^{-4}$	150
$1,0 \times 10^{-5}$	123
$1,0 \times 10^{-6}$	88
$1,0 \times 10^{-7}$	75
$1,0 \times 10^{-8}$	72
$1,0 \times 10^{-9}$	71

Construa o gráfico do potencial da célula *versus* pCa e estipule a faixa de linearidade. Novamente, determine a inclinação e a intersecção. Esse eletrodo obedece à Equação 19-23?

(h) Diz-se que o eletrodo 3 libera Ca^{2+}. A partir do artigo, explique esse termo e descreva como pode justificar a resposta.

(i) O artigo fornece alguma explicação alternativa para os resultados experimentais obtidos? Em caso afirmativo, descreva essas alternativas.

---

[13] A. Ceresa; E. Pretsch; E. Bakker, *Anal. Chem.*, v. 72, 2054, 2000, DOI: 10.1021/ac991092h.

CAPÍTULO 20

Eletrólise Completa:[1] Eletrogravimetria e Coulometria

Bryan Bedder/Getty Images Entertainment/Getty Images

A eletrólise é amplamente utilizada comercialmente para produzir coberturas metálicas sobre objetos como para-choques de caminhões, que são recobertos com cromo; talheres, que normalmente são recobertos com prata, e joias, que podem ser recobertas com vários metais preciosos. Outro exemplo de um material recoberto eletroliticamente é o Oscar (mostrado na fotografia), que é oferecido aos premiados pela Academia de Cinema de Hollywood. Cada Oscar mede cerca de 35 cm, não incluída a base, e pesa 3,8 kg. A estatueta é feita à mão em britânio, uma liga feita de estanho, cobre e antimônio, em um molde de aço. Então o molde é eletroliticamente recoberto com cobre. O recobrimento eletrolítico com níquel é aplicado para selar os poros do metal. Depois a estatueta recebe um banho de prata, que adere muito bem ao ouro. Finalmente, após o polimento, a estatueta é recoberta eletroliticamente com ouro 24 quilates e depois recebe um acabamento em laca. A quantidade de ouro depositada no Oscar pode ser determinada pesando-se a estatueta antes e após a etapa final de eletrólise. Essa técnica, chamada eletrogravimetria, é um dos tópicos deste capítulo. Alternativamente, a corrente gerada durante o processo de recobrimento eletrolítico poderia ser integrada para determinar a quantidade total de carga requerida para recobrir eletroliticamente o Oscar. Então, a quantidade de matéria de elétrons necessária poderia ser empregada para calcular a massa de ouro depositada. Esse método, conhecido como coulometria, também é um dos assuntos deste capítulo.

Neste capítulo descrevemos dois métodos eletroanalíticos quantitativos: eletrogravimetria e coulometria.[2] Diferentemente dos métodos potenciométricos, nos quais existe uma corrente líquida e uma reação de célula líquida, a eletrogravimetria e a coulometria são métodos correlatos baseados na eletrólise realizada por tempo suficiente para garantir o término da oxidação ou redução do analito para um produto de composição conhecida. Na eletrogravimetria, o objetivo consiste em determinar a quantidade de analito presente por meio da sua conversão eletrolítica a um produto que é pesado como depósito sobre um dos eletrodos. Em procedimentos

---

[1] NT: A expressão "eletrólise completa" é aqui utilizada no lugar da expressão inglesa *bulk electrolysis* para designar os métodos eletroquímicos nos quais a eletrólise é empregada para converter quantitativamente todo o analito presente na amostra em uma espécie que pode ser pesada (eletrogravimetria) ou aqueles nos quais um reagente é gerado de acordo com a relação estequiométrica entre o número de elétrons empregados no processo eletrolítico e a quantidade de matéria do analito (coulometria). De modo alternativo, um reagente pode ser gerado para combinar com toda a quantidade de analito presente na amostra. A palavra "completa" refere-se, normalmente, a uma redução de 104 vezes na concentração inicial da espécie.
[2] Para informações adicionais a respeito dos métodos contidos neste capítulo, veja A. J. Bard; L. R. Faulkner. *Electrochemical Methods*. 2. ed. Nova York: Wiley, 2001, cap. 11; J. A. Dean. *Analytical Chemistry Handbook*. Nova York: McGraw-Hill, 1995, seção 14, p. 14, 93-14, 133.

coulométricos, estabelecemos a quantidade de analito pela medida da quantidade de carga elétrica necessária para convertê-lo completamente a um dado produto.

A eletrogravimetria e a coulometria são moderadamente sensíveis e estão entre as técnicas mais exatas e precisas disponíveis aos químicos. Assim como as técnicas gravimétricas discutidas no Capítulo 10, a eletrogravimetria não requer calibrações preliminares contra padrões químicos, porque a relação funcional entre a grandeza medida e a concentração do analito pode ser estipulada a partir da teoria e dos dados de massa atômica.

》 Frequentemente, a eletrogravimetria e a coulometria podem exibir exatidões na faixa de poucas partes por mil.

Uma vez que esse tópico ainda não foi discutido, ou seja, o que ocorre quando a corrente está presente em uma célula eletroquímica, iniciaremos com uma discussão a esse respeito. Assim, inicialmente, abordaremos o efeito da corrente em uma célula. Então, descreveremos os métodos de eletrólise completa em detalhes. Os métodos voltamétricos descritos no Capítulo 21 também requerem uma corrente líquida na célula, mas empregam eletrodos com áreas muito inferiores, de modo que não ocorram variações significativas da concentração total em solução.

20A O Efeito da Corrente no Potencial da Célula

Quando há uma corrente líquida em uma célula eletroquímica, o potencial medido entre os dois eletrodos não corresponde mais simplesmente à diferença entre os dois potenciais de eletrodo, da maneira como calculado pela equação de Nernst. Dois fenômenos adicionais, a **queda IR** e a **polarização**, devem ser considerados quando uma corrente se faz presente. Por causa desses fenômenos, potenciais superiores aos potenciais termodinâmicos são necessários para operar uma célula eletrolítica. Quando presentes em uma célula galvânica, a queda IR e a polarização resultam no desenvolvimento de potenciais menores que aqueles previstos.

Vamos examinar esses dois fenômenos detalhadamente. Como exemplo, considere a seguinte célula eletrolítica para a determinação de cádmio(II) em soluções de ácido clorídrico por eletrogravimetria ou coulometria:

$$\text{Ag} \mid \text{AgCl}(s), \text{Cl}^-(0{,}200 \text{ mol L}^{-1}), \text{Cd}^{2+}(0{,}00500 \text{ mol L}^{-1}) \mid \text{Cd}$$

André Marie Ampère (1775-1836), matemático e físico francês, foi o primeiro a aplicar a matemática no estudo da corrente elétrica. Consistente com a definição de cargas positivas e negativas de Benjamin Franklin, Ampère definiu uma corrente positiva como o sentido do fluxo de cargas positivas. Embora saibamos atualmente que elétrons negativos carregam corrente em metais, a definição de Ampère sobreviveu até os dias atuais. A unidade de corrente, o ampère, foi assim nomeada em sua homenagem.

Células similares podem ser utilizadas para determinar Cu(II) e Zn(II) em soluções ácidas. Nessa célula, o eletrodo do lado direito é um eletrodo de metal que foi recoberto com uma camada de cádmio. Como este é o eletrodo no qual ocorre a redução de íons Cd^{2+}, esse eletrodo de trabalho funciona como catodo. O eletrodo da esquerda é um eletrodo de prata/cloreto de prata, cujo potencial de eletrodo permanece aproximadamente constante durante a análise. O eletrodo da esquerda é, portanto, o **eletrodo de referência**. Observe que este é um exemplo de uma célula sem junção líquida. Como mostrado no Exemplo 20-1, essa célula, como escrita, tem um potencial termodinâmico de −0,734 V. O sinal negativo da célula indica que a reação espontânea *não* é a redução do Cd^{2+}, à direita, nem a oxidação de Ag, à esquerda. Para reduzir Cd^{2+} em Cd, precisamos construir uma célula eletrolítica e *aplicar* um potencial um pouco mais negativo que −0,734 V. Essa célula pode ser vista na **Figura 20-1**. Aplicando um potencial mais negativo que o potencial termodinâmico, forçamos o eletrodo de Cd a tornar-se o catodo e fazemos com que ocorra uma reação líquida mostrada na Equação 20-1, no sentido da esquerda para a direita.

Corrente é a grandeza do fluxo de carga em um circuito ou solução. Um ampère de corrente refere-se a um fluxo de carga de 1 coulomb por segundo (1 A = 1 C s^{-1}).

Voltagem, a diferença de potencial elétrico, é a energia potencial que resulta da separação das cargas. Um volt de potencial elétrico resulta quando 1 joule de energia potencial é requerido para separar 1 coulomb de cargas (1 V = 1 J C^{-1}).

$$Cd^{2+} + 2Ag(s) + 2Cl^- \rightarrow Cd(s) + 2AgCl(s) \qquad (20\text{-}1)$$

Observe que essa célula é reversível; assim, na ausência da fonte de voltagem externa exposta na figura, a reação espontânea da célula é aquela da direita para a esquerda, no sentido da oxidação do Cd(s) para Cd^{2+}. Se permitíssemos que a reação espontânea ocorresse por um curto-circuito na célula galvânica, o eletrodo de Cd seria o anodo.

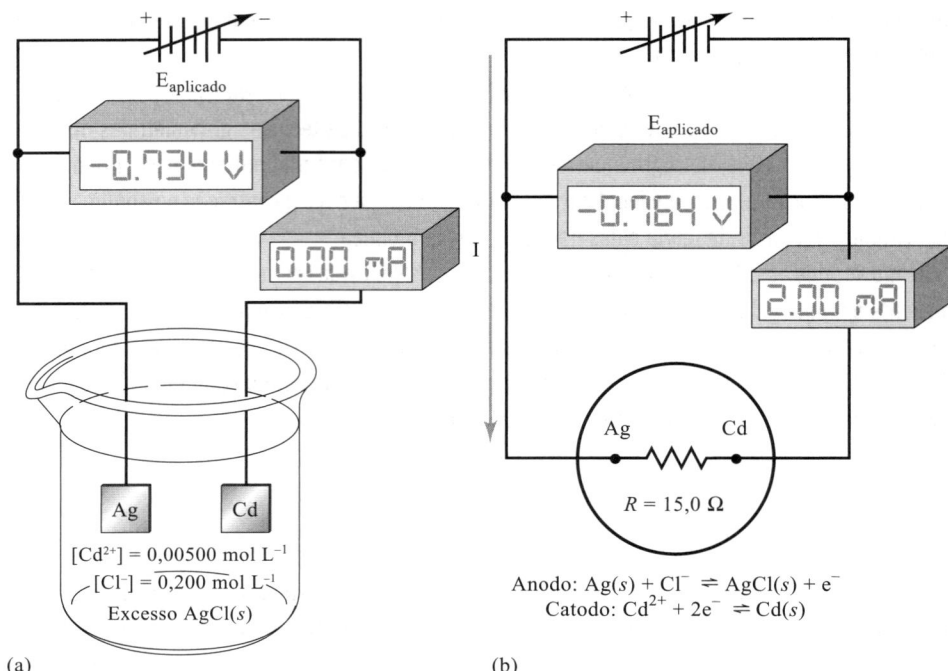

FIGURA 20-1
Uma célula eletrolítica para a determinação de Cd^{2+}. (a) Corrente = 0,00 mA. (b) Representação esquemática da célula (a) com uma resistência interna da célula representada por um resistor de 15,0 Ω e $E_{aplicado}$ aumentado para gerar uma corrente de 2,00 mA.

20A-1 Potencial Ôhmico; Queda IR

>> Lei de Ohm: $E = IR$ ou $I = E/R$. A unidade de resistência é o ohm (Ω). Um ohm é igual a 1 volt por ampère. Portanto, o produto IR tem unidade de ampères × volts/ampère = volts.

Células eletroquímicas, como os condutores metálicos, resistem à passagem de carga. A lei de Ohm descreve o efeito dessa resistência na grandeza da corrente na célula. O produto da resistência R de uma célula em ohms (Ω) pela corrente I em ampères (A) é chamado *potencial ôhmico* ou *queda IR* da célula. Na Figura 20-1b, empregamos um resistor R para representar a resistência da célula na Figura 20-1a. Para gerar uma corrente de I ampères nessa célula, precisamos aplicar um potencial que seja IR mais negativo que o potencial termodinâmico da célula, $E_{célula} = E_{direita} - E_{esquerda}$. Isto é,

$$E_{aplicado} = E_{célula} - IR \tag{20-2}$$

Corrente contínua (cc) é a corrente que está sempre em uma direção; é unidirecional. A direção da **corrente alternada (ca)** se inverte periodicamente. Também podemos falar de fontes de voltagem que são unidirecionais (cc) ou de polaridade alternada (ca). Os termos ca e cc também são empregados para descrever fontes de energia, circuitos e componentes projetados para operação alternada ou unipolar, respectivamente. Frequentemente, às fontes de voltagem cc são dados os símbolos com as polaridades + e − indicadas, como mostrado na Figura 20-1. Uma seta através da bateria indica que a fonte de voltagem é variável e pode ser controlada de forma a se obter diversos valores de cc.

Normalmente tentamos minimizar a queda IR empregando uma célula com resistência muito pequena (força iônica elevada) ou pelo uso de uma **célula de três eletrodos** especial (veja a Seção 20C-2), na qual a corrente passa entre o eletrodo de trabalho e um **eletrodo auxiliar**, ou **contador**. Com esse arranjo, apenas uma corrente muito pequena passará entre o eletrodo de trabalho e o eletrodo de referência, consequentemente diminuindo a queda IR.

EXEMPLO 20-1

A célula mostrada a seguir foi utilizada na determinação de cádmio na presença de íons cloreto tanto por eletrogravimetria quanto por coulometria:

$$Ag\,|\,AgCl(s),\,Cl^-(0,200\text{ mol L}^{-1}),\,Cd^{2+}(0,00500\text{ mol L}^{-1})\,|\,Cd$$

Calcule o potencial (a) que precisa ser aplicado para prevenir que a corrente se desenvolva na célula quando os dois eletrodos forem conectados e (b) aquele que devemos aplicar para causar o desenvolvimento de uma corrente eletrolítica de 2,00 mA. Considere que a resistência interna da célula seja 15,0 Ω.

(continua)

> **Resolução**
>
> (a) No Apêndice 5, encontramos os seguintes potenciais padrão de redução:
>
> $$Cd^{2+} + 2e^- \rightleftharpoons Cd(s) \qquad E^0 = -0,403 \text{ V}$$
> $$AgCl(s) + e^- \rightleftharpoons Ag(s) + Cl^- \qquad E^0 = 0,222 \text{ V}$$
>
> O potencial do eletrodo de cádmio é
>
> $$E_{\text{direita}} = -0,403 - \frac{0,0592}{2} \log \frac{1}{0,00500} = -0,471 \text{ V}$$
>
> e para o eletrodo de prata é
>
> $$E_{\text{esquerda}} = 0,222 - 0,0592 \log (0,200) = 0,263 \text{ V}$$
>
> Visto que a corrente deve ser igual a 0,00 mA, da Equação 20-2 descobrimos que,
>
> $$E_{\text{aplicado}} = E_{\text{célula}} = E_{\text{direita}} - E_{\text{esquerda}}$$
> $$= -0,471 - 0,263 = -0,734 \text{ V}$$
>
> Para prevenir a passagem de corrente nessa célula, precisamos aplicar uma voltagem de −0,734 V, como mostrado na Figura 20-1a. Note que, para obter uma corrente de 0,00 mA, a voltagem aplicada precisa ser exatamente equivalente ao potencial da célula. Essa exigência é a base para uma medida do potencial da célula galvânica feita de forma comparativa de nulo, com uma elevada precisão. Empregamos uma fonte de voltagem padrão variável para gerar a voltagem aplicada e ajustamos sua saída até que a corrente de 0,00 mA seja obtida. Nesse *ponto de nulo*, a voltagem padrão é lida no voltímetro para obter o valor do $E_{\text{célula}}$. Dado que não há corrente no ponto de nulo, esse tipo de medida de voltagem previne o erro de carga discutido na Seção 19E.
>
> (b) Para aplicar o potencial necessário para desenvolver uma corrente de 2,00 mA, ou $2,00 \times 10^{-3}$ A, substituímos na Equação 20-2 para dar
>
> $$E_{\text{aplicado}} = E_{\text{célula}} - IR$$
> $$= -0,734 - 2,00 \times 10^{-3} \text{ A} \times 15 \text{ } \Omega$$
> $$= -0,734 - 0,030 = -0,764 \text{ V}$$
>
> Vemos que, para obter uma corrente de 2,00 mA, como na Figura 20-1b, é necessário um potencial aplicado de −0,764 V.

❮❮ Para obter uma corrente de 0,00 mA, a voltagem aplicada deve coincidir exatamente com o potencial da célula galvânica. Esse processo é a base para a medida de comparação nula do potencial da célula.

20A-2 Efeitos de Polarização

Se resolvermos a Equação 20-2 em termos da corrente I, obteremos

$$I = \frac{E_{\text{célula}} - E_{\text{aplicado}}}{R} = -\frac{E_{\text{aplicado}}}{R} + \frac{E_{\text{célula}}}{R} \qquad (20\text{-}3)$$

Note que um gráfico da corrente em uma célula eletrolítica *versus* o potencial aplicado deve ser uma linha reta com uma inclinação igual ao recíproco negativo da resistência, $-1/R$, e uma intersecção igual a $E_{\text{célula}}/R$. Como pode ser visto na **Figura 20-2**, o gráfico é linear para correntes baixas. Nesse experimento, as medidas foram feitas em um tempo suficientemente curto para que nenhum dos potenciais de eletrodo variasse significativamente como consequência da reação eletrolítica. À medida que a voltagem aplicada aumenta, a corrente finalmente começa a se desviar da linearidade.

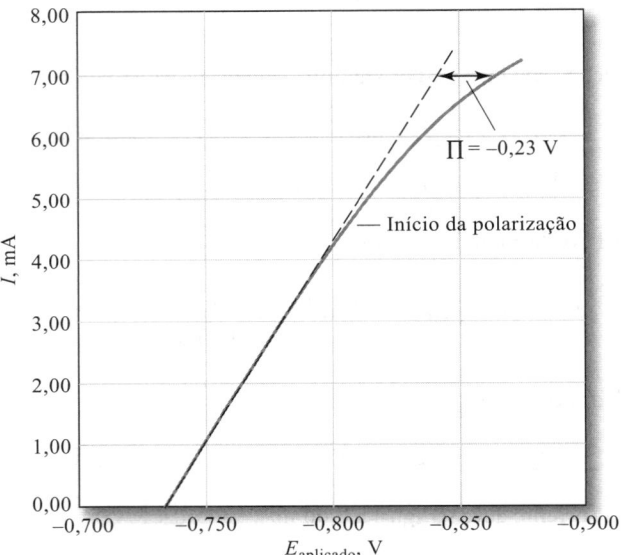

FIGURA 20-2

Curva experimental corrente/voltagem para a operação da célula mostrada na Figura 20-1. A linha pontilhada representa a curva teórica, considerando a inexistência de polarização. A sobrevoltagem Π é a diferença de potencial entre as curvas teórica e a experimental.

O termo **polarização** refere-se ao desvio do potencial de eletrodo do valor previsto pela equação de Nernst sob a passagem de corrente. As células que apresentam comportamentos não lineares sob correntes elevadas exibem polarização e o grau de polarização é dado por uma **sobrevoltagem**, ou **sobrepotencial**, a qual é simbolizado por Π na figura. Observe que a polarização requer a aplicação de um potencial maior que o valor teórico para fornecer uma corrente de grandeza esperada. Assim, o sobrepotencial requerido para alcançar uma corrente de 7,00 mA na célula eletrolítica da Figura 20-2 é cerca de −0,23 V. Então, para uma célula eletrolítica afetada pela sobrevoltagem, a Equação 20-2 torna-se

$$E_{\text{aplicado}} = E_{\text{célula}} - IR - \Pi \tag{20-4}$$

A **polarização** é o desvio do potencial do eletrodo de seu valor teórico com base na equação de Nernst sob a passagem de corrente. A **sobrevoltagem** é a diferença de potencial entre o potencial teórico da célula da Equação 20-2 e do potencial verdadeiro da célula a um determinado nível de corrente.

A polarização é um fenômeno de eletrodo que pode afetar um ou os dois eletrodos em uma célula. O grau de polarização de um eletrodo varia amplamente. Em alguns casos, se aproxima de zero, mas em outros pode ser tão grande que a corrente na célula se torna independente do potencial. Sob essa circunstância, a polarização é considerada completa. Fenômenos de polarização podem ser divididos em duas categorias: **polarização de concentração** e **polarização cinética**.

>> Fatores que influenciam a polarização incluem
(1) tamanho, forma e composição do eletrodo;
(2) composição da solução eletrolítica; (3) temperatura e velocidade de agitação;
(4) nível de corrente; e
(5) o estado físico das espécies participantes na região da célula.

Polarização de Concentração

A polarização de concentração ocorre por causa da velocidade finita de **transferência de massa** da solução para a superfície do eletrodo. A transferência de elétrons entre uma espécie reativa em uma solução e um eletrodo pode ter lugar apenas na região de interface localizada imediatamente adjacente à superfície do eletrodo; essa região é apenas uma fração de um nanômetro de espessura e contém um número limitado de íons ou moléculas reativas. Para que exista uma corrente estável em uma célula, a região de interface precisa ser continuamente reabastecida com o reagente a partir do seio da solução. Em outras palavras, à medida que íons ou moléculas do reagente são consumidos na reação eletroquímica, mais material precisa ser transportado para a camada da superfície a uma velocidade que seja suficiente para manter a corrente. Por exemplo, para ter uma corrente de 2,0 mA na célula descrita na Figura 20-1b, é necessário transportar íons cádmio para a

A **transferência de massa** é o movimento de material, por exemplo, de íons, de um lugar para outro.

superfície do catodo a uma velocidade em torno de 1×10^{-8} mol s^{-1} ou 6×10^{15} íons cádmio por segundo. De maneira similar, íons prata precisam ser removidos da superfície do anodo a uma velocidade de 2×10^{-8} mol s^{-1}.[3]

A polarização de concentração ocorre quando as espécies reagentes não chegam à superfície do eletrodo ou quando as espécies produzidas não deixam a superfície do eletrodo de maneira suficientemente rápida para manter a corrente desejada. Quando estes eventos acontecem, a corrente é limitada a valores menores que os previstos pela Equação 20-2.

Reagentes são transportados para a superfície de um eletrodo por três mecanismos: **difusão**, **migração** e **convecção**. Os produtos são removidos da superfície do eletrodo das mesmas maneiras.

Difusão. Quando há uma diferença de concentração entre duas regiões de uma solução, os íons ou as moléculas se movem a partir da região mais concentrada para a região mais diluída. Esse processo é chamado **difusão** e leva, em última instância, ao desaparecimento do gradiente de concentração. A velocidade de difusão é diretamente proporcional à diferença de concentração. Por exemplo, quando íons cádmio são depositados em um eletrodo de cádmio, como ilustrado na **Figura 20-3a**, a concentração de Cd^{2+} na superfície do eletrodo $[Cd^{2+}]_0$ torna-se menor que aquela do seio da solução. A diferença entre a concentração na superfície e a concentração na solução, $[Cd^{2+}]$, cria um *gradiente* de concentração que provoca a difusão dos íons cádmio do seio da solução para a camada da superfície próxima ao eletrodo (veja a **Figura 20-3b**).

>> Reagentes são transportados para o eletrodo e os produtos são transportados para longe do eletrodo por difusão, migração e convecção.

Difusão é o movimento de uma espécie sob a influência de um gradiente de concentração. É o processo que provoca o movimento de íons ou moléculas de uma parte mais concentrada da solução para uma região mais diluída.

A velocidade de difusão é dada por

$$\text{taxa de difusão para superfície do catodo} = k'([Cd^{2+}] - [Cd^{2+}]_0) \quad (20\text{-}5)$$

onde $[Cd^{2+}]$ é a concentração do reagente no seio da solução, $[Cd^{2+}]_0$ é sua concentração de equilíbrio na superfície do eletrodo e k' é uma constante de proporcionalidade ou velocidade. O valor de $[Cd^{2+}]_0$ a qualquer instante é dado pelo potencial do eletrodo e pode ser calculado pela equação de Nernst. Neste exemplo, encontramos a concentração de íons cádmio na superfície do eletrodo a partir da relação

$$E_{\text{catodo}} = E^0_{Cd^{2+}/Cd} - \frac{0{,}0592}{2} \log \frac{1}{[Cd^{2+}]_0}$$

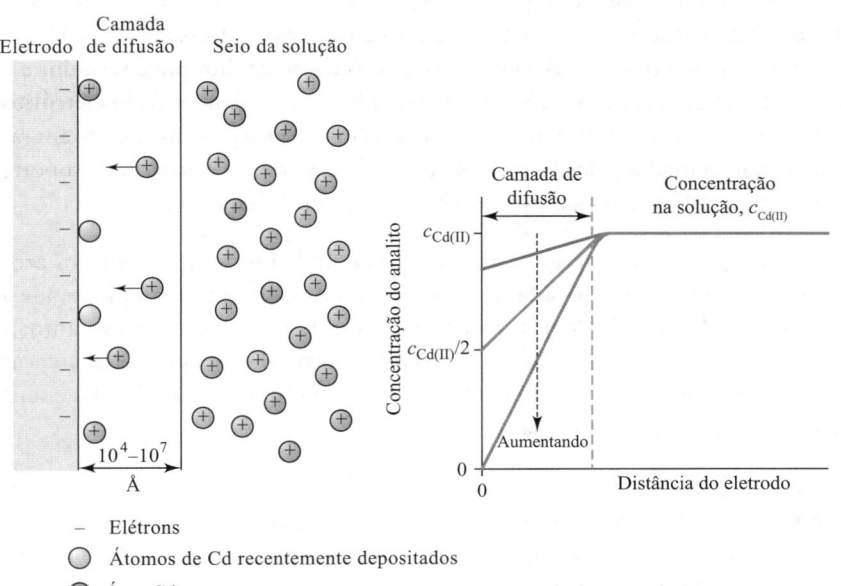

FIGURA 20-3

Diagrama representativo (a) e gráfico da concentração *versus* distância (b) mostrando variações na concentração na superfície de um eletrodo de cádmio. À medida que íons Cd^{2+} são reduzidos a átomos de Cd na superfície do eletrodo, a concentração de íons Cd^{2+} na superfície torna-se menor que aquela no seio da solução. Então os íons difundem da solução para a superfície como resultado do gradiente de concentração. Quanto maior a corrente, maior o gradiente de concentração, até que a concentração na superfície caia a zero, seu menor valor possível. Nesse ponto, a máxima corrente possível, chamada corrente limite, é obtida.

---

[3] Para mais detalhes, veja D. A. Skoog; F. J. Holler; S. R. Crouch. *Principles of Instrumental Analysis*. 7. ed. Boston, MA: Cengage Learning, 2018, p. 589-594.

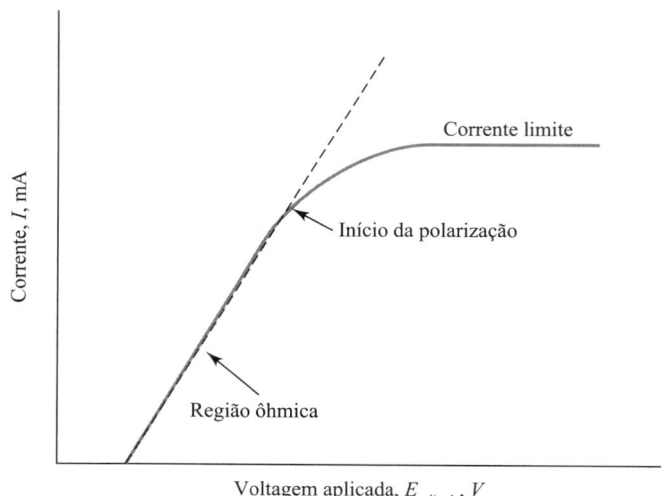

FIGURA 20-4
Curva corrente-potencial para uma eletrólise mostrando a região linear ou ôhmica, o início da polarização e o platô da corrente limite. Na região da corrente limite, diz-se que o eletrodo está completamente polarizado, uma vez que seu potencial pode variar amplamente sem afetar a corrente.

onde E_{catodo} é o potencial aplicado ao catodo. À medida que o potencial aplicado se torna mais e mais negativo, $[Cd^{2+}]_0$ passa a ser cada vez menor. O resultado é que a velocidade de difusão e a corrente se tornam correspondentemente maiores, até que a concentração na superfície caia a zero e a corrente máxima, ou **corrente limite**, seja atingida, como ilustrado na **Figura 20-4**.

A **migração** envolve o movimento de íons por meio de uma solução como resultado da atração eletrostática entre estes e os eletrodos.

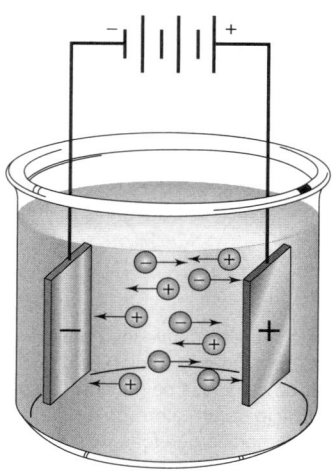

FIGURA 20-5
O movimento de íons ao longo de uma solução em razão da atração eletrostática entre os íons e os eletrodos é chamado *migração*.

Convecção é o transporte de íons ou moléculas por meio de uma solução como resultado da agitação, vibração ou de gradientes de temperatura.

Migração. O processo eletrostático por meio do qual os íons se movem sob a influência de um campo elétrico é chamado **migração**. Esse processo, representado de maneira esquemática na **Figura 20-5**, é a principal causa da transferência de massa no seio da solução de uma célula. A velocidade na qual os íons migram para a superfície do eletrodo ou para longe dela geralmente sobe à medida que o potencial do eletrodo aumenta. Esse movimento de cargas constitui-se em uma corrente, que também se eleva com o potencial. A migração faz com que os ânions sejam atraídos para o eletrodo positivo e os cátions, para o eletrodo negativo. A migração de espécies do analito é indesejável na maioria dos processos eletroquímicos. Queremos reduzir os ânions, bem como os cátions, em um eletrodo de polaridade negativa e oxidar os cátions, assim como os ânions, em um eletrodo positivo. A migração de espécies do analito pode ser minimizada pelo uso de elevadas concentrações de um eletrólito inerte, denominado **eletrólito de suporte**, presente na célula. Então a corrente na célula ocorre principalmente em razão das cargas transportadas pelos íons do eletrólito de suporte. O eletrólito de suporte também serve para reduzir a resistência da célula, diminuindo a queda *IR*.

Convecção. Reagentes podem ser transferidos para ou de um eletrodo por um processo mecânico. A **convecção forçada**, por exemplo, a vibração ou a agitação, tende a reduzir a espessura da camada de difusão na superfície de um eletrodo e, portanto, a diminuir a polarização de concentração. A **convecção natural** resultante de diferenças de temperatura ou densidade também contribui para o transporte de moléculas e íons da solução para o eletrodo e vice-versa.

A Importância da Polarização de Concentração. Como observado anteriormente, a polarização de concentração ocorre quando os efeitos de difusão, migração e convecção são insuficientes para transportar um reagente para a superfície de um eletrodo, ou removê-lo dali, a uma velocidade que produza uma corrente de grandeza dada pela Equação 20-2. A polarização de concentração requer que sejam aplicados potenciais maiores que aqueles calculados a partir dessa equação para manter uma determinada corrente em uma célula eletrolítica (veja a Figura 20-2). De maneira similar, o fenômeno faz com que o potencial de uma célula galvânica seja menor que o valor previsto com base no potencial teórico e da queda *IR*.

Polarização Cinética

Na polarização cinética, a grandeza da corrente é limitada pela velocidade de uma ou das duas reações do eletrodo – isto é, a velocidade de transferência de elétrons entre os reagentes e o eletrodo. Para contrabalançar a polarização cinética, um potencial adicional, ou sobrevoltagem, é requerido para superar a energia de ativação da semirreação.

A polarização cinética é mais pronunciada para os processos de eletrodo que levam a produtos gasosos, porque a cinética de processos de desprendimento de gases é mais complexa e geralmente mais lenta. A polarização cinética pode ser desprezada para deposição ou dissolução de metais como Cu, Ag, Zn, Cd e Hg. Também pode ser significativa, entretanto, para as reações envolvendo metais de transição, como Fe, Cr, Ni e Co. Normalmente, os efeitos cinéticos diminuem com o aumento da temperatura e com a diminuição da densidade de corrente. Esses efeitos também dependem da composição do eletrodo e são mais pronunciados com metais mais macios, como chumbo, zinco e, particularmente, o mercúrio. A grandeza dos efeitos de sobrevoltagem não pode ser prevista a partir da teoria atual e sim apenas estimada a partir de informações empíricas contidas na literatura.[4] Assim como a queda *IR*, os efeitos da sobrevoltagem requerem a aplicação de voltagens superiores àquelas calculadas para operar uma célula eletrolítica a uma determinada corrente. A polarização cinética também faz com que o potencial de uma célula galvânica seja menor que aquele calculado a partir da equação de Nernst e da queda *IR* (veja a Equação 20-2).

As sobrevoltagens associadas à formação de hidrogênio e oxigênio são, geralmente, de 1 V ou mais e são bastante importantes, pois essas moléculas são produzidas, frequentemente, por intermédio de reações eletroquímicas. Por exemplo, a influência da sobrevoltagem de hidrogênio na bateria de chumbo-ácido usada em automóveis é abordada no Destaque 20-1. A alta sobrevoltagem de hidrogênio em metais como cobre, zinco, chumbo e mercúrio é especialmente interessante para propósitos analíticos. Esses metais e vários outros podem, portanto, ser depositados sem interferência da evolução do hidrogênio. Em teoria, não é possível depositar zinco em uma solução aquosa neutra, uma vez que o hidrogênio é formado em um potencial que é consideravelmente menor que aquele necessário para a deposição do zinco. De fato, o zinco pode ser depositado em um eletrodo de cobre sem formação significativa de hidrogênio, porque a velocidade na qual o gás é formado tanto no cobre quanto no zinco é desprezível, como evidenciado pela elevada sobrevoltagem associada a esses metais.

❮❮ As variáveis experimentais que influenciam o grau da polarização de concentração são:
(1) concentração do reagente,
(2) concentração total do eletrólito,
(3) agitação mecânica e
(4) tamanho do eletrodo.

❮❮ Em uma célula cineticamente polarizada, a corrente é controlada pela velocidade de transferência de elétrons em vez da velocidade de transporte de massa.

A **densidade de corrente** é a corrente por unidade de área superficial de um eletrodo.

Polarização cinética é mais comumente encontrada quando o reagente ou produto de uma célula eletroquímica for um gás.

DESTAQUE 20-1

Sobrevoltagem e Baterias de Chumbo-Ácido

Se não fosse pela elevada sobrevoltagem de hidrogênio nos eletrodos de chumbo e óxido de chumbo, as baterias encontradas em automóveis e caminhões (veja **Figura 20D-1**) não funcionariam por causa da formação de hidrogênio no catodo tanto durante a etapa de carga quanto durante o uso. Certos traços de metais no sistema diminuem essa sobrevoltagem e eventualmente levam à gasificação ou formação de hidrogênio, consequentemente limitando o tempo de vida da bateria. A diferença fundamental entre uma bateria com garantia de 48 meses e uma de 72 meses é a concentração desses metais traço no sistema. A reação global da célula, quando a célula está descarregando, é

$$Pb(s) + PbO_2(s) + 2HSO_4^- + 2H^+ \rightarrow 2PbSO_4(s) + 2H_2O$$

(continua)

---

[4] Dados a respeito de sobrevoltagem para várias espécies gasosas em diferentes superfícies de eletrodo foram compilados em J. A. Dean. *Analytical Chemistry Handbook*. Nova York: McGraw-Hill, 1995, seção 14, p. 14, 96-14, 97.

A alta sobrevoltagem de hidrogênio significa que a reação $2H^+ + 2e^- \rightarrow H_2(g)$ é tão lenta, que não ocorre a evolução de hidrogênio em uma extensão apreciável, e em vez disso forma-se H_2O.

A bateria de chumbo-ácido comporta-se como uma célula galvânica durante a descarga e como uma célula eletrolítica quando está sendo carregada. Essas baterias que funcionam como células galvânicas foram utilizadas no passado como fontes de tensão em eletrólise. Nos dias atuais, seu emprego foi superado pelas fontes modernas ligadas à rede elétrica.

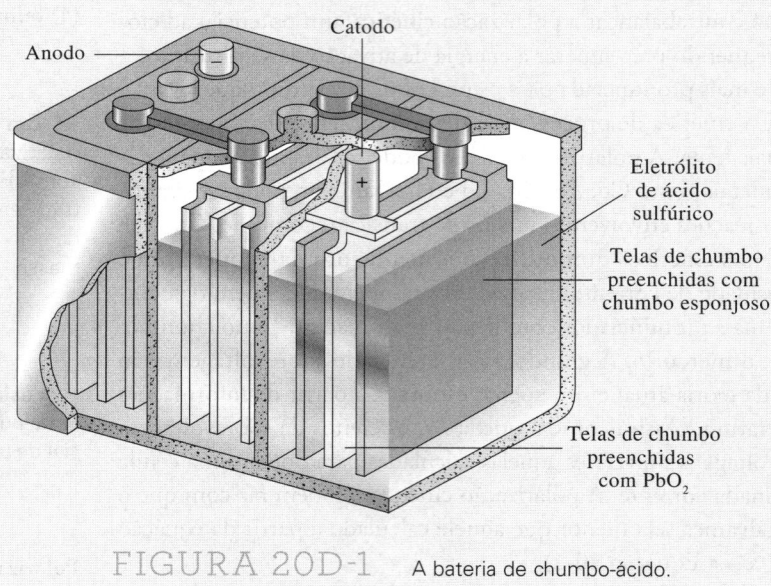

FIGURA 20D-1 A bateria de chumbo-ácido.

20B A Seletividade dos Métodos Eletrolíticos

Em princípio, os métodos eletrolíticos oferecem uma forma relativamente seletiva de separar e determinar inúmeras espécies iônicas. A viabilidade de uma separação e as condições teóricas para realizá-la podem ser derivadas dos potenciais padrão de eletrodo das espécies de interesse, como ilustrado no Exemplo 20-2.

EXEMPLO 20-2

Uma separação quantitativa de Cu^{2+} e Pb^{2+} pela deposição eletrolítica é exequível? Em caso afirmativo, que faixa de potenciais do catodo, em relação ao eletrodo saturado de calomelano (ESC), poderia ser empregada? Considere que a solução contendo a amostra tem uma concentração inicial de 0,1000 mol L^{-1} de cada íon e que a remoção quantitativa de um deles é obtida quando apenas 1 parte em 10.000 permanece em solução (não depositada).

Resolução

No Apêndice 5, encontramos que

$$Cu^{2+} + 2e^- \rightleftharpoons Cu(s) \qquad E^0 = 0,337 \text{ V}$$
$$Pb^{2+} + 2e^- \rightleftharpoons Pb(s) \qquad E^0 = -0,126 \text{ V}$$

Note que, com base nos potenciais padrão, o cobre começará a depositar em voltagens aplicadas mais positivas que o chumbo. Primeiramente, vamos calcular o potencial necessário para reduzir a concentração de Cu^{2+} para 10^{-4} da sua concentração original (isto é, de 0,1000 mol L^{-1} para $1,00 \times 10^{-5}$ mol L^{-1}). Substituindo na equação de Nernst, obtemos

(continua)

$$E = 0,337 - \frac{0,0592}{2}\log\frac{1}{1,00 \times 10^{-5}} = 0,189 \text{ V}$$

De maneira similar, podemos determinar o potencial no qual o chumbo começa a se depositar:

$$E = -0,126 - \frac{0,0592}{2}\log\frac{1}{0,1000} = -0,156 \text{ V}$$

Portanto, se o potencial do catodo for mantido entre 0,189 e −0,156 V, *versus* eletrodo padrão de hidrogênio (EPH), podemos obter uma separação quantitativa. Agora, podemos converter estes potenciais *versus* o ESC subtraindo E_{ESC}:

$$E_{célula} = E_{catodo} - E_{ESC} = 0,189 - 0,244 = -0,055 \text{ V} \qquad \text{ao depositar Cu}$$

e

$$E_{célula} = E_{catodo} - E_{ESC} = -0,156 - 0,244 = -0,400 \text{ V} \qquad \text{ao depositar Pb}$$

Esses resultados indicam que o potencial do catodo deve ser mantido entre −0,055 e −0,400 V, contra o ESC, para depositar Cu sem que quantidades apreciáveis de Pb sejam depositadas.

Cálculos como aqueles no Exemplo 20-2 nos permitem encontrar as diferenças nos potenciais padrão de eletrodo que são teoricamente necessários para determinar um íon sem a interferência de outro. Essas diferenças variam de cerca de 0,04 V para íons trivalentes a aproximadamente 0,24 V para as espécies iônicas monovalentes.

Esses limites de separação teóricos podem ser obtidos apenas mantendo-se o potencial do eletrodo de trabalho (geralmente o catodo, no qual o metal se deposita) no nível requerido. Entretanto, o potencial desse eletrodo pode ser controlado apenas pela variação do potencial aplicado à célula. A Equação 20-4 indica que variações no $E_{aplicado}$ afetam não apenas o potencial do catodo, mas também o do anodo, a queda IR e o sobrepotencial. Por causa desses efeitos, a única maneira prática de realizar a separação de espécies cujos potenciais de eletrodo diferem de alguns décimos de um volt é medindo o potencial do catodo continuamente contra um eletrodo de referência cujo potencial seja conhecido. Então, o potencial de célula aplicado pode ser ajustado para manter o potencial do catodo em um nível desejado. Uma análise realizada dessa forma é chamada **eletrólise de potencial controlado**. Métodos de potencial controlado são discutidos nas Seções 20C-2 e 20D-4.

20C Métodos Eletrogravimétricos

A deposição eletrolítica tem sido empregada por mais de um século na determinação gravimétrica de metais. Na maioria das aplicações, o metal é depositado em um catodo de platina previamente pesado e o aumento da massa é determinado. Alguns métodos empregam a deposição anódica, por exemplo, a determinação de chumbo como dióxido de chumbo em platina e de cloreto como cloreto de prata em prata.

Existem dois tipos gerais de métodos eletrogravimétricos. Em um, não é exercido nenhum controle no potencial do eletrodo de trabalho e o potencial de célula aplicado é mantido em um nível mais ou menos constante, o que fornece uma corrente suficientemente alta para completar a eletrólise em um intervalo de tempo razoável. O segundo tipo é um método de potencial controlado, ou **método potenciostático**.

Em um **método potenciostático**, o potencial no eletrodo de trabalho é mantido em um nível constante contra um eletrodo de referência, como o ESC.

20C-1 Eletrogravimetria sem Controle do Potencial

Os procedimentos nos quais não é exercido nenhum controle do potencial do **eletrodo de trabalho** usam equipamento simples e barato e exigem pouca atenção. Nesses procedimentos, o potencial aplicado à célula é mantido em um nível mais ou menos constante durante a eletrólise.

Um **eletrodo de trabalho** é aquele no qual a reação analítica ocorre.

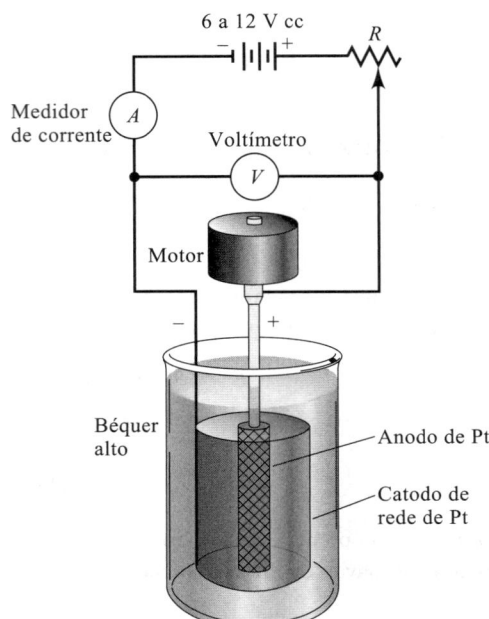

FIGURA 20-6
Equipamento para a eletrodeposição de metais sem controle do potencial do catodo. Note que esta é uma célula com dois eletrodos.

Instrumentação

Como mostrado na **Figura 20-6**, o equipamento para a eletrodeposição analítica sem controle do potencial do catodo consiste em uma célula adequada e uma bateria de corrente contínua de 6 a 12 V. A voltagem aplicada à célula é controlada por um resistor variável, R. Um medidor de corrente e um voltímetro indicam a corrente aproximada e a tensão aplicada. Para realizar uma eletrólise analítica com esse sistema, a tensão aplicada é ajustada com o potenciômetro R para fornecer uma corrente de vários décimos de ampère. Então, a voltagem é mantida próxima do nível inicial até que se considere a deposição completa.

Células de Eletrólise

A Figura 20-6 mostra uma célula típica para a deposição de um metal em um eletrodo sólido. Normalmente, o eletrodo de trabalho tem uma área suficientemente grande na forma de uma rede cilíndrica de platina de 2 ou 3 cm de diâmetro e cerca de 6 cm de comprimento. Os catodos na forma de redes de platina e de várias ligas também têm sido empregados. Frequentemente, como mostrado, o anodo toma a forma de uma barra de agitação sólida de platina que se localiza dentro do catodo e é conectada a ele por meio do circuito externo.

Propriedades Físicas de Precipitados Eletrolíticos

Idealmente, um metal depositado eletroliticamente deve ser fortemente aderente, denso e uniforme, podendo ser lavado, seco e pesado sem perda mecânica ou por reação com o ar atmosférico. Bons depósitos metálicos são finamente granulados e têm um brilho metálico. Precipitados esponjosos, na forma de pó ou flocos, são frequentemente menos puros e menos aderentes que depósitos finamente granulados.

Os principais fatores que influenciam as características físicas de depósitos são a densidade de corrente, a temperatura e a presença de agentes complexantes. Geralmente, os melhores depósitos são formados sob densidades baixas de corrente, tipicamente menores que $0,1$ A cm^{-2}. Isto pode geralmente ser atingido usando um catodo de alta área superficial, como aquele mostrado na Figura 20-6. Uma agitação suave normalmente melhora a qualidade do depósito. Os efeitos da temperatura são imprevisíveis e precisam ser determinados empiricamente.

Geralmente, quando os metais são depositados a partir de soluções de complexos metálicos, formam filmes mais uniformes e aderentes do que quando são depositados a partir de íons simples. Complexos de cianeto e amônia normalmente fornecem os melhores depósitos. As razões para esse efeito não são óbvias.

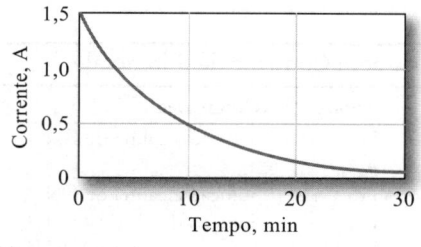

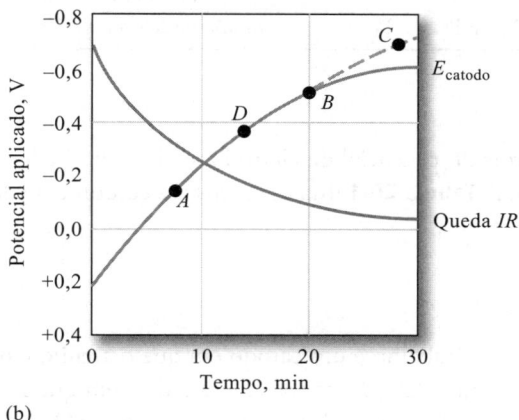

FIGURA 20-7

(a) Corrente; (b) variações na queda IR e no potencial do catodo durante a deposição eletrolítica de cobre sob um potencial de célula aplicado constante. A corrente (a) e a queda IR (b) diminuem constantemente com o tempo. O potencial do catodo desloca-se negativamente para compensar a diminuição da queda IR (b). No ponto B, o catodo torna-se despolarizado pela redução dos íons hidrogênio. Metais que se depositam nos pontos A e D interferem no cobre por causa da codeposição. Um metal que se deposita no ponto C não interfere.

Aplicações de Métodos Eletrogravimétricos

Na prática, a eletrólise sob um potencial de célula constante limita-se à separação de cations facilmente redutíveis daqueles que são mais difíceis de ser reduzidos que o íon hidrogênio ou o íon nitrato. A razão para essa limitação é apresentada na **Figura 20-7**, que mostra as variações de corrente, a queda IR e o potencial do catodo durante a eletrólise na célula exibida na Figura 20-6. Aqui o analito é o íon Cu(II) presente em uma solução contendo um excesso de ácido sulfúrico ou ácido nítrico. Inicialmente, R é ajustado de forma que o potencial aplicado à célula seja cerca de $-2,5$ V, o qual, conforme se pode ver na Figura 20-7a, leva a correntes de aproximadamente 1,5 A. Então, a deposição eletrolítica de cobre se completa sob esse potencial aplicado.

Como mostra a Figura 20-7b, a queda IR diminui continuamente à medida que a reação ocorre. A razão para esse decréscimo é, principalmente, a polarização de concentração do catodo, o que limita a velocidade na qual os íons cobre são levados para a superfície do eletrodo e, portanto, a corrente. A partir da Equação 20-4, é evidente que o decréscimo de IR precisa ser suplantado por um aumento no potencial do catodo, dado que o potencial da célula é constante.

Finalmente, a diminuição da corrente e o aumento no potencial do catodo são menores no ponto B, em razão da redução dos íons hidrogênio. Como a solução contém grande excesso de ácido, agora a corrente não está mais limitada pela polarização de concentração e a codeposição de cobre e hidrogênio prossegue simultaneamente até que os íons cobre remanescentes sejam depositados. Nessas condições, diz-se que o catodo está despolarizado pelos íons hidrogênio.

Considere agora o destino de alguns íons metálicos, como o chumbo(II), que começa a se depositar no ponto A na curva de potencial do catodo. O chumbo(II) se codepositaria bem antes de a deposição do cobre se completar e, portanto, deveria interferir na determinação do cobre. Em contraste, um íon metálico como o cobalto(II), que reage em um potencial do catodo correspondente ao do ponto C mostrado na curva, não deveria interferir, porque a despolarização pelo gás hidrogênio previne o catodo de alcançar esse potencial.

A codeposição do hidrogênio durante a eletrólise frequentemente leva à formação de depósitos de fraca adesão. Normalmente, eles não são satisfatórios do ponto de vista dos propósitos analíticos. Esse problema pode ser resolvido pela introdução de outra espécie que seja reduzida em um potencial mais negativo que os íons hidrogênio e que não afete de maneira adversa as propriedades físicas do depósito. Um **despolarizador** desse tipo é o íon nitrato. A hidrazina e a hidroxilamina também são comumente empregadas para esse fim.

Um **despolarizador** é uma espécie química facilmente reduzida (ou oxidada). Ajuda a manter o potencial do eletrodo de trabalho em um valor relativamente baixo e constante e previne a ocorrência de reações interferentes sob condições mais redutoras ou oxidantes.

TABELA 20-1

Algumas Aplicações da Eletrogravimetria sem Controle de Potencial				
Analito	Pesado como	Catodo	Anodo	Condições
Ag^+	Ag	Pt	Pt	Solução alcalina de CN^-
Br^-	AgBr (no anodo)	Pt	Ag	
Cd^{2+}	Cd	Cu em Pt	Pt	Solução alcalina de CN^-
Cu^{2+}	Cu	Pt	Pt	Solução de H_2SO_4/HNO_3
Mn^{2+}	MnO_2 (no anodo)	Pt	Pt placa	Solução de $HCOOH/HCOONa$
Ni^{2+}	Ni	Cu em Pt	Pt	Solução amoniacal
Pb^{2+}	PbO_2 (no anodo)	Pt	Pt	Solução de HNO_3
Zn^{2+}	Zn	Cu em Pt	Pt	Solução de ácido tartárico

Os métodos eletrolíticos desenvolvidos sem controle do potencial do eletrodo, embora limitados pela falta de seletividade, têm inúmeras aplicações de importância prática. A **Tabela 20-1** lista os elementos comumente determinados por esse tipo de procedimento.

20C-2 Eletrogravimetria de Potencial Controlado

Na discussão que segue, consideramos que o eletrodo de trabalho é um catodo em que o analito é depositado como um metal. Entretanto, os princípios podem ser estendidos a um eletrodo de trabalho anódico em que são formados depósitos não metálicos. A determinação de Br^- pela formação de AgBr e de Mn^{2+} pela formação de MnO_2 são exemplos de deposições anódicas.

Instrumentação

Para separar as espécies com potenciais de eletrodo que diferem apenas por uns poucos décimos de um volt, precisamos empregar uma abordagem mais sofisticada que aquela que descrevemos há pouco. Por outro lado, a polarização de concentração que ocorre no catodo faz com que o potencial do eletrodo se torne tão negativo, que a codeposição de outras espécies presentes se inicie antes de o analito ser completamente depositado (veja a Figura 20-7). Um grande deslocamento negativo no potencial do catodo pode ser evitado pelo uso do sistema de três eletrodos mostrado na **Figura 20-8**, em vez do sistema de dois eletrodos apresentado na Figura 20-5.

FIGURA 20-8

Arranjo para eletrólise com potencial controlado. O voltímetro digital monitora o potencial entre o eletrodo de trabalho e o eletrodo de referência. A tensão aplicada entre o eletrodo de trabalho e o contraeletrodo varia pelo ajuste do contato do potenciômetro mostrado em *C* para manter o eletrodo de trabalho (neste caso o catodo) sob um potencial constante contra o eletrodo de referência. A corrente no eletrodo de referência permanece essencialmente igual a zero durante todo o tempo. Os potenciostatos modernos são completamente automáticos e normalmente controlados por computador. Os símbolos dos eletrodos mostrados (—o Trabalho, → Referência, e ⊣ Contra) representam as notações correntemente aceitas.

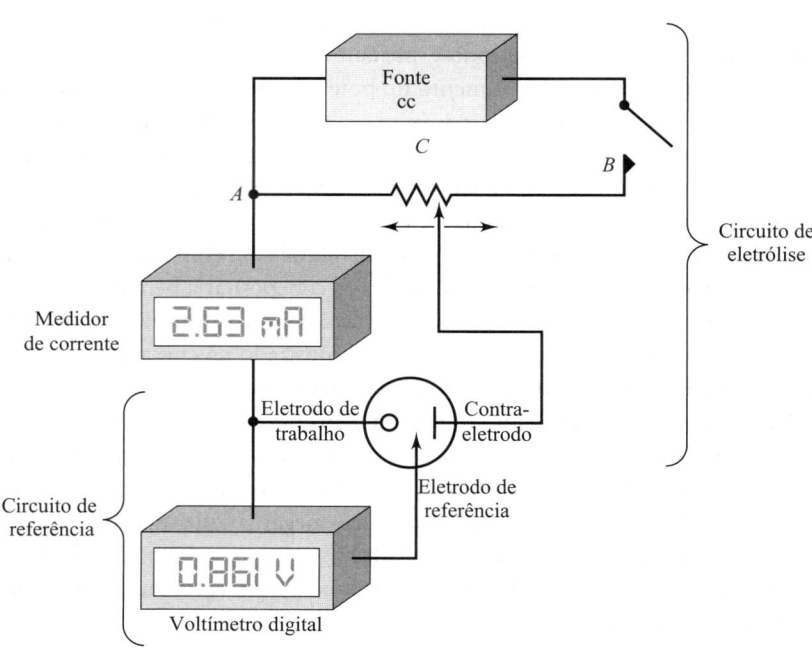

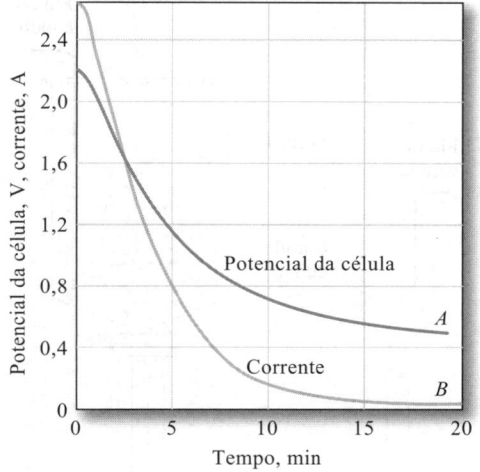

FIGURA 20-9
Variações no potencial da célula (A) e na corrente (B) durante a deposição de potencial controlado de cobre. O catodo é mantido a –0,36 V (vs. ESC) durante o experimento. (Dados de J. J. Lingane. *Anal. Chem. Acta*, v. 2, p. 584, 1948, DOI: 10.1016/s0003-2670(01)93842-5.)

O sistema com potencial controlado exposto na Figura 20-8 é constituído por dois circuitos elétricos independentes que compartilham um eletrodo em comum, o eletrodo de trabalho no qual o analito é depositado. O circuito de eletrólise consiste em uma fonte cc, um potenciômetro (ACB), que permite que a tensão aplicada entre o eletrodo de trabalho e o contraeletrodo varie continuamente, e um medidor de corrente. O circuito de controle consiste no eletrodo de referência (geralmente o ESC), em um voltímetro digital de alta resistência e no eletrodo de trabalho. A resistência elétrica do circuito de controle é tão grande que o circuito de eletrólise fornece essencialmente toda a corrente para a eletrólise. O circuito de controle monitora continuamente a voltagem entre o eletrodo de trabalho e o eletrodo de referência e a mantém sob um valor controlado.

As variações de corrente e do potencial da célula que ocorrem em uma eletrólise a potencial controlado são ilustradas na **Figura 20-9**. Note que o potencial de célula aplicado tem de decrescer continuamente durante a eletrólise, o que é tedioso e consome tempo quando feito manualmente. As eletrólises de potencial controlado modernas são realizadas com instrumentos chamados **potenciostatos**, os quais mantêm automaticamente o potencial do eletrodo de trabalho em um valor controlado em relação ao eletrodo de referência.

Células de Eletrólise

As células de eletrólise são similares àquelas mostradas na **Figura 20-10**. Normalmente são empregados béqueres altos e geralmente as soluções são agitadas mecanicamente para minimizar a polarização de concentração; frequentemente, o anodo gira de maneira a funcionar como um agitador mecânico.

Em geral o eletrodo de trabalho consiste em uma malha cilíndrica metálica, como mostrado na Figura 20-6. Normalmente, os eletrodos são construídos com platina, embora o cobre, o latão e outros metais encontrem uso ocasional. Alguns metais como o bismuto, o zinco e o gálio não podem ser depositados diretamente sobre a platina sem causar danos permanentes ao eletrodo. Em decorrência dessa incompatibilidade, uma camada protetora de cobre é depositada no eletrodo de platina antes da eletrólise desses metais.

O Catodo de Mercúrio

O catodo de mercúrio, como pode ser visto na **Figura 20-11**, é particularmente útil para remover elementos facilmente redutíveis em uma etapa preliminar de uma análise.

‹‹ A corrente de eletrólise flui entre o eletrodo de trabalho e um **contraeletrodo**. O contraeletrodo não tem efeito na reação que ocorre no eletrodo de trabalho.

Um **potenciostato** mantém o potencial do eletrodo de trabalho em um valor constante em relação ao eletrodo de referência.

‹‹ DESAFIO: Seria esperado o Pb^{2+} interferir com a eletrólise mostrada na Figura 20-9? Sim ou não? Por quê?

FIGURA 20-10
Célula de eletrólise volumosa. (Cortesia de Bioanalytical Systems, Inc., 2701 Kent Avenue, West Lafayette, IN 47906.)

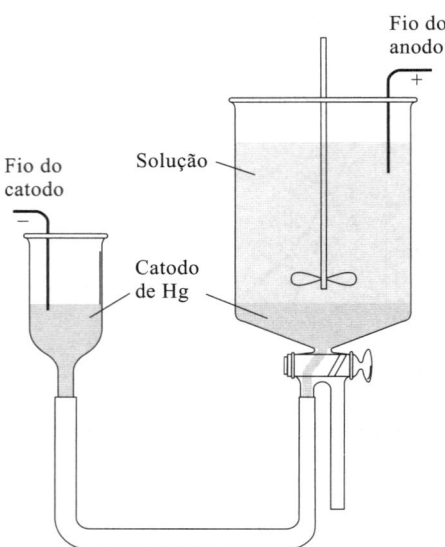

FIGURA 20-11
Um catodo de mercúrio para a remoção eletrolítica de íons metálicos de uma solução.

Por exemplo, cobre, níquel, cobalto, prata e cádmio são prontamente separados nesse eletrodo de íons como alumínio, titânio, metais alcalinos, sulfatos e fosfatos.

Os metais depositados se dissolvem em mercúrio com pouca liberação de hidrogênio por causa da alta sobrevoltagem de hidrogênio no mercúrio. Os metais se dissolvem no mercúrio para formar amálgamas que são importantes em várias formas de voltametria (veja a Seção 21B-1). Os metais depositados normalmente não são determinados após a eletrólise, mas são simplesmente removidos da solução do analito.

Aplicações da Eletrogravimetria de Potencial Controlado

O método do potencial controlado é uma ferramenta poderosa para a separação e determinação de espécies metálicas que tenham potenciais padrão que diferem por apenas alguns décimos de volt. Por exemplo, cobre, bismuto, chumbo, cádmio, zinco e estanho podem ser determinados em misturas por deposições sucessivas dos metais em um catodo de platina previamente pesado. Os três primeiros elementos depositam-se a partir de soluções praticamente neutras contendo íons tartarato para complexar o estanho(IV) e assim prevenir sua deposição. O cobre é o primeiro a ser reduzido quantitativamente pela manutenção do potencial do catodo em $-0,2$ V em relação ao ESC. Após ser pesado, o catodo recoberto com cobre retorna para a solução e o bismuto é removido em um potencial de $-0,4$ V. Então o chumbo é depositado quantitativamente pelo aumento do potencial do catodo para $-0,6$ V. Quando a deposição do chumbo se completa, adiciona-se um excesso de amônia e o cálcio e o zinco são sucessivamente depositados em $-1,2$ e $-1,5$ V. Finalmente, a solução é acidificada para decompor o complexo estanho/tartarato pela formação de ácido tartárico não dissociado. Então, o estanho é depositado em um potencial do catodo de $-0,65$ V. Aqui, um catodo limpo precisa ser empregado, pois o zinco redissolve-se nessas condições. Um procedimento como este é particularmente atraente para o uso em potenciostatos controlados por computador, porque requer pouco tempo do operador para realizar a análise.

A **Tabela 20-2** lista algumas outras separações realizadas via eletrólise de potencial controlado. Em virtude da baixa sensibilidade e do tempo necessário para a lavagem, secagem e pesagem dos eletrodos, muitos métodos eletrogravimétricos têm sido substituídos pelos métodos coulométricos, discutidos na próxima seção.

20D Métodos Coulométricos

Os métodos coulométricos são realizados por meio da medida da quantidade de carga elétrica requerida para converter uma amostra de um analito quantitativamente a um diferente estado de oxidação. Os métodos coulométricos e gravimétricos compartilham a vantagem comum de que a constante de proporcionalidade entre a quantidade medida e a massa do analito é calculada a partir de constantes físicas exatamente conhecidas, as quais podem eliminar a necessidade de calibração com padrões químicos. Em contraste com os métodos gravimétricos, os procedimentos coulométricos são geralmente rápidos e

TABELA 20-2
Algumas Aplicações da Eletrólise de Potencial Controlado*

Metal	Potencial versus ESC	Eletrólito	Outros Elementos que Podem Estar Presentes
Ag	+0,10	Ácido acético/tampão acetato	Cu e metais pesados
Cu	−0,30	Tartarato + hidrazina + Cl⁻	Bi, Sb, Pb, Sn, Ni, Cd, Zn
Bi	−0,40	Tartarato + hidrazina + Cl⁻	Pb, Zn, Sb, Cd, Sn
Sb	−0,35	HCl + hidrazina a 70°C	Pb, Sn
Sn	−0,60	HCl + hidroxilamina	Cd, Zn, Mn, Fe
Pb	−0,60	Tartarato + hidrazina	Cd, Sn, Ni, Zn, Mn, Al, Fe
Cd	−0,80	HCl + hidroxilamina	Zn
Ni	−1,10	Tartarato amoniacal + sulfito de sódio	Zn, Al, Fe

*Fontes: H. Diehl. *Electrochemical Analysis with Graded Cathode Potential Control*. G. F. Smith Chemical Co., Columbus, OH, 1948; H. J. S. Sand. *Electrochemistry and Electrochemical Analysis*. Londres: Blackie and Sons, Ltd., v. II, 1940; J. J. Lingane; S. L. Jones. *Anal. Chem.*, v. 23, p. 1798, 1951. DOI: 10.1021/ac60060a023; J. J. Lingane. *Anal. Chim. Acta*, v. 2, p. 584, 1948. DOI: 10.1016/s0003-2670(01)93842-5.

não requerem que o produto da reação eletroquímica seja um sólido passível de ser pesado. Os métodos coulométricos são tão exatos quanto os procedimentos gravimétricos e volumétricos convencionais e, além disso, são facilmente automatizados.[5]

20D-1 Determinação da Carga Elétrica

A carga elétrica é a base de outras grandezas elétricas – corrente, voltagem e potência. A carga de um elétron (e próton) é definida como $1,6022 \times 10^{-19}$ Coulombs (C). A intensidade do fluxo de carga igual a 1 coulomb por segundo é definida como 1 ampère (A) de corrente. Portanto, 1 **coulomb** pode ser considerado a carga transportada por uma corrente constante de 1 ampère por 1 segundo. A carga Q que resulta de uma corrente constante de I ampère operada por t segundos é

$$Q = It \tag{20-6}$$

Para correntes variáveis i, a carga é dada pela integral

$$Q = \int_0^t i\,dt \tag{20-7}$$

O faraday (F) é a quantidade de carga que corresponde a 1 mol, ou $6,022 \times 10^{23}$ elétrons. Como cada elétron tem uma carga de $1,6022 \times 10^{-19}$ C, o faraday é igual a 96.485 C.

A lei de Faraday relaciona a quantidade de matéria do analito n_A com a carga Q

$$n_A = \frac{Q}{nF} \tag{20-8}$$

onde n é a quantidade de matéria de elétrons na semirreação de interesse. Como mostrado no Exemplo 20-3, podemos utilizar essas definições para calcular a massa de uma espécie química que é formada em um eletrodo por uma corrente de grandeza conhecida.

O **coulomb** (C) é a quantidade de carga elétrica necessária para produzir 0,00111800 g de prata metálica a partir de íons prata. Um coulomb = 1 ampère × 1 s = 1 A s.

❮❮ Na descrição da corrente elétrica, é comum empregar a letra maiúscula I para uma corrente estática ou direta (cc). Uma corrente variável ou alternada (ca) é comumente indicada pela letra minúscula i. Da mesma forma, voltagens cc e ca são representadas pelas letras E e e, respectivamente.

❮❮ Os valores completos das constantes para as grandezas fundamentais estão disponíveis no site do National Institute of Standards and Technology (NIST), em http://physics.nist.gov/cuu/Constants/index.html. O valor para o Faraday de 2010 é 96.485,3365 C mol⁻¹ com uma incerteza padrão de 0,0021 C mol⁻¹. O valor para a carga do elétron é $1,602176565 \times 10^{-19}$ C com uma incerteza padrão de $0,000\,000\,035 \times 10^{-19}$ C. Uma descrição detalhada dos dados e das análises que levaram aos valores pode ser encontrada em http://physics.nist.gov/cuu/Constants/Preprints/lsa2010.pdf.

---
[5] Para informações adicionais sobre métodos coulométricos veja J. A. Dean. *Analytical Chemistry Handbook*. Nova York: McGraw-Hill, seção 14, p. 14.118-14.133, 1995; D. J. Curran, in *Laboratory Techniques in Electroanalytical Chemistry*. 2. ed. P. T. Kissinger; W. R. Heinemann, eds. Nova York: Marcel Dekker, 1996, p. 739-768; J. A. Plambeck. *Electroanalytical Chemistry*. Nova York: Wiley, 1982, cap. 12.

Michael Faraday (1791-1867) foi um dos químicos e físicos mais importantes de sua época. Entre suas mais importantes descobertas está a lei de Faraday da eletrólise. Faraday, um homem simples que carecia de sofisticação matemática, foi um experimentalista soberbo e um professor e palestrante inspirador. O nome da quantidade de carga igual a um mol de elétrons foi dado em sua homenagem.

EXEMPLO 20-3

Uma corrente constante de 0,800 A é empregada para depositar cobre no catodo e oxigênio no anodo de uma célula eletrolítica. Calcule a massa de cada produto formado após 15,2 min, supondo que não ocorra nenhuma outra reação redox.

Resolução

As duas semirreações são

$$Cu^{2+} + 2e^- \rightarrow Cu(s)$$

$$2H_2O \rightarrow 4e^- + O_2(g) + 4H^+$$

Assim, 1 mol de cobre é equivalente a 2 mols de elétrons e 1 mol de oxigênio corresponde a 4 mols de elétrons.

Substituindo na Equação 20-6, temos

$$Q = 0{,}800 \text{ A} \times 15{,}2 \text{ min} \times 60 \text{ s/min} = 729{,}6 \text{ A·s} = 729{,}6 \text{ C}$$

Podemos obter a quantidade de matéria de Cu e O_2 a partir da Equação 20-8:

$$n_{Cu} = \frac{729{,}6 \text{ C}}{2 \text{ mol } e^- / \text{mol de Cu} \times 96{,}485 \text{ C} / \text{mol}^{-1} \text{ de } e^-} = 3{,}781 \times 10^{-3} \text{ mol de Cu}$$

$$n_{O_2} = \frac{729{,}6 \text{ C}}{4 \text{ mol de } e^- / \text{mol de } O_2 \times 96{,}485 \text{ C} / \text{mol}^{-1} \text{ de } e^-} = 1{,}890 \times 10^{-3} \text{ mol } O_2$$

As massas de Cu e O_2 são dadas por

$$\text{massa de Cu} = 3{,}781 \times 10^{-3} \text{ mol} \times \frac{63{,}55 \text{ g de Cu}}{\text{mol}} = 0{,}240 \text{ g de Cu}$$

$$\text{massa de } O_2 = 1{,}890 \times 10^{-3} \text{ mol} \times \frac{32{,}00 \text{ g de } O_2}{\text{mol}} = 0{,}0605 \text{ g de } O_2$$

20D-2 Caracterização dos Métodos Coulométricos

Dois métodos foram desenvolvidos com base na medida da quantidade de carga: **coulometria de potencial controlado (potenciostático)** e **coulometria a corrente controlada**, normalmente denominada **titulação coulométrica**. Os métodos potenciostáticos são realizados de maneira bastante semelhante aos métodos gravimétricos de potencial controlado, com o potencial do eletrodo de trabalho sendo mantido a um valor constante, em relação ao eletrodo de referência, durante a eletrólise. Na coulometria de potencial controlado, contudo, a corrente de eletrólise é registrada como uma função do tempo para fornecer uma curva similar à curva B na Figura 20-9. Então a análise se completa pela integração da curva corrente-tempo (veja a Equação 20-7) para obter a carga e, a partir da lei de Faraday, a quantidade do analito (veja a Equação 20-8).

A **coulometria de corrente constante** também é chamada *titulação coulométrica*.

As titulações coulométricas são similares a outros métodos titulométricos nos quais as análises se baseiam na medida da reação do analito com um reagente padrão. No procedimento coulométrico, o reagente consiste em elétrons e a solução padrão é a corrente constante de grandeza conhecida. Os elétrons são adicionados ao analito (via corrente direta) ou a alguma outra espécie que reage imediatamente com o analito até que o ponto final seja atingido. Nesse ponto, a eletrólise é interrompida. A quantidade de analito é determinada a partir da grandeza da corrente e do tempo requerido para completar a titulação. A grandeza da corrente em ampères é análoga à concentração de uma solução padrão e a medida do tempo é análoga à medida do volume na titulometria convencional.

>> Os elétrons são os reagentes em uma titulação coulométrica.

20D-3 Requisitos para a Eficiência da Corrente

Um requisito fundamental para os métodos coulométricos é que a eficiência da corrente seja igual a 100%; isto é, cada faraday de eletricidade precisa promover uma transformação química no analito equivalente a 1 mol de elétrons. Note que a eficiência de 100% da corrente pode ser alcançada sem a participação direta do analito na transferência de elétrons no eletrodo. Por exemplo, os íons cloreto podem ser determinados muito facilmente com o uso da coulometria potenciostática ou da titulação coulométrica com íons prata em um anodo de prata. Nesse caso, os íons prata reagem com íons cloreto para formar um precipitado, ou depósito, de cloreto de prata. A quantidade de eletricidade requerida para completar a formação de cloreto de prata serve como variável analítica. Neste exemplo, a eficiência de 100% da corrente é alcançada porque a quantidade de matéria de elétrons é essencialmente igual à quantidade de matéria de íons cloreto presentes na amostra, a despeito do fato de esses íons não reagirem diretamente na superfície do eletrodo.

> **Um equivalente de transformação química** é a transformação realizada por 1 mol de elétrons. Assim, para as duas semirreações do Exemplo 20-3, um equivalente de variação química produz 1/2 mol de Cu ou 1/4 mol de O_2.

20D-4 Coulometria de Potencial Controlado

Na coulometria de potencial controlado, o potencial do eletrodo de trabalho é mantido em um nível constante de forma que apenas o analito seja responsável pela condução de carga na interface eletrodo/solução. Então, a carga requerida para converter o analito ao seu produto de reação é determinada registrando-se e integrando-se a curva corrente *versus* tempo, durante a eletrólise.

Instrumentação

A instrumentação necessária para a coulometria potenciostática é composta por uma célula de eletrólise, um potenciostato e um dispositivo para determinar a carga consumida pelo analito.

Células. A **Figura 20-12** ilustra dois tipos de células que são utilizadas na coulometria potenciostática. A primeira, Figura 20-12a, consiste em um eletrodo de trabalho de rede de platina, um fio de platina como contraeletrodo e um eletrodo de

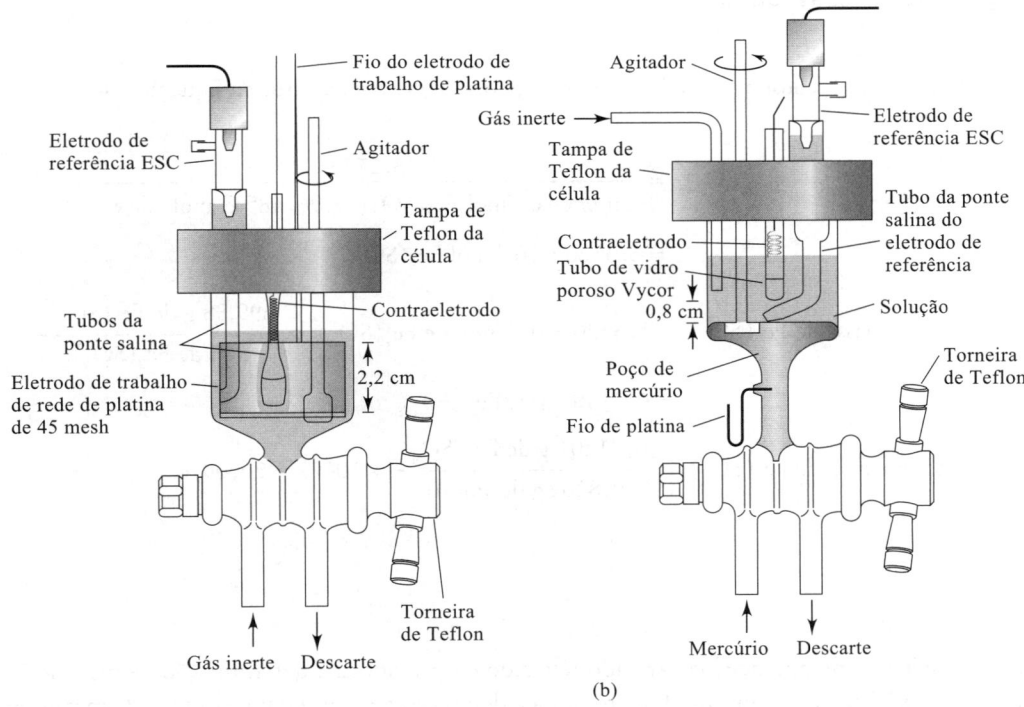

FIGURA 20-12 Células de eletrólise para coulometria potenciostática. Eletrodo de trabalho: (a) rede de platina, (b) poço de mercúrio. (J. E. Harrar; C. L. Pomernacki. *Anal. Chem.*, v. 45, n. 57, 1973. DOI: 10.1021/ac60323a003. Copyright da American Chemical Society, 1973.)

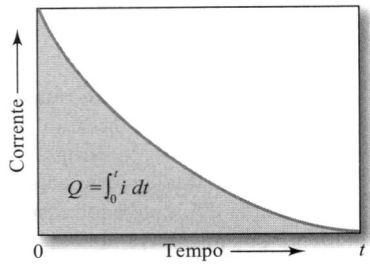

FIGURA 20-13

Para uma corrente que varia com o tempo, a quantidade de carga Q em um tempo t é a área sombreada sob a curva, obtida pela integração da curva corrente-tempo.

referência de calomelano saturado. O contraeletrodo está separado da solução do analito por uma ponte salina, que geralmente contém o mesmo eletrólito que a solução que está sendo analisada. A ponte salina é necessária para prevenir que os produtos de reação formados no contraeletrodo se difundam na solução contendo o analito, interferindo no processo. Por exemplo, o gás hidrogênio é um produto comum formado em um contraeletrodo catódico. A menos que essa espécie esteja fisicamente isolada da solução por meio da ponte que contém o analito, ela vai reagir com muitos analitos que serão determinados por oxidação no anodo de trabalho.

A segunda célula, mostrada na Figura 20-12b, é do tipo de poço de mercúrio. Um catodo de mercúrio é particularmente útil na separação de elementos facilmente redutíveis em uma etapa preliminar na análise. Além disso, contudo, tem encontrado uma utilidade considerável na determinação coulométrica de vários cátions metálicos que formam metais que são solúveis no mercúrio. Nessas aplicações, pouca ou quase nenhuma evolução de hidrogênio ocorre, mesmo em potenciais aplicados elevados, em virtude da grande sobrevoltagem do hidrogênio sobre o mercúrio. Uma célula coulométrica, como a ilustrada na Figura 20-12b, também é útil na determinação coulométrica de certos tipos de compostos orgânicos.

Potenciostatos e Coulômetros. Para a coulometria de potencial controlado, empregamos um potenciostato similar àquele apresentado na Figura 20-8. Geralmente, entretanto, o potenciostato é automatizado e equipado com um computador ou integrador de corrente eletrônica que fornece a carga necessária, em Coulomb, para completar a reação, como pode ser visto na **Figura 20-13**.

EXEMPLO 20-4

O Fe(III) presente em 0,8202 g de uma amostra foi determinado pela redução coulométrica a Fe(II) em um catodo de platina. Calcule a porcentagem de $Fe_2(SO_4)_3$ ($\mathcal{M}$ = 399,88 g mol^{-1}) na amostra se 103,2775 C foram requeridos para promover a redução.

Resolução

Dado que 1 mol de $Fe_2(SO_4)_3$ consome 2 mols de elétrons, podemos escrever, a partir da Equação 20-8,

$$n_{Fe_2(SO_4)_3} = \frac{103,2775 \text{ C}}{2 \text{ mol de } e^-/\text{mol } Fe_2(SO_4)_3 \times 96,485 \text{ C mol}^{-1} \text{ de } e^-}$$

$$= 5,3520 \times 10^{-4} \text{ mol } Fe_2(SO_4)_3$$

$$\text{massa de } Fe_2(SO_4)_3 = 5,3520 \times 10^{-4} \text{ mol de } Fe_2(SO_4)_3 \times \frac{399,88 \text{ g de } Fe_2(SO_4)_3}{\text{mol de } Fe_2(SO_4)_3}$$

$$= 0,21401 \text{ g de } Fe_2(SO_4)_3$$

$$\text{Porcentagem de } Fe_2(SO_4)_3 = \frac{0,21401 \text{ g de } Fe_2(SO_4)_3}{0,8202 \text{ g de amostra}} \times 100\% = 26,09\%$$

Aplicações da Coulometria de Potencial Controlado

Os métodos coulométricos de potencial controlado têm sido empregados na determinação de mais de 55 elementos em compostos inorgânicos.[6] Métodos têm sido descritos para a deposição de mais de uma dezena de metais em um catodo de

---

[6] Para um resumo das aplicações, veja J. A. Dean. *Analytical Chemistry Handbook*. Nova York: McGraw-Hill, seção 14, p. 14.119-14.123, 1995; A. J. Bard; L. R. Faulkner. *Electrochemical Methods*. 2. ed. Nova York: Wiley, 2001, p. 427-431.

mercúrio. O método tem sido usado no campo da energia nuclear, encontrando utilidade no campo da energia nuclear para a determinação relativamente livre de interferências de urânio e plutônio.

A coulometria de potencial controlado também oferece possibilidades para as determinações eletrolíticas (e sínteses) de compostos orgânicos. Por exemplo, os ácidos tricloroacético e pícrico são quantitativamente reduzidos em um catodo de mercúrio cujo potencial seja adequadamente controlado:

$$Cl_3CCOO^- + H^+ + 2e^- \rightarrow Cl_2HCCOO^- + Cl^-$$

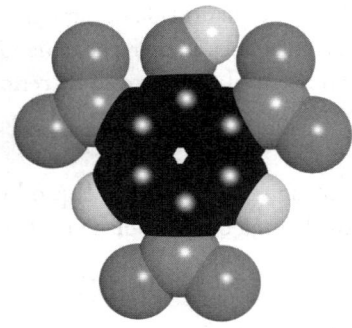

Modelo molecular do ácido pícrico. O ácido pícrico (2,4,6-trinitrofenol) é um parente próximo do trinitrotolueno (TNT). É um composto explosivo e tem aplicações militares. O ácido pícrico também tem sido empregado como corante amarelo e como agente antisséptico.

[Estrutura: 2,4,6-trinitrofenol] + 18H$^+$ + 18e$^-$ ⟶ [Estrutura: 2,4,6-triaminofenol] + 6H$_2$O

Ácido pícrico

Medidas coulométricas permitem a determinação desses compostos com um erro relativo de poucos décimos de porcentagem.

> **Exercícios no Excel** No primeiro experimento no Capítulo 11 do *Applications of Microsoft® Excel® in Analytical Chemistry*, 4. ed., são investigados os métodos de integração numérica. Esses métodos são usados para determinar a carga necessária para eletrolisar um reagente em uma determinação coulométrica de potencial controlado. Um método trapezoidal e um método da regra de Simpson são estudados. A partir da carga, a lei de Faraday é usada para determinar a quantidade de analito.

20D-5 Titulações Coulométricas[7]

As titulações coulométricas são realizadas com uma fonte de corrente constante, algumas vezes chamada **galvanostato**, que detecta diminuições na corrente de uma célula e responde por meio do aumento do potencial aplicado à célula até que a corrente seja restabelecida ao seu valor inicial. Por causa dos efeitos de polarização de concentração, a eficiência de 100% da corrente, em relação ao analito, pode ser mantida apenas na presença de um grande excesso de um reagente auxiliar que seja oxidado ou reduzido no eletrodo para formar um produto que reaja com o analito. Como exemplo, considere a titulação coulométrica de ferro(II) em um anodo de platina. No início da titulação, a principal reação anódica consome Fe^{2+} e é

Algumas vezes, os geradores de corrente constante são denominados **galvanostatos**.

❮❮ Reagentes auxiliares são essenciais em titulações coulométricas.

$$Fe^{2+} \rightarrow Fe^{3+} + e^-$$

À medida que a concentração de ferro(II) diminui, os requisitos para uma corrente constante resultam em um aumento no potencial aplicado à célula. Em virtude da polarização de concentração, esse aumento no potencial faz com que o potencial do anodo aumente a um ponto no qual a decomposição da água se torna um processo competitivo:

$$2H_2O \rightarrow O_2(g) + 4H^+ + 4e^-$$

---

[7] Para detalhes adicionais sobre essa técnica, veja D. J. Curran, in *Laboratory Techniques en Electroanalytical Chemistry*. 2. ed. P. T. Kissinger; W. R. Heineman, eds. Nova York: Marcel Dekker, 1996, p. 750-768.

Então, a quantidade de eletricidade necessária para completar a oxidação do ferro(II) excede aquela necessária teoricamente e a eficiência de corrente é menor que 100%. A diminuição na eficiência de corrente é evitada, contudo, pela introdução, no início, de um excesso de cério(III), que é oxidado em potenciais mais baixos que a água:

$$Ce^{3+} \rightarrow Ce^{4+} + e^-$$

Sob agitação, o cério(IV) produzido é rapidamente transportado da superfície do eletrodo para o seio da solução, onde oxida uma quantidade equivalente de ferro(II):

$$Ce^{4+} + Fe^{2+} \rightarrow Ce^{3+} + Fe^{3+}$$

O efeito líquido é a oxidação eletroquímica de ferro(II) com 100% de eficiência de corrente, embora apenas uma fração dessa espécie seja *diretamente* oxidada na superfície do eletrodo.

Detecção do Ponto Final

Titulações coulométricas, assim como as titulações volumétricas, requerem um meio de determinar quando a reação entre o analito e o reagente se completa. Geralmente, os pontos finais descritos nos capítulos relativos aos métodos volumétricos são aplicáveis também às titulações coulométricas. Portanto, para a titulação do ferro(II) descrita anteriormente, pode ser usado um indicador redox, como 1,10-fenantrolina. Como uma alternativa, o ponto final pode ser determinado potenciometricamente. Os pontos finais potenciométricos ou amperométricos (veja a Seção 21C-4) são empregados em titulações Karl Fischer. Algumas titulações coulométricas utilizam um ponto final fotométrico (veja a Seção 24A-4).

Instrumentação

Conforme mostrado na **Figura 20-14**, o equipamento necessário para realizar uma titulação coulométrica inclui uma fonte de corrente constante que opere na faixa de um a várias centenas de miliampères, uma célula de titulação, uma chave, um cronômetro e um dispositivo para medida da corrente. A mudança da chave para a posição 1 inicia simultaneamente o cronômetro e a corrente na célula de titulação. Quando a chave é colocada na posição 2, a eletrólise e a cronometragem são interrompidas. Com a chave nessa posição, contudo, a corrente continua a ser drenada da fonte e passa através do resistor fictício R_D que tem aproximadamente a mesma resistência elétrica que a célula. Esse arranjo assegura a operação contínua da fonte, que auxilia na manutenção da corrente em um valor constante.

Fontes de Corrente. A fonte de corrente constante para a titulação coulométrica é um dispositivo eletrônico capaz de manter uma corrente de 200 mA ou mais que seja constante em alguns centésimos de porcentagem. Tais fontes de corrente constantes estão disponíveis no mercado por diversos fabricantes. O tempo da eletrólise pode ser medido de maneira bastante exata com um cronômetro digital ou com um sistema baseado em um computador.

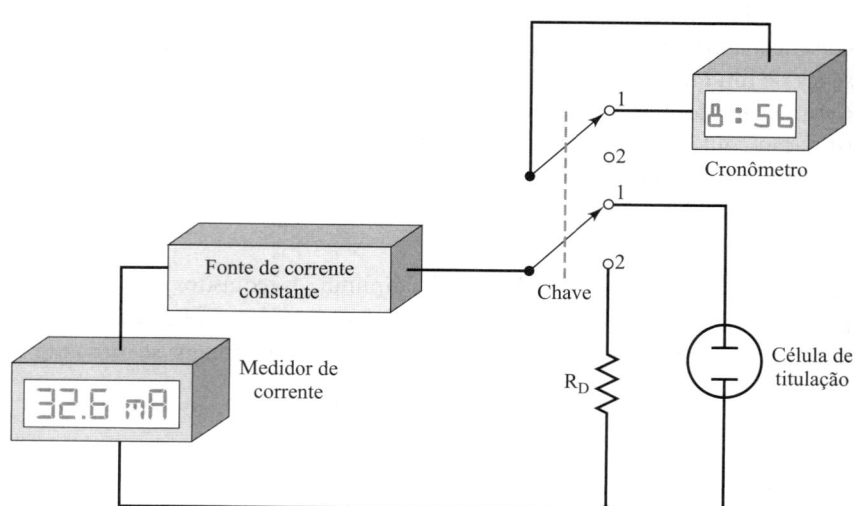

FIGURA 20-14
Diagrama representativo de um aparato de titulação coulométrica. Os titulares coulométricos comerciais são totalmente eletrônicos e, frequentemente, controlados por computador.

Eletrólise Completa: Eletrogravimetria e Coulometria   561

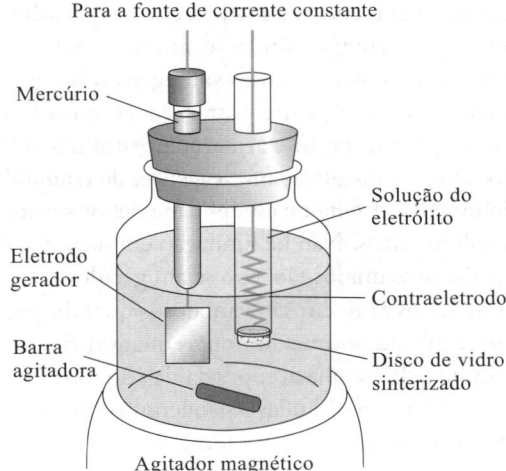

FIGURA 20-15
Célula de titulação coulométrica típica.

Células para as Titulações Coulométricas. A **Figura 20-15** exibe uma célula de titulação coulométrica típica, que consiste em um eletrodo de trabalho no qual é produzido o reagente e um contraeletrodo (eletrodo auxiliar) para completar o circuito. O eletrodo de trabalho empregado para gerar reagentes *in situ* é frequentemente denominado eletrodo gerador. Geralmente é um retângulo de platina, uma folha, um fio enrolado ou uma rede cilíndrica com uma área superficial relativamente alta para minimizar os efeitos de polarização. O contraeletrodo normalmente é isolado do meio de reação por um disco sinterizado ou outro meio poroso para prevenir interferência pelos produtos de reação a partir deste eletrodo. Por exemplo, algumas vezes o hidrogênio é liberado nesse eletrodo. Dado que o hidrogênio é um agente oxidante redutor, um erro sistemático positivo pode ocorrer, a menos que o gás seja produzido em um compartimento separado.

Uma alternativa para o isolamento do contraeletrodo é a geração do reagente externamente por meio de um dispositivo similar àquele exposto na **Figura 20-16**. A célula geradora externa é montada de maneira que um fluxo do eletrólito continue brevemente após a corrente ser desligada, consequentemente descarregando o reagente residual no frasco de titulação. Observe que o dispositivo gerador mostrado na Figura 20-16 fornece tanto hidrogênio quanto íons hidróxido, dependendo do braço utilizado. As células geradoras externas também têm sido empregadas na geração de outros reagentes tais como iodo.

Comparação das Titulações Coulométricas com as Convencionais

Os vários componentes do titulador apresentado na Figura 20-14 têm seus similares nos reagentes e aparatos necessários para uma titulação volumétrica. A fonte de corrente constante de grandeza conhecida tem a mesma função da solução padrão em um método volumétrico. O cronômetro digital e a chave correspondem à bureta e à sua torneira, respectivamente. A eletricidade passa através da célula por intervalos de tempo relativamente longos a partir do início de uma titulação

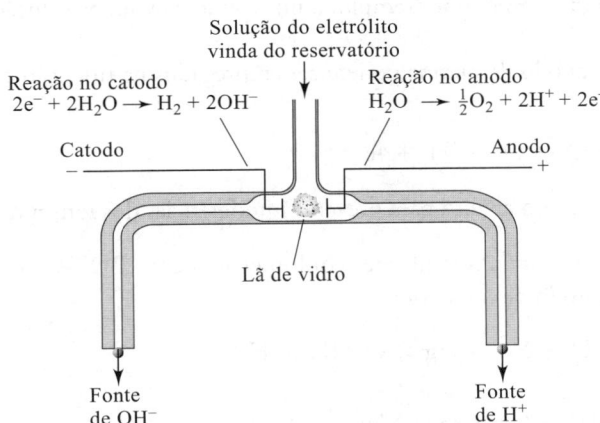

FIGURA 20-16
Uma célula para geração externa de ácido e base.

coulométrica, mas os intervalos de tempo vão se tornando cada vez menores à medida que a equivalência química se aproxima. Note que essas etapas são análogas à operação de uma bureta em uma titulação convencional.

>> Os métodos coulométricos são tão exatos e precisos quanto os métodos volumétricos. Quando não limitados pela detecção do ponto final, podem ser mais exatos e precisos, especialmente para quantidades pequenas.

Uma titulação coulométrica oferece várias vantagens sobre um procedimento volumétrico convencional. A principal, entre outras, é a eliminação de problemas associados com a preparação, padronização e armazenamento das soluções padrão. Essa vantagem é particularmente significativa com reagentes de estabilidade limitada como cloro, bromo e íon titânio(III). A falta de estabilidade dessas substâncias limita o valor delas como reagentes volumétricos. Não há limitação em uma determinação coulométrica, uma vez que eles são consumidos tão logo sejam gerados.

Os métodos coulométricos também são vantajosos quando pequenas quantidades de amostra precisam ser tituladas porque diminutas quantidades de reagentes são geradas de maneira fácil e exata pela escolha apropriada da corrente. Nas titulações convencionais, é difícil, e normalmente pouco exato, empregar soluções muito diluídas e pequenos volumes.

Uma vantagem adicional dos procedimentos coulométricos é que uma única fonte de corrente constante fornece reagentes para as titulações de precipitação, formação de complexos, neutralização e de oxidação-redução. Finalmente, as titulações coulométricas são mais facilmente automatizadas, visto que é mais fácil controlar a corrente elétrica que a vazão de um fluido.

As medidas de corrente *versus* tempo requeridas nas titulações coulométricas são inerentemente tão ou mais exatas que as medidas de volume/concentração molar de um método volumétrico convencional, especialmente em situações onde são necessárias pequenas quantidades de reagente. Quando a exatidão de uma titulação é limitada pela sensibilidade do ponto final, os dois métodos titulométricos apresentam exatidões comparáveis.

Aplicações das Titulações Coulométricas

As titulações coulométricas têm sido desenvolvidas para todos os tipos de reações volumétricas.[8] Algumas aplicações são descritas nesta seção.

Titulações de Neutralização. Os íons hidróxido podem ser gerados na superfície de um catodo de platina imerso em uma solução contendo o ácido a ser determinado:

$$2H_2O + 2e^- \rightarrow 2OH^- + H_2(g)$$

O anodo de platina precisa estar isolado por um diafragma para eliminar potenciais interferências dos íons hidrogênio produzidos pela oxidação anódica da água. Como uma alternativa conveniente, um fio de prata pode ser utilizado no lugar do anodo de platina, desde que íons cloreto ou brometo sejam adicionados à solução do analito. Então, a reação no anodo torna-se

$$Ag(s) + Br^- \rightarrow AgBr(s) + e^-$$

O brometo de prata não interfere na reação de neutralização.

As titulações coulométricas de ácidos são muito menos suscetíveis ao erro em razão do carbonato observado nos métodos volumétricos (veja a Seção 14A-3). O erro pode ser evitado se o dióxido de carbono for removido da solução por meio da sua fervura ou pelo borbulhamento de um gás inerte, como, por exemplo, o nitrogênio, através da solução por um curto período.

Os íons hidrogênio gerados na superfície de um anodo de platina podem ser empregados na titulação coulométrica de bases fortes e fracas:

$$2H_2O \rightarrow O_2 + 4H^+ + 4e^-$$

Neste caso, o catodo precisa estar isolado da solução do analito para prevenir interferências dos íons hidróxido.

Reação de Precipitação e Formação de Complexos. As titulações coulométricas com EDTA são realizadas pela redução do quelato amino mercúrio(II) EDTA no catodo de mercúrio:

$$HgNH_3Y^{2-} + NH_4^+ + 2e^- \rightarrow Hg(l) + 2NH_3 + HY^{3-} \tag{20-9}$$

---

[8] Para um resumo das aplicações, veja J. A. Dean. *Analytical Chemistry Handbook*. Seção 14. Nova York: McGraw-Hill, p. 14.127-14.133, 1995.

TABELA 20-3
Resumo das Titulações Coulométricas Envolvendo Reações de Neutralização, Precipitação e Formação de Complexo

Espécie Determinada	Reação no Eletrodo Gerador	Reação Analítica Secundária
Ácidos	$2H_2O + 2e^- \rightleftharpoons 2OH^- + H_2$	$OH^- + H^+ \rightleftharpoons H_2O$
Bases	$H_2O \rightleftharpoons 2H^+ + \frac{1}{2}O_2 + 2e^-$	$H^+ + OH^- \rightleftharpoons H_2O$
Cl^-, Br^-, I^-	$Ag \rightleftharpoons Ag^+ + e^-$	$Ag^+ + X^- \rightleftharpoons AgX(s)$
Mercaptanas (RSH)	$Ag \rightleftharpoons Ag^+ + e^-$	$Ag^+ + RSH \rightleftharpoons AgSR(s) + H^+$
Cl^-, Br^-, I^-	$2Hg \rightleftharpoons Hg_2^{2+} + 2e^-$	$Hg_2^{2+} + 2X^- \rightleftharpoons Hg_2X_2(s)$
Zn^{2+}	$Fe(CN)_6^{3-} + e^- \rightleftharpoons Fe(CN)_6^{4-}$	$3Zn^{2+} + 2K^+ + Fe(CN)_6^{4-} \rightleftharpoons K_2Zn_3[Fe(CN)_6]_2(s)$
$Ca^{2+}, Cu^{2+}, Zn^{2+}, Pb^{2+}$	Veja a Equação 20-9	$HY^{3-} + Ca^{2+} \rightleftharpoons CaY^{2-} + H^+$ etc.

Como o quelato de mercúrio é mais estável que o complexo correspondente de cátions, tais como cálcio, zinco, chumbo ou cobre, a complexação desses íons ocorre apenas após o ligante ter sido liberado pelo processo eletródico.

Como mostrado na **Tabela 20-3**, vários reagentes precipitantes podem ser gerados coulometricamente. Os mais amplamente empregados entre eles são os íons prata, que são gerados no anodo de prata, como discutido no Destaque 20-2.

DESTAQUE 20-2

Titulação Coulométrica de Cloreto em Fluidos Biológicos

O método de referência aceito para a determinação de cloreto em soro sanguíneo, plasma, urina, suor e outros fluidos corpóreos é o procedimento baseado na titulação coulométrica.[9] Nessa técnica, os íons prata são gerados coulometricamente. Então, os íons prata reagem com os íons cloreto para formar o cloreto de prata sólido. O ponto final é detectado, em geral amperometricamente (veja a Seção 21C-4), quando ocorre um rápido aumento na corrente em decorrência da geração de um ligeiro excesso de Ag^+. Em princípio, a quantidade absoluta de Ag^+ necessária para reagir quantitativamente com Cl^- pode ser obtida a partir da aplicação da lei de Faraday. Na prática, a calibração é usada. Primeiro, o tempo t_s requerido para titular uma solução padrão de cloreto contendo uma quantidade padrão conhecida de cloreto $(n_{Cl^-})_s$, empregando uma corrente constante I, é medido. A mesma corrente constante é utilizada, em seguida, na titulação da solução contendo a quantidade desconhecida e o tempo t_u é medido. A quantidade de matéria de cloreto na amostra $(n_{Cl^-})_u$ é então obtida como segue:

$$(n_{Cl^-})_u = \frac{t_u}{t_s} \times (n_{Cl^-})_s$$

Se os volumes da solução padrão e da solução desconhecida forem iguais, as concentrações poderão ser substituídas pela quantidade de matéria na equação anterior. Um titulador coulométrico comercial é mostrado na **Figura 20D-2**.

Outros métodos populares para determinar o cloreto são o eletrodo íon-seletivo (veja a Seção 19D), titulações fotométricas (veja a Seção 24A-4) e a espectrometria de massas de diluição isotópica.

≪ DESAFIO: Desenvolva a equação mostrada no Destaque 20-2 para a quantidade de matéria de íons cloreto presentes na amostra desconhecida. Inicie com a lei de Faraday.

---
[9] L. A. Kaplan; A. J. Pesce. *Clinical Chemistry: Theory, Analysis, and Correlation*. St. Louis: C. V. Mosby, 1984, p. 1060.

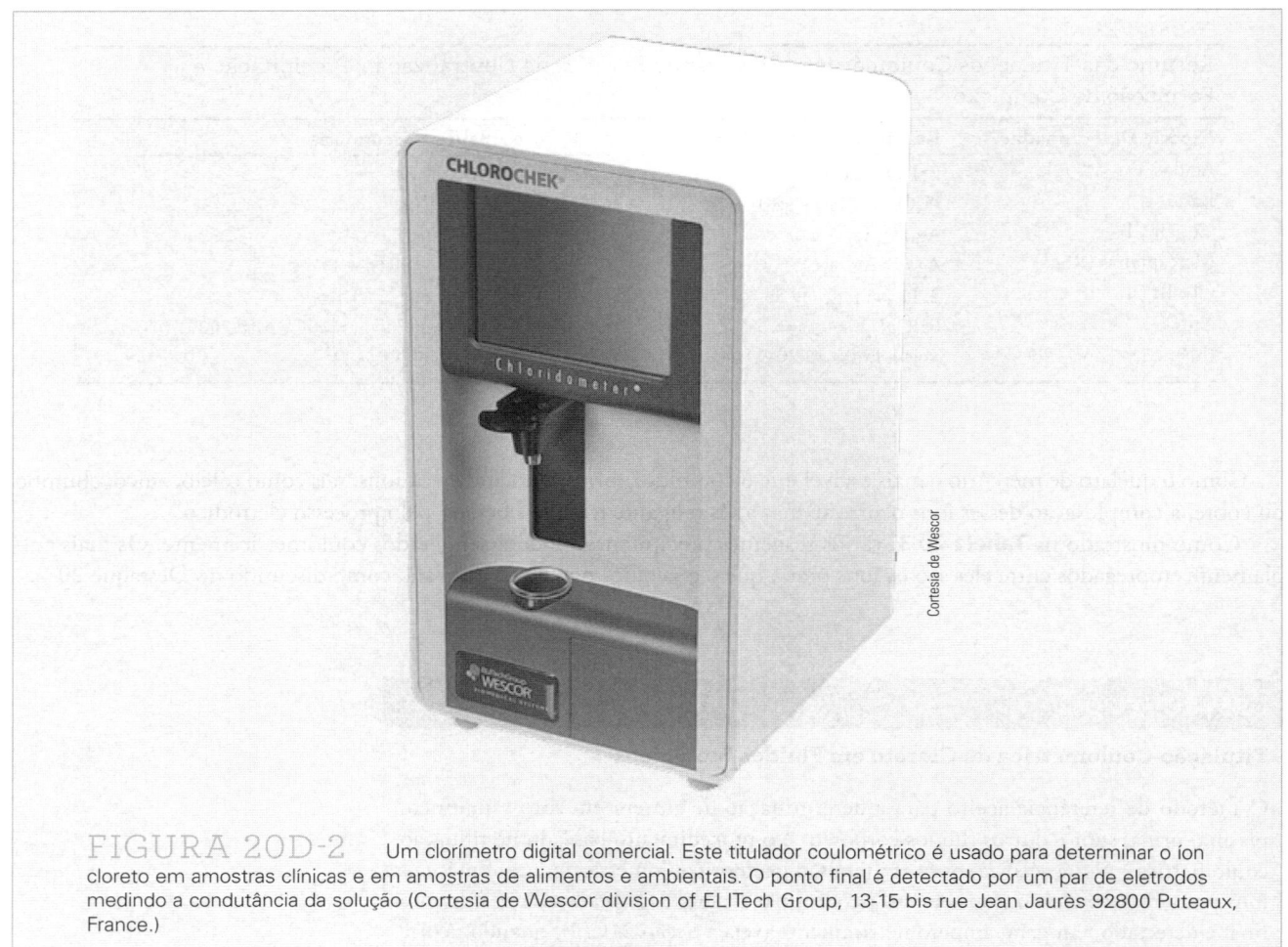

FIGURA 20D-2 Um clorímetro digital comercial. Este titulador coulométrico é usado para determinar o íon cloreto em amostras clínicas e em amostras de alimentos e ambientais. O ponto final é detectado por um par de eletrodos medindo a condutância da solução (Cortesia de Wescor division of ELITech Group, 13-15 bis rue Jean Jaurès 92800 Puteaux, France.)

Reações de Oxidação-Redução. As titulações coulométricas têm sido desenvolvidas para muitas, mas não todas, titulações redox. A **Tabela 20-4** revela que uma variedade de reagentes redox pode ser gerada coulometricamente. Por exemplo, a geração coulométrica de bromo representa a base para um grande número de métodos coulométricos. Também são de interesse reagentes como prata(II), manganês(III) e o complexo de cobre(I) com cloreto, que são muito instáveis para ser usados em análises volumétricas convencionais.

TABELA 20-4

Algumas Titulações Coulométricas Envolvendo Reações Oxidação-Redução		
Reagente	**Reação no Eletrodo Gerador**	**Substância Determinada**
Br_2	$2Br^- \rightleftharpoons Br_2 + 2e^-$	As(III), Sb(III), U(IV), Ti(I), I^-, SCN^-, NH_3, N_2H_4, NH_2OH, vários compostos orgânicos
Cl_2	$2Cl^- \rightleftharpoons Cl_2 + 2e^-$	As(III), I^-, estireno, ácidos graxos
I_2	$2I^- \rightleftharpoons I_2 + 2e^-$	As(III), Sb(III), $S_2O_3^{2-}$, H_2S, ácido ascórbico
Ce^{4+}	$Ce^{3+} \rightleftharpoons Ce^{4+} + e^-$	Fe(II), Ti(III), U(IV), As(III), I^-, $Fe(CN)_6^{4-}$
Mn^{3+}	$Mn^{2+} \rightleftharpoons Mn^{3+} + e^-$	$H_2C_2O_4$, Fe(II), As(III)
Ag^{2+}	$Ag^+ \rightleftharpoons Ag^{2+} + e^-$	Ce(III), V(IV), $H_2C_2O_4$, As(III)
Fe^{2+}	$Fe^{3+} + e^- \rightleftharpoons Fe^{2+}$	Cr(VI), Mn(VII), V(V), Ce(IV)
Ti^{3+}	$TiO^{2+} + 2H^+ + e^- \rightleftharpoons Ti^{3+} + H_2O$	Fe(III), V(V), Ce(IV), U(VI)

*Veja D. A. Skoog; F. J. Holler; S. R. Crouch. *Principles of Instrumental Analysis*. 7. ed. Boston, MA: Cengage Learning, 2018, p. 648-649, para exemplos adicionais.

Titulações Coulométricas Automáticas

Vários fabricantes de instrumentos oferecem tituladores coulométricos automáticos, a maioria dos quais emprega o ponto final potenciométrico. Alguns desses instrumentos são do tipo multipropósito e podem ser empregados na determinação de uma variedade de espécies. Outros são projetados para um único tipo de análise. Os exemplos desses últimos são: tituladores para cloreto, nos quais íons prata são gerados coulometricamente; medidores de dióxido de enxofre, em que o bromo produzido anodicamente oxida o analito a íons sulfato; medidores de dióxido de carbono, nos quais o gás, absorvido em monoetanolamina, é titulado com uma base gerada coulometricamente; tituladores de água, nos quais o reagente de Karl Fischer (veja a Seção 18C-5) é gerado eletroquimicamente.

> **Exercícios no Excel** No segundo experimento no Capítulo 11 do *Applications of Microsoft® Excel® in Analytical Chemistry*, 4. ed., é desenvolvida uma planilha para construir um gráfico de uma curva de titulação coulométrica. O ponto final é localizado pelos métodos da derivada de primeira e segunda ordens.

Química Analítica On-line

Vá em www.basinc.com e investigue os instrumentos eletroquímicos produzidos por essa companhia de instrumentos. Em particular, examine os potenciostatos/galvanostatos. Descreva suas características e especificações. Busque por empresas que fabriquem coulometros. Compare as características dos dois instrumentos de duas empresas de instrumentos diferentes.

Resumo do Capítulo 20

- Efeitos da corrente na célula.
- Efeitos de polarização.
- Transporte de íons por difusão, migração e convecção.
- Seletividade da eletrólise.
- Eletrólise de potencial controlado.
- Eletrogravimetria.
- Coulometria.
- Determinação de carga.
- Titulações coulométricas.
- Determinação de cloro em fluídos biológicos.

Termos-chave

Convecção, 546
Coulomb, 555
Despolarizador, 551
Difusão, 545

Eficiência de corrente, 560
Eletrodo auxiliar ou contraeletrodo, 553
Eletrodo de referência, 541

Eletrodo de trabalho, 549
Galvanostato, 559
Método potenciostático, 549
Migração, 546

Polarização, 544
Polarização cinética, 544
Polarização de concentração, 544
Polarização de um eletrodo, 544
Potenciostato, 553
Queda *IR*, 541
Sobrevoltagem ou sobrepotencial, 544
Transferência de massa, 544

Equações Importantes

$E_{aplicada} = E_{célula} - IR$ sem polarização

$E_{aplicada} = E_{célula} - IR - \Pi$ incluindo polarização

velocidade de difusão para a superfície do catodo = $k'\,([Cd^{2+}] - ([Cd^{2+}]_0)$

$Q = It$ para corrente I constante

$Q = \int_0^t i\,dt$ para corrente i variável

$n_A = \dfrac{Q}{nF}$ Lei de Faraday

Questões e Problemas*

20-1. Faça uma breve distinção entre
  *(a) polarização de concentração e polarização cinética.
  (b) um eletrodo de referência e um eletrodo de trabalho.
  *(c) difusão e migração.
  (d) um ampère e um coulomb.
  *(e) o circuito de eletrólise e o circuito de controle para os métodos de potencial controlado.

20-2. Defina brevemente
  *(a) potencial ôhmico.
  (b) sobrevoltagem.
  *(c) eletrólise de potencial controlado.
  (d) titulação coulométrica.
  *(e) eficiência de corrente.
  (f) potentiostato.

*20-3. Descreva três mecanismos responsáveis pelo transporte de espécies dissolvidas para a superfície de um eletrodo e a partir dela.

20-4. Como a existência de uma corrente afeta o potencial de uma célula eletroquímica?

*20-5. Quais variáveis experimentais afetam a polarização de concentração em uma célula eletroquímica?

20-6. Como as polarizações de concentração e cinética se assemelham entre si? Como elas diferem?

*20-7. Descreva as condições que favorecem a polarização cinética em uma célula eletroquímica.

20-8. O que é eletrólito de suporte e qual seu papel na eletroquímica?

*20-9. Como os métodos eletrogravimétrico e coulométrico diferem dos métodos potenciométricos? Considere as correntes, voltagens e instrumentação em sua resposta.

20-10. Qual é o propósito de um despolarizador?

*20-11. Por que o eletrodo de trabalho é normalmente isolado do contraeletrodo em uma análise coulométrica de potencial controlado?

20-12. Por que um reagente auxiliar sempre é necessário em uma titulação coulométrica?

20-13. Determine o número de íons que sofrem transferência de elétrons na superfície de um eletrodo durante cada segundo em que uma célula eletroquímica é operada a 0,0175 A com 100% de eficiência de corrente e os íons envolvidos são
  (a) monovalentes.
  *(b) bivalentes.
  (c) trivalentes.

20-14. Calcule o potencial teórico, a 25°C, necessário para iniciar a deposição de
  *(a) cobre, a partir de uma solução 0,250 mol L^{-1} de Cu^{2+}, tamponada a pH 3,00. O oxigênio é formado no anodo a 1,00 atm.
  (b) estanho, a partir de uma solução 0,150 mol L^{-1} de Sn^{2+}, tamponado a pH 3,75. O oxigênio é formado no anodo a 770 torr.
  *(c) brometo de prata em um anodo de prata, a partir de uma solução 0,0964 mol L^{-1} de Br$^-$, tamponada a pH 3,70. O hidrogênio é formado no catodo a 765 torr.
  (d) Tl$_2$O$_3$, a partir de uma solução 7,00 × 10^{-3} mol L^{-1} de Tl$^+$, tamponada a pH 6,75. A solução também tem 0,010 mol L^{-1} em Cu^{2+},

*As respostas para as questões e problemas marcados com um asterisco são fornecidas no final deste livro.

que atua como um despolarizador do catodo para o processo

$$Tl_2O_3 + 3H_2O + 4e^- \rightleftharpoons 2Tl^+ + 6OH^-$$
$$E^0 = 0{,}020 \text{ V}$$

*20-15. Calcule o potencial inicial necessário para gerar uma corrente de 0,065 A na célula

$$Co|Co^{2+}(5{,}90 \times 10^{-3} \text{ mol L}^{-1})||Zn^{2+}$$
$$(2{,}95 \times 10^{-3} \text{ mol L}^{-1})|Zn$$

se essa célula tiver uma resistência de 4,50 Ω.

20-16. A célula

$$Sn|Sn^{2+}(6{,}18 \times 10^{-4} \text{ mol L}^{-1})||Cd^{2+}$$
$$(5{,}95 \times 10^{-2} \text{ mol L}^{-1}) - Cd$$

tem uma resistência de 3,95 Ω. Calcule o potencial inicial que será necessário para gerar uma corrente de 0,062 A na célula.

*20-17. O cobre deve ser depositado a partir de uma solução 0,250 mol L^{-1} em Cu(II), tamponada a pH 4,00. O oxigênio é formado a partir do anodo a uma pressão parcial de 730 torr. A célula tem uma resistência de 3,60 Ω e a temperatura é 25°C. Calcule
(a) o potencial teórico necessário para iniciar a deposição do cobre a partir da solução.
(b) a queda *IR* associada a uma corrente de 0,15 A nessa célula.
(c) o potencial inicial, dado que a sobrevoltagem do oxigênio é de 0,50 V sob essas condições.
(d) o potencial da célula quando [Cu^{2+}] é 7,00 × 10^{-6} mol L^{-1}, considerando que a queda *IR* e o sobrepotencial do O$_2$ permaneçam inalterados.

20-18. O níquel deve ser depositado em um catodo de platina (área = 120 cm^2) a partir de uma solução 0,250 mol L^{-1} de Ni^{2+}, tamponada a pH 2,50. O oxigênio é formado a partir do anodo de platina com uma área de 75 cm^2, a uma pressão de 1,00 atm. A célula tem uma resistência de 4,25 Ω e a temperatura é de 25°C. Calcule
(a) o potencial termodinâmico necessário para iniciar a deposição do níquel.
(b) a queda *IR* associada a uma corrente de 1,00 A.
(c) a densidade de corrente no anodo e no catodo.
(d) o potencial inicial aplicado, dado que a sobrevoltagem do oxigênio é de 0,52 V sob essas condições.
(e) o potencial aplicado quando a concentração de níquel tiver diminuído para 1,00 × 10^{-4} mol L^{-1}. (Considere que todas as variáveis, exceto [Ni^{2+}], permanecem constantes.)

*20-19. Uma solução tem 0,200 mol L^{-1} em Co^{2+} e 0,0650 mol L^{-1} em Cd^{2+}. Calcule
(a) a concentração de Co^{2+} na solução quando o cádmio começa a se depositar.
(b) o potencial do catodo necessário para diminuir a concentração de Co^{2+} para 1,00 × 10^{-5} mol L^{-1}.
(c) Com base nos itens (a) e (b), pode-se separar quantitativamente o Co^{2+} do Cd^{2+}?

20-20. Uma solução tem 0,0350 mol L^{-1} de BiO$^+$ e 0,0250 mol L^{-1} em Co^{2+} e tem pH igual a 2,50.
(a) Qual é a concentração do cátion mais facilmente reduzido no início da deposição do menos redutível?
(b) Qual é o potencial do catodo quando a concentração do mais facilmente redutível for 1,00 × 10^{-6} mol L^{-1}?
(c) Podemos realizar uma separação quantitativa com base nos resultados obtidos em (a) e (b)?

*20-21. A análise eletrogravimétrica envolvendo o controle do potencial do catodo é proposta como meio de separar Bi^{3+} e Sn^{2+} em uma solução 0,250 mol L^{-1} de cada um deles e é tamponada a pH 1,95.
(a) Calcule o potencial teórico do catodo no início da deposição do íon mais facilmente reduzido.
(b) Calcule a concentração residual da espécie mais facilmente reduzida no início da deposição da espécie menos facilmente redutível.
(c) Proponha uma faixa (*versus* ESC), se possível, na qual o potencial do catodo deveria ser mantido; considere uma concentração residual menor que 10^{-6} mol L^{-1} como representativa da remoção quantitativa.

20-22. Uma solução tem 0,200 mol L^{-1} em cada um de dois cátions redutíveis, A e B. A remoção da espécie mais redutível (A) é considerada completa quando [A] diminuiu a 1,00 × 10^{-5} mol L^{-1}. Que diferença mínima nos potenciais padrão de eletrodo permitirá a separação de A sem interferência de B quando

A for	B for
*(a) monovalente	monovalente
(b) bivalente	monovalente
*(c) trivalente	monovalente
(d) monovalente	bivalente
*(e) bivalente	bivalente
(f) trivalente	bivalente
*(g) monovalente	trivalente
(h) bivalente	trivalente
*(i) trivalente	trivalente

*20-23. Calcule o tempo necessário para uma corrente de 0,8510 A depositar 0,250 g de Co(II) como
(a) cobalto elementar na superfície do catodo.

(b) Co_3O_4 no anodo.

Considere 100% de eficiência da corrente para ambos os casos.

20-24. Calcule o tempo necessário para uma corrente constante de 1,25 A depositar 0,550 g de
(a) Tl(III) na forma do elemento em um catodo.
(b) Tl(I) como Tl_2O_3 no anodo.
(c) Tl(I) na forma do elemento em um catodo.

*20-25. Uma amostra de 0,1330 g de um ácido orgânico puro foi neutralizada por íons hidróxido produzidos em 5 min e 24 s por uma corrente constante de 300 mA. Calcule o equivalente-grama do ácido.

20-26. A concentração de CN^- em 10,0 mL de uma solução de galvanização foi estabelecida pela titulação com íons hidrogênio eletrogerados até o ponto final, determinado com alaranjado de metila. A mudança de cor ocorreu após 3 min e 55 s com uma corrente de 57,5 mA. Calcule a quantidade em gramas de NaCN por litro de solução; calcule também a concentração em ppm de NaCN na solução.

*20-27. Um excesso de $HgNH_3Y^{2-}$ foi introduzido em 25,00 mL de água de poço. Expresse a dureza da água em termos de ppm de $CaCO_3$ se o EDTA necessário para a titulação foi gerado em um catodo de mercúrio (veja a Equação 20-9) em 3,52 min por uma corrente constante de 39,4 mA. Considere 100% de eficiência de corrente.

20-28. O I_2 gerado eletroliticamente foi empregado na determinação da quantidade de H_2S em 100,0 mL de água salobra. Após a adição de um excesso de KI, a titulação precisou de uma corrente constante de 56,8 mA por 9,13 min. A reação foi

$$H_2S + I_2 \rightarrow S(s) + 2H^+ + 2I^-$$

Expresse os resultados da análise em termos de ppm de H_2S.

*20-29. O nitrobenzeno presente em 300 mg de uma mistura orgânica foi reduzido a fenil-hidroxilamina em um potencial constante de −0,96 V (*versus* ESC), aplicado a um catodo de mercúrio:

$$C_6H_5NO_2 + 4H^+ + 4e^- \rightarrow C_6H_5NHOH + H_2O$$

A amostra foi dissolvida em 100 mL de metanol; após eletrólise por 30 min, a reação foi considerada completa. Um coulômetro eletrônico conectado em série com a célula indicou que a redução necessitou de 33,47 C. Calcule a porcentagem de $C_6H_5NO_2$ na amostra.

20-30. O teor de fenol de uma amostra de água coletada a jusante de uma coqueraria foi determinado por meio de análise coulométrica. Uma amostra de 100 mL foi levemente acidificada e um excesso de KBr foi introduzido. Para produzir Br_2 segundo a reação

$$C_6H_5OH + 3Br_2 \rightarrow BrC_5H_5OH(s) + 2HBr$$

foi necessária uma corrente constante de 0,0703 A por 5 min e 19 s. Expresse os resultados dessa análise em termos de partes de C_6H_5OH por milhão de partes de água. (Considere a densidade da água como 1,00 g mL^{-1}.)

20-31. Sob um potencial de −1,0 V (*versus* ESC), o CCl_4 em metanol é reduzido a $CHCl_3$ em um catodo de mercúrio:

$$2CCl_4 + 2H^+ + 2e^- + 2Hg(l) \rightarrow 2CHCl_3 + Hg_2Cl_2(s)$$

A −1,80 V, $CHCl_3$ reage para formar CH_4:

$$2CHCl_3 + 6H^+ + 6e^- + 6Hg(l) \rightarrow 2CH_4 + 3Hg_2Cl_2(s)$$

Várias amostras diferentes de 0,750 g contendo CCl_4, $CHCl_3$ e uma espécie orgânica inerte foram dissolvidas em metanol e eletrolisadas a −1,0 V até que a corrente se aproximasse de zero. Um coulômetro indicou a carga requerida para completar a reação, conforme indicado na coluna do meio da tabela a seguir. Então, o potencial do catodo foi ajustado para −1,8 V. A carga adicional, mostrada na última coluna da tabela, foi aquela necessária nesse potencial.

Nº da Amostra	Carga requerida a −1,0 V, C	Carga requerida a −1,8 V, C
1	11,63	68,60
2	21,52	85,33
3	6,22	45,98
4	12,92	55,31

Calcule a porcentagem de CCl_4 e $CHCl_3$ presente em cada mistura.

20-32. Uma mistura contendo apenas $CHCl_3$ e CH_2Cl_2 foi dividida em cinco partes para a obtenção de amostras para determinações em replicatas. Cada amostra foi dissolvida em metanol e eletrolisada em uma célula contendo um catodo de mercúrio; o potencial do catodo foi mantido constante a −1,80 V (*versus* ESC). Ambos os compostos foram reduzidos a CH_4 (veja as reações no Problema 20-31). Calcule o valor médio das porcentagens de $CHCl_3$ e CH_2Cl_2 presentes na mistura. Encontre os desvios padrão e os desvios padrão relativos.

Amostra	Massa da amostra, g	Carga requerida, C
1	0,1309	306,72
2	0,1522	356,64
3	0,1001	234,54
4	0,0755	176,91
5	0,0922	216,05

20-33. Construa uma curva de titulação coulométrica de 100,0 mL de uma solução 1 mol L^{-1} de H_2SO_4 contendo Fe(II) titulado com Ce(IV) gerado a partir de 0,075 mol L⁻¹ de Ce(III). A titulação é monitorada por potenciometria. A quantidade inicial de Fe(II) presente é 0,05182 mmol. Uma corrente constante de 20,0 mA foi utilizada. Encontre o tempo correspondente ao ponto de equivalência. Então, para cerca de 10 valores de tempo antes do ponto de equivalência, empregue a estequiometria da reação para calcular a quantidade de Fe^{3+} produzida e a quantidade de Fe^{2+} remanescente. Utilize a equação de Nernst para obter o potencial do sistema. Encontre o potencial do ponto de equivalência da maneira usual para uma titulação redox. Para cerca de 10 vezes após o ponto de equivalência, calcule a quantidade de Ce^{4+} produzida na eletrólise e a quantidade de Ce^{3+} remanescente. Construa a curva do potencial do sistema em função do tempo de eletrólise.

*20-34. Traços de anilina, $C_6H_5NH_2$, em água potável podem ser determinados pela reação com um excesso de Br_2 gerado eletroquimicamente:

$$3Br_2 + C_6H_5NH_2 \rightleftharpoons C_6H_2Br_3NH_2 + 3H^+ + 3Br^-$$

(anilina → tribromoanilina)

A polaridade do eletrodo de trabalho é então revertida e o excesso de Br_2 é determinado pela titulação coulométrica envolvendo a geração de Cu(I):

$$Br_2 + 2Cu^+ \rightarrow 2Br^- + 2Cu^{2+}$$

Quantidades adequadas de KBr e $CuSO_4$ foram adicionadas a uma amostra de 25,0 mL contendo anilina. Calcule a massa de anilina (em microgramas) na amostra a partir dos seguintes dados:

Eletrodo de Trabalho Funcionando como	Tempo de Geração com Corrente Constante de 1,51 mA, min
Anodo	3,76
Catodo	0,270

*20-35. A quinona pode ser reduzida a hidroquinona com um excesso de Sn(II) gerado eletroliticamente:

$$C_6H_4O_2 + Sn^{2+} + 2H^+ \rightleftharpoons C_6H_4(OH)_2 + Sn^{4+}$$

(quinona → hidroquinona)

A polaridade do eletrodo de trabalho é então revertida e o excesso de Sn(II) é oxidado com Br_2 gerado em uma titulação coulométrica:

$$Sn^{2+} + Br_2 \rightarrow Sn^{4+} + 2Br^-$$

Quantidades apropriadas de $SnCl_4$ e KBr foram adicionadas a 50,0 mL de amostra. Calcule a massa de $C_6H_4O_2$ na amostra a partir dos seguintes dados:

Eletrodo de Trabalho Funcionando como	Tempo de Geração com Corrente Constante de 1,062 mA, min
Catodo	8,34
Anodo	0,691

20-36. **Problema Desafiador**: Os íons sulfeto (S^{2-}) são formados em águas residuais pela ação de bactérias anaeróbias sobre a matéria orgânica. Os sulfetos podem ser prontamente protonados para formar o H_2S, que é volátil e tóxico. Além da toxicidade e do odor desagradável, o sulfeto e o H_2S geram problemas de corrosão porque podem ser facilmente convertidos ao ácido sulfúrico quando as condições mudam para aeróbias. Um método comum de determinação do sulfeto é a titulação coulométrica com geração de íons prata. No eletrodo gerador, a reação é $Ag \rightarrow Ag^+ + e^-$. A reação de titulação é $S^{2-} + 2Ag^+ \rightarrow Ag_2S(s)$.

(a) Um medidor digital de cloreto foi usado para determinar a massa de sulfeto em uma amostra de água residual. O medidor exibe os resultados diretamente em ng de Cl^-. Nas determinações de cloreto, a mesma reação é empregada, mas a reação de titulação é $Cl^- + Ag^+ \rightarrow AgCl(s)$. Desenvolva uma equação que relacione a quantidade desejada, em ng de S^{2-}, com a leitura do medidor de cloreto em ng de Cl^-.

(b) Um dado padrão de água residual forneceu uma leitura de 1.689,6 ng de Cl^-. Qual é a carga total em Coulomb necessária para gerar Ag^+ suficiente para precipitar o sulfeto nesse padrão?

(c) Os seguintes resultados foram obtidos em amostras de 20,00 mL contendo quantidades desconhecidas de sulfeto. (D. T. Pierce; M. S. Applebee; C. Lacher; J. Bessie. *Environ. Sci. Technol.*, v. 32, 1734, 1998. DOI: 10.1021/es970924v.) Cada padrão foi analisado em triplicata e a massa de cloreto, registrada. Converta cada um dos resultados em cloreto para ng de S^{2-}.

Massa conhecida de S^{2-}, ng	Massa de Cl^- determinada, ng		
6.365	10.447,0	10.918,1	10.654,9
4.773	8.416,9	8.366,0	8.416,9
3.580	6.528,3	6.320,4	6.638,9
1.989	3.779,4	3.763,9	3.936,4
796	1.682,9	1.713,9	1.669,7
699	1.127,9	1.180,9	1.174,3
466	705,5	736,4	707,7
373	506,4	521,9	508,6
233	278,6	278,6	247,7
0	−22,1	−19,9	−17,7

(d) Determine a massa média de S^{2-} em ng, o desvio padrão e o DPR % para cada padrão.

(e) Prepare um gráfico da massa média de S^{2-} determinada (ng) *versus* a massa verdadeira (ng). Estabeleça a inclinação, a intersecção, o erro padrão e o valor de R^2. Comente a respeito do ajuste dos dados a um modelo linear.

(f) Determine o limite de detecção (LD) em ng e em ppm empregando um fator k de 2 (ver Equação 6-22).

(g) Uma amostra desconhecida de água residual forneceu uma leitura média de 893,2 ng Cl^-. Qual é a massa de sulfeto em ng? Se 20,00 mL da amostra de água foram introduzidos no frasco de titulação, qual é a concentração de S^{2-} em ppm?

Voltametria

CAPÍTULO 21

O envenenamento de crianças por chumbo pode provocar anorexia, vômito, convulsões e danos permanentes ao cérebro. O chumbo pode contaminar a água por meio da lixiviação de soldas empregadas para conectar tubos de cobre. A **voltametria de redissolução anódica**, discutida neste capítulo, é um dos métodos analíticos mais sensíveis para a determinação de metais pesados, como o chumbo. Está mostrado na foto um potenciostato computadorizado e um potenciostato de três eletrodos controlado por computador e a célula usada para a voltametria de redissolução anódica. O **eletrodo de trabalho** é de carbono vítreo no qual foi depositado um filme de mercúrio. Uma etapa de eletrólise é utilizada para depositar chumbo no filme de mercúrio na forma de um amálgama. Após a etapa de eletrólise, é feita uma varredura anódica na direção de valores positivos para oxidar (redissolver) o metal presente no filme. Níveis tão baixos quanto algumas partes por bilhão podem ser determinados.

BASi Research Products

O termo **voltametria** refere-se a um grupo de métodos eletroanalíticos nos quais obtemos informações sobre o analito medindo a corrente em uma célula eletroquímica como uma função do potencial aplicado. Obtemos esta informação sob condições que promovem a polarização de um pequeno eletrodo indicador, ou de trabalho. Quando a corrente proporcional à concentração do analito é monitorada em um potencial fixo, a técnica é chamada de **amperometria**. Para aumentar a polarização, os eletrodos de trabalho na voltametria e na amperometria têm áreas superficiais de poucos milímetros quadrados na maioria e em algumas aplicações, uns poucos micrômetros quadrados ou menos. A voltametria é largamente utilizada pelos químicos inorgânicos, físico-químicos e químicos biológicos para estudos fundamentais de processos de oxidação e redução em vários meios, processos de adsorção em superfícies e mecanismos de transferência de elétrons nas superfícies de eletrodos modificados quimicamente.

Na voltametria, a corrente que se desenvolve em uma célula eletroquímica é medida sob condições de completa polarização de concentração. Recorde, da Seção 20A-2, que um eletrodo polarizado é aquele no qual temos uma voltagem aplicada em excesso daquela prevista pela equação de Nernst para fazer que a oxidação ou a redução ocorra. Em contraste, as medidas potenciométricas são feitas em correntes que se aproximam de zero e onde a polarização está ausente. A voltametria difere-se da coulometria em que, com coulorimetria, as medidas são tomadas para minimizar ou compensar os efeitos da polarização de concentração. Além disso, na voltametria existe o consumo mínimo de analito, mas, na coulometria, basicamente todo o analito é convertido em outro estado.

Historicamente, o campo da voltametria desenvolveu-se a partir da **polarografia**, um tipo de voltametria em particular que foi inventado pelo químico checoslovaco Jaroslav Heyrovsky no

> Os **métodos voltamétricos** são baseados na medida da corrente como uma função do potencial aplicado a um pequeno eletrodo.

> **Polarografia** é a voltametria em um eletrodo gotejante de mercúrio (EGM).

Jaroslav Heyrovsky nasceu em Praga em 1890. Ele foi premiado em 1959 com o Nobel de Química pela descoberta e desenvolvimento da polarografia. Sua invenção do método polarográfico data de 1922, e ele concentrou o restante de sua carreira no desenvolvimento deste novo ramo da eletroquímica. Ele faleceu em 1967.

início dos anos 1920.[1] A polarografia difere-se dos outros tipos de voltametria no sentido de que o eletrodo de trabalho é o singular **eletrodo gotejante de mercúrio**. No passado, a polarografia era uma ferramenta importante usada pelos químicos para a determinação de íons inorgânicos e determinadas espécies orgânicas em soluções aquosas. Em anos recentes, o número de aplicações da polarografia no laboratório de analítica caiu dramaticamente. Esta queda tem sido, em grande parte, resultado das preocupações em relação ao uso de mercúrio no laboratório e possível contaminação do ambiente, à natureza levemente embaraçosa do aparelho e à larga disponibilidade de métodos (principalmente espectroscópicos) mais rápidos e mais convenientes. Uma vez que tanto os laboratórios de trabalho quanto os de ensino ainda realizam experimentos de polarografia, incluímos uma abordagem abreviada na Seção 21D.

Enquanto a polarografia caiu em importância, a voltametria e a amperometria em eletrodos de trabalho que não o eletrodo gotejante de mercúrio têm crescido em uma velocidade impressionante. Além disso, a voltametria e a amperometria acopladas com a cromatografia de líquidos têm se tornado ferramentas poderosas para a análise de misturas complexas. A voltametria moderna também continua a ser uma excelente ferramenta em diversas áreas da química, da bioquímica, da ciência de materiais, da engenharia e das ciências ambientais para estudar os processos de oxidação, redução e adsorção.[2]

21A Sinais de Excitação na Voltametria

Na voltametria, um **sinal de excitação** de potencial variável é impresso em um eletrodo de trabalho em uma célula eletroquímica. Este sinal de excitação produz uma resposta de corrente característica, que é a quantidade medida. As formas de ondas de quatro sinais de excitação mais comuns usadas na voltametria são mostradas na **Figura 21-1**. O sinal de excitação voltamétrico clássico é a varredura linear mostrada na Figura 21-1a, no qual a voltagem aplicada à célula aumenta linearmente (normalmente sobre uma faixa de 2 a 3 V) como uma função do tempo. A corrente na célula é então registrada como uma função do tempo e, então, como uma função da voltagem aplicada. Na amperometria, a corrente é registrada em uma voltagem aplicada fixa.

Dois sinais de excitação do tipo pulso são apresentados nas Figuras 21-1b e 21.1c. As correntes são medidas em vários instantes durante o tempo de vida dos pulsos. Com a forma de onda triangular mostrada na Figura 21-1d, o potencial é cíclico entre dois valores: primeiramente aumentando linearmente até um máximo, e então diminuindo linearmente com a mesma inclinação do seu valor original. Esse processo pode ser repetido inúmeras vezes à medida que a corrente é registrada como uma função do tempo. Um ciclo completo pode levar 100 segundos ou mais ou ser completado em menos de 1 segundo.

À direita de cada uma das formas de onda da Figura 21-1 estão listados os tipos de voltametrias que usam os vários sinais de excitação. Abordaremos estas técnicas nas seções que se seguem.

Um **eletrólito de suporte** é um sal adicionado em excesso à solução do analito. Mais comumente, é um sal de um metal alcalino que não reage no eletrodo de trabalho nos potenciais que estão sendo empregados. O sal reduz os efeitos da migração e diminui a resistência da solução.

21B Instrumentação Voltamétrica

A **Figura 21-2** mostra os componentes de um sistema simples utilizado no desenvolvimento de medidas voltamétricas de varredura linear. A célula é constituída de três eletrodos imersos em uma solução contendo o analito e também um excesso de um eletrólito não reativo, chamado **eletrólito de suporte**. (Note a similaridade dessa célula com

---

[1] J. Heyrovsky, *Chem. Listy*, v. 16, p. 256, 1922. Heyrovsky ganhou o Prêmio Nobel de Química de 1959.
[2] Algumas referências gerais sobre voltametria incluem A. J. Bard; L. R. Faulkner. *Eletrochemistry Methods*. 2. ed. Nova York: Wiley, 2001; S. P. Kounaves, in *Handbook of Instrumental Techniques for Analytical Chemistry*. Frank A. Settle, ed. Upper Saddle River, NJ: Prentice-Hall, 1997, p. 711-28; *Laboratory Techniques in Electroanalytical Chemistry*, 2. ed., P. T. Kissinger; W. Heineman, eds. Nova York: Marcel Dekker, 1996; M. R. Smyth; F. G. Vos, eds. *Analytical Voltammetry*. Nova York: Elsevier, 1992.

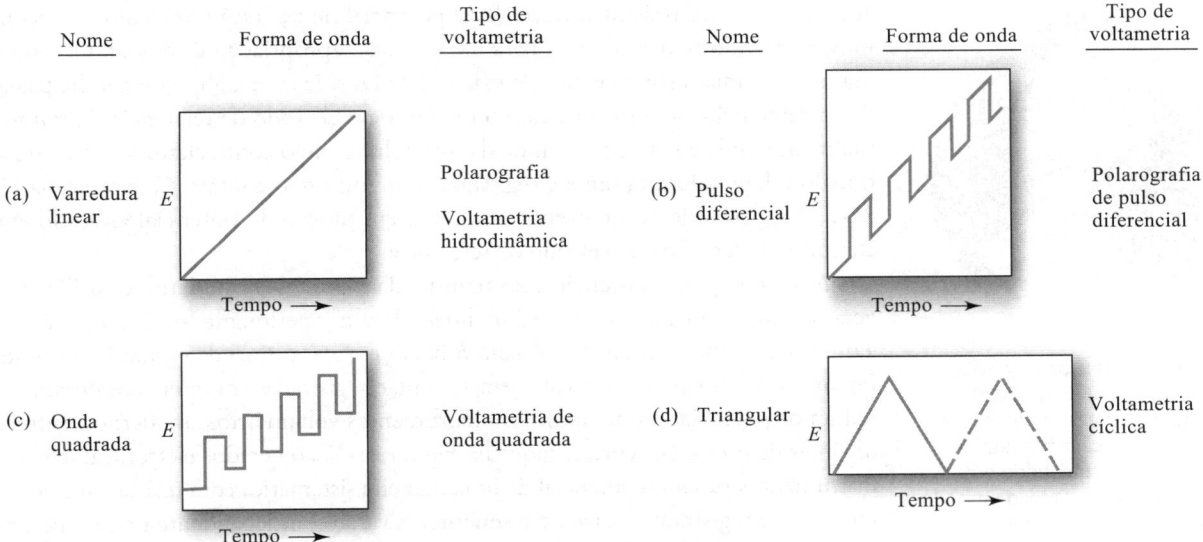

FIGURA 21-1
Sinais de excitação de tensão *versus* tempos empregados na voltametria.

aquela da eletrólise com potencial controlado mostrada na Figura 20-8.) Um dos três eletrodos é o **eletrodo de trabalho** (ET), cujo potencial em relação a um **eletrodo de referência** (ER) varia linearmente com o tempo. As dimensões do eletrodo de trabalho são mantidas pequenas para aumentar sua tendência em se tornar polarizado. O eletrodo de referência tem um potencial que permanece constante durante o experimento. O terceiro eletrodo é um **contraeletrodo (CE)**, que frequentemente é um fio de platina enrolado ou um poço de mercúrio. Na célula, a corrente flui entre o eletrodo de trabalho e o contraeletrodo.[3] A fonte de sinal é uma fonte cc variável que consiste em uma bateria ligada

> O **eletrodo de trabalho** é aquele no qual o analito é oxidado ou reduzido. O potencial entre o eletrodo de trabalho e o **eletrodo de referência** é controlado. A corrente de eletrólise flui entre o eletrodo de trabalho e o **contraeletrodo**

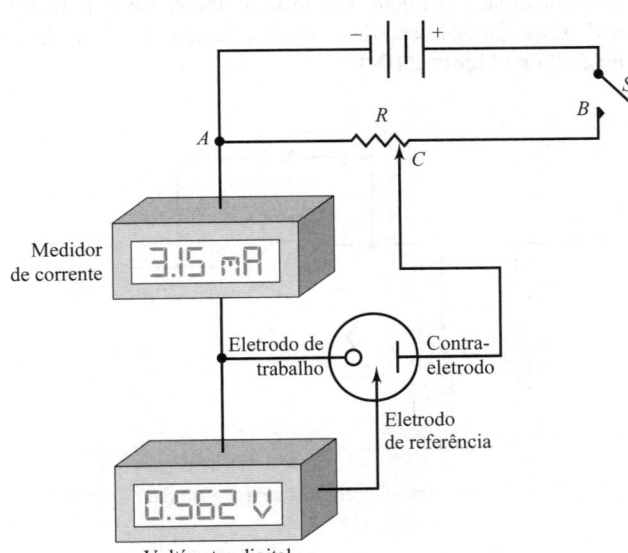

FIGURA 21-2
Um potenciostato manual para voltametria.

---

[3] No início, a voltametria era realizada com o sistema de dois eletrodos em vez de três, como mostrado na Figura 21-2. Com o sistema de dois eletrodos, o segundo tanto pode ser um eletrodo metálico grande, como um poço de mercúrio ou um eletrodo de referência suficientemente grande para prevenir sua polarização durante um experimento. Esse segundo eletrodo combina as funções de eletrodo de referência e de contraeletrodo na Figura 21-2. No sistema de dois eletrodos, supomos que o potencial deste segundo eletrodo permaneça constante durante a varredura; assim o potencial no microeletrodo é simplesmente a diferença entre o potencial aplicado e o potencial no segundo eletrodo. Para soluções de elevada resistência elétrica, contudo, esta consideração não é válida porque a queda *IR* se torna significativa e aumenta à medida que a corrente se eleva. As consequências são voltamogramas distorcidos. Atualmente, quase toda a voltametria é realizada com sistemas de três eletrodos.

Jayme Paullin (ela/dela) trabalha como supervisora de qualidade de produto. Ela obteve seu bacharelado em química farmacêutica e completou seu mestrado em química analítica com foco em análise de superfície na University of Delaware. A Sra. Paullin é supervisora de Qualidade de Produto na DSM Biomedical. Na DSM, ela supervisiona uma equipe que realiza análises de matéria-prima, monitoramento ambiental de espaços de produção, atividades de esterilização de produtos e libera o produto final. Sua equipe usa ferramentas analíticas, incluindo cromatografia de líquidos de alta performance, cromatografia de permeação em gel e um conjunto de técnicas de química por via úmida e de testagem mecânica.

em série com um resistor variável R. O potencial de excitação desejado é selecionado movimentando-se o contato C para uma posição apropriada no resistor. O voltímetro digital tem uma resistência tão elevada ($>10^{11}\,\Omega$) que essencialmente não há passagem de corrente pelo circuito contendo o medidor e o eletrodo de referência. Portanto, virtualmente, toda a corrente oriunda da fonte flui entre o contraeletrodo e o eletrodo de trabalho. Um **voltamograma** é registrado movendo-se o contato C, exposto na Figura 21-2, e registrando-se a corrente resultante em função do potencial aplicado entre o eletrodo de trabalho e o eletrodo de referência.

Em princípio, o potenciostato manual da Figura 21-2 poderia ser utilizado para gerar um voltamograma de varredura linear. Nesse experimento, o contato C é movido a uma velocidade constante de A para B para produzir o sinal de excitação mostrado na Figura 21-1a. A corrente e a voltagem são então registradas em intervalos durante a varredura de potencial (ou tempo). Em instrumentos voltamétricos modernos, entretanto, os sinais de excitação representados na Figura 21-1 são gerados eletronicamente. Esses instrumentos variam o potencial de uma maneira sistemática com relação ao eletrodo de referência e registram a corrente resultante. A variável independente nesse experimento é o potencial no eletrodo de trabalho contra o eletrodo de referência, e não o potencial entre o eletrodo de trabalho e o contraeletrodo. Um potenciostato desenhado para a voltametria de varredura linear é descrito no Destaque 21-1. A Figura 21D-2 é um esquema mostrando os componentes de um moderno potenciostato amplificador operacional (veja Seção 20C-2) para a realização de medidas voltamétricas de varredura linear.

DESTAQUE 21-1

Instrumentos Voltamétricos Baseados em Amplificadores Operacionais

No Destaque 19-5 descrevemos o emprego de amplificadores operacionais (*amp op*) para medir o potencial de células eletroquímicas. Os *amp op* (do inglês *operational amplifiers* – amplificadores operacionais) também podem ser empregados para medir correntes e realizar uma variedade de outras tarefas de controle e de medida. Considere a medida da corrente como ilustrado na **Figura 21D-1**.

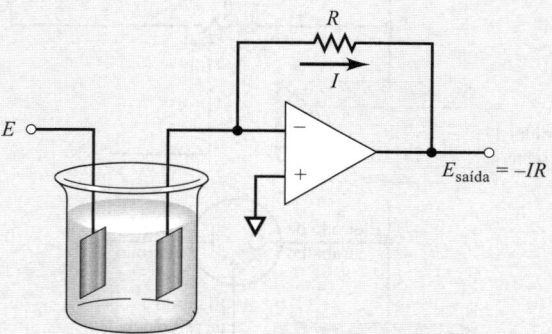

FIGURA 21D-1 Um circuito com *amp op* para medida da corrente voltamétrica.

Nesse circuito, a fonte de voltagem E está ligada a um eletrodo de uma célula eletroquímica que produz uma corrente I na célula. Em virtude da elevada resistência de entrada do *amp op*, essencialmente toda a corrente flui através do resistor R para sua saída. A voltagem na saída do *amp op* é dada por $E_{\text{saída}} = -IR$. O sinal de menos aparece pois a voltagem de saída do amplificador $E_{\text{saída}}$ precisa ser oposta em sinal à queda de

(continua)

voltagem da resistência R para que a diferença de potencial entre as entradas do amplificador operacional seja próxima de zero volts. Resolvendo esta equação em relação a I

$$I = \frac{-E_{\text{saída}}}{R}$$

Em outras palavras, a corrente na célula eletroquímica é proporcional à voltagem de saída do *amp op*. Então, o valor da corrente pode ser calculado a partir dos valores medidos de $E_{\text{saída}}$ e da resistência R. Esse circuito é chamado **conversor corrente-voltagem**.

Os *amp op* podem ser utilizados na construção de um potenciostato de três eletrodos automático, como pode ser visto na **Figura 21D-2**. Observe que o circuito de medida de corrente da Figura 21D-1 está conectado ao eletrodo de trabalho da célula (*amp op* C). O eletrodo de referência está ligado ao seguidor de voltagem (*amp op* B). Como discutido no Destaque 19-5, o seguidor de voltagem monitora o potencial do eletrodo de referência sem drenar qualquer corrente da célula. A saída do *amp op* B, que é o potencial do eletrodo de referência, retroalimenta a entrada do *amp op* A para completar o circuito. As funções do *amp op* A são (1) fornecer a corrente na célula eletroquímica entre o contraeletrodo e o eletrodo de trabalho e (2) manter a diferença de potencial entre o eletrodo de referência e o eletrodo de trabalho em um valor fornecido pelo gerador de voltagem de varredura linear. Em operação, o gerador de voltagem varia o potencial entre os eletrodos de referência e de trabalho, como mostra a Figura 21-1a, e a corrente na célula é monitorada pelo *amp op* C. A voltagem de saída do *amp op* C, que é proporcional à corrente I na célula, é registrada ou adquirida por um computador para análise dos dados e apresentação.[4]

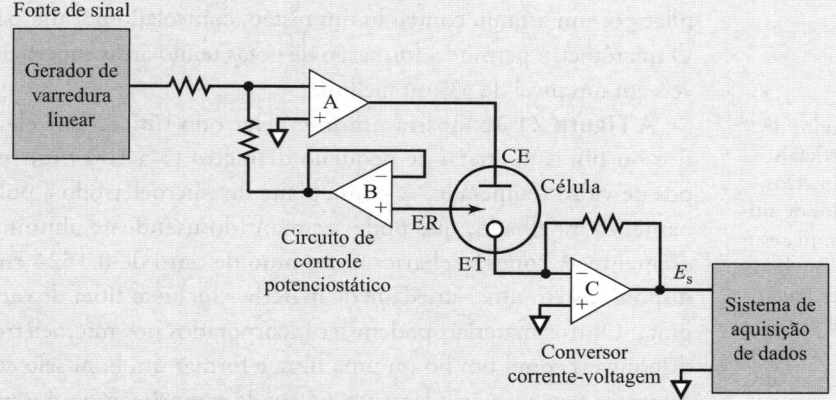

FIGURA 21D-2 Um potenciostato com *amp op*. A célula com três eletrodos tem um eletrodo de trabalho (ET), um eletrodo de referência (ER) e um contraeletrodo (CE).

A resistência elétrica do circuito de controle contendo o eletrodo de referência é tão grande ($>10^{11}$ Ω) que ela basicamente não puxa corrente. Consequentemente, toda a corrente da fonte é carregada do contraeletrodo para o eletrodo de trabalho. Além disso, o circuito de controle ajusta esta corrente de tal forma que o potencial entre o eletrodo de trabalho e o eletrodo de referência é idêntico ao potencial de saída do gerador de voltagem linear. A corrente resultante, que é diretamente proporcional ao potencial entre o par eletrodo de trabalho/referência, é então convertida para uma voltagem e registrada como uma função do tempo pelo sistema de aquisição de dados. É importante enfatizar que a variável independente neste experimento é o potencial do eletrodo de trabalho *versus* o eletrodo de referência, e não entre o eletrodo de trabalho e o contraeletrodo. O eletrodo de trabalho é mantido muito perto do potencial de base (comum virtual) durante todo o experimento pelo *amp op* C.

21B-1 Eletrodos de Trabalho[5]

Os eletrodos de trabalho usados na voltametria possuem uma variedade de desenhos e formas. Normalmente, eles são pequenos discos planos de um condutor que são presos por pressão em um tubo de um material inerte, como Teflon ou

---
[4] Para uma discussão completa sobre potenciostatos com *amp op* e de três eletrodos, veja P. T. Kissinger, in *Laboratory Techniques in Electroanalytical Chemistry*. P. T. Kissinger; W. R. Heineman, eds. Nova York: Marcel Dekker, 1996. pp. 165-194.
[5] Muitos dos eletrodos de trabalho que descrevemos neste capítulo têm dimensões na faixa de milímetros. Há agora um intenso interesse nos estudos com eletrodos tendo dimensões na faixa de micrômetros e menores. Usaremos o termo *microeletrodos* para tais eletrodos. Estes eletrodos têm várias vantagens sobre os eletrodos de trabalho clássicos. Descreveremos algumas características únicas dos microeletrodos na Seção 21I.

Kel-F, que tem encaixado nele um contato de fio (veja **Figura 21-3a**). O condutor pode ser um metal nobre como platina ou ouro; pasta de carbono, fibra de carbono, grafite pirolítico, carbono vítreo, diamante ou nanotubos de carbono; um semicondutor, tal como óxido de estanho ou de índio; ou um metal recoberto com um filme de mercúrio. Conforme mostra a **Figura 21-4**, a faixa de potencial que pode ser utilizada com esses eletrodos, em soluções aquosas, varia e depende não apenas do material do eletrodo, como também da composição da solução na qual ele está imerso. Geralmente, as limitações do potencial positivo são causadas pelas grandes correntes que se desenvolvem devido à oxidação da água para fornecer oxigênio molecular. Os limites negativos surgem da redução da água para produzir hidrogênio. Observe que os potenciais negativos relativamente grandes podem ser tolerados com eletrodos de mercúrio por causa da sobrevoltagem de hidrogênio neste metal.

>> Os potenciais negativos elevados podem ser empregados com os eletrodos de mercúrio.

Os eletrodos de mercúrio têm sido amplamente empregados na voltametria por diversas razões. Uma delas é a faixa de potencial negativo relativamente ampla descrita anteriormente. Uma vantagem adicional dos eletrodos de mercúrio é que muitos íons metálicos são reduzidos de forma reversível para amálgamas na superfície do mercúrio, simplificando a química. Os eletrodos de mercúrio tomam várias formas. A mais simples delas é o **eletrodo de filme de mercúrio** formado pela eletrodeposição do metal em um eletrodo na forma de disco, como aquele mostrado na Figura 21-3a. A **Figura 21-3b** ilustra um eletrodo gotejante de mercúrio (EGM). Esse eletrodo, que está disponível comercialmente, consiste em um tubo capilar muito fino conectado a um reservatório que contém mercúrio. O metal é forçado a passar pelo capilar por um arranjo contendo um pistão, controlado por um parafuso micrométrico. O micrômetro permite a formação de gotas tendo áreas superficiais que são reprodutíveis em um nível de 5% ou melhor.

>> Os metais que são solúveis no mercúrio formam ligas líquidas conhecidas como amálgamas.

A **Figura 21-3c** mostra um microeletrodo típico. Tais eletrodos consistem em fios ou fibras de metal de pequeno diâmetro (5 a 100 μm) selados dentro de corpos de vidro temperado. A ponta plana do microeletrodo é polida para dar um acabamento espelhado, que pode ser mantido usando-se alumina e/ou polimento de diamante. A conexão elétrica é um pino de ouro de 0,1524 cm. Os microeletrodos disponíveis em uma variedade de materiais incluem fibra de carbono, platina, ouro e prata. Outros materiais podem ser incorporados nos microeletrodos se eles estiverem disponíveis como um fio ou uma fibra e formar um bom selo com epóxi. O eletrodo mostrado tem aproximadamente 7,5 cm de comprimento e 4 mm de diâmetro externo.

Historicamente, os eletrodos de trabalho com áreas superficiais menores que alguns milímetros quadrados eram chamados de **microeletrodos**. Recentemente, este termo começou a significar eletrodos com áreas na escala de micrômetro. Na literatura mais antiga, os eletrodos de tamanho micrômetro eram algumas vezes chamados de **ultramicroeletrodos**.

A **Figura 21-3d** mostra um eletrodo de trabalho do tipo sanduíche disponível comercialmente para voltametria (ou amperometria) em correntes de fluxo. O bloco é feito de polieteretercetona (PEEK) e está disponível em vários formatos com diferentes tamanhos de eletrodos (3 mm e 6 mm; veja círculo cinza-claro no centro da figura) e vários arranjos (dual 3 mm e quad 2 mm). Veja as Figuras 21-15 e 21-16 para um diagrama mostrando como os eletrodos são usados em correntes de fluxo. Os eletrodos de trabalho podem ser feitos de carbono vítreo, pasta de carbono, ouro, cobre, níquel, platina ou outros materiais sob medida.

A **Figura 21-3e** mostra um eletrodo gotejante de mercúrio (EGM) típico, que foi usado em aproximadamente todos os experimentos de polarografia mais antigos. Ele consiste em aproximadamente 10 cm de um tubo capilar fino (diâmetro interno = 0,05 mm) através do qual o mercúrio é forçado por uma cabeça de mercúrio de talvez 50 cm. O diâmetro do capilar é de tal forma que uma nova gota se forma e se quebra a cada 2 a 6 s. O diâmetro da gota é de 0,5 a 1 mm e é altamente reprodutível. Em algumas aplicações, o tempo da gota é controlado por um martelete mecânico que desaloja a gota em um tempo fixo depois que ela começa a se formar. Além disso, uma superfície metálica fresca é formada simplesmente pela formação de uma nova gota. A superfície fresca reprodutível é importante porque as correntes medidas na voltametria são bastante sensíveis à limpeza e falta de irregularidades.

>> O EGM tem uma alta sobrevoltagem para a redução do H$^+$ e uma superfície metálica renovável com cada gotícula. As correntes reprodutíveis são obtidas muito rapidamente com o EGM.

Voltametria 577

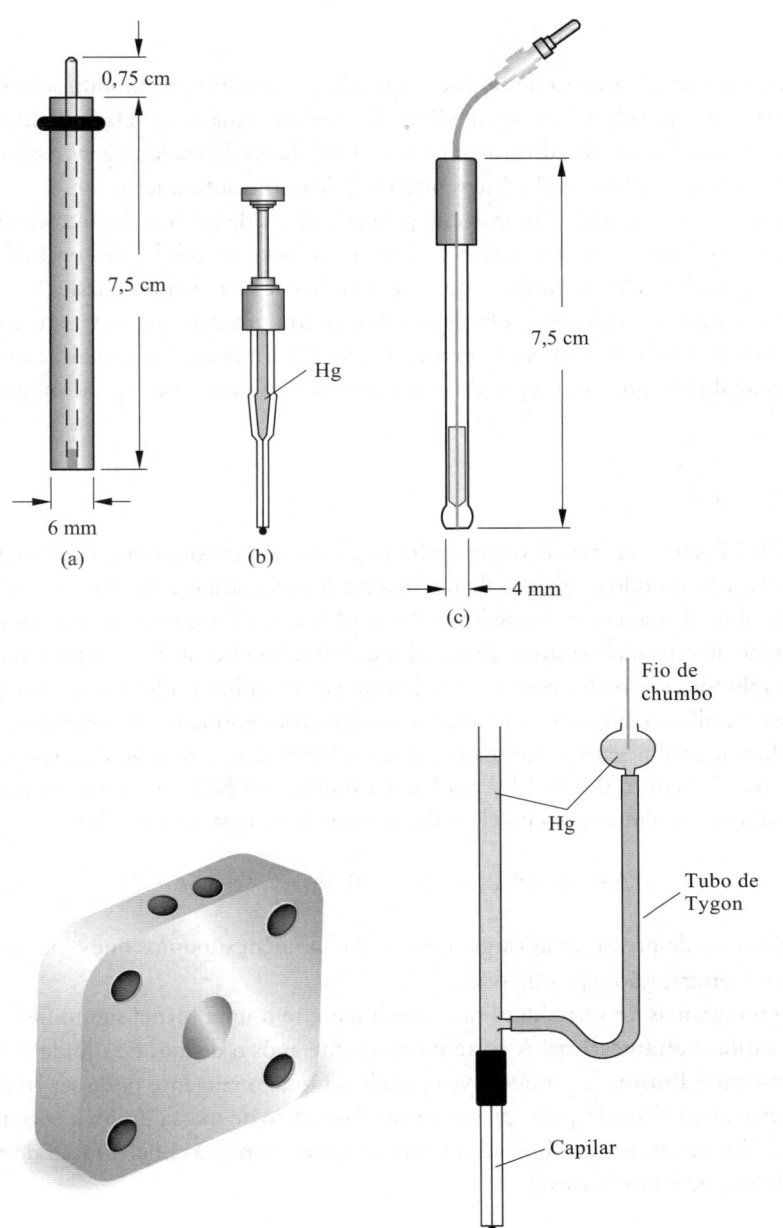

FIGURA 21-3
Alguns tipos comuns de eletrodos voltamétricos comerciais.
(a) Eletrodo de disco.
(b) Eletrodo gotejante de mercúrio (EGM).
(c) Microeletrodo.
(d) Eletrodo de fluxo do tipo sanduíche.
(e) Eletrodo gotejante de mercúrio (EGM).
(Bioanalytical Systems, Inc., West Lafayette, IN.)

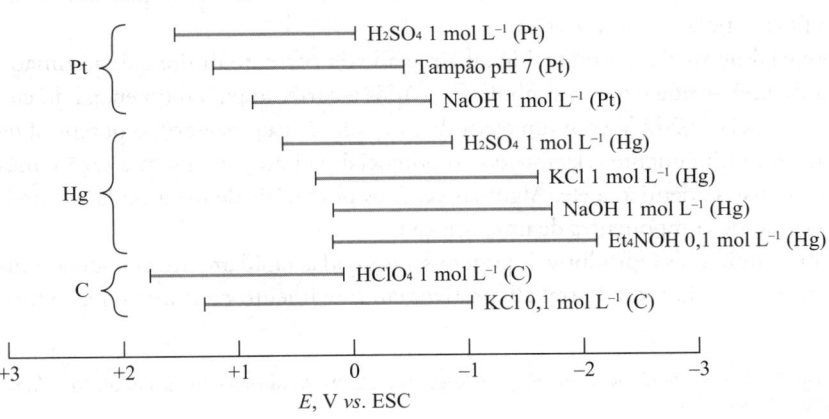

FIGURA 21-4
Faixas de potenciais para três tipos de eletrodos em vários eletrólitos de suporte. (A. J. Bard; L. R. Faulkner. *Electrochemical Methods*. 2. ed. Nova York: Wiley, 2001, contracapa.)

21B-2 Eletrodos Modificados[6]

Uma área ativa de pesquisa em eletroquímica é o desenvolvimento de eletrodos que são produzidos por modificação química de vários substratos condutores. Tais eletrodos têm sido feitos sob medida para realizar uma larga faixa de funções. As modificações incluem aplicar irreversivelmente substâncias de adsorção com funcionalidades desejadas, ligar covalentemente componentes à superfície e revestir o eletrodo com filmes poliméricos ou filmes de outras substâncias.

Os eletrodos modificados têm muitas aplicações em potencial. Um interesse primário tem sido na área da eletrocatálise. Nesta aplicação, os eletrodos capazes de reduzir o oxigênio a água têm sido buscados para uso em células de combustível e baterias. Outra aplicação é na produção de dispositivos eletrocrômicos, que mudam de cor na oxidação e redução. Tais dispositivos são usados em monitores ou *janelas* e *espelhos inteligentes*. Os dispositivos eletroquímicos que serviriam como dispositivos eletrônicos, como diodos e transistores, também estão sob intenso estudo. Finalmente, o uso analítico mais importante para tais eletrodos é como sensores analíticos que são preparados para ser seletivos para uma espécie ou grupo funcional em particular.

21B-3 Voltamogramas

>> A convenção estadunidense de sinais para a voltametria considera as correntes catódicas positivas e as correntes anódicas, negativas. Os voltamogramas são exibidos na forma de gráficos, com correntes positivas no hemisfério superior e correntes negativas no inferior. Principalmente por razões históricas, o eixo dos potenciais é posicionado de forma que se torne menos positivo (mais negativo), indo da esquerda para a direita.

A **Figura 21-5** ilustra a aparência de um voltamograma de varredura linear típico para uma eletrólise envolvendo a redução de um analito A para formar o produto P em um eletrodo de filme de mercúrio. Neste exemplo, supõe-se que o eletrodo de trabalho esteja conectado ao terminal negativo do gerador de varredura linear de tal forma que os potenciais aplicados são dados com um sinal negativo como mostrado. Por convenção, as correntes catódicas são sempre tomadas como positivas, enquanto às correntes anódicas é dado um sinal negativo. Nesse experimento hipotético, a solução é considerada como 10^{-4} mol L^{-1} em A, 0,0 mol L^{-1} em P e 0,1 mol L^{-1} em KCl, que serve como eletrólito de suporte. A semirreação no eletrodo de trabalho é a reação reversível

$$A + ne^- \rightleftharpoons P \qquad E^0 = -0,26 \text{ V} \qquad (21\text{-}1)$$

Por conveniência, desprezamos as cargas em A e P e também supomos que o potencial padrão para a semirreação seja $-0,26$ V.

Os voltamogramas de varredura linear geralmente têm uma forma sigmoide e são chamados **ondas voltamétricas**. A corrente constante após o degrau de subida é chamada de **corrente limite**, i_ℓ, porque a velocidade na qual o reagente pode ser trazido para a superfície do eletrodo pelos processos de transporte de massa limita a corrente. As correntes limitantes, em geral, são diretamente proporcionais à concentração de reagente. Portanto, podemos escrever

$$i_\ell = kc_A \qquad (21\text{-}2)$$

onde c_A é a concentração do analito e k uma constante. A voltametria quantitativa de varredura linear apoia-se nesta relação.

O potencial no qual a corrente é igual à metade da corrente limite é denominado **potencial de meia-onda** e tem o símbolo $E_{1/2}$. Após a correção para o potencial do eletrodo de referência (0,242 V com um eletrodo saturado de calomelano), o potencial da meia-onda está intimamente relacionado ao potencial padrão para a semirreação, mas normalmente não é idêntico a ele. Algumas vezes os potenciais de meia-onda são úteis na identificação de componentes de uma solução.

Correntes limitantes reprodutíveis podem ser atingidas rapidamente quando a solução de analito ou o eletrodo de trabalho estiver em movimento contínuo e reprodutí-

Uma **onda voltamétrica** é uma onda na forma de ∫ que aparece nos gráficos de corrente-voltagem no voltamograma.

Na voltametria, a **corrente limite** é o patamar de corrente que é observado no topo da onda voltamétrica. Isso ocorre porque a concentração do analito na superfície cai a zero. Nesse ponto, a velocidade de transferência de massa está em seu valor máximo. O platô da corrente limite é um exemplo de polarização completa de concentração.

O **potencial de meia-onda** ocorre quando a corrente é igual à metade do valor limite.

---

[6] Para mais informação, veja R. W. Murray. Molecular Design of Electrode Surfaces. *Techniques in Chemistry*, v. 22, W. Weissberger, fundador, ed. Nova York: Wiley, 1992; A. J. Bard. *Integrated Chemical Systems*. Nova York: Wiley, 1994.

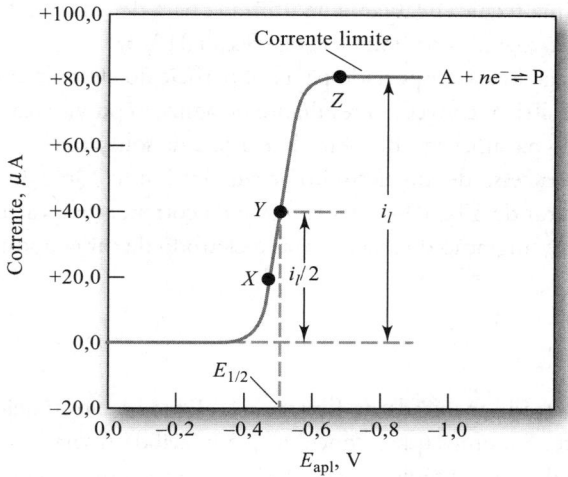

FIGURA 21-5

Voltamograma de varredura linear para a redução da espécie hipotética A para formar o produto P. A corrente limite i_ℓ é proporcional à concentração do analito e empregada na análise quantitativa. Potencial de meia-onda $E_{1/2}$ está relacionado ao potencial padrão para a semirreação e normalmente é utilizado na identificação qualitativa da espécie. O potencial de meia-onda é aquele aplicado em que a corrente i é $i_{\ell/2}$.

vel. A voltametria de varredura linear na qual a solução ou o eletrodo está em constante movimento é chamada **voltametria hidrodinâmica**. Neste capítulo, focaremos muita da nossa atenção na voltametria hidrodinâmica.

Voltametria hidrodinâmica é aquela em que a solução do analito se mantém em constante movimento.

21C VOLTAMETRIA HIDRODINÂMICA

A voltametria hidrodinâmica é realizada de várias formas. Em um método, a solução é agitada vigorosamente enquanto está em contato com um eletrodo de trabalho fixo. Uma célula típica para a voltametria hidrodinâmica é mostrada na **Figura 21-6**. Nesta célula, a agitação é realizada com um agitador magnético comum. Outra abordagem é girar o eletrodo de trabalho a uma velocidade constante na solução para fornecer a ação de agitação (veja a Figura 21-19). Outra maneira ainda de realizar a voltametria hidrodinâmica é passar uma solução de analito através de um tubo encaixado em um

≪ Processos de transporte de massa incluem difusão, migração e convecção.

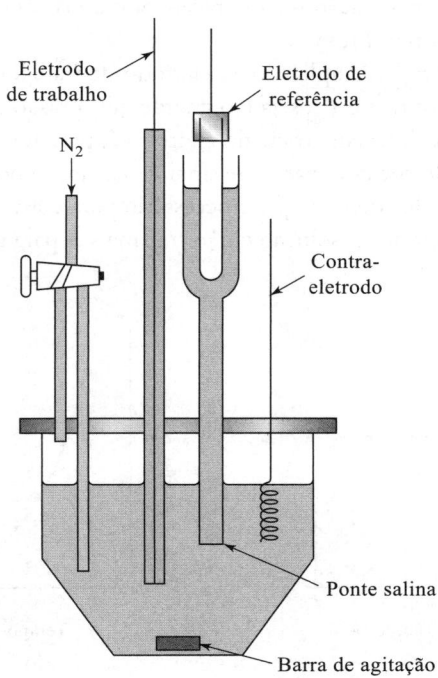

FIGURA 21-6

Uma célula de três eletrodos para voltametria hidrodinâmica.

eletrodo de trabalho (veja as Figuras 21-15 e 21-16). A última técnica é largamente utilizada para detectar analitos oxidáveis e redutíveis à medida que eles saem de uma coluna cromatográfica de líquidos (veja Seção 31A-5).

Como descrito na Seção 20A-2, durante a eletrólise o reagente é transportado para a superfície do eletrodo por meio de três mecanismos: migração sob a influência de um campo elétrico, convecção resultante de agitação ou vibração e difusão devido às diferenças de concentração entre o filme de líquido na superfície do eletrodo e o seio da solução. Na voltametria, tentamos minimizar o efeito da migração introduzindo um excesso de um eletrólito de suporte inerte. Quando a concentração do eletrólito de suporte excede a do analito por um fator de 50 a 100 vezes, a fração da corrente total carregada pelo analito se aproxima de zero. Como resultado, a velocidade de migração do analito para o eletrodo de carga oposta torna-se essencialmente independente do potencial aplicado.

21C-1 Perfis de Concentração nas Superfícies de Eletrodos

Por toda esta discussão, consideraremos que a reação de eletrodo mostrada na Equação 21-1 ocorre em um eletrodo em uma solução A que também contém um excesso de eletrólito. Supomos que a concentração inicial de A seja c_A, enquanto a do produto P seja zero. Supomos também que a reação de redução seja rápida e reversível de tal forma que as concentrações de A e P na camada da solução imediatamente adjacente ao eletrodo seja dada a qualquer instante pela equação de Nernst:

$$E_{apl} = E_A^0 - \frac{0,0592}{n} \log \frac{c_P^0}{c_A^0} - E_{ref} \qquad (21\text{-}3)$$

onde E_{apl} é a diferença de potencial entre o eletrodo de trabalho e c_P^0 e c_A^0 são as concentrações molares de P e A em uma camada fina de solução apenas na superfície do eletrodo. Assumimos também que, uma vez que o eletrodo é muito pequeno, a eletrólise em pequenos intervalos de tempo não altera significativamente a concentração da solução como um todo.

>> A eletrólise em um eletrodo voltamétrico pequeno não altera significativamente no grosso da concentração da solução do analito durante um experimento voltamétrico.

Como resultado, a concentração de A no todo da solução c_A é inalterada pela eletrólise e a concentração de P no todo da solução c_P continua a ser, para todos os propósitos práticos, zero ($c_P \approx 0$).

Perfis de Eletrodos Planos em Soluções sem Agitação

Antes de descrever o comportamento de um eletrodo nesta solução sob condições hidrodinâmicas, é instrutivo considerar o que ocorre quando um potencial é aplicado a um eletrodo plano, como aquele mostrado na Figura 21-3a, na ausência de convecção – isto é, uma solução sem agitação – e migração. Sob estas condições, o transporte de massa do analito para a superfície do eletrodo ocorre apenas por difusão.

Vamos supor que um potencial de excitação por pulso E_{apl} seja aplicado ao eletrodo de trabalho por um período de t s, como mostrado na **Figura 21-7a**. Além disso, vamos supor que o E_{apl} seja tão grande que a razão c_P^0/c_A^0 na Equação 21-3 seja 1.000 ou mais. Sob estas condições, a concentração de A na superfície do eletrodo é, para todos os propósitos práticos, imediatamente reduzida a zero ($c_A^0 \to 0$). A resposta de corrente para este sinal de excitação por etapa é mostrada na Figura 21-7b. Inicialmente, a corrente aumenta para um valor de pico que é necessário para converter basicamente todo o A na camada da superfície da solução em P. A difusão do todo da solução então traz mais A para a camada da superfície

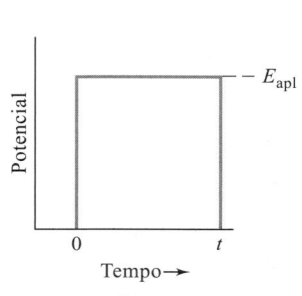
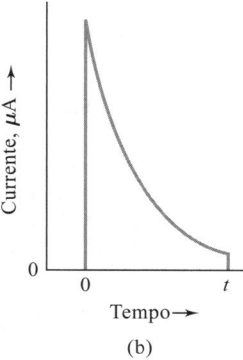

FIGURA 21-7
Resposta de corrente para um potencial em etapas para um eletrodo plano em uma solução sem agitação. (a) Potencial de excitação. (b) Resposta de corrente.

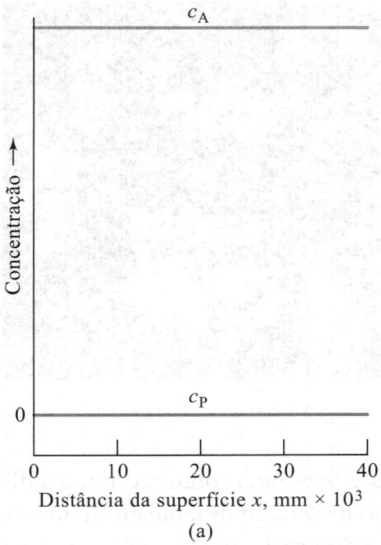
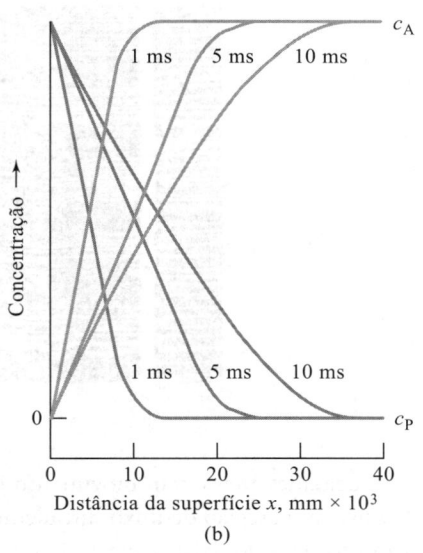

FIGURA 21-8
Perfis de distância de concentração durante a redução controlada por difusão de A para produzir P em um eletrodo plano. (a) $E_{apl} = 0$ V. (b) E_{apl} = ponto Z na Figura 21-5. Tempo decorrido: 1, 5 e 10 ms.

onde ocorre redução adicional. Entretanto, a corrente necessária para manter a concentração de A no nível necessário pela Equação 21-3 diminui rapidamente com o tempo, uma vez que A deve viajar maiores e maiores distâncias para atingir a camada da superfície onde pode ser reduzido. Assim, como visto na Figura 21-7b, a corrente cai rapidamente após sua subida inicial.

A **Figura 21-8** mostra os perfis de concentração de A e P após 0, 1, 5 e 10 ms de eletrólise no sistema em discussão. Neste exemplo, as concentrações de A (rotuladas como c_A) e de P (rotuladas como c_P) são colocadas no gráfico como função da distância da superfície do eletrodo. O gráfico à esquerda mostra que a solução é homogênea antes da aplicação do potencial em etapas com a concentração de A sendo c_A na superfície do eletrodo e no todo da solução também; a concentração de P é zero em ambas as regiões. Um milissegundo depois da aplicação do potencial, os perfis mudam drasticamente. Na superfície do eletrodo, a concentração de A foi reduzida basicamente a zero, enquanto a concentração de P aumentou e tornou-se igual à concentração original de A, isto é $c_P^0 = c_A$ Movendo-se da superfície, a concentração de A aumenta linearmente com a distância e aproxima-se de c_A a aproximadamente 0,01 mm da superfície. Ocorre uma diminuição linear na concentração de P nesta mesma região. Como mostrado na figura, com o tempo, estes gradientes de concentração estendem-se mais e mais para dentro da solução. A corrente i necessária para produzir estes gradientes é proporcional às inclinações das porções de reta das linhas sólidas na Figura 21-8b, isto é,

$$i = nFAD_A \left(\frac{\partial c_A}{\partial x} \right) \qquad (21\text{-}4)$$

onde i é a corrente em ampères, n é a quantidade de matéria de elétrons por mol de analito, F é o faraday, A é a área superficial do eletrodo em cm^2, D_A é o **coeficiente de difusão** para A em cm^2 s^{-1}, e c_A é a concentração de A em mol cm^{-3}. Como mostrado na figura, estas inclinações ($\partial c_A/\partial x$) diminuem com o tempo da mesma forma que ocorre com a corrente. O produto $D_A(\partial c_A/\partial x)$ é chamado de *fluxo*, que é a quantidade de matéria de A por unidade de tempo por unidade de área difundindo para o eletrodo.

Não é prático obter as correntes limitantes com eletrodos planos em soluções sem agitação, porque as correntes diminuem continuamente com o tempo à medida que as inclinações dos perfis de concentração se tornam menores.

Perfis para Eletrodos em Soluções com Agitação

Vamos agora considerar os perfis de concentração/distância quando a redução descrita na seção anterior for realizada em um **eletrodo** imerso em uma solução que é agitada vigorosamente. Para entender o efeito da agitação, devemos desenvolver uma imagem de padrões de fluxo de líquido em uma solução em agitação contendo um pequeno eletrodo plano. Podemos identificar dois tipos de fluxo, dependendo da velocidade média, como mostra a **Figura 21-9**. O **fluxo laminar** ocorre em velocidades de fluxo baixas e tem um movimento gentil e regular, como mostrado à esquerda na figura. O **fluxo**

FIGURA 21-9

Visualização dos padrões de fluxo em uma corrente de fluido. O fluxo turbulento, mostrado à direita, torna-se fluxo laminar à medida que a velocidade média diminui para a esquerda. No fluxo turbulento as moléculas se movem de uma forma irregular, em zigue-zague, e existem redemoinhos e turbilhões no movimento. No fluxo laminar, as linhas de fluxo tornam-se estáveis à medida que as camadas de líquido deslizam umas sobre as outras de uma maneira regular. (De *An Album of Fluid Motion*, montado por Milton Van Dyke, n. 152, fotografia de Thomas Corke e Hassan Nagib, Parabolic Press, Stanford, Califórnia, 1982.)

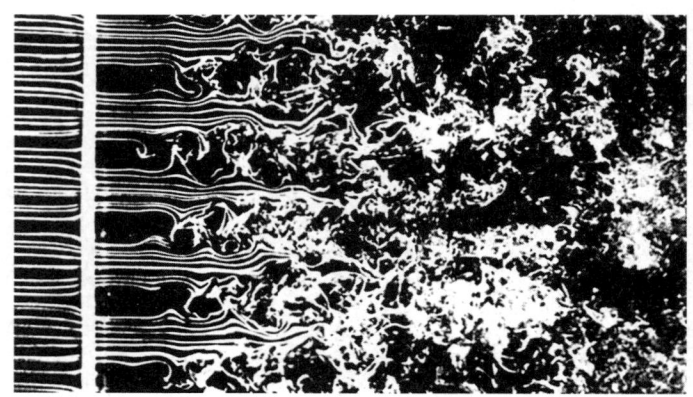

turbulento, por outro lado, acontece com velocidades altas e tem movimento irregular e flutuante, como mostrado à direita. Em uma célula eletroquímica agitada existe uma região de fluxo turbulento no seio da solução distante do eletrodo e também uma região de fluxo laminar próximo ao eletrodo. Essas regiões são ilustradas na **Figura 21-10**. Na região do fluxo laminar, as camadas do líquido deslizam umas sobre as outras em uma direção paralela à superfície do eletrodo. Na região muito próxima ao eletrodo, a uma distância δ cm da superfície, forças de atrito resultam em uma região onde a velocidade do fluxo é essencialmente zero. A fina camada de solução nesta região é uma camada estagnada conhecida como *camada de difusão de Nernst*. É apenas nos limites da camada de difusão de Nernst que as concentrações de reagentes e produtos variam em função da distância da superfície do eletrodo e nos quais existe um gradiente de concentração. Em outras palavras, nas regiões de fluxo laminar e de fluxo turbulento a convecção mantém a concentração de A em seu valor original e a concentração de P em níveis muito baixos.

A **Figura 21-11** mostra dois conjuntos de perfis de concentração para A e P em três potenciais mostrados como X, Y e Z na Figura 21-5. Na Figura 21-11a, a solução está dividida em duas regiões. Uma constitui o todo da solução e consiste em regiões tanto de fluxo turbulento quanto laminar mostrados na Figura 21-10, onde o transporte de massas ocorre por convecção mecânica trazida pelo agitador. A concentração de A por toda esta região é c_A, enquanto c_P é basicamente zero. A segunda região corresponde à camada de difusão de Nernst, que está localizada imediatamente adjacente à superfície do eletrodo e que tem uma espessura de δ cm. Normalmente, δ varia de 10^{-2} a 10^{-3} cm, dependendo da eficiência da agitação e da viscosidade do líquido. Dentro da camada de difusão estática, o transporte de massas ocorre apenas por difusão, exatamente como foi o caso com solução sem agitação. Com a solução sob agitação, entretanto, a difusão é limitada a uma

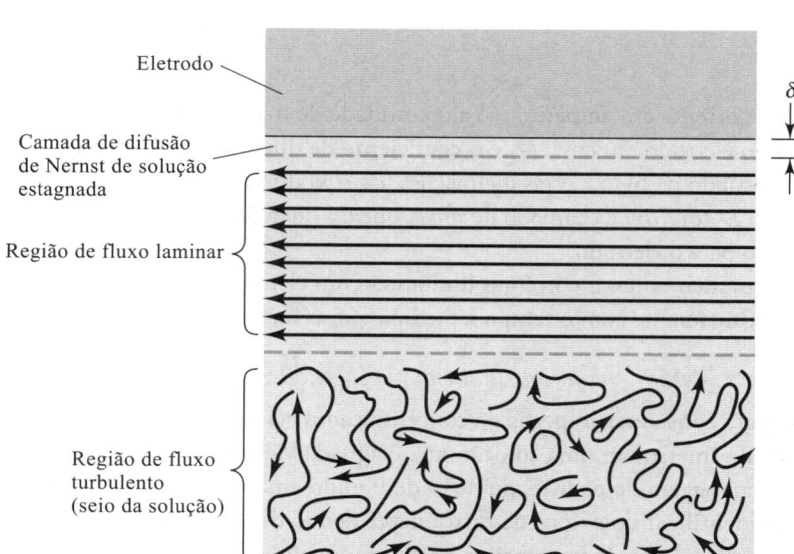

FIGURA 21-10

Padrões de fluxo e regiões de interesse próximas ao eletrodo de trabalho na voltametria hidrodinâmica.

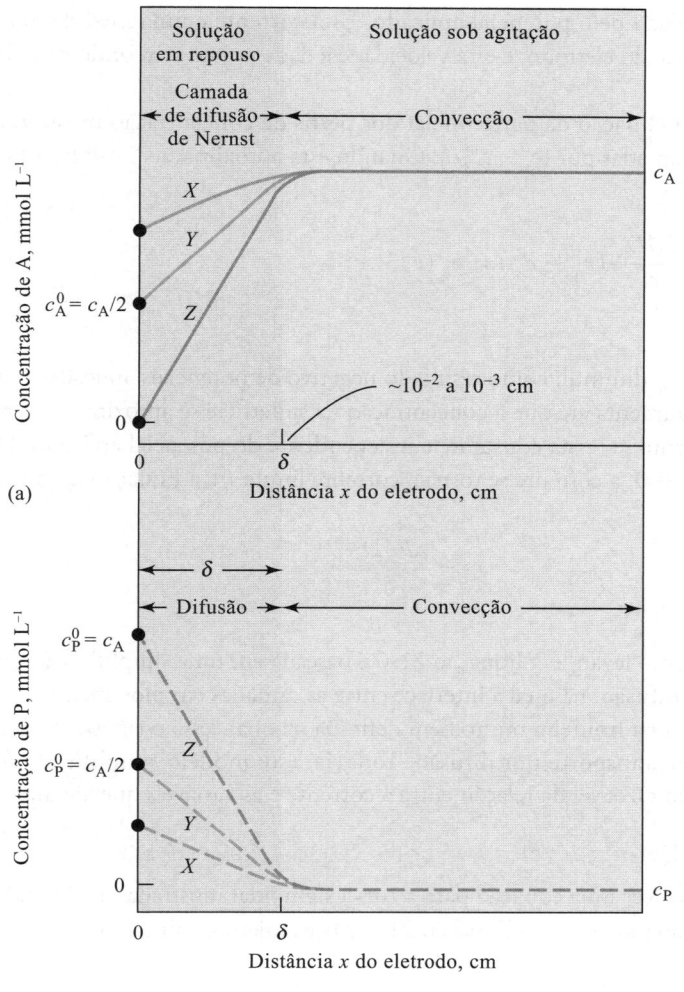

FIGURA 21-11

Perfis de concentração na interface eletrodo/solução durante a eletrólise A + ne^- → P a partir de uma solução de A mantida sob agitação. Veja a Figura 21-5 para potenciais correspondentes às curvas X, Y e Z.

camada estreita de líquido, que mesmo com o tempo não pode se estender indefinidamente para a solução. Como resultado, as correntes estáveis controladas por difusão aparecem rapidamente após a aplicação de uma voltagem.

Como mostrado na Figura 21-11, sob o potencial X, a concentração de equilíbrio da espécie A na superfície do eletrodo foi reduzida para cerca de 80% de seu valor original, enquanto a concentração de equilíbrio de P aumentou em uma proporção equivalente, isto é, $c_P^0 = c_A - c_A^0$. Sob o potencial Y, que corresponde ao potencial de meia-onda, as concentrações de equilíbrio das duas espécies na superfície do eletrodo são aproximadamente as mesmas e iguais a $c_A/2$. Finalmente, sob o potencial Z e após este, a concentração da superfície de A aproxima-se de zero, enquanto a de P se aproxima do valor original da concentração de A, ou seja, c_A. Assim, em potenciais mais negativos que Z, basicamente todos os íons de A entrando na camada superficial são instantaneamente reduzidos a P. Como mostrado na Figura 21-11b, em potenciais maiores que Z, a concentração de P na camada superficial permanece constante em $c_P^0 = c_A$ por causa da difusão de P de volta para a região agitada.

21C-2 Correntes Voltamétricas

A corrente em qualquer ponto na eletrólise que acabamos de discutir é determinada pela velocidade de transporte de A da extremidade mais externa da **camada de difusão** para a superfície do eletrodo. Como o produto P da eletrólise se difunde para regiões mais distantes da superfície do eletrodo e acaba sendo removido também pela convecção, uma corrente contínua é necessária para manter na superfície as concentrações demandadas pela equação de Nernst. A convecção, contudo, mantém um suprimento constante da espécie A no limite externo da camada de difusão. Consequentemente, resulta uma corrente de estado estacionário que é determinada pelo potencial aplicado. Esta corrente é uma medida quantitativa de quão rápido A está sendo trazido para a superfície do eletrodo, e esta velocidade é dada por $\partial c_A/\partial x$, onde x é a distância, em centímetros, da superfície do eletrodo.

Observe que $\partial c_A/\partial x$ na Equação 21-4 é a inclinação da parte inicial dos perfis de concentração mostrados na Figura 21-11a e que estas inclinações podem ser aproximadas por $(c_A - c_A^0)/\delta$. Quando esta aproximação é válida, a Equação 21-4 se reduz a

$$i = \frac{nFAD_A}{\delta}(c_A - c_A^0) = k_A(c_A - c_A^0) \tag{21-5}$$

onde a constante k_A é igual a $nFAD_A/\delta$.

A Equação 21-5 mostra que, à medida que c_A^0 diminui, como resultado negativo de potenciais aplicados mais elevados, a corrente aumenta até que a concentração na superfície se aproxime de zero, ponto no qual a corrente se torna constante e independente do potencial aplicado. Dessa forma, quando $c_A^0 \to 0$, a corrente se torna a corrente limite i_ℓ e a Equação 21-5 se reduz a

$$i_s = \frac{nFAD_A}{\delta}c_A = k_A c_A \tag{21-6}$$

>> DESAFIO: Mostre que as unidades da Equação 21-6 são ampères se as unidades das grandezas contidas na equação forem as que seguem:

Grandeza	Unidades
n	mol de elétrons mol^{-1} do analito
F	coulomb mol^{-1} de elétrons
A	cm^2
D_A	cm^2 s^{-1}
c_A	mol cm^{-3} de analito
δ	cm

A derivação levando à Equação 21-6 é baseada em uma simplificação do modelo da **camada de difusão**, na qual a interface entre as camadas em movimento e estacionária é vista como uma fronteira muito bem definida na qual cessa o transporte por convecção e se inicia o transporte por difusão. Todavia, este modelo simplificado fornece uma aproximação razoável da relação entre a corrente e as variáveis que afetam a corrente.

Relações Corrente/Voltagem para Reações Reversíveis

Para desenvolver uma equação para a curva sigmoidal mostrada na Figura 21-5, substituímos a Equação 21-6 na Equação 21-5 e rearranjamos, obtendo

$$c_A^0 = \frac{i_s - i}{k_A} \tag{21-7}$$

>> Embora nosso modelo seja simplificado, ele fornece um cenário razoavelmente exato dos processos que ocorrem na interface eletrodo/solução.

A **concentração superficial** de P pode também ser expressa em termos da corrente usando uma relação similar à Equação 21-5, isto é,

$$i = \frac{nFAD_P}{\delta}(c_P - c_P^0) \tag{21-8}$$

onde o sinal negativo resulta da inclinação negativa do perfil de concentração de P. Observe que, agora, D_P é o coeficiente de difusão de P. Mas, como mencionado anteriormente, durante a eletrólise a concentração de P aproxima-se de zero na solução e, portanto, quando $c_P \approx 0$,

$$i = \frac{-nFAD_P c_P^0}{\delta} k_P c_P^0 \tag{21-9}$$

onde $k_P = -nAD_P/\delta$. Rearranjando esta última equação, temos

$$c_P^0 = i/k_P \tag{21-10}$$

A substituição das Equações 21-7 e 21-10 na Equação 21-3 produz, após rearranjar,

$$E_{apl} = E_A^0 - \frac{0{,}0592}{n}\log\frac{k_A}{k_P} - \frac{0{,}0592}{n}\log\frac{i}{i_s - i} - E_{ref} \tag{21-11}$$

Quando $i = i_{S/2}$, o terceiro termo no lado direito desta equação é igual a zero e, por definição, E_{apl} é o *potencial de meia-onda*, isto é,

$$E_{apl} = E_{1/2} = E_A^0 - \frac{0{,}0592}{n}\log\frac{k_A}{k_P} - E_{ref} \qquad (21\text{-}12)$$

≪ O **potencial de meia-onda** é um identificador do par redox e relaciona-se intimamente com o potencial padrão de redução.

A substituição desta expressão na Equação 21-11 fornece uma expressão para o voltamograma na Figura 21-5:

$$E_{apl} = E_{1/2} - \frac{0{,}0592}{n}\log\frac{i}{i_S - i} \qquad (21\text{-}13)$$

Frequentemente, a razão k_A/k_P contida nas Equações 21-11 e 21-12 aproxima-se da unidade, de modo que, para a espécie A, podemos escrever

$$E_{1/2} \approx E_A^0 - E_{ref} \qquad (21\text{-}14)$$

Um processo eletroquímico tal como $A + ne^- \rightleftharpoons P$ é dito ser **reversível** se obedecer à equação de Nernst sob as condições do experimento. Em um **sistema totalmente irreversível**, a reação direta ou a inversa é tão lenta que pode ser considerada completamente desprezível. Em um **sistema parcialmente reversível**, a reação em um sentido é muito mais lenta que no outro, embora não seja totalmente insignificante. Um processo que parece reversível quando o potencial é mudado lentamente pode mostrar sinais de irreversibilidade quando é aplicada uma velocidade mais rápida de mudança de potencial.

Relações Corrente/Voltagem para Reações Irreversíveis

Muitos processos de eletrodo voltamétricos, especialmente aqueles associados a sistemas orgânicos, são irreversíveis, levando a curvas mal definidas. Para descrever estas ondas quantitativamente é necessário um termo adicional na Equação 21-12 envolvendo a energia de ativação da reação para levar em conta a cinética do processo de eletrodo. Embora os potenciais de meia-onda para reações irreversíveis geralmente mostrem alguma dependência da concentração, as correntes de difusão permanecem relacionadas linearmente com a concentração. Os processos irreversíveis são, como consequência, facilmente adaptados à análise quantitativa se estiverem disponíveis padrões de calibração adequados.

Voltamogramas para Misturas de Reagentes

Os reagentes de uma mistura geralmente comportam-se independentemente um do outro em um eletrodo de trabalho. Assim, um voltamograma para uma mistura é exatamente a soma das ondas dos componentes individuais. A **Figura 21-12** mostra os voltamogramas para um par de misturas contendo dois componentes. Os potenciais de meia-onda dos dois reagentes diferem em cerca de 0,1 V na curva A e em cerca de 0,2 V na curva B. Observe que um único voltamograma pode permitir a determinação quantitativa de duas ou mais espécies, desde que haja uma diferença suficiente entre os sucessivos potenciais de meia-onda para permitir a avaliação de correntes de difusão individuais. Geralmente, é necessária uma diferença de 0,1 a 0,2 V se espécies facilmente redutíveis sofrem uma redução de dois elétrons; é necessário um mínimo de 0,3 V se a primeira redução for um processo de um elétron.

Voltamogramas Anódicos e Mistos Anódicos/Catódicos

Ondas anódicas, assim como **ondas catódicas**, são encontradas em voltametria. Um exemplo de uma onda anódica é ilustrado na curva A da **Figura 21-13**, onde a reação do eletrodo é a oxidação de ferro(II) em ferro(III) na presença de íon citrato. Uma **corrente limite** é observada em aproximadamente +0,1 V (*versus* ESC), a qual é devida à semirreação

$$Fe^{2+} \rightleftharpoons Fe^{3+} + e^-$$

À medida que o potencial se torna mais negativo, ocorre um decréscimo na **corrente anódica**; em cerca de −0,02 V a corrente torna-se zero porque a oxidação do íon ferro(II) parou.

A curva C representa o **voltamograma** para a solução de ferro(III) no mesmo meio. Aqui, uma onda catódica resulta da redução de íons ferro(III) para o estado

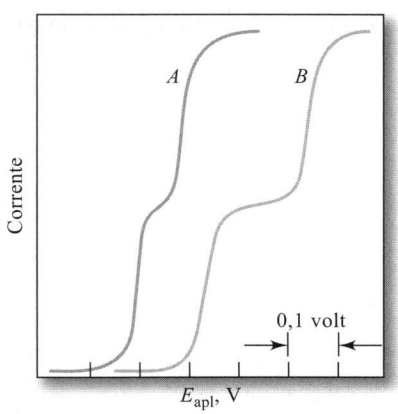

FIGURA 21-12

Voltamogramas para misturas contendo dois componentes. Os potenciais de meia-onda diferem em 0,1 V na curva A e em 0,2 V na curva B.

FIGURA 21-13

Comportamento voltamétrico de ferro(II) e ferro(III) em meio contendo citrato. Curva A: onda anódica para uma solução na qual $c_{Fe^{2+}} = 1 \times 10^{-4}$ mol L^{-1}. Curva B: onda anódica/catódica para uma solução na qual $c_{Fe^{2+}} = c_{Fe^{3+}} = 0,5 \times 10^{-4}$ mol L^{-1}. Curva C: onda catódica para uma solução na qual $c_{Fe^{3+}} = 1 \times 10^{-4}$ mol L^{-1}.

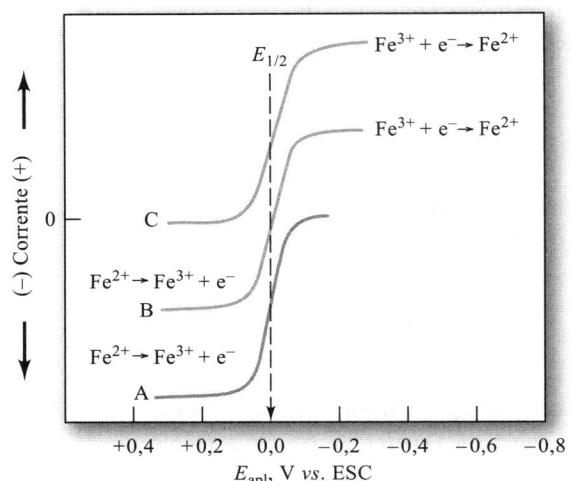

bivalente. O potencial de meia-onda é idêntico àquele da onda anódica, indicando que a oxidação e a redução das duas espécies de ferro são perfeitamente reversíveis no eletrodo de trabalho.

A curva B é o voltamograma de uma mistura equimolar de ferro(II) e ferro(III). A porção da curva abaixo da linha de corrente igual a zero corresponde à oxidação do ferro(II); essa reação cessa em um potencial aplicado igual ao potencial de meia-onda. A porção superior da curva é decorrente da redução do ferro(III).

21C-3 Ondas do Oxigênio

O oxigênio dissolvido é facilmente reduzido no eletrodo de trabalho. Assim, como mostrado na **Figura 21-14**, uma solução aquosa saturada com ar exibe duas ondas distintas de oxigênio. A primeira resulta da redução do oxigênio para formar peróxido

$$O_2(g) + 2H^+ + 2e^- \rightleftharpoons H_2O_2$$

>> Na Figura 21-14, a segunda onda mostra a redução total do oxigênio da água.

Em um potencial mais negativo, o peróxido de hidrogênio pode ser ainda mais reduzido:

$$H_2O_2 + 2H^+ + 2e^- \rightleftharpoons 2H_2O$$

Uma vez que ambas as reações são reduções de dois elétrons, as duas ondas têm alturas iguais.

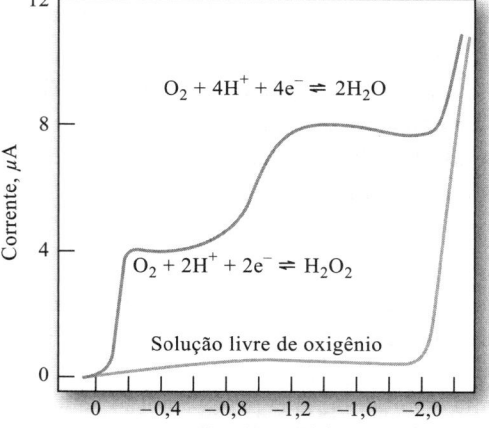

FIGURA 21-14

Voltamograma para a redução de oxigênio em uma solução de KCl 0,1 mol L^{-1} saturada com ar. A curva inferior é para uma solução na qual o oxigênio foi removido pelo borbulhamento de nitrogênio através da solução.

As medidas voltamétricas oferecem um método conveniente e largamente usado para determinar o oxigênio dissolvido em soluções. Entretanto, a presença de oxigênio normalmente interfere com a determinação precisa das outras espécies. Consequentemente, a remoção do oxigênio é geralmente a primeira etapa nos procedimentos amperométricos. O oxigênio pode ser removido passando-se um gás inerte através da solução de analito por vários minutos (**purga**). Um fluxo do mesmo gás, geralmente nitrogênio, é passado sobre a superfície da solução durante a análise para prevenir a reabsorção de oxigênio. A curva mais baixa na Figura 21-14 é um voltamograma de uma solução sem oxigênio.

> A **purga** é um processo por meio do qual gases dissolvidos são removidos de uma solução borbulhando-se um gás inerte, por exemplo, nitrogênio, argônio ou hélio, através da solução.

21C-4 Aplicações da Voltametria Hidrodinâmica

Os usos mais importantes da voltametria hidrodinâmica incluem (1) detecção e determinação de espécies químicas à medida que elas saem de colunas cromatográficas ou aparelho de injeção por fluxo; (2) determinação rotineira de oxigênio e certas espécies de interesse bioquímico, como glicose, lactose e sacarose; (3) detecção de pontos finais em titulações coulométricas e voltamétricas; e (4) estudos fundamentais de processos eletroquímicos.

Detectores Voltamétricos na Cromatografia e na Análise de Injeção por Fluxo

A voltametria hidrodinâmica tem sido amplamente empregada na detecção e determinação de compostos oxidáveis ou redutíveis, ou, ainda, íons que foram separados por cromatografia de líquidos ou produzidos por métodos de injeção por fluxo. Uma célula de camada fina, como aquela mostrada esquematicamente na **Figura 21-15**, é usada nestas aplicações. O eletrodo de trabalho nestas células é normalmente preso na parede de um bloco isolante que fica separado do contraeletrodo por um espaçador fino, conforme exibido na figura. Tipicamente, o volume dessas células varia entre 0,1 e 1 μL. Uma voltagem correspondendo à região da corrente limite é aplicada entre os eletrodos de trabalho e de referência prata/cloreto de prata que está localizado abaixo do fluxo do detector. Apresentamos uma visão aumentada de uma célula de fluxo comercial na **Figura 21-16a**, que mostra claramente como a célula montada como um sanduíche e mantida no lugar por um mecanismo de liberação rápida. Um colar de trancamento no bloco do contraeletrodo, que está eletricamente conectado ao potenciostato, mantém o eletrodo de referência. São mostradas cinco configurações diferentes de eletrodo de trabalho na **Figura 21-16b**. Estas configurações permitem otimizar a sensibilidade do detector sob uma variedade de condições experimentais. Os blocos de eletrodo de trabalho e os materiais de eletrodo são descritos na Seção 21B-1. Este tipo de aplicação de voltametria (ou amperometria) tem limites tão baixos quanto 10^{-9} a 10^{-10} mol L^{-1}. A detecção voltamétrica por cromatografia de líquidos é discutida em mais detalhes na Seção 31A-5.

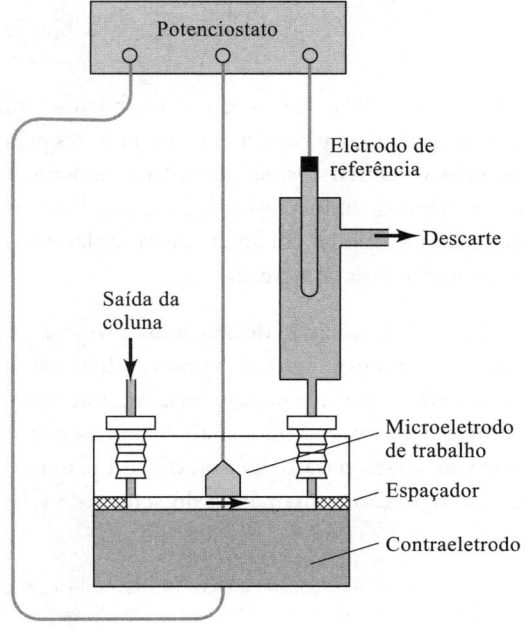

FIGURA 21-15

Esquema de um sistema voltamétrico para a detecção de espécies eletroativas à medida que elas saem de uma coluna. O volume da célula é determinado pela espessura da vedação.

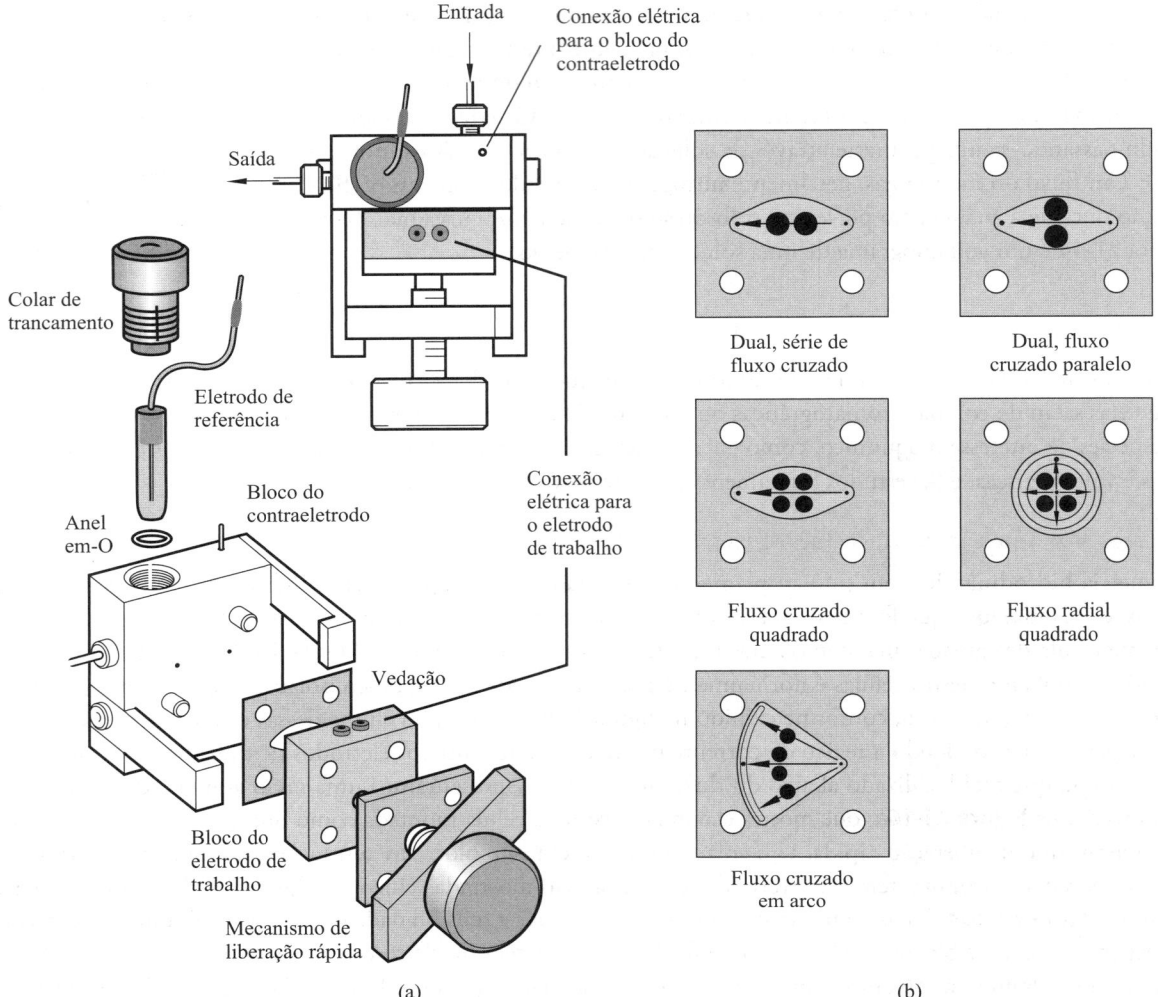

FIGURA 21-16 (a) Detalhes de uma montagem de célula de fluxo comercial. (b) Configurações de blocos de eletrodo de trabalho. As setas mostram a direção do fluxo na célula. (Bioanalytical Systems, Inc., West Lafayette, IN.)

Sensores Voltamétricos e Amperométricos[7]

Na Seção 19D, descrevemos como a especificidade de sensores potenciométricos seriam melhoradas aplicando-se as camadas de reconhecimento molecular às superfícies do eletrodo. Existe muita pesquisa em anos recentes para aplicar os mesmos conceitos aos eletrodos voltamétricos. Um número de sistemas voltamétricos está disponível comercialmente para a determinação de espécies específicas em aplicações industriais, biomédicas, ambientais e de pesquisa. Estes dispositivos são algumas vezes chamados eletrodos ou detectores, mas são, na realidade, células voltamétricas completas e são mais conhecidas como *sensores*. Nas seções a seguir descrevemos dois sensores disponíveis comercialmente.

>> O sensor de Clark para oxigênio é largamente usado em laboratórios clínicos para a determinação de O_2 dissolvido no sangue e outros fluidos corporais.

Sensores de Oxigênio. A determinação de oxigênio dissolvido em uma variedade de soluções aquosas, como água do mar, sangue, águas residuais, efluentes de indústrias químicas e solos, é de grande importância para pesquisa industrial, biomédica e ambiental e medicina clínica. Um dos métodos mais comuns e convenientes para fazer medidas é com o **sensor de Clark para oxigênio**, que foi patenteado por L. C. Clark Jr. em 1956.[8] Uma representação esquemática do sensor de Clark para oxigênio é

---

[7] Para uma revisão sobre sensores eletroquímicos, veja E. Bakker; Yu Qin. *Anal. Chem.*, v. 78, 3965, 2006, DOI: 10.1021/ac060637m.
[8] Para uma discussão detalhada do sensor de Clark para oxigênio, veja M. L. Hitchman. *Measurement of Dissolved Oxygen*. Nova York: Wiley, 1978, caps. 3 a 5.

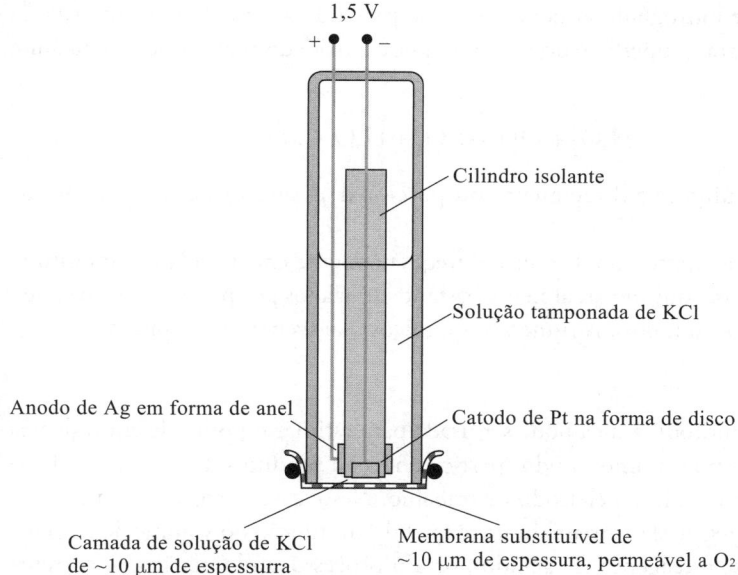

FIGURA 21-17

O sensor voltamétrico de Clark para oxigênio.
Reação catódica: $O_2 + 4H^+ + 4e^- \rightleftharpoons 2H_2O$.
Reação anódica: $Ag + Cl^- \rightleftharpoons AgCl(s) + e^-$.

mostrada na **Figura 21-17**. A célula consiste em um eletrodo catódico de trabalho de disco de platina preso em um isolante cilíndrico central. Ao redor da parte inferior do isolante localiza-se um anodo de prata em forma de anel. O isolante tubular e os eletrodos são montados dentro de um segundo cilindro que contém uma solução-tampão de cloreto de potássio. Uma fina membrana ($\approx 20~\mu m$) substituível de Teflon ou polietileno permeável a oxigênio é fixada na base do tubo por um anel de vedação. A espessura da solução do eletrólito entre o catodo e a membrana é de aproximadamente 10 μm.

Quando o sensor para oxigênio é imerso em uma solução contendo o analito, mantida em fluxo ou sob agitação, o oxigênio se difunde através da membrana para a fina camada do eletrólito imediatamente adjacente ao disco do catodo, no qual se difunde para o eletrodo, sendo imediatamente reduzido a água. Em contraste com um eletrodo hidrodinâmico normal, os dois processos de difusão estão envolvidos: um através da membrana e outro pela solução entre a membrana e a superfície do eletrodo. Para uma condição de estado estacionário ser atingida em um período razoável (10 a 20 s), a espessura da membrana e o filme de eletrólito precisam ter 20 μm ou menos. Sob estas condições, é a velocidade de equilíbrio da transferência de oxigênio através da membrana que determina a corrente de estado estacionário que é atingida.

Sensores Baseados em Enzimas. Um número de sensores voltamétricos baseados em enzimas está disponível comercialmente. Um exemplo é um sensor de glicose usado em laboratórios clínicos para a determinação rotineira de glicose no soro sanguíneo. Este dispositivo é similar na construção ao sensor de oxigênio mostrado na Figura 21-17. Nesse caso, a membrana é mais complexa e consiste em três camadas. A camada externa é feita de um filme de policarbonato, que é permeável à glicose, mas impermeável a proteínas e outros constituintes do sangue. A camada do meio é uma enzima imobilizada; a glicose oxidase neste exemplo. A camada interna é uma membrana de acetato de celulose, que é permeável a moléculas pequenas, tais como o peróxido de hidrogênio. Quando esse dispositivo é imerso em uma solução contendo glicose, esta se difunde através da membrana externa para a enzima imobilizada, onde a seguinte reação catalítica ocorre:

$$\text{glicose} + O_2 \xrightarrow{\text{glicose oxidase}} H_2O_2 + \text{ácido glucônico}$$

≪ Sensores baseados em enzimas podem ser fundamentados na detecção de peróxido de hidrogênio, oxigênio ou H^+, dependendo do analito e da enzima. Sensores voltamétricos são empregados para H_2O_2 e O_2, enquanto um eletrodo potenciométrico para pH é utilizado na determinação de H^+.

Modelo molecular do peróxido de hidrogênio. O peróxido de hidrogênio é um agente oxidante forte que desempenha um importante papel em processos biológicos e ambientais. O peróxido de hidrogênio é produzido em reações enzimáticas envolvendo a oxidação de moléculas de açúcar. Os radicais peróxido podem danificar células e tecidos corpóreos (veja Destaque 18-2). Eles são encontrados em misturas de neblina e fumaça e podem atacar moléculas de combustível não queimadas no ambiente.

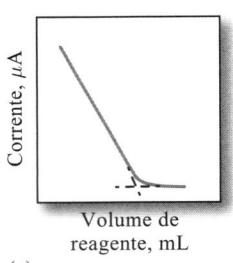
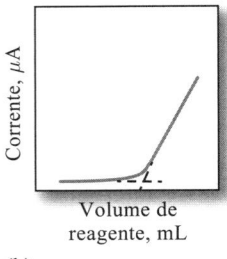
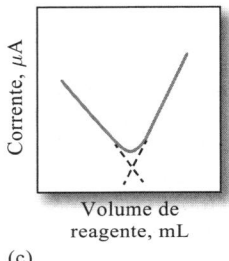

FIGURA 21-18

Curvas de titulação amperométricas típicas: (a) o analito é reduzido e o reagente não; (b) o reagente é reduzido e o analito não; (c) o reagente e o analito são reduzidos.

O peróxido de hidrogênio então difunde-se por toda a camada mais interna da membrana e para a superfície do eletrodo, onde é oxidado para fornecer oxigênio, isto é,

$$H_2O_2 + OH^- \rightarrow O_2 + H_2O + 2e^-$$

A corrente resultante é diretamente proporcional à concentração de glicose na solução.

Uma variação neste tipo de sensor é frequentemente encontrada nos monitores caseiros de glicose, que são atualmente bastante utilizados por pacientes de diabetes. Este dispositivo é um dos instrumentos químicos mais vendidos no mundo.

Titulações Amperométricas

A voltametria hidrodinâmica pode ser usada para estimar o ponto de equivalência de titulações se no mínimo um dos participantes ou produtos da reação envolvida é oxidado ou reduzido no eletrodo de trabalho. Nesse caso, a corrente em um potencial fixo na região da corrente limite é medida em função do volume de reagente ou do tempo se o reagente for gerado por um processo coulométrico de corrente constante. Os gráficos dos dados em ambos os lados do ponto de equivalência são retas com diferentes inclinações; o ponto final é estabelecido por extrapolação para a intersecção das linhas.[9]

As curvas de titulação amperométrica normalmente tomam uma das formas mostradas na **Figura 21-18**. A Figura 21-18a representa uma titulação na qual o analito reage no eletrodo de trabalho enquanto o reagente não reage. A Figura 21-18b é típica de uma titulação na qual o reagente reage no eletrodo de trabalho e o analito não reage. A Figura 21-18c corresponde a uma titulação na qual tanto o analito quanto o titulante reagem no eletrodo de trabalho.

Existem dois tipos de sistemas de eletrodo amperométrico. Um usa um único eletrodo acoplado a uma referência, enquanto o outro usa um par de eletrodos no estado sólido imerso em uma solução em agitação. Para o primeiro, o eletrodo de trabalho é normalmente um eletrodo de platina rotatório construído selando-se um fio de platina em um lado do tubo de vidro que está conectado a um motor rotatório.

As titulações amperométricas com um único eletrodo indicador têm sido, com notável exceção, confinadas àqueles casos nos quais um precipitado ou um complexo estável seja o produto. Os reagentes precipitantes incluem o nitrato de prata, para os íons haleto, o nitrato de chumbo, para os íons sulfato e diversos reagentes orgânicos, como 8-hidroxiquinolina, a dimetilglioxima e o cupferron, para vários íons metálicos que podem sofrer redução em eletrodos de trabalho. Muitos íons metálicos também têm sido determinados por titulações com soluções padrão de EDTA. A única exceção observada envolve titulações de compostos orgânicos, por exemplo, certos fenóis, aminas aromáticas e olefinas; hidrazina; arsênio(III) e antimônio(III) com bromo. O bromo é frequentemente gerado coulometricamente. Ele também tem sido formado pela adição de uma solução padrão de bromato de potássio a uma solução ácida do analito que também contém um excesso de brometo de potássio. O bromo é formado em meio ácido pela reação

$$BrO_3^- + 5Br^- + 6H^+ \rightarrow 3Br_2 + 3H_2O$$

Esse tipo de titulação tem sido realizado com um eletrodo rotatório de platina ou com dois eletrodos idênticos de platina. Nenhuma corrente é observada antes do ponto de equivalência; após o ponto de equivalência existe um rápido aumento na corrente por causa da redução eletroquímica do excesso de bromo.

Existem duas vantagens no uso de um par de eletrodos metálicos idênticos para estabelecer o ponto de equivalência nas titulações amperométricas: a simplicidade do equipamento e não ter que comprar ou preparar e manter um eletrodo

---

[9] S. R. Crouch; F. J. Holler. *Applications of Microsoft® Excel® in Analytical Chemistry*. 4. ed. Boston, MA: Cengage, 2022, Cap. 11.

de referência. Este tipo de sistema foi incorporado em instrumentos desenhados para a determinação automática de uma única espécie, normalmente com reagente coulorimétrico gerado. Um instrumento deste tipo é frequentemente usado para a determinação automática de cloreto em amostras de soro, água do mar, extratos de tecidos, pesticidas e produtos alimentícios. O reagente neste sistema é o íon prata gerado coulometricamente a partir de um anodo de prata. Uma voltagem de aproximadamente 0,1 V é aplicada entre um par de eletrodos de prata gêmeos que serve como o sistema indicador. Perto do ponto de equivalência na titulação dos íons cloreto basicamente não existe corrente, porque as espécies eletroativas não estão presentes na solução. Por causa disso, não há transferência de elétrons no catodo e o eletrodo é polarizado por completo. Note que o anodo não fica polarizado porque a reação

$$Ag \rightleftharpoons Ag^+ + e^-$$

ocorre na presença de um reagente catódico adequado ou de um despolarizador.

Passado o ponto de equivalência, o catodo se torna despolarizado por causa da presença dos íons prata. Estes íons reagem para fornecer prata:

$$Ag^+ + e^- \rightleftharpoons Ag$$

Esta semirreação e a oxidação correspondente da prata no anodo produz uma corrente cuja magnitude em outros métodos amperométricos é diretamente proporcional à concentração do excesso de reagente. Assim, a curva de titulação é similar àquela mostrada na Figura 21-18b. No titulador automático que acabamos de mencionar, um circuito eletrônico percebe o sinal de corrente de detecção amperométrica e desliga a corrente do gerador coulométrico. A concentração de cloreto é calculada a partir da grandeza da corrente e do tempo de geração. O instrumento tem uma faixa de 1 a 999,9 mmol L^{-1} de Cl^-, uma precisão relativa de 0,1% e uma exatidão de 0,5%. Os tempos típicos de titulação são de aproximadamente 20 s.

O método de detecção de ponto final mais comum para a titulação de Karl Fischer envolvendo a determinação de água (veja a Seção 18C-5) é o método amperométrico com dois eletrodos polarizados. Diversos fabricantes oferecem instrumentos totalmente automáticos para o emprego nessas titulações. Um método muito parecido de detecção do ponto final para as titulações de Karl Fischer mede a diferença de potencial entre dois eletrodos idênticos pelos quais passa uma corrente pequena e constante.

Eletrodos Rotatórios

Para realizar estudos teóricos de reações de oxidação-redução, geralmente é de interesse saber como k_A na Equação 21-6 é afetado pela hidrodinâmica do sistema. Um método comum para obter uma descrição rigorosa do fluxo hidrodinâmico de solução sob agitação é baseado nas medidas feitas com um **eletrodo de disco rotatório** (EDR), como aquele ilustrado nas **Figuras 21-19a** e **21-19b**. Quando o eletrodo em disco é girado rapidamente, o padrão de fluxo mostrado pelas setas na figura é iniciado. Na superfície do disco, o líquido move-se horizontalmente a partir do centro do dispositivo, produzindo um fluxo axial para cima para repor o líquido deslocado. Um tratamento rigoroso da hidrodinâmica é possível neste caso[10] e leva à *equação de Levich*.[11]

$$i_\ell = 0,620nFAD\omega^{1/2}\nu^{-1/6}c_A \tag{21-15}$$

Os termos n, F, A e D nesta equação têm o mesmo significado que na Equação 21-5, ω é a velocidade angular do disco em radianos por segundo e ν é *viscosidade cinemática* em centímetros quadrados por segundo, que é a proporção da viscosidade em relação à sua densidade. Os voltamogramas para sistemas reversíveis geralmente têm a forma ideal mostrada na Figura 21-5. Inúmeros estudos da cinética e dos mecanismos de reações eletroquímicas têm sido realizados com eletrodos de disco rotatório. Um experimento comum com o EDR é para estudar a dependência de i_ℓ em relação a $\omega^{1/2}$. Um gráfico de i_ℓ *versus* $\omega^{1/2}$ como aquele mostrado na **Figura 21-20** é conhecido como *gráfico de Levich*, e os desvios da relação linear, mostradas em cinza no gráfico, normalmente indicam as limitações cinéticas no processo de transferência de elétrons. Por exemplo, se i_ℓ se torna independente de ω em valores grandes de $\omega^{1/2}$, como mostrado pela linha tracejada, a corrente não é limitada pelo transporte de massa das espécies eletroativas para a superfície do eletrodo, mas, em vez disso, a velocidade da reação é o fator limitante. EDRs como o modelo comercial versátil mostrado na **Figura 21-19c**, têm atraído renovado interesse em anos recentes tanto para os estudos analíticos fundamentais quanto quantitativos à medida que o entusiasmo pelo eletrodo

---

[10] A. J. Bard; L. R. Faulkner. *Electrochemical Methods*. 2. ed. Nova York: Wiley, 2001, p. 335-39.
[11] V. G. Levich. *Acta Physicochimica URSS*, v. 17. p. 257, 1942.

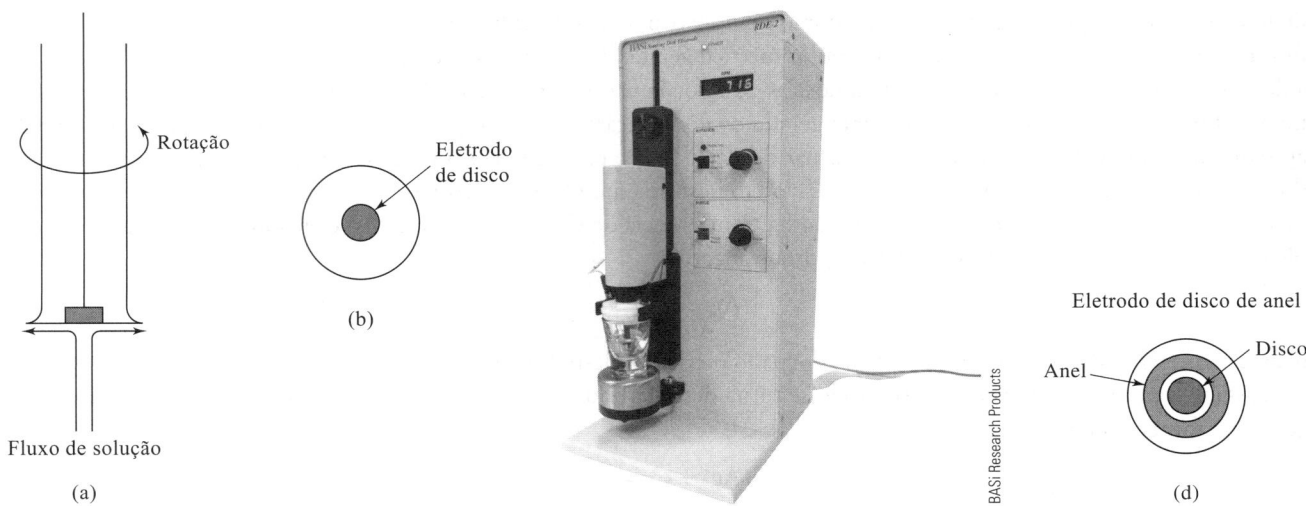

FIGURA 21-19 (a) Vista lateral de um eletrodo de disco rotatório mostrando o padrão de fluxo da solução. (b) Vista de baixo de um eletrodo de disco. (c) Foto de um EDR comercial. (Foto cortesia de Bioanalytical Systems, Inc., W. Lafayette, IN.) (d) Vista de baixo de um eletrodo de disco em anel.

gotejante de mercúrio (polarografia) tem enfraquecido. A detecção de EDR com um eletrodo de filme de mercúrio é algumas vezes chamado de *pseudopolarografia*.

O **eletrodo de disco e anel rotatório (DAR)** é um eletrodo de disco modificado que é útil para estudar reações de eletrodo; ele tem pouco uso em análise. A **Figura 21-19d** mostra que um eletrodo de disco e anel contém um segundo eletrodo na forma de anel que está eletricamente isolado do centro do disco. Após uma espécie eletroativa ser gerada no disco, ela é então arrastada para o anel, onde sofre uma segunda reação eletroquímica. A **Figura 21-21** mostra voltamogramas de um experimento de disco do anel típico. A Figura 21-21a representa o voltamograma para a redução de oxigênio em peróxido de hidrogênio no eletrodo de disco. A Figura 21-21b mostra o voltamograma *anódico* para a oxidação do peróxido de hidrogênio à medida que ele flui passando o eletrodo de disco. Observe que, quando o potencial do eletrodo de disco se torna suficientemente negativo, e o produto de redução é hidróxido em vez de peróxido de hidrogênio, a corrente no

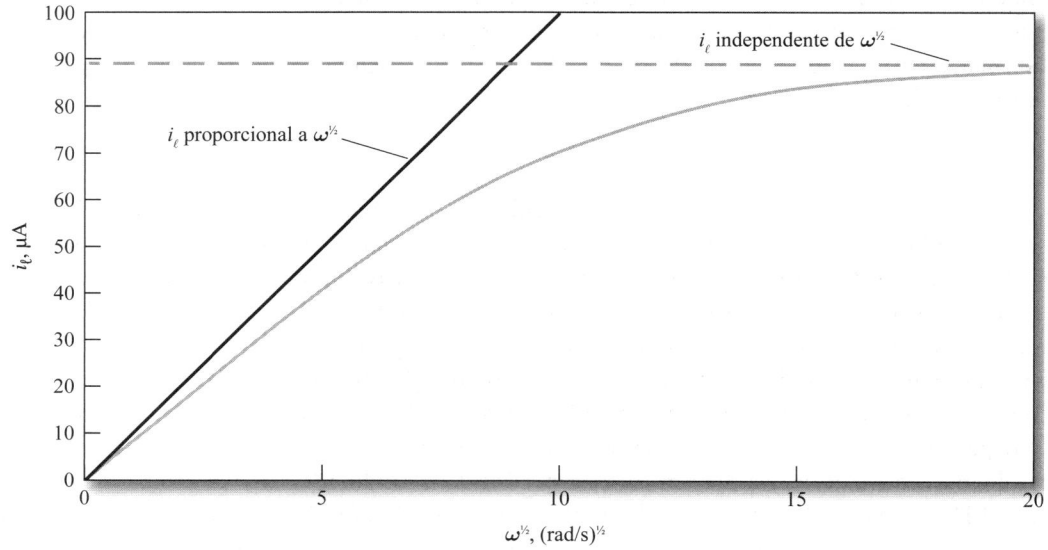

FIGURA 21-20 Gráfico de i_ℓ versus $\omega^{1/2}$ para an EDR. A linha preta diagonal mostra a relação linear prevista pela equação de Levich, Equação 21-15. Em situações em que as cinéticas de transferência de elétron são lentas, a curva desvia da relação linear, como mostrado pela linha curva cinza e, por fim, se torna independente de $\omega^{1/2}$, como representado pela linha tracejada.

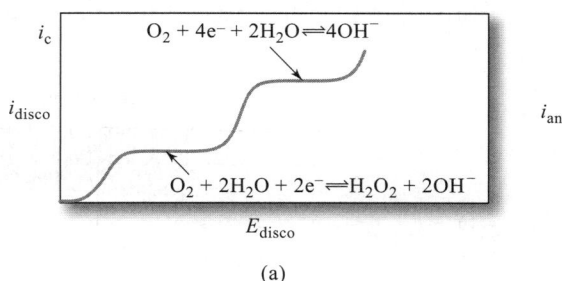
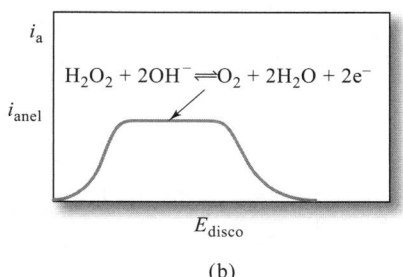

FIGURA 21-21 Corrente de disco (a) e anel (b) para a redução de oxigênio no eletrodo de disco e anel. (De P. T. Kissinger; W. R. Heineman, eds. *Laboratory Techniques in Electroanalytical Chemistry*. 2. ed. Nova York: Marcel Dekker, 1996, p. 117.

eletrodo de anel diminui para zero. Estudos desse tipo fornecem informações úteis sobre os mecanismos e intermediários em reações eletroquímicas.

> **Exercícios no Excel** As titulações amperiométricas são o assunto do exercício final no Capítulo 11 do *Applications of Microsoft® Excel® in Analytical Chemistry*, 4. ed. Uma titulação amperométrica para determinar ouro em um minério é usada como um exemplo. As curvas de titulação consistindo de dois segmentos lineares são extrapoladas para encontrar o ponto final.

21D Polarografia

A polarografia de varredura linear foi o primeiro tipo de voltametria a ser descoberto e empregado. Ela difere da voltametria hidrodinâmica em dois aspectos. Primeiro, não há essencialmente convecção ou migração e, segundo, um eletrodo gotejante de mercúrio (EGM), como pode ser visto na Figura 21-3e, é empregado como eletrodo de trabalho. Como não há convecção, apenas a difusão controla as correntes limite polarográficas. Comparada com a voltametria hidrodinâmica, entretanto, as correntes limite polarográficas são de uma ordem de grandeza menor, dado que a convecção está ausente na polarografia.[12]

❮❮ Correntes polarográficas são controladas somente por difusão, não por convecção.

Correntes Polarográficas

A corrente em uma célula contendo um eletrodo gotejante de mercúrio sofre variações periódicas correspondentes em frequência à velocidade de formação da gota. À medida que uma gota se solta do capilar a corrente cai para zero, como mostra a **Figura 21-22**. Conforme a área superficial de uma nova gota aumenta, o mesmo ocorre com a corrente. A corrente de difusão normalmente é amostrada no máximo da variação da corrente. Na literatura mais antiga recomendava-se a medida da *corrente média* porque os instrumentos respondiam lentamente e amorteciam as oscilações. Como mostrados pelas retas da Figura 21-22, alguns polarógrafos modernos têm filtragem eletrônica que permite a corrente máxima ou média para determinar se a velocidade da gota t é reprodutível. Observe o efeito de gotas irregulares na parte superior da curva, provocado provavelmente pela vibração do sistema.

---

[12] Referências sobre polarografia incluem: A. J. Bard; L. R. Faulkner. *Electrochemical Methods*. 2. ed. Nova York: Wiley, 2001, cap. 7, p. 261-304; *Laboratory Techniques in Electroanalytical Chemistry*. 2. ed. P. T. Kissinger; W. R. Heineman, eds., Nova York: Marcel Dekker, 1996, pp. 444-461.

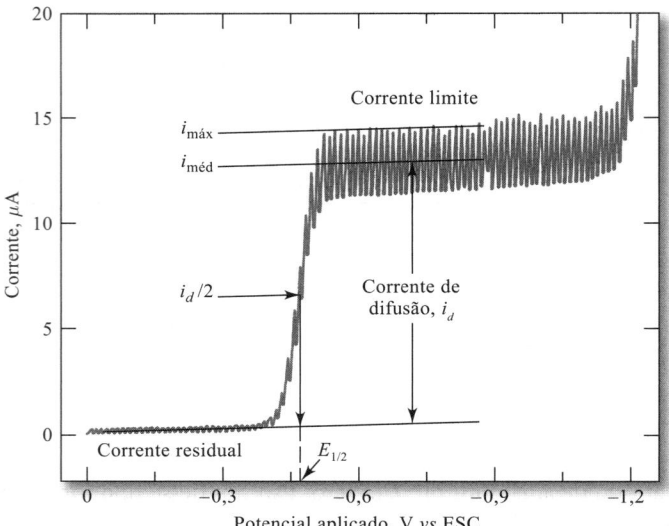

FIGURA 21-22

Polarograma para uma solução 1,0 mol L^{-1} de KCl e 3,0 × 10^{-4} mol L^{-1} de Pb^{2+}.

Polarogramas

A Figura 21-22 mostra um polarograma para uma solução 1,0 mol L^{-1} de KCl e 3 × 10^{-4} mol L^{-1} de íon chumbo. A onda polarográfica ocorre em decorrência da reação $Pb^{2+} + 2e^- + Hg \rightleftharpoons Pb(Hg)$, onde Pb(Hg) representa o chumbo elementar dissolvido em mercúrio para formar amálgama. O rápido aumento na corrente em cerca de −1,2 V no polarograma é provocado pela redução dos íons hidrogênio para formar o hidrogênio. Se examinarmos o polarograma à esquerda da onda, descobriremos que existe uma pequena corrente chamada **corrente residual** na célula, mesmo quando os íons chumbo não estão sendo reduzidos. Observe a reta desenhada através da corrente residual e extrapolada para a direita abaixo da onda polarográfica. Esta extrapolação permite a determinação da **corrente de difusão**, como mostrado na figura e discutido no próximo parágrafo.

> Em polarografia, a **corrente residual** é a pequena corrente observada na ausência de uma espécie eletroativa.

> **Corrente de difusão** é a corrente limite observada na polarografia quando esta é limitada apenas pela velocidade da difusão para a superfície do eletrodo gotejante de mercúrio.

Assim como na voltametria hidrodinâmica, as correntes limite são observadas quando a grandeza da corrente é limitada pela velocidade na qual o analito pode ser conduzido à superfície do eletrodo. Na polarografia, contudo, o único mecanismo de transporte de massa é a difusão. Por essa razão, as correntes limite polarográficas são normalmente denominadas *correntes de difusão* e a elas é dado o símbolo i_d. Como mostrado na Figura 21-22, a corrente de difusão é a diferença entre a corrente limite máxima (ou média) e a corrente residual. A corrente de difusão é diretamente proporcional à concentração do analito na solução, como evidenciado no texto.

>> Em polarografia a corrente de difusão é proporcional à concentração do analito.

Correntes de Difusão no Eletrodo Gotejante de Mercúrio

Para desenvolver uma equação para as correntes de difusão polarográficas precisamos levar em consideração a velocidade de crescimento do eletrodo esférico, que está relacionada com o tempo t da gota em segundos, e a velocidade do fluxo de mercúrio por meio do capilar m em mg s^{-1} e o coeficiente de difusão D do analito em cm^2 s^{-1}. Essas variáveis são consideradas na equação de Ilkovic:

$$(i_d)_{máx} = 708nD^{1/2} m^{2/3} t^{1/6} c \qquad (21\text{-}16)^{13}$$

>> Na polarografia, normalmente as correntes são registradas em microampères. A constante 708 na Equação 21-16 carrega as unidades de tal forma que, quando (i_d) está em microampères, D está em cm^2 s^{-1}, m está em mg s^{-1}, t está em s e a concentração c está em milimols por litro.

onde $(i_d)_{máx}$ é a corrente de difusão máxima em μA, e c refere-se à concentração do analito em mmol L^{-1}.

---

[13] Se for tomada a média da corrente de difusão, em vez da corrente máxima, a constante 708 presente na equação de Ilkovic torna-se 607 porque $(i_d)_{méd}$ = 6/7 $(i_d)_{máx}$.

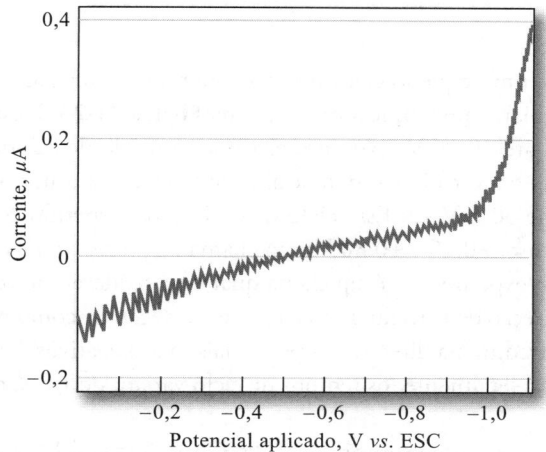

FIGURA 21-23
Corrente residual para uma solução de HCl 0,1 mol L^{-1}.

Correntes Residuais

A **Figura 21-23** mostra uma curva de corrente residual (obtida sob alta sensibilidade) para uma solução de HCl 0,1 mol L^{-1}. Essa corrente tem duas fontes. A primeira é a redução de traços de impurezas que estão quase inevitavelmente presentes na solução do branco. As contribuições incluem pequenas quantidades de oxigênio dissolvido, íons de metais pesados existentes na água destilada e impurezas contidas no sal empregado como **eletrólito de suporte**.

A segunda componente da corrente residual é a chamada **corrente de carga** ou **capacitiva** resultante do fluxo de elétrons que carrega as gotas de mercúrio em relação à solução; essa corrente pode ser tanto negativa quanto positiva. Sob potenciais mais negativos que cerca de −0,4 V, um excesso de elétrons da fonte cc carrega a superfície de cada gota com uma carga negativa. Esse excesso de elétrons é levado com a gota quando ela se destaca. Uma vez que cada nova gota é carregada assim que se forma, resulta em uma pequena mas contínua corrente. Sob potenciais menos negativos que cerca de −0,4 V, o mercúrio tende a se tornar mais positivo que a solução. Assim sendo, a cada nova gota formada, os elétrons são repelidos da superfície para o interior do mercúrio e como resultado uma corrente negativa é gerada. Próximo a −0,4 V a superfície do mercúrio permanece descarregada e a corrente resultante é igual a zero. Esse potencial é denominado **potencial de carga zero**. A corrente de carga é um tipo de corrente conhecido como **corrente não faradaica** no sentido de que a carga é transportada na interface eletrodo/solução sem a ocorrência de qualquer processo de oxidação-redução.

Em última instância, a exatidão e a sensibilidade do método polarográfico dependem da grandeza da corrente residual não faradaica e da exatidão com a qual a correção para esse efeito puder ser realizada. Por estas razões e por outras já mencionadas, a polarografia caiu em importância, enquanto a voltametria e a amperometria nos eletrodos de trabalho diferentes do eletrodo gotejante de mercúrio têm crescido em um passo impressionante nas últimas três décadas.

> Uma **corrente faradaica** em uma célula eletroquímica é a corrente que resulta de um processo redox. Uma **corrente não faradaica** é uma corrente de carga resultante da expansão da gota de mercúrio que precisa ser carregada com o potencial do eletrodo. Carregar eletricamente a dupla camada é similar a carregar um capacitor.

Exercícios no Excel A polarografia é um assunto para o exercício de voltametria no Capítulo 11 do *Applications of Microsoft® Excel® in Analytical Chemistry*, 4. ed., é, inicialmente, construída uma curva de calibração. Então é feita uma determinação exata do potencial de meia-onda. Finalmente, a constante de formação e a fórmula de um complexo são determinadas a partir dos dados polarográficos.

21E Voltametria Cíclica[14]

Na *voltametria cíclica* (*VC*), a resposta de corrente de um pequeno eletrodo estacionário em uma solução sem agitação é excitado por uma forma de onda de voltagem triangular, como aquela mostrada na **Figura 21-24**. Neste exemplo, o potencial é inicialmente variado linearmente de +0,8 V até −0,15 V *versus* um eletrodo saturado de calomelano. Quando o extremo de −0,15 V é atingido, o sentido da varredura é revertido e o potencial retornado ao seu valor original de +0,8 V. Em ambas as direções, a velocidade de varredura é de 50 mV s^{-1}. Esse ciclo de excitação é repetido com frequência. As voltagens extremas nas quais a reversão ocorre (neste caso, −0,15 e +0,80 V) são chamadas *potenciais de inversão*. A faixa de potenciais de reversão escolhida para um determinado experimento é aquela na qual uma oxidação ou redução controlada por difusão de um ou mais analitos pode ocorrer. A direção da varredura inicial pode ser negativa, como mostrado, ou positiva, dependendo da composição da amostra (uma varredura na direção dos potenciais mais negativos é chamada *varredura direta*, enquanto na direção oposta *varredura inversa*). Geralmente, os tempos de ciclo variam de 1 ms, ou menos, a 100 s ou mais. Nesse exemplo, o tempo de ciclo é de 40 s.

A **Figura 21-25b** mostra a resposta de corrente quando uma solução de K$_3$Fe(CN)$_6$ 6 mmol L^{-1} e KNO$_3$ 1 mol L^{-1} é sujeita a um sinal de excitação cíclico como exposto nas Figuras 21-24 e 21-25a. O eletrodo de trabalho é um eletrodo estacionário de platina cuidadosamente polido e o eletrodo de referência é um eletrodo saturado de calomelano. Observa-se a ocorrência de uma pequena corrente anódica no potencial inicial de +0,8 V, que decai imediatamente para zero à medida que a varredura prossegue. Essa corrente inicial negativa surge da oxidação da água para formar o oxigênio (nos potenciais mais positivos, esta corrente aumenta rapidamente e torna-se bastante grande em aproximadamente +0,9 V). Nenhuma corrente é observada entre um potencial de +0,7 e +0,4 V, pois não há espécie possível de ser oxidada ou reduzida nessa faixa de potencial. Quando o potencial se torna menos positivo que aproximadamente +0,4 V, começa a se desenvolver uma corrente catódica, (ponto *B*) por causa da redução do íon hexacianoferrato(III) no íon hexacianoferrato(II). A reação no catodo é então em voltametria cíclica.

$$\text{Fe(CN)}_6^{3-} + e^- \rightleftharpoons \text{Fe(CN)}_6^{4-}$$

Então, ocorre um rápido aumento na corrente nessa região de *B* a *D* à medida que a concentração de Fe(CN)$_6^{3-}$ se torna cada vez menor. No pico, a corrente tem duas componentes. Uma componente é a variação de corrente inicial abrupta, necessária para ajustar a concentração na superfície do reagente a sua concentração de equilíbrio, como dada pela equação de Nernst. A segunda é a corrente normal controlada pela difusão. A primeira corrente decai rapidamente (pontos *D* a *F*) à medida que a camada de difusão se estende para as regiões mais e mais distantes da superfície do eletrodo (veja também a Figura 21-8b). No ponto *F* (−0,15 V) a direção da varredura é invertida. A corrente, todavia, continua a ser catódica, embora a varredura seja realizada na direção de potenciais mais positivos, porque os potenciais ainda são suficientemente

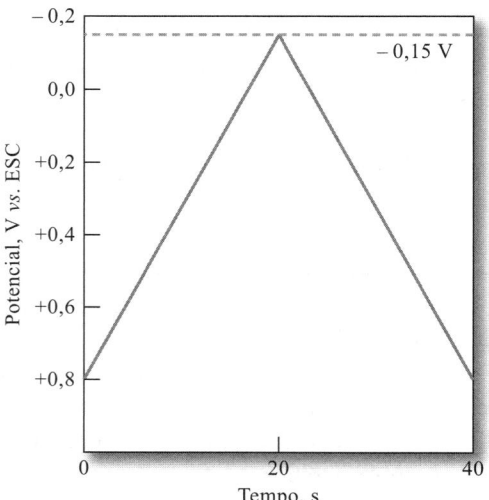

FIGURA 21-24
Sinal de excitação em voltametria cíclica.

---

[14] Para breves revisões, veja P. T. Kissinger; W. R. Heineman. *J. Chem. Educ.*, v. 60, p. 702, 1983, DOI: 10.1021/edo60p702; D. H. Evans; K. M. O'Connell; T. A. Petersen; M. J. Kelly. *J. Chem. Educ.*, v. 60, p. 290, 1983, DOI: 10.1021/edo60p290.

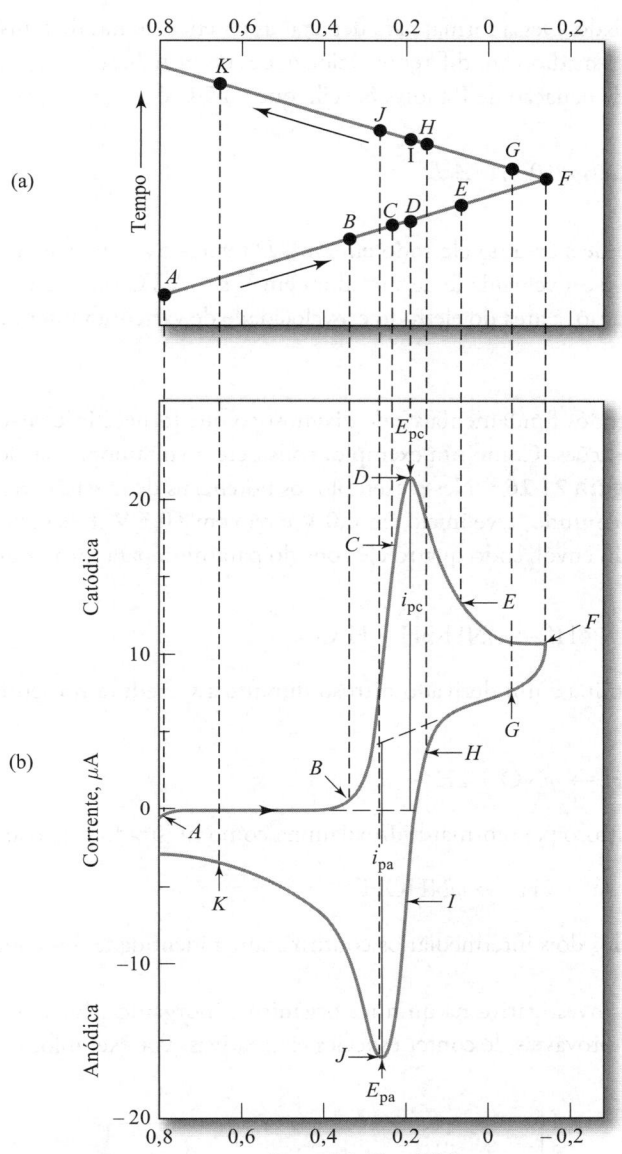

FIGURA 21-25

(a) Potencial *versus* forma de curva de tempo.
(b) Voltamograma cíclico para uma solução de $K_3Fe(CN)_6$ 6 mmol L^{-1} e KNO_3 1 mol L^{-1}. (Adaptado de P. T. Kissinger; W. H. Heineman. *J. Chem. Educ.*, v. 60, p. 702, 1983, DOI: 10.1021/ed060p702.)

negativos para provocar a redução do $Fe(CN)_6^{3-}$. À medida que o potencial caminha para a direção positiva, a redução do $Fe(CN)_6^{3-}$ finalmente deixa de ocorrer e a corrente vai para zero e então se torna anódica. A corrente anódica resulta da reoxidação do $Fe(CN)_6^{4-}$, que se acumulou próximo à superfície durante a realização da varredura no sentido direto. Essa corrente anódica atinge um pico e então diminui conforme o $Fe(CN)_6^{4-}$ acumulado é utilizado na reação anódica.

As variáveis importantes em um voltamograma cíclico são o potencial de pico catódico, E_{pc}, o potencial de pico anódico, E_{pa}, a corrente de pico catódico, i_{pc}, e a corrente de pico anódica, i_{pa}. As definições e medidas desses parâmetros são ilustradas na Figura 21-25. Para uma reação eletródica reversível, os picos de corrente catódico e anódico são aproximadamente iguais em valores absolutos, mas com sinais opostos. Para uma reação eletródica reversível a 25°C, a diferença entre os potenciais de pico, ΔE_p, deve ser

$$\Delta E_p = |E_{pa} - E_{pc}| = 0{,}0592/n \qquad (21\text{-}17)$$

onde *n* é o número de elétrons envolvido na semirreação. A irreversibilidade causada por cinéticas lentas de transferência de elétrons resulta em valores de ΔE_p que excedem os valores previstos. Embora uma reação de transferência de elétrons possa parecer reversível sob baixas velocidades de varredura, o aumento dessa velocidade pode levar ao acréscimo dos valores de

ΔE_p, o que representa um sinal seguro de irreversibilidade. Dessa forma, para detectar as cinéticas lentas de transferência de elétrons e para obter as constantes de velocidade, ΔE_p é medido em diferentes velocidades de varredura.

As informações quantitativas são obtidas a partir da equação de Randles-Sevcik, que a 25°C é

$$i_p = 2{,}686 \times 10^5 \, n^{3/2} \, AcD^{1/2} \, v^{1/2} \tag{21-18}$$

onde i_p é a corrente de pico em ampères, A corresponde à área do eletrodo em cm², D refere-se ao coeficiente de difusão em cm² s⁻¹, c equivale à concentração em mol cm⁻³ e v é a velocidade de varredura em V s⁻¹. A VC oferece uma forma de determinação de coeficientes de difusão se a concentração, a área do eletrodo e a velocidade de varredura forem conhecidas.

Estudos Fundamentais

O uso básico da VC é como uma ferramenta para estudos fundamentais e de diagnóstico que fornece informação qualitativa sobre os processos eletroquímicos sob várias condições. Como um exemplo, considere o voltamograma cíclico para o inseticida agrícola parathion que está mostrado na **Figura 21-26**.[15] Nesse exemplo, os potenciais de inversão são aproximadamente −1,2 V e +0,3 V. A varredura direta inicial, contudo, teve início em 0,0 V e não em +0,3 V. Três picos são observados. O primeiro pico catódico (A) resulta da redução envolvendo quatro elétrons do parathion para formar um derivado da hidroxilamina.

$$\phi NO_2 + 4e^- + 4H^+ \rightarrow \phi NHOH + H_2O \tag{21-19}$$

O pico anódico B provém da oxidação da hidroxilamina a um derivado nitroso durante a varredura no sentido oposto. A reação eletródica é

$$\phi NHOH \rightarrow \phi NO + 2H^+ + 2e^- \tag{21-20}$$

O pico catódico em C resulta da redução do grupo nitroso para formar hidroxilamina como mostrado pela equação

$$\phi NO + 2e^- + 2H^+ \rightarrow \phi NHOH \tag{21-21}$$

Os voltamogramas cíclicos para amostras autênticas dos dois intermediários confirmaram a identidade dos compostos responsáveis pelos picos B e C.

A VC é largamente usada como uma ferramenta investigativa na química orgânica e inorgânica. Ela é normalmente a primeira técnica selecionada para explorar sistemas prováveis de conter espécies eletroativas. Por exemplo, a VC é geral-

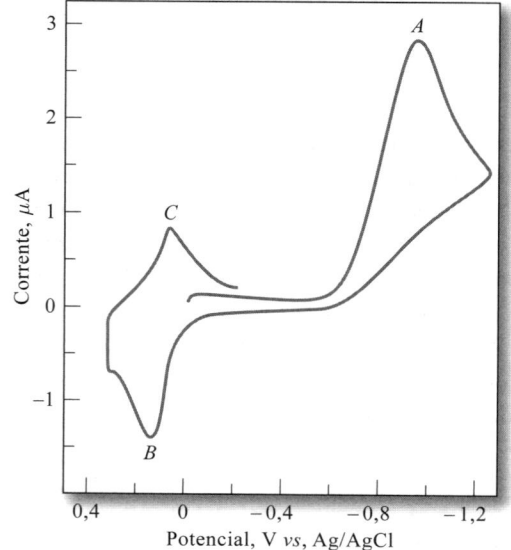

FIGURA 21-26
Voltamograma cíclico do inseticida parathion em uma solução-tampão acetato 0,5 mol L⁻¹ e pH 5 em etanol 50%. Eletrodo gotejante de mercúrio. Velocidade de varredura: 200 mV s⁻¹. (De W. R. Heinemann; P. J. Kissinger. *Amer. Lab.*, n. 11, p. 34, 1982.)

---

[15] Esta discussão e o voltamograma são de W. R. Heineman; P. T. Kissinger. *Amer. Lab.*, v. 11, p. 29, 1982.

mente usada para investigar o comportamento de eletrodos modificados e novos materiais os quais suspeita-se que sejam eletroativos. Geralmente os voltamogramas cíclicos revelam a presença de intermediários nas reações de oxidação-redução (para exemplo, veja a Figura 21-26). Os eletrodos de platina são normalmente usados na VC. Para potenciais negativos, os eletrodos de filme de mercúrio podem ser usados. Outros materiais populares de eletrodo de trabalho incluem o carbono vítreo, pasta de carbono, grafite, ouro, diamante e, recentemente, nanotubos de carbono.

As correntes de pico na VC são diretamente proporcionais à concentração do analito. Embora não seja comum usar as correntes de pico de VC no trabalho analítico de rotina, ocasionalmente tais aplicações aparecem na literatura, e elas estão aparecendo com frequência constante.

21F Voltametria de Pulso

Nos anos 1960, a polarografia deixou de ser uma ferramenta analítica importante na maioria dos laboratórios. A razão para o declínio no uso dessa técnica, que havia sido considerada popular, ocorreu não apenas em decorrência do aparecimento de vários outros métodos espectroscópicos mais convenientes, mas também em consequência das desvantagens inerentes ao método, incluindo a lentidão, a inconveniência dos instrumentos e, particularmente, os limites de detecção pobres. Muitas dessas limitações foram superadas pelo desenvolvimento de métodos de pulso. Abordaremos as duas técnicas de pulso mais importantes, **voltametria de pulso diferencial** e **voltametria de onda quadrada**. A ideia por trás de todos os métodos voltamétricos de pulso é medir a corrente em um tempo quando a diferença entre a curva faradaica desejada e a corrente carregando interferente seja grande.

❮❮ O limite de detecção para a polarografia clássica é aproximadamente 10^{-5} mol L^{-1}. As determinações de rotina normalmente envolvem concentrações na faixa de mmol L^{-1}.

21F-1 Voltametria de Pulso Diferencial

A **Figura 21-27** mostra os dois sinais de excitação mais comuns que são usados em instrumentos comerciais para voltametria de pulso diferencial. O primeiro (veja Figura 21-27a), que é geralmente usado em instrumentos analógicos, é obtido pela superposição de um pulso periódico e uma varredura linear. A segunda forma de onda (veja Figura 21-27b), que é tipicamente usada em instrumentos digitais, é a soma de um pulso e um sinal em escada. Em ambos os casos, um pequeno pulso, normalmente de 50 mV, é aplicado durante os últimos 50 ms do tempo de vida do período do sinal de excitação.

Como mostrado na Figura 21-27, duas medidas de corrente são feitas alternativamente: uma (em S_1), que é 16,7 ms antes do pulso dc, e uma para 16,7 ms (em $S_2$0) no final do pulso. A diferença de corrente por pulso (Δi) é registrada em função do aumento linear da voltagem. Uma curva diferencial resulta, consistindo em um pico (veja **Figura 21-28**) cuja altura é diretamente proporcional à concentração. Para uma reação reversível, o potencial de pico é aproximadamente igual ao potencial padrão para a semirreação.

Uma vantagem do voltamograma do tipo derivativo é que o pico de máximo pode ser observado para substâncias com potenciais de meia-onda diferindo tão pouco quanto 0,04 a 0,05 V; em contraste, a voltametria clássica e de pulso normal exigem uma diferença de potencial de aproximadamente 0,2 V para resolver as ondas. Mais importante, entretanto, a voltametria de pulso diferencial aumenta a sensibilidade da

❮❮ Voltamogramas com a forma de derivada geram picos que são convenientes para a identificação qualitativa de analitos com base no potencial de pico, E_{pico}.

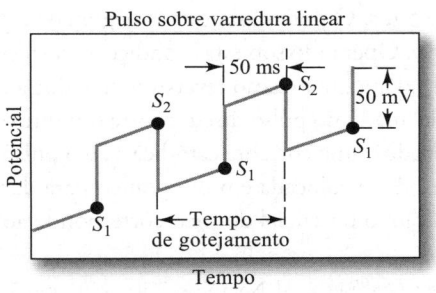
(a)

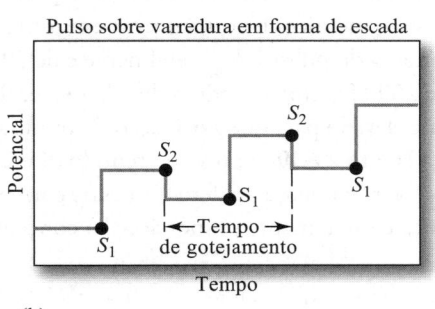
(b)

FIGURA 21-27

Sinais de excitação para a polarografia de pulso diferencial.

>> Os limites de detecção obtidos na polarografia de pulso diferencial são duas ou três ordens de grandeza menores que aqueles na polarografia clássica.

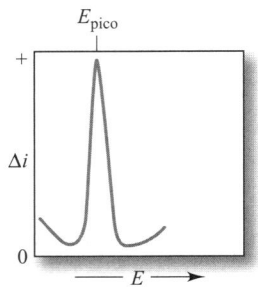

FIGURA 21-28

Voltamograma de um experimento de polarografia de pulso diferencial. Neste exemplo, $\Delta i = i_{S^2} - i_{S^1}$ (veja a Figura 21-27). O potencial de pico, E_{pico}, está relacionado ao potencial de meia-onda polarográfico.

>> Varreduras múltiplas de gotas múltiplas podem ser somadas para melhorar a razão sinal-ruído de um voltamograma de onda quadrada.

voltametria. Normalmente, a voltametria de pulso diferencial fornece picos bem definidos em um nível de concentração que é 2×10^{-3} daquele para a onda de voltametria clássica. Observe também que a escala de corrente Δi é em nanoampéres. Geralmente, os limites de detecção com a voltametria de pulso diferencial são duas a três ordens de grandeza mais baixos que aqueles para a voltametria clássica e localizam-se na faixa de 10^{-7} a 10^{-8} mol L^{-1}.

A maior sensibilidade da voltametria de pulso diferencial pode ser atribuída a duas fontes. A primeira é um melhoramento da corrente faradaica e a segunda é uma diminuição na corrente de carregamento não faradaica. Para levar em conta o melhoramento, vamos considerar os eventos que ocorrem na camada superficial em torno do eletrodo à medida que o potencial é repentinamente aumentado em 50 mV. Se uma espécie reativa estiver presente nessa camada, haverá um pico de corrente que diminuirá a concentração do reagente ao valor demandado pelo novo potencial (veja Figura 21-8b). À medida que a concentração de equilíbrio para aquele potencial é alcançada, entretanto, a corrente decai para um nível suficiente para compensar a difusão, isto é, decai para a corrente controlada pela difusão. Na voltametria clássica, o pico inicial de corrente não é observado, pois a escala de tempo da medida é longa em relação ao tempo de vida da corrente momentânea. Por outro lado, na voltametria de pulso, a medida de corrente é feita antes que a oscilação tenha decaído completamente. Assim, a corrente medida contém tanto a componente controlada pela difusão quanto uma componente que tem a ver com a redução da camada superficial à concentração requerida pela expressão de Nernst; a corrente total é tipicamente várias vezes maior que a corrente de difusão. Note que, sob condições hidrodinâmicas, a solução torna-se homogênea em relação ao analito quando a próxima sequência de pulsos ocorre. Dessa forma, em qualquer voltagem um pico idêntico de corrente acompanha cada pulso de voltagem.

Quando o pulso de potencial é aplicado pela primeira vez ao eletrodo também ocorre um pico na corrente não faradaica à medida que a carga aumenta. Esta corrente, entretanto, decai exponencialmente com o tempo e aproxima-se de zero com o tempo. Consequentemente, medindo-se as correntes apenas neste momento, a corrente residual não faradaica é grandemente reduzida e a razão sinal-ruído torna-se maior. O resultado é uma melhora na sensibilidade.

Instrumentos confiáveis para voltametria de pulso diferencial estão disponíveis atualmente a custo razoável. Este método tem assim se tornado um dos mais largamente utilizados nos procedimentos voltamétricos analíticos e é especialmente útil para determinar concentrações de traços de íons de metais pesados.

21-F-2 Voltametria de Onda Quadrada[16]

A voltametria de onda quadrada é um tipo de voltametria de pulso que oferece as vantagens de grande velocidade e elevada sensibilidade. Um voltamograma inteiro é obtido em menos de 10 ms. A voltametria de onda quadrada tem sido usada com eletrodos gotejantes de mercúrio e com outros eletrodos (veja Figura 21-3) e sensores.

A **Figura 21-29c** mostra o sinal de excitação na voltametria de onda quadrada que é obtido pela superposição do trem de pulso mostrado na Figura 21-29b com o sinal em forma de escada na Figura 21-29a. O comprimento de cada degrau da escada e o período τ de tempo dos pulsos são idênticos e normalmente em torno de 5 ms. O potencial de cada degrau da escada ΔE_S é tipicamente de 10 mV. A grandeza do pulso 2 E_{OQ} geralmente é de 50 mV. Operando sob estas condições, correspondendo a uma frequência de pulso de 200 Hz, uma varredura de 1 V requer 0,5 s. Para uma reação reversível de redução, o tamanho de um pulso é suficientemente elevado para que a oxidação do produto formado no pulso direto ocorra durante o pulso inverso. Assim, como mostrado na **Figura 21-30**, o pulso no sentido direto produz uma corrente catódica i_1, e o pulso no sentido inverso gera uma corrente i_2. Normalmente a diferença nessas correntes, Δi, é colocada em um gráfico para dar origem aos voltamogramas. Essa diferença é diretamente proporcional à concentração; o potencial do pico corresponde ao

---

[16] Para informação adicional em voltametria de onda quadrada, veja A. J. Bard; L. R. Faulkner. *Electrochemical Methods*. 2. ed. Nova York: Wiley, 2001, cap. 7, p. 293-299; J. G. Osteryoung; R. A. Osteryoung. *Anal. Chem.*, v. 57, p. 101A, 1985. DOI: 10.1021/ac00279a004.

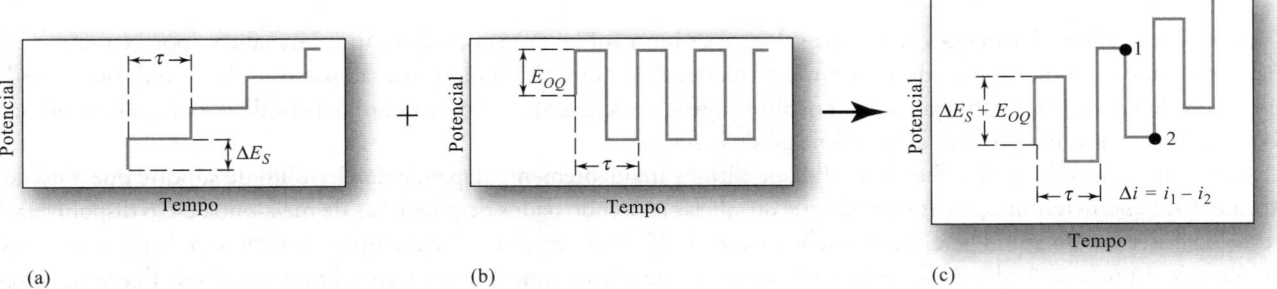

(a)   (b)   (c)

FIGURA 21-29
Geração de um sinal de excitação de voltametria de onda quadrada. O sinal em forma de escada em (a) é adicionado ao trem de pulso em (b) para fornecer o sinal de excitação de onda quadrada em (c). A resposta de corrente, Δi, é igual à corrente no potencial 1 menos aquela no potencial 2.

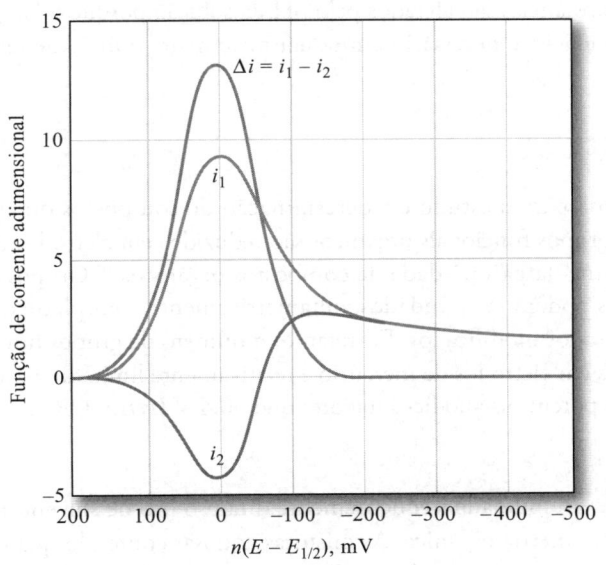

FIGURA 21-30
Resposta da corrente para uma reação reversível ao sinal de excitação mostrado na Figura 21-29c. Essa resposta teórica é representada em forma de gráfico como uma função adimensional de corrente *versus* uma função do potencial, $n(E - E_{1/2})$, em mV. Aqui, i_1 = corrente direta; i_2 = corrente inversa; $i_1 - i_2$ = diferença de corrente. (De: J. J. O'Dea; J. Osteryoung; R. A. Osteryoung. *Anal. Chem.*, v. 53, p. 695, 1981, DOI: 10.1021/ac00227a028.

potencial de meia-onda voltamétrica. Por causa da velocidade da medida, é possível e prático aumentar a precisão das análises pelos dados médios de sinal a partir de várias varreduras. Os limites de detecção para a voltametria de onda quadrada são relatados como entre 10^{-7} e 10^{-8} mol L^{-1}.

Os instrumentos comerciais para voltametria de onda quadrada estão disponíveis em vários fabricantes, e como uma consequência, esta técnica está sendo usada rotineiramente para determinar espécies inorgânicas e orgânicas. A voltametria de onda quadrada também está sendo usada em detectores para cromatografia de líquidos.

21G Aplicações de Voltametria

No passado, a voltametria de varredura linear era usada para a determinação quantitativa de ampla variedade de espécies inorgânicas e orgânicas, incluindo moléculas de interesse biológico e bioquímico. Os métodos de pulso têm largamente substituído a voltametria clássica em razão de sua maior sensibilidade, conveniência e seletividade. Geralmente, as aplicações quantitativas baseiam-se em curvas de calibração nas quais as alturas dos picos são exibidas em um gráfico em função da concentração do analito. Em alguns casos, o método de adição de padrão é usado no lugar das curvas de calibração. Em qualquer caso, é essencial que a composição de padrões represente o mais próximo possível a composição da amostra, assim como as concentrações de eletrólito e pH. Quando esta combinação é feita, precisões e exatidões relativas na faixa de 1 a 3% podem frequentemente ser atingidas.

21G-1 Aplicações Inorgânicas

A voltametria é aplicável a análises de muitas substâncias inorgânicas. A maioria dos cátions metálicos, por exemplo, é reduzida a eletrodos de trabalho comuns. Mesmo os metais alcalinos e alcalinoterrosos são passíveis de ser reduzidos, desde que o eletrólito de suporte não seja reativo nos altos potenciais requeridos; neste caso, os haletos de tetra-alquilamônio são eletrólitos úteis por causa dos seus altos potenciais de redução.

A determinação voltamétrica bem-sucedida de cátions frequentemente depende do eletrólito de suporte que é usado. Para auxiliar nessa determinação, as compilações de tabelas contendo dados de potenciais de meia-onda estão disponíveis.[17] A escolha criteriosa do ânion geralmente melhora a seletividade do método. Por exemplo, com cloreto de potássio como eletrólito de suporte, as ondas do ferro(III) e do cobre(II) interferem uma sobre a outra. Em um meio de fluoreto, entretanto, o potencial de meia-onda do primeiro é deslocado em cerca de −0,5 V, ao passo que, para o último, o deslocamento é de apenas alguns centésimos de volt. Assim, a presença de fluoreto resulta no aparecimento de duas ondas bem separadas para os dois íons. Este efeito é o resultado das diferenças nas constantes de formação do Cu(II) e do Fe(III). O cobre(II) tem uma pequena tendência a formar complexos com o íon fluoreto, mas o Fe(III) não.

A voltametria também é aplicada à análise de ânions inorgânicos, tais como o bromato, iodato, dicromato, vanadato, selenito e nitrito. Em geral, os voltamogramas dessas substâncias são afetados pelo pH da solução porque o íon hidrogênio participa das suas respectivas reduções. Como consequência, é necessário tamponar fortemente o meio de reação para a obtenção de dados reprodutíveis.

21G-2 Análise Voltamétrica Orgânica

Quase desde o seu início, a voltametria tem sido usada para o estudo e a determinação de compostos orgânicos, com muitos artigos sendo devotados a este assunto. Vários grupos funcionais orgânicos são reduzidos em eletrodos de trabalho comum, tornando assim possível a determinação de uma larga variedade de compostos orgânicos.[18] Grupos funcionais orgânicos oxidáveis podem ser estudados voltametricamente com platina, ouro, carbono ou vários eletrodos modificados. Entretanto, o número de grupos funcionais que podem ser oxidados em eletrodos de mercúrio é relativamente limitado, porque o mercúrio é oxidado em potenciais anódicos maiores que +0,4 V (*versus* ESC).

>> Os seguintes grupos funcionais orgânicos produzem ondas voltamétricas:
1. Grupos carbonila.
2. Certos ácidos carboxílicos.
3. A maioria dos peróxidos e epóxidos.
4. Grupos nitro, nitroso, óxidos aminos e azo.
5. A maioria dos grupos halógenos.
6. Ligações duplas carbono/carbono.
7. Hidroquinonas e mercaptanas.

Solventes para Voltametria Orgânica

As considerações de solubilidade frequentemente ditam o uso de solventes que não a água pura para a voltametria orgânica. As misturas aquosas contendo quantidades variáveis de solventes miscíveis, como glicóis, dioxano, acetonitrila, alcoóis, Cellosolve ou ácido acético, têm sido usadas. Meios anidros, como ácido acético, formamida, dietilamina e etileno glicol, também têm sido investigados. Os eletrólitos de suporte frequentemente são sais de lítio ou de tetra-alquilamônio.

Mais informação sobre as aplicações da voltametria podem ser encontradas em outras fontes.[19]

21H Métodos de Redissolução

Os métodos de redissolução abrangem uma variedade de procedimentos eletroquímicos que têm uma característica etapa inicial comum.[20] Em todos estes procedimentos, o analito é primeiramente depositado em um eletrodo de trabalho, normalmente de uma solução sob agitação. Após um período de medição de maneira exata, a eletrólise é descontinuada, a agitação é interrompida e o analito depositado é determinado por um dos procedimentos voltamétricos descritos nas seções

---

[17] Por exemplo, veja: J. A. Dean. *Analytical Chemistry Handbook*. Nova York: McGraw-Hill, 1995, seção 14, p. 14.66-14.70; D. T. Sawyer; A. Sobkowiak; J. L. Roberts. *Experimental Electrochemistry for Chemists*. 2. ed. Nova York: Wiley, 1995, p. 102-30.
[18] Para uma abordagem detalhada de eletroquímica orgânica, veja A. J. Bard; M. Stratmann; H. J. Schäfer, eds. *Encyclopedia of Electrochemistry, Organic Electrochemistry*. Nova York: Wiley, 2002, v. 8, H. Lund; O. Hammerich, eds. *Organic Electrohemistry*. 4. ed. Nova York: Marcel Dekker, 2001.
[19] D. A. Skoog; F. J. Holler; S. R. Crouch. *Principles of Instrumental Analysis*. 7. ed. Boston, MA: Cengage Learning, 2018, seção 25G, p. 680.
[20] Para discussões mais detalhadas de métodos de dissolução, veja: H. D. Dewald. *Modern Techniques in Electroanalysis*. P. Vanysek, ed., Nova York: Wiley-Interscience, 1996, cap. 4, p. 151; J. Wang. *Stripping Analysis*. Deerfield Beach, FL: VCH Publishers, 1985.

anteriores. Durante essa segunda etapa da análise, o analito é redissolvido ou retirado do eletrodo de trabalho, daí o nome ligado a estes métodos. Nos **métodos de redissolução anódica**, o eletrodo de trabalho funciona como um catodo durante a etapa de deposição e um anodo na etapa de redissolução, com o analito sendo oxidado de volta à sua forma original. Em um **método de redissolução catódica**, o eletrodo de trabalho comporta-se como um anodo durante a etapa de deposição e como catodo durante a redissolução. A etapa de deposição corresponde a uma pré-concentração eletroquímica do analito; isto é, a concentração do analito na superfície do eletrodo de trabalho é bem maior que no todo da solução. Como um resultado da etapa de pré-concentração, os métodos de redissolução produzem os limites de detecção mais baixos de todos os procedimentos voltamétricos. Por exemplo, a redissolução anódica com a voltametria de pulso pode atingir limites de detecção na escala nanomolar para espécies importantes em termos ambientais, como o Pb^{2+}, Ca^{2+} e Tl^+.

Nos **métodos de redissolução anódicas** o analito é depositado por redução e posteriormente analisado por oxidação a partir de um filme ou gota de mercúrio de pequeno volume.

Nos **métodos de redissolução catódicas** o analito é eletrolisado em um pequeno volume de mercúrio por oxidação, e depois, redissolvido por redução.

A **Figura 21-31a** exibe o programa para a voltagem de excitação que é seguido por um método de redissolução anódica para a determinação de cádmio e cobre em uma solução aquosa desses íons. Um método de varredura linear é frequentemente usado para completar a análise. Inicialmente, é aplicado um potencial catódico constante em torno de -1 V para o eletrodo de trabalho, fazendo que ambos os íons, cádmio e cobre, sejam reduzidos e depositados como metais. O eletrodo é mantido nesse potencial por vários minutos até que uma quantidade significativa dos dois metais tenha se acumulado no eletrodo. Então a agitação é interrompida por cerca de 30 s enquanto o eletrodo é mantido a -1 V. O potencial do eletrodo é diminuído linearmente para valores menos negativos enquanto a corrente na célula é registrada em função do tempo. A **Figura 21-31b** mostra o voltamograma de pulso diferencial resultante. Em um potencial menos negativo que $-0,6$ V, o cádmio começa a ser oxidado, provocando um rápido aumento na corrente. À medida que o cádmio depositado é consumido, a corrente atinge um máximo e então decresce para os níveis originais. É então observado um segundo pico para a oxidação do cobre, quando o potencial diminui para aproximadamente $-0,1$ V. As alturas dos dois picos são proporcionais às massas de metais depositados.

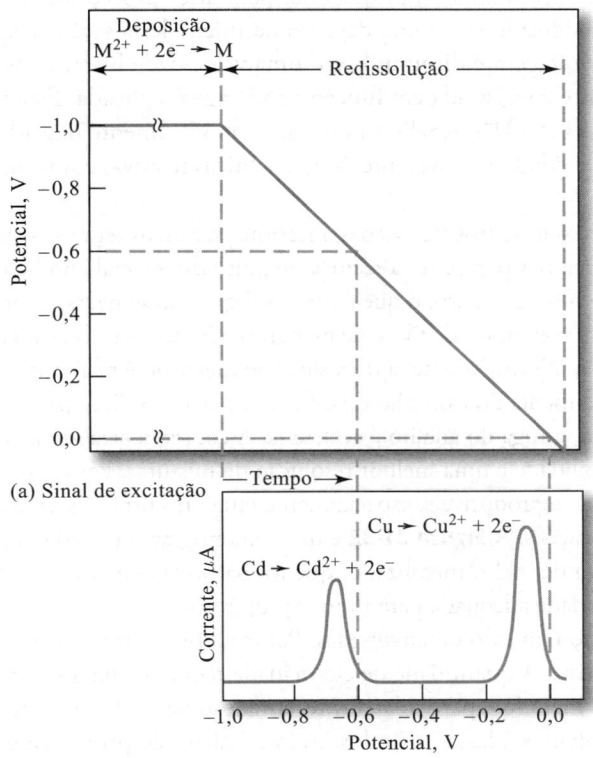

FIGURA 21-31

(a) Sinal de excitação para a determinação de Cd^{2+} e Cu^{2+}. (b) Voltamograma de redissolução.

Os métodos de redissolução são importantes no trabalho de traços, porque a etapa de pré-concentração permite a determinação de quantidades diminutas de uma analito com exatidão razoável. Assim, a análise de soluções na faixa de 10^{-6} a 10^{-9} mol L^{-1} torna-se factível pelos métodos que são tanto simples quanto rápidos.

21H-1 Etapa de Eletrodeposição

>> Uma vantagem principal da análise de redissolução é a capacidade de pré-concentrar eletroquimicamente o analito antes da etapa de medida.

Apenas uma fração do analito é normalmente depositada durante a etapa de eletrodeposição. Consequentemente, os resultados quantitativos dependem não apenas do controle do potencial do eletrodo, mas também de fatores como o tamanho do eletrodo, o tempo de deposição e a velocidade de redissolução tanto para a amostra quanto para as soluções padrão usadas para a calibração.

Os eletrodos de trabalho para métodos de redissolução têm sido formados a partir de uma variedade de materiais, incluindo mercúrio, ouro, prata, platina e carbono em várias formas. O eletrodo mais popular é o gotejante de mercúrio (EGM), que consiste em uma única gota de mercúrio em contato com um fio de platina. Os eletrodos gotejantes disponíveis no mercado têm sido produzidos por diferentes fabricantes. Esses eletrodos são compostos normalmente por uma microsseringa com um micrômetro para o controle exato do tamanho da gota. Então a gota é formada na ponta de um capilar pela dispensa do mercúrio contido em uma seringa por meio de um sistema de controle (veja a Figura 21-3b). Eletrodos de disco rotatório podem também ser usados na análise de redissolução.

Para realizar determinações de íons metálicos por meio da redissolução catódica uma nova gota pendente é formada, inicia-se uma agitação cuidadosa e é aplicado um potencial correspondente a alguns décimos de volt mais negativo que o potencial de meia-onda do íon de interesse. Deixa-se ocorrer a deposição por um período de medida cuidadoso, que pode variar de um minuto ou menos para soluções de 10^{-7} mol L^{-1} a 30 minutos ou mais para soluções 10^{-9} mol L^{-1}. Devemos reenfatizar que estes tempos raramente resultam em remoção total do íon. O período de eletrólise é determinado pela sensibilidade do método finalmente usado para a finalização da análise.

21H-2 Finalização Voltamétrica da Análise

O analito coletado no eletrodo de trabalho pode ser determinado por qualquer dos vários procedimentos voltamétricos. Por exemplo, em um procedimento de varredura anódica linear, como descrito no início desta seção, a agitação é parada por 30 s ou logo após cessar a deposição. Então a voltagem é diminuída em uma velocidade linear constante desde seu valor catódico original e a corrente anódica resultante é registrada em função da voltagem aplicada. Essa varredura linear produz uma curva similar àquela mostrada na Figura 21-31b. Análises desse tipo são geralmente baseadas na calibração com soluções padrão dos cátions de interesse. Com cuidado razoável, precisões analíticas relativas em torno de 2% podem ser obtidas.

A maioria dos outros procedimentos voltamétricos descritos nas seções anteriores também tem sido aplicada na etapa de redissolução. O mais amplamente empregado entre eles parece ser a técnica de pulso diferencial anódico. Normalmente são obtidos picos mais estreitos pela utilização desse procedimento, o que é desejável quando se necessita analisar misturas. Outro método para se obter picos mais estreitos é usar o eletrodo de filme de mercúrio. Um filme fino de mercúrio é eletrodepositado em um eletrodo inerte, como carbono vítreo. Normalmente, a deposição de mercúrio é realizada simultaneamente com a deposição de analito. Uma vez que a distância média do caminho de difusão a partir do filme para a interface da solução é muito menor que aquela na gota de mercúrio, a fuga do analito é acelerada. A consequência são picos voltamétricos mais estreitos e maiores, levando a uma maior sensibilidade e uma melhor resolução de misturas. Por outro lado, o eletrodo gotejante de mercúrio parece fornecer resultados mais reprodutíveis, especialmente em concentrações de analito mais altas. Assim, o eletrodo gotejante é usado para muitas aplicações. A **Figura 21-32** é um voltamograma de redissolução anódica de pulso diferencial para cinco cátions em uma amostra de mel mineralizado, que foi batizada com $GaCl_3$ 1×10^{-5} mol L^{-1}. O voltamograma demonstra boa resolução e sensibilidade adequada para muitos propósitos.

Muitas outras variações da técnica de redissolução têm sido desenvolvidas. Por exemplo, vários cátions têm sido determinados pela eletrodeposição em um catodo de platina. A quantidade de eletricidade requerida para remover o depósito é então medida coulometricamente. Mais uma vez, o método é particularmente vantajoso na análise de traços. Os métodos de redissolução catódicos também têm sido desenvolvidos. Nesses métodos, os íons haleto são primeiramente depositados como sais de mercúrio(I) em um anodo de mercúrio. É então realizada a remoção por uma corrente catódica.

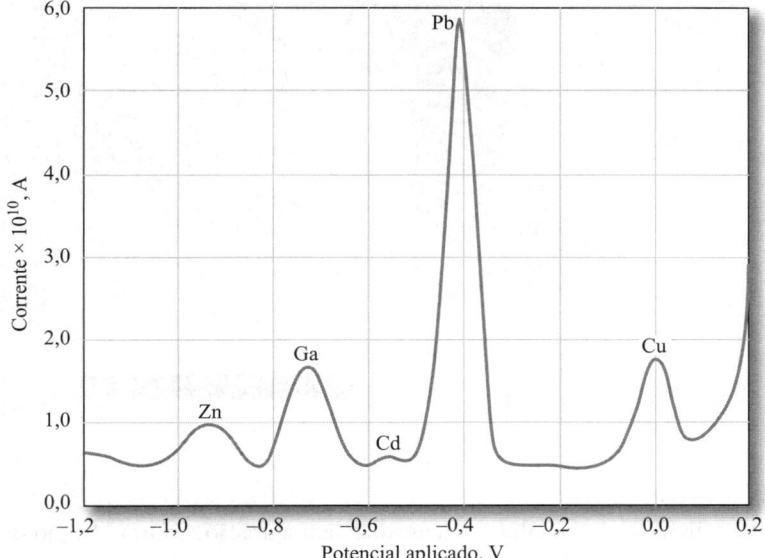

FIGURA 21-32

Voltamograma de redissolução anódica de pulso diferencial de uma amostra de mel mineralizado batizado com GaCl$_3$ (concentração final na solução de análise: 1 × 10^{-5} mol L^{-1}). Potencial de deposição: −1,20 V. Tempo de deposição: 1.200 s em solução sem agitação. Altura do pulso: 50 mV. Velocidade de varredura de potencial anódico: 5 mV s^{-1}. (Adaptado de: G. Samma et al. *Anal. Chim. Acta*, v. 415, p. 165, 2000, DOI: 10.1016/S0003-2670(00)00864-3.)

21I Voltametria com Microeletrodos

Ao longo das duas últimas décadas, inúmeros estudos voltamétricos têm sido realizados com microeletrodos que têm dimensões menores em uma ou mais ordens de grandeza que os eletrodos descritos até o momento. O comportamento eletroquímico desses minúsculos eletrodos é significativamente diferente dos eletrodos clássicos e oferecem vantagens em certas aplicações analíticas.[21] Tais eletrodos são frequentemente chamados *eletrodos microscópicos* ou **microeletrodos** para distingui-los dos eletrodos clássicos. As dimensões de tais eletrodos são tipicamente menores que aproximadamente 20 µm e podem ser até menores, como um diâmetro de 30 nm e 2 µm de comprimento (A ≈ 0,2 µm^2). Os microeletrodos assumem um número de formas úteis. O mais comum é um eletrodo plano, construído prendendo-se uma fibra de carbono com um raio de 5 µm, ou um fio de platina ou ouro com dimensões de 0,3 a 20 µm, em um tubo capilar fino. Muitas outras formas e tamanhos abaixo de 20 Å têm sido usadas em uma gama de aplicações. Os microeletrodos de mercúrio são formados por eletrodeposição do metal em eletrodos de carbono ou metálicos. Existem várias outras formas destes eletrodos.

A instrumentação empregada com microeletrodos, geralmente, é mais simples que aquela mostrada na Figura 21-2 ou na 21D-2, pois não há necessidade de empregar um sistema com três eletrodos. A razão para que o eletrodo de referência possa ser eliminado é que as correntes são tão pequenas (na faixa de picoampères e nanoampères) que a queda *IR* não distorce as curvas voltamétricas da mesma maneira que as correntes na faixa de microampères o fazem.

Uma das razões para o interesse inicial nos eletrodos microscópicos foi a necessidade de se estudar os processos químicos em uma única célula (**Figura 21-33**) ou processos dentro de órgãos ou espécies vivas; por exemplo, em cérebros de mamíferos. Uma estratégia para resolver esse problema consiste no emprego de eletrodos que sejam suficientemente pequenos, de maneira que não provoquem alterações significativas na função do órgão. Também foi observado que microeletrodos apresentam certas vantagens que justificam sua utilização em outros tipos de problemas analíticos. Entre essas vantagens estão as quedas *IR* muito pequenas, que os tornam aplicáveis em solventes que têm baixas constantes dielétricas, como o tolueno. Na segunda vantagem, as correntes de carga capacitivas, que normalmente limitam a detecção com eletrodos voltamétricos normais, são reduzidas a proporções insignificantes à medida que o tamanho do eletrodo diminui. Na terceira, a velocidade de transporte de massa de e para um eletrodo aumenta à medida que o tamanho do eletrodo diminui. Como

---

[21] Veja: R. M. Wightman. *Science*, v. 240, p. 415, 1988. DOI: 10.1126/science.240.4851.415; R. M. Wightman. *Anal. Chem.*, v. 53, p. 1.125A, 1987. DOI: 10.1021/ac00232a004; S. Pons; M. Fleischmann. *Anal. Chem.*, v. 59, 1987. DOI: 10.1021/ac00151a001; J. Heinze. *Angew. Chem. Int. Ed.*, 1993, v. 32, p. 1.268; R. Wightman; D. O. Wipf, in *Electroanalytical Chemistry*. A. J. Bard, ed., Nova York: Marcel Dekker, 1989, v. 15; A. C. Michael; R. M. Wigtman, in *Laboratoty Techniques em Electroanalytical Chemistry*. 2. ed. P. T. Kissinger; W. R. Heineman, eds. Nova York: Marcel Dekker, 1996, cap. 12; C. G. Zoski, in *Modern Techniques in Electroanalysis*. P. Vanysek, ed. Nova York: Wiley, 1996, cap. 6.

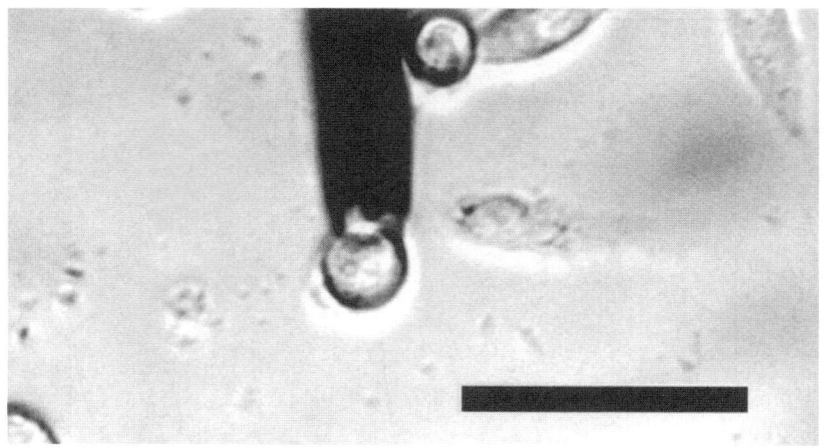

FIGURA 21-33
Imagem ótica empregando microscopia de campo claro mostrando um **microeletrodo de fibra de carbono** adjacente a uma célula cromafina da medula adrenal bovina. A solução extracelular é um tampão TRIS 10 mmol L^{-1} contendo 150 mmol L^{-1} de NaCl, 2 mmol L^{-1} de $CaCl_2$; 1,2 mmol L^{-1} de $MgCl_2$ e 5 mmol L^{-1} de glicose. A régua escura tem 50 mm. (De L. Buhler e R. M. Wightman, trabalho não publicado. Publicado com permissão.)

um resultado, as correntes de estado estacionário são observadas em soluções mantidas sem agitação em uma fração de microssegundo, e não de milissegundo ou mais, como no caso dos eletrodos clássicos. Essas medidas rápidas permitem o estudo de intermediários em reações eletroquímicas rápidas. À luz do tremendo interesse atual nos nanomateriais e biossensores para determinar analitos em volumes minúsculos de solução, é provável que a pesquisa e o desenvolvimento nesta área fértil continuarão por algum tempo.

Química Analítica On-line

Pesquise empresas que produzem instrumentos de voltametria anódica de redissolução (VAR). Na sua pesquisa você descobrirá links para companhias como ESA, Inc.; Cypress Systems, Inc. e Bioanalytical Systems. Compare, entre dois fabricantes, os eletrodos de trabalho usados para voltametria anódica de redissolução. Considere os tipos de eletrodos (filme fino, gotejante de mercúrio e assim por diante), se são eletrodos rotatórios e se possuem qualquer risco à saúde. Compare, também, as especificações de dois instrumentos de dois fabricantes diferentes. Considere na sua comparação as faixas de potencial de deposição, os tempos de deposição disponíveis, as faixas de potencial de varredura, as velocidades de varredura e os preços.

Resumo do Capítulo 21

- A natureza da voltametria.
- Sinais voltamétricos: excitação e resposta.
- A instrumentação de voltametria.
- Tipos de eletrodos usados na voltametria.
- Processos nas superfícies dos eletrodos de trabalho.
- Interferências na voltametria.
- Voltametria hidrodinâmica e seus usos.
- Sensores baseados na voltametria e na amperometria.
- Polarografia.
- Voltametria cíclica e seus usos.
- Voltametria de pulso.
- Voltametria anódica e catódica e seus usos.
- Aplicações de microeletrodos.

Termos-chave

Camada de difusão, 583
Coeficiente de difusão, 581
Contraeletrodo, 573
Corrente anódica, 578
Corrente catódica, 578
Corrente de difusão, 594
Corrente faradaica, 595
Corrente limite, 578
Corrente não faradaica, 595
Corrente residual, 594
Eletrodo de disco e anel rotatório (DAR), 592
Eletrodo de disco rotatório (EDR), 591
Eletrodo de filme de mercúrio, 576
Eletrodo de trabalho, 571
Eletrodo gotejante de mercúrio (EGM), 572
Eletrólito de suporte, 572

Fluxo laminar, 581
Fluxo turbulento, 582
Método de redissolução anódica, 603
Método de redissolução catódica, 603
Métodos voltamétricos, 571
Microeletrodo de fibra de carbono, 606
Microeletrodo, 576
Onda anódica, 585
Onda catódica, 585
Onda voltamétrica, 578
Polarografia, 571
Polarograma, 594
Potencial de meia-onda, 578
Purga, 587
Sensor de Clark para oxigênio, 588
Sinal de excitação, 572

Sistema de três eletrodos, 573
Titulação amperométrica, 590
Voltametria cíclica (VC), 596
Voltametria de onda quadrada, 599
Voltametria de pulso diferencial, 599
Voltametria de pulso, 599
Voltametria de redissolução anódica (VRA), 571
Voltametria hidrodinâmica, 579
Voltamograma, 574

Equações Importantes

$$I = \frac{-E_{saída}}{R}$$

$$i_\ell = kc_A$$

$$E_{apl} = E_A^0 - \frac{0{,}0592}{n} \log \frac{c_P^0}{c_A^0} - E_{ref}$$

$$i = nFAD_A \left(\frac{\partial c_A}{\partial x} \right)$$

$$i = \frac{nFAD_A}{\delta}(c_A - c_A^0) = k_A(c_A - c_A^0)$$

$$i_s = \frac{nFAD_A}{\delta} c_A = k_A c_A$$

$$E_{apl} = E_{1/2} - \frac{0,0592}{n} \log \frac{i}{i_\ell - i}$$

$$i_p = 2,686 \times 10^5 \, n^{3/2} AcD^{1/2} v^{1/2}$$

Questões e Problemas*

21-1. Diferencie entre
  *(a) voltametria e polarografia.
  (b) voltametria de varredura linear e voltametria cíclica.
  *(c) voltametria de pulso diferencial e voltametria de onda quadrada.
  (d) um eletrodo de disco rotatório e um eletrodo de disco e anel.
  *(e) uma corrente limite e uma corrente de difusão.
  (f) fluxo laminar e fluxo turbulento.
  *(g) o potencial padrão do eletrodo e o potencial de meia-onda para uma reação reversível em um eletrodo de trabalho.
  (h) métodos de redissolução e voltametria padrão.

21-2. Defina
  (a) voltamograma.
  (b) voltametria hidrodinâmica.
  (c) camada de difusão de Nernst.
  (d) eletrodo gotejante de mercúrio.
  (e) potencial de meia-onda.

*21-3. Por que é usada uma alta concentração de eletrólito de suporte na maioria dos procedimentos analíticos?

21-4. Por que o eletrodo de referência é colocado próximo ao eletrodo de trabalho em uma célula de eletrodo triplo?

*21-5. Por que é necessário tamponar soluções na voltametria orgânica?

21-6. Por que os métodos de redissolução são mais sensíveis que os outros procedimentos voltamétricos?

*21-7. Qual é o propósito da etapa de eletrodeposição na análise de redissolução?

21-8. Liste as vantagens e as desvantagens do eletrodo de mercúrio de gota pendente em comparação com os eletrodos de platina ou de carbono.

*21-9. Sugira como a Equação 21-13 poderia ser empregada na determinação do número de elétrons envolvidos em uma reação reversível em um eletrodo voltamétrico.

21-10. A quinona sofre redução reversível em um eletrodo de trabalho voltamétrico. A reação é

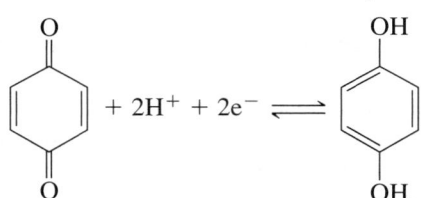

quinona   hidroquinona

  (a) Suponha que os coeficientes de difusão para a quinona e a hidroquinona sejam aproximadamente os mesmos e calcule o potencial de meia-onda aproximado (*versus* ESC) para a redução da hidroquinona em um eletrodo de disco rotatório a partir de uma solução tamponada em um pH de 5,0.
  (b) Repita o cálculo em (a) para uma solução tamponada em um pH de 7,0.

21-11. O íon sulfato pode ser determinado por um procedimento de titulação amperométrica usando Pb^{2+} como titulante. Se o potencial de um eletrodo de filme de mercúrio rotatório for ajustado em $-1,00$ V *versus* ESC, a corrente poderá ser usada para

---

*As respostas para as questões e problemas marcados com um asterisco são fornecidas no final deste livro.

monitorar a concentração de Pb^{2+} durante a titulação. Em um experimento de calibração, descobriu-se que a corrente limite, após a correção de correntes de fundo e residuais, está relacionada à concentração de Pb^{2+} $i_\ell = C_{Pb^{2+}}$, onde i_ℓ é a corrente limite em mA e $c_{Pb^{2+}}$ é a concentração de Pb^{2+} em mmol L^{-1}. A reação de titulação é

$$SO_4^{2-} + Pb^{2+} \rightleftharpoons PbSO_4(s) \quad K_{ps} = 1,6 \times 10^{-8}$$

Se 25 mL de Na_2SO_4 0,025 mol L^{-1} são titulados com $Pb(NO_3)_2$ 0,040 mol L^{-1}, desenvolva a curva de titulação no formato de uma planilha eletrônica e construa um gráfico da corrente limite *versus* o volume do titulante.

*21-12. Sugeriu-se que muitos polarogramas podem ser obtidos em uma solução sem destruir o analito eletroativo. Suponha que, em um experimento polarográfico, monitoramos a corrente limite por 45 minutos em 60 mL de Cu^{2+} 0,08 mol L^{-1}. Se a corrente média durante o tempo do experimento for 60 μA, qual fração de cobre é removida da solução?

*21-13. Uma solução desconhecida de cádmio(II) foi analisada polarograficamente pelo método de adições de padrão. Uma amostra de 25,00 mL da solução desconhecida produziu uma corrente de difusão de 1,86 μA. Após a adição de uma alíquota de 5,00 mL da solução padrão de Cd^{2+} 2,12 × 10^{-3} mol L^{-1} à solução desconhecida, foi produzida uma corrente de difusão de 5,27 μA. Calcule a concentração de Cd^{2+} na solução desconhecida.

21-14. (a) Quais são as vantagens de realizar a voltametria com microeletrodos? (b) É possível um eletrodo ser tão pequeno? Explique sua resposta.

21-15. **Problema Desafiador.** Um novo método para a determinação de pequenos volumes (nL) por voltametria de redissolução anódica foi proposto (W. R. Vandaveer; I. Fritsch. *Anal. Chem.*, v. 74, p. 3.575, 2002, DOI: 10.1021/ ac 011036s). Nesse método, um metal é exaustivamente depositado em um eletrodo a partir de um pequeno volume a ser medido. A seguir, ele é redissolvido. O volume da solução V_s está relacionado à carga total requerida para redissolver o metal por

$$V_s = \frac{Q}{nFC}$$

onde n é a quantidade de matéria de elétrons por mol de analito, F corresponde à constante de Faraday e C refere-se à concentração (em mol L^{-1}) do íon metálico antes da eletrólise.

(a) Iniciando com a lei de Faraday (veja a Equação 20-8), desenvolva a equação anterior para V_s.

(b) Em um experimento, o metal depositado foi $Ag(s)$ a partir de uma solução de $AgNO_3$ 8,00 mmol L^{-1}. A solução foi eletrolizada por 30 minutos em um potencial de $-0,700$ V, *versus* uma camada de ouro como pseudorreferência. Um eletrodo na forma de uma nanobanda tubular foi empregado. Então a prata foi redissolvida anodicamente do eletrodo empregando uma varredura linear de $0,10$ V s^{-1}. A tabela a seguir representa os resultados da redissolução anódica. Por integração, determine a carga total requerida para redissolver a prata do eletrodo tubular. Você pode realizar uma integração manual da regra de Simpson ou se referir ao *Applications of Microsoft® Excel® in Analytical Chemistry*, 4. ed., Capítulo 11, para realizar a integração utilizando o Excel. Partindo da carga, determine o volume da solução a partir do qual a prata foi depositada.

Potencial, V	Corrente, nA	Potencial, V	Corrente, nA
$-0,50$	0,000	$-0,123$	$-1,10$
$-0,45$	$-0,02$	$-0,10$	$-0,80$
$-0,40$	$-0,001$	$-0,115$	$-1,00$
$-0,30$	$-0,10$	$-0,09$	$-0,65$
$-0,25$	$-0,20$	$-0,08$	$-0,52$
$-0,22$	$-0,30$	$-0,065$	$-0,37$
$-0,20$	$-0,44$	$-0,05$	$-0,22$
$-0,18$	$-0,67$	$-0,025$	$-0,12$
$-0,175$	$-0,80$	$0,00$	$-0,05$
$-0,168$	$-1,00$	$0,05$	$-0,03$
$-0,16$	$-1,18$	$0,10$	$-0,02$
$-0,15$	$-1,34$	$0,15$	$-0,005$
$-0,135$	$-1,28$		

(c) Sugira experimentos para mostrar se todo o Ag^+ foi reduzido a $Ag(s)$ na etapa de deposição.

(d) Seria importante se a gota não tivesse a forma hemisférica? Justifique sua resposta, em caso positivo ou negativo.

(e) Descreva um método alternativo contra o qual você possa testar o método proposto.

PARTE V
Análise Espectroquímica

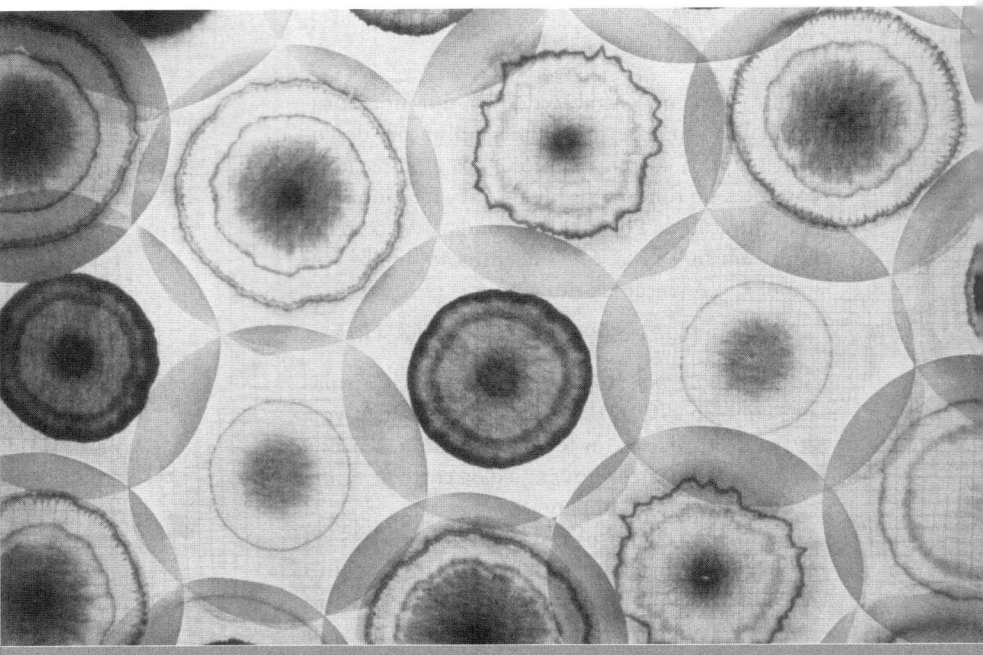

CAPÍTULO 22
Introdução aos Métodos Espectroquímicos

CAPÍTULO 23
Instrumentos para a Espectrometria Ótica

CAPÍTULO 24
Espectroscopia de Absorção Molecular

CAPÍTULO 25
Espectroscopia de Fluorescência Molecular

CAPÍTULO 26
Espectroscopia Atômica

CAPÍTULO 27
Espectrometria de Massas

Introdução aos Métodos Espectroquímicos

CAPÍTULO 22

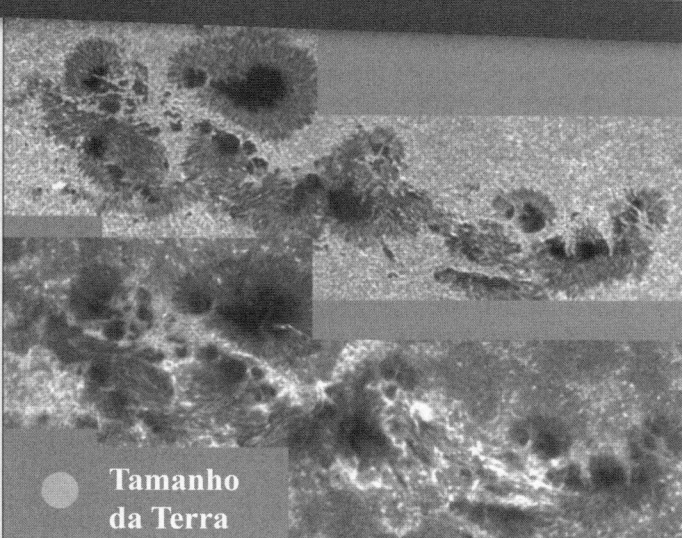

Esta imagem composta de uma mancha solar foi coletada com o telescópio solar Dunn no Observatório do Pico Sacramento, no Novo México, em 29 de março de 2001. A parte inferior, que consiste de quatro quadros, foi coletada no comprimento de onda de 393,4 nm, e a parte superior a 430,4 nm. A imagem inferior representa a concentração de íons cálcio, com a intensidade da radiação proporcional à quantidade desse íon na mancha solar. A imagem mostra a presença de molécula CH. Empregando dados como esses é possível determinar a localização e a abundância de praticamente qualquer espécie química no universo visível. Observe que a Terra poderia se encaixar facilmente no núcleo da mancha solar negra mostrada na parte superior de cada uma das imagens compostas.

Tamanho da Terra

M. Sigwarth, J. Elrod, K.S. Balasubramaniam, S. Fletcher/NSO/AURA/NSF.

As medidas baseadas na luz e outras formas de radiação eletromagnética são amplamente empregadas em química analítica. As interações da radiação com a matéria são o objeto de estudo da ciência da **espectroscopia**. Os métodos espectroscópicos de análise são baseados na medida da quantidade de radiação produzida ou absorvida pelas moléculas ou pelas espécies atômicas de interesse.[1] Podemos classificar os métodos espectroscópicos de acordo com a região do espectro eletromagnético envolvida na medida. As regiões espectrais que têm sido empregadas incluem as regiões dos raios γ, dos raios X, do ultravioleta (UV), do visível, do infravermelho (IV), do micro-ondas e de radiofrequência (RF). De fato, o uso atual estende ainda mais o significado de espectroscopia para incluir técnicas como espectroscopia acústica, de massas e de elétrons nas quais a radiação eletromagnética não é parte da medida.

A espectroscopia desempenhou um papel fundamental no desenvolvimento da teoria atômica moderna. Além disso, os **métodos espectroquímicos** talvez tenham provido as ferramentas mais amplamente empregadas para a elucidação de estruturas moleculares, bem como para a determinação qualitativa e quantitativa de compostos orgânicos e inorgânicos.

Neste capítulo discutiremos os princípios básicos que são necessários para se entender as medidas feitas com a radiação eletromagnética, particularmente aquelas que lidam com

>> Os métodos que usam ou produzem radiação UV, visível, ou IV são normalmente chamados métodos espectroscópicos óticos. Outros métodos úteis incluem aqueles que usam as regiões espectrais dos raios γ, raios X, micro-ondas e RF.

---

[1] Para estudos complementares, veja D. A. Skoog; F. J. Holler; S. R. Crouch. *Principles of Instrumental Analysis*. 7. ed. Boston. MA: Cengage Learning, 2018, seções 2-3; F. Settle, ed. *Handbook of Instrumental Techniques for Analytical Chemistry*. Upper Saddle River, NJ: Prentice-Hall, 1997, seções III e IV; J. D. Ingle, Jr.; S. R. Crouch. *Spectrochemical Analysis*. Upper Saddle River, NJ: Prentice-Hall, 1988; E. J. Meehan, in *Treatise on Analytical Chemistry*. 2. ed. P. J. Elving; E. J. Meehan; I. M. Kolthoff, eds. Nova York: Wiley, 1981, pt. I, v. 7, caps. 1-3.

Richard P. Feynman (1918-1988) foi um dos cientistas mais renomados do século XX. Ele foi agraciado com o Prêmio Nobel em Física em 1965. Além das suas muitas e variadas contribuições científicas, ele foi um professor habilidoso e suas aulas e livros tiveram grande influência na educação científica. Feynman participou da investigação na Space Shuttle Challenger, na qual demonstrou a causa do desastre usando um copo de água gelada e um anel de retenção (*o-ring*).

>> *Atualmente sabemos como os elétrons e fótons se comportam. Mas como poderíamos chamar isto? Se eu disser que se comportam como partículas darei a impressão errada, assim como se disser que se comportam como ondas. Eles se comportam em sua própria inimitável forma, que poderia ser chamada forma mecânico-quântica. Eles se comportam de uma forma que não se parece com nada que você já tenha visto.* — R. P. Feynman[2]

a absorção da radiação UV, visível e IV. A natureza da radiação eletromagnética e suas interações com a matéria são enfatizadas. Os próximos cinco capítulos são dedicados aos instrumentos espectroscópicos (Capítulo 23), espectroscopia de absorção molecular (Capítulo 24), espectroscopia de fluorescência molecular (Capítulo 25), espectroscopia atômica (Capítulo 26) e espectrometria de massas (Capítulo 27).

22A Propriedades da Radiação Eletromagnética

A **radiação eletromagnética** é uma forma de energia que é transmitida através do espaço a velocidades enormes. Denominamos a radiação eletromagnética nas regiões do UV/visível e algumas vezes no infravermelho (IV) de **luz**, embora, estritamente falando, o termo se refira somente à radiação visível. A radiação eletromagnética pode ser descrita como uma onda com propriedades como comprimento de onda, frequência, velocidade e amplitude. Em contraste com as ondas sonoras, a luz não requer nenhum meio transmissor; assim, pode se propagar rapidamente através do vácuo. A luz também se propaga cerca de um milhão de vezes mais rapidamente que o som.

O modelo ondulatório falha ao explicar os fenômenos associados com a absorção e emissão de energia radiante. Para esses processos, a radiação eletromagnética pode ser tratada como pacotes discretos de energia ou partículas chamadas **fótons** ou **quanta**. Essas formas de visualizar a radiação como partículas e ondas não são mutuamente excludentes, mas sim complementares. De fato, como veremos, a energia de um fóton é diretamente proporcional à sua frequência. De forma similar, essa dualidade se aplica aos feixes de elétrons, prótons e outras partículas elementares, as quais podem produzir efeitos de interferência e difração que são normalmente associados a um comportamento ondulatório.

22A-1 Propriedades das Ondas

Quando se lida com fenômenos como reflexão, refração, interferência e difração, a radiação eletromagnética é modelada de forma conveniente como ondas constituídas de um campo elétrico e um campo magnético oscilantes e perpendiculares entre si, como mostrado na **Figura 22-1a**. O campo elétrico para uma dada frequência oscila de forma

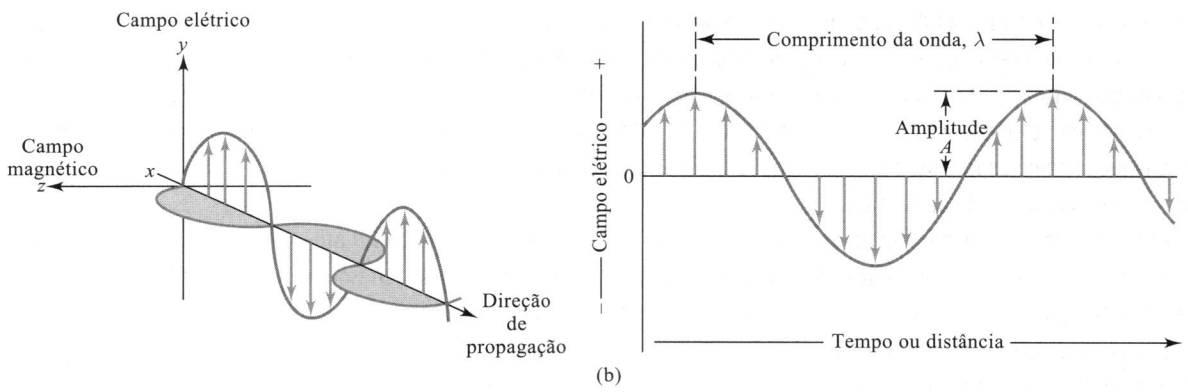

FIGURA 22-1 A natureza ondulatória de um feixe de radiação com uma única frequência. Em (a), uma onda polarizada no plano é apresentada propagando-se ao longo do eixo *x*. O campo elétrico oscila em um plano perpendicular ao campo magnético. Se a radiação não fosse polarizada, um componente do campo elétrico seria visto em todos os planos. Em (b), somente as oscilações do campo elétrico são mostradas. A amplitude da onda é o comprimento do vetor campo elétrico no ponto máximo da onda, enquanto o comprimento da onda é a distância entre dois máximos sucessivos.

---

[2] R. P. Feynman. *The Character of Physical Law*. Nova York: Random House, 1994, p. 122.

senoidal no espaço e no tempo, como exposto na **Figura 22-1b**. Aqui, o campo elétrico é representado como um vetor cujo comprimento é proporcional à intensidade do campo. O eixo x nesse gráfico pode representar o tempo quando a radiação passa por um ponto fixo no espaço ou a distância para um tempo fixo. Observe que a direção na qual o campo oscila é perpendicular àquela na qual a radiação se propaga.

Características das Ondas

Na Figura 22-1b, a **amplitude** da onda senoidal é apresentada e o comprimento de onda é definido. O tempo em segundos necessário para a passagem de dois máximos sucessivos ou de dois mínimos por um ponto fixo no espaço é denominado **período**, p, da radiação. A **frequência**, ν, é o número de oscilações do vetor campo elétrico por unidade de tempo e é igual a $1/p$.

A frequência da onda de luz, ou de qualquer onda de radiação eletromagnética, é determinada pela fonte que a emite e permanece constante, independentemente do meio que esta atravessa. Em contraste, a **velocidade**, v, da frente de onda que atravessa um meio depende de ambos, o meio e a frequência. O **comprimento de onda**, λ, é a distância linear entre dois máximos ou mínimos sucessivos de uma onda, como mostrado na Figura 22-1b. O produto entre a frequência nas ondas por unidade de tempo e o comprimento de onda em distância por onda é a velocidade v da onda em distância por unidade de tempo (cm s^{-1} ou m s^{-1}), como mostrado na Equação 22-1. Observe que ambos, a velocidade e o comprimento de onda, dependem do meio.

$$v = \nu\lambda \quad (22\text{-}1)$$

A **Tabela 22-1** fornece as unidades usadas para expressar os comprimentos de onda em várias regiões do espectro.

A Velocidade da Luz

No vácuo, a luz move-se com sua velocidade máxima. Essa velocidade, à qual é dado o símbolo especial c, é igual a $2,99792 \times 10^8$ m s^{-1}. A velocidade da luz no ar é somente cerca de 0,03% menor que sua velocidade no vácuo. Assim, para o vácuo, ou para o ar, a Equação 22-1 pode ser escrita com três algarismos significativos como

$$c = \nu\lambda = 3,00 \times 10^8 \text{ m s}^{-1} = 3,00 \times 10^{10} \text{ cm s}^{-1} \quad (22\text{-}2)$$

Em um meio contendo matéria, a luz move-se com velocidades menores que c por causa da interação entre o campo eletromagnético e os elétrons dos átomos ou moléculas do meio. Uma vez que a frequência da radiação é constante, o comprimento de onda deve diminuir quando a luz passa do vácuo para um meio contendo matéria (veja a Equação 22-1). Esse efeito é ilustrado pela **Figura 22-2** para um feixe de radiação no visível. Observe que o efeito é bastante significativo.

> A **amplitude** de uma onda eletromagnética é uma quantidade vetorial que fornece a medida da intensidade do campo elétrico ou magnético no ponto de máximo da onda.
>
> O **período** de uma onda eletromagnética é o tempo em segundos necessário para que dois máximos ou mínimos sucessivos passem por um determinado ponto no espaço.
>
> A **frequência** de uma onda eletromagnética é o número de oscilações que ocorrem em um segundo.
>
> A unidade de frequência é o **hertz** (Hz), que corresponde a um ciclo por segundo. Isto é, 1 Hz = 1 s^{-1}. A frequência de um feixe de radiação eletromagnética não varia à medida que passa através de um meio diferente.

> ❮❮ Tanto a velocidade da radiação quanto o comprimento de onda decrescem quando esta passa do vácuo ou do ar para um meio mais denso. A frequência permanece constante.

> ❮❮ Observe que na Equação 22-1, v (distância/tempo) = ν (ondas/tempo) × λ (distância/onda).

> ❮❮ Para até três algarismos significativos, a Equação 22-2 pode ser aplicada igualmente para o ar ou para o vácuo.

TABELA 22-1

Unidade de Comprimento de Onda para Várias Regiões Espectrais		
Região	Unidade	Definição
Raio X	Angstrom, Å	10^{-10} m
Ultravioleta/visível	Nanômetro, nm	10^{-9} m
Infravermelho	Micrômetro, μm	10^{-6} m

FIGURA 22-2

A variação no comprimento de onda à medida que a radiação passa do ar para um vidro denso e volta para o ar. Observe que o comprimento de onda se reduz aproximadamente 200 nm, ou mais que 30%, quando a radiação passa pelo vidro; uma alteração inversa ocorre quando a radiação entra novamente no ar.

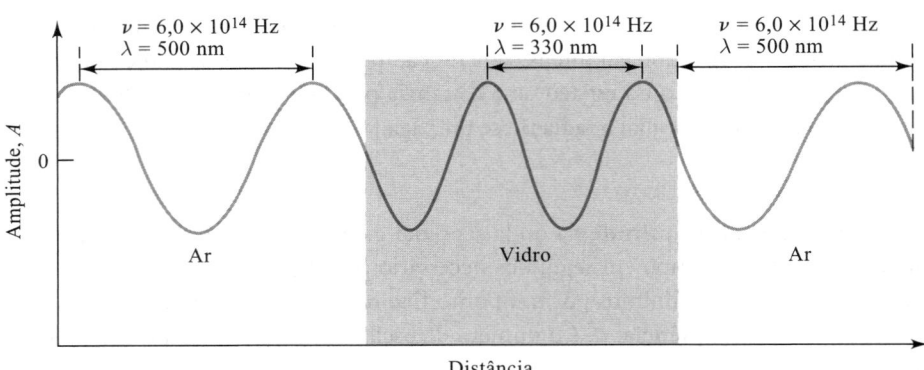

O **índice de refração** η, de um meio mede a extensão da interação entre a radiação eletromagnética e o meio através do qual ela passa. Ele é definido como $\eta = c/v$. Por exemplo, o índice de refração da água à temperatura ambiente é de 1,33, o que significa que a radiação passa pela água a uma razão $c/1,33$ ou $2,26 \times 10^{10}$ cm s^{-1}. Em outras palavras, a luz se move 1,33 vezes mais lentamente na água do que o faz no vácuo. A velocidade e o comprimento de onda da radiação tornam-se proporcionalmente menores à medida que a radiação passa do vácuo ou do ar para um meio mais denso, enquanto a sua frequência permanece constante.

O **número de onda** $\bar{\nu}$ em cm^{-1} (Kayser) é empregado com maior frequência para descrever a radiação na região do infravermelho. A parte mais útil do espectro de infravermelho para detecção e determinação de espécies orgânicas vai de 2,5 a 15 μm, que corresponde à faixa de número de onda de 4.000 a 667 cm^{-1}. Como mostrado a seguir, o número de onda de um feixe de radiação eletromagnética é diretamente proporcional à sua energia e, assim, à sua frequência.

Um **fóton** é uma partícula de radiação eletromagnética que tem massa zero e energia $h\nu$.

>> A Equação 22-3 fornece a energia da radiação em unidades SI de **joules**, onde 1 joule (J) é o trabalho realizado por uma força de 1 Newton (N) atuando sobre uma distância de 1 metro.

O **número de onda**, $\bar{\nu}$, é outra forma de se descrever a radiação eletromagnética. Ele é definido como o número de ondas por centímetro e é igual a $1/\lambda$. Por definição, $\bar{\nu}$ tem unidade de cm^{-1}.

EXEMPLO 22-1

Calcule o número de onda de um feixe de radiação no infravermelho de comprimento de onda de 5,00 μm.

Solução

$$\bar{\nu} = \frac{1}{\lambda} = \frac{1}{5,00 \, \mu m \times 10^{-4} \, cm \, \mu m} = 2.000 \text{ cm}^{-1}$$

Intensidade e Potência Radiantes

A **potência radiante**, P, em watts (W) é a energia de um feixe que atinge uma determinada área por unidade de tempo. A **intensidade** é a potência radiante por unidade de ângulo sólido.[3] Ambas as quantidades são proporcionais ao quadrado da amplitude do campo elétrico (veja Figura 22-1b). Embora não seja estritamente correto, a "potência radiante" e a "intensidade" são frequentemente empregadas como sinônimos.

22A-2 A Natureza de Partícula da Luz: Fótons

Em muitas interações radiação/matéria, é útil enfatizar a natureza da partícula de luz como um feixe de fótons ou quanta. A energia de um único fóton está relacionada com o seu comprimento de onda, frequência e número de onda por

$$E = h\nu = \frac{hc}{\lambda} = hc\bar{\nu} \tag{22-3}$$

onde h é a constante de Planck ($6,63 \times 10^{-34}$ J · s). Observe que o número de onda e a frequência, em contraste com o comprimento de onda, são diretamente proporcionais à energia do fóton. O comprimento de onda é inversamente proporcional à energia. A potência radiante de um feixe de radiação é diretamente proporcional ao número de fótons por segundo.

---

[3] O ângulo sólido é a projeção tridimensional no vértice de um cone, medida como a área interceptada pelo cone em uma esfera unitária cujo centro está no vértice. O ângulo é medido em estereorradianos (er).

EXEMPLO 22-2

Calcule a energia em joules de um fóton de radiação com o comprimento de onda dado no Exemplo 22-1.

Solução

Aplicando a Equação 22-3, escrevemos

$$E = hc\bar{\nu} = 6{,}63 \times 10^{-34} \text{ J} \cdot \text{s} \times 3{,}00 \times 10^{10} \frac{\text{cm}}{\text{s}} \times 2.000 \text{ cm}^{-1}$$

$$= 3{,}98 \times 10^{-20} \text{ J}$$

» Tanto a frequência quanto o número de onda são proporcionais à energia do fóton.

» Algumas vezes, falamos de "um mol de fótons", significando $6{,}022 \times 10^{23}$ partículas de radiação de um determinado comprimento de onda. A energia de um mol de fótons com comprimento de 5,00 μm é, portanto, $6{,}022 \times 10^{23}$ fótons mol^{-1} × 1 mol × $3{,}98 \times 10^{-20}$ J fótons mol^{-1} = $2{,}40 \times 10^{4}$ J mol^{-1} = 24,0 kJ.

22B Interação da Radiação com a Matéria

As interações mais interessantes e úteis na espectroscopia são aquelas nas quais as transições ocorrem entre diferentes níveis de energia de espécies químicas. Outros tipos de interações, como reflexão, refração, espalhamento elástico, interferência e difração, são frequentemente mais relacionados com alterações das propriedades globais dos materiais do que com os níveis energéticos de moléculas ou átomos específicos. Embora estas interações globais sejam também de interesse na espectroscopia, limitaremos nossa discussão aqui àquelas interações nas quais ocorrem transições de níveis de energia. Os tipos específicos de interações observadas dependem fortemente da energia da radiação usada e do modo de detecção.

22B-1 O Espectro Eletromagnético

O espectro eletromagnético cobre uma faixa enorme de energias (frequências) e, portanto, de comprimentos de onda (veja **Tabela 22-2**). As frequências úteis variam de >10^{19} Hz (raios γ) a 10^{3} Hz (ondas de rádio). Um fóton de raio X ($\nu \approx 3 \times 10^{18}$ Hz, $\lambda \approx 10^{-10}$ m), por exemplo, é aproximadamente 10.000 vezes mais energético que um fóton emitido por uma lâmpada comum ($\nu \approx 3 \times 10^{14}$ Hz, $\lambda \approx 10^{-6}$ m) e 10^{15} vezes mais energético que um fóton de radiofrequência ($\nu \approx 3 \times 10^{3}$ Hz, $\lambda \approx 10^{5}$ m).

Observe que a região do visível, à qual nossos olhos respondem, é apenas uma minúscula fração do espectro inteiro. Os diferentes tipos de radiação, como raios gama (γ) ou ondas de rádio, se diferem da luz visível apenas na energia (frequência) de seus fótons.

A **Figura 22-3** apresenta as regiões do espectro eletromagnético que são empregadas em análises espectroscópicas. Também estão expostos os tipos de transições atômicas e moleculares que resultam das interações da radiação com a amostra. Observe que a radiação de baixa energia empregada na ressonância magnética nuclear (RMN) e na ressonância eletrônica de *spin* (RES) causam alterações sutis, como mudanças de *spin*; a radiação de alta energia empregada na espectroscopia de raios γ pode produzir efeitos muito mais drásticos, como alterações na configuração nuclear.

Métodos espectroquímicos que usam não apenas a radiação visível, mas também aquela no ultravioleta e no infravermelho são frequentemente chamados de **métodos óticos**, independentemente do fato de o olho humano não ser sensível à radiação UV ou IV. Esta terminologia vem de muitas características comuns de instrumentos para estas três regiões espectrais e das similaridades na maneira como vemos as interações dos três tipos de radiação com a matéria.

TABELA 22-2
Regiões do Espectro de UV, Visível e IV

Região	Faixa de Comprimento de Onda
UV	180-380 nm
Visível	380-780 nm
IV Próximo	0,78-2,5 μm
IV Médio	2,5-50 μm

» Uma maneira fácil de se lembrar a ordem das cores no espectro visível é por meio do mnemônico **VELA VAIV**, que abrevia **V**ermelho, **L**aranja, **A**marelo, **V**erde, **A**zul, **Í**ndigo e **V**ioleta.

A **região visível** do espectro se estende de aproximadamente 400 nm até quase 800 nm (veja Tabela 22-2).

Os **métodos óticos** são métodos espectroscópicos baseados na radiação no ultravioleta, no visível e no infravermelho.

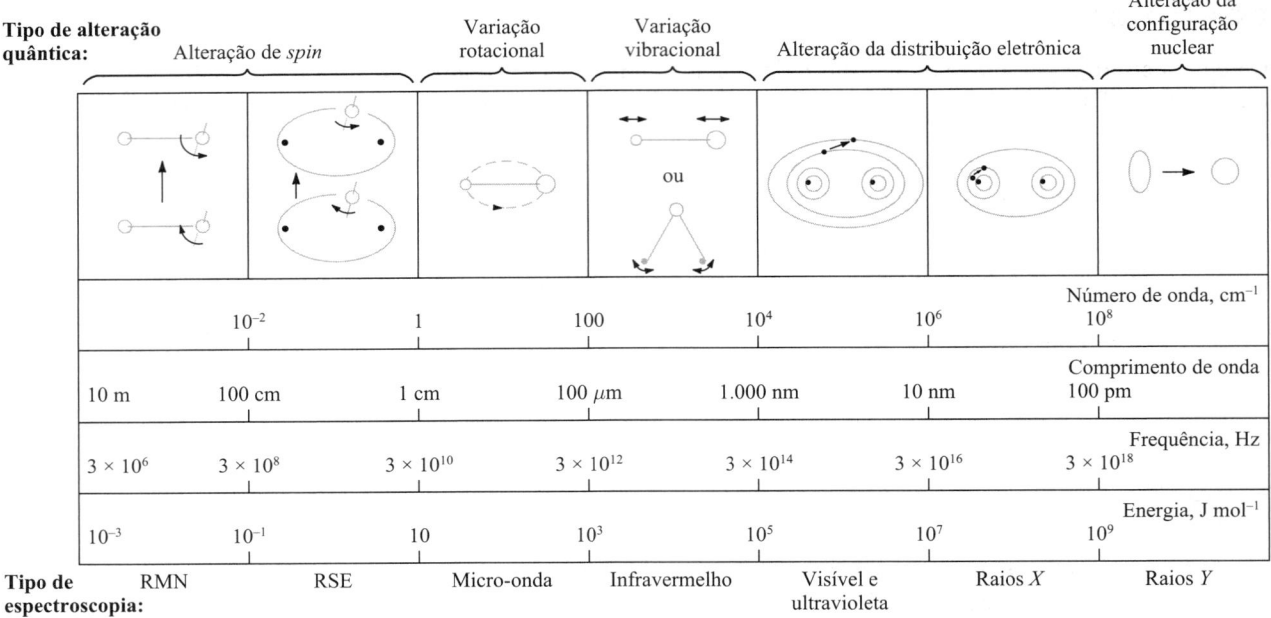

FIGURA 22-3 As regiões do espectro eletromagnético. A interação de um analito com a radiação eletromagnética pode resultar nos tipos de alterações mostradas. Observe que as alterações na distribuição eletrônica ocorrem na região UV/visível. Número de onda, comprimento de onda, frequência e energia são características que descrevem a radiação eletromagnética. (Adaptado de C. N. Banwell. *Fundamentals of Molecular Spectroscopy*. 3. ed. Nova York: McGraw-Hill, 1983, p. 7.)

22B-2 Medidas Espectroscópicas

Os espectroscopistas empregam as interações da radiação com a matéria para obter informações sobre uma amostra. Muitos elementos químicos foram descobertos por meio da espectroscopia (veja Destaque 22-1). De alguma forma, a amostra é geralmente estimulada aplicando-se energia na forma de calor, energia elétrica, luz, partículas ou por uma reação química. Antes de se aplicar o estímulo, o analito se encontra predominantemente em seu estado de energia mais baixo ou **estado fundamental**. O estímulo então faz com que algumas das espécies do analito sofram uma transição para um estado de maior energia ou **estado excitado**. Obtemos informações sobre o analito medindo a radiação eletromagnética emitida quando este retorna ao estado fundamental ou a quantidade de radiação eletromagnética absorvida decorrente da excitação.

A **Figura 22-4** ilustra o processo envolvido na espectroscopia de emissão e de quimiluminescência. O analito é estimulado aplicando-se calor ou energia elétrica ou através de uma reação química. O termo **espectroscopia de emissão** normalmente se refere aos métodos nos quais o estímulo é o calor ou a energia elétrica, enquanto a **espectroscopia de quimiluminescência** refere-se à excitação do analito por meio de uma reação química. Em ambos os casos a medida da potência radiante emitida quando o analito retorna ao estado fundamental pode fornecer informações sobre sua identidade e concentração. Os resultados dessas medidas são frequentemente expressos por meio do **espectro**, que se refere a um gráfico da radiação emitida em função da frequência ou do comprimento de onda.

Quando a amostra é estimulada pela aplicação de uma fonte de radiação eletromagnética externa, muitos processos são possíveis de ocorrer. Por exemplo, a radiação pode ser espalhada ou refletida. O importante para nós é que uma parte da radiação incidente pode ser absorvida e promover algumas das espécies do analito para um estado excitado, como pode ser visto na **Figura 22-5**. Na **espectroscopia de absorção**, medimos a quantidade de luz absorvida em função do comprimento de onda. As medidas de absorção podem fornecer informações tanto qualitativas quanto quantitativas sobre a amostra. Na **espectroscopia de fotoluminescência** (**Figura 22-6**), a emissão de fótons é medida após a absorção. As formas mais importantes de fotoluminescência para os propósitos analíticos são as **espectroscopias de fluorescência** e **fosforescência**.

> Um exemplo familiar de **quimiluminescência** é o da luz emitida pelo vaga-lume. Na reação promovida pelo vaga-lume, a enzima luciferase catalisa a fosforilação oxidativa da luciferina com o trifosfato de adenosina (ATP) para produzir a oxiluciferina, dióxido de carbono, monofosfato de adenosina (AMP) e luz. A quimiluminescência envolvendo as reações biológicas ou enzimáticas é frequentemente denominada **bioluminescência**. Os populares bastões luminosos constituem outro exemplo familiar de quimiluminescência.

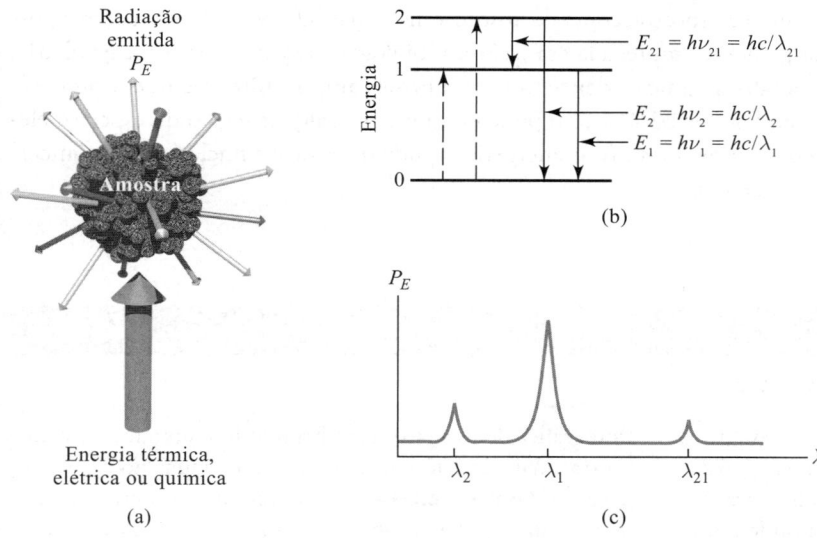

FIGURA 22-4 Processos de emissão ou de quimiluminescência. Em (a), a amostra é excitada pela aplicação de energia térmica, elétrica ou química. Nenhuma energia radiante é usada para produzir estados excitados; assim, são chamados *processos não radioativos*. No diagrama de níveis energéticos (b), as linhas pontilhadas com setas apontadas para cima simbolizam esses processos de excitação não radioativos, enquanto as linhas sólidas com setas apontadas para baixo indicam que o analito perde sua energia pela emissão de um fóton. Em (c), o espectro resultante é mostrado como uma medida da potência radiante emitida P_E em função do comprimento de onda, λ.

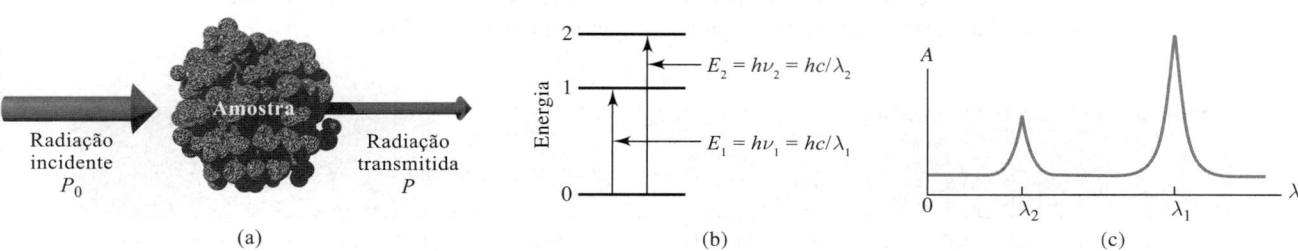

FIGURA 22-5 Métodos de absorção. Em (a), a radiação de potência radiante incidente P_0 pode ser absorvida pelo analito, resultando em um feixe transmitido de menor potência P. Para que a absorção ocorra, a energia do feixe incidente deve corresponder a uma das diferenças de energia mostradas em (b). O espectro de absorção resultante é exposto em (c).

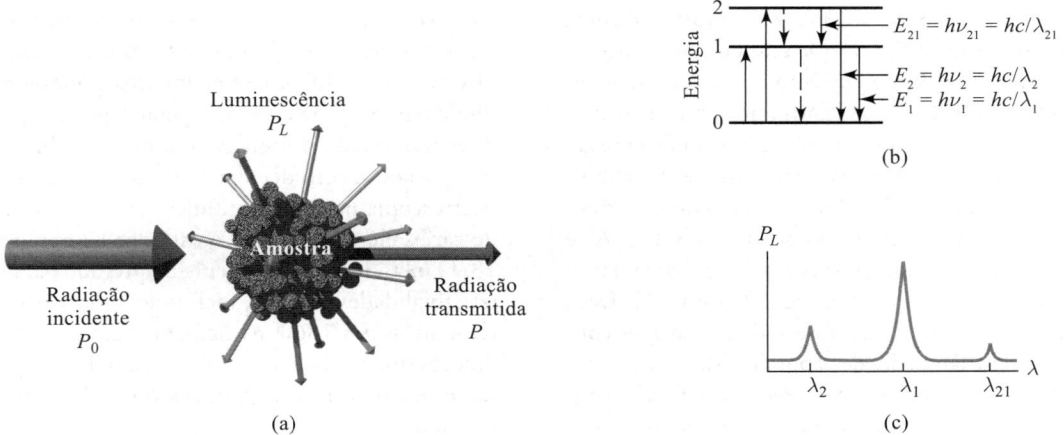

FIGURA 22-6 Métodos de fotoluminescência (fluorescência e fosforescência). A fluorescência e a fosforescência resultam da absorção da radiação eletromagnética e da dissipação de energia por emissão de radiação, como mostrado em (a).
Em (b), a absorção pode causar a excitação do analito para os estados 1 ou 2. Uma vez excitado, o excesso de energia pode ser perdido por emissão de um fóton (luminescência, mostrada por uma linha sólida) ou por processos não radioativos (linhas interrompidas).
A emissão ocorre em todos os ângulos, e os comprimentos de onda emitidos (c) correspondem às diferenças de energia entre os níveis. A principal diferença entre a fluorescência e fosforescência está na escala de tempo da emissão, com a fluorescência sendo muito rápida e a fosforescência, mais lenta.

›› Observe que a luminescência é de comprimento de onda mais longo (frequência mais baixa e, portanto, energia mais baixa) do que a radiação absorvida.

O foco aqui é a espectroscopia de absorção na região UV/visível do espectro, porque esta é largamente empregada em química, biologia, ciências forenses, engenharia, agricultura, análises clínicas, dentre muitos outros campos. Observe que o processo apresentado na Figuras 22-4 a 22-6 pode ocorrer em qualquer região do espectro eletromagnético; os diferentes níveis energéticos podem ser níveis nucleares, eletrônicos, vibracionais ou de *spin*.

DESTAQUE 22-1

A Espectroscopia e a Descoberta dos Elementos

A era moderna da espectroscopia começou com a observação do espectro solar feita por Sir Isaac Newton, em 1672. Em seu experimento, Newton passou raios do Sol através de uma pequena abertura para uma sala escura onde estes se chocaram com um prisma e se dispersaram nas cores do espectro. A primeira descrição das características espectrais além da simples observação das cores foi em 1802, por Wollaston, ao notar as linhas escuras em uma imagem fotográfica do espectro solar. Estas linhas, juntamente com outras mais de 500 – as quais são mostradas no espectro solar da **Figura 22D-1** –, foram descritas posteriormente em detalhes por Fraunhofer. Com base nas observações, que começaram em 1817, Fraunhofer deu às linhas proeminentes letras começando com "A" na extremidade do vermelho do espectro. O espectro solar é mostrado em cores na prancha colorida 23.

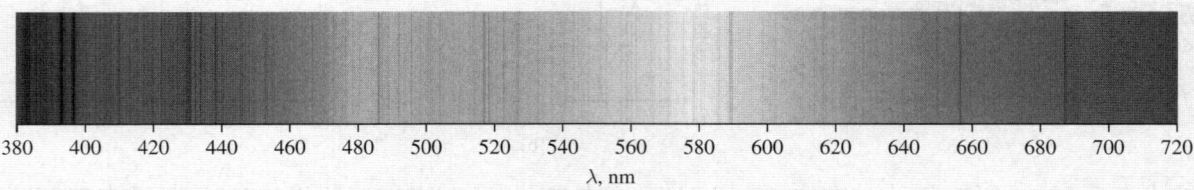

FIGURA 22D-1 O espectro solar. As linhas verticais escuras são as linhas de Fraunhofer. Veja a prancha colorida 23 para uma versão completa do espectro. Os dados para a imagem foram coletados por Dr. Donald Mickey, da University of Hawaii Institute for Astronomy, a partir dos dados espectrais do National Solar Observatory. Os dados NSOS/Kitt Peak FTS empregados foram produzidos pelo NSF/NOAO.

Ficou, contudo, para Gustav Kirchhoff e Robert Wilhelm Bunsen, em 1859 e 1860, a explicação da origem das linhas Fraunhofer. Bunsen inventou o seu famoso queimador (**Figura 22D-2**) poucos anos antes, o que tornou possível as observações espectrais do fenômeno de emissão e absorção em uma chama quase transparente. Kirchhoff concluiu que as linhas "D" de Fraunhofer eram decorrentes do sódio presente na atmosfera solar e as linhas "A" e "B" eram consequência do potássio. Até hoje chamamos as linhas de emissão do sódio de linhas "D" do sódio. Estas são responsáveis pela coloração observada nas chamas contendo sódio ou nas lâmpadas de vapor de sódio. A ausência de linhas de lítio no espectro solar levou Kirchhoff a concluir que havia pouco lítio existente no Sol. Durante esses estudos, Kirchhoff também desenvolveu as suas famosas leis relacionando a absorção e a emissão de luz pelos corpos e em interfaces. Juntamente com Bunsen, Kirchhoff observou que diferentes elementos poderiam produzir diferentes cores de chamas e gerar espectros que exibiam diferentes bandas coloridas ou linhas. Kirchhoff e Bunsen são, portanto, considerados os descobridores do uso da espectroscopia na análise química. Os espectros de emissão de vários elementos estão mostrados na prancha colorida 28. O método foi rapidamente empregado para muitas outras finalidades práticas, incluindo a descoberta de novos elementos. Em 1860, os elementos césio e rubídio foram descobertos, seguidos em 1861 pelo tálio e em 1864 pelo índio. A era da análise espectroscópica tinha claramente se iniciado.

(continua)

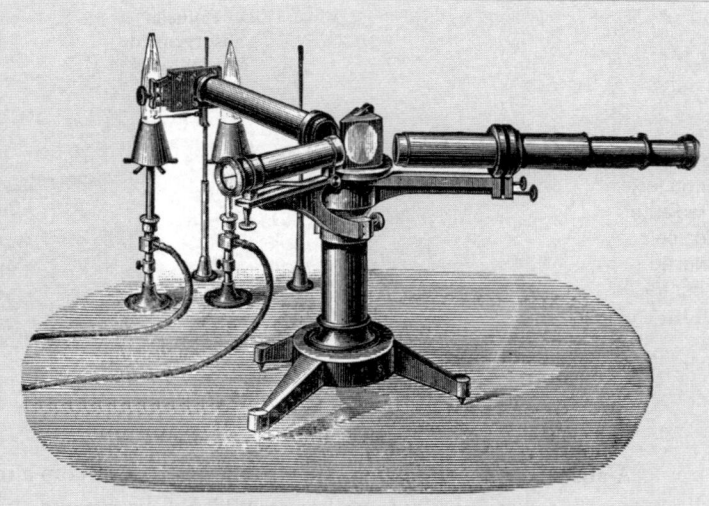

FIGURA 22D-2 Queimador de Bunsen do tipo empregado nos primórdios dos estudos espectroscópicos com um espectroscópio de prisma do tipo usado por Kirchhoff. (Obtido de H. Kayser. *Handbuch der Spectroscopie*. Stuttgart, Alemanha: S. Hirzel Verlag GmbH & Co., 1900.)

22C Absorção da Radiação

Cada espécie molecular é capaz de absorver suas próprias frequências características da radiação eletromagnética, como descrito na Figura 22-5. Esse processo transfere energia para a molécula e resulta em um decréscimo da intensidade da radiação eletromagnética incidente. Assim, a absorção da radiação **atenua** o feixe, de acordo com a lei da absorção como descrita na Seção 22C-1.

Em espectroscopia, **atenuar** significa diminuir a energia por área unitária de um feixe de radiação. Em termos do modelo de fótons, atenuar significa diminuir o número de fótons por segundo presentes no feixe.

22C-1 O Processo de Absorção

A lei de absorção, também conhecida como **lei de Beer-Lambert** ou somente **lei de Beer**, nos diz quantitativamente como a grandeza da atenuação depende da concentração das moléculas absorventes e da extensão do caminho sobre o qual ocorre a absorção. À medida que a luz atravessa um meio contendo um analito que absorve, um decréscimo de intensidade ocorre na proporção em que o analito é excitado. Para uma solução do analito de determinada concentração, quanto mais longo for o comprimento do caminho do meio através do qual a luz passa (caminho ótico), mais centros absorventes estarão no caminho e maior será a atenuação. Similarmente, para um dado caminho ótico, quanto maior for a concentração de absorventes, mais forte será a atenuação.

A **Figura 22-7** mostra a atenuação de um feixe paralelo de **radiação monocromática** quando este passa por uma solução absorvente de espessura de b cm e de concentração igual a c mols por litro. Em virtude das interações entre os fótons e as partículas absorventes (lembre-se da Figura 22-5), a potência radiante do feixe decresce de P_0 para P. A **transmitância** T da solução é a fração da radiação incidente transmitida pela solução, como mostrado na Equação 22-4. A transmitância é frequentemente expressa como uma porcentagem denominada **porcentagem de transmitância**.

O termo **radiação monocromática** refere-se à radiação de uma única cor; isto é, um único comprimento de onda ou frequência. Na prática, é virtualmente impossível produzir luz de uma única cor. O Capítulo 23 considera os problemas práticos de se produzir radiação monocromática.

$$T = P/P_0 \qquad (22\text{-}4)$$

FIGURA 22-7

Atenuação de um feixe de radiação por uma solução absorvente. A seta maior no feixe incidente significa uma potência radiante P_0 mais alta que aquela transmitida pela solução P. O caminho ótico da solução absorvente é igual a b, e sua concentração igual a c.

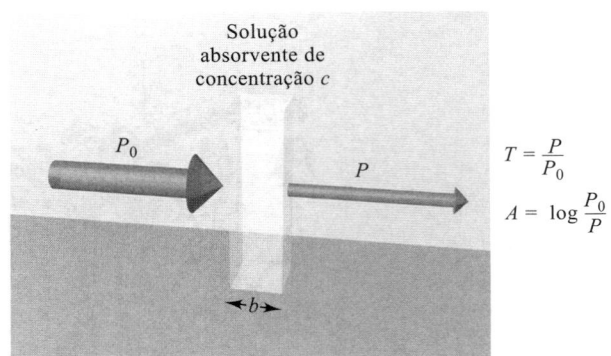

$$T = \frac{P}{P_0}$$

$$A = \log \frac{P_0}{P}$$

>> Porcentagem de transmitância = $\%T$

$$= \frac{P}{P_0} \times 100\%.$$

A absorbância pode ser calculada a partir da porcentagem de transmitância, como segue:

$$T = \frac{\%T}{100\%}$$
$$A = -\log T$$
$$= -\log \%T + \log 100$$
$$= 2 - \log \%T$$

Absorbância

A **absorbância**, A, de uma solução está relacionada com a transmitância de forma logarítmica, como mostrado na Equação 22-5. Observe que, quando a absorbância de uma solução aumenta, a transmitância diminui. A relação entre transmitância e absorbância é ilustrada pela planilha de cálculo de conversão apresentada na **Figura 22-8**. As escalas nos instrumentos mais antigos eram lineares em transmitância ou algumas vezes em absorbância. Nos instrumentos modernos, um computador calcula a absorbância a partir de quantidades medidas.

$$A = -\log T = -\log \frac{P}{P_0} = \log \frac{P_0}{P} \qquad (22\text{-}5)$$

Medida da Transmitância e da Absorbância

A transmitância e a absorbância, como definidas pelas Equações 22-4 e 22-5 e representadas na Figura 22-7, normalmente não podem ser medidas porque a solução a ser estudada deve ser mantida em um recipiente (célula ou cubeta). Perdas por reflexão ou espalhamento podem ocorrer nas paredes das células, como pode ser observado na **Figura 22-9**. Essas perdas podem ser substanciais. Por exemplo, cerca de 8,5% de um feixe de luz amarela são perdidos por reflexão quando este passa por uma célula de vidro. A luz também pode ser espalhada em todas as direções a partir da superfície de moléculas grandes ou de partículas (como poeira) presentes no solvente, e esse espalhamento pode causar uma atenuação adicional do feixe quando este passa através da solução.

FIGURA 22-8

Planilha de cálculo de conversão estabelecendo a relação entre a transmitância T, porcentagem de transmitância $\%T$ e a absorbância A. Os dados de transmitância a serem convertidos devem ser inseridos nas células de A3 até A16. A porcentagem de transmitância é calculada na células B3 pela fórmula mostrada na seção de documentação, célula A19. Essa fórmula é copiada para as células de B4 até B16. A absorbância é calculada pelo $-\log T$ nas células C3 a C16 e de $2 - \log \%T$ nas células D3 até D16. As fórmulas para as primeiras células nas colunas C e D são mostradas nas células A20 e A21.

	A	B	C	D
1	Cálculo da absorbância a partir da transmitância			
2	T	$\%T$	$A = -\log T$	$A = 2 - \log \%T$
3	0,001	0,1	3,000	3,000
4	0,010	1,0	2,000	2,000
5	0,050	5,0	1,301	1,301
6	0,075	7,5	1,125	1,125
7	0,100	10,0	1,000	1,000
8	0,200	20,0	0,699	0,699
9	0,300	30,0	0,523	0,523
10	0,400	40,0	0,398	0,398
11	0,500	50,0	0,301	0,301
12	0,600	60,0	0,222	0,222
13	0,700	70,0	0,155	0,155
14	0,800	80,0	0,097	0,097
15	0,900	90,0	0,46	0,46
16	1,000	100,0	0,000	0,000
17				
18	Documentação da planilha			
19	Cell B3=A3*100			
20	Cell C3=-LOG10(A3)			
21	Cell D3=2-LOG10(B3)			

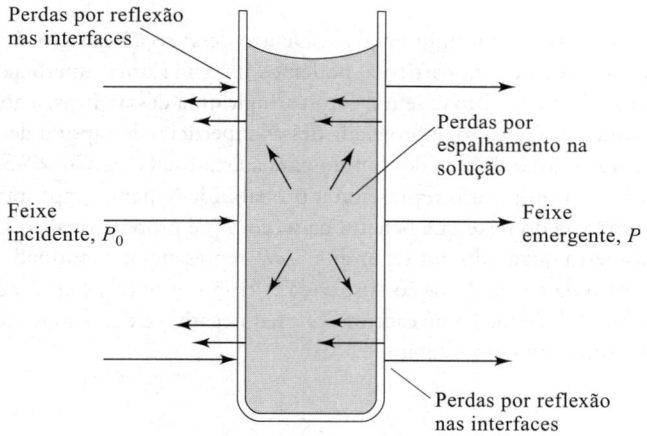

FIGURA 22-9
Perdas por reflexão e espalhamento com uma solução contida em uma célula de vidro típica. As perdas por reflexão podem ocorrer em todas as interfaces entre os diferentes materiais. Neste exemplo, a luz passa pelas seguintes fronteiras: ar-vidro, vidro-solução, solução-vidro e vidro-ar.

Para compensar esses efeitos, a potência do feixe, transmitida através de uma célula com a solução do analito, é comparada com a potência que atravessa uma célula idêntica contendo somente o solvente ou o branco dos reagentes. Uma absorbância experimental que se aproxima muito da absorbância verdadeira da solução é assim obtida, isto é,

$$A = \log \frac{P_0}{P} \approx \log \frac{P_{solvente}}{P_{solução}} \tag{22-6}$$

Por causa desta grande aproximação, os termos P_0 e P daqui para a frente irão se referir à potência de um feixe que passou através de células contendo o solvente (ou o branco) e de uma solução de analito, respectivamente.

Lei de Beer

De acordo com a lei de Beer, a absorbância é diretamente proporcional à concentração de uma espécie absorvente c e ao caminho ótico b do meio absorvente, como expresso pela Equação 22-7.

❮❮ A absorbância é importante porque é proporcional à concentração.

$$A = \log(P_0/P) = abc \tag{22-7}$$

Na Equação 22-7, a é a constante de proporcionalidade denominada **absortividade**. Uma vez que a absorbância é uma grandeza adimensional (sem unidade), a absortividade deve ter unidades que cancelem as unidades de b e c. Se, por exemplo, c tiver unidades de g L^{-1} e b, as unidades de cm, a absortividade terá as unidades de L g^{-1} cm^{-1}.

Quando expressamos a concentração na Equação 22-7 em mols por litro e b em centímetros, a constante de proporcionalidade é chamada **absortividade molar**, à qual é dado o símbolo especial ε. Assim,

$$A = \varepsilon bc \tag{22-8}$$

onde ε possui as unidades de L mol^{-1} cm^{-1}.

DESTAQUE 22-2

Dedução da Lei de Beer

Para deduzirmos a lei de Beer, consideramos um bloco de matéria absorvente (sólido, líquido ou gasoso) mostrado na **Figura 22D-3**. Um feixe de radiação paralelo e monocromático com potência igual a P_0 atinge o bloco perpendicularmente à sua superfície; após passar por um caminho de comprimento b do material, o qual contém n partículas absorventes (átomos, íons ou moléculas), sua potência é reduzida para P como resultado da absorção. Considere agora uma seção transversal do

(continua)

>> A absortividade molar de uma espécie em um máximo de absorção é característica daquela espécie. As absortividades molares de pico para muitos compostos orgânicos variam de 10 a 10.000 ou mais. Alguns complexos de metais de transição apresentam absortividades molares de 10.000 a 50.000. As absortividades molares altas são desejáveis em análises quantitativas porque levam a uma alta sensibilidade analítica.

>> A absortividade molar é algumas vezes chamada de coeficiente de extinção. Esta terminologia não é útil nem descritiva, e é proibida em vários periódicos. O termo absortividade molar diz exatamente o que é: a quantidade de luz absorvida por unidade de concentração.

bloco de área S e de espessura infinitesimal dx. Dentro dessa seção existem dn partículas absorventes. Associada com esta partícula, podemos imaginar uma superfície na qual a captura de fótons irá ocorrer, isto é, se um fóton atingir uma dessas áreas, a absorção vai ocorrer imediatamente. A área total projetada dessas superfícies de captura dentro da seção é designada dS; a razão da área de captura para a área total é, então, dS/S. Em uma média estatística, esta proporção representa a probabilidade para a captura de fótons nesta seção. A potência do feixe que penetra na seção, P_x, é proporcional ao número de fótons por centímetro quadrado por segundo e $-dP_x$ representa a quantidade removida por segundo dentro da seção. A fração absorvida é, então, $-dP_x/P_x$, e essa razão é também igual à probabilidade média de captura. O sinal negativo é dado ao termo para indicar que P sofre um decréscimo. Assim,

$$-\frac{dP_x}{P_x} = \frac{dS}{S} \qquad (22\text{-}9)$$

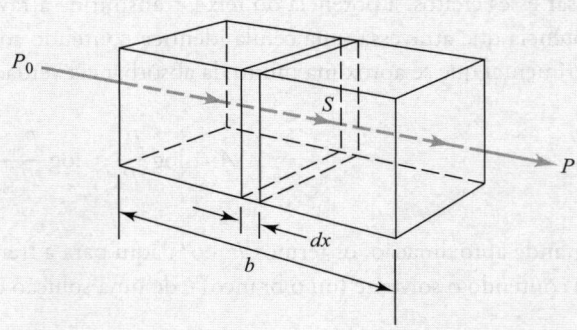

FIGURA 22D-3 A atenuação de um feixe de radiação eletromagnética com potência inicial P_0 por uma solução contendo c mol L^{-1} de soluto absorvente e um caminho de comprimento b cm. O feixe transmitido tem uma potência radiante P ($P < P_0$).

Lembre-se de que dS é a soma das áreas de captura das partículas dentro da seção. Ela deve, portanto, ser proporcional ao número de partículas, ou

$$dS = a \times dn \qquad (22\text{-}10)$$

onde dn é o número de partículas e a é uma constante de proporcionalidade, a qual é denominada *seção transversal de captura*. Combinando as equações 22-9 e 22-10 e integrando sobre o intervalo entre 0 e n, obtemos

$$-\int_{P_x}^{P} \frac{dP_x}{P_x} = \int_0^n \frac{a \times dn}{S}$$

a qual, quando integrada, fornece

$$-\ln \frac{P}{P_0} = \frac{an}{S}$$

Então convertemos para logaritmo na base 10, invertemos a fração para mudar o sinal e obtemos

$$\log \frac{P_0}{P} = \frac{an}{2,303\, S} \qquad (22\text{-}11)$$

(continua)

onde n é o número total de partículas dentro do bloco mostrado na Figura 22D-3. A seção transversal de área S pode ser expressa em termos do volume do bloco V em cm³ e seu comprimento b em cm. Assim,

$$S = \frac{V}{b} \text{ cm}^2$$

Substituindo-se essa quantidade na Equação 22-11, encontramos

$$\log \frac{P_0}{P} = \frac{anb}{2,303\ V} \tag{22-12}$$

Observe que n/V tem unidades de concentração (isto é, número de partículas por centímetro cúbico). Ao converter n/V em mols por litro, observe que a quantidade de matéria é

$$\text{quantidade de matéria} = \frac{n\ \text{partículas}}{6,022 \times 10^{23}\ \text{partículas mol}^{-1}}$$

A concentração c em mol L⁻¹ é então

$$c = \frac{n}{6,022 \times 10^{23}}\ \text{mol} \times \frac{1.000\ \text{cm}^3\ \text{L}^{-1}}{V\ \text{cm}^3}$$

$$= \frac{1.000\,n}{6,022 \times 10^{23}}\ \text{mol L}^{-1}$$

Combinando-se essa relação com a Equação 22-12, obtemos

$$\log \frac{P_0}{P} = \frac{6,022 \times 10^{23}\ abc}{2,303 \times 1.000}$$

Finalmente, as constantes nessa equação podem ser combinadas em um único termo ε para fornecer

$$A = \log \frac{P_0}{P} = \varepsilon bc \tag{22-13}$$

que é a lei de Beer.

Dr. Arther Gates (ele/dele) é um orgulhoso nativo da região do Delta do Mississippi dos Estados Unidos. Ele graduou-se bacharel em química na Alcorn State University uma universidade historicamente de negros (HBCU – *historically black college or university*). Fez mestrado em química analítica na University of Nebraska-Lincoln e doutorado em química analítica na Louisiana State University. Arther começou sua carreira como um cientista de nanomateriais e cromatógrafo na indústria de agroquímicos. Atualmente, trabalha na Vertellus Specialties, uma empresa química altamente diversificada. Como Líder de Tecnologia Analítica, ele coordena testes e desenvolvimento de métodos analíticos para pesquisa e desenvolvimento global, produção e atividades regulatórias. Arther descreve-se como condutor de um conjunto diversificado de químicos e engenheiros brilhantes. Sua equipe usa instrumentos como espectrômetros de massas, cromatógrafos de análise elementar para conduzir inovações e resolver problemas comerciais.

Termos Empregados na Espectrometria de Absorção

Além dos termos apresentados neste capítulo para descrever a absorção de energia radiante, você pode encontrar outros na literatura ou associados a instrumentos antigos. Os termos, símbolos e definições dados na **Tabela 22-3** são recomendados pela Society for Applied Spectroscopy e pela American Chemical Society. A terceira coluna contém os nomes e símbolos antigos. Considerando que uma nomenclatura padrão seja altamente desejável para evitar ambiguidades, aconselhamos fortemente que você aprenda e empregue os termos e símbolos recomendados e evite o uso dos termos antigos.

TABELA 22-3

Termos e Símbolos Importantes Empregados em Medidas de Absorção

Termo e Símbolo*	Definição	Nome e Símbolo Alternativo
Potência radiante incidente, P_0	Potência radiante em watts incidente na amostra	Intensidade incidente, I_0
Potência radiante transmitida, P	Potência transmitida pela amostra	Intensidade transmitida, I
Absorbância, A	$\log(P_0/P)$	Densidade ótica, D; extinção, E
Transmitância, T	P/P_0	Transmissão, T
Caminho ótico da amostra, b	Comprimento sobre o qual ocorre atenuação	l, d
Absortividade[†], a	$A/(bc)$	α, k
Absortividade molar[‡], ε	$A/(bc)$	Coeficiente de absortividade molar

*Compilação de terminologia recomendada pela American Chemical Society e pela Society for Applied Spectroscopy (*Appl. Spectrosc.*, v. 66, p. 132, 2012).
[†] c pode ser expressa em g L^{-1} ou em outras unidades específicas de concentração; b pode ser expresso em cm ou outras unidades de distância.
[‡] c é expressa em mol L^{-1}; b é expresso em cm.

Utilização da Lei de Beer

A lei de Beer, como expressa pelas equações 22-6 e 22-8, pode ser empregada de diferentes formas. Podemos calcular as absortividades molares das espécies se a concentração for conhecida, como mostrado no Exemplo 22-3. Podemos utilizar o valor medido de absorbância para obter a concentração se a absortividade e o caminho ótico forem conhecidos. As absortividades, no entanto, são funções de variáveis, como o tipo de solvente, a composição da solução e a temperatura. Por causa da variação da absortividade com esses parâmetros, nunca é muito prudente tornar-se dependente de valores tabelados na literatura para realizar uma análise quantitativa. Portanto, uma solução padrão do analito no mesmo solvente e à temperatura similar é empregada para se obter a absortividade no momento da análise. Com mais frequência, empregamos uma série de soluções padrão do analito para construir uma curva de calibração, ou curva de trabalho, de A versus c ou para obter uma equação linear por regressão (para o método de padrões externos e regressão linear, veja a Seção 6D-2). Pode ser necessário também que a composição global da solução padrão do analito tenha de ser reproduzida de forma que se torne a mais próxima possível daquela da amostra, para compensar os efeitos de matriz. Alternativamente, o método da adição de padrão (veja as Seções 6D-3 e 24A-3) é empregado com o mesmo propósito.

EXEMPLO 22-3

Uma solução $7,25 \times 10^{-5}$ mol L^{-1} de permanganato de potássio apresenta uma transmitância de 44,1% quando medida em uma célula de 2,10 cm no comprimento de onda de 525 nm. Calcule (a) a absorbância dessa solução; (b) a absortividade molar do KMnO$_4$.

Solução

(a) $A = -\log T = -\log 0,441 = -(-0,356) = 0,356$

(b) Da Equação 22-8,

$$\varepsilon = A/bc = 0,356/(2,10 \text{ cm} \times 7,25 \times 10^{-5} \text{ mol L}^{-1})$$

$$= 2,34 \times 10^3 \text{ L mol}^{-1} \text{ cm}^{-1}$$

> **Exercícios no Excel** No primeiro exercício do Capítulo 12 do *Applications of Microsoft® Excel® in Analytical Chemistry*, 4. ed., é desenvolvida uma planilha para calcular a absortividade molar do íon permanganato. Constrói-se um gráfico de absorbância *versus* a concentração de permanganato e realiza-se uma análise dos mínimos quadrados. Os dados são analisados estatisticamente para determinar a incerteza da absortividade molar. Além disso, são apresentadas outras planilhas para a calibração nos experimentos espectrométricos quantitativos e para calcular as concentrações de soluções desconhecidas.

Aplicação da Lei de Beer para Misturas

A lei de Beer aplica-se também para soluções contendo mais de um tipo de substância absorvente. Se não houver interações entre as várias espécies, a absorbância total para um sistema multicomponente em um determinado comprimento de onda é a soma das absorbâncias individuais. Em outras palavras,

$$A_{total} = A_1 + A_2 + \cdots + A_n = \varepsilon_1 b c_1 + \varepsilon_2 b c_2 + \cdots + \varepsilon_n b c_n \quad (22\text{-}14)$$

onde os índices inferiores referem-se aos componentes absorventes 1, 2, ... , n.

❮❮ Absorbâncias são aditivas se as espécies absorventes agem independentemente e não interajam. Isto é, as espécies não reagem ou formam complexos entre si.

22C-2 Espectros de Absorção

Um **espectro de absorção** é um gráfico da absorbância *versus* o comprimento de onda, como ilustrado na **Figura 22-10**. A absorbância também pode ser apresentada em forma de gráfico contra o número de onda ou frequência. Os espectrofotômetros de varredura modernos produzem os espectros de absorbância diretamente. Os instrumentos antigos muitas vezes indicam a transmitância e produzem os gráficos de T ou $\%T$ *versus* o comprimento de onda. Ocasionalmente, os gráficos que empregam o log A como ordenada são utilizados. O eixo logarítmico leva a uma perda de detalhes espectrais, mas é conveniente para comparar soluções com amplas diferenças de concentrações. Um gráfico da absortividade molar ε em função do comprimento de onda é independente da concentração. Esse tipo de gráfico espectral é característico para uma dada molécula e algumas vezes é empregado para auxiliar na atribuição ou confirmação da identidade de uma espécie em particular. A cor de uma solução está relacionada com seu espectro de absorção (veja Destaque 22-3).

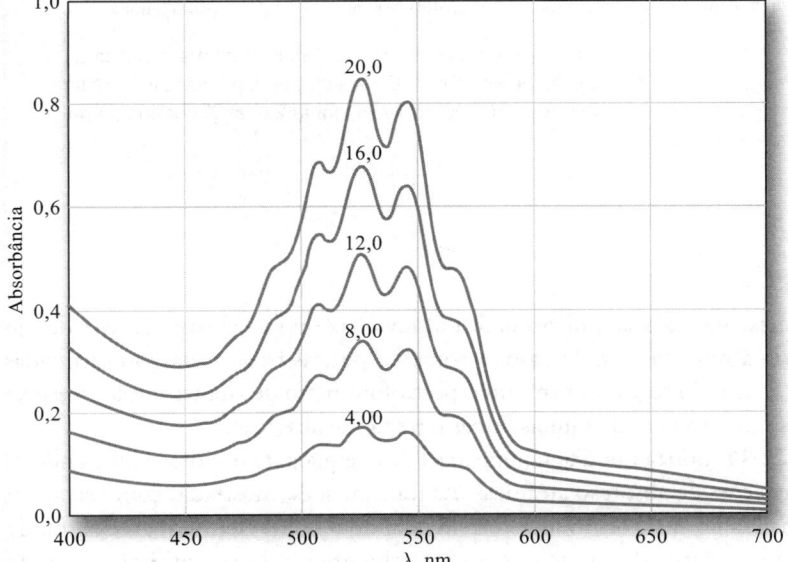

FIGURA 22-10

Espectros de absorção típicos do permanganato de potássio a diferentes concentrações. Os números adjacentes às curvas indicam a concentração de magnésio em ppm e a espécie absorvente é o íon permanganato, MnO_4^-. O caminho da célula tem comprimento b de 1,00 cm. Um gráfico da absorbância no comprimento de onda de máximo a 525 nm *versus* a concentração de permanganato é linear e, dessa forma, o absorvente segue a lei de Beer.

>> A luz branca é a luz constituída de todas as cores.

DESTAQUE 22-3

Por que uma Solução Vermelha é Vermelha?

Uma solução aquosa do complexo $Fe(SCN)^{2+}$ não é vermelha porque o complexo adiciona radiação no vermelho ao solvente. Em vez disso, ele absorve verde da radiação no branco e transmite o componente do vermelho (veja **Figura 22D-4**). Assim, em uma determinação colorimétrica de ferro baseada no seu complexo com tiocianato, o máximo de variação na absorbância com a concentração ocorre com a radiação no verde; a variação da absorbância com a radiação no vermelho é desprezível. Em geral, a radiação empregada em uma análise colorimétrica deve ser na região da cor complementar da solução do analito. A tabela abaixo mostra essa relação para várias partes do espectro no visível.

O Espectro Visível

Região de Comprimento de Onda Absorvida, nm	Cor da Luz Absorvida	Cor Complementar Transmitida
400-435	Violeta	Amarela-esverdeada
435-480	Azul	Amarela
480-490	Azul-esverdeada	Laranja
490-500	Verde-azulada	Vermelha
500-560	Verde	Púrpura
560-580	Amarela-esverdeada	Violeta
580-595	Amarela	Azul
595-650	Laranja	Azul-esverdeada
650-750	Vermelha	Verde-azulada

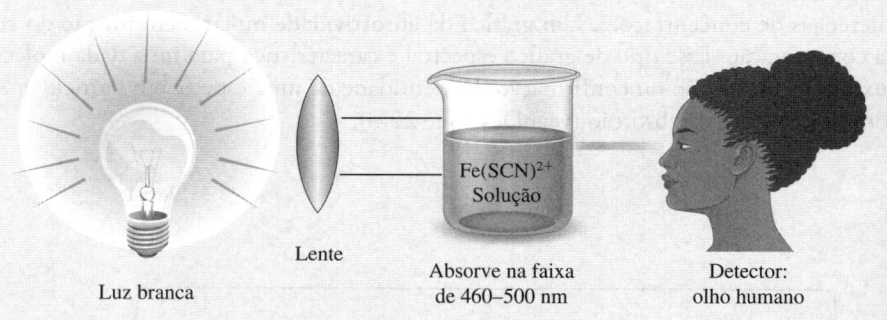

FIGURA 22D-4 A cor de uma solução. A luz branca de uma lâmpada ou a luz do Sol atinge uma solução aquosa de $Fe(SCN)^{2+}$. O espectro de absorção largo mostra um máximo de absorbância na faixa de 460-500 nm (veja Figura 22-4a). A cor complementar vermelha é transmitida.

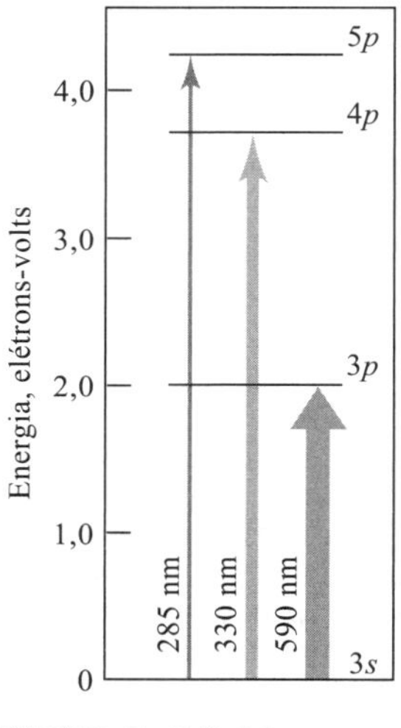

FIGURA 22-11

Diagrama parcial de energia para o sódio mostrando as transições resultantes da absorção a 590, 330 e 285 nm.

Absorção Atômica

Quando um feixe de radiação policromática ultravioleta ou visível passa através de um meio contendo átomos no estado gasoso, somente poucas frequências são atenuadas por absorção, e quando registrado em um espectrofotômetro de alta resolução, o espectro consiste em um número de muitas linhas estreitas de absorção.

A **Figura 22-11** mostra um diagrama parcial de energia para o sódio explicitando as principais transições de absorção atômicas. As transmissões, mostradas como setas em diferentes tonalidades entre os níveis, ocorrem quando o único elétron mais externo do sódio é excitado a partir de sua temperatura ambiente ou do seu orbital do estado fundamental 3s para os orbitais 3p, 4p e 5p. Estas excitações são promovidas pela absorção de fótons de radiação cujas energias se igualam exatamente às diferenças de energia entre os estados excitados e o estado fundamental 3s. As transições entre dois diferentes orbitais são denominadas **transições eletrônicas**. O espectro de absorção atômica não é ordinariamente registrado por causa das dificuldades instrumentais. Ao contrário, a absorção atômica é medida em um único comprimento de onda usando uma fonte muito estreita e quase monocromática (veja Seção 26D).

EXEMPLO 22-4

A diferença de energia entre os orbitais 3s e 3p na Figura 22-11 é de 2,107 eV. Calcule o comprimento de onda da radiação que será absorvida ao se excitar um elétron de um orbital 3s para o estado 3p (1 eV = 1,60 × 10⁻¹⁹ J).

Resolução

Rearranjando a Equação 22-3, obtém-se

$$\lambda = \frac{hc}{E}$$

$$= \frac{6{,}63 \times 10^{-34}\ \cancel{J\cdot s} \times 3{,}00 \times 10^{10}\ \cancel{cm}/\cancel{s} \times 10^{7}\ nm\ \cancel{cm^{-1}}}{2{,}107\ \cancel{eV} \times 1{,}60 \times 10^{-19}\ \cancel{J}/\cancel{eV}}$$

$$= 590\ nm$$

O **elétron-volt** (eV) é uma unidade de energia. Quando um elétron com carga $q = 1{,}60 \times 10^{-19}$ é movido através de uma diferença de potencial de 1 volt = 1 joule coulomb^{-1}, a energia necessária (ou liberada) é igual a $E = qV = (1{,}60 \times 10^{-19}$ coulombs) (1 joule coulomb^{-1}) = $1{,}60 \times 10^{-19}$ joule = 1 eV.

$$1\ eV = 1{,}60 \times 10^{-19}\ J$$
$$= 3{,}83 \times 10^{-20}\ calorias$$
$$= 1{,}58 \times 10^{-21}\ L\ atm$$

Absorção Molecular

As moléculas sofrem três tipos diferentes de transições quantizadas quando excitadas pela radiação no ultravioleta, no visível e no infravermelho. Para uma radiação no ultravioleta e visível, a excitação ocorre quando um elétron localizado em um orbital molecular ou atômico de baixa energia é promovido para um orbital de energia mais alta. Como mencionado anteriormente, a energia do fóton $h\nu$ deve ser igual à diferença de energia entre os dois orbitais.

Além das transições eletrônicas, as moléculas exibem dois tipos adicionais de transições induzidas por radiação: **transições vibracionais** e **transições rotacionais**. As transições vibracionais ocorrem porque a molécula apresenta um número muito grande de níveis energéticos quantizados (ou estados vibracionais) associados com as ligações que mantêm a molécula unida.

A **Figura 22-12** é um diagrama parcial de energia que mostra alguns processos que ocorrem quando uma espécie poliatômica absorve a radiação no infravermelho, no visível e no ultravioleta. As energias E_1 e E_2, dois dos muitos estados eletrônicos excitados de uma molécula, são mostradas em relação à energia do estado fundamental E_0. Além disso, as energias relativas para poucos dos muitos estados vibracionais associados com cada estado eletrônico são indicadas pelas linhas suaves horizontais.

Você pode ter uma ideia da natureza dos estados vibracionais imaginando uma ligação em uma molécula como uma mola vibrando com os átomos ligados às suas duas extremidades. Na **Figura 22-13a**, dois tipos de vibração de estiramento são apresentados. Em cada vibração, os átomos primeiro se aproximam e depois se afastam um do outro. A energia potencial desse sistema a qualquer instante depende da extensão com a qual a mola é espichada ou comprimida. Para uma mola macroscópica do mundo real, a energia do sistema varia continuamente e atinge um máximo quando a mola se encontra completamente estirada ou comprimida. Em contraste, a energia de um sistema de mola de dimensões atômicas (uma ligação química) pode ter apenas determinadas energias discretas chamadas *níveis de energia vibracional*.

Em uma **transição eletrônica**, um elétron move-se de um orbital para outro. As transições ocorrem entre os orbitais atômicos nos átomos e entre os orbitais moleculares nas moléculas.

❮❮ As transições vibracionais e rotacionais ocorrem em espécies poliatômicas porque somente estas possuem estados vibracionais e rotacionais com diferentes energias.

O **estado fundamental** de uma espécie atômica ou molecular é aquele de menor energia da espécie. Na temperatura ambiente, muitos átomos e moléculas estão em seu estado fundamental.

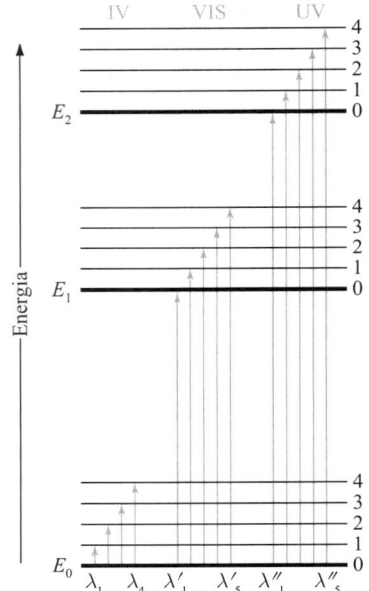

FIGURA 22-12

Diagrama de níveis energéticos mostrando algumas mudanças que ocorrem durante a absorção da radiação no infravermelho (IV), no visível (VIS) e no ultravioleta (UV) por espécies moleculares. Observe que, para certas moléculas, a transição de E_0 para E_1 pode requerer a radiação no UV em vez de no visível. Com outras moléculas, a transição E_0 para E_2 pode ocorrer com a radiação no visível em vez de no UV. São mostrados apenas alguns poucos níveis vibracionais (0-4). Os níveis rotacionais associados a cada nível vibracional não estão mostrados porque estão muito próximos entre si.

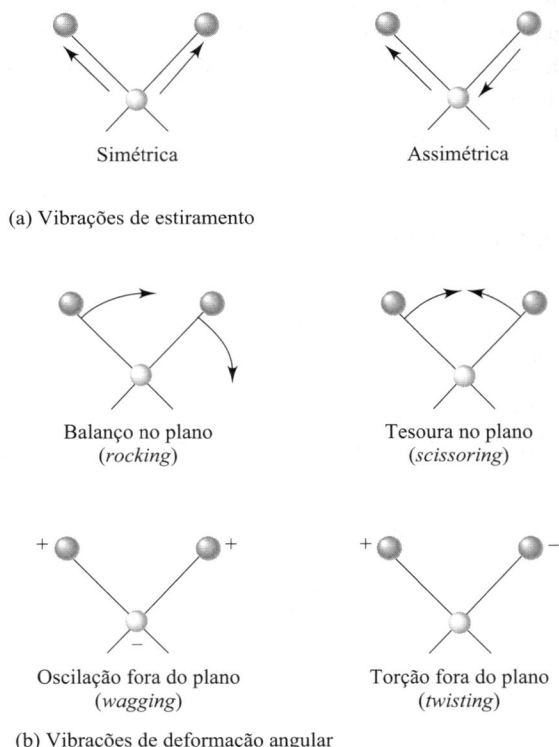

FIGURA 22-13

Tipos de vibrações moleculares. O sinal positivo significa a movimentação do plano da página em direção ao leitor; o sinal negativo significa a movimentação na direção oposta.

A **Figura 22-13b** mostra quatro outros tipos de vibrações moleculares. As energias associadas a cada um desses estados vibracionais geralmente diferem uma da outra e das energias associadas com as vibrações de estiramento. Alguns desses níveis energéticos vibracionais associados com cada um dos estados eletrônicos da molécula são apontados pelas linhas indicadas pelos números 1, 2, 3 e 4 na Figura 22-12 (o nível vibracional mais baixo é indicado por 0). Observe que as diferenças de energia entre os estados vibracionais são significativamente menores que entre os níveis energéticos dos estados eletrônicos (normalmente, uma ordem de grandeza menor). Embora eles não estejam mostrados, uma molécula tem muitos estados rotacionais quantizados que estão associados com o movimento rotacional de uma molécula em torno de seu centro de gravidade. As diferenças de energia entre esses estados são menores que aquelas existentes entre os estados vibracionais por uma ordem de grandeza. A energia total E associada com uma molécula é então dada por

$$E = E_{eletrônica} + E_{vibracional} + E_{rotacional} \tag{22-15}$$

onde $E_{eletrônica}$ é a energia associada com os elétrons nos vários orbitais externos da molécula; $E_{vibracional}$, a energia da molécula como um todo devida às vibrações interatômicas; e $E_{rotacional}$ considera a energia associada com a rotação da molécula em torno do seu centro de gravidade.

Absorção no Infravermelho. A radiação no infravermelho geralmente não é suficientemente energética para causar transições eletrônicas, porém pode induzir transições nos estados vibracionais e rotacionais associados com o estado eletrônico fundamental da molécula. Quatro dessas transições são expostas na parte inferior à esquerda da Figura 22-12 (λ_1 a λ_4). Para que a absorção ocorra, a fonte de radiação tem que emitir frequências correspondendo exatamente às energias indicadas pelos comprimentos das quatro setas.

Absorção da Radiação no Ultravioleta e no Visível. As setas centrais na Figura 22-12 sugerem que as moléculas consideradas absorvem a radiação no visível de cinco comprimentos de onda (λ'_1 a λ'_5), dessa forma promovendo os elétrons para os cinco níveis vibracionais do nível eletrônico excitado E_1. Os fótons do ultravioleta, que são mais energéticos, são necessários para produzir a absorção indicada pelas cinco setas à direita.

A Figura 22-12 sugere que a absorção molecular nas regiões do ultravioleta e visível produz **bandas de absorção** constituídas de linhas muito próximas. Uma molécula real tem muito mais níveis de energia do que podem ser mostrados no diagrama. Portanto, uma banda de absorção típica consiste em um número grande de linhas. Em uma solução, as espécies absorventes estão rodeadas por moléculas de solvente e a natureza da banda de absorção molecular frequentemente torna-se obscurecida, porque as colisões tendem a alargar as energias dos estados quânticos, originando picos de absorção suaves e contínuos.

A **Figura 22-14** mostra espectros no visível para a 1,2,4,5-tetrazina que foram obtidos sob três condições diferentes: fase gasosa, solvente apolar e solvente polar (solução aquosa). Observe que na fase gasosa (veja Figura 22-14a) as moléculas individuais de tetrazina estão suficientemente separadas umas das outras para vibrar e girar livremente; dessa forma, muitos picos de absorção individuais resultantes de transições aparecem dentre os vários estados vibracionais e rotacionais no espectro. No estado líquido e em solventes apolares (veja Figura 22-14b), entretanto, as moléculas de tetrazina estão incapacitadas de girar livremente, assim não vemos estrutura fina no espectro. Além disso, em solvente polar como a água (veja Figura 22-14c), as frequentes colisões e interações entre as moléculas de tetrazina e água fazem com que os níveis vibracionais sejam modificados energeticamente de uma maneira irregular. Consequentemente, o espectro aparece como um pico único largo. As tendências mostradas nos espectros de tetrazina nesta figura são típicas de espectros de UV-visível de outras moléculas registradas sob condições similares.

22C-3 Os Limites da Lei de Beer

Existem poucas exceções para o comportamento linear entre a absorbância e o caminho ótico a uma concentração fixa. Contudo, frequentemente observamos os desvios da proporcionalidade direta entre a absorbância e a concentração quando o caminho ótico b é mantido constante. Alguns desses desvios, denominados **desvios reais**, são fundamentais e representam limitações reais da lei de Beer. Outros são resultantes do método que empregamos para efetuar as medidas de

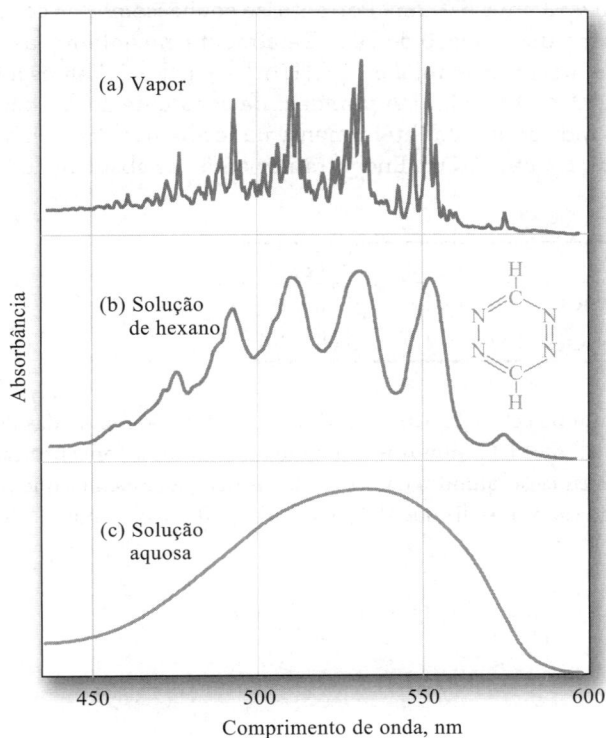

FIGURA 22-14

Espectros de absorção típicos na região visível. O composto é a 1,2,4,5-tetrazina. Em (a), o espectro é o da fase gasosa, no qual muitas linhas em razão das transições eletrônicas, vibracionais e rotacionais são distinguíveis. Em um solvente apolar (b), as transições eletrônicas podem ser observadas, contudo a estrutura vibracional e rotacional é perdida. Em um solvente polar (c), as forças de interação intermoleculares levam os picos eletrônicos a se fundirem para fornecer uma única absorção contínua. (S. F. Mason. *J. Chem. Soc.*, p. 1.263, 1959. DOI: 10.1039/JR9590001263)

absorbância (**desvios instrumentais**) ou resultantes de variações químicas que ocorrem com a variação da concentração (**desvios químicos**).

Limitações Reais da Lei de Beer

>> Leis limite em ciência são aquelas válidas sob certas condições limite, como para as soluções diluídas. Além da lei de Beer, a lei de Debye-Hückel (veja o Capítulo 8) e a lei da migração independente que descreve a condutância elétrica pelos íons são leis limitantes.

A lei de Beer descreve o comportamento da absorção somente para soluções diluídas e, nesse sentido, é uma **lei limite**. Para concentrações que excedem 0,01 mol L^{-1}, a distância média entre os íons ou moléculas da espécie absorvente diminui a ponto de que cada partícula afeta a distribuição de carga e, assim, a extensão da absorção das suas vizinhas. Uma vez que a extensão dessa interação depende da concentração, a ocorrência desse fenômeno causa desvios da relação linear entre a absorbância e a concentração. Um efeito similar ocorre algumas vezes em soluções diluídas de absorventes que contêm altas concentrações de outras espécies, particularmente eletrólitos. Quando os íons estão muito próximos uns dos outros, a absortividade molar do analito pode ser alterada em razão de interações eletrostáticas, as quais podem levar a um afastamento da lei de Beer.

Desvios Químicos

Como mostrado no Exemplo 22-5, os desvios da lei de Beer aparecem quando a espécie absorvente sofre associação, dissociação ou reação com o solvente para gerar produtos que absorvem de forma diferente do analito. A extensão desses desvios pode ser prevista a partir das absortividades molares das espécies absorventes e das constantes de equilíbrio envolvidas. Infelizmente, uma vez que nem sempre estamos cientes de que esses processos estão afetando o analito, não há oportunidade de se corrigir a medida de absorbância. Os equilíbrios típicos que dão origem a esse efeito incluem o equilíbrio monômero-dímero, equilíbrio de complexação de metal quando um ou mais agentes complexantes estão presentes, equilíbrio ácido-base e equilíbrio de associação entre o solvente e o analito.

EXEMPLO 22-5

Soluções contendo várias concentrações de indicador ácido HIn com $K_a = 1,42 \times 10^{-5}$ foram preparadas em HCl 0,1 mol L^{-1} e NaOH 0,1 mol L^{-1}. Em ambos os meios, os gráficos da absorbância tanto em 430 nm quanto em 570 nm contra a concentração total do indicador não são lineares. Entretanto, em ambos os meios as espécies individuais HIn ou In$^-$ obedecem à lei de Beer em 430 nm e 570 nm. Portanto, se soubéssemos as concentrações de equilíbrio de HIn e In$^-$, poderíamos compensar a dissociação do HIn. Geralmente, no entanto, as concentrações individuais não são conhecidas, e apenas a concentração total c_{total} = [HIn] + [In$^-$] o é. Vamos agora calcular a absorbância para uma solução com $c_{total} = 2,00 \times 10^{-5}$ mol L^{-1}. A grandeza da constante de dissociação ácida sugere que, para todos os propósitos práticos, o indicador está inteiramente na forma não dissociada (HIn) na solução de HCl e completamente dissociado como In$^-$ em NaOH. Encontramos então as absortividades molares nos dois comprimentos de onda como sendo

	ε_{430}	ε_{570}
HIn (em solução de HCl)	$6,30 \times 10^2$	$7,12 \times 10^3$
In$^-$ (em solução de NaOH)	$2,06 \times 10^4$	$9,60 \times 10^2$

Gostaríamos, agora, de encontrar as absorbâncias (em uma célula de 1,00 cm) das soluções não tamponadas do indicador na faixa de concentração de $2,00 \times 10^{-5}$ a $16,00 \times 10^{-5}$ mol L^{-1}. Vamos inicialmente encontrar a concentração de HIn e In$^-$ na solução 2,0 $\times$ 10^{-5} mol L^{-1} não tamponada. Da equação química da reação de dissociação, sabemos que [H$^+$] = [In$^-$]. Além disso, a expressão do balanço de massas para o indicador nos diz que [In$^-$] + [HIn] = $2,00 \times 10^{-5}$ mol L^{-1}. Substituindo estas relações na expressão de K_a, encontramos

$$\frac{[\text{In}^-]^2}{2,00 \times 10^{-5} - [\text{In}^-]} = 1,42 \times 10^{-5}$$

(continua)

Esta equação pode ser resolvida fornecendo $[In^-] = 1{,}12 \times 10^{-5}$ mol L^{-1} e $[HIn] = 0{,}88 \times 10^{-5}$ mol L^{-1}. As absorbâncias nos dois comprimentos de onda são obtidas pela substituição dos valores de ε, b e c na Equação 22-13 (lei de Beer). O resultado é $A_{430} = 0{,}236$ e $A_{570} = 0{,}073$. Podemos, de forma similar, calcular A para muitos outros valores de c_{total}. Os dados adicionais, obtidos da mesma forma, são mostrados na **Tabela 22-4**. A **Figura 22-15** exibe gráficos nos dois comprimentos de onda que foram construídos a partir de dados obtidos da mesma forma.

DESAFIO: Faça cálculos para confirmar que $A_{430} = 0{,}596$ e $A_{570} = 0{,}401$ para uma solução cuja concentração analítica de HIn seja de $8{,}00 \times 10^{-5}$ mol L^{-1}.

Os gráficos da Figura 22-15 ilustram os tipos de desvio da lei de Beer que ocorrem quando o sistema absorvente sofre dissociação ou associação. Observe que a direção da curvatura é oposta nos dois comprimentos de onda.

Desvios Instrumentais: Radiação Policromática

A lei de Beer se aplica estritamente somente quando as medidas forem feitas com a radiação monocromática. Na prática, as fontes policromáticas que apresentam uma distribuição contínua de comprimentos de onda são utilizadas em conjunto com uma rede ou um filtro para isolar uma banda bastante simétrica de comprimentos de onda ao redor do comprimento de onda a ser empregado (veja Capítulo 23, Seção 23A-3).

≪ Desvios da lei de Beer ocorrem com frequência quando a radiação policromática é empregada na medida da absorbância.

TABELA 22-4

Dados de Absorbância para Várias Concentrações do Indicador do Exemplo 22-5				
c_{HIn}, mol L^{-1}	[HIn]	[In$^-$]	A_{430}	A_{570}
$2{,}00 \times 10^{-5}$	$0{,}88 \times 10^{-5}$	$1{,}12 \times 10^{-5}$	0,236	0,073
$4{,}00 \times 10^{-5}$	$2{,}22 \times 10^{-5}$	$1{,}78 \times 10^{-5}$	0,381	0,175
$8{,}00 \times 10^{-5}$	$5{,}27 \times 10^{-5}$	$2{,}73 \times 10^{-5}$	0,596	0,401
$12{,}00 \times 10^{-5}$	$8{,}52 \times 10^{-5}$	$3{,}48 \times 10^{-5}$	0,771	0,640
$16{,}00 \times 10^{-5}$	$11{,}9 \times 10^{-5}$	$4{,}11 \times 10^{-5}$	0,922	0,887

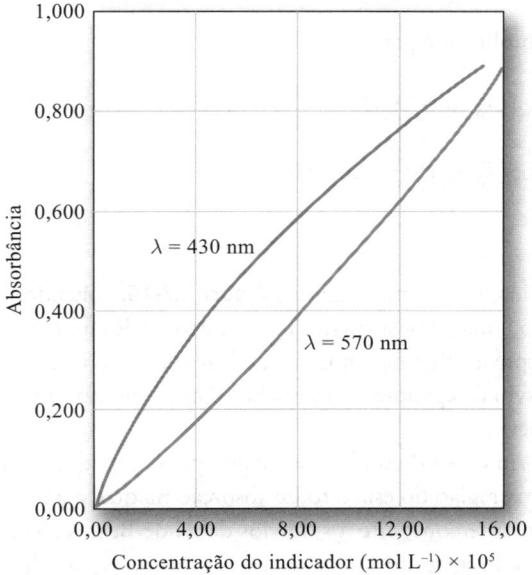

FIGURA 22-15

Desvios químicos da lei de Beer para soluções não tamponadas de um indicador HIn. Os valores de absorbância foram calculados para várias concentrações do indicador, como mostrado no Exemplo 22-5. Observe que existe um desvio positivo em 430 nm e um desvio negativo em 570 nm. A 430 nm, a absorbância é devida primariamente à forma ionizada do indicador In$^-$ e é, de fato, proporcional à fração ionizada. Esta fração varia de forma não linear com a concentração total. Em concentrações totais baixas ([HIn] + [In$^-$]), a fração ionizada é maior que em altas concentrações totais. Consequentemente, ocorre um erro positivo. Em 570 nm, a absorbância é devida principalmente ao ácido HIn não dissociado. A fração nessa forma é inicialmente pequena e aumenta de maneira não linear com a concentração total, causando o desvio negativo mostrado.

A derivação seguinte mostra o efeito da radiação policromática na lei de Beer. Considere um feixe de radiação constituído de somente dois comprimentos de onda, λ' e λ''. Pressupondo que a lei de Beer se aplique estritamente a cada um dos comprimentos de onda, podemos escrever para λ'

$$A' = \log \frac{P_0'}{P'} = \varepsilon' bc$$

ou

$$\frac{P_0'}{P'} = 10^{\varepsilon' bc}$$

onde P_0' é a potência incidente e P' a potência resultante em λ'. Os símbolos b e c são, respectivamente, o caminho ótico e a concentração do absorvente e ε' é a absortividade molar em λ'. Então,

$$P' = P_0' 10^{-\varepsilon' bc}$$

De forma similar, para λ''

$$P'' = P_0'' 10^{-\varepsilon'' bc}$$

Quando uma medida de absorbância é feita com a radiação composta por ambos os comprimentos de onda, a potência do feixe emergente da solução é a soma das potências emergentes nos dois comprimentos de onda $P' + P''$. Da mesma forma, a potência total incidente é a soma de $P_0' + P_0''$. Portanto, a absorbância medida A_m é

$$A_m = \log\left(\frac{P_0' + P_0''}{P' + P''}\right)$$

Então substituímos P' e P'' e descobrimos que

$$A_m = \log\left(\frac{P_0' + P_0''}{P_0' 10^{-\varepsilon' bc} + P_0'' 10^{-\varepsilon'' bc}}\right)$$

ou

$$A_m = \log(P_0' + P_0'') - \log(P_0' 10^{-\varepsilon' bc} + P_0'' 10^{-\varepsilon'' bc})$$

Podemos ver que, quando $\varepsilon' = \varepsilon''$, essa equação pode ser simplificada para

$$\begin{aligned} A_m &= \log(P_0' + P_0'') - \log[(P_0' + P_0'')(10^{-\varepsilon' bc})] \\ &= \log(P_0' + P_0'') - \log(P_0' + P_0'') - \log(10^{-\varepsilon' bc}) \\ &= \varepsilon' bc = \varepsilon'' bc \end{aligned}$$

>> Espectrofotômetros de alta qualidade produzem bandas estreitas de radiação e são menos prováveis de sofrerem desvios da lei de Beer devido à radiação policromática em relação a instrumentos de baixa qualidade.

e a lei de Beer é obedecida. Como mostrado na **Figura 22-16**, contudo, a relação entre A_m e a concentração não é mais linear quando as absortividades molares são diferentes. Além disso, à medida que a diferença entre ε' e ε'' aumenta, o desvio da linearidade cresce. Quando este desvio é expandido para incluir comprimentos de onda adicionais, o efeito permanece o mesmo.

Se a banda de comprimentos de onda selecionada para as medidas espectrofotométricas corresponder a uma região do espectro de absorção na qual a absortividade molar do analito for essencialmente constante, os desvios da lei de Beer serão mínimos. Muitas bandas moleculares na região do UV/visível e muitas na região do infravermelho

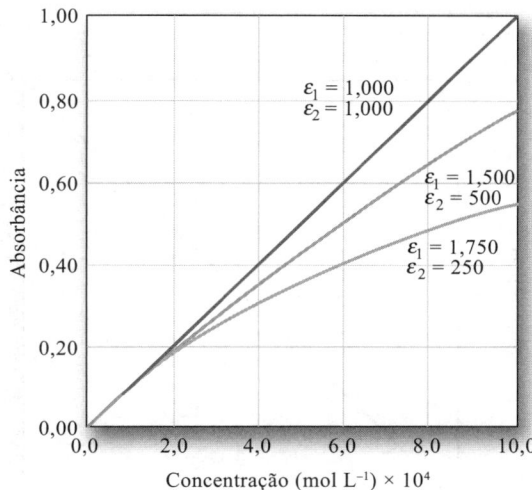

FIGURA 22-16
Desvios da lei de Beer com a radiação policromática. O absorvente tem as absortividades molares indicadas nos dois comprimentos de onda λ' e λ''.

mostram-se como nessa descrição. Para estas bandas, a lei de Beer é obedecida, como demonstrado para a Banda *A* na **Figura 22-17**. Por outro lado, algumas bandas de absorção na região do UV-visível e muitas na região do IV são muito estreitas, e são comuns os desvios da lei de Beer, como ilustrado para a Banda *B* na Figura 22-17. Para evitar tais desvios, é melhor selecionar uma banda de comprimento de onda próxima ao comprimento de onda da absorção máxima onde a absortividade do analito varia pouco com o comprimento de onda. As linhas de absorção atômica são tão estreitas que requerem fontes especiais para se obter a concordância com a lei de Beer, como será discutido no Capítulo 23, Seção 23A-2.

> A **luz policromática**, literalmente uma luz multicolorida, é constituída de muitos comprimentos de onda, como aquela produzida por um filamento de tungstênio em uma lâmpada incandescente. A luz que é basicamente monocromática pode ser produzida por filtragem, difração ou refração de luz policromática, como discutido no Capítulo 23, Seção 23A-3.

Desvios Instrumentais: Luz Espúria

A radiação espúria, comumente chamada **luz difusa**, é definida como a radiação do instrumento que está fora da banda de comprimento de onda nominal escolhida para uma determinação. Essa radiação espúria frequentemente resulta do espalhamento e das reflexões das superfícies das redes, lentes ou espelhos, filtros e janelas. Quando as medidas são feitas na presença de luz espúria, a absorbância observada A' é dada por

$$A' = \log\left(\frac{P_0 + P_e}{P + P_e}\right)$$

onde P_e é a potência radiante da luz espúria. A **Figura 22-18** mostra um gráfico da absorbância aparente A' *versus* a concentração para vários níveis de P_e relativos a P_0. A luz espúria sempre leva a absorbância aparente a ser menor que a absorbância verdadeira. Os desvios decorrentes da luz espúria são mais significativos para os valores altos de absorbância. Considerando

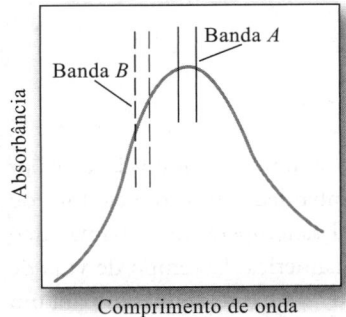
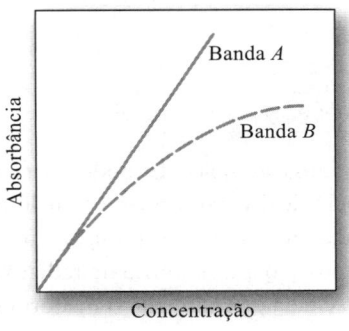

FIGURA 22-17
O efeito da radiação policromática sobre a lei de Beer. No espectro de absorção da figura à esquerda, a absortividade do analito é praticamente constante sobre a Banda *A* da fonte. Observe no gráfico da lei de Beer na figura da direita que o uso da Banda *A* estabelece uma relação linear. No espectro, a Banda *B* coincide com uma região sobre a qual a absortividade do analito se altera. Note o desvio significativo da lei de Beer resultante no gráfico à direita.

FIGURA 22-18

Desvios da lei de Beer causados por vários níveis de luz espúria. Observe que a absorbância começa a se distanciar da linearidade com a concentração em altos níveis de luz espúria. A luz espúria sempre limita o valor máximo de absorbância que pode ser medido porque, quando a absorção é alta, a potência da radiação que atravessa a amostra se torna comparável ou até mesmo menor que o nível da luz espúria.

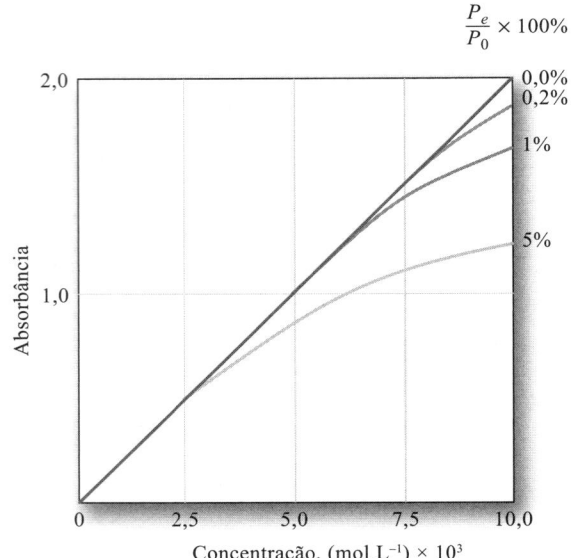

que a radiação espúria pode ser tão alta como 0,5% em instrumentos modernos, os níveis de absorbância maiores que 2,0 raramente são medidos, a menos que as precauções especiais sejam tomadas ou sejam empregados instrumentos especiais com níveis de luz espúria extremamente baixos. Alguns instrumentos de filtro de baixo custo mostram desvios da lei de Beer para os valores de absorbância relativamente baixos como 1,0 por causa dos altos níveis de radiação espúria ou pela presença de luz policromática.

Células desiguais

Outro desvio da lei de Beer quase trivial, mas importante, é causado pelo uso de células desiguais. Se as células que contêm o analito e o branco não apresentarem o mesmo caminho ótico e não forem equivalentes em suas características óticas, uma intersecção vai ocorrer na curva analítica e a equação real será $A = \varepsilon bc + k$ para a curva em vez da Equação 22-8. Esse erro pode ser evitado utilizando-se células muito parecidas ou empregando-se um procedimento de regressão linear para calcular ambas, a inclinação e a intersecção, da curva de calibração. Na maioria dos casos, a regressão linear é a melhor estratégia, porque uma intersecção também pode ocorrer se a solução do branco não compensar totalmente as interferências. Outra forma de se evitar o problema das células desiguais com instrumentos de feixe único é empregar a mesma célula mantendo-a na mesma posição para as medidas do branco e para as do analito. Depois de se obter a leitura para o branco, a célula é esvaziada por aspiração, lavada e preenchida com a solução do analito.

 Exercícios no Excel No Capítulo 12 do *Applications of Microsoft® Excel® in Analytical Chemistry*, 4. ed., as planilhas modelam os efeitos dos equilíbrios químicos e da luz dispersa nas medidas de absorção. As variáveis químicas e físicas podem ser mudadas para observar seus efeitos nas leituras do instrumento.

>> As espécies químicas podem ser levadas a emitir luz por (1) bombardeamento com elétrons; (2) aquecimento em um plasma, uma chama ou arco elétrico; ou (3) irradiação com um feixe de luz.

22D Emissão de Radiação Eletromagnética

Os átomos, os íons e as moléculas podem ser excitados para um ou mais níveis de maior energia por meio de diversos processos, incluindo o bombardeamento com elétrons ou outras partículas elementares, exposição a plasmas de altas temperaturas, chama, arco elétrico ou exposição a uma fonte de radiação eletromagnética. O tempo de vida de uma espécie excitada é geralmente transitório (10^{-9} a 10^{-6} s), e o relaxamento para um nível de energia mais baixo ou para o estado fundamental ocorre com a liberação do excesso de energia na forma de radiação eletromagnética, de calor ou talvez de ambos.

22D-1 Espectro de Emissão

A radiação de uma fonte é convenientemente caracterizada por meio de um espectro de emissão, o qual normalmente tem a forma de um gráfico da potência relativa da radiação emitida em função do comprimento de onda ou frequência. A **Figura 22-19** ilustra um espectro de emissão típico, o qual foi obtido aspirando-se uma solução de sal de cozinha (salmoura) para uma chama de hidrogênio-oxigênio. Três tipos de espectro estão sobrepostos na figura: um **espectro de linhas**, um **espectro de bandas** e um **espectro contínuo**. O espectro de linhas, marcadas na Figura 22-19, consiste em uma série de linhas finas e bem definidas provocadas pela excitação de átomos individuais. O espectro de bandas, bandas marcadas, é composto por vários grupos de linhas tão próximas entre si que não são completamente resolvidas. A fonte das bandas são as moléculas ou radicais presentes na chama. Finalmente, o espectro contínuo, mostrado como uma linha pontilhada na figura, é responsável pelo aumento da intensidade de fundo que aparece acima de aproximadamente 350 nm. Os espectros de linhas e de bandas encontram-se sobrepostos a esse contínuo.

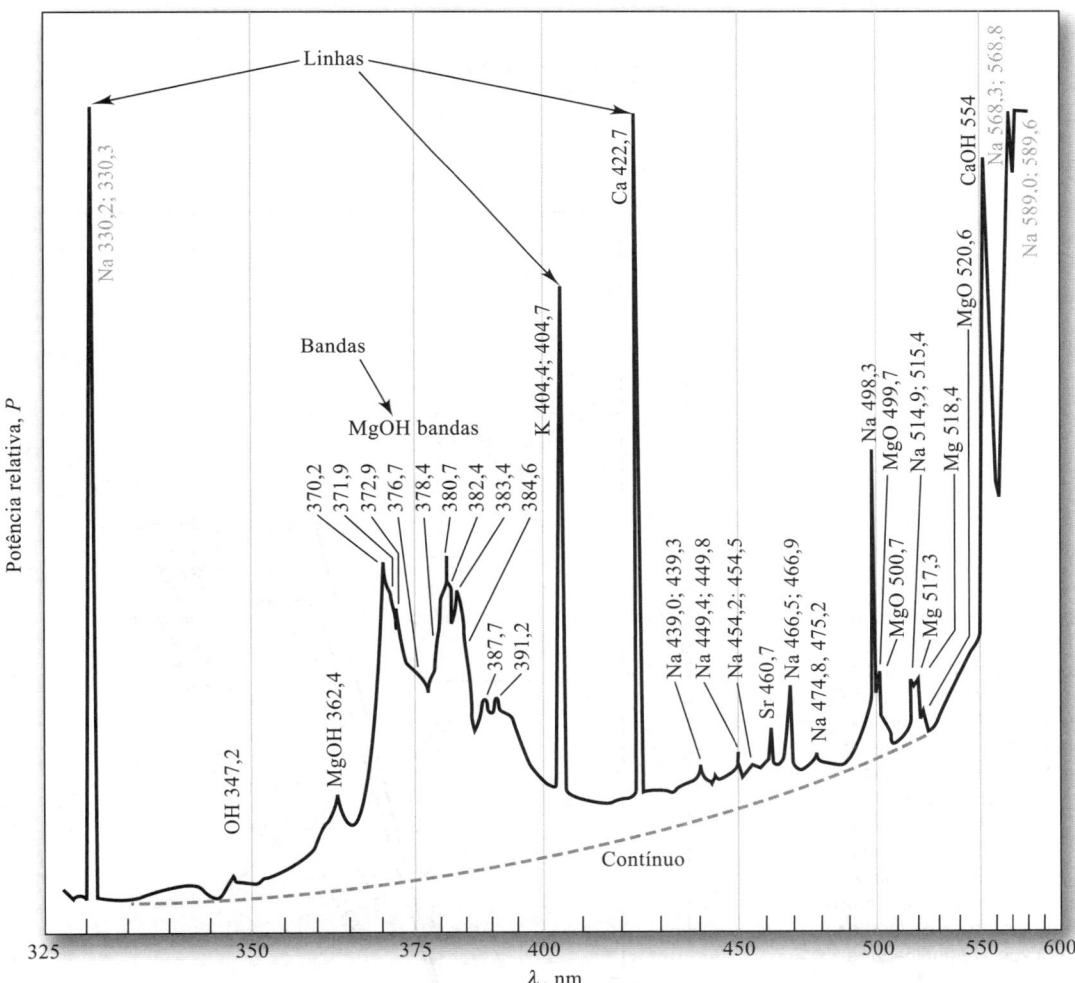

FIGURA 22-19 Espectro de emissão de uma amostra de salmoura obtida em uma chama de hidrogênio-oxigênio. O espectro consiste em espectros superpostos de linhas, bandas e contínuo dos constituintes da amostra e da chama. Os comprimentos de onda característicos das espécies que contribuem para o espectro são listados ao lado de cada ocorrência. (R. Hermann; C. T. J. Alkemade. *Chemical Analysis by Flame Photometry*. 2. ed. Nova York: Interscience, 1979, p. 484.)

Espectro de Linhas

>> As larguras das linhas de átomos em um meio, como em uma chama, são da ordem de 0,1 a 0,01 Å. Os comprimentos de onda das linhas atômicas são únicos para cada elemento e frequentemente empregados em análises qualitativas.

Os espectros de linha ocorrem quando as espécies radiantes são átomos ou íons individuais que estão bem separados, como em um gás. As partículas individuais em um meio gasoso se comportam independentemente umas das outras e o espectro, na maioria dos meios, é constituído de uma série de linhas agudas com larguras de 10^{-1}–10^{-2} Å (10^{-2}–10^{-3} nm). Na Figura 22-19, as linhas para o sódio, potássio, estrôncio, cálcio e magnésio são identificadas.

O diagrama de níveis de energia da **Figura 22-20** mostra a fonte de três das linhas que aparecem no espectro de emissão da Figura 22-19. A linha horizontal, rotulada $3s$ na Figura 22-20, corresponde à menor energia do átomo ou ao seu estado fundamental E_0. As linhas horizontais rotuladas $3p$, $4p$ e $4d$ representam três níveis eletrônicos de energias mais altos do sódio. Observe que cada um dos estados p e d são desdobrados em dois outros níveis de energia bastante próximos em função do *spin* do elétron. O único elétron externo no orbital do estado $3s$ do átomo de sódio pode ser excitado para qualquer um destes níveis por absorção de energia térmica, elétrica ou radiante. Os níveis energéticos E_{3p} e E'_{3p} representam, então, as energias do átomo quando seu elétron é promovido para os dois estados $3p$ por absorção. A promoção para esses estados é indicada pela linha cinza entre os níveis $3s$ e os dois níveis $3p$ na Figura 22-20. Poucos nanossegundos depois da excitação, o elétron retorna do estado $3p$ para o estado fundamental, emitindo um fóton cujo comprimento de onda é dado pela Equação 22-3.

$$\lambda_1 = \frac{hc}{(E_{3p} - E_0)} = 589,6 \text{ nm}$$

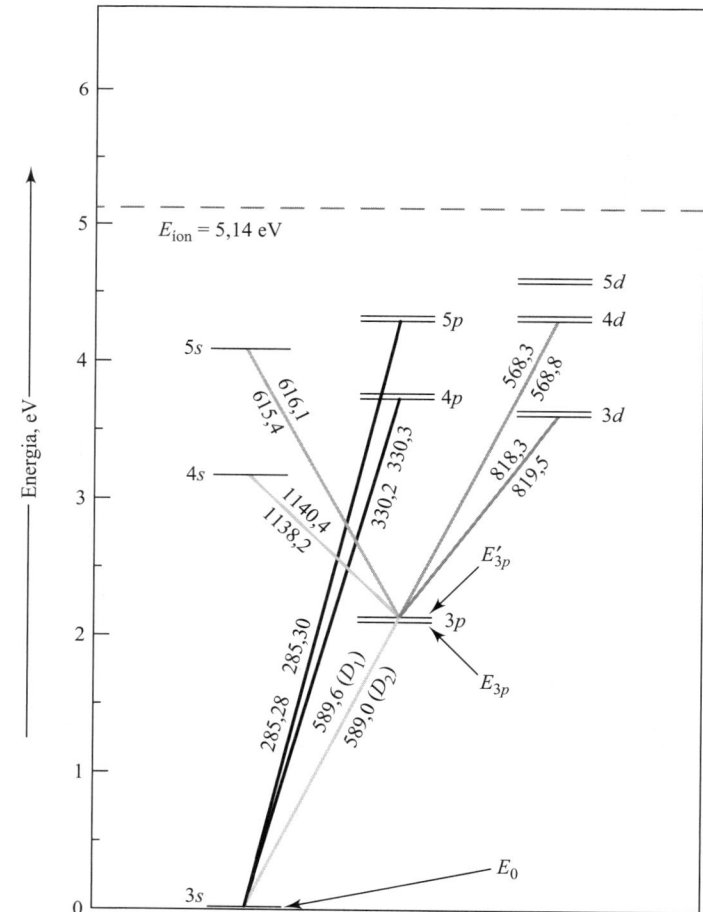

FIGURA 22-20
Diagrama de níveis de energia para o sódio, no qual as linhas horizontais representam os orbitais atômicos, identificados pelas suas respectivas notações. A escala vertical é a energia do orbital dada em elétron-volts (eV) e as energias dos estados excitados relativas ao orbital do estado fundamental $3s$ podem ser lidas a partir do eixo vertical. As linhas em tons de cinza mostram as transições permitidas resultantes na emissão de vários comprimentos de onda (em nm), indicados ao lado das linhas. A linha horizontal pontilhada representa a energia de ionização do sódio. (J. D. Ingle; S. R. Stanley., *Spectrochemical Analysis*. 1. ed., © 1988, p. 206. Reimpresso com permissão de Pearson Education, Inc., Upper Saddle River, NJ.)

De uma forma similar, o relaxamento a partir do estado $3p'$ para o estado fundamental fornece um fóton com $\lambda_2 = 589{,}0$ nm. Esse processo de emissão é mostrado mais uma vez pela linha cinza entre os níveis $3s$ e $3p$ na Figura 22-20. O resultado é que o processo de emissão a partir de dois níveis $3p$ muito próximos produz duas linhas correspondentes também muito próximas no espectro de emissão, denominadas **dupleto**. Essas linhas, indicadas pelas transições rotuladas D_1 e D_2 na Figura 22-20, são as famosas linhas "D" de Fraunhofer, discutidas no Destaque 22-1. Elas são tão intensas que aparecem completamente fora da escala no canto superior direito do espectro de emissão na Figura 22-19.

A transição a partir do estado mais energético $4p$ para o estado fundamental (veja a Figura 22-20) produz um segundo dupleto em comprimento de onda mais curto. A linha que aparece próxima de 330 nm na Figura 22-19 resulta dessas transições. A transição $4d$ para $3p$ fornece um terceiro dupleto em cerca de 568 nm. Observe que todos os três dupletos aparecem no espectro de emissão da Figura 22-19 como uma única linha. Isso é o resultado da resolução limitada do espectrômetro empregado para produzir o espectro, como discutido nas Seções 23A-3 e 26A-4. É importante notar que os comprimentos de onda emitidos são idênticos aos comprimentos de onda de pico de absorção do sódio (veja Figura 22-11) uma vez que as transições envolvidas ocorrem entre os mesmos pares de estados.

À primeira vista, pode parecer que a radiação poderia ser absorvida e emitida por átomos entre quaisquer pares de estados apresentados na Figura 22-20, porém, de fato, somente certas transições são permitidas, enquanto outras são proibidas. As transições que são permitidas ou proibidas de produzir linhas nos espectros atômicos dos elementos são determinadas pelas leis da mecânica quântica, na qual são denominadas **regras de seleção**. Essas regras estão além do escopo da nossa discussão.[4]

Espectros de Bandas

Os espectros de bandas são produzidos com frequência em fontes espectrais devido à presença de radicais ou pequenas moléculas gasosas. Por exemplo, na Figura 22-19, bandas de OH, MgOH e MgO são apontadas e consistem em uma série de linhas muito próximas que não podem ser resolvidas completamente pelo instrumento utilizado na obtenção do espectro. As bandas se originam de numerosos níveis vibracionais quantizados que se sobrepõem ao nível energético do estado fundamental da molécula. Para uma discussão complementar a respeito de espectros de bandas, veja a Seção 26B-3.

> ❮❮ Um espectro de bandas de emissão é constituído por muitas linhas próximas que são muito difíceis de serem resolvidas.

Espectros Contínuos

Como mostrado na **Figura 22-21**, um contínuo espectral de radiação é produzido quando sólidos como carbono e tungstênio são aquecidos até a incandescência. A radiação térmica desse tipo, denominada **radiação de corpo negro**, é mais característica da temperatura da superfície emissora que do material que a constitui. A radiação de corpo negro é produzida por inúmeras oscilações atômicas e moleculares excitadas por energia térmica em um sólido condensado. Observe que a energia dos picos na Figura 22-21 se desloca para menores comprimentos de onda com o aumento da temperatura.

> ❮❮ Um espectro contínuo não tem caráter de linha e geralmente é produzido por sólidos aquecidos a uma temperatura alta.

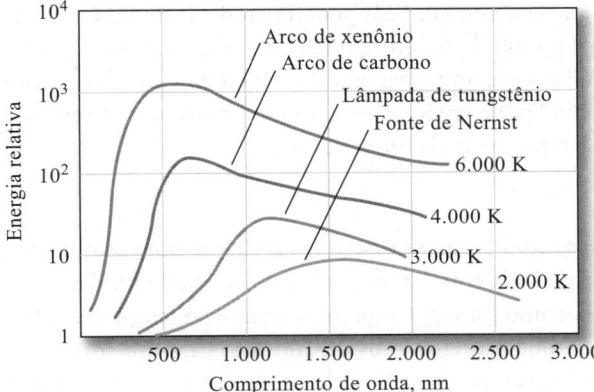

FIGURA 22-21

Curvas de radiação de corpo negro para várias fontes de luz. Observe o deslocamento nos comprimentos de onda da emissão máxima à medida que a temperatura das fontes varia.

---

[4] Veja J. D. Ingle, Jr.; S. R. Crouch. *Spectrochemical Analysis*. Upper Saddle River, NJ: Prentice-Hall, 1988, p. 205.

Como mostra a figura, uma temperatura muito alta é necessária para levar uma fonte termicamente excitada a emitir uma fração substancial da sua energia como radiação ultravioleta.

Parte do fundo de radiação contínua do espectro de uma chama, como mostrado na Figura 22-19, é provavelmente emissão térmica de partículas incandescentes presentes na chama. Note que esse fundo diminui rapidamente à medida que o comprimento de onda se aproxima da região do ultravioleta do espectro.

Os sólidos aquecidos são importantes fontes de radiação no infravermelho, no visível e no ultravioleta de comprimento de onda mais longo para instrumentos analíticos, como veremos no Capítulo 23.

Efeito da Concentração em Espectros de Linhas e de Bandas

A potência radiante P de uma linha ou banda depende diretamente do número de átomos ou moléculas excitados, o que por sua vez, é proporcional à concentração da espécie presente na fonte. Então, podemos escrever

$$P = kc \tag{22-16}$$

onde k é uma constante de proporcionalidade. Essa relação é a base da espectroscopia de emissão quantitativa, a qual será descrita em mais detalhe na Seção 26C.

22D-2 Emissão por Fluorescência e Fosforescência

A fluorescência e a fosforescência são processos de emissão analiticamente importantes, nos quais os átomos ou moléculas são excitados pela absorção de um feixe de radiação eletromagnética. A espécie excitada então relaxa para o estado fundamental, fornecendo seu excesso de energia como fótons. A fluorescência ocorre muito mais rapidamente que a fosforescência e se completa em cerca de 10^{-5} s (ou menos) depois do momento da excitação. A emissão por fosforescência pode se estender por minutos ou mesmo horas depois do final da irradiação. A fluorescência é consideravelmente mais importante que a fotofluorescência na química analítica; logo, nossa discussão foca principalmente na fluorescência.

Fluorescência Atômica

Os átomos gasosos fluorescem quando são expostos à radiação que tem um comprimento de onda que combina exatamente com aquele de uma das linhas de absorção (ou emissão) do elemento em questão. Por exemplo, os átomos gasosos de sódio são promovidos ao estado excitado de energia E_{3p}, como mostrado na Figura 22-20, por meio da absorção de radiação em 589 nm. A relaxamento pode então ocorrer por reemissão de radiação fluorescente de comprimento de onda idêntico. Quando os comprimentos de onda de excitação e de emissão são os mesmos, a emissão resultante é chamada **fluorescência ressonante**. Os átomos de sódio poderiam também exibir a fluorescência ressonante quando expostos à radiação de 330 nm ou 285 nm. Entretanto, além disso, o elemento também poderia produzir fluorescência de não ressonância inicialmente relaxando de E_{5p} ou E_{4p} para o nível de energia E_{3p} através de uma série de colisões não radiotivas com outras espécies no meio. Um relaxamento posterior para o estado fundamental pode então ocorrer, quer por emissão de um fóton em 589 nm, quer por desativação por meio de novas colisões.

Fluorescência Molecular

Fluorescência é um processo fotoluminescente no qual os átomos ou moléculas são excitados por absorção de radiação eletromagnética, como exposto na **Figura 22-22a**. A espécie excitada então relaxa, voltando ao estado fundamental, rendendo seu excesso de energia como fótons. Como observamos, o tempo de vida de uma espécie excitada é breve porque existem vários mecanismos para um átomo ou molécula excitado fornecer seu excesso de energia e relaxar para seu estado fundamental. Dois dos mais importantes desses mecanismos, **relaxamento não radiativo** e **emissão fluorescente**, são ilustrados nas **Figuras 22-22b** e **c**.

Em 1900, Max Plank (1858-1947) descobriu a fórmula (agora denominada com frequência lei de Radiação de Plank) que modelou quase que perfeitamente curvas como aquelas mostradas na Figura 22-21. Ele acompanhou esta descoberta do desenvolvimento de uma teoria que fez duas suposições marcantes em relação aos átomos e moléculas oscilantes em um corpo negro. Ele assumiu (1) que estas espécies poderiam ter somente energias discretas e (2) que elas poderiam absorver ou emitir energia em unidades discretas ou quanta. Estas suposições, as quais estão implícitas na Equação 22-3, forneceram os fundamentos para o desenvolvimento da teoria quântica.

Fluorescência ressonante é a radiação idêntica em comprimento de onda à radiação que excitou a fluorescência.

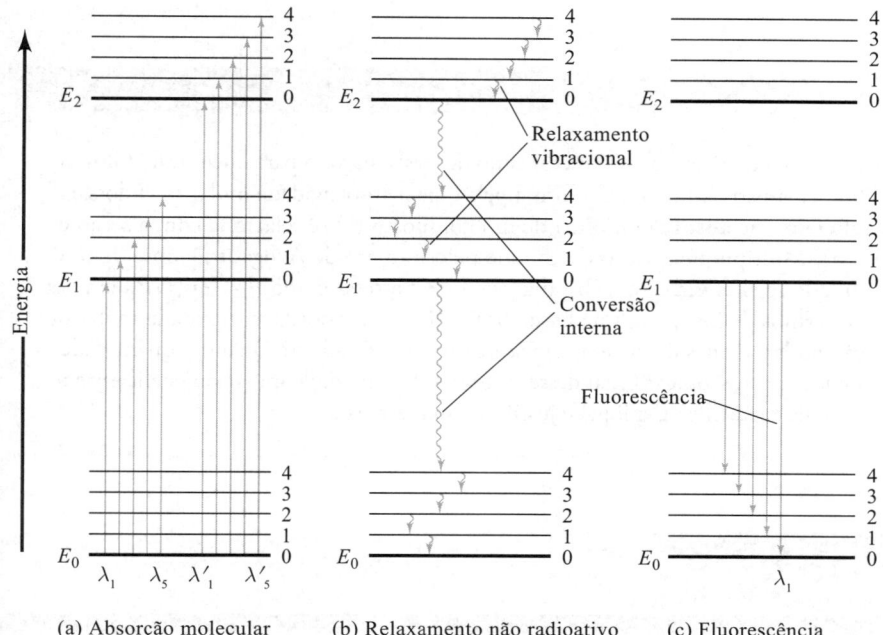

FIGURA 22-22

Diagrama de níveis de energia mostrando algumas alterações de energia que ocorrem durante a absorção, o relaxamento não radiativo e a fluorescência por uma espécie molecular.

Relaxamento Não Radioativo. Dois tipos de relaxamento não radiativo são apresentados na Figura 22-22b. A **desativação vibracional** ou **relaxamento vibracional**, indicada por setas onduladas curtas entre os níveis vibracionais, ocorre durante as colisões entre as moléculas excitadas e as moléculas do solvente. Durante as colisões, o excesso de energia vibracional é transferido para as moléculas do solvente em uma série de etapas, como indicado na figura. O ganho em energia vibracional do solvente reflete-se em um ligeiro aumento da temperatura do meio. Relaxamento vibracional é um processo tão eficiente de desativação, que o tempo de vida do estado excitado é de somente cerca de 10^{-15} s. O relaxamento não radiativo entre o nível vibracional mais baixo do estado eletrônico excitado e o nível vibracional superior de outro estado eletrônico também pode ocorrer. Este tipo de relaxamento, denominado **conversão interna**, é indicado pelas duas setas onduladas mais longas na Figura 22-22b e é um processo muito menos eficiente que o relaxamento vibracional, de forma que o tempo médio de vida de um estado eletrônico excitado está entre 10^{-9} e 10^{-6} s. Os mecanismos pelos quais esse tipo de relaxamento ocorre não são completamente compreendidos, porém o efeito líquido é novamente o aumento da temperatura do meio.

Fluorescência. São poucas as moléculas que fluorescem, porque a fluorescência requer características estruturais que diminuam a velocidade dos processos de relaxamento não radiativo ilustrados na Figura 22-22b e aumentem a velocidade de emissão de fluorescência mostrada na Figura 22-22c. Muitas moléculas não têm estas características e sofrem relaxamento não radiativo a uma velocidade que é significativamente maior que a velocidade de relaxamento radiativo e, assim, a fluorescência não ocorre. Como mostrado na Figura 22-22c, as bandas de radiação são produzidas quando moléculas relaxam do estado vibracional de mais baixa energia do estado excitado E_1 para os muitos níveis vibracionais do estado E_0. Como no caso das bandas de absorção molecular, as bandas de fluorescência constituem-se em um grande número de linhas próximas umas das outras e que são geralmente difíceis de ser resolvidas. Observe que a transição de E_1 para o estado vibracional mais baixo do estado fundamental (λ_1) apresenta a maior energia de todas as transições na banda. O resultado é que todas as outras linhas que terminam em níveis vibracionais mais altos do estado fundamental são de menor energia e produzem emissão fluorescente de comprimentos de onda maiores que λ_1. Em outras palavras, as bandas de fluorescência molecular consistem enormemente em linhas que são maiores no comprimento de onda que a banda de radiação absorvida responsável pela excitação delas. Esse deslocamento no comprimento de onda é chamado, algumas vezes, **deslocamento de Stokes**. Uma discussão mais detalhada sobre a fluorescência molecular é feita no Capítulo 25.

Deslocamento de Stokes refere-se à radiação fluorescente que ocorre em comprimentos de onda maiores que o comprimento de onda empregado para excitar a fluorescência.

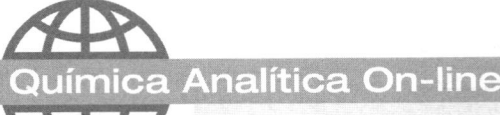

Química Analítica On-line

Para aprender mais sobre a lei de Beer, use um mecanismo de busca na web para encontrar "Glossary of Terms Used in Photochemistry". Encontre a forma pela qual a absortividade molar (o "Glossary" da IUPAC usa o **coeficiente de absorção molar**) de um composto (ε) se relaciona com a seção de choque de absorção (σ). Multiplique a seção de choque pelo número de Avogadro e observe o resultado. Como o resultado se alteraria caso a absorbância fosse expressa como $A = -\ln(P/P_0)$ em vez da definição usual em termos de logaritmos na base 10? Quais dos termos, absortividade molar ou coeficiente de absorção molar, é mais descritivo? Quais são as unidades de σ? Qual das quantidades, ε ou σ, é uma quantidade macroscópica? Qual desses termos, absortividade molar ou coeficiente de absortividade molar, é mais adequado? Explique e justifique sua resposta.

Resumo do Capítulo 22

- A natureza da radiação eletromagnética.
- Luz como ondas e partículas.
- As interações entre radiação e matéria.
- Medindo espectros.
- Processo de emissão e absorção.
- Lei de Beer, suas consequências e usos.
- Terminologia de espectrometria de absorção.
- Espectros de absorção.
- Absorção molecular devido a transições eletrônicas, vibracionais e rotacionais.
- Absorção no infravermelho.
- Absorção nas regiões do ultravioleta e visível.
- Desvios da lei de Beer.
- Espectros de emissão.
- Emissão fluorescente e fosfofluorescente.

Termos-chave

Absorbância, 620
Absorção atômica, 626
Absorção molecular, 627
Absorção, 612
Absortividade molar, 621
Absortividade, 621
Amplitude, 613
Bandas de fluorescência molecular, 639
Bandas de absorção, 629
Comprimento de onda, 613
Contínuo, 635

Energia radiante, 612
Espectro de absorção, 625
Espectro eletromagnético, 615
Espectroscopia, 611
Espectroscopia de emissão, 616
Estado excitado, 616
Estado fundamental, 616
Estados eletrônicos, 627
Estados vibracionais, 627
Fluorescência ressonante, 638
Fluorescência, 616
Fosforescência, 616

Fótons, 612
Frequência, 613
Índice de Refração, 614
Lei de Beer, 619
Luz difusa, 633
Métodos óticos, 615
Níveis de energia vibracional, 627
Número de onda, 614
Quimioluminescência, 616
Radiação de corpo negro, 637
Radiação eletromagnética, 612
Radiação incidente, 616

Radiação monocromática, 619
Relaxamento não radiativo, 639
Relaxamento vibracional, 639
Transição, 616
Transições eletrônicas, 627
Transições vibracionais, 627
Transmitância, 619

Equações Importantes*

$$v = \nu\lambda \qquad E = h\nu = \frac{hc}{\lambda} = hc\bar{\nu} \qquad T = P/P_0$$

$$A = -\log T = \log\frac{P_0}{P} \qquad A = \log\frac{P_0}{P} \approx \log\frac{P_{solvente}}{P_{solução}} \qquad A = \log(P_0/P) = abc$$

$$A = \varepsilon bc \qquad A_{total} = A_1 + A_2 + \cdots + A_n = \varepsilon_1 bc_1 + \varepsilon_2 bc_2 + \cdots + \varepsilon_n bc_n \qquad E = E_{eletrônica} + E_{vibracional} + E_{rotacional}$$

Questões e Problemas*

*22-1. Em uma solução de pH 5,3, o indicador violeta de bromocresol exibe uma cor amarela, mas quando o pH é 6,0, a solução de indicador muda para violeta. Discuta por que estas cores são observadas em termos das regiões de comprimento de onda e cores absorvidas e transmitidas.

22-2. Qual é a relação entre
  *(a) absorbância e transmitância?
  (b) concentração c e absortividade molar ε?

*22-3. Identifique os fatores que fazem com que a relação da lei de Beer se desvie da linearidade.

22-4. Descreva a diferença entre os desvios "reais" da lei de Beer e aqueles advindos da instrumentação ou de fatores químicos.

22-5. Como uma transição eletrônica assemelha-se a uma transição vibracional? Como elas se diferem?

22-6. Calcule a frequência em hertz de
  *(a) um feixe de raios X com comprimento de onda igual a 2,65 Å.
  (b) uma linha de emissão para o manganês em 403,1 nm.
  *(c) a linha em 694,3 nm produzida pelo laser de rubi.
  (d) a saída de um laser de CO_2 a 10,6 μm.
  *(e) um pico de absorção no infravermelho em 19,6 μm.
  (f) Um feixe de micro-ondas em 2,05 cm.

22-7. Calcule o comprimento de onda em centímetros de
  *(a) uma torre de um aeroporto transmitindo em 118,6 MHz.
  (b) um ANR (auxiliar de navegação por rádio) transmitindo em 117,95 kHz.
  *(c) um sinal de RMN em 105 MHz.
  (d) um pico de absorção com um número de onda igual a 1.550 cm^{-1}.

22-8. Um instrumento sofisticado de ultravioleta/visível/IV próximo tem uma faixa de comprimento de onda de 189 a 2.900 nm. Quais são as faixas do instrumento em número de onda e em frequência?

*22-9. Um espectrofotômetro de infravermelho simples cobre a faixa de comprimento de onda de 3 a 15 μm. Expresse essa faixa em termos de (a) número de onda e (b) em hertz.

22-10. Calcule a frequência em hertz e a energia em joules de um fóton de raio X com comprimento de onda de 1,66 Å.

*22-11. Calcule o comprimento de onda e a energia em joules associada com um sinal de 220 MHz.

22-12. Calcule o comprimento de onda
  *(a) da linha do sódio em 589 nm em uma solução aquosa com um índice de refração de 1,35.
  (b) da saída de um laser de rubi em 694,3 nm quando este atravessa uma peça de quartzo que apresenta índice de refração igual a 1,55.

22-13. Quais são as unidades de absortividade quando o caminho ótico é dado em centímetros e a concentração é expressa em
  *(a) partes por milhão?
  (b) microgramas por litro?
  *(c) porcentagem de massa por volume?
  (d) gramas por litro?

*As respostas para as questões e problemas marcados com um asterisco são fornecidas no final deste livro.

22-14. Expresse as seguintes absorbâncias em termos de porcentagem de transmitância:
*(a) 0,0356
(b) 0,909
*(c) 0,379
(d) 0,092
*(e) 0,485
(f) 0,623

22-15. Converta os seguintes dados de transmitâncias para as respectivas absorbâncias:
*(a) 27,2%
(b) 0,579
*(c) 30,6%
(d) 15,29%
*(e) 0,093
(f) 79,6%

	A	$\%T$	ε $L\,mol^{-1}\,cm^{-1}$	a $cm^{-1}\,ppm^{-1}$	b cm	c $mol\,L^{-1}$	c ppm
*(a)	0,172		$4,23 \times 10^3$		1,00		
(b)		44,9		0,0258		$1,35 \times 10^{-4}$	
*(c)	0,520		$7,95 \times 10^3$		1,00		
(d)		39,6		0,0912			1,76
*(e)			$3,73 \times 10^3$		0,100	$1,71 \times 10^{-3}$	
(f)		83,6			1,00	$8,07 \times 10^{-6}$	
*(g)	0,798				1,50		33,6
(h)		11,1	$1,35 \times 10^4$			$7,07 \times 10^{-5}$	
*(i)		5,23	$9,78 \times 10^3$				5,24
(j)	0,179				1,00	$7,19 \times 10^{-5}$	

22-16. Calcule a porcentagem de transmitância de soluções que apresentam duas vezes as absorbâncias listadas no Problema 22-14.

22-17. Calcule as absorbâncias de soluções com a metade das transmitâncias daquelas do Problema 22-15.

22-18. Avalie as quantidades faltantes na tabela anterior. Quando necessário, use o valor 200 como massa molar do analito.

22-19. Uma solução contendo 5,61 ppm de $KMnO_4$ apresenta 55,3 %T em uma célula de 1,00 cm a 520 nm. Calcule a absortividade molar do $KMnO_4$ neste comprimento de onda.

22-20. O berílio(II) forma um complexo com a acetilacetona (166,2 g mol^{-1}). Calcule a absortividade molar do complexo, dado que uma solução 2,25 ppm apresenta uma transmitância de 37,5% quando medida em uma célula de 1,00 cm a 295 nm, o comprimento de onda de máxima absorção.

*22-21. Em 580 nm, o comprimento de onda de seu máximo de absorção, o complexo $Fe(SCN)^{2+}$ apresenta uma absortividade molar de $7,00 \times 10^3$ L cm^{-1} mol^{-1}. Calcule.
(a) a absorbância de uma solução $3,40 \times 10^{-5}$ mol L^{-1} do complexo a 580 nm em uma célula de 1,00 cm.
(b) a absorbância de uma solução na qual a concentração do complexo é duas vezes aquela do item (a).
(c) a transmitância das soluções descritas nos itens (a) e (b).
(d) a absorbância de uma solução que apresenta a metade da transmitância daquela descrita no item (a).

22-22. Uma alíquota de 2,50 mL de uma solução que contém 4,33 ppm de ferro(III) é tratada com um excesso apropriado de KSCN e diluída para 50,00 mL. Qual é a absorbância da solução resultante em 580 nm em uma célula de 2,50 cm? Veja o Problema 22-21 para os dados de absortividade.

*22-23. Uma solução contendo o complexo formado entre Bi(III) e a tioureia apresenta uma absortividade molar de $9,32 \times 10^3$ L cm^{-1} mol^{-1} a 470 nm.
(a) Qual é a absorbância de uma solução $5,67 \times 10^{-5}$ mol L^{-1} do complexo em 470 nm em uma célula de 1,00 cm?
(b) Qual é a porcentagem de transmitância da solução descrita no item (a)?
(c) Qual é a concentração molar do complexo em uma solução que apresenta a absorbância descrita no item (a) quando medida a 470 nm em uma célula de 2,50 cm?

22-24. O complexo formado entre Cu(I) e 1,10-fenantrolina apresenta absortividade molar de 6.850 L cm^{-1} mol^{-1} a 435 nm, o comprimento de onda de máxima absorção. Calcule

(a) a absorbância de uma solução $4{,}42 \times 10^{-5}$ mol L^{-1} do complexo quando medida em uma célula de 1,00 cm a 435 nm.

(b) a porcentagem de transmitância da solução do item (a).

(c) a concentração da solução que em uma célula de 5,00 cm apresenta a mesma absorbância da solução em (a).

(d) o comprimento do caminho através de uma solução $2{,}21 \times 10^{-5}$ mol L^{-1} do complexo que é necessário para uma absorbância que seja a mesma da solução em (a).

*22-25. Uma solução cujo valor "verdadeiro" de absorbância $[A = -\log(P_0/P)]$ é igual a 2,10 foi colocada em um espectrofotômetro com uma porcentagem de luz espúria (P_e/P_0) de 0,75. Qual é a absorbância A' que será medida? Qual é o erro relativo resultante?

22-26. Um composto X deve ser determinado por espectrofotometria no UV/visível. Uma curva de calibração é construída a partir de soluções padrão de X com os seguintes resultados: 0,50 ppm, $A = 0{,}24$; 1,5 ppm, $A = 0{,}36$; 2,5 ppm, $A = 0{,}44$; 3,5 ppm, $A = 0{,}59$ e 4,5 ppm, $A = 0{,}70$. Encontre a inclinação e a intersecção da curva de calibração, o erro padrão em Y, a concentração da amostra de X de concentração desconhecida e o desvio padrão na concentração de X. Construa um gráfico da curva de calibração. Se a amostra desconhecida tiver uma absorbância de 0,50, determine a sua concentração.

22-27. Uma maneira comum para determinar fósforo na urina é tratar a amostra após remover a proteína, como molibdênio(VI), e então reduzir o complexo resultante 12-molibdofosfato com ácido ascórbico para fornecer espécies de cor azul intensa chamadas *azul de molibdênio*. A absorbância do azul de molibdênio pode ser medida em 650 nm. Uma amostra de urina de 24h foi coletada e o paciente produziu 1.122 mL em 24h. Uma alíquota de 1,00 mL da amostra foi tratada com Mo(VI) e ácido ascórbico e diluída para um volume de 50,00 mL. Foi preparada uma curva de calibração tratando-se alíquotas de 1,00 mL de soluções padrão de fosfato da mesma maneira que a amostra de urina. As absorbâncias dos padrões e da amostra de urina foram obtidas a 650 nm e obtidos os seguintes resultados:

Solução	Absorbância a 650 nm
1,00 ppm P	0,230
2,00 ppm P	0,436
3,00 ppm P	0,638
4,00 ppm P	0,848
Amostra de urina	0,518

(a) Encontre a inclinação, a intersecção e o erro padrão em y da curva analítica. Construa um gráfico da curva analítica. Determine a concentração em ppm de fósforo na amostra de urina e seu desvio padrão da reta a partir da equação dos mínimos quadrados. Compare a concentração desconhecida com aquela obtida manualmente por meio do gráfico da curva analítica.

(b) Quanto de massa, em gramas, foi eliminada pelo paciente por dia?

(c) Qual é a concentração de fosfato na urina em mmol L^{-1}?

22-28. O nitrito é determinado comumente por meio de um procedimento colorimétrico empregando-se uma reação denominada *reação de Griess*. Nessa reação, a amostra contendo nitrito reage com a sulfanilamida e N-(1-Naftil) etilenodiamina para formar uma espécie colorida que absorve em 550 nm. Usando um instrumento automático de análise de fluxo, os seguintes resultados foram obtidos para soluções padrão de nitrito e para uma amostra contendo uma quantidade desconhecida dessa espécie:

Solução	Absorbância a 550 nm
2,00 μ(mol L^{-1})	0,065
6,00 μ(mol L^{-1})	0,205
10,00 μ(mol L^{-1})	0,338
14,00 μ(mol L^{-1})	0,474
18,00 μ(mol L^{-1})	0,598
Amostra desconhecida	0,402

(a) Encontre a inclinação, a intersecção e o desvio padrão da curva analítica.

(b) Construa um gráfico da curva analítica.

(c) Determine a concentração de nitrito na amostra e o seu desvio padrão.

22-29. A constante de equilíbrio para a reação

$$2CrO_4^{2-} + 2H^+ \rightleftharpoons Cr_2O_7^{2-} + H_2O$$

é $4{,}2 \times 10^{14}$. As absortividades molares para as duas espécies principais na solução de K$_2$CrO$_7$ são

λ, nm	ε_1 (CrO$_4^{2-}$)	ε_2 (Cr$_2$O$_7^{2-}$)
345	$1{,}84 \times 10^3$	$10{,}7 \times 10^2$
370	$4{,}81 \times 10^3$	$7{,}28 \times 10^2$
400	$1{,}88 \times 10^3$	$1{,}89 \times 10^2$

Quatro soluções foram preparadas dissolvendo-se $4,00 \times 10^{-4}$; $3,00 \times 10^{-4}$; $2,00 \times 10^{-4}$ e $1,00 \times 10^{-4}$ mol de $K_2Cr_2O_7$ em água e diluindo-se a 1,00 L com um tampão a pH 5,60. Calcule os valores das absorbâncias teóricas (em célula de 1,00 cm) para cada solução e coloque os dados em gráfico para (a) 345 nm; (b) 370 nm e (c) 400 nm.

22-30. **Problema Desafiador**: O NIST mantém uma base de dados dos espectros dos elementos no endereço *http:///www.nist.gov/pml/data/asd_contents.cfm*. Os seguintes níveis de energia para a espécie neutra de lítio foram obtidos dessa base de dados:

Configuração eletrônica	Nível, eV
$1s^2 2s^1$	0,00000
$1s^2 2p^1$	1,847818
	1,847860
$1s^2 3s^1$	3,373129
$1s^2 3p^1$	3,834258
	3,834258
$1s^2 3d^1$	3,878607
	3,878612
$1s^2 4s^1$	4,340942
$1s^2 4p^1$	4,521648
	4,521648
$1s^2 4d^1$	4,540720
	4,540723

(a) Construa um diagrama parcial de energia similar àquele da Figura 22-20. Identifique cada nível de energia com o seu orbital correspondente.

(b) Navegue na página do NIST na Web e selecione o link *Physical Reference Data*. Localize e selecione o banco de dados atômicos espectrais (*Atomic Spectral Data*) e clique no ícone *Lines*. Utilize o formulário para obter as linhas espectrais para o Li(I) entre 300 nm e 700 nm, incluindo as informações de níveis de energia. Observe que a tabela obtida contém os comprimentos de onda, a intensidade relativa e as mudanças na configuração eletrônica para as transições que originam cada uma das linhas. Adicione linhas conectando os níveis de energia parcial do diagrama do item (a) para ilustrar as transições e identifique cada linha com o comprimento de onda de emissão. Quais das transições em seu diagrama se referem a dupletos?

(c) Empregue os dados de intensidade *versus* comprimento de onda que você obteve em (b) para esquematizar um espectro de emissão para o lítio. Colocando-se uma amostra de $LiCO_3$ em uma chama, qual seria a cor da chama?

(d) Descreva como o espectro da chama de um composto iônico de lítio, como o $LiCO_3$, produz o espectro de átomos neutros de lítio.

(e) Aparentemente não há linhas de emissão para o lítio entre 544 nm e 610 nm. Por quê?

(f) Descreva como a informação obtida nesse problema poderia ser empregada para detectar a presença de lítio em urina. Como você determinaria a quantidade de lítio?

Instrumentos para a Espectrometria Ótica

CAPÍTULO 23

A estrela brilhante no meio da foto é a Supernova 1987a, que foi a primeira supernova visível a olho nu a surgir em mais de 400 anos. Os pontos pretos sobre a imagem da estrela foram produzidos pela superposição do negativo de uma foto tirada dois anos antes de a supernova aparecer. Quase coincidente com a supernova ocorreu uma anormal rajada de neutrinos, que foram detectados por uma instalação abaixo do Lago Erie e por outra instalação similar no Japão. O recém-reformado detector subterrâneo Irvine-Michigan-Brookhaven em Ohio consiste em um volume de 6.800 metros cúbicos de água cercado por 2.048 tubos fotomultiplicadores de grande área e alta sensibilidade, alojados em uma mina de sal sob o lago Erie. Quando pelo menos 20 fotomultiplicadores detectam um pulso de radiação Cherenkov azul gerado pelo impacto dos neutrinos com as moléculas de água em um intervalo de tempo de 55 ns atesta-se a ocorrência de um neutrino. O detector do lago Erie e outros semelhantes a ele foram construídos em um esforço para detectar o decaimento espontâneo de prótons em moléculas de água. Estes experimentos são de longa duração e os dados do detector do lago Erie são gravados continuamente. Como resultado, o detector estava preparado para monitorar a rajada de neutrinos da Supernova 1987a. O tubo fotomultiplicador é um dos tipos de detectores de radiação descritos neste capítulo.

Australian Astronomical Observatory/
Fotografia de David Malin das lâminas AAT

Os componentes básicos de instrumentos analíticos para absorção, bem como para espectroscopia de emissão e de fluorescência, são extraordinariamente similares em termos de função e em requisitos gerais de desempenho, independente de os instrumentos serem projetados para radiação no UV, visível ou IV. Por essas similaridades, tais instrumentos são frequentemente chamados **instrumentos óticos**, mesmo que o olho humano seja sensível apenas à região do visível. Neste capítulo, examinaremos primeiro as características dos componentes comuns a todos os instrumentos óticos. Então, consideraremos as características de instrumentos típicos projetados para a espectroscopia de absorção no UV, visível e IV.

Com frequência denominamos as regiões do UV/visível e IV do espectro região ótica. Mesmo o olho humano reage apenas à radiação no visível; as outras regiões são incluídas porque lentes, espelhos, prismas e redes usados são similares e funcionam de maneira comparável. Portanto, a espectroscopia nas regiões do UV/visível e IV é sempre chamada **espectroscopia ótica**.

23A Componentes dos Instrumentos

Muitos instrumentos espectroscópicos nas regiões do UV/visível e IV são constituídos de cinco componentes: (1) uma fonte estável de energia radiante; (2) um seletor de comprimento de onda para isolar uma região limitada do espectro para

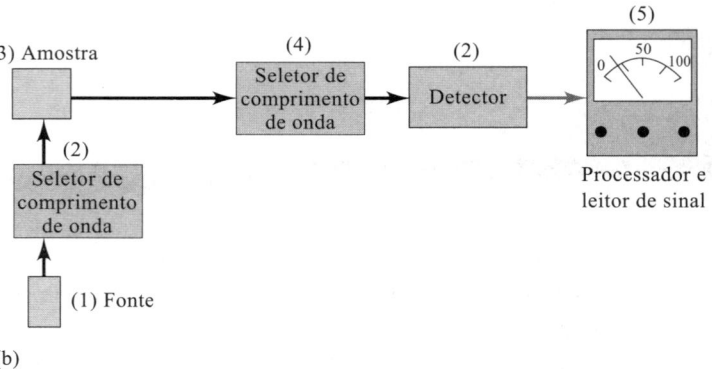

FIGURA 23-1

Componentes de vários instrumentos usados na espectroscopia ótica. Em (a) é mostrado o arranjo para as medidas de absorbância. Observe que a radiação de comprimento de onda selecionado atravessa a amostra e a radiação transmitida é medida na unidade de detecção/processamento de sinal/leitura. Em alguns instrumentos as posições da amostra e do seletor de comprimento de onda são invertidas. Em (b) é indicada a configuração para as medidas de fluorescência. Para esta medida são necessários dois seletores para selecionar os comprimentos de onda de excitação e emissão. A radiação da fonte selecionada é incidida na amostra e a radiação emitida é medida, normalmente em ângulos para evitar que se detecte a radiação da fonte, minimizando o espalhamento. Em (c) é indicada a configuração para a espectroscopia de emissão. Neste instrumento, uma fonte de energia térmica, como uma chama, produz um vapor de analito que emite radiação que é isolada pelo seletor de comprimento de onda e convertida em um sinal elétrico pelo detector.

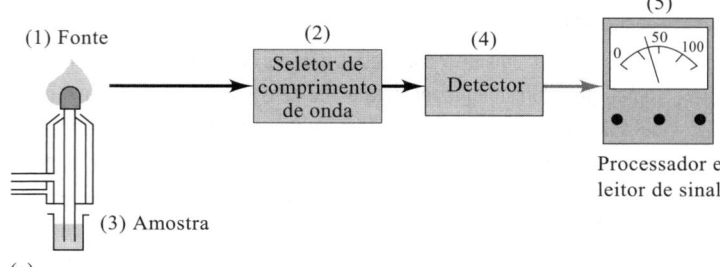

a medida; (3) um ou mais recipientes de amostra; (4) um detector de radiação para converter energia radiante em um sinal elétrico que possa ser medido, e (5) uma unidade de processamento de sinal e leitura consistindo de um circuito eletrônico e em instrumentos modernos de um computador. A **Figura 23-1** ilustra as três maneiras de estes componentes ser configurados para fazer medidas de espectroscopia ótica. A figura mostra que os componentes (3), (4) e (5) têm configurações similares para cada tipo de medida.

Os dois primeiros projetos para absorção e fluorescência, requerem uma fonte de radiação externa. Nas medições de absorção (veja Figura 23-1a) a atenuação da fonte de radiação em um comprimento de onda selecionado é medida. Nas medidas de fluorescência (veja Figura 23-1b) a fonte excita o analito e provoca a emissão de radiação característica, que normalmente é medida perpendicularmente ao feixe da fonte incidente. Na espectroscopia de emissão (veja Figura 23-1c) a própria amostra é o emissor e nenhuma fonte de radiação externa se faz necessária. Nos métodos de emissão, a amostra geralmente é introduzida em um plasma ou chama que fornece energia térmica suficiente para fazer o analito emitir radiação característica. Os métodos de fluorescência e emissão são descritos em mais detalhes nos capítulos 25 e 26, respectivamente.

23A-1 Materiais Óticos

As células, janelas, lentes, espelhos e elementos de seleção de comprimento de onda devem, nos instrumentos de espectroscopia ótica, transmitir ou refletir a radiação na região de comprimento de onda investigada. A **Figura 23-2** mostra as faixas de comprimento de onda funcionais para vários materiais óticos que são usados nas regiões do UV, do visível e do IV do espectro. O vidro de silicato comum é satisfatório para a região do visível e tem como vantagem considerável o baixo custo.

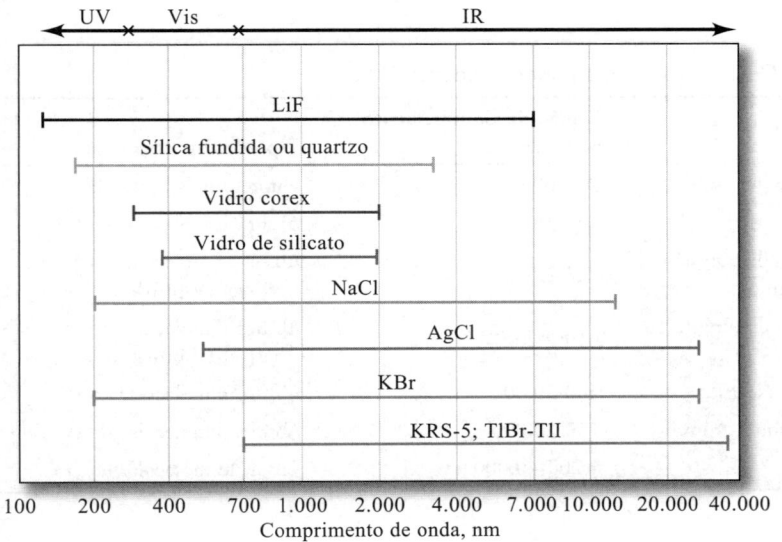

FIGURA 23-2

Faixas de transmitância para vários materiais óticos. Os vidros comuns são bons para a região do visível, enquanto sílica fundida ou quartzo são necessários para a região do UV (< 380 nm). Os sais de haleto (KBr, NaCl e AgCl) são frequentemente usados no IV, embora tenham as desvantagens de ser caros e um tanto solúveis em água. Os plásticos também são usados como suportes de amostras na região do visível.

Na região do UV, em comprimentos de onda mais curtos que 380 nm, o vidro começa a absorver e deve ser substituído por quartzo ou sílica fundida. Também, na região do IV, tanto o vidro quanto o quartzo e a sílica fundida absorvem comprimentos de onda mais longos que aproximadamente 2,5 μm. Portanto, os elementos óticos para a espectroscopia no IV são feitos tipicamente de sais haletos ou, em alguns casos, de materiais poliméricos.

23A-2 Fontes Espectroscópicas

Para ser adequada para estudos espectroscópicos, uma fonte deve gerar um feixe de radiação que seja suficientemente potente para fácil detecção e medição. Além disso, sua potência de saída deve ser estável por períodos razoáveis de tempo. Normalmente, para uma boa estabilidade, o fornecimento de potência para a fonte deve ser bem regulado. As fontes espectroscópicas são de dois tipos: **fontes contínuas**, que emitem radiação que varia na intensidade apenas lentamente em função do comprimento de onda, e **fontes de linhas**, que emitem um número limitado de linhas espectrais, cada uma das quais varre uma faixa bem estreita de comprimentos de onda. A diferenciação entre estas fontes está ilustrada na **Figura 23-3**. As fontes também podem ser classificadas como **fontes ininterruptas**, como referência ao fato de emitirem radiação continuamente com o tempo, ou **fontes pulsadas**, que emitem radiação periodicamente interrompida.

Uma fonte contínua fornece distribuição de comprimentos de onda ampla em uma faixa espectral em particular. Essa distribuição é conhecida como **espectro contínuo**. A fonte de linhas emite um número limitado de linhas espectrais em uma faixa estreita.

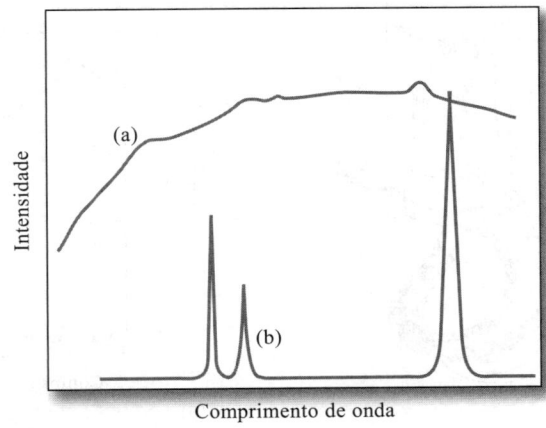

FIGURA 23-3

Espectros de duas fontes espectrais diferentes. O espectro de uma fonte contínua (a) é muito mais largo que aquele de uma fonte de linhas (b).

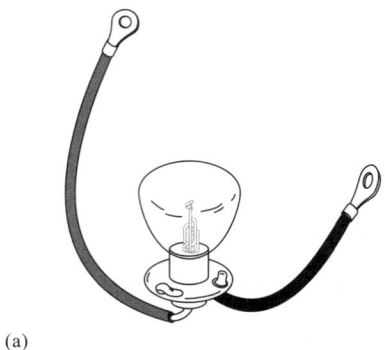

(a)

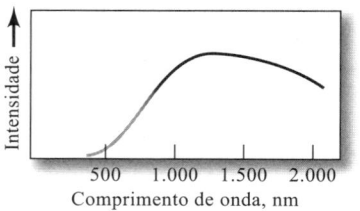

(b)

FIGURA 23-4

(a) Lâmpada de tungstênio do tipo empregado em espectroscopia e seu espectro (b). A intensidade de uma fonte de tungstênio é geralmente muito baixa para os comprimentos de onda menores que 350 nm. Observe que a intensidade atinge um máximo na região do infravermelho próximo do espectro (≈1.200 nm, nesse caso).

TABELA 23-1

Fontes Contínuas para a Espectroscopia Ótica

Fonte	Região de Comprimento de Onda, nm	Tipo de Espectroscopia
Lâmpada de xenônio	250-600	Fluorescência molecular
Lâmpadas de H_2 e D_2	160-380	Absorção molecular no UV
Lâmpada de tungstênio/halogênio	240-2.500	Absorção molecular no UV/visível-IV-próximo
Lâmpada de tungstênio	350-2.200	Absorção molecular no visível-IV-próximo
Fonte de Nernst	400-20.000	Absorção molecular no IV
Fio de níquel-cromo	750-20.000	Absorção molecular no IV
Globar	1.200-40.000	Absorção molecular no IV

Fontes Contínuas para a Região do Ultravioleta/Visível

As fontes contínuas mais largamente utilizadas estão listadas na **Tabela 23-1**. Uma lâmpada de filamento de tungstênio comum fornece uma distribuição larga de comprimentos de onda de 320 a 2.500 nm (veja **Figura 23-4**). Geralmente, estas lâmpadas são operadas a uma temperatura de cerca de 2.900 K, em consequência produzindo radiação útil de aproximadamente 350 a 2.500 nm.

As lâmpadas de tungstênio/halogênio, também chamadas *lâmpadas de quartzo halógenas*, contêm uma pequena quantidade de iodo dentro do bulbo de quartzo que aloja o filamento. O quartzo permite que o filamento seja operado a uma temperatura de aproximadamente 3.500 K, levando a intensidades mais altas e estendendo a faixa da lâmpada até bem dentro da região UV do espectro. A vida útil de uma lâmpada de tungstênio/halogênio é mais que o dobro de uma lâmpada comum de tungstênio, que é limitada pela sublimação do tungstênio do filamento. Na presença de iodo, o tungstênio sublimado reage para formar moléculas de WI_2. Estas então se difundem de volta para o filamento onde se decompõem, redepositam átomos de W no filamento e liberam iodo. As lâmpadas de tungstênio/halogênio estão encontrando uso cada vez maior nos instrumentos espectroscópicos por causa da sua faixa estendida de comprimentos de onda, da maior intensidade e maior vida útil.

As lâmpadas de deutério (e também de hidrogênio) são frequentemente empregadas para fornecer radiação contínua na região do UV. Uma lâmpada de deutério consiste em um tubo cilíndrico contendo deutério em baixa pressão com uma janela de quartzo da qual a radiação sai, como mostrado na **Figura 23-5**. A lâmpada emite radiação contínua quando o

FIGURA 23-5

(a) Lâmpada de deutério do tipo empregado nos espectrofotômetros e (b) seu espectro. Observe que o máximo de intensidade E_λ ocorre a ≈225 nm. Tipicamente, os instrumentos trocam de fonte de deutério para tungstênio a ≈350 nm.

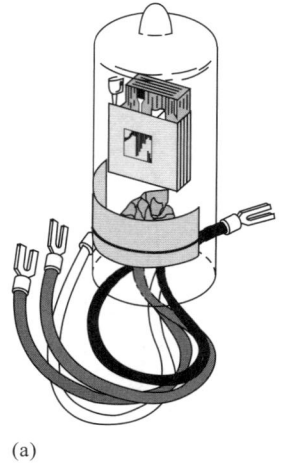

(a)

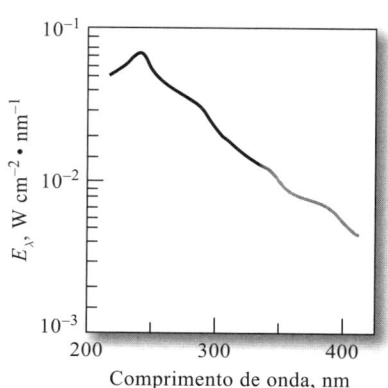

(b)

deutério (ou hidrogênio) é estimulado por energia elétrica para produzir molécula excitada de D_2^* (ou H_2^*). As espécies no estado excitado então se dissociam para fornecer dois átomos de hidrogênio ou deutério mais um fóton ultravioleta. As reações para o hidrogênio são

$$H_2 + E_e \rightarrow H_2^* \rightarrow H' + H'' + h\nu$$

onde E_e é a energia elétrica absorvida pela molécula. A energia para o processo global é

$$E_e = E_{H_2^*} = E_{H'} + E_{H''} + h\nu$$

onde $E_{H_2^*}$ é a energia fixa quantizada do H_2^*, $E_{H'}$ e $E_{H''}$ são as energias cinéticas dos dois átomos de hidrogênio. A soma das duas últimas energias pode variar de zero a $E_{H_2^*}$. Assim, a energia e a frequência do fóton também podem variar dentro dessa faixa de energias. Isto é, quando as duas energias cinéticas por acaso são pequenas, $h\nu$ é grande, e quando as duas energias são grandes $h\nu$ é pequeno. Como resultado, as lâmpadas de hidrogênio produzem um espectro que é verdadeiramente contínuo desde 160 nm até o início da região do visível. Atualmente, muitas lâmpadas para gerar radiação ultravioleta contêm deutério e são de um tipo de baixa voltagem, na qual é formado um arco entre um filamento aquecido revestido por óxido e um eletrodo metálico (veja Figura 23-5a). O filamento aquecido fornece elétrons para manter a corrente direta a um potencial de cerca de 40 V; uma fonte de alimentação regulada é necessária para se obter intensidades constantes. Tanto a lâmpada de deutério quanto a de hidrogênio fornecem um espectro contínuo útil na região de 160 a 375 nm, como mostrado na Figura 23-5b. No entanto, a lâmpada de deutério é mais largamente utilizada que a de hidrogênio em razão de sua maior intensidade. Em comprimentos de onda mais longos (> 360 nm), as lâmpadas geram linhas de emissão que estão superpostas no contínuo. Para muitas aplicações essas linhas constituem um problema, porém são úteis para a calibração de instrumentos de absorção.

Outras Fontes de Ultravioleta/Visível

Além das fontes contínuas já discutidas, as fontes de linhas são também importantes para a região do UV/visível. As lâmpadas de arco de mercúrio de baixa pressão são algumas vezes usadas como fonte nos detectores de cromatografia de líquido. A linha dominante emitida por essas fontes é a 253,7 nm do Hg. As lâmpadas de catodo oco também são fontes comuns de fontes de linhas que são especificamente usadas para a espectroscopia de absorção atômica, como discutido no Capítulo 26. Lasers (veja Destaque 23-1) também são usados em muitas aplicações espectroscópicas, tanto para propósitos de comprimento de onda único quanto de varredura.

DESTAQUE 23-1

Fontes de Laser: Uma Luz Fantástica

Os lasers tornaram-se fontes úteis em certos tipos de espectroscopias analíticas. Para ajudar a entender como um laser funciona, considere um conjunto de átomos ou moléculas interagindo com uma onda eletromagnética. Para simplificar, consideraremos que os átomos ou moléculas apresentam dois níveis de energia: um nível superior 2 com energia E_2 e um nível baixo 1 com energia E_1. Se a onda eletromagnética for de frequência correspondente à diferença de energia entre os dois níveis, as espécies excitadas no nível 2 podem ser estimuladas a emitir radiação da mesma frequência e fase que a onda eletromagnética original. Cada **emissão estimulada** gera um fóton, enquanto cada absorção remove um fóton. O número de fótons por segundo, denominado **fluxo radiante** Φ, varia com a distância à medida que a radiação interage com o conjunto de átomos ou moléculas. A alteração no fluxo, $d\Phi$, é proporcional ao próprio fluxo; à diferença de populações nos níveis, $n_2 - n_1$; e ao caminho ótico de interação, dz, de acordo com

$$d\Phi = k\Phi(n_2 - n_1)dz$$

onde k é uma constante de proporcionalidade relacionada à absortividade das espécies absorventes. Se levar a população do nível superior a exceder aquela do nível mais baixo, haverá um ganho líquido no fluxo e o sistema vai se comportar como um amplificador. Se $n_2 > n_1$, o sistema atômico ou molecular é dito ser um **meio ativo** que sofreu uma **inversão de população**. O amplificador resultante é denominado **laser**, termo que se origina das iniciais em inglês de "*light amplification by stimulated emission of radiation*" (amplificação de luz por emissão estimulada de radiação).

(continua)

Dr. Mario Molina é um químico estadunidense-mexicano que obteve o seu doutorado na University of California, em Berkeley. Sua pesquisa em química atmosférica centra-se ao redor da destruição da camada de ozônio atmosférica devido à decomposição química causado por poluentes como os clorofluorocarbonetos (CFCs). O Dr. Molina dividiu o Prêmio Nobel de Química por sua pesquisa sobre os efeitos dos gases CFC no ozônio em nossa atmosfera. Sua pesquisa científica deu suporte ao desenvolvimento dos acordos de mudanças climáticas, incluindo o Protocolo de Montreal (1987) e a Emenda de Kigali (2016) para acabar com o uso de hidrofluorocabronetos. O Dr. Molina recebeu a Medalha da Liberdade Presidencial dos EUA em 2013.

O amplificador ótico pode ser convertido em um oscilador colocando-se um meio ativo dentro de uma cavidade ressonante feita com dois espelhos, como mostrado na **Figura 23D-1**. Quando o ganho do meio ativo se iguala às perdas no sistema, a oscilação do laser tem início.

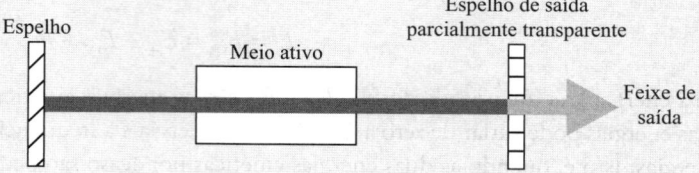

FIGURA 23D-1 Cavidade de um laser. A onda eletromagnética move-se para trás e para a frente entre os espelhos e a onda é amplificada a cada passagem. O espelho de saída é parcialmente transparente para permitir que somente uma fração do feixe passe para fora da cavidade.

A inversão de população é frequentemente atingida em um sistema atômico ou molecular de níveis múltiplos, no qual o processo de excitação, chamado **bombeamento**, é obtido por meios elétricos, métodos óticos ou reações químicas. Em alguns casos, a inversão de população pode ser sustentada de forma a produzir uma **onda contínua** (**OC**) como feixe de saída, o qual é constante em relação ao tempo. Em outros casos, a ação de gerar o laser é **autoterminal**, de forma que o laser é operado no modo pulsado para produzir um trem de pulsos ou mesmo um único pulso.[1]

Existem vários tipos de lasers disponíveis. Os primeiros lasers operacionais eram **lasers de estado sólido**, nos quais o meio ativo era um cristal de rubi. Além do laser de rubi, existem muitos outros lasers de estado sólido. Um material muito utilizado contém uma pequena concentração de Nd^{3+} incorporada em um hospedeiro constituído por um cristal (*garnet*) de ítrio-alumínio (YAG, do inglês: *yttrium-aluminium-garnet*). O material ativo é moldado na forma de um bastão e bombeado oticamente por uma lâmpada *flash*, como ilustrado na **Figura 23D-2a**. A bomba e as transições de laser estão mostradas na **Figura 23D-2b**. O laser de Nd:YAG gera pulsos de nanossegundos com uma saída de alta potência no comprimento de onda de 1,06 μm. O laser de Nd:YAG é muito popular como fonte de bombeamento para lasers de corante sintonizáveis.

Vários outros elementos terras raras, como itérbio, hólmio e érbio, também são usados como dopantes em lasers de estado sólido. A safira dopada com titânio (Ti:safira) é usada para produzir um laser de infravermelho ajustável. Algumas versões geram pulsos ultracurtos de potência de saída muito alta.

O laser muito comum de hélio-neônio (He-Ne) é um **laser de gás** que opera em um modo OC. O laser de He-Ne é largamente usado como auxiliar em alinhamento ótico e como fonte para alguns tipos de espectroscopia. Os lasers de nitrogênio operam na transição da molécula de nitrogênio a 337,1 nm. Trata-se de um laser autoterminal pulsado que requer um pulso elétrico muito curto para bombear as transições apropriadas. O laser de N_2 é também bastante popular para bombear lasers de corante sintonizáveis, como será discutido mais adiante. Os **lasers de exímero** (dímeros ou trímeros excitados) situam-se entre os lasers de gás mais modernos. Os lasers de exímeros de haletos de gases nobres foram primeiramente demonstrados em 1975. Em um tipo popular, uma mistura de gases contendo Ar, F_2 e He produz exímeros de ArF quando sujeita a uma descarga elétrica. O laser de exímero é uma fonte importante de UV para

(continua)

---

[1] Para informação adicional, veja J. D. Ingle, Jr.; S. R. Crouch. *Spectrochemical Analysis.* Upper Saddle River, NJ: Prentice-Hall, 1988.

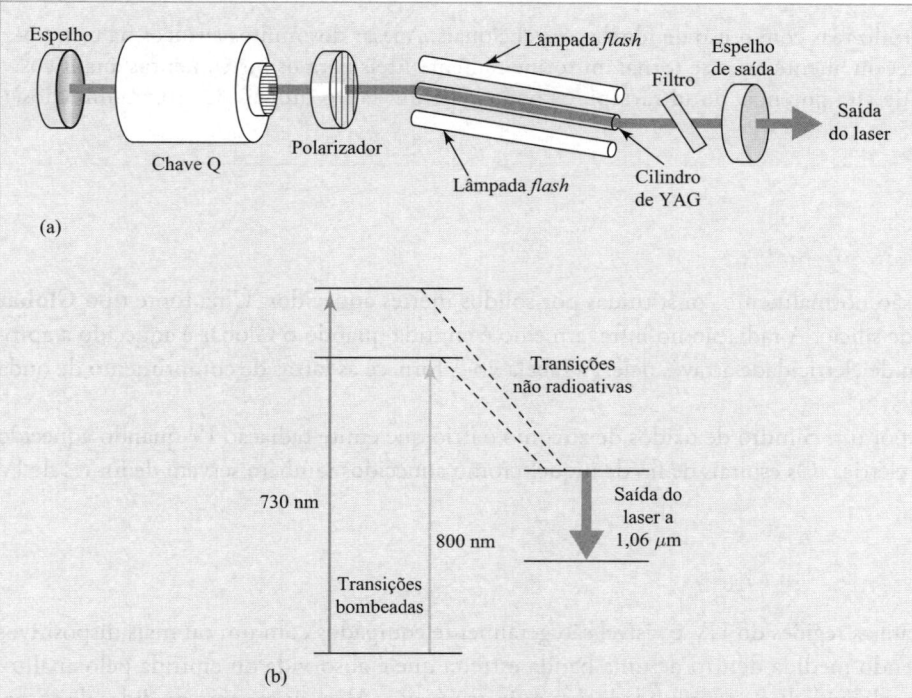

FIGURA 23D-2 Esquema de um laser de Nd:YAG (a) e níveis de energia (b). As transições bombeadas situam-se na região do vermelho do espectro e a saída do laser, no infravermelho próximo. O laser é bombeado por uma lâmpada *flash*. A região entre os dois espelhos constitui a cavidade do laser.

estudos fotoquímicos, aplicações em fluorescência e para bombear lasers de corante sintonizáveis.

Os **lasers de corante** são líquidos e contêm um corante fluorescente, como as rodaminas, cumarina ou fluoresceína. Esses lasers têm sido construídos para operar em comprimentos de onda desde a região do IV até a região do UV. O efeito laser ocorre geralmente entre o primeiro **estado simpleto** e o estado fundamental. Os lasers podem ser bombeados por lâmpadas *flash* ou por outros lasers, como aqueles previamente discutidos. O efeito laser pode ser sustentado sobre uma faixa contínua de comprimentos de onda da ordem de 40 a 50 nm. A faixa larga sobre a qual o efeito laser ocorre torna o laser de corante adequado para ser sintonizado por meio da inserção de uma rede, um filtro, um prisma ou um elemento interferométrico dentro da cavidade do laser. Os lasers de corante são muito úteis na espectroscopia de fluorescência molecular e para muitas outras aplicações.

Os **lasers de semicondutores**, também denominados **lasers de diodo**, obtêm a inversão de população entre uma banda de condução e a banda de **valência** de uma junção *pn* de um diodo. Várias composições do material semicondutor podem ser empregadas para fornecer comprimentos de onda de saída. Os lasers de diodo podem ser sintonizados sobre pequenos intervalos de comprimentos de onda e produzir saídas na região do IV do espectro. Eles têm se tornado extremamente úteis em aparelhos de CD e DVD, drivers de CD-ROM, impressoras a laser e aplicações espectroscópicas, como a espectroscopia Raman.

A radiação laser é altamente direcional, espectralmente pura, coerente[2] e altamente intensa. Essas propriedades têm tornado possível aplicações em pesquisa que são únicas

(continua)

> **Estado de simpleto** é um estado eletrônico de uma molécula na qual todos os spins eletrônicos estão emparelhados.

---

[2] Radiação coerente é a radiação na qual as ondas estão em fase entre si.

e que não poderiam ser facilmente realizadas com o uso de fontes convencionais. Apesar dos muitos avanços na tecnologia e na ciência dos lasers, apenas recentemente estes se tornaram rotineiramente úteis para os instrumentos analíticos. Mesmo atualmente, muitos lasers de alta potência ou ultrarrápidos podem ser um tanto difíceis de serem alinhados, mantidos e usados.

Fontes Contínuas na Região do Infravermelho

As fontes contínuas de radiação IV são normalmente constituídas por sólidos inertes aquecidos. Uma fonte tipo **Globar** consiste em um cilindro de carbeto de silício. A radiação no infravermelho é emitida quando o Globar é aquecido a aproximadamente 1.500°C pela passagem de eletricidade através dele. A Tabela 23-1 fornece as faixas de comprimento de onda dessas fontes.

A **fonte de Nernst** é constituída por um cilindro de óxidos de zircônio e ítrio que emite radiação IV quando aquecido a alta temperatura por uma corrente elétrica. Os espirais de fio de níquel-cromo aquecidos também servem de fontes de IV de baixo custo.

23A-3 Seletores de Comprimentos de Onda

Os instrumentos espectroscópicos para as regiões do UV e visível são geralmente equipados com um ou mais dispositivos para restringir a radiação que está sendo medida dentro de uma banda estreita que é absorvida ou emitida pelo analito. Esses dispositivos melhoram muito a seletividade e a sensibilidade de um instrumento. Além disso, para medidas de absorção, como vimos na Seção 22C-3, bandas estreitas de radiação diminuem enormemente a chance de desvios na lei de Beer devido à radiação policromática. Muitos instrumentos empregam um **monocromador** ou um **filtro** para isolar a banda de comprimento de onda desejada de forma que somente essa banda de interesse seja detectada e medida. Outros utilizam **espectrógrafos** para desmembrar, ou dispersar, os comprimentos de onda, de forma que possam ser detectados pelo uso de detectores multicanais.

Monocromadores e Policromadores

Os monocromadores geralmente possuem uma rede de difração (veja o Destaque 23-3) para dispersar a radiação sem seus comprimentos de onda constituintes, como mostrado na **Figura 23-6a**. Instrumentos mais antigos usavam prismas para este propósito, como visto na **Figura 23-6b**. Girando-se a rede, os comprimentos de onda diferentes podem ser dirigidos para uma fenda de saída. O comprimento de onda de saída de um monocromador pode ser variado continuamente sobre uma faixa espectral considerável. A faixa de comprimento selecionada por um monocromador, chamada **banda de passagem espectral** ou **largura de banda efetiva**, pode ser menor que 1 nm para instrumentos moderadamente caros até maiores que 20 nm para sistemas baratos. Em razão da facilidade com a qual o comprimento de onda pode ser alterado em um instrumento baseado no uso de um monocromador, esses sistemas são largamente empregados em aplicações que requerem varredura espectral, bem como em aplicações que requerem um comprimento de onda fixo. Em instrumentos que contêm um **espectrógrafo**, a amostra e o seletor de comprimento de onda são invertidos em relação à configuração mostrada na Figura 23-1a. Como em um monocromador, o espectrógrafo contém uma rede de difração para dispersar o espectro. Entretanto, o espectrógrafo não tem fenda de saída, logo, o espectro dispersado colide no detector de múltiplos comprimentos de onda. Outros instrumentos empregados em espectroscopia de emissão contêm, ainda, um dispositivo chamado **policromador**, o qual contém múltiplas fendas de saída e múltiplos detectores. Este arranjo permite que muitos comprimentos de onda discretos sejam medidos simultaneamente.

A Figura 23-6a exibe um desenho de um monocromador de rede típico. A radiação de uma fonte entra no monocromador por uma abertura retangular estreita, ou fenda. A radiação é então colimada por um espelho côncavo, o qual produz um feixe paralelo que

> **Espectrógrafo** é um dispositivo que emprega uma rede para dispersar o espectro. Esse dispositivo inclui uma fenda de entrada para definir a área da fonte a ser amostrada. Uma abertura grande na sua saída permite que uma faixa larga de comprimentos de onda atinja um detector de múltiplos comprimentos de onda. **Monocromador** é um dispositivo que possui uma fenda de entrada e outra de saída. Esta última é usada para isolar uma banda estreita de comprimentos de onda. Uma banda é isolada a cada vez e diversas bandas podem ser transmitidas sequencialmente, girando-se a rede. Um **policromador** contém múltiplas fendas de saída, de modo que várias bandas de comprimento de onda podem ser isoladas simultaneamente.

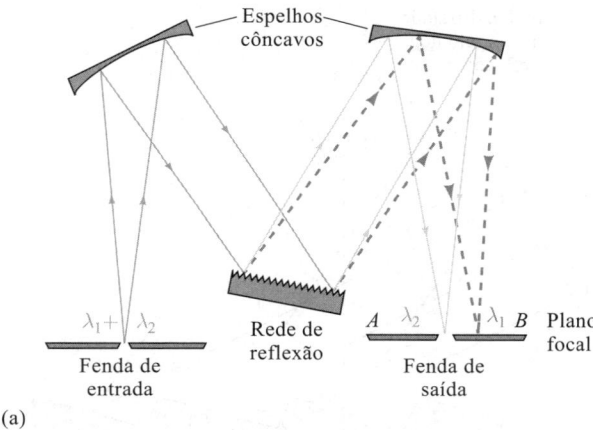

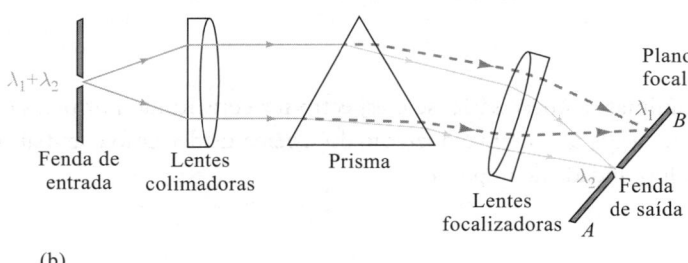

FIGURA 23-6

Tipos de monocromadores: (a) monocromador de rede e (b) monocromador de prisma. O monocromador esquematizado em (a) segue o desenho de Czerny-Turner, enquanto o monocromador de prisma, em (b), segue o desenho de Bunsen. Em ambos os casos, $\lambda_1 > \lambda_2$.

atinge a superfície de uma rede refletora. A dispersão angular ocorre por difração, a qual, por sua vez, ocorre na superfície refletora. Para ilustrar, a radiação entrando no monocromador é mostrada como consistindo em dois comprimentos de onda, λ_1 e λ_2, onde λ_1 é mais longa que λ_2. O caminho percorrido pela radiação de comprimento de onda mais longo depois que é refletida na rede está mostrado pelas linhas pontilhadas; as linhas sólidas mostram o caminho percorrido por aquela de comprimento de onda mais curto. Observe que a radiação de menor comprimento de onda λ_2 é refletida pela rede em um ângulo mais agudo que λ_1. Isto é, a **dispersão angular** da radiação ocorre na superfície da rede. Os dois comprimentos de onda são focados por outro espelho côncavo sobre o **plano focal** do monocromador, no qual aparecem como duas imagens da fenda de entrada, uma para λ_1 e outra para λ_2. Girando-se a rede, qualquer uma dessas imagens pode ser focada na fenda de saída. Se um detector for colocado na fenda de saída do monocromador exposto na Figura 23-6a e a rede girada de forma que uma das linhas mostradas (digamos λ_1) seja varrida pela fenda de $\lambda_1 - \delta\lambda$ a $\lambda_1 + \delta\lambda$ (onde $\delta\lambda$ é uma pequena diferença de comprimento de onda), a saída do detector toma a forma mostrada na **Figura 23-7**.[3] A largura de banda efetiva do monocromador, definida na figura, depende do tamanho e da qualidade do elemento de dispersão, das larguras das fendas e da sua distância focal. Um monocromador de alta qualidade vai exibir uma largura de banda efetiva de poucos décimos de nanômetros ou menor na região do ultravioleta/visível. A largura efetiva de banda de um monocromador que é satisfatória para a maior parte das aplicações quantitativas se situa em torno de 1 a 20 nm.

Muitos monocromadores são equipados com fendas ajustáveis para permitir algum grau de controle da largura de banda. Uma fenda estreita diminui a **largura de banda efetiva**, como também reduz a potência do feixe emergente. Assim, a largura de banda mínima pode vir a ser limitada pela sensibilidade do detector. Para as análises

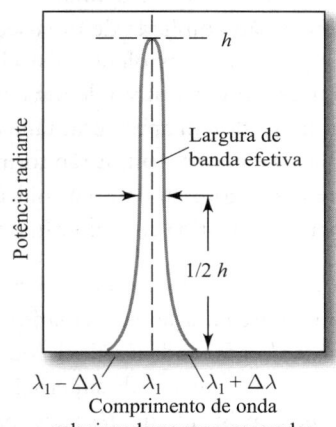

FIGURA 23-7

Sinal de saída da fenda à medida que o monocromador é varrido de $\lambda_1 - \Delta\lambda$ a $\lambda_1 + \Delta\lambda$.

A **largura de banda efetiva** para um seletor de comprimento de onda é a largura da banda de radiação em unidades de comprimento de onda tomada à meia altura do pico.

---

[3] A função de saída da fenda é aproximadamente triangular. Vários fatores instrumentais combinam-se para produzir o formato mostrado na Figura 23-7.

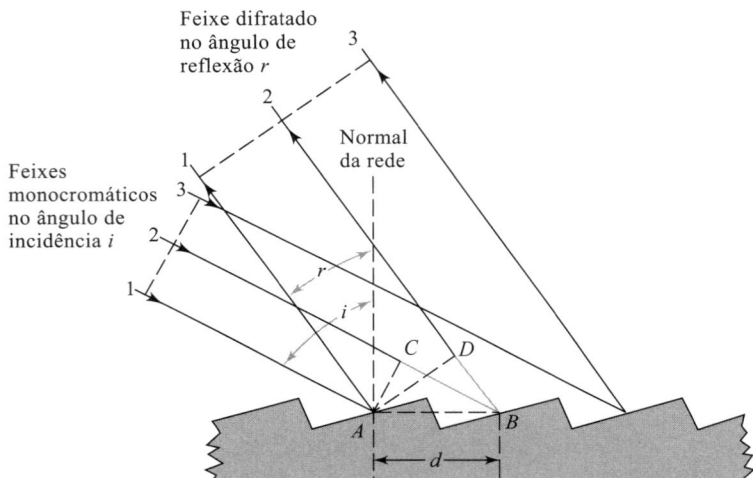

FIGURA 23-8
Mecanismo de difração de uma rede tipo *echellette*. O ângulo *i* a partir da normal até a rede é aquele do feixe incidente; o ângulo *r* é o do feixe refletido. A distância entre as ranhuras sucessivas é indicada pela letra *d*.

qualitativas, as fendas estreitas e bandas efetivas mínimas são necessárias se o espectro for constituído por picos estreitos. Para o trabalho quantitativo, contudo, as fendas mais largas permitem a operação do sistema de detecção com baixa amplificação, o que, por sua vez, leva a uma maior reprodutibilidade de resposta.

Redes

A maior parte das redes dos monocromadores modernos é composta por réplicas, as quais são geralmente feitas por moldagem a partir de uma rede mestra. Esta última consiste em uma superfície dura, oticamente plana e polida na qual uma ferramenta de diamante de formato adequado cria um grande número de ranhuras paralelas e pouco espaçadas. Uma visão ampliada de uma seção transversal de algumas ranhuras típicas encontra-se na **Figura 23-8**. Uma rede para a região do ultravioleta e visível normalmente tem de 50 a 6.000 ranhuras por mm, com 1.200 a 2.400 sendo a mais comum. A construção de uma rede mestra de boa qualidade é cansativa, demorada e apresenta um alto custo, porque as ranhuras devem apresentar tamanhos idênticos e ser exatamente paralelas e igualmente espaçadas ao longo de toda a rede (3 a 10 cm). As réplicas são formadas a partir de uma rede mestra por um processo de moldagem com resina líquida que preserva rigorosamente a exatidão ótica da rede mestra original em uma superfície de resina limpa. Esta superfície normalmente é revestida com alumínio ou, algumas vezes, com ouro ou platina, de forma que reflita a radiação eletromagnética.

A Rede Tipo *Echellette*. Um dos tipos mais comuns de redes de reflexão é a do tipo *echellette*. A Figura 23-8 mostra uma representação esquemática desse tipo de rede, a qual é entalhada ou **marcada** de tal forma que tenha faces relativamente largas, onde a reflexão ocorre, e faces não usadas estreitas.[4] Na Figura 23-8, um feixe paralelo de radiação monocromática aproxima-se da superfície da rede em um ângulo *i* em relação à normal da rede. O feixe incidente está representado como consistindo de três feixes paralelos que constituem uma frente de ondas rotulada 1, 2 e 3. O feixe difratado é refletido com um ângulo *r*, o qual depende do comprimento de onda da radiação. No Destaque 23-2 mostramos que o ângulo de reflexão *r* está relacionado com o comprimento da radiação incidente pela equação

$$\mathbf{n}\lambda = d(\operatorname{sen} i + \operatorname{sen} r) \tag{23-1}$$

A Equação 23-1 sugere que existem diversos valores de λ para um dado ângulo *r*. Assim, se a linha de primeira ordem ($\mathbf{n} = 1$) de 900 nm for encontrada no ângulo *r*, as linhas de segunda ordem (450 nm) e de terceira ordem (300 nm)

---

[4] Uma rede *echellette* é construída para ser utilizada com maior luminosidade (*blazed*)* em ordens baixas, mas as **redes echelle** são empregadas em altas ordens (>10). A rede *echelle* é usada geralmente em conjunto com um segundo elemento dispersivo, como um prisma, para separar as ordens sobrepostas e fornecer uma dispersão transversal. Para mais informações sobre a rede *echelle* e como são empregadas, veja D. A. Skoog; F. J. Holler; S. R. Crouch. *Principles of Instrumental Analysis*. 7. ed. Boston, MA: Cengage Learning, 2018, Seções 7-2, 10A-3; J. D. Ingle, Jr.; S. R. Crouch. *Spectrochemical Analysis*. Englewood Cliffs, NJ: Prentice Hall, 1988, seção 3-5.

* NT: Em linguagem técnica inglesa, o termo *blazed* é empregado para se referir à rede, e mesmo ao ângulo (*blaze angle*), em que há maior luminosidade e, portanto, maior eficiência são obtidas com o seu uso.

também vão aparecer nesse ângulo. Normalmente, a linha de primeira ordem é mais intensa e é possível construir redes que concentrem até 90% da intensidade incidente nesta ordem. As linhas de ordens superiores podem ser removidas normalmente pelo uso de filtros. As linhas de maior ordem geralmente podem ser removidas por filtros ou um prisma. Por exemplo, o vidro, que absorve a radiação abaixo de 350 nm, elimina o espectro de ordem superior associado com a radiação de primeira ordem na maior parte da região do visível.

> **DESTAQUE 23-2**
>
> **Origem da Equação 23-1**
>
> Na Figura 23-8, os feixes paralelos de radiação monocromática indicados pelos números 1 e 2 são mostrados incidindo sobre duas faces largas em um ângulo de incidência i em relação à normal da rede. A interferência construtiva máxima ocorre no ângulo refletido r. O feixe 2 percorre uma maior distância que o feixe 1 e esta diferença é igual a $\overline{CB} = \overline{BD}$. Para que uma interferência construtiva ocorra, a diferença deve ser igual a $\mathbf{n}\lambda$:
>
> $$\mathbf{n}\lambda = \overline{CB} + \overline{BD}$$
>
> onde o pequeno número inteiro $\mathbf{n}$ é chamado **ordem de difração**. Observe, contudo, que o ângulo CAB é igual ao ângulo i e que o ângulo DAB é idêntico ao ângulo r. Portanto, da trigonometria,
>
> $$\overline{CB} = d \operatorname{sen} i$$
>
> onde d é o espaçamento entre as superfícies refletoras. Podemos ver também que
>
> $$\overline{BD} = d \operatorname{sen} r$$
>
> Substituindo as duas últimas expressões na primeira, obtém-se a Equação 23-1. Isto é,
>
> $$\mathbf{n}\lambda = d(\operatorname{sen} i + \operatorname{sen} r)$$
>
> Note que, quando a difração ocorre para a esquerda em relação à normal da rede, os valores de $\mathbf{n}$ são positivos, e quando a difração ocorre à direita da normal, $\mathbf{n}$ é negativo. Assim, $\mathbf{n} = \pm 1, \pm 2, \pm 3$ e assim por diante.

A principal vantagem de um monocromador de rede é que, em contraste com um monocromador de prisma, a dispersão ao longo do plano focal linear é para todas as finalidades práticas. A **Figura 23-9** demonstra esta propriedade que simplifica enormemente o desenho do monocromador.

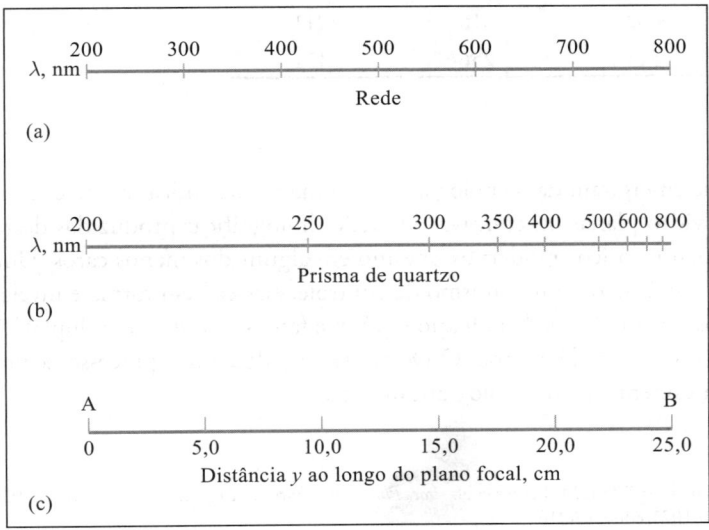

FIGURA 23-9

Dispersão de radiação ao longo do plano focal AB de (a) uma rede e (b) um prisma de quartzo. As posições de A e B na escala em (c) são mostradas na Figura 23-6.

Dispersão **linear recíproca** é a variação no comprimento de onda por distância unitária do plano focal do monocromador.

Uma medida útil da dispersão para um monocromador de rede é a **dispersão linear recíproca**, a variação no comprimento de onda por distância unitária ao longo do plano focal. O produto da dispersão linear recíproca e o comprimento da fenda é a **passagem de banda efetiva** ou espectral do monocromador.

Redes Côncavas As redes podem ser construídas sobre uma superfície côncava quase da mesma forma que sobre uma superfície plana. Uma rede côncava permite a construção de um monocromador sem espelhos ou lentes auxiliares de focalização e alinhamento porque a superfície côncava tanto dispersa a radiação quanto pode focá-la na fenda de saída. Os monocromadores que contêm uma rede côncava são eficientes em custo e a redução no número de superfícies óticas aumenta a energia de passagem deles.

EXEMPLO 23-1

Uma rede *echellette* contendo 1.450 ranhuras por milímetro foi irradiada com um feixe policromático a um ângulo de incidência de 48 graus em relação à normal da rede. Calcule o comprimento de onda da radiação que apareceria a um ângulo de reflexão de +20, +10 e 0 graus (o ângulo r na Figura 23-8).

Solução

Para obter o valor de d na Equação 23-1, escrevemos

$$d = \frac{1 \text{ mm}}{1.450 \text{ ranhuras}} \times 10^6 \frac{\text{nm}}{\text{mm}} = 689{,}7 \frac{\text{nm}}{\text{ranhuras}}$$

Quando r na Figura 23-8 se iguala a $+20°$, λ pode ser obtido por substituição na Equação 23-1. Consequentemente,

$$\lambda = \frac{689{,}7 \text{ nm}}{n}(\text{sen}\, 48 + \text{sen}\, 20) = \frac{748{,}4}{n}\text{nm}$$

e os comprimentos de onda para a primeira, segunda e terceira ordens de reflexão são 748, 374 e 249 nm, respectivamente. Cálculos similares, mostrados na tabela a seguir, revelam que o comprimento de onda na segunda ordem é metade daquele na primeira, o comprimento de onda na terceira ordem é um terço daquele na primeira, e assim sucessivamente.

	Comprimento de Onda (nm) para		
r, graus	$n = 1$	$n = 2$	$n = 3$
20	748	374	249
10	632	316	211
0	513	256	171

Redes Holográficas.[5] Um dos produtos que emergiram da tecnologia laser é uma técnica ótica (ao invés de mecânica) para a moldagem de redes em superfícies de vidro planas ou côncavas. As redes holográficas produzidas desta maneira aparecem em números crescentes nos instrumentos óticos modernos, mesmo em alguns dos menos caros. Uma vez que as redes holográficas não estão sujeitas a erros mecânicos do mecanismo de controle, elas exibem forma e nivelamento de ranhura superiores e assim produzem espectros que são livres de radiação espúria e fantasmas (imagem dupla). As réplicas de redes holográficas são basicamente indistinguíveis da rede mestra.[6] O Destaque 23-3 descreve o processo de produção de ranhuras tanto para as redes produzidas mecanicamente quanto holograficamente.

---

[5] Veja J. Flamand; A. Grillo; G. Hayat. *Amer. Lab.*, v. 7 n. 5, p. 47, 1975; J. M. Lerner et al. *Proc. Photo-Opt. Instrum. Eng.*, v. 240, n. 72, p. 82, 1980.
[6] I. R. Altelmose. *J. Chem. Educ.*, v. 63, A216, 1986. DOI: 10.1021/ed063pA216.

DESTAQUE 23-3

Produção de Ranhuras e Redes Holográficas

A dispersão da radiação UV/visível pode ser obtida dirigindo-se um feixe policromático através de uma **rede de transmissão** ou sobre a superfície de uma **rede de reflexão**. A rede de reflexão é, de longe, a mais comum. As **réplicas de redes**, que são empregadas como monocromadores, são manufaturadas a partir de uma **rede mestra**. A rede mestra consiste em um número muito grande de ranhuras gravadas em uma superfície dura e polida com uma ferramenta de diamante de formato adequado. Para a região do UV/visível, uma rede conterá de 50 a 6.000 ranhuras mm^{-1}, sendo mais comuns as de 1.200 a 2.400. As redes mestras recebem as ranhuras com uma ferramenta de diamante destinada a fazer ranhuras que é operada por um motor que as produz. A construção de uma boa rede mestra é cansativa, demorada e de alto custo, porque as ranhuras precisam ter tamanhos idênticos, devem ser exatamente paralelas e igualmente espaçadas sobre a extensão da rede, normalmente de 3 a 10 cm. Por causa da dificuldade de construção, poucas redes mestras são produzidas.

A era moderna de redes data da década de 1880, quando Henry Rowland construiu um motor capaz de gravar redes de até 6 polegadas de largura com mais de 100.000 ranhuras. Um desenho simplificado da máquina de Rowland é mostrado na **Figura 23D-3**. Nessa máquina, uma rosca de alta precisão move o carro da rede enquanto uma ponta de diamante corta as ranhuras finas paralelas. Imagine a gravação manual de uma rede com 100 mil ranhuras em uma extensão de 6 polegadas! A máquina requereria cerca de 5 horas apenas para aquecer até uma temperatura aproximadamente uniforme. Após este período de aquecimento, cerca de 15 horas eram necessárias para obter uma camada uniforme de lubrificante na superfície. Somente após esse tempo o diamante era abaixado para iniciar o processo de gravação. As redes grandes requeriam quase uma semana para serem produzidas.

Henry A. Rowland (1848-1901) foi um físico norte-americano e o primeiro presidente da American Physical Society. Ele foi também o primeiro presidente do Departamento de Física da John Hopkins University. Apesar de ter feito um trabalho importante em várias áreas da eletricidade e do magnetismo, é mais conhecido pelo desenvolvimento de métodos para produzir redes de difração de alta qualidade.

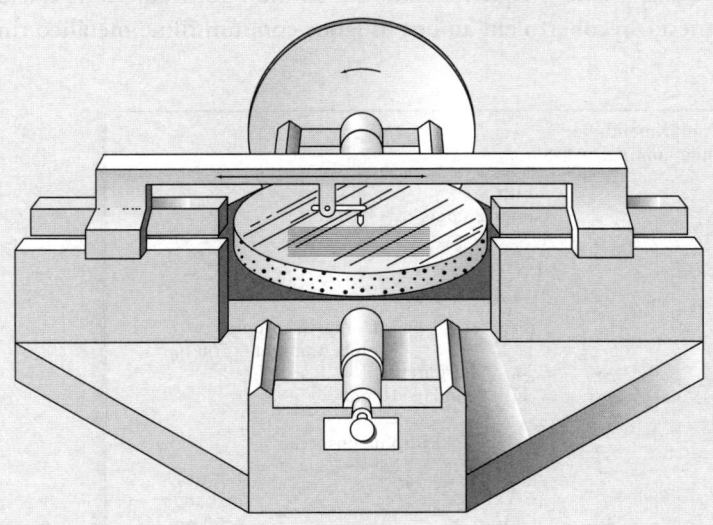

FIGURA 23D-3

Diagrama simplificado da máquina de gravação de Rowland. Uma única rosca de alta precisão movimenta o carro da rede. Uma ponta de diamante se movimenta, então, sobre a rede, a qual é gravada em uma superfície espelhada côncava. As máquinas desse tipo serviram como modelos para muitas outras de gravação construídas desde o tempo de Rowland. Máquinas deste tipo estão dentre os dispositivos mecânicos macroscopicamente mais sensíveis e precisos que já foram construídos. As redes que produziram desempenharam um papel fundamental em muitos avanços importantes na ciência no século passado.

(continua)

Dois importantes aperfeiçoamentos foram introduzidos por Strong nos anos 1930. O mais significativo foi a deposição de alumínio sobre o vidro para produzir o material a ser trabalhado. A fina camada de alumínio formava uma superfície muito mais uniforme e reduzia o desgaste da ferramenta de diamante. O segundo melhoramento de Strong foi mover a rede ao invés da ferramenta.

Hoje, as máquinas de gravação empregam o controle interferométrico (veja o Destaque 23-7) do processo de gravação. Pouco menos de 50 máquinas de gravação estão em uso ao redor do mundo. Mesmo que todas essas máquinas fossem operadas 24 horas por dia, não atingiriam nem de longe a demanda por redes. Felizmente, as técnicas modernas de recobrimento e a tecnologia das resinas tornaram possível a produção de réplicas de redes de alta qualidade. As réplicas de redes são formadas a partir de uma rede mestra por deposição a vácuo de alumínio sobre a rede mestra gravada. A camada de alumínio é subsequentemente recoberta com um material do tipo epóxido. O material é então polimerizado e a réplica é separada da rede mestra. As redes replicadas atualmente são superiores às redes mestras produzidas no passado.

Outra maneira de se construir redes é um resultado da tecnologia laser. Essas **redes holográficas** são feitas por meio do recobrimento de uma placa de vidro com um material fotossensível. Os feixes de um par idêntico de lasers atingem a superfície do vidro. As franjas de interferência (veja o Destaque 23-7) dos dois feixes sensibilizam o fotorresiste, formando áreas que podem ser removidas por dissolução, gerando a estrutura de ranhuras. Depois, deposita-se alumínio sob vácuo para produzir uma rede refletora. O espaçamento entre as ranhuras pode ser modificado alterando-se o ângulo dos dois feixes de laser um em relação ao outro. Redes virtualmente perfeitas com até 6 mil linhas por mm podem ser manufaturadas dessa forma a um custo relativamente baixo. As redes holográficas não são tão eficientes em termos de luminosidade quanto aquelas gravadas mecanicamente; contudo, elas eliminam o problema de linhas falsas, denominado **fantasmas de rede**, e reduzem o espalhamento de luz que resulta de erros na gravação mecânica.

Filtros de Radiação

Os filtros operam bloqueando ou absorvendo toda a radiação, com exceção de uma banda restrita de radiação. Como mostrado na **Figura 23-10**, dois tipos de filtro são empregados em espectroscopia: **de interferência** e **de absorção**. Filtros de interferência são tipicamente usados para medir as absorções. Estes filtros geralmente transmitem uma fração muito maior de radiação em seus comprimentos de onda nominais do que fazem os filtros de absorção.

Filtros de Interferência.

Os filtros de interferência são empregados com as radiações ultravioleta e visível, bem como para comprimentos de onda de até cerca de 14 μm, na região do infravermelho. Como seu nome implica, um filtro de interferência baseia-se na interferência ótica para produzir uma banda de radiação estreita, normalmente de 5 a 20 nm de largura. Como mostrado na **Figura 23-11a**, um filtro de interferência consiste em uma camada muito fina de um material **dielétrico** transparente (frequentemente constituído por fluoreto de cálcio ou fluoreto de magnésio) recoberto em ambos os lados com um filme metálico fino o

> Um **dielétrico** é uma substância não condutora ou isolante. Normalmente, esses materiais são oticamente transparentes.

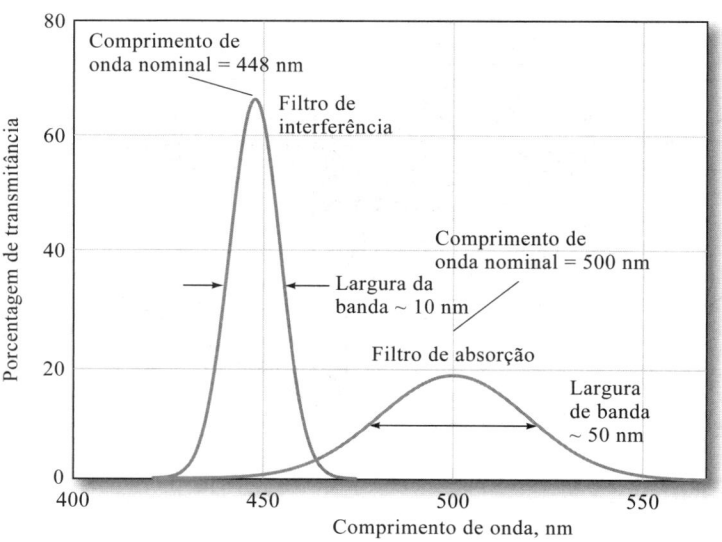

FIGURA 23-10 Larguras de banda para dois tipos de filtros.

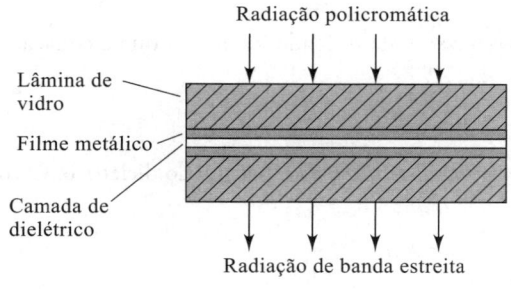

FIGURA 23-11

(a) Esquema de uma seção transversal de um filtro de interferência. Note que o desenho não está em escala e que as três camadas centrais são muito mais estreitas do que o mostrado.
(b) Esquema indicando as condições para interferência construtiva.

suficiente para transmitir aproximadamente metade da radiação que o atinge, refletindo a outra metade restante. Esse arranjo é colocado entre duas placas de vidro que o protegem da atmosfera. Quando a radiação atinge a parte central do arranjo a um ângulo de 90°, aproximadamente metade da luz é transmitida pela primeira camada metálica e a outra é refletida. A radiação transmitida sofre uma partição semelhante quando atinge a segunda camada metálica. Se a fração refletida da segunda camada for de determinado comprimento de onda, ela será refletida parcialmente a partir da porção interna da primeira camada em fase com a radiação incidente de mesmo comprimento de onda. O resultado é uma interferência construtiva da radiação desse comprimento de onda e uma remoção destrutiva da maioria dos outros comprimentos de onda. Como apresentado no Destaque 23-4, o comprimento de onda nominal para um filtro de interferência $\lambda_{máx}$ é dado pela equação

$$\lambda_{máx} = \frac{2t\eta}{n} \tag{23-2}$$

onde t é a espessura da camada central de dielétrica, η, o índice de refração; e n, um inteiro denominado *ordem de interferência*. As camadas de vidro do filtro são selecionadas de forma que absorva todos os comprimentos de onda, exceto um deles, transmitidos pela camada central; assim, restringe-se a transmissão do filtro a uma única ordem.

DESTAQUE 23-4

Fundamento da Equação 23-2

A relação entre a espessura da camada do dielétrico t e o comprimento de onda transmitido λ pode ser encontrada com o auxílio da **Figura 23-11b**. Para propósitos de clareza, o feixe incidente é mostrado chegando com um ângulo θ em relação à perpendicular. No ponto 1, a radiação é parcialmente tanto refletida quanto transmitida para o ponto 1' no qual uma reflexão e transmissão parciais ocorrem novamente. O mesmo processo ocorre em 2, 2' e assim por diante. Para que o reforço ocorra no ponto 2, a distância percorrida pelo feixe refletido em 1' deve ser um múltiplo do comprimento de onda no meio λ'. Uma vez que o caminho ótico entre as superfícies pode ser expresso como $t/\cos\theta$, a condição para o reforço é que $n\lambda' = 2t/\cos\theta$, onde n é um número inteiro pequeno.

(continua)

> Na sua utilização normal, θ aproxima-se de zero e o $\cos \theta$, da unidade, de forma que a equação derivada a partir da Figura 23-11 seja simplificada para
>
> $$n\lambda' = 2t$$
>
> onde λ' é o comprimento de onda da radiação *no interior do dielétrico* e t a espessura do dielétrico. O comprimento de onda no ar é dado por
>
> $$\lambda = \lambda'\eta$$
>
> onde η é o índice de refração do meio dielétrico. Assim, os comprimentos de onda da radiação transmitida pelo filtro são
>
> $$\lambda = \frac{2t\eta}{n}$$

A Figura 23-10 ilustra o desempenho característico de um filtro de interferência típico. A maioria dos filtros desse tipo apresenta largura de banda menor que 1,5% do comprimento de onda nominal, embora esse valor possa ser reduzido a 0,15% para alguns filtros de banda estreita. Os filtros de bandas estreitas têm uma transmitância máxima de cerca de 10%.

Filtros de Absorção. Os filtros de absorção, que são de menor custo e mais robustos que os de interferência, são limitados ao uso na região do visível. Este tipo de filtro normalmente consiste em uma placa de vidro colorida que absorve parte da radiação incidente e transmite a banda desejada de comprimentos de onda. Os filtros de absorção apresentam larguras de banda efetivas na faixa de possivelmente 30 a 250 nm. Os filtros que podem prover larguras de bandas mais estreitas apresentam transmitância de 1% ou menor no pico de sua banda. A Figura 23-10 compara as características de desempenho dos filtros de absorção com aquelas dos filtros de interferência. Os filtros de vidro com transmitância máxima em toda a faixa do visível estão disponíveis comercialmente. Enquanto suas características de desempenho são notavelmente inferiores às dos filtros de interferência, seu custo é significativamente menor e eles são perfeitamente adequados para uso em muitas aplicações de rotina.

Os filtros apresentam as vantagens de simplicidade, robustez e baixo custo. Entretanto, desde que um filtro pode isolar apenas uma única banda de comprimentos de onda, um novo filtro deve ser usado para uma banda de comprimento de onda diferente. Dessa forma, os instrumentos de filtro são empregados somente quando as medidas são feitas a um determinado comprimento de onda fixo ou quando esse último é raramente alterado.

Na região do infravermelho do espectro, a maior parte dos instrumentos modernos não dispersa de forma alguma a radiação, embora isso fosse comum nos instrumentos antigos. Em vez disso, é usado um **interferômetro** e as interferências construtivas e destrutivas das ondas eletromagnéticas são usadas para obter informação espectral através de uma técnica chamada *transformada de Fourier*. Esses instrumentos são mais bem discutidos no Destaque 23-7 e na Seção 24C-2.

23A-4 Detectando e Medindo a Energia Radiante

Um **detetor** indica, identifica ou grava as variações nas grandezas físicas e químicas no seu ambiente.

Para obter a informação espectroscópica, a potência radiante transmitida, fluorescente ou emitida deve ser detectada de alguma forma e convertida em uma quantidade mensurável. **Detector** é um dispositivo que identifica, grava ou indica uma mudança em uma das variáveis no seu ambiente como pressão, temperatura ou radiação eletromagnética. Os exemplos familiares de detectores incluem filme fotográfico para indicar a presença de radiação eletromagnética ou radioativa, a ponteira de uma balança para indicar diferenças de massas e o nível de mercúrio em um termômetro para indicar a temperatura. O olho humano também é um detector; ele converte a radiação visível em sinais elétricos, que são transmitidos ao cérebro via uma cadeia de neurônios presentes no nervo ótico e produzem a visão.

Um **transdutor** converte vários tipos de grandezas físicas e químicas em sinais elétricos, tais como carga elétrica, corrente ou voltagem.

Invariavelmente, nos instrumentos modernos a informação de interesse é codificada e processada como um sinal elétrico. Um **transdutor** converte grandezas não elétricas, tais como intensidade de luz, pH, massa e temperatura, em **sinais elétricos** que podem ser subsequentemente amplificados, manipulados e, finalmente, convertidos em números proporcionais à magnitude da quantidade original. Discutimos apenas os transdutores de radiação nesta seção.

Propriedades dos Transdutores de Radiação

Um transdutor ideal para a radiação eletromagnética responde rapidamente a baixos níveis de energia radiante em uma faixa ampla de comprimento de onda. Além disso, produz um sinal elétrico fácil de ser amplificado e apresenta baixo nível de ruído elétrico (veja Destaque 23-5).

>> As fontes comuns de ruído incluem vibração, interferência de linhas de 60 Hz, variações de temperatura e flutuações de frequência e voltagem na potência.

Finalmente, o sinal elétrico produzido por um transdutor deve estar linearmente relacionado com a potência radiante P do feixe, como mostrado na Equação 23-3:

$$G = KP + K' \qquad (23\text{-}3)$$

onde G é a resposta elétrica do detector em unidades de corrente, voltagem ou carga. A constante de proporcionalidade K mede a sensibilidade do detector quanto à sua resposta elétrica por unidade de potência radiante de entrada.

Muitos detectores exibem uma constante de resposta K', conhecida como **corrente de escuro**, mesmo quando nenhuma radiação atinge suas superfícies. Instrumentos com transdutores que têm uma significativa corrente de escuro normalmente são equipados com um circuito eletrônico ou programa de computador para subtrair automaticamente a corrente de escuro. Assim, sob circunstâncias corriqueiras, podemos simplificar a Equação 23-3 para

Corrente de escuro é uma corrente produzida por um transdutor onde nenhuma luz atinge o dispositivo.

$$G = KP \qquad (23\text{-}4)$$

Tipos de Transdutores

Como mostrado na **Tabela 23-2**, existem dois tipos gerais de transdutores: um deles responde aos fótons e o outro, ao calor. Todos os detectores de fótons são baseados na interação da radiação com uma superfície reativa para produzir elétrons (**fotoemissão**) ou para promover elétrons para os estados energéticos nos quais podem conduzir eletricidade (**fotocondução**). Somente as radiações no UV, no visível e no infravermelho próximo possuem energia suficiente para provocar a fotoemissão; assim, os detectores fotoemissivos estão limitados a comprimentos de onda menores que 2 μm (2.000 nm). Os fotocondutores podem ser empregados nas regiões do IV próximo, médio e distante do espectro.

TABELA 23-2

Detectores Comuns para a Espectroscopia de Absorção	
Tipo	**Faixa de Comprimento de Onda, nm**
Detectores de Fótons	
Fototubos	150-1.000
Tubos fotomultiplicadores	150-1.000
Fotodiodos de silício	350-1.100
Células fotocondutivas	1.000-50.000
Detectores Térmicos	
Termopares	600-20.000
Bolômetros	600-20.000
Células pneumáticas	600-40.000
Células piroelétricas	1.000-20.000

›› Geralmente, os sinais produzidos por instrumentos analíticos flutuam de uma maneira aleatória porque um grande número de variáveis não é controlado. Essas flutuações, que limitam a sensibilidade de um instrumento, são denominadas **ruído**. A terminologia originou-se na engenharia de rádio, na qual a presença de flutuações de sinais indesejadas é audível como estática ou ruído

DESTAQUE 23-5

Sinais, Ruído e Razão Sinal-Ruído

O sinal de saída de um instrumento analítico flutua de uma forma aleatória. Essas flutuações limitam a precisão do instrumento e representam o resultado líquido de um grande número de variáveis incontroláveis do instrumento e do sistema químico em estudo. Um exemplo desses tipos de variáveis é a incidência aleatória de fótons sobre um fotocatodo ou tubo fotomultiplicador. O termo *ruído* é empregado para descrever essas flutuações, e cada variável não controlada é uma fonte de ruído. O termo vem da engenharia eletrônica e de áudio, em que as flutuações indesejáveis de sinal são percebidas pelo ouvido como estática ou ruído. O valor médio da saída de um dispositivo eletrônico é chamado *sinal*, e o desvio padrão do sinal é uma medida do ruído.

Uma figura de mérito importante dos instrumentos analíticos, aparelhos de som, tocadores de CD e de muitos outros tipos de dispositivos eletrônicos é a razão sinal-ruído (S/R). **Razão sinal-ruído** geralmente é definida como a razão entre o valor médio do sinal de saída e o seu desvio padrão. O comportamento da razão sinal-ruído de um espectrofotômetro de absorção é ilustrado pelos espectros de hemoglobina mostrados na **Figura 23D-4**. O espectro mais abaixo na figura tem $S/R = 100$ e você pode facilmente distinguir o máximo de absorção em 540 nm e 580 nm. Conforme a razão S/R degrada-se para um valor entre aproximadamente dois e um, no segundo espectro no alto da figura, os picos desaparecem em meio ao ruído e se tornam impossíveis de ser identificados. À medida que os instrumentos modernos têm se tornado mais computadorizados e controlados por circuitos eletrônicos sofisticados, muitos métodos têm sido desenvolvidos para se aumentar a razão sinal-ruído das saídas dos instrumentos. Esses métodos incluem filtragem analógica, amplificação tipo *lock-in*, média tipo *boxcar*, suavização e uso de transformada de Fourier.[7]

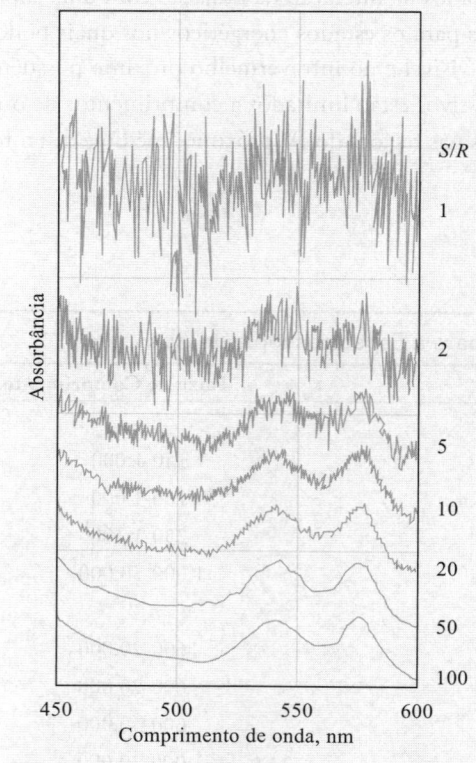

FIGURA 23D-2
Espectros de absorção da hemoglobina com níveis de sinal idênticos, porém com diferentes quantidades de ruído. Observe que as curvas foram deslocadas no eixo da absorbância para maior clareza.

---

[7] D. A. Skoog; F. J. Holler; S. R. Crouch. *Principles of Instrumental Analysis*. 7. ed. Boston, MA: Cengage Learning, 2018, cap. 5.

Geralmente detectamos a radiação IV medindo o aumento de temperatura de um material escurecido localizado no caminho do feixe ou pela medida do aumento da condutividade elétrica de um material fotocondutor quando este absorve a radiação IV. Uma vez que as variações de temperatura resultantes da absorção da energia IV são minúsculas, a temperatura ambiente deve ser controlada cuidadosamente para evitar erros grandes. O sistema de detector frequentemente limita a sensibilidade e precisão de um instrumento IV.

Detectores de Fótons

Os tipos de detectores de fótons largamente utilizados incluem fototubos, tubos fotomultiplicadores, fotodiodos de silício, redes de fotodiodos e dispositivos de transferência de carga, tais como dispositivos de acoplamento de carga e de injeção de carga.

Fototubos e Tubos Fotomultiplicadores. A resposta de um fototubo ou fotomultiplicador resulta do efeito fotoelétrico. Como pode ser visto na **Figura 23-12**, um fototubo consiste em um fotocatodo semicilíndrico e um anodo em forma de fio selado, sob vácuo, dentro de um invólucro de vidro transparente. A superfície côncava do fotocatodo contém uma camada de um material fotoemissivo, como um metal alcalino ou um óxido metálico, que emite os elétrons quando irradiado com luz de energia apropriada. Quando uma voltagem é aplicada pelos eletrodos, os **fotoelétrons** emitidos são atraídos para o anodo positivamente carregado. Estes elétrons produzem uma **fotocorrente** no circuito mostrado na Figura 23-12. Esta corrente pode então ser amplificada e medida. O número de fotoelétrons ejetados do fotocatodo por unidade de tempo é diretamente proporcional à potência radiante do feixe que atinge a sua superfície. Com uma voltagem aplicada de cerca de 90 V ou mais, todos estes fotoelétrons são coletados no anodo para produzir uma fotocorrente que também é proporcional à potência radiante do feixe.

O **tubo fotomultiplicador** (TFM) é similar em construção ao fototubo, mas significativamente mais sensível. O fotocatodo é similar àquele do fototubo com os elétrons sendo emitidos sob exposição à radiação. Entretanto, no lugar de um anodo de um único fio, o TFM tem uma série de eletrodos chamados **dinodos**, como mostrado na **Figura 23-13**. Os elétrons emitidos do catodo são acelerados em direção ao primeiro dinodo, que é mantido de 90 a 100 V positivo em relação ao catodo. Cada fotoelétron acelerado que atinge a superfície do dinodo produz muitos elétrons, chamados *elétrons secundários*, que são então acelerados para o dinodo 2, que é mantido de 90 a 100 V mais positivo que o dinodo 1. De novo, ocorre uma amplificação (ganho) do número de elétrons. Quando esse processo for repetido em cada dinodo, entre 10^5 e 10^7 elétrons terão sido produzidos para cada fóton incidente. Essa cascata de elétrons é finalmente coletada no anodo, fornecendo uma corrente média que pode ser ainda mais amplificada eletronicamente e medida. Dispositivos de transferência de carga (veja mais à frente nesta seção) têm substituído os tubos fotomultiplicadores em

❮❮ Os **fotoelétrons** são elétrons ejetados de uma superfície fotossensível por meio de radiação eletromagnética. Uma fotocorrente é a corrente em um circuito externo que é limitada pela taxa de ejeção de fotoelétrons.

❮❮ Os tubos fotomultiplicadores estão entre os tipos de transdutores mais empregados para a detecção de radiação ultravioleta/visível.

❮❮ Uma vantagem importante dos fotomultiplicadores é a amplificação interna. Cerca de 10^6 a 10^7 elétrons são produzidos no anodo para cada fóton que atinge o fotocatodo de um tubo fotomultiplicador (TFM).

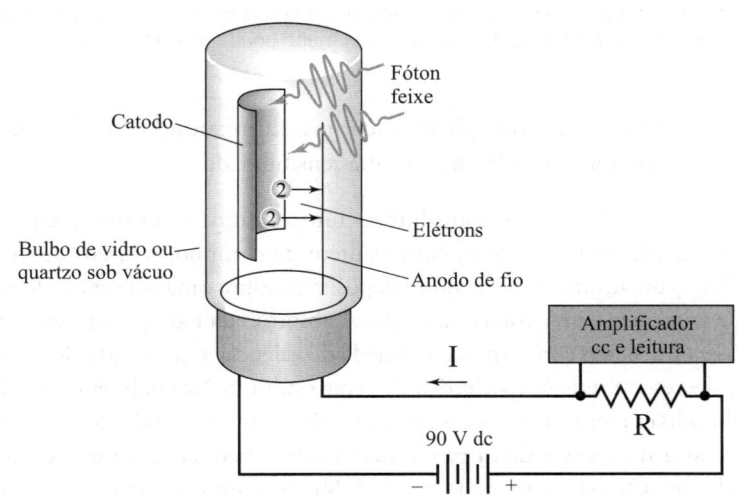

FIGURA 23-12

Um fototubo e circuito complementar. A fotocorrente induzida pela radiação produz uma voltagem ($V = IV$) através do resistor de medida; essa voltagem é amplificada e medida. Em um tubo de vácuo, o catodo é o eletrodo que emite elétrons.

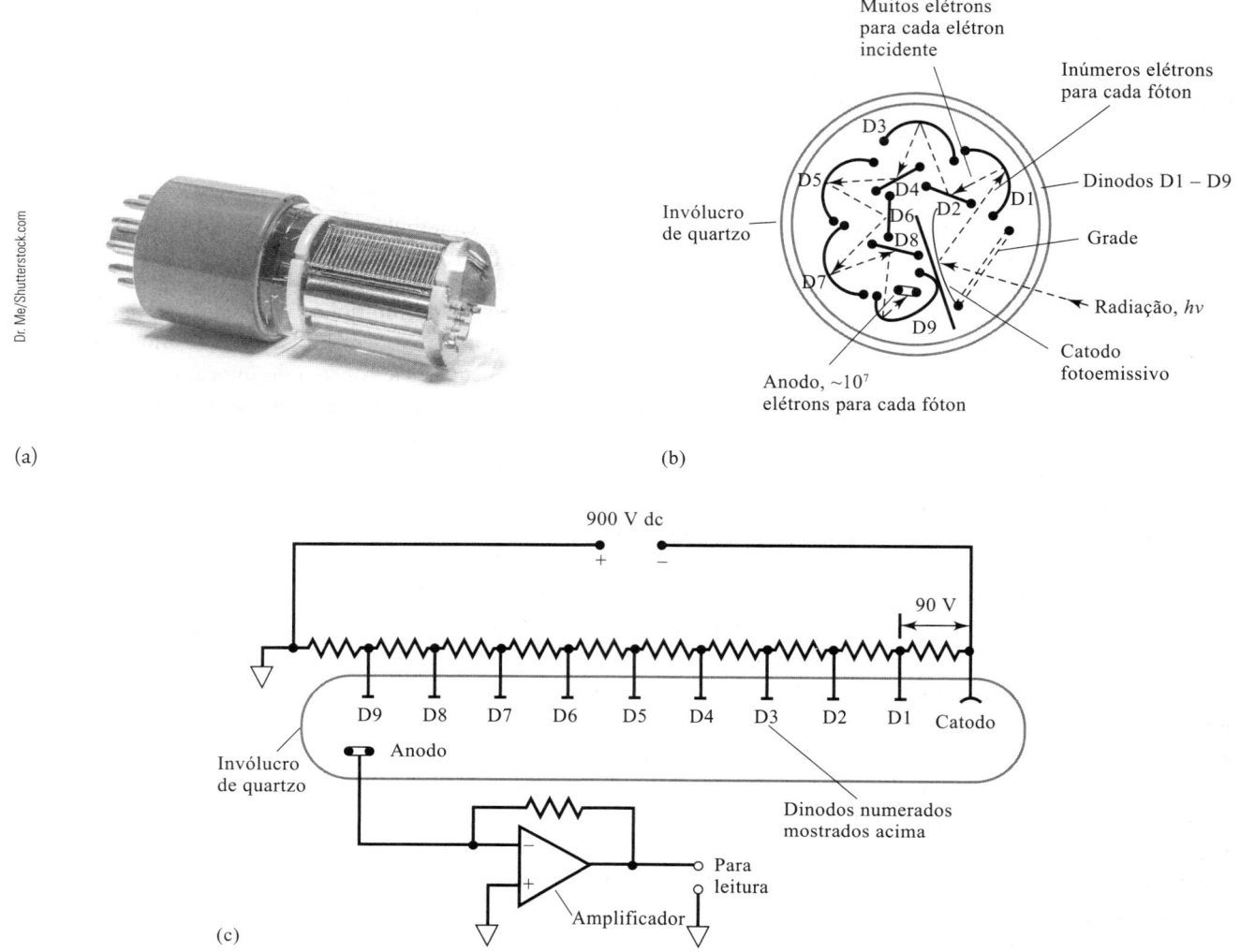

FIGURA 23-13 Diagrama de um tubo fotomultiplicador. (a) Fotografia; (b) vista da seção transversal e (c) diagrama elétrico ilustrando a polarização dos dinodos e a medida da fotocorrente. A radiação atinge o catodo fotossensível (b) gerando fotoelétrons pelo efeito fotoelétrico. O dinodo D1 é mantido a uma voltagem positiva em relação ao fotocatodo. Os elétrons emitidos pelo catodo são atraídos pelo primeiro dinodo e acelerados pelo campo. Cada elétron que atinge o dinodo D1 produz entre dois e quatro elétrons secundários. Estes são atraídos pelo dinodo D2, o qual está novamente em potencial positivo em relação ao dinodo D1. A amplificação resultante no anodo pode ser de 10^6 ou maior. O fator de amplificação exato depende do número de dinodos e da diferença de potencial aplicada entre eles. Essa amplificação automática interna constitui uma das maiores vantagens dos tubos fotomultiplicadores. Com o uso de instrumentação moderna, os pulsos individuais de fotocorrente podem ser detectados e contados em vez de ser medidos como uma corrente média. Essa técnica, denominada *contagens de fótons*, é vantajosa em níveis muito pouco intensos de luz.

>> Com a instrumentação eletrônica moderna é possível detectar os pulsos de elétrons resultantes da chegada de fótons individuais no fotocatodo de um TFM. Os pulsos são contados e a contagem acumulada é uma medida da intensidade da radiação eletromagnética incidente sobre o TFM. A **contagem de fótons** é vantajosa quando a intensidade, ou frequência de chegada de fótons no fotocatodo, for baixa.

muitos instrumentos espectroscópicos modernos. Entretanto, o TFM ainda é usado em alguns instrumentos que exigem ultra alta sensibilidade.

Células Fotocondutivas. Os transdutores fotocondutores consistem em um filme fino de um material semicondutor, como sulfeto de chumbo, telureto de mercúrio e cádmio (TMC) ou antimoneto de índio, depositado sobre uma superfície de vidro não condutiva e selado em um invólucro a vácuo. A absorção da radiação por esses materiais promove os elétrons não condutivos da camada de valência a um estado de energia mais alto, o que decresce a resistência elétrica do semicondutor. Normalmente, um fotocondutor é colocado em série com uma fonte de tensão e um resistor de carga, e a queda de voltagem através do resistor de carga é tomada como medida da potência radiante do feixe de radiação. Os detectores de PbS e de InSb são muito populares na região do IV próximo do espectro. O detector de TMC é útil para as regiões do IV médio e do IV distante quando resfriados com N_2 líquido para minimizar o ruído térmico. Esta aplicação é importante nos espectrômetros com transformada de Fourier.

Fotodiodos de Silício e Arranjos de Fotodiodos. O silício cristalino é um semicondutor, um material cuja condutividade elétrica é menor que a de um metal, porém maior que a de um material isolante. O silício é um elemento do Grupo IV e dessa forma apresenta quatro elétrons de valência. Em um cristal de silício, cada um desses elétrons combina-se com os elétrons de outros quatro átomos de silício para formar quatro ligações covalentes. À temperatura ambiente, ocorre uma agitação térmica suficiente nessa estrutura para, ocasionalmente, liberar um elétron de seu estado ligado, deixando-o livre para mover-se através do cristal. A excitação térmica de um elétron deixa para trás uma região positivamente carregada denominada vacância (ou "buraco"), a qual, da mesma forma que o elétron, é também móvel. O movimento de elétrons e buracos nos sentidos contrários nos semicondutores é a fonte da condução nestes dispositivos.

A condutividade do silício pode ser aumentada significativamente pela dopagem, um processo no qual uma quantidade mínima e controlada (aproximadamente 1 ppm) de um elemento do Grupo V ou III é distribuída homogeneamente através do cristal de silício. Por exemplo, quando um cristal é dopado com um elemento do Grupo V, como o arsênio, quatro dos cinco elétrons de valência do dopante formam ligações covalentes com quatro átomos de silício, deixando um elétron livre para conduzir (**Figura 23-14**). Quando o silício é dopado com um elemento do Grupo III, como o gálio, que apresenta somente três elétrons de valência, desenvolve-se um excesso de buracos, também melhorando a condutividade (veja **Figura 23-15**). Um semicondutor contendo elétrons não ligados (cargas negativas) é chamado semicondutor tipo *n* e um contendo um excesso de vacâncias (cargas positivas) é denominado tipo *p*. Em um semicondutor tipo *n* os elétrons são os portadores de carga majoritários; em um do tipo *p*, as vacâncias são os portadores majoritários.

A tecnologia atual do silício torna possível a fabricação do que se intitula junção *pn* ou um diodo *pn*, que é condutiva em uma direção, mas não em outra. A **Figura 23-16a** esquematiza um diodo de silício. A junção *pn* é mostrada como uma linha tracejada através da metade do cristal. Os fios elétricos são conectados em ambos os terminais do dispositivo. A **Figura 23-16b** mostra a junção em seu modo de condução, no qual o terminal positivo de uma fonte cc é conectado à região *p*, e o terminal negativo à região *n*. Diz-se que o diodo sob estas condições está **diretamente polarizado**. O excesso de elétrons na região *n* e as vacâncias positivos na região *p* movem-se em direção à junção, onde se combinam e se aniquilam. Os elétrons móveis da região *n* e as vacâncias positivas da região *p* movem-se em direção à junção na qual se combinam e se aniquilam um ao outro. O terminal negativo da fonte injeta novos elétrons na região *n*, os quais dão continuidade ao processo de condução. O terminal positivo extrai os elétrons da região *p* criando, assim, as vacâncias livres para migrar em direção à junção *pn*.

Os fotodiodos são dispositivos semicondutores de junção *pn* que respondem à luz incidente por meio da formação de pares elétrons-vacâncias. Quando uma voltagem é aplicada a um diodo *pn* de forma que o semicondutor do tipo *p* seja negativo em relação ao semicondutor tipo *n*, diz-se que o diodo está **reversamente polarizado**. A **Figura 23-16c** ilustra o comportamento de um diodo de silício sob polarização reversa. A maioria do portadores de carga é drenada da junção, deixando uma **camada de depleção** não condutora. A condutância sob polarização reversa é de somente cerca de 10^{-6} a 10^{-8} daquela sob polarização direta. Em outras palavras, um diodo de silício que conduz em uma direção mas não na outra é chamado retificador de corrente.

Um diodo de silício reversamente polarizado pode servir como um transdutor de radiação, porque os fótons do ultravioleta e do visível são suficientemente energéticos

Semicondutor é uma substância que apresenta uma condutividade que se situa entre aquela de um metal e a de um dielétrico (um isolante).

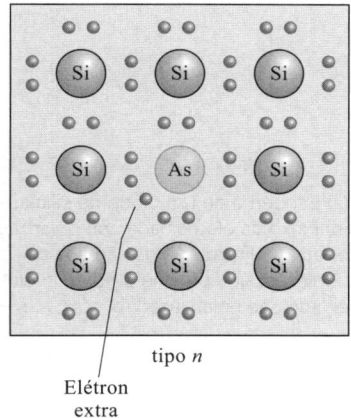

FIGURA 23-14
Representação bidimensional do silício tipo *n* mostrando um átomo de uma "impureza".

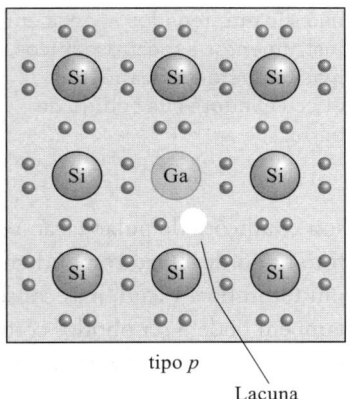

FIGURA 23-15
Representação bidimensional do silício tipo *p* apresentando um átomo de uma "impureza".

Na eletrônica, um **polarizador** é uma voltagem cc, algumas vezes chamada voltagem polarizante, aplicada a um elemento de circuito para estabelecer um nível de referência para a operação.

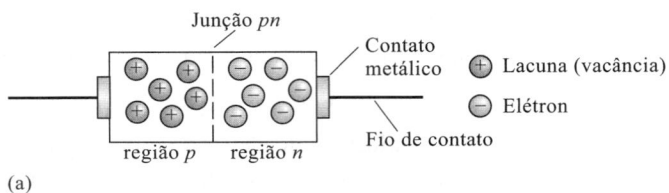
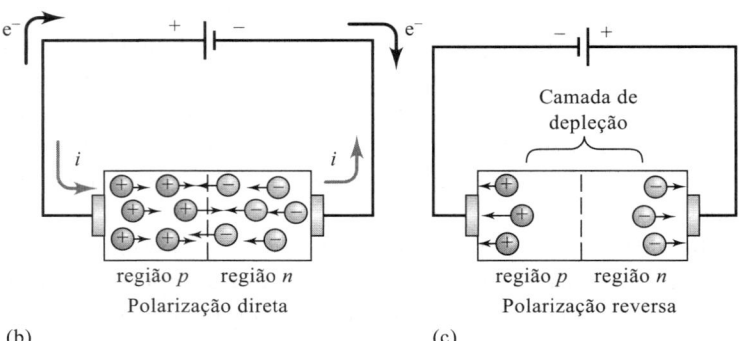

FIGURA 23-16
(a) Esquema de um diodo de silício.
(b) Fluxo da eletricidade sob polarização direta. (c) Formação da camada de depleção, que previne o fluxo de eletricidade sob polarização reversa.

>> Um fotodiodo de silício é um diodo de silício reversamente polarizado que é usado para medir a potência radiante.

>> Os arranjos de fotodiodos não são empregados apenas em instrumentos espectroscópicos, mas também em scanners óticos e leitores de código de barra.

para criar elétrons e vacâncias adicionais quando atingem a camada de depleção de uma junção *pn*. O aumento resultante na corrente pode ser medido e é diretamente proporcional à potência radiante. Um detector de diodo de silício é mais sensível que um fototubo a vácuo, mas menos sensível que um tubo fotomultiplicador.

Detectores com Arranjos de Diodos. Os fotodiodos de silício têm se tornado importantes recentemente, porque 1.000 ou mais podem ser fabricados lado a lado em um único chip com a largura de diodos individuais de aproximadamente 0,02 mm. Com um ou dois arranjos de diodos colocados ao longo da extensão do plano focal de um monocromador, todos os comprimentos de onda podem ser monitorados simultaneamente, tornando assim possível a espectroscopia de alta velocidade. Se o número de cargas induzidas pela luz por unidade de tempo é grande quando comparado com os portadores de carga produzidos termicamente, a corrente em um circuito externo, sob condições de polarização reversa, está diretamente relacionada com a potência radiante incidente. Os detectores de fotodiodo de silício respondem de forma extremamente rápida, geralmente em nanossegundos. São mais sensíveis que um fototubo a vácuo, mas consideravelmente menos sensíveis que um tubo fotomultiplicador. Os arranjos de fotodiodos também podem ser obtidos comercialmente com dispositivos chamados **intensificadores de imagem**, para prover ganho e permitir a detecção de baixos níveis de luz.

Dispositivos de Transferência de Carga. Os arranjos de fotodiodos não podem se igualar ao desempenho dos tubos fotomultiplicadores em termos de sensibilidade, faixa dinâmica e razão sinal-ruído. Assim, seu uso tem sido limitado às situações nas quais a vantagem multicanal se sobrepõe às suas outras limitações. Em contraste, as características de detectores de **dispositivos de transferência de carga** (DTC) aproximam-se ou, algumas vezes, superam aqueles de tubos multiplicadores, além de ter a vantagem de multicanal. Como um resultado, este tipo de detector atualmente está aparecendo em números cada vez mais crescentes em instrumentos espectroscópicos modernos.[8] Uma vantagem adicional dos detectores de transferência de carga está no fato de serem bidimensionais no sentido de que os elementos detectores individuais são arranjados em linhas e colunas. Por exemplo, um detector que descrevemos na próxima seção consiste em 244 filas de

---

[8] Para detalhes sobre os dispositivos de transferência de carga, veja J. V. Sweedler; K. L. Ratzlaff; M. B. Denton, eds. *Charge-Transfer Devices in Spectroscopy*. Nova York: VCH, 1994; J. V. Swedler. *Crit. Rev. Anal. Chem.*, v. 24, p. 59, 1993, DOI: 10.1080/10408349308048819; J. V. Sweedler; R. B. Bilhorn; P. M. Epperson; G. R. Sims; M. B. Denton. *Anal. Chem.*, v. 60, p. 282A, 1988. DOI: 10.1021/ac00155a002; P. M. Epperson; J. V. Sweedler; R. B. Bilhorn; G. R. Sims; M. B. Denton. *Anal. Chem.*, v. 60, p. 327A, 1988. DOI: 10.1021/ac00156a001.

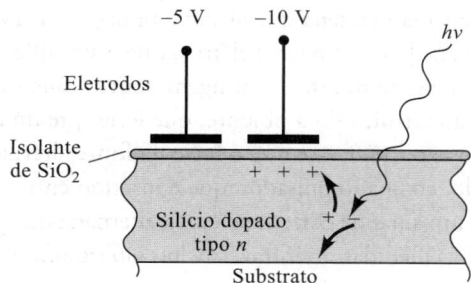

FIGURA 23-17
Seção transversal de um dos pixels de um dispositivo de transferência de carga. A vacância positiva produzida pelo fóton $h\nu$ é coletada sob o eletrodo negativo.

elementos de detector, cada fila sendo constituída de até 388 detectores, consequentemente fornecendo uma rede bidimensional de 94.672 detectores individuais, ou pixels, contido em um chip tendo dimensões de 6,5 mm por 8,7 mm. Com esse dispositivo torna-se possível registrar um espectro bidimensional completo.

Os detectores de transferência de carga operam de forma muito similar a um filme fotográfico no sentido de que integram o sinal informativo quando a radiação os atinge. A **Figura 23-17** mostra uma seção transversal de um dos pixels que formam um arranjo de transferência de carga. Neste caso, o pixel consiste em dois eletrodos condutivos recobrindo uma camada isolante de sílica (SiO_2). (Um pixel em alguns dispositivos de transferência de carga é constituído de mais de dois eletrodos.) Essa camada de sílica separa os eletrodos de uma região de silício dopado tipo n. Esta estrutura constitui-se de um óxido metálico semicondutor que armazena as cargas formadas quando a radiação atinge a sílica dopada. Quando, como mostrado, uma carga negativa é aplicada aos eletrodos, uma região de inversão de carga é criada entre os eletrodos, a qual é energeticamente favorável para o armazenamento das vacâncias positivas. As vacâncias móveis criadas pela absorção de fótons pelo silício, então, migram e são coletadas nessa região. Tipicamente, essa região, chamada *poço de potencial*, é capaz de comportar entre 10^5 e 10^6 cargas antes de vazar para o pixel adjacente. Na Figura 23-17, um eletrodo é indicado como mais negativo que o outro, tornando o acúmulo de carga sob esse eletrodo mais favorável. A quantidade de carga gerada durante a exposição à radiação é medida de uma das duas formas possíveis. Em um detector de **dispositivo de injeção de carga** (CID) – do inglês *charge-injection device* –, a variação de voltagem que surge do movimento da carga da região sob um eletrodo para a região sob o outro é medida. Em um detector de **dispositivo de acoplamento de carga** (CCD) – do inglês *charge-coupled device* –, a carga é movida para um amplificador sensível à carga para medida.

« A sílica é o óxido de silício, SiO_2, que é um isolante elétrico.

Os dispositivos de acoplamento de carga também estão disponíveis com intensificadores de imagem frontais para proporcionar ganho. Tais CCD intensificados (CCDI) podem ser abertos ou fechados em intervalos selecionados para fornecer resolução de tempo para estudos de vida útil ou experimentos de cinética química ou, ainda, discriminar contra sinais indesejados. Um desenvolvimento recente em câmeras CCD é o CCD multiplicador de elétrons (EMCCD), no qual um registrador de ganho é inserido antes do amplificador de saída. Tanto os ICCD quanto os EMCDD são capazes de detecção de fóton único. Por causa do intensificador de imagem, os ICCD são mais caros que os EMCCD. Entretanto, o EMCCD deve ser resfriado a baixas temperaturas ($\approx$ 170 K), o que leva a um custo adicional e, frequentemente, a problemas de condensação.

Os CCDs e os CIDs têm sido encontrados em números cada vez maiores em instrumentos espectroscópicos modernos. Em aplicações espectroscópicas, os dispositivos de transferência de carga são empregados conjuntamente com os instrumentos multicanais, como será discutido na Seção 23B-3. Além das aplicações espectroscópicas, os dispositivos de transferência de carga encontram largas aplicações em câmeras digitais, câmeras de televisão de estado sólido, na microscopia e em aplicações astronômicas, como no Telescópio Espacial Hubble.

Detectores Térmicos

Os detectores de fótons convenientes discutidos na seção anterior não podem ser usados para medir radiação no infravermelho porque os fótons nesta região não têm energia suficiente para provocar a fotoemissão de elétrons. Historicamente, os detectores térmicos, tais como os termopares, bolômetros e dispositivos pneumáticos, eram usados para detectar tudo, exceto os comprimentos de onda mais curtos no IV. Estes detectores ainda são encontrados em espectrômetros IV de dispersão mais antigos. As características da maioria dos detectores térmicos são, entretanto, muito inferiores àquelas dos detectores de fóton usados na região UV/visível. Muitos espectrômetros IV com transformada de Fourier usam um transdutor piroelétrico ou o detector fotocondutor MCT discutido anteriormente.

Um detector térmico consiste em uma superfície escurecida pequena que absorve radiação no IV e, como resultado, aumenta a temperatura. O aumento de temperatura é convertido em um sinal elétrico que é amplificado e medido. Sob as melhores circunstâncias, as variações de temperatura envolvidas são mínimas e atingem poucos milésimos de graus Celsius. A dificuldade de medição é agravada também pela radiação térmica do ambiente, que é sempre uma fonte potencial de incerteza. Para minimizar ainda mais os efeitos deste ruído externo, faz-se que o feixe da fonte alterne entre a intensidade máxima e a intensidade zero girando-se um disco recortado, chamado pulsador, que é inserido entre a fonte e o detector.[9] O transdutor converte esse sinal periódico de radiação em um sinal de corrente elétrica alternada que pode ser amplificada e separada da radiação de fundo. Apesar dessas precauções, as medidas no infravermelho são significativamente menos precisas que as medidas das radiações no ultravioleta e no visível.

Como mostrado na Tabela 23-2, quatro tipos de detectores térmicos são utilizados para a espectroscopia no infravermelho.[10] O mais largamente usado é um termopar minúsculo ou um grupo de termopares chamados **termopilha**. O **bolômetro** consiste em um elemento condutor cuja resistência elétrica varia em função da temperatura. Um **detector pneumático** consiste em uma pequena câmera cilíndrica que é cheia com xenônio e contém uma membrana escurecida para absorver a radiação no IV e aquecer o gás. Os **detectores piroelétricos** são fabricados a partir de cristais de um material piroelétrico, como titanato de bário ou sulfato de triglicina deuterada. Um cristal de um desses compostos que fica entre dois pares de eletrodos produz uma voltagem dependente da temperatura quando exposto à radiação no infravermelho. Os transdutores são usados nos espectrômetros IV, especialmente em instrumentos com transformada de Fourier descritos na Seção 23C-2.

23A-5 Processadores de Sinal e Dispositivos de Leitura

Um processador de sinal é um dispositivo eletrônico que pode amplificar o sinal elétrico saindo do detector (veja Figura 23-6). Além disto, o processador de sinal pode converter o sinal de cc para ca (ou o reverso), mudar a fase do sinal e filtrá-lo para remover componentes indesejados. O processador de sinal também pode realizar operações matemáticas no sinal como diferenciação, integração ou conversão para logaritmos. Os medidores digitais e monitores por computador são dois exemplos. Computadores são frequentemente usados para controlar vários parâmetros instrumentais, processar e armazenar dados, imprimir resultados e espectros, comparar resultados com vários bancos de dados e para se comunicar com outros computadores e dispositivos em rede.

DESTAQUE 23-6

Medidas de Fotocorrentes com Amplificadores Operacionais

A corrente típica produzida por um fotodiodo reversamente polarizado é de 0,1 μA a 100 μA. Estas correntes, bem como aquelas geradas por fotomultiplicadores e fototubos, são tão pequenas que devem ser convertidas para uma voltagem que seja grande o bastante para ser medida com um voltímetro digital ou outro dispositivo de medir voltagem. Podemos realizar tal conversão com o circuito de amplificador operacional (*op amp*) mostrado na **Figura 23D-5**.

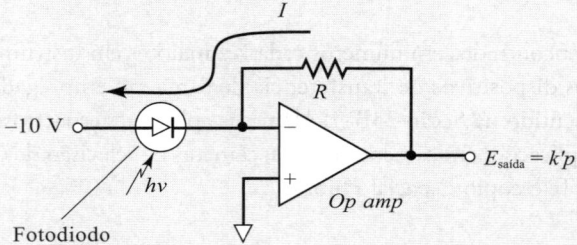

FIGURA 23D-5 Um amplificador operacional conversor corrente-voltagem empregado para monitorar a corrente de um fotodiodo de estado sólido.

(continua)

---

[9] Veja D. A. Skoog; F. J. Holler; S. R. Crouch. *Principles of Instrumental Analysis*. 7. ed. Boston, MA: Cengage Learning, 2018, p. 192-204.
[10] *Ibid.*, p. 183-184.

A luz que atinge o fotodiodo reversamente polarizado produz uma corrente I no circuito. Já que o *op amp* possui uma resistência de entrada muito alta, essencialmente nenhuma corrente passa pela entrada do *op amp*, designada pelo sinal negativo. Assim, a corrente no fotodiodo deve também passar através do resistor R. A corrente é calculada convenientemente pela Lei de Ohm: $E_{saída} = -IR$. Uma vez que a corrente é proporcional à potência radiante (P) da luz que atinge o fotodiodo, $I = kP$, onde k é uma constante e, consequentemente, $E_{saída} = -IR = -kPR = k'P$. Um voltímetro é conectado à saída do *op amp* para fornecer uma leitura direta que seja proporcional à potência radiante da luz incidente no fotodiodo. Esse mesmo circuito também pode ser empregado com fototubos a vácuo ou fotomultiplicadores.[11]

23A-6 Recipientes para Amostras[11]

Recipientes para conter a amostra, os quais são geralmente denominados **células** ou **cubetas**, devem ter janelas que sejam transparentes na região espectral de interesse. As várias faixas de transmitância para materiais óticos estão mostradas na Figura 23-2. Como pode ser visto, o quartzo ou a sílica fundida é exigido para a região UV (comprimentos de onda menores que 350 nm) e pode ser usado na região do visível e fora dela até cerca de 3.000 nm (3 μ) no IV. O vidro de silicato é normalmente usado para a região de 375 a 2.000 nm por causa do seu baixo custo comparado ao quartzo. O material mais comum das janelas nos estudos em IV é o cloreto de sódio cristalino, que é solúvel em água e em outros solventes.

As células de melhor qualidade têm janelas perpendiculares à direção do feixe de forma que minimize as perdas por reflexão. O caminho ótico mais comum para os estudos nas regiões do UV e do visível é de 1 cm; as células idênticas calibradas com esse caminho ótico estão disponíveis a partir de diversos fornecedores. Muitas outras células com caminhos óticos mais curtos e mais longos também podem ser compradas. Algumas células típicas para o UV/visível são mostradas na **Figura 23-18**.

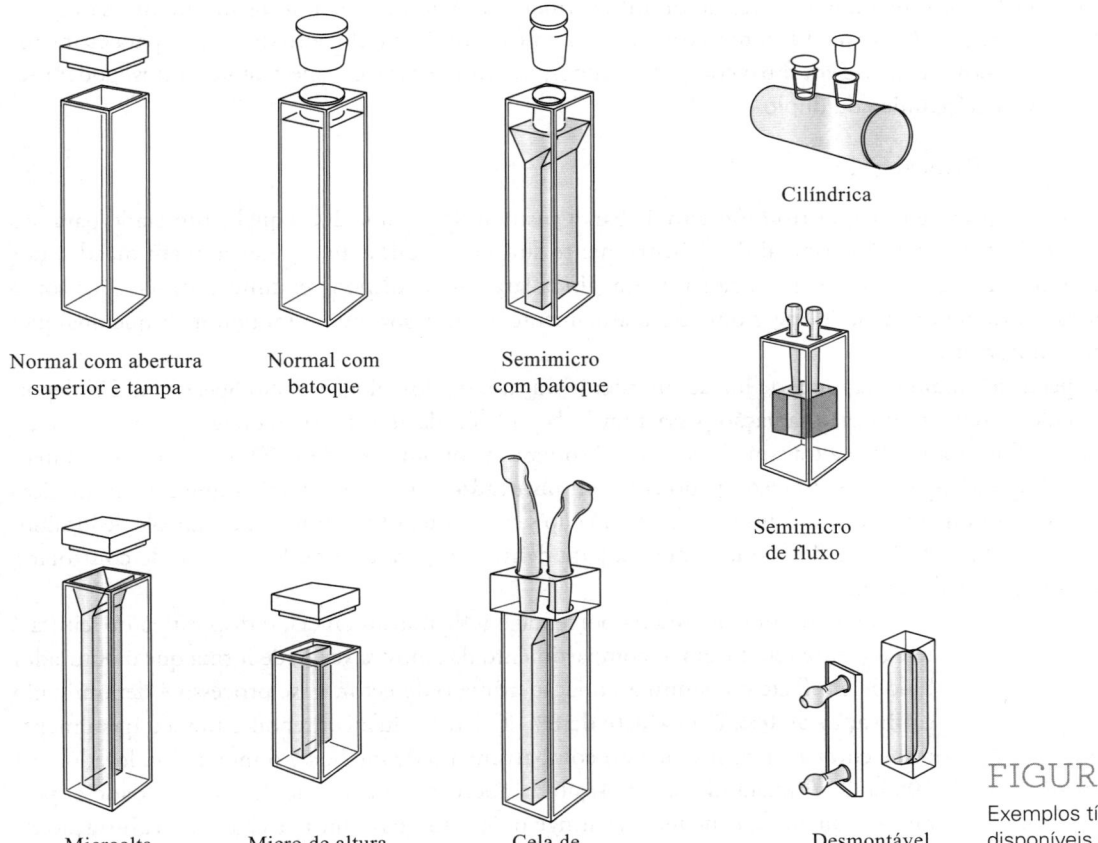

FIGURA 23-18
Exemplos típicos de células disponíveis comercialmente para a região do UV/visível.

---
[11] Para informação adicional sobre amplificadores operacionais, veja D. A. Skoog; F. J. Holler; S. R. Crouch. *Principles of Instrumental Analysis*. 7. ed. Boston, MA: Cengage Learning, 2018, p. 192-204, cap. 3.

Por razões de economia, às vezes são usadas células cilíndricas. Um cuidado especial deve ser tomado ao reproduzir o posicionamento dessas células com respeito ao feixe. Por outro lado, as variações no caminho ótico e perdas por reflexão nas superfícies curvas podem causar erros significativos, como discutido na Seção 22C-3.

A qualidade dos dados espectroscópicos é dependente de maneira crítica da forma como as células são empregadas e mantidas. Impressões digitais, gordura ou outros depósitos nas paredes podem alterar significativamente as características de transmitância de uma célula. Portanto, é imperativo limpar totalmente as células tanto antes quanto depois do uso, e as janelas não devem ser tocadas após finalizar a limpeza. As células casadas nunca devem ser secas por aquecimento em uma estufa ou sobre uma chama porque isso pode provocar dano físico ou mudar o caminho ótico. Essas células devem ser calibradas uma contra a outra regularmente com o uso de uma solução absorvente.

23B Fotômetros e Espectrofotômetros Ultravioleta/Visível

Os componentes óticos descritos na Figura 23-1 têm sido combinados de várias formas para produzir dois tipos de instrumentos e permitir a obtenção de medidas de absorção. Muitos termos comuns são empregados para descrever os instrumentos completos. **Espectrômetro** é um instrumento espectroscópico que usa um monocromador ou um policromador em conjunção com transdutor para converter as intensidades radiantes em sinais elétricos. Os **espectrofotômetros** são os espectrômetros que permitem a medida da razão entre as potências de dois feixes, uma exigência para se medir a absorbância (lembre-se do Capítulo 22, Equação 22-6 na página 621, que $A = \log P_0/P < P_{solvente}/P_{solução}$). Os **fotômetros** empregam um filtro para seleção do comprimento de onda juntamente com um transdutor de radiação adequado. Os espectrofotômetros oferecem a vantagem considerável de que o comprimento de onda pode ser alterado continuamente, tornando possível registrar-se um espectro de absorção. Os fotômetros apresentam as vantagens da simplicidade, da robustez e do baixo custo. Várias dezenas de modelos de espectrofotômetros estão disponíveis comercialmente. A maioria dos espectrofotômetros cobre a região do UV/visível e, ocasionalmente, a região do infravermelho próximo, enquanto os fotômetros são quase exclusivamente utilizados na região do visível. Os fotômetros encontram uso considerável como detectores para cromatografia, eletroforese, imunoensaios ou análise em fluxo contínuo. Ambos, os fotômetros e os espectrofotômetros, podem ser encontrados nas variedades de feixe único ou duplo.

23B-1 Instrumentos de Feixe Único

A **Figura 23-19** mostra a imagem de um espectrofotômetro de baixo custo, o Spectronic 20, o qual é projetado para uso na região do visível do espectro. A versão original desse instrumento surgiu inicialmente no mercado em meados dos anos 1950. A versão modificada, que está representada na figura, ainda largamente disponível junto com seu sucessor, o Spectronic 200. Muitos instrumentos da série Spectronic estão atualmente em uso por todo o mundo mais que qualquer outro modelo de espectrofotômetro.

Os instrumentos Spectronic usam uma fonte de luz de tungstênio ou tungstênio-halogênio. No Spectronic 20, depois da difração por uma grade de reflexão única, a radiação passa através das cubetas da amostra ou da referência para um detector de estado sólido. O Spectronic 20 lê a transmitância ou a absorbância em uma tela de LED ou nas unidades mais antigas em um leitor análogo. O Spectronic 20 é equipado com um **obturador**, que é uma lâmina que cai automaticamente entre o feixe e o detector quando a célula cilíndrica é removida do seu suporte. O dispositivo de controle de luminosidade consiste em uma abertura em forma de V que é movida para dentro ou para fora do feixe a fim de controlar a quantidade de luz que atinge a fenda de saída.

❯❯ Os ajustes de 0% T e 100% T devem ser feitos imediatamente antes de cada medida de transmitância e absorbância. Para obter medidas de transmitância reprodutíveis, a potência radiante da fonte deve se manter constante durante o tempo em que o ajuste de 100% T é feito e a % T é exibida.

Para obter uma leitura da porcentagem de transmitância, o dispositivo de leitura é inicialmente zerado com o compartimento da amostra vazio, de forma que o obturador bloqueie o feixe e nenhuma radiação atinja o detector. Esse processo é denominado **calibração de 0% T** ou **ajuste de 0% T**. Uma célula contendo o branco (geralmente o solvente) é então inserida no compartimento de medida e o mostrador, levado a ler 100% de T ajustando-se a posição da abertura de controle de luminosidade e, portanto, a quantidade de luz que atinge o detector. Esse ajuste é chamado **calibração de 100% T** ou **ajuste**. Finalmente, a amostra é colocada no compartimento da célula e a porcentagem de transmitância ou de absorbância é lida diretamente no mostrador de LED.

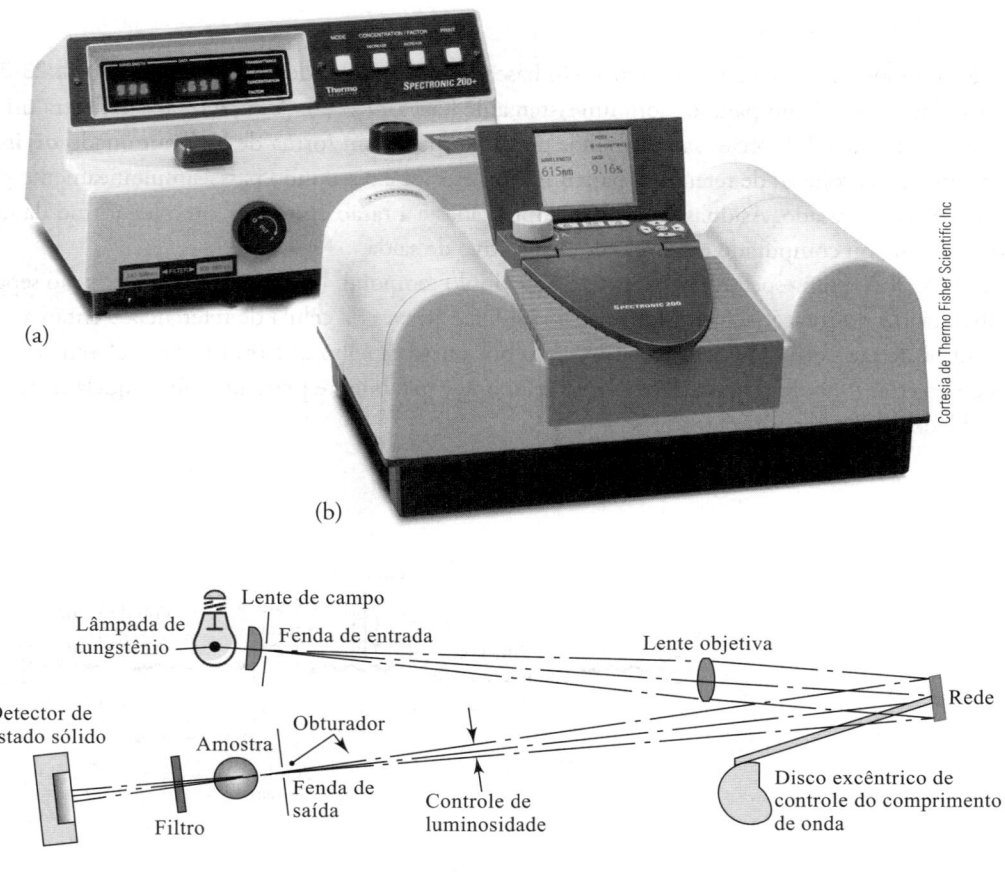

FIGURA 23-19 Série Spectronic de espectrofotômetros. Em (a), o legado Spectronic 20 é mostrado. Seu sucessor, o Spectronic 200, é mostrado em (b). Os instrumentos uma fonte de luz de tungstênio ou de tungstênio-halogênio. No Spectronic 20, a radiação da fonte passa através de uma fenda de entrada para dentro do monocromador em grade. Depois da difração, a banda de comprimento de onda selecionada passa através da fenda de saída e da amostra (c). O Spectronic 200 usa uma geometria reversa na qual a radiação da fonte passa pela amostra antes de entrar no monocromador em grade. Ambos os instrumentos usam detector de estado sólido (CCD) para converter a intensidade de luz em um sinal elétrico que é amplificado e mostrado em um leitor digital.

O Spectronic 20 parou de ser produzido em 2011 e foi substituído pelo Spectronic 200. Esse instrumento mais novo tem uma faixa espectral de 340 a 1.000 nm contra de 400 a 900 nm para o Spectronic 20. O Spectronic 200 tem uma largura de banda de 4 nm em vez da largura de banda de 20 nm do Spectronic 20. O instrumento mais recente acomoda cubetas quadradas bem como os tradicionais tubos de ensaio do Spectronic 20. Ele usa uma geometria reversa em comparação ao instrumento original e um detector em rede CCD. Outras especificações incluem uma exatidão de comprimento de onda de ±2 nm para o Spectronic 200 (±2,5 nm para o Spectronic 20) e uma exatidão fotométrica de ±0,05 unidades de absorbância em 1,0 A para o Spectronic 200 *versus* ±4% de T para o Spectronic 20. O Spectronic 200 mede 0% de T automaticamente ao iniciar e pode gravar 100% de T sobre toda a sua faixa de comprimento de onda. Um modo de varredura espectral permite que todos os espectros sejam gravados.

O Spectronic 200 tem também um modo de simulação, no qual fornece muitas das mesmas operações com os instrumentos de herança de tal forma que os métodos e procedimentos desenvolvidos anteriormente podem ser usados.

Os instrumentos de feixe único do tipo descrito são adequados para as medidas quantitativas de absorção em um único comprimento de onda. Com esses instrumentos, simplicidade de instrumentação, baixo custo e facilidade de manutenção oferecem vantagens distintas. Muitos fabricantes de instrumentos oferecem espectrofotômetros e fotômetros do tipo de comprimento de onda único. O preço desses instrumentos está entre 1.000 e pouco mais de 1.000 dólares norte-americanos. Além disso, os instrumentos multicanais de feixe único baseados em arranjos de detectores podem ser encontrados com facilidade, como será discutido na Seção 23B-3.

23B-2 Instrumentos de Feixe Duplo

Muitos fotômetros modernos e espectrofotômetros são baseados no desenho de feixe duplo. A **Figura 23-20** apresenta dois arranjos de feixe duplo (b e c) comparados com um sistema de feixe único (a). A Figura 23-20b ilustra um instrumento de feixe duplo espacial no qual dois feixes são formados por um espelho em forma de V denominado **divisor de feixe**. Um dos feixes passa através da solução de referência para um fotodetector e o segundo passa simultaneamente pela amostra para um segundo fotodetector casado. As duas saídas são amplificadas e a razão entre elas, ou o logaritmo da razão entre elas, é obtido eletronicamente ou computado e exibido no dispositivo de saída.

A Figura 23-20c ilustra um espectrofotômetro de feixe duplo temporal. Neste projeto, os feixes são separados no tempo por um espelho setorizado rotatório que direciona todo o feixe através da célula de referência e então através da célula da amostra. Os pulsos de radiação são então recombinados por outro espelho que transmite a referência e reflete o feixe da amostra para o detector. A abordagem de feixe duplo temporal é geralmente preferida sobre aquela de feixe duplo espacial devido à dificuldade de se casar dois detectores.

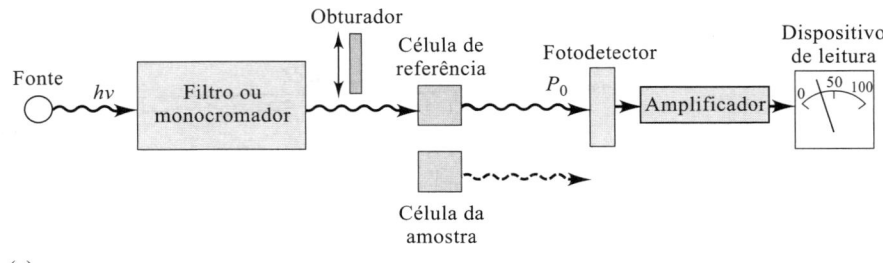

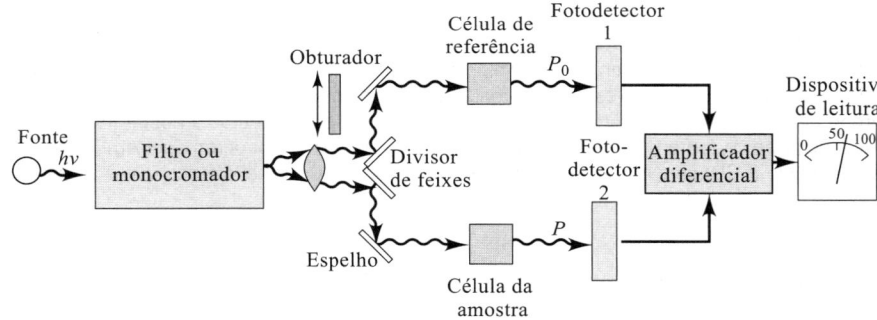

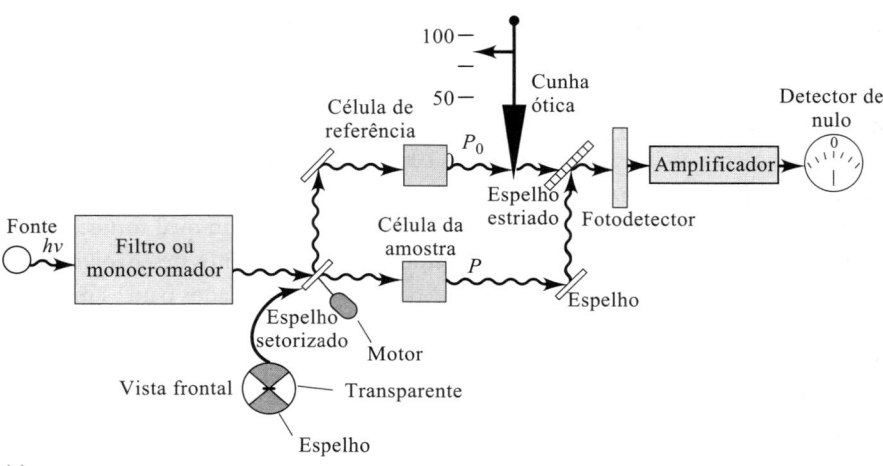

FIGURA 23-20

Desenhos de instrumentos para fotômetros ou espectrofotômetros UV/visível. Em (a) é apresentado um instrumento de feixe único. A radiação vinda de um filtro ou monocromador passa por uma célula de referência ou célula da amostra antes de atingir o fotodetector. Em (b) é mostrado um instrumento de feixe duplo espacial. Neste instrumento, a radiação do filtro ou monocromador é dividida em dois feixes que passam simultaneamente através das células da referência e da amostra antes de atingir os dois fotodetectores casados. No instrumento de feixe duplo temporal (c), o feixe é alternadamente enviado através das células de referência e da amostra antes de atingir um único fotodetector. Um período de apenas alguns milissegundos separa os feixes à medida que eles passam através das duas células.

Os instrumentos de feixe duplo oferecem a vantagem de compensar quaisquer flutuações rápidas na saída radiante da fonte. Eles também compensam amplas variações na intensidade da fonte em função do comprimento de onda. Além disso, o desenho de duplo feixe é muito adequado para o registro contínuo de espectros de absorção.

23B-3 Instrumentos Multicanais

Os arranjos de fotodiodos e os dispositivos de transferência de carga, discutidos na Seção 23A-4, constituem a base dos instrumentos multicanais para absorção no UV/visível. Esses instrumentos geralmente apresentam o desenho de feixe único ilustrado na **Figura 23-21**. Nos sistemas multicanais o sistema dispersivo é um espectrógrafo de rede colocado após a célula da amostra ou de referência. O arranjo de fotodiodo ou arranjo de CCD é colocado no plano focal do espectrógrafo. Esses detectores permitem a medida do espectro total em menos de 1 s. É necessário um computador para a obtenção do espectro. Com desenhos de feixe único, a corrente de escuro do arranjo é adquirida e armazenada na memória do computador. Depois, o espectro da fonte é obtido e armazenado na memória após a subtração da corrente de escuro. Finalmente, o espectro original da amostra é obtido e, depois da subtração da corrente de escuro, os valores da amostra são divididos pelos valores da fonte em cada comprimento de onda para produzir o espectro de absorção. Os instrumentos tipo multicanais podem também ser configurados como espectrofotômetros de feixe duplo temporal.

O espectrofotômetro exposto na Figura 23-21 pode ser controlado por muitos computadores pessoais. O instrumento (sem o computador) pode ser adquirido por cerca de US$ 10 mil. Muitas empresas fabricantes de instrumentos estão combinando sistemas detectores em rede com sondas de fibras óticas que transportam a luz para a amostra e de volta ao instrumento. Esses instrumentos permitem a obtenção de medidas em locais convenientes que estão afastados do espectrofotômetro.

23C Espectrofotômetros no Infravermelho

Dois tipos de espectrômetros são empregados na espectroscopia IV: os do tipo dispersivo e a variedade com transformada de Fourier.

23C-1 Instrumentos de Infravermelho Dispersivos

Os instrumentos antigos eram invariavelmente de desenho de duplo feixe e dispersivos. Estes eram frequentemente da variedade de duplo feixe temporal, mostrada na Figura 23-20c, exceto pelo fato de a localização do compartimento da célula com respeito ao monocromador ser invertida. Na maioria dos instrumentos no UV/visível a célula está localizada entre o monocromador e o detector de forma a evitar a fotodecomposição da amostra, que pode ocorrer se as amostras são expostas à potência total da fonte. Observe que os instrumentos de arranjo de fotodiodos evitam esse problema devido ao curto tempo de exposição da amostra ao feixe. A radiação no infravermelho, em contraste, não é suficientemente energética para causar a fotodecomposição. Também, muitas amostras são bons emissores de radiação no IV. Por causa disso, o compartimento da célula normalmente está localizado entre a fonte e o monocromador em um instrumento IV.

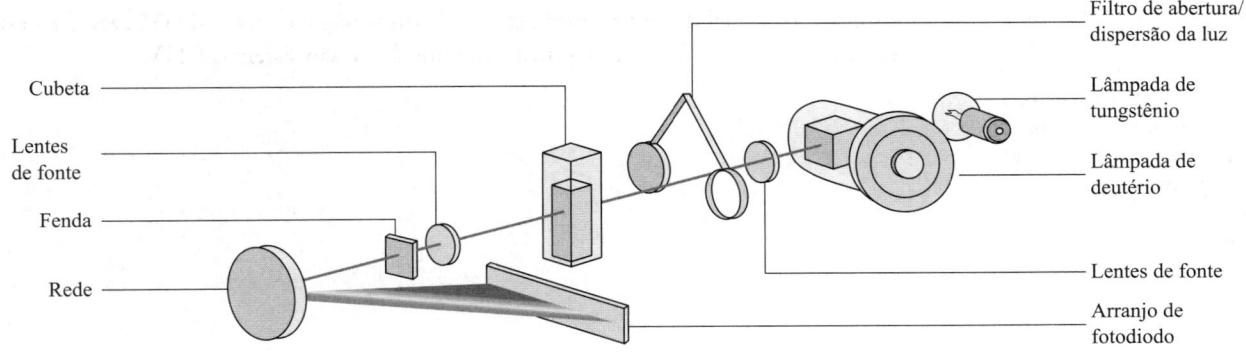

FIGURA 23-21 Diagrama de um espectrômetro multicanal baseado em um espectrógrafo de grade com um detector de arranjo de fotodiodo.

Albert Abraham Michelson (1852-1931) foi um dos mais geniais e inventivos experimentalistas de todos os tempos. Ele estudou as propriedades da luz e realizou vários experimentos que criaram a base para a nossa visão moderna do universo. Ele inventou o interferômetro descrito no Destaque 23-7 para determinar o efeito da rotação da Terra na velocidade da luz. Por causa de suas muitas invenções e sua aplicação no estudo da luz, Michelson foi agraciado com o prêmio Nobel de Física em 1907. À época de sua morte, Michelson e seus colaboradores estavam tentando medir a velocidade da luz em um tubo de vácuo localizado onde é hoje Irvine, Califórnia.

Como discutido anteriormente nesta seção, os componentes dos instrumentos IV diferem significativamente daqueles dos instrumentos UV/visível. Assim, as fontes de IV são constituídas por sólidos aquecidos e os detectores IV respondem ao calor em vez de fótons. Além disso, os componentes óticos dos instrumentos IV são construídos de cristais polidos de sais, tais como o cloreto de sódio ou brometo de potássio.

23C-2 Instrumentos com Transformada de Fourier

Quando os espectrômetros no infravermelho com transformada de Fourier (FTIV) apareceram pela primeira vez no mercado, no início dos anos 1970, eram enormes, muito caros (mais de US$ 100 mil) e requeriam ajustes mecânicos frequentes. Por essas razões, seu uso estava limitado a aplicações especiais nas quais as suas características únicas (alta velocidade, alta resolução, alta sensibilidade e excelente precisão e exatidão em relação ao comprimento de onda) eram essenciais. Entretanto, desde a década de 1990 os espectrofotômetros FTIV têm reduzido de tamanho, podem ser colocados em bancadas, têm se tornado confiáveis e fáceis de ser mantidos. Além disso, os modelos mais simples apresentam agora um preço similar aos dos espectrômetros dispersivos simples. Consequentemente, os espectrômetros FTIV têm ocupado o espaço de instrumentos de dispersão de uma forma grande em muitos laboratórios.

Os instrumentos com transformada de Fourier não apresentam nenhum elemento dispersivo e todos os comprimentos de onda são detectados e medidos simultaneamente. Em vez de um monocromador, um interferômetro é usado para produzir padrões de interferência que contêm a informação espectral do infravermelho. Os mesmos tipos de fontes empregados nos instrumentos dispersivos são utilizados nos espectrômetros FTIV. Os transdutores são basicamente sulfato de glicina, um transdutor piroelétrico, ou telureto de mercúrio e cádmio, um transdutor fotocondutor. Para se obter potência radiante como uma função do comprimento de onda, o interferômetro modula o sinal da fonte de maneira tal que pode ser decodificado pela técnica matemática de transformada de Fourier. Essa operação requer um computador de alta velocidade para realizar os cálculos necessários. A teoria das medidas com transformada de Fourier é discutida no Destaque 23-7.[12]

A maioria dos espectrômetros de bancada FTIV é do tipo de feixe único. Para coletar o espectro de uma amostra, o espectro de fundo é primeiramente obtido pela transformação de Fourier do interferograma do fundo (solvente, água do ambiente e dióxido de carbono). Depois, consegue-se o espectro da amostra. Finalmente, a razão entre o espectro de feixe único da amostra e o espectro do fundo é calculada e a absorbância ou transmitância *versus* o comprimento de onda é registrada. Quase sempre, os instrumentos de bancada purgam o espectrômetro com um gás inerte ou ar seco, livre de CO_2, para reduzir a absorção de vapor de água e CO_2 de fundo (*background*).

❯❯ Os espectrômetros com transformada de Fourier detectam todos os comprimentos de onda IV todo o tempo. Eles apresentam maior aproveitamento da potência luminosa do que os instrumentos dispersivos e, consequentemente, melhor precisão. Embora os cálculos da transformada de Fourier sejam intensos em termos computacionais, eles são facilmente realizados com computadores pessoais de alta velocidade e programas apropriados.

As principais vantagens dos instrumentos FTIV sobre os espectrômetros de dispersão incluem melhor sensibilidade e rapidez, melhor aproveitamento da potência luminosa, calibração de comprimento de onda mais exata, projeto mecânico mais simples e eliminação virtual de contribuição da luz de dispersão e emissão de IV. Devido a estas vantagens, quase todos os novos instrumentos de IV são sistemas FTIV.

---

[12] Veja também J. D. Ingle, Jr.; S. R. Crouch. *Spectrochemical Analysis*. Englewood Cliffs, NJ: Prentice-Hall, 1988; D. A. Skoog; F. J. Holler; S. R. Crouch. *Principles of Instrumental Analysis*. 7. ed. Boston, MA: Cengage Learning, 2018.

DESTAQUE 23-7

Como Funciona um Espectrômetro com Transformada de Fourier?

Os espectrômetros com transformada de Fourier (FTIV) utilizam um dispositivo engenhoso, denominado **interferômetro de Michelson**, que foi desenvolvido há muitos anos por A. A. Michelson para efetuar medidas precisas do comprimento de onda da radiação eletromagnética e para fazer medidas de distância com incrível exatidão. Os princípios da interferometria são utilizados em muitas áreas da ciência, incluindo química, física, astronomia e metrologia, sendo aplicados em muitas regiões do espectro eletromagnético.

Um diagrama de um interferômetro de Michelson é exposto na **Figura 23D-6**. Este consiste em uma fonte de luz colimada (mostrada à esquerda do diagrama), um espelho estacionário acima, um espelho móvel à direita, um divisor de feixe e um detector. A fonte de luz pode ser uma fonte contínua, como na espectroscopia FTIV, ou uma fonte monocromática, como um laser ou uma lâmpada de arco de sódio para outros usos, como, por exemplo, medidas de distância. Os espelhos são vidros ultraplanos, polidos com precisão com um revestimento refletor depositado nas suas superfícies frontais deles. O espelho móvel é em geral montado em um posicionador linear preciso que permite que se mova ao longo da direção do feixe de luz enquanto se mantém perpendicular a este, como representado no diagrama.

A chave para a operação do interferômetro é o *divisor de feixe*, o qual é geralmente constituído por um espelho semiprateado similar aos espelhos de *"um só lado"* vistos nas lojas e nas salas policiais de interrogatório. O divisor de feixe permite que uma fração da luz que incide sobre ele passe pelo espelho e outra fração seja refletida. Este dispositivo funciona em ambas as direções, de tal forma que a luz que atinge ambos os lados do divisor de feixe é parcialmente refletida e transmitida.

Por simplicidade, iremos utilizar como nossa fonte de luz a linha azul de um laser de íon argônio. O Feixe A da fonte impinge sobre o divisor de feixe, o qual é inclinado a 45° em relação ao feixe incidente. Nosso divisor de feixe é revestido do lado direito; logo, o Feixe A entra no vidro e é parcialmente refletido para fora no lado de trás do revestimento. Ele emerge do divisor de feixe como Feixe A' e se move em direção ao espelho estacionário onde é refletido de volta em direção ao divisor de feixe. Parte do feixe é então transmitida através do divisor de feixe em direção ao detector. Embora o feixe perca alguma intensidade a cada interação com o espelho estacionário e o divisor de feixe, o efeito líquido é que uma fração (Feixe A') do Feixe A incidente acaba no detector.

Na sua primeira interação com o divisor de feixe, a fração do Feixe A que é transmitida emerge para a direita em direção ao espelho móvel como Feixe B. Este então é refletido de volta à esquerda do divisor de feixe, no qual é refletido para baixo em direção ao detector. Com o cuidadoso alinhamento, tanto o Feixe A' quanto o Feixe B (mostrados separadamente no diagrama para clareza), são colineares e colidem no detector no mesmo ponto.

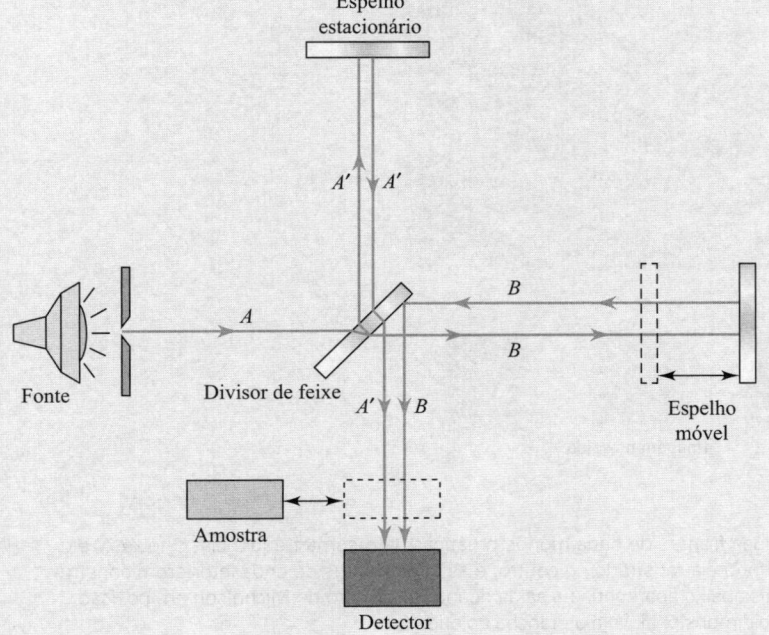

FIGURA 23D-6

Diagrama de um interferômetro de Michelson. Um feixe da fonte de luz à esquerda é dividido em dois feixes pelo divisor de feixes. Ambos percorrem caminhos separados e convergem sobre o detector. Os dois feixes, A' e B, convergem na mesma região do espaço e formam um padrão de interferência. À medida que o espelho móvel à direita se desloca, o padrão de interferência se desloca sobre o detector e modula o sinal ótico. O interferograma de referência resultante é registrado e empregado como medida da potência do feixe incidente em todos os comprimentos de onda. Uma amostra absorvente é inserida então no feixe e o interferograma da amostra é registrado. Os dois interferogramas são empregados para computar o espectro de absorção da amostra.

(continua)

O objetivo final da ótica do interferômetro é de dividir o feixe incidente em dois feixes que se movem pelo do espaço por caminhos separados e então se recombinam no detector. É nessa região que os dois feixes, ou frentes de onda, interagem para formar um **padrão de interferência**. A origem do padrão de interferência é ilustrada na **Figura 23D-7**, que é uma representação bidimensional da interação de duas frentes de onda esféricas. O Feixe A' e o Feixe B convergem e interagem como duas fontes pontuais de luz representadas na parte superior da figura. Quando os dois feixes se interferem, formam um padrão similar àquele mostrado. Nas regiões em que as ondas se interferem construtivamente, aparecem bandas claras, e onde a interferência destrutiva ocorre, são formadas bandas escuras. As bandas claras e escuras alternadas são chamadas **franjas de interferência**. Essas franjas aparecem no detector como a imagem de saída indicada na parte de baixo da figura. Nas primeiras versões do interferômetro de Michelson, o detector era o olho humano auxiliado por um telescópio. As franjas podiam ser contadas ou medidas por meio do telescópio.

Quando o espelho móvel se desloca para a esquerda a uma velocidade constante, um padrão de interferência

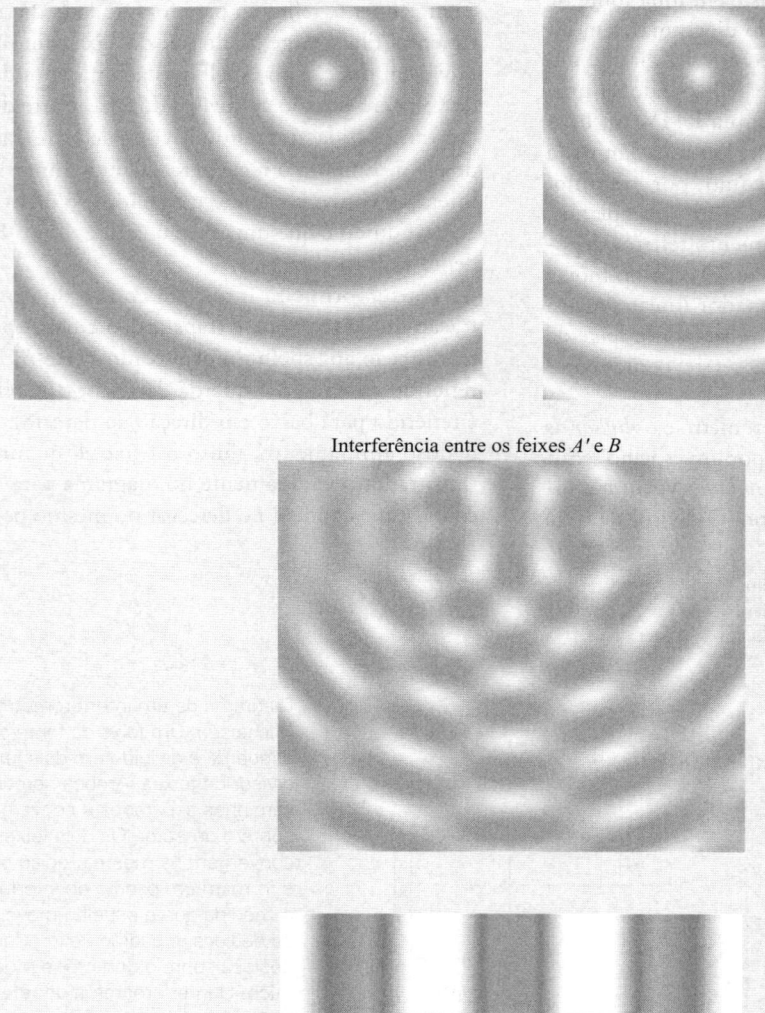

FIGURA 23D-7
Representação bidimensional da interferência de duas frentes de onda monocromáticas de mesma frequência. O feixe A' e o feixe B na parte superior formam o padrão de interferência mostrado no centro, e as duas frentes de onda interferem construtiva e destrutivamente. A imagem apresentada mais abaixo apareceria na saída do interferômetro de Michelson em posição perpendicular ao plano do padrão de interferência bidimensional. Veja a prancha colorida 24.

(continua)

gradualmente se move sobre o detector à medida que o caminho que o Feixe *B* percorre é gradualmente reduzido. A forma do padrão de interferência permanece a mesma, mas as posições das interferências construtiva e destrutiva são deslocadas conforme a diferença de caminho varia. Por exemplo, se o comprimento de onda da nossa fonte de laser for λ, à medida que movemos o espelho a uma distância de $\lambda/4$, a diferença de caminho entre os dois feixes muda de $\lambda/2$, e onde tínhamos interferência construtiva temos agora interferência destrutiva. Se movermos o espelho por mais $\lambda/4$, a diferença de caminho se altera de $\lambda/2$ novamente e retornamos mais uma vez à interferência construtiva. À medida que o espelho se move, as duas frentes de onda são deslocadas no espaço uma em relação à outra e franjas claras e escuras alternadas se movem sobre o detector, como ilustrado na **Figura 23D-8a**. No detector encontramos o perfil senoidal de intensidade mostrado na **Figura 23D-8b**. Esse perfil é denominado **interferograma**. O efeito líquido da movimentação uniforme e constante do espelho é que a intensidade da luz na saída do interferômetro é **modulada**, ou variada sistematicamente, de forma precisamente controlada, como indicado na figura. Na prática, constata-se que não é muito fácil mover o espelho do interferômetro a uma velocidade constante e precisamente controlada. Há uma forma melhor e muito mais precisa de monitorar a movimentação do espelho por meio do uso de um interferômetro paralelo.[13] Neste exemplo, apenas assumiremos que podemos medir e/ou monitorar o progresso do espelho e compensar computacionalmente qualquer movimento não uniforme.

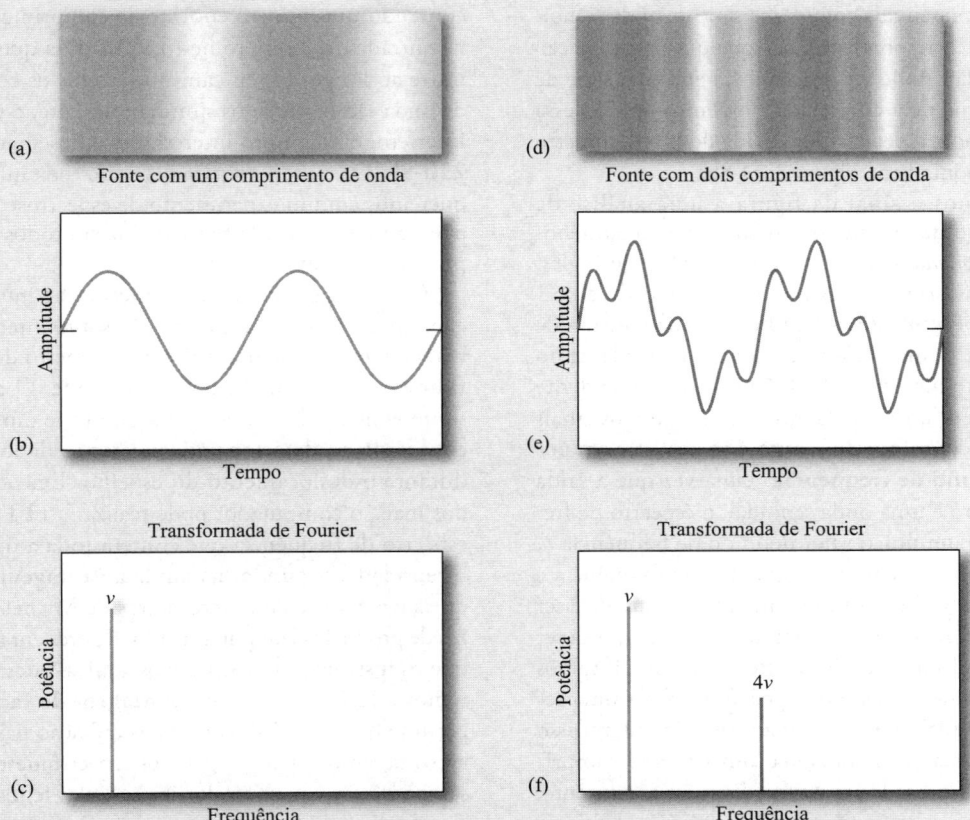

FIGURA 23D-8

Formação de interferogramas na saída do interferômetro de Michelson. (a) Padrão de interferência na saída do interferômetro resultante de uma fonte monocromática. (b) Sinal de variação senoidal produzido no detector pelo padrão em (a). (c) Espectro de frequência da fonte de luz monocromática resultante da transformação de Fourier do sinal em (b). (d) Padrão de interferência na saída do interferômetro resultante de uma fonte de duas cores. (e) Sinal complexo produzido pelo padrão de interferência de (d) quando este atinge o detector. (f) Espectro de frequência da fonte de duas cores. Veja a prancha colorida 25.

(continua)

---

[13] D. A. Skoog; F. J. Holler; S. R. Crouch. *Principles of Instrumental Analysis*. 7. ed. Boston, MA: Cengage Learning, 2018, caps. 5 e 16.

Estabelecemos que um interferômetro de Michelson com uma fonte de luz monocromática produz um sinal que varia senoidalmente no detector quando o espelho se move à velocidade constante. Agora, devemos investigar o que acontece com o sinal, uma vez que este é registrado. Embora as características dos interferômetros de Micheleson sejam bem conhecidas por mais de um século e a ferramenta matemática para tratar os dados esteja disponível a aproximadamente dois séculos, o dispositivo não pôde ser usado rotineiramente para espectroscopia até que ocorressem dois avanços. Inicialmente, computadores de alta velocidade e baratos têm se tornado disponíveis. Em segundo lugar, os métodos computacionais apropriados tinham que ser inventados para lidar com o grande número de cálculos mesmo que rotineiros que devem ser aplicados a dados brutos obtidos nos experimentos interferométricos. Em resumo, os princípios da síntese e análise de Fourier nos dizem que qualquer forma ondulatória pode ser representada como uma série de ondas senoidais e, de forma correspondente, que qualquer combinação de ondas senoidais pode ser decomposta em uma série de senoides de frequência conhecida. Podemos aplicar essa ideia ao sinal senoidal detectado na saída do interferômetro de Michelson apontada na Figura 23D-8b.

Se sujeitarmos o sinal da figura a uma análise de Fourier por meio de um algoritmo computacional denominado *transformada de Fourier rápida* (FFT – do inglês, fast Fourier transform), obteremos a frequência do espectro ilustrado na **Figura 23D-8c**. Observe que a forma de onda original na Figura 23D-8b é um sinal dependente do tempo; a saída resultante da FFT é um sinal dependente da frequência. Em outras palavras, a FFT toma os sinais de amplitude no **domínio do tempo** e os converte em potência no **domínio de frequência**. Uma vez que a saída do interferômetro é uma onda senoidal, o espectro de frequências mostra um único valor definido de frequência v, a frequência da onda senoidal original. Esta frequência é proporcional à frequência ótica emitida pela fonte de laser mas de valor bem mais baixo, de tal forma que ela possa ser medida e manipulada eletronicamente. Agora modificamos o interferômetro de maneira que possamos obter uma segunda onda senoidal na saída. Uma forma de se fazer isso consiste simplesmente em adicionar um segundo comprimento de onda à nossa fonte de luz. Experimentalmente, um segundo laser ou outra fonte monocromática de luz na entrada do interferômetro nos fornece um feixe que contém apenas dois comprimentos de onda.

Por exemplo, vamos supor que o segundo comprimento de onda seja um quarto do primeiro, de tal forma que a segunda frequência seja $4v$. Adicionalmente, supomos que sua intensidade seja metade da intensidade da fonte original.

Como resultado, o sinal que aparece na saída do interferômetro exibe um padrão um tanto mais complexo que no exemplo de comprimento de onda único, como mostrado na **Figura 23D-8d**. O registro gráfico do sinal do detector mostra-se como a soma de duas ondas senoides como representado na **Figura 23D-8e**. Então, aplicamos a FFT ao sinal senoidal complexo para produzir o espectro de frequência da **Figura 23D-8f**. Esse espectro revela somente duas frequências, v e $4v$, e as grandezas relativas das duas frequências são proporcionais às amplitudes das duas ondas senoidais que compõem o sinal original. As duas frequências correspondem às duas frequências na nossa fonte de luz do interferômetro e a FFT revelou as intensidades da fonte naqueles dois comprimentos de onda.

Para ilustrar como o interferômetro de Michelson é empregado em experimentos práticos, colocamos uma fonte de luz contínua no infravermelho (veja **Figura 23D-9a**) contendo um número enorme de comprimentos de onda na entrada do interferômetro. À medida que o espelho se move ao longo do seu caminho, todos os comprimentos de onda são modulados simultaneamente, o que produz o interferograma muito interessante apresentado na **Figura 23D-9b**. Esse interferograma contém toda informação que queremos em um experimento de espectroscopia com respeito à intensidade da fonte de luz em todos os seus comprimentos de onda.

Como sugerido na seção anterior, há inúmeras vantagens em se adquirir a informação sobre intensidade dessa maneira, em vez de usar um espectrômetro de varredura.[14] Primeiro, há a vantagem da velocidade. O espelho pode ser movimentado em poucos segundos e um computador conectado ao detector pode coletar os dados necessários durante o deslocamento do espelho. Em poucos segundos mais, o computador pode realizar a FFT e produzir o espectro de frequência que contém toda a informação de intensidade. Segundo, há ainda a **vantagem de Fellgett**, que sugere que os interferômetros de Michelson são capazes de produzir razões sinal-ruído maiores em tempo menor que os instrumentos dispersivos equivalentes. Finalmente, temos a luminosidade, ou **vantagem de Jacquinot**, que permite que 10 a 200 vezes mais radiação passe através da amostra em comparação com os espectrômetros de dispersão padrão, os quais são limitados pelas fendas de entrada e saída. Estas vantagens são, com frequência, parcialmente reduzidas pela baixa sensibilidade dos detectores que são usados nos espectrômetros FTIV. Sob essas circunstâncias, a velocidade do processo de medida, a simplicidade e a confiabilidade dos espectrômetros FTIV tornam-se considerações primordiais. Discutiremos algumas dessas questões, no Capítulo 24.

(continua)

---

[14] J. D. Ingle, Jr.; S. R. Crouch. *Spectrochemical Analysis*. Upper Saddle River, NJ: Prentice-Hall, 1988, p. 425-426.

Até este ponto das nossas discussões sobre o espectrômetro FTIV, temos mostrado como o interferômetro de Michelson pode fornecer informação sobre as intensidades para uma fonte de luz em função do comprimento de onda. Para coletar o espectro IV de uma amostra devemos primeiro obter um interferograma de referência da fonte sem amostra no caminho ótico, como mostrado na Figura 23D-6. Então, a amostra é colocada no caminho indicado pela seta e pelo retângulo tracejado na figura e, uma vez mais, movimentamos o espelho e adquirimos um segundo interferograma. Na espectrometria FTIV a amostra absorve a radiação no infravermelho, o que atenua os feixes no interferômetro. A diferença entre o segundo interferograma (amostra) e o interferograma de referência é computada. Uma vez que o interferograma resultante da diferença depende somente da absorção da radiação pela amostra, a FFT é realizada apenas nos dados resultantes, o que produz o espectro de IV da amostra. Vamos discutir um exemplo específico desse processo no Capítulo 24. Finalmente, deveríamos notar que a FFT pode ser efetuada empregando-se os computadores pessoais modernos mais simples equipados com os programas adequados. Muitos pacotes de programas, tais como Mathcad, Mathematica, Matlab e até Pacote de Ferramentas de Análise de Dados do Microsoft® Excel, têm funções internas de análise de Fourier. Essas ferramentas são amplamente empregadas na ciência e na engenharia por uma larga faixa de tarefas de processamento de sinal.[15]

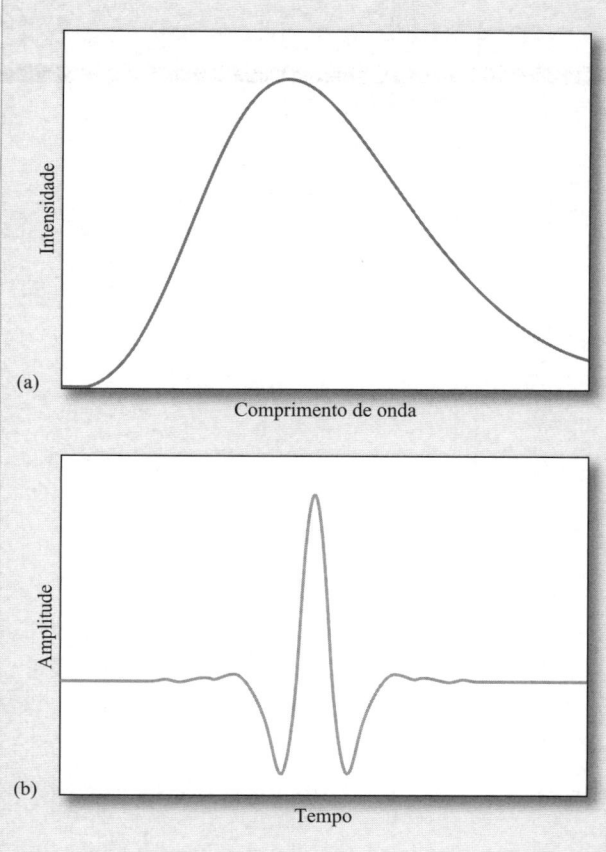

FIGURA 23D-9
(a) Espectro de uma fonte de luz contínua. (b) Interferograma da fonte de luz em (a) produzido na saída do interferômetro de Michelson.

Química Analítica On-line

Use um mecanismo de busca para encontrar empresas que fabriquem monocromadores. Navegue em vários sites da web dessas empresas e encontre um monocromador UV/visível de design Czerny-Turner que tenha resolução melhor que 0,1 nm. Liste diversas outras especificações importantes dos monocromadores e descreva o que elas significam e como afetam a qualidade das medidas espectroscópicas analíticas. A partir das especificações e, se disponíveis, dos preços, determine os fatores que afetam mais significativamente o custo dos monocromadores.

---

[15] D. A. Skoog; F. J. Holler; S. R. Crouch. *Principles of Instrumental Analysis*. 7. ed. Boston, MA: Cengage Learning, 2018, p. 86-91.

Resumo do Capítulo 23

- Fontes para medidas espectroquímicas.
- Materiais óticos.
- Fontes de laser para espectroscopia.
- Monocromadores para seleção de comprimento de onda.
- Interferência e filtros de absorção.
- Redes de difração.
- Detectores e energia radiante.
- Transdutores e detectores.
- Razão sinal-ruído de medidas espectrométricas.
- Fototubos e tubos fotomultiplicadores.
- Fotodiodos de silício.
- Dispositivos de acoplamento de carga e de injeção de carga.
- Detectores térmicos.
- Recipientes de amostras para medidas de UV/Visível.
- Espectrômetros de feixe único e duplo.
- Espectrômetros no infravermelho.
- Interferômetros para espectrometria no infravermelho.
- Espectroscopia no infravermelho com transformada de Fourier.

Termos-chave

Corrente de escuro, 661
Detector, 660
Dinodo, 663
Dispersão angular, 653
Dispersão linear recíproca, 656
Dispositivos de transferência de carga, 666
Estado simpleto, 651

Filtro de interferência, 658
Fonte contínua, 647
Fonte de Nernst, 652
Fotocorrente, 663
Interferograma, 677
Interferômetro de Michelson, 675
Largura de banda efetiva, 652
Laser de gás, 650

Monocromador, 652
Plano focal, 653
Policromador, 652
Rede echelle, 654
Transdutores, 660
Vantagem de Fellgett, 678
Vantagem de Jacquinot, 678

Equações Importantes

Para rede

$$n\lambda = d(\operatorname{sen} i + \operatorname{sen} r)$$

Para um filtro

$$\lambda_{máx} = \frac{2t\eta}{n}$$

Resposta do transdutor

$$G = KP + K'$$

Questões e Problemas*

23-1. Descreva as diferenças ente os seguintes pares de termos e liste quaisquer vantagens de um sobre o outro:
  (a) fotodiodos de estado sólido e fototubos como detectores de radiação eletromagnética.
  *(b) fototubos e tubos fotomultiplicadores.
  *(c) filtros e monocromadores como seletores de comprimento de onda.
  (d) espectrômetros convencionais e com arranjos de diodos.

23-2. Defina o termo *largura de banda efetiva de um monocromador*.

*23-3. Por que as análises quantitativas e qualitativas requerem com frequência monocromadores com fendas diferentes?

23-4. Por que os tubos fotomultiplicadores não são adequados para a detecção de radiação no infravermelho?

*23-5. Por que algumas vezes introduz-se iodo em uma lâmpada de tungstênio?

23-6. Descreva as diferenças entre os seguintes pares de termos e liste quaisquer vantagens particulares de um sobre o outro:
  *(a) espectrofotômetros e fotômetros.
  (b) espectrógrafos e policromadores.
  *(c) monocromadores e policromadores.
  (d) instrumentos de feixe único e de feixe duplo para medidas de absorbância.

23-7. A Lei de deslocamento de Wien estabelece que o máximo comprimento de onda em micrômetros para a radiação de um corpo negro é

$$\lambda_{máx} T = 2{,}90 \cdot 10^3$$

onde T é a temperatura em kelvins. Calcule o comprimento de onda máximo para um corpo negro que foi aquecido a *(a) 4.000 K, (b) 3.300 K, *(c) 2.000 K e (d) 1.500 K.

23-8. A Lei de Stefan estabelece que a energia emitida por um corpo negro por unidade de tempo e por unidade de área é

$$E_t = \alpha T^4$$

onde α é igual a $5{,}69 \times 10^{-8}$ W m^{-2} K^4. Calcule a saída de energia total em W/m^{-2} para os corpos negros descritos no Problema 23-7.

*23-9. As relações descritas nos Problemas 23-7 e 23-8 podem ser úteis para resolver os seguintes problemas.
  (a) Calcule o comprimento de onda máximo de emissão de um bulbo de filamento de tungstênio operado a 2.870 e 3.000 K.
  (b) Calcule a saída de energia total do bulbo em W/cm^2.

23-10. Qual é o requisito mínimo para se obter resultados reprodutíveis em espectrofotômetros de feixe único?

*23-11. Qual é o objetivo do (a) ajuste de 0% T e (b) ajuste de 100% T de um espectrofotômetro?

23-12. Quais variáveis não instrumentais devem ser controladas para assegurar dados reprodutíveis de absorbância?

*23-13. Quais são as maiores vantagens dos instrumentos IV com transformada de Fourier sobre os instrumentos dispersivos IV?

23-14. Um fotômetro com resposta linear à radiação forneceu uma leitura de 625 mV com o branco colocado no caminho ótico e 149 mV quando o branco foi substituído por uma solução absorvente. Calcule
  *(a) a porcentagem de transmitância e a absorbância da solução absorvente.
  (b) a transmitância percentual esperada se a concentração do absorvente for metade daquela da solução original.
  *(c) a porcentagem de transmitância esperada se o caminho ótico através da solução original for duplicado.

23-15. Um fotômetro portátil com uma resposta linear à radiação registrou uma fotocorrente de 75,9 μA com uma solução branco no caminho ótico. A substituição do branco por uma solução absorvente forneceu uma resposta de 23,5 μA. Calcule
  (a) a transmitância da solução da amostra.
  *(b) a absorbância da solução da amostra.
  (c) a transmitância esperada para uma solução cuja concentração do absorvente seja a metade daquela da solução original da amostra.
  *(d) a transmitância esperada para uma solução que tenha duas vezes a concentração da solução da amostra.

23-16. Por que uma lâmpada de hidrogênio produz um espectro contínuo em vez de um espectro de linhas na faixa do ultravioleta?

*23-17. Quais são as diferenças entre um detector de fótons e um detector térmico?

23-18. Descreva a diferença básica de projeto entre um espectômetro para medidas de emissão e um para os estudos de absorção.

*23-19. Descreva como diferem entre si um fotômetro de absorção e um de fluorescência.

23-20. Qual é a diferença entre um filtro de absorção e um filtro de interferência?

---

*As respostas para as questões e problemas marcados com um asterisco são fornecidas no final deste livro.

23-21. Defina
  *(a) transdutor.
  (b) fotocorrente.
  *(c) semicondutor do tipo n.
  (d) transportador majoritário.
  *(e) camada de depleção.
  (f) dinodos em um tubo fotomultiplicador.

23-22. Um filtro de interferência deve ser construído para isolar a banda de absorção do CFS_2 em 4,54 μm.
  (a) Se a determinação deve ser baseada na primeira ordem de interferência, qual deve ser a espessura da camada do dielétrico (índice de refração igual a 1,54)?
  (b) Quais serão os outros comprimentos de onda transmitidos?

23-23. Os seguintes dados foram obtidos de um espectrofotômetro de arranjo de diodos em um experimento para medir o espectro do complexo Co(II)-EDTA. A coluna rotulada por $P_{solução}$ é o sinal relativo obtido com a solução da amostra na célula após subtração do sinal de escuro. A coluna denominada $P_{solvente}$ é o sinal de referência obtido somente com o solvente na célula após a subtração do sinal de escuro. Encontre a transmitância a cada comprimento de onda. Faça um gráfico do espectro do composto.

Comprimento de Onda, nm	$P_{solvente}$	$P_{solução}$
350	0,002689	0,002560
375	0,006326	0,005995
400	0,016975	0,015143
425	0,035517	0,031648
450	0,062425	0,024978
475	0,095374	0,019073
500	0,140567	0,023275
525	0,188984	0,037448
550	0,263103	0,088537
575	0,318361	0,200872
600	0,394600	0,278072
625	0,477018	0,363525
650	0,564295	0,468281
675	0,655066	0,611062
700	0,739180	0,704126
725	0,813694	0,777466
750	0,885979	0,863224
775	0,945083	0,921446
800	1,000000	0,977237

23-24. **Problema Desafiador:** Horlick descreveu os princípios matemáticos da transformada de Fourier, interpretou-os graficamente e descreveu como podem ser empregados em espectroscopia analítica.[16] Leia o artigo e responda às seguintes questões:
  (a) Defina o que é *domínio do tempo* e *domínio da frequência*.
  (b) Escreva as equações para a integral de Fourier para sua transformação e defina cada um dos termos das equações.
  (c) O artigo mostra os sinais para o domínio do tempo para uma onda cosssenoidal de 32 ciclos, uma onda cossenoidal de 21 ciclos, e uma onda cossenoidal de 10 ciclos, bem como as transformadas de Fourier desses sinais. Como a forma do sinal no domínio das frequências se altera à medida que o número de ciclos das ondas originais se modifica?
  (d) O autor descreve o fenômeno de atenuação (*damping*). Que efeito a atenuação exerce sobre as ondas cossenoidais originais? Que efeito isso acarreta no resultado da transformada de Fourier?
  (e) O que é uma função de resolução?
  (f) O que é o processo de convolução?
  (g) Discuta como a escolha da função de resolução pode afetar a aparência do espectro.
  (h) A convolução pode ser empregada para diminuir a quantidade de ruído no espectro. Considere os gráficos a seguir de sinais no domínio do tempo e no domínio da frequência. Identifique os eixos para os cinco gráficos. Por exemplo, o gráfico (b) deve ser rotulado como amplitude *versus* tempo. Caracterize cada gráfico como pertencendo ao domínio do tempo ou da frequência.
  (i) Descreva as relações matemáticas entre os gráficos. Por exemplo, como se pode chegar ao gráfico (a) a partir dos gráficos (d) e (e)?
  (j) Discuta a importância prática de se poder reduzir o ruído nos sinais espectroscópicos.

---

[16] G. Horlick. *Anal. Chem.*, v. 43, n. 8, p. 61A-66A, 1971. DOI: 10.1021/ac60303a029.

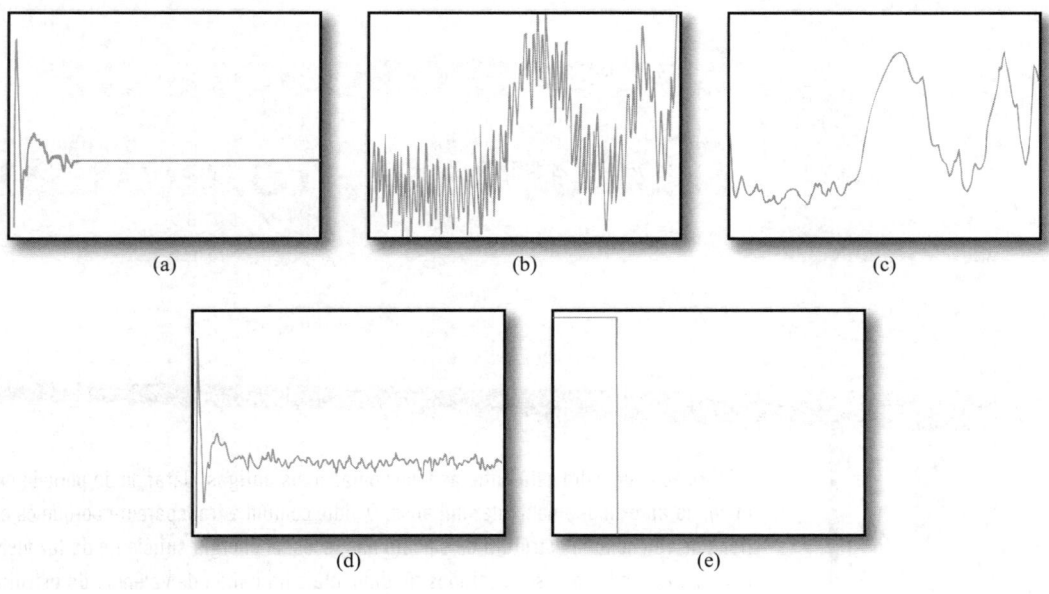

CAPÍTULO 24

Espectroscopia de Absorção Molecular

Fotografia de Thomas A. Heinz, Copyrights 2020

A fabricação de vidro está entre as tecnologias mais antigas, datando do período neolítico, há aproximadamente dez mil anos. O vidro comum é transparente porque os elétrons de valência na estrutura de silicato não recebem energia suficiente da luz visível para ser excitados dos seus estados fundamentais na banda de valência da estrutura de silicato para a banda de condução. Iniciando-se com os egípcios, no segundo milênio a.C., os fabricantes de vidro aprenderam a adicionar uma variedade de compostos para produzir vidros coloridos. Esses aditivos frequentemente contêm metais de transição para fornecer níveis de energia acessíveis para que ocorra a absorção de luz e o vidro resultante seja colorido. O vidro colorido é empregado de forma ampla na arte e na arquitetura como, por exemplo, no vitral mostrado aqui. A espectroscopia ótica é usada para caracterizar os vidros coloridos pelo registro de seus espectros de absorção. Essa informação pode ser utilizada em diversas áreas. Por exemplo, na história da arte, os espectros de absorção são usados para caracterizar, identificar e rastrear a origem e o desenvolvimento de obras de arte; na arqueologia, os espectros são usados para explorar as origens da espécie humana; e, na ciência forense, são usados para correlacionar evidências em investigações criminais.

A absorção de radiação no ultravioleta, no visível ou no infravermelho é largamente usada para identificar e determinar muitas espécies inorgânicas, orgânicas e bioquímicas.[1] A espectroscopia de absorção molecular no ultravioleta e visível é usada principalmente para a análise quantitativa e, provavelmente, aplicada mais extensivamente em laboratórios químicos e clínicos mais que em qualquer outra técnica isolada. A espectroscopia de absorção no infravermelho é uma ferramenta poderosa para se determinar a estrutura de compostos inorgânicos e orgânicos. Além disso, ela desempenha atualmente um importante papel na análise quantitativa, particularmente na área de poluição ambiental.

24A Espectroscopia de Absorção Molecular no Ultravioleta e Visível

Vários tipos de espécies moleculares absorvem a radiação ultravioleta e visível. A absorção molecular por essas espécies pode ser usada para análises qualitativas e quantitativas. A absorção no UV visível é também usada para monitorar titulações e

---

[1] Para uma abordagem mais detalhada sobre espectroscopia de absorção, veja E. J. Meehan. *Treatise on Analytical Chemistry*. 2. ed. P. J. Elving; E. J. Meehan; I. M. Kolthoff, eds. Nova York: Wiley, 1981, pt. I, v. 7, cap. 2; C. Burgess; A. Knowles, eds. *Techniques in Visible and Ultraviolet Spectrometry*. Nova York: Chapman and Hall, 1981, v. 1; J. D. Ingle, Jr.; S. R. Crouch. *Spectrochemical Analysis*. Englewood Cliffs, NJ: Prentice-Hall, 1988, caps. 12-14; D. A. Skoog; F. J. Holler; S. R. Crouch. *Principles of Instrumental Analysis*. 7. ed. Boston, MA: Cengage Learning, 2018, caps. 13, 14, 16, 17.

estudar a composição de íons complexos. O uso de espectrometria de absorção para seguir a cinética de reações químicas para propósitos quantitativos é descrito no Capítulo 28.

24A-1 Espécies Absorventes

Como observado na Seção 22C-2, a absorção da radiação ultravioleta e visível por moléculas geralmente ocorre em uma ou mais bandas de absorção eletrônicas, cada uma das quais é constituída de muitas linhas discretas, mas próximas umas das outras. Cada linha se origina da transição de um elétron de um estado fundamental para um dos muitos estados vibracionais e rotacionais associados com cada estado excitado de energia eletrônica. Em razão da existência de vários desses estados vibracionais e rotacionais e porque suas energias diferem pouco, o número de linhas contidas em uma banda típica é muito grande e as diferenças entre elas são muito pequenas.

❰❰ Uma banda consiste em um número grande de linhas vibracionais e rotacionais muito próximas. As energias associadas com essas linhas diferem muito pouco umas das outras.

Como pode ser previamente visto na Figura 22-14a, o espectro de absorção no visível para o vapor de 1,2,3,4-tetrazina mostra uma estrutura fina que é devida aos numerosos níveis rotacionais e vibracionais associados com os estados eletrônicos excitados dessa molécula aromática. No estado gasoso, as moléculas individuais de tetrazina estão suficientemente separadas umas das outras para girar e vibrar livremente, e as muitas linhas de absorção individuais aparecem como resultado do grande número de estados de energia vibracional e rotacional. Como líquido puro ou em solução, contudo, as moléculas de tetrazina têm pouca liberdade para girar; dessa forma, as linhas devidas às diferenças de níveis rotacionais desaparecem. Além disso, quando as moléculas do solvente envolvem as moléculas de tetrazina, as energias de vários níveis vibracionais são modificadas de uma forma não uniforme e a energia de um dado estado em uma amostra de moléculas do soluto aparece como um pico único e largo. Esse efeito é mais pronunciado em solventes polares, como a água, do que em meio de hidrocarbonetos apolares. Esse efeito do solvente é ilustrado nas Figuras 22-14b e 22-14c.

Absorção por Compostos Orgânicos

A absorção de radiação por moléculas orgânicas na região de comprimento de onda entre 180 e 780 nm resulta das interações entre fótons e elétrons que estão participando diretamente da formação de uma ligação química (e são, assim, associados a mais de um átomo) ou estão localizados sobre átomos, como os de oxigênio, enxofre, nitrogênio e halogênios.

O comprimento de onda de absorção de uma molécula orgânica depende de quão fortemente seus elétrons estão ligados. Os elétrons compartilhados em ligações simples carbono-carbono ou carbono-hidrogênio estão tão fortemente presos que suas excitações requerem energias correspondentes ao comprimento de onda da região do ultravioleta de vácuo, abaixo de 180 nm. Os espectros de ligações simples não têm sido amplamente explorados para as finalidades analíticas em razão das dificuldades experimentais de se trabalhar nessa região. Essas dificuldades ocorrem porque tanto o quartzo quanto os componentes da atmosfera absorvem nessa região, o que requer o uso de espectrofotômetros mantidos sob vácuo com ótica de fluoreto de lítio.

Os elétrons envolvidos em ligações duplas e triplas de moléculas orgânicas não estão tão fortemente presos por causa da ligação pi, sendo, portanto, mais facilmente excitados por radiação eletromagnética. Assim, as espécies com ligações insaturadas geralmente exibem picos de absorção úteis. Os grupos orgânicos insaturados que absorvem nas regiões do ultravioleta e visível são conhecidos como **cromóforos**. A **Tabela 24-1** lista alguns cromóforos comuns e os comprimentos de onda aproximados nos quais eles absorvem. Os dados de comprimento de onda e intensidade de picos podem servir apenas como orientação aproximada, uma vez que ambos são influenciados pelos efeitos do solvente, bem como por outros detalhes estruturais da molécula. Além disso, a conjugação entre dois ou mais cromóforos tende a causar deslocamentos nos máximos de absorção para comprimentos de onda mais longos. Por fim, costuma ser difícil determinar precisamente um máximo de absorção porque os efeitos vibracionais alargam as bandas de absorção nas regiões do ultravioleta e visível. Os espectros típicos para compostos orgânicos são mostrados na **Figura 24-1**.

Os **cromóforos** são grupos funcionais orgânicos insaturados que absorvem na região do ultravioleta ou visível.

Os compostos orgânicos saturados contendo heteroátomos, como oxigênio, nitrogênio, enxofre ou halogênios, apresentam elétrons não ligantes que podem ser excitados por radiação na faixa de 170 a 250 nm. A **Tabela 24-2** lista alguns exemplos desses compostos. Alguns deles, como os alcoóis e os éteres, são solventes comuns. A absorção deles nessa região impede a medida da absorção de analitos dissolvidos nesses solventes em comprimentos de onda mais curtos que 180 a 200 nm. Ocasionalmente, a absorção nessa região é empregada para a determinação de compostos que contêm halogênios e enxofre.

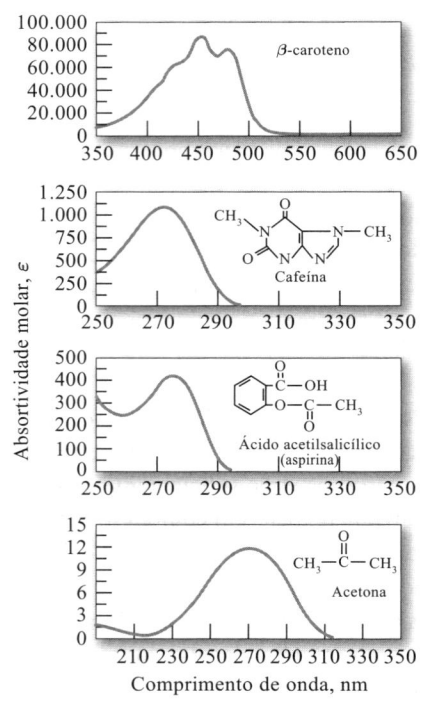

FIGURA 24-1
Espectros de absorção para compostos orgânicos típicos. Aqui, e ao longo deste capítulo, as unidades de absortividades molares são L mol^{-1} cm^{-1}.

TABELA 24-1

Características de Absorção de Alguns Cromóforos Orgânicos Comuns

Cromóforos	Exemplo	Solvente	$\lambda_{máx}$, nm	$\varepsilon_{máx}$
Alceno	$C_6H_{13}CH=CH_2$	n-Heptano	177	13.000
Alceno conjugado	$CH_2=CHCH=CH_2$	n-Heptano	217	21.000
Alcino	$C_5H_{11}C\equiv C-CH_3$	n-Heptano	178	10.000
			196	2.000
			225	160
Carbonila	CH_3CCH_3	n-Hexano	186	1.000
			280	16
	CH_3CH	n-Hexano	180	Alta
			293	12
Carboxila	CH_3COH	Etanol	204	41
Amido	CH_3CNH_2	Água	214	60
Azo	$CH_3N=NCH_3$	Etanol	339	5
Nitro	CH_3NO_2	Iso-octano	280	22
Nitroso	C_4H_9NO	Éter etílico	300	100
			665	20
Nitrato	$C_2H_5ONO_2$	Dioxano	270	12
Aromático	Benzeno	n-Hexano	204	7.900
			256	200

Absorção por Compostos Inorgânicos

Em geral, os íons e os complexos dos elementos das primeiras duas séries de transição absorvem bandas largas da radiação visível em pelo menos um de seus estados de oxidação. Como resultado, são coloridos (veja, por exemplo, a **Figura 24-2**). A cor do composto está relacionada aos comprimentos de onda da luz *não* absorvida pelo composto. A absorção ocorre quando os elétrons fazem transições entre orbitais *d* preenchidos e não preenchidos com energias que dependem dos ligantes ligados aos íons metálicos. As diferenças de energia entre esses orbitais *d* (e, assim, a posição do máximo de absorção correspondente) dependem da posição do elemento na tabela periódica, seu estado de oxidação e da natureza do ligante.

Os espectros de absorção de íons das séries de transição dos lantanídeos e actinídeos diferem substancialmente daqueles apresentados na Figura 24-2. Os elétrons responsáveis pela absorção por esses elementos (4*f* e 5*f*, respectivamente) estão blindados de influências externas por elétrons que ocupam orbitais com números quânticos principais maiores. Como resultado, as bandas tendem a ser estreitas e, de forma relativa, não são afetadas pelas espécies ligadas aos elétrons externos, como mostrado na **Figura 24-3**.

TABELA 24-2

Absorção por Compostos Orgânicos Contendo Heteroátomos Insaturados

Composto	$\lambda_{máx}$, nm	$\varepsilon_{máx}$
CH_3OH	167	1.480
$(CH_3)_2O$	184	2.520
CH_3Cl	173	200
CH_3I	258	365
$(CH_3)_2S$	229	140
$(CH_3)_2NH_2$	215	600
$(CH_3)_3N$	227	900

Absorção por Transferência de Carga

Para finalidades quantitativas, a absorção por transferência de carga é particularmente importante, porque as absortividades molares são geralmente altas ($\varepsilon > 10.000$ L mol^{-1} cm^{-1}), o que leva a uma alta sensibilidade. Muitos complexos inorgânicos e orgânicos exibem esse tipo de absorção e são, portanto, denominados *complexos de transferência de carga*.

Complexo de transferência de carga consiste em um grupo doador ligado a um receptor de elétron. Quando esse produto absorve radiação, um elétron do doador é transferido para um orbital que está altamente associado com o receptor. Assim, o estado excitado é produto de um tipo de processo de oxidação-redução interna. Esse comportamento difere daquele de um cromóforo orgânico, no qual o elétron excitado está em um orbital molecular que é compartilhado por dois ou mais átomos.

Alguns exemplos familiares de complexos de transferência de carga incluem os complexos fenólicos de ferro(III), o complexo de 1,10-fenantrolina com o ferro(II), o complexo de iodeto/iodo molecular e o complexo de ferro/ferricianeto responsável pela cor do azul-da-Prússia. A cor vermelha do complexo de ferro(III)/tiocianato constitui um exemplo adicional de absorção de transferência de carga. A absorção de um fóton resulta na transferência de um elétron do íon tiocianato para um orbital que está altamente associado com o íon ferro(III). O produto é uma espécie excitada que envolve predominantemente ferro(II) e o radical SCN. Como em outros tipos de excitação eletrônica, o elétron nesse complexo normalmente retorna ao seu estado original após um breve período. Ocasionalmente, contudo, um complexo excitado pode se dissociar e gerar produtos de oxidação-redução fotoquímica. Três espectros de complexos de transferência de carga são mostrados na **Figura 24-4**.

Em muitos complexos de transferência de carga que envolvem um íon metálico, o metal atua como receptor de elétron. As exceções são os complexos de 1,10-fenantrolina com ferro(II) (Seção 36N-2) e cobre(I), nos quais o ligante é o receptor e o íon metálico o doador. Outros poucos exemplos desse tipo de complexo são conhecidos. Os complexos de transferência de carga metal-ligante são normalmente formados deliberadamente durante a determinação de íons metálicos por espectroscopia no UV-visível para melhorar os limites de detecção.

> **Complexo de transferência de carga** é uma espécie fortemente absorvente que é constituída por uma espécie doadora de elétron ligada a uma espécie receptora.

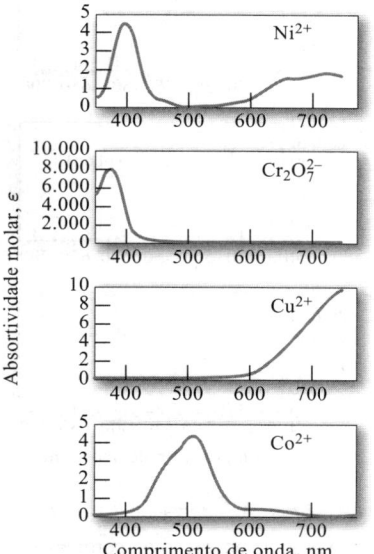

FIGURA 24-2
Espectros de absorção de soluções aquosas de íons de metais de transição.

24A-2 Aplicações Qualitativas da Espectroscopia Ultravioleta/Visível

As medidas espectrofotométricas com a radiação ultravioleta são úteis para se detectar grupos cromóforos, como aqueles expostos na Tabela 24-1.[2] Uma vez que grande parte até mesmo das moléculas orgânicas mais complexas é transparente à radiação mais longa que 180 nm, o aparecimento de uma ou mais bandas na região de 200 a 400 nm é uma indicação clara da presença de grupos insaturados ou átomos como enxofre ou halogênios. Frequentemente, você pode ter uma ideia da identidade do grupo absorvente comparando o espectro do analito com aqueles de moléculas simples que contêm os grupos cromóforos.[3] Geralmente, contudo, os espectros no ultravioleta não apresentam uma estrutura suficientemente fina para permitir que um analito seja inequivocamente identificado. Assim, os dados qualitativos no ultravioleta devem ser suplementados com outras evidências químicas ou físicas, como espectros no infravermelho, de ressonância magnética nuclear e de massas, bem como informações sobre a solubilidade, ponto de fusão e ponto de ebulição.

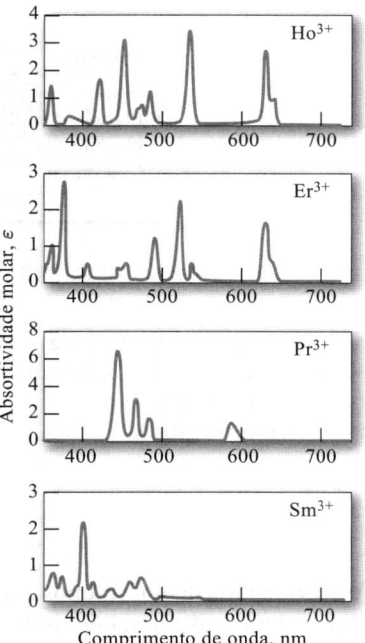

FIGURA 24-3
Espectros de absorção de soluções aquosas de íons de terras raras.

---

[2] Para uma discussão detalhada sobre a espectroscopia de absorção no ultravioleta para a identificação de grupos funcionais orgânicos, veja R. M. Silverstein; F. X. Webster. *Spectrometric Identification of Organic Compounds*. 6. ed. Nova York: Wiley, 1998, cap. 7.

[3] H. H. Perkampus. UV/VIS *Atlas of Organic Compounds*. 2. ed. Weinhem: Wiley-VCH, 1992. Além disso, no passado, diversas organizações publicaram catálogos de espectros que ainda podem ser úteis, incluindo o American Petroleum Institute, Ultraviolet Spectral Data, A.P.I. Research Project 44. Pittsburgh: Carnegie Institute of Technology. *Sadtler Handbook of Ultraviolet Spectra*. Filadélfia: Sadtler Research Laboratories, 1979; American Society for Testing Materials, Committee E-13, Filadélfia.

Solventes

Os espectros no ultravioleta para análises qualitativas são normalmente medidos empregando-se soluções diluídas do analito. Para os compostos voláteis, contudo, os espectros na fase gasosa são frequentemente mais úteis que os espectros na fase líquida ou em solução (por exemplo, compare as Figuras 22-14a e 22-14b). Os espectros na fase gasosa são obtidos permitindo-se que uma ou duas gotas do líquido puro evaporem e entrem em equilíbrio com a atmosfera em uma cubeta fechada.

Um solvente para espectroscopia no ultravioleta/visível deve ser transparente na região do espectro onde o soluto absorve. O analito deve ser suficientemente solúvel no solvente para fornecer uma absorção bem definida. Além disso, existem possíveis interações do solvente com as espécies absorventes. Por exemplo, os solventes polares, como a água, os alcoóis, os ésteres e as cetonas, tendem a obliterar estruturas vibracionais finas e devem assim ser evitados para preservar os detalhes espectrais. Os espectros em solventes apolares, como o ciclo-hexano, frequentemente aproximam-se mais dos espectros no estado gasoso (compare, por exemplo, os três espectros na Figura 22-14). Além disso, a polaridade do solvente com frequência influencia a posição do máximo de absorção. Para as análises qualitativas, os espectros do analito devem ser comparados com os espectros de compostos conhecidos obtidos no mesmo solvente.

A **Tabela 24-3** lista alguns solventes comuns para os estudos nas regiões do ultravioleta e visível e seus limites inferiores aproximados de comprimento de onda. Esses limites dependem fortemente da pureza do solvente. Por exemplo, o etanol e os hidrocarbonetos estão frequentemente contaminados com benzeno, que absorve abaixo de 280 nm.[4]

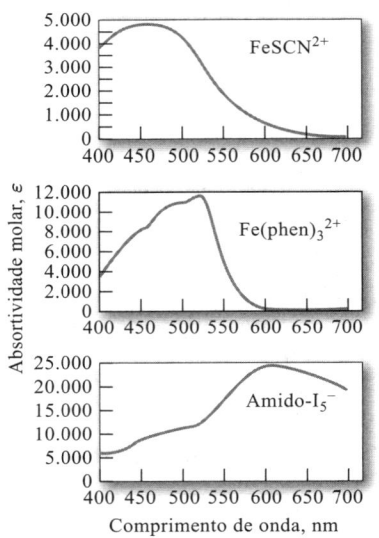

FIGURA 24-4
Espectros de absorção de complexos aquosos de transferência de carga.

TABELA 24-3

Solventes para as Regiões do Ultravioleta e Visível			
Solvente	Limite Inferior de Comprimento de Onda, nm	Solvente	Limite Inferior de Comprimento de Onda, nm
Água	180	Tetracloreto de carbono	260
Etanol	220	Éter dietílico	210
Hexano	200	Acetona	330
Ciclohexano	200	Dioxana	320
		Celosolve	320

O Efeito da Largura de Fenda

>> Use pequenas aberturas de fenda para estudos qualitativos visando preservar ao máximo os detalhes espectrais.

O efeito da variação da largura de fenda e, portanto, da largura efetiva de banda, é ilustrado pelos espectros na **Figura 24-5**. Os quatro traços mostram que as alturas dos picos e suas separações são distorcidas quando se empregam larguras de fenda maiores. Para evitar este tipo de distorção, os espectros para aplicações qualitativas devem ser medidos com aberturas de fenda mínimas, que fornecem razões sinal-ruído adequadas.

O Efeito da Radiação Espúria nos Comprimentos de Onda Extremos de um Espectrofotômetro

Anteriormente, demonstramos que a radiação espúria pode causar desvios instrumentais da lei de Beer (veja Seção 22C-3). Outro efeito indesejável desse tipo de radiação é que, ocasionalmente, produz o aparecimento de picos falsos quando o

---

[4] Os maiores fornecedores de reagentes químicos nos Estados Unidos oferecem solventes de grau espectroquímico. Os solventes de grau espectral foram tratados para remover as impurezas absorventes e preenchem ou excedem os requisitos estabelecidos em Reagent Chemicals. *American Chemical Society Specifications*. 10. ed. Washington, D.C.: American Chemical Society, 2005, disponível nas formas on-line ou em capa dura.

espectrofotômetro está sendo operado em seus extremos de comprimento de onda. A **Figura 24-6** mostra um exemplo desse tipo de comportamento. A curva B é o espectro verdadeiro de uma solução de cério(IV) produzido por um espectrofotômetro de alta qualidade que responde até 200 nm ou abaixo. A curva A foi obtida para a mesma solução em um instrumento de baixo custo operado com uma fonte de tungstênio designada para trabalhar apenas na região do visível. O pico falso a aproximadamente 360 nm é atribuído à radiação espúria, que não foi absorvida porque é constituída por comprimentos de onda mais longos que 400 nm. Sob muitas circunstâncias, essa radiação espúria tem um efeito desprezível, porque sua potência é somente uma fração minúscula da potência total do feixe que deixa o monocromador. Em ajustes de comprimentos de onda abaixo de 380 nm, contudo, a radiação do monocromador é bastante atenuada como resultado da absorção pelos componentes óticos e cubetas de vidro. Além disso, tanto a saída da fonte quanto a sensibilidade do transdutor caem drasticamente abaixo de 380 nm. Esses fatores combinam-se para fazer com que uma fração substancial da absorbância medida seja devida à radiação espúria de comprimentos de onda nos quais o cério(IV) é transparente. Então, um falso máximo de absorção é observado. Esse mesmo efeito é observado algumas vezes com instrumentos de ultravioleta/visível quando estes tentam medir absorbâncias em comprimentos de onda menores que cerca de 190 nm.

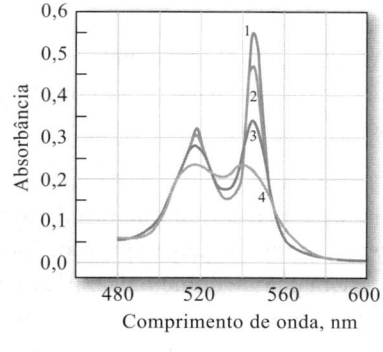

FIGURA 24-5

Espectros para o citocromo c reduzido, obtidos com quatro larguras de banda: (1) 1 nm, (2) 5 nm, (3) 10 nm, e (4) 20 nm. Com larguras de banda menores que 1 nm, o ruído nas bandas de absorção torna-se pronunciado. (Varian Instrument Division, Inc., Palo Alto, CA.)

24A-3 Aplicações Quantitativas

A espectroscopia de absorção molecular no ultravioleta e visível é uma das ferramentas mais úteis disponíveis ao químico para análise quantitativa. As características importantes dos métodos espectrofotométricos e fotométricos são:

- *Ampla aplicabilidade.* Um número enorme de espécies inorgânicas, orgânicas e bioquímicas absorve radiação ultravioleta ou visível, sendo assim receptivas para uma determinação quantitativa direta. Muitas espécies não absorventes podem também ser determinadas após conversão química para um derivado absorvente. Tem sido estimado que uma grande maioria das análises realizadas nos laboratórios clínicos é baseada na espectroscopia de absorção no ultravioleta e visível.

- *Limites de detecção relativamente baixos.* Os limites de detecção típicos para a espectroscopia estão na faixa de 10^{-4} a 10^{-5} mol L^{-1}. Com certas modificações de procedimento, essa faixa pode frequentemente ser estendida para 10^{-6} ou até mesmo 10^{-7} mol L^{-1}.

- *Alta sensibilidade.* A sensibilidade, que é proporcional à absortividade molar das espécies absorventes, e, portanto, à inclinação de uma curva de calibração, pode ser bem alta. As Figuras 24-1 a 24-4 ilustram que estes valores exibem uma faixa de 10^1 a 10^6. Quanto maior ε, maior é a sensibilidade do método.

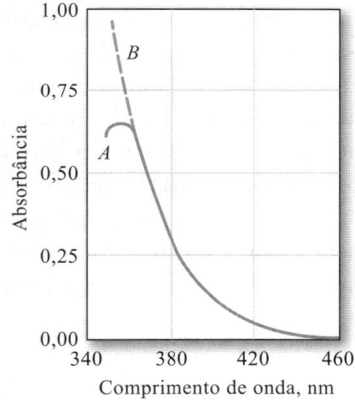

FIGURA 24-6

Espectros de cério(IV) obtidos em um espectrofotômetro com ótica de vidro (A) e quartzo (B). A banda de absorção aparente em A ocorre quando a radiação espúria é transmitida em comprimentos de onda longos.

- *Seletividade de moderada a alta.* Com frequência, pode-se descobrir um comprimento de onda no qual somente o analito absorve. Além disso, quando ocorre a superposição de bandas de absorção, as correções baseadas em medidas adicionais em outros comprimentos de onda eliminam, algumas vezes, a necessidade de uma etapa de separação. Quando as separações são necessárias, a espectrometria geralmente fornece os meios para a detectar as espécies separadas (veja Seção 31A-5).

- *Boa exatidão.* Os erros relativos na concentração observados para os procedimentos espectrofotométricos ou fotométricos estão na faixa de 1 a 5%. Com precauções especiais, esses erros podem ser frequentemente reduzidos a poucos décimos percentuais.

- *Facilidade e conveniência.* As medidas espectrofotométricas e fotométricas são realizadas de forma fácil e rápida com instrumentos modernos. Além disso, os métodos prestam-se à automação por si mesmos.

Escopo

As aplicações da análise por absorção não são somente numerosas, mas também repercutem em toda a área que busca informações quantitativas. Você pode ter uma noção do escopo da espectrofotometria consultando as monografias especializadas sobre esse assunto.[5]

Aplicação a Espécies Absorventes. A Tabela 24-1 (página 686) lista muitos cromóforos orgânicos comuns. A determinação espectrofotométrica de compostos orgânicos que contêm um ou mais desses grupos é, portanto, potencialmente possível; muitas dessas aplicações podem ser encontradas na literatura.

Um grande número de espécies inorgânicas também absorve. Temos observado que muitos íons dos metais de transição são coloridos em solução e podem, assim, ser determinados pelas medidas espectrofotométricas. Além disso, um grande número de outras espécies mostra bandas de absorção características, incluindo os íons nitrito, nitrato e cromato, os óxidos de nitrogênio, os halogênios no estado elementar e o ozônio.

Aplicação a Espécies não Absorventes. Muitos analitos não absorventes podem ser determinados fotometricamente, submetendo-os a uma reação com reagentes cromóforos para gerar produtos que absorvem fortemente nas regiões do ultravioleta e visível. Uma aplicação bem-sucedida desses reagentes formadores de cor em geral requer que sua reação com o analito seja forçada até quase a integralidade, a menos que sejam usados métodos cinéticos (veja Capítulo 28).

Os reagentes inorgânicos típicos incluem: íon tiocianato para o ferro, cobalto e molibdênio; peróxido de hidrogênio para o titânio, vanádio e cromo; e íon iodeto para o bismuto, paládio e telúrio. Os reagentes orgânicos quelantes que formam complexos estáveis coloridos com cátions são até mais importantes. Exemplos comuns incluem o dietilcarbamato para a determinação de cobre, difenilcarbazida para o chumbo, 1,10-fenantrolina para o ferro (veja **Figura 24-7**) e dimetilglioxima para o níquel; a **Figura 24-8** mostra as reações de formação de cor para os dois primeiros desses reagentes. A estrutura do complexo de ferro(II) da 1,10-fenantrolina é mostrada na página 467 e a reação do níquel com a dimetilglioxima para formar um precipitado vermelho é descrita na página 259 (veja também a Figura 10-10). Na aplicação da reação de dimetilglioxima para a determinação fotométrica de níquel, uma solução aquosa do cátion é extraída com uma solução do agente quelante em um líquido orgânico imiscível. A absorbância da fase orgânica vermelha brilhante resultante serve como uma medida da concentração do metal.

Outros reagentes estão disponíveis e podem reagir com grupos funcionais orgânicos para produzir cores que são úteis para a análise quantitativa. Por exemplo, os complexos 1:1 de cor vermelha que se formam entre alcoóis alifáticos de baixa massa molecular e o cério(IV) podem ser empregados para a estimativa quantitativa desses alcoóis.

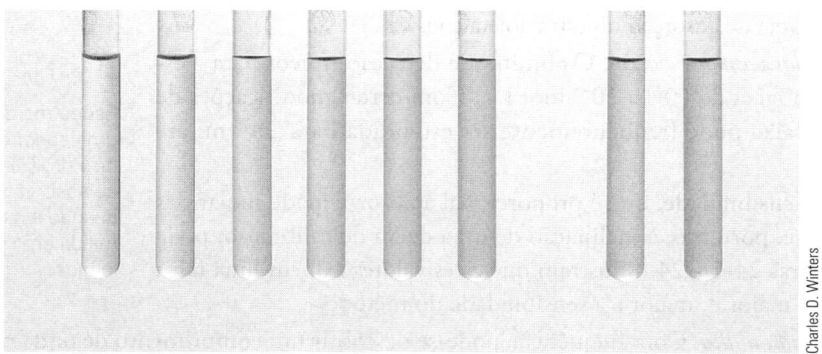

FIGURA 24-7 Série de padrões (esquerda) e duas amostras desconhecidas (direita) para a determinação espectrométrica de Fe(II) usando 1,10-fenantrolina como reagente (veja Seção 24A-3 e Problema 24-26, página 718). A cor é devida ao complexo $Fe(phen)_3^{2+}$. A absorbância dos padrões é medida, e a curva de trabalho é analisada usando o método linear dos quadrados mínimos (veja Seção 6D-2, página 132). A equação para a reta é então usada para determinar as concentrações das soluções das amostras desconhecidas a partir das suas absorbâncias medidas. Veja a prancha colorida 27.

---

[5] M. L. Bishop; E. P. Fody; L. E. Schoeff. *Clinical Chemistry: Techniques, Principles, Correlations*. Filadélfia: Lippincott, Willians e Wilkins, 2009, pt. I, cap. 5, parte II; O. Thomas. *UV-Visible Spectrophotomety of Water and Wastewater. Techniques and Instrumentation in Analytical Chemistry*. Amsterdã: Elsevier, 2007, v. 27; S. Görög. *Ultraviolet-Visible Spectrophotometry in Pharmaceutical Analysis*. Boca Rotan, FL: CRC Press, 1995; H. Onishi. *Photometric Determination of Traces of Metals*. 4. ed. Nova York: Wiley, 1986, 1989, parte IIA e parte IIB; *Colorimetric Determination of Nonmetals*. 2. ed. D. F. Boltz, ed. Nova York: Interscience, 1978.

FIGURA 24-8
Reagentes quelantes típicos para espectrometria de absorção. (a) Dietilditiocarbamato. (b) Difeniltiocarbazona.

Detalhes do Procedimento

Uma primeira etapa em qualquer análise fotométrica ou espectrofotométrica é o desenvolvimento de condições que produzam uma relação reprodutível (preferencialmente linear) entre a absorbância e a concentração do analito.

Seleção do Comprimento de Onda. Para se obter uma sensibilidade máxima, as medidas de absorbância espectrofotométricas são ordinariamente feitas em comprimentos de onda que correspondem ao máximo de absorbância, porque a variação em absorbância por unidade de concentração é maior nesse ponto. Além disso, a curva de absorção é, com frequência, relativamente plana em um máximo, o que leva a uma boa concordância com a lei de Beer (veja Figura 22-17) e menos incerteza vinda de falhas em reproduzir precisamente o ajuste de comprimento de onda do instrumento. Como mencionado no início dessa seção, alta absortividade molar em máxima de comprimento de onda leva ao máximo de sensibilidade e ao mínimo de limites de detecção.

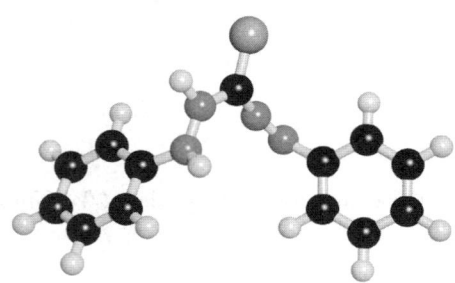

Modelo molecular da difeniltiocarbazona.

Variáveis que Influenciam a Absorbância. As variáveis comuns que influenciam o espectro de absorção de uma substância incluem a natureza do solvente, o pH da solução, a temperatura, as altas concentrações de eletrólito e a presença de substâncias interferentes. Os efeitos dessas variáveis devem ser conhecidos e as condições para a análise, escolhidas de maneira que a absorbância não seja materialmente afetada por pequenas variações incontroladas.

> ❮❮ Os espectros de absorção são afetados por variáveis como temperatura, pH, concentração de eletrólitos e presença de interferentes.

A Relação entre Absorbância e Concentração. Os padrões de calibração para uma análise fotométrica ou espectrofotométrica devem ser os mais semelhantes possíveis em relação à composição global das amostras verdadeiras e abranger uma faixa razoável de concentrações do analito. Uma curva de calibração de absorbância *versus* as concentrações de vários padrões é normalmente obtida para avaliar a relação. Raramente, ou nunca, é seguro presumir que a lei de Beer seja válida para empregar-se um único padrão visando determinar a absortividade molar. A menos que não se tenha escolha, nunca é uma boa ideia fundamentar o resultado de uma análise apenas em um valor da absortividade molar encontrado na literatura. Nos casos em que os efeitos de matriz são um problema, o método de adições de padrão pode melhorar os resultados, fornecendo compensação para alguns destes efeitos.

O Método de Adições de Padrão. Idealmente, a composição dos padrões de calibração deve se aproximar da composição das amostras a serem analisadas. Isto é verdadeiro não apenas para a concentração do analito, mas também para as concentrações de outras espécies presentes na matriz da amostra de forma que minimize os efeitos dos vários componentes da amostra sobre a absorbância medida. Por exemplo, a absorbância de muitos complexos coloridos de íons metálicos diminui na presença de íons sulfato e fosfato em decorrência da tendência desses ânions de formar complexos incolores com íons metálicos. Como consequência, a reação de formação de cor é frequentemente menos completa, resultando em absorbâncias menores. O efeito de matriz do sulfato e fosfato pode ser contraposto pela introdução de quantidades das duas espécies nos padrões que se aproximem das quantidades encontradas nas amostras. Infelizmente, quando materiais complexos, como solos, minerais e cinzas de plantas, estão sendo analisados, a preparação de padrões que se igualem às amostras é geralmente impossível ou extremamente difícil. Quando este é o caso, o método de adições de padrão pode ser útil para contrapor os efeitos de matriz.

O método de adições de padrão pode tomar diversas formas, como discutido na Seção 6D-3; o método de ponto único foi abordado no Exemplo 6-8.[6] O método das adições múltiplas é normalmente escolhido para as análises fotométricas ou espectrofotométricas e será descrito aqui. Essa técnica envolve a adição de diversos incrementos de uma solução padrão em alíquotas da amostra de mesmo tamanho. Cada solução é então diluída para um volume fixo antes de se medir sua absorbância. Quando a quantidade de amostra é limitada, as adições de padrão podem ser realizadas por meio de adições sucessivas de incrementos do padrão a uma única alíquota medida da amostra desconhecida. As medidas são feitas com a solução original e após cada adição do padrão do analito.

Suponha que diversas alíquotas idênticas V_x de uma solução desconhecida com uma concentração c_x sejam transferidas para balões volumétricos de volume V_t. Em cada um desses balões é adicionado um volume variável V_s mL de uma solução padrão do analito de concentração c_s. Os reagentes para o desenvolvimento de cor são então adicionados e cada solução é diluída, completando-se o volume. Se o sistema químico seguir a lei de Beer, a absorbância das soluções será descrita por

$$A_s = \frac{\varepsilon b V_s c_s}{V_t} + \frac{\varepsilon b V_x c_x}{V_t}$$
$$= k V_s c_s + k V_x c_x \qquad (24\text{-}1)$$

onde k é uma constante igual a $\varepsilon b / V_t$. Um gráfico de A_s em função de V_s deve produzir uma linha reta da forma

$$A_s = m V_s + b$$

onde a inclinação m e a intersecção b são dadas por

$$m = k c_s$$

e

$$b = k V_x c_x$$

A análise de mínimos quadrados (veja a Seção 6D-2) dos dados pode ser empregada para determinar m e b. A concentração desconhecida c_x pode então ser calculada a partir da razão dessas duas grandezas e dos valores conhecidos de V_x e V_s. Assim,

$$\frac{m}{b} = \frac{k c_s}{k V_x c_x}$$

que se rearranja para

$$c_x = \frac{b c_s}{m V_x} \qquad (24\text{-}2)$$

Se supusermos que as incertezas em c_s, V_s e V_t são desprezíveis em relação àquelas em m e b, o desvio padrão em c_x pode ser estimado. Então, a variância relativa do resultado $(s_c/c_x)^2$ é tomada como sendo a soma das variâncias relativa de m e b, isto é,

$$\left(\frac{s_c}{c_x}\right)^2 = \left(\frac{s_m}{m}\right)^2 + \left(\frac{s_b}{b}\right)^2$$

---
[6] Veja M. Bader. *J. Chem. Educ.*, v. 57, p. 703, 1980. DOI: 10.1021/ed057p703.

onde s_m e s_b são os desvios padrão da inclinação e da intersecção, respectivamente. Tomando-se a raiz quadrada dessa equação, encontramos o desvio padrão da concentração medida, s_c.

$$s_c = c_x \sqrt{\left(\frac{s_m}{m}\right)^2 + \left(\frac{s_b}{b}\right)^2} \qquad (24\text{-}3)$$

EXEMPLO 24-1

Alíquotas de 10 mililitros de uma amostra de água natural foram pipetadas para balões volumétricos de 50,00 mL. Exatamente 0,00; 5,00; 10,00; 15,00 e 20,00 mL de uma solução padrão contendo 11,1 ppm de Fe^{3+} foram adicionados em cada frasco seguidos da adição de excesso de íon tiocianato para formar o complexo vermelho $Fe(SCN)^{2+}$. Após completar-se o volume, as absorbâncias das cinco soluções foram medidas em um fotômetro equipado com um filtro verde, sendo encontrados os valores 0,240; 0,437; 0,621; 0,809 e 1,009, respectivamente (em células de 0,982 cm). (a) Qual é a concentração de Fe^{3+} na amostra de água? (b) Calcule o desvio padrão da inclinação, da intersecção e da concentração de Fe.

Resolução

(a) Nesse problema, c_s = 11,1 ppm, V_x = 10,00 mL e V_t = 50,00 mL. Um gráfico dos dados, mostrado na **Figura 24-9**, demonstra que a lei de Beer é obedecida. Para se obter a equação para a reta na Figura 24-9, segue-se o procedimento ilustrado no Exemplo 6-4. O resultado é m = 0,03820 e b = 0,2412. Assim

$$A_s = 0,03820 V_s + 0,2412$$

Substituindo na Equação 24-4, obtém-se

$$c_x = \frac{(0,2412)(11,1 \text{ ppm Fe}^{3+})}{(0,03820 \text{ mL}^{-1})(10,00 \text{ mL})} = 7,01 \text{ ppm Fe}^{3+}$$

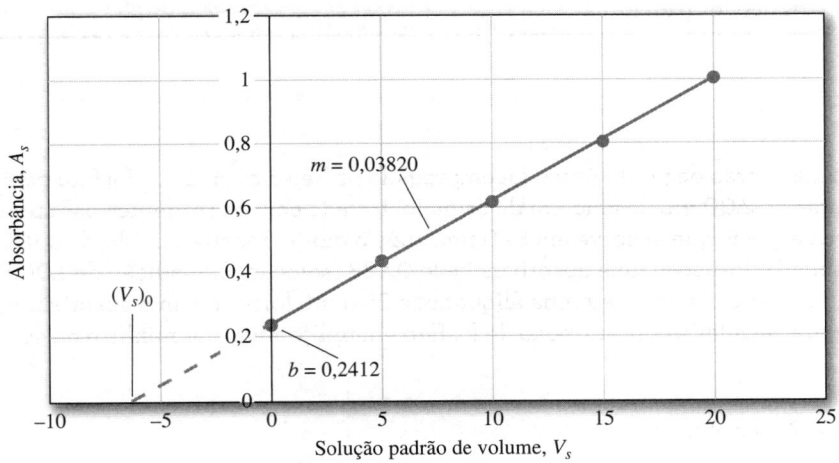

FIGURA 24-9   Gráfico dos dados para o método de adições de padrão para a determinação de Fe^{3+} como complexo de $Fe(SCN)^{2+}$.

(b) As Equações 6-16 e 6-17 fornecem os desvios padrão da inclinação e da intersecção. Isto é, $s_m = 3,07 \times 10^{-4}$ e $s_b = 3,76 \times 10^{-3}$.

(continua)

Substituindo na Equação 24-3, tem-se

$$s_c = 7{,}01 \text{ ppm de Fe}^{3+} \sqrt{\left(\frac{3{,}07 \times 10^{-4}}{0{,}03820}\right)^2 + \left(\frac{3{,}76 \times 10^{-3}}{0{,}2412}\right)^2}$$

$$= 0{,}12 \text{ ppm de Fe}^{3+}$$

Com o interesse de poupar tempo ou amostra, é possível realizar uma análise por adições de padrão com o emprego de apenas duas alíquotas de amostra. Nesse caso, uma única adição de V_s mL do padrão é adicionada a uma das duas amostras e podemos escrever

$$A_1 = \varepsilon b c_x$$

$$A_2 = \frac{\varepsilon b V_x c_x}{V_t} + \frac{\varepsilon b V_s c_s}{V_t}$$

onde A_1 e A_2 são as absorbâncias da amostra e da amostra mais padrão, respectivamente, e V_t é $V_x + V_s$. Se resolvermos a primeira equação para εb, substituirmos o resultado na segunda equação e resolvermos para c_x, descobriremos que

$$c_x = \frac{A_1 c_s V_s}{A_2 V_t - A_1 V_x} \tag{24-4}$$

Os métodos de adições de padrão de ponto único são inerentemente mais arriscados que os métodos de pontos múltiplos. Não há possibilidade de verificação da linearidade quando se empregam métodos de ponto único e os resultados dependem fortemente da confiabilidade de uma única medida.

Exercícios no Excel O Capítulo 12 do *Applications of Microsoft® Excel® in Analytical Chemistry*, 4. ed., investiga o método de adições múltiplas de padrão para determinar a concentração da solução. São usados também os métodos de regressão linear convencional e ponderado para determinar as concentrações e os desvios padrão.

EXEMPLO 24-2

O método de adições de padrão de ponto único foi empregado na determinação de fosfato pelo método do azul de molibdênio. Um volume de 2,00 mL de amostra de urina foi tratado com os reagentes para produzir o azul de molibdênio, gerando uma espécie que absorve em 820 nm, após o que a amostra foi diluída a 100 mL. Uma alíquota de 25,00 mL dessa solução forneceu uma absorbância de 0,428 (solução 1). A adição de 1,00 mL de uma solução contendo 0,0500 mg de fosfato a uma segunda alíquota de 25,0 mL forneceu uma absorbância de 0,517 (solução 2). Use esses dados para calcular a concentração de fosfato em miligramas por mililitro da espécie.

Resolução

Substituímos na Equação 24-4 e obtemos

$$c_x = \frac{A_1 c_s V_s}{A_2 V_t - A_1 V_x} = \frac{(0{,}428)(0{,}0500 \text{ mg PO}_4^{3-} \text{ mL}^{-1})(1{,}00 \text{ mL})}{(0{,}517)(26{,}00 \text{ mL}) - (0{,}428)(25{,}00 \text{ mL})}$$

$$= 0{,}00780 \text{ mg PO}_4^{3-} \text{ mL}^{-1}$$

(continua)

Esta é a concentração da amostra diluída. Para se obter a concentração da amostra original de urina, precisamos multiplicar por 100,00/2,00. Assim,

$$\text{concentração de fosfato} = 0,00780 \frac{\text{mg}}{\text{mL}} \times \frac{100,00 \text{ mL}}{2,00 \text{ mL}}$$

$$= 0,390 \text{ mg mL}^{-1}$$

Análise de Misturas. A absorbância total de uma solução a determinado comprimento de onda qualquer é igual à soma das absorbâncias dos componentes individuais da solução (Equação 22-14). Essa relação torna possível, em princípio, a determinação dos componentes individuais dos componentes de uma mistura mesmo que seus espectros se sobreponham completamente. Por exemplo, a **Figura 24-10** mostra um espectro de uma solução que contém uma mistura das espécies M e N, bem como os espectros de absorção individuais dos componentes. Vemos que não existe nenhum comprimento de onda em que a absorbância seja devida a somente um desses componentes. Para analisar a mistura, as absortividades molares de M e N são primeiramente determinadas nos comprimentos de onda λ_1 e λ_2. As concentrações das soluções padrão de M e N devem ser de tal forma que a lei de Beer seja obedecida sobre uma faixa de absorbância que inclua a absorbância da amostra. Como mostrado na Figura 24-10, os comprimentos de onda devem ser selecionados de tal forma que as absortividades molares dos dois componentes sejam significativamente diferentes. Assim, em λ_1, a absortividade molar do componente M é muito maior que aquela para o componente N. O inverso é verdadeiro para λ_2. Para completar a análise, a absorbância da mistura é determinada nos mesmos dois comprimentos de onda. A partir das absortividades molares conhecidas e do caminho ótico, as seguintes equações são válidas:

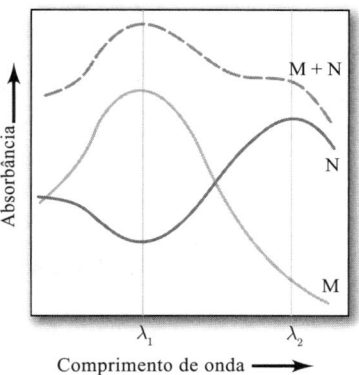

FIGURA 24-10
Espectro de absorção de uma mistura de dois componentes (M + N), com espectros individuais dos componentes M e N.

$$A_1 = \varepsilon_{M_1} b c_M + \varepsilon_{N_1} b c_N \quad (24\text{-}5)$$

$$A_2 = \varepsilon_{M_2} b c_M + \varepsilon_{N_2} b c_N \quad (24\text{-}6)$$

onde o índice inferior 1 indica a medida em λ_1 e o índice inferior 2, a medida em λ_2. Com os valores conhecidos de ε e b, as Equações 24-5 e 24-6 representam duas equações com duas incógnitas (c_M e c_N), as quais podem ser prontamente resolvidas como demonstrado no Exemplo 24-3.

EXEMPLO 24-3

Paládio(II) e ouro(III) podem ser determinados simultaneamente pela reação com metiomeprazina ($C_{19}H_{24}N_2S_2$). O máximo de absorção para o Pd ocorre em 480 nm, enquanto para o complexo de Au está a 635 nm. Os dados de absortividade nesses comprimentos de onda são:

	ε, L mol^{-1} cm^{-1}	
	480 nm	**635 nm**
Complexo do Pd	$3,55 \times 10^3$	$5,64 \times 10^2$
Complexo do Au	$2,96 \times 10^3$	$1,45 \times 10^4$

(continua)

> Uma amostra de 25,0 mL foi tratada com excesso de metiomeprazina e subsequentemente diluída para 50,0 mL. Calcule as concentrações molares de Pd(II), c_{Pd}, e de Au(III), c_{Au}, na amostra se a solução diluída apresentar uma absorbância de 0,533 a 480 nm e 0,590 a 635 nm quando medida em uma célula de 1,00 cm.

Resolução

Da Equação 24-5, em 480 nm

$$A_{480} = \varepsilon_{Pd(480)} b c_{Pd} + \varepsilon_{Au(480)} b c_{Au}$$

$$0,533 = (3,55 \times 10^3 \text{ mol}^{-1} \text{ cm}^{-1})(1,00 \text{ cm}) c_{Pd}$$
$$+ (2,96 \times 10^3 \text{ mol}^{-1} \text{ cm}^{-1})(1,00 \text{ cm}) c_{Au}$$

ou

$$c_{Pd} = \frac{0,533 - 2,96 \times 10^3 \text{ mol L}^{-1} c_{Au}}{3,55 \times 10^3 \text{ mol L}^{-1}}$$

Em 635 nm, a partir da Equação 24-6,

$$A_{635} = \varepsilon_{Pd(635)} b c_{Pd} + \varepsilon_{Au(635)} b c_{Au}$$

$$0,590 = (5,64 \times 10^2 \text{ mol L}^{-1} \text{ cm}^{-1})(1,00 \text{ cm}) c_{Pd}$$
$$+ (1,45 \times 10^4 \text{ mol L}^{-1} \text{ cm}^{-1})(1,00 \text{ cm}) c_{Au}$$

Substituindo por c_{Pd} nesta expressão, obtemos

$$0,590 = \frac{(5,64 \times 10^2 \text{ mol L}^{-1})(0,533 - 2,96 \times 10^3 \text{ mol L}^{-1} c_{Au})}{3,55 \times 10^3 \text{ mol L}^{-1}}$$
$$+ (1,45 \times 10^4 \text{ mol L}^{-1}) c_{Au}$$
$$= 0,0847 - (4,70 \times 10^2 \text{ mol L}^{-1}) c_{Au} + (1,45 \times 10^4 \text{ mol L}^{-1}) c_{Au}$$

$$c_{Au} = \frac{(0,590 - 0,0847)}{(1,45 \times 10^4 \text{ mol L}^{-1} - 4,70 \times 10^2 \text{ mol L}^{-1})} = 3,60 \times 10^{-5} \text{ mol L}^{-1}$$

e

$$c_{Pd} = \frac{0,533 - (2,96 \times 10^3 \text{ mol L}^{-1})(3,60 \times 10^{-5} \text{ mol L}^{-1})}{3,55 \times 10^3 \text{ mol L}^{-1}} = 1,20 \times 10^{-4} \text{ mol L}^{-1}$$

Uma vez que as soluções eram diluídas duas vezes, as concentrações de Pd(II) e Au(III) na amostra original era $7,20 \times 10^{-5}$ mol L^{-1} e $2,40 \times 10^{-4}$ mol L^{-1}, respectivamente.

As misturas que contêm mais que duas espécies absorventes podem ser analisadas, ao menos a princípio, se uma medida adicional de absorbância for feita para cada um dos componentes extra. Contudo, as incertezas nos dados resultantes tornam-se grandes à medida que o número de medidas aumenta. Alguns espectrofotômetros computadorizados são capazes de minimizar essas incertezas pela superdeterminação do sistema; isto é, esses instrumentos empregam mais pontos de dados que incógnitas e efetivamente modelam o espectro todo da amostra desconhecida o mais próximo possível, calculando espectros sintéticos para várias concentrações dos componentes. Os espectros calculados são então adicionados e a soma é comparada com o espectro da solução do analito até que uma grande coincidência seja obtida. Os espectros das soluções padrão de cada componente da mistura são adquiridos e armazenados na memória do computador antes de se efetuarem as medidas da mistura dos analitos.

> **Exercícios no Excel** O Capítulo 12 do *Applications of Microsoft® Excel® in Analytical Chemistry*, 4. ed., usa os métodos de planilha para determinar as concentrações de misturas de analitos. As resoluções para os conjuntos de equações simultâneas são avaliadas usando técnicas iterativas, o método de determinantes e manipulações de matrizes.

O Efeito das Incertezas Instrumentais[7]

A exatidão e a precisão das análises espectrofotométricas são frequentemente limitadas por erro indeterminado, ou ruído, associado com o instrumento. Como apontado no Capítulo 23, uma medida espectrofotométrica de absorbância inclui três etapas: um ajuste de 0% T, um ajuste ou medida de 100% T e a medida de % T da amostra. Os erros aleatórios associados a cada uma dessas etapas combinam-se para gerar um erro aleatório líquido para o valor final obtido para T. A relação entre o ruído encontrado na medida de T e a *incerteza na concentração* resultante pode ser derivada escrevendo-se a lei de Beer na forma

$$c = -\frac{1}{\varepsilon b} \log T = \frac{-0,434}{\varepsilon b} \ln T$$

No contexto desta discussão, **ruído** refere-se a variações aleatórias na saída do instrumento devido a flutuações elétricas e outras variáveis, como a temperatura da solução, a posição da célula no feixe de luz e a saída da fonte. Com instrumentos mais antigos, a maneira como o operador lê o medidor também pode resultar em uma variação aleatória.

Tomando-se a derivada parcial dessa equação e mantendo-se εb constante, chega-se à expressão

$$\partial c = \frac{-0,434}{\varepsilon b T} \partial T$$

onde ∂c pode ser interpretado como a incerteza em c que resulta do ruído (ou incerteza) em T. Dividindo essa equação pela anterior, obtém-se

$$\frac{\partial c}{c} = \frac{0,434}{\log T}\left(\frac{\partial T}{T}\right) \tag{24-7}$$

onde $\partial T/T$ é o erro relativo aleatório em T atribuível ao ruído nas três etapas de medida e $\partial c/c$ é o erro relativo aleatório resultante na concentração.

A melhor e mais útil medida do erro aleatório ∂T é o desvio padrão σ_T, o qual pode ser convenientemente medido para um dado instrumento efetuando-se 20 ou mais medidas de transmitância em réplicas de uma solução absorvente. Substituindo σ_T e σ_c pelas quantidades diferenciais correspondentes na Equação 24-7, chega-se a

$$\frac{\sigma_c}{c} = \frac{0,434}{\log T}\left(\frac{\sigma_T}{T}\right) \tag{24-8}$$

onde σ_T/T é o desvio padrão relativo na transmitância e σ_c/c é o desvio padrão relativo resultante na concentração.

A Equação 24-8 revela que a incerteza na medida fotométrica da concentração varia de forma complexa com a grandeza da transmitância. Contudo, a situação é mais complicada que o sugerido pela equação porque a incerteza σ_T é, sob muitas circunstâncias, dependente também de T. Em um estudo teórico e experimental detalhado, Rothman,

《 As incertezas nas medidas espectrofotométricas de concentração dependem da grandeza da transmitância (absorbância) de uma forma complexa. As incertezas podem ser independentes de T, proporcionais a $\sqrt{T^2 + T}$ ou proporcionais a T.

---

[7] Para uma leitura complementar, veja J. D. Ingle, Jr.; S. R. Crouch. *Spectrochemical Analysis*. Upper Saddle River, NJ: Prentice-Hall, 1988, cap. 5; J. Gallabán; S. de Marcos; I. Sanz; C. Ubide; J. Zuriarrain. *Anal. Chem.*, v. 79, p. 4.763, 2007. DOI: 10.1021/ac071933h.

TABELA 24-4

Categorias dos Erros Instrumentais Indeterminados em Medidas de Transmitância

Categoria	Fonte	Efeito de T sobre o Desvio Padrão da Concentração	
$\sigma_T = k_1$	Resolução da leitura, ruído térmico do detector, corrente de escuro e ruído de amplificador	$\dfrac{\sigma_c}{c} = \dfrac{0{,}434}{\log T}\left(\dfrac{k_1}{T}\right)$	(24-9)
$\sigma_T = k_2\sqrt{T^2 + T}$	Ruído "shot" do detector de fóton	$\dfrac{\sigma_c}{c} = \dfrac{0{,}434}{\log T} \times k_2 \sqrt{1 + \dfrac{1}{T}}$	(24-10)
$\sigma_T = k_3 T$	Incertezas no posicionamento da célula, flutuações na intensidade da fonte	$\dfrac{\sigma_c}{c} = \dfrac{0{,}434}{\log T} \times k_3$	(24-11)

Observação: σ_T é o desvio padrão da transmitância, σ_c/c, o desvio padrão relativo na concentração, T é a transmitância e k_1, k_2 e k_3 são constantes para um dado instrumento.

Crouch e Ingle[8] descreveram muitas fontes de erros aleatórios e mostraram o efeito líquido desses erros sobre a precisão das medidas de concentração. Os erros caem em três categorias: aqueles para os quais a grandeza de σ_T é (1) independente de T, (2) proporcionais a $\sqrt{T^2 + T}$, e (3) proporcionais a T. A **Tabela 24-4** resume as informações sobre essas fontes de incertezas. Quando as três relações para σ_T da primeira coluna são substituídas na Equação 24-8, obtemos três equações para o desvio padrão relativo na concentração σ_c/c. Essas três equações são exibidas na terceira coluna da Tabela 24-4.

Erros na Concentração Quando $\sigma_T = k_1$. Em muitos fotômetros e espectrofotômetros, o desvio padrão na medida de T é constante e independente da grandeza de T. Vemos frequentemente esse tipo de erro aleatório nos instrumentos de leitura direta com mostradores analógicos, os quais apresentam uma resolução limitada. O tamanho de uma escala típica é tal que uma leitura não pode ser mais bem reproduzida que poucos décimos percentuais da leitura da escala completa e a grandeza dessa incerteza é a mesma do início ao fim da escala. Para os instrumentos de baixo custo, encontramos desvios padrão em transmitância de cerca de 0,003 ($\sigma_T = \pm 0{,}003$).

EXEMPLO 24-4

Uma análise espectrofotométrica foi realizada com um instrumento manual que exibia um desvio padrão absoluto de transmitância de ± 0,003 por toda sua faixa de transmitância. Calcule o desvio padrão relativo na concentração se a solução do analito apresentar uma absorbância de (a) 1,000 e (b) 2,000.

Resolução

(a) Para converter a absorbância em transmitância, escrevemos

$$\log T = -A = -1{,}000$$

$$T = \text{antilog}(-1{,}000) = 0{,}100$$

Para esse instrumento, $\sigma_T = k_1 = \pm 0{,}003$ (veja a primeira entrada na Tabela 24-4). Substituindo esse valor e $T = 0{,}100$ na Equação 24-8, obtém-se

$$\frac{\sigma_c}{c} = \frac{0{,}434}{\log 0{,}100}\left(\frac{\pm 0{,}003}{0{,}100}\right) = \pm 0{,}013 \quad (1{,}3\%)$$

(b) Para $A = 2{,}000$, $T = \text{antilog}(-2{,}000) = 0{,}010$

$$\frac{\sigma_c}{c} = \frac{0{,}434}{\log 0{,}010}\left(\frac{\pm 0{,}003}{0{,}010}\right) = \pm 0{,}065 \quad (6{,}5\%)$$

---

[8] L. D. Rothman; S. R. Crouch; J. D. Ingle, Jr. *Anal. Chem.*, v. 47, p. 1.226, 1975. DOI: 10.1021/ac60358a029.

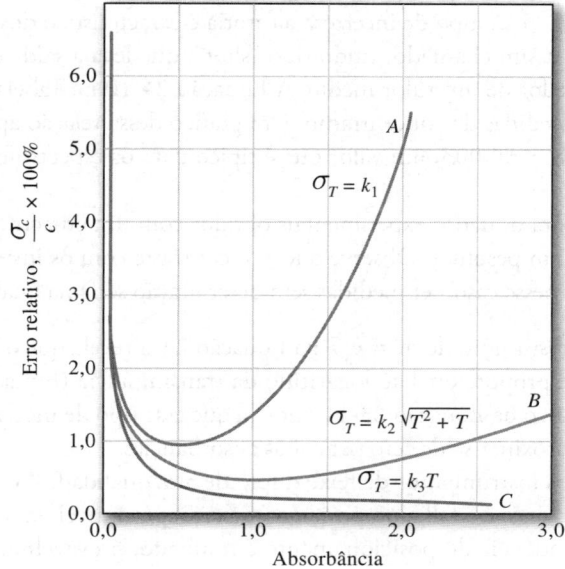

FIGURA 24-11 Curvas de erro para diversas categorias de incertezas instrumentais.

Os dados colocados em gráfico como a curva *A* na **Figura 24-11** foram obtidos a partir de cálculos similares àqueles do Exemplo 24-4. Observe que o desvio padrão relativo na concentração passa por um mínimo em uma absorbância próxima de 0,5 e aumenta rapidamente quando a absorbância é menor que 0,1 ou maior que aproximadamente 1,5.

A **Figura 24-12a** corresponde a um gráfico do desvio padrão relativo para concentrações determinadas experimentalmente como uma função da absorbância. Ele foi obtido com um espectrofotômetro similar ao que está representado na Figura 23-19, mas com um medidor de painel analógico antigo em vez de um leitor digital. A similaridade marcante entre essa curva e a curva *A* na Figura 24-11 indica que o instrumento estudado é afetado por um erro absoluto indeterminado na transmitância de aproximadamente ± 0,003 e que esse erro é independente da transmitância. A fonte de incerteza é provavelmente a resolução limitada da escala de transmitância. Um leitor digital com resolução suficiente, como aquele mostrado na Figura 23-19, é menos suscetível a esse tipo de erro.

Muitos espectrofotômetros no infravermelho também exibem um erro indeterminado que é independente da transmitância. A fonte de erro nesses instrumentos está no detector térmico. As flutuações na saída desse tipo de transdutor são independentes da grandeza da saída; de fato, as flutuações são observadas mesmo na ausência de radiação. O gráfico de dados experimentais de um espectrofotômetro no infravermelho é similar em aparência àquele da Figura 24-12a. Contudo, a curva é deslocada para cima por causa do maior desvio padrão associado com as medidas no infravermelho.

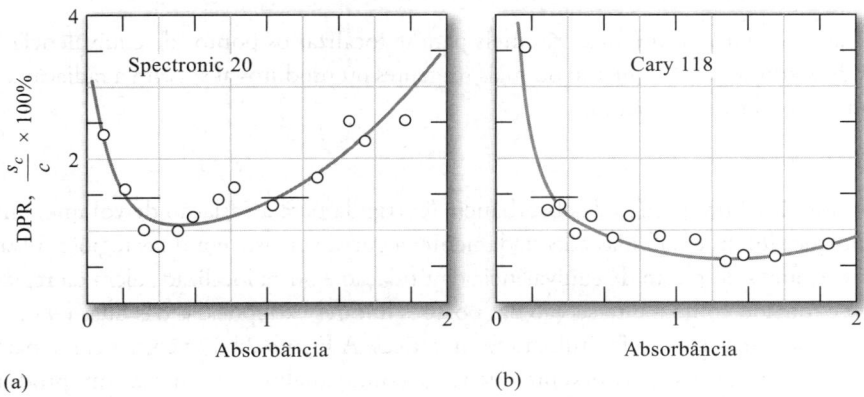

FIGURA 24-12 Curvas experimentais que relacionam as incertezas relativas na concentração com a absorbância para dois espectrofotômetros. Os dados foram obtidos com (a) um Spectronic 20, um instrumento de baixo custo (veja Figura 23-19) e (b) um Cary 118, um instrumento de alta qualidade. (W. E. Harris; B. Kratochvil. *An Introduction to Chemical Analysis*. Filadélfia: Saunders College Publishing, 1981, p. 384. Reimpresso com permissão dos autores.)

Erros na Concentração Quando $\sigma_T = k_2\sqrt{T^2 + T}$. Esse tipo de incerteza aleatória é característico dos espectrofotômetros da mais alta qualidade. Ele tem sua origem no, assim chamado, ruído tipo "shot", que leva à saída das fotomultiplicadoras e de fototubos a flutuar aleatoriamente ao redor de um valor médio. A Equação 24-10 na Tabela 24-4 descreve o efeito do ruído "shot" no desvio padrão relativo de medidas de concentração. Um gráfico dessa relação aparece na curva B na Figura 24-11. Calculamos esses dados supondo $k_2 = \pm 0,003$, um valor que é típico para os espectrofotômetros de alta qualidade.

A Figura 24-12b apresenta um gráfico análogo para os dados experimentais obtidos com um espectrofotômetro no ultravioleta/visível de alta qualidade, do tipo utilizado em pesquisa. Observe que, em contraste com os instrumentos de menor custo, as absorbâncias de 2,0 ou maiores podem, nesse caso, ser medidas sem deterioração séria na qualidade dos dados.

Erros na Concentração Quando $\sigma_T = k_3 T$. A substituição de $\sigma_T = k_3 T$ na Equação 24-8 revela que o desvio padrão na concentração desse tipo de incerteza é inversamente proporcional ao logaritmo da transmitância (Equação 24-11 na Tabela 24-4). A curva C na Figura 24-11, que é um gráfico da Equação 23-11, mostra que esse tipo de incerteza é importante em baixas absorbâncias (altas transmitâncias), mas aproxima-se de zero para altas absorbâncias.

Em baixas absorbâncias, a precisão obtida com os instrumentos de feixe duplo de alta qualidade é descrita frequentemente pela Equação 24-11. A fonte desse comportamento é a falha no posicionamento reprodutível das células em relação ao feixe durante as medidas de replicatas. Essa dependência do posicionamento é resultado, provavelmente, de pequenas imperfeições nas janelas das células, o que causa perdas de reflexão e diferenças na transparência entre uma área da janela e outra.

É possível avaliar a Equação 24-11 pela comparação da precisão das medidas de absorbância feitas de forma usual com as medidas nas quais a célula permaneceu imóvel, com as soluções das replicatas das medidas sendo introduzidas com uma seringa. Os experimentos desse tipo feitos com um espectrofotômetro de alta qualidade forneceram um valor de 0,013 para k_3.[9] A curva C na Figura 24-11 foi obtida pela substituição do seu valor numérico na Equação 24-11. Os erros de posicionamento da célula afetam todos os tipos de medidas espectrofotométricas, nas quais as células são reposicionadas entre as medidas.

As flutuações na intensidade da fonte também resultam em desvios padrão que são descritos pela Equação 24-11. Esse tipo de comportamento ocorre algumas vezes em instrumentos de feixe único de baixo custo, que apresentam fontes de alimentação instáveis e em instrumentos de infravermelho.

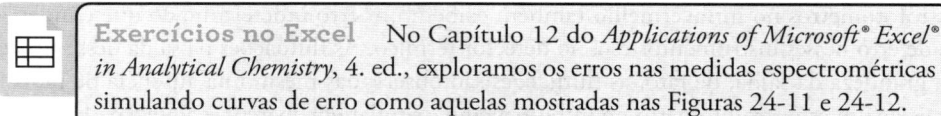

Exercícios no Excel No Capítulo 12 do *Applications of Microsoft® Excel® in Analytical Chemistry*, 4. ed., exploramos os erros nas medidas espectrométricas simulando curvas de erro como aquelas mostradas nas Figuras 24-11 e 24-12.

24A-4 Titulações Fotométricas e Espectrofotométricas

As medidas fotométricas e espectrofotométricas são úteis para se localizar os pontos de equivalência de titulações.[10] Essa aplicação das medidas de absorção requer que um ou mais reagentes ou produtos absorvam a radiação ou que um indicador absorvente seja adicionado à solução do analito.

Curvas de Titulação

Curva de titulação fotométrica é um gráfico da absorbância (corrigida para a variação de volume) em função do volume do titulante. Se as condições forem escolhidas adequadamente, a curva consiste em duas regiões lineares com inclinações diferentes, uma que ocorre antes do ponto de equivalência da titulação e outra localizada além da região do ponto de equivalência. O ponto final é tomado como a intersecção das porções lineares extrapoladas das duas retas.

A **Figura 24-13** mostra algumas curvas de titulação fotométricas. A Figura 24-13a é uma curva para a titulação de uma espécie não absorvente com um titulante absorvente que reage com o analito para formar um produto que não absorve. Um exemplo é a titulação do íon tiossulfato com o íon tri-iodeto. A curva de titulação para a formação de um produto

---

[9] L. D. Rothman; S. R. Crouch; J. D. Ingle, Jr. *Anal. Chem.*, v. 47, p. 1.226, 1975. DOI: 10.1021/ac60358a029.
[10] Para informação adicional, veja J. B. Headridge. *Photometric Titrations*. Nova York: Pergamon Press, 1961.

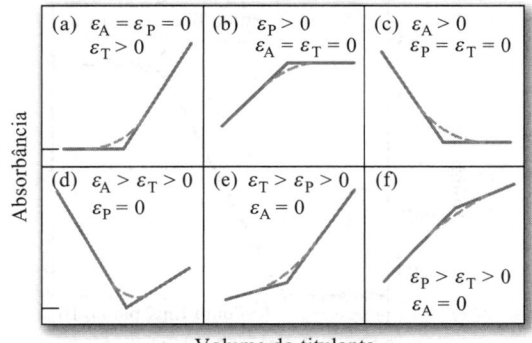

FIGURA 24-13

Curvas de titulações fotométricas típicas. As absortividades molares da substância titulada, do produto e do titulante são, ε_A, ε_P e ε_T, respectivamente. Todos os valores de absorbância são corrigidos para as variações de volume que ocorrem durante as titulações (diluição).

absorvente a partir de reagentes não absorventes está mostrada na Figura 24-13b. Um exemplo é a titulação do íon iodeto com solução padrão de íon iodato para formar tri-iodeto. As figuras restantes ilustram as curvas obtidas com várias combinações de analitos, titulantes e produtos.

Para se obter as curvas de titulação com porções lineares que possam ser extrapoladas, o(s) sistema(s) absorvente(s) deve(m) obedecer à lei de Beer. Além disso, as absorbâncias devem ser corrigidas pelas variações de volume por meio da multiplicação das absorbâncias observadas por $(V + v)/V$, onde V é o volume original da solução e v é o volume adicionado de titulante. Em alguns casos, os pontos finais adequados podem ser obtidos mesmo para sistemas nos quais a lei de Beer não é estritamente obedecida. Uma variação abrupta na inclinação da curva de titulação sinaliza a localização do volume do ponto final.

Instrumentação

As titulações fotométricas são geralmente realizadas com espectrofotômetros ou fotômetros que foram modificados de forma que o frasco de titulação possa ser mantido estático no caminho ótico. Após o instrumento ser ajustado para um comprimento de onda adequado ou um filtro apropriado ser inserido, o ajuste de 0% T é feito de forma usual. Com a radiação passando pela solução do analito para o detector, o instrumento é ajustado para uma leitura conveniente de absorbância variando-se a intensidade da fonte ou a sensibilidade do detector. Em geral, não é necessário medir a absorbância verdadeira, pois os valores relativos são perfeitamente adequados para a detecção do ponto final. Os dados da titulação são então coletados sem alterar os ajustes do instrumento. A potência da fonte de radiação e a resposta do detector devem permanecer constantes durante a titulação fotométrica. Recipientes cilíndricos são frequentemente empregados nas titulações fotométricas, e é importante evitar mover a célula para que o comprimento do caminho se mantenha constante. Os fotômetros de filtro e os espectrofotômetros têm, ambos, sido empregados em titulações fotométricas.

Aplicações das Titulações Fotométricas

As titulações fotométricas, muitas vezes, fornecem resultados mais exatos que as determinações fotométricas diretas devido ao fato de dados de diversas medidas serem empregados para determinar-se o ponto final.

❮❮ As titulações fotométricas são mais exatas que as determinações fotométricas diretas.

Além disso, a presença de outras espécies absorventes pode não interferir, uma vez que somente a variação na absorbância está sendo medida.

Uma das vantagens dos pontos finais determinados a partir de segmentos lineares nas curvas de titulação fotométricas é que os dados experimentais são coletados bem distantes da região do ponto de equivalência, no qual a absorbância varia gradualmente. Consequentemente, a constante de equilíbrio para a reação não precisa ser tão grande como aquela requerida para uma curva de titulação sigmoidal, que depende das observações próximas ao ponto de equivalência (por exemplo, os pontos finais de indicadores ou potenciométricos). Pela mesma razão, as soluções mais diluídas podem ser tituladas empregando-se a detecção fotométrica.

O ponto final fotométrico tem sido aplicado a muitos tipos de reações. Por exemplo, muitos dos agentes oxidantes padrão apresentam espectros de absorção característicos e, assim, produzem pontos finais detectáveis fotometricamente. Embora os ácidos ou bases padrão não absorvam, a introdução de indicadores ácido/base permite as titulações de neutralização. O ponto final fotométrico tem sido também usado com grande vantagem nas titulações com EDTA e com outros agentes complexantes. A **Figura 24-14** ilustra a aplicação dessa técnica na titulação sucessiva de bismuto(III) e cobre(II).

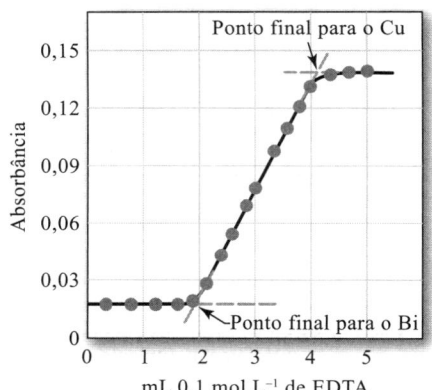

FIGURA 24-14
Curva de titulação fotométrica em 745 nm para 100 mL de uma solução $2{,}0 \times 10^{-3}$ mol L^{-1} de Bi^{3+} e Cu^{2+}. (A. L. Underwood. *Anal. Chem.*, v. 26, p. 1.322, 1954. DOI: 10.1021/ac60092a017).

Em 745 nm, os cátions, os reagentes e o complexo de bismuto formado não absorvem, mas o complexo de cobre, sim. Dessa forma, durante o primeiro segmento da titulação, quando o complexo bismuto-EDTA está sendo formado ($K_f = 6{,}3 \times 10^{22}$), a solução não exibe nenhuma absorbância até que, essencialmente, todo o bismuto tenha sido titulado. Com a primeira formação do complexo de cobre ($K_f = 6{,}3 = 10^{18}$), ocorre um aumento na absorbância. O aumento continua até que o ponto de equivalência para o cobre seja atingido. As adições posteriores de titulante não causam variação adicional na absorbância. Dois pontos finais bem definidos são obtidos como mostrado na Figura 24-14.

O ponto final fotométrico também tem sido adaptado para as titulações de precipitação. O produto na forma de um sólido em suspensão proporciona um decréscimo na potência radiante da fonte de luz por espalhamento pelas partículas do precipitado. O ponto de equivalência ocorre quando o precipitado termina de se formar e a quantidade de luz que atinge o detector se torna constante. Esse tipo de detecção do ponto final é denominado **turbidimetria**, porque a quantidade de luz que atinge o detector é uma medida da **turbidez** da solução.

> **Exercícios no Excel** O Capítulo 12 do *Applications of Microsoft® Excel® in Analytical Chemistry*, 4. ed., explora métodos para tratar dados de titulações espectrométricas. Analisamos os dados de titulação usando os procedimentos de quadrados mínimos e aplicamos os parâmetros resultantes para calcular a concentração do analito.

24A-5 Estudos Espectrofotométricos de Íons Complexos

>> A composição de um complexo em solução pode ser determinada sem que, na verdade, se isole o complexo na forma de um composto puro.

A espectrofotometria é uma ferramenta valiosa para se determinar a composição de íons complexos em solução, assim como suas constantes de formação. O poder da técnica reside no fato de que as medidas quantitativas de absorção podem ser realizadas sem que se perturbe o equilíbrio sob consideração. Embora muitos estudos espectrofotométricos de complexos envolvam sistemas nos quais um reagente ou produto absorva, os sistemas não absorventes podem também ser investigados com sucesso. Por exemplo, a constante de formação e a composição de um complexo de ferro(II) e um ligante que não absorve podem muitas vezes ser determinadas medindo-se o decréscimo de absorbância que ocorre quando as soluções do complexo absorvente de ferro(II) com a 1,10-fenantrolina são misturadas com diversas quantidades do ligante não absorvente. O sucesso dessa abordagem depende dos valores muito bem conhecidos da constante de formação ($K_f = 2 \times 10^{21}$) e da composição (3:1) do complexo de ferro(II) com a 1,10-fenantrolina.

As três técnicas mais comuns empregadas nos estudos de íons complexos são: (1) o método das variações contínuas, (2) o método da razão molar e (3) o método da razão das inclinações. Ilustramos esses métodos para complexos íon metálico-ligante, mas os princípios aplicam-se a outros tipos.

O Método das Variações Contínuas

No método das variações contínuas, soluções do cátion e do ligante de concentrações analíticas idênticas são misturadas de forma que o volume total e a quantidade de matéria total de reagentes em cada mistura sejam constantes, mas que a razão molar dos reagentes varie sistematicamente (por exemplo, 1:9, 8:2, 7:3 e assim por diante). A absorbância de cada solução é então medida a um comprimento de onda adequado e corrigida para qualquer absorbância que a mistura possa exibir se nenhuma reação acontecesse. A absorbância corrigida é ilustrada em forma de gráfico contra a fração volumétrica de um reagente, isto é, $V_M/(V_M + V_L)$, onde V_M é o volume da solução de cátion e V_L o volume da solução de ligante. Um gráfico típico de variações contínuas é mostrado na **Figura 24-15**. Um máximo (ou mínimo, se o complexo absorve menos que os reagentes) ocorre a uma razão volumétrica V_M/V_L correspondente à razão de combinação do cátion com o ligante no complexo. Nessa figura, $V_M/(V_M + V_L)$ é igual a 0,33 e $V_L/(V_M + V_L)$ é igual a 0,66; assim, V_M/V_L é igual a 0,33/0,66, o que sugere que o complexo tem a fórmula ML_2.

A curvatura das linhas experimentais na Figura 24-15 é o resultado da formação incompleta do complexo. A constante formação do complexo pode ser avaliada a partir de medidas dos desvios da linha reta teórica, a qual representa a curva que resultaria se a reação entre o ligante e o metal seguisse até o final.

O Método da Razão Molar

No método da razão molar, uma série de soluções é preparada na qual a concentração analítica de um reagente (geralmente o íon metálico) é mantida constante, enquanto aquela do outro reagente é variada. Um gráfico da absorbância *versus* a razão molar dos reagentes é construído. Se a constante de formação for razoavelmente favorável, obteremos duas linhas retas de inclinações diferentes que se interceptam em uma razão molar correspondente à razão de combinação do complexo. Gráficos típicos de razão molar são mostrados na **Figura 24-16**. Observe que o ligante do complexo 1:2 absorve no comprimento de onda selecionado de tal forma que a inclinação além do ponto de equivalência seja maior que zero. Deduzimos que o cátion não complexado envolvido no complexo 1:1 absorve porque o ponto inicial apresenta uma absorbância maior que zero.

As constantes de formação podem ser avaliadas a partir dos dados da parte curva dos gráficos de razão molar, em que a reação é menos completa.

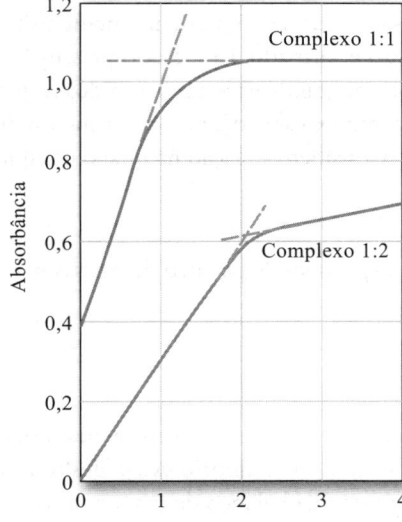

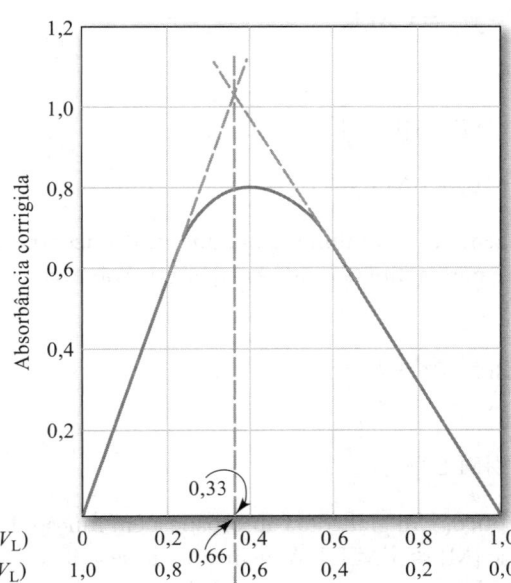

FIGURA 24-15

Gráfico de variação contínua para o complexo 1:2 ML_2.

FIGURA 24-16

Gráficos de razão molar para complexos 1:1 e 1:2. O complexo 1:2 é o mais estável dos dois complexos, como indicado pela proximidade da curva experimental com as linhas extrapoladas. Quanto mais próxima a curva for das linhas extrapoladas, maior será a constante de formação do complexo. Quanto maior for o desvio em relação às linhas retas, menor será constante de formação do complexo.

EXEMPLO 24-5

Derive equações para calcular as concentrações de equilíbrio de todas as espécies envolvidas na reação de formação do complexo 1:2, ilustrada na Figura 24-16.

Derivação

Duas expressões de balanço de massas baseadas nos dados preparatórios podem ser escritas. Assim, para a reação

$$M + 2L \rightleftharpoons ML_2$$

podemos escrever

$$c_M = [M] + [ML_2]$$
$$c_L = [L] + 2[ML_2]$$

onde c_M e c_L são as concentrações molares de M e L antes de a reação ocorrer. Para células de 1 cm, a absorbância da solução é

$$A = \varepsilon_M[M] + \varepsilon_L[L] + \varepsilon_{ML_2}(ML_2)$$

A partir do gráfico de razão molar, vemos que $\varepsilon_M = 0$. Os valores para ε_{ML} e ε_{ML_2} podem ser obtidos das duas porções das retas da curva. Com uma ou mais medidas de A na região curva do gráfico, dados suficientes estão disponíveis para se calcular as três concentrações de equilíbrio e, assim, a constante de formação.

Um gráfico de razão molar pode revelar a formação por etapas de dois ou mais complexos por meio de variações sucessivas das inclinações se os complexos apresentarem absortividades molares diferentes e constantes de formação suficientemente diferentes umas das outras.

O Método da Razão das Inclinações

Essa abordagem é particularmente útil para complexos fracos, porém aplicável apenas a sistemas nos quais um único complexo é formado. O método pressupõe (1) que a reação de formação do complexo possa ser forçada a se tornar completa por um grande excesso de um dos reagentes, (2) que a lei de Beer seja obedecida sob essas circunstâncias e (3) que somente o complexo absorva no comprimento de onda escolhido.

Considere a reação na qual o complexo M_xL_y é formado pela reação de x mols do cátion M com y mols do ligante L:

$$xM + yL \rightleftharpoons M_xL_y$$

As expressões de balanço de massas para esse sistema são

$$c_M = [M] + x[M_xL_y]$$
$$c_L = [L] + y[M_xL_y]$$

onde c_M e c_L são as concentrações molares dos dois reagentes. Presumimos agora que, em concentrações analíticas muito altas de L, o equilíbrio esteja deslocado completamente para a direita e $[M] \ll x[M_xL_y]$. Sob essas condições, a primeira expressão de balanço de massas simplifica-se para

$$c_M = x[M_xL_y]$$

Se o sistema obedece à lei de Beer

$$A_1 = \varepsilon b[M_xL_y] = \varepsilon b c_M/x$$

onde ε é a absortividade molar de M_xL_y e b o caminho ótico. Um gráfico da absorbância em função de c_M é linear quando há suficiente L presente para justificar a suposição de que $[M] \ll x[M_xL_y]$. A inclinação desse gráfico é $\varepsilon b/x$.

Quando c_M é muito grande, supomos que $[L] \ll y[M_xL_y]$ e a segunda equação de balanço de massas se reduza a

$$c_L = y[M_xL_y]$$

e

$$A_2 = \varepsilon b[M_xL_y] = \varepsilon bc_L/y$$

Novamente, se essas suposições forem válidas, descobrimos que um gráfico de *A versus* c_L deveria ser linear para altas concentrações de M. A inclinação desta linha é $\varepsilon b/y$.

A razão das inclinações das duas linhas retas fornece a razão de combinação entre M e L:

$$\frac{\varepsilon b/x}{\varepsilon b/y} = \frac{y}{x}$$

> **Exercícios no Excel** No Capítulo 12 do *Applications of Microsoft® Excel in Analytical Chemistry*, 4. ed., investigamos o método de variações contínuas usando as funções inclinação e intercessão e descobrimos como produzir gráficos inseridos.

24B | Métodos Fotométricos e Espectrofotométricos Automatizados

O primeiro instrumento completamente automatizado para análise química (o Auto Analyser® da Technicon) surgiu no mercado em 1957. Esse instrumento foi projetado para preencher as necessidades dos laboratórios clínicos, onde amostras de urina e sangue são analisadas rotineiramente para uma dúzia ou mais de espécies químicas. O número dessas análises demandado pela medicina moderna é enorme; dessa forma, é necessário manter seu custo em um nível razoável. Essas duas considerações motivaram o desenvolvimento de sistemas analíticos que realizam muitas análises simultaneamente com o mínimo de participação do trabalho humano. O uso de instrumentos automáticos tem se difundido dos laboratórios clínicos para os laboratórios de controle de processos industriais e de determinação de rotina de um amplo espectro de espécies no ar, na água, nos solos e nos produtos farmacêuticos e agrícolas. Na maioria dessas aplicações, a etapa de medida nas análises é realizada por fotometria, espectrofotometria ou fluorimetria.

Na Seção 6C, descrevemos diversas técnicas de manipulação automática de amostras, que incluem os métodos de fluxo contínuo e discretos. Nesta seção, exploramos a instrumentação e duas aplicações da análise por injeção em fluxo (AIF) com detecção fotométrica.

Para determinar os nutrientes em águas subterrâneas não profundas, o químico **James Hill** coloca água em um amostrador automático do fluxo através do autoanalisador colorimétrico.

24B-1 Instrumentação

A **Figura 24-17a** representa um fluxograma do sistema de análise por injeção em fluxo mais simples de todos. Nele, um reagente colorimétrico para o íon cloreto é impulsionado por uma bomba peristáltica diretamente para a válvula que permite a injeção de amostras na corrente de fluxo. A amostra e o reagente passam então por uma bobina de reação de 50 cm na qual o reagente se difunde para dentro da zona da amostra e produz uma espécie colorida pela sequência de reações

$$Hg(SCN)_2(aq) + 2Cl^- \rightleftharpoons HgCl_2(aq) + 2SCN^-$$

$$Fe^{3+} + SCN^- \rightleftharpoons \underset{\text{vermelho}}{Fe(SCN)^{2+}}$$

FIGURA 24-17

Determinação de cloreto por injeção em fluxo: (a) diagrama de fluxo; (b) saída de registrador para determinações em quadruplicatas de padrões que contêm entre 5 e 75 ppm de íon cloreto; (c) varredura rápida de dois padrões para demonstrar a baixa intercontaminação (menor que 1%) entre as injeções. Note que o ponto marcado em 1% corresponde ao momento no qual a resposta para uma amostra injetada no tempo S_2 iria se iniciar. (E. H. Hansen; J. Ruzicka. *J. Chem. Educ.*, v. 56, p. 677, 1979. DOI: 10.121/ed056p677.)

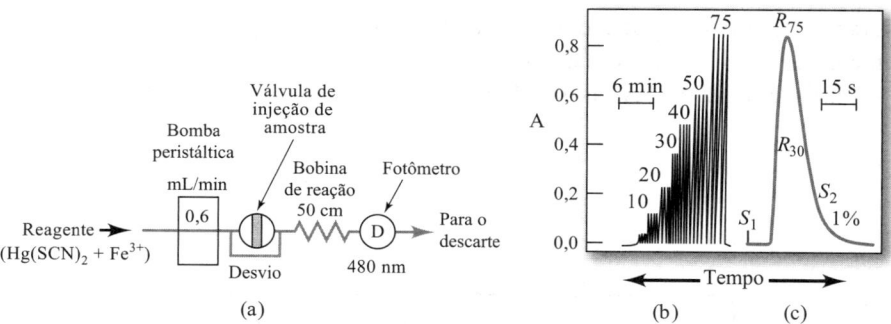

Da bobina de reação, a solução passa para um fotômetro através de fluxo equipado com um filtro de interferência de 480 nm para a medida de absorbância.

O sinal de saída desse sistema para uma série de padrões contendo cloreto entre 5 e 75 ppm é mostrado na Figura 24-17b. Observe que foram feitas quatro injeções de cada padrão para demonstrar a reprodutibilidade do sistema. As duas curvas na Figura 24-17c são registros de varreduras de alta velocidade de amostras que contêm 30 ppm (R_{30}) e 75 ppm (R_{75}) de cloreto. Essas curvas demonstram que a intercontaminação é mínima em um fluido não segmentado. Assim, menos que 1% do analito da primeira amostra está presente na célula de fluxo após 28 s, o tempo da próxima injeção (S_2). Esse sistema tem sido empregado com sucesso para a determinação de rotina de cloreto em água salobra e efluentes, bem como em amostras de soro.

Sistema de Transporte de Amostra e Reagentes

Normalmente, a solução em um sistema de AIF é bombeada através de tubos flexíveis no sistema por uma bomba peristáltica, um dispositivo no qual um fluido (líquido ou gás) é comprimido por roletes dentro de um tubo plástico. A **Figura 24-18** ilustra o princípio de operação da bomba peristáltica. O suporte emprega molas para forçar os tubos contra dois ou mais roletes durante todo o tempo, forçando assim um fluxo contínuo do fluido através da tubulação. As bombas modernas geralmente possuem de oito a dez roletes, arranjados em uma configuração circular de forma que metade deles esteja pressionando o tubo a qualquer instante. Esse sistema leva a um fluxo que é relativamente livre de pulsações. A vazão é controlada pela velocidade do motor, que deve ser maior que 30 rpm, e pelo diâmetro interno do tubo. Uma grande variedade de tamanho de tubos (d.i. = 0,25 a 4 mm) está disponível comercialmente, permitindo obter vazões tão pequenas como 0,0005 mL min^{-1} e tão grandes como 40 mL min^{-1}. Os roletes de bombas peristálticas comerciais típicas são longos o suficiente para que as correntes de reagente e amostra possam ser bombeadas simultaneamente. As bombas de seringa e de eletro-osmose também são usadas para induzir o fluxo em sistemas de injeção de fluxo. Alguns sistemas de AIF têm sido miniaturizados pelo uso de capilares de sílica fundida (d.i. 25 a 100 μm) ou por meio da tecnologia "**lab-on-a-chip**" (veja o Destaque 6-1).

FIGURA 24-18

Diagrama que mostra um canal de uma bomba peristáltica. Diversos tubos adicionais podem ser localizados sob aquele apresentado (abaixo do plano do diagrama), para bombear canais múltiplos de reagente ou amostra. (B. Karlberg; G. E. Pacey. *Flow Injection Analysis. A Practical Guide*. Nova York: Elsevier, 1989, p. 34.)

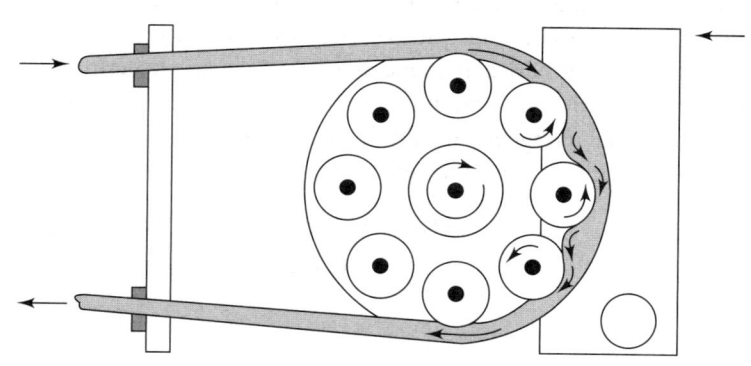

Injetores de Amostra e Detectores

Os volumes da amostras empregados em sistemas de AIF estão na faixa de 5 a 200 μL, com 10 a 30 μL sendo típico para muitas aplicações. Para uma análise ser bem-sucedida, é importante injetar a solução da amostra rapidamente com um volume bem determinado, ou pulso, de líquido; além disso, as injeções não devem perturbar o fluxo da corrente de arraste. Os sistemas de injeção mais úteis são baseados em alças de amostragem similares àqueles empregados em cromatografia (veja, por exemplo, a Figura 31-6). O método de operação de uma alça de amostragem é ilustrado na Figura 24-17a. Com a válvula da alça na posição indicada, os reagentes estão fluindo pelo desvio. Quando uma amostra é introduzida na alça e a válvula é girada a 90°, esta é inserida no fluxo como uma zona única e bem definida. Para qualquer efeito prático, o fluxo que passa pelo desvio cessa quando a válvula é colocada nessa posição, porque o diâmetro do tubo da alça da amostra é significativamente maior que aquele do tubo do desvio.

Os sistemas de detecção mais comuns em AIF são os espectrofotômetros, fotômetros e fluorímetros. Os sistemas eletroquímicos, refratômetros, espectrômetros de emissão e absorção atômicas também têm sido empregados.

Técnicas Avançadas de Injeção em Fluxo[11]

Os métodos de injeção em fluxo têm sido usados para realizar separações, titulações e métodos cinéticos. Além disso, diversas variações de injeção em fluxo têm se mostrado úteis. Estas incluem AIF de fluxo reverso, AIF de injeção sequencial e tecnologia de "lab-on-a-valve".

As separações por meio de diálise, por extração líquido/líquido e por difusão gasosa podem ser realizadas de forma automática com sistemas de injeção em fluxo.

>> Os analisadores de injeção em fluxo podem ser razoavelmente simples, sendo constituídos de uma bomba, uma válvula de injeção, um tubo de plástico e um detector. Os fotômetros de filtro e os espectrofotômetros são os detectores mais comuns.

24B-2 Uma Aplicação Típica de AIF

A **Figura 24-19** ilustra um sistema de análise em fluxo projetado para a determinação espectrofotométrica de cafeína em preparações de medicamentos de ácido acetilsalicílico após a extração da cafeína em clorofórmio. O solvente clorofórmio, após resfriamento em banho de gelo para minimizar sua evaporação, é misturado com a corrente alcalina da amostra em um tubo em forma de "T" (veja a inserção mais inferior, Figura 24.19). Após sua passagem por uma bobina de extração de 2 m de comprimento, a mistura entra em um tubo separador em forma de "T", o qual é bombeado diferencialmente de forma que cerca de 35% da fase orgânica que contém cafeína passe pela célula de fluxo. Os outros 65% acompanham a solução aquosa, com o restante da amostra para o descarte. Para evitar a contaminação da célula de fluxo com água, fibras de Teflon, não molhadas pela água, são torcidas em forma de filamentos e inseridas na entrada do tubo em "T" de maneira que forme uma dobra suave para baixo. O fluxo de clorofórmio segue então essa dobra para a célula do fotômetro, na qual a concentração de cafeína é determinada com base em seu pico de absorção a 275 nm. A saída do fotômetro é similar em aparência àquela exposta na Figura 24-17b.

24C Espectrofotometria de Absorção no Infravermelho

A espectrofotometria no infravermelho constitui uma poderosa ferramenta para a identificação de compostos inorgânicos e orgânicos puros porque, com exceção de poucas moléculas homonucleares, tais como O_2, N_2 e Cl_2, todas as espécies moleculares absorvem a radiação no infravermelho. Além disso, com exceção das moléculas quirais no estado cristalino, cada espécie molecular apresenta um espectro de absorção no infravermelho que é único. Assim, uma equivalência exata entre um espectro de um composto de estrutura conhecida com o espectro do analito identifica de forma inquestionável o analito.

A espectroscopia no infravermelho é uma ferramenta menos satisfatória para as análises quantitativas que suas correlatas no ultravioleta e visível por causa da menor sensibilidade e dos desvios frequentes da lei de Beer. Além disso, as medidas de absorbância no infravermelho são consideravelmente menos precisas. Contudo, em situações nas quais uma precisão modesta for adequada, a natureza única dos espectros no infravermelho provê um grau de seletividade para as medidas quantitativas que pode se sobrepor às suas características indesejáveis.[12]

---

[11] Para mais informações sobre métodos AIF, veja. D. A. Skoog; F. J. Holler; S. R. Crouch. *Principles of Instrumental Analysis*. 7. ed. Boston, MA: Cengage Learning, 2018, pp. 854-864.

[12] Para uma discussão detalhada sobre espectroscopia no infravermelho, veja N. B. Colthup; L. H. Daly; S. E. Wiberley. *Introduction to Infrared and Raman Spectroscopy*. 3. ed. Nova York: Academic Press, 1990.

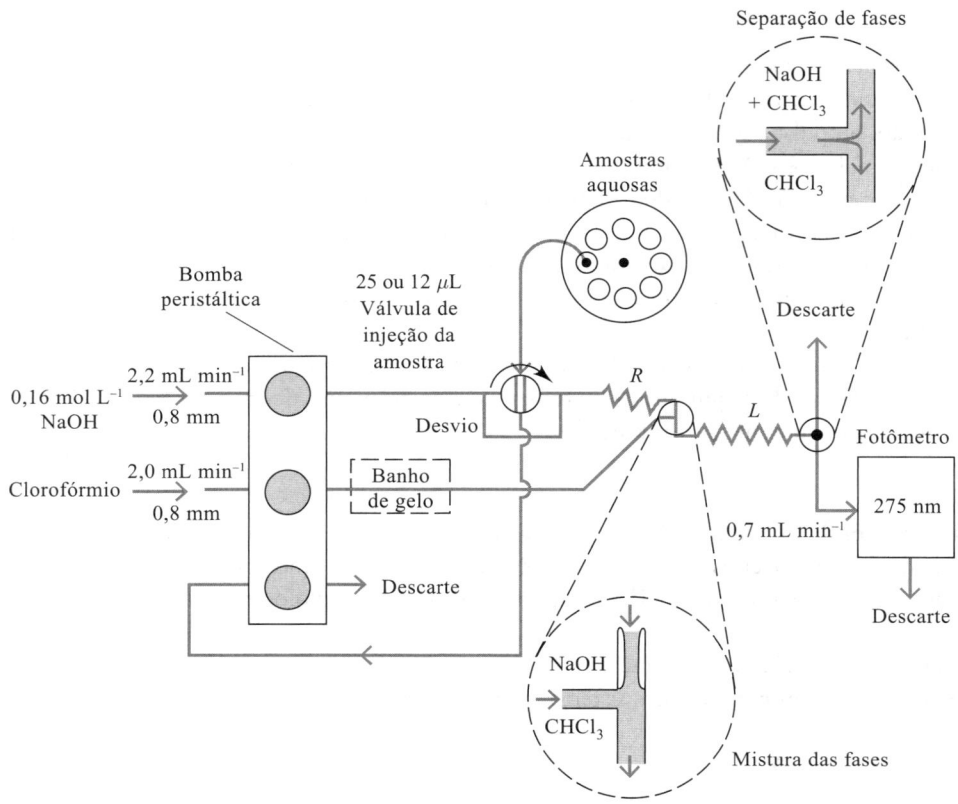

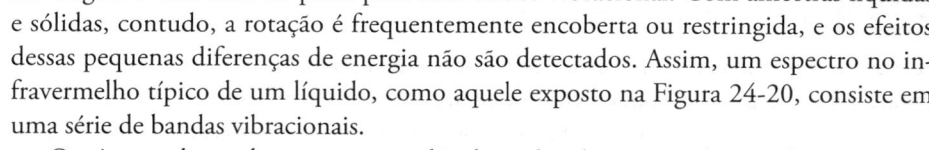

FIGURA 24-19 Equipamento de análise por injeção em fluxo para a determinação de cafeína em preparações de ácido acetilsalicílico. Com a válvula posicionada a 90°, o fluxo no desvio é essencialmente igual a zero devido ao seu pequeno diâmetro. R e L são bobinas de Teflon com 0,8 mm de diâmetro interno; L tem um comprimento de 2 m, e a distância desde o ponto de injeção P até o ponto de mistura é de 0,15 m. (B. Karlberg; S. Thelander. *Anal. Chim. Acta*, v. 98, p. 2. 1978. DOI: 10.1016/S0003-2670(01)83231-1.)

24C-1 Espectro de Absorção Infravermelho

A energia da radiação no infravermelho pode excitar transições vibracionais e rotacionais, porém é insuficiente para excitar transições eletrônicas. Como pode ser visto na **Figura 24-20**, os espectros no infravermelho exibem picos de absorção estreitos, próximos uns dos outros, resultantes das transições entre os vários níveis quânticos vibracionais. As variações nos níveis rotacionais podem também dar origem a uma série de picos para cada estado vibracional. Com amostras líquidas e sólidas, contudo, a rotação é frequentemente encoberta ou restringida, e os efeitos dessas pequenas diferenças de energia não são detectados. Assim, um espectro no infravermelho típico de um líquido, como aquele exposto na Figura 24-20, consiste em uma série de bandas vibracionais.

O número de modos que uma molécula pode vibrar está relacionado com o número de átomos e, assim, com o número de ligações que ela contém. Mesmo para uma molécula simples, o número de vibrações possíveis é grande. Por exemplo, o n-butanal ($CH_3CH_2CH_2CHO$) tem 33 modos vibracionais, a maioria diferindo um do outro em energia. Nem todas essas vibrações produzem picos no infravermelho, mas, como mostrado na Figura 24-20, o espectro do n-butanal é relativamente complexo.

A absorção no infravermelho ocorre não apenas com as moléculas orgânicas, mas também com complexos metálicos ligados covalentemente, os quais são geralmente ativos na região do infravermelho de comprimento de onda mais longo. Os estudos espectrofotométricos no infravermelho têm fornecido muitas informações úteis sobre os complexos de íons metálicos.

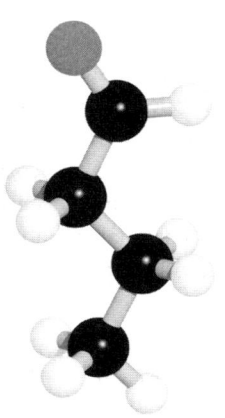

Modelo molecular do n-butanal.

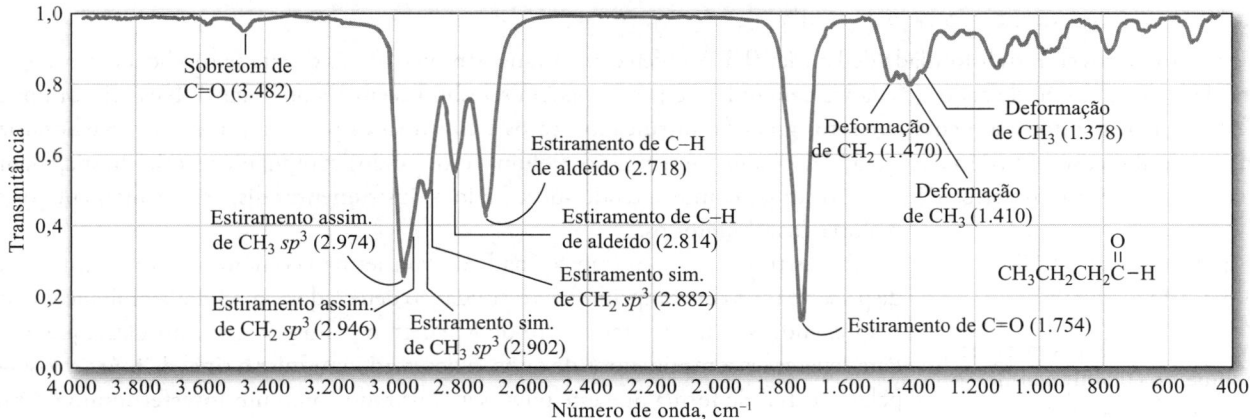

FIGURA 24-20 Espectro no infravermelho do *n*-butanal (*n*-butiraldeído). A escala vertical é mostrada em transmitância, como foi a prática no passado. A escala horizontal é linear em número de onda, a qual é proporcional à frequência e, portanto, à energia. A maioria dos espectrômetros IV modernos é capaz de prover os dados representados em forma de gráfico, quer em transmitância, quer em absorbância, no eixo vertical e comprimento de onda ou número de onda no eixo horizontal. Os espectros IV são geralmente exibidos em forma de gráfico, com a frequência crescendo da direita para a esquerda, o que constitui um artefato histórico. Os espectrômetros antigos produziam espectros com o comprimento de onda aumentando da esquerda para a direita, o que levou a uma escala auxiliar de frequência da direita para a esquerda. Observe que diversas bandas foram atribuídas às vibrações que as produzem. Os dados são da NIST Mass Spec Data Center. S. E. Stein, dir., "Infrared Spectra". In: *NIST Chemistry WebBook*, NIST Standard Reference Database Number 69, P. J. Linstrom; W. G. Mallard, eds. Gaithersburg MD: National Institute of Standards and Technology, March 2003 (http://webbook.nist.gov).

24C-2 Instrumentos para Espectroscopia de Infravermelho

Três tipos de instrumentos de infravermelho são encontrados nos laboratórios modernos: espectrômetros dispersivos (ou espectrofotômetros), espectrômetros com transformada de Fourier (FTIV) e fotômetros de filtro. Os dois primeiros são empregados para se obter espectros completos para identificação qualitativa, enquanto os fotômetros de filtro são destinados a trabalhos quantitativos. Os instrumentos com transformada de Fourier e de filtro não são dispersivos no sentido de que nenhum dos dois usa uma rede de difração ou prisma para dispersar a radiação em seus comprimentos de onda.[13]

Instrumentos Dispersivos

Com uma diferença, os instrumentos dispersivos de infravermelho são similares no seu desenho geral aos espectrofotômetros de feixe duplo (no tempo) mostrados na Figura 23-20c. A diferença está na localização do compartimento da célula com respeito ao monocromador. Nos instrumentos de ultravioleta e visível, as células são sempre localizadas entre o monocromador e o detector, de forma que evite a decomposição fotoquímica, a qual pode ocorrer se as amostras forem expostas à potência total da fonte de ultravioleta ou visível. A radiação no infravermelho, ao contrário, não é suficientemente energética para produzir fotodecomposição; assim, a célula pode ser colocada entre a fonte e o monocromador. Esse arranjo é vantajoso porque qualquer radiação espalhada, gerada no compartimento da amostra, é em grande parte removida pelo monocromador.

Como mostrado na Seção 23-A, os componentes dos instrumentos de infravermelho diferem consideravelmente em detalhe dos instrumentos de ultravioleta e visível. Assim, as fontes de infravermelho são sólidos aquecidos, em vez de lâmpadas de deutério ou tungstênio; as ranhuras das redes para o infravermelho são muito mais espaçadas que aquelas requeridas para a radiação no ultravioleta/visível, e os detectores de infravermelho respondem ao calor em vez de fótons. Além disso, os componentes óticos dos instrumentos de infravermelho são construídos por sólidos polidos, como o cloreto de sódio e o brometo de potássio.

---

[13] Para uma discussão dos princípios da espectroscopia com transformada de Fourier, veja D. A. Skoog; F. J. Holler; S. R. Crouch. *Principles of Instrumental Analysis*. 7. ed. Boston, MA: Cengage Learning, 2018, pp. 397-403.

Espectrômetros com Transformada de Fourier

Os espectrômetros com transformada de Fourier (FTIV) oferecem as vantagens não usuais de alta sensibilidade, resolução e velocidade de aquisição de dados (os dados para todo o espectro podem ser obtidos em 1 s ou menos). Nos primórdios do FTIV, os instrumentos eram equipamentos grandes, intrincados, caros e controlados por computadores de laboratório também de alto custo. Desde a década de 1980, a instrumentação evoluiu e o preço dos computadores caiu drasticamente. Atualmente, os espectrômetros FTIV tornaram-se comuns, tendo substituído os instrumentos dispersivos mais antigos na maioria dos laboratórios.

>> O espectrômetro FTIV é atualmente o tipo de espectrômetro IV mais comum. A grande maioria dos instrumentos de infravermelho é constituída por sistemas FTIV.

Os instrumentos com transformada de Fourier não contêm nenhum elemento de dispersão e todos os comprimentos de onda são detectados e medidos simultaneamente, empregando-se um interferômetro de Michelson, como descrito no Destaque 23-7. Para separar os comprimentos de onda, é necessário modular o sinal da fonte e passá-lo pela amostra, de forma que este possa ser registrado como um **interferograma**. O interferograma é subsequentemente decodificado pela transformada de Fourier, uma operação matemática realizada convenientemente pelo computador, o qual é atualmente uma parte integral de quase todos os espectrômetros. Embora a teoria matemática detalhada das medidas com transformada de Fourier esteja além do escopo deste livro, o tratamento qualitativo apresentado nos Destaques 23-7 e 24-1 deve dar uma ideia de como os sinais IV são coletados e os espectros são extraídos dos dados.

Um **interferograma** é o registro do sinal produzido por um interferômetro de Michelson. O sinal é processado por meio de uma operação matemática conhecida como transformada de Fourier para produzir um espectro IV.

A **Figura 24-21** mostra uma foto de um típico espectrômetro FTIV de bancada. É necessário um computador para a aquisição, análise e apresentação dos dados. O instrumento é relativamente barato (aproximadamente US$ 10.000), apresenta resolução melhor que 0,8 cm^{-1} e consegue uma razão sinal-ruído de 8.000 para uma medida de 5 segundos. O espectro medido aparece em uma tela de computador, onde o programa incluído permite muitas opções de exibição (%T, A, expansão, altura de pico e área de pico). Várias ferramentas de processamento, como correção de linha de base, subtração espectral e interpretação espectral, são características dos pacotes de programas. Inúmeros acessórios diferentes permitem que amostras gasosas, líquidas e sólidas sejam medidas, e técnicas como reflectância total atenuada (ATR) sejam implementadas. Alguns espectrômetros FTIV de bancada possuem um computador acoplado para a aquisição, análise e apresentação de dados. Estes instrumentos normalmente são menos flexíveis em termos de programa, modos de exibição e armazenamento de dados que unidades com computador separado.

Um instrumento de qualidade para pesquisa pode custar mais de US$ 50.000. Ele pode ter uma resolução de 0,10 cm^{-1} ou melhor e exibir uma razão sinal-ruído de 50.000 ou maior para um período de medida de 1 minuto. Espectrômetros de grau de pesquisa tipicamente têm faixas de varredura múltiplas (27.000 a 15 cm^{-1}) e uma variedade de velocidades de varredura. Eles têm excelente precisão de número de onda (0,01 cm^{-1}). Os instrumentos de grau de pesquisa podem acomodar inúmeros modos de amostragem (sólidos, gases, líquidos, polímeros, reflectância total atenuada, reflectância difusa e acessórios miscroscópicos, dentre outros). Tipicamente, um instrumento de qualidade para pesquisa será conectado a um computador externo, fornecendo várias vantagens. Programas e banco de dados de espectros para operação podem ser instalados

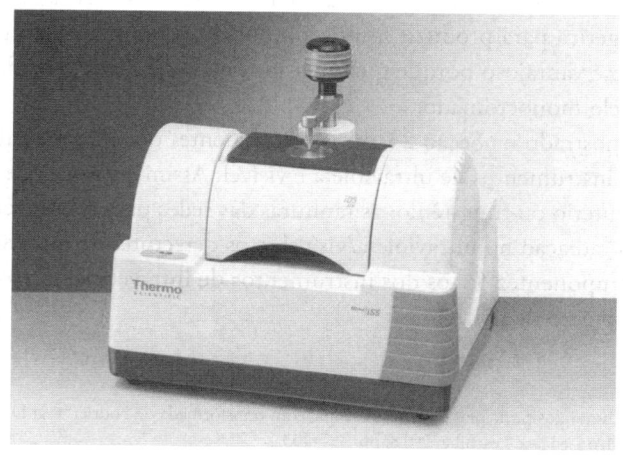

FIGURA 24-21
Foto de um espectrômetro FTIV de bancada de qualidade para ensino. É necessário um notebook ou um computador desktop. Os espectros são registrados em poucos segundos e mostrados na tela do computador para visualização e interpretação. (Cortesia de Thermo Fisher Scientific Inc.)

e empregados para processar os dados espectrais e para combinar os espectros medidos com espectros conhecidos do banco de dados. Além disso, um computador externo prové uma flexibilidade considerável para arquivar os dados em drives USB, hard drives externos ou no armazenamento em nuvem e, se for conectado a uma rede local, os espectros podem ser transmitidos para colegas ou coautores, e as atualizações de programas podem ser facilmente baixadas e instaladas no computador ou no espectrômetro.

Fotômetros de Filtro

Fotômetros de filtro projetados para monitorar a concentração de poluentes no ar, como o monóxido de carbono, nitrobenzeno, cloreto de vinila, cianeto de hidrogênio e piridina, são frequentemente empregados para assegurar o cumprimento de regulamentações estabelecidas pelo Occupational Safety and Health Administration (OSHA). Estão disponíveis filtros de interferência, cada um deles desenhado para a determinação de um poluente específico. Esses filtros transmitem bandas estreitas de radiação na faixa de 3 a 14 μm. Existem também espectrômetros não dispersivos para monitorar correntes de gás para um único componente.[14]

Dra. Geraldine (Geri) L. Richmond obteve o seu doutorado em físico-química na University of California, Berkeley. Atualmente, ocupa a cadeira presidencial de ciências e é professora de química na University of Oregon. Realiza pesquisas usando espectroscopia de laser e química computacional para entender a química ambiental que ocorre na superfície da água. Ela estuda também o que acontece no comportamento molecular da superfície da água quando coberta com óleo, usando tecnologias como a espectroscopia de soma de frequências vibracionais (VSFS, do inglês *vibrational sum frequency spectroscopy*).

24C-3 Aplicações Qualitativas da Espectrofotometria no Infravermelho

Um espectro de absorção no infravermelho, mesmo aquele para um composto simples, geralmente contém uma desconcertante variedade de picos estreitos e mínimos. Os picos úteis para a identificação de grupos funcionais estão localizados na região do infravermelho de comprimentos de onda mais curtos (de cerca de 2,5 a 8,5 μm), onde as posições dos máximos são pouco afetadas pelo esqueleto de carbono da molécula. Assim, a investigação dessa região do espectro fornece informação considerável sobre a estrutura geral da molécula sob investigação. A **Tabela 24-5** fornece as posições características dos máximos de absorção para alguns grupos funcionais comuns.[15]

TABELA 24-5

Alguns Picos de Absorção no Infravermelho Característicos

		Picos de Absorção	
	Grupo Funcional	Número de Onda, cm^{-1}	Comprimento de Onda, μm
O—H	Alifáticos e aromáticos	3.600-3.000	2,8-3,3
NH$_2$	Também secundário e terciário	3.600-3.100	2,8-3,2
C—H	Aromático	3.150-3.000	3,2-3,3
C—H	Alifático	3.000-2.850	3,3-3,5
C N	Nitrila	2.400-2.200	4,2-4,6
C C—	Alcino	2.260-2.100	4,4-4,8
COOR	Éster	1.750-1.700	5,7-5,9
COOH	Ácido carboxílico	1.740-1.670	5,7-6,0
C=O	Aldeídos e cetonas	1.740-1.660	5,7-6,0
CONH$_2$	Amidas	1.720-1.640	5,8-6,1
C=C—	Alceno	1.670-1.610	6,0-6,2
ϕ—O—R	Aromático	1.300-1.180	7,7-8,5
R—O—R	Alifático	1.160-1.060	8,6-9,4

---

[14] Para mais informação, veja D. A. Skoog; F. J. Hollere; S. R. Crouch. *Principles of Instrumental Analysis*. 7. ed. Boston, MA: Cengage Learning, 2018, p. 403-406.
[15] Para informação mais detalhada, veja R. M. Silverstein; F. X. Webster; D. Kiemle. *Spectrometric Identification of Organic Compounds*. 7. ed. Nova York: Wiley, 2005, cap. 2.

A identificação de grupos funcionais em uma molécula raramente é suficiente para identificar positivamente o composto, e todo o espectro de 2,5 a 15 μm deve ser comparado com aqueles de compostos conhecidos. As bibliotecas de espectros estão disponíveis para essa finalidade.[16] A informação de grupo funcional a partir da espectrometria no IV é normalmente combinada com a informação a partir de técnicas como a espectrometria de massas (veja Capítulo 29) e espectrometria de ressonância magnética nuclear.[17]

DESTAQUE 24-1

Produzindo Espectros com um Espectrômetro FTIV

No Destaque 23-7 descrevemos os princípios básicos de operação de um interferômetro de Michelson e o papel da transformada de Fourier na produção de um espectro de frequência a partir de um interferograma medido. A **Figura 24D-1** mostra um diagrama ótico para um interferômetro de Michelson similar ao do espectrofotômetro mostrado na

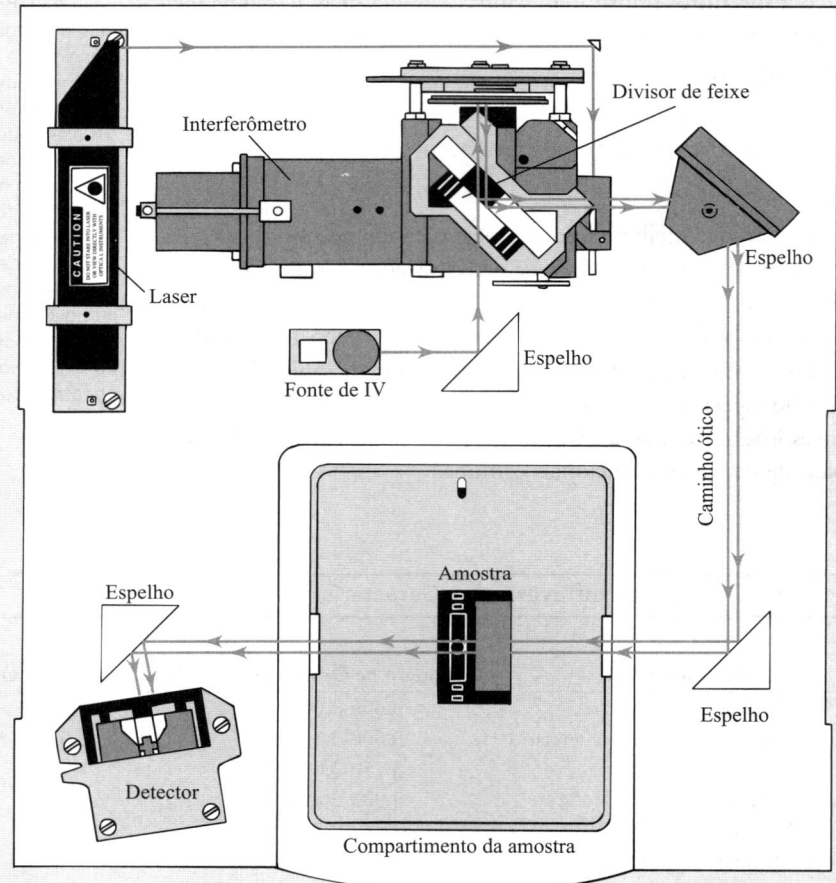

FIGURA 24D-1 Diagrama de um espectrômetro básico FTIV. A radiação de todas as frequências da fonte de IV é refletida para o interior do interferômetro, onde ela é modulada através do espelho móvel à esquerda. A radiação modulada é então refletida pelos dois espelhos da direita, passando pela amostra no compartimento abaixo. Depois de passar pela amostra, a radiação atinge o detector. Um sistema de aquisição de dados conectado ao detector registra o sinal e armazena-o na memória do computador como um interferograma. (Reimpresso com permissão de Thermo Fisher Scientific, Inc.)

(continua)

---

[16] Veja *Sadtler Standard Spectra*, Informatics/Sadtler Group, Bio-Rad Laboratories, Filadélfia, PA; C. J. Pouchert. *The Aldrich Library of Infrared Spectra*. 3. ed. Milwaukee, WI: Aldrich Chemical Co., 1981; *NIST Chemistry WebBook*. NIST Standard Reference Database, n. 69. Gaithersburg, MD: National Institute of Standards and Technology, 2008 (http://webbook.nist.gov).

[17] Para mais informações, veja D. A. Skoog; F. J. Holler; S. R. Crouch. *Principles of Instrumental Analysis*. 7. ed. Boston, MA: Cengage Learning, 2018, cap. 19.

Figura 24-21. O interferômetro é, na verdade, constituído por dois interferômetros paralelos: um para modular a radiação IV da fonte antes que ela passe pela amostra e outro para modular a luz vermelha de um laser de He-Ne para prover um sinal de referência para a aquisição dos dados do detector IV. A saída do detector é digitalizada e armazenada na memória do computador do instrumento.

A primeira etapa na produção de um espectro IV é a coleta e armazenamento do interferograma de referência sem a presença da amostra na célula. Então, a amostra é colocada na célula e um segundo interferograma é coletado. A **Figura 24D-2a** mostra um interferograma coletado empregando-se um espectrômetro FTIV com cloreto de metileno, CH_2Cl_2, na célula da amostra. A transformada de Fourier é então aplicada aos dois interferogramas para computar o espectro de referência e o da amostra. A razão entre os dois espectros pode ser então computada para produzir um espectro IV do analito, como aquele ilustrado pela Figura 24D-2b.

Observe que o espectro IV do cloreto de metileno exibe um ruído pequeno. Uma vez que um interferograma pode ser varrido em somente um ou dois segundos, muitos interferogramas podem ser varridos em um intervalo de tempo curto e somados na memória do computador. Esse processo, que é frequentemente denominado **média de sinal**, reduz o ruído do sinal resultante e melhora a razão sinal-ruído do espectro, como descrito no Destaque 23-5 e ilustrado na Figura 23D-4. Essa capacidade de redução do ruído e sua alta velocidade, associada com as vantagens de Fellgett e de Jacquinot (veja o Destaque 23-7) faz do espectrômetro FTIV uma ferramenta fantástica para uma ampla faixa de análises qualitativas e quantitativas.

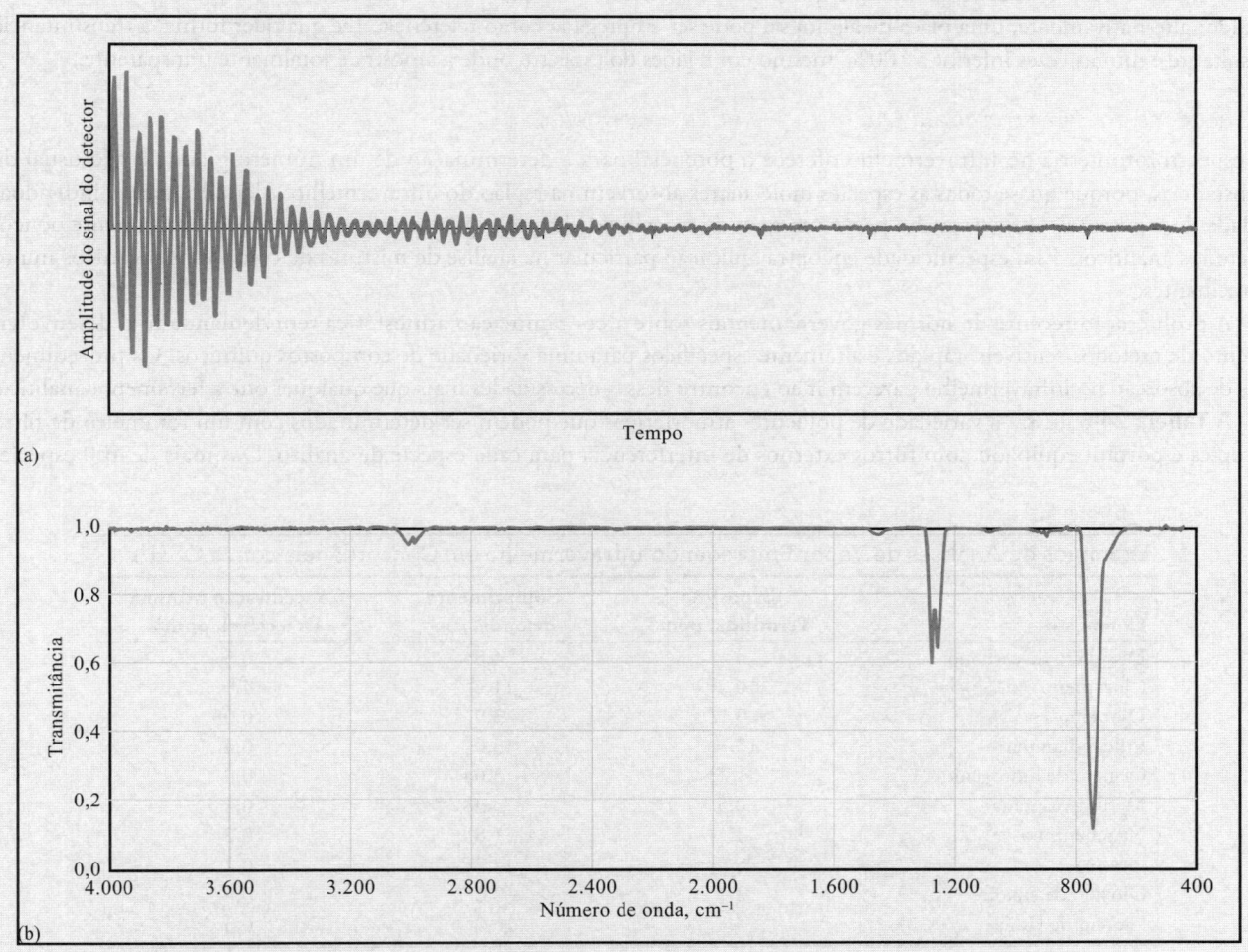

FIGURA 24D-2 (a) Interferograma obtido em um típico espectrômetro FTIV para o cloreto de metileno. O gráfico mostra o sinal de saída do detector em função do tempo ou do deslocamento do espelho móvel do interferômetro. (b) Espectro IV do cloreto de metileno produzido pela transformada de Fourier dos dados em (a). Observe que a transformada de Fourier toma a intensidade do sinal coletado em função do tempo e produz a transmitância em função da frequência após a subtração do interferograma de fundo e escalamento apropriado.

24C-4 Espectrofotometria Quantitativa no Infravermelho

Os métodos quantitativos de absorção no infravermelho diferem um pouco daqueles no ultravioleta e visível, seus correlatos, por causa da maior complexidade do espectro, da pequena largura das bandas de absorção e do desempenho dos instrumentos disponíveis para as medidas nessa região espectral.[18]

Medidas de Absorbância

A utilização de células geminadas para o solvente e o analito é raramente prática para as medidas no infravermelho, porque é difícil obter células com características de transmissão idênticas. Parte dessa dificuldade resulta da degradação da transparência das janelas das células (tipicamente de cloreto de sódio polido) pelo uso, devido ao ataque da umidade da atmosfera e das amostras. Além disso, os caminhos óticos são difíceis de ser reproduzidos, pois as células de infravermelho são frequentemente de espessura menor que 1 mm. Essas células estreitas são necessárias para permitir a transmissão de intensidades mensuráveis de radiação através de amostras puras ou pelas soluções muito concentradas do analito. As medidas em soluções diluídas do analito, como são feitas na espectroscopia no ultravioleta ou visível, são geralmente difíceis, porque há poucos solventes úteis que transmitem sobre regiões amplas do espectro de infravermelho.

Por essas razões, um absorvente de referência é com frequência inteiramente desnecessário em trabalhos quantitativos no infravermelho e a intensidade da radiação que passa pela amostra é simplesmente comparada com aquela do feixe não obstruído; alternativamente, uma placa de algum sal pode ser empregada como referência. De qualquer forma, a transmitância resultante é muitas vezes inferior a 100%, mesmo em regiões do espectro onde a amostra é totalmente transparente.

Aplicações da Espectroscopia Quantitativa no Infravermelho

A espectrofotometria no infravermelho oferece o potencial para a determinação de um número grande e não usual de substâncias, porque quase todas as espécies moleculares absorvem na região do infravermelho. Além do mais, a individualidade do espectro de infravermelho prove um grau de especificidade que é igualado ou excedido por relativamente poucos métodos analíticos. Essa especificidade encontra aplicação particular na análise de misturas de compostos orgânicos muito semelhantes.

A proliferação recente de normas governamentais sobre a contaminação atmosférica tem demandado o desenvolvimento de métodos sensíveis, rápidos e altamente específicos para uma variedade de compostos químicos. Os procedimentos de absorção no infravermelho parecem ir ao encontro dessas necessidades mais que qualquer outra ferramenta analítica.

A **Tabela 24-6** ilustra a variedade de poluentes atmosféricos que podem ser determinados com um fotômetro de filtro simples e portátil equipado com filtros externos de interferência para cada espécie de analito. Das mais de 400 espécies

TABELA 24-6
Exemplos de Análises de Vapor Empregando Infravermelho em Concordância com a OSHA*

Composto	Exposição Permitida, ppm†	Comprimento de onda, μm	Concentração Mínima Detectável, ppm‡
Dissulfeto de carbono	4	4,54	0,5
Cloropreno	10	11,4	4
Diborano	0,1	3,9	0,05
Etilenodiamina	10	13,0	0,4
Cianeto de hidrogênio	4,7§	3,04	0,4
Metilmercaptana	0,5	3,38	0,4
Nitrobenzeno	1	11,8	0,2
Piridina	5	14,2	0,2
Dióxido de enxofre	2	8,6	0,5
Cloreto de vinila	1	10,9	0,3

*The Foxboro Company.
†1992-1993 Limites de exposição da OSHA por média ponderada por um período de 8 horas.
‡Para a célula de 20,25 m.
§Limite de exposição para os períodos curtos: 15 min com média ponderada pelo tempo que não deve ser excedida em nenhum momento durante o dia de trabalho.

---

[18] Para uma discussão extensiva sobre análise quantitativa no infravermelho, veja A. L. Smith. *Treatise on Analytical Chemistry*. 2. ed. P. J. Elving; E. J. Meehan; I. M. Kolthoff, eds. Nova York: Wiley, 1981, parte I, v. 7, pp. 415-456.

químicas para as quais os níveis máximos toleráveis foram estabelecidos pela OSHA, a metade ou mais apresenta características de absorção que as tornam possíveis de ser determinadas por fotometria no infravermelho ou espectrofotometria. Com tantos compostos absorvendo, a superposição de picos é bastante comum. Apesar dessa potencial desvantagem, o método fornece um grau de seletividade moderadamente alto.

Química Analítica On-line

Localize o *NIST Chemistry WebBook* na web e realize uma busca do 1,3-dimetilbenzeno. Quais dados para este composto estão disponíveis no site da NIST? Selecione o link para o espectro de IV e observe que há três versões diferentes do espectro. Quais são suas semelhanças e quais as suas diferenças? Onde os espectros foram obtidos originalmente? Selecione o espectro de fase gasosa com resolução de 2 cm^{-1}. Selecione View Image of Digitalized Spectrum e imprima uma cópia do espectro. Agora, retorne para o espectro de IV e seus links. Sob a fase gasosa, escolha o espectro de maior resolução com *boxcar* e apodização. Selecione o espectro de resolução desejada para carregar o espectro. Observe que esse espectro apresenta absortividade molar *versus* número de onda, enquanto o espectro anterior de resolução menor mostra transmitância *versus* número de onda. Quais são as principais diferenças espectrais observadas? A resolução adicional fornece quaisquer informações extras? Como a absortividade molar poderia ser utilizada para a análise quantitativa? Tente alguns outros compostos e compare os espectros de baixa resolução na fase de vapor com os espectros quantitativos de alta resolução.

Resumo do Capítulo 24

- A origem da absorção molecular.
- Absorção por compostos orgânicos e inorgânicos.
- Aplicações qualitativas da absorção no UV/Visível.
- Efeitos de variáveis experimentais nos espectros de absorção.
- Vantagens da espectroscopia de absorção molecular.
- Aplicações da lei de Beer.
- O método da adição de padrão.
- Análise de misturas de analitos.
- Os efeitos de variáveis experimentais nas medidas de absorção.
- Investigações espectrométricas de compostos complexos.
- Automação de métodos espectrométricos.
- Espectroscopia de absorção no infravermelho.
- Espectrômetros no IV.
- Medidas quantitativas no IV.

Termos-chave

Análise por injeção em fluxo (AIF), 705
Bomba peristáltica, 705
Célula de fluxo, 706
Complexos de transferência de carga, 687
Cromóforos, 685
Curva de titulação fotométrica, 700
Desvio padrão relativo na concentração, 698
Espectrômetro FTIV, 710
Fotômetro de filtro, 701

Interferograma, 710
"Lab-on-a-chip", 706
Média de sinal, 713
Método da razão molar, 703

Método de adições de padrão, 691
Método de variações contínuas, p. 703
Ruído, 697

Técnicas de manipulação automática de amostras, 705
Transformada de Fourier, 709
Turbidimetria, 702

Equações Importantes

$$c_x = \frac{bc_s}{mV_x} \qquad A_1 = \varepsilon_{M_1}bc_M + \varepsilon_{N_1}bc_N \qquad A_2 = \varepsilon_{M_2}bc_M + \varepsilon_{N_2}bc_N \qquad \frac{\sigma_c}{c} = \frac{0,434}{\log T}\left(\frac{\sigma_T}{T}\right)$$

Questões e Problemas*

24-1. Descreva as diferenças entre os seguintes pares de termos e liste quaisquer vantagens particulares de um sobre o outro:
  *(a) espectrofotômetros e fotômetros.
  (b) instrumentos de feixe único e de feixe duplo para medidas de absorbância.
  *(c) espectrofotômetros convencionais e com arranjos de diodo.

24-2. Qual é o requisito mínimo necessário para se obter resultados reprodutíveis com um espectrofotômetro de feixe único?

*24-3. Quais variáveis experimentais devem ser controladas para se assegurar dados de absorbância reprodutíveis?

24-4. Qual(is) é(são) a(s) vantagem(ns) do método de adições de padrão sobre o método de adições de padrão de ponto único?

*24-5. A absortividade molar do complexo é formada entre o bismuto(III) e a tioureia é $9,32 \times 10^3$ L cm^{-1} mol^{-1} em 470 nm. Calcule a faixa de concentrações permitidas para o complexo se a absorbância não deve ser menor que 0,10 nem maior que 0,90 quando as medidas forem feitas em células de 1,00 cm.

24-6. A absortividade molar de soluções aquosas de fenol a 211 nm é $5,28 \times 10^3$ L cm^{-1} mol^{-1}. Calcule a faixa de concentrações permitidas de fenol se a transmitância for menor que 85% e maior que 7% quando as medidas forem feitas em células de 1,00 cm.

*24-7. O logaritmo da absortividade molar da acetona em etanol é 2,75 a 366 nm. Calcule a faixa de concentrações de acetona que podem ser usadas se a absorbância for maior que 0,100 e menor que 2,000 com uma célula de 1,50 cm.

24-8. O logaritmo da absortividade molar do fenol em solução aquosa é 4,297 a 211 nm. Calcule a faixa de concentrações de fenol que podem ser usadas se a absorbância for maior que 0,150 e menor que 1,500 com célula de 1,25 cm.

24-9. Um fotômetro com resposta linear à radiação forneceu uma leitura de 690 mV com um branco no caminho ótico e 169 mV quando o branco foi substituído por uma solução absorvente. Calcule
  *(a) a transmitância e a absorbância da solução absorvente.
  (b) a transmitância esperada se a concentração do absorvente for metade daquela da solução original.
  *(c) a transmitância esperada se o caminho ótico através da solução original for duplicado.

24-10. Um fotômetro portátil com resposta linear à radiação registrou 75,5 μA com uma solução de um branco no caminho ótico. A substituição desse branco por uma solução absorvente produziu uma resposta de 23,7 μA. Calcule
  (a) a porcentagem de transmitância da solução da amostra.
  *(b) a absorbância da solução da amostra.
  (c) a transmitância esperada para uma solução na qual a concentração do absorvente é um terço da concentração da solução original da amostra.
  *(d) a transmitância esperada para uma solução que tenha duas vezes a concentração da solução da amostra.

24-11. Desenhe uma curva de titulação fotométrica de Sn^{2+} com MnO_4^-. A radiação empregada nessa titulação deve ser de que cor? Explique.

24-12. O ferro(III) reage com o íon tiocianato (SCN) para formar o complexo vermelho $Fe(SCN)^{2+}$. Desenhe uma curva de titulação fotométrica de Fe(III) com íons tiocianato quando um fotômetro com um filtro verde for utilizado para coletar os dados. Por que esse filtro é empregado?

*As respostas para as questões e problemas marcados com um asterisco são fornecidas no final deste livro.

*24-13. O ácido etilenodiaminotetracético remove o bismuto(III) de seu complexo com a tioureia:

$$Bi(tu)_6^{3+} + H_2Y^{2-} \rightarrow BiY^- + 6tu + 2H^+$$

onde tu é a molécula da tioureia, $(NH_2)_2CS$. Preveja a forma da curva de uma titulação fotométrica baseada nesse processo, dado que o complexo Bi(III)/tioureia constitui a única espécie presente no sistema que absorve a 465 nm o comprimento de onda selecionado para a titulação.

24-14. Os dados a seguir (células de 1,00 cm) foram obtidos para uma titulação espectrofotométrica de 10,00 mL de Pd(II) com $2,44 \times 10^{-4}$ M Nitroso R (O. W. Rollins; M. M. Oldham. *Anal. Chem.*, v. 43, p. 262, 1971. DOI: 10.1021/ac60297a026):

Volume de Nitroso R, mL	A500
0	0
1,00	0,147
2,00	0,271
3,00	0,375
4,00	0,371
5,00	0,347
6,00	0,325
7,00	0,306
8,00	0,289

Calcule a concentração da solução de Pd(II), dado que a razão entre o ligante e a proporção ligante-cátion é 2:1.

24-15. Uma amostra de petróleo de 5,24 g foi decomposta por digestão via úmida e subsequentemente diluída para 500 mL em um balão volumétrico. O cobalto presente na amostra foi determinado tratando-se alíquotas de 25,00 mL desta solução diluída como descrito a seguir:

Volume do Reagente			
Co(II), 3,00 ppm	Ligante	H_2O	Absorbância
0,00	20,00	5,00	0,398
5,00	20,00	0,00	0,510

Presuma que o quelato Co(II)/ligante obedeça à lei de Beer e calcule a porcentagem de cobalto na amostra original.

*24-16. O ferro(III) forma um complexo com íons tiocianato que tem a fórmula $Fe(SCN)^{2+}$. O complexo apresenta um máximo de absorbância a 580 nm. Uma amostra de água de poço foi analisada de acordo com o esquema mostrado na tabela a seguir. Calcule a concentração de ferro em partes por milhão na água de poço.

	Volumes, mL					
Amostra	Volume da Amostra	Reagente Oxidante	Fe(II) 2,75 ppm	KSCN 0,050 M	H_2O	Absorbância, 580 nm (células de 1,00 cm)
1	50,00	5,00	5,00	20,00	20,00	0,549
2	50,00	5,00	0,00	20,00	25,00	0,231

24-17. A. J. Mukhedkar e N. V. Deshpande (*Anal. Chem.*, v. 35, p. 47, 1963. DOI: 10.1021/1ac60194a014) relataram a determinação simultânea de cobalto e níquel baseada na absorção de seus complexos com o 8-quinolinol. As absortividades molares (L mol^{-1} cm^{-1}) são $\varepsilon_{Co} = 3.529$ e $\varepsilon_{Ni} = 3.228$ em 365 nm e $\varepsilon_{Co} = 428,9$ e $\varepsilon_{Ni} = 0$ em 700 nm. Calcule a concentração de níquel e cobalto em cada uma das seguintes soluções (células de 1,00 cm):

Solução	A_{365}	A_{700}
1	0,617	0,0235
2	0,755	0,0714
3	0,920	0,0945
4	0,592	0,0147
5	0,685	0,0540

*24-18. Os dados de absortividade molar para os complexos de cobalto e níquel com o 2,3-quinoxalineditiol são $\varepsilon_{Co} = 36.400$ e $\varepsilon_{Ni} = 5.520$ a 510 nm e $\varepsilon_{Co} = 1.240$ e $\varepsilon_{Ni} = 17.500$ a 656 nm. Uma amostra de 0,425 g foi dissolvida e diluída a 50,0 mL. Uma alíquota de 25,0 mL foi tratada para eliminar as interferências; depois da adição de 2,3-quinolixalineditiol, o volume foi ajustado para 50,0 mL. Essa solução apresentou uma absorbância de 0,446 a 510 nm e 0,326 a 656 nm em uma célula de 1,00 cm. Calcule a concentração em partes por milhão de cobalto e níquel na amostra.

24-19. O indicador HIn tem uma constante de dissociação ácida de $4,80 \times 10^{-6}$ à temperatura ambiente. Os dados de absorbância na tabela a seguir são para as soluções $8,00 \times 10^{-5}$ mol L^{-1} do indicador medidas em células de 1,00 cm em meio fortemente ácido e fortemente alcalino:

λ, nm	Absorbância	
	pH 1,00	pH 13,00
420	0,535	0,050
445	0,657	0,068
450	0,658	0,076
455	0,656	0,085
470	0,614	0,116
510	0,353	0,223
550	0,119	0,324
570	0,068	0,352
585	0,044	0,360
595	0,032	0,361
610	0,019	0,355
650	0,014	0,284

Estime o comprimento de onda para o qual a absorção do indicador se torna independente do pH (o chamado ponto isosbéstico).

24-20. Calcule a absorbância (células de 1,00 cm) a 450 nm de uma solução na qual a concentração molar total do indicador descrito no Problema 24-19 é $8,00 \times 10^{-5}$ mol L^{-1} e o pH é *(a) 4,92; (b) 5,46; *(c) 5,93; (d) 6,16.

*24-21. Qual é a absorbância a 595 nm (células de 1,00 cm) de uma solução de concentração $1,25 \times 10^{-4}$ mol L^{-1} do indicador do Problema 24-19 e que tem um pH de (a) 5,30; (b) 5,70; (c) 6,10?

24-22. Diversas soluções tampão foram preparadas contendo $1,00 \times 10^{-1}$ mol L^{-1} do indicador do Problema 24-19. Os dados de absorbância (células de 1,00 cm) são

Solução	A_{450}	A_{595}
*A	0,344	0,310
B	0,508	0,212
*C	0,653	0,136
D	0,220	0,380

Calcule o pH de cada solução.

24-23. Construa um espectro de absorção para uma solução $7,00 \times 10^{-5}$ mol L^{-1} do indicador do Problema 24-19, quando as medidas são feitas com células de 1,00 cm e

(a) $\dfrac{[\text{HIn}]}{[\text{In}^-]} = 3$

(b) $\dfrac{[\text{HIn}]}{[\text{In}^-]} = 1$

(c) $\dfrac{[\text{HIn}]}{[\text{In}^-]} = \dfrac{1}{3}$

24-24. As soluções de P e Q obedecem à lei de Beer individualmente em uma ampla faixa de concentração. Os dados espectrais para essas espécies em células de 1,00 cm são

λ, nm	Absorbância	
	$8,55 \times 10^{-5}$ mol L^{-1} P	$2,37 \times 10^{-4}$ mol L^{-1} Q
400	0,078	0,500
420	0,087	0,592
440	0,096	0,599
460	0,102	0,590
480	0,106	0,564
500	0,110	0,515
520	0,113	0,433
540	0,116	0,343
580	0,170	0,170
600	0,264	0,100
620	0,326	0,055
640	0,359	0,030
660	0,373	0,030
680	0,370	0,035
700	0,346	0,063

(a) Faça um gráfico de um espectro de absorção para uma solução $6,45 \times 10^{-5}$ mol L^{-1} de P e $3,21 \times 10^{-4}$ mol L^{-1} de Q.

(b) Calcule a absorbância (célula de 1,00 cm) a 440 nm de uma solução $3,86 \times 10^{-5}$ mol L^{-1} de P e $5,37 \times 10^{-4}$ mol L^{-1} de Q.

(c) Calcule a absorbância (células de 1,00 cm) a 620 nm de uma solução $1,89 \times 10^{-4}$ mol L^{-1} de P e $6,84 \times 10^{-4}$ mol L^{-1} em Q.

24-25. Empregue os dados do Problema 24-24 para calcular a concentração molar de P e Q em cada uma das seguintes soluções

	A_{440}	A_{620}
*(a)	0,357	0,803
(b)	0,830	0,448
*(c)	0,248	0,333
(d)	0,910	0,338
*(e)	0,480	0,825
(f)	0,194	0,315

24-26. Uma solução padrão foi diluída apropriadamente para fornecer as concentrações de ferro mostradas a seguir. O complexo ferro(II)-1,10-fenantrolina foi formado em alíquotas de 25,0 mL dessas soluções, após o que foram diluídas a 50,0 mL (veja a Figura 24-7). As absorbâncias na tabela (células de 1,00 cm) foram registradas a 510 nm:

Concentração de Fe(II) nas Soluções Originais	A_{510}
4,00	0,160
10,0	0,390
16,0	0,630
24,0	0,950
32,0	1,260
40,0	1,580

(a) Faça um gráfico de calibração para esses dados.

*(b) Utilize o método de mínimos quadrados para encontrar uma equação que relacione a absorbância com a concentração de ferro(II).

*(c) Calcule o desvio padrão da inclinação e da intersecção.

24-27. O método desenvolvido no Problema 24-26 foi empregado na determinação rotineira de ferro em alíquotas de 25,0 mL de água subterrânea. Expresse a concentração (em ppm de Fe) nas amostras que forneceram as absorbâncias a seguir (células de 1,00 cm). Calcule o desvio padrão relativo do resultado. Admitindo que os dados de absorbância sejam médias de três medidas, repita os cálculos.

(a) 0,143   (d) 1,009
(b) 0,675   (e) 1,512
(c) 0,068   (f) 0,546

*24-28. O sal sódico do ácido 2-quinizarinsulfônico (NaQ) forma um complexo com Al^{3+} que absorve fortemente a 560 nm.[19] Os dados obtidos neste sistema estão mostrados na tabela a seguir. (a) Encontre a fórmula do complexo a partir dos dados. Em todas as soluções, $c_{Al} = 3,7 \times 10^{-5}$ mol L^{-1} e todas as medidas foram feitas em células de 1,00 cm. (b) Encontre a absortividade molar do complexo e sua incerteza.

c_Q, mol L^{-1}	A_{560}
$1,00 \times 10^{-5}$	0,131
$2,00 \times 10^{-5}$	0,265
$3,00 \times 10^{-5}$	0,396
$4,00 \times 10^{-5}$	0,468
$5,00 \times 10^{-5}$	0,487
$6,00 \times 10^{-5}$	0,498
$8,00 \times 10^{-5}$	0,499
$1,00 \times 10^{-4}$	0,500

24-29. Os dados a seguir foram obtidos em uma investigação da razão das inclinações do complexo formado entre Ni^{2+} e o ácido 1-ciclopenteno-1-ditiocarboxílico (ACD). As medidas foram feitas a 530 nm em células de 1,00 cm.

$c_{CDA} = 1,00 \times 10^{-3}$ mol L^{-1}		$c_{Ni} = 1,00 \times 10^{-3}$ mol L^{-1}	
c_{Ni}, mol L^{-1}	A_{530}	c_{CDA}, mol L^{-1}	A_{530}
$5,00 \times 10^{-6}$	0,051	$9,00 \times 10^{-6}$	0,031
$1,20 \times 10^{-5}$	0,123	$1,50 \times 10^{-5}$	0,051
$3,50 \times 10^{-5}$	0,359	$2,70 \times 10^{-5}$	0,092
$5,00 \times 10^{-5}$	0,514	$4,00 \times 10^{-5}$	0,137
$6,00 \times 10^{-5}$	0,616	$6,00 \times 10^{-5}$	0,205
$7,00 \times 10^{-5}$	0,719	$7,00 \times 10^{-5}$	0,240

(a) Determine a fórmula do complexo. Use os quadrados mínimos lineares para analisar os dados.

(b) Encontre a absortividade molar do complexo e sua incerteza.

*24-30. Os dados de absorção a seguir foram registrados a 390 nm em células de 1,00 cm em um estudo de variações contínuas do produto formado entre Cd^{2+} e o reagente R.

	Volumes dos Reagentes, mL		
Solução	$c_{Cd} = 1,25 \times 10^{-4}$ mol L^{-1}	$c_R = 1,25 \times 10^{-4}$ mol L^{-1}	A_{390}
0	10,00	0,00	0,000
1	9,00	1,00	0,174
2	8,00	2,00	0,353
3	7,00	3,00	0,530
4	6,00	4,00	0,672
5	5,00	5,00	0,723
6	4,00	6,00	0,673
7	3,00	7,00	0,537
8	2,00	8,00	0,358
9	1,00	9,00	0,180
10	0,00	10,00	0,000

(a) Encontre a razão ligante-metal do produto.

*(b) Calcule o valor médio da absortividade molar do complexo e sua incerteza. Suponha que, nas partes lineares do gráfico, o metal esteja completamente complexado.

(c) Calcule K_f para o complexo, utilizando a razão estequiométrica determinada em (a) e os dados de absorção no ponto de intersecção das duas linhas extrapoladas.

24-31. O paládio(II) forma um complexo colorido intensamente em pH 3,5 com o arsenazo III em 660 nm.[20] Um meteorito foi pulverizado em um moinho de bolas e o pó resultante foi digerido com vários ácidos minerais fortes. A solução resultante foi evaporada até a secura, dissolvida em ácido clorídrico diluído e separada dos interferentes por meio de cromatografia de troca iônica (veja a Seção 31D). A solução resultante, que contém uma quantidade desconhecida de Pd(II), foi então diluída para 50,00 mL com um tampão de pH 3,5. Alíquotas de 10 mililitros dessa solução do analito foram transferidas para seis balões volumétricos de 50 mL. Uma solução padrão foi então preparada, contendo $1,00 \times 10^{-5}$ mol L^{-1} em Pd(II). Os volumes da solução padrão mostrados na tabela foram pipetados para os balões volumétricos juntamente com 10,00 mL de arsenazo III 0,01 mol L^{-1}. Cada

---

[19] E. G. Owens; J. H. Yoe. *Anal. Chem.*, v. 31, p. 384, 1959. DOI: 10.1021/ac60147a016.

[20] J. G. Sen Gupta. *Anal. Chem.*, v. 39, p. 18, 1967. DOI: 10.1021/ac60245a029.

solução foi então diluída a 50,00 mL e a absorbância de cada solução medida a 660 nm em células de 1,00 cm.

Volume da Solução Padrão, mL	A_{660}
0,00	0,209
5,00	0,329
10,00	0,455
15,00	0,581
20,00	0,707
25,00	0,833

(a) Introduza os dados em uma planilha de cálculo e, com eles, construa um gráfico de adições de padrão.
(b) Determine a inclinação e a intersecção da reta.
(c) Determine o desvio padrão da inclinação e da intersecção.
(d) Calcule a concentração de Pd(II) na solução do analito.
(e) Encontre o desvio padrão da concentração medida.

24-32. O mercúrio(II) forma um complexo 1:1 com o cloreto de trifeniltetrazólio (CTT), que exibe um máximo de absorção a 255 nm.[21] O mercúrio(II) em uma amostra de solo foi extraído em um solvente orgânico contendo excesso de CTT, e a solução resultante foi diluída a 100,0 mL em um balão volumétrico. Alíquotas de 5 mililitros da solução do analito foram transferidas para seis balões volumétricos de 25 mL. Uma solução padrão foi então preparada contendo $5,00 \times 10^{-6}$ mol L^{-1} de Hg(II). Os volumes mostrados na tabela foram pipetados para os balões volumétricos e cada solução foi diluída para 25,00 mL. A absorbância de cada solução foi medida a 255 nm em células de quartzo de 1,00 cm.

Volume de Solução Padrão, mL	A_{255}
0,00	0,582
2,00	0,689
4,00	0,767
6,00	0,869
8,00	1,009
10,00	1,127

(a) Introduza os dados em uma planilha de cálculo e construa um gráfico de adições de padrão com eles.
(b) Determine a inclinação e a intersecção da reta.
(c) Determine o desvio padrão da inclinação e da intersecção.
(d) Calcule a concentração de Hg(II) na solução do analito.
(e) Encontre o desvio padrão da concentração medida.

*24-33. Estime as frequências dos picos no espectro de IV do cloreto de metileno mostrado na Figura 24D-2. A partir dessas frequências, atribua as vibrações moleculares do cloreto de metileno referentes a cada um dos picos. Observe que algumas frequências de grupo de que você necessitará não estão listadas na Tabela 24-5; portanto, elas devem ser procuradas em outro lugar.

24-34. A constante de equilíbrio para o par ácido/base conjugado

$$HIn + H_2O \rightleftharpoons H_3O^+ + In^-$$

é $8,00 \times 10^{-5}$. A partir da informação adicional

Espécies	Máximo de Absorção nm	Absortividade Molar 430 nm	Absortividade 600 nm
HIn	430	$8,04 \times 10^3$	$1,23 \times 10^3$
In$^-$	600	$0,775 \times 10^3$	$6,96 \times 10^3$

(a) calcule a absorbância em 430 nm e 600 nm para as concentrações a seguir: $3,00 \times 10^{-4}$ mol L^{-1}; $2,00 \times 10^{-4}$ mol L^{-1}; $1,00 \times 10^{-4}$ mol L^{-1} $0,500 \times 10^{-4}$ mol L^{-1} e $0,250 \times 10^{-4}$ mol L^{-1}.
(b) faça um gráfico de absorbância como uma função da concentração do indicador.

24-35. Preveja a forma das curvas de titulação (após a correção para a variação de volume) se – no comprimento de onda selecionado – as absortividades molares para o analito A, o titulante T e o produto P forem os seguintes:

	ε_A	ε_T	ε_P
(a)	0	> 0	0
(b)	> 0	0	0
(c)	0	0	> 0
(d)	> 0	> A	0
(e)	0	> 0	< T
(f)	> 0	0	< A
(g)	> 0	< A	0

24-36. **Problema Desafiador**: (a) Mostre que a constante de formação global para o complexo ML$_n$ é dada por

$$K_f = \frac{\left(\dfrac{A}{A_{extr}}\right)c}{\left[c_M - \left(\dfrac{A}{A_{extr}}\right)c\right]\left[c_L - n\left(\dfrac{A}{A_{extr}}\right)c\right]^n}$$

---

[21] M. Kamburova. *Talanta*, v. 40, n. 5, p. 719, 1993. DOI: 10.1016/0039-9140(93)80285-y.

onde A é a absorbância experimental em um dado valor no eixo x no gráfico de variações contínuas; A_{extr}, a absorbância determinada a partir das linhas extrapoladas correspondentes ao mesmo ponto no eixo x; c_M, a concentração molar do metal; c_L, a concentração analítica do ligante; e n, a razão metal ligante do complexo.[22]

(b) Sob quais considerações a equação é válida?

(c) O que é c?

(d) Discuta as implicações da ocorrência de um máximo em um gráfico de variações contínuas em valores menores que 0,5.

(e) Usando o método das variações contínuas, Calabrese e Khan[23] caracterizaram o complexo formado entre I_2 e I^-. Eles combinaram soluções $2,60 \times 10^{-4}$ mol L^{-1} de I_2 e I^- da forma usual para obter o conjunto de dados a seguir. Use esses dados para encontrar a composição do complexo I_2/I^-.

$V(I_2$ solução), mL	A_{350}
0,00	0,002
1,00	0,121
2,00	0,214
3,00	0,279
4,00	0,312
5,00	0,325
6,00	0,301
7,00	0,258
8,00	0,188
9,00	0,100
10,00	0,001

(f) O gráfico das variações contínuas parece ser assimétrico. Consulte o trabalho de Calabrese e Khan e explique essa assimetria.

(g) Utilize a equação no item (a) para determinar a constante de formação do complexo para cada um dos três pontos centrais no gráfico das variações contínuas.

(h) Explique qualquer tendência dos três valores da constante de formação determinados por esse método.

(i) Encontre a incerteza na constante de formação determinada por esse método.

(j) Qual efeito, se houver, tem a constante de formação na habilidade de determinar a composição do complexo usando o método das variações contínuas?

(k) Discuta as diversas vantagens e os problemas de se empregar o método das variações contínuas como método geral para se determinar a composição e a constante de formação de compostos complexos.

---

[22] J. Inczédy. *Analytical Applications of Complex Equilibria*. Nova York: Wiley, 1976.
[23] V. T. Calabrese; A. Khan. *J. Phys. Chem. A*, v. 104, p. 1.287, 2000. DOI: 10.1021/jp992847r.

CAPÍTULO 25

Espectroscopia de Fluorescência Molecular

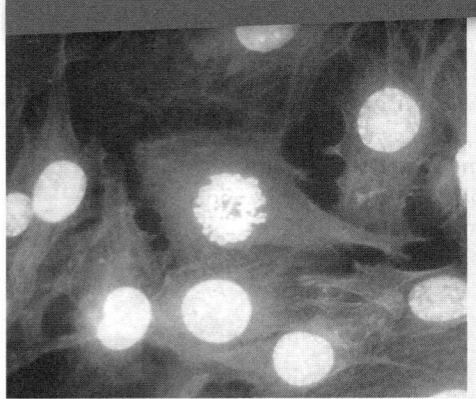

A fotografia é uma micrografia de luz imunofluorescente de células cancerosas HeLa. A célula no centro da foto encontra-se no estágio de prófase da divisão celular mitótica. Os cromossomos condensaram-se antes de se dividir para originar dois núcleos. As células estão marcadas para mostrar os microfilamentos de actina e os microtubos do esqueleto celular, os quais aparecem como estruturas filamentosas ao redor do núcleo da célula. Os núcleos das células são visualizados pela sua exposição a anticorpos fluorescentes de estrutura específica, preparados conectando-se covalentemente as moléculas fluorescentes aos anticorpos normais. Os anticorpos aglomeram-se no núcleo para que, quando expostos à radiação UV, brilhem como mostrado na foto. Uma química similar é empregada nos imunoensaios de fluorescência descritos no Destaque 9-2.

DR GOPAL MURTI/Science Source.

A fluorescência é um processo de fotoluminescência no qual os átomos ou moléculas são excitados por absorção de radiação eletromagnética (veja a **Figura 22-6**). As espécies excitadas então relaxam ao estado fundamental, liberando seu excesso de energia como fótons. Uma das características mais atrativas da fluorescência molecular é sua sensibilidade intrínseca, que frequentemente é de uma a três vezes maior que a da espectroscopia de absorção. De fato, moléculas únicas de espécies selecionadas foram detectadas pela espectroscopia de fluorescência sob condições controladas. Outra vantagem são as faixas lineares de concentração dos métodos de fluorescência, que são significativamente mais largas que aquelas na espectroscopia de absorção. Entretanto, os métodos de fluorescência são muito menos aplicados que os de absorção em razão do número limitado de sistemas químicos que mostram fluorescência apreciável. A fluorescência também está sujeita a muito mais efeitos de interferência ambiental que os métodos de absorção. Consideramos aqui alguns dos aspectos mais importantes dos métodos de fluorescência molecular.[1]

25A A Teoria da Fluorescência Molecular

A fluorescência molecular é medida excitando-se a amostra em um *comprimento de onda de absorção*, também conhecido como *comprimento de onda de excitação*, e medindo-se a emissão em um comprimento de onda mais longo, denominado *comprimento de onda de fluorescência* ou *emissão*. Por exemplo, a forma reduzida da coenzima nicotinamida adenina dinucleotídeo (NADH) absorve radiação a 340 nm e a molécula emite radiação de fotoluminescência com o máximo de emissão em 465 nm. Normalmente a emissão de fotoluminescência é medida em ângulos retos para o feixe incidente para evitar medir

❮❮ A emissão de fluorescência ocorre em 10^{-5} s ou menos. Em contraste, a fosforescência pode durar muitos minutos ou mesmo horas. A fluorescência é muito mais empregada em análise química que a fosforescência.

---

[1] Para mais informações sobre espectroscopia molecular, veja J. R. Lakowicz. *Principles of Fluorescence Spectroscopy*. Nova York: Springer, 2006.

a radiação incidente (veja a Figura 23-1b). A emissão de curta duração que ocorre é chamada **fluorescência**, enquanto a luminescência, que dura muito mais tempo, é denominada **fosforescência**. As transições que dão origem à fluorescência e à fotofluorescência são **transições radioativas**.

25A-1 Processos de Relaxamento

A **Figura 25-1** mostra um diagrama parcial de níveis de energia para uma espécie molecular hipotética. Três estados eletrônicos de energia são mostrados, E_0, E_1 e E_2; E_0 é o estado fundamental e E_1 e E_2 são estados excitados. Cada um dos estados eletrônicos é apresentado como tendo quatro níveis vibracionais excitados. A irradiação dessa espécie com uma banda de comprimentos de onda λ_1 a λ_5 (Figura 25-1a) resulta no preenchimento momentâneo dos cinco níveis vibracionais do primeiro estado eletrônico excitado, E_1. De forma similar, quando as moléculas são irradiadas com uma banda mais energética constituída de comprimentos de onda mais curtos de λ'_1 a λ'_5, os cinco níveis vibracionais do estado eletrônico de maior energia E_2 tornam-se momentaneamente ocupados.

Uma vez que a molécula é excitada para E_1 ou E_2, podem ocorrer vários processos que fazem com que a molécula perca seu excesso de energia. Dois dos mais importantes destes processos, **relaxamento não radioativo** e **emissão fluorescente**, são ilustrados na Figura 25-1b e c.

Os dois métodos de relaxamento não radioativo que competem com a fluorescência são ilustrados na Figura 25-1b. O **relaxamento vibracional**, representado pelas setas curtas onduladas entre os níveis de energia vibracionais, ocorre durante as colisões entre as moléculas excitadas e as do solvente. O relaxamento não radioativo entre os níveis vibracionais mais baixos de um estado eletrônico excitado e os níveis vibracionais mais altos de outro estado eletrônico também pode ocorrer. Esse tipo de relaxamento, algumas vezes denominado **conversão interna**, é representado pelas duas setas onduladas mais longas na Figura 25-1b. A conversão interna é muito menos eficiente do que o relaxamento vibracional, de forma que o tempo de vida médio de um estado eletrônico excitado está entre 10^{-9} e 10^{-6} s. O mecanismo exato pelo qual esses dois processos de relaxamento ocorrem está, atualmente, sendo estudado, porém, o resultado líquido é um aumento minúsculo na temperatura do meio.

A Figura 25-1c ilustra o processo de relaxamento que se deseja: o processo de fluorescência. Quase sempre, a fluorescência é observada do estado excitado eletrônico mais

> O **relaxamento vibracional** envolve a transferência do excesso de energia de uma espécie excitada vibracionalmente para moléculas do solvente. Esse processo ocorre em menos de 10^{-15} s e deixa as moléculas no estado vibracional mais baixo de um estado eletrônico excitado.

> A **conversão interna** é um tipo de relaxamento que envolve a transferência do excesso de energia das espécies presentes no estado vibracional de mais baixa energia de um estado eletrônico excitado para as moléculas do solvente e a conversão das espécies excitadas para um estado eletrônico mais baixo.

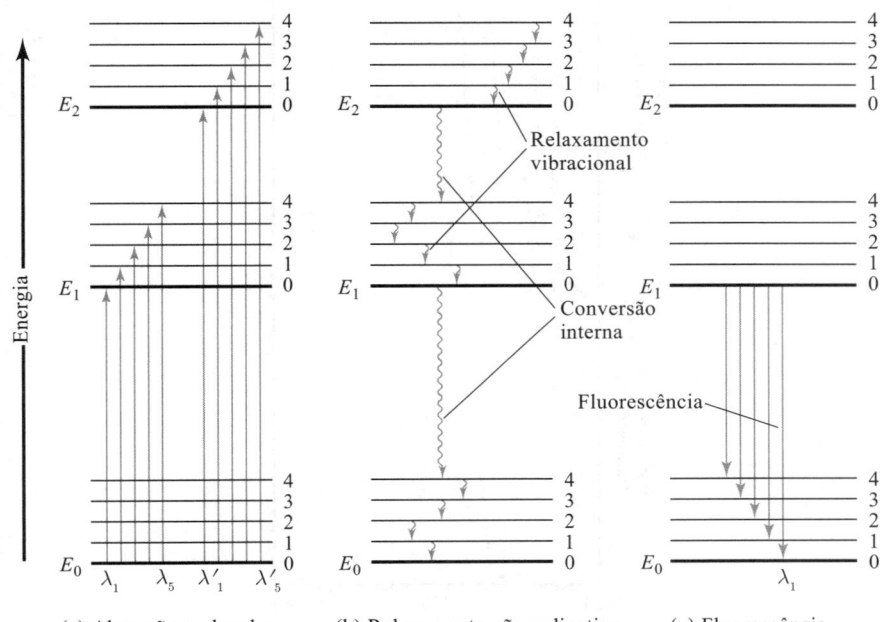

FIGURA 25-1

O diagrama de níveis de energia mostra alguns dos processos que ocorrem durante (a) absorção de radiação incidente, (b) relaxamento não radioativo e (c) emissão de fluorescência por uma espécie molecular. A absorção tipicamente ocorre em 10^{-15} s, enquanto o relaxamento vibracional ocorre entre 10^{-11} e 10^{-10} s. A conversão interna entre estados eletrônicos diferentes também é muito rápida (10^{-12} s), enquanto os tempos de vida de fluorescência estão tipicamente entre 10^{-10} e 10^{-5} s.

>> As bandas de fluorescência consistem em um número grande de linhas muito próximas umas das outras.

baixo E_1 para o estado fundamental E_0. Também, geralmente, a fluorescência ocorre somente do nível vibracional mais baixo de E_1 para vários níveis vibracionais de E_0, porque os processos de conversão interna e de relaxamento vibracional são muito rápidos em comparação com a fluorescência. Consequentemente, um espectro de fluorescência consiste normalmente de uma única banda com linhas muito próximas que representam as transições do estado vibracional mais baixo de E_1 para os muitos níveis vibracionais diferentes de E_0.

A linha na Figura 25-1c que limita o lado da banda de fluorescência no comprimento de onda curto ou de energia alta (λ_1) é idêntica em energia à linha rotulada como λ_1 no diagrama de absorção na Figura 25-1a. Uma vez que as linhas de fluorescência nessa banda se originam no estado vibracional mais baixo de E_1, todas as outras linhas na banda são de menor energia ou de comprimento de onda mais longo que a linha correspondente a λ_1. As bandas de fluorescência molecular são, em sua grande maioria, constituídas de linhas que são mais longas em comprimento de onda, maiores em frequência e, assim, de menor energia que a banda de radiação absorvida responsável pela excitação delas. Esse deslocamento para os comprimentos de onda mais longos é denominado **deslocamento de Stokes**.

>> A **fluorescência com deslocamento de Stokes** é mais longa em comprimento de onda que a radiação que causou a excitação.

Relação entre os Espectros de Excitação e de Fluorescência

Uma vez que as diferenças de energia entre os estados vibracionais é a mesma para ambos os estados fundamental e excitado, o espectro de absorção, ou **espectro de excitação**, e o espectro de fluorescência para um composto frequentemente se mostram como imagens aproximadamente especulares um do outro com superposição ocorrendo próximo à transição de origem (nível vibracional 0 de E_1 para o nível vibracional 0 de E_0). Esse efeito é demonstrado pelos espectros do antraceno mostrado na **Figura 25-2**. Há muitas exceções a essa regra da imagem especular, particularmente quando os estados excitado e fundamental apresentam geometrias moleculares diferentes ou quando as bandas de fluorescência se originam de partes diferentes da molécula.

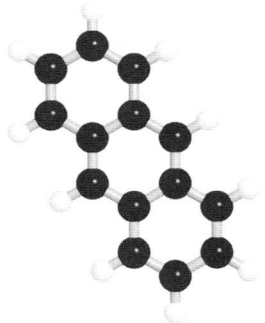

Modelo molecular do antraceno.

FIGURA 25-2

Os espectros de fluorescência (energia radiante de fluorescência *versus* comprimento de onda) para 1 ppm de antraceno em álcool: (a) espectro de excitação (absorção) e (b) espectro de emissão.

25A-2 Espécies Fluorescentes

Como mostrado na Figura 25-1, a fluorescência é um dos vários mecanismos pelos quais uma molécula retorna ao seu estado fundamental após ter sido excitada pela absorção de radiação. Todas as moléculas absorventes apresentam potencial para fluorescer, mas muitos compostos não o fazem porque suas estruturas permitem caminhos não radiativos para que ocorra o relaxamento *a uma velocidade maior* que a emissão de fluorescência. O **rendimento quântico** da fluorescência molecular é simplesmente a razão entre o número de moléculas que fluorescem e o número total de moléculas excitadas, ou a razão entre os fótons emitidos e os fótons absorvidos. As moléculas altamente fluorescentes, como a fluoresceína, apresentam eficiências quânticas que se aproximam da unidade sob algumas condições. As espécies que não fluorescem ou que mostram fraca fluorescência apresentam eficiências quânticas praticamente iguais a zero.

> A **eficiência quântica** é descrita pelo **rendimento quântico de fluorescência**, Φ_F.
>
> $$\Phi_F = \frac{k_F}{k_F + k_{nr}}$$
>
> onde k_F é a constante de velocidade de primeira ordem para o relaxamento por fluorescência e k_{nr} corresponde à constante de velocidade para o relaxamento não radiativo. Veja o Capítulo 28 para uma discussão sobre as constantes de velocidade.

Fluorescência e Estrutura

Os compostos que contêm anéis aromáticos apresentam emissão de fluorescência molecular mais intensa e mais útil. Enquanto certos compostos alifáticos e alicíclicos de carbonila, bem como as estruturas com ligações duplas altamente conjugadas, também fluorescem, existem pouquíssimos desses compostos comparados ao número de compostos fluorescentes contendo sistemas aromáticos.

Muitos hidrocarbonetos aromáticos não substituídos fluorescem em solução com uma **eficiência quântica** aumentada com o número de anéis e o grau de condensação delas. Os heterocíclicos mais simples, como a piridina, o furano, o tiofeno e o pirrol, não apresentam fluorescência molecular (veja a **Figura 25-3**), mas as estruturas com anéis fundidos contendo esses anéis frequentemente fluorescem (veja a **Figura 25-4**). A substituição em um anel aromático provoca deslocamentos no comprimento de onda do máximo de absorção e alterações correspondentes nas bandas de fluorescência. Além disso, a substituição frequentemente afeta a eficiência de fluorescência. Esses efeitos são demonstrados pelos dados na **Tabela 25-1**.

> ❮❮ Muitos compostos aromáticos *não* substituídos florescem.

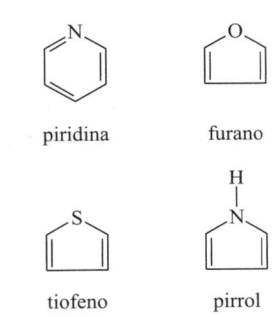

FIGURA 25-3

Moléculas aromáticas típicas que não fluorescem

Efeito da Rigidez Estrutural

Experimentos mostram que a fluorescência é particularmente favorecida em moléculas rígidas. Por exemplo, sob condições similares de medida, a eficiência quântica do fluoreno é aproximadamente igual a 1,0, enquanto aquela da bifenila é de cerca de 0,2 (veja a **Figura 25-5**). A diferença no comportamento é um resultado do aumento de rigidez fornecido pelo grupo metileno em ponte no fluoreno. Essa rigidez diminui a velocidade de relaxamento não radiativo para o ponto onde o relaxamento por fluorescência tenha tempo de ocorrer. Existem muitos exemplos similares desse tipo de comportamento. Além disso, a emissão frequentemente ocorre quando os corantes fluorescentes são absorvidos em uma superfície sólida. Mais uma vez, a rigidez adicional fornecida pelo sólido pode explicar o efeito observado.

A influência da rigidez também explica o aumento na fluorescência de certos agentes quelantes orgânicos quando estes são complexados com íons metálicos. Por exemplo, a intensidade de fluorescência da 8-hidroxiquinolina é muito menor que a do seu complexo com zinco (veja a **Figura 25-6**).

> ❮❮ Moléculas ou complexos rígidos são frequentemente fluorescentes.

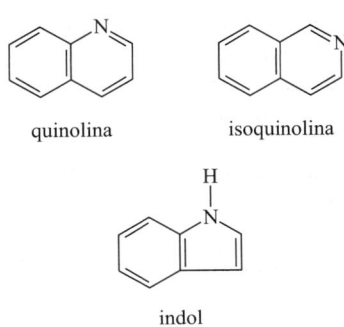

FIGURA 25-4

Compostos aromáticos típicos que fluorescem.

Efeito da Temperatura e do Solvente

Em muitas moléculas, a eficiência quântica de fluorescência decresce com o aumento da temperatura, porque, a temperaturas elevadas, o aumento da frequência de colisões leva à maior probabilidade de relaxamento colisional. Uma diminuição da viscosidade do solvente leva ao mesmo resultado.

25B Efeito da Concentração na Intensidade de Fluorescência

A potência da fluorescência emitida F é proporcional à potência radiante do feixe de excitação absorvido pelo sistema:

$$F = K'(P_0 - P) \tag{25-1}$$

onde P_0 é a potência do feixe incidente sobre a solução e P, sua potência após ter percorrido um comprimento b do meio. A constante K' depende da eficiência quântica da fluorescência. Para correlacionar F com a concentração c da partícula fluorescente, escrevemos a lei de Beer na seguinte forma

$$\frac{P}{P_0} = 10^{-\varepsilon bc} \tag{25-2}$$

onde ε é a absortividade molar da espécie fluorescente e εbc é a absorbância. Substituindo-se a Equação 25-2 na Equação 25-1, obtemos

$$F = K'P_0(1 - 10^{-\varepsilon bc}) \tag{25-3}$$

A expansão do termo exponencial da Equação 25-3 leva a

$$F = K'P_0\left[2{,}3\varepsilon bc - \frac{(-2{,}3\varepsilon bc)^2}{2!} - \frac{(-2{,}3\varepsilon bc)^2}{3!} - \cdots\right] \tag{25-4}$$

Quando $\varepsilon bc = A < 0{,}05$, o primeiro termo dentro dos colchetes, $2{,}3\varepsilon bc$, é muito maior que os termos subsequentes e a Equação 25-4 pode ser simplificada para

$$F = 2{,}3K'\varepsilon bcP_0 \tag{25-5}$$

ou, quando a potência incidente P_0 for constante,

$$F = Kc \tag{25-6}$$

Assim, um gráfico da potência de fluorescência emitida em função da concentração das espécies emissoras deve ser linear para baixas concentrações. Quando c se torna alta o suficiente para que a absorbância seja maior que 0,05 (ou a transmitância menor que cerca de 0,9), a relação representada pela Equação 25-6 torna-se não linear e F situa-se abaixo da extrapolação da parte linear do gráfico. Esse efeito resulta da **absorção primária**, na qual a radiação incidente é absorvida tão intensamente, que a fluorescência não é mais proporcional à concentração, como mostrado pela Equação 25-4 mais completa. A concentrações muito altas, F atinge

TABELA 25-1
Efeito da Substituição sobre a Fluorescência de Derivados do Benzeno*

Composto	Intensidade Relativa da Fluorescência
Benzeno	10
Tolueno	17
Propilbenzeno	17
Fluorbenzeno	10
Clorobenzeno	7
Bromobenzeno	5
Iodobenzeno	0
Fenol	18
Íon fenolato	10
Anisol	20
Anilina	20
Íon anilínico	0
Ácido benzóico	3
Benzonitrila	20
Nitrobenzeno	0

*Em solução de etanol. Extraído de W. West. *Chemical Applications of Spectroscopy, Techniques of Organic Chemistry*. Nova York: Interscience, 1956, v. IX, p. 730.

FIGURA 25-5
Efeito da rigidez molecular sobre o rendimento quântico. A molécula do fluoreno é mantida rígida pelo anel central; logo, a fluorescência é melhorada. Os dois anéis de benzeno na bifenila podem girar um em relação ao outro, assim diminuindo a fluorescência.

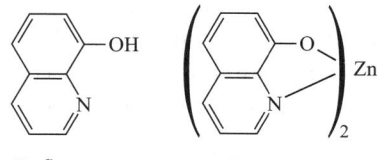

FIGURA 25-6
Efeito da rigidez no rendimento quântico em complexos. As moléculas de 8-hidroxiquinolina livres em solução são facilmente desativadas por meio de colisões com as moléculas do solvente e não fluorescem. A rigidez do complexo Zn-8-hidroxiquinolina intensifica a fluorescência.

um máximo e pode mesmo começar a decrescer com o aumento da concentração devido à **absorção secundária**. Esse fenômeno ocorre por causa da absorção da radiação emitida por outras moléculas do analito. Um gráfico típico de F em função da concentração é exibido na **Figura 25-7**. Observe que os efeitos de absorções primárias e secundárias, algumas vezes denominados **efeitos de filtro interno**, também podem ocorrer em razão da absorção por outras moléculas presentes na matriz da amostra.

25C Instrumentos para Fluorescência

Existem vários tipos diferentes de instrumentos para fluorescência. Todos seguem o diagrama de blocos da Figura 25-1b. Os diagramas óticos de instrumentos típicos são apresentados na **Figura 25-8**. Se os dois seletores de comprimento de onda forem filtros, o instrumento é chamado **fluorímetro**. Se ambos os seletores forem monocromadores, o instrumento é um **espectrofluorímetro**. Alguns instrumentos são híbridos e empregam um filtro de excitação com um monocromador de emissão. Os instrumentos de fluorescência podem incorporar um esquema de feixe duplo para compensar as

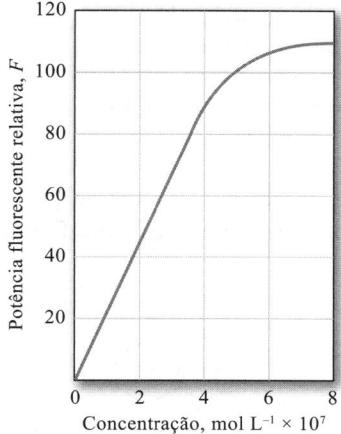

FIGURA 25-7

Curva de calibração para a determinação espectrofluorimétrica de triptofano em proteínas solúveis de um cristalino de olho de mamífero.

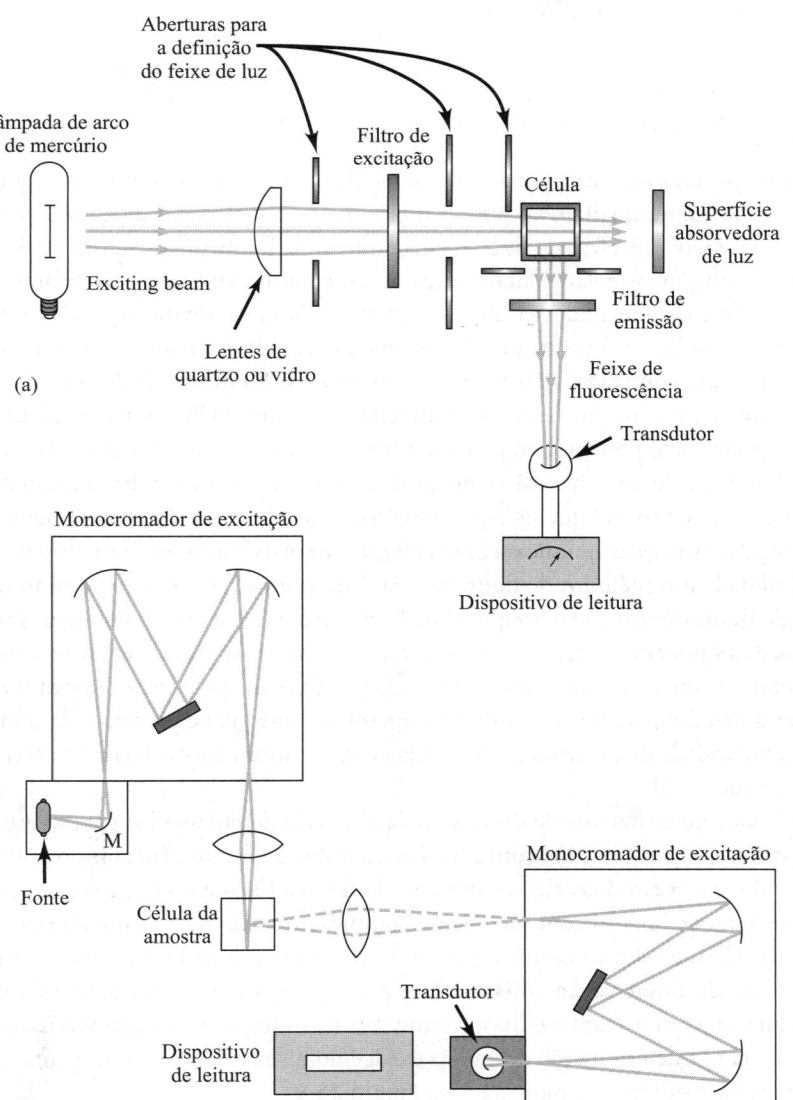

FIGURA 25-8

Instrumentos para fluorescência típicos. Um fluorímetro de filtro é mostrado em (a). Observe que a emissão é medida em ângulos retos em relação à fonte da lâmpada de arco de mercúrio. A radiação de fluorescência é emitida em todas as direções, e a geometria de 90° evita a observação da fonte pelo detector. O espectrofluorímetro (b) emprega dois monocromadores com grades e também observa a emissão em ângulos retos. Os dois monocromadores permitem a varredura dos espectros de excitação (o comprimento de onda de excitação é varrido em um comprimento de onda de emissão fixo), dos espectros de emissão (varredura do comprimento de onda de emissão em um comprimento de onda de excitação fixo) ou de espectros síncronos (varredura de ambos os comprimentos de onda com uma diferença fixa entre os dois monocromadores).

flutuações na potência da fonte radiante com o tempo e o comprimento de onda. Os instrumentos que corrigem a distribuição espectral da fonte são denominados **espectrofluorímetros corrigidos**.

As fontes de radiação para fluorescência são geralmente mais potentes que as fontes típicas para a absorção. Na fluorescência, a potência radiante emitida é diretamente proporcional à intensidade da fonte (Equação 25-5), mas a absorbância é basicamente independente da intensidade da fonte pelo fato de ser relacionada à razão das potências, como mostrado na Equação 25-7.

$$c = kA = k \log\left(\frac{P_0}{P}\right) \tag{25-7}$$

>> Os métodos de fluorescência são, frequentemente, 10 a 1.000 vezes mais sensíveis que os de absorção.

Como um resultado dessas diferentes dependências da intensidade da fonte, os métodos de fluorescência são geralmente de uma a três ordens de grandeza mais sensíveis que aqueles baseados em absorção. As lâmpadas de arco de mercúrio, as de arco de xenônio-mercúrio e os lasers são as fontes típicas para a fluorescência. Os monocromadores e os transdutores são tipicamente similares àqueles empregados nos espectrofotômetros de absorção, mas redes de CCD e fotodiodo têm se tornado popular em anos recentes. As características de sofisticação, de eficiência e o custo dos fluorímetros e espectrofluorímetros variam largamente, da mesma forma que os espectrômetros de absorção. Em geral, os instrumentos para fluorescência são mais caros que os de absorção de qualidade correspondente.

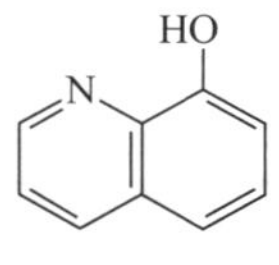

25D Aplicações dos Métodos de Fluorescência

A espectroscopia de fluorescência não é considerada uma ferramenta importante para a análise estrutural ou qualitativa, pois as moléculas com diferenças estruturais sutis frequentemente têm espectros de fluorescência similares. Também, as bandas de fluorescência em solução são relativamente largas à temperatura ambiente. Entretanto, a fluorescência tem demonstrado ser uma ferramenta valiosa na identificação de derramamentos de petróleo. A fonte de um derramamento de petróleo pode ser identificada com frequência por comparação do espectro de emissão de fluorescência de uma amostra do derramamento com uma da fonte suspeita. A estrutura vibracional dos hidrocarbonetos policíclicos presentes no petróleo torna esse tipo de identificação possível.

Os métodos de fluorescência são empregados para se estudar equilíbrios químicos e cinética da mesma forma que os espectrométricos de absorção. Frequentemente é possível estudar as reações químicas em concentrações mais baixas em decorrência da alta sensibilidade dos métodos de fluorescência. Em muitos casos em que o monitoramento de fluorescência não é exequível de forma ordinária, as sondas ou marcadores fluorescentes podem ser ligados covalentemente a locais específicos em moléculas, como proteínas, tornando-as assim detectáveis por fluorescência. Esses marcadores podem ser utilizados para fornecer informações sobre a energia de processos de transferência, a polaridade da proteína e a distância entre os sítios reativos (veja, por exemplo, o Destaque 25-1).

Os métodos quantitativos de fluorescência têm sido desenvolvidos para as espécies inorgânicas, orgânicas e bioquímicas. Os métodos de fluorescência inorgânicos podem ser divididos em duas classes: diretos e indiretos. Os métodos diretos são baseados na reação do analito com um agente complexante para formar um complexo fluorescente. Os métodos indiretos dependem do decréscimo na fluorescência, também denominado **desativação colisional** (*quenching*), como um resultado da interação do analito com o reagente fluorescente. Os métodos de supressão são usados basicamente para a determinação de ânions e oxigênio dissolvido. Alguns reagentes de fluorescência para cátions são mostrados na **Figura 25-9**.

FIGURA 25-9

Alguns agentes quelantes fluorimétricos para cátions metálicos. A alizarina garnet R pode detectar Al^{3+} em níveis tão baixos quanto 0,007 μg mL^{-1}. A detecção de F^- com a alizarina garnet R é baseada na supressão da fluorescência do complexo com o Al^{3+}. O flavanol pode detectar o Sn^{4+} no nível de 0,1 μg mL^{-1}.

8-hidroxiquinolina
(reagente para Al, Be e outros íons metálicos)

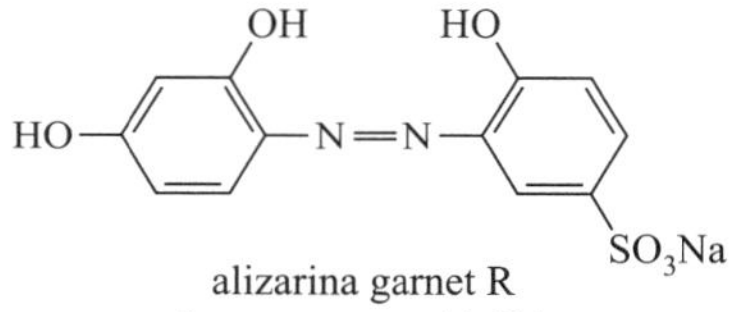

alizarina garnet R
(reagente para Al, F$^-$)

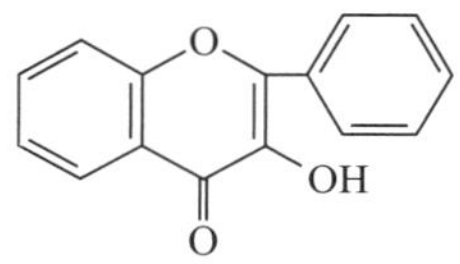

flavanol
(reagente para Zr e Sn)

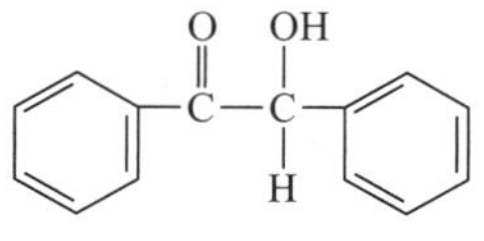

benzoína
(reagente para B, Zn, Ge e Si)

DESTAQUE 25-1

Uso de Sondas de Fluorescência na Neurobiologia: Investigando a Mente Iluminada

Os indicadores de fluorescência têm sido amplamente usados para investigar eventos biológicos em células individuais. Uma sonda particularmente interessante é a, assim denominada, sonda iônica, que altera seu espectro de emissão ou de excitação quando ligada a íons como o Ca^{2+} ou Na^+. Esses indicadores podem ser utilizados para registrar eventos que ocorrem em diferentes partes de neurônios isolados ou para monitorar simultaneamente a atividade de um grupo de neurônios. Em neurobiologia, por exemplo, o corante Fura-2 tem sido empregado para monitorar a concentração de cálcio livre intracelular que acompanha um estímulo farmacológico ou elétrico. Observando as mudanças de fluorescência com o tempo em sítios específicos no neurônio, os pesquisadores podem determinar quando e onde ocorreu um evento elétrico dependente de cálcio.

Uma célula que tem sido estudada é o neurônio Purkinje no cerebelo, um dos maiores no sistema nervoso central. Quando essa célula é carregada com o indicador fluorescente Fura-2, as alterações bem definidas na fluorescência podem ser medidas em correspondência à ação do potencial individual de cálcio. As mudanças são correlacionadas com locais específicos na célula por meio de técnicas de fluorescência por imagem. A **Figura 25D-1** mostra a imagem de fluorescência à direita, juntamente com os transientes de fluorescência, registrados como a alteração na fluorescência relativa à fluorescência estacionária $\Delta F/F$, correlacionada às variações abruptas na ação do potencial do sódio. A interpretação desses tipos de padrões pode ter importantes implicações na compreensão dos detalhes da atividade sináptica.

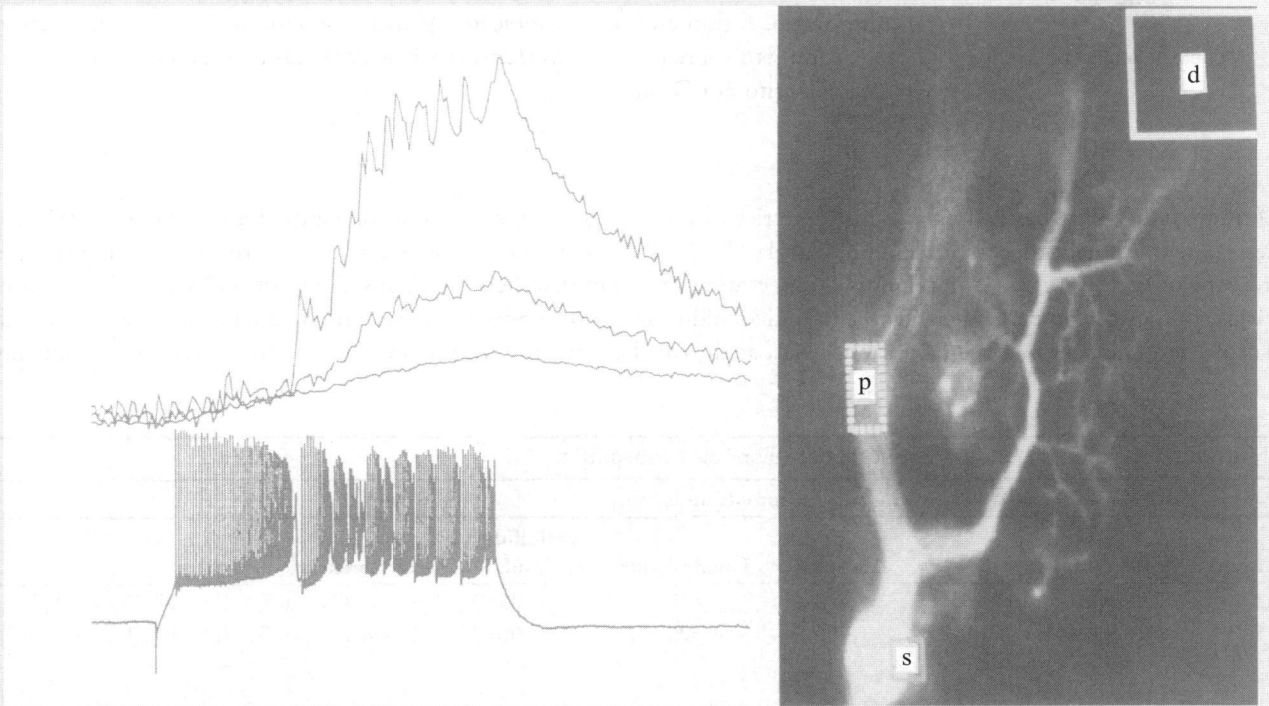

FIGURA 25D-1 Transientes de cálcio em uma célula cerebelar Purkinje. A imagem à direita é da célula preenchida com o corante fluorescente, que responde à concentração de cálcio. Os transientes de fluorescência são mostrados acima, à esquerda, como registrados para as áreas d, p e s na célula. Os transientes na região d correspondem à região do dendrito da célula. Sinais específicos de cálcio podem ser correlacionados com os potenciais de ação mostrados no canto inferior esquerdo. (V. Lev-Ram; H. Mikayawa; N. Lasser-Ross; W. N. Ross. *J. Neurophysiol.*, v. 68, p. 1.167, 1992. Com permissão da American Physiological Society).

O relaxamento não radioativo de quelatos de metal de transição é tão eficiente, que essas espécies raramente fluorescem. Vale a pena observar que muitos metais de transição absorvem na região do UV ou visível, enquanto íons de outros metais não o fazem. Por essa razão, a fluorescência é frequentemente considerada complementar à absorção para a determinação de cátions.

>> Alguns hidrocarbonetos aromáticos policíclicos típicos encontrados em derramamentos de petróleo são criseno, perileno, pireno, fluoreno e 1,2-benzofluoreno. A maioria desses compostos é carcinogênica.

O número de aplicações de métodos de fluorescência a problemas orgânicos e bioquímicos é notável. Dentre os tipos de compostos que podem ser determinados por fluorescência estão os aminoácidos, proteínas, coenzimas, vitaminas, ácidos nucleicos, alcaloides, porfirinas, esteroides, flavonoides e muitos metabólitos.[2] Por causa de sua sensibilidade, a fluorescência é amplamente empregada como técnica de detecção para métodos cromatográficos de líquido (veja o Capítulo 31), métodos de análise em fluxo e eletroforese. Além dos métodos que são baseados em medidas de intensidade de fluorescência, há muitos outros que são baseados na medida do **tempo de vida da fluorescência**. Muitos instrumentos foram desenvolvidos para fornecer imagens microscópicas de espécies específicas com base nos tempos de vida de fluorescência.[3]

25D-1 Métodos para Espécies Inorgânicas

Os reagentes fluorimétricos mais bem-sucedidos para a determinação de cátions são os compostos aromáticos contendo dois ou mais grupos funcionais doadores que formam quelatos com o íon metálico. Um exemplo típico é a 8-hidroxiquinolina, cuja estrutura é dada na Seção 10C-3. Alguns outros reagentes fluorimétricos e suas aplicações podem ser encontrados na **Tabela 25-2**. Com a maioria desses reagentes, o cátion é extraído em uma solução do reagente em um solvente orgânico imiscível, como o clorofórmio. A fluorescência da solução orgânica é, então, medida. Para um resumo mais completo sobre os métodos fluorimétricos para substâncias inorgânicas, veja o manual escrito por Dean.[4]

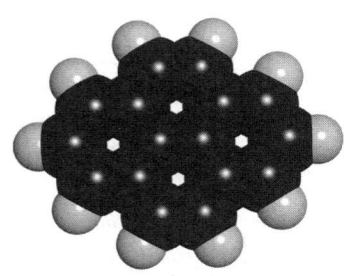

Modelo molecular do pireno.

25D-2 Métodos para Espécies Orgânicas e Bioquímicas

O número de aplicações de métodos fluorimétricos a problemas orgânicos é impressionante. Dean resume as aplicações desses métodos mais importantes em uma tabela.[5] Mais de 200 entradas são encontradas sob o título "Florometric Spectroscopy of Some Organic Compounds" ("Espectroscopia de Fluorescência de Alguns Compostos Orgânicos"), incluindo vários compostos como adenina, ácido antranílico, hidrocarbonetos policíclicos aromáticos, cisteína, guanina, isoniazida, naftóis, gases de nervo sarin e tabun, proteínas, ácido salicílico, escatol, triptofano, ácido úrico e varfarina (Coumadin).

TABELA 25-2

Métodos Fluorimétricos Selecionados para Espécies Inorgânicas*					
		Comprimento de onda, nm		**Sensibilidade, $\mu g\ mL^{-1}$**	
Íon	**Reagente**	Absorção	Fluorescência		**Interferências**
Al^{3+}	Alizarina garnet R	470	500	0,007	Be, Co, Cr, Cu, F^-, NO_3^-, Ni, PO_4^{3-}, Th, Zr
F^-	Complexo de alizarina garnet R com alumínio (desativação colisional)	470	500	0,001	Be, Co, Cr, Cu, Fe, Ni, PO_4^{3-}, Th, Zr
$B_4O_7^{2-}$	Benzoína	370	450	0,04	Be, Sb
Cd^{2+}	2-(o-Hidroxifenil)-benzoxazol	365	Azul	2	NH_3
Li^+	8-Hidroxiquinolina	370	580	0,2	Mg
Sn^{4+}	Flavanol	400	470	0,1	F^-, PO_4^{3-}, Zr
Zn^{2+}	Benzoína	—	Verde	10	B, Be, Sb, íons coloridos

*De L. Meites, ed. *Analytical Chemistry Handbook*. Nova York, McGraw-Hill, 1963, p. 6-178 a 6-181.

---

[2] Veja O. S. Wolfbeis. *Molecular Luminescence Spectroscopy: Methods & Applications*. G. Schulman, ed. Nova York: Wiley-Interscience, 1985, parte I, cap. 3.
[3] Veja J. R. Lakowicz; H. Szmacinski; K. Nowacyzk; K. Berndt; M. L. Johnson. *Fluorescence Spectroscopy:* New Methods and Applications. O. S. Wolfbeis, ed., Berlim: Springer-Verlag, 1993, cap. 10.
[4] J. A. Dean. *Analytical Chemistry Handbook*. Nova York: McGraw-Hill, 1995, p. 5.60-5.62.
[5] *Ibid.*

Muitos agentes medicinais que podem ser determinados fluorimetricamente são listados, incluindo a adrenalina, morfina, penicilina, fenobarbital, procaína, reserpina e ácido lisérgico dietilamida (LSD). Sem sombra de dúvida, a mais importante aplicação da fluorimetria está na análise de produtos alimentícios, fármacos, amostras clínicas e produtos naturais. A sensibilidade e a seletividade da fluorescência molecular a tornam uma ferramenta particularmente valiosa nesses campos.

> Os materiais e pigmentos fosforescentes, chamados **fosfors**, encontram muitos usos, incluindo a sinalização de segurança, como saída de rodovia e sinais de parada. Os relógios luminescentes contêm uma substância fosforescente que consiste em aluminatos de metal alcalino terroso dopados com elementos terras raras, como o európio. Os tubos de raios catódicos, usados em alguns osciloscópios, monitores de computador e aparelhos de TV mais antigos, têm revestimento de fósforo de estado sólido na tela, permitindo que as ações do feixe de elétrons sejam visualizadas.

25E Espectroscopia de Fosforescência Molecular

Fosforescência é um fenômeno de fotoluminescência bastante similar à fluorescência. Para compreender a diferença entre esses dois fenômenos devemos considerar o spin eletrônico e a diferença entre o **estado simpleto** e o **estado tripleto**. As moléculas comuns que não sejam radicais livres existem no estado fundamental com seus spins de elétrons emparelhados. Um estado eletrônico molecular no qual todos os spins dos elétrons estão emparelhados é denominado estado simpleto. O estado fundamental de um radical livre, por outro lado, é um estado dupleto, porque o elétron ímpar pode assumir duas orientações em um campo magnético.

Quando um elétron de um par em uma molécula é excitado para um nível de energia mais alto, um estado simpleto ou tripleto pode ser produzido. No estado excitado simpleto o spin do elétron promovido é ainda oposto àquele do elétron que permaneceu no nível fundamental. No estado tripleto, entretanto, os spins dos dois elétrons tornam-se desemparelhados e são então paralelos. Esses estados podem ser representados como ilustrado na **Figura 25-10**. O estado excitado tripleto é menos energético que o estado excitado simpleto correspondente.

As transições de um estado excitado simpleto para o estado fundamental simpleto produz fluorescência. Essa transição simpleto-simpleto é altamente provável e, assim, o tempo de vida do estado excitado simpleto é muito curto (10^{-5} s ou menos). Por outro lado, as transições de um estado tripleto excitado para o estado fundamental simpleto produz fosforescência molecular. Uma vez que a transição tripleto-simpleto produz uma variação no spin eletrônico, ela é muito menos provável. Como um resultado, o estado tripleto apresenta um tempo de vida mais longo (tipicamente 10^{-4} a 10^{4} s).

> Na fosforescência à temperatura ambiente, o estado tripleto do analito pode ser protegido por sua incorporação em um agregado tensoativo denominado *micela*. Em soluções aquosas, o agregado apresenta um núcleo apolar devido à repulsão dos grupos polares. O oposto ocorre em solventes apolares. As cavidades de ciclodextrina também podem ser usadas.

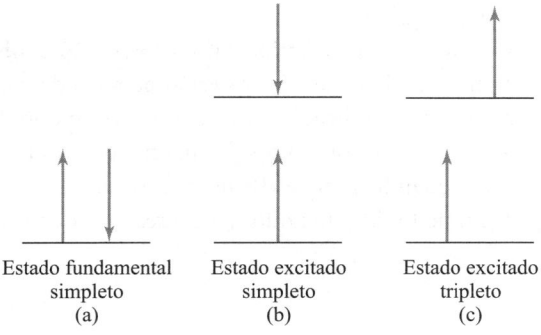

Estado fundamental simpleto (a)   Estado excitado simpleto (b)   Estado excitado tripleto (c)

FIGURA 25-10

Estados de spin eletrônico das moléculas. Em (a) é apresentado o estado eletrônico fundamental. No estado de menor energia ou fundamental, os spins estão sempre emparelhados e o estado é dito ser do tipo simpleto. Em (b) e (c) são mostrados os estados eletrônicos excitados. Se os spins permanecerem emparelhados no estado excitado, a molécula estará no estado simpleto (b). Se os spins se tornarem desemparelhados, a molécula estará em um estado excitado tripleto (c).

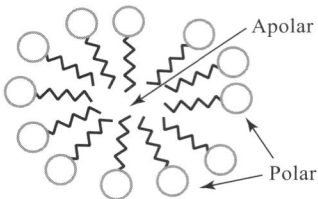

Micela em solvente aquoso

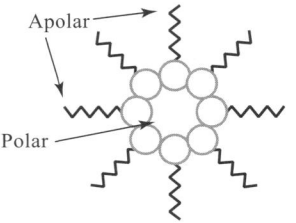

Micela em solvente não aquoso

Estrutura das micelas

O tempo de vida longo da fosforescência é também uma de suas limitações. Por causa de o estado excitado ter vida relativamente longa, os processos não radioativos têm tempo para competir com a fosforescência para a desativação. Assim, a eficiência do processo de fosforescência, bem como a intensidade de fosforescência correspondente, é relativamente baixa. Para aumentar a eficiência, a fosforescência é normalmente observada a baixas temperaturas em meio rígido, como vidros. Outra abordagem é adsorver o analito em uma superfície sólida ou incluí-lo em uma cavidade molecular (micela ou cavidade de ciclodextrina), a qual protege o frágil estado tripleto. Esta técnica é conhecida como **fosforescência à temperatura ambiente**.

Por causa de sua fraca intensidade, a fosforescência é muito menos largamente aplicada que a fluorescência. Entretanto, a fosforescência molecular tem sido empregada para a determinação de uma variedade de espécies orgânicas e bioquímicas, incluindo ácidos nucleicos, aminoácidos, pirina epirimidina, enzimas, hidrocarbonetos policíclicos e pesticidas. Muitos compostos farmacêuticos exibem sinais de fosforescência mensuráveis. A instrumentação para fosforescência é também um pouco mais complexa que para fluorescência. Geralmente um instrumento para fosforescência permite a discriminação entre a fosforescência e a fluorescência pelo atraso da medida da fosforescência até que a fluorescência tenha decaído próximo a zero. Muitos instrumentos de fluorescência apresentam acessórios, chamados **fosforoscópios**, que permitem que o mesmo instrumento seja empregado para as medidas de fosforescência.

25F Métodos de Quimioluminescência

>> O vaga-lume produz luz por meio do fenômeno de bioluminescência. As espécies diferentes de vaga-lumes piscam com ciclos de tempo liga-desliga diferentes. Os vaga-lumes acasalam somente com sua própria espécie. A reação bioluminescente que nos é mais familiar ocorre quando um vaga-lume está procurando um parceiro.

>> Muitos analisadores comerciais para determinação de gases são baseados na quimioluminescência.
O óxido nítrico (NO) pode ser determinado pela sua reação com o ozônio (O_3). A reação converte o NO em NO_2, excitado, com a subsequente emissão de luz.

A quimioluminescência é produzida quando uma reação química produz uma molécula eletronicamente excitada, que emite luz para retornar ao estado fundamental. As reações de quimioluminescência ocorrem em inúmeros sistemas biológicos, cujo processo é frequentemente denominado **bioluminescência**. Exemplos de espécies que exibem bioluminescência incluem: vaga-lume, pepino-do-mar, algumas águas-vivas, bactérias, protozoários e crustáceos.[6]

Uma característica atrativa da quimioluminescência para fins analíticos está na simplicidade da instrumentação. Uma vez que nenhuma fonte externa de radiação é necessária para a excitação, o instrumento pode ser constituído somente por um frasco de reação e um tubo fotomultiplicador. Em geral, nenhum dispositivo de seleção do comprimento de onda é necessário, porque a única fonte de radiação é a emissão provocada pela reação química.

Os métodos de quimioluminescência são conhecidos pela sua alta sensibilidade. Os limites de detecção típicos estão na faixa de partes por milhão a partes por bilhão ou menores. As aplicações incluem determinação de gases, tais como os óxidos de nitrogênio, ozônio, compostos de enxofre; determinação de espécies inorgânicas, como o peróxido de hidrogênio e alguns íons metálicos; técnicas de imunoensaio; sondas para a dosagem de DNA e métodos para a reação de cadeia de polimerase.[7]

---

[6] Para mais informação sobre quimioluminescência e bioluminescência, veja O. Shimomura. *Bioluminescence*: *Chemical Principles and Methods*. Singapura: Worl Scientific Publishing, 2006; A. Roda, ed. *Chemiluminescence and Bioluminescence*: Past, Present and Future. Londres: Royal Society of Chemistry, 2010.

[7] Veja, por exemplo, T. A. Nieman. *Handbook of Instrumental Techniques for Analytical Chemistry*. F. A. Settle, ed. Upper Saddle River, NJ: Prentice-Hall, 1997, cap. 27.

Química Analítica On-line

Um dos problemas que mais atrapalham as medidas quantitativas de fluorescência tem sido o dos efeitos de absorção excessiva, frequentemente chamados de efeito de filtro interno. Use o mecanismo de busca para encontrar este interessante artigo de Q. Gu e J. E. Kenny, *Anal. Chem.*, v. 81, 42-26, 2009, DOI: 10.1021/AC801676j, que descreve uma abordagem para corrigir medidas de fluorescência para absorção excessiva. (Se sua escola não assina este periódico on-line, procure uma cópia impressa na biblioteca.) O método de correção deles estende a faixa de linearidade para as medidas de fluorescência para sistemas nos quais a absorbância é bastante alta. Discuta o modelo usado por Gu e Kenny em relação ao seu esquema de correção. Como ele difere de esquemas anteriores que permitiam correções para absorbâncias de até $A \approx 2,0$? Quais eram as principais restrições desses métodos de correção anteriores? O que é o método de deslocamento de célula e como pode ser usado para corrigir os valores de fluorescência? Como a abordagem de Gu e Kenny permite correções com geometrias de instrumento comuns? Quão grandes podem ser as absorbâncias no esquema de Gu e Kenny para resultados de fluorescência linear serem obtidos no caso de apenas um efeito de filtro interno primário e para efeito de filtro interno tanto primário quanto secundário?

Resumo do Capítulo 25

- Fenômenos de fluorescência molecular.
- Estados excitados de relaxação.
- Processos não radioativos.
- Espectros de fluorescência de excitação.
- Espectros de fluorescência de emissão.
- Efeitos da concentração na intensidade fluorescente.
- Efeitos de filtros internos.
- Fluorímetros e espectrofluorímetros.
- Métodos de fluorescência analítica.
- Fosforescência molecular.
- Estados simpleto e tripleto excitados.
- Fosforescência à temperatura ambiente.
- Métodos de quimiluminescência.
- Bioluminescência.

Termos-chave

Absorção primária, 726
Absorção secundária, 727
Conversão interna, 723
Deslocamento de Stokes, 724
Efeitos do filtro interno, 727

Eficiência quântica, 725
Espectrofluorímetros corrigidos, 728
Fosforescência à temperatura ambiente, 732
Relaxamento vibracional, 723

Tempo de vida da fluorescência, 730
Transições radioativas, 723

Equações Importantes

Eficiência quântica, Φ_F

$$\Phi_F = \frac{k_F}{k_F + k_{nr}}$$

Intensidade fluorescente, F

$$F = K'P_0(1 - 10^{-\varepsilon bc})$$

$$F = K'P_0\left[2{,}3\varepsilon bc - \frac{(-2{,}3\varepsilon bc)^2}{2!} - \frac{(-2{,}3\varepsilon bc)^2}{2!} - \cdots\right]$$

Questões e Problemas*

25-1. Descreva brevemente ou defina
  *(a) fluorescência.
   (b) relaxamento não radiativo.
  *(c) conversão interna.
   (d) quimioluminiscência.
  *(e) deslocamento de Stokes.
   (f) absorção secundária.
  *(g) efeito de filtro interno.
   (h) estado tripleto.

25-2. Por que os métodos de fluorescência são potencialmente mais sensíveis que os métodos de absorção?

25-3. De qual composto em cada um dos pares abaixo seria esperado ter um maior rendimento quântico de fluorescência? Explique.

*(a) fenolftaleína

fluoresceína

(b) 0,0'-di-hidroxiazobenzeno

bis(o-hidroxifenil) hidrazina

25-4. Por que alguns compostos absorventes não mostram fluorescência?

*25-5. Descreva as características de compostos orgânicos que fluorescem.

25-6. Explique por que a fluorescência molecular geralmente ocorre em um comprimento de onda mais longo que a absorção.

*25-7. Descreva os componentes de um fluorímetro e de um espectrofluorímetro.

25-8 Por que os tempos de vida da fosforescência são muito maiores que os da fluorescência?

*25-9. Por que os fluorímetros são mais úteis que os espectrofluorímetros para análise quantitativa?

25-10. A forma reduzida da nicotinamida adenina dinucleotídeo (NADH) é uma coenzima importante e altamente fluorescente. Apresenta uma absorção máxima a 340 nm e um máximo de emissão a 465 nm. As soluções padrão de NADH forneceram as seguintes intensidades de fluorescência:

Coenzima de NADH, μmol L^{-1}	Intensidade Relativa
0,100	2,24
0,200	4,52
0,300	6,63
0,400	9,01
0,500	10,94
0,600	13,71
0,700	15,49
0,800	17,91

(a) Construa uma planilha e use-a para traçar uma curva de calibração para NADH.
*(b) Encontre os coeficientes angular e linear para o gráfico em (a).

*As respostas para as questões e problemas marcados com um asterisco são fornecidas no final deste livro.

(c) Calcule o desvio padrão da inclinação e o desvio padrão sobre a regressão para a curva.

*(d) Uma amostra desconhecida exibe uma intensidade relativa de fluorescência de 11,34. Empregue a planilha para calcular a concentração de NADH.

*(e) Calcule o desvio padrão relativo para o resultado no item (d).

(f) Calcule o desvio padrão relativo para o resultado no item (d) se a leitura 12,16 for a média de três medidas.

25-11. Os volumes de uma solução padrão contendo 1,10 ppm de Zn^{2+}, mostrados na tabela a seguir, foram pipetados em funis de separação contendo 5,00 mL de uma solução desconhecida de zinco. Cada uma delas foi extraída com três alíquotas de 5 mL de CCl_4, contendo excesso de 8-hidroxiquinolina. Os extratos foram diluídos para 25,0 mL e as suas fluorescências medidas em um fluorímetro. Os resultados foram:

Volume de padrão de Zn^{2+}, mL	Leitura do Fluorímetro
0,000	6,12
4,00	11,16
8,00	15,68
12,00	20,64

(a) Construa uma curva de trabalho a partir dos dados.
(b) Calcule a equação linear dos mínimos quadrados para os dados.
(c) Calcule o desvio padrão da inclinação e o desvio padrão da regressão.
(d) Calcule a concentração de zinco na amostra.
(e) Calcule o desvio padrão para o resultado no item (d).

*25-12. O quinino presente em um comprimido de antimalárico de massa igual a 1,664 g foi dissolvido em HCl 0,10 mol L^{-1} suficiente para fornecer 500 mL de solução. Uma alíquota de 15,00 mL foi então diluída para 100,0 mL com o ácido. A intensidade de fluorescência para a amostra diluída em 347,5 nm forneceu uma leitura de 288 em uma escala arbitrária. Uma solução padrão de 100 ppm de quinino registrou a leitura de 180 quando medida sob condições idênticas àquelas da amostra diluída. Calcule a massa de quinino em miligramas no comprimido.

25-13. A determinação no Problema 25-12 foi modificada para empregar o método de adição de padrão. Neste caso, um comprimido de 2,196 g foi dissolvido em HCl 0,10 mol L^{-1} suficiente para fornecer 1,000 L. A diluição de uma alíquota de 20,00 mL para 100 mL produziu uma solução com leitura igual a 540 em 347,5 nm. Uma segunda alíquota de 20,00 mL foi misturada com 10,0 mL de uma solução de 50 ppm de quinino antes da diluição para 100 mL. A intensidade de fluorescência dessa solução foi 600. Calcule a concentração em partes por milhão de quinino no comprimido.

25-14. **Problema Desafiador:** Os seguintes volumes de uma solução padrão de 10,0 ppb de F^- foram adicionados a quatro alíquotas de 10,00 mL de uma amostra de água: 0,00; 1,00; 2,00 e 3,00 mL. Precisamente 5,00 mL de uma solução contendo um excesso do complexo altamente absorvente Al-Alizarina Garnet R ácida foi adicionado a cada uma das quatro soluções e, então, cada uma delas foi diluída para 50,0 mL. As intensidades de fluorescência para as quatro soluções foram:

V_s, mL	Leitura do Medidor
0,00	68,2
1,00	55,3
2,00	41,3
3,00	28,8

(a) Explique a química do método analítico.
(b) Construa um gráfico dos dados.
(c) Use o fato de que a fluorescência decresce com o aumento do padrão de F^- para derivar uma relação como a da Equação 24-1 para as adições múltiplas de padrão. Utilize esta relação para obter uma equação para a concentração desconhecida c_x em termos dos coeficientes angular e linear do gráfico de adições de padrão, similar à Equação 24-2.
(d) Use mínimos quadrados linear para encontrar a equação para a reta que representa a relação entre o decréscimo na fluorescência com o volume de fluoreto padrão V_s.
(e) Calcule o desvio padrão dos coeficientes angular e linear.
(f) Calcule a concentração de F^- na amostra em ppb.
(g) Calcule o desvio padrão para o resultado de (e).

CAPÍTULO 26

Espectroscopia Atômica

Jim West/Alamy Stock Photo

A poluição das águas continua sendo um sério problema nos Estados Unidos e em outros países industrializados. A foto aqui mostra mineração de superfície em Coal River Mountain, WV. Os vários reservatórios de água mostrados estão contaminados com rejeitos químicos. Muitos reservatórios de água nos locais de mineração de superfície contêm pequenas quantidades de metais. Traços de metais em amostras de águas contaminadas são frequentemente determinados por meio de uma técnica multielementar, como a espectroscopia de emissão atômica em plasma acoplada indutivamente. As técnicas de elemento único, como a espectrometria de absorção atômica, também são usadas. Os métodos de emissão e absorção atômica estão entre os tópicos descritos neste capítulo.

Os métodos espectroscópicos atômicos são empregados na determinação qualitativa e quantitativa de mais de 70 elementos. Tipicamente, esses métodos podem detectar quantidades de partes por milhão a partes por bilhão e, em alguns casos, concentrações ainda menores. Os métodos espectroscópicos são, além disso, rápidos, convenientes e geralmente de alta seletividade. Esses métodos podem ser divididos em dois grupos: **espectrometria atômica ótica**[1] e **espectrometria de massas atômicas**. Discutiremos os métodos óticos neste capítulo e a espectrometria de massas no Capítulo 27.

> A **atomização** é um processo no qual uma amostra é convertida em átomos ou íons em fase gasosa.

A determinação de espécies atômicas somente é feita em meio gasoso, no qual os átomos individuais ou íons elementares, como Fe^+, Mg^+ ou Al^+, se encontram muito bem separados uns dos outros. Consequentemente, a primeira etapa de todos os procedimentos de espectroscopia atômica é a **atomização**, um processo no qual a amostra é volatilizada e decomposta de forma que produza uma fase gasosa de átomos e íons. A eficiência e a reprodutibilidade da etapa de atomização podem ter grande influência na sensibilidade, precisão e exatidão do método. Em resumo, a atomização é uma etapa crítica na espectroscopia atômica.

A **Tabela 26-1** lista vários métodos empregados para atomizar as amostras para a espectroscopia atômica. Os plasmas indutivamente acoplados, chamas e atomizadores eletrotérmicos são os métodos de atomização mais amplamente usados. Neste capítulo, consideramos esses três métodos, bem como os plasmas de corrente direta. As chamas e os atomizadores eletrotérmicos são encontrados na espectrometria de absorção atômica (AA), enquanto o plasma acoplado indutivamente é empregado em emissão ótica e em espectrometria de massas atômicas.

---

[1] As referências que abordam teoria e aplicações da espectroscopia atômica ótica incluem Jose A. C. Broekaert. *Analytical Atomic Spectrometry with Flames and Plasmas*. Weinheim, Germany: Wiley-VCH, 2002; L. H. J. Lajunen; P. Peramaki. *Spectrochemical Analysis by Atomic Absorption and Emission*. 2. ed. Cambridge: Royal Society of Chemistry, 2004; J. D. Ingle; S. R. Crouch. *Spectrochemical Analysis*. Upper Saddle River, NJ; P. Peramaki, 1988, cap. 7-11.

TABELA 26-1
Classificação dos Métodos Espectroscópicos Atômicos

Métodos de Atomização	Temperatura Típica de Atomização,°C	Tipos de Espectroscopia	Nome Comum e Abreviatura
Plasma acoplado indutivamente	6.000-8.000	Emissão	Espectroscopia de emissão atômica em plasma acoplado indutivamente, ICPAES
		Massa	Espectrometria de massas com plasma acoplado indutivamente, ICP-MS (veja Capítulo 27)
Chama	1.700-3.150	Absorção	Espectroscopia de absorção atômica, EAA
		Emissão	Espectroscopia de emissão atômica, EEA
		Fluorescência	Espectroscopia de fluorescência atômica, EFA
Eletrotérmica	1.200-3.000	Absorção	EAA eletrotérmica
		Fluorescência	EFA eletrotérmica
Plasma de corrente contínua	5.000-10.000	Emissão	Espectroscopia de plasma CC, DCP
Arco elétrico	3.000-8.000	Emissão	Espectroscopia de emissão com fonte de arco
Centelha elétrica	Varia com o tempo e a posição	Emissão	Espectroscopia de emissão com fonte de centelha
		Massa	Espectroscopia de massa com fonte de centelha

26A As Origens dos Espectros Atômicos

Uma vez que a amostra tenha sido convertida em átomos ou íons elementares gasosos, diversos tipos de espectroscopias podem ser realizados. Consideramos aqui apenas os métodos espectrométricos óticos. Com átomos ou íons em fase gasosa, não existem estados de energia vibracional ou rotacional. Esta ausência significa que ocorrem apenas transições eletrônicas. Portanto, os espectros de emissão, absorção e fluorescência atômica são constituídos de um número limitado de **linhas espectrais** estreitas.

26A-1 Espectros de Emissão

Na espectroscopia de emissão atômica, os átomos do analito são excitados por uma energia externa na forma de calor ou energia elétrica, como ilustrado na Figura 22-4 (veja a prancha colorida 28 para espectros de emissão de vários elementos). A energia é tipicamente fornecida por um plasma, uma chama, uma descarga a baixa pressão ou por um laser de alta potência. A **Figura 26-1** exibe um diagrama parcial de nível de energia para o sódio atômico, apontando a fonte de três das suas mais destacadas linhas de emissão. Antes de a fonte de energia externa ser aplicada, os átomos de sódio estão normalmente em seu estado de energia mais baixo, ou **estado fundamental**. A energia aplicada leva momentaneamente os átomos de sódio a um estado de energia mais alto, ou **estado excitado**. Com átomos de sódio, por exemplo, no estado fundamental, o único elétron de valência está no orbital 3s. A energia externa promove os elétrons mais externos dos seus orbitais 3s do estado fundamental para os orbitais de estado excitado 3p, 4p ou 5p. Após alguns nanossegundos, os átomos excitados relaxam para o estado fundamental, liberando energia em forma de fótons de radiação visível ou ultravioleta. Como mostrado na Figura 26-1, os comprimentos de onda da radiação emitida são 590, 330 e 285 nm. A transição para ou do estado fundamental é denominada **transição de ressonância**, e a linha espectral resultante é chamada **linha de ressonância**.

≪ Os orbitais atômicos p são, de fato, divididos em dois níveis de energia que diferem muito pouco entre si. A diferença de energia entre os dois níveis é tão pequena, que a emissão parece ser uma linha única, como sugerido pela Figura 26-1. Com um espectrômetro de resolução muito alta, cada uma das linhas aparece como duas linhas bem próximas conhecidas como **dupleto**.

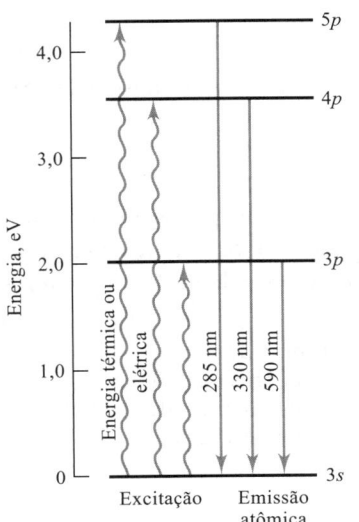

FIGURA 26-1
Origem de três linhas de emissão do sódio.

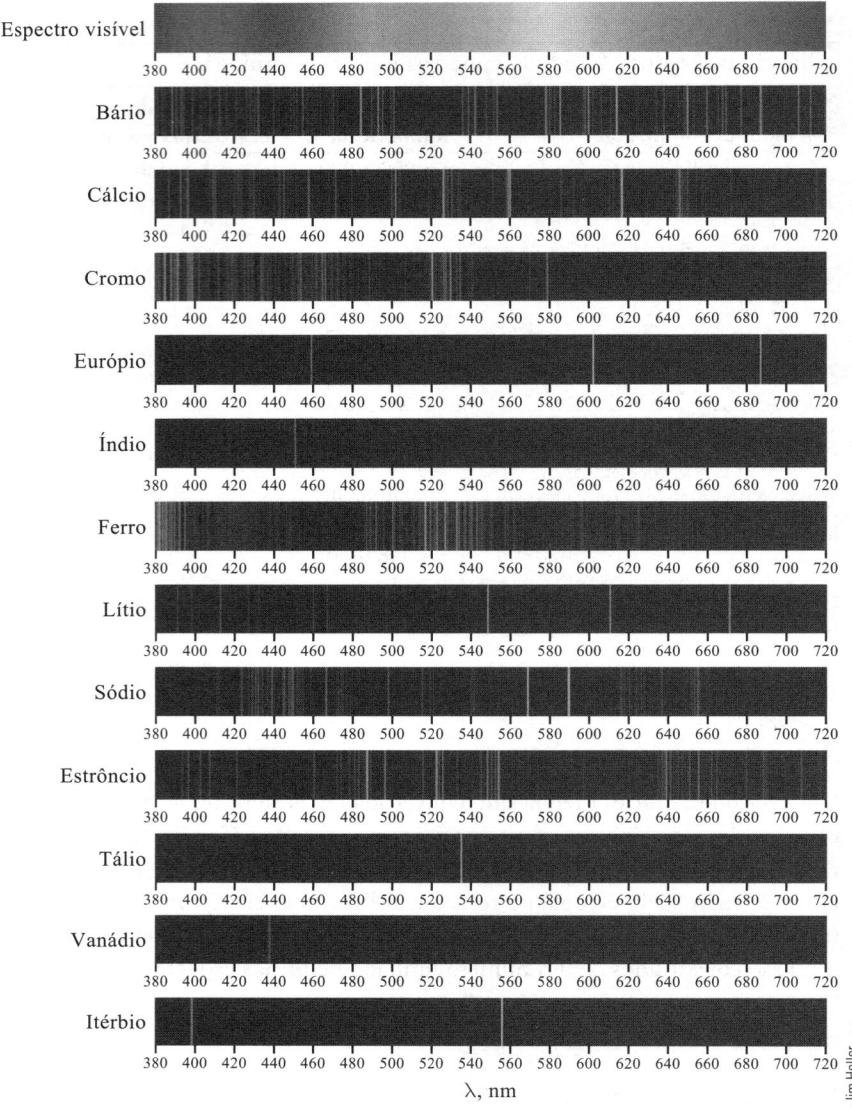

FIGURA 26-2
Espectro da luz branca (em cima) e espectros de emissão de alguns elementos selecionados. Veja a prancha colorida 28.

Os espectros de emissão de vários elementos junto com o espectro da luz branca são mostrados na **Figura 26-2**.

26A-2 Espectro de Absorção

Na espectroscopia de absorção atômica, uma fonte externa de radiação colide com vapor do analito, como ilustrado na Figura 22-5. Se a fonte de radiação externa for de frequência (comprimento de onda) apropriada, ela pode ser absorvida pelos átomos do analito e promovê-los a estados excitados. A **Figura 26-3a** mostra três das várias linhas de absorção para o vapor de sódio. A fonte dessas linhas espectrais é indicada no diagrama parcial de energia exposto na Figura 26-3b. Nesse caso, a absorção da radiação de 285, 330 e 590 nm excita o único elétron mais externo do sódio do seu nível de energia 3s no estado fundamental para os orbitais excitados 3p, 4p e 5p, respectivamente. Após alguns nanossegundos, os átomos excitados relaxam para o seu estado fundamental, transferindo seu excesso de energia para os outros átomos ou moléculas no meio.

Os espectros de absorção e de emissão para o sódio são relativamente simples e consistem apenas em poucas linhas. Para os elementos que apresentam vários elétrons mais externos que podem ser excitados, os espectros de absorção e de emissão podem ser muito mais complexos.

>> Observe que os comprimentos de onda das linhas de emissão e de absorção para o sódio são iguais.

26A-3 Espectros de Fluorescência

Na espectroscopia de fluorescência atômica, uma fonte externa é empregada exatamente como na absorção atômica, como mostrado na Figura 22-6. Em vez de medir a potência atenuada da fonte radiante, a potência radiante de fluorescência, P_f, é medida, geralmente, com ângulos retos em relação ao feixe da fonte. Em tais experimentos, devemos evitar ou discriminar a radiação espalhada da fonte. A fluorescência atômica é frequentemente medida no mesmo comprimento de onda da fonte de radiação e, assim, é denominada **fluorescência de ressonância**.

26A-4 Larguras das Linhas Espectrais Atômicas

As linhas espectrais atômicas têm larguras finitas. Com os espectrômetros comuns, como aquele utilizado para obter o espectro na Figura 26-3a, as larguras de linhas observadas são determinadas não pelo sistema atômico, mas sim pelas propriedades do espectrômetro. Com os espectrômetros de alta resolução ou com interferômetros, as larguras reais de linhas espectrais podem ser medidas. Vários fatores contribuem para as larguras das linhas espectrais.

Alargamento Natural

A largura natural de uma linha espectral atômica é determinada pelo tempo de vida do estado excitado e pelo princípio da incerteza de Heisenberg. Quanto mais curto o tempo de vida, mais larga será a linha e vice-versa. Tempos de vida de átomos radioativos são da ordem de 10^{-8} s, levando a larguras de linha naturais da ordem de 10^{-5} nm.

Energia de Alargamento por Colisão

As colisões entre átomos e moléculas na fase gasosa leva à desativação do estado excitado e, assim, ao alargamento da linha espectral. A grandeza do alargamento aumenta com as concentrações (pressões parciais) das espécies que colidem. Como resultado, esse **alargamento por colisão** é, algumas vezes, chamado **alargamento por pressão**. O alargamento por pressão aumenta com a elevação da temperatura. O alargamento por colisão é altamente dependente do meio gasoso. Para os átomos de Na em chamas, esses alargamentos podem ser tão grandes como 3×10^{-3} nm. Em meios energéticos, como chamas e plasmas, o alargamento por colisão excede enormemente o alargamento natural.

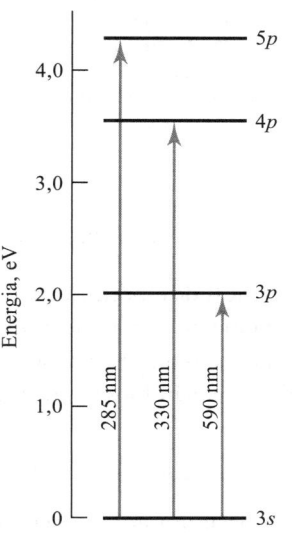

FIGURA 26-3

(a) Espectro de absorção parcial para o vapor de sódio. (b) Transições eletrônicas responsáveis pelas linhas de absorção em (a).

Alargamento Doppler

O alargamento Doppler resulta da movimentação rápida de átomos à medida que eles emitem ou absorvem radiação. Os átomos movendo-se em direção ao detector emitem comprimentos de onda que são ligeiramente mais curtos que os comprimentos de onda emitidos por átomos que se movem em ângulos retos em relação ao detector. Essa diferença é uma manifestação do conhecido efeito Doppler mostrado na **Figura 26-4a**. O efeito é inverso para átomos movendo-se para longe do detector, como pode ser visto na **Figura 26-4b**. O efeito líquido é um aumento na largura da linha de emissão. Precisamente pela mesma razão, o efeito Doppler também causa o alargamento das linhas de absorção. Esse tipo de alargamento torna-se mais pronunciado à medida que a temperatura da chama aumenta, por causa da velocidade aumentada dos átomos. O alargamento Doppler pode ser o principal contribuinte para as larguras de todas as linhas. Para o Na, nas chamas, as larguras de linha Doppler são da ordem de 4×10^{-3} a 5×10^{-3} nm.

❮❮ O alargamento Doppler e o alargamento por pressão são dependentes da temperatura.

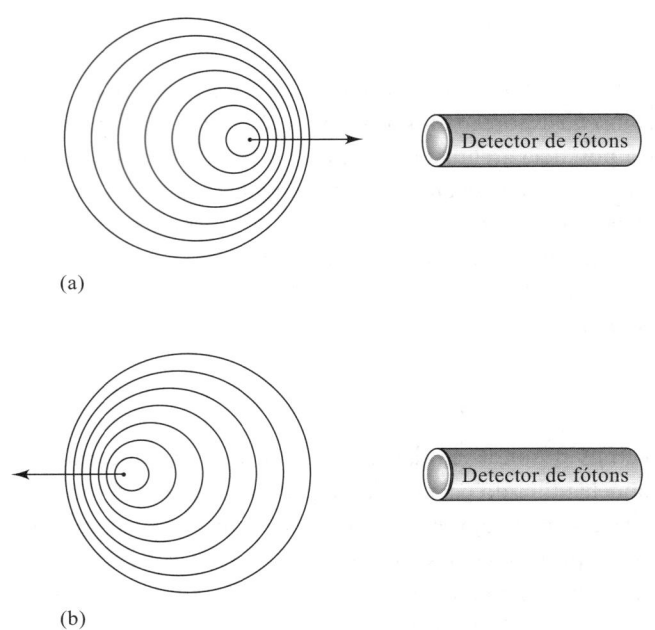

FIGURA 26-4

Causa do alargamento Doppler. (a) Quando um átomo se move em direção a um detector de fótons e emite radiação, o detector vê as frentes de onda mais próximas entre si e detecta uma radiação de frequência mais alta. (b) Quando um átomo está se afastando do detector e emite radiação, o detector vê as frentes de onda menos frequentemente e detecta uma radiação de frequência menor. O resultado em um meio energético é uma distribuição estatística de frequências e, assim, um alargamento das linhas espectrais.

26B Produção de Átomos e Íons

Em todas as técnicas de espectroscopia atômica, a amostra deve ser atomizada, convertendo-a em átomos na fase gasosa. As amostras normalmente entram no atomizador na forma de solução, embora a, algumas vezes, introduzimos gases e sólidos. Consequentemente, o dispositivo de atomização deve normalmente realizar a tarefa complexa de converter as espécies do analito na solução em átomos livres e/ou íons elementares para a fase gasosa.

26B-1 Sistemas de Introdução da Amostra

Os dispositivos de atomização pertencem a duas classes: **atomizadores contínuos** e **atomizadores discretos**. Com atomizadores contínuos, tais como plasmas e chamas, as amostras são introduzidas em uma corrente contínua e constante. Com atomizadores discretos, as amostras individuais são injetadas através de uma seringa ou de um amostrador automático. O atomizador discreto mais comum é o **atomizador eletrotérmico**.

> **Nebulizar** significa converter um líquido em um *spray* (ou névoa) gasoso.

> Um **aerossol** é uma suspensão de partículas líquidas ou sólidas finamente divididas em um gás.

Os métodos gerais para introduzir amostras em solução no plasma e nas chamas estão ilustrados na **Figura 26-5**. A **nebulização** direta é empregada com maior frequência. Nesse caso, o **nebulizador** introduz constantemente a amostra na forma de um borrifo fino de gotículas, denominada um **aerossol**. Quando uma amostra é introduzida em uma chama ou plasma continuamente, é produzida uma população em estado estacionário de átomos, moléculas e íons. Quando se emprega a injeção em fluxo ou a cromatografia de líquido, um fluxo de amostra é introduzido com uma concentração que varia com o tempo. Este procedimento resulta em uma população de vapor dependente do tempo. Os processos complexos que devem ocorrer para que se produzam átomos livres ou íons elementares estão ilustrados na **Figura 26-6**.

Amostras discretas em solução são introduzidas transferindo-se uma alíquota da amostra para o atomizador. A nuvem de vapor produzida com atomizadores eletrotérmicos é transiente por causa da quantidade limitada de amostra disponível e da remoção de vapor por difusão e outros processos.

As amostras sólidas podem ser introduzidas nos plasmas vaporizando-as com uma centelha elétrica ou com um feixe de laser. A volatilização por laser, chamada frequentemente **ablação por laser**, tem-se tornado um método popular para a introdução de amostras em plasmas acoplados indutivamente. Na ablação por laser, um feixe de laser de alta potência, geralmente um laser Nd:YAG ou laser de excímero, é dirigido para uma porção da amostra sólida. A amostra é então vaporizada por aquecimento radiativo. O vapor produzido é varrido para o plasma por meios de um gás de arraste.

Espectroscopia Atômica   741

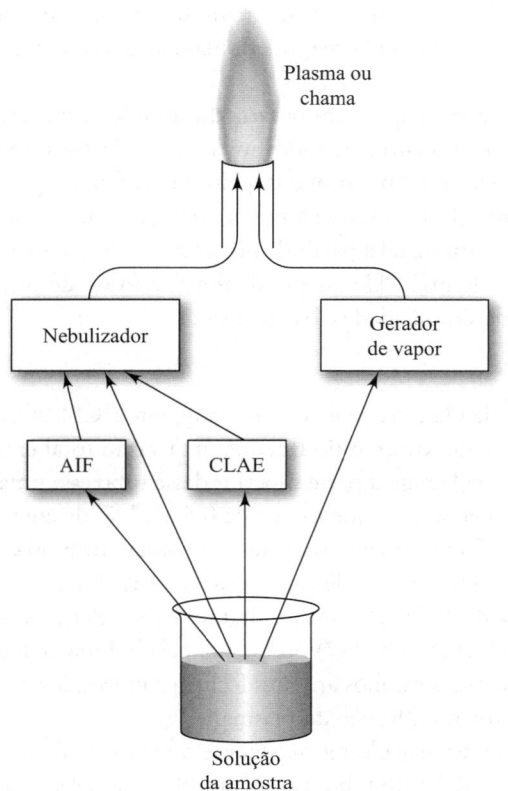

FIGURA 26-5
Métodos contínuos de introdução da amostra. As amostras são frequentemente introduzidas em plasmas e em chamas por meio de nebulizadores, os quais produzem um borrifo ou jato gasoso. As amostras podem ser introduzidas diretamente no nebulizador, por meio de um sistema de injeção em fluxo (AIF) ou cromatografia de líquido de alta eficiência (CLAE). Em alguns casos, as amostras são convertidas separadamente em vapor por um gerador de vapor, como um gerador de hidreto ou vaporizador eletrotérmico.

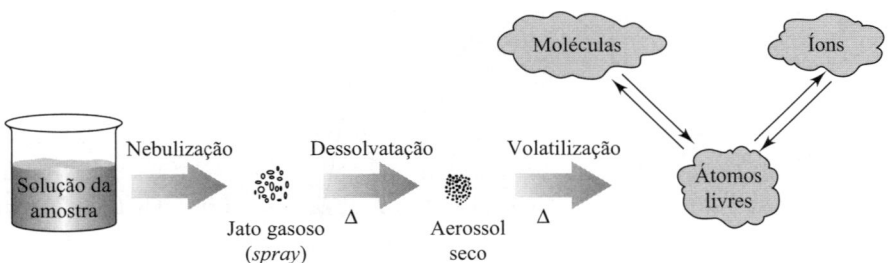

FIGURA 26-6   Processos que levam à produção de átomos, moléculas e íons com introdução contínua de amostra em um plasma ou chama. A solução da amostra é convertida em um jato gasoso pelo nebulizador. A alta temperatura da chama ou do plasma causa a evaporação do solvente, formando um aerossol seco de partículas. O aquecimento adicional volatiliza as partículas produzindo espécies atômicas, moleculares e iônicas. Essas espécies estão frequentemente em equilíbrio, pelo menos em regiões localizadas.

26B-2 Fontes de Plasma

Os atomizadores de plasma, que se tornaram disponíveis comercialmente em meados dos anos 1970, oferecem diversas vantagens em espectroscopia atômica analítica.[2] A atomização por plasma tem sido empregada para emissão atômica, fluorescência atômica e espectrometria de massas atômicas (veja o Capítulo 27).

Por definição, um **plasma** é uma mistura gasosa condutora contendo uma concentração significativa de íons e elétrons. No plasma de argônio utilizado para a espectroscopia atômica, os íons de argônio e os elétrons são as espécies condutoras principais, embora os cátions da amostra possam também contribuir. Uma vez que os íons de

Um **plasma** é um gás quente e parcialmente ionizado. Ele contém altas concentrações de elétrons e íons.

---

[2] Para uma discussão detalhada das várias fontes de plasma, veja S. J. Hill. *Inductively Coupled Plasma Spectrometry and Its Applications*. 2. ed. Oxford, UK: Wiley-Blackwell, 2007; *Inductively Coupled Plasmas in Analytical Atomic Spectroscopy*. 2. ed. A. Montaser; D. W. Golightly, eds. Nova York: Wiley-VCH Publishers, 1992; *Inductively Coupled Plasma Mass Spectrometry*. P. W. J. M. Boumans, ed. Nova York: Wiley, 1987, partes 1 e 2.

argônio são formados em um plasma, são capazes de absorver potência suficiente de uma fonte externa para manter a temperatura em um nível no qual a ionização adicional sustenta o plasma indefinidamente. Temperaturas tão altas quanto 10.000 K são obtidas desta maneira.

Três fontes de potência têm sido empregadas em espectroscopia com plasma de argônio. Uma delas é a fonte de arco elétrico cc, capaz de sustentar uma corrente de vários ampères entre eletrodos imersos no plasma de argônio. A segunda e a terceira são os geradores de radiofrequência e de frequência de micro-ondas, pelos quais flui o argônio. Das três, a fonte de radiofrequência, ou **plasma acoplado indutivamente** (ICP), oferece a maior vantagem em termos de sensibilidade e isenção de interferências. Essa fonte está comercialmente disponível a partir de um grande número de fabricantes de instrumentos para uso em espectrometria de massas e de emissão ótica. Uma segunda fonte, a **fonte de plasma cc** (DCP), tem apresentado algum sucesso comercial e tem as virtudes de simplicidade e baixo custo.

Plasmas Acoplados Indutivamente

A **Figura 26-7** é um desenho esquemático de uma fonte de plasma acoplado indutivamente (ICP). A fonte consiste em três tubos concêntricos de quartzo, por meio dos quais correntes de argônio fluem a uma vazão total entre 11 e 17 L min^{-1}. O diâmetro do tubo mais largo é em torno de 2,5 cm. Envolvendo a parte superior desse tubo está uma bobina de indução refrigerada a água e alimentada por um gerador de radiofrequência, que irradia de 0,5 a 2 kW de energia a 27,12 MHz ou 40,68 MHz. Estas frequências, usadas em dispositivos ICP comerciais, estão entre as bandas atribuídas internacionalmente para dispositivos industriais, científicos e médicos de rádio frequência de curto alcance. A ionização da corrente de argônio é iniciada por uma centelha produzida por uma bobina de Tesla. Os íons resultantes e seus elétrons associados interagem então com o campo magnético oscilante (indicado por H na Figura 26-7) produzido pela bobina de indução I. Essa interação leva os íons e os elétrons no interior da bobina a fluir em caminhos anelares fechados mostrados na figura. A resistência dos íons e elétrons a este fluxo de carga provoca o aquecimento ôhmico do plasma.

A temperatura do ICP é alta o suficiente para que ele seja isolado termicamente do cilindro de quartzo. O isolamento é obtido por meio de um fluxo de argônio tangencial às paredes do tubo, conforme indicado pelas setas na Figura 26-7. O fluxo tangencial resfria as paredes internas do tubo central e centraliza o plasma radialmente.

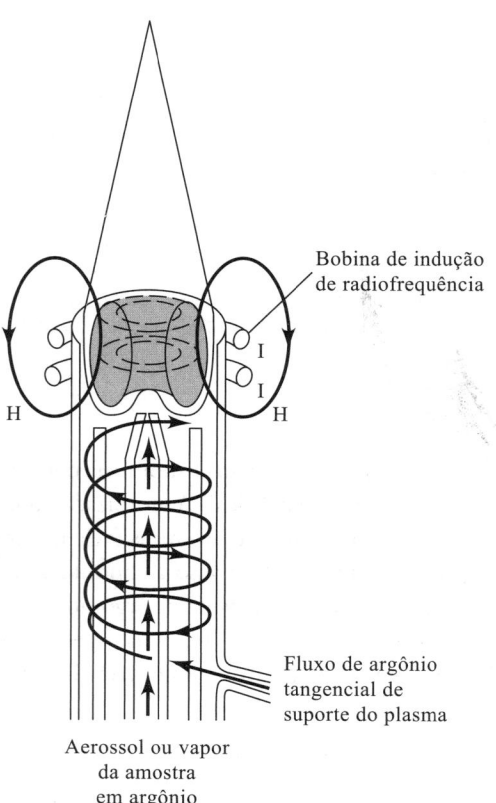

FIGURA 26-7
Fonte de plasma acoplado indutivamente. (De V. A. Fassel. *Science*, v. 202, p. 185, 1978.)

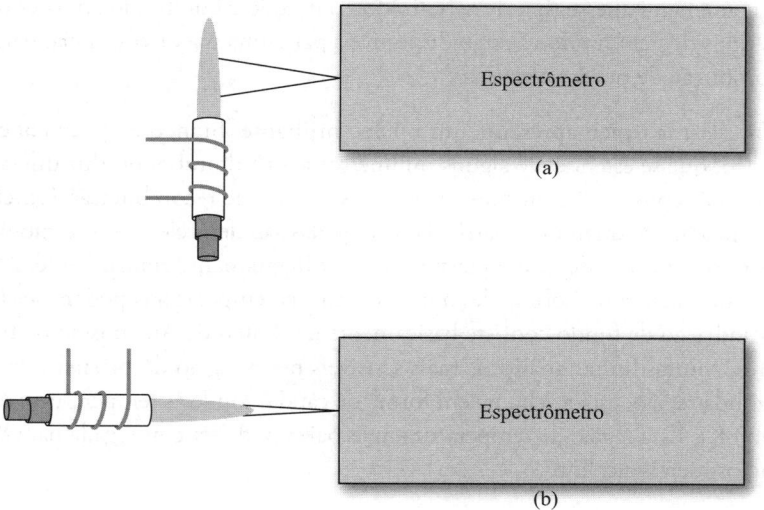

FIGURA 26-8
Geometrias de observação de fontes de ICP. (a) Geometria radial empregada em espectrômetros de emissão atômica de ICP; (b) geometria axial utilizada em espectrômetros de massas de ICP e em diversos espectrômetros de emissão atômica de ICP.

A observação do plasma em ângulos retos, como pode ser visto na **Figura 26-8a**, é denominada **geometria de observação radial**. Os instrumentos de ICP mais modernos têm incorporado uma **geometria de observação axial**, exposta na Figura 26-8b. Nesse caso, a tocha é girada a 90°. A geometria axial era popular originalmente para tochas empregadas como fontes de ionização para espectrometria de massas (veja o Capítulo 27). Mais recentemente, as tochas axiais tornaram-se disponíveis para espectrometria de emissão. Diversas empresas, na realidade, fabricam tochas que podem ser comutadas da geometria de observação axial para a radial na espectrometria de emissão atômica. A geometria radial fornece melhor estabilidade e precisão, enquanto a geometria axial é usada para se obter limites de detecção mais baixos.

Durante os anos 1980, tochas de baixas vazões e de baixas potências apareceram no mercado. Tipicamente, essas tochas requerem um fluxo total de argônio menor que 10 L min^{-1} e uma potência de radiofrequência menor que 800 W.

Introdução da Amostra. As amostras podem ser introduzidas no ICP pelo argônio fluindo a cerca de 1 L min^{-1} através do tubo central de quartzo. A amostra pode ser um aerossol, um vapor gerado termicamente ou um pó finamente dividido. A forma mais comum de introdução da amostra é por meio de um nebulizador concêntrico de vidro, mostrado na **Figura 26-9**. A amostra é transportada para o nebulizador pelo **efeito Bernoulli**. Esse processo de transporte é denominado **aspiração**. A alta velocidade do gás dispersa o líquido em gotículas finas de diversos tamanhos, as quais são carregadas para o plasma.

Outro tipo popular de nebulizador apresenta um desenho de fluxo cruzado. Nesse caso, um gás em alta velocidade flui através de uma ponta de capilar em ângulos retos,

O **Princípio de Bernoulli** afirma que, à medida que um fluido escoa através de um tubo com uma área restrita, como o bocal mostrado na Figura 26-9, sua velocidade aumenta e sua pressão diminui. A pressão mais baixa na ponta faz com que o líquido seja puxado para ela.

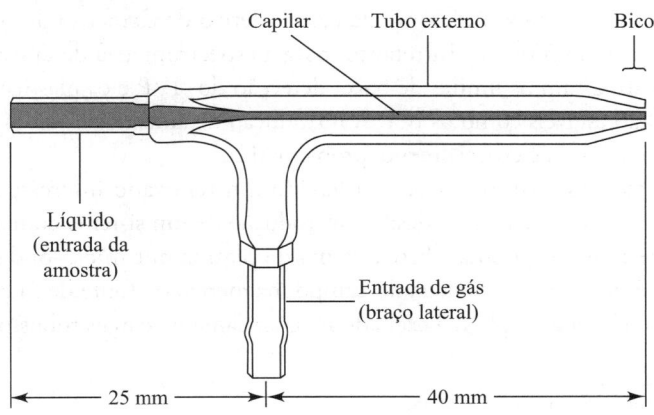

FIGURA 26-9
Nebulizador de Meinhard. O gás nebulizador flui por meio de uma abertura que envolve concentricamente o capilar. Este arranjo gera uma pressão reduzida na ponta e a aspiração da amostra. A alta velocidade do gás na ponta dispersa a solução na forma de um *spray* ou névoa de gotículas de diversos tamanhos. (Meinhard-Elemental Scientific.).

provocando o mesmo efeito Bernoulli. Frequentemente, nesse tipo de nebulizador, o líquido é bombeado através do capilar por uma bomba peristáltica. Muitos outros tipos de nebulizadores estão disponíveis para uma maior eficiência, para amostras com alto conteúdo de sólidos e para a produção de névoas ultrafinas.

Aparência e Espectros do Plasma. Um plasma típico apresenta um núcleo brilhante, branco e opaco coberto por uma cauda na forma de uma chama. O núcleo, que se estende até alguns milímetros acima do tubo, produz um contínuo espectral com o espectro atômico do argônio sobreposto. O contínuo é típico das reações de recombinação íon-elétron e de ***bremsstralung***, que é a radiação contínua produzida quando as partículas carregadas são desaceleradas ou imobilizadas.

Na região de 10 a 30 mm sobre o núcleo, o contínuo decai e o plasma torna-se ligeiramente transparente. As observações espectrais são realizadas entre 15 e 20 mm acima da bobina de indução, onde as temperaturas podem ser tão altas quanto de 5.000 a 6.000 K. Nesta região, a radiação de fundo consiste basicamente em linhas de Ar, emissão de banda de OH e de algumas outras bandas moleculares. Muitas linhas analíticas mais sensíveis nessa região do plasma vêm de íons como Ca^+, Cd^+, Cr^+ e Mn^+. Acima dessa segunda região, está a "chama em forma de cauda", onde as temperaturas são similares àquelas em uma chama comum ($\approx$ 3.000 K). Essa região de temperatura mais baixa pode ser empregada para determinar os elementos facilmente excitados, como os metais alcalinos.

Atomização e Ionização do Analito. No momento em que os átomos e íons do analito atingem o ponto de observação no plasma, eles já permaneceram por cerca de 2 ms no plasma a temperaturas na faixa de 6.000 a 8.000 K. Esses tempos de permanência são duas ou três vezes mais longos e as temperaturas são substancialmente maiores que aquelas atingidas nas chamas de combustão mais quentes (acetileno/óxido nitroso). Em consequência, a dessolvatação e a vaporização são essencialmente completas e a eficiência de atomização é bastante alta. Portanto, existem menos efeitos de interferências químicas nos ICPs que em chamas de combustão. Surpreendentemente, os efeitos de interferência de ionização não existem ou são pequenos, porque a grande concentração de elétrons vindos da ionização do argônio mantém uma concentração de elétrons mais ou menos constante no plasma.

A Dra. Denise Walters trabalha como química e farmacêutica analítica. Graduou-se em química e fez o doutorado em farmácia com foco em bioanálise na Virginia Commonwealth University. Walters é líder de equipe na Global Analytical Sciences na GlaxoSmithKline (GSK) Consumer Healthcare, onde supervisiona uma equipe que realiza análise de matéria-prima e estabilidade de amostras de produtos vendidos sem receita médica. Sua equipe usa ferramentas analíticas, incluindo cromatografia de líquidos de alto e ultradesempenho, plasma acoplado indutivamente e uma variedade de técnicas de química de via úmida.

Diversas outras vantagens estão associadas com o ICP quando comparadas com chamas e outras fontes de plasma. A atomização ocorre em um ambiente quimicamente inerte (argônio), em contraste com as chamas, nas quais o ambiente é violento e altamente reativo. Além disso, a temperatura transversal do plasma é relativamente uniforme. O plasma também apresenta um caminho ótico estreito, o que minimiza a autoabsorção (veja a Seção 26C-2). Como consequência, as curvas de calibração geralmente são lineares sobre muitas ordens de grandeza de concentração. A ionização de elementos dos analitos pode ser significativa em ICPs típicos. Esta característica leva ao uso do ICP como fonte de ionização para a espectrometria de massas, como discutido no Capítulo 27. Uma desvantagem significativa do ICP é que ele não é muito tolerante a solventes orgânicos. Depósitos de carbono tendem a se formar no tubo de quartzo, o que pode levar ao seu entupimento e à contaminação cruzada.

Plasmas Induzidos por Micro-ondas

Os plasmas induzidos por micro-ondas têm sido estudados por muitos anos. O plasma induzido por micro-ondas (MIP) mantido em um tubo de descarga por uma cavidade ressonante tem se tornado útil como detector seletivo de elemento de cromatografia de gás (veja a Seção 30A-4). Entretanto, para a espectrometria de emissão atômica, os MIP não atingiram os limites de baixa detecção dos IVP e os plasmas não são tão robustos ou tão estáveis como os ICP. A introdução de amostras líquidas com nebulizadores convencionais é especialmente problemática.

Entretanto, nos últimos anos, tem havido um renovado interesse nos plasmas por micro-ondas, especialmente desde a introdução de um sistema comercial que usa ar para a operação do plasma.[3] Este sistema de plasma por micro-ondas mantém o plasma através de energia acoplada do campo magnético da fonte de micro-ondas em vez do campo elétrico. O plasma excitado magneticamente é mais robusto que os MIP

---
[3] Agilent Technologies, Santa Clara, CA 95051.

excitados eletricamente anteriores. Isto permite que o plasma seja mantido com nitrogênio ou ar e permite a introdução da amostra com nebulizadores pneumáticos convencionais. O instrumento comercial gera o nitrogênio a partir de um cilindro de ar, reduzindo os custos de operação em relação ao ICP operado com argônio.

Várias outras fontes de plasma têm sido descritas, incluindo microplasmas e plasmas induzidos por laser.[4] Continua havendo pesquisa ativa no desenvolvimento de fontes de plasma para a espectrometria atômica.

Plasma DC e Outras Fontes de Plasma

Os jatos de plasma de corrente direta foram os primeiros a serem descritos na década de 1920 e têm sido sistematicamente investigados como fontes para a espectroscopia de emissão. No início dos anos 1970, o primeiro plasma de corrente direta (DCP) comercial foi introduzido. A fonte era bastante popular, especialmente entre os cientistas de solo e geoquímicos para a análise de elementos múltiplos. O DCP tem sido amplamente superado pelos ICP e outras fontes de plasma.

26B-3 Atomizadores de Chama

Um atomizador de chama contém um nebulizador pneumático, o qual converte a solução da amostra em uma névoa ou aerossol, que é então introduzido em um queimador. Os mesmos tipos de nebulizadores empregados em ICPs são usados em atomizadores de chama. O nebulizador concêntrico é o mais popular. Em muitos atomizadores, o gás à alta pressão é o oxidante, com o aerossol contendo o oxidante misturado com o combustível.

Os queimadores utilizados em espectroscopia de chama são frequentemente do modelo premix do tipo de fluxo laminar. A **Figura 26-10** é um diagrama de um típico queimador comercial do tipo de fluxo laminar para a espectroscopia de absorção atômica que usa um nebulizador de tubo concêntrico. O aerossol flui para o interior de uma **câmara de *spray***, na qual encontra uma série de desvios que removem as gotas maiores, deixando apenas as mais finas. Como resultado, a maior quantidade da amostra é coletada no fundo da câmara, onde é drenada para o recipiente de descarte. As vazões típicas de solução são de 2 a 5 mL min^{-1}. O jato gasoso da amostra (*spray*) também é misturado com o combustível e o gás oxidante na câmara. O aerossol, o oxidante e o combustível são então incinerados em um queimador de fenda, o qual fornece chama que normalmente apresenta um comprimento de 5 a 10 cm.

Os queimadores de fluxo laminar do tipo mostrado na Figura 26-10 fornecem uma chama relativamente estável e um longo caminho ótico. Essas propriedades tendem a aumentar a sensibilidade e a reprodutibilidade. A câmara de mistura nesse

>> Os instrumentos modernos de absorção atômica de chama empregam quase exclusivamente os queimadores de fluxo laminar.

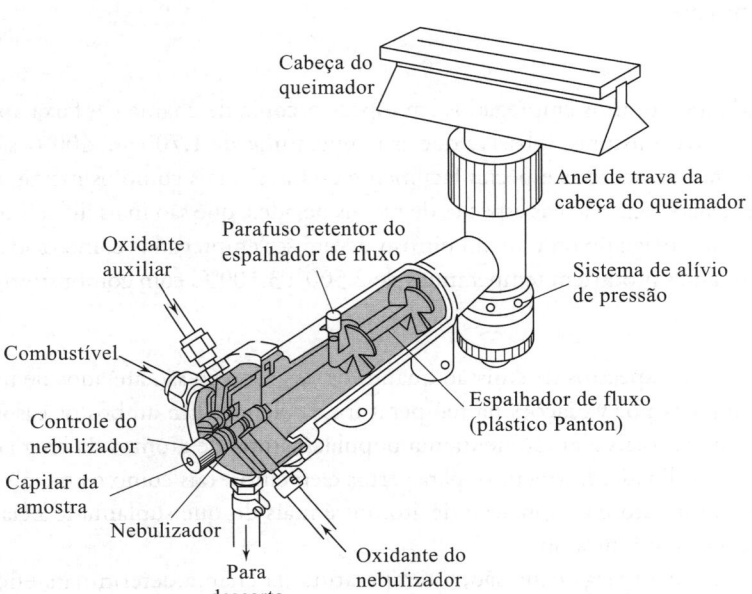

FIGURA 26-10

Um queimador de fluxo laminar empregado na espectroscopia de absorção atômica. (Reimpresso com a permissão da PerkinElmer Corporation, Waltham, MA.)

---

[4] Para informação adicional, veja D. A. Skoog; F. J. Holler; S. R. Crouch. *Principles of Instrumental Analysis*. 7. ed. Boston, MA: Cengage Learning, 2018, Section 10A-3.

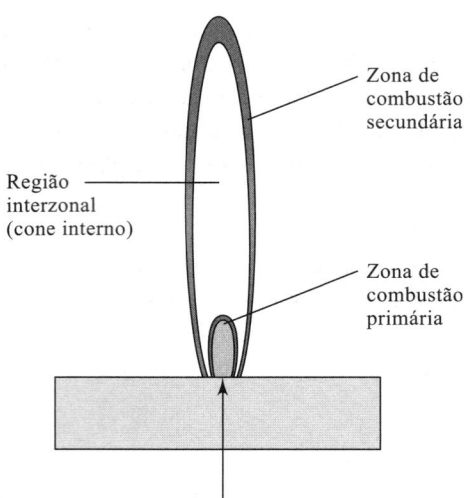

FIGURA 26-11
Regiões de uma chama.

tipo de queimador contém uma mistura potencialmente explosiva, a qual pode entrar em ignição por retorno se as vazões dos gases não forem suficientes. Observe que, por essa razão, o queimador exposto na Figura 26-10 está equipado com válvulas de alívio de pressão.

Propriedades das Chamas

Quando uma amostra nebulizada é carregada para a chama, ocorre a dessolvatação das gotículas na **zona de combustão primária**, a qual está localizada logo acima do bico do queimador, como mostrado na **Figura 26-11**. As partículas sólidas finamente divididas são carregadas para a região central da chama denominada **cone interno**. Aqui, nesta parte mais quente da chama, as partículas são vaporizadas e convertidas em átomos gasosos, íons elementares e espécies moleculares (veja a Figura 26-6). A excitação dos espectros de emissão atômica também ocorre nessa região. Finalmente, os átomos, as moléculas e os íons são carregados para a parte externa da chama, ou **cone externo**, onde a oxidação pode ocorrer (zona de combustão secundária) antes que os produtos da atomização se dispersem na atmosfera. Uma vez que a velocidade da mistura combustível/oxidante através da chama é alta, apenas uma fração da amostra sofre todos estes processos. Infelizmente, uma chama não é um atomizador muito eficiente.

Tipos de Chamas Empregadas em Espectroscopia Atômica

A **Tabela 26-2** lista os combustíveis e oxidantes comuns empregados em espectroscopia de chama e a faixa aproximada de temperaturas alcançadas com cada uma dessas misturas. Observe que as temperaturas de 1.700 a 2.400°C são obtidas quando o oxidante é o ar. Nessas temperaturas, somente as espécies facilmente excitáveis, tais como os metais alcalinos e alcalinos terrosos, produzem espectros de emissão úteis. Para as espécies de metais pesados, que são mais difíceis de ser excitadas, o oxigênio ou o óxido nitroso devem ser empregados como oxidante. Esses oxidantes produzem temperaturas de 2.500 a 3.100°C com combustíveis comuns.

TABELA 26-2

Chamas Utilizadas em Espectroscopia Atômica	
Combustível e Oxidante	**Temperatura, °C**
*Gás/Ar	1.700-1.900
*Gás/O_2	2.700-2.800
H_2/ar	2.000-2.100
H_2/O_2	2.500-2.700
†C_2H_2/ar	2.100-2.400
†C_2H_2/O_2	3.050-3.150
†C_2H_2/N_2O	2.600-2.800

*Propano ou gás natural
†Acetileno

Efeitos da Temperatura da Chama

Tanto os espectros de emissão quanto os de absorção são afetados de uma forma complexa por variações na temperatura da chama. Em ambos os casos, as temperaturas mais altas aumentam a população total de átomos da chama e, assim, a sensibilidade. Entretanto, para certos elementos, tais como os metais alcalinos, esse aumento na população de átomos é mais do que suplantado pela perda de átomos por ionização.

Em uma larga extensão, a temperatura da chama determina a eficiência da atomização, que é a fração do analito que é dessolvatada, vaporizada e convertida em átomos e/ou íons livres. A temperatura da chama também determina o número relativo de átomos excitados e não excitados na chama. Em uma chama de ar/acetileno, por exemplo, os cálculos mostram que a razão entre os átomos de magnésio excitados e os não excitados é de aproximadamente 10^{-8}, enquanto em uma chama de oxigênio/acetileno, que é de cerca de 700°C mais quente, essa razão é de aproximadamente 10^{-6}. Consequentemente, o controle da temperatura é muito importante em métodos de emissão em chama. Por exemplo, com uma chama a 2.500°C, uma elevação de temperatura de 10°C leva a um aumento de cerca de 3% no número de átomos de sódio no estado excitado $3p$. Em contraste, o correspondente *decréscimo* no número muito maior de átomos no estado fundamental é de apenas 0,002%. Portanto, à primeira vista, os métodos de emissão, uma vez que estão baseados na população de *átomos excitados*, requerem um controle muito mais rigoroso da temperatura da chama que os procedimentos com base em absorção, nos quais o sinal analítico depende do número de *átomos não excitados*. No entanto, na prática, devido ao fato de a etapa de atomização depender da temperatura, ambos os métodos mostram dependências similares.

O número de átomos não excitados em uma chama típica excede o número de átomos excitados por um fator de 10^3 a 10^{10} ou mais. Isso sugere que os métodos de absorção deveriam apresentar limites de detecção (LD) menores que os métodos de emissão. Na verdade, entretanto, muitas outras variáveis também influenciam os limites de detecção e os dois métodos tendem a se complementar nesse aspecto. A **Tabela 26-3** ilustra esse ponto.

Espectros de Absorção e de Emissão em Chamas

A emissão e a absorção atômicas podem ser medidas quando uma amostra é atomizada em uma chama. Um espectro típico de emissão em chama foi mostrado na Figura 22-19. As emissões atômicas nesse espectro são constituídas por linhas estreitas, como aquelas para o sódio a cerca de 330 nm, para o potássio a aproximadamente 404 nm e para o cálcio a 423 nm. Os espectros atômicos são, assim, denominados **espectros de linhas**. As bandas de emissão resultantes da excitação de espécies moleculares, como MgOH, MgO, CaOH e OH, também estão presentes. Essas bandas se formam quando as transições vibracionais estão superpostas nas transições eletrônicas para produzir linhas muito próximas que não são resolvidas completamente pelo espectrômetro. Em razão disso, frequentemente os espectros moleculares são chamados de **espectros de bandas**.

❰❰ A largura das linhas de emissão atômica em chama é da ordem de 10^{-3} nm. A largura pode ser medida com um interferômetro.

Os espectros de absorção atômica são raramente registrados, porque seria necessário um espectrômetro de alta resolução ou um interferômetro. Um espectro de alta resolução teria praticamente a mesma aparência geral daquele na Figura 22-19 e conteria os componentes de absorção tanto atômica quanto molecular. O eixo vertical, nesse caso, é a absorbância em vez da potência relativa.

Ionização em Chamas

Uma vez que todos os elementos ionizam em algum grau em uma chama, o meio altamente aquecido contém uma mistura de átomos, íons e elétrons no meio. Por exemplo, quando uma amostra contendo bário é atomizada, o equilíbrio

$$Ba \rightleftharpoons Ba^+ + e^-$$

é estabelecido no cone interno da chama. A posição desse equilíbrio depende da temperatura da chama e da concentração total de bário, bem como da concentração de elétrons produzidos pela ionização de *todos os elementos* presentes na amostra. Nas temperaturas das chamas mais quentes (> 3.000 K), praticamente metade do bário está

❰❰ A ionização de espécies atômicas em uma chama é um processo de equilíbrio que pode ser descrito pela matemática usual de equilíbrios químicos.

TABELA 26-3

Comparação dos Limites de Detecção (LDs) para Vários Elementos pelos Métodos de Absorção e de Emissão Atômica em Chama*

Emissão em Chama Apresenta Menores LDs	Os LDs São Aproximadamente os Mesmos	Absorção Atômica Apresenta Menores LDs
Al, Ba, Ca, Eu, Ga, Ho, In, K, La, Li, Lu, Na, Nd, Pr, Rb, Re, Ru, Sm, Sr, Tb, Tl, Tm, W, Yb	Cr, Cu, Dy, Er, Gd, Ge, Mn, Mo, Nb, Pd, Rh, Sc, Ta, Ti, V, Y, Zr	Ag, As, Au, B, Be, Bi, Cd, Co, Fe, Hg, Ir, Mg, Ni, Pb, Pt, Sb, Se, Si, Sn, Te, Zn

*Adaptado de E. E. Pickett; S. R. Koirtyohann. *Anal. Chem.*, v. 41, p. 28A-42A. 1969, DOI: 10.1021/ac50159a003.

>> O espectro de um átomo é totalmente diferente daquele do seu íon.

presente na forma iônica. Uma vez que os espectros de emissão e de absorção do Ba e Ba$^+$ são totalmente diferentes entre si, aparecem dois espectros para o bário, um para o átomo e outro para o seu íon. A temperatura da chama, novamente, exerce um papel relevante na determinação da fração do analito que é ionizada.

26B-4 Atomizadores Eletrotérmicos

Os atomizadores eletrotérmicos, que primeiramente apareceram no mercado por volta de 1970, fornecem, de forma geral, um aumento de sensibilidade, porque toda a amostra é atomizada em um curto intervalo de tempo e porque o tempo de permanência médio dos átomos no caminho ótico é de 1 s ou mais.[5] Também, as amostras são introduzidas em um forno de volume confinado e, assim, elas não são diluídas tanto como seriam em um plasma ou em uma chama. Os atomizadores eletrotérmicos são empregados para as medidas de absorção atômica e de fluorescência atômica, porém, geralmente, não têm sido aplicados em trabalhos de emissão. Entretanto, eles são empregados para vaporizar as amostras em espectroscopia de emissão em plasma acoplado indutivamente.

Com atomizadores eletrotérmicos, poucos microlitros da amostra são depositados no forno por seringa ou amostrador automático. Posteriormente, ocorre uma série programada de eventos de aquecimento: **secagem**, **pirólise** e **atomização**. Durante a etapa de secagem, a amostra é evaporada em temperatura relativamente baixa, geralmente de 110°C. Então, eleva-se a temperatura para entre 300 e 1.200°C e a matéria orgânica é calcinada ou convertida em H_2O e CO_2. Após a pirólise, aumenta-se rapidamente a temperatura até entre 2.000 e 3.000°C, o que vaporiza e atomiza a amostra. A atomização da amostra ocorre em um período de poucos milissegundos a segundos. A absorção ou a fluorescência das partículas atomizadas é então medida na região imediatamente acima da superfície aquecida antes que o vapor possa escapar do forno.

Modelos de Atomizadores

Os atomizadores eletrotérmicos comerciais são fornos tubulares pequenos e aquecidos eletricamente. A **Figura 26-12a** fornece uma visão do corte longitudinal de um atomizador eletrotérmico comercial. A atomização ocorre em um tubo cilíndrico de grafite aberto em suas duas extremidades e tem um orifício central para a introdução da amostra. O tubo tem cerca de 5 cm de comprimento e diâmetro interno um pouco menor que 1 cm. O tubo intercambiável de grafite adapta-se perfeitamente a um par de contatos elétricos feitos de grafite, localizados nas duas extremidades do tubo. Esses contatos são mantidos em um compartimento metálico refrigerado a água. Um fluxo externo de gás inerte banha o tubo e o previne de ser incinerado ao ar. Uma segunda corrente flui para as duas extremidades do tubo e sai do orifício central de introdução da amostra. Essa corrente de gás não só exclui o ar como também serve para carregar para fora os vapores gerados pela matriz da amostra durante os dois estágios iniciais de aquecimento.

A Figura 26-12b ilustra a plataforma de L'vov, a qual é frequentemente empregada em fornos de grafite e está localizada abaixo do orifício de introdução de amostra. A amostra é evaporada e calcinada nessa plataforma, da forma usual. Quando a temperatura do tubo é aumentada rapidamente, entretanto, atrasa-se a atomização, uma vez que a amostra não se encontra mais em contato direto com a parede do forno. Em consequência, a atomização ocorre em um ambiente no qual a temperatura não está se alterando tão rapidamente. Como resultado, são obtidos sinais mais reprodutíveis que aqueles de sistemas convencionais.

Muitos outros modelos de atomizadores eletrotérmicos estão disponíveis comercialmente.

Sinais de Saída

Os sinais de saída em AA eletrotérmica são transientes, diferentes daqueles em estado estacionário observados na atomização em chama. A etapa de atomização produz um pulso de vapor atômico que dura somente alguns segundos, e o vapor é perdido do forno pela difusão e outros processos. O sinal de absorção transiente produzido pelo pulso de vapor deve ser obtido e registrado rapidamente por um sistema de obtenção de dados.

---

[5] Para discussões detalhadas sobre os atomizadores eletrotérmicos, veja L. H. Lajune; P. Peramaki. *Spectrochemical Analysis by Atomic Absortion and Emission*. 2. ed. Cambridge: Royal Society of Chemistry, 2004, cap. 3; B. E. Erickson. *Anal. Chem.*, v. 72, p. 543A, 2000; *Electrothermal Atomization for Analytical Atomic Spectrometry*. K. W. Jackson, ed. Nova York: Wiley, 1999; D. J. Buther; J. Sneddon. *A Practical Guide to Graphite Furnace Atomic Absorption Spectrometry*. Nova York: Wiley, 1998.

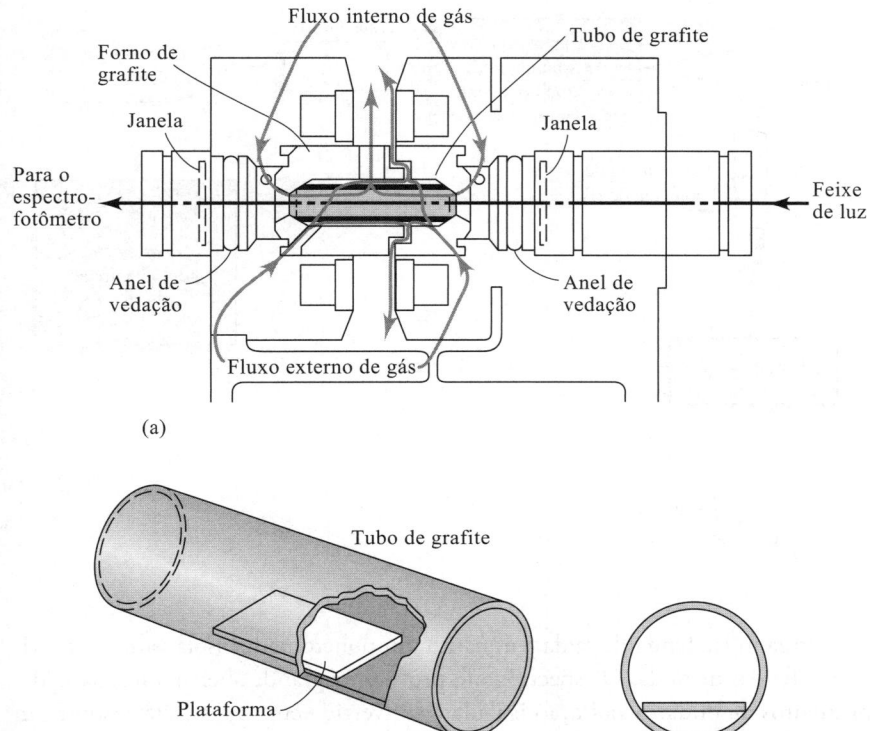

FIGURA 26-12

(a) Corte longitudinal de um atomizador de forno de grafite. (b) A plataforma de L'vov e sua posição no forno de grafite. a: Reimpresso com permissão da PerkinElmer Corporation, Waltham, MA; b: W. Slavin. *Anal. Chem.*, v. 54, p. 685A, 1982, DOI: 10.1021/ac00243a001.

26B-5 Outros Atomizadores

Muitos outros tipos de dispositivos de atomização têm sido empregados em espectroscopia atômica. As descargas em gás operadas a pressões reduzidas têm sido investigadas como fontes de emissão atômica. A **descarga luminescente** (*glow discharge*) é gerada entre dois eletrodos planares em um tubo de vidro preenchido com gás a uma pressão de poucos torr. Os lasers de alta potência têm sido utilizados para vaporizar amostras e provocar a **quebra induzida por laser** (*laser-induced breakdown*). Nessa última técnica, a quebra dielétrica de um gás ocorre no ponto focal do laser. Um espectrômetro de quebra induzida por laser (LIBS) é parte do Mars Science Laboratory a bordo na espaçonave *Curiosity*, que chegou a Marte em agosto de 2012. Os instrumentos LIBS estão comercialmente disponíveis em várias empresas fabricantes de instrumentos.

> Um **dielétrico** é um material que não conduz eletricidade. Aplicando-se altas voltagens ou radiação de um laser de alta potência, um gás pode ser decomposto em íons e elétrons, um fenômeno conhecido como **quebra dielétrica**.

No início da espectroscopia atômica, os arcos de cc e ca e as centelhas de alta voltagem eram populares fontes para a emissão atômica por excitação. Essas fontes foram quase totalmente substituídas pelo ICP.

26C Espectrometria de Emissão Atômica

A espectrometria de emissão atômica é amplamente usada em análise elementar. O ICP é atualmente a fonte mais popular para a espectrometria de emissão, embora outros plasmas e as chamas sejam ainda empregados em alguns casos.

26C-1 Instrumentação

O diagrama de blocos de um espectrômetro típico de ICP é mostrado na **Figura 26-13**. A emissão atômica ou iônica do plasma é separada em seus comprimentos de onda constituintes por um dispositivo isolador de comprimentos de onda. Essa separação pode ocorrer em um **monocromador**, em um **policromador** ou em um **espectrógrafo**. O monocromador

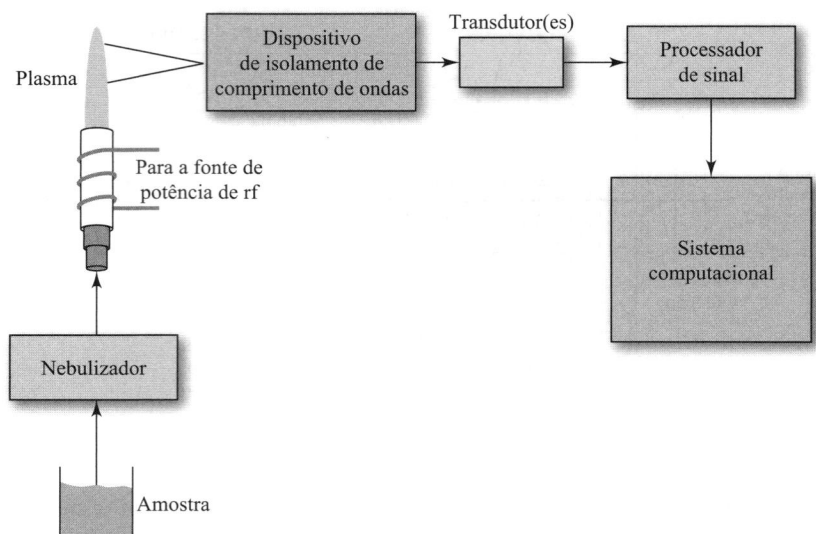

FIGURA 26-13
Diagrama de blocos de um espectrômetro típico de emissão ICP.

isola um só comprimento de onda por vez em uma única fenda de saída, enquanto um policromador isola vários comprimentos de onda simultaneamente em múltiplas fendas de saída. O espectrógrafo provê uma grande abertura na sua saída, permitindo a saída de uma faixa de comprimentos de onda. A radiação isolada é convertida em sinais elétricos por um único transdutor, por múltiplos transdutores ou por um arranjo de detectores. Os sinais elétricos são então processados e supridos como entrada para o sistema computacional.

Os espectrômetros de emissão em chama e outros espectrômetros de emissão seguem o mesmo diagrama de blocos, exceto que a chama ou uma outra fonte de emissão substitui o ICP, como pode ser visto na Figura 26-13. Espectrômetros de chama muito frequentemente isolam um único comprimento de onda, enquanto os espectrômetros DCP podem isolar múltiplos comprimentos de onda com um policromador ou espectômetro.

Isolamento do Comprimento de Onda

A espectrometria de emissão é normalmente utilizada em determinações multielementares. Em geral, existem dois tipos de instrumentos disponíveis para esse propósito. O **espectrômetro sequencial** usa um monocromador e varre diferentes linhas de emissão em sequência. Geralmente, os comprimentos de onda a serem empregados são determinados pelo usuário em um programa computacional e o monocromador move-se rapidamente de um comprimento de onda para o próximo. Alternativamente, monocromadores podem varrer uma faixa de comprimentos de onda. Os **espectrômetros simultâneos** verdadeiros empregam policromadores ou espectrógrafos. O **espectrômetro de leitura direta** usa um policromador com até 64 detectores localizados em fendas de saída no plano focal. Alguns espectrômetros utilizam os espectrógrafos e um ou mais arranjos de detectores para monitorar múltiplos comprimentos de onda simultaneamente. Alguns deles podem até combinar a função de varredura com a do espectrógrafo para apresentar diferentes regiões de comprimento de onda para o arranjo de detectores. Os dispositivos dispersores desses espectrômetros podem ser grades, combinações de grades e prismas ou redes tipo *echelle*. Os instrumentos simultâneos são mais caros que os sistemas sequenciais.

Para as determinações de rotina por emissão em chama de metais alcalinos e alcalinos terrosos, fotômetros de filtro simples são frequentemente suficientes. Uma chama de baixa temperatura é empregada para prevenir a excitação de muitos outros metais. Em consequência, o espectro é simples e os filtros de interferência podem ser usados para isolar as linhas de emissão desejadas. A emissão em chama foi amplamente utilizada nos laboratórios clínicos para a determinação de sódio e potássio. Esses métodos têm sido substituídos intensivamente por métodos que empregam eletrodos seletivos de íon (veja a Seção 19D).

Transdutores de Radiação

Os instrumentos de comprimento de onda único empregam quase exclusivamente os transdutores fotomultiplicadores, como os espectrômetros de leitura direta. O dispositivo de acoplamento de carga (DAC) e o dispositivo de injeção de carga (DIC) têm se tornado muito populares como detectores de arranjos para espectrômetros simultâneos e em alguns sequenciais. Tais dispositivos estão disponíveis contendo mais de 1 milhão de pixels para permitir uma cobertura ampla de comprimentos de onda. Um instrumento comercial usa um detector constituído por uma matriz segmentada de dispositivos de acoplamento de carga de forma que permita que mais de uma região de comprimento de onda seja monitorada simultaneamente.

Sistemas Computacionais e Programas

Os espectrômetros comerciais vêm atualmente com computadores e programas potentes. A maioria dos novos sistemas de emissão ICP acompanham programas que podem auxiliar na seleção dos comprimentos de onda, na calibração, na correção de fundo, na correção de efeitos interelementos, na deconvolução espectral, na calibração de adições de padrão, na produção de gráficos de controle e na geração de relatórios.

26C-2 Fontes de Não Linearidade em Espectrometria de Emissão Atômica

Os resultados quantitativos na espectrometria de emissão atômica são baseados geralmente no método dos padrões externos (veja a Seção 6D-2). Por muitas razões, preferimos que as curvas de calibração sejam lineares ou que, pelo menos, sigam uma relação preestabelecida. A altas concentrações, a principal causa da não linearidade quando se empregam as transições de ressonância é a **autoabsorção**. Mesmo a altas concentrações, a maioria dos átomos do analito está no estado fundamental, com apenas uma pequena fração sendo excitada. Quando os átomos excitados do analito emitem radiação, os fótons resultantes podem ser absorvidos por átomos do analito que estão no estado fundamental, uma vez que estes apresentam exatamente os mesmos níveis de energia para a absorção. Em um meio no qual a temperatura não é homogênea, as linhas de ressonância podem ser gravemente alargadas e podem até mesmo apresentar um pico negativo no centro devido ao fenômeno conhecido como **autorreversão**. Na emissão em chama, a autoabsorção é geralmente observada para as soluções de concentração entre 10 e 100 $\mu g\ mL^{-1}$. Em plasmas, a autoabsorção muitas vezes não é observada até que as concentrações sejam mais altas, em razão do menor caminho ótico para a absorção no plasma que na chama.

Em concentrações baixas, a ionização do analito pode causar a não linearidade nas curvas de calibração. Com fontes de ICP e outros plasmas, as altas concentrações de elétrons no plasma tendem a agir como um tampão contra as alterações na extensão da ionização do analito com a concentração. Quando as linhas de emissão iônicas são empregadas com o ICP, as não linearidades devidas à ionização adicional são poucas, uma vez que remover um segundo elétron é mais difícil que remover o primeiro elétron. As alterações nas características do atomizador, tais como vazões, temperatura e eficiência com a concentração do analito, podem também ser a causa da não linearidade.

As curvas de calibração de emissão são frequentemente lineares sobre duas ou três dezenas de grandeza na concentração. As fontes de ICP e DCP podem manifestar faixas lineares muito largas, frequentemente de quatro a cinco dezenas de grandeza na concentração.

26C-3 Interferências na Espectroscopia de Emissão Atômica em Plasma e em Chama

Muitos efeitos de interferência causados por concomitantes são similares na emissão atômica em plasma ou em chama. Algumas técnicas, contudo, podem estar sujeitas a certos tipos de interferência e livres de outros tipos. Os efeitos de interferência são convenientemente divididos em interferências do branco ou interferências do analito.

Interferências do Branco

Uma **interferência do branco** ou **aditiva** produz um efeito que é independente da concentração do analito. Esses efeitos poderiam ser reduzidos ou eliminados se um branco perfeito pudesse ser preparado e analisado sob as mesmas condições. Um exemplo é a **interferência espectral**. Na espectroscopia de emissão, qualquer elemento que não seja o analito que emita radiação na banda de passagem do dispositivo de seleção de comprimento de onda ou que cause o aparecimento de radiação espúria dentro da mesma banda de passagem causa uma interferência do branco.

> As **interferências espectrais** são exemplos de interferências do branco. Elas produzem um efeito independente da concentração do analito.

Um exemplo de interferência do branco é o efeito da emissão de Na em 285,28 nm sobre a determinação de Mg em 285,21 nm. Em um espectrômetro de resolução moderada, qualquer quantidade de sódio presente na amostra vai gerar leituras mais altas para o magnésio, a menos que um branco com a quantidade correta de sódio seja subtraído. Essas interferências de linha podem, em princípio, ser reduzidas melhorando-se a resolução do espectrômetro. No entanto, na prática, o usuário raramente tem a possibilidade de alterar essa resolução. Nos espectrômetros multielementares, as medidas tomadas em múltiplos comprimentos de onda podem, às vezes, ser empregadas seja para determinar os fatores de correção a serem aplicados para as espécies interferentes. Essas correções interelementos são comuns nos modernos espectrômetros de ICP controlados por computador.

A emissão de banda molecular pode também causar uma interferência do branco. Esse tipo de interferência é particularmente problemático na espectrometria de chama, em que a baixa temperatura e a atmosfera reativa apresentam maior probabilidade de produzir espécies moleculares. Por exemplo, uma alta concentração de Ca em uma amostra pode produzir uma banda de emissão de CaOH, a qual pode causar uma interferência do branco se esta ocorrer no comprimento de onda do analito. Geralmente, a melhoria da resolução do espectrômetro não reduz a emissão de banda, uma vez que as linhas estreitas do analito estão sobrepostas em uma banda de emissão molecular larga. A radiação de fundo em chama ou plasma é geralmente compensada com sucesso por meio de medidas de uma solução do branco.

Interferências do Analito

> As interferências químicas, físicas e de ionização são exemplos de **interferências do analito**. Estas interferências influenciam a grandeza do próprio sinal do analito.

As **interferências do analito** ou **multiplicativas** alteram a grandeza do próprio sinal do analito. Essas interferências não são normalmente de natureza espectral, mas de efeitos físicos ou químicos.

As **interferências físicas** podem alterar os processos de aspiração, de nebulização, de dessolvatação e de volatilização. As substâncias presentes na amostra e que alteram a viscosidade da solução, por exemplo, podem alterar a vazão e a eficiência do processo de nebulização. Os constituintes combustíveis, como os solventes orgânicos, podem alterar a temperatura do atomizador e, dessa forma, afetar indiretamente a eficiência de atomização.

As **interferências químicas** são geralmente específicas a certos analitos. Elas ocorrem após a dessolvatação, na conversão das partículas sólidas ou fundidas em átomos ou íons elementares. Os constituintes que influenciam a volatilização das partículas do analito causam esse tipo de interferência e são denominados **interferências de volatilização do soluto**. Por exemplo, em alguns tipos de chama, a presença de fosfato na amostra pode alterar a concentração atômica de cálcio na chama em decorrência da formação de complexos relativamente não voláteis. Esses efeitos podem, algumas vezes, ser eliminados ou minimizados pelo uso de altas temperaturas. Alternativamente, os **agentes liberadores**, constituídos por espécies que reagem preferencialmente com o interferente e previnem sua interação com o analito, podem ser empregados. Por exemplo, a adição de excesso de Sr ou La minimiza a interferência do fosfato sobre o cálcio, porque esses cátions formam compostos mais estáveis com o fosfato do que o Ca, liberando, dessa forma, o analito.

> Os **agentes liberadores** são cátions que reagem seletivamente com os ânions e os previnem de interferir na determinação de um analito catiônico.

Os **agentes de proteção** previnem a interferência, formando preferencialmente com o analito espécies estáveis, porém *voláteis*. Três reagentes comuns empregados para esse fim são o EDTA, 8-hidroxiquinolina e o APDC (sal amoniacal do ácido 1-pirrolidina carboditioico). Por exemplo, a presença de EDTA é efetiva em minimizar ou eliminar a interferência de silicato, fosfato e sulfato na determinação de cálcio.

As substâncias que alteram a ionização do analito podem causar **interferências de ionização**. A presença de um elemento facilmente ionizável, como o K, pode alterar a extensão da ionização de um elemento menos ionizado, como o Ca. Nas chamas, podem ocorrer efeitos relativamente intensos, a menos que um elemento facilmente ionizável seja adicionado à amostra em quantidades relativamente altas. Esses **supressores de ionização** contêm elementos como K, Na, Li, Cs ou Rb. Quando ionizados na chama, esses elementos produzem elétrons, os quais deslocam o equilíbrio de ionização do analito favorecendo a formação de átomos neutros.

> Um **supressor de ionização** é uma espécie facilmente ionizável, que produz uma alta concentração de elétrons em uma chama, reprimindo a ionização do analito.

26C-4 Aplicações

O ICP tornou-se a fonte espectroscopia de emissão mais utilizada. Seu sucesso deriva de sua alta estabilidade, baixo ruído, baixa intensidade de emissão de fundo e imunidade a muitos tipos de interferências. Entretanto, o ICP é relativamente caro para se adquirir e para operar. Além disso, os usuários necessitam de treinamento extensivo para operar e manter esses tipos de instrumentos. Porém, os sistemas modernos computadorizados, com seus programas sofisticados, têm aliviado substancialmente essa tarefa.

O ICP é amplamente empregado na determinação de traços de metais em amostras ambientais, como em águas potáveis, efluentes e poços artesianos. O ICP é usado também na determinação de traços de metais em produtos de petróleo, em alimentos, em amostras geológicas, em materiais biológicos e no controle de qualidade industrial. O ICP provou ser especialmente útil no controle de qualidade industrial. A emissão em chama ainda é aplicada em alguns laboratórios clínicos para a determinação de Na e K.

As determinações simultâneas multielementares que empregam fontes de plasma têm se tornado populares. Essas determinações tornam possível estabelecer correlações e tirar conclusões que eram impossíveis com as determinações de um único elemento. Por exemplo, as determinações de traço de metais podem auxiliar a apontar a origem de produtos de petróleo encontrados em derramamentos de óleo ou a identificar fontes de poluição.

26D Espectrometria de Absorção Atômica

A espectroscopia de absorção atômica de chama (EAA) é correntemente o método atômico mais empregado entre aqueles listados na Tabela 26-1 em razão de sua simplicidade, efetividade e custo relativamente baixo. A técnica foi introduzida em 1955 por Walsh, na Austrália, e por Alkemade e Milatz, na Holanda.[6] O primeiro espectrômetro de absorção atômica (AA) comercial foi introduzido em 1959 e, depois disso, o uso da técnica cresceu de forma explosiva. A razão de os métodos de absorção atômica não serem utilizados até aquela data estava relacionado diretamente a problemas criados pelas larguras muito estreitas das linhas de absorção atômica, como discutido na Seção 26A-4 (veja a **Figura 26-14** para o espectro solar e algumas linhas de absorção atômica).

26D-1 Efeitos de Largura de Linha em Absorção Atômica

Nenhum monocromador comum é capaz de produzir uma banda de radiação tão estreita como a largura de uma linha de absorção atômica (0,002 a 0,005 nm). Como resultado, o uso de radiação que foi isolada de uma fonte contínua por um monocromador inevitavelmente causa desvios instrumentais da lei de Beer (veja a discussão sobre os desvios instrumentais da lei de Beer na Seção 22C-3). Além disso, uma vez que a fração de radiação absorvida desse feixe é pequena, o transdutor recebe um sinal que é menos atenuado (isto é, $P \rightarrow P_0$) e a sensibilidade da medida é reduzida. Esse efeito é ilustrado na curva que se encontra logo abaixo no gráfico da Figura 22-17 (página 633).

❮❮ As larguras das linhas de absorção são muito menores que as larguras de banda efetivas da maioria dos monocromadores.

O problema criado pelas linhas de absorção estreitas foi contornado pelo uso de fontes de radiação que emitem não apenas uma *linha com o mesmo comprimento de onda*, como aquele selecionado para a medida de absorção, mas também uma linha que é *mais estreita*. Por exemplo, uma lâmpada de vapor de mercúrio é selecionada como uma fonte externa na determinação de mercúrio. Os átomos gasosos de mercúrio que estão excitados eletricamente nessa lâmpada retornam para o estado fundamental, *emitindo* radiação cujos comprimentos de onda são idênticos àqueles *absorvidos* pelos átomos de mercúrio presentes na chama. Uma vez que a lâmpada é operada a uma temperatura mais baixa que aquela da chama, os alargamentos Doppler e de pressão das linhas de emissão do mercúrio da lâmpada são menores que o alargamento correspondente das linhas de absorção do analito na chama quente que contém a amostra. As larguras de bandas efetivas das linhas emitidas pela lâmpada são, portanto, significativamente menores que as larguras de banda das linhas de absorção para o analito na chama.

A **Figura 26-15** ilustra a estratégia geralmente empregada para se medir a absorbância em métodos de absorção atômica. A Figura 26-15a mostra quatro linhas de *emissão* estreitas de uma fonte típica de absorção atômica. Também é mostrado como uma dessas linhas é isolada por meio de um filtro ou um monocromador. A Figura 26-15b apresenta o *espectro de absorção* do analito entre os comprimentos de onda λ_1 e λ_2. Observe que a largura da linha de absorção na chama é significativamente maior que a largura da linha de emissão da lâmpada. Como mostrado na Figura 26-15c, a intensidade do feixe incidente P_0 decresceu para P após a passagem pela amostra. Uma vez que a largura de banda da linha de emissão da lâmpada é significativamente menor que a largura de banda da linha de absorção na chama, espera-se que $\log P_0/P$ esteja linearmente correlacionado com a concentração.

---

[6] A. Walsh. *Spectrochim. Acta*, v. 7, p. 108, 1955, DOI: 10.1016/0371-1951(55)80013-6; C. Th. J. Alkemade; J. M. W. Milatz. *Opt. Soc. Am.*, v. 45, p. 583, 1955.

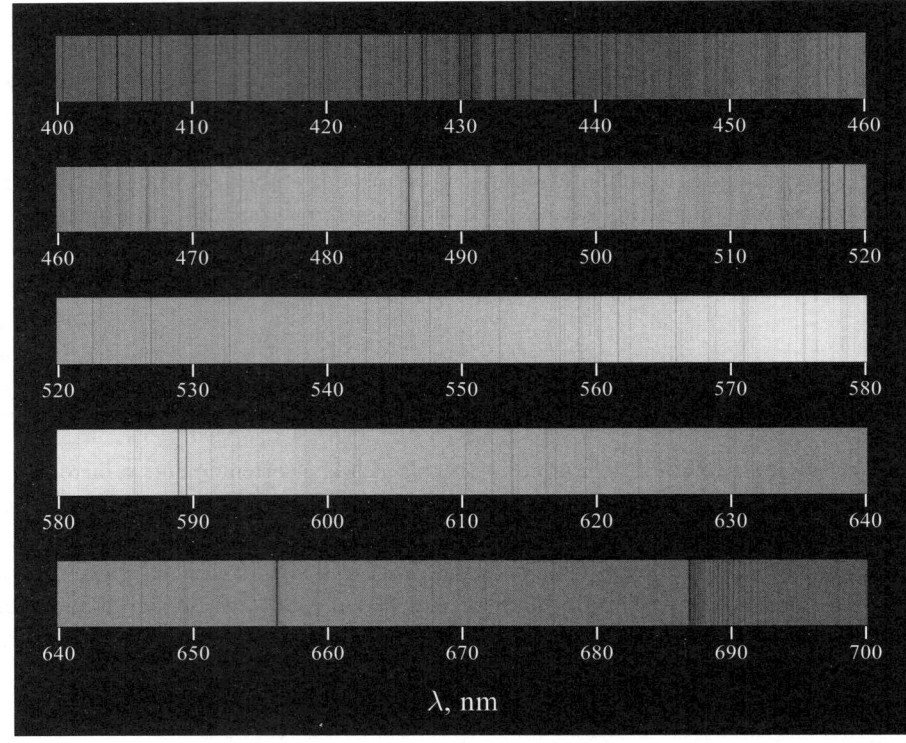

FIGURA 26-14

O espectro solar. Veja a prancha colorida 29. (a) Versão expandida do espectro solar no Destaque 22-1. O grande número de linhas de absorção escuras é produzido por todos os elementos no Sol. Veja se pode perceber algumas linhas proeminentes semelhantes ao famoso dupleto de sódio. Versão compacta do espectro solar em (a) comparada aos espectros de emissão do hidrogênio, hélio e ferro. É relativamente fácil descobrir as linhas nos espectros de emissão do hidrogênio e ferro que correspondem às linhas de absorção no espectro solar, mas as linhas do hélio estão bem obscuras. A despeito desse problema, o hélio foi descoberto quando essas linhas foram observadas no espectro solar. (Imagens criadas por Dr. Donald Mickey, University of Hawaii Institute for Astronomy from National Solar Observatory spectral data/NSO/Kitt Peak FTS data by NSF/NOAO.)

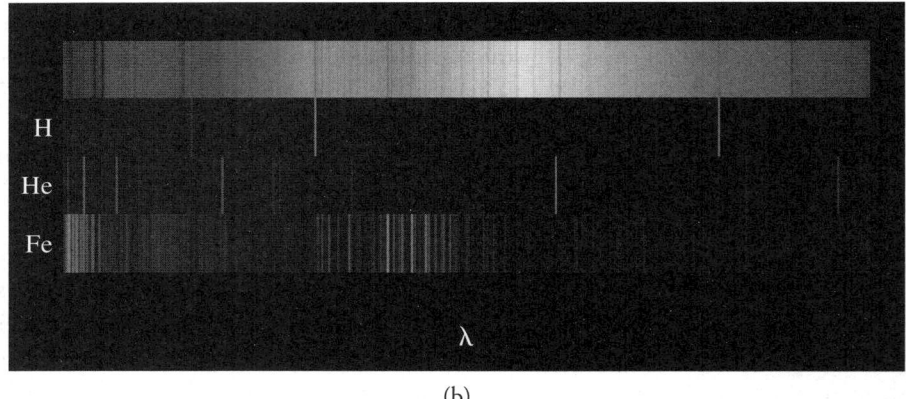

26D-2 Instrumentação

A instrumentação para AA pode ser muito simples, como mostrado na **Figura 26-16**, para um espectrômetro de AA de feixe único.

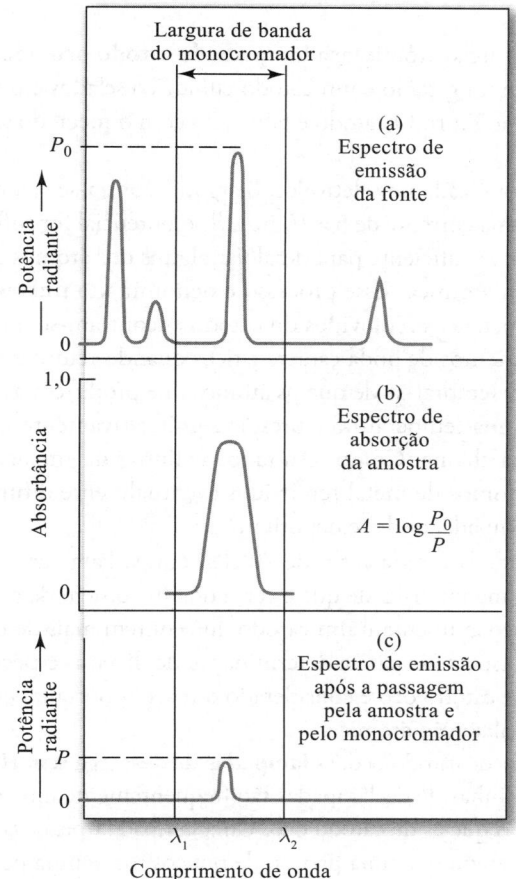

FIGURA 26-15

Absorção atômica de uma linha de emissão estreita de uma fonte. As linhas de fonte em (a) são muito estreitas. Uma linha é isolada por um monocromador. A linha é absorvida pela linha de absorção mais larga do analito na chama (b), resultando na atenuação (c) da radiação da fonte. Uma vez que a maior parte da radiação da fonte ocorre no pico da linha de absorção, a lei de Beer é obedecida.

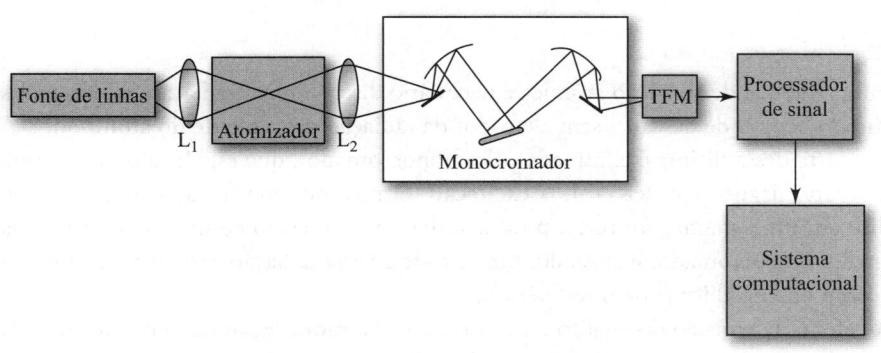

FIGURA 26-16

Diagrama de blocos de um espectrômetro de absorção atômica de feixe único. A radiação de uma fonte de linhas é focada no vapor atômico em uma chama ou em um atomizador eletrotérmico. A radiação atenuada da fonte entra então em um monocromador que isola a linha de interesse. Depois, a potência radiante da fonte, atenuada pela absorção, é convertida em um sinal elétrico pelo tubo fotomultiplicador (TFM). O sinal é então processado e dirigido para um sistema computacional para fornecer a saída.

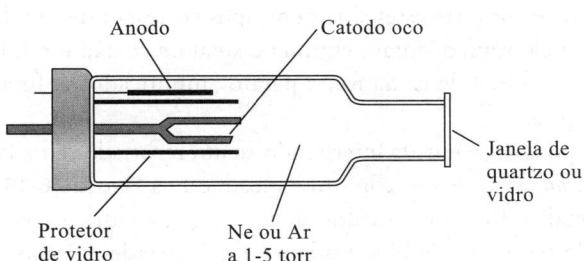

FIGURA 26-17

Diagrama de uma lâmpada de catodo oco.

Fontes de Linhas

A fonte de radiação mais útil para a espectroscopia de absorção atômica é a **lâmpada de catodo oco**, mostrada esquematicamente na **Figura 26-17**. Esta consiste em um anodo de tungstênio e um catodo cilíndrico selados em um tubo de vidro contendo um gás inerte, como o argônio, a pressões de 1 a 5 torr. O catodo é fabricado com o metal do analito ou serve de suporte para um recobrimento desse metal.

Se uma diferença de potencial de cerca de 300 V for aplicada nos eletrodos, o argônio ioniza-se e, à medida que os cátions e elétrons migram para os dois eletrodos, é gerada uma corrente de 5 a 10 mA. Se o potencial for suficientemente alto, os cátions de argônio se chocam com o catodo com energia suficiente para desalojar alguns dos átomos do metal e, assim, produzir uma nuvem atômica. Esse processo é denominado **pulverização catódica**. Alguns dos átomos metálicos removidos do catodo encontram-se no estado excitado e emitem seus comprimentos de onda característicos quando retornam ao estado fundamental. É importante lembrar-se de que os átomos que produzem as linhas de emissão na lâmpada estão a uma temperatura e pressão significativamente mais baixas que os átomos do analito na chama. Como resultado, as linhas de emissão da lâmpada são mais estreitas que os picos de absorção na chama. Os átomos de metal removidos eventualmente difundem-se voltando para a superfície do catodo ou indo para as paredes da lâmpada, onde se depositam.

Pulverização catódica é um processo no qual átomos ou íons são ejetados de uma superfície por um feixe de partículas carregadas.

Estão disponíveis comercialmente lâmpadas de catodo oco para cerca de 70 elementos. Para certos elementos, estão disponíveis lâmpadas de alta intensidade que fornecem uma intensidade que é cerca de uma ordem de grandeza maior que a das lâmpadas normais. Algumas lâmpadas de catodo oco apresentam um catodo que contém mais de um elemento e assim fornecem linhas espectrais para a determinação de diversas espécies. O desenvolvimento da lâmpada de catodo oco é considerado o mais importante evento na evolução da espectroscopia de absorção atômica.

>> As lâmpadas de catodo oco tornaram prática a espectroscopia de absorção atômica.

Além das lâmpadas de catodo oco, as **lâmpadas de descarga sem eletrodos** são fontes úteis de espectros de linhas. Essas lâmpadas são frequentemente uma ou duas ordens de grandeza mais intensas que as de catodo oco. Uma lâmpada típica é construída com um tubo de quartzo selado que contém um gás inerte, como argônio, a uma pressão de poucos torr e uma pequena quantidade do metal do analito (ou de seu sal). A lâmpada não apresenta nenhum eletrodo, sendo energizada por um campo intenso de radiofrequência ou radiação de micro-ondas. O argônio ioniza-se nesse campo e os íons são acelerados pelo componente de alta frequência do campo até que ganhem energia para excitar (por colisão) os átomos do metal do analito.

As lâmpadas de descarga sem eletrodos estão disponíveis comercialmente para diversos elementos. Essas lâmpadas são particularmente úteis para elementos como As, Se e Te, para os quais as lâmpadas de catodo oco apresentam baixas intensidades.

Modulação da Fonte

A **modulação** é definida como a alteração de alguma propriedade de uma forma de onda, chamada **portadora**, pelo sinal que se deseja monitorar, de forma que possa carregar informação sobre o sinal desejado. As propriedades que são tipicamente alteradas são a frequência, a amplitude ou o comprimento de onda. Na EAA, a fonte de radiação é modulada em amplitude, porém a radiação de fundo e a emissão do analito não o são, sendo então observados como sinais de cc.

Em uma medida de absorção atômica é necessário discriminar a radiação das lâmpadas de catodo oco ou de descarga sem eletrodos da radiação proveniente do atomizador. A maior parte dessa última é eliminada pelo monocromador, que está localizado sempre entre o atomizador e o detector. A excitação térmica de uma fração dos átomos do analito em uma chama, contudo, produz radiação do mesmo comprimento de onda no qual o monocromador é ajustado. Em virtude de esta radiação não ser removida, ela age como potencial fonte de interferência.

O efeito da emissão do analito é contornado pela **modulação** da saída da lâmpada de catodo oco, de forma que sua intensidade flutue a uma frequência constante. Assim, o transdutor recebe um sinal alternado da lâmpada de catodo oco e um sinal contínuo da chama e converte esses sinais em tipos correspondentes de correntes elétricas. Um sistema eletrônico, então, elimina o sinal de cc não modulado produzido pela chama e passa o sinal de ca da fonte para o amplificador e, finalmente, para o dispositivo de leitura.

>> A modulação da fonte é frequentemente efetuada por um recortador de feixe ou pela pulsação eletrônica da fonte.

A modulação pode ser efetuada interpondo-se um recortador circular acionado por um motor *entre a fonte e a chama*, conforme mostrado na **Figura 26-18**. Os segmentos do recortador metálico foram removidos, de forma que a radiação passe pelo dispositivo na metade do tempo e seja bloqueada na outra metade. Girando o recortador a

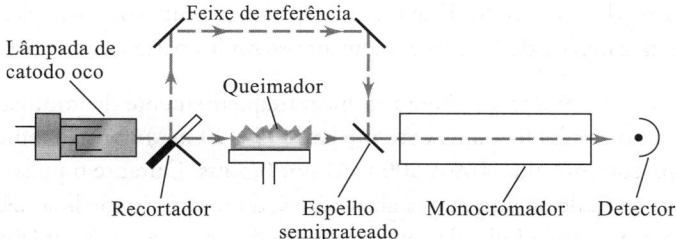

FIGURA 26-18
Caminhos óticos em um espectrofotômetro de absorção atômica de duplo feixe. O recortador converte a radiação do catodo oco em um sinal alternado no detector, enquanto a emissão da chama é um sinal cc contínuo.

uma velocidade constante, o feixe que atinge a chama varia a intensidade de zero a um máximo e, então, de volta ao zero. Alternativamente, o fornecimento de potência para a fonte pode ser projetado para pulsar as lâmpadas de catodo oco de uma maneira alternada.

Instrumentos Completos de Absorção Atômica

Um instrumento de absorção atômica contém os mesmos componentes básicos dos instrumentos projetados para as medidas de absorção molecular, como exposto na Figura 26-16, para um sistema de feixe único. Ambos os tipos de instrumentos, de feixe único e duplo feixe, são oferecidos por um grande número de fabricantes. A faixa de sofisticação e o custo (a partir de alguns poucos milhares de dólares) são, ambos, substanciais.

Fotômetros. No mínimo, um instrumento para espectroscopia de absorção atômica deve ser capaz de fornecer uma largura de banda suficientemente estreita para isolar a linha escolhida para a medida das outras linhas que possam interferir ou diminuir a sensibilidade do método. Um fotômetro equipado com uma fonte de catodo oco e filtros é adequado para as medidas de concentração de metais alcalinos, os quais apresentam somente poucas linhas de ressonância bastante espaçadas entre si na região do visível. Um fotômetro mais versátil é vendido com filtros e lâmpadas que podem ser trocados rapidamente. Um filtro e uma lâmpada separados são empregados para cada elemento. Alega-se que é possível a obtenção de resultados satisfatórios para a determinação de 22 metais.

Espectrofotômetros. A maioria das medidas em EAA é feita com instrumentos equipados com um monocromador de rede ultravioleta/visível. A Figura 26-18 mostra um diagrama esquemático de um instrumento típico de feixe duplo. A radiação da lâmpada de catodo oco é recortada e dividida mecanicamente em dois feixes; um deles passa através da chama e o outro, ao redor da chama. Um espelho semiprateado retorna ambos os feixes para um único caminho, pelo qual eles passam alternadamente através do monocromador e para o detector. O processador de sinal separa o sinal ca gerado pela luz recortada do sinal de cc produzido pela chama. O logaritmo da razão entre os componentes de referência e da amostra do sinal ca é então computado e enviado para um computador ou dispositivo de leitura que o mostra como absorbância.

Correção de Fundo

A absorção pelo próprio atomizador de chama e também por concomitantes introduzidos na chama ou atomizador eletrotérmico pode causar sérios problemas em absorção atômica. Raramente há interferências causadas pela absorção da linha do analito por outros átomos, uma vez que as linhas de catodo oco são muito estreitas. Por outro lado, as espécies moleculares podem absorver a radiação e causar erros em medidas de AA.

A absorbância total medida A_T na AA é a soma da absorbância do analito, A_A, mais a absorbância do fundo A_F:

$$A_T = A_A + A_F \tag{26-1}$$

Os esquemas de correção do fundo buscam medir a soma de A_F e A_T. A verdadeira absorbância $A_A = A_T - A_F$ é, então, calculada.

Correção de Fundo com Fonte Contínua. Um esquema popular de correção de fundo em espectrômetros de AA comerciais é a técnica da lâmpada contínua. Nesse caso, uma lâmpada de deutério e o catodo oco do analito são dirigidos através do atomizador em momentos distintos. O sinal da lâmpada de catodo oco mede a absorbância total A_T, enquanto o sinal da lâmpada de deutério fornece uma estimativa da absorbância do fundo A_F. O sistema computacional ou a eletrônica de processamento

A **correção de fundo com fonte contínua** emprega uma lâmpada de deutério para obter uma estimativa da absorbância de fundo. Uma lâmpada de catodo oco obtém a absorbância total. Então, a absorbância corrigida é obtida calculando-se a diferença entre as duas.

calcula a diferença e determina a absorbância corrigida pelo fundo. Esse método apresenta limitações para elementos com linhas na região do visível, porque a intensidade da lâmpada de D_2 começa a tornar-se muito baixa nessa região.

Correção de Fundo com Lâmpada de Catodo Oco Pulsada. Nessa técnica, frequentemente denominada **correção de fundo de Smith-Hieftje**, o catodo oco do analito é pulsado a uma corrente baixa (5 a 20 mA) normalmente por 10 ms e então a uma corrente alta (100 a 500 mA) por 0,3 ms. Durante o pulso de corrente baixa, a absorbância do analito mais a absorbância do fundo são medidas (A_T). Durante o pulso de corrente alta, a linha de emissão do catodo oco torna-se mais larga. O centro da linha pode ser fortemente autoabsorvido, de modo que grande parte da linha no comprimento de onda do analito seja atenuada. Consequentemente, durante o pulso de corrente alta, é obtida uma boa estimativa da absorbância de fundo (A_F). O computador do instrumento calcula a diferença, que é uma estimativa de A_A, a absorção verdadeira do analito.

> A **correção de fundo de Smith-Hieftje** utiliza uma única lâmpada de catodo oco pulsada, primeiramente com uma baixa corrente e, em seguida, com uma corrente alta. O modo em baixa corrente obtém a absorbância total, enquanto a absorbância de fundo é estimada durante o pulso de corrente alta.

Correção de Fundo por meio do Efeito Zeeman. A correção de fundo em atomizadores eletrotérmicos pode ser feita por meio do efeito Zeeman. Nesse caso, um campo magnético é empregado para separar as linhas espectrais, normalmente de mesma energia (degeneradas), em componentes com diferentes características de polarização. As absorções do analito e do fundo podem ser diferenciadas por causa dos seus diferentes comportamentos magnéticos e comportamentos de polarização.[7]

26D-3 Absorção Atômica de Chama

A absorção atômica de chama fornece um meio sensível de determinar cerca de 60 a 70 elementos. Esse método é bastante adequado para as medidas de rotina feitas por operadores relativamente inexperientes. Uma vez que é necessário uma lâmpada de catodo oco para cada elemento, apenas um único elemento pode ser determinado por vez, e esta é a maior limitação da EAA.

Região da Chama para Medidas Quantitativas

A **Figura 26-19** exibe a absorbância de três elementos em função da distância da extremidade do queimador. Para o magnésio e a prata, o aumento inicial da absorbância é consequência de uma exposição mais longa à alta temperatura da chama, o que leva a uma maior concentração de átomos no caminho da radiação. Para o magnésio, contudo, a absorbância atinge um máximo próximo ao centro da chama e então decresce à medida que a oxidação do elemento a óxido de magnésio ocorre. Esse efeito não é observado para a prata, porque este elemento é muito mais resistente à oxidação. Para o cromo, que forma óxidos mais estáveis, o máximo de absorbância ocorre imediatamente acima da chama. A formação do óxido de cromo inicia-se assim que os átomos de cromo são formados.

A Figura 26-19 mostra que a parte da chama a ser empregada em análises deve variar de elemento para elemento e que a posição da chama em relação à fonte deve ser reproduzida proximamente durante a calibração e a análise. Geralmente, a posição da chama é ajustada para obter-se um máximo de leitura de absorbância para o elemento que está sendo determinado.

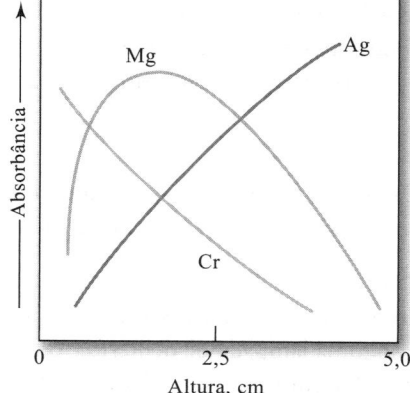

FIGURA 26-19
Perfis de altura para três elementos na EAA. O gráfico de absorbância *versus* altura acima do queimador para Mg, Ag e Cr.

---
[7] Para mais informações, veja D. A. Skoog; F. J. Holler; S. R. Crouch. *Principles of Instrumental Analysis*. 7. ed. Boston, MA: Cengage Learning, 2018, pp. 221-222.

Análise Quantitativa

Frequentemente, as análises quantitativas são baseadas em calibração com padrões externos (veja a Seção 6D-2). Na absorção atômica, os desvios da linearidade são encontrados com maior frequência do que na absorção molecular. Assim, as análises *nunca* devem ser baseadas na medida de um único padrão, presumindo-se que a lei de Beer esteja sendo obedecida. Além disso, a produção do vapor atômico envolve tantas variáveis incontroláveis, que a absorbância de pelo menos uma solução padrão deve ser medida a cada vez que uma análise é realizada. Com frequência, dois padrões são empregados, cujas absorbâncias definem uma faixa que incorpora a absorbância da amostra desconhecida. Qualquer desvio do padrão do seu valor de calibração original pode então ser aplicado como uma correção.

Os métodos de adição de padrão, discutidos na Seção 6D-3, também são utilizados extensivamente em EAA com a finalidade de compensar as diferenças entre a composição dos padrões e das amostras.

Limites de Detecção e Exatidão

A coluna 2 da **Tabela 26-4** mostra os limites de detecção para uma série de elementos comuns determinados por absorção atômica de chama e os compara com os resultados de outros métodos espectroscópicos atômicos. Sob condições usuais, o erro relativo de uma análise por absorção atômica de chama é da ordem de 1% a 2%. Com precauções especiais, esses valores podem ser reduzidos a poucos décimos percentuais. Observe que os limites de detecção para AA de chama são geralmente melhores que os limites de detecção para EA de chama, exceto para os metais alcalinos que são facilmente excitáveis.

26D-4 Absorção Atômica com Atomização Eletrotérmica

Os atomizadores eletrotérmicos oferecem a vantagem não usual de uma alta sensibilidade para pequenos volumes de amostra. Tipicamente, são utilizados os volumes de amostra entre 0,5 e 10 μL. Sob essas circunstâncias, os limites de detecção absolutos frequentemente estão na faixa de picogramas. Em geral, os limites de detecção da AA eletrotérmica são melhores para os elementos mais voláteis. Os limites de detecção para AA eletrotérmica variam consideravelmente de um fabricante para outro, porque dependem do desenho do atomizador e das condições de atomização.

TABELA 26-4

Limites de Detecção (ng/mL) para Alguns Elementos em Espectrometria Atômica*

Elemento	AA de Chama	AA de Eletrotérmica[†]	Emissão em Chama	Emissão de ICP	ICP-MS
Ag	3	0,02	20	0,2	0,003
Al	30	0,2	5	0,2	0,06
Ba	20	0,5	2	0,01	0,002
Ca	1	0,5	0,1	0,0001	2
Cd	1	0,02	2.000	0,07	0,003
Cr	4	0,06	5	0,08	0,02
Cu	2	0,1	10	0,04	0,003
Fe	6	0,5	50	0,09	0,45
K	2	0,1	3	75	1
Mg	0,2	0,004	5	0,003	0,15
Mn	2	0,02	15	0,01	0,6
Mo	5	1	100	0,2	0,003
Na	0,2	0,04	0,1	0,1	0,05
Ni	3	1	600	0,2	0,005
Pb	5	0,2	200	1	0,007
Sn	15	10	300	1	0,02
V	25	2	200	8	0,005
Zn	1	0,01	200	0,1	0,008

*Valores obtidos de V. A. Fassel; R. N. Knisely. *Anal. Chem.*, v. 46, p. 1110A, 1974, DOI: 10.1021/ac60349a023; J. D. Ingle, Jr.; S. R. Crouch. *Spectrochemical Analysis*. Englewood Cliffs, NJ: Prentice-Hall, 1988; C. W. Fuller. *Electrothermal Atomization for Atomic Absorption Spectroscopy*. Londres: The Chemical Society, 1977; *Ultrapure Water Specifications. Quantitative ICP-MS Detection Limits*. Fremont, CA: Balazs Analytical Services, 1993.
[†]Com base em uma amostra de 10 μL.

A precisão relativa dos métodos eletrotérmicos situa-se geralmente na faixa de 5% a 10%, comparada com aquela de 1%, ou melhor, que pode ser esperada para a atomização em chama ou plasma. Além disso, os métodos que empregam fornos são lentos e tipicamente requerem vários minutos por elemento. Outra desvantagem ainda é que os efeitos de interferência química são frequentemente mais severos na atomização eletrotérmica que na atomização em chama. Uma desvantagem final é que a faixa analítica é estreita, geralmente menor que duas ordens de grandeza. Por causa destas desvantagens, a atomização eletrotérmica é normalmente aplicada somente quando a atomização por plasma ou por chama produz limites de detecção inadequados ou quando a quantidade da amostra é extremamente limitada.

Outro método de AA que se aplica a elementos voláteis é a técnica de vapor frio. O mercúrio é um metal volátil e pode ser determinado pelo método descrito no Destaque 26-1 (veja a prancha colorida 30). Outros metais formam hidretos voláteis, que podem ser determinados também pela técnica de vapor frio.

DESTAQUE 26-1

Determinação de Mercúrio por Espectroscopia de Absorção Atômica por Vapor a Frio

Nossa fascinação pelo mercúrio iniciou-se quando os habitantes pré-históricos das cavernas descobriram o mineral cinábrio (HgS) e o utilizaram como pigmento vermelho. Nosso primeiro registro escrito do elemento vem de Aristóteles, que o descreveu, no século IV a.C., como "prata líquida". Atualmente, há milhares de usos para o mercúrio e para seus compostos em medicina, metalurgia, agricultura e muitos outros campos. Em virtude de ser um metal líquido à temperatura ambiente, o mercúrio é empregado para fabricar contatos elétricos flexíveis eficientes em aplicações científicas, industriais e domésticas. Os termostatos, os interruptores de luz silenciosos e as lâmpadas fluorescentes constituem apenas poucos exemplos de sua aplicação na eletricidade.

Uma propriedade útil do mercúrio metálico é que este forma amálgamas com outros metais, que apresentam uma grande quantidade de usos. Por exemplo, o sódio metálico é produzido como amálgama por eletrólise de cloreto de sódio fundido. Os dentistas empregam um amálgama a 50% com uma liga de prata para fazer obturações.

Os efeitos toxicológicos do mercúrio são conhecidos há muitos anos. O comportamento bizarro do Chapeleiro Maluco na obra *Alice no País das Maravilhas*, de Lewis Carroll (veja a **Figura 26D-1**), era resultado dos efeitos do mercúrio e de seus compostos sobre o cérebro do Chapeleiro. O mercúrio absorvido através da pele e dos pulmões destrói as células do cérebro, as quais não são regeneradas. Os chapeleiros do século XIX usavam compostos de mercúrio no processamento das peles para confeccionar o feltro dos chapéus. Esses e outros trabalhadores de outras indústrias sofreram de sintomas debilitantes do mercurismo, tais como a perda dos dentes, tremores, espasmos musculares, alterações de personalidade, irritabilidade e nervosismo.

A toxicidade do mercúrio é complicada por causa da sua tendência a formar compostos orgânicos e inorgânicos. Pelo fato de o mercúrio inorgânico ser relativamente insolúvel nos tecidos e fluidos corporais, ele é expelido do corpo cerca de dez vezes mais rapidamente que o mercúrio orgânico.

O mercúrio orgânico, geralmente na forma de compostos de alquila, como o metilmercúrio, é mais solúvel em tecidos gordurosos, como o fígado. O metilmercúrio acumula-se em níveis tóxicos e é expelido do corpo muito lentamente. Mesmo os cientistas experientes devem ser extremamente cautelosos ao manipular os compostos orgânicos de mercúrio. Em 1997, a Dra. Karen Wetterhahn, do Dartmouth College, morreu em consequência de envenenamento por mercúrio, apesar de ser uma especialista líder em manipulação de metilmercúrio.

FIGURA 26D-1 Johnny Depp como o Chapeleiro Maluco em *Alice no País das Maravilhas*.

(continua)

O mercúrio concentra-se no ambiente, como ilustrado na **Figura 26D-2**. O mercúrio inorgânico é convertido em mercúrio orgânico por bactérias anaeróbicas nos sedimentos depositados no fundo dos lagos, riachos e outros organismos aquáticos. Pequenos animais aquáticos consomem o mercúrio orgânico e, por sua vez, são comidos por formas de vida maiores. À medida que o elemento se move para cima na cadeia alimentar, desde os micróbios até o camarão e o peixe e, por último, para animais maiores como o peixe-espada, o mercúrio torna-se cada vez mais concentrado. Algumas espécies marinhas, como as ostras, podem concentrar o mercúrio por um fator de 100.000. No topo da cadeia alimentar, a concentração de mercúrio atinge níveis tão altos como 20 ppm. O Food and Drug Administration estabeleceu um limite legal de 1 ppm de mercúrio em peixe destinado ao consumo humano. Em consequência disso, os níveis de mercúrio em certas áreas ameaçam as indústrias da pesca locais. A Environmental Protection Agency determinou o limite de 2 ppb de mercúrio em água potável e a Occupational Safety and Health Administration fixou um limite de 0,1 mg m^{-3} no ar.

FIGURA 26D-2 Concentração biológica de mercúrio no ambiente.

Os métodos analíticos para a determinação de mercúrio desempenham um importante papel no monitoramento da segurança dos suprimentos de alimentos e água. Um dos métodos mais úteis é baseado na absorção atômica da radiação de 253,7 nm pelo mercúrio. A **Figura 26D-3** mostra a intensa absorção da luz ultravioleta pelo vapor de mercúrio que se forma sobre o metal líquido à temperatura ambiente. A **Figura 26D-4** apresenta um aparelho que é empregado para determinar mercúrio através de absorção atômica à temperatura ambiente.[8]

Uma amostra suspeita de conter mercúrio é decomposta a quente em uma mistura de ácidos nítrico e sulfúrico, a qual converte o mercúrio ao estado -2. O Hg^{2+} resultante e quaisquer de seus compostos são reduzidos ao metal com uma mistura de sulfato de hidroxilamina e sulfato de estanho(II). O ar é então bombeado através da solução para carregar o vapor resultante contendo mercúrio por um tubo de secagem e para a célula de medida. O vapor d'água é retido por Drierite em um tubo de secagem de forma que somente o mercúrio e o ar passam através da célula. O monocromador de um espectrofotômetro de absorção atômica é sintonizado em uma banda próxima a 254 nm. A radiação da linha de uma lâmpada de catodo oco de mercúrio de 253,7 nm passa através das janelas de quartzo da célula de medida, a qual é colocada no caminho ótico do instrumento. A absorbância é diretamente proporcional à concentração de mercúrio na célula, que, por sua vez, é proporcional à concentração de mercúrio na amostra. As soluções de concentrações conhecidas de mercúrio são tratadas de forma similar, com a finalidade de calibração do instrumento. Esse método depende da baixa solubilidade do mercúrio na mistura da reação e na sua pressão de vapor apreciável, a qual é de 2×10^{-3} torr a 25°C. A sensibilidade do método é de cerca de 1 ppb e ele é empregado para determinar mercúrio em alimentos, metais, minérios e amostras ambientais. Esse método apresenta as vantagens de sensibilidade, de simplicidade e de operação à temperatura ambiente.

(continua)

---

[8] W. R. Hatch; W. L. Ott. *Anal. Chem.*, v. 40, 2085, 1968, DOI: 10.1021/ac50158a025.

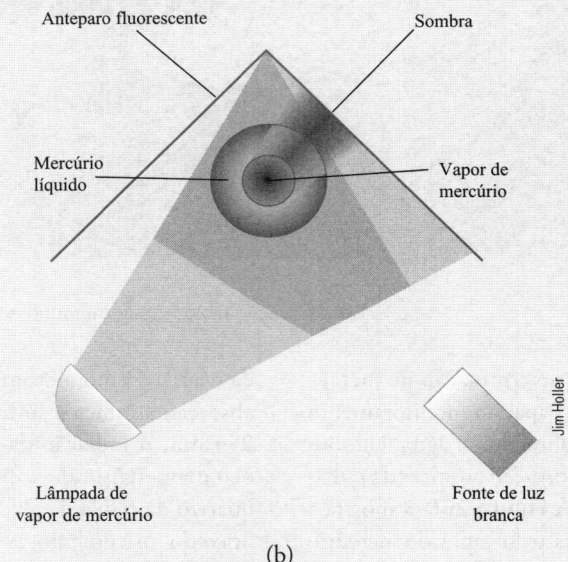

FIGURA 26D-3   a) Demonstração da absorção atômica pelo vapor de mercúrio. (b) A luz branca da fonte à direita passa pelo vapor de mercúrio acima do frasco e não aparece sobra no anteparo fluorescente à esquerda. A luz da lâmpada de mercúrio na esquerda contendo as linhas no UV características dos elementos, é absorvida pelo vapor no frasco e acima dele, que lança uma sombra no anteparo à direita da coluna de fumaça do vapor de mercúrio. Veja a prancha colorida 30.

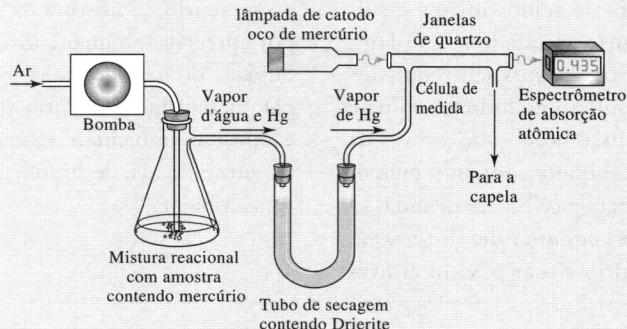

FIGURA 26D-4   Instrumentação para a determinação da absorção atômica de vapor a frio de mercúrio.

26D-5 Interferências em Absorção Atômica

A absorção atômica de chama está sujeita a muitas das interferências encontradas na emissão atômica em chama (veja a Seção 26C-2). As interferências espectrais por elementos que absorvem no comprimento de onda do analito são raras na AA. Contudo, os constituintes moleculares e o espalhamento da radiação podem causar interferências. Estas são geralmente corrigidas por meio de métodos de correção de fundo discutidos na Seção 26D-2. Em alguns casos, se a fonte de interferência for conhecida, um excesso de interferente poderá ser adicionado às amostras e aos padrões. A substância adicionada é denominada **tampão de radiação**.

> Um **tampão de radiação** é uma substância que é adicionada em grande excesso às amostras e aos padrões para nivelar o efeito de espécies presentes na matriz, minimizando, assim, a interferência.

26E Espectrometria de Fluorescência Atômica

A espectrometria de fluorescência atômica (EFA) é o mais recente dos métodos espectroscópicos atômicos. Assim como em absorção atômica, uma fonte externa é utilizada para excitar o elemento de interesse. No entanto, em vez de medir a atenuação da fonte, a radiação emitida resultante da absorção é medida, muitas vezes, em ângulos retos para evitar a medida da radiação da fonte.

Para muitos elementos, a fluorescência atômica com fontes de catodo oco convencional ou de descarga sem eletrodos não tem vantagens significativas sobre a absorção ou sobre a emissão atômica. Como consequência, o desenvolvimento da instrumentação comercial para a fluorescência atômica tem sido muito lento. Contudo, vantagens com relação à sensibilidade têm sido demonstradas para os elementos como Hg, Sb, As, Se e Te.

A espectrometria de fluorescência atômica excitada por laser é capaz de obter limites de detecção extremamente baixos, particularmente quando combinada com a atomização eletrotérmica. Os limites de detecção na faixa de femtogramas (10^{-15} g) a atogramas (10^{-18} g) têm sido demonstrados para muitos elementos. A instrumentação comercial para a EFA baseada em laser não tem sido desenvolvida, provavelmente por causa do custo e da natureza não rotineira dos lasers de alta potência. A fluorescência atômica apresenta a desvantagem de ser um método monoelementar, a menos que lasers sintonizáveis, com a sua complexidade inerente, sejam empregados.

> ❮❮ Apesar de suas vantagens potenciais em relação à sensibilidade e à seletividade, a espectrometria de fluorescência atômica não tem obtido sucesso comercial. As dificuldades podem ser atribuídas parcialmente à falta de reprodutibilidade das fontes de alta intensidade necessárias à sua natureza monoelementar.

Química Analítica On-line

Vá aos sites de duas empresas de instrumentos que produzem espectrômetros de absorção atômica (as empresas sugeridas são Thermo-Fisher Scientific, Agilent Technologies, PerkinElmer e Aurora Instruments). Compare e contraste os espectrômetros de AA focando na facilidade de trocar as lâmpadas, uso "de diferentes atomizadores (chama ou eletrotérmico), métodos de correção de fundo, tipos de monocromadores e tipos de transdutores.

Resumo do Capítulo 26

- Origens dos espectros atômicos.
- Espectros de emissão e absorção.
- Larguras de linha.
- Produção de espectros.
- Plasmas.
- Geometrias ICP.
- Chamas.
- Atomizadores eletrotérmicos.
- Espectrômetros de emissão atômica.
- Interferências.
- Absorção atômica (AA).
- Espectrômetros de AA.
- Correção de fundo de AA.
- Espectrometria de fluorescência atômica.

Termos-chave

Aerossol, 740
Agente liberador, 752
Agente de proteção, 752
Alargamento por colisão, 739
Aspiração, 743
Atomização, 736
Atomizador contínuo, 740
Atomizador eletrotérmico, 740
Bremsstrahlung, 744
Correção de fundo de Zeeman, 758
Correção de fundo com fonte contínua, 757
Correção de fundo de Smith-Hieftje, 758

Descarga luminescente, 749
Efeito Bernoulli, 743
Estado excitado, 737
Estado fundamental, 737
Interferência aditiva, 751
Interferências do analito, 752
Interferência do branco, 751
Interferência multiplicativa, 752
Interferências espectrais, 751
Lâmpada de catodo oco, 756
Lâmpadas de descarga sem eletrodos, 756
Largura natural de linha, 739

Linha de ressonância, 737
Modulação, 756
Nebulizador, 740
Plasma, 741
Plasma acoplado indutivamente, 742
Pulverização catódica, 756
Quebra dielétrica, 749
Supressor de ionização, 752
Tampão de radiação, 763

Equações Importantes

Absorbância total medida

$$A_T = A_A + A_F$$

Questões e Problemas*

*26-1. Descreva as diferenças básicas entre a espectroscopia de absorção atômica e a espectroscopia de fluorescência atômica.

26-2. Defina

*(a) atomização.
(b) alargamento da pressão.
*(c) alargamento Doppler.
(d) aerossol.

*As respostas para as questões e problemas marcados com um asterisco são fornecidas no final deste livro.

*(e) plasma.
(f) nebulizador.
*(g) lâmpada de catodo oco.
(h) pulverização catódica.
*(i) interferência aditiva.
(j) interferência ionização.
*(k) interferência química.
(l) tampão de radiação.
*(m) agente protetor.
(n) supressor de ionização.

*26-3. Por que a emissão atômica é mais sensível à instabilidade da chama que a absorção atômica?

26-4. Por que as interferências de ionização não costumam ser tão severas em ICP como o são em chamas?

*26-5. Por que se emprega a modulação da fonte na espectroscopia de absorção atômica?

26-6. Por que as resoluções dos monocromadores encontradas nos espectrômetros de emissão atômica com ICP são maiores que as dos monocromadores encontrados nos espectrômetros de absorção atômica de chama?

*26-7. Por que as linhas de uma lâmpada de catodo oco são em geral mais estreitas que as linhas emitidas pelos átomos em uma chama?

26-8. Na AA com uma chama de hidrogênio/oxigênio, a absorbância do cálcio decresce na presença de uma grande concentração de íons fosfato.
(a) Sugira uma explicação para essa observação.
(b) Sugira três métodos possíveis de contornar a interferência potencial do sulfato em uma determinação quantitativa de ferro.

*26-9. Enumere quatro características dos plasmas acoplados indutivamente que os tornam adequados para a espectrometria de emissão e atômica.

26-10. Por que um ICP raramente é empregado em medidas de absorção atômica?

*26-11. Discuta as diferenças que resultam na emissão atômica em ICP quando o plasma é observado axialmente em vez de radialmente.

26-12. Na determinação de urânio por absorção atômica, existe uma relação linear entre a absorbância em 351,5 nm e a concentração de 500 a 2.000 ppm de U. A concentrações muito mais baixas que 500 ppm, a relação torna-se não linear, a menos que cerca de 2.000 ppm de um sal de metal alcalino sejam adicionados. Explique.

*26-13. Uma amostra 5,00 mL de sangue foi tratada com ácido tricloroacético para precipitar proteínas. Após a centrifugação, a solução resultante foi levada a pH 3 e extraída com duas porções de 5 mL de isobutilmetilcetona contendo o agente complexante de chumbo APCD. O extrato foi aspirado diretamente para uma chama de ar/acetileno e rendeu uma absorbância de 0,502 a 283,3 nm. Alíquotas de 5 mililitros de soluções padrão contendo 0,400 e 0,600 ppm de chumbo foram tratadas da mesma forma e forneceram absorbâncias de 0,396 e 0,599. Encontre a concentração em ppm de chumbo na amostra presumindo que a lei de Beer seja obedecida.

26-14. O cromo em uma série de amostras de aços foi determinado por espectroscopia de emissão ICP. O espectrômetro foi calibrado com uma série de padrões contendo 0; 2,0; 4,0; 6,0 e 8,0 μg de $K_2Cr_2O_7$ por mililitro. As leituras do instrumento para essas soluções foram 3,1; 21,5; 40,9; 57,1 e 77,3, respectivamente, em unidades arbitrárias.
(a) Faça um gráfico dos dados.
(b) Encontre a equação para a reta de regressão.
(c) Calcule os desvios padrão para a inclinação e para a intersecção da linha em (b).
(d) Os seguintes dados foram obtidos para as replicatas de amostras de 1,00 g de cimento dissolvidos em HCl e diluídos para 100,0 mL após a neutralização.

Leituras de Emissão

	Branco	Amostra A	Amostra B	Amostra C
Replicata 1	5,1	28,6	40,7	73,1
Replicata 2	4,8	28,2	41,2	72,1
Replicata 3	4,9	28,9	40,2	derramada

Calcule a porcentagem de Cr_2O_3 em cada amostra. Quais são os desvios padrão absolutos e relativos para a média de cada determinação?

26-15. O cobre em uma amostra aquosa foi determinado por espectrometria de absorção de chama. Primeiramente, 10,0 mL de uma solução da amostra foram pipetados em cada um de cinco balões volumétricos de 50,0 mL. Vários volumes de um padrão contendo 12,2 ppm de Cu foram adicionados aos balões e seus volumes completados.

Amostra, mL	Padrão, mL	Absorbância
10,0	0,0	0,201
10,0	10,0	0,292
10,0	20,0	0,378
10,0	30,0	0,467
10,0	40,0	0,554

(a) Construa um gráfico da absorbância em função do volume de padrão.
*(b) Derive uma expressão que relacione a absorbância com as concentrações dos padrões e a amostra (c_p e c_x) e os volumes dos padrões e da amostra (V_p e V_x), assim como com os

volumes para o qual as soluções foram diluídas (V_t).

*(c) Derive as expressões para o coeficiente angular e para o coeficiente linear da reta obtida (a) em termos das variáveis listadas em (b).

(d) Mostre que a concentração do analito é dada pela relação $c_x = bc_p/mV_x$, onde m e b são o coeficiente angular e linear da reta em (a).

*(e) Determine os valores de m e b pelo método dos mínimos quadrados.

(f) Calcule o desvio padrão para os coeficientes angular e linear em (e).

*(g) Calcule a concentração de cobre em ppm do metal na amostra utilizando a relação dada em (d).

26-16. O chumbo foi determinado em uma amostra de latão por absorção atômica e pelo método de adições de padrão. A amostra original foi dissolvida e diluída para 50,0 mL. Esta solução foi introduzida em um espectrômetro de AA e foi obtida uma absorbância de 0,42. Foi adicionado à solução original, 20,0 μL de um padrão de chumbo que continha 10,0 μg mL^{-1} de Pb. A absorbância dessa segunda solução foi 0,58.

(a) Determine a massa de Pb na amostra original em μg.

(b) Que suposição foi feita para usar esse método de adição única?

(c) O que poderia ser feito para conferir a suposição feita no item (b)?

26-17. **Problema Desafiador**: Amostras de água do mar foram examinadas por espectrometria de emissão atômica ICP (ICP-EAA) em um estudo multielementar. O vanádio foi um dos elementos determinados. As soluções padrão em uma matriz sintética de água do mar foram preparadas e determinadas por ICP-EAA. Foram obtidos os seguintes resultados:

Concentração, pg mL^{-1}	Intensidade, Unidades Arbitrárias
0,0	2,1
2,0	5,0
4,0	9,2
6,0	12,5
8,0	17,4
10,0	20,9
12,0	24,7

(a) Determine a reta de regressão por mínimos quadrados.

(b) Estabeleça os desvios padrão dos coeficientes angular e linear.

(c) Teste a hipótese de que o coeficiente angular é igual a 2,00.

(d) Teste a hipótese de que o coeficiente linear é igual a 2,00.

(e) Três soluções de água do mar forneceram leituras para vanádio de 3,5; 10,7 e 15,9. Determine suas concentrações e seus desvios padrão.

(f) Determine os limites de confiança de 95% para as três amostras no item (e).

(g) Estime o limite de detecção para a determinação de vanádio na água do mar a partir dos dados (veja a Seção 6D-1). Use um valor de k igual a 3 em sua estimativa do LD.

(h) A segunda amostra de água com uma leitura de 10,7 unidades era um padrão de referência certificado com uma concentração conhecida de 5,0 pg mL^{-1}. Qual foi o erro absoluto e percentual na sua determinação?

(i) Teste a hipótese de que o valor determinado no item (e) para a segunda amostra de água do mar (leitura de 10,7) é idêntico à concentração certificada de 5,0 pg mL^{-1}.

Espectrometria de Massas

CAPÍTULO 27

A espectrometria de massas tem se tornado uma das mais importantes de todas as técnicas analíticas. A foto mostra um cientista da NASA injetando amostras que contêm material de meteoritos carbonáceos em um espectrômetro de gás-massas. Como descrito neste capítulo, esse instrumento inicialmente separa as misturas complexas de compostos orgânicos utilizando cromatografia de gás (Capítulo 30) e identifica os compostos com a espectrometria de massas. Os compostos identificados nos meteoritos podem conter chaves para desbloquear a pergunta de como esses viajantes remotos foram formados anos atrás. A espectrometria de massas é largamente usada na química e na biologia para determinar as estruturas de moléculas complexas e para identificar as moléculas presentes em muitas amostras diferentes. Ela também se tornou muito importante na geologia, na paleontologia, na ciência forense e na química clínica.

NASA

A espectrometria de massas (EM) é uma ferramenta poderosa e versátil para obter informações sobre a identidade de um composto desconhecido, sua massa molecular, sua composição elementar e, em muitos casos, sua estrutura química. A espectrometria de massas pode ser convenientemente dividida em espectrometria de massas atômicas, ou elementares, e espectrometria de massas moleculares. A espectrometria de massas é uma ferramenta quantitativa que pode determinar quase todos os elementos na tabela periódica. Os limites de detecção são frequentemente várias ordens de grandeza melhores que os métodos óticos. Por outro lado, a espectrometria de massas moleculares é capaz de oferecer informações sobre as estruturas de moléculas inorgânicas, orgânicas e biológicas e sobre a composição qualitativa e quantitativa de misturas complexas. Inicialmente, discutiremos os princípios que são comuns a todas as formas de espectrometria de massas e os componentes que constituem um espectrômetro de massas.

27A Princípios da Espectrometria de Massas

No espectrômetro de massas, as moléculas de analito são convertidas em íons aplicando-se energia a elas. Os íons formados são separados com base em sua razão massa-carga (m/z) e direcionados para um transdutor que converte o número de íons (abundância) em um sinal elétrico. Os íons de diferentes proporções de massa para carga são direcionados para o transdutor sequencialmente, por varredura ou fazendo-os atingir um transdutor multicanal simultaneamente.

> Um **espectro de massas** é um gráfico de abundância iônica em função da razão massa-carga (veja a Seção 27A-2) ou apenas massa para íons de carga única.

A abundância do íon colocada em gráfico contra a razão massa-carga é chamada de um **espectro de massas**. Frequentemente, íons com carga única são produzidos na fonte de ionização e a razão massa-carga é encurtada para apenas massa, de tal forma que o espectro é colocado em gráfico como número de íons *versus* a massa, como mostrado na **Figura 27-1** para um espectro de massas elementares de uma amostra geológica. No entanto, esta simplificação conveniente é apenas aplicável a íons com carga única.

27A-1 Massas Atômicas

As massas atômicas e moleculares normalmente são expressas em termos da **escala de massas atômicas**, baseada em um isótopo específico do carbono. Uma **unidade de massa atômica unificada** nesta escala é igual a 1/12 da massa de um átomo neutro de $^{12}_{6}C$. A massa atômica unificada é dada pelo símbolo u. Uma unidade de massa atômica unificada é normalmente chamada de 1 Dalton (Da), que se tornou um termo aceitável mesmo não sendo uma unidade SI oficial. O termo mais antigo, unidade de massa atômica (u.m.a.), deve ser desencorajado, uma vez que ele era baseado no isótopo estável mais abundante do ^{16}O.

>> Atribui-se um valor exato de 12 unidades unificadas de massa atômica ou comumente 12 daltons do isótopo $^{12}_{6}C$.

Na espectrometria de massas, em contraste aos muitos tipos de química, estamos frequentemente interessados na massa exata m de isótopos específicos de um elemento ou na massa exata de compostos contendo um conjunto específico de isótopos. Portanto, devemos distinguir entre as massas de compostos tais como

$$^{12}C^1H_4 \quad m = 12{,}0000 \times 1 + 1{,}008 \times 4$$
$$= 16{,}03200 \text{ Da}$$
$$^{13}C^1H_4 \quad m = 13{,}0000 \times 1 + 1{,}008 \times 4$$
$$= 17{,}0320 \text{ Da}$$
$$^{12}C^1H_4{}^2H_1 \quad m = 12{,}0000 \times 1 + 1{,}008 \times 3 + 2{,}0160 \times 1$$
$$= 17{,}0400 \text{ Da}$$

As massas isotópicas nos cálculos acima são mostradas com quatro casas decimais. Normalmente, cotamos massas exatas com três ou quatro casas decimais, porque os típicos espectrômetros de massas de alta resolução fazem medições até este nível de precisão.

A **massa atômica química**, ou **massa atômica média**, de um elemento na natureza é dada pela soma das massas exatas de cada isótopo ponderado pela sua abundância fracionária na natureza. A massa atômica química é o tipo de massa de

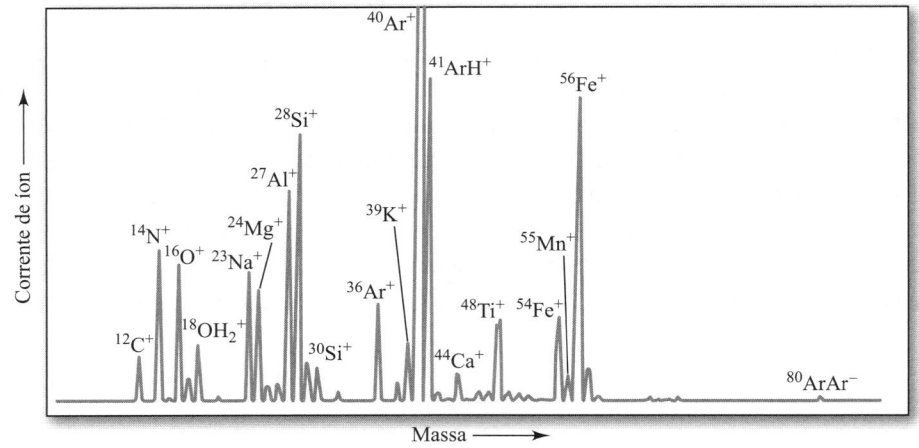

FIGURA 27-1 Espectro de massas de uma amostra geológica obtida por ablação a laser/ICP-MS. A corrente de íon no eixo *y* é proporcional ao número de íons (abundância iônica). A massa no eixo *x* é proporcional à razão massa-carga para íons com carga única. Componentes majoritários (%): Na, 1,80; Mg, 3,62; Al, 4,82; Si, 26,61; K, 0,37; Ti, 0,65; e Fe, 9,53; Mn 0,15. (Adaptado de A. L. Gray. *Analyst*, v. 110, n. 55, 1985, DOI: 10.1039/AN9851000551.)

interesse para os químicos para a maioria dos propósitos. A **massa molecular** média ou química de um composto é então a soma das massas atômicas para os átomos que aparecem na fórmula do composto. Portanto, a massa molecular química do CH_4 é 12,011 + 4 × 1,008 = 16,043 Da. A massa atômica ou molecular expressa sem as unidades é o **número de massa**.

> O **número de massa** é a massa atômica ou massa molecular expressa em unidades.

27A-2 Razão Massa-Carga

A **razão massa-carga**, m/z, de um íon é a grandeza de maior interesse, porque o espectrômetro de massas separa os íons de acordo com esta razão. A razão massa-carga de um íon é a razão adimensional do seu número de massa em relação ao número de cargas fundamentais z no íon. Portanto, para $^{12}C^{1}H_4^+$, $m/z = 16,032/1 = 16,032$. Para $^{13}C^{1}H_4^{2+}$, $m/z = 17,032/2 = 8,516$. Estritamente falando, referir-se à **razão massa-carga** como a massa de um íon só é correto para íons com carga única, mas esta terminologia é comumente usada na literatura de espectrometria de massas.

27B Espectrômetros de Massas

O **espectrômetro de massas** é um instrumento que produz íons, os separa de acordo com os seus valores de m/z, os detecta e faz o gráfico do espectro de massas. Tais instrumentos variam largamente em tamanho, resolução, flexibilidade e custo. Os seus componentes, entretanto, são notavelmente similares.

27B-1 Componentes do Espectrômetro de Massas

A **Figura 27-2** ilustra os principais componentes de todos os tipos de espectrômetros de massas. Na espectrometria de massas moleculares, as amostras entram na região evacuada do espectrômetro de massas através do sistema de entrada. Sólidos, líquidos e gases podem ser introduzidos, dependendo da natureza da fonte de ionização. O propósito do sistema de entrada é introduzir uma quantidade micro de amostra na fonte de íon onde os componentes da amostra são convertidos em íons gasosos pelo bombardeamento com elétrons, fótons, íons ou moléculas. Na espectrometria de massas atômicas, a fonte de ionização está fora da região evacuada e também serve como entrada. Nos espectrômetros de massas atômicas, a ionização é realizada aplicando-se energia térmica ou elétrica. A saída da fonte de íon é uma corrente de íons gasosos

A **Dra. Nadja B. Cech** (ela/dela) terminou seu doutorado em química analítica na University of New Mexico, onde trabalhou com o professor Chris Enke para desenvolver um modelo largamente utilizado que explica a eficiência de ionização na espectrometria de ionização por *eletrospray*. Dra. Cech é atualmente Patricia A. Sullivan Distinguished Professor de química na University of North Carolina Greensboro. Seu grupo utiliza a espectrometria de massas para descobrir moléculas biologicamente ativas a partir de vegetais e fungos. O laboratório de Cech é conhecido por desenvolver novas maneiras de entender como ocorrem as interações sinergéticas em misturas complexas.

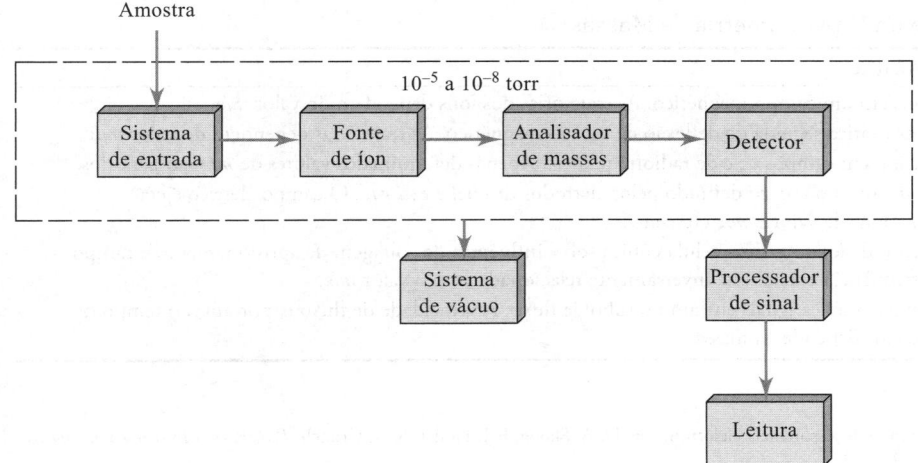

FIGURA 27-2

Componentes de um espectrômetro de massas.

positivos (mais comum) ou negativos. Estes íons são acelerados para o analisador de massas, que então os separa de acordo com as razões massa-carga deles. Os íons de valores *m/z* específicos são então coletados e convertidos em um sinal elétrico pelo transdutor de íon (detector). O sistema de manipulação de dados processa os resultados para produzir o espectro de massas. O processamento também pode incluir a comparação dos espectros conhecidos, a tabulação de resultados e o armazenamento de dados.

>> Os espectrômetros de massas são operados a baixa pressão, de tal forma que os íons e elétrons livres podem ser preservados.

Os espectrômetros de massas exigem um sistema de vácuo elaborado para manter uma baixa pressão em todos os componentes exceto no processador de sinal e na tela. A baixa pressão garante uma frequência de colisões relativamente baixa entre várias espécies no espectrômetro de massas, que é fundamental para a produção e manutenção dos íons e elétrons livres.

Nas seções a seguir, descreveremos primeiramente os analisadores de massas que são usados nos espectrômetros de massas. Então, consideraremos os vários sistemas transdutores que são usados na espectrometria de massas, tanto molecular quanto elementar. A Seção 27C-1 contém material sobre a natureza e a operação de fontes de íons comuns para os espectrômetros de massas, enquanto a Seção 27D-2 descreve as **fontes de ionização** para moléculas.

27B-2 Os Analisadores de Massas

Idealmente, o analisador de massas deve distinguir diferenças de massas diminutas e, simultaneamente, permitir a passagem de um número suficiente de íons para produzir correntes de íons mensuráveis. Uma vez que estas duas propriedades não são totalmente compatíveis, os ajustes de projeto resultaram em muitos tipos diferentes de analisadores de massas. A **Tabela 27-1** lista seis dos analisadores mais comuns. Descreveremos em detalhes os analisadores de setor magnético e elétrico, os analisadores quadrupolares de massas e os sistemas de tempo de voo. Vários outros analisadores são usados na espectrometria de massas, incluindo os **íons traps** e espectrômetros de ressonância cíclotron iônica com transformada de Fourier.[1]

>> Uma resolução de 100 significa que a massa unitária (1 Da) pode ser distinguida em uma massa nominal de 100.

Resolução de Espectrômetros de Massas

A capacidade de um espectrômetro de massas de diferenciar entre as massas é normalmente expressa em termos de sua *resolução*, R, que é definida como

$$R = \frac{m}{\Delta m} \tag{27-1}$$

onde Δm é a diferença de massas entre dois picos adjacentes que são exatamente resolvidos e *m* é a massa nominal do pico com a massa mais baixa (a massa média dos dois picos é algumas vezes usada como alternativa).

A resolução necessária em um espectrômetro de massas depende enormemente da sua pretensão de uso. Por exemplo, para detectar diferenças na massa dentre íons de mesma massa nominal, tais como $C_2H_4^+$, CH_2N^+, N_2^+ e CO^+ (todos íons de massa 28 Da, mas massas exatas de 28,054, 28,034, 28,014 e 28,010 Da, respectivamente), é necessário um instrumento

TABELA 27-1

Analisadores de Massas Comuns para Espectrometria de Massas	
Tipo Básico	**Princípio de Análise**
Setor magnético	Deflexão de íons em um campo magnético. As trajetórias dos íons dependem do valor *m/z*.
Duplo foco	Focalização eletrostática seguida de deflexão de campo magnético. As trajetórias dependem do valor *m/z*.
Quadrupolar	Movimento de íon em campos cc e de radiofrequência. Apenas determinados valores de *m/z* são passados.
Íons trap	Armazenagem de íons no espaço definido pelos eletrodos de anel e *end-cap*. O campo elétrico ejeta sequencialmente íons de valores *m/z* crescentes.
Ressonância de íon cíclotron	O aprisionamento de íons em uma célula cúbica sob a influência de voltagem de aprisionamento e campo magnético. A frequência orbital está inversamente relacionada com o valor *m/z*.
Tempo de voo	Os íons de energia cinética iguais entram no tubo de fluxo. A velocidade de fluxo e, portanto, o tempo de chegada ao detector depende da massa.

---

[1] Para informações sobre espectrômetros de íons traps e de ressonância cíclotron, veja D. A. Skoog; F. J. Holler; S. R. Crouch. *Principles of Instrumental Analysis*. 7. ed. Boston, MA: Cengage Learning, 2018, pp. 520-523.

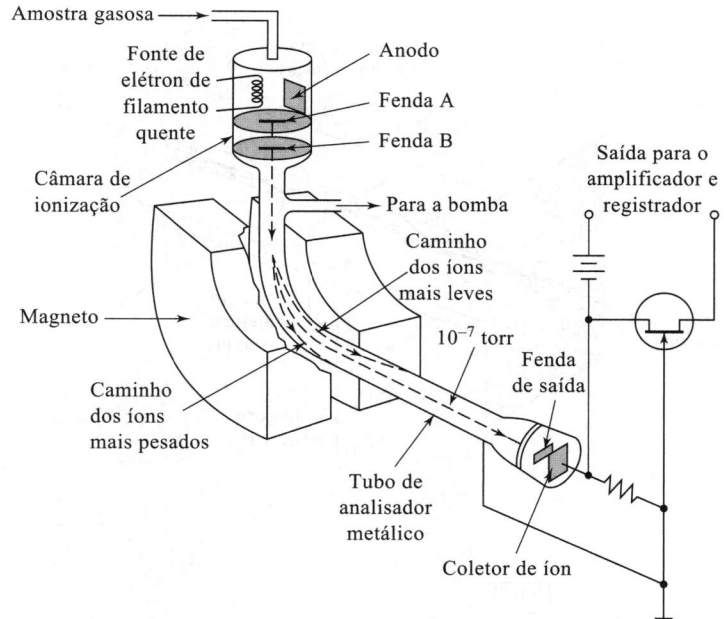

FIGURA 27-3

Esquema de um espectrômetro de setor magnético. A energia cinética, EC, de um íon de massa m e carga z saindo da fenda é EC = zeV = ½ mv^2. Se todos os íons têm a mesma energia cinética, os íons mais pesados trafegam a uma velocidade mais baixa que os íons mais leves. O balanceamento das forças centrípeta e magnética resulta em íons de diferentes massas percorrendo caminhos diferentes, como mostrado.

com resolução de vários milhares. Por outro lado, íons de baixa massa molecular que diferem em uma unidade de massa ou mais, assim como NH_3^+ (m = 17) e CH_4^+ (m = 16), podem ser distinguidos com um instrumento tendo uma resolução menor que 50. Estão disponíveis comercialmente espectrômetros com resoluções que variam de aproximadamente 500 a 500.000.

Analisadores de Setor[2]

No analisador de setor magnético, mostrado na **Figura 27-3**, a separação é baseada na deflexão de íons em um campo magnético. As trajetórias que os íons tomam dependem de seus valores m/z. Tipicamente, o campo magnético é mudado lentamente para levar os íons de valor m/z diferente para um detector. No espectrômetro de massas de foco duplo, um setor elétrico precede o setor magnético. O campo eletrostático serve para focar um feixe de íons tendo apenas uma faixa estreita de energias cinéticas em uma fenda que leva ao setor magnético. Tais instrumentos são capazes de resolução muito alta.

Analisadores Quadrupolares de Massas

O analisador quadrupolar de massas consiste em quatro hastes cilíndricas, como ilustrado na **Figura 27-4**. Os analisadores quadrupolares são filtros de massas que permitem apenas a passagem de íons de determinadas razões massa-carga. O movimento dos íons nos campos elétricos é a base da separação. Hastes opostas entre si são conectadas a voltagens cc e de radiofrequência (rf). Com o ajuste apropriado das voltagens, é criado um caminho estável para íons de determinadas razões m/z passarem através do analisador para o transdutor. O espectro de massas é obtido varrendo-se as voltagens aplicadas às hastes. Os analisadores quadrupolares têm alta produtividade, mas resolução relativamente baixa. A massa unitária (1 Da) é a resolução típica de um analisador quadrupolar. Esta resolução pode ser suficiente em muitas formas de espectrometria de massas ou em casos em que um espectrômetro de massas sirva como um detector para moléculas separadas pela cromatografia de gás ou de líquido.

Analisadores de Tempo de Voo

O espectrômetro de massas de tempo de voo (TOF) representa outra abordagem para a análise de massas. Em um analisador TOF, um pacote de íons com energias cinéticas aproximadamente iguais é rapidamente amostrado e os íons entram em uma região livre de campo. Uma vez que a energia cinética, EC, é $1/2mv^2$, a velocidade do íon v varia inversamente com a sua massa, como mostrado pela Equação 27-2:

---

[2] Para informações sobre analisadores de massas, veja D. A. Skoog; F. J. Holler; S. R. Crouch. *Principles of Instrumental Analysis*. 7. ed. Boston, MA: Cengage Learning, 2018, pp. 259-262.

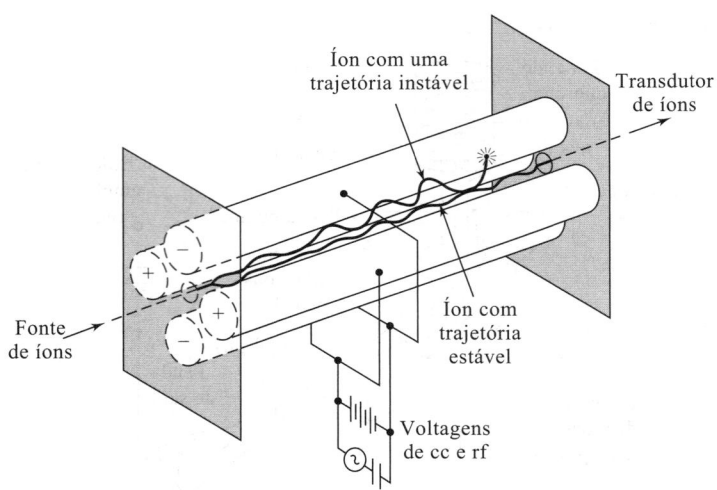

FIGURA 27-4
Um analisador quadrupolar de massas.

$$v = \sqrt{\frac{2EC}{m}} \tag{27-2}$$

O tempo necessário para os íons percorrerem uma distância fixa até o detector está então relacionado de maneira inversa à massa do íon. Em outras palavras, os íons com baixa razão *m/z* chegam ao detector mais rapidamente que aqueles com razão *m/z* alta. Cada valor de *m/z* é então detectado em sequência. Os tempos de voo são bastante breves, levando a tempo de análises que são tipicamente na ordem de microssegundos.

Os instrumentos de tempo de voo são relativamente simples e robustos e têm faixa de massas aproximadamente ilimitada. Como um resultado, os analisadores TOF são menos utilizados que os analisadores de setor magnético e quadrupolar.

27B-3 Transutores para Espectrometria de Massas

Estão disponíveis vários tipos de transdutores de íon para a espectrometria de massas.[3] O transdutor mais comum é o multiplicador de elétron, ilustrado na **Figura 27-5**. O multiplicador de elétron de dínodo discreto opera de forma muito semelhante ao transdutor fotomultiplicador para a radiação UV/visível, discutido na Seção 23A-4. Quando os íons ou elétrons energéticos atingem o catodo Cu-Be, são emitidos elétrons secundários. Estes elétrons são atraídos para dínodos, que são mantidos cada um em uma voltagem positiva sucessivamente mais alta. Estão disponíveis **multiplicadores de elétrons** com até 20 dínodos. Estes dispositivos podem multiplicar a força do sinal por um fator de até 10^7.

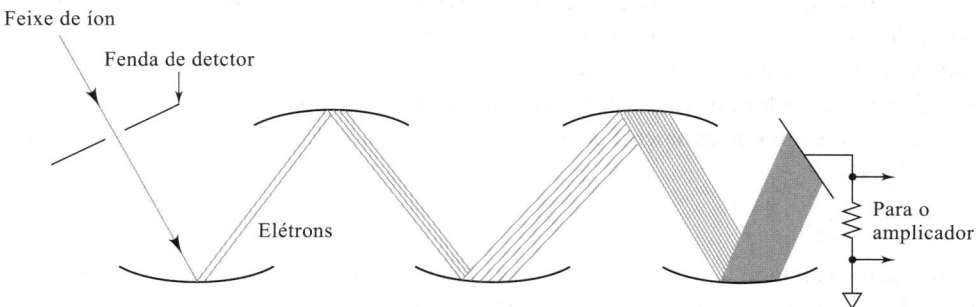

FIGURA 27-5 Multiplicador de elétron de dínodo discreto. Os dínodos são mantidos em voltagens sucessivamente mais altas por meio de um divisor de voltagem multiestágio.

---

[3] Para informações sobre transdutores de íon, veja D. A. Skoog; F. J. Holler; S. R. Crouch. *Principles of Instrumental Analysis*. 7. ed. Boston, MA: Cengage Learning, 2018, pp. 256-258.

Os multiplicadores de elétron de dínodo contínuo também são populares. Estes dispositivos são multiplicadores na forma de trompete feitos de gás altamente dopado com chumbo. Um potencial de 1,8 a 2 kV é imposto através do comprimento do dispositivo. Os íons que atingem a superfície ejetam elétrons, que saltam ao longo da superfície ejetando mais elétrons com cada impacto.

Em adição aos transdutores multiplicadores de elétrons, os transdutores de copo de Faraday e transdutores de rede têm se tornado disponíveis para a espectrometria de massas. Como na espectrometria ótica, os transdutores de rede permitem a detecção de elementos de resolução múltipla. As redes de placas multicanal e redes micro-Faraday têm sido usadas.

27C Espectrometria de Massas Atômicas

A espectrometria de massas tem estado em cena há muitos anos, mas a introdução do plasma indutivamente acoplado (ICP), em meados dos anos 1970, e seu subsequente desenvolvimento para a espectrometria de massas[4] levaram à comercialização bem-sucedida de ICP-MS por vários fabricantes de instrumentos. Atualmente, o ICP-MS é uma técnica largamente utilizada para a determinação simultânea de mais de 70 elementos em alguns minutos. A fonte de íon é a principal diferença entre a espectrometria de massas atômica e molecular. Para a espectrometria atômica, a fonte de íon deve ser muito energética para converter a amostra para íons e átomos simples na fase gasosa. Na espectrometria de massas, a fonte de íon é muito menos energética e converte a amostra em **íons moleculares** e **íons de fragmentos**.

27C-1 Fontes para Espectrometria de Massas Atômicas

Várias fontes de ionização têm sido propostas para a espectrometria de massas atômicas. A **Tabela 27-2** lista os pontos de ionização mais comuns e os analisadores de massas típicos usados com cada uma dessas fontes.

O Plasma Indutivamente Acoplado

O ICP é descrito extensivamente na Seção 26B-2 em conexão com seu uso na espectroscopia de emissão atômica. A geometria axial mostrada na Figura 26-7 é a mais frequentemente usada em ICP-MS. Nas aplicações de MS, o ICP serve tanto como atomizador quanto como ionizador. As amostras em solução podem ser introduzidas por um nebulizador convencional ou de ultrassom. As amostras sólidas podem ser dissolvidas em solução ou volatilizadas por meios de faísca de alta voltagem ou laser de alta potência antes de ser introduzida no ICP. Os íons formados no plasma são então introduzidos no analisador de massas, normalmente quadrupolar, onde são classificados de acordo com a razão massa-carga e detectados.

A extração de íons do plasma pode se apresentar como um importante problema técnico no ICP-MS. Enquanto um ICP opera a pressão atmosférica, um espectrômetro de massas opera a alto vácuo, tipicamente 10^{-6} torr. A região de interface entre o ICP e o espectrômetro de massas é crítica para garantir que uma fração substancial dos íons produzidos seja transportada para o analisador de massas. Em geral, a interface consiste em dois cones metálicos, denominados **amostrador** (*sampler*) e **skimmer**. Cada cone possui um pequeno orifício ($\approx$ 1 mm) para permitir que os íons passem pela ótica de íons, a qual os guia para o analisador de massas.[5] O feixe introduzido no espectrômetro de massas apresenta aproximadamente a mesma composição iônica da região do plasma da qual foi extraído. A **Figura 27-6** mostra que os escpectros

TABELA 27-2

Fontes Comuns de Ionização para a Espectrometria de Massas			
Nome	**Símbolo**	**Fontes de Íons Atômicos**	**Analisador de Massas Típico**
Plasma indutivamente acoplado	ICP-MS	Plasma de argônio de alta temperatura	Quadrupolar
Plasma de corrente direta	DCPMS	Plasma de argônio de alta temperatura	Quadrupolar
Plasma induzido por micro-ondas	MIPMS	Plasma de argônio de alta temperatura	Quadrupolar
Fonte de faísca	SSMS	Faísca elétrica de radiofrequência	Foco duplo
Descarga radiante (*glow discharge*)	GDMS	Plasma de descarga radiante	Foco duplo

---

[4] S. Houk; V. A. Fassel; G. D. Flesch; H. J. Svec; A. L. Gray; C. E. Taylor. *Anal. Chem.*, v. 52, p. 2283, 1980. DOI: 10.1021/ac50064a012.
[5] Para mais informações, veja R. S. Houk. *Acc. Chem. Res.*, v. 27, p. 333, 1994. DOI: 10.1021/ar00047a003.

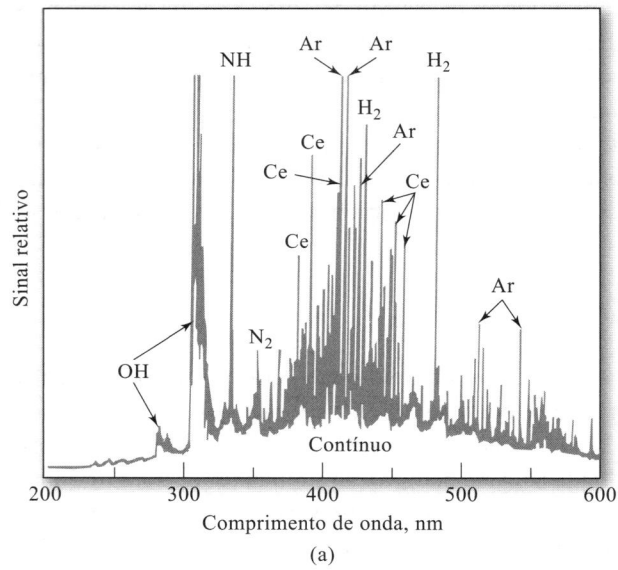

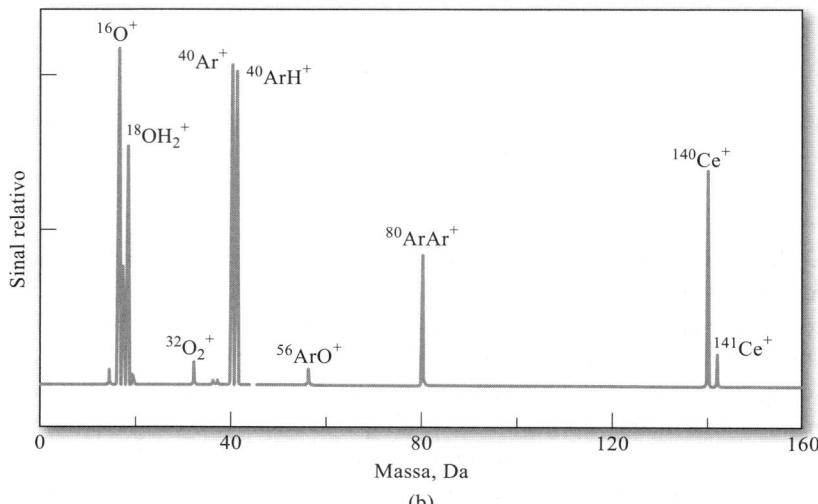

FIGURA 27-6

Comparação entre o espectro de emissão atômica de ICP para 100 ppm de cério (a) e o espectro de massas ICP para 10 ppm de cério (b). (Adaptado de M. Selby; G. M. Hieftje. *Amer. Lab.*, v. 19, n.16, 1987.)

de ICP-MS são, muitas vezes, impressionantemente simples se comparados com os espectros de emissão atômica ICP convencionais. O espectro de ICP-MS mostrado na figura consiste em uma série de picos de isótopos para cada elemento presente com picos iônicos de fundo (*background*). Os íons de fundo incluem Ar^+, ArO^+, ArH^+, H_2O^+, O^+, O_2^+, bem como os adutos de argônio com metais. Além desses, encontram-se, nos espectros de massa com ICP, alguns íons poliatômicos que se formam a partir de constituintes da amostra. Esses íons de fundo podem interferir na determinação dos analitos, como descrito na Seção 27C-2.

Os instrumentos comerciais para ICP-MS estão no mercado desde 1983. Os espectros de ICP-MS são usados para identificar os elementos presentes na amostra e para determinar quantitativamente estes elementos. Normalmente, as análises quantitativas são baseadas nas curvas de calibração nas quais a razão entre o sinal do íon para o analito e aquele para um padrão interno possa ser colocada no gráfico como uma função da concentração.

Outras Fontes de Ionização para a Espectrometria de Massas

Das fontes listadas na Tabela 27-2, a fonte de faísca e a descarga radiante têm recebido a maior atenção. A espectrometria de massas atômicas de fonte de faísca (SSMS) foi inicialmente introduzida nos anos 1930 como uma ferramenta geral para análises multielementares e de traços de isótopos. Entretanto, foi só após 1958 que o primeiro espectrômetro de massas de fonte de faísca comercial apareceu no mercado. Após um período de rápido desenvolvimento nos anos 1960, o uso desta técnica parou de crescer e então caiu com o aparecimento do ICP-MS. Atualmente a **espectrometria de massas de fonte de faísca** ainda é aplicada a amostras sólidas que não são facilmente dissolvidas e analisadas por ICP. Além disso, as fontes de faísca são usadas em conjunção com as fontes de ICP para volatilizar e atomizar amostras sólidas antes da introdução no plasma.

Como abordado na Seção 26B-5, a fonte de descarga radiante é um dispositivo útil para vários tipos de espectroscopia atômica. Além de atomizar as amostras, ele também produz uma nuvem de íons positivos de analito de amostras sólidas. Este dispositivo consiste em um sistema de dois eletrodos simples contendo argônio a uma pressão de 0,1 a 10 torr. Uma voltagem de 5 a 15 kV de um suprimento de potência cc é aplicado entre os eletrodos, provocando a formação de íons positivos de argônio, que são então acelerados em direção ao catodo. O catodo é fabricado a partir da amostra, ou a amostra é depositada em um catodo metálico inerte. Exatamente como na lâmpada de catodo oco (veja a Seção 26D-2), os átomos da amostra são lançados do catodo para a região entre os dois eletrodos, onde eles são convertidos em íons positivos por colisão com elétrons ou íons positivos de argônio. Os íons do analito são então puxados para o espectrômetro de massas por **bombeamento diferencial**. A seguir, os íons são filtrados em um analisador quadrupolar ou dispersados com um analisador de setor magnético para a detecção e determinação. As fontes de descarga radiante, como as fontes de faísca, são frequentemente empregadas com tochas ICP. A descarga radiante serve como o atomizador e a tocha ICP, como o ionizador.

❮❮ Em um sistema de vácuo, diz-se que duas câmaras são bombeadas diferencialmente se elas estiverem conectadas por um pequeno orifício e evacuadas por duas bombas separadas. As bombas são conectadas às câmaras por meio de tubos grandes. Tal arranjo permite que o gás entre para uma câmara com pouca variação de pressão na segunda câmara.

27C-2 Espectros de Massas e Interferências

Uma vez que a fonte ICP predomina na espectrometria de massas atômicas, focamos nossa discussão no ICP-MS. A simplicidade dos espectros de ICP-MS, como o espectro de cério mostrado na Figura 27-6b, levou os primeiros trabalhadores no assunto a ter esperanças em "um método livre de interferências". Infelizmente, esta esperança não se concretizou nos estudos posteriores e sérios problemas de interferência são algumas vezes encontrados na espectrometria de massas, da mesma forma que na espectroscopia atômica ótica. Os efeitos de interferências na espectrometria de massas pertencem a duas classes: interferências espectroscópicas e efeitos de matriz. As interferências espectroscópicas ocorrem quando as espécies iônicas no plasma têm o mesmo valor m/z do íon do analito. A maioria dessas interferências é causada por íons poliatômicos, por elementos que têm isótopos essencialmente com a mesma massa, por íons duplamente carregados e por íons de óxidos refratários.[6] Os **espectrômetros de alta resolução** podem reduzir ou eliminar muitas dessas interferências.

❮❮ Os analisadores de massas de alta resolução, como os analisadores de foco duplo, podem reduzir ou eliminar muitas interferências espectrais no ICP-MS.

Os efeitos de matriz tornam-se detectáveis para concentrações de espécies de matriz maiores que cerca de 500 a 1.000 $\mu g\ mL^{-1}$. Em geral, esses efeitos causam a redução do sinal do analito, embora algumas vezes se observe um aumento do sinal. Normalmente, esses efeitos podem ser minimizados diluindo-se a amostra, alterando-se o procedimento de introdução ou por meio da remoção das espécies interferentes. Os efeitos também podem ser minimizados pelo uso de um padrão interno apropriado, um elemento que tenha aproximadamente a mesma massa e potencial de ionização que o analito (veja a Seção 6D-3).

27C-3 Aplicações da Espectrometria de Massas

O ICP-MS é bem apropriado para análises multielementares e para determinações tais como as de razões isotópicas. A técnica apresenta uma ampla faixa dinâmica, tipicamente de quatro ordens de grandeza, e produz espectros que são, geralmente, mais simples e mais fáceis de ser interpretados que os espectros de emissão ótica. O ICP-MS tem encontrado uso amplo nas indústrias de semicondutores e eletrônica, na geoquímica, nas análises ambientais, nas pesquisas médica e biológica e em muitas outras áreas.

---

[6] Para uma discussão adicional sobre as interferências em ICP-MS, veja K. E. Jarvis; A. L. Gray; R. S. Houk. *Handbook of Inductively Coupled Plasma Mass Spectrometry*. Nova York: Blackie, 1992, cap. 5; G. Horlick; Y. Shao. *Inductively Coupled Plasmas in Analytical Atomic Spectrometry*. 2. ed. A. Montaser; D. W. Golightly, ed. Nova York: VCH-Wiley, 1992, pp. 571-596.

>> Os limites de detecção para instrumentos ICP-MS quadrupolar são frequentemente menores que 1 ppb.

Os limites de detecção para ICP-MS estão listados na Tabela 26-4, onde são comparados com aqueles de diversos outros métodos espectrométricos atômicos. A maioria dos elementos pode ser detectada em níveis abaixo de partes por bilhão. Os instrumentos quadrupolares permitem, normalmente, a detecção em nível de ppb em toda a sua faixa de massas. Os instrumentos de alta resolução podem atingir limites de detecção rotineiros de subpartes por trilhão pelo fato de os níveis de fundo nesses instrumentos serem extremamente baixos.

A análise quantitativa normalmente é realizada por meio da preparação de curvas de calibração, empregando-se padrões externos. Para compensar as flutuações, as instabilidades e os efeitos de matriz, um padrão interno pode ser adicionado aos padrões e à amostra. Os padrões internos múltiplos são empregados, às vezes, para otimizar a semelhança das características dos padrões com aquelas dos vários analitos.

Para as soluções simples, nas quais a composição é conhecida ou a matriz das amostras e dos padrões pode ser igualada, a exatidão pode ser melhor que 2% para concentrações do analito de 50 vezes o limite de detecção. Para as soluções de composição desconhecida, consegue-se uma exatidão típica de 5%.

27D Espectrometria de Massas Moleculares

A espectrometria de massas foi primeiramente usada no início dos anos 1940 para a análise química de rotina, quando a indústria de petróleo adotou a técnica para a análise quantitativa de misturas de hidrocarbonetos produzida nas quebras catalíticas. No início dos anos 1950, os instrumentos comerciais começaram a ser adaptados pelos químicos para a identificação e elucidação estrutural de uma ampla variedade de compostos orgânicos. Este uso dos espectrômetros de massas, combinado com a invenção da ressonância magnética nuclear e o desenvolvimento da espectroscopia no infravermelho, revolucionou a maneira como os químicos orgânicos identificam e determinam a estrutura de moléculas. Esta aplicação da espectrometria de massas ainda é extremamente importante.

As aplicações da espectrometria de massas moleculares mudou drasticamente na década de 1980 como consequência do desenvolvimento de novos métodos para a produção de íons a partir de moléculas não voláteis ou instáveis termicamente, tais como aquelas encontradas nas ciências biológicas. Desde aproximadamente 1990, tem havido um crescimento expressivo na área da espectrometria de massas biológicas trazido por esses novos métodos de ionização. Atualmente, a espectrometria de massas está sendo aplicada na determinação da estrutura de polipeptídeos, proteínas e outros biopolímeros de alta massa molecular.

Consideramos aqui a natureza dos espectros de massas moleculares e os tipos de informação que podem ser obtidos. As fontes de ionização comumente empregadas são descritas com a instrumentação espectrométrica. Finalmente, descrevemos várias aplicações atuais.[7]

27D-1 Espectros de Massas Moleculares

A **Figura 27-7** ilustra a maneira pela qual os dados espectrais de massas são normalmente apresentados. O analito é o etilbenzeno, que tem uma massa molecular nominal de 106 daltons (Da). Para obter este espectro, o vapor de etilbenzeno foi bombardeado com um feixe de elétrons que levou à perda de um elétron pelo analito e a formação do íon molecular M$^+$, como mostrado pela reação

$$C_6H_5CH_2CH_3 + e^- \rightarrow C_6H_5CH_2H_3^{\cdot+} + 2e^- \tag{27-3}$$

A espécie carregada $C_6H_5CH_2H_3^{\cdot+} + 2e^-$ é o **íon molecular**. Como indicado pelo ponto, o íon molecular é um íon radicalar que tem a mesma massa molecular da molécula.

>> Os **íons de fragmentos** podem dominar os espectros de massas moleculares.

A colisão entre elétrons energéticos e moléculas do analito geralmente fornece energia suficiente para as moléculas, deixando-as em um estado excitado. Então, frequentemente, ocorre o relaxamento pela fragmentação de parte dos íons moleculares

---

[7] Para uma discussão detalhada de espectrometria de massas, veja D. M. Desiderio; N. M. Nibbering, *Eds., Mass Spectrometry: Instrumentation, Interpretation and Applications*. Hoboken, NJ: Wiley, 2009; J. T. Watson; O. D. Sparkman. *Introduction to Mass Spectrometry: Instrumentation. Applications and Strategies for Data Interpretation*. 4. ed. Chichester, UK: Wiley, 2007; R. M. Smith. *Understanding Mass Spectra: A Basic Approach*. 2. ed. Nova York: Wiley, 2004.

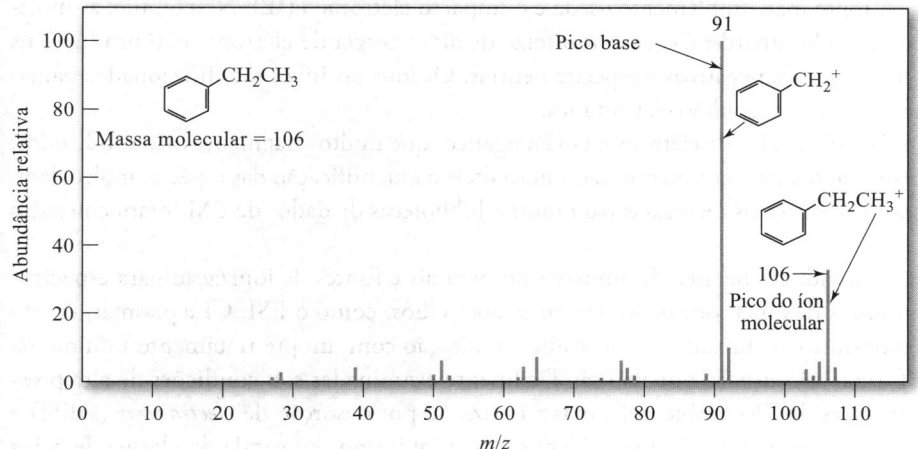

FIGURA 27-7
Espectro de massas do etilbenzeno.

para produzir íons de massas mais baixas. Por exemplo, um produto principal no caso do etilbenzeno é $C_6H_5CH_2^+$, que resulta da perda de um grupo CH_3. Também são formados outros fragmentos com carga positiva em quantidades menores.

Os íons positivos produzidos no impacto do elétron são atraídos pela fenda de um espectrômetro de massas, onde eles são classificados de acordo com as suas razões massa-carga e exibidos na forma de gráfico de barras de um espectro de massas. Observe na Figura 27-7 que o maior pico em $m/z = 91$, chamado de **pico base**, recebeu, arbitrariamente, um valor de 100. As alturas dos picos restantes são computadas como uma porcentagem da altura do pico base.

27D-2 Fontes de Íons

O ponto de partida para uma análise espectrométrica de massas é a formação de íons gasosos do analito, e o objetivo e a utilidade de um método espectrométrico de massas é ditado pelo processo de ionização. A aparência dos espectros de massas para uma determinada espécie molecular é altamente dependente do método usado para a formação do íon. A **Tabela 27-3** lista muitas das fontes de íons que têm sido usadas na espectrometria molecular.[8] Observe que esses métodos se encaixam em duas categorias principais: **fontes de fase gasosa** e **fontes de dessorção**. Com uma fonte de fase gasosa, a amostra é inicialmente vaporizada e, então, ionizada. Com uma fonte de dessorção, a amostra no estado sólido ou líquido é convertida diretamente em íons gasosos. Uma vantagem das fontes de dessorção é que elas são aplicáveis a amostras não voláteis e instáveis termicamente. Atualmente, os espectrômetros de massas comerciais são equipados com acessórios que permitem o uso de várias dessas fontes de forma intercambiável.

❮❮ Muitas fontes de íons para a espectrometria molecular são fontes de fase gasosa ou fontes de dessorção.

TABELA 27-3

Fontes de Íons Comuns para a Espectrometria de Massas Moleculares			
Tipo Básico	**Nome e Abreviatura**	**Método de Ionização**	**Tipo de Espectros**
Fase gasosa	Impacto de elétrons (EI)	Elétrons energéticos	Padrões de fragmentação
	Ionização química (IQ)	Íons gasosos reagentes	Adutos de prótons, poucos fragmentos
Dessorção	Bombardeamento rápido de átomos (FAB)	Feixe atômico energético	Íons moleculares e fragmentos
	Ionização/dessorção a laser assistida por matriz (MALDI)	Fótons de alta energia	Íons moleculares, íons de carga múltipla
	Ionização por *electrospray* (ESI)	O campo elétrico produz *spray* carregado com dessolvatos	Íons moleculares de carga múltipla

---

[8] Para mais informações sobre fontes modernas de íons, veja D. A. Skoog; F. J. Holler; S. R. Crouch. *Principles of Instrumental Analysis*. 7. ed. Boston, MA: Cengage Learning, 2018. pp. 502-514; J. T. Watson; O. D. Sparkman. *Introduction to Mass Spectrometry: Instrumentation, Applications and Strategies for Data Interpretation*. 4. ed. Chichester, UK: Wiley, 2007.

>> A maioria das bibliotecas espectrais de massas são coletadas usando o impacto eletrônico.

A fonte mais amplamente usada é o **impacto eletrônico (IE)**. Nesta fonte, as moléculas são bombardeadas com um feixe de alta energia de elétrons. Isso produz íons positivos, íons negativos e espécies neutras. Os íons positivos são direcionados para o analisador por repulsão eletrostática.

No IE, o feixe de elétrons é tão energético, que muitos fragmentos são produzidos. Esses fragmentos, entretanto, são muito úteis na identificação das espécies moleculares que entram no espectrômetro de massas. Os espectros de massas para muitas bibliotecas de dados de EM foram coletados usando fontes IE.

Tem havido uma boa quantidade de atividades na área de amostras ambientais e fontes de ionização para espectrometria de massas.[9] Essas fontes usam muitos dos métodos de ionização estabelecidos, como o ESI, CI e plasmas, exceto em um ambiente de ionização direta exposto ao ar. Tal ambiente permite a ionização com um pré-tratamento mínimo da amostra em amostras de tamanhos e formas não usuais, que não são facilmente examinadas sob condições de alta pressão. Existe uma grande variedade de técnicas de EM ambientais, mas a ionização por desorção de *electrospray* (DESI) e a análise direta em tempo real (DART) são as técnicas principais. Além disso, a ionização por sonda de plasma de baixa temperatura (LTP), a ionização ambiental por *spray* sônico (EASI) e a ionização por *electrospray* de ablação a laser (LAESI) mostraram-se promissoras.

27D-3 Instrumentação Espectrométrica de Massas Moleculares

Os espectrômetros de massas moleculares seguem o diagrama de blocos básico da Figura 27-2. Nós nos concentramos aqui nos componentes dos espectrômetros moleculares que diferem dos espectrômetros de massas atômicas descritos na Seção 27C.

Sistemas de Entrada[10]

O propósito do sistema de entrada é introduzir uma amostra representativa para a fonte de íon com a perda mínima de vácuo. Muitos espectrômetros modernos são equipados com vários tipos de entradas para acomodar vários tipos de amostras. Os principais tipos de entrada podem ser classificados como **entradas em série**, **entradas por sonda direta**, **entradas cromatográficas** e **entradas eletroforéticas**.

>> A entrada em série é a mais comum para introduzir líquidos e gases.

O sistema de entrada convencional (e mais simples) é o tipo em série, no qual a amostra é volatilizada externamente e, então, deixada vazar para dentro da região evacuada de ionização. Os líquidos e gases podem ser introduzidos dessa maneira.

Os sólidos podem ser colocados na ponta de uma sonda, inseridos na câmara de vácuo e evaporados ou sublimados por aquecimento. Os líquidos não voláteis podem ser introduzidos através de entradas de fluxo controlado, ou podem ser dessorvidos de uma superfície na qual eles estão revestidos com um filme fino. Em geral, as amostras para a espectrometria de massas moleculares devem ser puras, porque a fragmentação que ocorre faz com que o espectro de massas de misturas seja difícil de interpretar. A cromatografia de gás (veja o Capítulo 30) é uma maneira ideal de introduzir misturas, porque os componentes são separados da mistura pela cromatografia antes da introdução no espectrômetro de massas. A combinação da cromatografia de gás com a espectrometria de massas é normalmente chamada de CG/EM. A **Figura 27-8** mostra o esquema de um instrumento de CG/EM típico. A cromatografia de líquido de alta eficiência e a eletroforese capilar também podem ser acopladas com a espectrometria de massas por meio do uso de interfaces especializadas.

Analisadores de Massas

Todos os analisadores listados na Tabela 27-1 são usados na espectrometria de massas moleculares. O analisador de massas quadrupolar é normalmente empregado com sistemas CG/EM. Os espectrômetros de alta resolução (setor magnético, foco duplo, tempo de voo e transformada de Fourier) são frequentemente usados quando os padrões de fragmentação devem ser analisados para os propósitos estruturais ou de identificação.

---

[9] G. A. Harris; A. S. Galhena; F. M. Fernandez. *Anal. Chem.*, v. 83, p. 4508, 2011. DOI: 10.1021/ac200918u.
[10] Para mais informações sobre sistemas de entrada, veja D. A. Skoog; F. J. Holler; S. R. Crouch. *Principles of Instrumental Analysis*. 7. ed. Boston, MA: Cengage Learning, 2018, pp. 505-516.

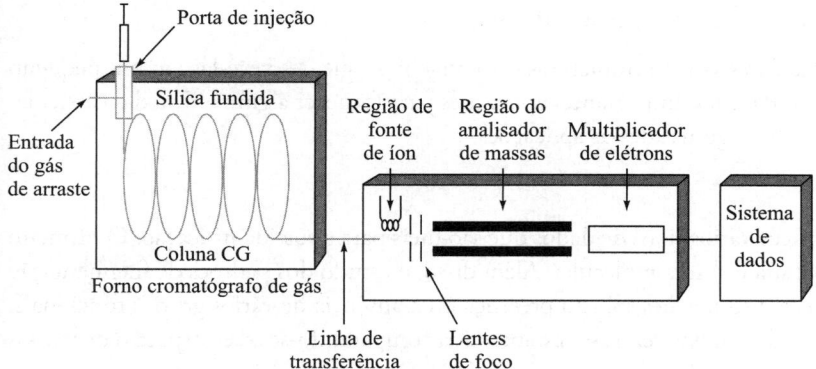

FIGURA 27-8

Esquema de um instrumento CG/EM capilar típico. O efluente da CG é passado para a entrada do espectrômetro de massas, onde as moléculas no gás são ionizadas e fragmentadas, analisadas e detectadas.

A **espectrometria de massas tandem**, também chamada de **espectrometria de massas-espectrometria de massas (EM/EM)**, é uma técnica que permite que o espectro de massas de um íon pré-selecionado ou fragmentado seja obtido. A **Figura 27-9** ilustra o conceito básico. Com um espectrômetro de massas tandem, uma fonte de ionização produz íons moleculares e íons de fragmentos. Estes, então, entram no primeiro analisador de massas, que seleciona um íon específico (o **íon precursor**) e o envia para a célula de interação. Na célula de interação, o íon precursor pode se decompor espontaneamente, reagir com um gás de colisão ou interagir com um feixe de laser intenso para produzir fragmentos, ou **íons de produtos**. Estes íons são, então, analisados por massas por um segundo analisador de massas e detectados pelo detector de íons.

Os espectrômetros de massas tandem podem produzir uma variedade de espectros diferentes. Os **espectros de produção** são obtidos por varredura do analisador de massas 2 enquanto o analisador de massas 1 é mantido constante para agir como um seletor para o íon precursor. Um **espectro do íon precursor** pode ser obtido por varredura do analisador de massas 1 e selecionando um determinado íon de produto com o analisador de massas 2. Se ambos os analisadores forem varridos com uma pequena compensação na massa entre eles, um **espectro de perda neutra** pode ser obtido. Um espectro de perda neutra pode ser usado, por exemplo, para identificar os valores de *m/z* de todos os íons que perdem uma molécula comum, como a água. Finalmente, um **espectro tridimensional EM/EM** completo pode ser obtido registrando um espectro do íon de produto para cada íon precursor selecionado, isto é, varrendo o analisador de massas 2 para vários ajustes do analisador de massas 1.

A espectrometria de massas tandem pode produzir uma enorme quantidade de informações e têm se mostrado útil na elucidação estrutural, bem como na análise de misturas. A espectrometria de massas de misturas normalmente requer separações cromatográficas ou eletroforéticas para apresentar um único composto de cada vez para o espectrômetro de massas.

> « Muitos tipos diferentes de espectros podem ser produzidos com a espectrometria de massas tandem.

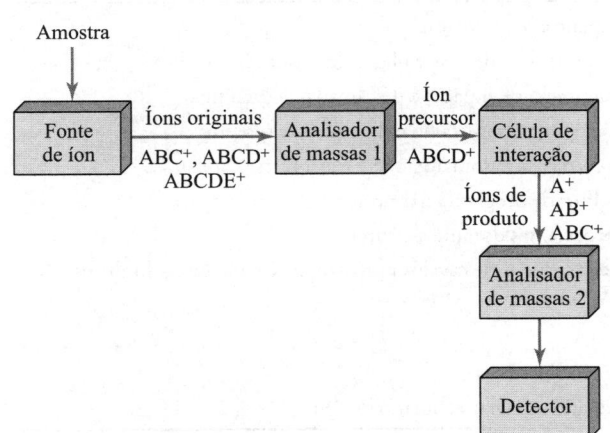

FIGURA 27-9

Diagrama de blocos de um espectrômetro de massas tandem.

27D-4 Aplicações da Espectrometria de Massas Moleculares

As aplicações da espectrometria de massas moleculares são tão numerosas e abrangentes, que descrevê-las em um pequeno espaço seria impossível. A **Tabela 27-4** lista várias das mais importantes aplicações para fornecer alguma ideia das capacidades da espectrometria de massas. Esta seção descreve algumas dessas aplicações.

Identificação de Compostos Puros

O espectro de massas de um composto puro fornece vários tipos de dados que são úteis para a sua identificação. O primeiro é a massa molecular do composto, e o segundo é sua fórmula molecular. Além disso, o estudo dos padrões de fragmentação revelado pelo espectro de massas em geral fornece informações sobre a presença ou a ausência de vários grupos funcionais. Finalmente, a identidade real de um composto pode, muitas vezes, ser estabelecida comparando-se o seu espectro de massas com aqueles de compostos conhecidos até que uma combinação seja encontrada.

Análise de Misturas

Enquanto a espectrometria de massas comum é uma ferramenta poderosa para a identificação de compostos puros, sua utilidade para a análise de misturas mais simples é limitada por causa do imenso número de fragmentos de diferentes valores m/z produzidos. Em geral, é impossível interpretar o espectro complexo resultante. Por esta razão, os químicos têm desenvolvido métodos nos quais os espectrômetros de massas são acoplados com vários dispositivos de separação eficientes. Quando duas ou mais técnicas ou instrumentos analíticos são combinados para formar um novo dispositivo mais eficiente, a metodologia resultante é, com frequência, chamada de **método hifenado**.

A cromatografia de gás/espectrometria de massas tem se tornado uma das mais poderosas ferramentas disponíveis para a análise de misturas orgânicas e biológicas complexas. Nesta aplicação, os espectros são coletados para compostos à medida que eles saem de uma coluna cromatográfica. Estes espectros são, então, estocados em um computador para processamento subsequente. A espectrometria de massas também tem sido acoplada com cromatografia de líquido (CL/EM) para a análise de amostras que contêm constituintes não voláteis.

A espectrometria de massas tandem oferece algumas das mesmas vantagens que a CG/EM e a CL/EM e é significativamente mais rápida. Enquanto as separações em uma coluna cromatográfica são realizadas em uma escala de alguns minutos a horas, as separações igualmente satisfatórias nos espectrômetros de massas tandem são completadas em milissegundos. Além disso, as técnicas cromatográficas exigem a diluição da amostra com um grande excesso de uma fase móvel e subsequente remoção da fase móvel, aumentando enormemente a probabilidade de introduzir interferentes. Como consequência, a espectrometria de massas tandem é potencialmente mais sensível que qualquer uma das técnicas cromatográficas hifenadas, porque o ruído químico associado com seu uso costuma ser menor. Uma desvantagem atual da espectrometria de massas tandem com relação aos outros dois procedimentos cromatográficos é o maior custo do equipamento exigido; esta diferença parece estar se estreitando à medida que os espectrômetros de massas tandem ganham uso mais amplo.

TABELA 27-4

Aplicações da Espectrometria de Massas Moleculares
Elucidação da estrutura de moléculas orgânicas e biológicas
Determinação da massa molecular de peptídeos, proteínas e oligonucleotídeos
Identificação de componentes de cromatogramas em papel e de camada delgada fina
Determinação de sequências de aminoácidos em amostra de polipetídeos e proteínas
Detecção e identificação de espécies separadas por cromatografia e eletroforese capilar
Identificação de drogas ilícitas e metabólitos de drogas ilícitas no sangue, urina e saliva
Monitoramento de gases na exalação de pacientes durante a cirurgia
Teste da presença de drogas no sangue em corridas de cavalos puro-sangue e em atletas olímpicos
Datação de espécies arqueológicas
Análise de partículas de aerossol
Determinação de resíduos de pesticidas em alimentos
Monitoramento de espécies orgânicas voláteis no abastecimento de água

Para algumas misturas complexas, a combinação de CG ou CL e EM não fornece resolução suficiente. Em anos recentes, tem sido possível acoplar métodos cromatográficos com os espectrômetros de massas tandem para formar sistemas CG/EM/EM e CL/EM/EM.

Determinações Quantitativas

As aplicações da espectrometria de massas para análises quantitativas encaixam-se em duas categorias. A primeira é a determinação quantitativa de espécies moleculares ou tipos de espécies moleculares em amostras orgânicas, biológicas e ocasionalmente inorgânicas. Várias dessas aplicações estão listadas na Tabela 27-4. A segunda categoria é a determinação da concentração de elementos em amostras inorgânicas e, menos comumente, orgânicas e biológicas, como discutido na Seção 27C-3.

Química Analítica On-line

Use um sistema de buscas na web para encontrar "espectrometria de distância de voo" (DOF). Localize uma patente emitida na abordagem DOF. Para quem a patente foi emitida? Descreva essa técnica e como ela difere da abordagem de tempo de voo (TOF). Quais são as vantagens e as desvantagens? A abordagem DOF pode ser usada em um arranjo EM tandem? Descreva como o espectrômetro tandem poderia ser acoplado com um analisador TOF para atingir um espectro bidimensional de íon de produto/precursor.

Resumo do Capítulo 27

- Entendendo os princípios da espectrometria de massas.
- Instrumentos para espectrometria de massas.
- Estudando as fontes e detectores de espectrometria de massas.
- Trabalhando com a espectrometria de massas atômicas.
- Entendendo os usos da espectrometria de massas moleculares.
- Explorando as interferências na espectrometria de massas.
- Aplicando a espectrometria de massas atômicas.
- Identificando compostos puros.
- Analisando misturas de compostos.

Termos-chave

Analisadores de tempo de voo (TOF), 771
Analisadores de massas, 770
Analisadores quadrupolares de massas, 771
Espectro de massas, 768
Espectrometria de massas atômicas, 773
Espectrometria de massas com plasma indutivamente acoplado (ICP-MS), 773
Espectrometria de massas de fonte de faísca, 775
Espectrometria de massas moleculares, 776
Espectrômetros de alta resolução, 775
Fontes de ionização, 770
Impacto eletrônico (IE), 778
Íons de fragmentos, 773

Íons trap, 770
Íons moleculares, 773
Massa molecular, 768
Multiplicadores de elétrons, 772
Número de massa, 769
Razão massa-carga, 769
Resolução de espectrômetros de massas, 770

Equações Importantes

$$v = \sqrt{\frac{2\,EC}{m}}$$

Questões e Problemas*

27-1. Defina
  *(a) Dalton.
  (b) filtro de massas quadrupolar.
  *(c) número de massa.
  (d) analisador de setor.
  *(e) analisador de tempo de voo.
  (f) multiplicador de elétron.

27-2. Enumere três características de plasmas indutivamente acoplados que os tornam apropriados para a espectrometria de massas atômicas.

*27-3. Qual é a função da tocha ICP na espectrometria de massas?

27-4. Quais são os eixos y e os eixos x de um espectro de massas normal?

*27-5. Quais são as exigências para um padrão interno na ICP-MS?

27-6. Qual é o propósito de um padrão interno na ICP-MS?

*27-7. Por que os limites de detecção para o ICP-MS frequentemente são mais baixos com espectrômetros de massas de duplo foco que com espectrômetros de massas quadrupolares?

27-8. Como as fontes de impacto eletrônico e ionização de *electrospray* diferem entre si? Quais são as vantagens de cada uma?

*27-9. Por que normalmente são produzidos fragmentos com a ionização de impacto de elétrons?

27-10. É mais fácil acoplar uma CG com um espectrômetro de massas ou uma CLAE? Justifique sua resposta. Quais são as principais dificuldades nesses acoplamentos?

*27-11. Qual é a diferença entre um íon precursor e um íon de produto na espectrometria de massas?

27-12. Algumas fontes de ionização, conhecidas como fontes de ionização macias, não produzem tantos fragmentos como uma fonte de impacto de elétron, que é uma fonte de ionização mais dura. Qual tipo de fonte de ionização (dura ou macia) é mais útil para a elucidação de estrutura? E para a determinação de massa molecular? E para a identificação de compostos? Qual é o seu raciocínio para a resposta?

27-13. **Problema Desafiador**:
  (a) A energia cinética EC fornecida a um íon de massa m contendo uma carga z em um analisador TOF é EC = zeV = ½ mv^2, onde e é a carga eletrônica, V é a voltagem do campo elétrico e v é a velocidade do íon. Se o tubo de flutuação livre de campo tem um comprimento L, mostre que o tempo de voo t_F é dado por

  $$t_F = L\sqrt{\frac{m}{2zeV}}$$

  (b) Um íon M$^+$ tem uma massa de 286,1930 Da. Qual é a massa do íon em kg?
  (c) Mostre que a energia cinética de 1 eV é igual a $1,6 \times 10^{-19}$ kg m^2 s^{-2}.
  (d) Se o íon recebe uma energia cinética de 3.000 eV antes da introdução em um tubo de voo, qual é a sua velocidade em m s^{-1}?
  (e) Se o tubo de voo tem um comprimento de 1,5 m, quanto tempo o íon levará para atingir o detector na extremidade do tubo de voo?
  (f) Qual seria o tempo de voo para um íon de impureza de massa 285,0410 Da?
  (g) Qual é a resolução necessária para separar M$^+$ da impureza?

---

*As respostas para as questões e problemas marcados com um asterisco são fornecidas no final deste livro.

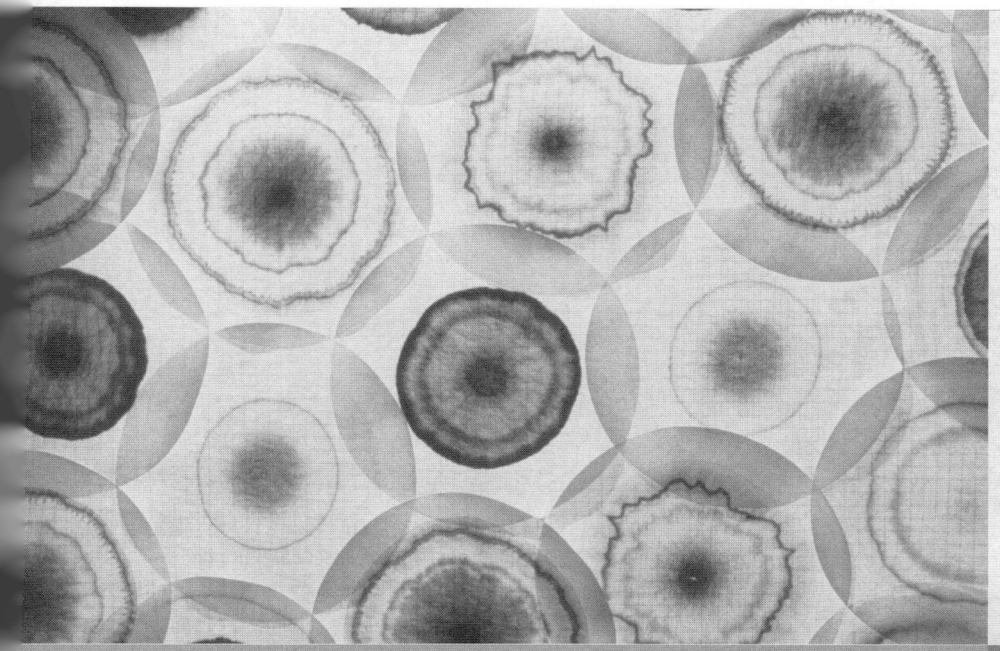

Cinética e Separações

PARTE VI

CAPÍTULO 28
Métodos Cinéticos de Análise

CAPÍTULO 29
Introdução às Separações Analíticas

CAPÍTULO 30
Cromatografia de Gás

CAPÍTULO 31
Cromatografia de Líquidos de Alta Eficiência

CAPÍTULO 32
Outros Métodos de Separação

CAPÍTULO 28
Métodos Cinéticos de Análise

Dorling Kindersley ltd/Alamy Stock Photo

Um automóvel moderno é equipado com um conversor catalítico de três caminhos para diminuir para níveis aceitáveis as emissões de óxidos de nitrogênio, hidrocarbonetos não queimados e monóxido de carbono. O conversor deve oxidar o CO e os hidrocarbonetos não queimados a CO_2 e H_2O e deve reduzir os óxidos de nitrogênio a N_2 gasoso. Consequentemente, dois catalisadores diferentes são usados: um catalisador de oxidação e um catalisador de redução. Um tipo de conversor popular é mostrado na fotografia. Muitos carros usam a estrutura de catalisador na forma de favos de mel, para maximizar a exposição do catalisador ao fluxo de exaustão. Os catalisadores geralmente são de metais como platina, ródio e paládio.

A quantidade de catalisador pode ser determinada medindo-se quanto a velocidade de uma reação química é afetada. Os métodos catalíticos, que estão entre os mais sensíveis de todos os métodos catalíticos, são usados para a análise de traços de metais no ambiente, de orgânicos, em uma variedade de amostras, e de enzimas, em sistemas biológicos.

Os métodos cinéticos de análise diferem de forma fundamental daqueles de equilíbrio analíticos, ou termodinâmicos, que abordamos nos capítulos anteriores. Nos métodos cinéticos, as medidas são feitas sob condições dinâmicas nas quais as concentrações de reagentes e produtos estão mudando em função do tempo. Em contraste, os métodos termodinâmicos são realizados em sistemas que atingiram o equilíbrio ou estado estacionário, de forma que as concentrações são estáticas.

> Nos **métodos cinéticos**, as medidas são feitas enquanto as variações líquidas estão ocorrendo ao longo da reação. Nos **métodos de equilíbrio**, as medidas são feitas sob condições de equilíbrio ou estacionárias.

A distinção entre os dois tipos de métodos é ilustrada na **Figura 28-1**, que mostra o progresso no tempo da reação

$$A + R \rightleftharpoons P \tag{28-1}$$

onde A representa o analito, R o reagente e P o produto. Os métodos termodinâmicos operam na região além do tempo t_e quando as concentrações globais de reagentes e produtos se tornam constantes e o sistema químico está em equilíbrio. Em contraste, os métodos cinéticos são realizados durante o intervalo de tempo de 0 a t_e quando as concentrações do reagente e produto estão variando continuamente.

A seletividade nos métodos cinéticos é obtida pela seleção de reagentes e condições que produzem diferenças nas velocidades nas quais o analito e as interferências em potencial reagem. A seletividade nos métodos termodinâmicos é obtida pela escolha de reagentes e condições que geram diferenças nas constantes de equilíbrio.

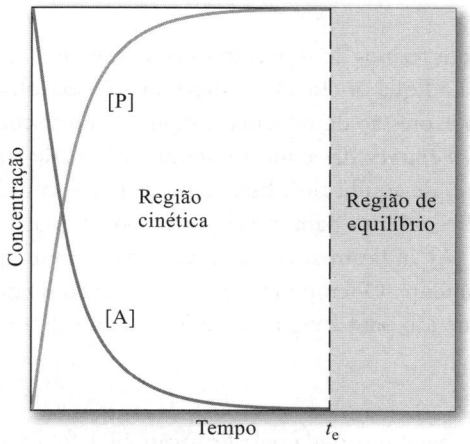

FIGURA 28-1
Alteração na concentração do analito [A] e do produto [P] em função do tempo. Até o tempo t_e, as concentrações do analito e do produto estão mudando continuamente. Esse é o regime cinético. Após t_e, as concentrações do analito e do produto são estáticas.

Os métodos cinéticos estendem bastante o número de reações químicas que podem ser utilizadas para finalidades analíticas, porque eles permitem o uso de reações que são muito lentas ou bastante incompletas para os procedimentos baseados em métodos termodinâmicos. Os métodos cinéticos podem ser baseados em reações de complexação, reações ácido-base, reações redox e muitas outras. Muitos métodos cinéticos são baseados em reações catalisadas. Em um tipo de método catalítico, o analito é o catalisador e este é determinado a partir do seu efeito sobre uma reação de indicador que envolve regentes ou produtos que são determinados convenientemente. Esses métodos estão entre as reações analíticas mais sensíveis. Em outra reação catalisada, o catalisador é introduzido para acelerar a reação entre o analito e o reagente. Essa abordagem é com frequência altamente seletiva, ou mesmo específica, particularmente quando uma enzima atua como catalisador. Sem dúvida, o uso mais difundido dos métodos cinéticos se dá nos laboratórios bioquímicos e clínicos, onde inúmeras análises baseadas em cinética normalmente excedem àquelas fundamentadas na Termodinâmica.[1]

28A Velocidades das Reações Químicas

Esta seção fornece uma breve introdução à Cinética Química, que é necessária para se entender as bases dos métodos cinéticos de análise.

28A-1 Mecanismos de Reação e Leis de Velocidade

O **mecanismo** pelo qual uma reação química prossegue consiste em uma série de equações químicas que descrevem as etapas elementares individuais que levam à formação dos produtos a partir dos reagentes. Muito do que os químicos sabem sobre os mecanismos foi adquirido com base em estudos nos quais a velocidade em que os reagentes são consumidos ou os produtos são formados é medida em função de variáveis como as concentrações dos reagentes e produtos, temperatura, pressão, pH e força iônica. Esses estudos levam a uma **lei de velocidade** empírica que relaciona a velocidade da reação com as concentrações de reagentes, dos produtos e dos intermediários a qualquer instante. Os mecanismos são descobertos postulando-se uma série de etapas elementares que fazem sentido químico e que são consistentes com a lei de velocidade empírica. Frequentemente, esses mecanismos são posteriormente testados em estudos planejados para descobrir ou monitorar qualquer espécie intermediária transiente prevista pelo mecanismo.

> Um **mecanismo** é uma série de etapas elementares que levam à formação do produto a partir dos reagentes.

> A **lei de velocidade** para uma reação é uma relação determinada experimentalmente entre a velocidade de uma reação e as concentrações de reagentes, produtos e quaisquer outras espécies, como os catalisadores, ativadores e inibidores.

---
[1] H. O. Mottola. *Kinetic Aspects of Analytical Chemistry*. Nova York: Wiley, 1988.

Termos de Concentração nas Leis de Velocidade

As leis de velocidade são expressões algébricas constituídas por termos de concentração e constantes, as quais geralmente se parecem com as expressões de constantes de equilíbrio (veja a Equação 28-2). Contudo, você deve observar que os termos entre colchetes em uma expressão de velocidade representam as concentrações molares *em um instante específico* em vez das concentrações molares de equilíbrio (como nas expressões das constantes de equilíbrio). Esse significado é enfatizado com frequência adicionando-se um índice inferior para indicar o tempo ao qual a concentração se refere. Assim, $[A]_t$, $[A]_0$ e $[A]_\infty$ indicam as concentrações de A no tempo t, no tempo zero e no infinito, respectivamente. O tempo infinito é tomado como qualquer intervalo de tempo maior que o requerido para atingir o equilíbrio. Isto é, $t_\infty > t_e$ na Figura 28-1.

>> No contexto da Cinética Química, as concentrações molares, simbolizadas por colchetes, variam com o tempo.

Ordem de Reação

Vamos supor que a lei de velocidade empírica para a reação geral mostrada pela Equação 28-1 foi encontrada experimentalmente e tem a forma

$$\text{velocidade} = -\frac{d[A]}{dt} = -\frac{d[R]}{dt} = -\frac{d[P]}{dt} = k[A]^m[R]^n \tag{28-2}$$

onde a velocidade é a derivada da concentração de A, R ou P em relação ao tempo. Observe que as duas primeiras velocidades têm um sinal negativo, porque as concentrações de A e R decrescem no decorrer da reação. Nessa expressão da velocidade, k é a **constante de velocidade**; m é a **ordem da reação em relação a A**; e n é a **ordem da reação em relação a R**. A **ordem global da reação** é $p = m + n$. Assim, se $m = 1$ e $n = 2$, a reação é dita ser de primeira ordem em relação a A, de segunda ordem em relação a R e de terceira ordem global.

>> Em decorrência de A e R estarem sendo consumidos, as velocidades de variação de [A] e [R] em relação ao tempo são negativas.

Unidades das Constantes de Velocidade

Uma vez que as velocidades das reações são sempre expressas em termos de concentração por unidade de tempo, as unidades da constante de velocidade são determinadas pela ordem global p da reação de acordo com a relação

$$\frac{\text{concentração}}{\text{tempo}} = (\text{unidades de } k)(\text{concentração})^p$$

onde $p = m + n$. Rearranjando, obtém-se

$$\text{unidades de } k = (\text{concentração})^{1-p} \times \text{tempo}^{-1}$$

Dessa forma, as unidades de uma constante de velocidade de primeira ordem são s^{-1} e as unidades para uma constante de segunda ordem são $mol^{-1} L\ s^{-1}$.

>> As unidades da constante de velocidade k dependem da ordem global da reação. Para uma reação de primeira ordem, as unidades são s^{-1}.

28A-2 A Lei de Velocidade para as Reações de Primeira Ordem

O caso mais simples na análise matemática de uma cinética de reação é a da decomposição espontânea e irreversível de uma espécie A:

$$A \xrightarrow{k} P \tag{28-3}$$

A reação é de primeira ordem em relação a A e a velocidade é

$$\text{velocidade} = -\frac{d[A]}{dt} = k[A] \tag{28-4}$$

>> O decaimento radioativo é um exemplo de uma decomposição espontânea.

Reações de Pseudoprimeira Ordem

Uma reação de decomposição de primeira ordem geralmente não apresenta nenhuma utilidade na Química Analítica porque uma análise é ordinariamente baseada em reações que envolvem pelo menos duas espécies, um analito e um reagente.[2] Entretanto, geralmente, a lei de velocidade para uma reação envolvendo duas espécies é tão suficientemente complexa que tornam necessárias as simplificações com objetivo analítico. De fato, a maioria dos métodos cinéticos úteis é realizada sob condições que permitem simplificar as leis complexas de velocidades a uma forma análoga à Equação 28-4. Uma reação de ordem alta que é realizada de forma que essa simplificação seja possível é denominada reação de **pseudoprimeira ordem**. Os métodos de conversão de reações de ordens mais altas para as reações de pseudoprimeira ordem serão mostrados nas próximas seções.

A Matemática para a Descrição do Comportamento de Primeira Ordem

Em virtude de a maioria das determinações cinéticas serem realizadas sob condições de pseudoprimeira ordem, é importante examinar em detalhe algumas das características das reações que têm leis de velocidade que se aproximam da Equação 28-4.

Rearranjando-se a Equação 28-4, obtemos

$$\frac{d[A]}{[A]} = -k\,dt \tag{28-5}$$

A integral dessa equação desde o tempo zero, quando $[A] = [A]_0$, até o tempo t, quando $[A] = [A]_t$, é

$$\int_{[A]_0}^{[A]_t} \frac{d[A]}{[A]} = -k \int_0^t dt$$

A avaliação das integrais fornece

$$\ln \frac{[A]_t}{[A]_0} = -kt \tag{28-6}$$

Finalmente, tomando-se a exponencial de ambos os lados da Equação 28-6, obtemos

$$\frac{[A]_t}{[A]_0} = e^{-kt} \quad \text{ou} \quad [A]_t = [A]_0 e^{-kt} \tag{28-7}$$

Essa forma integrada da lei de velocidade fornece a concentração de A em função da concentração inicial $[A]_0$, da constante de velocidade k e do tempo t. Um gráfico dessa relação está representado na Figura 28-1. O Exemplo 28-1 ilustra o uso dessa equação para se encontrar a concentração de um reagente a um instante específico.

EXEMPLO 28-1

Uma reação de primeira ordem apresenta $k = 0{,}0370\ \text{s}^{-1}$. Calcule a concentração restante do reagente aos 18,2 s após o início da reação se a sua concentração inicial era de 0,0100 mol L^{-1}.

Resolução

Substituindo na Equação 28-7, obtém-se

$$[A]_{18,2} = (0{,}0100\ \text{mol L}^{-1})e^{-(0{,}0370\ s^{-1}) \times (18,2s)} = 0{,}00510\ \text{mol L}^{-1}$$

---

[2] O decaimento radioativo é uma exceção a essa afirmação. A técnica de análise por ativação neutrônica é baseada na medida do decaimento espontâneo de radionuclídeos gerados por irradiação de uma amostra em um reator nuclear.

Quando a velocidade de uma reação está sendo acompanhada pela velocidade de aparecimento de um produto P em vez da velocidade de desaparecimento do analito A, é útil modificar a Equação 28-7 para relacionar a concentração de P no tempo t com a concentração inicial do analito $[A]_0$. A concentração de A a qualquer instante é igual à sua concentração original menos a concentração do produto (quando 1 mol do produto forma 1 mol do analito). Assim

$$[A]_t = [A]_0 - [P]_t \qquad (28\text{-}8)$$

Substituindo essa expressão para $[A]_t$ na Equação 28-7 e rearranjando, obtém-se

$$[P]_t = [A]_0 (1 - e^{-kt}) \qquad (28\text{-}9)$$

Um gráfico dessa relação também é mostrado na Figura 28-1.

>> A fração de reagente usada (ou produto formado) em uma reação de primeira ordem é a mesma para qualquer período.

A forma das Equações 28-7 e 28-9 é de uma exponencial pura, a qual sempre aparece em Ciência e Engenharia. Uma exponencial pura, nesse caso, tem a característica útil que iguala os tempos gastos e fornece decréscimos fracionais iguais na fração da concentração de reagente ou aumentos na concentração do produto. Como exemplo, considere um intervalo de tempo $t = \tau = 1/k$. Quando substituímos este tempo na Equação 28-7, temos

$$[A]_\tau = [A]_0 e^{-k\tau} = [A]_0 e^{-k/k} = (1/e)[A]_0$$

Da mesma forma, para um período $t = 2\tau = 2/k$, temos

$$[A]_{2\tau} = (1/e)^2 [A]_0$$

>> DESAFIO: Derive uma expressão para $t_{1/2}$ em termos de τ.

e assim por diante para períodos sucessivos, como mostrado na **Figura 28-2**.

O período $\tau = 1/k$ é algumas vezes referido como **tempo de vida natural** das espécies A. Durante o tempo τ, a concentração de A decresce para $1/e$ do seu valor original. Um segundo período, de $t = \tau$ a $t = 2\tau$, produz um decréscimo de uma fração equivalente para $1/e$ do valor no início do segundo intervalo, o qual é $(1/e)^2$ de $[A]_0$. Um exemplo mais familiar dessa propriedade das exponenciais é encontrado na meia-vida $t_{1/2}$ de radionuclídeos. No período igual a $t_{1/2}$, metade dos átomos de uma amostra de um elemento radioativo decai para os produtos; um segundo período de $t_{1/2}$ reduz a quantidade do elemento a um quarto do número original, e assim por diante para períodos sucessivos. Independentemente do intervalo e do tempo escolhidos, tempos iguais produzem reduções fracionais iguais na concentração do reagente para um processo de primeira ordem.

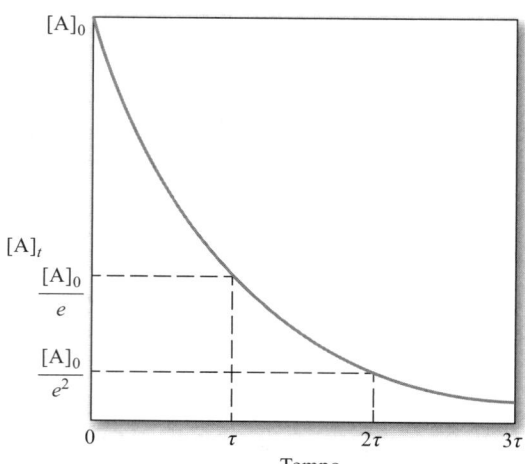

FIGURA 28-2
Curva de evolução para uma reação de primeira ordem mostrando que intervalos de tempos iguais produzem reduções fracionais idênticas na concentração do analito.

EXEMPLO 28-2

Calcule o tempo necessário para que uma reação de primeira ordem com $k = 0{,}0500$ s^{-1} se processe até se tornar 99,0% completa.

Resolução

Para se completar a 99,0%, $[A]_t/[A]_0 = (100 - 99)/100 = 0{,}010$. A substituição na Equação 28-6 fornece

$$\ln 0{,}010 = -kt = -(0{,}0500 \text{ s}^{-1})t$$

$$t = -\frac{\ln 0{,}010}{0{,}0500 \text{ s}^{-1}} = 92 \text{ s}$$

28A-3 Leis de Velocidade para Reações de Segunda Ordem e de Pseudoprimeira Ordem

Considere uma reação analítica típica na qual 1 mol do analito A reage com 1 mol do reagente B para gerar um único produto P. Por hora, presumimos que a reação seja irreversível e escrevemos

$$A + R \xrightarrow{k} P \tag{28-10}$$

Se a reação ocorre em uma única etapa elementar, a velocidade é proporcional à concentração de cada um dos reagentes, e a lei de velocidade é

$$-\frac{d[A]}{dt} = -k[A][R] \tag{28-11}$$

A reação é de primeira ordem em relação a cada um dos reagentes e de segunda ordem global. Se a concentração de R for selecionada de forma que $[R] \gg [A]$, a concentração de R varia muito pouco durante o andamento da reação e podemos escrever $k[R] = $ constante $= k'$. A Equação 28-11 é então reescrita como

$$-\frac{d[A]}{dt} = -k'[A] \tag{28-12}$$

que apresenta a forma idêntica à Equação 28-4 para o caso de primeira ordem. Dessa forma, a reação é dita ser de **pseudoprimeira ordem** em relação a A (veja o Exemplo 28-3).

>> As reações de segunda ordem ou de ordem superior podem, em geral, se tornar reações de pseudoprimeira ordem por controle das condições experimentais.

EXEMPLO 28-3

Para uma reação de pseudoprimeira ordem na qual o reagente está presente em excesso de cerca de 100 vezes, encontre o erro relativo resultante da suposição de que $k[R]$ é constante quando a reação estiver 40% completa.

Resolução

A concentração inicial do reagente pode ser expressa como

$$[R]_0 = 100[A]_0$$

(continua)

A 40% da reação, 60% de A permanece sem reagir. Dessa forma,

$$[A]_{40\%} = 0{,}60[A]_0$$
$$[R]_{40\%} = [R]_0 - 0{,}40[A]_0 = 100[A]_0 - 0{,}40[A]_0 = 99{,}6[A]_0$$

Pressupondo um comportamento de pseudoprimeira ordem, a velocidade da reação a 40% é

$$-\frac{d[A]_{40\%}}{dt} = k[R]_0[A]_{40\%}$$

A velocidade verdadeira a 40% da reação é $k(99{,}6[A]_0)(0{,}60[A]_0)$. Assim, o erro relativo é

$$\frac{k(100[A]_0)(0{,}60[A]_0) - k(99{,}6[A]_0)(0{,}60[A]_0)}{k(99{,}6[A]_0)(0{,}60[A]_0)} = 0{,}004 \; (\text{ou } 0{,}4\%)$$

Como o Exemplo 28-3 mostra, o erro associado com a determinação da velocidade de uma reação de pseudoprimeira ordem com um excesso de 100 vezes de reagente é muito pequeno. Um excesso de 50 vezes de reagente leva a um erro de 1%, o que é geralmente aceitável em métodos cinéticos. Além disso, o erro é ainda menos significativo quando a reação está menos de 40% completa.

Raramente as reações são completamente irreversíveis, e uma descrição rigorosa da cinética de uma reação de segunda ordem que ocorra em uma única etapa deve levar em conta a reação inversa. A velocidade da reação é a diferença entre a velocidade da reação direta e a velocidade da reação inversa:

$$-\frac{d[A]}{dt} = -k_1[A][R] - k_{-1}[P]$$

onde k_1 é a constante de velocidade de segunda ordem para a reação direta e k_{-1} é a constante de velocidade de primeira ordem para a reação inversa. Ao derivar essa equação, supomos, para simplificação, que um único produto seja formado; porém, casos mais complexos podem também ser descritos.[3] Desde que as condições sejam mantidas de forma que k_{-1} e/ou $[P]$ sejam relativamente pequenos, a velocidade da reação inversa será desprezível e um erro pequeno será introduzido ao pressupor-se o comportamento de pseudoprimeira ordem.

 Exercícios no Excel No Capítulo 13 de *Applications of Microsoft® Excel® in Analytical Chemistry*, 4. ed., o primeiro exercício explora as propriedades de reações de primeira e de segunda ordens. O comportamento de tempo de ambos tipos de reações é considerado e são estudados métodos de construção de gráficos. São também investigadas as condições necessárias para se obter o comportamento de pseudoprimeira ordem.

28A-4 Reações Catalisadas

>> As enzimas são moléculas de alta massa molecular que catalisam reações em sistemas biológicos. Elas podem servir como reagentes altamente seletivos.

As reações catalisadas, particularmente aquelas nas quais as enzimas servem como catalisador, são amplamente empregadas para a determinação de muitas espécies bioquímicas e biológicas, bem como de inúmeros cátions e ânions inorgânicos. Deveríamos, então, utilizar as reações catalisadas por enzimas para ilustrar as leis de velocidade catalíticas e para mostrar como essas leis de velocidade podem ser reduzidas a expressões algébricas relativamente simples, como a Equação 28-12 de pseudoprimeira ordem. Essas relações simplificadas podem ser utilizadas para finalidades analíticas.

---

[3] Veja J. H. Esperson. *Chemical Kinetics and Reaction Mechanisms*. 2. ed. Nova York: McGraw-Hill, 1995, pp. 49-52.

Reações Catalisadas por Enzimas

As enzimas são moléculas de proteínas de alta massa molecular que catalisam reações importantes em Biologia e Biomedicina. O Destaque 28-1 mostra as características básicas das enzimas. A enzimas são particularmente úteis como reagentes analíticos, pois muitas são catalisadores bastante seletivos para reações com moléculas conhecidas como **substratos**. Por exemplo, a enzima glicose oxidase catalisa de forma bastante seletiva a reação de seu substrato β-D-glicose com o oxigênio para formar a gliconolactona. Além da determinação de substratos, as reações catalisadas por enzimas são empregadas para a determinação de ativadores, inibidores e, naturalmente, das próprias enzimas.[4]

As espécies sobre as quais a enzima atua são chamadas **substratos**. As espécies que aumentam a velocidade de uma reação, mas não participam da reação estequiométrica, são conhecidas como **ativadores**. As espécies que não participam da reação estequiométrica, porém diminuem a sua velocidade, são chamadas de **inibidores**.

DESTAQUE 28-1

Enzimas

As enzimas são proteínas que catalisam as reações necessárias à manutenção da vida. Assim como outras proteínas, as enzimas consistem em cadeias de aminoácidos. As fórmulas estruturais de alguns aminoácidos importantes são mostradas na **Figura 28D-1**. As moléculas formadas pela ligação de dois ou mais aminoácidos são denominadas **peptídeos**. Cada aminoácido em um peptídeo é chamado **resíduo**. As moléculas com muitas ligações de aminoácidos são **polipeptídeos**, e aquelas com cadeias longas de polipeptídeos são **proteínas**. As enzimas diferem das outras proteínas pelo fato de uma área específica das suas estruturas, conhecida como sítio ativo, auxiliar na catálise. Como resultado, a catálise enzimática é frequentemente muito específica, favorecendo um substrato em particular sobre outros compostos muito similares.

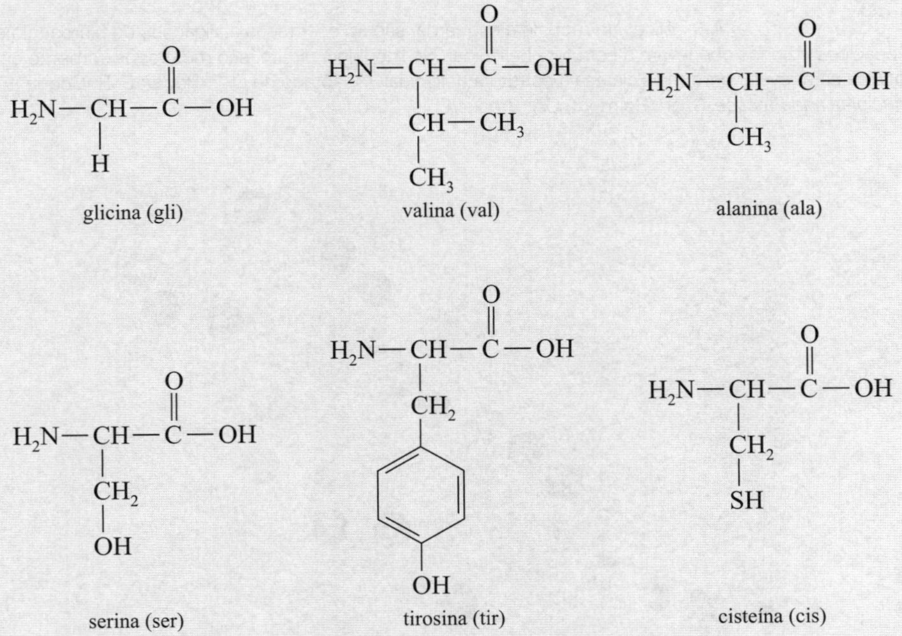

FIGURA 28D-1 Alguns aminoácidos importantes. Há 20 aminoácidos diferentes encontrados na natureza.

(continua)

---

[4] Para uma revisão sobre as reações catalisadas para métodos cinéticos, veja S. R. Crouch; A. Scheeline; E. W. Kirkor. *Anal. Chem.*, v. 72, n. 53R, 2000. DOI: 10.1021/a1000004b.

A estrutura da proteína é muito importante para a sua função. A **estrutura primária** é a sequência de aminoácidos da proteína. A **estrutura secundária** é a forma que a cadeia polipeptídica assume. Existem dois tipos de estruturas secundárias, a α-hélice e a fita β-pregueada (*β-pleated sheet*). A α-hélice, apresentada na **Figura 28D-2**, é a forma mais comum adotada pelas proteínas animais. Nessa estrutura, a forma helicoidal é mantida pelas ligações de hidrogênio entre os resíduos vizinhos. A estrutura de fita β-pregueada é mostrada na **Figura 28D-3**. Nessa estrutura, a cadeia peptídica está quase completamente estendida, e as ligações de hidrogênio se dão entre as seções paralelas das cadeias em vez de entre os vizinhos próximos, como na α-hélice. A estrutura de fita β-pregueada pode ser encontrada em fibras, como na seda. Ver prancha colorida 26.

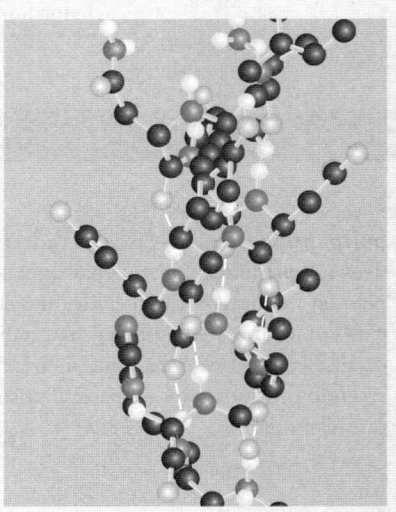
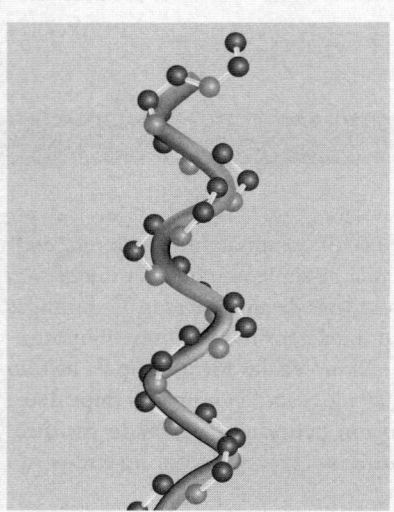

FIGURA 28D-2   A α-hélice. No modelo à esquerda, são apresentadas as ligações de hidrogênio entre os resíduos de aminoácidos vizinhos que levam à estrutura helicoidal. No modelo à direita, são mostrados somente os átomos na cadeia polipeptídica para revelar com mais clareza a estrutura helicoidal. (Adaptado de D. L. Reger; S. R. Goode; E. E. Mercer. *Chemistry: Principles and Practice*. 3. ed. Belmont, CA: Brooks/Cole, 2010.)

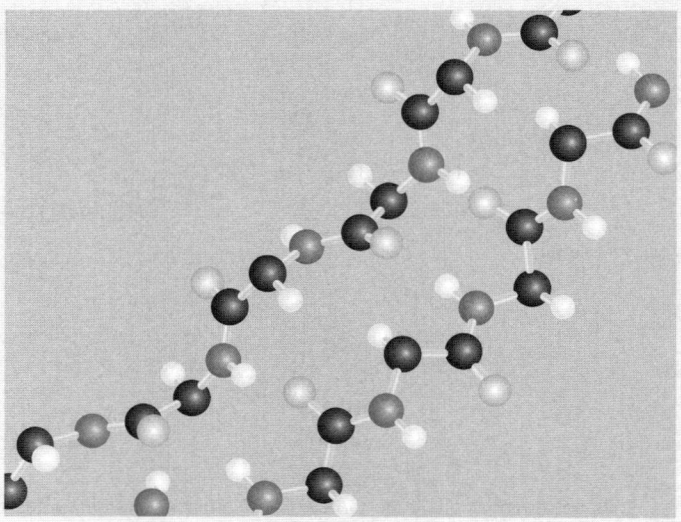

FIGURA 28D-3   A fita β-pregueada. Observe que as ligações de hidrogênio ocorrem entre diferentes seções de uma cadeia polipeptídica ou entre as diferentes cadeias, levando a uma estrutura mais estendida. (Adaptado de D. L. Reger; S. R. Goode; E. E. Mercer. *Chemistry: Principles and Practice*. 3. ed. Belmont, CA: Brooks/Cole, 2010.)

(continua)

> A **estrutura terciária** é a forma global tridimensional em que a α-hélice ou fita β-preguedada se dobra em consequência das interações entre resíduos distantes na estrutura primária. As proteínas também podem apresentar uma **estrutura quaternária**, a qual descreve como as cadeias de polipeptídeos se juntam em uma proteína que contém mais de uma cadeia.
>
> A efetividade de uma enzima como catalisador é denominada **atividade enzimática**. A atividade está intimamente relacionada com o formato tridimensional da proteína, particularmente do seu sítio ativo. Em geral, o sítio ativo é a parte da proteína à qual o substrato se liga. A especificidade da enzima depende em grande parte da estrutura da região do sítio ativo. Uma explicação do papel do sítio ativo é o modelo "fechadura e chave". O encaixe estereoquímico preciso do substrato no sítio ativo é responsável pela especificidade da catálise. Vários modelos mais complexos, como o modelo de encaixe induzido, têm sido propostos.
>
> Um número enorme de enzimas já foi descoberto, mas apenas uma fração delas tem sido isolada e purificada. A disponibilidade comercial de algumas das enzimas mais úteis tem impulsionado um grande interesse no seu uso analítico. As enzimas têm sido ligadas covalentemente a suportes sólidos ou têm sido encapsuladas em géis e membranas para tornarem-se reutilizáveis e, assim, reduzir o custo das análises.

O comportamento de um grande número de enzimas é consistente com o mecanismo geral

$$E + S \underset{k_{-1}}{\overset{k_1}{\rightleftharpoons}} ES \xrightarrow{k_2} P + E \tag{28-13}$$

Nesse **mecanismo de Michaelis-Menten**, a enzima E reage reversivelmente com o substrato S para formar o complexo enzima-substrato ES. Esse complexo, então, se decompõe irreversivelmente para formar o(s) produto(s) P e regenerar a enzima. A lei de velocidade para esse mecanismo assume uma de duas formas, dependendo das velocidades relativas das duas etapas. No caso mais geral, as velocidades das duas etapas são comparáveis em grandeza. Nesse caso de estado estacionário, ES se decompõe tão rapidamente quanto é formado, e sua concentração pode ser considerada pequena e relativamente constante durante grande parte da reação. Se a segunda etapa for consideravelmente mais lenta que a primeira, os reagentes e o ES estarão essencialmente sempre em equilíbrio. Este caso de equilíbrio pode ser derivado do caso geral. As seções a seguir mostram que em ambos os casos, as condições de reação podem ser arranjadas para produzir relações simples entre a velocidade e a concentração de analito.

Situação de Estado Estacionário

No tratamento mais geral, a lei de velocidade correspondente ao mecanismo da Equação 28-13 é derivada utilizando-se a **aproximação do estado estacionário**. Nessa aproximação, a concentração de ES é considerada pequena e relativamente constante no decorrer da reação. O complexo enzima-substrato forma-se na primeira etapa com uma constante de velocidade k_1. Ele se decompõe por dois caminhos: pela inversão da primeira etapa (constante de velocidade k_{-1}) e pela segunda etapa para formar o produto (constante de velocidade k_2). Assumir que [ES] permaneça constante no decorrer da reação é o mesmo que pressupor que a velocidade de variação da [ES], $d[ES]/dt$, seja igual a zero. Assim, matematicamente a hipótese do estado estacionário é escrita como

$$\frac{d[ES]}{dt} = k_1[E][S] - k_{-1}[ES] - k_2[ES] = 0 \tag{28-14}$$

Na Equação 28-14, as concentrações da enzima [E] e do substrato referem-se às concentrações livres a qualquer instante t. Geralmente, queremos expressar a lei de velocidade em termos da concentração total da enzima, que é conhecida ou mensurável. Pelo balanço de massas, a concentração total (inicial) de enzima $[E]_0$ é dada por

$$[E]_0 = [E] + [ES] \tag{28-15}$$

A velocidade de formação do produto é dada por

$$\frac{d[P]}{dt} = k_2[ES] \tag{28-16}$$

Se resolvermos a Equação 28-14 para [ES], obteremos

$$[ES] = \frac{k_1 [E][S]}{k_{-1} + k_2} \qquad (28\text{-}17)$$

Se, agora, substituirmos [E] pela expressão dada na Equação 28-15 e resolvermos novamente para [ES], obteremos

$$[ES] = \frac{k_1 [E]_0 [S]}{k_{-1} + k_2 + k_1 [S]} \qquad (28\text{-}18)$$

Substituir esse valor para [ES] na Equação 28-16 e rearranjá-la leva à lei de velocidade

$$\frac{d[P]}{dt} = \frac{k_2 [E]_0 [S]}{\dfrac{k_{-1} + k_2}{k_1} + [S]} = \frac{k_2 [E]_0 [S]}{K_m + [S]} \qquad (28\text{-}19)$$

onde o termo $K_m = (k_{-1} + k_2)/k_1$ é conhecido como a **constante de Michaelis**. A Equação 28-19 é frequentemente denominada **equação de Michaelis-Menten**. A partir da Equação 28-17, pode-se observar que a constante de Michaelis K_m é dada por

$$K_m = \frac{k_{-1} + k_2}{k_1} = \frac{[E][S]}{[ES]} \qquad (28\text{-}20)$$

A constante de Michaelis é bastante parecida com a constante de equilíbrio para a dissociação do complexo enzima-substrato. Ela é algumas vezes chamada **constante de pseudoequilíbrio**, uma vez que k_2 no numerador previne que ela seja uma constante de equilíbrio "verdadeira". A constante de Michaelis é normalmente expressa em unidades de milimols litro^{-1} (mmol L^{-1}) e varia de 0,01 a 100 mmol L^{-1} para muitas enzimas, como pode ser visto na **Tabela 28-1**.

TABELA 28-1

Constantes de Michaelis para Algumas Enzimas

Enzima	Substrato	K_m, mmol L^{-1}
Fosfatase alcalina	p-Nitrofenilfosfato	0,1
Catalase	H_2O_2	25
Hexoquinase	Glicose	0,15
	Frutose	1,5
Creatina fosfoquinase	Creatinina	19
Anidrase carbônica	HCO_3^-	9,0
Quimotripsina	n-Benzoiltirosinamida	2,5
	n-Formiltirosinamida	12,0
	n-Acetiltirosinamida	32
	Gliciltirosinamida	122
Glicose oxidase	Glicose saturada com O_2	0,013
Lactato desidrogenase	Lactato	8,0
	Piruvato	0,125
L-aminoácido oxidase	L-leucina	1,0
Urease	Ureia	2,0
Uricase	Ácido úrico saturado com O_2	0,0175

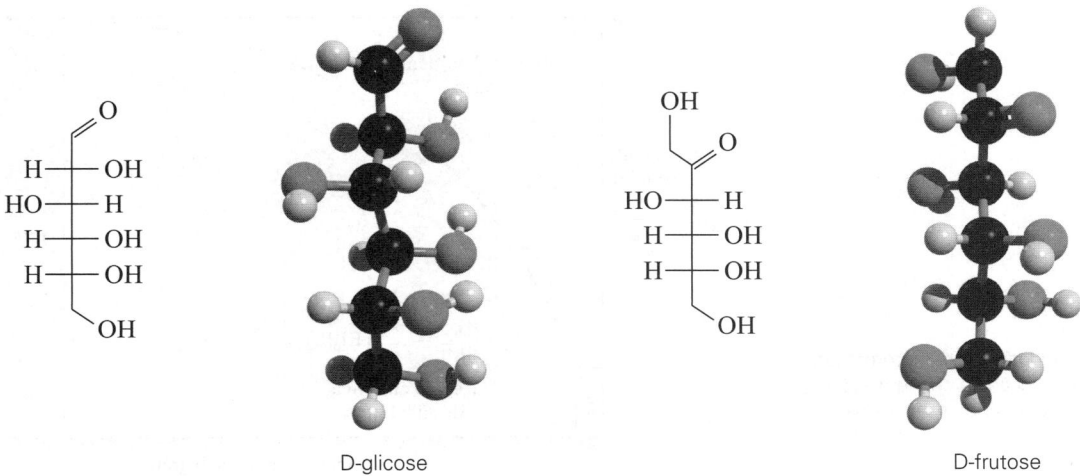

Modelos moleculares para a glicose e frutose. A glicose e a frutose são monossacarídeos importantes. A glicose é um poli-idroxialdeído, enquanto a frutose é uma poli-idroxicetona. A glicose é o combustível primário para as células biológicas. A frutose é o açúcar predominante nas frutas e vegetais. Os dois açúcares são substratos para uma ou mais enzimas.

A equação de velocidade dada pela Equação 28-19 pode ser simplificada de forma que a velocidade da reação seja proporcional à concentração da enzima ou do substrato. Por exemplo, se a concentração do substrato for grande o suficiente de forma que exceda muito a constante de Michaelis, $[S] \gg K_m$, a Equação 28-19 se reduzirá a

$$\frac{d[P]}{dt} = k_2 [E]_0 \qquad (28\text{-}21)$$

Sob essas condições, quando a velocidade for independente da concentração do substrato, a reação é dita **pseudo-ordem zero** em relação ao substrato, e a velocidade é diretamente proporcional à concentração da enzima. Diz-se, então, que a enzima está **saturada** com o substrato.

❮❮ Para determinar enzimas, a concentração do substrato deve ser grande em comparação com a constante de Michaelis, $[S] \gg K_m$.

Quando as condições são tais que a concentração de S é pequena ou K_m é relativamente grande, então $[S] \ll K_m$ e a Equação 28-19 simplifica-se para

$$\frac{d[P]}{dt} = \frac{k_2}{K_m}[E]_0[S] = k'[S]$$

onde $k' = k_2[E]_0/K_m$. Consequentemente, as cinéticas são de primeira ordem em relação ao substrato. Para se empregar essa equação na determinação de concentrações do analito, é necessário medir-se $d[P]/dt$ no início da reação, no qual $[S] \approx [S]_0$, de forma que

$$\frac{d[P]}{dt} \approx k'[S]_0 \qquad (28\text{-}22)$$

As regiões onde as Equações 28-21 e 28-22 são aplicáveis estão ilustradas na **Figura 28-3**, na qual a velocidade inicial da reação catalisada por uma enzima é colocada em forma de gráfico em função da concentração do substrato. Quando a concentração do substrato é pequena, a Equação 28-22, que é linear em relação à concentração do substrato, rege o formato da curva, e essa região é empregada para se determinar a quantidade de substrato presente.

❮❮ Para determinar substratos, as condições devem ser organizadas de tal forma que a concentração de substrato seja pequena em comparação com a constante de Michaelis, $[S] \ll K_m$.

Se quisermos determinar a quantidade de enzima, a região de alta concentração de substrato é empregada, onde a Equação 28-21 se aplica e a velocidade é independente da concentração do substrato. A velocidade limitante da reação em valores altos de $[S]$ é a velocidade máxima que pode ser obtida a uma dada concentração de enzima, $v_{máx}$, como indicado na

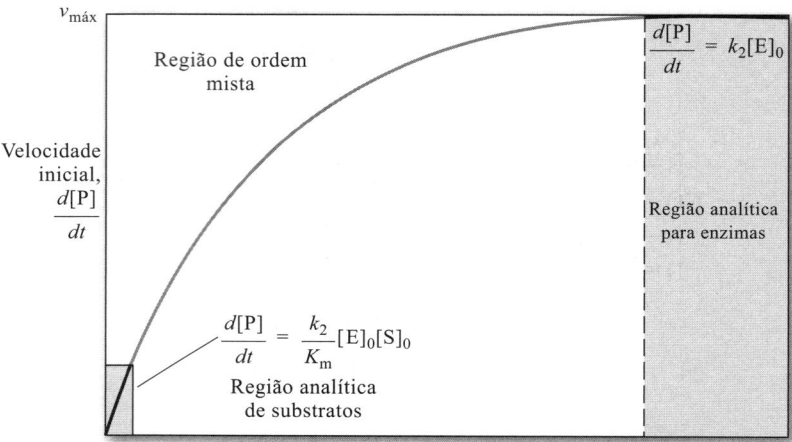

FIGURA 28-3
Gráfico da velocidade inicial de formação do produto em função da concentração do substrato, mostrando as partes da curva que são úteis para a determinação do substrato e da enzima.

›› Para $v_{máx}/2$, $[S] = K_m$.

Figura 28-3. Pode ser demonstrado que o valor da concentração do substrato a exatamente $v_{máx}/2$ é igual à constante de Michaelis, K_m. O Exemplo 28-4 ilustra o uso da equação de Michaelis-Menten.

EXEMPLO 28-4

A enzima urease, que catalisa a hidrólise da ureia, é muito empregada para a determinação desta substância no sangue. Os detalhes dessa aplicação foram fornecidos no Destaque 28-3. A constante de Michaelis para a urease à temperatura ambiente é 2,0 mmol L^{-1} e $k_2 = 2,5 \times 10^4$ s^{-1} em pH 7,5. (a) Calcule a velocidade inicial da reação quando a concentração de ureia for 0,030 mmol L^{-1} e a concentração de ureia for 5,0 μmol L^{-1} e (b) encontre $v_{máx}$.

Resolução

(a) Da Equação 28-19,

$$\frac{d[P]}{dt} = \frac{k[E]_0[S]}{K_m + [S]}$$

No início da reação, $[S] = [S]_0$, e

$$\frac{d[P]}{dt} = \frac{(2,5 \times 10^4 \text{ s}^{-1})(5,0 \times 10^{-6} \mu\text{mol L}^{-1})(0,030 \times 10^{-3} \mu\text{mol L}^{-1})}{2,0 \times 10^{-3} \mu\text{mol L}^{-1} + 0,030 \times 10^{-3} \mu\text{mol L}^{-1}}$$

$$= 1,8 \times 10^{-3} \mu\text{mol L}^{-1} \text{ s}^{-1}$$

(b) A Figura 28-3 revela que $d[P]/dt = v_{máx}$ quando a concentração do substrato é alta e, consequentemente, a Equação 28-21 pode ser aplicada. Assim,

$$d[P]/dt = v_{máx} = k_2[E]_0 = (2,5 \times 10^4 \text{ s}^{-1})(5,0 \times 10^{-6} \text{ mol L}^{-1}) = 0,125 \text{ mol L}^{-1} \text{ s}^{-1}$$

A Situação de Equilíbrio

Podemos derivar o caso de equilíbrio a partir do caso geral de estado estacionário que acabamos de abordar. Quando a conversão de ES a produtos é lenta comparada com a primeira etapa reversível da Equação 28-13, a primeira etapa está essencialmente em equilíbrio. Matematicamente, isso ocorre quando k_2 é muito menor que k_{-1}. Sob essas condições, a Equação 28-19 torna-se

$$\frac{d[P]}{dt} = \frac{k_2[E]_0[S]}{\frac{k_{-1}}{k_1} + [S]} = \frac{k_2[E]_0[S]}{K + [S]} \quad (28\text{-}23)$$

onde a constante K é agora a constante de equilíbrio verdadeira dada por $K = k_{-1}/k_1$. Observe que a forma da Equação 28-23 é idêntica à equação de Michaelis-Menten (veja a Equação 28-19). Há somente uma diferença sutil nas definições de K_m e de K. Portanto, as concentrações da enzima e do substrato podem ser determinadas da mesma maneira que na situação de estado estacionário para as reações enzimáticas nas quais k_2 é pequena e a condição de equilíbrio pode ser assumida. As concentrações da enzima são determinadas sob condições onde a concentração do substrato é alta, enquanto as concentrações do substrato são determinadas quando $[S] \ll K$.

Há muitos outros mecanismos complexos para as reações enzimáticas envolvendo reações reversíveis, múltiplos substratos, ativadores e inibidores. Estão disponíveis técnicas para se modelar e analisar esses sistemas.[5]

Embora nossa discussão até aqui tenha se preocupado com métodos enzimáticos, um tratamento análogo para a catálise comum fornece leis de velocidade que são similares na forma àquelas para enzimas. Estas expressões frequentemente se reduzem para situação de primeira ordem para facilitar o tratamento de dados e são encontrados muitos exemplos de métodos cinéticos catalíticos na literatura.[6]

> **Exercícios no Excel** O segundo exercício do Capítulo 13 de *Applications of Microsoft® Excel® in Analytical Chemistry*, 4. ed., diz respeito à catálise de enzimas. É realizada uma transformação linear de tal forma que a constante de Michaelis, K_m, e a velocidade máxima, $v_{máx}$, podem ser determinadas a partir do procedimento dos quadrados mínimos. O método de regressão não linear é usado com o Excel's Solver para encontrar esses parâmetros, encaixando a equação de Michaelis-Menten não linear.

28B Determinação da Velocidade de Reação

Vários métodos são empregados para a determinação das velocidades de reação. Nesta seção, descrevemos alguns desses métodos e como eles são empregados.

28B-1 Métodos Experimentais

O método pelo qual as velocidades das reações são medidas depende de a reação de interesse ser rápida ou lenta. Uma reação é geralmente considerada rápida se ela processa até 50% do seu final em 10 s ou menos. Os métodos analíticos baseados em reações rápidas geralmente requerem equipamentos especiais que permitem a mistura de reagentes e a coleta dos dados rapidamente, como discutido no Destaque 28-2.

> Uma **reação rápida** atinge 50% do seu final em 10 s ou menos.

DESTAQUE 28-2

Reações Rápidas e Mistura Seguida por Interrupção de Fluxo

Um dos mais populares e confiáveis métodos para se realizar reações rápidas é a mistura seguida por interrupção de fluxo. Nessa técnica, as correntes de reagente e da amostra são misturadas rapidamente e o fluxo da solução resultante é

(continua)

---

[5] Veja, por exemplo, Heino Prinz. *Numerical Methods for the Life Scientist*. Heidelberg: Springer-Verlag, 2011; P. F. Cook; W. W. Cleland. *Enzyme Kinetics and Mechanisms*. Nova York: Garland Science, 2007.
[6] Veja D. Perez-Bendito; M. Silva. *Kinetics Methods in Analytical Chemistry*. Nova York: Halsted Press-Wiley, 1988; H. A. Mottola. *Kinetics Aspects of Analytical Chemistry*. Nova York: Wiley, 1988.

interrompido abruptamente. O progresso da reação é então monitorado em uma posição ligeiramente além do ponto de mistura. O aparato mostrado na **Figura 28D-4** é projetado para realizar a mistura seguida por interrupção de fluxo.

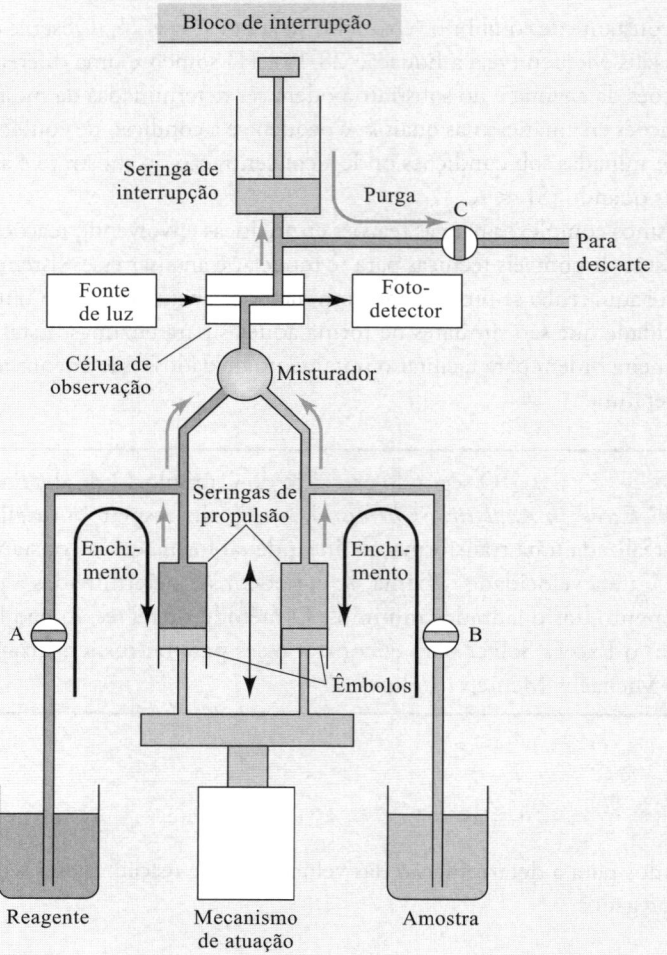

FIGURA 28D-4 Aparato para mistura seguida por interrupção de fluxo.

Para ilustrar a operação desse equipamento, começamos com as seringas cheias com o reagente e a amostra e com as válvulas A, B e C fechadas. A seringa de interrupção está vazia. O mecanismo de propulsão é então ativado de forma a mover rapidamente os êmbolos das seringas para a frente. O reagente e a amostra passam por dentro do misturador, onde são misturados e passam imediatamente para dentro da célula de observação, como indicado pelas setas verdes. A mistura de reação passa então para a seringa de interrupção. Quando a seringa de interrupção é preenchida, o seu êmbolo bate contra um bloco fixo. Esse evento interrompe o fluxo quase instantaneamente com uma porção de solução recém-misturada que se encontra na célula de observação. Nesse exemplo, a célula de observação é transparente, de forma que um feixe de luz pode passar para que sejam efetuadas as medidas de absorbância. Dessa forma, o progresso da reação pode ser monitorado. Tudo que se requer é que o tempo morto, ou o tempo entre a mistura dos reagentes e a chegada da amostra na célula de observação, seja pequeno em relação ao tempo requerido para que a reação se processe até o seu final. Para sistemas bem projetados, nos quais o fluxo turbulento no misturador permite uma mistura rápida e eficiente, o tempo morto é da ordem de 2 a 4 ms. Assim, as reações de primeira ordem ou de pseudoprimeira ordem com $\tau \approx 25$ ms ($k \approx 40$ s^{-1}) podem ser examinadas empregando-se a técnica de interrupção de fluxo.

Quando a reação se completa, a válvula C é aberta e o êmbolo da seringa é empurrado de volta para purgar seu conteúdo (seta cinza). A válvula C é fechada, as válvulas A e B são abertas, e o mecanismo de propulsão move-se para

(continua)

baixo para encher as seringas com as soluções (setas pretas). Nesse ponto, o aparelho está pronto para outro experimento de mistura rápida. Todo o instrumento pode ser controlado por um computador, o qual pode também coletar e analisar os dados da velocidade da reação. A mistura seguida por interrupção de fluxo tem sido empregada em estudos fundamentais de reações rápidas e para determinações cinéticas rotineiras de analitos envolvidos em reações rápidas. Os princípios da dinâmica dos fluidos que tornam a mistura seguida por interrupção de fluxo possível e a capacidade deste e de dispositivos similares de manipular soluções são empregados em muitos contextos para misturar automaticamente as soluções e medir as concentrações do analito em inúmeros laboratórios industriais e clínicos.

Se uma reação for suficientemente lenta, métodos convencionais de análise podem ser empregados para determinar a concentração do reagente ou do produto em função do tempo. Porém, frequentemente, a reação de interesse é muito rápida para muitas técnicas estáticas de medida, isto é, as concentrações variam apreciavelmente durante o processo de medida. Sob essas circunstâncias, a reação deve ser interrompida enquanto a medida é feita, ou uma técnica instrumental, que monitora as concentrações continuamente conforme a reação ocorre, deve ser empregada. No último caso, uma alíquota é removida da mistura de reação e é rapidamente interrompida pela adição de um reagente que se combina com um dos reagentes de forma que interrompa a reação. Alternativamente, a interrupção é obtida por meio de uma redução rápida da temperatura para desacelerar a reação em um nível aceitável para a etapa de medida. Infelizmente, as técnicas de interrupção tendem a ser trabalhosas e geralmente demandam tempo; portanto, não são empregadas com frequência para as finalidades analíticas.

A forma mais conveniente de se obter dados cinéticos é monitorar o progresso de uma reação continuamente por espectrofotometria, condutimetria, potenciometria, amperometria ou alguma outra técnica instrumental. Com o advento dos computadores de baixo custo, as leituras instrumentais proporcionais às concentrações dos reagentes e/ou produtos puderam ser gravadas diretamente em função do tempo, armazenadas na memória do computador e recuperadas mais tarde, para processamento. Os princípios de interrupção de fluxo também podem ser empregados com analisadores de injeção de fluxo (veja a Seção 6C) desligando a bomba ou parando o fluxo enquanto a mistura de reação está na câmara de observação.[7] Embora não seja uma técnica para reações rápidas como as misturas da interrupção de fluxo convencional, a injeção de fluxo parado tem sido usada com sucesso em várias determinações baseadas em enzimas.

Nas seções que se seguem, exploramos algumas estratégias empregadas nos métodos cinéticos para permitir que as concentrações do analito sejam determinadas a partir dos gráficos que mostram o progresso da reação.

28-B2 Tipos de Métodos Cinéticos

Os métodos cinéticos são classificados de acordo com relação matemática entre a variável medida e a concentração do analito.

O Método Diferencial

No **método diferencial**, as concentrações são computadas a partir das velocidades de reação por meio de uma forma diferencial da expressão da velocidade. As velocidades são determinadas medindo-se a inclinação da curva que relaciona a concentração do analito ou produto com o tempo de reação. Para ilustrar, substitua $[A]_t$ da Equação 28-7 por $[A]$ na Equação 28-4:

$$\text{velocidade} = -\left(\frac{d[A]}{dt}\right) = k[A]_t = k[A]_0 \, e^{-kt} \qquad (28\text{-}24)$$

Alternativamente, a velocidade pode ser expressa em termos da concentração do produto. Isto é,

$$\text{velocidade} = \left(\frac{d[P]}{dt}\right) = k[A]_0 \, e^{-kt} \qquad (28\text{-}25)$$

---

[7] J. Ruzicka; E. H. Hansen. *Anal. Chim. Acta*, v. 99, n. 37, 1978. J. Ruzicka; E. H. Hansen. *Anal. Chim. Acta*, v. 106, n. 207, 1979.

As Equações 28-24 e 28-25 mostram a dependência da velocidade com k, t e, mais importante, com $[A]_0$, a concentração inicial do analito. A qualquer tempo fixo t, o fator ke^{-kt} é uma constante e a velocidade é diretamente proporcional à concentração inicial do analito. O Exemplo 28-5 ilustra o uso do método diferencial para calcular a concentração inicial do analito.

EXEMPLO 28-5

A constante de velocidade para uma reação de pseudoprimeira ordem é 0,156 s^{-1}. Encontre a concentração inicial do reagente se a sua velocidade de consumo após 10,00 s do início da reação for $2,79 \times 10^{-4}$ mol L^{-1} s^{-1}.

Resolução

A constante de proporcionalidade ke^{-kt} é

$$ke^{-kt} = (0{,}156 \text{ s}^{-1})e^{-(0{,}156 \text{ s}^{-1})(10{,}00 \text{ s})} = 3{,}28 \times 10^{-2} \text{ s}^{-1}$$

Rearranjando a Equação 28-24 e substituindo os valores numéricos, temos

$$[A]_0 = \text{velocidade}/ke^{-kt}$$
$$= (2{,}79 \times 10^{-4} \text{ mol L}^{-1} \text{ s}^{-1})/(3{,}28 \times 10^{-2} \text{ s}^{-1})$$
$$= 8{,}51 \times 10^{-3} \text{ mol L}^{-1}$$

A escolha do tempo no qual a velocidade da reação é medida normalmente é baseada em fatores como a conveniência, na existência de reações paralelas interferentes e na precisão inerente de se fazer a medida em um tempo específico. Frequentemente, é vantajoso realizar a medida próximo a $t = 0$, porque essa porção da curva exponencial é aproximadamente linear (veja, por exemplo, as partes iniciais das curvas na Figura 28-1) e a inclinação é prontamente estimada a partir da tangente à curva. Além disso, se a reação for de pseudoprimeira ordem, uma quantidade de reagente em excesso é consumida, que nenhum erro será produzido por alterações em k resultantes de variações na concentração do reagente. Finalmente, o *erro relativo* na determinação da inclinação é mínimo no início da reação, porque ela é máxima nessa região.

>> As velocidades em métodos cinéticos são frequentemente medidas próximas de $t = 0$.

A **Figura 28-4** ilustra como o método diferencial é empregado para a determinação da concentração de um analito $[A]_0$ a partir de medidas experimentais da velocidade da reação mostrada na Equação 28-1. As curvas contínuas na **Figura 28-4a** são obtidas a partir de dados das concentrações do produto [P] medidas experimentalmente em função do tempo de reação para quatro soluções padrão de A. Essas curvas são empregadas para se preparar a curva de calibração mostrada na Figura 28-4b. Para se obter as velocidades, traçam-se tangentes a cada uma das curvas na Figura 28-4a a um tempo próximo

FIGURA 28-4

Um gráfico dos dados de uma determinação de A pelo método diferencial. (a) Linhas contínuas representam os dados experimentais da concentração do produto em função do tempo para quatro concentrações iniciais de A. As linhas pontilhadas são as tangentes às curvas a $t \to 0$.
(b) Um gráfico das inclinações obtidas a partir das tangentes em (a) em função da concentração do analito.

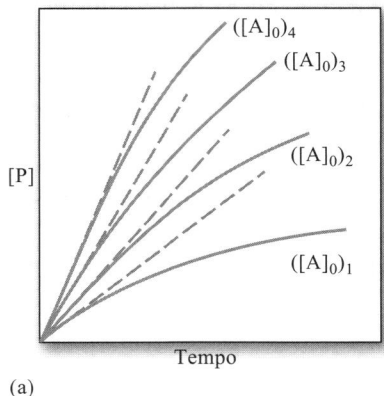
(a)

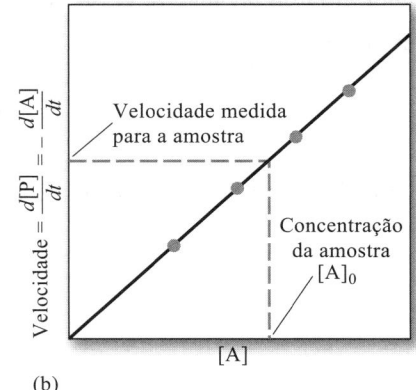
(b)

a zero (linhas pontilhadas). As inclinações das tangentes são colocadas em um gráfico em função de [A], fornecendo a linha reta mostrada na Figura 28-4b. As amostras desconhecidas são tratadas da mesma forma, e as concentrações do analito são determinadas a partir da curva de calibração.

Não é necessário registrar toda a curva de velocidade, como foi feito na Figura 28-4a, uma vez que somente uma pequena parte do gráfico é empregada para se obter a inclinação. Tão logo um número suficiente de pontos tenha sido coletado para determinar a inclinação inicial com precisão, pode-se economizar tempo e simplificar o processo como um todo. Procedimentos mais sofisticados de manipulação dos dados e de análise numérica permitem a medida da velocidade com precisão, mesmo a tempos maiores; sob certas circunstâncias, essas medidas são mais exatas e mais precisas do que aquelas feitas próximo a $t = 0$.

Métodos Integrais

Contrastando com os métodos diferenciais, os **métodos integrais** aproveitam as formas integradas das leis de velocidade, como aquelas mostradas pelas Equações 28-6, 28-7 e 28-9.

≪ Os métodos cinéticos integrais usam uma forma integrada da lei de velocidade.

Métodos Gráficos. A Equação 28-6 pode ser rearranjada para fornecer

$$\ln[A]_t = -kt + \ln[A]_0 \tag{28-26}$$

Assim, um gráfico do logaritmo natural das concentrações de A (ou P) medidas experimentalmente em função do tempo deveria fornecer uma linha reta com coeficiente angular igual a $-k$ e com coeficiente linear igual a $\ln[A]_0$. O uso desse procedimento para a determinação de nitrometano é ilustrado pelo Exemplo 28-6.

EXEMPLO 28-6

Os dados da primeira coluna da **Tabela 28-2** foram registrados para a decomposição de pseudoprimeira ordem do nitrometano na presença de excesso de base. Encontre a concentração inicial de nitrometano e a constante de velocidade de pseudoprimeira ordem da reação.

Resolução

Os valores computados para os logaritmos naturais das concentrações de nitrometano são apresentados na terceira coluna da Tabela 28-2. Os dados dão origem ao gráfico da **Figura 28-5**. Uma análise dos mínimos quadrados dos dados (veja a Seção 6D-2) leva a um coeficiente linear b igual a

$$b = \ln[CH_3NO_2]_0 = -5,129$$

a qual, após exponenciação, fornece

$$[CH_3NO_2]_0 = 5,92 \times 10^{-3} \text{ mol L}^{-1}$$

A análise de quadrados mínimos também fornece a inclinação da linha m, a qual, nesse caso, é

$$m = -1,62 = -k$$

e, assim,

$$k = 1,62 \text{ s}^{-1}$$

TABELA 28-2

Dados para a Decomposição de Nitrometano

Tempo, s	$[CH_3NO_2]$, mol L^{-1}	$\ln[CH_3NO_2]$
0,25	$3,86 \times 10^{-3}$	$-5,557$
0,50	$2,59 \times 10^{-3}$	$-5,956$
0,75	$1,84 \times 10^{-3}$	$-6,298$
1,00	$1,21 \times 10^{-3}$	$-6,717$
1,25	$0,742 \times 10^{-3}$	$-7,206$

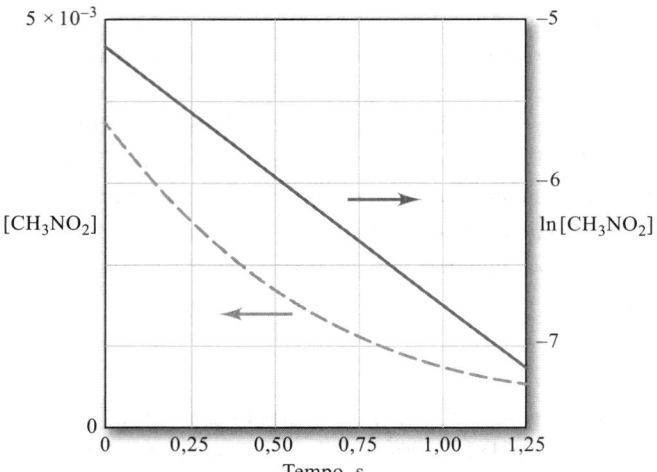

FIGURA 28-5
Gráficos da concentração de nitrometano e do logaritmo natural da concentração de nitrometano em função do tempo. Os dados são do Exemplo 28-6.

Métodos de Tempo Fixo. Os métodos de tempo fixo são baseados na Equação 28-7 ou 28-9. A primeira pode ser rearranjada para

$$[A]_0 = \frac{[A]_t}{e^{-kt}} \tag{28-27}$$

A maneira mais simples de se empregar essa relação é realizar um experimento de calibração com uma solução padrão que apresente uma concentração conhecida $[A]_0$. Após um tempo de reação cuidadosamente medido t, $[A]_t$ é determinada e utilizada para avaliar a constante e^{-kt} pela Equação 28-27. As amostras de concentrações desconhecidas são então analisadas medindo-se $[A]_t$ após exatamente o mesmo tempo de reação e empregando o valor para e^{-kt} para computar as concentrações do analito.

A Equação 28-27 pode ser facilmente modificada para a situação onde [P] é medida experimentalmente em vez de [A]. A Equação 28-9 pode ser rearranjada para determinar $[A]_0$, isto é

$$[A]_0 = \frac{[P]_t}{1 - e^{-kt}} \tag{28-28}$$

Uma abordagem mais interessante é medir [A] ou [P] em dois tempos, t_1 e t_2. Por exemplo, se a concentração do produto está sendo determinada, escreva

$$[P]_{t_1} = [A]_0 (1 - e^{-kt_1})$$
$$[P]_{t_2} = [A]_0 (1 - e^{-kt_2})$$

Subtraindo a primeira equação da segunda e rearranjando, obtemos

$$[A]_0 = \frac{[P]_{t_2} - [P]_{t_1}}{e^{-kt_1} - e^{-kt_2}} = C([P]_{t_2} - [P]_{t_1}) \tag{28-29}$$

A recíproca do denominador, C, é constante para t_1 e t_2 constantes.

O uso da Equação 28-29 tem uma vantagem fundamental comum a muitos métodos cinéticos em que a determinação absoluta da concentração ou de uma variável proporcional à concentração é desnecessária. É a diferença entre as duas concentrações que é proporcional à concentração inicial do analito.

>> Uma das maiores vantagens dos métodos cinéticos está na sua imunidade a erros resultantes de variações de longo prazo do sistema de medida.

Um exemplo importante de um método não catalisado é a determinação pelo método do tempo fixo do íon tiocianato com base em medidas espectrofotométricas do seu complexo vermelho com ferro(III). A reação nessa aplicação é

$$Fe^{3+} + SCN^- \underset{k_{-1}}{\overset{k_1}{\rightleftharpoons}} Fe(SCN)^{2+}$$

Na condição de excesso de Fe^{3+}, a reação é de pseudoprimeira ordem em relação ao SCN^-. As curvas mostradas na **Figura 28-6a** indicam o aumento da absorbância em virtude do aparecimento do $Fe(SCN)^{2+}$ ao longo do tempo que se segue à mistura rápida de 0,100 mol L^{-1} de Fe^{3+} com várias concentrações de SCN^- em pH 2. Uma vez que a concentração de $Fe(SCN)^{2+}$ está relacionada com a absorbância pela lei de Beer, os dados experimentais podem ser empregados diretamente sem a conversão para concentração. Assim, a variação na absorbância ΔA entre os tempos t_1 e t_2 é computada e representada por gráfico em função de $[SCN^-]_0$, como na **Figura 28-6b**. As concentrações desconhecidas são então determinadas pela avaliação de ΔA sob as mesmas condições experimentais, obtendo-se a concentração do íon tiocianato a partir da curva de calibração ou pela equação dos mínimos quadrados.

Os métodos de tempo fixo são vantajosos, porque a quantidade medida é diretamente proporcional à concentração do analito e porque as medidas podem ser feitas *a qualquer instante* durante o progresso das reações de primeira ordem. Quando os métodos instrumentais são empregados para monitorar as reações por meio de procedimentos de tempo fixo, a precisão dos resultados analíticos se aproxima da precisão do instrumento utilizado.

Métodos de Ajuste de Curvas. Com os computadores conectados aos instrumentos, o ajuste de um modelo matemático para a curva do sinal ou concentração em função do tempo é muito fácil. Essas técnicas computam os valores dos parâmetros do modelo, incluindo a concentração inicial do analito, que "melhor se ajusta" aos dados. Dentre esses, o método mais sofisticado emprega os parâmetros do modelo para estimar a resposta no estado estacionário ou de equilíbrio. Esses métodos podem fornecer uma compensação de erros, porque a posição de equilíbrio é menos sensível às variáveis experimentais como a temperatura, pH e concentrações de reagentes. A **Figura 28-7** ilustra o uso dessa abordagem para prever a absorbância de equilíbrio a partir dos dados obtidos durante o regime cinético da curva de resposta. A absorbância no equilíbrio é então relacionada à concentração do analito da forma usual.

A **Dra. LaTonya Mitchell** trabalha como diretora do distrito de Denver da U.S. Food and Drug Administration (FDA) e da Divisão de Programa da Divisão de Operações Oeste-4 do Office of Human and Animal Food. Ela é responsável pela direção executiva e coordenação das atividades investigativas e de conformidade para os estados do Arizona, Colorado, Utah, Novo México e Wyoming. Depois de se graduar em química, obteve o mestrado e então completou o doutorado em Administração de Serviços de Saúde na Walden University. Inicialmente como química, analisou muitas amostras complexas, de rotina, de novos medicamentos e de alimentos para testar chumbo, cádmio, níquel e mercúrio e para determinar se os produtos eram seguros para consumo. Em seu trabalho inicial na FDA, tornou-se especialista na operação de uma grande variedade de instrumentos científicos sofisticados e gostava de modificar métodos analíticos gerais para quantificar compostos específicos.

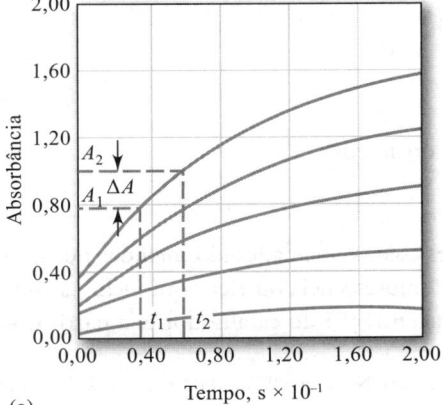
(a)

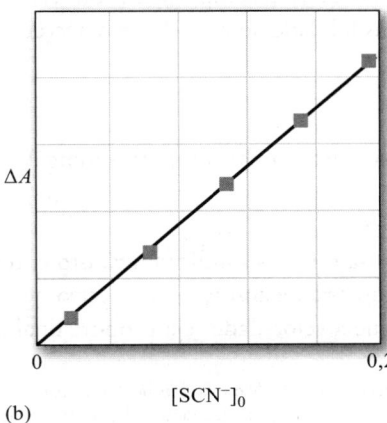
(b)

FIGURA 28-6

(a) Absorbância devida à formação do $Fe(SCN)^{2+}$ em função do tempo para cinco concentrações de SCN^-.
(b) Gráfico da diferença de absorbância ΔA nos tempos t_1 e t_2 em função da concentração de SCN^-.

FIGURA 28-7

A abordagem por pressão nos métodos cinéticos. Um modelo matemático, mostrado como quadrados cinza, é empregado no ajuste da resposta, apontado pela linha contínua, durante o regime cinético da reação. O modelo é então utilizado para prever o valor da concentração de equilíbrio do sinal, A_e, o qual está relacionado com a concentração do analito. No exemplo mostrado, a absorbância é colocada no gráfico em função do tempo, e os dados anteriores ao equilíbrio empregados para prever A_e, o valor de equilíbrio, são mostrados como círculo cinza. (Adaptado de G. L. Mieling; H. L. Pardue. *Anal. Chem.*, v. 50, p. 1611, 1978. DOI: 10.1021/ac5004a011.)

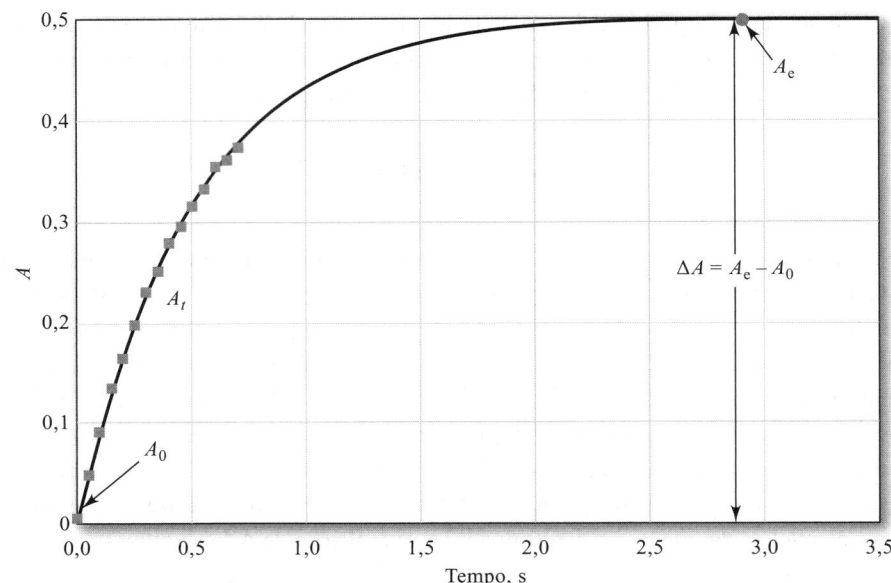

O computador permite a implementação de muitas técnicas inovadoras junto aos métodos cinéticos. Alguns dos métodos recentes de compensação de erros não requerem o conhecimento *a priori* da ordem da reação para o sistema empregado, eles usam um modelo generalizado. Ainda, outros métodos calculam os parâmetros do modelo à medida que os dados são coletados em vez de empregar os métodos de processamento em lote.

> **Exercícios no Excel** No exercício final do Capítulo 13 de *Applications of Microsoft® Excel® in Analytical Chemistry*, 4. ed., o método da velocidade inicial é explorado para determinar a concentração de um analito. As velocidades iniciais são determinadas a partir da análise dos quadrados mínimos linear e usadas para estabelecer uma curva de calibração e uma equação. Uma concentração desconhecida é determinada.

28C Aplicações dos Métodos Cinéticos

As reações utilizadas nos métodos cinéticos se distribuem em duas categorias: **catalisadas** e **não catalisadas**. Como observado anteriormente, as reações catalisadas são as mais amplamente empregadas por causa da sua maior sensibilidade e seletividade. Entretanto, as reações não catalisadas são empregadas com vantagem quando são necessárias medidas automatizadas de alta velocidade ou quando a sensibilidade do método de detecção é alta.[8]

28C-1 Métodos Catalíticos

Os métodos catalíticos têm sido usados para determinar compostos inorgânicos e orgânicos.

Determinação de Espécies Inorgânicas

Muitos cátions e ânions inorgânicos catalisam reações indicadoras, isto é, reações cujas velocidades são medidas por métodos instrumentais, como a espectrofotometria de absorção, a espectrometria de fluorescência ou eletroquímica. As condições são então empregadas de forma que a velocidade seja proporcional à concentração do catalisador e, a partir dos

---

[8] Para uma revisão sobre as aplicações dos métodos cinéticos, veja H. O. Mottola. *Kinetic Aspects of Analytical Chemistry*. Nova York: Wiley, 1988, pp. 88-121; D. Perez-Bendito; M. Silva. *Kinetic Methods in Analytical Chemistry*. Nova York: Halsted Press-Wiley, 1988, pp. 31-189.

TABELA 28-3
Métodos Catalíticos para Espécies Inorgânicas

Analito	Reação Indicadora	Método de Detecção	Limite de detecção, ng mL^{-1}
Cobalto	Catecol + H_2O_2	Espectrofotometria	3
Cobre	Hidroquinona + H_2O_2	Espectrofotometria	0,2
Ferro	H_2O_2 + I$^-$	Potenciometria	50
Mercúrio	Fe(CN)$_6^{4-}$ + C_6H_5NO	Espectrofotometria	60
Molibdênio	H_2O_2 + I$^-$	Espectrofotometria	10
Brometo	Decomposição de BrO_3^-	Espectrofotometria	3
Cloreto	Fe^{2+} + ClO_3^-	Espectrofotometria	100
Cianeto	Redução de o-dinitrobenzeno	Espectrofotometria	100
Iodeto	Ce(IV) + As(III)	Potenciometria	0,2
Oxalato	Rodamina B + $Cr_2O_7^{2-}$	Espectrofotometria	20

dados sobre a velocidade, a concentração do catalisador é determinada. Esses métodos catalíticos frequentemente permitem a detecção extremamente sensível da concentração do catalisador. Os métodos cinéticos baseados em catálise por analitos inorgânicos são amplamente aplicados. Por exemplo, a literatura nessa área lista mais de 40 cátions e 15 ânions que têm sido determinados por uma variedade de reações indicadoras.[9] A **Tabela 28-3** fornece os métodos catalíticos para várias espécies inorgânicas juntamente com as reações indicadoras empregadas, o método de detecção e o limite de detecção.

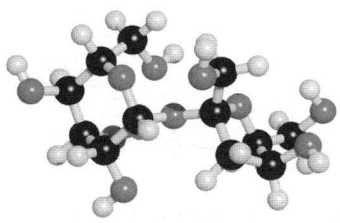

Modelo molecular da sacarose. A sacarose é um dissacarídeo e consiste em duas unidades de monossacarídeos ligadas. Uma das unidades da sacarose é um anel de glicose (seis membros) e o outro é um anel de frutose (cinco membros). A sacarose é o açúcar comum. Veja os modelos moleculares da glicose e da frutose na página 795.

Determinação de Espécies Orgânicas

As aplicações mais importantes das reações catalisadas em análises orgânicas envolvem o uso de enzimas como catalisadores. Esses métodos têm sido empregados para a determinação tanto de enzimas como de substratos, e servem de base para muitos testes de rotina automatizados, realizados em milhares de laboratórios clínicos ao redor do mundo.

Muitos tipos diferentes de substratos enzimáticos têm sido determinados com o uso de reações catalisadas por enzimas. A **Tabela 28-4** mostra alguns substratos que são determinados em diversas aplicações. Uma aplicação importante é a determinação da quantidade de ureia no sangue, chamada teste de nitrogênio de ureia sanguínea (NUS). Uma descrição dessa determinação é fornecida no Destaque 28-3.

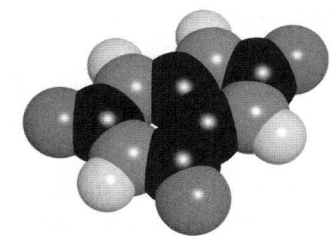

TABELA 28-4
Alguns Substratos Importantes[10]

Substrato	Enzima	Aplicação
Etanol	Álcool desidrogenase	Forense, alcoolismo
Galactose	Galactose oxidase	Diagnóstico da galactosemia
Glicose	Glicose oxidase	Diagnóstico da diabetes
Lactose	Lactase	Produtos alimentícios
Maltose	α-Glicosidase	Produtos alimentícios
Penicilina	Penicilinase	Preparações farmacêuticas
Fenol	Tirosinase	Água e efluentes
Sacarose	Invertase	Produtos alimentícios
Ureia	Urease	Diagnóstico de doenças do fígado e rins
Ácido úrico	Uricase	Diagnóstico da gota, leucemia e linfoma

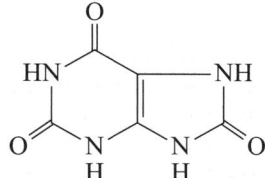

Modelo molecular do ácido úrico. O ácido úrico é essencial ao processo digestivo. Contudo, se o corpo produz muito ácido úrico ou se ele não for excretado o suficiente, os altos níveis no sangue podem levar à concentração de cristais de uriato de sódio nas juntas e tendões. Isso causa inflamação, pressão e dores agudas associadas à artrite gotosa ou gota.

---

[9] M. Kopanica; V. Stara. In: G. Svehla (ed.), ed. *Comprehensive Analytical Chemistry*. Nova York: Elsevier, 1983, v. 18, pp. 11-227.
[10] Para mais informações, veja G. G. Guilbault. *Analytical Uses of Immobilized Enzymes*. Nova York: Dekker, 1984; P. W. Carr; L. D. Bowers. *Immobilized Enzymes in Analytical and Clinical Chemistry*. Nova York: Willey, 1980.

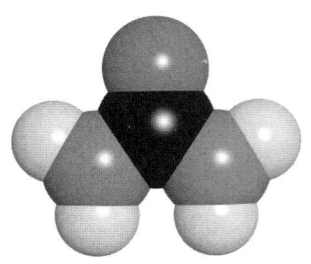

Modelo molecular da ureia. A ureia é a diamida do ácido carbônico. Ela é excretada pelos mamíferos como produto do metabolismo das proteínas.

>> As enzimas podem ser imobilizadas por incorporação em um gel, por adsorção sobre um suporte sólido ou por ligações covalentes com um sólido.

DESTAQUE 28-3

Determinação Enzimática de Ureia

A determinação de ureia no sangue e na urina costuma ser feita medindo-se a velocidade da hidrólise da ureia $CO(NH_2)_2$ na presença da enzima urease. A equação para a reação é

$$CO(NH_2)_2 + 2H_2O \xrightarrow{urease} NH_4^+ + HCO_3^-$$

Como sugerido pelo Exemplo 28-4, a ureia pode ser determinada pela medida da velocidade inicial da formação dos produtos dessa reação. A alta seletividade da enzima permite o uso de métodos de detecção não seletivos, como a condutividade elétrica, para as medidas da velocidade inicial. Existem instrumentos comerciais que operam com base nesse princípio. A amostra é misturada com uma pequena quantidade de solução tamponada contendo a enzima em uma célula de condutividade. A velocidade máxima de aumento da condutância é medida após 10 s da mistura, e a concentração de ureia é estabelecida a partir de uma curva de calibração que consiste em um gráfico da velocidade máxima inicial em função da concentração de ureia. A precisão do instrumento é da ordem de 2% a 5% para as concentrações na faixa fisiológica de 2 a 10 mmol L^{-1}.

Outro método de acompanhamento da velocidade da hidrólise da ureia está baseado no uso de um eletrodo específico para os íons amônio (veja Seção 19D). Nesse caso, a produção de NH_4^+ é monitorada potenciometricamente e utilizada para se obter a velocidade da reação. Ainda em outra abordagem, a urease pode ser imobilizada sobre a superfície de um eletrodo de pH e a velocidade de variação do pH é monitorada. Muitas enzimas têm sido imobilizadas sobre suportes como géis, membranas, paredes de tubos, pequenas esferas de vidro, polímeros e filmes finos. As **enzimas imobilizadas** mostram com frequência um aumento de estabilidade em relação à forma em solução. Além disso, elas podem ser reutilizadas frequentemente por centenas ou milhares de análises.

Inúmeras espécies inorgânicas também podem ser determinadas por reações catalisadas por enzimas. Essas espécies incluem a amônia, o peróxido de hidrogênio, o dióxido de carbono e a hidroxilamina, bem como os íons nitrato, fosfato e pirofosfato.

>> Os métodos cinéticos são necessários na determinação das atividades das enzimas, uma vez que a enzima é um catalisador e afeta somente a velocidade da reação.

Métodos cinéticos têm sido descritos visando à determinação quantitativa de centenas de enzimas. Algumas das enzimas que são importantes para o diagnóstico de doenças hepáticas são a transaminase glutâmica-oxaloacética presente no soro (TGO), glutamato piruvato transaminase no soro (TGP) e a lactato desidrogenase (LDH). Níveis elevados de TGO, TGP e LDH podem ocorrer também após os ataques cardíacos. Essas enzimas, e a creatina fosfoquinase, frequentemente diagnosticam o infarto do miocárdio. Outras enzimas de interesse para diagnósticos incluem as hidrolases, como amilase, lipase e fosfatase alcalina, fosfohexose isomerase e aldolase.

Além disso, sabe-se que cerca de duas dúzias de cátions e ânions inorgânicos desconhecidos diminuem a velocidade de certas reações indicadoras catalisadas por enzimas. Esses **inibidores** podem ser determinados a partir do decréscimo da velocidade causado pela sua presença.

>> As enzimas podem ser empregadas na determinação de ativadores e inibidores. Os ativadores aumentam a velocidade da reação, enquanto os inibidores a diminuem.

Os **ativadores enzimáticos** são substâncias, geralmente íons inorgânicos, que são necessários para que certas enzimas se tornem catalisadores ativos. Os ativadores podem ser determinados pelo seu efeito nas velocidades das reações catalisadas por enzimas. Por exemplo, foi relatado que concentrações de magnésio tão baixas como 10 ppb podem ser determinadas em plasma sanguíneo com base na ativação da enzima desidrogenase isocítrica por esse íon.

28C-2 Reações Não catalisadas

Como observado anteriormente, os métodos cinéticos baseados em reações não catalisadas não são tão empregados como aqueles nos quais um catalisador esteja envolvido. Já descrevemos dois desses métodos (páginas 801 e 803).

Geralmente as reações não catalisadas são úteis quando reagentes seletivos são empregados conjuntamente com métodos de detecção sensíveis. Por exemplo, a seletividade dos agentes complexantes pode ser controlada ajustando-se o pH do meio na determinação de íons metálicos, como discutido na Seção 15D-8. A sensibilidade pode ser obtida pelo uso de detecção espectrofotométrica para monitorar reagentes que formam complexos com altas absortividades molares. A determinação de Cu^{2+}, apresentada no Problema 28-13, é um exemplo. Uma alternativa altamente sensível é selecionar complexos que fluorescem, de forma que a velocidade de variação da fluorescência possa ser utilizada como medida da concentração do analito (veja o Problema 28-14).

A precisão dos métodos cinéticos catalíticos e não catalíticos depende das condições experimentais como o pH, força iônica e temperatura. Com o controle cuidadoso dessas variáveis, desvios padrão relativos de 1% a 10% são típicos. A automação dos métodos cinéticos e a análise computadorizada dos dados podem, com frequência, levar à precisão relativa para 1% ou menos.

28C-3 Determinação Cinética de Componentes em Misturas

Uma aplicação importante dos métodos cinéticos está na determinação de espécies muito semelhantes entre si em misturas, como os cátions de metais alcalinos terrosos ou os compostos orgânicos com os mesmos grupos funcionais. Por exemplo, suponha que duas espécies A e B reajam com um reagente comum em excesso para formar produtos sob condições de pseudoprimeira ordem:

$$A + R \xrightarrow{k_A} P$$
$$B + R \xrightarrow{k_B} P'$$

Em geral, k_A e k_B diferem uma da outra. Assim, se $k_A > k_B$, A é totalmente consumido antes de B. É possível mostrar que se a razão k_A/k_B for maior que cerca de 500, o consumo de A estará completo a 99% antes que 1% de B tenha sido gasto. Dessa forma, é possível a determinação diferencial de A sem a interferência significativa de B, desde que a velocidade seja medida logo após a mistura.

Quando a razão das duas constantes de velocidade for pequena, a determinação das duas espécies ainda será possível por meio de métodos mais complexos de tratamento de dados. Muitos desses métodos empregam técnicas quimiométricas multivariadas similares àquelas descritas no Destaque 6-3. Os detalhes sobre os **métodos cinéticos multicomponentes** estão além do escopo deste livro.[11]

Química Analítica On-line

Use um mecanismo de busca na web para encontrar fabricantes de instrumentos que produzem analisadores de glicose baseados em reações enzimáticas. Encontre uma empresa que produza um analisador espectrofotométrico e uma que produza um analisador eletroquímico. Compare e contraponha as características dos dois instrumentos, incluindo exatidão, precisão, faixa dinâmica e custo.

---

[11] Para algumas aplicações de métodos cinéticos a misturas multicomponentes, veja H. O. Mottola. *Kinetic Aspects of Analytical Chemistry*. Nova York: Wiley, 1988, pp. 122-148; D. Perez-Bendito; M. Silva. *Kinetic Methods in Analytical Chemistry*. Nova York: Halsted Press-Wiley, 1988, pp. 172-189.

Resumo do Capítulo 28

- Velocidade de reação.
- Mecanismos de reação.
- Ordens de reação.
- Constantes de velocidade.
- Reações de primeira e segunda ordem.
- Reações catalisadas por enzimas.
- Mecanismo de Michaelis-Menten.
- Determinação de enzimas.
- Determinação de substratos.
- Determinação de ativadores e inibidores.
- Métodos diferenciais de cinética.
- Métodos integrais de cinética.
- Métodos de tempo fixo.
- Métodos de ajuste de curvas.
- Métodos catalíticos

Termos-chave

Abordagem por pressão, 804
Aproximação do estado estacionário, 793
Atividade enzimática, 793
Constante de Michaelis, 794
Enzima imobilizada, 806
Estrutura primária da enzima, 792
Estrutura secundária, 792
Lei de velocidade, 785
Mecanismo, 785
Métodos cinéticos multicomponentes, 807
Métodos integrais, 801
Ordem global da reação, 786
Pseudoprimeira ordem, 787
Saturação de enzima, 795
Substrato de enzima, 791

Equações Importantes

$$\text{velocidade} = -\frac{d[A]}{dt} = -\frac{d[R]}{dt} = -\frac{d[P]}{dt} = k[A]^m[R]^n$$

unidades de $k = (\text{concentração})^{1-p} \times \text{tempo}^{-1}$

Primeira ordem $\dfrac{[A]_t}{[A]_0} = e^{-kt}$ ou $[A]_t = [A]_0 e^{-kt}$

$[P]_t = [A]_0 (1 - e^{-k\tau})$

Cinética de enzima $\dfrac{d[P]}{dt} = \dfrac{k_2[E]_0[S]}{\dfrac{k_{-1}+k_2}{k_1} + [S]} = \dfrac{k_2[E]_0[S]}{K_m + [S]}$

Constante de Michaelis $K_m = \dfrac{k_{-1} + k_2}{k_1} = \dfrac{[E][S]}{[ES]}$

Questões e Problemas*

28-1. Defina os seguintes termos na forma como são empregados nos métodos cinéticos de análise.
   *(a) ordem de uma reação
   (b) pseudoprimeira ordem
   *(c) enzima
   (d) ativador
   *(e) constante de Michaelis
   (f) método diferencial

*As respostas para as questões e problemas marcados com um asterisco são fornecidas no final deste livro.

*(g) método integral
(h) abordagem por pressão

28-2. A análise de uma mistura multicomponente por métodos cinéticos é, algumas vezes, referida como "separação cinética". Explique o significado desse termo.

*28-3. Liste três vantagens dos métodos cinéticos. Você pode estabelecer duas possíveis limitações dos métodos cinéticos quando comparados com os métodos de equilíbrio?

28-4. Explique por que as condições de pseudoprimeira ordem são empregadas em muitos métodos cinéticos.

*28-5. Desenvolva uma expressão para a meia-vida do reagente em um processo de primeira ordem em termos da constante de velocidade k.

28-6. Encontre o tempo de vida natural em segundos para as reações de primeira ordem correspondentes a
*(a) $k = 0,497$ s^{-1}.
(b) $k = 5,35$ h^{-1}.
*(c) $[A]_0 = 3,16$ mol L^{-1} e $[A]_t = 0,496$ mol L^{-1} em $t = 3.876$ s.
(d) $[P]_\infty = 0,255$ mol L^{-1} e $[P]_t = 0,0566$ mol L^{-1} em $t = 9,54$ s (Suponha que 1 mol do produto seja formado para cada mol do analito que reage.)
*(e) meia-vida, $t_{1/2}$, = 26,5 anos.
(f) $t_{1/2} = 0,453$ s.

28-7. Encontre a constante de primeira ordem para uma reação que se completa em 75,0% após
*(a) 0,0100 s.   *(c) 1,00 s.   *(e) 26,8 μs.
(b) 0,400 s.   (d) 3.299 s.   (f) 9,38 ns.

28-8. Calcule o número de tempos de meia-vida necessário para atingir os seguintes níveis de finalização:
*(a) 10%.   *(c) 90%.   *(e) 99,9%.
(b) 50%.   (d) 99%.   (f) 99,99%.

28-9. Encontre o número de meias-vidas τ necessário para que uma reação de pseudoprimeira ordem atinja os níveis de finalização listados no Problema 28-8.

28-10. Encontre o erro relativo associado com a hipótese de que k' não varia no decorrer de uma reação de pseudoprimeira ordem sob as seguintes condições:

	Extensão da Reação, %	Excesso de Reagente
*(a)	1	5×
(b)	1	10×
*(c)	1	50×
(d)	1	100×
*(e)	5	5×
(f)	5	10×
*(g)	5	100×
(h)	63,2	5×
*(i)	63,2	10×
(j)	63,2	50×
*(k)	63,2	100×

28-11. Mostre matematicamente que, para uma reação enzimática que obedece à Equação 28-19, a concentração do substrato para a velocidade $v_{máx}/2$ é igual a K_m.

*28-12. A Equação 28-19 pode ser rearranjada para produzir a equação

$$\frac{1}{d[P]/dt} = \frac{K_m}{v_{máx}[S]} + \frac{1}{v_{máx}}$$

onde $v_{máx} = k_2[E]_0$, a velocidade máxima quando $[S]$ é grande.
(a) Sugira uma forma de empregar essa equação na construção de uma curva de calibração (de trabalho) para a determinação enzimática do substrato.
(b) Descreva como a curva de trabalho resultante pode ser empregada para determinar K_m e $v_{máx}$.

*28-13. O cobre(II) forma um complexo 1:1 com o agente complexante R em meio ácido. A formação do complexo pode ser monitorada por espectrofotometria a 480 nm. Use os seguintes dados coletados sob condições de pseudoprimeira ordem para construir uma curva de calibração da velocidade em função da concentração de R. Encontre a concentração de cobre(II) em uma amostra cuja velocidade sob as mesmas condições seja 6,2 × 10^{-3} A s^{-1}. Encontre também o desvio padrão da concentração.

$c_{Cu^{2+}}$, ppm	Velocidade, A s^{-1}
3,0	3,6 × 10^{-3}
5,0	5,4 × 10^{-3}
7,0	7,9 × 10^{-3}
9,0	1,03 × 10^{-2}

28-14. O alumínio forma um complexo 1:1 com 2-hidroxi-1-naftaldeído p-metoxibenzoilhidraxonal que exibe emissão fluorescente a 475 nm. Sob condições de pseudoprimeira ordem, um gráfico da velocidade inicial da reação (unidades de emissão por segundo) em função da concentração de alumínio (em μmol L^{-1}) fornece a reta descrita pela equação

$$\text{velocidade} = 2,93 c_{Al} - 0,255$$

Encontre a concentração de alumínio em uma solução que exibe uma velocidade de 0,85 unidades de emissão por segundo sob as mesmas condições experimentais.

*28-15. A enzima monoamina oxidase catalisa a oxidação de aminas a aldeídos. Para a triptamina, o K_m para a enzima é $4,0 \times 10^{-4}$ mol L^{-1} e $v_{máx} = k_2[E]_0 = 1,6 \times 10^{-3}$ μmol L^{-1} min^{-1} em pH 8. Encontre a concentração de uma solução de triptamina que reage a uma velocidade de 0,18 μmol L^{-1} min^{-1} na presença de monoamina oxidase sob essas condições. Assuma que [triptamina] $\ll K_m$.

28-16. Os seguintes dados representam a concentração do produto em função do tempo durante os estágios iniciais de reações de pseudoprimeira ordem para diferentes concentrações iniciais do analito [A]$_0$.

t, s	[P], mol L^{-1}				
0	0,00000	0,00000	0,00000	0,00000	0,00000
10	0,00004	0,00018	0,00027	0,00037	0,00014
20	0,00007	0,00037	0,00055	0,00073	0,00029
50	0,00018	0,00091	0,00137	0,00183	0,00072
100	0,00036	0,00181	0,00272	0,00362	0,00144
[A]$_0$, mol L^{-1}	0,01000	0,05000	0,07500	0,10000	desconhecido

Para cada concentração do analito, encontre a velocidade inicial média para as cinco janelas de tempo fornecidas. Faça um gráfico da velocidade inicial em função da concentração do analito. Obtenha os coeficientes angular e linear por mínimos quadrados e determine a concentração desconhecida. Dica: Uma boa forma de se calcular a velocidade inicial para uma dada concentração consiste em encontrar Δ[P]/Δt para o intervalo de 0 a 10 s, para 10 a 20 s, para 20 a 50s e para 50 a 100 s e então faça uma média dos quatro valores obtidos. Alternativamente, o coeficiente angular obtido por mínimos quadrados de um gráfico de [P] em função de t para o intervalo de 0 a 100 s pode ser utilizado.

*28-17. Calcule as concentrações do produto em função do tempo para uma reação de pseudoprimeira ordem com $k' = 0{,}015$ s^{-1} e [A]$_0 = 0{,}005$ mol L^{-1}. Use tempos de 0,000 s; 0,001 s; 0,01 s; 0,1 s; 0,2 s; 0,5 s; 1,0 s; 2,0 s; 5,0 s; 10,0 s; 20,0 s; 50,0 s; 100,0 s; 200,0 s; 500,0 s e 1.000,0 s. A partir dos dois primeiros valores de tempo, encontre a velocidade inicial "verdadeira" da reação. Determine aproximadamente qual é a porcentagem de finalização da reação que ocorre antes que a velocidade inicial caia para (a) 99% e (b) 95% do seu valor verdadeiro.

28-18. Problema Desafiador: A hidrólise da *N*-glutaril-L-fenilanina-*p*-nitroanilida (GFNA) pela enzima α-quimotripsina (QT) para formar a *p*-nitroanilina e *N*-glutaril-L-fenilalanina segue o mecanismo de Michaelis-Menten nos seus estágios iniciais.

(a) Mostre que a Equação 28-19 pode ser manipulada para fornecer a seguinte transformação:

$$\frac{1}{v_i} = \frac{K_m}{v_{máx}[S]_0} + \frac{1}{v_{máx}}$$

onde v_i corresponde à velocidade inicial, $(d[P]/dt)_i$, $v_{máx}$ é igual a $k_2[E]_0$ e [S]$_0$ se refere à concentração inicial de GFNA. Essa equação é frequentemente denominada equação de Lineweaver-Burke. Um gráfico de $1/v_i$ em função de $1/[S]_0$ é chamado gráfico de Lineweaver-Burke.

(b) Para [QT] = $4{,}0 \times 10^{-6}$ mol L^{-1}, empregue os seguintes resultados e o gráfico de Lineweaver-Burke para determinar K_m, $v_{máx}$ e k_2.

[GFNA]$_0$, mmol L^{-1}	v_i, μmol L^{-1} s^{-1}
0,250	0,037
0,500	0,063
10,0	0,098
15,0	0,118

(c) Mostre que a equação de Michaelis-Menten para a velocidade inicial pode ser transformada para fornecer a equação de Hanes-Woolf:

$$\frac{[S]}{v_i} = \frac{[S]_0}{v_{máx}} + \frac{K_m}{v_{máx}}$$

Use um gráfico de Hanes-Woolf dos dados do item (b) para determinar K_m, $v_{máx}$ e k_2.

(d) Mostre que a equação de Michaelis-Menten para a velocidade inicial pode ser transformada para fornecer a equação de Eadie-Hofster:

$$v_i = -\frac{K_m v_i}{[S]_0} + v_{máx}$$

Empregue um gráfico de Eadie-Hofster com os dados do item (b) para determinar K_m, $v_{máx}$ e k_2.

(e) Comente sobre qual desses gráficos deve ser mais exato para a determinação de K_m e $v_{máx}$, sob as circunstâncias fornecidas. Justifique sua resposta!

(f) O substrato GFNA deve ser determinado em uma amostra biológica empregando-se os dados do item (b) na construção de uma curva de calibração. Três amostras foram analisadas sob as mesmas condições do item (b) e forneceram velocidades iniciais de 0,069; 0,102 e 0,049 μmol L^{-1} s^{-1}. Quais eram as concentrações de GFNA nessas amostras? "Quais são os desvios padrões das concentrações?"

Introdução às Separações Analíticas

CAPÍTULO 29

Separações são extremamente importantes em síntese, química industrial, ciências biomédicas e análises químicas. A fotografia mostra uma refinaria de petróleo. A primeira etapa no processo de refino do petróleo é separá--lo em frações com base no ponto de ebulição em grandes torres de destilação. Após, ele é enviado a um grande destilador e a mistura, aquecida. Os materiais com os menores pontos de ebulição vaporizam-se primeiro. O vapor move-se para cima na alta coluna de destilação ou torre, onde é recondensado em um líquido muito mais puro. Regulando-se a temperatura da caldeira e da coluna, a faixa de ponto de ebulição da fração condensada pode ser controlada.

As separações analíticas ocorrem em uma escala muito menor de laboratório que a destilação em escala industrial mostrada na fotografia. Os métodos de separação apresentados neste capítulo incluem precipitação, destilação, extração, troca iônica e várias técnicas cromatográficas.

Fotos Arctos, royalty free/Alamy Stock Photo

Poucas técnicas de medida usada na análise química, se é que existe alguma, são específicas para uma única espécie química. Por causa disso, para muitas análises, devemos considerar como tratar espécies estranhas que atenuam o sinal do analito ou produz um sinal que seja indistinguível daquele do analito. Uma substância que afeta um sinal analítico ou o fundo é chamado de uma **interferência** ou um **interferente**.

Vários métodos podem ser usados para lidar com as interferências em procedimentos analíticos, como discutido na Seção 6D-3. As **separações** isolam o analito dos constituintes interferentes em potencial. Além disso, técnicas como modificação de matriz, mascaramento, diluição e saturação são frequentemente usadas para compensar os efeitos dos interferentes. Os métodos de padrão interno e de adição de padrão podem algumas vezes serem usados para compensar ou para reduzir os efeitos de interferência. Este capítulo foca nos métodos de separação que são mais poderosos e os métodos largamente usados para tratar as interferências.

Um **interferente** é uma espécie química que produz um erro sistemático em uma análise pelo aumento ou atenuação do sinal analítico ou do sinal de fundo.

Os princípios básicos de uma separação estão representados na **Figura 29-1**.[1] Como mostrado, as separações podem ser completas ou parciais. No processo de separação, o material é transportado enquanto seus componentes são espacialmente redistribuídos. Note que uma separação sempre requer energia, porque o processo reverso, *misturar* a volume constante, é espontâneo, sendo acompanhado por um aumento na entropia. As separações podem ser *preparativas* ou *analíticas*. Focamos nas separações analíticas, embora muitos dos mesmos princípios tomam parte nas separações preparativas.

---

[1] Veja J. C. Giddings. *Unified Separation Science*. Nova York: Wiley, 1991, pp. 1-7.

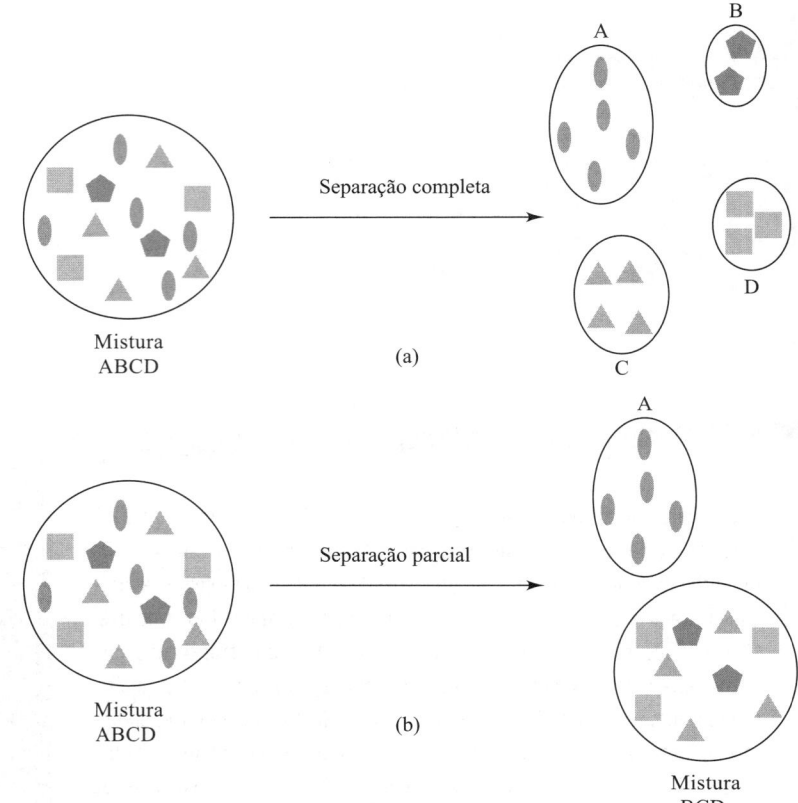

FIGURA 29-1
Princípios de uma separação. Em (a), uma mistura de quatro componentes é separada completamente, de forma que cada componente ocupe uma região do espaço diferente. Em (b), uma separação parcial é mostrada. Na separação parcial, a espécie A é isolada do restante da mistura de B, C e D. O inverso dos processos de separação apresentados é a mistura a volume constante.

Os objetivos de uma separação analítica geralmente são eliminar ou reduzir interferências de tal forma que a informação analítica possa ser obtida a partir de misturas complexas. As separações também podem permitir a identificação dos constituintes separados se as correlações apropriadas forem feitas ou se uma técnica de medida sensível à estrutura, como espectrometria de massas, for empregada. Em técnicas como a cromatografia, a informação quantitativa é obtida quase simultaneamente com a separação. Em outros procedimentos, a etapa de separação é distinta e bastante independente da etapa de medida posterior.

A **Tabela 29-1** lista vários métodos de separação que são de uso comum, incluindo (1) a precipitação química ou eletrolítica, (2) a destilação, (3) a extração por solventes, (4) a troca iônica, (5) a cromatografia, (6) a eletroforese e (7) o fracionamento por campo e fluxo. Os quatro primeiros são discutidos da Seção 29A até a 29D deste capítulo. Uma introdução à cromatografia é apresentada na

TABELA 29-1

Métodos de Separação

Método	Base do Método
1. Separação mecânica de fases	
a. Precipitação e filtração	Diferenças na solubilidade dos compostos formados
b. Destilação	Diferenças na volatilidade dos compostos
c. Extração	Diferenças na solubilidade em dois líquidos imiscíveis
d. Troca iônica	Diferenças na interação de reagentes com uma resina de troca iônica
2. Cromatografia	Diferenças na velocidade de movimentação de solutos passando por uma fase estacionária
3. Eletroforese	Diferenças na velocidade de migração de espécies com carga em um campo elétrico
4. Fracionamento por campo e fluxo	Diferenças na interação com um campo ou gradiente aplicado perpendicularmente à direção de transporte

Seção 29E. Os Capítulos 30 e 31 tratam da cromatografia de gás e de líquidos, respectivamente, enquanto o Capítulo 32 aborda a eletroforese, fracionamento por campo e fluxo e outros métodos de separação.

29A Separação por Precipitação

As separações por precipitação exigem grandes diferenças de solubilidade entre o analito e os interferentes em potencial. A viabilidade teórica desse tipo de separação pode ser determinada por meio de cálculos de solubilidade, tais como aqueles mostrados na Seção 9C. Infelizmente, muitos outros fatores podem impedir o uso da precipitação para produzir uma separação. Por exemplo, os vários fenômenos de coprecipitação descritos na Seção 10A-5 podem causar uma contaminação extensiva do precipitado por um componente indesejado, mesmo que o produto de solubilidade do contaminante não tenha sido excedido. Da mesma forma, a velocidade de uma precipitação pode ser tão lenta que impeça o seu uso em uma separação. Finalmente, quando os precipitados se formam como suspensões coloidais, a coagulação pode ser difícil ou lenta, particularmente quando se pretende isolar uma pequena quantidade de fase sólida.

Muitos agentes precipitantes têm sido usados para separações inorgânicas quantitativas. Alguns daqueles mais úteis são descritos nas seções a seguir.

Dr. Steven Lehotay trabalha como cientista-líder no U.S. Department of Agriculture Agricultural Research Service, supervisionando uma equipe de cientistas. Ele obteve o seu doutorado em química analítica na University of Florida, Gainesville. Usando a espectrometria de massas e a cromatografia, Dr. Lehotay desenvolve métodos analíticos para detectar pesticidas, medicamentos veterinários e outros contaminantes ambientais nos alimentos. A maior parte do seu tempo é dedicada a planejamento de experimentos, revisão de resultados e apresentações escritas, relatórios científicos manuscritos e propostas.

29A-1 Separações Baseadas no Controle da Acidez

Existem enormes diferenças entre as solubilidades dos hidróxidos, óxidos hidratados e ácidos de vários elementos. Além disso, a concentração de íons hidrogênio e hidróxido em uma solução podem ser variada por um fator de 10^{15} ou mais e pode ser facilmente controlada pelo uso de tampões. Como resultado, muitas separações baseadas em controle de pH são, na teoria, possíveis. Na prática, essas separações podem ser agrupadas em três categorias: (1) aquelas feitas em soluções relativamente concentradas de ácidos fortes, (2) aquelas feitas em soluções tamponadas em valores intermediários de pH e (3) aquelas feitas em soluções concentradas de hidróxido de potássio ou sódio. A **Tabela 29-2** lista algumas separações comuns que podem ser feitas pelo controle de acidez.

29A-2 Separações de Sulfetos

Com exceção dos metais alcalinos e metais alcalinos terrosos, a maioria dos cátions forma sulfetos muito pouco solúveis, cujas solubilidades diferem grandemente entre si. Uma vez que é relativamente fácil controlar a concentração de íons sulfeto em uma

≪ Lembre-se da Equação 9-42,

$$[S^{2-}] = \frac{1,2 \times 10^{-22}}{[H_3O^+]^2}$$

TABELA 29-2

Separações Baseadas no Controle de Acidez		
Reagente	**Espécies de Precipitados Formados**	**Espécies que Não Precipitam**
HNO_3 concentrado quente	Óxidos de W(VI), Ta(V), Nb(V), Si(IV), Sn(IV), Sb(V)	A maioria dos outros íons metálicos
Tampão NH_3/NH_4Cl	Fe(III), Cr(III), Al(III)	Metais alcalinos e alcalinos terrosos, Mn(II), Cu(II), Zn(II), Ni(II), Co(II)
Tampão HOAc/ NH_4OAc	Fe(III), Cr(III), Al(III)	Cd(II), Co(II), Cu(II), Fe(II) Mg(II), Sn(II), Zn(II)
$NaOH/Na_2O_2$	Fe(III), a maioria dos íons +2, terras raras	Zn(II), Al(III), Cr(VI), V(V), U(VI)

TABELA 29-3

Precipitação de Sulfetos		
Elementos	**Condições para Precipitação***	**Condições para a Não Precipitação***
Hg(II), Cu(II), Ag(I)	1, 2, 3, 4	
As(V), As(III), Sb(V), Sb(III)	1, 2, 3	4
Bi(III), Cd(II), Pb(II), Sn(II)	2, 3, 4	1
Sn(IV)	2, 3	1, 4
Zn(II), Co(II), Ni(II)	3, 4	1, 2
Fe(II), Mn(II)	4	1, 2, 3

*1 = HCl 3 mol L^{-1}; 2 = HCl 0,3 mol L^{-1}; 3 = tamponado a pH 6 com acetato; 4 = tamponado a pH 9 com NH$_3$/(NH$_4$)$_2$S.

solução aquosa de H$_2$S pelo ajuste do pH (veja a Seção 9C-2), as separações baseadas na formação de sulfetos encontraram uso extensivo. Os sulfetos podem ser convenientemente precipitados a partir de uma solução homogênea, com o ânion sendo gerado pela hidrólise da tioacetamida (veja a Tabela 10-1).

Os equilíbrios iônicos que influenciam a solubilidade dos precipitados de sulfeto foram considerados na Seção 9C-2. Contudo, esses tratamentos podem não fornecer conclusões realísticas sobre a viabilidade das separações quando se considera a coprecipitação e a velocidade lenta com a qual alguns sulfetos se formam. Por essas razões, frequentemente nos baseamos em resultados anteriores ou observações empíricas para indicar se uma determinada separação é provável de ser bem-sucedida.

A **Tabela 29-3** mostra algumas separações comuns que podem ser obtidas com o sulfeto de hidrogênio por meio do controle do pH.

29A-3 Separações por Outros Precipitantes Inorgânicos

>> As separações inorgânicas são normalmente exploradas nos laboratórios de química geral. No passado, havia uma disciplina no currículo de graduação em química chamada *análise qualitativa*, e a experiência era muito semelhante a uma aventura de detetive. Ela estimulava o interesse pela química em geral e pela química analítica, em particular. Infelizmente, a disciplina desapareceu do currículo porque foram desenvolvidos muitos métodos instrumentais mais rápidos, menos trabalhosos e mais confiáveis para realizar a tarefa.

De forma geral, não há outros íons inorgânicos que sejam úteis para separações como os íons hidróxido e sulfeto. Os íons fosfato, carbonato e oxalato são normalmente usados como precipitantes para cátions, mas eles não são seletivos. Por causa desse empecilho, as separações são geralmente realizadas antes da precipitação.

O cloreto e o sulfato são úteis em razão de seu comportamento altamente seletivo. O cloreto pode separar a prata da maioria dos outros metais e o sulfato pode isolar um grupo de metais, incluindo chumbo, bário e estrôncio.

29A-4 Separações por Precipitantes Orgânicos

Os reagentes orgânicos selecionados para isolar diversos íons inorgânicos foram discutidos na Seção 10C-3. Alguns destes precipitantes orgânicos, como a dimetilglioxima, são úteis por causa da incrível seletividade deles em formar precipitados com apenas alguns íons. Outros reagentes, como a 8-hidroxiquinolina, produz compostos ligeiramente solúveis com muitos cátions diferentes. A seletividade deste tipo de reagente é devido à larga faixa de solubilidade entre seus produtos de reação e também devido ao fato de o reagente precipitante ser normalmente um ânion, que é a base conjugada de um ácido fraco. Assim, as separações baseadas no controle de pH podem ser realizadas exatamente como com o sulfeto de hidrogênio.

29A-5 Separação por Precipitação de Espécies Presentes em Níveis de Traços

Um problema normalmente encontrado na análise de traços é o de isolar as espécies de interesse, que podem estar presentes em quantidades de microgramas, dos componentes principais da amostra. Embora tal separação, algumas vezes, seja baseada na precipitação, as técnicas exigidas diferem daquelas usadas quando o analito está presente em grandes quantidades.

Vários problemas podem acompanhar a separação quantitativa de um elemento-traço pela precipitação, mesmo quando as perdas por solubilidade não são importantes. A supersaturação com frequência atrasa a formação do precipitado e a coagulação de pequenas quantidades de uma substância coloidal dispersa é sempre difícil. Além disso, é comum perder uma fração apreciável de sólido durante a transferência e filtração. Para minimizar essas dificuldades, uma certa quantidade de algum outro íon, que também forma um precipitado com o reagente, é frequentemente adicionada à solução. O precipitado do íon adicionado é denominado **coletor** e remove a espécie desejada presente em menor quantidade da solução. Por exemplo, para isolar o manganês, como o seu dióxido é muito pouco solúvel, uma pequena quantidade de ferro(III) é geralmente adicionada à solução do analito antes da introdução da amônia como agente precipitante. O óxido básico de ferro(III) precipita até os menores traços do dióxido de manganês. Outros exemplos incluem o óxido básico de alumínio como um coletor de quantidades-traço de sulfeto de titânio e cobre para a coleta de traços de zinco e chumbo. Muitos outros coletores são descritos por Sandell e Onishi.[2]

> Um **coletor** é empregado para remover constituintes de traço de uma solução.

Um coletor pode remover um constituinte como resultado de similaridades nas suas solubilidades. Outros coletores funcionam por coprecipitação, onde o componente de menor concentração é adsorvido ou incorporado no precipitado coletor como resultado da formação de cristais mistos. O usuário deve se certificar de que o coletor não interfira com o método selecionado para determinar o componente-traço.

29A-6 Separação por Precipitação Eletrolítica

A precipitação eletrolítica é um método muito útil para efetuar separações. Nesse processo, a espécie mais facilmente reduzida, seja o componente desejado ou o não desejado, é isolada como uma fase em separado. O método torna-se particularmente eficiente quando o potencial do eletrodo de trabalho é controlado em um nível pré-determinado (veja a Seção 20B).

O catodo de mercúrio (página 553) tem encontrado ampla aplicação na remoção de muitos íons metálicos antes da análise da solução residual. Em geral, os metais mais facilmente reduzidos que o zinco são convenientemente depositados no mercúrio, deixando íons como alumínio, berílio, os metais alcalinos terrosos e os metais alcalinos em solução. O potencial necessário para diminuir a concentração de um íon metálico para qualquer nível desejado pode ser calculado a partir dos dados voltamétricos. Os métodos de redissolução (veja a Seção 21H) usam uma etapa de eletrodeposição para a separação para finalizar a análise

29A-7 Precipitação de Proteínas Induzida por Sais

Uma forma comum de separar as proteínas é pela adição de altas concentrações de sais. Esse procedimento é chamado *salting out* da proteína. A solubilidade de moléculas de proteína mostra uma complexa dependência de pH, temperatura, força iônica, natureza da proteína e concentração do sal usado. Em baixas concentrações de sal, a solubilidade é normalmente aumentada com o aumento da concentração de sal. Esse **efeito *salting in*** é explicado pela teoria de Debye-Hückel. Os contraíons do sal envolvem a proteína e o efeito resultante é um decréscimo na atração eletrostática entre as moléculas de proteína. Esta diminuição, por sua vez, leva ao aumento da solubilidade com o aumento da força iônica.

A altas concentrações de sal, contudo, o efeito repulsivo de cargas iguais é reduzido, assim como as forças que levam à solvatação da proteína. Quando essas forças são reduzidas o suficiente, a proteína precipita e o *salting out* é observado. O sulfato de amônio é um sal de baixo custo, amplamente empregado em razão de sua efetividade e alta solubilidade inerentes.

A altas concentrações, a solubilidade de uma proteína, S, é dada pela seguinte equação empírica:

$$\log S = C - K\mu \tag{29-1}$$

onde C é uma constante que é função do pH, da temperatura e da proteína; K é a constante de *salting out*, que é função da proteína e do sal empregado, e μ é a força iônica.

As proteínas são comumente menos solúveis nos seus pontos isoelétricos. Dessa forma, a combinação de uma alta concentração salina com o controle do pH é empregada para efetuar o *salting out*. As misturas de proteínas podem ser separadas aumentando-se a força iônica em etapas. Deve-se tomar cuidado com algumas proteínas, pois o sulfato de amônio pode

---

[2] E. B. Sandell; H. Onishi. *Colorimetric Determination of Traces of Metals*. 4. ed. Nova York: Interscience, 1978, pp. 709-721.

desnaturá-las. Os solventes alcoólicos são algumas vezes utilizados no lugar de sais. Eles reduzem a constante dielétrica e, subsequentemente, reduzem a solubilidade por meio da diminuição das interações entre a proteína e o solvente.

29B Separações de Espécies por Destilação

A destilação é largamente empregada para separar analitos voláteis de interferentes não voláteis. A destilação é baseada nas diferenças nos pontos de ebulição dos materiais na mistura. Um exemplo comum é a separação de analitos que contêm nitrogênio de muitas outras espécies pela conversão do nitrogênio em amônia. Outros exemplos incluem a separação do carbono como dióxido de carbono e do enxofre como dióxido de enxofre. A destilação é largamente empregada na Química Orgânica para separar componentes nas misturas para propósitos de purificação.

Existem muitos tipos de destilação. A **destilação a vácuo** é usada para compostos que têm pontos de ebulição muito altos. A diminuição da pressão para a pressão de vapor do composto de interesse provoca a ebulição e é normalmente mais eficiente para compostos com altos pontos de ebulição do que aumentar a temperatura. A **destilação molecular** ocorre em pressão muito baixa (< 0,01 torr), de tal forma que se usa a mais baixa temperatura possível com o mínimo dano ao destilado. A **pervaporação** é um método para separar misturas pela volatização parcial através de uma membrana não porosa. A **evaporação flash** é um processo no qual um líquido é aquecido e então enviado através de uma câmara de pressão reduzida. A redução na pressão provoca a vaporização parcial do líquido.

29C Separação por Extração

A extensão na qual os solutos, tanto inorgânicos quanto orgânicos, distribuem-se entre dois líquidos imiscíveis difere enormemente, e estas diferenças têm sido usadas por décadas para separar espécies químicas. Essa seção considera as aplicações do fenômeno de distribuição nas separações analíticas.

29C-1 Princípios

A partição de um soluto entre duas fases imiscíveis é um processo de equilíbrio que é governado pela **lei de distribuição**. Se as espécies do soluto A distribuem-se entre a água e uma fase orgânica (**Figura 29-2**), o equilíbrio resultante pode ser escrito como

$$A_{aq} \rightleftharpoons A_{org}$$

onde os índices inferiores referem-se às fases aquosa e orgânica, respectivamente. Idealmente, a razão para as atividades de A nas duas fases será constante e independente da quantidade total de A de tal forma que, em uma dada temperatura,

$$K = \frac{(a_A)_{org}}{(a_A)_{aq}} \approx \frac{[A]_{org}}{[A]_{aq}} \tag{29-2}$$

onde $(a_A)_{org}$ e $(a_A)_{aq}$ são as atividades de A em cada fase e os termos entre colchetes são as concentrações em mol L^{-1} de A. Como em muitos equilíbrios, sob muitas circunstâncias, as concentrações molares podem substituir as atividades sem que se cause um erro significativo. A constante de equilíbrio K é conhecida como a **constante de distribuição**. Geralmente, o valor numérico de K aproxima-se da razão entre a solubilidade de A em cada um dos solventes.

As constantes de distribuição são úteis porque nos permitem calcular a concentração do analito que permanece em solução após um número i de extrações. Também fornecem orientação sobre a forma mais eficiente de se realizar uma separação extrativa. Assim, podemos mostrar (veja o Destaque 29-1) que para o sistema simples, descrito pela Equação 29-2, a concentração de A que permanece na fase aquosa após i extrações com um solvente orgânico ($[A]_i$) é dada pela equação

$$[A]_i = \left(\frac{V_{aq}}{V_{org}K + V_{aq}}\right)^i [A]_0 \tag{29-3}$$

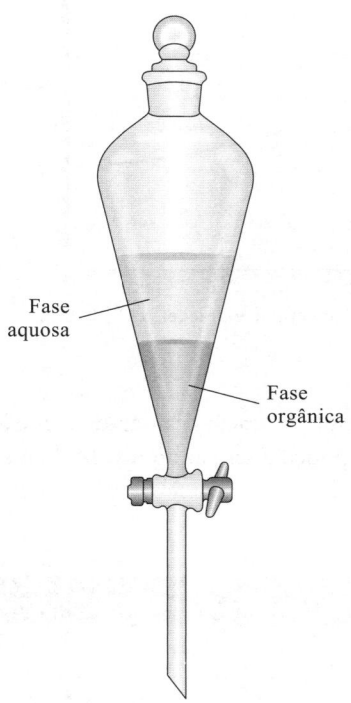

FIGURA 29-2
Um funil de separação contendo dois solventes imiscíveis, um orgânico e um aquoso. O soluto A é solúvel em ambas as fases, e, no equilíbrio, a concentração de A em cada fase permanece constante. Como mostrado pela Equação 29-2, a razão entre as duas concentrações é K, a constante de distribuição para o sistema.

onde $[A]_i$ é a concentração de A que permanece na solução aquosa após extrair V_{aq} mL da solução de concentração original de $[A]_0$ com i porções do solvente orgânico, cada uma com volume de V_{org}. O Exemplo 29-1 ilustra como essa equação pode ser empregada para decidir sobre a forma mais eficiente de se realizar uma extração.

EXEMPLO 29-1

A constante de distribuição do iodo entre um solvente orgânico e H_2O é 85. Encontre a concentração de I_2 que permanece na camada aquosa após a extração de 50,0 mL de iodo $1,00 \times 10^{-3}$ mol L^{-1} com as seguintes quantidades de solvente orgânico: (a) 50,0 mL; (b) duas porções de 25,0 mL; (c) cinco porções de 10,0 mL.

Solução
Substituindo-se na Equação 29-3, obtém-se

(a) $[I_2]_1 = \left(\dfrac{50,0}{50,0 \times 85 + 50,0} \right)^1 \times 1,00 \times 10^{-3} = 1,16 \times 10^{-5}$ mol L^{-1}

(b) $[I_2]_2 = \left(\dfrac{50,0}{25,0 \times 85 + 50,0} \right)^2 \times 1,00 \times 10^{-3} = 5,28 \times 10^{-7}$ mol L^{-1}

(c) $[I_2]_5 = \left(\dfrac{50,0}{10,0 \times 85 + 50,0} \right)^5 \times 1,00 \times 10^{-3} = 5,29 \times 10^{-10}$ mol L^{-1}

Note o aumento das eficiências de extração que resulta da divisão do volume original de 50 mL do solvente em duas porções de 25 mL ou em cinco de 10 mL.

❮❮ É sempre melhor empregar pequenas porções do solvente para se extrair uma amostra do que extrair com uma única porção de maior volume.

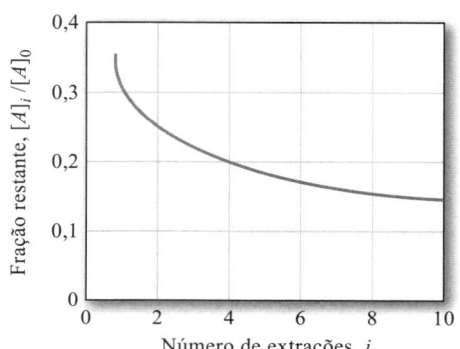

FIGURA 29-3
Gráfico da Equação 29-3 presumindo que $K = 2$ e $V_{aq} = 100$ mL. O volume total de solvente orgânico foi pressuposto como sendo 100 mL, de forma que $V_{org} = 100/n_i$.

A **Figura 29-3** mostra que a melhoria da eficiência de múltiplas extrações cai rapidamente à medida que o volume total é subdividido em porções cada vez menores. Note que existe pouco a ser ganho dividindo o solvente extrator em mais de cinco ou seis porções.

DESTAQUE 29-1

Dedução da Equação 29-3

Considere um sistema simples, descrito pela Equação 29-2. Suponha n_0 mmol do soluto A em V_{aq} mL de uma solução aquosa, extraído com V_{org} mL de um solvente orgânico imiscível. No equilíbrio, n_1 mmol de A vai restar na fase aquosa e $(n_0 - n_1)$ mmols serão transferidos para a fase orgânica. As concentrações de A nas duas fases serão, então,

$$[A]_1 = \frac{n_1}{V_{aq}}$$

e

$$[A]_{org} = \frac{(n_0 - n_1)}{V_{org}}$$

A substituição dessas quantidades na Equação 29-2 e após os rearranjos resulta

$$n_1 = \left(\frac{V_{aq}}{V_{org} K + V_{aq}} \right) n_0$$

De maneira similar, a quantidade de matéria em milimols, n_2, restantes após a segunda extração com o mesmo volume de solvente será

$$n_2 = \left(\frac{V_{aq}}{V_{org} K + V_{aq}} \right) n_1$$

A substituição da equação anterior nessa expressão fornece

$$n_2 = \left(\frac{V_{aq}}{V_{org} K + V_{aq}} \right)^2 n_0$$

(continua)

Pelo mesmo argumento, a quantidade de matéria em milimols, n_i, que resta após i extrações é dada pela expressão

$$n_i = \left(\frac{V_{aq}}{V_{org}K + V_{aq}} \right)^i n_0$$

Finalmente, essa equação pode ser escrita em termos das concentrações iniciais e finais de A na fase aquosa pela substituição das relações

$$n_i = [A]_i V_{aq} \quad e \quad n_0 = [A]_0 V_{aq}$$

Consequentemente,

$$[A]_i = \left(\frac{V_{aq}}{V_{org}K + V_{aq}} \right)^i [A]_0$$

que é a Equação 29-3.

29C-2 Extração de Espécies Inorgânicas

Uma extração, frequentemente, é mais atrativa que um método de precipitação para separar espécies inorgânicas. Os processos de equilíbrio e separação de fases em um funil de separação são menos enfadonhos e demandam menor tempo que a precipitação convencional, a filtração e a lavagem.

Separação de Metais como Quelatos

Muitos agentes quelantes são constituídos de ácidos fracos que reagem com os íons metálicos para formar complexos neutros altamente solúveis em solventes orgânicos, tais como éteres, hidrocarbonetos, cetonas e espécies cloradas (incluindo o clorofórmio e o tetracloreto de carbono).[3] A maioria dos metais sem carga formam quelatos; por outro lado, são praticamente insolúveis em água. De forma similar, os próprios agentes quelantes são frequentemente bastante solúveis em solventes orgânicos, mas apresentam solubilidade limitada em água.

A **Figura 29-4** mostra o equilíbrio que se desenvolve quando uma solução aquosa de um cátion bivalente, tal como o zinco(II), é extraído com uma solução orgânica contendo um grande excesso de 8-hidroxiquinolina (veja a Seção 10C-3 para a estrutura e reações desse agente quelante). Quatro equilíbrios são mostrados. No primeiro, a 8-hidroquinolina, HQ, está distribuída entre as camadas orgânica e aquosa. A segunda é a dissociação da HQ para fornecer os íons H^+ e Q^- na camada aquosa. O terceiro equilíbrio refere-se à reação de formação do complexo gerando MQ_2. O quarto corresponde à distribuição do quelato entre os dois solventes. Se não fosse pelo quarto equilíbrio, MQ_2 iria precipitar da solução aquosa. O equilíbrio total é a soma dessas quatro reações, ou

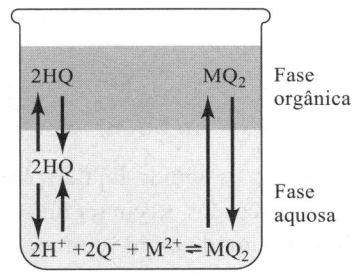

FIGURA 29-4

Equilíbrios na extração de um cátion metálico M^{2+} em um solvente orgânico imiscível contendo 8-hidroxiquinolina.

$$2HQ(org) + M^{2+}(aq) \rightleftharpoons MQ_2(org) + 2H^+(aq)$$

A constante de equilíbrio para essa reação é

$$K' = \frac{[MQ_2]_{org}[H^+]_{aq}^2}{[HQ]_{org}^2[M^{2+}]_{aq}}$$

---
[3] O uso de solventes clorados está diminuindo por causa da preocupação com seus efeitos sobre a saúde humana e do seu possível papel na depleção da camada de ozônio.

Normalmente, o HQ está presente na camada orgânica em grande excesso em relação ao M^{2+} na fase aquosa de forma que a $[HQ]_{org}$ permanece basicamente constante durante a extração. A expressão da constante de equilíbrio pode ser então simplificada para

$$K'[HQ]_{org}^2 = K = \frac{[MQ_2]_{org}[H^+]_{aq}^2}{[M^{2+}]_{aq}}$$

ou

$$\frac{[MQ_2]_{org}}{[M^{2+}]_{aq}} = \frac{K}{[H^+]_{aq}^2}$$

Assim, note que a razão de concentração das espécies metálicas nas duas fases é inversamente proporcional ao quadrado da concentração de íons hidrogênio na fase aquosa. As constantes de equilíbrio K variam enormemente para cada íon metálico e estas diferenças frequentemente tornam possível extrair seletivamente um cátion de outro tamponando a solução aquosa de onde um é extraído quase que completamente e o segundo permanece em grande parte na solução aquosa.

Existem vários outros agentes quelantes que se comportam de maneira similar e estão descritos na literatura.[4] Como resultado, as extrações com pH controlado podem ser ferramentas poderosas para separar íons metálicos.

Extraindo Cloretos e Nitratos Metálicos

Várias espécies inorgânicas podem ser separadas por meio de extração com solventes adequados. Por exemplo, uma única extração em éter de uma solução de ácido clorídrico 6 mol L^{-1} vai proporcionar a transferência de mais de 50% de íons para a fase orgânica, incluindo ferro(III), antimônio(V), titânio(III), ouro(III), molibdênio(VI) e estanho(IV). Outros íons, tais como o alumínio(III) e os cátions divalentes do cobalto, chumbo, manganês e níquel, não são extraídos.

O urânio(VI) pode ser separado de elementos como o chumbo e o tório pela extração com éter de uma solução de ácido nítrico 1,5 mol L^{-1} e saturada com nitrato de amônio. O bismuto e o ferro(III) são também extraídos em alguma extensão nesse meio.

29C-3 Extração em Fase Sólida

As extrações líquido-líquido têm várias limitações. Com as extrações a partir de soluções aquosas, os solventes que podem ser empregados devem ser imiscíveis com a água e não devem formar emulsões. Uma segunda dificuldade é que as extrações líquido-líquido usam volumes de solventes relativamente grandes, o que causa problemas com o descarte de resíduos. Também, muitas extrações são realizadas manualmente, o que as torna mais demoradas e tediosas.

A **extração em fase sólida**, ou extração líquido-sólido, pode contornar muitos desses problemas.[5] As técnicas de extração em fase sólida empregam membranas, pequenas colunas descartáveis na forma de seringas ou cartuchos. Um composto orgânico hidrofóbico recobre ou está quimicamente ligado à sílica granulada, formando a fase sólida extratora. Os compostos podem ser apolares, moderadamente polares ou polares. Por exemplo, um octadecil (C_{18}) ligado à sílica (ODS) é uma fase sólida comum. Os grupos funcionais ligados à fase sólida atraem os compostos hidrofóbicos presentes na amostra por meio de interações de van der Waals e os extraem da solução aquosa.

Um sistema típico de cartucho para as extrações em fase sólida é apresentado na **Figura 29-5**. A amostra é colocada no cartucho e aplica-se pressão através de uma seringa ou por uma linha de ar ou nitrogênio. Alternativamente, vácuo pode ser empregado para passar a amostra pelo extrator. As moléculas orgânicas são extraídas da amostra e concentradas na fase sólida. Estas podem ser posteriormente desalojadas da fase sólida por um solvente, como o metanol. Os componentes podem ser concentrados através da extração de um grande volume de água e posterior remoção com um pequeno volume de solvente.

---

[4] Por exemplo, veja J. A. Dean. *Analytical Chemistry Handbook*. Nova York: McGraw-Hill, 1995, p. 2.24.
[5] Para mais informações, veja N. J. Simpson, ed. *Solid-Phase Extraction: Principles, Techniques and Applications*. Nova York: Dekker, 2000; M. J. Telepchak; T. F. August; G. Chaney. *Forensic and Clinical Applications of Solid Phase Extraction*. Totowa, NJ: Human Press, 2004; J. S. Fritz. *Analytical Solid-Phase Extraction*. Nova York: Wiley, 1999; E. M. Thurman; M. S. Mills. *Solid-Phase Extraction: Principles and Pratice*. Nova York: Wiley, 1998.

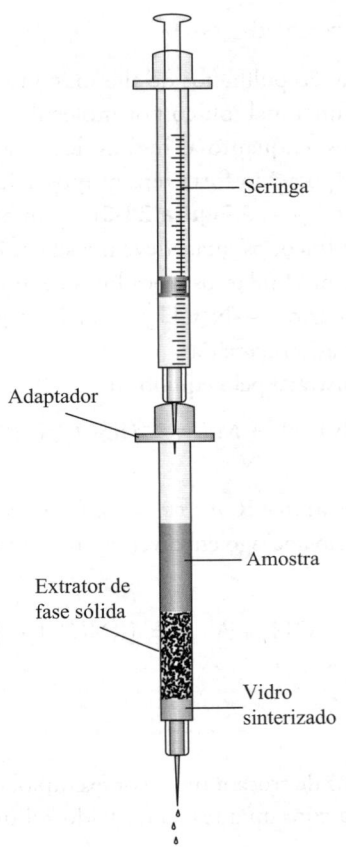

FIGURA 29-5

Extração em fase sólida realizada em um pequeno cartucho. A amostra é colocada no cartucho e aplica-se pressão por meio do êmbolo da seringa. Alternativamente, vácuo pode ser empregado para aspirar a amostra através do agente extrator.

Os métodos de pré-concentração são frequentemente necessários para os métodos analíticos de traços. Por exemplo, as extrações em fase sólida são utilizadas para a determinação de constituintes orgânicos em água potável por meio de métodos aprovados pela Agência de Proteção Ambiental (Environmental Protection Agency – EPA). Em alguns procedimentos de extração, as impurezas são extraídas pela fase sólida, enquanto os compostos de interesse passam sem serem retidos.

Além dos cartuchos empacotados, a extração em fase sólida pode ser realizada usando-se pequenas membranas ou discos de extração. Estes têm a vantagem de reduzir o tempo de extração e diminuir o uso de solvente. A extração em fase sólida também pode ser feita em sistemas de fluxo contínuo, que podem automatizar os processos de pré-concentração.

Uma técnica correlata, denominada **microextração em fase sólida**, emprega uma fibra de sílica fundida recoberta com um polímero não volátil para extrair os analitos orgânicos diretamente de amostras aquosas ou do espaço livre (*headspace*) sobre as amostras.[6] O analito distribui-se entre a fibra e a fase líquida. Os analitos são posteriormente desorvidos termicamente na cabeça de um injetor de um cromatógrafo de gás (veja o Capítulo 30). A fibra extratora é montada em um suporte que se parece com uma seringa comum. Essa técnica combina a amostragem e a pré-concentração em uma única etapa.

29D Separação de Íons por Troca Iônica

A troca iônica é um processo pelo qual os íons presos em um sólido poroso praticamente insolúvel são trocados pelos íons em uma solução que é colocada em contato com o sólido. As propriedades de troca iônica de argilas e zeólitas têm sido reconhecidas e estudadas por mais de um século. As resinas sintéticas de troca iônica foram produzidas pela primeira vez em meados da década de 1930 e desde então têm encontrado larga aplicação no amolecimento da água, deionização da água, purificação de soluções e separações de íons.

❮❮ No processo de troca iônica, os íons presos em uma **resina de troca iônica** são trocados por íons da solução que é colocada em contato com a resina.

---

[6] Para mais informações, veja S. A. S. Wercinski, ed. *Solid-Phase Microextraction: A Practical Guide*. Nova York, 1999; J. Pawlisyn, ed. *Applications of Solid Phase Microextraction*. Londres: Royal Society of Chemistry, 1999.

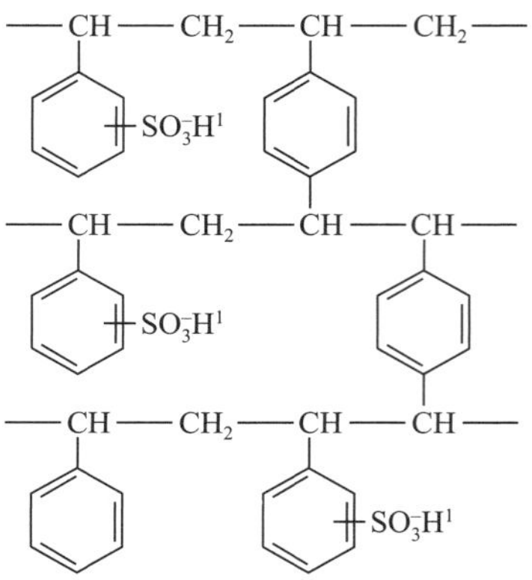

FIGURA 29-6

Estrutura de uma resina de troca iônica de poliestireno com ligações cruzadas. São usadas resinas similares nas quais os grupos —$SO_3^-H^+$ são substituídos por grupos —COO^-H^+, —$NH_3^+OH^-$ e —$N(CH_3)_3^+OH^-$.

29D-1 Resinas de Troca Iônica

As resinas de troca iônica são polímeros de alta massa molecular que contêm grandes números de um grupo funcional iônico por molécula. As resinas de trocas catiônicas contêm grupos ácidos, enquanto as resinas de trocas aniônicas possuem grupos básicos. Trocadores do tipo ácido forte têm grupos ácido sulfônico (—$SO_3^-H^+$) ligados à matriz polimérica (veja a **Figura 29-6**) e têm aplicação mais ampla que os trocadores do tipo ácido fraco, os quais devem a sua ação aos grupos ácido carboxílico (—COOH). De forma similar, os trocadores de ânions tipo base forte possuem grupos amínicos quaternários [—$N(CH_3)_3^+OH^-$], enquanto os do tipo base fraca contêm aminas secundárias ou terciárias.

A troca de cátion é ilustrada pelo equilíbrio

$$x\text{RSO}_3^-\text{H}^+ + \text{M}^{x+} \rightleftharpoons (\text{RSO}_3^-)_x\text{M}^{x+} + x\text{H}^+$$
$$\text{sólido} \quad\quad \text{solução} \quad\quad \text{sólido} \quad\quad \text{solução}$$

onde M^{x+} representa um cátion e R, *a parte da molécula da resina que contém um grupo ácido sulfônico*. O equilíbrio análogo envolvendo um trocador de ânion tipo base forte e o ânion A^{x-} é

$$x\text{RN}(\text{CH}_3)_3^+\text{OH}^- + \text{A}^{x-} \rightleftharpoons [\text{RN}(\text{CH}_3)_3^+]_x\text{A}^{x-} + x\text{OH}^-$$
$$\text{sólido} \quad\quad \text{solução} \quad\quad \text{sólido} \quad\quad \text{solução}$$

29D-2 Equilíbrio de Troca Iônica

A lei da ação das massas pode ser usada para tratar os equilíbrios de troca iônica. Por exemplo, quando uma solução diluída contendo íons cálcio passa através de uma coluna empacotada com uma resina de ácido sulfônico, o seguinte equilíbrio é estabelecido:

$$\text{Ca}^{2+}(aq) + 2\text{H}^+(res) \rightleftharpoons \text{Ca}^{2+}(res) + 2\text{H}^+(aq)$$

para o qual a constante de equilíbrio K' é dada por

$$K' = \frac{[\text{Ca}^{2+}]_{res}[\text{H}^+]_{aq}^2}{[\text{Ca}^{2+}]_{aq}[\text{H}^+]_{res}^2} \quad\quad (29\text{-}4)$$

Como sempre, os termos entre colchetes são concentrações molares (estritamente falando, atividades) das espécies nas duas fases. Note que $[\text{Ca}^{2+}]_{res}$ e $[\text{H}^+]_{res}$ são as concentrações molares dos dois íons *na fase sólida*. Ao contrário da maioria dos sólidos, entretanto, essas concentrações podem variar de zero até algo como o valor máximo onde todos os sítios negativos na resina estão ocupados por apenas uma espécie.

As separações por troca iônica normalmente são realizadas sob condições nas quais um íon predomina em *ambas* as fases. Assim, na remoção de íons cálcio de uma solução diluída e um pouco ácida, a concentração do íon cálcio será muito menor que aquela do íon hidrogênio em ambas as fases aquosa e da resina; isto é

$$[\text{Ca}^{2+}]_{res} \ll [\text{H}^+]_{res}$$

e

$$[\text{Ca}^{2+}]_{aq} \ll [\text{H}^+]_{aq}$$

Como resultado, a concentração de íon hidrogênio é praticamente constante em ambas as fases e a Equação 29-4 pode ser rearranjada para

$$\frac{[\text{Ca}^{2+}]_{res}}{[\text{Ca}^{2+}]_{aq}} = K'\frac{[\text{H}^+]_{res}^2}{[\text{H}^+]_{aq}^2} = K \quad\quad (29\text{-}5)$$

onde K é uma constante de distribuição análoga àquela que governa um equilíbrio de extração (veja a Equação 29-2). Observe que K na Equação 29-5 representa a afinidade da resina pelo íon cálcio em relação a outro íon (no caso o H^+). Em geral, onde o K para um íon é grande, existe uma forte tendência para a fase de resina reter aquele íon. Com um valor pequeno de K, existe apenas uma pequena tendência para a retenção do íon pela fase de resina. A seleção de um íon comum como referência (tal como o H^+) permite uma comparação das constantes de distribuição para vários íons em relação a um dado tipo de resina. Esses experimentos revelam que os íons polivalentes são muito mais fortemente retidos do que as espécies monocarregadas. Dentro de um determinado grupo, as diferenças entre os valores de K parecem estar relacionadas com o tamanho do íon hidratado bem como com outras propriedades. Consequentemente, para uma resina de troca catiônica sulfonada típica, os valores de K para íons univalentes decresce na ordem $Ag^+ > Cs^+ > Rb^+ > K^+ > NH_4^+ > Na^+ > H^+ > Li^+$. Para cátions bivalentes, a ordem é $Ba^{2+} > Pb^{2+} > Sr^{2+} > Ca^{2+} > Ni^{2+} > Cd^{2+} > Cu^{2+} > Co^{2+} > Zn^{2+} > Mg^{2+} > UO_2^{2+}$.

29D-3 Aplicações dos Métodos de Troca Iônica

Existem vários usos para as resinas de troca iônica. Elas são usadas, em muitos casos, para eliminar íons que, de outra forma, interfeririam com a análise. Por exemplo, o ferro(III), o alumínio(III) e muitos outros cátions tendem a coprecipitar com o sulfato de bário durante a determinação de íon sulfato. Passar a solução que contém sulfato através de uma resina de troca catiônica leva à retenção destes cátions interferentes e à liberação de um número equivalente de íons hidrogênio. Os íons sulfato passam livremente através da coluna e podem ser precipitados como sulfato de bário a partir do efluente.

Outra aplicação valiosa das resinas de troca iônica é concentrar íons de uma solução diluída. Assim, traços de elementos metálicos em grandes volumes de águas naturais podem ser coletados em uma coluna de troca catiônica e subsequentemente liberados da resina por tratamento, com um pequeno volume de uma solução ácida. O resultado é uma solução consideravelmente mais concentrada para a análise por absorção atômica ou espectrometria de emissão em plasma (veja o Capítulo 26).

O conteúdo salino total de uma amostra pode ser determinado pela titulação do íon hidrogênio liberado quando uma alíquota da amostra passa através de um trocador de cátion na sua forma ácida. De maneira similar, uma solução padrão de ácido clorídrico pode ser preparada pela diluição para um volume conhecido do efluente resultante do tratamento de uma resina de troca catiônica com uma massa conhecida de cloreto de sódio. A substituição por uma resina de troca aniônica em sua forma básica permitirá a preparação de uma solução padrão de base. As resinas de troca iônica são empregadas também de forma ampla nos equipamentos domésticos de tratamento de água, como discutido no Destaque 29-2. Como mostrado na Seção 31D, as resinas de troca iônica são particularmente úteis para as separações cromatográficas de espécies inorgânicas e orgânicas.

DESTAQUE 29-2

Tratamento de Água de Uso Doméstico

A água dura é aquela rica em sais de cálcio, magnésio e ferro. Os cátions da água dura combinam-se com os ânions dos ácidos graxos do sabão para formar sais insolúveis, conhecidos como **coalho** ou **coalho de sabão**. Em áreas nas quais a água é particularmente dura, esses precipitados podem ser observados como anéis cinza ao redor das banheiras e pias.

Um método de resolver o problema da água dura nas casas consiste em trocar os íons de cálcio, de magnésio e de ferro por íons de sódio, que formam sais solúveis de ácidos graxos. Um amolecedor comercial de água é composto por um tanque que contém uma resina de troca iônica, um reservatório de armazenamento para o cloreto de sódio e várias válvulas e reguladores para controlar o fluxo de água, como mostrado na **Figura 29D-1**. Durante a recarga ou ciclo de regeneração, a água do reservatório contendo uma alta concentração de sal é dirigida através da resina de troca iônica, de forma que os sítios da resina sejam ocupados pelos íons Na^+.

$$(RSO_3^-)_x M^{x+} + xNa^+ \rightleftharpoons xRSO_3^- Na^+ + M^{x+} \text{(regeneração)}$$
$$\text{sólido} \quad\quad \text{água} \quad\quad \text{sólido} \quad\quad \text{água}$$

Os cátions M^{x+} (cálcio, magnésio ou ferro) liberados são dirigidos para o descarte durante esse ciclo.

Após o ciclo de regeneração, as válvulas que controlam o acesso à resina de troca iônica e à saída dela são alteradas, de forma que a água do encanamento da residência passa pela resina e daí para as torneiras da casa. Quando a água dura passa através da resina, os cátions M^{x+} são trocados por íons Na^+ e a água é amolecida.

(continua)

$$x\text{RSO}_3^-\text{Na}^+ + \text{M}^{x+} \rightleftharpoons (\text{RSO}_3^-)_x\text{M}^{x+} + x\text{Na}^+ \text{ (uso na residência)}$$
sólido água sólido água

Com o uso, a resina de troca iônica acumula gradualmente os cátions da água dura. Consequentemente, o amaciador deve ser recarregado periodicamente, passando água salgada através dele desviando os íons da água dura para o esgoto.[7] Após o amolecimento, os sabões são muito mais eficazes porque se mantêm dispersos na água e não formam o coalho de sabão. O cloreto de potássio é também usado em vez do cloreto de sódio e é particularmente vantajoso para as pessoas com uma dieta restrita em sódio. Entretanto, o cloreto de potássio é mais caro para ser usado que o cloreto de sódio.

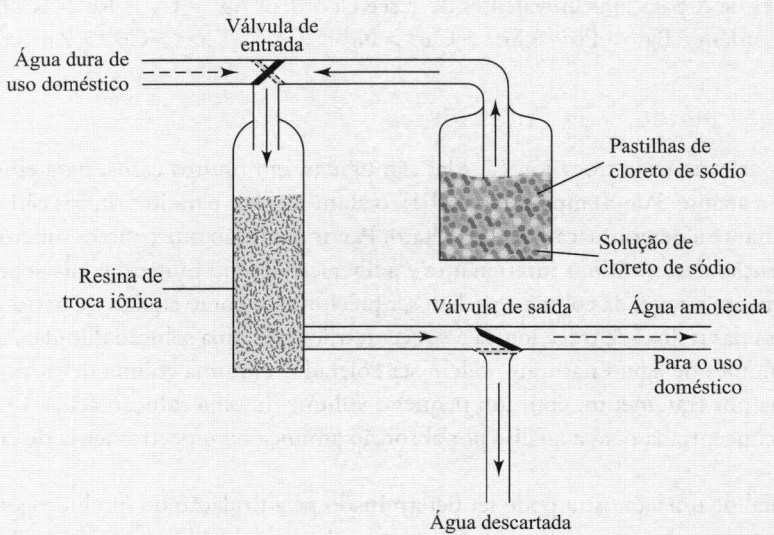

FIGURA 29D-1 Esquema de um amolecedor de água de uso doméstico. Durante o ciclo de recarga, as válvulas estão nas posições mostradas. A água contendo sal do reservatório passa através da resina de troca iônica e é descartada. Os íons sódio da água salgada são trocados com os íons presentes na resina, deixando-a na forma sódica. Durante o uso da água, as válvulas são acionadas e a água dura passa através da resina na qual os cátions de cálcio, de magnésio e de ferro substituem os íons de sódio ligados à resina.

29E Separações Cromatográficas

Cromatografia é uma técnica na qual os componentes de uma mistura são separados com base nas diferenças de velocidade em que são transportados através de uma **fase estacionária** ou fixa por uma **fase móvel** líquida ou gasosa.

A **fase estacionária** na cromatografia é uma fase que está imobilizada sobre uma superfície ou em uma coluna.

A cromatografia é um método largamente usado para a separação, identificação e determinação dos componentes químicos em misturas complexas. Nenhum outro método de separação é tão poderoso e de aplicação tão generalizada como a cromatografia.[8] O restante deste capítulo é dedicado aos princípios gerais que se aplicam a todos os tipos de cromatografia. Dos capítulos 30 até o 32, lidaremos com algumas das aplicações da cromatografia e métodos relacionados para as separações analíticas.

29E-1 Descrição Geral da Cromatografia

O termo **cromatografia** é difícil de ser definido rigorosamente porque o nome tem sido aplicado a diversos sistemas e técnicas. Todos esses métodos, contudo, apresentam

---
[7] NT: O mais correto é recolher este rejeito para posterior tratamento e assim evitar a poluição do ambiente.
[8] Algumas referências gerais em cromatografia incluem J. M. Miller. *Chromatography: Concepts and Contrasts*. 2. ed. Nova York: Wiley, 2005; R. L. Wixom; C. W. Gehrke, eds. *Chromatography: A Science of Discovery*. Hoboken, NJ: Wiley, 2010; E. F. Heftman, ed. *Chromatography: Fundamentals of Chromatography and Related Differential Migration Methods*. Amsterdã: Elsevier, 2004; C. F. Poole. *The Essence of Chromatography*. Amsterdã: Elsevier, 2003; J. Cazes; R. Scott. *Chromatography Theory*. Nova York: Dekker, 2002; A. Braithwaite; F. J. Smith. *Chromatography Methods*. 5. ed. Londres: Blackie, 1996; R. W. Scott. *Techniques and Practice of Chromatography*. Nova York: Dekker, 1995; J. C. Giddings. *Unified Separation Science*. Nova York: Wiley, 1991.

em comum o uso de uma **fase estacionária** e de uma **fase móvel**. Os componentes de uma mistura são transportados através da fase estacionária pelo fluxo da fase móvel e as separações ocorrem com base nas diferenças de velocidade de migração entre os componentes da fase móvel.

> A **fase móvel** na cromatografia é uma fase que se move através da fase estacionária carregando com ela a mistura de analito. A fase móvel pode ser um gás, um líquido ou um fluido supercrítico.

29E-2 Classificação dos Métodos Cromatográficos

Os métodos cromatográficos são de dois tipos básicos. Na **cromatografia em coluna**, a fase estacionária é mantida em um tubo estreito e a fase móvel, forçada através do tubo sob pressão ou por gravidade. Na **cromatografia planar**, a fase estacionária está apoiada em uma placa plana ou nos poros de um papel e a fase móvel move-se através da fase estacionária por ação capilar ou sob a influência de gravidade. Consideramos aqui apenas a cromatografia em coluna. A cromatografia planar será abordada na Seção 32B.

> As **cromatografias planar** e de **coluna** são baseadas nos mesmos tipos de equilíbrios.

Como mostrado na primeira coluna da **Tabela 29-4**, os métodos cromatográficos dividem-se em três categorias baseadas na natureza da fase móvel: de líquido, de gás e de fluido supercrítico. A segunda coluna da tabela revela que há cinco tipos de **cromatografia de líquidos** e dois tipos de cromatografia de gases que diferem na natureza da fase estacionária e nos tipos de equilíbrios entre as fases.

> ❮❮ A **cromatografia de gás** e a cromatografia com fluido supercrítico requerem o uso de uma coluna. Somente as fases móveis líquidas podem ser empregadas em superfícies planas.

29E-3 Eluição em Cromatografia em Coluna

A Figura 29-7a mostra como dois componentes A e B em uma amostra são separados em uma coluna empacotada pela **eluição**. A coluna consiste de um tubo estreito que é empacotada com sólido inerte finamente dividido que mantém a fase estacionária na sua superfície. A fase móvel ocupa os espaços entre as partículas de empacotamento. Inicialmente, a solução da amostra contendo a mistura de A e B na fase móvel é introduzida na cabeça da coluna como uma zona estreita, como mostrado na Figura 29-7a no tempo t_0. Os dois componentes distribuem-se entre a fase móvel e a fase estacionária. A eluição ocorre forçando os componentes da amostra através da coluna, introduzindo continuamente a fase móvel nova.

> A **eluição** é um processo no qual os solutos são lavados através da fase estacionária pelo movimento de uma fase móvel. A fase móvel que deixa a coluna é denominada **eluato**.

Com a primeira introdução da fase móvel nova, o **eluente** – a porção da amostra contida na fase móvel – desloca-se através da coluna e uma partição adicional entre a

> Um **eluente** é um solvente usado para transportar os componentes de uma mistura através de uma fase estacionária.

TABELA 29-4

Classificação dos Métodos Cromatográficos em Coluna

Classificação Geral	Método Específico	Fase Estacionária	Tipo de Equilíbrio
1. Cromatografia de gás (CG)	a. Gás-líquido (CGL)	Líquido adsorvido ou ligado à superfície de um sólido	Partição entre o gás e o líquido
	b. Gás-sólido	Sólido	Adsorção
2. Cromatografia de líquido (CL)	a. Líquido-líquido ou partição	Líquido adsorvido ou ligado à superfície de um sólido	Partição entre líquidos imiscíveis
	b. Líquido-sólido ou adsorção	Sólido	Adsorção
	c. Troca iônica	Resina de troca iônica	Troca iônica
	d. Exclusão por tamanho	Líquido nos interstícios de um sólido polimérico	Partição/peneiração
	e. Afinidade	Líquido específico para determinado grupo ligado a uma superfície sólida	Partição entre o líquido superficial e o líquido móvel
3. Cromatografia de fluido supercrítico (CS) (a fase móvel é um fluido supercrítico)		Espécies orgânicas ligadas a uma superfície sólida	Partição entre o fluido supercrítico e a fase ligada

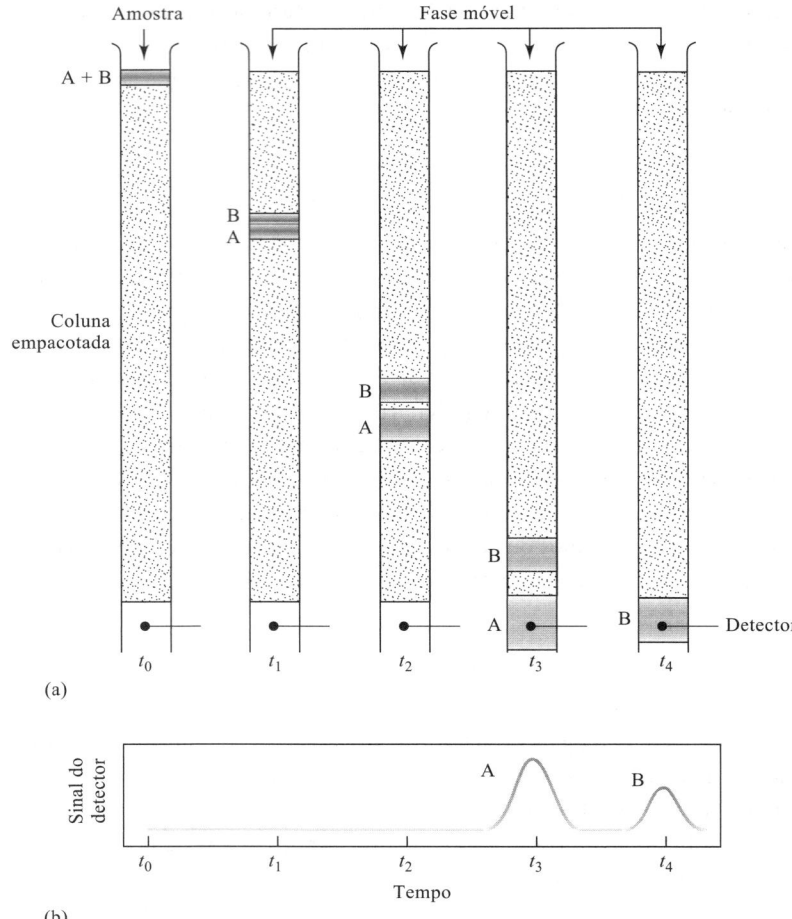

FIGURA 29-7

(a) Diagrama descrevendo a separação de uma mistura dos componentes A e B por eluição em cromatografia em coluna. (b) O sinal do detector em vários estágios da eluição mostrados em (a).

fase móvel recém-introduzida e a fase estacionária vai ocorrer (tempo t_1). A partição entre a fase nova recém-introduzida e a fase estacionária ocorre simultaneamente no local da amostra original.

Outras adições do solvente transportam as moléculas do soluto através da coluna em uma série contínua de transferências entre as duas fases. Em virtude do fato de que o movimento do soluto pode ocorrer somente na fase móvel, a *velocidade* média com a qual o soluto migra *depende da fração de tempo que permanece nessa fase*. Esta fração é pequena para solutos que são fortemente retidos pela fase estacionária (o componente B na **Figura 29-7**, por exemplo) e grande quando a retenção na fase móvel é mais provável (componente A). Idealmente, as diferenças resultantes nas velocidades levam os componentes da mistura a se separar em **bandas** ou **zonas** ao longo do **comprimento da coluna** (veja a **Figura 29-8**). O isolamento das espécies separadas pode ser conseguido passando-se uma quantidade suficiente de fase móvel através da coluna de forma que transporte as bandas individuais para além do final da coluna (para serem **eluídas** da coluna), onde elas possam ser coletadas ou detectadas (tempos t_3 e t_4 na Figura 29-7a).

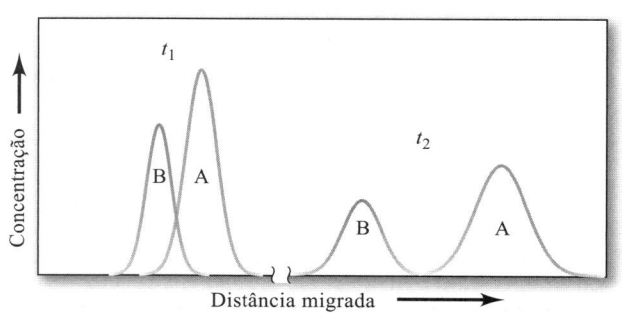

FIGURA 29-8

Perfis de concentração das bandas dos solutos A e B em dois diferentes momentos durante sua migração através da coluna, mostrada na Figura 29-7. Os tempos t_1 e t_2 são indicados na Figura 29-7.

Cromatogramas

Se um detector que responde à concentração do soluto for posicionado no final da coluna durante a eluição e seu sinal for registrado em função do tempo (ou do volume de fase móvel), uma série de picos será obtida, como mostrado na parte de baixo da Figura 29-7b. Esse gráfico, chamado **cromatograma**, é útil para análises qualitativas e quantitativas. As posições dos máximos do pico no eixo de tempo podem ser usados para identificar os componentes da amostra. As áreas dos picos fornecem uma medida quantitativa da quantidade de cada espécie.

Métodos para Melhorar a Performance da Coluna

A Figura 29-8 mostra os perfis de concentração para as bandas que contêm os solutos A e B na coluna da Figura 29-7a no tempo t_1 e, mais tarde, no tempo t_2.[9] Uma vez que B é mais fortemente retido pela fase estacionária que A, B se atrasa durante a migração. Vemos que a distância entre os dois aumenta à medida que eles se movem para baixo na coluna. Entretanto, ao mesmo tempo, ocorre o alargamento de ambas as bandas, diminuindo a eficiência da coluna como um dispositivo separador. Enquanto o alargamento da banda é inevitável, as condições para que isso ocorra de forma mais lenta que a **separação das bandas** podem ser frequentemente determinadas. Assim, como exposto na Figura 29-8, uma separação total das espécies é possível se a coluna for suficientemente longa.

Muitas variáveis físicas e químicas influenciam as velocidades de separação das bandas e o seu alargamento. Como resultado, separações melhores podem frequentemente ser realizadas pelo controle de variáveis que (1) aumentam a velocidade de separação das bandas ou (2) diminuem a velocidade de alargamento das bandas. Essas alternativas estão ilustradas na **Figura 29-9**.

As variáveis que influenciam as velocidades relativas nas quais os solutos migram através da fase estacionária serão descritas na próxima seção. Após essa discussão, voltaremos aos fatores que exercem um papel relevante no alargamento das zonas.

29E-4 Velocidades de Migração dos Solutos

A eficiência de uma coluna cromatográfica em separar dois solutos depende em parte das velocidades relativas segundo as quais as duas espécies são eluídas. Essas velocidades, por sua vez, são determinadas pelas razões das concentrações dos solutos em cada uma das fases.

Um **cromatograma** é um gráfico de alguma função de concentração de soluto em relação ao tempo de eluição ou volume de eluição.

❮❮ Observe que as formas dos picos cromatográficos se parecem muito com as curvas de erro gaussianas que estudamos anteriormente. Essas curvas idealizadas geralmente são boas aproximações de tais picos, mas os picos reais às vezes têm uma forma um pouco diferente.

O botânico russo Mikhail Tswett (1872-1919) inventou a cromatografia logo após a virada do século XX. Ele usou a técnica para separar vários pigmentos vegetais, como a clorofila e a xantofila, passando soluções dessas espécies através de colunas de vidro empacotadas com carbonato de cálcio finamente dividido. As espécies separadas apareceram como bandas coloridas na coluna, o que explica o nome que ele escolheu para o método (do grego chroma, que significa "cor", e graphein, que significa "escrever").

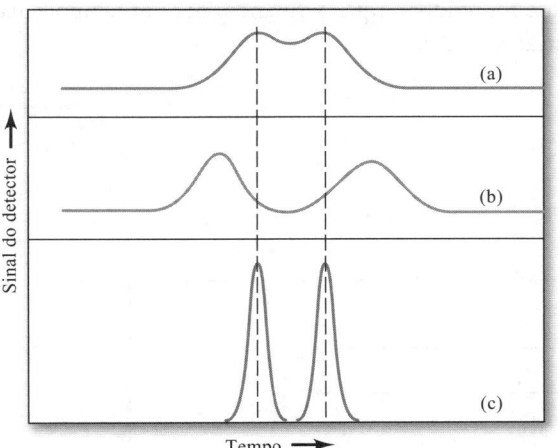

FIGURA 29-9 Cromatograma de dois componentes ilustrando dois métodos para melhorar a separação. (a) Cromatograma original com picos superpostos. (b) Melhoramento realizado por um aumento na banda de separação. (c) Melhoramento realizado por uma diminuição nas larguras das bandas.

---

[9] Observe que as posições relativas das bandas para A e B no perfil de concentração da Figura 29-8 parecem estar invertidas em relação às suas posições na Figura 29-7b. A diferença é que a abscissa é a distância ao longo da coluna na Figura 29-8, mas na Figura 29-7b ela corresponde ao tempo. Assim, na Figura 29-7b, a parte *frontal* do pico está à esquerda e a *cauda* à direita; na Figura 29-8 o inverso é verdadeiro.

Constantes de Distribuição

Todas as separações cromatográficas estão baseadas em diferenças de extensão, na qual os solutos são distribuídos entre as fases móvel e estacionária. Para o soluto de espécie A, o equilíbrio envolvido é descrito pela equação

$$A(móvel) \rightleftharpoons A(estacionária) \tag{29-6}$$

A **constante de distribuição** para um soluto em cromatografia é igual à razão da sua concentração na fase estacionária e à sua concentração na fase móvel.

A constante de equilíbrio K_c para essa reação é denominada **constante de distribuição**, a qual é definida como

$$K_c = \frac{(a_A)_S}{(a_A)_M} \tag{29-7}$$

onde $(a_A)_E$ é a atividade do soluto na fase estacionária e $(a_A)_M$, a atividade na fase móvel. Frequentemente substituímos c_E, a concentração molar analítica do soluto na fase estacionária, por $(a_A)_E$ e c_M, a concentração molar analítica na fase móvel, por $(a_A)_M$. Consequentemente, escrevemos a Equação 29-7 como

$$K_c = \frac{c_S}{c_M} \tag{29-8}$$

Idealmente, a constante de distribuição permanece invariável sobre uma faixa ampla de concentração do soluto; isto é, c_E é diretamente proporcional a c_M.

>> Observe que a constante de distribuição é a razão da constante de velocidade direta em relação à constante de velocidade inversa.

Tempos de Retenção

A **Figura 29-10** é um cromatograma simples de uma mistura de dois componentes. O pico pequeno à esquerda é devido às espécies que *não* são retidas pela fase estacionária. O tempo t_M após a injeção da amostra para este pico aparecer, é algumas vezes, chamado de **tempo morto** ou **tempo de retenção da fase móvel**. O tempo morto fornece uma medida da velocidade média de migração da fase móvel e é um parâmetro importante na identificação dos picos dos analitos. Todos os componentes gastam, pelo menos, o tempo t_M na fase móvel. Para auxiliar na medida de t_M, uma espécie não retida pode ser adicionada se não estiver já presente na amostra ou na fase móvel. O pico maior à direita na Figura 29-10 é o do analito. O tempo requerido para que essa zona atinja o detector após a injeção da amostra é chamado **tempo de retenção**, sendo representado pelo símbolo t_R. O analito foi retido porque permanece por um tempo t_E na fase estacionária. O tempo de retenção é, então,

O **tempo morto** (tempo de retenção da fase móvel), t_M, é o tempo necessário para que um soluto não retido passe através de uma coluna cromatográfica. Todos os componentes permanecem por esse intervalo de tempo na fase móvel. As separações são baseadas nos tempos distintos t_E que os componentes permanecem na fase estacionária.

$$t_R = t_S + t_M \tag{29-9}$$

FIGURA 29-10

Um cromatograma típico para uma mistura de dois componentes. O pico pequeno à esquerda representa um soluto que não é retido na coluna e, portanto, atinge o detector quase imediatamente após o início da eluição. Assim, seu tempo de retenção t_M é aproximadamente igual ao tempo requerido por uma molécula da fase móvel para passar pela coluna.

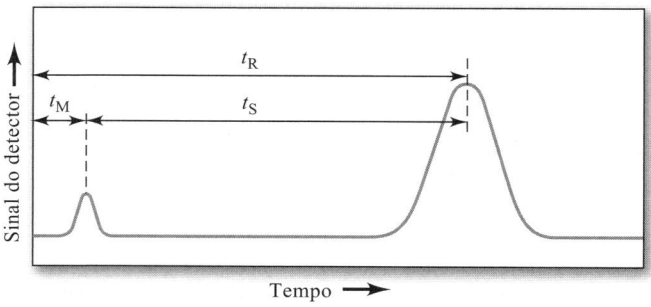

A velocidade de migração linear média do soluto, $\bar{v}$ (geralmente em cm s^{-1}), é

$$\bar{v} = \frac{L}{t_R} \qquad (29\text{-}10)$$

> O **tempo de retenção**, t_R, é o tempo decorrido entre a injeção da amostra e o aparecimento do pico do soluto no detector de uma coluna cromatográfica.

onde L é o comprimento do empacotamento da coluna. De forma semelhante, a velocidade média linear, u, das moléculas da fase móvel é

$$u = \frac{L}{t_M} \qquad (29\text{-}11)$$

A Relação entre a Vazão Volumétrica e a Velocidade Linear

Experimentalmente, em cromatografia, o fluxo de fase móvel é caracterizado pela sua vazão volumétrica, F (cm³ min^{-1}), na saída da coluna. Para uma coluna tubular aberta, F está relacionada com a velocidade linear na saída da coluna u_o por

$$F = u_o A = u_o \times \pi r^2 \qquad (29\text{-}12)$$

onde A é a área transversal do tubo (πr^2). Para uma coluna empacotada, o volume total da coluna não está disponível para o líquido, e assim, a Equação 29-12 deve ser modificada para

$$F = \pi r^2 \, u_o \, \varepsilon \qquad (29\text{-}13)$$

onde ε é a fração do volume total da coluna disponível para o líquido (porosidade da coluna).

Velocidades de Migração e Constantes de Distribuição

Para relacionar a velocidade de migração do soluto com a sua constante de distribuição, expressamos a velocidade como uma fração da velocidade na fase móvel:

$$\bar{v} = u \times \text{fração de tempo que o soluto permanece na fase móvel}$$

Contudo, essa fração é igual à quantidade de matéria média do soluto na fase móvel a qualquer instante dividido pela quantidade de matéria total do soluto na coluna:

$$\bar{v} = u \times \frac{\text{quant. de mat. de soluto na fase móvel}}{\text{quant. de mat. total do soluto}}$$

A quantidade de matéria total do soluto na fase móvel é igual à concentração molar, c_M, do soluto naquela fase multiplicado pelo seu volume, V_M. De forma semelhante, a quantidade de matéria do soluto na fase estacionária é dada pelo produto da concentração c_E do soluto na fase estacionária e seu volume é V_E. Portanto,

$$\bar{v} = u \times \frac{c_M V_M}{c_M V_M + c_E V_E} = u \times \frac{1}{1 + c_E V_E / c_M V_M}$$

A substituição da Equação 29-8 nesta equação fornece uma expressão para a velocidade de migração do soluto em função da sua constante de distribuição, bem como em função dos volumes das fases estacionária e móvel:

$$\bar{v} = u \times \frac{1}{1 + K_c V_E / V_M} \qquad (29\text{-}14)$$

Os dois volumes podem ser estimados a partir do método pelo qual a coluna é preparada ou eles, normalmente, são fornecidos pelo fabricante de uma determinada coluna.

O Fator de Retenção, k

O fator de retenção é um parâmetro experimental importante, amplamente empregado na comparação das velocidades de migração de solutos em colunas.[10] Para o soluto A, o fator de retenção k_A é definido como

$$k_A = \frac{K_A V_E}{V_M} \tag{29-15}$$

onde K_A é a constante de distribuição para o soluto A. A substituição da Equação 29-15 na 29-14 produz

$$\bar{v} = u \times \frac{1}{1 + k_A} \tag{29-16}$$

Para mostrar como k_A pode ser calculado a partir de um cromatograma, substituímos as Equações 29-10 e 29-11 na Equação 29-16:

O **fator de retenção**, k_A, para o soluto A está relacionado à taxa na qual A migra através de uma coluna. É a quantidade de tempo que um soluto passa na fase estacionária em relação ao tempo que passa na fase móvel.

$$\frac{L}{t_R} = \frac{L}{t_M} \times \frac{1}{1 + k_A} \tag{29-17}$$

Rearranjando esta equação, temos

$$k_A = \frac{t_R - t_M}{t_M} = \frac{t_E}{t_M} \tag{29-18}$$

❯❯ Idealmente, os **fatores de retenção** para os analitos em uma amostra situam-se entre 1 e 5.

Como mostrado na Figura 29-10, t_R e t_M são facilmente obtidos de um cromatograma. Quando os fatores de retenção são maiores que, talvez, 20 a 30, os tempos de eluição tornam-se anormalmente longos. Idealmente, as separações são realizadas sob condições nas quais os fatores de retenção para os solutos de interesse em uma mistura localizam-se entre 1 e 5.

Na cromatografia de gás, os fatores de retenção podem ser variados, mudando-se a temperatura e o empacotamento da coluna, como discutido no Capítulo 30. Na cromatografia de líquidos, os fatores de retenção podem ser manipulados para fornecer melhores separações por meio da variação da composição das fases móvel e estacionária, como ilustrado no Capítulo 31.

O Fator de Seletividade

O **fator de seletividade** α para os solutos A e B é definido como a razão entre a constante de distribuição do soluto mais retido (B) e a constante de distribuição para o soluto menos retido (A).

O **fator de seletividade**, α, de uma coluna para dois solutos A e B é definido como

$$\alpha = \frac{K_B}{K_A} \tag{29-19}$$

onde K_B é a constante de distribuição para a espécie mais fortemente retida B e K_A, a constante para a espécie menos retida A, que é eluída mais rapidamente. De acordo com essa definição, *α é sempre maior que a unidade*.

❯❯ O fator de seletividade para dois analitos em uma coluna fornece uma medida de quão bem a coluna vai separá-los.

Se substituirmos a Equação 29-15 e a equação análoga para o soluto B na Equação 29-19, obtemos a relação entre o fator de seletividade para dois solutos e seus fatores de retenção:

$$\alpha = \frac{k_B}{k_A} \tag{29-20}$$

---

[10] Na literatura antiga, essa constante era chamada fator de capacidade e recebia o símbolo k'. Em 1993, contudo, o comitê da IUPAC sobre nomenclatura analítica recomendou que essa constante fosse denominada *fator de retenção* e simbolizada por k.

onde k_B e k_A são os fatores de retenção para B e para A, respectivamente. Substituindo a Equação 29-18 para os dois solutos na Equação 29-20, obtemos uma expressão que permite a determinação de α a partir do cromatograma experimental:

$$\alpha = \frac{(t_R)_B - t_M}{(t_R)_A - t_M} \tag{29-21}$$

Na Seção 29E-7, mostramos como os fatores de retenção e seletividade influenciam a **resolução da coluna**.

29E-5 Alargamento de Banda e Eficiência da Coluna

O tamanho do alargamento da banda que ocorre à medida que o soluto passa através de uma coluna cromatográfica afeta fortemente a eficiência da coluna. Antes de definir a eficiência de uma coluna em termos mais quantitativos, vamos examinar as razões pelas quais as bandas se tornam largas à medida que se movem através da coluna.

Teoria do Não Equilíbrio (Rate Theory) da Cromatografia

A **teoria do não equilíbrio** (*rate theory*) da cromatografia descreve os formatos e larguras das bandas de eluição em termos quantitativos com base em um mecanismo de movimentação aleatória de migração das moléculas através da coluna. Uma discussão detalhada dessa teoria está além do escopo deste livro. Podemos, contudo, fornecer uma visão qualitativa de por que as bandas se alargam e quais variáveis melhoram a eficiência de uma coluna.[11]

Se você examinar os cromatogramas mostrados neste e nos próximos capítulos, irá ver que os picos de eluição parecem muito mais a guassiana ou curvas normais de erros discutidas nos Capítulos 4 e 5. Como mostrado na Seção 4A-2, as curvas normais de erro são racionalizadas presumindo-se que a incerteza associada com qualquer medida seja a soma de um grande número de incertezas individualmente indetectáveis e aleatórias. Cada uma delas tem probabilidade igual de assumir um valor positivo ou negativo. De maneira similar, a forma gaussiana típica de uma banda cromatográfica pode ser atribuída à combinação aditiva dos movimentos aleatórios das várias moléculas à medida que elas se movem através da coluna. Pressuponha, na discussão que se segue, que uma zona estreita contendo o analito fora introduzida de forma que a largura da injeção não seja um fator determinante para a largura total da banda eluída. É importante observar que as larguras das bandas eluídas nunca podem ser mais estreitas que a largura da zona de injeção.

Considere uma única molécula do soluto à medida que esta sofre milhares de transferências entre as fases estacionária e móvel durante a eluição. O tempo de residência em qualquer uma das fases é altamente irregular. A transferência de uma fase para a outra requer energia, e a molécula deve adquiri-la de sua vizinhança. Consequentemente, o tempo de permanência em uma determinada fase pode ser muito curto após algumas transferências e relativamente longo após outras. Lembre-se de que o movimento através da coluna pode ocorrer *apenas enquanto a molécula está na fase móvel*. Como resultado, determinadas partículas movem-se rapidamente em virtude da inclusão acidental delas na fase móvel por uma maioria do tempo, enquanto outras demoram, porque acontece de elas serem incorporadas na fase estacionária na maior parte do tempo. O resultado desses processos individuais é um espalhamento simétrico de velocidades ao redor de um valor médio, o qual representa o comportamento médio da molécula do analito.

Como mostrado na **Figura 29-11**, alguns picos cromatográficos não são ideais e exibem uma **cauda** ou **alargamento frontal**. No primeiro caso, a cauda do pico, que aparece à direita no cromatograma, se estende bastante, enquanto a parte frontal do pico é bem abrupta. No alargamento frontal, o inverso é verdadeiro. Uma causa comum de ocorrência de caudas e alargamentos frontais é a variação da constante de distribuição com a concentração. O alargamento frontal também surge quando a quantidade de amostra introduzida na coluna é muito grande. As distorções desse tipo são indesejáveis porque levam a uma separação mais pobre e a tempos de eluição menos reprodutíveis. Na discussão que se segue, presume-se que os efeitos de cauda e frontal sejam mínimos.

Descrição Quantitativa da Eficiência da Coluna

Dois termos relacionados são empregados amplamente para as medidas quantitativas da eficiência da coluna cromatográfica: (1) **altura de prato** H e (2) **contagem de pratos** ou **número de pratos teóricos** N. Os dois estão relacionados pela equação

$$N = \frac{L}{H} \tag{29-22}$$

---

[11] Para mais informações, veja J. C. Giddings. *Unified Separation Science*. Nova York: Wiley, 1991, pp. 94-96.

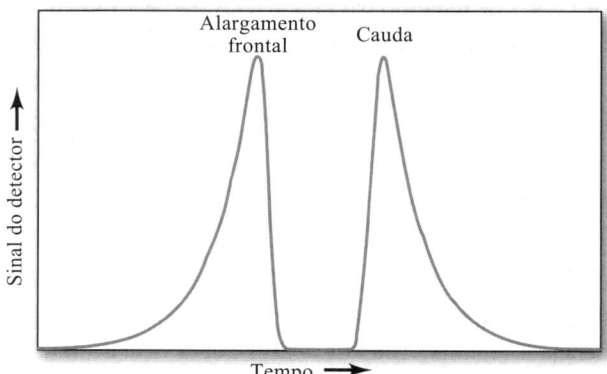

FIGURA 29-11
Ilustração dos efeitos de cauda e alargamento frontal em picos cromatográficos.

onde L é o comprimento (geralmente em cm) do empacotamento da coluna. A eficiência cromatográfica aumenta à medida que o número de pratos se torna maior, conforme a altura do prato H torna-se menor. Enormes diferenças em eficiência são encontradas entre as colunas em virtude das diferenças no tipo de coluna e nas fases estacionárias e móveis. As eficiências em termos do número de pratos podem variar de algumas centenas a várias centenas de milhares, enquanto a altura de pratos que variam de alguns décimos a um milésimo de centímetro ou menos não são incomuns.

Na Seção 4B-2 apontamos para a largura de uma curva gaussiana, descrita pelo desvio padrão σ e pela variância σ^2. Uma vez que as bandas cromatográficas frequentemente são gaussianas, e uma vez que a eficiência de uma coluna é refletida na largura dos picos, a variância por unidade de comprimento de coluna é usada pelos cromatográficos como uma medida da eficiência da coluna. Isto é, a eficiência da coluna H é definida como

$$H = \frac{\sigma^2}{L} \qquad (29\text{-}23)$$

Esta definição de eficiência de coluna está ilustrada na **Figura 29-12**, a qual mostra uma coluna tendo um empacotamento de L cm de comprimento (Figura 29-12a) e um gráfico (Figura 29-12b) mostrando a distribuição de moléculas ao longo do comprimento da coluna no momento que o pico do analito atinge o fim do empacotamento (isto é, no tempo de retenção). A curva é gaussiana e as regiões $L + 1\sigma$ e $L - 1\sigma$ são indicadas por linhas tracejadas verticais. Observe que L tem unidades de centímetros e σ^2, de centímetros ao quadrado. Portanto, H representa também uma distância linear em centímetros (veja Equação 29-23). De fato, a altura de prato pode ser pensada como o comprimento de coluna que contém uma fração do analito que está entre L e $L - \sigma$. Uma vez que a área sob a curva normal de erro limitada por $\pm\sigma$ é de cerca de 68% da área total (página 59), a altura de prato, como definida, contém 34% do analito.

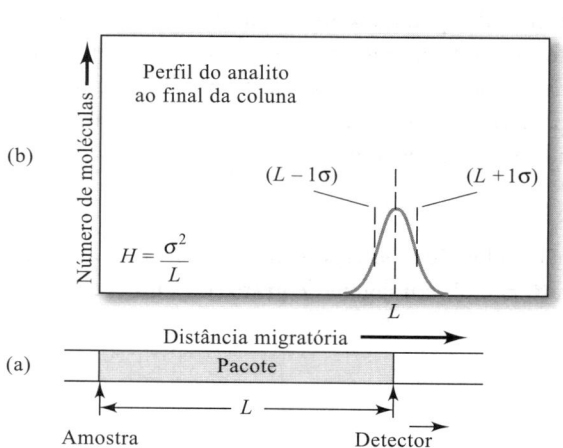

FIGURA 29-12
Definição da altura de prato, $H = \sigma^2/L$. Em (a), o comprimento da coluna é mostrado como a distância do ponto de injeção até o detector. Em (b), a distribuição gaussiana das moléculas é exibida.

DESTAQUE 29-3

Qual é a Origem dos Termos *Prato* e *Altura de Prato*?

O Prêmio Nobel de 1952 foi concedido a dois ingleses, A. J. Martin e R. L. M. Synge, pelo seu trabalho no desenvolvimento da cromatografia moderna. Nos seus estudos teóricos, eles adaptaram um modelo que foi originalmente desenvolvido nos anos 1920 para descrever as separações ou fracionamentos em colunas de destilação. As colunas de fracionamento, que foram usadas pela primeira vez na indústria do petróleo para separar hidrocarbonetos muito similares, consistem em pratos tipo bolha recobertos e interconectados (veja **Figura 29D-2**) nos quais se estabelece o equilíbrio vapor/líquido quando a coluna é operada sob condições de refluxo.

Martin e Synge trataram a coluna cromatográfica como se fosse feita de uma série de pratos, nos quais as condições de equilíbrio sempre prevaleciam. Este modelo de prato é bem-sucedido em explicar a forma gaussiana dos picos cromatográficos, bem como os fatores que influenciam as velocidades de migração de soluto. Entretanto, o modelo de pratos não é bem-sucedido ao tentar explicar o alargamento das zonas por causa da suposição básica de que as condições de equilíbrio prevalecem através da coluna durante a eluição. Esta suposição nunca pode ser válida no estado dinâmico de uma coluna cromatográfica, onde as fases estão se movendo umas sobre as outras rápido o suficiente para que não haja tempo adequado para que o estado de equilíbrio seja obtido.

Uma vez que o modelo de prato não é uma boa representação de uma coluna cromatográfica, recomendamos fortemente a você que (1) evite atribuir qualquer significado especial aos termos pratos e altura de prato e (2) veja estes termos como designadores de eficiência de coluna que são mantidos apenas por razões históricas e não por terem um significado físico. Infelizmente, estes termos estão tão enraizados na literatura cromatográfica, que a substituição deles parece improvável, no mínimo em um futuro próximo.

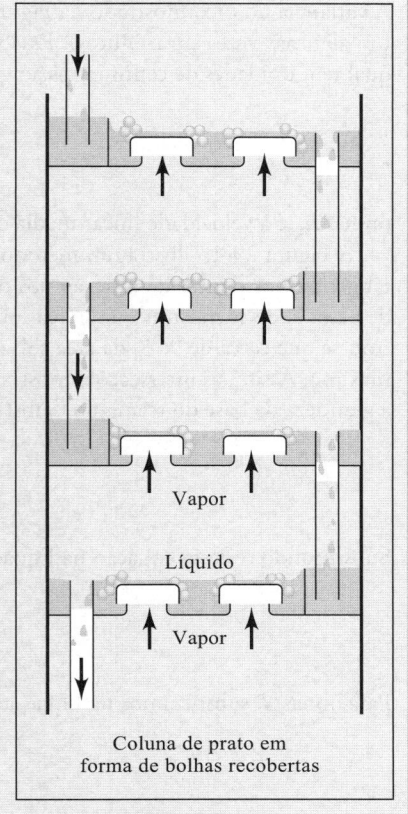

FIGURA 29D-2 Pratos em uma coluna de fracionamento.

Determinação Experimental do Número de Pratos em uma Coluna

O número de pratos teóricos, N, e a altura de prato, H, são amplamente utilizados na literatura e pelos fabricantes de instrumentos como uma medida do desempenho da coluna. A **Figura 29-13** indica como N pode ser determinado a partir de um cromatograma. Na figura, são medidos o tempo de retenção de um pico t_R e a altura do pico na sua base W (em unidades de tempo). Pode-se mostrar (veja o Destaque 29-4) que o número de pratos pode ser calculado pela relação

$$N = 16\left(\frac{t_R}{W}\right)^2 \qquad (29\text{-}24)^{[12]}$$

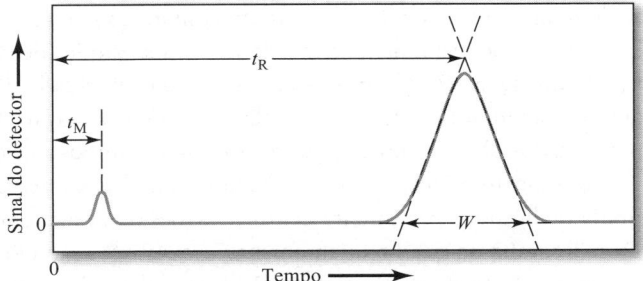

FIGURA 29-13 Determinação do número de pratos, $N = 16\left(\dfrac{t_R}{W}\right)^2$.

---

[12] Muitos sistemas cromatográficos relatam a largura na meia-altura, $W_{1/2}$, caso em que $N = 5{,}54(t_R/W_{1/2})^2$.

> **DESTAQUE 29-4**
>
> **Dedução da Equação 29-24**
>
> A variância do pico mostrado na Figura 29-13 tem unidades de segundo ao quadrado porque o eixo x é tempo em segundos (ou algumas vezes em minutos). Essa variância em base de tempo é designada geralmente como τ^2 para distingui-la de σ^2, a qual tem unidades de centímetros ao quadrado. Os dois desvios padrão τ e σ estão relacionados por
>
> $$\tau = \frac{\sigma}{L/t_R} \quad (29\text{-}25)$$
>
> onde L/t_R é a velocidade linear média de um soluto em centímetros por segundo.
>
> A Figura 29-13 ilustra um método para se obter o valor aproximado de τ a partir de um cromatograma experimental. As tangentes nos pontos de inflexão nos dois lados do pico cromatográfico são estendidas para formar um triângulo com a linha de base. Pode-se mostrar que a área sob esse triângulo é aproximadamente 96% da área total sob o pico. Na Seção 4B-2, mostrou-se que cerca de 96% da área sob um pico gaussiano está incluída entre mais ou menos dois desvios padrão ($\pm 2\sigma$) do seu máximo. Assim, as intersecções mostradas na Figura 29-13 ocorrem a aproximadamente $\pm 2\tau$ do máximo e $W = 4\tau$, onde W é a grandeza da base do triângulo. Substituindo essas relações na Equação 29-25 e rearranjando-a, obtém-se
>
> $$\sigma = \frac{LW}{4t_R}$$
>
> Substituindo σ dessa equação na Equação 29-23, obtemos
>
> $$H = \frac{LW^2}{16 t_R^2} \quad (29\text{-}26)$$
>
> Para obter N, substituímos na Equação 29-22 e rearranjamos para obter
>
> $$N = 16 \left(\frac{t_R}{W}\right)^2$$
>
> Assim, N pode ser calculado a partir de duas medidas de tempo, t_R e W. Para obter H, o comprimento do empacotamento da coluna L também deve ser conhecido.

29E-6 Variáveis que Afetam a Eficiência da Coluna

O alargamento de banda reflete a perda de eficiência de uma coluna. Quanto mais lentos forem os processos de transferência de massa que ocorrem quando o soluto migra através da coluna, mais larga será a banda na saída da coluna. Algumas das variáveis que afetam as velocidades de transferência de massa podem ser controladas e exploradas para melhorar as separações. A **Tabela 29-5** lista as variáveis mais importantes.

O Efeito da Vazão da Fase Móvel

A extensão do alargamento de uma banda depende do tempo que a fase móvel esteja em contato com a fase estacionária, o qual, por sua vez, depende da vazão da fase móvel. Por esta razão, geralmente têm sido realizados estudos de eficiência para determinar H (pela Equação 29-26) como uma função da velocidade da fase móvel. Os gráficos para as cromatografias de líquido e de gás representados na **Figura 29-14** são típicos dos resultados obtidos nesses estudos. Enquanto ambos mostram um mínimo para H (ou um máximo em eficiência) a baixas velocidades lineares, o mínimo para cromatografia de líquidos geralmente ocorre a vazões que estão bem abaixo daquelas para a cromatografia de gás. Frequentemente, essas vazões são tão baixas que o mínimo valor de H não é obtido na cromatografia de líquidos sob condições normais de operação.

> A **velocidade linear** e a **vazão** são duas quantidades diferentes, porém relacionadas. Lembre-se de que a velocidade do fluxo linear está relacionada com a vazão através da área transversal e da porosidade (coluna empacotada) da coluna (Equações 29-13 e 29-14).

TABELA 29-5

Variáveis que Influenciam a Eficiência de uma Coluna

Variável	Símbolo	Unidades Usuais
Velocidade linear da fase móvel	u	cm s^{-1}
Coeficiente de difusão na fase móvel*	D_M	cm^2 s^{-1}
Coeficiente de difusão na fase estacionária*	D_S	cm^2 s^{-1}
Fator de retenção (veja Equação 29-18)	k	sem unidade
Diâmetro das partículas do empacotamento	d_P	cm
Espessura da camada de líquido que recobre a fase estacionária	d_f	cm

*Aumenta com a elevação da temperatura e com o decréscimo da viscosidade.

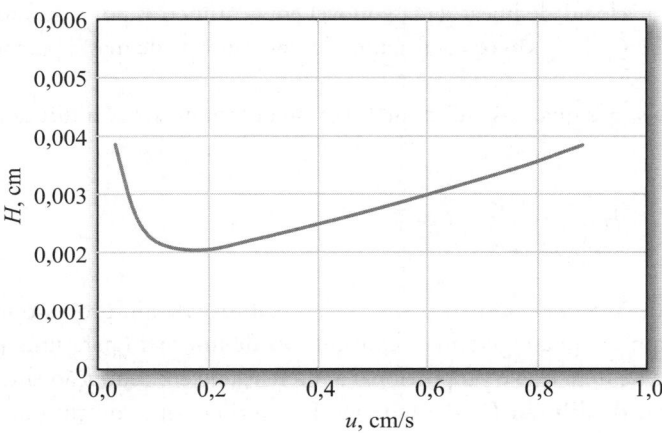

(a) Cromatografia de líquidos

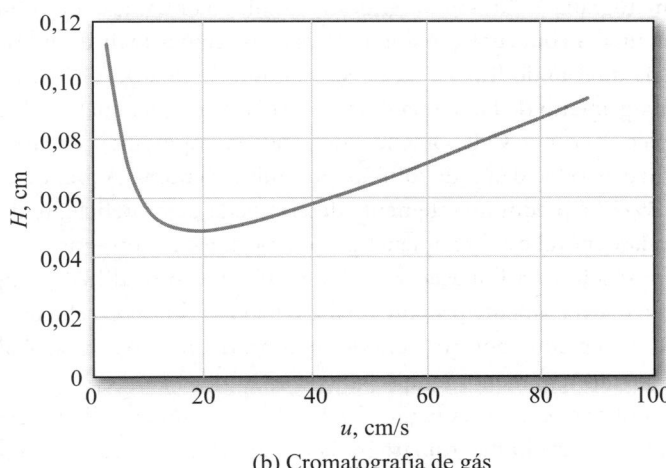

(b) Cromatografia de gás

FIGURA 29-14
O efeito da vazão da fase móvel sobre a altura de prato para (a) cromatografia de líquido e (b) cromatografia de gás.

Geralmente os cromatogramas de líquidos são obtidos a menores velocidades lineares que os cromatogramas de gás. Também, como mostradas na Figura 29-14, as alturas dos pratos para colunas cromatográficas de líquidos são, pelo menos uma ordem de grandeza, menores que aquelas encontradas em colunas para a cromatografia de gás. Compensando esta vantagem está o fato de que é impraticável usar colunas cromatográficas de líquido que sejam mais longas que aproximadamente 25 a 50 cm por causa das altas quedas de pressão. Por outro lado, as colunas para a cromatografia de gás podem apresentar comprimentos de 50 m ou mais. Como resultado, o número total de pratos, e assim a eficiência global da coluna, são normalmente superiores com colunas cromatográficas de gás.

Teoria do Alargamento de Banda

Pesquisadores têm dedicado um enorme esforço teórico e experimental para desenvolver relações quantitativas para descrever os efeitos das variáveis experimentais listadas na Tabela 29-5 nas alturas dos pratos para vários tipos de coluna. Talvez uma dúzia de equações ou mais tenha sido divulgada e aplicada com vários graus de sucesso para se calcular a altura de prato. Nenhum desses modelos é inteiramente adequado para explicar as complexas interações físicas e os efeitos que levam ao alargamento de zona e, assim, a eficiência de coluna mais baixas. Algumas das equações, embora imperfeitas, têm, entretanto, sido muito úteis em apontar o caminho na direção de desempenho de coluna melhorado. Uma delas é apresentada aqui.

A eficiência de uma coluna para cromatografia capilar e de colunas empacotadas operando a baixas vazões pode ser aproximada pela expressão

$$H = \frac{B}{u} + C_S u + C_M u \qquad (29\text{-}27)$$

onde H é a altura de prato em centímetros e u, a velocidade linear da fase móvel em centímetros por segundo.[13] A quantidade B é o **coeficiente de difusão longitudinal** e C_E e C_M são os coeficientes de transferência de massa para a fase estacionária e móvel, respectivamente.

As velocidades altas em colunas empacotadas, nas quais os efeitos de fluxo predominam sobre a difusão, a eficiência pode ser aproximada por

$$H = A + \frac{B}{u} + C_S u \qquad (29\text{-}28)$$

Os estudos teóricos sobre o alargamento de zona realizados em 1950 por engenheiros químicos holandeses levaram **à equação de van Deemter**, a qual pode ser escrita na forma

$$H = A + B/u + Cu$$

onde as constantes A, B e C são os coeficientes do efeito de múltiplos caminhos, da difusão longitudinal e de transferência de massa, respectivamente. Hoje, consideramos a equação de van Deemter apropriada somente para colunas empacotadas que operam a altas vazões. Para os outros casos, a Equação 29-27 fornece, geralmente, uma melhor descrição.

O Termo de Difusão Longitudinal, B/u. A difusão é um processo no qual as espécies migram de uma região mais concentrada de um meio para uma mais diluída. A velocidade de migração é proporcional à diferença de concentração entre as regiões e ao **coeficiente de difusão** D_M das espécies. Esse último, que constitui uma medida da mobilidade da substância em um dado meio, é uma constante para uma dada espécie e igual à velocidade de migração sob um gradiente unitário de concentração.

Em cromatografia, a difusão longitudinal resulta na migração do soluto do centro da banda (na qual a concentração é maior) para as regiões mais diluídas de qualquer lado (isto é, na direção do fluxo e na direção oposta do fluxo). A difusão é uma fonte comum de alargamento de banda na cromatografia de gás, na qual a velocidade de difusão das moléculas é alta. O fenômeno é de pequena importância na cromatografia de líquido, na qual as velocidades de difusão são muito menores. A grandeza do termo B na Equação 29-27 é predominantemente determinada pelo coeficiente de difusão D_M do analito na fase móvel e é diretamente proporcional a essa constante.

Como mostrado pela Equação 29-27, a contribuição da difusão longitudinal na altura do prato é inversamente proporcional à velocidade linear do eluente. Essa relação não surpreende, uma vez que o analito permanece na coluna por um período mais breve quando a vazão é alta. Assim, a difusão a partir do centro da banda para as duas laterais tem menos tempo para ocorrer.

As diminuições iniciais de H mostradas em ambas as curvas na Figura 29-14 são um resultado direto da difusão longitudinal. Observe que o efeito é muito menos pronunciado na cromatografia de líquidos por causa das velocidades de difusão menores na fase líquida móvel. A diferença marcante nas alturas de prato indicadas pelas duas curvas na Figura 29-14 pode ser explicada também se considerando as velocidades relativas de difusão longitudinal nas duas fases móveis. Em outras palavras, os coeficientes de difusão nos meios gasosos são ordens de grandeza maiores que nos líquidos. Consequentemente, ocorre o alargamento da banda em uma extensão muito maior na cromatografia de gás que na cromatografia de líquido.

>> Os coeficientes de difusão em gases são, normalmente, cerca de 1.000 vezes maiores que os coeficientes de difusão em líquidos.

---

[13] S. J. Hawkes. *J. Chem. Educ.*, v. 60, p. 393, 1983. DOI: 10.1021/ed060p393.

O Termo de Transferência de Massa na Fase Estacionária, $C_E u$. Quando a fase estacionária é um líquido imobilizado, o coeficiente de transferência de massa é diretamente proporcional ao quadrado da espessura do filme sobre as partículas, d_f^2, e inversamente proporcional ao coeficiente de difusão, D_E, do soluto no filme. Estes efeitos podem ser entendidos compreendendo-se que ambas quantidades reduzem a frequência média na qual as moléculas de analito atingem a interface onde pode ocorrer a transferência para a fase móvel. O resultado é uma velocidade mais lenta de transferência de massa e um aumento na altura do prato.

Quando a fase estacionária é uma superfície sólida, o coeficiente de transferência de massa C_E é diretamente proporcional ao tempo requerido para as espécies serem adsorvidas ou desorvidas, o que, por sua vez, é inversamente proporcional à constante de primeira ordem para os processos.

O Termo de Transferência de Massa na Fase Móvel, $C_M u$. Os processos de transferência de massa que ocorrem na fase móvel são suficientemente complexos para que não tenhamos ainda uma descrição quantitativa completa. Por outro lado, temos um bom entendimento qualitativo das variáveis que afetam o alargamento da zona por causa disso, e este entendimento tem levado a vastos melhoramentos em todos os tipos de colunas cromatográficas.

Sabe-se que coeficiente de transferência de massa na fase móvel C_M é inversamente proporcional ao coeficiente de difusão do analito na fase móvel D_M. Para as colunas empacotadas, C_M é proporcional ao quadrado do diâmetro das partículas do material de empacotamento, d_p^2. Para as colunas capilares, C_M é proporcional ao quadrado do diâmetro da coluna, d_c^2 e é uma função da vazão.

A contribuição de transferência de massa na fase móvel para a altura do prato é o produto do coeficiente de transferência de massa C_M (que é função da velocidade do solvente), bem como da velocidade do solvente em si. Desse modo, a contribuição líquida para a altura de prato não é linear em u (veja a curva indicada por $C_M u$ na Figura 29-16), mas carrega uma dependência complexa em relação à velocidade do solvente.

O alargamento da zona na fase móvel é devido, em parte, aos múltiplos caminhos pelos quais uma molécula (ou íon) percorre através de uma coluna empacotada. Como mostrado na **Figura 29-15**, os comprimentos destes caminhos podem diferir significativamente. Esta diferença significa que os tempos de permanência na coluna para moléculas da mesma espécie variam. As moléculas de soluto então atingem o fim da coluna sobre uma faixa de tempos, levando a um alargamento da banda. Esse efeito dos múltiplos caminhos, que às vezes é denominado **difusão turbulenta**, deveria ser independente da velocidade do solvente se este não fosse parcialmente afetado pela difusão ordinária, a qual leva as moléculas a serem transferidas de uma corrente que segue um determinado caminho para outra que percorre outra rota. Se a **velocidade de fluxo** for muito baixa, um grande número dessas transferências vai ocorrer e cada molécula vai experimentar numerosos caminhos ao se deslocar pela coluna, permanecendo um breve intervalo de tempo em cada um deles. Como resultado, a velocidade na qual cada molécula se move na coluna tende a se aproximar àquela da média. Dessa maneira, a velocidades baixas da fase móvel, as moléculas não são significativamente dispersas pelo efeito dos múltiplos caminhos. A velocidades moderadas ou altas, contudo, não há tempo suficiente para a média por difusão ocorrer, e o alargamento de banda em razão dos diferentes caminhos é observado. A velocidades suficientemente altas, o efeito dos caminhos múltiplos torna-se independente da vazão.

Superposto ao efeito dos múltiplos caminhos está aquele devido às regiões estagnadas da fase móvel, retida na fase estacionária. Assim, quando um sólido serve como fase estacionária, seus poros são preenchidos com volumes estáticos de fase móvel. As moléculas do soluto devem então difundir-se através dessas regiões estagnadas antes que a transferência entre a fase móvel em movimento e a fase estacionária possa ocorrer. Essa situação não ocorre somente com as fases sólidas estacionárias, mas também com as fases líquidas imobilizadas sobre os sólidos porosos, porque o líquido imobilizado não preenche completamente os poros.

A presença de regiões estagnadas de fase móvel diminui o processo de troca e resulta em uma contribuição para a altura de prato que é diretamente proporcional à

« Os caminhos da fase móvel através da coluna são numerosos e têm diferentes comprimentos.

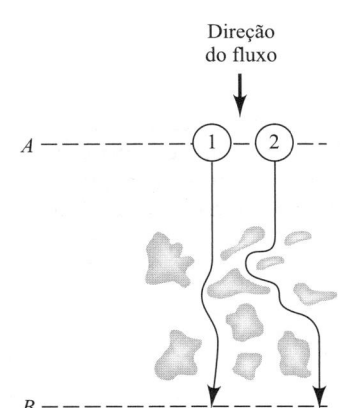

FIGURA 29-15

Caminhos típicos que duas moléculas percorrem durante a eluição. Observe que a distância percorrida pela molécula 2 é maior que aquela percorrida pela molécula 1. Consequentemente, a molécula 2 chegará em B depois da molécula 1.

« Regiões estagnadas de solvente contribuem para o aumento de H.

FIGURA 29-16

Contribuição dos vários termos de transferência de massa para a altura de prato. $C_E u$ surge da velocidade de transferência de massa de e para a fase estacionária; $C_M u$ vem da limitação na velocidade de transferência de massa na fase móvel; e B/u está associado à difusão longitudinal.

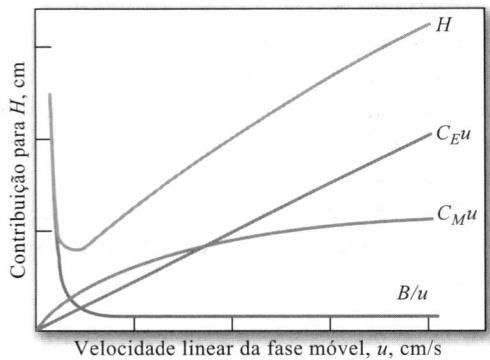

velocidade da fase móvel e inversamente proporcional ao coeficiente de difusão para o soluto na fase móvel. Um acréscimo no volume interno acompanha então um aumento no tamanho da partícula.

Efeito da Velocidade da Fase Móvel nos Termos na Equação 29-27. A **Figura 29-16** mostra a variação dos três termos na Equação 29-27 em função da velocidade da fase móvel. A curva acima é a soma desses vários efeitos. Observe que existe uma vazão ótima na qual a altura do prato é mínima e a eficiência de separação é máxima.

>> Para colunas empacotadas, o alargamento de banda é minimizado pelos pequenos diâmetros das partículas. Para colunas capilares, pequenos diâmetros da própria coluna reduzem o alargamento de banda.

Resumo de Métodos para a Redução do Alargamento de Banda. Para as colunas empacotadas, uma variável que afeta a eficiência da coluna é o diâmetro das partículas que constituem o material de empacotamento. Para as colunas capilares, o próprio diâmetro da coluna é uma variável importante. O efeito do diâmetro de partícula é demonstrado pelos dados apresentados na **Figura 29-17** para a cromatografia de gás.

Um gráfico semelhante para a cromatografia de líquido é mostrado na Figura 31-1. Para obter vantagem do efeito do diâmetro da coluna, colunas cada vez mais finas têm sido empregadas ultimamente.

>> O coeficiente de difusão D_M exerce um efeito maior na cromatografia de gás que na cromatografia de líquido.

Em fases móveis gasosas, a velocidade de difusão longitudinal pode ser reduzida apreciavelmente pela redução da temperatura e, assim, do coeficiente de difusão. O resultado é alturas de prato significativamente menores em temperaturas mais baixas. Em geral, esse efeito não é observado na cromatografia de líquido, porque a difusão é lenta, de forma que o termo de difusão longitudinal exerce um pequeno efeito sobre a altura de prato global. Com fases estacionárias líquidas, a espessura da camada líquida adsorvida deve ser minimizada, uma vez que C_E na Equação 29-27 é proporcional ao quadrado dessa variável.

FIGURA 29-17

O efeito do tamanho de partícula na altura de prato para colunas empacotadas para a cromatografia de gás. Os números à direita de cada curva são os diâmetros das partículas. (De J. Boheman; J. H. Purnell, em D. H. Desty, ed. *Gas Chromatography 1958*. Nova York: Academic Press, 1958.)

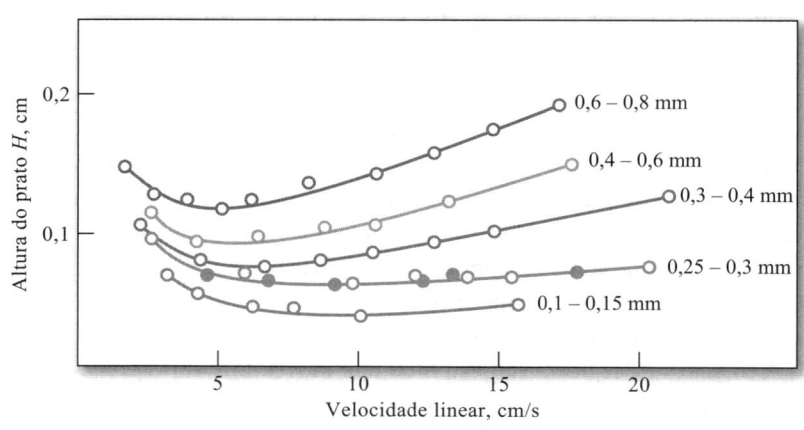

29E-7 Resolução de uma Coluna

A **resolução**, R_s, de uma coluna nos diz quanto duas bandas se distanciam uma em relação à outra em comparação com as suas larguras. A resolução fornece uma medida quantitativa da habilidade da coluna em separar dois analitos. O significado desse termo é ilustrado na **Figura 29-18**, que consiste em cromatogramas para as espécies A e B em três colunas com diferentes poderes de resolução. A resolução de cada coluna é definida como

> A **resolução** de uma coluna cromatográfica é uma medida quantitativa da sua habilidade em separar os analitos A e B.

$$R_s = \frac{\Delta Z}{\dfrac{W_A}{2} + \dfrac{W_B}{2}} = \frac{2\Delta Z}{W_A + W_B} = \frac{2[(t_R)_B - (t_R)_A]}{W_A + W_B} \tag{29-29}$$

onde todos os termos do lado direito são definidos como na figura.

É evidente, a partir da Figura 29-18, que uma resolução de 1,5 fornece uma separação basicamente completa de A e B, mas uma resolução de 0,75 não fornece. Em uma resolução de 1,0 a zona A contém 4% de B. A uma resolução de 1,5, a sobreposição é aproximadamente de 0,3%. A resolução para uma dada fase estacionária pode ser melhorada aumentando-se o comprimento da coluna e, dessa forma, o número de pratos. Entretanto, os pratos adicionados resultam um aumento no tempo exigido para separar os componentes.

O Efeito do Fator de Retenção e do Fator de Seletividade sobre a Resolução

Podemos deduzir uma equação útil que relaciona a resolução de uma coluna ao número de pratos que ela contém bem como aos fatores de retenção e seletividade de um par de solutos na coluna. Assim, pode ser demonstrado[14] que, para os dois solutos A e B na Figura 29-18, a resolução é dada pela equação

$$R_s = \frac{\sqrt{N}}{4}\left(\frac{\alpha - 1}{\alpha}\right)\left(\frac{k_B}{1 + k_B}\right) \tag{29-30}$$

onde k_B é o fator de retenção da espécie mais lenta e α é o fator de seletividade. Essa equação pode ser rearranjada para fornecer o número de pratos necessários para se obter uma dada resolução:

$$N = 16 R_s^2 \left(\frac{\alpha}{\alpha - 1}\right)^2 \left(\frac{1 + k_B}{k_B}\right)^2 \tag{29-31}$$

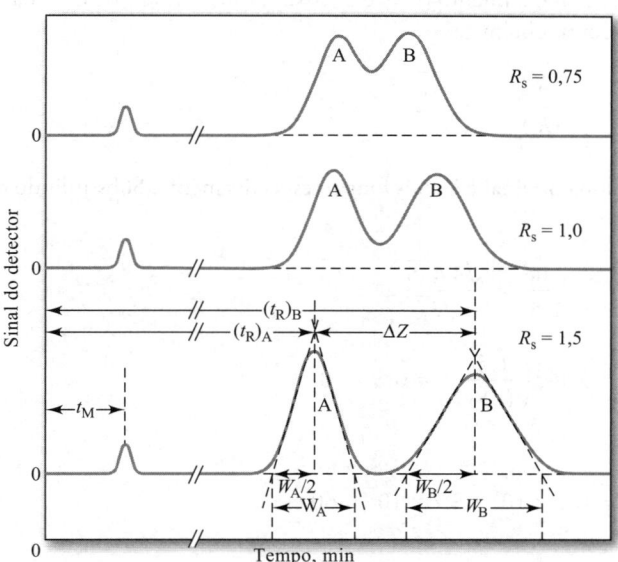

FIGURA 29-18
Separação de três valores de reolução:
$R_s = 2\Delta Z/(W_A + W_B)$.

---
[14] Veja D. A. Skoog; F. J. Holler; S. R. Crouch. *Principles of Instrumental Analysis*. 7. ed. Boston, MA: Cengage Learning, 2018, p. 709.

O Efeito da Resolução no Tempo de Retenção

Como mencionado anteriormente, o objetivo da cromatografia é a resolução mais alta possível no menor intervalo de tempo possível. Infelizmente, estes objetivos tendem a ser incompatíveis e é normalmente necessário um ajuste entre eles. O tempo $(t_R)_B$ requerido para a eluição dos dois componentes na Figura 29-18 com uma resolução de R_s é dado por

$$(t_R)_B = \frac{16 R_s^2 H}{u} \left(\frac{\alpha}{\alpha - 1}\right)^2 \frac{(1 + k_B)^3}{(k_B)^2} \qquad (29\text{-}32)$$

onde u é a velocidade linear da fase móvel.

EXEMPLO 29-2

As substâncias A e B apresentam tempo de retenção de 16,40 e 17,63 minutos, respectivamente, em uma coluna de 30,0 cm. Uma espécie não retida passa através da coluna em 1,30 minutos. As larguras de pico (na base) para A e B são 1,11 e 1,21 minutos, respectivamente. Calcule (a) a resolução da coluna, (b) o número médio de pratos na coluna, (c) a altura de prato, (d) o comprimento da coluna necessário para se obter uma resolução de 1,5 e (e) o tempo necessário para se eluir a substância B da coluna com R_s igual a 1,5.

Solução

(a) Usando a Equação 29-29, encontramos

$$R_s = \frac{2(17,63 - 16,40)}{1,11 + 1,21} = 1,06$$

(b) A Equação 29-24 permite o cálculo de N:

$$N = 16 \left(\frac{16,40}{1,11}\right)^2 = 3.494 \quad \text{e} \quad N = 16 \left(\frac{17,63}{1,21}\right)^2 = 3.397$$

$$N_{méd} = \frac{3.493 + 3.397}{2} = 3.445$$

(c) $H = \dfrac{L}{N} = \dfrac{30,0}{3.445} = 8,7 \times 10^{-3}$ cm

(d) As quantidades k e α não variam enormemente com o aumento de N e L. Assim, substituindo N_1 e N_2 na Equação 29-30 e dividindo uma das equações resultantes pela outra, obtém-se

$$\frac{(R_s)_1}{(R_s)_2} = \frac{\sqrt{N_1}}{\sqrt{N_2}}$$

onde os índices inferiores 1 e 2 referem-se à coluna original e à mais longa, respectivamente. Substituindo os valores apropriados para N_1, $(R_s)_1$ e $(R_s)_2$, têm-se

$$\frac{1,06}{1,5} = \frac{\sqrt{3.445}}{\sqrt{N_2}}$$

$$N_2 = 3.445 \left(\frac{1,5}{1,06}\right)^2 = 6,9 \times 10^3$$

Mas

$$L = NH = 6,9 \times 10^3 \times 8,7 \times 10^{-3} = 60 \text{ cm}$$

(continua)

(e) Substituindo $(R_s)_1$ e $(R_s)_2$ na Equação 29-32 e dividindo, temos

$$\frac{(t_R)_1}{(t_R)_2} = \frac{(R_s)_1^2}{(R_s)_2^2} = \frac{17,63}{(t_R)_2} = \frac{(1,06)^2}{(1,5)^2}$$

$$(t_R)_2 = 35 \text{ min}$$

Portanto, para obter uma resolução melhorada, o comprimento da coluna, e assim o tempo de separação, devem ser dobrados.

Técnicas de Otimização

As Equações 29-30 e 29-32 servem como guias para escolher as condições que levam a um grau desejado de resolução com o mínimo de gasto de tempo. Cada equação é constituída de três partes. A primeira descreve a eficiência da coluna em termos de $\sqrt{N}$ ou H. A segunda, que é um quociente que contém α, é um termo de seletividade que depende das propriedades dos dois solutos. O terceiro componente é o termo do fator de retenção, que é o quociente contendo k_B, o termo que depende das propriedades tanto do soluto quanto da coluna.

Variação na Altura de Prato. Como mostrado pela Equação 29-30, a resolução de uma coluna aumenta com a raiz quadrada do acréscimo do número de pratos que ela contém. Contudo, o Exemplo 29-2e revela que o aumento do número de pratos eleva o tempo de separação, a menos que o aumento possa ser feito pela redução da altura de prato e não pelo aumento do comprimento da coluna.

Os métodos de minimização da altura de prato, discutidos na Seção 29E-6, incluem a redução do tamanho de partícula do material de empacotamento, do diâmetro da coluna e da espessura do filme líquido. A otimização da vazão da fase móvel também é útil.

Variação no Fator de Retenção. Frequentemente, uma separação pode ser melhorada significativamente por meio da manipulação do fator de retenção k_B. O aumento de k_B geralmente eleva a resolução (mas à custa do **tempo de eluição**). Para determinar a faixa ótima de valores para k_B é conveniente que se escreva a Equação 29-30 na forma

$$R_s = Q\left(\frac{k_B}{1 + k_B}\right)$$

e a Equação 29-32 como

$$(t_R)_B = Q'\left(\frac{(1 + k_B)^3}{(k_B)^2}\right)$$

onde Q e Q' contêm o restante dos termos nas duas equações. A **Figura 29-19** mostra um gráfico de R_s/Q e $(t_R)_B/Q'$ em função de k_B, assumindo que Q e Q' permanecem aproximadamente constantes. É evidente que os valores de k_B maiores

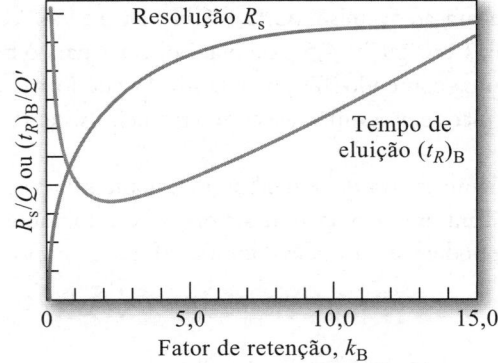

FIGURA 29-19
Efeito do fator de retenção k_B sobre a resolução R_s e o tempo de eluição $(t_R)_B$. Presume-se que Q e Q' permanecem constantes com variações em k_B.

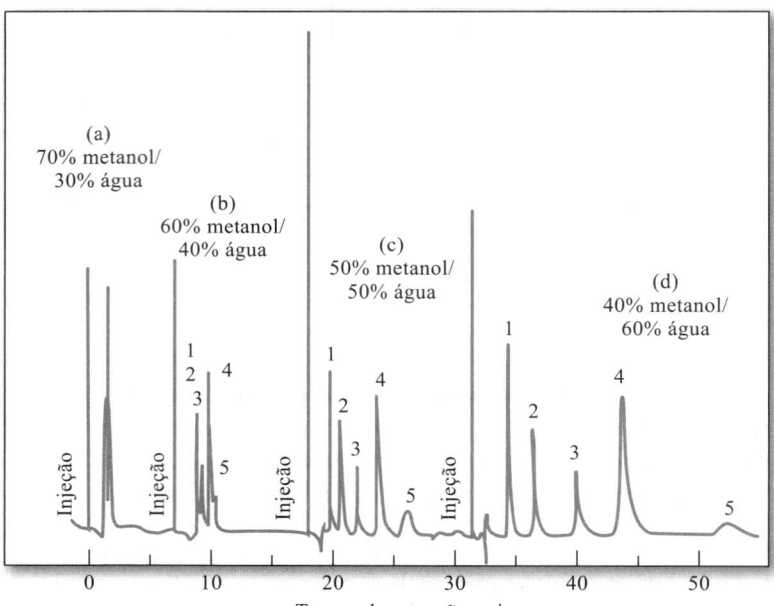

FIGURA 29-20

O efeito da variação do solvente nos cromatogramas. Os analitos são:
(1) 9,10-antraquinona;
(2) 2-metil-9,10-antraquinona;
(3) 2-etil-9,10-antraquinona;
(4) 1,4-dimetil-9,10-antraquinona; e
(5) 2-t-butil-9,10-antraquinona.

que aproximadamente 10 devem ser evitados, porque fornecem um pequeno aumento na resolução elevando significativamente o tempo requerido para a separação. O mínimo na curva de eluição-tempo ocorre a $k_B \approx 2$. Em geral, então, o valor ótimo de k_B encontra-se entre 1 e 5.

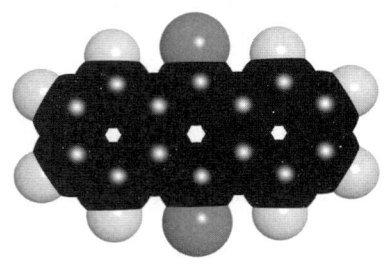

Modelo molecular da 9,10-antraquinona.

Normalmente, a maneira mais fácil de melhorar a resolução é pela otimização de k. Para as fases móveis gasosas, k pode ser frequentemente melhorado com a alteração da temperatura. Para as fases móveis líquidas, a variação na composição do solvente, com frequência, permite a manipulação de k para se obter melhores separações. Um exemplo de efeito drástico que uma variação relativamente simples na composição do solvente pode ocasionar está demonstrado na **Figura 29-20**. Na figura, as variações modestas na proporção entre metanol e água convertem os cromatogramas insatisfatórios (a e b) em cromatogramas com picos bem separados para cada componente (c e d). Para a maioria dos casos, o cromatograma mostrado em (c) é o melhor, uma vez que este mostra uma resolução adequada em um tempo menor. O fator de retenção é influenciado também pela espessura do filme da fase estacionária.

Variação do Fator de Seletividade. A otimização de k e o aumento de N não são suficientes para fornecer uma separação satisfatória de dois solutos em um tempo razoável quando α se aproxima da unidade. Estão disponíveis no mínimo quatro opções. Estas opções em ordem decrescente de desejo, como determinado pelo potencial e conveniência, são (1) variação da composição da fase móvel, (2) variação da temperatura da coluna, (3) variação na composição da fase estacionária e (4) utilização de efeitos químicos especiais.

Um exemplo do uso da opção 1 foi relatada para a separação de anisol ($C_6H_5OCH_3$) e benzeno.[15] Com uma fase móvel constituída por uma mistura de 50% de água e metanol, k era igual a 4,5 para o anisol e 4,7 para o benzeno, enquanto α era igual a apenas 1,04. A substituição da fase móvel aquosa contendo 37% de tetraidrofurano forneceu valores de k iguais a 3,9 e 4,7 e um valor de α de 1,20. A sobreposição dos picos era significativa com o primeiro sistema de solvente e desprezível com o segundo.

Uma forma menos conveniente, mas em geral altamente efetiva de se melhorar α, mantendo-se os valores de k na sua faixa ótima, é alterar a composição da fase estacionária. Para tirar vantagem desta opção, muitos laboratórios que frequentemente usam cromatografia mantêm várias colunas que podem ser trocadas com um esforço mínimo. Em função do custo das colunas, esta é normalmente uma opção cara.

---

[15] L. R. Snyder; J. J. Kirkland. *Introduction to Modern Liquid Chromatography*. 2. ed. Nova York: Wiley, 1979, p. 75.

As elevações na temperatura causam, normalmente, um aumento de k, contudo, têm pouco efeito sobre os valores de α na cromatografia líquido-líquido e líquido-sólido. Em contraste, na cromatografia por troca iônica, os efeitos da temperatura podem ser grandes o suficiente para que valha a pena explorar essa opção antes de se buscar a troca do material de empacotamento da coluna.

Um método final para melhorar a resolução é incorporar na fase estacionária uma espécie que se complexa ou interage de outra forma com um ou mais componentes da amostra. Um exemplo bem conhecido do uso dessa opção ocorre quando um adsorvente impregnado com sal de prata é empregado para melhorar a separação de olefinas. O melhoramento é um resultado da formação de complexos entre os íons prata e compostos orgânicos insaturados.

O Problema Geral da Eluição

A **Figura 29-21** mostra alguns cromatogramas hipotéticos para uma mistura de seis componentes constituída por três pares de componentes com ampla diferença de constantes de distribuição e, dessa forma, com fatores de retenção também bastante diferentes. No cromatograma (a), as condições foram ajustadas de forma que os fatores de retenção para os componentes 1 e 2 (k_1 e k_2) estejam na faixa ótima de 1 a 5. Contudo, os fatores para os outros componentes estão longe do ótimo. Assim, as bandas correspondentes aos componentes 5 e 6 aparecem somente após um longo intervalo de tempo; além disso, as bandas são tão largas que torna difícil a sua identificação de forma inequívoca.

Como mostrado no cromatograma (b), a variação das condições para se otimizar a separação dos componentes 5 e 6 aproxima os picos dos quatro primeiros componentes, de forma que sua resolução não seja satisfatória. Entretanto, neste caso, o tempo total de eluição é o ideal.

O fenômeno ilustrado na Figura 29-21 é encontrado com frequência suficiente para receber um nome: o **problema geral de eluição**. Uma solução comum para esse problema está na variação das condições que determinam os valores de k à medida que a separação se processa. Essas variações podem ser realizadas em etapas ou de forma contínua. Consequentemente, para a mistura mostrada na Figura 29-21, as condições na saída poderiam ser aquelas que produzem o cromatograma (a). Imediatamente após a eluição dos componentes 1 e 2, as condições podem ser alteradas para aquelas que melhor separam os componentes 3 e 4 (como no cromatograma (c)). Com o aparecimento dos picos para esses componentes, a eluição pode ser finalizada sob condições empregadas para produzir o cromatograma (b). Frequentemente, esse procedimento leva a uma separação satisfatória de todos os componentes da mistura em um tempo mínimo.

Para a cromatografia de líquido, as variações em k são produzidas pela variação da composição da fase móvel durante a eluição. Esse procedimento é denominado **eluição por gradiente** ou **programação de solvente**. A eluição sob condição de composição constante da fase móvel é chamada **eluição isocrática**. Para a cromatografia de gás, a temperatura pode ser variada em uma forma conhecida para modificar os valores de k. Este modo de **programação de temperatura** pode ajudar a atingir as condições ótimas para muitas separações.

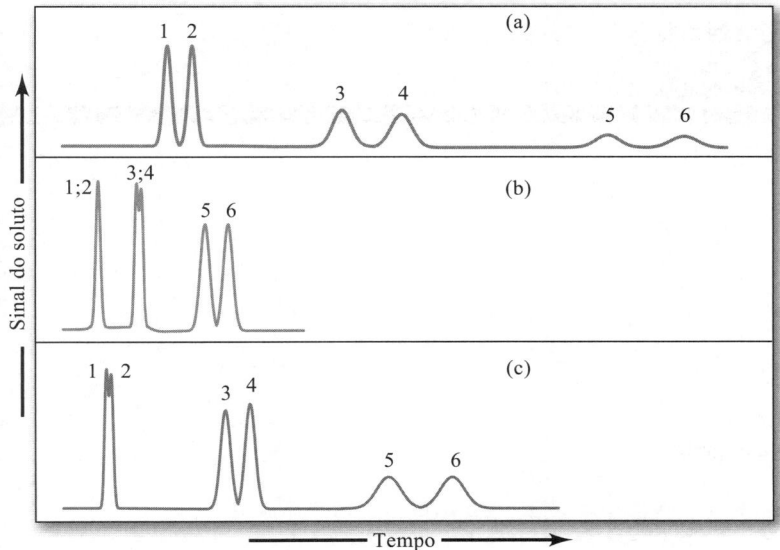

FIGURA 29-21
O problema geral da eluição na cromatografia.

29E-8 Aplicações da Cromatografia

A cromatografia é uma ferramenta versátil e poderosa para separar espécies químicas semelhantes. Além disso, ela pode ser usada para a identificação qualitativa e para a determinação quantitativa de espécies separadas. Exemplos das aplicações dos vários tipos de cromatografia são dados nos Capítulos 30 a 32.

> **Exercícios no Excel** No Capítulo 14 do *Applications of Microsoft® Excel® in Analytical Chemistry*, 4. ed., são sugeridos vários exercícios envolvendo cromatografia. No primeiro, simula-se um cromatograma de uma mistura de três componentes. A resolução, o número de pratos teóricos e os tempos de retenção são variados e seus efeitos são observados nos cromatogramas. O número de pratos teóricos necessários para atingir uma determinada resolução é o assunto de um outro exercício. É construída uma planilha para encontrar N para vários fatores de retenção de uma mistura de dois componentes. É investigada uma gaussiana modificada exponencialmente como uma função da constante de tempo da exponencial. A otimização dos métodos cromatográficos é ilustrada colocando-se em um gráfico a equação de van Deemter para várias velocidades de fluxo, difusão longitudinal e valores de coeficiente de transferência de massa. O Solver é, então, usado para fazer o melhor encaixe dos coeficientes de van Deemter.

Química Analítica On-line

Encontre sites na internet que lidem com cauda de picos na cromatografia de líquidos de fase reversa. Descreva o fenômeno e discuta as maneiras pelas quais a cauda de pico pode ser minimizada. Faça também uma busca sobre os efeitos da temperatura na cromatografia de líquidos. Descreva como a temperatura influencia as separações cromatográficas de líquidos. Baseado no que você aprendeu, a programação de temperatura seria uma ajuda valorosa para a separação na cromatografia de líquidos? Por que?

Resumo do Capítulo 29

- A lógica para separar misturas.
- Métodos de separação.
- Separação por precipitação.
- Separação por destilação.
- Separação por extração.
- Separações por troca iônica.
- Separações cromatográficas.
- Os efeitos das variáveis experimentais na cromatografia.
- Otimizando a cromatografia.
- Explorando o problema da eluição geral.

Termos-chave

Altura de prato, 831
Coeficiente de difusão, 836
Coeficiente de difusão longitudinal, 836
Coluna capilar, 837
Comprimento da coluna, 826
Constante de distribuição, 816
Cromatograma, 827
Cromatografia, 824
Cromatografia em coluna, 825
Cromatografia de gás (CG), 825
Cromatografia de líquidos (CL), 825
Cromatografia planar, 825
Destilação, 816
Eficiência da coluna, 831
Eluente, 825
Eluição, 825
Equação de van Deemter, 836
Extração, 816
Fase estacionária, 824
Fase móvel, 825
Fator de retenção, 830
Fator de seletividade, 830
Interferente, 811
Resina de troca iônica, 821
Resolução, 839
Resolução da coluna, 831
Separação das bandas, 827
Tempo de eluição, 841
Tempo de retenção, 828
Tempo morto, 828
Velocidade de fluxo, 837

Equações Importantes

$$\log S = C - K\mu$$

$$K = \frac{(a_A)_{org}}{(a_A)_{aq}} \approx \frac{[A]_{org}}{[A]_{aq}}$$

$$[A]_i = \left(\frac{V_{aq}}{V_{org}K + V_{aq}}\right)^i [A]_0$$

$$K_c = \frac{(a_A)_S}{(a_A)_M}$$

$$K_c = \frac{c_S}{c_M}$$

$$t_R = t_S + t_M$$

$$\bar{v} = \frac{L}{t_R}$$

$$u = \frac{L}{t_M}$$

$$\bar{v} = u \times \frac{1}{1+k_A}$$

$$\alpha = \frac{K_B}{K_A}$$

$$\alpha = \frac{k_B}{k_A}$$

$$\alpha = \frac{(t_R)_B - t_M}{(t_R)_A - t_M}$$

$$N = \frac{L}{H}$$

$$H = \frac{\sigma^2}{L}$$

$$N = 16\left(\frac{t_R}{W}\right)^2$$

$$H = A + \frac{B}{u} + Cu$$

$$R_s = \frac{\Delta Z}{\frac{W_A}{2} + \frac{W_B}{2}} = \frac{2\Delta Z}{W_A + W_B} = \frac{2[(t_R)_B - (t_R)_A]}{W_A + W_B}$$

$$R_s = \frac{\sqrt{N}}{4}\left(\frac{\alpha - 1}{\alpha}\right)\left(\frac{k_B}{1 + k_B}\right)$$

Questões e Problemas*

*29-1. O que é um íon coletor e como ele é usado?

29-2. O que significa o termo *salting out* uma proteína? O que é o efeito *salting in*?

*29-3. Quais os dois eventos que acompanham o processo de separação?

29-4. Identifique três métodos baseados na separação mecânica de fase.

29-5. Defina
   *(a) eluição.
   (b) eluente.
   *(c) fase estacionária.
   (d) constante de distribuição.
   *(e) tempo de retenção.
   (f) difusão longitudinal.
   *(g) fator de seletividade.
   (h) altura de prato.

29-6. Qual é a diferença na estrutura das resinas de troca iônica sintética de ácido forte e fraco?

*29-7. Liste as variáveis que levam ao alargamento de banda na cromatografia.

29-8. Quais são as principais diferenças entre a cromatografia gás-líquido e líquido-líquido?

*29-9. Descreva um método para determinar o número de pratos em uma coluna.

*As respostas para as questões e problemas marcados com um asterisco são fornecidas no final deste livro.

29-10. Descreva dois métodos gerais para melhorar a resolução de duas substâncias em uma coluna cromatográfica.

*__29-11.__ As constantes de distribuição para X entre o n-hexano e a água é 8,9. Calcule a concentração de X permanecendo na fase aquosa após 50,0 mL de X 0,200 mol L^{-1} ser tratado por extração com as seguintes quantidades de n-hexano:
   (a) uma porção de 40,0 mL.
   (b) duas porções de 20,0 mL.
   (c) quatro porções de 10,0 mL.
   (d) oito porções de 5,0 mL.

29-12. O coeficiente de distribuição de Z entre n-hexano e água é 5,85. Calcular a porcentagem de Z que resta em 25,0 mL de água que era originalmente 0,0550 mol L^{-1} em Z, após a extração com os seguintes volumes de n-hexano:
   (a) uma porção de 20,0 mL.
   (b) duas porções de 10,0 mL.
   (c) cinco porções de 5,00 mL.
   (d) dez porções de 2,00 mL.

*__29-13.__ Qual é o volume de n-hexano necessário para reduzir a concentração de X no Problema 29-11 a $1,00 \times 10^{-4}$ mol L^{-1} se 25,0 mL de uma solução 0,0500 mol L^{-1} de X forem extraídos com
   (a) porções de 25,0 mL?
   (b) porções de 10,0 mL?
   (c) porções de 2,0 mL?

29-14. Qual é o volume de n-hexano necessário para reduzir a concentração de Z no Problema 29-12 a $2,00 \times 10^{-5}$ mol L^{-1} se 40,0 mL de uma solução 0,0200 mol L^{-1} de Z forem extraídos com
   (a) porções de 50,0 mL de n-hexano?
   (b) porções de 25,0 mL?
   (c) porções de 10,0 mL?

*__29-15.__ Qual é o valor mínimo do coeficiente de distribuição que permite a remoção de 99% de um soluto de 50,0 mL de água com
   (a) duas extrações com 25,0 mL de tolueno?
   (b) cinco extrações com 10,0 mL de tolueno?

29-16. Se 30,0 mL de água que tem 0,0500 mol L^{-1} de Q tiver que ser extraída com quatro porções de 10,0 mL de um solvente orgânico imiscível, qual é o coeficiente de distribuição mínimo que permite transferir as seguintes porcentagens do soluto para a camada orgânica:
   *(a) $1,00 \times 10^{-4}$
   (b) $1,00 \times 10^{-3}$
   (c) $1,00 \times 10^{-2}$

*__29-17.__ Uma solução aquosa de 0,150 mol L^{-1} de um ácido fraco HA foi preparada a partir do composto puro e três alíquotas de 50,0 mL foram transferidas para balões volumétricos de 100,0 mL. A solução 1 foi diluída para 100,0 mL com 1,0 mol L^{-1} de $HClO_4$; a solução 2, com 1,0 mol L^{-1} de NaOH e a solução 3, com água. Uma alíquota de 25,0 mL de cada uma das soluções foram extraídas com 25,0 mL de n-hexano. O extrato da solução 2 não continha nenhum traço detectável de espécies com A, indicando que a espécie A^- não é solúvel no solvente orgânico. O extrato da solução 1 não continha nenhum ClO_4^- ou $HClO_4$, mas tinha 0,0454 mol L^{-1} de HA (encontrado por re-extração com NaOH padrão e retrotitulação com HCl padrão). O extrato da solução 3 continha 0,0225 mol L^{-1} de HA. Pressuponha que o HA não se dissocie ou se associe no solvente orgânico e calcule
   (a) a razão de distribuição para o HA entre os dois solventes.
   (b) a concentração das *espécies* HA e A^- na solução aquosa 3 após a extração.
   (c) a constante de dissociação de HA em água.

29-18. Para determinar a constante de equilíbrio para a reação

$$I_2 + 2SCN^- \rightleftharpoons I(SCN)_2^- + I^-$$

25,0 mL de uma solução aquosa 0,0100 mol L^{-1} de I_2 foi extraída com 10,0 mL de $CHCl_3$. Após a extração, as medidas espectrofotométricas revelaram que a concentração de I_2 *na camada aquosa* era igual a $1,12 \times 10^{-4}$ mol L^{-1}. Uma solução aquosa que era 0,0100 mol L^{-1} em I_2 e 0,100 mol L^{-1} em KSCN foi preparada. Depois da extração de 25,0 ml dessa solução com 10,0 mL de $CHCl_3$, a concentração de I_2 *na camada de $CHCl_3$* foi determinada por medidas espectrofotométricas como $1,02 \times 10^{-3}$ mol L^{-1}.
   (a) Qual é a constante de distribuição do I_2 entre $CHCl_3$ e H_2O?
   (b) Qual é a constante de formação do $I(SCN)_2^-$?

*__29-19.__ O conteúdo total de cátions em águas naturais é frequentemente determinado pela troca dos cátions por íons hidrogênio, empregando-se uma resina de troca iônica fortemente ácida. Uma amostra de 25,0 mL de uma água natural foi diluída para 100 mL com água destilada e foi adicionado 2,0 g de resina de troca catiônica. Após agitação, a mistura foi filtrada e o sólido retido no papel de filtro foi lavado com três porções de 15,0 mL de água. O filtrado e as águas de lavagem requereram 15,3 mL de uma solução 0,0202 mol L^{-1} de NaOH para obter o ponto final com verde de bromocresol.
   (a) Calcule a quantidade de matéria em milimols de cátion presente em exatamente 1,00 L de amostra.
   (b) Relate os resultados em termos de miligramas por litro de $CaCO_3$.

29-20. Descreva a preparação de exatamente 1,00 L de HCl 0,1000 mol L^{-1} a partir de NaCl de grau de padrão primário usando uma resina de troca catiônica.

***29-21.** Uma solução aquosa contendo MgCl$_2$ e HCl foi analisada primeiramente titulando-se uma alíquota de 25,00 mL até o ponto final do verde de bromocresol com 17,53 mL de uma solução 0,02932 mol L^{-1} de NaOH. Uma alíquota de 10,00 mL foi diluída para 50,00 mL com água destilada e passada através de uma resina de troca iônica fortemente ácida. O eluato e as lavagens requereram 35,94 mL da solução de NaOH para atingir o mesmo ponto final. Determine as concentrações molares de HCl e MgCl$_2$ na amostra.

29-22. Uma coluna tubular empregada em cromatografia gasosa tinha um diâmetro interno de 0,15 mm. Uma vazão de 0,85 mL min^{-1} foi empregada. Encontre a velocidade linear em cm s^{-1} na saída da coluna.

***29-23.** Uma coluna empacotada de cromatografia de gás tinha um diâmetro interno de 5,0 mm. A velocidade do fluxo volumétrico medido na saída da coluna era 48,0 mL min^{-1}. Se a porosidade da coluna era de 0,43, qual era a velocidade de fluxo linear em cm s^{-1}?

29-24. Os seguintes dados são para uma coluna de cromatografia de líquido:

Comprimento do empacotamento	24,7 cm
Vazão	0,313 mL min^{-1}
V_M	1,37 mL
V_E	0,164 mL

O cromatograma de uma mistura das espécies A, B, C e D forneceu os seguintes dados:

	Tempo de Retenção, min	Largura do Pico na Base (W), min
Não retido	3,1	—
A	5,4	0,41
B	13,3	1,07
C	14,1	1,16
D	21,6	1,72

Calcule
(a) o número de pratos de cada pico.
(b) a média e o desvio padrão para N.
(c) a altura de prato para a coluna.

***29-25.** A partir dos dados do Problema 29-24, calcule para A, B, C e D
(a) o fator de retenção.
(b) a constante de distribuição.

29-26. A partir dos dados do Problema 29-24, calcule para as espécies B e C

(a) a resolução.
(b) o fator de seletividade.
(c) o comprimento da coluna necessário para separar as duas espécies com uma resolução de 1,5.
(d) o tempo necessário para separar as duas espécies na coluna no item (c).

29-27. A partir dos dados do Problema 29-24, calcule para as espécies C e D
(a) a resolução.
(b) o comprimento da coluna necessário para separar as duas espécies com uma resolução de 1,5.

29-28. Os seguintes dados foram obtidos para a cromatografia gás-líquido em uma coluna empacotada de 40 cm:

Composto	t_R, min	W, min
Ar	1,0	—
Metilciclo-hexano	10,0	0,76
Metilciclo-hexeno	10,9	0,82
Tolueno	13,4	1,06

Calcule
(a) o número médio de pratos a partir dos dados.
(b) o desvio padrão para a média em (a).
(c) a altura média de prato da coluna.

29-29. Com relação ao Problema 29-28, calcule a resolução para
(a) metilciclo-hexeno e metilciclo-hexano.
(b) metilciclo-hexeno e tolueno.
(c) metilciclo-hexano e tolueno.

***29-30.** Se a resolução de 1,75 for desejada na separação de metilciclo-hexano e metilciclo-hexeno no Problema 29-28
(a) quantos pratos são necessários?
(b) quão longa deve ser a coluna se o mesmo empacotamento é usado?
(c) qual é o tempo de retenção para o metilciclo-hexano na coluna do item b?

29-31. Se V_E e V_M para a coluna no Problema 29-28 são 19,6 e 62,6 mL, respectivamente, e o pico do ar não retido aparece após 1,9 minutos, calcule:
(a) o fator de retenção para cada composto.
(b) a constante de distribuição para cada composto.
(c) o fator de seletividade para o metilciclo-hexano e metilciclo-hexeno.

***29-32.** A partir de estudos de distribuição, as espécies M e N mostram as constantes de distribuição água/hexano de 5,99 e 6,16 ($K = [X]_{H_2O}/[X]_{hex}$), onde X = M ou N. As duas espécies devem ser separadas por eluição com o hexano em uma coluna empacotada com sílica gel contendo água adsorvida. A razão V_E/V_M para o recheio é 0,425.
(a) Calcule o fator de retenção para cada soluto.
(b) Calcule o fator de seletividade.

(c) Quantos pratos são necessários para se obter uma resolução de 1,5?
(d) Qual deve ser o comprimento da coluna se a altura de prato do empacotamento é 1,5 × 10⁻³ cm?
(e) Se a vazão é 6,75 cm min⁻¹, quanto tempo levará para eluir as duas espécies?

29-33. Repita os cálculos do Problema 29-32 presumindo que $K_M = 5{,}81$ e $K_N = 6{,}20$.

29-34. **Problema Desafiador**: Um cromatograma de uma mistura de dois componentes em uma coluna empacotada de 25 cm de cromatografia de líquidos é mostrado na figura abaixo. A vazão foi de 0,40 mL min⁻¹.

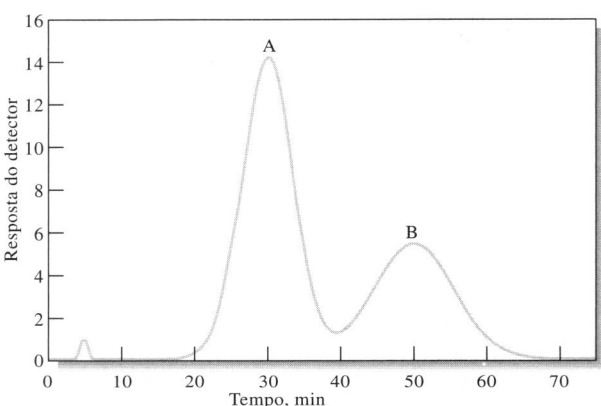

Um cromatograma de uma mistura de dois componentes

(a) Encontre os tempos nos quais os componentes A e B permanecem na fase estacionária.
(b) Encontre os tempos de retenção para A e B.
(c) Determine os fatores de retenção para os dois componentes.
(d) Encontre as larguras de cada pico e aquelas a meia-altura para cada pico.
(e) Encontre a resolução para os dois picos.
(f) Encontre o número médio de pratos para a coluna.
(g) Encontre a altura média do prato.
(h) Qual comprimento de coluna seria necessário para se obter uma resolução de 1,75?
(i) Quanto tempo seria necessário para se obter a resolução da parte (h)?
(j) Suponha que o comprimento da coluna seja estabelecido em 25 cm e que o material de empacotamento seja fixo. Quais medidas você poderia tomar para aumentar a resolução de forma a obter uma separação ao nível da linha de base?
(k) Existem algumas medidas que você poderia usar para obter melhor separação em um período de tempo mais curto com a mesma coluna do item (j)?

Cromatografia de Gás

CAPÍTULO 30

A cromatografia de gás é uma das técnicas mais amplamente utilizadas para a análise qualitativa e quantitativa. A foto mostra um sistema cromatógrafo de gás/espectrômetro de massas de bancada que pode realizar separações e identificação de alta resolução dos compostos. Tais sistemas são inestimáveis nos laboratórios industriais, biomédicos e forenses.

Este capítulo considera a cromatografia de gás em detalhe, incluindo as colunas e as fases estacionárias que são mais amplamente utilizadas. Vários sistemas de detecção, incluindo espectrometria de massas, são descritos. Embora o capítulo seja basicamente devotado à cromatografia gás-líquido, há uma breve discussão da cromatografia gás-sólido.

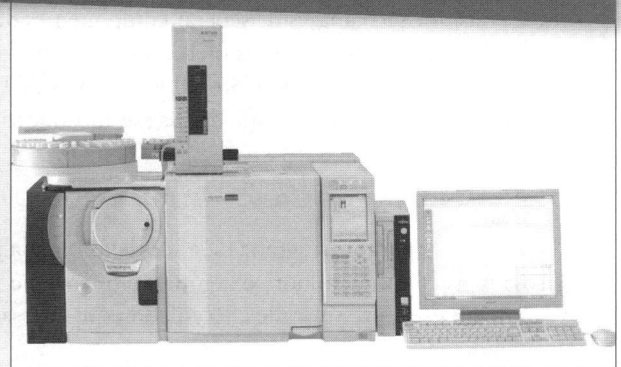
Shimadzu Corp

Na cromatografia de gás, os componentes de uma amostra vaporizada são separados em consequência da distribuição deles entre uma fase móvel gasosa e uma fase estacionária líquida ou sólida mantida em uma coluna.[1] Ao realizar uma separação cromatográfica de gás, a amostra é vaporizada e injetada na cabeça de uma coluna cromatográfica. A eluição é realizada pelo fluxo de uma fase móvel gasosa inerte. Em contraste com a maioria dos outros tipos de cromatografia, a fase móvel não interage com as moléculas do analito. A única função da fase móvel é transportar o analito através da coluna.

Dois tipos de cromatografia de gás são encontrados: a **cromatografia gás-líquido** (CGL) e a **cromatografia gás-sólido** (CGS). A cromatografia gás-líquido encontra amplo uso em todos os campos da ciência onde seu nome é normalmente encurtado para **cromatografia de gás** (CG). A cromatografia gás-sólido é baseada em uma fase estacionária na qual a retenção de analitos ocorre por causa da adsorção. A cromatografia gás-sólido tem aplicação limitada por causa da retenção semipermanente de moléculas ativas ou polares e efeitos de cauda severos nos picos de eluição. O efeito de cauda é devido ao caráter não linear do processo de adsorção. Portanto, esta técnica não tem encontrado larga aplicação, exceto para a separação de determinadas espécies gasosas de baixa massa molecular; discutiremos o método brevemente na Seção 30D.

A cromatografia gás-líquido é baseada na partição do analito entre uma fase móvel gasosa e uma fase líquida imobilizada na superfície de um sólido inerte ou nas paredes de um tubo capilar. O conceito da cromatografia gás-líquido foi primeiramente enunciado em 1941, por Martin e Synge, que foram também responsáveis pelo desenvolvimento da cromatografia de

Na **cromatografia gás-líquido**, a fase móvel é um gás e a fase estacionária é um líquido que está retido na superfície de um sólido inerte por adsorção ou ligação química.

Na **cromatografia gás-sólido**, a fase móvel é um gás e a fase estacionária é um sólido que retém os analitos por adsorção física. A cromatografia gás-sólido permite a separação de gases de baixa massa molecular, como os componentes do ar, sulfeto de hidrogênio, monóxido de carbono e óxido de nitrogênio.

---
[1] Para um tratamento detalhado da CG, veja C. Poole, ed. *Gas Chromatography*. Amsterdã: Elsevier, 2012; H. M. McNair; J. M. Miller. *Basic Gas Chromatography*. 2. ed. Hoboken, NJ: Wiley, 2009; E. F. Barry; T. A Brettell, eds. *Modern Practice of Gas Chromatography*. 5. ed. Hoboken, NJ: Wiley-Interscience, 2021; R. P. W. Scott. *Introduction to Analytical Gas Chromatography*. 2. ed. Nova York: Marcel Dekker, 1997.

partição líquido-líquido. Contudo, mais de uma década se passou antes que o valor da cromatografia gás-líquido fosse demonstrado experimentalmente e que essa técnica passasse a ser empregada como uma ferramenta rotineira de laboratório. Em 1955, o primeiro instrumento comercial para a cromatografia gás-líquido surgiu no mercado. Desde essa época, o crescimento nas aplicações dessa técnica tem sido extraordinário. Atualmente, muitas centenas de milhares de cromatógrafos de gás estão em uso em todo o mundo.

30A Instrumentos para a Cromatografia Gás-Líquido

Muitas alterações e melhorias nos instrumentos para a cromatografia de gás apareceram no mercado desde o seu lançamento comercial. Nos anos 1970, os integradores eletrônicos e os processadores de dados baseados em computadores tornaram-se comuns. A década de 1980 viu os computadores sendo usados para o controle automático de parâmetros de instrumentos, tais como temperatura de coluna, vazões e injeção de amostra. Esta mesma década também viu o desenvolvimento de instrumentos de alto desempenho a custos moderados e, talvez mais importante, a introdução de colunas tubulares abertas que são capazes de separar componentes de misturas complexas em tempos relativamente curtos. Hoje, cerca de 50 fabricantes de instrumentos oferecem aproximadamente 150 modelos diferentes de equipamentos cromatográficos de gás a um custo que varia de US$ 1.000 até mais de US$ 50.000. Os componentes básicos de um instrumento típico que permite realizar a cromatografia de gás são mostrados na **Figura 30-1** e são brevemente descritos nesta seção.

30A-1 Sistema de Gás de Arraste

A fase móvel em cromatografia de gás é denominada **gás de arraste** e deve ser quimicamente inerte. O hélio é a fase móvel gasosa mais comum, embora o argônio, o nitrogênio e o hidrogênio sejam também empregados. Esses gases estão disponíveis em cilindros pressurizados. Reguladores de pressão, manômetros e medidores de vazão são necessários para se controlar a vazão do gás.

Classicamente, as vazões no cromatógrafos de gás foram reguladas controlando-se a pressão de entrada de gás. Foram usados um regulador de pressão de dois estágios no cilindro de gás e algum tipo de regulador de pressão ou regulador de fluxo montado no cromatógrafo. As pressões de entrada variam de 10 a 50 psi (lb in^{-2}) acima da pressão ambiente, produzindo vazões de 25 a 150 mL min^{-1} com colunas empacotas e de 1 a 25 mL min^{-1} para colunas capilares de tubos abertos. Com os dispositivos de pressão controlada, assume-se que as vazões serão constantes se a pressão de entrada permanecer constante. Novos cromatógrafos usam controladores eletrônicos de pressão tanto para colunas empacotadas quanto para colunas capilares.

Com qualquer cromatógrafo, é desejável medir o fluxo através da coluna. O medidor clássico de bolha de sabão na **Figura 30-2** ainda é largamente utilizado. Um filme de sabão é formado no caminho do gás quando um bulbo de borracha contendo uma solução aquosa de sabão ou detergente é pressionado; o tempo necessário para que esse filme se mova entre duas graduações em uma bureta é medido e convertido em vazão volumétrica (veja a Figura 30-2). Note que as vazões e as velocidades lineares de fluxo são relacionadas pelas Equações 29-12 ou pela 29-13. Os medidores de fluxo de bolha estão agora disponíveis com leituras digitais que eliminam qualquer erro humano de leitura. Normalmente, o medidor de fluxo

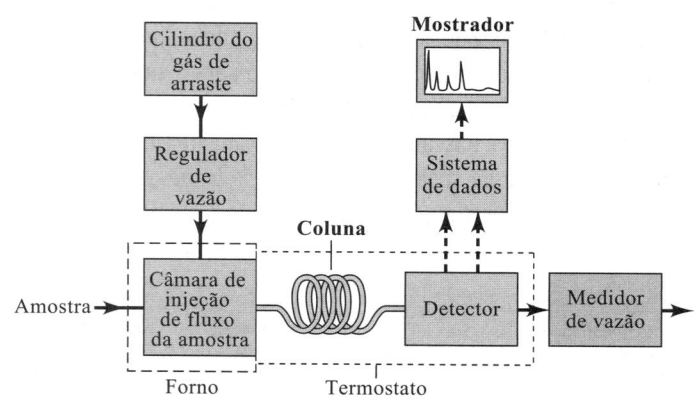

FIGURA 30-1

Diagrama de blocos de um cromatógrafo de gás típico.

está localizado no final da coluna, como mostrado na Figura 30-1. O uso de medidores eletrônicos de fluxo tem se tornado cada vez mais comum. Os medidores digitais de fluxo que estão disponíveis medem fluxo de massa, fluxo de volume ou ambos. Os medidores de fluxo de massa são calibrados para composições de gás específicas, mas, diferentemente dos medidores volumétricos, eles são independentes de temperatura e pressão.

30A-2 Sistema de Injeção da Amostra

Para alta eficiência de coluna, uma amostra de tamanho apropriado deve ser introduzida como uma zona "estreita" de vapor. A injeção lenta ou de amostras muito volumosas causa o espalhamento das bandas e uma resolução pobre. Seringas calibradas, como as mostradas na **Figura 30-3**, são empregadas para a injeção de amostras líquidas por meio de diafragmas de borracha ou septos de silicone em uma porta de admissão da amostra aquecida localizada na cabeça da coluna. A porta de admissão da amostra (veja a **Figura 30-4**) é normalmente mantida a aproximadamente 50°C acima do ponto de ebulição do componente menos volátil da amostra. Para as colunas analíticas empacotadas normais, o tamanho da amostra pode variar de poucos décimos de microlitro até 20 μL. As colunas capilares necessitam de amostras menores por um fator de 100 ou maior. Para estas colunas, um divisor de amostra é normalmente necessário para desviar para a coluna uma fração pequena e conhecida (1:100 para 1:500) da amostra injetada, sendo o restante enviado para o descarte. Os cromatógrafos de gás projetados para uso com colunas capilares incorporam tais divisores e também permitem a injeção sem divisores quando são usadas colunas empacotadas.

Para a injeção de amostra mais reprodutível, os mais novos cromatógrafos de gás usam autoinjetores e autoamostradores, como o sistema mostrado na **Figura 30-5**. Com tais autoinjetores, as seringas são enchidas e a amostra, injetada no cromatógrafo automaticamente. No autoamostrador, as amostras estão contidas em frascos em uma mesa giratória de amostra. A seringa do autoinjetor pega a amostra através de um septo no frasco e injeta a amostra através de um septo no cromatógrafo. Com a unidade mostrada, até 150 frascos de amostras podem ser colocados nesta mesa giratória.

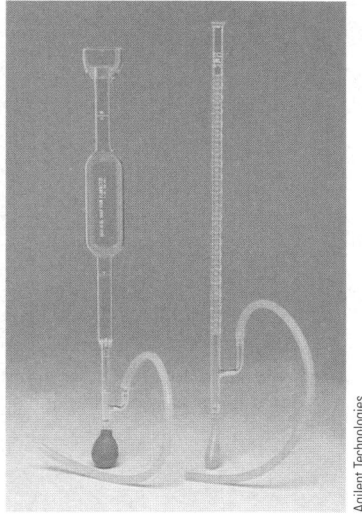

FIGURA 30-2

Dois diferentes tipos de medidores de fluxo de bolha de sabão.

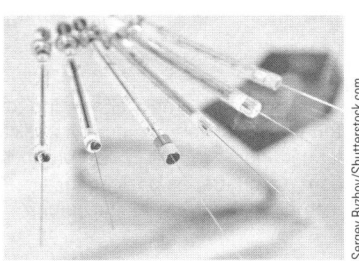

FIGURA 30-3

Um conjunto de microsseringas para injeção de amostra.

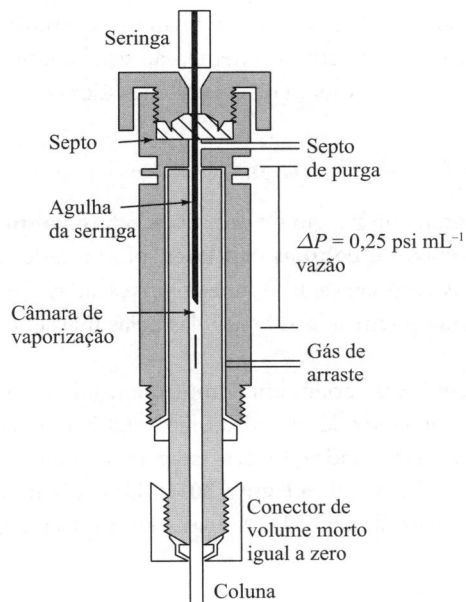

FIGURA 30-4

Vista da seção transversal de um injetor vaporizador direto tipo *microflash*.

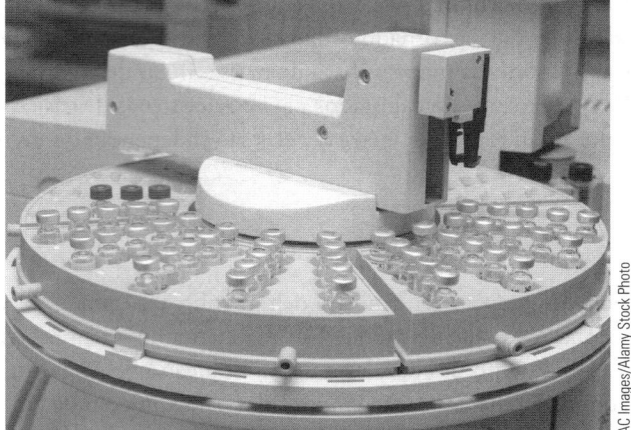

FIGURA 30-5
Um sistema de autoinjeção com um autoamostrador para cromatografia de gás.

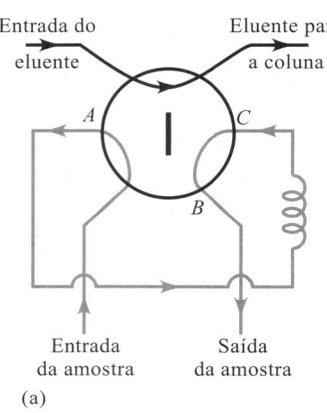
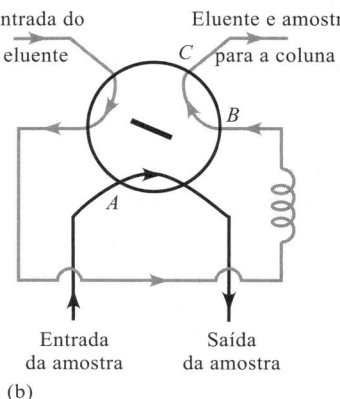

(a) (b)

FIGURA 30-6
Uma válvula de amostragem tipo rotatória. A válvula permanece na posição (a) para que a alça ACB seja preenchida com a amostra; na posição (b), a amostra é introduzida na coluna.

Os volumes de injeção podem variar de 0,1 μL, com uma seringa de 10 μL, até 200 μL, com uma seringa de 200 μL. Desvios padrão tão baixos quanto 0,3% são comuns com sistemas de autoinjeção.

Para introduzir gases, uma válvula de amostra, como aquela mostrada na **Figura 30-6**, é frequentemente usada em vez de uma seringa. Com tais dispositivos, os tamanhos das amostras podem ser reproduzidos para algo melhor que 0,5% relativo. As amostras líquidas também podem ser introduzidas através de uma válvula de amostragem. As amostras sólidas são introduzidas como soluções ou, alternativamente, são seladas em recipientes de paredes finas que podem ser inseridos na cabeça da coluna e furados ou amassados de fora.

30A-3 Configurações de Colunas e Fornos para as Colunas

As colunas na cromatografia de gás são de dois tipos gerais: **colunas empacotadas** (ou **colunas tubulares abertas**) ou **colunas capilares**. No passado, a ampla maioria das análises cromatográficas empregava as colunas empacotadas. Para muitas aplicações atuais, colunas empacotadas têm sido substituídas pelas mais eficientes e mais rápidas colunas capilares.

As colunas cromatográficas variam em comprimento de menos de 2 até 60 m ou mais. São construídas de aço inoxidável, vidro, sílica fundida ou Teflon. Para serem inseridas em um forno para termostatização, elas são geralmente formadas como bobinas, tendo diâmetros de 10 a 30 cm (veja a **Figura 30-7**). Uma discussão detalhada sobre as colunas, materiais de empacotamento de colunas e fases estacionárias pode ser encontrada na Seção 30B.

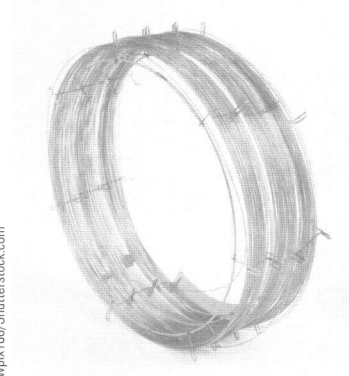

FIGURA 30-7
Colunas capilares de sílica fundida.

A temperatura da coluna é uma variável importante que deve ser controlada dentro de poucos décimos de grau para se obter boa precisão. Assim, a coluna é normalmente abrigada em um forno termostatizado. A temperatura ótima da coluna depende do ponto de ebulição da amostra e do grau de separação requerido. Grosseiramente, uma temperatura igual ou ligeiramente superior ao ponto de ebulição médio da amostra proporciona tempos de eluição razoáveis (2 a 30 minutos). Para amostras com uma faixa larga de ebulição, é frequentemente desejável usar a **programação de temperatura**, pela qual a temperatura da coluna é aumentada continuamente ou em etapas à medida que a separação prossegue. A **Figura 30-8** mostra a melhoria que se consegue em um cromatograma por meio da programação de temperatura.

> A **programação de temperatura** na cromatografia de gás é atingida aumentando-se a temperatura da coluna continuamente ou em etapas durante a eluição.

Geralmente, a resolução ótima está associada com uma temperatura mínima; o preço de se reduzir a temperatura, contudo, é um aumento no tempo de eluição e, portanto, no tempo necessário para se completar a análise. As Figuras 30-8a e 30-8b ilustram esse princípio.

Os analitos de volatilidade limitada podem, algumas vezes, ser determinados pela formação de derivados que são mais voláteis. Da mesma forma, a derivação é usada para melhorar a detecção ou melhorar o desempenho cromatográfico.

30A-4 Detectores Cromatográficos

Dezenas de detectores têm sido investigados e empregados em separações cromatográficas de gás.[2] Descrevemos inicialmente as características que são mais desejáveis em um detector para cromatografia de gás e então discutimos os dispositivos mais largamente utilizados.

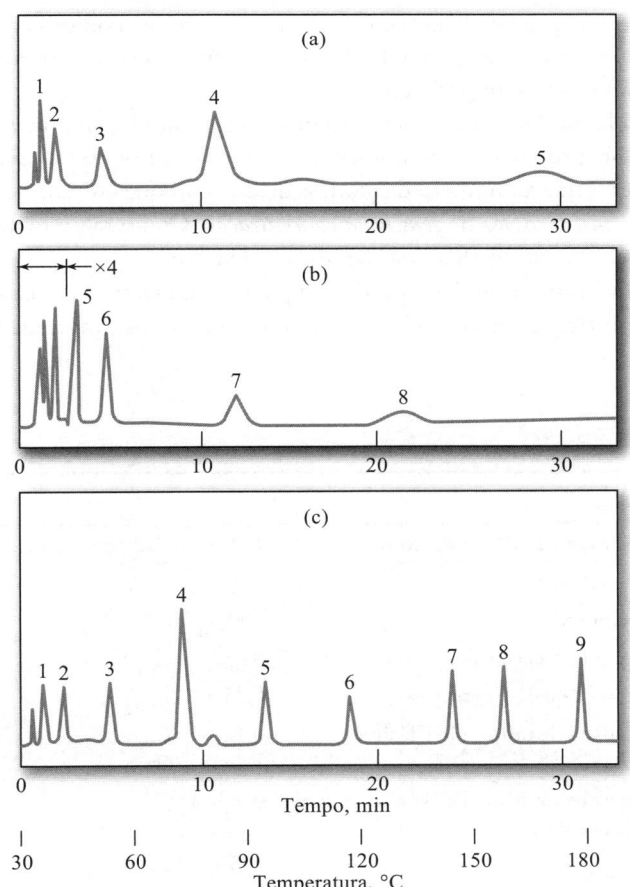

FIGURA 30-8

Efeito da temperatura nos cromatogramas de gás. (a) Isotérmico a 45°C; (b) isotérmico a 145°C; (c) Programado de 30°C a 180°C. (De W. E. Harris; H. W. Habgood. *Programmed Temperature Gas Chromatography*. Nova York: Wiley, 1996, p. 10. Reproduzida com permissão do autor.)

---

[2] Veja L. A. Colon; L. J. Baird. In: E. F. Barry; T. A. Brettel, eds. *Modern Practice of Gas Chromatography*. 5. ed. Hoboken, NJ: Wiley-Interscience, 2021, cap. 6.

Características de um Detector Ideal

O detector ideal para a cromatografia de gás apresenta as seguintes características:

1. Sensibilidade adequada. Em geral, as sensibilidades nos detectores atuais situam-se na faixa de 10^{-8} a 10^{-15} g s^{-1} do soluto.
2. Boa estabilidade e reprodutibilidade.
3. Resposta linear aos solutos que se estenda a várias ordens de grandeza.
4. Faixa de temperatura desde a ambiente até pelo menos 400°C.
5. Um tempo de resposta curto e independente da vazão.
6. Uma alta confiabilidade e facilidade de uso. Na medida do possível, o detector deve ser à prova de acidentes nas mãos de operadores inexperientes.
7. Similaridade de resposta a todos os solutos ou, alternativamente, uma resposta altamente previsível e seletiva a uma ou mais classes de solutos.
8. Não deve destruir a amostra.

Desnecessário dizer que nenhum detector atual exibe todas essas características. Alguns dos detectores mais comuns são listados na **Tabela 30-1**. Quatro dos detectores mais utilizados são descritos nos parágrafos a seguir.

Detectores de Ionização em Chama

O **detector de ionização em chama** (DIC) é o mais empregado em aplicações da cromatografia de gás em geral. Com um DIC, como aquele mostrado na **Figura 30-9**, o efluente da coluna é dirigido para uma pequena chama de ar/hidrogênio. A maioria dos compostos orgânicos produz íons e elétrons quando pirolisados à temperatura de uma chama ar/hidrogênio. Estes compostos são detectados monitorando a corrente produzida pela coleta de íons e elétrons. Poucas centenas de volts aplicadas entre a ponta do queimador e um eletrodo, localizado acima da chama, servem para coletar os íons e elétrons. A corrente resultante (~10^{-12} A) é então medida com um picoamperímetro sensível.

A ionização de compostos de carbono em uma chama é um processo muito mal compreendido, embora seja observado que o número de íons produzidos é aproximadamente proporcional ao número de átomos de carbono *reduzidos* na chama. Uma vez que o detector de ionização em chama responde ao número de átomos de carbono que entram no detector por unidade de tempo, ele é um dispositivo *sensível à massa* em vez de *sensível à concentração*. Como tal, este detector tem a vantagem de que as variações na vazão da fase móvel têm pouco efeito na resposta do detector.

Grupos funcionais, como carbonila, álcool, halogênicos e amínicos, produzem poucos ou nenhum íon na chama. Além disso, o detector é insensível para gases não combustíveis, como H_2O, CO_2, SO_2 e NO_x. Essas propriedades tornam o

TABELA 30-1

Detectores para a Cromatografia de Gás

Tipo	Amostras a que São Aplicáveis	Limite de Detecção Típico
Ionização em chama	Hidrocarbonetos	1 pg s^{-1}
Condutividade térmica	Detector universal	500 pg mL^{-1}
Captura de elétrons	Compostos halogenados	5 fg s^{-1}
Espectrômetro de massas (EM)	Ajustável a qualquer espécie	0,25 a 100 pg
Termiônico	Compostos de nitrogênio e fósforo	0,1 pg s^{-1} (P) 1 pg s^{-1} (N)
Condutividade eletrolítica (Hall)	Compostos contendo halogênios, enxofre ou nitrogênio	0,5 pg s^{-1} (Cl) 2 pg s^{-1} (S) 4 pg s^{-1} (N)
Fotoionização	Compostos ionizáveis pela radiação UV	2 pg s^{-1} (C)
Infravermelho com transformada de Fourier (IVFT)	Compostos orgânicos	0,2 a 40 ng

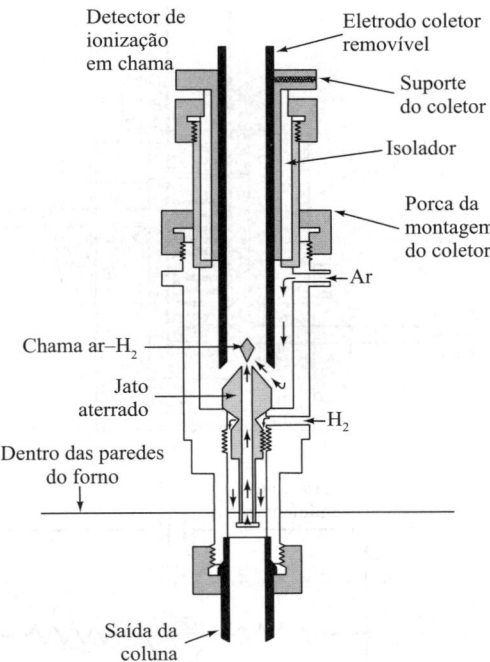

FIGURA 30-9
Um detector de ionização em chama típico. (Agilent Technologies.)

detector de ionização em chama muito mais útil para a análise de amostras orgânicas, incluindo aquelas contaminadas com água e com óxidos de nitrogênio e enxofre.

O DIC exibe alta sensitividade ($\sim 10^{-13}$ g s^{-1}), maior faixa de resposta linear ($\sim 10^7$) e menor ruído. Geralmente é robusto e fácil de usar. As desvantagens do detector de ionização em chama são que ele destrói a amostra durante a etapa de combustão e requer gases e controladores adicionais.

Detectores de Condutividade Térmica

O **detector de condutividade térmica** (DCT), que foi um dos primeiros detectores para cromatografia de gás, ainda encontra ampla aplicação. Esse dispositivo consiste em uma fonte aquecida eletricamente, cuja temperatura à potência elétrica constante depende da condutividade térmica do gás que a envolve. O elemento aquecido pode ser um fio fino de platina, ouro ou tungstênio ou, alternativamente, um pequeno termistor. A resistência elétrica desse elemento depende da condutividade térmica do gás. A **Figura 30-10a** mostra uma visão transversal de um dos elementos sensíveis à temperatura em um DCT.

Frequentemente são usados quatro elementos resistentes e sensíveis termicamente. Um *par de referências* está localizado acima da câmera de injeção e um *par de amostras* imediatamente além da coluna. Os detectores são incorporados em dois braços de um circuito em ponte, como mostrado na **Figura 30-10b**, de tal forma que a condutividade térmica do gás de arraste seja cancelada. Além disso, os efeitos de variação na temperatura, pressão e alimentação elétrica são minimizados. Estão disponíveis DCTs de filamento único modulado.

As condutividades térmicas do hélio e do hidrogênio são aproximadamente seis vezes maiores que aquelas da maioria dos compostos orgânicos. Assim, mesmo pequenas quantidades de espécies orgânicas provocam relativamente grandes diminuições na condutividade térmica do efluente de coluna, resultando em aumento apreciável na temperatura do detector. A detecção por condutividade térmica é menos satisfatória quando se empregam gases cujas condutividades se aproximam muito daquelas dos componentes da amostra.

As vantagens dos DCT são sua simplicidade, sua maior faixa dinâmica linear (aproximadamente cinco ordens de grandeza), sua resposta geral tanto para espécies orgânicas quanto para inorgânicas e seu caráter não destrutivo, que permite a coleta de solutos após a detecção. A principal limitação deste detector é sua relativamente baixa sensibilidade ($\sim 10^8$ g s^{-1} de soluto por mL de gás de arraste). Outros detectores excedem essa sensibilidade por fatores de 10^4 a 10^7. As baixas sensibilidades dos DCTs frequentemente impedem seus usos com colunas capilares onde as quantidades de amostra são muito pequenas.

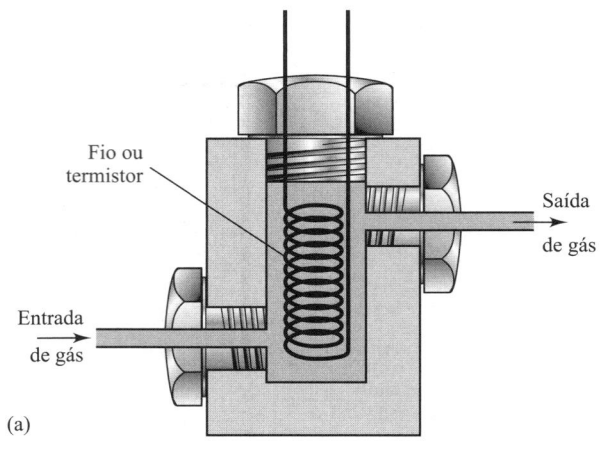

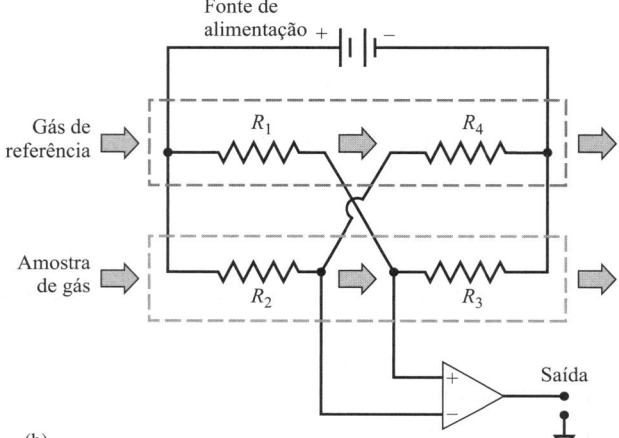

FIGURA 30-10

Esquema de (a) uma célula de um detector de condutividade térmica e (b) de um arranjo de duas células de detecção da amostra (R_2 e R_3) e duas células de referência (R_1 e R_4). (F. Rasrelloa; P. Placidi; A. Scorzonia; E. Cozzanib; M. Messinab; I. Elmib; S. Zampollib; G. C. Cardinalli. *Sensors and Actuators A*, v. 178, p. 49, 2012. DOI: 10.1016/j.sna.2012.02.008.)

Detectores de Captura de Elétrons

O **detector de captura de elétrons** (DCE) tornou-se um dos mais amplamente empregados para as amostras ambientais em virtude de ele responder seletivamente aos compostos orgânicos contendo halogênios, como pesticidas e bifenilas policloradas. Nesse detector, a amostra eluída de uma coluna passa sobre uma fonte radioativa emissora β, geralmente níquel-63. Um elétron do emissor causa a ionização do gás de arraste (frequentemente nitrogênio) e a produção de uma rajada de elétrons. Na ausência de espécies orgânicas, produz-se uma corrente constante entre um par de eletrodos em decorrência desse processo de ionização. Contudo, a corrente decresce significativamente na presença de moléculas orgânicas que contêm grupos funcionais eletronegativos que tendem a capturar elétrons. Os compostos halogenados, peróxidos, quinonas e grupos nitro são detectados com alta sensibilidade. O detector é insensível a grupos funcionais, como aminas, álcoois e hidrocarbonetos.

Os detectores de captura de elétrons são altamente sensíveis e apresentam a vantagem de não alterar a amostra significativamente (em contraste com o detector de ionização em chama, que consome a amostra). Contudo, a resposta linear do detector é limitada a cerca de duas ordens de grandeza.

Detectores de Espectrometria de Massas

Um dos mais poderosos detectores para CG é o **espectrômetro de massas**. A combinação de cromatografia de gás e espectrometria de massas é conhecida como **CG/MS**.[3] Como discutido no Capítulo 27, um espectrômetro de massas mede a razão massa/carga (m/z) de íons que são produzidos pela amostra. A maioria dos íons produzidos apresenta uma carga

---

[3] Veja O. D. Sparkaman; Z. E. Pentom; F. G. Kitson. *Gas Chromatography and Mass Spectrometry*. 2. ed. Amsterdã: Elsevier, 2011; M. C. McMaster. *GC/MS: A Practical Users Guide*. 2. ed. Nova York: Wiley, 2008.

unitária ($z = 1$), de forma que a maioria dos espectrometristas de massas refere-se à medida de massa dos íons quando, na verdade, a razão massa/carga é que é medida.

Atualmente, aproximadamente 50 fabricantes de instrumentos oferecem equipamentos de CG/MS. A vazão das colunas capilares normalmente é baixa o suficiente para que a saída de coluna possa alimentar diretamente a câmara de ionização do espectrômetro de massas. O esquema de um sistema CG/MS típico foi mostrado anteriormente na Figura 27-8. Antes do surgimento das colunas capilares, quando colunas empacotadas eram usadas, era necessário minimizar o grande volume de gás de arraste eluindo da CG. Vários separadores de jatos, de membranas e de efusão eram usados para este propósito. Atualmente, as colunas capilares são invariavelmente usadas nos instrumentos de CG/MS, e tais separadores não são mais necessários.

As fontes mais comuns de íons para a CG/MS são o impacto de elétrons e a ionização química. Os analisadores de massas mais comuns são os analisadores quadrupolares e de aprisionamento de íons. As fontes e tais analisadores para espectrometria de massas estão também descritos no Capítulo 27.

Na CG/MS, o espectrômetro de massas varre as massas repetidamente durante o experimento cromatográfico. Se a operação do cromatógrafo for de 10 minutos, por exemplo, e uma varredura for feita a cada segundo, serão gravados 600 espectros de massas. Um sistema de dados de computador é necessário para processar a grande quantidade de dados obtida. Os dados podem ser analisados de várias maneiras. Primeiramente, a abundância do íon em cada espectro pode ser somada e colocada em um gráfico em função do tempo para fornecer o **cromatograma de íon total**. Este gráfico é similar ao cromatograma convencional. Em segundo lugar, o espectro de massas pode ser exibido em um momento específico, durante o cromatograma, para identificar as espécies eluindo naquele momento. Finalmente, um único valor da relação massa-carga (m/z) pode ser selecionado e monitorado durante todo o experimento cromatográfico, uma técnica conhecida como **monitoramento seletivo de íon**. Os espectros de massas de íons selecionados durante um experimento cromatográfico são conhecidos como **cromatogramas de massas**.

Os instrumentos de CG/MS têm sido úteis para a identificação de milhares de compostos que estão presentes em sistemas naturais e biológicos. Um exemplo de uma aplicação do CG/MS está mostrado na **Figura 30-11**. O cromatograma de íon total de um extrato metanólico de uma amostra de cupim é mostrado no item (a). O cromatograma de íon selecionado

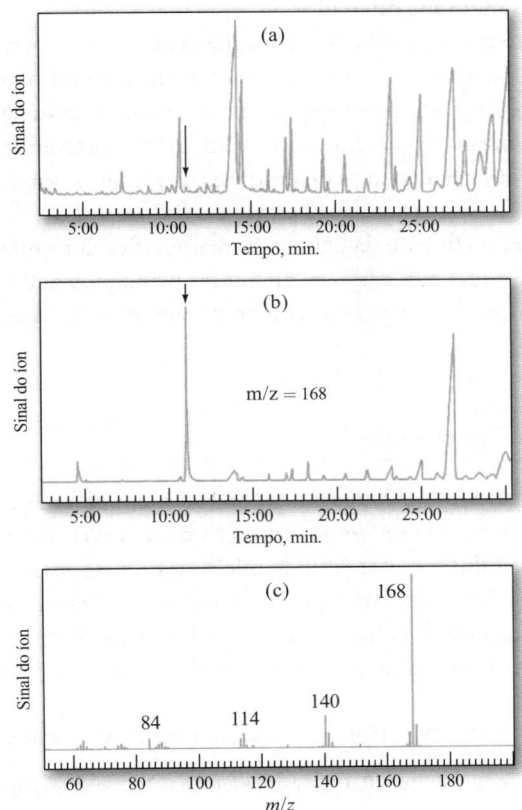

FIGURA 30-11

Saídas típicas para um sistema CG/MS. Em (a), é mostrado o cromatograma de íon total de um extrato de cupim. Em (b), o íon em $m/z = 168$ foi monitorado durante o cromatograma. Em (c), é apresentado o espectro de massas completo do composto eluindo em $t = 10,46$ minutos, permitindo que ele seja identificado como a β-carbolina norharmano, um importante alcaloide. De S. Ikatura; S. Kawabata; H. Tanaka; A. Enoki. *J. Insect Sci.*, v. 8, p. 13, 2008.

no item (b) é aquele do íon em uma razão massa-carga de 168. Para completar a identificação, foi tomado o espectro de massas completo da espécie eluindo em 10,46 minutos e mostrado em (c), permitindo identificar o composto como a β-carbolina norharmano, um alcaloide.

A espectrometria de massas também pode ser usada para obter informação sobre componentes separados de forma incompleta. Por exemplo, o espectro de massas da extremidade frontal de um pico de CG pode ser diferente daquele da extremidade final se componentes múltiplos estiverem eluindo ao mesmo tempo. Com a espectrometria de massas, podemos não apenas determinar que um pico é devido a mais de um componente, mas também podemos identificar as várias espécies não resolvidas. A CG também tem sido acoplada com espectrômetros de massas em tandem e com espectrômetros de massas com transfromada de Fourier para fornecer sistemas CG/MS/MS ou CG/MS^n, que são ferramentas muito poderosas para identificar componentes em misturas.

Outros Tipos de Detectores para CG

Outros detectores importantes para CG incluem o detector termiônico, o detector de condutividade eletrolítica ou de efeito Hall e o detector de fotoionização. O detector termiônico apresenta uma construção similar ao DIC. No detector termiônico, os compostos contendo nitrogênio e fósforo produzem um aumento da corrente em chamas nas quais um sal de metal alcalino é vaporizado. O detector termiônico é amplamente empregado para pesticidas organofosforados e compostos farmacêuticos.

Com o detector de condutividade eletrolítica, os compostos contendo halogênios, enxofre ou nitrogênio são misturados com um gás reagente em um pequeno tubo de reação. Os produtos são então dissolvidos em um líquido que produz uma solução condutora. A variação na condutividade resultante da presença de um composto ativo é medida. No detector de fotoionização, as moléculas são fotoionizadas por radiação UV. Os íons e elétrons produzidos são coletados com um par de eletrodos polarizados e a corrente resultante é medida. O detector é frequentemente usado para as moléculas aromáticas ou outras moléculas que são facilmente fotoionizáveis.

A cromatografia de gás é geralmente acoplada a técnicas seletivas da espectroscopia ou eletroquímica. Abordamos a CG/MS, mas a cromatografia de gás pode ser combinada com várias outras técnicas, como a espectroscopia no infravermelho e a espectroscopia de RMN, para munir o químico de ferramentas poderosas para a identificação de componentes em misturas complexas. Essas técnicas combinadas são muitas vezes chamadas **métodos hifenados**.[4]

Os **métodos hifenados** acoplam a capacidade de separação da cromatografia com a capacidade de detecção qualitativa e quantitativa dos métodos espectrais.

Nos primeiros métodos hifenados, os eluatos da coluna cromatográfica eram coletados como frações separadas em um coletor resfriado e um detector não destrutivo e não seletivo era empregado para indicar seu aparecimento. A composição da fração era investigada por ressonância magnética nuclear, espectrometria no infravermelho ou de massas ou medidas eletroanalíticas. Uma limitação séria desta abordagem eram as quantidades pequenas (normalmente micromolar) de soluto contidas em uma fração.

A maioria dos métodos hifenados modernos monitora o efluente da coluna cromatográfica continuamente por meio de métodos espectroscópicos. A combinação de duas técnicas baseadas em diferentes princípios pode levar a uma alta seletividade. Os instrumentos atuais de CG baseados no uso de computadores incorporam grandes bases de dados para a comparação de espectros e identificação de compostos.

30B Colunas de Cromatografia de Gás e Fases Estacionárias

Os estudos pioneiros em cromatografia de gás foram realizado, no início dos anos 1950, em colunas empacotadas, nas quais a fase estacionária era constituída de um filme fino de líquido retido por adsorção na superfície de um suporte sólido inerte finamente dividido. A partir de estudos teóricos feitos durante esse período inicial, tornou-se aparente que as colunas não empacotadas com diâmetro de poucos décimos de milímetro poderiam proporcionar separações superiores àquelas obtidas em colunas empacotadas quanto à velocidade e à eficiência da coluna.[5] Em tais **colunas capilares**, a fase estacionária era um filme líquido de algumas dezenas de micrometros de espessura que revestia uniformemente o interior de um tubo

---

[4] Para revisões sobre métodos hifenados, veja C. L. Wilkins. *Science*, v. 222, p. 291, 1983. DOI: 10.1126/science.6353577; C. L. Wilkins. *Anal. Chem.*, v. 59, p. 571A, 1989. DOI: 10.1021/ac00135a001.

[5] Para uma discussão completa de tecnologia de coluna empacotada e capilar, veja E. F. Barry; R. L. Grob. *Columns for Gas Chromatography*. Hoboken, NJ: Wiley Interscience, 2007.

capilar. No final da década de 1950, tais **colunas capilares abertas** eram construídas e as características de desempenho previsto eram confirmadas experimentalmente em vários laboratórios, com colunas tubulares abertas tendo 300.000 pratos ou mais sendo descritos.[6]

A despeito dessas características espetaculares de desempenho, as colunas capilares não ganharam ampla aceitação e uso até mais de duas décadas após a sua invenção. As razões para esse atraso foram muitas, incluindo a pequena capacidade de amostra, fragilidade das colunas, problemas mecânicos associados com a introdução da amostra e com a conexão da coluna com o detector, dificuldades de recobrimento da coluna de forma reprodutível, a vida curta de colunas preparadas de forma ineficiente, a tendência das colunas de entupirem e as patentes, que restringiram o desenvolvimento comercial a um único fabricante. (A patente original expirou em 1977.) O desenvolvimento mais significativo na CG capilar ocorreu em 1979, quando foram introduzidos capilares de sílica fundida. Desde então tem aparecido uma impressionante lista de colunas capilares disponíveis comercialmente. Como resultado, a maioria das aplicações nos últimos cinco anos usa colunas capilares.[7]

30B-1 Colunas Capilares

As colunas capilares também são chamadas de *colunas tubulares abertas* por causa do caminho de fluxo aberto através delas. Elas são de dois tipos básicos: **coluna tubular aberta de parede revestida** (TAPR) – WCOT, do inglês *wall-coated open tubular* – e **colunas tubulares abertas revestidas com suporte** (TARS) – SCOT, do inglês *support-coated open tubular*.[8] As colunas de paredes revestidas são tubos capilares revestidos com uma fina camada da fase estacionária líquida. Em colunas tubulares abertas revestidas com suporte, a superfície interna do capilar é recoberta com um filme fino (~30 μm) de um material de suporte sólido, como terra diatomácea, no qual a fase estacionária líquida é adsorvida. Esse tipo de coluna retém uma quantidade de fase estacionária muitas vezes maior que uma coluna de parede recoberta, e assim apresenta maior capacidade de amostra. Geralmente, a eficiência de uma coluna TARS é menor que uma coluna TAPR, mas significativamente maior que a de uma coluna empacotada.

As primeiras colunas TAPR foram construídas de aço inoxidável, alumínio, cobre ou plástico. Frequentemente, um vidro de borossilicato era corroído por ácido clorídrico gasoso, ácido clorídrico aquoso forte ou hidrogeno fluoreto de potássio para produzir uma superfície inerte. A subsequente corrosão torna áspera a superfície, o que mantém a fase estacionária mais firmemente.

Os capilares de sílica fundida são puxados a partir de sílica especialmente purificada que contém quantidades mínimas de óxidos metálicos. Esses capilares apresentam paredes muito mais finas que as de vidro. Eles têm reforço adicionado por um revestimento externo protetor de poli-imida, que é aplicado à medida que o tubo capilar está sendo puxado. As colunas resultantes são bastante flexíveis e podem ser enroladas em bobinas com diâmetros de poucas polegadas. A Figura 30-7 mostra uma foto de colunas capilares de sílica fundida. As colunas de sílica fundida comerciais oferecem muitas vantagens importantes sobre as colunas de vidro, tais como resistência física, reatividade mais baixa diante dos componentes da amostra e flexibilidade. Para a maioria das aplicações, elas têm substituído as colunas de vidro antigas do tipo TAPR.

> As **colunas tubulares abertas de sílica fundida (CTAS)** são atualmente as colunas mais amplamente utilizadas em CG.

Colunas de sílica fundida com diâmetros internos de 0,32 e 0,25 mm são muito populares. As colunas de mais alta resolução são vendidas com diâmetros de 0,20 e 0,15 mm. Essas colunas são de uso mais complexo e são mais restritivas com relação aos sistemas de injeção e detecção. Assim, um divisor de amostra deve ser empregado para reduzir o tamanho da amostra injetada na coluna e um sistema de detecção mais sensível com baixo tempo de resposta é necessário.

As colunas capilares com 530 μm de diâmetro interno, algumas vezes chamadas **colunas *megabore***, estão comercialmente disponíveis. As características de desempenho das colunas capilares *megabore* não são tão boas quanto aquelas de colunas de diâmetro menor, mas são melhores que aquelas de colunas empacotadas.

---

[6] Em 1987, foi estabelecido um recorde para o comprimento de uma coluna tubular aberta e o número de pratos pela Corporation of the Netherlands, como atestado pelo *Livro Guinness de Recordes*. A coluna era de sílica fundida desenhada em uma peça e tendo um diâmetro interno de 0,32 mm e um comprimento de 2.100 m ou 1,3 milha. A coluna era revestida com 0,1 m de um filme de siloxano de polimetila. Uma seção de 1.300 m desta coluna continha mais de 2 milhões de pratos.

[7] Para mais informações sobre colunas capilares, veja E. F. Barry. In: E. F. Barry; T. A. Brettell, eds. *Modern Practice of Gas Chromatography*. 5. ed. Nova York: Wiley-Interscience, 2021, cap. 3.

[8] Para uma descrição detalhada das colunas tubulares abertas, veja M. L. Lee; F. J. Yang; K. D. Bartle. *Open Tubular Column Gas Chromatography: Theory and Practice*. Nova York: Wiley, 1984.

TABELA 30-2

Propriedades e Características de Colunas Típicas para CG

	Tipo de Coluna			
	CTAS*	TAPR†	TARS‡	Empacotada
Comprimento, m	10–100	10–100	10–100	1–6
Diâmetro interno, mm	0,1–0,3	0,25–0,75	0,5	2–4
Eficiência, prato m^{-1}	2.000–4.000	1.000–4.000	600–1.200	500–1.000
Tamanho da amostra, ng	10–75	10–1.000	10–1.000	10–10^6
Pressão relativa	Baixa	Baixa	Baixa	Alta
Velocidade relativa	Rápida	Rápida	Rápida	Lenta
É flexível?	Sim	Não	Não	Não
Estabilidade química	Melhor	⟶		Pior

* Coluna tubular aberta de sílica fundida.
† Coluna tubular aberta de parede revestida.
‡ Coluna tubular aberta revestida com suporte (também chamada coluna tubular aberta com camada porosa ou TACP).

A **Tabela 30-2** compara as características de desempenho de colunas capilares de sílica fundida com outros tipos de colunas de parede recoberta, bem como com as de colunas com suporte revestido e empacotadas.

30B-2 Colunas Empacotadas

As colunas empacotadas modernas são fabricadas a partir de tubos de vidro ou de metal. Normalmente, elas tem de 2 a 3 metros de comprimento e diâmetros internos de 2 a 4 mm. Esses tubos são densamente empacotados com um material uniforme e finamente dividido, ou suporte sólido, que é recoberto com uma camada fina (0,05 a 1 μm) de fase estacionária líquida. Os tubos normalmente são formados como bobinas com diâmetros de aproximadamente 15 cm de maneira que eles possam ser colocados de maneira conveniente em forno de temperatura controlada.

Materiais Sólidos de Suporte

O material de empacotamento, ou suporte sólido em uma coluna empacotada, serve para fixar a fase estacionária líquida de forma que a maior área superficial possível esteja exposta à fase móvel. O suporte ideal consiste em pequenas partículas uniformes e esféricas com boa resistência mecânica e com uma área superficial de pelo menos 1 m^2 g^{-1}. Além disso, o material deve ser inerte a temperaturas elevadas e deve ser molhado uniformemente pela fase líquida. Nenhuma substância que preencha perfeitamente todos esses critérios se encontra disponível.

Os materiais de empacotamento empregados inicialmente, e ainda os mais amplamente utilizados, para a cromatografia de gás eram preparados com terra diatomácea de ocorrência natural, a qual consiste em esqueletos de milhares de espécies de plantas unicelulares que habitaram os antigos lagos e mares (veja a **Figura 30-12**, uma foto ampliada de um diátomo obtida com um microscópio eletrônico de varredura). Esses materiais de suporte são frequentemente tratados quimicamente com dimetilclorosilano, que produz uma camada de grupos metila. Esse tratamento reduz a tendência de o material de empacotamento absorver moléculas polares.

FIGURA 30-12
Uma fotomicrografia de um diátomo. Aumento de 13.000×.

Tamanho de Partículas dos Suportes

Como mostrado na Figura 29-16, a eficiência de uma coluna cromatográfica aumenta rapidamente com a diminuição do diâmetro de partícula do empacototamento. Contudo, a diferença de pressão requerida para manter uma vazão aceitável do gás de arraste varia de forma inversa ao quadrado do diâmetro de partícula. A última relação colocou limites mais baixos no tamanho das partículas usadas na cromatografia de gás porque não é conveniente usar diferenças de pressão que são maiores que aproximadamente 50 psi. Como resultado, as partículas de suporte usuais são de 60 a 80 mesh (250 a 170 μm) ou de 80 a 100 mesh (170 a 149 μm).

30B-3 Fases Estacionárias Líquidas

As propriedades desejáveis para a **fase líquida imobilizada** em uma coluna cromatográfica gás-líquido incluem (1) *baixa volatilidade* (idealmente, o ponto de ebulição do líquido deve ser pelo menos 100°C maior que a temperatura máxima de operação da coluna), (2) *estabilidade térmica,* (3) *inércia química* e (4) *características de solvente* apropriadas para que os valores de k e α (veja a Seção 29E-4) para os solutos a serem resolvidos caiam dentro de uma faixa adequada.

> O termo **fase líquida imobilizada** refere-se a um líquido que reveste a superfície das partículas sólidas empacotadas ou está quimicamente preso a elas.

Muitos líquidos têm sido propostos como fases estacionárias no desenvolvimento da cromatografia gás-líquido. Atualmente, menos que uma dezena são comumente usados. A escolha apropriada de uma fase estacionária é frequentemente crucial para o sucesso de uma separação. As orientações qualitativas para a seleção de fase estacionária podem ser baseadas em uma revisão da literatura, uma pesquisa na web ou recomendações de vendedores de equipamento e material cromatográfico.

O tempo de retenção para um analito na coluna depende da sua constante de distribuição que, por sua vez, está relacionada com a natureza química da fase estacionária. Para separar os vários componentes de uma amostra, suas constantes de distribuição devem ser suficientemente diferentes para possibilitar uma separação bem definida. Ao mesmo tempo, estas constantes não devem ser extremamente grandes ou extremamente pequenas, porque as constantes de distribuição levam a tempos de retenção proibitivamente longos e pequenas constantes produzem tempos de retenção tão curtos que as separações ficam incompletas.

Para se obter um tempo de permanência razoável na coluna, um analito deve mostrar algum grau de compatibilidade (solubilidade) com a fase estacionária. Nesse caso, o princípio segundo o qual "igual dissolve igual" se aplica, onde "igual" refere-se à polaridade do analito e do líquido imobilizado. A polaridade de uma molécula, como indicada por seu momento dipolo, é uma medida do campo elétrico produzido pela separação de cargas na molécula. As fases estacionárias polares contêm grupos como —CN, —CO e —OH. As fases estacionárias do tipo hidrocarbonetos e os dialquilsiloxanos são apolares, enquanto as fases de poliésteres são altamente polares. Os analitos polares incluem os álcoois, ácidos e aminas; os solutos de polaridade média englobam os éteres, as cetonas e os aldeídos. Os hidrocarbonetos saturados são apolares. Geralmente, a polaridade da fase estacionária deve igualar-se à dos componentes da amostra. Quando se tem uma boa igualdade, a ordem de eluição é determinada pelo ponto de ebulição dos eluentes.

> ❮❮ As polaridades de grupos funcionais orgânicos na ordem crescente são: hidrocarbonetos < alifáticos < olefinas < hidrocarbonetos aromáticos < haletos < sulfetos < éteres < compostos nitro < ésteres, aldeídos, cetonas < álcoois, aminas < sulfonas < sulfóxidos < amidas < ácidos carboxílicos < água.

Algumas Fases Estacionárias Comuns

A **Tabela 30-3** lista as fases estacionárias mais empregadas em colunas empacotadas e colunas tubulares abertas de cromatografia de gás na ordem crescente de polaridade. Esses seis líquidos, provavelmente, podem prover separações satisfatórias para 90% ou mais das amostras.

Cinco dos líquidos listados na Tabela 30-3 são polidimetilsiloxanos que apresentam a estrutura geral

$$R-\underset{\underset{R}{|}}{\overset{\overset{R}{|}}{Si}}-O-\left[\underset{\underset{R}{|}}{\overset{\overset{R}{|}}{Si}}-O\right]_n-\underset{\underset{R}{|}}{\overset{\overset{R}{|}}{Si}}-R$$

No primeiro deles, polidimetilsiloxano, os grupos —R são todos —CH$_3$, definindo um líquido que é relativamente apolar. Nos outros polissiloxanos mostrados na tabela, uma fração dos grupos metila é substituída por grupos funcionais como fenila (—C$_6$H$_5$), cianopropila (—C$_3$H$_6$CN) e trifluoropropila —C$_3$H$_6$CF$_3$). As porcentagens antes de algumas das fases estacionárias na Tabela 30-3 fornecem a quantidade de substituição do grupo nomeado por grupos metila no esqueleto do polisiloxano. Assim, por exemplo, fenilpolidimetilsiloxano 5% apresenta um anel fenílico ligado a 5% do número de átomos de silício no polímero. Essas substituições aumentam a polaridade dos líquidos em vários graus.

A quinta entrada na Tabela 30-3 é um polietileno glicol com estrutura

$$—HO—CH_2—CH_2—(O—CH_2—CH_2)_n—OH$$

Esse composto encontra amplo uso na separação de espécies polares.

TABELA 30-3

Algumas Fases Líquidas Estacionárias para a Cromatografia Gás-Líquido

Fase Estacionária	Nome Comercial Comum	Temperatura Máxima, °C	Aplicações Comuns
Polidimetilsiloxano	OV-1, SE-30	350	Fase apolar de uso geral, hidrocarbonetos aromáticos, polinucleares, esteroides, PCBs
Fenilpolidimetil siloxano 5%	OV-3, SE-52	350	Éteres metílicos de ácidos graxos, alcaloides, drogas, compostos halogenados
Fenilpolidimetilsiloxano 50%	OV-17	250	Drogas, esteroides, pesticidas, glicóis
Trifluorpropilpolidimetilsiloxano 50%	OV-210	200	Aromáticos clorados, nitroaromáticos, polidimetilsiloxano benzenos alquil substituídos
Polietileno glicol	Carbowax 20M	250	Ácidos livres, álcoois, éteres, óleos essenciais, glicóis
Cianopropilpolidimetilsiloxano 50%	OV-275	240	Ácidos gaxos poli-insaturados, ácidos rosíneos, ácidos livres, álcoois

Fases Estacionárias Ligadas e com Ligações Entrecruzadas

As colunas comerciais são anunciadas como tendo fases estacionárias ligadas e/ou entrecruzadas. O propósito da ligação e do entrecruzamento é a obtenção de maior durabilidade da fase estacionária, que pode ser lavada com um solvente quando o filme se torna contaminado. Com o uso, as colunas não tratadas perdem lentamente sua fase estacionária devido ao "sangramento", no qual uma pequena quantidade de líquido imobilizado é carregado da coluna durante o processo de eluição. O sangramento é acentuado quando a coluna precisa ser lavada com um solvente para remover os contaminantes. A ligação química e as ligações entrecruzadas inibem o sangramento.

A ligação envolve anexar uma camada monomolecular da fase estacionária à superfície de sílica da coluna por meio de uma ligação química. Para as colunas comerciais, a natureza da reação é normalmente uma propriedade industrial.

As ligações entrecruzadas são feitas *in situ* após a coluna ser revestida com um dos polímeros listados na Tabela 30-3. Uma forma de se obter as ligações entrecruzadas baseia-se na incorporação de um peróxido no líquido original. Quando o filme é aquecido, uma reação entre os grupos metílicos das cadeias do polímero é iniciada por um mecanismo por radicais livres. As moléculas do polímero são então ligadas entre si por ligações carbono-carbono. Os filmes resultantes são mais difíceis de ser extraídos e apresentam maior estabilidade térmica que os filmes não tratados. As ligações entrecruzadas também podem ser iniciadas por exposição das colunas recobertas à radiação gama.

Espessura do Filme

Estão disponíveis colunas comerciais tendo fases estacionárias que variam em espessura de 0,1 a 0,5 μm. A espessura do filme afeta primariamente o caráter da retenção e a capacidade da coluna, como discutido na Seção 29E-6. Os filmes espessos são empregados com compostos altamente voláteis, porque esses filmes retêm os solutos por um tempo mais longo, provendo assim maior intervalo de tempo para que a separação ocorra. Os filmes finos são úteis para separar as espécies de baixa volatilidade em um tempo razoável. Para muitas aplicações de colunas de 0,25 ou 0,32 mm, uma espessura de filme de 0,25 μm é recomendada. Nas colunas *megabore*, são geralmente empregados filmes de 1 a 1,5 μm. Atualmente, colunas com filmes de 8 μm de espessura estão sendo comercializadas.

30C Aplicações da Cromatografia Gás-Líquido

A cromatografia gás-líquido pode ser aplicada às espécies relativamente voláteis e termicamente estáveis a temperaturas de até poucas centenas de graus Celsius. Um grande número de compostos importantes tem estas qualidades. Como resultado, a cromatografia de gás tem sido largamente aplicada para a separação e a determinação dos componentes em uma variedade de tipos de amostra. A **Figura 30-13** mostra os cromatogramas para algumas dessas aplicações.

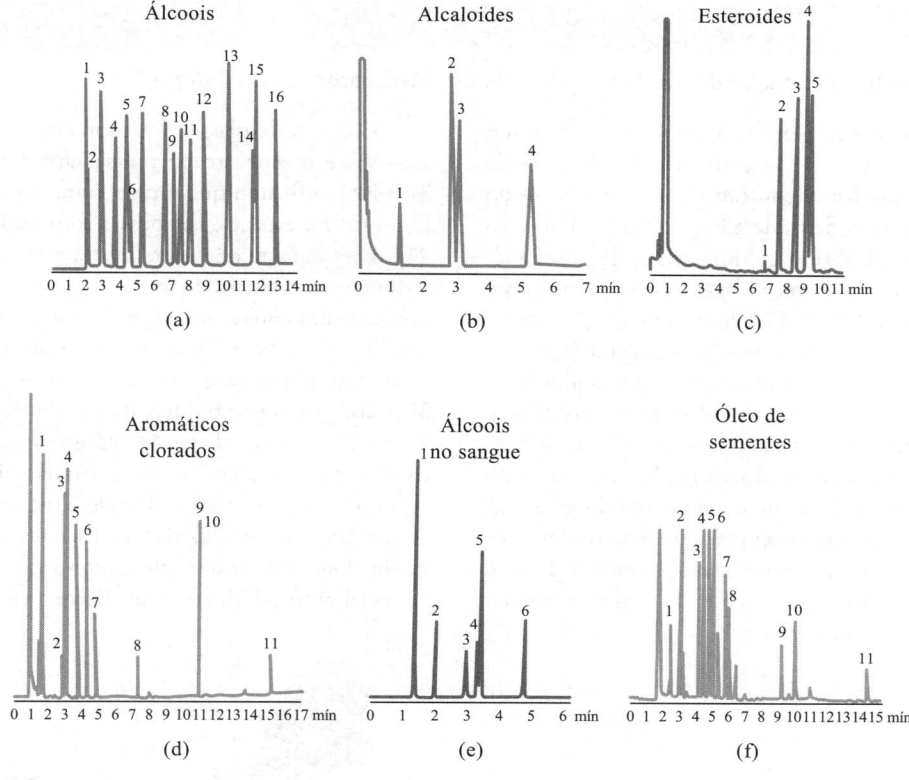

FIGURA 30-13
Cromatogramas típicos obtidos em colunas tubulares abertas recobertas com (a) polidimetilsiloxano, (b) fenil-polidimetilsiloxano 5%, (c) fenilpolidimetilsiloxano 50%, (d) trifluoropropilpolidimetilsiloxano 50%, (e) polietileno glicol e (f) cianopropilpolidimetilsiloxano 50%. (J & W Scientific.)

30C-1 Análise Qualitativa

A cromatografia de gás é largamente usada para estabelecer a pureza de compostos orgânicos. Os contaminantes, se presentes, são revelados pelo aparecimento de picos adicionais no cromatograma. As áreas sob estes picos estranhos fornecem estimativas aproximadas da extensão da contaminação. A técnica também é útil para avaliar a eficiência dos processos de purificação.

Na teoria, os tempos de retenção em CG deveriam ser úteis para identificar os componentes em misturas. Na realidade, entretanto, a aplicabilidade de tais dados é limitada pelo número de variáveis que devem ser controladas para se obter resultados reprodutíveis. Contudo, a cromatografia de gás provê um meio excelente de confirmação da presença ou ausência de compostos suspeitos em uma mistura, supondo que uma amostra autêntica da substância esteja disponível. Se adicionarmos uma pequena quantidade do composto suspeito à mistura, nenhum pico novo deve aparecer no cromatograma da mistura e deve ser observado um aumento de um pico existente. A evidência é particularmente convincente se o efeito puder ser duplicado em colunas diferentes e a diferentes temperaturas. Por outro lado, como um cromatograma fornece uma informação única sobre cada espécie da mistura (o tempo de retenção), a aplicação da técnica na análise qualitativa de amostras complexas de composição desconhecida é limitada. Esta limitação tem sido enormemente superada ligando-se diretamente as colunas cromatográficas com espectrômetros no ultravioleta, infravermelho e de massas para produzir instrumentos hifenados (veja a Seção 30A-4). Um exemplo do uso da espectrometria de massas combinada com a cromatografia de gás para a identificação de constituintes do sangue é dado no Destaque 30-1.

Embora um cromatograma possa não levar a uma identificação positiva das espécies presentes em uma amostra, este frequentemente provê uma evidência segura da *ausência* de uma espécie. Assim, se a amostra falha em produzir um pico com o mesmo tempo de retenção que um padrão obtido sob condições idênticas, isso é uma evidência forte de que o composto em questão está ausente (ou presente em concentração abaixo do limite de detecção do procedimento).

DESTAQUE 30-1

Uso da CG-MS na Identificação de um Metabólito de um Medicamento no Sangue[9]

Um paciente em coma estava sob suspeita de ter ingerido uma dose excessiva de um medicamento de glutetimida (Doriden[MR]) porque foi encontrado um frasco vazio do medicamento próximo de onde ele foi achado. Um cromatograma de gás foi obtido de um extrato de plasma do sangue desse paciente e dois picos foram encontrados, como mostrado na **Figura 30D-1**. O tempo de retenção para o pico 1 correspondeu ao da glutetimida, mas o composto responsável pelo pico 2 não era conhecido. A possibilidade de que o paciente tivesse ingerido outra droga foi considerada. Entretanto, o tempo de retenção para o pico 2 sob as condições empregadas não correspondia a nenhum outro medicamento acessível ao paciente nem a qualquer droga ilícita. Portanto, uma cromatografia acoplada à espectrometria de massas foi utilizada para se estabelecer a identidade do pico 2 e para confirmar a identidade do pico 1 antes de submeter o paciente a qualquer tratamento.

O extrato de plasma foi submetido a uma análise por CG-MS e o espectro de massas apresentado na **Figura 30D-2a** confirmou que o pico 1 era devido à glutetimida. Um pico no espectro de massas com razão massa-carga de 217 representa a razão correta para o íon molecular da glutetimida e o espectro de massas mostrou-se igual àquele de uma amostra conhecida de glutetimida. O espectro de massas do pico 2, no entanto, mostrou um íon molecular em uma razão massa-carga de 233, como mostrado na **Figura 30D-2b**. Este número difere do íon molecular da glutetimida em 16 unidades de massa. Vários outros picos no espectro de massas do pico 2 diferem daqueles da glutetimida por 16 unidades de massa, indicando a incorporação de oxigênio na molécula de glutetimida. Esta descoberta levou os investigadores a acreditar que o pico molecular 2 era devido ao metabólito 4-hidroxi do medicamento original.

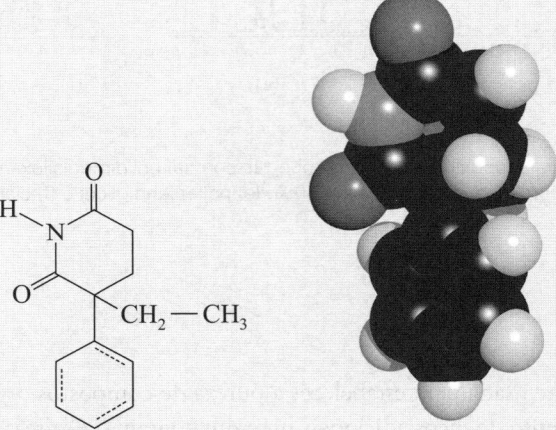

Estrutura e modelo molecular da glutetimida.

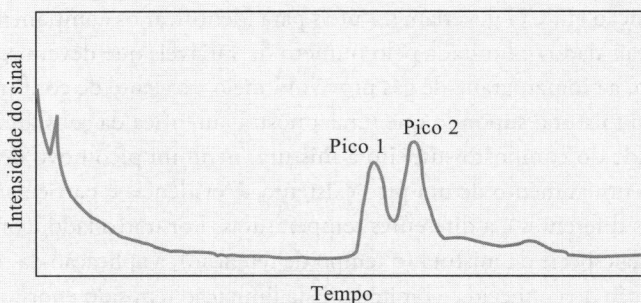

FIGURA 30D-1 Cromatograma de gás de um extrato de plasma sanguíneo de uma vítima de superdosagem de medicamento. O pico 1 ocorreu a um tempo de retenção apropriado para ser identificado como a glutetimida, porém, o composto responsável pelo pico 2 era desconhecido até que foi feita uma CG-MS.

(continua)

---

[9] De J. T. Watson; O. D. Sparkamn. *Introcuction to Mass Spectrometry*. 4. ed. Nova York: Wiley, 2007, pp. 29-32.

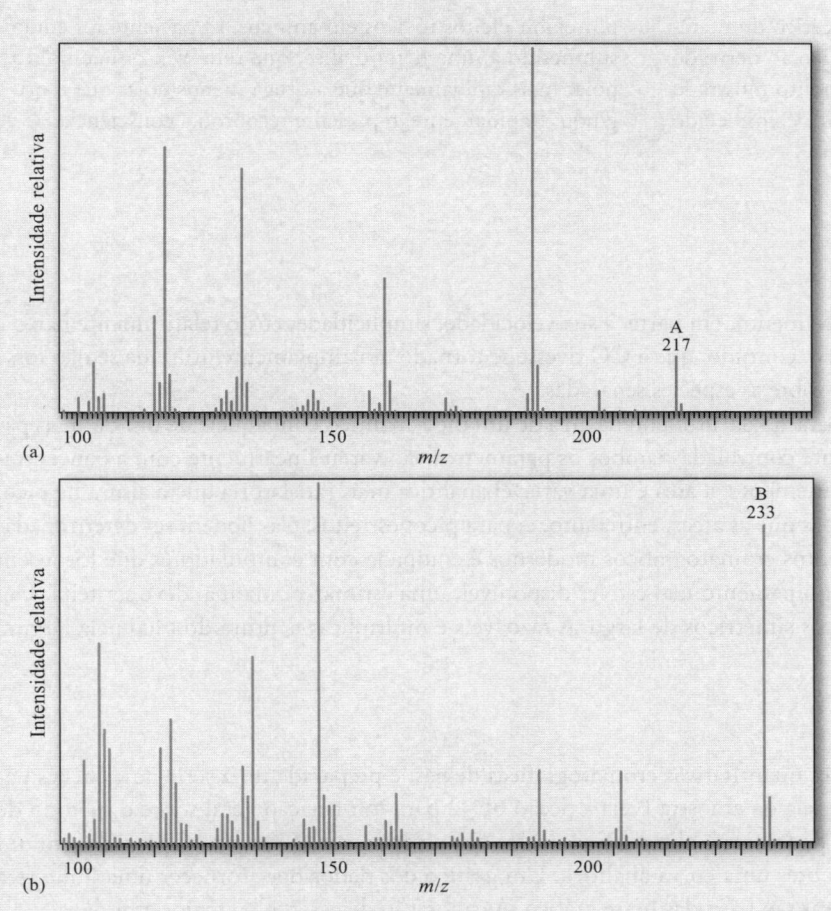

FIGURA 30D-2

(a) Espectro de massas obtido durante a eluição do pico 1 do cromatograma de gás na Figura 30D-1. Esse espectro de massas é idêntico àquele da glutetimida. (b) Espectro de massas obtido durante a eluição do pico 2 do cromatograma de gás na Figura 30D-1. Em ambos os casos, foi usada a ionização por impacto de elétrons no espectrômetro de massas. Íons diferentes, produzidos pela fragmentação dos dois compostos, ajudam na identificação deles. O pico A em $m/z = 217$ no espectro (a) corresponde à massa molar da glutetimida e é assim devido ao íon molecular. O espectro de massas identifica conclusivamente o pico 1 no cromatograma como glutetimida. O pico B no espectro de massas (b) aparece em $m/z = 233$, exatamente 16 unidades de massa a mais que a glutetimida. Outros picos no espectro (b) também apresentam 16 unidades de massa acima que no espectro de glutetimida. Esta evidência sugere a presença de um átomo de oxigênio extra na molécula, correspondendo ao metabólito 4-hidroxi mostrado na próxima figura.

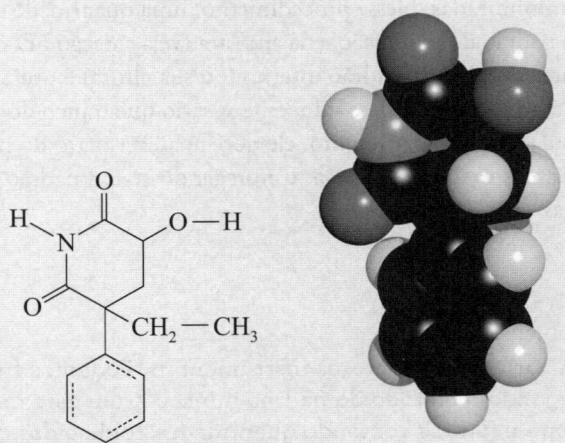

Estrutura e modelo molecular do metabólito 4-hidroxi.

Para o químico em viagem: cromatógrafo/espectro de massas de mão

(continua)

Preparou-se um derivado de anidrido acético do material do pico 2 e descobriu-se que ele é idêntico ao derivado 4-hidróxi-2-etil-2-fenilglutarimida, o metabólito mostrado no modelo molecular acima. Esse metabólito é conhecido por exibir efeitos tóxicos em animais. O paciente foi então submetido a uma hemodiálise, que removeu o metabólito polar mais rapidamente que a droga menos polar que o originou. Rapidamente, o paciente recobrou a consciência.

30C-2 Análise Quantitativa

A cromatografia de gás deve seu enorme crescimento, em parte, à sua velocidade, simplicidade, custo relativamente baixo e ampla aplicabilidade a separações. É duvidoso, contudo, que a CG tivesse se tornado tão amplamente utilizada se não fosse capaz de fornecer informações quantitativas sobre as espécies separadas.

A CG quantitativa está baseada na comparação da altura ou da área de um pico analítico com aquele de um ou mais padrões. Se as condições forem apropriadamente controladas, ambos os parâmetros vão variar linearmente com a concentração. A partir deste ponto de vista, consequentemente, a área é uma variável analítica mais satisfatória que a altura de pico. As alturas de pico são mais facilmente medidas que as áreas, entretanto, e, para picos estreitos, elas podem ser determinadas mais precisamente. A maioria dos instrumentos cromatográficos modernos é equipada com computadores que fornecem medidas de áreas de pico relativas. Se esse equipamento não estiver disponível, uma estimativa manual deve ser feita. Um método simples que funciona bem para picos simétricos de larguras razoáveis é multiplicar a altura do pico pela largura medida na metade da altura.

Calibração com Padrões

Na maioria dos métodos diretos para análises quantitativas cromatográficas de gás, é preparada uma série de soluções padrão que se aproximam da composição daquela da amostra (veja a Seção 6D-2 para informação geral sobre o método de padrão externo). Os cromatogramas para os padrões são obtidos e as alturas dos picos ou suas áreas são empregadas em um gráfico em função da concentração para se obter uma curva analítica. Um gráfico dos dados deve fornecer uma linha reta que passa pela origem; as análises quantitativas são baseadas nesse gráfico. A calibração deve ser, para maior exatidão.

O Método do Padrão Interno

A maior precisão em CG quantitativa é obtida empregando-se padrões internos, porque as incertezas introduzidas pela injeção da amostra, vazão e variações nas condições da coluna são minimizadas. Nesse procedimento, uma quantidade cuidadosamente medida de um padrão interno é introduzida em cada padrão de calibração e na amostra (veja a Seção 6D-3) e a razão entre a área do pico do analito (ou sua altura de pico) e a área do pico do padrão interno (ou sua altura) é utilizada como parâmetro analítico (veja o Exemplo 30-1). Para que esse método seja bem-sucedido, é necessário que o pico do padrão interno seja bem separado dos picos dos outros componentes da amostra. Entretanto, ele deve aparecer perto do pico do analito. Naturalmente, o padrão interno deve estar ausente na amostra a ser analisada. Empregando-se um padrão interno adequado, precisões relativas de 0,5% a 1% têm sido relatadas.

EXEMPLO 30-1

Os picos cromatográficos podem ser influenciados por uma variedade de fatores instrumentais. Podemos frequentemente compensar as variações nesses fatores empregando o método do padrão interno. Com este método, adicionamos a mesma quantidade de padrão interno para misturas contendo quantidades conhecidas de analito e para as amostras de concentração de analito desconhecida. Calculamos então a razão entre a altura do pico (ou área) para o analito e aquela do padrão interno.

Os dados mostrados na tabela foram obtidos para a determinação de um hidrocarboneto C_7 com um composto muito semelhante adicionado a cada padrão e à amostra como um padrão interno.

(continua)

Porcentagem do Analito	Altura do Pico para o Analito	Altura do Pico para o Padrão Interno
0,05	18,8	50,0
0,10	48,1	64,1
0,15	63,4	55,1
0,20	63,2	42,7
0,25	93,6	53,8
Amostra	58,9	49,4

Elabore uma planilha de cálculo para determinar as razões entre as alturas dos picos do analito e do padrão interno e coloque em um gráfico esta razão *versus* a concentração de analito. Determine a concentração na amostra e o seu desvio padrão.

Resolução

A planilha é exposta na **Figura 30-14**. Os dados são inseridos nas colunas de A a C, como mostrado. Nas células D4 a D9, as razões das alturas dos picos são calculadas pela fórmula apresentada na célula de documentação A22. Um gráfico da curva analítica também é exibido na figura. A estatística da regressão linear é calculada nas células B11 a B20, usando a mesma abordagem descrita na Seção 6D-2. Os resultados estatísticos são calculados pelas fórmulas nas células de documentação A23 a A31. A porcentagem de analito na amostra foi determinada como (0,163 ± 0,008)%.

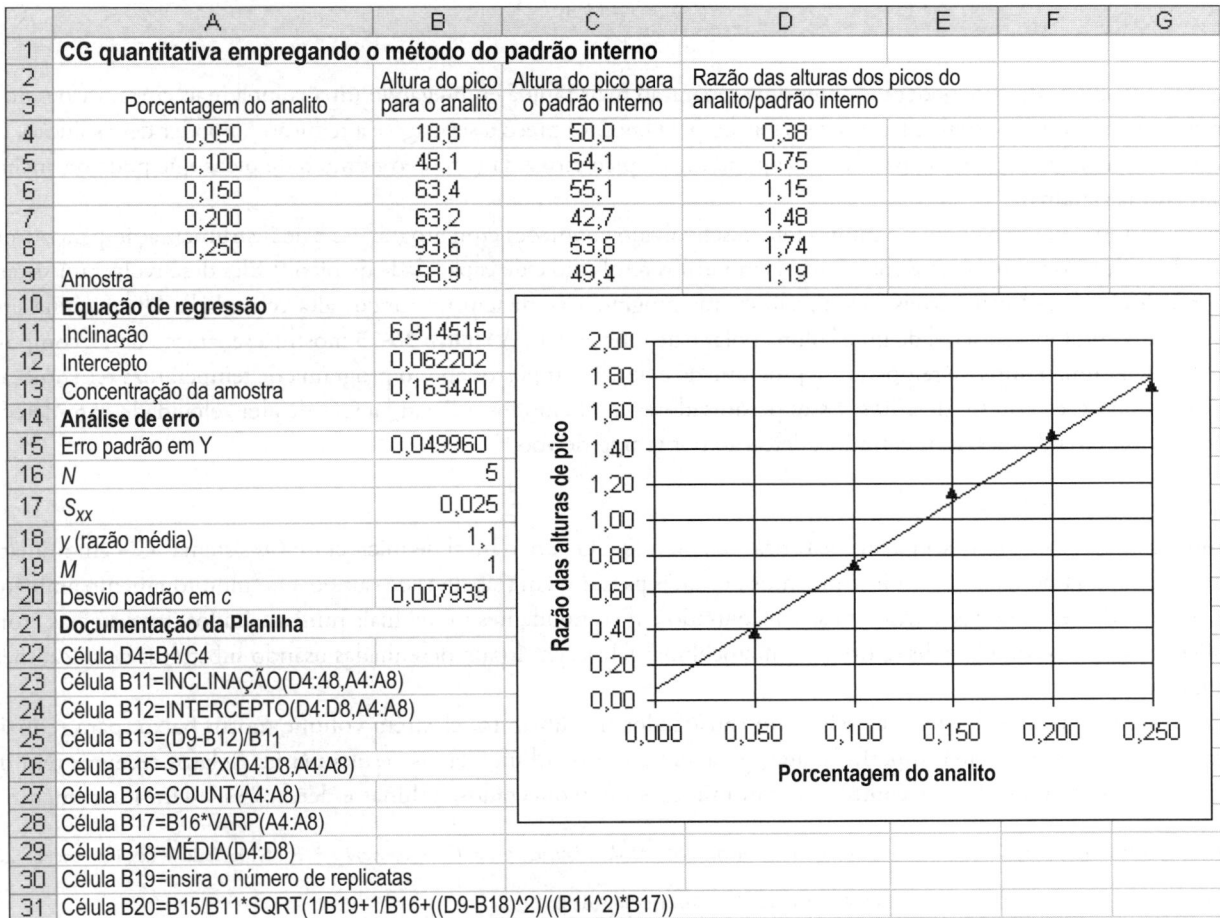

FIGURA 30-14
Planilha para ilustrar o método do padrão interno para a determinação de um hidrocarboneto C_7 através de CG.

30C-3 Avanços em CG

Embora CG seja uma técnica muito desenvolvida, houve muitos desenvolvimentos em anos recentes na teoria, instrumentação, colunas e aplicações práticas. Alguns desenvolvimentos na CG de alta velocidade, miniaturização e CG multidimensional são descritos brevemente aqui.

Cromatografia de Gás de Alta Velocidade[10]

Pesquisadores em CG frequentemente focam em atingir resolução ainda maior para separar misturas mais e mais complexas. Em muitas separações, as condições são variadas para se separar o par mais difícil de ser separado dos componentes, normalmente chamado *par crítico*. Muitos dos componentes de interesse, sob essas condições, são separados muito mais que o necessário. A ideia básica da CG de alta velocidade é que, para muitas separações de interesse, uma alta velocidade pode ser obtida, embora em detrimento da seletividade e da resolução.

Os princípios básicos das separações de alta velocidade podem ser demonstrados substituindo-se a Equação 29-11 na Equação 29-17

$$\frac{L}{t_R} = u \times \frac{1}{1 + k_n} \tag{30-1}$$

onde k_n é o fator de retenção para o último componente de interesse no cromatograma. Se rearranjarmos a Equação 30-1 e resolvermos para o tempo de retenção do último componente de interesse, obtemos

$$t_R = \frac{L}{u} \times (1 + k_n) \tag{30-2}$$

A Equação 30-2 nos diz que podemos obter uma separação mais rápida empregando uma coluna mais curta, vazões do gás de arraste maiores que as usuais e fatores de retenção pequenos. O preço a ser pago é a redução no poder de resolução, causada pelo aumento na largura da banda, e a capacidade de pico reduzida (isto é, o número de picos que pode ser incluído em um cromatograma).

Pesquisadores que trabalham no campo têm desenvolvido condições cromatográficas e de instrumentação para otimizar a velocidade de separação a custos mais baixos em termos resolução e de capacidade de pico.[11] Eles desenvolveram sistemas para produzir colunas sintonizáveis e para realizar uma programação de temperatura de alta velocidade. Uma coluna sintonizável é uma combinação serial de uma coluna polar e de uma apolar. A **Figura 30-15** mostra a separação de 12 compostos antes de iniciar uma rampa de temperatura programada e de 19 compostos após o programa de temperatura ter começado. O tempo total necessário foi de 140 s. Esses pesquisadores também têm utilizado a CG de alta velocidade com detecção com espectrometria de massas, incluindo a detecção por tempo de voo.[12]

Sistemas CG Miniaturizados

Por muitos anos, havia um desejo de miniaturizar os sistemas CG para o nível de microchip. Os sistemas CG em miniatura são úteis na exploração espacial, em instrumentos portáteis para uso em trabalhos de campo e no monitoramento ambiental.

A maioria da pesquisa nessa área tem se concentrado em componentes individuais miniaturizados dos sistemas cromatográficos, tais como colunas e detectores. As microcolunas fabricadas foram desenhadas usando substratos de sílica, metais e polímeros.[13]

Canais relativamente fundos e estreitos são causticados no substrato; eles têm volume morto baixo, para reduzir o alargamento de bandas, e área superficial alta, para aumentar o volume da fase estacionária. Relatos recentes têm descrito conjuntos microfabricados completos com injetores interconectados, colunas e detectores.[14] Um instrumento foi

---

[10] Para mais informação, veja R. D. Sacks. In: E. F. Barry; T. A. Brettell, eds. *Modern Practice of Gas Chromatography*. 5. ed. Nova York: Wiley-Interscience, 2021, cap. 5.
[11] H. Smith; R. D. Sacks. *Anal. Chem.*, v. 70, p. 4.960, 1998. DOI: 10.1021/ac980463b.
[12] C. Leonard; R. Sacks. *Anal. Chem.*, v. 71, p. 5.177, 1999. DOI: 10.1021/ac990631f.
[13] G. Lambertus et al. *Anal. Chem.*, v. 76, p. 2.629, 2004. DOI: 10.1021/ac030367x.
[14] S. Zampolli et al. *Sens. Actuators B*, v. 141, p. 322, 2009. DOI: 10.1016/j.snb.2009.06.021; S. K. Kim; H. Chang; E. T. Zellers. *Anal. Chem.*, v. 83, p. 7.198, 2011. DOI: 10.1021/ac201788q.

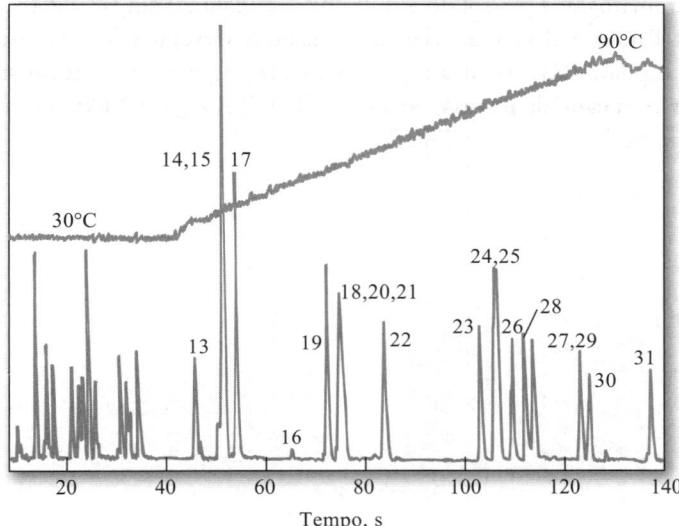

FIGURA 30-15
Cromatograma de alta velocidade obtido em operação isotérmica (30°C) por 37 s seguida de uma rampa de temperatura de 35°C min^{-1} até 90°C. (Adaptado de H. Smith; R. D. Sacks. *Anal. Chem.*, v. 70, p. 4.960, 1998.)

especificamente projetado para medir vapores de tricloroetileno devido à migração de compostos orgânicos voláteis de solos ou lençóis de água contaminados. A miniatura de CG podia ser preparada no campo e foi capaz de detectar os vapores em nível abaixo de ppb.

Cromatografia de Gás Multidimensional

Na CG multidimensional, duas ou mais colunas capilares de diferentes seletividades estão conectadas em série. Consequentemente, com duas colunas, uma pode conter uma fase estacionária apolar, enquanto a segunda pode ter uma fase estacionária polar. Sujeitar uma amostra à separação em uma dimensão seguida por separações em uma ou mais dimensões adicionais pode levar a seletividade e resolução extremamente altas.

A CG multidimensional pode tomar várias formas. Em uma implementação chamada ***heart cutting***, uma parte do eluente da primeira coluna contendo as espécies de interesse é desviada para uma segunda coluna para separação adicional.[15] Esta abordagem tem sido implementada com sucesso na instrumentação comercial.

Em outra metodologia, conhecida como CG ou CG bidimensional compreensiva ou CG × CG, o efluente da primeira coluna é desviado continuamente para uma segunda coluna curta.[16] Embora o poder de resolução da segunda coluna seja necessariamente limitado, o fato de uma coluna antecedê-la produz separações de alta resolução. Esta abordagem também tem sido desenvolvida em instrumentação comercial.

As técnicas de CG multidimensional têm também sido combinadas com espectrometria de massas, resultando em separações que são não apenas de alta resolução, mas que também são capazes de identificar componentes minoritários, distinguir compostos muito similares e desembaraçar espécies eluindo juntas.[17]

30D Cromatografia Gás-Sólido

A cromatografia gás-sólido é baseada na adsorção das substâncias gasosas sobre as superfícies sólidas. Os coeficientes de distribuição geralmente são muito maiores que aqueles para a cromatografia gás-líquido. Esta propriedade torna a cromatografia gás-sólido útil na separação de espécies que não são retidas pelas colunas gás-líquido, tais como componentes do ar, sulfeto de hidrogênio, dissulfeto de carbono, óxidos de nitrogênio, monóxido de carbono, dióxido de carbono e gases nobres.

---

[15] P. Q. Tranchida; D. Sciaronne; P. Dugo; L. Mondello. *Anal. Chem. Acta*, v. 716, p. 66, 2012. DOI: 10.1016/j.aca.2011.12.015.
[16] M. Adahchour; J. Beens; U. A. Th. Brinkaman. *J. Chromatogr. A*, v. 1.186, p. 67, 2008. DOI: 10.1016/j.chroma.2008.01.002.
[17] T. Veriotti; R. Sacks. *Anal. Chem.*, v. 75, p. 4.211, 2003. DOI: 10.1021/ac020522s.

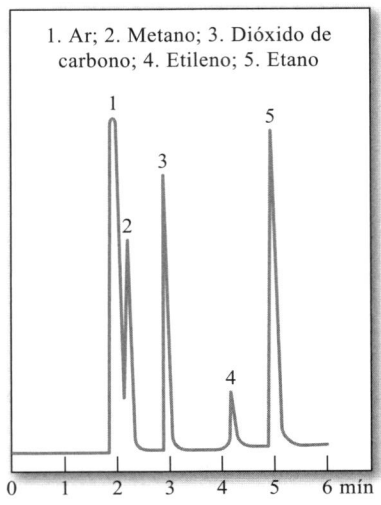

FIGURA 30-16 Cromatograma típica gás-sólido empregando uma coluna TACP.

A cromatografia gás-sólido é realizada com colunas empacotadas ou tubulares abertas. Para esta última, uma camada fina do adsorvente é fixada às paredes internas do capilar. Essas colunas são denominadas algumas vezes **colunas tubulares abertas com camada porosa**, ou colunas TACP. A **Figura 30-16** mostra uma aplicação típica de uma coluna TACP.

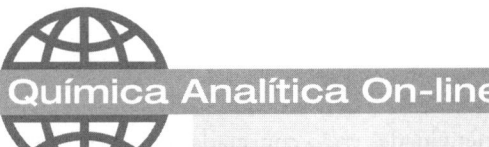

Faça uma busca na web e encontre vários fabricantes de instrumentos cromatográficos de gás. Encontre uma empresa que fabrique tanto um instrumento CG *premium* quanto um de rotina. Investigue as características de ambos os tipos de sistemas de CG. Compare e contraste estas características. Preste muita atenção, quando fizer a comparação, no tamanho do forno, na incerteza na temperatura do forno, na habilidade em usar a programação de temperatura, no tipo de detectores e no tipo e sofisticação do sistema de análise de dados. Encontre uma empresa que fabrique um CG multidimensional e discuta se ele é capaz de realizar CG bidimensional compreensivo, CG multidimensional de *heart cutting* ou ambos. O sistema pode ser convenientemente conectado a um espectrômetro de massas?

Resumo do Capítulo 30

- Uma amostra vaporizada pode ser separada por vários tipos diferentes de cromatografia de gás.
- Um cromatógrafo de gás é composto de uma fonte de gás, um regulador de fluxo, uma câmara de injeção de fluxo, um forno, um medidor de fluxo e um sistema de exibição dos dados.
- Para aplicações de alta taxa de transferência de cromatografia de gás, um amostrador automático e um injetor automático são essenciais.
- A temperatura da coluna deve ser controlada para algumas dezenas de grau para um trabalho cuidadoso.
- Para amostras contendo componentes com uma faixa larga de ebulição, a temperatura da coluna deve ser programada para variar sistematicamente durante a separação.
- Existem muitos tipos diferentes de detectores de CG que são adequados para uma faixa ampla de amostras.

- Talvez o detector de CG supremo seja a espectrometria de massas. Os componentes da amostra podem ser separados e identificados no mesmo experimento CG/EM.
- Existem muitos tipos diferentes de colunas, revestimentos e empacotamentos que são adequados para uma ampla faixa de amostras.
- A cromatografia de gás quantitativa pode utilizar padrões externos ou internos.

Termos-chave

Coluna tubular aberta de parede revestida (TAPR), 859
Colunas capilares, 852
Colunas cromatográficas, 852
Colunas *megabore*, 859
Colunas capilares abertas, 859
Colunas tubulares abertas com camada porosa (TACP), 870
Colunas tubulares abertas de sílica fundida (CTAS), 859
Colunas tubulares abertas revestidas com suporte (TARS), 859
Cromatografia de gás (CG), 849
Cromatografia de gás-líquido (CGL), 849
Cromatografia gás multidimensional, 869
Cromatografia gás-sólido (CGS), 849
Cromatograma de íon total, 857
Cromatogramas de massas, 857
Detector de captura de elétrons (DCE), 856
Detector de condutividade térmica (DCT), 855
Detector de ionização em chama (DIC), 854
Detector termiônico, 858
Fase líquida imobilizada, 861
Gás de arraste, 850
Métodos hifenados, 858
Monitoramento seletivo de íon, 857
Programação de temperatura, 853

Equações Importantes

$$\frac{L}{t_R} = u \times \frac{1}{1 + k_n}$$

Questões e Problemas*

*30-1. Como a cromatografia gás-líquido e gás-sólido SE diferem?

30-2. Por que a cromatografia gás-sólido não é usada tão extensivamente quanto a cromatografia gás-líquido?

*30-3. Quais tipos de mistura são separados por cromatografia gás-sólido?

30-4. Explique como você usaria um dos medidores de vazão da Figura 30-2.

*30-5. Descreva um cromatograma e explique que tipo de informação ele contém.

30-6. O que significa programação de temperatura em cromatografia de gás?

*30-7. Descreva as diferenças físicas entre colunas capilares e empacotadas. Quais são as vantagens e as desvantagens de cada uma.

30-8. Quais variáveis devem ser controladas para se obter dados qualitativos satisfatórios de um cromatograma?

*30-9. Quais variáveis devem ser controladas para se obter dados quantitativos satisfatórios de um cromatograma?

30-10. Descreva o princípio no qual cada um dos seguintes detectores para CG são baseados: (a) condutividade térmica, (b) ionização em chama, (c) captura de elétrons, (d) termiônico e (e) fotoionização.

*30-11. Quais são as principais vantagens e as principais limitações dos detectores listados no Problema 30-10?

30-12. O que são métodos cromatográficos *hifenados*? Descreva brevemente três métodos hifenados.

*30-13. O que são colunas tubulares abertas tipo *megabore*? Por que elas são empregadas?

30-14. Qual a diferença entre as seguintes colunas capilares? (a) colunas TACP. (b) colunas TAPR. (c) colunas TARS.

*As respostas para as questões e problemas marcados com um asterisco são fornecidas no final deste livro.

*30-15. Por que as fases estacionárias para cromatografia de gás são frequentemente ligadas e interligadas (ligadas de forma entrecruzada)? O que significam esses termos?

30-16. Quais propriedades uma fase líquida estacionária deve apresentar para ser utilizada em cromatografia de gás?

*30-17. Quais são as vantagens das colunas capilares de sílica fundida quando comparadas às colunas de vidro ou metal?

30-18. Qual é o efeito da espessura da fase estacionária nos cromatogramas de gás?

*30-19. Liste as variáveis que levam (a) ao alargamento de banda e (b) à separação de bandas em cromatografia gás-líquido.

30-20. Um método para a determinação quantitativa da concentração dos constituintes em uma amostra é o método de normalização da área. Neste método, é necessária a eluição completa dos constituintes da amostra. A área de cada pico é medida e corrigida para a resposta do detector para os diferentes eluatos. Esta correção é realizada dividindo-se a área por um fator de correção determinado empiricamente. A concentração do analito é encontrada a partir da razão entre a sua área corrigida e a área total corrigida de todos os picos. Para um cromatograma contendo três picos, descobriu-se que as áreas relativas são 16,4, 45,2 e 30,2 em ordem crescente de tempo de retenção. Calcule a porcentagem de cada composto se as respostas relativas do detector forem 0,60, 0,78 e 0,88, respectivamente.

*30-21. As áreas sob os picos e as respostas relativas do detector são empregadas para determinar as concentrações de cinco espécies em uma amostra. O método da normalização de área descrito no Problema 30-20 é utilizado. As áreas relativas para cinco picos cromatográficos de gás são dadas na tabela a seguir. Também são mostradas as respostas relativas do detector. Calcule a porcentagem de cada componente na mistura.

Composto	Área Relativa do Pico	Resposta Relativa do Detector
A	32,5	0,70
B	20,7	0,72
C	60,1	0,75
D	30,2	0,73
E	18,3	0,78

30-22. Para os dados fornecidos no Exemplo 30-1, compare o método dos padrões externos com o método do padrão interno. Faça um gráfico da altura do pico do analito *versus* a porcentagem do analito e determine a sua quantidade na amostra empregando os resultados para o padrão interno. Seus resultados são mais precisos quando o método do padrão interno é utilizado? Se forem, forneça algumas possíveis razões para isso.

30-23. **Problema Desafiador.** O cinamaldeído é o componente responsável pelo aroma de canela. Também é um potente composto antimicrobiano presente nos óleos essenciais (veja M. Friedman; N. Kozukue; L. A. Harden. *J. Agric. Food Chem.*, v. 48, p. 5.702, 2000. DOI: 10.1021/jf000585g). A resposta de CG de uma mistura artificial contendo seis componentes de óleo essencial e benzoato de metila como padrão interno é mostrada na figura.

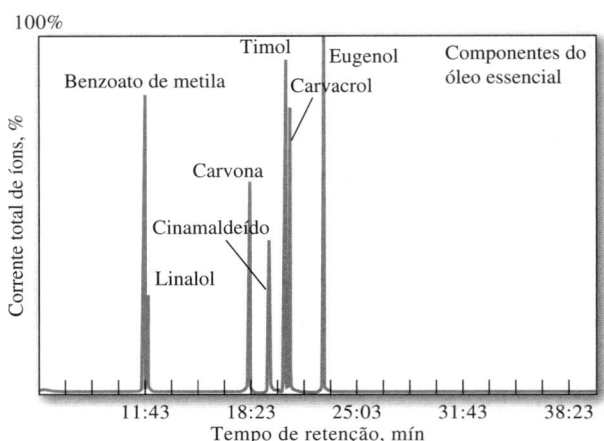

Cromatograma. (M. Friedman; N. Kozukue; L. A. Harden. *J. Agric. Food Chem.*, v. 48, p. 5.702, 2000.)

(a) A figura a seguir é uma ampliação idealizada da região próxima ao pico de cinamaldeído.

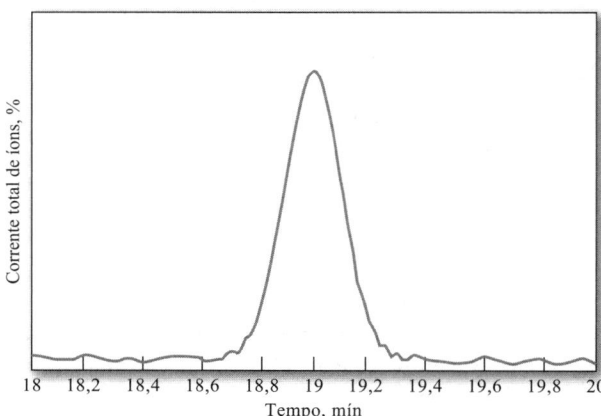

Cromatograma ampliado.

Determine o tempo de retenção para o cinamaldeído.

(b) A partir da figura no item (a), determine o número de pratos teóricos para a coluna.

(c) A coluna de sílica fundida apresentava um diâmetro de 0,25 mm por um comprimento de 30 cm com um filme de 0,25 μm de espessura. Determine a altura equivalente de prato teórico a partir dos dados dos itens (a) e (b).

(d) Os dados quantitativos foram obtidos empregando-se o benzoato de metila como padrão interno. Os seguintes resultados foram obtidos para as curvas analíticas de cinamaldeído, eugenol e timol. Os valores abaixo de cada componente representam a área do pico do componente dividida pela área do pico do padrão interno.

Concentração, mg da amostra/200 μL	Cinamaldeído	Eugenol	Timol
0,50		0,4	
0,65			1,8
0,75	1,0	0,8	
1,10		1,2	
1,25	2,0		
1,30			3,0
1,50		1,5	
1,90	3,1	2,0	4,6
2,50	4,0		5,8

Determine as equações das curvas de calibração para cada componente. Inclua os valores de R^2.

(e) A partir dos dados do item (d), determine qual dos componentes apresenta a maior sensibilidade para a curva de calibração analítica. Qual apresenta a menor?

(f) Uma amostra contendo os três óleos essenciais do item (d) fornece as áreas relativas de picos para a área do padrão interno: cinamaldeído, 2,6; eugenol, 0,9; e timol, 3,8. Determine as concentrações de cada um dos óleos essenciais na amostra e os desvios padrão na concentração.

(g) Um estudo foi feito sobre a decomposição do cinamaldeído em óleo de canela. O óleo foi aquecido por diversos períodos a diferentes temperaturas. Foram obtidos os dados fornecidos a seguir:

Temp,°C	Tempo, min	% Cinamaldeído
25, inicial		90,9
40	20	87,7
	40	88,2
	60	87,9
60	20	72,2
	40	63,1
	60	69,1
100	20	66,1
	40	57,6
	60	63,1
140	20	64,4
	40	53,7
	60	57,1
180	20	62,3
	40	63,1
	60	52,2
200	20	63,1
	40	64,5
	60	63,3
210	20	74,9
	40	73,4
	60	77,4

Use a ANOVA para determinar se existe um efeito da temperatura na decomposição do cinamaldeído. Da mesma maneira, determine se existe um efeito do tempo de aquecimento.

(h) Com os dados do item (g), presuma que a decomposição se inicie a 60°C. Teste a hipótese de que não há nenhum efeito da temperatura ou do tempo.

CAPÍTULO 31

Cromatografia de Líquidos de Alta Eficiência

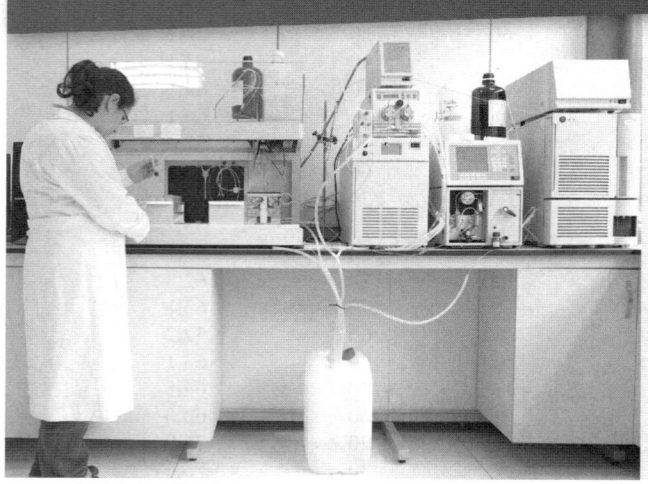

A cromatografia líquida de alta eficiência tornou-se uma ferramenta analítica indispensável. Os laboratórios criminais nos dramas forenses e policias da televisão, tais como *NCIS*, *NCIS: Los Angeles*, *CSI*, *CSI: New York*, *CSI Miami* e *Law and Order*, frequentemente usam CLAE no processamento das evidências. A foto mostra um típico laboratório forense com um técnico preparando amostras para análises de CLAE.

Este capítulo aborda a teoria e a prática da CLAE, incluindo as cromatografias por adsorção, por troca iônica, por exclusão, por afinidade e cromatografia quiral. A CLAE encontra aplicações não apenas em química forense, como também em bioquímica, ciências ambientais, ciências dos alimentos, química farmacológica e toxicologia.

agefotostock/Alamy Stock Photo

A cromatografia de líquido de alta eficiência (CLAE) é o tipo mais versátil e mais amplamente empregado de cromatografia por eluição. A técnica é usada pelos cientistas para separar e determinar espécies em uma variedade de materiais orgânicos, inorgânicos e biológicos. Na cromatografia de líquido, a fase móvel é um solvente líquido que contém a amostra na forma de uma mistura de solutos. Os tipos de cromatografia de líquido de alta eficiência são geralmente definidos pelo mecanismo de separação ou pelo tipo de fase estacionária. Estes incluem (1) **partição** ou **cromatografia líquido-líquido**, (2) **adsorção** ou **cromatografia líquido-sólido**, (3) **troca iônica** ou **cromatografia de íons**, (4) **cromatografia por exclusão**, (5) **cromatografia por afinidade** e (6) **cromatografia quiral**.

Inicialmente, a cromatografia de líquido era realizada em colunas de vidro com diâmetro interno de talvez 10 a 50 mm. As colunas eram empacotadas com partículas sólidas com 50 a 500 cm de comprimento, recobertas com um líquido adsorvido que formava a fase estacionária. Para assegurar vazões razoáveis através desse tipo de fase estacionária, o tamanho das partículas sólidas era mantido acima de 150 a 200 μm. Mesmo com essas partículas, as vazões eram de, no máximo, alguns décimos de mililitro por minuto. As tentativas de acelerar esse procedimento clássico por meio da aplicação de vácuo ou pressão não foram efetivas, porque o aumento na vazão era acompanhado pela elevação na altura de prato e pela redução da eficiência da coluna.

Bem cedo, durante o desenvolvimento da teoria da cromatografia de líquido, foi reconhecido que uma diminuição significativa das alturas de prato poderia ser obtida se o tamanho das partículas do material de empacotamento pudesse ser reduzido. Esse efeito é apontado pelos dados na **Figura 31-1**. Observe que o mínimo mostrado na Figura 29-14a não é atingido em quaisquer dessas curvas. A razão para essa diferença é que a difusão nos líquidos é muito mais lenta que nos gases e, consequentemente, seu efeito nas alturas dos pratos é observado apenas em vazões extremamente baixas.

Somente no final da década de 1960 é que se desenvolveu a tecnologia para produzir e utilizar materiais de empacotamento com diâmetros de partículas tão pequenos como 3 a 10 μm. Essa tecnologia necessitou de instrumentos capazes de fornecer pressões de

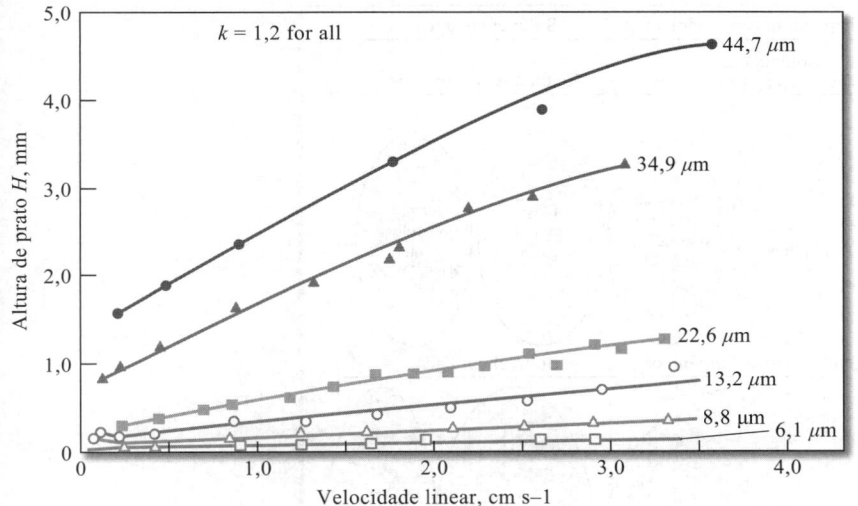

FIGURA 31-1

O efeito do tamanho de partícula do material de empacotamento e da vazão sobre a altura de prato na cromatografia de líquido. (De R. E. Majors. *J. Chromatogr. Sci.*, v. 11, n. 2, p. 88-95, 1973: Fig 5.)

bombeamento muito mais altas que os dispositivos simples que os precederam. Simultaneamente, os detectores foram desenvolvidos para permitir o monitoramento contínuo dos efluentes das colunas. O nome **cromatografia de líquidos de alta eficiência** (CLAE) é frequentemente usado para distinguir esta tecnologia dos procedimentos simples de cromatografia de coluna que a precederam.[1] A cromatografia de coluna simples, contudo, ainda encontra considerável uso para propósitos preparativos.

As aplicações dos tipos mais comuns de CLAE para várias espécies de analitos são mostradas na **Figura 31-2**. Observe que os vários tipos de cromatografia de líquidos tendem a ser complementares em suas aplicações. Por exemplo, para os analitos com massas molares maiores que 10.000, um dos dois tipos de métodos de exclusão por tamanho é com frequência empregado: permeação em gel para as espécies apolares e filtração em gel para os compostos polares ou iônicos. Para espécies iônicas, a cromatografia de troca iônica frequentemente é o método escolhido. Em muitos casos, para pequenas moléculas não iônicas, os métodos de fase reversa são adequados.

A **cromatografia de líquidos de alta eficiência, CLAE**, é um tipo de cromatografia que combina uma fase móvel líquida e uma fase estacionária muito finamente dividida. Para se obter vazões satisfatórias, o líquido deve ser pressurizado para várias centenas ou mais de libras por polegada ao quadrado.

31A Instrumentação

Pressões de bombeamento de várias centenas de atmosferas são necessárias para se obter vazões razoáveis com os materiais de empacotamento na faixa de tamanho de 3 a 10 μm, que são comuns na cromatografia de líquido moderna. Por causa destas altas pressões, o equipamento de cromatografia de líquidos de alta eficiência tende a ser consideravelmente mais elaborado e mais caro do que o encontrado em outros tipos de cromatografia. A **Figura 31-3** é um diagrama que mostra os componentes importantes de um instrumento de CLAE típico.

31A-1 Reservatórios de Fase Móvel e Sistemas de Tratamento de Solventes

Um instrumento moderno de CLAE é equipado com um ou mais reservatórios de gás, cada um dos quais contendo 500 mL ou mais de um solvente. Frequentemente são tomadas medidas para a remoção de gases dissolvidos e de partículas presentes nos líquidos. Os gases dissolvidos podem levar à não reprodutividade das vazões e ao espalhamento de bandas. Além disso, as bolhas e os particulados interferem no desempenho da maioria dos detectores. Os desgaseificadores podem ser constituídos por sistemas de aplicação de vácuo, sistemas de destilação, um dispositivo de aquecimento e agitação ou,

---

[1] Para uma discussão detalhada sobre os sistemas CLAE, veja L. R. Snyder; J. W. Dolan. *Introduction to Modern Liquid Chromatography*. 4. ed. Hoboken, NJ: Wiley, 2010; V. Meyer. *Practical High-Performance Liquid Chromatography*. 5. ed. Chichester, UK: Wiley, 2010.

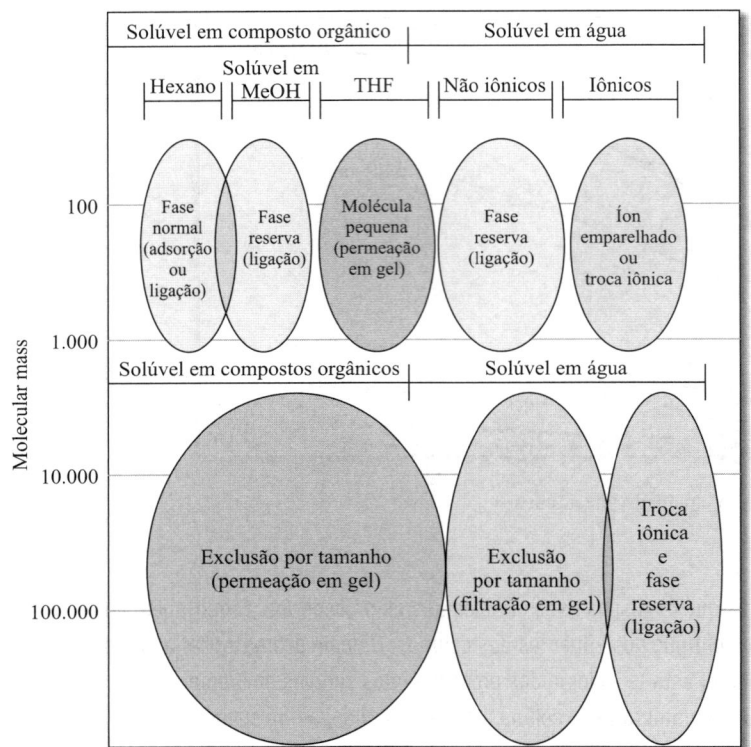

FIGURA 31-2 Aplicações da cromatografia de líquido. Os métodos podem ser escolhidos com base na solubilidade e na massa molecular. Em muitos casos, para moléculas pequenas, os métodos de fase reversa são apropriados. As técnicas na parte de baixo do diagrama são mais adequadas para as espécies de massa molecular alta ($\mathcal{M} > 2.000$). (S. Lindsay; H. Barnes, eds. *High Performance Liquid Chromatography*. 2. ed. Nova York: Wiley, 1992.)

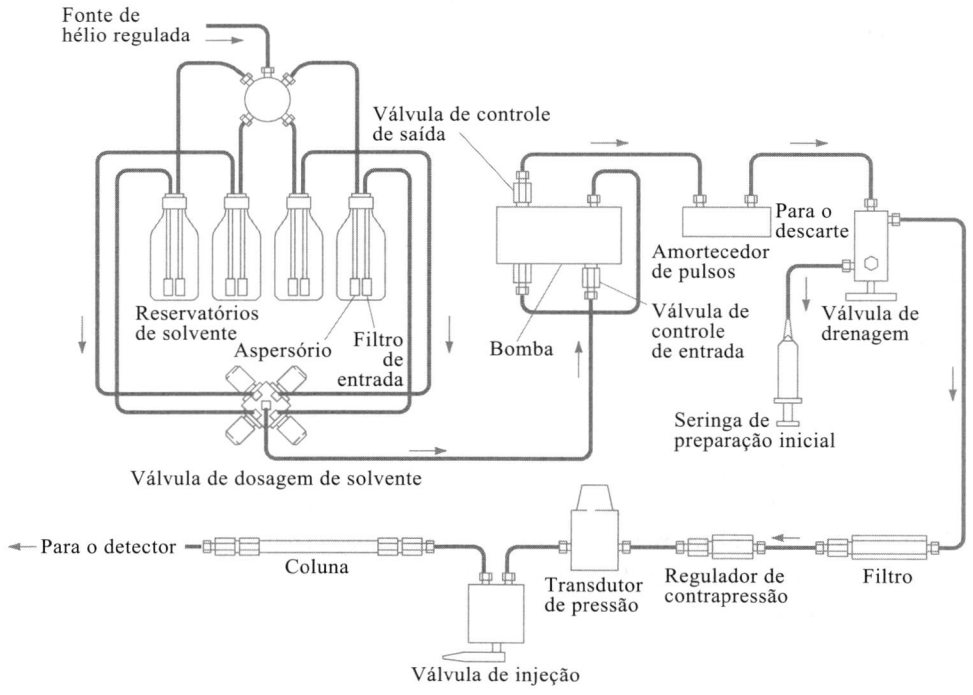

FIGURA 31-3 Diagrama de blocos mostrando os componentes típicos de um sistema para CLAE. (Cortesia de Perkin Elmer, Inc., Waltham, MA.)

como mostrado na Figura 31-3, um sistema de **purga**, no qual os gases dissolvidos são arrastados para fora da solução por pequenas bolhas de um gás inerte que não é solúvel na fase móvel.

Uma eluição com um único solvente ou mistura de solventes de composição constante é chamada de **eluição isocrática**. Na **eluição por gradiente**, dois (e algumas vezes mais) sistemas de solvente que diferem significativamente em polaridade são usados e variados em composição durante a separação. A razão entre os dois solventes varia de uma forma pré-programada durante a separação, algumas vezes de forma contínua e por vezes em etapas. Como mostrado na **Figura 31-4**, a eluição por gradiente geralmente melhora a eficiência da separação, da mesma forma que a programação de temperatura o faz na cromatografia de gás. Os instrumentos modernos de CLAE são equipados com válvulas de proporcionamento que introduzem líquidos a partir de dois ou mais reservatórios em proporções que podem ser variadas continuamente (veja a Figura 31-3).

> **Purga** é o processo pelo qual os gases dissolvidos são arrastados para fora de um solvente por pequenas bolhas de um gás inerte e insolúvel.

> Uma **eluição isocrática** na CLAE é aquela na qual a composição do solvente permanece constante.

> Uma **eluição por gradiente** na CLAE é aquela na qual a composição do solvente é alterada continuamente ou em uma série de etapas.

31A-2 Sistemas de Bombeamento

As exigências para as bombas cromatográficas de líquidos incluem (1) a geração de pressões de até 6.000 psi (lb in^{-2}), (2) saída livre de pulsação, (3) vazões na faixa de 0,1 a 10 mL min^{-1}, (4) reprodutibilidade relativa da vazão de 0,5% ou

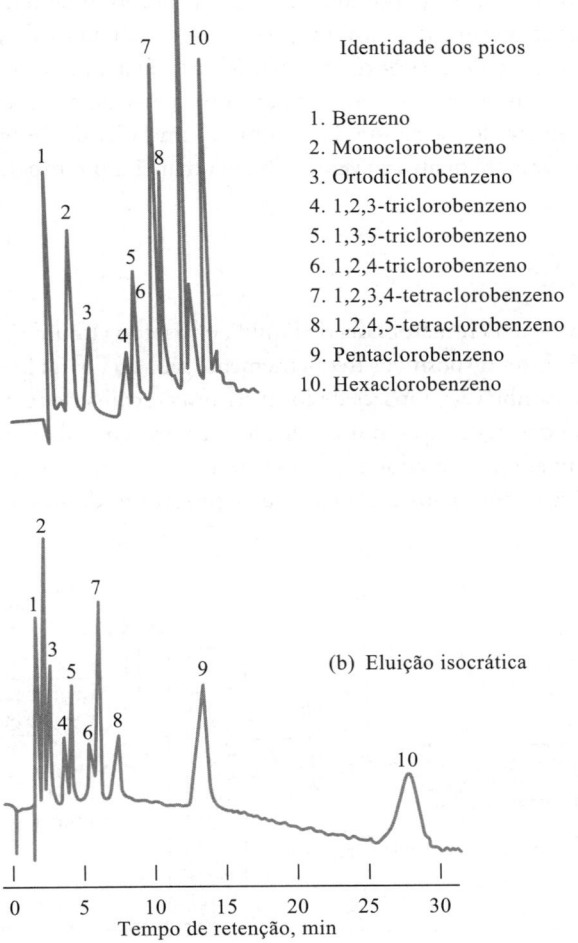

FIGURA 31-4
Melhoramento na eficácia de separação usando eluição por gradiente. (De J. J. Kirkland. *Modern Practice of Liquid Chromatograph.* Nova York: Interscience, 1971, p. 88. Reimpresso com permissão de Chromatography Fórum of the Delaare Valley.)

A **Dra. Kelsey Miller** obteve o seu doutorado em química analítica na University of North Carolina, em Chapel Hill. Ela trabalha como química para o Department of Environmental Protection dos Estados Unidos. A Dra. Miller usa a cromatografia de líquidos-espectrometria de massas para detectar e quantificar substâncias per e poli-fluoroalquilas (PFAS) em amostras ambientais como solo, rios e água potável. As PFAS são produtos químicos produzidos pelos humanos e usados em itens como tecidos e carpetes resistentes a manchas e água, produtos de limpeza e espumas de combate ao fogo.

melhor e (5) resistência à corrosão por uma grande variedade de solventes. As altas pressões geradas pelas bombas de cromatografia de líquido não representam risco de explosão, porque os líquidos não são muito compressíveis. Assim, a ruptura de um componente resulta somente em vazamento do solvente. Contudo, esse vazamento pode constituir um risco de incêndio ou ser nocivo para o ambiente, dependendo do tipo de solvente.

Dois principais tipos de bomba são usadas nos instrumentos de CLAE: tipo de seringa acionada por rosca e bomba recíproca. Os tipos recíprocos são usados em quase todos os instrumentos comerciais. As bombas de seringa produzem uma saída livre de pulsação, cuja vazão pode ser controlada facilmente. Entretanto, elas sofrem de capacidade relativamente baixa (~250 mL) e são inconvenientes quando os solventes devem ser trocados. A **Figura 31-5** ilustra os princípios de operação da bomba recíproca. Esse dispositivo consiste em uma pequena câmara cilíndrica que é preenchida e esvaziada pela movimentação de ida e vinda de um pistão. O movimento da bomba produz uma vazão pulsada que deve ser atenuada, porque os pulsos aparecem com ruído da linha de base no cromatograma. Os instrumentos modernos de CLAE usam cabeças de bombas dual ou câmeras elípticas para minimizar tais pulsações. As vantagens das bombas recíprocas incluem volume interno pequeno (35 a 400 μL), alta pressão de saída (até 10.000 psi), pronta adaptação à eluição por gradiente e vazões constantes, as quais são bastante independentes da queda de pressão imposta pela coluna e da viscosidade do solvente.

Como parte de seus sistemas de bombeamento, muitos instrumentos comerciais são equipados com dispositivos controlados por computador para medir a vazão determinando a queda de pressão por meio de um restritor localizado na saída da bomba. Qualquer diferença no sinal de um valor pré-ajustado é então usada para aumentar ou diminuir a velocidade do motor da bomba. Muitos instrumentos também têm um meio de variar a composição do solvente continuamente ou em etapas. Por exemplo, o instrumento mostrado na Figura 31-3 contém uma válvula de proporcionamento que permite misturar até quatro solventes de uma maneira pré-programada ou variável continuamente.

31A-3 Sistemas de Injeção de Amostra

O método mais empregado de introdução da amostra para cromatografia de líquido é baseado em um sistema com alça de amostragem, como aquele mostrado na **Figura 31-6**. Estes dispositivos frequentemente são uma parte integrada de equipamento de cromatografia de líquido e têm alças intercambiáveis, capazes de fornecer uma escolha de tamanhos de amostra de 1 a 100 μL ou mais. A reprodutibilidade relativa das injeções com uma alça de amostragem é de poucos décimos percentuais. Muitos instrumentos de CLAE incorporam autoamostradores que operam em conjunto com injetores automáticos. Estes injetores podem introduzir volumes variáveis continuamente a partir de reservatórios de autoamostrador.

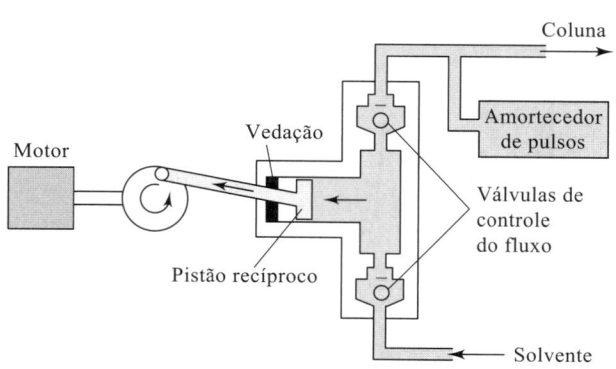

FIGURA 31-5
Uma bomba recíproca para CLAE.

31A-4 Colunas para CLAE

As colunas cromatográficas de líquido são normalmente construídas de tubos de aço inoxidável, embora tubos de vidro e de polímeros, tais como poli(éter-éter-cetona) (PEEK), são algumas vezes usados. Além disso, também estão disponíveis colunas de aço inoxidável revestidas com vidro ou PEEK. Centenas de colunas empacotadas diferindo no tamanho e no empacotamento podem ser compradas de fornecedores de CLAE. O custo de colunas de tamanho padrão e sem especialidades varia de US$ 200 a mais de US$ 500. Colunas especializadas, como as colunas quirais, podem custar mais de US$ 1.000.

Colunas Analíticas

Muitas colunas variam no comprimento de 5 a 25 cm e têm diâmetro interno de 3 a 5 mm. Colunas retas são invariavelmente usadas. O tamanho de partícula mais comum para empacotamento é de 3 a 5 μm. As colunas comumente usadas têm de 10 a 15 cm de comprimento, 4,6 mm de diâmetro interno e são empacotadas com partículas de 5 μm. As colunas deste tipo fornecem de 40.000 a 70.000 pratos m^{-2}.

Na década de 1980, tornaram-se disponíveis microcolunas com diâmetros internos de 1 a 4,6 mm e comprimentos de 3 a 7,5 cm. Essas colunas, as quais são empacotadas com partículas de 3 a 5 μm, contêm cerca de 100.000 pratos m^{-1} e apresentam vantagens quanto à velocidade e consumo mínimo de solventes. Essa última propriedade é de importância significativa, pois os solventes de altíssima pureza necessários à cromatografia de líquido custam muito caro, tanto para ser adquiridos como para ser descartados após o uso. A **Figura 31-7** ilustra a velocidade com a qual uma separação pode ser realizada usando uma coluna de microbore. Neste exemplo, foi usado MS/MS para monitorar a separação da rosuvastatina de componentes de plasma humano em uma coluna com 5 cm de comprimento e um diâmetro interno de 1,0 mm. A coluna foi empacotada com partículas de 3 μm. Foram necessários menos de 3 minutos para a separação.

Pré-colunas

São usados dois tipos de pré-coluna. Uma pré-coluna entre o reservatório de fase móvel e o injetor é usada para o condicionamento da fase móvel e é chamada de **coluna scavenger**. O solvente dissolve parcialmente o empacotamento de sílica e garante que a fase móvel seja saturada com ácido silícico antes de entrar na coluna analítica. Esta saturação minimiza as perdas da fase estacionária da coluna analítica.

Um segundo tipo de pré-coluna é uma coluna de guarda, posicionada entre o injetor e a coluna analítica. Uma **coluna de guarda** é uma coluna curta empacotada com uma fase estacionária similar à fase estacionária à da coluna analítica. O propósito da

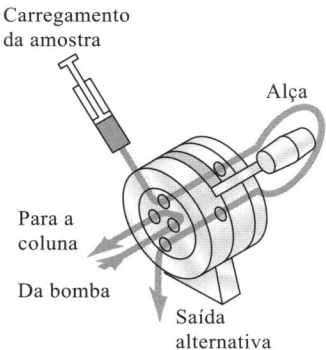

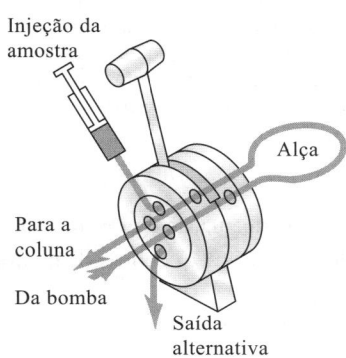

FIGURA 31-6

Sistema com alça de amostragem para a cromatografia de líquido. (Beckman Coulter, Fullerton, CA.)

Uma **coluna scavenger** entre o recipiente de fase móvel e o injetor é usada para condicionar a fase móvel.

Uma **coluna de guarda** entre o injetor e a coluna remove particulados e outras impurezas.

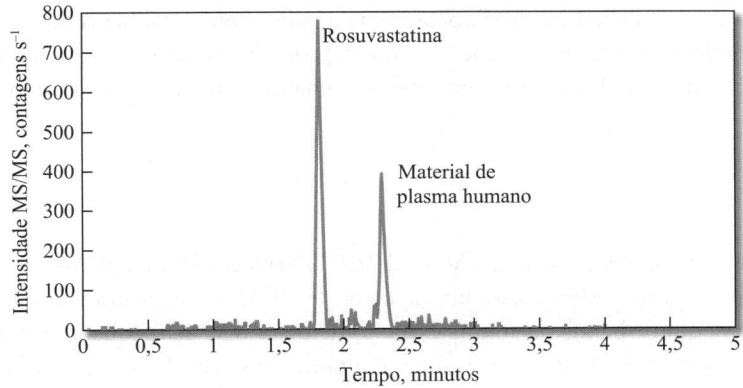

FIGURA 31-7

Separação por gradiente de alta eficiência da rosuvastatina de componentes similares do plasma humano. Coluna: 5 cm × 1,0 mm d.i. Luna C de 8,3 μm. Monitorada por MS/MS em m/z = 488,2 e 264,2. (K. A. Oudhoff; T. Sangster; E. Thomas; I. D. Wilson. *J. Chromatogr.* B, v. 832, p. 191, 2006.)

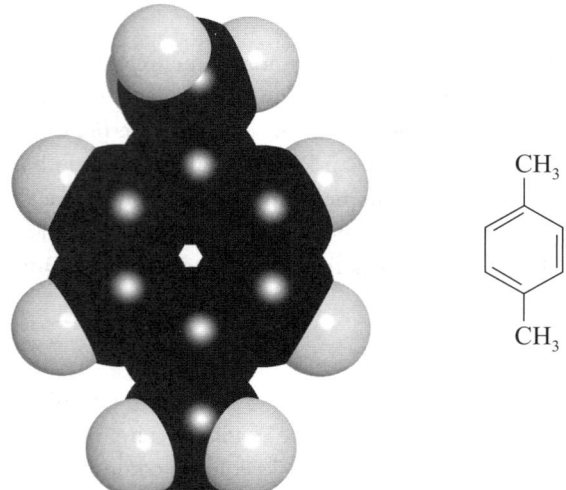

Modelo molecular do *p*-xileno. Existem três isômeros do xileno: orto, meta e para. O paraxileno é utilizado na produção de fibras artificiais. O xilol é uma mistura dos três isômeros e é empregado como solvente.

coluna de guarda é prevenir que impurezas, tais como compostos retidos e matéria particulada, atinjam e contaminem a coluna analítica. A coluna de guarda é substituída regularmente e serve para aumentar a vida útil da coluna analítica.

Coluna de Controle de Temperatura

Para algumas aplicações, um controle rigoroso de temperatura da coluna não é necessário e as colunas são operadas na temperatura ambiente. Entretanto, frequentemente, cromatogramas melhores e mais reprodutíveis são obtidos mantendo-se a temperatura da coluna constante. Muitos instrumentos comerciais modernos são equipados com aquecedores que controlam as temperaturas de colunas até alguns décimos de um grau próximo à temperatura ambiente até 150°C. As colunas também podem ser equipadas com camisas de termotização alimentadas a partir de um banho de água de temperatura constante para proporcionar controle preciso de temperatura. Muitos cromatógrafos consideram o controle de temperatura essencial para as separações reprodutíveis.

Empacotamentos de Coluna

São usados dois tipos de empacotamentos na CLAE, *partícula pelicular* e *porosa*. As partículas peliculares originais eram esféricas, não porosas e de pérolas de vidro ou de polímero com diâmetros de 30 a 40 μm. Uma camada porosa fina de resina sintética de sílica, alumina e poliestireno divinil benzeno ou uma resina de troca iônica era depositada em uma superfície dessas pérolas. Pequenas micropartículas porosas substituíram completamente essas partículas peliculares grandes. Em anos recentes, empacotamentos peliculares pequenos (≈ 5 μm) têm sido reintroduzidos para a separação de proteínas e biomoléculas grandes.

O empacotamento típico de partícula porosa para cromatografia de líquidos consiste de micropartículas porosas tendo diâmetros de 3 a 10 μm; para um determinado tamanho de partícula, uma distribuição muito estreita de tamanho de partícula é desejável. As partículas são compostas de resina sintética de sílica, alumina e poliestireno vinil benzeno, ou de uma resina de troca iônica. As partículas de sílica são frequentemente revestidas com filmes orgânicos finos, os quais são química ou fisicamente ligados à superfície. Os empacotamentos de colunas para modos cromatográficos específicos serão abordados em seções posteriores deste capítulo.

31A-5 Detectores de CLAE

O detector ideal para CLAE deve ter todas as características do detector ideal de CG listado na Seção 30A-4, exceto que ele não precisa ter uma faixa tão grande de temperatura. Além disso, um detector de CLAE deve ter um volume interno baixo (volume ideal) para minimizar o alargamento de banda da coluna extra. O detector deve ser pequeno e compatível com a vazão de líquido. Infelizmente, nenhum sistema de detector universal altamente sensível está disponível para a

TABELA 31-1
Desempenho dos Detectores para CLAE*

Detector para CLAE	Disponível Comercialmente	LD† (típico) em Massa	Faixa Linear‡ (décadas)
Absorbância	Sim	10 pg	3-4
Fluorescência	Sim	10 fg	5
Eletroquímico	Sim	100 pg	4-5
Índice de refração	Sim	1 ng	3
Condutividade	Sim	100 pg–1 ng	5
Espectrometria de massas	Sim	< 1 pg	5
FTIV	Sim	1 μg	3
Espalhamento de luz	Sim	1 μg	5
Atividade ótica	Não	1 ng	4
Seletivo a elementos	Não	1 ng	4-5
Fotoionização	Não	< 1 pg	4

*Do manual do fabricante, F. Settle, ed. *Handbook of Instrumental Techniques for Analytical Chemistry*. Upper Saddle River, NJ: Prentice-Hall, 1997; E. S. Yeung; R. E. Synovec. *Anal. Chem.*, v. 58, p. 1.237A, 1986. DOI: 10.1021/ac00125a002.
†Limites de detecção (LD) expressos em massa são dependentes do composto, instrumento e condições da CLAE; os valores fornecidos são típicos de sistemas comerciais, quando disponíveis.
‡Valores típicos extraídos da fonte citada.

cromatografia de líquidos de alta eficiência. Assim, o detector a ser empregado vai depender da natureza da amostra. A **Tabela 31-1** lista alguns dos detectores comuns e suas propriedades.[2]

Os detectores mais amplamente empregados em cromatografia de líquido são baseados na absorção de radiação no ultravioleta ou no visível (veja a **Figura 31-8**). Fotômetros e espectrofotômetros, projetados especificamente para uso com colunas cromatográficas, estão disponíveis em fontes comerciais. Os fotômetros frequentemente fazem uso das linhas 254 e 280 nm de uma fonte de mercúrio porque muitos grupos funcionais orgânicos absorvem nessa região. As fontes de deutério ou de filamento de tungstênio com filtros de interferência fornecem maneiras simples de detectar espécies absorventes. Alguns dos instrumentos modernos são equipados com discos que contêm vários filtros de interferência, os quais podem ser rapidamente trocados. Os detectores espectrofotométricos são consideravelmente mais versáteis que os fotômetros e são amplamente empregados nos instrumentos de alto desempenho. Os instrumentos modernos usam arranjos lineares de fotodiodos que podem adquirir um espectro completo à medida que o analito deixa a coluna.

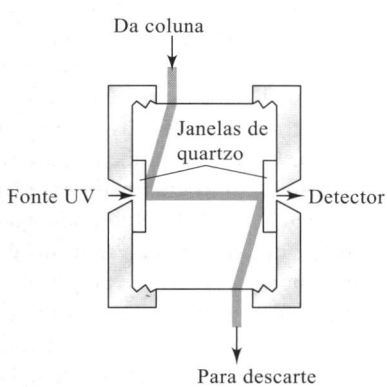

FIGURA 31-8
Um detector de absorção UV/visível para CLAE.

A combinação de CLAE com um **detector de espectrometria de massas** produz uma ferramenta muito poderosa, como mostrado na Figura 31-7. Tais sistemas CL/MS podem identificar os analitos saindo das colunas de CLAE, como discutido no Destaque 31-1.[3]

Outro detector, que tem encontrado aplicação considerável, é baseado nas mudanças no índice de refração do solvente que é provocada pelas moléculas de analito. Em contraste com a maioria dos outros detectores listados na Tabela 31-1, o detector de índice de refração é geral, ao invés de seletivo, e responde à presença de todos os solutos. A desvantagem desse detector está em sua sensibilidade limitada. Muitos **detectores eletroquímicos** baseados em medidas potenciométricas, condutimétricas e voltamétricas foram também desenvolvidos. Um exemplo de detector amperométrico encontra-se na **Figura 31-9**.

---
[2] Para uma discussão mais extensa de detectores de CLAE, veja D. A. Skoog; F. J. Holler; S. R. Crouch. *Principles of Instrumental Analysis*. 7. ed. Boston, MA: Cengage Learning, 2018, pp. 752-757.
[3] Veja W. M. Niessen. *Liquid Chromatography-Mass Spectrometry*. 3. ed. Boca Raton: CRC Press, 2006; R. E. Ardrey. *Liquid Chromatography-Mass Spectrometry: An Introduction*. Chichester, UK: Wiley, 2003.

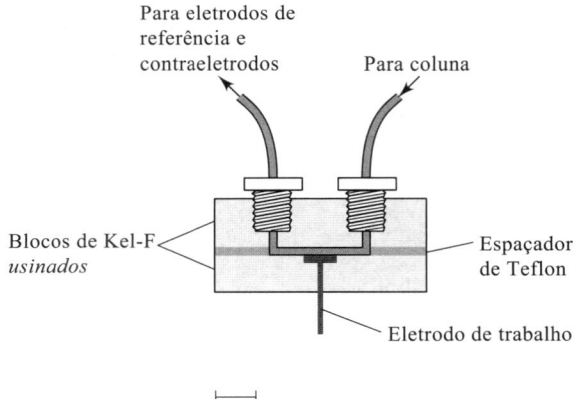

FIGURA 31-9
Célula amperométrica de camada fina para CLAE.

DESTAQUE 31-1

CL/MS e CL/MS/MS

A combinação da cromatografia de líquido com a espectrometria de massas poderia ser vista como a fusão ideal de separação e detecção. Assim como na cromatografia de gás, o espectrômetro de massas pode identificar espécies à medida que elas são eluídas da coluna cromatográfica. Contudo, existem problemas importantes no acoplamento dessas duas técnicas. Uma amostra no estado gasoso é necessária para a espectrometria de massas, enquanto a saída de uma coluna de CL é constituída por um soluto dissolvido em um solvente. Como uma primeira etapa, o solvente deve ser evaporado. Quando vaporizado, contudo, o solvente da CL produz um volume de vapor que é cerca de 10 a 1.000 vezes maior que o volume do gás de arraste na cromatografia de gás. Portanto, a maior parte do solvente deve também ser removida. Diversos dispositivos têm sido desenvolvidos para resolver esse problema de remoção do solvente e para o interfaceamento da coluna de CL. Atualmente, as abordagens mais populares são usar uma técnica de ionização à pressão atmosférica de baixa vazão. O diagrama de blocos de um sistema típico CL/MS é mostrado na **Figura 31D-1**. O sistema de CLAE é tipicamente um sistema capilar de CL em nanoescala com vazões na faixa de $\mu L\ min^{-1}$. Alternativamente, algumas interfaces permitem vazões tão altas como de 1 a 2 $mL\ min^{-1}$, as quais são típicas das condições convencionais da CLAE. As fontes de ionização mais comuns são a ionização por *eletrospray* e a ionização química à pressão atmosférica (veja a Seção 27D-2). A combinação da CLAE com a espectrometria de massas fornece alta seletividade, uma vez que picos não resolvidos podem ser isolados pelo monitoramento de uma massa selecionada. A técnica CL/MS pode fornecer impressões digitais de um eluato em

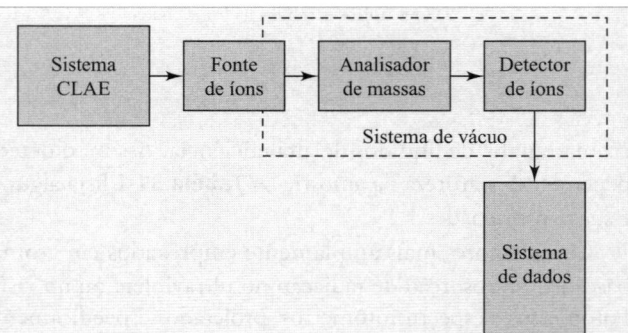

FIGURA 31D-1 Diagrama de blocos de um sistema CL/MS. O efluente da coluna de CL é introduzido a uma fonte de ionização à pressão atmosférica, como em uma fonte de *eletrospray* ou inonização química. Os íons produzidos são selecionados pelo analisador de massas e detectados pelo detector de íons.

particular, em vez de depender do tempo de retenção, como na CLAE convencional. A combinação também pode fornecer a massa molecular e informações estruturais bem como a análise quantitativa precisa.[4]

Para algumas misturas complexas, a combinação da CL com MS não fornece uma resolução suficiente. Nos anos mais recentes, tornou-se factível o acoplamento de dois ou mais analisadores de massas em conjunto, em uma técnica conhecida como espectrometria de massas tandem (veja a Seção 27D-3). Quando se combina a CL com a espectrometria de massas tandem, recebe o nome de *instrumento CL/MS/MS* (ou CL-MS/MS). Os espectrômetros de massas tandem geralmente são sistemas do tipo quadrupolo ou espectrômetros de armadilha de íons.

(continua)

---

[4] Para uma revisão sobre os sistemas comerciais CL/MS, veja B. E. Erickson. *Anal. Chem.*, v. 72, p. 711A, 2000. DOI: 10.1021/ac0029758.

Para se obter maior resolução do que a que pode ser obtida com um quadrupolo, o analisador de massas final em um sistema MS tandem pode ser um espectrômetro de massas de tempo de voo. Os espectrômetros de massas de setor também podem ser combinados para gerar sistemas tandem. Os espectrômetros de ressonância de ciclotron de íons e a de armadilha de íons podem ser operados de tal maneira para fornecer não apenas dois estágios de análise de massas, mas n estágios. Esses sistemas MS^n promovem as etapas de análise sequencialmente com um único analisador de massas. Estes espectrômetros têm sido combinados com sistemas CL em instrumentos CL/MS^n.

31B Cromatografia por Partição

O tipo de CLAE mais utilizado é a **cromatografia por partição**, na qual a fase estacionária é um segundo líquido que é imiscível com o líquido da fase móvel. A cromatografia por partição pode ser subdividida em **cromatografia líquido-líquido** e **cromatografia de líquido com fase ligada**. A diferença entre as duas está na forma com a qual a fase estacionária é imobilizada nas partículas de suporte do material de empacotamento. O líquido é imobilizado por adsorção física na cromatografia líquido-líquido, enquanto é retido por meio de ligações químicas na cromatografia de líquido com fase ligada. A cromatografia por partição mais antiga era exclusivamente líquido-líquido; entretanto, atualmente, predominam os métodos de líquido com fase ligada por causa da sua maior estabilidade e compatibilidade com a eluição por gradiente. Os empacotamentos do tipo líquido-líquido estão, hoje em dia, relegados a certas aplicações especiais. Restringimos nossa discussão nesta seção à cromatografia com fase ligada.[5]

Na **cromatografia por partição líquido-líquido**, a fase estacionária é um solvente mantido no lugar por adsorção da superfície das partículas de empacotamento.

Na **cromatografia de líquido por partição com fase ligada**, a fase estacionária é uma espécie orgânica que é imobilizada na superfície das partículas do material de empacotamento por meio de ligações químicas.

31B-1 Empacotamentos com Fases Ligadas

A maioria dos materiais de empacotamento com fase ligada é preparada pela reação de um organoclorosilano com os grupos —OH formados na superfície das partículas de sílica por hidrólise em ácido clorídrico diluído quente. O produto é um organosiloxano. A reação para um sítio SiOH sobre a superfície de uma partícula pode ser escrita como

$$\text{—Si—OH} + \text{Cl—Si(CH}_3\text{)}_2\text{—R} \longrightarrow \text{—Si—O—Si(CH}_3\text{)}_2\text{—R}$$

onde R é geralmente uma cadeia linear de grupo octil ou octildecil. Outros grupos funcionais orgânicos que têm sido ligados às superfícies de sílica incluem aminas alifáticas, éteres e nitrilas, bem como hidrocarbonetos aromáticos. Assim, as fases estacionárias estão disponíveis com muitas polaridades diferentes.

31B-2 Empacotamentos de Fases Normal e Reversa

Dois tipos de cromatografia por partição podem ser distinguidos com base nas polaridades relativas da fase estacionária e móvel. Os trabalhos iniciais em cromatografia de líquido foram baseados em fases estacionárias altamente polares, como trietileno glicol ou água; um solvente relativamente apolar, como o hexano ou o éter i-propílico, servia, então, como fase móvel. Por razões históricas, esse tipo de cromatografia é atualmente chamado **cromatografia de fase normal**. Na **cromatografia de fase reversa**, a fase es-

Na **cromatografia por partição de fase normal**, a fase estacionária é polar e a fase móvel, apolar. Na **cromatografia por partição de fase reversa**, a polaridade dessas fases são invertidas.

---
[5] Para um relatório nos mecanismos de retenção na cromatografia com fase ligada, veja J. G. Dorsey; W. T. Cooper. *Anal. Chem.*, v. 66, p. 857A, 1994. DOI: 10.1021/ac00089a002.

tacionária é apolar, geralmente um hidrocarboneto, e a fase móvel corresponde a um solvente relativamente polar (como água, metanol, acetonitrila ou tetra-hidrofurano).[6]

>> Na cromatografia de fase normal, o analito menos polar é eluído primeiro. Na cromatografia de fase reversa, ele é eluído por último.

Na cromatografia de fase normal, o componente *menos* polar é eluído primeiro; o *aumento* da polaridade da fase móvel então *diminui* o tempo de eluição. Em contraste, na cromatografia de fase reversa, o componente *mais* polar elui primeiro e o *aumento* da polaridade da fase móvel *eleva* o tempo de eluição.

Foi estimado que mais de três quartos de todas as separações por CLAE são, atualmente, realizadas em fase reversa com empacotamento ligado de octil- ou octildecil siloxano. Com tais preparações, os grupos de hidrocarbonetos de cadeia longa estão alinhados paralelamente entre si e perpendiculares em relação à superfície da partícula, fornecendo uma superfície de hidrocarbonetos apolar parecida com uma escova. A fase móvel empregada com esses materiais de empacotamento é normalmente uma solução aquosa que contém várias concentrações de solventes, como metanol, acetonitrila ou tetra-hidrofurano.

A **cromatografia por par iônico** é um subgrupo da cromatografia de fase reversa no qual as espécies facilmente ionizáveis são separadas em colunas de fase reversa. Neste tipo de cromatografia, um sal orgânico contendo um contraíon orgânico grande, como um íon de amônio quaternário ou sulfonato de alquila, é adicionado à fase móvel como um agente de emparelhamento de íon. São postulados dois mecanismos para a separação. No primeiro, o contraíon forma um par não carregado com um íon de soluto de carga contrária na fase móvel. Esse par iônico particiona-se na fase apolar estacionária, gerando uma retenção diferencial dos solutos com base na afinidade do par iônico pelas duas fases. Alternativamente, o contraíon é retido fortemente pela fase estacionária, normalmente neutra, atribuindo carga a essa fase. A separação de íons do soluto orgânico de carga oposta ocorre por formação de complexos de pares iônicos, os solutos mais retidos formam os complexos mais fortes com a fase estacionária. Algumas separações excepcionais de compostos iônicos e não iônicos presentes na mesma amostra podem ser realizadas com essa forma de cromatografia por partição. A **Figura 31-10** ilustra a separação de compostos iônicos e não iônicos utilizando sulfonatos alquílicos com cadeias de vários comprimentos como agentes de formação de pares iônicos. Observe que a mistura de sulfonatos alquílicos C_5- e C_7- produz os melhores resultados para a separação.

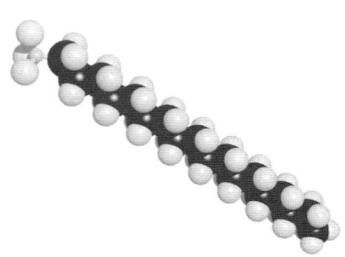

Modelo molecular do octildecil-siloxano.

>> A ordem de polaridade dos solventes comuns utilizados como fases móveis é água > acetonitrila > metanol > etanol > tetraidrofurano > propanol > cicloexano > hexano.

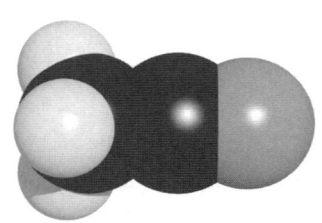

Modelo molecular da acetonitrila. A acetonitrila ($CH_3C N$) é amplamente empregada como solvente orgânico. Seu uso como fase móvel em CL vem do fato de ela ser mais polar que o metanol, porém menos polar que a água.

31B-3 Escolha das Fases Móvel e Estacionária

O sucesso da cromatografia por partição requer um equilíbrio adequado de forças intermoleculares entre os três participantes no processo de separação: o analito e as fases móvel e estacionária. Em geral, as polaridades de grupos funcionais orgânicos em ordem crescente são hidrocarbonetos < éteres < cetonas < aldeídos < amidas < alcoóis. A água é mais polar que compostos contendo qualquer um dos grupos funcionais anteriores.

Com frequência, ao escolher uma coluna e a fase móvel, a polaridade da fase estacionária é combinada aproximadamente com aquela dos analitos; uma fase móvel de diferença de polaridade consideravelmente diferente é então usada na eluição. Esse procedimento é mais bem-sucedido que outro, no qual as polaridades do analito e da fase móvel são igualadas, sendo diferentes daquela da fase estacionária. Neste último caso, a fase estacionária não pode competir com sucesso pelos componentes da amostra; os tempos de retenção então se tornam muito curtos para aplicação prática. No outro extremo está a situação em que as polaridades do analito e da fase estacionária são muito semelhantes; então, os tempos de retenção tornam-se excessivamente longos.

31B-4 Aplicações

---

[6] Para uma discussão detalhada sobre CLAE de fase reversa, veja L. R. Snyder; J. J. Kirkland; J. W. Dolan. *Introduction to Modern Liquid Chromatography*. 3. ed. Hoboken, NJ: Wiley, 2010, caps. 6-7.

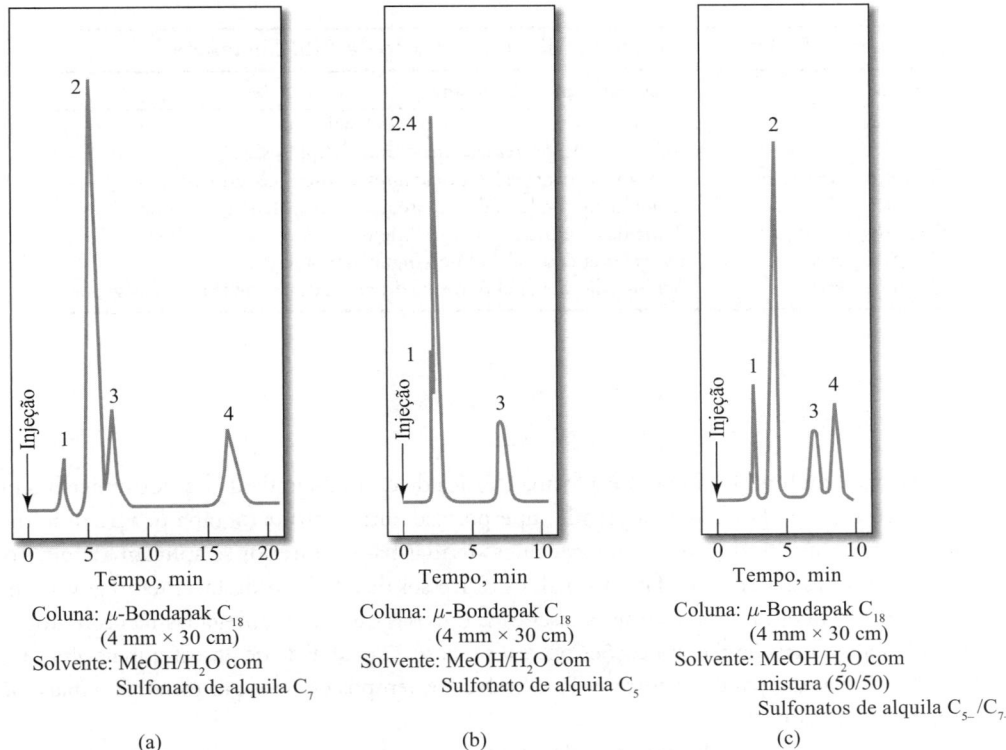

FIGURA 31-10 Cromatogramas ilustrando as separações de misturas de compostos iônicos e não iônicos por cromatografia por par iônico. Compostos: (1) niacinamida, (2) piridoxina, (3) riboflavina e (4) tiamina. Em pH 3,5 a niacinamida está fortemente ionizada, enquanto a riboflavina é não iônica. A piridoxina e a tiamina estão fracamente ionizadas. Coluna: μ-*Bondapak*, C_{18}, 4 mm × 30 cm. Fase móvel: (a) MeOH/H$_2$O com sulfonato de alquila C_7, (b) MeOH/H$_2$O (1:1) com sulfonato de alquila C_5 e (c) MeOH/H$_2$O com mistura 1:1 de sulfonato de alquila C_{5-} e C_{7-}. (Waters Corp., Milford, MA.)

A **Figura 31-11** ilustra algumas aplicações típicas da cromatografia por partição com fase ligada para separar os aditivos de refrigerantes e inseticidas organofosforados. A **Tabela 31-2** ilustra a variedade de amostras para as quais a técnica pode ser aplicada.

FIGURA 31-11

Aplicações típicas da cromatografia com fase ligada. (a) Aditivos em refrigerantes. Coluna: 4,6 × 250 mm empacotada com material com fase polar (nitrila) ligada. Eluição isocrática com 6% HOAc/94% H$_2$O. Vazão: 1,0 mL min^{-1}. (b) Inseticidas organofosforados. Coluna 4,5 × 250 mm empacotada com partículas de 5 μm com fase ligada de C_8. Eluição por gradiente: 67% CH$_3$OH/33% H$_2$O até 80% CH$_3$OH/20% H$_2$O. Vazão: 2 mL min^{-1}. Ambas as aplicações empregaram detectores UV a 254 nm.

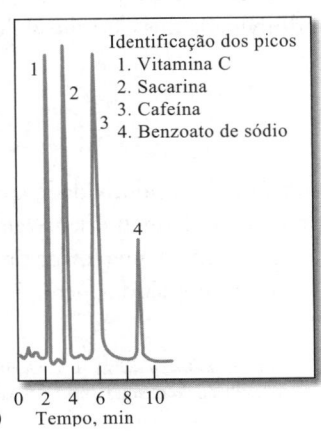
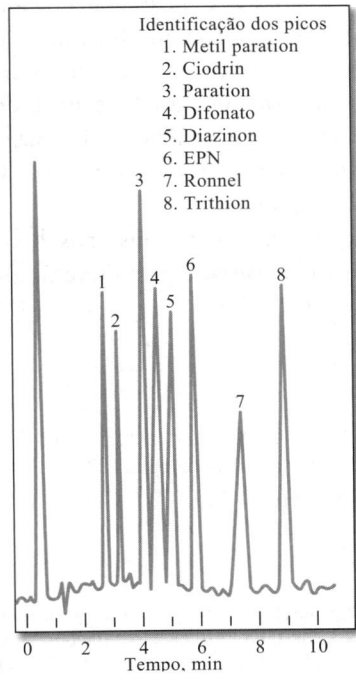

TABELA 31-2
Aplicações Típicas da Cromatografia por Partição de Alta Eficiência

Campo	Misturas Típicas Separadas
Farmacêutico	Antibióticos, sedativos, esteroides, analgésicos
Bioquímico	Aminoácidos, proteínas, carboidratos, lipídios
Produtos alimentícios	Adoçantes artificiais, antioxidantes, aflotoxinas, aditivos
Química industrial	Aromáticos condensados, tensoativos, propelentes, corantes
Poluentes	Pesticidas, herbicidas, fenóis, bifenilas policloradas (PCBs)
Ciência forense	Drogas, venenos, álcool no sangue, narcóticos
Química clínica	Ácidos bílicos, metabólitos de drogas, extratos de urina, estrógenos

31C Cromatografia por Adsorção

A cromatografia por adsorção, ou líquido-líquido, é a forma clássica de cromatografia de líquidos inicialmente introduzida por Tswett, no início do século XX. Por causa da grande superposição entre a cromatografia por partição de fase normal e a cromatografia por adsorção, muitos dos princípios e técnicas usadas para a anterior se aplicam à cromatografia por adsorção. Na realidade, em muitas separações de fase normal, os processos de adsorção/deslocamento governam a retenção.

Sílica e alumina finamente divididas são as únicas fases estacionárias que são empregadas na cromatografia por adsorção. A sílica é a preferida para a maioria das aplicações por causa da sua capacidade de amostra mais alta. As características de adsorção das duas substâncias são paralelas entre si. Para ambas, os tempos de retenção tornam-se mais longos à medida que a polaridade do analito aumenta.

Por causa da versatilidade e da pronta disponibilidade de fases estacionárias ligadas, a cromatografia por adsorção tradicional com fases estacionárias sólidas tem visto uma diminuição no uso em anos recentes em favor da cromatografia de fase normal.

31D Cromatografia por Troca Iônica

Na Seção 29D, descrevemos algumas das aplicações das resinas de troca iônica nas separações analíticas. Além disso, esses materiais são úteis como fases estacionárias para a cromatografia de líquido, na qual são empregados para separar espécies carregadas. A cromatografia de íons, como é praticada hoje, foi inicialmente desenvolvida em meados da década de 1970, quando mostrou que as misturas de ânions ou cátions podia ser resolvida em colunas de CLAE empacotadas com resinas de troca iônica aniônica ou catiônica. Naquela época, a detecção normalmente era feita com medidas de condutividade. O desenvolvimento das colunas de baixa capacidade de troca permitiu o uso de fases móveis de força iônica baixa que podiam ser adicionalmente deionizadas (ionização suprimida) para permitir detecção de condutividade de alta sensibilidade. Atualmente, vários outros tipos de detector estão disponíveis para a cromatografia de íons, incluindo espectrométrico e eletroquímico.[7]

Atualmente há dois tipos de cromatografia de íons em uso: **baseada em supressor** e de **coluna única**. Elas diferem no método utilizado para prevenir que a condutividade dos eletrólitos eluentes interfiram com a medida das condutividades dos analitos.

31D-1 Cromatografia de Íons Baseada em Supressores

❯❯ O detector de condutividade é muito adequado para a cromatografia por troca iônica.

Os detectores de condutividade apresentam muitas propriedades de um detector ideal. Eles podem ser altamente sensíveis, são universais para as espécies carregadas e, como regra, respondem de uma forma previsível às variações de concentração. Além disso, tais detectores são simples de operar, baratos para construir e manter, fáceis de miniaturizar

---

[7] Para uma breve revisão da cromatografia de íons, veja J. S. Fritz. *Anal. Chem.*, v. 59, p. 335A, 1987. DOI: 10.1021/ac0013a002; P. R. Haddad. *Anal. Chem.*, v. 73, p. 266A, 2001. DOI: 10.1021/ac012440u. Para uma descrição detalhada do método, veja H. Small. *Ion Chromatography*. Nova York: Plenum Press, 1989; J. S. Fritz; D. T. Gjerde. *Ion Chromatography*. 4. ed. Weinheim, Alemanha: Wiley-VCH, 2009.

e normalmente operam por longos períodos sem necessidade de manutenção. A única limitação no uso dos detectores de condutividade, que atrasou a aplicação geral deles para a cromatografia até meados da década de 1970, era devida às altas concentrações de eletrólito necessárias para eluir a maioria de íons de analito em um tempo razoável. Como resultado, a condutividade de componentes da fase móvel tende a se sobrepor àquelas dos íons do analito, diminuindo enormemente a sensibilidade do detector.

Em 1975, o problema criado pela alta condutância dos eluentes foi resolvido pela introdução de uma **coluna supressora do eluente** logo após a coluna de troca iônica.[8] A coluna do supressor é empacotada com uma segunda resina de troca iônica que converte efetivamente os íons do solvente de eluição para espécies moleculares de ionização limitada sem afetar a condutividade dos íons dos analitos. Por exemplo, quando se pretende separar e determinar cátions, o ácido clorídrico é selecionado como reagente eluente e a coluna de supressão é constituída por uma resina de troca iônica na forma de hidróxido. O produto da reação na coluna de supressão é a água. Isto é,

$$H^+(aq) + Cl^-(aq) + resina^+OH^-(s) \rightarrow resina^+Cl^-(s) + H_2O$$

Os cátions do analito não são retidos por essa segunda coluna.

Para a separação de ânions, o empacotamento supressor está na forma ácida de uma resina de troca catiônica e o agente de eluição é constituído por bicarbonato ou carbonato de sódio. A reação no supressor é

$$Na^+(aq) + HCO_3^-(aq) + resina^-H^+(s) \rightarrow resina^-Na^+(s) + H_2CO_3(aq)$$

O ácido carbônico pouco dissociado não contribui significativamente para a condutividade.

Um inconveniente associado com as colunas supressoras adicionais era a necessidade de regenerá-las periodicamente (normalmente a cada 8 a 10 horas) para converter o empacotamento de volta à forma ácida ou básica. Entretanto, na década de 1980, os supressores com micromembranas que operam continuamente tornaram-se disponíveis.[9] Por exemplo, onde o carbonato ou bicarbonato de sódio deve ser removido, o eluente é passado sobre uma série de membranas ultrafinas de troca catiônica que o separa de um fluxo ácido, regenerando a solução que flui continuamente na direção oposta. Os íons sódio do eluente são trocados com os íons hidrogênio na superfície interna da membrana trocadora e então migram para outra superfície, para serem trocados com os íons hidrogênio do reagente regenerador. Os íons hidrogênio da solução regeneradora migram na direção inversa preservando, assim, a neutralidade elétrica. Supressores com micromembranas modernos usam a eletrólise da água (veja o Capítulo 20) para produzir o ácido ou a base necessários e são regeneradores. Os separadores com micromembrana são capazes de remover basicamente todos os íons sódio de uma solução de NaOH 0,1 mol L^{-1} com uma vazão de 2 mL min^{-1}.

❮❮ Na **cromatografia de íon baseada em supressor**, a coluna de troca iônica é seguida por uma **coluna supressora**, ou por uma **membrana supressora**, que converte um eluente iônico em uma espécie não iônica que não interfere com a detecção condutométrica de íons do analito.

A **Figura 31-12** mostra duas aplicações da cromatografia de íons baseadas em uma coluna supressora e detecção condutométrica. Em cada uma delas, os íons estão presentes na faixa de partes por milhão; o volume da amostra foi de 50 μL em um caso e de 100 μL no outro. O método é particularmente importante para a análise de ânions, porque não existe outro método rápido e conveniente para resolver as misturas desse tipo.

31D-2 Cromatografia de Íons em Coluna Única

A instrumentação comercial de cromatografia de íons que não exige coluna supressora também está disponível. Essa abordagem depende da pequena diferença de condutividade entre os íons da amostra e os íons prevalentes do eluente. Para amplificar essas diferenças, trocadores de baixa capacidade são empregados, permitindo a eluição com soluções com baixas concentrações de eletrólitos. Além disso, eluentes de baixa condutividade são selecionados.

A cromatografia de íons com coluna única oferece a vantagem de não requerer equipamentos especiais para a supressão. Entretanto, é um método um pouco menos sensível para a determinação de ânions que os métodos de coluna supressora.

Na **cromatografia por troca iônica em coluna única**, os íons dos analitos são separados em uma troca iônica de baixa capacidade por meio de um eluente de pequena força iônica que não interfere com a detecção condutométrica dos íons dos analitos.

---
[8] H. Small; T. S. Stevens; W. C. Bauman. *Anal. Chem.*, v. 47, p. 1801, 1975. DOI: 10.1021/ac606361a017.
[9] J. S. Fritz; D. T. Gjerde. *Ion Chromatography*. 4. ed. Weinheim, Alemanha: Wiley-VCH, 2009.

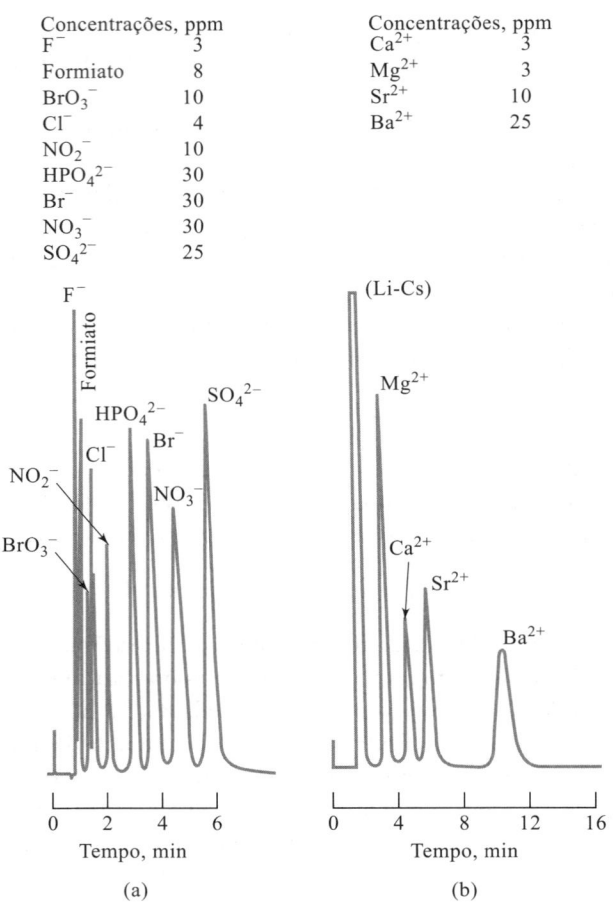

FIGURA 31-12
Aplicações típicas da cromatografia de íons. (a) Separação de ânions em uma coluna de troca aniônica. Eluente: $NaHCO_3$ 0,0028 mol L^{-1}/Na_2CO_3 0,0023 mol L^{-1}. Tamanho da amostra: 50 μL. (b) Separação de íons alcalinos terrosos em uma coluna de troca catiônica. Eluente: fenilenodiamina 0,025 mol L^{-1}/ HCl 0,0025 mol L^{-1}. Tamanho da amostra: 100 μL. (Dionex, Inc., Sunnyvale, CA.)

31E Cromatografia por Exclusão por Tamanho

A cromatografia por exclusão por tamanho, ou em gel, é uma técnica poderosa, particularmente aplicável às espécies de alta massa molecular.[10] Os materiais de empacotamento para a cromatografia por exclusão por tamanho consistem em partículas pequenas (~10 μm) de sílica ou polímeros contendo uma rede de poros uniformes dentro dos quais as moléculas do soluto e do solvente podem difundir. Enquanto estão ocupando os poros, as moléculas estão efetivamente presas e são removidas do fluxo da fase móvel. O tempo de residência médio das moléculas do analito depende do seu tamanho efetivo. As moléculas que são muito maiores que o tamanho médio dos poros do material de empacotamento são excluídas e assim não sofrem nenhuma retenção; isto é, elas se deslocam através da coluna na velocidade da fase móvel. As moléculas que são apreciavelmente menores que os poros podem penetrar por meio do labirinto dos poros e são assim retidas por tempos mais longos; elas são as últimas a ser eluídas. Entre esses dois extremos estão as moléculas de tamanho intermediário, cuja penetração média nos poros do material de empacotamento depende dos seus diâmetros. Uma ilustração simplificada da exclusão de tamanho é mostrada na **Figura 31-13**. O fracionamento que ocorre dentro desse grupo está diretamente relacionado com o tamanho molecular e, em alguma extensão, com a forma da molécula. Observe que as separações por exclusão por tamanho diferem de outros procedimentos cromatográficos em relação ao fato de não existirem interações químicas ou físicas entre os analitos e a fase estacionária. De fato, tais interações são evitadas, porque elas levam à diminuição das eficiências da coluna. Observe também que, diferentemente de outras formas de cromatografia, existe um limite superior

Na **cromatografia por exclusão por tamanho**, o fracionamento é baseado no tamanho das moléculas.

---

[10] Para monografias neste assunto, veja A. Striegel; W. W. Yau; J. J. Kirkland; D. D. Bly. *Modern Size-Exclusion Chromatography: Practice of Gel Permeation and Gel Filtration Chromatography*. 2. ed. Hoboken, NJ: Wiley, 2009; C. S. Wull, ed. *Handbook of Size Exclusion Chromatography*. 2. ed. Nova York: Dekker, 2004; C. S. Wu, ed. *Column Handbook for Size Exclusion Chromatography*. San Diego: Academic Press, 1999.

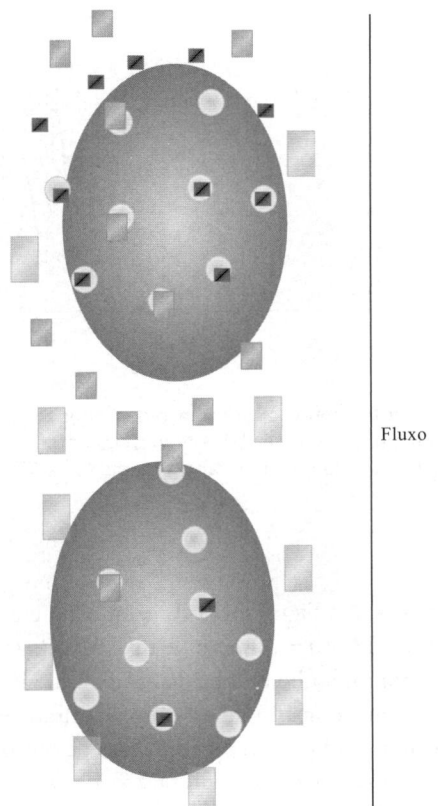

FIGURA 31-13
Ilustração da exclusão por tamanho. As partículas grandes mostradas como retângulos cinza-claro não entram nos poros, mostrados como ovais e não são retidas. As partículas pequenas, mostradas como quadrados cinza-escuro e preto entram nos poros e são retidas. As partículas grandes eluem primeiro e as partículas menores retidas eluem depois.

para o tempo de retenção, uma vez que nenhuma espécie de analito é retida mais tempo que aquelas de moléculas pequenas que permeiam totalmente a fase estacionária.

31E-1 Empacotamentos de Coluna

São encontrados dois tipos de empacotamento para a cromatografia por exclusão por tamanho: pérolas de polímero e partículas à base de sílica, ambas com diâmetro de 5 a 10 μm. As partículas de sílica são mais rígidas, o que leva ao empacotamento mais fácil e permite maiores pressões para serem usadas. Elas também são mais estáveis, permitindo uma grande faixa de solventes para serem usados, e exibem equilíbrio mais rápido com novos solventes.

Estão no mercado inúmeros empacotamentos de exclusão por tamanho. Alguns são hidrofílicos para uso com fases móveis aquosas; outros são hidrofóbicos e são usados com solventes orgânicos apolares. A cromatografia baseada em empacotamentos hidrofílicos é algumas vezes chamada de **filtração em gel**, enquanto aquela baseada em empacotamentos hidrofóbicos é chamada de **permeação em gel**. Com ambos os tipos de empacotamento, estão disponíveis muitos diâmetros. Geralmente, um determinado empacotamento acomodará de 2 a 2,5 dezenas de faixa de massa molecular. A massa molecular média adequada para um determinado empacotamento pode ser tão pequena quanto algumas centenas ou tão grande quanto vários milhões.

> A **filtração em gel** é um tipo de cromatografia por exclusão por tamanho, na qual o material do empacotamento é hidrofílico. É empregada para separar as espécies polares.

> A **permeação em gel** é um tipo de cromatografia por exclusão por tamanho, na qual o material do empacotamento é hidrofóbico. É utilizada na separação de espécies apolares.

31E-2 Aplicações

A **Figura 31-14** ilustra as aplicações típicas da cromatografia por exclusão por tamanho. Ambos os cromatogramas foram obtidos com empacotamentos hidrofóbicos nos quais o eluente foi o tetra-hidrofurano. Na Figura 31-14a, é mostrada a

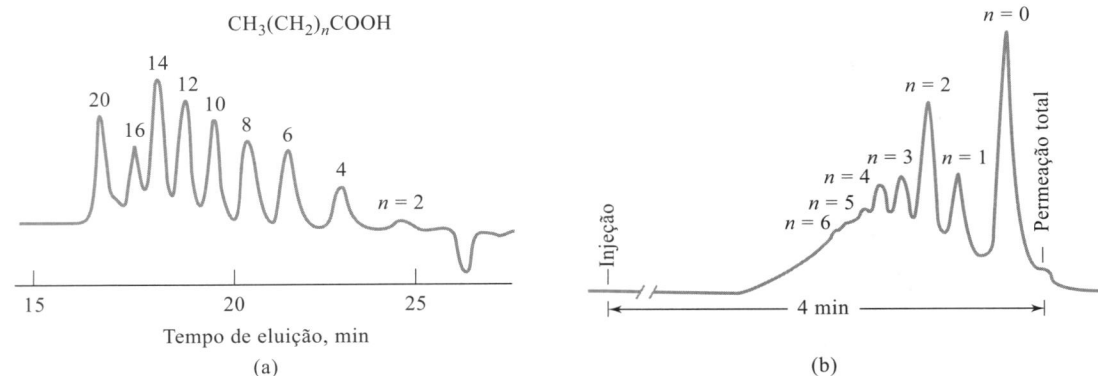

FIGURA 31-14 Aplicações de cromatografia por exclusão por tamanho. (a) Separação de ácidos graxos. Coluna: baseada em poliestireno, 7,5 × 600 mm. Fase móvel: tetra-hidrofurano. (b) Uma análise de resina epóxi comercial (n = número de unidades monoméricas no polímero). Coluna: sílica porosa 6,2 × 250 mm. Fase móvel: tetra-hidrofurano. (Adaptado de BTR Separations, uma afiliada da DuPont ConAgra.)

separação de ácidos graxos com massa molecular $\mathcal{M}$ de 116 a 344. Na Figura 31-14b, a amostra era uma resina epóxi comercial, na qual cada unidade de monômero tinha uma massa de 280 (n = número de unidades de monômero).

Outra aplicação importante da cromatografia por exclusão por tamanho está na determinação rápida da massa molecular ou da distribuição de massas moleculares de polímeros de cadeia longa ou de produtos naturais. A chave para essas determinações está na calibração exata da massa molecular. As calibrações podem ser realizadas pelo uso de padrões de massa molecular conhecida (método da posição do pico) ou pelo "método universal de calibração". O último método baseia-se no princípio de que o produto entre a viscosidade molecular intrínseca η e a massa molecular $\mathcal{M}$ é proporcional ao volume hidrodinâmico (volume efetivo incluindo a camada de solvatação). Idealmente, as moléculas são separadas por cromatografia por exclusão por tamanho de acordo com o volume hidrodinâmico. Portanto, uma curva analítica universal pode ser obtida colocando-se em um gráfico log [$\eta\mathcal{M}$] *versus* o volume de retenção, V_r, onde $V_r = t_r \times F$. Alternativamente, uma calibração absoluta pode ser realizada empregando-se um detector sensível à massa molar, como o detector de espalhamento de luz a baixo ângulo.

O Destaque 31-2 ilustra como a cromatografia por exclusão por tamanho pode ser empregada na separação de fulerenos.

DESTAQUE 31-2

Buckyballs: A Separação Cromatográfica de Fulerenos

Nossas ideias acerca da natureza da matéria são, com frequência, profundamente influenciadas por descobertas feitas ao acaso. Nenhum evento da memória recente capturou a imaginação tanto da comunidade científica quanto do público como a descoberta inesperada, em 1985, da molécula C_{60} em forma de bola de futebol. Essa molécula, ilustrada na **Figura 31D-2**, a sua prima C_{70} e outras moléculas similares descobertas desde 1985 são denominadas **fulerenos** ou, mais comumente, ***buckyballs***.[11] Os compostos são assim chamados em consideração a um famoso arquiteto, R. Buckminster Fuller, que projetou muitos edifícios com cúpulas geodésicas apresentando a mesma estrutura hexagonal/pentagonal que os *buckyballs*. Desde a sua descoberta, milhares de grupos de pesquisa em todo o mundo têm estudado várias propriedades físicas e químicas dessas moléculas muito estáveis. Elas representam uma terceira forma alotrópica do carbono, além do grafite e do diamante.

A preparação das *buckyballs* é quase trivial. Quando um arco *ca* é formado entre dois eletrodos de carbono em um fluxo de atmosfera de hélio, a fuligem coletada é rica em C_{60} e C_{70}. Embora a preparação seja fácil, a separação e a purificação

(continua)

---

[11] R. F. Curl; R. E. Smalley. *Scientific American*, v. 265, n. 4, p. 54, 1991.

Cromatografia de Líquidos de Alta Eficiência

FIGURA 31D-2 Buckminster fulereno, C_{60}.

de mais de alguns miligramas de C_{60} se mostrou cansativa e cara. Quantidades relativamente grandes de *buckyballs* têm sido separadas por cromatografia por exclusão por tamanho.[12] Os fulerenos são extraídos da fuligem, preparada como descrito anteriormente, e injetados em uma coluna de 199 mm × 30 cm, 500 Å Ultrastyragel (Waters Corp., Milford, MA), empregando-se o tolueno como fase móvel e detecção UV/visível, após a separação. Um cromatograma típico é mostrado na **Figura 31D-3**. Os picos no cromatograma estão rotulados com suas identificações e tempos de retenção.

Observe que o C_{60} elui antes do C_{70} e dos fulerenos maiores. Isto é o contrário do esperado; a molécula menor, C_{60}, deveria ser retida mais intensamente que a C_{70} e os fulerenos maiores. Tem sido sugerido que a interação entre as moléculas, o soluto e o gel acontece na superfície deste em vez de ocorrer nos poros. Uma vez que o C_{70} e os fulerenos superiores apresentam áreas superficiais maiores que o C_{60}, os fulerenos superiores são retidos mais fortemente na superfície do gel e, assim, são eluídos após o C_{60}. Com um instrumento automático, este método de separação pode ser usado para preparar vários gramas de C_{60} com pureza de 99,8% a partir de 5 a 10 g de uma mistura de C_{60} e C_{70} em um período de 24 horas. Essas quantidades de C_{60} podem, então, ser usadas para estudar a química e a física de derivados dessas formas do carbono interessantes e raras.

Em adição à exclusão por tamanho, a CLAE com uma fase estacionária ligada de sílica de octadecila (SOD) tem sido usada para separar fulerenos.[13] Têm sido usadas fases SOD tanto poliméricas quanto monoméricas, e elas fornecem maior seletividade que outras fases. A **Figura 31D-4** mostra uma separação preparativa a partir do extrato total de fuligem e da fração contendo os fulerenos maiores em uma coluna de SOD polimérica. Essas estão entre as primeiras separações dos fulerenos individuais maiores. Observe a excelente resolução comparada à separação por exclusão por tamanho da Figura 31D-3.

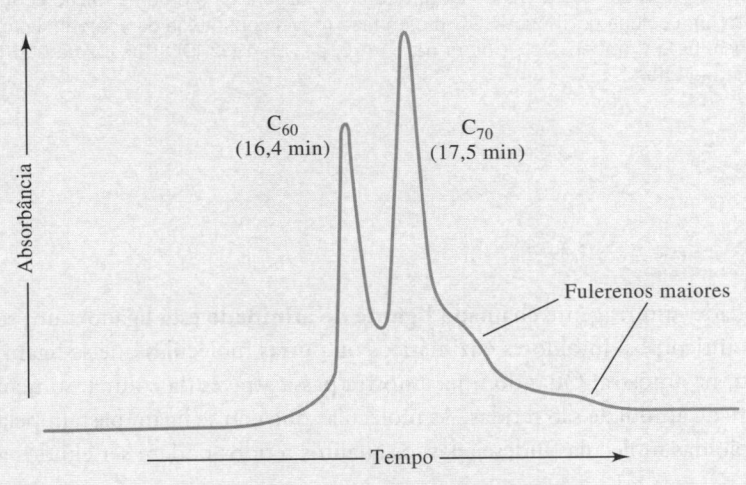

FIGURA 31D-3 Separação de fulerenos.

(continua)

---

[12] M. S. Meier; J. P. Selegue. *J. Org. Chem.*, v. 57, p. 1924, 1992. DOI: 10.1021/jo00032a057; A. Gugel; K. Mullen. *J. Chromatogr. A*, v. 628, n. 23, 1993. DOI: 10.1016/0021-9673(93)80328-6.

[13] K. Jinno; H. Ohta; Y. Sato. In: K. Jinno, ed. *Separation of Fulerenes by Liquid Chromatography*. Londres: Royal Society of Chemistry, 1999, cap. 3.

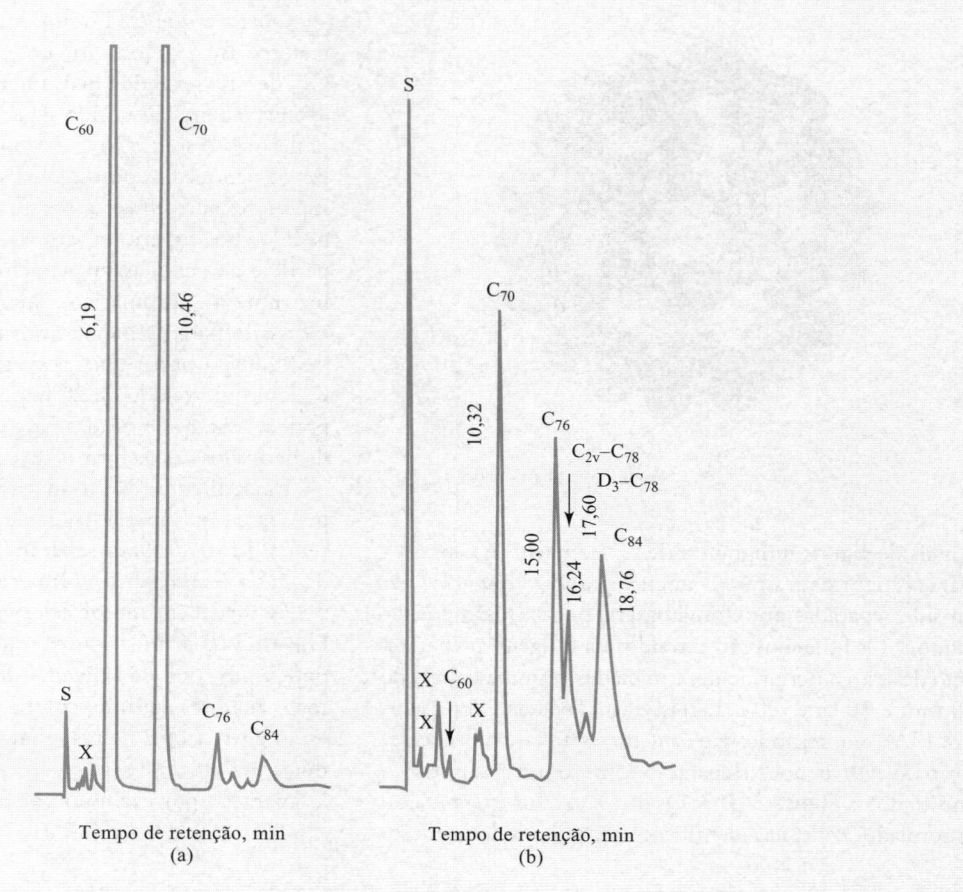

FIGURA 31D-4 Cromatogramas do extrato total de fuligem (a) e de uma fração contendo os fulerenos maiores (b) obtidos com uma coluna polimérica SOD e com fase móvel constituída de acetonitrila:tolueno. (Adaptado de F. Diederich; R. L. Whetten. *Acc. Chem. Res.*, v. 25, p. 121, 1992. DOI: 10.1021/ar00015a004.) Veja o artigo para a nomenclatura de fulerenos.

31F Cromatografia por Afinidade

Na cromatografia por afinidade, um reagente chamado **ligante de afinidade** está ligado a um suporte sólido.[14] Os ligantes de afinidade típicos são anticorpos, inibidores enzimáticos ou outras moléculas que se ligam reversiva e seletivamente com as moléculas do analito na amostra. Quando uma amostra passa através da coluna, somente as moléculas que se ligam seletivamente ao ligante de afinidade são retidas. As moléculas que não se ligam passam pela coluna juntamente com a fase móvel. Após a remoção das moléculas indesejadas, os analitos retidos podem ser eluídos alterando-se as condições da fase móvel.

A fase estacionária para a cromatografia por afinidade é um sólido, como a agarose ou microesferas de vidro poroso, no qual o ligante de afinidade é imobilizado. A fase móvel na cromatografia por afinidade tem dois papéis distintos. Primeiro, ela deve permitir uma forte ligação das moléculas do analito com o ligante. Segundo, uma vez que as espécies indesejadas tenham sido removidas, a fase móvel deve enfraquecer ou eliminar a interação entre o analito e o ligante de forma que o analito possa ser eluído. Em geral, as variações no pH ou na força iônica são empregadas para se alterar as condições de eluição durante os dois estágios do processo.

---

[14] Para detalhes sobre cromatografia por afinidade, veja M. Zachariou, ed. *Affinity Chromatography: Methods and Protocols*. 2. ed. Totowa, NJ: Humana Press, 2007; D. S. Hage, ed. *Handbook of Affinity Chromatography*. 2. ed. Boca Raton: CRC Press, 2006.

A cromatografia por afinidade apresenta uma extraordinária seletividade como sua vantagem principal. O uso primário é no isolamento rápido de biomoléculas durante o trabalho preparativo.

31G Cromatografia Quiral

Um avanço enorme tem sido realizado nos últimos anos em relação à separação de compostos que são imagens especulares não sobreponíveis entre si, os chamados **compostos quirais**. Essas imagens especulares são denominadas **enantiômeros**. Os aditivos na fase móvel ou fases estacionárias quirais são requeridos para essas separações.[15] A complexação preferencial entre o agente de resolução quiral (aditivo ou fase estacionária) e um dos isômeros resulta na separação dos enantiômeros. O **agente de resolução quiral** deve ter por si só características quirais para reconhecer a natureza quiral do soluto.

> Um **agente de resolução quiral** é um aditivo da fase móvel ou uma fase estacionária quiral que complexa preferencialmente um dos enantiômeros.

As fases estacionárias quirais têm recebido maior atenção.[16] Um agente quiral é imobilizado na superfície de um suporte sólido. Várias formas diferentes de interação podem ocorrer entre o agente de resolução quiral e o soluto.[17] Em uma das formas, a interação dá-se em virtude de forças de atração como aquelas existentes entre as ligações π, ligações de hidrogênio ou dipolos. Em outro tipo, o soluto pode se ajustar em cavidades quirais na fase estacionária para formar complexos de inclusão. Não importando como, a habilidade de separar esses compostos muito semelhantes entre si é de extrema importância em muitas áreas. A **Figura 31-15** mostra a separação de uma mistura racêmica de um éster em uma fase estacionária quiral. Observe a excelente resolução obtida para os enantiômeros *R* e *S*.

31H Comparação entre a Cromatografia de Líquido de Alta Eficiência e a Cromatografia de Gás

A **Tabela 31-3** fornece uma comparação entre a cromatografia de líquidos de alta eficiência e a cromatografia gás-líquido. Quando ambas são aplicáveis, a CG oferece a vantagem de velocidade e simplicidade de equipamento. Por outro lado, a CLAE é aplicável a substâncias não voláteis (incluindo íons inorgânicos) e materiais instáveis termicamente, mas a CG não é. Geralmente os dois métodos são complementares.

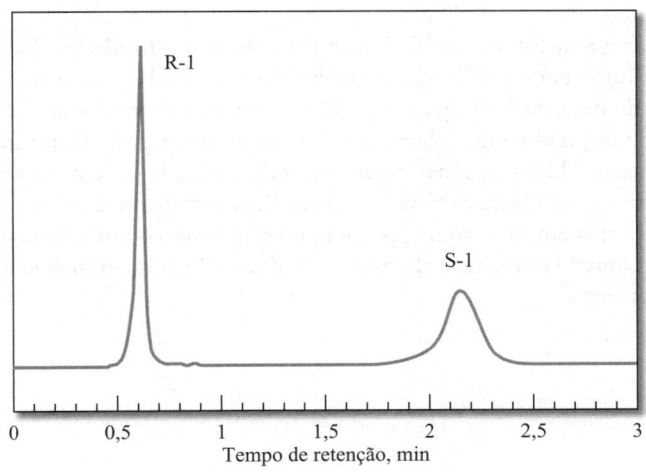

FIGURA 31-15

Cromatograma de uma mistura racêmica de éster 1 de *N*-(1-Naftil) leucina em uma fase estacionária quiral de dinitrobenzeno-leucina. Os enantiômeros *R* e *S* são muito bem separados. Coluna: 4,6 × 50 mm. Fase móvel: 20% 2-propanol em hexano. Vazão: 1,2 mL min^{-1}; detector UV a 254 nm. (Adaptado de L. H. Bluhm; Y. Wang; T. Li. *Anal. Chem.*, v. 72, p. 5201, 2000. DOI: 10.1021/ac000568q.)

---

[15] G. Subramanian. *Chiral Separation Techniques: A Parctical Approach*. Weinheim, Alemanha: Wiley-VCH, 2007. S. Ahuja. *Chiral Separation by Chromatography*. 2. ed. Nova York: Oxford University Press, 2000.
[16] Para uma revisão sobre fases estacionárias quirais, veja D. W. Armstrong; B. Zhang. *Anal. Chem.*, v. 73, p. 557A, 2001. DOI: 10.1021/ac012526n.
[17] Para uma revisão sobre as interações quirais, veja M. C. Ringo; C. E. Evans. *Anal. Chem.*, v. 70, p. 315A, 1998. DOI: 10.1021/ac9818428.

TABELA 31-3
Comparação entre a Cromatografia de Líquido de Alta Eficiência e a Cromatografia Gás-Líquido

Características de ambos os métodos
- Eficientes, altamente seletivos, amplamente aplicados
- Necessitam de uma pequena quantidade de amostra
- Podem ser não destrutivos da amostra
- Prontamente adaptados à análise quantitativa

Vantagens da CLAE
- Pode separar compostos não voláteis e termicamente instáveis
- Pode ser aplicada, de modo geral, a íons inorgânicos

Vantagens da CG
- Equipamento simples e de baixo custo
- Rápida
- Resolução incomparável (com colunas capilares)
- Interface fácil com espectrometria de massa

Exercícios no Excel O Capítulo 15 do *Applications of Microsoft® Excel® in Analytical Chemistry*, 4. ed., começa com um exercício que trata da resolução de picos gaussianos sobrepostos. O cromatograma sobreposto, a resposta, é modelado como a soma das curvas gaussianas. As estimativas iniciais são feitas para os parâmetros-modelo. O Excel calcula os resíduos, a diferença entre a resposta e o modelo e a soma dos quadrados dos resíduos. O Excel's Solver é então usado para minimizar a soma dos quadrados dos resíduos enquanto exibe os resultados de cada iteração.

Química Analítica On-line

Procure na internet por um artigo de autoria de T. Edge e J. L. Herman intitulado "Theoretical Concepts and Applications of Turbulent Flow Chromatography" (2012). Qual é a definição de fluxo turbulento? Qual é o número de Reynolds? Por que um perfil de fluxo turbulento é mais difícil para definir matematicamente que um perfil de fluxo laminar? Uma cromatografia de fluxo turbulento pode ser descrita como uma técnica bidimensional? Quais tipos de molécula podem ser separados pela cromatografia de fluxo turbulento? Como a cromatografia de fluxo turbulento é útil nos sistemas CL/EM? A técnica é útil para limpar amostras com material biológico? Como o número de pratos se compara com a CLAE convencional? Porque uma abordagem de duas colunas é normalmente usada na cromatografia de fluxo turbulento?

Resumo do Capítulo 31

- Instrumentação para CLAE.
- Reservatórios de fase móvel.
- Modos de eluição.
- Métodos de bombeamento.
- Sistemas de injeção de amostra.
- Alças de amostragem.
- Colunas de CLAE.
- Empacotamentos de coluna.
- Detectores de CLAE.
- Cromatografia com líquido-líquido.
- Cromatografia por fase ligada.
- Cromatografia de fase normal.
- Cromatografia de fase reversa.
- Cromatografia de par iônico.
- Cromatografia de adsorção.
- Cromatografia por troca iônica.
- Cromatografia por exclusão por tamanho.
- Cromatografia de permeação em gel.
- Cromatografia por afinidade.
- Cromatografia quiral.

Termos-chave

Agente de resolução quiral, 893
Baseada em supressor, 886
Coluna scavenger, 879
Compostos quirais, 893
Cromatografia de líquido por partição com fase ligada, 883
Cromatografia por partição, 883
Cromatografia por partição de fase normal, 883
Cromatografia por partição de fase reversa, 883
Cromatografia por partição líquido-líquido, 883
Cromatografia por troca iônica em coluna única, 887
Detector de espectrometria de massas, 881
Detectores eletroquímicos, 881
Detector UV/visível, 881
Eluição isocrática, 877
Eluição por gradiente, 877
Enantiômeros, 893
Fase ligada, 883
Filtração em gel, 889
Permeação em gel, 889
Purga, 877

Questões e Problemas*

31-1. Liste os tipos de substâncias para as quais os seguintes métodos cromatográficos são mais adequados:
   *(a) gás-líquido.
   (b) líquido-líquido.
   *(c) iônica.
   (d) adsorção.
   *(e) permeação em gel.
   (f) por afinidade.
   *(g) quiral.

31-2. Defina
   *(a) eluição isocrática.
   (b) eluição por gradiente.
   *(c) empacotamento de fase normal.

*As respostas para as questões e problemas marcados com um asterisco são fornecidas no final deste livro.

(d) empacotamento de fase reversa.
*(e) empacotamento de fase ligada.
(f) cromatografia quiral.
*(g) cromatografia por par iônico.
(h) coluna supressora de eluente.
*(i) filtração em gel.
(j) permeação em gel.

31-3. Indique a ordem pela qual os seguintes compostos deverão ser eluídos de uma coluna de CLAE contendo um empacotamento de fase reversa:
*(a) benzeno, éter dietílico, n-hexano.
(b) acetona, dicloroetano, acetamida.

31-4. Indique a ordem de eluição para os seguintes compostos e uma coluna de fase normal de CLAE:
*(a) acetato de etila, ácido acético, dimetilamina.
(b) propileno, hexano, benzeno, diclorobenzeno.

*31-5. Descreva a diferença fundamental entre as cromatografias por adsorção e por partição.

31-6. Descreva a diferença fundamental entre as cromatografias por troca iônica e por exclusão por tamanho.

*31-7. Descreva a diferença entre as cromatografias por permeação em gel e por filtração em gel.

31-8. Quais espécies podem ser separadas por CLAE, mas não podem ser separadas por CG?

*31-9. Qual é a principal diferença entre a eluição isocrática e a eluição por gradiente? Para quais tipos de compostos estes dois métodos de eluição são mais adequados?

31-10. Descreva dois tipos de bombas usadas na cromatografia de líquidos de alta eficiência. Quais são as vantagens e desvantagens de cada uma?

*31-11. Descreva as diferenças entre as cromatografias de íons de coluna única e com coluna de supressão.

31-12. A espectrometria de massas constitui um sistema de detecção extremamente versátil para a cromatografia de gás. Descreva as razões principais pelas quais é mais difícil combinar a CLAE com a espectrometria de massas do que a CG com a espectrometria de massas.

*31-13. Quais detectores para CG listados na Tabela 30-1 são adequados para a CLAE? Por que alguns deles são inadequados para a CLAE?

31-14. O detector ideal para CG é descrito na Seção 30A-4. Quais das oito características de um detector ideal para CG se aplicam aos detectores para a CLAE? Que características adicionais deveriam ser adicionadas para descrever um detector ideal para a CLAE?

*31-15. Embora a temperatura não exerça um grande efeito sobre as separações em CLAE como em CG, ela, entretanto, pode exercer um papel importante. Discuta como a temperatura pode ou não influenciar as seguintes separações:

(a) uma separação de esteroides por cromatografia de fase reversa.
(b) uma separação de uma mistura de isômeros bastante semelhantes por cromatografia por adsorção.

31-16. Em uma separação por CLAE, dois componentes apresentam tempos de retenção que diferem por 22 s. O primeiro pico elui após 10,5 minutos e as larguras dos picos são proximadamente iguais. O tempo morto, t_M, foi 63 s. Empregue uma planilha de cálculo para encontrar o número mínimo de pratos teóricos necessário para obter os seguintes valores de resolução, R_s: 0,50; 0,75; 0,90; 1,0; 1,10; 1,25; 1,50; 1,75; 2,0 e 2,5. Como os resultados iriam ser alterados se a largura do pico 2 fosse duas vezes a do pico 1?

31-17. Um método de CLAE foi desenvolvido para a separação e determinação de ibuprofeno em amostras de plasma de rato como parte de um estudo do tempo de permanência da droga em animais de laboratório. Vários padrões foram cromatografados e os resultados obtidos são mostrados abaixo:

Concentração de Ibuprofeno $\mu g\ mL^{-1}$	Área do Pico
0,5	5,0
1,0	10,1
2,0	17,2
3,0	19,8
6,0	39,7
8,0	57,3
10,0	66,9
15,0	95,3

Em seguida, uma amostra de 10 mg kg^{-1} de ibuprofeno foi administrada por via oral para um rato de laboratório. As amostras de sangue foram retiradas a vários intervalos de tempo após a administração da droga e analisadas por CLAE. Os seguintes resultados foram obtidos:

Tempo, h	Área do Pico
0	0
0,5	91,3
1,0	80,2
1,5	52,1
2,0	38,5
3,0	24,2
4,0	21,2
6,0	18,5
8,0	15,2

Encontre a concentração de ibuprofeno no plasma sanguíneo para cada um dos tempos fornecidos na tabela e coloque em um gráfico de concentração *versus* tempo. Em bases percentuais, durante qual período de meia hora (1º, 2º, 3º etc.) a maior parte do ibuprofeno é perdida?

31-18. Problema Desafiador: Suponha por simplicidade que a altura de prato na CLAE, H, possa ser dada pela Equação 29-27 como

$$H = \frac{B}{u} + C_S u + C_M u = \frac{B}{u} + Cu$$

onde $C = C_S + C_M$.

(a) Empregando-se os cálculos para encontrar o valor mínimo para H, mostre que a velocidade $u_{ót}$ pode ser expressa como

$$u_{ót} = \sqrt{\frac{B}{C}}$$

(b) Mostre que esta relação leva a uma altura de prato mínima $H_{mín}$ dada por

$$H_{mín} = 2\sqrt{BC}$$

(c) Sob algumas condições para a cromatografia, C_S é desprezível em relação a C_M. Para as colunas empacotadas de CL, C_M é dado por

$$C_M = \frac{\omega d_p^2}{D_M}$$

onde ω é uma constante adimensional, d_p é o tamanho das partículas do empacotamento de coluna e D_M é o coeficiente de difusão na fase móvel. O coeficiente B pode ser expresso como

$$B = 2\gamma D_M$$

onde γ é também uma constante adimensional. Expresse $u_{ót}$ e $H_{mín}$ em termos de D_M, d_p e das constantes adimensionais γ e ω.

(d) Se as constantes adimensionais forem próximas da unidade, mostre que $u_{ót}$ e $H_{mín}$ podem ser expressos como

$$u_{ót} \approx \frac{D_M}{d_p} \quad \text{e} \quad H_{mín} \approx d_p$$

(e) Sob as condições do item (d), como a altura de prato poderia ser reduzida em 1/3? O que aconteceria com a velocidade ótima sob essas condições? O que aconteceria com o número de pratos teóricos N para o mesmo comprimento da coluna?

(f) Para as condições do item (e), como você manteria o mesmo número de pratos teóricos mesmo reduzindo sua altura em 1/3?

(g) A discussão anterior supõe que todo alargamento de bandas ocorre dentro da coluna. Indique duas fontes de alargamento de banda extracoluna que podem contribuir também para a largura total dos picos na CL.

CAPÍTULO 32

Outros Métodos de Separação

A eletroforese capilar (EC), um dos métodos de separação discutidos neste capítulo, é a principal técnica usada para se fazer o perfil de DNA para o diagnóstico de doenças. Uma aplicação é a detecção precoce da doença de Lyme, doença bactericida transmitida pela picada de um carrapato de cervo (carrapato de pernas pretas, mostrado nas fotos). Os carrapatos são infectados ao se alimentar de ratos que carregam a bactéria. Nas áreas de florestas, eles podem mover-se de pequenos mamíferos para cervos e para humanos, em quem podem provocar a doença de Lyme. Nos seus estágios iniciais, a doença pode causar uma erupção vermelha na pele acompanhada por febre, calafrios, dores de cabeça, inchamento dos nódulos linfáticos e outros sintomas. O diagnóstico precoce é fundamental, porque a doença de Lyme pode então ser tratada de forma eficaz com antibióticos antes de se tornar crônica e debilitante. O desenvolvimento dos testes de diagnóstico para a doença de Lyme tem levado os pesquisadores a aplicar a metodologia de perfil de DNA para identificar a bactéria responsável. Em adição ao diagnóstico da doença de Lyme, a EC também é usada em muitas aplicações forenses, tais como na identificação ou eliminação de suspeitos em investigações criminais e nos testes de paternidade e familiar.

Este capítulo discute vários métodos de separação que não podem ser classificados facilmente. Descrevemos a cromatografia com fluidos supercríticos, cromatografia em papel, eletroforese capilar, eletrocromatografia capilar e fracionamento por campo e fluxo e suas aplicações.

No alto: H.S. Photos/Alamy Stock Photo;
Abaixo: David M. Phillips/Science Source

Neste capítulo, discutiremos vários outros métodos para realizar as separações analíticas: cromatografia e extrações com fluido supercrítico, cromatografia em camada delgada, cromatografia em papel, eletroforese capilar e fracionamento por campo e fluxo. Estes métodos, embora não tão estabelecidos como a CG e a CLAE, podem fornecer separações que são impossíveis ou impraticáveis de serem atingidas por métodos convencionais.

32A Separações de Fluido Supercrítico

Os fluidos supercríticos são uma importante classe de solventes que têm propriedades de solvatação únicas. Tais fluidos têm se mostrado muito úteis na cromatografia e na extração por solvente. Na cromatografia com fluidos supercríticos (CFS), o fluido supercrítico atua como a fase móvel. Inicialmente, a CFS foi considerada como um híbrido da cromatografia de gás

TABELA 32-1

Comparação das Propriedades dos Fluidos Supercríticos, Líquidos e Gases*

Propriedade	Gás (TPP)	Fluido Supercrítico	Líquido
Densidade, g cm^{-3}	$(0,6-2) \times 10^{-3}$	$0,2-0,5$	$0,6-2$
Coeficiente de difusão, cm^2 s^{-1}	$(1-4) \times 10^{-1}$	$10^{-3}-10^{-4}$	$(0,2-2) \times 10^{-5}$
Viscosidade, g cm^{-1} s^{-1}	$(1-3) \times 10^{-4}$	$(1-3) \times 10^{-4}$	$(0,2-3) \times 10^{-2}$

*Dados somente em ordem de grandeza.

e de líquido, mas atualmente ela é pensada como sendo mais similar à CLAE em sua operação e instrumentação.[1] A extração com fluido supercrítico (EFS) pode fornecer algumas capacidades únicas de separação, particularmente para materiais complexos, tais como amostras ambientais, farmacêuticas e alimentares.[2] Inicialmente, revisamos as propriedades de fluidos supercríticos antes de discutir os princípios e aplicações da CFS e EFS.

32A-1 Propriedades dos Fluidos Supercríticos

Um **fluido supercrítico** é formado sempre que uma substância é aquecida acima da sua **temperatura crítica**. Acima dessa temperatura, a substância não pode mais ser condensada como um líquido aumentando-se simplesmente a sua pressão. Por exemplo, o dióxido de carbono é um fluido supercrítico a temperaturas acima de 31°C. Nesse estado, as moléculas do dióxido de carbono atuam independentemente umas das outras, assim como fazem em um gás.

Como mostrado na **Tabela 32-1**, as propriedades de um fluido supercrítico podem ser radicalmente diferentes das propriedades tanto do estado líquido como do gasoso. Por exemplo, a densidade do fluido supercrítico é tipicamente 200 a 400 vezes maior que a do gás correspondente, aproximando-se daquela do estado líquido. As propriedades comparadas na Tabela 32-1 são importantes na cromatografia e outras separações.

Uma importante propriedade dos fluidos supercríticos relacionada com a sua alta densidade (0,2 a 0,5 g cm^{-3}) é a sua habilidade de dissolver moléculas grandes não voláteis. Por exemplo, o dióxido de carbono supercrítico é um excelente solvente para n-alcanos contendo de 5 a 22 átomos de carbono, di-n-alquilftalatos nos quais os grupos alquila contêm de 4 a 16 átomos de carbono e vários hidrocarbonetos aromáticos policíclicos consistindo em vários anéis.[3]

As temperaturas críticas para fluidos usados na cromatografia variam enormemente, de aproximadamente 30°C até acima de 200°C. As temperaturas críticas mais baixas são vantajosas na cromatografia sob muitos pontos de vista. Por essa razão, a maioria dos trabalhos até o momento é focada nos fluidos supercríticos mostrados na **Tabela 32-2**. Observe que essas temperaturas e as pressões a essas temperaturas se situam bem dentro das condições usuais da cromatografia de líquido de alta eficiência (CLAE).

> Um **fluido supercrítico** é um estado físico de uma substância mantida acima de sua temperatura crítica.

> A **temperatura crítica** é aquela acima da qual uma substância não pode ser liquefeita.

> ❮❮ A densidade de um fluido supercrítico é de cerca de 200 a 400 vezes aquela do seu estado gasoso e próxima à do seu estado líquido.

> ❮❮ Os fluidos supercríticos são capazes de dissolver moléculas não voláteis grandes.

32A-2 Instrumentação e Variáveis Operacionais

Os instrumentos para a cromatografia com fluido supercrítico são similares aos cromatógrafos de líquido de alta eficiência, exceto que na CFS os sistemas de bombeamento devem incluir uma cabeça de bomba resfriada para manter o fluido no estado líquido e deve haver suprimento para controlar e medir a pressão da coluna. Vários fabricantes começaram a

---
[1] Para informações adicionais, veja G. K. Webster, ed. *Supercritical Fluid Chromatography: Advances and Applications in Pharmaceutical Analysis*. Boca Raton: CRC Press, 2014; M. Caude; D. Thiebaut, eds. *Practical Supercritical Fluid Chromatography and Extraction*. Amsterdã: Harwood, 1999; L. Taylor. *J. Supercrit. Fluids*, v. 47, p. 566, 2009. DOI: 10.1016/j.supflu.2008.09.012; G. Guichon; A. Tarafder. *J. Chromatogr. A*, v. 1218, p. 1.037, 2011. DOI: 10.1016/j.chroma.2010.12.047; E. Lesellier; C. West. *J. Chromatogr. A*, v. 1.382, p. 2, 2015. DOI: 10.1016/j.chroma.2014.12.083.

[2] Veja G. Brunner, ed. *Supercritical Fluids as Solvents an Reaction Media*. Amsterdã: Elsevier, 2004, cap. 4. M. C. Henry; C. R. Yonker. *Anal. Chem.*, v. 78, p. 3.909, 2006. DOI: 10.1021/ac0605703.

[3] Alguns processos industriais importantes são baseados na alta solubilidade de espécies orgânicas em dióxido de carbono supercrítico. Por exemplo, este meio tem sido usado na extração da cafeína de grãos de café para obter café descafeinado e na extração da nicotina do tabaco.

TABELA 32-2

Propriedades de Alguns Fluidos Supercríticos*				
Fluido	Temperatura Crítica, °C	Pressão Crítica, atm	Densidade no Ponto Crítico, g mL^{-1}	Densidade a 400 atm, g mL^{-1}
CO_2	31,3	72,9	0,47	0,96
N_2O	36,5	71,7	0,45	0,94
NH_3	132,5	112,5	0,24	0,40
n-Butano	152,0	37,5	0,23	0,50

*De M. L. Leee; K. E. Markides. *Science*, v. 235, p. 1.342, 1987. DOI: 10.1126/science.235.4794.1342.

oferecer aparelhos para a CFS em meados da década de 1980, embora, atualmente, apenas algumas empresas produzam tal instrumentação.[4]

O Efeito da Pressão

A densidade de um fluido supercrítico aumenta rapidamente e de forma não linear com a elevação da pressão. O aumento da densidade altera também os fatores de retenção (k) e, assim, os tempos de eluição. Por exemplo, o tempo de eluição para o hexadecano decresce de 25 para 5 minutos quando a pressão do dióxido de carbono aumenta de 70 a 90 atm. Um efeito similar ao da programação da temperatura na cromatografia de gás e eluição por gradiente na CLAE pode ser obtido elevando-se linearmente a pressão da coluna ou regulando-se a pressão para se obter um aumento linear da densidade. A **Figura 32-1** ilustra a melhoria nos cromatogramas obtidos por programação de pressão. A descompressão dos fluidos à medida que se deslocam através da coluna pode originar variações de temperatura que podem afetar as separações e as medidas termodinâmicas. Os perfis de pressão mais comuns usados na CFS são frequentemente constantes (isobáricos) para um determinado período de tempo seguido por uma abordagem linear ou assintótica para uma pressão final. Além da programação de pressão, a programação de temperatura e os gradientes de fase móvel têm sido usados.

>> A eluição por gradiente pode ser obtida na CFS alterando-se sistematicamente a pressão da coluna ou a densidade do fluido supercrítico.

FIGURA 32-1

O efeito da programação de pressão na cromatografia de fluido supercrítico. Observe o menor tempo para o cromatograma com gradiente de pressão à direita em comparação com o cromatograma isobárico à esquerda. (Brownlee Labs., Santa Clara, CA.)

Amostra:
1. octanato de colesteril
2. decilato de colesteril
3. laurato de colesteril
4. miristato de colesteril
5. palmitato de colesteril
6. estearato de colesteril

Coluna: DB – 1
Fase móvel: CO_2
Temperatura: 90°C
Detector: DIC

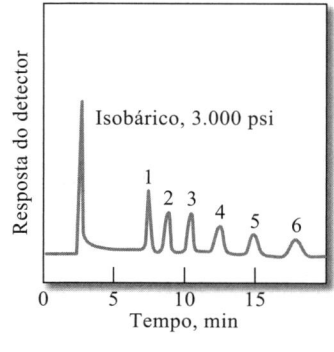
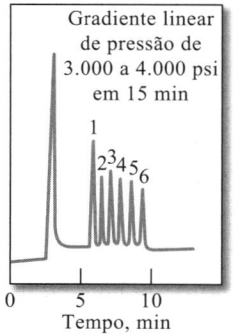

[4] L. Taylor. *Anal. Chem.* v. 82, p. 4.925. 2010. DOI: 10.1021/ac101194x.

Colunas

As colunas empacotadas e tubulares abertas são empregadas na cromatografia de fluido supercrítico. As colunas empacotadas podem fornecer um número maior de pratos teóricos e manipular volumes de amostras maiores que as colunas tubulares abertas. Por causa da baixa viscosidade de meios supercríticos, as colunas podem ser muito mais longas que aquelas usadas na cromatografia de líquidos, e são comuns comprimentos de coluna de 10 a 20 m e de diâmetros internos de 50 a 100 μm. Para as separações mais difíceis, as colunas com 60 m de comprimento ou mais longas têm sido utilizadas. Mais de 100.000 pratos podem ser obtidos com colunas empacotadas. As colunas tubulares abertas são similares às colunas tubulares abertas de sílica fundida (CTAS), descritas na página 859. As colunas empacotadas são as mais largamente aceitas para CFS. A CFS de coluna empacotada é muito similar à CLAE de fase normal.

>> As colunas muito longas podem ser usadas em CFS porque a viscosidade dos fluidos supercríticos é muito baixa.

Muitos dos revestimentos de coluna usados em cromatografia de líquido têm sido também utilizados na CFS. Tipicamente, estes são constituídos de polissiloxanos (veja a Seção 30B-3), que são ligados quimicamente à superfície das partículas de sílica ou na parede interna de sílica dos tubos capilares. A espessura dos filmes é de 0,05 a 0,4 μm.

Fases Móveis

A fase móvel mais empregada na cromatografia de fluido supercrítico é o dióxido de carbono. Este é um excelente solvente para uma grande variedade de moléculas orgânicas apolares. Além disso, ele transmite na região do ultravioleta e é inodoro, atóxico, largamente disponível e de custo notavelmente baixo em relação a outros solventes cromatográficos. Sua temperatura crítica de 31°C e sua pressão de 73 atm na temperatura crítica permite uma ampla seleção de temperaturas e pressões sem exceder os limites de operação de equipamento moderno de CLAE. Em algumas aplicações, modificadores orgânicos polares, como o metanol, são introduzidos a baixas concentrações ($\approx 1\%$) para modificar os valores de alfa dos analitos.

Várias outras substâncias têm servido como fases móveis na CFS, incluindo etano, pentano, diclorodifluorometano, éter dietílico e tetra-hidrofurano, mas o CO_2 permanece, de longe, o mais popular.

Detectores

Uma vantagem principal da cromatografia com fluido supercrítico é que a sensibilidade e os detectores universais da cromatografia de gás também são aplicáveis a esta técnica. Por exemplo, o conveniente detector de ionização por chama de CG pode ser aplicado simplesmente permitindo que o fluido supercrítico de arraste expanda através de um constritor e para uma chama de ar-hidrogênio, onde os íons formados a partir dos analitos são coletados em eletrodos polarizados, dando origem a uma corrente elétrica.

Muitos outros detectores têm sido usados, incluindo detectores de absorção no UV visível e de espalhamento de luz. Por causa da facilidade com que solventes como o CO_2 podem ser volatizados, os espectrômetros de massas são mais fáceis para serem conectados com os sistemas de CFS que com sistemas de CLAE. Por esta razão, a CFS/EM tem se tornado uma técnica hifenada útil. Os espectrômetros de massas tandem também têm sido conectados aos instrumentos de CFS com sucesso.

>> A espectrometria de massas tem se tornado um método importante de detecção para CFS.

32A-3 Cromatografia de Fluido Supercrítico *versus* Outros Métodos de Coluna

A informação na Tabela 32-1, bem como outros dados, revela que várias propriedades dos fluidos supercríticos são intermediárias entre as propriedades dos gases e dos líquidos. Como resultado, este tipo de cromatografia de líquidos combina algumas das características da cromatografia tanto de gás quanto de líquido. Assim, como na cromatografia de gás, a cromatografia de fluido supercrítico é inerentemente mais rápida que a cromatografia de líquido por causa da baixa viscosidade e das altas velocidades de difusão na fase móvel. Contudo, a alta difusibilidade leva ao espalhamento longitudinal da banda, que é um fator significativo para a cromatografia de gás, mas não, para a cromatografia de líquido. Dessa forma, as difusibilidades e viscosidades intermediárias dos fluidos supercríticos resultam em separações mais rápidas do que podem ser obtidas com a cromatografia de líquido, as quais são acompanhadas por menor espalhamento de zona que o encontrado em cromatografia de gás.

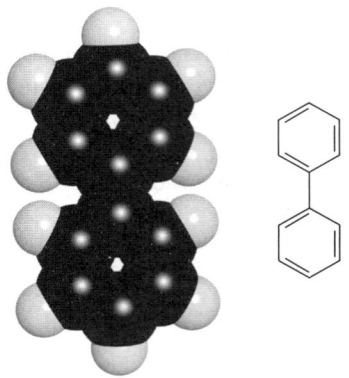

Modelo molecular da estrutura da bifenila, um hidrocarboneto aromático perigoso. Este composto é utilizado como intermediário na produção de emulsificadores, polidores, plásticos e muitos outros compostos. A bifenila tem sido usada como meio de transferência de calor em fluidos de aquecimento, como carga de corantes em têxteis e papel de copiadora, e como solvente em preparações farmacêuticas. Papel impregnado com bifenila é utilizado para embalar frutas cítricas para reduzir danos causados por fungos. A exposição a esse composto por curtos intervalos de tempo causa irritação nos olhos e na pele e efeitos tóxicos no fígado, nos rins e no sistema nervoso. A exposição por longos períodos causou danos aos rins em animais de laboratório e pode afetar o sistema nervoso central em seres humanos.

❯❯ A CFS é largamente utilizada para separações quirais na indústria farmacêutica.

A **Figura 32-2** mostra os gráficos de alturas de pratos H em função da velocidade linear $\bar{u}$ em cm s^{-1} para as cromatografias de líquido de alta eficiência e de fluido supercrítico. Em ambos os casos, o soluto era constituído por pireno, e a fase estacionária era uma fase reversa de octadecil silano mantida a 40°C. A fase móvel para a CLAE era acetonitrila e água, enquanto a fase móvel para a CFS era dióxido de carbono. Essas condições forneceram aproximadamente o mesmo fator de retenção (k) para ambas as fases móveis. Observe que o mínimo de altura de prato ocorreu a velocidades lineares de 0,13 cm s^{-1} com CLAE e 0,40 cm s^{-1} com a CFS. O significado desta diferença está mostrado na **Figura 32-3**, onde essas mesmas condições são empregadas para a separação de pireno da bifenila. Observe que a separação exigiu mais de duas vezes o tempo da separação com CFS.

Independentemente de suas vantagens, a CFS não tem obtido aceitação ampla por causa da complexidade e do custo da instrumentação, e devido à falta de aplicações para as quais ela fornece informação única. Entretanto, a CFS ainda preenche um espaço nas separações no mundo e fornece uma significativa ligação entre a CLAE e a CG.

32A-4 Aplicações

A cromatografia com fluido supercrítico parece ter um nicho no espectro de métodos de colunas cromatográficas, porque ela pode ser aplicada a compostos que não são facilmente separados pelas cromatografias de gás e de líquidos. Esses compostos incluem as espécies que não são voláteis ou que são termicamente instáveis e que, além disso, não contêm grupos cromóforos que possam ser empregados na sua detecção fotométrica. A separação desses compostos é possível na CFS a temperaturas abaixo de 100°C; além do mais, a detecção é realizada prontamente através de um detector de ionização em chama altamente sensível.

A cromatografia com fluido supercrítico é atualmente um dos métodos de separação primários para compostos quirais, tais como aqueles encontrados na descoberta de medicamentos. Ela tem o potencial para substituir algumas das separações de CLAE de fase reversa destes compostos.

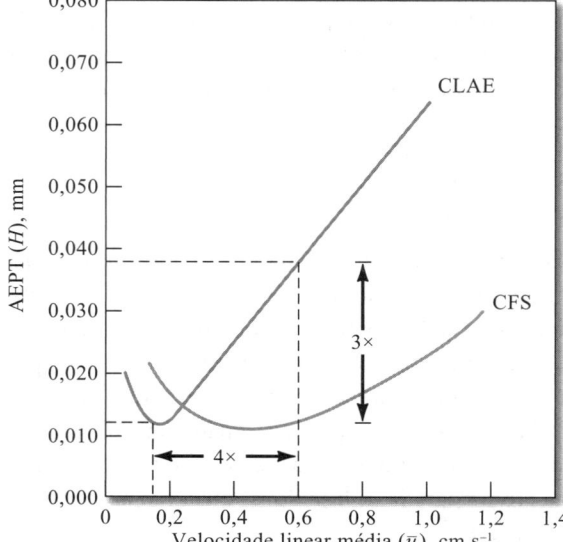

FIGURA 32-2
Características de desempenho de uma coluna de 5 μm de ODS quando a eluição é feita por uma fase móvel convencional (CLAE) e por dióxido de carbono supercrítico CFS. (Copyright (2012) Hewlett-Packard Development company, L. P. Reproduzido com permissão.)

32B Cromatografia Planar

Os métodos de cromatografia planar incluem a **cromatografia em camada delgada** (CCD), a **cromatografia em papel** (CP) e a **eletrocromatografia**.[5] Todas elas fazem uso de uma camada relativamente fina de material que é autossuportado ou que recobre uma superfície de vidro, plástico ou metal. A fase móvel movimenta-se através da fase estacionária por ação de capilaridade, algumas vezes assistida pela gravidade ou por um potencial elétrico. No passado, a cromatografia planar era chamada de cromatografia bidimensional, embora, atualmente, este termo tenha passado a significar o acoplamento de duas técnicas cromatográficas com mecanismos de separação diferentes.

Uma vez que a cromatografia planar é baseada na técnica de camada delgada, que é mais rápida, tem melhor resolução e é mais sensível que a sua correlata no papel, esta seção é devotada aos métodos de camada delgada. A eletrocromatografia capilar é descrita na Seção 32D.

32B-1 O Escopo da Cromatografia em Camada Delgada

A cromatografia em camada delgada (CCD) pode ser considerada uma forma de cromatografia de líquidos e sólidos na qual a fase estacionária é uma camada fina na superfície de uma placa apropriada. A fase móvel puxa sobre a superfície por ação capilar. As CCD e de líquido são bastante similares em relação à teoria e às fases estacionária e móvel. As vantagens de se empregar esse procedimento são a velocidade e o baixo custo dos experimentos exploratórios em camada delgada. O equipamento de CCD é muito mais simples que um sistema de CLAE e muito menos caro para operar.

No passado, os métodos de CCD eram largamente utilizados na indústria farmacêutica para determinar a pureza do produto. Atualmente, técnicas da CLAE têm substituído muitos desses métodos. A CCD encontrou um largo uso nos laboratórios e é a espinha dorsal de muitos estudos bioquímicos e biológicos. Ela também tem uso extensivo nos laboratórios industriais.[6] Por causa dessas muitas áreas de aplicação, a CCD permanece como uma técnica muito importante.

32B-2 Princípios da Cromatografia em Camada Delgada

As separações típicas por camada delgada são realizadas em uma placa de vidro revestida com uma fase estacionária, que consiste em uma camada fina e aderente de partículas finamente divididas. As partículas são similares àquelas descritas na discussão sobre as cromatografias em coluna por adsorção, de partição em fase normal e reversa, troca iônica e exclusão por tamanho. As fases móveis também são similares àquelas usadas em cromatografia de líquidos de alta eficiência.

Preparação das Placas de Camada Delgada

Uma placa de camada delgada é preparada pelo espalhamento de uma suspensão aquosa de um sólido finamente pulverizado sobre uma superfície de vidro ou plástico limpa ou sobre uma lâmina de microscópio. Frequentemente, um agente é incorporado à suspensão para melhorar a adesão entre as partículas e destas com o vidro. A placa permanece em descanso até que a camada seja formada e esteja fortemente aderida à superfície; para alguns usos, pode ser aquecida em um forno por várias horas. Muitos

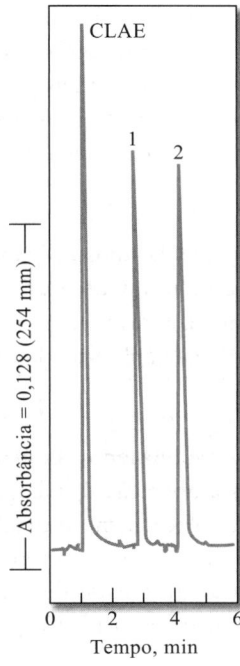

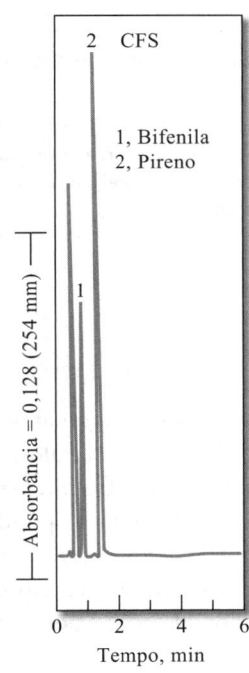

FIGURA 32-3

Separação de pireno e bifenila por (a) CLAE e (b) CFS. (De D. R. Gere, *Science*, v. 222, p. 253, 1983. DOI: 10.1126/science.6414083.)

---
[5] Para revisões recentes sobre cromatografia planar, veja J. Sherma. *Anal. Chem*, v. 82, p. 4.895, 2010. DOI: 10.1021/ac7023415.
[6] As monografias dedicadas aos os princípios e aplicações de cromatografia de camada fina incluem B. Spangenberg; C. F. Poole; Ch. Weins. *Quantitative Thin-Layer Chromatography: A Practical Survey*. Berlim: Springer-Verlag, 2011; E. Wall. *Thin-Layer Chromatography: A Modern Practical Approach*. Londres: Royal Society of Chemistry, 2005; J. Sherma; B. Fried, eds. *Handbook of Thin Layer Chromatography*. 3. ed. Nova York: Dekker, 2003.

fabricantes oferecem placas pré-recobertas de diversos tipos ao custo de alguns dólares por placa. As dimensões de placas comuns em centímetros são 5 × 20, 10 × 10 e 20 × 20.

As placas comerciais podem ser convencionais ou de alta eficiência. As placas convencionais têm camadas mais grossas (200 a 250 μm) de partículas com tamanhos de 20 μm ou maiores. As placas de alta eficiência normalmente têm espessuras de 100 μm e diâmetros de partícula de 5 μm ou menos.

Aplicação da Amostra

A aplicação da amostra é talvez o aspecto mais crítico da cromatografia de camada delgada. Normalmente, a amostra é aplicada como um ponto de 1 a 2 cm da borda da placa. A aplicação manual de amostras é realizada tocando um tubo capilar contendo a amostra na placa ou usando uma seringa. Estão disponíveis dispensadores mecânicos, que aumentam a precisão e exatidão da aplicação da amostra.

Desenvolvimento da Placa

O **desenvolvimento da placa** é o processo pelo qual a amostra é arrastada através da fase estacionária por uma fase móvel. Essa operação é análoga à eluição na cromatografia de líquido. Depois de aplicar o ponto e evaporar o solvente, a placa é colocada em um recipiente fechado, saturado com vapores do solvente de desenvolvimento. Uma extremidade da placa é imersa nesse solvente, tomando-se cuidado para evitar o contato direto entre a amostra e o desenvolvedor (veja a **Figura 32-4**). Depois de o desenvolvedor ter atravessado metade ou dois terços do comprimento da placa, esta é removida do recipiente e secada. As posições dos componentes são determinadas de diversas formas.

Localização dos Analitos na Placa

Vários métodos são usados para localizar os componentes da amostra após a separação. Dois métodos comuns que podem ser aplicados a muitas misturas orgânicas envolvem a aspersão com solução de iodo ou ácido sulfúrico. Ambos os reagentes reagem com compostos orgânicos para produzir produtos escuros. Vários reagentes específicos (como a ninidrina) são úteis também para localizar as espécies separadas.[7]

O processo de localizar os analitos em uma placa de camada delgada é denominado **visualização** ou **revelação**.

Outro método de detecção é baseado na incorporação de um material fluorescente na fase estacionária. Após o desenvolvimento, a placa é examinada sob a luz ultravioleta. Os componentes da amostra suprimem a fluorescência do material, de forma que toda a placa fluoresce, exceto os locais onde os componentes não fluorescentes da amostra estão localizados.

32B-3 Cromatografia em Papel

As separações em cromatografia em papel são realizadas da mesma forma que em placas de camada delgada. Os papéis são fabricados com celulose altamente purificada, com controle rigoroso da porosidade e espessura. Esses papéis contêm água adsorvida suficiente para formar uma fase aquosa estacionária. Contudo, outros líquidos podem substituir a água, fornecendo diferentes tipos de fases estacionárias. Por exemplo, o papel tratado com silicone ou óleo de parafina permite a realização da cromatografia em papel de fase reversa, na qual a fase móvel é um solvente polar. Estão disponíveis comercialmente, também, papéis especiais contendo um adsorvente ou uma resina de troca iônica, possibilitando, assim, a cromatografia por adsorção e por troca iônica em papel.

FIGURA 32-4
(a) Câmara de desenvolvimento de fluxo ascendente. (b) Câmara de desenvolvimento de fluxo horizontal, na qual as amostras são colocadas em ambas as extremidades da placa e desenvolvidas para o centro, dobrando, assim, o número de amostras que podem ser processadas.

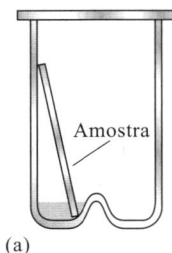
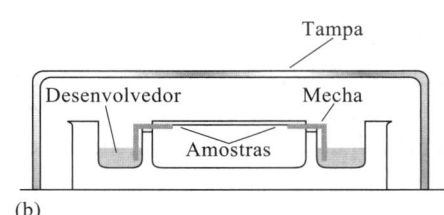

---

[7] Para informação sobre os cálculos de CCD, veja D. A. Skoog; F. J. Heller; S. R. Crouch. *Principles of Instrumental Analysis*. 6. ed. Belmont, CA: Brooks/Cole, 2007, pp. 850-851.

32C Eletroforese Capilar[8]

A **eletroforese** é um método de separação baseado nas velocidades de migração diferenciais de espécies carregadas em um campo elétrico cc. Essa técnica de separação para as amostras de tamanho macro foi desenvolvida inicialmente por Arne Tiselius, um químico sueco, na década de 1930, para o estudo de proteínas do soro sanguíneo; em 1948, ele ganhou o Prêmio Nobel por esse trabalho.

A eletroforese em escala macro é aplicada a uma variedade de problemas envolvendo separações analíticas difíceis: ânions e cátions inorgânicos, aminoácidos, catecolaminas, drogas, vitaminas, carboidratos, peptídeos, proteínas, ácidos nucleicos, nucleotídeos, polinucleotídeos e inúmeras outras espécies. Uma característica particular marcante da eletroforese está na sua habilidade única de separar moléculas carregadas de interesse dos bioquímicos, biólogos e químicos clínicos. Por muitos anos, a eletroforese tem sido usada como o método mais empregado para a separação de proteínas (enzimas, hormônios e anticorpos) e ácidos nucleicos (DNA e RNA), para os quais ela oferece resolução sem paralelo.

Até o aparecimento da eletroforese capilar, as separações não eram realizadas em colunas, mas sim em um meio plano estabilizado, como papel ou um gel poroso semissólido. Separações surpreendentes foram realizadas nesses meios, porém a técnica era lenta, tediosa e necessitava de uma grande habilidade do operador. No início dos anos 1980, os cientistas começaram a verificar a viabilidade de realizar as mesmas separações com microamostras em tubos capilares de sílica fundida. Seus resultados mostraram-se promissores em termos de resolução, velocidade e potencial para automação. Como resultado, a eletroforese capilar (EC) se desenvolveu como uma ferramenta importante para uma ampla variedade de problemas de separações analíticas e é o único tipo de eletroforese que consideraremos.[9]

32C-1 Instrumentação para a Eletroforese Capilar

Como mostrado na **Figura 32-5**, a instrumentação para a eletroforese capilar é simples. Um capilar de sílica fundida preenchido com um tampão, que normalmente tem de 10 a 100 μm de diâmetro interno e de 40 a 100 cm de comprimento, se estende entre dois reservatórios de tampão que também contêm eletrodos de platina. É aplicado um potencial de 5 a 30 kV cc entre os dois eletrodos. A polaridade positiva da voltagem alta na Figura 32-5 pode ser revertida para permitir a separação de ânions.

A introdução da amostra é realizada por injeção eletrocinética ou de pressão. Na injeção eletrocinética, uma ponta do capilar e seu eletrodo são removidos de seus compartimentos de tampão e colocados em um pequeno copo. Então, aplica-se uma voltagem por um tempo medido, fazendo com que a amostra entre no capilar por uma combinação de migração iônica e fluxo eletro-osmótico (veja a próxima seção). Na injeção hidrodinâmica, a ponta do capilar de introdução da amostra também é colocada em um pequeno copo contendo a amostra, mas, neste caso, uma diferença de pressão dirige a solução da amostra para dentro do capilar. A diferença de pressão pode ser provocada pela aplicação de vácuo na ponta do detector ou pela elevação da amostra (injeção hidrodinâmica).

Uma vez que, em muitos tipos de eletroforese, os analitos separados se movem passando por um ponto comum, os detectores são similares no desenho e na função àqueles descritos para a CLAE. A **Tabela 32-3** lista os diversos métodos de detecção que têm sido relatados para a eletroforese capilar. A segunda coluna da tabela mostra os limites de detecção para esses detectores.

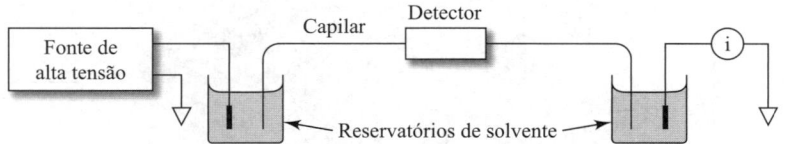

FIGURA 32-5
Diagrama esquemático de um sistema de eletroforese capilar de zona.

---

[8] Para uma discussão adicional de eltroforese capilar, veja M. L. Marina; A. Rios; M. Valcarcel, eds. *Analysis and Detection by Capillary Electrophoresis*. D. Barcelo, ed. *Comprehensive Analytical Chemistry*. Amsterdã: Elsevier, 2005, v. 45; M. A. Strege; A. L. Lagu, eds. *Capillary Electrophoresis of Proteins and Peptides*. Totowa, NJ: Human Press, 2004; J. R. Petersen; A. A. Mohamad, eds. *Clinical and Forensic Applications of Capillary Electrophoresis*. Totowa, NJ: Human Press, 2001; R. Weinberger. *Practical Capillary Electrophoresis*. 2. ed. Nova York: Academic Press, 2000.

[9] Para revisões recentes, veja M. Geiger; A. L. Hogerton; M. T. Bowser. *Anal. Chem.*, v. 84, p. 577, 2012. DOI: 10.1021/ac203205a; N. W. Frost; M. Jing; M. T. Bowser. *Anal. Chem.*, v. 82, p. 4.682, 2010. DOI: 10.1021/ac101151k. D. A. Skoog; F. J. Holler; S. R. Crouch. *Principles of Instrumental Analysis*. 7. ed. Boston, MA: Cengage Learning, 2018.

TABELA 32-3

Detectores para a Eletroforese Capilar*

Tipo de Detector	Limite de Detecção Representativo[‡] (attomols detectados)
Espectrometria	1–1.000
Absorção[†]	1–0,01
Fluorescência	10
Lentes térmicas[†]	1.000
Raman[†]	1–0,0001
Quimiluminescência[†]	1–0,01
Espectrometria de massas	
Eletroquímicos	
Condutividade[†]	100
Potenciometria[†]	1
Amperometria	0,1

*B. Huang; J. J. Li; L. Zhang; J. K. Cheng. *Anal. Chem.*, v. 68, p. 2.366, 1996. DOI: 10.1021/ac9511253; S. C. Beale. *Anal. Chem.*, v. 70, p. 279, 1998. DOI: 10.1021/ac19800141; S. N. Krylov; N. J. Dovichi. *Anal. Chem.*, v. 72, p. 111, 2000. DOI: 10.1021/a1000014c; S. Hu; N. J. Dovichi. *Anal. Chem.*, v. 74, p. 2.833, 2002. DOI: 10.1021/ac0202379.
‡Os limites de detecção cotados foram determinados com volumes injetados de 18 pL a 10 nL.
†O limite de detecção em massa foi convertido a partir do limite de determinação em concentração empregando-se um volume de injeção de 1 nL.

32C-2 Fluxo Eletro-osmótico

Uma característica particular da eletroforese capilar consiste no **fluxo eletro-osmótico**. Quando uma alta voltagem é aplicada por meio de um capilar de sílica fundida contendo uma solução-tampão, um fluxo eletro-osmótico é geralmente produzido, causando uma migração do solvente em direção ao catodo. A velocidade de migração pode ser substancial. Por exemplo, foi verificado que um tampão 50 mmol L^{-1} em pH 8 flui através de um capilar de 50 cm em direção ao catodo a aproximadamente 5 cm min^{-1} com um potencial aplicado de 25 kV.[10]

Como mostrado na **Figura 32-6**, o fluxo eletro-osmótico é a camada elétrica dupla que se desenvolve na interface sílica/solução. Em valores de pH maiores que 3, a parede interna de um capilar de sílica está carregada negativamente devido à ionização dos grupos silanóis superficiais (Si—OH). Os cátions do tampão congregam-se em uma dupla camada elétrica adjacente à superfície negativa do capilar de sílica. Os cátions na camada difusa externa à dupla camada são atraídos para o catodo, ou eletrodo negativo, e uma vez que estão solvatados, arrastam o solvente com eles. Como mostrado na **Figura 32-7**, a eletro-osmose leva a um fluxo global da solução que tem um perfil plano ao longo do tubo, porque o fluxo se origina nas paredes deste. Esse perfil contrasta com o perfil laminar (parabólico) observado em fluxos gerados por pressão encontrados na CLAE. Visto que o perfil é essencialmente plano, o fluxo eletro-osmótico não contribui significativamente para o alargamento de banda, como o fluxo gerado por pressão faz na cromatografia de líquido.

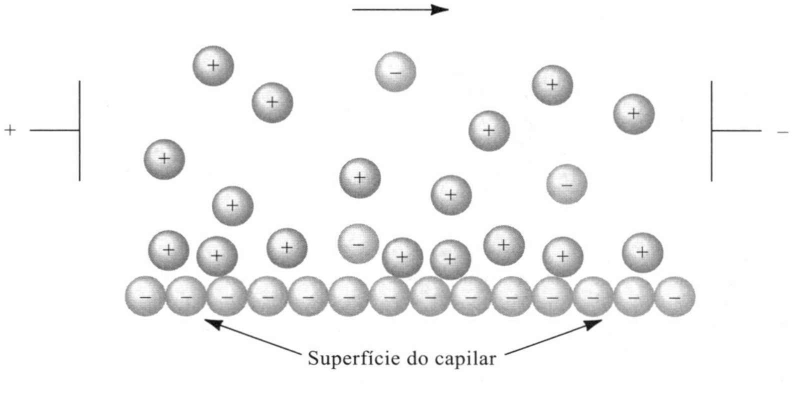

FIGURA 32-6
Distribuição de cargas na interface sílica/capilar e o fluxo eletro-osmótico resultante. (Adaptado de A. G. Ewing; R. A. Wallingford; T. M. Olefirowicz. *Anal. Chem.*, v. 61, p. 292A, 1989. DOI: 10.1021/ac00179a002.)

---
[10] J. D. Olechno; J. M. Y. Tso; J. Thayer; A. Wainright. *Amer. Lab.*, v. 22, n. 17, p. 51, 1990.

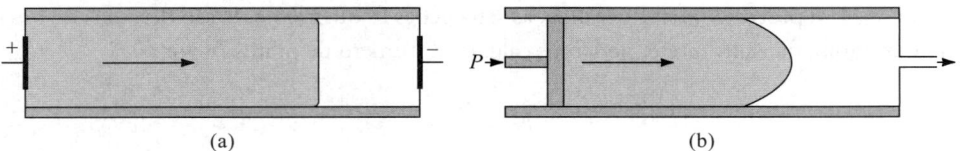

FIGURA 32-7 Perfis de fluxo para líquidos sob (a) fluxo eletro-osmótico e (b) fluxo induzido por diferença de pressão.

A velocidade do fluxo eletro-osmótico é geralmente maior que as velocidades de migração eletroforética dos íons individuais e torna-se efetivamente a bomba da fase móvel da EC. Mesmo que os analitos migrem de acordo com as suas cargas dentro do capilar, a vazão eletro-osmótica é normalmente suficiente para arrastar todas as espécies positivas, neutras e mesmo negativas para a mesma extremidade do capilar, de forma que todas podem ser detectadas quando passam por um ponto comum (veja a **Figura 32-8**). O **eletroferograma** resultante mostra-se como um cromatograma, porém com picos mais estreitos.

A eletro-osmose é frequentemente desejável em certos tipos de eletroforeses capilares, mas não em outros. Isto pode ser minimizado revestindo-se a parede interna do capilar com um reagente, como o trimetilclorosilano, para eliminar os grupos silanóis da superfície.

32C-3 As Bases para as Separações Eletroforéticas

A velocidade de migração v de um íon em um campo elétrico é dada por

$$v = \mu_e E = \mu_e \times \frac{V}{L} \tag{32-1}$$

onde E é a força do campo elétrico em volts por centímetro; V, a voltagem aplicada; L, o comprimento do tubo entre os dois eletrodos; e μ_e, a **mobilidade eletroforética**, que é proporcional à carga do íon e inversamente proporcional à força de retardo por fricção sobre o íon. A força de retardo por fricção sobre um íon é determinada pelo tamanho e formato do íon e pela viscosidade do meio.

A **mobilidade eletroforética** é a razão entre a velocidade de migração de um íon e o campo elétrico aplicado.

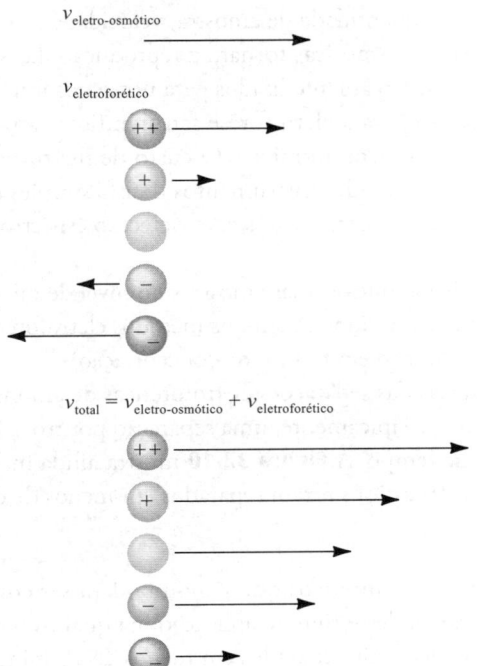

FIGURA 32-8

Velocidades na presença de um fluxo eletro-osmótico. Os comprimentos das setas próximas aos íons indicam a grandeza de suas velocidades; a seta aponta para a direção de movimentação. O eletrodo negativo estaria à direita e o eletrodo positivo à esquerda dessa seção da solução.

Embora a EC não seja um processo cromatográfico, as separações frequentemente são descritas de uma maneira similar à cromatografia. Por exemplo, na eletroforese, podemos calcular o número de pratos N por

$$N = \frac{\mu_e V}{2D} \tag{32-2}$$

onde D é o coeficiente de difusão do soluto (cm^2 s^{-1}). Uma vez que a resolução aumenta com o número de pratos, é desejável usar altas voltagens para se atingir separações de alta resolução. Observe que, na eletroforese, ao contrário da situação na cromatografia, o número de pratos não aumenta com o comprimento da coluna. Tipicamente, o número de pratos na eletroforese capilar é de 100.000 a 200.000 com as voltagens usuais aplicadas.

32C-4 Aplicações da Eletroforese Capilar

As separações eletroforéticas são realizadas de diversas formas, denominadas modos. Estes modos incluem **focalização isoelétrica**, **isotacoforese** e **eletroforese capilar de zona** (ECZ). Consideraremos apenas a eletroforese capilar de zona na qual a composição do tampão é constante por toda a região da separação. O campo aplicado faz com que cada um dos diferentes componentes iônicos da mistura migrem de acordo com sua própria mobilidade e se separem em zonas que podem ser completamente resolvidas ou podem se superpor parcialmente. As regiões completamente resolvidas apresentam regiões de tampão entre elas. A situação é análoga à cromatografia de eluição em coluna, onde as regiões de fase móvel estão localizadas entre zonas contendo analitos separados.

Separação de Íons Pequenos

Em muitas separações eletroforéticas de íons pequenos, o menor tempo de análise é obtido quando os íons do analito se movem na mesma direção do fluxo eletro-osmótico. Assim, para a separação de cátions, as paredes do capilar não são tratadas, e o movimento do fluxo eletro-osmótico e dos cátions se dá em direção ao catodo. Para a separação de ânions, por outro lado, o fluxo eletro-osmótico é normalmente revertido tratando as paredes do capilar com sal de alquilamônio, como o brometo de cetiltrimetilamônio. Os íons amônio positivamente carregados ligam-se à superfície negativamente carregada de sílica, criando uma dupla camada negativamente carregada de solução, a qual é atraída para o anodo, revertendo o sentido do fluxo eletro-osmótico.

No passado, o método mais comum para a análise de pequenos ânions era a cromatografia de troca iônica. Para cátions, as técnicas preferidas eram espectroscopia de absorção atômica e emissão em plasma indutivamente acoplada ou espectrometria de massas. Recentemente, os métodos eletroforéticos capilares começaram a competir com esses métodos tradicionais pela análise de pequenos íons. Várias razões relevantes para a adoção dos métodos eletroforéticos têm sido reconhecidas: menor custo dos equipamentos, necessidade de menor quantidade de amostra, velocidade muito maior e melhor resolução. Entretanto, uma vez que as variações nas vazões eletro-osmóticas tornam a reprodução das separações por EC difíceis, os métodos de CL e espectrométricos atômicos ainda são largamente usados para pequenos íons inorgânicos.

O custo inicial de equipamento e a despesa de manutenção para a eletroforese são significativamente menores que aqueles para instrumentos cromatográficos de íons e espectroscópicos atômicos. O custo de instrumentos de EC varia significativamente, dependendo do tipo de sistema de detecção desejado. Instrumentos de EC simples com detecção UV visível podem custar na faixa de US$ 10.000 a US$ 20.000, mas os instrumentos com detecção espectrométrica de massas podem custar substancialmente mais.

Os tamanhos de amostras para a eletroforese são na faixa de nanolitros, mas amostras no nível de microlitro ou maiores normalmente são necessárias para outros tipos de análise de pequenos íons. Assim, os métodos eletroforéticos são mais sensíveis que outros métodos em termos de massa (mas, geralmente, não em termos de concentração).

A **Figura 32-9** ilustra a velocidade, e resolução incomparáveis das separações eletroforéticas de ânions pequenos. Aqui, 30 íons foram completamente separados em apenas três minutos. Tipicamente, uma separação por troca iônica de somente três ou quatro ânions poderia ser feita nesse curto intervalo de tempo. A **Figura 32-10** mostra ainda mais a velocidade na qual as separações podem ser realizadas. Como pode ser visto, 19 cátions foram separados em menos de dois minutos.

Separações de Espécies Moleculares

Uma variedade de moléculas de herbicidas, pesticidas e fármacos sintéticos que são ou podem ser convertidas em íons foram separadas e analisadas por EC. A **Figura 32-11** é ilustrativa deste tipo de aplicação, na qual os medicamentos anti-inflamatórios, que têm propriedades ácidas com pK_a característicos, são separados em menos de 15 minutos.

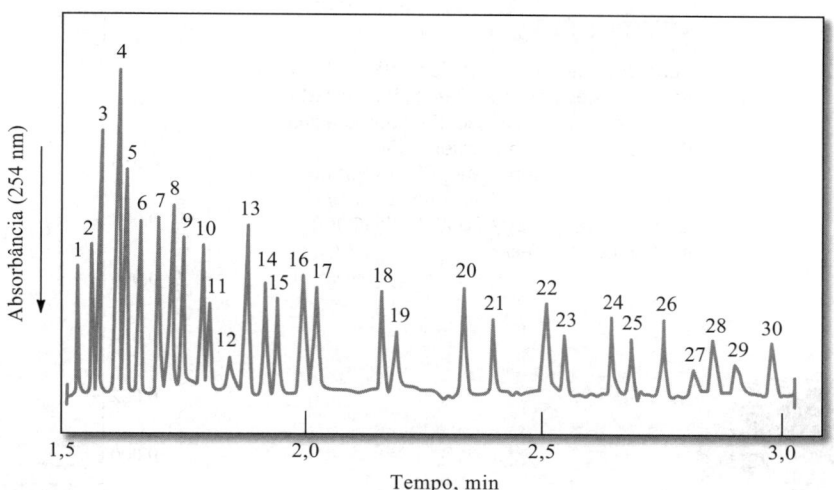

FIGURA 32-9 Eletroferograma mostrando a separação de 30 ânions. Diâmetro interno do capilar: 50 μm (sílica fundida). Detecção: UV indireta, 254 nm. Picos: 1 = tiossulfato (4 ppm), 2 = brometo (4 ppm), 3 = cloreto (2 ppm), 4 = sulfato (4 ppm), 5 = nitrito (4 ppm), 6 = nitrato (4 ppm), 7 = molibdato (10 ppm), 8 = azida (4 ppm), 9 = tungstato (10 ppm), 10 = monofluorfosfato (4 ppm), 11 = clorato (4 ppm), 12 = citrato (2 ppm), 13 = fluoreto (1 ppm), 14 = formiato (2 ppm), 15 = fosfato (4 ppm), 16 = fosfito (4 ppm), 17 = clorito (4 ppm), 18 = galactarato (5 ppm), 19 = carbonato (4 ppm), 20 = acetato (4 ppm), 21 = etanossulfonato (4 ppm), 22 = propionato (5 ppm), 23 = propanossulfato (4 ppm), 24 = butirato (5 ppm), 25 = butanossulfato (4 ppm), 26 = valerato (5 ppm), 27 = benzoato (4 ppm), 28 = l-glutamato (5 ppm), 29 = pentanossulfonato (4 ppm), 30 = d-gluconato (5 ppm). (De W. A. Jones; P. Jandik, *J. Chromatogr.*, v. 546, p. 445, 1991. DOI: 10.1006/s0021-9673(01)93043-2.)

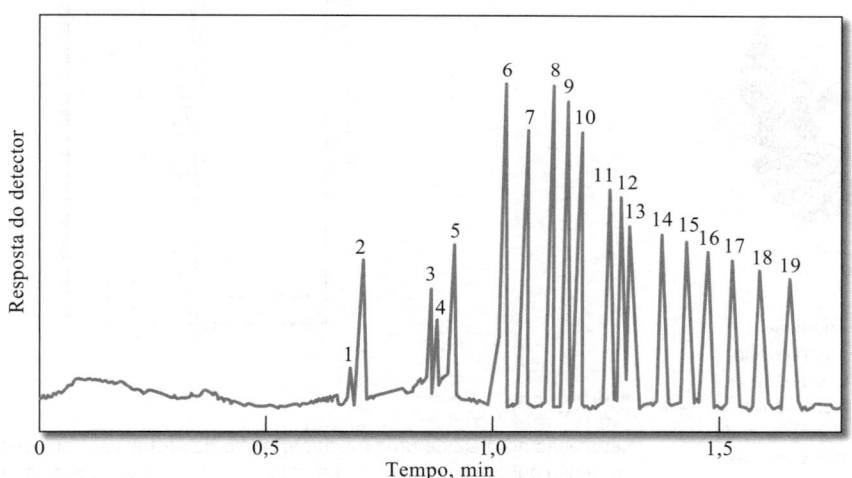

FIGURA 32-10 Separação de alcalinos, alcalinos terrosos e lantanídeos. Capilar: sílica fundida de 36,5 cm × 75 μm, + 30 kV. Injeção: hidrostática, 20 s a 10 cm. Detecção: UV indireta, 214 nm. Picos: 1 = rubídio (2 ppm), 2 = potássio (5 ppm), 3 = cálcio (2 ppm), 4 = sódio (1 ppm), 5 = magnésio (1 ppm), 6 = lítio (1 ppm), 7 = lantânio (5 ppm), 8 = cério (5 ppm), 9 = praseodímio (5 ppm), 10 = neodímio (5 ppm), 11 = samário (5 ppm), 12 = európio (5 ppm), 13 = gadolínio (5 ppm), 14 = térbio (5 ppm), 15 = disprósio (5 ppm), 16 = hólmio (5 ppm), 17 = érbio (5 ppm), 18 = túlio (5 ppm), 19 = itérbio (5 ppm). (De A. Weston; P. R. Brown; P. Jandik. W. R. Jones; A. L. Heckenberg. *J. Chromatog A*, v. 593, p. 289, 1992. DOI: 10.1016/0021-9673(92)80297-8.)

Proteínas, aminoácidos e carboidratos têm sido todos separados em tempos mínimos por ECZ. No caso de carboidratos neutros, as separações são precedidas pela formação de complexos com borato negativamente carregados. A separação de misturas de proteínas está ilustrada na **Figura 32-12**. O Destaque 32-1 discute o uso de arranjos de eletroforese capilar no sequenciamento de DNA.

FIGURA 32-11

Separação de medicamentos anti-inflamatórios por ECZ. Detecção: UV a 200 nm. Analitos: (1) sulindac, (2) indometacina, (3) piroxicam, (4) cetoprofeno, (5) nimesulida, (6) ibuprofeno, (7) naxopreno. (De Y. L. Chen; S. M. Wu. *Anal. Bioanal. Chem.*, v. 381, p. 907, 2005. DOI: 10.1007/s00216-004-2970-x).

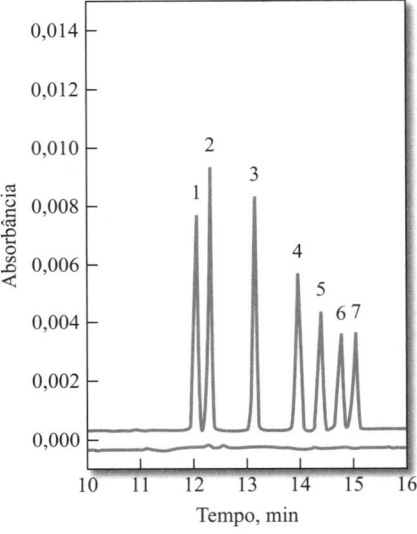

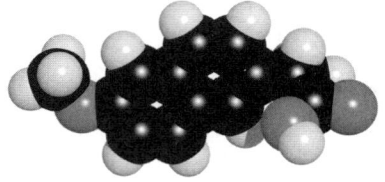

Naproxeno

Ibuprofeno

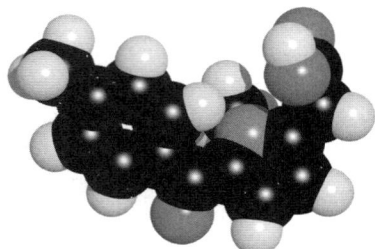

Tolmetino

Modelos moleculares de medicamentos anti-inflamatórios: naproxeno, ibuprofeno e tolmetino. Acredita-se que estes agentes anti-inflamatórios não esteriodais aliviam a dor através da inibição da síntese de prostaglandinas que são produzidas pelo corpo humano em resposta à presença de toxinas, agentes infecciosos e fluidos de tecidos que resultam de um processo inflamatório. As altas concentrações de prostaglandinas provocam febre e dor. O ibuprofeno também é conhecido como Motrin, Advil ou Nuprin. O naproxeno sódico é o Aleve e o tolmetino é o Tolectin. Cada um tem sido usado para tratar sintomas de artrite e para aliviar a dor causada por gota, bursite, tendinite, distensões e outros ferimentos e cólicas menstruais. Tanto no Brasil quanto nos Estados Unidos, o ibuprofeno e o naproxeno podem ser vendidos sem prescrição médica.

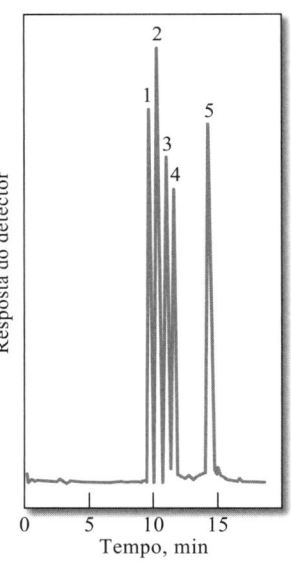

FIGURA 32-12

Separação por ECZ de uma mistura modelo de proteínas. Condições: tampão pH = 2,7; detecção por absorbância a 214 nm; 22 kV, 10 mA. Os picos podem ser identificados na tabela a seguir.

Proteínas Modelo Separadas a pH 2,7			
Nº do Pico	Proteínas	Massa Molecular	Ponto Isoelétrico, pH
1	Citocromo c	12.400	10,7
2	Lisozima	14.100	11,1
3	Tripsina	24.000	10,1
4	Tripsinogeno	23.700	8,7
5	Inibidor da tripsina	20.100	4,5

Outros Métodos de Separação 911

DESTAQUE 32-1

Arranjo de Eletroforese Capilar para o Sequenciamento de DNA

O principal objetivo do projeto do genoma humano era determinar a ordem de ocorrência de quatro bases – adenina (A), citosina (C), guanina (G) e timina (T) –, nas moléculas de DNA. A sequência define o código genético de um indivíduo. A necessidade de sequenciar o DNA tem impulsionado o desenvolvimento de muitos instrumentos analíticos novos. Entre as abordagens mais atraentes encontram-se os arranjos de eletroforese capilar.[11] Nessa técnica, 96 capilares são operados em paralelo. Os capilares são empacotados com uma matriz de separação, geralmente um gel de poliacrilamida linear. Os capilares apresentam diâmetros internos de 35 a 75 μm e comprimento de 30 a 60 cm.

No sequenciamento, o DNA extraído de células é fragmentado por vários métodos. Dependendo da base terminal do fragmento, um de quatro corantes fluorescentes é ligado aos vários fragmentos. A amostra contém muitos fragmentos de diferentes tamanhos, cada um deles com um marcador fluorescente. Sob a influência do campo eletroforético, os fragmentos de massa molecular mais baixa movem-se mais rapidamente e chegam ao detector antes que os fragmentos de maior massa molecular. A sequência do DNA é determinada pela sequência de cor do corante dos fragmentos eluídos. Um laser é empregado para excitação dos corantes fluorescentes. Têm sido descritas várias técnicas para detectar a fluorescência. Um dos métodos emprega um sistema de varredura, de modo que o feixe de capilares se move em relação ao laser de excitação e um sistema de detecção de quatro comprimentos de onda. No sistema de detecção, ilustrado pela **Figura 32D-1**, um feixe de laser é direcionado sobre o arranjo de capilares por uma lente. A imagem da região iluminada pelo laser é adquirida por um detector CCD (veja a Seção 23A-4). Os filtros permitem a seleção do comprimento de onda para detectar as quatro cores. A separação simultânea de 11 fragmentos de DNA em 100 capilares tem sido relatada.[12] Outros desenhos incluem sistemas de detecção tipo *sheath-flow* ou detectores que empregam dois lasers de diodo para excitação. Está comercialmente disponível instrumentação de vários fabricantes de equipamentos. Os sequenciadores de DNA em miniatura têm sido desenvolvidos usando a tecnologia de laboratório no chip. Tais sistemas em miniatura estão se tornando mais portáteis, o que deve permitir uso em campo para as aplicações forense, dentre outras.

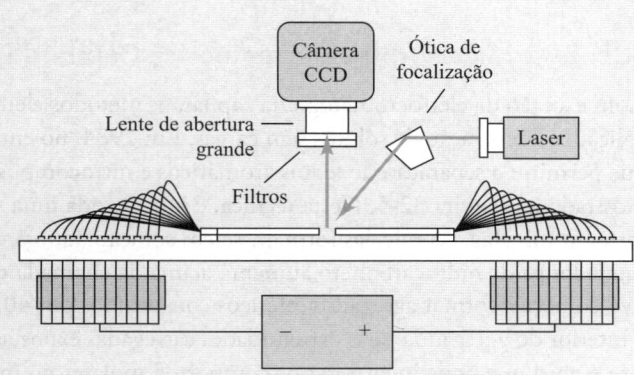

FIGURA 32D-1 Sistema de detecção em coluna através de fluorescência excitada por laser para arranjos de eletroforese capilar. Um laser é focalizado como uma linha sobre o arranjo de capilares a um ângulo de 45°. A fluorescência é filtrada e detectada por uma câmara de CCD empregando uma lente de grande abertura. (Adaptado de K. Ueno; E. S. Yeung. *Anal. Chem.* v. 66, p. 1.424. 1994. DOI: 10.1021/ac00081a010.)

> **Exercícios no Excel** No Capítulo 15 do *Applications of Microsoft® Excel® in Analytical Chemistry*, 4. ed., os dados de eletroforese capilar são usados para determinar as mobilidades de íons inorgânicos. Os resultados da eletroforese capilar são usados também para determinar os valores de pK_a de vários ácidos orgânicos fracos.

32D Eletrocromatografia Capilar

A **eletrocromatografia capilar** (EC) é um híbrido da CLAE e da eletroforese capilar que oferece algumas das melhores características dos dois métodos.[13] Como CLAE, pode ser aplicada à separação de espécies neutras. Como EC, contudo,

---

[11] Para revisões, veja I. Kheterpal; R. A. Mathies. *Anal. Chem.*, v. 71, p. 31A, 1999. DOI: 10.1021/ac990099w; M. Geiger; A. L. Hogerton; M. T. Bowser. *Anal. Chem.*, v. 84, 577, 2012. DOI: 10.1021/ac203205a; N. W. Frost; M. Jing; M. T. Bowser. *Anal. Chem.*, v. 82, p. 4.682, 2010. DOI: 10.1021/ac101151k.
[12] K. Ueno; E. S. Yeung. *Anal. Chem.*, v. 66, p. 1.424, 1994. DOI: 10.1021/ac00081a010.
[13] Para uma discussão sobre esse método, veja L. A. Colon; Y. Guo; A. Fermier. *Anal. Chem.*, v. 69, p. 461A, 1997. DOI: 10.1021/ac9717245.

fornece separações altamente eficientes empregando microvolumes de solução da amostra, sem a necessidade dos sistemas de bombeamento de alta pressão necessários para a CLAE. Na EC, a fase móvel é transportada por meio de uma fase estacionária por um fluxo eletro-osmótico. Como mostrado na Figura 32-7, o bombeamento eletro-osmótico produz um perfil plano em vez do parabólico, como o que resulta em um fluxo induzido por pressão. O perfil plano do bombeamento osmótico produz bandas estreitas e, assim, altas eficiências de separação.

32D-1 Eletrocromatografia em Coluna Empacotada

A eletrocromatografia baseada em colunas empacotadas é a menos madura das técnicas de eletrosseparação. Nesse método, um solvente polar é geralmente impulsionado por fluxo eletro-osmótico através de um capilar empacotado com uma fase reversa de CLAE. As separações dependem da distribuição dos analitos entre a fase móvel e a fase estacionária líquida retida no material de empacotamento. A **Figura 32-13** mostra um eletrocromatograma típico de uma separação de 16 hidrocarbonetos poliaromáticos em um capilar de 33 cm de comprimento com diâmetro interno de 75 μm. A fase móvel era constituída por uma solução 4 mmol L^{-1} de borato de sódio em acetonitrila. A fase estacionária era composta por partículas de octadecilsílica de 3 μm.

32D-2 Cromatografia Eletrocinética Capilar Micelar

Com exceção da eletrocromatografia capilar, os métodos eletroforéticos capilares que descrevemos até agora não podem ser aplicados à separação de solutos sem cargas. Em 1984, no entanto, Terabe et al.[14] descreveram uma modificação do método que permitiu a separação de fenóis aromáticos e nitrocompostos de baixa massa molecular com equipamento como aquele mostrado na Figuira 32-5. Nesta técnica, é introduzida uma substância tensoativa em um nível de concentração no qual se formam **micelas**. As micelas formam-se em solução aquosa quando a concentração de espécies iônicas apresentando uma cauda longa de hidrocarboneto aumenta acima da chamada **concentração micelar crítica** (CMC). Nesse ponto, o tensoativo começa a formar agregados esféricos constituídos por 40 a 100 íons com suas caudas de hidrocarbonetos voltadas para o interior do agregado e suas extremidades carregadas expostas à água na parte exterior. As micelas constituem uma segunda fase estável que pode incorporar os compostos apolares no interior das partículas, constituído por hidrocarbonetos, *solubilizando*, assim, espécies apolares. Essa solubilização é a mesma observada no dia a dia, quando um material ou superfície gordurosa é lavado com uma solução detergente.

A eletroforese capilar realizada na presença de micelas é chamada **cromatografia eletrocinética capilar micelar** e recebe o acrônimo CECM. Nessa técnica, os tensoativos são adicionados ao tampão de operação em quantidades que excedem

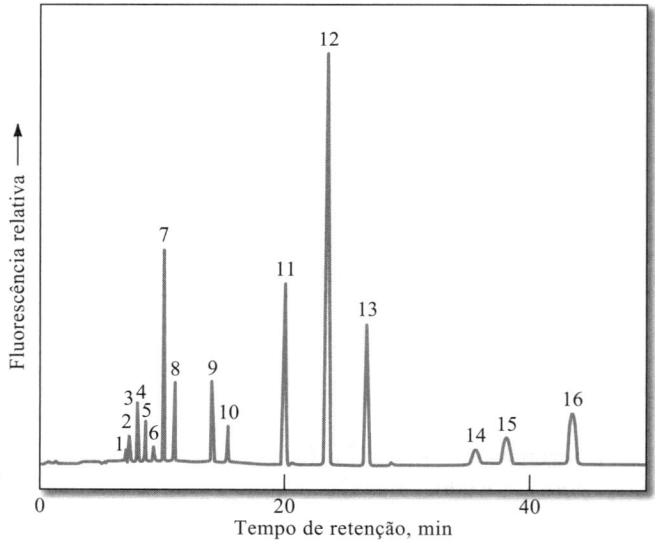

FIGURA 32-13
Eletrocromatograma mostrando uma separação eletrocromatográfica de 16 HPAs (~10^{-6} a 10^{-8} mol L^{-1} de cada composto). Picos: (1) naftaleno, (2) acenaftaleno, (3) acenafteno, (4) fluoreno, (5) fenantreno, (6) antraceno, (7) fluorantreno, (8) pireno, (9) benz[*a*]antraceno, (10) criseno, (11) benzo[*b*]fluorantreno, (12) benzo[*k*]fluorantreno, (13) benzo[a]pireno, (14) dibenz[*a*,*h*] antraceno, (15) benzo[*ghi*]perileno e (16) indeo [1,2,3-*cd*]pireno. (Adaptado de C. Yan et al. *Anal. Chem.*, v. 67, p. 2026. 1995. DOI: 10.1021/ac00109a020.)

---

[14] S. Terabe; K. Otsuka; K. Ichikawa; A. Tsuchiya; T. Ando. *Anal. Chem.*, v. 56, p. 111, 1984. DOI: 10.1021/ac00265a031; S. Terabe; K. Otsuka; T. Ando. *Anal. Chem.*, v. 57, p. 841, 1985. DOI: 10.1021/ac00281a014; S. Terabe. *Anal. Chem.*, v. 76, p. 240A, 2004. DOI: 10.1021/ac0415859.

a concentração micelar crítica. Em muitas aplicações descritas até o momento, o tensoativo empregado tem sido o dodecil sulfato de sódio (DSS). A superfície de uma micela iônica desse tipo apresenta alta carga negativa, o que lhe atribui alta mobilidade eletroforética. Entretanto, a maioria dos tampões exibe um fluxo eletro-osmótico tão grande, que as micelas aniônicas também são transportadas em direção àquele eletrodo, embora a uma velocidade muito reduzida. Assim, durante um experimento, a mistura de tampão consiste em uma fase aquosa movendo-se mais rapidamente e uma fase micelar movendo mais lentamente. Quando uma amostra é introduzida nesse sistema, os componentes se distribuem entre as fases aquosa e de hidrocarboneto do interior das micelas. A posição do equilíbrio resultante depende da polaridade dos solutos. Com solutos polares, a solução aquosa é favorecida; com compostos apolares, o ambiente formado pelos hidrocarbonetos é preferido.

Modelo molecular da cafeína. A cafeína estimula o córtex cerebral por inibição de uma enzima que inativa uma certa forma de trifosfato de adenosina, a molécula que fornece energia. A cafeína é encontrada no café, chá e bebidas tipo cola.

Os fenômenos que acabamos de descrever são bem similares àqueles que ocorrem em uma cromatografia de líquido de partição em coluna, exceto que a "fase estacionária" está se movendo ao longo do comprimento da coluna, embora a uma velocidade muito mais baixa que a da fase móvel. O mecanismo de separações é idêntico nos dois casos e depende das diferenças nas constantes de distribuição para analitos entre a fase móvel aquosa e a **fase pseudoestacionária**. O processo é, na verdade, uma cromatografia; daí o nome *cromatografia* eletrocinética micelar. A **Figura 32-14** ilustra duas separações típicas por CECM.

A cromatografia capilar na presença de micelas parece ter um futuro promissor. Uma vantagem dessa técnica híbrida sobre a CLAE está na eficiência da coluna (100.000 pratos ou mais). Além disso, a troca da segunda fase na CECM é simples, envolvendo apenas a mudança da composição micelar do tampão. Em contraste, na CLAE, a segunda fase só pode ser alterada mudando-se o tipo de empacotamento de coluna. A técnica de CECM parece particularmente útil para separar pequenas moléculas, que são impossíveis de separar pela eletroforese tradicional.

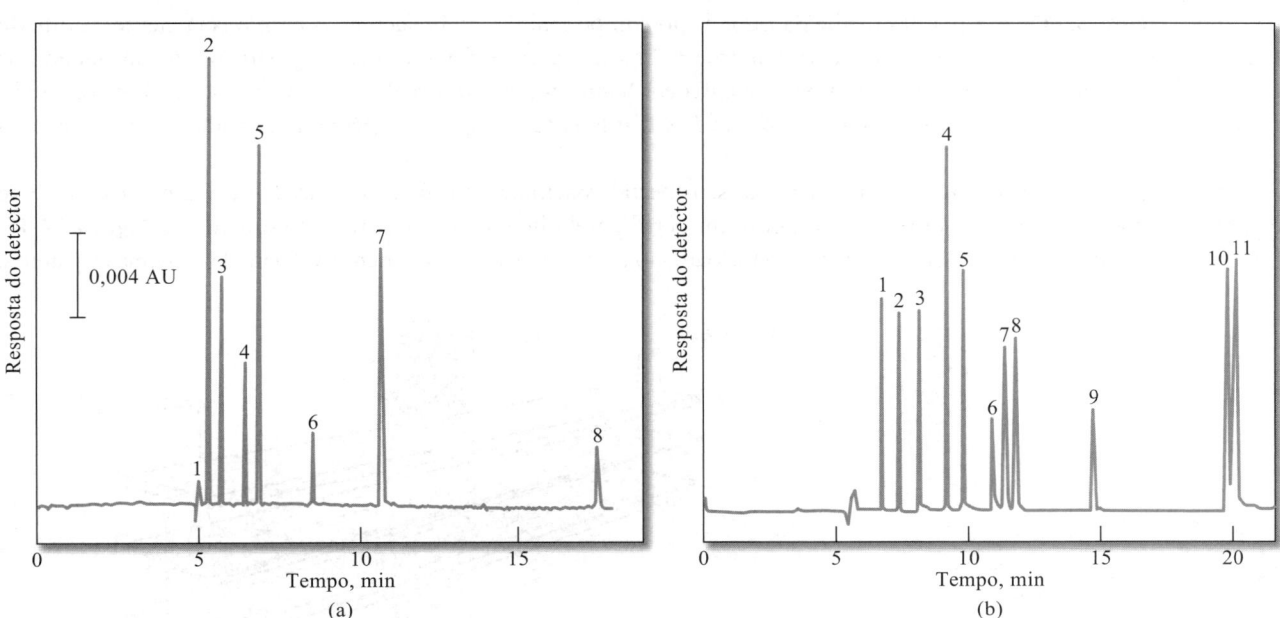

FIGURA 32-14 Separações típicas por CECM. (a) Alguns compostos teste: 1 = metanol, 2 = resorcinol, 3 = fenol, 4 = *p*-nitroanilina, 5 = nitrobenzeno, 6 = tolueno, 7 = 2-naftol, 8 = Sudan III. Capilar: 50 μm de diâmetro interno, 500 mm até o detector. Voltagem aplicada: c. 15 kV. Detecção: absorção no UV, 210 nm. (b) Análise de um medicamento para a gripe. Compostos: 1 = acetoaminofen, 2 = cafeína, 3 = sulpirina, 4 = naproxeno, 5 = guaifenesina, 6 = impureza, 7 = fenacetina, 8 = etenazamida, 9 = 4-isopro--filantipirina, 10 = noscapina, 11 = clorofeniramina e tipepidina. Voltagem aplicada: 20 kV. Capilar: igual ao do item anterior. Detecção: absorção no UV, 220 nm. (De S. Terabe. *Trends Anal. Chem.*, v. 8, p. 129, 1989. DOI: 10.1016/0165-9936(89)85022-8.)

Exercícios no Excel No exercício final no Capítulo 15 do *Applications of Microsoft® Excel® in Analytical Chemistry*, 4. ed., a cromatografia eletrocinética capilar micelar é usada para determinar a concentração micelar crítica (CMC) de um surfactante. É desenvolvida uma equação para relacionar o fator de retenção à CMC. Os tempos de retenção medidos são então usados para determinar a CMC a partir de uma análise de regressão.

32E Fracionamento por Campo e Fluxo

O fracionamento por campo e fluxo (FCF) descreve um grupo de técnicas analíticas que têm se tornado bastante úteis para a separação e caracterização de matérias em suspensão como polímeros, partículas grandes e coloides. O conceito de FCF foi descrito pela primeira vez por Giddings, em 1966.[15] Entretanto, apenas recentemente teve aplicações práticas e vantagens sobre outros métodos mostrados aqui.[16]

32E-1 Mecanismos de Separação

As separações por FCF ocorrem em um canal de fluxo estreito semelhante a uma fita, como aquele mostrado na **Figura 32-15**. O canal tem comprimento típico de 25 a 100 cm e de 1 a 3 cm de largura. A espessura da estrutura em fita é normalmente de 50 a 500 μm. O canal é geralmente recortado em um espaçador fino que é inserido entre duas paredes. Um campo elétrico, térmico ou centrífugo é aplicado perpendicularmente à direção do fluxo. Alternativamente, um fluxo transversal perpendicular ao fluxo principal pode ser empregado.

Na prática, a amostra é injetada na entrada do canal. O campo externo é aplicado logo após, através da face do canal, como ilustrado na Figura 32-15. Na presença do campo, os componentes da amostra migram em direção à **parede de acumulação** a uma velocidade determinada pela intensidade da interação do componente com o campo. Os componentes da amostra rapidamente atingem uma distribuição de concentração estacionária próximo à parede de acumulação, como pode ser visto na **Figura 32-17**. A espessura média da camada do componente, l, está relacionada com o coeficiente de difusão D da molécula e a velocidade U induzida pelo campo em direção à parede. Quanto mais rapidamente o componente se move no campo, mais fina será a camada próxima à parede. Quanto maior for o coeficiente de difusão, mais grossa será a camada. Uma vez que os componentes têm valores de D e U diferentes, a espessura média da camada vai variar entre os componentes.

Uma vez que os componentes tenham atingido seus perfis estacionários próximo à parede de acumulação, o fluxo no canal é iniciado. O fluxo é laminar, resultando um perfil parabólico, como mostrado à esquerda na **Figura 32-16**. O fluxo principal de arraste apresenta sua maior velocidade no centro do canal e sua menor velocidade próxima às paredes.

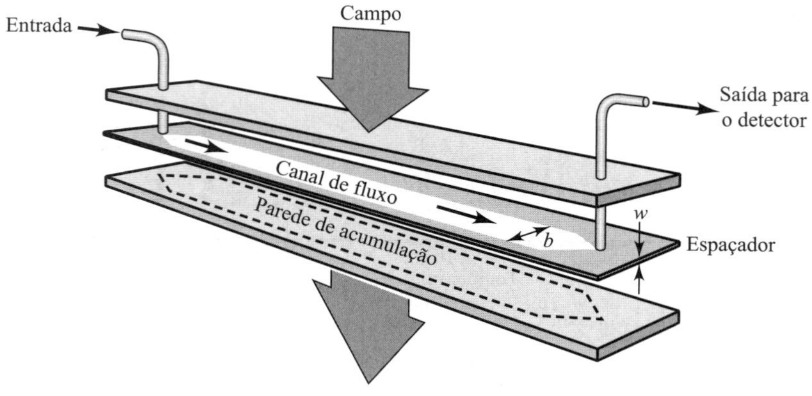

FIGURA 32-15
Diagrama esquemático de um canal de FCF inserido entre duas paredes. Um campo externo (elétrico, térmico ou centrífugo) é aplicado perpendicularmente à direção do fluxo.

---

[15] J. C. Giddings. *Sep. Sci*, v. 1, p. 123, 1966. DOI: 10.1080/01496396608049439.
[16] Para uma revisão sobre os métodos FCF, veja J. C. Giddings. *Anal. Chem.*, v. 67, p. 592A, 1995. DOI: 10.1021/ac00115a001.

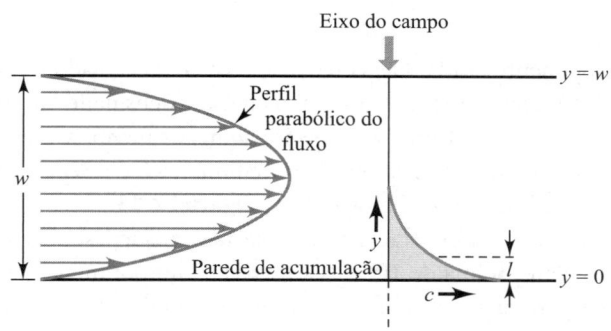

FIGURA 32-16 Quando o campo é aplicado no FCF, os componentes migram para a parede de acumulação onde existe um perfil de concentração exponencial, como visto à direita. Os componentes se estendem por uma distância y para dentro do canal. A espessura média da camada é igual a l, que difere para cada componente. O fluxo principal do canal é então iniciado e o perfil parabólico do fluxo do solvente de eluição é apresentado à esquerda.

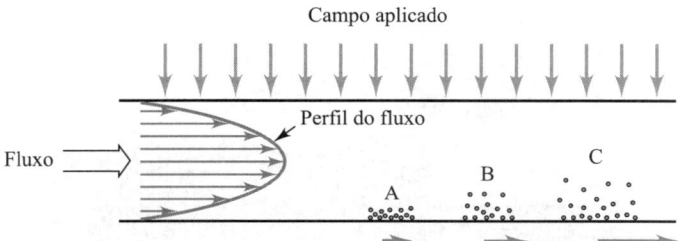

FIGURA 32-17 São mostrados três componentes A, B, C no estado comprimido contra a parede de acumulação no FCF para diferentes graus por causa das diferentes interações com o campo externo. Quando o fluxo se inicia, o componente A experimenta a menor velocidade do solvente. O componente B projeta-se mais no canal, no qual experimenta uma velocidade de fluxo maior. O componente C, que interage menos com o campo, experimenta a maior velocidade de fluxo do solvente e, assim, é deslocado mais rapidamente pelo fluxo.

Os componentes que interagem mais fortemente com o campo são comprimidos muito próximos à parede, como exposto pelo componente A na Figura 32-17. Nesse caso, eles são eluídos pelo solvente que se move lentamente nas proximidades da parede. Os componentes B e C projetam-se mais no canal e experimentam uma região de maior velocidade do solvente. A ordem de eluição é, portanto, C, então B e, finalmente, A. Os componentes que são separados por FCF fluem através de detectores de absorção no UV visível, de índice de refração ou de fluorescência localizados no final do canal de fluxo. Os detectores usados são similares àqueles usados nas separações por CLAE. Os resultados da separação são revelados por um gráfico de resposta do detector *versus* tempo, chamado **fractograma**, que é similar a um cromatograma na cromatografia.

32E-2 Métodos de FCF

As subtécnicas de FCF diferentes resultam da aplicação de diferentes tipos de campos ou gradientes.[17] Os métodos que têm sido usados são **FCF por sedimentação**, **FCF de campo elétrico**, **FCF de campo térmico** e **FCF por fluxo**.

A **Dra. Kim Williams** é professora de química na Colorado School of Mines. Ela obteve o seu doutorado na Michigan State University. O grupo de pesquisa da Dra. Williams combina os campos de química analítica, ciência de materiais, nanotecnologia, polímeros e biologia. Usa muitas técnicas de fracionamento de fluxo de campo e técnicas de espalhamento de luz para resolver problemas a partir de energias solares para medicamentos biológicos. Seu grupo desenvolve novas técnicas analíticas para esclarecer materiais e sistemas biológicos desafiadores para entender os comportamentos deles.

---

[17] Para uma discussão sobre os vários métodos de FCF, veja J. C. Giddings. *Unified Separation Science*. Nova York: Wiley, 1991, cap. 9; M. E. Schimpf; K. Caldwell; J. C. Giddings, eds. *Field-Flow Fractionation Handbook*. Nova York: Wiley, 2000.

FCF por Sedimentação

O FCF por sedimentação tem sido a forma mais largamente usada. Nessa técnica, o canal é enrolado e colocado dentro de uma centrífuga, como ilustrado na **Figura 32-18**. Os componentes com maior massa e densidade são dirigidos para a parede pela força de sedimentação (centrifugação) e eluem por último. As espécies de massa menor são eluídas primeiro. Existe uma seletividade alta entre as partículas de tamanhos diferentes em FCF por sedimentação. A separação de pequenas esferas de poliestireno de vários diâmetros em FCF por sedimentação é mostrada na **Figura 32-19**.

Uma vez que as forças de centrifugação são relativamente muito fracas para moléculas pequenas, o FCF por sedimentação é mais aplicável a moléculas com massas moleculares acima de 10^6. Os sistemas como polímeros, macromoléculas biológicas, coloides naturais e industriais, emulsões e partículas subcelulares parecem ser adequados para a separação em FCF por sedimentação.

FCF de Campo Elétrico

No FCF de campo elétrico, um campo elétrico é aplicado perpendicularmente à direção do fluxo. A retenção e a separação ocorrem com base na carga elétrica. As espécies com maior carga são dirigidas com mais eficiência para a parede de

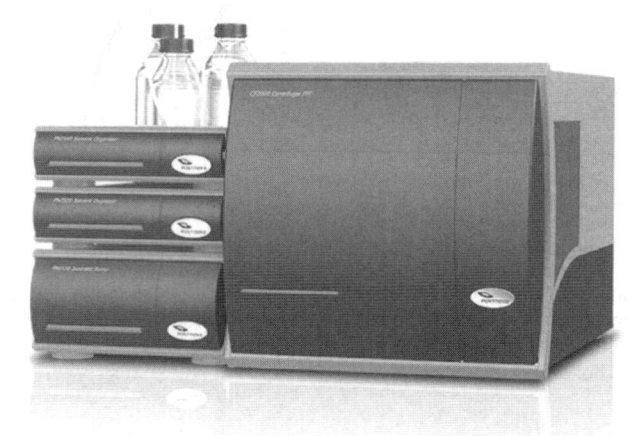

FIGURA 32-18
Aparelho de FCF por sedimentação. (Cortesia de Postnova Analytics, Salt Lake City, UT.)

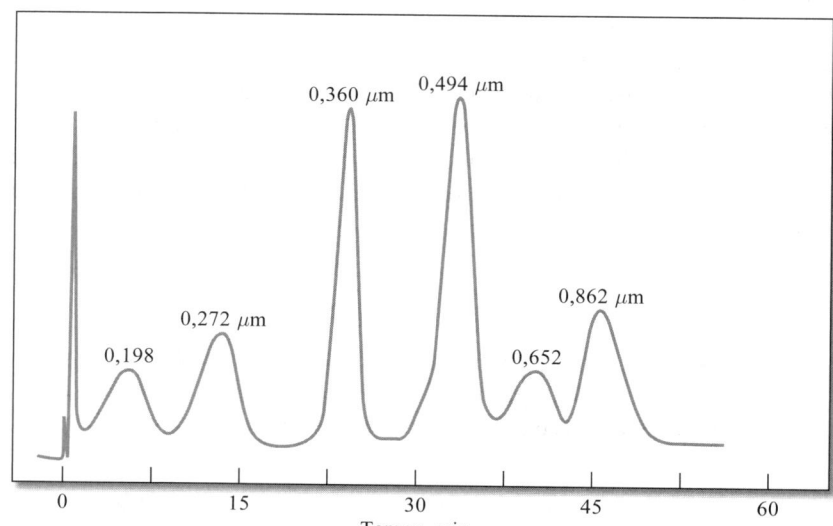

FIGURA 32-19
Fractograma ilustrando a separação de pequenas esferas de poliestireno de vários diâmetros em FCF por sedimentação. O fluxo no canal foi de 2 mL min^{-1}. (FFFractionation, LLC, Salt Lake City, UT.)

acumulação. As espécies de carga mais baixa não estão tão compactadas e projetam-se para a região de maior fluxo. Dessa forma, as espécies de menor carga são eluídas primeiro e as de maior carga são mais retidas.

Em virtude de os campos elétricos serem muito intensos, mesmo os íons pequenos podem estar sujeitos à separação por FCF no campo elétrico. Entretanto, os efeitos de eletrólise têm limitado as aplicações desse método para a separação de misturas de proteínas e outras moléculas grandes.

FCF de Campo Térmico

No FCF de campo térmico, um campo térmico é aplicado perpendicularmente à direção do fluxo, formando um gradiente de temperatura através do canal de FCF. A diferença de temperatura induz a difusão térmica, na qual a velocidade de movimentação está relacionada com o coeficiente de difusão térmica das espécies.

O FCF de campo térmico é particularmente bem adequado para a separação de polímeros sintéticos com massas moleculares na faixa de 10^3 até 10^7. A técnica tem vantagens significativas sobre a cromatografia de exclusão por tamanho para polímeros de alta massa molecular. Por outro lado, os polímeros de baixa massa molecular parecem ser mais bem separados por métodos de exclusão por tamanho. Além dos polímeros, partículas e coloides são separados por FCF de campo térmico.[18]

FCF por Fluxo

Talvez, a técnica mais versátil de todas as subtécnicas de FCF seja o FCF de fluxo, no qual um campo externo é substituído por um fluxo lento, transversal ao líquido de arraste.[19] O fluxo perpendicular transporta material para a parede de acumulação de uma forma não seletiva. Entretanto, as espessuras de camada de fase estacionária são diferentes para vários componentes, porque elas dependem não apenas da velocidade de transporte, mas também da difusão molecular. As distribuições exponenciais de diferentes espessuras são formadas, assim como no FCF normal.

O FCF de fluxo tem sido aplicado na separação de proteínas, polímeros sintéticos e uma variedade de partículas coloidais. A **Figura 32-20** ilustra a separação de três proteínas por FCF de fluxo. A reprodutibilidade é mostrada pelos fractogramas para três injeções.

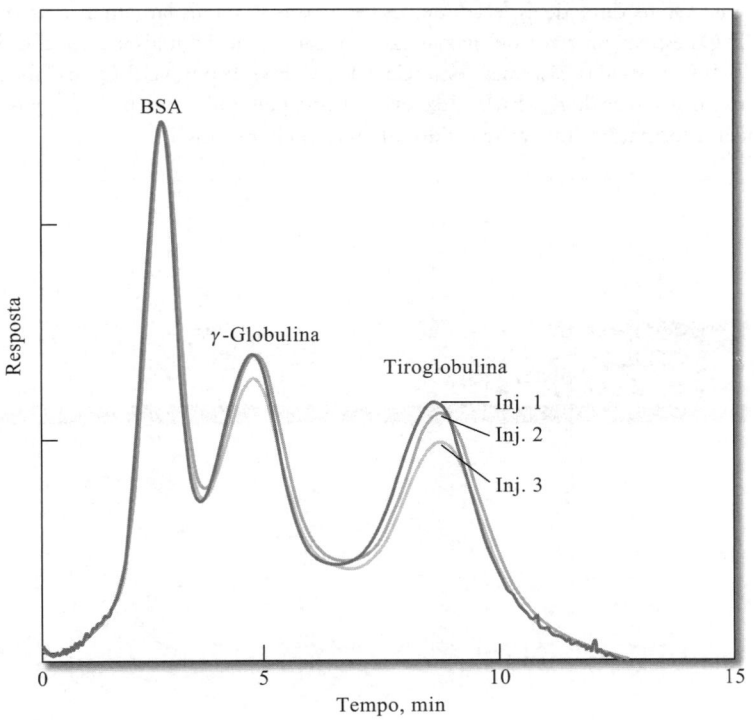

FIGURA 32-20

Separação de três proteínas por FCF de fluxo. Três injeções distintas são apresentadas. Neste experimento, a amostra foi concentrada no início do canal por meio de um fluxo oposto. (Adaptado de H. Lee; S. K. R. Williams; J. C. Giddings. *Anal. Chem.*, v. 70, p. 2.495, 1998. DOI: 10.1021/ac9710792.)

---

[18] M. Shiundu; G. Liu; J. C. Giddings. *Anal. Chem.*, v. 67, p. 2.705, 1995. DOI: 10.1021/ac00111a032.
[19] Veja K. Wahlund; L. Nilsson. In: S. K. R. Williams; K. D. Caldwell, eds. *Field-Flow Fractionation in Biopolymer Analysis*. Nova York: Springer-Verlag, 2012.

32E-3 Vantagens do FCF sobre os Métodos Cromatográficos

O fracionamento por campo e fluxo tem várias vantagens aparentes sobre os métodos cromatográficos normais para algumas aplicações. Primeiro, nenhum material de empacotamento ou fase estacionária é necessário para que a separação ocorra. Em alguns sistemas cromatográficos, podem existir interações indesejáveis entre o material de empacotamento ou a fase estacionária com os constituintes da amostra. Alguns solventes ou materiais da amostra adsorvem ou reagem com a fase estacionária ou com seu suporte. As macromoléculas e partículas são particularmente sujeitas a esses tipos de interações adversas.

A geometria e os perfis do FCF são bem caracterizados. Da mesma forma, os efeitos de muitos campos externos podem ser prontamente modelados. Como resultado, previsões teóricas razoavelmente exatas de retenção e altura de prato podem ser feitas no FCF. Em comparação, as previsões em cromatografia ainda são bastante imprecisas.

Finalmente, o campo externo governa a retenção em FCF. Com FCF de campo elétrico, centrífuga e de fluxo, as forças perpendiculares podem ser variadas rapidamente e de forma programada no tempo. Esta capacidade fornece ao FCF uma determinada versatilidade em se adaptar a diferentes tipos de amostra. Similarmente, os métodos podem ser facilmente otimizados para velocidade de resolução e separação.

Embora o fracionamento de campo e fluxo seja uma adição razoavelmente recente ao grupo de métodos analíticos, ele tem se mostrado altamente complementar à cromatografia. Os métodos de FCF são atualmente mais bem adequados atualmente para macromoléculas e partículas que, em sua maioria, se situam além da faixa de massa molecular dos métodos cromatográficos. Por outro lado, os métodos cromatográficos são superiores para substâncias de baixa massa molecular.

Química Analítica On-line

Faça uma busca na internet para encontrar artigos sobre eletroforese capilar com detecção por espectrometria de massas. Quais são os principais desafios no acoplamento de um capilar de EC a um espectrômetro de massas? Quais tipos de espectrômetros de massas são mais largamente usados nas aplicações de EC-EM? Os espectrômetros de massas tandem são usados? Quais são modos de EC mais uteis para a EC-EM? Quais são os sistemas comerciais de EC-EM disponíveis? Quais fabricantes de instrumentos produzem sistemas de EC-EM? Descreva as principais aplicações para as quais a EC-EM tem sido útil. Qual informação singular tem sido fornecida pela EC-EM?

Resumo do Capítulo 32

- Cromatografia de fluido supercrítico.
- Cromatografia em papel.
- Cromatografia de camada fina.
- Eletroforese capilar.
- Elegtrocromatografia.
- Cromatografia capilar eletrocinética micelar.
- Fracionamento de fluxo de campo.

Termos-chave

Concentração micelar crítica, 912
Cromatografia planar, 903
Desenvolvimento da placa, 904
Eletroforese, 905
Eletroforese capilar de zona, 908
Eletro-osmótico, 906
Fase pseudoestacionária, 913

FCF por fluxo, 915
FCF de campo elétrico, 915
FCF por sedimentação, 915
FCF de campo térmico, 915
Fluido supercrítico, 899
Focalização isoelétrica, 908
Fractograma, 915

Isotacoforese, 908
Micelas, 912
Mobilidade eletroforética, 907
Parede de acumulação, 914
Ponto crítico, 900
Temperatura crítica, 899

Questões e Problemas*

32-1. Liste os tipos de substâncias para as quais cada um dos seguintes métodos de separação é mais adequado:
  *(a) cromatografia com fluido supercrítico.
  (b) cromatografia em camada delgada.
  *(c) eletroforese capilar de zona.
  (d) FCF de campo térmico.
  *(e) FCF de fluxo.
  (f) cromatografia eletrocinética capilar micelar.

32-2. Defina:
  *(a) fluido supercrítico.
  (b) ponto crítico.
  *(c) cromatografia em camada delgada bidimensional.
  (d) mobilidade eletroforética.
  *(e) concentração micelar crítica.
  (f) FCF elétrico.

*32-3. Quais propriedades de um fluido supercrítico são importantes em cromatografia?

32-4. Descreva o efeito da pressão em cromatogramas com fluidos supercríticos.

*32-5. De que forma os instrumentos para a cromatografia com fluido supercrítico diferem daqueles para (a) CLAE e (b) CG?

32-6. Liste algumas das propriedades vantajosas do CO_2 supercrítico como uma fase móvel para separações cromatográficas.

*32-7. Qual é a propriedade importante dos fluidos supercríticos relacionada com as suas densidades?

32-8. Compare a cromatografia com fluido supercrítico com outros métodos de cromatografia em coluna.

*32-9. Para o dióxido de carbono supercrítico, preveja o efeito que cada uma das seguintes variações terá no tempo de eluição em um experimento de CFS.
  (a) Aumento da vazão (a temperatura e pressão constantes).
  (b) Aumento da pressão (a temperatura e vazão constantes).
  (c) Aumento da temperatura (a pressão e vazão constantes).

32-10. Qual é o efeito do pH na separação de aminoácidos por eletroforese? Por quê?

*32-11. O que é fluxo eletro-osmótico? Por que ele ocorre?

32-12. Como o fluxo eletro-osmótico poderia ser represado? Por que alguém gostaria de represá-lo?

*32-13. Qual é o princípio de separação em eletroforese capilar de zona?

32-14. Certo cátion inorgânico apresenta uma mobilidade eletroforética de $6,97 \times 10^{-4}$ cm² s⁻¹ V⁻¹. Esse mesmo íon mostra um coeficiente de difusão de $7,8 \times 10^{-6}$ cm² s⁻¹. Se esse íon for separado por eletroforese capilar de zona em um capilar de 50,0 cm, qual seria o número de pratos esperado nas seguintes voltagens aplicadas
  (a) 5 kV?   (b) 10 kV?
  (c) 20 kV? (d) 30 kV?

*32-15. O analito catiônico do Problema 32-14 foi separado por eletroforese capilar de zona em um capilar de 50 cm a 20 kV. Sob essas condições de separação, a velocidade linear do fluxo eletro-osmótico foi de 0,65 mm s⁻¹ em direção ao catodo. Se o detector fosse colocado a 40 cm do final da injeção, quanto tempo levaria em minutos para o cátion do analito atingir o detector após o campo ser aplicado?

32-16. Qual é o princípio da cromatografia eletrocinética micelar? Como ela difere da eletroforese capilar de zona?

*32-17. Descreva a maior vantagem da cromatografia eletrocinética capilar sobre a cromatografia de líquidos convencional.

32-18. O que determina a ordem de eluição no FCF por sedimentação?

*32-19. Três proteínas grandes estão ionizadas em um pH no qual uma separação por FCF de campo elétrico é efetuada. Se os íons forem designados como A^{2+}, B^+ e C^{3+}, preveja a ordem de eluição.

---

*As respostas para as questões e problemas marcados com um asterisco são fornecidas no final deste livro.

32-20. Liste as principais vantagens e limitações do FCF comparado aos métodos cromatográficos.

32-21. **Problema Desafiador:** A doxurrubicina (DOX) é uma antraciclina largamente usada, que tem sido eficiente nos tratamentos de leucemia e câncer de mama em humanos (A. B. Anderson; C. M. Ciriaks; K. M. Fuller; E. A. Ariaga. *Anal. Chem.*, v. 75, 8, 2003. DOI: 10.1021/ac020426r). Infelizmente, têm sido relatados efeitos colaterais, como toxicidade do fígado e resistência ao medicamento. No estudo, Anderson et. al. usaram fluorescência induzida por laser (FIL) como o modo de detecção para a eletroforese capilar (EC) para investigar os metabólitos da DOX em células únicas e frações subcelulares. Os seguintes resultados são similares aos obtidos por Anderson et al. na quantificação de dexorrubicina por FIL. As áreas de pico da EC foram medidas como função da concentração de DOX para construir uma curva de calibração.

Concentração de DOX, nmol L^{-1}	Área do Pico
0,10	0,10
1,00	0,80
5,00	4,52
10,00	8,32
20,00	15,7
30,00	26,2
50,00	41,5

(a) Encontre a equação para a curva analítica e os desvios padrão para a inclinação e para a intersecção. Encontre o valor de R^2.

(b) Rearranje a equação encontrada no item (a) para expressar a concentração em termos da área medida.

(c) O limite de detecção (LD) para a DOX foi determinado como 3×10^{-11} mol L^{-1}. Se o volume era de 100 pL, qual é o limite de detecção em quantidade de matéria?

(d) Duas amostras de concentração desconhecidas de DOX foram injetadas e áreas de pico iguais a 11,3 e 6,97 foram obtidas. Quais são as concentrações e seus desvios padrão?

(e) Sob certas condições, o pico referente à DOX requer 300 s para atingir o detector de FIL. Qual seria o tempo necessário se a voltagem aplicada fosse dobrada? Quanto tempo seria necessário se o comprimento do capilar fosse dobrado e a voltagem aplicada, mantida igual?

(f) O capilar empregado no item (e), sob condições normais, apresenta um número de pratos igual a 100.000. Qual seria o valor de N se o comprimento do capilar fosse dobrado e a voltagem fosse mantida constante? Qual seria o valor de N se a voltagem fosse dobrada e o comprimento do capilar mantido constante?

(g) Para um capilar de 40,6 cm de comprimento e diâmetro interno de 50 μm, qual seria a altura de prato para um capilar com $N = 100.000$?

(h) Para o mesmo capilar descrito no item (g) qual é a variância σ^2 para um pico típico?

Glossário

1-pirrolidinacarboditiolato de amônio (PDCA) Agente de proteção, usado em espectroscopia atômica, que forma espécies voláteis com o analito.

8-Hidroxiquinolina Agente quelante versátil; é empregado na análise gravimétrica, na análise volumétrica, como agente de proteção na espectroscopia atômica e como agente extrator; também é conhecido como *oxina*. Sua fórmula é HOC_9H_6N.

A

Absorbância, A Logaritmo da razão entre a potência inicial de um feixe de radiação P_0 e sua potência, P, após ter atravessado um determinado meio. $A = \log(P_0/P) = -\log(P/P_0)$.

Absorção Processo no qual uma substância é incorporada ou absorvida por outra; é também um processo no qual um feixe de radiação eletromagnética é atenuado durante a passagem através de um meio.

Absorção atômica Processo pelo qual átomos não excitados em uma chama, forno ou plasma absorvem radiação específica de uma fonte de radiação e atenua a potência radiante dessa fonte.

Absorção de radiação eletromagnética Processo no qual a radiação provoca transições para estados excitados em átomos e moléculas. A energia absorvida é geralmente perdida como calor quando a espécie excitada retorna ao estado fundamental.

Absorção molecular Absorção de radiação no ultravioleta, visível e no infravermelho realizada por meio de transições quantizadas em moléculas.

Absorção primária Absorção do feixe de excitação na espectroscopia de fluorescência ou de fosforescência; compare com *absorção secundária*.

Absorção secundária Absorção da radiação emitida na espectroscopia de fluorescência ou de fosforescência; compare com *absorção primária*.

Absortividade molar, ε Constante de proporcionalidade da lei de Beer; $\varepsilon = A/bc$, onde A é a absorbância; b, o caminho ótico em centímetros; e c, a concentração em mols por litro; é característica da espécie absorvente.

Absortividade, a Constante de proporcionalidade na equação da lei de Beer, $A = abc$, onde b é o caminho ótico da radiação (normalmente em cm) e c é a concentração da espécie absorvente (usualmente em mol L^{-1}). Assim sendo, a tem a unidade de comprimento^{-1} concentração^{-1}.

Ácido etilenodiaminotetracético Provavelmente, o reagente mais versátil para titulações de complexação. Forma quelatos com a maioria dos cátions. Veja *EDTA*.

Ácidos Na teoria de Brønsted-Lowry, as espécies que são capazes de doar prótons para outras espécies, que, por sua vez, são capazes de aceitar esses prótons.

Ácidos e bases de Brønsted-Lowry Uma descrição do comportamento ácido-base na qual um ácido é definido como um doador de próton e uma base é uma receptora de próton. A perda de um próton por um ácido resulta na formação de uma espécie que é um receptor de próton em potencial, ou *base conjugada* do ácido.

Ácidos e bases polifuncionais Espécies que contêm mais de um grupo funcional ácido ou básico.

Ácidos fortes e bases fortes Ácidos e bases que estão completamente dissociados em um dado solvente.

Ácidos fracos e bases fracas Ácidos e bases que se dissociam apenas parcialmente em um dado solvente.

Adsorção Processo no qual uma substância se torna fisicamente ligada à superfície de um sólido.

Adsorção superficial Retenção de espécies normalmente solúveis na superfície de um sólido.

Aerossol Uma suspensão de partículas sólidas finas ou gotas de líquidos no ar ou outro gás.

Ágar Polissacarídeo que forma um gel condutor em soluções eletrolíticas; é utilizado em pontes salinas para prover contato elétrico em soluções diferentes que não estão em contato físico.

Agente de proteção Na espectroscopia atômica, são as espécies que formam complexos com o analito e assim previnem a formação de compostos que tenham baixa volatilidade.

Agente liberador Na espectroscopia de absorção atômica, é a espécie introduzida para combinar-se com o componente da amostra que iria apresentar interferência devido à formação de compostos de baixa volatilidade com o analito.

Agente mascarante Reagente que se combina com as espécies presentes na matriz e que inativa aquelas que, de outra forma, causariam interferência na determinação do analito.

Agente oxidante Substância que recebe elétrons em uma reação de oxidação-redução.

Agente redutor Espécie que fornece elétrons em uma reação de oxidação-redução.

Agentes quelantes Substâncias com múltiplos sítios capazes de coordenar ligações com íons metálicos. Essas ligações resultam tipicamente na formação de anéis de cinco ou seis membros.

Água adsorvida Água não essencial que fica retida na superfície de sólidos.

Água de adsorção Água não essencial que fica retida nos interstícios de um material sólido.

Água de oclusão Água não essencial que foi arrastada por um cristal em formação.

Água de constituição Água essencial derivada da composição molecular de uma espécie.

Água de cristalização Água essencial que é parte integrante da estrutura cristalina de um sólido.

Água de oclusão Água não essencial que foi arrastada por um cristal em formação.

Água essencial A água presente em um sólido que existe em quantidade fixa, tanto em sua estrutura molecular (*água de constituição*) quanto em sua estrutura cristalina (*água de cristalização*).

Água não essencial Água retida em um sólido por forças físicas em vez de forças químicas.

Água régia Uma potente solução oxidante feita pela mistura contendo três partes de ácido clorídrico e uma parte de ácido nítrico concentrados; solução fortemente oxidante.

Ajuste de cem por cento de T Ajuste de um instrumento de absorção ótica para registrar 100% de transmitância (T) por meio da utilização de um branco apropriado.

Ajuste de zero por cento de *T* Etapa da calibração que compensa a corrente de escuro na resposta de um espectrofotômetro.

Ajuste *T* 0% Etapa de calibração que elimina a corrente de escuro e outros sinais de fundo da resposta de um espectrofotômetro.

Ajuste *T* 100% Ajuste de um espectrofotômetro para registrar 100% de transmitância com um branco no caminho ótico.

Alargamento de banda Tendência de as zonas se espalharem ao passar por uma coluna cromatográfica; é causado por vários processos de difusão e transferência de massa.

Alargamento Doppler Absorção ou emissão de radiação por uma espécie em rápido movimento, que resulta no alargamento de linhas espectrais. Os comprimentos de onda são ligeiramente mais curtos ou mais longos que os normais que são recebidos pelo detector, dependendo da direção do movimento da espécie.

Alargamento frontal Descreve um pico cromatográfico não ideal, no qual a porção inicial tende a se alongar. Compare com *cauda*.

Alargamento por pressão Efeito que aumenta a largura de uma linha espectral; causado pela colisão entre átomos resultando em pequenas variações em seus estados de energia.

Alça de amostragem Pequeno pedaço de tubo usado na cromatografia e que se adapta a uma válvula de amostragem para injetar pequenas quantidades da amostra.

Alíquota Volume de um líquido que é uma fração conhecida de um volume maior.

Altura de prato, *H* Quantidade que descreve a eficiência de uma coluna cromatográfica. O termo origina-se de altura de um prato, ou estágio de destilação, em uma coluna de destilação tradicional.

Altura equivalente de prato teórico, *H* (AEPT) Medida da eficiência de uma coluna cromatográfica; é igual ao comprimento da coluna dividido pelo número de pratos teóricos da coluna.

Alumina Nome comum do óxido de alumínio. Na forma finamente dividida, é usada como fase estacionária na cromatografia por adsorção; também é utilizada como suporte para uma fase estacionária líquida em CLAE.

Amido solúvel β-amilose, uma suspensão aquosa que é um indicador específico para o iodo.

Amilose Componente do amido, a forma β-amilose que serve de indicador específico para o iodo.

Aminas Derivados da amônia com um ou mais grupos orgânicos substitutos do hidrogênio.

Aminoácidos Ácidos orgânicos fracos que também contêm grupos aminas básicos. O grupo amina está em posição α em relação ao grupo carboxílico em aminoácidos derivados de proteínas.

Amortecedor a ar Dispositivo que acelera a obtenção do equilíbrio do braço de uma balança analítica mecânica.

Amostra bruta Porção representativa de uma amostra analítica, que, com tratamento adicional, torna-se a amostra de laboratório.

Amostra de dados Grupo finito de réplicas de resultados.

Amostra estatística Um conjunto finito de medidas, retirado de uma população de dados, frequentemente de um número infinito hipotético de possíveis medidas.

Amostragem Processo de coleta de uma pequena porção de um material cuja composição é representativa do todo da qual ela foi retirada.

Amperostato Instrumento que mantém uma corrente constante em uma célula eletroquímica. Ele pode ser usado em titulações coulométricas.

Amplificador operacional Amplificador eletrônico analógico versátil empregado para realizar tarefas matemáticas e para condicionar sinais de saída dos transdutores de instrumentos.

Analisador eletrotérmico Qualquer um dos vários dispositivos que produzem um gás atomizado que contém um analito no caminho da luz de um instrumento por aquecimento elétrico; usado para medidas em absorção atômica e fluorescência atômica.

Análise de regressão Técnica estatística usada na determinação dos parâmetros de um modelo. Veja também *método dos mínimos quadrados*.

Análise de variância (ANOVA) Conjunto de procedimentos estatísticos para análise de respostas de experimentos. A *ANOVA* de fator único permite a comparação de mais de duas médias de populações.

Análise eletrogravimétrica Ramo das análises gravimétricas, que envolve a medida da massa da espécie depositada no eletrodo de uma célula eletroquímica.

Análise gravimétrica Grupo de métodos analíticos nos quais a quantidade do analito é determinada pela medida da massa de uma substância pura que contém o analito.

Análise por injeção em fluxo As amostras são injetadas em um jato circulante onde ocorrem dispersão e/ou reações químicas antes de atingir um detector.

Análise por redissolução catódica Método eletroquímico no qual o analito é depositado por oxidação em um eletrodo de pequeno volume e depois é redissolvido por redução.

Análise semimicro Análise de amostras com massas de 0,01g a 0,1 g.

Análise ultramicro Análise de amostras cujas massas são menores que 10^{-4} g.

Analito As espécie presentes em uma amostra e sobre a qual informações analíticas estão sendo almejadas.

Angstrom, Å Unidade de comprimento igual a 1×10^{-10} m.

Anhydrona® Nome comercial do perclorato de magnésio, um agente secante.

Anodo Eletrodo de uma célula eletroquímica onde ocorre oxidação.

Aparato de Schöniger Dispositivo para a combustão de amostras em meio rico em oxigênio.

Aprisionamento mecânico Incorporação de impurezas em um cristal em crescimento.

Aproximação do estado estacionário Suposição de que a concentração de um intermediário em uma reação com múltiplas etapas permanece essencialmente constante com o tempo.

Aproximações sucessivas Procedimento para resolução de equações de ordens superiores por meio do uso de aproximações intermediárias da quantia estimada.

Área do pico, altura do pico Propriedades de sinais em forma de pico que podem ser utilizadas para análise quantitativa; podem ser usadas na cromatografia, absorção atômica eletrotérmica e outras técnicas.

Área superficial específica Razão entre a área superficial de um sólido e sua massa.

Arranjo de fotodiodos Arranjo linear ou bidimensional de fotodiodos que pode detectar múltiplos comprimentos de onda simultaneamente. Veja *detector de arranjo de diodos*.

Asbestos (amianto) Materiais minerais fibrosos dos quais algumas de suas variedades são carcinogênicas. Foi utilizado no passado como meio de filtração em cadinhos Gooch. Atualmente, seu uso está regulado e com sérias restrições.

Aspiração Processo pelo qual uma solução da amostra é atraída por sucção na espectroscopia atômica.

Aspirador Um dispositivo que pode ser ligado a uma torneira de laboratório para criar um vácuo para filtrar soluções. A água da torneira passa através de um canal estreitado onde a pressão é diminuída pelo efeito de Venturi. Uma mangueira é conectada ao dispositivo no canal estreitado onde o vácuo é produzido.

Atenuação Na espectroscopia de absorção, um decréscimo na potência de um feixe de energia radiante. Mas, geralmente, qualquer diminuição em um sinal ou quantidade medida.

Atenuador Dispositivo para diminuir a potência radiante de um feixe em um instrumento ótico.

Atividade, *a* Concentração efetiva de uma espécie participante de um equilíbrio químico. A atividade de uma espécie é dada pelo produto da sua concentração molar no equilíbrio pelo seu coeficiente de atividade.

Atomização Processo de geração de um gás atômico devido à aplicação de energia a uma amostra.

Atomizador Um dispositivo, como plasma, chama ou forno, que produz vapor atômico.

Autoabsorção Processo no qual moléculas do analito absorvem radiação emitida por outras moléculas do analito.

Autocatálise Condição na qual o produto de uma reação catalisa a própria reação.

Autoprotólise Processo no qual uma molécula de solvente transfere um próton (H^+) para outra molécula de solvente, produzindo um íon protonado e um desprotonado.

Avaliação da qualidade Protocolo para garantir que métodos de controle de qualidade estejam gerando as informações necessárias para avaliar satisfatoriamente o desempenho de um produto ou serviço.

B

β-amilose Componente do amido que serve como indicador específico para o iodo.

Banda Idealmente, uma distribuição gaussiana (1) de comprimentos de onda adjacentes encontrados em espectroscopia ou (2) da quantidade de um composto obtida na saída de uma coluna cromatográfica ou eletroforética.

Banda cromatográfica Distribuição (idealmente gaussiana) da concentração de espécies eluídas ao redor de um valor central. É o resultado das variações do tempo que a espécie de interesse reside na fase móvel.

Bandas de fluorescência Grupos de linhas de fluorescência que são geradas a partir do mesmo estado eletrônico excitado.

Balança analítica Um instrumento para a determinação exata da massa.

Balança auxiliar Termo genérico para uma balança que é menos sensível, porém mais robusta que uma balança analítica; sinônimo de *balança de laboratório*.

Balança de braço triplo Balança robusta de laboratório, porém primitiva na era de balanças eletrônicas, que é usada para pesar quantidades aproximadas.

Balança de laboratório Sinônimo de *balança técnica*.

Balança de prato único Balança de braço desigual com o prato e pesos de um lado do fulcro e um amortecedor no outro; a operação de pesagem envolve a remoção de pesos padrão em quantidade igual à massa do objeto que está no prato da balança.

Balança eletrônica Balança na qual um campo eletromagnético suporta o prato e seus componentes. A corrente necessária para devolver o prato à sua posição original é proporcional à massa contida no prato da balança.

Balança microanalítica Balança analítica com capacidade entre 1 e 3 g e precisão de 0,0001 mg.

Balança semimicroanalítica Balança com capacidade de 30 g e uma precisão de 0,01 mg.

Bases Espécies que são capazes de aceitar prótons de doadores (ácidos).

Balão volumétrico Frasco para preparação de soluções com volume preciso.

Bolômetro Detector de radiação no infravermelho baseado nas variações na resistência em função de mudanças de temperatura.

Braço Principal parte móvel de uma balança analítica mecânica.

Bureta Tubo graduado a partir do qual volumes exatos podem ser liberados.

C

Cadinho de vidro sinterizado Cadinho de filtração equipado com um vidro poroso no fundo.

Cadinho Gooch Cadinho de filtração de porcelana. A filtração é realizada por meio de um fundo poroso com camadas de fibra de vidro ou fibra de amianto.

Calcinação Processo no qual um material orgânico é queimado ao ar. Veja também *mineralização a seco* e *mineração por via úmida*.

Calibração Determinação empírica da relação entre a quantidade medida e uma referência conhecida ou valor padrão. É empregada para estabelecer relações entre o sinal analítico e as concentrações em uma curva de calibração ou curva analítica.

Calomelano O composto Hg_2Cl_2

Camada de adsorção primária Camada na superfície de um sólido carregada de íons; resultado da atração entre íons do retículo por contra-íons de carga oposta da solução.

Camada de depleção Região não condutora de um semicondutor reversamente polarizado.

Camada de difusão de Nernst, δ Camada fina de solução estagnada na superfície de um eletrodo no qual o transporte de massas é controlado pela difusão. Fora da camada, a concentração das espécies eletroativas é mantida constante por convecção.

Camada do contra-íon Uma camada de solução rodeando uma partícula coloidal na qual existe uma quantidade de íons suficiente para balancear a carga na superfície da partícula. Além disso, na eletrólise, uma camada de íons eletroatrativos de carga oposta da carga no eletrodo. Uma segunda camada de íons com cargas opostas da primeira camada e com a mesma carga do eletrodo é chamada de camada de contra-íon.

Capacidade de tamponamento A quantidade de matéria de ácido forte (ou base forte) necessária para alterar o pH de 1,00 L de uma solução-tampão em 1,00 unidade.

Catodo Em uma célula eletroquímica é o eletrodo no qual ocorre redução.

Cauda Condição não ideal em um pico cromatográfico na qual a sua parte posterior é alargada; compare com *alargamento frontal*.

Célula (1) Na eletroquímica, um arranjo consistindo de um par de eletrodos imersos em soluções que estão em contato elétrico; os eletrodos são conectados externamente por um condutor metálico. (2) Na espectroscopia, é o recipiente que contém a amostra, mantendo-a no caminho ótico em um instrumento espectrométrico. (3) Em uma balança eletrônica, refere-se ao sistema de constritores que assegura o alinhamento do prato. (4) Em uma planilha de cálculo, corresponde ao local de intersecção de uma linha e uma coluna onde os dados ou fórmulas podem ser inseridos.

Célula eletrolítica Célula eletroquímica que requer uma fonte externa de energia para governar a reação da célula. Compare com *célula galvânica*.

Célula eletroquímica Arranjo que consiste em dois eletrodos, cada um deles em contato com uma solução eletrolítica. Tipicamente, os dois eletrólitos estão em contato elétrico através de uma *ponte salina*. Um condutor metálico externo conecta os dois eletrodos.

Célula fotocondutiva Detector de radiação eletromagnética cuja condutividade elétrica aumenta com a intensidade de radiação nele incidente.

Célula galvânica Célula eletroquímica que gera energia durante seu funcionamento. Sinônimo de *célula voltaica*.

Célula irreversível Célula eletroquímica na qual a reação química, como uma célula galvânica, é diferente daquela que ocorre quando a corrente é invertida.

Célula reversível Célula eletroquímica na qual a transferência de elétrons é rápida em ambas as direções.

Célula voltaica Sinônimo de *célula galvânica*.
Células sem junção líquida Células eletroquímicas nas quais o anodo e o catodo estão imersos em um mesmo eletrólito.
CG-MS Técnica combinada, na qual a espectrometria de massas é utilizada como detector para cromatografia de gás.
Chemical Abstracts Importante fonte impressa de informações mundiais sobre química. Ele tem sido amplamente superado pelo Scifinder Scholar®, um banco de dados on-line com um rico conjunto de ferramentas de pesquisa para a informação em química.
Chuva ácida Água da chuva que se tornou ácida a partir da absorção de óxidos de nitrogênio e enxofre, presentes na atmosfera, produzidos principalmente por humanos.
Circuito de controle Dispositivo eletroquímico de três eletrodos que mantém um potencial constante entre o eletrodo de trabalho e o eletrodo de referência; veja *potenciostato*.
Circuito de eletrólise Em um arranjo de três eletrodos, a fonte cc e um divisor de voltagem, que permitem regular o potencial entre o eletrodo de trabalho e o contraeletrodo.
Coagulação Processo no qual partículas de dimensões coloidais formam agregados maiores.
Coeficiente de atividade, γ_X Quantidade adimensional cujo valor numérico depende da força iônica de uma solução. Ele é a constante de proporcionalidade entre atividade e concentração.
Coeficiente de atividade média, $\gamma_\pm$ Coeficiente de atividade para um composto iônico medido experimentalmente. Não é possível expressar o coeficiente de atividade média dos íons participantes individuais.
Coeficiente de difusão (*polarográfico, D, cromatográfico, D_m*) medida da mobilidade de espécies, normalmente em unidades de $cm^2 \, s^{-1}$.
Coeficiente de difusão longitudinal, B Medida da tendência do analito de migrar de regiões de concentrações mais elevadas para regiões de concentrações mais baixas; contribui para o alargamento de bandas na cromatografia.
Coeficiente de partição Constante de equilíbrio para a distribuição de um soluto entre duas fases líquidas imiscíveis. Veja *constante de distribuição*.
Coeficiente de seletividade, $k_{A,B}$ O coeficiente de seletividade para um eletrodo seletivo de íon é a medida da sua resposta relativa aos íons A e B.
Coeficiente de transferência de massa da fase móvel, $C_M u$ Quantidade que afeta o alargamento de banda e consequentemente a altura de prato; ela não é linear com relação à velocidade do solvente u e influenciada pelo coeficiente de difusão do analito, pelo tamanho da partícula da fase estacionária e pelo diâmetro interno da coluna.
Coeficiente de variação (CV) Desvio padrão relativo, expresso em termos percentuais.
Coeficientes de transferência de massas, C_S, C_M Termos que se relacionam à transferência de massas nas fases estacionária e móvel na cromatografia; efeitos de transferência de massas contribuem para o *alargamento de banda*.
Colorímetro Instrumento ótico relativamente simples, geralmente utilizando filtros coloridos, para medir transmitância ou absorbância de radiação eletromagnética na região do visível do espectro.
Colorímetro fotoeletrônico Fotômetro que responde à radiação no visível.
Coluna capilar Coluna cromatográfica de pequeno diâmetro para CG ou CLAE, fabricada em metal, vidro ou sílica fundida. Para CG, a fase estacionária é uma fina camada de líquido que recobre a parede interior de um tubo; para CLAE, as colunas capilares são frequentemente empacotadas.
Coluna megabore Coluna tubular aberta que pode acomodar amostras maiores que são similares àquelas utilizadas em colunas empacotadas comuns.
Coluna de proteção Pré-coluna antes da entrada da coluna de CLAE. A composição da coluna de proteção é selecionada para aumentar o tempo de vida útil da coluna analítica devido à remoção de material particulado e outros contaminantes e pela saturação do eluente com a fase estacionária.
Coluna supressora de eluente Na cromatografia por troca iônica, coluna de corrente descendente, a partir da coluna analítica, na qual eluentes iônicos são convertidos a espécies não condutoras, enquanto os íons do analito permanecem livres de influência.
Coluna tubular aberta Coluna capilar de vidro ou sílica fundida usada na cromatografia de gás; as paredes do tubo são revestidas com uma fina camada da fase estacionária.
Coluna tubular aberta com camada porosa (TACP) Coluna capilar para cromatografia gás-sólido, na qual uma fina camada de uma fase estacionária é adsorvida nas paredes da coluna.
Coluna tubular aberta de parede revestida (WCOT) Coluna capilar de cromatografia de gás recoberta com uma fina camada da fase estacionária.
Coluna tubular aberta de sílica fundida (FSOT) Coluna cromatográfica de parede recoberta que foi preparada usando-se sílica purificada.
Colunas empacotadas Colunas cromatográficas empacotadas com materiais porosos para gerar uma área superficial elevada visando promover a interação com os analitos presentes na fase móvel.
Colunas tubulares abertas revestidas com suporte (SCOT) Colunas utilizadas em cromatografia de gás capilar cujas paredes interiores são revestidas com um suporte sólido.
Complexo enzima-substrato (ES) Intermediário formado no processo Enzima (E) + substrato (S) ES → produto (P) + E.
Complexos de transferência de carga Complexos que são constituídos de um grupo doador de elétrons e de um grupo receptor de elétrons. A absorção de radiação por esses complexos envolve a transferência de elétrons do doador para o receptor.
Compostos quirais Compostos que têm imagens não superponíveis entre si são chamados de enantiômeros.
Compostos de coordenação Espécies formadas entre íons metálicos e grupos doadores de pares de elétrons. O produto pode ser aniônico, catiônico ou neutro.
Comprimento de onda nominal O comprimento de onda principal fornecido por um dispositivo de seleção de comprimentos de onda.
Comprimento de onda, da radiação eletromagnética, λ Distância entre máximos (ou mínimos) sucessivos de uma onda.
Concentração analítica molar, c_X Quantidade de matéria de soluto, X, que foi dissolvida em solvente suficiente para fornecer um litro de solução. Também numericamente igual à quantidade de matéria em milimols de soluto por mililitro de solução. Compare com *concentração molar no equilíbrio*.
Concentração em quantidade de matéria, c Quantidade de matéria de uma espécie contida em um litro de solução ou a quantidade de matéria em milimols contida em um mililitro.
Concentração molar de equilíbrio Concentração das espécies de um soluto (em $mol \, L^{-1}$ ou $mmol \, mL^{-1}$).
Concentração molar de espécies Concentração de equilíbrio de uma espécie expressa em mols por litro e simbolizada com colchetes [ ]; sinônimo de *concentração molar de equilíbrio*.
Condução de eletricidade Movimento de cargas por meio de íons presentes em solução, por reações eletroquímicas na superfície de eletrodos, ou pelo movimento de elétrons em metais.
Constante condicional Uma constante de equilíbrio dependente de condições como o pH ou a concentração de reagente.
Constante de dissociação ácida, K_a Constante de equilíbrio para a reação de dissociação de um ácido fraco.

Constante de dissociação de uma base, K_b Constante de equilíbrio da reação de uma base fraca com a água.

Constante de distribuição A constante de equilíbrio para a distribuição do analito entre dois solventes imiscíveis. É aproximadamente igual à razão das concentrações molares nos dois solventes.

Constante de equilíbrio baseada na concentração, K' Constante de equilíbrio baseada nas concentrações molares no equilíbrio. O valor numérico de K depende da força iônica do meio.

Constante de equilíbrio termodinâmico, K Constante de equilíbrio expressa em termos das atividades de todos os reagentes e produtos.

Constante de Michaelis Conjunto de constantes de velocidades de reação para cinética enzimática; medida da dissociação de um complexo enzima-substrato.

Constante de velocidade, k Constante de proporcionalidade que faz parte da expressão de velocidade.

Constante do produto de solubilidade, K_{ps} Constante numérica que descreve o equilíbrio entre solução saturada de um sal iônico pouco solúvel e o sal sólido que deve estar presente.

Constituinte em traço Um constituinte cuja concentração está entre 1 ppb e 100 ppm.

Constituinte em ultratraço Constituinte cuja concentração é menor que 1 ppb.

Constituinte minoritário Constituinte cuja concentração está entre 0,01% (100 ppm) e 1%.

Constituinte principal Um constituinte cuja concentração está entre 1% e 100%.

Contraeletrodo O eletrodo que, juntamente com o eletrodo de trabalho, forma o circuito de eletrólise em uma célula de três eletrodos.

Controle estatístico Condição na qual se estima que o desempenho de um produto ou serviço esteja dentro de valores estabelecidos para assegurar sua qualidade; são definidos pelos limites de controle inferior e superior.

Convecção Transporte de uma espécie em um meio líquido ou gasoso por meio de movimento, agitação mecânica ou gradiente de temperatura.

Convenção da IUPAC Conjunto de definições relacionadas a células eletroquímicas e seus potenciais; também é conhecida como *Convenção de Estocolmo*.

Convenção de Estocolmo Conjunto de convenções relacionadas às células eletroquímicas e seus potenciais; também é conhecida como a *Convenção da IUPAC*.

Convenção dos algarismos significativos Sistema que transmite ao leitor informações sobre a confiança de um dado numérico na ausência de quaisquer dados estatísticos; em geral, todos os dígitos exatamente conhecidos, mais o primeiro dígito incerto, são considerados significativos.

Conversor corrente-voltagem Dispositivo para conversão de corrente elétrica em voltagem que é proporcional ao circuito do dispositivo.

Coprecipitação Arraste de uma espécie solúvel no interior de um sólido ou na sua superfície quando este precipita.

Corrente de carga Corrente não farádicas positiva ou negativa que resulta de um excesso ou deficiência de elétrons em uma gota de mercúrio no instante de sua liberação.

Corrente de difusão, i_d Corrente limitante na voltametria quando a difusão é a forma predominante de transporte de massa.

Correntes de escuro Pequenas correntes que ocorrem mesmo quando nenhuma radiação incide no transdutor fotométrico.

Corrente farádica Corrente elétrica produzida por processos de oxidação-redução em uma célula eletroquímica.

Corrente limite, i_l Platô de corrente alcançado na voltametria quando a velocidade de reação no eletrodo é limitada pela velocidade de transporte de massa.

Corrente média Corrente polarográfica dada pela divisão da carga total acumulada em uma gota de mercúrio pelo tempo de vida da gota.

Corrente residual Correntes não farádicas devido a impurezas e acúmulo de carga na dupla camada elétrica.

Corrente, i Quantidade de carga elétrica que passa através de um circuito elétrico por unidade de tempo. As unidades de corrente são em ampères, A.

Coulomb, C A quantidade de cargas fornecidas por uma corrente constante de um ampère em um segundo.

Coulômetro Dispositivo que mede a quantidade de carga consumida durante um processo eletroquímico. Os coulômetros eletrônicos avaliam a integral da curva da corrente/tempo. O coulômetros químicos funcionam medindo a quantidade de um reagente consumido ou um produto formado em uma reação em uma célula auxiliar.

Creeping Tendência de alguns precipitados de se espalharem sobre uma superfície úmida.

Crepitação Fragmentação de um sólido cristalino devido ao aquecimento; causada pela vaporização de água de oclusão.

Crescimento de partícula Estágio da formação de sólidos.

Cromatografia Termo que designa os métodos de separação baseados na interação das espécies com uma fase estacionária enquanto elas são transportadas por uma fase móvel.

Cromatografia baseada em supressor Técnica cromatográfica envolvendo uma coluna ou uma membrana localizada entre a coluna analítica e o detector de condutividade; seu propósito é converter íons de um solvente em espécies não condutoras deixando passar os íons da amostra.

Cromatografia de exclusão iônica de alta eficiência Veja *cromatografia de troca iônica*.

Cromatografia de exclusão por tamanho Tipo de cromatografia no qual o empacotamento é um sólido finamente dividido que tem tamanho de poros uniforme; a separação é baseada no tamanho das moléculas do analito.

Cromatografia de exclusão por tamanho de alta eficiência Veja *cromatografia de exclusão por tamanho*.

Cromatografia de fase normal Tipo de cromatografia de partição que envolve uma fase estacionária polar e uma fase móvel apolar; compare com *cromatografia de fase reversa*.

Cromatografia de fase reversa Tipo de cromatografia de partição líquido-líquido que utiliza uma fase estacionária apolar e uma fase móvel polar; compare com *cromatografia de fase normal*.

Cromatografia de fluido supercrítico Cromatografia que envolve um fluido supercrítico como fase móvel.

Cromatografia de troca iônica Técnica CLAE baseada na partição de espécies iônicas entre a fase líquida móvel e um trocador iônico polimérico sólido; é também chamada cromatografia de íons.

Cromatografia de gás (CG) Métodos de separação que fazem uso de uma fase móvel gasosa e uma fase estacionária líquida ou sólida.

Cromatografia de líquido com fase ligada Cromatografia de partição que emprega uma fase estacionária que é quimicamente ligada ao material de empacotamento da coluna.

Cromatografia de líquidos de alta eficiência (CLAE) Cromatografia em coluna na qual a fase móvel é um líquido, geralmente forçado por pressão, através de uma fase estacionária.

Cromatografia em camada delgada Termo usado para descrever métodos cromatográficos que fazem uso de uma fase estacionária fina e plana; a fase móvel migra ao longo da superfície por gravidade ou capilaridade.

Cromatografia em coluna Método cromatográfico no qual a fase estacionária é retida no interior ou presa à superfície de um tubo estreito e a fase móvel é forçada a passar através do tubo, no qual

acontece a separação dos compostos; compare com *cromatografia em camada delgada*.
Cromatografia líquido-líquido Cromatografia na qual as fases móvel e estacionária são líquidas.
Cromatografia líquido-sólido Cromatografia na qual a fase móvel é um líquido e a fase estacionária é um sólido polar; sinônimo de *cromatografia de adsorção*.
Cromatografia por adsorção Técnica de separação na qual o soluto se mantém em equilíbrio entre o eluente e a superfície de um sólido finamente dividido.
Cromatografia por adsorção de alta eficiência Sinônimo de *cromatografia líquido-sólido*; veja também *cromatografia por adsorção*.
Cromatografia por eluição Descreve os processos nos quais os analitos são separados uns dos outros devido a diferenças no tempo de permanência das espécies na coluna.
Cromatografia por filtração em gel Um tipo de *cromatografia de exclusão por tamanho* que emprega um empacotamento hidrofílico. É usada para separar espécies polares.
Cromatografia por partição Tipo de cromatografia baseada na distribuição de solutos entre uma fase móvel líquida e uma fase estacionária líquida retida na superfície de um sólido.
Cromatografia por permeação em gel Um tipo de *cromatografia de exclusão por tamanho* que emprega um empacotamento hidrofóbico. É utilizada para separar espécies apolares.
Cromatógrafo Instrumento no qual se realizam separações cromatográficas.
Cromatograma Um gráfico de um sinal do analito proporcional à concentração ou massa como uma função do tempo de eluição ou volume de eluição.
Cubeta Recipiente que mantém o analito no caminho da luz na espectroscopia de absorção.
Cunha ótica Dispositivo, cuja transmissão decresce linearmente com seu comprimento, usado na espectroscopia ótica.
Curva com segmentos lineares Curva de titulação na qual o ponto final é obtido pela extrapolação de regiões lineares logo antes e após o ponto de equivalência; é útil para reações nas quais a formação dos produtos não é fortemente favorecida.
Curva da segunda derivada Gráfico de $\Delta^2 E/\Delta V^2$ para uma titulação potenciométrica; a função apresenta uma mudança de sinal no ponto de inflexão da curva de titulação convencional.
Curva de erro normal Gráfico de uma distribuição gaussiana da frequência de resultados de erros aleatórios em uma medida.
Curva de titulação derivada Gráfico da variação da quantidade medida por unidade de volume contra o volume de titulante adicionado. A curva derivada exibe um máximo que corresponde ao ponto de inflexão em uma curva de titulação convencional. Veja também *curva da segunda derivada*.
Curva sigmoide Curva em forma de S; é típica dos gráficos de uma função *p* de um analito *versus* o volume do reagente, na titulometria.
Cutelo Contato praticamente livre de fricção existente entre as partes móveis que compõem uma balança analítica mecânica.

D

Dalton Unidade de massa atômica. Um Dalton é igual a uma unidade unificada de massa atômica.
Decantação Transferência do líquido sobrenadante de um recipiente para um filtro sem perturbação do sólido precipitado contido no recipiente.
Dehidrita® Nome comercial do perclorato de magnésio, um agente secante.
Densidade A razão entre a massa de um objeto e seu volume, normalmente medida em unidades de $g\ cm^{-3}$ para líquidos e sólidos e $g\ L^{-1}$ para gases. A unidade SI é $kg\ m^{-3}$.

Densidade de corrente Corrente por unidade de área de um eletrodo, em $A\ m^{-2}$.
Desidratação Perda de água por um sólido.
Deslocamentos de Stokes Diferenças nos comprimentos de onda da radiação incidente e emitida ou espalhada.
Despolarizador Aditivo que sofre reação em um eletrodo preferencialmente a um processo indesejado. Veja *despolarizador do catodo*.
Despolarizador do catodo Substância que é mais facilmente reduzida que o íon hidrogênio. Usado para prevenir a liberação de hidrogênio durante uma eletrólise.
Dessecador Recipiente que fornece uma atmosfera livre de Umidade para o resfriamento e armazenamento de amostras, cadinhos e precipitados.
Dessecante Agente absorvente de umidade.
Desvio Diferença entre uma medida individual e o valor médio (ou mediano) de um conjunto de dados.
Desvio padrão absoluto Estimativa da precisão baseada nas diferenças entre membros individuais de um conjunto de dados e a média deste mesmo conjunto (veja a *Equação 4-4*).
Desvio padrão da amostra, s Estimativa da precisão baseada nos desvios de dados individuais em relação à média, $\bar{x}$ de uma amostra de dados; também é denominado *desvio padrão*.
Desvio padrão da população, σ Uma medida da precisão baseada em uma população de dados.
Desvio padrão de uma regressão, s_r Erro padrão dos desvios a partir de uma reta de mínimos quadrados. Sinônimo de *erro padrão da estimativa*.
Desvio padrão global, s_o Raiz quadrada da soma das variâncias dos processos de medida e das variâncias das etapas da amostragem.
Desvio padrão relativo (DPR) Desvio padrão dividido pelo valor da média de um conjunto de dados; quando expresso em porcentagem, o desvio padrão relativo é denominado *coeficiente de variação*.
Desvio padrão, σ ou s Medida de quão próximos os dados de replicatas agrupam-se em torno da média; em uma distribuição normal, espera-se que 67% dos dados possam estar dentro de um desvio padrão em relação à média.
Desvios instrumentais da lei de Beer Desvios da linearidade nas relações entre absorbância e concentração atribuídos ao dispositivo de medição.
Desvios químicos da lei de Beer Desvios da lei de Beer resultantes da associação ou dissociação de espécies absorventes, ou da interação com o solvente, gerando um produto que absorve diferentemente da espécie de interesse. Na espectroscopia atômica, é a interação química do analito com interferentes, afetando suas propriedades de absorção.
Detector Dispositivo que responde a alguma característica do sistema em observação e converte esta resposta em um sinal mensurável.
Detector de arranjo de diodos Circuito integrado de silício que normalmente contém de 64 a 4.096 fotodiodos dispostos linearmente. Este dispositivo fornece a capacidade de coletar dados de toda região espectral simultaneamente.
Detector de calor Dispositivo que é sensível a variações na temperatura do seu ambiente; é empregado para monitorar a radiação no infravermelho.
Detector de condutividade Detector para espécies carregadas que frequentemente é usado em cromatografia.
Detector de condutividade térmica Detector utilizado na cromatografia de gás que depende da medida da condutividade térmica do eluente da coluna.
Detector de fotoionização Detector cromatográfico que usa radiação no ultravioleta intensa para ionizar os analitos; as correntes resultantes, que são amplificadas e registradas, são proporcionais à concentração do analito.
Detector de fótons Termo genérico usado para transdutores que convertem um sinal ótico em sinal elétrico.

Detector de ionização por chama (DIC) Detector usado na cromatografia de gás que é baseado na coleta de íons produzidos durante a pirólise de analitos orgânicos em uma chama.

Detector no ultravioleta-visível, CLAE Detector para cromatografia de líquido de alta eficiência que utiliza absorção no ultravioleta-visível para monitorar espécies eluídas à medida que elas deixam uma coluna cromatográfica.

Detector piroelétrico Detector térmico baseado em um potencial dependente da temperatura que se desenvolve entre eletrodos separados por um material piroelétrico. Um material piroelétrico torna-se polarizado e produz uma diferença de potencial através de suas superfícies quando sua temperatura varia.

Detector pneumático Transdutor que converte variações na energia radiante em variações na pressão que um gás exerce em um diafragma flexível. As variações no volume do diafragma produzem uma variação no sinal na saída do transdutor.

Detector sensível à massa, cromatografia Detector que responde à massa do analito. O *detector de ionização em chama* é um exemplo.

Detector térmico Detector infravermelho que produz calor como resultado da absorção de radiação e o converte em sinal mecânico ou elétrico.

Detector termoiônico (DTI) Detector para cromatografia de gás similar ao detector de ionização em chama; particularmente sensível para analitos que contenham nitrogênio ou fósforo.

Determinação em branco Processo de realização de todas as etapas de uma análise na ausência da amostra. É utilizada para detectar e compensar erros sistemáticos em uma análise.

Difeniltiocarbazida Agente quelante, também conhecido como *ditizona*. Seus adutos formados com cátions possuem solubilidade reduzida em água, mas são extraídos facilmente por solventes orgânicos.

Difusão Migração de espécies de uma região de elevada concentração para uma região mais diluída em uma solução.

Difusão de Eddy Difusão de solutos que contribui para o alargamento de bandas cromatográficas, resultado de diferenças no percurso para solutos à medida que eles atravessam a coluna.

Digestão Prática de manter uma mistura não perturbada do precipitado formado recentemente e a solução na qual ele foi formado sob temperaturas próximas do ponto de ebulição; resulta em aumento da pureza e tamanho das partículas.

Dimetilglioxima Agente precipitante específico para níquel(II). Sua fórmula é $CH_3(C=NOH)_2CH_3$.

Dinodo Eletrodo intermediário de um tubo fotomultiplicador.

Diodo de junção *p-n* Dispositivo semicondutor que contém uma junção entre uma região rica e uma região deficiente em elétrons; permite movimento de corrente em uma única direção.

Dispersão angular, $dr/d\lambda L$ Medida da variação no ângulo de reflexão ou de refração da radiação provocada por um prisma ou grade em função do comprimento de onda.

Dispositivo de acoplamento de carga (CCD) Detector bidimensional de estado sólido usado em espectroscopia e imagem.

Dispositivo de injeção de carga (CID) Fotodetector de estado sólido em rede usado em espectroscopia.

Dissociação Separação de moléculas de uma substância, comumente em duas espécies mais simples.

Distribuição gaussiana Distribuição teórica de resultados na forma de sino obtida a partir de medidas repetidas, que são afetadas por erros aleatórios.

Ditizona Nome comum da *difeniltiocarbazida*.

Divisor de amostras Dispositivo que permite a introdução de porções reprodutíveis da amostra em uma coluna cromatográfica. Na cromatografia de gás capilar, uma fração reprodutível da amostra injetada é introduzida na coluna, enquanto a outra porção é direcionada para o descarte.

Divisor de feixe Dispositivo para dividir a radiação da fonte em dois feixes.

Divisor de voltagem Rede resistiva que fornece uma fração da voltagem de entrada como sinal de saída.

Dopagem Introdução intencional de traços de elementos dos grupos III ou IV para melhorar as propriedades de semicondutores de cristais de silício e germânio.

Dosagem Processo para determinar quanto de uma amostra é o material indicado pela sua descrição.

Drierita® Nome comercial para o agente secante.

Dupla camada elétrica Refere-se à carga localizada na superfície de uma partícula coloidal e à camada do contra-íon que neutraliza essa carga. Também as duas camadas adjacentes carregadas na superfície de um eletrodo de trabalho usado em voltametria.

E

EDTA Abreviação para o *ácido etilenodiaminotetractico*, agente quelante largamente usado em titulações que envolvem a formação de complexos. Sua fórmula é :
$(HOOCCH_2)_2NCH_2CH_2N(CH_2COOH)_2$.

Efeito Bernoulli Em espectroscopia atômica, o mecanismo pelo qual gotas de uma amostra são aspiradas para uma chama ou plasma.

Efeito da ação das massas Deslocamento na posição do equilíbrio devido à adição ou remoção de uma espécie participante do sistema. Veja *Princípio de Le Châtelier*.

Efeito de eletrólito Dependência das constantes de equilíbrio de valores numéricos da força iônica da solução.

Efeito de filtro interno Fenômeno que causa não linearidade em curvas de calibração na fluorescência, resultante da absorção excessiva do feixe incidente ou do feixe emitido.

Efeito do íon comum O deslocamento do equilíbrio causado pela adição de um íon dele participante.

Efeito salino Influência de íons nas atividades de solutos.

Efeito Tyndall Espalhamento de radiação por partículas de dimensões coloidais presentes em uma solução ou gás.

Eficiência da coluna Medida do grau de alargamento de uma banda cromatográfica. Frequentemente expressa em termos de altura de prato, H, ou número de pratos teóricos, N. Desde que a distribuição do analito na banda seja gaussiana, a altura de pratos é dada pela variância, σ^2, dividida pelo comprimento, L, da coluna.

Eficiência de corrente Medida da efetividade de uma quantidade de eletricidade necessária para produzir uma quantidade equivalente de uma variação química em um analito. Os métodos coulométricos requerem uma eficiência de corrente de 100%.

Eletrodo Condutor em cuja superfície ocorre transferência de elétrons a partir ou para a solução que está ao seu redor.

Eletrodo de calomelano Um eletrodo de referência versátil baseado na semirreação $Hg_2Cl_2(s) + 2e^- \rightleftharpoons 2Hg(l) + 2Cl^-$.

Eletrodo de calomelano saturado (ECS) Eletrodo de referência que pode ser formulado como $Hg \mid Hg_2Cl_2(sat), KCl(sat) \parallel$. Sua semirreação é $Hg_2Cl_2(s) + 2e^- \rightleftharpoons 2Hg(l) + 2Cl^-$

Eletrodo de filme de mercúrio Eletrodo que foi revestido com uma fina camada de mercúrio; é usado no lugar do *eletrodo de gota pendente de mercúrio* em voltametria de redissolução anódica.

Eletrodo de membrana Eletrodo indicador, cuja resposta se deve a processos de troca iônica que ocorrem em cada um dos lados de uma membrana fina.

Eletrodo de membrana cristalina Eletrodo no qual o elemento sensível é um sólido cristalino que responde seletivamente perante a atividade de uma espécie iônica de interesse.

Eletrodo de mercúrio Eletrodo estático ou gotejante de mercúrio usado em voltametria.

Eletrodo de mercúrio de gota pendente (EMGP) Microeletrodo que pode concentrar traços de metais por meio da eletrólise em um pequeno volume; a análise é completada pela redissolução voltamétrica do metal da gota de mercúrio.

Eletrodo de platina Usado extensivamente em sistemas eletroquímicos nos quais um eletrodo metálico inerte se faz necessário.

Eletrodo de prata-cloreto de prata Eletrodo de referência amplamente utilizado, que pode ser representado como $Ag|AgCl(s), KCl(x \text{ mol L}^{-1})||$. A semirreação do eletrodo é
$AgCl(s) + e^- \rightleftharpoons Ag(s) + Cl^- (x \text{ mol L}^{-1})$

Eletrodo de primeira classe (ou primeiro tipo) Eletrodo metálico cujo potencial é proporcional ao logaritmo da concentração (a rigor, a atividade) de um cátion (ou a razão de cátions) derivado do metal do eletrodo.

Eletrodo de referência Eletrodo cujo potencial em relação ao eletrodo padrão de hidrogênio é conhecido e contra o qual os potenciais de eletrodos não conhecidos podem ser medidos; o potencial de um eletrodo de referência é completamente independente da concentração do analito.

Eletrodo de segunda classe (ou segundo tipo) Eletrodo metálico, cujo potencial é proporcional ao logaritmo da concentração do ânion (a rigor, a atividade) que forma tanto uma espécie relativamente pouco solúvel quanto um complexo estável com um cátion (ou a razão de cátions) derivado do metal do eletrodo.

Eletrodo de vidro Eletrodo no qual o potencial se desenvolve por meio de uma fina membrana de vidro. Ele fornece a medida do pH de uma solução na qual o eletrodo está imerso.

Eletrodo gotejante de mercúrio Eletrodo no qual o mercúrio é forçado a passar por um tubo capilar produzindo gotas idênticas.

Eletrodo indicador Eletrodo cujo potencial está relacionado ao logaritmo da atividade de uma ou mais espécies que estejam em contato com o eletrodo.

Eletrodo inerte Eletrodo que responde ao potencial de um sistema, $E_{sistema}$, mas que não está envolvido nas reações da célula.

Eletrodo normal de hidrogênio (ENH) Sinônimo de *eletrodo padrão de hidrogênio*.

Eletrodo padrão de hidrogênio (EPH) Um eletrodo de gás que consiste em um eletrodo de platina platinizada imersa em uma solução que apresenta uma atividade do íon hidrogênio de 1,00 e que é mantida saturada com hidrogênio à pressão de 1,00 atm. Ao seu potencial é atribuído o valor 0,000 V a qualquer temperatura.

Eletrodo redox Eletrodo inerte que responde ao potencial de eletrodo de um sistema redox.

Eletrodo sensível a gás Eletrodo que envolve formação ou consumo de um gás durante sua operação.

Eletroforese Método de separação baseado nas diferenças de velocidade de migração de espécies carregadas em um campo elétrico.

Eletroforese capilar Eletroforese de alta velocidade e alta resolução realizada em tubos capilares ou *microchips*.

Eletrólito suporte Sal adicionado à solução em uma célula voltamétrica para eliminar a migração do analito para a superfície do eletrodo.

Eletrólitos Espécies de solutos cujas soluções aquosas conduzem eletricidade.

Eletrólitos fortes Solutos que estão completamente dissociados em íons em um determinado solvente.

Eletrólitos fracos Solutos que se dissociam parcialmente para formar íons em um determinado solvente.

Eluente Fase móvel, em cromatografia, que é usada para carregar solutos através de uma fase estacionária.

Eluição isocrática Eluição com um único solvente; compare com *gradiente de eluição*.

Emissão atômica Emissão de radiação por átomos que tenham sido excitados no plasma, na chama, no arco elétrico ou centelha.

Empacotamento com fase ligada Na CLAE, meio de suporte no qual a fase estacionária líquida está quimicamente ligada.

Empuxo Deslocamento do meio (geralmente ar) por um objeto que produz uma aparente perda de massa. Uma fonte significativa de erros quando as densidades do objeto e dos padrões de comparação são diferentes.

Equação de balanço de carga Expressão que relaciona as concentrações de ânions e cátions e que se baseia na neutralidade de carga de qualquer solução.

Equação de balanço de massas Expressão que relaciona as concentrações de várias espécies em solução no equilíbrio, uma em relação às outras e também em relação às concentrações analíticas dos vários solutos.

Equação de Debye-Hückel Expressão que permite o cálculo de coeficientes de atividade em meios com força iônica menor que 0,1.

Equação de Henderson-Hasselbalch Expressão para calcular o pH de uma solução-tampão; $pH = pKa + \log(c_{NaA}/c_{HA})$, onde pKa é o logaritmo negativo da constante de dissociação do ácido e c_{NaA} e c_{HA} são as concentrações molares dos compostos que compõem o tampão. Popular entre os bioquímicos.

Equação de Ilkovic Equação que relaciona a corrente de difusão com variáveis que a afetam, isto é, o número de elétrons (n) envolvido na reação com o analito, a raiz quadrada do coeficiente de difusão ($D^{1/2}$), a vazão de mercúrio em massa ($m^{2/3}$) e o tempo de vida da gota ($t^{1/6}$) de um eletrodo gotejante de mercúrio.

Equação de Nernst Expressão matemática que relaciona o potencial de um eletrodo com as atividades daquelas espécies em solução responsáveis pelo potencial.

Equação de van Deemter Equação que expressa a altura de pratos em termos dos múltiplos caminhos, difusão longitudinal e transporte de massa.

Equilíbrio químico Estado dinâmico no qual as velocidades das reações direta e inversa são idênticas. Um sistema em equilíbrio não sofre alterações desta condição espontaneamente.

Equivalente Para uma reação de oxidação-redução, é a massa de uma espécie que pode doar ou aceitar 1 mol de elétrons. Para uma reação ácido-base, refere-se à massa de uma espécie que pode doar ou aceitar 1 mol de prótons.

Erro Diferença entre a medida experimental e seu valor verdadeiro ou aceito.

Erro absoluto Medida da exatidão que é igual à diferença numérica entre uma medida experimental e o valor verdadeiro (ou aceito).

Erro ácido A tendência de um eletrodo de vidro de fornecer valores anômalos de pH mais elevados que o verdadeiro em soluções excessivamente ácidas.

Erro alcalino A tendência de muitos eletrodos de vidro de fornecer valores de pH mais baixos em soluções fortemente alcalinas.

Erro constante Erro sistemático que independe do tamanho da amostra tomada para análise. Seu efeito no resultado da análise aumenta com a diminuição do tamanho da amostra.

Erro de carga Erro em uma medida de voltagem em razão de a corrente ter sido atraída pelo dispositivo de medida; ocorre quando o dispositivo de medida tem uma resistência comparável àquela da fonte de voltagem que está sendo medida.

Erro de titulação Diferença entre o volume do titulante utilizado para atingir o ponto final em uma titulação e o volume teórico necessário para obter o ponto de equivalência.

Erro determinado Classe de erros que, pelo menos em princípio, tem causa conhecida. Sinônimo de *erro sistemático*.

Erro devido ao carbonato Erro sistemático causado pela absorção de dióxido de carbono por soluções padrão de bases que serão utilizadas na titulação de ácidos fracos.

Erro grosseiro Erro ocasional, nem aleatório nem sistemático, que resulta na ocorrência de um resultado fora da faixa.

Erro indeterminado Sinônimo de *erro aleatório*.

Erro padrão da estimativa Sinônimo de desvio padrão de uma regressão.

Erro padrão da média, σ_m ou s_m O desvio padrão dividido pela raiz quadrada do número de medidas no conjunto.

Erro proporcional Erro cuja grandeza aumenta em função do aumento do tamanho da amostra.

Erro relativo Erro em uma medida dividido pelo valor verdadeiro (ou aceito); é frequentemente representado em porcentagem.

Erro sistemático Erros que têm uma fonte conhecida; eles afetam a medida apenas de uma única maneira e podem, em princípio, ser determinados. Também são chamados *erros determinados*.

Erros aleatórios Incertezas resultantes da ação de variáveis de pequena grandeza e incontroláveis que são inevitáveis quando sistemas de medida são empregados no seu limite ou além.

Espalhamento, w, de dados Estimativa da precisão; sinônimo de *faixa*.

Especificidade Refere-se a métodos ou reagentes que respondem ou reagem com um único analito.

Espectro contínuo Radiação que consiste em uma banda de comprimentos de onda e não de linhas discretas. Sólidos incandescentes fornecem um sinal contínuo (*radiação de corpo negro*) nas regiões do visível e infravermelho. As lâmpadas de deutério e hidrogênio produzem espectros contínuos na região do ultravioleta.

Espectro de absorção Gráfico da absorbância em função do comprimento de onda.

Espectro de bandas Espectro molecular constituído em uma ou mais regiões de comprimento de onda nas quais as linhas são numerosas e próximas devido a transições rotacionais e vibracionais.

Espectro de emissão Conjunto de linhas ou bandas espectrais que são observadas quando espécies em estados excitados relaxam, liberando o excesso de energia na forma de radiação eletromagnética.

Espectro de excitação Na espectroscopia de fluorescência, é o gráfico da intensidade de fluorescência em função do comprimento de onda de excitação.

Espectro de fluorescência Gráfico da intensidade de fluorescência *versus* o comprimento de onda no qual o comprimento de onda de excitação (espectro de emissão) ou o comprimento de onda de excitação (espectro de excitação) é mantido constante (veja a *Figura 25-8b*).

Espectro eletromagnético Potência ou intensidade de radiação eletromagnética colocada em um gráfico em função do comprimento de onda ou frequência.

Espectrofluorímetro Instrumento para fluorescência que tem monocromadores para seleção dos comprimentos de onda de excitação e emissão; em alguns casos, os instrumentos híbridos têm um filtro e um monocromador.

Espectrofotômetro Espectrômetro projetado para a medida da absorção de radiação no ultravioleta, visível ou no infravermelho. O instrumento inclui uma fonte de radiação, um monocromador e uma maneira de medir eletricamente a razão das intensidades dos feixes da amostra e de referência.

Espectrógrafo Instrumento ótico equipado com um elemento dispersivo, como, por exemplo, uma rede ou um prisma, que permite que uma faixa de comprimentos de onda atinja um detector espacial sensível, como um arranjo de diodos, dispositivo de acoplamento de carga ou placa fotográfica.

Espectrometria de massas Métodos baseados na formação de íons na fase gasosa e na sua separação com base na razão massa-carga.

Espectrometria de massas atômicas Uma técnica quantitativa para determinar elementos com base na formação de íons e a determinação de suas razões massa-carga.

Espectrometria de massas moleculares Uma técnica para determinar a estrutura molecular pela formação de íons moleculares e pela determinação de suas razões massa-carga.

Espectrômetro Instrumento equipado com um monocromador ou um policromador, um fotodetector de radiação eletromagnética e um dispositivo de leitura eletrônico, que mostra um número proporcional à intensidade de uma banda espectral isolada.

Espectrômetro com transformada de Fourier Espectrômetro no qual um interferômetro e a transformação matemática de Fourier são usados na obtenção de um espectro.

Espectros Gráficos de absorbância, transmitância ou intensidade de emissão em função do comprimento de onda, frequência ou número de onda.

Espectroscopia Termo genérico usado para descrever técnicas baseadas na medida da absorção, emissão ou luminescência da radiação eletromagnética.

Espectroscopia com plasma acoplado indutivamente (ICP) Método que emprega um plasma de gás inerte (geralmente argônio) formado pela absorção de radiação de radiofrequência na atomização e excitação de uma amostra na espectroscopia de emissão atômica.

Espectroscopia de absorção atômica (EAA) Um método analítico que é baseado na absorção de radiação eletromagnética (REM) em um reservatório de átomos de analito.

Espectroscopia de emissão atômica (EEA) Um método analítico baseado na emissão de radiação eletromagnética a partir de átomos em um reservatório.

Espectroscopia de emissão por chama Método que emprega a chama para fazer que um analito atomizado emita seu espectro característico; também conhecida como fotometria de chama.

Espectroscopia de fluorescência atômica (EFA) Método analítico baseado na medida da intensidade de REM de átomos fluorescentes em um reservatório.

Espectroscopia de plasma cc (PCC) Método que utiliza um plasma de argônio induzido eletricamente para excitar o espectro de emissão de analitos.

Espectroscópio Instrumento ótico similar ao espectrômetro, exceto que a linha espectral pode ser observada visualmente.

Espelho setorizado Disco com porções que são alternadamente espelhadas ou não refletoras; quando submetido à rotação, direciona a radiação proveniente de um monocromador de um espectrofotômetro de duplo feixe através da amostra e da célula de referência alternadamente.

Estado fundamental Estado de mais baixa energia de um átomo ou molécula.

Estados rotacionais Estados quantizados associados com a rotação de uma molécula sobre o seu centro de massa.

Estequiometria Refere-se às razões de combinação entre quantidades molares de espécies envolvidas em uma reação química.

Estribo Ligação entre o braço e o prato (ou pratos) em uma balança analítica mecânica.

Etapa determinante da velocidade Etapa lenta na sequência de reações elementares que compõem um mecanismo.

Exatidão Estimativa da concordância entre um resultado analítico e o valor verdadeiro ou aceito para uma quantidade medida; a concordância é estimada em termos do erro.

Excitação Promoção de um átomo, íon ou molécula para um estado que é mais energético que um estado de mais baixa energia.

Expressão da constante de equilíbrio Expressão matemática que descreve a relação de equilíbrio entre os participantes de uma reação química.

Extração exaustiva ou de refluxo Ciclo no qual um solvente orgânico, após percolação por meio de uma fase aquosa contendo o soluto de interesse, é destilado, condensado e passado novamente pela fase aquosa.

F

Faixa de transição de pH Intervalo de acidez (normalmente duas unidades de pH) na qual um indicador ácido/base muda da sua cor da forma ácida para aquela da sua base conjugada.

Faixa, w, de dados Diferença entre valores extremos em um conjunto de dados.

Fantasmas Imagens duplas na emissão de uma rede, o resultado de imperfeições no sistema empregado em sua elaboração.

Faraday, F Quantidade de eletricidade associada a $6,022 \times 10^{23}$ elétrons.

Fase estacionária Na cromatografia, refere-se a um sólido ou um líquido imobilizado no qual os analitos são distribuídos durante a passagem da fase móvel.

Fase estacionária com ligações cruzadas Fase estacionária polimérica em uma coluna cromatográfica na qual ligações covalentes unem diferentes cadeias do polímero, criando assim uma fase mais estável.

Fase estacionária ligada Fase líquida estacionária que está quimicamente ligada ao meio de suporte.

Fase móvel Na cromatografia, trata-se do líquido ou gás que arrasta o analito através da fase estacionária líquida ou sólida.

Fator de difusão longitudinal, B/u Fator nos modelos cromatográficos de alargamento de banda que considera o efeito da difusão longitudinal.

Fator de retenção, k Termo usado para descrever a migração de uma espécie através de uma coluna cromatográfica. Seu valor numérico é dado por $k = (t_R - t_M)/t_M$, onde t_R é o tempo de retenção para um pico e t_M é o tempo morto; também é chamado *fator de capacidade*.

Fator de seletividade, α Na cromatografia, $\alpha = K_B/K_A$, onde K_B é a constante de distribuição para a espécie menos fortemente retida e K_A é a constante para a espécie mais fortemente retida.

Fator gravimétrico, FG Razão estequiométrica entre a massa do analito e o sólido pesado na análise gravimétrica.

Ferroína Nome comum para o complexo de ferro(II) com a 1,10-fenantrolina, que é um indicador redox bastante versátil. Sua fórmula é $(C_{12}H_8N_2)_3Fe^{2+}$.

Filtro de absorção Meio colorido (normalmente vidro) que transmite uma banda relativamente estreita do espectro visível.

Filtro de interferência Filtro ótico que gera bandas estreitas devido à interferência construtiva.

Fluido supercrítico Substância que é mantida acima de sua temperatura crítica; suas propriedades são intermediárias entre aquelas do líquido e as do gás.

Fluorescência Radiação produzida por um átomo ou uma molécula que tenha sido excitada por fótons para um estado excitado simpleto.

Fluorescência atômica Emissão radiante a partir de átomos que tenham sido excitados pela absorção de radiação eletromagnética.

Fluorescência de ressonância Emissão de fluorescência em um comprimento de onda que é idêntico àquele de excitação.

Fluorescência molecular Processo pelo qual elétrons de moléculas, excitados em estado simpleto, retornam a um estado quântico mais baixo, com a energia resultante sendo liberada na forma de radiação eletromagnética.

Fluorímetro Instrumento de filtro para medidas quantitativas de fluorescência.

Fluxo eletroosmótico Fluxo líquido resultante de um fluido como um todo devido à aplicação de um campo elétrico através de um material poroso, tubo capilar, membrana ou microcanal.

Fluxo laminar Fluxo de forma aerodinâmica em um líquido que ocorre próximo e paralelo a um sólido fronteiriço. Em um tubo, este fluxo resulta em um fluxo de perfil parabólico; próximo à superfície de um eletrodo, isto resulta em camadas paralelas que deslizam umas sobre as outras.

Fluxo turbulento Descreve o movimento aleatório de um líquido no interior de uma solução que flui; compare com *fluxo laminar*.

Fluxos Substâncias que no estado fundido possuem propriedades ácidas ou básicas. Empregados para solubilizar a espécie de interesse em amostras refratárias.

Fonte contínua Fonte que emite radiação constantemente com o tempo.

Fonte de linhas Na espectroscopia atômica, corresponde a uma fonte de radiação que emite linhas atômicas estreitas características de átomos do analito. Veja *lâmpadas de catodo oco* e *lâmpadas de descarga sem eletrodos*.

Fonte de Nernst Fonte de radiação no infravermelho que consiste em um cilindro de óxidos de zircônio e ítrio aquecidos a altas temperaturas pela passagem de uma corrente elétrica.

Fonte de radiação contínua Fonte que emite um espectro contínuo de comprimentos de onda. Exemplos incluem as lâmpadas de filamento de tungstênio e aquelas de deutério usadas na espectroscopia de absorção.

Força iônica, μ Propriedade da solução que depende da concentração total de íons presentes na solução, assim como da carga de cada uma das espécies iônicas, isto é, $\mu = \frac{1}{2}\Sigma c_i Z_i^2$, onde c_i é a concentração molar de cada íon e Z_i sua carga.

Forma de pesagem Na análise gravimétrica, refere-se à espécie coletada cuja massa é proporcional à quantidade de analito na amostra.

Formação de complexo Processo pelo qual uma espécie com um ou mais pares de elétrons não compartilhados formam ligações de coordenação com íons metálicos.

Formação de cristal misto Tipo de coprecipitação encontrada em precipitados cristalinos nos quais alguns íons do analito no cristal são substituídos por outras espécies iônicas.

Formalidade, F A quantidade de matéria do soluto contido em um litro de solução. Um sinônimo de *concentração molar analítica*.

Fórmula empírica Combinação mais simples de números inteiros de átomos em uma molécula.

Fórmula molecular Fórmula que inclui informação estrutural além do número e da identidade dos átomos que compõem a molécula.

Fórmula-grama Soma de todas as massas atômicas na fórmula química de uma substância. Um sinônimo de *massa molar*.

Fosforescência Emissão de luz de um estado excitado tripleto; a fosforescência é mais lenta que fluorescência e pode ocorrer por muitos minutos.

Fotodecomposição Formação de novas espécies a partir de moléculas excitadas por radiação; uma das várias formas pelas quais a energia de excitação é dissipada.

Fotodiodo (1) Tubo com vácuo que consiste em um anodo e um catodo fotossensível, ou fotocatodo que produz um elétron para cada fóton absorvido na superfície. (2) Semicondutor de silício reversamente polarizado que produz elétrons e lacunas quando irradiado por radiação eletromagnética. A corrente resultante fornece uma medida do número de fótons que incide no dispositivo a cada segundo.

Fotodiodo de silício Detector de fótons baseado em um diodo de silício reversamente polarizado; sua exposição à radiação cria novas lacunas e elétrons, aumentando assim a fotocorrente. Veja *fotodiodo*.

Fotoelétron Elétron liberado pela absorção de um fóton que incide em uma superfície fotoemissiva.

Fotômetro Instrumento para a medida da absorbância que incorpora um filtro para a seleção do comprimento de onda e um detector de fótons.

Fótons Pacotes de energia de radiação eletromagnética; também conhecidos como *quanta*.

Fototubo Veja *fotodiodo*.

Frasco Kjeldahl Frasco com gargalo longo usado na digestão de amostras com ácido sulfúrico concentrado a quente.

Frequência, ν, da radiação eletromagnética Número de oscilações por segundo com unidade em hertz (Hz), que significa uma oscilação por segundo.
Fundente ácido Sal que exibe propriedades ácidas em seu estado fundido. Os fluxos são usados para converter substâncias refratárias em produtos solúveis em água.
Fundente alcalino Substância com características alcalinas no estado fundido. É usado para solubilizar amostras refratárias, principalmente silicatos.
Fundido Massa derretida produzida pela ação de um fluxo; geralmente um sal derretido.

G

Galvanostato Sinônimo de *amperostato*.
Garantia de qualidade Protocolo planejado para demonstrar que um produto ou serviço satisfaz os critérios estabelecidos para um desempenho satisfatório.
Gás de arraste Fase móvel na cromatografia de gás.
Gradiente de eluição Na cromatografia líquida, corresponde à alteração sistemática da composição da fase móvel para otimizar a resolução cromatográfica dos componentes de uma mistura. Veja também *programação de solvente*.
Gráfico de controle Gráfico que demonstra o controle estatístico de um produto ou serviço em função do tempo.
Gral de diamante de Plattner Dispositivo para triturar pequenas quantidades de materiais quebradiços.
Graus de liberdade O número de membros de uma amostra estatística que fornece uma medida independente da precisão do conjunto.
Gravidade específica, gr. esp. Razão entre a densidade de uma substância e a da água a uma determinada temperatura (frequentemente 4°C).
Grupo ácido sulfônico RSO_3H.

H

HCl de ponto de ebulição constante Soluções de ácido clorídrico cujas concentrações dependem da pressão atmosférica.
Hipótese nula Alegação de que uma característica de uma população única seja igual a algum valor específico ou que duas ou mais características da população sejam idênticas; testes estatísticos são recomendados para validar ou invalidar a hipótese nula, em um nível de probabilidade especificado.
Histograma Gráfico de barras no qual réplicas de resultados são agrupadas de acordo com faixas de grandeza ao longo do eixo horizontal e pela frequência de ocorrência dos resultados no eixo vertical.

I

Incerteza da amostragem, s_s Desvio padrão associado com a amostragem; um fator – com a incerteza do método – que determina o desvio padrão global de uma análise.
Incerteza do método, s_m Desvio padrão associado ao método analítico; fator que juntamente com o desvio padrão da amostragem, s_a, é usado na determinação do desvio padrão global, s_g, de uma análise.
Inclinação, m, de uma curva de calibração Parâmetro do modelo linear $y = mx + b$; é determinado por análise de regressão.
Indicador específico Espécie que reage com uma espécie específica em uma reação redox.
Indicadores azo Grupo de indicadores ácido/base que têm em comum a estrutura R—N=N—R.
Indicadores ftaleínicos Indicadores ácido/base derivados do anidrido ftálico; o mais comum deles é a fenolftaleína.

Indicadores redox universais Indicadores que respondem a variações no $E_{sistema}$.
Índice de refração Razão entre a velocidade da radiação eletromagnética no vácuo e sua velocidade em algum outro meio.
Inibidor catalítico Espécie que diminui a velocidade de uma reação catalisada por uma enzima.
Injeção em fluxo interrompido Na análise por injeção em fluxo interrompido, o desligamento do fluxo permite medidas cinéticas em um plugue estático de solução.
Instrumento de feixe duplo Instrumento ótico projetado para eliminar a necessidade de alternar manualmente soluções do controle (branco) e do analito no caminho ótico. Um *divisor de feixe* separa a radiação em dois feixes nos espectrômetros espaciais. Um *modulador* direciona o feixe alternadamente entre o branco e o analito em instrumentos de duplo feixe temporais.
Instrumentos de feixe único Instrumentos fotométricos que usam apenas um feixe; requerem que o operador posicione a amostra e o branco alternadamente em um único caminho ótico.
Instrumentos óticos Termo amplo utilizado para instrumentos que medem absorção, emissão ou fluorescência do analito baseado em radiação no ultravioleta, visível ou no infravermelho.
Intensidade, I, de radiação eletromagnética A potência por ângulo sólido unitário; é usado frequentemente como sinônimo de potência radiante, P.
Intersecção, b, em uma regressão O valor de y em uma regressão quando x é igual a zero; na curva de calibração analítica, refere-se ao valor hipotético do sinal analítico quando a concentração do analito é igual a zero.
Interferência construtiva Aumento na amplitude de uma onda resultante na região onde duas ou mais ondas estão em fase uma com a outra.
Interferência destrutiva Diminuição na amplitude de ondas resultante da superposição de duas ou mais ondas que não estão em fase uma com a outra.
Interferência espectral Emissão ou absorção por outras espécies que não o analito que ocorrem na mesma faixa de comprimento de onda selecionado no dispositivo; causa interferência do branco.
Interferências ou interferentes Espécies que afetam o sinal no qual uma análise está baseada.
Interferômetro Dispositivo não dispersivo que obtém informações espectrais por meio de interferências construtivas e destrutivas; é empregado em instrumentos de infravermelho com transformadas de Fourier.
Intervalo de confiança Define os limites ao redor da média experimental entre os quais o valor verdadeiro – para uma certa probabilidade – deve estar localizado.
Íon hidrônio Próton hidratado cujo símbolo é H_3O^+.
International Union of Pure and Applied Chemistry (IUPAC) Organização internacional devotada ao desenvolvimento de definições e seu uso pela comunidade química mundial.

J

Janelas de células Superfícies das células através das quais passa a radiação.
Joule Unidade de trabalho, igual a Newton-metro.
Junção líquida Interface entre dois líquidos com diferentes composições.

L

Lâmpada alógena de tungstênio Lâmpada de tungstênio que contém uma pequena quantidade de I_2 em um invólucro de quartzo que permite que a lâmpada seja operada a elevadas temperaturas; é mais brilhante que a lâmpada de filamento de tungstênio.

Lâmpada de catodo oco Fonte usada na espectroscopia de absorção atômica que emite linhas estreitas para um único elemento ou mesmo para vários elementos.

Lâmpada de descarga sem eletrodos Fonte de espectros atômicos de linhas que é alimentada por radiofrequência ou radiação de microondas.

Lâmpada de deutério Fonte que fornece um espectro contínuo na região do ultravioleta do espectro. A radiação resultante da aplicação de cerca de 40 V a um par de eletrodos mantidos em atmosfera de deutério.

Lâmpada de filamento de tungstênio Fonte conveniente de radiação no visível e no infravermelho próximo.

Lâmpada de hidrogênio Fonte de radiação contínua na região do ultravioleta que tem estrutura similar à da lâmpada de deutério.

Largura de banda Em geral, é a faixa de comprimentos de onda ou frequências de um pico de absorção, ou de emissão espectral, na metade da sua altura. É a faixa que passa por um dispositivo de isolamento de comprimento de onda.

Largura de banda efetiva Largura de banda de um monocromador ou filtro de interferência no qual a transmitância é 50% daquela do comprimento de onda nominal.

Lei de Beer Relação fundamental da absorção de radiação pela matéria, isto é, $A = abc$, em que a é a absortividade; b, o caminho ótico percorrido pelo feixe de radiação e c, a concentração da espécie absorvente.

Lei de velocidade Relação empírica que descreve a velocidade de uma reação em termos das concentrações das espécies envolvidas.

Lei limitante de Debye-Hückel Forma simplificada da equação de Debye-Hückel aplicável a soluções cuja força iônica é menor que 0,01.

Levitação Quando aplicado em balanças eletrônicas, a suspensão do prato de uma balança no ar pelo efeito de um campo magnético.

Liga de Devarda Liga de cobre, alumínio e zinco usada para reduzir nitratos e nitritos a amônia em meio alcalino.

Ligante Molécula ou íon com pelo menos um par de elétrons não compartilhados disponíveis para ligações covalentes com metais.

Limite de detecção Quantidade mínima de analito que um método ou sistema é capaz de medir.

Limite inferior de controle (LIC) Limite inferior que foi determinado para o desempenho satisfatório de um processo ou medida.

Limites de confiança Valores que definem o intervalo de confiança.

Linha de ressonância Linha espectral resultante de uma transição de ressonância.

Litro Um decímetro cúbico ou 1.000 centímetros cúbicos.

Luminescência Radiação que resulta da fotoexcitação (fotoluminescência), excitação química (quimiluminescência) ou excitação térmica (termoluminescência).

M

Macroanálise Análise de amostras de massas maiores que 0,1 g.

Macrobalança Balança analítica com capacidade entre 160 e 200 g e precisão de 0,1 mg.

Massa Medida constante da quantidade de matéria contida em um objeto.

Massa constante Condição na qual a massa de um objeto não é mais alterada devido ao aquecimento ou resfriamento.

Massa equivalente Base especial para expressar a massa em termos químicos similar à, mas diferente de, *massa molar*. Como consequência da definição, um equivalente de um analito que reage com um equivalente de um reagente, mesmo quando a estequiometria da reação não é um para um; equivalente-grama.

Massa molar, M Massa, em gramas, de um mol de uma substância química.

Materiais padrão de referência (MPRs) Amostras de diversos materiais para os quais as concentrações de uma ou mais espécies são conhecidas com exatidão muito alta.

Materiais refratários Substâncias que resistem a ataques por ácidos e bases normais; são solubilizados por fusão com fundente realizada a altas temperaturas.

Matriz Meio que contém um analito.

Matriz da amostra Meio que contém um analito.

Mecanismo de reação Etapas básicas envolvidas na formação dos produtos de uma reação.

Média Número obtido pela soma dos valores de um conjunto de dados dividido pelo número de valores do conjunto. Também usado para relatar o que é considerado o valor mais representativo para um conjunto de medidas. Sinônimo de *média aritmética*.

Média aritmética sinônimo de *média*.

Média da amostra, $\bar{x}$ Média aritmética de um conjunto finito de medidas.

Média da população, μ Valor médio para uma população de dados; valor verdadeiro para uma quantidade que é livre de erros sistemáticos.

Mediana Valor central de um conjunto de réplicas de medidas. Para um conjunto com número ímpar de dados, existe um número igual de pontos acima e abaixo da mediana; para um número par de dados, a mediana é a média do par central.

Medidor de bolhas Dispositivo para medida da vazão de gás na cromatografia de gás.

Medidor de pÍon Instrumento que mede diretamente a concentração (estritamente, a atividade) de um analito; consiste em um eletrodo indicador íon-específico, um eletrodo de referência e um dispositivo de medida de potencial.

Meia-vida, $t_{1/2}$ Intervalo de tempo no qual a quantidade de reagente diminui para a metade do valor original.

Membrana microporosa Membrana hidrofóbica com tamanho de poro que permite a passagem de gases e é impermeável a outras espécies; é o elemento sensível de um sensor sensível a gás.

Menisco Superfície curva formada por um líquido mantido em um tubo.

Método catalítico Método analítico para determinação da concentração de um catalisador baseado na medida da velocidade de uma reação catalítica.

Método das adições de padrão Método de determinação da concentração de um analito em solução. Pequenas quantidades conhecidas do analito são adicionadas à solução da amostra e as leituras do instrumento são registradas após uma ou mais adições. O método compensa as interferências causadas pelos efeitos de matriz.

Método de Dumas Método de análise baseado na combustão de amostras orgânicas contendo nitrogênio por CuO para converter o nitrogênio em N_2, que então é medido volumetricamente.

Método de Kjeldahl Método titulométrico de determinação de nitrogênio em compostos orgânicos no qual o nitrogênio é convertido a amônia, a qual é destilada e determinada por titulação de neutralização.

Método dos mínimos quadrados Método estatístico de obtenção dos parâmetros de um modelo matemático (tal como a equação de uma reta) pela minimização da soma dos quadrados das diferenças entre os pontos experimentais e os pontos previstos pelo modelo.

Métodos cinéticos Métodos analíticos baseados na relação da cinética de uma reação com a concentração do analito.

Métodos cinéticos gráficos Métodos de determinação de velocidades de reações que usam gráficos da concentração de um reagente, ou produto, em função do tempo.

Métodos das velocidades iniciais Métodos cinéticos baseados em medidas feitas próximo do início das reações.

Métodos de análise de precipitação Métodos gravimétricos e titulométricos que envolvem a formação (ou menos frequentemente, o desaparecimento) de um precipitado.

Métodos de análises por volatilização Variante dos métodos gravimétricos que está baseada na perda de massa causada por aquecimento ou ignição.

Métodos de potencial controlado Métodos eletroquímicos que usam um potenciostato para manter um potencial constante entre o eletrodo de trabalho e o eletrodo de referência.

Métodos eletroanalíticos Um extenso grupo de métodos que têm em comum a medida de uma propriedade elétrica do sistema que é proporcional à quantidade da espécie de interesse presente na amostra.

Métodos espectrométricos Métodos baseados na absorção, emissão ou fluorescência da radiação eletromagnética que está relacionada com a quantidade de analito presente na amostra.

Métodos espectroquímicos Sinônimo de *métodos espectrométricos*.

Métodos hifenados Métodos que envolvem a combinação de dois ou mais tipos de instrumentação; o produto é um instrumento com melhor desempenho que qualquer um dos instrumentos considerados individualmente.

Métodos integrais Métodos cinéticos baseados na forma integrada da lei de velocidade.

Métodos óticos Sinônimo de *métodos espectroquímicos*.

Métodos potenciostáticos Métodos eletroquímicos que empregam um potencial controlado entre o eletrodo de trabalho e um eletrodo de referência.

Métodos volumétricos Métodos de análise nos quais a medida final é o volume de um titulante padrão necessário para reagir com o analito presente em uma quantidade conhecida de amostra.

Microanálise Análise de amostras com massas de 0,0001 a 0,01 g.

Microeletrodo Eletrodo com dimensões na escala micrométrica; usado na voltametria.

Micrograma, μg 1×10^{-6} g.

Microlitro, μL 1×10^{-6} L.

Migração Na eletroquímica, refere-se ao transporte de massa devido à atração ou repulsão eletrostática; na cromatografia, corresponde ao transporte de massa na coluna.

Miligrama, mg 1×10^{-3} g ou 1×10^{-6} kg.

Mililitro, mL 1×10^{-3} L.

Milimol, mmol 1×10^{-3} mol.

Mineralização a seco Eliminação da matéria orgânica de uma amostra por aquecimento direto ao ar.

Mineralização por via úmida Uso de reagentes líquidos fortemente oxidantes para decompor a matéria orgânica presente em uma amostra.

Mistura em fluxo interrompido Técnica na qual os reagentes são misturados rapidamente e o curso da reação é monitorado a partir do momento em que o fluxo foi interrompido abruptamente.

Misturador em V Dispositivo que é usado para misturar vigorosamente amostras secas.

Modulação Processo de superimposição do sinal analítico em uma onda portadora. Na modulação da amplitude, a grandeza da onda portadora varia de acordo com a alteração do sinal analítico; em modulação da frequência, a frequência da onda portadora varia com o sinal analítico.

Modulador Dispositivo mecânico que transmite e bloqueia alternadamente a radiação de uma fonte.

Moinho de bolas Dispositivo para diminuição do tamanho das partículas de uma amostra.

Mol Quantidade de matéria contida em $6,022 \times 10^{23}$ partículas da substância.

Molalidade Concentração de um titulante expressa em milimols por grama, ou mais comumente em mols por quilograma.

Monocromador Dispositivo para decompor radiação policromática em seus comprimentos de onda.

Mufla Forno de alta potência capaz de manter temperaturas acima de 1.100 °C.

N

Nanômetro, nm 1×10^{-9} m.

National Institute of Standards and Technology (NIST) Agência do Departamento do Comércio norte-americano; antigamente, denominava-se National Bureau of Standards (NBS); é a principal fonte de padrões primários e materiais padrão de referência analisados.

Nebulização Transformação de um líquido em um aerossol de gotas minúsculas.

Níquel-cromo Liga de níquel-cromo; quando aquecida até à incandescência, é uma fonte de radiação no infravermelho.

Nivelamento Introdução de um interferente em potencial tanto nos padrões de calibração quanto na solução do analito para minimizar o efeito do interferente na matriz da amostra.

Normalidade, c_N O número de equivalentes-grama de uma espécie em um litro de solução.

Nucleação Processo envolvendo a formação de agregados muito pequenos de um sólido durante a precipitação.

Número de onda, $\bar{\nu}$ Recíproco do comprimento de onda; tem unidade cm^{-1}.

Número de pratos teóricos, N Característica de uma coluna cromatográfica empregada para descrever sua eficiência.

O

Oclusão Associação física de impurezas solúveis a um cristal em formação.

Occupational Safety and Health Administration (OSHA) Agência federal norte-americana encarregada de proporcionar segurança em laboratórios e demais locais de trabalho.

Onda de oxigênio Nos eletrodos de mercúrio, o oxigênio produz duas ondas: a primeira devido à formação de peróxido e, a segunda, à redução subsequente à água; isso pode ser uma interferência na determinação de outras espécies, porém é empregada na determinação de oxigênio dissolvido.

Onda transversal Movimento ondulatório no qual a direção do deslocamento é perpendicular à direção de propagação.

Onda voltamétrica Curva na forma de $\int$ que é produzida em um experimento voltamétrico onde a voltagem varre através do potencial de meia onda de uma espécie eletroativa.

Ordem de difração, n Múltiplos inteiros de comprimentos de onda nos quais ocorre interferência construtiva.

Ordem de interferência, n Número inteiro que, juntamente com a espessura e índice de refração do material dielétrico, determina o comprimento de onda transmitido por um filtro de interferência.

Ordem de reação Expoente associado com a concentração de uma espécie na lei de velocidade de uma reação química.

Ordem de reação global Soma dos expoentes para as concentrações das espécies que fazem parte de uma reação química.

Oxidação Perda de elétrons por uma espécie em uma reação de oxidação-redução.

Oxidante Sinônimo de *agente oxidante*.

Oxina Nome comum para a 8-hidroxiquinolina.

P

Padrão interno Quantidade conhecida de uma espécie com propriedades similares às do analito que é introduzida nas soluções dos padrões e das amostras desconhecidas; a razão entre os sinais do padrão interno e do analito serve de base para a análise.

Padrão primário Composto químico de alta pureza que é utilizado na preparação ou determinação de concentrações de soluções padrão usadas em titulometria.

Padrão secundário Substância cuja pureza tenha sido estabelecida e verificada por análise química.

Padrões de referência Materiais complexos que foram extensivamente analisados; uma das principais fontes desses materiais é o National Institute of Standards Technology (NIST).

Padronização Determinação da concentração de uma solução por calibração, direta ou indiretamente, com um padrão primário.

Papel de filtro sem cinzas Papel produzido a partir de fibras de celulose, tratado para eliminar espécies inorgânicas, de forma que não deixe resíduos após a queima.

Paralaxe Mudança aparente na posição de um objeto que ocorre em razão da mudança de posição do observador; resulta em erros sistemáticos em leituras de buretas, pipetas e em equipamentos com ponteiros.

Pares ácido-base conjugados Espécies que diferem uma da outra por um próton.

Pares ácidos fracos-base conjugados Na teoria de Brønsted-Lowry, corresponde ao par de solutos que diferem um do outro por um próton.

Partes por milhão, ppm Forma conveniente de expressar a concentração de um soluto que existe em quantidades-traço; para soluções aquosas diluídas, ppm é sinônimo de miligramas do soluto por litro de solução.

Pentóxido de sódio, P_2O_5 Agente secante.

Peptização Processo no qual um colóide coagulado retorna ao seu estado disperso.

Perfil de concentração Distribuição das concentrações de analitos com o tempo à medida que eles emergem de uma coluna cromatográfica; também se refere a comportamento de reagentes ou produtos de uma reação em função do tempo.

Período da radiação eletromagnética Tempo necessário para que picos sucessivos de uma onda eletromagnética passem por um ponto fixo no espaço.

Pesafiltro Frasco leve para estocagem e pesagem de amostras analíticas.

Pesagem por diferença Processo de pesagem de um frasco mais a amostra, seguida da pesagem do frasco após remoção da amostra.

Peso Atração entre um objeto e sua vizinhança, no nosso caso, o planeta Terra.

Peso molecular Sinônimo obsoleto de massa molecular.

pH Negativo do logaritmo da atividade do íon hidrogênio em uma solução.

Pipeta Dispositivo tubular de vidro ou plástico para transferir volumes conhecidos de solução de um frasco para outro.

Pipeta de transferência Sinônimo de *pipeta volumétrica*.

Pipeta Eppendorf Tipo de pipeta que libera volumes ajustáveis de líquido.

Pipeta graduada Pipeta calibrada para dispensar qualquer volume até sua capacidade máxima; compare com *pipeta volumétrica*.

Pipeta volumétrica Dispositivo que vai transferir um volume preciso a partir de um frasco original para outro; também é denominada *pipeta de medição*.

Pixel Elemento único de detecção em um detector de arranjo de diodos ou detector de transferência de carga.

Plano focal Plano no qual a radiação dispersada em um prisma ou rede de difração é focalizada.

Plasma Meio condutor gasoso contendo íons e elétrons.

Plataforma de L'vov Dispositivo para atomização eletrotérmica de amostras na espectroscopia de absorção atômica.

Polarização (1) Em uma célula eletroquímica, um fenômeno no qual a grandeza da corrente é limitada pela baixa velocidade de reação eletródica (polarização cinética) ou pela lentidão no transporte de reagentes para a superfície do eletrodo (polarização de concentração). (2) Processo que leva a radiação eletromagnética a vibrar em um plano ou padrão circular.

Polarização cinética Comportamento não linear de uma célula eletroquímica causado pela lentidão da reação na superfície de um ou ambos os eletrodos.

Polarização de concentração Desvio do potencial de eletrodo de uma célula eletroquímica de seu valor Nernstiano devido à passagem de corrente como resultado do transporte lento de espécies para, ou da, superfície do eletrodo.

Polarografia Voltametria com eletrodo gotejante de mercúrio.

Polarografia de onda quadrada Uma variedade de *polarografia de pulso*.

Polarografia de pulso Métodos voltamétricos que periodicamente impõem um pulso sobre uma rampa crescente de potencial de excitação; a diferença na corrente medida, Δi, gera um pico cuja altura é proporcional à concentração do analito.

Polarograma Gráfico de corrente-voltagem obtido por uma medida polarográfica.

Policial Um tubo curto de borracha que é adaptado por uma extremidade a um bastão de vidro; é utilizado para a remoção de partículas aderentes da parede de um béquer.

Ponte salina Dispositivo usado em uma célula eletroquímica que permite um fluxo de carga entre as duas soluções eletrolíticas, minimizando a mistura de ambas.

Ponto de equivalência Aquele ponto na titulação no qual a quantidade de titulante adicionada é quimicamente equivalente à quantidade de analito presente na amostra.

Ponto final Mudança observável que ocorre durante uma titulação sinalizando que a quantidade de titulante adicionada é quimicamente equivalente à quantidade de analito presente na amostra.

Ponto isoelétrico pH no qual um aminoácido não apresenta tendência de migrar sob a influência de um campo elétrico.

População de dados Número total de valores (algumas vezes assume-se como infinito) que uma medida pode ter; é também expressa como *universo de dados*.

Porcentagem em massa (m/m) Razão entre a massa de um soluto e a massa da sua solução multiplicada por 100%.

Porcentagem em massa por volume (m/v) Razão entre a massa de um soluto e o volume da solução na qual ele está dissolvido multiplicada por 100%.

Potência, P, da radiação eletromagnética Energia que atinge uma determinada área por segundo; frequentemente é usada como sinônimo de intensidade, embora os termos não tenham exatamente o mesmo significado.

Potencial de assimetria Pequeno potencial que resulta de diferenças mínimas existentes entre as duas superfícies de um eletrodo de membrana de vidro.

Potencial de eletrodo Potencial de uma célula eletroquímica na qual o eletrodo de interesse está à direita e o eletrodo padrão de hidrogênio à esquerda na célula.

Potencial de junção Potencial que se desenvolve na interface entre soluções de composições diferentes; sinônimo de potencial de junção líquida.

Potencial de meia-onda, $E_{1/2}$ Potencial contra um eletrodo de referência no qual a corrente de uma onda voltamétrica equivale à metade da corrente limite.

Potencial de redução Potencial de um processo de eletrodo que é escrito como uma redução; sinônimo de *potencial de eletrodo*.
Potencial de semicélula Potencial de uma semi-célula eletroquímica medido em relação ao eletrodo padrão de hidrogênio.
Potencial de transição Faixa de $E_{sistema}$ na qual um indicador redox muda da cor da espécie reduzida para aquela de sua forma oxidada.
Potencial de um único eletrodo Sinônimo de *potencial relativo de eletrodo*.
Potencial do ponto de equivalência Potencial de eletrodo do sistema em uma titulação de oxidação-redução quando a quantidade de titulante que foi adicionada é quimicamente equivalente à quantidade de analito presente na amostra.
Potencial formal, $E^{0\prime}$ Potencial de eletrodo para um par quando as concentrações analíticas de todos os participantes são unitárias e as concentrações das outras espécies em solução são definidas.
Potencial limite, E_b A diferença entre dois potenciais que se desenvolvem nas superfícies opostas de uma membrana de um eletrodo de vidro.
Potencial padrão de eletrodo, E^0 O potencial (relativo ao eletrodo padrão de hidrogênio) da semirreação escrita como redução quando as atividades de todos os reagentes e produtos são iguais à unidade.
Potencial relativo de eletrodo Potencial de um eletrodo em relação a outro eletrodo (normalmente, o eletrodo padrão de hidrogênio ou o eletrodo de referência).
Potenciometria Ramo da eletroquímica que trata das relações existentes entre o potencial de uma célula eletroquímica e as concentrações (atividades) de espécies que compõem a célula.
Potenciostato Dispositivo eletrônico que altera o potencial aplicado de forma que o potencial entre o eletrodo de trabalho e o eletrodo de referência seja mantido fixo em um valor.
Precipitação a partir de solução homogênea Técnica na qual um agente precipitante é gerado vagarosamente na solução da espécie de interesse, produzindo um precipitado denso, facilmente filtrável em análises gravimétricas.
Precipitação induzida por sais Técnica utilizada para precipitar proteínas. A baixas concentrações salinas, a adição de sais aumenta a solubilidade (efeito *salting-in*), enquanto elevadas concentrações de sais induzem à precipitação (efeito *salting-out*).
Precipitados cristalinos Sólidos que possuem a tendência de formar partículas grandes, cristais facilmente filtráveis.
Precisão Medida da concordância interna entre os dados individuais e um conjunto de réplicas de observações.
Princípio de Le Châtelier Relata que a aplicação de uma perturbação a um sistema químico em equilíbrio resultará em uma mudança na posição do equilíbrio no sentido de minimizar o efeito da perturbação.
Prisma Um poliedro de vidro ou quartzo transparente compreendendo duas faces triangulares paralelas e três faces quadradas ou retangulares que dispersa a radiação policromática em seus comprimentos de onda componentes por refração.
Problema geral da eluição Compromisso entre tempo de eluição e resolução que é solucionado por *gradientes de eluição* (na cromatografia de líquido) ou *programações de temperatura* (na cromatografia de gás).
Produto químico de grau reagente Produtos químicos altamente puros que atingem o padrão do Reagent Chemical Committee of the American Chemical Society.
Programação de solvente Alteração sistemática da composição da fase móvel para otimizar a velocidade de migração dos solutos em uma coluna cromatográfica.
Programação de temperatura Ajuste sistemático da temperatura da coluna na cromatografia de gás para otimizar as velocidades de migração dos solutos.

Propriedades ondulatórias, radiação eletromagnética Comportamento da radiação como uma onda eletromagnética.
Propriedades de partícula da radiação eletromagnética Comportamento que é consistente com a radiação agindo como pequenas partículas ou *quanta* de energia.
Purga Remoção de um gás dissolvido indesejado pela passagem de um fluxo de um gás inerte.

Q

Quantum Uma quantidade microscópica de energia que pode ter apenas valores discretos. Os quanta são absorvidos por átomos e emitidos deles com energias correspondendo a diferenças nas energias de orbitais atômicos. Os quanta emitidos e absorvidos são chamados de *fótons*, os quais têm frequência determinada pela relação de Planck, $E = h\nu$.
Queda *IR* Queda de potencial em uma célula devido à resistência ao movimento de carga; também conhecida como *queda ôhmica*.
Queda de potencial ôhmico Sinônimo de *queda IR*.
Queimador premix Queimador no qual os gases são misturados previamente à combustão.
Quelação Reação entre um íon metálico e um agente quelante.
Quilograma Unidade base de massa no sistema SI.
Quimiluminescência Emissão de energia na forma de radiação eletromagnética durante uma reação química.

R

Radiação de corpo negro Radiação contínua produzida por um sólido aquecido.
Radiação eletromagnética (REM) Forma de energia com propriedades que podem ser descritas em termos de ondas ou, alternativamente, de partículas denominadas fótons, dependendo do método de observação.
Radiação espúria Radiação de comprimento de onda diferente daquele selecionado para a medida ótica.
Radiação no infravermelho Radiação eletromagnética na faixa entre 0,78 e 300 μm.
Radiação monocromática Idealmente, é a radiação eletromagnética que consiste em um único comprimento de onda; na prática, corresponde a uma banda muito estreita de comprimentos de onda.
Radiação policromática Radiação eletromagnética que consiste em mais de um comprimento de onda; compare com *radiação monocromática*.
Radiação no visível Aquela porção do espectro eletromagnético (380 a 780 nm) que é perceptível ao olho humano.
Razão sinal-ruído, S/R Razão entre sinal médio do analito e o desvio padrão do sinal.
Reação catalítica Reação cujo deslocamento em direção ao equilíbrio é acelerado por uma substância que não é consumida no processo global.
Reação eletroquímica irreversível Reação que gera um voltamograma insuficientemente definido devido à irreversibilidade de transferência de elétrons no eletrodo.
Reação indicadora, cinética Reação rápida envolvendo uma espécie indicadora que pode ser utilizada para acompanhar uma reação de interesse.
Reação rápida Reação que se completa à metade em dez segundos ou menos.
Reações de pseudoprimeira ordem Sistemas químicos nos quais a concentração de um reagente (ou regantes) é grande e essencialmente invariável em relação à concentração do composto de interesse.
Reagente de grau analítico Reagente de elevada pureza que satisfaz os critérios do Reagent Chemical Committe da American Chemical Society.

Reagente de Karl Fischer Reagente empregado na determinação titulométrica de água.

Reagente de Zimmermann-Reinhardt Solução de manganês(II) em H_2SO_4 e H_3PO_4 concentrados usada para prevenir a oxidação de íons cloreto por permanganato durante a titulação de ferro(II).

Reagentes para uso especial Reagentes que foram especialmente purificados para um uso particular.

Reator com enzima imobilizada Reator tubular ou superfície do detector no qual uma enzima tenha sido fixada por adsorção, ligação covalente ou aprisionamento.

Rede Dispositivo que consiste em ranhuras proximamente espaçadas entre si que é usado para dispersar a radiação policromática por meio da sua difração em seus respectivos comprimentos de onda.

Rede de reflexão Corpo ótico que dispersa radiação policromática em seus comprimentos de onda. Consiste de linhas gravadas sobre uma superfície refletora; a dispersão é resultado da interferência construtiva e destrutiva.

Rede *echelle* Rede que é confeccionada com superfícies refletoras que são mais largas que as faces não refletoras.

Rede holográfica Rede que foi produzida por interferência ótica, em vez de ranhuras mecânicas, feitas na superfície de vidros recobertos por uma camada fina de polímero.

Rede replicada Cópia de uma rede mestra; é utilizada como elemento de dispersão na maioria dos instrumentos devido ao alto custo da rede mestra.

Redox Sinônimo de *oxidação-redução*.

Redução O processo pelo qual uma espécie ganha elétrons.

Redutor Uma coluna empacotada com metal granulado através do qual uma amostra é passada para pré-reduzir um analito. Também sinônimo de *agente redutor*.

Redutor de Jones Coluna preparada com zinco amalgamado; é empregada na redução prévia de analitos.

Redutor de Walden Coluna empacotada com grãos de prata finamente divididos; é usado para pré-reduzir analitos.

Reflexão Retorno da radiação a partir de uma superfície.

Região do ultravioleta-visível Região do espectro eletromagnético entre 180 e 780 nm; associada a transições eletrônicas em átomos e moléculas.

Relaxamento Retorno da espécie excitada a um estado de mais baixa energia. O processo é acompanhado pela liberação da energia de excitação na forma de calor ou luminescência.

Relaxamento vibracional Processo bastante eficiente no qual moléculas excitadas relaxam para níveis vibracionais mais baixos de um estado eletrônico.

Rendimento quântico de fluorescência Fração de fótons absorvidos que são emitidos como fótons de fluorescência.

Reostato Um resistor variável usado para controlar a corrente em um circuito. Se configurado apropriadamente, pode ser usado como um divisor de voltagem.

Réplicas de uma amostra Porções de um material, com aproximadamente o mesmo tamanho, que são analisadas precisamente ao mesmo tempo e da mesma forma.

Reprecipitação Método usado para melhorar a pureza de um precipitado e que envolve a formação e filtração de um sólido seguidas pela sua dissolução e nova formação do precipitado.

Resíduo Diferença entre o valor previsto por um modelo e o valor experimental.

Resinas de troca aniônica Polímeros de alta massa molar nos quais grupos amino estão ligados. Permitem a troca de ânions presentes em solução por íons hidróxido do trocador.

Resinas de troca catiônica Polímeros de alta massa molar aos quais grupos ácidos são ligados. Essas resinas permitem a substituição de cátions presentes em solução por íons hidrogênio do trocador.

Resinas de troca iônica Polímeros de alta massa molecular nos quais um grande número de grupos funcionais ácidos ou básicos foi ligado. Resinas catiônicas permitem a troca dos cátions presentes em solução por íons hidrogênio; resinas aniônicas substituem íons hidróxido por ânions.

Resolução da coluna, R Medida da capacidade de uma coluna de separar as bandas de dois analitos.

Resolução, R_s Medida da habilidade de uma coluna cromatográfica em separar dois analitos; é definida como a diferença entre os tempos de retenção dos dois picos dividida pela média de suas larguras.

Retrotitulação Titulação de um excesso de uma solução padrão que tenha reagido completamente com o analito.

Reversibilidade eletroquímica Capacidade de algumas células em reverter a si próprias quando a direção da corrente é invertida. Em uma célula irreversível, a inversão da corrente provoca uma reação diferente em um ou ambos os eletrodos.

Ruído Flutuações aleatórias de um sinal analítico que resultam de um grande número de variáveis não controláveis e que afetam o sinal; refere-se a qualquer sinal que interfira na detecção do sinal do analito.

S

Sal Espécie iônica formada pela reação entre um ácido e uma base.

Sal ácido Base conjugada que possui hidrogênio ácido.

Sal de Mohr Nome comum do sulfato de ferro(II) e amônio hexahidratado.

Sal de Oesper Nome comum para o sulfato de etilenodiamina de ferro(II) tetrahidratado.

Saponificação Clivagem de um grupo éster para regenerar o álcool e o ácido dos quais o éster foi derivado.

Seletividade Tendência de um reagente ou método instrumental de provocar uma reação ou responder similarmente apenas a poucas espécies.

Seletor de comprimento de onda Dispositivo que limita a faixa de comprimentos de onda empregada em uma medida ótica (veja *Seção 23A-3*).

Semicondutor Material com condutividade elétrica que é intermediária entre a do metal e a do isolante.

Semirreação Método de representação da oxidação ou redução de uma espécie. Uma equação balanceada que mostra as formas oxidada e reduzida de uma espécie, as quantidades de H_2O ou H^+ necessárias para balancear os átomos de hidrogênio e oxigênio do sistema e o número de elétrons requeridos para balancear as cargas.

Sensor de Clark para oxigênio Sensor voltamétrico para oxigênio dissolvido.

Sensor enzimático Eletrodo de membrana que foi recoberto com uma enzima imobilizada. O eletrodo é sensível à quantidade de analito presente na amostra.

Separação por sulfeto Uso de precipitações com sulfeto para separar cátions.

Sistema servo Dispositivo no qual um pequeno sinal de erro é amplificado e empregado para retornar o sistema para a posição de nulo.

Sílica Nome comum do dióxido de silício; é usada na preparação de cadinhos e células para análise ótica e meio de suporte cromatográfico.

Sobrepotencial, sobrevoltagem, Π Excesso de voltagem necessária para produzir corrente em uma célula eletroquímica polarizada.

Solução padrão Uma solução na qual a concentração de um soluto é conhecida com grande confiabilidade.

Solução mãe Solução que permanece após a precipitação de um sólido.

Soluções tampão Soluções que tendem a resistir a variações no pH como resultado de diluição ou da adição de pequenas quantidades de ácidos ou bases.

Solvente diferenciador Solventes nos quais as diferenças nas forças de ácidos ou bases são aumentadas. Compare com *solventes niveladores*.

Solventes niveladores Solventes nos quais a força de solutos ácidos ou alcalinos tende a ser a mesma; compare com *solventes diferenciadores*.

Sondas sensíveis a gás Um sistema de eletrodo indicador-referência que é isolado da solução do analito por uma membrana hidrofóbica. A membrana é permeável a um gás; o potencial é proporcional à quantidade do gás presente na solução de análise.

Sputtering Processo pelo qual um vapor atômico é produzido por meio de colisões com íons excitados sobre uma superfície, como o catodo em uma lâmpada de catodo oco.

Substâncias anfipróticas Espécies que tanto podem doar quanto receber prótons, dependendo do ambiente químico.

Substrato (1) Substância sobre a qual geralmente a enzima atua. (2) Sólido no qual são realizadas modificações na superfície.

Supersaturação Condição na qual uma solução contém temporariamente uma quantidade de soluto que excede a sua solubilidade no equilíbrio.

Supersaturação relativa Diferença entre as concentrações instantânea (Q) e no equilíbrio (S) de um soluto em uma dada solução; fornece informação quanto ao tamanho das partículas de um precipitado formado pela adição de um reagente a uma solução do analito.

Supressão (1) Processo no qual as moléculas em um estado excitado perdem energia para outras espécies sem florescerem. (2) Ação que provoca a interrupção de uma reação química.

Supressor de ionização Na espectroscopia atômica, uma espécie facilmente ionizável, como o potássio, que é introduzida para suprimir a ionização do analito.

Suspensão coloidal Mistura (geralmente de um sólido em um líquido) na qual as partículas são tão finamente divididas que têm a tendência de não decantar.

Suspensões cristalinas Partículas com dimensões maiores que as coloidais dispersas temporariamente em um líquido.

T

Tampões de radiação Interferentes potenciais que são intencionalmente adicionados em grandes quantidades a amostras e padrões para nivelar seu efeito em medidas de emissão atômica.

Tara Contrapeso usado em uma balança analítica para compensar a massa do frasco de pesagem, ato de zerar a balança.

Temperatura crítica Temperatura acima da qual uma substância não pode mais existir no estado líquido, independentemente da pressão.

Tempo de retenção, t_R Na cromatografia, corresponde ao tempo entre a injeção da amostra em uma coluna cromatográfica e a chegada do pico de um analito no detector.

Tempo de vida natural, τ Tempo de vida radiativo de um estado excitado; período durante o qual a concentração do reagente decresce para $1/e$ de seu valor original em um processo de primeira ordem.

Tempo morto Na *cromatografia em coluna*, o tempo, t_M, requerido para uma espécie não retida atravessar uma coluna. Também em cinética com fluxo interrompido, é o tempo entre a mistura dos reagentes e a chegada da mistura à célula de observação.

Teoria dos processos fora do equilíbrio Teoria que explica as formas dos picos cromatográficos.

Termistor Semicondutor sensível à temperatura; usado em alguns bolômetros. A resistência elétrica varia com a temperatura.

Termo de transferência de massa de fase estacionária, $C_S u$ Medida da razão com a qual a molécula do analito entra e é liberada de uma fase estacionária.

Terra diatomácea Esqueleto à base de silício de algas unicelulares; empregada como suporte sólido na CG.

Teste de hipótese O processo de verificar uma afirmação em vários testes estatísticos. Veja *teste-t, teste-F, teste-Q* e *ANOVA*.

Teste F Método estatístico que permite a comparação das variâncias de dois conjuntos de medidas.

Teste Q Teste estatístico que indica – com um nível específico de probabilidade – quando um valor crítico, contido em uma série de réplicas de dados, pode ser considerado membro de uma dada distribuição gaussiana.

Teste t Teste estatístico utilizado para decidir quando um dado experimental é igual a um valor teórico ou conhecido ou quando dois ou mais dados experimentais são idênticos, com um certo nível de confiança; é empregado com s e $\bar{x}$ quando boas estimativas de σ e μ não estão disponíveis.

Teste t de student: Veja *teste t*.

THAM *tris*-(hidroximetil)aminometano, um padrão primário para bases; sua fórmula é $(HOCH_2)_3CNH_2$.

TISAB (tampão de ajuste total da força iônica) Solução usada para fornecer uma força iônica grande e constante e assim nivelar o efeito de eletrólitos na análise potenciométrica direta.

Titulação Procedimento pelo qual uma solução padrão reage, com estequiometria conhecida, com um analito até o ponto de equivalência, medido experimentalmente como o ponto final. O volume ou massa do padrão necessário para atingir o ponto final é usado para calcular a quantidade de analito presente.

Titulação amperométrica Método baseado na aplicação de um potencial constante sobre um eletrodo de trabalho em uma solução sob agitação e registrando-se a corrente resultante. Uma curva com segmentos lineares é obtida.

Titulação argentimétrica Titulação na qual o reagente é uma solução de um sal de prata (normalmente $AgNO_3$).

Titulação coulométrica Tipo de análise coulométrica que envolve medidas do tempo necessário para uma corrente constante produzir reagente suficiente para reagir completamente com o analito.

Titulação espectrofotométrica Titulação monitorada por espectrometria no ultravioleta-visível.

Titulação potenciométrica Método titulométrico que envolve a medida do potencial gerado entre um eletrodo de referência e um eletrodo indicador, em função do volume de titulante adicionado.

Titulador Instrumento que realiza titulações automaticamente.

Titulometria de pesagem Sinônimo de *titulometria gravimétrica*.

Titulometria gravimétrica Titulações nas quais a massa do titulante padrão é medida, em vez de seu volume. A concentração do titulante é expressa em mmol g^{-1} de solução (em vez de mmol mL^{-1}).

Titulometria Processo de introduzir sistematicamente uma quantidade de titulante quimicamente equivalente à quantidade de analito presente em uma amostra.

Transdutor Dispositivo que converte um fenômeno químico ou físico em um sinal elétrico.

Transportador majoritário Principal espécie responsável pelo transporte de carga em um semicondutor.

Transição de ressonância Uma transição de ou para um estado eletrônico fundamental.

Transição eletrônica Promoção de um elétron de um estado eletrônico para um segundo estado eletrônico e vice-versa.

Transição rotacional Variação nos estados de energia rotacionais quantizados em uma molécula.

Transições vibracionais Transições entre estados vibracionais de um estado eletrônico que são responsáveis pela absorção no infravermelho.

Transistor de efeito de campo de semicondutor de óxido metálico (MOSFET) Dispositivo à base de um semicondutor; quando adequadamente revestido, pode ser utilizado como um eletrodo seletivo de íon.

Transmitância, T Razão da potência, P, de um feixe de radiação após sua passagem por um meio absorvedor e a sua potência original, P_0; normalmente é expressa em porcentagem: $\%T = (P/P_0) \times 100\%$.

Transporte de massa Movimento de espécies através de uma solução devido a difusão, convecção e forças eletrostáticas.

Trava Mecanismo que levanta o braço da sua superfície de apoio quando a balança analítica não está em uso ou quando sua carga está sendo alterada.

Trava do prato Dispositivo para dar suporte aos pratos de uma balança quando a carga está sendo colocada neles.

TRIS Sinônimo de *THAM*.

Tubo fotomultiplicador Detector sensível de radiação eletromagnética; a amplificação do sinal é efetuada por uma série de dinodos que produzem uma cascata de elétrons para cada fóton recebido pelo tubo.

U

Ultramicroeletrodo Sinônimo de *microeletrodo*.

Umidade relativa Razão, normalmente expressa em porcentagem, entre a pressão de vapor da água no ambiente e sua pressão de vapor saturado a uma determinada temperatura.

Unidade de massa atômica Veja *unidade de massa atômica unificada*.

Unidade de massa atômica unificada Unidade de massa básica igual a 1/12 da massa do isótopo do carbono mais abundante, ^{12}C. Igual a 1 Dalton.

Unidades SI Sistema internacional de medidas que faz uso de sete unidades fundamentais; todas as outras unidades são derivadas a partir dessas sete unidades.

Universo de dados Sinônimo de *população de dados*.

V

Valinomicina Antibiótico que tem sido usado em um eletrodo de membrana sensível a potássio.

Valor alfa (α) Razão entre a concentração molar de uma espécie específica e a concentração molar analítica do soluto do qual ela é derivada.

Valor anômalo Resultado que parece ser discrepante de outros membros de um conjunto de resultados.

Valor p Expressão da concentração de um soluto na forma de seu logaritmo negativo; o uso do valor p permite a expressão de uma faixa enorme de concentração em termos numéricos de pequena grandeza. Por exemplo: pH, pCl$^-$, pOH etc.

Válvula de amostragem Válvula rotatória usada para injetar pequenas quantidades de amostra na coluna cromatográfica; empregada geralmente em conjunto com a *alça de amostragem*.

Variância, σ^2 **ou** s^2 Estimativa da precisão que consiste no desvio padrão elevado ao quadrado. Também se refere à medida da eficiência de uma coluna; é dada pelo símbolo τ^2 onde a abscissa do cromatograma tem unidade de tempo.

Velocidade da radiação eletromagnética, v No vácuo, 3×10^{10} cm/s.

Velocidade de migração, $\bar{v}$ Velocidade na qual um analito atravessa uma coluna cromatográfica.

Velocidade linear média, u Comprimento, L, de uma coluna cromatográfica, dividido pelo tempo requerido por uma espécie não retida, t_M, para passar através da coluna.

Vernier Dispositivo para auxiliar a realização de estimativas entre marcas graduadas em uma escala.

Vidro higroscópico Vidro que absorve pequenas quantidades de água em sua superfície; higroscopicidade é uma propriedade essencial da membrana de um eletrodo de vidro.

Viés Termo que descreve a ação de levar as estimativas na direção que favorece o resultado esperado. É também usado para descrever o efeito de um *erro sistemático* sobre um conjunto de medidas. Ainda uma voltagem cd que é aplicada a um elemento de circuito.

Volatilização Processo de conversão de um líquido (ou sólido) ao estado gasoso.

Voltametria Grupo de métodos eletroanalíticos que medem a corrente em função de uma voltagem aplicada a um eletrodo de trabalho.

Voltametria de varredura linear Métodos eletroanalíticos que envolvem a medida da corrente em uma célula quando o potencial é linearmente aumentado, ou diminuído, com o tempo; é a base para a *voltametria hidrodinâmica* e *polarografia*.

Voltametria hidrodinâmica Voltametria realizada com a solução do analito em constante movimento em relação à superfície do eletrodo, é produzida pelo bombeamento da solução na direção de um eletrodo estacionário ou pela movimentação do eletrodo na solução, ou por agitação.

Voltamograma Gráfico de corrente em função do potencial aplicado a um eletrodo de trabalho.

Porcentagem em volume (v/v) Razão entre o volume de um líquido e o volume de sua solução multiplicado por 100%.

Z

Zonas cromatográficas Sinônimo de *bandas cromatográficas*.

Zwitterion Espécie que resulta da transferência em solução de um próton de um grupo ácido para um sítio receptor presente na mesma molécula.

Apêndice 1

A Literatura da Química Analítica

Tratados

Como usado aqui, o termo *tratado* significa uma apresentação completa de uma ou mais áreas abrangentes da química analítica.

D. Barcelo, series ed. *Compreensive Analytical Chemistry.* Nova York: Elsevier, 1959-2010. (A partir de 2012, surgiram 58 volumes desta obra.)

N. H. Furman; F. J. Welcher, eds. *Standard Methods of Chemical Analysis.* 6. ed. Nova York: Van Nostrand, 1962-1966. (Em cinco partes; amplamente dedicado a aplicações específicas.)

I. M. Kolthoff; P. J. Elving, eds. *Treatise on Analytical Chemistry.* Nova York: Willey, 1961-1986. (Parte I, 2. ed. (14 volumes), é dedicada à teoria; Parte II (17 volumes), lida com métodos analíticos para compostos orgânicos e inorgânicos; e Parte III (quatro volumes), trata da Química Analítica Industrial.)

R. A. Meyers, ed. *Encyclopedia of Analytical Chemistry: Applications Theory and Instrumentation.* Nova York: Wiley, 2000. (Uma série de consulta com 15 volumes para todas as áreas de Química Analítica.)

B. W. Rossitor; R. C. Baetzold, eds. *Physical Methods of Chemistry.* 2. ed. Nova York: Wiley, 1986-1993. (Essa série consiste em 12 volumes dedicados a vários tipos de medidas físicas e químicas utilizadas pelos químicos.)

P. Worsfold; A. Townshend; C. Poole, eds. *Encyclopedia of Analytical Science.* 2. ed. Amsterdam: Elsevier, 2005. (Dez volumes de obras de referência que abrangem todas as áreas da Ciência Analítica. Disponível em versão impressa e on-line.)

Métodos Oficiais de Análises

Estas publicações geralmente são volumes únicos que fornecem uma fonte útil de métodos analíticos para a determinação de substâncias específicas em produtos comerciais. Os métodos têm sido desenvolvidos por várias sociedades científicas e servem como padrões em arbitragens, bem como em tribunais.

Annual Book of ASTM Standards. Filadélfia: American Society for Testing Materials. (Esse trabalho de mais de 80 volumes é revisado anualmente e contém métodos para testes físicos e análises químicas. Os volumes 3.05, *Analytical Chemistry for Metals, Ores and Related Materials,* e 3.06, *Molecular Spectroscopy and Surface Analysis,* são fontes particularmente úteis. A obra está disponível on-line ou em CD-ROM.)

L. S. Clesceri; A. E. Greenberg; A. D. Eaton, eds. *Standard Methods for the Examination of Water and Wastewater.* 20. ed. Nova York: American Public Health Association, 1998.

Official Methods of Analysis. 18. ed. Washington, D.C.: Association of Official Analytical Chemists, 2005. (Essa é uma fonte muito útil de métodos para análise de materiais como medicamentos, alimentos, pesticidas, materiais agrícolas, cosméticos, vitaminas e nutrientes. A edição on-line é uma edição contínua, com métodos novos e revisados publicados tão logo sejam aprovados.)

C. A. Watson. *Official and Standardized Methods of Analysis.* 3. ed. Londres: Royal Society of Chemistry, 1994.

Revisões Seriadas

As revisões listadas a seguir são revisões gerais no campo da Química Analítica. Além destas, existem outras, especificamente dedicadas aos avanços em áreas como cromatografia, eletroquímica, espectrometria de massas e muitas outras.

Analytical Chemistry, "Fundamental Review" e "Application Reviews". Washington, D.C.: American Chemical Society. (Até a edição de 15 junho de 2010 da *Analytical Chemisty,* "Fundamental Reviews" era publicada em anos pares, enquanto "Application Reviews" era publicada em anos ímpares. A Fundamental Reviews cobria os desenvolvimentos mais significativos em muitas áreas da Química Analítica, enquanto a "Application Reviews" era dedicada a áreas específicas, como análise da água, química clínica e produtos petrolíferos. Em 2011, ambos os tipos de revisão foram publicados na edição de 15 de junho. A partir de 2012, os artigos de revisão anuais aparecem na edição de janeiro e retratam Revisões Fundamentais e Aplicadas em Química Analítica.)

Annual Review of Analytical Chemistry. Palo Alto, CA: Annual Reviews. (Traz competentes artigos de revisão sobre aspectos importantes da Química Analítica moderna. A revisão anual tem sido publicada desde 2008.)

Critical Reviews in Analytical Chemistry. London: Taylor and Francis, antigo *CRC Critical Reviews in Analytical Chemistry*. (Essa publicação ocorre trimestralmente e provê artigos detalhados, abrangendo os mais recentes desenvolvimentos em análise de substâncias bioquímicas.)

Reviews in Analytical Chemistry. Berlin: De Gruyter GMBH. (Revista dedicada a artigos de revisão nesta área. São publicados quatro volumes por ano em todas as áreas da Química Analítica moderna.)

Compilações Tabulares

A. J. Bard; R. Parsons; T. Jordan, eds. *Standard Potencials in Aqueous Solution*. Nova York: Marcel Dekker, 1985.
J. A. Dean. *Analytical Chemistry Handbook*. Nova York: McGraw-Hill, 1995.
A. E. Martell; R. M. Smith. *Critical Stability Constants*. Nova York: Plenum Press, 1974-1989. 6 v.
G. Milazzo; S. Caroli; V. K. Sharma. *Tables of Standard Electrode Potencial*. Nova York: Wiley, 1978.

Livros-Textos de Analítica Avançada e Instrumental

J. N. Butler. *Ionic Equilibrium: A Mathematical Approach*. Reading, M.A: Addison-Wesley, 1964.
J. N. Butler. *Ionic Equilibrium: Solubility and pH Calculations*. Nova York: Wiley, 1998.
G. D. Christian; J. E. O'Reilly. *Instrumental Analysis*. 2. ed. Boston: Allyn and Bacon, 1986.
W. B. Guenther. *Unified Equilibrium Calculations*. Nova York: Wiley, 1991.
H. A. Laitinen; W. E. Harris. *Chemical Analysis*. 2. ed. Nova York: McGraw-Hill, 1975.
F. A. Settle, ed. *Handbook of Instrumental Techniques for Analytical Chemistry*. Upper Saddle River, NJ: Prentice-Hall, 1997.
D. A. Skoog; F. J. Holler; S. R. Crouch. *Principles of Instrumental Analysis*. 7. ed. Boston, MA: Cengage Learning, 2018.
H. Strobel; W. R. Heineman. *Chemical Instrumentation: A Systematic Approach*. 3. ed. Boston: Addison-Wesley, 1989.

Monografias

Estão disponíveis centenas de monografias dedicadas a áreas especializadas da Química Analítica. Em geral, são escritas por especialistas e são excelentes fontes de informação. Algumas monografias representativas em várias áreas são listadas a seguir.

Métodos Gravimétricos e Titulométricos

M. R. F. Ashworth. *Titrimetic Organic Analysis*. Nova York: Interscience, 1965. 2 v.
R. deLevie. *Aqueous Acid-Base Equilibria and Titrations*. Oxford: Oxford University Press, 1999.
L. Erdey. *Gravimetric Analysis*. Oxford: Pergamon, 1965.
J. S. Fritz. *Acid-Base Titration in Nonaqueous Solvents*. Boston: Allyn and Bacon, 1973.
W. F. Hillebrand; G. E. F. Lundeli; H. A. Bright; J. I. Hoffman. *Applied Inorganic Analysis*. 2. ed. Nova York: Wiley, 1953. (Reeditado em 1980.)
I. M. Kolthoff; V. A. Stenger; R. Belcher. *Volumetric Analysis*. Nova York: Interscience, 1942-1957. 3 v.
T. S. Ma; R. C. Ritner. *Modern Organic Elemental Analysis*. Nova York: Marcel Dekker, 1979.
L. Safarik; Z. Stransky. *Titrimetic Analysis in Organic Solvents*. Amsterdã: Elsevier, 1986.
E. P. Serjeant. *Potenciometry and Potentiometric Titrations*. Nova York: Wiley, 1984.
W. Wagner; C. J. Hull. *Inorganic Titrimetic Analysis*. Nova York: Marcel Dekker, 1971.

Análise Orgânica

S. Siggia; J. G. Hanna. *Quantitative Organic Analysis via Functional Groups*. 4. ed. Nova York: Wiley, 1979.
F. T. Weiss. *Determination of Organic Compounds: Methods and Procedures*. Nova York: Wiley-Interscience, 1970.

Métodos Espectrométricos

D. F. Boltz; J. A. Howell. *Colorimetric Determination of Nonmetals*. 2. ed. Nova York: Wiley-Interscience, 1978.
J. A. C. Broekaert. *Analytical Atomic Spectrometry with Flames and Plasmas*. Weinheim. Cambridge University Press: Wiley-VCH, 2002.
S. J. Hill. *Inductively Coupled Plasma Spectrometry and Its Applications*. Boca Raton, FL: CRC Press, 1999.

J. D. Ingle; S. R. Crouch. *Spectrochemical Analysis*. Upper Saddle River, NJ: Prentice-Hall, 1988.

L. H. J. Lajunen; P. Peramaki. *Spectrochemical Analysis by Atomic Absorption and Emission*. 2. ed. Cambridge: Royal Society of Chemistry, 2004.

J. R. Lakowiz. *Principles of Fluorescence Spectroscopy*. 3. ed. Nova York: Springer Science, 2006.

A. Montaser; D. W. Golightly, eds. *Inductively Coupled Plasmas in Analytical Atomic Spectroscopy*. 2. ed. Nova York: Wiley-VCH, 1992.

A. Montaser, ed. *Inductively Coupled Plasma Mass Spectrometry*. Nova York: Wiley, 1998.

E. B. Sandell; H. Onishi. *Colorimetric Determination of Traces of Metals*. 4. ed. Nova York: Wiley, 1978-1989. 2 v.

S. G. Schulman, ed. *Molecular Luminescence Spectroscopy*. Nova York: Wiley, 1985. (Em duas partes.)

F. D. Snell. *Photometric and Fluorometric Methods of Analysis*. Nova York: Wiley, 1978-1981. 2 v.

Métodos Eletroanalíticos

A. J. Bard; L. R. Faulkner. *Eletrochemical Methods*. 2. ed. Nova York: Wiley, 2001.

P. T. Kissinger; W. R. Heinemann, eds. *Laboratory Techniques in Eletroanalytical Chemistry*. 2. ed. Nova York: Marcel Dekker, 1996.

J. J. Lingane. *Eletroanalytical Chemistry*. 2. ed. Nova York: Interscience, 1954.

G. A. Mabbott. *Electroanalytical Chemistry: Principles, Best Practices, and Case Studies*, Hoboken, NJ: Wiley, 2020.

D. T. Sawyer; A. Sobkowiak; J. L. Roberts Jr. *Experimental Eletrochemistry for Chemists*. 2. ed. Nova York: Wiley, 1995.

J. Wang. *Analytical Eletrochemistry*. Nova York: Wiley, 2000.

A. C. WEST. *Electrochemistry and Electrochemical Engineering: An Introduction*, New York: CreateSpace Independent Publishing Platform, 2013.

Separações Analíticas

K. Anton; C. Berger, eds. *Supercritical Fluid Chromatography with Packed Columns, Techniques and Applications*. Nova York: Dekker, 1998.

P. Camilleri, ed. *Capillary Electrophoresis: Theory and Practice*. Boca Raton, FL: CRC Press, 1993.

M. Caude; D. Thiebaut, eds. *Practical Supercritical Fluid Chromatography and Extraction*. Amsterdã: Harwood, 2000.

B. Fried; J. Sherma. *Thin Layer Chromatography*. 4. ed. Nova York: Marcel Dekker, 1999.

J. C. Giddings. *Unified Separation Science*. Nova York: Wiley, 1991.

E. Katz. *Quantitative Analysis Using Chromatographic Techniques*. Nova York: Wiley, 1987.

M. McMaster; C. McMaster. *GC/MS: A Practical User's Guide*. Nova York: Wiley-VCH, 1998.

H. M. McNair; J. M. Miller. *Basic Gas Chromatography*. Nova York: Wiley, 1998.

W. M. A. Niessen. *Liquid Chromatography-Mass Spectrometry*. 2. ed. Nova York: Marcel Dekker, 1999.

M. E. Schimpf; K. Caldwell; J. C. Giddings, eds. *Field-Flow Fractionation Handbook*. Nova York: Wiley, 2000.

R. P. W. Scott. *Introduction to Analytical Gas Chromatography*. 2. ed. Nova York: Marcel Dekker, 1997.

R. P. W. Scott. *Liquid Chromatography for the Analyst*. Nova York: Marcel Dekker, 1995.

R. M. Smith. *Gas and Liquid Chromatography in Analytical Chemistry*. Nova York: Wiley, 1988.

L. R. Snyder; J. J. Kirkland; J. W. Dolan. *Introduction to Modern Liquid Chromatography*. 3. ed. Nova York: Wiley, 1996.

R. Weinberger. *Practical Capillary Electrophoresis*. Nova York: Academic Press, 2000.

Miscelânea

R. G. Bates. *Determination of pH: Theory and Practice*. 2. ed. Nova York: Wiley, 1973.

R. Bock. *Decomposition Methods in Analytical Chemistry*. Nova York: Wiley, 1979.

G. D. Christian; J. B. Callis. *Trace Analysis*. Nova York: Wiley, 1986.

J. L. Devore. *Probability and Statistics for Engineering and the Sciences*. 8. ed. Boston: Brooks/Cole, 2012.

J. L. Devore; N. R. Farnum. *Applied Statistic for Engineers and Scientists*. Pacific Grove, CA: Duxbury/Brooks/Cole, 1999.

J. H. Gross. *Mass Spectrometry: A Textbook*. 3. ed. New York: Springer International, 2017.

H. A. Mottola. *Kinetic Aspects of Analytical Chemistry*. Nova York: Wiley, 1988.

D. Perez-Bendito; M. Silva. *Kinetic Methods in Analytical Chemistry*. Nova York: Halsted Press-Wiley, 1988.

D. D. Perrin. *Masking and Demasking Chemical Reactions*. Nova York: Wiley, 1970.

W. Rieman; H. F. Walton. *Ion Exchange in Analytical Chemistry*. Oxford: Pergamon, 1970.

J. Ruzicka; E. H. Hansen. *Flow Injection Analysis*. 2. ed. Nova York: Wiley, 1988.

J. T. Watson; O. D. Sparkman. *Introduction to Mass Spectrometry*. 4. ed. Chichester: Wiley, 2007.

Periódicos

Numerosos periódicos são dedicados à Química Analítica. São as principais fontes de informação na área. Alguns dos melhores e mais conhecidos títulos estão listados a seguir. As partes dos títulos em negrito são as abreviaturas do *Chemical Abstracts* para os periódicos.

Analyst, *The*
Analytical and *Bioanalytical Chemistry*
Analytical Biochemistry
Analytical Chemistry
Analytica Chimica Acta
Analytical Letters
Analytical Methods
Applied Spectroscopy
Chemometrics and Intelligent Laboratory Systems
Clinical Chemistry
Current Analytical Chemistry
Instrumentation Science and Technology
International Journal of Analytical Chemistry
International Journal of Mass Spectrometry
Journal of the American Society for Mass Spectrometry
Journal of Analytical Atomic Spectrometry
Journal of the Association of Official Analytical Chemists
Journal of Chemometrics
Journal of Chromatographic Science
Journal of Chromatography
Journal of Eletroanalytical Chemistry
Journal of Liquid Chromatography and Related Techniques
Journal of Microcolumn Separations
Journal of Separation Science
Microchemical Journal
Mikrochimica Acta
Separation Science
Spectrochimica Acta
Talanta
TrAC – Trends Analytical Chemistry

Apêndice 2

Constantes dos Produtos de Solubilidade a 25°C

Composto	Fórmula	K_{ps}	Notas
Hidróxido de alumínio	$Al(OH)_3$	3×10^{-34}	
Carbonato de bário	$BaCO_3$	$5,0 \times 10^{-9}$	
Cromato de bário	$BaCrO_4$	$2,1 \times 10^{-10}$	
Hidróxido de bário	$Ba(OH)_2 \cdot 8H_2O$	3×10^{-4}	
Iodato de bário	$Ba(IO_3)_2$	$1,57 \times 10^{-9}$	
Oxalato de bário	BaC_2O_4	1×10^{-6}	
Sulfato de bário	$BaSO_4$	$1,1 \times 10^{-10}$	
Carbonato de cádmio	$CdCO_3$	$1,8 \times 10^{-14}$	
Hidróxido de cádmio	$Cd(OH)_2$	$4,5 \times 10^{-15}$	
Oxalato de cádmio	CdC_2O_4	9×10^{-8}	
Sulfeto de cádmio	CdS	1×10^{-27}	
Carbonato de cálcio	$CaCO_3$	$4,5 \times 10^{-9}$	Calcita
	$CaCO_3$	$6,0 \times 10^{-9}$	Aragonita
Fluoreto de cálcio	CaF_2	$3,9 \times 10^{-11}$	
Hidróxido de cálcio	$Ca(OH)_2$	$6,5 \times 10^{-6}$	
Oxalato de cálcio	$CaC_2O_4 \cdot H_2O$	$1,7 \times 10^{-9}$	
Sulfato de cálcio	$CaSO_4$	$2,4 \times 10^{-5}$	
Carbonato de cobalto(II)	$CoCO_3$	$1,0 \times 10^{-10}$	
Hidróxido de cobalto(II)	$Co(OH)_2$	$1,3 \times 10^{-15}$	
Sulfeto de cobalto(II)	CoS	5×10^{-22}	α
	CoS	3×10^{-26}	β
Brometo de cobre(I)	$CuBr$	5×10^{-9}	
Cloreto de cobre(I)	$CuCl$	$1,9 \times 10^{-7}$	
Hidróxido de cobre(I)*	Cu_2O*	2×10^{-15}	
Iodeto de cobre(I)	CuI	1×10^{-12}	
Tiocianato de cobre(I)	$CuSCN$	$4,0 \times 10^{-14}$	
Hidróxido de cobre(II)	$Cu(OH)_2$	$4,8 \times 10^{-20}$	
Sulfeto de cobre(II)	CuS	8×10^{-37}	
Carbonato de ferro(II)	$FeCO_3$	$2,1 \times 10^{-11}$	
Hidróxido de ferro(II)	$Fe(OH)_2$	$4,1 \times 10^{-15}$	
Sulfeto de ferro(II)	FeS	8×10^{-19}	
Hidróxido de ferro(III)	$Fe(OH)_3$	2×10^{-39}	
Iodato de lantânio	$La(IO_3)_3$	$1,0 \times 10^{-11}$	
Carbonato de chumbo	$PbCO_3$	$7,4 \times 10^{-14}$	
Cloreto de chumbo	$PbCl_2$	$1,7 \times 10^{-5}$	
Cromato de chumbo	$PbCrO_4$	3×10^{-13}	
Hidróxido de chumbo	PbO†	8×10^{-16}	Amarelo
	PbO†	5×10^{-16}	Vermelho
Iodeto de chumbo	PbI_2	$7,9 \times 10^{-9}$	
Oxalato de chumbo	PbC_2O_4	$8,5 \times 10^{-9}$	$\mu = 0,05$
Sulfato de chumbo	$PbSO_4$	$1,6 \times 10^{-8}$	
Sulfeto de chumbo	PbS	3×10^{-28}	

continua

Composto	Fórmula	K_{ps}	Notas
Fosfato de magnésio e amônio	$MgNH_4PO_4$	3×10^{-13}	
Carbonato de magnésio	$MgCO_3$	$3,5 \times 10^{-8}$	
Hidróxido de magnésio	$Mg(OH)_2$	$7,1 \times 10^{-12}$	
Carbonato de manganês	$MnCO_3$	$5,0 \times 10^{-10}$	
Hidróxido de manganês	$Mn(OH)_2$	2×10^{-13}	
Sulfeto de manganês	MnS	3×10^{-11}	Rosa
	MnS	3×10^{-14}	Verde
Brometo de mercúrio(I)	Hg_2Br_2	$5,6 \times 10^{-23}$	
Carbonato de mercúrio(I)	Hg_2CO_3	$8,9 \times 10^{-17}$	
Cloreto de mercúrio(I)	Hg_2Cl_2	$1,2 \times 10^{-18}$	
Iodeto de mercúrio(I)	Hg_2I_2	$4,7 \times 10^{-29}$	
Tiocianato de mercúrio(I)	$Hg_2(SCN)_2$	$3,0 \times 10^{-20}$	
Hidróxido de mercúrio(II)	HgO‡	$3,6 \times 10^{-26}$	
Sulfeto de mercúrio(II)	HgS	2×10^{-53}	Preto
	HgS	5×10^{-54}	Vermelho
Carbonato de níquel	$NiCO_3$	$1,3 \times 10^{-7}$	
Hidróxido de níquel	$Ni(OH)_2$	6×10^{-16}	
Sulfeto de níquel	NiS	4×10^{-20}	α
	NiS	$1,3 \times 10^{-25}$	β
Arsenato de prata	Ag_3AsO_4	6×10^{-23}	
Brometo de prata	AgBr	$5,0 \times 10^{-13}$	
Carbonato de prata	Ag_2CO_3	$8,1 \times 10^{-12}$	
Cloreto de prata	AgCl	$1,82 \times 10^{-10}$	
Cromato de prata	Ag_2CrO_4	$1,2 \times 10^{-12}$	
Cianeto de prata	AgCN	$2,2 \times 10^{-16}$	
Iodato de prata	$AgIO_3$	$3,1 \times 10^{-8}$	
Iodeto de prata	AgI	$8,3 \times 10^{-17}$	
Oxalato de prata	$Ag_2C_2O_4$	$3,5 \times 10^{-11}$	
Sulfeto de prata	Ag_2S	8×10^{-51}	
Tiocianato de prata	AgSCN	$1,1 \times 10^{-12}$	
Carbonato de estrôncio	$SrCO_3$	$9,3 \times 10^{-10}$	
Oxalato de estrôncio	SrC_2O_4	5×10^{-8}	
Sulfato de estrôncio	$SrSO_4$	$3,2 \times 10^{-7}$	
Cloreto de tálio(I)	TlCl	$1,8 \times 10^{-4}$	
Sulfeto de tálio(I)	Tl_2S	6×10^{-22}	
Carbonato de zinco	$ZnCO_3$	$1,0 \times 10^{-10}$	
Hidróxido de zinco	$Zn(OH)_2$	$3,0 \times 10^{-16}$	Amorfo
Oxalato de zinco	ZnC_2O_4	8×10^{-9}	
Sulfeto de zinco	ZnS	2×10^{-25}	α
	ZnS	3×10^{-23}	β

A maioria desses dados foi retirada de A. E. Martelle; R. M. Smith, *Critical Stability Constants*, v. 3-6. Nova York: Plenum, 1976-1989. Na maioria dos casos, a força iônica era 0,0 e a temperatura, 258C.
*$Cu_2O(s) + H_2O \rightleftharpoons 2Cu^+ + 2OH^-$
†$PbO(s) + H_2O \rightleftharpoons Pb^{2+} + 2OH^-$
‡$HgO(s) + H_2O \rightleftharpoons Hg^{2+} + 2OH^-$

Apêndice 3

Constantes de Dissociação de Ácidos a 25°C

Ácido	Fórmula	K_1	K_2	K_3
Ácido acético	CH_3COOH	$1,75 \times 10^{-5}$		
Íon amônio	NH_4^+	$5,70 \times 10^{-10}$		
Íon anilínio	$C_6H_5NH_3^+$	$2,51 \times 10^{-5}$		
Ácido arsênico	H_3AsO_4	$5,8 \times 10^{-3}$	$1,1 \times 10^{-7}$	$3,2 \times 10^{-12}$
Ácido arsenioso	H_3AsO_3	$5,1 \times 10^{-10}$		
Ácido benzoico	C_6H_5COOH	$6,28 \times 10^{-5}$		
Ácido bórico	H_3BO_3	$5,81 \times 10^{-10}$		
Ácido 1-Butanoico	$CH_3CH_2CH_2COOH$	$1,52 \times 10^{-5}$		
Ácido carbônico	H_2CO_3	$4,45 \times 10^{-7}$	$4,69 \times 10^{-}$	
	$CO_2(aq)$	$4,2 \times 10^{-7}$	$4,69 \times 10^{-11}$	
Ácido cloroacético	$ClCH_2COOH$	$1,36 \times 10^{-3}$		
Ácido cítrico	$HOOC(OH)C(CH_2COOH)_2$	$7,45 \times 10^{-4}$	$1,73 \times 10^{-5}$	$4,02 \times 10^{-7}$
Íon dimetilamônio	$(CH_3)_2NH_2^+$	$1,68 \times 10^{-11}$		
Íon etanolamônio	$HOC_2H_4NH_3^+$	$3,18 \times 10^{-10}$		
Íon etilamônio	$C_2H_5NH_3^+$	$2,31 \times 10^{-11}$		
Íon etilenodiamônio	$^+H_3NCH_2CH_2NH_3^+$	$1,42 \times 10^{-7}$	$1,18 \times 10^{-10}$	
Ácido fórmico	$HCOOH$	$1,80 \times 10^{-4}$		
Ácido fumárico	trans-$HOOCCH{:}CHCOOH$	$8,85 \times 10^{-4}$	$3,21 \times 10^{-5}$	
Ácido glicólico	$HOCH_2COOH$	$1,47 \times 10^{-4}$		
Íon hidrazina	$H_2NNH_3^+$	$1,05 \times 10^{-8}$		
Ácido hidrazóico	HN_3	$2,2 \times 10^{-5}$		
Cianeto de hidrogênio	HCN	$6,2 \times 10^{-10}$		
Fluoreto de hidrogênio	HF	$6,8 \times 10^{-4}$		
Peróxido de hidrogênio	H_2O_2	$2,2 \times 10^{-12}$		
Sulfeto de hidrogênio	H_2S	$9,6 \times 10^{-8}$	$1,3 \times 10^{-14}$	
Íon hidroxilamônio	$HONH_3^+$	$1,10 \times 10^{-6}$		
Ácido hipocloroso	$HOCl$	$3,0 \times 10^{-8}$		
Ácido iódico	HIO_3	$1,7 \times 10^{-1}$		
Ácido lático	$CH_3CHOHCOOH$	$1,38 \times 10^{-4}$		
Ácido maleico	cis-$HOOCCH{:}CHCOOH$	$1,3 \times 10^{-2}$	$5,9 \times 10^{-7}$	
Ácido málico	$HOOCCHOHCH_2COOH$	$3,48 \times 10^{-4}$	$8,00 \times 10^{-6}$	
Ácido malônico	$HOOCCH_2COOH$	$1,42 \times 10^{-3}$	$2,01 \times 10^{-6}$	
Ácido mandélico	$C_6H_5CHOHCOOH$	$4,0 \times 10^{-4}$		
Íon metilamônio	$CH_3NH_3^+$	$2,3 \times 10^{-11}$		
Ácido nitroso	HNO_2	$7,1 \times 10^{-4}$		
Ácido oxálico	$HOOCCOOH$	$5,60 \times 10^{-2}$	$5,42 \times 10^{-5}$	
Ácido periódico	H_5IO_6	2×10^{-2}	5×10^{-9}	
Fenol	C_6H_5OH	$1,00 \times 10^{-10}$		
Ácido fosfórico	H_3PO_4	$7,11 \times 10^{-3}$	$6,32 \times 10^{-8}$	$4,5 \times 10^{-13}$
Ácido fosforoso	H_3PO_3	3×10^{-2}	$1,62 \times 10^{-7}$	

continua

Ácido	Fórmula	K_1	K_2	K_3
Ácido o-ftálico	$C_6H_4(COOH)_2$	$1,12 \times 10^{-3}$	$3,91 \times 10^{-6}$	
Ácido pícrico	$(NO_2)_3C_6H_2OH$	$4,3 \times 10^{-1}$		
Íon piperidínio	$C_5H_{11}NH^+$	$7,50 \times 10^{-12}$		
Ácido propanoico	CH_3CH_2COOH	$1,34 \times 10^{-5}$		
Íon piridínio	$C_5H_5NH^+$	$5,90 \times 10^{-6}$		
Ácido pirúvico	$CH_3COCOOH$	$3,2 \times 10^{-3}$		
Ácido salicílico	$C_6H_4(OH)COOH$	$1,06 \times 10^{-3}$		
Ácido succínico	$HOOCCH_2CH_2COOH$	$6,21 \times 10^{-5}$	$2,31 \times 10^{-6}$	
Ácido sulfâmico	H_2NSO_3H	$1,03 \times 10^{-1}$		
Ácido sulfúrico	H_2SO_4	Forte	$1,02 \times 10^{-2}$	
Ácido sulfuroso	H_2SO_3	$1,23 \times 10^{-2}$	$6,6 \times 10^{-8}$	
Ácido tartárico	$HOOC(CHOH)_2COOH$	$9,20 \times 10^{-4}$	$4,31 \times 10^{-5}$	
Ácido tiociânico	HSCN	0,13		
Ácido tiosulfusúrico	$H_2S_2O_3$	0,3	$2,5 \times 10^{-2}$	
Ácido tricloroacético	Cl_3CCOOH	3		
Íon trimetilamônio	$(CH_3)_3NH^+$	$1,58 \times 10^{-10}$		

A maioria dos dados são valores de diluição infinita ($\mu = 0$). (De A. E. Martell; R. M. Smith. *Critical Stability Constants*. Nova York: Plenum Press, 1974-1989. v. 1-6.)

Apêndice 4

Constantes de Formação a 25°C

Ácido	Cátion	log K_1	log K_2	log K_3	log K_4	Força iônica
Acetato (CH_3COO^-)	Ag^+	0,73	−0,9			0,0
	Ca^{2+}	1,18				0,0
	Cd^{2+}	1,93	1,22			0,0
	Cu^{2+}	2,21	1,42			0,0
	Fe^{3+}	3,38*	3,1*	1,8*		0,1
	Hg^{2+}	log K_1K_2 = 8,45				0,0
	Mg^{2+}	1,27				0,0
	Pb^{2+}	2,68	1,40			0,0
Amônia (NH_3)	Ag^+	3,31	3,91			0,0
	Cd^{2+}	2,55	2,01	1,34	0,84	0,0
	Co^{2+}	1,99*	1,51	0,93	0,64	0,0
		log K_5 = 0,06	log K_6 = −0,74			0,0
	Cu^{2+}	4,04	3,43	2,80	1,48	0,0
	Hg^{2+}	8,8	8,6	1,0	0,7	0,5
	Ni^{2+}	2,72	2,17	1,66	1,12	0,0
		log K_5 = 0,67	log K_6 = −0,03			0,0
	Zn^{2+}	2,21	2,29	2,36	2,03	0,0
Brometo (Br^-)	Ag^+	$Ag^+ + 2Br^- \rightleftharpoons AgBr_2^-$		log K_1K_2 = 7,5		0,0
	Hg^{2+}	9,00	8,1	2,3	1,6	0,5
	Pb^{2+}	1,77				0,0
Cloreto (Cl^-)	Ag^+	$Ag^+ + 2Cl^- \rightleftharpoons AgCl_2^-$		log K_1K_2 = 5,25		0,0
		$AgCl_2^- + Cl^- \rightleftharpoons AgCl_3^{2-}$		log K_3 = 0,37		0,0
	Cu^+	$Cu^+ + 2Cl^- \rightleftharpoons CuCl_2^-$		log = 5,5*		0,0
	Fe^{3+}	1,48	0,65			0,0
	Hg^{2+}	7,30	6,70	1,0	0,6	0,0
	Pb^{2+}	$Pb^{2+} + 3Cl^- \rightleftharpoons PbCl_3^-$		log $K_1K_2K_3$ = 1,8		0,0
	Sn^{2+}	1,51	0,74	−0,3	−0,5	0,0
Cianeto (CN^-)	Ag^+	$Ag^+ + 2CN^- \rightleftharpoons Ag(CN)_2^-$		log K_1K_2 = 20,48		0,0
	Cd^{2+}	6,01	5,11	4,53	2,27	0,0
	Hg^{2+}	17,00	15,75	3,56	2,66	0,0
	Ni^{2+}	$Ni^{2+} + 4CN^- \rightleftharpoons Ni(CN)_4^-$		log $K_1K_2K_3K_4$ = 30,22		0,0
	Zn^{2+}	log K_1K_2 = 11,07		4,98	3,57	0,0
EDTA	Ver Tabela 15-4					
Fluoreto (F^-)	Al^{3+}	7,0	5,6	4,1	2,4	0,0
	Fe^{3+}	5,18	3,89	3,03		0,0
Hidróxido (OH^-)	Al^{3+}	$Al^{3+} + 4OH^- \rightleftharpoons Al(OH)_4^-$		log $K_1K_2K_3K_4$ = 33,4		0,0
	Cd^{2+}	3,9	3,8			0,0
	Cu^{2+}	6,5				0,0
	Fe^{2+}	4,6				0,0
	Fe^{3+}	11,81	11,5			0,0
	Hg^{2+}	10,60	11,2			0,0
	Ni^{2+}	4,1	4,9	3		0,0

continua

Ácido	Cátion	log K_1	log K_2	log K_3	log K_4	Força iônica
	Pb^{2+}	6,4	$Pb^{2+} + 3OH^- \rightleftharpoons Pb(OH)_3^-$		log $K_1K_2K_3 = 13,9$	0,0
	Zn^{2+}	5,0	$Zn^{2+} + 4OH^- \rightleftharpoons Zn(OH)_4^{2-}$		log $K_1K_2K_3K_4 = 15,5$	0,0
Iodeto (I^-)	Cd^{2+}	2,28	1,64	1,0	1,0	0,0
	Cu^+	$Cu^+ + 2I^- \rightleftharpoons CuI_2^-$	log $K_1K_2 = 8,9$			0,0
	Hg^{2+}	12,87	10,95	3,8	2,2	0,5
	Pb^{2+}	$Pb^{2+} + 3I^- \rightleftharpoons PbI_3^-$	log $K_1K_2K_3 = 3,9$			0,0
		$Pb^{2+} + 4I^- \rightleftharpoons PbI_4^{2-}$	log $K_1K_2K_3K_4 = 4,5$			0,0
Oxalato ($C_2O_4^{2-}$)	Al^{3+}	5,97	4,96	5,04		0,1
	Ca^{2+}	3,19				0,0
	Cd^{2+}	2,73	1,4	1,0		1,0
	Fe^{3+}	7,58	6,23	4,8		1,0
	Mg^{2+}	3,42(18°C)				
	Pb^{2+}	4,20	2,11			1,0
Sulfato (SO_4^{2-})	Al^{3+}	3,89				0,0
	Ca^{2+}	2,13				0,0
	Cu^{2+}	2,34				0,0
	Fe^{3+}	4,04	1,34			0,0
	Mg^{2+}	2,23				0,0
Tiocianato (SCN^-)	Cd^{2+}	1,89	0,89	0,1		0,0
	Cu^+	$Cu^+ + 3SCN^- \rightleftharpoons Cu(SCN)_3^{2-}$		log $K_1K_2K_3 = 11,60$		0,0
	Fe^{3+}	3,02	0,62*			0,0
	Hg^{2+}	log $K_1K_2 = 17,26$		2,7	1,8	0,0
	Ni^{2+}	1,76				0,0
Tiosulfato ($S_2O_3^{2-}$)	Ag^+	8,82*	4,7	0,7		0,0
	Cu^{2+}	log $K_1K_2 = 6,3$				0,0
	Hg^{2+}	log $K_1K_2 = 29,23$		1,4		0,0

De A. E. Martell; R. M. Smith. *Critical Stability Constants*. Nova York: Plenum Press, 1974-1989, v. 3-6.
*20°C.

Apêndice 5

Potenciais de Eletrodo Padrão e Formais

Semirreação	E^0, V*	Potencial formal, V†
Alumínio		
$Al^{3+} + 3e^- \rightleftharpoons Al(s)$	−1,662	
Antimônio		
$Sb_2O_5(s) + 6H^+ + 4e^- \rightleftharpoons 2SbO^+ + 3H_2O$	+0,581	
Arsênio		
$H_3AsO_4 + 2H^+ + 2e^- \rightleftharpoons H_3AsO_3 + H_2O$	+0,559	0,577 em HCl, HClO$_4$ 1 mol L^{-1}
Bário		
$Ba^{2+} + 2e^- \rightleftharpoons Ba(s)$	−2,906	
Bismuto		
$BiO^+ + 2H^+ + 3e^2 \rightleftharpoons Bi(s) + H_2O$	+0,320	
$BiCl_4^- + 3e^2 \rightleftharpoons Bi(s) + 4Cl^-$	+0,16	
Bromo		
$Br_2(l) + 2e^- \rightleftharpoons 2Br^-$	+1,065	1,05 em HCl$_4$ mol L^{-1}
$Br_2(aq) + 2e^- \rightleftharpoons 2Br^-$	+1,087‡	
$BrO_3^- + 6H^+ + 5e^- \rightleftharpoons \frac{1}{2}Br_2(l) + 3H_2O$	+1,52	
$BrO_3^- + 6H^+ + 6e^- \rightleftharpoons Br^- + 3H_2O$	+1,44	
Cádmio		
$Cd^{2+} + 2e^- \rightleftharpoons Cd(s)$	−0,403	
Cálcio		
$Ca^{2+} + 2e^- \rightleftharpoons Ca(s)$	−2,866	
Carbono		
$C_6H_4O_2$ (quinona) $+ 2H^+ + 2e^- \rightleftharpoons C_6H_4(OH)_2$	+0,699	0,696 em 1 mol L^{-1} HCl, HClO$_4$, H$_2$SO$_4$
$2CO_2(g) + 2H^+ + 2e^- \rightleftharpoons H_2C_2O_4$	−0,49	
Cério		
$Ce^{4+} + e^- \rightleftharpoons Ce^{3+}$		+ 1,70 em HClO$_4$; +1,61 em 1 mol L^{-1} HNO$_3$; 1,44 em 1 mol L^{-1} H$_2$SO$_4$
Chumbo		
$Pb^{2+} + 2e^- \rightleftharpoons Ps(s)$	−0,126	−0,14 em 1 mol L^{-1} HClO$_4$; −0,29 em 1 mol L^{-1} H$_2$SO$_4$
$PbO_2(s) + 4H^+ + 2e^- \rightleftharpoons Pb^{2+} + 2H_2O$	+1,455	
$PbSO_4(s) + 2e^- \rightleftharpoons Pb(s) + SO_4^{2-}$	−0,350	
Cloro		
$Cl_2(g) + 2e^- \rightleftharpoons 2Cl^-$	+1,359	
$HClO + H^+ + e^- \rightleftharpoons \frac{1}{2}Cl_2(g) + H_2O$	+1,63	
$ClO_3^- + 6H^+ + 5e^- \rightleftharpoons \frac{1}{2}Cl_2(g) + 3H_2O$	+1,47	
Cobalto		
$Co^{2+} + 2e^- \rightleftharpoons Co(s)$	−0,277	
$Co^{3+} + e^- \rightleftharpoons Co^{2+}$	+1,808	
Cobre		
$Cu^{2+} + 2e^- \rightleftharpoons Cu(s)$	+0,337	
$Cu^{2+} + e^- \rightleftharpoons Cu^+$	+0,153	
$Cu^+ + e^- \rightleftharpoons Cu(s)$	+0,521	
$Cu^{2+} + I^- + e^- \rightleftharpoons CuI(s)$	+0,86	
$CuI(s) + e^- \rightleftharpoons Cu(s) + I^-$	−0,185	

continua

Semirreação	E^0, V*	Potencial formal, V[†]
Cromo		
$Cr^{3+} + e^- \rightleftharpoons Cr^{2+}$	−0,408	
$Cr^{3+} + 3e^- \rightleftharpoons Cr(s)$	−0,744	
$Cr_2O_7^{2-} + 14H^+ + 6e^- \rightleftharpoons 2Cr^{3+} + 7H_2O$	+1,33	
Enxofre		
$S(s) + 2H^+ + 2e^- \rightleftharpoons H_2S(g)$	+0,141	
$H_2SO_3 + 4H^+ + 4e^- \rightleftharpoons S(s) + 3H_2O$	+0,450	
$SO_4^{2-} + 4H^+ + 2e^- \rightleftharpoons H_2SO_3 + H_2O$	+0,172	
$S_4O_6^{2-} + 2e^- \rightleftharpoons 2S_2O_3^{2-}$	+0,08	
$S_2O_8^{2-} + 2e^- \rightleftharpoons 2SO_4^{2-}$	+2,01	
Estanho		
$Sn^{2+} + 2e^- \rightleftharpoons Sn(s)$	−0,136	−0,16 em 1 mol L^{-1} HClO$_4$
$Sn^{4+} + 2e^- \rightleftharpoons Sn^{2+}$	+0,154	0,14 em 1 mol L^{-1} HCl
Ferro		
$Fe^{2+} + 2e^- \rightleftharpoons Fe(s)$	−0,440	
$Fe^{3+} + e^- \rightleftharpoons Fe^{2+}$	+0,771	0,700 em 1 mol L^{-1} HCl; 0,732 em 1 mol L^{-1} HClO$_4$; 0,68 em 1 mol L^{-1} H$_2$SO$_4$
$Fe(CN)_6^{3-} + e^- \rightleftharpoons Fe(CN)_6^{4-}$	+0,36	0,71 em 1 mol L^{-1} HCl; 0,72 em 1 mol L^{-1} HClO$_4$, H$_2$SO$_4$
Flúor		
$F_2(g) + 2H^+ + 2e^- \rightleftharpoons 2HF(aq)$	+3,06	
Hidrogênio		
$2H^+ + 2e^- \rightleftharpoons H_2(g)$	0,000	−0,005 em HCl, HClO$_4$ 1 mol L^{-1}
Iodo		
$I_2(s) + 2e^- \rightleftharpoons 2I^-$	+0,5355	
$I_2(aq) + 2e^- \rightleftharpoons 2I^-$	+0,615[‡]	
$I_3^- + 2e^- \rightleftharpoons 3I^-$	+0,536	
$ICl_2^- + e^- \rightleftharpoons \frac{1}{2}I_2(s) + 2Cl^-$	+1,056	
$IO_3^- + 6H^+ + 5e^- \rightleftharpoons \frac{1}{2}I_2(s) + 3H_2O$	+1,196	
$IO_3^- + 6H^+ + 5e^- \rightleftharpoons \frac{1}{2}I_2(aq) + 3H_2O$	+1,178[‡]	
$IO_3^- + 2Cl^- + 6H^+ + 4e^- \rightleftharpoons ICl_2^- + 3H_2O$	+1,24	
$H_5IO_6 + H^+ + 2e^- \rightleftharpoons IO_3^- + 3H_2O$	+1,601	
Lítio		
$Li^+ + e^- \rightleftharpoons Li(s)$	−3,045	
Magnésio		
$Mg^{2+} + 2e^- \rightleftharpoons Mg(s)$	−2,363	
Manganês		
$Mn^{2+} + 2e^- \rightleftharpoons Mn(s)$	−1,180	
$Mn^{3+} + e^- \rightleftharpoons Mn^{2+}$		1,51 em 1 mol L^{-1} H$_2$SO$_4$
$MnO_2(s) + 4H^+ + 2e^- \rightleftharpoons Mn^{2+} + 2H_2O$	+1,23	
$MnO_4^- + 8H^+ + 5e^- \rightleftharpoons Mn^{2+} + 4H_2O$	+1,51	
$MnO_4^- + 4H^+ + 3e^- \rightleftharpoons MnO_2(s) + 2H_2O$	+1,695	
$MnO_4^- + e^- \rightleftharpoons MnO_4^{2-}$	+0,564	
Mercúrio		
$Hg_2^{2+} + 2e^- \rightleftharpoons 2Hg(l)$	+0,788	0,274 em 1 mol L^{-1} de HCl; 0,776 em 1 mol L^{-1} HClO$_4$; 0,674 em 1 mol L^{-1} H$_2$SO$_4$
$2Hg^{2+} + 2e^- \rightleftharpoons Hg_2^{2+}$	+0,920	0,907 em 1 mol L^{-1} HClO$_4$
$Hg^{2+} + 2e^- \rightleftharpoons Hg(l)$	+0,854	
$Hg_2Cl_2(s) + 2e^- \rightleftharpoons 2Hg(l) + 2Cl^-$	+0,268	0,244 em satur, KCl; 0,282 em 1 mol L^{-1} KCl; 0,334 em 0,1 mol L^{-1} KCl
$Hg_2SO_4(s) + 2e^- \rightleftharpoons 2Hg(l) + SO_4^{2-}$	+0,615	
Níquel		
$Ni^{2+} + 2e^- \rightleftharpoons Ni(s)$	−0,250	
Nitrogênio		
$N_2(g) + 5H^+ + 4e^- \rightleftharpoons N_2H_5^+$	−0,23	
$HNO_2 + H^+ + e^- \rightleftharpoons NO(g) + H_2O$	+1,00	
$NO_3^- + 3H^+ + 2e^- \rightleftharpoons HNO_2 + H_2O$	+0,94	0,92 em 1 mol L^{-1} HNO$_3$

continua

Semirreação	E^0, V*	Potencial formal, V†
Oxigênio		
$H_2O_2 + 2H^+ + 2e^- \rightleftharpoons 2H_2O$	+1,776	
$HO_2^- + H_2O + 2e^- \rightleftharpoons 3OH^-$	+0,88	
$O_2(g) + 4H^+ + 4e^- \rightleftharpoons 2H_2O$	+1,229	
$O_2(g) + 2H^+ + 2e^- \rightleftharpoons H_2O_2$	+0,682	
$O_3(g) + 2H^+ + 2e^- \rightleftharpoons O_2(g) + H_2O$	+2,07	
Paládio		
$Pd^{2+} + 2e^- \rightleftharpoons Pd(s)$	+0,987	
Platina		
$PtCl_4^{2-} + 2e^- \rightleftharpoons Pt(s) + 4Cl^-$	+0,755	
$PtCl_6^{2-} + 2e^- \rightleftharpoons PtCl_4^{2-} + 2Cl^-$	+0,68	
Potássio		
$K^+ + e^- \rightleftharpoons K(s)$	−2,925	
Prata		
$Ag^+ + e^- \rightleftharpoons Ag(s)$	+0,799	0,228 em 1 mol L^{-1} HCl; 0,792 em 1 mol L^{-1} HClO$_4$; 0,77 em 1 mol L^{-1} H$_2$SO$_4$
$AgBr(s) + e^- \rightleftharpoons Ag(s) + Br^-$	+0,073	
$AgCl(s) + e^- \rightleftharpoons Ag(s) + Cl^-$	+0,222	0,228 em 1 mol L^{-1} de KCl
$Ag(CN)_2^- + e^- \rightleftharpoons Ag(s) + 2CN^-$	−0,31	
$Ag_2CrO_4(s) + 2e^- \rightleftharpoons 2Ag(s) + CrO_4^{2-}$	+0,446	
$AgI(s) + e^- \rightleftharpoons Ag(s) + I^-$	−0,151	
$Ag(S_2O_3)_2^{3-} + e^- \rightleftharpoons Ag(s) + 2S_2O_3^{2-}$	+0,017	
Selênio		
$H_2SeO_3 + 4H^+ + 4e^- \rightleftharpoons Se(s) + 3H_2O$	+0,740	
$SeO_4^{2-} + 4H^+ + 2e^- \rightleftharpoons H_2SeO_3 + H_2O$	+1,15	
Sódio		
$Na^+ + e^- \rightleftharpoons Na(s)$	−2,714	
Tálio		
$Tl^+ + e^- \rightleftharpoons Tl(s)$	−0,336	−0,551 em 1 mol L^{-1} HCl; −0,33 em 1 mol L^{-1} HClO$_4$, H$_2$SO$_4$
$Tl^{3+} + 2e^- \rightleftharpoons Tl^+$	+1,25	0,77 em 1 mol L^{-1} HCl
Titânio		
$Ti^{3+} + e^- \rightleftharpoons Ti^{2+}$	−0,369	
$TiO^{2+} + 2H^+ + e^- \rightleftharpoons Ti^{3+} + H_2O$	+0,099	0,04 em 1 mol L^{-1} H$_2$SO$_4$
Urânio		
$UO_2^{2+} + 4H^+ + 2e^- \rightleftharpoons U^{4+} + 2H_2O$	+0,334	
Vanádio		
$V^{3+} + e^- \rightleftharpoons V^{2+}$	−0,255	
$VO^{2+} + 2H^+ + e^- \rightleftharpoons V^{3+} + H_2O$	+0,337	
$V(OH)_4^+ + 2H^+ + e^- \rightleftharpoons VO^{2+} + 3H_2O$	+1,00	1,02 em 1 mol L^{-1} HCl, HClO$_4$
Zinco		
$Zn^{2+} + 2e^- \rightleftharpoons Zn(s)$	−0,763	

*G. Milazzo; S. Caroli; V. K. Sharma. *Tables of Standard Electrode Potencials*. Londres: Wiley, 1978.

†E. H. Swift; E. A. Butler. *Quantitative Measurements and Chemical Equilibria*. Nova York: Freeman, 1972.

‡Esses potenciais são hipotéticos porque correspondem a soluções que são 1,00 mol L^{-1} em Br$_2$ ou I$_2$. As solubilidades desses dois compostos a 25°C são 0,18 mol L^{-1} e 0,0020 mol L^{-1}, respectivamente. Em soluções saturadas contendo um excesso de Br$_2$(l) ou I$_2$(s), o potencial padrão para as semirreações Br$_2$(l) + 2e$^-$ $\rightleftharpoons$ 2Br$^-$ ou I$_2$(s) 1 2e$^-$ $\rightleftharpoons$ 2I$^-$ deveria ser usado. Ao contrário, nas concentrações de Br$_2$ e I$_2$ menores que a saturação, esses potenciais de eletrodos padrão hipotéticos deveriam ser empregados.

Apêndice 6

Uso de Números Exponenciais e Logaritmos

Os cientistas, frequentemente, acham necessário (ou conveniente) usar a notação exponencial para expressar dados numéricos. Segue uma breve revisão dessa notação.

A6A Notação Exponencial

O expoente é utilizado para descrever o processo de multiplicação ou divisão repetido. Por exemplo, 3^5 significa

$$3 \times 3 \times 3 \times 3 \times 3 = 3^5 = 243$$

O potencial 5 é o expoente do número (ou base) 3; assim, 3 elevado à potência 5 é igual a 243.

O expoente negativo representa divisões repetidas. Por exemplo, 3^{-5} significa

$$\frac{1}{3} \times \frac{1}{3} \times \frac{1}{3} \times \frac{1}{3} \times \frac{1}{3} = \frac{1}{3^5} = 3^{-5} = 0,00412$$

Note que, ao alterar o sinal do expoente, produz-se o *recíproco* do número, que é,

$$3^{-5} = \frac{1}{3^5} = \frac{1}{243} = 0,00412$$

É importante observar que um número elevado à potência 1 é o próprio número, e qualquer número elevado à potência zero tem um valor igual a 1. Por exemplo,

$$4^1 = 4$$
$$4^0 = 1$$
$$67^0 = 1$$

A6A-1 Expoentes Fracionários

Um expoente fracionário simboliza o processo de extração da raiz de um número. A raiz quinta de 243 é 3; esse processo é expresso exponencialmente como

$$(243)^{1/5} = 3$$

Outros exemplos são

$$25^{1/2} = 5$$
$$25^{-1/2} = \frac{1}{25^{1/2}} = \frac{1}{5}$$

A6A-2 Combinação de Números Exponenciais em Multiplicações e Divisões

A multiplicação e a divisão de números exponenciais de mesma base são efetuadas pela adição e subtração dos expoentes. Por exemplo,

$$3^3 \times 3^2 = (3 \times 3 \times 3)(3 \times 3) = 3^{(3+2)} = 3^5 = 243$$

$$3^4 \times 3^{-2} \times 3^0 = (3 \times 3 \times 3 \times 3)\left(\frac{1}{3} \times \frac{1}{3}\right) \times 1 = 3^{(4-2+0)} = 3^2 = 9$$

$$\frac{5^4}{5^2} = \frac{5 \times 5 \times 5 \times 5}{5 \times 5} = 5^{(4-2)} = 5^2 = 25$$

$$\frac{2^3}{2^{-1}} = \frac{(2 \times 2 \times 2)}{1/2} = 2^4 = 16$$

Observe que na última equação o expoente é dado pela relação

$$3 - (-1) = 3 + 1 = 4$$

A6A-3 Extração da Raiz de um Número Exponencial

Para obter a raiz de um número exponencial, o expoente é dividido pela raiz desejada. Assim,

$$(5^4)^{1/2} = (5 \times 5 \times 5 \times 5)^{1/2} = 5^{(4/2)} = 5^2 = 25$$

$$(10^{-8})^{1/4} = 10^{(-8/4)} = 10^{-2}$$

$$(10^9)^{1/2} = 10^{(9/2)} = 10^{4,5}$$

A6B O Uso de Expoentes em Notação Científica

Cientistas engenheiros são frequentemente obrigados a usar números muito grandes ou muito pequenos, para os quais o emprego da notação decimal ordinária é difícil ou impossível. Por exemplo, para expressar o número de Avogadro em notação decimal seriam necessários 21 zeros após o número 602. Em notação científica, o número é escrito como uma multiplicação de dois números, um em notação decimal e o outro expresso como uma potência de 10. Dessa forma, o número de Avogadro é escrito como $6,02 \times 10^{23}$. Outros exemplos são

$$4,32 \times 10^3 = 4,32 \times 10 \times 10 \times 10 = 4.320$$

$$4,32 \times 10^{-3} = 4,32 \times \frac{1}{10} \times \frac{1}{10} \times \frac{1}{10} = 0,00432$$

$$0,002002 = 2,002 \times \frac{1}{10} \times \frac{1}{10} \times \frac{1}{10} = 2,002 \times 10^{-3}$$

$$375 = 3,75 \times 10 \times 10 = 3,75 \times 10^2$$

Deve-se observar que a notação científica para um número pode ser expressa em quaisquer das várias formas equivalentes. Assim,

$$4,32 \times 10^3 = 43,2 \times 10^2 = 432 \times 10^1 = 0,432 \times 10^4 = 0,0432 \times 10^5$$

O número no expoente é igual ao número de casas decimais que devem ser deslocadas para converter o número da notação científica para a notação puramente decimal. O deslocamento é para a direita se o expoente for positivo e para a esquerda se o expoente for negativo. O processo é inverso quando o número decimal for convertido para notação científica.

A6C Operações Aritméticas com Notação Científica

O uso da notação científica é útil para prevenir erros decimais em cálculos aritméticos. Seguem alguns exemplos.

A6C-1 Multiplicação

Aqui, as partes decimais dos números são multiplicadas, e os expoentes, somados; assim,

$$420.000 \times 0,0300 = (4,20 \times 10^5)(3,0 \times 10^{-2})$$
$$= 12,60 \times 10^3 = 1,26 \times 10^4$$
$$0,0060 \times 0,000020 = 6,0 \times 10^{-3} \times 2,0 \times 10^{-5}$$
$$= 12 \times 10^{-8} = 1,2 \times 10^{-7}$$

A6C-2 Divisão

Aqui, as partes decimais dos números são divididas; o expoente no denominador é subtraído daquele do numerador. Por exemplo,

$$\frac{0,015}{5.000} = \frac{15 \times 10^{-3}}{5,0 \times 10^3} = 3,0 \times 10^{-6}$$

A6C-3 Adição e Subtração

Adição ou subtração na notação científica requer que todos os números sejam expressos em uma potência de 10 comum. As partes decimais então são somadas ou subtraídas apropriadamente. Assim,

$$2,00 \times 10^{-11} + 4,00 \times 10^{-12} - 3,00 \times 10^{-10}$$
$$= 2,00 \times 10^{-11} + 0,400 \times 10^{-11} - 30,0 \times 10^{-11}$$
$$= -27,6 \times 10^{-11} = -27,6 \times 10^{-10}$$

A6C-4 Elevando à Potência um Número Escrito em Notação Exponencial

Aqui, cada parte do número é elevada à potência separadamente. Por exemplo,

$$(2 \times 10^{-3})^4 = (2,0)^4 \times (10^{-3})^4 = 16 \times 10^{-(3 \times 4)}$$
$$= 16 \times 10^{-12} = 1,6 \times 10^{-11}$$

A6C-5 Extração da Raiz de um Número Escrito em Notação Exponencial

Aqui, o número é escrito de modo que o expoente de 10 seja igualmente divisível pela raiz. Portanto,

$$(4,0 \times 10^{-5})^{1/3} = \sqrt[3]{40 \times 10^{-6}} = \sqrt[3]{40} = \sqrt[3]{10^{-6}}$$
$$= 3,4 \times 10^{-2}$$

A6D Logaritmos

Nesta discussão, assumiremos que você dispõe de uma calculadora eletrônica para obter logaritmos e antilogaritmos dos números. (A tecla para a função antilogarítmica em muitas das calculadoras é designada por 10^x.) É desejável, entretanto, entender o que é logaritmo, bem como suas propriedades. A discussão que se segue fornece essas informações.

Um logaritmo (ou log) de um número é a potência a qual um número de base (usualmente 10) deve ser elevado de forma a obter o número desejado. Assim, um logaritmo é um expoente da base 10. A partir da discussão nos parágrafos precedentes sobre números exponenciais, podemos obter as seguintes conclusões a respeito dos logs:

1. O logaritmo de um produto é a soma dos logaritmos dos números individuais no produto.

$$\log(100 \times 1.000) = \log 10^2 + \log 10^3 = 2 + 3 = 5$$

2. O logaritmo de um quociente é a diferença entre os logaritmos dos números individuais.

$$\log(100/1.000) = \log 10^2 - \log 10^3 = 2 - 3 = -1$$

3. O logaritmo de um número elevado a alguma potência é o logaritmo do número multiplicado por esta potência.

$$\log(1.000)^2 = 2 \times \log 10^3 = 2 \times 3 = 6$$

$$\log(0,01)^6 = 6 \times \log 10^{-2} = 6 \times (-2) = -12$$

4. O logaritmo da raiz de um número é o logaritmo desse número dividido pela raiz.

$$\log(1.000)^{1/3} = \frac{1}{3} \times \log 10^3 = \frac{1}{3} \times 3 = 1$$

Os exemplos seguintes ilustram essas afirmações:

$$\log 40 \times 10^{20} = \log 4,0 \times 10^{21} = \log 4,0 + \log 10^{21}$$
$$= 0,60 + 21 = 21,60$$
$$\log 2,0 \times 10^{-6} = \log 2,0 + \log 10^{-6} = 0,30 + (-6) = -5,70$$

Para algumas aplicações é útil dispensar o passo da subtração mostrado no último exemplo e escrever o log como um número inteiro *negativo* e um número decimal *positivo*, isto é,

$$\log 2,0 \times 10^{-6} = \log 2,0 + \log 10^{-6} = -5,70$$

Os últimos exemplos demonstram que o logaritmo de um número é a soma de duas partes, uma *característica* localizada à esquerda do ponto decimal e uma *mantissa* à direita. A característica é o logaritmo de 10 elevado a uma potência e indica a localização do ponto decimal no número original quando o número é expresso em notação decimal. A mantissa é o logaritmo de um número na faixa entre 1,00 e 9,99. Note que a mantissa *sempre é positiva e na faixa de* 0,00 e 0,999. Como consequência, a característica no último exemplo é –6 e a mantissa é +0,30.

Apêndice 7

Cálculos Volumétricos Usando Normalidade e Equivalente-gama

A **normalidade** de uma solução expressa o equivalente-grama de soluto contidos em 1 L de solução ou o número de miliequivalentes-grama em 1 mL. O equivalente-grama e o miliequivalente-grama, assim como o mol e o milimol, são unidades empregadas para descrever a quantidade de espécies químicas. Mas os dois primeiros, entretanto, são definidos de modo que possamos afirmar que, no ponto de equivalência de *qualquer* titulação,

$$\text{meq.-gr de analito presente} = \text{meq.-gr de reagente padrão adicionado} \qquad (A7\text{-}1)$$

ou

$$\text{eq.-gr de analito presente} = \text{eq.-gr de reagente padrão adicionado} \qquad (A7\text{-}2)$$

Como consequência, proporções estequiométricas tais como as descritas na Seção 11C-3 (página 272) não necessitam ser derivadas a cada cálculo volumétrico realizado. Em vez disso, a estequiometria é levada em consideração na definição de equivalente-grama ou miliequivalente-grama.

A7A A Definição de Equivalente-grama e Miliequivalente-grama

Ao contrário do mol, a quantidade de substância contida em um equivalente-grama pode variar de reação para reação. Consequentemente, a massa de um equivalente-grama de um composto não pode ser computado *sem referência à reação química* na qual o composto está, direta ou indiretamente, participando. Similarmente, a normalidade de uma solução não pode ser especificada *sem o conhecimento de como a solução será usada*.

A7A-1 Equivalentes-grama em Reações de Neutralização

O equivalente-grama de uma substância participante de uma reação de neutralização é a quantidade de substância (molécula, íon, ou par de íons tal como NaOH) que reage com ou fornece 1 mol de íons hidrogênio *naquela reação*.[1] Um miliequivalente-grama é simplesmente 1/1.000 de um equivalente.

>> Uma vez mais nos encontramos usando o termo *peso* quando, na realidade, queremos dizer *massa*. O termo *peso equivalente* está tão firmemente arraigado na literatura e vocabulário do químico que o mantivemos.

A relação entre equivalente-grama (eq) e a massa molar ($\mathcal{M}$) é direta para ácidos ou bases fortes e para outros ácidos e bases que contêm um único íon hidrogênio ou hidroxila reativos. Por exemplo, o equivalente-grama do hidróxido de potássio, ácido clorídrico e ácido acético são iguais às suas massas molares porque cada um tem um único íon hidrogênio ou íon hidroxila reativos. O hidróxido de bário, que possui dois íons hidróxidos idênticos, reage com dois íons hidrogênio em qualquer reação ácido-base, e assim seu equivalente-grama é a metade de sua massa molar:

$$\text{Eq Ba(OH)}_2 = \frac{\mathcal{M}_{\text{Ba(OH)}_2}}{2}$$

---

[1] A IUPAC define um equivalente-grama como correspondendo à transferência de um íon H^+ em uma reação de neutralização, à transferência de um elétron em uma reação redox ou à uma magnitude do número de carga igual a 1 em íons. Exemplos: $\frac{1}{2}H_2SO_4$, $\frac{1}{5}KMnO_4$, $\frac{1}{3}Fe^{3+}$. DOI: 10.1351/goldbook.E02192.

A situação torna-se mais complexa para ácidos e bases que contêm dois ou mais hidrogênios reativos ou íons hidróxidos com diferentes tendências a se dissociar. Com certos indicadores, por exemplo, somente o primeiro dos três prótons no ácido fosfórico é titulado:

$$H_3PO_4 + OH^- \rightarrow H_2PO_4^- + H_2O$$

Com outros indicadores, uma mudança de coloração ocorre somente após dois íons hidrogênio reagirem:

$$H_3PO_4 + 2OH^- \rightarrow HPO_4^{2-} + 2H_2O$$

Para uma titulação envolvendo a primeira reação, o equivalente-grama do ácido fosfórico é igual à sua massa molar; para a segunda, o equivalente-grama é a metade disso. (Por não ser prática a titulação do terceiro próton, um equivalente-grama igual a um terço da massa molar não é geralmente encontrado para H_3PO_4.) Se não for conhecida qual dessas reações está envolvida, uma definição inequívoca do equivalente-grama para o ácido fosfórico *não pode ser feita*.

A7A-2 Equivalentes-grama em Reações de Oxidação-Redução

O equivalente-grama de uma espécie participante de uma reação de oxidação-redução é a quantidade que, direta ou indiretamente, produz ou consome 1 mol de elétrons. O valor numérico para o equivalente-grama é convenientemente estabelecido dividindo-se a massa molar da substância de interesse pela variação do número de oxidação associado com a reação. Como exemplo, considere a oxidação do íon oxalato pelo íon permanganato:

$$5C_2O_4^{2-} + 2MnO_4^- + 16H^+ \rightarrow 10CO_2 + 2Mn^+ + 8H_2O \tag{A7-3}$$

Nessa reação, a mudança no número de oxidação do manganês é 5, porque o elemento passa do estado +7 para o estado +2; os equivalentes-grama para o MnO_4^- e Mn^{+2} são, portanto, um quinto de suas massas molares. Cada átomo de carbono no íon oxalato é oxidado do estado +3 para +4, levando a produção de dois elétrons para cada espécie. Assim, o equivalente-grama do oxalato de sódio é a metade de sua massa molar. É também possível indicar um equivalente-grama para o dióxido de carbono produzido pela reação. Uma vez que essa molécula contém apenas um único átomo de carbono, e visto que o carbono sofre uma variação no número de oxidação igual a 1, a massa molar e o equivalente-grama dos dois são idênticos.

É importante notar que, na avaliação do equivalente-grama de uma substância, *somente sua mudança no número de oxidação* durante a titulação é considerada. Por exemplo, supondo que o teor de manganês de uma amostra contendo Mn_2O_3 deva ser determinado por titulação baseada na reação dada na Equação A7-3. O fato de que cada manganês no Mn_2O_3 tem um número de oxidação de +3 não é considerado na determinação do equivalente-grama. Isto é, assumimos que, por tratamento adequado, todo manganês é oxidado para o estado +7 antes de a titulação ser iniciada. Cada manganês do Mn_2O_3 é então reduzido do estado +7 para o estado +2 na titulação. O equivalente-grama é então a massa molar do Mn_2O_3 dividida por $2 \times 5 = 10$.

Assim como nas reações de neutralização, o equivalente-grama para um dado agente oxidante ou redutor não é invariável. O permanganato de potássio, por exemplo, reage sob determinadas condições para formar MnO_2:

$$MnO_4^- + 3e^- + 2H_2O \rightarrow MnO_2(s) + 4OH^-$$

A variação do estado de oxidação do manganês nessa reação é de +7 para +4, e o equivalente-grama de permanganato de potássio é agora igual à sua massa molar dividida por 3 (em vez de 5, como no exemplo anterior).

A7A-3 Equivalente-grama em Reações de Precipitação e Formação de Complexos

O equivalente-grama de uma espécie participante em uma reação de precipitação ou formação de um complexo é aquele que reage com ou fornece 1 mol do cátion *reativo* se ele for monovalente, meio mol se ele for bivalente, um terço de mol se ele for trivalente e assim por diante. É importante notar que o cátion a que essa definição se refere é sempre o *cátion diretamente envolvido na reação analítica* e não necessariamente o cátion contido no composto cujo equivalente-grama está sendo definido.

EXEMPLO A7-1

Defina o equivalente-grama para $AlCl_3$ e $BiOCl$ se os dois compostos forem determinados pela titulação de precipitação com $AgNO_3$:

$$Ag^+ + Cl^- \rightarrow AgCl(s)$$

Resolução

Nesse exemplo, o equivalente-grama é baseado na quantidade de matéria de *íons prata* envolvidos na titulação de cada composto. Uma vez que 1 mol de Ag^+ reage com um mol de Cl^- fornecido por um terço do $AlCl_3$, podemos escrever:

$$\text{eq } AlCl_3 = \frac{\mathcal{M}_{AlCl_3}}{3}$$

Dado que cada mol de BiOCl reage com um único íon Ag^+,

$$\text{eq } BiOCl = \frac{\mathcal{M}_{BiOCl}}{1}$$

Observe que o fato de Bi^{3+} (ou Al^{3+}) ser trivalente não significa nada, porque a definição é baseada *no cátion envolvido na titulação*: Ag^+.

A7B A Definição de Normalidade

A normalidade c_N de uma solução expressa o miliequivalente-grama de soluto contido em 1 mL de solução ou o equivalente-grama contido em 1 L. Desse modo, uma solução de ácido clorídrico 0,20 N contém 0,20 meq de HCl em cada mililitro de solução ou 0,20 eq em cada litro.

A concentração normal de uma solução é definida pela equação análoga à Equação 2-2. Assim, para uma solução da espécie A, a normalidade $c_{N(A)}$ é dada pelas equações

$$c_{N(A)} = \frac{\text{meq A}}{\text{mL solução}} \tag{A7-4}$$

$$c_{N(A)} = \frac{\text{eq A}}{\text{L solução}} \tag{A7-5}$$

A7C Algumas Relações Algébricas Úteis

Dois pares de equações algébricas, análogas às Equações 11-1 e 11-2, bem como às Equações 11-3 e 11-4, no Capítulo 11, podem ser aplicados quando se emprega a concentração normal:

$$\text{quant. de matéria de A} = \text{meq A} = \frac{\text{massa A (g)}}{\text{massa A (g meq}^{-1})} \tag{A7-6}$$

$$\text{quant. de matéria de A} = \text{eq A} = \frac{\text{massa A (g)}}{\text{eqm A (g meq}^{-1})} \tag{A7-7}$$

$$\text{quant. de mat. de A} = \text{meq A} = V(\text{mL}) \times c_{N(A)}(\text{meq mL}^{-1}) \tag{A7-8}$$

$$\text{quant. de mat. de A} = \text{eq A} = V(\text{L}) \times c_{N(A)}(\text{eq L}^{-1}) \tag{A7-9}$$

A7D Cálculos da Normalidade de Soluções Padrão

O Exemplo A7-2 mostra como a normalidade de uma solução padrão é computada dos dados da sua preparação.

EXEMPLO A7-2

Descreva a preparação de 5,000 L de uma solução 0,1000 N de Na_2CO_3 (105,99 g mol^{-1}) a partir de um padrão primário sólido, assumindo que esta será usada em titulações nas quais a reação será

$$CO_3^{2-} + 2H^+ \rightarrow H_2O + CO_2$$

Resolução

Aplicando a Equação A7-9, temos

$$\text{quant. de mat. de } Na_2CO_3 = V \text{ sol. (L)} \times c_{N(Na_2CO_3)} \text{ (eq L}^{-1})$$
$$= 5.000 \text{ L} \times 0,1000 \text{ eq L}^{-1} = 0,5000 \text{ eq de } Na_2CO_3$$

Rearranjando a Equação A7-7, temos

$$\text{massa de } Na_2CO_3 = \text{eq de } Na_2CO_3 \times \text{eq de } Na_2CO_3$$

Mas 2 eq de Na_2CO_3 estão contidos em cada mol do composto, então,

$$\text{massa de } Na_2CO_3 = 0,5000 \text{ eq de } Na_2CO_3 \times \frac{105,99 \text{ g de } Na_2CO_3}{2 \text{ eq de } Na_2CO_3} = 26,50 \text{ g}$$

Portanto, dissolve-se 26,50 g de Na_2CO_3 em água e dilui-se até 5,000 L.

É importante observar que, quando o íon carbonato reage com dois prótons, a massa de carbonato de sódio necessária para preparar uma solução 0,10 N é apenas metade do que é preciso para preparar uma solução 0,10 mol L^{-1}.

A7E Tratamento dos Dados de Titulação Empregando-se Normalidades

A7E-1 Cálculo da Normalidade a Partir dos Dados de Titulações

Os Exemplos A7-3 e A7-4 ilustram como são computados os dados da padronização. Note que esses exemplos são semelhantes aos Exemplos 11-4 e 11-5, no Capítulo 11.

EXEMPLO A7-3

Exatamente 50,00 mL de uma solução de HCl requerem 29,71 mL de uma solução 0,03926 N $Ba(OH)_2$ para atingir o ponto final com o indicador verde de bromocresol. Calcular a normalidade do HCl.
Note que a molaridade do $Ba(OH)_2$ é metade de sua normalidade. Isto é,

$$c_{Ba(OH)_2} = 0,03926 \frac{\text{meq}}{\text{mL}} \times \frac{1 \text{ mmol}}{2 \text{ meq}} = 0,01963 \text{ mol L}^{-1}$$

Resolução

Porque estamos baseando nosso cálculo em miliequivalente, escrevemos

$$\text{meq de HCl} = \text{meq de } Ba(OH)_2$$

(continua)

O número de miliequivalentes-grama do padrão é obtido por substituição na Equação A7-8:

$$\text{quant. de mat. de Ba(OH)}_2 = 29{,}71\,\text{mL de Ba(OH)}_2 \times 0{,}03926\,\frac{\text{meq de Ba(OH)}_2}{\text{mL de Ba(OH)}_2}$$

Para obter miliequivalentes-grama do HCl, escrevemos

$$\text{quant. de mat. de HCl} = (29{,}71 \times 0{,}03926)\,\text{meq de Ba(OH)}_2 \times \frac{1\,\text{meq de HCl}}{1\,\text{meq de Ba(OH)}_2}$$

Igualando esse resultado à Equação A7-8, temos

$$\text{quant. de mat. de HCl} = 50{,}00\,\text{mL} \times c_{N(HCl)}$$
$$= (29{,}71 \times 0{,}03926 \times 1)\,\text{meq de HCl}$$
$$c_{N(HCl)} = \frac{(29{,}71 \times 0{,}03926 \times 1)\,\text{meq de HCl}}{50{,}00\,\text{mL de HCl}} = 0{,}02333\,\text{N}$$

EXEMPLO A7-4

Uma amostra de 0,2121 g de $Na_2C_2O_4$ puro (134,00 g mol^{-1}) foi titulada com 43,31 mL de $KMnO_4$. Qual é a normalidade da solução de $KMnO_4$? A reação química é

$$2MnO_4^- + 5C_2O_4^{2-} + 16H^+ \rightarrow 2Mn^{2+} + 10CO_2 + 8H_2O$$

Resolução

Por definição, no ponto de equivalência da titulação,

$$\text{meq de Na}_2\text{C}_2\text{O}_4 = \text{meq de KMnO}_4$$

Substituindo as Equações A7-8 e A7-6 nessa relação, temos

$$V_{KMnO_4} \times c_{N(KMnO_4)} = \frac{\text{massa de Na}_2\text{C}_2\text{O}_4\,(g)}{\text{meqm Na}_2\text{C}_2\text{O}_4\,(g\,\text{meq}^{-1})}$$

$$43{,}31\,\text{mL de KMnO}_4 \times c_{N(KMnO_4)} = \frac{0{,}2121\,\text{g de Na}_2\text{C}_2\text{O}_4}{0{,}13400\,\text{g de Na}_2\text{C}_2\text{O}_4/2\,\text{meq}}$$

$$c_{N(KMnO_4)} = \frac{0{,}2121\,\text{g de Na}_2\text{C}_2\text{O}_4}{43{,}31\,\text{mL de KMnO}_4 \times 0{,}1340\,\text{g Na}_2\text{C}_2\text{O}_4/2\,\text{meq}}$$

$$= 0{,}073093\,\text{meq/mL KMnO}_4 = 0{,}07309\,\text{N}$$

Observe que a normalidade encontrada é, nesse caso, cinco vezes a concentração molar computada no Exemplo 11-5.

A7E-2 Cálculos da Quantidade de Analito a Partir de Dados de Titulação

Os exemplos a seguir ilustram como as concentrações de analito são calculadas quando estão envolvidas normalidades. Observe que o Exemplo A7-5 é similar ao Exemplo 11-6, no Capítulo 11.

EXEMPLO A7-5

Uma amostra de 0,8040 g de minério de ferro foi dissolvida em ácido. O ferro foi então reduzido a Fe^{2+} e titulado com 47,22 mL de uma solução 0,1121 N (0,02242 mol L^{-1}) de $KMnO_4$. Calcular o resultado dessa análise em termos de (a) porcentagem de Fe (55,847 g mol^{-1}) e (b) porcentagem de Fe_3O_4 (231,54 g mol^{-1}). A reação do analito com o reagente é descrito pela equação

$$MnO_4^- + 5Fe^{2+} + 8H^+ \rightarrow Mn^{2+} + 5Fe^{3+} + 4H_2O$$

Resolução

(a) No ponto de equivalência, sabemos que

$$\text{meq de } KMnO_4 = \text{meq de } Fe^{2+} = \text{meq de } Fe_3O_4$$

A substituição das Equações A7-8 e A7-6 conduz a

$$V_{KMnO_4}(\text{mL}) \times c_{N(KMnO_4)}(\text{meq mL}^{-1}) = \frac{\text{massa de } Fe^{2+}(g)}{\text{meqm de } Fe^{2+}(g\ \text{meq}^{-1})}$$

Substituindo dados numéricos nessa equação, temos, após rearranjo,

$$\text{massa de } Fe^{2+} = 47,22\ \text{mL } KMnO_4^- \times 0,1121\ \frac{\text{meq}}{\text{mL } KMnO_4^-} \times \frac{0,055847\ g}{1\ \text{meq}}$$

Note que o miliequivalente-grama do Fe^{2+} é igual à sua massa milimolar. A porcentagem de ferro é

$$\text{porcentagem de } Fe^{2+} = \frac{(47,22 \times 0,1121 \times 0,055847)\ g\ \text{de } Fe^{2+}}{0,8040\ g\ \text{de amostra}} \times 100\%$$

$$= 36,77\%$$

(b) Neste caso,

$$\text{meq de } KMnO_4 = \text{meq de } Fe_3O_4$$

e

$$V_{KMnO_4}(\text{mL}) \times c_{N(KMnO_4)}(\text{meq/mL}^{-1}) = \frac{\text{massa de } Fe_3O_4(g)}{\text{meqm de } Fe_3O_4(g\ \text{meq}^{-1})}$$

Substituindo os dados numéricos e rearranjando, temos

$$\text{massa de } Fe_3O_4 = 47,22\ \text{mL} \times 0,1121\ \frac{\text{meq}}{\text{mL}} \times 0,23154\ \frac{g\ \text{de } Fe_3O_4}{3\ \text{meq}}$$

Note que o miliequivalente-grama do Fe_3O_4 é um terço da sua massa milimolar, porque cada Fe^{2+} sofre uma variação de um elétron e o composto é convertido para $3Fe^{2+}$ antes da titulação. A porcentagem de Fe_3O_4, então é

$$\text{porcentagem de } Fe_3O_4 = \frac{(47,22 \times 0,1121 \times 0,23154/3)\ g\ \text{de } Fe_3O_4}{0,8040\ g\ \text{de amostra}} \times 100\%$$

$$= 50,81\%$$

Observe que as respostas desse exemplo são idênticas àquelas do Exemplo 11-6.

EXEMPLO A7-6

0,4755 g de uma amostra contendo $(NH_4)_2C_2O_4$ e outros compostos inertes foram dissolvidos em água e alcalinizada com KOH. O NH_3 liberado foi destilado e recolhido em 50,00 mL de uma solução 0,1007 N (0,05035 mol L^{-1}) de H_2SO_4. O excesso de H_2SO_4 foi retrotitulado com 11,13 mL de solução 0,1214 N de NaOH. Calcular a porcentagem de nitrogênio (14,007 g mol^{-1}) e de $(NH_4)_2C_2O_4$ (124,10 g mol^{-1}) na amostra.

Resolução

No ponto de equivalência, os miliequivalentes-grama do ácido e da base são iguais. Nessa titulação, entretanto, duas bases estão envolvidas: NaOH e NH_3. Assim,

$$\text{meq de } H_2SO_4 = \text{meq de } NH_3 + \text{meq de NaOH}$$

Após rearranjo,

$$\text{meq de } NH_3 = \text{meq de N} = \text{meq de } H_2SO_4 - \text{meq de NaOH}$$

Substituindo as Equações A7-6 e A7-8 para os miliequivalentes-grama de N e H_2SO_4, respectivamente, temos

$$\frac{\text{massa de N(g)}}{\text{meqm de N(g meq)}} = 50,00 \text{ mL de } H_2SO_4 \times 0,1007 \frac{\text{meq}}{\text{mL de } H_2SO_4}$$

$$- 11,13 \text{ mL de NaOH} \times 0,1214 \frac{\text{meq}}{\text{mL de NaOH}}$$

$$\text{massa de N} = (50,00 \times 0,1007 - 11,13 \times 0,1214) \text{ meq} \times 0,014007 \text{ g N meq}^{-1}$$

$$\text{porcentagem de N} = \frac{(50,00 \times 0,1007 - 11,13 \times 0,1214) \times 0,014007 \text{ g N}}{0,4755 \text{ g de amostra}} \times 100\%$$

$$= 10,85\%$$

O número de miliequivalente-grama de $(NH_4)_2C_2O_4$ é igual ao miliequivalente-grama do NH_3 e N, mas o peso miliequivalente-grama do $(NH_4)_2C_2O_4$ é igual à metade de sua massa molar. Assim,

$$\text{massa de } (NH_4)_2C_2O_4 = (50,00 \times 0,1007 - 11,13 \times 0,1214) \text{ meq}$$

$$\times 0,12410 \text{ g}/2 \text{ meq}$$

porcentagem de $(NH_4)_2C_2O_4$

$$= \frac{(50,00 \times 0,1007 - 11,13 \times 0,1214) \times 0,06205 \text{ g } (NH_4)_2C_2O_4}{0,4755 \text{ g de amostra}} \times 100\%$$

$$= 48,07\%$$

Apêndice 8

Compostos Recomendados para a Preparação de Soluções Padrão de Alguns Elementos Comuns*

Elemento	Composto	Massa Molar	Solvente†	Notas
Alumínio	Alumínio metálico	26,9815384	HCl dil. a quente	a
Antimônio	$KSbOC_4H_4O_6 \cdot \frac{1}{2}H_2O$	333,94	H_2O	c
Arsênio	As_2O_3	197,84	HCl diluído	i,b,d
Bário	$BaCO_3$	197,355	HCl diluído	
Bismuto	Bi_2O_3	465,9578	HNO_3	
Boro	H_3BO_3	61,83	H_2O	d,e
Bromo	KBr	119,002	H_2O	a
Cádmio	CdO	128,413	HNO_3	
Cálcio	$CaCO_3$	100,086	HCl diluído	i
Cério	$(NH_4)_2Ce(NO_3)_6$	548,218	H_2SO_4	
Cromo	$K_2Cr_2O_7$	294,182	H_2O	i,d
Cobalto	Cobalto metálico	58,933194	HNO_3	a
Cobre	Cobre metálico	63,546	HNO_3 diluído	a
Flúor	NaF	41,98817244	H_2O	b
Iodo	KIO_3	214,000	H_2O	i
Ferro	Ferro metálico	55,845	HCl, a quente	a
Lantânio	La_2O_3	325,808	HCl, a quente	f
Chumbo	$Pb(NO_3)_2$	331,2	H_2O	a
Lítio	Li_2CO_3	73,89	HCl	a
Magnésio	MgO	40,304	HCl	
Manganês	$MnSO_4 \cdot H_2O$	169,01	H_2O	g
Mercúrio	$HgCl_2$	271,49	H_2O	b
Molibdênio	MoO_3	143,947	1 mol L^{-1} NaOH	
Níquel	Níquel metálico	58,6934	HNO_3, a quente	a
Fósforo	KH_2PO_4	136,084	H_2O	
Potássio	KCl	74,55	H_2O	a
	$KHC_8H_4O_4$	204,22	H_2O	i,d
	$K_2Cr_2O_7$	294,182	H_2O	i,d
Silício	Silício metálico	28,085	NaOH, conc.	
	SiO_2	60,083	HF	j
Prata	$AgNO_3$	169,872	H_2O	a
Sódio	NaCl	58,44	H_2O	i
	$Na_2C_2O_4$	133,998	H_2O	i,d
Estrôncio	$SrCO_3$	147,63	HCl	a
Enxofre	K_2SO_4	174,25	H_2O	
Estanho	Estanho metálico	118,71	HCl	
Titânio	Titânio metálico	47,867	H_2SO_4; 1 : 1	a

continua

Elemento	Composto	Massa Molar	Solvente†	Notas
Tungstênio	$Na_2WO_4 \cdot 2H_2O$	329,85	H_2O	h
Urânio	U_3O_8	842,079	HNO_3	d
Vanádio	V_2O_5	181,878	HCl, quente	
Zinco	ZnO	81,38	HCl	a

* Os dados dessa tabela foram tirados de uma lista mais completa elaborada por B. W. Smith e M. L. Parsons, *J. Chem, Educ.*, v. 50, p. 679, 1973, DOI: 10.1021/ed050p679.
A menos que esteja especificado de outra forma, os compostos devem ser secados até massa constante a 110°C.
† A menos que esteja especificado de outra forma, os ácidos são concentrados e de pureza analítica (PA).
[a] Obedece aos critérios listados na Seção 11 A-2 e se aproxima da qualidade dos padrões primários.
[b] Altamente tóxico.
[c] Perde H_2O a 110°C. Após a secagem a massa molar = 324,92. O composto seco deve ser pesado rapidamente após ser retirado do dessecador.
[d] Disponível como padrão primário do Instituto Nacional de Padrões e Tecnologia.
[e] H_3BO_3 deve ser pesado diretamente do frasco. Perde 1 mol de H_2O a 100°C sendo difícil a secagem a massa constante.
[f] Absorve CO_2 e H_2O. Deve ser submetido a ignição imediatamente antes do uso.
[g] Pode ser seco a 110°C sem perda de água.
[h] Perde ambas as águas a 110°C. Massa molar = 293,82. Manter em dessecador após a secagem.
[i] Padrão primário.
[j] HF é altamente tóxico e dissolve o vidro.

Apêndice 9

Derivação das Equações de Propagação de Erros

Neste apêndice, derivamos várias equações que permitem o cálculo de desvio padrão para os resultados de vários tipos de cálculos aritméticos.

A9A Propagação de Incertezas de Medidas

O resultado calculado para uma análise geralmente requer dados de várias medidas experimentais independentes, cada uma das quais está sujeita a incertezas aleatórias e cada uma contribui para o erro aleatório líquido do resultado final. Com o propósito de mostrar como cada incerteza afeta o resultado de uma análise, vamos assumir que um resultado y é dependente das variáveis experimentais, $a, b, c, \ldots$, que flutuam de maneira aleatória e independente. Em outras palavras, y é função de $a, b, c, \ldots$; assim podemos escrever

$$y = f(a, b, c, \ldots) \tag{A9-1}$$

A incerteza dy_i é geralmente dada em termos do desvio da média ou $(y_i - \bar{y})$, que dependerá do tamanho e do sinal da incerteza correspondente $da_i, db_i, dc_i, \ldots$ Isto é,

$$dy_i = (y_i - \bar{y}) = f(da_i, db_i, dc_i, \ldots)$$

A variável em dy em função das incertezas em $a, b, c, \ldots$ pode ser derivada tomando-se a diferencial total da Equação A9-1. Isto é,

$$dy = \left(\frac{\partial y}{\partial a}\right)_{b,c,\ldots} da + \left(\frac{\partial y}{\partial b}\right)_{a,c,\ldots} db + \left(\frac{\partial y}{\partial c}\right)_{a,b,\ldots} dc + \ldots \tag{A9-2}$$

Para desenvolver uma relação entre o desvio padrão de y e o desvio padrão de a, b e c para N medidas em replicata, empregamos a Equação 4-4, que requer que elevemos a Equação A9-2 ao quadrado, somemos entre $i = 1$ e $i = N$, dividamos por $N - 1$ e tiremos a raiz quadrada do resultado. O quadrado da Equação A9-2 assume a forma

$$(dy)^2 = \left[\left(\frac{\partial y}{\partial a}\right)_{b,c,\ldots} da + \left(\frac{\partial y}{\partial b}\right)_{a,c,\ldots} db + \left(\frac{\partial y}{\partial c}\right)_{a,b,\ldots} dc + \ldots\right]^2 \tag{A9-3}$$

Essa equação deve então ser somada entre os limites de $i = 1$ e $i = N$.

Elevando-se a Equação A9-2 ao quadrado, dois tipos de termos surgem do lado direito da equação: (1) termos quadrados e (2) termos cruzados. Os termos quadrados tomam a forma

$$\left(\frac{\partial y}{\partial a}\right)^2 da^2, \left(\frac{\partial y}{\partial b}\right)^2 db^2, \left(\frac{\partial y}{\partial c}\right)^2 dc^2, \ldots$$

Os termos quadrados são sempre positivos e então *nunca* podem ser cancelados quando somados. Ao contrário, os termos cruzados podem ter sinais tanto positivos como negativos. Por exemplo,

$$\left(\frac{\partial y}{\partial a}\right)\left(\frac{\partial y}{\partial b}\right) da\, db, \left(\frac{\partial y}{\partial a}\right)\left(\frac{\partial y}{\partial c}\right) da\, dc, \ldots$$

Se da, db e dc representam *incertezas aleatórias e independentes*, alguns dos termos cruzados serão negativos, e outros, positivos. Assim, *a soma de todos os termos será próxima de zero*, particularmente quando N for grande.

Como consequência da tendência de os termos cruzados serem cancelados, pode-se assumir que o somatório da Equação A9-3 de $i = 1$ para $i = N$ seja composto exclusivamente dos termos quadrados. Essa soma então toma a forma

$$\sum (dy_i)^2 = \left(\frac{\partial y}{\partial a}\right)^2 \sum (da_i)^2 + \left(\frac{\partial y}{\partial b}\right)^2 \sum (db_i)^2 + \left(\frac{\partial y}{\partial c}\right)^2 \sum (dc_i)^2 + \ldots \tag{A9-4}$$

Dividindo-se por $N - 1$, temos,

$$\frac{\sum (dy_i)^2}{N - 1} = \left(\frac{\partial y}{\partial a}\right)^2 \frac{\sum (da_i)^2}{N - 1} + \left(\frac{\partial y}{\partial b}\right)^2 \frac{\sum (db_i)^2}{N - 1} + \left(\frac{\partial y}{\partial c}\right)^2 \frac{\sum (dc_i)^2}{N - 1} + \ldots \tag{A9-5}$$

Da Equação 4-4, entretanto, vemos que

$$\frac{\sum (dy_i)^2}{N - 1} = \sum \frac{(y_i - \bar{y})^2}{N - 1} s_y^2$$

onde s_y^2 é a variância de y. De forma similar,

$$\frac{\sum (da_i)^2}{N - 1} = \frac{\sum (a_i - \bar{a})^2}{N - 1} s_a^2$$

e assim por diante. Dessa forma, a Equação A9-5 pode ser escrita em termos de variâncias das variáveis; isto é,

$$s_y^2 = \left(\frac{\partial y}{\partial a}\right)^2 s_a^2 + \left(\frac{\partial y}{\partial b}\right)^2 s_b^2 + \left(\frac{\partial y}{\partial c}\right)^2 s_c^2 + \ldots \tag{A9-6}$$

A9B Desvio Padrão de Resultados Calculados

Nesta seção, empregamos a Equação A9-6 para derivar as relações que permitem calcular o desvio padrão para resultados produzidos por cinco tipos de operações aritméticas.

A9B-1 Adição e Subtração

Considere o caso em que desejamos calcular a quantidade y de três quantidades experimentais a, b e c por meio da equação

$$y = a + b - c$$

Assumimos que os desvios padrão para essas quantidades são s_y, s_a, s_b e s_c. A aplicação da Equação A9-6 leva a

$$s_y^2 = \left(\frac{\partial y}{\partial a}\right)_{b,c}^2 s_a^2 + \left(\frac{\partial y}{\partial b}\right)_{a,c}^2 s_b^2 + \left(\frac{\partial y}{\partial c}\right)_{a,b}^2 s_c^2$$

As derivadas parciais de y em relação às três quantidades experimentais são

$$\left(\frac{\partial y}{\partial a}\right)_{b,c} = 1; \qquad \left(\frac{\partial y}{\partial b}\right)_{a,c} = 1; \qquad \left(\frac{\partial y}{\partial c}\right)_{a,b} = -1$$

Portanto, a variância de y é dada por

$$s_y^2 = (1)^2 s_a^2 + (1)^2 s_b^2 + (-1)^2 s_c^2 = s_a^2 + s_b^2 + s_c^2$$

ou o desvio padrão dos resultados é dado por

$$s_y = \sqrt{s_a^2 + s_b^2 + s_c^2} \tag{A9-7}$$

Assim, o desvio padrão *absoluto* da soma ou diferença é igual à raiz quadrada da soma dos quadrados dos desvios padrão *absolutos* dos números que são somados ou subtraídos.

A9B-2 Multiplicação e Divisão

Vamos agora considerar o caso em que

$$y = \frac{ab}{c}$$

As derivadas parciais de *y* em relação a *a*, *b* e *c* são

$$\left(\frac{\partial y}{\partial a}\right)_{b,c} = \frac{b}{c} \qquad \left(\frac{\partial y}{\partial b}\right)_{a,c} = \frac{a}{c} \qquad \left(\frac{\partial y}{\partial c}\right) = -\frac{ab}{c^2}$$

Substituindo na Equação A9-6, temos

$$s_y^2 = \left(\frac{b}{c}\right)^2 s_a^2 + \left(\frac{a}{c}\right)^2 s_b^2 + \left(\frac{ab}{c^2}\right)^2 s_c^2$$

Dividindo essa equação pelo quadrado da equação original ($y^2 = a^2b^2/c^2$), temos

$$\frac{s_y^2}{y^2} = \frac{s_a^2}{a^2} + \frac{s_b^2}{b^2} + \frac{s_c^2}{c^2}$$

ou

$$\frac{s_y}{y} = \sqrt{\left(\frac{s_a}{a}\right)^2 + \left(\frac{s_b}{b}\right)^2 + \left(\frac{s_c}{c}\right)^2} \tag{A9-8}$$

Desse modo, para produtos e quocientes, o quadrado do desvio padrão *relativo* do resultado é igual à soma dos quadrados dos desvios padrão *relativos* dos números que são multiplicados ou divididos.

A9B-3 Cálculos Exponenciais

Considere o seguinte cálculo

$$y = a^x$$

Aqui, a Equação A9-6 toma a forma

$$s_y^2 = \left(\frac{\partial a^x}{\partial y}\right)^2 s_a^2$$

ou

$$s_y = \frac{\partial a^x}{\partial y} s_a$$

Mas

$$\frac{\partial a^x}{\partial y} = xa^{(x-1)}$$

Assim,

$$s_y = xa^{(x-1)} s_a$$

e, dividindo pela equação original ($y = a^x$), temos

$$\frac{s_y}{y} = \frac{xa^{(x-1)} s_a}{a^x} = x\frac{s_a}{a} \tag{A9-9}$$

Portanto, o erro relativo do resultado é igual ao erro relativo dos números a serem exponenciados, multiplicados pelo expoente.

É importante notar que o erro propagado ao se elevar um número a uma potência é diferente do erro propagado na multiplicação. Por exemplo, considere a incerteza no quadrado de 4,0($\pm$0,2). O erro relativo no resultado (16,0) é dado pela Equação A9-9

$$s_y/y = 2 \times (0{,}2/4) = 0{,}1 \quad \text{ou} \quad 10\%$$

Considere agora o caso quando y é o produto de dois números *medidos independentemente* que, por acaso, têm valores de $a = 4{,}0(\pm 0{,}2)$ e $b = 4{,}0(\pm 0{,}2)$. Nesse caso, o erro relativo do produto $ab = 16{,}0$ é dado pela Equação A9-8:

$$s_y/y = \sqrt{(0{,}2/4)^2 + (0{,}2/4)^2} \quad \text{ou} \quad 7\%$$

A razão para essa aparente anormalidade é que, no segundo caso, o sinal associado com um erro pode ser o mesmo ou diferente do outro. Se acontecer de ser o mesmo, o erro é idêntico ao encontrado no primeiro caso, em que o sinal *deve* ser igual. Ao contrário, existe a possibilidade de um sinal ser positivo e outro negativo; nesse caso, os erros relativos tendem a se cancelar mutuamente. Assim, o erro provável situa-se entre o máximo (10%) e zero.

A9B-4 Cálculos de Logaritmos

Considere o cálculo

$$y = \log_{10} a$$

Nesse caso, podemos escrever a Equação A9-6 como

$$s_y^2 = \left(\frac{\partial \log_{10} a}{\partial y}\right)^2 s_a^2$$

Mas

$$\frac{\partial \log_{10} a}{\partial y} = \frac{0{,}434}{a}$$

e

$$s_y = 0{,}434 \frac{s_a}{a} \tag{A9-10}$$

Esta equação mostra que o desvio padrão absoluto de um logaritmo é determinado pelo desvio padrão *relativo* do número.

A9B-5 Cálculos de Antilogaritmos

Considere a relação

$$y = \text{antilog}_{10} a = 10^a$$

$$\left(\frac{\partial y}{\partial a}\right) = 10^a \log_e 10 = 10^a \ln 10 = 2,303 \times 10^a$$

$$s_y^2 = \left(\frac{\partial y}{\partial a}\right)^2 s_a^2$$

ou

$$s_y = \frac{\partial y}{\partial a} s_a = 2,303 \times 10^a s_a$$

Dividindo pela relação original, temos

$$\frac{s_y}{y} = 2,303 s_a \tag{A9-11}$$

Observe que, o desvio padrão *relativo* do antilog de um número é determinado pelo desvio padrão absoluto do número.

Respostas às Questões e aos Problemas Selecionados

Algumas das respostas a seguir podem diferir no formato, mas terem o mesmo valor do seu resultado. Por favor, confira com o seu professor se ele deseja um formato específico.

Capítulo 2

2-1. (a) A massa molar é a massa em gramas de um mol de uma espécie química.
(c) A *massa milimolar* é a massa em gramas de um milimol de uma espécie química.

2-3. $1 \text{ L} = \dfrac{1.000 \text{ mL}}{1 \text{ L}} \times \dfrac{1 \text{ cm}^3}{\text{mL}} \times \left(\dfrac{\text{m}}{100 \text{ cm}}\right)^3 = 10^{-3} \text{ m}^3$

$1 \text{ M} = \dfrac{1 \text{ mol}}{\text{L}} \times \dfrac{\text{L}}{10^{-3} \text{ m}^3} = \dfrac{1 \text{ mol}}{10^{-3} \text{ m}^3}$

2-4. (a) 580 MHz (c) 93,1 mmol (e) 3,96 mm

2-5. A unidade de massa atômica unificada ou Dalton é definida como 1/12 da massa de um átomo de ^{12}C neutro. Com a redefinição das unidades básicas do SI em 2019, a definição do Dalton permaneceu a mesma. Entretanto, a definição do mol e do quilograma mudaram de tal forma, que a unidade de massa molar não é mais exatamente 1 g mol^{-1}.

2-7. $3,03 \times 10^{22}$ íons de Na^+

2-9. (a) 0,153 mol (b) 3,59 mmol
(c) 0,0650 mol (d) 5,20 mmol

2-11. (a) 89,8 mmol (b) 4,01 mmol
(c) 0,137 mmol (b) 0,104 mmol

2-13. (a) $2,31 \times 10^4$ mg (b) $9,87 \times 10^3$ mg
(c) $1,00 \times 10^6$ mg (d) $2,71 \times 10^6$ mg

2-15. (a) $1,92 \times 10^3$ mg (b) 246 mg

2-16. (a) 2,25 g (b) $2,60 \times 10^{-3}$ g

2-17. (a) pNa = 0,984; pCl = 1,197; pOH = 1,395
(c) pH = 0,398; pCl = 0,222; pZn = 1,00
(e) pK = 5,94; pOH = 6,291; pFe(CN)$_6$ = 6,790

2-18. (a) $1,9 \times 10^{-4}$ mol L^{-1} (c) 0,26 mol L^{-1}
(e) $2,4 \times 10^{-8}$ mol L^{-1} (g) 5,8 mol L^{-1}

2-19. (a) pNa = pBr = 1,699 (c) pBa = 2,35; pOH = 2,05
(e) pCa = 2,14; pBa = 2,09; pCl = 1,51

2-20. (a) 0,0791 mol L^{-1} (c) $1,70 \times 10^{-8}$ mol L^{-1}
(e) $4,5 \times 10^{-13}$ mol L^{-1} (g) 0,733 mol L^{-1}

2-21. (a) [Na^+] = $4,79 \times 10^{-2}$ mol L^{-1};
[SO_4^{2-}] = $2,87 \times 10^{-3}$ mol L^{-1}
(b) pNa = 1,320; pSO$_4$ = 2,543

2-23. (a) $1,04 \times 10^{-2}$ mol L^{-1} (b) $1,04 \times 10^{-2}$ mol L^{-1}
(c) $3,12 \times 10^{-2}$ mol L^{-1} (d) 0,288% (v/v)
(e) 0,78 mmol (f) 407 ppm
(g) 1,983 (h) 1,506

2-25. (a) 0,256 mol L^{-1} (b) 0,768 mol L^{-1} (c) 62,0 g

2-27. (a) Dissolva 26,3 g de etanol e adicione água o suficiente para fornecer um volume final de 500 mL.
(b) Misture 26,3 g de etanol com 473,7 g de água.
(c) Dilua 26,3 g de etanol com água o suficiente para fornecer um volume final de 500 mL.

2-29. Dilua 100 mL para 500 mL com água.

2-31. (a) Dissolva 8,49 g de $AgNO_3$ em água o suficiente para fornecer um volume final de 500 mL.
(b) Dilua 167 mL de HCl 6,00 mol L^{-1} para 1,00 L usando água.
(c) Dissolva 1,86 g de $K_4Fe(CN)_6$ em água o suficiente para fornecer um volume final de 250 mL.
(d) Dilua 180 mL de $BaCl_2$ 0,400 mol L^{-1} para 500 mL usando água.
(e) Dilua 20,3 mL de reagente concentrado para 2,00 L usando água.
(f) Dissolva 0,19 g de Na_2SO_4 em água o suficiente para fornecer um volume final de 1,00 L.

2-33. 5,01 g

2-35. (a) $4,897 \times 10^{-2}$ g (b) $5,08 \times 10^{-2}$ mol L^{-1}

2-37. (a) 1,5 g (b) 0,064 mol L^{-1}

2.39. 2,03 L

Capítulo 3

3-1. (a) Os erros aleatórios fazem com que os dados estejam dispersados em torno de um valor médio, enquanto os erros sistemáticos fazem com que a média de um conjunto de dados difira do valor aceitável.
(c) O erro absoluto é a diferença entre o valor medido e o valor real, enquanto o erro relativo é o erro absoluto dividido pelo valor real.

3-2. (1) Bastões medidores mais longos ou mais curtos que 1,0 m – erro sistemático;
(2) Marcas sempre lidas em um determinado ângulo – erro sistemático;
(3) Variabilidade na colocação da régua de metal para medir a largura total de 3 m – erro aleatório;
(4) Variabilidade na interpolação da menor divisão do bastão medidor – erro aleatório.

3-4. (1) Balança fora da calibração.
(2) Impressões digitais no recipiente de pesagem.
(3) A amostra absorve água da atmosfera.

3-5. (1) pipeta incorretamente calibrada; (2) temperatura diferente da temperatura de calibração; (3) leitura do menisco em ângulo.

3-7. Erros tanto constantes quanto proporcionais.

3-8. (a) −0,08% (c) −0,32%

3-9. (a) 3,3 g de minério (c) 4,2 g de minério

3-10. (a) 0,060% (b) 0,30% (c) 0,12%

3-11. (a) −1,3% (c) −0,13%

3.12.

	Média	Mediana	Desvio da Média	Desvio Médio
(a)	0,0106	0,0105	0,0004, 0,0002, 0,0001	0,0002
(c)	190	189	2, 0, 4, 3	2
(e)	39,59	39,65	0,24, 0,02, 0,34, 0,09	0,17

Capítulo 4

4-1. (a) O *erro padrão da média* é o desvio padrão do conjunto de dados extraídos da população.
(c) A *variância* é o desvio padrão elevado ao quadrado.

4-2. (a) O *parâmetro* se refere às quantidades que caracterizam uma população ou distribuição de dados. Uma *estatística* é uma estimativa de um parâmetro feita a partir de uma amostra.
(c) Os *erros aleatórios* resultam de variáveis incontroláveis; os *erros sistemáticos* têm uma causa específica.

4-3. (a) O *desvio padrão da amostra*, s^2, é aquele de uma amostra de dados:

$$s^2 = \frac{\sum_{i=1}^{N}(x_i - \bar{x})^2}{N-1}$$

O *desvio padrão da população*, σ, é para uma população inteira:

$$\sigma^2 = \frac{\sum_{i=1}^{N}(x_i - \mu)^2}{N}$$

onde μ é a média da população.

4-5. A probabilidade de um resultado entre 0 e $+1\sigma$ é 0,342; entre 1σ e 2σ é 0,136.

4-7.

	(a) Média	(b) Mediana	(c) Dispersão	(d) Desvio Padrão	(e) CV, %
A	9,1	9,1	1,0	0,37	4,1
C	0,650	0,653	0,108	0,056	8,5
E	20,61	20,64	0,14	0,07	0,32

4-8.

	Erro Absoluto	Erro Relativo, ppt
A	0,1	11,1
C	0,0195	31
E	0,03	1,3

4-9.

	s_y	CV, %	y
(a)	0,03	−1,4	−2,08(±0,03)
(c)	0,085 × 10⁻¹⁶	1,42	5,94(±0,08) × 10⁻¹⁶
(e)	0,00520	6,9	7,6(±0,5) × 10⁻²

4-10.

	s_y	CV, %	y
(a)	2,83 × 10⁻¹⁰	4,25	6,7 ± 0,3 × 10⁻⁹
(c)	0,1250	12,5	14(±2)
(e)	25	50	50(±25)

4-11.

	s_y	CV, %	y
(a)	6,51 × 10⁻³	0,16	−3,699 ± 0,006
(c)	0,11	0,69	15,8 ± 0,1

4-12. (a) $s_y = 1,565 \times 10^{-12}$; CV = 2,2%; $y = 7,3(\pm 0,2) \times 10^{-11}$

4-13. $s_V = 0,173$; $V = 6,8(\pm 0,2)$ cm³

4-15. CV = 0,6%

4-17. (a) $c_X = 2,029 \times 10^{-4}$ mol L⁻¹ (b) $S_{c_X} = 2,22 \times 10^{-6}$
(c) CV = 1,1%

4-19. (a) $s_1 = 0,096$, $s_2 = 0,077$, $s_3 = 0,084$, $s_4 = 0,090$, $s_5 = 0,104$, $s_6 = 0,083$
(b) 0,088 ou 0,09

4-21. 3,5

Capítulo 5

5-1. A distribuição das médias é mais estreita que a distribuição de resultados únicos. O erro padrão da média dos cinco resultados é, consequentemente, menor que o desvio padrão de um único resultado.

5-4.

	A	C	E
$\bar{x}$	0,494	70,19	0,824
s	0,016	0,08	0,051
95% IC	0,494 ± 0,02	70,19 ± 0,20	0,824 ± 0,081

O IC de 95% é o intervalo dentro do qual se espera que a média real fique 95% do tempo.

5.5. Para o Conjunto A, IC = 0,494 ± 0,013; para o Conjunto C, IC = 70,19 ± 0,079; para o Conjunto E, IC = 0,824 ± 0,0088.

5-7. (a) 99% IC = 17,2 ± 7,35 μg mL⁻¹ de Fe; 95% IC = 17,2 ± 5,7 μg mL⁻¹ de Fe
(b) 99% IC = 17,2 ± 5,3 μg mL⁻¹ de Fe; 95% IC = 17,2 ± 4,0 μg mL⁻¹ de Fe
(c) 99% IC = 17,2 ± 3,7 μg mL⁻¹ de Fe; 95% IC = 17,2 ± 2,8 μg mL⁻¹ de Fe

5-9. Para 95% IC, $N \approx 9$; para 99% IC, $N \approx 16$

5-11. (a) 95% IC = 3,22 ± 0,15 mg L⁻¹ de Ca L⁻¹
(b) 95% IC = 3,22 ± 0,06 mg L⁻¹ de Ca L⁻¹

5-13. (a) 10

5-15. Para dois dos elementos, existe uma diferença significativa, mas para três, não existe. Portanto, o réu pode ter bases para clamar a existência de dúvida razoável.

5-17. O valor de 5,6 não pode ser rejeitado no nível de confiança de 95%.

5-19. $H_0: \mu_{corrente} = \mu_{anterior}$; $H_a: \mu_{corrente} > \mu_{anterior}$. O erro de tipo I é rejeitarmos a H_0 quando ela é real e decidirmos que o nível de poluentes é > que o nível anterior quando ele não é. O erro de tipo II é aceitarmos H_0 quando ela é falsa e decidirmos que não há variação no nível quando é > que antes.

5-20. (a) $H_0: \mu_{EIS} = \mu_{EDTA}$, $H_a: \mu_{EIS} \neq \mu_{EDTA}$. O teste de duas caudas. O erro de Tipo I é aquele que decidimos que os métodos concordam entre si quando eles não concordam. O erro de Tipo II é aquele que decidimos que os métodos estão de acordo quando eles não estão.
(c) $H_0: \sigma_X^2 = \sigma_Y^2$; $H_a: \sigma_X^2 < \sigma_Y^2$. Teste de uma cauda. O erro do Tipo I é aquele que decidimos que $\sigma_X^2 < \sigma_Y^2$ quando

ele não é. O erro de Tipo II é aquele que decidimos que $\sigma_X^2 = \sigma_Y^2$ quando $\sigma_X^2 < \sigma_Y^2$.

5-21. (a) $t < t_{crit}$, logo não existe diferença significativa no nível de confiança de 95%.
(b) Diferença significativa no nível de confiança de 95%.
(c) A grande diferença de variabilidade de amostra para amostra faz com que o s_{topo} e o s_{fundo} sejam grandes e mascarem as diferenças.

5-23. Podemos estar entre uma confiança de 99% e 99,9% de que o nitrogênio preparado de duas maneiras é diferente. A probabilidade desta conclusão estar errada é de 0,16%.

5.25. (a)

Fonte	SS	df	MS	F
Entre os sucos	$4 \times 7,715 = 30,86$	$5 - 1 = 4$	$0,913 \times 8,45 = 7,715$	8,45
Nos sucos	$25 \times 0,913 = 22,825$	$30 - 5 = 25$	0,913	
Total	$30,86 + 22,82 = 50,68$	$30 - 1 = 29$		

(b) $H_0: \mu_{marca1} = \mu_{marca2} = \mu_{marca3} = \mu_{marca4} = \mu_{marca5}$; H_a: no mínimo duas das médias diferem.
(c) Os teores médios de ácido ascórbico diferem no nível de confiança de 95%.

5-27. (a) $H_0: \mu_{analista1} = \mu_{analista2} = \mu_{analista3}; \mu_{analista4}$ H_a: no mínimo duas médias diferem.
(b) Os analistas diferem no nível de confiança de 95%.
(c) Diferença significativa entre os analistas 1 e 4, 1 e 3, 2 e 4 e 3 e 4. Nenhuma diferença significativa entre os analistas 1 e 2 e 2 e 3.

5-29. (a) $H_0: \mu_{EIS} = \mu_{EDTA} = \mu_{AA}$; H_a: pelo menos duas das médias diferem.
(b) Concluímos que os três métodos fornecem resultados diferentes no nível de confiança de 95%.
(c) Diferença significativa entre o método AA e a titulação com EDTA. Nenhuma diferença significativa entre o método de titulação com EDTA e o método de EIS, e não existe diferença significativa entre o método AA e o método de EIS.

5-31. (a) Não podemos rejeitar com confiança de 95%.
(b) Podemos rejeitar com confiança de 95%.

Capítulo 6

6-1. Microanálise de constituinte em traços.
6-3. Etapa 1: Identificar a população. Etapa 2: Coletar a amostra bruta. Etapa 3: Reduzir a amostra bruta para amostra de laboratório.
6-5. 2,01%
6-7. (a) 1.437; (b) 3.233; (c) 12.933; (d) 80.833
6-9. (a) 8.714 partículas; (b) 650 g; (c) 0,32 mm
6-11. (a) As concentrações médias variam significativamente de um dia para o outro.
(b) 237,58
(c) Reduzir a variância de amostragem.
6-13. 8
6-15. (b) $y = -29,74x + 92,86$
(d) $pCa_{des} = 2,608$; DP = 0,079; DPR = 0,030
6-17. (a) $m = 0,07014$; $b = 0,008286$
(b) $s_m = 0,00067$; $s_b = 0,004039$; EP = 0,00558
(c) 95% $IC_m = 0,07014 \pm 0,0019$; 95% $IC_b = 0,0083 \pm 0,0112$
(d) $c_{desc} = 5,77$ mmol L^{-1}; $s_{desc} = 0,09$; 95% $IC_{desc} = 5,77 \pm 0,24$ mmol L^{-1}

6-19. (b) $m = -8,456$; $b = 10,83$; DP = 0,0459
(c) $38,7 \pm 1,1$ kcal mol^{-1}
(d) Não há razão para duvidar de que E_A não seja 41,00 kcal mol^{-1} no nível de confiança de 95%.

6-21. (c) 5,2 ppm
6-23. $6,23 \times 10^{-4}$ mol L^{-1}
6-25. (c) Para $k = 2$, LD = 0,14 ng mL^{-1} (nível de confiança de 92,1%); $k = 3$, LD = 0,21 ng mL^{-1} (nível de confiança de 98,3%)
6-27. Média = 96,52; $s_{apurado} = 1,27$; LCS = 98,08; LCI = 94,97; fora do controle no dia 22.

Capítulo 7

7-1. (a) Um *eletrólito forte* ioniza-se totalmente quando dissolvido em água. O HCl é um exemplo de um eletrólito forte.
(c) o *ácido conjugado de uma base* de Brønsted-Lowry é a espécie formada quando uma base de Brønsted-Lowry recebe um próton. O NH_4^+ é o ácido conjugado da base NH_3.
(e) Um *soluto anfiprótico* pode agir como ácido ou como base. Um aminoácido é um exemplo.
(g) A *autoprotólise* é a autoionização de um solvente para produzir tanto um ácido conjugado quanto uma base conjugada.
(i) O *princípio de Le Châtelier* afirma que a posição de um equilíbrio se desloca em uma direção que alivie o estresse aplicado.

7-2. (a) Um *solvente anfiprótico* pode agir tanto como base quanto como ácido. A água é um exemplo.
(c) Um *solvente nivelador* é aquele no qual todos os ácidos (ou bases) de uma série se dissociam totalmente. A água é um exemplo, uma vez que HCl e $HClO_4$ se dissociam completamente.

7-3. Para soluções aquosas diluídas, a concentração de água é tão maior que os outros reagentes que pode ser considerada constante. Portanto, a concentração é incluída na constante de equilíbrio, mas não na expressão da constante de equilíbrio. Assim, sua concentração é incluída na constante de equilíbrio. Para um sólido puro, a concentração das espécies químicas na fase sólida é constante. Desde que exista algum sólido como uma segunda fase, seu efeito no equilíbrio é constante e é incluído na constante de equilíbrio.

7-4.

	Ácido	Base Conjugada
(a)	$H_2PO_4^-$	HPO_4^{2-}
(c)	H_2O	HO^-
(e)	$HOCl$	OCl^-

7-6. (a) $2H_2O \rightleftharpoons H_3O^+ + OH^-$
(c) $2CH_3NH_2 \rightleftharpoons CH_3NH_3^+ + CH_3NH^-$

7-7. (a) $K_b = \dfrac{K_w}{K_a} = \dfrac{1,00 \times 10^{-14}}{2,51 \times 10^{-11}} = \dfrac{[C_6H_5NH_3^+][OH^-]}{[C_6H_5NH_2]} =$
$= 3,98 \times 10^{-4}$

(c) $K_a = \dfrac{[CH_3NH_2][H_3O^+]}{[CH_3NH_3^+]} = 2,3 \times 10^{-11}$

(e) $K_{total} = \dfrac{[H_3O^+]^3[AsO_4^{3-}]}{[H_3AsO_4]} = K_{a1}K_{a2}K_{a3} = 2,0 \times 10^{-21}$

7-8. (a) $K_{ps} = [Cu^+][Br^-]$; (b) $K_{ps} = [Mg^{2+}][CO_3^{2-}]$;
(c) $K_{ps} = [Pb^{2+}][Cl^-]^2$

7-10. (b) $K_{ps} = 4,4 \times 10^{-11}$; (d) $K_{ps} = 3,5 \times 10^{-10}$

7-13. (a) $4,37 \times 10^{-8}$ mol L^{-1}; (b) $1,96$ mol L^{-1}

7-15. (a) $0,0250$ mol L^{-1}; (b) $1,7 \times 10^{-2}$ mol L^{-1};
(c) $2,6 \times 10^{-6}$ mol L^{-1}; (d) $1,8 \times 10^{-2}$ mol L^{-1}

7-17. (a) $PbI_2 > BiI_3 > CuI > AgI$
(b) $PbI_2 > CuI > AgI > BiI_3$
(c) $PbI_2 > BiI_3 > CuI > AgI$

7-20. (a) $[H_3O^+] = 2,24 \times 10^{-3}$ mol L^{-1};
$[OH^-] = 4,5 \times 10^{-12}$ mol L^{-1}
(c) $[OH^-] = 9,09 \times 10^{-3}$ mol L^{-1};
$[H_3O^+] = 1,1 \times 10^{-12}$ mol L^{-1}
(e) $[OH] = 6,32 \times 10^{-6}$ mol L^{-1};
$[H_3O^+] = 1,58 \times 10^{-9}$ mol L^{-1}
(g) $[H_3O^+] = 5,24 \times 10^{-4}$ mol L^{-1};
$[OH^-] = 1,91 \times 10^{-11}$ mol L^{-1}

7-21. (a) $[H_3O^+] = 1,10 \times 10^{-2}$ mol L^{-1}
(b) $[H_3O^+] = 1,17 \times 10^{-8}$ mol L^{-1}
(e) $[H_3O^+] = 1,82 \times 10^{-4}$ mol L^{-1}

7-23. *Capacidade tampão* de uma solução é definida como quantidade de matéria de um ácido forte (ou base forte) que faz um litro de um tampão sofrer uma alteração de 1,00 unidade de pH.

7-25. As soluções são tamponadas com o mesmo pH, mas eles diferem na capacidade de tamponamento com (a) tendo a maior e (c) a menor.

7-26. (a) $C_2H_5NH_3^+/C_2H_5NH_2$ ou $CH_3NH_3^+/CH_3NH_2$
(c) $C_6H_5NH_3^+/C_6H_5NH_2$

7-27. 34,8 g

7-29. 438 mL

Capítulo 8

8-1. (a) *Atividade*, a_A, é a concentração efetiva de uma espécie química A em solução. O *coeficiente de atividade*, γ_A, é o fator numérico necessário para converter a concentração molar de uma espécie química A para atividade: $a_A = \gamma_A[A]$.
(b) A *constante de equilíbrio termodinâmico* se refere a um sistema ideal no qual cada espécie química não é afetada por nenhuma outra. A *constante de equilíbrio em termos de concentração* leva em conta a influência exercida pelas espécies dissolvidas umas sobre as outras. Uma *constante de equilíbrio de concentração* leva em conta a influência exercida pelas espécies de soluto sobre as outras. A constante de equilíbrio termodinâmica independe da força iônica; a constante de equilíbrio de constante depende da força iônica.

8-3. (a) A força iônica deve diminuir.
(b) A força iônica deve ser invariável.
(c) A força iônica deve aumentar.

8-5. A água é uma molécula neutra e sua atividade é igual à sua concentração em todas as forças iônicas baixas a moderadas. Em tais casos, os coeficientes de atividade de íons diminuem com o aumento da força iônica porque a atmosfera circundando os íons faz com que ela perca a efetividade e sua atividade seja menor que sua concentração.

8-7. Multiplicar íons carregados desvia da idealidade mais que íons com carga única.

8-9. (a) 0,10 (c) 1,95

8-10. (a) 0,23 (c) 0,08

8-12. (a) $1,8 \times 10^{-12}$ (c) $9,3 \times 10^{-11}$

8-13. (a) $5,35 \times 10^{-6}$ mol L^{-1} (b) $6,6 \times 10^{-6}$ mol L^{-1}
(c) $2,6 \times 10^{-13}$ mol L^{-1} (d) $1,5 \times 10^{-7}$ mol L^{-1}

8-14. (a) (1) $1,4 \times 10^{-6}$ mol L^{-1} (2) $1,0 \times 10^{-6}$ mol L^{-1}
(b) (1) $2,0 \times 10^{-3}$ mol L^{-1} (2) $1,3 \times 10^{-3}$ mol L^{-1}
(c) (1) $2,7 \times 10^{-5}$ mol L^{-1} (2) $1,0 \times 10^{-5}$ mol L^{-1}
(d) (1) $1,4 \times 10^{-5}$ mol L^{-1} (2) $2,0 \times 10^{-6}$ mol L^{-1}

8-15. (a) (1) $2,2 \times 10^{-4}$ mol L^{-1} (2) $1,8 \times 10^{-4}$ mol L^{-1}
(b) (1) $1,7 \times 10^{-4}$ mol L^{-1} (2) $1,2 \times 10^{-4}$ mol L^{-1}
(c) (1) $3,3 \times 10^{-8}$ mol L^{-1} (2) $6,6 \times 10^{-9}$ mol L^{-1}
(d) (1) $1,3 \times 10^{-3}$ mol L^{-1} (2) $7,8 \times 10^{-4}$ mol L^{-1}

8-16. (a) -16% (c) -36% (e) -43%

8-17. (a) -45%

Capítulo 9

9-2. Em uma equação com somas ou diferenças, a suposição de que a concentração é zero leva a um resultado apropriado. Em uma equação de constante de equilíbrio, multiplicar ou dividir por zero leva a um resultado sem sentido.

9-4. Uma equação de balanço de cargas é derivada relacionando a concentração de cátions e ânions de maneira que a quantidade de matéria de mol L^{-1} das cargas positivas seja igual à quantidade mol L^{-1} de cargas negativas. Para um íon de carga dupla, como o Ba^{2+}, a concentração de carga em cada mol é duas vezes a concentração molar. Para Fe^{3+}, ela é três vezes a concentração molar. Assim, a concentração molar de todas espécies multiplamente carregadas é sempre multiplicada pela carga na equação de balanço de cargas.

9-5 (a) $0,20 = [HF] + [F^-]$
(c) $0,10 = [H_3PO_4] + [H_2PO_4^-] + [HPO_4^{2-}] + [PO_4^{3-}]$
(e) $0,0500 + 0,100 = [HClO_2] + [ClO_2^-]$
(g) $0,100 = [Na^+] = [OH^-] + 2[Zn(OH)_4^{2-}]$
(i) $[Pb^{2+}] = ½([F^-] + [HF])$

9-7. (a) $9,0 \times 10^{-5}$ mol L^{-1} (c) $9,0 \times 10^{-5}$ mol L^{-1}

9-8. (a) $1,9 \times 10^{-4}$ mol L^{-1} (c) $3,1 \times 10^{-5}$ mol L^{-1}

9-9. (a) $1,5 \times 10^{-4}$ mol L^{-1} (b) $1,5 \times 10^{-7}$ mol L^{-1}

9-11. (a) $4,7$ mol L^{-1}

9-12. $5,1 \times 10^{-4}$ mol L^{-1}

9-14. (a) Cu(OH)$_2$ precipita primeiro
(b) $9,8 \times 10^{-10}$ mol L^{-1}
(c) $9,6 \times 10^{-9}$ mol L^{-1}

9-16. (a) $8,3 \times 10^{-11}$ mol L^{-1} (b) $1,4 \times 10^{-11}$ mol L^{-1}
(c) $1,3 \times 10^4$ (d) $1,3 \times 10^4$

9-18. 3,754 g

9-20. (a) 0,0101 mol L^{-1}; 49% (b) $7,14 \times 10^{-3}$; 70%

Capítulo 10

10-1. (a) *A digestão* é um processo no qual um precipitado é aquecido na presença da solução a partir da qual foi formada (*água-mãe*). A digestão melhora a pureza e a filtrabilidade do precipitado.

(c) Na *reprecipitação*, o precipitado sólido que foi filtrado é redissolvido e reprecipitado. Como a concentração de impurezas é menor na nova solução, o segundo precipitado contém menos impurezas coprecipitadas.

(e) A *camada de contraíon* é uma camada de uma solução rodeando uma partícula carregada que contém um excesso suficiente de íons com cargas contrárias para balancear a carga superficial de excesso de soluto.

(g) A *supersaturação* é um estado instável no qual uma solução contém uma concentração mais alta de soluto que uma solução saturada. A supersaturação é atenuada pela precipitação do soluto em excesso.

10-2. (a) Um *precipitado coloidal* consiste em partículas sólidas com dimensões que são menores que 10^{-4} cm. Um *precipitado cristalino* é composto por partículas sólidas com dimensões que são pelo menos de 10^{-4} cm ou mais. Consequentemente, sólidos cristalinos assentam rapidamente, enquanto precipitados coloidais continuam suspensos na solução, a menos que sejam induzidos a se aglomerarem.

(c) Na *precipitação*, uma fase sólida se forma e é carregada para fora da solução quando o produto de solubilidade de uma espécie química é excedido. Na *coprecipitação*, normalmente os compostos solúveis são carregados da solução durante a formação de precipitado.

(e) A *oclusão* é um tipo de coprecipitação na qual o composto é aprisionado dentro de uma cavidade formada durante a formação rápida de cristais. *Formação de cristais mistos ou solução sólida* também é um tipo de coprecipitação na qual um íon contaminante substitui um íon na rede cristalina.

10-3. Um *agente quelante* é um composto orgânico que contém dois ou mais grupos doadores de elétrons localizados em tal configuração que anéis de cinco ou seis membros são formados quando o grupo doador complexa um cátion.

10-5. (a) carga positiva (b) Ag^+ adsorvido (c) íons NO_3^-

10-7. Na *peptização*, um coloide coagulado retorna ao seu estado dispersado natural por causa de uma diminuição na concentração de eletrólito da solução em contato com o precipitado. A peptização pode ser evitada lavando-se o coloide com uma solução de eletrólito em vez de água pura.

10-9. (a) massa de SO_2 = massa de $BaSO_4 \times \dfrac{\mathcal{M}_{SO_2}}{\mathcal{M}_{BaSO_4}}$

(c) massa de In = massa de $In_2O_3 \times \dfrac{2\mathcal{M}_{In}}{\mathcal{M}_{In_2O_3}}$

(e) massa de CuO = massa de $Cu_2(SCN)_2 \times \dfrac{2\mathcal{M}_{CuO}}{\mathcal{M}_{Cu_2(SCN)_2}}$

(i) massa de $Na_2B_4O_7 \cdot 10H_2O$ =
massa $B_2O_3 \times \dfrac{\mathcal{M}_{Na_2B_4O_7 \cdot 10H_2O}}{2\mathcal{M}_{B_2O_3}}$

10-10. 57,16%
10-12. 0,786 g
10-14. 0,178 g
10-18. 17,23%
10-20. 44,58%
10-22. 34,03%
10-24. 0,550 g
10-26. (a) 0,209 g (b) 0,432 g (c) 0,355 g
10-28. 4,72% Cl^- e 27,05% I^-
10-30. 0,764 g
10-32. (a) 0,369 g (b) 0,0149 g

Capítulo 11

11-1. (a) O *milimol* é uma quantidade de uma espécie elementar, como um átomo, um íon, uma molécula ou um elétron. Um milimol contém $6,02 \times 10^{20}$ partículas.

(c) A *razão estequiométrica* é a razão molar entre duas espécies em uma reação química balanceada.

11-3. (a) O *ponto de equivalência* em uma titulação é aquele ponto no qual foi adicionado titulante suficiente de tal forma que estejam presentes quantidades estequiometricamente equivalentes de analito e de titulante. O *ponto final* é o ponto no qual um sinal de variação química sinaliza o ponto de equivalência.

11-5. (a) $\dfrac{1 \text{ mol } H_2NNH_2}{2 \text{ mol } I_2}$ (c) $\dfrac{1 \text{ mole } Na_2B_4O_7 \cdot 10H_2O}{2 \text{ moles } H^+}$

11-7. (a) 0,233 (b) 11,34 (c) 0,820 (d) 11,00
11-9. (a) 1,51 g (b) 0,00302 g (c) 0,058 g (d) 0,0776 g
11-11. 3,03 mol L^{-1}
11-13. (a) Dissolva 23,70 g de $KMnO_4$ em água e dilua para 1,00 L.
(b) Dilua 139 mL de reagente concentrado (9,00 mol L^{-1}) para 2,50 L.
(c) Dissolva 2,78 g de MgI_2 em água e leve para um volume total de 400 mL.
(d) Dilua 57,5 mL da solução 0,218 mol L^{-1} para um volume de 200 mL.
(e) Dilua 16,9 mL do reagente concentrado para 1,50 L.
(f) Dissolva 42,4 mg de $K_4Fe(CN)_6$ em água e dilua para 1,50 L.

11-15. 0,1281 mol L^{-1}
11-17. 0,2790 mol L^{-1}
11-19. 0,1146 mol L^{-1}
11-21. 165,6 ppm
11-23. 7,317%
11-25. 0,6718 g
11-27. (a) 0,02966 mol L^{-1} (b) 47,59%
11-29. (a) 0,0135 mol L^{-1} (b) 0,0135 mol L^{-1}
(c) $4,038 \times 10^{-2}$ mol L^{-1} (d) 0,374%
(e) 1,0095 mmol (f) 526 ppm

Capítulo 12

12-1. Por causa da sensibilidade limitada dos olhos, a mudança de cor requer, grosseiramente, um excesso de cerca de dez vezes de uma ou outra forma do indicador. Esta variação de cor corresponde a uma variação de pH da unidade $pK_a \pm 1$ pH do indicador, uma faixa total de 2 unidades de pH.

12-3. (a) O pH inicial da solução de NH_3 será menor que para a solução contendo NaOH. Com a primeira adição de titulante o pH da solução de NH_3 diminuirá rapidamente e então se nivelará e se tornará aproximadamente constante até a metade da titulação. Em contraste, as adições de ácido padrão à solução de NaOH fará com que o pH da solução de NaOH diminua gradualmente e aproximadamente de forma linear até a aproximação do ponto de equivalência. O ponto de equivalência para a solução de NH_3 será bem abaixo de 7, enquanto para a solução de NaOH ele será exatmente 7.

(b) Após o ponto de equivalência, o pH é determinado pelo excesso de titulante. Portanto, as curvas tornam-se idênticas nesta região.

12-5. Temperatura, força iônica, a presença de solventes orgânicos e partículas de coloides.

12-6. (a) NaOCl (c) metilamina

12-7. (a) ácido iódico (c) ácido pirúvico

12-9. 3,19

12-11. (b) 13,26

12-12. (b) 11,44

12-13. 0,078

12-15. 7,04

12-17. (a) 2,13 (b) 1,74 (c) 9,22 (d) 9,08

12-19. (a) 1,30 (b) 1,37

12-21. (a) 4,26 (b) 4,76 (c) 5,76

12-23. (a) 11,12 (b) 10,62 (c) 9,53

12-25. (a) 12,04 (b) 11,48 (c) 9,97

12-27. (a) 1,98 (b) 2,48 (c) 3,56

12-29. (a) 2,44 (b) 8,32 (c) 12,52 (d) 3,90

12-31. (a) 9,02 (b) 9,12

12-33. (a) 8,77 (b) 12,20 (c) 10,11 (d) 5,66

12-34. (a) 0,00 (c) −1,000 (e) −0,500 (g) 0,000

12-35. (a) −5,00 (b) −0,097 (e) −3,369 (d) −0,017

12-37. (b) −0,141

12-39. O violeta de cresol (faixa de 7,6 a 9,2, Tabela 12-1) seria adequado.

12-41.

Vol, mL	(a) pH	(c) pH
0,00	2,09	2,44
5,00	2,38	2,96
15,00	2,82	3,50
25,00	3,17	3,86
40,00	3,76	4,46
45,00	4,11	4,82
49,00	4,85	5,55
50,00	7,92	8,28
51,00	11,00	11,00
55,00	11,68	11,68
60,00	11,96	11,96

12-43.

Vol, mL	(a) pH	(c) pH
0,00	2,51	4,26
5,00	2,62	6,57
15,00	2,84	7,15
25,00	3,09	7,52
40,00	3,60	8,12
45,00	3,94	8,48
49,00	4,66	9,21
50,00	7,28	10,11
51,00	10,00	11,00
55,00	10,68	11,68
60,00	10,96	11,96

12-44. (a) $\alpha_0 = 0{,}215$; $\alpha_1 = 0{,}785$
(c) $\alpha_0 = 0{,}769$; $\alpha_1 = 0{,}231$
(e) $\alpha_0 = 0{,}917$; $\alpha_1 = 0{,}083$

12-45. 0,105 mol L^{-1}

12-47. As entradas em negrito são pontos de dados faltantes

Ácido	c_T	pH	[HA]	[A$^-$]	α_0	α_1
Lático	0,120	**3,61**	**0,0768**	**0,0432**	0,640	**0,360**
Butanoico	**0,162**	5,00	0,644	**0,0979**	0,397	0,604
Sulfâmico	0,250	1,20	**0,095**	0,155	0,380	0,620

Capítulo 13

13-1. O NaHA não é apenas um doador de próton, ele também é a base conjugada do ácido pai H_2A. Para calcular o pH de soluções desse tipo, é necessário levar em conta os equilíbrios tanto ácido quanto básico.

13-4. A espécie HPO_4^{2-} é um ácido tão fraco ($K_{a3} = 4{,}5 \times 10^{-13}$) que a variação do pH na vizinhança do terceiro ponto de equivalência é muito pequena para ser observada.

13-5. (a) ácido (c) neutro (e) básico (g) neutro

13-6. O verde de bromocresol seria satisfatório.

13-8. O H_3PO_4 poderia ser determinado com verde de bromocresol como um idicador. Uma titulação com fenoftaleína forneceria a quantidade de matéria em milimols de NaH_2PO_4 mais duas vezes a quantidade de matéria em milimols de H_3PO_4. A quantidade de NaH_2PO_4 é obtida da diferença no volume para as duas titulações.

13-9. (a) Violeta de cresol (c) Violeta de cresol
(e) Verde de bromocresol (g) Fenolftaleína

13-10. (a) 1,86 (c) 1,64 (e) 4,21

13-11. (a) 4,71 (c) 4,28 (e) 9,80

13-12. (a) 12,32 (c) 9,70 (e) 12,58

13-14. (a) 2,42 (b) 7,51 (c) 9,43 (d) 3,66 (e) 3,66

13-16. (a) 1,89 (b) 1,54 (c) 12,58 (d) 12,00

13-18. (a) $[H_2S]/[HS^-] = 0{,}010$
(b) $[BH^+]/[B] = 8{,}5$
(c) $[H_2AsO_4^-]/[HAsO_4^{2-}] = 9{,}1 \times 10^{-3}$
(d) $[HCO_3^-]/[CO_3^{2-}] = 21$

13-20. 49,0 g

13-22. (a) 5,47 (b) 2,92

13-24. Misture 366 mL de H_3PO_4 com 634 mL de NaOH.

13-28. O volume do primeiro ponto final teria de ser menor que a metade do volume total para o segundo ponto final porque, na titulação do primeiro ao segundo ponto final, ambos os analitos são titulados, enquanto para o primeiro ponto final, apenas o H_3PO_4 é titulado.

13-32. (a) $\dfrac{[H_3AsO_4][HAsO_4^{2-}]}{[H_2AsO_4^-]^2} = 1{,}9 \times 10^{-5}$

(b) $\dfrac{[AsO_4^{3-}][H_2AsO_4^-]}{[HAsO_4^{2-}]^2} = 2{,}9 \times 10^{-5}$

13-34.

	pH	D	α_0	α_1	α_2	α_3
(a)	2,00	$1,112 \times 10^{-4}$	0,899	0,101	$3,94 \times 10^{-5}$	
	6,00	$5,500 \times 10^{-9}$	$1,82 \times 10^{-4}$	0,204	0,796	
	10,00	$4,379 \times 10^{-9}$	$2,28 \times 10^{-12}$	$2,56 \times 10^{-5}$	1,000	
(c)	2,00	$1,075 \times 10^{-6}$	0,931	$6,93 \times 10^{-2}$	$1,20 \times 10^{-4}$	$4,82 \times 10^{-9}$
	6,00	$1,882 \times 10^{-14}$	$5,31 \times 10^{-5}$	$3,96 \times 10^{-2}$	0,685	0,275
	10,00	$5,182 \times 10^{-15}$	$1,93 \times 10^{-16}$	$1,44 \times 10^{-9}$	$2,49 \times 10^{-4}$	1,000
(e)	2,00	$4,000 \times 10^{-4}$	0,250	0,750	$1,22 \times 10^{-5}$	
	6,00	$3,486 \times 10^{-9}$	$2,87 \times 10^{-5}$	0,861	0,139	
	10,00	$4,863 \times 10^{-9}$	$2,06 \times 10^{-12}$	$6,17 \times 10^{-4}$	0,999	

Capítulo 14

14-1. O ácido nítrico é um agente oxidante e pode reagir com espécies redutíveis nas titulações.

14-3. O dióxido de carbono não está fortemente ligado por moléculas de água e é volatilizado da solução aquosa por breve fervura. Quando dissolvido em água, as moléculas de HCl estão completamente dissociadas em H_3O^+ e Cl^-, que não são volatizadas.

14-5. Inicialmente, a massa molecular mais alta do $KH(IO_3)_2$ significa que o erro relativo na massa é menor que do ácido benzoico. Em segundo lugar, o $KH(IO_3)_2$ é um ácido forte e o ácido benzoico não é.

14-7. Se a solução de NaOH é usada para titulações com um indicador de faixa ácida, o CO_3^{2-} na solução básica consome dois íons H_3O^+, o mesmo que dois hidróxidos perdidos formando Na_2CO_3.

14-9. (a) Dissolva 11 g de KOH em água e dilua para 2,00 L.
(b) Dissolva 6,3 g de $Ba(OH)_2 \cdot 8H_2O$ em água e dilua para 2,00 L.
(c) Dilua 90 mL de reagente para 2,00 L.

14-11. (a) 0,1077 mol L^{-1} (b) $s = 0,00061$, CV = 0,57%
(c) Rejeite 1,0862 em um nível de confiança de 95% mas mantenha a 99% de NC.

14-13. Erro = −29%

14-15. (a) 0,01535 mol L^{-1} (b) 0,04175 mol L^{-1}
(c) 0,03452 mol L^{-1}

14-17.

mL HCl	DP de TRIS	DP de Na_2CO_3	DP de $Na_2B_4O_7 \cdot H_2O$
20,00	0,00004	0,00007	0,00003
30,00	0,00003	0,00006	0,00002
40,00	0,00002	0,00005	0,00001
50,00	0,00002	0,00004	0,00001

14-19. 0,1214 g $(100 \text{ mL})^{-1}$

14-21. (a) 46,55% (b) 88,23% (c) 32,21% (d) 10,00%

14-23. 23,7%

14-25. 7,216%

14-27. Provavelmente o $MgCO_3$ com uma massa molar de 84,31.

14-29. $3,35 \times 10^3$ ppm

14-31. 6,333%

14-33. 22,16%

14-35. 3,93%

14-37. (a) 10,09% (b) 21,64% (c) 47,61% (d) 35,81%

14-39. 15,23% $(NH_4)_2SO_4$ e 24,39% NH_4NO_3

14-41. 28,56% de $NaHCO_3$; 45,85% de Na_2CO_3 e 25,59% de H_2O.

14-43. (a) 12,93 mL (b) 16,17 mL
(c) 24,86 mL (d) 22,64 mL

14-45. (a) 4,31 mg mL^{-1} de NaOH
(b) 7,985 mg mL^{-1} de $NaHCO_3$ e 4,358 mg mL^{-1} de Na_2CO_3
(c) 3,455 mg mL^{-1} de Na_2CO_3 e 4,396 mg mL^{-1} de NaOH
(d) 8,215 mg mL^{-1} de Na_2CO_3
(e) 13,462 mg mL^{-1} de $NaHCO_3$

14-47. (a) 126,066 (b) 63,03

Capítulo 15

15-1. (a) Um *ligante* é uma espécie que contém um ou mais grupos doadores de par de elétrons para formar ligações com íons metálicos.
(c) Um *agente quelante tetradentado* contém quatro pares de elétrons doadores localizados em posições que podem todos se ligar ao íon metálico, assim formando dois anéis.
(e) *Titulações argentométricas* são baseadas na formação de precipitados com soluções padrão de nitrato de prata.
(g) Em uma *titulação de deslocamento de EDTA*, um excesso não medido de uma solução contendo complexo de magnésio ou zinco com EDTA é introduzido em uma solução de analito que forma um complexo mais estável que aquele de magnésio ou zinco. Os íons de magnésio ou zinco liberados são então titulados com uma solução padrão de EDTA.

15-3. A titulação direta (1), a retrotitulação (2) e a titulação de deslocamento (3). O método (1) é simples e rápido, mas requer um reagente padrão. O método (2) é vantajoso para aqueles metais que reagem muito lentamente com EDTA ou com amostras que formam precipitados. O método (3) é particularmente útil onde não estão disponíveis indicadores adequados para a titulação direta.

15-4. (a)

$$Ag^+ + S_2O_3^{2-} \rightleftharpoons Ag(S_2O_3)^- \quad K_1 = \frac{[Ag(S_2O_3)^-]}{[Ag^+][S_2O_3^{2-}]}$$

$$Ag(S_2O_3)^- + S_2O_3^{2-} \rightleftharpoons Ag(S_2O_3)_2^{3-}$$

$$K_2 = \frac{[Ag(S_2O_3)_2^{3-}]}{[Ag(S_2O_3)_2^-][S_2O_3^{3-}]}$$

15-5. A constante de formação global, β_n, é igual ao produto das constantes individuais por etapa.

15-7. O método de Fajans envolve uma titulação direta, enquanto uma titulação de Volhard requer duas soluções padrão e uma etapa de filtração.

15-9. Nos estágios iniciais de uma titulação, um dos íons de rede está em excesso e sua carga determina o sinal da carga da partícula. Após o ponto de equivalência, o íon de carga oposta está em excesso e determina o sinal da carga.

15-11. (a) $\alpha_1 = \dfrac{K_a}{[H^+] + K_a}$

(b) $\alpha_2 = \dfrac{K_{a1}K_{a2}}{[H^+]^2 + K_{a1}[H^+] + K_{a1}K_{a2}}$

(c) $\alpha_3 = \dfrac{K_{a1}K_{a2}K_{a3}}{[H^+]^3 + K_{a1}[H^+]^2 + K_{a1}K_{a2}[H^+] + K_{a1}K_{a2}K_{a3}}$

15-13. $\beta_3' = (\alpha_2)^3 \beta_3 = \dfrac{[Fe(Ox)_3^{3-}]}{[Fe^{3+}](c_T)^3}$

15-15. $\beta_n = \dfrac{[ML_n]}{[M][L]^n}$

Tomando o logaritmo de ambos os lados, obtemos $\beta_n = \log[ML_n] - \log[M] - n\log[L]$.
Convertendo o lado direito em função p, $\log \beta_n = pM + npL - pML_n$.

15-17. 0,00918 mol L^{-1}

15-19. (a) 32,28 mL (b) 14,98 mL (c) 32,28 mL

15-20. (a) 34,84 mL (c) 45,99 mL (e) 32,34 mL

15-21. 3,244%

15-23. (a) 51,78 mL (c) 10,64 mL (e) 46,24 mL

15-25. (a) 44,70 mL (c) 14,87 mL

15-27. 1,216%

15-29. 184,0 ppm de Fe^{3+} e 213,1 ppm de Fe^{2+}

15-31. 55,16% de Pb e 44,86% de Cd

15-33. 83,75% de ZnO e 0,230% de Fe$_2$O$_3$

15-34. 31,48% de NaBr e 48,57% de NaBrO$_3$

15-36. 13,72% de Cr, 56,82% de Ni e 27,44% de Fe

15-38. (a) $4,7 \times 10^9$ (b) $1,1 \times 10^{12}$ (c) $7,5 \times 10^{13}$

15-42. (a) 570,5 ppm (b) 350,5 ppm (c) 185,3 ppm

Capítulo 16

16-1. (a) A *oxidação* é um processo no qual a espécie perde um ou mais elétrons.

(c) Uma *ponte salina* é um dispositivo que provê contato elétrico, mas evita a mistura de soluções diferentes na célula eletroquímica.

(e) A *equação de Nernst* relaciona o potencial às concentrações (estritamente, atividades) dos participantes de uma semicélula eletroquímica.

16-2. (a) O *potencial de eletrodo* é o potencial de uma célula eletroquímica na qual o eletrodo padrão de hidrogênio atua como eletrodo de referência à esquerda e a semicélula de interesse, à direita.

(c) O *potencial padrão de eletrodo* é o potencial de uma célula consistindo em uma semirreação de interesse à direita e um eletrodo padrão de hidrogênio à esquerda. As atividades de todos os participantes na semirreação são especificadas como tendo o valor unitário.

16-3. (a) A *oxidação* é o processo segundo o qual uma substância perde elétrons; um *agente oxidante* provoca a perda de elétrons.

(c) O *catodo* é o eletrodo no qual ocorre a redução. O *eletrodo da direita* é o eletrodo à direita no diagrama da célula.

(e) O *potencial padrão de eletrodo* é o potencial de uma célula na qual o eletrodo padrão de hidrogênio atua como um eletrodo de referência à esquerda e todos os participantes no processo à direita têm atividade unitária. O *potencial formal* é diferente, porque as *concentrações* molares de todos os reagentes e produtos são unitárias e as concentrações das outras espécies na solução são cuidadosamente especificadas.

16-4. O primeiro potencial padrão é para a solução saturada com I$_2$, que tem uma atividade de I$_2(aq)$ significantemente menor do que um. O segundo potencial é para a semicélula *hipotética* na qual a atividade do I$_2(aq)$ é unitária.

16-5. Mantenha a solução saturada com H$_2(g)$. Somente então a atividade do hidrogênio é constante e o potencial de eletrodo é constante e reprodutível.

16-7. (a) $2Fe^{3+} + Sn^{2+} \to 2Fe^{2+} + Sn^{4+}$

(c) $2NO_3^- + Cu(s) + 4H^+ \to 2NO_2(g) + 2H_2O + Cu^{2+}$

(e) $Ti^{3+} + Fe(CN)_6^{3-} + H_2O \to TiO^{2+} + Fe(CN)_6^{4-} + 2H^+$

(g) $2Ag(s) + 2I^- + Sn^{4+} \to 2AgI(s) + Sn^{2+}$

(i) $5HNO_2 + 2MnO_4^- + H^+ \to 5NO_3^- + 2Mn^{2+} + 3H_2O$

16-8. (a) Agente oxidante Fe^{3+}; Fe^{3+} + e$^-$ ⇌ Fe^{2+}; Agente redutor Sn^{2+}; Sn^{2+} ⇌ Sn^{4+} + 2e$^-$

(c) Agente oxidante NO$_3^-$; NO$_3^-$ + 2H$^+$ + e$^-$ ⇌ NO$_2(g)$ + H$_2$O; Agente redutor Cu; Cu(s) ⇌ Cu^{2+} + 2e$^-$

(e) Agente oxidante Fe(CN)$_6^{3-}$; Fe(CN)$_6^{3-}$ + e$^-$ ⇌ Fe(CN)$_6^{4-}$; Agente redutor Ti^{3+}; Ti^{3+} + H$_2$O ⇌ TiO^{2+} + 2H$^+$ + e$^-$

(g) Agente oxidante Sn^{4+}; Sn^{4+} + 2e$^-$ ⇌ Sn^{2+}; Agente redutor Ag; Ag(s) + I$^-$ ⇌ AgI(s) + e$^-$

(i) Agente oxidante MnO$_4^-$; MnO$_4^-$ + 8H$^+$ + 5e$^-$ ⇌ Mn^{2+} + 4H$_2$O
Agente redutor HNO$_2$; HNO$_2$ + H$_2$O ⇌ NO$_3^-$ + 3H$^+$ + 2e$^-$

16-9. (a) $MnO_4^- + 5VO^{2+} + 11H_2O \to Mn^{2+} + 5V(OH)_4^+ + 2H^+$

(c) $Cr_2O_7^{2-} + 3U^{4+} + 2H^+ \to 2Cr^{3+} + 3UO_2^{2+} + H_2O$

(e) $IO_3^- + 5I^- + 6H^+ \to 3I_2 + 3H_2O$

(g) $HPO_3^{2-} + 2MnO_4^- + 3OH^- \to PO_4^{3-} + 2MnO_4^{2-} + 2H_2O$

(i) $V^{2+} + 2V(OH)_4^+ + 2H^+ \to 3VO^{2+} + 5H_2O$

16-11. (a) AgBr(s) + e$^-$ ⇌ Ag(s) + Br$^-$ V^{2+} ⇌ V^{3+} + e$^-$
Ti^{3+} + 2e$^-$ ⇌ Ti$^+$ Fe(CN)$_6^{4-}$ ⇌ Fe(CN)$_6^{3-}$ + e$^-$
V^{3+} + e$^-$ ⇌ V^{2+} Zn ⇌ Zn^{2+} + 2e$^-$
Fe(CN)$_6^{3-}$ + e$^-$ ⇌ Fe(CN)$_6^{4-}$ Ag(s) + Br$^-$ ⇌ AgBr(s) + e$^-$
S$_2$O$_8^{2-}$ + 2e$^-$ ⇌ 2SO$_4^{2-}$ Ti$^+$ ⇌ Ti^{3+} + 2e$^-$

(b), (c)	E^0
S$_2$O$_8^{2-}$ + 2e$^-$ ⇌ 2SO$_4^{2-}$	2,01
Ti^{3+} + 2e$^-$ ⇌ Ti$^+$	1,25
Fe(CN)$_6^{3-}$ + e$^-$ ⇌ Fe(CN)$_6^{4-}$	0,36
AgBr(s) + e$^-$ ⇌ Ag(s) + Br$^-$	0,073
V^{3+} + e$^-$ ⇌ V^{2+}	−0,256
Zn^{2+} + 2e$^-$ ⇌ Zn(s)	−0,763

16-13. (a) 0,295 V (b) 0,193 V (c) −0,149 V
(d) 0,061 V (e) 0,002 V

16-16. (a) 0,75 V (b) 0,192 V (c) −0,385 V
(d) 0,175 V (e) 0,177 V (f) 0,86 V

16-18. (a) −0,281 V, anodo (b) −0,089 V, anodo
(c) 1,016 V, catodo (d) 0,165 V, catodo
(e) 0,012 V, catodo

16-20. 0,390 V

16-22. −0,96 V

16-24. −1,25 V

16-25. 0,13 V

Capítulo 17

17-1. O potencial de eletrodo de um sistema que contém dois ou mais pares redox é o potencial de eletrodo de todos os processos de semicélulas em equilíbrio no sistema.

17-2. (a) O *equilíbrio* é o estado que o sistema assume após cada adição de reagente. A *equivalência* refere-se a um estado de equilíbrio particular, onde uma quantidade estequiométrica de titulante foi adicionada.

17-4. Antes do ponto de equivalência, os dados de potencial são computados a partir do potencial padrão do analito e das concentrações analíticas do analito e do produto. Dados após o ponto de equivalência são baseados no potencial padrão do titulante e sua concentração analítica. O potencial do ponto de equivalência é calculado por meio dos dois potenciais padrão e da relação estequiométrica entre analito e titulante.

17-6. Uma curva de titulação assimétrica será encontrada sempre que o titulante e o analito reagirem em proporções diferentes de 1:1.

17-8. (a) 0,420 V, oxidação à esquerda, redução à direita.
(b) 0,029 V, oxidação à esquerda, redução à direita.
(c) 0,416 V, oxidação à esquerda, redução à direita.
(d) −0,393 V, redução à esquerda, oxidação à direita.
(e) −0,204 V, redução à esquerda, oxidação à direita.
(f) 0,726 V, oxidação à esquerda, redução à direita.

17-9. (a) 0,620 V (c) −0,333 V

17-11. (a) $2,2 \times 10^{17}$ (c) 3×10^{22}
(e) 9×10^{37} (g) $2,4 \times 10^{10}$

17-14. (a) fenossafranina
(c) tetrassulfonato índigo ou azul de metileno
(e) erioglaucina A (g) nenhum

Capítulo 18

18-1. (a) $2Mn^{2+} + 5S_2O_8^{2-} + 8H_2O \rightarrow 10SO_4^{2-} + 2MnO_4^- + 16H^+$
(c) $H_2O_2 + U^{4+} \rightarrow UO_2^{2+} + 2H^+$
(e) $2MnO_4^- + 5H_2O_2 + 6H^+ \rightarrow 5O_2 + 2Mn^{2+} + 8H_2O$

18-2. Somente na presença de íon Cl⁻ a Ag é um agente redutor suficientemente bom para ser muito útil em pré-reduções.

18-4. As soluções padrão de redutores são susceptíveis à oxidação do ar.

18-6. Soluções recentemente preparadas de permanganato de potássio são inevitavelmente contaminadas com pequenas quantidades de dióxido de manganês sólido, que catalisa as decomposições adicionais do íon permanganato.

18-8. As soluções de $K_2Cr_2O_7$ são usadas extensivamente para soluções de retrotitulação de Fe^{2+} quando este último estiver sendo usado com um redutor padrão para a determinação de agentes oxidantes.

18-10. Quando um volume medido de uma solução padrão de KIO_3 é introduzido em uma solução ácida contendo um excesso de íon iodeto, uma quantidade conhecida de iodo é produzida como um resultado de:

$$IO_3^- + 5I^- + 6H^+ \rightarrow 3I_2 + 3H_2O$$

18-12. O amido se decompõe na presença de altas concentrações de iodo para levar a produtos que não se comportam satisfatoriamente como indicadores. O atraso da adição do amido até que a concentração de iodo seja muito pequena previne esta reação.

18-13. (a) 0,1238 mol L⁻¹ (c) 0,02475 mol L⁻¹
(e) 0,03094 mol L⁻¹

18-14. Dissolva 8,350 g de $KBrO_3$ em água e dilua para 1,000 L.

18-16. 0,1147 mol L⁻¹

18-18. 81,71%

18-20. 0,0266 mol L⁻¹

18-22. 1,202%

18-24. 2,056%

18-26. 11,2 ppm

18-28. 0,0426 mg mL⁻¹ de amostra

Capítulo 19

19-1. (a) Um *eletrodo indicador* é um eletrodo usado em potenciometria que responde à variação da atividade de uma molécula ou íon do analito.
(c) Um *eletrodo do primeiro tipo* é um eletrodo metálico que responde à atividade de seu cátion em solução.

19-2. (a) Um *potencial de junção líquida* é o potencial que se desenvolve na interface entre duas soluções que apresentam composições eletrolíticas diferentes.
(c) O *potencial assimétrico* é um potencial que se desenvolve através de uma membrana sensível a íon quando as concentrações do íon são as mesmas em ambos os lados da membrana. Este potencial surge das dissimilaridades entre a superfície mais interna e a superfície mais externa da membrana.

19-3. (a) Uma titulação é geralmente mais exata que as medidas de potencial de eletrodo. Consequentemente, se for necessária uma exatidão de ppt, deve-se escolher uma titulação.
(b) Os potenciais de eletrodo estão relacionados à atividade do analito. Portanto, escolha medidas de potencial de eletrodo se a atividade for a quantidade desejada.

19-5. O potencial surge das diferenças nas posições dos equilíbrios de dissociação em cada uma das duas superfícies. Esses equilíbrios são descritos por

$$\underset{\text{membrana}}{H^+Gl^-} \rightleftharpoons \underset{\text{solução}}{H^+} + \underset{\text{membrana}}{Gl^-}$$

A superfície exposta à solução tendo maior concentração de H⁺ torna-se positiva em relação à outra superfície. Essa diferença de carga, ou potencial, serve como parâmetro analítico quando o pH da solução em um lado da membrana é mantido constante.

19-7. As incertezas incluem (1) o erro ácido em soluções altamente ácidas, (2) o erro alcalino em soluções fortemente básicas, (3) o erro que surge quando a força iônica dos padrões de calibração diferem da força iônica da solução do analito, (4) incertezas no pH das soluções tampão padrão, (5) potenciais de junção não reprodutíveis em soluções de baixa força iônica, e (6) desidratação da superfície ativa do eletrodo de trabalho.

19-9. O *erro alcalino* surge quando um eletrodo de vidro é empregado para medir o pH de uma solução com pH entre 10 e 12 ou maior. Na presença de íons alcalinos, a superfície de vidro passa a responder não somente aos íons hidrogênio, mas também aos íons de metais alcalinos. Em decorrência, os valores de pH medidos são menores.

19-11. **(b)** O *potencial de junção* para um eletrodo de membrana é um potencial que se desenvolve quando a membrana separa duas soluções que têm diferentes concentrações de um cátion ou um ânion que a membrana liga seletivamente.

(d) A membrana em um eletrodo de F^- no estado sólido é LaF_3 cristalina, que, quando imerso em solução aquosa, se dissocia de acordo com a equação

$$LaF_3(s) \rightleftharpoons La^{3+} + 3F^-$$

Um potencial de junção se desenvolve através da membrana quando ela separa duas soluções de concentração de F^-.

19-12. A determinação potenciométrica direta de pH fornece uma medida da atividade de equilíbrio dos íons hidrônio na amostra. A titulação potenciométrica fornece informação da quantidade de prótons reativos, ionizados ou não presentes na amostra.

19-15. **(a)** 0,354 V
(b) $SCE \| IO_3^-$ (x mol L^{-1}), $AgIO_3$(sat)$|Ag$
(c) $(E_{cél} - 0,110)/0,0592$
(d) 3,31

19-17. **(a)** $SCE \| I^-$ (x mol L^{-1}), AgI (sat)$|Ag$
(c) $SCE \| PO_4^{3-}$ (x mol L^{-1}), Ag_3PO_4 (sat)$|Ag$

19-19. **(a)** 3,36
(c) 2,43

19-20. 6,32

19-21. **(a)** 12,47; $3,42 \times 10^{-13}$ mol L^{-1}
(b) 5,47; $3,41 \times 10^{-6}$ mol L^{-1}
(c) Para (a), o pH deve ser de 12,43 a 12,50 e a_{H^+} na faixa de 3,17 a $3,70 \times 10^{-13}$ mol L^{-1}.
Para (b), o pH deve ser de 5,43 a 5,50 e a_{H^+} na faixa de $3,16 \times 10^{-6}$ a $3,69 \times 10^{-6}$ mol L^{-1}.

19-22. 173,7 g mol^{-1}

19-26. $3,5 \times 10^{-4}$ mol L^{-1}

Capítulo 20

20-1. **(a)** Na *polarização de concentração* a corrente em uma célula eletroquímica é limitada pela velocidade na qual os reagentes são levados ou removidos da superfície de um ou de ambos os eletrodos. Na *polarização cinética* a corrente é limitada pela velocidade na qual elétrons são transferidos entre as superfícies dos eletrodos e os reagentes na solução.
(c) A *difusão* é o movimento de espécies sob a influência de um gradiente de concentração. A *migração* é o movimento de um íon sob a influência de uma força eletrostática de atração ou repulsão.
(e) O *circuito de eletrólise* consiste em um eletrodo de trabalho e um contraeletrodo. O *circuito de controle* regula o potencial aplicado, de tal forma que o potencial entre o eletrodo de trabalho e o eletrodo de referência no circuito de controle seja constante e em um nível desejado.

20-2. **(a)** O *potencial ôhmico*, ou a queda de *IR*, de uma célula é o produto da corrente na célula em ampères e a resistência da célula em ohms.
(c) Na *eletrólise de potencial controlado*, o potencial aplicado à célula é continuamente ajustado para manter um potencial constante entre o eletrodo de trabalho e um eletrodo de referência.
(e) A *eficiência de corrente* é a medida da concordância entre o número de Faradays de corrente e o número de mols do reagente oxidado ou reduzido em um eletrodo de trabalho.

20-3. A *difusão* surge das diferenças de concentração entre a superfície do eletrodo e o volume de solução. A *migração* resulta da atração ou repulsão eletrostática. A *convecção* resulta da agitação, vibração ou diferenças de temperatura.

20-5. Temperatura, agitação, concentrações de reagentes, presença ou ausência de eletrólitos e área superficial de eletrodo.

20-7. O produto gasoso, particularmente quando o eletrodo é um metal macio, como o mercúrio, o zinco ou o cobre; baixas temperaturas e altas densidades de corrente.

20-9. Os métodos potenciométricos são realizados sob condições de corrente zero e o efeito da medida na concentração de analito é normalmente indetectável. Em contraste, os métodos eletrogravimétricos e coulométricos dependem da presença de uma corrente líquida e reação de célula. Dois fenômenos adicionais, a queda *IR* e a polarização, devem ser considerados nos métodos eletrogravimétricos onde está presente corrente. Por último, a medida final nos métodos eletrogravimétricos e coulométricos é a massa do produto produzido eletroliticamente, enquanto nos métodos potenciométricos, é o potencial de célula.

20-11. As espécies produzidas no contraeletrodo são interferentes em potencial por meio da reação com os produtos no eletrodo de trabalho.

20-13. **(b)** $5,5 \times 10^{16}$

20-14. **(a)** −0,732 V **(c)** −0,352 V

20-15. −0,788 V

20-17. **(a)** −0,673 v **(b)** −0,54 V **(c)** −1,71 V **(d)** −1,85 V

20-19. **(a)** $3,6 \times 10^{-6}$ mol L^{-1} **(b)** −0,425 V
(c) Se o catodo é mantido entre −0,425 V e −0,438 V, a separação quantitativa é possível na teoria.

20-21. **(a)** 0,231 V **(b)** $7,6 \times 10^{-21}$ mol L^{-1}
(c) −0,120 a −0,398 V

20-22. **(a)** 0,237 V **(c)** 0,0513 V **(e)** 0,118 V
(g) 0,264 V **(i)** 0,0789 V

20-23. **(a)** 16,0 min **(b)** 5,34 min

20-25. 132,0 g eq^{-1}

20-27. 173 ppm

20-29. 3,56%

20-34. 50,9 μg

20-35. $2,73 \times 10^{-4}$ g

Capítulo 21

21-1. **(a)** A *voltametria* é uma técnica analítica baseada na medida da corrente que se desenvolve em um pequeno eletrodo à medida que o potencial aplicado é variado. A *amperometria* é uma técnica na qual a corrente limitante é medida a um potencial constante.

(c) As voltametrias de *pulso diferencial* e a de *onda quadrada* diferem no tipo de sequência de pulso usada, como mostrado na Figura 21-1b, 21-1c e 21-27.

(e) Na voltametria, uma *corrente limitante* é uma corrente que, independente do potencial aplicado e limitada pela velocidade na qual um reagente é levado para a superfície do eletrodo por migração, convecção e/ou diluição. Uma *corrente de difusão* é uma corrente limitante quando o transporte de analito é unicamente por difusão.

(g) O *potencial de meia onda* é intimamente relacionado com o *potencial padrão* para uma reação reversível. Isto é,

$$E_{1/2} = E_A^0 - \frac{0,0592}{n}\log\left(\frac{k_A}{k_B}\right)$$

onde k_A e k_B são constantes que são proporcionais aos coeficientes de difusão do analito e do produto. Quando estes são praticamente os mesmos, o potencial de meia-onda e o potencial padrão são basicamente iguais.

21-3. Uma alta concentração de eletrólito suportante é usada em muitos procedimentos eletroanalíticos para minimizar a contribuição de migração para a polarização de concentração. O eletrólito suportante também reduz a resistência da célula, que diminui a queda *IR*.

21-5. A maioria dos processos orgânicos em eletrodos consome ou produz íons hidrogênio. A menos que uma solução-tampão seja utilizada, podem acontecer significativas alterações de pH na superfície do eletrodo à medida que a reação ocorre.

21-7. O propósito a etapa de eletrodeposição na análise por redissolução é pré-concentrar o analito na superfície do eletrodo de trabalho e separá-lo de muitas espécies interferentes.

21-9. Um gráfico de E_{apl} *versus* $\log\frac{i}{i_l - i}$ deve produzir uma reta tendo uma inclinação de $\frac{-0,0592}{n}$ e n é facilmente obtido da inclinação.

21-12. $1,7 \times 10^{-3}\%$ de Cu^{2+} removido.

21-13. $1,77 \times 10^{-4}$ mol L^{-1}

Capítulo 22

22-1. A cor amarela aparece porque a solução absorve luz azul na região de comprimento de onda de 435 a 480 nm e transmite sua cor complementar (amarelo). A cor violeta aparece porque a radiação no verde (500 a 560 nm) é absorvida e sua cor complementar (violeta) é transmitida.

22-2. (a) A absorbância, A, é o negativo do logaritmo da transmitância, T ($A = -\log T$).

22-3. Os desvios da linearidade podem ocorrer por causa da radiação policromática, das variações químicas de amostras, da luz espúria e de interações moleculares ou iônicas em concentração alta.

22-6. (a) $1,13 \times 10^{18}$ Hz
(c) $4,32 \times 10^{14}$ Hz
(e) $3,12 \times 10^{13}$ Hz

22-7. (a) 253,0 cm (c) 286 cm

22-9. (a) $3,33 \times 10^3$ cm^{-1} a 667 cm^{-1}
(b) $1,00 \times 10^{14}$ Hz a $2,00 \times 10^{13}$ Hz

22-11. $\lambda = 1,36$ m; $E = 1,46 \times 10^{-25}$ J

22-12. (a) 436 nm

22-13. (a) ppm^{-1} cm^{-1} (c) $\%^{-1}$ cm^{-1}

22-14. (a) 92,1% (c) 41,8% (e) 32,7%

22-15. (a) 0,565 (c) 0,514 (e) 1,032

22-18. (a) $\%T = 67,3$, $a = 0,0211$ cm^{-1} ppm^{-1}, $c = 4,07 \times 10^{-5}$ mol L^{-1}, $c_{ppm} = 8,13$ ppm
(c) $\%T = 30,2$, $a = 0,0397$ cm^{-1} ppm^{-1}, $c = 6,54 \times 10^{-5}$ mol L^{-1}, $c_{ppm} = 13,1$ ppm
(e) $A = 0,638$, $\%T = 23,0$, $a = 0,0187$ cm^{-1} ppm^{-1}, $c_{ppm} = 342$ ppm
(g) $\%T = 15,9$, $\varepsilon = 3,17 \times 10^3$ L mol^{-1} cm^{-1}, $a = 0,0158$ cm^{-1} ppm^{-1}, $c = 1,68 \times 10^{-4}$ mol L^{-1}
(i) $A = 1,28$, $a = 0,0489$ cm^{-1} ppm^{-1}, $b = 5,00$ cm, $c = 2,62 \times 10^{-5}$ mol L^{-1}

22-21. (a) 0,238 (b) 0,476 (c) 0,578 e 0,334 (d) 0,539

22-23. (a) 0,528 (b) 29,6% (c) $2,27 \times 10^{-5}$ mol L^{-1}

22-25. $A' = 1,81$, erro $= -13,6\%$

Capítulo 23

23-1. (a) Os *fototubos* de uma superfície fotoemissiva única (catodo) e um anodo em um envelope evacuado. Eles exibem uma baixa corrente de escuro, mas não têm amplificação inerente. Os *fotodiodos de estado sólido* são dispositivos semicondutores de junção *pn* que respondem à luz incidente formando pares elétron-buraco. Eles são mais sensíveis que os fototubos, mas menos sensíveis que os tubos fotomultiplicadores.

(c) Os *filtros* isolam uma única banda de comprimento de onda e fornecem seleção de comprimento de onda de baixa resolução adequado para o trabalho quantitativo. Os *monocromadores* produzem alta resolução para trabalhos qualitativos e quantitativos. Com os monocromadores, o comprimento de onda pode ser variado continuamente, enquanto tal manipulação não é possível com filtros.

23-3. As análises quantitativas podem tolerar fendas mais largas, uma vez que as medidas são normalmente realizadas em um comprimento de onda máximo onde a inclinação do espectro $dA/d\lambda$ é relativamente constante. As análises qualitativas exigem fendas estreitas, de tal forma que qualquer estrutura no espectro será resolvida.

23-5. O iodo prolonga a vida da lâmpada e permite que ela opere a uma temperatura mais alta. O iodo se combina com o tungstênio gasoso que se sublima do filamento e faz com que o metal seja redepositado, assim aumentando a vida da lâmpada.

23-6. (a) Os *espectrômetros* têm monocromadores para operação em comprimentos de ondas múltiplos e para obter espectros enquanto os *fotômetros* utilizam filtros para operação em comprimento de onda fixo. Os espectrofotômetros oferecem operação em comprimentos de onda múltiplos, mas são mais complexos e mais caros que os fotômetros.

(c) Tanto um *monocromador* quanto um *policromador* usam uma grade de difração para dispersar o espectro, mas um monocromador contém apenas uma fenda de saída e detector, enquanto um policromador contém múltiplas fendas de saída e detectores. Um monocromador pode ser usado para monitorar simultaneamente vários comprimentos de ondas discretos.

23-7. (a) 0,73 μm (730 nm) (c) 1,45 μm (1.450 nm)

23-9. (a) 1.010 nm a 2.870 K e 967 nm a 3.000 K.
(b) 386 W cm^{-2} a 2.870 K e 461 W cm^{-2} a 3.000 K.

23-11. (a) A transmitância 0% é medida sem que a luz alcance o detector e é uma medida da corrente de escuro.

(b) O ajuste da transmitância de 100% é feito com um branco no caminho ótico e compensa qualquer perda por absorção ou reflexão causadas pela célula e elementos óticos.

23-13. Espectrômetros IV com transformada de Fourier apresentam vantagens sobre os instrumentos dispersivos em razão de sua maior velocidade e sensibilidade, melhor poder de captação de luz, mais precisão e exatidão no ajuste do comprimento de onda, desenho mecânico mais simples e eliminação da radiação espúria e da emissão IV.

23-14. (a) $\%T = 23{,}84$ e $A = 0{,}623$ (c) $\%T = 5{,}7$

23-15. (b) $A = 0{,}509$ (d) $T = 0{,}096$

23-17. Um *detector de fótons* produz uma corrente ou voltagem como resultado da emissão de elétrons de uma superfície fotossensível quando atingida por fótons. Um *detector térmico* consiste em uma superfície escurecida para absorver radiação no infravermelho e produzir aumento de temperatura. O transdutor térmico produz um sinal elétrico, cuja grandeza está relacionada com a temperatura e, dessa forma, com a intensidade da radiação no infravermelho.

23-19. Um *fotômetro de absorção* e um *fotômetro de fluorescência* consistem nos mesmos componentes. A diferença básica está na localização do detector e na intensidade da fonte. Uma fonte intensa é usada na fluorescência para produzir uma emissão mensurável. O detector no fluorímetro está posicionado em um ângulo de 90° em relação a direção do feixe da fonte, de tal forma que a emissão é detectada em vez da transmissão. Além disto, um filtro é frequentemente posicionado em frente ao detector para remover a radiação do feixe de excitação que pode resultar dos processos de espalhamento ou de não fluorescência. Em um fotômetro de transmissão, o detector é posicionado em uma linha com a fonte, o filtro e o detector.

23-21. (a) Um *transdutor* converte as quantidades, como intensidade de luz, pH, massa e temperatura, em sinais elétricos que podem ser subsequentemente amplificados, manipulados e finalmente convertidos em números proporcionais à grandeza da quantidade original.
(c) Um semicondutor do tipo *n* consiste de elétrons não ligados (por exemplo, produzidos por dopagem do silício com um elemento do Grupo V).
(e) Ocorre uma *camada de destruição* quando um viés reverso é aplicado a um dispositivo de junção do tipo *pn* deixando uma camada de destruição não condutora.

Capítulo 24

24-1. (a) Os *espectrofotômetros* usam uma rede ou um prisma para produzir bandas limitadas de radiação, enquanto os *fotômetros* utilizam filtros. Os espectrofotômetros têm maior versatilidade e podem obter os espectros inteiros. Os fotômetros são simples, robustos e têm maior aproveitamento da luz.
(c) Os *espectrofotômetros de arranjo de diodo* detectam toda a faixa espectral simultaneamente e podem produzir um espectro em menos de um segundo. Os *espectrofotômetros convencionais* precisam de vários minutos para varrer o espectro.

24-3. Concentração de eletrólito, pH, temperatura, natureza do solvente e substâncias interferentes.

24-5. $c_{mín} = 1{,}1 \times 10^{-5}$ mol L^{-1}; $c_{máx} = 9{,}7 \times 10^{-5}$ mol L^{-1}

24-7. $c_{mín} = 1{,}2 \times 10^{-4}$ mol L^{-1}; $c_{máx} = 2{,}4 \times 10^{-3}$ mol L^{-1}

24-9. (a) $A = 0{,}611$; $T = 0{,}245$ (c) $T = 0{,}060$

24-10. (b) $A = 0{,}503$ (d) $T = 0{,}099$

24-13. A absorbância deve diminuir quase linearmente com o volume do titulante até o ponto final. Após o ponto final, a absorbância torna-se independente do volume do titulante.

24-16. 0,200 ppm de Fe.

24-18. 132 ppm de Co e 248 ppm de Ni.

24-20. (a) $A = 0{,}492$ (c) $A = 0{,}190$

24-21. (a) $A = 0{,}301$ (b) $A = 0{,}413$ (c) $A = 0{,}491$

24-22. Para a solução A, pH = 5,60; Para a solução C, pH = 4,80

24-25. (a) [P] = $2{,}08 \times 10^{-4}$ mol L^{-1}; [Q] = $4{,}90 \times 10^{-5}$ mol L^{-1}
(c) [P] = $8{,}36 \times 10^{-5}$ mol L^{-1}; [Q] = $6{,}10 \times 10^{-5}$ mol L^{-1}
(e) [P] = $2{,}11 \times 10^{-4}$ mol L^{-1}; [Q] = $9{,}64 \times 10^{-5}$ mol L^{-1}

24-26. (b) $A = 0{,}03939\, c_{Fe} - 0{,}001008$
(c) $s_m = 1{,}1 \times 10^{-4}$ e $s_b = 2{,}7 \times 10^{-3}$

24-28. (a) complexo 1:1 (b) $1{,}4 \times 10^4$ L mol^{-1} cm^{-1}

24-30. (a) complexo 1:1
(b) $\varepsilon = 1.400 \pm 200$ L mol^{-1} cm^{-1}
(c) $K_f = 3{,}78 \times 10^5$

24-33. (1) 740 cm^{-1} estiramento C—Cl; (2) 1.270 cm^{-1} deformação CH$_2$; (3) 2.900 cm^{-1} estiramento C—H alifático.

Capítulo 25

25-1. (a) A *fluorescência* é um processo de fotoluminescência no qual os átomos ou moléculas são excitados pela absorção de radiação eletromagnética e então relaxam para o estado fundamental, liberando o excesso da energia como fótons.
(c) *Conversão interna* é o relaxamento não radioativo de uma molécula de um nível de baixa energia vibracional de um estado eletrônico excitado para um nível de alta energia vibracional de um estado eletrônico de nível energético mais baixo.
(e) O *deslocamento de Stokes* é a diferença no comprimento de onda entre a radiação usada para a fluorescência e o comprimento de onda da radiação emitida.
(g) O *efeito do filtro interno* é um resultado da absorção excessiva do feixe incidente (absorção primária) ou absorção do feixe emitido (absorção secundária).

25-3. (a) A fluoresceína, em decorrência de sua maior rigidez estrutural causada pelas pontes —O— dos grupos.

25-5. Os compostos orgânicos que contêm anéis aromáticos frequentemente exibem fluorescência. As moléculas rígidas ou os sistemas com múltiplos anéis tendem a ter um grande rendimento quântico de fluorescência, enquanto as moléculas flexíveis geralmente têm um rendimento quântico menor.

25-7. Um fluorômetro de filtro normalmente consiste em uma fonte de luz, um filtro para a seleção do comprimento de onda de excitação, um recipiente de amostra, um filtro emissor e um dispositivo transdutor e de leitura. Um espectrofluorômetro tem dois monocromadores que são os selecionadores de comprimentos de onda.

25-9. Os fluorômetros são mais sensíveis, porque os filtros permitem que mais radiação de excitação atinja a amostra e que mais radiação emitida atinja o transdutor. Além disto, os fluorômetros são substancialmente mais baratos e mais robustos que o espectrofluorômetro, o que os torna especialmente adequados para aplicações de quantização e de análises remotas.

25-10. (b) $I_{rel} = 22{,}3c_{NADH} + 0{,}0004$
(d) $0{,}510\ \mu(\text{mol L}^{-1})$ NADH
(e) $0{,}016$

25-12. 533 mg de quinino

Capítulo 26

26-1. Em *espectroscopia de emissão atômica*, a fonte de radiação é a própria amostra. A energia para a excitação do átomo do analito é fornecida por um plasma, uma chama, um forno, um arco elétrico ou ignição. O sinal é a medida da intensidade da fonte no comprimento de onda de interesse. Em *espectroscopia de fluorescência atômica*, uma fonte de radiação externa é usada e a fluorescência emitida, normalmente em ângulos retos em relação à fonte, é medida. O sinal é a intensidade da fluorescência emitida.

26-2. (a) *Atomização* é um processo pelo qual uma amostra, frequentemente em solução, é volatizada e decompõe-se para formar um vapor atômico.
(c) O *alargamento Doppler* é um aumento na largura de uma linha atômica causada pelo efeito Doppler no qual os átomos, que se movem em direção a um detector, absorvem ou emitem comprimentos de onda que são ligeiramente menores que os absorvidos ou emitidos por átomos que se movem a ângulos retos em relação ao detector. O efeito contrário é observado para átomos que se afastam do detector.
(e) Um *plasma* é um gás condutor que contém uma grande concentração de íons e/ou elétrons.
(g) Uma *lâmpada de catodo oco* consiste em um anodo de fio de tungstênio e um catodo cilíndrico selado em um tubo de vidro que contém argônio a uma pressão de 1 a 5 torr. O catodo é construído do elemento cuja emissão é desejada ou suporta esse elemento.
(i) Uma *interferência aditiva*, também chamada de interferência de branco, produz um efeito que é independente da concentração do analito. Ela pode ser eliminada com uma solução de branco perfeita.
(k) Uma *interferência química* é encontrada quando uma espécie interage com o analito de uma forma que altera as características da emissão ou absorção espectral do analito.
(m) Um *agente protetor* previne a interferência formando um composto estável, mas volátil, com o analito.

26-3. Em espectroscopia de emissão atômica, o sinal analítico é produzido por um número relativamente pequeno de átomos *excitados* ou íons, enquanto em absorção atômica o sinal resulta da absorção por um número muito maior de *espécies não excitadas*. Qualquer pequena alteração nas condições da chama influencia consideravelmente o número de *espécies excitadas*, embora essas alterações tenham um efeito muito menor sobre o número de *espécies não excitadas*.

26-5. A fonte de radiação é modulada para criar um sinal ac no detector. O detector é feito para rejeitar o sinal cc da chama e medir o sinal modulado da fonte. Desta maneira, a emissão de fundo da chama e a emissão atômica do analito são discriminadas contra um efeito de interferência e previnem que este seja provocado.

26-7. A temperatura e pressão em uma lâmpada de catodo oco são muito menores que aquelas em uma chama comum. Como um resultado, os efeitos de alargamento Doppler e por colisão são muito menores, resultando em linhas mais estreitas.

26-9. As temperaturas são altas, os tempos de residência das amostras são longos e os átomos e íons são formados em ambiente aproximadamente inerte quimicamente. A concentração alta e relativamente constante de elétrons conduz a menores interferências causadas por ionização.

26-11. A geometria radial fornece uma melhor estabilidade e precisão, enquanto a geometria axial pode atingir limites de detecção mais baixos.

26-13. 0,504 ppm de Pb

26-15. (b) $A_s = \dfrac{\varepsilon b V_s c_s}{V_t} + \dfrac{\varepsilon b V_x c_x}{V_t} = kV_s c_s + kV_x c_x$
(c) $m = kc_s;\ b = kV_x c_x$ (e) $m = 0{,}00881;\ b = 0{,}202$
(g) $28{,}0\ (\pm 0{,}2)$ ppm Cu

Capítulo 27

27-1. (a) O *Dalton* é uma massa atômica unificada e igual a 1/12 da massa de um átomo neutro de $^{12}_{6}C$.
(c) O *número de massa* é a massa atômica ou molecular expressa sem unidades.
(e) Em um analisador de *tempo de voo*, os íons com aproximadamente a mesma energia cinética atravessam uma região livre de campo. O tempo necessário para um íon atingir um detector no final da região livre de campo é inversamente proporcional à massa do íon.

27-3. A tocha ICP serve tanto como atomizador quanto como ionizador.

27-5. As interferências são espectroscópicas e de matriz. Em uma interferência espectroscópica, a espécie interferente tem a mesma razão massa-carga do analito. Os efeitos de matriz ocorrem em altas concentrações, onde as espécies interferentes podem interagir química ou fisicamente para mudar o sinal do analito.

27-7. A resolução mais alta do espectrômetro de foco duplo permite que os íons sejam mais bem separados dos íons de fundo que com espectrômetro quadrupolar de resolução relativamente baixa. A razão sinal-*background* mais alta do instrumento de foco duplo leva a limites de detecção mais baixos que com o instrumento quadrupolar.

27-9. A alta energia do feixe de elétrons usado nas fontes IE é suficiente para quebrar ligações químicas e produzir íons fragmentados.

27-11. O íon selecionado pelo primeiro analisador é chamado de íon precursor. Ele então sofre decomposição térmica, reação com um gás de colisão ou fotodecomposição para formar íons de produto, que são analisados por um segundo analisador de massas.

Capítulo 28

28-1. (a) A *ordem de uma reação* é a soma numérica dos expoentes dos termos de concentração na lei de velocidade para a reação.
(c) As *enzimas* são moléculas orgânicas de alta massa molecular que catalisam reações de importância biológica.
(e) A *constante de Michaelis*, K_m, é semelhante a uma constante de equilíbrio para a dissociação do complexo enzima-substrato. Ela é definida pela equação $K_m = (k_{-1} + k_2)/k_1$, onde k_1 e k_{-1} são as constantes de velocidade para as reações direta e inversa na formação do complexo enzima-substrato. O termo k_2 é a constante de velocidade para a dissociação do complexo para fornecer os produtos.
(g) Os *métodos integrais* usam formas integrais das equações de velocidade para calcular as concentrações a partir de dados cinéticos.

28-3 As vantagens incluem o seguinte: (1) as medidas são feitas relativamente cedo na reação, antes de as reações laterais poderem ocorrer; (2) as medidas não dependem da determinação da concentração absoluta, mas, em vez disso, das diferenças de concentração; e (3) a seletividade é frequentemente melhorada nos métodos de velocidade de reação, particularmente nos métodos baseados em enzimas. As limitações incluem (1) sensibilidade mais baixa, (2) maior dependência das condições e (3) precisão mais baixa.

28-5. $t_{1/2} = \ln 2/k = 0{,}693/k$

28-6. (a) 2,01 s (c) $2{,}093 \times 10^3$ s (e) $1{,}2 \times 10^9$ s

28-7. (a) 28,8 s^{-1} (c) 0,288 s^{-1} (e) $1{,}07 \times 10^4$ s^{-1}

28-8. (a) 0,152 (c) 3,3 (e) 10

28-10. (a) 0,2% (c) 0,02% (e) 1,0% (g) 0,05%
(i) 6,7% (k) 0,64%

28-12. (a) Coloque em um gráfico de 1/velocidade *versus* 1/[S] para a amostra para obter uma curva de calibração linear. Meça a velocidade para a amostra [S], calcule 1/Velocidade e 1/[S]$_{\text{amostra}}$ a partir da curva de trabalho e encontre [S]$_{\text{amostra}}$.
(b) A intersecção da curva de calibração é $1/v_{\text{máx}}$ e a inclinação $K_m/v_{\text{máx}}$. Use a inclinação e a intersecção para calcular K_m = inclinação/intersecção e $v_{\text{máx}} = 1/$intersecção.

28-13. $5{,}5 \pm 0{,}2$ ppm

28-15. 0,045 mol L^{-1}

28-17. (a) $\approx 2\%$ de finalização
(b) um pouco mais de 9% de finalização.

Capítulo 29

29-1. Um *íon coletor* é um íon adicionado a uma solução que forma um precipitado com o reagente que carrega a espécie menos desejada para fora da solução.

29-3. O transporte de material e uma redistribuição espacial dos componentes.

29-5. (a) A *eluição* é um processo no qual as espécies são lavadas através de uma coluna cromatográfica por adições de fase móvel fresca.
(c) A *fase estacionária* é uma fase sólida ou líquida que está fixa. A fase móvel então passa por cima ou através da fase estacionária.
(e) O *tempo de retenção* é o intervalo de tempo entre a injeção em uma coluna e a aparição no detector.
(g) O *fator de seletividade*, α, de uma coluna frente a duas espécies é determinado pela equação $\alpha = K_B/K_A$, onde K_B é a constante de distribuição para a espécie B mais fortemente retida e K_A é a constante para a espécie A mantida menos fortemente ou que elui mais rapidamente.

29-7. Grandes diâmetros de partículas para as fases estacionárias; grandes diâmetros de coluna; altas temperaturas (importante apenas na cromatografia de gás); para fases estacionárias líquidas, camadas espessas do líquido imobilizado e vazões muito rápidas ou muito lentas.

29-9. Determinar o tempo de retenção, t_R, para um soluto e a largura do pico na sua base, L. Calcular o número de pratos, N, a partir de $N = 16(t_R/L)^2$.

29-11. (a) 0,0246 mol L^{-1} (b) $9{,}62 \times 10^{-3}$ mol L^{-1}
(c) $3{,}35 \times 10^{-3}$ mol L^{-1} (d) $1{,}23 \times 10^{-3}$ mol L^{-1}

29-13. (a) 75 mL (b) 50 mL (c) 24 mL

29-15. (a) $K = 18{,}0$ (b) $K = 7{,}56$

29-16. (a) $K = 91{,}9$

29-17. (a) $K = 1{,}53$
(b) [HA]$_{\text{aq}} = 0{,}0147$ mol L^{-1}; [A$^-$] = 0,0378 mol L^{-1}
(c) $K_a = 9{,}7 \times 10^{-2}$

29-19. (a) 12,36 mmol L^{-1} de cátion
(b) 619 mg L^{-1} de CaCO$_3$

29-21. 0,02056 mol L^{-1} de HCl e 0,0424 mol L^{-1} de MgCl$_2$

29-23. 9,5 cm s^{-1}

29-25. (a) $k_A = 0{,}74$; $k_B = 3{,}3$; $k_C = 3{,}5$; $k_D = 6{,}0$
(b) $K_A = 6{,}2$; $K_B = 27$; $K_C = 30$; $K_D = 50$

29-30. (a) $N = 6.414$ (b) $L = 94$ cm (c) $t_R = 19$ min

29-32. (a) $k_M = 2{,}55$; $k_N = 2{,}62$ (b) $\alpha = 1{,}03$
(c) $9{,}03 \times 10^4$ (d) 135 cm (e) $(t_R)_N = 73$ min

Capítulo 30

30-1. Na *cromatografia gás-líquido*, a fase estacionária é um líquido que está imobilizado em um sólido. A retenção dos constituintes da amostra envolve os equilíbrios entre uma fase gasosa e uma líquida. Na *cromatografia gás-sólido*, a fase estacionária é uma superfície sólida que retém analitos por adsorção física. A separação envolve equilíbrios de adsorção.

30-3. A cromatografia gás-sólido é usada basicamente para separar espécies gasosas de baixa massa molecular, tais como dióxido de carbono, monóxido de carbono e óxidos de nitrogênio.

30-5. Um cromatograma é um gráfico de resposta do detector *versus* o tempo. A posição do pico, tempo de retenção, pode revelar a identidade do composto sendo eluído. A área do pico está relacionada à concentração do composto.

30-7. Nas *colunas tubulares abertas* ou *capilares*, a fase estacionária é mantida na superfície interna de um capilar, enquanto nas *colunas empacotadas*, a fase estacionária é suportada em partículas que estão contidas em um tubo de vidro ou metal. As colunas tubulares contêm um enorme número de pratos, que permitem separações rápidas de espécies muito similares. Elas toleram pequenas capacidades de amostra.

30-9. O volume de injeção de amostra, a vazão do gás de arraste e a condição da coluna estão dentre os parâmetros que devem ser controlados para CG de maior precisão quantitativa. O uso de um padrão interno pode minimizar o impacto de variações nestes parâmetros.

30-11. (a) As vantagens da condutividade térmica: aplicabilidade geral; faixa linear grande, simplicidade e não destrutiva.
Desvantagem: baixa sensibilidade.
(b) Vantagens da ionização por chama: alta sensibilidade, faixa linear grande, baixo ruído, robustez, facilidade de uso e resposta, que é enormemente independente da vazão. Desvantagem: destrutiva.
(c) Vantagens da captura de elétrons: alta seletividade sensitiva frente a compostos contendo halogênio e vários outros e não destrutiva.
Desvantagem: pequena faixa linear.
(d) Vantagens do detector termiônico: alta sensibilidade para compostos contendo nitrogênio e fósforo e boa faixa linear.
Desvantagens: destrutivo e não aplicável para muitos analitos.
(e) Vantagens da fotoionização: versatilidade, não destrutiva e faixa linear grande.
Desvantagens: pouca disponibilidade, caro.

30-13. As colunas megabore são colunas tubulares abertas cujo diâmetro interno é maior (530 μ) que as colunas tubulares abertas (150 a 320 μm). As colunas megabore podem tolerar tamanhos de amostras similares àquelas para colunas empacotadas, embora com características de eficiência significativamente melhoradas.

30-15. As fases estacionárias líquidas geralmente são ligadas e/ou com ligações cruzadas para fornecer estabilidade térmica e uma fase estacionária mais permanente, que não esvaziará a coluna. A ligação envolve prender uma camada monomolecular da fase estacionária à superfície de empacotamento por meio de ligações químicas. A ligação cruzada envolve o tratamento da fase estacionária enquanto ela está na coluna com um reagente químico que cria ligações cruzadas entre as moléculas que constituem a fase estacionária.

30-17. As colunas de sílica fundida têm maior força física e flexibilidade que as colunas tubulares abertas e são menos reativas frente aos analitos que as colunas de vidro ou metal.

30-19. (a) O alargamento de bandas surge de vazões muito altas ou muito baixas, partículas grandes constituindo o empacotamento, camadas mais grossas de fase estacionária, baixa temperatura e baixas velocidades de injeção.

(b) A separação de bandas é melhorada mantendo-se as condições de tal forma que k se localize na faixa de 1 a 10, usando partículas pequenas para o empacotamento, limitando a quantidade de fase estacionária de tal forma que os revestimentos de partícula sejam finos e injetando a amostra rapidamente.

30-21. A = 21,1%, B = 13,1%, C = 36,4%, D = 18,8% e E = 10,7%.

Capítulo 31

31-1. (a) Substâncias que são um pouco voláteis e são termicamente estáveis.

(c) Substâncias que são iônicas.

(e) Compostos de alta massa molecular que são solúveis em solventes apolares.

(g) Compostos quirais (enantiômeros).

31-2. (a) Em uma *eluição isocrática*, a composição do solvente é mantida constante durante toda a eluição.

(c) Em um *empacotamento de fase normal*, a fase estacionária é bastante polar e a fase móvel é relativamente apolar.

(e) Em um *empacotamento de fase ligada*, a fase estacionária líquida é mantida no lugar por ligação química ao suporte sólido.

(g) Em *cromatografia de par iônico*, um contraíon orgânico grande é adicionado à fase móvel como um reagente de emparelhamento iônico. A separação é obtida por meio de partição do par iônico neutro ou como resultado das interações eletrostáticas entre os íons na solução e cargas na fase estacionária resultantes da adsorção do contraíon orgânico.

(i) A *filtração gel* é um tipo de cromatografia de exclusão por tamanho, na qual os empacotamentos são hidrofílicos e os eluentes são aquosos. Ela é usada para separar compostos polares de alta massa molecular.

31-3. (a) éter dietílico, benzeno, *n*-hexano.

31-4. (a) acetato de etila, dimetilamina, ácido acético.

31-5. Em *cromatografia por adsorção*, as separações são baseadas nos equilíbrios de adsorção entre os componentes da amostra e uma superfície sólida. Em *cromatografia por partição*, as separações são baseadas nos equilíbrios de distribuição entre dois líquidos imiscíveis.

31-7. A *filtração gel* é um tipo de cromatografia de exclusão por tamanho, na qual os empacotamentos são hidrofílicos e os eluentes são aquosos. Ela é usada para separar compostos polares de alta massa molecular. A *cromatografia de permeação gel* é um tipo de cromatografia de exclusão por tamanho, na qual os empacotamentos são hidrofóbicos e os eluentes são não aquosos. Ela é usada para separar espécies apolares de alta massa molecular.

31-9. Em uma *eluição isocrática*, a composição do solvente é mantida constante por toda a eluição. A eluição isocrática funciona bem para vários tipos de amostras e é a mais simples de ser implementada. Em uma *eluição por gradiente*, dois ou mais solventes são empregados e a composição do eluente é variada continuamente ou em etapas, à medida que a separação prossegue. A eluição por gradiente é mais bem usada para amostras onde existam alguns compostos bem separados e outros com tempos de retenção anormalmente longos.

31-11. Na *cromatografia iônica de coluna supressora*, a coluna cromatográfica é seguida por uma coluna cujo propósito é converter os íons usados para a eluição em espécies moleculares que são enormemente não iônicas e, assim, não interferem na detecção condutimétrica das espécies do analito. Em *cromatografia iônica de coluna única*, as baixas capacidades dos trocadores iônicos são usadas de tal forma que as concentrações de íons na solução de eluente são mantidas baixas.

31-13. A comparação da Tabela 31-1 com a Tabela 30-1 sugere que os detectores de CG que são adequados para CLAE são o espectrômetro de massas, o FTIV e possivelmente a fotoionização. Muitos destes detectores de CG não são adequados para CLAE, pois requerem que os componentes do analito estejam na fase gasosa.

31-15. (a) Para uma separação cromatográfica de fase reversa de uma mistura de esteroides, a seletividade e, como consequência, a separação poderiam ser influenciadas por variações dependentes da temperatura nos coeficientes de distribuição.

(b) Para uma separação cromatográfica por adsorção de uma mistura de isômeros, a seletividade e, como consequência, a separação poderiam ser influenciadas por variações dependentes da temperatura nos coeficientes de distribuição.

Capítulo 32

32-1. (a) Espécies não voláteis ou instáveis termicamente que não contêm grupos cromofóricos.

(c) Os ânions e cátions inorgânicos, aminoácidos, catecolaminas, medicamentos, vitaminas, ácidos nucleicos e polinucleotídeos.

(e) Proteínas, polímeros sintéticos partículas coloidais.

32-2. (a) Um *fluido supercrítico* é uma substância que é mantida acima de sua temperatura crítica de tal forma que não possa ser condensada em um líquido, independentemente de quão alta seja a pressão.

(c) A *cromatografia bidimensional de camada delgada* é um método no qual o desenvolvimento é realizado com dois solventes que são aplicados sucessivamente em ângulos retos entre si.

(e) A *concentração micelar crítica* é o nível acima do qual as moléculas da substância tensoativa começam a formar agregados esféricos constituídos de 40 a 100 íons.

32-3. Densidade, viscosidade e as velocidades nas quais os solutos se difundem.

32-5. (a) Os instrumentos para cromatografia com fluidos supercríticos têm suprimentos para controlar e medir a pressão da coluna.

(b) Os instrumentos de CFS devem ser capazes de operar em pressões de fase móvel muito mais altas que as encontradas normalmente na CG.

32-7. A habilidade deles para dissolver moléculas não voláteis grandes, tais como *n*-alcanos grandes e hidrocarbonetos aromáticos policíclicos.

32-9. (a) Um aumento na vazão resulta em uma diminuição no tempo de retenção.

(b) Um aumento na pressão resulta em uma diminuição no tempo de retenção.

(c) Um aumento na temperatura resulta em uma diminuição na densidade dos fluidos supercríticos e, assim, um aumento no tempo de retenção.

32-11. O *fluxo eletro-osmótico* é a migração do solvente na direção do catodo em uma separação eletroforética. Este fluxo é devido à camada elétrica dupla que se desenvolve na interface sílica/solução. Em valores de pH maiores que 3, a parede interna do capilar de sílica torna-se carregada negativamente, levando ao desenvolvimento de cátions tampão na camada elétrica dupla adjacente à parede. Os cátions nesta camada dupla são atraídos para o catodo e, uma vez que estão solvatados, eles puxam o grosso do solvente com eles.

32-13. Sob a influência de um campo elétrico, os íons em solução são atraídos ou repelidos pelo potencial negativo de um dos eletrodos. A velocidade de movimento para um eletrodo negativo ou a partir dele é dependente da carga líquida no analito e do tamanho e forma das moléculas do analito. Estas propriedades variam de espécie para espécie. Consequentemente, a velocidade na qual as moléculas migram sob a influência do campo elétrico varia, e o tempo que elas levam para atravessar o capilar varia, tornando as separações possíveis.

32-15. 1,9 min

32-17. As maiores eficiências de coluna e a facilidade na qual a fase pseudoestacionária pode ser alterada.

32-19. B^+ seguido por A^{2+} seguido por C^{3+}.

Índice Remissivo

Números em negrito indicam conteúdo on-line, referências de páginas com a letra t indicam tabelas e com a letra p indicam exercícios em planilhas.

8-hidroxiquinolina, 380, 491-482

A

Ablação por laser, 740
Abordagem da equação mestra, titulação de ácido fraco/base forte, 302
Absorbância
  aditiva, 625
  curva de calibração, 133
  definição, 620
  lei de Beer e, 621
  medição da, 620-621
Absorção
  atômica, 753-763
  bandas, 639, 685
  cromóforos orgânicos, 686t
  de radiação ultravioleta e visível, 687-689
  de radiação, 619-640
  dióxido de carbono, 350
  espectro, 625-629
  infravermelha, 707-708
  lei de Beer e, 621-623
  molecular, 639
  por compostos inorgânicos, 685
  por espécies inorgânicas, 686
  primária, 726-727
  processo, 619-620
  secundária, 726-727
  transferência de carga, 688
Absorção atômica
  definição, 626-627
  demonstração de, 762
  transições, 627
Absorção atômica de chamas
  análise quantitativa, 759
  definição, 758
  limites de detecção e precisão, 759t
  medidas quantitativas, 758
Absorção de transferência de carga, 686-687
Absorção molecular, 684-687
Absorção no infravermelho, 628
Absorção primária, 726
Absorção secundária, 727
Absortividade molar, 621
Absortividade, 621
Acetato de sódio, cristalização, 245
Acidez, separações baseadas no controle da, 813t
Ácido acético
  com hidróxido de sódio, 297-300
  concentração durante a titulação, 306
Ácido benzoico, na pureza de padrão primário, 352
Ácido clorídrico
  padronização em relação ao carbonato de sódio, **993**
  para amostras inorgânicas, **938**
  para titular bases, 347
  preparação de soluções, **990-991**
Ácido conjugado, 161-162
Ácido diprótico, 320

Ácido etilenodiaminotetracético (EDTA). *Ver* EDTA
Ácido fluorídrico, **939-940**
Ácido forte
  curvas de titulação de, 295
  mudanças de pH durante a titulação de, 293
  titulação de um ácido forte com uma base forte, 292-295
  titulação de uma base forte com um ácido forte, 295-297
  titulação de, 292-295
Ácido forte/fraco, 160-161
Ácido fraco
  bases fracas e, 335-337
  concentração de íon hidrônio em soluções de, 176-180
  constantes de dissociação de, 168, 175-176
  curvas de titulação para, 297-302
  definição, 164
Ácido maleico
  curva de titulação, 332
  diagrama logarítmico de concentração, 339-341
  modelo molecular, 327
  valores alfa, 338
Ácido nítrico, **939**
Ácido oxálico
  estrutura molecular, 223
  valor alfa, 372
Ácido perclórico, **939**
Ácido sulfúrico
  curva de titulação, 332
  decomposição com, 354, **939**
  dissociação do, 333-334
Ácido tricoloroacético, 23
Ácido úrico, modelo molecular, 805
Ácidos
  conjugados, 161-162
  definição, 161
  determinação em vinagres e vinhos, **994**
  doando um próton, 163
  equivalente-grama, 358-359
  fortes, 292-297
  fracos, 297-302
  gravidade específica de, 27t
  padrões primários para, 347-350
  padronização de, 347-350
  polifuncionais, 318-320
  reações de dissociação de, 164
  soluções padrão, 347-350
  titulações coulométricas de, 561-562
Ácidos carboxílicos, 358-359
Ácidos polifuncionais
  ácido fosfórico, 318
  ácido maleico, 332
  ácido sulfúrico, 370
  antes do primeiro ponto de equivalência, 328
  antes do segundo ponto de equivalência, 330-331
  cálculos do pH, 322-325
  curvas de titulação, 325-334
  dióxido de carbono/ácido carbônico, 318-320
  logo após o primeiro ponto de equivalência, 329

  papel dos, 314
  pH após o segundo ponto de equivalência, 331-332
  primeira região tamponada, 327
  primeiro ponto de equivalência, 329
  segunda região tamponada, 330
  segundo ponto de equivalência, 331
  sistema, 318-319
  soluções-tampão, 320-322
  tripróticos, 333
  visualização de, 338-339
Ácidos polipróticos
  composição de soluções como uma função do pH, 337-341
  soluções-tampão envolvendo, 320-322
  valores alfa, 306
Ácidos sulfônicos, 358-359
Adsorção
  camada primária, 247
  como uma fonte de contaminação, 294-250
  definição, 246
  extensão da, 247
  indicadores, 380
  superficial, 249
Adsorção superficial. *Ver também* Coprecipitação
  definição, 249-251
  minimizando impurezas adsorvidas de coloides, 250
  reprecipitação, 251
Aerossol, 740
Aflatoxinas, 130-131
Ágar, 501, 502
Agente mascarante, 142, 381, 400
Agente oxidante
  cério (IV), 474-486
  como uma solução padrão, 480t
  definição, 410
  forte, 474-486
  permanganato, 474-486
Agente precipitante
  inorgânico, 258t
  orgânico, 258-260
Agente precipitante orgânico, 258-260
Agente protetor, 752
Agentes complexantes inorgânicos, 373-370
Agentes complexantes orgânicos, 380-381
Agentes de resolução quiral, 893
Agentes liberadores, 752
Agentes oxidantes padrão
  aplicação, 479-494
  bromato de potássio, 490-492
  dicromato de potássio, 487-488
Agentes precipitantes inorgânicos, 258t
Agentes quelantes, 258
Agentes redutores
  definição, 409-410
  usados na gravimetria, 257-258
Agentes redutores padrão, aplicação, 476-479
Agentes sequestrantes, 385
Água
  adsorvida, **934, 935, 936**
  como ácido ou base, 163
  como um receptor de prótons, 162
  constante do produto iônico da, 169-171

A-48

Índice Remissivo A-49

determinação com o reagente de Karl Fischer, 492-494
determinação de cálcio na, 243
determinação em amostras, **936**
em equilíbrio com os constituintes atmosféricos, 351
em sólidos, **955-956**
em soluções livres de carbonato, 351
essencial, **934**
não essencial, **934**
purificação da, **978**
sorvida, **934**
Água adsorvida, **934-936**
Água essencial, **934**
Água não essencial, **934**
Água régia, **939**
Água sorvida, **934**
Alargamento de banda
　efeito da velocidade na fase móvel, 838
　resumo dos métodos para redução, 838
　teoria do, 836-838
　termo de difusão longitudinal, 836
　termo de transferência de massa na fase estacionária, 837
　termo de transferência de massa na fase móvel, 837-838
Alargamento doppler, 739
Alargamento frontal, cromatografia, 831
Alargamento natural, 739
Alargamento por pressão, 739
Aldeídos, 493
Algarismos significativos
　convenção, 72
　definição, 72
　em cálculos de curvas de titulação, 293, 296-297
　em cálculos numéricos, 72-74
　em cálculos volumétricos, 273
　na apresentação de resultados, 150
　na titulação de uma base fraca, 303
　regras para a determinação de, 72-74
Alíquota
　dispensando, **979-980**
　medição de uma, **979**
　transferindo, **980**
Almofariz de diamante Plattner, **932**
Altura da placa, 831, 841
Amido, decomposição, 477-478
Aminas, 359
Aminoácidos
　como anfipróticos, 335
　comportamento ácido-base, 336-337
　enzimas e, 791
　importantes, 791
　valores pK para, 304-306
Amônia, destilação da, **996**
Amostra de laboratório
　definição, 116
　etapas para obter, 117
　número de, 125-126
　preparação de, 10, 116-118, 124-125
Amostra padrão, **927**
Amostradores, 773
Amostragem
　confiabilidade, 4-8, 116
　definição, 6, 116
　determinação de erros, **983-986**
　etapas do processo, 124
　experimento introdutório, **978-982**
　incertezas, 118-119
　metais e ligas, 124
　sólidos particulados, 123
　soluções homogêneas de líquidos e gases, 122-123
　unidades, 116
Amostras
　aleatórias, 118
　análise, 6
　analíticas, 57
　brutas, 116, 119-124
　de laboratório, 6, 10, 113, 116-118
　decomposição, **938-942**
　determinação da água nas, **936**
　dissolução, 517, 938
　estatísticas, 57
　estatísticas, definição, 56
　ferramentas para reduzir, **932-933**
　heterogêneas, 5
　líquidas, 122-123
　manuseio automático, 126-129
　misturando amostras sólidas, **933**
　moendo, **931-933**
　obtenção, 5-6
　preparação de, 6, **931-933**
　processamento, 6-7, 10
　reais, 115-116, **922-930**
　réplicas, 6
　representativas, 10
　secagem, **955**
　sólidas, 6, 10
　tipos de, 114-115
　triturando, **931-933**
　umidade nas, **933-936**
Amostras aleatórias, 117
Amostras analíticas, 114-116
Amostras brutas
　definição de massa, 121
　definição, 116-117
　número de partículas, 120
　tamanho, 119-121
Amostras estatísticas, 57
Amostras reais
　análise de, 115, **922-930**
　definição do problema, **924-925**
　definição, **923**
　determinação da composição, **923**
　determinação do cálcio em, **924**
　dificuldades da análise, **923-924**
　exatidão da análise, **928-930**
　exatidão do método, **925**
　levantamento bibliográfico, **925-926**
　método da adição padrão, **928**
　número de, **925**
　objetivos da análise, **924**
　seleção do método analítico, **924-928**
　seleção do método, **926-927**
　teste do procedimento, **927-928**
Amostras representativas, 5, 10, 113, 116, 124, 778
Amperometria, 572
Analisador de massa
　comum, 770t
　de alta resolução, 775
　de setor, 771
　de tempo de voo, 771-772
　quadrupolar, 771
　resolução, 770-771
Analisador de massa quadruplar, 771
Analisador de tempo de voo, 771-772
Analisadores de setor, 771
Analisadores em fluxo segmentado
　definição, 127
　ilustrados, 127
Análise de correlação, 133
Análise de mínimos quadrados ponderados, 133
Análise de regressão, 132
Análise de variância. Ver ANOVA, 98
Análise dimensional, 20, 275

Análise elementar
　baseada em titulações de neutralização, 355t
　enxofre, 355
　nitrogênio, 353-355
Análise espectroscópica, 618
Análise gravimétrica
　agentes precipitadores inorgânicos, 257
　agentes precipitadores orgânicos, 258-260
　agentes redutores, 258t
　aplicações, 257-262
　cálculo de resultados, 254-257
　definição, 4
　determinação de cloro, **986-987**
　determinação de estanho, **988**
　determinação de níquel, **988-989**
　gravimetria de volatilização, 260-262
　grupos funcionais orgânicos, 260t
　métodos, 242-262
　termogravimétrica, 254
Análise independente, detecção de erros sistemáticos, 47
Análise por injeção em fluxo (FIA)
　definição, 127
　determinação do erro de amostragem por, **983-986**
　ilustrada, 128
　miniaturizada, 129
　reversa, 128
Análise qualitativa, 2, 114
Análise quantitativa
　análise de misturas, 695-697
　avaliação dos resultados, 8
　cálculo dos resultados, 8
　calibração e medição, 7
　definição, 2, 114
　detalhes do procedimento, 691-695
　eliminação de interferências, 7
　escopo, 690
　etapas, 4-8
　fluxograma, 5
　incertezas instrumentais e, 697-700
　medições, 2-3
　método da adição padrão, 691-693
　métodos, 4
　obtenção da amostra, 4-6
　processamento da amostra, 6-7
　relação entre absorbância/concentração, 691
　seleção de comprimento de onda, 691
　seleção de método, 4, **924-927**
Análise química. Ver também Análise quantitativa
　erros na, 38-48
　natureza interdisciplinar, 3
　métodos, 114-116
　erros aleatórios na, 51-76
　etapas, 4-8
　papel integrado da, 8-12
Análise termogravimétrica, 254
Análise voltamétrica orgânica, 602
Análise volumétrica, 4
Análises de misturas
　espectrometria de massas moleculares, 780
　espectroscopia de absorção molecular, 695-700
Analito
　atomização, 744
　cálculo de quantidade a partir dos dados da titulação, 274-278
　definição, 2
　ionização, 744
　medida do, 11
Anidro acético, 359
Ânions
　como transportadores de carga, 419
　misturas, curvas de titulação para, 377-379
Anodos, 414

ANOVA
  aplicações, 98
  conceitos, 98-100
  definição, 98
  diferença menos significativa, 103-104
  fator único, 100-103
  métodos de planejamento experimental e, 98
  métodos, aplicação, 101
  princípio, 98
  resultados, 102
  tabelas, 102
  teste F, 101
ANOVA de dois fatores, 99
ANOVA de fator único, 100-103
ANOVA de uma direção, 99
Antilogaritmos. *Ver também* Logaritmos
  características, 71
  desvio padrão, 70-71
  mantissa, 71
  números significativos, 73
Antioxidantes, 486-487
Antraceno, modelo molecular, 724
Aparato de injeção de fluxo, 708
Aparelhagem de combustão de Shöniger, **943**
Aplicações qualitativas (espectroscopia de absorção molecular), 687-689
Aplicações
  agentes oxidantes padrão, 479-494
  agentes precipitantes inorgânicos, 258
  agentes precipitantes orgânicos, 258-260
  agentes redutores padrão, 476-479
  agentes redutores, 257-258
  análise de grupo funcional orgânico, 260
  análise de injeção de fluxo, 707
  análise elementar, 352-355
  análise gravimétrica, 257-261
  caderno de laboratório, **973-974**
  cálculo de constantes de equilíbrio redox, 448-453
  cálculo do valor alfa para EDTA, 381
  cálculo dos potenciais das células eletroquímicas, 439-446
  construção de curvas de titulação redox, 453-456
  cromatografia com fluido supercrítico (CFS), 902
  cromatografia de gás, 862-867
  cromatografia de líquidos de alta eficiência (CLAE), 875, 876
  cromatografia por exclusão por tamanho, 889-890
  cromatografia por partição, 885-886
  curvas de titulação de EDTA, 389-393
  decomposições por micro-ondas, **940-943**
  determinação de grupos funcionais orgânicos, 358-360
  determinação de sais, 360
  determinação experimental de potenciais padrão, 446-448
  eletroforese capilar, 908-910
  espectrometria de massas atômicas, 775-776
  espectrometria no infravermelho, 711-715
  espectroscopia de emissão atômica, 752-753
  espectroscopia por absorção molecular, 687-697
  gravimetria de volatilização, 260-261
  indicadores de oxidação-redução, 466-468
  massa molar, 17
  métodos cinéticos, 804-807
  potenciais de eletrodo padrão, 439-468
  reagentes oxidantes e redutores auxiliares, 474-476
  titulações de neutralização, 347-360
  titulações de oxidação-redução, 474-494
  titulações fotométricas, 701-702

  troca de íons, 823-824
  voltametria hidrodinâmica, 579-586
  voltametria, 601-602
Aprisionamento mecânico, 249
Aproximação do estado estacionário, 793
Aproximações
  em cálculos de equilíbrio, 219-220
  uso de, 219
Aquecimento
  com chama baixa, 963
  equipamentos, 959
Área sob uma curva gaussiana, 59-60
Área superficial específica
  de coloides, 249-250
  definição, 250
Arranjos de fotodiodos, 666, 673
Arredondamento
  cálculos e, 135t
  de dados, 74
  erros, 74
Arrhenius, Svante, 163
Aspiração, 743
Aspirina, 183
Atenuação, 619
Ativadores, 806
Atividade
  definição, 203
  enzimas, 791
  força iônica e, 203-206
  uso de concentração em vez de, 209
Atomização
  analito, 744
  definição, 736
  eletrotérmica, 759-760
Atomizadores
  contínuos, 740
  de chama, 758-759
  de plasma, 741-745
  discretos, 740
  eletrotérmicos, 740, 759-760
Atomizadores de chama
  câmara de spray, 745
  definição, 745
  limites de detecção, 747t
  queimador de fluxo laminar, 745
  zona de combustão primária, 746
Atomizadores eletrotérmicos
  absorção atômica com, 789-760
  definição, 748
  eventos de aquecimento, 748
  ilustrados, 749
  modelos, 748
  sinais de saída, 748
Autocatálise, 483
Autorreversão, 751

B
Balança de braço triplo, 955
Balança de prato superior, 955
Balança de prato único
  amortecedor de ar, **952**
  analítica, **949-951**
  definição, **951**
  ilustrada, **951**
  massas em uma, **952**
  pesando com uma, **952**
  trava do braço, **952**
  trava do prato, **952**
Balança microanalítica, 949
Balanças analíticas
  analítica de prato único, **949, 952-955**
  auxiliares, **955**
  definição, **949**
  eletrônicas, **949**

  experimento introdutório, **978-979**
  precauções ao usar, **952-953**
  tipos de, **949**
Balanças auxiliares, 955
Balanças de dois pratos, 949
Balanças eletrônicas
  células, 950
  configurações, 950
  controle de tara, 951
  definição, 949
  diagrama de blocos, 950
  foto, 950
  sistema servo, 950
Balanças semimicroanalíticas, **949**
Balão volumétrico
  calibração, **973**
  definição, **966-967**
  diluição até a marca, **971**
  ilustrado, **967**
  instruções para uso, **971**
  pesagem direta em um, **971**
  tolerâncias, **966**
  transferência quantitativa para, **971**
Balões volumétricos, 966-967, 971
Banda de passagem espectral, 652
Base conjugada, 161-162
Base forte
  curvas de titulação de, 297
  mudanças de pH durante a titulação de, 296
  soluções padrão de, 352
  titulação de um ácido forte com uma base forte, 292-295
  titulação de uma base forte com um ácido forte, 295-297
  titulação de, 292-297
Base fraca
  ácidos fracos e, 335-337
  concentração de íon hidrônio em soluções de, 180-182
  constantes de dissociação de, 300
  curvas de titulação para, 303-304
Bases
  adicionadas aos tampões, 186-187
  conjugadas, 161-162
  curvas de titulação para, 291-292, 303-304
  definição, 161
  fortes, 164, 292-297
  fracas, 280-282, 303-306
  massa equivalente, 359
  padronização de, 352
  polifuncionais, 334, 337-342, 352-355, 371-372
  reações de dissociação de, 183
  soluções padrão de, 350-351
  titulação de, 295-297, 303-304
Bases polifuncionais
  curvas de titulação, 334
  papel das, 314
  soluções-tampão, 334
Baterias, 415-416
Bidentado, 368
Bifenila, modelo molecular, 902
Bioluminescência, 616, 732
Bolômetro, 667-668
Bombeamento diferencial, 775
Bombeamento, 650
Bórax, 348
Branco do reagente, 139-140
Branco do solvente, 139
Branco ideal, 139
Branco
  definição, 48
  determinação de, 48
  medindo, 139

Bremsstrahlung, 744
Bromo
  reações de adição, 492
  reações de substituição, 490-492
Buckyballs, 890-893
Buretas
  calibração de, **973**
  construção de seções, **981**
  definição, **966**
  instruções de uso, **970-971**
  leitura, **981-982**
  limpeza, **968**
  lubrificação da torneira, **970**
  preenchimento, **970**
  tolerâncias, **966**

C

Ca. *Ver* Corrente alternada, 542
Caderno de laboratório, registro, 47
Cadinho de Gooch, 958
Cadinho de vidro sinterizado, **989**
Cadinhos
  de filtração, **958**
  de Gooch, **958**
  de vidro sinterizado, **958**
  preparação, **960**
  transferindo papel e precipitado para, **962**
  uso de, **963**
Calcinação
  de sólidos, **957-959**
  precipitados, 252-254, 960-961
Calcinação a seco, 10
Cálcio
  água dura, 401-402
  curva de titulação com EDTA para, 392
  determinação na água, 243
  determinação no calcário, **1003-1005**
  determinação por espectroscopia de emissão atômica, **1028**
  determinação por titulação de deslocamento, **1001-1002**
Cálculos
  algarismos significativos em, 72-74, 296-297
  arredondando, 74-76
  com coeficientes de atividade, 207-209
  constantes de equilíbrio a partir de potenciais padrão, 451-453
  desvio padrão de, 67-71
  equilíbrio com EDTA, 384-388
  equilíbrio usando coeficientes de atividade, 207-209
  estequiométricos, 28-30
  exponenciais, 69-70
  na química analítica, 15-33
  pH, 322-325
  precipitação, 226-227
  registro de, 72-76
  resultados, expressando, 74-76
  solubilidade, 219-220
  titulação gravimétrica, 279
  volumétricos, normalidade, 270-278
Cálculos exponenciais
  desvio padrão em, 69-70
Cálculos volumétricos, 270-278
  algarismos significativos, 273
  concentração molar de soluções padrão, 270-272
  dados de titulação e, 272-278
  relações úteis, 270
Calibração
  com padrão externo, 132-141
  cromatografia quantitativa de gás, 893-894
  dados, 135t
  de buretas, **973**

de frascos volumétricos, **973**
de pipetas, **980-981**
erros sistemáticos, como evitar, 139-140
função, 132
métodos inversos, **141**
multivariada, 141
sensibilidade, 146-147
vidraria volumétrica, **971-973**
Calibração multivariada, 141
Calibração padrão externa
  definição, 132
  erros, 139-140
  método dos mínimos quadrados, 132-139
Calomelano
  eletrodos de referência, 501-502
  estrutura do cristal, 501
Camada de adsorção primária, 247-248
Camada de depleção, 665
Camada do contraíon, 247
Capacidade de filtragem
  de precipitados, 244-246
  digestão e, 249
  precipitados cristalinos, 249
Capacidade tamponante
  como uma propriedade de uma solução-tampão, 189
  definição, 189
  dependência, 189
  dos lagos, 190-194
Carbonato
  curva de titulação, 357
  em soluções de base padrão, 351
  erro, 350
  faixas de transmissão de indicador, 357
  misturas, 356-357
  reação com água, 334
  relação de volume das misturas, 356t
Carbonato de hidrogênio
  curva de titulação, 357
  intervalos de transição do indicador, 357
  relação de volume das misturas, 356t
Carbonato de sódio
  como depósitos de soda, 347
  como fundente, **944-945**
  disponibilidade, 347
  padronização do ácido clorídrico contra, **993**
  pontos finais da titulação, 334
CAS REGISTRY, **926**
Cátions
  como transportadores de carga, 419
  concentração em soluções com EDTA, 387-388
  eletrodos de vidro para, 512
  formação de precipitado de óxido hidratado, 393-394
  pH necessário para a titulação, 393
  separação de, **1029-1030**
Catodo, 414-415
Cauda, cromatografia, 831
Cc. *Ver* Corrente contínua, 542
CCD. *Ver* Cromatografia de camada delgada (CCD), 903-904
CCD. *Ver* Dispositivo de acoplamento de carga, 667
Célula de Daniell, 416-417
Células
  com três eletrodos, 542
  coulometria de potencial controlado, 557-559
  desiguais, 634
  eletrólise, 550, 553
  fotocondutivas, 664-665
  irreversíveis, 415
  limpeza e manuseio de, **1023**
  para a região UV/visível, 669

para titulações coulométricas, 561
reversíveis, 415
Células de três eletrodos, 542
Células desiguais, 634
Células eletrolíticas
  definição, 415
  ilustradas, 413
Células eletroquímicas
  anodo, 414
  cálculo do potencial de, 439-446
  catodo, 414
  circuito aberto, 413
  correntes em, 418-419
  definição, 414
  eletrodos, 414
  potencial, 414
  reação espontânea da célula, 415
  reações de oxidação-redução em, 412-414
  representação esquemática, 417-418
  sem junção líquida, 414
  tipos de, 415-417
Células fotocondutivas, 661, 664-665
Células galvânicas. *Ver também* Células eletroquímicas
  definição, 415
  descarga, 421
  efeito da força iônica sobre o potencial de, 445t
  em um circuito aberto, 412
  movimento da carga em, 418
Células irreversíveis, 415-416
Células reversíveis, 415
Cério(IV)
  aplicações, 485t
  compostos analiticamente úteis, 483t
  detecção de pontos finais, 481
  padronização, 483
  potencial formal para a redução de, 480
  preparação de soluções, 481
  preparação e estabilidade de soluções padrão, 481
  uso de, 484-485
Cetonas aromáticas, 493
Chamas
  espectro de absorção, 747
  espectro de emissão, 747
  ionização em, 747-748
  na espectroscopia atômica, 746t
  propriedades, 746
  temperatura, efeitos da, 746-747
Chemical Abstracts, **926**
Chuva ácida, 190-194
Cianeto de hidrogênio, 374
Ciclo de retroalimentação, 9
Cicloexeno, **1019-1020**
CID. *Ver* Dispositivo de injeção de carga (CID), 667
CLAE. *Ver* Cromatografia de líquidos de alta eficiência (CLAE)
Cloreto
  determinação gravimétrica em amostra solúvel, **896-897**
  determinação por titulação com indicador de adsorção, **997-998**
  determinação por titulação de massa, **998-999**
  difusão na vizinhança, 503
  mistura, titulação potenciométrica de, **1014-1015**
  prata, 226-227, 247, 379, 502, **986**
  titulações coulométricas de, 563-564
Cloreto de prata
  eletrodos de referência, 502-503
  formação, **986-987**
  fotodecomposição, **986, 998**
  não dissociado, 226

partícula coloidal, 246-247
solubilidade, 226, 227-230
Coagulação
de coloides, 246-248, 250
suspensões coloidais, 248
Cobre
determinação eletrogravimétrica no latão, **1017-1018**
determinação no latão, **1011-1012**
determinação polarográfica no latão, **1020-1021**
padronização do tiossulfato de sódio com, **1010-1011**
Coeficiente de atividade médio, 205-206
Coeficiente de determinação (R^2), 137-138
Coeficiente de difusão longitudinal, 836, 838
Coeficiente de variação (CV), 66
Coeficientes de atividade
cálculos de equilíbrio usando, 232
de moléculas não carregadas, 204
de um determinado íon, 206
definição, 203
determinação experimental dos, 206
em soluções, 204
força iônica e, 204-207
médios, 205
método da calibração de eletrodos, 535
na equação de Debye-Hückel, 204-205
omissão em cálculos de equilíbrio, 209
para íons, 205t
propriedades dos, 203-204
valores, 205t
Coloides
área superficial específica, 250
coagulação de, 246-249
definição, 244
minimização de impurezas adsorvidas em, 251
peptização, 248-249
Coluna de guarda, CLAE, 879
Coluna empacotada
definição, 852
materiais sólidos de suporte, 860
tamanho das partículas dos suportes, 860
Coluna tubular aberta de parede revestida (TAPR), 859
Coluna tubular aberta revestida com suporte (TARS), 859
Colunas
capilares, 852-853, 858-859
comprimento, 852
controle de temperatura, 880
cromatografia com fluidos superficiais (CFS), 898-902
de guarda, 879
empacotadas, 879, 885-886
empacotamento, 880, 884, 889
megabore, 859
para CLAE, 879-880
scavenger, 879
supressoras do eluente, 887
tubulares abertas com camada porosa, 87
tubulares abertas, 859
Colunas capilares
coluna empacotada, 912
definição, 911
eletrocinética micelar, 912-914
Colunas megabore, 859
Colunas Scavenger, 879
Combustão
calcinação, **942**
com oxigênio em um recipiente fechado, **943-944**
definição, **943**
métodos em tubos, **942-943**

métodos, **942-943**
Comparação
com padrões, 130-131
de nulo, 130
para alfatoxinas, 131-131
Comparação de nulo, 130, 543
Comparação direta, 130
Comparadores, 130
Complexos
cálculo, 372p
formação de, 367-372
metálicos, valores alfa de, 370
Complexos metálicos, valores alfa, 370
Compostos de coordenação, 258
Compostos orgânicos, absorção por, 685
Compostos quirais, 893
Comprimento de onda
definição, 612
unidades, 613t
Concentração analítica em quantidade de matéria, 21
Concentração analítica, 21
Concentração de equilíbrio em quantidade de matéria, 21-22
Concentração em quantidade de matérias
a partir de dados de padronização, 272-274
de soluções padrão, 271-272
definição, 20-21, 270
Concentração micelar crítica, 912
Concentração percentual, 20, 23-24
Concentrações
analíticas, 21
cálculo de, 11
calibração de, 7
de eletrólitos, 200-201
em massa, 278
em quantidade de matéria, 21
em titulações com ácido fraco/base forte, 300
em vez de atividades, 432-433
equilíbrio, 21-22
incertezas, 697-698
medição, 7
percentual, 23-24
solução, 20-26
titulação de ácido forte com base forte, 292-295
Concentrações de equilíbrio, 21-22
Concomitantes, 130
Confiabilidade
dados experimentais, 51
desvio padrão da amostra, 60-63
estimativa, 8, 11
Constante de amostragem de Ingamells, 121
Constante de formação parcial, 168-169
Constante de Michaelis, 794, 794t
Constante de produto de íon, 169-170
Constante de pseudoequilíbrio, 794
Constante do produto de solubilidade
definição, 171
efeito do íon comum, 173-174
precipitado na água, 172
uso da, 171-174
Constante do produto de solubilidade baseada em concentrações, 203
Constantes de dissociação
ácidos/bases fracos, 300
titulações potenciométricas, 532-533
Constantes de dissociação ácido/base
definição, 175
pares conjugados, 175
uso de, 175
Constantes de distribuição
definição, 816-817
usos, 816

velocidade de migração e, 829
Constantes de equilíbrio
baseadas em concentração, 200-201
cálculo a partir de potenciais padrão, 460
definição, 164
determinação potenciométrica de, 534-535
dissociação ácido/base, 174-172
formação parcial, 168-169
para formação de complexos, 369
para reações, 167-168
potenciais padrão, 453p
produto de solubilidade, 171-174
produto do íon, 168-169
redox, 448-453
tipos de, 168t
Constantes de equilíbrio baseadas em concentração, 199
Constantes de equilíbrio redox, 448-453
Constantes de formação condicional, 372, 385-386, 395
Constantes de formação efetivas, 372
Constantes de ligação, 236
Constituinte de ultratraço, 114
Constituinte majoritário, 114
Constituinte minoritário, 114-115
Constituintes
de traço, 114
de ultratraço, 114
majoritários, 114
minoritários, 114
tipos de, 114-115
Constituintes de traço, 114
Contraeletrodos, 542, 552-553
Controle de tara, 951
Controle estatístico, 149
Convecção forçada, 546
Convecção natural, 546
Convecção, 546
Conversão interna, 639, 723
Conversor corrente-voltagem, 575
Coprecipitação
adsorção superficial, 249-250
aprisionamento mecânico, 251-252
definição, 249
erros, 252
formação de cristal misto, 251
oclusão, 251-252
tipos de, 249
Cloreto de sódio, como um eletrólito adicionado, 20-201
Correção de fundo com lâmpada de catodo oco pulsada, 758
Correção de fundo de Smith-Hieftje, 758
Correção de fundo por meio do efeito Zeeman, 758
Correção de fundo, 757-758
Corrente alternada (ca), 542
Corrente capacitiva, 595
Corrente contínua (cc), 542
Corrente de carga, 595
Corrente de escuro, 661
Corrente limite, 578, 584
Corrente não faradaica, 595
Corrente voltamétrica, 583-586
Correntes
de carga, 595
de escuro, 661
densidade, 547
difusão, 594
efeito sobre o potencial da célula, 541-548
em células eletroquímicas, 418-419
em reações irreversíveis, 585
limite, 546, 578
não faradaicas, 595

Índice Remissivo   A-53

polarográficas, 593-594
requisitos para eficiência, 557
residuais, 595, 600
voltamétricas, 583-586
Correntes residuais
corrente de carga, 595, 598, 599, 600, 605
definição, 595
ilustradas, 595
polarografia, 593-595
Coulomb (C), 555
Coulometria
caracterização da, 556
de potencial controlado, 557-558
exatidão, 561-562
requisitos para eficiência de corrente, 557
tipos de métodos, 556
Coulometria de potencial controlado, 593p
aplicações, 558-559
células, 557-558
coulômetros, 558
definição, 557
instrumentação, 557-558
na determinação eletrolítica, 559
potenciostatos, 558
Coulômetros, 558
Crescimento da partícula, 245-246
Criptandos, 368-369
Cromatografia
alargamento de banda, 831-834
aplicações, 844
de camada delgada, 903-904
de fluido superficial (CFS), 898-902
de gás, 825, 849-870
definição, 824
eficiência das colunas, 831-838
eletrocinética de capilaridade micelar, 912-914
em coluna, 825, 526
em papel, 903, 904
fase estacionária, 824
fase móvel, 825
fase normal, 883
fase reversa, 883-884
planar, 903-904
por adsorção, 886
por afinidade, 892-893
por exclusão de tamanho, 888-892
por par iônico, 884
por partição, 883-886
por troca iônica, 886-888
quiral, 893
resolução das colunas, 839-844
teoria do não equilíbrio, 831
velocidades de migração dos solutos, 827-831
Cromatografia com fluidos supercríticos (CFS)
aplicações, 902
colunas, 901
definição, 898
detectores, 901
efeitos da pressão, 900
fases móveis, 901
instrumentação, 899-901
métodos de coluna *versus*, 901-902
para separações quirais, 902
variáveis operacionais, 899-901
Cromatografia de camada delgada (CCD)
aplicação da amostra, 904
definição, 903
desenvolvimento da placa, 904
localização dos analitos na placa, 904
preparação da placa, 903-904
princípios, 903-904
Cromatografia de fase normal, 883
Cromatografia de fase reversa, 883-884
Cromatografia de gás

alta velocidade, 868
análise qualitativa, 863
análise quantitativa, 866-867
aplicações, 862-869
avanços, 868-869
base, 849
colunas capilares, 859-860
comparação com CLAE, 894t
definição, 849
detectores cromatográficos, 853-858
determinação de etanol em bebidas, **1031-1032**
diagrama de blocos, 850
efeito da temperatura, 853
fases estacionárias líquidas, 861-862
fatores de retenção, 841
identificação de metabolito em um medicamento no sangue, 864-866
instrumentos para, 850
método padrão interno, 866-867
multidimensional, 869
sistema de gás de arraste, 850-851
sistema de injeção de amostra, 851-852
sistemas miniaturizados, 868-869
tipos de, 849
Cromatografia de gás de alta velocidade, 868
Cromatografia de gás multidimensional, 868-869
Cromatografia de gás qualitativa, 863
Cromatografia de gás quantitativa
base, 866
calibração com padrões, 866
método padrão interno, 866-867
Cromatografia de íon baseada em supressor, 886-887
Cromatografia de íons em coluna única, 887
Cromatografia de líquidos de alta eficiência (CLAE)
amperométrica de camada fina para, 882
aplicações, 885, 886t
colunas analíticas, 879
colunas para, 879-880
comparação com a cromatografia de gás, 894t
controle de temperatura das colunas, 880
cromatografia por adsorção, 886
cromatografia por afinidade, 892-893
cromatografia por exclusão por tamanho, 888-892
cromatografia por partição, 883-886
cromatografia por troca iônica, 886-888
cromatografia quiral, 893
definição, 874
desempenho dos detectores, 881t
detectores, 880-883
diagrama de blocos dos componentes, 876
eluição isocrática, 877
eluição por gradiente, 877
empacotamento de colunas, 880
instrumentação, 875-876
pré-colunas, 879-880
reservatórios de fase móvel, 875-877
sistemas de bombeamento, 877-878
sistemas de injeção de amostras, 878
sistemas de tratamento de solventes, 875-877
Cromatografia de partição
aplicações, 885, 886t
cromatografia de líquido por partição com fase ligada, 883
de fase normal, 883-884
de fase reversa, 883-884
definição, 883
empacotamento com fases ligadas, 883
escolha das fases móvel e estacionária, 84
líquido-líquido, 883
por par iônico, 884

Cromatografia eletrocinética capilar micelar, 912-914
Cromatografia em coluna
alargamento de banda, 831-834
definição, 825
eficiência das colunas, 831-838
eluição na, 825-827
métodos de melhoria de performance, 827
métodos, 825t
número de pratos em uma coluna, 833-834
resolução das colunas, 839-844
velocidade de migração dos solutos, 827-831
Cromatografia em papel, 904
Cromatografia gás-líquido, 849. *Ver também* Cromatografia de gás
Cromatografia gás-sólido, 849, 851
Cromatografia planar
de camada delgada, 903-904
definição, 825, 903
em papel, 898, 904
tipos de, 903
Cromatografia por adsorção, 886
Cromatografia por afinidade, 892
Cromatografia por exclusão por tamanho
aplicações, 889-890
definição, 888
empacotamentos de coluna, 889
Cromatografia por par iônico, 884
Cromatografia por troca iônica
baseada em supressores, 886-887
coluna supressora do eluente, 887
coluna única, 887-888
detector de condutividade, 887
Cromatografia quiral, 893
Cromatograma de íon total, 857
Cromatograma de massa, 857
Cromatogramas, 827
Cromo
como revestimento polido para metais, 482
em amostras de água, 482
Cromóforos
características de absorção, 686t
definição, 685
Cubetas, 669-670
Curva com segmentos lineares, 279
Curva de calibração linear, 132
Curva de calibração
definição, 132
desvio padrão, 135
ilustrada, 133
incerteza, 140
linear, 147-148
resposta *versus* concentração, 147
Curva de erro normal, 53-55, 57-58, 831-832
Curva de resposta à dose, 237
Curva de titulação
ácido acético com hidróxido de sódio, 298-300
ácido diprótico, 326
ácido forte, 292
ácido forte/fraco, 297
ácido fraco, 297
ácidos polifuncionais, 325-333
algarismos significativos, 296
amperométricas, 590
base forte, 295
base fraca, 303-306
bases polifuncionais, 334-335
calculada com a abordagem da equação-mestra inversa, 462-464
cálculo de uma, 281
complexométrica, 373
definição, 279
EDTA, 389-391

efeito da concentração na, 301
efeito da extensão da reação na, 301
equação de balanço de carga para construir uma, 294-295
experimental, 292
formas, 375
fotométrica, 700-702
hipotética, 292
ilustrada, 280
misturas de ânions, 377-379
para espécies anfipróticas, 335-337
ponto de inflexão, 307
redox, 453-466
segmento linear, 279
sigmoide, 279
tipos de, 279-280
titulações de precipitação, 374-380
Curva de titulação de oxirredução
concentração de equilíbrio e, 456
construção, 453
efeito das variáveis, 465-466
estratégia da equação-mestra inversa, 462-464
independente da concentração do reagente, 457
pontos finais, 454
potenciais do eletrodo, 453-455
potencial inicial, 456
potencial no ponto de equivalência, 457
simétrica, 459
Curva de trabalho, 132
Curvas de titulação de EDTA, 391p, 393p
efeitos do agente complexante, 393-396
exemplo, 389-393
geração, 389
ilustradas, 389-391
influência do pH, 391-392
íon cálcio, 389-391
quando um agente complexante está presente, 393-396
Curvas de titulação redox
concentração de equilíbrio e, 453
construção de, 453-468
efeito das variáveis, 465-466
estratégia da equação-mestra inversa, 462-464
independentes da concentração do reagente, 458
pontos finais, 454
potenciais do eletrodo, 454-456
potencial inicial, 456
potencial no ponto de equivalência, 454, 457, 461
simétricas, 459
Curvas gaussianas
áreas sob, 59-60
definição, 53
ilustradas, 57
propriedades, 57-60
Curvas sigmoides, 279
Cutelo, balança analítica, **949, 951-952**

D

Dados
arredondando, 74
distribuição de frequência, 53-56
estatísticos, 81-107
pareados, 95-96
Dados de titulação
concentrações molares de, 272-274
quantidade de analito a partir de, 274-278
trabalhando com, 272-278
Dalton, unidade, 18, 768
DCE. *Ver* Detector de captura de elétron, 856
Decaimento radioativo, 786
Decomposição por micro-ondas. *Ver também*

Decomposição
aplicações, **942**
definição, **940**
digestão à pressão atmosférica, **941**
frascos a pressões elevadas, **941**
frascos a pressões moderadas, **940-941**
vantagens, **940**
Densidade
das soluções, 26-28
definição, 26
Desativação colisional, 728
Desativação vibracional, 639
Descarga luminescente, 749
Desenvolvimento de placa, 904
Desidratação, 58, 529
Deslocamento, métodos de titulação com EDTA, 400
Despolarizadores, 551
Dessecadores, **955-956**
Destilação a vácuo, 816
Destilação molecular, 816
Desvio
da média, 53, 57
padrão, 57-71 (*ver também* Desvio padrão)
Desvio padrão
arredondamento e, 74
cálculos exponenciais, 69-70
combinado, 63-64
curva de calibração, 133-134
da amostra, 60-61
da população, 58-59
da regressão, 133-134
da soma e da diferença, 67-68
de antilogaritmos, 70-71
de logaritmos, 70-71
de resultados calculados, 67-68, 69
diferença entre médias, 92-94
do produto e do quociente, 68-69
inclinação, 135
intersecção, 135
na massa, **985t**
relativo (DPR), 66
Desvio padrão absoluto
logaritmos, 70-71
produtos e quocientes, 68
Desvio padrão combinado, 64
Desvio padrão da amostra, 60
combinação de dados para melhorar a confiabilidade, 63-64
definição, 60
expressão alternativa para o, 61
Desvio padrão da população, 57-58
Desvio padrão relativo
antilogaritmos, 70-71
cálculos exponenciais, 69-70
definição, 65
produtos e quocientes, 68-69
símbolo σ_r, 120
Desvios, lei de Beer
instrumentais, 631-634
químicos, 630-631
reais, 629
Desvios químicos, lei de Beer, 630-631
Desvios reais, 629
Detecções pireolétricas, 668
Detector de captura de elétrons (DCE), 856
Detector de condutividade eletrolítica, 854t, 858
Detector de condutividade térmica (DCT), 855
Detector de ionização por chama (DIC), 854-855
Detector eletroquímico
CLAE, 881t, 882
eletroforese capilar, 905, 906t
Detector voltamétrico, 587-588

Detectores
com arranjos de diodos, 666, 881
cromatográficos, 853-858
de absorção comum, 661t
de captura de elétrons, 856
de condutividade térmica, 855, 856
de fótons, 661-667
de ionização em chama, 854-855
de transferência de carga, 666
definição, 660
espectométricos de massas, 856-858, 880-881, 895
para cromatografia, 858, 870, 881t, 880-881
para eletroforese capilar, 906t
piroelétricos, 668
pneumáticos, 668
térmicos, 661t, 668-669
Detectores com arranjos de diodos, 666
Detectores cromatográficos. *Ver também* tipos específicos de cromatografia
captura de elétrons, 586
condutividade eletrolítica, 858
condutividade térmica, 855-856
espectroscopia de massas, 856-858
ideal, características, 854
ionização em chama, 854-855
métodos hifenados, 858
tipos de, 854t
Detectores de fótons
arranjo de diodo, 666
células fotocondutivas, 661t, 664-665
dispositivos de transferência de carga, 666-667
fotodiodos e arranjos, 665-666
Detectores pneumáticos, 668
Detectores térmicos, 667-668
Determinação da dureza da água, **1002**
Determinação de carga elétrica, 555-556
Diagrama logarítmico de concentração, 339-341
cálculo, 340
definição, 339
determinação de valores de pH com, 341
estimativa de concentração a partir de, 340-341
ilustrado, 340
ponto do sistema, 339
Diagramas de distribuição, 339-341
DIC. *Ver* Detector de ionização por chama, 854-855
Dicromato de potássio
aplicação da solução, 487-488
como um agente oxidante, 487-488
modelo molecular do, 487
preparação da solução, 487
Dielétrico, 749
Diferença menos significativa, 103
Diferença menos significativa, 103-104
Diferenças
algarismos significativos em, 72-73
de médias, teste t para, 93-94
desvio padrão de, 66
variância de, 66
Difusão
coeficiente longitudinal, 836
coeficiente, 836
de corrente, 127, 585
definição, 545
velocidade de, 545-546
Difusão turbulenta, 837
Digestão por via úmida, **939, 949**
Digestão, 249
Dígitos "guarda", 74
Diluição
efeitos sobre o pH, 186
método, 142

Dimetilglioxima, 243, 259
Dinodos, 663
Diodo diretamente polarizado, 665
Dióxido de carbono
  absorção de, 350
  efeito nas soluções de base padrão, 350-351
  efeito nas titulações de neutralização, **990**
Dióxido de enxofre, 355
Dispersão angular, 653
Dispersão, 127
Dispositivo de acoplamento de carga (CCD), 667
Dispositivo de injeção de carga (CID), 667
Dispositivo de transferência de carga (DTC), 666-667
Dispositivos de leitura, 668
Distribuição de frequência, 53-54t
Divisor de feixe, 672, 675-676
Dosagem, 5
DTC. *Ver* Dispositivo de transferência de carga, 666-667
Dupla camada elétrica, 247
Dureza da água
  cálcio, 401
  determinação, 401-402
  kits de teste para, 402

E

EC. *Ver* Eletrocromatografia capilar (EC), 911-914
EDR. *Ver* Eletrodo de disco rotatório, 591-592
EDTA
  cálculo da concentração de cátions, 387-388
  cálculos de equilíbrio envolvendo, 384-388
  como conservante, 385
  complexos com íons metálicos, 383-384
  complexos, constantes de formação, 384t
  composição da solução, 382-383
  definição, 381
  espaços para ligação de moléculas, 381
  espécies presentes em soluções, 382-383
  fórmula estrutural, 381
  preparação da solução, **1000**
  propriedades ácidas, 381
  valores alfa, 382, 385
Efeito Bernoulli, 743
Efeito da ação das massas, 166, 251, 822
Efeito da concentração de reagente nas curvas de titulação redox, 465
Efeito de filtro interno, 726-727
Efeito do íon comum
  definição, 173
  deslocamento do equilíbrio causado pelo, 214
  ilustrado, 173
Efeito estufa, 163
Efeito salino, 202-203
Efeito *salting in*, 815
Efeito Tyndall
  definição, 246
  ilustrado, 246
Efeitos da oxidação em células e tecidos, 486-487
Eficiência das colunas
  altura dos pratos, 832
  contagem de pratos, 831
  definição, 831-832
  descrição quantitativa da, 831-832
  variáveis que afetam a, 834-838, 835t
  vazão na fase móvel, 834-835
Eficiência quântica, 725
Eletrocromatografia em coluna empacotada, 912
Eletrodeposição, 549-550, 576, 604
Eletrodo de disco e anel rotatório, 591-593
Eletrodo de disco rotatório (EDR), 591-593
Eletrodo de gotejamento de mercúrio, 571-572

Eletrodo de hidrogênio, 422-423
Eletrodo de membrana líquida
  características, 515t
  comparação com o eletrodo de vidro, 513
  construção fácil, 514-515
  definição, 512
  diagrama, 513
  fotografia, 514
  para o íon potássio, 514
  sensibilidade, 514
Eletrodo de trabalho
  definição, 549, 573, 575-577
  faixas de potencial, 577
  ilustrado, 573, 577
  microeletrodo, 576
  na voltametria, 576
  ultramicroeletrodo, 576
Eletrodo gasoso, 422
Eletrodo indicador de membrana, 506
Eletrodo indicador metálico. *Ver também* Eletrodos indicadores
  classificação, 504-505
  do primeiro tipo, 5040-505
  do segundo tipo, 505
  para sistemas redox, 505
Eletrodo modificado, 578
Eletrodo normal de hidrogênio (ENH), 422
Eletrodo padrão de hidrogênio (EPH), 422
Eletrodos
  auxiliares, 542, 561
  contraeletrodo, 542, 553, 558
  de membrana cristalina, 516, 516t
  de membrana líquida, 512-514
  de referência, 422-423, 500, 501-502, 506, 573
  de trabalho, 542, 551-553, 571-577
  definição, 414
  do primeiro tipo, 504-505
  do segundo tipo, 505
  hidrogênio, 422-423, 500
  indicadores, 500, 506-512
  íon-p, 506
  modificados, 578
  rotatórios, 590, 591-593
  seletivos de ânion, 525-526
Eletrodos auxiliares, 542
Eletrodos de membrana cristalina
  características, 516t
  definição, 516
Eletrodos de referência. *Ver também* Métodos potenciométricos
  calomelano, 501-502
  definição, 501-502
  potencial do eletrodo de vidro entre uma sonda sensível a gás, 520
  potencial formal, 502t
  prata/cloreto de prata, 502-503
Eletrodos de vidro
  coeficiente de seletividade, 511-512
  composição e estrutura, 507-508
  digrama, 507
  erro ácido, 512
  erro alcalino, 510-511
  estrutura de silicato, 508
  higroscópicos, 507
  medidas de pH com, 528-538
  membrana, 506
  para medida de pH, 506-512
  para outros cátions, 512
  potenciais de membrana, 508
  potencial de assimetria, 509
  potencial de interface, 509
  superfícies, 509
Eletrodos indicadores
  de membrana cristalina, 516

  de membrana líquida, 512-515
  de membrana, 506
  de vidro, 506-521
  definição, 500
  ideais, 504
  metálicos, 504-505
  sondas sensíveis a gases, 518-522
  transistores de efeito de campo seletivos de íons (ISFETs), 516-518
Eletrodos p-íon, 506
Eletrodos seletivos de ânions, 525-526
Eletroferograma, 909
Eletroforese
  capilar, 905-911
  definição, 905
Eletroforese capilar
  aplicações, 908-910
  bases para separações eletroforéticas, 907-908
  definição, 905
  detectores para, 906t
  diagrama esquemático de um sistema, 905
  fluxo eletro-osmótico, 906-907
  instrumentação, 905-906
  modos, 908
  na separação de espécies moleculares, 908-909
  na separação de íons pequenos, 908
  no sequenciamento do DNA, 911
Eletroforese capilar de zona (ECZ), 908
Eletrogravimetria
  com potencial controlado, 552-554
  definição, 242, 549
  sem controle de potencial, 549-552
Eletrogravimetria de potencial controlado
  aplicações, 554, 555t
  arranjo para, 552
  catodo de mercúrio, 553-554
  células de eletrólise, 553
  definição, 552
  instrumentação, 552-553
Eletrogravimetria de potencial não controlado
  aplicações, 551-552, 552t
  células de eletrólise, 550
  definição, 549-550
  instrumentação, 550
  propriedades físicas de precipitados eletrolíticos, 550
Eletrólise
  células, 549-550, 553
  com potencial controlado, 550
  no eletrodo voltamétrico, 580
  uso de, 540-541
Eletrólise de potencial controlado, 549
Eletrólito fraco, 160-161
Eletrólitos
  classificação de soluções de, 160-161, 161t
  concentrações de, 200-201
  de suporte, 546, 572, 580
  definição, 160
  efeito da força iônica, 201-202
  efeito salino, 202-203
  efeito sobre constantes de equilíbrio baseadas em concentração, 200
  efeito sobre equilíbrios químicos, 200
  efeitos de cargas iônicas sobre os equilíbrios, 201
  fortes, 160
  fracos, 160
  lei limite, 200
Eletrólitos de suporte, 572
Elétron-volt (eV), 624
Eluentes, 825
Eluição
  definição, 825
  isocrática, 843, 877
  na cromatografia em colunas, 825-826

por gradiente, 843, 877
Eluição isocrática, 843, 877
Eluição por gradiente, 843, 877
Emissão estimulada, 649
Enantiômeros, 893
Energia de alargamento por colisão, 739
Entradas cromatográficas, 778
Entradas em série, 778
Entradas por sonda direta, 778
Enxofre, análise elementar, 355
Enzima imobilizada, 589, 806
Enzimas
  ativadores, 806
  atividades, 793
  com ligações covalentes, 793
  como moléculas de alta massa molecular, 790
  constantes de Michaelis, 794t
  definição, 791
  efetividade, 793
  imobilizadas, 806
  saturação, 795
  substrato, 791
Equação de balanceamento de carga, 216-218
  ao construir curvas de titulação, 294-295
  aproximações, 219
  concentrações de equilíbrio, 217
  definição, 216-217
  disponibilidade de informações, 217
  escrevendo, 220-221, 223, 228
  exemplos, 218
  igualdade de concentração de carga molar, 217
Equação de balanço de massas
  aproximações, 219
  definição, 214
  equação de balanço de prótons, 215
  escrevendo, 214-215
Equação de Debye-Hückel, 204-206
Equação de Henderson-Hasselbach, 184
Equação de Michaelis-Menten, 794
Equação de Nernst, 426-427
Equação de Randles-Sevcik, 598
Equações redox, 410-411
Equilíbrio
  cálculos envolvendo EDTA, 384-388
  cálculos usando coeficientes de atividade, 207-209
  complexo, 213-238
  de complexação, 369-371
  de troca iônica, 822-823
  efeitos dos eletrólitos sobre, 200-203
  estado, 165-166
  na determinação específica de drogas, 234-237
  potenciais padrão dos eletrodos e, 433
  químico, 164, 200
  reações, 165-166
  sistemas redox em, 449
Equilíbrio do complexo
  importância, 213
  problemas, resolução, 213-238
  separação de íons, 231
  solubilidade, cálculo de, 220-223
  vários problemas, resolução, 214-220
Equilíbrio químico, 182p. *Ver também* Equilíbrio
  definição, 164
  efeitos dos eletrólitos no, 199-210
Equipamento volumétrico
  calibração, **971-973**
  limpeza, **968**
  tipos de, **964-967**
  uso de, **967-971**
Equivalente-grama
  ácidos, 358-359
  bases, 358-359
  definição, 359

Equivalentes, 270
Erro absoluto
  definição, 41-42
  gráfico tridimensional, 52
Erro ácido, 512, 529
Erro alcalino, 510-511
Erro de carga
  definição, 522-523
Erro de método
  análise de amostras padrão, 47
  análise independente, 47
  definição, 48
  determinações do branco, 48
  variação no tamanho da amostra, 48
Erro devido ao empuxo, 953
Erro padrão da estimativa, 135
Erro padrão da média, 62
Erro pessoal, 43, 44-45, 46-47
Erro proporcional, 46
Erro relativo
  definição, 42
  maior ao arredondar, 276
  método diferencial, 800
Erro sistemático
  constante, 45-46
  de método, 44, 47-48
  definição, 43-45
  detecção de, 46-47
  efeito sobre os resultados, 45-46
  fontes de, 43-45
  fontes fundamentais, **930**
  instrumental, 43-44
  na calibração, 140
  pessoal, 44-45
  proporcional, 46
  tipos de, 43
Erros
  absolutos, 41-42
  ácidos, 512, 528-530
  afetando medições de pH, 529
  alcalinos, 510-511
  aleatórios, 42, 51-76
  arredondamento, 74, 296-297
  causas, 38-39
  como minimizar, em procedimentos analíticos, 142-146
  constantes, 45-46
  coprecipitação, 252
  de amostragem, determinação, **983-986**
  de carbonato, 350-351
  de carga, 522-523
  de empuxo, 953
  de método, 43-44, 47-48
  de pesagem, 953-955
  efeitos, 38-39
  em análises químicas, 38-48
  grosseiros, 43, 104-106
  indicadores ácido-base, 291
  instrumentais indeterminados, 698t
  instrumentais, 43-44
  medição de transmitância, 698t
  método de calibração do eletrodo, 526-527
  na calibração padrão externa, 139-140
  no teste de hipóteses, 96
  padrão, 62-63
  pessoais, 43, 44-45, 46-47
  proporcionais, 46
  relativos, 42, 45
  sistemáticos, 43-48
  tipo I, 96
  tipo II, 96
  tipos, 42-43
Erros aleatórios
  definição, 43

distribuição experimental de resultados, 53-56
  fontes de, 52-53
  fontes fundamentais, 930
  na análise química, 51-76
  na calibração, 140
  natureza dos, 51-56
  tratamento estatístico de, 56-63
Erros constantes, 45
Erros determinados. *Ver* Erros sistemáticos, 43
Erros grosseiros, 43
Erros indeterminados. *Ver* Erros aleatórios
Erros instrumentais indeterminados, 698t
Erros instrumentais, 43, 46-47
Espécies absorventes, 685-687
Espécies anfipróticas, 162-163
Espécies fluorescentes, 725
Espécies inorgânicas
  absorção por, 686
  extração, 819-820
  métodos catalíticos para, 805t
  métodos de fluorescência para, 730t
Espécies orgânicas
  métodos catalíticos para, 804-806
  métodos de fluorescência para, 730-731
Espectro
  absorção no infravermelho, 628, 708-715
  atômico, 627-628, 747
  contínuo, 635
  de absorção, 625-629
  de bandas, 635, 637, 747
  de EM/EM tridimensional, 779
  de excitação, 724
  de íon de produto, 779
  de íon precursor, 779
  de linhas, 635, 636-639, 747, 756
  de massa molecular, 776-777
  de massas, 767-768
  de perda neutra, 779
  definição, 616
  eletromagnético, 615-616
  fonte contínua de luz, 647-652, 648t, 678
  luz branca, 626, 738
  produção com espectrômetros FTIV, 712-713
  solar, 618, 754
  visível, 626, 738
Espectro atômico
  absorção, 738-739
  alargamento doppler, 739-740
  alargamento natural, 739
  alargamento por colisão, 739
  emissão, 737-738
  fluorescência, 739
  largura de linhas, 739-740
  origens, 737-740
Espectro contínuo, 637-638
Espectro de absorção, 625-629
  íons, 686
  íons de metais de transição, 687
Espectro de banda, 637, 747
Espectro de excitação, 724
Espectro de linha
  definição, 636
  diagrama de nível de energia, 636
  efeito da concentração sobre o, 671
  ilustrado, 635
Espectro de massas
  amostra geológica, 768
  definição, 767
Espectro de perda neutra, 779
Espectro do íon precursor, 779
Espectro eletromagnético
  definição, 613
  métodos óticos, 615-616
  regiões, 613t, 613-614

Espectro infravermelho, 708-709
Espectro solar, 618, 754
Espectro tridimensional EM/EM, 779
Espectrofluorímetro, 727
Espectrofluorímetros corrigidos, 728
Espectrofotômetro, 785-786
  bandas de radiação, 632
  comerciais, 671
  definição, 670
  infravermelho, 673-679
  projeto de feixe duplo, 672
Espectrofotômetros de infravermelho
  com transformada de Fourier, 710-711
  dispersivos, 709
Espectrógrafo, 652, 673, 749-750
Espectrometria de massas atômicas de fonte de faísca (SSMS), 774
Espectrometria de massas atômicas. *Ver também* Espectrometria de massas
  aplicações, 775-776
  definição, 242, 736, 773
  espectro, 776-777
  fontes de faísca, 774-775
  fontes de ionização, 773t, 774-775
  fontes para, 773-775
  interferências, 775
  limites de detecção, 776
  plasma indutivamente acoplado (ICP), 773-774
Espectrometria de massas tandem, 882-883
Espectrometria qualitativa de infravermelho, 711-713
Espectrometria quantitativa de infravermelho
  análise de vapor, 714t
  aplicações, 714-715
  espectroscopia ultravioleta/visível *versus*, 714
  medições de absorbância, 714
Espectrômetro
  de emissão ICP, 749-750
  de massas tandem, 779
  de massas, 769-772, 773-781, 856, 863, 865, 870, 918, 926
  definição, 670
  leitura direta, 652
  multicanal, 673
  setor magnético, 770-772, 778
  simultâneos, 750
  transformada de Fourier, 660, 674-679
Espectrômetro de massas
  analisador de massa, 770-772
  componentes, 769-770
  definição, 769
  resolução, 770-771
  transdutores para, 772-773
Espectrômetros com transformada de Fourier, 674, 710-711
Espectrômetros de leitura direta, 750
Espectrômetros sequenciais, 750
Espectrômetros simultâneos, 750
Espectros de emissão
  contínuos, 637-638
  de banda, 635-637
  de chamas, 745-748
  de linhas, 635-637
  espectros atômicos, 737
  ilustrados, 635, 738
Espectroscopia
  absorção molecular, 684-715
  atômica, 736-763
  de absorção no infravermelho, 708-715
  de absorção, 616-618, 624t
  de emissão, 646, 652, 745, 751-752
  de fluorescência, 645, 722, 728, 730
  de massas, 767-781

de quimiluminescência, 616, 732
definição, 611
descoberta de elementos e, 618-619
fluorescência molecular, 722-7333
fontes contínuas, 647, 648t
fosforescência molecular, 731-732
fosforescência, 616
fotoluminescência, 616
instrumentos para, 645-679
introdução à, 611-640
ótica, 645-679
Espectroscopia atômica ótica, 736
Espectroscopia atômica. *Ver também*
  Espectroscopia de absorção atômica;
  Espectroscopia de emissão atômica;
  Espectroscopia de fluorescência atômica;
  Espectroscopia de massas atômicas
  chamas na, 746t
  determinação de chumbo no latão, **1027-1029**
  determinação de sódio, potássio e cálcio na água mineral, **1028**
  métodos, 736, 737t
Espectroscopia de absorção
  definição, 616-617
  termos usados na, 624t
Espectroscopia de absorção atômica
  a vapor frio, 760-762
  com atomização eletrotérmica, 759-760
  correção de fundo, 757-758
  de chama, 758-759
  de feixe único, 755
  definição, 753
  determinação de chumbo no latão, **1027-1028**
  efeitos da largura da linha, 753-754
  fontes de linhas, 754-756
  instrumentação, 754-758
  instrumento completo de absorção atômica, 757
  interferências, 763
  lâmpadas de catodo oco, 756
  limites de detecção, 759t
  modulação de fonte, 756-757
Espectroscopia de absorção atômica por vapor frio, 760-762
Espectroscopia de absorção molecular
  aplicações qualitativas, 711-713
  aplicações quantitativas, 714-715
  espécies absorventes, 685-687
  infravermelha, 707-715
  métodos automatizados, 705-707
  ultravioleta e visível, 687-705
Espectroscopia de absorção no infravermelho
  espectro, 708-709
  espectrômetros com transformada de Fourier, 710-711
  instrumentos dispersivos, 709
  instrumentos, 709-711
  picos de absorção característicos, 711t
  qualitativa, 711-713
  quantitativa, 714-715
Espectroscopia de emissão, 616
Espectroscopia de emissão atômica
  aplicações, 752-753
  definição, 749
  determinação de sódio, potássio e cálcio na água mineral, **1028**
  fontes de não linearidade, 751
  instrumentação, 749-751
  interferências do analito, 752
  interferências do branco, 751-752
  interferências, 751-752
  isolamento do comprimento de onda, 750

sistemas computacionais e software, 751
transdutores de radiação, 750-751
Espectroscopia de fluorescência atômica, 763
Espectroscopia de fosforescência molecular, 731-732
Espectroscopia de fotoluminescência, 616
Espectroscopia de massa molecular. *Ver também*
  Espectroscopia de massa
  análise de misturas, 780-781
  aplicações, 775-776, 780-781
  determinação quantitativa, 781
  espectros, 776-777
  fonte de dessorção, 777
  fonte de fase gasosa, 777
  fonte de íons, 777t
  identificação de compostos puros, 780
  instrumentação, 778-779
Espectroscopia de massas
  atômicas, 773-776
  como detectores, 856-858
  definição, 767-768
  moleculares, 776-781
  princípios, 767-769
  razão massa-carga, 767
  tandem, 779
  transdutores para, 772-773
Espessura do filme, 862
Estado dupleto, 637
Estado excitado, 616
Estado fundamental, 616, 626
Estado padrão, 419
Estado simpleto, 651, 731
Estado tripleto, 731
Estanho, determinação gravimétrica do, **988**
Estatística t
  comparação de valor crítico, 93
  definição, 85
  valores, 86t
Estatísticas
  ANOVA, 98-104
  definição, 98
  intervalos de confiança, 82-87
  teste de erros grosseiros, 104-107
  teste de hipóteses, 87-98
  tratamento de dados com, 87-107
Estequiometria
  cálculos de, 28-30
  de reações químicas, 28-30
  definição, 28
  fluxograma para cálculos de, 29
Estratégia da equação-mestra inversa
  curva de titulação, 464
  definição, 462
  valores alfa para espécies redox, 462
Ésteres, 359-360
Estibina, **1008-1009**
Estrutura primária, 792
Estrutura quaternária, proteínas, 793
Estrutura secundária, 792
Estrutura terciária, 793
Estudo de caso da morte de cervos, 9-12
Etanol, determinação cromatográfica de gás, **1031-1032**
Evaporação de líquidos, 948-949
Evaporação flash, 816
Exatidão
  Absorção atômica de uma chama, 759
  Coulométrica, 561
  Definição, 41
  Ilustrada, 41
Excel. *Ver* Microsoft Excel
Experimento da "árvore de prata", 412
Experimento introdutório
  amostragem, **982-983**

balança analítica, **978-979**
calibragem de pipeta, **980-981**
determinação de erros de amostragem, **983-986**
leitura de seções da bureta, **981-982**
transferência de alíquota, **980**
transferências quantitativas, **979**
Experimentos com métodos analíticos. *Ver também métodos específicos*
absorção molecular, **1022-1026**
cromatografia de gás, **1031-1032**
eletrogravimétricos, **1017-1018**
espectroscopia atômica, **1027-1029**
exatidão das medições, **977-978**
experimento introdutório, **978-983**
fluorescência molecular, **1026-1027**
gravimétricos, **988-989**
potenciométricos, **1014-1017**
resinas de troca iônica, **1029-1031**
titulações com bromato de potássio, **1012-1014**
titulações com iodo, **1007-1009**
titulações com permanganato de potássio, **1002-1007**
titulações com tiossulfato de sódio, **1009-1012**
titulações coulométricas, **1019-1020**
titulações de formação de complexos com EDTA, **999-1000**
titulações de neutralização, **990-997**
titulações de precipitação, **997-999**
voltametria, **1020-1022**
Expressões de constantes de equilíbrio
definição, 167
escrevendo, 167
indicadores ácido-base, 288
Extensão da reação
efeito sobre as curvas de titulação de precipitação, 376-377
efeito sobre as curvas de titulação redox, 465
Extração
cloretos metálicos, 820
espécies inorgânicas, 819-820
fase sólida, 820-821
nitratos, 820
separação por, 816-821
Extração de fase sólida, 820

F

Faixa
como uma medida de precisão, 66
definição, 53
Faixa dinâmica linear, 147-148
Faixa, como uma medida de precisão, 66
Falsos negativos, 96
Falsos positivos, 96
Fase estacionária líquida
comuns, 861-862, 862t
definição, 861
espessura do filme, 862
ligada e entrecruzada, 862
polaridades, 861
Fase pseudoestacionária, 913
Fator
como variável independente, 99
definição, 99
dois fatores, 99
fator único, 99
Fator de confiança, 147
Fator de retenção
cromatografia de gás, 830
definição, 830
efeito sobre a resolução da coluna, 839
variação no fator de seletividade e, 841-843
Fator de seletividade

definição, 830
efeito sobre a resolução de uma coluna, 839
variação, 842-843
Fator gravimétrico, 255
FCF de campo elétrico, 916
FCF. *Ver* Fracionamento por campo e fluxo
Ferro
complexos de ortofenantrolinas, 467-468
comportamento voltamétrico, 585-586
determinação em materiais variados, **928t**
determinação na água, **1023-1024**
determinação no minério, **1005-1007**
reação com iodo, 429
soluções, 476-477
titulação de, **1005-1007**
Ferrocianeto, reação com iodo, 166
FFT. *Ver* Transformada de Fourier Rápida (FFT), 678
Figuras de mérito, para métodos analíticos, 146-147
Filtração em gel, 889
Filtragem
a vácuo, 963
comparação de meios, 959t
de precipitados, 960-963
de sólidos, 957-963
instruções para, 961-963
Filtros de absorção, 658-659
Filtros de interferência, 658-659
Filtros de radiação
absorção, 658-659, 660, 679
definição, 658
interferência, 658-659
largura de banda para, 658
tipos de, 658
Fluido supercrítico
comparação de propriedades, 899t
definição, 899
propriedades, 899
temperatura crítica, 899
Fluorescência
aplicação de métodos, 728-731
atômica, 638
bandas, 638, 724
definição, 722
deslocamento de Stokes, 724
efeitos da temperatura e do solvente, 725
efeitos de substituição, 726t
espectro, 724
estrutura e, 725
imunoensaio, 234-237
instrumentação, 727-728
intensidade, efeito da concentração sobre a, 726
molecular, 638-639
rendimento quântico, 725
ressonante, 638
rigidez estrutural, 725
uso de sondas na neurobiologia, 729
Fluorescência atômica, 638
Fluorescência com deslocamento de Stokes, 639, 724
Fluorescência da quinina, **1026**
Fluorescência de ressonância, 638, 739
Fluorescência molecular
determinação de quinina em bebidas, **1026-1027**
espécies fluorescentes, 725
processos de relaxamento, 638-640
relaxamento não radioativo, 723
sensibilidade, 722
teoria da, 638
Fluorímetro, 727
Fluxo contínuo

analisador em fluxo segmentado, 127
analisador por injeção em fluxo, 127-128
métodos, 126-128
Fluxo eletro-osmótico
causa, 906
definição, 906
distribuição de carga resultante em, 906
perfis, 907
velocidade, 907
velocidades na presença de, 907
Fluxo radiante, 649
Focalização isoelétrica, 908
Fonte de luz pulsada, 647
Fonte de Nernst, 652
Fonte tipo Globar, 648, 652
Fontes contínuas, 647
correção de fundo, 757-758
definição, 647
em regiões ultravioleta/visíveis, 648-649
na região infravermelha, 637-638, 652
para espectroscopia ótica, 648t
Força iônica, 210p
atividade e, 203
coeficientes de atividade e, 203-204
definição, 201
efeito da carga, 202t
efeito da, 201-202
exemplos de cálculo, 202
Formação de complexos
com EDTA, 384-385
constantes condicionais, 372
constantes de equilíbrio para, 369-371
solúveis, 371
Formação de cristal misto, 815
Formação de espécies insolúveis, 371
Fórmula estrutural, 28
Fórmula molecular, 28
Fórmulas empíricas, 28
Forno de micro-ondas de laboratório, **959**
Forno de micro-ondas, **941**
Fornos, espectroscopia atômica, 748-749
Fosforescência
definição, 616, 638
espectroscopia, 731-732
instrumentação, 732
temperatura ambiente, 731-732
Fosforescência à temperatura ambiente, 732
Fósforo, determinação do, **929t**
Fosforoscópios, 732
Fósfors, 731
Fotocondução, 661
Fotocorrentes
definição, 663
medição com amplificadores operacionais, 668-669
Fotodiodos de silício, 665-666, 668-669
Fotoelétrons, 663
Fotoemissão, 661, 667-668
Fotômetros
com uma fonte de catodo oco, 757
definição, 670
filtro, 701
Fotômetros de filtro, 711
Fótons
contagem de, 56, 664
definição, 612
energia dos, 614
Fracionamento por campo e fluxo (FCF)
de campo elétrico, 916-917
de campo térmico, 917
definição, 914
diagrama esquemático de um canal de, 914
mecanismos de separação, 914-915
métodos, 915-917

Índice Remissivo A-59

por fluxo, 917
sedimentação, 916
vantagens em relação aos métodos cromatográficos, 918
Fracionamento por campo e fluxo (FCF) por sedimentação, 916
Fracionamento por campo e fluxo (FCF) térmico, 917
Fractograma, 914
Franjas de interferência, 676
Frasco para digestão a pressão moderada, **940-941**
Frascos de alta pressão para micro-ondas, **941**
Frutose, modelo molecular, 795
Ftalato ácido de potássio
 definição, 352
 determinação em uma amostra impura, **993-994**
 padronização do hidróxido de sódio contra, **993**
Fulerenos
 definição, 890
 separação cromatográfica, 890-892
Fundentes
 comuns, **945t**
 decomposição com, **944-945**
 definição, **944**
 procedimento de fusão, **944**
 tipos de, **944-945**
Fundido, 124, **944-945, 1007**

G

Galvanostato, 559
GC/MS (cromatografia de gás/espectrometria de massas), 856-857
Geometria de observação axial, 743
Geometria de observação radial, 743
Glicina, 369
Glicose
 fórmula estrutural, 95, 795
 modelo molecular, 95, 795
Gossett, William, 85
Gráfico de Gran, para localizar o ponto final, 306-309
Gráficos de controle
 definição, 148
 exemplos, 149-150
 ilustrados, 149
Grama (g). *Ver* Quilograma, 15, 16t
Grau padrão primário, 487, **947**
Gravidade específica
 de ácidos/bases concentrados, 27t
 de soluções, 26-28
 definição, 26
Gravimetria
 de volatilização, 242, 260-261
 definição, 242
 eletrogravimetria, 242
 por precipitação, 243
 tipos de, 242
Gravimetria de volatilização
 aparato para determinação, 261
 aplicações, 260-261
 definição, 242
Gravimetria por precipitação, 242
Grupo hidroxila, 360
Grupos de carbonila, 360
Grupos funcionais orgânicos
 determinação de, 358-360
 métodos para, 260t

H

Heart cutting, 869
Hematócrito (Hct), 520
Heterogeneidade, 119
Hidrofobia, 512
Hidrogenocarbonato de sódio, 334, 356
Hidrogenoiodato de potássio, 352
Hidrólise, 252
Hidróxido
 curva de titulação, 357
 intervalos de transição do indicador, 289, 357
 relação de volume das misturas, 356t
Hidróxido de sódio
 padronização contra hidrogenoftalato de potássio, **993-994**
 preparação, **991-992**
 sem carbonato, 350-351, **991-992**
Hidróxido de sódio livre de carbonato, 351, **984-985**
Hidróxido metálico, solubilidade, 220-223
Hipótese nula, 87-90
Histogramas
 definição, 54
 ilustrados, 55

I

ICP. *Ver* Plasma acoplado indutivamente
Imunoensaio
 como uma ferramenta poderosa, 237
 equilíbrio na determinação específica de drogas, 234-237
 etapa de medição, 235
 fluorescência, 236
 procedimento de determinação, 236
Incerteza
 combinações possíveis de, 52t
 concentração, 697
 curva de calibração, efeito da, 140
 medida de concentração espectrofotométrica, 697-698
 na amostragem, 118-119
Incertezas instrumentais, 697-700
Inclinação, desvio padrão, 134, 135, 136, 693
Indicador de oxidação-redução
 escolhendo, 468
 específico, 468
 geral, 466-468
 mudança de cor, 466-467
 selecionado, 467t
Indicadores
 ácido-base, 287-291
 adsorção, 380
 definição, 269
 mudanças típicas, 268-269
 oxidação-redução, 466-468
 para o analito, 399
 para o íon metálico adicionado, 399
 para titulações com EDTA, 396-399
 preparação de soluções para titulações de neutralização, **990**
 titulação de ácido forte com base forte, 295-297
 titulação de base fraca, 303-304
 titulações de ácido fraco/base forte, 301-302
Indicadores ácido-base
 comuns, 288, 291
 cor, 289
 definição, 288
 erros de titulação com, 291
 expressões de constante de equilíbrio, 288
 ilustrados, 289
 variáveis que influenciam o comportamento de, 291
Indicadores redox
 escolha de, 468
 específicos, 468
 gerais, 466-468
 mudanças de cores, 466-467
 selecionados, 467t
Inibidores, 791, 806
Instrumento multicanal, 667, 671, 673
Instrumento voltamétrico
 baseado em amplificadores operacionais, 574-575
 conversor corrente-voltagem, 575
 eletrodos de trabalho, 575-577
 eletrodos modificados, 578
 fonte de sinal, 575
 potenciostato, 573, 574, 575
 voltamogramas, 578-579
Instrumentos com feixe duplo, 672-673
Instrumentos de feixe único, 670-671
Instrumentos infravermelhos dispersivos, 673-674
Instrumentos no infravermelho com transformada de Fourier (FTIR)
 definição, 674
 espectrômetros de bancada, 674
 espectrômetros, 710
 funcionamento, 675-679
 vantagens, 674
Instrumentos óticos
 componentes, 655-660
 de feixe duplo, 672-673
 de feixe único, 670-671
 de infravermelho dispersivo, 673-674
 detecção/medição de energia radiante, 660-668
 espectrofotômetro infravermelho, 673-679
 fontes espectroscópicas, 647-652
 materiais óticos, 646-647, 668
 multicanal, 667, 673
 processadores de sinal e dispositivos de leitura, 668-669
 recipientes para amostras, 669-670
 seletores de comprimento de onda, 652-660
 ultravioleta/visíveis, 670-679
Intensificador de imagem, 667
Interfaces, 418
Interferência do branco, 751
Interferências
 definição, 7
 eliminação de, 7, 10-11
 na espectroscopia de emissão atômica, 751-752
 na espectroscopia de massas atômicas, 775
Interferências de volatilização do soluto, 752
Interferências do analito, 752
Interferências espectrais, 751, 775
Interferências físicas, 752
Interferências químicas, espectroscopia atômica, 752
Interferogramas, 674, 677-679
Interferômetro de Michelson, 674-679
Interferômetros, 674-679
International Union of Pure and Applied Chemistry (IUPAC), 419-422, 425-426
Intersecção, desvio padrão, 135
Intervalos de confiança, 85p
 definição, 81, 82
 determinação (desvio padrão conhecido), 82-85
 determinação (desvio padrão desconhecido), 85-87
 tamanho, 83t
Iodato de potássio
 como padrão primário, 478-479
 padronização do tiossulfato de sódio contra, **1008**
Iodo
 aplicações, 489t
 definição, 488

padronização de soluções, **1008**
preparação de reagentes, **1007**
propriedades oxidantes, **1007**
propriedades, 489
reação com arsênico, 165-166
reação com ferrocianeto, 166
soluções padrão, 489
titulações com, **1007-1009**
Íon acetato, 161, 189
Íon dicromato, 487
Íon fluoreto, determinação potenciométrica direta do, **1016-1017**
Íon hidrônio
concentração de ácidos fracos, 176-180
concentração de bases fracas, 180-182
concentrações, cálculo de, 324-325
definição, 162
estruturas, 162
soluções-tampão envolvendo ácidos polipróticos, 320-322
Íon molecular, 773, 776-777, 779, 864-866
Íon tiossulfato
conversão quantitativa do, 477
definição, 477
iodo, pontos finais, 477-478
modelo molecular, 477
Íons metálicos
adicionados, indicadores para, 396-398
extração como quelatos, 819-820
Ionização
analitos, 744
em chamas, 747-748
espectrometria de massa atômica, 773t, 773-775
interferências, 752
supressores, 752
Íon-metros, 523
Íons. *Ver também íons específicos*
coeficientes de atividade para, 205t
separação de, 231-237
Íons complexos
estudos espectrofotométricos de, 702-705
método da razão das inclinações, 704-705
método da razão molar, 703-704
método das variações contínuas, 703
Íons de produtos, 779
Isotacoforese, 908
Isoterma de adsorção, **935**
i-STAT, 520-522
IUPAC. *Ver* International Union of Pure and Applied Chemistry (IUPAC), 419-422, 425-426

J
Joule (J), 627

K
Kirchoff, Gustav Robert, 440, 618

L
Lab-on-a-chip, 129, 706
Lâmpadas de aquecimento, 959
Lâmpadas de catodo oco, 755, 756
Largura da fenda, 688
Largura de banda efetiva, 652
Laser
definição, 649
esquema, 651
fontes, 649-652
tipos de, 650-651
Lasers de corante, 651
Lasers de diodo, 651
Lasers de estado sólido, 650
Lasers de exímero, 650

Lasers de gás, 650
Lasers de semicondutores, 651
Lavagem
de precipitados, **960-961**
por decantação, **960**
Lei de Beer
absorbância, 620
aplicação em misturas, 625
células desiguais e, 634
dedução, 621-623
definição, 619
desvios instrumentais, 631-634
desvios químicos, 630-634
limites, 629-634
luz espúria e, 633-634
radiação policromática e, 631-634
uso da, 624-625
Lei de distribuição, 816-817
Lei de Ohm, 542, 668-669
Lei limite
Debye-Hückel, 207
definição, 200
lei de Beer, 630
Leis de velocidade. *Ver também* Velocidades das reações
definição, 785
para reações de primeira ordem, 789-790
para reações de segunda ordem, 789-790
variáveis de concentração nas, 786
LIC. *Ver* Limite inferior de controle (LIC), 148-150
Ligante
definição, 368-369
monodentado, 368
que pode ser protonado, 371-372
seletividade, 369
Ligante de afinidade, 892
Ligante monodentado, 368
Ligantes que podem ser protonados, 371-372
Ligas, amostragem, 124
Limite inferior de controle (LIC), 148-150, 151-152
Limite superior de controle (LSC), 148-149
Limites de confiança, 83
Limites de detecção
absorção atômica de chamas, 579
definição, 147
espectrometria de massas atômicas, 776
espectroscopia de absorção atômica, 769-770
voltametria de pulso diferencial, 599
Limpeza
buretas, **970**
células, **1023**
equipamento volumétrico, **967**
pipetas, **968**
Linha de ressonância, 737
Líquidos
coeficiente de expansão, 346
evaporação de, 347
Litro (L), 16
Logaritmo
desvio padrão, 70-71
números significativos, 73
LSC. *Ver* Limite superior de controle, 148-149
Luz
definição, 612
espúria, 633-634
natureza particulada, 614
policromática, 631-633
velocidade, 15-16, 613, 674
Luz espúria, 633-634

M
Macroanálise, 114

Macrobalança, **949, 951**
Macrociclo, 368
Magnésio
determinação por cromatografia de troca iônica, **1030-1031**
determinação por titulação direta, **1000-1001**
Manganês
determinação em vários materiais, **929t**
determinação no aço, **1024-1025**
Mantissa de um antilogaritmo, 71
Manuseio automático de amostras
benefícios, 126
métodos de fluxo contínuo, 126-127
métodos discretos, 126
Manuseio automatizado de amostras discreto, 126
Manuseio automatizado de amostras em batelada, 126
Massa
amostra bruta, 121-122
atômica, 768
definição, 17
equivalente, 270, 358-359
medida de, **949-955**
molar, 17-18
relação com o peso, 17
relativa, 18
unidades unificadas de massa atômica, 18
Massa atômica
escala, 768
espectro, 775
média, 768
química, 768
unidades unificadas, 18
Massa molar
cálculo, 17-20, 28
definição, 17
Materiais de referência padrão (MRP), 47-48, **927**
Materiais óticos
faixas de transmitância, 647
tipos de, 646-647
Material heterogêneo, 4
Matriz
amostra, 7, 48, 115-116, 130, 142
definição, 48
efeito, 115-116, 139, 624, 691-692, 775
modificador, 142
Matriz de amostras, 7, 48, 115, 130
Mecanismo de Michaelis-Menten, 793
Mecanismos de reação, 785
Média
da amostra, 58
da população, 58
de duas amostras, 94
definição, 40
desvio da, 4
erro padrão da, 62-63
global, 100, 102
teste t para diferenças, 93-94
Média aritmética. *Ver* Média
Média da amostra, 58
Média de sinais, 601, 713
Média global, 100
Média populacional, 57-58
Mediana, 40
Medicamentos anti-inflamatórios, modelos moleculares, 910
Medição de voltagem com amplificadores operacionais, 523-524, 574-575, 668-669
Medição de volume
alíquota, **969**
aparato, **964-967**
desvio padrão na, **985**

efeitos da temperatura, **963-964**
unidades de, 24, 72, **963**
Medições de pH
　definição operacional, 529-530
　erros que afetam, 529
　potenciométricas, com eletrodos de vidro, 528-530
Medições espectroscópicas, 616-618
Medições potenciométricas
　célula para, 500
Medidas de precisão
　coeficiente de variação (CV), 66
　confiabilidade do desvio padrão da amostra, 63-64
　desvio padrão relativo (DPR), 66
　faixa, 66
　variância, 65
Membrana microporosa, 518
Menisco, **967**
Mercúrio
　catodo, 553-554
　concentração biológica no ambiente, 761
　determinação por espectroscopia de absorção atômica por vapor a frio, 760-762
Metais
　amostragem, 124
　complexo de EDTA, 383-384
　cromo como um revestimento polido, 482
　reagentes orgânicos para extração, 380t
Método cinético diferencial, 799-801
Método da razão das inclinações, 704-75
Método das adições múltiplas, 145, 527, 691-693
Método das adições padrão, 145, 527, 691-694, **1024**
Método das variações contínuas, 703
Método de adição padrão, 130, 145, 527, 691-693, 759, **928**
　amostras reais, **928**
　definição, 145, 527
　espectroscopia de absorção molecular, 691-695
Método de calibração de eletrodo
　atividade *versus* concentração, 526-527
　definição, 526
　erro inerente, 526
Método de Dumas, 353-354
Método de equiparação de matriz, 142
Método de Fajans, 380
Método de igualização, 130
Método de Kjeldahl
　decomposição de amostra, 354
　definição, 353-354
　determinação de nitrogênio de amina por, **994-997**
　digestão de amostra, **996**
　equipamento para destilação, **995**
　exemplo, 353
　gráfico de erro absoluto, 42, 51-52
　procedimento, **996-997**
Método de Lowry, 353
Método de Mohr, 380, **998**
Método de rotular o fator, 20, 275
Método de saturação, 142
Método de variações contínuas, 703, 705p
Método de Volhard, 379-380
Método de Winkler, 357
Método do biureto, 353
Método do padrão interno
　compensação de erro, 143
　cromatografia de gás quantitativa, 866-867
　definição, 142
　espécies de referência, 145
　exemplo, 143-144
　ilustrado, 143
Método dos mínimos quadrados, 132-139

clássico, 141
definição, 133
hipótese da relação linear, 133
interpretação de resultados, 137-138
ponderado, 133
Método dos mínimos quadrados clássicos, 141
Método potenciostático
　aparato, 552
　aplicações, 554, 555t
　catodo de mercúrio, 553-554
　células de eletrolise, 553
　definição, 549
　instrumentação, 552-553
Método sistemático
　cálculos de solubilidade com, 220-230
　soluções de problemas de múltiplos equilíbrios com, 214-220
Métodos. *Ver também métodos específicos*
　figuras de mérito para, 146-151
　tipos, 114-115
　seleção, 4, 10
Métodos absolutos, 130
Métodos catalíticos
　definição, 804
　para espécies inorgânicas, 805t
　para espécies orgânicas, 805-806
Métodos cinéticos
　aplicações, 804-806
　catalisados, 804-806
　de ajuste de curva, 803-804
　de tempo fixo, 802-803
　definição, 784-785
　determinação da velocidade da reação, 797-799
　determinação de componentes em misturas, 807
　diferencial, 799-801
　gráficos, 801
　integrais, 801-804
　multicomponentes, 807
　na determinação de atividade enzimática, 806
　não catalisados, 807
　seletividade, 784-785
　vantagens, 803
　velocidade da reação, 785-790
Métodos cinéticos gráficos, 801
Métodos cinéticos multicomponentes, 807
Métodos de absorção molecular
　determinação de ferro em água natural, **1023-1024**
　determinação de manganês no aço, **1024-1025**
　determinação espectrofotométrica do pH, **1025-1026**
　instruções, **1023**
　limpeza e manuseio de células, **1023**
Métodos de ajuste de curva, 803-804
Métodos de planejamento experimental, 98
Métodos de redissolução
　anódica, 602-603
　catódica, 602-603
　etapa de eletrodeposição, 604
　finalização voltamétrica da análise, 604
Métodos de redissolução anódica, 602-603
Métodos de regressão não lineares, 139
Métodos de tempo fixo, 802-803
Métodos eletroanalíticos
　definição, 4
Métodos eletrogravimétricos
　com potencial controlado, 549, 552-554
　determinação de cobre e chumbo no latão, **1017-1018**
　sem controle de potencial, 549-552
　tipos de, 549
Métodos eletrolíticos, 548-549

Métodos espectrofotométricos
　automatizados, 705-707
　de detecção de ponto final, 399
　determinação do pH, **1025-1026**
　medições, 632, 687, 690, 700, 803, **1023, 1024-1025**
　titulações, 700-702
Métodos fotométricos automatizados, 705-707
Métodos fotométricos/espectrofotométricos automatizados
　aplicações, 707
　definição, 705
　injetores de amostra e detectores, 707
　instrumentação, 705-707
　sistema de transporte de amostras e reagentes, 706
　técnicas de injeção de fluxo, 707
Métodos hifenados, 858
Métodos integrais, 801-803
Métodos inversos de calibração, 141
Métodos óticos, 615
Métodos potenciométricos
　definição, 499
　determinação de espécies de soluto na mistura de carbonato, **1015-1016**
　determinação direta do íon fluoreto, **1014**
　diretos, 524-526
　eletrodo indicador, 500, 504-520
　eletrodos de referência, 500, 501-502
　equipamentos para, 499
　potencial de junção líquida, 503-504
　princípios gerais, 500-501
　uso de, 399, **1014**
Métodos quantitativos de fluorescência, 728
Micelas, 912
Microanálise, 114
Microeletrodo
　definição, 576
　tipos, 577
　voltametria com, 605-606
Microextração de fase sólida, 821
Micropipetas Eppendorf, 964-965
Microsoft Excel. *Ver também* Planilhas
　cálculos complexos com, 31-33
　documentação em planilhas, 31
Migração, 546
Miligrama (mg), 16, 270
Mililitro (mL), 16, 270
Milimol
　cálculo de quantidades de substâncias em, 19
　definição, 18
　expressão de quantidade em, 270
Mistura oxidante, **939**
Mistura seguida por interrupção de fluxo, 797-799
Misturador/moinho, **932**
Modulação, 756-757
Moendo amostras, 931-933
Mol
　cálculo da quantidade de substâncias em, 19-20
　definição, 17-18
　expressão em milimols, 270
Monitoramento seletivo de íons, 857
Monocromadores, 652-654
MOSFET. *Ver* Transistor de efeito de campo do tipo metal-óxido, 516
MQE (valor médio quadrado do erro), 102
MQF (valor médio quadrado devido aos níveis do fator), 101
MRP. *Ver* Materiais de referência padrão, 47-48, **927**
Mufla, **959, 963, 988**
Muflas de micro-ondas, **942**

Multiplicador de elétron de dinodo discreto, 772

N

National Institute of Standards and Technology (NIST)
 definição operacional do pH, 529-530
 definição, 47
 padronização de bases, 352
Nebulização, 740
Nebulizador de Meinhard, 743
Negro de Eriocromo T
 curvas de titulação, 397
 estrutura, 397
 limitações, 398
 modelo molecular, 397
Negro de platina, 422
Neutralização, 161
Niacina, 42
Níquel, determinação gravimétrica do, **988-989**
NIST. *Ver* National Institute of Standards and Technology
Nitrato de prata, **997**
Nitrato, determinação por titulação ácido/base, 487-488
Nitrito, determinação por titulação ácido/base, 356
Nitrogênio
 análise elementar, 352-355
 métodos para a determinação, 353
Nitrometano
 dados para decomposição do, 801t
 gráficos da cinética da decomposição do, 802
Níveis de confiança, 83
Níveis de significância, 83
Níveis, ANOVA, 99
Nucleação, 245-246
Número de coordenação, 368
Número de graus de liberdade
 definição, 61
 significado, 61
 soma dos quadrados para cada, 101
Número de massa, 769
Número de onda, 614, 615

O

Objetos aquecidos, manipulação de, 963
Oclusão, 249, 251-252
Onda
 frequência, 613
 período, 613
 propriedades, 612-614
 velocidade, 613
Ondas voltamétricas, 578
Ordem da reação, 786
Outlier
 abordagem, 106
 definição, 40, 43, 104
 recomendações para o tratamento de, 106
 teste Q, 105-106
 testes estatísticos para, 104-106
Oxalato de cálcio
 cálculo de solubilidade, 223-225
 precipitados, **1004**
Oxigênio
 combustão com, **943-944**
 sensores, 588-584

P

Padrão primário, 269
Padrões de fluxo, 581-582
Padrões de referência, **947**
Padrões químicos
 comparação com, 130-132
 preparação de, 130

Padrões secundários, 269
Padronização
 de ácidos, 347-350
 de bases, 352
 definição, 269-270
Papel de filtro
 calcinação, 962-963
 definição, 958-959
 dobra e fixação, 961
 preparação, 961-962
 transferência para um cadinho, 962
Papel glassline, 952
Par da prata, 424
Paralaxe, **967**
Parâmetro, 57
Parede de acumulação, 914
Pares conjugados
 Constantes de dissociação, 174-175
 Definição, 161
 Força relativa dos, 176
Partes por bilhão (ppb), 24
Partes por mil (ppmil), 24
Partes por milhão (ppm), 24-25, 114
Peptídeo, 791
Peptização
 de coloides, 248-249
 definição, 248
Perfis de concentração
 na interface eletrodo/solução, 583
 nas superfícies do eletrodo, 580-583
 para eletrodos em soluções com agitação, 581-583
 para eletrodos planares em soluções sem agitação, 580-581
Permanganato
 aplicações, 485t
 detecção de ponto final, 481
 modelo molecular do, 480
 padronização, 483-484
 preparação e estabilidade de soluções padrão, 481
 uso de, 484-486
Permeação em gel, 889
Peroxidissulfato de amônio, 476
Peróxido de benzoíla
 gráfico de controle de monitoração de concentração, 149
 modelo molecular do, 149
Peróxido de hidrogênio, 476, 589
Peróxido de sódio, 476
Pervaporação, 816
Pesagem
 definição, 17
 efeitos da temperatura na, **953-954**
 em balões volumétricos, **971**
 equipamento e manipulações associados, **955-957**
 erros, **953-955**
 líquidos, **957**
 por diferença, **957**
 sólidos higroscópicos, **957**
Pesa-filtros
 definição, **955**
 ilustrado, **955**
 manipulação de um, **956-957**
Peso
 cadinho, 17
 concentração, 278
 definição, 17
 porcentagem, 24
 relação com massa, 17
pH
 águas naturais, 192-193
 cálculo de uma solução-tampão, 182-184

cálculo para soluções de NaHA, 322-325
 composição de um ácido polifuncional como uma função do, 337-341
 constante, cálculos de solubilidade, 223-225
 constantes de formação condicional e, 372
 curvas de titulação, 281
 definição operacional do, 529-530
 definição, 25
 determinação espectrofotométrica do, **1025-1026**
 diagramas de concentração logarítmica, 339-341
 efeito de diluição, 185
 efeito sobre a solubilidade, 223-225
 eletrodos de vidro para medir, 506-512
 lagos, efeitos sobre as populações de peixes, 191
 localização do ponto final da titulação com, 306-309
 manutenção com tampão, 186
 mudanças durante a titulação de um ácido forte com uma base forte, 293t
 mudanças durante a titulação de um ácido fraco com uma base forte, 297, 298t
 ponto de equivalência, 299
 sistemas-tampão polifuncionais, 320
 soluções não tamponadas e, 185, 529
 valores, descobrindo, 339-341
 variável, cálculos de solubilidade, 225
PHmetro, 523
Pico base, 777
p-íon metros, 523
Pipeta
 automática, **965-966**
 calibração, **973**
 características, **965**
 definição, **964**
 graduadas, 965
 instruções para o uso, **967-969**
 limpeza, **967**
 tipos de, 964-965
 tolerâncias, 965
Pipetas automáticas, 965-966
Pireno, modelo molecular, 730
Pirólise, **943**
Pirossulfato de potássio, **945**
Planilhas. *Ver também* Microsoft Excel na química analítica, 31-33
Plasma
 acoplados indutivamente, 742-744
 de corrente contínua (cc), 737, 741-742, 745
 definição, 741
 fontes, 741-745
Plasma acoplado indutivamente (ICP)
 aparência e espectro, 744
 atomização e ionização do analito, 744
 definição, 742
 espectrometria de massas atômicas, 773-775
 ilustrado, 742
 introdução de amostras, 743-744
 temperatura, 744
Plasma cc, 745
Plus right rule (regra do positivo à direita), 419
Polarização
 cinética, 547
 concentração, 544-547
 corrente e, 543-544
 definição, 544
 efeitos, 543-547
Polarização cinética, 544, 547
Polarização de concentração
 convecção, 546
 definição, 544-545
 difusão na vizinhança, 545-546

importância, 546-547
migração, 546
ocorrência de, 544
Polarização reversa, 665
Polarografia, 593-595
  corrente de difusão, 594
  correntes residuais, 595
  correntes, 593
  definição, 593
  determinação de cobre e zinco no latão, **1020-1021**
  versus voltametria, 571-572
Polarogramas, 594
Policromadores, 652, 670
Polipeptídeos, 791
Pontes salinas, 412, 500-501
Ponto de equivalência
  definição, 267
  versus ponto final, 267
Ponto de inflexão, 307
Ponto final
  como um ponto de inflexão, 37
  curvas de titulação redox, 454
  definição, 267
  ilustrado, 268
  localização em medições de pH, 306-309
  potenciométricos, 468, 531-532
  titulações argentométricas, 379-380
  titulações coulométricas, 559-560
  versus ponto de equivalência, 267-269
Ponto final potenciométricos, 352, 530-533
Ponto isoelétrico, 336
Pontos de meia-titulação, 300
Pontos de meia-onda, 300
Pontos do sistema, 339-341
Populações, 56-60
Porcentagem de transmitância, 619
Porcentagem em massa/volume, 24
Posição de equilíbrio, 165
Potássio
  determinação por espectroscopia de emissão atômica, **1013-1014**
  disponibilidade, 490
  padronização do tiossulfato de sódio contra, **1012-1013**
  preparação de soluções, **1012**
  reações de substituição, 490-492
  titulações com, **1012-1014**
  uso principal, 490
Potência radiante, 614
Potenciais da célula
  convenções de sinal, 419-422
  de semicélula, 421
  definição, 419
  efeitos da corrente, 541-548
  erro de carregamento nas medições, 522-523
  implicações das convenções da IUPAC, 420-421
  instrumentos para medir, 522-524
  mudança depois da passagem de corrente, 420
  na célula galvânica, 421
  padrão, 419
  regra do positivo à direita, 419
Potenciais de ponto de equivalência
  curvas de titulação redox, 457
  definição, 454
  exemplo, 455-456
Potenciais de semicélula, 421
Potenciais do eletrodo, 434p, 446p
  absoluto, medição, 422
  convenções de sinal, 419-422, 425-426, 429-430
  definição, 419, 423, 425
  durante titulações redox, 453-466
  efeito da concentração sobre os, 426-427

eletrodos de prata/cloreto de prata, 502-503
eletrodos de referência de calomelano, 501-502
formais, 433-434
hidrogênio, 422-423
implementação da convenção da IUPAC, 420
implicações da convenção da IUPAC, 420-421, 425-426
medição de, 424, 425, 431
mudança depois da passagem da corrente, 420
no ponto de equivalência, 454-455
padrão, 423-425, 426, 428-432
regra do positivo à direita, 419
semicélula, 421
sistemas envolvendo precipitados ou íons complexos, 430-432
velocidades de reação e, 465-466
versus EPH, 457t
Potenciais formais
  definição, 433
  medidas, 433
  substituição, 434
Potencial da membrana, 508
Potencial de assimetria, 509
Potencial de carga zero, 595
Potencial de interface
  determinação do, 509
  perfis, 510
  significado, 509
Potencial de inversão, 596
Potencial de junção líquida, 417, 421
Potencial de junção, 417
Potencial de meia-onda, 578
Potencial do sistema, 453
Potencial padrão da célula, 419
Potencial padrão do eletrodo
  aplicações, 439-469
  cálculo de constantes de equilíbrio a partir do, 451-452
  cálculo de constantes de equilíbrio redox, 448-451
  cálculo de curvas de titulação redox, 453-466
  cálculo dos potenciais das células eletroquímicas, 439-446
  características, 428-429
  como uma quantidade relativa, 428
  construção de curvas de titulação redox, 453-466
  definição, 423-425, 428-430
  determinação experimental do, 446-448
  falta de dependência da quantidade de matéria dos reagentes e produtos, 428
  indicadores de oxidação-redução, 466-468
  limitações ao uso do, 432-434
  medição da força condutora relativa de uma reação de semicélula, 428
  medições do, 424, 431
  sistemas envolvendo precipitados ou íons complexos, 430-431
  tabulação de dados, 429, 429t
Potenciometria
  determinação das constantes de equilíbrio, 534-535
  direta, 524-530
  instrumentos para medir o potencial da célula, 522-524
Potenciometria direta
  definição, 524
  equações relevantes, 524-526
  medição de pH com eletrodo de vidro, 528-530
  método da adição padrão, 527
  método de calibração de eletrodos, 526-527
Potenciostato, 553, 557-558, 574, 587

ppm. *Ver* Partes por milhão, 24
Prata(I), redução da, 412
Precipitação
  cálculos, 220-230
  de sulfetos, 814t
  eletrolítica, 815
  homogênea, 252
  induzidas por sais, 815-816
  reações, 367
  separação de espécies em níveis de traços por, 814-815
  separação por, 813-816
Precipitação homogênea
  definição, 252
  métodos, 253t
  sólidos formados por, 252
Precipitação induzida por sais, 815-816
Precipitado
  ascensão por capilaridade, **961**
  calcinação, 252-254, **955, 957-961, 963, 988, 1018**
  capacidade de filtragem, 248-249
  coloidal, 246-249
  cristalino, 249
  efeito do íon comum, 173
  gelatinoso, 252, **959t, 961**
  massa, efeitos da temperatura sobre, 252-254
  mecanismo de formação, 244
  pesagens consecutivas, **960, 987**
  potencial do eletrodo padrão e, 430-431
  propriedades, 243
  reação com excesso do agente precipitante, 227
  secagem, 252-254
  solubilidade, 227-230
  tamanho da partícula, 244
  transferência para um cadinho, **962**
Precipitados coloidais
  carga de, 246-249
  tratamento prático de, 249
Precipitados cristalinos, 249
Precipitante, 814
Precisão
  definição, 40-41
  ilustrada, 41
Preparação (de amostras)
  água nas amostras, **933-937**
  amostras de laboratório, **931, 982**
  misturando, **933**
  secando, **936**
  triturando e moendo, **931-933**
  umidade nas amostras, **955-957**
Princípio de Le Châtelier, 165-166
Problema geral da eluição, 843
Problemas de vários equilíbrios
  aproximações para resolver, 219
  equação de balanceamento de carga, 216-218
  equação de balanceamento de massas, 176, 214-216, 225, 228, 322, 704
  etapas para a resolução, 218
  programas de computador para resolver, 219-220
  resolução com o método sistemático, 214-220
Procedimento de comparação múltipla, 98
Procedimentos
  comparação múltipla, 98
  minimização de erros em, 142-146
Procedimentos analíticos, minimizando erros em, 142-146
Processadores de sinais e dispositivos de leitura, 668
Processo de relaxamento, 723-724
Produção de átomos
  atomizadores de chama, 745-748
  atomizadores eletrotérmicos, 748-749

fontes de plasma, 741-745
sistemas de introdução de amostras, 740
Produto
　algarismos significativos no, 72
　desvio padrão absoluto do, 67-69, 67t
　desvio padrão do, 67-69, 67t
　desvio padrão relativo, 67-69, 67t
Produto de solubilidade baseado em concentração, 207-208
Programação do solvente, 843
Programas computacionais, para resolver cálculos de equilíbrio, 219-220
Propagação do erro em cálculos aritméticos, 67t
Proteção para os olhos, 288, 975
Proteínas
　definição, 791
　salting out, 815
　separação, 908-909, 910t
Próton
　equação de balanço, 215
Pulverização catódica, 756
Purga, 351, 587, 877
P valor
　definição, 25
　exemplos, 25-26

Q

Quebra dielétrica, 749
Quebra induzida por laser, 749
Queda IR, 542-543
Queimadores
　para espectroscopia atômica, 745-746
Quelatos
　definição, 258, 368
　metálicos, 258
Quilograma (kg), 15, 16t
Quilograma de silício, 33
Química analítica
　cálculos na, 15-33
　como parte de um cenário maior, 8-9
　definição, 1
　papel da, 2-3
　relações com outras áreas da química, 3
Química Analítica On-line
　AIDS e HIV, 238
　analisadores de glicose, 807
　aplicações de EC-MS, 918
　chuva ácida, 195
　coeficiente de absorção molar, 640
　comparação entre um analisador espectrofotométrico e um analisador eletroquímico, 807
　comportamento ácido-base, 309
　correção de medida de fluorescência, 733
　coulometria, 565
　cromatografia de fluxo turbulento, 894
　cromatografia de líquidos de fase reversa, 844
　dados estatísticos do NIST, 76
　definições de quilograma, 33
　dicromato de potássio no MSDS, 494
　espectro de IV, 715
　espectrometria de massas de distância de voo (DOF), 781
　espectrômetros de AA, 763
　identificador de objetos digitais (DOI), 262
　instrumento cromatográfico de gás, 870
　Lake Champlain Basin Agricultural Watersheds Project, 361
　método das adições padrão, 151
　monocromadores, 679
　NIST WebBook, 715
　Sociedade Eletroquímica (ECS), 469
　soluções de EDTA, 402
　tecnologia de célula de combustível, 435
teoria das soluções eletrolíticas de Debye e Hückel, 210
teste F, 107
testes de Covid-19, 48
titulações, 282
titulares potenciométricos, 535
tutorial de ácido poliprótico, 342
tutorial de Excel, ácidos polipróticos, 342
voltametria anódica de redissolução (CAR), 606
Química, como ciência central, 3
Quimioluminescência
　espectroscopia, 616-618
　métodos, 732
Quimiometria, 141
Quociente
　algarismos significativos no, 73
　desvio padrão absoluto do, 68
　desvio padrão do, 68-69
　desvio padrão relativo do, 68
Quocientes de concentração, 428, 454

R

Radiação
　absorção da, 616, 619-634
　de corpo negro, 637
　dispersão ao longo do plano focal, 655
　emissão de, 616-618, 635-639
　espúria, 633-634, 688-689
　interação com a matéria, 615-619
　monocromática, 619
　policromática, 631-633
　propriedades, 612-614
　tampão, 763
　transdutores, 660-661, 663, 668-669, 670, 674, 727-728, 750, 753, 763, 767, 771
　ultravioleta, 658-659
　visível, 658-659
Radiação de corpo negro, 637
Radiação eletromagnética
　absorção de, 619-625
　definição, 612
　emissão de, 635-640
　emissão por fluorescência e fosforescência, 638-640
　espectro contínuo, 637-638
　espectros de banda, 637
　espectros de emissão, 635-637
　espectros de linha, 636-637
　fluorescência atômica, 638
　fluorescência molecular, 638-639
　interação com a matéria, 615-619
　propriedades da onda, 612-615
　propriedades, 612-615
Radiação monocromática, 619
Radiação policromática
　definição, 632
　efeitos sobre a lei de Beer, 631-632
　evitando desvios, 631
　na medição da absorbância, 631
Razão de variância, 101
Razão estequiométrica, 28, 216, 255, 272-278
Razão massa-carga, 761
Razão molar, 703-704
Razão sinal-ruído, 662
Razões de volume solução-diluente, 25
Razões de volume, diluente de solução, 25
Reação de oxirredução
　balanceamento, 410-411
　comparação com uma reação ácido-base, 410
　definição, 406
　em células eletroquímicas, 412-414
Reação de pseudoprimeira ordem, 787, 789-790
Reação espontânea da célula, 415
Reação não catalisada, 807
Reações catalisadas
　definição, 790
　enzima, 791-793
　situação de equilíbrio, 796-797
　situação de estado estacionário, 793-96
Reações catalisadas por enzimas, 791-797
Reações de complexação
　com ligantes que podem ser prolongados, 371-372
　equilíbrio, 369-371
　importância, 367
　uso de, 367
Reações de primeira ordem
　descrição matemática, 787-789
　lei de velocidade para, 786-789
　pseudoprimeira ordem, 787
Reações de pseudo-ordem zero, 795
Reações de segunda ordem, 789-790
Reações irreversíveis, 585
Reagente de Karl Fischer
　aplicações, 494
　definição, 492
　detecção de ponto final, 494
　determinação da água com, 492-494
　estequiometria da reação, 492-494
　propriedades, 494
　química clássica, 492
　química livre de piridina, 493
　reações interferentes, 493
Reagente precipitante, 227, 243, 249, 251-252, 374, 562-563, 590, 814-815
Reagentes
　de Karl Fischer, 492-494
　de uso especial, **947**
　grau, **947**
　instruções para a preparação de, **978**
　oxidantes auxiliares, 476
　para a extração de metais, 380t
　para titulações de EDTA, 383
　para titulações de neutralização, 347-350
　precipitantes, 243
　redutores auxiliares, 475-476
　regras para o manuseio, **947-948**
　seleção e manuseio, **947-948**
　seletivos, 243
Reagentes oxidantes auxiliares, 476
Reagentes químicos para uso especial, **947**
Reagentes redutores auxiliares, 475-476
Reagentes seletivos, 243, 807
Recipientes para amostras, 669-670
Rede mestra, 654
Rede refletora, 652-654
Rede tipo Echellette, 654-655
Redes
　côncavas, 656
　de transmissão, 657
　echellete, 654-656
　fantasmas de rede, 658
　holográficas, 656, 658
　mestras, 657
　refletoras, 657
　réplicas, 654, 657
Redes côncavas, 656
Redes de transmissão, 657
Redes holográficas, 656
Redutor de Jones, 475t
Redutor de Walden, 475-476, 475t
Redutores
　de Jones, 475t
　de Walden, 475t, 476
　usos, 475t
Região posterior ao ponto de equivalência, 301, 376, 387
Regras de seleção, 637

Regressão
    desvio padrão, 135
    modelo, 133
    significativa, 138
Regressão de mínimos quadrados parciais, 141
Regressão de componentes principais, 141
Regressão linear múltipla, 141
Relaxamento não radioativo, 638-639, 651
Relaxamento vibracional, 639, 723-724
Rendimento quântico, 725, 726
Réplicas
    definição, 6, 40
    definindo, 10
    incertezas da medição e, 39
Réplicas de redes, 654, 657
Reprecipitação, 251, **1004**
Reservatório de fase móvel, 875-877
Resíduos, 132-133, 137-138
Resinas de troca iônica
    aplicações, **1029-1031**
    determinação do magnésio, **1030-1031**
    separação de cátions, **1029-1030**
Resolução de colunas
    definição, 839
    efeito do fator de retenção, 839
    efeito do fator de seletividade, 839
    efeito no tempo de retenção, 840-841
    problema geral da eluição, 843
    separação em valores, 839
    técnicas de otimização, 841-843
    variação na altura do prato e, 841
    variação no fator de retenção e, 841-842
    variação no fator de seletividade e, 842-843
Respostas, medindo as, 140
Resultados
    ANOVA, 100, 102
    cálculo químico, 74
    análise gravimétrica, 254-257
    mínimos quadrados, 137-138
    garantia da qualidade dos, 148-150
    distribuição do erro aleatório, 53-56
    apresentação de, 148-150
    desvio padrão dos, 67t, 67-71
    efeito do erro sistemático nos, 45-46
    estimativa de confiabilidade e, 11, 71
    análise quantitativa, 2-4
    cálculo de, 4-5
Retículos, **951, 952**
Retrotitulação
    definição, 267
    determinação do excedente, 267
    métodos, 399
Ruído, 660-663, 697

S
Sacarose, modelo molecular, 805
Sais
    de amônio, determinação, 356
    definição, 160
    determinação de, 360
    efeito da concentração de eletrólito na solubilidade dos, 201
    equações de balanço de massa, 215-216
Sais de amônio, 356
Saponificação, 359
Secagem
    agentes, **955-956**
    amostras, **933**
    definição, **955-956**
    estufa, **955**
    organização para, **956**
Seção transversal de captura, 622
Segurança no laboratório, **974-976**
Seletividade
    coeficiente, 511-512
    de métodos cinéticos, 784
    de métodos eletrolíticos, 548-549
    de titulações de EDTA, 400-401
    de um ligante, 369
Seletor de comprimento de onda, 645-646, 652-660
    filtro de radiação, 658-660
    monocromador, 652-654
    policromador, 652-654
    redes, 654-658
Semimicroanálise, 114
Semirreações, 410
Sensibilidade
    analítica, 147
    calibração, 146
    definição, 146
    eletrodos de membrana líquida, 512
Sensibilidade analítica, 146-147
Sensor de Clark para oxigênio, 588-589
Sensores
    baseados em enzimas, 589-590
    de oxigênio, 588-589
    definição, 588
Sensores baseados em enzimas, 589-590
Sensores voltamétricos e amperométricos
    baseados em enzimas, 589-590
    de oxigênio, 588-589
    definição, 588
Separação
    baseada no controle da acidez, 813t
    cálculo da viabilidade, 231-232
    cromatográfica, 824-844
    de fulerenos, 890-893
    de sulfeto, 232-234, 813-814
    definição, 811-813
    eletroforéticas, 907-908
    espécies em níveis de traços, 814-815
    fluido supercrítico, 898-902
    métodos, 812-813, 812t
    objetivos, 812
    por controle de concentração do agente precipitante, 231-238
    por destilação, 816
    por extração, 816-821
    por precipitação eletrolítica, 815
    por precipitação, 813-816
    por precipitantes inorgânicos, 814
    por precipitantes orgânicos, 814
    por troca iônica, 821-824
    preparativa, 811
    princípios, 811
    tratamento de amostra, 142
Separações analíticas. Ver Separações
Separações eletroforéticas, 908-911
SI. Ver Sistema Internacional de Unidades, 15-16
Silanóis, 493, 906, 907
Sílica fundida
    capilares para eletroforese, 905
    coluna tubular aberta, 859, 901
    propriedades ópticas, 647
Siloxanos cíclicos, 493
Sistema de análise total micro (μTAS), 129
Sistema de cromatografia a gás miniaturizado, 868-869
Sistema de gás de arraste, 850-851
Sistema dióxido de carbono/ácido carbônico, 318-320
Sistema Internacional de Unidades (SI), 15-16
Sistema parcialmente reversível, 585
Sistema servo, 950
Sistema totalmente irreversível, 585
Sistemas ácido/base complexos
    ácidos e bases polifuncionais, 318-320
    ácidos fortes/fracos, 314-317
    bases fortes/fracas, 314-317
    cálculos de pH, 322-325
    soluções-tampão, 320-322
Sistemas controlados por retroalimentação
    definição, 8-9
    fluxograma, 8
Sistemas de injeção de amostras, 707, 851-852, 878
Sistemas redox
    biológicos, 447
    eletrodos metálicos inertes para, 505
    em equilíbrio, 449
    na cadeia respiratória, 448
Sistemas redox biológicos, 447
Skimmers, 773
Sobrevoltagem
    bateria de chumbo-ácido e, 547-548
    com formação de hidrogênio e oxigênio, 547
    definição, 544
Sódio
    determinação por espectroscopia de emissão atômica, **1028**
    diagrama de nível de energia, 636
Sólido particulado, amostragem, 123
Sólidos
    amostragem, 123-124
    filtração e ignição de, 957-963
    pesagem, 955-957
Sólidos higroscópicos, **957**
Solubilidade
    baseada em concentração, 200
    cálculo pelo método sistemático, 220-230
    cálculos de variabilidade do pH, 225
    efeito do pH sobre a, 223-226
    equilíbrio, 371
    hidróxidos metálicos, 220-223
    molar, 173-174
    precipitados na presença de agentes complexantes, 227-230
Solubilidade molar, 171-174
Solução de amido-iodo, 468
Solução de padrão secundário, 270
Solução mãe, 249, **987**
Solução padrão
    ácidos, 347-350
    ácidos/bases fortes, 288
    bases fortes, 352
    bases, 350-352
    cálculo da concentração molar de uma, 270-272
    oxidantes como, 480t
    titulações ácido/base, 288
Solucionadores, 219-220
Soluções
    branco, 48, 142, 595, 634, 752
    com agitação, perfil do eletrodo, 581-583
    composição durante titulações ácido/base, 306-309
    composição química das, 160-164
    concentração das, 20-28
    densidade das, 26-28
    dos eletrólitos, 160-161
    ferro(II), 476-477
    gravidade específica, 26, 27t
    padrão, 269-270
    preparação de, 7
    regras para o manuseio, 947-948
    sem agitação, perfil do eletrodo, 580-581
    tampão, 182-194
    titulações ácido/base, 287-309
    turbidez, 702
Soluções-tampão
    ácidos polipróticos, 320-322

aspirina, 183
cálculo do pH de, 182-185
capacidade tamponante, 189
composição como uma função do pH, 187-189
definição, 189
efeito da diluição, 185
efeito dos ácidos e bases adicionados, 186-187
importância, 190
preparação de, 189-190
propriedades, 185-190
resistência a mudanças no pH, 185
uso de, 182
valores alfa, 187-188
Solutos
efeito nos cálculos de precipitação, 226-227
taxas de migração, 827-831
Solvente
anfiprótico, 163
condições de dissolução, 7
diferenciador, 164
doador de prótons, 161-162
eluente, 825
espectroscopia ultravioleta/visível, 688t
nivelador, 164
para voltametria inorgânica, 602
sistemas de tratamento, 875-877
Solvente nivelador, 164
Solventes anfipróticos, 163
Solventes diferenciadores, 164
Soma
algarismos significativos na, 72-73
desvio padrão da, 67-68
dos quadrados, 64, 100-102
variância da, 67
Soma total dos quadrados, 64
Sondas sensíveis a gases
composição da membrana, 518-519
definição, 518
diagrama, 519
mecanismo de resposta, 519-520
Substância refratária, **937**
Substâncias inorgânicas, determinação, 356-358
Substâncias, determinação de, 6
Substratos, enzimas, 790-791, 793-797, 805t
Substratos, semicondutores, 516-518, 667
Sulfanilamida, modelo molecular, 490
Sulfato de bário, 213
Sulfeto
concentração como função do pH, 233
determinação por volatilização gravimétrica, 261
precipitação de, 814t
separações de, 232-234, 813-814
Sulfeto de hidrogênio
definição, 233
expressões de constante de dissociação, 232
Sulfito, 261
Supersaturação relativa, 244
Suposições no método sistemático
em equações de balanceamento de carga, 217-218
em equações de balanceamento de massas, 214-215
uso de, 214-220
verificando, 218-219
Suspensão cristalina, 244
Suspensões coloidais
coagulação, 248
definição, 244

T
t de Student, 85-87
Tamanho da amostra
amostra bruta, 116-121

classificação das análises por, 114
de líquidos e gases, 122-123
na detecção de erros constantes, 46-48
Tamanho da partícula
controle experimental do, 246
efeitos na amostragem, 121
métodos para melhorar, 249
precipitados, 244-246
sólido cristalino, 244
Tampão de ajuste total de força iônica (TISAB), 527, **1016**
TAPR. *Ver* Coluna tubular aberta de parede revestida, 859
TARS. *Ver* Colunas tubulares abertas revestidas com suporte, 859
Taxa de migração
constante de distribuição, 816, 829
de solutos, 827-831
fator de retenção, 830
fator de seletividade, 830-831
tempo de retenção, 828-829
vazão volumétrica, 829
velocidade linear, 829
Técnicas de injeção de fluxo, 707
Temperatura
efeito sobre os dados de pesagem, 953-954
em medições volumétricas, 963-964
programação de, 853, 868
Temperatura crítica, 899
Tempo de vida natural, 788
Tempo morto, 828
Tempos de retenção, 828
Teoria do não equilíbrio da cromatografia, 831
Termobalança, 253
Termodinâmica química, 166
Termograma, 254
Termopilha, 668
Teste de beira de leito, 520-522
Teste de hipóteses
comparação de duas médias experimentais, 92-96
comparação de média experimental com valor conhecido, 88-92
comparação de variâncias, 96-98
erro Tipo I, 96
erro Tipo II, 96
erros no, 96
ferramentas estatísticas para, 87-98
hipótese nula, 87
teste F, 96-98
teste t, 93-94
teste z, 88-90
Teste F, 98
ANOVA, 101
definição, 96-97
exemplo, 97-98
modo bicaudal, 97
modo unicaudal, 97
valores críticos, 97t
Teste Q
definição, 105
exemplo, 105-106
ilustrado, 105
valores críticos, 105t
Teste t, 136p
definição, 91
exemplo, 92
ilustrado, 91
para diferenças de médias, 93-94
pareado, 95-96
procedimento, 91
Teste t para duas amostras, 94
Teste t pareado, 95
definição, 95

exemplo, 95
procedimento, 95
Teste z
bicaudal, 88
definição, 88-89
exemplos, 90
procedimento, 88-89
regiões de rejeição, 88-91
unicaudal, 89
Testes bicaudais, 88
Testes unicaudais, 88
Tetrafenilborato de sódio, 260
Tiossulfato de sódio
aplicações da solução, 479t
definição, 477
em um meio fortemente ácido, 478
estabilidade da solução, 478
padrões primários, 478-479
padronização contra bromato de potássio, **1012-1013**
padronização contra cobre, **1010-1011**
padronização contra iodato de potássio, **1009-1010**
padronização da solução, 478-479
preparação, **1008**
titulações com, **1009-1012**
Tipos de materiais de vidro, 964
TISAB. *Ver* Tampão de ajuste total da força iônica, 527, **1016**
Titulação, 132
ácido aminocarboxílicos, 381-402
amperométrica, 590-591
argentométrica, 375, 379
arranjo típico, 268
com bromato de potássio, **1012-1014**
com formação de complexos inorgânicos, 374t
com formação de complexos, **999-1002**
com iodo, **1007-1009**
com permanganato de potássio, **1002-1007**
coulométrica, 557, 559-565, **1019-1020**
de complexação, 373-374
de complexometria, 368, 373-374
de massa, 278
de neutralização, 287-309, **990-997**
de precipitação, 374-380, **997-999**
direta, 399
espectrofotométrica, 700-702
gravimétrica, 278-279
indicadores, 267-269
manipulação de uma torneira, 970
ponto de equivalência, 267
ponto final, 132, 267-269
potenciométrica, 530-533
redox, 453-466
retrotitulação, 267
solução de padrão secundário, 269
Titulação de ácido fraco/base forte, 297-302
abordagem da equação-mestra, 302
efeito da concentração, 301
efeito da extensão da reação, 301
seleção de indicador, 301-302
Titulação de base fraca
algarismos significativos, 303
desafio, 303
efeito da força da base, 304
seleção de indicador, 304
Titulação de massa
determinação de cloro por, **998-999**
instruções para a realização de uma, **999**
Titulação de neutralização
análise elementar, 352-355, 355t
aplicações, 346-361
composição de soluções durante, 306-309
coulométrica, 561-562

definição, 287
determinação da razão ácido-base, **992**
determinação de grupos funcionais orgânicos, 358-360
determinação de nitrogênio de amina, **994-997**
determinação de substâncias inorgânicas, 356-358
determinação do carbonato de sódio, **994**
determinação do hidrogenoftalato de potássio, **993-994**
determinação do teor ácido, **994**
efeito do dióxido de carbono atmosférico na, 983
padronização do ácido clorídrico, **993**
padronização do hidróxido de sódio, **993**
pontos finais, 268
potenciométrica, 530-533
preparação de hidróxido de sódio livre de carbonato, **991-992**
preparação de soluções diluídas de ácido clorídrico, **990-991**
preparação de uma solução indicadora, **990**
princípios da, 287-309
reagentes para, 346-352
soluções e indicadores para, 287-291
soluções padrão, 288
titulação ácido/base, 287-291
Titulação de oxirredução
aplicações, 474-494
coulométrica, 563-564, 564t
potenciométrica, 534
Titulação direta, 399
Titulação volumétrica
definição, 266
desempenho, 268
soluções padrão, 267, 269-270
terminologia, 267-269
Titulações ácido/base, **990-997**
Titulações amperométricas, 590
curvas de titulação, 590
detecção do ponto final, 590
tipos de sistemas, 591
Titulações argentométricas
definição, 374-375
efeito da concentração nas curvas, 376-377
efeito da integridade da reação, 377
formatos, 375, 376, 377
método de Fajans, 380
método de Mohr, 380
método de Volhard, 379-380
métodos, 380
pontos finais para, 379-380
Titulações com ácidos aminocarboxílicos
cálculos de equilíbrio envolvendo EDTA, 384-388
complexos do EDTA com íons metálicos, 383-384
curvas de titulação com EDTA, 389-393
determinação da dureza da água, 401-402
EDTA, 381-383
efeitos de agentes complexantes nas curvas de titulação com EDTA, 393-396
escopo de, 400-401
indicadores para, 396-398
métodos envolvendo EDTA, 399-400
Titulações com EDTA
deslocamento, 400
diretas, 399
escopo, 400
formação de complexos, **999-1002**
indicadores, 396-398
métodos espectrofotométricos, 399
métodos potenciométricos, 399

métodos, 399-400
reagentes, 382
retrotitulação, 399
seletividade, 400-401
Titulações coulométricas
aplicações, 562-564
automáticas, 565
células para, 561-562
comparação com a titulação convencional, 561-562
curvas, 564p
de ácidos, 562
de cicloexeno, **1019-1020**
de cloreto, 563-564
definição, 559-560
detecção de ponto final, 560
diagrama conceitual, 560
elétrons como reagentes em, 556
fontes de corrente, 560
ilustração de célula, 561
instrumentação, 560-561
medições de corrente *versus* tempo, 561-562
neutralização, 562
oxidação-redução, 564, 564t
resumo, 564t
vantagens, 562
Titulações coulométricas automáticas, 565
Titulações de complexometria, 371p
aplicações analíticas, 368
curvas, 373
definição, 368, 373
Titulações de formação de complexos com EDTA, **999**
determinação da dureza da água, **1002**
determinação de cálcio, **1001-1002**
determinação de magnésio, **1000-1001**
preparação de solução com EDTA, **1000**
preparação de solução, **1000**
Titulações de massa, 278-279
Titulações de permanganato de potássio
determinação de cálcio, **1003-1005**
determinação de ferro, **1005-1007**
padronização da solução, **1003**
Titulações de precipitação
argentométricas, 374-375
curva de titulação para misturas de ânions, 377-379
definição, 374
determinação do cloreto por titulação de massa, **998-999**
determinação do cloreto por titulação, **997-998**
efeito da concentração sobre as curvas, 376-377
efeito da integridade da reação sobre as curvas, 377
formato das curvas de titulação, 375
pontos finais para, 379-380
preparação de uma solução de nitrato de prata, **998**
Titulações fotométricas
aplicações, 701-702
curvas, 700-701
instrumentação, 701
Titulações gravimétricas
automação, 279
cálculos, 278-279
definição, 266, 278
vantagens, 249
Titulações potenciométricas
aparatos, 531
dados, 531t
de cloreto e iodeto em uma mistura, **1014-1015**
definição, 530

detecção do ponto final, 531-532
determinação da constante de dissociação, 532-533
instruções para a realização, **1014**
neutralização, 532-533
oxirredução, 533
vantagens, 530
Titulações redox
definição, 267
potenciométricas, 533
Titulador
automático, 287
potenciométrico, 531
Tituladores automáticos, 530
Torneiras
lubrificação, **970-971**
manipulação, **970-970**
Transdutores, 660-661, 663, 667-668, 670, 674, 727-728, 750, 753, 767-768, 771-773
definição, 660
para espectrometria de massas, 772-773
propriedades, 661
radiação, 750-751
tipos de, 661-668
Transferência de massa, 544-545
Transferência quantitativa, **957, 971, 979**
Transformações para linearizar funções, 139t
Transformada de Fourier Rápida (FFT), 678
Transição de ressonância, 737, 751
Transição vibracional, 627
Transições eletrônicas, 626-629
Transições rotacionais, 627
Transistor de efeito de campo do tipo metal--óxido (MOSFET), 516
Transistores de efeito de campo seletivos de íons (ISFETs)
definição, 516
diagrama de corte transversal, 517
estrutura e desempenho, 517-518
para medir o pH, 517-518
símbolo de circuito, 517
Transmitância
definição, 619
erros de medição, 620-621
faixas para materiais óticos, 647
planilha de cálculo de conversão, 620
porcentagem de, 619
Tratamento de água para uso doméstico, 823-824
Trava de prato, **952**
Trava do braço, **952**
TRIS
definição, 348-350
estrutura molecular, 349
Trituração de amostras, 932
Troca iônica
aplicações, 823-824
definição, 821
equilíbrio, 822-823
processo, 821
resinas, 822
Tswett, Mikhail, 827
Tubo de borracha, **960**
Tubos fotomultiplicadores (TFM), 663-664
Turbidimetria, 702

U

Ultramicroanálise, 114
Ultramicroeletrodo, 576
Umidade relativa, **934**
Unidade Angstrom (Å), 613
Unidade de massa atômica unificada, 768
Unidades de medida
milimol, 18
mol, 17-18

prefixos, 16t
quilograma, 15-16
unidades do SI, 15-16
Universo, 56
Ureia
　determinação enzimática da, 806
　modelo molecular da, 806
　uso na precipitação homogênea, 252

V

Validação, 150, 957
Valor dos quadrados médios, 101
Valor limite, 200
Valores alfa
　ácido oxálico, 372
　ácidos polipróticos, 337
　constantes de formação condicional e, 373
　EDTA, 381-383
　expressão geral, 337
　para complexos metálicos, 370
　para espécies redox, 462-463
　soma de, 338
Vantagem de Fellgett, 678
Vantagem de Jacquinot, 678
Variância
　comparação, 96-98
　da amostra, 65
　da diferença, 67
　da soma, 67
　definição, 61, 65
Variância da amostra, 60
Variáveis transformadas, 138-139
Variável
　definição, 57
　efeito nas curvas de titulação redox, 465-466
　transformada, 138-139
Vazão em fase móvel, 834-835
Vazão volumétrica, 829, 834
Velocidade linear de fluxo, 850
Velocidade linear, 834
Velocidades da reação. *Ver também* Leis de velocidade
　determinação das, 797-804

métodos cinéticos, 799-804
métodos experimentais, 797-799
potencial do eletrodo e, 465-466
química, 785-792
unidades para constantes, 786
Viés negativo, 44, 61, 91-92, 616
Viés
　definição, 43
　negativo, 91-92
Vitamina E, 486-487
Volta, Alessandro, 416
Voltagem
　curva experimental, 544
　definição, 412
　em reações irreversíveis, 585
　sinais de excitação *versus*, 573
Voltametria
　análise orgânica, 602
　aplicações da, 601-602
　aplicações inorgânicas, 602
　cíclica, 596-599
　com microeletrodos, 605-606
　de onda quadrada, 600-601
　de pulso diferencial, 599-600
　de pulso, 599-601
　definição, 596
　determinação de cobre e zinco no latão, **1020-1021**
　hidrodinâmica, 579-593
　métodos de redissolução, 602-605
　polarografia *versus*, 571-572
　potenciostato manual para, 573
　sinais de excitação, 572
　titulação amperométricas do chumbo, **1021-1022**
　uso da, 571
Voltametria cíclica
　como ferramenta investigativa, 598-599
　correntes de pico, 597-598
　definição, 596
　estudos fundamentais, 598-599
　para amostras autênticas de dois intermediários, 598

potencial *versus* forma de curva de tempo, 597
sinal de excitação, 596
troca de potenciais, 596-597
variáveis, 597
varredura direta, 596-597
Voltametria de onda quadrada
　definição, 600
　geração de sinais de excitação, 601
　instrumentos para, 601
Voltametria de pulso
　definição, 599
　onda quadrada, 600-601
　pulso diferencial, 599-600
　tipos de, 599
Voltametria de pulso diferencial, 599-602
　definição, 599
　sinais de excitação, 599
Voltametria hidrodinâmica
　aplicações, 579-583
　correntes voltamétricas, 583-586
　definição, 579
　perfis de concentração, 580-583
　processo de transporte de massa, 580
Voltamograma
　anódico e misto anódico/catódico, 585-586
　de redissolução anódica de pulso diferencial, 604
　de varredura linear, 579
　definição, 578-579
　experimento de polarografia de pulso diferencial, 599-600
　para misturas de reagentes, 585
　para redução de oxigênio, 586-587
Voltamograma de varredura linear, 574

Z

Zinco, determinação polarográficas no latão, **1020-1021**
Zwitterion
　definição, 163, 336-337
　estrutura molecular da glicina, 337

MASSAS ATÔMICAS INTERNACIONAIS

Elemento	Símbolo	Número Atômico	Massa Atômica	Elemento	Símbolo	Número Atômico	Massa Atômica
Actínio	Ac	89	(227)	Mendelévio	Md	101	(258)
Alumínio	Al	13	26,9815384	Mercúrio	Hg	80	200,592
Amerício	Am	95	(243)	Molibdênio	Mo	42	95,95
Antimônio	Sb	51	121,760	Neodímio	Nd	60	144,242
Argônio	Ar	18	39,948	Neônio	Ne	10	20,1797
Arsênio	As	33	74,921595	Netúnio	Np	93	(237)
Astato	At	85	(210)	Níquel	Ni	28	58,6934
Bário	Ba	56	137,327	Nióbio	Nb	41	92,90637
Berkélio	Bk	97	(247)	Nitrogênio	N	7	14,007
Berílio	Be	4	9,0121831	Nobélio	No	102	(259)
Bismuto	Bi	83	208,98040	Oganesson	Og	118	(294)
Bóhrio	Bh	107	(270)	Ósmio	Os	76	190,23
Boro	B	5	10,81	Oxigênio	O	8	15,999
Bromo	Br	35	79,904	Paládio	Pd	46	106,42
Cádmio	Cd	48	112,414	Fósforo	P	15	30,973761998
Cálcio	Ca	20	40,078	Platina	Pt	78	195,084
Califórnio	Cf	98	(251)	Plutônio	Pu	94	(244)
Carbono	C	6	12,011	Polônio	Po	84	(209)
Cério	Ce	58	140,116	Potássio	K	19	39,0983
Césio	Cs	55	132,90545196	Praseodímio	Pr	59	140,90766
Cloro	Cl	17	35,45	Promécio	Pm	61	(145)
Cromo	Cr	24	51,9961	Protactínio	Pa	91	231,03588
Cobalto	Co	27	58,933194	Rádio	Ra	88	(226)
Copernicium	Cn	112	(285)	Radônio	Rn	86	(222)
Cobre	Cu	29	63,546	Rênio	Re	75	186,207
Cúrio	Cm	96	(247)	Ródio	Rh	45	102,90549
Darmstácio	Ds	110	(281)	Rubídio	Rb	37	85,4678
Dúbnio	Db	105	(270)	Rutênio	Ru	44	101,07
Disprósio	Dy	66	162,500	Rutherfórdio	Rf	104	(267)
Einstênio	Es	99	(252)	Samário	Sm	62	150,36
Érbio	Er	68	167,259	Escândio	Sc	21	44,955908
Európio	Eu	63	151,964	Seabórgio	Sg	106	(269)
Férmio	Fm	100	(257)	Selênio	Se	34	78,971
Fleróvio	Fl	114	(289)	Silício	Si	14	28,085
Flúor	F	9	18,9984032	Prata	Ag	47	107,8682
Frâncio	Fr	87	(223)	Sódio	Na	11	22,98976928
Gadolínio	Gd	64	157,25	Estrôncio	Sr	38	87,62
Gálio	Ga	31	69,723	Enxofre	S	16	32,06
Germânio	Ge	32	72,630	Tântalo	Ta	73	180,94788
Ouro	Au	79	196,966570	Tecnécio	Tc	43	(97)
Háfnio	Hf	72	178,486	Telúrio	Te	52	127,60
Hássio	Hs	108	(270)	Térbio	Tb	65	158,925354
Hélio	He	2	4,002602	Tálio	Tl	81	204,38
Hólmio	Ho	67	164,930328	Tório	Th	90	232,0377
Hidrogênio	H	1	1,008	Túlio	Tm	69	168,934218
Índio	In	49	114,818	Estanho	Sn	50	118,710
Iodo	I	53	126,90447	Titânio	Ti	22	47,867
Irídio	Ir	77	192,217	Tungstênio	W	74	183,84
Ferro	Fe	26	55,845	Urânio	U	92	238,02891
Criptônio	Kr	36	83,798	Oganessônio	Og	118	(294)
Lantânio	La	57	138,90547	Moscóvio	Mc	115	(288)
Laurêncio	Lr	103	(262)	Tenesso	Ts	117	(294)
Chumbo	Pb	82	207,2	Nihônio	Nh	113	(284)
Lítio	Li	3	6,94	Vanádio	V	23	50,9415
Livermório	Lv	116	(293)	Xenônio	Xe	54	131,293
Lutécio	Lu	71	174,968	Ytérbio	Yb	70	173,045
Magnésio	Mg	12	24,305	Ítrio	Y	39	88,90584
Manganês	Mn	25	54,938043	Zinco	Zn	30	65,38
Meitinério	Mt	109	(278)	Zircônio	Zr	40	91,224

Os valores dados entre parênteses são os números de massas atômicas dos isótopos com a meia-vida mais longa. https://www.qmul.ac.uk/sbcs/iupac/AtWt/.

MASSAS MOLARES DE ALGUNS COMPOSTOS

Composto	Massa Molar	Comoposto	Massa Molar
$AgBr$	187,772	$K_3Fe(CN)_6$	329,248
$AgCl$	143,32	$K_4Fe(CN)_6$	368,346
Ag_2CrO_4	331,729	$KHC_8H_4O_4$ (ftalato)	204,222
AgI	234,7727	$KH(IO_3)_2$	389,909
$AgNO_3$	169,872	K_2HPO_4	174,174
$AgSCN$	165,95	KH_2PO_4	136,084
Al_2O_3	101,960	$KHSO_4$	136,16
$Al_2(SO_4)_3$	342,13	KI	166,0028
As_2O_3	197,840	KIO_3	214,000
B_2O_3	69,62	KIO_4	229,999
$BaCO_3$	197,335	$KMnO_4$	158,032
$BaCl_2 \cdot 2H_2O$	244,26	KNO_3	101,102
$BaCrO_4$	253,319	KOH	56,105
$Ba(IO_3)_2$	487,130	$KSCN$	97,18
$Ba(OH)_2$	171,341	K_2SO_4	174,25
$BaSO_4$	233,38	$La(IO_3)_3$	663,610
Bi_2O_3	465,958	$Mg(C_9H_6NO)_2$	312,611
CO_2	44,009	(8-hiidroxiquinolato)	
$CaCO_3$	100,086	$MgCO_3$	84,313
CaC_2O_4	128,096	$MgNH_4PO_4$	137,314
CaF_2	78,075	MgO	40,304
CaO	56,077	$Mg_2P_2O_7$	222,55
$CaSO_4$	136,13	$MgSO_4$	120,36
$Ce(HSO_4)_4$	528,37	MnO_2	86,936
CeO_2	172,114	Mn_2O_3	157,873
$Ce(SO_4)_2$	332,23	Mn_3O_4	228,810
$(NH_4)_2Ce(NO_3)_6$	548,22	$Na_2B_4O_7 \cdot 10H_2O$	381,36
$(NH_4)_4Ce(SO_4)_4 \cdot 2H_2O$	632,53	$NaBr$	102,894
Cr_2O_3	151,989	$NaC_2H_3O_2$	82,034
CuO	79,545	$Na_2C_2O_4$	133,998
Cu_2O	143,091	$NaCl$	58,44
$CuSO_4$	159,60	$NaCN$	49,008
$Fe(NH_4)_2(SO_4)_2 \cdot 6H_2O$	392,12	Na_2CO_3	105,988
FeO	71,844	$NaHCO_3$	84,006
Fe_2O_3	159,687	$Na_2H_2EDTA \cdot 2H_2O$	372,238
Fe_3O_4	231,531	Na_2O_2	77,978
HBr	80,912	$NaOH$	39,997
$HC_2H_3O_2$ (ácido acético)	60,052	$NaSCN$	81,07
$HC_7H_5O_2$ (ácido benzoico)	122,123	Na_2SO_4	142,04
$(HOCH_2)_3CNH_2$ (TRIS)	121,136	$Na_2S_2O_3 \cdot 5H_2O$	248,17
HCl	36,46	NH_4Cl	53,49
$HClO_4$	100,45	$(NH_4)_2C_2O_4 \cdot H_2O$	142,111
$H_2C_2O_4 \cdot 2H_2O$	126,064	NH_4NO_3	80,043
H_5IO_6	227,938	$(NH_4)_2SO_4$	132,13
HNO_3	63,012	$(NH_4)_2S_2O_8$	228,19
H_2O	18,015	NH_4VO_3	116,978
H_2O_2	34,014	$Ni(C_4H_7O_2N_2)_2$	288,917
H_3PO_4	97,994	(dimetilglioximato)	
H_2S	34,08	$PbCrO_4$	323,2
H_2SO_3	82,07	PbO	223,2
H_2SO_4	98,07	PbO_2	239,2
HgO	216,591	$PbSO_4$	303,3
Hg_2Cl_2	472,08	P_2O_5	141,943
$HgCl_2$	271,49	Sb_2S_3	339,70
KBr	119,002	SiO_2	60,083
$KBrO_3$	166,999	$SnCl_2$	189,61
KCl	74,55	SnO_2	150,71
$KClO_3$	122,55	SO_2	64,06
KCN	65,116	SO_3	80,06
K_2CrO_4	194,189	$Zn_2P_2O_7$	304,70
$K_2Cr_2O_7$	294,182		

Fundamentos de Química Analítica

pranchas coloridas

A-71

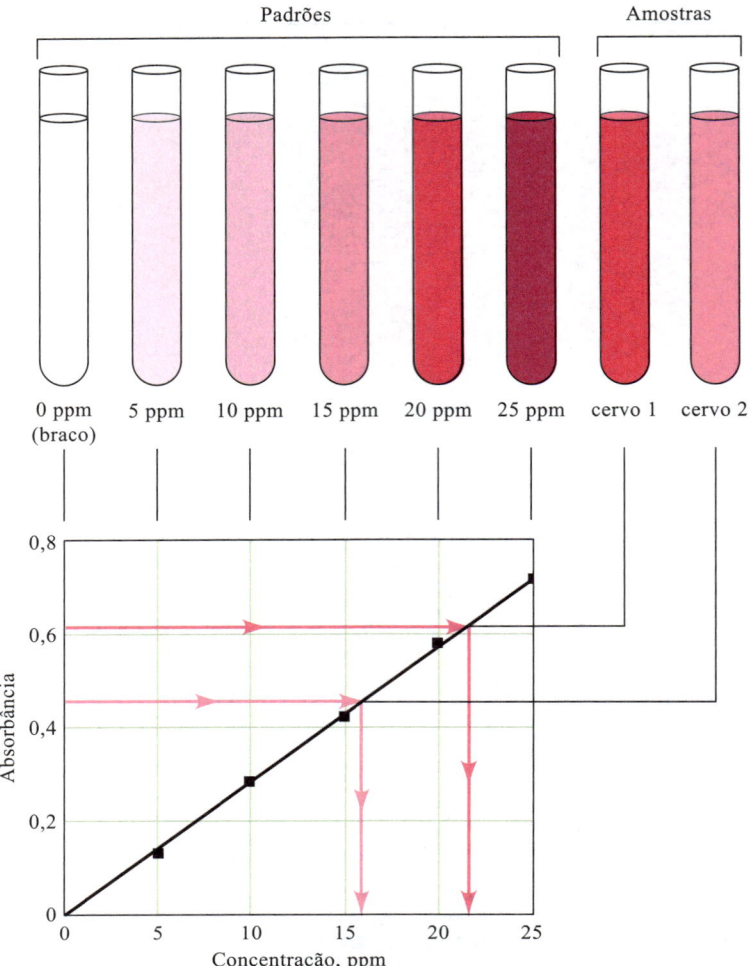

Prancha colorida 1. Figura 1D-2. Construção e uso de uma curva de calibração para determinar a concentração de arsênio. As absorbâncias das soluções das cubetas são medidas empregando-se um espectrofotômetro. Os valores de absorbância são então lançados em um gráfico em função das concentrações das soluções contidas nas cubetas, como ilustrado no gráfico. Finalmente, as concentrações das soluções desconhecidas são lidas a partir do gráfico, como mostrado pelas setas.(veja o Destaque 1-2).

Prancha colorida 2. Figura 7-3. Equilíbrio químico 1: Reação entre o iodo e arsênio(III) em pH 1. (a) Um mmol de I_3^- adicionado a 1 mmol de H_3AsO_3. (b) Três mmol de I^- adicionado a 1 mmol de H_3AsO_4. Ambas as combinações produzem o mesmo estado de equilíbrio final (veja a Seção 7B-1).

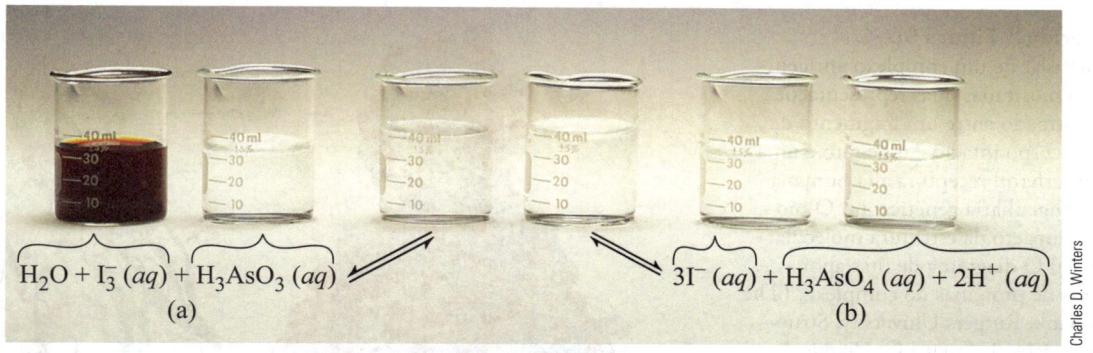

Prancha colorida 3. Figura 7-4. Equilíbrio químico 2: A mesma reação, como na Figura 7-3, realizada em um pH 7 produzindo um estado de equilíbrio diferente daquele da Figura 7-3, e, embora similar àquela situação na Figura 7-3, o mesmo estado é produzido a partir da reação no sentido direto (a) ou inverso (b) (veja a Seção 7B-1).

Prancha colorida 4. Figura 7-5. Equilíbrio químico 3: Reação entre o iodo e o ferrocianeto. (a) Um mmol de I_3^- adicionado a 2 mmol de $Fe(CN)_6^{4-}$. (b) Três mmol de I^- adicionado a 2 mmol de $Fe(CN)_6^{3-}$ produz o mesmo estado de equilíbrio (veja a Seção 7B-1).

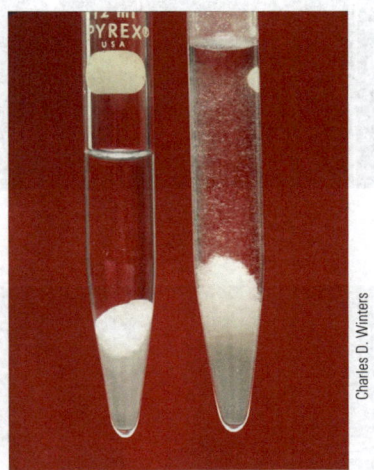

Prancha colorida 5. Figura 7-6. O efeito do íon comum. O tubo de ensaio à esquerda contém uma solução saturada de acetato de prata, AgOAc. O seguinte equilíbrio é estabelecido no tubo de ensaio:

$$AgOAc(s) \rightleftharpoons Ag^+(aq) + OAc^-(aq)$$

Quando o $AgNO_3$ é adicionado ao tubo de ensaio, o equilíbrio se desloca para a esquerda para formar mais AgOAc, como mostrado no tubo de ensaio à direita (veja a Seção 7B-5).

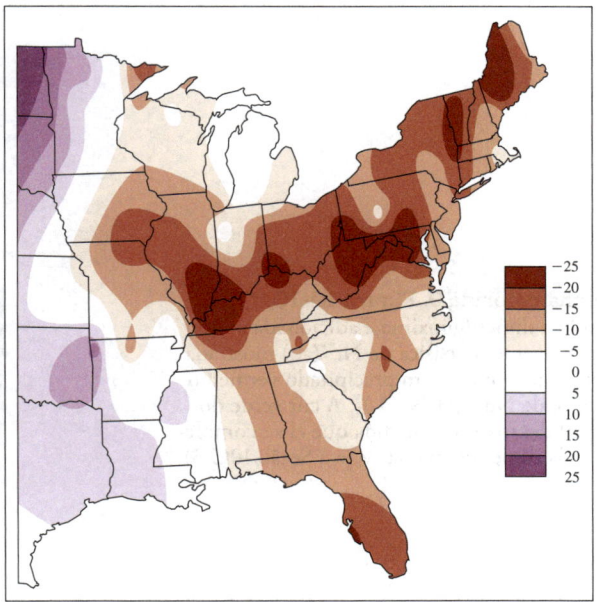

Prancha colorida 6. Figura 7D-5. A precipitação sobre a maior parte do leste dos Estados Unidos tem se tornado menos ácida, como mostrado pela variação percentual de 1983 a 1994. (R. A. Kerr, Science, v. 282, p. 1024, 1998.)

Prancha colorida 7. Figura 9D-4.
Estrutura molecular de um complexo antígeno-anticorpo. São mostradas duas representações do complexo formado entre um fragmento de digestão do anticorpo intacto A6 de rato e uma cadeia gama-interferon receptora alfa humana produzida por engenharia genética. (a) O modelo espacial compacto da estrutura molecular do complexo. (b) O diagrama de fitas apontando as cadeias de proteínas no complexo. (The Protein Data Bank, Rutgers University, Structure 1JRH, S. Sogabe; F. Stuart; C. Henke; A. Bridges; G. Williams; A. Birch; F. K. Winkler; J. A. Robinson, 1997; http://www.rcsb.org).

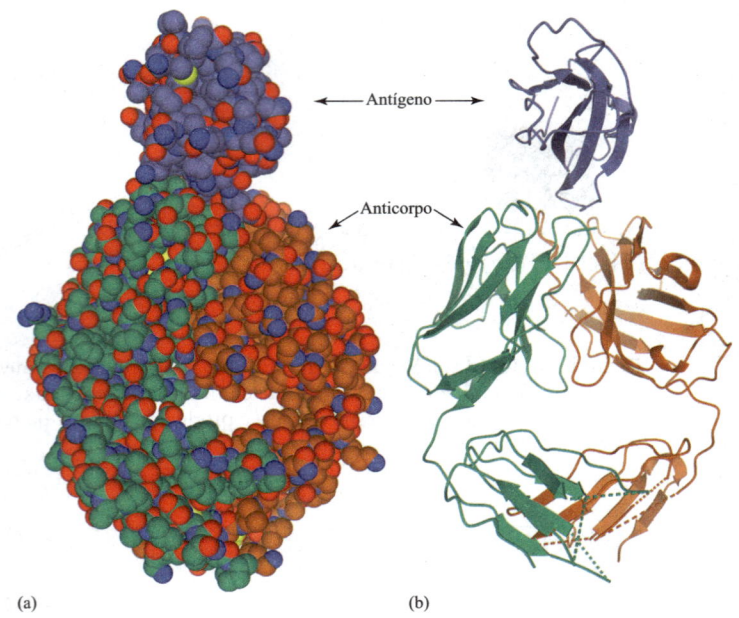

Prancha colorida 8. Figura 10-1. O efeito Tyndall. A foto mostra duas cubetas: a da esquerda contém apenas água e a da direita contém uma solução de amido. À medida que feixes de laser vermelho e verde passam através da água na cubeta da esquerda, eles são invisíveis. As partículas coloidais na solução de amido na cubeta da direita dispersam a luz dos dois lasers e assim os feixes tornam-se visíveis (veja a Seção 10A-2, nota de margem).

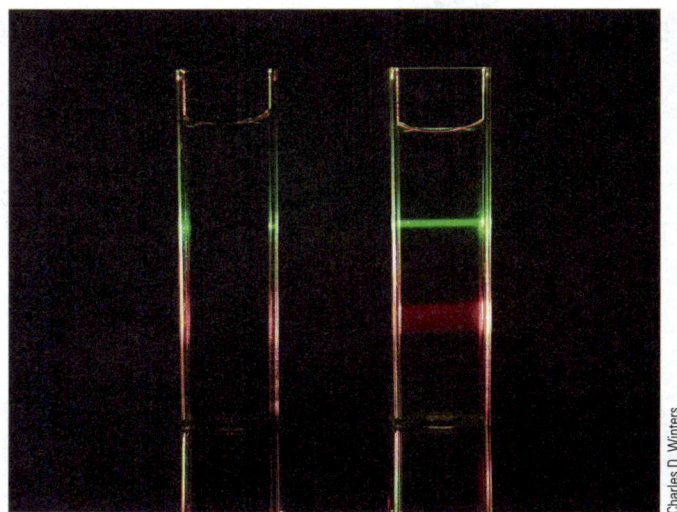

Prancha colorida 9. Figura 10-10.
Quando a dimetilglioxima é adicionada a uma solução levemente básica de Ni^{2+}(aq) mostrada à esquerda, forma-se um precipitado vermelho brilhante de $Ni(C_4H_7N_2O_2)_2$. A cor verde do Ni^{2+}(aq) desaparece à medida que ele é complexado pela dimetilglioxima (veja a Seção 10C-3).

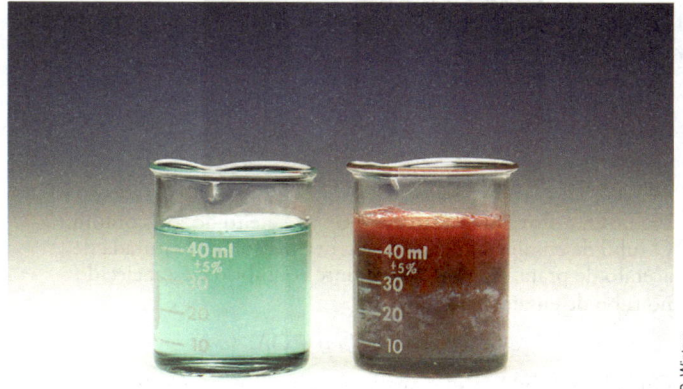

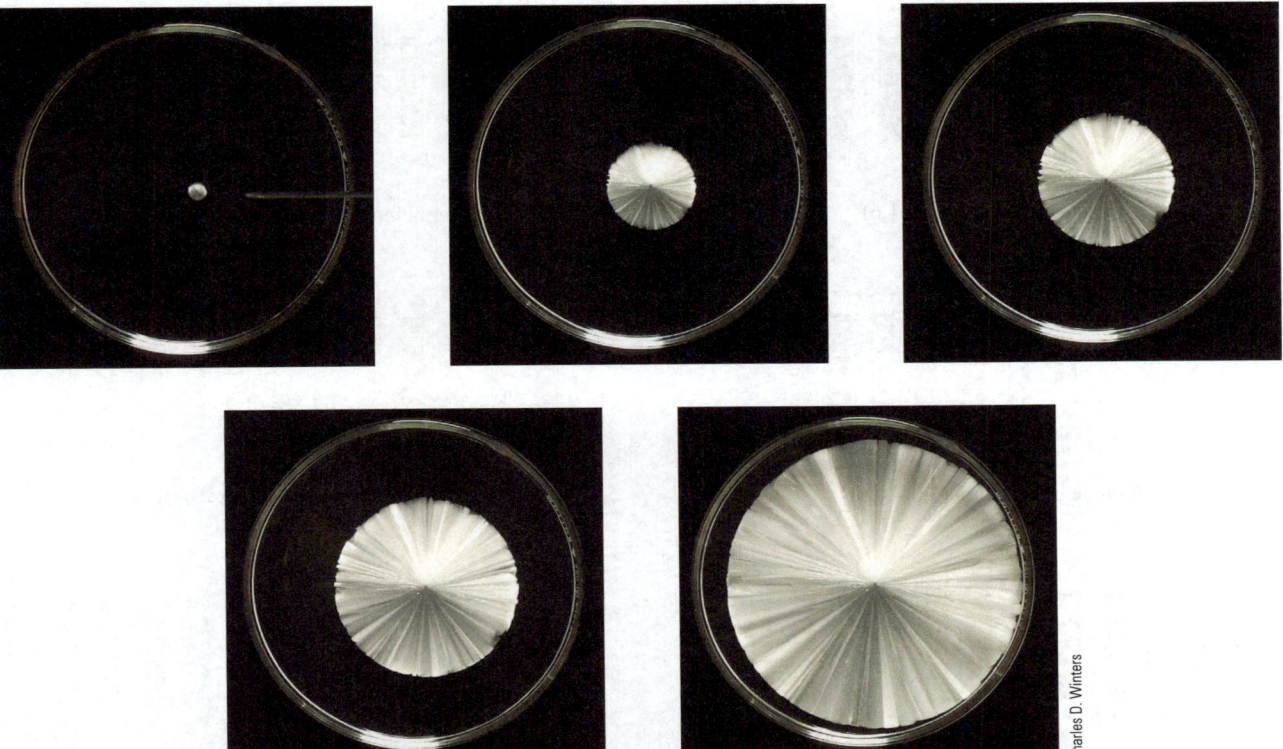

Prancha colorida 10. Figura 10-2. Cristalização do acetato de sódio a partir de uma solução supersaturada (Seção 10A-1). Um minúsculo cristal "semeador" é colocado no centro de uma placa de petri contendo uma solução supersaturada do composto. A sequência de tempo das fotos tiradas em aproximadamente uma por segundo mostra o crescimento dos lindos cristais de acetato de sódio.

Prancha colorida 11. Figura 11-1. Ponto final da titulação. O ponto final da titulação pode ser alcançado quando persistir uma cor perceptível levemente rósea da fenolftaleína. O frasco da esquerda revela uma titulação com menos da metade de uma gota antes do ponto final; o frasco do meio indica o ponto final. A leitura final da bureta é feita nesse ponto, e o volume da base transferida na titulação é calculado a partir da diferença entre as leituras inicial e final na bureta. O frasco da direita mostra o que acontece quando um leve excesso de base é adicionado à mistura de titulação. A solução se torna mais escura, e o ponto final foi excedido (veja aSeção 11A-1).

Prancha colorida 12. Figura 12-1. Indicadores ácido/base e suas faixas de transição de pH (veja a Seção 12A-2).

Prancha colorida 13. Figura 16-1.
Fotografia de uma "árvore de prata" criada pela imersão de uma espiral de fio de cobre em uma solução de nitrato de prata (Veja a Seção 16A-2).

Prancha colorida 14. Figura 16D-2. Uma versão moderna da célula de Daniell (Veja o Destaque 16-2).

$2Fe^{3+} + 3I^- \rightleftharpoons 2Fe^{2+} + 3I_3^-$

Prancha colorida 15. Veja a página 429. A reação entre o ferro (III) e o iodo. A espécie em cada béquer é indicada pela cor da solução. O ferro (III), à esquerda, é amarelo-claro, o iodo, ao centro, é incolor e o triiodeto, à direita, é laranja-avermelhado forte (Seção 16C-6).

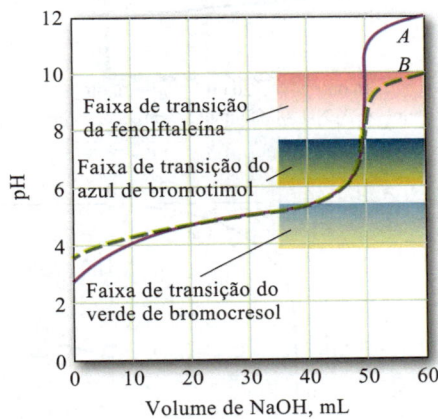

Prancha colorida 16. Figura 12-6.
Curva para a titulação de ácido acético com hidróxido de sódio. Curva A: ácido 0,1000 mol L^{-1} com uma base 0,1000 mol L^{-1}. Curva B: ácido 0,001000 mol L^{-1} com uma base forte 0,001000 mol L^{-1}.

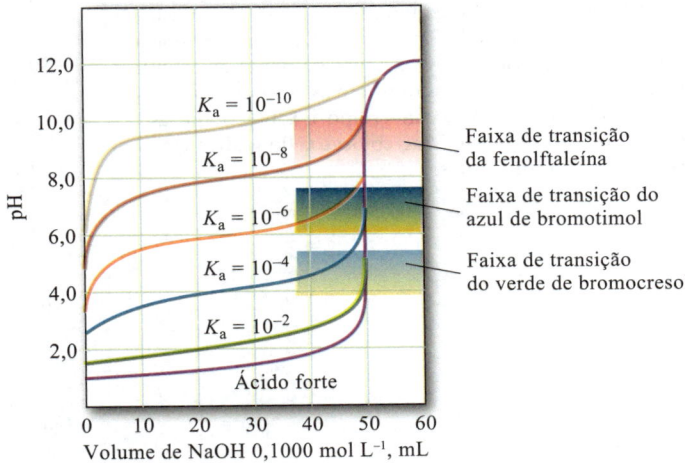

Prancha colorida 17. Figura 12-7. O efeito da força do ácido (constante de dissociação) nas curvas de titulação. Cada curva representa a titulação de 50,00 mL de ácido fraco 0,1000 mol L^{-1} com uma base forte 0,1000 mol L^{-1}.

Prancha colorida 18. Figura 12-8.
O efeito da força da base (K_b) em curvas de titulação. Cada curva representa a titulação de 50,00 mL de base 0,1000 mol L^{-1} com HCl 0,1000 mol L^{-1}.

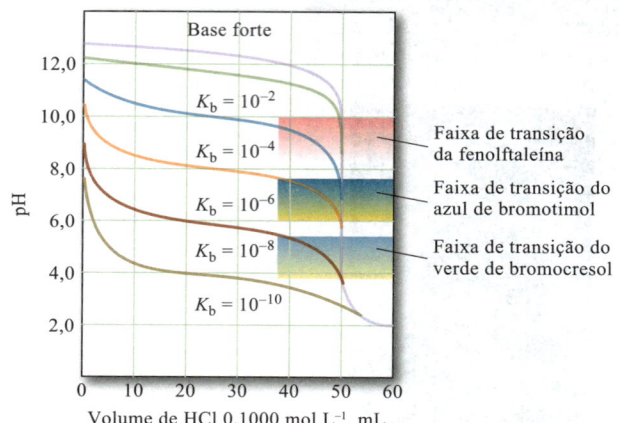

Prancha colorida 19. Figura 15-3.
O efeito da integridade de uma reação nas curvas de titulação de precipitação. Para cada curva, 50,00 mL de uma solução 0,0500 mol L^{-1} do ânion foi titulada com AgNO$_3$ 0,1000 mol L^{-1}. Observe que valores menores de K_{ps} fornecem quebras muito mais nítidas no ponto final.

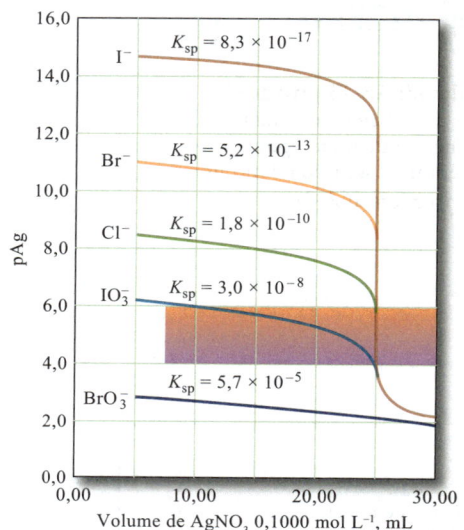

Prancha colorida 20. Figura 15-9.
Curvas de titulação de 50,0 mL de Ca^{2+} 0,00500 mol L^{-1} ($K'_{CaY} = 1,75 \times 10^{10}$) e Mg^{2+} ($K'_{MgY} = 1,72 \times 10^{8}$) com EDTA em pH 10,0. Note que, em virtude da alta constante de formação, a reação do íon com EDTA é mais completa e uma grande variação ocorre na região do ponto de equivalência. As áreas sombreadas mostram as faixas de transição para o indicador Negro de Eriocromo T. Observe que as curvas do Ca^{2+} e do Mg^{2+} são colocadas no gráfico em eixos horizontais diferentes.

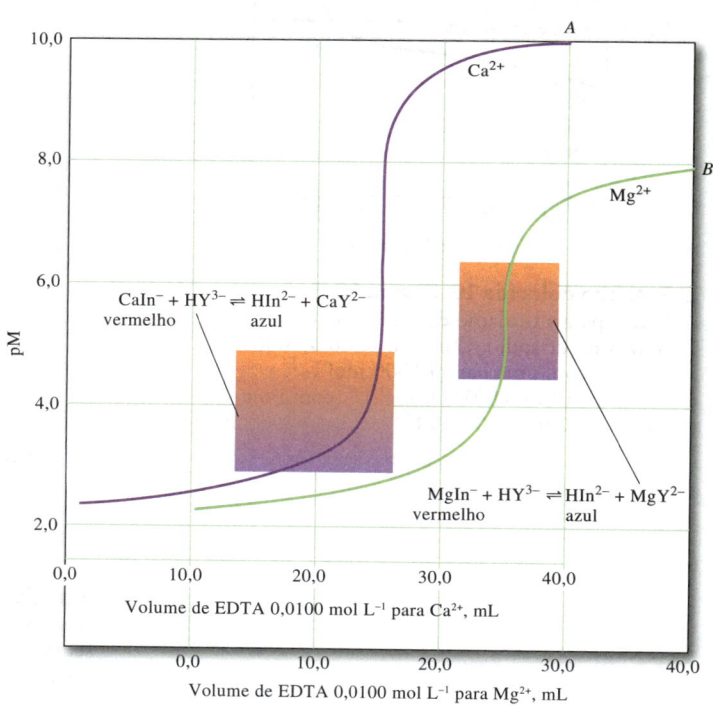

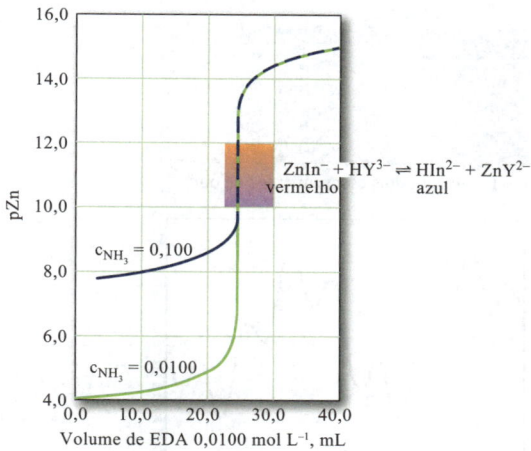

Prancha colorida 21. Figura 15-13. Influência da concentração da amônia no ponto final para as titulações de 50,00 mL de Zn^{2+} 0,0050 mol L^{-1}. As soluções foram tamponadas em pH 9,00. A região sombreada mostra a faixa de transição do Negro de Eriocromo T. Note que a amônia diminui a variação de pZn na região de ponto de equivalência.

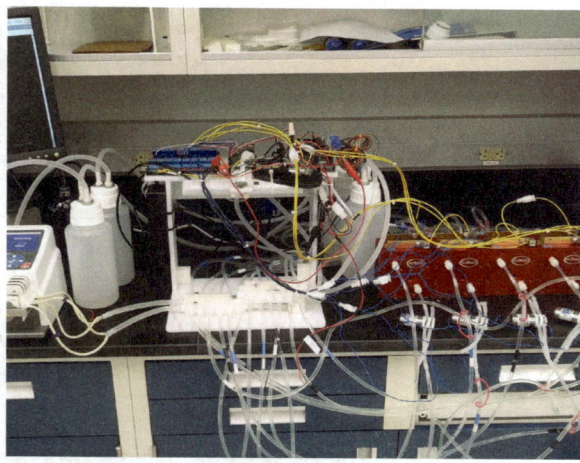

Prancha colorida 22. Capítulo 17. Foto cortesia de dr. Thomas Guarr, Michigan State University Bioeconomy Institute.

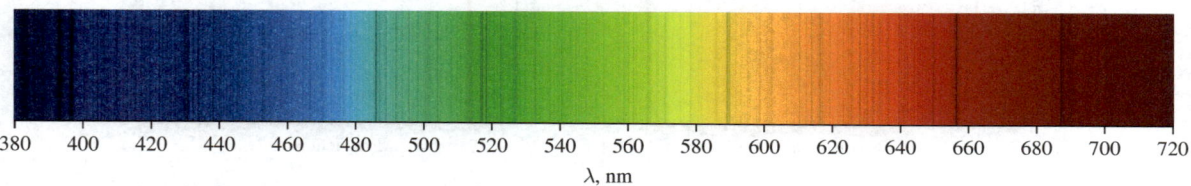

Prancha colorida 23. Figura 22D-1. O espectro solar. As linhas verticais escuras são as linhas de Fraunhofer. Veja a Prancha Colorida 18 para uma versão completa do espectro. Os dados para a imagem foram coletados por Dr. Donald Mickey, da University of Hawaii Institute for Astronomy, a partir dos dados espectrais do National Solar Observatory. Os dados NSOS/Kitt Peak FTS empregados foram produzidos pelo NSF/NOAO.

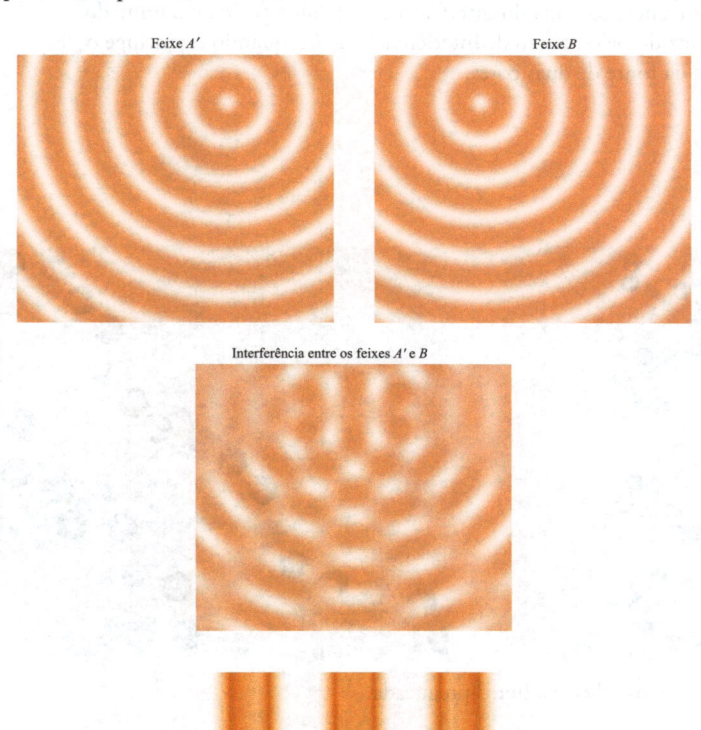

Prancha colorida 24. Figura 23D-7. Representação bidimensional da interferência de duas frentes de onda monocromáticas de mesma frequência. O feixe A' e o feixe B na parte superior formam o padrão de interferência mostrado no centro, e as duas frentes de onda interferem construtiva e destrutivamente. A imagem apresentada mais abaixo apareceria na saída do interferômetro de Michelson em posição perpendicular ao plano do padrão de interferência bidimensional.

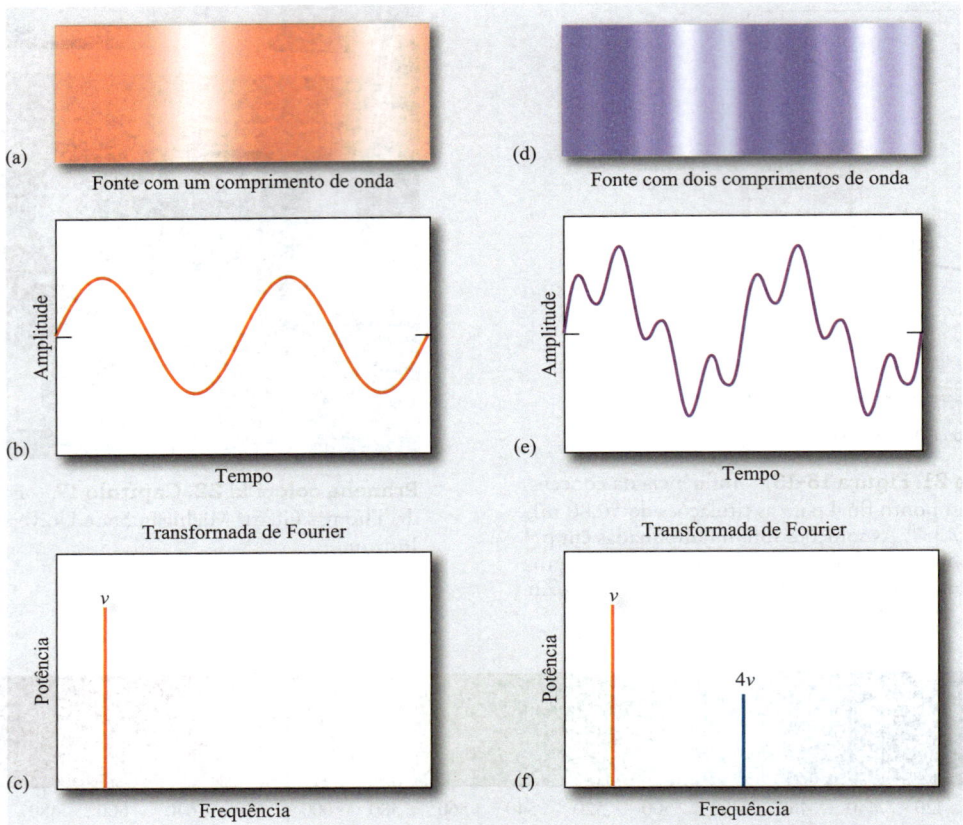

Prancha colorida 25. Figura 23D-8. Formação de interferogramas na saída do interferômetro de Michelson. (a) Padrão de interferência na saída do interferômetro resultante de uma fonte monocromática. (b) Sinal de variação senoidal produzido no detector pelo padrão em (a). (c) Espectro de frequência da fonte de luz monocromática resultante da transformação de Fourier do sinal em (b). (d) Padrão de interferência na saída do interferômetro resultante de uma fonte de duas cores. (e) Sinal complexo produzido pelo padrão de interferência de (d) quando este atinge o detector. (f) Espectro de frequência da fonte de duas cores.

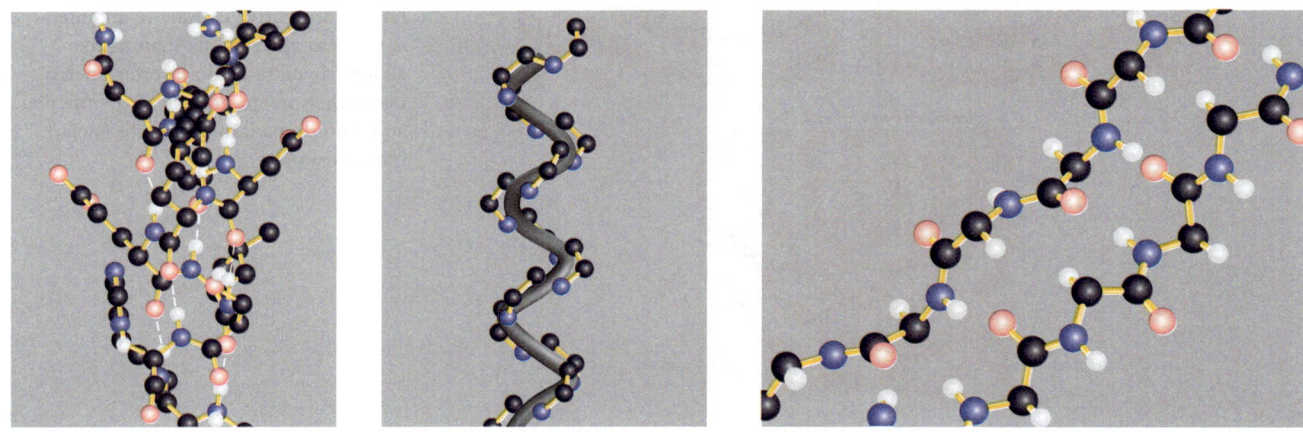

Prancha colorida 26. Figuras 28D-2 e 28D-3. A α-hélice e a fita β-pregueada.

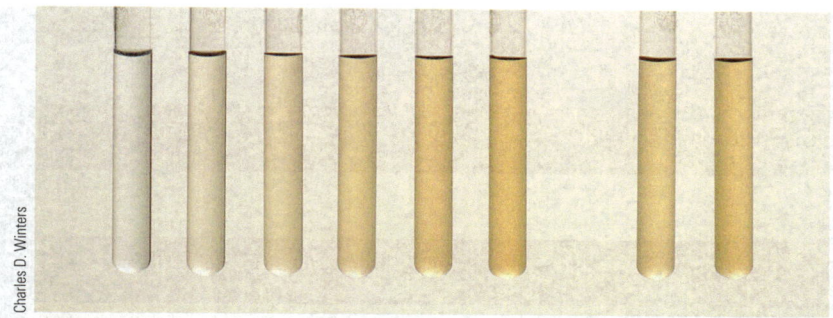

Prancha colorida 27. Figura 24-7. Série de padrões (esquerda) e duas amostras desconhecidas (direita) para a determinação espectrométrica de Fe(II) usando 1,10-fenantrolina como reagente (veja Seção 24A-3 e Problema 24-26, página 718). A cor é devida ao complexo Fe(phen)$_3^{2+}$. A absorbância dos padrões é medida, e a curva de trabalho é analisada usando o método linear dos quadrados mínimos (veja Seção 6D-2, página 132). A equação para a reta é então usada para determinar as concentrações das soluções das amostras desconhecidas a partir das suas absorbâncias medidas.

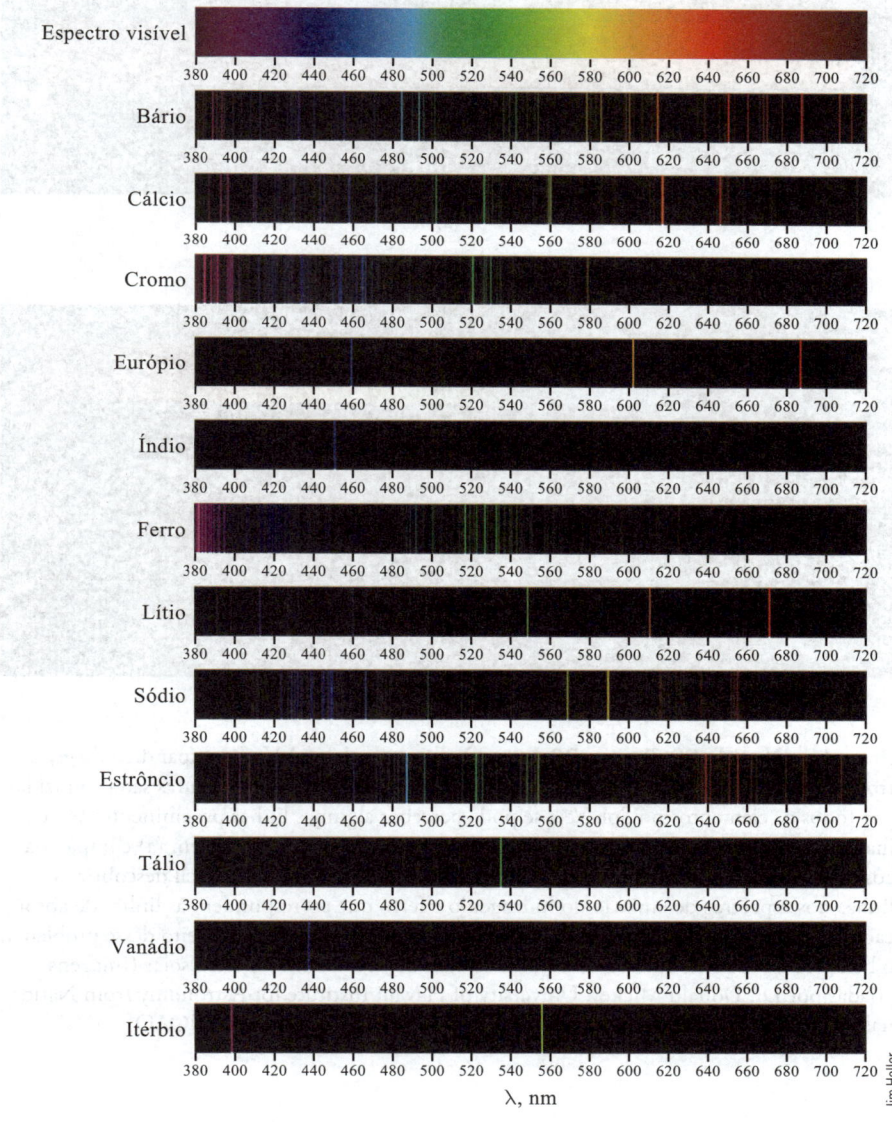

Prancha colorida 28. Figura 26-2. Espectro da luz branca (em cima) e espectros de emissão de alguns elementos selecionados.

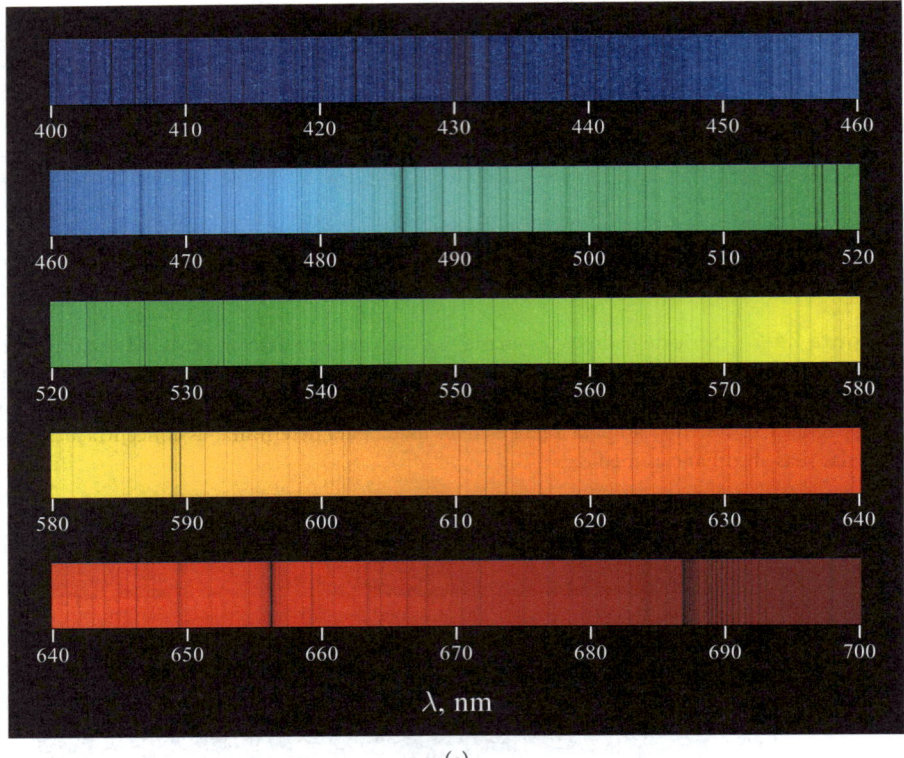

(a)

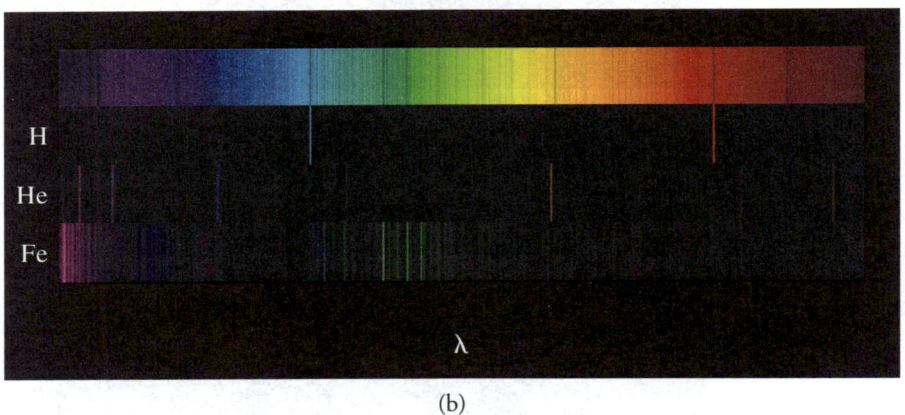

(b)

Prancha colorida 29. Figura 26-14. O espectro solar. (a) Versão expandida do espectro solar no Destaque 22-1. O grande número de linhas de absorção escuras são produzidas por todos os elementos no Sol. Veja se pode perceber algumas linhas proeminentes semelhantes ao famoso dupleto de sódio. Versão compacta do espectro solar em (a) comparada aos espectros de emissão do hidrogênio, hélio e ferro. É relativamente fácil descobrir as linhas nos espectros de emissão do hidrogênio e ferro que correspondem às linhas de absorção no espectro solar, mas as linhas do hélio estão bem obscuras. A despeito desse problema, o hélio foi descoberto quando essas linhas foram observadas no espectro solar (Imagens criadas por Dr. Donald Mickey, University of Hawaii Institute for Astronomy from National Solar Observatory spectral data/NSO/Kitt Peak FTS data by NSF/NOAO).

(a)

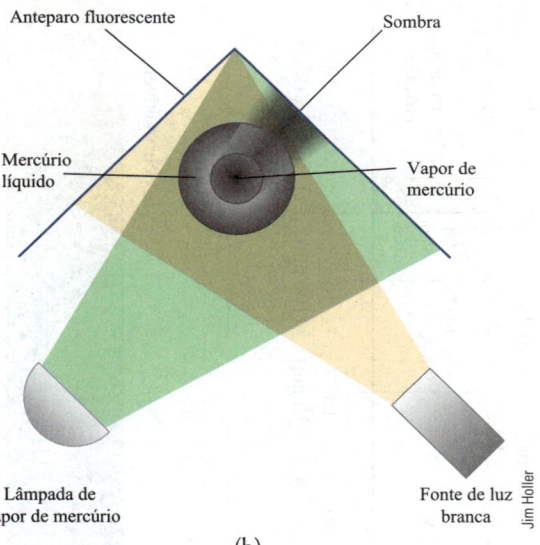

(b)

Prancha colorida 30. Figura 26D-3. (a) Demonstração da absorção atômica pelo vapor de mercúrio. (b) A luz branca da fonte à direita passa através do vapor de mercúrio existente sobre o frasco e nenhuma sombra aparece na tela fluorescente à esquerda. A luz da lâmpada de mercúrio, à esquerda, contendo as linhas UV características do elemento é absorvida pelo vapor acima do frasco, que gera uma sombra, na tela da direita, devido à pluma de vapor de mercúrio (Veja a Seção 26D).

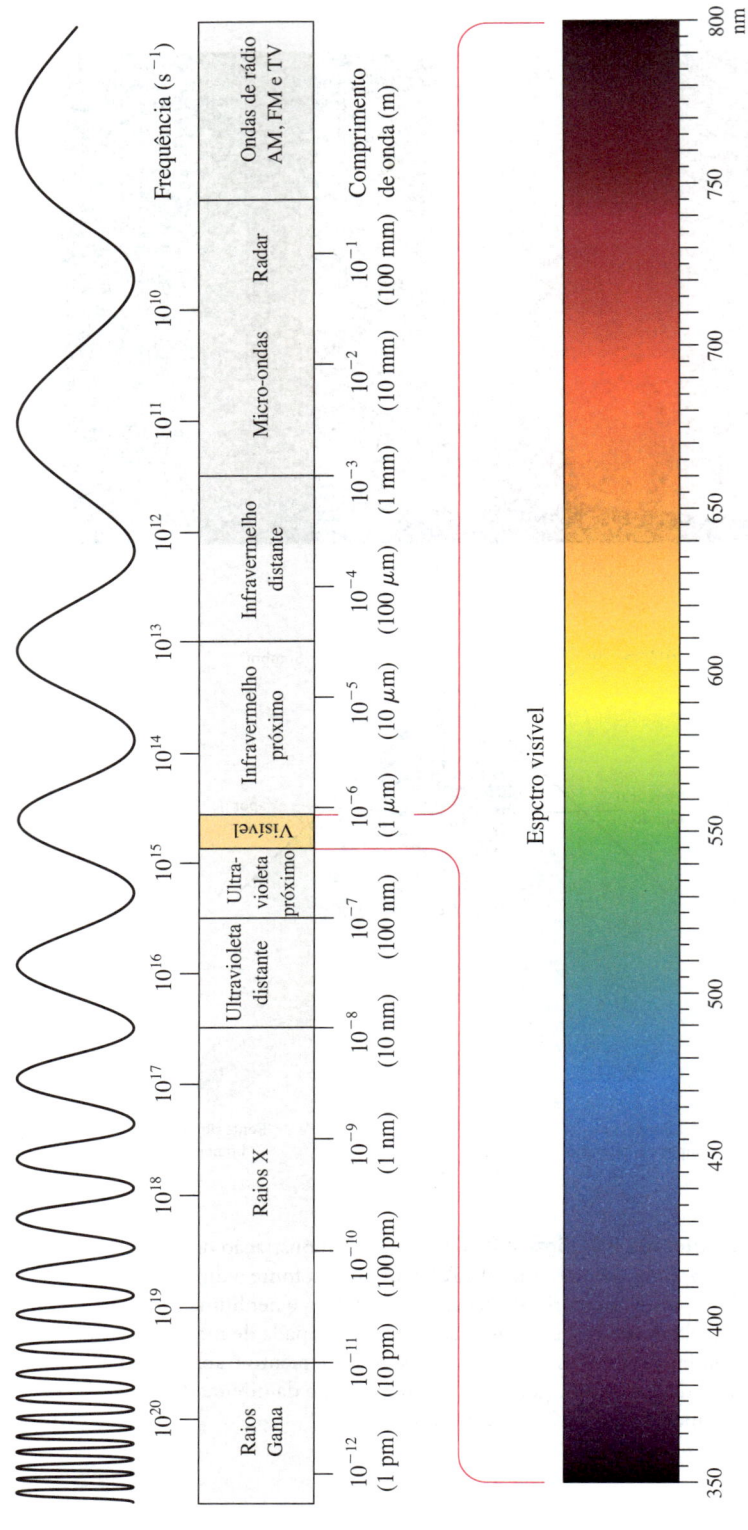

Prancha colorida 31. Espectro eletromagnético. O espectro estende dos raios gama de alta energia (frequência) para as ondas de rádio de baixa energia (frequência) (veja Seção 22B-1). Observe que a região do visível é apenas uma fração minúscula do espectro. A região do visível, quebrada na parte mais baixa, estende do violeta (≈380 nm) até a região do vermelho (≈800 nm). (Cortesia de Ebbing and Gammon, *General Chemistry*, 10. ed.)

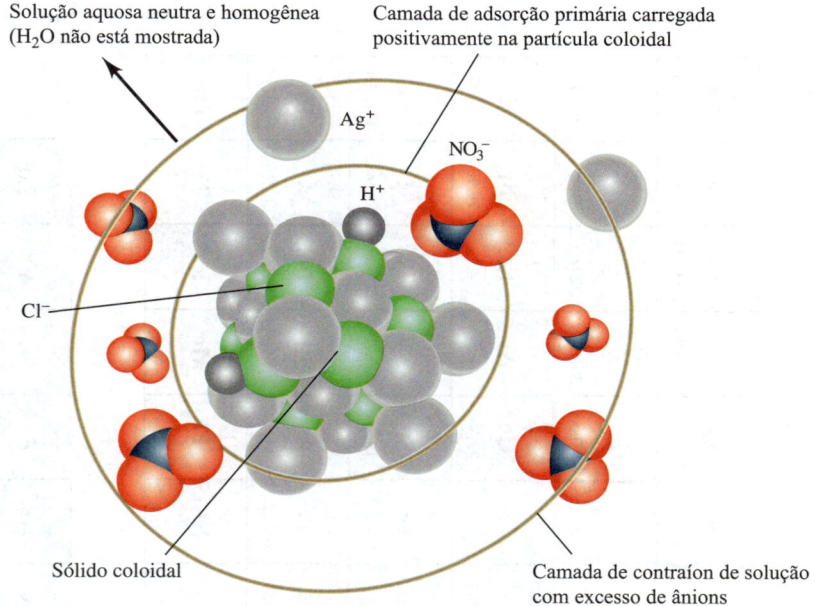

Prancha colorida 32. Figura 10-3. Uma partícula coloidal em suspensão de cloreto de prata presente em uma solução de nitrato de prata.

Alguns Indicadores Ácido-Base e suas Variações de Cor

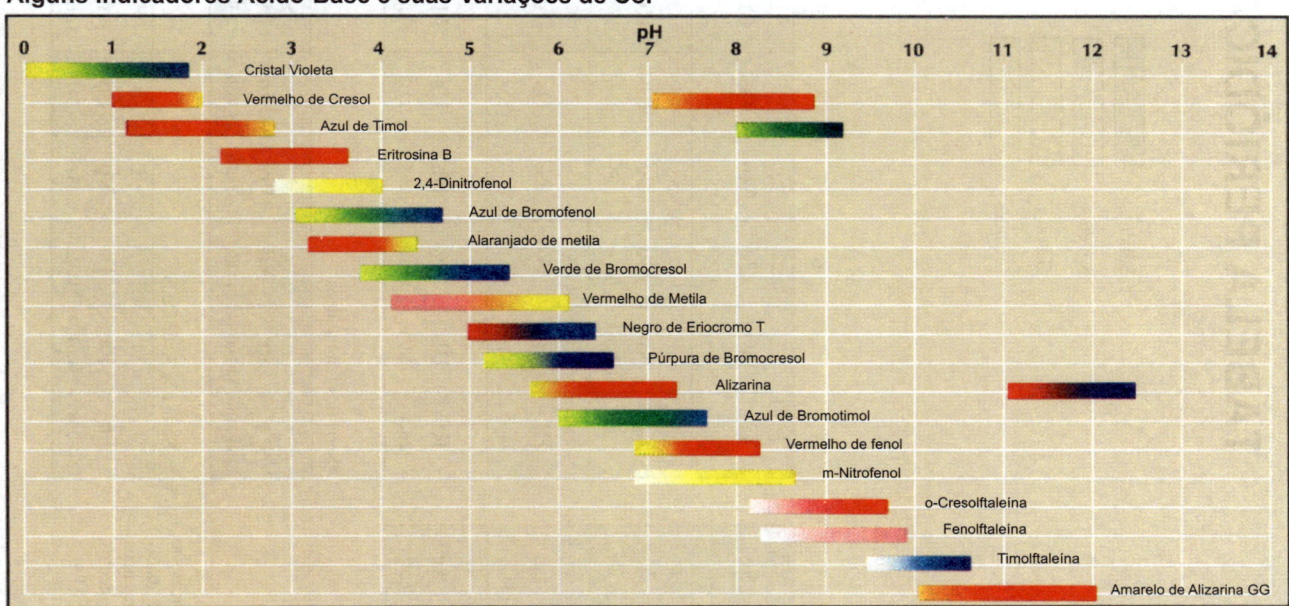

Reimpresso com permissão de Hach Company

TABELA PERIÓDICA DOS ELEMENTOS

Legenda:
- Sólidos
- Sintéticos
- Gases
- Líquidos

Período	1	2	3	4	5	6	7	8	9	10	11	12	13	14	15	16	17	18
1	1 H 1,0079																	2 He 4,0026
2	3 Li 6,941	4 Be 9,0122											5 B 10,811	6 C 12,0107	7 N 14,0067	8 O 15,9994	9 F 18,9984	10 Ne 20,1797
3	11 Na 22,9898	12 Mg 24,3050											13 Al 26,9815	14 Si 28,0855	15 P 30,9738	16 S 32,065	17 Cl 35,453	18 Ar 39,948
4	19 K 39,0983	20 Ca 40,078	21 Sc 44,9559	22 Ti 47,867	23 V 50,9415	24 Cr 51,9961	25 Mn 54,9380	26 Fe 55,845	27 Co 58,9332	28 Ni 58,6934	29 Cu 63,546	30 Zn 65,409	31 Ga 69,723	32 Ge 72,64	33 As 74,9216	34 Se 78,96	35 Br 79,904	36 Kr 83,798
5	37 Rb 85,4678	38 Sr 87,62	39 Y 88,9059	40 Zr 91,224	41 Nb 92,9064	42 Mo 95,94	43 Tc (98)	44 Ru 101,07	45 Rh 102,9055	46 Pd 106,42	47 Ag 107,8682	48 Cd 112,411	49 In 114,818	50 Sn 118,710	51 Sb 121,760	52 Te 127,60	53 I 126,9045	54 Xe 131,293
6	55 Cs 132,9054	56 Ba 137,327	57 La* 138,9055	72 Hf 178,49	73 Ta 180,9479	74 W 183,84	75 Re 186,207	76 Os 190,23	77 Ir 192,217	78 Pt 195,078	79 Au 196,9665	80 Hg 200,59	81 Tl 204,3833	82 Pb 207,2	83 Bi 208,9804	84 Po (209)	85 At (210)	86 Rn (222)
7	87 Fr (223)	88 Ra (226)	89 Ac** (227)	104 Rf (261)	105 Db (262)	106 Sg (266)	107 Bh (264)	108 Hs (277)	109 Mt (268)	110 Ds (281)	111 Rg	112 Cn	113 Nh	114 Fl	115 Mc	116 Lv	117 Ts	118 Og

*Série dos Lantanídeos

| 58 Ce 140,116 | 59 Pr 140,9076 | 60 Nd 144,24 | 61 Pm (145) | 62 Sm 150,36 | 63 Eu 151,964 | 64 Gd 157,25 | 65 Tb 158,9253 | 66 Dy 162,50 | 67 Ho 164,9303 | 68 Er 167,259 | 69 Tm 168,9342 | 70 Yb 173,04 | 71 Lu 174,967 |

**Série dos Actinídeos

| 90 Th 232,0381 | 91 Pa 231,0359 | 92 U 238,0289 | 93 Np (237) | 94 Pu (244) | 95 Am (243) | 96 Cm (247) | 97 Bk (247) | 98 Cf (251) | 99 Es (252) | 100 Fm (257) | 101 Md (258) | 102 No (259) | 103 Lr (262) |

Nota: As massas atômicas são valores da IUPAC (até quatro casas decimais). Valores mais exatos, para alguns elementos, são fornecidos na tabela na página A-69.

 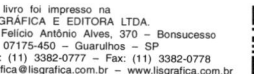

Este livro foi impresso na
LIS GRÁFICA E EDITORA LTDA.
Rua Felício Antônio Alves, 370 – Bonsucesso
CEP 07175-450 – Guarulhos – SP
Fone: (11) 3382-0777 – Fax: (11) 3382-0778
lisgrafica@lisgrafica.com.br – www.lisgrafica.com.br